中国油气开发技术年会论文集（2023年）

徐凤银　康剑　张舒　等　编著

中国石化出版社

图书在版编目（CIP）数据

中国油气开发技术年会论文集（2023年）/ 徐凤银主编. — 北京：中国石化出版社，2023. 3
ISBN 978-7-5114-6981-6

Ⅰ. ①中… Ⅱ. ①徐… Ⅲ. ①油气田开发-中国-2023-文集 Ⅳ. ①TE3-53

中国版本图书馆 CIP 数据核字（2023）第 042249 号

中国石化出版社出版发行

地址：北京市东城区安定门外大街 58 号
邮编：100011 电话：(010)57512500
发行部电话：(010)57512575
http://www.sinopec-press.com
E-mail:press@sinopec.com
北京科信印刷有限公司印刷
全国各地新华书店经销

*

880×1230 毫米 16 开本 68.75 印张 2062 千字
2023 年 3 月第 1 版 2023 年 3 月第 1 次印刷
定价：280.00 元

《中国油气开发技术年会论文集(2023年)》
编　委　会

序

党的十八大以来，习近平总书记提出“四个革命、一个合作”能源安全新战略，指导推动能源消费革命、能源供给革命、能源技术革命、能源体制革命和全方位加强国际合作，擘画了能源改革发展的宏伟蓝图。党的二十大报告提出：“深入推进能源革命”“加大油气资源勘探开发和增储上产力度”“加强能源产供储销体系建设，确保能源安全”，为推动我国石油工业高质量发展、增强能源安全保障能力指明了前进方向、提供了根本遵循。

为全面贯彻落实党的二十大精神和中央经济工作会议精神，中国石油、中国石化、中国海油、延长石油全面围绕保障国家能源安全、端牢能源饭碗的责任使命，不断加大国内油气勘探开发力度，深化技术创新，推动油气勘探开发技术数字化转型，实现国内油气勘探开发增产增效，采取了深度推进已开发储量的经济有效动用，大幅提高采收率，夯实老区稳产基础，加大新区产能建设，保障持续稳产增产，积极探索非常规资源高效开发技术，推动页岩油、页岩气、煤层气经济开发等有力举措。

为提高我国油气开发水平，推进理论创新、技术创新、管理创新、机制创新，强化核心关键技术与装备攻关，中国石油学会、中国石油油气和新能源分公司、中国石化油田勘探开发事业部、中国海洋石油有限公司勘探开发部、陕西延长石油(集团)有限责任公司资源与勘探开发部举办了本次“中国油气开发技术年会暨油气开发新成果及新技术展示会”。

本次大会邀请了国家有关部委领导，中国科学院、中国工程院院士，中国石油、中国石化、中国海油、延长石油等单位主管领导和油气开发各领域专家，国内外大学和研究机构的知名专家、学者，共同深入交流油气高效开发的新理论、新方法与新技术，研讨老油气田提高采收率、页岩油气和致密油气效益开发的新技术对策、深层深水油气建产与稳产新技术，探讨智慧油气田建设、清洁能源利用和 CCUS 等绿色低碳技术发展趋势，促进我国油气开发的理论创新和关键技术突破，实现油气增产提效。本次大会论文集系统地梳理了近年来我国提高采收率、开采工程、非常规、深层深水、智能油田和 CCUS 等重要领域关键技术研究与应用成果，提出了一系列具有广阔应用前景的先进技术，分享了油气开发技术创新研发、突破升级的成功经验，对循序渐进地推动我国油气资源清洁高效开发利用，稳妥有序地推进碳达峰、碳中和目标的实现都具有十分重要的意义。特向参与论文撰写和编写出版做出积极贡献的同志表示祝贺，向参与本次大会的全国各油气田公司、高校、研究院所及相关单位领导、专家与科技工作者表示衷心的感谢。

中国工程院院士

2023 年 3 月

前　言

随着经济社会快速发展，我国油气对外依存度逐年攀升，能源安全保障问题愈显突出，已成为国内外关注的焦点。近三年来，为贯彻落实中央关于加大油气勘探开发力度的指示精神，我国油气行业积极推进油气增储上产"七年行动计划"并取得了良好效果，油气田开发高质量发展的基础得到进一步巩固。

目前深层、深水、低渗透和非常规等油气资源已成为我国油气增产上产的重要资源领域。与常规油气相比，这些"深、低、非"油气资源更需要广泛应用新理论、新方法和新技术以实现安全高效开发。为此，我国积极推进油气开发关键理论和技术创新发展，大力研发页岩、致密和深层深水等油气资源的效益开发配套技术，并充分应用大数据、人工智能等技术，加强交叉学科研究，赋能油气开发提质增效，技术进步明显，生产成效显著。

为充分解剖油气开发领域面临的新形势与新挑战，研讨解决制约油气田开发技术瓶颈问题的有效对策，交流并推广应用新理论与新技术，中国石油学会、中国石油油气和新能源分公司、中国石化油田勘探开发事业部、中国海洋石油有限公司勘探开发部、陕西延长石油(集团)有限责任公司资源与勘探开发部等单位，以"油气并举，增产增效"为主题组织召开本届"中国油气开发技术年会暨油气开发新成果及新技术展示会"。

本次大会的论文征集得到了中国石油学会、中国石油、中国石化、中国海油、延长石油、大专院校及科研院所等相关单位和领导的大力支持，共征集论文600余篇。这些论文涵盖主要内容包括：老油气田挖潜稳产、低渗透与致密油藏高效开发、难动用储量以及页岩油气效益开发、深层与深水油气安全高效开发等方面的开发理论与关键技术，石油工程(钻井、采油采气、地面和海工等)新技术、新工艺及新装备，大数据挖掘与人工智能新技术，以及节能减排与CCUS技术等，一定程度上反映了我国油气开发领域近年来取得的新理论、新方法、新技术、新工艺及新装备等创新成果，具有较高的学术与应用价值。

会议论文是一笔宝贵的精神财富，需要广泛交流、传承与推广，中国石油学会学术交流部特此组织专家组认真筛选出优秀论文154篇集册成集并公开出版发行。全书共分六篇，分别为提高采收率技术篇、开采工程技术篇、非常规油藏评价及开发技术篇、深层深水油气藏开发技术篇、智能化油气田开发技术篇、CCUS及地面与海洋工程优化技术篇。全书由徐凤银整体策划，康剑、张舒等负责审稿排版，徐凤银最终审定。特别感谢李阳院士在百忙当中为本书作序。在本届会议组织和书稿梳理、编辑出版过程中，得到广大科技工作者、专家和教授的积极参与，在此深表感谢。期望论文集的出版能够惠及更多同行科技工作者和社会相关人士，并在我国"深、低、非"油气开发提质增效进程中发挥更好作用。

本书编委会

2023年3月

目 录

第一篇 提高采收率技术篇

第二篇　开采工程技术篇

第三篇　非常规油藏评价及开发技术篇

第四篇　深层深水油气藏开发技术篇

第五篇 智能化油气田开发技术篇

第六篇 CCUS 及地面、海洋工程优化技术篇

第一篇　提高采收率技术篇

目前我国原油产量的主体是陆上高含水油藏和致密油藏。各大盆地的老油田已进入高含水阶段，油田的稳产上产十分困难。现在和未来开发的资源以非常规、低品位为主，面临着提高采收率，规模效益开发的挑战。我国天然气开发正经历勘探大发现和开发上产期。但未来面临常规天然气长期稳产和非常规气田勘探开发上产的压力。因此，油气勘探开发提高采收率是我国现在和今后面临的重大攻关课题。本篇论文从不同盆地、不同油气藏论证总结了提高采收率的新技术、新工艺、新材料，对下步我国油气田进一步稳产上产，实现提质增效具有理论和现实指导作用。

高含水致密气藏气井分类新方法及应用

薛晓军　张快乐　胡张明　光友会　胡晓玲　肖文同

（中国石油集团西部钻探工程有限公司）

摘　要　苏里格气田苏19区存在单井产量低，初期压力与产量递减快，气田开发经济效益不明显问题。本文在前人研究与实践的基础上，从投产井实际生产情况出发，通过对苏19区正常与异常生产井特征分析，静动结合进行气井分类研究。并运用产量不稳定分析法、递减曲线分析法、简易法分别计算气井动储量，综合区块生产井静态参数、无阻流量、动储量，提出了更符合气井生产实际新的分类标准。

关键词　致密气；动储量；气井分类；生产特征；苏里格气田

苏里格气田苏19区气井低产低压、自然稳产期短、初期生产压力与产量下降快、关井压力恢复慢，导致开采速度和采出程度低，经济效益差。针对此问题，首先需要对90口投产直井进行分类，然后根据每类气井的生产动态特征，提前采取相应的措施以提高采收率。此外，气井合理分类也是进行气井生产动态分析的重要前提与基础。

1　苏19区单井生产特征

区块共投产95口井，直丛井90口，水平井5口，由于受气井积液、长时间关停且无排采措施等影响，生产规律较差，按照生产曲线规律分为生产正常、生产异常两大类，其中生产正常的有10口（例如苏X1井），生产异常的有85口（例如苏X2井）。水平井由于井数少，故不做详细的分类研究。根据其生产特征，可将水平井分类为1口Ⅰ类井，4口Ⅲ类井。

本区块生产井普遍存在初期产量与压力递减快的现象，正常生产井苏X1井累计产气1076.69万方，未下节流器连续生产，投产初期产量不稳定，套压递减快，主要是刚投产时为压裂改造区域流体的流动，平均日产量0.8万方/天，油压2.96MPa，套压6.84MPa。后随着生产不断进行，到达泄流边界，气井为拟稳态流，生产稳定，产量自然递减。2019/12/4因气动薄膜阀间歇试验流程改造关井，开井后日产小于0.01万方/天，目前套压4.92MPa，油压1.17MPa。该井无阻较高，试气未产水，生产过程稳定，由于未下节流器，油套压几乎持平，关井时油套压均能恢复到10MPa，且无明显压差，说明气井能量充足且井筒内无明显积液，通过探液面测试也证实该井无明显积液，与生产曲线特征相符（图1）。

区块生产异常井占比大，主要有两种类型，一种为初期压力稳定但产量递减快，后压力上升长期无产量的井，主要是因为气井试气产水，且未及时实施排水采气措施，气井积液导致生产过程产量逐渐下降，套压升高或基本不变，气井无法正常携液，无产气量或在近井地带形成水锁气无法流到井筒，导致单井累产低。另一种是初期就无产气量或者出一点气，主要是因为地质上未钻遇气层，砂体与有效砂体均不发育，物性差，含气饱和度低，属于无产能气井（图2）。

针对区块不同生产特征的气井，本文对90口直丛井进行分类研究。

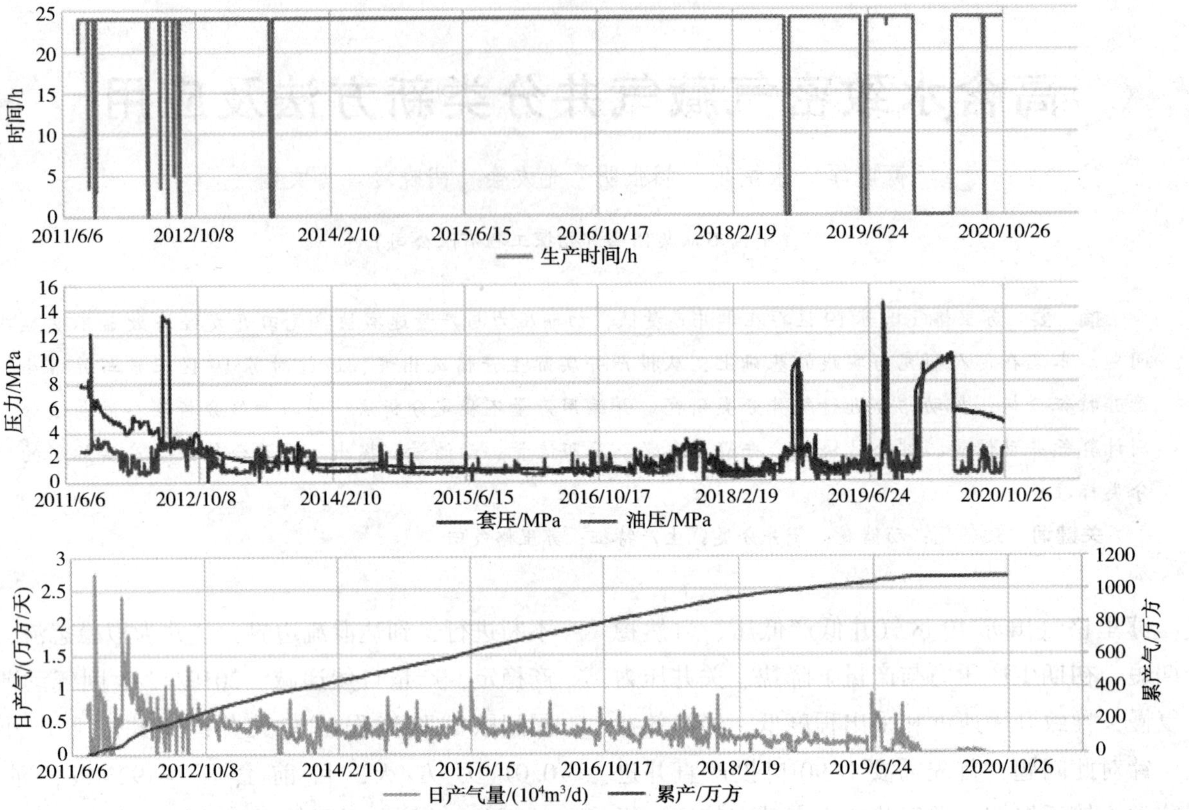

图1　苏X1井生产曲线

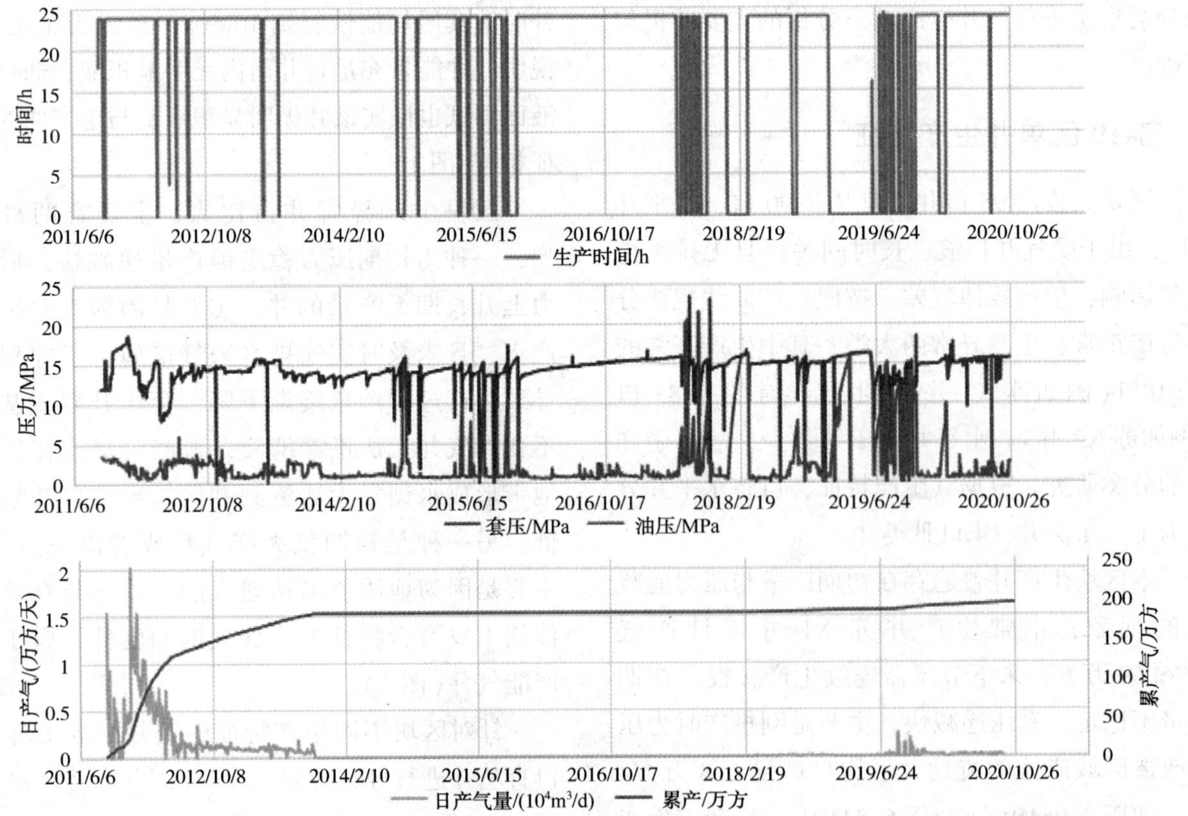

图2　苏X2井生产曲线

2　苏里格气田分类评价标准及结果

2.1　静态分类

苏里格气井静态分类常用标准，其中Ⅰ类储层孔隙度大于12%，渗透率大于1mD，Ⅱ类储层孔隙度8%~12%，渗透率0.5mD~1mD，Ⅲ类储层孔隙度5%~8%，渗透率0.1mD~0.5mD，其主要依据是单井的测井解释成果。在实际生产中为了研究方便，简化为主要考虑气井的生产层厚度，而忽略了对物性的考虑，将气井划分三类：

Ⅰ类井：有效储层单层连续厚度≥5m，或有效储层累计厚度≥8m且相对集中分布；

Ⅱ类井：有效储层单层连续厚度间于3~5m之间，或有效储层累计厚度≥8m且呈薄互层状分布；

Ⅲ类井：有效储层单层连续厚度<2m，或有效储层单层连续厚度<3m，且有效储层累计厚度<8m。

按照苏里格气田静态分类标准，对苏19区90口投产直井进行分类，其结果为：Ⅰ类15口、Ⅱ类22口、Ⅲ类53口。

2.2　动态分类

苏里格气田西区气井动态分类标准有很多，主要根据单位套压降产气量、前三年平均日产气量、气井无阻流量等来判断。其动态分类标准如表1所示。

表1　苏里格气田气井动态分类标准

分类标准	Ⅰ类井	Ⅱ类井	Ⅲ类井
单位套压降产气量/($104m^3$/MPa)	≥80	40~80	≤40
前三年平均日产气/($104m^3$/d)	≥1.8	0.8~1.8	≤0.8
气井无阻流量/($104m^3$/d)	≥10	4~10	≤4

按照苏里格气田动态分类标准，对工区90口投产直井进行分类，其结果如表2。

表2　苏19区90口投产直井动态分类结果表

分类标准	Ⅰ类井/口	Ⅱ类井/口	Ⅲ类井/口
单位套压降产气量/($104m^3$/MPa)	14	19	57
前三年平均日产气/($104m^3$/d)	1	1	88
气井无阻流量/($104m^3$/d)	6	27	57

2.3　结果分析

由动态分类表可以看出，不同的动态标准分类结果差异大，是因为苏19区属于高含水区块，水对气井产能影响大，大多数气井投产初期套压高，随着生产的不断进行，气井产量压力递减快，油管尺寸为73mm，达不到最小携液流量，且并未及时实施排水采气措施，气井积液，此时，由于积液导致套压上升或稳定，故套压降相对较小，所以根据单位套压降产气量分类的Ⅰ、Ⅱ类井较多。同时气井积液导致产量递减快，近井形成水锁，气井产量低，故前三年平均日产气很低，导致气井分类几乎都为Ⅲ类井。过高或过低的分类指标均不能较为准确合理的代表区块气井产能。

所以对于本区这种产量、压力递减快的生产特征规律的高含水区块，依据单位套压降产气量与前三年平均日产气量对气井分类不是很合理。需要按照更符合区块生产特征且更能代表井实际情况的方法对气井分类。

3　苏19区分类评价标准及结果

3.1　静态分类

本区气井静态分类按照苏里格气田静态按分类标准，与其结果一致，Ⅰ类15口、Ⅱ类22口、Ⅲ类53口。

3.2　动态分类

由于本区块具有低压、低渗、低丰度、非均质性强等特征，气井初期压力、产量递减快，又受到高含水的影响，故选用动储量对气井分类能比较真实的反映气井情况。动储量是指在现有工艺与井网开采方式不变的条件下，已开发地质储量中投入生产直至天然气产量和波及范围内的地层压力降为1个标准大气压时，可从气藏中流出的天然气总量。因此针对工区目前的开发现状，用井实际生产数据计算的动储量对气井分类能客观综合的对气井进行评价。

动储量常用的计算方法有压降法、产量不稳定分析法、递减法、简易法等，但区块无相应的压力测试数据，故用产量不稳定分析法、递减曲线分析法、简易法三种方法分别计算气井动储量。

(1) 递减曲线分析法

Arps递减是气藏工程最常用的递减分析手段，该方法不需要储层参数，但要求气井达到拟稳定流动状态，产量波动小。苏里格气田常见的递减类型为衰竭式递减，为双曲递减的一种。

衰竭递减指数：N=0.5

日产气量：

$$Q = \frac{Q_i}{(1 + 0.5D_i t)^2} \tag{1}$$

累计产气量

$$Gp = \frac{Q_i}{0.5D_i} - \frac{Q_i}{0.5D_i(1 + 0.5D_i t)} \tag{2}$$

累计产气量与时间的关系：

$$\frac{1}{Gp} = A + B\frac{1}{t} \tag{3}$$

$$A = \frac{0.5D_i}{Q_i} \quad B = \frac{1}{Q_i} \tag{4}$$

做1/Gp与1/t在直角坐标系中直线关系图得出A、B值(截距与斜率)。

为当时间趋于无穷大时，便可得到气井的控制动储量。则最终该井的动储量为递减段前的产量加上递减段控制的动储量。

$$G = G_{P1} + \frac{1}{A} \tag{5}$$

其中：D为产量递减率；D_i为初始递减率；Q为日产气量；Q_i为初始日产气量；N为递减指数；t为生产天数；G_P为递减段累产气量；G_{P1}为递减段前累产气量；G为单井动储量。

应用气井递减规律，对工区递减规律较好的部分气井进行单井控制动态储量计算。

例苏X1井：第499天开始采用Arps衰竭递减分析方法，目前累产1073.1万方，预计最终累产1455万方，计算动储量2384万方，目前动储量采出程度45.02%，预测动储量最终采收率61.03%(图3)。

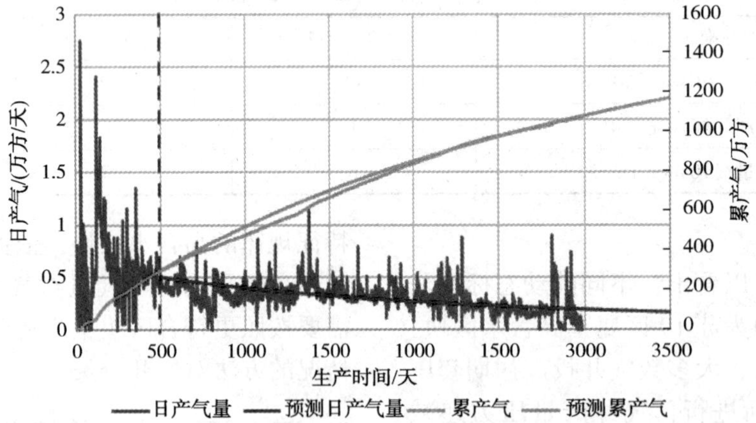

图3　苏X1井产量递减曲线

(2) 产量不稳定分析法

产量不稳定分析法是将气井的变压力/变流量生产数据等效转换为定流量生产数据，根据图版拟合生产史确定气井泄流范围属性参数，从而计算气井动储量。简之，就是利用单井的生产动态历史数据(即产量和流压)，进行物质平衡分析，可以利用丰富的单井日常生产数据，不必进行关井测压，也不必进行定产或定压生产，对产量和流压数据没有特殊要求。该方法解决了气井工作制度频繁改变而导致评价动储量难度大的问题。

运用RTA动态分析软件对区块累计生产时间较长的气井，进行了生产历史的拟合，计算单井动储量。

例如苏X3井RTA模型预测：泄气半径250m，动储量6144×104m^3(图4、图5、图6)。

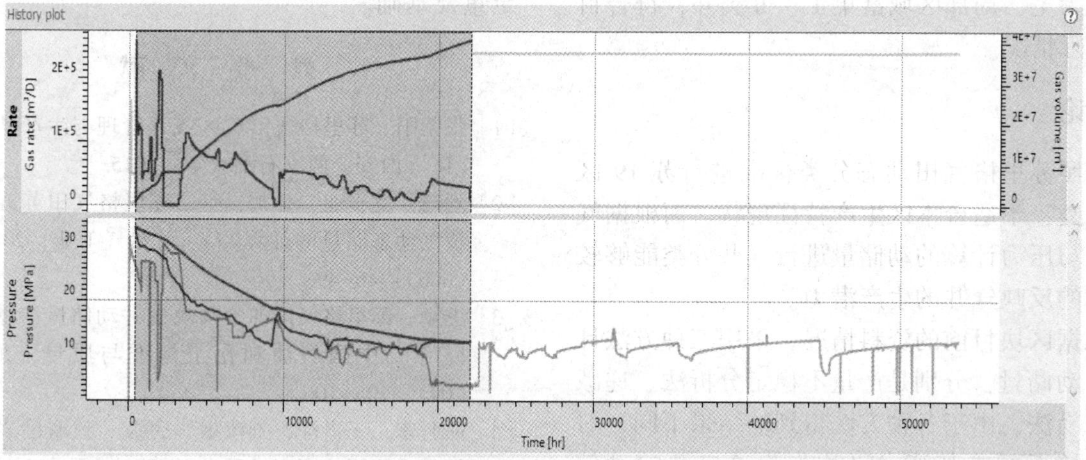

图 4　苏 X3 井 RTA 模型产量压力历史拟合图

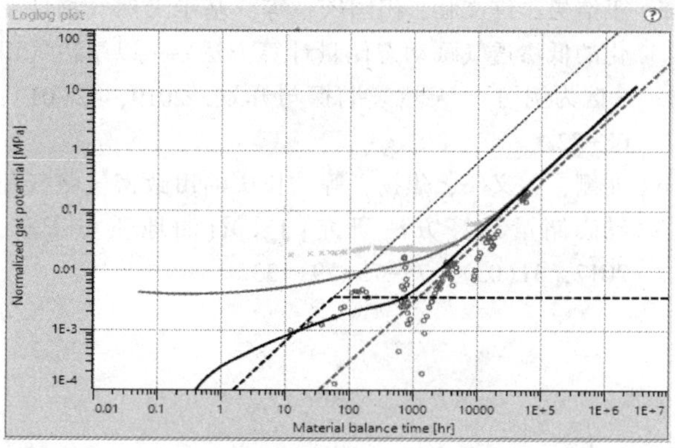

图 5　苏 X3 井 RTA 双对数曲线

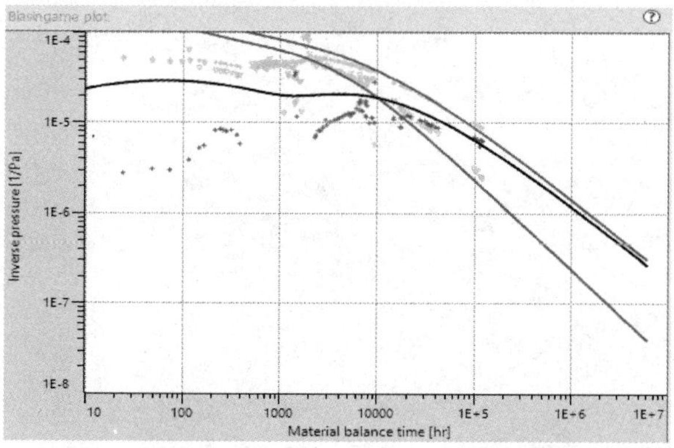

图 6　苏 X3 井 RTA Blasingame 曲线

（3）简易法

简易法就是用气井生产动态资料计算单位压降的累计采出量，再乘以原始地层压力。该方法简便易行，可以进行动储量的估算。

$Gp=Pi\times$单位压降采出量

（4）综合确定单井控制动态储量

本区生产井投产时间大多为 2011、2012 年，截止目前已积累了较丰富的动态资料。无论采用那种方法来计算动态储量，均具有一定的资料基础，不同的方法所用资料和理论基础不同，也各有优缺点。综合三种方法，计算得到单井动储量。

3.3　静动态结合气井分类

动态按照动储量分类，此动储量划分标准是按照苏里格西区预测累产气量标准范围折算得到，结合无阻流量与静态分类标准(表 3)，最终确定区块直丛井分类(表 4)。本区气井静动不符比例接近 50%，实际的气井在生产过程中，这取决于气井的井位与气井外围物性的差异。由于低渗气藏储层非均质性强，而通过井眼所取得测井参数是一孔之见，因此气井静态分类与动态生产存在差异是正常的。气井静动分类存在差异的主要原因有储层非均质性、沉积微相、有效渗透率等。对静动存在差异的井，主要以动态为主。

表 3　苏 19 区直丛井分类标准

气井分类	单层气层厚度（米）	单井气层厚度（米）	无阻流量（万方/天）	动储量（万方）
Ⅰ	≥5	≥8	≥10	≥4375
Ⅱ	3-5	5-8	4-10	1875-4375
Ⅲ	≤3	≤5	≤4	≤1875

表 4　苏 19 区直丛井分类结果表

气井分类	井数(口)	所占比例
Ⅰ类	4	4.4%
Ⅱ类	21	23.3%
Ⅲ类	65	72.3%
合计	90	100%

由分类结果表可以看出，本区生产井主要以

Ⅲ类井为主，局部区域富集Ⅰ、Ⅱ类井，符合目前的实际情况。

4　结论

按照苏里格气田动态分类标准进行苏 19 区气井分类，不适合本区生产特征现状，而根据气井产量与压力计算的动储量进行气井分类能够较为真实的反映气井的生产潜力。

根据区块目前的资料情况，采用三种方法计算单井动储量，分别是产量不稳定分析法、递减法、简易法，由于各种方法得到的结果不同，对于结果接近的求其算术平均作为这口井的动储量，对于三种方法结果差别大的井，按照产量不稳定分析法、产量递减法、简易法的顺序作为该井动储量，最终确定本区各直井动储量。

结合苏里格气田静态分类、计算的动储量与无阻流量对区块已钻直井进行分类，最终Ⅰ类井 4 口，Ⅱ类井 21 口，Ⅲ类井 65 口。气井的合理分类为研究每一类气井的生产规律及合理配产奠定重要基础。

参　考　文　献

[1] 张紫阳．苏里格气田东区气井管理与生产动态分析[D]．西安：西安石油大学，2015.

[2] 刘琦，罗平亚，孙雷，等．苏里格气田苏五区块天然气动态储量的计算[J]．天然气工业，2012，032(006)：46-49.

[3] 王颖．苏里格气田苏 S 区块气井动储量计算方法研究[J]．中国石油和化工标准与质量，2019，39(09)：105-106.

[4] 熊昕东，王世泽，刘汝敏，唐波．致密砂岩气藏储量难动用影响因素及开发对策[J]．西南石油大学学报(自然科学版)，2008(04)：77-80+12.

[5] 王浩男，许文壮，田国庆，等．基于天然气物性变化的低渗透气藏动态储量计算方法——以靖边气田 S 区为例[J]．天然气勘探与开发，2019，42(01)：68-72.

[6] 谢姗，兰义飞，焦扬，等．长庆油田致密气藏气井动态储量计算方法研究[J]．石油地质与工程，2017，31(03)：73-75+79+133.

微波透射法在油水两相流分相计量系统中的研究与应用

杨鹏涛　张晓文

（中国石油集团西部钻探工程有限公司）

摘　要　石油工业中的原油含水率及产量数据是石油开采中一组重要参数，一直以来备受关注。由于油水两相流动体系复杂多变，常规人工计量方式测量难度较大，当下国内外油水自动计量设备，又普遍存在不适用性，直接导致了油水两相流计量精度较低。

通过调研对比国内外现有原油含水率测量技术的优缺点，选用基于微波透射法为核心的原油含水传感器测量装置，该装置具备测量精度高、适于推广等优点，应用前景广阔。目前国内微波透射理论测量方法以渐趋成型，但实际应用层传感器设备研发还处于实验室阶段，尚未大范围推广应用。本文对基于微波透射法为核心的实验传感器设备制作样机，进行现场应用实验，通过数据对比，进一步改进优化原油含水算法。通过优化标定程序以及原油含水率测量规律研究，实现了现场油水两相流原油含水率测量体积差值≤4%的实验效果。该工艺有效提升了资料录取效率和质量，降低了人员劳动强度和人工成本，同时降低了安全风险，并且紧跟油田数字化的发展趋势，是一项重大技术革新。

关键词　原油含水率；微波透射法；油水两相流计量系统；数字化油田

1　引言

随着勘探开发对现场排采资料要求不断提高，为提高资料录取效率，提升资料应用效果，减少环保风险。经过多年调研摸索，反复对比了目前各种现场测量原油含水的计量方法，通过充分论证，提出了以“微波透射法”测原油含水的方式来解决油水实时计量问题。目前微波透射法理论绝对误差范围≤4%（点测值与蒸馏数据对比）。通过优化微波含水测量仪、设计配套数据实时远程传输系统，最终实现对现场原油含水率实时监测计量。

2　微波透射法测量原油含水率原理

在微波电磁场中，水的介电常数约为油的30倍；原油含水量稍有变化，被测原油的介电常数就有显著变化，从而引起穿过被测原油的微波能量衰减和相移。利用微波的穿透能力很强，它所检测的不仅仅是物质表层的水分，还可检测物质内部的水分含量（图1）。

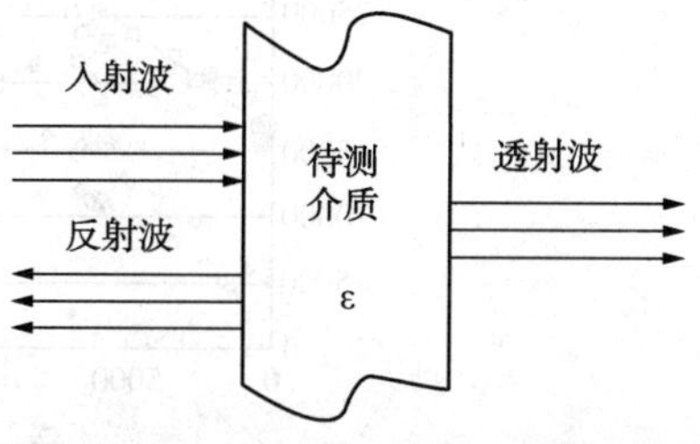

图1　微波原油含水率传感器测量原理

利用该原理，测得相应的微波信号相位的变化量，通过标注，就可以得到原油的含水率。导电媒质中电磁波分布符合麦克斯韦方程：电磁场麦克斯韦方程表达式为：

$$Ex = E_0 e^{-jkz} \tag{1}$$

$$H_y = \frac{1}{|\eta|} E_0 e^{-jkz} \tag{2}$$

激励微波信号 $E = \cos(\omega t + \varphi_o)$　(3)

通过导电媒体后的微波信号为：

$E_x = E_o \cos(\omega t - kz + \varphi_o)$ (4)

其中相位常数为 $k = \omega\sqrt{\mu\varepsilon}$，波阻抗为 $\eta = \sqrt{\frac{\mu}{\varepsilon}}$，媒质的介电常数为 ε，磁导率为 μ，电导率为 σ。

经过IQ解调后输出直流电压信号如图所示

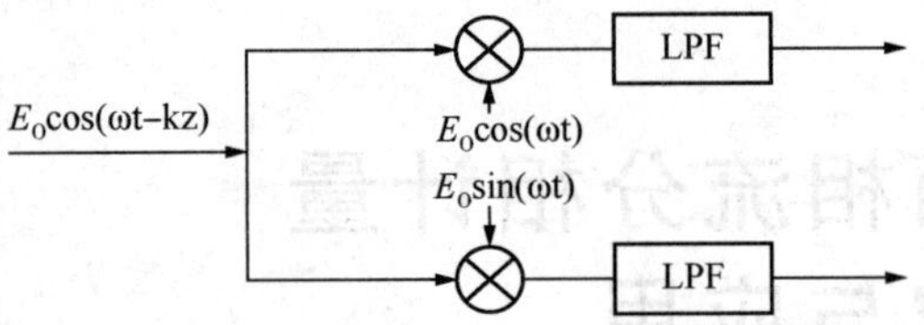

在某一时刻的信号 $E_o\cos(\omega t-kz+\varphi_o)$，该信号经过解调器解调即得到相移大小(图2、图3)。

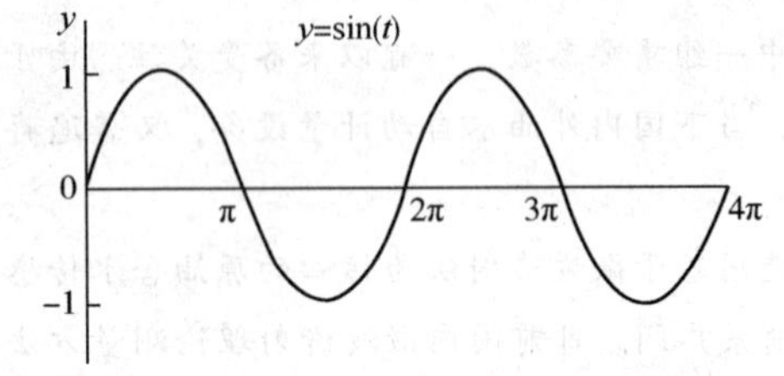

图2　模拟信号波形图

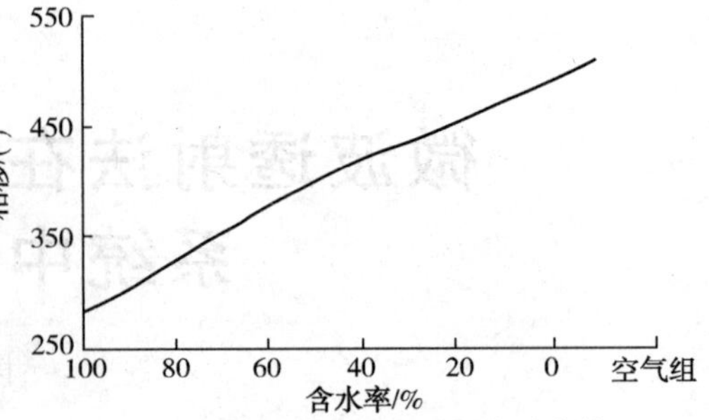

图3　介质含水与微波相移关系曲线

3　微波含水仪标定规律研究

通过在实验室环境下实测微波含水仪相位值与对因地层水氯根及矿化度浓度数据，经过数据分析，证实地层压裂后返排过程中，微波含水仪相位变化与当前地层水矿化度高低成正相关关系(图4、图5)，由于地层水矿化度与氯离子浓度近似呈正相关关系。因此，可通过地层水氯离子变化，拟合当前矿化度与相位值，进一步使微波含水仪自动标定功能具备了实现条件。

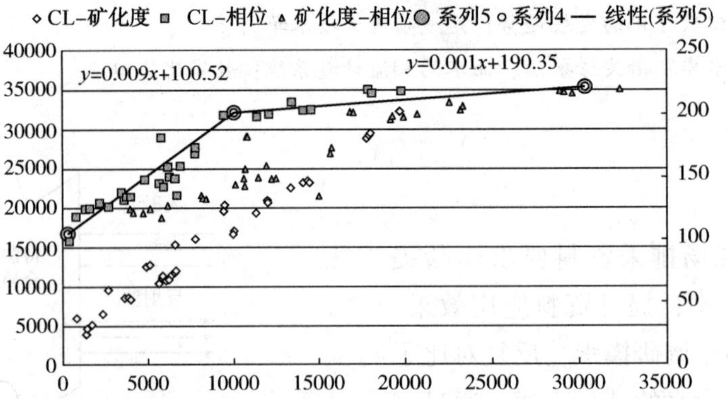

图4　微波原油含水率传感装置

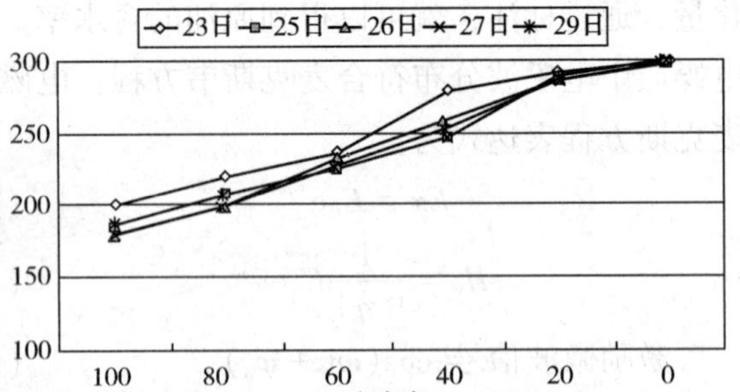

图5　微波含水仪现场数据标定对比

通过实验，测定新疆油田原油的微波含水初始原油相位为283～292，地层水相位区间在117～216。结合微波含水仪相位值与对因地层水氯根浓度数据，开展了微波含水测量室内标定试验，通过试验发现，随着标定点的增加(由3点标定增加至6点标定)(表1、表2、表3)，微波测量含水与蒸馏法测量含水值之间平均偏差显著缩小。

表1　含水测量室内标定试验数据统计
(三点标定)

输入设备标定值	实际含水	测里含水	偏差值
100%、0%、49%	40%	26%	−14%
100%、0%、40%	51.4%	68.7%	+17.3%
100%、0%、60%	51.4%	33.8%	−17.6%
100%、0%、60%	78.9%	86.3%	+7.4%
100%、0%、40%	78.9%	88.7%	+9.8%
100%、0%、70%	78.9%	83.1%	+4.2%
100%、0%、90%	78.9%	87.1%	+8.2%

表 2 含水测量室内标定试验数据统计（四点标定）

输入设备标定值	实际含水	测里含水	偏差值
100%、0%、49%、40%	40%	43.2	+3.2
10%、0%、60%、40%	40%	41.2	+1.2%
100%、0%、60%、40%	51.4%	54.5	+3.1%
100%、0%、70%、40%	51.4%	44%	-7.4%
100%、0%、80%、40%	51.4%	43.7%	-7.7%
100%、0%、90%、40%	51.4%	51.3%	-0.1%
100%、0%、60%、70%	51.4%	34.1%	-17.35
100%、0% 、60%、70%	51.4%	34.1%	-17.35
100%、0%、40%、90%	78.9%	87.1%	+8.2%
100%、0%、60%、90%	78.9%	86.4%	+7.5%

表 3 含水测量室内标定试验数据统计（六点标定）

输入设备标定值	实际含水	测里含水	偏差值
100%、0%、20%、40、60、80%	20%	20.1%	+0.1%
100%、0%、20%、40、60、80%	80%	82.4%	+2.4%
100%、0%、20%、40、60、80%	44%	42.1%	-1.9%
100%、0%、20%、40、60、80%	56%	56.2%	0.2%
100%、0%、20%、40、60、80%	64.1%	63.4%	0.7%
100%、0%、20%、40、60、80%	87.2%	84%	+3.2%
100%、0%、20%、40、60、80%	50%	49.2%	-0.8%
100%、0%、20%、40、60、80%	59%	55.7%	3.3%

4 微波含水计量仪现场试验

2017 年～2021 年，微波透射法测量油水两相流分相计量系统在现场应用 80 余井次（表 4）。在不同条件下，通过现场标定后，实际应用含水测量精度 4%（综合数值差平均值），应用效果良好。

表 4 微波原油含水率传感器测量数据对比（部分井）

井号	现场含水值/%	实验室蒸馏含水值/%	数值误差/%（综合计算）
玛湖 013	7/11	9/11	-2
百 520	62/59/60/58	68/69/62/62	-4
白杨 1	76/70	79/73	-3
金 225	37/42/40/34	40/40/42/38	-3
克 204	95/90/94	93/90/93	2
车排 18	97/100	96/100	1
玛湖 014	5/9/6	7/7/4	2
金龙 35	96/100/99	100/100/99	-4
玛湖 11 井	9/7/11	5/6/7	4
玛湖 14	69/75/67	72/77/66	-3
玛湖 18 井	33/29/27/28	36/33/38/32	-4

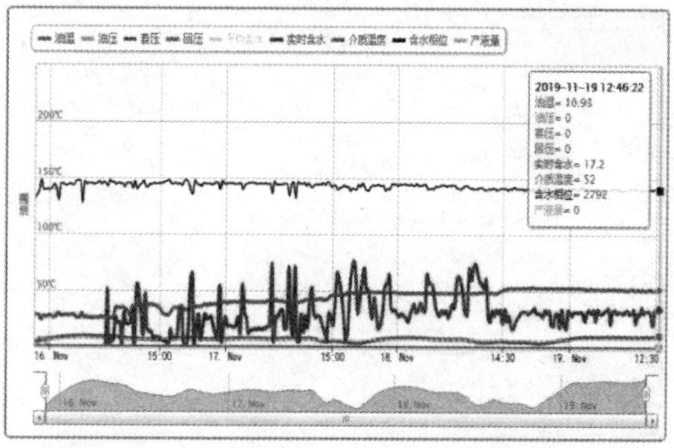

图 6 微波含水仪现场应用图例

5 结论

以油水两相流含水率在线测量为研究背景，应用微波透射法原理测量原油含水率，研制了一套可应用于油田现场的原油含水率测量传感器装置，设计了一套

微波透射法测量油水两相流分相计量系统。该系统结构合理而紧凑，使用方便，利用先进且适合原油特点的传感器检测技术，通过含水率传感器组件在线实时测量原油含水率代替了人工取样测量，极大提高了测量精度，数据传输及产量

计算实现自动化，保证了现场油水两相流分相计量精确度，提高了计量效率。

参 考 文 献

[1] 李海青，乔贺堂．多相流检测技术进展[M]．北京：石油工业出版社；1996：33-42.

[2] 王莉田，王玉田，史锦珊．原油含水率测量仪的研究[J]．传感技术学报，2000，(1)：44-47.

[3] 李志茂．基于微波透射法测量油水两相流分相含水率的实验研究[D]．浙江：浙江大学，2006.

[4] 王进旗，强锡强，于英华．基于相位法原油含水率仪实验研究[J]．计量学报，2004，(10).

[5] 王国庆，张建．原油含水分析仪技术发展现状[J]．油气田地面工程，2004，(5).

三元复合驱油藏开发工作数字化平台建设

王云超　刘迪　苏雪迎　蒋文超

（大庆油田有限责任公司）

摘　要　三元复合驱技术在大庆油田进入规模化推广应用阶段，在方案设计、开发、调整、评价等环节工作量大，自动化程度低。以三元复合驱开发数据库和多年积累的技术成果为基础，研发出包括方案设计、动态分析等十个模块的三元复合驱油藏开发工作平台软件。满足地质、开发、测试、生产、计划等数据多维度关联及可视化需求，自动进行区块地质描述、参数匹配及方案优化、开发指标分析及异常参数预警、单井措施调整报告生成等，实现复合油藏开发自主分析及辅助决策等功能，大幅提升复合驱油藏开发工作的实效性和准确性。

关键词　复合驱；油藏开发；多维度关联；自动化；辅助决策

大庆油田三元复合驱技术始于20世纪80年代，历经室内研究、先导性矿场试验、工业性矿场试验，2014年开始三元复合驱规模化推广。创建了多参数量化、多因素控制的开发方案设计方法，揭示了全过程动态变化规律，建立了调、堵、压、控四大类二十七项跟踪调控技术和标准，形成完善的配套技术。已结束区块提高采收率18个百分点以上，到2020年底连续五年产量超过400万吨，成为大庆油田实现持续稳产的主要技术之一。三元复合驱进入规模化推广应用阶段，存在以下三点问题：一是因其开发周期短，在设计、开发、调整、评价等环节工作量大，自动化程度低，管理难度不断增加；二是三元复合驱经多年发展，配套技术上取得了很大进展，但缺乏针对复合驱的技术体系，没有将技术及经验信息化、软件化；三是现有数字化技术基于各试验区形成，缺乏系统整合梳理，建立适合油田普遍使用的技术成果。面向“数字化转型、智能化发展”需求，围绕油气开发全生命不同节点业务场景，以数字油藏建设为核心，打造以协同研究为目标的油藏综合研究开发管理应用平台。

1　系统框架设计

1.1　复合驱油藏开发模块设计

结合复合驱工业化推广应用需求，该系统全面涵盖三元复合驱全过程的油藏工程工作内容，依据大庆油田三元复合驱技术规模化应用多年来现场实践，设计了油藏工程方案设计、驱油方案设计、动态分析、跟踪调整、效果评价、经济效益评价、过程管理、工具箱、机采井结垢预警、地面数据采集十个功能模块（图1）。该“系统”具有较强的穿透能力，力求成为复合驱管理层指挥系统、研究单位评价系统、采油单位从事复合驱技术人员的专家系统，力争实现不同层面技术和管理人员互相支持、相互关联，实现开发、管理、评价一体化。“系统”所需的公式、标准图版、各类图幅和曲线、各类信息表和对比表进行统一和规范，各类图幅曲线和信息表均可以从A2数据库和油田现有数据库中直接自动生成，实现复合驱区块标准化、程序化、信息化管理。结合复合驱油藏开发技术界限，充分发挥专家辅助决策作用，推进智能油田发展。

1.2　软件开发技术设计

系统采用WEB应用系统经典的多层架构设计，数据层：从开发数据库中获取勘探开发数据，解决了数据口径问题，创立本地数据库，定时从开发数据库提取所需数据，存储到本地数据库，大大提升系统运行速度，建立文档库、图形库，存储系统加载的各类文档资料。中间业务层：由数据I/O组件和业务功能组件组成，构架于数据层之上，负责数据、资料输入/输出、数据处理和业务逻辑实现。中间WEB层：由JSP、Java Servlet等构成，负责接收用户输入的数据信息、处理或转发用户发出的业务请求、动态生成页面内容等。接收用户输入的数据和业务请求交由中间业务层处理。客户层：展示在用户界面上的静态 HTML 页面，提供用户数据输入、资料查询、人机交互操作界面(图 2)。

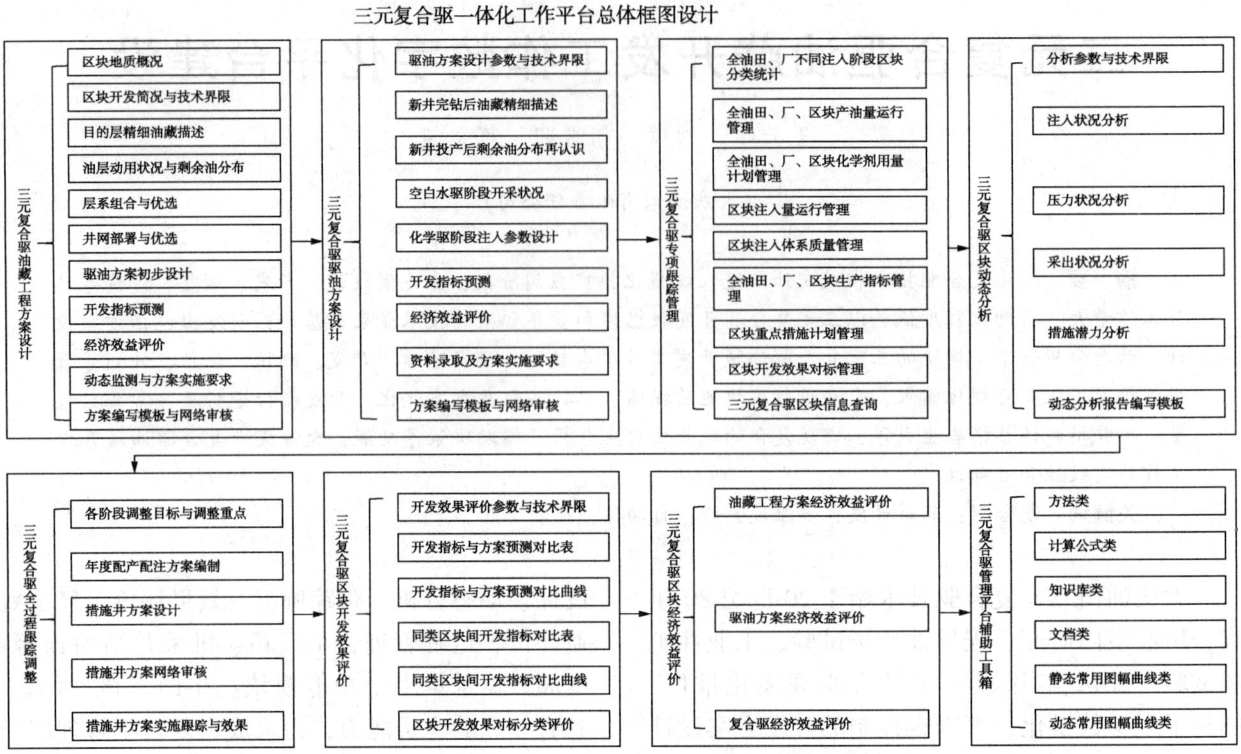

图 1　三元复合驱油藏开发工作平台主要模块框架设计

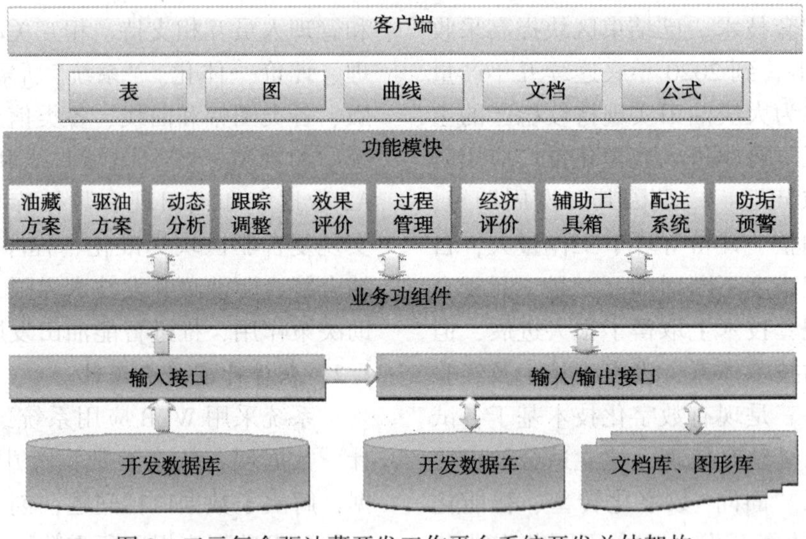

图 2　三元复合驱油藏开发工作平台系统开发总体架构

三元复合驱油藏开发工作平台前端采用 jquery+jeasy-ui+bootstrap 开发包开发，符合 HTML5 标准。能够适应台式电脑、笔记本电脑、平板电脑、智能手机等各种终端设备以及主流操作系统，同时兼容 Chrome、Firefox、Opera、Edge、Safari、360 浏览器等主流浏览器。客户端实现零安装、无插件运行，所展现表格、图形、曲线具备“所见即所得”功能，具备文字及图形穿透功能。

完整的系统流程从油藏方案设计开始，至经济效益评价结束。在油藏方案设计模块和驱油方案设计模块没有建成的情况下，也可以利用 A2 数据库直接创建三元区块，启动后续管理流程。

2　复合驱油藏开发数据库建设

为了提高系统响应速度，通过对现有 A2 数据库和地质数据库的调用、补充、同步，特别是针对复合驱相关性较大的化学剂注采浓度、离子浓度等进行了补充录入，形成本地数据库，构建了全面的、综合性数据平台，实现了软件与数据的良好衔接。本地数据库结构设计 12 大类，包括基础数据类、开发生产数据类、化学剂质量管理类、措施数据类、测试资料类、生产计划管理类、开发指标管理类、设计指标管理类、方案设计数据表、运行参数控制类、文档存档管理类、系统管理类，共 161 张表。

3　复合驱油藏开发知识库建设

为了精准表征复合驱油藏开发全过程技术参数及界限，系统梳理了三元复合驱多年的技术成果和管理经验，并进行数字化处理，能够参与数据运算和逻辑判断，充分发挥专家辅助决策作用。结合该系统框架设计，明确了复合驱油藏开发各节点的工作流程、技术要点及逻辑运行方法。

方案优化设计方面：大庆油田通过室内研究和现场应用，系统分析了影响开发效果的主要因素包括地质、剩余油、注剂时机、体系性能等。确定了井网井距、层系组合方式及开采对象，建立化学驱控制程度计算方法，逐渐形成了“前置聚合物段塞+三元主段塞+三元副段塞+后续聚合物保护段塞”的四段塞注入方式，指导编制现场试验注入方案，取得了较好效果。同时建立了聚合物分子量匹配图版，形成了体系粘度、注采速度、段塞大小的个性化设计方法，为保证复合驱提高采收率效果奠定了基础。在开发规律认识方面：根据三元复合驱特有的段塞组合及注入过程中动态表现的明显阶段性，可将三元复合驱全过程划分为五个阶段：前置聚合物段塞阶段、三元主段塞前期、三元主段塞后期、三元副段塞阶段、保护段塞+后续水驱阶段，明确了一、二类油层不同阶段压力系统、注采能力、剖面动用、综合含水、见剂浓度等变化规律及合理界限(表1)。措施调整方面：针对不同阶段的动态特点和存在问题，制定相应的调整措施，建立了全过程跟踪调整模式。形成了不同阶段“调整压力平衡、调整注采平衡”、“提高动用程度、提高注采能力”、“控制无效循环、控制含水回升”的调整原则，对于针对性较强的调整措施，数值模拟研究和矿场应用实践相结合，研究制定了注入井分层、调剖、注采井压裂、解堵和注采参数调整等措施的调整时机和技术界限，固化了调整设计模版。复合驱效果评价方面：一是利用数值模拟方法，主要原理是运用偏微分方程组描述油藏开采状态，通过计算机数值求解得到开发指标变化；二是在矿场动态统计和物理模拟、数值模拟的基础上，通过驱替机理推导和影响因素的敏感性分析，建立了适合大庆油田的三元复合驱注采能力变化的预测方法和含水变化预测的系列图版。

表 1　大庆油田复合驱各阶段合理控制指标及主要调整对策

所处阶段	空白水驱	含水下降期 0~0.15PV	含水稳定期 0.15~0.5PV	含水回升初期 0.5~0.65PV	含水回升后期 0.65PV~
动态特点	① 压力不均衡 ② 油层动用状况差	① 注入压力快速上升 ② 油层动用差异大	① 含水保持平稳 ② 注采能力下降	① 含水回升较快 ② 剖面出现反转	① 含水缓慢回升 ② 化学剂突破
合理指标	注入压力上升空间控制在 3MPa 以上	油层动用程度达到 75%以上	注入采出能力下降幅度小于 50%	月含水上升速度小于 0.2 个百分点	存剂率控制在合理范围内
主要对策	① 注入参数调整 ② 注入井调剖	① 注入浓度调整 ② 注入井分注	① 采出井压裂 ② 注入井压裂酸化 ③注入参数调整	① 采出井堵压结合 ② 注入井压裂 ③ 注、采井调剖	① 注入井调剖 ② 注入井分层调整 ③ 采出井堵压结合

4　数字化平台建设

4.1　方案设计模块

为了提升方案编制的自动化程度，进一步提高方案编制的效率，设计油藏工程方案设计和驱油方案设计模块。该模块采取人机交互模式，通过人为设定目标区块边界坐标，或者通过地图进行圈井，确定区块范围和目标油层组、沉积单元。系统利用计算机程序，调用基础数据库，根据植入的参数，统计分析区块油层发育状况、剩余油分布状况、地质储量、油水特性、储层物性、压力系统、开发历程等；根据油藏发育状况，优选三套以上层系组合，评价开发效果、经济效益及层系接替；根据老井部署情况，结合复合驱开发特征及技术界限，程序设计井网、井距，并进行虚拟井网插值，完成相关分析及匹配；初步设计体系配方、段塞组合、注采参数；完成开发效果预测及经济效益评价(图3)。驱油方案以新钻井为数据对象，完成地质分析及参数优化设计。

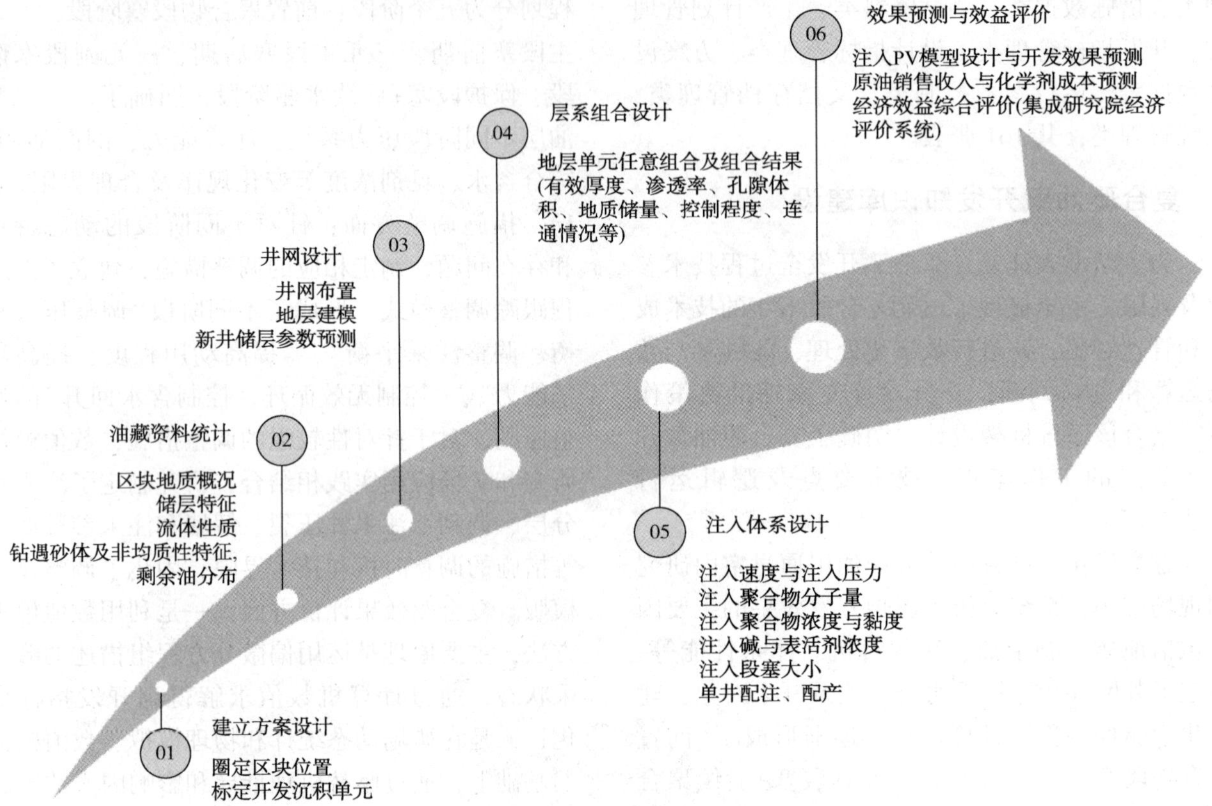

图3　复合驱指标变化特征及预测关键点示意图

4.2　动态分析模块

动态分析是应用各种资料和手段分析油藏内流体的运动规律、开采规律和分布状态。其目的是发现问题，分析原因，解决矛盾，不断认识油层，改造油层，保持油田高产稳产，提高油田的最终采收率。一是通过对基础动、静态数据的调用、运算，主要满足区块分类统计，产量、化学剂、注入体系质量，生产指标、日报、井史、对标等管理需求，并通过注剂浓度的关键指标的判断，进行注入段塞的自动识别，相应对注入量、产量、采出程度等进行自动匹分；二是自由选取的时间点和分级区间，对注入压力、注入量、含水、产液、注采强度、剖面动用等进行分级运算，灵活操作各项参数的对比分析，明确区块、单井动态变化特征。三是通过对注入井动态注入参数进行纵向(时间轴)、横向(平面)对比，结合开发技术指标库(指标ABC分级)，判断单井注入是否存在问题，并筛选出问题井。通过对采出井动态生产参数进行纵向(时间轴)、横向(平面)对比，结合开发技术指标库(指标ABC分级)，判断单井采出是否存在问题，并筛选出问题井。

4.3　跟踪调整模块

跟踪调整是三元复合驱技术的重要组成部分，也是采油单位从事复合驱技术人员的工作重点之一。该系统针对复合驱全过程六个阶段(空白水驱、前置聚合物段塞、三元主段塞、三元副段塞、后续聚合物段塞、后续水驱)动态变化和存在的问题不同，确定不同的调整措施。规范分阶段调整目标、存在问题，突出调整重点、主要措施的差异性，根据分阶段注入井、采油井各类措施选井条件和界限，实现智能化措施井筛选，定期自动生成各项措施井信息表，并应用灰色关联、层次分析法对措施井筛选结果进行排序。

对于单井、井组措施界限，注入井给出了注入量调整、粘度调整、解堵、压裂、分层、调剖技术界限，采出井给出了调参、压裂、堵水等技术界限，平台实时自动化筛选出需要措施的井信息，同时通过单井信息关联，结合注采曲线、连通图、相带图、注采剖面图，给出综合调整措施（图 4），实现了从单井到井组再到区块多层次三元复合驱全过程跟踪调整自动化模式，大大提高了技术人员的工作效率。

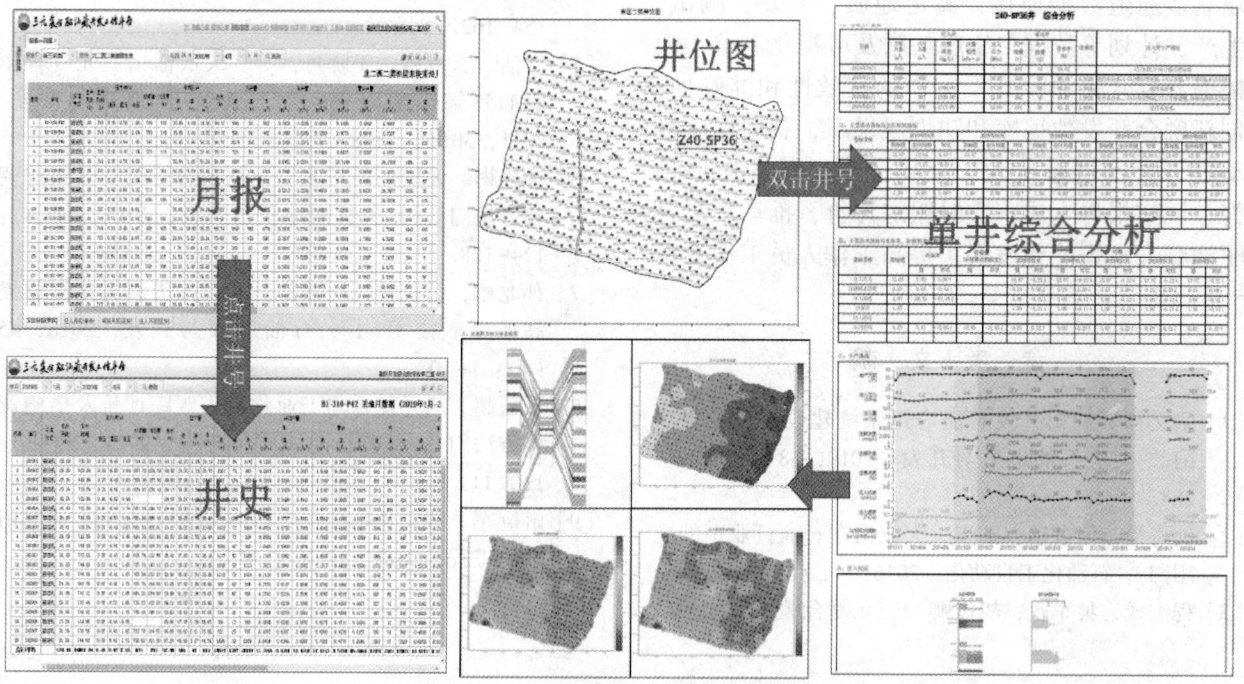

图 4　单井信息关联及措施调整图版

4.4　开发效果评价模块

通过与方案指标对比、区块综合指标对比评价，实时评价开发效果。一是与方案指标对比，按区块注入阶段分类，分阶段对比区块方案与实际运行情况。对比参数包括日产液量、日产油量、综合含水、阶段产油量、阶段采出程度、阶段增油量、阶段提高采收率、最终提高采收率。图形包括区块注入 PV、综合含水率、采出程度、产油量、提高采收率与预测指标对比曲线。二是区块综合指标对比；按区块注入阶段分类，查询区块各项综合指标数据。对比不同区块的储层发育、控制程度、动用程度、注入压力、地层压力、注采比、采液指数、视吸水指数等参数。三是同类区块指标对比曲线：同类油层区块综合含水率、注入压力、视吸水指数、采液指数、采出程度与 PV 关系对比曲线。

4.5　经济效益评价

经济效益评价包括经济指标评价和敏感性分析两部分内容。该模块通过一体化设计，可支持经济效益预测、跟踪评价和后评价。通过给定的经济评价模型，按年度输入预测（运行）数据、以及各年度对应的评价参数，系统自动计算出建设投资、化学剂费用、生产成本、管理费用、账务费用、税金、利息、折旧与摊销、原油销售等支出与收入，最后按经济评价方法计算得出财务分析指标。包括项目财务内部收益率（所得税前、税后）、项目财务净现值（所得税前、税后）、项目投资回收期（所得税前、税后）、总投资收益率等。

4.6　跟踪管理模块

跟踪管理模块是基于管理部门设计，目的在于宏观地掌握油田开发形势，精细化跟踪管理环节。主要涉及各区块、各采油厂、全油田三元复合驱区块概况及开发状况、注入量、产量、化学剂用量、生产指标检查、措施工作量、注入体系质量、开发效果对标管理等。管理人员可以通过该模块了解全油田三元复合驱区块的基础地质数据，包括开采层位、面积、地质储量、孔隙体积、有效厚度、渗透率等，同时通过后台数据库计算出各区块的区块注入量、产液量以及化学剂用量，结合年度工作计划，实时绘制产量运行曲线，进行对标开发效果管理，大大提升了油田管理人员的工作效率。

5　结论

通过研发该软件，集成开发、管理、工具等

系统属性，首次设计了面向全油田、覆盖复合驱油藏开发全过程的集成化软件，实现了复合驱油藏开发功能和数据一体化；优选系列表征算法，建立多通道数据连接，满足地质、开发、测试、生产、计划等数据多维度关联及可视化需求，大幅提升复合驱油藏开发工作的实效性和准确性；创新融合开发数据库和知识成果库，利用程序自动进行井网层系优化、地质分析、开发指标预警、调整报告生成、实时跟踪评价，推动了复合驱油藏开发智能化发展，提高工作人员工作效率5倍以上。

参 考 文 献

[1] 梁文福．油田开发智能应用系统建设成果及展望[J]．大庆石油地质与开发，2019，38(5)：283-284.

[2] 催海福，何贞铭，王宁．大数据在石油行业中的应用[J]．石油化工自动化，2016(2)，43-45.

[3] 程杰成，吴军政，胡俊卿．三元复合驱提高原油采收率关键理论与技术[J]．石油学报，2014，35(2)：310-318.

[4] 王凤兰，伍晓林，陈广宇．大庆油田三元复合驱技术进展[J]．大庆石油地质与开发，2009，28(5)：154-162.

[5] 李洁，么世椿，于晓丹，等．大庆油田三元复合驱驱油效果影响因素[J]．大庆石油地质与开发，2011，30(6)：138-142.

[6] 钟连彬．大庆油田三元复合驱动态特征及其跟踪调整方法[J]．大庆石油地质与开发，2015，34(4)：124-128.

[7] 孙龙德，伍晓林，周万富，等．大庆油田化学驱提高采收率技术[J]．石油勘探与开发，2018，45(4)：1-10.

[8] 王云超．三元复合驱工业化应用跟踪评价及措施调整方法[J]．大庆石油地质与开发，2020，39(1)：110-111.

[9] 解巨军．数字化系统在庆新油田的应用[J]．油气田地面工程，2013，32(8)：44.

页岩气井产量主控因素分析方法及应用

崔 静 刘尧文 张 驰 周 珺

（中石化重庆涪陵页岩气勘探开发有限公司）

摘 要 页岩气作为具有“人工气藏”“特点的非常规资源，其产能受地质、工程等多因素影响差异较大。初期产能直接影响单井最终采收率，分析页岩气初期产能主控因素，对页岩气开发方案的设计与优化有重要意义。针对目前产能单因素分析方法相关性普遍较低的问题，采用基于Matlab的层次分析方法，以涪陵页岩气田焦石坝一期主体区30口水平井为研究目标，开展的地质参数、工程参数、生产数据影响因素分析，进而明确了影响产能的主控因素。基于页岩气井产能影响主控因素，建立了一套焦石坝一期主体区页岩气井初期产能预测模型，利用该模型在目标区域多口井进行了验证，验证结果表明：预测产能与实际测试产能相对误差平均为7.75%。

关键词 页岩气；权重分析；主控因素；产能预测

1 基于Matlab的层次分析方法

1.1 层次分析方法基本原理与步骤

在社会、能源、经济以及科学管理等领域问题的系统分析中，面临的常常是一个由相互关联、相互制约的众多因素构成的复杂数据系统，层次分析方法是一种定性与定量分析相结合的、系统化、层次化的多因素决策分析方法，成为继机理分析、统计分析之后发展起来的系统分析的重要工具，为这类问题的决策和排序提供了一种新的、简洁而实用的建模方法。

层次分析法可分为四个基本步骤(1)建立层次结构模型；(2)构造成对比较阵；(3)计算权向量并做一致性检验；(4)计算组合权向量并一致性检验。基本流程如图1所示。

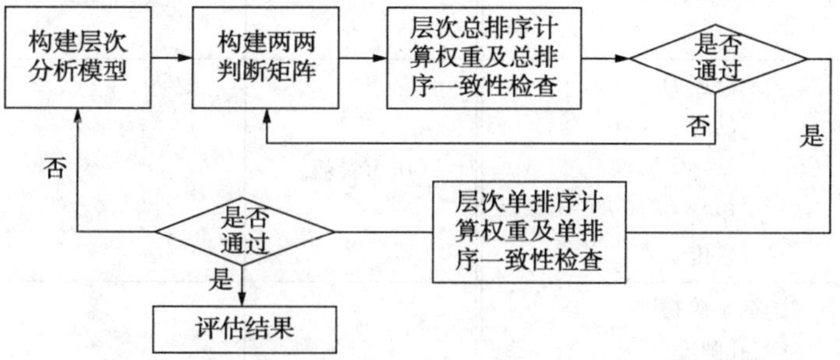

图1 基本流程图

目前，页岩气井产能影响因素评价方法主要有单因素对比分析、综合单因素指数评价方法等，这些方法掺入人为因素，带有主观性和片面性，评价结果与实际情况符合度较差。

本文将层次分析方法应用到页岩气井产能影响因素的评价中，该方法不仅可以考虑各个页岩气产能影响因素之间的相互关联、制约，而且能够得到每一个影响因素的权重值，因而更能真实反映页岩气产能影响的主控因素。层次分析方法在处理地质、工程、生产等复杂数据对产能影响问题上有很强的实用性和有效性。

1.2 层次分析方法在页岩气产能影响因素评价的应用

1.2.1 选定目标区域

优选焦石坝一期主体区中部区域12mm油嘴测试产量相差较大的30口水平井作为研究目标，该区域位于焦石坝背斜构造带中部，地层平缓、整体变形弱、地层倾角小、断裂和裂缝不发育、埋深基本在3000m以浅、曲率均值较小(<0.0025)，如图2所示。

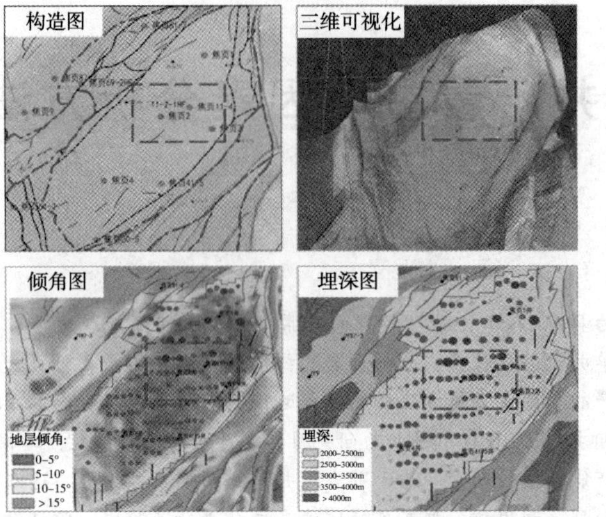

图 2　优选样本井次分布图

1.2.2　选取影响因素指标

本项研究是在 30 口水平井研究目标的数据库上进行，影响因素选取包括地质参数、工程参数、生产数据中的 36 项可量化表征因素。研究 36 项影响因素如何对初期测试产量以及累产 7000 万单位压降产量的影响权重。影响因素分类如表 1 所示。

表 1　页岩气井影响因素分类表

分类	影响因素	分类	影响因素
轨迹参数	垂深 12 类气层比例 水平段长 AB 垂差绝对值 ①③小层穿行比例	设计参数	压裂段数 簇数 平均簇间距 试气长度 平均段间距
气测参数	地层压力 钻时 全经 甲烷 密度	压力参数	开井压力 破裂压力 停泵压力 延伸压力 酸量
测井参数	粘土矿物 孔隙度 渗透率 含气饱和度 地层密度 有机碳 含水饱和度 试气返排	砂液参数	滑溜水 线性胶 总液量 100 目支撑剂 40/70 支撑剂 30/50 支撑剂 总砂量 试气期间累计返排量
试气返排	试气期间累计返排量	试气返排	投产前关井天数

1.2.3　AHP 层次分析法操作步骤

首先，建立层次结构模型。根据地质参数、工程参数、生产数据中 36 项影响因素之间的隶属关系把它们分为目标层(决策的目的、要解决的问题)、准则层(考虑的因素、决策的准则)、方案层(决策结果)3 个层次，并建立递阶层次结构模型。目标层 A：产能影响因素权重分析；准则层 C：地质参数 C_1，工程参数 C_2，生产数据 C_3；方案层 P：垂深 P_1，全烃 P_2，甲烷 P_3，……投产前关井天数 P_{36}。层次模型图如图 3 所示。

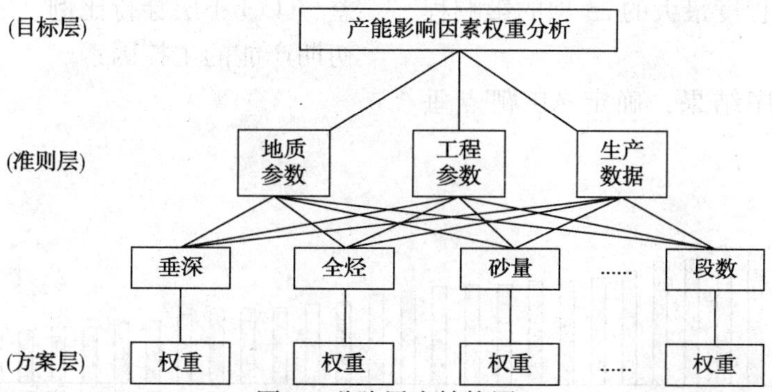

图3　递阶层次结构图

其次，通过各项因素之间的两两比较确定合适的标度。在建立层次结构之后，需要构造判断矩阵，比较一个因素对于另一个因素的重要性以及比重，利用AHP软件进行计算实现各因素权重计算。

最后，一致性检验分析。在构建判断矩阵时，有可能会出现逻辑性错误，比如 P_1 比 P_2 重要，P_2 比 P_3 重要，但却又出现 P_3 比 P_1 重要。因此需要使用一致性检验是否出现问题，使得分析权重计算结果更加准确。各项影响因素的权重值计算结果如表2所示。

表2　页岩气井影响因素权重值(AHP)表

分类	影响因素	测试产量权重值/%	累产7000万时单位压降产量权重值/%	分类	影响因素	测试产量权重值/%	累产7000万时单位压降产量权重值/%
轨迹参数	垂深	4.48	4.46	设计参数	压裂段数	3.87	3.59
	12类气层比例	2.87	3.2		簇数	2.46	1.56
	水平段长	2.5	3.06		平均簇间距	3.79	2.64
	AB垂差绝对值	6.22	5.77		试气长度	3.28	3.26
	①③小层穿行比例	5.13	5.05		平均段间距	1.42	0.99
气测参数	地层压力	3.38	1.58	压力参数	开井压力	2.27	3.48
	钻时	2.09	3.22		破裂压力	5.36	6.87
	全经	2.73	2.9		停泵压力	1.69	2.8
	甲烷	1.91	2.65		延伸压力	3.02	2.85
	密度	3.04	1.35		酸量	1.59	3.53
测井参数	粘土矿物	0.87	1.27	砂液参数	滑溜水	1.87	0.23
	孔隙度	1.4	1.09		线性胶	5.1	5.61
	渗透率	2.33	1.37		总液量	3.64	3.38
	含气饱和度	3.24	1.87		100目支撑剂	1.73	0.42
	地层密度	1.04	1.41		40/70支撑剂	2.29	3.77
	有机碳	0.67	1.44		30/50支撑剂	1.47	1.62
	含水饱和度	3.18	1.4		总砂量	3	4.83
试气返排	试气累计返排量	1.21	2.52	试气返排	投产前关井天数	3.88	2.93

2　页岩气井主控因素分析

2.1　初期产能主控因素分析

基于AHP各项影响因素的权重值计算结果，定量计算各地质因素、工程因素以及生产数据对初期产能的影响程度(图4)。

各影响因素对初期测试产量的影响程度从6.2%到0.67%不等，36项因素中有16项的影响程度超过3%，影响程度最大的25项的影响程度总和超过85%。

根据图4权重排序结果，确定AB靶点垂差、①③小层穿行比例、线性胶、垂深等因素为初期产能的主控因素。

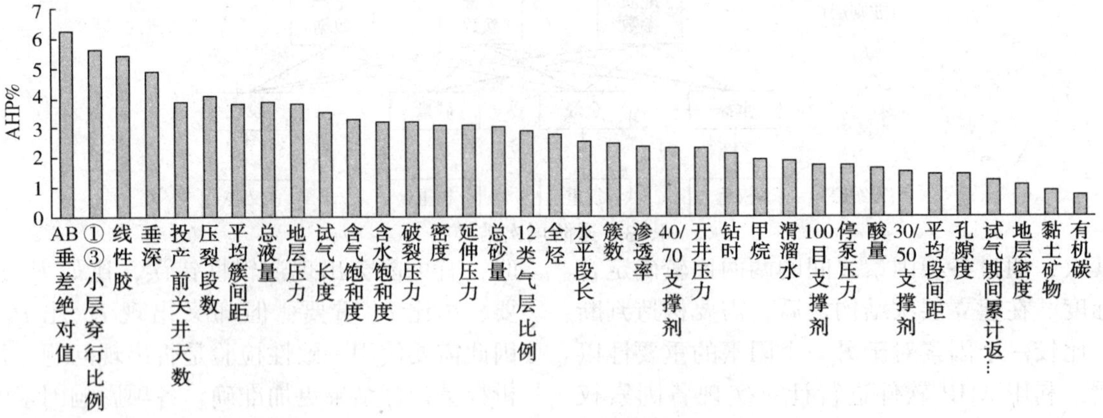

图4　初期测试时各因素权重对比图

2.2　累产7000万方时主控因素分析

基于AHP各项影响因素的权重值计算结果，定量计算各地质因素、工程因素以及生产数据对累产7000万方时的影响程度(图5)。

各影响因素对累产7000万时的影响程度从6.29%到0.23%不等，36项因素有15项影响程度超过3%，影响程度最大的25项的影响程度总和超过87%。

根据图5权重排序结果，确定AB靶点垂差、线性胶、①③小层穿行比例、总砂量等因素为累产7000万方时的主控因素。

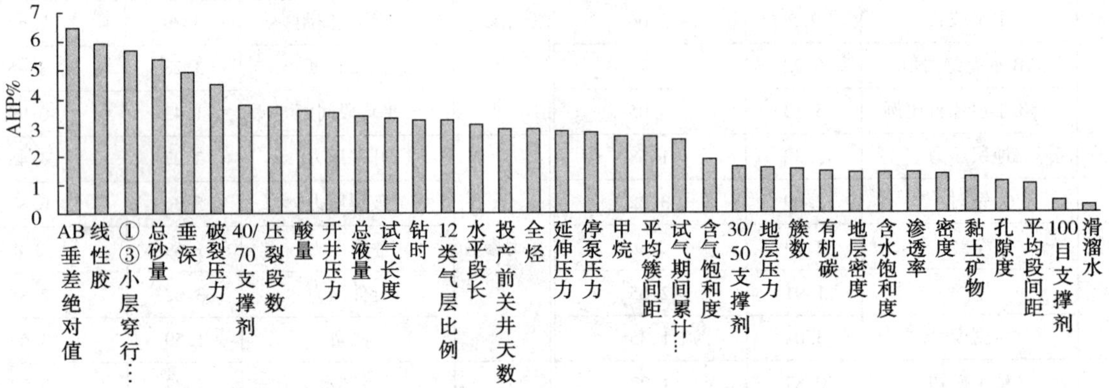

图5　累产7000万方时各因素权重对比图

2.3　主控因素综合研究

表3　地质工程影响因素权重总和(AHP)表

分类	初期测试产量	累产7000万方
地质因数总权重(AHP)/%	44.4	35.28
工程因数总权重(AHP)/%	40.66	52.19

如表3所示，初期测试时，排名前25项影响因素中地质因素影响权重总和为44.44%，工程因素的影响权重总和为40.66%。地质因素与工程因素对初期测试产量的影响几乎同样重要，但地质因素发挥着相对更大的作用。

累产达到7000万方时，排名前25项影响因素中地质因素影响权重总和为35.28%，工程因素的影响权重总和为52.9%。随着气井的生产，

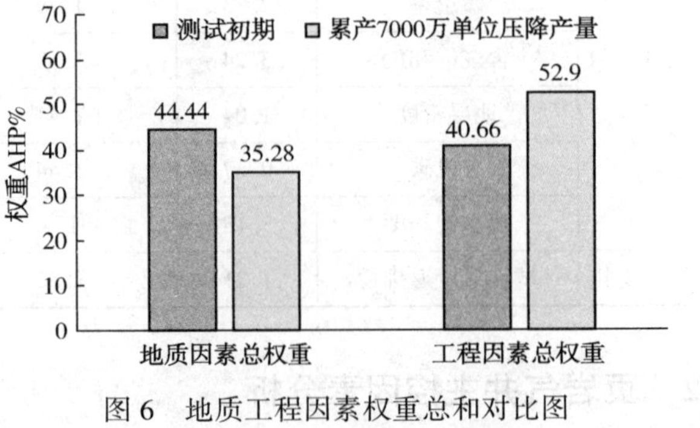

图6　地质工程因素权重总和对比图

工程因素变得越来越重要，影响程度显示出增加的趋势，地质因素的影响程度相对下降(图6)。

3 页岩气产能预测模型建立

在层次分析方法分析36项影响因素权重值的基础上，对地质因素、工程因素以及生产数据进行回归法建立产量预测模型，分别对目标区域以及周围多口井进行产量预测，预测4口井结果如表4所示。

表4 测试产量与预测产量对比表

井号	测试产量/(10^4/d)	预测产量/(10^4/d)	误差值/%
焦页23-2HF	59.11	56.93	3.69
焦页42-2HF	37.47	39.99	6.72
焦页45-2HF	30.91	35.02	13.29
焦页48-3HF	55.89	51.81	7.3

从表4可以看出，4口井预测产量与测试产量匹配度较好，预测产量与测试产量的最大误差13.29%，最小误差3.69%，平均误差7.75%。

4 结论与认识

(1) 确定了包括地质参数、工程参数、生产参数中的36项页岩气井产量影响因素，通过层次分析方法求取了各项影响因素对产量影响的权重值。确定了AB靶点垂差、①③小层穿行比例、线性胶、垂深等因素为初期产能的主控因素；线性胶、①③小层穿行比例、总砂量等因素为累产7000万方时的主控因素。这些指标在页岩气开发设计中建议优先考虑。

(2) 地质因素在初期测试时发挥着相对重要的作用，随着气井的生产，工程因素变得越来越重要。在层次分析方法得到36项影响因素权重的基础上，建立了页岩气井一期主体区产量预测模型，相关预测结果显示较好。

(3) 对比传统常用的产能单因素分析方法，本文提出的基于Matlab的层次分析权重方法更加可靠、有效性更强。

参考文献

[1] 曹原，董凤娟，等．基于层次分析法的油田开发方案优选[J]．地下水，2018，40(2)：75-86.

[2] 贾成业，贾爱林，何东博，等．页岩气水平井产量影响因素分析[J]．天然气工业，2017，37(4)：75-86.

[3] 马文礼，李治平，高闯，等．页岩气井初期产能主控因素“Pearson-MIC”分析方法[J]．中国科技论文，2018，13(15)：54-59.

[4] 李庆辉，陈勉，WANGFP，等．工程因素对页岩气产量的影响——以北美Haynesville页岩气藏为例[J]．天然气工业，2012，32(4)：54-59.

[5] 李昂，石文睿，袁志华，等．涪陵页岩气田焦石坝海相页岩气富集主控因素分析[J]．非常规油气，2016，3(1)：27-34.

[6] 何希鹏，高玉巧，唐显春，等．渝东南地区常压页岩气富集主控因素分析[J]．天然气地球科学，2017，28(4)：654-664.

[7] 王玉芳，翟刚毅，王劲铸，等．四川盆地及周缘龙马溪组页岩产气效果影响因素[J]．地质力学学报，2017，23(4)：540-547.

[8] 郭旭升，胡东风，魏祥峰，等．四川盆地焦石坝地区页岩裂缝发育主控因素及对产能的影响[J]．石油与天然气地质，2016，37(6)：799-808.

[9] 梁榜．基于正交试验分析理论的页岩气初期产能预测新方法———以涪陵焦石坝为例[J]．江汉石油职工大学学报，2017，30(2)：8-12.

[10] 白玉湖；徐兵祥；陈岭；陈桂华；页岩油气典型曲线及解析模型产量预测新方法[J]．中国海上油气，2018，30(4)：120-126.

[11] 徐兵祥，李相方，张磊，等．页岩气产量数据分析方法及产能预测[J]．中国石油大学学报(自然科学版)，2013，37(3)：119-125.

[12] 叶锋．油田技术经济产量预测模型的建立与应用[J]．断块油气田，2014，21(6)：759-761.

[13] 刘传斌，姜汉桥，李俊键，等．预测页岩产量递减组合模型的研究[J]．断块油气田，2015，22(4)：481-483，487.

[14] 郭大立，郭玉龙，陈祥．封闭边界水平井压后产量预测模型[J]．石油天然气学报，江汉石油学院学报，2014，36(7)：122-125.

深层油藏水驱后注气提高采收率长岩心实验研究

巴合达吾列提·坎吉巴依　苏玉亮　李　蕾　李宗法

(中国石油大学(华东)石油工程学院)

摘　要　国内的大多数油田经过注水开发上已经进入了高含水阶段，提高采收率面临极大挑战，而注气驱是深层油藏提高采收率的一项极具潜力的开发技术。以塔里木油田深层M油藏为研究对象，通过开展油藏条件下高温高压长岩心驱替实验，探究水驱后注气压力、注气位置、注气方式对M油藏采出程度的影响规律，明确塔里木高温高压M油藏水驱后注气驱替机理。研究结果表明：M油藏水驱后采出程度平均在46.16%，注气后可在水驱基础上提高采出程度30%–40%，并随着注入压力增大而增大；注气位置实验表明采用顶注底采方式可以利用重力辅助作用延缓气体突破时间，提高原油采出程度最大，为42.62%，比底注顶采方式高6%；经评价，水驱后水气交替的注入方式是M油藏提高采收率最有效的手段。该研究不仅对塔里木深层碎屑岩油藏的水驱后注气开发具有一定的指导意义，也对该类型油田的注水开发具有借鉴意义。

关键词　塔里木；深层油藏；提高采收率；水驱后气驱；长岩心实验

1　前言

石油作为一种不可再生能源，石油在工业中扮演着越来越重要的角色。由于大部分油田已进入生产后期，含水率大幅上升，石油产量急剧下降。不幸的是新的领域越来越难以探索和开发。此外，新替代能源的开发利用也处于探索阶段。因此，提高采收率(EOR)仍然是油田高效开采的领先技术。近年来，国内的大多数油田经过注水开发上已经进入了高含水阶段。油藏在高含水后期剩余油总体呈现高度分散，局部相对富集的格局，继续注水不能够明显的提高采收率。在注水困难情况下，注气能够提高驱油效率，增加储量动用程度，降低含水率，恢复地层压力，提高原油采收率。采用轻烃作为驱替介质，其优势在于在油藏条件下易于原油混合，实现混相驱。气驱是提高该油田采收率最有前景的方法。长岩心驱替实验是研究注气提高采收率的最主要手段，所得的结果也是数值模拟拟合的重要的可靠参考依据。应用目标油藏岩心进行长岩心驱替，所得的结果相比其他手段直接现实的反应目标油藏性质。前人对油藏敏感性研究大多基于简单驱替实验后应用数值模拟进行拟合分析，数值模拟只是间歇手段来分析影响采收率因素，直接进行实验模拟更加具有说服力。国内外对于常规长岩心驱替实验已经非常成熟，随着油气资源匮乏，各国研究重点转向高温高压油藏，但相对应的高温高压实验设备匮乏及高温高压基础实验数据严重缺少，因此研究深层油藏驱替机理研究较少。

本文使用油藏对应的天然岩心，进行了长岩心气体驱油模拟实验。根据实验要求，分别开展了不同注入压力、注入位置，注入方式驱替模拟实验，研究了M油藏深层条件下水驱后连续气驱实验的驱油效率、驱替特征以及各方面因素对驱替效果的影响。基于M油藏研究区块具有一定的倾角，研究认为水驱后进行高注低采和水气交替注入方式注气能够显著提高该油藏采收率，为后期深层高温高压油藏气驱开发提供依据。

2　室内长岩心驱替实验

2.1　实验材料及装置

驱替实验是研究注气提高采收率的最主要手段。通常实验仅仅采用短岩心，但受岩心长度制约，短岩心往往驱替不均匀，突破时间短，难以达到较高实验精度要求。而长岩心驱替实验很好地解决了这个问题。实验岩心样品分别取自M油藏含砾岩段和均质段的天然岩心，选取适当短岩心按一定顺序拼接组合成长岩心，为了消除岩石的末端效应，每块短岩心之间用滤纸连接。实验用水为现场所取地层水，见表1；注气驱替用气体为现场所用气，注入气组成见表 2；注入气油样配制根据标准 GB/T 26981—2011“油气藏流体物性分析方法”进行，采用现场取得的流体样品进行配制。实验岩样信息见表 3。

表 1　驱替用地层水组成

	离子组成/mg·L^{-1}					
组分	NaCl	$CaCl_2$	$NaHCO_3$	Na_2SO_4	$MgCl_2$	KCl
摩尔分数/%	77.8	20.1	0.1	0.64	2.14	1.5

表 2　注入气组成

组分	N2	CO2	C1	C2	C3	iC4	nC4	iC5	nC5	C6	C7+
摩尔分数/%	33.84	2.26	45.98	3.52	3.35	5.08	2.63	2.3	0.08	0.08	0.88

表 3　物理模型岩心基础数据表

样品编号	长度/cm	直径/cm	平均渗透率/$10^{-3}\mu m^2$	孔隙体积/cm^3
1	56.07	2.52	127.56	75.50
2	56.16	2.53	127.70	75.61
3	56.13	2.53	115.48	72.57
4	53.18	2.54	123.72	62.70
5	56.96	2.53	123.59	73.46
6	55.72	2.52	120.32	70.56
7	54.18	2.53	125.60	71.98

长岩心驱替实验是在耐高温高压岩心驱替装置上完成的，驱替装置主要由水体、注入泵系统、长岩心夹持器、回压调节器、压差表、控温系统、液体馏分收集器和气量计组成，其中 0.55 米的三轴长岩心夹持器是长岩心驱替装置中的关键部分，主要由长岩心外筒、胶皮套和轴向连接器组成。

长岩心驱油实验装置如图 1 所示。

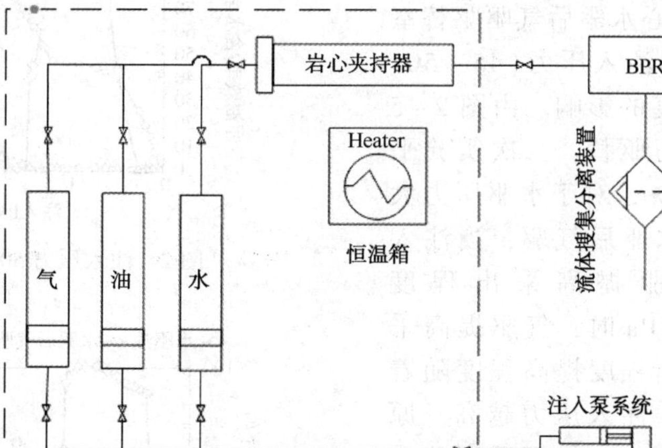

图 1　长岩心驱油实验流程图

2.2　实验步骤

具体实验流程如下：

准备工作：配置地层水和活油，放入中间件容器，密封高压长岩心夹持器，岩心抽真空饱和水，将准备好的岩心放入岩心夹持器中。

（1）温压控制：设置围压压力与温度，设置温度、围压、回压泵调到储层条件，始终保持围压高于芯片内流体的压力 1~2MPa。

（2）驱替实验：在地层温度下建立束缚水饱

和度，用配置好的活油驱替岩心，每隔一定时间记录油量和气量，计算生产气油比，驱替气油比稳定，测试束缚水条件下的油相有效渗透率，此时原油饱和完毕；在岩心入口端恒速注入水进行驱替，同时控制采出端压力为50MPa，控制实验温度在112℃，记录注入压力和进液量，并在出口处记录时间、始端压力、末端压力、环压、油产量、气产量、采出程度等，直至不再产油，转为岩心入口端恒速注入气体，再重复以上步骤，停止驱替，计算累积采出程度。

(3) 驱替实验结束：关闭阀门，停泵，降温，缓慢泄压，待岩心夹持器常温常压时取出岩心，清洗设备，实验结束。

2.3 实验设计及安排

设计了9组长岩心水驱后注气驱替实验。首先每组达到对应实验条件后进行恒速水驱实验，水驱注入速度都为1mL/min，出口压力设定为50MPa，然后在水驱含水达到100%后分别转为不同条件恒速气驱驱替实验，气驱注入速度为1mL/min，水驱后气驱实验安排，见表4。

表4　实验设计统计表

样品编号	研究内容	驱替压力/MPa	注入位置	注气方式
2	注入压力	45	水平	连续
1		50		
3		55		
4	注入位置	50	顶部	连续
1			水平	
5			底部	
6	注入方式	50	水平	连续
1				水气交替
7				间歇注气

3 实验结果分析

3.1 注入压力对驱油效果的影响

借助于高温高压长岩心水驱后气驱驱替室内实验，研究注入气不同注入压力(45、50、55MPa)对长岩心采出程度的影响。由图2~5可看出进行三次不同压力驱替，三次实验平均水驱采出程度为46.16%，对于水驱压力大小影响不明显，但对于水驱后气驱，当注入压力为45MPa时，气驱提高采出程度33.8%，注入压力为55MPa时，气驱提高采出程度41.4%。气驱采出程度提高程度随着注入压力的增加而增加。注入压力越高，原油与注入气的混相程度增加，气驱后原油采出程度明显增加。

3.2 注入位置对驱油效果的影响

利用长岩心实验模拟不同注入位置的水驱效果，主要分为顶部注气(15°)，水平注气(0°)及底部注气(-15°)，由图6~9可以看出由于顶部注气可以利用重力辅助作用延缓气体突破时间，气驱提高采收率最大为42.62%；水平注气次

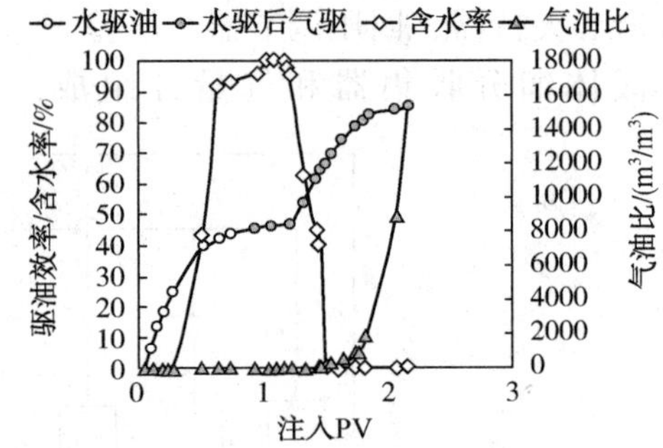

图2　注入压力50MPa驱替效果图

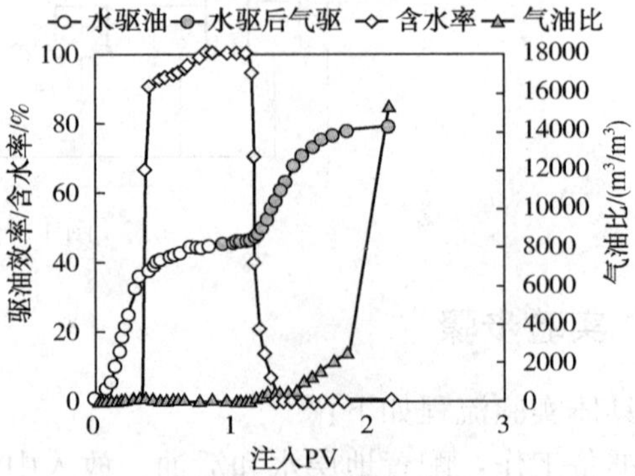

图3　注入压力45MPa驱替效果图

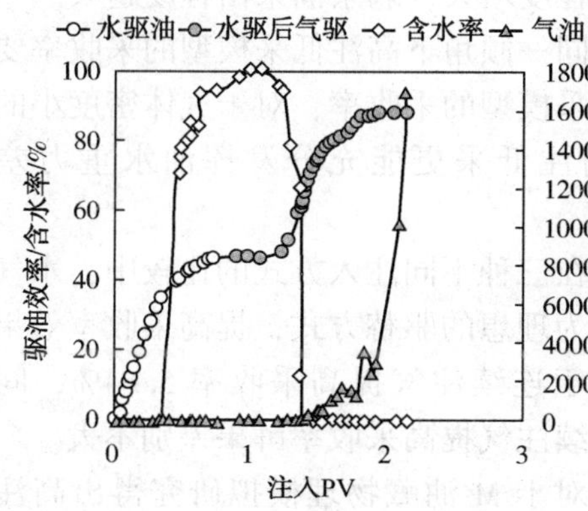

图4　注入压力55MPa驱替效果图

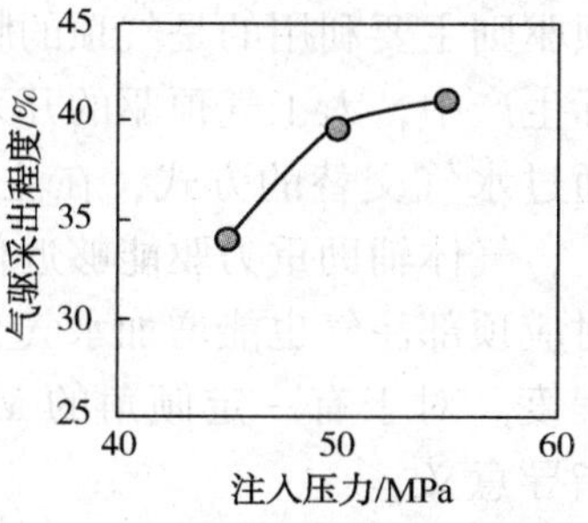

图5　不同注入压力气驱效果图

之；底部注气由于气体极易往上串，加快气串提高采收率效果较差，采收率只有36.67%。从油藏现场生产来看，气体辅助重力驱和人工气顶驱作为顶部注气驱的两种主要注气方式，气体辅助重力驱的主要机理为重力分异作用，而人工气顶驱则主要利用的是气顶的膨胀能；气体辅助重力驱是以重力为主要动力，基于重力驱油机理的，以重力分异方式进行生产的气驱方式。其主要机理在于重力分异以及气顶膨胀作用，其中重力分异作用占主导地位。在现场实施应用中，由于利用油气密度差能够较好地抑制黏性指进，故能够明显地提高采收率。

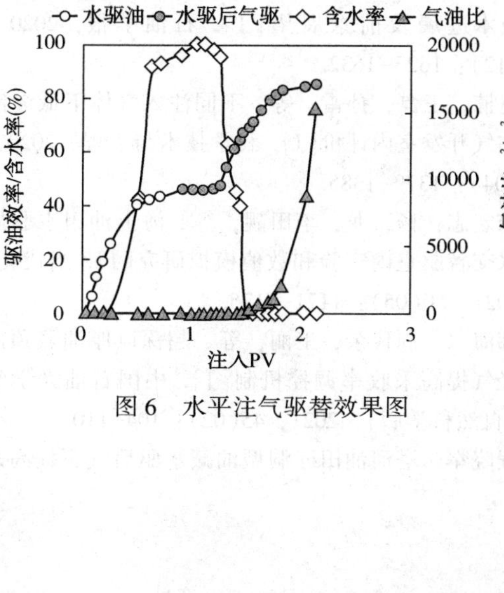

图6　水平注气驱替效果图

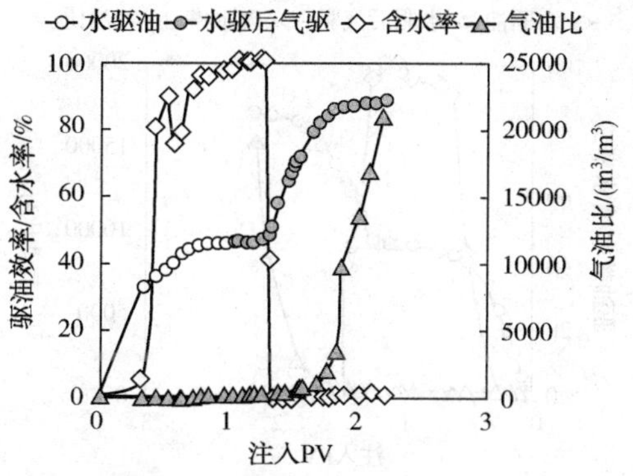

图7　顶部注气驱替效果图

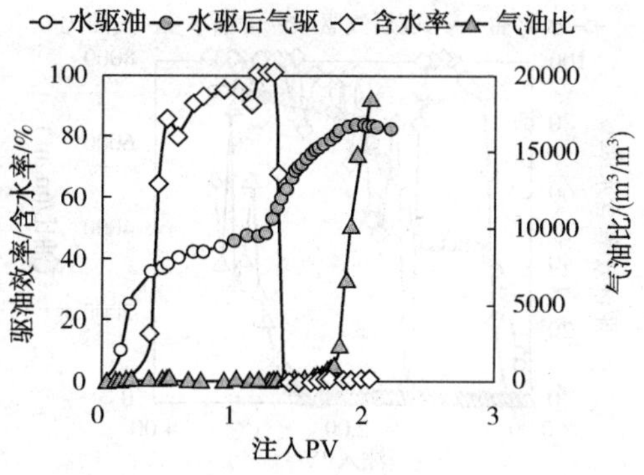

图8　底部注气驱替效果图

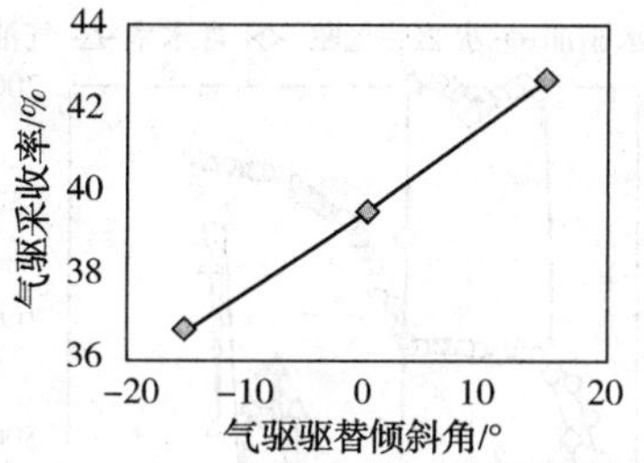

图9　不同倾角注气驱替效果图

3.3　注入方式对驱油效果的影响

在高温高压条件下对长岩心水驱后进行连续注气、水气交替驱替、间歇注气实验，有实验结果如图10~12可以看出，水气交替驱替相对于连续注气提高采收率非常明显，比连续注气采收率提高了5.64%。水段塞的存在可减弱气体指进现象，控制气窜并延长气体突破的时间，增加了宏观波及效率，水气交替注入使油藏中液体饱和度循环改变而引发三相流动和相对渗透率的变化，降低了残余油饱和度，提高了气驱驱油效率。与此相比，间歇注气提高采收率程度基本与连续注气差不多，都在40%左右。

4　总结

通过对塔里木深层油藏进行高温高压条件下

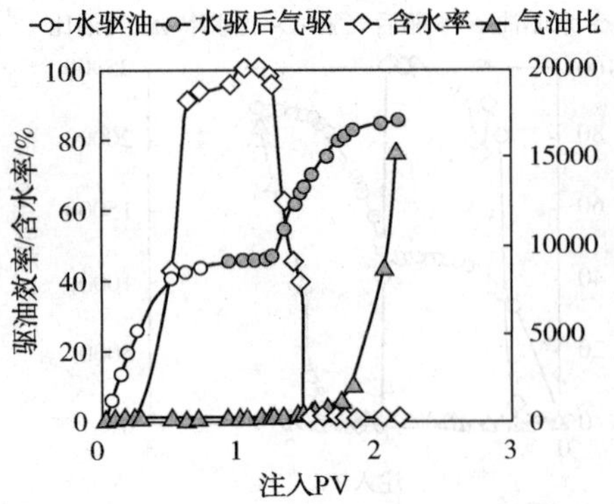

图10　连续注气驱替效果图

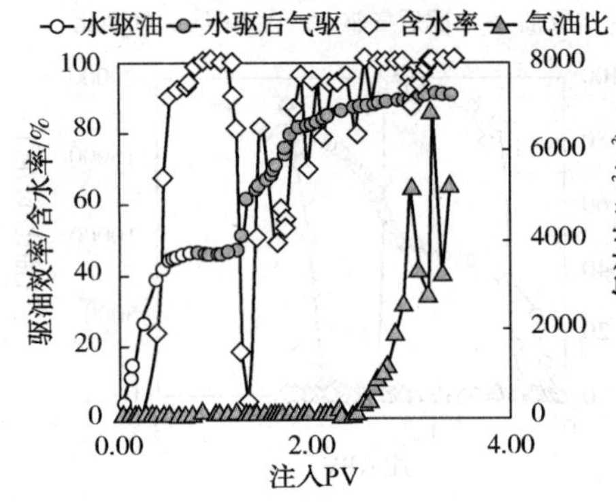

图11　水驱后水气交替驱替效果图

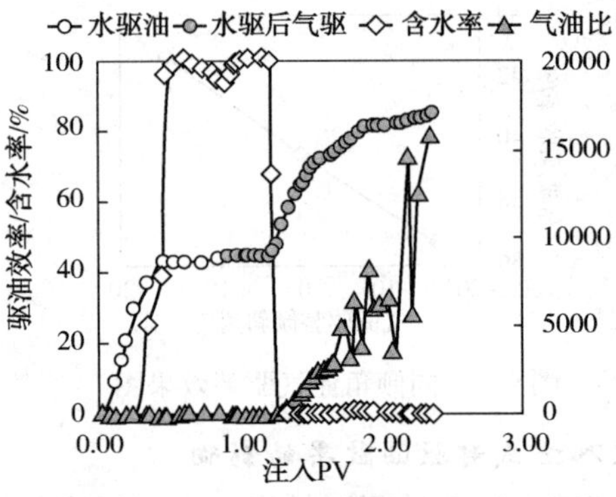

图12　水驱后间歇注气驱替效果图

水驱实验及水驱后注气实验，分别开展了注入压力、注入位置及注入方式的影响研究，主要结论如下：

(1) 注水驱替阶段前期原油采出较快，但水突破后采出程度上升逐渐趋于平缓而含水率急剧增加，直至含水率达到100%且采出程度不再增加后停止注水；注气驱替此阶段前期采出程度几乎并无变化，注气量达到一定值后采收率开始上升但趋势较为平缓，此时含水率有所下降但气油比也开始大幅上升，之后含水率、气油比均呈锯齿状变化。

(2) 深层油藏水驱后气驱注入压力越大，油气水混相程度增大，剩余油采出程度越大。

(3) 同一倾角下高注低采模型的采收率要高于低注高采模型的采收率，对于气体密度小的特征来看高注低采更能充分发挥油水重力差的作用。

(4) 在三种不同注入方式的比较中，水气交替注入最为理想的驱替方式，提高采收率效果明显，相较于连续注气提高采收率5.64%，间歇注气与连续注气提高采收率鲜果差别不大。

(5) 对于M油藏物理模拟研究得出高注低采和水气交替模型对于采出程度影响较大。气体辅助重力驱的主要机理为重力分异作用，而人工气顶驱则主要利用的是气顶的膨胀能，对于现场实际生产中，人工气顶驱的开采流程较为复杂，但通过水气交替的方式，在注水阶段时，一定程度上，气体辅助重力驱能够近似为人工气顶驱。相对应顶部注气也能增加水气交替时的油气水混相程度。对于有一定倾角的M油藏具有一定现实指导意义。

参　考　文　献

[1] 冯高城，胡云鹏，姚为英，等．注气驱油技术发展应用及海上油田启示[J]．西南石油大学学报(自然科学版)，2019，41(01)：147-155.

[2] 杨胜来，陈浩，冯积累，等．塔里木油田改善注气开发效果的关键问题[J]．油气地质与采收率，2014，21(01)：40-44+113.

[3] 计秉玉．国内外油田提高采收率技术进展与展望[J]．石油与天然气地质，2012，33(01)：111-117.

[4] 袁士义，王强．中国油田开发主体技术新进展与展望[J]．石油勘探与开发，2018，45(04)：657-668.

[5] 袁士义，王强，李军诗，韩海水．注气提高采收率技术进展及前景展望[J]．石油学报，2020，41(12)：1623-1632.

[6] 赵楠，王磊，孙雷，等．不同注入气体下低渗油藏注气开发室内评价[J]．科学技术与工程，2020，20(04)：1379-1385.

[7] 宋宏志，杨二龙，李田靓，等．海上油田水驱后气水交替驱室内实验和数值模拟研究[J]．当代化工，2021，50(05)：1171-1175.

[8] 韩海水，周代余，王丽，等．超深巨厚油藏顶部注烃气提高采收率调控机制[J]．中国石油大学学报(自然科学版)，2021，45(02)：104-110.

[9] 程晓军．塔河油田缝洞型油藏水驱后气驱提高采收

率可视化实验[J]. 新疆石油地质, 2018, 39(04): 473-479.

[10] 侯冬青, 刘小岑, 郑伟涛, 等. 塔里木盆地东河1油田石炭系油藏注气开发气油比上升问题及对策[J/OL]. 大庆石油地质与开发: 1-8[2021-11-05]. https://doi.org/10.19597/J.ISSN.1000-3754.202006035.

[11] 郭永伟, 杨胜来, 李良川, 等. 长岩心注天然气驱油物理模拟实验[J]. 断块油气田, 2009, 16(06): 76-78.

[12] 赵凤兰, 宋黎光, 冯海如, 王强. 长岩心 CO_2 非混相驱中注气速率对重力超覆的影响[J]. 油田化学, 2021, 38(02): 273-278+295.

[13] 刘梦云. 低渗透油藏注空气室内实验及数值模拟研究[D]. 北京: 中国石油大学(北京), 2019.

[14] 林云清. 注空气驱室内实验研究[J]. 当代化工, 2019, 48(03): 526-529.

[15] 杨志兴, 汪誉高, 鹿克峰, 等. 高温高压下气藏反渗吸水锁伤害评价实验测试方法[J]. 科技与创新, 2018(12): 56-59.

[16] 汪周华, 肖阳, 郭平, 等. 缝洞型碳酸盐岩气藏高温高压气水两相渗流特征[J]. 油气藏评价与开发, 2017, 7(02): 47-52.

[17] Wang, L., et al., Advances in improved/enhanced oil recovery technologies for tight and shale reservoirs. Fuel, 2017.210: 425-445.

[18]梁淑贤, 周炜, 张建东. 顶部注气稳定重力驱技术有效应用探讨[J]. 西南石油大学学报(自然科学版), 2014, 36(04): 86-92.

[19] 周炜, 张建东, 唐永亮, 等. 顶部注气重力驱技术在底水油藏应用探讨[J]. 西南石油大学学报(自然科学版), 2017, 39(06): 92-100.

石墨烯驱油材料分散性能及驱油效果评价

王秀军[1,2]　孙　哲[1,2]　张　健[1,2]

(1. 中海油研究总院有限责任公司；2. 海洋石油高效开发国家重点实验室)

摘　要　对于纳米驱油材料而言，在油藏条件下保持长期分散稳定性能，是其现场应用面临的重要问题之一。本文针对Janus石墨烯驱油材料，以分散液的透过率为参数，通过筛选表面活性剂和聚合物的种类和浓度，确定了在模拟矿化水中最佳的分散助剂种类和浓度，在此基础上，评价了分散剂对于纳米分散液耐温、长期稳定性的提升效果。结果表明，聚乙烯基吡咯烷酮(PVP-25)具有最好的效果，最佳浓度为60mg/L，在此条件下，体系在90℃老化7天后仍然可以保持良好的分散性能。驱替实验结果表明，Janus石墨烯/PVP-25体系可以将采收率提高11.6%，展现出良好的驱油效果。

关键词　Janus石墨烯；提高采收率；分散性能；长期稳定性

近年来，片状纳米材料应用于提高原油采收率方面的研究引起了人们的关注。使用长链烷基胺在一侧修饰氧化石墨烯，所制备的Janus型非对称片状纳米材料，展现出优异的驱油效果。研究表明对氧化石墨烯进行磺化修饰，可以改善材料的亲水性，提高其分散稳定性。在溶液中剥离的磺化石墨烯通过改变岩石润湿性，有效提高原油采收率。与常规纳米材料一样，片状纳米材料在溶液中面临长期分散稳定的问题，这主要是因为纳米颗粒具有高的比表面积，纳米颗粒之间存在相互作用，因此，在溶液中纳米材料逐渐团聚，尺寸增大，严重时甚至产生明显的聚沉，严重影响使用效果。因此，提升长期分散稳定性，尤其是在高温高盐条件下的分散性能，是纳米材料应用亟待解决的问题之一。

本文以海上高温高盐油藏为研究对象，用100mg·L^{-1}纳米流体对光的透过率作为评价标准，用多种油田常用的表面活性剂、聚合物为分散助剂，筛选出一种或几种分散助剂，通过加入少量的分散助剂，以期提高S-GO-O在高矿化度盐水中以及高温下的分散稳定性。在此基础上，排除分散稳定剂的影响后，开展三层非均质方岩心的驱替实验，以探究S-GO-O纳米流体在非均质地层的适用性。

1　实验部分

1.1　主要原料及试剂(表1)

表1　实验药品

试剂	纯度	生产厂家
氧化石墨烯(GO)	工业品	深圳市图灵进化科技有限公司
十八胺(ODA)	90%	阿拉丁
NaCl	A R	国药集团化学试剂有限公司
NaOH	A R	国药集团化学试剂有限公司
$NaHSO_3$	A R	国药集团化学试剂有限公司
无水乙醇	A R	天津市富宇精细化工有限公司
甲苯	A. R	天津市富宇精细化工有限公司
丙酮	A R	天津市富宇精细化工有限公司
煤油	工业品	山东德彦化工有限公司
十六烷基三甲基溴化铵(CTAB)	A R	国药集团化学试剂有限公司
十二烷基三甲基溴化铵(DTAC)	A R	国药集团化学试剂有限公司

续表

试剂	纯度	生产厂家
十二烷基硫酸钠(SDS)	A R	国药集团化学试剂有限公司
十二烷基苯磺酸钠(SDBS)	A R	国药集团化学试剂有限公司
吐温-80	A R	国药集团化学试剂有限公司
TX-100	A R	国药集团化学试剂有限公司
聚乙烯吡咯烷酮 K15(PVP)	A R	阿拉丁
聚乙烯吡咯烷酮 K25(PVP)	A R	阿拉丁
聚乙烯吡咯烷酮 K30(PVP)	A R	阿拉丁
聚乙烯吡咯烷酮 K90(PVP)	A R	阿拉丁

2.2 合成方法

(1) 称取200mg氧化石墨烯(GO)缓慢加入198g去离子水中，并通过超声处理使其均匀分散。

(2) 称取0.4g十八胺(ODA)加入50mL煤油中，搅拌至完全溶解。

(3) 将配制好的十八胺的煤油溶液缓慢滴加到配好的氧化石墨烯分散体系中，同时加入2gNaCl。将混合物在室温下以900rpm的速度搅拌18h。

(4) 称取$NaHSO_3$4g溶于97g去离子水中，配制成浓度为4%的$NaHSO_3$溶液。将配制好的$NaHSO_3$溶液加入反应形成的乳液中，升温搅拌4h。

(5) 反应结束后，将混合物倒出，将产物以4000rpm的速度，离心20min。将上层煤油回收，倒出底层的清液，用丙酮洗涤中层的产物。再次以6000rpm的速度，离心20min，倒掉上层清液，重复三次。再用去离子水洗涤产物，用6000rpm的速度，离心20min，倒掉上层清液，重复三次。产物晾干即得到两亲型氧化石墨烯(S-GO-O)。

2.3 透光度的测定

由于纳米流体颜色为深棕色或黑色，采用100mg·L^{-1}浓度下纳米流体的对光的透过率(A)来评测纳米颗粒在水中的分散程度。透光度(T)测定用可见光分光光度计测量(波长为600nm)。透过率可由吸光度换算(式1)。

$$T = 10^{-A} \times 100\% \tag{1}$$

式中：A为透过率；T为吸光度。

2.4 纳米流体抗盐性能评价

2.4.1 矿化水的配制

实验模拟南海某油藏，矿化水组成如表2所示。

表2 矿化水无机盐离子组成

离子组成	HCO_3-	Cl^-	K^++Na^+	SO4^{2-}	Ca^{2+}	Mg^{2+}	TDS
含量/(mg·L^{-1})	133	18599	11153	2694	346	1165	34090

2.4.2 稳定剂溶液的配制

取1.00g作为稳定剂的药品置于玻璃烧杯中，用模拟地层水配置成浓度为1000mg·L^{-1}的稳定剂溶液，将此作为母液备用

取50mg S-GO-O样品置于玻璃瓶中，加入99.95g稀释好的溶液，配制成500mg·L^{-1}纳米流体母液，输入总功率为600W的超声波清洗机进行超声20min。

将两种母液按不同比例混合，并用模拟矿化水稀释至所需浓度。

2.4.3 评价方法

一般认为，S-GO-O在水中分散的越好，其吸光度就越大，而透光度就越低。将配置好的溶液置于5mL玻璃比色皿中，通过可见光分光光度计在常温下进行吸光度的测定，以去离子水的吸光度为0作为标准，测量溶液配置后的吸光度，之后每30min从测量一次，持续6h。将所得数据换算成透光度并绘制成图。初步筛选完毕之后，将时间延长至12h，24h，36h，48h，行二次筛选，并根据结果，将静置时间延长至7天，测其吸光度变化，将其转化为透光度，进行比较，优选出在盐水中可以有效稳定纳米流体的分散稳定剂。

2.5 三层非均质方岩心驱替实验

(1) 实验岩心

驱油用实验岩心：3层非均质人造方岩心(4.5×4.5×30cm)。

其中3层非均质：高渗800mD，中渗100mD，低渗50mD，正韵律排布。

(2) 实验方法

① 使用三层非均质岩芯，将其抽真空，以0.5mL·min^{-1}饱和模拟矿化水。

② 采用渐变流速饱和油的方法。将配置的模拟油以0.1mL·min^{-1}的流速饱和10h，再以0.2mL·min^{-1}的流速饱和6h。待三层非均质岩芯出液端不出水(仅出油)时，再以0.5mL·min^{-1}的流速饱和1h，用1mL·min^{-1}的高速饱和30min。饱和油结束后，关闭三层非均质岩芯两端的阀门，在90℃下密封老化72h。

③ 设定泵速度为1mL·min^{-1}，当产出液含水率达到90%以上，保持泵速1mL·min^{-1}不变，注入0.3PV浓度为100mg·L^{-1}驱替液；之后后续水驱至产液含水率95%以上。

3 结果与讨论

为适应油藏中高温高盐的条件，本文用100mg·L^{-1}纳米流体对光的透过率作为评价标准，首先采用多种油田常用的表面活性剂、实验室常用的聚合物为分散助剂(浓度均为50mg·L^{-1})进行初步筛选，通过加入少量的分散助剂，以期提高S-GO-O在高矿化度盐水中的分散稳定性。

3.1 分散剂筛选

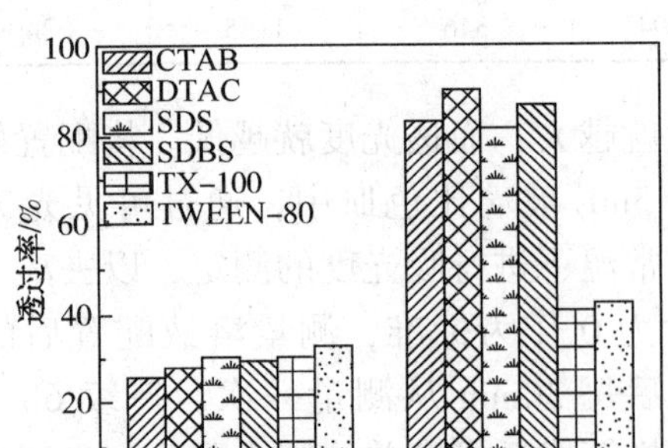

图1　添加各类表面活性剂后纳米流体透过率变化

3.1.1　表面活性剂初步筛选

筛选了3种表面活性剂种类，分别为阳离子表面活性剂(CTAB、DTAC)，阴离子表面活性剂(SDS、SDBS)，非离子表面活性剂(TX100、TWEEN-80)。配制成表面活性剂浓度为50ppm(mg·L^{-1})的S-GO-O纳米流体，测量其6h后的透过率变化。由图1可知，添加了两种阳离子表面活性剂的纳米流体在6h后的透过率已经上升到90%左右，添加了两种阴离子表面活性剂的纳米流体在6h后的透过率也有同样的结果出现。两种非离子表面活性剂在稳定S-GO-O纳米流体透过率方面表现出色，6h后S-GO-O纳米流体的透过率上升至40%左右。因此将两种非离子表面活性剂进行进一步浓度的筛选。

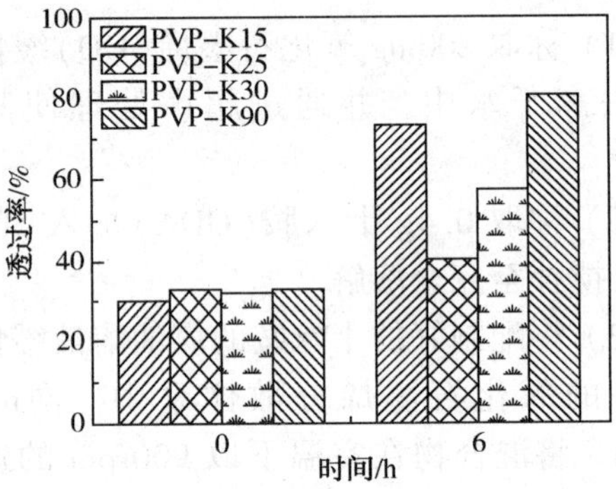

图2　添加聚合物后纳米流体透过率变化

3.1.2　聚合物初步筛选

筛选了实验室常用的聚合物材料聚乙烯吡咯烷酮(PVP)，其中聚乙烯吡咯烷酮根据不同分子量分为聚乙烯吡咯烷酮K15(PVP-K15)、聚乙烯吡咯烷酮K25(PVP-K25)、聚乙烯吡咯烷酮K30(PVP-K30)、聚乙烯吡咯烷酮K90(PVP-K90)。将四种聚合物材料配制成聚合物浓度为50ppm(mg·L^{-1})的S-GO-O纳米流体，测量其6h后的透过率变化。如图2所示，四种聚合物材料中，PVP-K25稳定S-GO-O纳米流体效果最好，6h后S-GO-O纳米流体的透过率上升至40%左右。将PVP-K25进行进一步浓度的筛选。

3.1.3　分散剂浓度筛选

图3显示了TWEEN-80加入后S-GO-O纳米流体的透光度变化的曲线，曲线截距与空白对照组差别不大，这说明TWEEN-80对S-GO-O的分散性提升效果不明显，随着时间的延长，曲线趋于水平，这说明在改善S-GO-O纳米流体稳定性方面，TWEEN-80有很好的效果，而且在低浓度下效果明显。

TX-100是一种非离子型的表面活性剂，这种表面活性剂可以在含有足够分子量的碱金属的

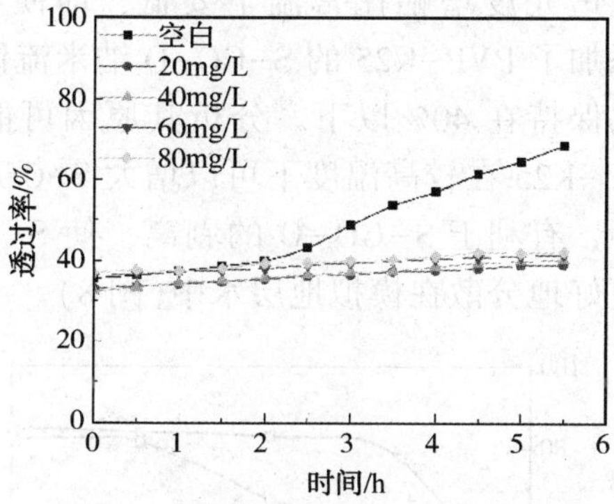

图 3　TWEEN-80 作为分散稳定剂时透光度随时间的变化

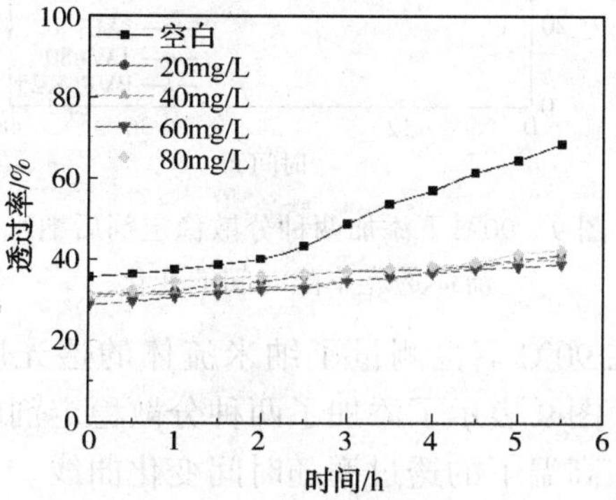

图 4　TX-100 作为分散稳定剂时透光度随时间的变化

环境下保持稳定性。它在 pH 较高的的液体中也具有很好的稳定性，因此在油田中应用广泛。图 4 为 TX-100 加入后 S-GO-O 纳米流体的透光度变化的曲线。加入少量 TX-100 后，曲线的截距变小，这说明 TX-100 可以改善 S-GO-O 的分散性。随着时间的延长，S-GO-O 纳米流体透光度的曲线斜率减小，曲线变得平缓。这说明 TX-100 减缓了 S-GO-O 沉降的速度，对纳米流体在模拟地层水中的稳定性有明显的改善。

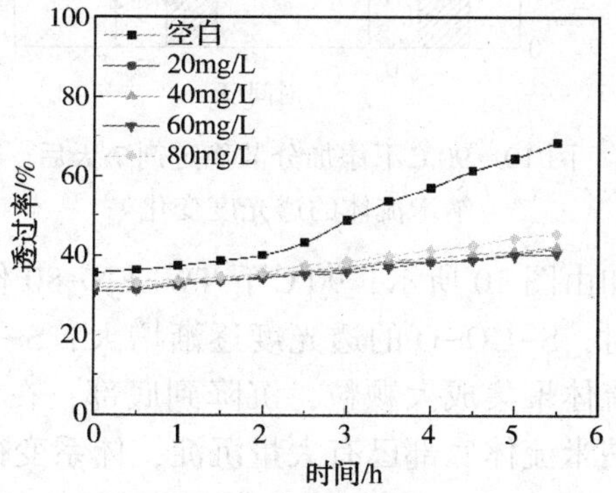

图 5　PVP-K25 作为分散稳定剂时透光度随时间的变化

非离子表面活性剂作为纳米颗粒的分散稳定剂的效果较好，分析其原因可能为分散剂的疏水一端吸附在 S-GO-O 的表面，而分散剂的亲水端伸展在水中，形成吸附层，增大了 S-GO-O 纳米片层之间的距离，进而阻止 S-GO-O 的聚集。

如图 5 所示，PVP-K25 作为分散稳定剂时，曲线截距和斜率都比空白对照组减小，表明 PVP-K25 作为分散稳定剂可以对 S-GO-O 纳米流体的分散性和稳定性有明显的改善。在 PVP-K25 浓度为 $60mg \cdot L^{-1}$时，对 S-GO-O 纳米流体在模拟地层水中的分散稳定性改善最佳。

3.2　纳米流体分散稳定剂长期稳定性评价

图 6 表示添加了各类分散稳定剂后 S-GO-O 纳米流体透光度随时间的变化曲线。在 24h 后，非离子表面活性剂 TX-100($60mg \cdot L^{-1}$)斜率上升幅度最大，TX-100($60mg \cdot L^{-1}$)对 S-GO-O 的稳定作用减弱，S-GO-O 纳米流体开始聚集，形成大颗粒，沉降到底部。48h 种，曲线斜率趋于平缓的是非离子表面活性剂 TWEEN-80($40mg \cdot L^{-1}$)与聚合物材料 PVP-K25($60mg \cdot L^{-1}$)。结果证明，两种材料在 48h 内对 S-GO-O 纳米流体都有很好的稳定作用。

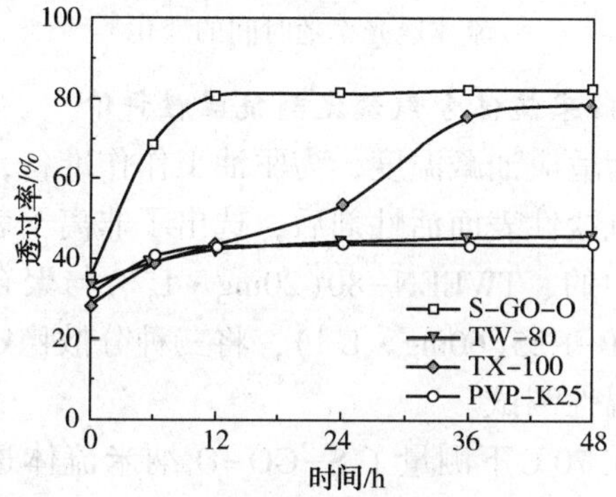

图 6　添加各类分散剂后透光度随时间的变化

对两种优选出的分散剂最优浓度做了 7 天后透光度的对比，如图 7 所示，7 天后，TWEEN-80 稳定的 S-GO-O($40mg \cdot L^{-1}$)纳米流体透光度上升到约 50%，纳米流体产生少量沉淀，但体系中仍未见颗粒，分散较好。而聚合物材料 PVP-K25($60mg \cdot L^{-1}$)稳定的 S-GO-O 纳米流体透光度上升至约 45%，底部未见沉淀，纳米颗粒分散较好。对表面活性剂与聚合物材料进行简单的复配，在两种分散稳定剂最佳浓度下，观察

S-GO-O 纳米流体 7 天后透光度的变化，两种分散稳定剂复配后没有起到更好的效果，反而较之前的透光度略有上升。

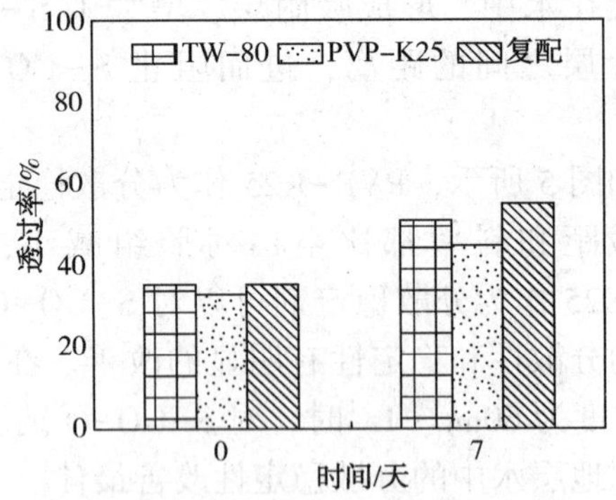

图 7　添加分散稳定剂 7 天后纳米流体的透光度变化

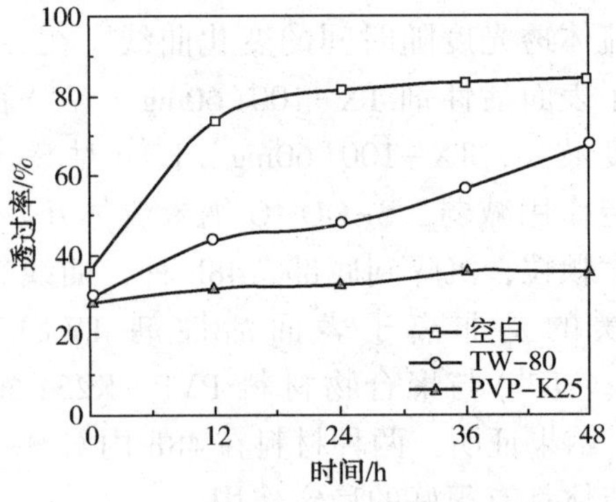

图 8　70℃下添加两种分散稳定剂后纳米流体透光率随时间的变化

3.3 纳米流体分散稳定剂抗温性评价

为适应油藏温度，为驱油工作作准备，在筛选了抗盐性表面活性剂后，选出了非离子表面活性剂中的、TWEEN-80(20mg・L^{-1})与聚合物中的 PVP-K25(60mg・L^{-1})，将三种分散稳定剂进行抗温性测试。

在 70℃下测量了 S-GO-O 纳米流体透光度随时间变化的曲线，并分别添加两种分散稳定剂后同样进行测试。在 70℃下，S-GO-O 初始的透光度降低，表明在高温有利于 S-GO-O 的分散。分析其原因可能是高温会促进 S-GO-O 的剥离，使其片层之间距离增加，从而分散的更好。未添加分散剂的 S-GO-O 纳米流体在 24h 内透光度逐渐增加，到 24h 时几乎已成体系无色透明状态，底部有黑色沉淀。添加了 TWEEN-80 的纳米流体透光度随着时间在 48h 内逐渐上升，这说明在 70℃下，TWEEN-80 对 S-GO-O 的稳定效果不理想。在 70℃下，添加了 PVP-K25 的 S-GO-O 纳米流体透透光度曲线趋于平缓，且透光度增幅比常温下要低，即使在 48h 后，添加了 PVP-K25 的 S-GO-O 纳米流体的透光度仍保持在 40%以下。分析其原因可能是由于 PVP-K25 在较高温度下可以增大 S-GO-O 的层间距，有利于 S-GO-O 的剥离，使 S-GO-O 可以更好地分散在模拟地层水中(图 8)。

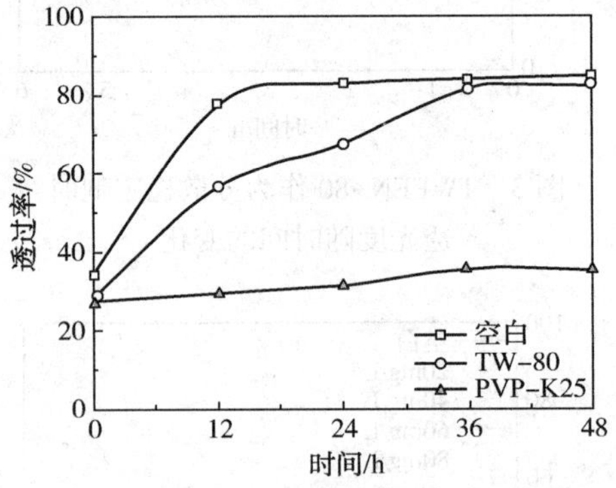

图 9　90℃下添加两种分散稳定剂后纳米流体透光率随时间的变化

在 90℃下也测量了纳米流体的透光度变化曲线，图 9 表示了添加了两种分散稳定剂的纳米流体在高温下的透过率随时间变化曲线。在高温下，纳米流体的初始透光度进一步降低，说明在较高温度下确实有利于其分散。在之后的老化中，未添加分散剂的纳米流体的透光度迅速上升，约 12h 已经达到近 80%，此时已有大颗粒沉降至底部。

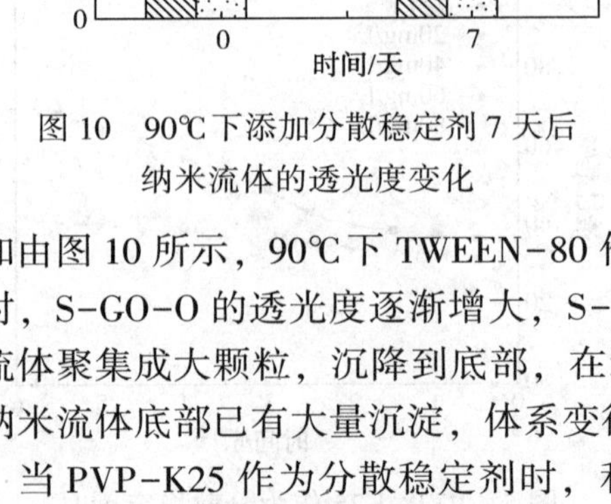

图 10　90℃下添加分散稳定剂 7 天后纳米流体的透光度变化

如由图 10 所示，90℃下 TWEEN-80 作为稳定剂时，S-GO-O 的透光度逐渐增大，S-GO-O 纳米流体聚集成大颗粒，沉降到底部，在约 36h 时，纳米流体底部已有大量沉淀，体系变得无色透明。当 PVP-K25 作为分散稳定剂时，和前面的讨论结果一致，虽然曲线整体有上涨的趋势，但 S-GO-O 纳米流体的透光度仍保持在 40%以下。分析其原因可能是由于 PVP-K25 在较高温度下可以增大 S-GO-O 的层间距，有利于 S-GO-O 的剥离，使 S-GO-O 可以更好地分散在模拟地层水中。

在 90℃ 下，测量了老化时长为 7 天的 S-GO-O 纳米流体的透光度，此时的 S-GO-O 纳米流体已经聚结成大颗粒沉在底部，体系无色透明，透过率约 80%。添加了 PVP-K25（60mg·L^{-1}）的 S-GO-O 纳米流体在 90℃ 下老化 7 天后，其透光度仍能保持在 40% 以下，这证明在高温下 PVP-K25（60mg·L^{-1}）对 S-GO-O 的稳定作用显著，可以作为一种高效的分散稳定剂配合 S-GO-O 使用。

3.4 纳米流体驱油性能评价

3.4.1 三层非均质岩心驱替实验

实验用岩心性质如表 3 所示。

表 3 实验用岩心性质

岩心编号	PV/cm^3	孔隙度/%	饱和油/mL	含油饱和度/%	含水饱和度/%
1	135.3	22.57	76.6	56.61	43.39
2	132.5	22.15	71.3	53.81	46.19

基于 S-GO-O 纳米流体在不同渗透率的均质方岩心中的模拟驱油实验结果，优选出最佳注入浓度 100ppm，开展三层非均质岩心驱油实验研究，以分析 S-GO-O 在非均质地层条件下的适用性。

为了更好地模拟现场生产的情况，在水驱时含水率到达 90% 时开始转注 0.3PV 纳米流体驱替，而后转入后续水驱。为了利于观测和对比，进而得出准确的采收率，当最终采收率连续三次达到 95% 以上时，停止驱替。将数据计算并绘制含水率，采收率，压力随着注入体积变化的曲线。

由于进行模拟驱油实验时所用驱替液矿化度较高，需添加相应的分散稳定剂 PVP-K25（60mg·L^{-1}），为了验证 S-GO-O 驱替的效果，用岩心编号为 1 的岩心进行模拟驱替实验空白对照，驱替液为矿化度为 34090 的模拟地层水与用模拟地层水配制的 PVP-K25（60mg·L^{-1}）。

如图 11 所示，不添加 S-GO-O 的模拟驱替实验在水驱结束时，采收率达到 30.3%，然后转注 0.3PV 的 PVP-K25（60mg·L^{-1}），再转入后续水驱。当模拟驱替实验结束时，最终采收率

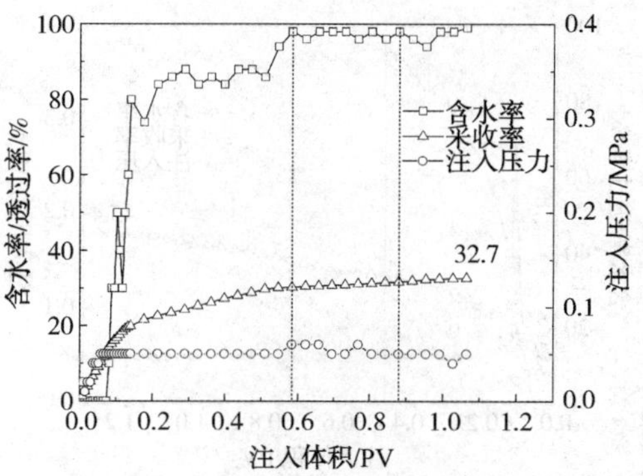

图 11 非均质方岩心驱替实验空白对照组

达到 32.7%。但是在注入 PVP-K25（60mg·L^{-1}）驱替过程中，含水率多次上升至 95% 以上，转入后续水驱后，采出液含水率很快上升至 95%。根据最终采收率与水驱采收率，可得 PVP-K25（60mg·L^{-1}）提升采收率的效果并不明显，为 2.4%。

实验室用岩心编号为 2 的岩心进行了浓度为 100mg·L^{-1} 的 S-GO-O 纳米流体模拟驱油实验。驱替液为矿化度为 34090 的模拟地层水与用模拟地层水配置的纳米流体 S-GO-O（100mg·L^{-1}）与 PVP-K25（60mg·L^{-1}）。

图 12 为添加了 100mg·L^{-1} 的 S-GO-O 纳米流体在非均质方岩心中的驱替性能。由图中可知，在非均质方岩心模拟驱油实验中，当采出液含水率达到 90% 时，水驱结束，此时采收率为 33.8%，转注 0.3PV 的 S-GO-O 纳米流体后，进行后续水驱，当采出液含水率连续三次达到 95% 以上时，停止驱替。此时采收率为 45.4%。因此，S-GO-O 纳米流体在三层非均质方岩心中提升采收率 11.6%。在排除了分散稳定剂的干扰作用后，在三层非均质方岩心的模拟驱油实验中，S-GO-O 纳米流体也有着较好的提高采收率的能力，在 100mg·L^{-1} 浓度下，可以提高采收率 9.2%。

4 结论

通过筛选油田常用表面活性剂与实验室常用聚合物材料，优选出两种分散稳定剂及浓度。将抗盐性优异的分散稳定体系分别在油藏温度下进行老化，发现当 PVP-K25 作为分散稳定剂时，S-GO-O 纳米流体的透光度仍保持稳定。分析其原因可能是 PVP-K25 在较高温度下可以增大 S-GO-O 的层间距，有利于 S-GO-O 的剥离，使

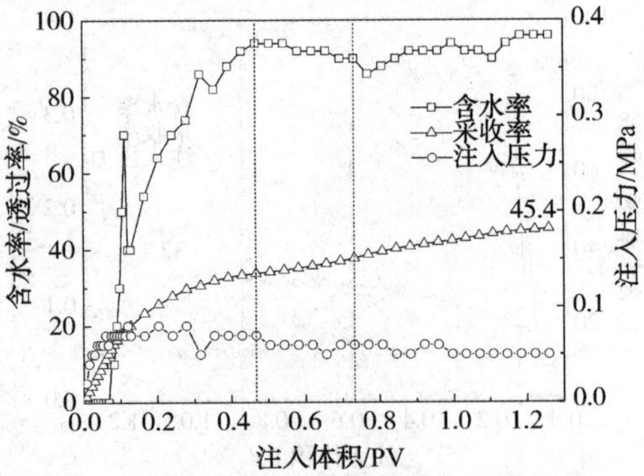

图12　100mg·L^{-1}的S-GO-O在非均质方岩心中的驱替性能评价

S-GO-O可以更好地分散在模拟地层水中。进行三层非均质岩心的模拟驱油实验，在排除分散剂的影响后，S-GO-O纳米流体将采收率提升11.6%。证明S-GO-O在非均质地层条件下仍能获得较好的效果。

参考文献

[1] 何江川，廖广志，王正茂．油田开发战略与接替技术[J]．石油学报，2012，33(03)：519-525.

[2] 侯吉瑞，闻宇晨，屈鸣，等．纳米材料提高油气采收率的研究及应用[J]．特种油气藏，2019：1-11.

[3] Ye Z，Qin X，Lai N，et al. Synthesis and performance of an acrylamide copolymer containing nano-SiO_2 as enhanced oil recovery chemical[J]. Journal of Chemistry，2013：437309.

[4] Luo D，Wang F，Chen J，et al. Poly(sodium 4-styrenesulfonate) stabilized Janus nanosheets in brine with retained amphiphilicity [J]. Langmuir，2018，34：3694-3700.

[5] Luo D，Zhang F，Zheng H，et al. Electrostatic-attraction-induced high internal phase emulsion for large-scale synthesis of amphiphilic Janus nanosheets [J]. Chemical Communications，2019.

[6] Luo D；Wang F，Zhu J，et al. Secondary Oil Recovery Using Graphene-Based Amphiphilic Janus Nanosheet Fluid at an Ultralow Concentration[J]. Industrial & Engineering Chemistry Research，2017，56(39)：11125-11132.

[7] Luo D，Wang F，Zhu J，et al. Nanofluid of graphene-based amphiphilic Janus nanosheets for tertiary or enhanced oil recovery：High performance at low concentration[J]. Proc Natl Acad Sci U S A，2016，113(28)：7711-7716.

[8] Wu H，Yi W，Chen Z，et al. Janus graphene oxide nanosheets prepared via Pickering emulsion template [J]. Carbon，2015，93：473-483.

[9] Hamideh R，Alimorad R，Solaimany N A R，et al. A novel nanofluid based on sulfonated graphene for enhanced oil recovery [J]. Journal of Molecular Liquids，2018，271：S860521357.

[10] 陈五花，王业飞，何臻培，等．盐、温度和pH值对纳米SiO_ 2/HPAM分散体系稳定性和流变性的影响[J]．石油学报(石油加工)，2020：1-14.

缝洞型油藏氮气驱注采参数优化研究

张　允

（中国石化石油勘探开发研究院）

摘　要　缝洞型油藏具有储集空间多样、缝洞组合连通模式复杂、多种流动模式共存等特点，存在缝洞型油藏有效注气问题，为此基于不同岩溶背景模型开展了注气数值模拟，开展注气时机、注采关系、注气方式、注气总量、注气速度、周期注气量等关键参数的优化研究，揭示气影响规律，为注气开发提供支撑。

关键词　缝洞型油藏；不同岩溶背景；氮气驱；数值模拟；注采优化

1　前言

碳酸盐岩油气藏在现今石油天然气工业中具有重要地位。据统计，碳酸盐岩占全球沉积岩面积的20%，油气储量占全世界总储量约50%，而油气产量则占全世界总产量约60%。碳酸盐岩油气藏一般经复杂的构造作用和岩溶作用影响，含大量发育的微孔隙，裂缝网络和大型溶洞，属典型的缝洞型油藏。这类油藏基岩一般不具渗透性，主要以大型洞穴、溶蚀孔洞和各种裂缝作为储渗空间，其尺度从微米级到米级不等，表现出极强的非均质性。同时，各类缝洞复杂的几何形态和联通类型导致储层中流体流动状态异常复杂，使得储层描述和渗流特征描述难度较大，并进一步导致各井开采模式之间差异性明显，不同地质背景下注气方式差异性大，导致注气有效率偏低。

2　不同岩溶背景氮气驱优化模型建立

为了研究不同岩溶背景注气驱油机理，针对碳酸盐岩缝洞型油藏风化壳、古暗河、断溶体油藏三类地质目标体，建立了三种岩溶背景的典型概念模型(表1)。

表1　不同岩溶背景模型考虑的主要因素

岩溶成因	主要考虑因素
表层岩溶模型	井间构造形态、缝洞分布
暗河模型	河道走向、多层河道连接点
断溶体模型	断裂带走向、断裂带渗透性

（1）揭示了构造形态对开发效果影响

井间存在构造高点的储集体，易于形成人工气顶，能延缓气窜，充分发挥重力作用，提高注入气波及体积，延长有效期，表层岩溶带与暗河模型构造形态对开发效果影响大(图1)。

（2）断溶体裂缝带走向影响气窜时机

井间存在裂缝带时，井距不变情况下，裂缝带与注采井连线夹角越大，气体波及体积越大，气窜时机越晚，生产井有效期越长(图2、3)。

（3）底水强弱对开发效果影响较大

强底水沿裂缝快速向上窜进，致使裂缝沟通生产井很快被水淹，注气压制底水效果好；中弱底水容易实现气水协同作用，开采中下部剩余油；底水能量过高，注氮气压制底水难度大，不利于氮气向深部位波及，采出程度低(图4)。

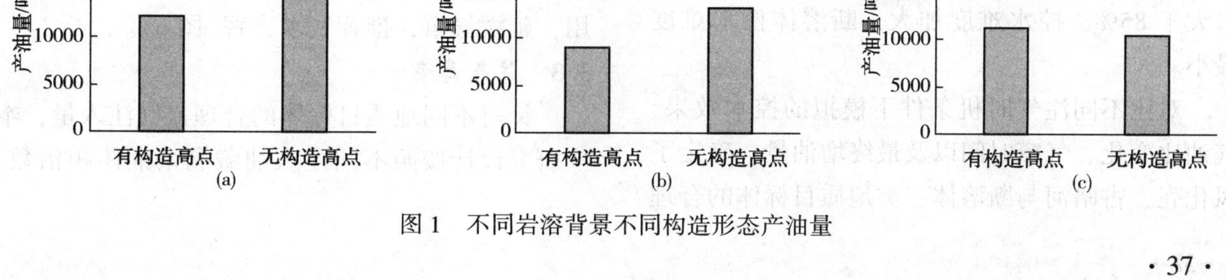

图1　不同岩溶背景不同构造形态产油量

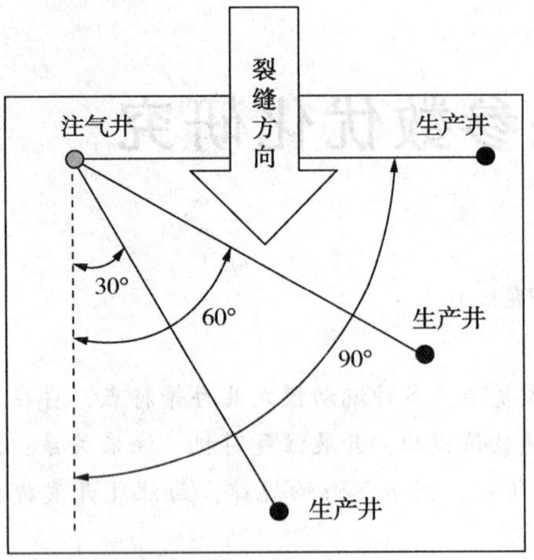

图2　不同裂缝走向模型

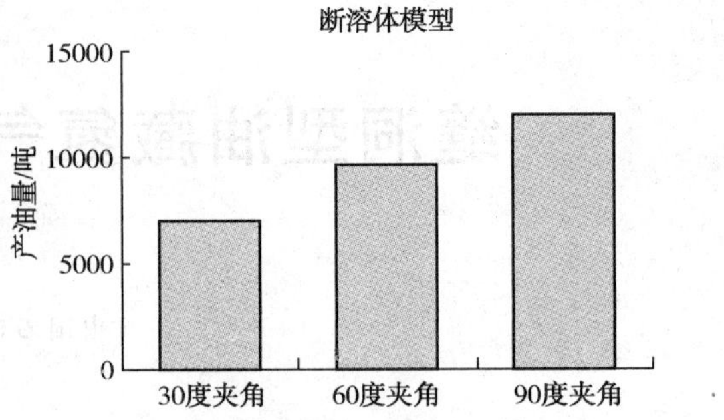

图3　不同裂缝走向产油量曲线

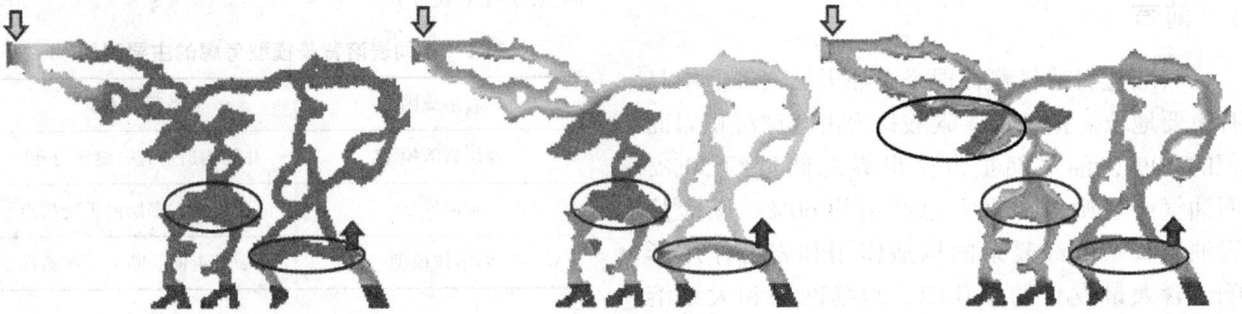

(a) 弱底水　(b) 中底水　(c) 强底水

图4　不同底水强度含油饱和度

3　不同岩溶背景氮气驱注采优化

确定优化技术方案，重点对注气时机、注采关系、注气方式、注气总量、注气速度、周期注气量等关键参数开展数值模拟优化计算，明确了三类地质目标体合理的注采参数。

3.1　注气时机

设计了井组注气前含水分别为80%、85%、90%与95%等四个不同的注气时机，开展优化论证。模拟结果表明，注气越早，气驱阻力大，越有利于扩大气体波及体积，增油效果好，其中风化壳油藏波及体积最大，古暗河油藏次之，断溶体最小；气驱时机越早，含水降低幅度越大，风化壳储集体含水大于80%后、古暗河储集体含水大于85%，控水难度加大，断溶体控水难度最小。

对比不同注气时机条件下模拟的控水效果、气油比变化、气窜时间以及最终增油量，确定了风化壳、古暗河与断溶体三类地质目标体的合理注气时机。其中，风化壳油藏注气时机为含水80%，古暗河油藏注气时机为85%，断溶体油藏注气时机为95%，如图5所示。

3.2　注气方式

模拟论证了连续注气、间歇注气(周期注气)与气水交替三种注气方式，通过生产气油比、控水效果、换油率与增油量四个指标的对比分析，明确了风化壳油藏、古暗河油藏与断溶体油藏合理的注气方式。其中，风化壳油藏通常水体能量相对较强的条件下，连续注气容易形成气顶压制底水，因此推荐初期连续注气；古暗河油藏对于水体能量强的推荐初期连续注气、后期周期注气；断溶体油藏在水体能量一般的条件下，适当提高注水比例有利于增加气水协同增效作用，延缓气窜，推荐气水交替(图6)。

3.3　注气总量

针对不同地质目标体的合理氮气注入量，本次研究设计按照不同注入油藏剩余油体积倍数，

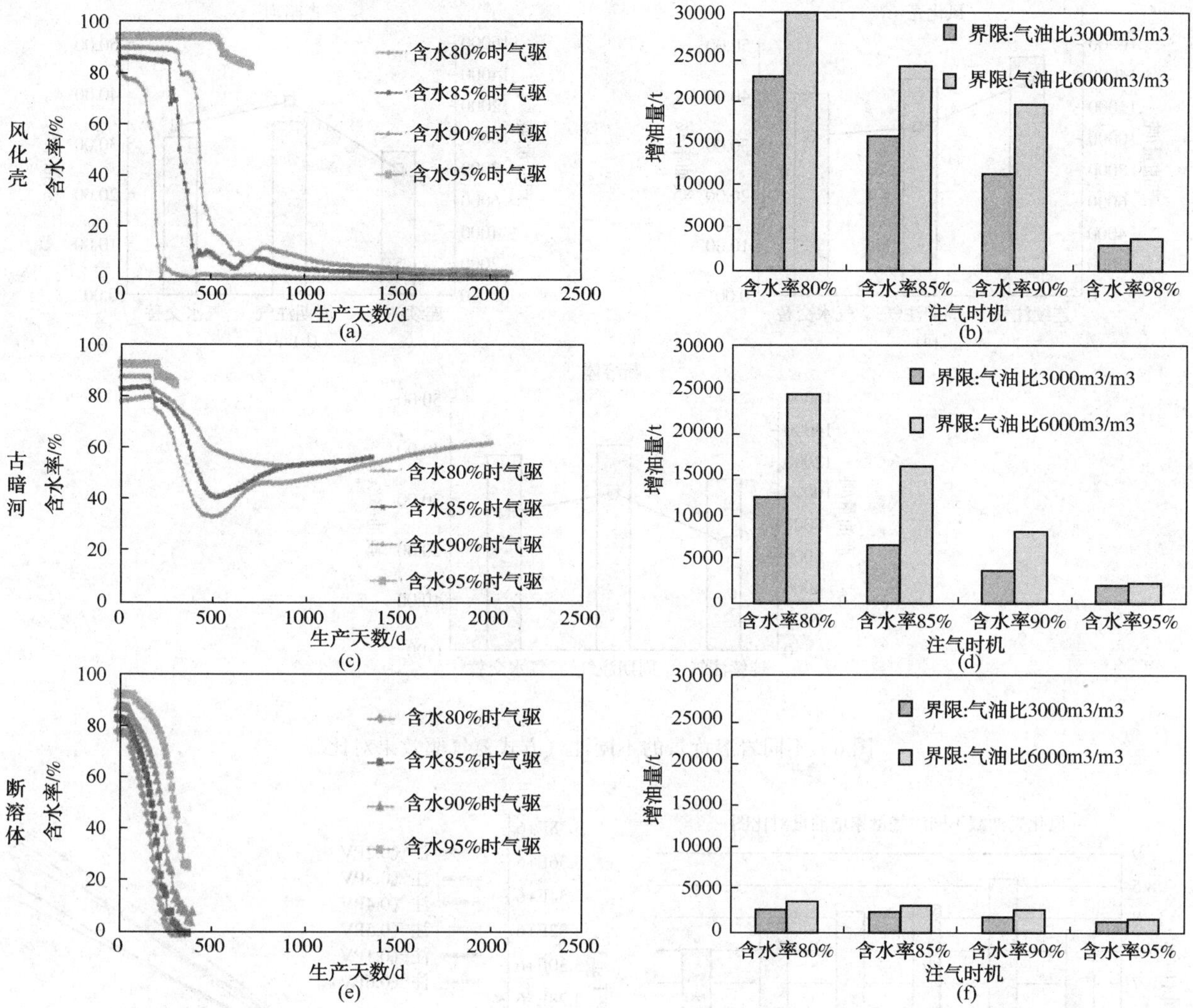

图 5 不同注气时机各生产指标对比图

具体为剩余油体积的 0.1、0.2、0.3、0.4、0.5、0.6 倍，预测气驱开发时间为 3-5 年。通过对比方案运行结果，确定了不同地质目标体合理的注气量参数。

针对风化壳油藏，模拟了注入体积为剩余油体积 0.1、0.2、0.3、0.4、0.5、0.6 倍时的注气效果。结果表明，当注入体积为 0.2HCPV 时增油效果最好，增油量达到 8.6 万吨；当注入体积大于 0.2HCPV 时，增油下降，最低降到 7.5 万吨，如图 7 所示。分析原因可能是由于注入气体量大于 0.2HCPV 时，加快受效井气窜，减小受效时间与气驱增油量。

针对古暗河油藏，模拟了注入体积为剩余油 0.1、0.2、0.3、0.4、0.5、0.6 倍时的增油效果。结果表明，当注入体积达到 0.2HCPV 时增油效果最好，增油量达到极大值，为 4.9 万吨；当注入体积大于 0.2HCPV 时，增油效果逐渐变差，呈缓慢下降的趋势，最低降至 4.3 万吨，具体见下图所示。

分析原因可能与风化壳油藏的一致，当注气量大于 0.2HCPV 时，气窜的发生导致了整体效果下降，尤其古暗河油藏断裂发育具有明显方向性的条件下，注入气体极易把井间裂缝作为气体运移的优势通道，当注气量过大时，容易导致气驱受效井过早气窜。

针对断溶体油藏，模拟注入体积为剩余油 0.05、0.1、0.15、0.2、0.3、0.4 倍时的注气增油效果。结果表明，当注入体积为 0.15HCPV 时增油量最大，当注气量大于 0.15HCPV 时，加速了受效井气窜，减少了受效时间，降低了气驱增油量，如图 9 所示。

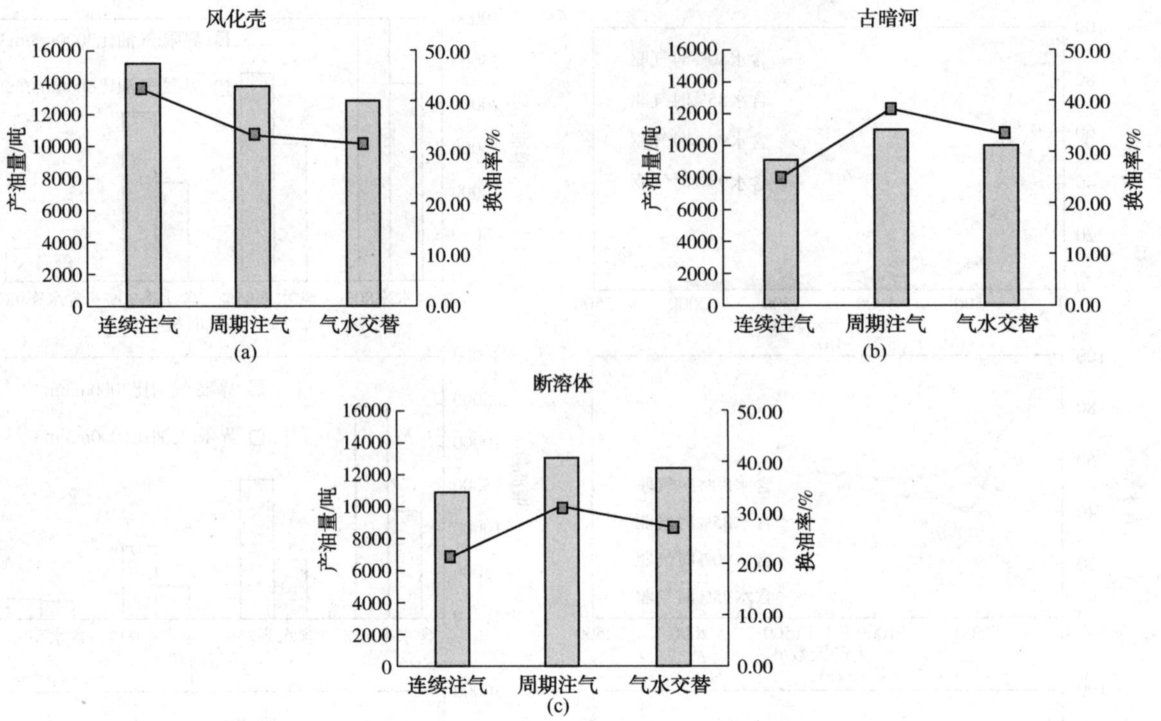

(a)　(b)　(c)

图6　不同岩溶背景的不同注气方式氮气驱效果对比

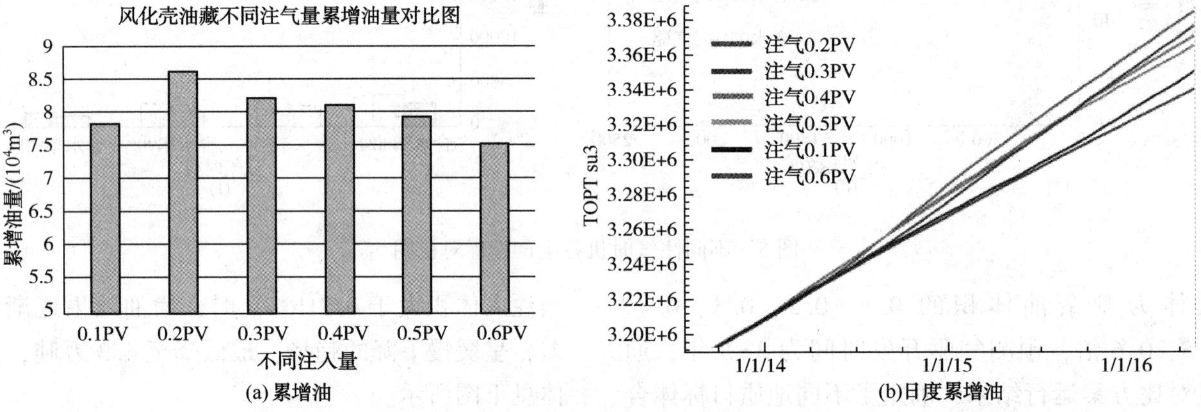

(a) 累增油　(b)日度累增油

图7　风化壳油藏注气量优化对比图

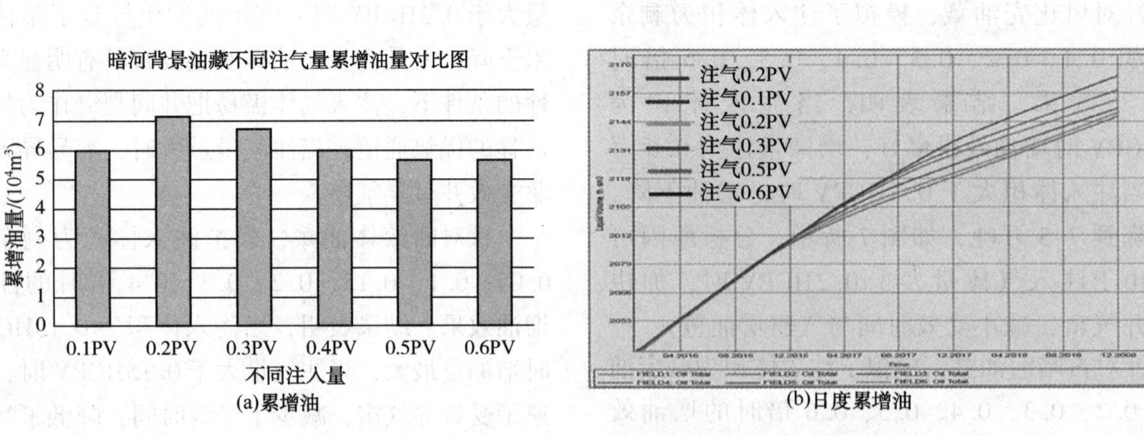

(a)累增油　(b)日度累增油

图8　古河道油藏注气量优化结果对比

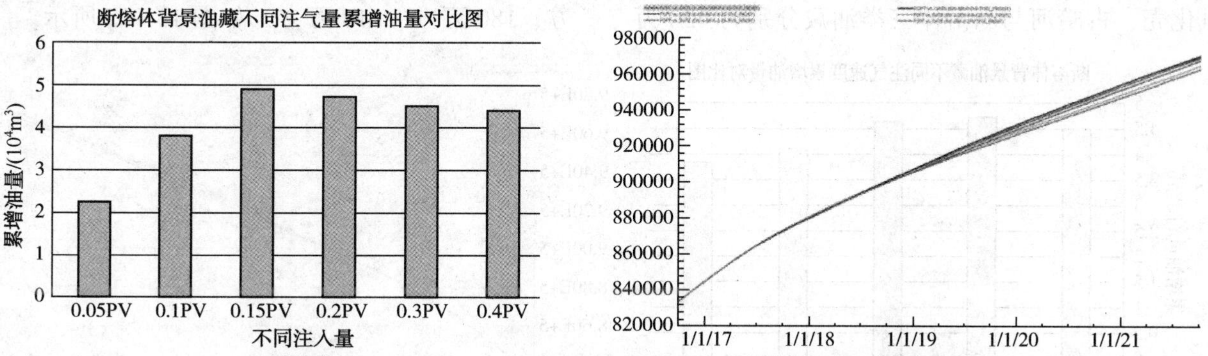

(a)累增油　　(b)日度累增油

图 9　断溶体油藏注气量优化结果对比

3.4　注气速度

合理注气速度可以起到延缓气窜和提高气驱波及的综合效果，本此研究利用数值模拟方法，设计了 2 万方/天、3 万方/天、5 万方/天…15 万方/天等九个速度共 14 个方案，论证了不同注气速度下的氮气驱效果。

结果表明，风化壳油藏、古暗河油藏和断溶体油藏等三类地质目标体的合理注气速度分别为 5 万方/天、3 万方/天、1. 25 万方/天，具体如图 10~12 所示。

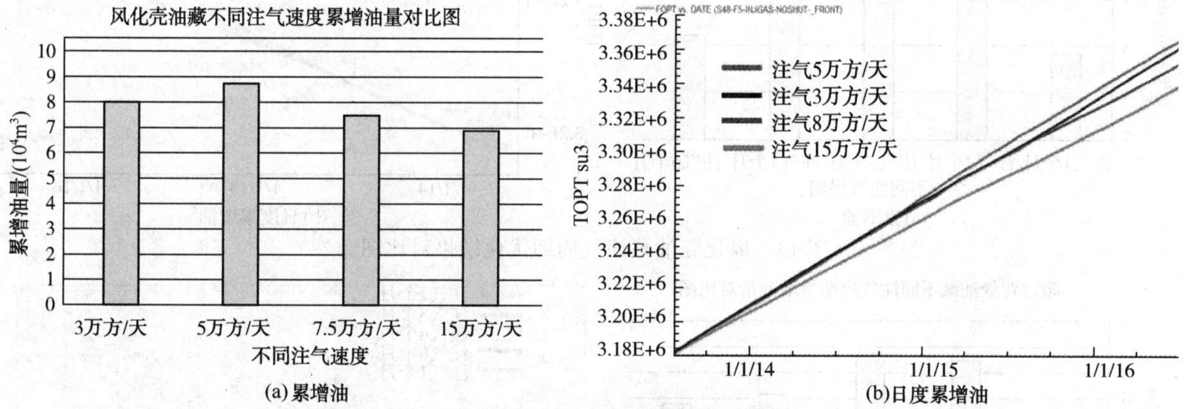

(a)累增油　　(b)日度累增油

图 10　风化壳油藏不同注气速度增油效果对比图

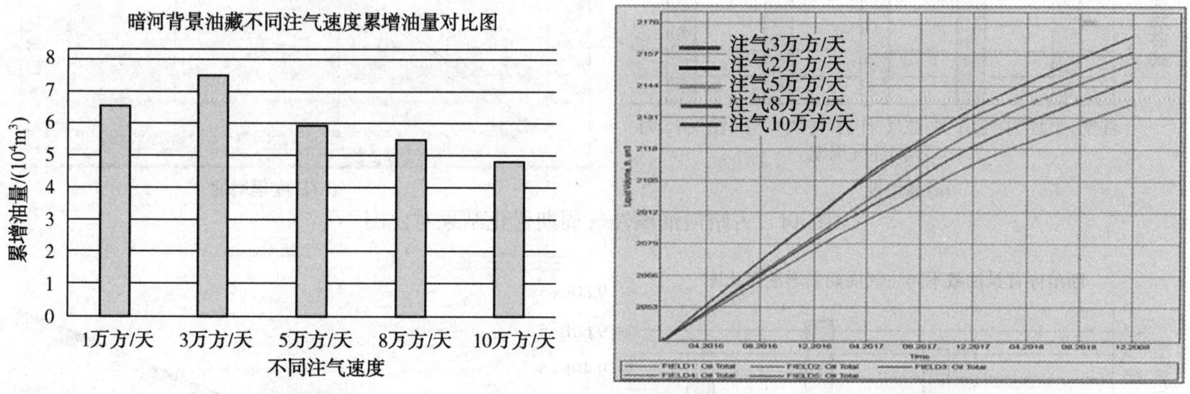

(a) 累增油　　(b)日度累增油

图 11　古暗河油藏不同注气速度增油效果对比图

3.5　注气周期及周期注气量

合理配置周期注气量是高效注气的关键。针对风化壳油藏、古暗河油藏、断溶体油藏三类地质目标体设计了 14 个不同注气周期方案，开展注气效果论证。

数模结果表明，风化壳油藏、古暗河油藏与断溶体油藏的合理注气周期差别较大，依据注气周期-累增油关系图，优化注气周期分别为 3 个月、2 个月、气 3 个月水 1 个月。结合前面对注气速度的论证结果，计算合理周期注气量，优化风化壳、古暗河与断溶体三类油藏分别为450万方、180万方、115万方，如图13~15所示。

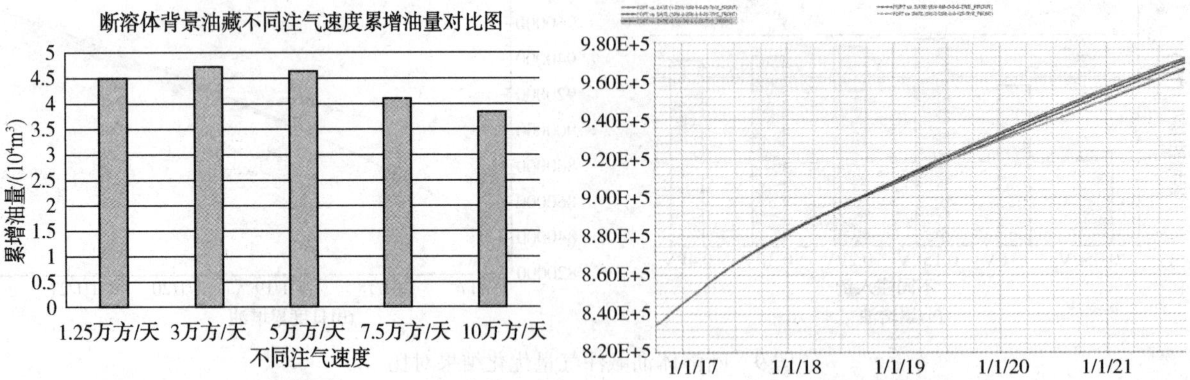

(a) 累增油　　(b) 日度累增油

图12　断溶体油藏不同注气速度增油效果对比图

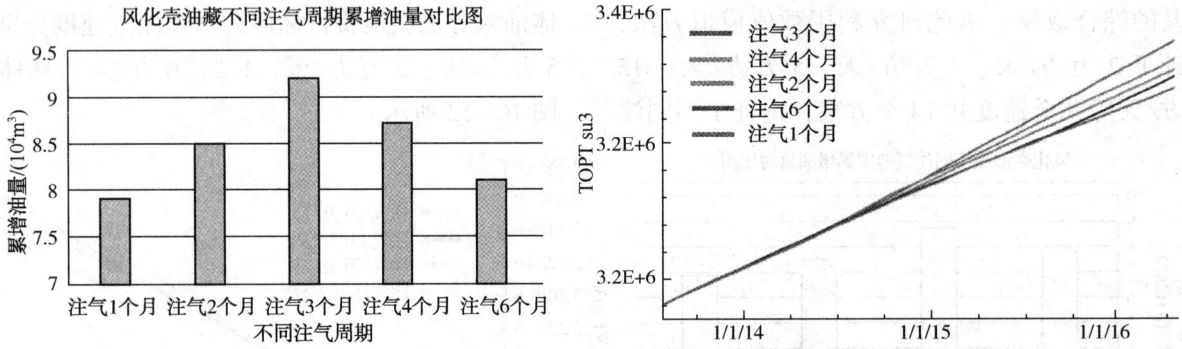

(a) 累增油　　(b) 日度累增油

图13　风化壳油藏注气周期优化结果对比图

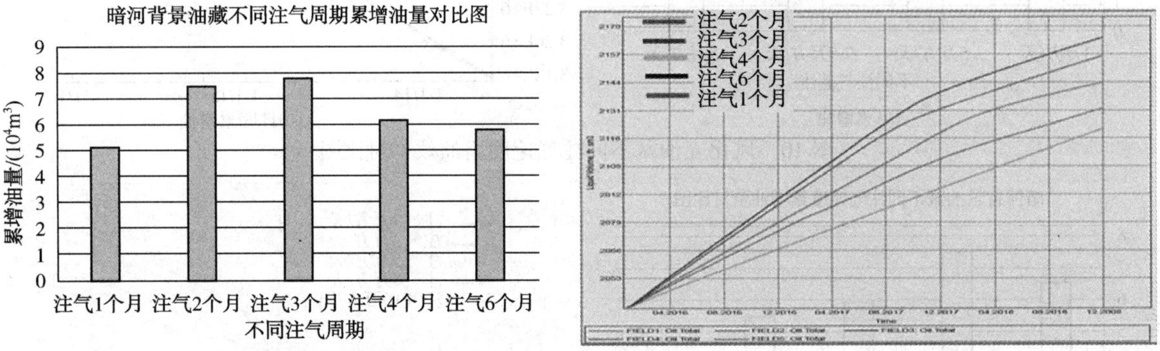

(a) 累增油　　(b) 日度累增油

图14　古暗河油藏注气周期优化结果对比图

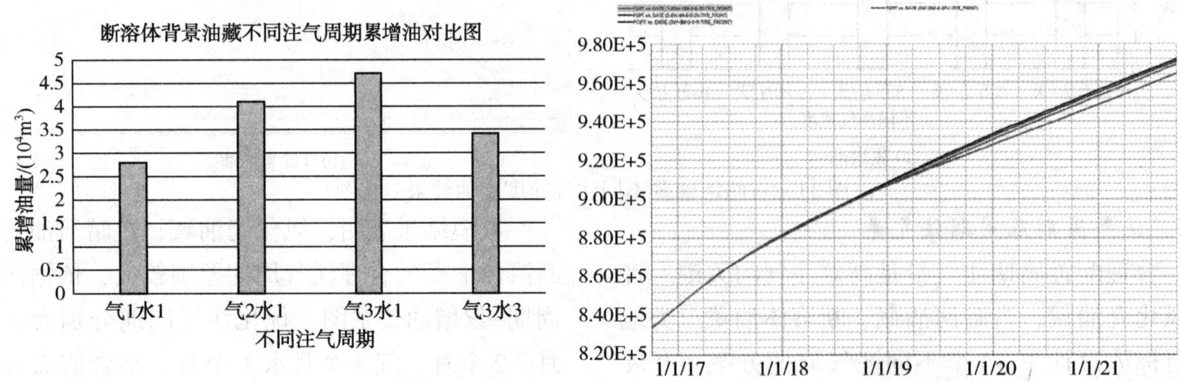

(a) 累增油　　(b) 日度累增油

图15　断溶体油藏注气周期优化结果对比图

4 结论与认识

针对缝洞型油藏不同岩溶地质特征，建立三大岩溶背景数值模拟模型，研究表明：表层岩溶带与暗河模型构造形态对开发效果影响大，断溶体裂缝带走向影响气窜时机，底水强弱对开发效果影响较大；并在这三个模型基础上，研究了注采参数，应用后典型单元方气换油率提高 0.26 吨/方，为注气开发提供有力支撑。

参 考 文 献

[1] 江怀友，宋新民，王元基，等．世界海相碳酸盐岩油气勘探开发现状与展望[J]．海洋石油，2008，28(4)：6-13.

[2] 林忠民．塔河油田奥陶系碳酸盐岩储层特征及成藏条件[J]．石油学报，2002，23(3)：23-26.

[3] 康志江，李江龙，张冬丽，等．塔河缝洞型碳酸盐岩油藏渗流特征[J]．石油与天然气地质，2005，26(5)：634-640.

[4] 谭承军，吕景英，李国蓉．塔河油田碳酸盐岩油藏产能特征与储集层类型的相关性[J]．油气地质与采收率，2001，8(3)：43-45.

[5] 李江龙，陈志海，高树生．缝洞型碳酸盐岩油藏水驱油微观实验模拟研究——以塔河油田为例[J]．石油实验地质，2009，31(6)：637-642.

[6] 李超，李龙龙，汪洋，等．复杂裂缝性碳酸盐岩油藏数值模拟方法研究[J]．长江大学学报(自科版)，2015，12(20)：65-68.

[7]李阳，侯加根，李永强．碳酸盐岩缝洞型储集体特征及分类分级地质建模[J]．石油勘探与开发，2016，43(4)：600-606.

[8] 邸元，张园，Wu Yu-Shu. Gibbs 自由能最小化法计算二氧化碳-烃-水系统相平衡[J]．石油学报，2015，36(05)：593-599.

海上油田聚合物驱配注工艺优化

赵文森[1,2]　张　健[1,2]　赵　娟[1,2]

(1. 海洋石油高效开发国家重点实验室；2. 中海油研究总院有限责任公司)

摘　要　针对海上油田平台空间和承重有限，在用的聚合物驱配注工艺系统存在的溶解时间长，占地面积大，运行重量大等缺点，对聚合物驱配注工艺系统进行优化，通过引入水射流分散工艺、快速溶解工艺、一泵多井注入工艺并配合熟化罐搅拌器改进，实现优化后的聚合物配注工艺系统占地面积减少52%，运行重量减少55%，形成了满足海上平台要求的小型化、高效化聚合物配注工艺及系统，并已在渤海B油田进行应用，取得良好的应用效果。

关键词　聚合物驱；海上油田；配注工艺；优化；聚合物快速溶解

我国海上油田已发现稠油占总地质储量的69%以上，主要集中在渤海海域。由于原油黏度高、平台有效期短，加上海上特殊的自然条件和开发方式，其开发方案标定水驱采收率18%～25%，实际平均采收率仅为20.2%，相对于陆地类似油田32%～40%的采收率还有较大差距。所以，如何进一步提高海上油田采收率迫在眉睫。

聚合物驱主要是通过提高驱替液的黏度、并通过滞留在孔隙中的聚合物来降低水相渗透率，从而改善油水流度比，进而扩大波及体积，达到提高采收率的目的。聚合物驱在陆上油田得到了广泛应用，已成为提高油藏采收率比较成熟的三次采油技术在大庆油田、胜利油田及河南油田等陆地油田大规模应用，有效遏制了原油产量递减的趋势。2003年中海油首次在渤海绥中36-1油田开展了聚合物驱先导试验，取得明显的增油降水效果。随着注聚规模越来越大，单个平台的注聚井数和配注量也逐渐增多，原有的配液系统配注效率偏低，占地面积较大，而海上平台空间狭小，承载有限，迫切需要对原有配注模式进行优化改进。

1　常规聚合物驱配注工艺简介

渤海常规的聚合物溶液配制工艺流程如图1所示，聚合物干粉通过鼓风机吹送到水粉混合头在溶解罐中与低压配液水混合，再经过输送泵将混合后的聚合物干粉与水输送到熟化罐中，由于聚合物溶解熟化时间较长，为了保证聚合物分子链的充分延展，一般需要多个熟化罐对聚合物进行溶解熟化，形成高浓度的聚合物溶液；再通过喂入泵将熟化完成的聚合物溶液输送到高压注聚泵，经高压注聚泵升压后与高压注水按一定比例汇合配成目标液注入目的层。

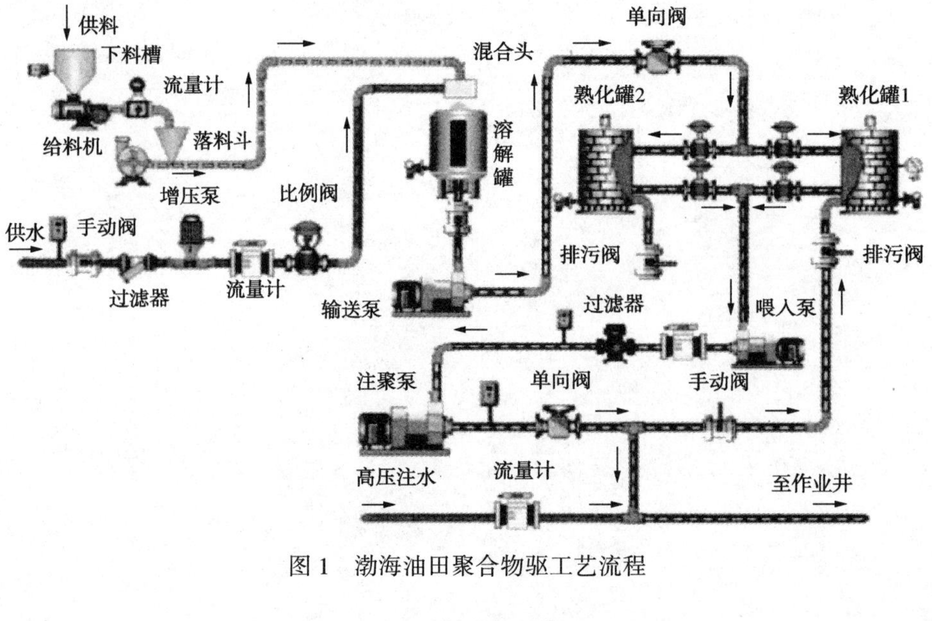

图1　渤海油田聚合物驱工艺流程

该工艺技术在陆地油田应用较多，比较成熟。但由于海上平台空间和承载有限，该工艺涉及的配制设备较多，占地面积和重量均较大，随着聚合物应用规模的扩大，其在海上平台规模化应用存在一定的难度。为了适应海上平台的特殊环境，非常有必要对常规的聚合物驱配注工艺系统进行优化，形成小型化、高效化的聚合物驱配注系统，减少配注工艺设备数量，降低工艺系统的占地面积与运行重量。

2　配制工艺优化

2.1　分散工艺优化

常规的聚合物驱配制工艺中，一般采用风送式聚合物分散工艺(图2)，风送式分散工艺涉及的工艺设备较多，同时，风送造成聚合物溶液中的溶解氧含量较高，对聚合物溶液性能产生一定影响。为此，引入水射流式聚合物分散工艺(图3)，水射流式分散工艺设备相对简单，仅需一个减压阀和一台水射流装置，就可以完成聚合物分散。直接采用平台高压水作为配液用水，通过减压阀将高压水的压力调解至适当压力，确保调节后的配液水压力在经过水射流装置后，既能够形成足够的负压将聚合物干粉吸入配液水中进行分散混合；同时，还具备将聚合物混合液举升至熟化罐中。

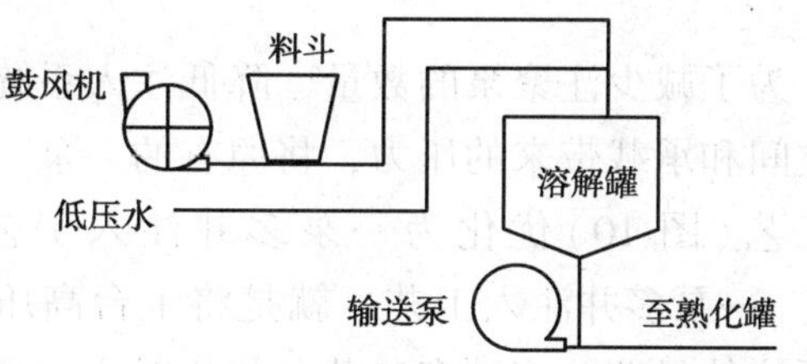

图2　风送式分散工艺示意图

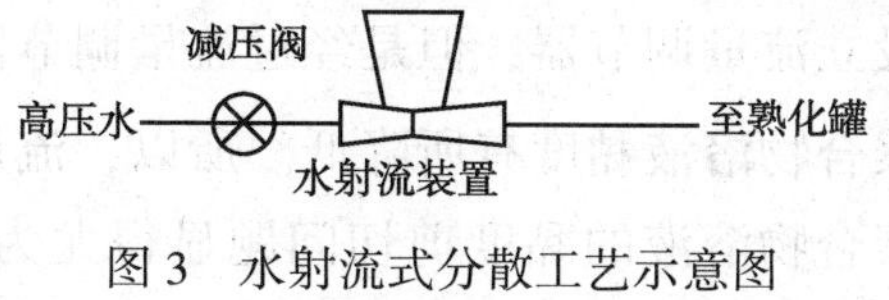

图3　水射流式分散工艺示意图

优化后的分散混合工艺，将现有风送工艺中的“鼓风机+溶解罐+螺杆泵”优化为“减压阀+水射流装置”，减少了鼓风机、溶解罐及输送泵等设备，同时，聚合物溶液中溶解氧的含量也由1.8mg/L降低至0.2mg/L。

2.2　溶解工艺优化

由于聚合物完成溶解熟化的时间较长，加上海上油田聚合物配注量较大，一般需要多个熟化罐来完成聚合物母液的溶解熟化。鉴于海上平台空间有限，为了适应海上平台聚合物驱规模化需求，加速聚合物溶解，缩短聚合物溶解时间非常必要。因此，将常规溶解方式优化为快速溶解方式，引入聚合物强制拉伸速溶装置。该装置是通过机械方式将聚合物干粉颗粒在与水接触后形成的柔性颗粒强制的适度拉伸，使颗粒粒径变小，增加聚合物颗粒与水的接触表面积，加速聚合物溶解。由于聚合物粒径的变小，是在聚合物干粉被水润湿变成柔性颗粒后进行的，该机械作用不会造成聚合物分子链的大量破坏，对溶液黏度影响不大。利用强制拉伸速溶装置测试了聚合物的溶解情况(图4)，强制拉伸速溶装置能够有效加速聚合物溶解，聚合物溶液通过装置后，溶解时间由45min缩短至15min，其溶液黏度也维持较高水平，满足现场需求(图5)。

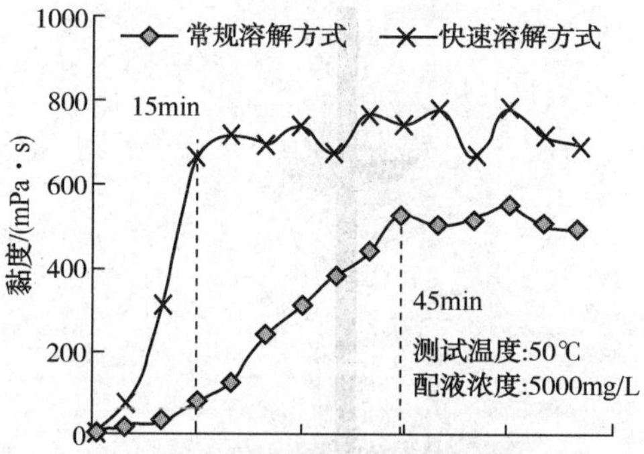

图4　2种溶解方式下缔合聚合物的溶解情况

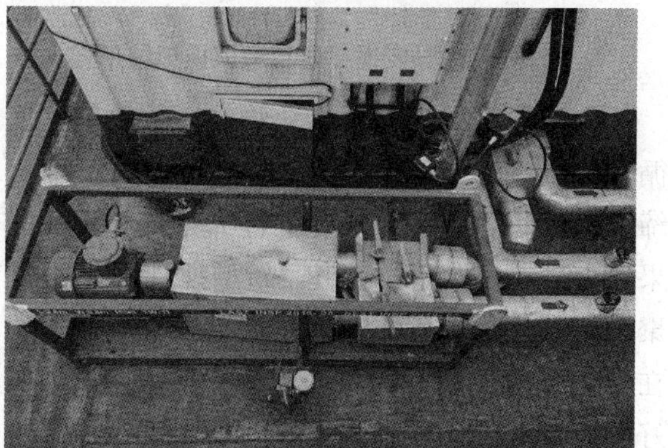
图5　强制拉伸速溶装置在油田现场

2.3 熟化罐搅拌器优化

海上油田注聚熟化罐在用的搅拌器为双层双叶桨式搅拌器。在聚合物溶解熟化初期，溶液黏度较低，搅拌效果较好(图6)；在聚合物溶解熟化中后期，聚合物溶液黏度上升，在离搅拌器较远的区域，聚合物溶液处于相对静止状态(图7)，搅拌作用加速聚合物溶解熟化效果非常有限。

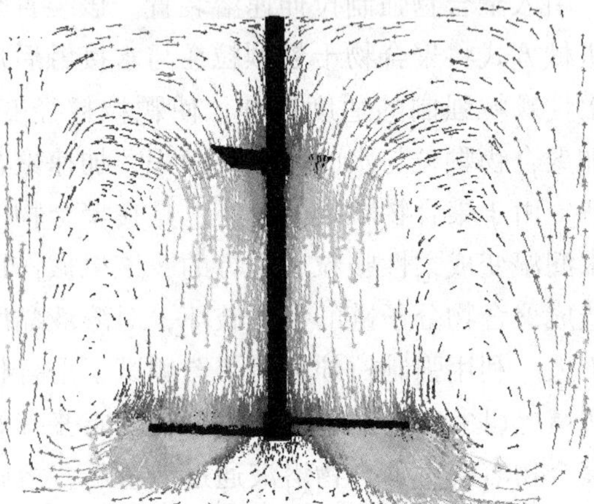

图6 低黏度搅拌过程数值模拟结果

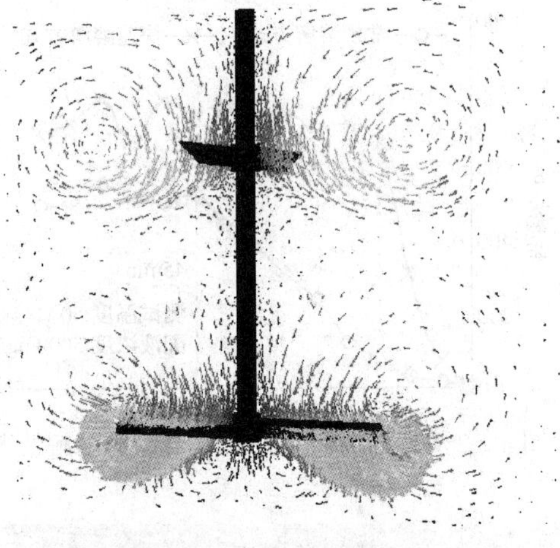

图7 高黏度搅拌过程数值模拟结果

为了提高搅拌器对聚合物的搅拌效果，优选循环流量大的翼型桨(KCX)(搅拌槽内新型疏水缔合聚合物 AP-P4 的溶解性)。从流场模拟效果(图8、图9)可以看出，新型搅拌器无论是在聚合物处于低黏度时间还是高黏度时间，均能够在熟化罐内形成大的循环流动，其搅拌效果明显好于双层双叶桨式搅拌器。

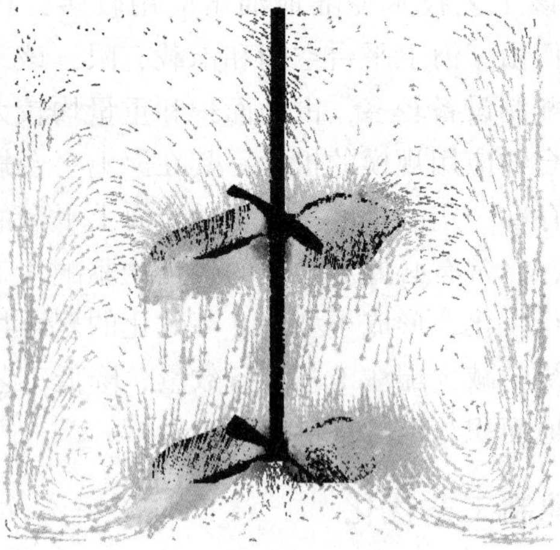

图8 低黏度搅拌过程数值模拟结果(KCX)

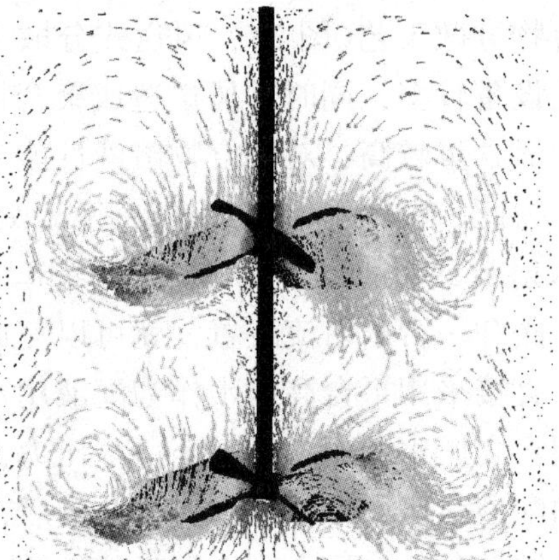

图9 高黏度搅拌过程数值模拟结果(KCX)

3 注入工艺优化

为了减少注聚泵的数量，降低注入系统给平台空间和承载带来的压力，将原有的一泵一井注入工艺(图10)优化为一泵多井注入工艺(图11)。一泵多井注入工艺，就是将1台高压注聚泵泵注的母液分流到多口井，与相对应的高压注水混合成目标液，再注入目标井。由于每口井的注入量和注入压力不同，所以需要在泵出口的分支上设立流量调节器，但是经过流量调节器分配后的聚合物溶液黏度有所降低。所以，流量调节器对聚合物溶液的黏度剪切问题显得尤为重要，对流量调节器进行了优化改进：

(1) 将文丘里管缩径增阻原理及针型阀调控技术结合起来，根据流体的特性，流量控制器被设计成环锥形通道，压差在小于4.0MPa时的黏度保留率在98%以上；

（2）分配器内腔设计成等于或小于7°锥角，使聚合物溶液通过时不产生涡旋现象，使分子链尽可能不被剪断，以实现低剪切或零剪切目的。

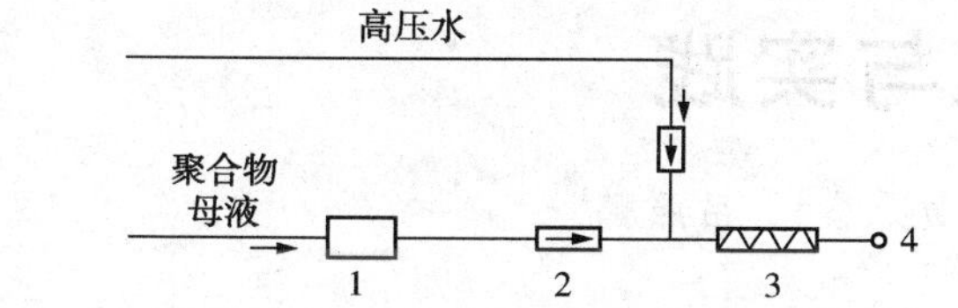

图10　一泵一井注入流程图

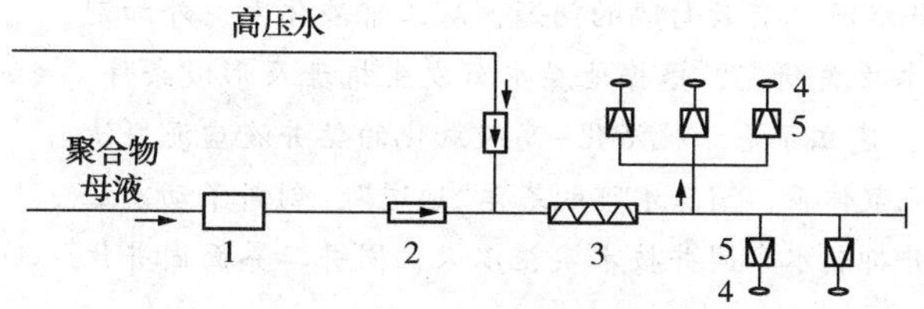

图11　一泵多井注入流程

1—注聚泵；2—流量计；3—静态混合器；

4—注聚井；5—流量调节器

改进后的流量调节器在海上平台进行了调解精度和粘度保留率的测试，测试结果表明改进后的聚合物流量分配器的调节精度≤5%，黏度保留率在95%以上。

4　现场应用效果

聚合物驱配注工艺优化前，渤海B油田聚合物溶解时间在45min左右，且采用3个15m^{3}的熟化罐，2台高压注聚泵；聚合物配注工艺优化后，溶解时间在15min左右，且只需要1个15m^{3}的熟化罐，1台高压注聚泵即可满足聚合物配注需求。配注工艺改进前后效果对比如表1所示：

表1　渤海B油田聚合物配注工艺优化前后效果对比

配注方式	占地面积/m^2	占地面积减少/%	运行重量/t	运行重量减少/%
优化前	72.78	/	82.36	/
优化后	34.97	52	37.35	55

从表1可见，改进后的聚合物配注系统占地面积减小52%，运行重量减少55%，成功实现了配制系统的小型化和高效化，有效节约了平台空间，减轻了设备重量。

5　结束语

通过对海上油田聚合物分散工艺、溶解工艺、注入工艺以及熟化罐搅拌器的优化，实现聚合物配注系统占地面积减少52%，运行重量减少55%，形成了满足海上平台要求的小型化、高效化聚合物配注工艺及系统。优化后的聚合物配注工艺系统已在渤海B油田进行应用，取得良好的应用效果，为海上油田规划化实施聚合物驱奠定了基础。

参 考 文 献

[1] 周守为．海上油田高效开发技术探索与实践[J]．中国工程科学，2009

[2] 周守为，韩明，等．用于海上油田化学驱的聚合物研究[J]．中国海上油气，2007，19(1)：25-29

[3] 姜晓磊，王荣健，等．聚合物相对分子质量与油藏储层适应性研究[J]．油田化学，2014，31(2)：269-273.

[4] 刘刚，侯吉瑞，等．聚合物分子尺寸与砾岩油藏孔喉匹配关系[J]．断块油气田，2014，21(6)：771-774.

[5] 王志远，张烈辉，等．砾岩储集层聚合物驱油机理与控制因素实验研究[J]．油气藏评价与开发，2020，10(3)：109-114.

[6] 许国民，高忠敏．疏松砂岩油藏化学驱技术研究与试验[J]．特种油气藏，2020，27(6)：139-144.

[7] 赵方剑，曹绪龙，祝仰文，等．胜利油区海上油田二元复合驱油体系优选及参数设计[J]．油气地质与采收率2020，27(4)：133-139.

[8] 胡松．喇嘛甸油田TS1200抗盐聚合物驱现场应用效果[J]．大庆石油地质与开发，2021，40(1)：117-121.

[9] 徐冰．纵向非均质储层凝胶调剖剩余油分布特征实验研究[J]．油气地质与采收率，2020，27(6)：71-80.

[10] 张凤久．海上稠油聚合物驱关键技术研究与矿场试验[J]．中国工程科学，2011

[11] 舒政，齐勇，等．海上油田聚合物超重力速溶技术研究[J]．油气地质与采收率，2021，28(3)：142-146.

[12] 陈文娟，赵文森，等．海上油田聚合物溶液高效配制方法研究[J]．试验研究，2017，36(5)：20-23.

[13] 谢明辉，周国忠，等．海上平台聚合物熟化过程搅拌器的优化[J]．化学工程，2009，37(7)：30-32

复杂断块油藏调整井抑制水窜固井技术研究与实践

唐世忠[1]　李　娟[1]　吴　华[1]　黄　盛[2]　吕照鹏[1]

(1. 中国石油大港油田公司；2. 西南石油大学)

摘　要　本文针对复杂压力系统调整井水窜影响固井水泥环有效封隔的问题，从工作液体系、外加剂材料和浆柱设计方法、配套工艺等多方面开展了瓶颈技术攻关研究，根据地层水窜发生机理及形成条件，提出了抑制水窜发生的“两个通道”和“一个动力”的思路，建立了基于碱活化-高级氧化的钻井液虚泥饼清除技术，清除界面“通道”；开发了基体增阻型抗水窜水泥浆体系，消除水窜的基体“通道”，创新了动态压稳的固井环空浆柱设计方法，抑制水窜的“动力”，调整井抑制水窜固井技术实施以来，固井二界面固井优质率提高了44个百分点。

关键词　固井；水窜；压稳；调整井；复杂断块

黄骅坳陷是中国东部大型富含油气资源盆地之一，是大港油田勘探开发的主战场，主体为复式复杂断块油藏，经过50多年的注水开发已进入高含水开发后期，为满足保障国家能源安全的要求，为此需要每年通过实施调整井挖掘剩余油的潜力，实现老油田原油产量的稳定。而受长期注水开发、地层非均质特性和局部注采不平衡等因素的影响，地层压力在平面上存在异常高压区域，在纵向上存在多套压力系统，在调整井固井过程中水窜严重，导致油水井生产井段的油层与水层的层间不能有效封隔，油井投产后高含水、射孔方案舍去油层、油井封窜验窜作业的井占比居高不下，并严重制约了开发生产过程中分层注水、压裂改造、三次采油等工艺措施的有效实施，严重影响了油田开发效果。

1　技术难点分析

受复杂断块及长期注水开发的影响，调整井固井环空水窜频发，固井二界面封隔优质率仅为40%，严重制约了油田的高效开发，主要存在三个重大技术难点：

一是井壁泥饼聚合物含量高，虚厚泥饼难清除。黄骅坳陷浅层的明化镇、馆陶组地层粘土矿物含量高，在用钻井液均含聚合物类等高分子处理剂，导致钻井泥饼虚厚，常规固井冲洗液难以清除；常规机械刮除方法如刮泥器、泥饼刷等，能在一定程度上清除泥饼，但会造成成本增加及井下复杂风险，推广应用受限。

二是水窜机理认识不足，抗水窜水泥浆设计难。现有水泥浆防水窜设计多基于防气侵/气窜的认识，水窜发生后对水泥浆结构的影响和破坏尚需进一步认识，水泥浆抗水窜能力缺乏量化指标，抗水窜水泥浆设计难。

水窜具有一定的隐蔽性，有效压稳的难度大。高压水窜层在平面上、纵向上存在不确定性和隐蔽性，准确识别水窜尚缺乏可靠的方法；由于油、水层的层间间隔小，轻微的水窜即可造成层间封隔失效，对高压水窜层实施有效压稳的难度大；同时，裸眼段存在高压水层和高采出程度的低压层、特殊岩性易漏层，安全密度窗口窄，实际工况下固井环空ECD难以准确计算，固井过程中存在井漏风险，水泥浆无法安全上返，浆柱结构难以实现有效的压稳。

上述问题严重制约了复杂断块油藏调整井的固井质量及油气资源高效开发，急需开展攻关研究。中国东部的多数油田已经进入注水开发中后期，老区调整井固井水窜问题将长期存在并影响开发效果，本文将为国内外类似油田的调整井固井提供技术方法和解决方案。

2　水窜机理研究

2.1　水窜机理

借助低场核磁成像技术(LF-NMR)和X射

线断层扫描技术(X-CT)，开展了水泥浆水窜过程中结构演变原位监测(In situ monitoring)，揭示了过渡态阶段水窜发生的本质原因为：过渡态水泥浆水化过程中，水化产物在水泥颗粒表面及孔隙中生成，自由水转变成不能传压的毛细水、表面水和凝胶水(图1)，连通孔道被填堵，水泥浆的静液柱压力降低，诱发水窜。

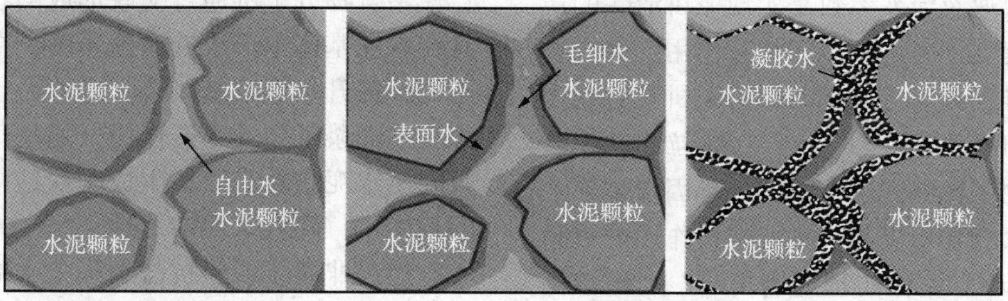

图1　水泥水化过程中孔隙水演变示意图

2.2　水泥浆影响机理

固井环空发生水窜后，地层水会以“溶解迁移”方式破坏水泥环的结构和胶结质量。水泥浆在未凝固之前，水很容易侵蚀水泥浆，对其凝固形成干扰，使其稀释、分散、解体，破坏水泥浆胶凝结构，形成局部小段或大段窜槽(图2、3)，严重破坏固井质量。另外，地层水的流动也很容易将稀释的水泥浆带走，导致水泥浆中的固相分散和沉降，液柱压力进一步下降，加剧水窜。

图2　水窜前水泥浆基体结构

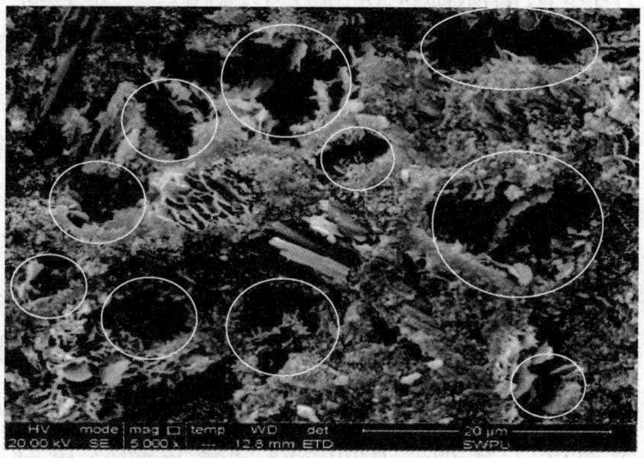

图3　水窜后水泥浆基体结构

2.3　钻井液影响机理

固井过程中，由于顶替效率不佳，井壁钻井液泥饼虚厚，易造成固井后钻井液滞留井壁。通过实验在接近井底温度、压力及动态的条件下模拟钻井液泥饼对水泥浆与地层胶结质量的影响，结果表明，虚泥饼存在导致水泥石与井壁之间形成微裂缝(图4)，进而形成水窜通道，地层水沿界面上窜。

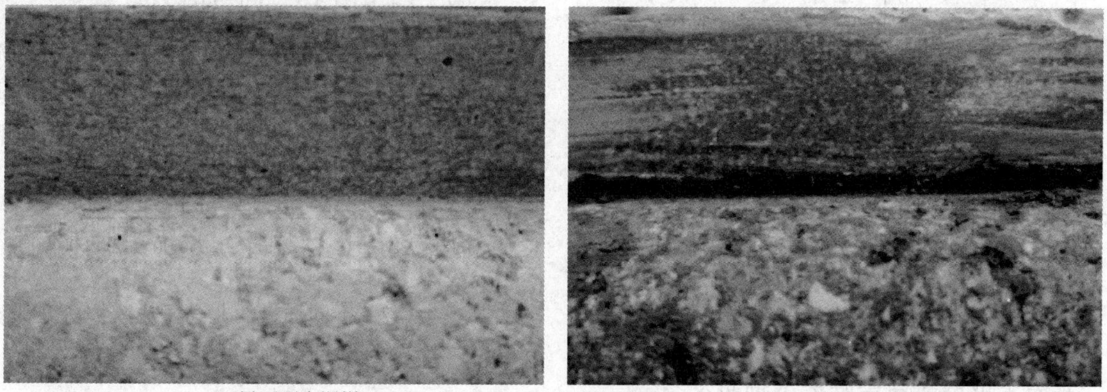

(a)界面不含泥饼　　(b)界面含钻井液泥饼

图4　钻井液泥饼对二界面形态的影响

3　技术对策研究

3.1　钻井液虚泥饼清除技术

在固井前循环洗井和固井作业中，调整和控制环空流体流速及流变参数是实现泥饼清除的最主要途径。建立了考虑颗粒间相互作用、聚合物吸附和颗粒排列分布等关键参数的泥饼颗粒受力模型(图5)和起动方程(式1)，在颗粒起动模型基础上，探明了影响泥饼清除的主导因素是环空流体性能和聚合物对颗粒产生的架桥作用与吸附力，提出了"环空流体物理冲刷携带"+"化学分解聚合物"的技术思路，形成了"固井前+固井中"两步法清除虚泥饼的技术思路。一是建立了促进虚泥饼清除的固井前井眼清洁技术。固井前调整钻井液pH至11，高PH拆解结构，降低聚合物吸附作用，分解虚泥饼，固井前钻井液性能满足流变指数n>0.75、动切力<5Pa，减小环空摩阻，增大环空返速，在固井前井眼净化阶段，促进虚泥饼清除。二是针对固井过程中，前置液作用时间短，环空返速有限对虚泥饼清除的限制，研发了基于碱活化高级氧化原理的钻井液虚泥饼清除工作液，10min内将聚合物含量降低90%。研究成果现场实施，虚泥饼清除效率由常规的40%提高到80%以上，清除后界面pH=8-10，利于水泥水化与胶结，二界面胶强度提高4~6倍。

$$F_dL_4 + F_lL_5 + F_eL_3 + F_aL_3 = F_pL_1 + F_gL_2 \quad (1)$$

式中：F_d为流体拖曳力，N；F_l为举升力，N；F_e为颗粒间相互作用力，N；F_p为压差、渗流摩擦力，N；F_g为重力浮力差，N；L_1、L_2、L_3、L_4、L_5为各作用力对应的力矩，m。

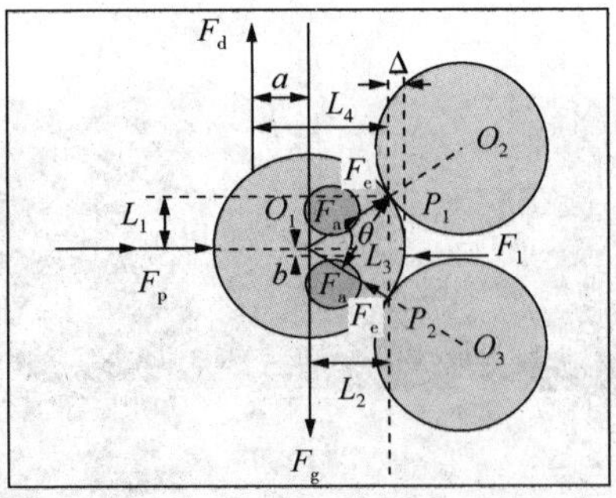

图5　井壁泥饼所受作用力及各力矩模型

3.2　基体增阻型水泥浆体系研发

3.2.1　非离子成膜抗盐型降失水剂研发

针对水窜过程中，地层水对水泥浆基体的破坏作用，以降低地层水在水泥基体中穿透作用为目的，从分子主链及侧基基团设计入手研制了非离子成膜抗盐型降失水剂。通过引入耐温耐盐基团提高降失水剂的抗温、抗盐能力，引入无机颗粒使聚合物分子链通过交联形成网状结构，确保其在水泥基体中形成低渗透薄膜，在基体中形成阻力，提升水泥浆基体抗水窜能力，降低被地层水在水泥浆基体的穿透作用。通过侧基吸附基团吸附于水泥颗粒表面，生成网状结构，束缚更多的自由水，降低水泥渗透性。

通过非离子成膜抗盐型降失水剂对水泥浆性能、失水量、水泥浆硬化性能的影响实验(图6、图7)，得出降失水剂合适的加量，从而形成水泥浆配方，使该体系水泥浆具备了高含水调整井固井所需的快凝、早强、速硬的特点。尾浆的基本配方和失水量、密度、抗压强度、静胶凝强度等性能如表1、表2、图8所示。

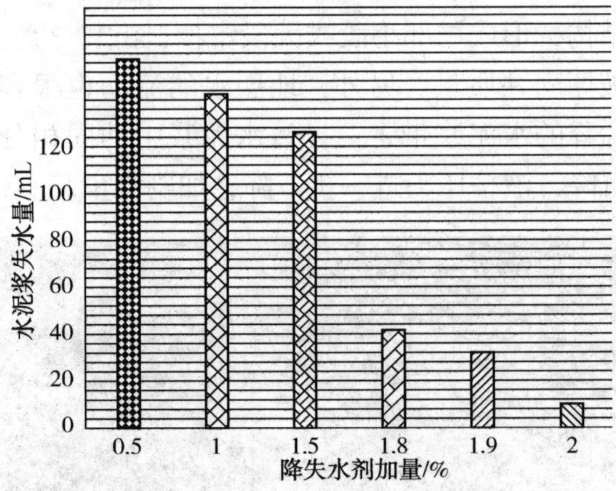

图6　非离子成膜抗盐型降失水剂加量与固井水泥浆失水量的关系

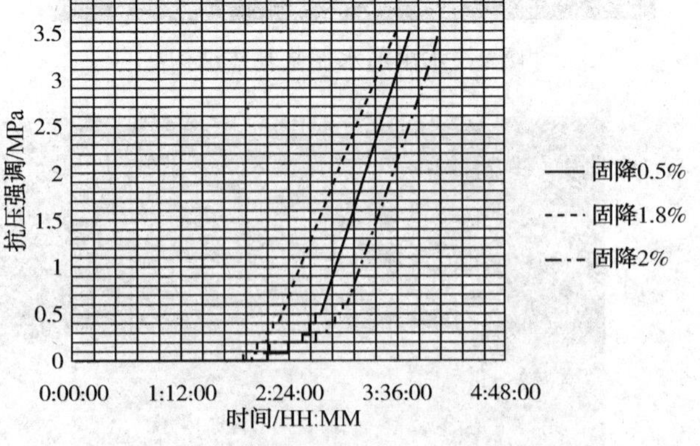

图7　不同加量的非离子成膜抗盐型降失水剂抗压强度发展速率的测试结果

表1　含非离子成膜抗盐型降失水剂的水泥浆配方

种类	华银G	降失水剂	减阻剂	早强剂	膨胀剂	消泡剂	缓凝剂	$CaCl_2$	水
尾浆	800g	1.8%	0.5%	2%	0.3%	0.05%	0	x%	360g

表2　含非离子成膜抗盐型降失水剂的尾浆性能

密度/(g/cm³)	流动度/cm	API失水量/mL	100Bc稠化时间/min	六速	抗压强度/MPa	
					24h	48h
1.90	22	42	61	226/147/118/86/39/32	18.1	23

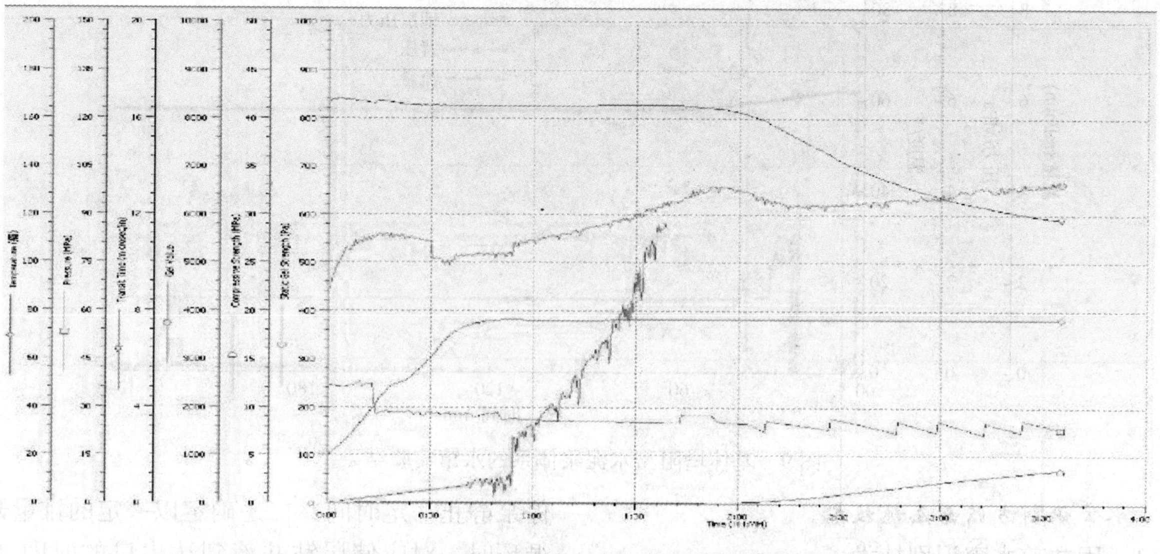

图8　优化后水泥浆体系的静胶凝强度测试

3.2.2　铁铝酸盐-锂型早强剂制备

实验选择 CaO，Al_2O_3，SiO_2，Fe_2O_3 为原料，将原料称量完成后立即进行混合和球磨，采用激光粒度仪测定生料的平均粒径，控制其平均粒径 d(0.5)<8μm。将生料用坩埚盛放并置于高温热处理炉内烧成。实验的烧成过程如下：室温950℃，升温速率为20℃/min；950℃，保温20min；950℃终了温度，升温速率为15℃/min；终了温度，保温100min。烧成反应结束后，立即将试样从热处理炉内取出，在空气中冷却至室温。实验采用滚筒式球磨机对熟料进行粉碎，控制平均粒径 d(0.5)在30~55μm范围内。为制备早强剂原料，实验对熟料粉末进行高温煅烧(温度约为1800°C)和淬火处理，装置使用过程中，先通入氧气和天然气并点火，调整两种气体的流量，待火焰稳定后通入含有铁铝酸钙微粒的空气。在铁铝酸盐原料中加入0.5%的 Li_2CO_3 进行球磨，球磨至粉体比表面积为 250~300m²/kg，即得到铁铝酸盐-锂型早强剂。

3.2.3　基体增阻型水泥体系研发

利用微硅体系作为水泥浆外掺料，通过大量的室内实验调配出满足要求的水泥浆体系，表3为优化后的水泥浆配方。表4是优化后水泥浆配方的性能测试结果，从表中可以看出水泥浆的流动性较好(流动度为24cm)，其API失水量<50ml(失水量为32ml)，48小时抗压强度>14MPa(48小时抗压强度为31.23MPa，其均满足API的相应规范。同时，其稠化时间也可以由缓凝剂调整满足施工要求，稠化曲线也呈近直角稠化，其稠化过渡时间为9min(稠化过渡时间即为稠化实验中水泥浆的稠度从40Bc到70Bc的转变时间)，由此可以看出该体系水泥浆的基本性能均满足要求。

表3　优化后的水泥浆配方

G级油井水泥	微硅	防窜剂	早强剂	非离子成膜抗盐型降失水剂	分散剂	消泡剂	水
/	5	7	3	3	1.5	0.1	38.32

表4　优化后水泥浆的性能测试结果

密度/(g/cm^3)	流动度/cm	失水量/ml	稠化时间 100Bc/min	稠化过渡时间 40Bc~70Bc/min	48h 抗压强度/MPa
1.92	24	32	116	9	31.23

优化后水泥体系抗水窜能力测试结果如图9所示，与原有体系相比，优化后的基体增阻型水泥体系抗水窜能力明显提高。在水窜实验中，未见水窜发生。

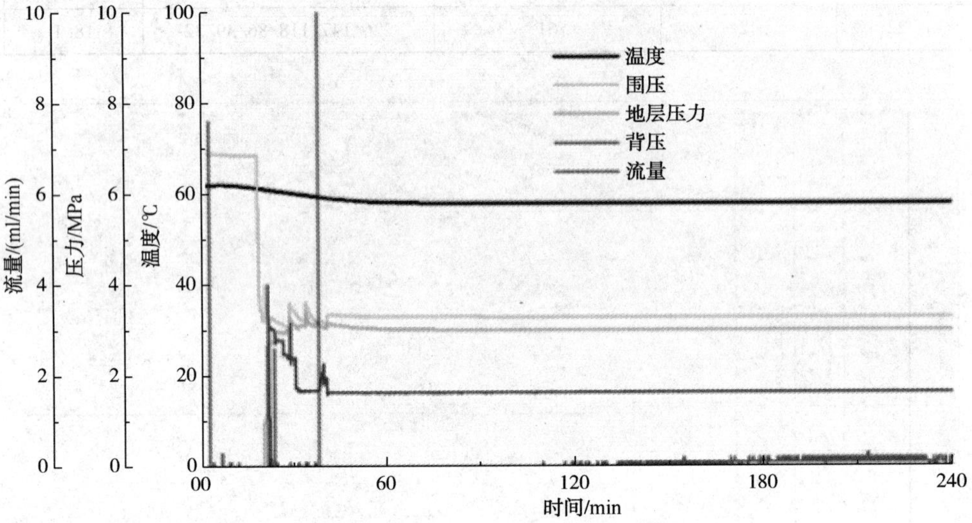

图9　基体增阻型水泥浆体系的水窜实验结果

3.3　水窜识别方法与压稳技术

3.3.1　固井前水窜识别技术

钻井过程中的油气侵可以通过测后效的油气上窜速度进行监测，而水窜，尤其是水窜常常被忽视，且不容易判断，导致固井工艺选择和环空浆柱设计缺乏针对性。针对以往固井前油气上窜速度<15m/h，仅可识别油气侵，不能适用于水窜，尤其是隐蔽性水窜的识别与压稳的问题，在钻井过程气侵识别方法基础上，基于不同流体侵入对钻井液性能的影响评价，通过监测上窜速度、全烃含量、储层段钻井液性能变化，建立了储层固井前水窜识别标准，形成了水窜识别技术(图10)。

不同地层流体侵入钻井液对钻井液性能的影响不同，油气侵入钻井液后，会导致钻井液密度降低，漏斗黏度增加，泥饼虚厚，钻井液 pH 值降低，但是钻井液滤失量变化不明显；地层水窜入钻井液后，会导致钻井液密度降低，漏斗黏度下降，泥饼变薄，钻井液 pH 值降低，钻井液滤失量增加(图11)。

根据钻井液性能变化的特点，形成通过加密检测钻井液性能识别固井前水窜情况的识别方法。一是完钻后，通井到底，充分循环钻井液，停泵静止一定时间；二是确定以一定的排量开泵循环时，对应储层钻井液到达出口的时间 T_1 和 T_2；三是开泵循环，测量出口的钻井液密度和 API 失水，加密测量 T_1 到 T_2 之间(式2、式3)，即对应储层井段的出口的钻井液密度、API 失水。四是对比循环过程中钻井液密度、API 失水，若对应储层井段钻井液密度较储层井段以上的钻井液密度降低 0.02g/cm³ 以上，且钻井液的 API 失水较储层井段以上的钻井液的 API 失水有所升高，则识别为储层井段发生了水窜。以此为依据调整钻井液密度，直至固井前油气上窜速度<15m/h，钻井液密度变化<0.02g/cm³，失水无变化；确保固井前的水窜层的压稳，并以此作为固井环空浆柱结构设计的依据。

储层顶界钻井液达到出口时间 T_1 的确定：

$$T_1 = \frac{V_{JY1} - V_{ZG1}}{Q} = \frac{[\pi (D/2) 2 H_1] - (\pi (d/2) 2 H_1)}{Q} \tag{2}$$

储层底界钻井液达到出口时间 T_2 的确定：

$$T_2 = \frac{V_{JY2} - V_{ZG2}}{Q} = \frac{[\pi (D/2)^2 H_2] - (\pi (d/2)^2 H_2)}{Q} \tag{3}$$

式中：T_1 为储层顶界钻井液到达出口时间，

min；T_2为储层底界钻井液到达出口时间，min；V_{JY}为井眼的容积，m^3；V_{ZG}为钻杆体积，m^3；D为井眼直径，m；d为钻杆外径，m；H_1为储层顶界的井深，m；H_2为储层底界的井深，m；Q为钻井液循环排量，m^3/min。

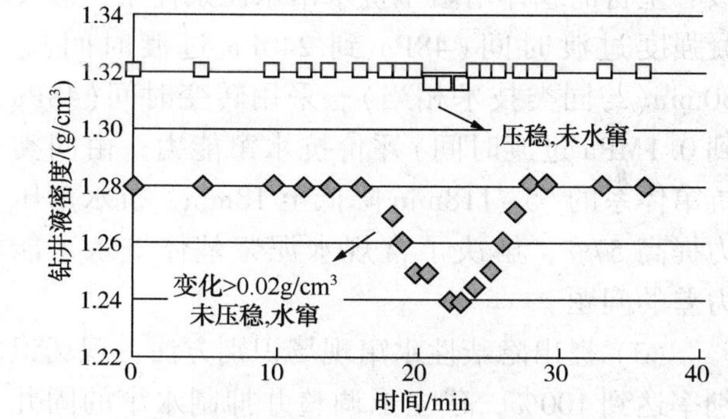

图 10　储层水窜识别方法示意图

侵入流体	密度	漏斗黏度	滤失量	泥饼厚度	原因
地层水侵入钻井液	↓	↓	↑	薄	降低钻井液的pH值，造成处理剂失效
油气侵入钻井液	↓	↑	变化不明显	虚厚	油气侵入后，钻井液内摩擦力增加

图 11　地层流体侵入对钻井液性能的影响

3.3.2　固井环空“倒浆柱”设计技术

常规环空浆柱结构设计的依据主要有两方面，一是采用高密度流体顶替低密度流体（图 12），保证顶替效率，二是确保候凝期间尾浆失重时井底当量密度大于地层孔隙压力，满足压稳的需求；基于水窜识别的研究，为了有效预防水泥浆候凝期间水窜，提出了尾浆失重时井底当量密度大于压稳油气水层当量密度的设计思路，并基于此形成了“高密度隔离液+高密度领浆+常规密度尾浆”组成的环空“倒浆柱”结构（图 13），即低密度流体顶替高密度流体的“倒浆柱结构”。该浆柱结构中高密度的加重隔离液和缓凝水泥浆保证高压层的压稳，常规密度的水泥浆保障水泥浆自身的防窜性能，通过加重隔离液、缓凝水泥浆密度以及段长的优化，使环空浆柱压力在固井前、固井施工及候凝过程中均能够保证压稳油气层且不发生漏失，实现平衡压力固井。此外，采用 CEMPRO⁺软件对倒浆柱结构的顶替效率进行模拟，结果表明，储层段顶替效率可以满足高效顶替的需求（图 14），因此“倒浆柱”结构实现了平衡压力固井及有效顶替。

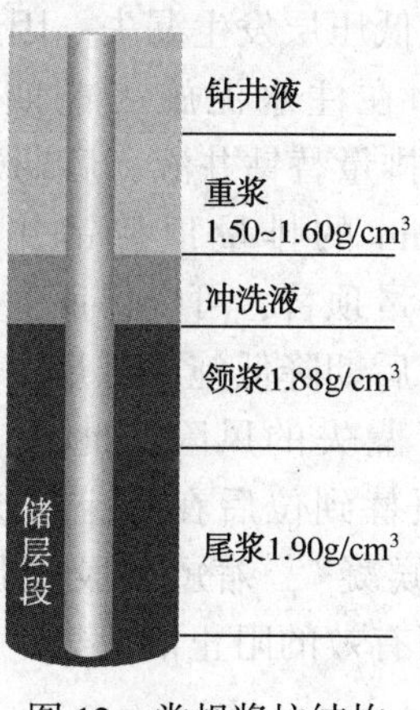

图 12　常规浆柱结构

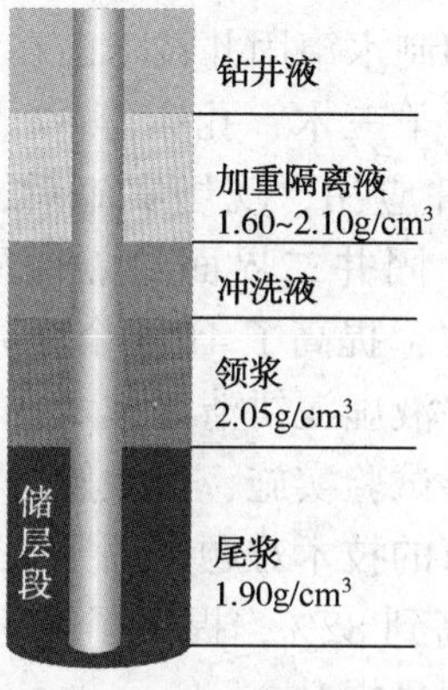

图 13　“倒浆柱”结构

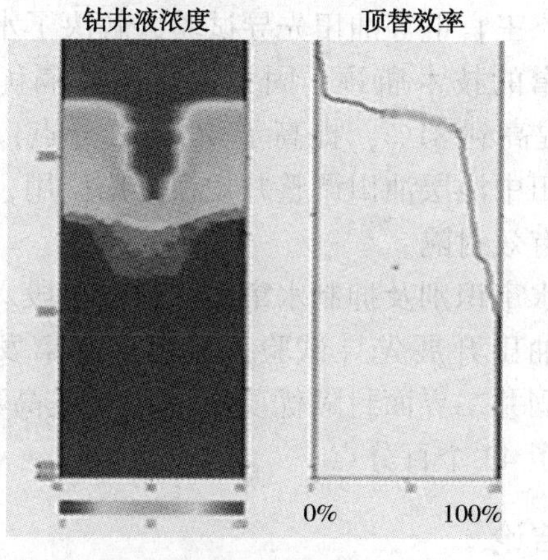

图 14　顶替效率模拟结果

3.3.3　变排量顶替技术

提高钻井液的顶替效率是保证固井质量的前提，对于压力系统正常的常规井，为了保证顶替效率，注水泥施工时，泵入前置液、水泥浆后，用水泥车压入压塞液，然后采用泥浆泵替钻井液，排量为 1.8～2.2m^3/min，这种大排量顶替方式能够保证施工过程中钻井液的顶替效率，提高界面胶结质量。而对于低压易漏失井而言，大排量导致的环空摩阻大，作用在储层当量密度大，会导致在低压层发生漏失。因此采用变排量顶替工艺，即在注水泥施工前期，采用1.8~2.2m^3/min的排量替钻井液，后期采用水泥车用0.4~0.6m^3/min的排量顶替钻井液并至碰压。前期实施大排量顶替，可以保证主力油层段的冲洗顶替效率，后期降低施工排量，可以降低循环压耗，减小了漏失的风险；此外，延长施工时间，水泥浆顶替到位后在环空就会快速形成结构，实现"短候凝"，缩短了胶凝强度发展过渡的时间，从而有效的阻止油、气、水窜。

4　现场应用

调整井抑制水窜固井技术已在黄骅坳陷的枣园、王官屯、羊三木、孔店等32个油田区块的2116口调整井应用，现场实施后，取得了很好的应用效果，固井二界面封隔优质率由40.1%提高至81.5%，提高了41.4个百分点。

其中钻井液虚泥饼清除技术在小集油田、舍女寺油田先导试验实施，有效解决了高压地层水沿二界面水窜的技术难题，固井二界面封隔优质率由35%提高到82%，提高了47个百分点，层间封隔能力明显提升。

基体增阻型抗水窜水泥浆体系在沈家铺、风化店、王官屯等油田先导试验，解决了水泥浆基体水窜的技术瓶颈，固井二界面封隔优质率由36%提高到81%，提高了45个百分点，并在大港油田中浅层油田调整井规模推广应用，实现了层间有效封隔。

水窜识别及抑制水窜固井技术在段六拨、自来屯油田开展先导试验，抑制了水窜发生的动力，固井二界面封隔优质率由42%提高到85%，提高了43个百分点。

5　结论

(1) 研发了适用于固井作业的钻井液泥饼清除液，对虚泥饼清除效率>80%，施工时间短，工作液pH在反应过程中维持在8~10，有利于水泥凝结及界面胶结，实现了碱性条件下的虚泥饼快速分解和清除，二界面胶强度提高4~6倍。

(2) 形成了以铁铝酸盐-碳酸锂型早强剂为核心主材的基体增阻型抗水窜水泥浆体系，静胶凝强度过渡时间(48Pa到240Pa过渡时间)<30min(与同类技术相当)。采用转变时间(48Pa到0.1MPa过渡时间)评价抗水窜能力，由同类抗窜体系的65~118min降低至18min，抗水窜压力提高57%，解决了常规水泥浆基体抗水窜能力差的问题。

(3) 提出隐蔽性水窜现场识别方法，现场识别率达到100%，建立了调整井抑制水窜的固井环空浆柱设计方法，有效抑制了水窜发生，固井二界面封隔优质率提高了41.4个百分点。

参 考 文 献

[1] 唐世忠，王海滨，王贺强，等．风化店油田二次开发固井技术[J]．石油地质与工程，2017，31(1)：127-130.
[2] 吴华，唐世忠，等．大港油田产能井固井质量技术研究与应用[J]．石油地质与工程，2014，28(1)：129-131.
[3] 程小伟，刘开强，李早元，等．油井水泥浆液-固态演变的结构与性能[J]．石油学报，2016，37(10)：1287-1292.
[4] 李早元，柳洪华，郭小阳，等．套管表面润湿性对固井界面胶结强度的影响[J]．油田化学 2016，33(1)：20-24.
[5] 卢海川，高继超，赵岳，等．精细石油化工进展[J]．油田化学 2017，18(2)：35-39.

块状底水油藏数值模拟网格的优化选择

周　贤[1]　王睿思[1]　曾庆桥[1]　赵良言[1]　王　莉[1]　毛　瑜[1]　杜立红[2]

（1. 中国石油华北油田分公司勘探开发研究院；2. 中国石油华北油田分公司工程技术研究院）

摘　要　模拟网格的选择直接影响计算精度、速度及稳定性。块状底水油藏内部没有稳定分布的不渗透岩层，受重力分异影响，具有明显的油水垂向流动特征。优化得到了一种完全水平化网格，具有两方面的优势：(1)可以实现网格几乎绝对均匀，大幅度提高网格生成质量，提高模拟精度和计算速度；(2)可以根据需要在纵向上设置不均匀网格，实现两相流动区密网格、底水区粗网格，在保证研究精度的同时减少有效网格数，计算时间缩短44%~67%。该研究为同类油藏的高效数值模拟提供借鉴。。

关键词　数值模拟、网格划分、优化、块状底水、顺层网格、水平网格

块状底水油藏的储层呈块状分布，具有统一的油水界面。不同于层状油藏，其内部没有稳定分布的不渗透岩层，纵向上含油高度较大。其油水流动常常具有显著的底水锥进特征，油井一旦见水则产量快速下降。以潜山油藏最具代表性，在渤海湾盆地辽河坳陷、黄骅坳陷、济阳坳陷、冀中坳陷等广泛分布。

模拟网格的选择直接影响计算工作量、速度及稳定性。更重要的是，模拟网格生成的质量和效果直接关系到数值模拟结果的好坏，在一定程度上起到关键作用。在油藏地质建模和数值模拟时，通常采用与地层构造一致的顺层网格，这对于层状特征明显的油藏是适宜的。张勇、廖荣凤等人指出了存在地层倾角或角度不整合接触的情况下，顺层网格会造成流体界面呈锯齿状分布，薄油环模拟误差大，并提出用水平网格描述薄油环及底水分布。

分析两种网格的特点初步判断，顺层网格在模拟受横向驱替压差控制的平面流动是适宜的，而水平网格在模拟以重力势能梯度为主导的垂向流动时具有较大的优势。块状底水油藏由于含油高度大，油水重力势差发挥主要作用，油水的垂向流动将占据主导地位。水平网格对块状底水油藏的适应性究竟怎么样？本文将以X潜山油藏为例，对块状底水油藏模拟网格进行优化，期望得到一种适用性强且高效的网格系统。

1　油藏概况

X潜山为块状底水碳酸盐岩构造油藏，东部发育东掉正断层，为主控断层，内部发育4条与主控断层垂直相交的小断层，由北向南形成断阶式的北斜构造形态，图1。潜山内幕构造为东北倾的单斜构造，地层倾角18°。其储层在背斜中部厚度大，相两翼变薄，原始油水界面1370m，最大含油高度101m。

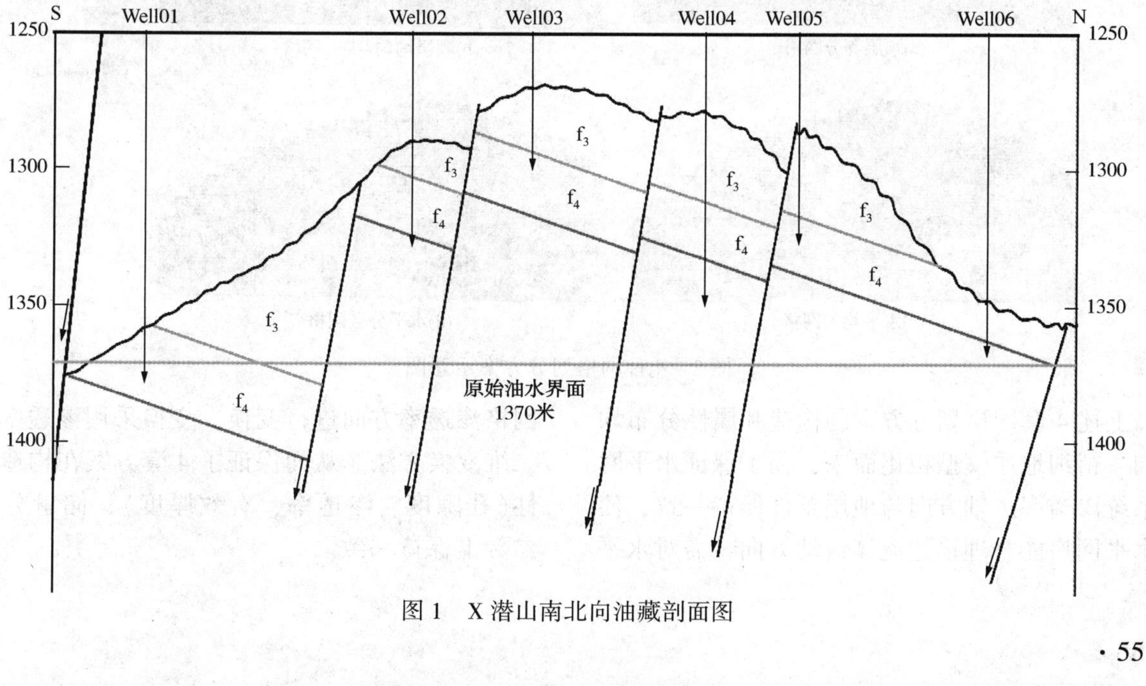

图1　X潜山南北向油藏剖面图

X潜山采用不规则井网衰竭开采，井距250m。目前综合含水90.9%，可采储量采出程度99.25%。常规措施潜力极其有限，下一步拟开展注气稳定重力驱，挖掘潜山顶部阁楼油、内幕高剩余油以及微小裂缝残余油。

2　X潜山油藏网格优化设计

目标油藏网格选取思路如下：

(1) 网格系统：块中心网格具有简单、正交性好的优势，缺点是描述边界和构造误差大。PEBI网格可以模拟任意形状的油藏边界，同时又具有数学求解上的正交性，缺点是应用还不成熟。目标油藏构造及边界的复杂程度中等，采用主流模拟器所广泛应用的角点网格系统；

(2) 网格取向：为了减少不合理的网格取向对计算结果带来的不利影响，应重点考虑①油藏内部天然的非流动边界，比如断层、尖灭线的方向；②油藏内天然势能梯度或流体流动的主要方向；③油藏沉积河道或渗透率主值的方向；④天然裂缝、人工压裂裂缝或水平井的井轨迹方向；⑤注采井排的方向。

油藏动态分析表明油水流动以底水锥进为主，平面流动是次要的，设置平面网格方向与内幕断层平行。考虑采用顺层网格和水平网格，下文将重点对比两种网格对块状底水油藏的适应性。

(3) 网格尺寸：综合考虑模拟精度的需要以及计算机性能，水平网格步长取25m，纵向网格步长取2m。

设计了4种网格划分方案：①顺层等分网格：将纵向上划分的3个模拟层按平均网格厚度2m进行等分，见图2(a)；②顺层均匀+尖灭网格：跟随模拟层顶或底面的2m均匀网格，遇上覆或下埋地层时网格尖灭，见图2(b)；③水平均匀网格：在模型主体区域采用水平均匀网格，见图2(c)；④水平分区网格：在两相区(油水界面以上)采用密网格(厚度2m)，在单相区(油水界面以下)采用大网格(厚度20m)，见图2(d)。

如图2(a)所示，顺层等分网格在地层尖灭处会产生极小和零体积网格；如图2(b)所示，顺层均匀网格会在顶面产生畸形网格和零体积网格，这些网格常常会造成计算速度和稳定性问题。如图2(c)、图2(d)所示，水平网格会出现阶梯状的顶面形态，产生的误差随着网格尺寸的见效而减小，优点是避免了顺层网格局部网格质量较差的问题。对目标油藏而言，在25×25×2m的网格精度下，顶面形态阶梯状带来的影响几乎可以忽略不计。

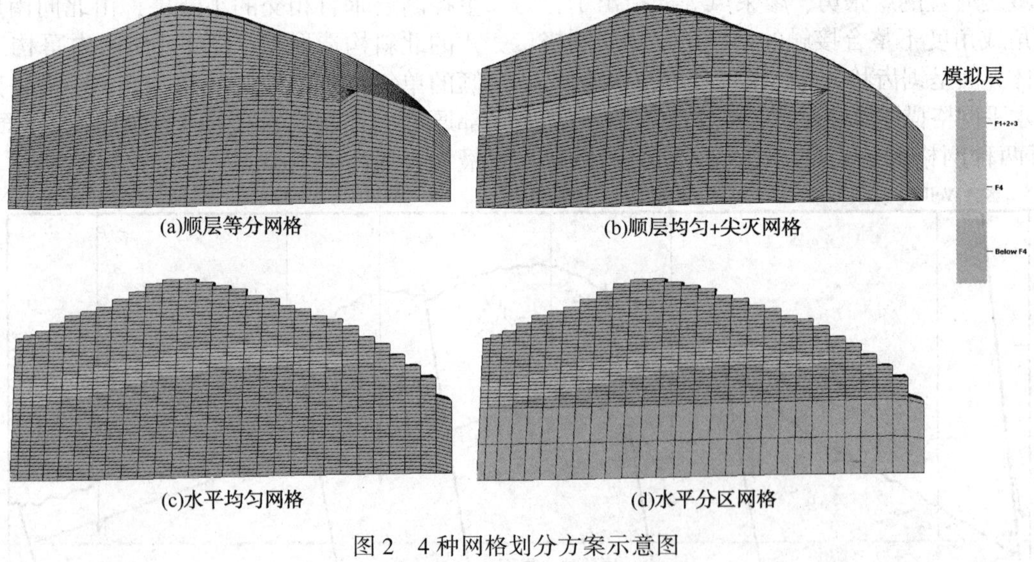

图2　4种网格划分方案示意图

上述4套网格划分方案的构造和属性分布均由同一精细地质模型粗化而来，为了保证水平网格系统渗透率主轴方向与地层条件保持一致，使得水平网格能合理描述流体流动方向，需对水平网格渗透率方向进行变换，变换采用渗透率张量二维变换方法。从而保证了4套方案在构造、属性(孔隙度、渗透率、有效厚度)、储量分布等参数上保持一致。

3 模拟效果及计算速度对比

3.1 网格数量、质量的差异

如表1所示统计了4种网格划分方案的网格统计指标，由于平面网格的划分方案一致，重点对纵向网格尺寸进行统计。分析可知，方案a、b、c有效网格数相当，a方案网格总网格数最小，不均匀程度最严重；b方案总网格数较大，不均匀程度最较轻；c方案网格总数最大，网格几乎绝对均匀；d方案在c方案的基础上增大了水体网格的尺寸，在两相区和单相区内分别是网格均匀的，有效网格数大大减少。

表1 4种网格划分方案指标对比

网格类型		总网格数 万	有效网格数 万	纵向网格尺寸/m			
				最小	最大	平均	方差
a顺层等分		67.2	24.7	0.03	4.97	1.93	1.07
b顺层均匀+尖灭		144.2	26.1	0.00	2.13	1.92	0.19
c水平均匀		147.0	24.7	1.84	2.07	2.00	0.00
d水平分区	两相区	119.0	13.7	1.85	2.06	2.00	0.00
	单相区			18.5	20.9	19.9	0.00

3.2 计算精度、速度的差异

如图3所示，对比了4种网格划分方案的日产油模拟曲线，水平网格在计算精度上与顺层网格没有明显差异。表2统计了X潜山36年水驱历史及20年稳定重力驱模拟的计算时间，结果表明：方案(a)、(b)、(c)有效网格数相当，方案(c)网格质量高，计算速度最快。方案(d)大幅度减少有效网格数量，计算速度进一步提高。在水驱和气驱模拟中，相对于传统的顺层等分网格，采用水平分区网格计算时间可分别缩短44%和67%。

图3 4种网格划分方案日产油曲线

表2 4种网格划分方案模拟计算时间

网格类型	水驱计算		气驱计算	
	时间/分	相对时间/%	时间/分	相对时间/%
(a)顺层等分	89	100	55	100
(b)顺层均匀+尖灭	82	92	39	71
(c)水平均匀	53	60	27	49
(d)水平分区	50	56	18	33

3.3 流体界面的模拟差异

(1) 原始油水界面的模拟

由于地层倾斜，顺层网格模拟的流体界面通常呈锯齿状，见图4(a)，并随着地层倾角和网格尺寸的增大而加剧，甚至得到不可接受的模拟结果，水平网格则能完美的模拟稳定的流体界面，见图4(b)。

(2) 底水锥进的模拟

在网格质量较高的区域，顺层网格和水平网格对水锥形态的模拟没有明显差异。顺层网格在某些情况下，比如地层不整合接触，会生成畸形网格，导致模拟得到的水锥界面不平滑甚至严重失真，以及由于网格质量较差造成的计算速度较慢，见图4(a)。水平网格则可以很好的避免该问题，见图4(b)。

(3) 重力驱三相流体界面的模拟

与(2)中所述情况类似，由于顺层网格方案局部网格质量较差，不仅流体界面锯齿状严重，还出现了富集油柱形态瑕疵，见图4(c)。水平网格模拟效果较好，见图4(d)。

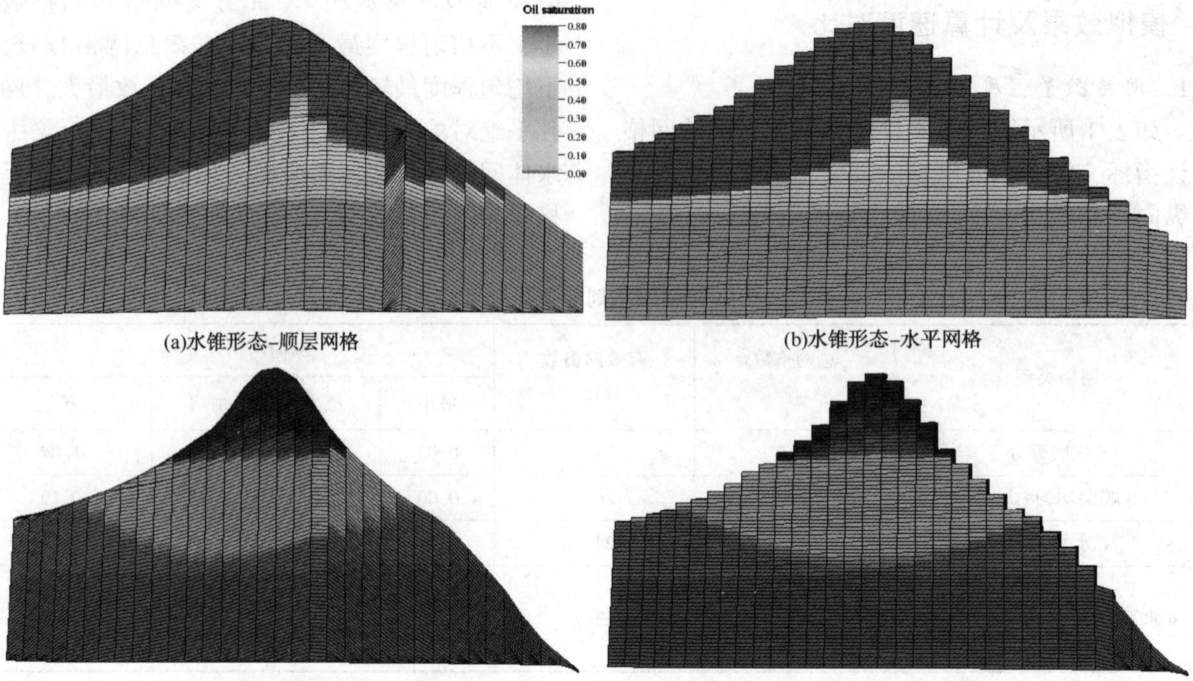

(a)水锥形态-顺层网格　(b)水锥形态-水平网格

(c)三相界面-顺层网格　(d)三相界面-水平网格

图4　顺层/水平网格对流体界面的模拟效果

4　应用效果

X潜山为块状底水油藏，前期采取底水天然能量衰竭开采，下一步计划开展注气重力驱可行性研究，应用前文优化得到的水平分区均匀网格和传统的地质分层网格分别进行模拟计算，耗时分别为68分钟和144分钟，实现了计算时间缩短52.8%。由于地层倾角或不整合接触，顺层网格方案局部网格质量差，得到锯齿状的流体界面，甚至局部饱和度分布严重失真，而水平均匀网格可以实现网格几乎绝对均匀，大幅度提高了网格生成质量，实现了对流体界面的高效模拟，见图4。

5　结论和建议

(1) 水平网格在模拟以重力势能梯度为主导的垂向流动时具有较大的优势，块状底水油藏以及稳定重力模拟时具有更好的适应性。相比于顺层网格，水平网格可以实现大幅度提高网格生成质量、流体界面模拟精度，并且缩短计算时间。

(2) 水平网格在设置分区不均匀网格时的针对性、可操作性更强，可实现重点关注区域密网格、非关注区(如底水区)粗网格，从而在保证研究精度的基础上减少有效网格数，进一步缩短计算时间。

(3) 水平网格会出现阶梯状的顶面形态，建议选取较小的纵向网格步长，尽可能的减小模拟误差。

参考文献

[1] 方甲中，李秀生，樊兆琪，等．强底水非均质块状底水油藏开发特征研究[J]．科学技术与工程，2011，11(28)：6959-6962.

[2] 张吉昌，纂玉明．裂缝型底水块状变质岩古潜山油藏改善开发效果研究[J]．特种油气藏，2005，12(1)：43-45.

[3] 李香玲，郭睿，杨学东，等．苏丹1/2/4区块状强底水油藏高效开发技术[J]．西南石油大学学报(自然科学版)，2010，32(2)：123-127.

[4] 李军、刘丽峰、赵玉合，等．古潜山油气藏研究综述[J]．地球物理学进展，2006，21(3)：879-887.

[5] 刘鹏程．油藏数值模拟基础[M]．北京：石油工业出版社，2014.

[6] 潘举玲，黄尚军，祝杨，等．油藏数值模拟技术现状与发展趋势[J]．油气地质与采收率，2002，9(4)：69-71.

[7] 刘玉山，杨耀忠．油气藏数值模拟核心技术进展[J]．油气地质与采收率，2002，9(5)：31-33.
[8] 谢海兵，马远乐，桓冠仁，等．非结构网格油藏数值模拟方法研究[J]．石油学报，2001，22(1)：63-66.
[9] 刘立明，廖新维，陈钦雷．混合PEBI网格精细油藏数值模拟应用研究[J]．石油学报，2003，24(3)：64-67.
[10] 唐艳，陈伟，段永刚，等．基于Voronoi网格技术的油藏数值模拟研究[J]．西南石油大学学报，2007，29(S1)：22-24.
[11] 冯明生，袁士义，许安著，等．高含水期剩余油分布数值模拟的平面网格划分[J]．油气地质与采收率，2008，15(4)：81-83.
[12] 刘广天，李振保．局部网格粗化与加密技术在大底水油藏数值模拟中的应用[J]．科学技术与工程，2012，12(13)：3207-3210.
[13] 杨宏伟，吕德灵，高寿涛．油藏模型网格尺寸对油藏模型精度的影响[J]．石油天然气学报，2010，32(3)：325-328.
[14] 刘晓燕，吴国忠，庞丽萍等．网格划分对传热模拟计算的影响[J]．大庆石油学院学报，1999，23(4)：58-60.
[15] 张勇，杜志敏，郭肖，等．底水凝析气藏薄油环开采数值模拟方法研究[J]．石油学报，2009，30(1)：88-91.
[16] 廖荣凤，李发有，王光付，等．角度不整合薄油环油藏数值模拟技术[J]．特种油气藏，2017，24(4)：94-97.

基于沉积动力学数值模拟方法的潮控河口湾砂体定量研究

张克鑫[1,2] 唐明明[3] 万学鹏[2] 冯玉良[4] 张超前[1] 郭松伟[1]

(1. 中国石油勘探开发研究院；2. 中国石油国际勘探开发有限公司；
3. 中国石油大学(华东)；4. 中国石化集团国际石油勘探开发有限公司)

摘 要 潮控河口湾沉积广泛发育于海侵体系域，是一类重要的油气储层。河口湾受到潮汐和河流的强烈交互作用影响，砂体内部形成了独特的夹层构造。详细分析潮控河口湾砂体和泥质的沉积动力学过程，对于精细河口湾储层内部构型特征，细化储层分析具有重要意义。因为现代河口湾沉积砂体主体位于海面以下，现代沉积观察受到一定限制。本文以南美Oriente盆地白垩系河口湾沉积为研究对象，采用沉积动力学数值模拟方法，对潮控河口湾砂体和泥质夹层的沉积动力学过程进行定量刻画研究。在分析工区河口湾沉积环境参数的基础上，建立典型的潮控河口湾数值模拟模型。在此基础上，基于单因素方法，通过设定不同的水体深度和坡度，开展潮控河口湾坝体的沉积模拟，探讨其发育主控因素。通过分析坝体长度、宽度与厚度的发育特征，揭示各因素于河口湾沉积的关系。结果表明：在潮控河口湾环境中，水深和坡高对河口湾砂坝的形态的影响具有相似性。水深和坡高增大时，砂坝的平均长度、平均宽度都增大。在潮控河口湾环境下，夹层的形成和分布主要受潮汐的影响，夹层长度随着水深和坡高的增大呈现变长趋势。基于沉积动力学对坝体及夹层发育和分布的数值模拟研究，将为潮控河口湾体系的沉积演化提供新思路，为潮控河口湾含油储层的勘探和开发提供指导。

关键词 沉积动力学；河口湾；坡度；潮差；砂坝；隔夹层

1 引言

Oriente盆地位于构造运动活跃的南美洲科迪勒拉山系和稳定的冈瓦纳地盾之间的过渡带上，属于前陆盆地，面积约$1\times10^5km^2$。厄瓜多尔Oriente盆地拥有近300亿桶的石油储量，占厄瓜多尔探明储量的97%，是南美地区西北部安第斯盆地中储量最丰富的盆地之一。该盆地于1921年开始勘探，于1937年才开始钻探第一口井，但钻遇结果一直不理想。直到1967年在Oriente盆地的Lago Agrio地区发现了第一个油田，从此Oriente盆地进入了勘探活跃时期。Napo组M1段砂岩层是Oriente盆地主要目的层位，前人对M1层的沉积环境做了大量的研究。在早白垩末-晚白垩时期，受到构造运动的影响，安第斯山东侧形成陆缘海和四个主要盆地，在该时期，Oriente盆地的西北部为安第斯陆缘浅海环境，东部为圭亚那地盾。M1层形成于晚白垩世，广泛且稳定分布于南美洲的安第斯山东侧的盆地链，属于一个三级层序，岩性以中-粗砂岩、细砂岩、海绿石砂岩为主。M1层具有较丰富的潮汐主控成因的典型沉积构造，发育脉状层理、潮汐交错层理和再作用面等，为向上变细的正旋回，属于潮控河口湾沉积。

潮控河口湾沉积是以潮汐作用为主，有一定河流作用影响的海侵沉积。潮控河口湾一词的由来是Dalrymple(1992)在对现代河口湾亚环境分布和水体动力学的研究后确定的，他将河口湾分为浪控河口湾、潮控河口湾、浪控与潮控河口湾的过渡带。在浪控河口湾中，波浪作用使得河口处水上发育离岸障壁或水下发育砂坝，隔断了大部分波浪能量进入河口湾，形成典型三分带沉积特征；在浪控与潮控河口湾的过渡带中，受波浪作用和微弱的潮汐作用的共同控制，沉积特征与浪控河口湾相似；潮控河口湾发育在整体海平面上升的海侵沉积背景中，由于潮汐向湾口的方向延伸较远，导致岩相三分性不明显。潮控河口湾受到双向水流特征的潮汐能量的控制，在涨潮时，潮水顺河口溯河而上，形成河流壅水现象；退潮时，潮流强烈冲刷河床，引起河口湾的加深和展宽，这样更有利于潮汐大规模入侵。根据潮汐作用和河流作用的强弱，可将潮控河口湾分为强潮汐河口湾、中等潮汐河口湾和弱潮汐河口湾。强潮汐河口湾如我国的钱塘江河口湾、法国的吉伦特河口湾和亚马逊河口湾，中等潮汐河口湾如我国的长江口，弱潮汐河口湾如我国的珠江口，强潮型河口湾最大潮差可达 8.93m，中等潮汐河口湾潮差平均为 4~6m；弱潮汐河口湾潮差小于 2m。目前应用最广泛的研究潮控河口湾沉积的方法有河口湾野外露头踏勘、现代沉积实例解剖、地震资料和测井曲线解释分析。古代沉积野外露头非常少见，且只能提供二维结构信息，内部的三维结构信息不足；现代沉积实例解剖难度大，同时该方法适用于观察三角洲沉积和退潮时的内河口湾沉积，中外河口湾埋于水下不易观察；地震数据分辨率相对有限，对于一些少井、无井的地区，测井资料缺乏，导致古河口湾可用研究信息较少。本文采用沉积动力学数值模拟方法，设定不同的水体深度、潮差和坡度，开展潮控河口湾坝体及其夹层的沉积模拟，探讨其发育主控因素。通过分析坝体长度、宽度与厚度的发育特征，揭示各因素与河口湾砂坝沉积特征的关系。

2　潮控河口湾沉积动力学模拟方法

随着计算机硬件和软件技术的飞速发展，沉积动力学数值模拟已成为沉积学发展的重要趋势之一，沉积数值模拟是利用计算机技术模拟在一定沉积环境约束下储层的演化过程。通过数值模拟可以更好的理解沉积过程，预测砂体分布，可以大大节约时间成本和经济成本。沉积动力学数值模拟适用于少井、稀井地区，是分析沉积环境、识别沉积扩散系数、确定少量井沉积面分布的有力工具。如今，国内外许多专家学者将沉积动力学数值模拟应用到河口湾沉积中，Schramkowski et al. 在 2002 年对潮控河口湾进行了数值模拟；Toffolon and Crosato 在 2007 年研究了潮控河口湾砂坝的形态；2018 年，van de Lageweg et al. 对潮控河口湾进行了河流流量和潮汐幅度因素的模拟；Weisscher(2018)发表利用 Nays2D 沉积数值模拟软件进行形态动力学建模，确定动态入流扰动对河流格局和动态曲流河流的影响；2019 年，Tanget al. 利用数值模拟对潮控河口湾储层构型进行了研究，本文采 Tang et al. 的沉积模拟模型。

$$\frac{\partial U}{\partial t}+U\frac{\partial U}{\partial x}+V\frac{\partial U}{\partial y}+\frac{\omega}{h}\frac{\partial U}{\partial \sigma}-fV=-\frac{1}{\rho_0}Px+F_x+M_x+\frac{1}{h^2}\frac{\partial}{\partial \sigma}\left(\upsilon_V\frac{\partial \mu}{\partial \sigma}\right) \tag{1}$$

$$\frac{\partial V}{\partial t}+U\frac{\partial V}{\partial x}+V\frac{\partial V}{\partial y}+\frac{\omega}{h}\frac{\partial V}{\partial \sigma}-fU=-\frac{1}{\rho_0}Py+F_y+M_y+\frac{1}{h^2}\frac{\partial}{\partial \sigma}\left(\upsilon_V\frac{\partial \mu}{\partial \sigma}\right) \tag{2}$$

$$\frac{\partial \zeta}{\partial t}+\frac{\partial [h\bar{U}]}{\partial x}+\frac{\partial [h\bar{V}]}{\partial y}=S \tag{3}$$

$$\frac{\partial [hc]}{\partial t}+\frac{\partial [hUc]}{\partial x}+\frac{\partial [hVc]}{\partial y}+\frac{\partial [\omega c]}{\partial \sigma}=h\left[\frac{\partial}{\partial x}\left(D_H\frac{\partial c}{\partial x}\right)+\frac{\partial}{\partial y}\left(D_H\frac{\partial c}{\partial y}\right)\right]+\frac{1}{h}\frac{\partial}{\partial \sigma}\left[D_V\frac{\partial c}{\partial \sigma}\right]+hS \tag{4}$$

$$\frac{\partial P}{\partial \sigma}=-\rho gh \tag{5}$$

其中，U 、V 分别代表在 x 、y 方向上的流体平均速度，t 代表时间，u 、v 、ω 表示在 x 、y 、z 方向上的流速，h 表示水体总深度，f 表示科里奥利参数，ρ_0 表示水的参考密度，σ 表示按纵坐标缩小的比值，Px 、Py 代表由 Boussinesq 近似给出的水平压强项，F_x 、F_y 代表由涡黏性概念确定水平雷诺应力，M_x 、M_y 代表水的消耗，ζ 代表自由面相对于参考面(z=0)的高度差，S 代表模型表面积，c 代表质量浓度，D_H 代表水平涡流扩散率，D_V 代表输运方程的垂直涡流扩散系数，$c(\iota)$ 代表沉积物质量浓度分数。

3　结果与讨论

3.1　不同坡度条件下潮控河口湾沉积特征

图 1 为不同坡度条件下河口湾坝体沉积演化过程。在模拟初期(T=30step)，坡度较小的河口湾(图 1)砂坝发育较成熟，砂坝形状呈椭圆形，随着模拟的进行，内河口湾砂坝呈现不断加

积的状态，外河口湾砂坝继续缓慢的向海进积。中等坡度的河口湾模型砂坝发育速度较坡度较小的河口湾慢，两者内河口湾砂坝的发育位置相同，但外河口湾砂坝的位置相差很大。当河口湾坡度较大时，河口湾模拟不能正常进行，因此，将河口湾河道部分去除，只保留河口湾部分和海洋部分，模拟结果显示，坡度较大的河口湾砂坝沉积缓慢，只在河口湾靠岸位置缓慢发育，且在河口湾中部位置无沉积物发生沉积，砂坝发育位置无内外河口湾之分。

随着河口湾坡度的增加，砂坝的形态越来越不规则。如图1(a)所示地形坡度下，沉积物自然下泄的速度变慢，而此时潮汐能量消耗减小，退潮流携带砂泥沉积物向海进积的能力强，河口湾砂坝发育速度快。如图1(b)所示坡度增大，退潮流能量减弱，砂坝向海进积速度降低。如图1(c)所示地底形坡度最大时，沉积物自然下泄的速度最快，大部分沉积物被带入海洋，此时潮汐能量最弱，砂坝的形成受河流作用最强，因此砂坝沿河道方向沉积。坡度最小的时候砂坝发育越成熟，砂坝形状类型丰富，小坡度促进河口湾砂坝的发育，坡度越大，潮控河口湾砂坝发育速度越慢。

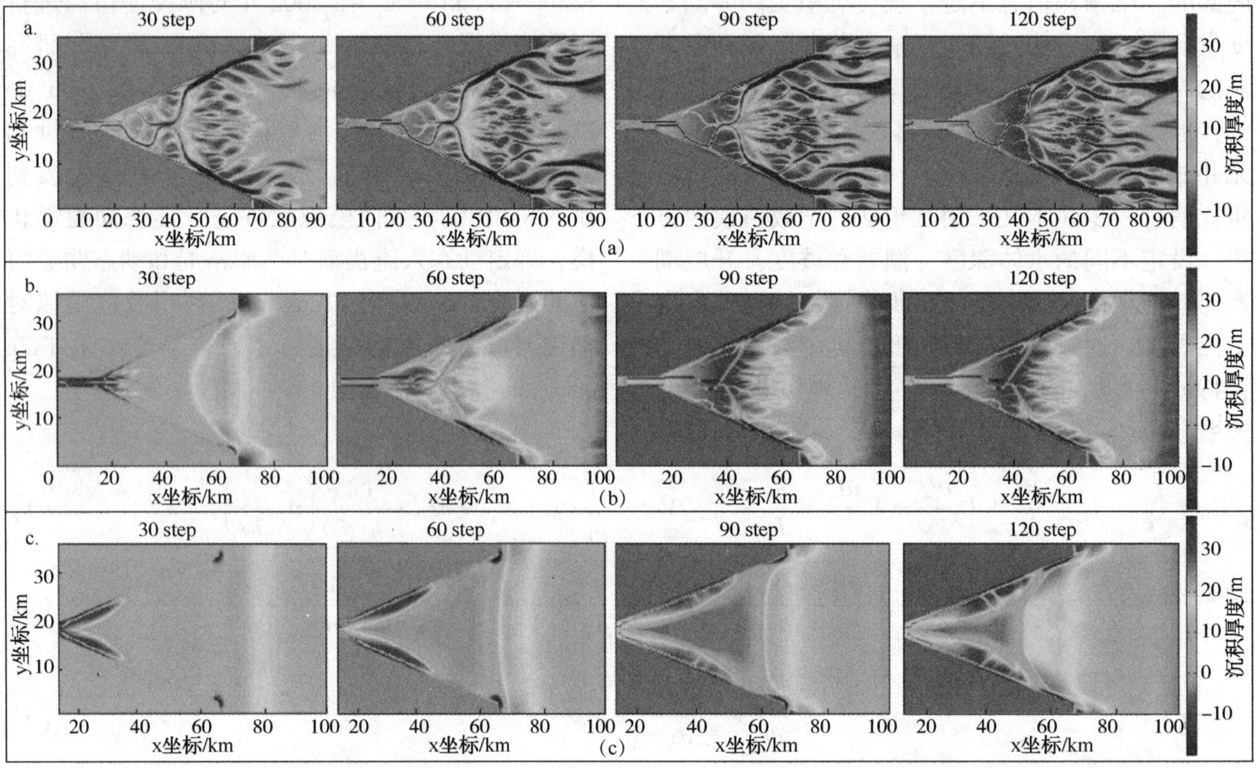

图1　不同坡度下河口湾沉积侵蚀变化

注：(a)坡度为0.017°；(b)坡度为0.023°；(c)坡度为0.029°

随着坡度的减小，可以观察到沉积向海进积的范围扩大(图1)。小坡度时，砂坝沉积遍布整个潮控河口湾模型，中等坡度时，进积范围占河口湾面积的64%，坡度最大时，沉积物进积范围占47.6%。坡度越大，沉积物进积范围越小，原因是因为潮汐能量随坡度增大而减小，造成退潮流携带沉积物向海进积的能力变弱，造成坡度大的河口湾沉积物的扩散主要依赖于自然下泄与河流作用。坡度越小，河口湾砂坝的编织指数就越高，砂坝数目就越多(表1)。大坡度砂坝编织指数为1.3，中等坡度砂坝编织指数为6.9，而小坡度河口湾砂坝编织指数为7.6，是大坡度河口湾编织指数的5.8倍；大坡度河口湾砂坝数目为6个，小坡度河口湾砂坝数目为40个，相当于大坡度河口湾砂坝数量的7倍。随着坡度的减小，砂坝的长宽比值越大(表1)。大坡度中砂坝的平均长度、平均宽度和平均高度都比较大，砂坝长/宽为3.7；中等坡度河口湾中砂坝的尺寸是最小的，砂坝的长/宽比值为5.19；小坡度河口湾砂坝长度是最大的，砂坝长宽比为5.3。

表 1　潮控河口湾中砂坝分布与形态统计

因素	场景	沉积进积范围/km	河口湾编织指数	砂坝数量/个	砂坝平均长度/km	砂坝平均宽度/km	砂坝平均厚度/m
坡度	小坡度 α_1	74	7.6	40	10.77	2.03	23.21
	中等坡度 α_2	48.9	6.9	34	8.1	1.56	22.4
	大坡度 α_3	40	1.3	6	12.09	3.24	24.1

注：统计结果不包含河道部分，T=120step

图 2 和图 3 为潮控河口湾三种底床坡度模型的砂坝内部夹层厚度和长度的分布频数。如图 2 所示，河口湾砂坝夹层厚度分布显示如下：62%的夹层厚度在 0.1m~0.3m 之间，38%的夹层厚度大于 0.3m；如图 3 所示，砂坝泥质夹层长度分布显示：34%的夹层长度在 0.2km 左右，40%的夹层长度集中在 1km~4km，29%的夹层长度大于 8km，长度较大的夹层往往存在于坡度较高的河口湾中。坡度为 0.017°时，隔夹层厚度集中在 0.2m 和 3.6m，长度集中在 0.2km 和 2km；坡度为 0.023°时，所统计的隔夹层的厚度集中在 0.1m 和 0.15m，长度集中在 1.8m、9.6km 和 11km；坡度为 0.029°时，隔夹层厚度集中在 0.24m，长度集中在 0.18km 和 8。对夹层长度和厚度的定量统计可知：坡度与夹层厚度成反比，夹层长度与坡度无明显规律。

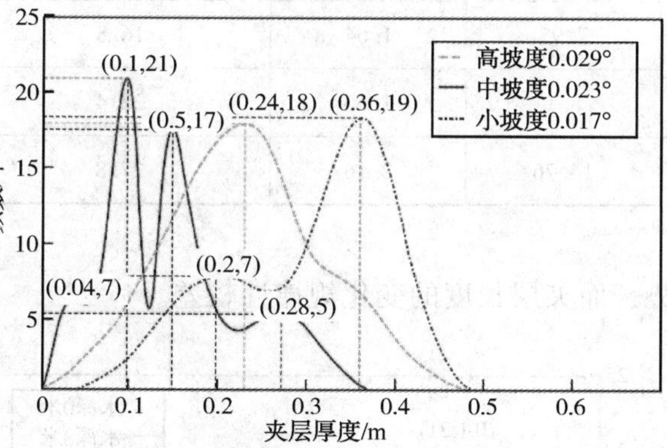

图 2　不同坡度下隔夹层厚度频数分布

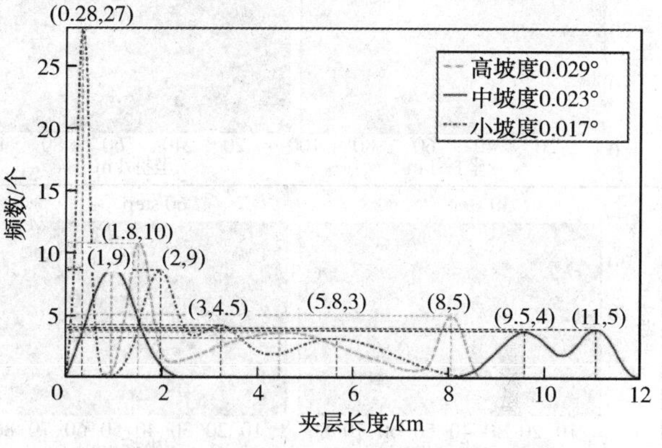

图 3　不同坡度下隔夹层延展长度频数分布

3.2　不同水体深度条件下潮控河口湾沉积特征

当水体深度较浅时潮控河口湾的沉积过程如图 4a 所示，泥砂质沉积物被搬运并覆盖整个河口湾，砂坝发育程度高，种类丰富，数量多。在模拟前期，内河口湾处发育多条河道，砂坝出露水面，砂坝成椭圆状；模拟后期，沉积物在内河口湾处加积，使部分河道被沉积物充填。水体深度中等的条件下(图 4b)，沉积物沉积速度明显小于水体深度较小的河口湾，发育单一河道，砂泥主要沉积在内河口湾处。水体深度较深时(图 4c)，大部分被沉积物被带入海洋，砂坝发育速度最慢，砂泥质沿内河口湾两侧沉积，同时两侧发育河道。据图片所示，随着水体深度的增加，沉积物向海进积的范围减小，沉积速度减慢，越不利于砂坝发育，水深与砂坝的发育程度大致呈负相关关系。

随着水体深度的减小，可以观察到沉积向海进积的范围扩大(表 2)。水体深度较小时，砂坝沉积遍布整个潮控河口湾模型，中等坡度时，进积范围占河口湾面积的 64%，水体深度最大时，沉积物进积范围占 28.6%。说明当水体深度较大时，是不利于沉积的。水体深度越小，河口湾砂坝的编织指数就越高，砂坝数目就越多。水体深度从浅到深其编织指数分别为 7.5、6.9、1.2，编织指数与水体深度的之间的关系是非线性的，当水深超过一定值时，BI 值快速递减。随着水体深度的增大，砂坝的长宽比值越大。水体深度较大时，砂坝的平均长度、平均宽度和平均高度都比较大，砂坝长/宽为 6.83；中等水深时河口湾中砂坝长/宽比值为 5.19；水体深度最小时，砂坝长宽比为 4.85。

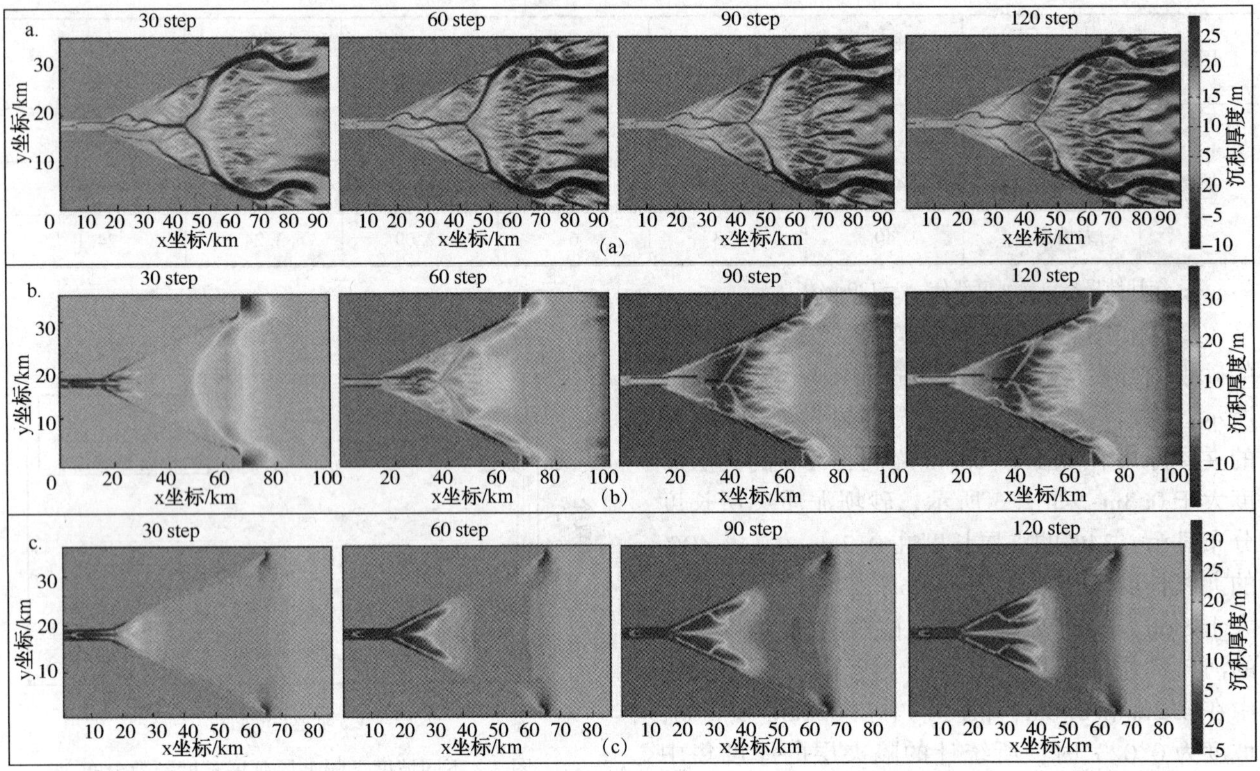

图4　不同水深下河口湾沉积侵蚀总量变化

注：(a)湾顶处水深0m；(b)湾顶处水深8m；(c)湾顶处水深16m)

表2　水体深度因素河口湾砂坝形态统计

场景	沉积进积范围/km	河口湾编织指数	砂坝数量/个	砂坝平均长度/km	砂坝平均宽度/km	砂坝平均厚度/m
0m	68	7.5	49	7.95	1.64	16.8
8m	48.9	6.9	34	8.1	1.56	22.4
16m	24	1.2	6	14.76	2.16	27.8

注：统计结果不包含河道部分，$T=120$step

图5和图6为潮控河口湾三种水体深度模型中砂坝内部夹层厚度和长度的分布频数。如图5所示，河口湾砂坝夹层厚度分布显示如下：52%的夹层厚度在0.1m~0.3m之间，40%的夹层厚度集中在0.5m~0.55m之间；如图6所示，砂坝泥质夹层长度分布显示：65%的夹层长度在1km~2km之间，22%的夹层长度大于4km。水体深度为0m时，隔夹层厚度集中在0.24m，长度集中在1.5km和4.5km；水体深度为8m时，隔夹层的厚度集中在0.1m和0.15m，长度集中在1.8m、9.6km和11km；水体深度为16m时，隔夹层厚度集中在0.5m，长度集中在2km。综上可知：水体深度越大，夹层厚度呈减小的趋势，而夹层长度的变化规律性较差。

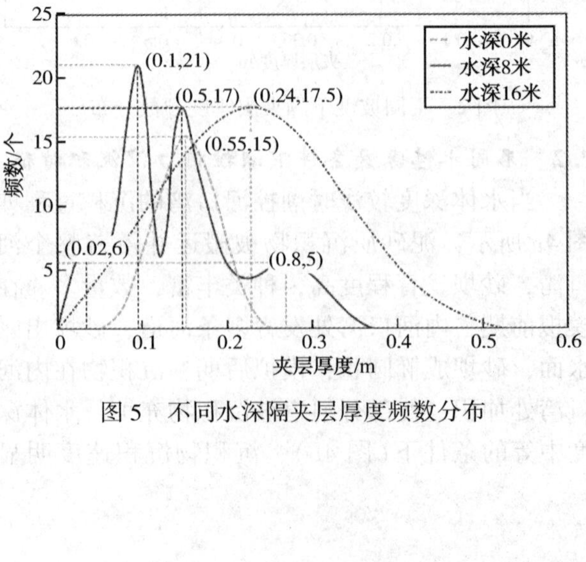

图5 不同水深隔夹层厚度频数分布

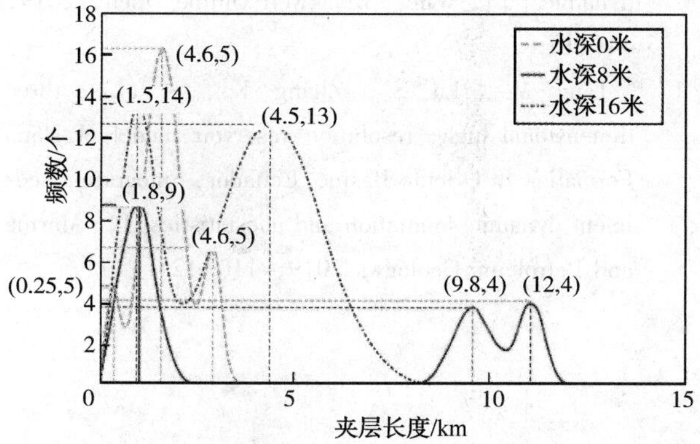

图6　不同水深隔夹层延展长度频数分布

4　结论

水深和坡高因素对于潮控河口湾沉积动力学模拟和砂体分布特征具有重要影响。本次研究基于流体力学和输运方程，建立了潮控河口湾沉积动力学模型，并基于该模型开展了不同盐度条件下，潮控河口湾砂坝沉积数值模拟。模拟结果表明：在潮控河口湾环境中，坡高和水体深度均对河口湾砂坝的形态具有重要影响。当水体深度较大时，是不利于沉积的。水体深度越小，河口湾砂坝的编织指数就越高，砂坝数目就越多。水体深度越大，夹层厚度呈减小的趋势，而夹层长度的变化规律性较差。除水深因素外，坡度也对河口湾砂体分布具有重要影响。坡度越大，沉积物进积范围越小。坡度越小，河口湾砂坝的编织指数就越高，砂坝数目就越多。坡度与夹层厚度成反比，夹层长度与坡度无明显规律。本次研究提出的河口湾沉积动力学模拟方法，可对于提升河口湾勘探开发精度提供了模式指导。

参 考 文 献

[1] Vallejo C., Tapia D., Gaibor J., et al. Geology of the Campanian M1 sandstone oil reservoir of eastern Ecuador: A delta system sourced from the Amazon Craton [J]. Marine and Petroleum Geology, 2017: 86-97.

[2] Zhang H., Shi J., Li X. Optimization of shale gas reservoir evaluation and assessment of shale gas resources in the Oriente Basin in Ecuador [J]. Petroleum Science, 2018, 15(4): 756-771.

[3] Yang X., Ma Z., Zhou Y., et al. Reservoir characteristics and hydrocarbon accumulation of the glauconitic sandstone in the Tarapoa Block, Oriente Basin, Ecuador[J]. Journal of Petroleum Science and Engineering, 2018, 173: 558-568.

[4] Hugues F. Facies associations, detrital clay grain coats and mineralogical characterization of the Gironde estuary tidal bars: A modern analogue for deeply buried estuarine sandstone reservoirs [J]. Marine and Petroleum Geology, 114-124.

[5] Toffolon M., & Crosato A. Developing Macroscale Indicators for Estuarine Morphology: The Case of the Scheldt Estuary. Journal of Coastal Research, 2007, 231: 195-212.

[6] Jaillard E., Bengtson P., Dhondt A.. Late Cretaceous marine transgressions in Ecuador and northern Peru: a refined stratigraphic framework. [J]. Journal of South American Earth Sciences, 2006, 19(3): 307-323.

[7] Dalrymple R., Zaitlin B., Boyd R., et al. Estuarine Faceis Models: conceptual basis and stratigraphic implications [J]. Journal of Sedimentary Research, 1992, 62: 130-1146.

[8] Dongfeng X., Cunhong P., Shu G., et al. Morphodynamics of the Qiantang Estuary, China: Controls of river flood events and tidal bores[J]. Marine Geology, 2018, 406: 27-33.

[9] Zheng X., Mayerle R., Wang Y., et al. Study of the wind drag coefficient during the storm Xaver in the German Bight using data assimilation[J]. Dynamics of Atmospheres and Oceans, 2018, 83(SEP.): 64-74.

[10] Dalrymple R., Choi K. Morphologic and facies trends through the fluvial-marine transition in tide-dominated depositional systems: A schematic framework for environmental and sequence - stratigraphic interpretation [J]. earth science reviews, 2007, 81 (3 - 4): 135-174.

[11] Jaillard E., Bengtson P., Dhondt A.. Late Cretaceous marine transgressions in Ecuador and northern Peru: a refined stratigraphic framework. [J]. Journal of South American Earth Sciences, 2006, 19 (3): 307-323.

[12] Van d L., Feldman H. Process - based modelling of morphodynamics and bar architecture in confined basins with fluvial and tidal currents[J]. Marine Geology, 2018, 398: 35-47.

[13] Schramkowski G., Schuttelaars H., & de Swart, H. (2002). The effect of geometry and bottom friction on local bed forms in a tidal embayment. Continental Shelf Research, 2002, 22(11-13): 1821-1833.

[14] Toffolon M., & Crosato A. Developing Macroscale Indicators for Estuarine Morphology: The Case of the Scheldt Estuary. Journal of Coastal Research, 2007,

231：195-212.

[15] Van d L., Feldman H. Process-based modelling of morphodynamics and bar architecture in confined basins with fluvial and tidal currents[J]. Marine Geology, 2018, 398：35-47.

[16] Weisscher S., Shimizu Y., Kleinhans M.. Upstream perturbation and floodplain formation effects on chute-cutoff - dominated meandering river pattern and dynamics[J]. Wiley-Blackwell Online Open, 2019, 44(11).

[17] Tang M., Lu S., Zhang K., et al. A three dimensional high-resolution reservoir model of Napo Formation in Oriente Basin, Ecuador, integrating sediment dynamic simulation and geostatistics[J]. Marine and Petroleum Geology, 2019, 110-125.

动态毛管力实验评价技术进展

李　颖　马寒松　李茂茂　李　杰　陈明君

(油气藏地质及开发工程国家重点实验室 西南石油大学)

摘　要　毛管力是研究多孔介质多相渗流、认识和开发油气藏的关键参数。通常毛管力在平衡态条件下测得，而多孔介质多相渗流是动态的，即存在动态毛管效应。本文介绍了动态毛管力的研究背景，概括了动态毛管力评价技术的发展历程，系统梳理了各类动态毛管力测试设备、方法的研发现状及特点，全面总结了动态毛管力测试所得实验数据的处理方法。研究表明，动态毛管力测试技术的精确性不断提升、测试范围不断增大，目前该技术已经能够测试致密岩石、碳酸盐岩中的动态毛管力，以及应对岩石中存在超临界流体的情况。电极测试法可以满足变加载条件和变含水饱和度的测试要求，能够用于测试动态毛管力相关的流体饱和度。半渗透原件是测试毛管力的关键材料，其使用部位从岩心两端过渡至两侧。通过进、出液量确定平均流体饱和度是最简单、采用最广的方法，但不适用于致密岩石；中心校正相平均法和本质相平均法是计算平均动态毛管力的较为准确、采用较广的方法。低渗透多孔介质多相渗流过程中的动态毛管力是现有评价技术发展方向和难点。

关键词　动态毛管力；评价技术；多孔介质；低渗透；流体饱和度

毛管力是毛细管压力的简称，是指毛细管中弯液面两侧非润湿相流体与润湿相流体之间的压力差。毛管力是研究多孔介质多相流动的必备参数，被广泛应用在水文学、生态学、油气田开发和农业中。通常情况下，研究中采用的毛管力曲线是在平衡条件下测得的，平衡态包括静态和稳态，静态测试方法有压汞法、离心法和半渗透隔板法等，稳态测试方法即为当流体流动达到稳定时对毛管力进行测试的方法，平衡态时饱和度分布不再随着时间变化，测得的毛管力称为平衡态毛管力(图1)。经典的多孔介质多相流模型认为流动达到了平衡，毛管力只是饱和度的函数。

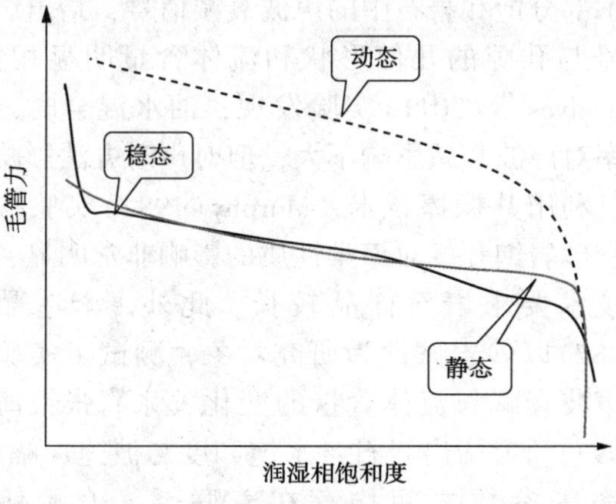

图1　动态和平衡态毛管力示意图

实际上，理论分析、实验测试和数值模拟已证实，多孔介质多相渗流是动态的，对应动态毛管力。动态毛管力不仅与流体饱和度有关，而且与饱和度随时间的变化率有关，这个现象被称为动态毛管效应，非平衡条件下的毛管力为动态毛管力(图1)。Hassanizadeh 和 Gray(1990)提出了动态毛管力和平衡态毛管力的关系式：

$$P_c^d = P_{nw} - P_w = P_c^s - \tau(\partial S_w / \partial t) \qquad (1)$$

其中，P_{nw} 和 P_w 分别代表非润湿相压力和润湿相压力，P_{cs} 为平衡态毛管力，P_{cd} 为动态毛管力，τ 为动态毛管效应系数，是动态毛管效应的直接表征。中高渗透多孔介质中流动体系可以很快达到平衡，因此可以忽略动态毛管现象，认为动态毛管力和平衡态毛管力差别不大，但低渗致密多孔介质动态毛管现象非常显著。

从上世纪50年代开始，学者们通过实验对动态毛管力进行了评价，成果丰富。所有的测试都是在实验室中进行的，以避免现场多孔介质非均质性、温度变化等因素的干扰。测试动态毛管力的关键是测定油、水相压力差，并能准确测定对应的原地含水饱和度。传统的毛管力测试方法为测试整块岩心压力差和平均含水饱和度，忽视了端面效应和驱替前缘压力的迅速变化。如 Weitz 等(1987)将直径为0.5mm的玻璃珠烧结在直径为5mm的管中，用水对管中的油进行驱替，通过压电式压力传感器测试管子两端压力降，测试结果就受到端面效应等因素的影响，不能反映真实的毛管力。要避免端面效应和驱替前缘压力迅速变化等影响，需要测定原地含水饱和度和各相流体压力。

1　动态毛管力实验发展历程

Topp 等(1967)，Smiles 等(1971)，Stauffer(1978)通过实验观察到了动态毛管力。Kalaydjian(1992)实验测试了非均质岩心的动态毛管力，他将岩心垂直放置并用环氧树脂包裹，岩心两侧放置被半渗透膜(水湿或者油湿)覆盖的压力传感器探针，压力传感器能够自动测试原地油水两相压力和岩心两端总压差。同时，在岩心上安装超声传感器，测试含水饱和度，实现同步测试水油两相压力和流体饱和度，以获得动态毛管力曲线。

Kalaydjian 之后，评价动态毛管力的装置和方法大多是在其基础上进行改进得到。如 Brautaset 等(2010)将白垩岩用环氧涂层包裹，最外部再用聚甲醛材料覆盖，在涂层上打孔后，插入塑料管，安装半渗透隔板，以便测试动态水驱过程中的流体压力。该装置虽然能够测试动态渗流过程中的流体压力和饱和度，但驱替压力不能超过 10psi，不能对低渗岩心进行测试实验，更不能加载高温高压条件。王硕亮等(2016)发明了一种油藏动态毛管力曲线的测定设备，能够测试渗透率低于石英砂和土壤的油藏岩石动态毛管力。

由于低渗透多孔介质越来越受到关注，低渗透多孔介质的动态毛管力研究也得到重视。例如，Bhusan 等(2013)对不同胶结情况的多孔介质进行了动态毛管实验，发现由于非均质性影响，动态毛管效应系数 τ 与饱和度存在明显的非线性关系，并且 τ 随着渗透率减小而增大。王中才等(2009)通过微米级石英毛细管观测到了水驱油过程中的动态毛管现象。Camps-Roach 等(2010)通过岩心实验，明确动态毛管力随着孔隙尺寸的减小而增大。谢志勤(2018)基于油藏条件下岩心胶结相对致密的特点，建立了可以测试油藏条件下岩心内部动态毛管力的装置，测试对象为中渗岩心。田树宝等(2012)，Li 等(2016)和 Li 等(2018)都通过自研设备(例如图2)，将测试对象渗透率降至了低渗致密范围。

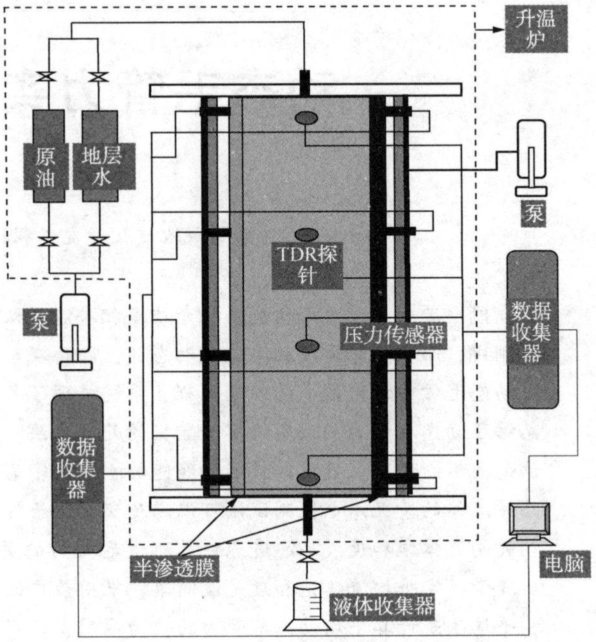

图 2　动态毛管力测试设备

2　原地含水饱和度测试

饱和度的大小和变化决定动态毛管力，从而影响流体运动和分布。现有技术很少能直接定量测试流体分布，但可以测试岩心中某点的含水饱和度。测试岩心流体饱和度的手段很多，其中不损害岩心的方法有放射性示踪剂测试，微波衰减测试，电阻率测试，介电常数测试，核磁共振成像技术，超声波测试和计算机辅助断层摄影技术等。

(1) 超声波测试

超声波是较早应用于测试岩心含水饱和度的手段，利用穿透岩石介质的声波所携带信息，分析岩石物理力学性质。Mavko 和 Nur 等(1979)测定了部分饱和岩石中的声波衰减信号，指出声波信号与孔隙的几何形状和流体含量明显相关。Goncalves 等(2011)实验发现，油水混合时，含水率对声波衰减影响不大，但对声时方法影响较大。利用共振棒技术，Murphy(1984)实验揭示致密砂岩饱和度对声学性质的影响非常明显，但该技术要求岩石样品较长。此外，李造鼎等(1987)以砂岩试件为研究对象，测试了实验室超声波衰减与流体含量的变化关系。张银海等(1997)研究指出岩石含水饱和度与波速、幅度、频率等参数之间均存在着联系。姜贻伟等(2006)指出超声波对低渗凝析气藏凝析油临界流动饱和度的响应较好。未覞等(2015)发现饱水岩样的纵、横波速度与孔隙度相关性比干燥岩样好。顾从越(2016)改进常规岩心夹持器，研制了加载参数可变的超声波动态岩心测试装置，针对多块岩心开展了不同饱和条件下的实验。

目前，常规的超声波岩心测试分析大多是在静态条件下进行的，对不同加载条件下的动态超声波测试较少。文献调研表明，除 Kalaydjian (1992)将超声波测试技术应用于测试水驱过程中的岩心含水饱和度，超声波测试技术几乎没有再被应用于动态毛管力相关的测试研究中，原因有以下三点：①岩石声学性质受岩石物理环境(温度、压力)、孔隙分布和形状、岩石矿物组分、岩石物性和孔隙流体等各种因素的影响，且这些影响因素是相互关联的，因此实验测试对测试对象(如需要均质砂岩)、测试环境(如流体流速不能太快)要求较高；②超声波测试校正较困难，仪器设计和制备要避免任何影响声波的因素，还需要高性能的波形采集储存装置，以及发射、接受探头和专门的声波测试软件，对仪器和技术要求高，且有时需借助其他手段，如 CT 扫描辅助校正；③测试动态毛管力需要加载不同的注入压力，开展一系列注入压力和饱和度条件下的测试，大大增加了超声波测试的难度。因此，超声波测试技术不适合用在与动态毛管力相关的流体含水饱和度的监测。

(2) 介电常数测试

介电常数测试是一种比较传统的测试流体饱和度的方法，从上世纪 70 年代开始被用于测井，通过流体介电常数的差别来来判断地层孔隙中的流体类型，获取含水饱和度。介电常数测试主要有微波测试法和时域反射法。

微波是指频率为 300MHz～300GHz 的电磁波，是无线电波中一个有限频带的简称，岩石基块、原油及水的介电常数在微波波段内的差别是非常显著的，可用微波衰减法测定岩心含水饱和度。微波测试含水饱和度技术在上世纪 90 年代较为流行，因其对测试条件要求较高，测量对象范围较固定，测试过程较复杂，尤其是需在测试时停止实验，获得充足时间来测试某点饱和度，因此不适用于动态毛管效应测试时需要连续注入水的情况。

时域反射技术(TDR)是通过电磁波测定疏松固体含水量的有效方法。复杂反射率模型是时域反射技术最常用的解释模型。部分动态毛管力的评价实验采用了时域反射技术，实验对象都是孔隙度高，孔隙尺寸较大的多孔介质，测量对象无复杂的孔隙结构和液体分布。因解释模型限制，时域反射法不适用于非均质较强、孔隙度较小的多孔介质。Chen 和 Heidari(2014)指出，传统的容积介电常数解释方法可导致砂岩和碳酸盐岩含水饱和度测试误差高达 22%。

(3) 核磁共振测试

近年来，核磁共振成像(MRI)技术被用于测试岩心含水饱和度。如 Li 等(2017)通过核磁共振成像和弛豫时间评估了聚合物驱提高采收率的效果，在静态条件下完成测试。Brautaset 等(2010)通过核磁共振图像密度法测试了动态水驱过程中的含水饱和度。核磁共振成像技术也需充足时间来测试某点饱和度，需短时间停止实验，而动态毛管效应的测试需要流体连续流动，以模拟多孔介质真实渗流情况，因此核磁共振成像技术也不适用于测试动态流动中的含水饱和度。

(4) 计算机辅助断层摄影技术

计算机辅助断层摄影技术(CAT)为 X 射线吸收测试的一种，目前在石油行业应用很多，但该技术需测试穿过岩心的 X 射线，可能对操作人员造成一定伤害。X 射线测试也需在测试时停止流体流动，以得到足够的数据点，且测试费用较高，不适用于测试动态毛管力相关的流体饱和度。

(5) 电极测试法

电极测试法通过测试电阻率来测定含水饱和度，测试结果用电阻率-孔隙度-饱和度模型来进行解释(如阿尔奇公式和双水模型)，是一种比较传统的方法。电阻率和岩石的构造、孔隙结构有关，岩石骨架、油和纯水不导电，而溶有盐类的地层水具有导电性，岩石的导电能力主要取决于其孔隙中地层水的导电能力，因此电阻率信息被广泛应用于估测岩石结构，液体饱和度和土壤盐度。

此外，还有 Gamma 衰减法、ECH2O EC-5 探针法等方法可用于测试含水饱和度，这些方法应用较少。综上(表 1)，电极测试法满足变加载条件和变含水饱和度的测试要求，能够用于测试动态毛管力相关的流体饱和度。

表 1　含水饱和度测试技术

测试技术	应用	缺点
超声波测试	分析岩石物理力学性质	静态条件，校正困难
微波测试	测定含水饱和度	静态条件，测量对象范围较固定，测试过程较复杂
时域反射技术	测定疏松固体含水量	测试对象需高渗高孔隙度
CAT	应用较广	静态条件，费用较高
电极测试	测定含水饱和度	低渗岩石的测试技术有待提高

3　毛管力测试

毛管力测试需要满足几个条件：

(1) 分离液体和固体：过滤系统能阻止岩心中微粒运移至压力传感器测试腔中；

(2) 分离油水：过滤原件能实现过水不过油或者过油不过水，这与其润湿性相关，即该原件只能和一种流体紧密接触，允许该种流体进入，而另一种流体不能进入。

为满足测试毛管力的条件，很多学者采用了图 3 所示过滤装置，其核心是半渗透薄膜(薄板)原件，用粗过滤板支撑，以增加过滤原件强度。过滤原件后有一压力室，里面放置感压原件，压力室内充填被测液体，该液体与过滤原件孔隙中的流体连续，因此过滤系统的流体将多孔介质流体压力传给感压原件，实现单相测压。测试前需将半渗透原件放在油或水中抽真空一段时间，以除去装置中的空气，同时饱和润湿液体。

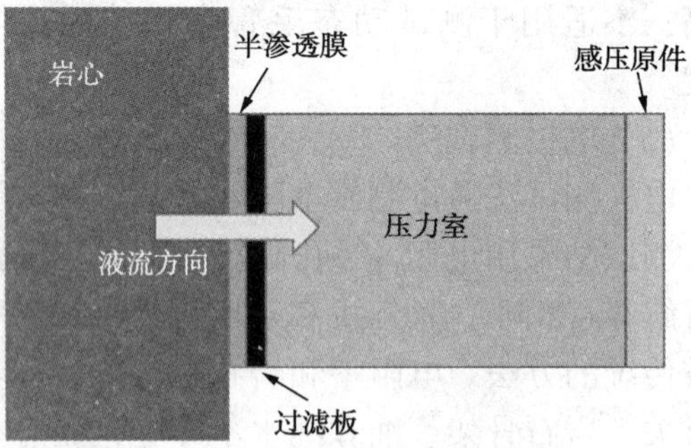

图 3　过滤装置示意图

此过滤装置只适用于测试流体压力小于 0.1MPa 的情况，当驱替压力太大，特别是对低渗、致密岩心进行水驱时，油、水相压力较大，不能使用该装置。测试平衡态、动态毛管力时，传统测试方法都会在岩心两端加上半渗透隔板，以便快速获取毛管力-饱和度曲线。例如，水驱油时，水相不能流出岩心，水相到达疏水性半渗透隔板后，便开始在半渗透隔板表面和岩心中聚集，岩心中的压力开始增加，很快达到残余油饱和度，此时岩心中的油相和岩心外的油相已被水相断开连接。采用在岩心两端加上半渗透隔板的方法会显著影响岩心中的液体分布。

Bottero 等(2011)对上述测试方法进行了改进，不再采用半渗透材料，而是利用两块不锈钢多孔隔板(3mm 厚，40μm 孔隙直径，在半径方向和切线方向均开有通道)，使得进入或者流出的液体能够在隔板内均匀分布。隔板绝对渗透率比砂柱高，在某注入压力下当注入流体到达流出边界，两种液体都会流出，直到稳定状态。其研究发现，采用不锈钢多孔隔板时，油相入口压力比采用油湿性半渗透隔板时小。

有学者将半渗透陶瓷帽套在压力传感器探针上，来达到分别测试油、水相压力。田树宝等(2012)和 Li 等(2016)都通过自研设备(图 2)，测试了低渗透岩石动态毛管力，他们在岩心两侧安装半渗透膜来分别测试两相压差，得到了毛管力。随后，Li 等(2018)在岩心两侧安装带有半渗透隔板的压力传感器，测试了低渗透岩石水驱过程中的动态毛管力。至今，半渗透原件仍是测试毛管力的关键材料，为避免其影响岩心中的流体分布，其安置部位逐渐从岩心两端过渡至岩心两侧。

4　实验数据处理方法

实验数据的处理需较强的技巧，以得到流体饱和度、稳态毛管力、稳态相渗曲线、动态毛管力和动态相渗曲线等数据。在评价整块岩心动态毛管效应方面，学者们建立了相应的平均方法。

4.1　平均流体饱和度的确定

(1)通过观察点确定平均流体饱和度

该方法比较直接，假设孔隙度是连续的，某种流体的平均饱和度计算公式为：

$$S_w^{average} = \frac{\sum_{j=1}^{N} S_w^j}{N} \tag{2}$$

$$S_o^{average} = \frac{\sum_{j=1}^{N} S_o^j}{N} \quad (3)$$

式中：j代表某个观察点，无量纲；N为观察点的总数，无量纲；S_w为原地含水饱和度，无量纲；S_o为原地含油饱和度，无量纲。

（2）通过进、出液量确定平均流体饱和度

该方法基于物质平衡，出液量减去进液量，即为岩心中某流体平均饱和度的变化情况，是被最广泛采用也是最简单的方法。

$$S_w^{average} = S_{wi} + \frac{V_{win} - V_{wout}}{V_p} \quad (4)$$

$$S_o^{average} = S_{oi} + \frac{V_{oin} - V_{oout}}{V_p} \quad (5)$$

式中：V_p为总孔隙体积，cm^3；V_{win}为流入水相体积，cm^3；V_{wout}为流出水相体积，cm^3；V_{oin}为流入油相体积，cm^3；V_{oout}为流出油相体积，cm^3。

（3）通过压力差来确定平均流体饱和度

该方法采用4个压力传感器，两个压力传感器放在流入容器，2个放在流出容器。通过流体压力水头的变化来计算流入流出容器中流体体积的变化，间接计算岩心中含水饱和度的变化。

4.2 动态毛管力的计算

1）平均动态毛管力的确定方法

动态毛管力为非润湿相压力与润湿相压力之差。非润湿相压力与润湿相压力的计算方法较多，也具有争议性，主流方法有四种。

（1）算数平均法（simple average pressure）

$$p_o^{average} = \frac{\sum_{j=1}^{N} p_o^j}{N} \quad (6)$$

$$p_w^{average} = \frac{\sum_{j=1}^{N} p_w^j}{N} \quad (7)$$

式中：j代表某个观察点，无量纲；N表示观察点的总数，无量纲；$p_o^{average}$为平均油相压力，MPa；$p_w^{average}$为平均水相压力，MPa。

算数平均法将岩心各个位置的液相压力都包含了，该方法假设在某相流体不存在的位置，该相流体压力与该位置另一相流体压力相同，不符合实际情况。

（2）简单相平均压力法（simple phase-average pressure）

简单相平均压力法只将某相流体确实存在的岩心部位的流体压力用于计算平均压力，计算公式为：

$$p_o^{average} = \frac{\sum_{j=1}^{N} p_o^j (S_o > 0)}{N(S_o > 0)} \quad (8)$$

$$p_w^{average} = \frac{\sum_{j=1}^{N} p_w^j (S_w > 0)}{N(S_w > 0)} \quad (9)$$

这种方法意味着，水湿岩心中第一次驱替时，计算出的非润湿相平均压力只对应非润湿相推进前缘以内的部分岩石；而润湿相分布于岩石所有部位，其平均压力是整块岩石的。因此，非润湿相相平均压力的几何中心和润湿相平均压力的几何中心不同。

（3）本质相平均法（intrinsic phase-average）

本质相平均法认为某流体在岩石某部位饱和度即为该流体在此岩石部位的压力权重，但是这种方法的润湿相和非润湿相的几何中心仍然不同：

$$p_o^{average} = \frac{\sum_{j=1}^{N} S_o^j p_o^j}{\sum_{j=1}^{N} S_o^j} \quad (10)$$

$$p_w^{average} = \frac{\sum_{j=1}^{N} S_w^j p_w^j}{\sum_{j=1}^{N} S_w^j} \quad (11)$$

（4）中心校正相平均法（centroid-corrected phase-average pressure）

中心校正相平均法能够获得一致的两相平均压力几何中心，该方法在一维条件下近似为：

$$p_o^{average} = \langle p_o \rangle + \frac{1}{\frac{\partial \langle Z_o \rangle}{\partial z}} (Z_{average} - \langle Z_o \rangle) \frac{\partial \langle p_o \rangle}{\partial z} \quad (12)$$

$$p_w^{average} = \langle p_w \rangle + \frac{1}{\frac{\partial \langle Z_w \rangle}{\partial z}} (Z_{average} - \langle Z_w \rangle) \frac{\partial \langle p_w \rangle}{\partial z} \quad (13)$$

式中：$\langle p_o \rangle$为本质相平均法求得的油相平均压力，MPa；$Z_{average}$为岩心几何中心，cm；$\langle Z_o \rangle$为油相几何中心，cm。

$\langle Z_w \rangle$、$Z_{average}$和$\langle Z_o \rangle$分别定义为：

$$\langle Z_o \rangle = \frac{\sum_{j=1}^{N} S_o^j Z_o^j}{\sum_{j=1}^{N} S_o^j} \quad (14)$$

$$\langle Z_w \rangle = \frac{\sum_{j=1}^{N} S_w^j Z_w^j}{\sum_{j=1}^{N} S_w^j} \quad (15)$$

$$Z_{\text{average}} = 0.5H \tag{16}$$

式中：H 为岩心几何长度，cm。这种方法是目前较为准确的一种方法，但这种方法在流体饱和度较高时，会使得计算的流体压力值比实际小。

已有研究发现，非润湿相驱替润湿相建立原始含水饱和度时，在非润湿相突破之前不同平均方法所得结果差别很大，突破后计算结果差别不大。算数平均法计算的非润湿相压力值最低，因为算数平均法将非润湿相未到达部位的非润湿相压力视为了该部位的润湿相压力；简单相平均法在非润湿相未突破之前高估了非润湿相压力；本质相平均法也高估了实际压力；中心校正相平均法最准确。事实上，不同平均方法之间的差异可用不同液相几何中心的差异来解释，非润湿相几何中心随着驱替平衡过程而上升，当非润湿相突破以后，非润湿相几何中心才到达岩心的几何中心，而驱替开始时润湿相几何中心就与岩心几何中心相同，非润湿相前缘移动时润湿相几何中心也向前移动，当非润湿相突破时，润湿相前缘在最高处，随后润湿相分布逐渐均匀，润湿相几何中心又回到岩心中心。第一次驱替完成后，各种计算方法所得结果差别很小。中心校正相平均法和本质相平均法是较为准确、采用较广泛的方法。

(2) 动态毛管力的校正方法

压力传感器测试单相液体压力需要一定的响应时间，该响应时间对动态毛管力的测试结果有影响。两相压力传感器的响应时间不同，传感器所得压力不是同一时刻下的岩心某部位液相压力，需要校正。传感器的响应时间和孔隙介质以及传感器前端的半渗透材料有关。响应时间和压力的关系为：

$$\frac{\partial P_{s}}{\partial t} = k(P - P_{s}) \tag{17}$$

式中：P_{s} 为某时刻传感器所测得压力，MPa；P 是实际压力，MPa；

k 为与响应时间相关的表征参数(为常数)，大小由多孔介质液体系统和传感器的半渗透材料决定。当 k 大于4时，其精确值很难确定，因为岩心驱替压力很难变化如此快，即使岩心渗透率足够大，半渗透材料也会影响传感器的响应。

由式(17)，可对测得的液相压力进行校正，从而获取真实液相压力：

$$P_{\text{corr}}^{\text{w}} = \frac{1}{k}\frac{\partial P_{s}^{\text{w}}}{\partial t} + P_{s}^{\text{w}} \tag{18}$$

$$P_{\text{corr}}^{\text{o}} = \frac{1}{K}\frac{\partial P_{s}^{\text{o}}}{\partial t} + P_{s}^{\text{o}} \tag{19}$$

式中：$P_{\text{corr}}^{\text{w}}$ 为校正后的水相压力，MPa；$P_{\text{corr}}^{\text{o}}$ 为校正后的油相压力，MPa。

在以下几种情况，尤其需要对传感器测得压力进行校正：

(1) 液体黏度大，导致压力传感器响应时间长；

(2) 压力变化快，传感器响应慢；

(3) 两相压力传感器响应时间差别大。

如果没有矫正动态毛管效应系数，相同岩心流体系统所得动态毛管效应系数差别很大，而校正后的动态毛管效应系数其值相近；校正后的动态毛管效应系数比没有校正的值小1到2个数量级，比大多数实验测得的相似系统的动态毛管效应系数小2个以上的数量级。

5　结论

(1) 要准确认识和模拟多孔介质多相渗流，就需获取准确的毛管力数据。测试动态毛管力的关键是测定润湿相和非润湿相压力差，并能准确测定对应的原地含水饱和度，避免端面效应和驱替前缘压力迅速变化等影响。动态毛管力评价技术大多基于1992年Kalaydjian的方法进行改进，评价对象逐渐从常规多孔介质向低渗透多孔介质发展。

(2) 电极测试法可以满足变加载条件和变含水饱和度的测试要求，能够用于测试动态毛管力相关的流体饱和度。半渗透原件是测试毛管力的关键材料，其使用部位从岩心两端过渡至两侧。

(3) 通过进、出液量确定平均流体饱和度是最简单、采用最广的方法。确定平均动态毛管力的关键是避免不同液相和岩心几何中心的差异。中心校正相平均法和本质相平均法是计算平均动态毛管力的较为准确、采用较广的方法，计算结果需要校正。

(4) 对于中高渗透多孔介质中的流体流动，可以忽略动态毛管效应，采用平衡态毛管力代替动态毛管力进行研究，但对于低渗致密多孔介质，动态毛管现象非常显著。低渗致密油气资源逐渐成为全球非常规油气资源勘探开发热点，测定其动态毛管力是现有评价技术的发展方向和难点，能够为低渗致密油藏降压增注，提高采收率提供指导。

参考文献

[1] 李爱芬，付帅师，张环环，等．实际油藏条件下毛管压力曲线测定方法[J]．中国石油大学学报(自然科学版)，2016，40(3)：102-106.

[2] Muskat M，Meres M W. The Flow of Heterogeneous Fluids Through Porous Media[J]. Physics，1936，7(9)：346-363.

[3] Hassanizadeh S M，Gray W G. Toward an improved description of the physics of two-phase flow[J]. Advances in Water Resources，1993，16(1)：53-67.

[4] Hassanizadeh S M，Gray W G. Thermodynamic basis of capillary pressure in porous media[J]. Water Resources Research，1993，29(10)：3389-3405.

[5] Hassanizadeh S M，Celia M A，Dahle H K. Dynamic effect in the capillary pressure-saturation relationship and its impacts on unsaturated flow[J]，Vadose Zone Journal，2002，1(1)：38-57.

[6] Sakaki T，O´Carroll D M，Illangasekare T H. Direct Quantification of Dynamic Effects in Capillary Pressure for Drainage-Wetting Cycles[J]. Vadose Zone Journal，2010，7(3)：1079-1088.

[7] Abbasi J，Ghaedi M，Riazi M，et al. A new numerical approach for investigation of the effects of dynamic capillary pressure in imbibition process[J]. Journal of Petroleum Science and Engineering，2018，162：44-54.

[8] Zhang H，Zegeling P A. A numerical study of two-phase flow models with dynamic capillary pressure and hysteresis[J]. Transport in Porous Media，2017，116(2)：825-846.

[9] Camps-Roach，Geremy，O´Carroll D M，et al. Experimental investigation of dynamic effects in capillary pressure：Grain size dependency and upscaling[J]. Water Resources Research，2010，46(8)：863-863.

[10] Topp G C，Kltjtb A. Comparison of Water Content-Pressure Head Data Obtained by Equilibrium，Steady-State，and Unsteady-State Methods 1[J]. Soil Science Society of America Journal，1967，31(3)：312-314.

[11] Hassanizadeh S M，Gray W G. Mechanics and thermodynamics of multiphase flow in porous media including interphase boundaries[J]. Advances in water resources，1990，13(4)：169-186.

[12] Smiles D E，Vachaud G，Vauclin M. A Test of the Uniqueness of the Soil Moisture Characteristic During Transient，Nonhysteretic Flow of Water in a Rigid Soil1[J]. Soil Science Society of America Journal，1971，35(4)：534-539.

[13] Stauffer. Time dependence of the relations between capillary pressure，water content and conductivity during drainage of porous media. In：IAHR symposium on scale effects in porous media，Thessaloniki，Greece. 1978，29：335-352.

[14] Kalaydjian F J M. Dynamic Capillary Pressure Curve for Water/Oil Displacement in Porous Media：Theory vs. Experiment[C]. Spe Technical Conference & Exhibition. Society of Petroleum Engineers，1992.

[15] Hassanizadeh S M，Oung O，Manthey S. Laboratory Experiments and Simulations on the Significance of Non-Equilibrium Effect in the Capillary Pressure-Saturation Relationship[J]. 2005：3-14.

[16] Dicarlo D A. Capillary pressure overshoot as a function of imbibition flux and initial water content[J]. Water Resources Research. 2007.

[17] O´Carroll D M，Mumford K G，Abriola L M，et al. Influence of wettability variations on dynamic effects in capillary pressure[J]. Water Resources Research，2010，46(8)：416-428.

[18] O´Carroll D M，Phelan T J，Abriola L M. Exploring Dynamic Effects in Capillary Pressure in Multistep Outflow Experiments[J]. Water Resources Research，2005，41(11)：312-329.

[19] Bottero S，Hassanizadeh M S. Experimental and Numerical Study to Investigate Dynamic Capillary Pressure Effect in Two-Phase Flow in Porous Media[J]. American Geophysical Union，2006：18-22.

[20] Oung O，Hassanizadeh S M，Bezuijen A. Two-phase flow experiments in a geocentrifuge and the significance of dynamic capillary pressure effect[J]，Journal of Porous Media，2005，8(3)：247-257.

[21] Bhusan D，Mirzaei，Mahsanam. Experimental measurement of dynamic effect in capillary pressure relationship for two-phase flow in weakly layered porous media[J]. Aiche Journal，2013，59(5)：1723-1734.

[22] Brautaset A，Ersland G，Graue A. In Situ Phase Pressures and Fluid Saturation Dynamics Measured in Waterfloods at Various Wettability Conditions[J]. SPE Reservoir Evaluation & Engineering，2010，13(03)：465-472.

[22] 王硕亮，赵莹莹，于春磊，等．一种油藏动态毛管力曲线的测定方法和设备：105372150A[P]．2016-03-02.

[23] Mirzaei M，Das D B. Experimental investigation of hysteretic dynamic effect in capillary pressure-

saturation relationship for two-phase flow in porous media [J]. AIChE Journal, 2013, 59 (10): 3958-3974.

[24] 王中才，周雯菁，董金凤，等．微米级毛细管中水油驱替过程中动态毛细管力的变化[C]．中国化学会．中国化学会第十二届胶体与界面化学会议论文摘要集. 北京：中国化学会，2009：1.

[25] 谢志勤．储层油水两相动态毛管力测试方法[J]．石油钻采工艺，2018，40(01)：137-140.

[26] 田树宝，雷刚，何顺利，等．低渗透油藏毛细管压力动态效应[J]．石油勘探与开发，2012，39(03)：378-384.

[27] Li H T, Li Y, Chen S, et al. Effects of Chemical Additives on Dynamic Capillary Pressure during Waterflooding in Low Permeability Reservoirs [J]. Energy Fuels, 2016, 30(9): 7082-7093.

[28] Li Y, Li H T. Chen S, et al. The second critical capillary number for chemical flooding in low permeability reservoirs: Experimental and numerical investigations, Chemical Engineering Science, 2018, DOI: https://doi.org/10.1016/j.ces. 2018-11-04.

[29] Craig F F. The Reservoir Engineering Aspects of Waterflooding[J]. H. l. doherty Memorial Fund of Aime, 1971, volume 3.

[30] Ayub M, Bentsen R G. Measurement of dynamic saturation profiles [J]. Journal of Canadian Petroleum Technology, 2000, 39(9): 54-61.

[31] Kantzas A. Investigation of physical properties of porous rocks and fluid flow phenomena in porous media using computer assisted tomography [J]. In Situ; (USA), 1990, 14(1): 77-132.

[32] Mavko G M, Nur A. Wave attenuation in partially saturated rocks [J]. GEOPHYSICS, 1979, 44 (2): 161-178.

[33] Goncalves J L, Paiva T A, Carvalho R D, et al. Application of the ultrasonic technique for monitoring and measuring the phase fractions of liquid-gas-solid mixtures [C]. SPE 143153 presented at the Brasil Offshore, Macaé, Brazil, 2011. 14-17.

[34] Murphy W F. Acoustic measures of partial gas saturation in tight sandstones [J]. Journal of Geophysical research, 1984, 89 (B13): 11549-11559.

[35] 李造鼎，刘忠敏，位亚娜．岩石中孔隙流体含量对超声波衰减影响的实验研究[J]．应用声学，1987，6(4)：35-38.

[36] 张银海，余春昊，胡学红，等．砂岩含水饱和度对纵、横波参数的影响[J]．江汉石油科技，1997，7(4)：16-23.

[37] 姜贻伟，戚志林，郭平，等．低渗凝析气藏凝析油临界流动饱和度实验研究[J]．天然气工业，2006(09)：96-99+172.

[38] 未晛，王尚旭，赵建国，等．致密砂岩纵、横波速度影响因素的实验研究[J]．石油物探，2015，54(1)：9-16. .

[39] 顾从越．XX油藏CO2驱超声波测试实验研究[D]．四川：西南石油大学，2016.

[40] 范宜仁，邢东辉，邓少贵，等．低渗透岩石声学特征及在含气性预测中的应用[J]．西南石油大学学报(自然科学版)，2015，37(5)：64-70.

[41] Wang Z. Fundamentals of seismic rock physics[J]. Geophysics, 2001, 66(2): 398-412.

[42] 孙风景．多孔介质中凝析油气渗流实验与应用研究[D]．四川：西南石油学院，2006.

[43] Kraszewski A. Microwave aquametry: electromagnetic wave interaction with water-containing materials[M]. New York: IEEE, 1996.

[44] Qun W, Shaofan D. A high-accuracy microwave sensor and calibration for measuring three-phase saturations in cores[C]. Instrumentation and Measurement Technology Conference. IEEE, 1994. 1273-1276.

[45] 刘东，汤晓阳．化学分析中的微波消解技术研究[J]．中国石油和化工标准与质量，2012，32(3)：40-40.

[46] 韩炜，郑明学．在贝雷砂岩岩心内通过凝胶处理改善油，水两相渗透率的研究[J]．石油勘探开发情报，2000(3)：67-78.

[47] 吴群，邓绍范．油藏岩芯多相饱和度微波测定仪[J]．电子与信息学报，1991，13(3)：324-326.

[48] Birchak J R, Gardner C G, Hipp J E, et al. High dielectric constant microwave probes for sensing soil moisture[J]. Proceedings of the IEEE, 1974, 62(1): 93-98.

[49] Dobson M C, Ulaby F T, Hallikainen M T, et al. Microwave dielectric behavior of wet soil-Part II: Dielectric mixing models[J]. IEEE Transactions on Geoscience and Remote Sensing, 1985, 23(1): 35-46.

[50] Heimovaara T J, Bouten W, Verstraten J M. Frequency domain analysis of time domain reflectometry waveforms: 2. A four-component complex dielectric mixing model for soils[J]. Water Resources Research, 1994, 30(2): 201-209.

[51] Goel G, Abidoye L K, Chahar B R, et al. Scale dependency of dynamic relative permeability-satuartion curves in relation with fluid viscosity and dynamic capillary pressure effect [J]. Environmental Fluid Me-

chanics, 2016, 16(5): 945-963.

[52] Chen H, Heidari Z. Assessment of Hydrocarbon Saturation in Organic-Rich Source Rocks using Combined Interpretation of Dielectric and Electrical Resistivity Measurements[C]. SPE 170973 presented at the SPE Annual Technical Conference and Exhibition, Amsterdam, The Netherlands, 2014. 27-29.

[53] Chen H, Heidari Z. Pore-scale evaluation of dielectric measurements in formations with complex pore and grain structures[C]. SPWLA 2014 presented at the SPWLA 55th Annual Logging Symposium, Abu Dhabi, United Arab Emirates, 2014. 18-22.

[54] Li M, Romero-Zerón L, Marica F, et al. Polymer Flooding Enhanced Oil Recovery Evaluated with Magnetic Resonance Imaging and Relaxation Time Measurements[J]. Energy & Fuels, 2017, 31(5): 4904-4914.

[55] 何更生，唐海．油层物理[M]．北京：石油工业出版社，2011.

[56] Binley A, Winship P, Middleton R, et al. High-resolution characterization of vadose zone dynamics using cross-borehole radar[J]. Water Resources Research, 2001, 37(11): 2639-2652.

[57] Linde N, Binley A, Tryggvason A, et al. Improved hydrogeophysical characterization using joint inversion of cross-hole electrical resistance and ground-penetrating radar traveltime data[J]. Water Resources Research, 2006, 42(12): W12404.

[58] Berry J F, Little A J H, Salt H J. In-situ saturation measurements improve analysis and interpretation of laboratory miscible and immiscible displacement processes[J]. SPE reservoir engineering, 1991, 6(4): 429-436.

[59] Oung O, Bezuijen A. Selective pore pressure transducers for use in model tests to study two-phase flow in porous media[J]. International Journal of Physical Modelling in Geotechnics, 2003, 3(4): 31-41.

[60] Oung O, Schenkeveld F M, Weststrate F. Centrifuge research on the transport of DNAPLs: the use of dielectric water content sensor to study DNAPL transport in porous media in centrifuge experiments[C]. International Symposium on Physical Modelling and Testing in Environmental Geothenics, La Baule, France, 2000. 317-324.

[61] Bottero S, Hassanizadeh S M, Kleingeld P J. From Local Measurements to an Upscaled Capillary Pressure-Saturation Curve[J]. Transport in Porous Media, 2011, 88(2): 271-291.

[62] Quintard M, Whitaker S. Transport in ordered and disordered porous media I: The cellular average and the use of weighting functions[J]. Transport in Porous Media, 1994, 14(2): 163-177.

[63] Whitaker S. The transport equations for multi-phase systems[J]. Chemical Engineering Science, 1973, 28(1): 139-147.

[64] Nordbotten J M, Celia M A, Dahle H K, et al. On the definition of macroscale pressure for multiphase flow in porous media[J]. Water Resources Research, 2008, 44(6): 213-226.

[65] Bottero S, Hassanizadeh S M, Kleingeld P J, et al. Nonequilibrium capillarity effects in two-phase flow through porous media at different scales[J]. Water Resources Research, 2011, 47(10): W10505.

[66] Korteland S, Bottero S, Hassanizadeh S M, et al. What is the correct definition of average pressure? [J]. Transport in porous media, 2010, 84(1): 153-175.

[67] Hou L, Chen L, Kibbey T C G. Dynamic capillary effects in a small volume unsaturated porous medium: Implications of sensor response and gas pressure gradients for understanding system dependencies[J]. Water Resources Research, 2012, 48(11): W11522.

[68] EIA. How much shale (tight) oil is produced in the United States? [Z]. https://www.eia.gov/tools/faqs/faq.php?id%20=%20847&t=%206.

[69] 袁士义，王强．中国油田开发主体技术新进展与展望[J]．石油勘探与开发，2018，45(04)：657-668.

[70] 邹才能，朱如凯，吴松涛，等．常规与非常规油气聚集类型、特征、机理及展望--以中国致密油和致密气为例[J]．石油学报，2012，33(02)：173-187.

水相渗吸对页岩储层的影响机理研究

李茂茂 李 颖 李海涛 李 杰 于 皓 张启辉 罗红文

(西南石油大学)

摘 要 为进一步明确水相渗吸对页岩储层的影响机理，通过开展页岩重复渗吸实验，基于页岩渗吸前后质量变化、扫描电镜、核磁共振以及物性的测试结果来揭示渗吸对页岩物性及其微观结构的影响。研究结果表明：(1)水相渗吸使页岩产生微裂缝和裂缝，说明渗吸作用可以改变页岩孔隙空间；(2)孔隙度明显改善的样品中，大孔所占比例上升，表明岩样渗吸后会使孔隙空间增大；(3)对比渗吸前后页岩样品物性，发现在一定条件下渗吸能力与页岩的孔隙度、渗透率基本呈正相关，且页岩样品物性随渗吸时间增加逐步改善；(4)优化前人提出的页岩渗吸定量表征方法，得到的新方法能较好地定量表征渗吸对页岩连通性的影响。

关键词 裂缝；黏土矿物；渗吸；扫描电镜；核磁共振；微观孔隙结构；连通性

页岩气的有效开采以水力压裂技术为基础，页岩气井水力压裂过程中需要使用大量压裂液，因页岩储层层理发育，石英及黏土矿物含量高，孔隙比表面积大，所以压裂液极易在毛管力的作用下进入储层，并且难以排出，对页岩储层物性和产能产生了重大影响。渗吸作用是使页岩储层结构改变的重要基础，而页岩储层结构的改变深刻影响页岩气井的产能，但是，目前国内外学者对页岩渗吸机理尚有争议，本文通过页岩渗吸前后质量变化，渗吸前后扫描电镜、核磁共振测试以及渗吸前后物性测量来主要研究渗吸作用对页岩物性及微观结构的影响，以明确渗吸对页岩的影响机理。

1 实验方法及岩样参数

1.1 实验方法

目前室内静态渗吸实验通常采用称重法，包括直接称重法和间接称重法。直接称重法是将岩样端面或全部岩样浸没于液相中，通过对岩样直接称重测量渗吸液体的质量，原理和操作简单，测量需擦干岩样表面，操作带有一定误差；间接称重法是将岩心悬挂在天平上，一端与液体接触，通过检测岩心质量的增量来反映渗吸质量，精度较高，渗吸时间较长时，需要考虑液体蒸发。本章实验采用的流体为蒸馏水，实验分为三组，以环氧树脂固封岩心柱面的第一组，边界条件为TEO(两端不固封)，使用间接称重法测量渗吸量，该组主要获取页岩渗吸量随时间的变化关系，即渗吸曲线；不使用环氧树脂固封的为第二组、第三组，边界条件为AFO(表面不固封)，使用直接称重法测量渗吸量，主要用于观测页岩渗吸对微观孔隙结构的影响。

实验操作基本流程如下：

(1) 实验前将样品清洗干净，100℃下烘干24小时以上至重量不再变化，在实验前记录样品的原始干重和样品尺寸。

(2) 边界条件为TEO，先将样品洗净烘干，再用6102透明柔性环氧树脂A胶与B胶(主剂与固化剂)将岩心柱面固封，后进行步骤(1)除清洗外的工作。

(3) 边界条件为TEO，将岩心用不吸水的细线悬挂在电子天平上，吸液面浸没于液体中，记录岩心质量随时间的变化；边界条件为AFO，采用核磁共振观测岩样，将岩样饱和无水乙醇后观测，采用扫描电镜观测岩样，将岩样饱和蒸馏水后观测。

(4) 渗吸结束后烘干岩样，再次记录岩心干重，并重复步骤(3)操作。

1.2 岩样参数

露头岩心取自四川宜宾长宁(两个区块取样)、云南昭通、重庆彭水，皆为南方海相页岩属于龙马溪组。为尽量减少页岩非均质性的影响，同一区块岩心取自同一岩板相邻位置，并对取到的标准尺寸岩心进行切割已满足各类实验要求。样品参数如表1~表5所示。

表1 第一组实验样品

样品	编号	长度/cm	直径/cm	微裂缝情况	边界条件
CN1区块	CN1-1-1	1.01	2.53	含小段微裂缝	TEO
	CN1-1-2	1.01	2.53	裂缝扩展	重复渗吸
	CN1-2	3.04	2.54	不含	TEO
CN2区块	CN2-1-1	1	2.53	不含	TEO
	CN2-1-2	1	2.53	不含	重复渗吸
	CN2-2	1.93	2.53	不含	TEO
YN区块	YN-1-1	0.84	2.51	不含	TEO
	YN-1-2	0.84	2.51	不含	重复渗吸
	YN-2	1.78	2.53	不含	TEO
CQ区块	CQ-1-1	0.84	2.54	不含	TEO
	CQ-1-2	0.84	2.54	产生微裂缝	重复渗吸
	CQ-2	1.92	2.55	不含	TEO
	CQ-3	2.88	2.55	不含	TEO
致密砂岩	S-1	3.35	2.52	不含	TEO
	S-1-2	3.35	2.52	不含	重复渗吸
	S-2	4.91	2.52	不含	TEO

表2 第二组实验样品

编号	形状	长度/cm	直径/cm	边界条件	微观孔隙结构观测方法
CN1-3	圆柱	3.04	2.52	AFO	核磁共振
CN2-3	圆柱	3.03	2.52	AFO	核磁共振
YN-3	圆柱	3	2.52	AFO	核磁共振
CQ-4	圆柱	2.77	2.55	AFO	核磁共振

表3 第三组实验样品

编号	形状	体积/cm^3	质量/g	边界条件	微观孔隙结构观测方法
CN1小岩块	近似长方体	约0.4	1.0818	AFO	SEM
CN2小岩块	近似长方体	约0.4	1.1244	AFO	SEM
YN小岩块	近似长方体	约0.3	0.6766	AFO	SEM
CQ小岩块	近似长方体	约0.4	1.0544	AFO	SEM

表4 1CM左右长度样品基础数据

编号	单位岩石质量渗吸量/%	黏土矿物含量/%	孔隙度/%	渗透率/%	长度/cm
CN1-1-1	2.163	15.8	3.98	0.000415	1.01
CN2-1-1	1.460	14.4	3.29	0.000113	1
YN-1-1	1.902	35.1	3.48	0.000338	0.84
CQ-1-1	0.928	29.3	1.92	0.000055	0.84

注：上表中，CN1-1-1含有初始微裂缝；所有样品都为圆柱体，直径2.5cm。

2　实验结果分析

2.1　渗吸对页岩的溶蚀能力

渗吸水化作用会使部分可溶盐溶解以及矿物颗粒脱落，从而引起岩心质量损失。故本文使用渗吸前后岩石质量损失百分比来表征渗吸对页岩的溶蚀能力。称量仪器采用精度为0.0001g的FA2004电子天平，分析有无初始微裂缝，黏土矿物含量，样品渗吸能力与渗吸前后质量损失百分比的关系。

如图1所示，将CN1-1-1(含有初始微裂缝)与CN2-1-1(不含初始微裂缝)页岩样品对比，在相同测试条件下，且黏土含量接近的情况下，含有初始微裂缝的样品渗吸前后质量损失百分比较大，这是由于微裂缝为渗吸提供了通道；黏土含量越高的样品渗吸前后质量损失百分比越大，即孔隙的溶蚀能力越强，这是由于黏土矿物易于与水发生物理、化学作用。

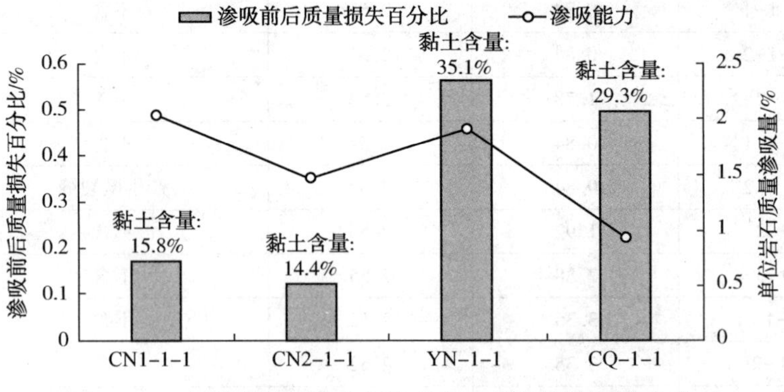

图1　1cm长样品渗吸能力与渗吸前后质量损失百分比关系

将各区块样品渗吸前后质量损失百分比与其渗吸能力进行对比，得到两者关系如图2所示。从图2中可以看出，同一区块样品单位岩石质量渗吸量越大，即渗吸能力越强，其渗吸前后质量损失程度越高。

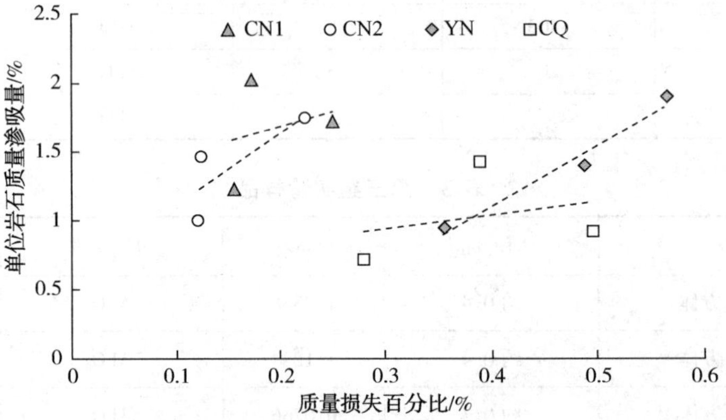

图2　各区块样品渗吸前后质量损失百分比与渗吸能力关系

考虑容易诱导微裂缝的孔隙或裂缝中的黏土矿物分布情况，如图3所示，分析水化溶蚀作用对页岩的影响及产生微裂缝的原因。

假设第一类黏土矿物分布情况：黏土矿物与裂缝、孔隙壁面面接触或者局部接触，且黏土矿物线膨胀长度大于裂缝缝宽或者孔隙直径。

假设第二类黏土矿物分布情况：黏土矿物与裂缝、孔隙壁面面接触，且黏土矿物线膨胀长度小于裂缝缝宽或孔隙直径。

假设第三类黏土矿物分布情况：黏土矿物与裂缝、孔隙壁面局部接触，且黏土矿物线膨胀长度小于裂缝缝宽或者孔隙直径。

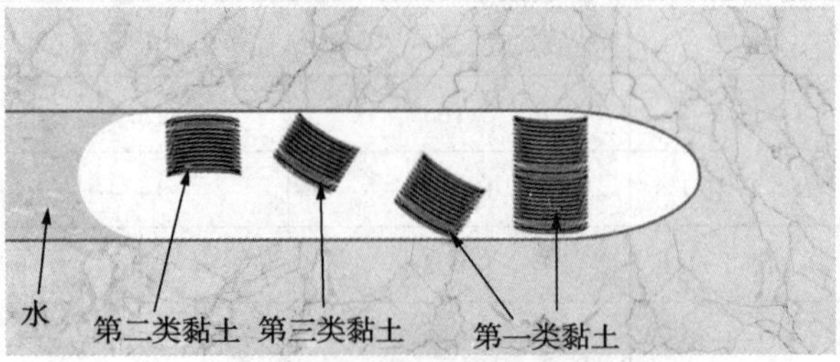

图3　易产生诱导微裂缝的孔隙或裂缝中的黏土矿物分布情况

从图3中可以看出，第一类黏土矿物在吸水膨胀后，孔隙、裂缝内部流体压力与黏土矿物水化膨胀应力之和超过岩石的抗拉强度，就会促使页岩产生诱导微裂缝。第二类黏土矿物在吸水膨胀后，不会使页岩产生诱导微裂缝，黏土矿物水化膨胀，反而使得裂缝、孔隙的有效渗流通道减小，甚至致使孔喉堵塞。对于第三类黏土矿物来说，由于和裂缝、孔隙壁面其他矿物（石英、长石等骨架颗粒）的胶结连接程度较弱，当黏土与水接触后，黏土容易从裂缝、孔隙壁面脱落。故页岩水化作用引起渗透率等物性的改善不仅与黏土矿物的含量、种类有关，也受黏土分布，孔隙度、微裂缝发育程度的影响，孔隙及微裂缝是页岩与水产生水化反应的重要通道。

2.2 渗吸对页岩微观孔隙结构的影响

（1）页岩渗吸前后扫描电镜观测

为能直观观察渗吸前后页岩样品的微观结构变化，本文采用环境扫描电镜对样品表面进行观察。所使用的环境扫描电镜为美国FEI公司生产的Quanta 450型，放大倍数6100000倍。观测前需要对平整的小块岩样表面做喷金处理。观测结果如图4所示。

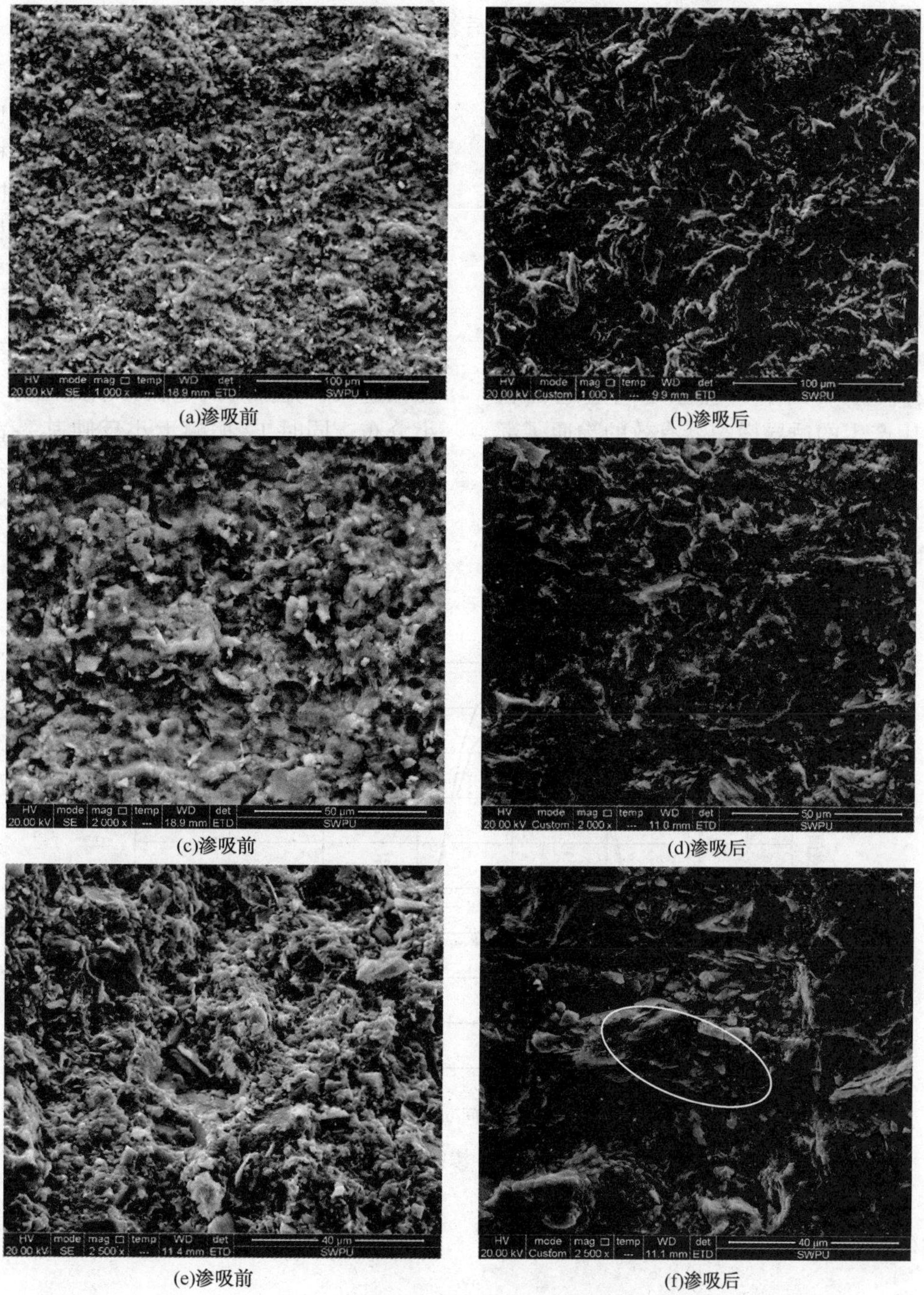

(a)渗吸前　(b)渗吸后　(c)渗吸前　(d)渗吸后　(e)渗吸前　(f)渗吸后

图4　页岩渗吸前后表面形态变化

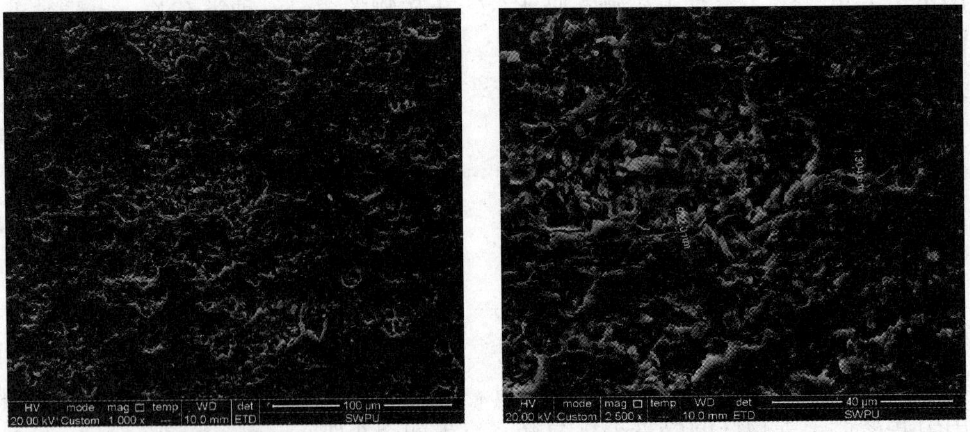

(g)渗吸前　　(h)渗吸后

图4　页岩渗吸前后表面形态变化(续)

从图4页岩样品渗吸前后的扫描电镜图片观察可得，渗吸前(图(a)、(c)、(e))，岩样颗粒排列紧密，黏土矿物呈层状分布于脆性矿物颗粒表面，可见部分原生孔隙，整体连通性一般；渗吸后，颗粒间连接变得稍松散，有颗粒剥落(图(d))，可见部分微裂缝产生(图(f))，表明渗吸使得样品矿物颗粒发生溶解剥落。图(g)、(h)为经机械磨平的样品渗吸后所得扫描电镜图片，从图(g)可以看出岩石孔隙之间连通性较差，渗吸作用产生的诱导微裂缝有效的沟通了部分孔隙，这可以使得样品连通性改善。从图(f)可以看出渗吸作用后的微裂缝宽度为900纳米~1.3微米相较场发射扫描电镜所观察的微裂缝宽度有明显扩张。

2)核磁共振测试

无水乙醇不与页岩发生水岩反应也不改变岩心内部结构，因此选用无水乙醇作为核磁共振测量岩心孔隙结构的流体。本节对四个区块页岩样品渗吸前后分别使用无水乙醇饱和做核磁共振测试，对比观察页岩渗吸前后孔喉结构变化。

通过渗吸前后的核磁共振T2图谱来反映岩样的孔隙变化。T2图谱的横坐标代表弛豫时间，孔径越大，弛豫时间越长，以此区分不同孔隙大小分布，同时T2振幅大小反映某一直径孔隙总含氢核量，以此研究岩样孔径分布特征。四个区块样品渗吸前后核磁共振测试T2曲线及孔径分布图如图5~12所示。

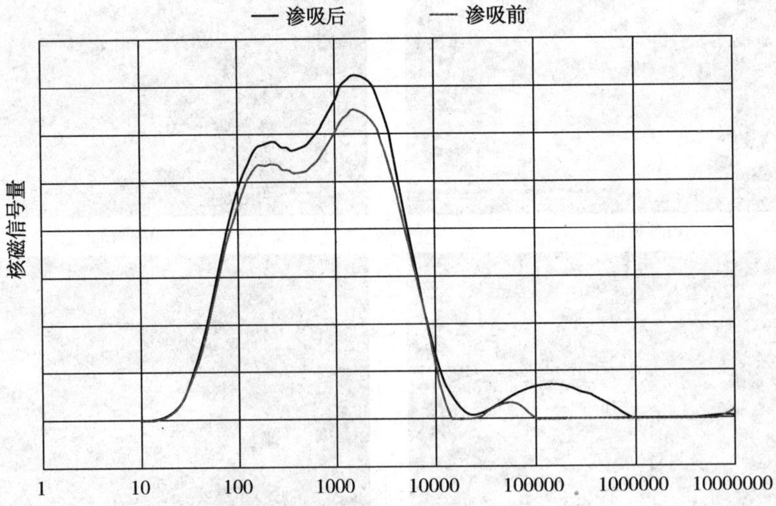

图5　CN1-3渗吸前后T2谱

研究发现，CN1-3、YN-3的T2图谱(图5、图9)变化相似，其中左峰振幅小幅增加，表明小孔隙总数量上升，右峰面积增大且明显向右偏移是因为页岩渗吸产生的较大诱导微裂缝，结合

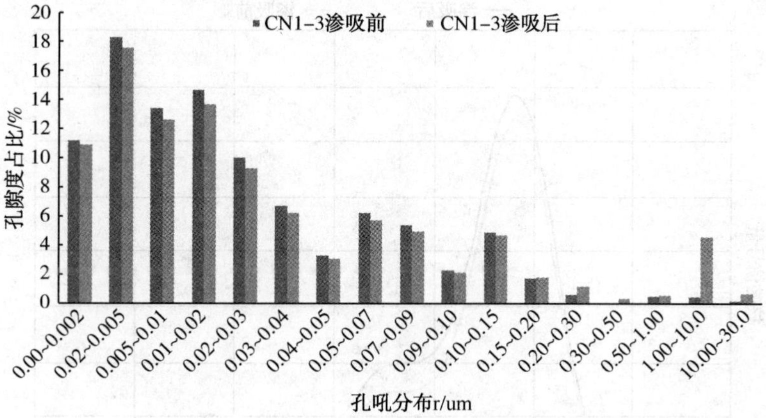

图 6　CN1-3 渗吸前后孔径分布直方图

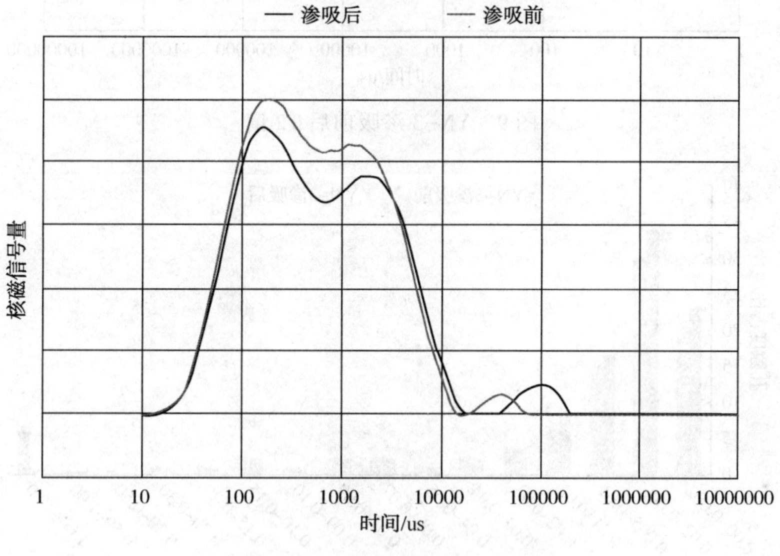

图 7　CN2-3 渗吸前后 T2 谱

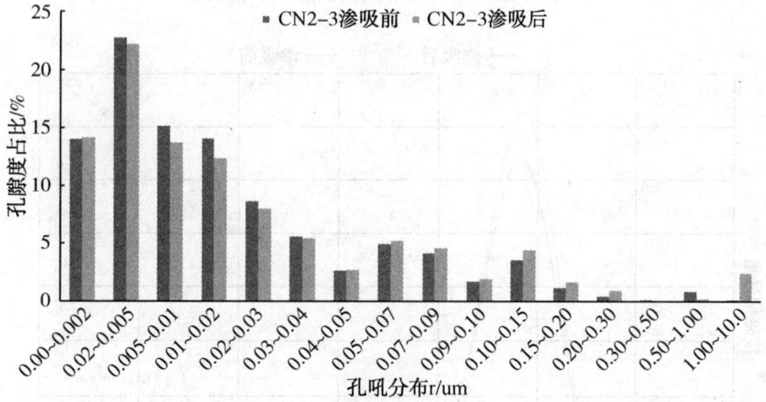

图 8　CN2-3 渗吸前后孔径分布直方图

CN1-3、YN-3 孔喉分布直方图(图 6、图 10)分析认为，在小孔隙方面其渗吸后所占比例下降是因为新产生的较大孔隙占比提高明显，导致小孔隙占总孔隙体积的比例有所下降；CN2-3 的 T2 图谱(图 7)中左峰面积减小，右峰面积小幅增大且向右偏移，结合 CN2-3 孔喉分布直方图(图 8)分析认为，这是由于黏土遇水后膨胀分散堵塞了小孔隙，而较大孔隙在水化作用下溶蚀扩大，诱导产生微裂缝扩大也使得较大孔隙数量增加；CQ-4 的 T2 图谱(图 11)变化相对复杂，其中左峰面积减小，中峰的左边上升，右边下降，右峰变小且明显向左偏移，结合 CQ-4 孔喉分布

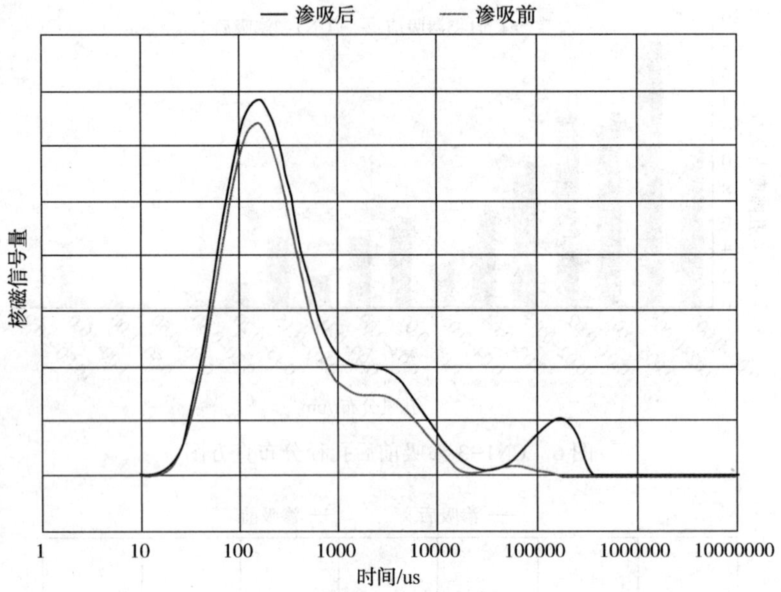

图9　YN-3 渗吸前后 T2 谱

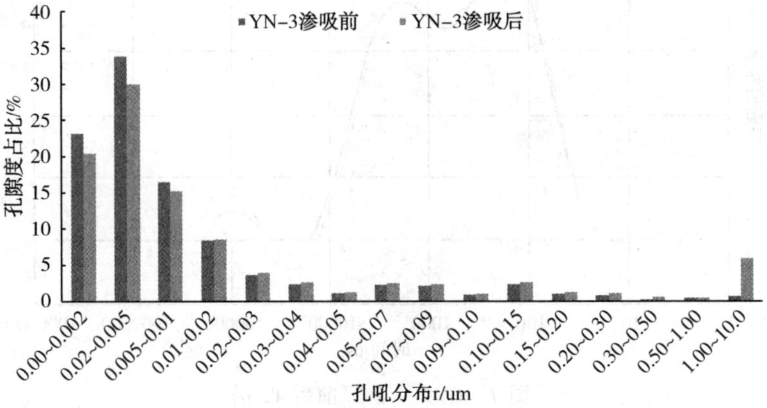

图10　YN-3 渗吸前后孔径分布直方图

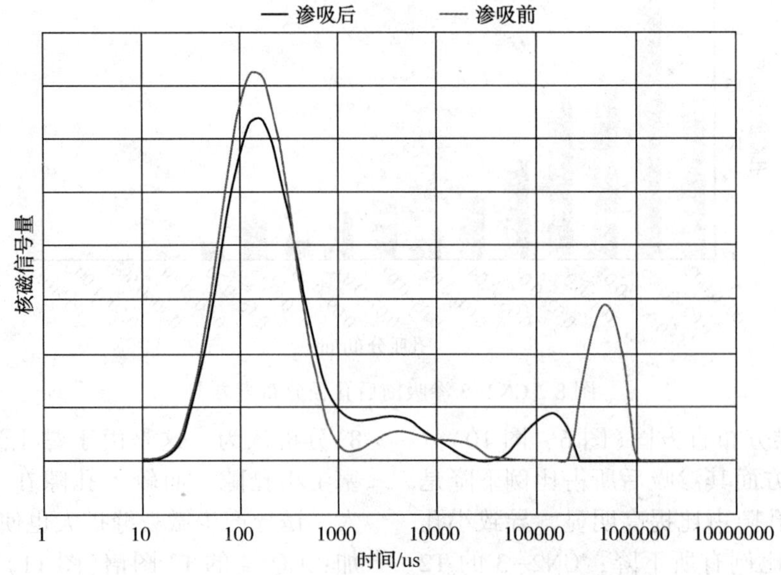

图11　CQ-4 渗吸前后 T2 谱

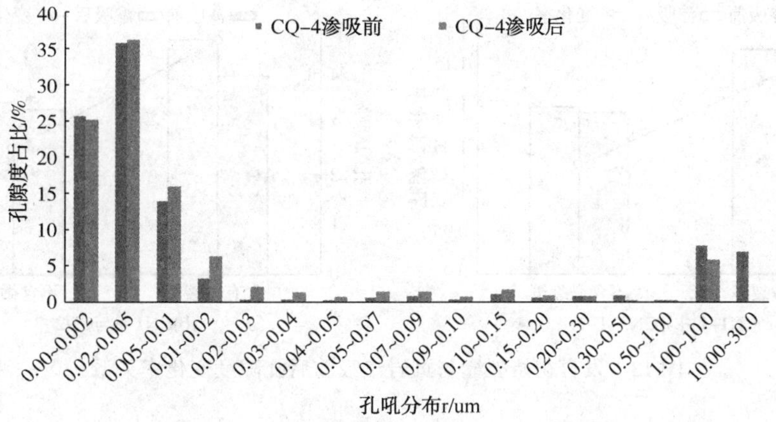

图 12　CQ-4 渗吸前后孔径分布直方图

直方图(图 12)中可以看出 5 纳米~150 纳米孔隙所占比例略有上升，其余孔隙数量及比例皆在渗吸后下降。

综上，CN1-3、YN-3 渗吸后孔隙度上升，CN2-3 渗吸后孔隙度变化微弱，CQ-4 渗吸后孔隙度下降的现象，可得渗吸后大孔比例上升代表岩样渗吸后有更好的孔隙空间。

2.3　渗吸对页岩物性的影响

通过前文的讨论，发现页岩渗吸的水化作用会使岩样损失部分质量，也会使得岩样产生微裂缝，本小节将讨论页岩渗吸对页岩物性的影响。

2.3.1　渗吸对孔隙度和渗透率的影响

(1) 为研究初始裂缝与页岩渗吸前后孔隙度变化率及渗透率变化率的关系，使用 2 组样品进行 2 组不同渗吸时长的对照实验。将 CN1-1-1(含有初始裂缝)与 CN2-1-1(不含初始微裂缝)顺向渗吸 4000min 后孔隙度及渗透率变化作对比；将 CN1-3(含有初始裂缝)与 CN2-3(不含初始微裂缝)以全渗吸方式渗吸 7 天后孔隙度及渗透率变化作对比。

从图 13 可以看出，发育有初始微裂缝的岩样渗吸前后孔隙度变化率分别为 1.18、1.14，而不发育初始微裂缝的岩样渗吸前后孔隙度变化率分别为 1.05、1.03。尽管所选岩样有所区别，仍可发现发育有初始微裂缝的岩样渗吸前后孔隙度变化率大于不发育初始微裂缝的岩样。

如图 14 所示，发育有初始微裂缝的岩样渗吸前后渗透率变化率分别为 2.77、3.6，而不发育初始微裂缝的岩样渗吸前后渗透率变化率分别为 1.83、1.53，明显发现发育有初始微裂缝的岩样渗吸前后渗透率变化率大于不发育初始微裂缝的岩样。

(2) 为研究黏土矿物含量与页岩渗吸前后岩样孔隙度变化率及渗透率变化率的关系，测试了尺寸大小一致，黏土含量有差异且不发育初始微裂缝的两组不同区块页岩样品，其渗吸前后孔隙度及孔隙度变化率和渗透率及渗透率变化率如图 15 所示。

从图 15 中可以看出，除图 15b 中 CQ-4 样品在渗吸后孔隙度出现下降之外，总体来说，存在黏土矿物含量越高，渗吸后孔隙度变化率越高的现象。

如图 16(a)所示，黏土含量高的岩样(YN-1-1 与 CQ-1-1)比黏土矿物含量低的岩样(CN2-1-1)渗吸前后渗透率变化率要高，这是由于 CQ-1-1 在渗吸后出现诱导微裂缝提升了自身渗透率，使得其渗透率变化率超过黏土含量更高的 YN-1-1。如图 16(b)所示，中样品 YN-3 在渗吸后出现贯通岩心的裂缝，在渗吸后渗透率大幅上升。

总体来说，存在黏土矿物含量越高，渗吸后渗透率变化率越高的趋势，但分析认为，孔缝的扩张和诱导微裂缝的产生是岩心渗吸后渗透率上升的主要因素。

(3) 前文已经讨论渗吸能力与页岩样品渗吸前后质量损失之间的关系，通过核磁共振观测到了页岩样品在渗吸后使得原有孔隙半径增大并产生了新的孔隙空间，这说明页岩渗吸作用使得微观孔隙体积明显增加，故推测页岩渗吸能力与孔隙度及渗透率的变化率相关。

如图 17、图 18 所示，来自不同区块的样品，在渗吸能力与孔隙度变化关系上均反应出了渗吸能力越大孔隙度变化越大的趋势，在渗吸能力与渗透率变化关系上也反应出了渗吸能力越大

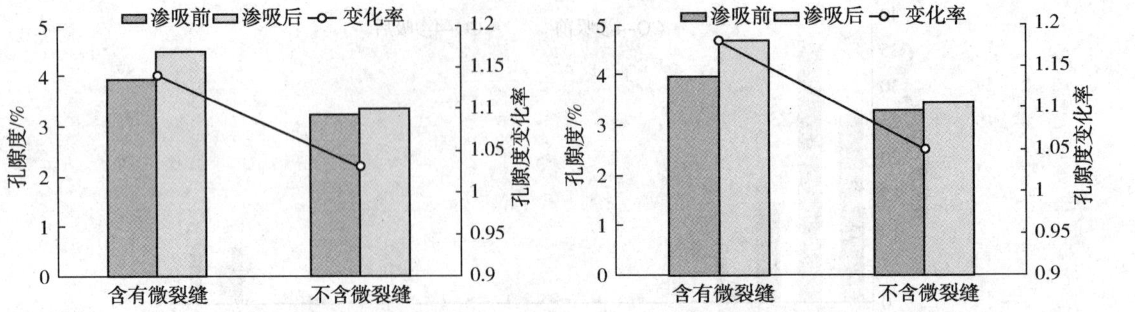

(a)CN1-1-1与CN2-1-1　　(b)CN1-3与CN2-3

图 13　发育初始裂缝与页岩渗吸前后孔隙度变化率关系

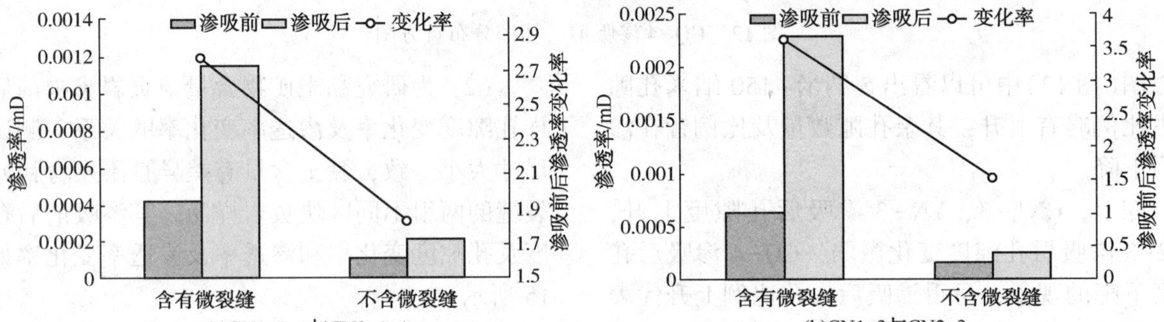

(a)CN1-1-1与CN2-1-1　　(b)CN1-3与CN2-3

图 14　发育初始裂缝与页岩渗吸前后渗透率变化率关系

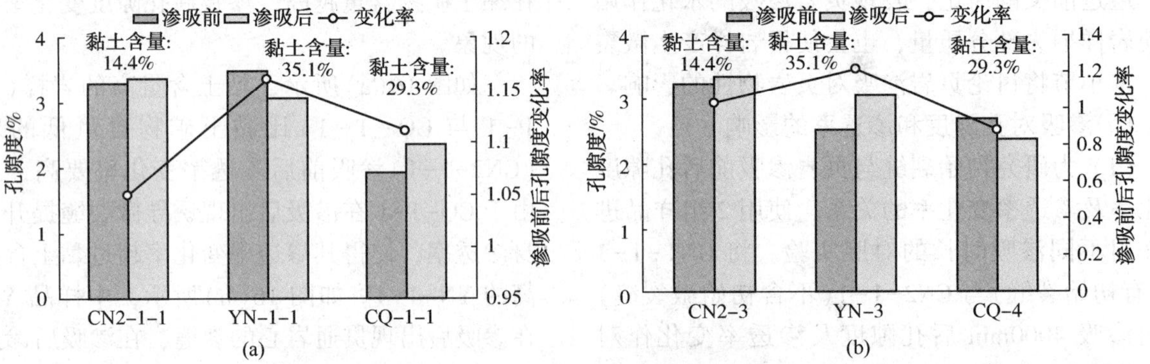

(a)　　(b)

图 15　黏土含量与页岩渗吸前后孔隙度变化率的关系

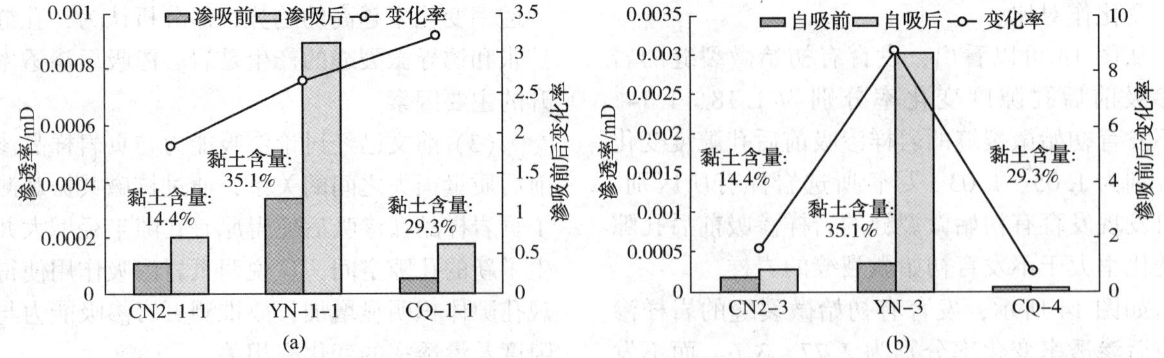

(a)　　(b)

图 16　黏土含量与页岩渗吸前后渗透率变化率的关系

渗透率变化越大的趋势，其中渗透率改善程度受诱导微裂缝产生情况更明显。

2.3.2　渗吸流体类型对页岩物性的影响

由于 CN1 区块样品含有初始微裂缝而初始微裂缝的发育程度难以保证一致，故选择均质性

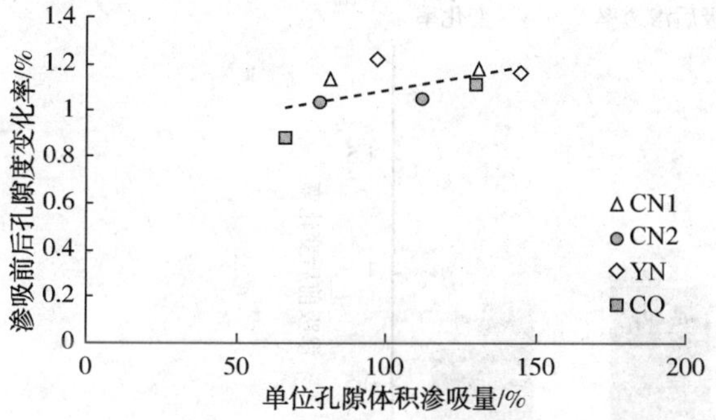

图 17　渗吸能力与渗吸前后孔隙度变化率关系

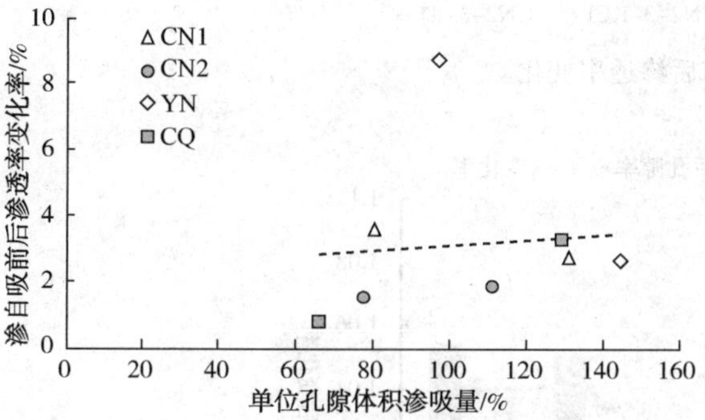

图 18　渗吸能力与渗吸前后渗透率变化率关系

较好，层理不发育以基质为主的 CN2 区块岩块作为本小节实验样品。本小节实验选择 8 块 CN2 区块岩样，在同一块岩板上取心。CN2 样品 XRD 的平行样测试结果显示十分相近，可以认为相邻岩块的矿物组成及含量相同。8 块岩样中取 3 块使用蒸馏水分别以全渗吸方式渗吸 1、3、5 天，取 3 块使用滑溜水分别以全渗吸方式渗吸 1、3、5 天，最后两块岩样分别使用 2% KCL 溶液(可在一定程度防止黏土膨胀)、煤油以全渗吸方式各渗吸 3 天，烘干后再测试各岩样渗吸后孔隙度与渗透率。

（1）渗吸前后渗透率对比

为了讨论不同流体(水、滑溜水)及渗吸时间对页岩渗透率的影响，进行了 2 组对照实验，分别是采用岩样渗吸不同时长蒸馏水及滑溜水后渗透率变化、样品渗吸相同时间，不同流体后渗透率变化，分别如图 19、20 所示。

图中数据标签 CN2 指区块；对应数字为渗吸天数；水指蒸馏水，滑指滑溜水。

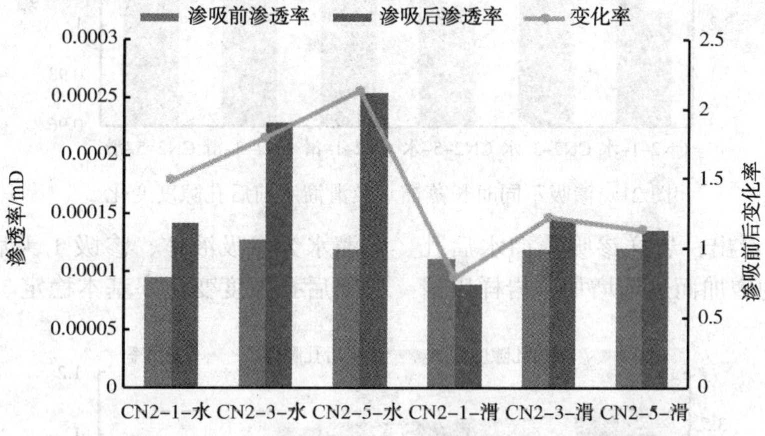

图 19　渗吸不同时长蒸馏水及滑溜水前后渗透率变化

从图 19 中可以看出，岩样在蒸馏水中渗吸后渗透率明显增加，随着渗吸时长的增加渗透率逐步增长。渗吸滑溜水 1 天后得岩样渗透率出现下降但随着渗吸时长的增加，第 3 天渗透率出现回升，后期变化不明显。在采用滑溜水渗吸过程中出现样品渗透率下降的现象，其可能的原因可能有：1)以滑溜水为渗吸液体对岩样渗吸后直接烘干，而页岩孔喉尺寸与压裂液干粉分子尺寸在同一数量级，压裂液干粉会残留在岩心孔隙内，导致孔喉堵塞引起渗透率降低；2)当微裂缝或孔隙中存在如图 4 所示的第二类黏土矿物及第三类黏土矿物时，黏土矿物水化膨胀后会减小裂缝、孔隙有效渗流面积，甚至致使孔喉堵塞。

从图 20 中可以看出，采用不同流体对岩样进行渗吸后，渗透率上升最大的是蒸馏水；其次为滑溜水及 2% KCl 溶液但渗透率上升效果不明显，而采用煤油渗吸后渗透率反而下降。

（2）渗吸前后孔隙度对比

为了讨论不同流体(水、滑溜水)及渗吸时间对页岩孔隙度的影响，进行了 2 组对比实验，分别是采用岩样渗吸不同时长蒸馏水及滑溜水后孔隙度变化、岩样渗吸相同时间，不同流体后孔隙度变化，分别如图 21、22 所示。

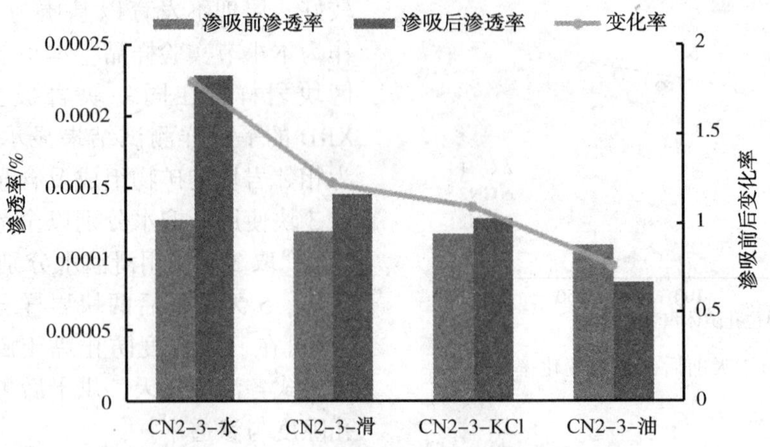

图 20　渗吸不同流体前后渗透率变化

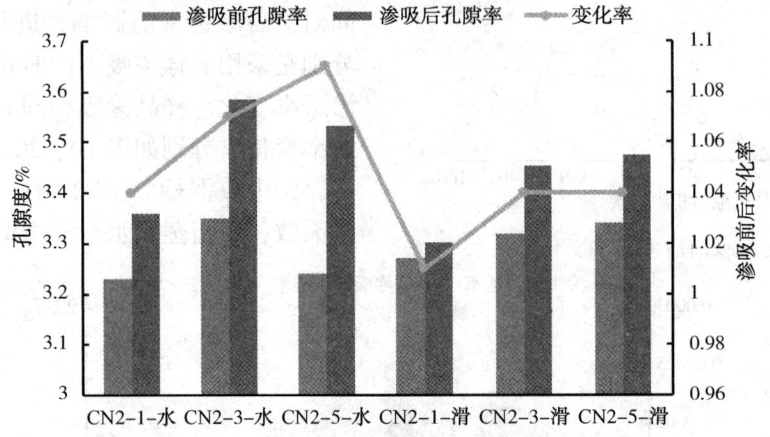

图 21　渗吸不同时长蒸馏水及滑溜水前后孔隙度变化

从图 21 中可以看出，岩样渗吸蒸馏水后孔隙度随着浸泡时长的增加而逐渐增加。岩样以滑溜水为渗吸液体，渗吸 1 天后孔隙度略有上升，随后孔隙度变化率基本稳定。

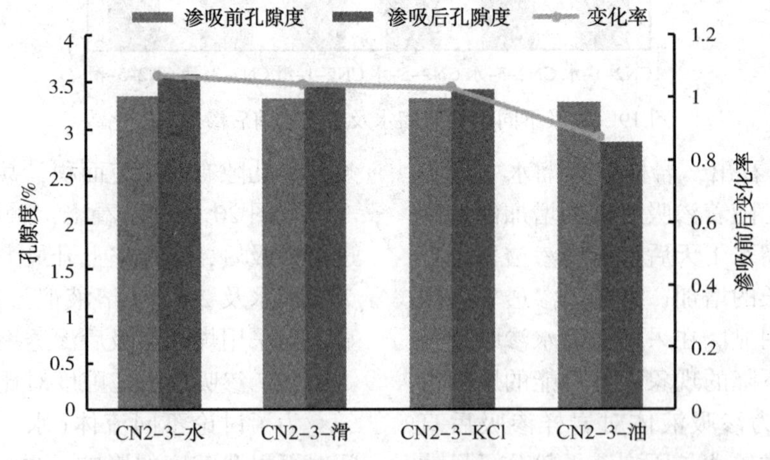

图 22　渗吸不同流体前后孔隙度变化

从图 22 中可以看出，蒸馏水渗吸后孔隙度变化率最高，煤油渗吸后孔隙度变化率最低。除煤油外，其他渗吸液体都使得岩样的孔隙度上升。

页岩的原生层理及裂缝是渗吸过程前期的优势通道，页岩渗吸过程中，水沿着裂缝，连通性好的大孔首先进入岩石内部，使裂缝附近的矿物颗粒在水化作用下被溶蚀剥落，破坏原始孔隙结构，同时水沿层理和裂隙渗入基质孔隙中，与黏土矿物发生接触，黏土的膨胀性使得岩石内部产生微裂隙，并使得已有裂缝进一步扩展延伸，与原有孔缝相连。此外，在水化作用下黏土矿物和脆性矿物间的连结也逐渐变弱，进而使得裂缝更容易延展。水化作用对岩石颗粒的溶蚀剥离及诱导微裂缝的产生，对已有孔缝的扩展是使得岩石在渗吸后孔隙度、渗透率上升的原因。

3 渗吸对页岩影响的定量表征

不同类型岩石的自发渗吸曲线形态差异较大，时间指数也存在差异。对于常规的储层岩石，Lucas 与 Washburn 认为，液体被吸入岩心的长度与时间平方根（t 的 0.5 次方）满足线性关系。Horvath 等认为 Lucas-Washburn 方程在表征致密储层渗吸结果存在缺陷，由于不连通的孔隙网络在低渗的致密岩石中较常见，因此有相当部分致密储层的时间指数低于 0.5。Hu 等指出时间指数能很好的反应致密岩石的孔隙连通性，其发现 Barnet 页岩时间指数为 0.267±0.007，表明该页岩基质孔隙连通性差，一般认为时间指数低于 0.5 为连通性较差。然而也有不少实验发现时间指数超过预测值的达到了 0.6、0.7，目前时间指数超过 0.5 的机理还有待研究，下面将对此进行进一步探索。

Hu 等人发现渗吸量与渗吸时间双对数关系可以优化为：

$$\lg\left(\frac{V_i}{A_c}\right) = \lg A_i + n\lg t \tag{1}$$

其中：V_i 为渗吸液体体积，cm^3；A_c 为渗吸截面积，cm^2；A_i 为渗吸速率，$cm/min^{0.5}$；n 为时间指数。

基于上公式对致密砂岩及页岩时间指数进行求取，可通过将渗吸曲线（渗吸量与渗吸时间关系曲线）放于双对数坐标下，双对数关系曲线斜率即为时间指数，致密砂岩时间指数相较页岩高，说明致密砂岩样品的连通性比页岩样品好，页岩样品则普遍低于 0.5，如图 23 所示。

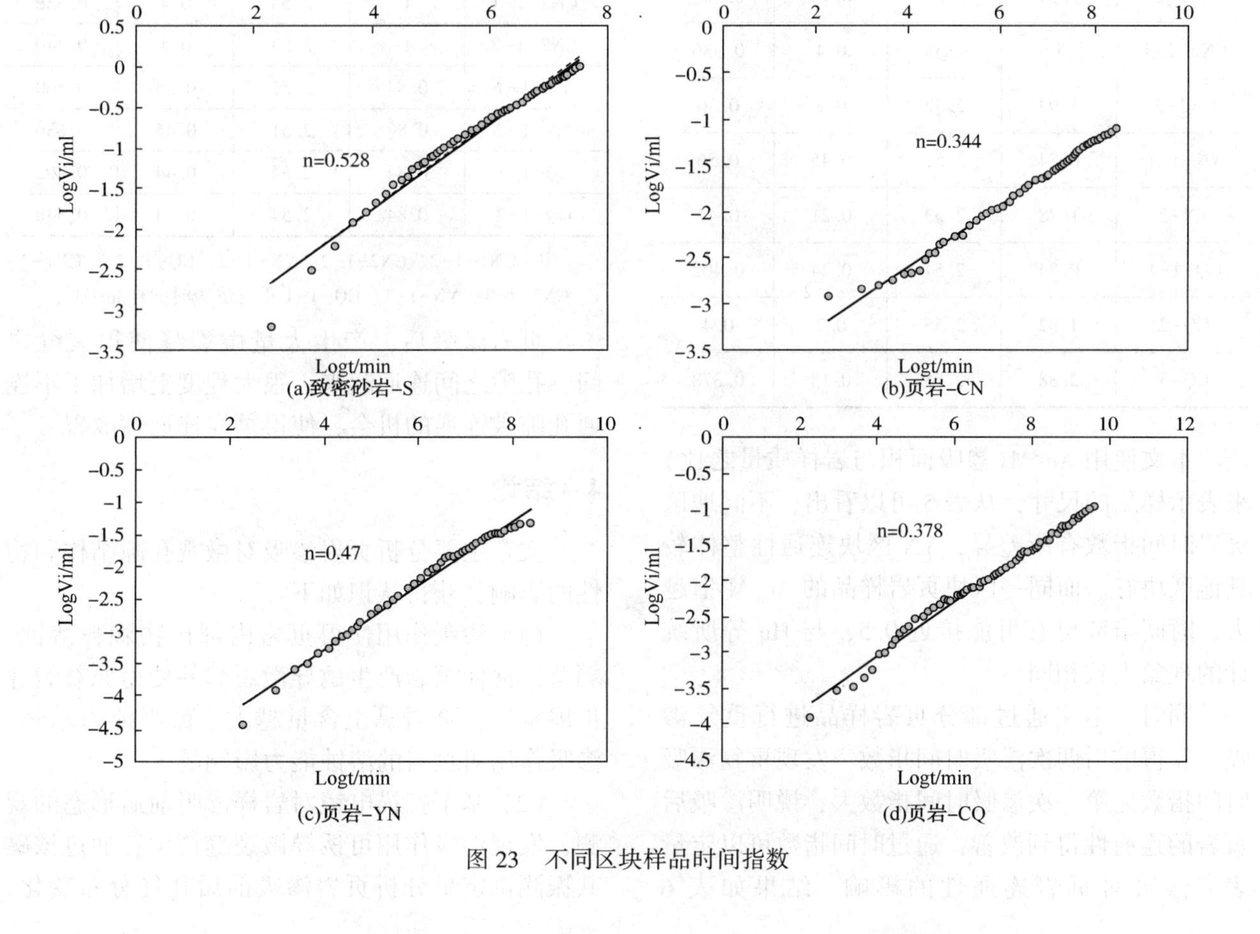

图 23 不同区块样品时间指数

Hu等人通过收集整理不同类型岩石的岩心样品高度与直径(或宽度)之比与时间指数关系发现，高度越低直径越大的样品时间指数更有可能接近0.5。

本文对不同尺寸页岩样品展开渗吸实验获得其自发渗吸曲线并求取时间指数，如图24与表5所示。

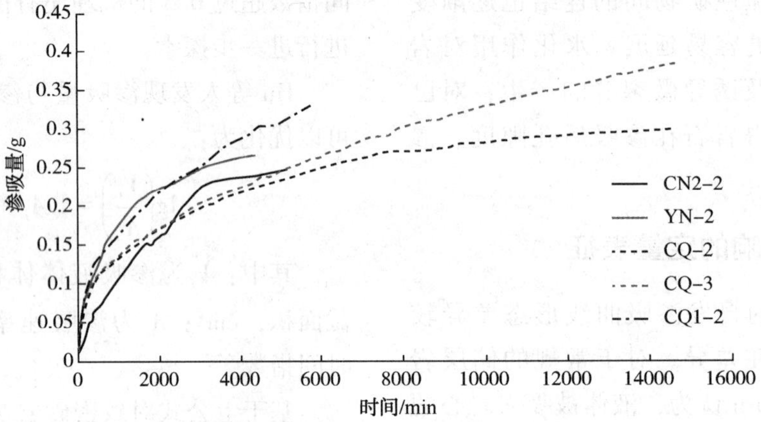

图24 不同尺寸页岩样品渗吸曲线

表5 不同尺寸页岩样品参数与时间指数

编号	长度/cm	直径/cm	Ac/M/cm/g	n
CN1-1-1	1.01	2.53	0.41	0.365
CN1-2	3.04	2.54	0.13	0.344
CN2-1-1	1	2.53	0.4	0.336
CN2-2	1.93	2.52	0.2	0.36
YN-1-1	0.84	2.51	0.45	0.56
YN-2	1.78	2.53	0.21	0.47
CQ-1-1	0.84	2.54	0.44	0.402
CQ-2	1.92	2.55	0.2	0.4
CQ-3	2.88	2.55	0.13	0.378

本文使用Ac/M(渗吸面积与岩样质量之比)来表示样品的尺寸，从表5可以看出，不同地区页岩时间指数有所差异，YN区块连通性整体较其他区块好。而同一区块页岩样品的Ac/M值越大，时间指数更有可能接近0.5，与Hu等所统计的现象大致相同。

同时，本文通过部分页岩样品进行重复渗吸，获得前后两次渗吸时间指数，发现重复渗吸时间指数比第一次渗吸时间指数大，说明渗吸后页岩的连通性得到改善，通过时间指数可以定量表征渗吸对页岩连通性的影响，结果如表6所示。

表6 重复渗吸页岩样品时间指数变化

编号	长度/cm	直径/cm	Ac/M cm^2/g	n
CN1-1-1	1.01	2.53	0.41	0.365
CN1-1-2	1.01	2.53	0.41	0.429
CN2-1-1	1	2.53	0.4	0.336
CN2-1-2	1	2.53	0.4	0.440
YN-1-1	0.84	2.51	0.45	0.560
YN-1-2	0.84	2.51	0.45	0.630
CQ-1-1	0.84	2.54	0.44	0.402
CQ-1-2	0.84	2.54	0.44	0.540

注：CN1-1-2、CN2-1-2、YN-1-2、CQ-1-2为CN1-1-1、CN2-1-1、YN-1-1、CQ-1-1重复渗吸时的样品编号。

页岩渗吸后，产生大量微裂缝使得裂缝之间、孔隙之间连通起来，很大程度上增加了不连通孔隙被连通的机会，使得页岩连通性改善。

4 结论

文章主要分析页岩渗吸对微观孔隙结构和物性的影响，获得认识如下：

(1) 渗吸作用使得页岩内部矿物颗粒溶蚀、剥落，促使页岩产生诱导微裂缝并使得原有裂缝扩展延伸；页岩黏土含量越大、渗吸能力越强，渗吸作用对页岩的溶蚀能力影响越大。

(2) 基于扫描电镜对岩样渗吸前后形态的观测，发现渗吸作用可诱导微裂缝产生；通过核磁共振测试定量分析页岩渗吸前后孔径分布变化，发现孔隙度明显改善的样品中，大孔所占比例上升，说明岩样渗吸后有更好的孔隙空间。

(3) 通过测试对比渗吸前后页岩样品物性，发现发育有初始微裂缝、黏土含量高、渗吸能力强的页岩样品的渗吸能力与页岩的孔隙度、渗透率基本呈正相关；对比不同渗吸时间、不同渗吸流体对物性的影响，发现页岩样品物性随渗吸时间增加逐步改善。

(4) 采用重复渗吸岩样的渗吸时间指数定量表征连通性的改善情况。页岩渗吸面积与质量之比(Ac/M)与时间指数存在定量关系，页岩样品 Ac/M 的值越大，时间指数越有可能接近 0.5。

参 考 文 献

[1] Avner V, B JR, Nathaniel W, et al. A Critical Review of the Risks to Water Resources From Unconventional Shale Gas Development and Hydraulic Fracturing in the United States. [J]. Environmenta l Science & Technology, 2014, 48(15).

[2] 康毅力，张晓怡，游利军，等．页岩气藏自然返排缓解水相圈闭损害实验研究[J]. 天然气地球科学，2017，28(6)：819-827.

[3] 程秋洋，游利军，康毅力，等．氧化溶蚀作用对页岩水相自吸的影响[J]. 油气地质与采收率，2020，27(4)：94-103.

[4] 毛伟，贾红兵，杜朋举．核磁共振技术在油水两相渗流特征研究中的应用[J]. 特种油气藏，2011，18(6)：103-105.

[5] 穆英，胡志明，端祥刚，等．页岩吸水对储层的作用机理研究[J]. 天然气与石油，2020，38(6)：73-79.

[6] R. Lucas. Rate of Capillary Ascension of Liquids[J], 1921, 23: 15-22.

[7] Ew W. The Dynamics of Capillary Flow [J]. Phys. rev. ser, 1921, 17(3): 273-283.

[8] Lam CH, Horváth V. Pipe Network Model for Scaling of Dynamic Interfaces in Porous Media [J]. Physical Review Letters, 2000, 85(6): 1238.

[9] Li K, Liu X. Prediction of Recovery By Spontaneous Imbibition in Gas/liquid/rock Systems [C]// Eurosurveillance, 2007.

[10] Ma s MNRZX. Generalized Scaling of Spontaneous Imbibition Data for Strongly Water-wet Systems [J]. Journal of Petroleum Science and Engineering, 1997, 18(3): 165-178.

[11] Hu Q, Ewing RP, Dultz S. Low Pore Connectivity in Natural Rock[J]. Journal of Contaminant Hydrology, 2012, 133(none): 76-83.

非循环树状网络模型的优化及渗吸效率计算方法研究

沈安琪　张楚维　梁　爽　王凤娇　刘义坤

(东北石油大学 提高油气采收率教育部重点实验室)

摘　要　非常规储层孔隙尺度小，以纳米级为主且连通受限，传统孔隙概念模型(如毛管束模型、晶格模型等)在非常规储层的适用性受到挑战；同时，渗吸是动用基质中原油的主要方法，准确对渗吸效率进行评价至关重要。本文改进了对非常规储层更具适用性的非循环树状网络模型，并利用该优化模型建立了非常规储层渗吸效率计算方法，研究了分叉数、孔隙中值半径和润湿性对渗吸效率的影响，从孔隙尺度揭示了不同孔隙结构对渗吸的影响机理。结果表明：分叉数增加将缩短流体在孔径较小的毛管中的渗吸时间，相同时间内润湿相流体可达更大孔隙，提高渗吸效率。随着孔隙中值半径的增加，吸入流体体积增加；岩心越亲水渗吸动力越强，渗吸效率相应提高；当润湿性由强亲水转变为中性润湿，渗吸效率大幅下降。

关键词　非循环孔隙模型；渗吸；树状网络；分叉数

孔隙模型是分析流体在多孔介质中流动的一项重要工具，建立可准确刻画多孔介质孔隙空间分布的孔隙概念模型是研究渗流规律的基础。孔隙的空间分布形态和连通性控制着渗流过程的整体流动特征，孔隙结构研究方法可分为理论研究方法和实验研究方法。其中，理论研究方法通过假设的孔隙模型来模拟多孔介质孔隙的空间分布。1975年，Dullien正式提出毛管束模型的概念，将实际多孔介质的孔隙网络看做一簇长度相等，直径不等的圆柱形直毛管束；该模型将流体力学与渗流力学的流量计算进行等值，对于岩石孔隙结构参数的计算有着重大的意义。毛管束模型简单易用，但忽略了孔隙间的连通关系。Fatt在1956年提出了考虑孔隙间连通关系的孔隙网络模型，包括六边形网络、正方形网络、双六角网络，三六角网络模型，如图1所示。图中网络模型具有循环网络的共性，即从任一结点出发无需原路返回即可回到出发点，孔隙网络整体上是由多个可循环路径构成的，任意两个节点之间至少有两条不同的路径相连。与之相对的是非循环网络模型，其中树状分叉模型就是典型的非循环网络模型，也是自然界中最为常见的孔隙结构形态。在自然界中，这些树状分叉结构为了使血液在身体内循环流动或使水分等养份输运到植物体内，通常表现为最小流阻和最优化直径，如图2所示。分形树状网络能描述大部分扩散系统，结构满足分形特征，其长度比和直径比必须保持常数，在渗流领域得到广泛研究应用。Thompson等提出了生物体的树状分叉网络是经过自然选择进化而形成的最小能耗的最佳结构形式。经验模型也是理论研究方法中重要的组成部分。常用的经验模型有Brooky－Corey、Van Genuchten、Kosugi模型等，均通过给出毛管压力和饱和度的关系来拟合毛管压力测试中的驱替或吸入曲线，进而利用毛管压力可得到孔隙尺寸分布。实验方法通常可通过高分辨率扫描电镜、CT图像或从毛管压力曲线测试、核磁共振实验中获得孔隙的空间分布特征。

随着水平钻完井、大规模水力压裂等技术的发展，油气资源的开发热点已经从常规油气藏转到非常规油气藏。纳米级孔隙尺度是非常规储层孔隙结构最显著的特征，其极大增加了渗流阻力，水动力效应受到限制，基质中流体流动主要依靠毛管力作用下的渗吸、扩散及分子间作用力运动，原油在其中难以形成大规模连续相流动，渗流速度极慢，流体以短距离运移和非达西渗流为主，具有显著的渗吸作用。渗吸是一种广泛存在于众多工程应用和自然科学领域的现象，多孔介质中自发渗吸的基本静力学、动力以及微尺度渗吸的物理和数值模拟问题已成为国际研究的热点课题之一。国内外针对渗吸这一现象已开展过大量研究，主要集中在渗吸实验研究、标度模型、不同条件下的渗吸理论计算，渗吸数值模拟等方面。理论模型方面，早在 19 世纪 Lucas 提出了毛管渗吸模型，使用 Hagen-Poiseuille 粘滞阻力公式，建立了忽略重力和惯性力因素的 Lucas-Washburn(LW)模型。围绕 LW 模型，一系列考虑不同条件的改进渗吸模型被提出，如考虑孔径截面形状特征，毛管迂曲度等。随着非常规储层获得广泛重视，考虑非常规储层微尺度效应的边界层、壁面粗糙度等的毛管渗吸理论模型也应运而生。

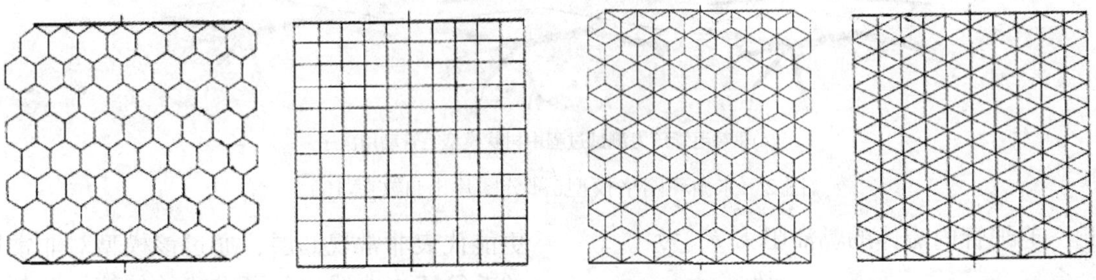

图 1　循环网络模型示例

除通过增加微尺度效应来达到更准确描述非常规储层孔隙结构的目的，通过构建可有效刻画非常规储层孔隙结构的概念模型是多孔介质渗流的重要研究方法。本文基于更具有非常规油气储层适应性的非循环孔隙结构，未在计算中增加微尺度特征，尝试通过特殊的孔隙概念模型对非常规储层渗吸进行分析。为此，本文优化了非循环树状孔隙网络模型，利用驱替毛管压力测试数据，确定了模型中每级网络分支中的毛管长度，并给出了将网络模型等效为变径毛管的方法。基于优化模型估算了岩心的油水渗吸效率，分别研究了分叉数、饱和度中值半径和润湿性对渗吸效率及渗吸可及孔隙直径的影响规律，揭示了不同孔隙结构对渗吸效率的影响机理。

1　非循环孔隙模型

区别于循环网络，非循环孔隙模型中孔隙尺寸并非随机分布，流体只可从大尺寸通道进入小孔隙通道，或依次从小尺寸通道进入大尺寸通道，且节点之间只有唯一连通路径。Tran 等通过拟合实验测得的页岩储层毛管压力曲线，通过论证认为非循环网络模型，尤其树状网络模型是更能代表非常规储层孔隙空间的模型；并估算了岩心渗透率，分析了纳米孔内临界条件及滑移对渗流的影响。如图 2 所示，依次为毛管束模型、树状模型和半树状模型。以图 1(a)中的毛管束模型为例，毛管前方的数字代表管径由大至小的排序，根据非循环网络模型的原理，在驱替毛管压力测试过程中，非润湿相流体依次进入编号为 1-2-3 的毛管，树状网络模型的非润湿相流体侵入次序则如图 2(d)所示。每个毛管的截面形态千变万化，为了简化计算，假设每个分支是光滑圆形直管，且忽略每个分叉枝的表面厚度。

2　毛管渗吸效率计算方法

渗吸的主要动力和阻力分别是毛管力和粘滞力，根据 Young-Laplace 方程，半径为 r 的毛管中毛管压力为

$$p_c = \frac{2\sigma\cos\theta}{r} \tag{1}$$

式中，p_c 为毛管力，Pa；σ 为界面张力，N/m；r 为毛细管半径，m；θ 为接触角，°。

渗吸过程为不可压缩牛顿流体在半径较小圆管中做低速流动，流动符合 Hagen-Poiseuille 定

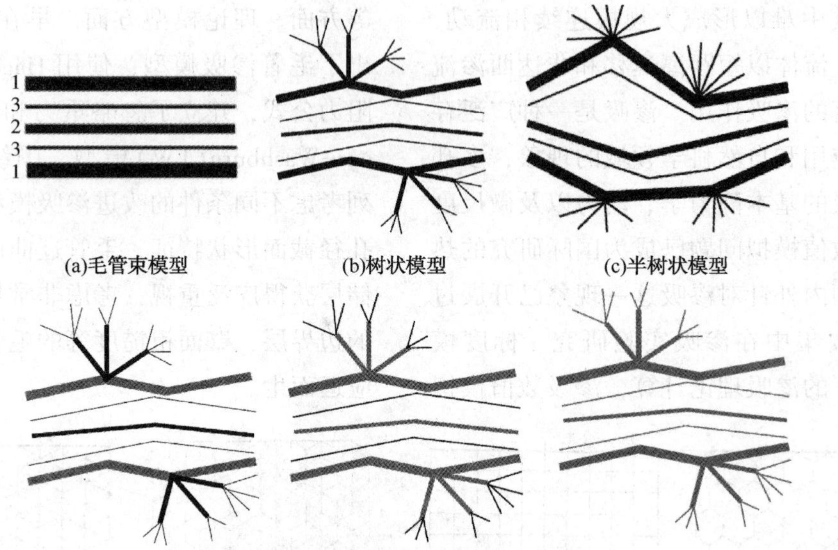

(d)驱替毛管压力测试过程中树状模型毛管动用次序

图2　非循环网络模型(部分图片出自文献10)

律，因此，毛细管内流体的黏滞阻力 F_{vis} 为

$$F_{vis} = 2\pi rh\tau = 8\pi\mu h\frac{dh}{dt} \tag{2}$$

式中，τ 为单位面积上的剪切力，N/m^2；μ 为流体黏度，Pa. s；dh/dt 为流体速度，m/s，h 为流体渗吸高度，m；t 为渗吸时间，s。根据牛顿第二定律，流体在毛管力、重力、黏滞力作用下运动，渗吸动力学方程为

$$F_c - F_g - F_{vis} = ma \tag{3}$$

式中，F_c 为毛管力，F_g 为重力，m 为吸入流体质量，a 为加速度，其中 $m = \rho\pi r^2 h$，整理后得

$$p_c - \rho gh - \frac{8\mu}{r^2}\frac{dh}{dt}h = \rho\frac{d(hh')}{dt} \tag{4}$$

低速渗吸流动中可忽略式(4)最右侧惯性项，将式(1)带入式(4)，为简化计算，设 $a = \frac{r\sigma\cos\theta}{4\mu}$，$b = \frac{\rho g r^2}{8\mu}$，因此式(4)可简化为

$$\frac{dh}{dt} = \frac{a}{h} - b \tag{5}$$

从而得到该式的隐式解析解，可用于计算竖直毛管中渗吸高度和时间的关系，

$$t = -\frac{h}{b} - \frac{a}{b^2}\ln\left(1 - \frac{bh}{a}\right) \tag{6}$$

3　非循环网络模型的优化及渗吸效率计算

3.1　非循环树状网络模型的优化及渗吸效率计算方法

孔隙半径非空间随机分布的树状模型被证实更能代表非常规储层，通过该模型对非常规储层的毛管压力曲线进行了准确的估算，尤其可体现毛管压力曲线中的非平稳阶段，并可对非常规储层的渗透率进行准确预测。本文在文献，的基础上，对非循环树状网络模型进行改进，通过分叉数 N_i 的假设，依据驱替毛管压力测试结果，给出每级网络分支的毛管长度，从而得到一个参数更确切的非循环树状网络模型。

根据达西定律和 Hagen-Poiseuille 定律可知，单根圆导管的渗透率只与圆管直径有关，即

$$k_{tube-i} = \frac{d_i^{\ 2}}{32} \tag{7}$$

式中，k_{tube-i} 为第 i 级单根圆管的渗透率，d_i 为第 i 级圆管直径。因此，第 i 级的渗透率 k_i 与第 i 级每根导管渗透率 k_{tube-i} 关系可表示为

$$k_i A_i = \sum_{i=0}^{N^i} A_{tube-i} k_{tube-i} \tag{8}$$

上式中，A_i 为第 i 级分支动用的总横截面积，$A_i = \sum_{i=0}^{N^i} A_{tube-i}$，$N^i$ 是第 i 级的毛管分支总数，则 $k_i = \frac{d_i^{\ 2}}{32}$。同样根据毛管压力曲线数据还可得到

$$A_i L_i = V_p \Delta S_w,\ L_i = \frac{V_p \Delta S_w}{A_i} \tag{9}$$

式中，V_p 为岩心的孔隙体积，ΔS_w 为润湿相含水饱和度的变化。

树状模型由一系列不同管径的毛管串联起

来，每一级分支由 N^i 根直径相同的毛管组成。在渗吸过程中，同一级分支的毛管将在相同的压力下得到动用。如图 3 所示压力为 $P_1 \to P_2$ 级网络由两种直径毛管组成，为孔隙网络中直径最小的毛管和小部分直径次小的毛管，在图 3 压差 $(P_1 - P_2)$ 条件下得到动用，其中 $P_1 > P_2$。此处直径最小的毛管和部分直径次小的毛管属于并联链接。第 N 级分支为管径最大的分支，N_i 是树状网络分叉数，则孔隙网络任意第 i 级毛管分支数量有 $N^i = (N_i)^{(N-i)}$ 个。那么压力为 $P_1 \to P_2$ 网络分支的有效渗透率和截面的乘积可通过式(10)计算，

$$k_{ep(1\to2)} A_{ep(1\to2)} = k_1 A_1 + k_2 A_2 \tag{10}$$

式中，$k_{ep(1\to2)}$ 和 $A_{ep(1\to2)}$ 为 1→2 级网络分支部分的等效渗透率和等效截面积。

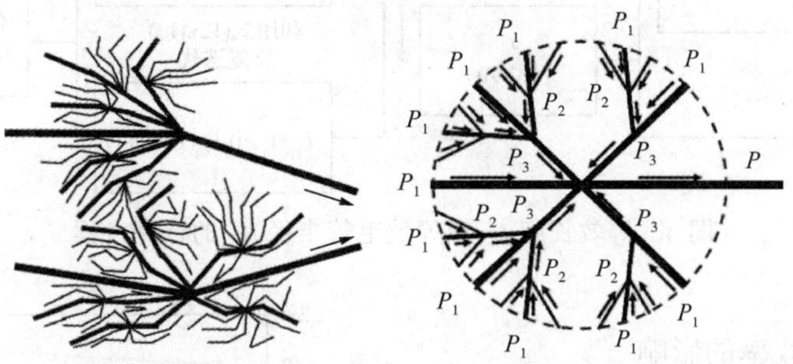

图 3 非常规储层适用的非循环孔隙结构示意图及压力分布图

根据质量守恒定律，经过每级网络的流体总量相同，即流经 $P_1 \to P_2$ 级和 $P_2 \to P_3$ 级网络的流量相等。$P_1 \to P_2$ 级网络和 $P_2 \to P_3$ 级网络属于串联关系，利用式(11)对此并联网络进行等效计算。将式(10)中 1→2 级网络的等效渗透率和截面 $k_{ep(1\to2)}$，$A_{ep(1\to2)}$ 带入式(11)中，假设 $L_{ep(1\to2)} = L_1$，$L_{ep(2\to3)} = L_2$，$L_{ep(1\to3)} = L_{1+} L_2$，可得到 1→3 级网络的 $k_{ep(1\to3)} A_{ep(1\to3)}$。

$$\frac{L_{ep(1\to3)}}{k_{ep(1\to3)} A_{ep(1\to3)}} = \frac{L_{ep(1\to2)}}{k_{ep(1\to2)} A_{ep(1\to2)}} + \frac{L_{ep(2\to3)}}{k_2 A_2} \tag{11}$$

由此，将式(10)，(11)推广至一般情况，得到式(12)，(13)，式中，$k_{ep(1\to i)}$ 和 $A_{ep(1\to i)}$ 为 1 至 i 级网络分支部分的等效渗透率和等效截面积。

$$k_{ep(1\to i)} A_{ep(1\to i)} = k_{ep(1\to(i-1))} A_{ep(1\to(i-1))} + k_i A_i \tag{12}$$

$$\frac{L_{ep(1\to i)}}{k_{ep(1\to i)} A_{ep(1\to i)}} = \frac{L_{ep(1\to(i-1))}}{k_{ep(1\to(i-1))} A_{ep(1\to(i-1))}} + \frac{L_{ep((i-1)\to i)}}{k_{i-1} A_{i-1}} \tag{13}$$

利用式(12)，(13)反复迭代计算，同时结合式(14)可得到每级网络的单根毛管长度 Li 及等效截面 $A_{ep(1\to i)}$ 和等效长度 $L_{ep(1\to i)}$，则可将树状网络孔隙模型等效为长度 $L_{ep(1\to i)}$，截面 $A_{ep(1\to i)}$ 的变径毛管，从而得到一个较为准确的树状网络模型的各级等效截面参数，

$$A_{ep(1\to i)} L_{ep(1\to i)} = V_p \Delta S_{w(1\to i)} \tag{14}$$

式中，$A_{ep(1\to i)}$ 和 $L_{ep(1\to i)}$ 为 1 至 i 级网络分支的等效截面积和毛管长度，即可通过 $A_{ep(1\to i)}$ 得到等效毛管半径 $R_{ep(1\to i)}$。当 $i = N$ 时，即为整个树状网络的等效截面和毛管长度；其中 ΔS_w 和 N 可由毛管压力曲线获得，迭代计算过程如图 4 所示。

区别于分形树状网络中每级网络分支的毛管长度比和直径比均为常数的特征，依据上述计算过程得到的非循环树状网络，只有每级分叉数量比是常数，即分叉数 Ni；而每级网络中的等效毛管长度和直径都是依据驱替毛管压力测试结果计算得到的，更贴近岩心实际情况。

渗吸为一种仅以毛管力为动力的流动，在流体条件已知的情况下，渗吸效率完全取决于孔隙结构、毛管尺寸，因此利用驱替毛管压力测试资料得到的孔隙参数结合非循环树状孔隙模型可构建贴近实际非常规储层的孔隙网络结构，并对渗吸流动行为进行准确预测。毛管力为渗吸的唯一动力，根据式(1)可知，半径越小的毛管渗吸动力越强，因此在计算过程中假设流体只可由尺寸最小的毛管依次进入尺寸更大的毛管中。根据非循环孔隙结构每级的等效毛管半径，计算渗吸时间与渗吸效率的关系，即利用式(6)对等效后的变径毛管渗吸高度进行分段计算，h_i 为润湿相流体在等效半径为 R_{ep} 的第 i 级等效毛管中的吸入高度，其中 $h_i \leqslant L_{ep}$，当 $h_i = L_e p$ 时，流体即充满本级网络，将流体进入下一级网络。$\sum h_i$ 为润湿

相流体在各级等效毛管中的累积吸入高度，通过渗吸效率 $\eta=\sum h_i/L_{ep(1\to i)}$ 可计算得到渗吸效率随时间的变化规律。一定时间内流体最终停留的网络级数所对应的孔隙尺度即为有效时间范围内的渗吸可及孔隙尺寸，其他流体未波及的孔隙即为渗吸不可及孔隙尺寸。

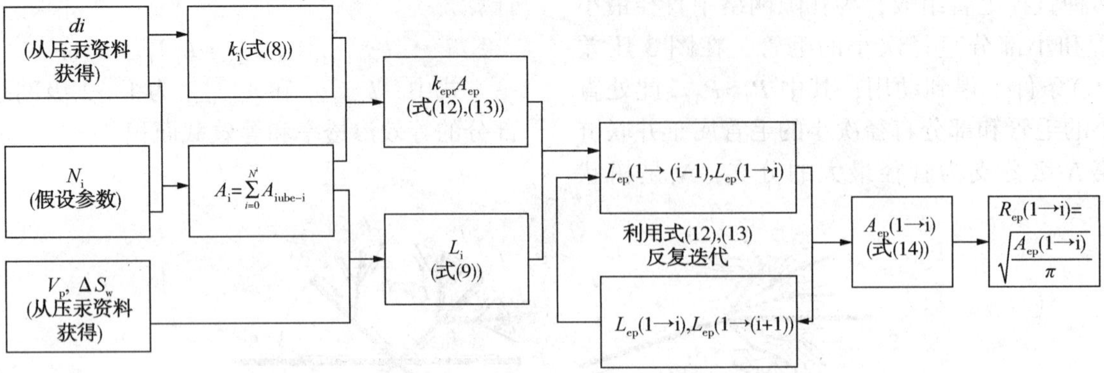

图4　等效长度 L_{ep} 和等效毛管半径 R_{ep} 的计算过程

3.2　渗吸效率实例计算

（1）分叉数对渗吸效率的影响

根据非常规储层毛管压力曲线测试数据，并结合树状孔隙网络模型理论，估算非常规储层的渗吸效率。文中 $\sigma=44.3\mathrm{mN/m}$，$\theta=0°$，岩心长度5cm，岩心孔隙度为5%，渗透率 $2.27\times10^{-7}\mu\mathrm{m}^2$。

根据现场压裂开发中的焖井时间即渗吸充分发生的时间长度，假设小于40天为合理渗吸时间，据此计算非循环树状网络参数和时间为40天以内的渗吸效率。不同分叉数条件下的渗吸效率计算结果如图5所示，分叉数为 $N_i=4$，5，6，10条件下40天内渗吸效率分别为1.77%，2.06%，2.14%，3.32%。从图中可以看出，渗吸初期速度较高，2~3天后渗吸速度明显减慢；随着模型分叉数的增加，渗吸效率逐渐增加，但增加的趋势随着分叉数的增多而减缓。这是由于在相同级数下，分叉数增加，相当于增加了流体的有效流动截面，不同级数网络相互串联，同级网络流量相同，有效截面的增加则使该级分支的有效长度降低，使流体在渗吸过程中可以更迅速的充满该级网络，是流体迅速进入下一级等效毛管半径更大的网络，提高渗吸波及效率。而当分叉数继续增加，有效流动截面随之增加，尤其当有效长度持续降低至和毛管半径相近时，流体瞬间即充满了该级网络，流体在非常短的时间内即流过尺寸较小的几级网络进入毛管半径更大的网络级数，此时分叉数 N_i 继续增加，对流体渗吸入该级网络分支影响较小。

在相同时间内，不同结构的树状网络流体渗吸可达的孔隙范围不同。渗吸可及等效毛管半径所对应的该级网络实际毛管直径即为渗吸可及的最大毛管直径。随着渗吸时间增加，流体逐渐进入有效半径较大的毛管，渗吸速度减缓。计算结果表明，渗吸最大可及毛管直径随着分叉数的增加而增加，如图6所示。渗吸最大可及孔隙直径随分叉数增加而上升，增加趋势逐渐减缓；当分叉数 $N_i=4$，5，6，10时，渗吸可及最大孔隙直径分别为 $0.05\mu\mathrm{m}$，$0.14\mu\mathrm{m}$，$0.23\mu\mathrm{m}$ 和

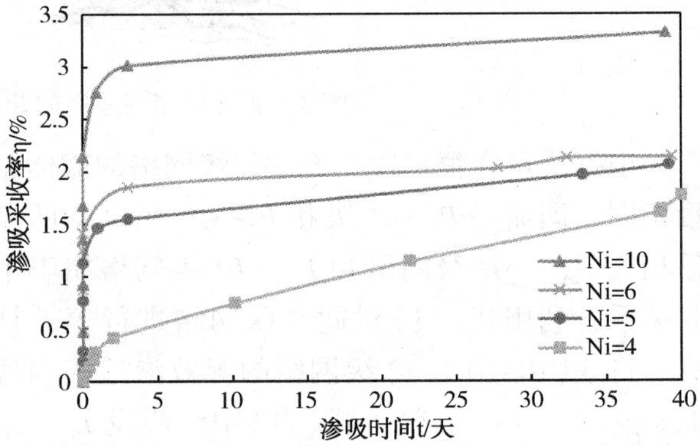

图5　基于非循环孔隙模型的渗吸效率计算结果

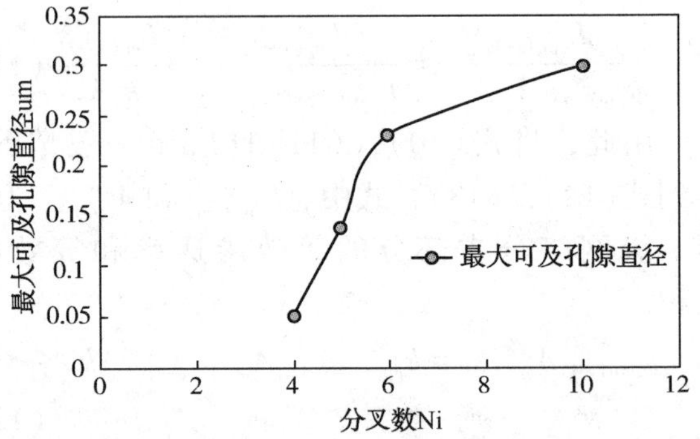

图6　不同分叉数条件下的渗吸流体可及孔隙直径

0.3μm。综上所述，当分叉数增加时，流体在直径较小的网络级数内流动的时间减小，以更快的速度更短的时间进入更大的孔隙中，导致相同时间内渗吸可及最大孔隙直径增加，渗吸效率增加。

2. r_{50}对渗吸效率的影响

驱替毛管压力曲线上饱和度为50%时相应的孔隙半径为饱和度中值半径 r_{50}，简称中值半径，r_{50}可粗略地视为岩石的平均孔隙半径；此时相应的毛管压力值为 p_{c50}。p_{c50}值越小，r_{50}越大；r_{50}可体现储油岩石的孔渗性能。利用非循环树状网络模型计算渗吸效率，研究不同中值半径 r_{50}条件下渗吸效率的变化规律，岩心参数如表1所示，各岩心的不同尺寸孔径的孔隙体积分布比例图如图7所示，孔径分布整体上岩心2优于岩心3优于岩心1。文献[23]中三块岩心的最终进汞饱和度分别为42.3%，82.5%和81.5%，还有部分孔隙空间由于连通性或孔隙尺寸问题在压汞实验中无法测得，导致图6中各岩心的孔隙体积比例总和不足100%。

渗吸效率计算结果如图8所示。从图8中可以看出，r_{50}由0.02μm到0.18μm再至0.23μm，渗吸效率逐渐升高。在孔隙中值半径 r_{50}较大的岩心中，相同时间内(40天)，流体可在毛管力的作用下进入尺寸更大的孔隙内，吸入更多的润湿相流体。当渗吸效率逐渐趋于稳定时，r_{50}为0.02μm，0.18μm，0.23μm所对应的渗吸效率分别为2.06%，3.81%，7.66%，渗吸可及孔隙直径分别为0.02μm，0.82μm，1.1μm；即 r_{50}越大，岩心中大孔径所占比率越高，渗吸效率越高；模型计算得到的该结论与前期实验结果相符。

表1　岩心参数及渗吸效率

序号	渗透率($\times10^{-3}\mu m^2$)	孔隙度/%	r_{50}(μm)	最大渗吸可及孔隙直径(μm)	渗吸效率/%
1	0.23	5	0.02	0.02	2.06
2	2.86	10.3	0.23	1.1	7.66
3	5.03	8.7	0.18	0.82	3.81

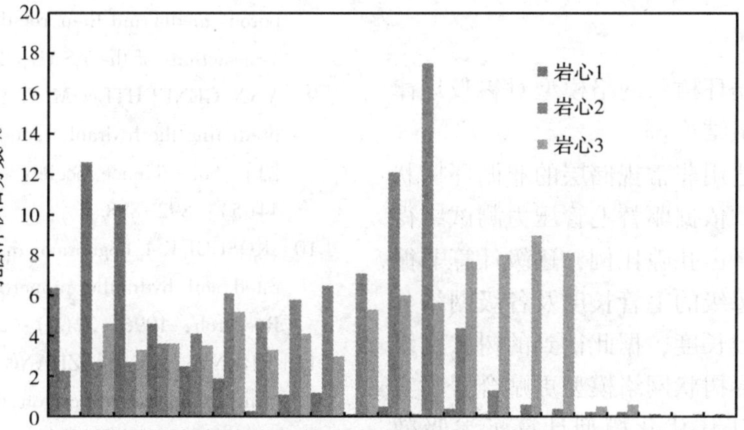

图7　岩心孔径与孔隙体积百分数关系图

3. 润湿性对渗吸效率的影响

润湿性对渗吸效率的影响机理比较复杂，润湿性可通过改变毛管力大小而影响渗吸效果。利用岩心2数据，设置润湿性分别为强水湿($\theta=0°$，30°，60°)，中性润湿($\theta=75°$，90°)和油湿($\theta=91°$)，研究润湿性对渗吸效率的影响，绘制不同润湿性条件下的渗吸效率，结果如图9所示。从图9中可以看出，强、弱水湿岩心(接触角由小至大)的渗吸效率分别为7.66%，7.40%，6.69%，6.01%，2.89%，0%。相同时间内，强水湿岩心的渗吸效率要高于弱水湿及中性润湿岩心。接触角由0°逐渐增加至75°，渗吸效率逐渐降低；随着润湿性由强水湿($\theta<75°$)转化为弱水湿-中性($\theta\geq75°$)，渗吸动力加速减弱，渗吸效率加速下降。油湿岩心($\theta>90°$)未发生渗吸，模型计算得到的润湿性影响规律与前期实验结果相

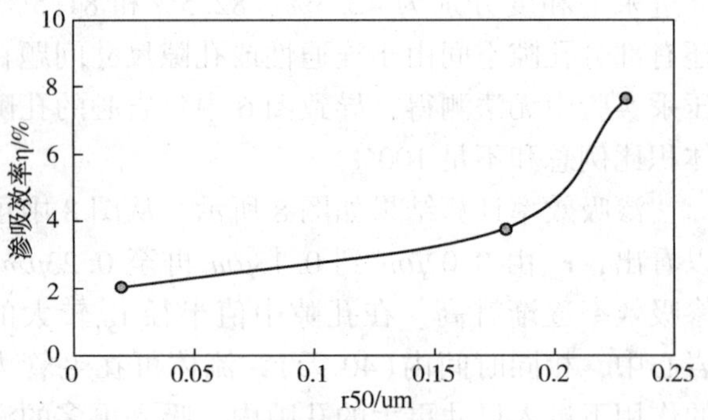

图8　渗吸效率与 r_{50} 的关系

符。这是由于毛管力为自发渗吸的唯一动力，而水湿岩心中，水驱油毛管力为渗吸驱替的动力；油湿岩心中，毛管力为渗吸驱替的阻力。

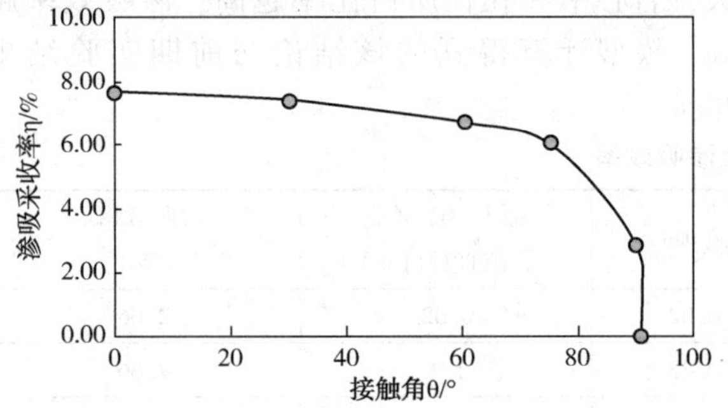

图9　润湿性对渗吸效率的影响

4　结论

基于改进的非循环树状网络模型对渗吸规律进行研究，得出以下结论：

(1) 本文对更适用非常规储层的非循环树状网络模型进行改进，依据驱替毛管压力测试中得到的孔隙半径及其所占孔隙比例，逐级计算非循环树状分叉网络中每级的毛管长度及各级网络分支的等效直径、等效长度，据此得到的树状网络模型相较于传统分形树状网络模型更贴合岩心实际情况。同时，基于该优化模型计算了渗吸效率，该方法可根据室内实验给出的孔隙结构参数对非常规储层基质渗吸效率进行估算。

(2) 渗吸效率及渗吸最大可及孔隙直径随着非循环树状网络模型分叉数的增加而增加，增加趋势逐渐减缓，针对该模型的特点给出了不同孔隙结构参数对渗吸效率的影响机理。

(3) 分析了孔隙中值半径 r_{50} 和润湿性对渗吸效率的影响。孔径分布和润湿性均对渗吸产生重要影响，孔隙中值半径 r_{50} 越大，较大孔径所占孔隙空间越大，渗吸效率越高；岩心越亲水，渗吸动力越强，渗吸效率越高，当岩心润湿性变为弱水湿-中性时(θ≥75°)渗吸效率加速下降。

参 考 文 献

[1] DULLIEN A K L. Effects of pore structure on capillary and flow phenomena in sandstones [J]. Journal of Canadian Petroleum Technology, 1975, 14(3): 48-55.

[2] FATT I. The network model of porous media [J]. AIME Petroleum Transactions, 1956, 207(1): 144-181.

[3] 陈俊．类分型树状网络有效渗透率的研究[D]．武汉：华中科技大学，2007

[4] XU P, YU B, FENG Y, et al. Analysis of permeability for the fractal-like tree network [J]. Physica A: Statistical Mechanics and its Application, 2006, 369(2): 884-894.

[5] XU P, YU B. The scaling laws of transport properties for fractal-like tree networks [J]. Journal of Applied Physics, 2006, 100: 104906.

[6] THOMPSON D W. On growth and form (2nd ed.) Cambridge: Cambridge University Press, 1917.

[7] VINICIUS R P, ROCHA L A O, MIGUEL A F. Optimal Branching Structure of Fluidic Networks with Permeable Walls [J]. Biomed Research International. 2017: 5284816.

[8] BROOKS R H., COREY A T. Hydraulic properties of porous media and their relation to drainage design [J]. Transactions of the ASAE, 1964, 7(1): 26-28.

[9] VAN GENUCHTEN M T. A closed-form equation for predicting the hydraulic conductivity of unsaturated soils [J]. Soil Science Society of America Journal, 1980, 44(5): 892-898.

[10] KOSUGI K I. Lognormal distribution model for unsaturated soil hydraulic properties [J]. Water Resources Research, 1996, 32(9): 2697-2703.

[11] SHEN Y, GE H, ZHANG X, et al. Impact of fracturing liquid absorption on the production and water-block unlocking for shale gas reservoir [J]. Advances in Geo-Energy Research, 2018, 2(2): 163-172.

[12] 蔡建超，郁伯铭．多孔介质自发渗吸研究进展[J]．力学进展，2012，42(6)：735-754

[13] 王家禄，刘玉章，陈茂谦，等．低渗透油藏裂缝动态渗吸机理实验研究[J]．石油勘探与开发，2009，36(1)：86-90.

[14] MATTAX C C, KYTE J R. Imbibition oil recovery from fractured, water-drive reservoir [J]. Society of Petroleum Engineers Journal, 1962, SPE 187.

[15] CAI J, JIN T, KOU J, ZOU S, et al. Lucas-Washburn equation-based modeling of capillary-driven flow

in porous systems [J]. Langmuir, 2021, 37(5): 1623-1636.

[16] SCHMID K S, GEIGER S. Universal scaling of spontaneous imbibition for water-wet systems [J]. Water Resource Research, 2012, 48: W03507.

[17] SHEN A Q, LIU Y K, FAROUQ ALI S M. A model of spontaneous flow driven by capillary pressure in nanoporous media [J]. Capillarity, 2020, 3(1): 1-7.

[18] MENG Q, LIU H, WANG J, et al. Effect of gravity on spontaneous imbibition from cores with two ends open in the frontal flow period [J]. Journal of Petroleum Science and Engineering. 2016, 141: 16-23.

[19] LUCAS R. Rate of capillary ascension of liquids [J]. Kolloid Zeitschrift, 1918, 23: 15-22.

[20] MASON G., MORROW N. R. Capillary behavior of a perfectly wetting liquid in irregular triangular tubes [J]. Journal of Colloid Interface Science, 1991, 141: 262　274.

[21] YU T.; ZHOU J.; DOI M. Capillary imbibition in a square tube [J]. Soft Matter, 2018, 14: 9263-9270.

[22] CAI J; YU B, MEI M, LUO L. Capillary rise in a single tortuous capillary [J]. Chinese Physics Letters, 2010, 27, 054701.

[23] SHEN A., XU Y., LIU Y., et al. A model for capillary rise in micro-tube restrained by a sticky layer. Results Phys. 2018, 9, 86-90.

[24] SAKHAEE-POUR A., BRYANT S. Effect of pore structure on the producibility of tight-gas sandstone [J]. AAPG Bulletin, 2014, 98(4): 663-694.

[25] TRAN H, SAKHAEE-POUR A. Slippage in shale based on acyclic pore model [J]. International Journal of Heat and Mass Transfer, 2018, 126: 761-772.

[26] TRAN H, SAKHAEE-POUR A Critical properties (Tc, Pc) of shale gas at the core scale [J]. International Journal of Heat and Mass Transfer, 2018, 127: 579-588.

[27] TRAN H, SAKHAEE-POUR A, BRYANT S. A simple relation for estimating shale permeability [J]. Transport in Porous Media, 2018, 124: 883-901.

[28] BYRNES A P, CLUFF R M, WEBB J C. Analysis of critical permeability, capillary pressure and electrical properties for Mesaverde tight gas sandstones from western U. S. basins. University of Kansas Center for Research, prepared for the U. S. Department of Energy, DOE Award No. DE-FC26-05NT42660, 2009, Appendixes 4, A4-33~ A4-35.

[29] 李晓骁，任晓娟，罗向荣．低渗透致密砂岩储层孔隙结构对渗吸特征的影响[J]．油气地质与采收率，2018，25(4)：115-120.

[30] 沈安琪，刘义坤，邱晓惠，等．表面活性剂提高致密油藏渗吸采收率研究[J]．油田化学，2016，33(4)：696-699.

靖安油田特低渗油藏功能性水驱提高采收率研究与应用

赵海峰[1,2] 何治武[1,2] 吕 伟[1,2] 王石头[1,2]

(1. 中国石油长庆油田分公司油气工艺研究院;
2. 低渗透油气田勘探开发国家工程实验室)

摘 要 长庆油田早期注水开发以补充地层能量、提高水驱控制程度的笼统注水工艺为主，随着油藏品位的下降及对储层认识程度的不断加深，该工艺暴露出诸多不适应性。目前主要通过分层注水、调剖调驱等改善水驱工艺达到扩大水驱波及体积的目的，自然递减率和含水上升率得到有效控制。但是随着调驱轮次的增多，措施净增油效果变差，面临如何进一步提高采收率的难题。近年来，中国石油通过一系列室内研究，逐步形成了强化注入介质与储层介质相互作用的功能性水驱技术，该技术由离子调整剂和气液微分散体系结合而成，可实现同时提高驱油效率和扩大波及体积的效果。2018年10月，在靖安油田W区长*特低渗油藏开展了先导性试验，截至目前，井组日产油21.4↑28.1t、含水65.1↓59.9%，呈现净增油、降含水特点，矿场应用见到好的苗头。

关键词 特低渗油藏；离子调整剂；气液微分散体系；驱油效率；波及体积

靖安油田W区长*特低渗油藏1997年投入开发，由于注采井网的不断完善，宏观、微观注水政策的不断改进，区块产量稳定，开发效果较好。但是2010年以来产量下降加剧，通过分层注水、调剖调驱等工艺措施稳产增产的效果减弱。为了有效解决油藏开发中后期平面剖面矛盾加剧、含水上升速度加快、剩余油分布状况日趋复杂、油藏持续稳产技术瓶颈日益突出等核心问题，结合区块油藏特征探索性开展了功能性水驱先导试验。现场试验证明该技术可有效改善W区长*特低渗油藏开发效果，并为形成长庆油田特低-超低渗油藏精细水驱提高采收率技术提供借鉴和指导。

1 区块概况

1.1 地质特征

靖安油田W区构造单元处于鄂尔多斯盆地伊陕斜坡区，构造平缓，为西倾单斜背景上由差异压实作用形成的一组鼻状隆起。W区长*储层以三角洲前缘河口坝-水下分流河道相沉积为主，长*1^1~2^2小层均发育油层，主力油层主要集中在长*2^1~^{1}小层，大面积连片分布，油层连续性好，钻遇率达85%。受物性和砂体双重控制，属于岩性油藏。平均孔隙度12.8%，平均渗透率1.81mD，属于低孔隙度、特低渗透储层。平均压力梯度0.41MPa/100m，平均地温梯度2.9℃/100m，属于正常温度、压力系统。

1.2 开发简况

1997年9月投入开发，1997年12月开始注水，初期采用330m×330m正方形井网，后来陆续调整为480×160m菱形反九点井网。整个开发过程可以划分为三个阶段：第一阶段为1997~2002年，属于快速上产期；第二阶段为2003~2006年，属于稳产期；第三阶段为2007年~至今，属于中高含水递减期。目前区块综合含水65%，可采储量采出程度21%，标定采收率24%。

1.3 存在的问题

目前W区长*特低渗油藏已进入中高含水开发阶段，采出程度接近标定采收率，水驱不均矛盾突出，含水上升快、递减加大，采油速度持续下降，控水稳油和剩余油挖潜难度大。具体表现为：

1.3.1 层间矛盾突出

层间储层差异：主要开采长*1^2、长*2^1层，长*2^1整体发育，平均油层厚度10.8m；

长＊1^2 靠南部发育，平均油层厚度 14.0m。整体上长＊2^1 层物性好于长＊1^2。

层间干扰明显：如表 1 所示，长＊2^1 吸水、采出强于长＊1^2。

表 1 产液剖面测试结果统计表

井数	层位	日产液/m^3	日产油/t	含水/%
9	长＊1^2	2.15	0.96	55.3
	长＊2^1	3.37	1.06	68.6

1.3.2 平面非均质性强

如图 1 和图 2 所示，储层平面非均质性强，注水补充能量不均，平面平均含水率由开发早期的不到 20%上升至目前的 60%以上。

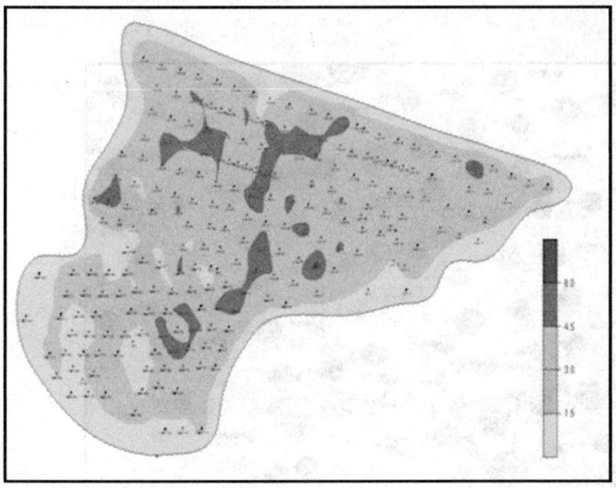

图 1 长＊2^1 渗透率分布图

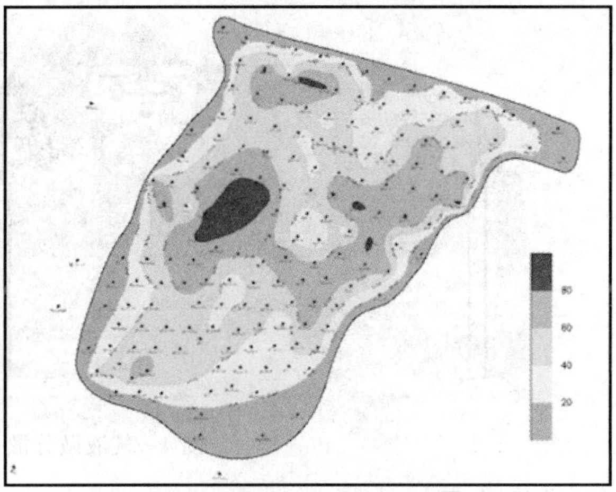

图 2 长＊2^1 平面含水分布图

2 技术机理

针对特低渗油藏渗透率低、微裂缝发育储层特征和含水上升快、水驱采收率低开发矛盾，通过注入离子调整剂剥离岩石壁面油膜和注入微纳米级气泡调节注入体系流度，发挥两者间协同作用，控制含水上升速度并大幅提高水驱采收率。

2.1 提高驱油效率

注入介质与储层介质发生离子交换，相同矿化度条件下，岩石矿物中的 Ca^{2+} 可以被 Na^+ 交换，通过强化原油–水–储层间的微观相互作用机制，可使注入介质与原油极性基团、地层水离子、黏土矿物精确匹配，进而增加原油/水/岩石之间的界面斥力，促使油膜剥离提高驱油效率(图 3)。

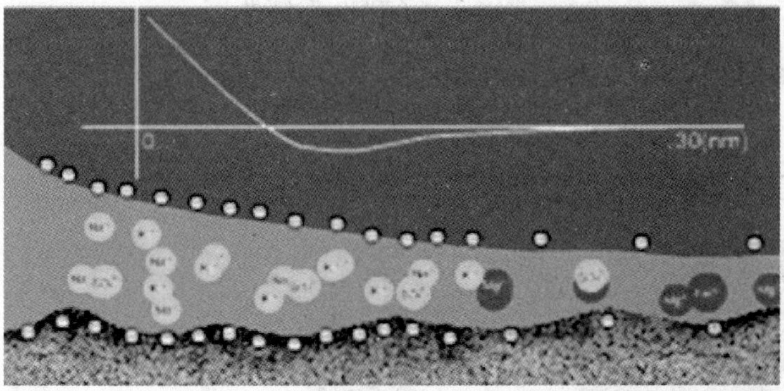

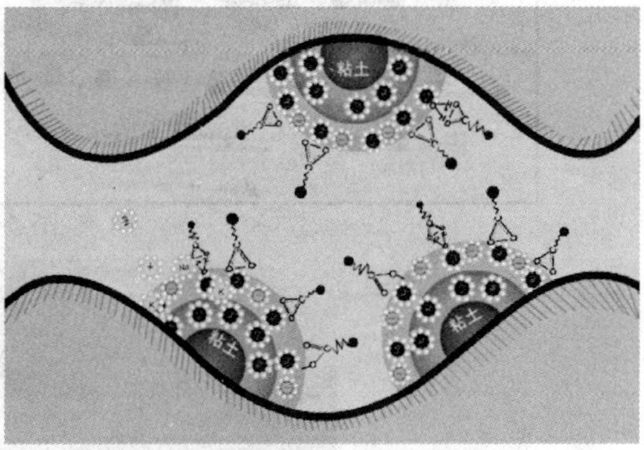

图 3 离子调整剂剥离油膜示意图

2.2 扩大波及体积

从驱替体系入手，通过引入微纳米级气泡，形成与油层非均质性相适应的黏度逐级变化和可调阻力。同时依靠气泡的弹性能量，在油藏纵向上自适应调整，从而实现分部位、分阶段的流度比调控，进而有效扩大高剩余油饱和部位的波及体积(图 4)。

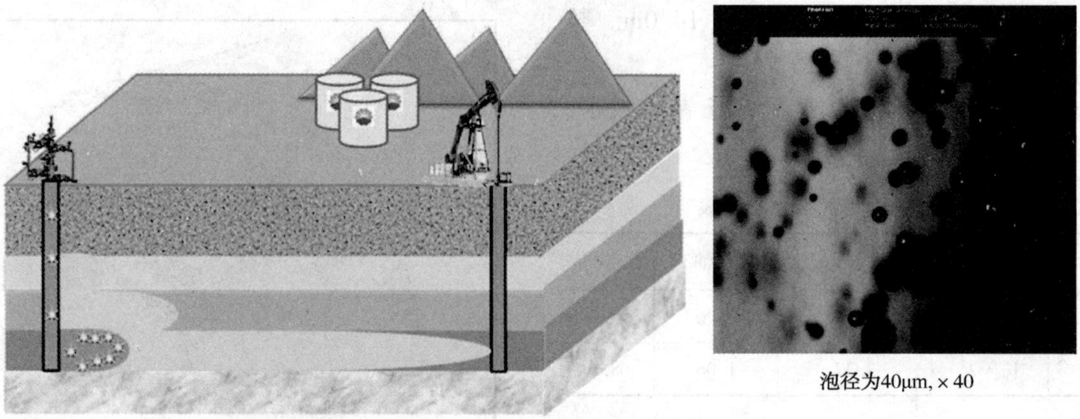

图4　气液微分散体系扩大波及体积示意图

3　矿场应用

3.1　实施进展

在W区长*特低渗油藏西南部优选8井组开展功能性水驱先导试验，试验分两个阶段进行(图5、6)。

第一阶段：8井组注入离子调整剂，注入浓度0.1%，2018年10月至今，累计注入离子调整剂326.5t，完成总设计量的71.0%。

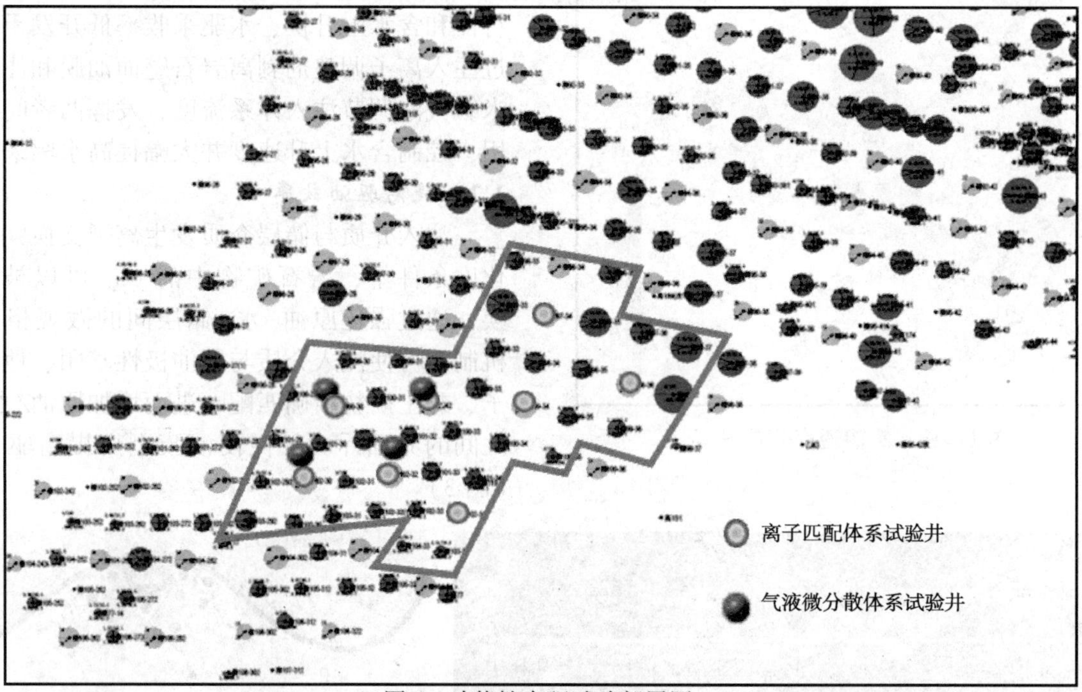

图5　功能性水驱试验部署图

图6　功能性水驱试验现场注入流程

第二阶段：优化方案部署，4井组注入离子调整剂+微纳米级气泡，气液比1：3，2020年11月至今，累计注入气体110.6×10^4Nm^3，完成总设计量的8.9%。

3.2 实施效果

3.2.1 单一离子调整剂阶段

总体上，8井组试验井注入离子调整剂5个月后，对应生产井陆续见效，月度递减率2.49↓-0.72%，含水上升率0.45↓0.13%，控水增油、降递减效果明显。但有效期短，效果仅持续9个月，有效期过后月度递减率-0.72↑7.63%，含水上升率0.13↑0.83%，持续注入效果不明显。

由见效井动态可知，采出水含盐21919↑33025↓26458mg/L，表现为先升后降，说明注入流体与储层流体发生了离子交换，Ca^{2+}离子被Na^+置换，表明单一离子调整剂可以达到提高驱油效率的目的(图7、8)。

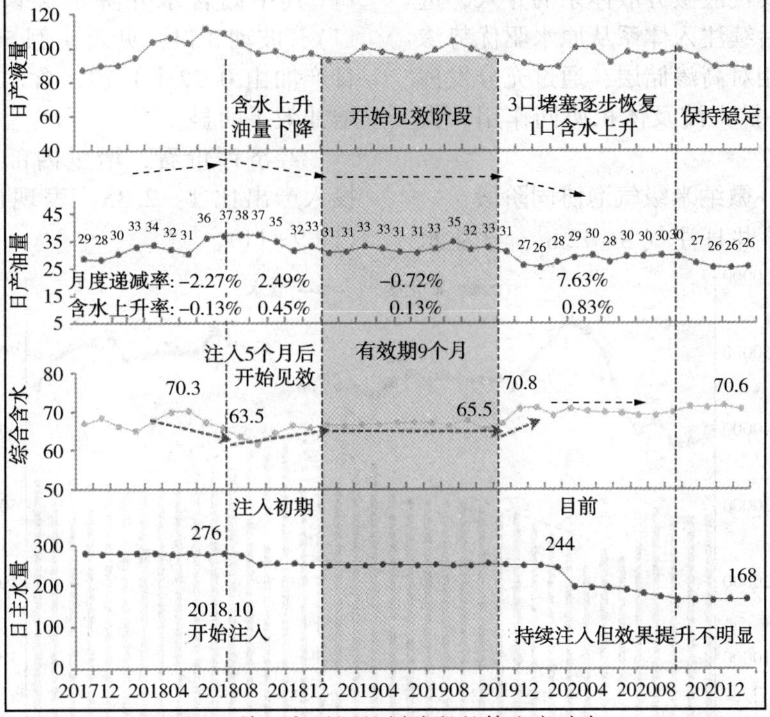

图7 单一离子调整剂阶段整体生产动态

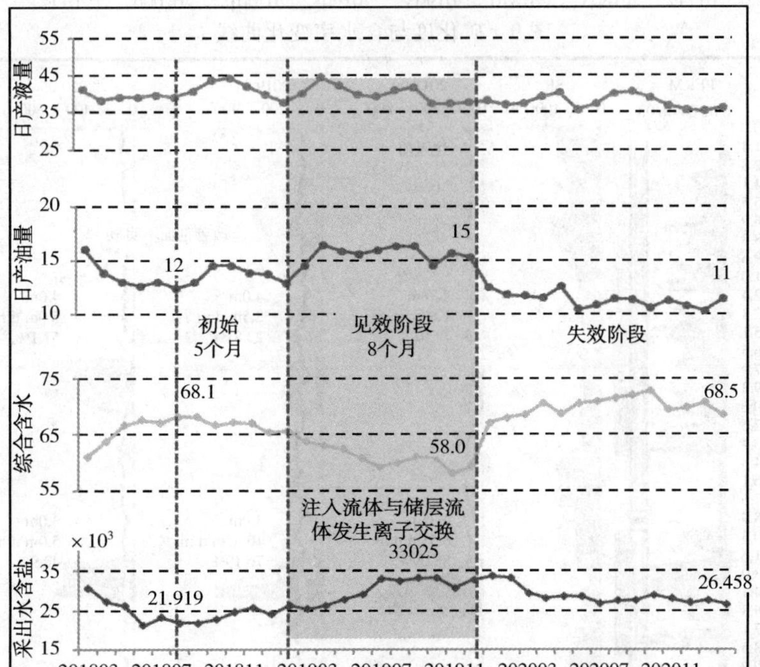

图8 单一离子调整剂阶段见效井生产动态

第一阶段认识：

(1)整体上，单一离子调整剂表现出改善剖面不明显、见效较慢、有效期较短的特征。从采出水含盐变化看，呈先升后稳再下降，同时该变化与含水率间呈明显负相关性。综上表明，单一离子调整剂只能在原有注水优势渗流通道中提高残余油的驱油效率。

(2)从吸水指示曲线来看，注入井注入离子调整剂后呈明显上翘趋势，显示吸水性能变差、储层物性变差，需要气液微分散体系的介入，进行流度调整，迫使后续注入体系从原水驱优势渗流通道转向，启动相对高渗储层，通过充分发挥两者提高驱油效率+扩大波及体积协同作用，大幅提高水驱采收率。

3.2.2　离子调整剂+微纳米级气泡协同阶段

4井组试验井单井日注气8~12m^3，日注水25~35m^3，气液比1∶3，相对正常注水，注液时压力平均上升3.2MPa，注气时压力平均上升4.3MPa，视吸液指数、视吸气指数均稳定，国内首次实现气液微分散体系的规模稳定注入。

整体情况看，4井组试验井注入气液微分散体系2个月后，对应生产井陆续见效，日产油21.4↑28.1t、含水65.1↓59.9%，降水增油效果得到初步体现。

见效情况看，对应油井16口，稳定见效6口(其中高含水井降水2口、中含水井增油4口)、波动3口，见效比例56.3%。其中中心井日产油由0.52↑1.79，含水87.8↓73.9%，净增油效果明显。

经济评价看，增量内部收益率为13.22%，投入产出比1∶2.33，表现出较好的经济效益(图9~11)。

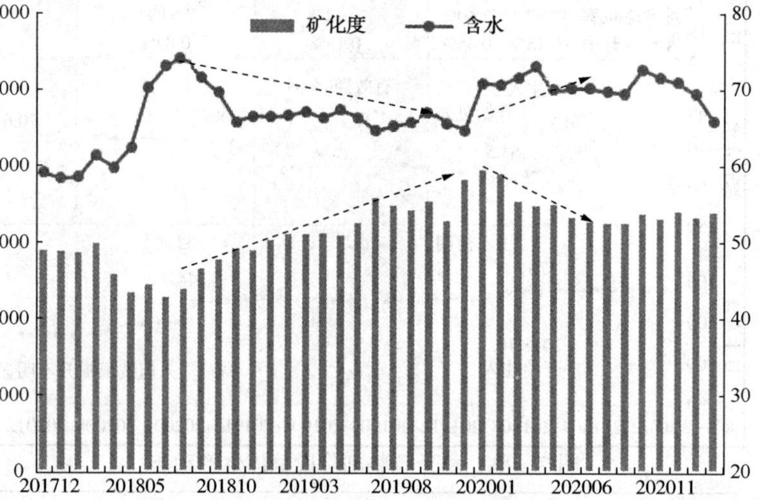

图9　矿化度与含水率变化曲线

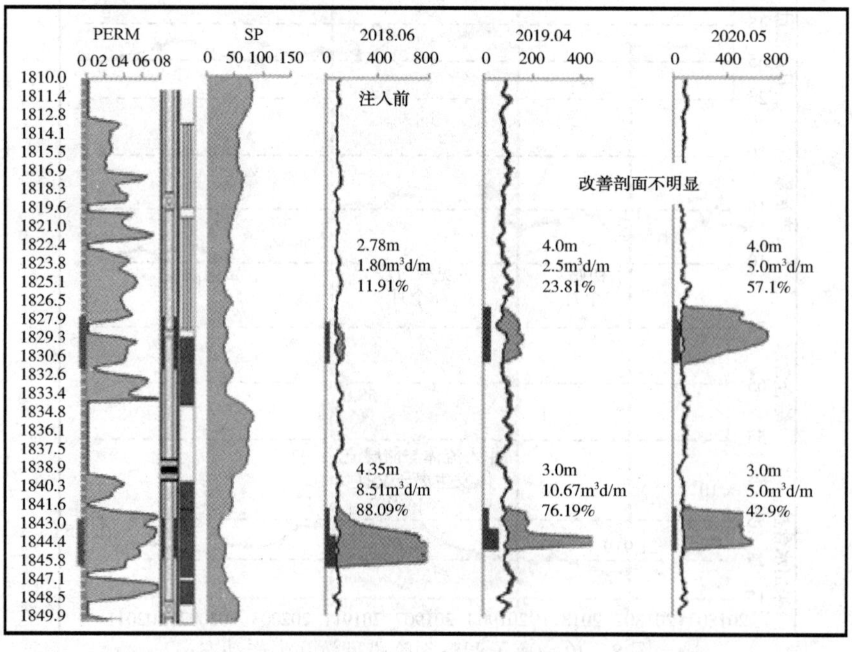

图10　单一离子调整剂注入前后吸水剖面对比(典型井)

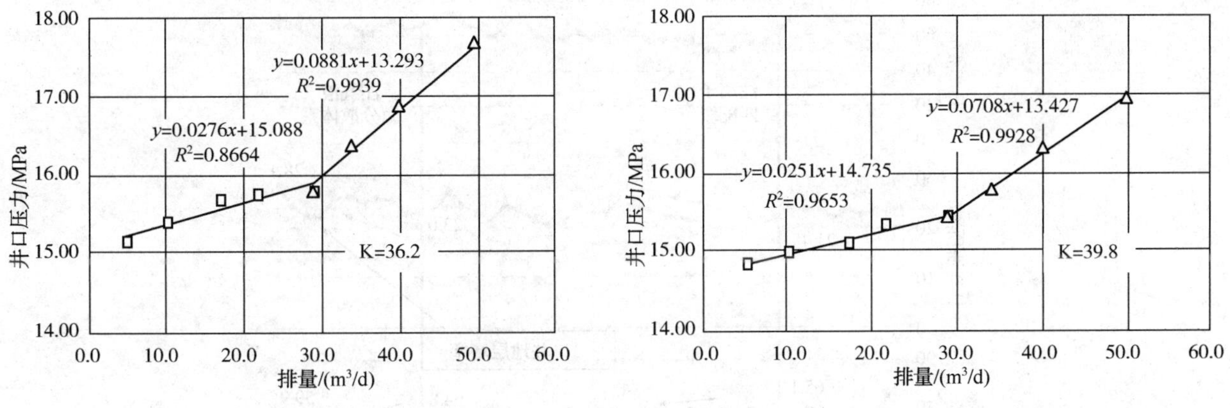

图 11　注入井吸水指示曲线

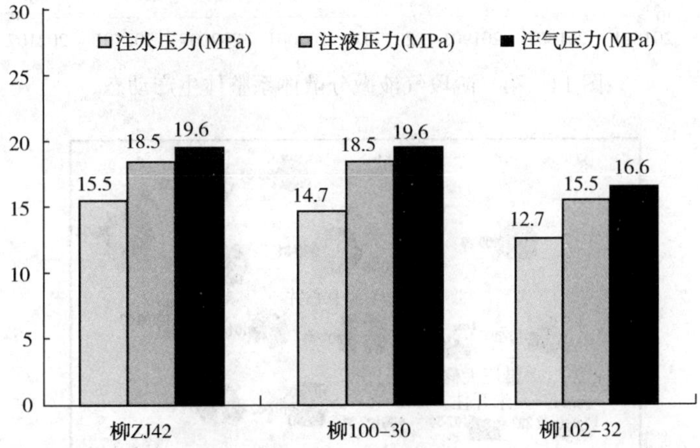

图 12　第二阶段气液微分散体系注入压力

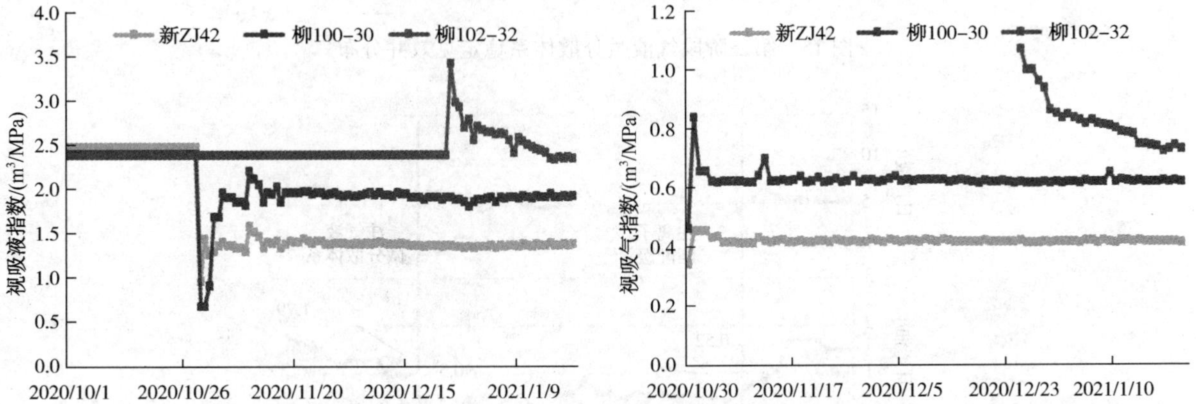

图 13　第二阶段气液微分散体系视指数变化曲线

第二阶段认识：

（1）单一离子调整剂见效期内，年度递减由 16.17↓7.91%，含水上升率由 24.3↓－5.12，有效期过后指标变大；气液微分散体系注入后，阶段递减由 6.57↓－21.06%，含水上升率由 20.93↓－14.33，降水增油效果凸显。

（2）相较于单一离子调整剂阶段，剖面吸水形态有所改善：一是吸水形态由尖峰状/指状吸水变均匀，说明气泡对高渗层段具有较好的封堵效果；二是液相吸水下移特征明显，说明气泡上浮对低渗层段进行了有效驱替。

具体如图 12~19 所示。

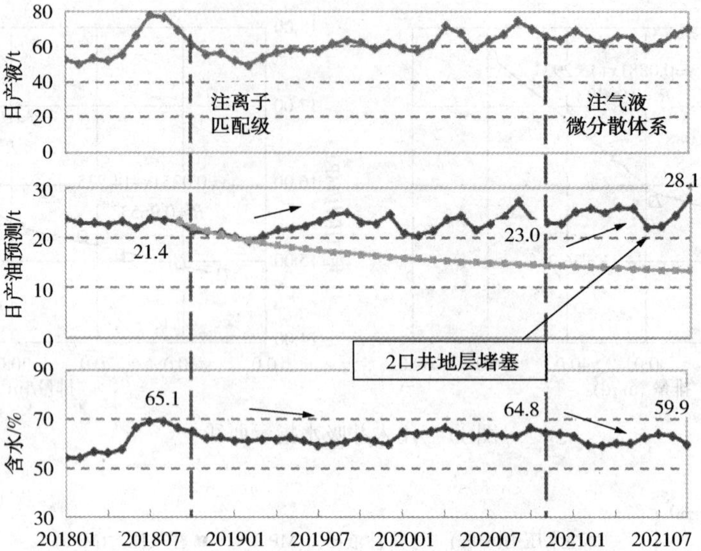

图14　第二阶段气液微分散体系整体生产动态

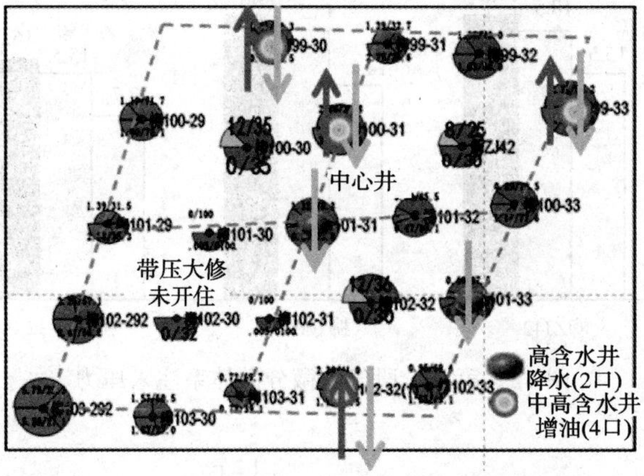

图15　第二阶段气液微分散体系稳定见效井分布

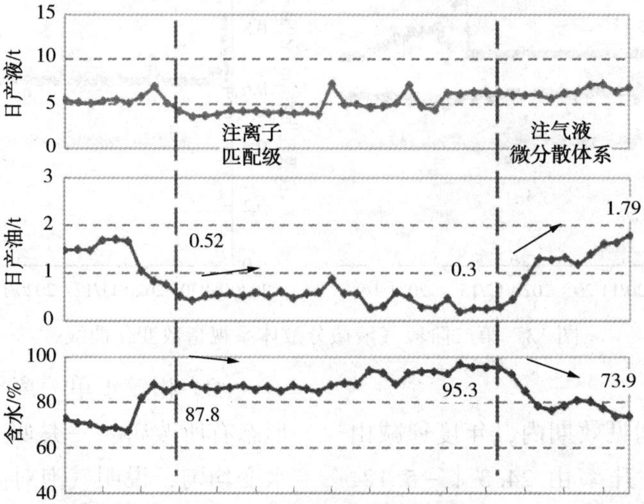

图16　第二阶段气液微分散体系中心井生产动态

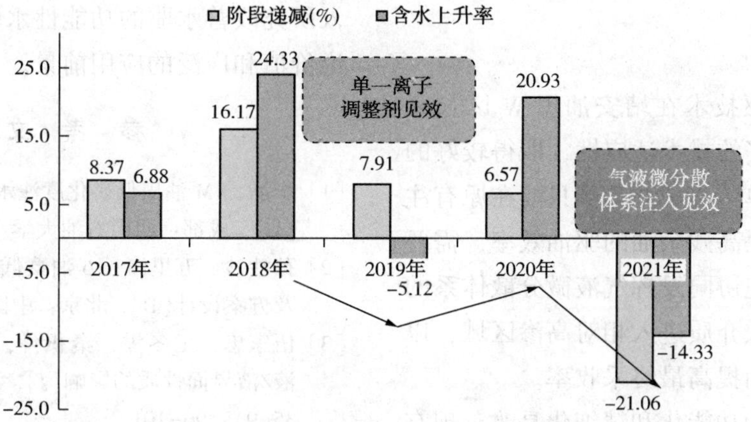

图 17　功能性水驱注入井两项指标变化图

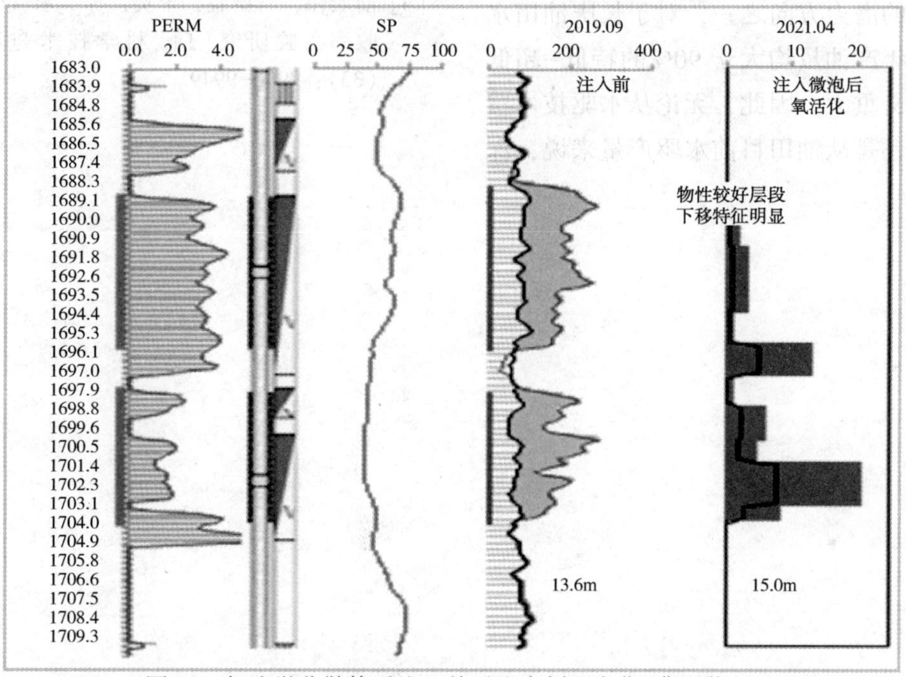

图 18　气液微分散体系注入前后注水剖面变化(典型井 1)

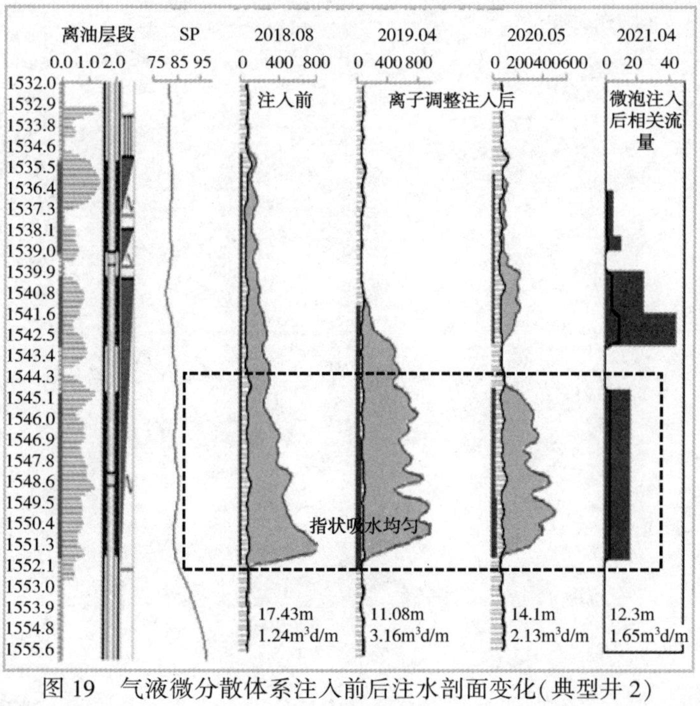

图 19　气液微分散体系注入前后注水剖面变化(典型井 2)

4　结论与认识

（1）功能性水驱技术在靖安油田W区长*特低渗油藏具有良好的技术适应性，取得较好的初步效果。但由于单一离子调整剂只能在原有注水优势渗流通道中提高残余油的驱油效率，需要及时注入微纳米气泡协同发挥气液微分散体系的作用，迫使后续注入介质进入相对高渗区域，以扩大波及体系，从而提高最终采收率。

（2）注水技术的功能化和精细化是改善现有水驱开发效果的潜力方向之一，对于长庆油田水驱动用储量和年产油量均大于90%的特低-超低渗储层来说意义重大。因此，无论从水驱技术覆盖储量来看，还是从油田目前水驱产量来说，深入研究改善水驱的功能性水驱技术具有重要的理论价值和广泛的应用前景。

参　考　文　献

[1] 李磊．XM油田低矿化度注水提高采收率可行性研究[D]．成都：西南石油大学，2015.

[2] 孙沙沙．五里湾长6油藏低矿化度水驱适应性评价及方案设计[D]．北京：中国石油大学，2019.

[3] 伍家忠，王冬雪，秦积舜，等．电解质对固/液和液/液界面性质的影响[J]．石油天然气学报，2013，35(9)：96-101.

[4] 俞宏伟，马德胜，李实，等．水气分散体系提高采收率实验研究[J]．科学技术与工程，2013，13(33)：9946-9949.

库车坳陷裂缝性低孔砂岩气藏水侵特征及提高采收率对策研究

——以克深 2 气藏为例

李海明　陈　东　唐永亮　杨凤来　刘小钰　李小瑞　闫炳旭

（中国石油塔里木油田公司）

摘　要　目前库车坳陷裂缝性低孔砂岩部分已开发气藏均不同程度见水，严重影响气藏开发效果，针对此类气藏的水侵规律及开发对策研究意义重大。以克深 2 气藏为研究目标，从气藏动静态特征、开发机理、水侵动态规律入手，明确了该类气藏提高采收率的技术对策。研究认为，裂缝性低孔砂岩气藏存在“断层-裂缝-基质”三重渗流介质特征，基于三重介质的离散裂缝数值模型研究表明，不同裂缝发育模式、水体大小、气藏幅度及采气速度是影响气藏水侵特征差异的主要控制因素；在此基础上，明确了克深 2 气藏平面水侵方向与裂缝走向、采气强度、水体能量等有关，纵向上水侵通道主要位于巴什基奇克组第二段的中上部，剩余气主要分布于构造高部位的巴什基奇克组第一段。针对克深 2 气藏的水侵特征，提出了剩余气富集区部署水平井、水侵方向单一区域强排水、水体能量较弱区域控压带水生产等提高采收率的开发技术对策，为库车坳陷裂缝性低孔砂岩气藏的高效开发和调整提供技术支撑。

关键词　库车坳陷；三重介质；水侵特征；提高采收率

随着深层超深层油气勘探开发技术的不断进步，塔里木盆地库车坳陷裂缝性低孔砂岩气藏探明储量及产气量呈快速增长趋势，先后发现了大北、克深、博孜等气田，目前累计探明地质储量超过万亿方，建成天然气产能近 150 亿方，是塔里木油田天然气增储上产的主要区域。该类气藏主要发育盐下高陡构造，构造样式和断裂系统复杂，储层埋藏深度大（5500m～8500m），地层压力高（100MPa～135MPa），储层基质致密（孔隙度 2%～6%，渗透率 0.01mD～0.1mD），多级次裂缝发育且非均质性强，气藏水体普遍存在。气藏构造边部位气井投产 1～2 年即产水，中高部位气井 4～5 年不同程度见水，气井带水生产一段时间后产能呈断崖式下降，水淹整体表现非均匀突进的特征，造成储层基质中剩余气被地层水封隔，大量剩余地质储量难以动用，严重影响气藏的开发效果和采收率，亟需深化气藏地质认识，开展水侵特征及提高采收率对策研究。

克深 2 气藏是库车坳陷裂缝性低孔砂岩气藏的典型代表，投入开发时间早，录取的动静态资料多，目前面临的开发问题也最大，本文以克拉苏气田克深 2 气藏为主要研究对象，基于气藏构造、储层、裂缝及气水分布等地质特征，结合试井分析成果，通过开展水侵控制因素开发机理及水侵动态规律研究，刻画了平面及纵向上剩余气分布范围，针对性提出剩余气富集区部署水平井、水侵方向单一区域强排水、水体能量较弱区域控压带水生产等提高采收率的开发技术对策，为塔里木盆地库车山前裂缝性低孔砂岩气藏的高效开发及调整提供技术支撑，并为国内外类似气田的合理开发提供方法借鉴和技术指导。

1　气藏地质及开发特征

1.1　地质特征

库车坳陷位于塔里木盆地北部，可划分为克拉苏构造带、依奇克里克构造带和秋里塔格构造带，以及北部单斜带和南部斜坡带等次级构造单元，其中克拉苏构造带陆续发现了深层超深层气田群，形成了克拉、克深、大北、博孜等呈东西向排列的多个深层超深层大气田，研究目标克深2气藏位于塔里木盆地库车坳陷克拉苏构造带克深区带，为两条北倾逆冲断层所夹持的断背斜构造气藏(图1)。

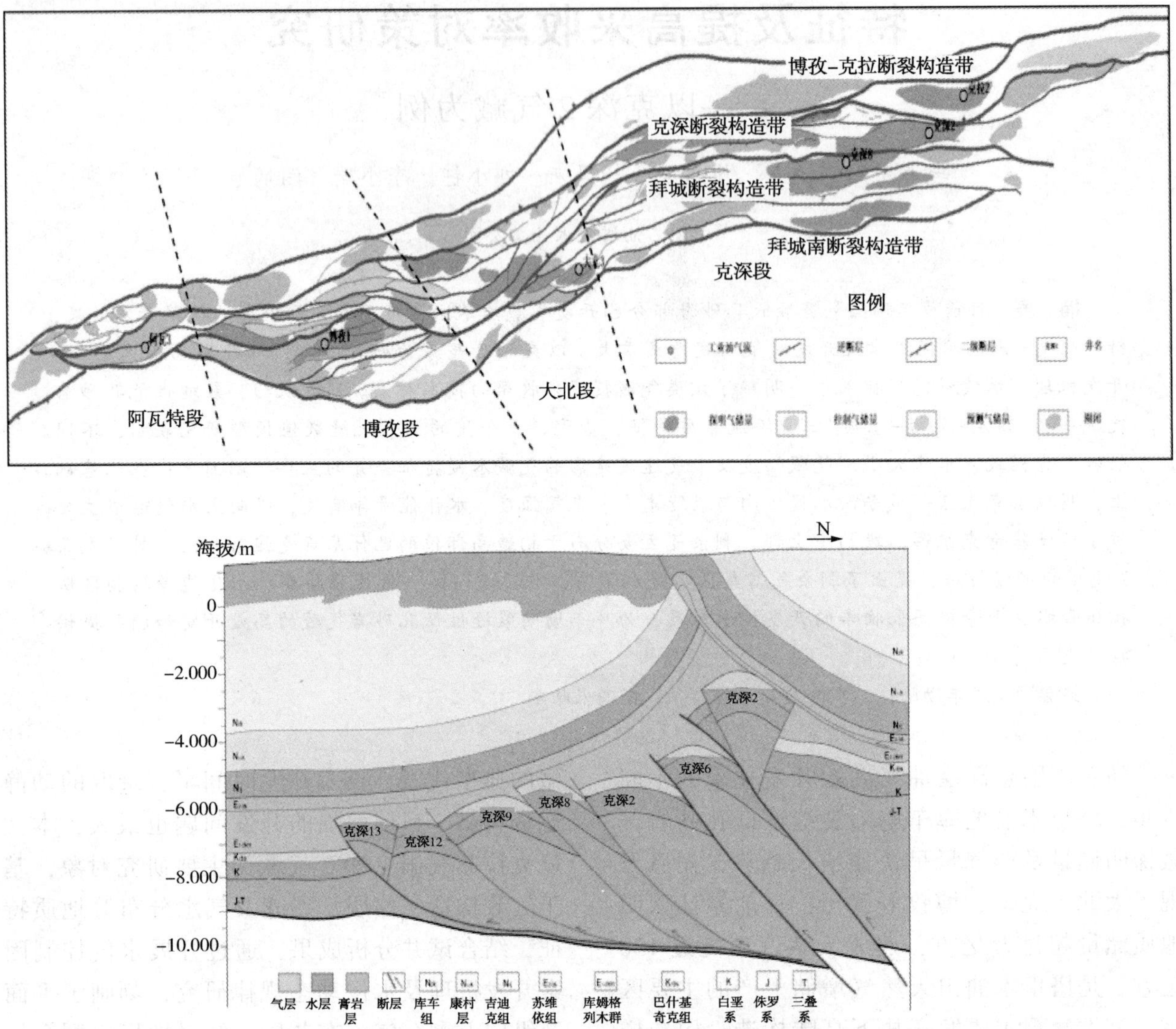

图1　库车坳陷克拉苏构造带断裂系统平面分布与气藏剖面

克深2气藏主要含气层系为白垩系巴什基奇克组，该组自上而下发育3个岩性段，第一岩性段(巴一段)遭受不同程度的剥蚀，与上覆古近系库姆格列木群膏盐层呈角度不整合接触，第二(巴二段)、第三岩性段(巴三段)发育较好，地层厚度整体较稳定。巴什基奇克组属于扇三角洲—辫状河三角洲前缘沉积，砂体厚度大(300m~320m)，横向连续性好，隔夹层薄且连续性差。受埋藏深度及后期构造挤压运动影响，巴什基奇克组基质物性较差，岩心孔隙度主要分布在2%~6%，平均值为4.2%；基质渗透率主要分布在0.01mD~0.10mD，平均值为0.075mD。

由于受到多期构造挤压作用，储层发育复杂的断裂系统网络，整体上构造裂缝期次有三期，走向包括东西向和南北向两组(图2)，以半充填-未充填高角度缝为主，其次为低角度斜交缝及网状缝，裂缝倾角一般大于50°，平均密度约0.4条/m。岩心裂缝开度普遍小于0.5mm，其中小于0.1mm约占60%。CT扫描岩心裂缝以为充填、半充填为主，早期裂缝由于形成时间早，经历了多期胶结充填，有效较差，而晚期裂缝则有效性较好(图3)。

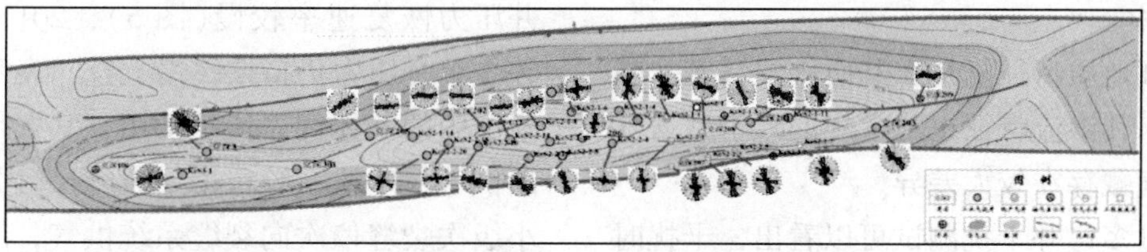

图 2　克深 2 气藏储层裂缝走向平面分布

(a)两组巨型节理组成共轭剪节理,裂缝长一般大于10m,缝宽一般大于1cm

(b)岩心裂缝,①高角度斜交缝半充填,开度0.5~2mm;②直劈纵张裂缝未充填;③网状张性裂缝,方解石半充填~全充填,裂缝开度1mm~4mm

(c)铸体薄片,缝宽10μm~50μm,常切穿颗粒

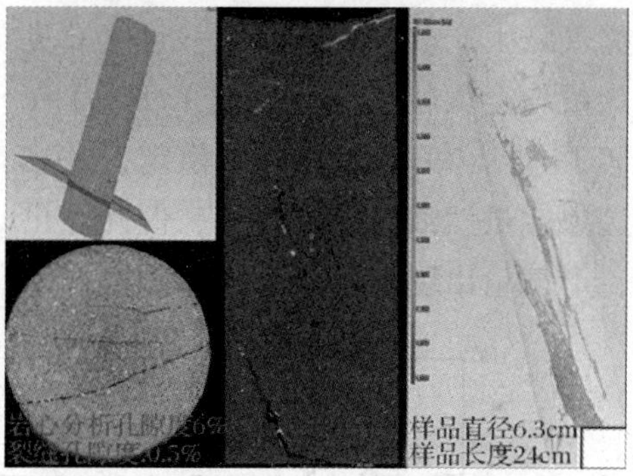

(d)CT扫描,裂缝开度0.1–2mm,裂缝孔隙度0.5%

图 3　库车超深层储层裂缝发育特征

研究证实，气藏断层广泛分布，二、三级断层延伸长度 2~10km，储层裂缝发育且非均质性强，多组裂缝呈网状分布，大尺度裂缝延伸长度介于几米至几十米。裂缝发育整体受构造褶皱、断层双重控制，裂缝密度与构造曲率呈正相关，越靠近轴线裂缝越发育，开度越大，断层控制裂缝发育范围与断层规模和断距有关。裂缝孔隙度占总孔隙度百分比较小，岩心裂缝孔隙度<0.5%，裂缝发育样品的岩心渗透率和试井解释储层渗透率一般都比基质岩心渗透率高 1~2 个数量级，复杂的裂缝网络与细小的基质孔喉组合形成了复杂的传输体系，储层整体呈多重介质特征，这是该类气藏复杂渗流机理的本质原因(图 4)。

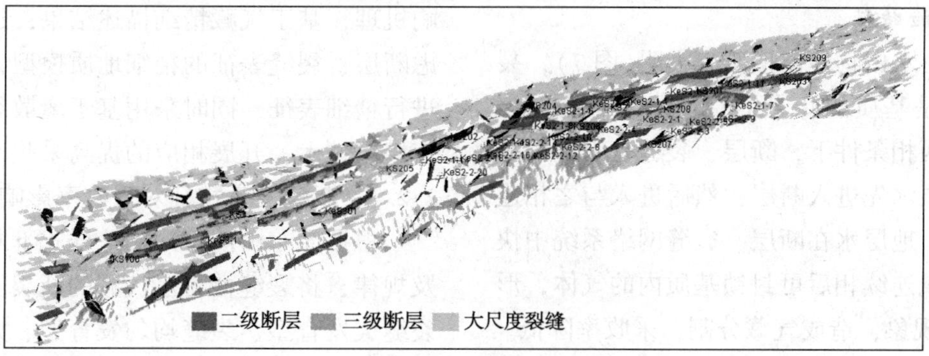

图 4　克深 2 气藏储层裂缝 DFN 模型

1.2 开发特征

由于气藏地质特征复杂，基质储层致密，断裂系统发育，其渗流特征也与常规的致密砂岩气藏和裂缝性气藏存在较大差异。

其中通过多口井干扰测试可以看出，干扰时间迅速，井间连通性好，在井距1km范围内，井间干扰的时间最短在6~11分钟之间；但是气井压力恢复速率较慢(图5)，2017年全气藏关井2个月压力仍持续缓慢上升，表明开发过程中断层中的气体优先快速动用，其次是裂缝系统逐渐供气，基质系统根据与裂缝接触关系，由大中小级次裂缝依次向裂缝系统供气，因此，生产动态也证实该类气藏渗流异常复杂，存在“断层-裂缝-基质”三重渗流介质特征。

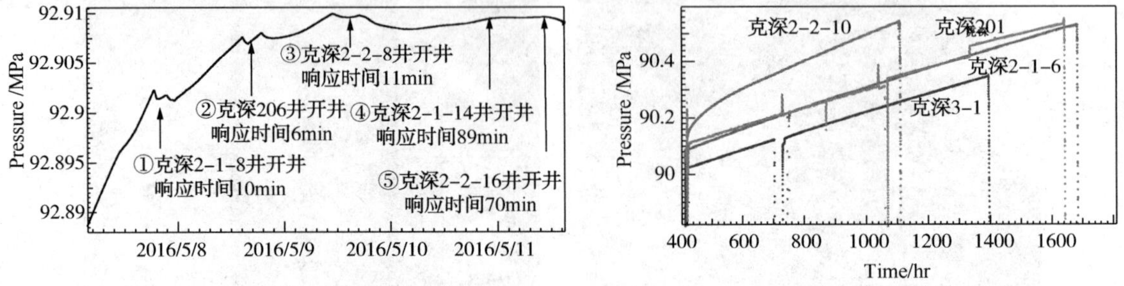

(a)KeS2-1-6井组干扰试井响应特征　　(b)克深2气藏压力恢复曲线

图5　克深2气藏干扰测试及压力恢复曲线

同时该类气藏生产动态还表明，一旦气井见水，油压和产量均会大幅度下降，以KeS2-1-6井为例，投产后油压和产量均相对稳定，2016年出现见水迹象，虽然油压相对较高，但井底出现气水两相，产气量出现台阶式下降，随着产水量逐渐增加，带水生产至2018年时，由于井底流动阻力不断增加，油压和产气量再次呈台阶式下降，最终裂缝基本被地层水充填后，气井油压呈断崖式下降，基本无气体产出(图6)。

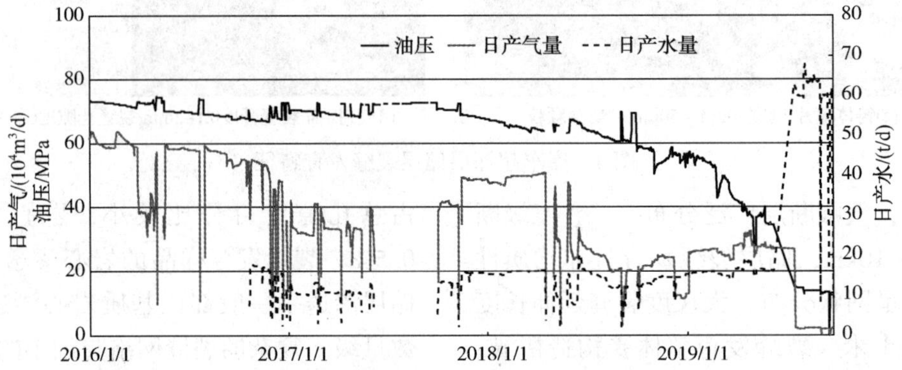

图6　KeS2-1-6井生产动态曲线

2　气藏开发机理

2.1 室内实验特征

实际岩心水侵物理模拟研究表明(图7)，裂缝水侵速度是基质的几十上百倍，为非均匀突进。在气水两相条件下，断层、裂缝是水侵的高速通道，地层水先进入断层，然后进入与之相连的裂缝系统，地层水在断层、裂缝网络系统中快速窜升，形成连续相后可封锁基质内的气体，形成“水封气”现象，造成气藏分割，采收率降低。

2.2 三重介质条件下的开发机理研究

为充分得到不同地质和开发参数对采收率影响机理，基于气藏精细描述结果，建立了充分考虑断层、裂缝表征的精细地质模型，对断裂系统进行精细表征，同时采用基于离散裂缝模拟的数值模拟技术，开展相应的提高采收率机理研究。

2.2.1 断裂发育特征对采收率影响

根据库车山前不同构造样式下断裂发育特征及规律，将裂缝性有水气藏的断裂发育特征分为裂缝欠发育型、裂缝均匀发育型、大裂缝发育型三种主要类型，开展不同断裂发育模式下水侵特征研究及对气藏采收率的影响。不同模型下采气速度统一设定为2%、水体大小设定为5倍、气藏幅度500m，预测时间为30年。

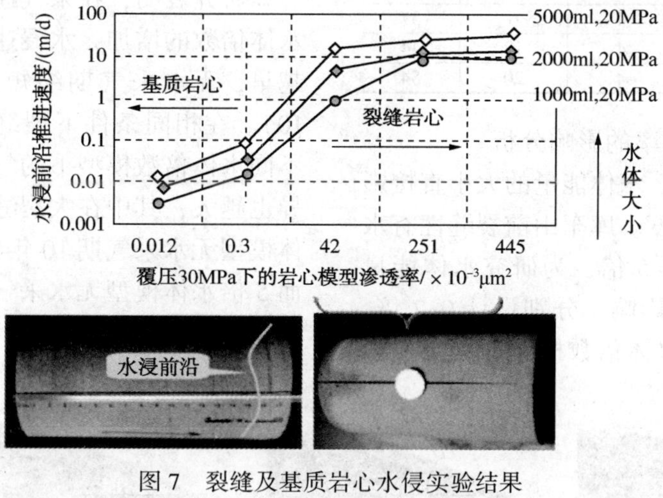

图7　裂缝及基质岩心水侵实验结果

模拟结果表明，对于裂缝性有水气藏，不同断裂发育模式下，地层水侵入特征差异较大(图8)，在采气速度一定的情况下，裂缝发育越均匀，地层水侵入也越均匀，气井见水时间越晚，采出程度就越高，反之如果裂缝发育非均质性较强、气藏大裂缝发育时，地层水会快速侵入大裂缝渗流通道，从而造成气藏非均匀水侵，导致气井过早见水，最终采出程度较低(表1)。

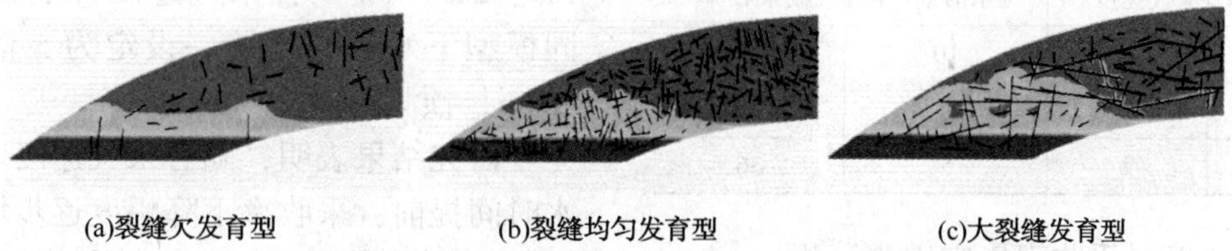

(a)裂缝欠发育型　　(b)裂缝均匀发育型　　(c)大裂缝发育型

图8　不同裂缝发育模式下含气饱和度对比图

表1　不同裂缝发育模式下机理模型指标对比

序号	裂缝模式	采气速度/%	见水时间/年	气藏采收率/%
1	裂缝欠发育型	2	20	46
2	裂缝均匀发育型	2	16	48
3	大裂缝发育型	2	5	36

2.2.2　构造特征对采收率的影响分析

由于库车山前深层构造应力的差异，导致裂缝性有水气藏的构造幅度差异较大，其中北部应力强、挤压变形剧烈，构造高陡，主要发育高陡断背斜和突发构造，以克深8气藏为典型代表，构造幅度可达750m；而南部挤压变形弱，构造相对平缓，主要发育宽缓断背斜，以克深13气藏为典型代表，构造幅度只有400m。为研究不同构造幅度对气藏采收率的影响，分别设计了低构造幅度(300m)、中等构造幅度(500m)、高构造幅度(700m)三种模型开展机理研究。不同模型下采气速度统一设定为4%、水体大小设定为5倍，预测时间为30年。

研究结果表明，对于裂缝性有水气藏，在采气速度一定、裂缝发育较均匀的情况下，气藏构造幅度越大，气井距离边水越远，见水时间越晚，气藏最终采收率越高；反之，气藏构造幅度越小，气井距离边水越近，见水也就越早，气藏最终采收率也就越低(图9、表2)。同时，在相同条件下裂缝发育非均质性越强，不同构造幅度下气藏开发效果及采收率差异也越大。

(a)低构造幅度(300m)　　(b)中等构造幅度(500m)　　(c)高构造幅度(700m)

图9　不同构造幅度下含气饱和度对比图

表2　不同构造幅度下机理模型指标对比

序号	构造幅度	采气速度/%	见水时间/年	气藏采收率/%
1	低构造幅度(300m)	4	6	37
2	中等构造幅度(500m)	4	13	44
3	高构造幅度(700m)	4	20	54

2.2.3　水体特征对采收率的影响分析

气藏开发实践表明，水体能量的大小直接影响到气藏水侵的活跃程度。库车山前裂缝性有水气藏的水体大小为0.2~5倍，为研究水体能量的大小对气藏采收率的影响，分别设计0.2倍、1倍、5倍三种类型的水体倍数模型开展水侵影响研究。不同模型下采气速度统一设定为2%、气藏幅度500m，预测时间为30年。

研究表明，在采气速度一定的情况下，随着水体倍数的增加，水侵速度越快，气井见水时间越早，无水采气期缩短，气藏采收率降低(图10)。在相同条件下裂缝发育非均质性越强时，不同水体倍数模型下的气藏开发效果及采收率差异也越大，其中在大裂缝发育型情况下0.2倍水体模型无水采气期10年，气藏采收率可达49%；而5倍水体模型无水采气期只有5年，气藏采收率仅有36%(表3)。

图10　不同水体倍数下含气饱和度对比图

表3　不同水体倍数下机理模型指标对比

序号	水体倍数	采气速度/%	见水时间/年	气藏采收率/%
1	0.2	2	10	49
2	1	2	8	43
3	5	2	5	36

2.2.4　采气速度对采收率影响因素分析

对于裂缝性有水气藏，边底水向气藏内部的侵入是不可避免的，但在气藏开发过程中，采取合理的采气速度，可以较好地控制边底水向气藏内部均匀侵入，从而延长气藏的无水采气期，提高气藏的开发效果。如采气速度过大，气藏在开发过程中易形成较大的压降漏斗，导致气井过早见水，使气藏处于十分被动的开发局面。为研究采气速度对气藏开发效果的影响，分别设计1%、2%、4%三种采气速度开展机理研究。不同模型下水体大小统一设定为5倍、气藏幅度500m，预测时间为30年。

研究结果表明，随着采气速度增加，气藏见水时间提前，采收率下降幅度逐步增大(图11)；在相同条件下裂缝发育非均质性越强，不同采气速度情况下气藏开发效果及采收率差异越大。其中在大裂缝发育型情况下1%采气速度模型无水采气期可达10年，气藏采收率46%，2%采气速度模型无水采气期缩短至5年，气藏采收率下降至36%，而4%采气速度模型无水采气期只有3年，气藏采收率仅24%(表4)。

图11　不同采气速度下含气饱和度对比图

表4　不同采气速度下机理模型指标对比

序号	采气速度/%	水体倍数	见水时间/年	气藏采收率/%
1	1	5	10	46
2	2	5	5	36
3	4	5	3	24

3　气藏水侵特征及剩余气分布预测

3.1　气藏水侵特征

克深2气藏断层发育，裂缝平面非均质性强，并且井间裂缝发育差异大，在较高采气速度下，非均匀水淹特征更加明显，自2012年投产以来陆续有21口气井见水，气藏面临全面水淹的严峻形势。非均匀水淹后，大部分裂缝网络被地层水占据，封堵了基质中的气相渗流通道，产生“水封气”效应，平面上气藏被严重分割为分为三个区域（克深201井区、克深206井区、克深3井区），目前各井区间地层压力差异较大，克深206井区地层压力与克深201井区相差5MPa（图12）。

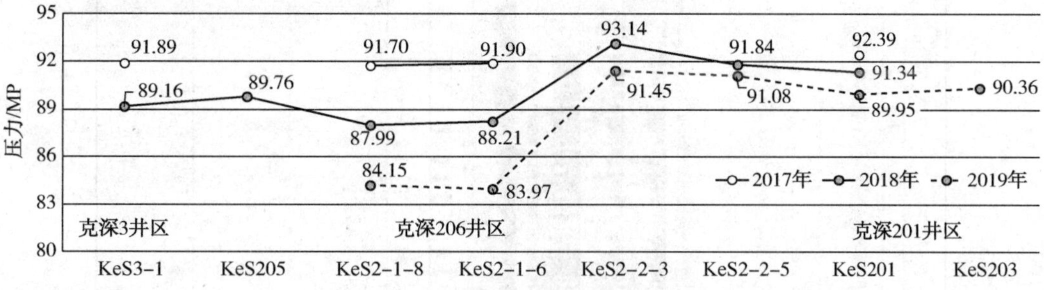

图12　克深2气藏水淹后气井地层压力

通过分析钻井液漏失、成像解释裂缝密度、产气剖面等动静态详细资料，认为产气段与裂缝集中发育段、泥浆漏失段对应性较好，产气点主要集中在巴二段及以下，随着后期气井见水，主要产气点逐步也变成后期的主要产水点，并且气井的水淹是逐点逐段向上相继水淹，目前巴一段裂缝系统并未全部水淹。克深2气藏构造高部位气井KeS2-2-10就是典型的实例，该井在巴什基奇克组钻井过程中，分别在6580m、6694m附近井段漏失钻井液$36m^3$和$32m^2$，对应漏失段的裂缝也较发育，2018年9月录取的产气剖面显示巴一段、巴二段相对产气量各占32%、68%，产气层段与漏失段、裂缝发育段对应性较好；2019年该井见水后产气量、油压逐步下降，2020年11月录取的产气剖面显示巴二段的主要产气层裂缝被地层水占据，转变成主要的产水层段，而巴一段仍然未被水淹，为主要的产气层段（图13）。通过对克深2气藏所有见水气井钻井漏失量分析，结合有效裂缝及生产动态信息，刻画出克深2气藏纵向上水侵特征，纵向上地层水沿着优势缝网快速突进，最高上升高度达300m以上，而储层基质中地层水层整体缓慢上升，最高上升高度仅100m（图14）。

3.2　剩余气分布预测

结合单井水侵动态特征、气藏水侵规律，在裂缝地质模型基础上开展见水井历史拟合，通过数值模拟对克深2气藏水侵进行拟合和预测。

在平面上，按照井区划分水侵区域，克深201井区东部和南部为主要水侵通道，东部水体较大，地层水沿着大断裂快速侵入，南部水体局限但断裂发育，边底水沿着缝网纵窜横侵至气藏高部位；克深206井区南北两侧均为主要水侵通道，存在多个方向的水侵通道，由于北部水体较大，南侧局限水体较小但能量较强，地层水非均侵入低部位气井后沿着优势缝网逐井向高部位侵入，造成克深2气藏主体构造区域全面见水；克深3井区北部位主要水侵通道，由于北部水体较大，克深3与KeS3-1井干扰测试显示井间连通性非常好，克深3井见水后地层水横侵至KeS3-1井。利用精细数值模拟模型，根据裂缝系统及基质系统中水侵量的不同，平面上可将气藏划分为三个区域（纯气区、封存气区、残余气区），纯气区主要分布在构造高部位轴线附近，由于构造位置较高，地层水尚未大量侵入到裂缝系统中，是后期开发调整潜力最大的区域；封存气区主要分布在构造的中高部位，地层水已大量占据该区域裂缝网络系统，而储层基质中还有大量剩余气未被动用，此类区域剩余气地质储量较大，但动用的难度极大，需要后期采取排水等措施动用（图15）。

在纵向上，由于巴二段裂缝发育，地层层水优先沿巴二段裂缝系统侵入，造成巴二段大部分区域被水淹，裂缝系统中地层水抬升普遍在150m~300m,，克深201、克深206、克深3井区之间的鞍部由于气井低产低效关井，裂缝系统中地层水整体抬升高度最小；基质系统中地层水抬升差异较大，构造轴线上储层基质中水侵较少，较大部分基质中还存在大量剩余气未被动用（图16）。

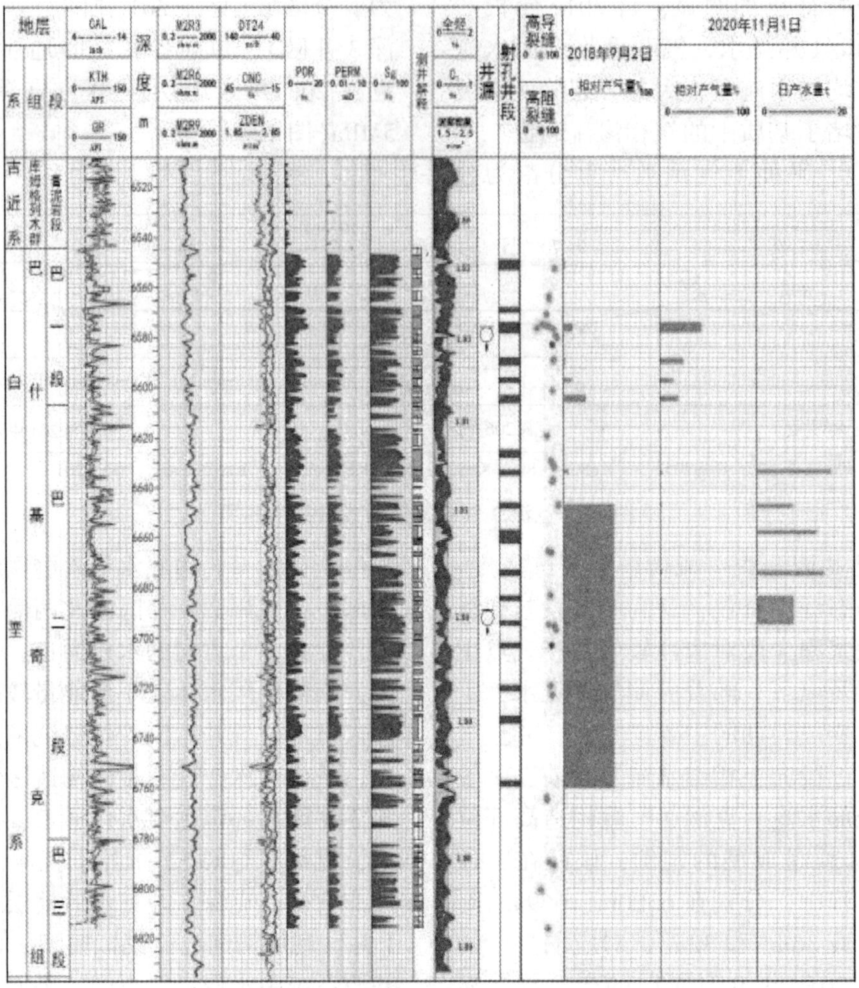

图13 KeS2-2-10井产气剖面

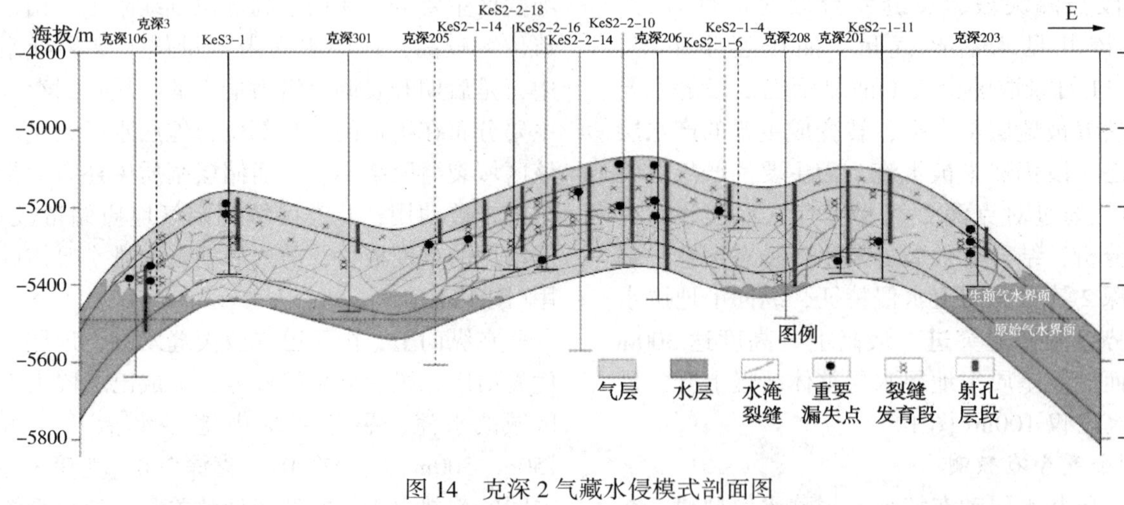

图14 克深2气藏水侵模式剖面图

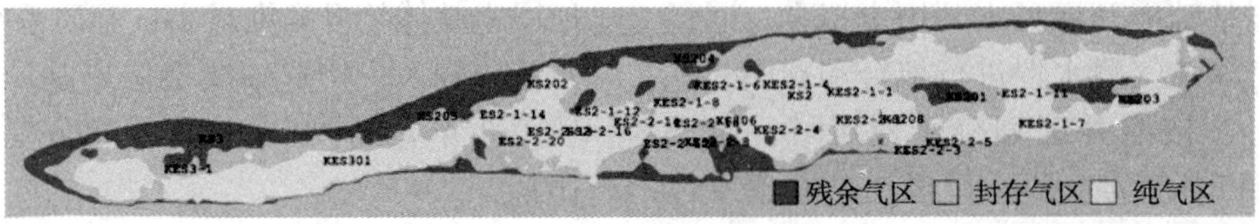

图15 克深2气藏平面剩余气分布

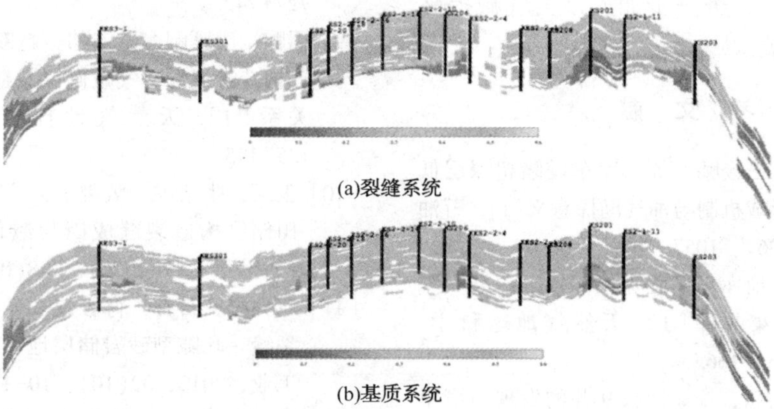

(a)裂缝系统

(b)基质系统

图16　构造轴线上裂缝及基质系统中剩余气分布

4　提高采收率对策

裂缝性低孔砂岩有水气藏开发实践表明，如果气井周围裂缝发育且与边底水连通性较好，边底水会沿优势大裂缝快速向井周突进，造成气井快速水淹、产能大幅下降，最终降低了气藏稳产能力和最终采出程度。因此，为了提高该类气藏采收率，需要在气藏开发全生命周期内采取一切防水、控水和排水措施，尤其对于克深2气藏，目前水侵形势严重，气藏产能大幅下降，气井面临全部水淹关井风险，亟需开展提高采收率对策研究。通过克深2气藏水侵规律和剩余气分布模拟结果分析，针对不同区域水侵状况，制定合理的治水调整对策。

（1）水体小、水侵方向单一区域立足强排水，消耗水体能量，降低气藏废弃压力，提高采收率。国内外裂缝性有水气藏排水实践证实，气井水淹后，通过气举等方式强排水，进一步降低气藏地层压力，被水封闭的天然气在一定的压差下克服水封气阻力，进入生产井底。因此，可利用东部和南部构造低部位气井在克深2气藏的克深201井区开展强排水，在水侵的主要通道上逐渐消耗地层水能量，借助压力差和水在基质孔隙中的渗吸作用，使“封存气”中的天然气逐步解封，预计提高采收率3%~5%。

（2）构造高部位纯气区域可试验水平井开发，动用构造高部位纯气区剩余地质储量。利用水平井钻遇裂缝多、生产压差小的优势，可在克深2气藏克深206井区的巴一段剩余气富集区部署2~3口水平井，通过水平井较长时间的采气，提高剩余地质储量的动用程度。

（3）水体小、水体能量较弱区域控压带水生产，进一步延长见水气井的带水生产周期。当地层水能量较弱时，可通过合理优化采气速度，控制合理压降，延缓地层水向气藏内部的侵入速度，对于克深2气藏克深3井区，目前仅KeS3-1在带水生产，该井已带水生产5年，油压、产气量仍然较稳定，表现出较强的带水生产能力，后期需要优化该井的配产，制定合理的携液工作制度，尽可能延长带水生产时间。

5　结论

经过研究，认为库车坳陷裂缝性低孔砂岩储层具有“断层-裂缝-基质”三重介质特征，与常规气藏的渗流机理及开发效果存在较大差异。离散裂缝模型机理研究表明，气藏构造形态、断裂发育特征、水体分布、采气速度是影响该类气藏水侵特征及开发效果差异的主要原因，结合气藏动静态特征及开发机理认识，从平面和纵向上解剖了克深2气藏的水侵规律及剩余气分布，气藏水侵整体以非均匀突进形式为主，地层水占据大部分裂缝系统网络，平面上水侵通道主要与水体大小、裂缝发育程度有关，纵向上水侵层段主要位于巴二段，巴一段整体尚未大量水淹，为剩余气富集区，是后期开发调整的主要潜力区域。基于气藏目前的水侵特征及剩余气分布规律，提出了在纯气区部署水平井、水侵方向单一区域强排水、水体能量较弱区域控压带水生产等提高采收率的开发技术对策，可有效动用不同水淹区域剩余地质储量，最大程度提高气藏采收率。库车坳陷裂缝性低孔砂岩气藏储量规模大，地层压力高，能量充足，气藏提高采收率潜力巨大，但同时气藏地质条件复杂，渗流机理的研究难度较大，在未来仍然需要深化气藏地质认识，开展三重介质渗流机理研究，进一步加大该类气藏提高采收率技术对策攻关。

参 考 文 献

[1] 张荣虎，杨海军，王俊鹏，等．库车坳陷超深层低孔致密砂岩储层形成机制与油气勘探意义[J]．石油学报，2014，35(06)：1057-1069.

[2] 王招明．塔里木盆地库车坳陷克拉苏盐下深层大气田形成机制与富集规律[J]．天然气地球科学，2014，25(02)：153-166.

[3] 田军，杨海军，吴超，等．博孜9井的发现与塔里木盆地超深层天然气勘探潜力[J]．天然气工业，2020，40(01)：11-19.

[4] 江同文，孙雄伟．库车前陆盆地克深气田超深超高压气藏开发认识与技术对策[J]．天然气工业，2018，38(06)：1-9.

[5] 赖锦，王贵文，信毅，等．库车坳陷巴什基奇克组致密砂岩气储层成岩相分析[J]．天然气地球科学，2014，25(07)：1019-1032.

[6] 张荣虎，王俊鹏，马玉杰等．塔里木盆地库车坳陷深层沉积微相古地貌及其对天然气富集的控制[J]．天然气地球科学，2015，26(04)：667-678.

[7] 初广震，石石，邵龙义．库车坳陷克深2气藏与克拉2气田白垩系巴什基奇克组储层地质特征对比研究[J]．现代地质，2014，28(03)：604-610.

[8] 王珂，张惠良，张荣虎，王俊鹏．超深层致密砂岩储层构造裂缝特征及影响因素—以塔里木盆地克深2气田为例[J]．石油学报，2016，37(06)：715-727+742.

[9] 周鹏，唐雁刚，尹宏伟，赵双丰．塔里木盆地克拉苏构造带克深2气藏储层裂缝带发育特征及与产量关系[J]．天然气地球科学，2017，28(01)：135-145.

[10] 王珂，张荣虎，戴俊生，等．塔里木盆地克深2气田储层构造裂缝成因与演化[J]．中南大学学报(自然科学版)，2017，48(05)：1242-1251.

[11] 赵力彬，石石，肖香姣，等．库车坳陷克深2气藏裂缝—孔隙型砂岩储层地质建模方法[J]．天然气工业，2012，32(10)：10-13+108.

[12] 王珂，张荣虎，戴俊生，等．库车坳陷克深2气田低渗透砂岩储层裂缝发育特征[J]．油气地质与采收率，2016，23(01)：53-60.

[13] 王洪峰，李晓平，王小培，等．多井干扰试井技术在克深气田勘探开发中的应用[J]．油气地质与采收率，2018，25(01)：100-105.

[14] 魏聪，张承泽，陈东，等．塔里木盆地克深2气藏断层、裂缝、基质“三重介质”渗流及开发机理[J]．天然气地球科学，2019，30(12)：1684-1693.

[15] 胡勇，李熙喆，万玉金，等．裂缝气藏水侵机理及对开发影响实验研究[J]．天然气地球科学，2016，27(05)：910-917.

[16] 贾爱林，唐海发，韩永新，吕志凯．塔里木盆地库车坳陷深层大气田气水分布与开发对策[J]．天然气地球科学，2019，30(06)：908-918.

测井曲线预处理技术在塔中碳酸盐岩区块的应用

肖　文　肖又军　袁　源　冯　磊　张　晟　李鹏飞　谭　杨

（中国石油塔里木油田公司）

摘　要　测井曲线预处理是指对测井曲线进行单井曲线环境校正、缺失曲线正演、多井一致性处理等工作。测井曲线预处理作为一项基础工作，对测井岩石物理分析、井震标定、地震反演都有着至关重要的作用，为这些工作的开展提供了良好的数据保障。所以，做好测井曲线预处理，保证测井曲线的质量就显得异常重要。对于塔里木油田奥陶系碳酸盐岩测井曲线来说，由于沉积环境、岩性等的不同，测井曲线在不同层段有明显差异，在进行测井曲线检查与校正、质控、多井一致性处理时需要采用分段处理的方法。测井曲线拟合及校正采用与需校正曲线相关性高的曲线进行多元拟合的方法，拟合及校正后的曲线规律性更强，整体井震标定结果更好。由于碳酸盐岩储层段非均质性较强，在井曲线一致性处理中需要以岩性稳定，同时规避裂缝孔洞发育层段为原则选取参考层，分层系一致性处理后的曲线值域范围也更加集中，一致性处理后效果较好，对于测井岩石物理分析、地震反演低频模型建立等有着积极的作用。

关键词　碳酸盐岩工区；测井曲线预处理；单井曲线检查与校正；多井一致性处理

1　前言

塔里木油田塔中地区碳酸盐岩储层发育，测井曲线作为基础资料，对于岩性划分、地质分层、井震标定、测井岩石物理分析等有着非常重要的作用。但是，由于原始声波和密度测井数据，受井壁垮塌、井壁噪声、井壁泥饼、泥浆比重变化等因素的影响，都在不同程度上存在着失真的现象，这些现象对于后续井震标定、岩石物理分析、地震反演等的影响较大，通过测井曲线预处理技术可以减小或者消除曲线失真对时深标定的影响，有助于地震反演中提取一个好的子波。同时，校正后的测井曲线所得到的岩石物理规律准确性更高，通过以往的测井曲线预处理实践，测井曲线预处理技术在一些油田的实际应用中效果显著，可以较为有效的提高标定及反演结果的精度。

测井曲线预处理包括单井曲线环境校正、缺失曲线正演、多井一致性处理等工作。单井曲线环境校正主要是针对受井眼环境影响较大的密度、声波等曲线的校正；缺失曲线正演主要是针对在换钻头位置测井曲线中断、除目的层外的其他层位无测井曲线、测井过程中未测量的曲线等情况；多井一致性处理主要目的是消除由于不同的测井仪器、不同的测量时间、不同的操作人员等造成测井过程中的系统误差。

本文以塔里木油田塔中某碳酸盐岩区块为例，从测井曲线检查与校正、质控、多层系多井一致性处理全流程详细阐述测井曲线预处理过程及效果，对储层预测、测井岩石物理分析中的碳酸盐岩测井曲线预处理具有一定的借鉴意义。

2　工区概况

研究工区位于塔里木盆地塔中地区某碳酸盐岩区块，研究目的层系为奥陶系，奥陶系分为桑塔木组、良里塔格组和鹰山组，其中良里塔格组和鹰山组为主力产层。良里塔格组与鹰山组地层为台缘及台内沉积，其中良里塔格组有泥质发育，鹰山组为纯净灰岩，储层主要受风化溶蚀改造形成规模大、孔隙度高的洞穴型储层与非均质性强、高度致密的孔洞型、裂缝孔洞型、孔隙型、裂缝孔隙型储层。

考虑到井震标定以及地震反演子波提取（需同时考虑标志反射波组和3~5倍的子波长度）等工作的需要，针对声波时差曲线和密度曲线遇到的曲线失真等问题，以塔里木油田典型工区为例，选取桑塔木组、良里塔格组和鹰山组为工作层段，以良里塔格组和鹰山组为目的层段，以工区内的典型井为例，从测井曲线检查与校正、曲线校正质控、分层系多井一致性处理三个方面，详细介绍针对碳酸盐岩的测井曲线预处理过程及应用效果。

3　测井曲线检测与校正

由于灰岩地层(良里塔格组和鹰山组)和上覆地层(桑塔木组)存在明显的测井曲线值域的差异，所以采用分层系测井曲线检查与校正的方法去对工作层段的测井曲线进行校正。密度和声波曲线校正时都采用与需校正曲线相关性较好的曲线进行多元回归拟合重构的方法。

3.1　桑塔木组

桑塔木组泥灰岩地层稳定，岩性和电性曲线平直，部分井由于井眼条件差导致局部异常，严重偏离声波时差基线(65us/ft)，尽管密度、中子曲线缺失，但自然伽玛、电阻率同声波时差相关性较强，如图 1 所示，可以用于声波时差曲线校正。采用多元回归方法，利用井况较好层段数据，建立拟合关系式 ACSG = f(RT，GR)，其中 ACSG 为拟合声波时差曲线，RT 为电阻率曲线，GR 为自然伽马曲线，替换问题层段声波时差曲线，校正后(红色)相比校正前(绿色)在问题层段声波时差曲线异常值得到去除，整体规律性变好，如图 2 中蓝色标识段所示。

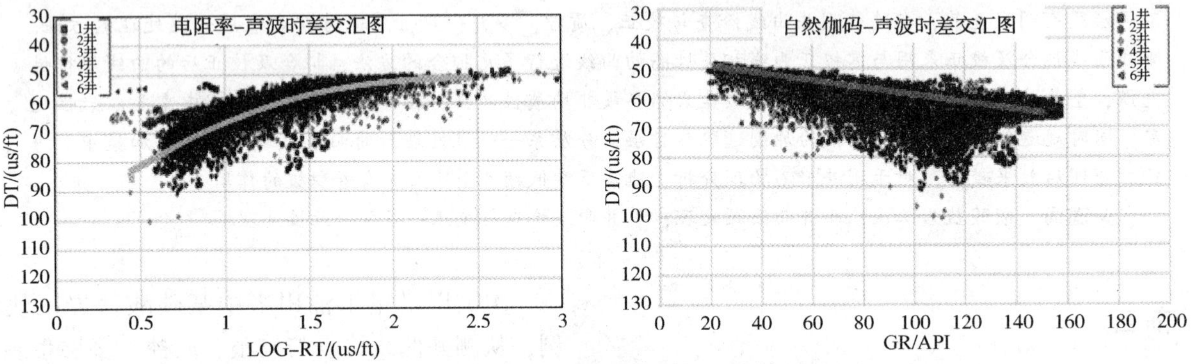

图 1　自然伽马、电阻率与声波时差交汇图

6井

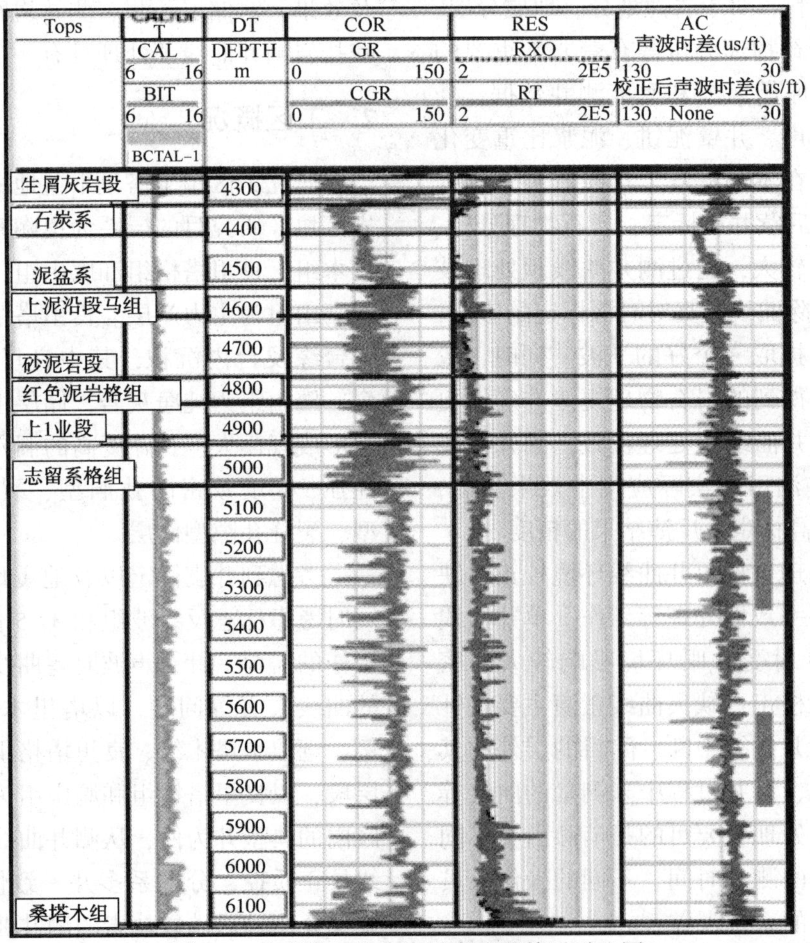

图 2　6 井声波时差曲线异常校正前后对比图

仅7井在桑塔木组之上地层有实测密度，针对7井，利用石炭系到志留系的密度曲线与自然伽马、电阻率和声波时差相关性，合成桑塔木组的密度曲线（基本在2.62g/cm^{3}左右）。利用7井得到的密度曲线拟合关系式，对其他井密度曲线进行拟合，图3为1井利用7井得到的密度曲线拟合关系式拟合出的密度曲线，整体规律性较好。

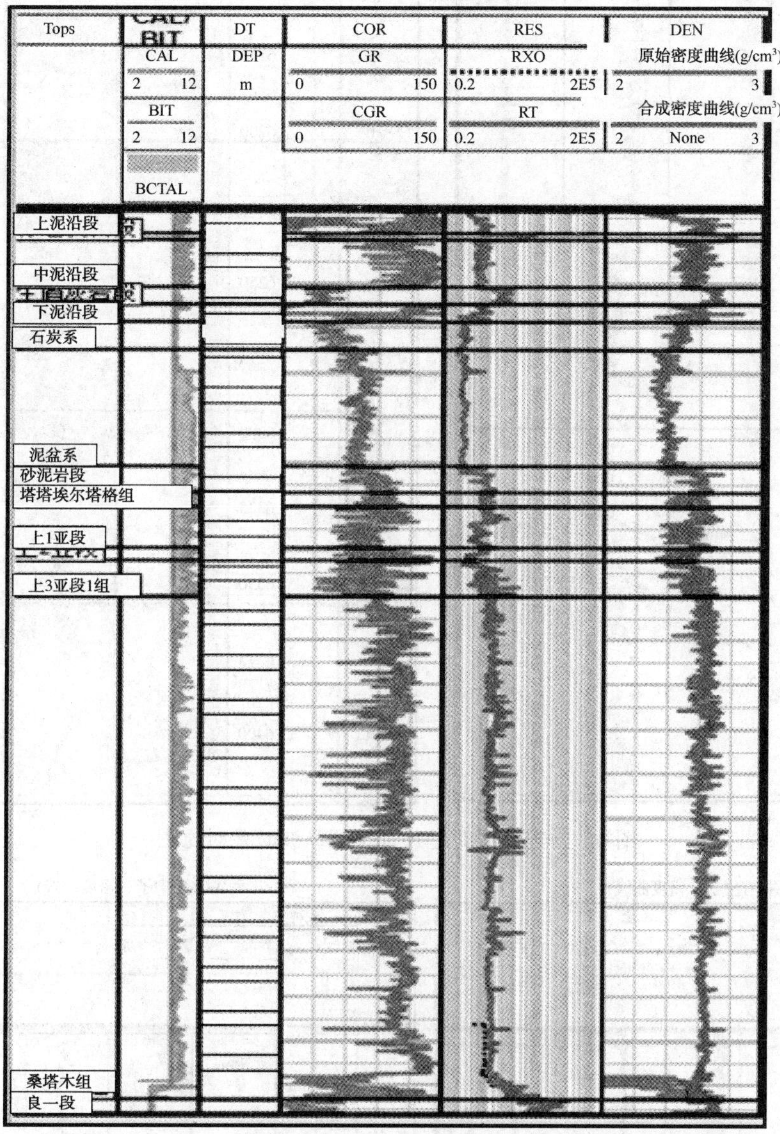

图3　1井桑塔木组拟合出的密度曲线图

3.2　良里塔格组和鹰山组

良里塔格组和鹰山组的常规声波时差曲线与远探测的声波时差曲线存在一定差异，如图4所示，裂缝或者溶洞发育时变现为高纵波时差、低电阻率特征，但局部异常有待处理。校正时需要依据井资料丰度差异，结合远探测纵波，分类建立拟合关系，综合判断进行曲线校正，2井有中子、密度曲线，建立拟合关系式声波时差曲线AC=f(RT，GR，CNL)，其中CNL为中子空隙度曲线，4井无中子密度曲线，建立拟合关系式声波时差曲线AC=f(RT，GR)，校正后声波时差曲线如图6所示，在密度异常低值区域，校正后值域范围更加合理。通过密度与中子曲线对比，密度曲线质量整体尚可，局部存在异常，换钻头位置出现低异常；碳酸盐岩地层中，密度反映总孔隙度，声波时差主要反映原生基质孔隙，所以密度曲线的校正需综合分析，参考电阻率和岩性等，去伪存真。建立拟合关系密度曲线DEN=f(RT，GR，CNL，ACED)，其中ACED为校正后的声波时差曲线，校正后前后密度曲线如图7中所示。

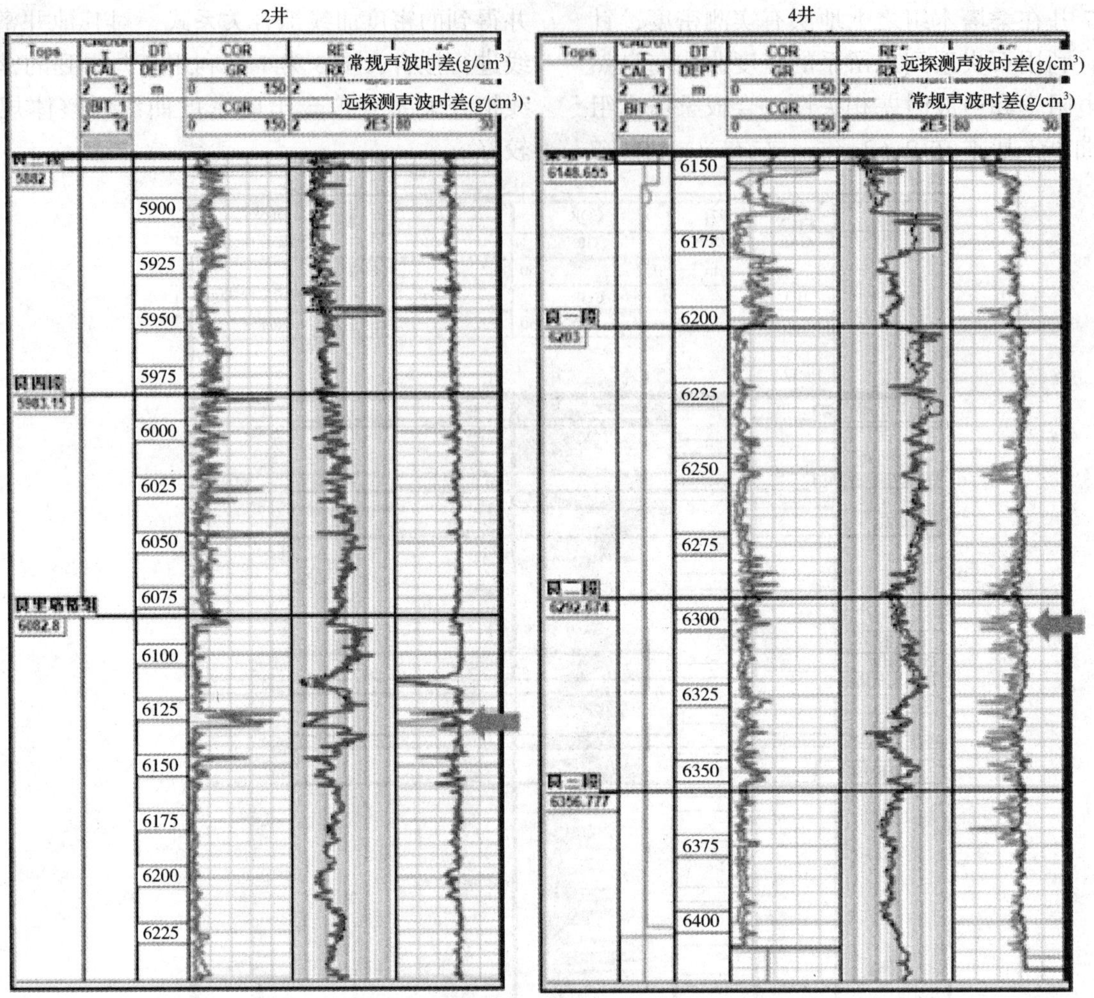

图4　常规声波时差与远探测纵波时差对比图

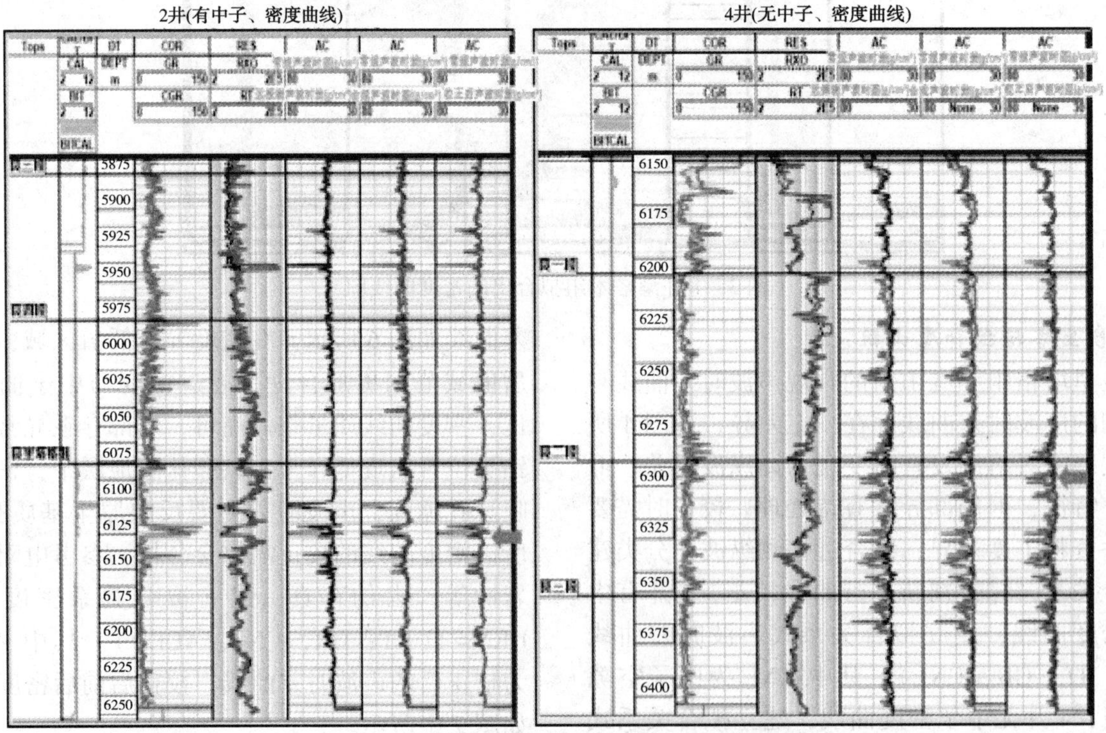

图5　常规声波时差与远探测纵波时差对比图

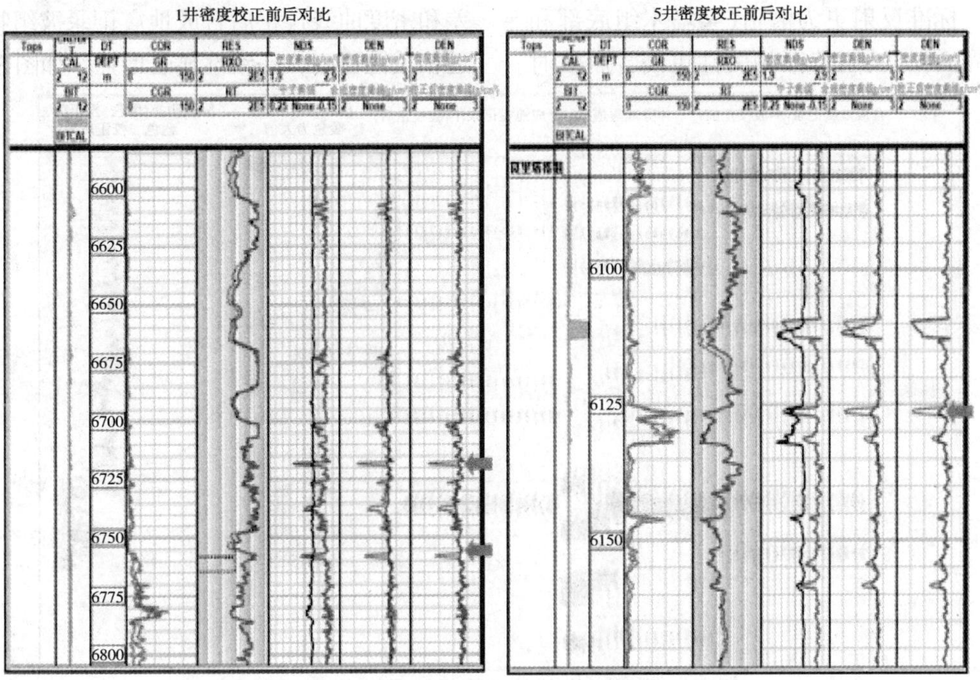

图 6　密度曲线校正前后对比图

4　曲线校正质控

测井曲线校正质控主要通过分析曲线校正前后的岩石物理规律以及井震标定改善情况等去综合判断校正后的曲线是否合理。通过对比分析，校正后数据趋势分布更为合理，低密度和高时差的奇异值被剔除，如图 7 所示。

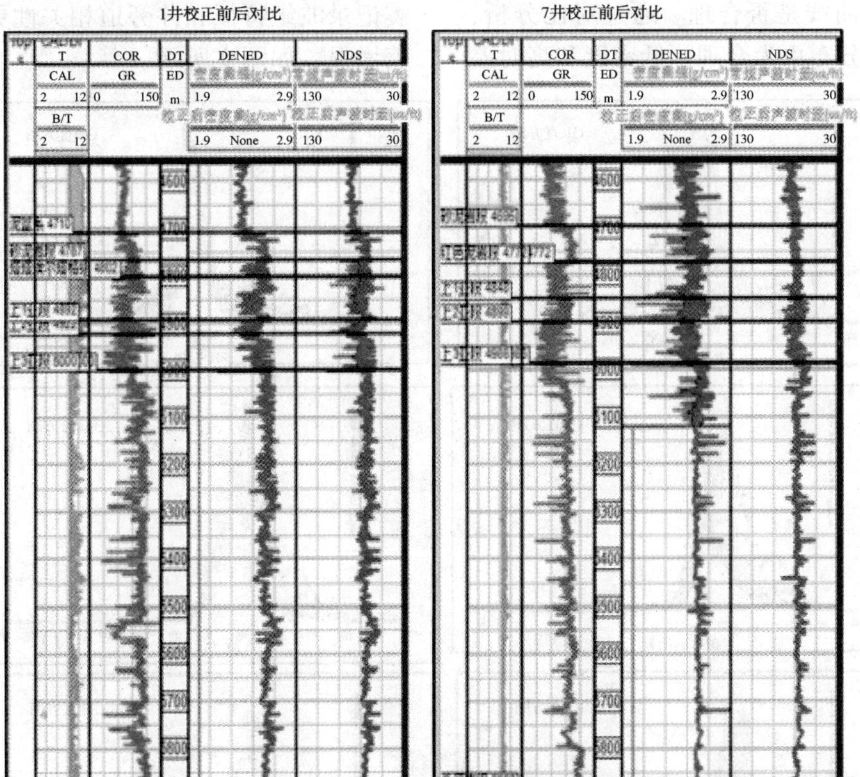

图 7　密度、声波时差曲线校正前后对比图

校正后，标准反射更为清晰(桑塔木组底部和良一段的分界面)，波阻特征相关性更高，声波时差和密度曲线校正后合成地震记录波组特征和井旁道相关性更高，一致性显著增强，如图 8 所示。

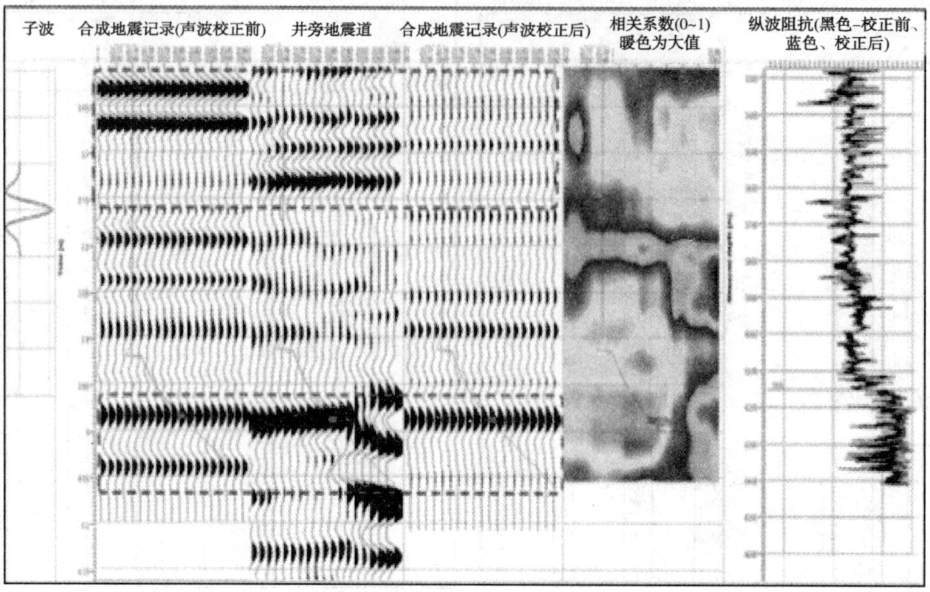

图 8　6 井测井曲线校正前后井震标定对比图

5　分层系多井一致性处理

测井曲线校正质控主要通过分析曲线校正前后的岩石物理规律以及井震标定改善情况等去综合判断校正后的曲线是否合理。通过对比分析，校正后数据趋势分布更为合理，低密度和高时差的奇异值被剔除，如图 8 所示；校正后，标准反射更为清晰(桑塔木组底部和良一段的分界面)，波阻特征相关性更高，一致性显著增强，如图 9 所示。同时，声波时差和密度曲线校正后合成地震记录波组特征和井旁道相关性更高，一致性显著增强，如图 9 所示。

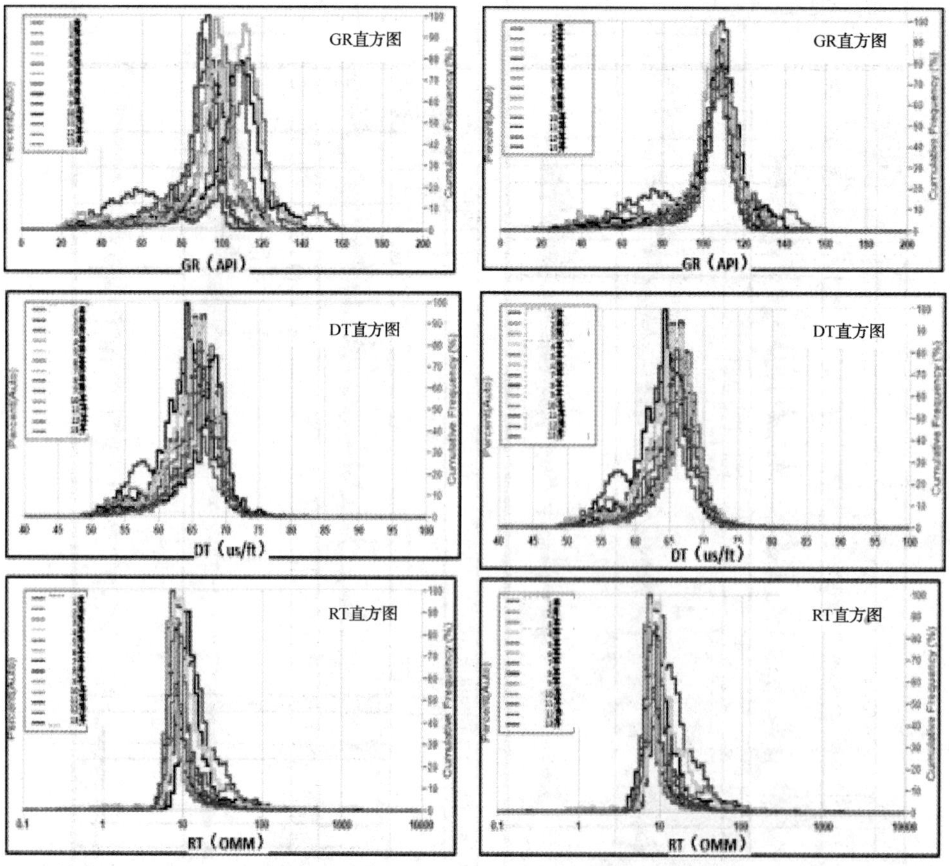

图 9　桑塔木组一致性处理前后曲线直方图

5.1　桑塔木组

桑塔木组具有稳定沉积，地层岩性、横向展布、厚度等都比较稳定，整个桑塔木组泥质灰岩都可做为标准层。按照“保持原始测井信息、少动或者不动”原则，以 1 井和 4 井为参考，考虑概率形态多数井分布进行一致性处理；桑塔木组声波时差(DT)和电阻率(RT)一致性较好，自然伽马(GR)差异较大。一致性处理后，声波时差、电阻率以及自然伽马的一致性都比较好，如图 9 所示。

5.2　良里塔格组和鹰山组

良里塔格组和鹰山组为灰岩地层，沉积变化较快，储层的非均质性较强。以岩性稳定，同时规避裂缝孔洞发育层段为原则选取参考层，选取良四段到鹰山组的高阻层作为参考层(深电阻率 RT>550)。以 1 井和 4 井为参考，考虑概率形态多数井分布，剔除井眼环境差井段进行统计。一致性处理后，密度(DEN)井间一致性较好。纵波时差(DT)一致性处理后，除 10 井外，其他井一致性较好。

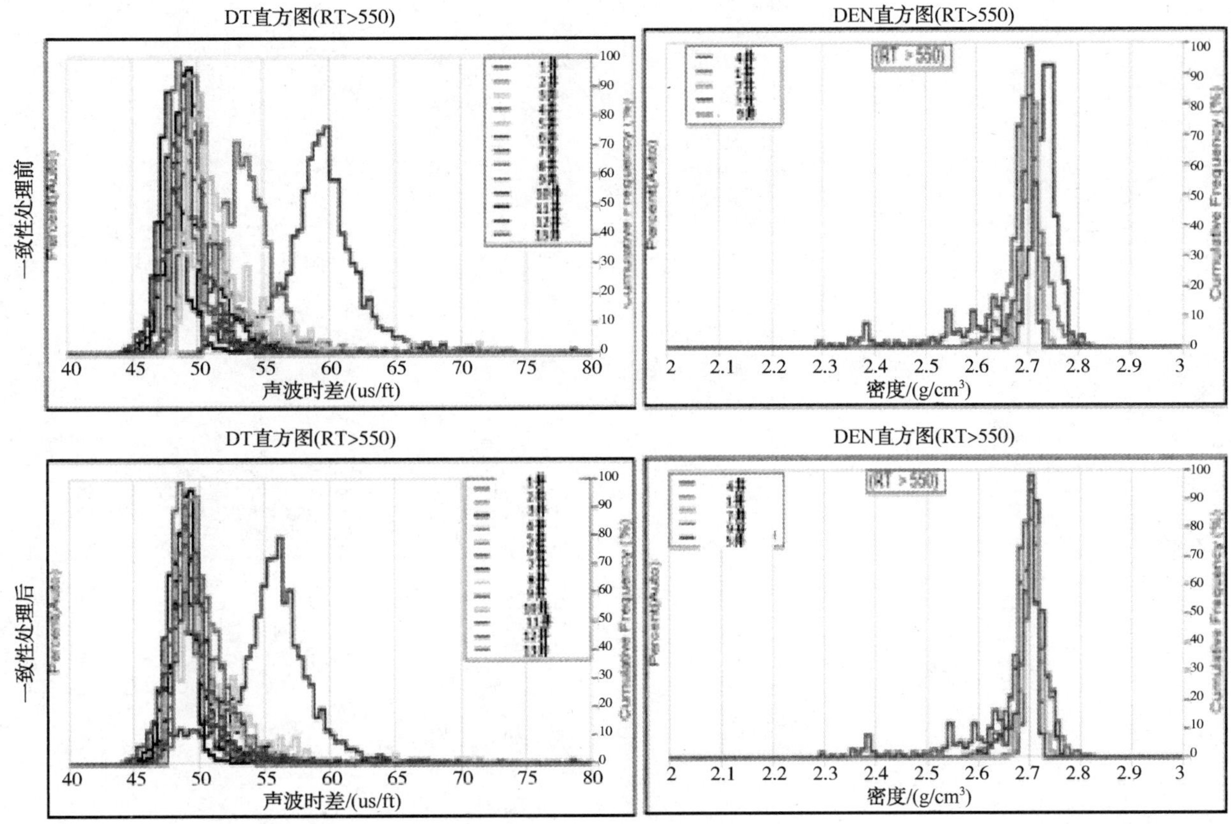

图 10　一致性处理前后曲线直方图

6　结论

本文基于塔里木油田塔中地区典型实际碳酸盐岩工区测井资料，从测井曲线检查与校正、曲线校正质控、分层系多井一致性处理介绍了塔里木碳酸盐岩工区测井资料预处理的实际经验和做法，对于碳酸盐岩工区测井资料预处理具有一定的借鉴和指导意义。

由于井震标定、子波提取等工作的需要，对于测井曲线的检查和校正不能仅仅局限于碳酸盐岩储层段，而是需要同时考虑上覆泥质灰岩段。同时，由于泥质灰岩段沉积环境、岩性等与其下碳酸盐岩储层段不同，导致测井曲线差异较大，所以考虑分层系测井曲线检查与校正、曲线校正质控、分层系多井一致性处理。采用与需要拟合曲线相关性较好的曲线进行多元拟合得到的曲线进行曲线校正和曲线正演效果较好。交会图分析和井震标定是测井曲线校正质控的重要手段，校正后曲线在交会图中异常点要减少或者消失，交会图中散点更加收敛，井震标定结果在整体来看要有所提高。从分层系一致性处理的结果来看，一致性处理后，除少数异常井外，各井曲线直方图分布范围更加一致，交会图中散点分布范围更加集中。由于碳酸盐岩储层段非均质性较强，在井曲线一致性处理中需要以岩性稳定，同时规避裂缝孔洞发育层段为原则选取参考层，这点需要特别注意。

参 考 文 献

[1] 苗凡胜．测井曲线预处理技术在时深标定中的应用[J]．长江大学学报，2014，11(13)：57-60.

[2] 赵晓明，吴胜和，岳大力，等．老油田浅层声波曲线的预处理与重构技术[J]．石油地球物理勘探，2010，45(4)：559-565.

[3] 候伯刚，刘文岭，罗娜．地震反演中测井数据的预处理[J]．物探与化探，2009，33(3)：331-336.

[4] 王团，李奎周，赵海波．针对地震反演的测井资料预处理及应用效果评价[J]．国外测井技术，2017，38(2)：21-24.

注气解水锁技术在英买力凝析气田长停井治理中的应用

徐程宇 伍轶鸣 成荣红 刘 艳 姚 琨

（中国石油塔里木油田公司）

摘 要 英买力凝析气田英买7、玉东1等主力区块水体能量强，经过多年衰竭式开发，面临的突出问题是积液气井的比例不断上升，高水气比条件下水锁伤害尤为严重，造成大量的采气井产量明显下降甚至停产，严重影响了英买力凝析气田的有效开发。本文深入分析英买力凝析气田水锁产生的机理及模式，以储层特征和采气曲线形态为出发点研究总结气井水锁判识特征，并对3口高水淹长关井开展的注气解水锁矿场先导试验进行效果评价，应用该技术3口高水淹长停井成功复产，恢复日产气8.4万立方米，恢复日产油11吨，投入产出比为1：17.5，具有较好的经济效益。现场试验表明，注气解水锁技术既可以有效解决井底积液及近井地带水锁伤害问题，又可为相似气田提高气藏采收率，制定最优化的水锁预防及解除措施提供经验借鉴。

关键词 注气解水锁；凝析气田；先导试验；水锁防治；长关井

1 前言

英买力凝析气田构造位置位于塔里木盆地库车坳陷前缘隆起带西段，区域内中、新生界各层系构造形态整体表现为南高北低，区域内断层较为发育，均为正断层，断层走向以SW-NE为主，断层延伸长度大多在1.5~3.0km之间，断距大多在10m以内，多数断层对油气无遮挡作用。英买力凝析气田自上而下钻遇的地层为：新生界第四系，新近系，古近系，中生界白垩系、三叠系，古生界二叠系、奥陶系，大多数井均未钻穿白垩系。主要含油气层段为古近系底砂岩段和白垩系巴什基奇克组顶部砂岩段。依据电性特征、沉积旋回和较稳定泥岩隔层，古近系库姆格列木群底砂岩段(E_{1-2}km)可划分为E1和E2两个小层。白垩系巴什基奇克组顶部砂岩段(K_1bs)地层与上覆古近系库姆格列木群底砂岩段为不整合接触。白垩系含油气层段据岩电特征及油气分布特性可划分为K1、K2和K3三个小层。英买力凝析气田大部分沉积类型为辫状河三角洲前缘亚相，储层物性均为中孔、中渗储层，从非均质特征看，主力区块羊塔1、英买7、玉东2区块非均质较弱，其它小区块非均质性较强。从各个区块流体性质来看，天然气相对密度范围0.61~0.65，凝析油密度范围0.77~0.78g/cm^3，底油密度在0.83~0.86g/cm^3，水型均为$CaCl_2$型，地层水矿化度范围76300~224596mg/L。英买7、羊塔1、英买21等区块为带有底油的块状底水凝析气藏，玉东2、英买23、羊塔2等区块为不带有底油的块状底水凝析气藏。

英买力凝析气田从1983年开始地震勘察，1991年各个区块陆续进入详查阶段，2002年~2004年完成英买力凝析气田开发方案设计，2005年进入产建阶段，2007年4月英买力凝析气田一次性投产。英买力凝析气田底水能量足，经过多年衰竭式开发，各气藏由于水体能力强导致水淹严重，产水是气井关井的主要原因，油气产量递减加快，气田油气稳产形势日益严峻。截至2020年12月，英买力凝析气田开井数少，其中英买7区块12口井仅3口开井，羊塔1区块12口井仅3口井开井，导致气田产气规模和天然气采出程度偏低，羊塔1区块仅42.34%、玉东2区块42.64%。

英买力凝析气田开发面临的突出问题是积液气井的比例不断上升，截止到2020年底，积液气井比例高达82.3%，高液气比条件下水锁伤害更为严重，造成大量的气井产量明显下降甚至停产，目前常规成熟的排水采气工艺措施，无法有效恢复气井产能。英买力凝析气田属于带底油的块状底水凝析气藏，水体能量充足。随着进入开发中后期，气藏水淹严重，气井在近井地带形成水锁，天然气很难突破地层水毛管力形成的渗流屏障，导致剩余油气无法采出。气井见水关井后井筒内地层水会在井筒气体膨胀压力及毛管力作用下反渗吸进入近井地带形成水相圈闭(水锁)，由于改变了近井地带的相渗，气相渗流阻力大幅增加，关井后的水锁伤害是造成见水关停气井复产困难的主要原因(图1)。截至2020年12月底，老区总井数43口，开井15口，开井率仅34.9%。为了有效破除水锁，常规气举能增大井底压差，排出井筒积液，但对解除储层内已形成的水锁效果差、成功率低。

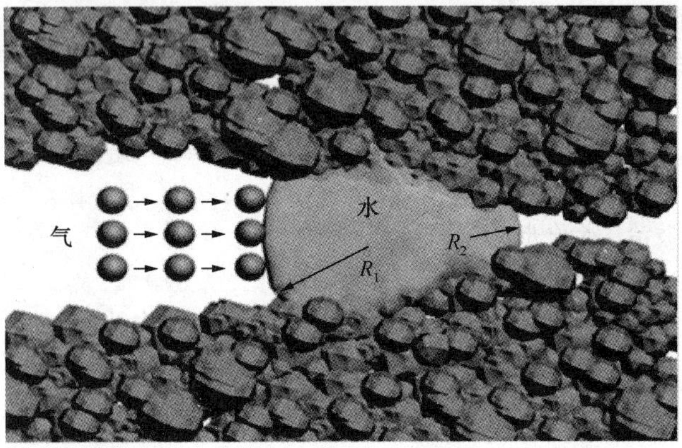

图1　水锁成因示意简图

2　注气解水锁机理

对于凝析气田，随着开采的进行，当边底水侵入油气原孔道后，会在油气水界面形成一个凹向油相的弯液面。由于表面张力的作用，任何弯液面都存在一个附加压力，也就是毛管阻力，油气要流向井筒，就必须克服这一毛管阻力。若储集层能量不能克服这一毛管阻力，就不能把水的堵塞消除，最终影响油气采收率，这种效应称为“水锁效应”。为了解决这一瓶颈问题，技术人员研究了注气解水锁采气技术的工艺原理及选井条件，并通过现场试验证明，该工艺能够使部分老井有效释放产能、达到井底净化的目的。

注气解水锁机理是通过注入高压天然气或氮气，补充储层能量，突破水锁造成的渗流屏障，驱替近井地带的水，使注入气与地层中的凝析气形成连续相，增加气相渗流能力，将低渗带的反凝析油驱替成可流动的油；同时利用注入气良好的可压缩性和膨胀性，在能量释放时具有良好的助排、驱替和气举作用，这种作用有助于克服毛管力束缚，最终恢复采气井产能(图2)。

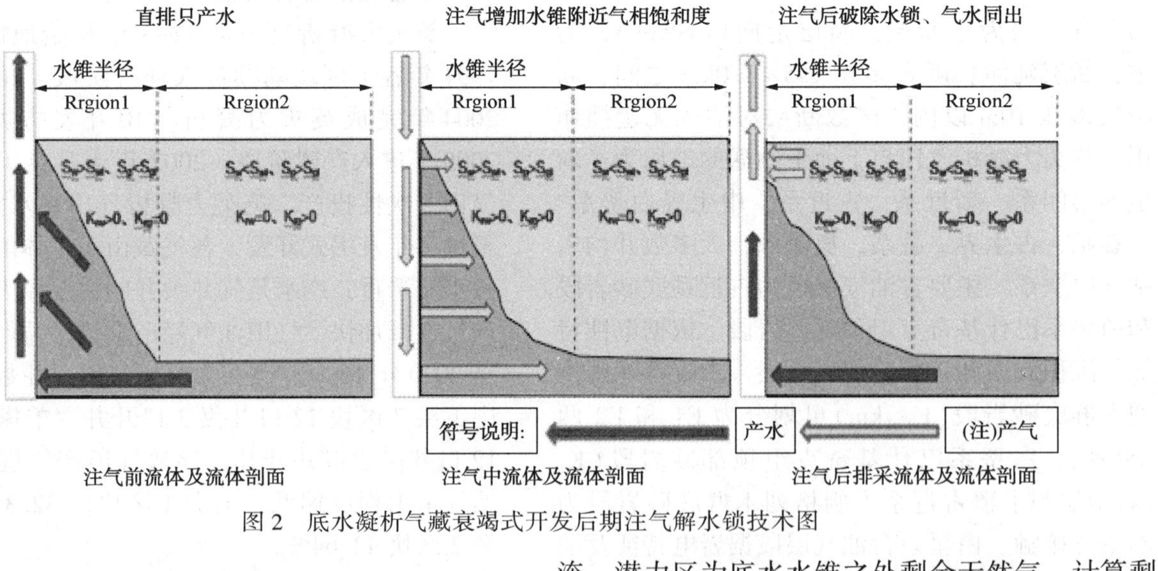

图2　底水凝析气藏衰竭式开发后期注气解水锁技术图

3　注气解水锁实例

3.1　单井简况

英买A井2017年8月油压低、高含水关井，累产气11.6亿立方米、油17.4万吨。邻井饱和度资料证实YMA井见水原因为自身底水锥进+邻井底水沿高渗层横侵，关井后全井段都已高水淹，潜力区为底水水锥之外剩余天然气，计算剩余可采气1.7亿立方米、油2.2万吨。技术人员对达西方程基本公式进行优化，建立地下流体流动相渗、饱和度、气道面积与天然气产量的流动状态方程，并通过系统总结国内外相似气田开发正反两方面经验，并结合英买力气田地质及地面实际情况，开展机理及对策优选研究，提出几种对策以及实施的依托条件，分别排序，并明确推荐英买A井开展注气解水锁先导试验(不动管柱，节约800万元，机理明确、实施容易等)，一方面，通过注气反向突破水锁毛管力，形成井周气相渗流通道，使储层剩余气通过井底顺利采出。另一方面，利用检修放空气回注，有效减少放空天然气100万立方米。

3.2 试验效果

2019年10月，英买A井这口因高含水关井超过1年半的“躺井”，通过注气得以重生，将英买701、英买16井检修期间放空天然气100万立方米回注英买A井，既保护环境，又注气突破水锁毛管力，重建井底周围气相渗流通道，使储层水锥外剩余气通过井底顺利采出，实现高水淹长关“躺井”复产。措施后该井最高日增凝析油1.7吨、天然气1.8万立方米，截至目前该井累恢复凝析油产量267吨，累恢复天然气产量253吨(图3)。理论与实践紧密结合开展的注气解水锁先导试验获得成功，不仅验证了技术人员在英买力气田高水淹区域剩余油气地质认识上的正确性，也为其它高含水底水气田提采提供借鉴。

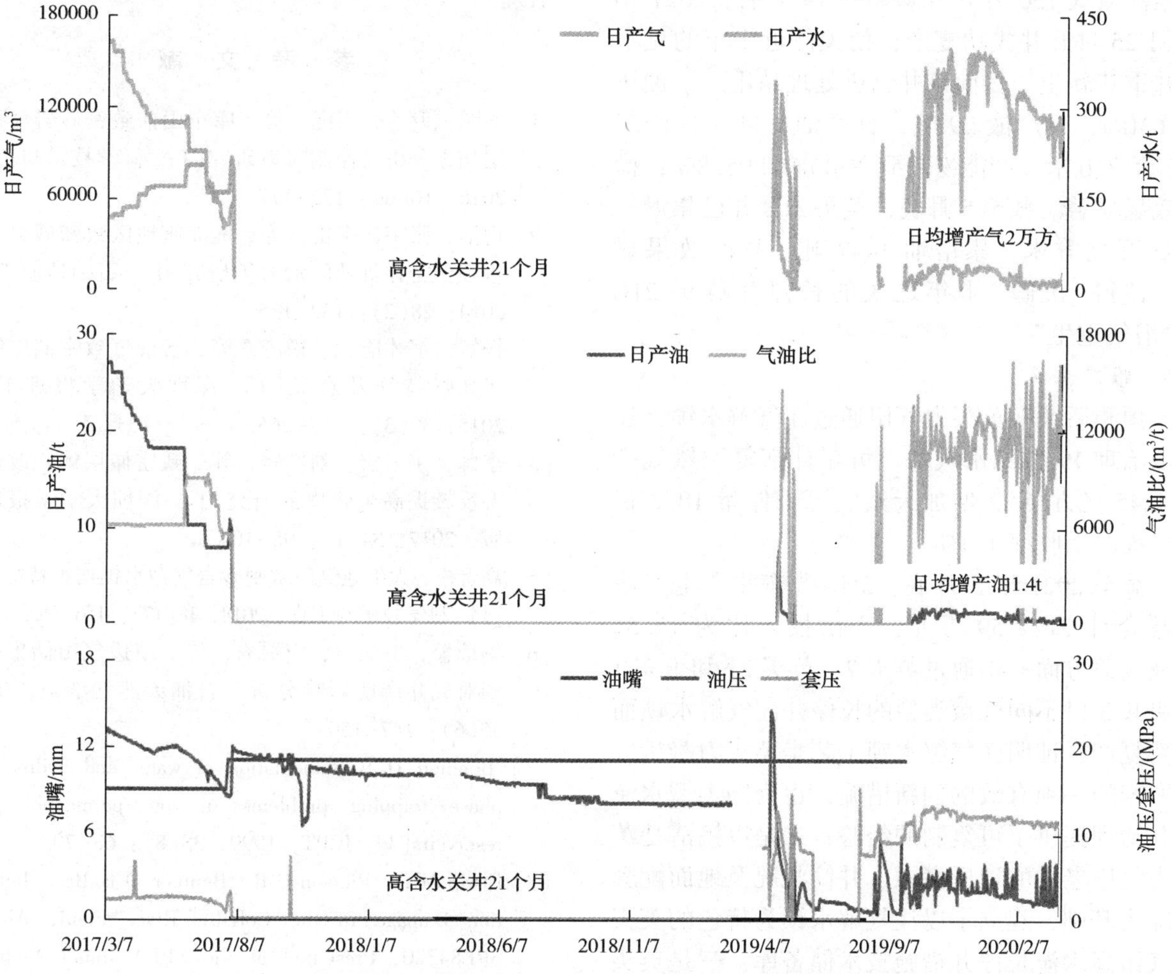

图3　英买A井注气解水锁前后生产曲线

3.3 推广应用

3.3.1 玉东1区块应用

玉东1B井是玉东1古近系强边水气藏的一口评价井，该井2012年10月投产，2015年5月见水，2020年4月12日油压低无法进系统关井。截至关井前，累产气4.85亿立方米，累产油5.74万吨。随后，该井进行连续油管气举排液，只产水，不产气，常规气举无法恢复生产。借鉴英买A井注气解水锁的成功经验，制定出玉东1B井注氮气解水锁的措施方案，累计注入氮气103万立方米，开井后该井油压9.2兆帕，折日产气约2万立方米，累产气45万立方米。至此，玉东102复活成功。截至2021年5月底玉东1B井累恢复凝析油产量1186吨，累恢复天然气产量1750万立方米。

3.3.2　英买21区块应用

英买21C井是英买21区块南部古近系强底水气藏的一口开发井口。该井2007年1月投产，2009年11月见水，2011年4月因油压低无法进系统关井。截至关井前，累产气1.48亿立方米，累产油2.49万吨。在认真总结玉东1B井注气解水锁复产成功经验的基础上，进一步扩大应用范围，探索不同油藏类型的技术适应性，持续完善长停井治理配套技术。针对英买21C井剩余油气储量较大，关井前具有一定的产能，同时井筒状况良好，具有注气解水锁的推广潜力。经对该井累注氮气150万立方米焖井19天后，2021年10月25日开井成功复产，使关停近十年的见水气井重获新生。目前该井已进处理站生产，油压26.6MPa，日产液29吨，日产油9吨，日产气4.6万立方米，产能恢复到关井前的95.8%，措施效果显著。截至5月底，英买21C井已累增气1085万立方米，累增油1447吨，复产效果显著，使得“沉睡”十年之久的长停井英买21C井“浴气重生”。

3.4　推广意义

预测后续在英买力气田通过注气解水锁，还可以治理19口见水气井。可累计恢复天然气产能4.45亿方/年，增加天然气可采储量10.2亿方，提高采收率1.1%。

截至2021年5月底，3口措施井产生经济效益合计3147.59万元，产出投入比为17.5。管理效益方面一是通过英买7、英买21和玉东1区块共3口不同气藏类型的长停井注气解水锁而成功复产，证明注气解水锁工艺是英买力凝析气田增产的一项有效的创新措施，也为同类型水淹气井治理提供了可复制的经验；二是以搞清楚英买力气田老井的地质潜力、井筒状况及地面配套情况为基础，建立了以注气解水锁为特色的英买力气田高水淹长停井措施技术储备库；三是英买A井利用邻井英买7D、英买1E井检修期间放空天然气100万立方米回注英买A井，复产长停井的同时又保护了生态环境；四是提升了科研人员利用科研助力生产一线的工作能力，锻炼了科研人员勇于战斗、敢于创新、善于协作、甘于奉献的工匠精神。

4　结论

(1) 英买力凝析气田底水能量足，经过多年衰竭式开发，各气藏由于水体能力强导致水淹严重，水锁伤害是导致气井关井的主要原因。

(2) 注气解水锁可突破水锁造成的渗流屏障，使注入气与地层中的凝析气形成连续相，增加气相渗流能力，这种作用有助于克服毛管力束缚，最终恢复采气井产能。

(3) 理论与实践紧密结合开展的英买7区块注气解水锁先导试验获得成功，通过探索不同气藏类型的技术适应性，注气解水锁技术有序推广应用到英买21、玉东1等区块，实现了强边水、大底水等不同气藏类型的高水淹长停井有效治理。

参　考　文　献

[1] 徐鹏，尹达，卢虎，等. 库车山前致密砂岩气藏储层伤害分析及控制对策研究[J]. 科学技术与工程，2016，16(6)：172-177.

[2] 梅洁，张宇，李雷，等. 杭锦旗地区致密砂岩气藏水锁伤害评价及防治对策研究[J]. 石油地质工程，2014，28(2)：132-135.

[3] 杨智，邹才能，吴松涛，等. 含油气致密储层纳米级孔喉特征及意义[J]. 深圳大学学报理工版，2015，32(3)：257-265.

[4] 李帅，丁云宏，刘广峰，等. 致密储层体积改造润湿反转提高采收率的研究[J]. 深圳大学学报理工版，2017，34(1)：98-104.

[5] 高青松. 大牛地气田致密砂岩气藏水锁伤害特征分析[J]. 科学技术与工程，2018，18(17)：156-162.

[6] 杨琼警，王亚兰，卢蜀秀，等. 靖边气田储集层水锁对气井产能影响分析. 石油天然气学报，2014；36(6)：147-150

[7] Bennion D B. Remediation of water and hydroearbon phase trapping problems in low permeability gas reservoirs[J]. JCPT，1999，38(8)：68-70.

[8] Erwin M D，Pierson C R，Bennion D B. Brine Imbibition Damage in the Colville River Field，Alaska，SPE84320，Presented at the SPEA nnual Technical Con - ference and Exhibition in Denver，Colorado，U. S. A，2003，(10)：5-8.

[9] Besson J. Performance of Slanted and Horizontal Wells on an Anisotropic Medium [C]. SPE 20965 - MS，1990.

[10] 曹彦超，曲占庆，许华儒，等. 水基压裂液对储集层液相伤害的实验研究. 断块油气藏，2016；23(5)：676-680

小规模断块油藏化学驱改善开发效果技术研究及应用

申乃敏[1,2]　张连锋[1,2]　张小静[1,2]　李俊杰[1,2]　胡书奎[1,2]　梁丽梅[1,2]

(1. 中国石油化工股份有限公司河南油田分公司；2. 河南省提高石油采收率重点实验室)

摘　要　河南油田适应化学驱的地质储量 1.75×10^8t，未化学驱的资源有 8372.1 万吨。其中，Ⅰ、Ⅱ类油藏储量(<80℃油藏)的整装油藏已基本上全部进行化学驱，且多数单元已进入后续水驱阶段；未动用储量的42%主要以小规模断块油藏为主，断块油田高含水阶段剩余油高度分散、注采井网不完善、油层动用程度和储量控制程度低，开发难度越来越大。为改善小规模断块油藏水驱开发效果变差的现状，进一步提高原油采收率，减缓老油田产量递减，本文针对小规模断块油藏普遍存在的地下局部渗流通道发育的问题，在室内实验的基础上系统开展了水驱后“聚合物+(非均相/凝胶体)多级段塞注入参数优化、聚合物+井网调整、聚合物+撬装移动一体化注入系统”进一步提高采收率技术研究。研究及矿场实施均表明：“聚合物+”技术有效的遏制了地下异常发育的渗流通道，实现了流场的转变，扩大了波及体积，改善开发效果的同时降低了地面投资。

关键词　小规模断块油藏；开发效果；聚合物+；提高采收率

聚合物驱技术具有降低驱替液与被驱替液的流度比，扩大波及体积，提高微观洗油效率的特征，该技术从上世纪 90 年代进入现场试验以来，已经成为大庆、胜利、河南等油田原油增产和稳产的重要措施。然而针对小规模断块油藏系统开展“聚合物+”技术进一步提高采收率的研究却鲜有报道。针对长期注水开发后地下形成大孔道，平面窜流严重的小规模断块油藏，开展“聚合物+”技术改善开发效果研究，旨在形成小规模断块油藏化学驱配套技术，实现流场调整+化学驱井网、驱油体系和撬装化配注入系统的深度融合。

1　“聚合物+”技术

1.1　聚合物+井网调整

1.1.1　井网形式研究

合理化井网井距是化学驱油的一个重要的环节，断块油藏受断块影响含油面积小，既考虑井网形式对驱油效果的影响，还要考虑到井距对聚合物驱注入和产出能力的影响以及与现水驱井网的合理搭配等。以王集油田王 17 断块为例，根据该区地质、流体参数及断块油藏特点，建立单斜断鼻构造的概念模型，开展断块油藏化学驱井网形式的适应性研究。研究结果表明：单斜构造时五点法井网与排状井网提高采收率幅度相当；断鼻构造时五点法井网提高采收率的幅度大于排状井网，因此，确定五点法井网是断块油藏较理想的井网(图 1、表 1)。

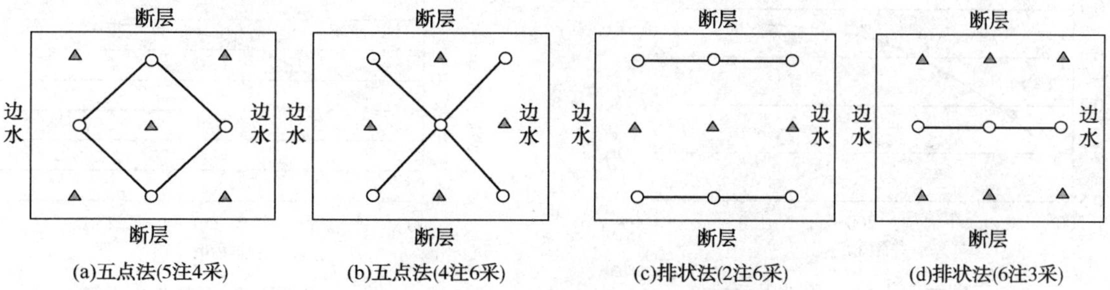

图 1　小断块油藏不同井网形式典型模型

表1　小断块油藏不同井网形式典型模型

模型			采出程度/%			含水98%时聚驱提高采收率值百分点
			含水90%时	含水98%时		
			水驱	水驱	聚驱	
单斜构造	单边边水	1-五点法(5注4采)	26.45	41.98	44.47	2.49
		2-五点法(4注5采)	25.95	41.42	44.29	2.87
		1-排状(6注3采)	25.68	41.47	44.31	2.84
		2-排状(3注6采)	25.82	41.21	44.18	2.97
断鼻构造	两边边水	1-五点法(5注4采)	25.61	40.04	42.26	2.21
		2-五点法(4注5采)	25.05	39.28	41.30	2.02
		1-排状(6注3采)	22.73	38.98	40.00	1.01
		2-排状(3注6采)	33.04	40.06	40.72	0.66
	三边边水	1-五点法(5注4采)	21.8	38.72	40.10	1.38
		2-五点法(4注5采)	19.82	34.79	35.84	1.04
		1-排状(6注3采)	24.18	40.06	40.42	0.36
		2-排状(3注6采)	18.61	32.83	33.82	0.99

1.1.2　合理井距研究

聚合物驱的现场试验和数值模拟研究结果都表明，不同注采井距条件下注聚合物都会有良好的增油降水效果，而且有随注采井距减小而开发效果变好的趋势。但是在油田进行聚合物驱时，由于地层渗透率、地层温度及地层水矿化度、聚合物的长期热稳定性和化学稳定性影响，选择合理的注采井距，对聚合物驱发挥驱油效果有非常重要的影响。根据注入能力与井距关系、采液能力与注采井距关系，同时结合数值模拟研究，开展了小规模断块油藏合理井距研究。研究表明，随着注采井距的缩小，波及系数和聚合物驱采收率均呈上升趋势，但当井网加密，井距缩小至210m以下时，增加幅度有所减缓，所以利用数值模拟技术优选出的最佳井距为210m(图2、3、4)。结合王17断块注入能力，可得出在压力上升上限5MPa的条件下，聚合物驱油体系不同注入速度下的极限井距(表2)，确定合理井距为200米。

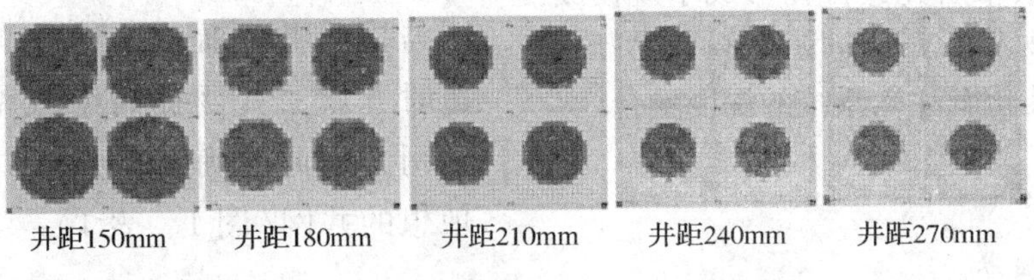

图2　不同井距聚驱至98%时井网图

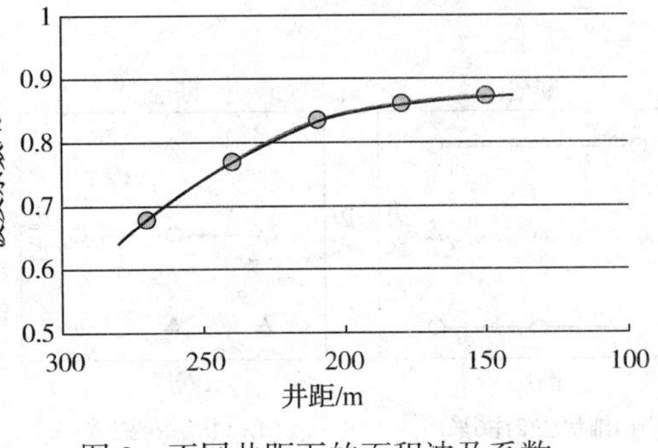

图3　不同井距下的面积波及系数

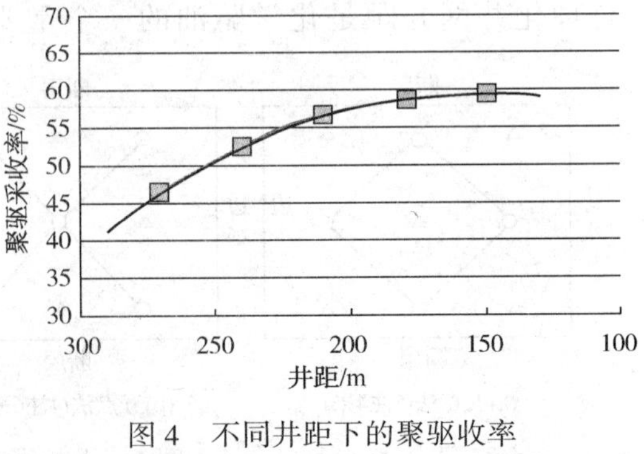

图4　不同井距下的聚驱收率

表 2　王 17 断块不同注入速度下的极限井距

注入速度/(PV · a^{-1})	0.08	0.09	0.1	0.11	0.12	0.13	0.14	0.15
极限井距/m	238	225	214	205	196	189	183	177

1.1.3　断层距油井合理距离确定

断层对油水的流动起到了遮挡作用，油井单方向受低部位水井注水驱动，受构造及断层双重作用，导致近断层原油难以流动，泄油半径过小，油井距断层的距离至关重要。

依据王集油田王 17 井区地质特征及流体特征，应用 Eclipse 数模软件，建立油井与断层不同井距(20m、50m、80m、110m、140m)的单层典型均质模型，油层平均砂体厚度 3m，孔隙度 20%，渗透率 $250 \times 10^{-3} \mu m^2$。井网方式：五点法井网，一注四采，注采井距 200m，研究油井距断层不同距离时的开发效果。结果表明油井距断层小于 50m 开发效果变差，油井距断层 60m 开发效果最好；井距越大，断层附近剩余油未动用越多(表 3、图 5)。

表 3　油井距断层不同距离时开发效果对比表

离断层距离/米	储量/万吨	井组累产油/万吨	采出程度/%	P1 累产油万吨	P2 累产油万吨
20	26.24	4.71	17.96	1.39	0.99
50	26.24	5.25	20.03	1.56	1.17
80	26.24	5.49	20.93	1.69	1.29
110	26.24	5.62	21.43	1.8	1.33
140	26.24	5.64	21.5	1.87	1.33

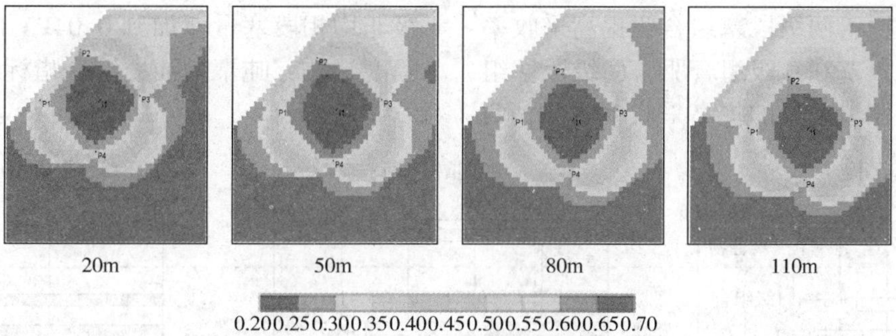

图 5　距断层不同井距一注四采剩余油饱和度图

1.1.4　化学驱井网调整

化学驱的井网调整以提高储量控制程度和动用程度、提高聚合物宏观波及体积为目的，根据井网调整技术界限研究成果，同时考虑储层物性在平面和纵向上的非均质，结合剩余油分布特征研究，开展小规模断块油藏井网调整部署工作。

以王集油田王 17 断块和下二门油田泌 238 断块为例，井网调整后，王 17 断块采用五点法井网、平均注采井距 205m(断层附近区平均井距 150~180m，中心区井距 180~240m)，聚合物驱井网控制储量 76.9×10^4t，受断层的影响，主要以两向受效井为主，三向以上受效井仅有 22%，液流方向改变率达 34%。泌 238 断块采用五点法井网、平均注采井距 191m(断层附近区平均井距 140~175m，中心区井距 175~250m)，聚合物驱井网控制储量 44.2×10^4t，油井主要以两向受效井为主，多向受效率 33.3%，液流方向改变率达 32%。

1.2　聚合物+(非均相/凝胶体系)多级段塞注入参数优化研究

1.2.1　聚合物+非均相多级段塞注入参数优化研究

以王集油田王 17 断块为例，针对油藏渗透率低、油层温度低、地下局部渗流通道发育等特点，室内实验评价采用聚合物驱为主，辅以非均相体系调驱技术提高采收率和储量动用率。在进行注入参数优化时，数值模型参数直接引用室内物理模拟实验研究结果，注入浓度 1500mg/l,

注入速度 0.11PV/a、注采比 1.0，段塞量 0.5PV。重点对主体段塞中的非均相调驱段塞的级数和段塞尺寸 PV 数进行优化，研究设计三种段塞组合 11 种方式进行数模优化(表 4)。

第一种方式：主体段塞为全过程聚合物驱和非均相驱；

第二种方式：设计以聚合物驱为主，在聚驱过程中加入 1 级不同尺寸段塞量的非均相驱；

第三种方式：设计以聚合物驱为主，在聚驱过程中加入 2 级不同尺寸段塞量的非均相驱。

表 4　非均相多段塞组合方式表

分类		前缘段塞/PV	主体段塞/PV	保护段塞/PV
方案 1	不组合	0.05	0.4PV(P)	0.05
方案 2	一级组合	0.05	0.19PV(P)+0.02(PPG+P)+0.19PV(P)	0.05
方案 3		0.05	0.18PV(P)+0.04(PPG+P)+0.18PV(P)	0.05
方案 4		0.05	0.17PV(P)+0.06(PPG+P)+0.17PV(P)	0.05
方案 5		0.05	0.16PV(P)+0.08(PPG+P)+0.16PV(P)	0.05
方案 6		0.05	0.15PV(P)+0.10(PPG+P)+0.15PV(P)	0.05
方案 7	两级组合	0.05	0.13PV(P)+0.01(PPG+P)+0.13PV(P)+0.01(PPG+P)+0.12PV(P)	0.05
方案 8		0.05	0.12PV(P)+0.02(PPG+P)+0.12PV(P)+0.02(PPG+P)+0.12PV(P)	0.05
方案 9		0.05	0.12PV(P)+0.03(PPG+P)+0.11PV(P)+0.03(PPG+P)+0.11PV(P)	0.05
方案 10		0.05	0.11PV(P)+0.04(PPG+P)+0.11PV(P)+0.04(PPG+P)+0.10PV(P)	0.05
方案 11		0.05	0.10PV(P)+0.05(PPG+P)+0.10PV(P)+0.05(PPG+P)+0.10PV(P)	0.05

研究结果表明，两级段塞组合驱提高采收率高于一次组合驱段塞和 0 级组合驱，两级段塞组合驱随着非均相驱段塞量的提高采收率增加，两级非均相段塞量增加到 0.04PV 时，提高采收率幅度减缓，吨聚增油、综合指标最高(图 6)。

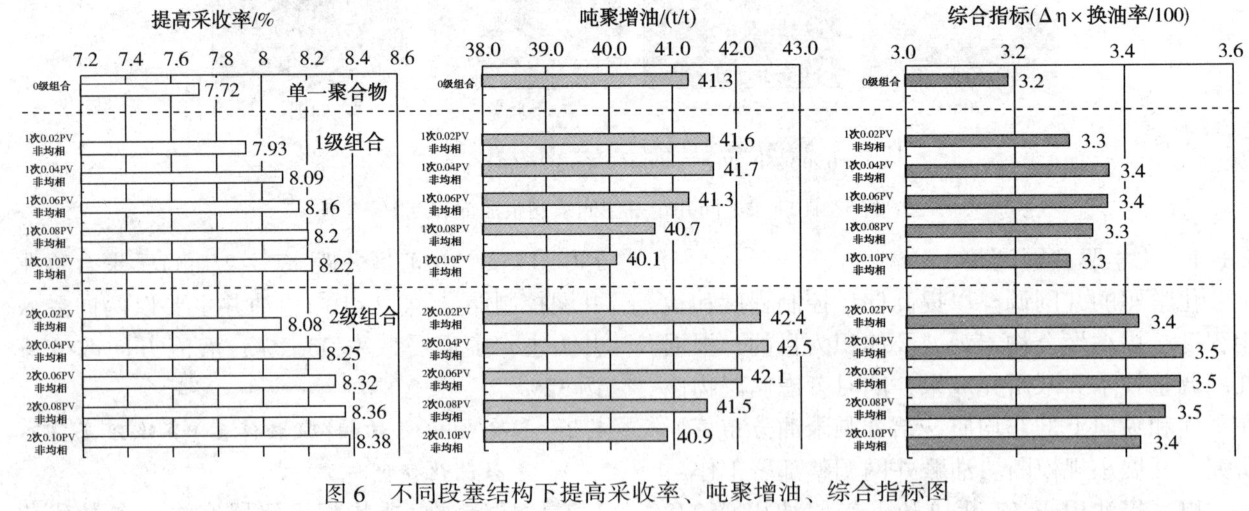

图 6　不同段塞结构下提高采收率、吨聚增油、综合指标图

1.2.1　聚合物+凝胶体系多级段塞注入参数优化研究

以下二门油田泌 238 断块为例，内实验评价采用聚合物驱为主，辅以凝胶体系调剖技术进一步提高采收率。室内实验研究的基础上，采用下二门油田泌 238 块实际油藏模型，开展凝胶与聚合物交替注入参数优化研究。因凝胶驱提高采收率的机理认识比较复杂，目前对凝胶驱的数值模拟研究缺乏成熟的数学模型和求解方法，为了研究方便，在黑油模型基础上，凝胶采用高浓度聚合物驱代替，相对渗透率曲线统一采用室内测定的聚合物驱相对渗透率曲线。数值模型井网为近五点法面积井网，平均注采井距 191m，总井数 18 口，采油井 12 口，注聚井 6 口，油水井数比

为2：1。

在确定采用三级段塞注入后，即前置段塞为0.06PV凝胶体系，主体段塞2100mg/L×0.48PV，后置段塞为0.06PV凝胶体系。针对该区注水过程中大孔道发育的问题同样对主体段塞进行了优化设计，即：将主体段塞细化成凝胶体系段塞和聚合物段塞交替注入。为确定凝胶和聚合物最优段塞，在相同注入量的前提下，设计了多轮次小段塞和低轮次大段塞5种设计方案开展凝胶和聚合物段塞交替注入(表5)。数值模拟优化结果表明：随着凝胶体系段塞和聚合物段塞交替注入频次的增加，提高采收率值呈上升趋势，主体段塞为多轮次小段塞的组合方式提高采收率最高，提高采收率值为7.92%，比没有细化之前的6.86%高1.06%；而且在相同段塞大小条件下，凝胶+聚合物驱时多轮次小段塞的采收率高于低轮次大段塞的采收率(图7)。分析其原因，由于多轮次小段塞注入后，压力上升速度慢，压力的交替升缓造成多轮次交替注入时的开发效果优于低轮次交替注入时的开发效果。因此，对于存在大孔道的高含水油藏来说，化学驱注入过程中主体段塞更适合采用多轮次小段塞的组合方式。

表5　主体段塞组合方式表

方案	前置段塞/PV	主体段塞/PV	后置段塞/PV
方案0	0.06	0.48(P)	0.06
方案1	0.06	0.14(P)+0.03(交)+0.14(P)+0.03(交)+0.14(P)	0.06
方案2	0.06	0.1(P)+0.07(交)+0.14(P)+0.07(交)+0.1(P)	0.06
方案3	0.06	0.2(P)+0.08(交)+0.2(P)	0.06
方案4	0.06	0.1(P)+0.03(交)+0.1(P)+0.02(交)+0.1(P)+0.03(交)+0.1(P)	0.06
方案5	0.06	0.08(P)+0.02(交)+0.06(P)+0.02(交)+0.06(P)+0.02(交)+0.06(P)+0.02(交)+0.06(P)+0.02(交)+0.06(P)	0.06

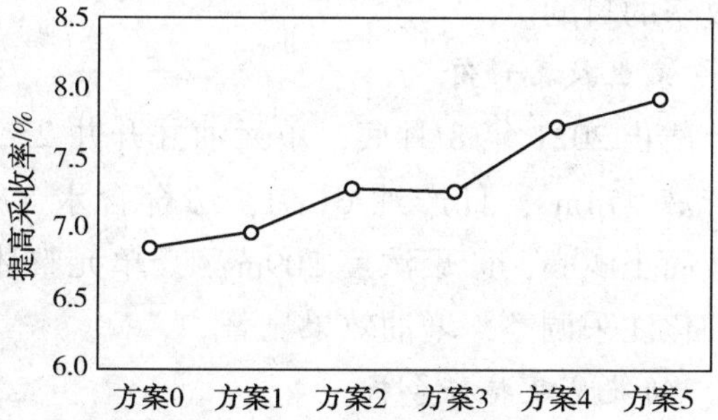

图7　不同方案提高采收率的变化

因该区平面非均质性较严重，导致不同的注入井吸水能力不同。从目前注入井单井的视吸水指数曲线可以看出：T7-238井的吸水能力相对较差，每米视吸水指数小于0.5(图8)，而且在数值模拟参数优化过程中发现，T7-238井在注聚过程中表现出压力上升幅度较大。为避免聚合物溶液注入过程中该井出现憋压注不进的现象，有必要对每米视吸水指数小于0.5的注入井的聚合物浓度进行个性化设计，以保证现场稳步注入。同时，为保障开发效果，保持全区最优聚合物注入浓度2100mg/L不变，对具有压力上升空间的井，即每米吸水指数大于1.5的井也进行相应的聚合物注入浓度调整。

图8　注入井的每米吸水指数曲线

数值模拟优化结果表明：在保持全区聚合物平均注入浓度不变的条件下，适当差异化调整内部注入井的聚合物浓度，提高采收率值呈上升趋势。当注入井平均聚合物浓度调整幅度为20%时，提高采收率值开始变缓并出现拐点，之后随浓度调整幅度的继续增加，采收率增幅呈下降趋势(图9)。分析其原因：由于地层存在非均质性，每口井每个层因物性差异必然会导致井-井、层-层之间也存在吸水能力的不同，物性好

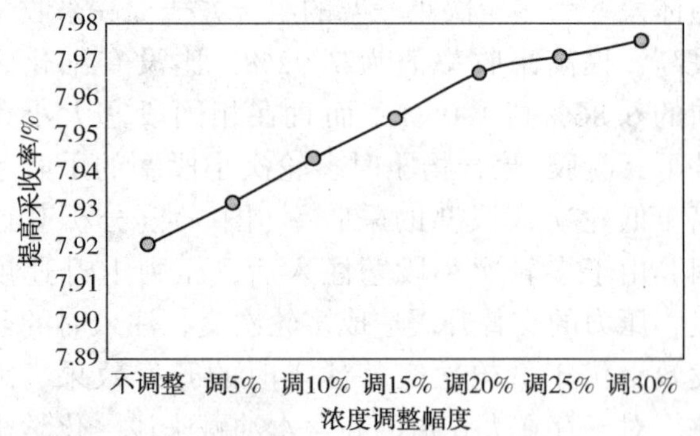

图9　不同个性化设计方案提高采收率对比

或者存在大孔道的地层吸水能力强，物性差或者靠近尖灭区的位置则吸水能力弱，个性差异化调整每口井的注聚浓度可以保证现场平稳有效均衡驱替，避免了高渗层堵不住、低渗层注不进的问题。因此，在现场实际注入过程中，建议聚合物浓度调整幅度控制在20%左右。

1.3　聚合物+撬装移动一体化注入系统

在大量室内研究和国内外文献调研的基础上，根据小规模断块油藏动用储量规模小($<100\times10^4$t)、注聚井数少，配注量低的特点，现场消化吸收并改进提高聚合物注入装置，做到系统考察、重点突出、新技术创新和成熟技术应用相结合。以“绿色环保、低能耗、重复利用、少征地”为原则，以聚合物“快速溶解、高效增黏、减小进氧量和低机械剪切”为目标，依照模块化、撬装化、数字化、标准化的“四化”标准，建设一体化移动式配注聚站，使地面建设成本及周期大幅降低。配注聚系统主要由聚合物干粉上料、聚合物母液分散溶解、聚合物母液熟化、聚合物母液输送、聚合物注入和地面控制系统等五部分组成(图10)。现场采用集中建站方式，减少了征地，缩短了配注系统流程、降低了投资、提升了信息化管理水平。目前该系统已在王集油田王17断块和下二门油田泌238断块进行了矿场应用。

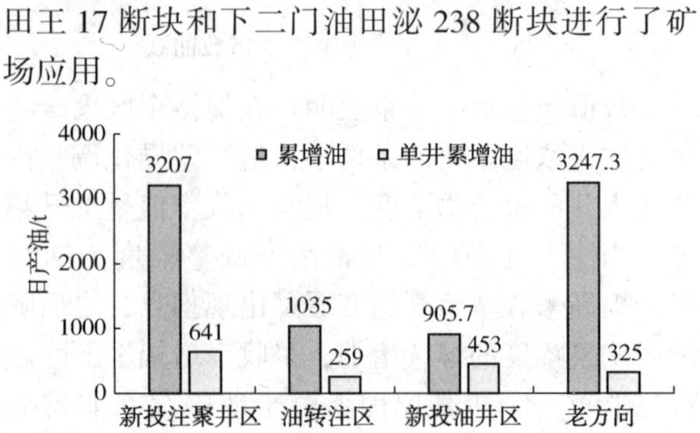

图9　撬装移动一体化注入系统

2　现场实施效果

王17断块于2020年1月开始投注，注聚井14口，对应采油井26口，投注后注入性良好，日增油26.3t，见效井20口，见效率76.9%，累计增油 0.71038×10^4t，吨聚增油24.54t/t，阶段提高采收率0.92个百分点。泌238断块于2021年6月开始投注，目前在前置段塞注入阶段，已见效油井1口，单元整体开发效果有待进一步跟踪观察。本文重点对王17断块的现场注采情况进行阶段分析评价。

2.1　注入效果评价

截止2021年8月底，王17断块平均注入压力为14.4MPa，日注水量518m^3，注入浓度1500mg/l，井口粘度为46mPa.s，累计注入聚合物溶液 16×10^4m^3，注入孔隙体积0.15PV，注入干粉319t。自注聚以来地层压力缓慢上升，注入压力由9.9MPa上升至14.4MPa，压力上升了4.5MPa，在注入过程中，依据注入井所在位置、层间差异情况及吸水状况，采取浓度差异化注入，一方面有利于控制高渗层注入，另一方面保证中低渗透层的注入，达到改善开发效果并提高采收率的目的。

2.2　采出效果评价

截止2021年8月底，单元油井开井25口，日产液474m^3，日产油61.7t，综合含水87%，动液面1040m，产聚浓度209mg/l。单元整体通过细化注采调整，增油效果显著。

2.3　油井见效特征分析

受井网井距，构造条件，储层物性以及注聚井吸水情况的影响，王17断块化学驱呈现见效时间早(0.02PV)，见效率高(见效井20口，见效率76.9%)的特征；见效类型多样化，以先见聚后见效为主；井网调整区域油井优先见效，见效效果顺序为：油井转注聚区、新投注聚井区、新投油井转向区、井网未调整区域(主体区、边水区)；分层见效差异大、平面动用不均衡(图10)。

2.4　撬装注入系统评价

通过油藏与地面建设的融合，高效建成地面注聚系统；分散润湿溶解装置配制浓度可达

10000mg/l，分散均匀，误差在 2.17%以内，分散装置配制浓度能力达到国内先进水平：成套地面设备机械剪切降解 10.64%，剪切粘损率相对较低；优化后的单、双机联运，能够实现两种体系不同浓度、不同配比的个性化注入。

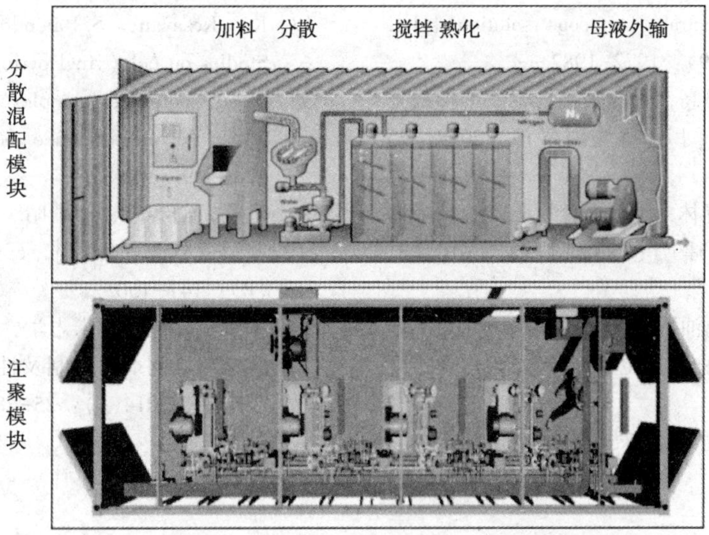

图 10 分区见效情况

3 结论

1）利用数值模拟方法通过对小规模断块油藏井网调整技术界限进行研究，确定了合理的井网形式和合理的井距，形成了小规模断块油藏化学驱井网调整技术。

2）利用数值模拟软件设计预测多级聚合物段塞组合对采收率的影响。研究结果表明，多级聚合物段塞交替注入的提高采收率值要高于单一聚合物驱的提高采收率值。

3）自主设计撬装、模块化、可移动聚合物分散溶解混配装置，实现了不同驱替类型、不同配比，个性化、灵活性注入，节约了地面投资。

4）针对小规模断块油藏形成的“聚合物+”技术现场应用效果良好，实现了流场调整+化学驱井网、驱油体系和撬装移动一体化配注入系统的深度融合。

参 考 文 献

[1] 吴亚红，姜祖明，李振泉，等．粘弹性颗粒驱油剂的流变特性[J]．油气地质与采收率，2015，22(4)：87-92.

[2] 刘煜．粘弹性颗粒驱油剂调驱性能的室内研究[J]．承德石油高等专科学校学报，2013，15(3)：87-92.

[3] 侯健，吴德君，韦贝，等．非均相复合驱非连续相渗流特征及提高驱油效率机制[J]．石油学报，2019，43(5)：128-135.

[4] 巩同宇，刘军，江汇，等．交联聚合物调驱技术研究及矿场应用[J]．精细石油化工进展，2011，12(11)：38-41.

[5] 李海东等．高浅南区复杂小断块油藏特高含水期剩余油分布规律研究．石油地质与工程，2014.7(4)

[6] 曹伟东，戴涛，于金彪，等．非均相复合驱数值模拟方法研究与应用[J]．石油与天然气地质，2016，37(4)：606-611

[7] 郭文敏，刘同敬，秦积舜，等．大庆油田聚合物驱后周期分质注聚合物技术[J]，石油学报，2010，31(3)：449-451.

[8] 孙焕泉．聚合物驱后井网调整与非均相复合驱先导试验方案及矿场应用：以孤岛油田中一区 Ng3 单元为例[J]．油气地质与采收率，2014，21(2)：1-4.

[9] 刘露，李华斌．渗透率变异系数对聚合物驱油影响的数值模拟研究[J]．油田化学，2011，28(4)：414-418.

[10] 未志杰，康晓东，何春百，曾杨．海上稠油聚合物驱交替注入参数优化研究[J]．特种油气藏，2018，25(1)：78-84.

[11] GILBERTL，LOISEL V，SAVARYG，et al. Stretching propertiesof xanthan，carob，modified guar and celluloses in cosmetic emulsions[J]．Carbohydr Polym，2013，93(2)：644-650.

[12] HIREMATHJN，VISHALAKSHI B. Evaluation of a pH-responsiveguar gum-based hydrogel as adsorbent for cationic dyes：kinetic and modelling study[J].

Polym Bull, 2015, 72(12): 1-19.

[13] RISICA D, BARBETTA A, VISCHETTI L, et al. Rheological properties of guar and its methyl, hydroxypropyl and hydroxypropyl-methyl derivatives in semidilute and concentrated aqueous solutions [J]. Polymer, 2010, 51(9): 1972-1982.

[14] 梁丹，康晓东，唐恩高，等. 聚合物驱注聚参数分阶段优化决策方法[J]. 断块油气田，2018，25(2)：213-217.

[15] 侯健，杜庆军，束青林，等. 聚合物驱宏观剩余油受效机制及分布规律[J]. 石油学报，2010，31(1)：96-99.

[16] 江汇. 胜坨油田高温油藏深部调剖体系研究及矿场应用[J]. 精细石油化工进展，2012，13(11)：12-16.

[17] C. Subbu, S. Rajendran, K. Kesavan, R. Premila. The physical and electrochemical properties of poly(vinylidene chloride-co-acrylonitrile)-based polymer electrolytes prepared with different plasticizers[J]. Ionics, 2016, 22(2): 229-240.

[18] K. Kesavan, S. Rajendran, Chithra M. Mathew. Studies on poly(vinyl pyrrolidone) based solid polymer blend electrolytes complexed with various lithium salts [J]. Polymer Science Series B, 2014, 56(4): 520-529.

[19] 王楠，刘春杰，于晴晴. 埕岛油田深部调剖体系研究及适应性评价[J]. 石油天然气学报，2011，33(8)：147-150.

[20] 张洪，郑继龙，宋志学，陈平，胡雪，赵军. 弱凝胶深部调剖剂的研制及性能评价[J]. 精细石油化工进展，2014(1)：25-28.

富满油田超深断控缝洞型挥发性油藏注水时机优选与实践

邓兴梁 刘志良 张 键 周 飞 姚 超 曹 文

（中国石油塔里木油田公司）

摘 要 挥发油藏低于饱和压力开采时，油气比急剧上升，原油体积迅速收缩，衰竭开采采收率不高。为了提高采收率国内外基本上都推荐挥发性油藏保持压力开采，压力必须保持在饱和压力以上。富满油田油藏类型主要为断控缝洞型挥发性油藏，试采证实衰竭式开发原油采收率为8%～15%左右。采用常规的前期注水注气保压开发难度大，一是地质条件不具备，大多数井不连通，无法形成注采井网；二是因普遍含 H_2S，前期高压注水注气安全风险大，投资巨大。根据缝洞的流动特征，该油藏的开采方式选择注水开采；注水时机选择上认为先衰竭后注水把洞内剩余的原油替出来，可大幅提高挥发油采收率，且单井注水替油工艺很简单易行。

关键词 富满油田；超深；断控缝洞型；挥发性油藏；注水时机

挥发性油藏在二十世纪40年代就有发现，对该类油藏如何有效开发，国外学者进行大量研究，主要结论是挥发性油藏不适宜进行衰竭式开采，应保持地层压力在油藏饱和压力之上进行开采。

我国在吉林、中原及塔里木等油田均已发现了一些挥发油藏，并展开了相应的研究。其中长春油田是我国1988年发现的弱挥发油碎屑岩断块油藏，油田1989年采取衰减式开发，开发初期生产气油比仅204m^3/t，最高1995年1818m^3/t，严重脱气，开发效果较差；后期通过数值模拟研究结果表明，通过注水将油藏压力保持在原始饱和压力条件下开发，水驱最终采收率将高达48.7%，而实际衰竭式开发采收率仅为27%。

1996年李春兰等人针对中原油田某低渗透碎屑岩挥发性油藏特征，在实验条件下开展不同脱气程度下长岩心水驱油物理模拟实验，实验结果分析表明：对于挥发性油藏，一定要保持地层压力高于饱和压力开采，最佳转注时机为地层压力略高于原油饱和压力，此时地层油体积系数最大，黏度低，水驱油效率高达60.05%。

现场开发试验的例子如2007年位于刚果盆地的Plutonio油田分别在渐新统73砂组和072砂组弱挥发性油藏进行注气为主和注水为主的补充地层能量开发试验。现场实际效果证明，对于地饱压差小的弱挥发性黑油油藏，采取人工注入流体保持压力的开发方式可有效提高开发效果。注水方式和注气相比，前者注入能力较弱，不能快速补充油藏能量，采油速度相对较低，生产阶段较长，但驱油效率高，可以达到更高的最终采收率，后者则能快速补充油藏能量，保持更高的采油速度，但驱油效率和最终采收率都低于水驱。

随着对挥发油藏开发研究的深入，学者们研究结果认为保压开采是挥发性油藏一种常用保护储层的开发方式。但对于超深断控缝洞型挥发性油藏提高采收率国内无先例。本文主要针对塔里木盆地的富满油田断控缝洞型挥发性油藏注水时机优选与实践进行研究。

1 油藏特征

1.1 构造特征

富满油田位于塔里木盆地北部坳陷阿满过渡带北部，面积约12000km^2。产油层位主要为中奥陶统一间房组-鹰山组灰岩储层，埋深多位于6500～8000m。富满油田发育北东向走滑断裂系统，走滑断层长度一般30～80km。这些走滑断层位移量小，水平位移多<1km，垂向位移多<200m。走滑断层主要分布在下古生界碳酸盐岩，以压扭断层为主；志留系—泥盆系、石炭—二叠

系有继承性活动，以张扭断层为主。地震剖面上走滑断裂通常呈现直立单断型、半花状、正花状、负花状等样式，具有从直立单断型向花状构造发育的趋势。大型走滑断裂沿走向具有分段性，发育线性构造、雁列构造、花状构造、马尾构造、拉分构造和辫状构造等多种走滑构造，形成不同的断裂组合。

1.2　储层特征

(1) 储层岩石特征

富满油田奥陶系一间房~鹰山组岩性主要为亮晶砂屑灰岩、亮晶砂砾屑灰岩、亮晶鲕粒灰岩、亮-泥晶生屑灰岩、泥晶藻砂屑藻团块灰岩、托盘类生物障积岩和泥晶灰岩。据岩心、岩屑资料统计，亮晶颗粒灰岩占42.3%、泥晶颗粒灰岩占33.1%、颗粒泥晶灰岩占18.2%、泥晶灰岩占6.4%，主要是开阔台地相的台内鲕粒砂屑滩夹生物点礁沉积。

(3) 储层物性特征

富满地区奥陶系岩心分析结果显示平均孔隙度为2.1%、平均渗透率为$0.33\times10^{-3}\mu m^2$，测井解释结果显示平均孔隙度为3.6%、平均渗透率为$0.56\times10^{-3}\mu m^2$，试井资料解释结果显示渗透率为$0.077\sim10607.42\times10^{-3}\mu m^2$，显示静动态资料分析结果差别很大。

(3) 储层空间类型

通过对钻井岩心、岩石薄片、铸体薄片等孔隙结构分析，发现富满地区碳酸盐岩储集空间主要为次生(溶蚀)孔洞、(构造、溶蚀)裂缝、孔隙三类，而原生基质孔隙欠发育，非均质性较强。由于采用一贯的钻井、地震、测井等一系列静态资料来判断储层类型以及特征数据有不可忽视的偏差，而通过分析静态资料，不容易准确的检测出真实井下的孔洞结构分布及特征。所以，充分考虑富满地区的复杂地质结构，研究出特有的碳酸盐岩储层类型动静态综合判别标准，并根据储层空间形态将碳酸盐岩储层划分为三种类型：洞穴型、孔洞型、裂缝-孔洞型。

洞穴型储层的储集空间以大型洞穴(直径大于100mm)为主，是油气产出的主要储集空间类型。地震剖面表现为明显的串珠状反射特征；该类型储层在钻、录井过程中常会出现钻井液漏失、放空工程异常现象；酸压改造停泵后停泵压力低，压降小，一般小于1MPa；洞穴型储层的井筒储集系数较大(一般大于$5m^3/MPa$)，试井曲线呈高渗视均质或复合状；累积产量-压降曲线显示，生产早期的累积产油量与累积压降的关系曲线表现为近似单一斜率的直线关系(表1)。

孔洞型储层的储集空间主要是由原生孔隙经溶蚀改造形成的溶孔、细洞(直径小于100mm)构成，裂缝不发育。地震剖面表现为弱串珠或片状反射特征；该类型储层在钻井过程中无明显的钻、录井工程异常现象；酸压改造停泵后停泵压力高，且停泵压力曲线呈水平直线，压降小；试井解释结果表现为低渗特征；累积产油量-压降曲线显示呈尾部上翘形态(表1)。

裂缝-孔洞型储层不但孔洞发育，且裂缝也发育；孔洞是其主要的储集空间，裂缝主要起连通和渗流作用，也具有一定的储集作用。地震剖面表现为片状或杂乱反射特征；该类型储层在钻井过程中无明显的钻、录井工程异常现象；酸压改造停泵压力高，停泵压力曲线缓慢下降，渗流特征明显；试井解释结果表明具有双孔介质特征；累积产油量-压降曲线表现为单一斜率的直线，但其斜率较小(表1)。

富满油田缝洞型储集层沿断裂裂缝带发育并呈带状甚至线状展布，沿断裂带或断裂的拐点、交点往往发育大型溶洞；断裂发育深度及其规模控制了储层的发育深度和规模，储集层垂向展布可达几百米；在平面上表现出延伸不连续、宽窄不相等、边界不规则的分布特征。

表1　不同储层类型主要参数特征表

储层类型	地震剖面	放空漏失	试井曲线	累积产量-压降曲线
洞穴型	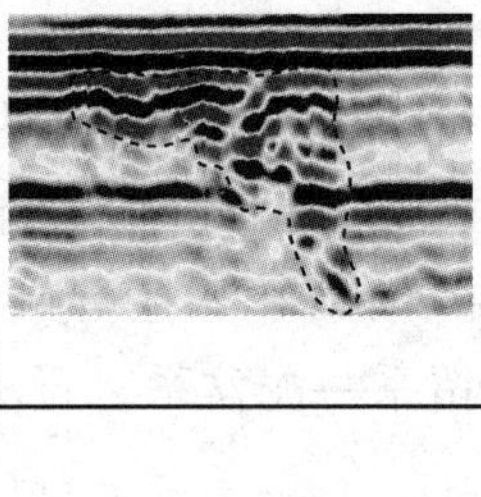	有	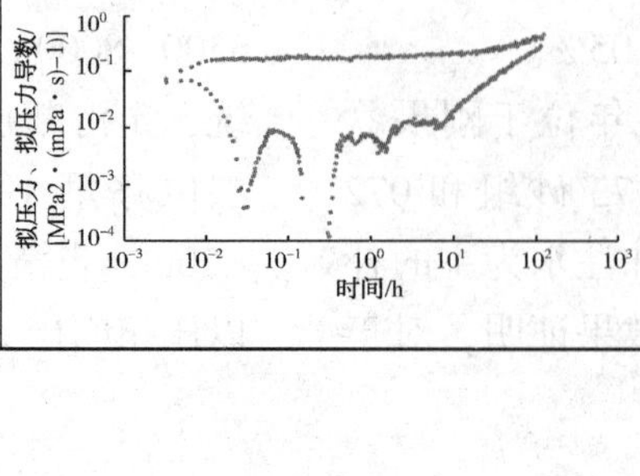	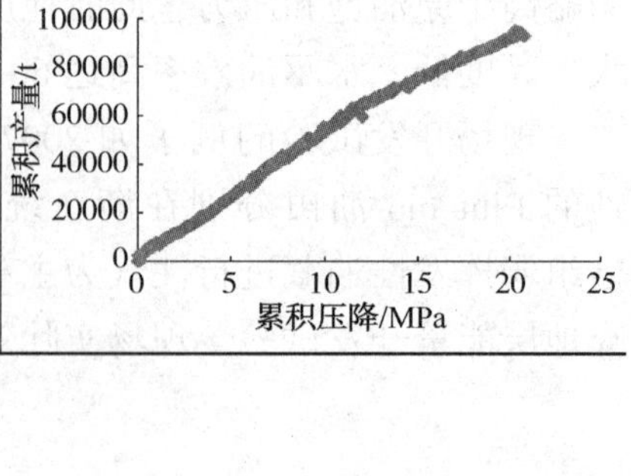

续表

储层类型	地震剖面	放空漏失	试井曲线	累积产量-压降曲线
孔洞型	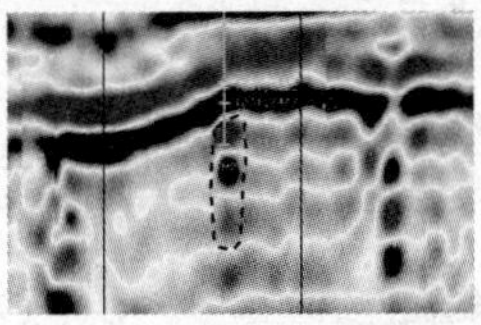	无	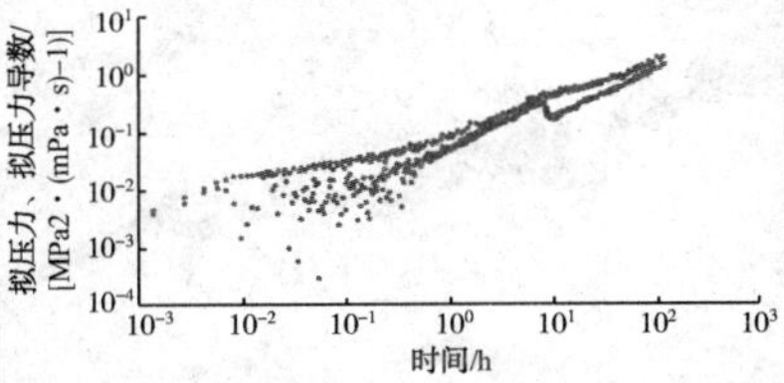	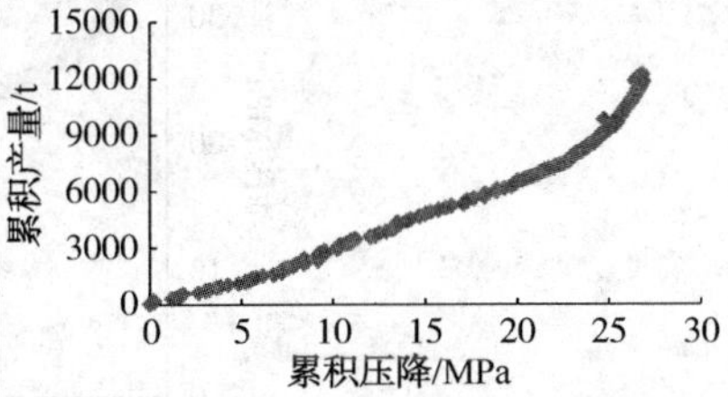
裂缝孔洞型	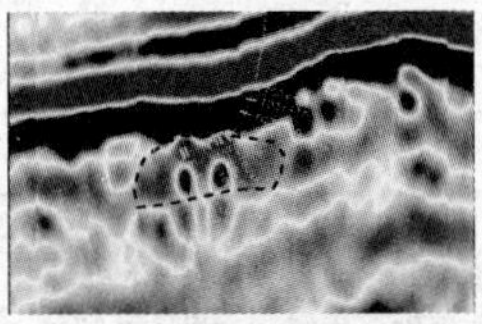	无	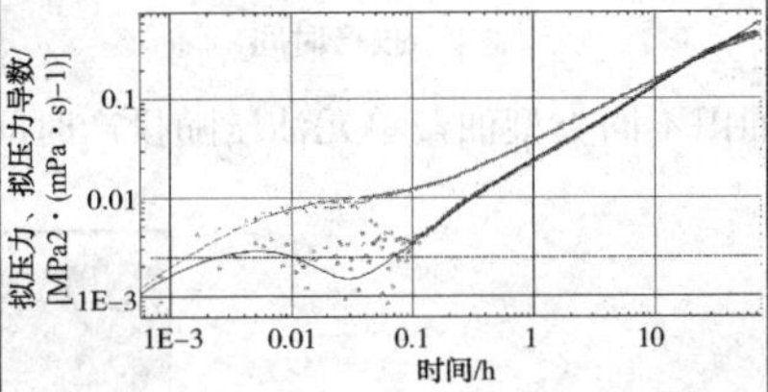	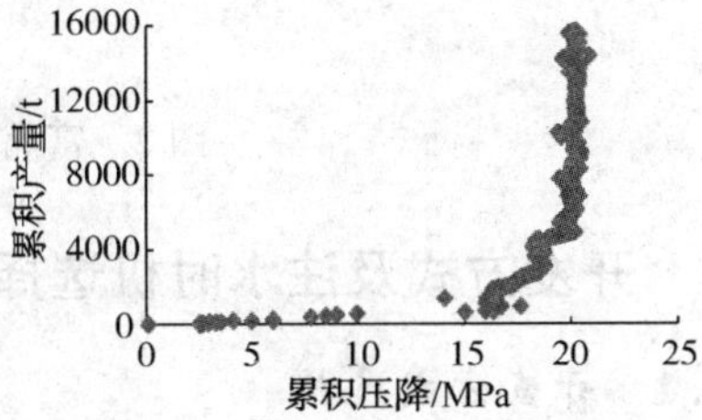

1.3 相态特征

富满油田奥陶系油藏共有42井次取得PVT样品。根据44井次的PVT数据分析，地层原油密度分布范围0.4879～0.8161g/cm³，平均为0.6594g/cm³；原油黏度分布范围0.15～1.25mPa·s，平均为0.48mPa·s；原油体积系数分布范围1.1420～2.9975，平均为1.6758；单次脱气气油比分布范围52～735m³/m³，平均为202m³/m³。饱和压力分布范围6.08～64.34MPa，平均为26.19MPa。根据PVT流体相态三角图研究成果，其中13口井属于挥发油，4口井属于凝析气藏，25口井属于正常原油，如图2(a)所示。

统计结果显示：挥发油日产油水平占比41.85%，随着富满油田开发规划的全面实施，预计2022年后挥发油产量占比超过60%；以富源302H井为例，302H井为例，原油体积系数2.2908，单次脱气气油比354m³/t。如图2(b)所示，该井临界压力36.843MPa、临界温度209.60℃；临界凝析压力37.04MPa，临界凝析温度565.99℃；油藏温度位于临界温度左侧，接近临界温度，符合易挥发性油藏流体特征。

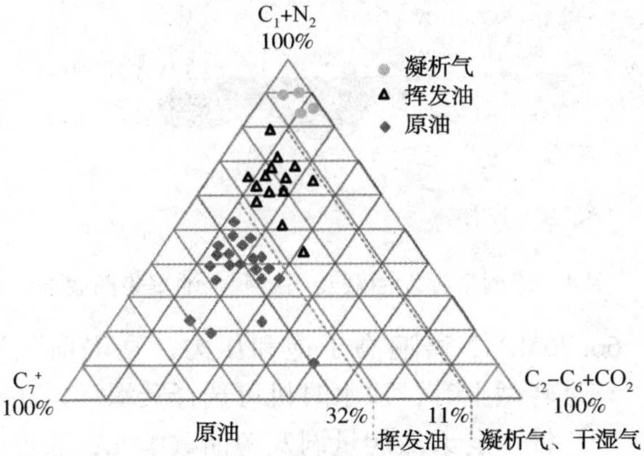

(a)富源油田PVT流体相态三角图分布图

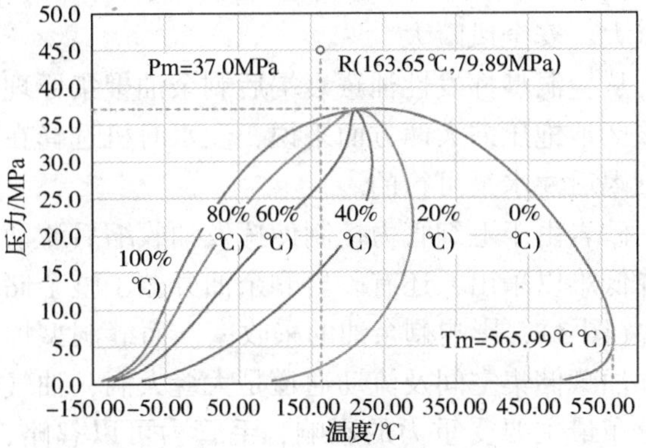

(b)富源302H流体相态图

图1　富源油田流体相态图

1.4 能量特征

根据天然能量强弱将富满挥发性油藏单元分为强天然能量型、弱天然能量型2种主要类型(图2)。强天然能量连通型储层多连续发育，存在强底水，生产井见水前油压、产量稳定，见水后含水率急剧上升，油压、产量迅速降低，自喷时间长；弱天然能量型无底水，生产井前期油压、产量迅速降低，能量快速损耗而停喷，自喷时间最短。

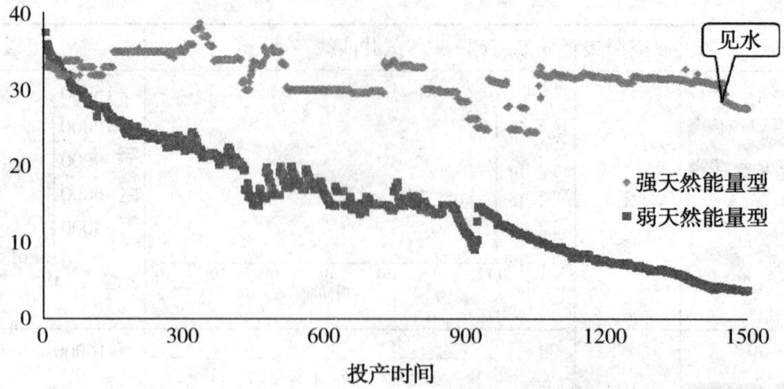

图2　富满油田不同类型油藏单元油压随投产时间变化特征曲线

2　开发方式及注水时机选择

2.1　开发方式选择

由于本区以洞穴型储层为主(占79%)，针对天然能量充足挥发性油藏单元，以自喷生产为主，合理控制生产压差，延缓无水自喷采油期，以充分利用天然能量水驱。对于弱天然能量挥发性油藏单元，考虑现场实施经济性，以注水提高原油采收率为主。单井单元可通过注水保压或先衰竭后注水替油的方式开发。对于油柱高度较大多井连通油藏单元，以构建深注浅采井网注水开发为主。

2.2　注水时机选择

富满油田挥发性油藏单元多数为单井控制的孤立的单元，井井之间多数不连通，制约井组间的早期注水保压开发；同时再加上该区普遍含H_2S，保压开发需高压注水设备，维护费用高，投资大，安全风险大。

从缝洞型挥发性油藏衰竭后剩余油聚集原理及该区地饱压差大两方面来说，注水时机选择在先衰竭后注水是可行的。

砂岩由于毛细管力控制使挥发油收缩后流动性降低难以采出，还有砂岩剩余油分散于整个储层中(图3)，影响剩余油的采收率。而缝洞型挥发性油藏储集空间及流动通道是大缝大洞，油气水分布最主要受重力的影响，毛管力可以忽略，衰竭开发时剩余油聚集于洞底部(图4)，剩余油饱和度可达100%，这样完全可以单井注水替油的原理采出洞内的剩余油，注水时机选择上可以先衰竭后注水。

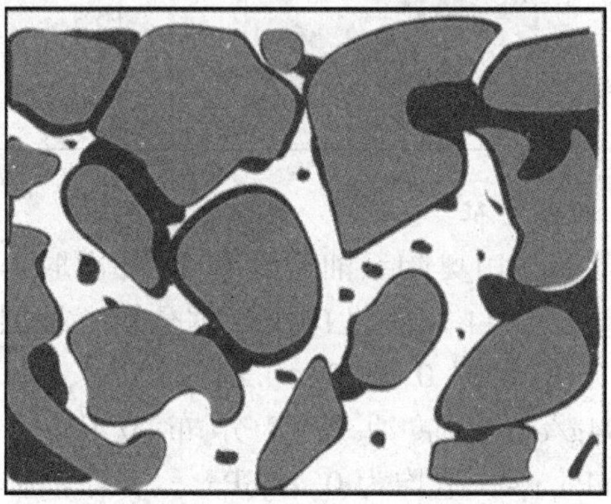

图3　挥发油收缩后在砂岩微观模型流动过程中示意图

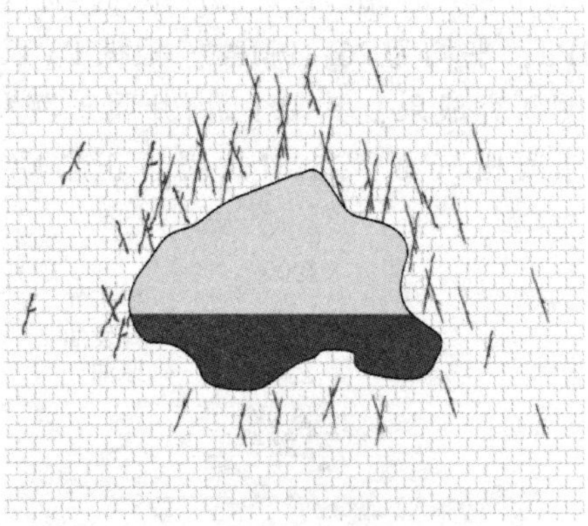

图4　缝洞型挥发油藏衰竭后剩余油聚集洞底部示意图

富满油田挥发性油藏饱和压力27.2～42.63MPa，计算地饱压差分布范围38.15～53.83MPa。实际油井衰竭停喷压力41.17～66.76MPa，普遍高于饱和压力，衰竭前气油比只是轻微上升，注水时机可选择衰竭后再注水。

针对弱天然能量洞穴型油藏单元，通过矿场试验对比先衰竭后注水(热普5)和饱和压力以上注水(跃满1-2)两种能量补充方式下的开发效果，以优选合适的注水时机。热普5井，井控地质储量10.5×10^4t，原始地层压力75.1MPa，饱和压力39.6MPa，停喷前油藏静压已降低至24.63MPa，累产油1.81×10^4t。停喷后累注水$9.62\times10^4m^3$，增油1.73×10^4t。跃满1-2井，井

控地质储量 9.5×10^4t，原始地层压力 80.71MPa，饱和压力 39.48MPa，注水前地层压力 41.17MPa，累产油 1.50×10^4t。停喷后累注水 $2.08\times10^4m^3$，增油 0.87×10^4t。

两种注水时机井生产指标对比发现(图 5)，热普 5 井衰竭开发停喷前油藏压力低于饱和压力，气油比由 $800m^3/t$ 上升至 $8583m^3/t$，注水吞吐后由于伴生气前期采出量较多，气油比仅为 $127m^3/t$；而跃满 1-2 井饱和压力以上注水保压开发，注水前气油比 $793m^3/t$，注水后由于脱气不严重，气油比为 $1028m^3/t$。原油采收率指标热普 5 井为 33.71%，略高于跃满 1-2 井的 24.93%，主要原因是注水保压开发时油藏压力较高，而先衰竭后注水吞吐，油藏压力已充分释放，利于远端缝洞体内原油向井筒流动，待油藏内部压力平衡后，通过注水也可实现对远端缝洞体内原油的重力置换。同时考虑到本区普遍含 H_2S，先衰竭后注水，注水井口压力低，可有效降低井控风险。目前富满油田挥发性油井共实施注水 29 口，注水 $64\times10^4m^3$，增油 20×10^4t。

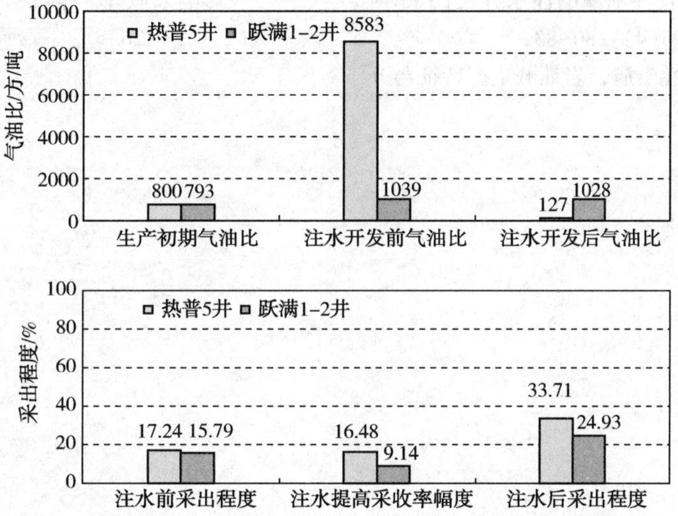

图 5　热普 5 井与跃满 1-2 井注水开发效果对比直方图

3　结论

(1) 富满超深断控缝洞型挥发性油藏储集空间及渗流通道为大缝大洞，毛管力可以忽略，油气水分布由重力起主导作用，衰竭开发时剩余油聚集于油藏单元相对低部位，这样完全可以单井注水替油的原理采出洞内的剩余油，且该类油藏衰竭停喷压力普遍高于饱和压力，注水时机选择先衰竭后注水是可行的。

(2) 通过矿场试验对比，富满断控缝洞型挥发性油藏先衰竭后注水最终采收率略高于饱和压力以上注水的采收率，且现场实施更简单易行。

参 考 文 献

[1] OGUNREWO O, HERENS T, GRINGARTEN A C. Well deliverability forecasting in gas condensate and volatile oil wells below saturation pressure[C]. SPE 164869, 2013.

[2] CLARK P, TOULEKIMA S, SARMA H. A miscibility scoping study for gas injection into a hightemperature volatile oil reservoir in the Cooper basin, Australia [C]. SPE 116782, 2008.

[3] TORRES D E, SHARMA M M. A novel chemical treatment to enhance productivity of volatile oil wells[C]. SPE138124, 2010.

[4] 钟显彪，王岚岚，陈栗，等. 长春弱挥发性油油藏的开发经验[J]. 石油学报，2001，22(1)：67-71.

[5] 郭勇军，张阳，安红梅. 东濮凹陷文 72 断块挥发油油藏开采特征研究[J]. 煤炭技术，2011，30(2)：129-131.

[6] 张阳，杜祥，杨庆文，等. 东濮凹陷挥发油特性及勘探方向[J]. 石油勘探与开发，2001，28(4)：28-32.

[7] 杨磊，韩红霞，施英，等. 塔里木盆地塔中地区衰竭废弃缝洞型碳酸盐岩挥发油藏及凝析气藏注水效果分析[J]. 天然气地球科学，2015，26(S2)：202-206.

[8] 李春兰，张丽华，郎兆新. 挥发性油藏原油不同脱气程度水驱油效率实验室研究[J]. 断块油气田，1996，3(6)：38-40.

[9] 黄文芬，秦学杰，杜笑咏. 弱挥发性黑油油藏注水

及开发注气效果研究[J]. 油气地质与采收率，2012，19(4)：87-89.

[10] 刘军，邱婷，戴卫华，等. 挥发性原油单次闪蒸实验结果的修正方法[J]. 中国海上油气，2010，22(6)：394-396.

[11] 吴克柳，李相方，王海涛，等. 挥发油非平衡相变对脱气影响的定量评价模型[J]. 石油勘探与开发，2012，39(5)：597-604.

[12] 杨宝泉，杨莉，王星，等. 挥发性油藏组分梯度模型研究[J]. 西南石油大学学报(自然科学版)，2013，35(4)：145-151.

[13] 何右安，凌建军，挥发性油藏的注水开发[J]. 西部探矿工程，2004，95(4)：80-83

[14] 陈乾宇. 近临界挥发性生屑云岩油藏生产特征与开发模式研究[D]. 成都：西南石油大学，2017.

[15] 邓兴梁，闫婷，张银涛，等. 走滑断裂断控碳酸盐岩油气藏的特征与井位部署思路——以塔里木盆地为例[J]. 天然气工业，2021，41(3)：21-29.

[16] 江同文，昌伦杰，邓兴梁，等. 断控碳酸盐岩油气藏开发地质认识与评价技术——以塔里木盆地为例[J]. 天然气工业，2021，41(3)：1-9.

[17] 丁志文，陈方方，谢恩，等. 塔中M区奥陶系碳酸盐岩凝析气藏综合分类及开发技术对策[J]. 油气地质与采收率. 2017，24(5)：84-92.

[18] 贺刚，张丽华，郎兆新，等. 挥发油油藏生产特征及影响采收率的因素[J]. 断块油气田，1996，3(2)：23-26.

塔里木油田原油 PD 储量影响因素敏感性分析

李梅香[1] 孙秋分[2] 杨栓荣[1] 王 陶[1] 张晶晶[2]

(1. 中国石油塔里木油田公司 2. 中国石油杭州地质研究院)

摘 要 当前随着油价的下跌，塔里木油田 SEC 证实已开发(PD)储量保持平稳难度加大。通过对塔里木油田 6 个典型评估单元 PD 储量主要影响因素的敏感性分析，发现关键影响因素是吨油可变成本和 PD 储量基数：(1)评估单元吨油可变成本越大时，吨油可变成本、单井固定成本、评估初始产量、油价因素对 PD 储量的影响也越大，尤其在吨油可变成本大于 400￥/t 时，这四个因素对 PD 储量的影响也更加剧烈。如典型评估单元这 4 个因素在 2019 年基础上分别下降 20%后，F 评估单元的 PD 储量变化率依次为：0.1%、2.5%、-22.3%、-3.0%；L 评估单元的 PD 储量变化率依次为：11.8%、54.3%、-70.6%、-83.2%。(2)典型评估单元的 PD 储量基数越大，从吨油可变成本，到油价、单井固定成本，再到初始产量、递减率，对 PD 储量的影响也越大、越剧烈。这一结论为当前低油价下如何确保塔里木油田 PD 储量平稳提供了合理的解决方案和依据。

关键词 低油价；PD 储量；评估；主要影响因素；敏感性分析

1 前言

PD 储量(SEC 证实已开发储量)即为剩余经济可采储量，是指预计从现有井及已安装设施中可采出的储量，如果未安装设施，亦指储量投产所需支出较低(如：与钻井成本相比)的储量。PD 储量评估方法主要是指动态法，动态法评估 PD 储量是针对开发时间较长、有一定油水运动规律的油气藏进行评估。它利用矿场实际资料如油、气、水及压力等数据的变化规律进行分析，从而预测油气藏未来的发展趋势，是 PD 储量评估中最常用的方法，也是相对准确的方法。

长期以来，油价的阶段性下跌对公司生产经营造成严重影响，2020 年年初国际油价下跌有着速度快、冲击大、供需双向压力的特点，是自 2002 年以来最严重的下跌，比 2008 年、2004 年两次下跌的情况严重得多，对油企的影响也是前所未有的。专家预测，未来一段时间内，国际石油市场大概率处于低油价状态，石油行业进入低收益、高风险的运行状态，PD 储量评估也面临严峻形势，如何合规、合理的全面挖潜 PD 储量，研究 PD 储量影响因素的敏感性，既是当务之急，也是长期的重点、难点工作。

2 PD 储量的影响因素

油气藏预测的未来发展趋势是以当前经济参数下计算的经济极限产量为截止点。如图 1 所示：线 0 是评估基准日，线 1 是预测曲线在经济极限产量 Q 下对应的截止线。图中阴影面积 S 为 PD 储量，由图可见，影响 PD 储量大小的因素有：评估初始产量，评估递减率和经济极限产量。评估初始产量和递减率固定，经济极限产量越大，评估的 PD 储量越小，二者呈反向关系；评估初始产量和经济极限产量固定，递减率越大，评估的 PD 储量越小，二者呈反向关系；评估递减率和经济极限产量固定，评估初始产量越大，评估的 PD 储量也越大，二者呈正向关系。因此，在 PD 储量评估中，研究清楚影响 PD 储量的关键因素是应对油价变化，提出可靠解决技术的关键。

目前评估 PD 储量常用的动态法是指产量递减法中的指数递减。根据 Arps(阿普斯)递减模型，油田指数递减阶段的累积产量为：

$$N_{油累} = \frac{Q_{油初} - Q_{油}}{D_{油初}} \tag{1}$$

式中：$N_{油累}$ 为油田递减阶段的累积产量；$Q_{油初}$ 为递减初始产量；$D_{油初}$ 为初始递减率；$Q_{油}$ 为递减阶段 t 时间的产量。

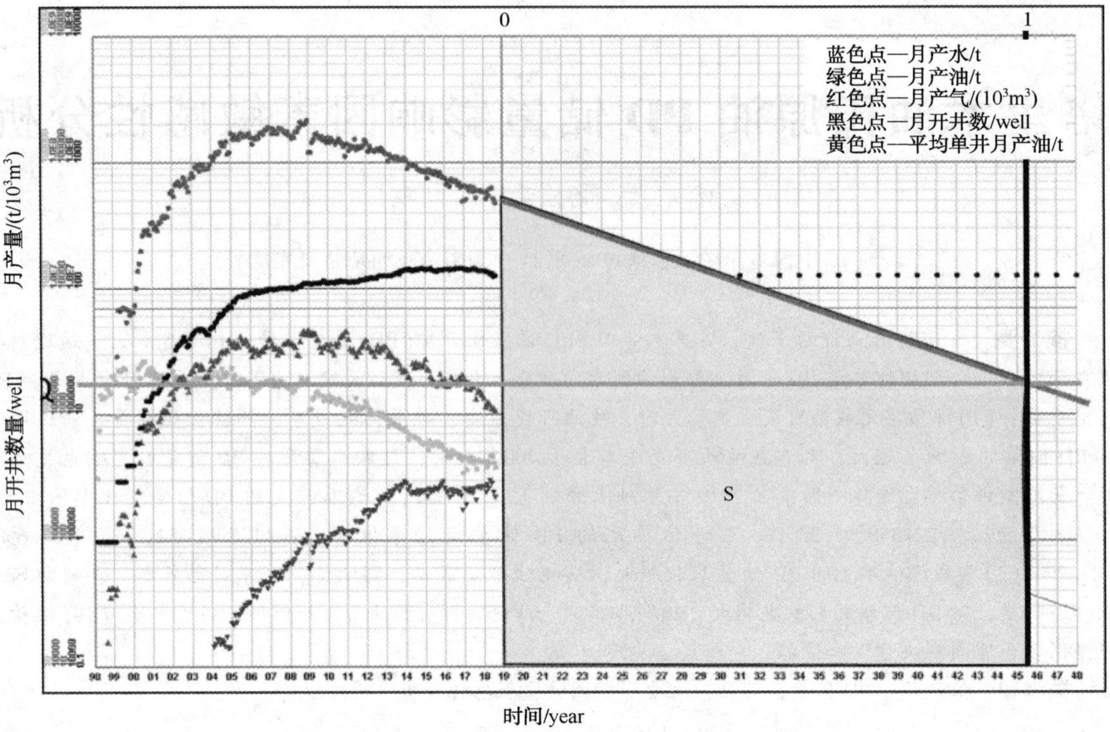

图 1　经济极限产量与 PD 储量关系

在 PD 储量评估中；$N_{油累}$ 为评估储量；$Q_{油初}$ 为评估初始产量；$D_{油初}$ 为评估递减率；$Q_{油}$ 为评估时的经济极限产量。

经济极限产量是指油田刚好达到投入产出平衡时的产量，即油田废弃时只能收回操作成本和税费的最低产量，影响因素包括操作成本、油价、税费等，具体计算过程中将操作成本区分为固定成本和可动成本。首先利用投入产出平衡法，得到计算经济极限产量的恒等式，投入指的是操作成本和税费，产出即原油、溶解气销售收入。原油、溶解气均要考虑商品率。

依据这一原理得到油田经济极限产量模型如下。

$$Q_{油} = \frac{M C_{单井固定}}{I_{油}(P_{油} - C_{吨油可变} - R_{油单}) + \dfrac{Q_{气}}{Q_{油}} I_{气}(P_{气} - R_{气单})} \tag{2}$$

式中：$Q_{油}$ 为油田经济极限产量，$I_{油}$ 为原油商品率，$P_{油}$ 为原油含税价格，$R_{油}$ 为原油税费(包括原油增值税、城建税、教育附加税、资源税)，$Q_{气}$ 为溶解气产量，$I_{气}$ 为溶解气商品率，$P_{气}$ 为溶解气含税价格，$R_{气}$ 为溶解气税费(包括溶解气增值税、城建税、教育附加税、资源税)，$R_{油单}$ 为原油单位税费，$R_{气单}$ 为溶解气单位税费，$Q_{气}/Q_{油}$ 为油田气油比，$C_{单井固定}$ 为油田单井固定成本，$C_{吨油可变}$ 为原油吨油可变成本，M 为油田开井数。

将公式(10)代入公式(1)得：

$$N_{油累} = \frac{Q_{油初} - \dfrac{M C_{单井固定}}{I_{油}(P_{油} - C_{吨油可变} - R_{油单}) + \dfrac{Q_{气}}{Q_{油}} I_{气}(P_{气} - R_{气单})}}{D_{油初}} \tag{3}$$

从公式(3)可以看出影响油田 PD 储量的因素有：评估初始产量、评估递减率、井数、单井固定成本、原油商品率、原油油价、原油吨油可变成本、原油单位税费、气油比、溶解气商品率、溶解气气价、溶解气单位税费。其中评估初始产量、原油价格、溶解气价格、原油商品率、溶解气商品率、气油比与 PD 储量成正向关系，评估递减率、单井固定成本、油田开井数、原油吨油可变成本、原油单位税费及溶解气单位税费与 PD 储量成反向关系。

在实际评估中，油田的原油商品率为100%，溶解气商品率为81.5%，井数基本固定。原油、溶解气的增值税、城建税、教育附加税、资源税按政府要求的固定比例征收，一定时期内无变化。油田气油比低，溶解气产量不高且价格变动不大。因此，在油田评估中可以忽略原油商品率、溶解气商品率、井数、原油单位税费、溶解气单位税费、气油比及溶解气价格变化对油田PD储量的影响。

从以上可以看出影响油田PD储量的主要因素有：评估初始产量、评估递减率、油价、单井固定成本及原油吨油可变成本。其中评估初始产量、原油价格与PD储量成正向关系，评估递减率、单井固定成本及原油吨油可变成本与PD储量成反向关系。

3 PD储量主要影响因素的敏感性分析

影响PD储量主要因素的敏感性分析是假定影响PD储量的其他因素不变，仅对某单一的不确定因素变化及其影响进行分析，估算单个因素的变化对PD储量产生的影响。

依据2019年评估参数及结果，按评估递减率、初始产量大小及储量规模选择塔里木油田D、H、J、L、T及F6个评估单元为典型评估单元。以2019年的相关经济参数及评估参数为基础，分别以油价、初始产量、递减率、单井固定成本、吨油可变成本为不确定因素，其他因素不变，计算典型评估单元在各因素变化-20%，-15%，-10%，-5%，5%，10%，15%，20%时对应的PD储量及储量变化率。2019年相关经济参数见表1，典型评估单元其他评估参数及评估结果见表2。

表1 2019年相关经济参数表

项目	原油		溶解气	
	单位	数值	单位	数值
不含增值税的价格	￥/t	2883	￥/10^3m^3	1700
含增值税的价格	￥/t	3258	￥/10^3m^3	1887
商品率	%	100	%	94.2
增值税税率	%	13	%	9
城市建设税	%	7	%	7
教育费附税	%	5	%	5
资源税	%	5.95	%	5.95

表2 塔里木油田典型评估单元2019年评估参数及评估结果表

评估单元	评估递减率/%	评估初始产量/(t/month)	吨油可变成本/(￥/t)	单井固定成本/(10^3￥/well.year)	PD储量/(10^4t)
D	7.62	11748	300.65	4263	121.19
H	11.72	46670	205.28	2085	357.81
J	20.60	2230	439.80	1795	6.59
L	14.30	11630	518.35	3363	24.32
T	14.00	3257	447.22	2519	12.72
F	27.50	15801	110.33	4304	52.28

3.1 油价敏感性分析

影响PD储量的其他因素不变，以油价为不确定因素，计算典型评估单元在油价变化百分比之下对应的PD储量和PD储量变化率，计算结果如表3所示。典型评估单元油价变化率与PD储量变化率的关系如图2所示。

表3 典型评估单元油价敏感性计算结果表

评估单元	计算指标	油价变化率							
		-20%	-15%	-10%	-5%	5%	10%	15%	20%
D	PD储量/10^4t	104.8	109.7	114.0	117.8	124.2	126.9	129.4	131.2
	PD储量变化率	-13.5%	-9.5%	-5.9%	-2.8%	2.5%	4.7%	6.8%	8.2%
H	PD储量/10^4t	332.9	340.3	346.8	352.6	362.5	366.7	370.5	373.3
	PD储量变化率	-7.0%	-4.9%	-3.1%	-1.4%	1.3%	2.5%	3.5%	4.3%
J	PD储量/10^4t	5.2	5.6	6.0	6.3	6.8	7.1	7.3	7.4
	PD储量变化率	-20.8%	-14.6%	-9.3%	-4.3%	3.8%	7.4%	10.5%	12.9%

续表

评估单元	计算指标	油价变化率							
		-20%	-15%	-10%	-5%	5%	10%	15%	20%
L	PD 储量/10^4t	4.1	10.2	15.6	20.2	28.0	31.3	34.2	36.4
	PD 储量变化率	-83.2%	-58.0%	-36.0%	-16.8%	15.2%	28.5%	40.7%	49.5%
T	PD 储量/10^4t	8.7	9.9	11.0	11.9	13.5	14.1	14.7	15.1
	PD 储量变化率	-31.7%	-22.0%	-13.7%	-6.4%	5.8%	10.9%	15.5%	18.9%
F	PD 储量/10^4t	50.7	51.2	51.6	51.9	52.6	52.9	53.1	53.3
	PD 储量变化率	-3.0%	-2.1%	-1.4%	-0.6%	0.6%	1.1%	1.6%	1.9%

从图1可以看出：(1)不同评估单元油价变化率相同时，PD储量变化率差异较大。如，典型评估单元2019年油价下调20%，F的PD储量变化率最小，PD储量减少3.0%；L的PD储量变化率最大，PD储量减少83.2%。(2)同一评估单元油价变化率绝对值相同时，油价越低对PD储量的影响越大。如，典型评估单元2019年油价上调20%(从56美元升至68美元)，L的PD储量增加49.5%，而油价下跌20%(从56美元降到45美元)，其PD储量减少83.2%。

3.2 初始产量敏感性分析

影响PD储量的其他因素不变，以初始产量为不确定因素，计算典型评估单元在初始产量变化百分比之下对应的PD储量和PD储量变化率，计算结果如表4所示。典型评估单元初始产量变化率与PD储量变化率的关系如图3所示。

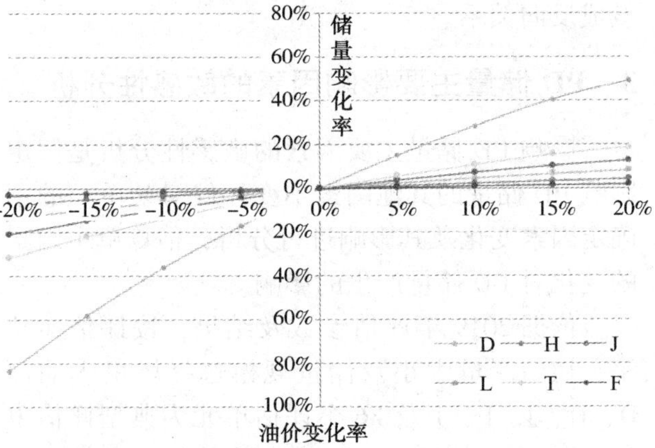

图2　油价变化率与PD储量变化率关系

表4　典型评估单元初始产量敏感性计算结果表

评估单元	计算指标	初始产量变化率							
		-20%	-15%	-10%	-5%	5%	10%	15%	20%
D	PD 储量/10^4t	85.7	94.6	103.4	112.3	130.1	139.0	147.9	156.7
	PD 储量变化率	-29.3%	-22.0%	-14.7%	-7.3%	7.3%	14.7%	22.0%	29.3%
H	PD 储量/10^4t	268.2	290.6	313.0	335.4	380.2	402.7	425.1	447.5
	PD 储量变化率	-25.0%	-18.8%	-12.5%	-6.3%	6.3%	12.5%	18.8%	25.1%
J	PD 储量/10^4t	4.4	4.9	5.5	6.0	7.1	7.7	8.3	8.8
	PD 储量变化率	-33.3%	-25.1%	-16.8%	-8.5%	8.4%	16.8%	25.3%	33.8%
L	PD 储量/10^4t	7.2	11.4	15.7	20.0	28.7	33.0	37.4	41.7
	PD 储量变化率	-70.6%	-53.1%	-35.5%	-17.8%	17.9%	35.9%	53.8%	71.6%
T	PD 储量/10^4t	7.6	8.9	10.2	11.4	14.0	15.3	16.6	17.9
	PD 储量变化率	-40.0%	-30.0%	-20.0%	-10.0%	10.1%	20.2%	30.2%	40.4%
F	PD 储量/10^4t	40.6	43.5	46.4	49.4	55.2	58.1	61.0	64.0
	PD 储量变化率	-22.3%	-16.7%	-11.2%	-5.6%	5.6%	11.2%	16.7%	22.4%

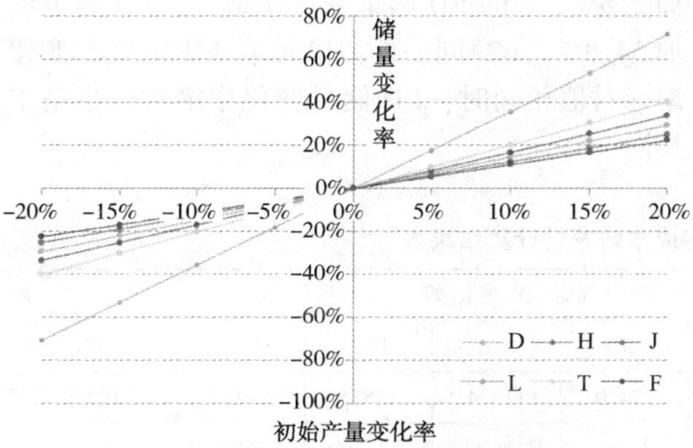

图3 初始产量变化率与PD储量变化率关系

从图2可以看出：(1)不同评估单元初始产量变化率相同时，PD储量变化率差异较大。如，典型评估单元2019年评估初始产量降低20%，F的PD储量变化率最小，PD储量减少22.3%；L的PD储量变化率最大，PD储量减少70.6%。(2)同一评估单元初始产量变化率绝对值相同时，PD储量变化率绝对值也基本相同。

3.3 递减率敏感性分析

影响PD储量的其他因素不变，以递减率为不确定因素，计算典型评估单元在递减率变化百分比之下对应的PD储量和PD储量变化率，计算结果如表5所示。典型评估单元递减率变化率与PD储量变化率的关系如图4所示。

表5 典型评估单元初始递减率敏感性计算结果表

评估单元	计算指标	递减率变化率							
		-20%	-15%	-10%	-5%	5%	10%	15%	20%
D	PD储量/10^4t	152.7	143.5	135.2	127.8	115.2	109.7	104.7	100.2
	PD储量变化率	26.0%	18.4%	11.6%	5.5%	-5.0%	-9.5%	-13.6%	-17.3%
H	PD储量/10^4t	453.1	425.0	400.1	377.9	339.7	323.2	308.1	294.3
	PD储量变化率	26.6%	18.8%	11.8%	5.6%	-5.1%	-9.7%	-13.9%	-17.8%
J	PD储量/10^4t	8.4	7.9	7.4	7.0	6.2	5.9	5.6	5.4
	PD储量变化率	28.1%	19.8%	12.4%	5.9%	-5.4%	-10.3%	-14.7%	-18.8%
L	PD储量/10^4t	30.9	29.0	27.3	25.7	23.1	21.9	20.9	20.0
	PD储量变化率	27.1%	19.1%	12.0%	5.5%	-5.2%	-9.8%	-14.1%	-18.0%
T	PD储量/10^4t	16.2	15.1	14.3	13.4	12.1	11.5	10.9	10.4
	PD储量变化率	27.0%	19.0%	12.0%	5.7%	-5.1%	-9.8%	-14.1%	-18.0%
F	PD储量/10^4t	67.7	63.1	59.1	55.5	49.3	46.7	44.2	42.0
	PD储量变化率	29.4%	20.8%	13.1%	6.2%	-5.6%	-10.7%	-15.4%	-19.7%

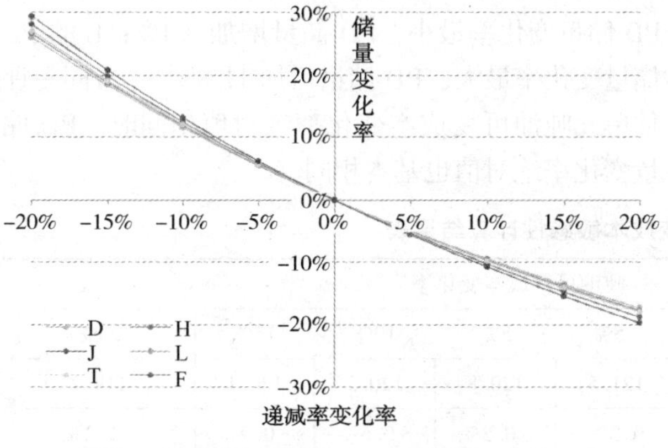

图4 递减率变化率与PD储量变化率关系

从表5可以看出：(1)不同评估单元递减率变化率相同时，PD储量变化率差异较小。如，典型评估单元2019年评估递减率降低20%，D的PD储量变化率最小，PD储量增加26.0%；F的PD储量变化率最大，PD储量增加29.4%。(2)同一评估单元递减率变化率绝对值相同时，递减率越小对PD储量的影响越大。如，典型评估单元2019年评估递减率上调20%，F的PD储量减少19.7%；而递减率下调20%，其PD储量增加29.4%。

3.4 单井固定成本敏感性分析

影响PD储量的其他因素不变，以单井固定成本为不确定因素，计算典型评估单元在单井固定成本变化百分比之下对应的PD储量和PD储量变化率，计算结果如表6所示。典型评估单元单井固定成本变化率与PD储量变化率的关系如

图5所示。

从表6可以看出：(1)不同评估单元单井固定成本变化率相同时，PD储量变化率差异较大。如，典型评估单元2019年单井固定成本降低20%，F的PD储量变化率最小，PD储量增加2.5%；L的PD储量变化率最大，PD储量增加54.3%。(2)同一评估单元单井固定成本变化率绝对值相同时，PD储量变化率绝对值也基本相同。

表6　典型评估单元单井固定成本敏感性计算结果表

评估单元	计算指标	单井固定成本变化率							
		−20%	−15%	−10%	−5%	5%	10%	15%	20%
D	PD储量/10^4t	132.5	129.7	126.9	124.0	118.4	115.5	112.7	109.9
	PD储量变化率	9.4%	7.0%	4.7%	2.3%	−2.3%	−4.7%	−7.0%	−9.4%
H	PD储量/10^4t	376.1	371.6	367.0	362.4	353.3	348.7	344.1	339.5
	PD储量变化率	5.1%	3.8%	2.6%	1.3%	−1.3%	−2.5%	−3.8%	−5.1%
J	PD储量/10^4t	7.6	7.3	7.1	6.8	6.3	6.1	5.8	5.6
	PD储量变化率	15.2%	11.3%	7.5%	3.8%	−3.8%	−7.6%	−11.4%	−15.3%
L	PD储量/10^4t	37.5	34.3	30.9	27.6	21.0	17.7	14.4	11.1
	PD储量变化率	54.3%	40.8%	27.2%	13.6%	−13.6%	−27.2%	−40.9%	−54.4%
T	PD储量/10^4t	15.4	14.7	14.0	13.4	12.1	11.4	10.7	10.1
	PD储量变化率	20.8%	15.6%	10.4%	5.2%	−5.2%	−10.3%	−15.5%	−20.7%
F	PD储量/10^4t	53.6	53.3	52.9	52.6	51.9	51.6	51.3	50.9
	PD储量变化率	2.5%	1.9%	1.3%	0.6%	−0.6%	−1.3%	−1.9%	−2.6%

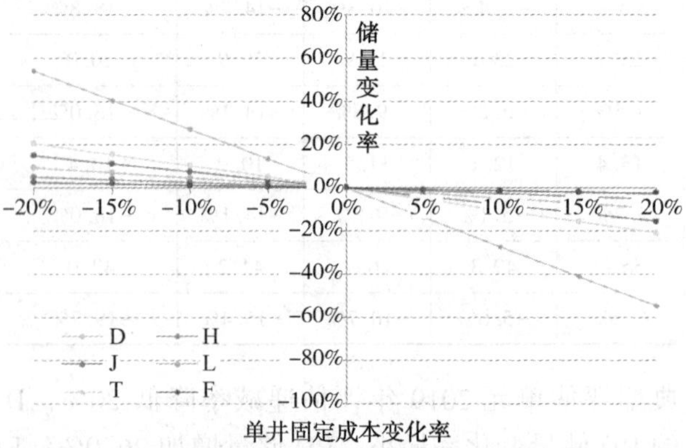

图5　单井固定成本变化率与PD储量变化率关系

3.5　吨油可变成本敏感性分析

影响PD储量的其他因素不变，以吨油可变成本为不确定因素，计算典型评估单元在吨油可变成本变化百分比之下对应的PD储量和PD储量变化率，计算结果如表7所示。典型评估单元单井固定成本变化率与PD储量变化率的关系如图6所示。

从表7可以看出：(1)不同评估单元吨油可变成本变化率相同时，PD储量变化率不同。如，典型评估单元2019年吨油可变成本降低20%，F的PD储量变化率最小，PD储量增加0.1%；L的PD储量变化率最大，PD储量增加11.8%。(2)同一评估单元吨油可变成本变化率绝对值相同时，PD储量变化率绝对值也基本相同。

表7　典型评估单元吨油可变成本敏感性计算结果表

评估单元	计算指标	吨油可变成本变化率							
		−20%	−15%	−10%	−5%	5%	10%	15%	20%
D	PD储量/10^4t	122.6	122.3	121.9	121.5	120.8	120.5	120.1	119.7
	PD储量变化率	1.2%	0.9%	0.6%	0.3%	−0.3%	−0.6%	−0.9%	−1.2%
H	PD储量/10^4t	359.3	358.9	358.6	358.2	357.4	357.0	356.7	356.3
	PD储量变化率	0.4%	0.3%	0.2%	0.1%	−0.1%	−0.2%	−0.3%	−0.4%

续表

评估单元	计算指标	吨油可变成本变化率							
		-20%	-15%	-10%	-5%	5%	10%	15%	20%
J	PD储量/10^4t	6.8	6.7	6.7	6.6	6.5	6.5	6.5	6.4
	PD储量变化率	2.6%	1.9%	1.3%	0.6%	-0.7%	-1.4%	-2.1%	-2.8%
L	PD储量/10^4t	27.2	26.5	25.8	25.1	23.6	22.8	22.0	21.2
	PD储量变化率	11.8%	9.0%	6.1%	3.0%	-3.1%	-6.4%	-9.6%	-13.0%
T	PD储量/10^4t	13.2	13.1	13.0	12.9	12.6	12.5	12.3	12.2
	PD储量变化率	3.9%	3.0%	2.0%	1.0%	-1.0%	-2.1%	-3.1%	-4.2%
F	PD储量/10^4t	52.3	52.3	52.3	52.3	52.3	52.2	52.2	52.2
	PD储量变化率	0.1%	0.1%	0.0%	0.0%	0.0%	-0.1%	-0.1%	-0.1%

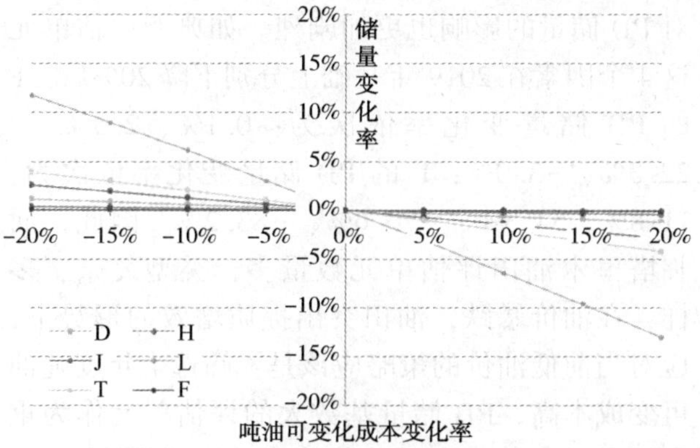

图6 吨油可变成本变化率与PD储量变化率关系

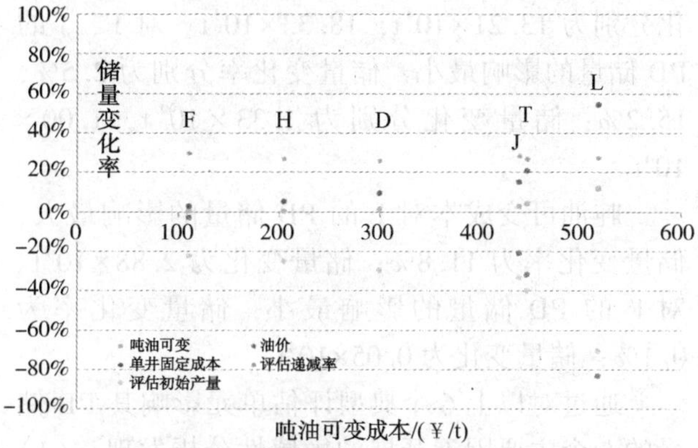

图7 典型评估单元2019年吨油可变成本与PD储量变化率关系

油价、初始产量、递减率、单井固定成本、吨油可变成本在2019年基础上分别下调20%，对典型评估单元PD储量的影响如表8所示，典型评估单元2019年吨油可变成本与PD储量变化率关系如图7所示。

由表8可见，油价对L、H的PD储量的影响最大，储量变化率分别为-83.2%，-7.0%；储量变化分别为-20.24×10^4t，-24.94×10^4t。对F、J的PD储量的影响最小，储量变化率分别为-3.0%，-20.24%；储量变化分别为-1.58×10^4t，-1.37×10^4t。

表8 各因素在2019年基础上下降20%后对PD储量的影响表

项目	D	H	J	L	T	F
油价影响PD储量变化率	-13.5%	-7.0%	-20.8%	-83.2%	-31.7%	-3.0%
油价影响PD储量变化/10^4t	-16.41	-24.94	-1.37	-20.24	-4.03	-1.58
初始产量影响PD储量变化率	-29.3%	-25.0%	-33.3%	-70.6%	-40.0%	-22.3%
初始产量影响PD储量变化/10^4t	-35.51	-89.58	-2.20	-17.17	-5.09	-11.66
递减率影响PD储量变化率	26.0%	26.6%	28.1%	27.1%	27.0%	29.4%
递减率影响PD储量变化/10^4t	31.53	95.26	1.85	6.58	3.43	15.38
单井固定成本影响PD储量变化率	9.4%	5.1%	15.2%	54.3%	20.8%	2.5%
单井固定成本影响PD储量变化/10^4t	11.35	18.33	1.00	13.21	2.64	1.33
吨油可变成本影响PD储量变化率	1.2%	0.4%	2.6%	11.8%	3.9%	0.1%
吨油可变成本影响PD储量变化/10^4t	1.40	1.47	0.17	2.88	0.50	0.05
各因素影响PD储量变化率合计	-6.3%	0.1%	-8.3%	-60.6%	-20.0%	6.7%
各因素影响PD储量变化合计/10^4t	-7.65	0.53	-0.55	-14.74	-2.54	3.52

评估初始产量对L、H的PD储量的影响最大，储量变化率分别为-70.6%，-25.0%；储量变化分别为-17.17×10^4t，-89.58×10^4t。对F、J的PD储量的影响最小，储量变化率分别为-22.3%,-33.3%；储量变化分别为-11.66×10^4t，-2.20×10^4t。

递减率对F、H的PD储量的影响最大，储量变化率分别为29.4%，26.6%；储量变化分别为15.38×10^4t，95.26×10^4t。对D、J的PD储量的影响最小，储量变化率26.6%，28.1%；储量变化31.53×10^4t，1.85×10^4t。

单井固定成本对L、H的PD储量的影响最大，储量变化率分别为54.3%，5.1%；储量变化分别为13.21×10^4t，18.33×10^4t。对F、J的PD储量的影响最小，储量变化率分别为2.5%，15.2%；储量变化分别为1.33×10^4t，1.00×10^4t。

吨油可变成本对L的PD储量的影响最大，储量变化率为11.8%；储量变化为2.88×10^4t。对F的PD储量的影响最小，储量变化率为0.1%；储量变化为0.05×10^4t。

通过对以上6个典型评估单元影响其PD储量的5个主要因素开展的敏感性分析发现：(1)不同评估单元油价、初始产量、单井固定成本、吨油可变成本变化率相同时，PD储量变化率差异较大。如，典型评估单元2019年油价、初始产量、单井固定成本、吨油可变成本分别下调20%，对F的PD储量的影响最小，储量变化率依次为-3.0%，-22.3%，2.5%，0.1%；对L的PD储量的影响最大，储量变化率依次为-83.2%，-70.6%，54.3%，11.8%。(2)不同评估单元递减率变化率相同时，随着评估单元递减率的增大而对其PD储量的影响也增大。如，典型评估单元2019年评估递减率降低20%，对D的PD储量的影响最小，储量变化率26.0%；对F的PD储量的影响最大，储量变化率29.4%。(3)同一评估单元油价、递减率变化率绝对值相同时，油价越低，递减率越小，对其PD储量的影响也越大。如，J2019年油价、评估递减率分别下调20%，其PD储量变化率依次为-20.8%，28.1%；这两个因素上调20%，其PD储量变化率依次为12.9%，-18.8%。(4)同一评估单元初始产量、固定可变成本、吨油可变成本变化率绝对值相同时，PD储量变化率绝对值也基本相同。(5)典型评估单元的PD储量基数越大，从吨油可变成本，到初始产量、递减率，再到油价、单井固定成本，对PD储量的影响也越大、越剧烈。

4 结论

影响油田PD储量的主要因素有：油价、评估初始点、递减率、单井固定成本、吨油可变成本。通过对塔里木油田典型评估单元主要因素的敏感性分析，发现：(1)评估单元吨油可变成本越大时，吨油可变成本、单井固定成本、评估初始产量、油价因素对PD储量的影响也越大，尤其在吨油可变成本大于400￥/t时，这四个因素对PD储量的影响也更加剧烈。如典型评估单元这4个因素在2019年基础上分别下降20%后，F的PD储量变化率依次为：0.1%、2.5%、-22.3%、-3.0%；L的PD储量变化率依次为：11.8%、54.3%、-70.6%、-83.2%。因此，面临塔里木油田评估单元数量多，类型复杂、多样，在油价暴跌，油田突出提质增效的形势下，应对当前低油价的策略应该是：筛选上年度吨油可变成本高、PD储量基数大的评估单元作为重点挖潜对象，一方面节能降本，降低操作成本；另一方面积极开展综合治理，降低递减率，提高产量，提高开发效果。以这两方面入手来降低当前低油价对PD储量的负面影响。

参 考 文 献

[1] 王永祥，张君峰，等．油气储量评估方法[M]．北京：石油工业出版社，2012：288-298.

[2] 陈豫川，马辉树，孙宇，等．SEC准则下产量递减法在火山岩油藏储量评估中的应用[J]．内蒙古石油化工，2017(1)：112-115.

[3] 杨正茂．浅析SEC证实储量动态评估方法应注意的几点问题[J]．低碳世界，2016(9)：275-276.

[4] 黄学斌．SEC油气证实储量评估结果合理性检验方法[J]．石油实验地质，2017，39(3)：431-435.

[5] 姜汉桥，姚军，姜瑞忠．油藏工程原理与方法[M]．东营：石油大学出版社，2000：188-190.

[6] 吕剑，尹光辉，赵金华．基于综合效益下油田经济极限产量分析[J]．科技和产业，2012，12(5)：84-86.

[7] 陈元千．用水驱曲线确定经济极限含水率的方法及其应用[J]．新疆石油地质，2010，31(2)：158-162.

[8]钟晓虎，柴晶晶，文革．稠油油藏HS油田经济极限产量研究[J]．科技和产业，2015，15(9)：140-143.

[9] 陈淑凤．辽河稠油油藏经济极限产量变化规律研究[J]．断块油气田，2008，15(2)：67-69.

[10] 陈元千，孙兵．确定油井经济极限产量和极限井控面积的简易方法[J]．断块油气田，2010，17(1)：55-56.

[11] 梁武久．油藏经济极限含水确定方法研究[J]．石油地质与工程，2013，27(2)：54-60.

[12] 陈尘，李坤运，等．气田开发后期经济极限产量界限模型研究[J]．石油与天然气，2012，30(3)：78-81.

[13] 许进进，任玉林，等．油价和成本对证实储量的影响[J]．石油与天然气地质，2012，33(4)：646-649.

[14] 油气田开发专业标准化技术委员会．石油可采储量计算方法：SY/T 5367-2010[S]．北京：石油工业出版社，2010.

[15] 张玲，魏萍，肖席珍．SEC储量评估特点及影响因素[J]．石油与天然气地质，2011，32(2)：293-302.

利用水平井提高致密油气藏采收率技术研究
——以迪那2气田为例

张　旭　张永宾　孟令烨　白晓佳　刘占锋　赵　冀　李小瑞　王海波　闫炳旭

(中国石油塔里木油田公司)

摘　要　迪那2气田为异常高压块状底水凝析气藏，平均孔隙度8.9%，渗透率1.0mD，属于致密性储层。目前该气田水侵形势严峻，构造东西部开采不均衡，稳产面临巨大挑战。迪那2气田构造西部剩余储量大，动用程度低，但整体裂缝欠发育，单井产能低，为高效挖潜气藏潜力，确保气田持续稳产，本研究充分考虑边底水推进、生产压差、压裂改造等因素，合理论证水平井长度、水平段方位等设计参数，得出水平段长度为300m，水平段方向与最大主应力方向夹角70~90°较为合理的认识。通过部署该气藏水平井A开采实践，上述认识得以证实并取得了提高采收率的实效。

关键词　凝析气藏；致密；水侵；水平井；提高采收率

1　前言

迪那2气田为异常高压块状底水凝析气藏，平均孔隙度8.9%，渗透率1.0mD，属于致密性储层，主力层为古近系苏维依组。目前气藏水侵严重，平面上呈“边快中慢”分布特征。气藏开采不均衡，东西部开采强度比近1.5，长此生产将加剧东部水淹。气藏西部剩余储量大，具备产能转移条件。由裂缝刻画知，气藏西部整体裂缝欠发育且现有直井产能较低，为提高单井产能，加快西部储量挖潜，笔者鉴于水平井产能高、压差小等优势论证并部署迪那2气田首口水平井，取得良好成效。

2　水平井优化设计

2.1　部署层位优选

迪那2气藏自上而下层序依次是第四系、新近系、古近系、白垩系，主力层为古近系苏维依组，储层厚度400m左右，其中，古近系苏维依组第一岩性段避水高度大、天然气地质储量丰富，E1砂层组净毛比高、物性好，是部署水平井的优选层位。

迪那2气藏气水关系复杂，水侵规律在平面上呈“边快中慢”分布特征，通过刻画断层与隔夹层关系，明确断层断开隔层是底水上窜主要原因，而气藏构造西部隔层厚度大、断裂不发育，断层断开隔层程度低，因此，迪那2气藏西部苏维依组第一岩性段E1砂层组可作为部署水平井的优选层位(图1)。

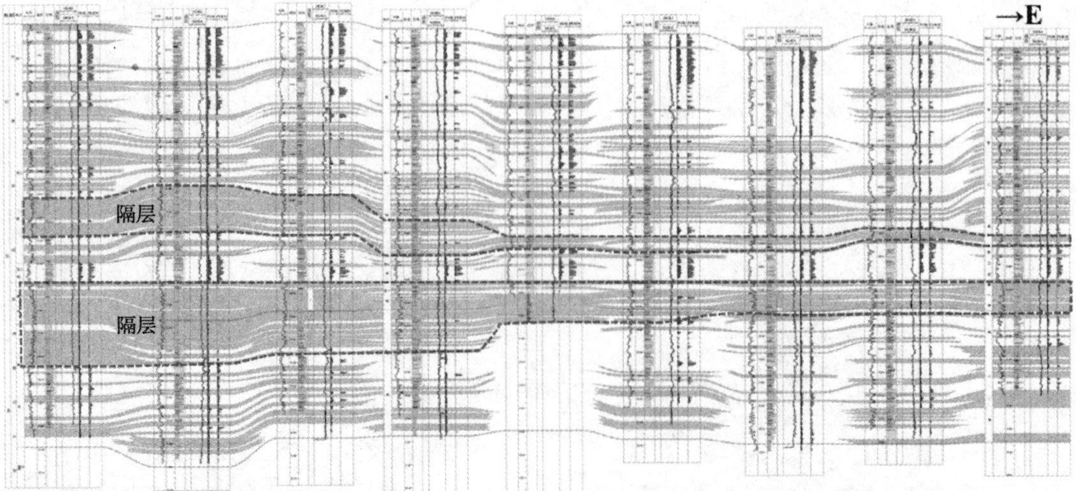

图2-1　迪那2气田东西部隔层对比图

2.2 水平段长度优选

水平段长度是影响水平井产量的重要因素，从理论公式中分析，水平段越长对产量的提高越有优势。根据水平井直井不同控制储量比对水平段长度进行分析。把水平井泄油面积看成一椭圆体，直井泄油直径加水平段长度为长轴，直井泄油直径为短轴计算。

通过此方法得到水平井泄油面积公式：

$$A=\pi Re2+2ReL \quad （式 2-1）$$

式中：Re 为水平井泄油半径，m；L 为水平段长度，m。

理论上讲，水平段长度越大，泄油面积越大，水平井的产能越高。但实际生产中由于井网部署、钻井工艺、油层保护措施、储层特点、经济效益、井筒摩阻等情况，并不是越长越好。

为此，分别设计水平段长度为 50m、100m、150m、200m、250m、300m、350m 进行方案对比。结果表明水平段长度在 300m 以内，随着水平长度的增加，单井无阻流量快速增加，300m 以后无阻流量随着水平井长度增加变化较小（表 1、图 2）。

表 1　A 井试井解释成果表

水平段长度/m	50	100	150	200	250	300	350
无阻流量/（10^4m^3/d）	102	125	147	169	195	213	223
生产压差/MPa	15.1	10.8	8.2	6.4	4.9	4.1	3.7
累产米增量/（10^4m^3/m）	—	277.6	195.8	130.8	60.6	24.0	5.4

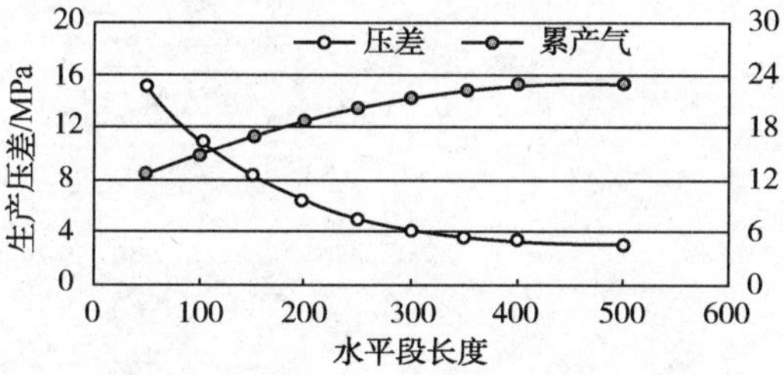

图 2-2　水平井水平段长度与累产关系

2.3 水平段方位优选

迪那 2 气藏最大水平主应力方位总体为 NE 向，天然裂缝走向为 NEE～SWW。根据水平井方向与天然裂缝走向之间关系，刻画出不同井轨迹压裂逢网图，如图 3 所示，当水平段方向与最大主应力方向夹角 70～90°时，裂缝钻遇率较高，压裂将产生较为复杂的裂缝形态，生产压差较小，可获得较高的无阻流量。

2.4 采气速度优选

在优选最佳水平段纵向位置、水平段长度与方位的基础上，分别设计 1.5%、2.0%、2.5%、3.0%共 4 种不同采气速度对比方案，预测时间为 10a。

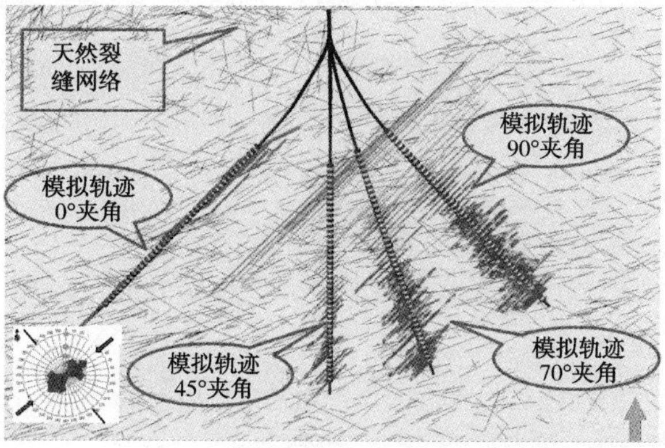

图 2-3　不同井轨迹压裂缝网模拟图

结果表明，采气速度越低，见水越晚，稳产期越长，开采指标越好。若速度太低，开采时间过长，产能规模相对较小，会造成开采费用大幅度地增加，综合分析合理采气速度为 2.5%。

表 2　A 井试井解释成果表

初期采气速度/%	单井配产/（10^4m^3/d）	稳产期/a	稳产期采出程度/%	稳产期末累产气/（10^8m^3）	开发期末采出程度/%
1.5	30	9	12.73	8.91	12.94
2.0	40	7	13.20	9.24	15.16
2.5	50	6	14.14	9.90	18.46
3.0	60	4	11.31	7.92	17.99

3 实例分析

2020年在迪那2气藏构造西部部署完钻首口水平井A，开启该气藏利用水平井提高采收率的新开发模式，为该类气藏开发提供经验。

水平井A水平段长322.5m，完钻层位为古近系苏维依组第一岩性段。2020年6月投产以来，至今不产水，油压维持在40MPa以上，日产气50万方/天，至今累产气$1.91\times10^8m^3$，水平井A的实际单井产能远高于西部其他直井，开发效果良好。

4 结论

对于迪那2气藏而言，应将水平井部署在古近系苏维依组第一岩性段，水平段长度300m，水平段方向与最大主应力方向夹角70~90°较为合理，采气速度控制在2.5%左右。同时为隔夹层发育，储层上部储量丰富且避水高度大等特征的类似致密性油气藏，也提供了水平井提高采收率开发经验。

参 考 文 献

[1] 吴永平，朱忠谦，等．迪那2气田古近系储层裂缝特征及分布评价[J]．天然气地球科学，2011，22(6)：989-995.

[2] 张旭，白晓佳，等．迪那2气田高部位见水井水侵规律及差异性研究[C]，2020IFEDC，2020：194.

[3] 张静．辽河油田雷11区块水平井优化设计研究[D]．大庆：东北石油大学，2015.

[4] 邹国庆，成荣红，等．利用水平井提高英买7凝析气藏采收率[J]．天然气工业，2007，27(4)：82-84.

低成本多段塞组合驱提高采收率技术

郭艳 李岩 张卓 王熙 李浩

（中国石油化工股份有限公司河南油田分公司）

摘要 水驱和聚驱后的油藏剩余油分布更加零散，为了优选成本低且能大幅度提高原油采收率的化学驱方式，通过对区块剩余油赋存形态和原油组分分析，依据不同化学驱方式对不同形态剩余油的动用效果，确定该区块的多段塞组合的驱替方式。研究结果表明：配方为1500mg/L聚合物+2000mg/L表面活性剂二元复合驱体系具有较好的长期热稳定性，老化360d后界面张力仍能保持10^{-2}mN/m数量级，黏度保留率85%以上。聚合物浓度和渗透率相同时，二元体系注入压力低于聚合物的。双层非均质岩心驱油实验表明，在聚合物驱后实行多段塞组合驱可提高采收率21.51%，比单一聚合物驱和二元复合驱分别提高12.69个百分点和5.33个百分点。最终确定该区块剩余油的动用方式为以聚合物驱为主，复合驱为辅的低成本的多段塞组合"0.05PV调剖+0.35PV聚合物驱+0.15PV二元复合驱+0.05PV调剖"，将成本控制在50美元/桶以下。

关键词 剩余油赋存形态；二元复合驱；长期热稳定性；超低界面张力；多段塞组合驱

河南油田目前应用的化学驱技术有聚合物驱、二元、三元复合驱、95℃油藏高温聚合驱，超高分聚合物驱等，目前已动用化学驱工业化区块共有29个，动用地质储量9353.3×10^4t,，化学驱区块日产量占东部油田日产量的27%左右。化学驱技术路线由大幅度改变液流方向并由低浓度、小段塞向高浓度、大段塞转变，化学驱剂由单一体系向复合体系转变。水驱后和聚驱后油藏非均质性强，剩余油更加零散、复杂，形态多样，采取单一的化学驱驱替方式难以有效地动用剩余油和降低开发成本，需通过对目标区块剩余油形态进行分析，确定相对应的化学驱驱剂，攻关研究多段塞组合驱替方式(扩大波及体积与提高驱油效率协同作用；优化段塞尺寸，减少高成本的复合体系段塞尺寸)，降低驱剂用量及成本，大幅度提高油藏采收率。以下二门油田核二段Ⅳ油组为例，属候庄近源三角洲沉积，砂体平面几何形态为扇状，河口坝、水下分流河道微相为主要油气储集单元；储层岩性复杂，以含砾细砂岩为主，非均质较严重，主要矿物成分为石英、长石、岩屑，胶结物以泥质为主，胶结类型以孔隙型为主，颗粒以次圆为主。该层系原始地层压力为11.3MPa，油层中部温度为58℃。自1978年投入开发，先后经历了早期注水阶段、细分层系调整阶段、井网加密阶段、聚合物驱(0.5PV)、后续水驱阶段，目前综合含水96.33%，采出程度41.87%，开发历程见图1。如何有效动用聚合物驱后的剩余油和采取低成本的化学驱段塞组合方式是我们研究的方向。

1 实验部分

1.1 材料与仪器

超高分聚合物CJ-1，固含量89.20%，相对分子质量3260万，水解度30.2%，河南正佳公司；现场一次聚合物驱用聚合物TP-1，固含量89.1%，相对分子量2400万，水解度25.4%，河南正佳公司；阴-阳离子表面活性剂B-2，上海化工研究院。实验用水为下二门油田注入污水，经0.45μm微孔滤膜过滤，总矿化度2282mg/L，实验原油为该区块多口井原油等比例混合原油，黏度24.8mPa·s(油藏温度58℃)，地质参数见表1。注入性实验用人造均质长岩心，尺寸2.5cm×2.5cm×30cm(6块)，渗透率约为1.2μm^2；驱油实验用双层人造均质长岩心，2.5cm×2.5cm×30cm(8块)，渗透率分别约为1.8和0.6μm^2，渗透率级差为3。

DV-III黏度计，美国Brookfield公司；TX-500C型旋转滴界面张力仪，美国TEMCO公司；安捷伦气相色谱仪，美国安捷伦公司；OW-Ⅲ型全自动岩心驱替装置，海安县石油科技仪器有限公司。

表1 下二门核二段Ⅳ油组地质参数表

含油面积/km^2		2.21	高压物性	原始气油比/(m/t)	30.3
地质储量/10^4t		416		体积系数	1.09
平均有效厚度/m		11.7		地下粘度/(mPa·s)	24.8
平均油柱高度/m		147		原油密度/(g/cm^3)	0.825
孔隙度/%		23.09		压缩系数/(10^{-6}MPa^{-1})	8.05
渗透率/um^2		1.17		溶解系数/(m^3/m^3·MPa)	3.64
原始含油饱和度/%		65	地面油		
油层埋深/m		1192.4		相对密度	0.896
油层温度/℃		58.1		地面粘度(mPa·s)	50
原始地层压力/MPa		11.3		凝固点/℃	34
饱和压力/MPa		6.46		含蜡/%	22.4
地层水	水型	$NaHCO_3$		含硫量/%	0.13
	总矿化度/(mg/L)	1950		胶质沥青质/%	21
	氯根/(mg/L)	83		初馏点/℃	124

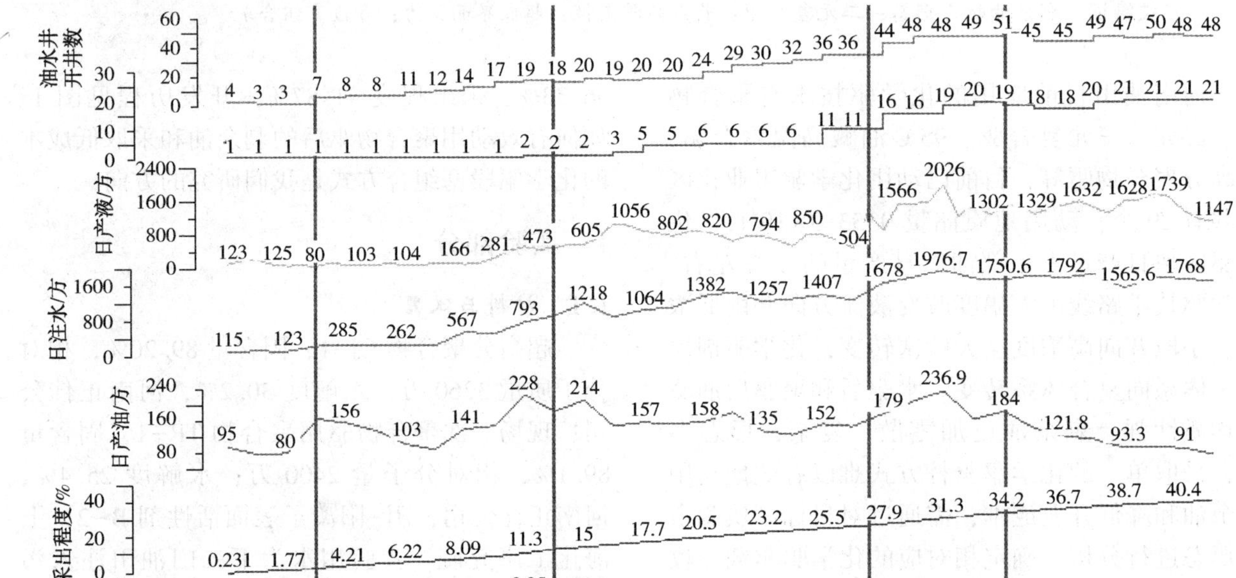

图1 H2Ⅳ层系开发历程图

1.2 实验方法

(1) 剩余油形态分析

依据中国石油天然气行业标准 SY/T 5614—2011《岩石荧光薄片鉴定》，取芯井 T5-2410 井和 T5-2420 井的油层岩心(未经洗油)制成岩石薄片，在荧光显微镜下借助四川大学的《荧光图像分析》软件进行可视化定量分析，得到储集层中剩余油的形态和组成。

（2）原油组分分析和饱和烃色谱分析

依据中国天然气石油行业标准 SY/T 5119—2016《岩石中可溶有机物及原油族组分分析》对原油进行组分分析；依据中国天然气石油行业标准 SY/T 5779—2008《石油和沉积有机质烃类气相色谱分析方法》对原油进行饱和烃色谱分析。

（3）注入性实验

首先气测渗透率，饱和水，测定岩心孔隙度，测水相渗透率；分别注入二元复合体系或聚合物溶液，注入速率为 38mL/h，开始在 3~5min 内记录一次压力和液量，待注入压力平稳后，转水驱至压力平稳，结束实验。如果压力不稳，注入 10PV 聚合物溶液后直接转水驱至压力平稳，结束实验。压力稳定后根据情况适当延长记录时间间隔。

（4）驱油实验

① 将胶结柱状岩心经空气渗透率测定、饱和实验用水、测量孔隙度后，在 58℃ 恒温箱内恒温 12h 以上；②岩心饱和油约 70%；③以 50mL/h 的驱替速率水驱至模型出口含水 98%，计算水驱采收率；④注入 0.5PV 聚合物（一次聚合物驱替聚合物 TP-1）溶液，待聚合物段塞全部注完后转后续水驱至含水 98%，计算一次聚合物驱采收率；⑤继续注入化学驱段塞，待化学驱段塞全部注完后转后续水驱至含水 98%，计算化学驱段塞采收率，结束实验。实验过程中记录压力及液量。

2 结果与讨论

2.1 剩余油形态分析

将芯井 T5-2410 井和 T5-2420 井的岩心制得的 58 块荧光薄片样品置于显微镜下观察并分析剩余油形态和具体成分，结果见图 2 和表 2。聚合驱后剩余油分布的模式是非均质的，形态多样，主要以簇状、斑块状、薄膜状、角隅状、零星吸附状、狭缝状六种形态存在。以 H2Ⅳ21-2 编号为 11-13/27 的样品为例，剩余油含量为 34.96%，其中簇状占 61.19%，斑块状占 27.77%，薄膜状占 4.67%，角隅状占 1.90%，零星吸附状占 3.00%，狭缝状占 1.47%。由表 2 可以看出，所有形态的剩余油的油质和沥青质含量都较高，需要通过扩大波及体积、采用高黏弹性的聚合物、改变岩心润湿性和提高洗油效率来提高剩余油的动用程度。

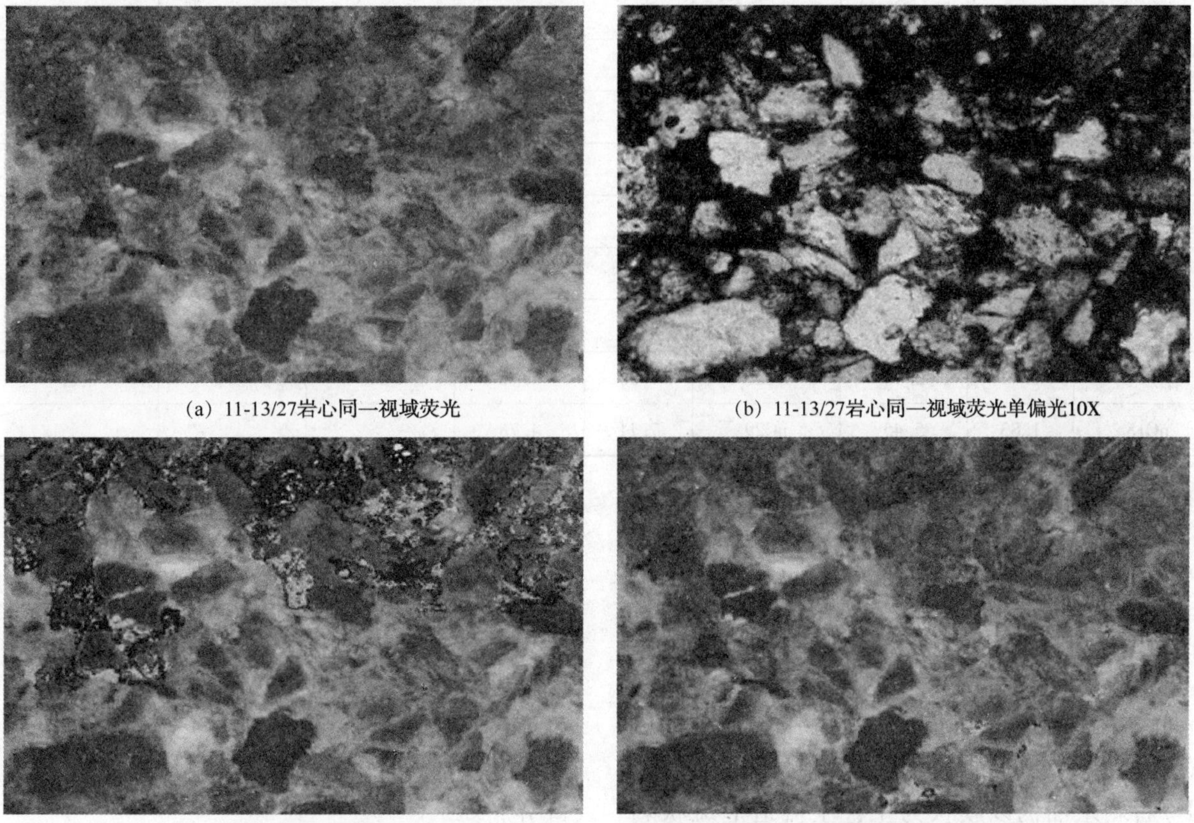

(a) 11-13/27岩心同一视域荧光　　(b) 11-13/27岩心同一视域荧光单偏光10X

(c) 11-13/27岩心簇状剩余油组分分类图　　(d) 11-13/27岩心角隅状剩余油组分分类图

图 2　11-13/27 岩心剩余油形态分析结果

表2　11-13/27各种形态剩余油组分含量

剩余油形态	油质/%	胶质/%	沥青质/%
簇状	15.5	5.4	79.1
斑块状	51.9	4.0	44.4
薄膜状	37.8	4.4	58.1
角隅状	66.7	3.8	29.5
零星吸附状	47.3	4.2	48.5

2.2　区块原油分析

对下二门H2IV油组新5-92井和T5-247井原油进行族组分，结果如表3所示，由表3可以看出两口油井的沥青质、饱和烃含量差异较大。新5-92井、T5-247井原油的饱和烃色谱分析如表4所示。T5-247井原油的饱和烃集中在C16~C33之间，新5-92井原油的饱和烃集中在C23~C34之间，重质组分含量高，对孔隙颗粒吸附强，常规水驱和聚合物驱难以动用，需要加入表面活性物质以改善岩石润湿性能提高动用程度。

表3　下二门H2IV原油族组分分析

井号	沥青质质量分数/%	饱和烃质量分数/%	芳香烃质量分数/%	非烃质量分数/%	总收率/%
新5-92	72.69	11.24	6.02	8.23	98.19
T5-247	12.18	49.74	13.38	12.35	87.65

表4　两口油井的饱和烃色谱分析

化学物名称	质量/%		化学物名称	质量/%		化学物名称	质量/%	
	新T5-92	T5-247		新T5-92	T5-247		新T5-92	T5-247
nC8	—	—	Ph	3.37	5.40	nC30	5.25	3.68
nC9	—	—	nC19	1.83	5.75	nC31	4.57	2.61
nC10	—	—	nC20	1.85	6.73	nC32	5.03	1.99
nC11	—	—	nC21	2.45	6.85	nC33	5.00	1.46
nC12	—	—	nC22	2.93	7.05	nC34	4.42	0.95
nC13	—	—	nC23	5.09	6.94	nC35	3.17	0.88
nC14	—	0.06	nC24	5.38	6.32	nC36	3.11	0.50
nC15	0.28	0.71	nC25	7.47	5.84	nC37	1.92	0.29
nC16	1.04	2.68	nC26	6.36	5.04	nC38	1.44	0.39
nC17	2.68	5.04	nC27	7.49	5.04	nC39	—	—
Pr	1.47	2.94	nC28	7.33	4.48	nC40	—	—
nC18	1.83	5.45	nC29	7.11	4.78			

2.3　不同化学驱油体系驱替后微观剩余油含量和驱油效率

在大量微观驱油实验的基础上，统计出不同化学驱油体系对不同赋存形态剩余油的微观驱油效率，如表5所示。化学驱后含油量都比水驱后少，且形态也随时在发生变化，水驱后以簇状、斑状剩余油为主；聚合物驱(1500mg/L P)后剩余油仍以簇状为主，主流道上斑状剩余油被携带，膜状剩余油相对含量增加明显；二元复合驱(2000mg/L S+1500mg/L P)中的聚合物/表面活性剂充分发挥协同驱油效应，大幅提高波及面积和驱油效率。复合驱后模型簇状、斑状、膜状、柱状等各类剩余油都大幅减少，微观剩余油含量不足10%，以远离驱替主流道模型边沿低渗层较细孔喉处的斑状、簇状剩余油为主，柱状、膜状和盲状剩余油均有少量分布。

表 5　不同驱替方式下各类微观剩余油含量统计表

驱替类型	剩余油含量/%	不同形态剩余油绝对含量/%				
		簇状	斑状	膜状	柱状	盲状
水驱	48.21	24.84	18.66	2.97	1.38	0.35
聚合物驱	42.78	18.28	16.95	5.64	1.39	0.52
二元复合驱	9.21	2.32	4.57	0.66	1.06	0.60
三元复合驱	4.63	0.76	3.21	0.23	0.33	0.10

通过剩余油赋存形态分析，根据不同化学驱方式动用剩余油形态研究结果，根据河南油田化学驱经验，结合下二门的开发概况(聚合物驱替后油藏，非均质性严重)，确定下二门 H2IV 的技术思路为“调剖+聚合物驱+复合驱”的多段塞组合的方式在扩大波及体积的基础上提高洗油效率。二元复合驱只是驱替方式，不能起到调整剖面的作用，化学驱过程必须配套调剖措施。

2.4　低成本多段塞驱油体系的研究

2.4.1　聚合物驱体系的研究

对适合油藏条件的聚合物进行系统的性能评价，包括粘浓、粘温、抗盐性能、黏弹性能、抗剪切、拉伸性能、长期热稳定性等，并开展了不同渗透率、不同浓度聚合物的注入性能、驱油性能研究，优选超高分聚合物 CJ-1，分子量 3260 万，浓度为 1500-1800mg/L，注入量 0.6PV，超高分聚合物和普通聚合物粘浓关系对比如图 3 所示，同等浓度下溶液粘度较常规聚合物高出很多。同时浓度越高，超高分聚合物溶液粘度优势越明显。同等浓度下较常规聚合物高出 40% 以上。

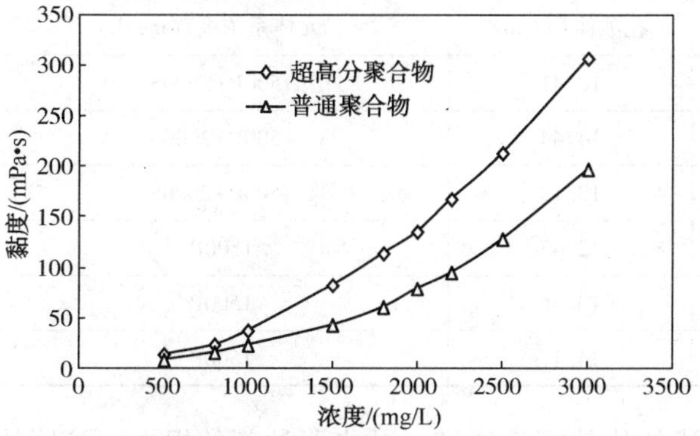

图 3　超高分聚合物和普通聚合物聚合物溶液黏浓关系对比图

2.4.2　二元复合驱体系优选

优选了性能优良的阴-阳离子表面活性剂 B-2，质量分数为 0.02%~0.3%时，油水界面张力可达到 10^{-3}mN/m 数量级。

2.4.2.1　表面活剂与聚合物的配伍性

(1) 聚合物浓度对二元体系性能的影响

表面活性剂 B-2 浓度为 2000mg/L 时，聚合物(超高分聚合物 CJ-1)浓度对二元体系性能的影响见表 6，由表 6 可以看出，随着聚合物浓度增加，二元体系的黏度明显增大，二元体系与原油间的界面张力明显增大，聚合物浓度从由 1000mg/L 增加至 1500mg/L 时，体系的黏度从 24.5mPa·s 增至 84.3mPa·s，继续增大聚合物浓度时黏度变化不大。聚合物浓度由 1000mg/L 增加至 1200mg/L 时，体系与原原油间的界面张力从 1.17×10^{-4}mN/m 上升至 1.33×10^{-3}mN/m，继续增大聚合物浓度至 1800mg/L 时，界面张力变化较小。

表 6 聚合物浓度对二元体系性能的影响

聚合物/(mg/L)	界面张力/(mN/m)	黏度/(mPa·s)
0	8×10^{-5}	4.3
500	1.16×10^{-4}	9.60
1000	1.17×10^{-4}	24.5
1200	1.33×10^{-3}	43.7
1500	2.66×10^{-3}	84.3
1800	4.47×10^{-3}	88.5

(2) 表面活性剂浓度对二元体系性能的影响

聚合物浓度为 1500mg/L 时，表面活性剂浓度对二元体系性能的影响见表 7。由表 7 可以看出，随着表面活性剂浓度的增加，二元体系的黏度基本保持不变，而体系与原油间的界面张力逐渐降低。表面活性剂浓度为 500mg/L 时，体系与原油间的界面张力可达到 10^{-3}mN/m 数量级。表面活性剂浓度为 1000~2000mg/L 时，二元体系与原油间的界面张力稳定在 10^{-3} mN/m 数量级。

表7　表面活性剂浓度对二元体系性能的影响

表面活性剂/(mg/L)	界面张力/(mN/m)	黏度/(mPa·s)
0	12.3	84.3
200	1.25×10^{0}	84.3
300	3.41×10^{-1}	84.3
500	5.27×10^{-3}	83.2
1000	3.78×10^{-3}	84.3
1500	2.97×10^{-3}	82.1
2000	2.66×10^{-3}	84.3

2.4.2.2　二元体系的长期热稳定性

将配方为 2000mg/L S + 1500mg/L P 和 2000mg/L S+2000mg/L P 二元体系在58℃条件下老化一定时间后，体系的黏度及其与原油间的界面张力结果见表8所示。由表8实验数据可以看出，单一聚合物、二元体系的黏度随老化时间的变化均呈上升后缓慢下降趋势。二元体系老化后黏度略高于单一聚合物，老化360d后，单一聚合物和二元体系的黏度保留率均在80%以上。二元体系具有较好的长期热稳定性能，老化360d后，界面张力维持在 10^{-2} mN/m 数量级。

表8　聚合物和二元体系的长期热稳定性

化学体系	测定参数	时间/d						
		0	7	30	60	90	120	360
1500mg/LP	黏度/(mP·s)	87.5	86.9	84.4	76.8	74.8	77.7	74.8
2000mg/LP	黏度/(mP·s)	150.4	144.4	143.6	144.3	146	141.9	138.6
1500mg/L P+2000mg/L S	黏度/(mP·s)	85.6	84.6	79.4	83.7	88.4	85.6	79.7
	界面张力/(mN/m)	6.18×10^{-3}	5.57×10^{-3}	9.02×10^{-3}	1.78×10^{-2}	1.02×10^{-2}	6.18×10^{-3}	9.12×10^{-3}
2000mg/L P+2000mg/L S	黏度/(mP·s)	162.1	148.3	140.7	146.1	150.3	153.6	140.9
	界面张力/(mN/m)	5.62×10^{-3}	5.11×10^{-2}	9.36×10^{-3}	5.46×10^{-2}	4.26×10^{-2}	5.11×10^{-2}	5.78×10^{-2}

2.4.2.3　二元体系的注入性

分别考察了配方为1500mg/L P+2000mg/L S的二元体系和浓度1500mg/L的聚合物溶液在高渗、中渗和低渗岩心中的注入性能，注入速率为0.5mL/min，注入参数如表9所示，注入性结果如图4和图5所示。由图4和图5可以看出，随着岩心渗透率的增加，聚合物和二元体系的注入压力降低；相同渗透率下，二元体系的注入压力小于单一聚合物溶液的，二元体系由于加入了表面活性剂降低了注入压力。

表9　二元体系注入性岩心参数

岩心号	岩心长度/cm	渗透率/mD	孔隙体积/cm^3	二元体系浓度/(mg/L)
GS-17-10	9.45	738.2	12.41	1500P+2000S
GS-17-15	10.09	1082.7	14.44	1500P+2000S
GS-17-12	10.00	2292.0	13.13	1500P+2000S
GS-17-13	9.52	705	12.43	1500P
GS-17-22	10.17	1113.9	13.46	1500P
GS-17-29	9.94	2017.6	14.17	1500P

2.4.3　多段塞组合驱岩心驱油实验

根据河南油田化学驱三十多年的开发经验，在化学驱的全过程实施调剖技术，可有效防止驱油剂窜流，最大限度发挥驱油剂的作用。对聚合物驱后油藏采取调剖措施，可以封堵聚合物驱形成的优势窜流通道，减少驱油剂的损失。该区块采用调剖+高黏弹性聚合物+二元复合驱技术思路，同时考虑到成本，选择增黏性强的聚合物驱替为主，复合驱为辅，非均相体系(聚合物+PPG)作为调剖段塞，形成“调”+“驱”+“洗油”

的低成本提高采收率的技术。实验对比了0.6PV 1500mg/L聚合物、0.6PV（1500mg/L聚合物+2000mg/L表面活性剂）、0.05PV（调剖体系）+0.35PV 1500mg/L聚合物+0.15PV（1500mg/L聚合物+2000mg/L表面活性剂）+0.05PV（调剖体系）、0.05PV（调剖体系）+0.3PV 1500mg/L聚合物+0.2PV（1500mg/L聚合物+2000mg/L表面活性剂）+0.05PV（调剖体系）等4个方案驱替效果，结果如表10所示。由表10可以看出，聚合物驱后进行单一聚合物驱提高采收率幅度仅为8.82%，聚合物驱后进行二元复合驱可以提高采收率12.11%，方案3（21.51%）和方案4（21.9%）提高采收率的幅度相当，但方案3的成本低于方案4的，因此选择方案3为最终方案。聚合物驱后通过“调剖+聚合物驱+二元复合驱+调剖”的方式可提高采收率21.51%，比单一聚合物驱和二元复合驱分别提高12.69%和5.33%，聚合物驱替后油藏采用化学驱和调剖相结合的方式在降低化学驱成本的基础上可以大幅度提高采收率。

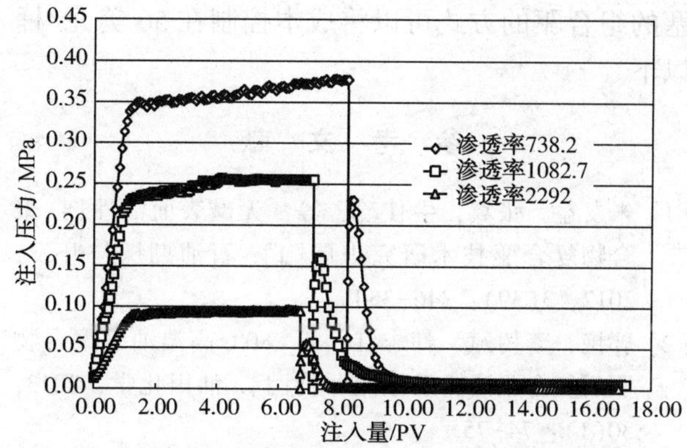

图4 不同渗透率时，二元体系的注入性实验

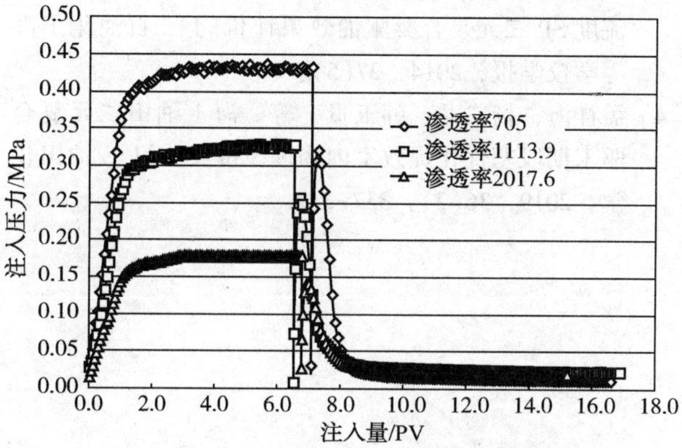

图5 聚合物浓度为1500mg/L时，
不同渗透率的注入曲线

表10 四种方案的岩心实验结果

项目	方案1	方案2	方案3	方案4
高渗岩心渗透率/mD	1744.1	1750.4	1664.6	1958.8
低渗岩心渗透率/mD	551.1	571.8	525.00	615.90
渗透率级差	3.16	3.06	3.17	3.18
水驱/%	42.28	42.50	41.27	41.21
一次注聚后采收率/%	54.72	54.61	53.29	53.95
一次聚驱提高采收率/%	13.44	12.11	12.02	12.74
段塞组合驱后采收率/%	63.54	70.79	74.80	75.85
段塞组合驱提高采收率/%	8.82	16.18	21.51	21.90
平衡油价/（美元/桶）	57.90	82.42	47.49	54.25

3 结论

（1）下二门H2IV油组聚合驱后的剩余油以沥青质和饱和烃含量较高，可以通过加入表面活性剂改变岩石的润湿性，提高剩余油的采收率。

（2）综合区块的开发状况和不同化学驱对不同形态剩余油的驱替结果，确定动用方式为“调剖+聚合物驱+复合驱+调剖”相组合的驱替方式。

（3）配方为2000mg/L B-2+1500mg/L CJ-1的二元复合体系的长期热稳定性好，老化360d后黏度保留率大于85%，与原油间的界面张力仍能保持10^{-2}mN/m数量级。二元体系的注入压力低于单一聚合物，具有良好的注入性。

（4）聚合物驱后通过加入调剖段塞的方式可以改善剖面的非均质性。在0.5PV聚合物驱后进行0.05PV（调剖体系）+0.35PV 1500mg/L聚合物+0.15PV（1500mg/L聚合物+2000mg/L表面活性剂）+0.05PV（调剖体系）段塞组合驱，室内可提高采收率21.51%，比单一聚合物驱和二元复合驱分别提高12.69%和5.33%，采用多段塞的组合驱的方式可以将成本控制在 50 美元/桶以下。

参 考 文 献

[1] 朱友益，张翼，牛佳玲，等．无碱表面活性剂-聚合物复合驱技术研究进展[J]．石油勘探与开发，2012，3(39)：346-350.

[2] 郭艳，李树斌，韩志红，等．80℃高温油藏聚合物驱后复合驱油体系性能评价[J]．油田化学，2013，30(1)：74-75.

[3] 闫文华，付强，杨兆明，等．不同尺寸段塞组合等流度 SP 二元复合驱驱油效果评价[J]．石油化工高等学校学报，2014，27(5)：80-84.

[4] 孟祥海，杨二龙，韩玉贵，等．海上油田二元复合驱末期段塞优化提效室内物理模拟实验[J]．油田化学，2019，36(2)：337-342.

[5] 张新民，郭拥军，冯茹森，等．适合渤海绥中 361 油田二元复合驱体系性能研究[J]．油田化学，2012，29(3)：322-325.

[6] 吕鑫，张键，姜伟．聚合物/表面活性剂二元复合驱研究进展[J]。西南石油大学学报，2008，30(3)：127-130.

[7] 刘艳华，孔柏岭，吕帅，等．稠油油藏聚合物驱后二元复合驱提高采收率研究[J]．油田化学，2011，28(3)：288-291.

[8] 牛续海，赵凤兰，侯吉瑞．不同非均质条件下的复合驱油体系优选[J]．油田化学，2010，27(4)：407-410.

[9] 吴文祥，张玉丰，胡锦强，等。聚合物及表面活性剂二元复合体系驱油物理模拟实验[J]．大庆石油学院学报，2005，29(6)：98-100.

第二篇　开采工程技术篇

开采工程技术是石油工程永恒的核心主题。随着我国油气资源阵地逐渐由陆相到海相，由浅层到深层，由稀油到稠油、超稠油，由中高渗到低渗甚至致密油气，由于开采对象的复杂性不断增加，导致开采成本和技术难度不断攀升，对广大石油工程师提出了巨大挑战，必须通过不断的技术进步，努力实现"开采无禁区，工程无极限"，用实际行动为国家油气资源自给与安全做贡献。本篇结合我国大庆油田、胜利油田、渤海油田、南海西部油田等油气生产主阵地，从钻井技术、录井技术、固井技术、测井技术、压裂技术、稠油开采技术等方面开展了研究和应用，在复杂油气资源开采领域，为技术人员提供理论指导与现场启发。

水力压裂低密度支撑剂铺置规律研究及应用

梁 莹 罗 斌 黄 霞

（中石化西南石油工程有限公司）

摘 要 水力压裂过程中支撑剂在裂缝中铺置情况对增产效果的影响很大。研究低密度支撑剂在清水、0.08%HPG 基液、0.3%HPG 基液三种不同黏度的流体介质在不同排量（分别为 $1m^3/h$、$2m^3/h$、$4m^3/h$、$6m^3/h$）、不同砂比（5%、10%、15%、20%）条件下的砂堤铺置形态。通过线性拟合计算发现，随着排量增大，支撑剂的水平运移速度增大，垂直运移速度减小，支撑剂在沉降过程中出现“波动”状态；当缝口流速较小时（<0.5m/s），支撑剂水平运移速度增长量较快；缝口流速较大时（>0.5m/s），支撑剂水平运移速度增长量减缓。目前已完成 3 口井低密度支撑剂现场应用试验，平均无阻流量为 $28.015\times10^4m^3/d$，是常规井的 1.91 倍，对现场施工具有良好的指导作用。

关键词 水力压裂；低密度支撑剂；砂堤铺置；运移规律；线性拟合

水力压裂的首要目标是经济有效的建立油气从地层到井底的高导流能力通道，从而提高油气产量。常规支撑剂密度较大，沉降速率较快，在大厚度储层中，支撑剂往往沉降到裂缝下部，难以对整个裂缝进行有效支撑，造成裂缝有效高度受限。而低密度的支撑剂有助于降低支撑剂在裂缝内的沉降速率，尽量使支撑剂在裂缝闭合前处于悬浮状态，从而起到优化支撑剂铺置剖面，充分改造目的储层，提高压裂增产效果的目的。

在压裂过程中如果支撑剂分布不合理或全部沉降到裂缝底部，会严重影响裂缝的导流能力和压裂的增产效果。支撑剂在人工裂缝中的铺置情况对作业的成功与否至关重要。对支撑剂沉降和运移情况的预测是设计和评价水力压裂措施的关键所在。研究支撑剂在裂缝中的运移规律，不但可以对施工排量和砂比等参数进行优化，选择合适的压裂液体系和支撑剂体系，还可以有效控制缝高。如果支撑剂沉降和运移规律的分析是基于不正确的假设，就会导致在压裂设计中做出错误决定。

目前，国内对压裂过程中关于支撑剂运移和铺置规律的研究多是在理论方面开展，多凭经验或是软件模拟来指导现场施工，很少有实验方面的研究。本文使用可视化平板裂缝模拟装置研究低密度支撑剂在不同类型的流体介质、排量、砂比等条件下支撑剂铺置情况，并计算出支撑剂运移规律，从而优化出合理的支撑剂铺置方式，提高压裂的效果和成功率。

1 实验材料及设备

1.1 实验材料

支撑剂（30~50 目，密度 $1.45g/cm^3$）：攀枝花秉扬科技开发有限公司；

HPG（羟丙基瓜胶）：东营施普瑞石油工程技术有限公司。

1.2 实验仪器

可视化平板裂缝模拟装置：海安石油科研仪器厂。

可视化平板裂缝模拟装置由压裂液配制装置、泵入装置、大型可视平板裂缝等几部分组成。装置主体采用透明有机玻璃，两端设置注入井和采出井，可以观察、演示支撑剂铺置和运移分布情况。仪器参数表见表 1。

表 1 设备工作参数表

携砂液砂浓度范围	$0\sim700kg/m^3$
支撑剂粒径范围	20/40，30/50，100 目
泵注最大排量	$6m^3/h$
缝网装置参数	缝宽 8mm，长度 4000mm，高度 600mm
工作温度	室温

2 低密度支撑剂铺置规律研究

2.1 低密度砂堤铺置实验研究

本节选取 4 种流体介质，即清水、0.08%

HPG基液、0.3%HPG基液、0.6%HPG基液(流体介质黏度见表2)在不同排量和砂比条件下进行砂堤铺置实验研究，实验结果见表3。

表2　流体介质黏度

流体介质	清水	0.08%HPG基液	0.3%HPG基液
黏度/(mPa·s)	1	3	9

通过表3可以看出，第1组实验，由于清水在小排量(1m^3/h)条件的下携砂性较差，低密度支撑剂未形成砂堤，其他实验由于排量较大或体系黏度较高，低密度支撑剂形成有效的铺置剖面。

支撑剂砂堤形态主要受流体排量和流体黏度控制。当流体黏度小时，如在清水介质中，需要在大排量条件下(排量为4~6m^3/h)，支撑剂才能形成较好的砂堤(3、4组实验)，排量低(<2m^3/h)容易造成砂堵；当流体黏度增大时，如在0.3%HPG基液中，则低排量下(<2m^3/h)，支撑剂才能形成较好的砂堤(9、10组实验)，大排量条件下(排量>4m^3/h)，支撑剂在后端集中，不利于形成较好的铺置剖面。所以在压裂设计中，当支撑剂种类确定后，需要充分考虑流体排量和流体黏度，以形成较好的支撑剂铺置剖面。使用低密度支撑剂时，在较低流体排量和流体黏度条件下就可以形成较好的支撑剂铺置剖面，降低了压裂施工压力。

表3　不同流体介质、不同排量条件下砂堤铺置实验

序号	流体介质	排量/(m^3/h)	砂比/%	砂堤形态	砂堤面积/(m^2)	平均高度/mm
1	水	1	5		0.038	50
2	水	2	10	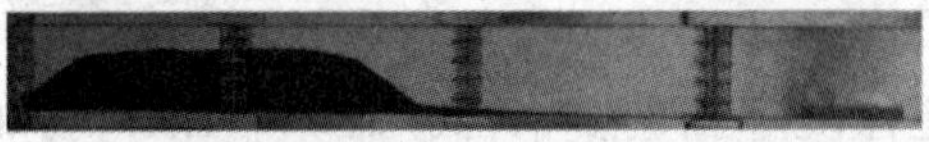	0.426	225
3	水	4	15		0.513	175
4	水	6	20		0.448	125
5	0.08%基液	1	10		0.515	275
6	0.08%基液	2	5		0.543	210
7	0.08%基液	4	20		0.529	125
8	0.08%基液	6	15		0.281	80
9	0.3%基液	1	15		0.448	120
10	0.3%基液	2	20		0.436	100
11	0.3%基液	4	5	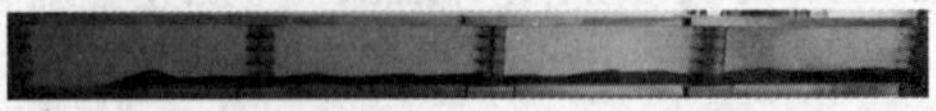	0.238	75
12	0.3%基液	6	10		0.118	40

2.2　低密度支撑剂运移规律分析

砂堤形成模型可以简化为支撑剂垂直运移和水平运移共同作用的结果。根据数据记录及分析，以某一支撑剂团为研究对象计算不同实验条件下支撑剂的垂直运移速度和水平运移速度，计算结果见表4。从表4可以看出，在同一体系中，随着排量增大，支撑剂的水平运移速度增大，垂直运移速度减小，这是由于排量增大时，

流体介质对支撑剂的“扰动”作用增强，同时支撑剂颗粒之间的相互碰撞增多；在相同排量时，由于流体介质的黏度增大，支撑剂在基液中悬浮能力增强，其垂直运移速度减小，即支撑剂的沉降速度减慢，在压裂裂缝闭合前处于悬浮状态，有效地铺置在裂缝中，避免造成砂堵或压裂裂缝闭合。

表 4　支撑剂运移速度表

实验组别	流体介质	排量/(m^3/h)	砂比/%	缝口流速/(m/s)	平均垂直运移速度/(m/s)	平均水平运移速度/(m/s)
1	水	1	5	0.1157	0.090	0.375
2	水	2	10	0.2315	0.050	0.402
3	水	4	15	0.4628	0.045	0.462
4	水	6	20	0.6942	0.045	0.846
5	0.08%基液	1	10	0.1157	0.070	0.400
6	0.08%基液	2	5	0.2315	0.047	0.512
7	0.08%基液	4	20	0.4628	0.031	0.613
8	0.08%基液	6	15	0.6942	0.015	0.900
9	0.3%基液	1	15	0.1157	0.030	0.240
10	0.3%基液	2	20	0.2315	0.028	0.4258
11	0.3%基液	4	5	0.4628	0.024	0.800
12	0.3%基液	6	10	0.6942	0.022	0.875

将同一体系中的水平运移和垂直运移速度对缝口流速作图(图 1～图 4)，并进行线性拟合得到运移规律公式，见表 5。

从图 1、图 3 中的拟合数据可以看出，缝口流速增大时(即排量增大时)，支撑剂垂直运移速度呈线性减小，这说明支撑剂颗粒不再遵循 Stokes 定律，即在垂直方向上不是自由沉降，而是由于支撑剂颗粒之间碰撞和流体介质的扰动作用增强，使支撑剂在沉降过程中出现“波动”状态。

从图 2、图 4 中的拟合数据可以看出，缝口流速较小时(<0.5m/s)，支撑剂水平运移速度增长量较快；缝口流速较大时(>0.5m/s)，支撑剂水平运移速度增长量减缓，这说明支撑剂颗粒之间碰撞增加，而且与裂缝壁面碰撞更加频繁，损耗了支撑剂颗粒的动能。

结合表 3 中不同黏度的流体在不同流速下的砂体铺置图，可以看出在 0.08%基液中，排量在 4m^3/h 时，砂堤铺置较好，砂堤较高；而在 0.3%基液中，排量在 1～2m^3/h 时，砂堤铺置较好，砂堤较高。同一种流体，排量增大时，有效缝高降低。所以在现场施工中，通过调整基液黏度和排量，控制有效缝高。

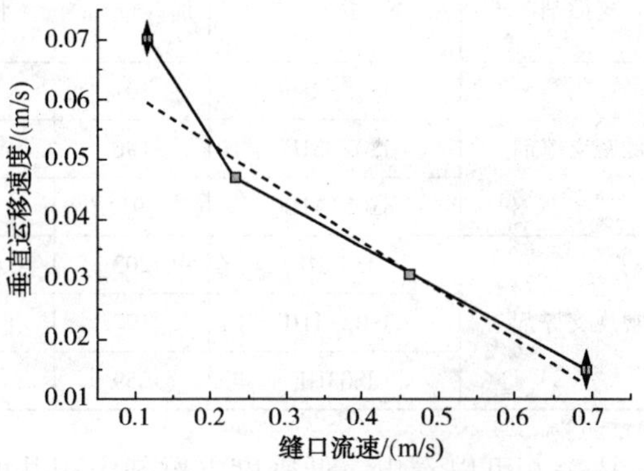

图 1　0.08%基液垂直运移拟合图

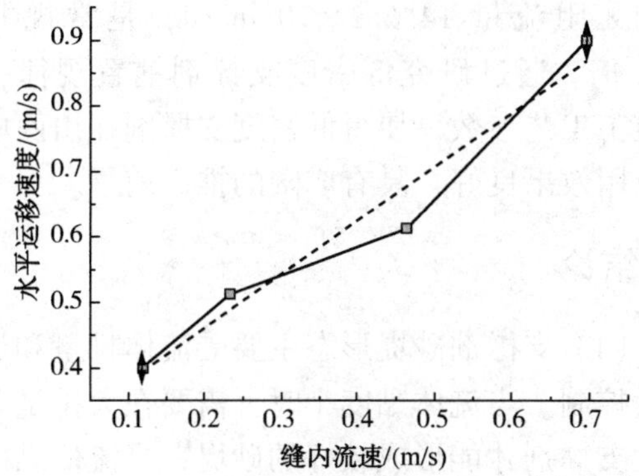

图 2　0.08%基液水平运移拟合图

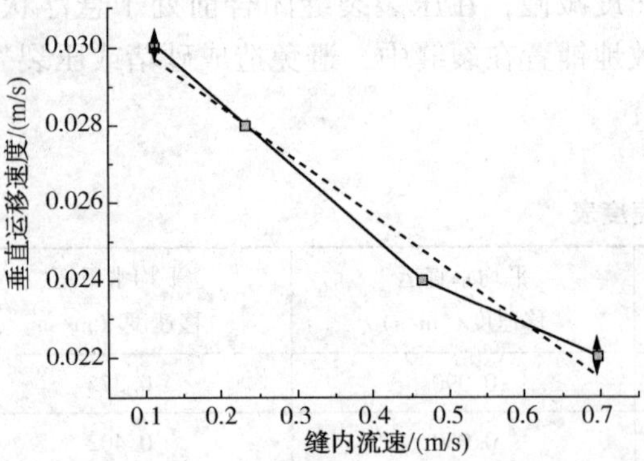

图3　0.3%基液垂直运移拟合图

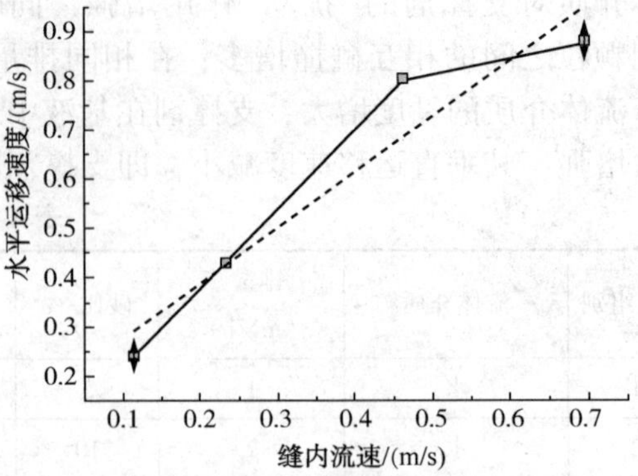

图4　0.3%基液水平运移拟合图

表5　运移拟合公式表

流体介质	垂直运移	R^2	水平运移	R^2
0.08%基液	Y=0.069-0.08x	0.73	Y=0.299+0.817x	0.935
0.3%基液	Y=0.032-0.014x	0.964	Y=0.159+1.133x	0.885

2.3　低密度支撑剂现场应用

目前已完成3口井低密度支撑剂现场应用试验，应用层位为沙溪庙组。低密支撑剂为秉扬30/50目69MPa(体积密度1.44~1.47g/cm³)，3口井平均砂比14%~20%之间，基液粘度在12~17mPa·s，设计支撑裂缝总高度为62m，施工排量在3.5~5.1m³/min，施工成功率100%。低密度支撑剂现场应用情况见表6。

表6　低密支撑剂应用井和邻井压裂测试情况对比

支撑剂	井号	加砂量/m³	平均砂比/%	天然气绝对无阻流量/($10^4m^3/d$)	平均无阻流量($10^4m^3/d$)
低密支撑剂	JS05-2HF	101	15.8	26.588	28.015
	JS02-5HF	196	19	28.557	
	JS05-1HF	91	14.4	28.9	
常规支撑剂	JS02HF	203	21	14.424	14.652
	JS02-1HF	197	15.2	14.524	
	JS03HF	259	15	15.008	

从表6可以看出，低密度支撑剂应用井的平均无阻流量28.015×10⁴m³/d，常规支撑剂井的平均无阻流量14.652×10⁴m³/d，是常规井的1.91倍。通过研究低密度支撑剂铺置规律，优化施工工艺参数，使得低密度支撑剂在川西中浅层应用效果良好，具有广阔的推广前景。

3　结论

(1)支撑剂砂堤形态主要受流体排量和流体黏度控制。当流体黏度小时，需要在大排量条件下，支撑剂才能形成较好的砂堤；当流体黏度增大时，如在0.3%HPG基液中，则低排量下(<2m³/h)支撑剂才能形成较好的砂堤。

(2)在同一体系中，随着排量增大，支撑剂的水平运移速度增大，垂直运移速度减小，说明流体介质对支撑剂颗粒的“扰动”作用增强，同时支撑剂颗粒之间的相互作用增强，使支撑剂在沉降过程中出现“波动”状态。

(3)缝口流速较小时(<0.5m/s)，支撑剂水平运移速度增长量较快；缝口流速较大时(>0.5m/s)，支撑剂水平运移速度增长量减缓。

(4)已完成的3口低密度支撑剂应用井平均无阻流量，是常规支撑剂井的1.91倍，表明低密度支撑剂在川西中浅层地层具有广阔的应用前景。

参考文献

[1] Clark P E. Transport of proppant in hydraulic Fractures

[C]. *SPE* 103167, 2006.
[2] 中石油勘探开发研究院廊坊分院，压裂支撑剂性能指标及测试推荐作法：SY/T 5108—2014，[S]. 北京：石油工业出版社，2014.
[3] 李树良 . ULW-1.05 超低密度支撑剂评价及应用[J]. 油气田地面工程，2013，32(9)：66-67.
[4] ENGELS J N，MARTINEZ E，FREDD C N，et al. A mechanical methodology of improved proppant transport in low-viscosity fluids：application of a fiber-assisted transport technique in east texas[C]. SPE91434，2004.
[5] Babatunde Ajayi，Kirby Walker，Kevin Wutherich，et al. Channel hydraulic fracturing and its applicability in the Marcellus Shale[C]. SPE 149426，2011.
[6] 黄禹忠，何红梅，孙光权 . 压裂支撑剂导流能力影响因素新研究[J]. 天然气技术与经济，2012，6(5)：59-61.
[7] 金智荣，郭建春，赵金洲，等 . 复杂条件下支撑裂缝导流能力试验研究与分析[J]. 石油与天然气学报，2007，29(3)：284-287.
[8] Cipolla C L，Warpinski N R，Mayerhofer M J. Hydraulic fracture complexity：diagnosis，remediation and exploitation[C]. SPE115771，2008.
[9] 温庆志，罗明良，李加娜，等 . 压裂支撑剂在裂缝中的沉降规律[J]. 油气地质与采收率，2009，16(3)：100-103.
[10] 曲占庆，黄德胜，杨阳，等 . 气藏压裂裂缝导流能力影响因素实验研究[J]. 断块油气田，2014，21(3)：390-393.
[11] Warpinski N R，Mayerhofer M J，Vincent M C，et al. Stimulating unconventional reservoirs：maximizing network growth while optimizing fracture conductivity[J]. Journal of Canadian Petroleum Technology，2009，48(10)：1-19.
[12] 蒋建方，张智勇，胥云，等 . 液测和气测支撑裂缝导流能力室内实验研究[J]. 石油钻采工艺，2008，30(1)：67-70.
[13] Cipolla C L，Warpinski N R，Mayerhofer M J. Hydraulic fracture complexity：diagnosis，remediation and exploitation[C]. SPE115771，2008.

川中隆起须家河致密气藏水平井高效钻井技术

谭　玮　房　舟　黄　敏　张继尹　何新星

(中国石化西南油气分公司石油工程技术研究院)

摘　要　川中隆起为一个大型宽缓背斜隆起，资阳东峰场地区处于宽缓的鼻状构造带，构造变形较弱、局部构造及断裂不发育。须家河组气藏为常压、常温气藏，储层整体致密，岩石硬度大，斜井段井眼大、钻速低，长水平段在储层中钻进摩阻大，钻井周期长，为提高长水平段水平的钻井效率，分析了地层特点及钻进中面临的摩阻大、井眼轨迹控制难度大、岩石硬度大影响造斜及水平段钻进等技术难点，进行了井身结构优化、井眼轨道设计和井眼轨迹控制方式优选、钻井液体系优选和性能优化、基于"1+2+2"趟数的提速配套技术、漂浮下套管技术以及水平段长延伸能力分析，形成了川中隆起构造须家河组气藏水平井高效钻井技术。在DF501-1HF井的现场试验表明，该高效钻井关键技术可以解决须家河组水平井钻井存在的技术难题。

关键词　须五致密气藏；长水平井；水平井钻井；延伸能力

为积极探索资阳探区须家河组岩性圈闭，2020年勘探井东峰5井取得突破，在须五段测试获得天然气2.17万方/天，新增预测储量364.15亿方，首次在资阳丹山-东峰场地区须家河组五段上亚段获工业气流，从而发现了该区须五段上亚段气藏，为西南油气分公司落实了一个规模增储新阵地。初步明确了资阳东峰场地区为南西高北东低的单斜构造，构造平缓；三叠系上统须家河组五段岩性以岩屑砂岩为主，储层孔隙度平均4.8%，渗透率平均0.2mD，属于低孔低渗储层，为孔隙性储层，整体裂缝欠发育。目前资阳探区仅完钻两口水平井，针对砂岩段采用密切割体积压裂工艺，油压9.5MPa下获产20.1525万方/天，较直井改造效果明显；因此为实现该区储量升级，需采用长水平段水平井开发，但是该区完成井少，需要针对提速提效关键钻井技术进行研究。为此，本文从井身结构优化、提速工具优选、长水平段钻进等方面提出了相应的技术对策，为实现川南资阳东峰场须五气藏的高效开发提供技术支撑。

1　水平井钻井技术难点

东峰场须五气藏砂体埋深1450~1900m。目前已部署多口评价水平井，设计垂深1514~1589m，完钻井深3082~3206m，水平段长1154~1483m，水平井的造斜点井深在1200m左右，造斜率控制在15~19°/100m之间，且须家河组夹层多，研磨性强，水平段钻遇泥页岩摩阻大，给高效钻井带来了极大的挑战。本文分析认为，若需要快速完成一口水平井，在该区自上而下可能钻遇的钻井技术难点有：

(1)水平段长，摩阻高，DF501HF在水平段1846m段遇阻摩阻16T，钻遇页岩摩阻最大44T，软硬交错的地层增加提速配套工具的优选难度，尤其是对钻井液的性能要求还高。

(2)要求的靶框范围，水平段纵偏移不大于1m，横偏移不大于15m，对井眼轨迹控制技术的要求很高。但是长水平段钻进过程中易沉砂，携岩困难，尤其是在井斜增至65°~90°井段，极易形成岩屑床，增加了井眼轨迹控制难度和卡钻的风险。

(3)斜井段钻速慢且钻头磨损严重，水平段钻速低于设计。一开直井段机械钻速22m/h(设计15m/h)，提速效果较好；一开造斜段钻遇自流井组、须家河组须六段、须五段，岩性为泥岩、砂岩、石英砂岩，进尺419m，使用时间138h，平均机械钻速3.04m/h。钻头入/出井新度100%/0%，钻头出井磨损严重；二开水平段施工，钻遇石英砂岩，地层研磨性强，使用三只钻头才完成水平段施工，平均机械钻速7.26m/h(低于设计8m/h)。

(4)钻、完井周期长、成本高。目前完钻井钻井周期较长、成本偏高，急需进一步优化降本。DF501HF井钻井周期52.88天，DF501-

1HF 井钻井周期 63.88 天，钻井成本超千万元。

2　水平井高效钻井关键技术

针对以上钻井技术难点，从井身结构、井眼轨迹、钻进工具、钻井液，以及提速提效工艺配套等方面进行了研究，形成了资阳–东峰场须家河组气藏水平井高效钻井关键技术。

2.1　井身结构优化

水平井井身结构设计时，除了考虑地层压力和必封点等因素外，还应考虑钻井设备负荷和可能钻遇的复杂情况。在保证实现地质目标的前提下，尽可能缩短裸眼段长，以降低摩阻扭矩、缩短裸眼浸泡时间，为后期完井改造提供的优质的井筒条件。

根据资阳–东峰场须家河组气藏的地层岩性，因储层埋深浅，须五气藏属于常压地层，结合风险层段和施工难度，水平井设计采用导管+二级井身结构(图 1)。

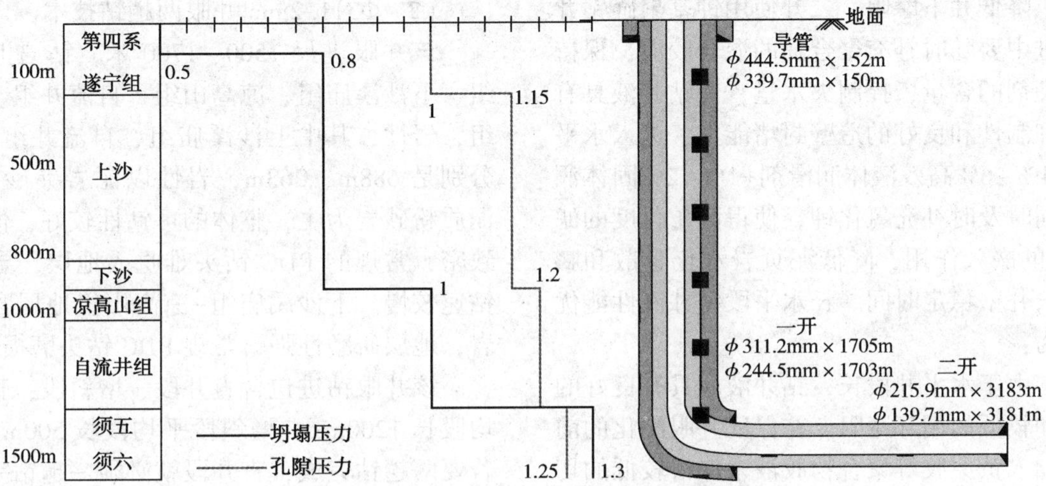

图 1　资阳–东峰场地压梯度和二级井身结构示意图

(1) 导管采用 Φ444.5mm 钻头进入遂宁组下部地层，下入 Φ339.7mm 套管，水泥浆返至地面，安装井口装置，为一开安全钻井提供井控条件；(2)为兼顾地层压力、可能钻遇的复杂情况和气层位置，为缩短二开裸眼段长，降低长水平段的施工难度，以及提速的需求，一开采用 Φ311.2mm 钻头钻至过 A 靶点井深后 5m，以保证后期油层套管、测井仪器的顺利下入，一开中完采用 Φ244.5mm 套管，水泥浆返至地面；(3)二开采用 Φ215.9mm 钻头，应用复合/滑动钻井技术钻至地质要求完钻井深，下入 Φ139.7mm 套管完井，水泥浆返至地面。

2.2　井眼轨道设计与井眼轨迹控制技术

水平井井眼轨道设计需要综合考虑邻井的防碰风险，以及轨迹控制方式和剖面的优选，以保证井眼轨迹平滑，并精确中水平段的两个靶点。

2.2.1　井眼轨道设计

(1) 造斜点优选。下沙溪庙组、凉高山组地层以粉砂质泥岩、粉砂岩为主，井壁稳定性差；Φ311.2mm 钻头在深部泥岩层定向钻进易产生托压，且井眼较大导致定向效率低。因此选择在自流井组造斜，造斜点井深 1100~1360m。

(2) 造斜率优化。为了保证井眼尽量平滑，缩短造斜段长度，提高斜井段钻井效率。采用“直–增–稳–增–平”五段制剖面，将第一增斜段造斜率控制在 15°~16°/100m，井斜角控制在 50°~65°；快速进入 A 靶点，为确保水平段轨道在优质储层中有效穿行，可适当增加控制点，以不大于 5°/100m 的造斜率进入控制点，第二增斜段斜率控制在 18°~20°/100m，快速进入末端控制点–B 靶点，完成水平段钻进。

2.2.2　井眼轨迹控制技术

考虑施工难度和井下风险，确定了井眼轨迹控制技术方案：导管/一开均设计“PDC 钻头+单弯螺杆+MWD”以实现提速和同井场防碰绕障的需要，若遇漏失层备用常规钻井；由于旋转导向钻井成本高，为了降低成本，二开造斜段和水平段采用 PDC 钻头复合钻进。另外针对水平段较长的，大于 1300m 的水平井，建议选用旋冲工具/水力振荡器+MWD+螺杆钻具，以提高二开长水平段的机械钻速。

2.3　钻井液体系优选和性能优化

综合考虑自流井组、须家河组裂缝发育，易

发生井漏；遂宁组-自流井组泥岩发育，须五段含黑色页岩夹煤，地层稳定性较差；水平段钻遇页岩夹层，出现井壁失稳掉块、起下钻摩阻高和套管下入困难等客观因素，一开使用钾基聚合物钻井液，将高分子聚合物、水解聚丙烯腈钾盐等处理剂配成胶液加入坂土浆中转换为钾基聚合物钻井液，逐步降低粘切，降低失水，在配合大排量快速钻进的同时，防止井壁失稳。进入斜井段加入1%~3%高效液体润滑剂，提高钻井液的润滑性能，降低井下摩阻。二开使用钾基聚磺钻井液，钻进中要随时补充聚合物的混合胶液，保持各种处理剂的含量，控制失水量，使钻井液具有较强的抑制性和良好的造壁封堵能力，进入水平段加入4%~6%高效液体润滑剂+1%~2%固体润滑剂，同时及时补充氯化钾，使得高矿化度的滤液和K+的嵌入作用，降低泥页岩水化分散和膨胀，延长井壁稳定时间。长水平段钻井液性能优化措施为：

（1）由于水平井段长，钻井液应具有良好的流变性和较低的循环摩阻。在保证井眼净化的前提下，加入黄原胶等聚合物胶液来保持较低的切力和触变性，减轻起下钻和开泵时压力激动及抽吸，防止复杂情况的发生。

（2）尽可能使用大排量洗井，保持环空返速大于其形成岩屑床的临界环空返速，预防岩屑床的形成；

（3）若井下净化情况不好应适当提高动切力，动塑比控制在0.5~0.7之间，以增强其携岩能力(用黄原胶、聚合物等处理剂尽可能提高钻井液的携岩能力)；

（4）钻进中加强短程起下钻划眼，破坏岩屑床；每次起钻前要分别注入8~10m^{3}高黏切清扫液，防止岩屑床的形成。

2.4 基于“1+2+2”趟数的提速配套技术

（1）Φ444.5mm井眼一趟钻技术

该井眼进尺100~150m，钻遇第四系、遂宁组，岩性以砂泥岩互层为主，可钻性较好，需提高机械钻速，可选用六刀翼快速钻进PDC钻头，采用加厚型复合片，大幅度提升抗冲抗磨能力，有效提高钻头行程进尺能力；采用大钻压100~140KN，高转速，大排量65~70L/s，预计平均机械钻速≥10m/h。

（2）Φ311.2mm井眼两趟钻技术

该井眼进尺1500~1700米，钻遇上沙溪庙组、下沙溪庙组、凉高山组、自流井组、须家河组，岩性，其中上沙溪庙组、自流井组厚度大，分别是688m、263m，岩性以泥岩夹砂质泥岩、泥质粉砂岩为主，整体的可钻性较好，但砂岩较致密，常规的PDC钻头难吃入地层，导致机械钻速较慢。下沙溪庙组-凉高山组地层含石英砂岩，地层研磨性强，常规PDC钻头磨损失效快。

该井眼钻进包含直井段、增斜段：直井段平均段长1200m±，增斜段平均段长500m±；因此若要两趟钻完成，直井段就必须一趟钻完成，钻头的优选极为重要。DF501HF井优选的抗冲击型钻头ES1645TELPDC，肩部加厚采用进口齿，保径齿选用抗冲击性更强的“奔驰”齿，一趟钻完成直井段全部进尺，平均机械钻速达22m/h，钻头入/出井新度100%/60%；但是该井同样使用该钻头进行造斜钻进，机械钻速较低：3.03m/h，该地层含石英砂岩，导致增斜效率低且磨损严重。故优选带有尖锥齿的钻头，以地层为点接触，更有利于吃入地层，KS1652FGRY钻头采用创新性二排齿结构设计，强化了钻头二次破岩能力，有效延长钻头使用寿命，预计平均机械钻速≥12m/h(图2)。

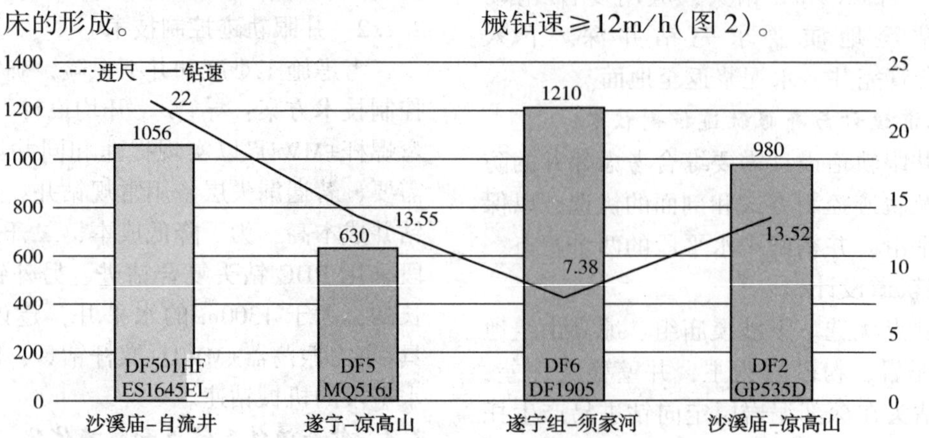

图2　Φ311.2MM井眼钻头应用效果图

（3）Φ215.9mm 水平段专层专打

该井眼进尺 1100－1500m，为水平段长，钻遇须六段－须四段，岩性以深灰色泥岩，砂屑岩石英砂岩互层为主，其中须五段砂岩骨架颗粒组分中石英含量平均约 62.5%，地层研磨性较强，DF501HF 井使用三只 ES1655PDC 钻头完成水平段，平均机械钻速 7.26m/h，因控制轨迹，降低参数钻进，导致机械钻速低于设计 8m/h。对于可钻性差的中硬地层，应以输出大扭矩、破碎岩石达到快速钻进的目的，因此选用多头螺杆钻具效果较好，但是 PDC 钻头适用中等转速，即 60～300rpm，而 7 头螺杆转速达 95～210rpm，复合钻进时钻头理论转速可以达到 150～290rpm，因此 7 头螺杆符合 PDC 钻头对转速的要求，而且 7 头螺杆扭矩较大：工作扭矩 7388～8866kW，适用于中等硬度地层钻进。因此推荐 Φ215.9mm 井眼选择 7LZ172 型螺杆钻具。

为提高二开井眼的净化能力，按照强化增大排量的思路，推荐采用 Φ139.7mm 钻杆，同时将加重钻杆置于直井段或是井斜较小的井段，有效给下部钻具施压，保证了钻具在水平段钻进中的灵活调整定向，确保顺利完成水平段两趟钻。

2.5 水平段长延伸能力分析

资阳东峰场地区须五下亚段底部砂岩储层孔隙度普遍小于 4%，储层整体致密，但储集性能较差。其中须五段气藏上、下部均发育泥页岩隔层，上部泥页岩隔层厚约 30～60m，为气藏的直接盖层，同时，须六段地层中的致密砂岩及泥页岩夹层也能起到很好的封盖作用。从改造上来看，须五段砂岩储层采用多段多簇、大排量、强加砂体积压裂工艺增产显著，具有较好的适应性，因此考虑加长水平段，扩大储层集气范围。在完钻井 DF501HF 基础上，加长水平段长至 2000m 进行论证。

（1）2000m 水平段施工钻具扭矩分析：根据 Wellplan 软件模拟计算最大施工扭矩为 23.5kN·M，在现有技术条件下钻具抗扭强度满足要求施工要求；若采用水基钻井液施工后期扭矩大于 18kN·M，对设备负荷较大，施工风险相对较高，钻进时需维护好钻井液的润滑性，着陆段控制好井眼轨迹。

（2）2000m 水平段施工钻具摩阻分析：结合 Wellplan 软件模拟计算，采用水基钻井液在润滑性条件最好情况下剩余钩载为 272kN，能够顺利完成 2000m 水平段施工。但是采用水基钻井液施工需要保证钻井液具有较好的润滑性，对钻井液性能要求较高，若施工困难建议转换油基钻井液。

（3）2000m 水平段套管下入分析：采用水基钻井液下入摩阻 26～34t，下入最大剩余钩载 277kN，下入难度较大；采用油基钻井液下入摩阻 15～18t，剩余钩载 290～391kN，能够顺利下入。

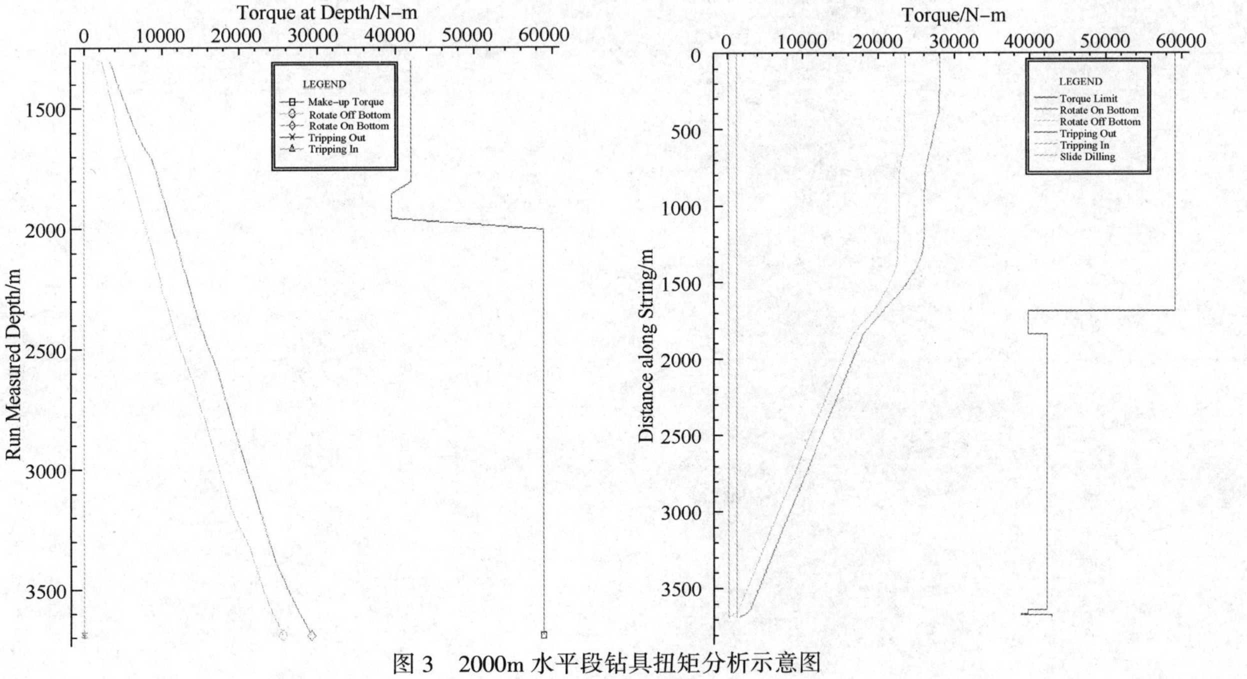

图 3　2000m 水平段钻具扭矩分析示意图

2.5　套管安全下入技术

DF501-1HF井完钻井深3193m，水平段长1484.58m，垂深1518.98m，闭合距1822.24m，位垂比1.20，创该区块最大位垂比纪录。为保证油层套管的顺利下入，选用漂浮套管下入技术，通过计算，漂浮长度选取1400m，在管外摩阻系数分别在0.30、0.45情况下，下至井底的载荷为210.86kN(不包含大钩重量)，理论上可以将Φ139.7mm套管下至设计位置，但在管外摩阻系数在0.45及以上时，Φ139.7mm套管下至2300~2500m、3100~3190m井段可能会出现螺旋屈曲出现下放困难的现象，可以尝试上提下放通过。★油层套管已顺利下放至预定井深，为西南工区首次漂浮下套管提供了宝贵经验，同时为东峰区块大位垂比井下套管提供技术支撑。

4　结论与建议

（1）资阳东峰场须家河致密气藏埋深浅，水平井具有造斜点深和水平段长的特点，位垂比接近1，且钻进时摩阻大，对井身结构和提速配套工艺要求高；从上自下钻遇多个裂缝发育层和夹煤层，易井壁失稳，对钻井液性能要求高；自流井组厚度大、须六-须五段硬度高，机械钻速低，对钻头及其梯度工具配伍性要求高。

（2）资阳东峰场须家河致密气藏水平井高效钻井技术可以解决长水平段水平井钻井过程中存在的技术难点，尤其是井身结构及井眼轨迹控制技术、高润滑性钾基聚合物钻井液和“1+2+2”趟数提速配套技术、漂浮下套管技术等方面，实现了该区致密气藏的高效钻井。

（3）利用软件对水平段长2000m的水平井进行了钻具扭矩、摩阻分析，套管下入能力分析，为下步水平段长的延伸钻探能力提供的理论依据。

参考文献

[1] 王建龙，齐昌利，柳鹤，等．沧东凹陷致密油气藏水平井钻井关键技术[J]石油钻探技术，2019，47(5)：11-16.

[2] 谭玮，房舟，罗成波．致密高应力水平井优快钻完井难点与对策[J]．断块油气田，2020，27(5)：653-656

[3] 任文希，王煜，程纯勇，等．长水平段水平井机械水力延伸能力研究[J]．石油化工应用，2014，33(5)：18-21.

[4] 王大为，李晓平．水平井水平段长度优化原则[J]．新疆石油地质，2011，32(2)：163-166.

[5] 谭玮，房舟．中江高庙子气田中深水平井井身结构优化[J]．天然气技术与经济，2017，11(02)：43-46.

[6] 曾大乾，王寿平，孔凡群，等．大湾复杂高含硫气田水平井开发关键技术[J]．断块油气田，2017，24(6)：793-799

[7] 李天萌，潘晓晨，艾二鑫．水平井水平段长度的研究与探讨[J]．辽宁化工，2014，43(4)：405-407.

浅层低温油藏选择性堵水剂的研发与应用研究

杨二龙[1]　房雨佳[1]　刘永胜[2]　黎政权[2]　吴　俊[3]

（1. 提高采收率教育部重点实验室（东北石油大学）；2. 中国石油吉林油田分公司；
3. 中国石油吉林油田分公司油气工程研究院）

摘　要　针对扶余低温油藏笼统注水存在高产液层得不到有效封堵的问题，提出了“先暂堵后封堵”选择性封堵技术，设计优选了微泡沫暂堵剂和多组分凝胶堵水剂配方，其中，微泡沫暂堵剂配方为：水+0.25%十六烷基苯磺酸钠（发泡剂）+0.8%羧甲基纤维素钠（稳泡剂）+0.8%可溶性淀粉（增强剂），多组分凝胶堵水剂配方为：5.0%丙烯酰胺+5.0%丙烯酸+0.8%PVA+0.3%N，N-亚甲基双丙烯酰胺+0.1%过硫酸铵+0.2%氢氧化钠。对体系选择性封堵性能和渗透率恢复特性进行了评价。实验结果表明：评价了体系的选择性封堵性能和渗透率恢复特性。实验结果表明，微泡沫暂堵剂适用的岩心渗透率范围在100~200×$10^{-3}\mu m^2$，封堵剂在低温下能快速成胶。典型井现场试验表明，暂堵层突破压力梯度达到3.5MPa/m，有效保护了低压层，高压层产液量由13.7m^3/d降低至0.6m^3/d，实现了封堵高压层的目的。该项针对浅层低温油藏优势渗流通道的调控技术，对同类油藏开发具有一定的理论意义和应用价值。

关键词　优势渗流通道；浅层低温；微泡沫暂堵剂；选择性堵水

由于油藏自身的非均质性以及开发因素的影响，经过长期水驱后油井普遍存在优势渗流通道。在国内外堵水技术发展中，高强度复合凝胶体系暂堵剂用于堵水应用得最多。早在1936年，Hands N利用脂肪酸盐和氯化钙反应的沉淀，制成了最初的暂堵剂，标志暂堵剂发展应用的开始，Smith J E等人应用聚合技术得到聚合物性暂堵剂体系，由于它具有柔软、易变形和易递降分解的特点而得到推广，Houchin等介绍了一种油溶性树脂暂堵剂，并通过实验指出粒子暂堵剂的粒径分布对于转向的效果至关重要。和上述可降解的暂堵剂相比，聚合物暂堵剂通过高分子间的交联形成封堵，封堵强度高，逐渐成为转向重复压裂最常用的暂堵剂类型。聚合物暂堵剂封堵能力强，能够很好的满足转向压裂的施工要求。但是也伴随着难以完全清除、储层伤害大的缺点，而液相暂堵剂又不可避免的存在滤失。对于凝胶和聚合物的复合体系，聚合物实施过程中存在的问题，如原位交联聚合物和凝胶的剪切降解和凝胶剂组分变化难以预测，容易堵塞潜在产油层。

尽管像交联聚合物弱凝胶、体膨颗粒等深部调剖剂在上述油田应用中见到一些效果，但仍需进一步完善及开发新的更有效的技术，如高强度长膨胀时间吸水剂油藏深部液流转向技术，地层内生成高强度泡沫的深部液流转向技术等。因此，一些学者开始研究泡沫类暂堵剂。Burman等首次采用氢氟酸转向施工中采用泡沫暂堵剂，并且在11.55MPa的施工压力下实现酸液转向。泡沫暂堵剂可以适用于较宽的温度和压力，同时可以助排，从而减少储层伤害。堵水剂的有效性在很大程度上取决于储层的性质，为了实现有效的堵水，必须与储层温度和水矿化度相适应。

通过对大量堵水剂资料的调研分析发现，目前使用的堵水剂的耐温性能几乎都超过60°C，但对于深度较浅，温度较低的地层来说，目前市场上很难找到封堵性能较好的堵水剂，因此研究一种在低温状态下能够发挥较好性能的，适合浅层低温的堵水剂具有重要的实践意义和经济价值。本文在常规渗流实验的岩心夹持器末端增加了一套回压控制装置，对高渗岩心施加不同的回压，在出口处起阻力作用，利用该装置可以实现选择性注入，即设计的微泡沫暂堵剂优先进入低压层，暂时提高该层的突破压力，随后注入的封堵剂直接进入高压层。暂堵剂降解后，低渗透层的产液能力恢复。此外，获得了微泡沫暂堵剂与岩心渗透率的配伍性，确定了适用的渗透率范围，并考察了微泡沫流经多孔介质的机理。该研究可为浅层深部调剖提供理论指导。

1　实验材料与方法

1.1　实验材料

实验材料：将20~40目、40~60目、60~80目石英砂按照质量比1：1：1比例混合，填入填砂管模型，在液压机上加不同的压力，以制备不同渗透率级差的岩芯，岩心基础参数如表1所示。Sodium cetylbenzene sulfonate，江苏鑫德化工，含量99%；十二烷基磺酸钠，郑州丰跃化工产品有限公司，含量99%；十二烷基硫酸钠，广州市金滦化工有限公司，含量99%；十二烷基磷酸酯，寿光市鲁科化工有限责任公司，含量99.5%；辛醇，上海瑞泉化工科技有限公司，含量99%；月桂醇，江苏省海安石油化工厂，含量99%；部分水解聚丙烯酰胺，相对分子质量2500万，固含量90%；黄原胶，山东丰泰生物科技有限公司，有效物含量99%；胍胶，亳州市顺兴植物胶有限公司，含量99%；羧甲基纤维素钠，济南贝亚特化工科技有限公司，含量99%；羧甲基纤维素钠，济南贝亚特化工科技有限公司，含量99%；可溶性淀粉，郑州晨旭化工品有限公司，含量99%；清水，过滤后的扶余油田地层注入水；丙烯酸(AA)，济南荣正化工有限公司，含量99.5%；丙烯酰胺(AM)，济宁宏伟化工有限公司，含量99%；N，N-亚甲基双丙烯酰胺(NMBA)，郑州承锐化工产品有限公司，含量98%；过硫酸铵(APS)，郑州帝科化工产品有限公司，含量98.5%；聚乙烯醇(PVA)，800分子量，郑州鹏程化工产品有限公司，含量94%。

表1　并联岩芯实验模型基本参数

实验编号	渗透率($10^{-3}\mu m^2$)	孔隙度/%	岩芯规格/cm	渗透率级差
1	3.60	9.85	φ2.5×20	105.50
	380.00	19.52	φ2.5×20	
2	4.50	10.37	φ2.5×20	333.30
	1500.00	25.68	φ2.5×20	
3	105.00	15.40	φ2.5×20	12.85
	1350.00	24.85	φ2.5×20	

1.2　实验设备

填砂管，液压机，IKA高速搅拌器(最大转速2500r/min)，MP-I可视化调剖流动实验仪、ARES-G2旋转流变仪。

1.3　实验过程

(1)封堵实验：

①将制备好的填砂模型抽真空2h后饱和地层水。

②以2ml/min的排量注入地层水，测量填砂模型的水相渗透率及孔隙度。

③自制并联岩芯实验流程，将不同渗透率级差的岩芯装在实验流程上，在高渗透岩芯出口端连接回压阀及手动回压装置。

④在并联岩芯进口端以0.5ml/min排量混注堵水剂，当出液量达到10PV时记录当前回压下的堵水剂分流率。

⑤调节手动回压装置，逐步提高高渗透岩芯的回压，分别为0MPa、0.5MPa、0.75MPa、1.0MPa、2.0MPa，研究相同排量不同回压条件下各岩芯组分流率的变化关系。实验流程见图1。

(2)降解评价试验：将岩心抽真空饱和后，选取渗透率分别为$17.93\times10^{-3}\mu m^2$、$84.7\times10^{-3}\mu m^2$、$168\times10^{-3}\mu m^2$、$736\times10^{-3}\mu m^2$的填砂管，抽真空后用地层水饱和岩心，以2mL/min的恒定速度进行水驱。然后，以0.5mL/min的流速注入微泡沫暂堵剂，随后进行水驱，直至注入50PV。最后，记录不同阶段的压力，计算渗透率恢复率。

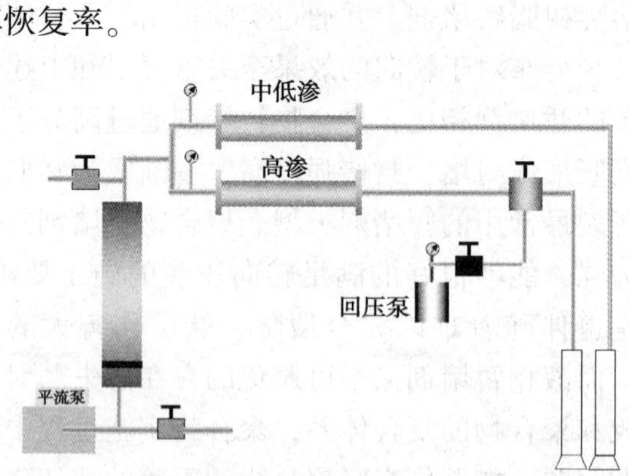

图1　并联岩芯实验流程

(3)流动实验研究：

①将制备好的并联岩芯实验流程高渗透岩芯出口端连接回压阀及手动回压装置，并施加0.5MPa回压。

② 在并联岩芯进口端以 0.5ml/min 排量正向混注水，当分流率稳定后停止注水，记录并联岩芯组高低渗透率岩芯的分流率。

③ 在并联岩芯进口端以 0.5ml/min 排量正向混注 0.3PV 的微泡沫暂堵剂，记录并联岩芯组高低渗透率岩芯的分流率。

④ 在并联岩芯进口端以 0.5ml/min 排量正向混注 1PV 堵水剂，记录并联岩芯组高低渗透率岩芯的分流率。然后将流程置于 30℃ 烘箱内候凝 24h。

⑤ 在并联岩芯进口端以 0.5ml/min 排量反向混注水，记录并联岩芯组高低渗透率岩芯的分流率。

2 结果与分析

2.1 常规笼统注水

通过扶余油田研究井的分层测压、分层产液量测试和渗透率分布结果，认为扶余油田油井各生产层段均存在着较大的压差，产液量不均，渗透率差异较大。其中层间压差在 0.2MPa ~ 3.6MPa 不等，平均为 1.8MPa。高压层表现为较高产液量；低压层表现为较低产液量。采用级差分别为 333.3，105.5 和 12.85 并联岩芯组研究并联岩芯的分流率变化，分别对中渗透岩芯施加不同的回压，以恒定排量对并联岩芯注堵水剂，测量岩芯的分流率变化，实验结果见图 2。

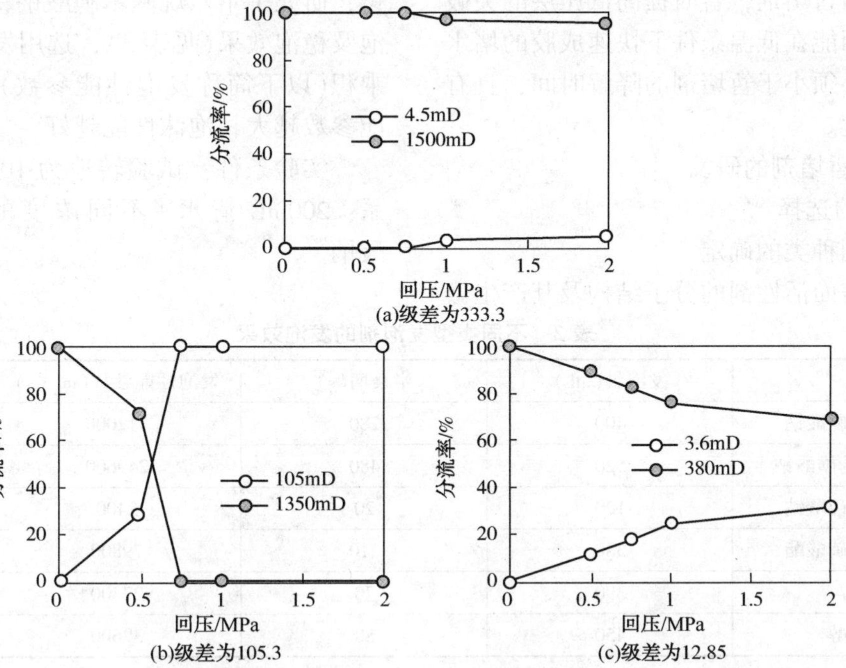

图 2　不同渗透率比混合注水时分数流量变化曲线

对于级差为 333.3 的并联岩心，随着高渗透岩芯回压的增加，高渗透岩芯分流率减小，低渗透岩芯分流率增大，但增大幅度较小。在 2MPa 时高渗岩芯分流率为 95%，低渗透岩芯为 5%。对于该渗透率级差的并联岩芯组，直接笼统注入堵水剂，将会大，部分进入高渗透岩芯，极少部分进入低渗透岩芯。

对于级差为 105.5 的并联岩心，从实验数据表中可以看出，随着中渗透率岩芯回压的增加，低渗透率岩芯分流率逐步增加，中渗透率岩芯分流率逐步减小；在高渗透岩芯回压达到 2MPa 时，低渗透岩芯堵水剂进入量达到 31.5%。说明高渗透岩芯回压较高的情况下，该并联岩芯组注入的堵水剂高低渗透率岩芯均有较大的进入量，整个岩芯组全部封堵，无法实现选择性封堵高渗透岩芯。

对于级差为 12.85 的并联岩心，随着高渗透率岩芯回压的增加，中渗透率岩芯分流率逐步增加，高渗透率岩芯分流率逐步减小；在高渗透岩芯回压大于 0.75MPa 时，中渗透岩芯堵水剂进入量达到 100%。对于该渗透率级差的并联岩芯，如果直接笼统注入堵水剂，当高中渗透率岩芯回压差大于 0.75MPa 时，堵水剂将会全部进入中渗透岩芯，高渗透岩芯无法得到封堵。

由以上实验可以得知，堵水剂在地层中的分流率受高渗透岩芯回压及渗透率级差双重因素影响，高渗透岩芯回压越高，渗透率级差越小，堵水剂越容易进入低渗透岩芯，高低并联岩芯笼统注入堵剂大部分进入高渗层；中低并联岩芯注入的堵水剂高低渗透率岩芯均有较大的进入量，中高并联岩芯在回压大于0.75无法实现对高渗的封堵。笼统堵水无法实现选择性封堵高渗透岩芯。

2.2 选择性堵水体系配方设计

扶余油田是典型的低温浅层中-高渗透率油藏，层间压差平均1.8MPa。常规笼统化学堵水易污染低压低产液层，高压高产液层得不到有效封堵。基于笼统注水存在的弊端，选择性封堵高压层方面需要解决2个问题：一是使用能优先进入低压层的低温暂堵剂，暂时提高低压层的突破压力；二是使用能在低温条件下快速成胶的堵水剂，成胶时间必须小于暂堵剂的降解时间，且有较强的封堵强度。

2.2.1 微泡沫暂堵剂的研发

1. 发泡剂的选择

(1) 发泡剂种类的确定

根据各种表面活性剂的分子结构及其产生微泡的表观形态、稳定性，对若干种发泡剂进行了筛选。实验通过在相同条件下研究不同类型的发泡剂的发泡效果来优选发泡剂。评价的主要标准为代表发泡量与半衰期，以起泡体积表示微泡基液的起泡能力，以微泡体系析出一半体积液体的时间为半衰期。

实验条件：试验转速为1000r/min，测试体系：200mL清水+0.2%发泡剂。

结果表明：以上6种起泡剂中十六烷基苯磺酸钠的气泡效果与稳泡效果较好，形成的泡沫小且均匀(见表2)。

(2) 发泡剂最佳浓度的确定

实验通过固定发泡剂类型为十六烷基苯磺酸钠，研究了十六烷基苯磺酸钠在不同浓度下的起泡及稳泡效果(见表3)，选用发泡量与半衰期的乘积(以下简称发泡性能参数)做指标，发泡性能参数越大，泡沫性能越好。

实验条件：试验转速为1000r/min，测试体系：200mL清水+不同浓度的十六烷基苯磺酸钠。

表2　不同类型发泡剂的发泡效果

起泡剂	发泡量(mL)	半衰期(s)	发泡性能参数(ml·s)	表观特征
0.2%十二烷基磺酸钠	400	280	112000	较小，均匀
0.2%十六烷基苯磺酸钠	520	480	249600	较小，均匀
0.2%十二烷基硫酸钠	120	20	2400	细小，均匀
0.2%十二烷基磷酸酯	380	210	79800	细小，均匀
0.2%辛醇	390	70	27300	细小，均匀
0.2%月桂醇	450	88	39600	细小，均匀

表3　十六烷基苯磺酸钠在不同浓度下的起泡及稳泡效果

起泡剂	发泡量(mL)	半衰期(s)	发泡性能参数(ml·s)	表观特征
0.05%十六烷基磺酸钠	110	20	2200	细小、均匀
0.1%十六烷基磺酸钠	220	80	17600	细小，均匀
0.15%十六烷基磺酸钠	350	210	73500	细小，均匀
0.2%十六烷基磺酸钠	520	480	249600	较小，均匀
0.25%十六烷基磺酸钠	580	560	324800	细小，均匀
0.3%十六烷基磺酸钠	590	380	224200	细小，均匀
0.35%十六烷基磺酸钠	600	320	192000	小、均匀
0.4%十六烷基磺酸钠	650	300	195000	小、均匀
0.5%十六烷基磺酸钠	750	290	217500	小、均匀

从实验结果可以看出，随着十六烷基苯磺酸钠浓度的增加发泡量逐步增加，但在质量浓度大于0.25%以后半衰期却先增加后减小，因此发泡剂的浓度选择为0.25%。

2. 稳泡剂的优选

(1) 稳泡剂种类的优选

微泡冻胶暂堵剂是热力学不稳定体系，泡沫破裂主要是因为液膜排液和气泡内气体扩散共同作用，另外还有温度、压力、地层流体污染等外界条件对体系也具有一定影响，为了保证其在较长时间内维持相对稳定的状态，需要添加稳泡剂。不同种类的稳泡剂中分子量大的稳泡性能会更好，网状结构的稳泡剂比链状结构的稳泡剂稳泡性能更好。

对常用的四种稳泡剂进行考察，在 200mL 清水中加入 0.5% 质量分数的不同稳泡剂和 0.25%十六烷基苯磺酸钠，高速搅拌，然后倒入 1000mL 量筒中，观察泡沫变化情况。

表 4 不同种类的稳泡剂稳泡效果

稳泡剂	发泡量/mL	析水时间/h	发泡性能参数/(ml·s)	现象描述
部分水解聚丙烯酰胺	160	2.5	1440000	泡沫大、不均匀
黄原胶	166	2.3	1374480	泡面大、不均匀，不稳定
胍胶	190	2.0	1368000	泡沫不均匀
羧甲基纤维素钠	185	3	1998000	泡沫细小、均匀、较稳定

结果表明：加入稳泡剂之后，泡沫体积减少，但是稳定性大幅度提高，稳泡剂能够提高液相黏度，减小发泡体积，但是能够形成弹性薄膜，因而可以明显延长气泡的析水时间。

羧甲基纤维素钠能够极大地增强泡沫的稳定性，对泡沫的体积影响也较小，而且析水时间在 3h，能够满足注入要求，最终确定选择性能较好而且价格适中的羧甲基纤维度钠作为体系的稳泡剂。

(2) 羧甲基纤维素钠加量的优选

羧甲基纤维素钠具有一定的黏度，其表面张力的大小和液膜的强度决定了微泡沫的生成与稳定性。微泡沫在表面张力较低时更容易生成，微泡稳定性关键取决于液膜的表面黏度，因此不同的质量浓度对羧甲基纤维素钠的稳定时间也有很大的影响。

实验结果发现，随着羧甲基纤维素钠质量浓度的增加，稳泡时间逐步提高；但羧甲基纤维素钠的质量浓度越高，表面黏度越高，现场实施较为困难。综合性价比以及现场实施难易程度，羧甲基纤维素钠的质量浓度为 0.8%。

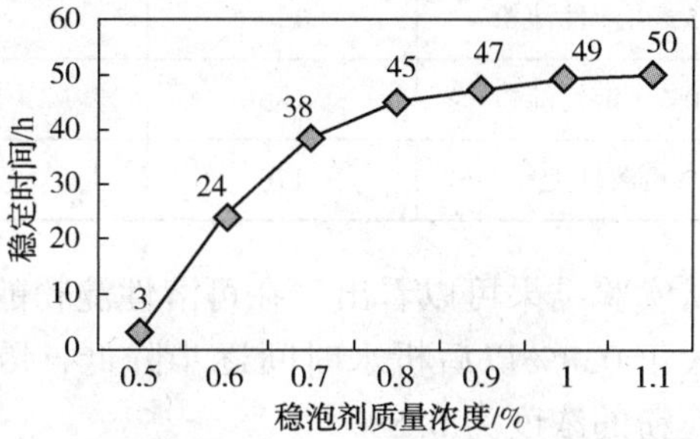

图 3 羧甲基纤维素钠质量浓度与稳定时间关系曲线

3) 增强剂的优选

(1) 增强剂种类的确定

常规的空气泡沫是以空气作为内核，受热、受压易破碎。微泡沫暂堵剂需要达到较高的耐压强度，需要添加水溶性的颗粒物质(淀粉类)作为微泡沫的内核。

实验通过在相同条件下研究不同类型的增强剂的稳定时间来优选增强剂。实验通过固定其他几种组分的类型和用量，同时对淀粉类增强剂的浓度进行固定，研究不同淀粉对泡沫稳定时间的影响(表 5)。

试验转速为 1000r/min，实验体系：200ml 清水+0.25%十六烷基苯磺酸钠+0.8%羧甲基纤维素钠+0.2%增强剂。

表 5 不同类型增强剂的稳定时间

起泡剂	发泡量/mL	析水时间/h	发泡性能参数/(ml·s)	微泡表观特征
0.2%可溶性淀粉	175	55	34650000	较小，均匀
0.2%羟乙基淀粉	180	48	31040000	较小，均匀
0.2%土豆淀粉	190	37	25308000	细小，均匀

结果表明：以上3种增强剂中可溶性淀粉形成的泡沫稳定性较优。

（2）增强剂最佳浓度的确定

实验通过固定几种组分的类型和用量，改变可溶性淀粉的浓度；通过观察析水时间来优选可溶性淀粉的添加浓度（表6）。

实验条件：试验转速为1000r/min，实验体系：200ml清水+0.25%十六烷基苯磺酸钠+0.8%羧甲基纤维素钠+不同浓度的可溶性淀粉。

表6 优选可溶性淀粉的添加浓度

起泡剂	发泡量/mL	析水时间/h	发泡性能参数/（ml·s）	微泡表观特征
0.2%可溶性淀粉	175	55	34650000	较小，均匀
0.4%可溶性淀粉	180	62	40176000	较小，均匀
0.6%可溶性淀粉	182	70	45864000	细小，均匀
0.8%可溶性淀粉	195	72	50544000	较小，均匀
1.0%可溶性淀粉	185	68	45288000	较小，均匀
1.5%可溶性淀粉	190	66	45144000	细小，均匀
2.0%可溶性淀粉	186	58	38828000	较小，均匀
3%可溶性淀粉	176	59	37382400	细小，均匀

从实验结果可以看出，在可溶性淀粉的质量浓度大于0.8%以后析水时间逐步降低，因此可溶性淀粉的浓度为0.8%。

通过微泡沫中几种组分的对比实验，选择性堵水体系是“暂堵油层+封堵水层”实现不动管柱选择性堵水工艺中的比较关键的一种技术方法，设计微泡沫暂堵剂的配方为200ml清水，0.25%十六烷基苯磺酸钠作为发泡剂，0.8%羧甲基纤维素钠作为稳泡剂，0.8%可溶性淀粉作为增强剂。

2.2.2 多组分凝胶堵水剂的研发

该体系基本组成为丙烯酰胺、丙烯酸、PVA、N，N-亚甲基双丙烯酰胺、过硫酸铵，氢氧化钠。为了优选最佳药剂配比，固定实验温度为30℃，通过测量体系成胶后的突破压力梯度，设计了六因素五水平正交实验表，并根据实验表设计开展突破压力梯度评价实验。

本实验中因素和水平设计如表7所示。

表7 正交实验设计表格

水平	丙烯酰胺/%	丙烯酸/%	PVA/%	N，N-亚甲基双丙烯酰胺/%	过硫酸铵/%	氢氧化钠/%
1	1	1	0.2	0.1	0.1	0.2
2	2	2	0.4	0.3	0.3	0.4
3	3	3	0.6	0.5	0.5	0.6
4	4	4	0.8	0.7	0.7	0.8
5	5	5	1.0	0.9	0.9	1.0

六个因素各水平突破压力梯度值记为=Ai Bi Ci Di Ei Fi（i=Ⅰ，Ⅱ，Ⅲ，Ⅳ，Ⅴ），计算A因素极差R：R=max{AⅠ AⅡ AⅢ AⅣ AⅤ}-min{AⅠ AⅡ AⅢ AⅣ AⅤ}，同理计算其他因素，比较R值大小进行主次排序，得到最佳配比，实验结果见表8。所选因素的取值与突破压力梯度有关，本实验的要求是尽可能提高封堵剂体系的突破压力梯度，因此选取各因素的最大水平，因此，多组分凝胶堵剂最佳体系配方为丙烯酰胺5%、丙烯酸5%、PVA0.8%、N，N-亚甲基双丙烯酰胺0.3%、过硫酸铵0.1%，氢氧化钠0.2%。室内评价该配比的多组分凝胶初凝时间4h，突破压力梯度23MPa/m。

表8 多组分凝胶正交实验表

因素	A	B	C	D	E	F
Ⅰ	12.34	42.8	67.49	58.13	72.86	75.64
Ⅱ	48.9	50.73	59.35	75.62	70.37	61.70
Ⅲ	79.12	66.7	72.42	71.02	67.12	64.21
Ⅳ	87.8	76.74	74.85	62.63	58.87	62.09
Ⅴ	100.35	91.54	71.86	61.11	59.29	64.87
R	88.01	48.74	15.50	17.49	13.99	13.94
主次顺序	A>B>D>C>E>F					
最佳配比	A5B5C4D2E1F1					

2.3 微泡沫暂堵剂性能评价

2.3.1 封堵性能评价

通过向单管岩芯内注入暂堵剂，研究暂堵剂在不同用量下对不同渗透率岩芯的封堵强度。将配制好的暂堵剂装入250ml的中间容器，连接在事先预处理好的岩芯上。以恒定流速进行驱替实验，不同渗透率的岩芯注入不同用量暂堵剂，测水驱突破压力。实验结果见表9。

表9 微泡沫暂堵剂不同注入量条件下对不同渗透率岩芯的封堵效果

岩芯渗透率/($\times10^{-3}\mu m^2$)	注入量/PV	注入暂堵剂压力/MPa	突破压力/MPa	填砂管长度/cm	突破压力梯度/(MPa/m)
7.87	0.2	10.4	17.9	22	81.36
7.87	0.3	21	28.6	22	130
7.87	0.5	28	32	22	145.45
17.93	0.2	8.5	9.6	22	43.64
17.93	0.3	10.8	18.8	22	85.45
17.93	0.5	18.82	32	22	145.45
84.7	0.2	6.32	14.1	22	64.09
84.7	0.3	8.1	15.6	22	70.91
84.7	0.5	10.42	28	22	127.27
168.7	0.2	1.8	4.1	22	18.64
168	0.3	3.2	16.2	22	73.64
168	0.5	6.6	18.8	22	85.45
168	1	10.9	20.5	22	93.18
736	0.2	0.03	0.02	22	0.07
736	0.3	0.09	0.13	22	0.59
736	0.5	0.15	0.25	22	1.14
1257	0.5	0.12	0.26	22	1.18
1257	1	0.25	0.38	22	1.73

在相同注入量的情况下，随着岩芯渗透率的增加，微泡沫暂堵剂暂堵后的突破压力梯度逐步减小。微泡沫暂堵剂暂堵后的突破压力升幅由两方面因素构成，一是体系中的高黏度增强剂的封堵作用，二是泡沫体系进入孔隙后造成的贾敏效应。当渗透率较低的时候，岩芯孔隙较小，泡沫体系较难进入孔隙深部，此时起作用的主要是高黏度的稳泡剂在岩芯端面形成的黏性膜；该粘性

膜能有效地阻止后续流体进入岩芯内部。从实验中可以看出，渗透率为$7.87\times10^{-3}\mu m^2$，注入量0.5PV时，暂堵剂的注入压力达到28MPa，突破压力32MPa。当渗透处于中等渗透率等范围之内的时候($100-200\times10^{-3}\mu m^2$左右)，高粘度增强剂和泡沫体系均起作用，表现为较低的注入压力，较高的突破压力。以渗透率为$84.7\times10^{-3}\mu m^2$，注入量0.5PV实验结果为例，暂堵剂的注入压力10.42MPa，突破压力28MPa，表现为较易注入，且较难突破，说明微泡沫暂堵剂较好地与此范围内的岩芯孔隙相匹配。当渗透率处于高渗透范围的时候(大于$736\times10^{-3}\mu m^2$)，微泡沫暂堵剂均难以起到较好的封堵效果，突破压力明显处于较低的水平。以$737\times10^{-3}\mu m^2$渗透率岩芯为例，注入暂堵剂0.5PV时，突破压力仅0.25MPa。

分析认为随着注入量的增多，进入岩芯内部的微泡沫暂堵剂越多，占据的孔隙空间越多，后续流体难以突破；在高黏度的稳泡剂和泡沫体系的作用下，表现为较高的突破压力梯度。

通过微泡沫暂堵剂在不同注入量对不同渗透率岩芯的暂堵评价实验表明，微泡沫暂堵剂对中低渗透率岩芯封堵强度较好，对于高渗岩芯封堵作用较差；综合考虑注入性和封堵效果，认为最佳用量为0.3PV。

2.3.2 降解性能评价

微泡沫体系通过进入岩芯孔隙产生的堵塞作用来进行封堵；随着后续水洗的作用，泡沫外壁液膜逐步破灭，封堵能力逐步变差，渗透率逐步恢复。开展了微泡沫暂堵剂暂堵后的渗透率恢复物模实验。后续水驱后4个渗透率级岩心渗透率恢复率均在94%以上。与Tang等的实验结果相比，采用弱凝胶暂堵剂对低渗透层进行选择性封堵实验，渗透率低于$1\mu m^2$的层封堵效率高于90%。而且，在他们的研究中，破胶后渗透率可以恢复到80%以上，但在本文中却高于94%。这证明我们设计的暂堵剂对储层伤害较小。

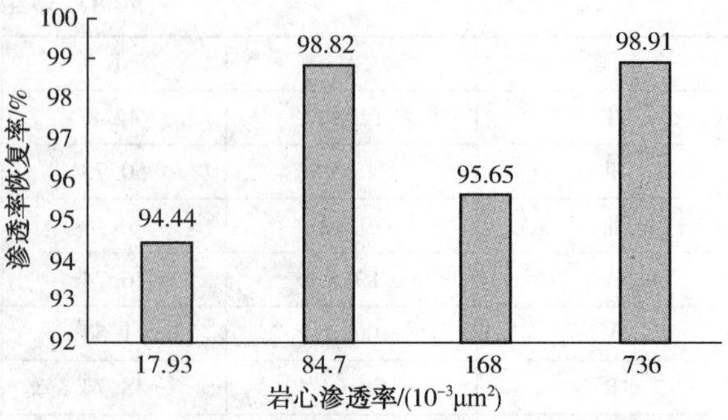

图4　不同渗透率岩芯暂堵后水驱渗透率恢复研究

2.4 选择性堵水体系封堵效果评价

从实验数据表中可以看出，在并联岩心组暂堵前正向注水测量水驱分流率实验中低渗透岩芯部位分流率为100%，高渗透岩芯分流率为0%；说明此条件下注入的流体将完全进入低渗透岩芯，若直接注入堵水剂，必然会对低渗透岩芯造成极大的堵塞污染，而高渗透岩芯无法得到有效的封堵。注入微泡沫暂堵剂过程中，暂堵剂优先进入低渗透岩芯部位；随着注入量的增加，低渗透岩芯的分流率在逐步减小；在总注入量为0.3PV时，低渗透岩芯分流率为77.24%，高渗透岩芯分流率为22.76%。这是因为随着暂堵剂的注入，低渗透岩芯的突破压力在逐步增加，当突破压力增加到大于高渗透岩芯的突破压力与其出口端的回压之和之后，暂堵剂已不在进入低渗透岩芯，而进入高渗透岩芯；但从前面的单管岩芯封堵实验可以看出，即使微泡沫暂堵剂进入了高渗透岩芯，起到的封堵作用也较小。

在并联岩芯注入微泡沫暂堵剂后再注入堵水剂，分流率曲线发生了反转，发现堵水剂由暂堵前的全部进入低渗透岩芯变为暂堵后全部进入高渗透岩芯，高渗透岩芯分流率由暂堵前的0%变为暂堵后的100%；低渗透岩芯分流率由暂堵前的100%变为暂堵后的0%。说明微泡沫暂堵剂能提高低渗透岩芯的启动压力，使堵水剂转向封堵高渗透岩芯，起到了选择性封堵的作用。在并联岩心组堵水后的反向水驱分流率实验中，注水优先进入并启动低渗透岩芯，分流率为100%；而高渗透岩芯由于被堵水剂封堵，注水分流率为0%。说明通过暂堵剂+堵水剂的结合，可实现选择性封堵高渗透岩芯、启动低渗透岩芯的目的。

2.5 现场应用

东8-34.4井2006年6月投产，目前日产液25.7t，日产油0.25t，含水99.8%，动液面327m。该井为直井，最大斜度为2.78°，油井井况正常。纵向矛盾突出，产液不均，无效水循环严重。堵前分层测压和产液剖面测试显示，2号层为低压低产液层，11号层为高压高产液层。初步认为暂堵保护2号层，封堵11号层(表10)。

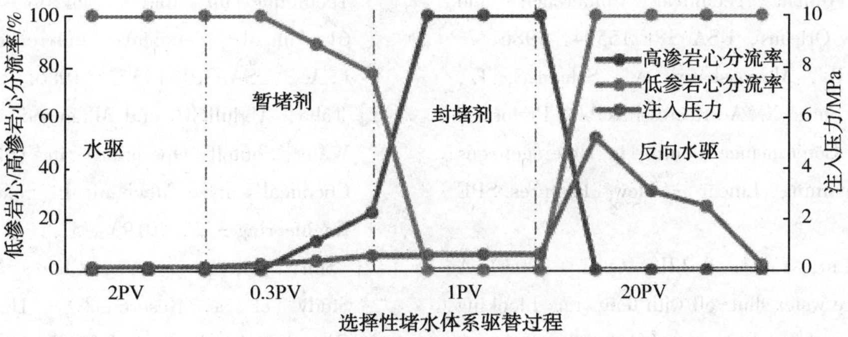

图 5　微泡沫暂堵后堵水效果研究

表 10　东 8-34.4 井堵前测试情况

射孔层段/m	层间压差/MPa	射孔厚度/m	小层号	渗透率/($10^{-3}\mu m^2$)	产液量/m^3	分层压力/MPa
390-394	/	4.00	2	182.30	8.40	2.45
454.8-459.4	1.53	4.60	11	1002.45	13.70	3.98

现场试验采取单下顶封堵水管柱，全井混注暂堵剂对 2 号层进行暂堵，然后在高于 11 号层突破压力、低于 2 号层突破压力情况下注入堵水剂，以保证堵水剂进入 11 号层。

施工过程中暂堵剂施工压力 0MPa，堵水剂施工压力 1MPa，与设计压力上限符合。从堵后产液剖面测试看，低压层产液量由 8.4m^3/d 上升至 12.9m^3/d，高压层产液量由 13.7m^3/d 下降至 0.6m^3/d，说明起到了选择性封堵高压高产液层，释放低压层的目的。

表 11　东 8-34.4 井选择性堵水效果

射孔层段/m	层间压差/MPa	射孔厚度/m	小层号	渗透率/($10^{-3}\mu m^2$)	堵前产液量/m^3	堵前分层压力/m^3	堵后产液量/m^3
390-394	/	4.00	2	102.45	8.40	2.45	12.90
454.8-459.4	1.53	4.60	11	182.30	13.70	3.98	0.60

3　结论

(1) 通过常规笼统注入堵剂实验，高低并联岩芯笼统注入堵剂大部分进入高渗层；中低并联岩芯注入的堵水剂高低渗透率岩芯均有较大的进入量，中高并联岩芯在回压大于 0.75 无法实现对高渗的封堵。笼统堵水无法实现选择性封堵高渗透岩芯。

(2) 研制出适合浅层低温油藏的微泡沫暂堵剂，优选出配方为：水+0.25%十六烷基苯磺酸钠(发泡剂)+0.8%羧甲基纤维素钠(稳泡剂)+0.8%可溶性淀粉(增强剂)。该堵剂污染小，120h 后渗透率恢复率为 98.8%；暂堵时间长，可达到 35h 以上；暂堵效果好，实验室注入 0.3PV 时突破压力达到 16MPa 以上。

(3) 研制出多组分凝胶堵剂，最优配方为：5.0%丙烯酰胺+5.0%丙烯酸+0.8%PVA+0.3%N，N-亚甲基双丙烯酰胺+0.1%过硫酸铵+0.2%氢氧化钠。该体系初凝时间 4h，突破压力梯度达到 23.0MPa/m，有效期达到 2.0 年以上，满足低温油藏快速高强度封堵需求。

(4)针对扶余油田高压层与低压层产生层间矛盾问题，提出微泡沫暂堵保护低压层、多组分凝胶封堵高压层新型选择性堵水技术，典型井现场试验表明，暂堵层突破压力梯度达到 3.5MPa/m，有效保护了低压层，高压层产液量由 13.7m^3/d 降低至 0.6m^3/d，实现了封堵高压层的目的。

参 考 文 献

[1] Hands N. Drilling-in Fluid Reduces Formation Damage Increase Production Rates [J]. Oil&Gas Journal, 1998, 7(13): 65-68.

[2] Smith J E. Performance of 18 polymers in aluminium citrate colloidal dispersion gels [C]. SPE: 28989, 1995.

[3] L. R. Houchin, D. D. Dunlap, P. C. Begnaud and et al. Evaluation of Oil-Soluble as an Acid Diverting Agent

[C]. 61st Annual Technical Conference and Exhibition, New Orleans, USA. SPE 15574, 1986.

[4] Pu, J., Bai, B., Alhuraishawy, A., Schuman, T., Chen, Y., & Sun, X.. A Recrosslinkable Preformed Particle Gel for Conformance Control in Heterogeneous Reservoirs Containing Linear - Flow Features. SPE Journal, 2019.

[5] Tang, X. F., Liu, Y. Z., & LIU, G. H. (2003). A study on selective water shut-off with temporary blocking agent and strong gel in laboratory [J]. Petroleum Exploration and Development, 30(1), 102-104.

[6] Xiong, Chun-ming; Tang, Xiao-fen. Technologies of water shut-off and profile control: An overview [J]. Petroleum Exploration and Development, 2007, 34.1: 83-88.

[7] J. W. Burman, and B. E. Hall. Foam as a Diverting Technique for Matrix Sandstone Stimulation [C]. 61stAnnual Technical Conference and Exhibition, L. A., USA. SPE 15575, 1986.

[8] Taha, Abdullah, and Mahmood Amani. "Overview of Water Shutoff Operations in Oil and Gas Wells; Chemical and Mechanical Solutions. " " Chem Engineering 3.2 (2019): 51.

[9] Sun, Y.; Fang, Y.; Chen, A. Gelation Behavior Study of a Resorcinol - Hexamethyleneteramine Crosslinked Polymer Gel for Water Shut-Off Treatment in Low Temperature and High Salinity Reservoirs. Energies 2017, 10, 913.

[10] Tang, X., Liu, Y., Liu, G., 2003. A study on selective water shut-off with temporary blocking agent and strong gel in laboratory. Petrol [J]. Explor. Dev. 30(1), 102-104.

AUI 井周超声成像测井在储气库井中应用

王成荣[1]　李　康[2]　王　鹏[1]　刘春辉[1]　史　阳[1]

(1. 中国石油测井有限公司吐哈分公司；2. 太平洋远景石油技术(北京)有限公司)

摘　要　地下储气库在天然气工业发展过程中的作用重大，井身完整性检测在注采过程中关系到储气库中的注采井、监测井和观察井的安全高效运行。现有完整性检测技术手段多样，但往往局限于某一项检测内容，作业时效有所限制，精度和分辨率比较低。AUI 采用超声波旋转扫描的方式对井周 360°的信息进行采集，超声回波幅度和时间分析可描述套管损伤腐蚀情况，声阻抗分析可以对套管-水泥环间的泥胶结质量进行定性评价。AUI 井周超声成像测井仪一次下井可实现管柱内外壁及固井质量检测，同时完成套管损伤检查和固井质量评价显著提高工程测井的时效，为储气井的井身完整性检测提供综合而全面的信息。目前在辽河油田双 6 储气库、西南油田相国寺储气库、吐哈油田温吉桑储气库广泛应用，为储气库井提供了准确可靠的套管损伤和固井质量等基础信息。

关键词　储气库；井身完整性；超声成像测井；套损评价；固井质量

储气库的完整性评价与管理是储气库安全建设和运行评价的关键，涉及的对象包括地质构造、井筒和地面设备，从时间跨度上涉及从设计到建设到运行一体化乃至储气库废弃的全生命周期，储气库建设的首要原则是保证后期生产作业中的井筒完整性，避免因环空封固不良或管柱泄漏导致气体泄漏、环空带压，以至影响整个库区安全运行。如何准确经济地对储气井的水泥胶结质量、套管质量进行评价对井完好性评价具有重要的意义。目前，常用的完好性检测手段多为单功能测量，如机械测量(多臂 24 臂、40 臂井径仪等)和电磁测量(电磁探伤仪器 MTT、EMDS、MID-K 等)仅能提供套管内径或壁厚变化，在组合测井时可以对管子损伤进行较全面的评价。对套后水泥胶结变化情况评价还需要 CBL、VDL 或 SBT/RBT 测井。如果要进行套管质量和固井质量评价，必须进行多次下入不同测井方法的仪器，这样作业时效差且成本高。而近些年国内外油服公司均开始运用新的超声波成像测井技术对单井的固井质量和套管质量进行测井评价，这其中包含斯伦贝谢的 IBC、中海油服的 MUIL 等技术。

因此储气库则迫切需要建立一整套的评价和检测手段，尤其是在地应力条件下的注采过程中，断层、盖层的完整性破坏的预测与监测技术。针对井筒完整性，也需要形成相应的评价与检测技术。运用 AUI 超声波成像测井技术可以通过一次性下井进行水泥胶结评价，评价环空介质的声阻抗，检测套管质量，评价套管内径、外径和壁厚，也可监测射孔质量。

1　AUI 超声波测量原理

AUI(Annular Ultrasonic Imaging)井周声波成像测井仪器采用声波脉冲回波方式测量，通过旋转式超声换能器发射的 250～450kHz 超声波束，被聚焦后对井壁进行扫描，并记录回波波形，得到声波回波幅度成像和声波回波时间成像，将测量的反射波幅度和传播时间的数组资料按井眼内 360°方位显示成图像。图 1 为 AUI 测井原理示意图，声波探头向套管内壁发射超声脉冲，每次超声脉冲发射都会在套管内壁产生较强的反射，由探头接收并记录这些反射波的到达时间和幅度信息，通过对反射波的到达时间和幅度信息的处理，可以获取套管内径。

由于套管的声阻抗和流体的声阻抗为常数，所以套管内的信号是以一定的速率衰减的，信号的大小依赖于套管外面材料的声阻抗。套管外面材料的声阻抗越大，套管内的共振波幅度越小；反之，套管外面材料的声阻抗越小，套管内的共振波幅度越大。利用套管共振波幅度的强弱可以评价套管外面材料的声阻抗大小，进而对套管外固井质量进行评价。

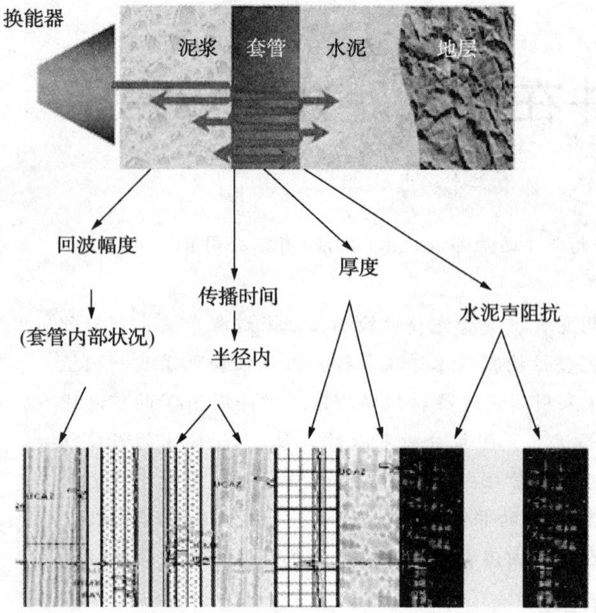

图1　AUI测井原理示意图

仪器接收探头依次接收到的分别为套管内壁的反射回波及套管的共振波，反射回波频谱曲线有明显的谱陷特征，且谱陷峰对应的频率即为套管的共振频率。通过反射波的时间评价内径、共振波的频率评价套管壁厚、共振波幅度的衰减率计算声阻抗。图2为仪器采集一次得到的反射波及频谱图。依次到达接收探头的分别是套管内壁的反射波、套管的共振波及套管内壁的二次反射波。反射波频谱曲线有明显的泄漏峰特征，且泄漏峰对应的频率即为套管的共振频率。

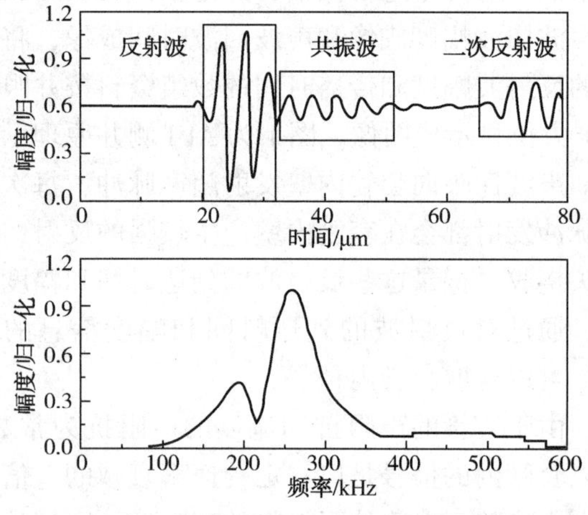

图2　测量的反射波及其频谱图

2　仪器介绍

AUI仪器主要由电子短节及声系短节两部分组成成，图3为整个仪器结构示意图。其中数传电子短节主要负责超声换能器的命令发送和数据的采集处理。声系短节包含有四部分：泥浆声速测量、高性能电机、贯穿式扶正器和超声波换能器。

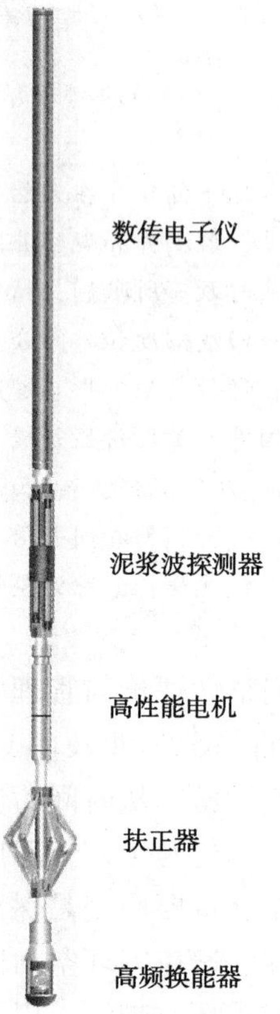

图3　仪器示意图

由于储气库的井会采用不同厚度和尺寸的套管，而超声波探头的频率带宽有限，采用一种频率的探头难以覆盖较宽范围内的套管厚度测量需求，因此依据不同尺寸的套管(壁厚)需要更换不同频率的超声波探头，如表1所示。高频超声波换能器被安装在扫描旋转头上，超声波换能器频率分别为250、350、450kHz的3种高频探头；对于监测射孔质量，为了使声斑更好地聚焦成像，仪器设计了超高频为1.5MHz的聚焦探头。

表1　不同频率的超声波换能器

探头频率	探头类型	工作环境	壁厚范围/mm
250kHZ	低频	套管井	9.5~15.8
350kHZ	中频	套管井	6.8~11.2
450kHZ	高频	套管井	5.4~7.4
1.5MHZ	聚焦	射孔井	

2.1 仪器规格

外径：73mm；

长度：4.4m；

重量：60kg；

耐温：175℃；

耐压：103MPa；

适用井眼范围：4~13in；

2.2 测量参数

测井速度：6.0m/min；

探头频率：250KHz、350KHz、450KHz、1.5MHz；

分辨率：0.05mm；

发射率：256 点/圈；

扫描转速：15rps；

主要曲线：回波幅度和时间、井斜、方位、幅度成像和时间成像。

3 AUI 在储气库井中应用

AUI 超声波成像测井以其高效、高精度的优势用于储气库井中可评价套损和固井质量。可评价水泥胶结情况、环空固液气的含量。识别套管内外内径、壁厚，其超高的分辨率可以通过回波幅度和声阻抗变化对射孔等特殊现象进行精确描述。辽河油田双 6 储气库、西南油田相国寺储气库、吉林油田双坨子储气库已成熟应用。近两年在吐哈油田温吉桑储气库、丘东储气库进行多井次 AUI 测量，图 4 为 AUI 测井解释成果图实例。

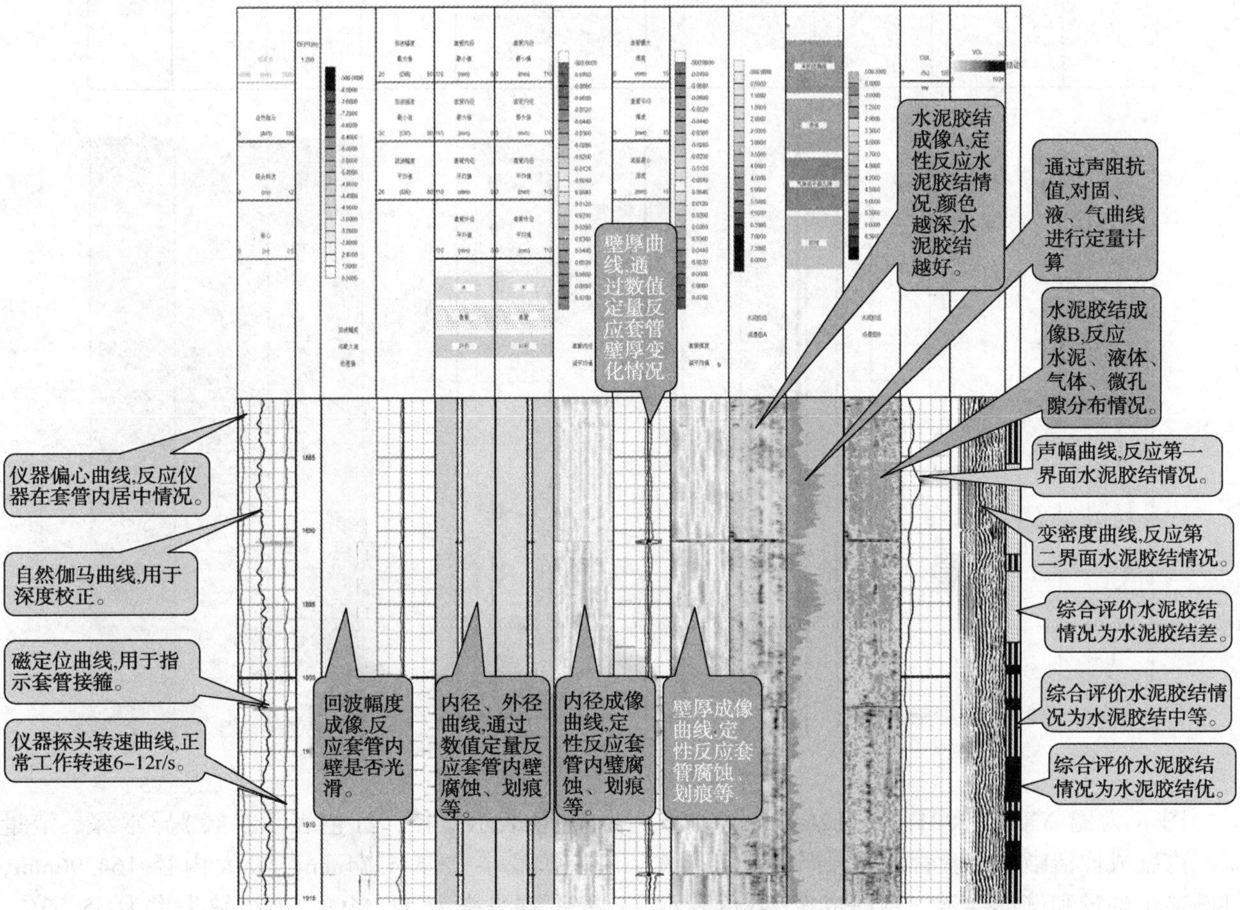

图 4　为 AUI 测井解释成果图实例

3.1 套管质量评价

超声波通过高分辨率反射时间转换为精确的距离从而提供套管壁厚和内径成像以用于套管探伤、检查和探测套管内表面腐蚀磨损情况，超高频声波束进入套管后在管内形成共振波，通过监测共振波的频率来评价套管壁厚。当套管内壁光滑、无损伤时，回波幅度较大且变化较小，但是套管内壁出现损伤时，回波幅度将相应降低，降低程度随损伤程度增强而增大。

图 5 为吐哈油田温八储气库井(温 XX)测井结果，该井套管工程外径为 139.7mm，工程壁厚为 9.17mm。在 870~874m 井段的套管内壁成

像清晰反应有腐蚀，壁厚最大值和最小值曲线彼此分离，壁厚成像(蓝色表示壁厚变小，红色表示壁厚变大)和内径成像颜色(蓝色表示缩径，红色表示扩径)异常深。套管最小壁厚7.36mm，最大内径136.17mm，壁厚损失率为19.76%，中度变形腐蚀。

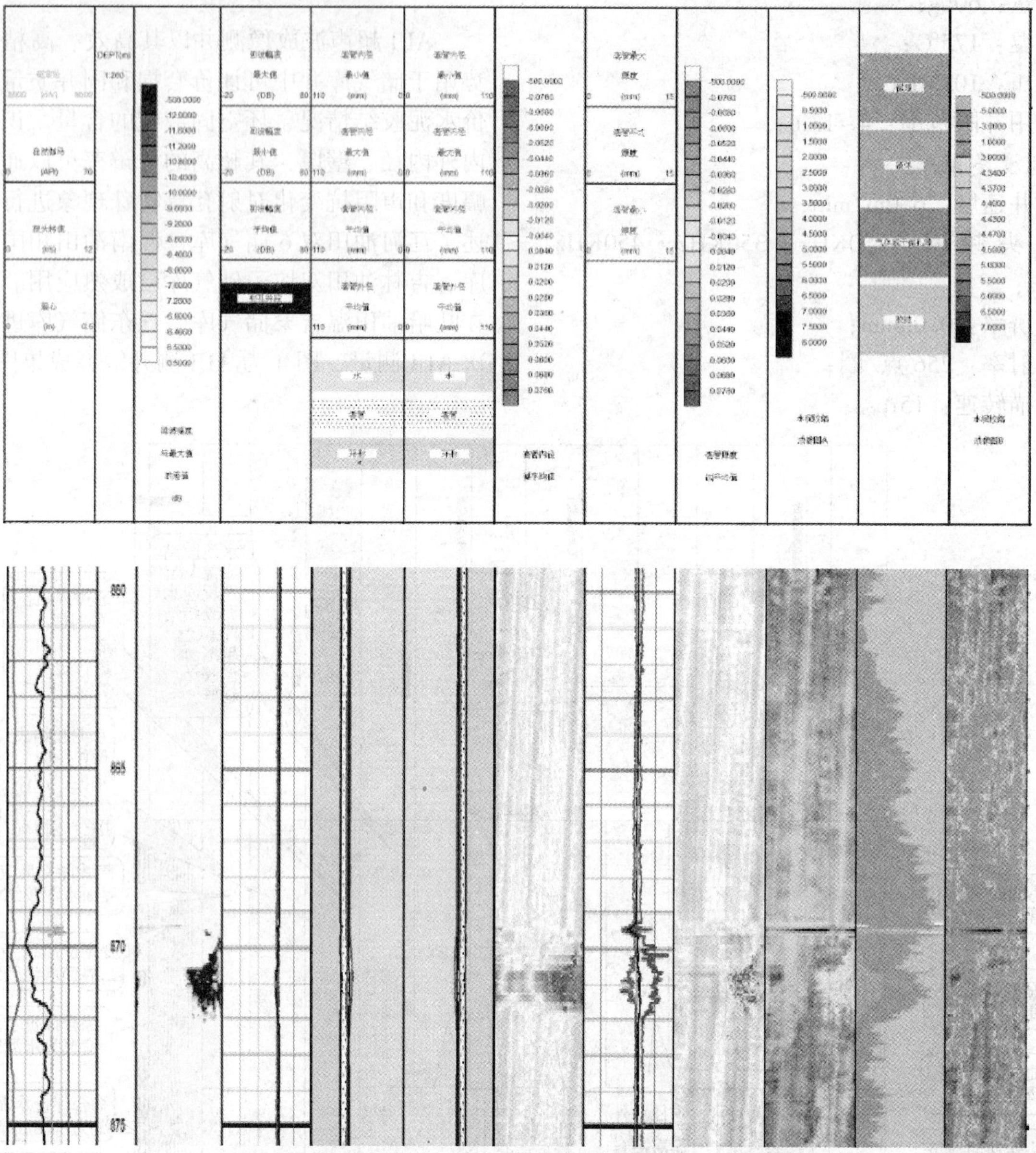

图5　套管中度腐蚀示意图

图6为温XX井2821.0~2824.0m测井结果，内壁成像清晰反应套管内腐蚀严重，套管纵剖图显示外径和壁厚异常，壁厚成像(蓝色表示壁厚变小，红色表示壁厚变大)和内径成像颜色(蓝色表示缩径，红色表示扩径)异常深。定量计算最小壁厚5.74mm，最大内径164.96mm，壁厚损失率为37.46%，内径缺失率为35.93%。严重腐蚀。

3.2　固井质量评价

通过AUI井周超声波成像得回波波列进行处理，可以得到套后介质的声阻抗信息，进而可以对套后物质状态进行判别，最终评价出固-液-气(SLG)相图。此外AUI采用360°旋转扫描的方式进行测量，全方位测量覆盖整个井筒信息，探测深度达到3in，可以更加直观、全面地反映套后水泥胶结情况，评价井筒固井效果是否达到有效的水泥封隔(表2)。

通过AUI技术探测声阻抗的数值来评价环空相态情况，即：

黄色：固相水泥胶结；

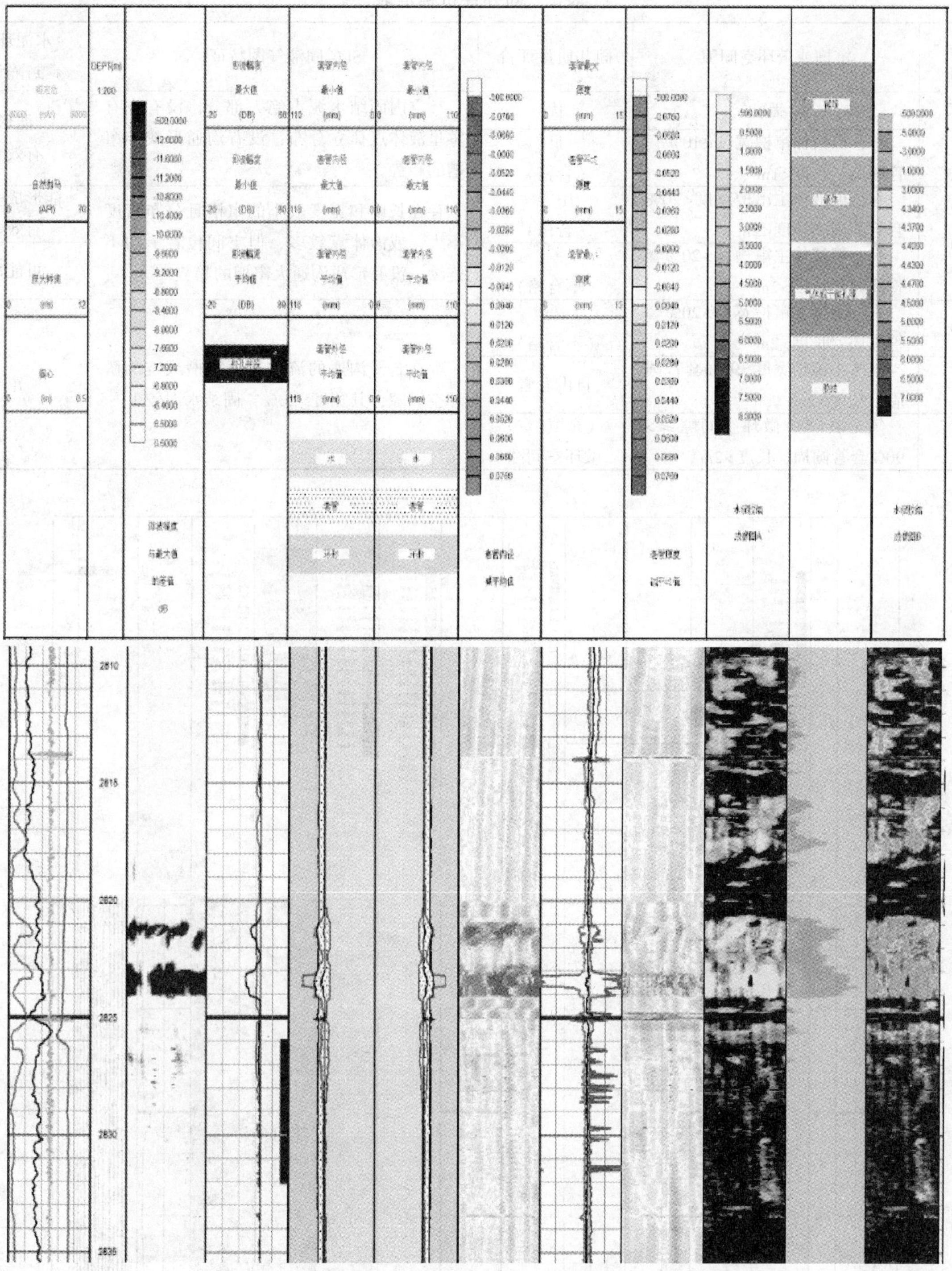

图 6　套管严度腐蚀示意图

红色：气体；

蓝色：液体(水或泥浆)

绿色：未胶结的微隙

图 7 为吐哈油田丘东储气库井(丘东 XX)测井结果，2465~2405m 该段为自由套管段。评价固井质量的结果与常规 CBL 声幅、VDL 变密度结果较为一致，通过 AUI 井周超声波成像评价环空介质为大量气、液体和未胶结的微隙。

图 8 吐哈油田丘东储气库井(丘东 XX)，通过 AUI 井周超声波成像评价水泥返高位置在 2951. 0m，如图显示在水泥返高之上(2915. 0~2951. 0m)环空介质为大量的未胶结的微隙和少量的液体。在井段 2951. 0~2985. 0m 声阻抗成像为深棕黄色，计算环空为大量的水泥占比(SLG>90%)，综合评价水泥胶结为优。

表 2　固井评价标准表

固体填充度/%	窜槽或微环空间隙	固井质量评价	SLG 固液气图特征	水泥环层间封隔评价
≥90	无	优	环空内固结水泥占绝大部分，没有或有零星液体点孤立分布，没有沟通形成小窜槽的趋势	能形成有效封隔
	有，但液体窜槽宽度<10%套管圆周，长度<1m	良（合格）		
70~90	有，但液体主窜槽宽度<20%套管圆周，长度<2m	中等（合格）	存在长度和宽度较小的窜槽且分布密度不大，或液体点较多，但空间位置上均不连续，没有形成沟通大窜槽的趋势	能形成一定的有效封隔
	有，但液体主窜槽宽>20%套管圆周，长度>2m	差（不合格）		可能窜通
10~70	有，液体主窜槽宽度>20%套管圆周，长度>2m	差（不合格）	存在若干沟通的流体充填窜槽或空的微环空间隙，其宽度>20%，固结水泥较少	窜通
<10	液体主窜槽宽度>90%套管圆周，长度>2m	自由套管		
<10	气充填(空)微环空间隙≥>90%套管圆周，长度>2m	气充填(空)微环空间隙		

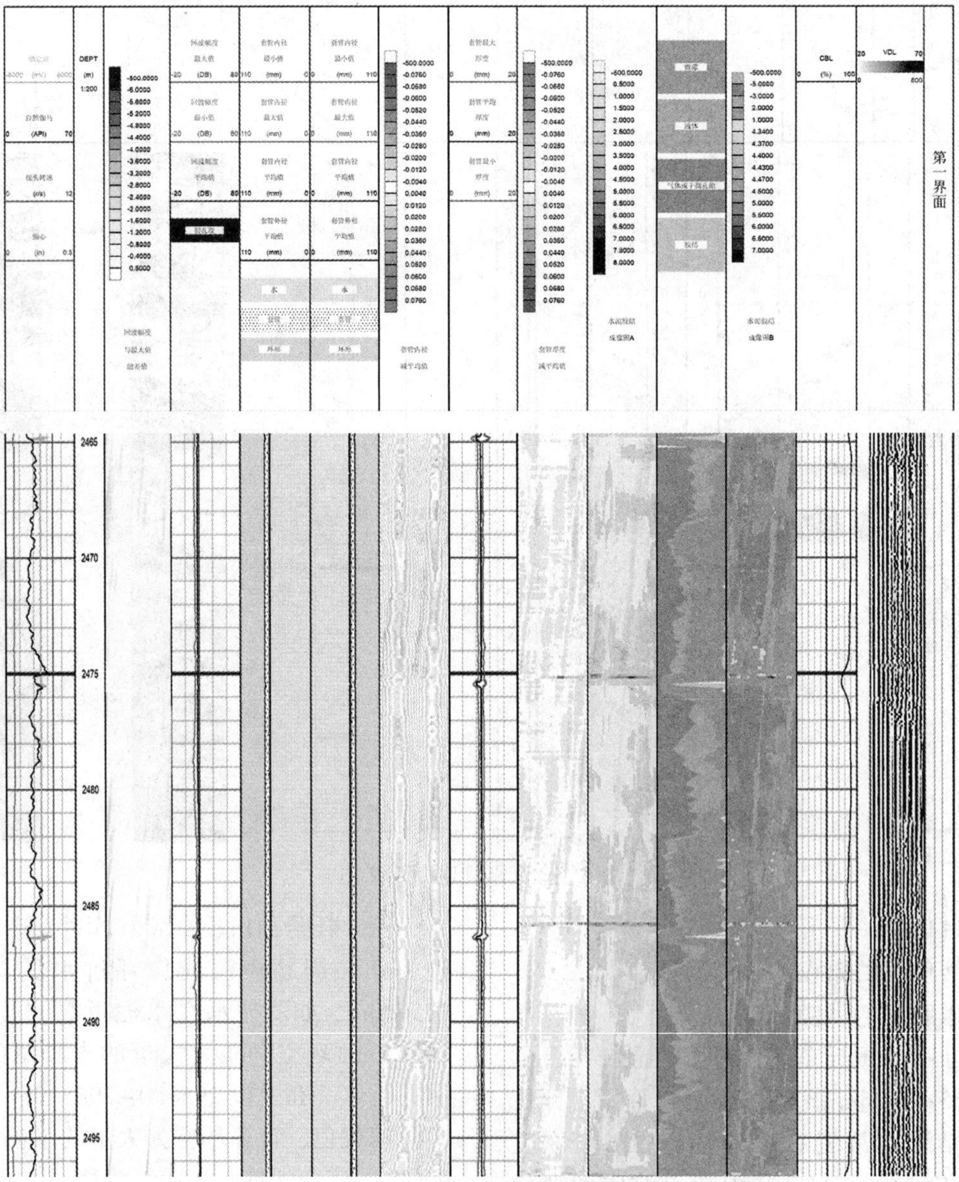

图 7　固井是自由套管段示意图

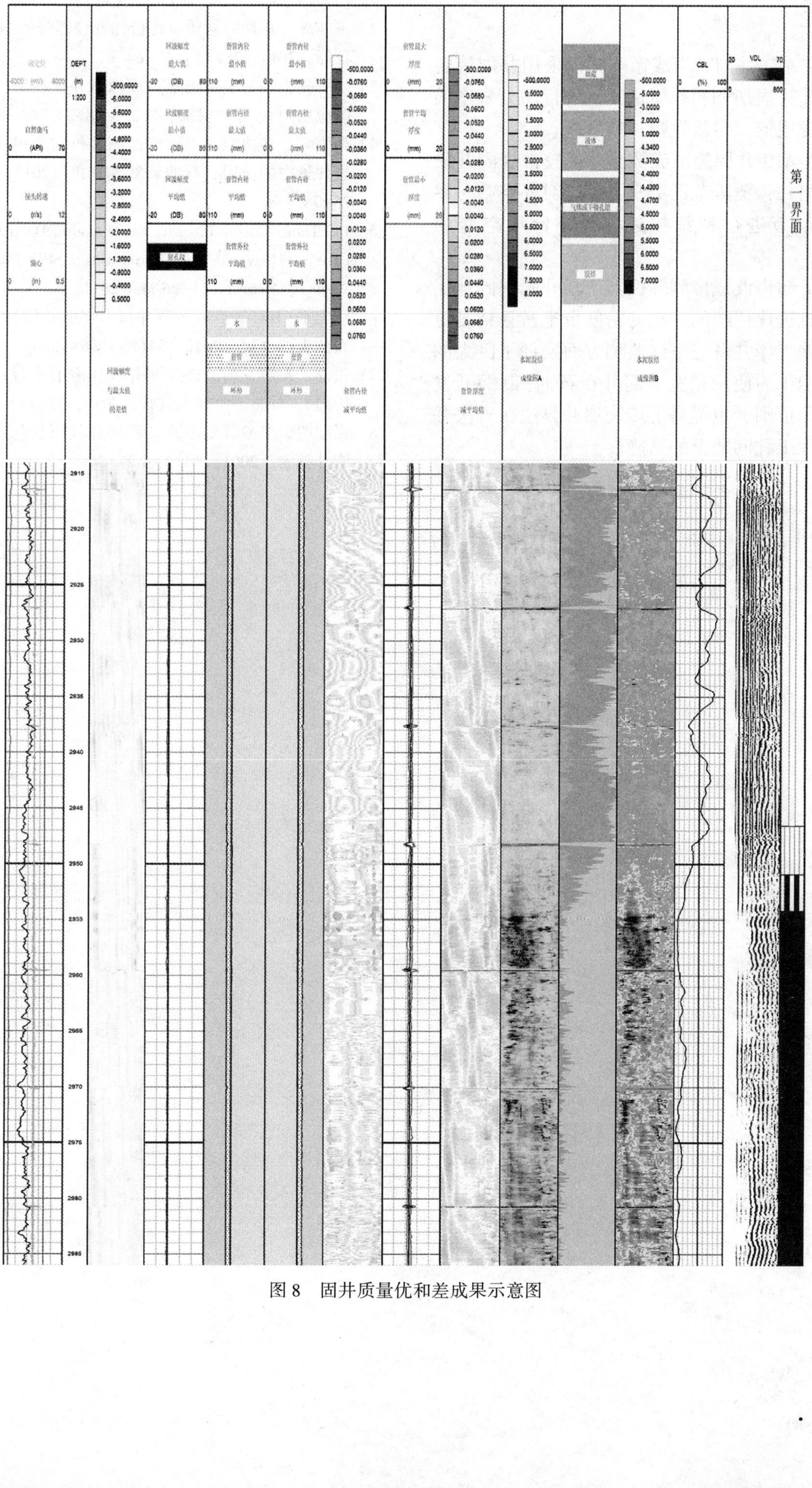

图 8　固井质量优和差成果示意图

4　结论

(1) AUI井周超声成像测井仪采用井周旋转扫描对套管损伤和固井质量同时进行高分辨率的测量，费用低，时效性强，精度高。

(2) AUI井周超声成像测井仪较常规固井质量评价测井，覆盖范围更密，可以对环空第一界面固井细节进行精细描述。其评价环空介质信息。

(3) 超声波成像测井仪器记录井眼周围地层中的信息远比传统的声幅变密度更丰富且精度更高，在储气库井身完整性监测方面发挥了巨大的作用，AUI的使用拓宽了测井在石油-勘探开发中的应用范围，也提高了传统测井方法在解决井筒完整性工程问题上的精确性。

参考文献

[1] 丁国生，等. 中国地下储气库现状及技术发展方向[J]. 天然气工业，2015，35(11)：107-112.

[2] 王四虎. 几种固井质量评价测井仪器分析[J]. 石油仪器，2014，28(1)：42-64.

[3] 许明亮，等. 多功能超声成像测井仪在工程测井中的应用[J]. 天津科技，2021，48(2)：66-69.

[4] 孙志峰. 多功能超声波成像测井仪在套损及固井质量评价中的应用. 石油天然气学报，2013，35(6)：75-78.

[5] Jun Tian，Casing Integrity Evaluation in Deep Well with Extreme Heavy Mud in Tarim Basin. SPE 140982，in Vienna，Austria，23-26 May 2011.

[6] 汤宏平. IBC套后成像测井技术在水平井中应用[J]. 石油天然气报，2012，34(8)：88-98.

[7] 张磊. 超声兰姆波成像测井仪在海上平台弃用的应用[J]. 石油工业技术监督，2019，35(11)：14-17.

[8] 强毓明. 多参数超声波工程测井仪原理与应用[J]. 测井技术，2001，28(2)：27-30.

大港油田大平台绿色高效采油技术创新与实践

韩岐清　刘成源　韩　涛　周建文　周俊杰　陈　锐

（中国石油大港油田公司）

摘　要　大港油田井况类型复杂多样，大斜度、油稠、见聚、腐蚀、气、蜡、砂等交织并存，高效举升、绿色举升是亟待突破的举升工艺重点问题。针对复杂井况下绿色高效举升的迫切要求，大港油田研究设计了电动潜油螺杆泵工艺配套技术系列，开展了单井点先导性试验研究，并进一步开创性地将电动潜油螺杆泵技术在采油大平台中规模化应用，很大程度上解决了大斜度、油稠、见聚井况下绿色高效举升的工艺难题，大平台应用下实现了增产量、降成本、降能耗、减污染的效果，提升了系统效率、抽油泵效，延长了生产周期，集约化建井及智能化配套降低了管理维护成本，为复杂井况井绿色高效举升提供了新的技术思路及途径。

关键词　电动潜油螺杆泵；复杂井况井；采油大平台；绿色举升；高效举升

大港油田井况类型复杂多样，大斜度、油稠、见聚、腐蚀、气、蜡、砂等交织并存，理念创新、技术创新，高效举升、绿色举升是广大技术人员孜孜以求的目标。在上级领导、部门和院士专家的指导和大力支持下，着力电潜螺杆泵举升工艺技术配套和优化升级，着力试验突破和工业化应用，积极践行老井节能举升和大平台集成举升新模式，创建了港西一号智能型和港西二号智慧型集约化采油大平台，在助力油田提质增效、绿色低碳转型、高质量发展等方面取得突出成效。

1　面临的技术挑战

1.1　大港港西油田具备建立高效举升示范区的技术条件

大港港西油田含油面积37.4km^2，油藏埋深1225m，单井日产液能力20~80m^3/d，利于实现高效举升；油田处于国有划拨96km^2环境敏感区内，地处滨海新区、渤海新区城镇、工业区、湿地生态保护区腹地，有其建设大型井丛场的必要性及紧迫性；平台大斜度井占比高，有杆泵适应能力变差，近3年井丛场平台建井249口，占新建产能井的72%，大斜度定向井占93%，新投大斜度井有杆泵举升检泵周期596天，低于油田平均391天；复杂的地面环境和井眼轨迹，以及较好的油藏条件，迫切需要适宜的无杆举升工艺采油生产。

1.2　“二三结合”工业化实施，对低成本举升提出更高要求

港西油田是大港油田第一个规模化实施“二三结合”的开发区，是实现低成本高效开发的主要实践载体，已实现完全成本45美元/桶以下，要努力落实“完全成本控制在40美元/桶以内”的目标要求。“二三结合”覆盖地质储量4698万吨，占总储量56.62%，十四五将进一步扩大实施规模。随开发深入，见聚井已占总井数的89.5%，因液性改变导致杆管偏磨加剧，月躺井率达到3.09%，平均检泵周期仅443天，与本油田相差500天。降本增效以及提升工艺的适应性，迫切需求新型高效举升工艺。

1.3　员工日趋紧张，优化管井用工日益迫切，数字化转型智能化发展成为必然

一个平台：以港西油田智能化信息平台为基础；四大领域：打造智慧油藏、智慧井筒、智慧地面、智慧管理新模式；四大功能：具备自主感知、自主学习、自主决策、自主管控功能；三大目标：达到效能、效率、效益最大化目标。

智慧井筒构建迫切需要智能化程度更高的新型举升工艺。

1.4　绿色举升、低碳生产需求日益迫切

维护管理工作量大：抽油机有杆泵举升工艺智能化程度低，工作参数调整、平衡调整、资料采集及计量、设备维护及巡检等维护管理工作用工人员多，工作量繁重；工艺安全隐患突出：抽

油机有杆泵举升工艺存在运动、维护作业、远程智能启停等方面安全风险；井口密封件更换频繁：稠油电加热有杆泵举升工艺井口密封老化速度快，油气泄漏问题较为突出。

2 创新实践历程

2.1 转变观念，以不可替代井为起点开展先导性试验，验证了技术可行性

2.1.1 电加热工艺替代，取得高粘稠油举升技术突破

典型试验井原油黏度12784mPa·s；泵挂深度1300m；采用抽油机有杆泵电加热举升工艺时，日产油量2.88m^3/d；泵效39.2%；日耗电1284度；检泵周期225天。

电动潜油螺杆泵工艺替代后，无辅助降黏举升原油黏度12784mPa·s，突破8000mPa·s技术界限，泵挂深度1800米，突破电加热杆极限下深1500米，节电率达到85.6%，电流运行基本平稳，连续生产周期1167天，较实施前延长942天，有效替代了抽油机有杆泵电加热举升工艺，大幅降低能耗，在高粘稠油井实现了举升技术突破。

2.1.2 有杆泵举升工艺替代，取得大斜度井举升技术突破

典型试验井泵挂点以上最大井斜角40.6°；最大全角变化率5.7°/30m；采用抽油机有杆泵举升工艺时，日产液量16m^3/d；日耗电168度；检泵周期32天。

电动潜油螺杆泵工艺替代后，最大井斜角40.6°，全角变化率5.7°/30m，突破了有杆泵井斜角≤30°，全角变化率≤3°/30m的技术界限，电机低温升，解决了日产液20m^3/d低产液大斜度井长期生产问题，生产周期达到1027天，节电率46.4%，百米吨液耗电降低48%，系统效率提升11.4个百分点。有效解决了大斜度井长效生产问题，在大斜度井应用过程中达到了提效率、延周期、降能耗的良好效果。

2.1.3 短周期井治理，取得高浓度见聚井举升工艺技术突破

注聚见聚典型井见聚浓度521ppm；采用抽油机有杆泵举升工艺时，日产液量71.8m^3/d；泵效48.6%；日耗电185度；检泵周期291天。

电动潜油螺杆泵工艺替代后，该井见聚浓度521ppm，突破了有杆泵200ppm技术界限，检泵周期由291天延长至641天，延长了350天，转速提升至200转/分，举升液量由40m^3/d拓宽至80m^3/d，节电率46.4%，百米吨液耗电降低48%，泵效87.22%，系统效率提升11.4个百分点。

通过在高黏稠油井、大斜度井、注聚见聚井等不可替代井实施电潜螺杆泵举升工艺替代先导性试验，充分验证了电动潜油螺杆泵在复杂工况下的高效、长效、绿色举升效果，有效实现了提泵效、延周期、降能耗的成效，验证了电动潜油螺杆泵技术可行性，为进一步扩大规模试验提供了强有力的技术支撑。

2.2 提升理念，扩大试验，验证了效果可行性

2.2.1 发挥多级挤压剪切降黏技术优势，大幅度降低高黏稠油生产运行成本，有效支撑稠油区块难采储量效益动用

实施替代94口井，其中恢复长停井10口，实现了无辅助降黏长效生产，最长生产周期1167+天，装机功率、运行功率分别只为有杆电加热的9.4%、7.8%，节电率89.1%，百米吨液耗电由15.2降至0.63，累计节电2046万度，系统效率提升至36.4%，实施井累计增油33590吨，盘活稠油难采储量1534万吨，一次性投入降低2331万元。

2.2.2 发挥无杆泵举升优势，小型井丛场有杆泵工艺替代显现良好技术效果，为大型井丛场推广应用奠定了技术基础

羊三木二号井丛场替代抽油机有杆泵5口，各项指标均优于同井场抽油机有杆泵生产井。泵效82.1%，节电率46.8%，百米吨液耗电降低48%，一次性投入略有降低，生产周期基本持平。

2.2.3 消除法向力影响，大幅度延长高浓度见聚短周期井生产周期，为“二三结合”区块高效开发提供了有效的技术途径

举升方式转换35口井，生产周期已近两年，较治理前延长287天。泵效提升22.4个百分点，节电率35.9%，百米吨液耗电降低64%。

电动潜油螺杆泵小规模区块化应用取得了显著成效，有效支撑了稠油区块难采储量的效益动用，大幅度延长注聚见聚短周期井的生产周期，小型井丛场建设取得了良好效果，充分验证了电

动潜油螺杆泵技术支撑大型井丛场建设的技术可行性，为复杂工况下大型井丛场建设奠定了坚实的基础。

2.3 工业化应用效益显著

2.3.1 增油、降本、降耗增效益

电动潜油螺杆泵规模应用210口井，日产油提升34%，实现累计增油7.21万吨；节约总装机功率6265kW，总装机容量降低68%，累计节电3642万度；节省老井一次性投入2377万元，降低井丛场建设投资5382万元。

2.3.2 高质量提升生产指标，实现“两提一延一降”

机采指标持续向好，系统效率37.2%、抽油泵效76.7%，分别提高7.84、31.2个百分点；平均检泵周期588天，平均延长390天；节电率75%，百米吨液耗电由0.96降至0.53。

2.4 研究团队紧密协作，促进工艺技术水平持续提升

2.4.1 油田公司持续研究配套与优化应用，取得了系列技术成果

2020年获中石油集团公司科技进步奖、管理创新成果奖

《新型高效无杆举升及配套技术》获集团公司科技进步一等奖；《基于质量绿色效益井丛场建设创新管理》获集团公司管理创新成果一等奖。制定技术标准规范4项，起草行业标准《电动潜油螺杆泵采油技术规范》；制定企业技术标准规范3项。获取技术专利8项，软件著作权1项，发表技术论文7篇。

2.4.2 与合作伙伴协同研究，持续技术升级，不断提高技术适应能力

（1）核心设备升级，提升系统举升能力

驱动电机功率由15升级至30kW，额定扭矩提升至955N·m，转速提升至400转/分；螺杆泵举升扬程有2600m提升至3300m；联轴保护器传递扭矩由600N·m提升至1200N·m，止推力由8t提升至12t。

（2）研发螺杆泵出口压力、温度采集装置，为工况诊断超前预警提供大数据支持

（3）与生产制造商形成战略合作关系，建立“4S”模式服务基地，降低后期投入

在大港油区建成了“装配发运、现场运维、检测修复、研发试验”四位一体的潜油螺杆泵专业平台，实现机组修复利用，投入成本降低83%。可进行电机运转性能检测，定子绕组绝缘检测，电机烧毁修复，转子磁钢充磁修复等；定子橡胶磨损及硬度检测，转子磨损检测，举升扬程检测等；保护器、联轴器损坏部件更新等。

3 形成技术与应用成效

3.1 高质量创建基于技术、质量、智能、绿色、效益电潜螺杆泵举升采油大平台

3.1.1 创建港西一号大港陆上油田首个智能采油大平台

处于“二三结合”开发区，需解决油井见聚生产问题；设计定向井22口，水平井2口，需破解大斜度井高效举升问题；智能化管控对参数采集提出较高要求；配套光伏发电新能源、实现绿色低碳生产。

电潜螺杆泵举升18口，日产液12.55m^3/d，平均排量效率67.4%，系统效率31.5%，生产周期905+天；百米吨液耗电0.66kW，节电率47.4%；年节电42.1万度，相当于10台抽油机的用电量。

3.1.2 创建了港西二号大港油田陆上最大规模智慧采油大平台

处于“二三结合”开发区，设计定向井49口，水平井7口，需解决见聚及大斜度井举升问题；智慧型井丛场对数据采集系统和地面控制系统提出了更高技术需求；蜡、气、砂普遍存在，需配套有效的防治技术；光电技术升级，提高发电效率。

电潜螺杆泵举升46口，日产液26.80m^3/d，平均排量效率80.6%，系统效率33.6%，生产周期402天；百米吨液耗电0.6kW，节电率44.2%；年节电108万度，相当于26台抽油机的用电量。

3.1.3 投资成本有效控制，综合效益显著

（1）建设投资显著降低

通过井丛场配套技术规模化应用，节约征地、钻井、采油、地面等建设费用投入5382万元，产能建设成本控减8.8%，经济效益显著。

（2）社会效益凸显

集约布井节土地、绿色建井减排放，土地占用减少了70.8%，碳排放减少2300吨，探索出一条经济发展与环境改善相得益彰的道路。

(3) 提升人力资源利用率和工作效率

配套信息自动采集、电子巡检等技术支持，实现了无人值守，人均管井由8口提升至16口井；年节约维护保养费10.8万元，减少人工成本164万元，桶油完全成本下降2.4美元。

3.2 集成创新，形成了一系列独具特色的技术模式

3.2.1 技术配套模式一：井筒配套技术模式

(1) 创新智能清防蜡技术

目前技术配备电机额定功率200W，额定旋转扭矩4N.m，轴向力150N锂电池电压1.2V，容量19万毫安时。进一步研究升级锂电池电压及电容量，延长工作时长，深化研究数据自动采集系统。

(2) 创新底部气液砂高效分离防治配套技术

采用"Φ98mm/300r小直径高转速永磁同步电机+φ118mm机组导流装置+底部级联式量化气砂锚"的配套工艺管柱，底部气砂锚采用级联式结构，多级分离处理，实现井底气、液、砂高效分离。

(3) 机组防腐技术

机组整体各部件均采用防腐工艺，螺杆泵、保护器、潜油电机、传感器采用304不锈钢防腐材质，均满足井下长效防腐性能要求。

3.2.2 技术配套模式二：多井集成控制技术模式

(1) 井下配套7参数采集系统

井下传感器由泵入口压力、温度2参数升级成为7参数采集传感器，可采集参数包括泵入口压力、泵入口温度、电机绕组温度、电机震动x轴、电机震动y轴、泵出口压力、泵出口温度，多参数全面监测电动潜油螺杆泵井下工作运行情况。

(2) 地面配套多井集成总控系统

控制柜由1个总控柜+24个单控柜组成，多合一高度集成，全闭环控制，具有单井错峰启动，运行参数可视化，机组运行状态可视化，生产运行曲线可视化，转速、电流、扭矩、螺杆泵进出口压力、温度可视化，电机绕组温度、井下流量及泵效可视化等技术功能。提升视觉形象，保护设备，占地面积由115m²降低至30m²。

3.2.3 技术配套模式三：流量含水检测配套技术模式

实现了流量、含水多参数融合、时间同步一体化监测，测量误差<7%，居行业领先；消除了人工取样、化验室，人工化验等繁杂工作量，年减少人工取样化验8250次，节省化学试验材料消耗56万元/年。

(1) 流量及含水一体化在线监测技术(图1)

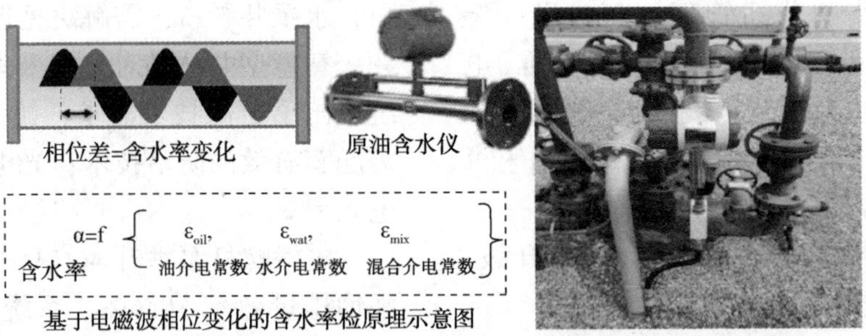

图1 流量及含水一体化在线监测技术

(2) 多参数融合数据采集系统(图2)

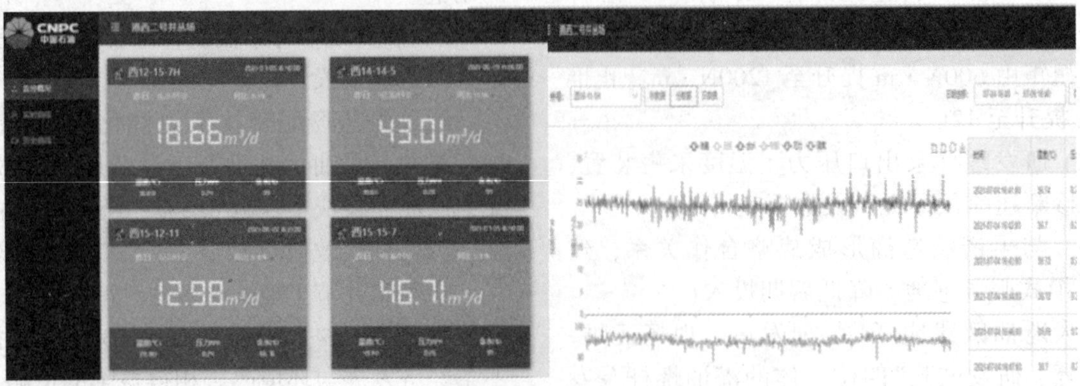

图2 多参数融合数据采集系统

3.2.4　技术配套模式四：光电、举升相结合绿色技术模式

围栏设置双玻双面 PERC 高效稳定光伏组件，发电围挡两用，就地并网就地利用；光伏板由固定式升级为平单轴追光式，大幅度提高发电效率；港西一号、二号年发电 42 万度，可供 15 口电动潜油螺杆泵井生产运行（图 3）。

图 3　光伏围墙技术升级

3.2.5　技术配套模式五：举升工艺配套优化设计方法

（1）建立优化预测模型

考虑电机散热井筒温度场预测模型如图 4 所示。

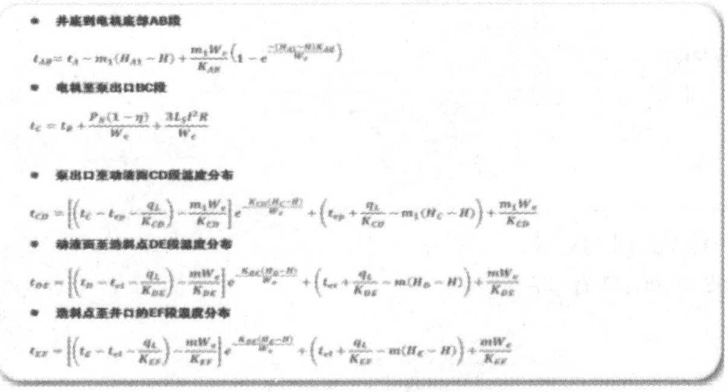

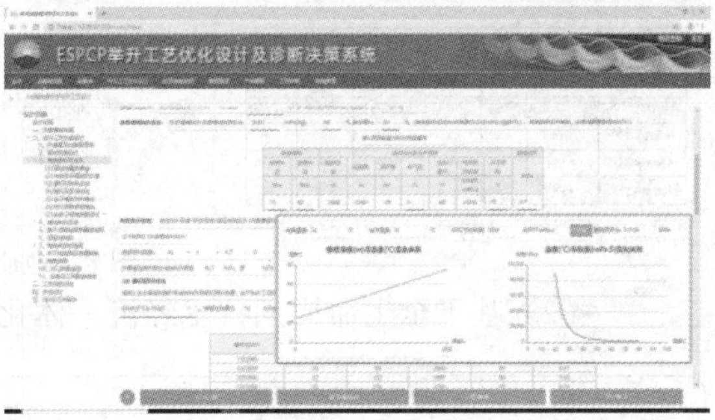

图 4　考虑电机散热井筒温度场预测模型

考虑黏度分布规律的流变性摩阻模型如图 5 所示。

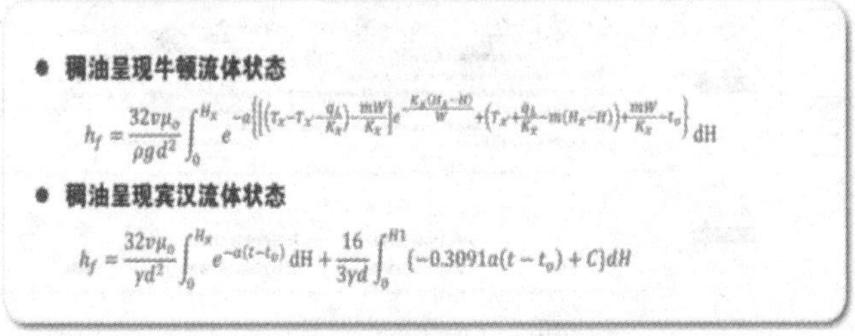

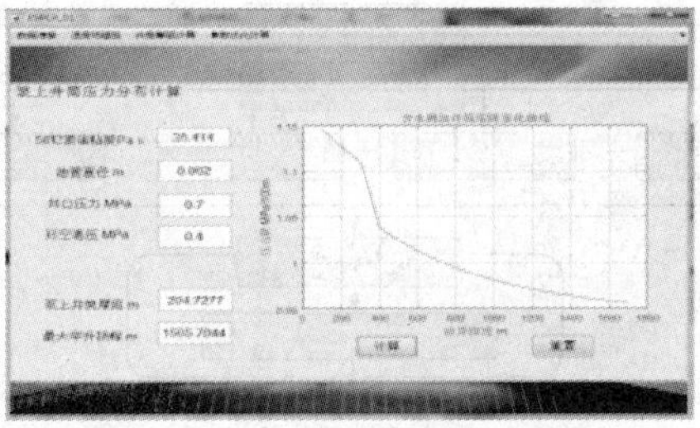

图 5　考虑粘度分布规律的流变性摩阻模型

（2）橡胶选型及过盈配合设计方法

定子橡胶选型方法如图 6 所示。

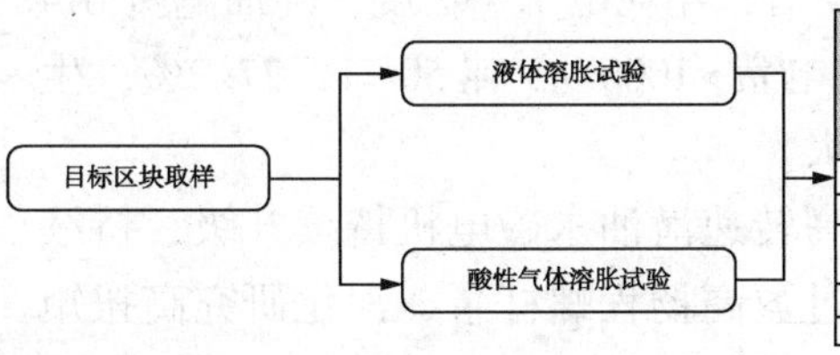

序号	定子橡胶材质	机械性能					化学性能				耐温 ℃
		邵氏硬度	耐磨性能	抗屈强度 MPa	耐溶胀性体积变化率 %	断裂伸长率 %	密度 g/cm³	H_2S 含量 %	CO_2 含量 %	芳香烃含量 %	
1	丁腈橡胶	75–80	☆☆	18–23	8%	450–650	1.2	3	5	3	120
2	高丙烯腈橡胶	70–75	☆	20–25	8%	450–650	1.2	3	5	10	10
3	软腈橡胶	50–55	☆☆☆☆	15–20	8%	750–950	1.2	×	×	×	60
4	氢化丁腈橡胶	75–80	☆☆☆	19–24	8%	350–450	1.2	5	5	×	140
5	碳氟橡胶	70–75	×	07–12	8%	250–350	1.9	3	×	28	80

图 6　定子橡胶选型方法

定转子配合间隙设计如图 7 所示。

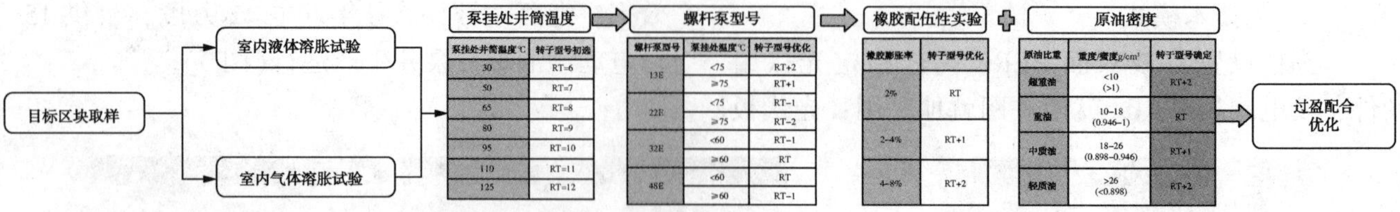

图 7　定转子配合间隙设计

3.2.6　技术配套模式六：优选评价一体化技术方法

（1）地质工程一体化分析模型如图 8 所示。

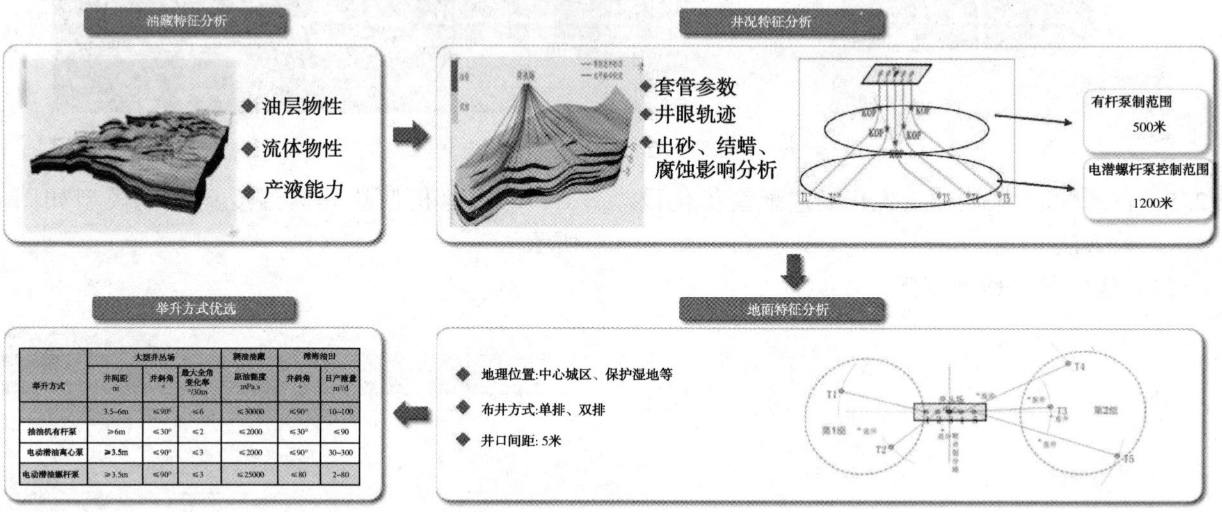

图 8　地质工程一体化分析模型

（2）基于全生命周期技术经济一体化评价模型如图 9 所示。

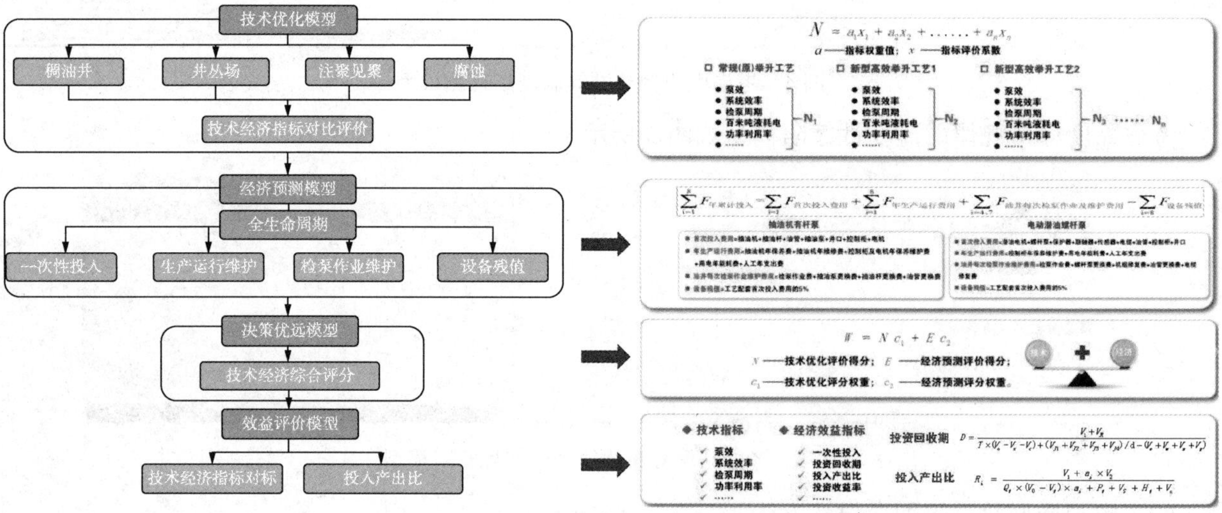

图 9　基于全生命周期技术经济一体化评价模型

4　下一步发展方向

4.1　持续创新与试验，提升电潜螺杆泵配套技术水平

4.1.1　高能耗电泵替代技术试验，打造优化应用新亮点

吨油能耗高，生产成本压力大。现有潜油电泵生产井 184 口，年耗电 1.2 亿度，吨油电费 614 元/吨；吨油电费>1000 元/吨 50 口，27.2%，生产成本压力大。

大功率高转速潜油永磁电机持续升级，持续优化升级低过盈高扬程螺杆泵，深化研究高扭矩保护器及联轴器。

4.1.2　试验评价油管内置投捞式电缆技术

油管内置投捞电缆取代传统外敷电缆，简化作业程序，预计降低作业费 1.6 万元，缩短作业周期 1.5 天；消除电缆外挂损伤，节约电缆保护辅料，延长使用寿命和重复利用率。

4.1.3　推进电控洗井阀技术配套研究

为解决清洁作业、降低作业成本、减少占井周期；解决连续油管井筒液清水循环顶替，以及油管井下打孔作业等问题。

实现电动控制，操作灵活、安全可靠；抗内压、抗外挤达到 N80 油管技术指标；最大外径：φ114mm，长度 1.2m；耐温：150℃，耐压：40MPa。

4.2　深化研究攻关，助力井丛场大平台智慧升级

4.2.1　打造数智“井丛场”，建立示范新标杆

围绕高质量发展，以地质工程一体化为引领，持续深化井丛场配套技术，创建工艺更集约、管控更智能、效益更突出的港西四号数智型井丛场，目标建井效率提高 15%、建设费用减少 12%、劳动生产率提高 25%，持续提升集约化及清洁化配套水平，创新智能建产管控技术。

4.2.2　深化以效率为先智能采油技术

以油井运行效率最优、管理效率最高为目标，融合 5G、物联网、云计算、人工智能等数智技术，形成集自主感知、自主学习、自主决策与自主管控为一体的的闭环智能控制系统，实现油井智能管控。

4.1.3　智能地面升级

通过图像智能识别、智能视频监控、三维 GIS 和自动控制技术等，实现地面工艺精细化建模，生产运行参数自主感知，智能防护、生产自主调控、现场管理无人值守以及绿色能源智能管理等。

智能井场：采用智能机器人、智能视频系统，实现移动自动侦测和液体泄漏侦测报警等。

智能管道：管道完整性智能管理，实现管道运行状态自动分析预警；管网智能优化，实现突发事件自主处理。

绿色能源：利用光伏发电技术、地热系统和风力发电技术，实现井丛场新能源有效利用，减少碳排放量。

5　取得的阶段认识

5.1　适宜井况下，生产周期持续延长，可有效替代有杆泵举升工艺

电动潜油螺杆泵举升工艺替代井中，免修期超过 350 天的 111 口井，占总井数的 53%，超过 700 天的 35 口，1000 天以上的 8 口井，最长连续生产 1346+天；44 口可对比井，检泵周期平均延长了 390 天。

5.2　形成了具有大港特色的电动潜油螺杆泵配套技术，在三个领域展现了良好的技术适应能力

集成配套低转速大扭矩永磁同步电机，实现了异步电机+减速器一体化功能；优化配套高性能螺杆泵；集成应用井下多参数数据采集系统+地面无位置编码器矢量控制+数据远传配套技术，实现了系统闭环处理及远程智能控制；配套电缆线反射与漏电处理技术。

5.3　油井智能化管控颠覆传统的人工管井模式，并显现了安全环保优势

（1）实现电脑终端和手机移动端智能远程控制

智能调参：智能调整运行参数，形成了恒定液面自动调速、低液面间抽等控制模式，实现反向智能控制；智能启停：实现异常工况停机及自动启动；智能保护：设定保护阈值，自动调整运转参数，保护机组正常运行。

（2）安全环保优势明显

将地面抽油设备及运动部件由地面转移至地下，消除了有杆泵举升工艺存在的运动、维护作业、远程智能启停等十大安全隐患；井口为静态密封、泄漏点少，可靠性高，无污染排放、地面无渗漏风险；噪音低，适于环境敏感区应用。

参　考　文　献

[1] 韩涛，韩岐清，赵留阳，等．节能高效无杆采油技术在难采区块创新应用与规模推广[J]．天津科技，2019，46(11)：60-65.

[2] 陈锐，韩岐清，郑小雄，韩涛．电动潜油螺杆泵举升工艺技术优化研究与应用[J]．天然气与石油，2018，36(04)：64-67.

[3] 陈锐，韩岐清，郑小雄．油井举升工艺经济界限分析研究与应用[J]．承德石油高等专科学校学报，2018，20(04)：15-17.

大港油田注水开发区块固井关键技术

张学强　唐世忠　吴　华　杨　涛　韩克玉

(中国石油大港油田公司)

摘　要　2013年大港油田注水开发区块固井质量达到最低谷，二界面固井质量优质率仅为34%。针对注水开发区块固井质量差的问题，2014年以来大港油田开展了系统的提高固井质量关键技术研究，在成熟的固井“压稳”、“替净”、“防窜”配套技术的基础上，针对笼统注水压稳当量密度难以准确求取的问题，建立了注水开发区块压稳当量密度的经验求取方法，优化浆柱结构设计方法。针对高膨润土含量水基钻井液及其残留泥饼的替净问题，分析了高膨润土含量钻井液与常规水基钻井液泥饼结构的不同，建立了适用的固井前钻井液性能控制要求。针对水泥浆体系防水窜性能设计问题，充分考虑高含水水驱开发与新区开发的不同，形成了防水窜水泥浆性能的设计要求。通过不断现场试验与工业化推广应用，取得较好的应用效果，2020年大港油田注水开发区块的二界面固井质量优质率达到73%。

关键词　固井质量；注水开发；老油田；大港油田

1　前言

大港油田东临渤海，西接冀中平原，东南与山东毗邻，北至津唐交界处，始建于1964年1月，已经历了近54年的勘探开发。大港油田属于典型的长期注水开发的老油田，油田综合含水已经超过90%，部分区块超过95%，由于长期的笼统注水，地层压力变化幅度大，新钻井固井质量不容易保证，2013年固井质量优质率仅为34%，严重的影响了油田的二次开发。

固井是一项系统工程，据不完全统计，直接或间接影响固井工艺的因素，达到八大类，110余个小项。其中最为主要的影响因素，可以总结为“压稳”、“替净”、“防窜”等几个关键词。目前对于“压稳”的研究，普遍围绕着水泥浆失重产生的环空压力损失及其补偿方法，认定地层压力是个已知量。但对于长期笼统注水导致的压力紊乱，虽然形成部分压力预测方法，但由于长期注水“大孔道”的出现预测精度无法满足要求。虽然可以采用随钻的压力监控技术，如PWD、地层压力测试技术或通过微流量传感器推算，但新技术的应用将增加大量成本。因此，需要在建立一种简易的、能够满足浆柱设计要求的地层压力推算方法。

固井“替净”配套技术的研究主要集中在顶替效率研究模型及提高顶替效率技术对策方面，近年来国外软件也逐步加入顶替效率计算模型，如Landmark Wellplan R5000。各种模型的计算结果更多偏向钻井液及水泥浆流变参数的优化设计，对于高膨润土含量钻井液残留的强结构性的滤饼清洁，基本没有涉及。

注水开发区块的“防窜”主要针对“水窜”，目前普遍认为“水窜”的危害大于“气窜”的危害。对于固井“防水窜”技术的研究，多年来一直在研发，发明了诸如w-1等新型防水窜材料，以及诸如高稠度、双密度、快凝固、高膨胀的防水窜固井工艺对策，但目前针对以聚乙烯醇体系为代表的常用水泥浆体系的防水窜体系优选、性能控制要求、以及辅助工艺措施的研究尚不完善。

2　大港油田注水开发区块固井难点

长期主要导致地层压力紊乱，实际地层压力与原始地层存在极大的差距，注水导致注入层大孔道的出现，采用经典的地层压力预测方法，无法预测实际的地层压力，采用常规的浆柱设计方法，使得固井侯凝阶段无法达到压稳状态。

在钻井实践过程中，由于大港油田明化镇组泥岩地层蒙脱石含量，泥岩地层中粘土矿物水化分散能力强，钻井速度快，固控设备难以有效分离劣质粘土颗粒，导致钻井过程中钻井液普遍膨润土含量高，平均膨润土含量在90g/L左右，相对于其他油田而言，在滤失量控制接近的情况下，泥饼相对虚厚，清除难度高，采用常规的钻井液性能调整方法，在注水泥顶替阶段难以实现井壁的替净。

高含水区块固井过程的水侵严重影响固井质量，水侵不同于气侵，“水”是构成水泥浆的主要成分，侵入水泥浆中地层水会迅速与水泥浆结合，增加邻近水泥浆稠化时间并不断扩散，形成恶性循环，影响油层段水泥浆胶结强度。

3 大港油田注水开发区块提高固井质量关键技术研究

3.1 固井压稳当量密度经验求取方法研究

地层能否有效压稳，首先取决于固井压稳当量密度的确定是否准确。新区的固井压稳当量密度主要通过固井前测油气上窜速度的方法，来求取固井压稳当量密度，见公式

$$\rho_{压稳}=\rho_m，V\leqslant 15m/h \qquad (1)$$

式中$\rho_{压稳}$为固井压稳当量密度，g/cm³；ρ_m为钻井液密度，g/cm³；V为油气上窜速度，m/h。

但对于长期注水开发的老油田，由于注水层高含水，通过测量油气上窜速度的方法，来求取固井压稳当量密度，求取结果和真实的地层压力相差较大，并不适用。考虑到地层注入水密度通常低于钻井液密度，侵入至钻井液中的注入水，会导致钻井液密度下降，因此可以通过对应注水井段的钻井液密度下降程度，作为标准求取压稳当量密度，见公式(2)。

$$\rho_{压稳}=\rho_m，\Delta\rho\leqslant 0.02g/c\,m^3 \qquad (2)$$

式中：$\rho_{压稳}$为固井压稳当量密度，g/cm³；ρ_m为钻井液密度，g/cm³；$\Delta\rho$为钻井液密度差，g/cm³。

现场实际操作过程中，通常选择在通井过程中进行，通井到底后对返出钻井液密度进行连续测量，加密检测对应油层段的返出钻井液，若发现出现连续密度降低超过0.02g/cm³的情况，则根据降低幅度提高钻井液密度，加重钻井液再次求取，直至钻井液密度降低值小于等于0.02g/cm³。

通过使用该方法，解决了长期注水开发区块固井压稳当量密度求取的技术问题，代表区块如羊二庄油田五断块，应用常规方法求取压稳当量为1.24g/cm³，而采用注水区块压稳当量密度求取方法，求取值为1.27～1.28g/cm³，应用该方法固井质量得到有效的保证(表1)。

表1 部分区块固井压稳当量密度经验求取结果

区块	井号	当量密度求取				最终压稳当量密度/(g/cm³)	固井质量优质率
		固井前油气上窜速度/(m/h)	测后效时钻井液密度/(g/cm³)	最低密度/(g/cm³)	密度降低值/(g/cm³)		
港东油田一区五六断块	g7-3-1	9.96	1.3	1.26	0.04	1.32	92.64%
	g4-2-2	2.70	1.28	1.18	0.10	1.32	99.71%
	g8-3-5	5.87	1.25	1.2	0.05	1.27	93.60%
港中油田南一断块	z8-51-4	13.46	1.23	1.19	0.04	1.25	90.43%
羊二庄油田五断块	z4-16-2	7.06	1.24	1.2	0.04	1.28	95.61%
	z5-17-5	10.00	1.24	1.21	0.03	1.27	73.60%

3.2 浆柱结构优化设计研究

3.2.1 浆柱结构设计原则

地层能否有效压稳的关键在于浆柱结构设计能否同时满足：注水泥过程中循环压力小于地层漏失压力，尾浆失重时浆柱压力当量密度大于固井压稳当量密度，可描述为以下公式。

$$P_{静}+P_{摩}<P_{漏} \qquad (3)$$

$$P_{静}=P_m+P_f+P_a+P_l+P_t \qquad (4)$$

$$p_{失重}=(P_m+P_f+P_a+P_l+P_w)>\rho_{压稳}gh \qquad (5)$$

式中：$P_{静}$为浆柱静液柱压力，MPa；$P_{摩}$为浆柱环空循环摩阻，MPa；$P_{漏}$为地层漏失压力，MPa；P_m为钻井液段浆柱压力，MPa；P_f为冲洗液段浆柱压力，MPa；P_a为加重段浆柱压力，MPa；P_l为水泥浆领浆段浆柱压力，MPa；P_t为水泥浆尾浆段浆柱压力，MPa；g为重力加速度；h为垂直井深，m；$\rho_{压稳}$为固井压稳当量密度，g/cm³。

3.2.2 不同类型区块浆柱结构优化设计

中浅层注水开发区块：典型的代表区块如港东、羊三木等油田区块，这类型区块固井前压稳当量密度在1.30g/cm³以下，地层承压能力在1.60g/cm³以上，通常采用钻井液+冲洗液+水泥

浆领浆+水泥浆尾浆的常规浆柱结构(图1)，可以同时满足压稳和防漏的要求，该类区块近年来固井质量逐年提高，平均固井质量优质率接近80%，体现出良好的适应性。

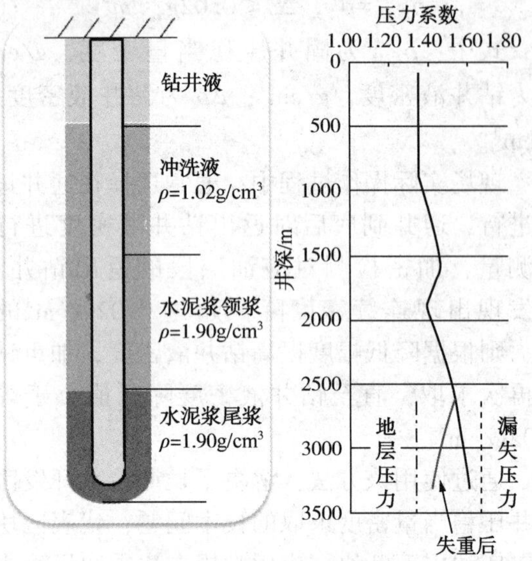

图1　中浅层注水开发区块浆柱结构设计

深层高压注水开发区块：典型的代表区块如段六拨、板桥等油田区块，这类型区块固井前压稳当量密度在1.40g/cm³～1.70g/cm³之间，地层承压能力在1.70g/cm³～2.10g/cm³之间。通过在浆柱结构中引入加重隔离液浆段，有效提高了尾浆失重时浆柱压力，满足压稳要求。同时由于地层承压能力较高，注水泥过程漏失风险较低。该类区块浆柱设计为钻井液+加重隔离液+冲洗液+水泥浆领浆+水泥浆尾浆的浆柱结构(图2)，该类区块近年来固井质量逐年提高，平均固井质量优质率接近75%。

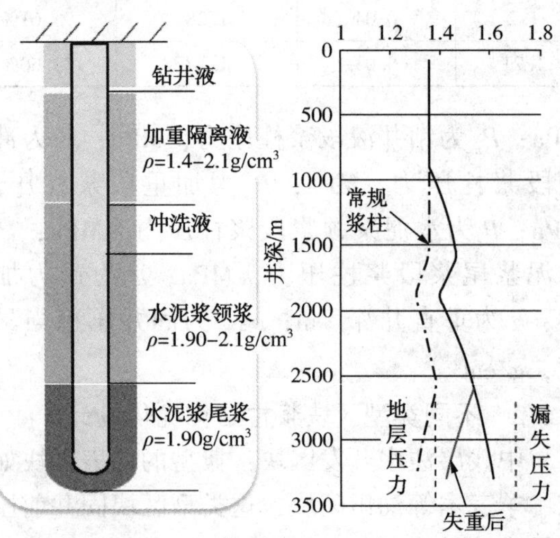

图2　深层高压注水开发区块浆柱结构设计

3.3　“替净”配套工艺研究

保证顶替过程中“替净”的关键在于固井前调整钻井性能，提高井眼净化水平。在固井顶替过程中，钻井液作为被驱替流体，固井前的钻井液性能直接决定了钻井液的驱替难度，行业内通常要求：钻井液密度小于1.30g/cm³，动切力小于5Pa，塑性黏度控制在10mPa·s～20mPa·s之间；钻井液密度大于1.30g/cm³，动切力小于8Pa，塑性黏度控制在15mPa·s～25mPa·s之间。

在钻井实践过程中，由于大港油田明化镇组泥岩地层蒙脱石含量高，泥岩地层中黏土矿物水化分散能力强，清除难度高、钻井速度快日进尺超过600m/d，钻井过程中钻井液普遍膨润土含量高，平均膨润土含量大于90g/L，如果采用放浆处理方法，环保压力大，不利于推广，相对于其他油田而言，在滤失量控制接近的情况下，泥饼相对虚厚，清除难度高。

API标准泥饼质量评价不考虑虚泥饼部分，但虚泥饼部分是泥饼的主要组成部分，只有先破坏掉虚泥饼，才能进一步破坏实泥饼，进而使水泥浆与地层形成有效胶结。应用虚/实泥饼整体评价方法评价泥饼质量，同时考虑温度的影响，开展了现场钻井液泥饼质量评价，实验评价结果表明(图3～图5)：低温条件下泥饼厚度1.9mm，而随着温度的增加泥饼厚度急剧增加，产生大量具有一定胶凝强度的虚泥饼，80℃条件下泥饼厚度达到了6.1mm。根据多年的固井实践，如继续采用行业推荐的钻井液性能调整要求，无法有效保证二界面固井质量，直接导致薄隔层无法有效封固。

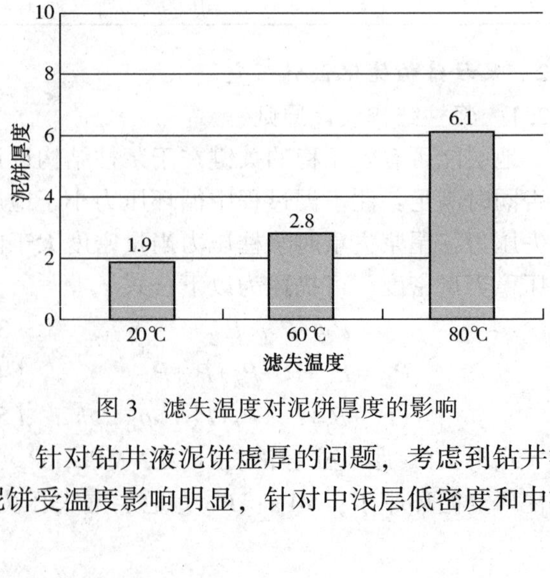

图3　滤失温度对泥饼厚度的影响

针对钻井液泥饼虚厚的问题，考虑到钻井液泥饼受温度影响明显，针对中浅层低密度和中深

图4 低温条件下的泥饼

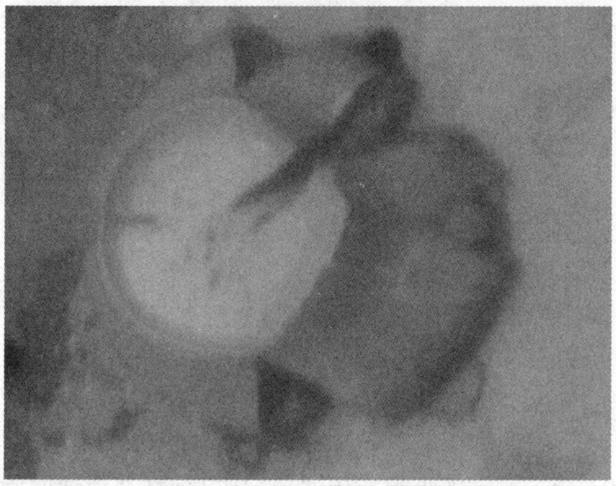

图5 高温条件下的泥饼

层高密度区块制定有针对性的技术措施，降低高膨润土含量对固井替净的影响。

对于中浅层低密度区块要求：固井前钻井液漏斗黏度<40s，动切力<5Pa，塑性黏度控制在10mPa·s~20mPa·s之间，流型指数$n \geqslant 0.7$，大幅度降低钻井液黏度，提高钻井液自身的冲刷能力，在固井前对已形成泥饼进行冲洗，降低冲洗液的冲洗压力。

对于中深层高密度区块要求：固井前提高钻井液pH值(硅基体系钻井液要求pH值提高至11)，加入降黏剂(如硅稳定剂)，增强钻井液中黏土的分散程度，通过化学手段拆解虚泥饼，同时要求动切力小于8Pa，塑性黏度控制在15mPa·s~25mPa·s之间。

通过应用上述技术措施，固井一、二界面固井质量差逐年缩小，目前一、二界面固井质量差缩小至8.35百分点。

3.4 “防窜”配套工艺研究

由于水窜与气窜，流体性质的不同，天然气密度低，具有可压缩性，侵入水泥浆中会形成窜流通道，从而影响水泥浆与地层的胶结。地层水本身侵入水泥浆，在浆柱压力与地层压力相接近的情况下，地层水会在短时间内与溶于水泥浆中，延长稠化时间，从而导致更多的地层水窜入水泥浆中。因此，常规防气窜技术并不完全适用于注水开发区块，通过对“水窜”的定性分析，需要在常规防窜要求的基础上，考虑如何减少地层水窜入量，方向一：加快水泥浆体系的强度发展速度；方向二：预先提高水泥浆的黏度、缩短水泥浆的稠化附加时间降低地层水的侵入速度及可侵入时间。

(1) 基于静胶凝强度发展速度的防水窜体系优选

静胶凝强度发展越快，阻止地层进入水泥浆体系内的能力就越强。通过静胶凝强度发展速度的评价，可以优选出在同样性能设计条件下，防水窜能力最强的体系。通过开展静胶凝强度实验，结果表明：中浅层体系中(图6~图7)YX-200S和JS-2水泥浆体系的起强度时间、静胶凝发展速度相当，防窜能力较强。中浅层区块通过优选YX-200S和JS-2水泥浆体系，一界面固井质量优质率逐步提高，目前一界面固井质量已达到89%，适应性良好。

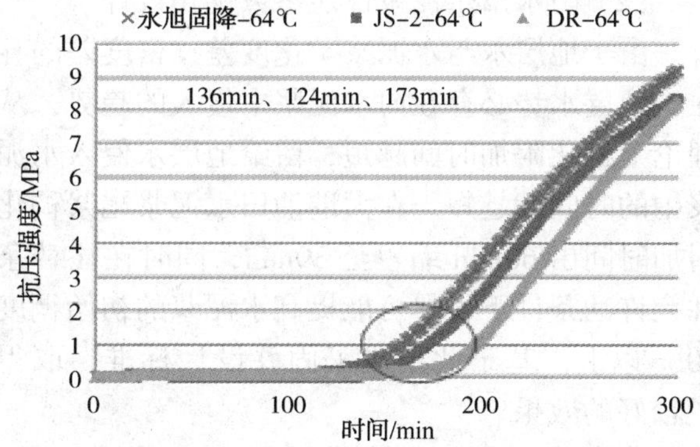

图6 抗压强度发展曲线(中浅层)

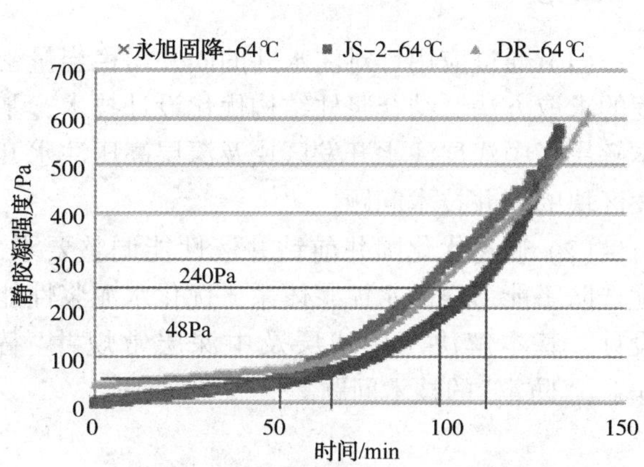

图7 静胶凝强度发展曲线(中浅层)

中深层体系中(见图8~图9)G33S体系水泥浆体系的起强度时间、静胶凝发展速度快。中深层区块通过优选G33S水泥浆体系，一界面固井质量已达到80%，适应性良好。

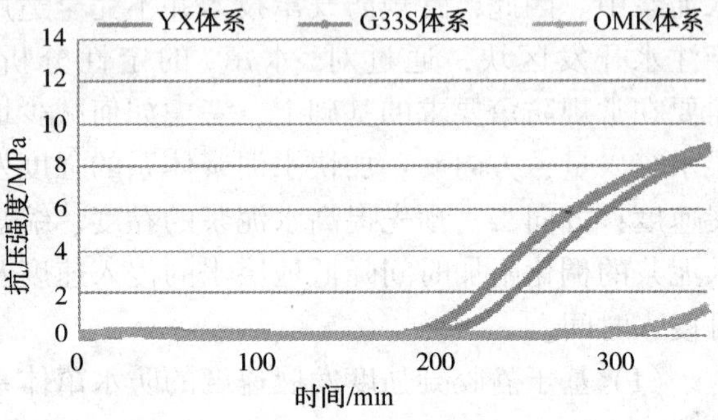

图8 抗压强度发展曲线(中深层)

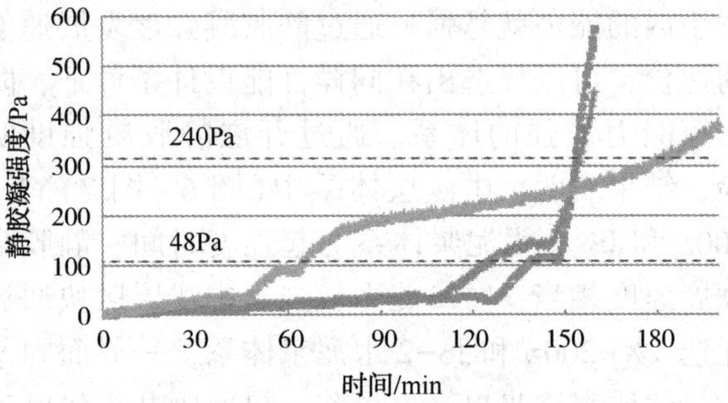

图9 抗压强度发展曲线(中深层)

(2) 防水窜水泥浆性能参数优化设计

由于地层水与水泥浆矿化度差、密度差的存在，地层水势必存在向水泥浆中侵入的趋势，从理论上稠化附加时间越短，留给地层水侵入水泥浆中的时间就越短。在大港油田水泥浆尾浆稠化附加时间由60min缩短至30min，同时在注替条件允许的条件下，尽可能提高水泥浆的初始稠度20bc以上，基于此形成了固井设计标准，取得了较好的效果。

4 结论

(1) 通过应用针对注水井的固井压稳当量密度的求取方法，结合浆柱结构优化设计技术，基本解决了中浅层注水开发区块及深层高压注水开发区块的固井技术问题。

(2) 通过优化固井前钻井液性能调整要求，优选防窜能力强的水泥浆体系，优化水泥浆性能设计，基本解决了中浅层及中深层常规井“替净”、“防窜”的技术问题。

参 考 文 献

[1] stabins F L, Tinsley J M, Sutton D L. Transiton time of cement slurries between the fluid and set state[r]. SPE 9285, 1982.

[2] 孙展利. 水泥浆的沉降失重研究[J]. 石油钻采工艺, 1997, 19(2): 31-36.

[3] 周仕明, 李根生, 初永涛. 防气窜固井分段设计方法[J]. 石油钻探技术, 2013, 41(5): 52-55

[4] 姚约东, 李相方. 动静态结合预测调整井地层压力的方法[J]. 石油钻探技术, 2009, 37(4): 32-34

[5] 朱炳兰, 程远方, 谢贤东. 调整井地层压力预测方法研究与应用[J]. 复杂油气藏, 2011, 4(2): 68-71.

[6] 贾付山, 张永红等. 大庆油田三次加密井固井难点与配套技术[J]. 大庆石油地质与开发, 2000, 19(4): 49-51.

[7] 卢海川, 赵岳, 宋伟宾等. 新型固井用防水窜材料的研究与性能评价[J]. 钻井液与完井液, 2017, 34(4): 75-79.

[8] 刘崇建, 黄柏宗, 徐同台. 油气井注水泥理论与应用[M]. 北京: 石油工业出版社, 2001.

[9] 郑毅, 刘爱萍. 环空流动壁面剪应力对固井质量的影响[J]. 探矿工程, 2003; 3: 38-41.

[10] 李早元, 郭小阳, 杨远光. 固井前钻井液性能调整及前置液紊流低返速顶替固井技术[J]. 钻井液与完井液, 2004; 21(4): 31-33.

[11] 王平全, 马瑞. 泥饼质量的影响因素研究[J]. 钻井液与完井液, 2012, 29(5): 21-25.

[12] 焦棣. 动态滤失过程中泥饼形成的研究[J]. 钻井液与完井液, 1995, 12(1): 9-13.

[13] 周风山, 王世虎, 李继勇. 泥饼结构物理模型与数学模型研究[J]. 钻井液与完井液, 2003, 20(3): 4-8.

[14] 杨宝林, 顾军, 郑涛等. 泥饼厚度对固井二界面胶结强度的影响[J]. 钻井液与完井液, 2009, 26(1): 42-46.

[15] 邱燮和. 超浅调整井固井防水窜技术[J]. 钻井液与完井液, 2013, 30(4): 84-87.

高温高盐中低渗稠油油藏缔合二元驱技术攻关与应用

苑光宇

（中国石油大港油田公司）

摘　要　为解决常规聚/表二元体系在高温高盐油藏适应性差的问题，以大港油田官 109-1 断块为目标油藏（有效渗透率 0.21μm2、油层温度 78℃、地层水矿化度 30000mg/L、地层原油黏度 50~720mPa·s），围绕油藏孔隙结构特征，通过攻关研究，研发出柔性短支链低分子量缔合型抗盐聚合物产品，并匹配高效表面活性剂形成缔合二元驱体系，实现中低渗稠油油藏“好溶-易注-优驱”核心需求，体系注入渗透率下限达到 50mD。研究过程中，通过微观驱油揭示了缔合型聚/表二元驱体系“近活塞式”驱替高粘原油的特征，探索出中低渗储层缔合型聚/表二元驱“双低+”注入模式；现场试验过程中，通过应用二氧化碳降低原油黏度特征，创新开发 PS&C（聚表 & 二氧化碳）系列技术解决了宽黏度域稠油油藏平面高效驱替难的问题，先导试验区达到增油 3.3 万吨的良好实施效果，预测提高采收率 17 个百分点。该技术将二元驱技术适应油藏范围大幅度拓宽，实现了缔合二元驱技术扩大应用，推广油藏潜力达 1.56 亿吨。

关键词　缔合聚合物；匹配性；物理模拟；现场试验

随着石油开采技术的不断提高，一些特殊油藏越来越引起重视。在我国，稠油资源丰富，分布较广，而且油藏类型很多、埋藏深，在地层条件下黏度高、流动性能差，因此，对这些油藏的开采要求不断采用新技术、新思路、新方法去探索稠油开发的技术难题，以满足国内对能源越来越旺盛的需求。

我国稠油油田的开发主要采用水驱和蒸汽驱，但水驱开发效果差，蒸汽驱不适用于太薄的稠油油藏，所以目前很多学者致力于在石油开采方面具有巨大潜力的化学驱研究，并做了大量工作，本文在大港油田官 109-1 断块油藏物性及流体条件下，开展了中低渗、高温高盐、普通稠油油藏化学驱提高采收率技术的研究，通过对比评常规聚合物与缔合聚合物在分子聚集形态、抗温抗盐性方面的差异，明确了缔合聚合物的技术优势，同时针对缔合聚合物优化出了适应与该类油藏的聚/表二元体系，驱油性能优良，现场试验应用效果显著，为中低渗稠油油藏化学驱技术提供很好的技术方向。

1　实验研究

1.1　材料与仪器

实验采用的常规聚合物为天津博弘化工有限公司生产的工业品 BHHP-112，聚合物的固含量为 88%，相对分子质量为 2500×10^4，水解度为 22.3%；缔合聚合物为四川光亚生产的 AP-P7，固含量为 90%，分子量为 1500×10^4；表面活性剂为天津博弘化工有限公司生产的工业品 ODS-1、BHS-01、BHS-CEDA，有效含量为 40%。实验用水为大港油田官 109-1 区块注入水，矿化度为 28816mg/L，钙离子含量为 443mg/L，镁离子含量为 65mg/L，钠钾离子含量为 10779mg/L，碳酸氢根含量为 558mg/L，氯离子含量为 16971mg/L。实验用油为试验区井口脱水原油，地下原油黏度为 67mPa·s。

实验设备包括美国 Brookfield DV-Ⅲ黏度计、美国 TX-500C 界面张力仪、日本 Hitachi S-3000N 型高分辨率（5~300000 倍）扫描电镜（SEM）、驱油实验装置等。

1.2　实验方法

1.2.1 微观结构表征

采用日本 Hitachi S-3000N 型高分辨率（5~300000 倍）扫描电镜（SEM）观察溶液样品的微观结构。

1.2.2　黏度及界面张力测定

在 78℃下，采用美国 Brookfield DV-Ⅲ黏度计在转速为 6r/min（对应剪切速率 $7.34s^{-1}$）下测

定目标溶液的黏度；采用美国 TX-500C 界面张力仪在转速 5000r/mim 下测定目标溶液与脱水原油的油水界面张力。

1.2.3 与油藏匹配性实验

通过二元体系流经不同渗透率岩心的压力变化，评价其与岩心孔隙的匹配性。实验用岩心尺寸为 φ2.5cm×10cm。驱替过程为：注不同孔隙体积聚合物溶液，再进行后续水驱至压力稳定。实验注入速度为 3m/d。实验温度为 78℃。

1.2.4 驱油能力实验

实验选用环氧树脂胶结三层非均质岩心，岩心尺寸为 4.5cm×4.5cm×30cm。驱替过程为：水驱至含水 98%转注化学驱溶液 1.00 倍孔隙体积，再进行后续水驱至含水 98%结束。聚合物浓度为 2000mg/L，表活剂浓度为 0.3%。

1.2.5 微观驱油

采用平板夹砂可视渗流驱油实验装置可进行微观驱油实验。实验温度：45℃；均质渗流渗透率：200mD；聚合物：官 109-1 注入水配制的 2000mg/L 的常规型聚合物+表面活性剂和 1200mg/L 的缔合型聚合物+表面活性剂；渗流速度：3m/d；实验用油：官 109-1 断块单井脱水原油+煤油配制的模拟原油(45℃，110mPa·s)。

2 实验结果与分析

2.1 微观结构

图 1 为常规聚合物、缔合聚合物溶液(质量浓度为 2000mg/L)的扫描电镜照片。由图 1 可知：聚合物分子链间相互交缠绕，形成稀疏大孔网状结构，这种分子聚集态包裹水分子的能力很弱，导致增黏性较差，易被挤压变形，空间位阻小，抗盐能力差；而缔合聚合物则不同，分子线团尺寸较大，形成线状网状聚集态，分子链间相互缠绕，整体密集程度均匀，在盐水溶液中整体上表现为良好的增黏性。

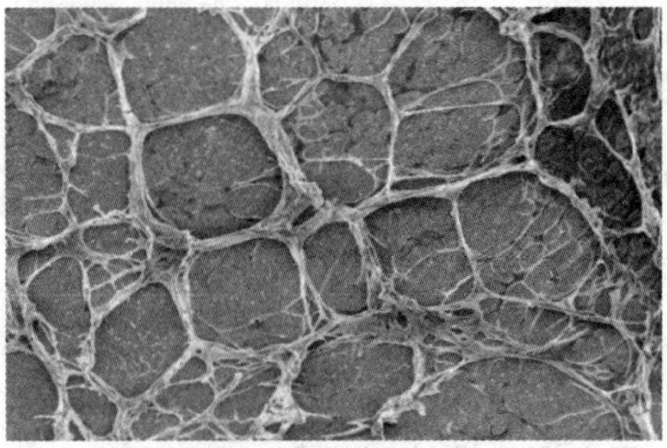
(a)常规聚合物(BHHP-112)

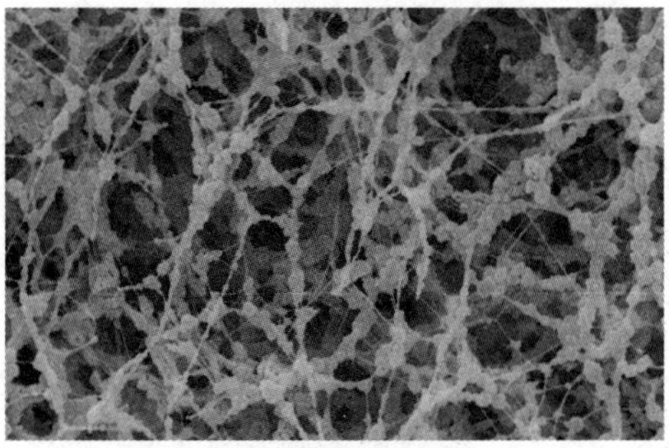
(b)缔合聚合物(AP-P7)

图 1 常规聚合物与缔合聚合物扫描电镜照片

2.2 增黏性及抗盐性

图 2 为用官 109-1 区块注入水配制的常规聚合物与缔合聚合物溶液的黏度随浓度变化关系曲线图。从图 2 可知：随着溶液质量浓度的增加，溶液黏度均呈指数增加。溶液质量浓度为 1000~3000mg/L 时，缔合聚合物溶液黏度大约为常规聚合物溶液黏度的 3-4 倍。分析原因：主要是由于聚表剂分子侧链上引入了疏水基团，在盐水溶液中溶液极性增加，疏水缔合作用增强；同时这些疏水基团存在空间位阻效应，分子链更为舒展，导致分子链刚性增强，增黏效果尤为显著。

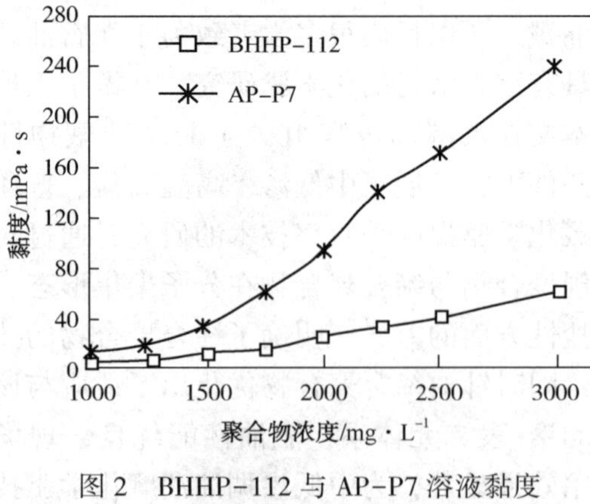

图 2 BHHP-112 与 AP-P7 溶液黏度随浓度变化关系

图 3 为常规聚合物与缔合聚合物溶液(质量浓度 2000mg/L)黏度与 NaCl 质量浓度的关系曲线。由图 3 可知：常规聚合物溶液黏度随盐度增加呈下降趋势，当 NaCl 质量浓度从 0mg/L 增至 80000mg/L 时，聚合物溶液黏度从 100.4mPa·s 降至 6.7mPa·s，降幅达 93.3%，其抗盐性较差；而缔合聚合物溶液黏度随盐度增加呈先下降后有小幅增加然后再下降，当 NaCl 质量浓度从 0mg/L 增至 80000mg/L 时，缔合聚合物溶液黏

度从 250.1mPa·s 降至 72.5mPa·s，降幅为 71.0%，其抗盐能力相对较强。分析原因：主要是由于盐度的增加，导致溶液分子链受到静电屏蔽作用开始变卷曲，溶液黏度均呈下降趋势。但当盐度增加到 10000mg/L 时，随着溶液极性的增强，缔合聚合物分子链疏水基团的缔合效应加强，溶液黏度开始缓慢增加；而常规聚合物溶液不产生缔合效应，单方面受到盐离子的屏蔽效应，分子链变得更加卷缩，溶液黏度依然呈下降趋势。

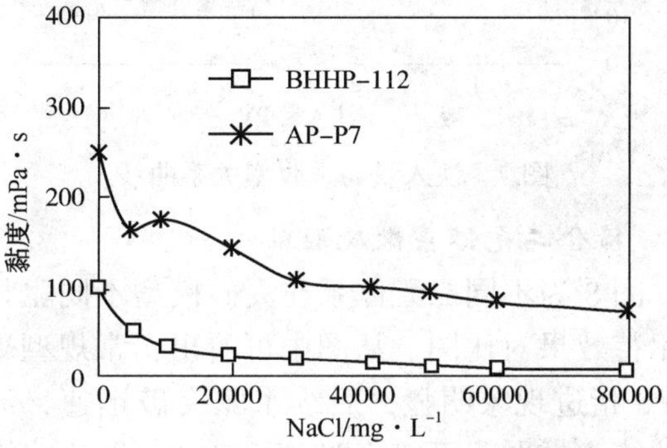

图 3 BHHP-112 与 AP-P7 溶液黏度与盐浓度变化关系

2.3 缔合聚合物与表面活性剂匹配性

图 4 为不同表面活性剂与缔合聚合物组成的二元体系降低油水界面张力随表活剂浓度变化关系。由结果可知表面活性剂 BHS-01 以及 BHS-CEDA 在浓度 0.1%~0.4% 范围内均可将油水界面张力降低至 10^{-3} mN/m，与原油匹配作用较好，可进一步评价其对聚合物黏度的影响。

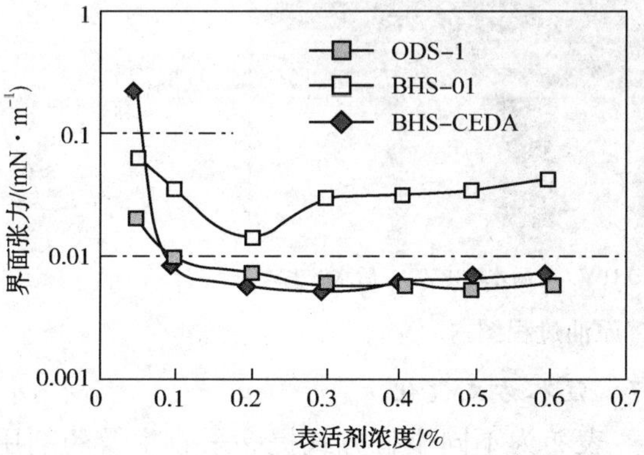

图 4 AP-P7/表活剂二元界面张力随表活剂浓度变化图

图 5 为不同表面活性剂与缔合聚合物组成的二元体系黏度随表活剂浓度变化关系。由实验结果可知表面活性剂 BHS-CEDA 在浓度 0.3~0.6% 范围内导致体系黏度升高，匹配性较差，而表面活性剂 BHS-01 在浓度 0.1%~0.6% 范围内对体系黏度基本无影响，匹配性好，因此优选缔合聚合物与表面活性剂 BHS-01 组成的二元体系。

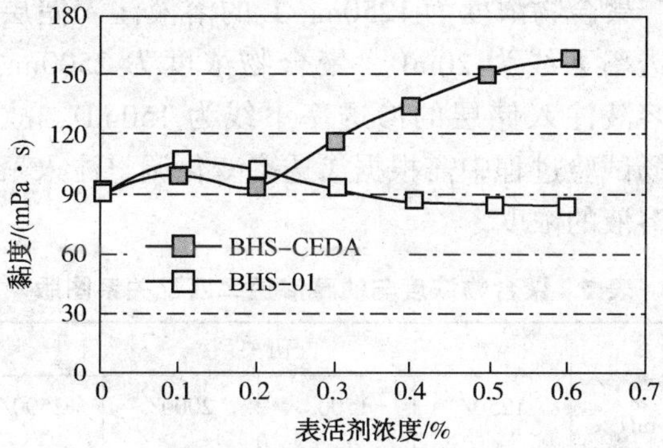

图 5 AP-P7/表活剂二元年度随表活剂浓度变化图

2.4 缔合二元体系与油藏渗透率匹配性

图 6 为不同浓度聚合物在不同渗透率岩心上的注入压力变化。由实验结果可知当聚合物浓度为 1500~2500mg/L 的溶液注入渗透率为 300mD 岩心时，在聚合物诸如过程中压力先缓慢上升而后达到稳定状态，说明聚合物浓度为 1500~2500mg/L 的聚合物溶液与渗透率为 300mD 的岩心是匹配的，能够顺利注入；而当聚合物浓度为 2000~2500mg/L 的溶液注入渗透率为 50mD 岩心时，在聚合物注入过程中压力一直处于缓慢上升状态，无法达到稳定，判定该浓度聚合物不适应渗透率≤50mD 的储层。

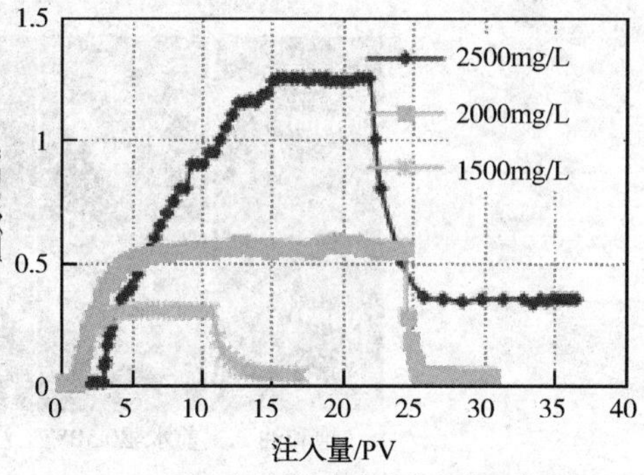

(a)300mD下不同浓度聚合物的注入能力

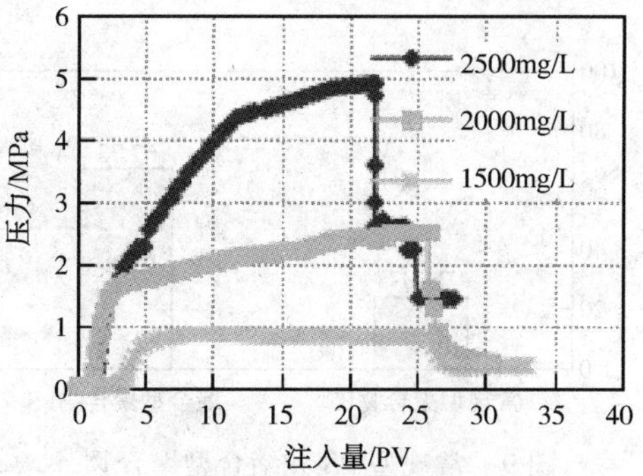

(b)50mD下不同浓度聚合物的注入能力

图 6 注入量与注入压力关系曲线

采用相同方法分别研究了不同浓度聚合物与储层渗透率匹配关系，结果见表1。由表1可知，聚合物浓度为1250mg/L的溶液注入储层的渗透率下线为20mD，聚合物浓度为2500mg/L的溶液注入储层的渗透率下线为150mD，故在现场试验过程中需根据渗透率变化调整注入聚合物溶液的浓度。

表1　聚合物浓度与油藏渗透率匹配关系图版

渗透率/mD	配伍关系			
	1250/(mg/L)	1500/(mg/L)	2000/(mg/L)	2500/(mg/L)
500	√	√	√	√
300	√	√	√	√
150	√	√	√	√
100	√	√	√	×
50	√	√	×	×
20	√	×	×	×

注："√"为能注入，"×"不匹配，注入性差。

2.5　二元体系驱油特性

图7为不同二元体系驱油效果对比图。由实验结果可知常规聚合物二元驱较水驱提高采收率17.37个百分点，缔合聚合物二元驱较水驱提高采收率21.58个百分点，较常规聚合物二元驱高4.21个百分点，这主要是因为缔合聚合物具有较强的变形能力，易被拉断，因此更容易进入到小孔隙，从而能更好的动用中低渗透层中的油，而常规聚合物分子线团尺寸大，不可及孔隙体积大，中低渗层进入几率较小，波及体积小。

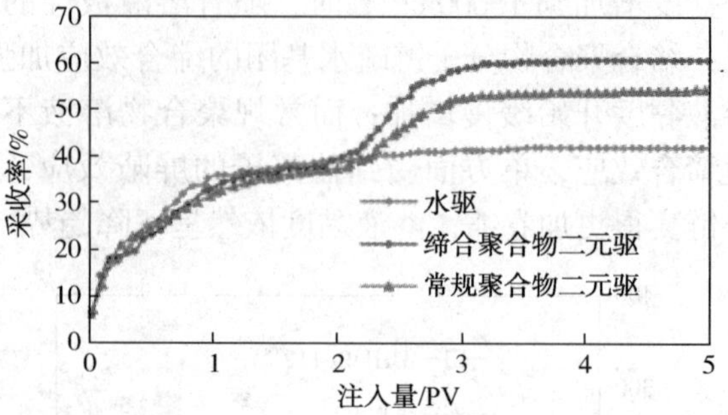

图7　注入量与采收率关系曲线

2.6　缔合二元体系微观驱油

图8为不同二元体系在夹砂模型不同驱替阶段驱替效果对比图。从图中可看出，常规型聚合物PS指进现象明显，后续水驱突破迅速，流度调控能力较弱，而缔合型聚合物PS驱替前缘端面较为稳定，体现出近活塞式驱替特征，洗油效率高，原油采出程度较高，后续水驱过程中，驱替前缘依旧较为稳定，水驱突破缓慢，具有较强的流度调控能力，采收率显著高于常规型聚合物PS。常规型PS体系提高采收23.87个百分点，二缔合型PS体系提高采收率67.73个百分点(图9)。

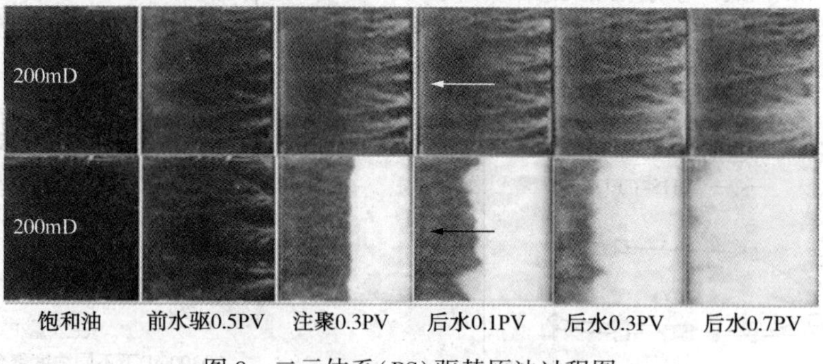

图8　二元体系(PS)驱替原油过程图

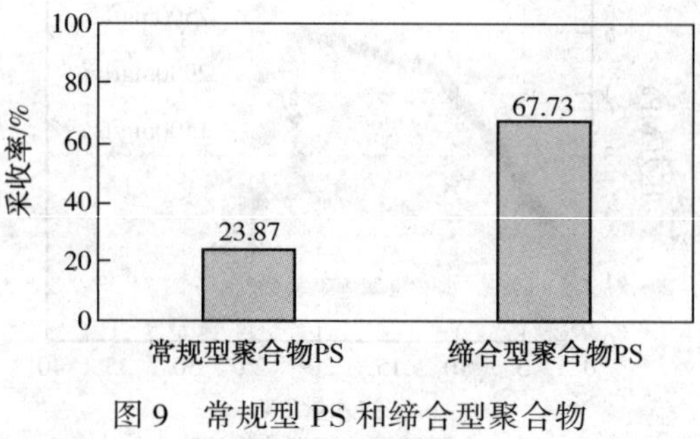

图9　常规型PS和缔合型聚合物PS均质渗流模型采收率

2.7　注入方式优化

表2为不同驱替方式提高采收率及药剂用量对比表。实验采用单一段塞、梯次降浓以及交替注入方式进行优化，由实验结果可知恒浓度注入二元体系方式具有提高采收率幅度相对较高，但化学剂用量大，体系成本较高的特点；阶梯降浓度注入方式，初期高黏有效调堵高渗层，降黏后易于进入中的渗透层，启动中低渗透层，该方式有利于扩大波及体积；交替注入方式包含两种，

一种为聚合物与表活剂交替注入，聚合物段塞优先进入高渗层，降低高渗层流度，使后续表面活性剂进入与之较为匹配的低渗层洗油，提高驱油效率，另一种为聚合物与聚表二元体系交替注入，前置段塞聚合物有效封堵后，后续二元驱段塞表活剂绕流启动低渗层，提高驱油效率，聚合物段塞与二元体系段塞多轮次交替后，大幅提高采收率。综合对比结果显示，梯次降浓方式以及聚合物与聚/表交替注入方式技术经济上均可行，现场试验过程可根据压力变化进行优化调整。

表 2 不同驱替方式提高采收率及药剂用量对比表

序号	注入方式	体系	EOR/%OOIP	药剂用量/(mg/L·PV)	
				聚合物	表活剂
1	单一段塞	2000P+0.3%S	23.7	1200	1800
2	梯次降浓	前置段塞 0.1PV：2000P 主体段塞：0.2PV 2000P+0.3%S 0.1PV 2000P+0.2%S 后尾段塞 0.2PV：1000P	20	1000	800
3	交替注入	2000P 与 0.25%S 交替，交替频次 0.1PV	17.1	600	750
		2000P 与 2000P+0.25%S 交替，交替频次 0.1PV	21.4	1200	750

3 现场试验

3.1 稠油均衡驱替方法实践

官 109-1 断块地层原油黏度分布范围宽，最高达到 710mPa·s，导致采油井液量低，结合聚/表(PS)二元正向富油与二氧化碳(C)大幅度降黏疏油机理，创新提出 CO_2 吞吐辅助聚/表二元驱技术。CO_2 吞吐技术，主要是利用 CO_2 与地层中原油的相互作用，实现降低原油黏度、增容膨胀、润湿反转等，达到使原油体积膨胀，提高油藏压力，降低地层原油黏度、改善原油的流动性，进而达到提高油井产量的目的。图 10 为 CO_2 溶解量与原油黏度、降黏率变化关系，由实验结果可知，CO_2 可大幅度降低原油黏度，降黏率可达 97.9%。

现场采用该方式试验应用于官 49-10 井。家 49-10 井区由于原油黏度大，投产初期即低液低产，实施二氧化碳吞吐前液量 9 方，日产油 0.67t，含水 92.6%。试验阶段累计注入二氧化碳 252 吨，开井后日产油增加 5.2t，含水下降至 71%，截至 2020 年 12 月仍处于稳产，累计增油 1283 吨，换油率 5.09。

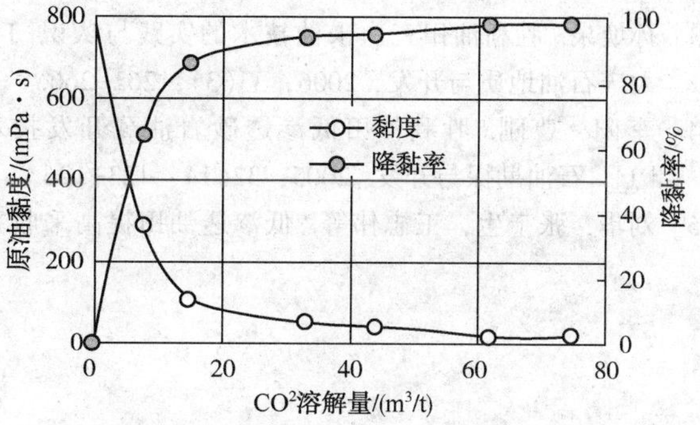

图 10 CO_2 溶解量与原油黏度、降黏率变化关系

3.2 现场试验效果

官 109-1 断块采用五点法井网注入缔合聚合物二元体系，方案设计 7 注 12 采井网，注入段塞大小为 0.6PV，采取阶梯降浓方式注入，截至 2020 年 12 月，阶段注入二元体系 0.23PV，完成方案设计注入量的 38%；单井平均注入压力由二元驱前 13.4MPa 增至目前 19.3MPa，压力增幅 5.9MPa；注入二元体系 180 天后，试验区整体见效明显，见效率达到 92%，日增油 13 吨，阶段增油 3.3 万吨。通过“二三结合”软件预测，项目实施后可提高采收率 17 个百分点。

4 结论及认识

(1) 缔合聚合物上功能基团的疏水缔合作用是其增黏、抗盐的主要原因。在 78℃、矿化度 28816mg/L 下，浓度为 2000mg/L 缔合聚合物黏度达到 92.7mPa·s，是常规聚合物黏度的 3.6 倍；

(2) 创建了缔合聚合物浓度与储层渗透率的匹配关系图版；

(3) 缔合聚合物因其网状的分子结构赋予了独特的增黏及调堵能力，微观驱油呈现近活塞驱替方式，宏观驱油提高采收率达到 21.58 个百分点；

(4) 缔合聚合物与表面活性剂匹配形成的二元体系在现场应用效果显著，为中低渗稠油油藏驱替提供了很好地技术借鉴。

参考文献

[1] 郭万奎，程杰成，廖广志. 大庆油田三次采油技术研究现状及发展方向[J]. 大庆石油地质与开发，

2002, 21(3): 1-6.

[2] 王德民. 发展三次采油新理论新技术, 确保大庆油田持续稳定发展(下)[J]. 大庆石油地质与开发, 2001, 20(4): 1-6.

[3] 孙焕泉. 胜利油田三次采油技术的实践与认识[J]. 大庆石油地质与开发, 2006, 33(3): 262-266.

[4] 李阳, 曹刚. 胜利油田低渗透砂岩油藏开发技术[J]. 石油勘探与开发. 2005, 32(1): 123-126.

[5] 刘华, 张宁生, 王志伟等. 低渗透油田提高采收率发展现状[J]. 钻采工艺. 2004, 27(4): 38-41.

[6] 于连东. 世界稠油资源的分布及其开采技术的现状与展望[J]. 特种油气藏. 2001, 8(2): 98-103.

[7] 周雅萍, 赵庆辉等. 化学驱油方法提高稠油油藏采收率实验研究[J]. 精细石油化工进展, 2011, 12(5): 3-8.

[8] 张立娟, 岳湘安, 王楠. 大庆中低渗油层聚合物溶液注入性和驱油性能分析[J]. 油田化学, 2008, 25(3): 235-240.

渤中凹陷变质岩凝析气藏随钻和电缆测量曲线对比分析

廖海博[1] 刘红岐[1] 崔云江[2] 汪瑞宏[2] 赵涵彬[2] 廖启明[2]

[1. 西南石油大学；2. 中海石油(中国)天津分公司]

摘 要 渤中凹陷太古界，一段裂缝高度发育的古潜山变质岩地层，其裂缝张开度和裂缝孔隙度较大。在该区块渤中19-6-A3井(水平井)的钻井过程中应用斯伦贝谢Impulse随钻测井系列，完井后进行了5700系统电缆测井，本文以此井的测井、地质等资料为基础，对随钻与电缆测井的自然伽马曲线、电阻率曲线和测井仪器进行深入的对比分析。系统研究了随钻测井与电缆测井信息之间的关系，旨在提高对随钻测井资料定性和定量的认识水平，并尝试利用随钻测井资料识别储层和裂缝。

关键词 随钻测井；电缆测井；对比分析；变质岩；凝析气藏

1 引言

随着世界对能源的需要和油气勘探的逐步深入，目前面临的绝大多数为复杂油气藏，极大增强了油气勘探的难度。近年来，随钻测井技术突飞猛进，逐步达到了电缆测井的精确度，正在迈向替代电缆测井的步伐。吴刚(2009)、刘之的、申本科等人对砂泥岩层段的随钻和电缆测井资料进行了深入的对比分析，得出5700阵列感应的分辨率要优于随钻相位电阻率；随钻测井的电阻率更能反映储层的原始电阻率，未受钻井液侵入的影响，效果明显优于完井测井的阵列感应。

由于现如今开采的岩性复杂，储层埋藏深，纵向厚度大，非均质性强，开发井大多采用随钻测井系列进行资料录取，因测井系列的变化导致勘探评价阶段建立的基于电缆测井的解释模型及裂缝段划分标准在开发阶段存在一定的不适用，开发井随钻测井与勘探评价阶段电缆测井响应特征存在差异，测井曲线的校正量不明确，对变质岩的随钻和电缆测井资料对比的研究前人还未触及，而且随着测井技术的发展，测井系列有了较大的发展，测量方式、原理和条件有了巨大的变化，最重要的是此区块构造复杂，孔隙类型多样，裂缝较为发育(图1)，裂缝对电阻率等一系列测井参数具有较大的影响。

渤中凹陷气田构造类型好，形态完整，圈闭面积较大，构造整体埋藏较深，构造区内次生断层发育，且紧邻渤中主洼和渤中西南洼，为油气运移的有利指向区。整体为受基底控制的近南北向发育的构造脊，是在古隆起背景上发育的并经

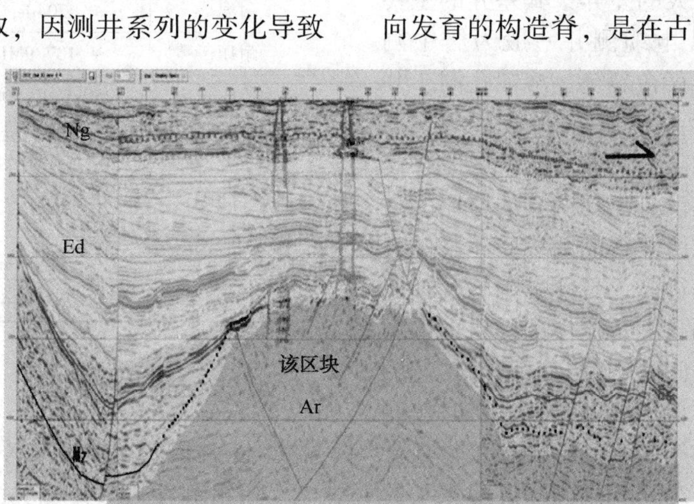

图1 渤中凹陷构造剖面图

多期构造改造的被一系列断层复杂化的断背斜构造，构造整体南高北低，断裂发育。在此区块的12口井进行了常规电缆测井，测井系列主要采用ELIS5700系统，常规测井项目齐全，主要包括井径、自然伽马、自然电位、双侧向、阵列声波、中子、密度等，针对开发井采用了斯伦贝谢的6in复测钻具组合(Bit+MicroScope HD+ImPulse+SonicScope+ADN4)。同时，针对本凝析气田储层受岩性、物性、含油性以及地层非均质性的影响，储层有效性及流体性质识别难的问题，11口井进行了电成像测井，4口井进行了核磁共振测井，3口井进行了元素扫描测井，同时还有4口井进行了VSP测井。针对该井的MicroScope HD电成像图，共解释出高导缝653条，相对连续的开口缝98条。高导缝走向主要有北东-南西向、北西-南东向和近东-西向，以中高角度为主，均值为48度左右；高阻缝发育很少，走向为北北西-南南东向，以中等角度为主(图2)。

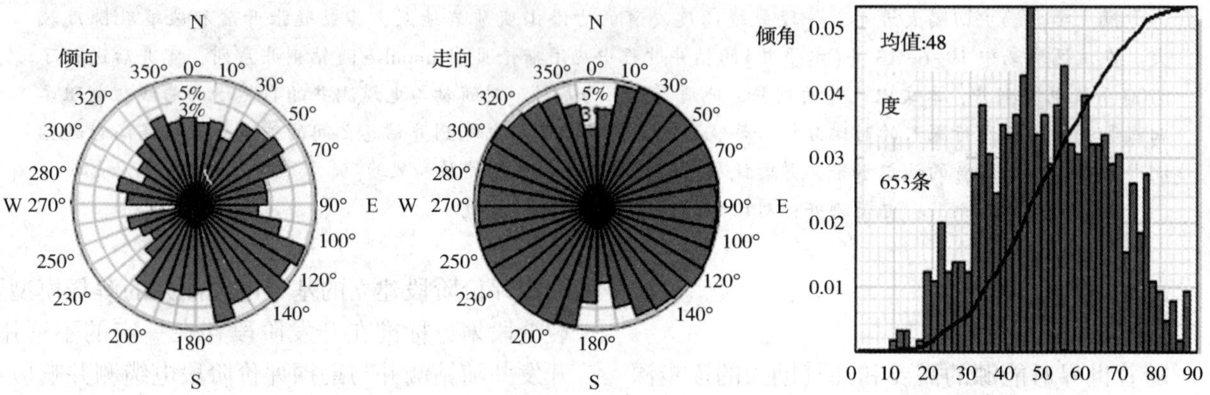

图2　19-6-A3井高导缝分析

因此本文利用收集到的渤中19-6-A3井(水平井)的所有资料，对含裂缝、凝析气的变质岩地层的电缆与随钻测井的GR曲线和电阻率曲线进行对比分析，探寻利用随钻测井资料识别裂缝和凝析气的方法。

2　测井仪器对比分析

随钻测井与电缆测井在测量原理、测量方式上有较大的差异(表1、图3)，因此，随钻与电缆曲线响应特征存在较大的差异，其差异的主要影响因素为仪器偏心，电缆测井一般为居中测量。其次，在本区块还存在裂缝、溶蚀孔洞、井眼条件等因素的影响。

随钻测井是在钻头破岩后一会儿、受泥浆侵入较浅、井眼平滑且还没有出现明显的垮塌的条件下进行测量的，因此所测得的曲线受泥浆侵入影响比常规电缆测井小得多，更能准确的反映原状地层的电性、物性和孔隙含流体的性质，采用的都是时间驱动，采样间隔不确定，随着钻速的增大，采样间隔逐渐降低。随钻测井是实时监测地质信息，集多种仪器于一身，因此在工作条件上具有一定的苛刻性，当遇到高斜度井或水平井是，测速较慢，受围岩和井眼的影响较小。因此随钻测井系列适用于大斜度定向井、水平井测井，测井资料因不受钻井液侵入影响，可获得较精确的地层参数。当地层孔隙压力较大时，仪器受压较大，测速减慢，采样间隔增大。而5700系统双侧向是通过屏蔽电极将主电流I聚焦垂直传入地层，且测得的电位差和地层的视电阻率成正比。

表1　随钻与电缆测井仪器对比表

仪器类型 / 性能指标	5700高分辨率双侧向	随钻 Impulse
耐温	204degC	150degC
耐压	137.9MPa	137.9MPa
最大传输速率	250kB/s~500kB/s	0.5~6Bps
传输方式	电缆传输	泥浆编码脉冲
采样间隔	0.100或0.125m	时间驱动，采样间隔不确定
电阻率测量范围	<50000Ω·m	<1000Ω·m
纵向分辨率	0.3-0.4m	2.0ft(0.6096m)

3　曲线对比分析

3.1　自然伽马曲线对比分析

随钻测井与电缆测井的响应机理不同，因此在测井曲线上可能表现不同的特征，受不同因素的影响，其响应结果并不完全一致。

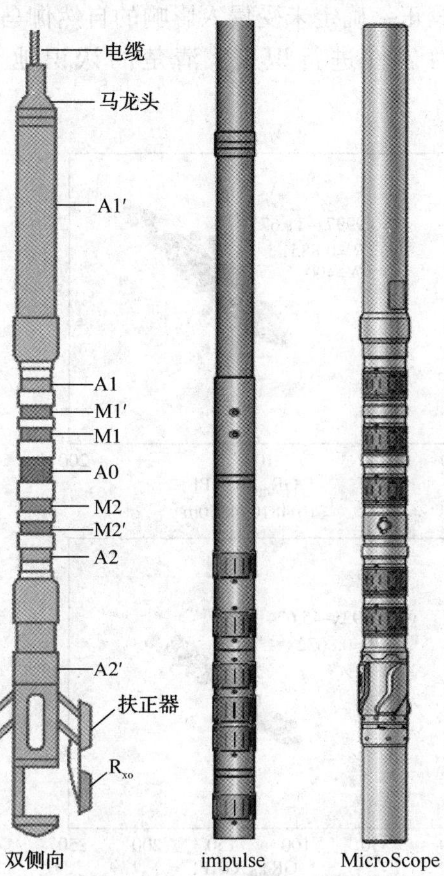

图 3　随钻与电缆测井仪器

自然伽马曲线直接反映岩性的变化，在非渗透性层段随钻与电缆的自然伽马值基本重合(图4(a)、(b))，排除了仪器刻度与仪器偏心的影响，从井径曲线上看，在此段并无扩井现象，钻时曲线也基本稳定，钻井液密度保持恒定为1.19g/cm^3。通过查阅资料发现该段的钻井液为PDF-HSD体系(主要配方为海水，含有大量的K^+)，因此造成在该段的GR值整体偏大。如图4(c)、(d)所示，在渗透性层段，随着钻井液中K^+的侵入，GR值增大，而随钻测井受钻井液侵入的影响较小，所以导致随钻测井与电缆测井的自然伽马值在非渗透性层段重合，在渗透性层段存在差异且随钻伽马小于电缆伽马。

为了进一步确定钻井液侵入对自然伽马值的影响程度，以太古界渗透层段(图4(a)、(b)、(c)、(d))测量曲线为基础建立随钻自然伽马($GR_{随钻}$)与电缆自然伽马($GR_{电缆}$)交会图。如图5(a)、(b)、(c)、(d)所示，$GR_{随钻}$明显低于$GR_{电缆}$，其截距的绝对值越大表明其钻井液侵入的程度越大。因此，通过建立公式：

$$GR_{随钻}=0.9983\times GR_{电缆}-6.734 \tag{1}$$

$$GR_{随钻}=0.9997\times GR_{电缆}-11.675 \tag{2}$$

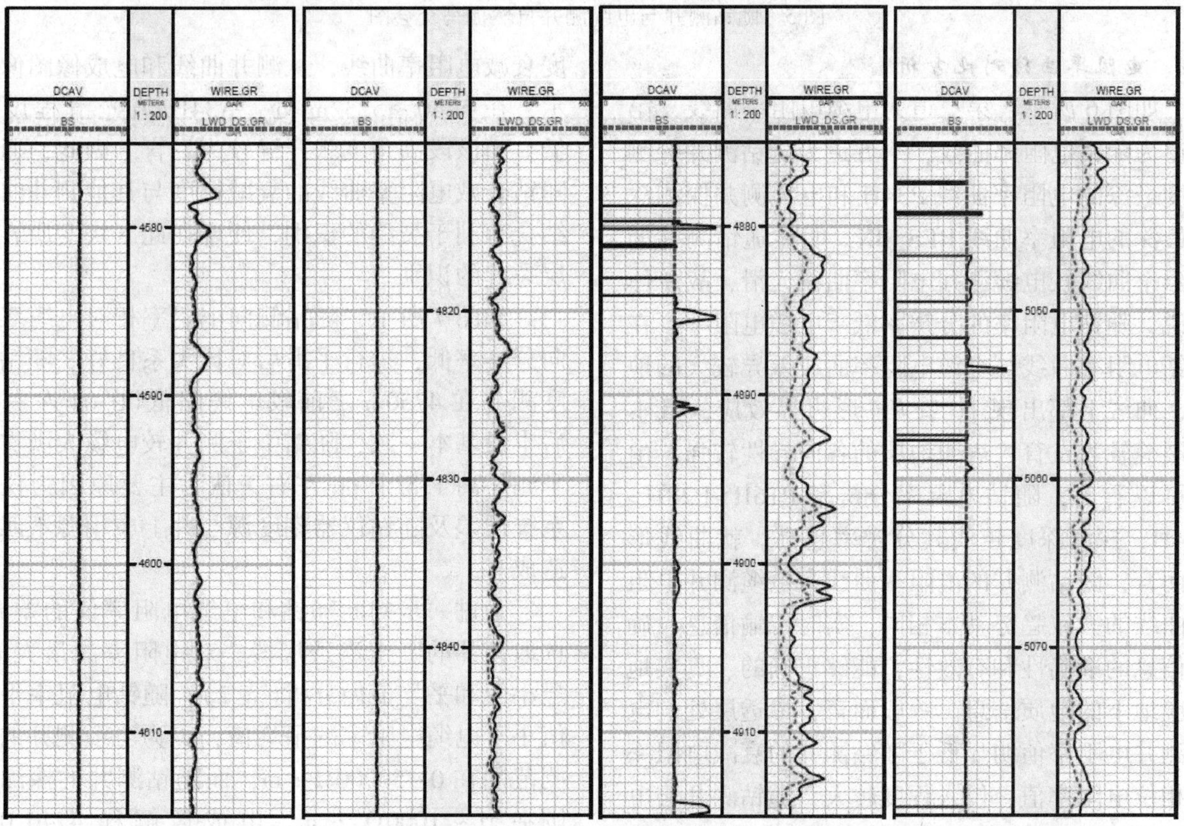

(a)4575~4615m　(b)4810~4850m　(c)4875~4915m　(d)5040~5080m

图 4　随钻测井与电缆测井自然伽马曲线对比图

$$GR_{随钻}=0.9993\times GR_{电缆}-45.624 \quad (3)$$

$$GR_{随钻}=0.9947\times GR_{电缆}-53.137 \quad (4)$$

通过(1)(2)(3)(4)对钻井液侵入层段进行环境校正，确定未受侵入影响的自然伽马值，以便于对岩性进行识别，清楚的认识地下地质构造。

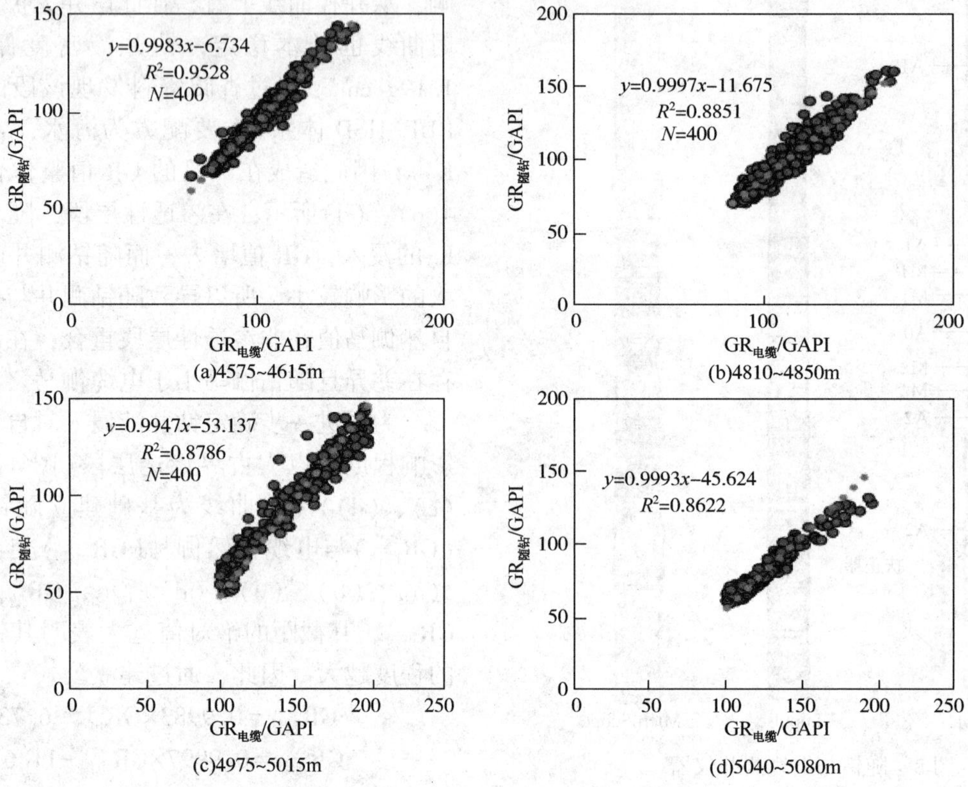

图 5　随钻测井与电缆测井自然伽马交会图

3.2　电阻率曲线对比分析

如图 6 所示，第三道为电缆电阻率曲线，第四道为随钻电阻率曲线，第五道为随钻测井探测深度最深的电阻率曲线 P34H 和电缆测井探测深度最深的电阻率曲线 RES_BX。明显随钻测井的电阻率曲线较电缆测井电阻率曲线光滑，故总体来说，随钻电阻率的分辨率低于电缆电阻率；在随钻电阻率曲线与电缆电阻率曲线差异较大的地方，曲线上都出现了“犄角”形边界效应，且本段裂缝较为发育，表明地层的各向异性较强；由图可以看出，随钻电阻率分辨率 P16H>P28H>P34H，探测深度越浅其分辨率越高。就曲线形态而言，随钻测井的电阻率曲线与电缆测井电阻率曲线的大致趋势基本相同，实时传输信息，确保信息的准确性和有效性，能够正确的、真实地反应地下的地质信息。一般而言，渗透层处的电缆测井电阻率值明显低于随钻测井的衰减电阻率与相位电阻率值，侵入程度越大，随钻测井与电缆测井的电阻率值差别越大，利用这一特点可以判断地层含油气饱和度的高低。另外 A34H 为幅度衰减电阻率曲线，从测井曲线和电成像图像显示，在 5230～5232m 处，A34H 值光滑程度较低，而该段高角度张开缝较为发育。因此，通过随钻衰减电阻率曲线的衰减幅度与其他测井曲线结合有利于裂缝的识别，便于在此区块变质岩储层裂缝的识别。

如图 7 所示，随钻侧向电阻率相对电缆双侧向分辨率低，进行平滑后对比关系良好。随钻密度测井在 4750m 之前较电缆略低(0.04 左右)，后半段基本一致，随钻中子测井较电缆大满贯中子测量高 1.5 个 pu 左右，认为主要原因为仪器系统误差及随钻仪器刻度源与井上应用源不匹配造成。

为进一步判断随钻和电缆电阻率值的差异，选取该井的三个渗透层段，对电阻率的最大值、最小值和平均值做分析(表 2)，随钻电阻率平均值小于电缆电阻率的平均值，因为电缆测井的探测范围在 0～50000Ω · m，而随钻测井的探测范围在 0～1000Ω · m。电成像解释 4740.0～5050.0m 及 5120.0～5300.0m 高导缝较发育，其

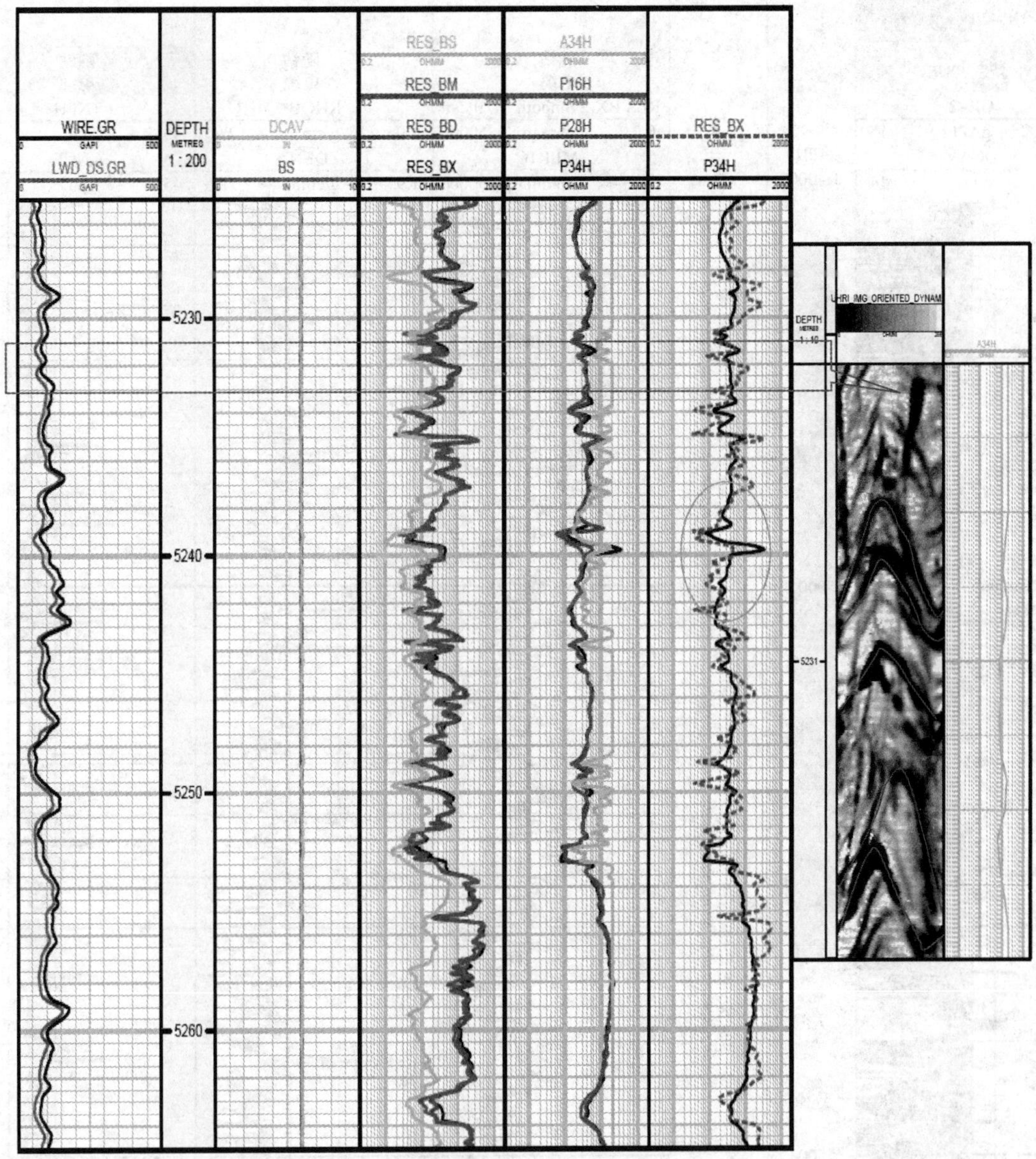

图 6　随钻与电缆电阻率曲线对比图

中在 4820.0~4860.0m 高角度高导缝最为发育，从电阻率值上对比也可发现，在此段的随钻和电缆电阻率值相对于另两段较低，另外可以发现在 5260.0~5300.0m 处，垂直深度为 5169.5~5208.0m，其自然伽马值较小，电阻率相对于其他两段为高值，潜山下部(4770.0~5450.0m)钻井液密度 1.17~1.19g/cm^3，Tg 气测值 1~47 万 ppm，表明该段为良好的凝析气产层。

当然，裂缝和凝析气对电阻率响应特征也有较大影响，因此通过电阻率与自然伽马交会图(图 8)分析，变质岩地层电阻率和自然伽马值相对于常规砂泥岩地层较大，但也有电阻率较低的部分可能是由于存在高导缝或钻井液侵入，而自然伽马值较大，电阻率也大的地层可能存在凝析气的影响。

表 2　随钻与电缆电阻率值对比表

	深度段/m		4760~4800	4820~4860	5260~5300
LWD	P34H (OHMM)	最大值	663.081	210.843	924.649
		最小值	21.336	21.073	37.505
		平均值	198.338	83.668	182.852
	GR(GAPI)		119.073	98.543	78.644
WLL	RES_BX (OHMM)	最大值	1859.575	876.302	3138.364
		最小值	11.741	7.173	18.276
		平均值	286.319	154.697	657.229
	GR(GAPI)		129.064	114.907	98.731
备注				高导缝最为发育	

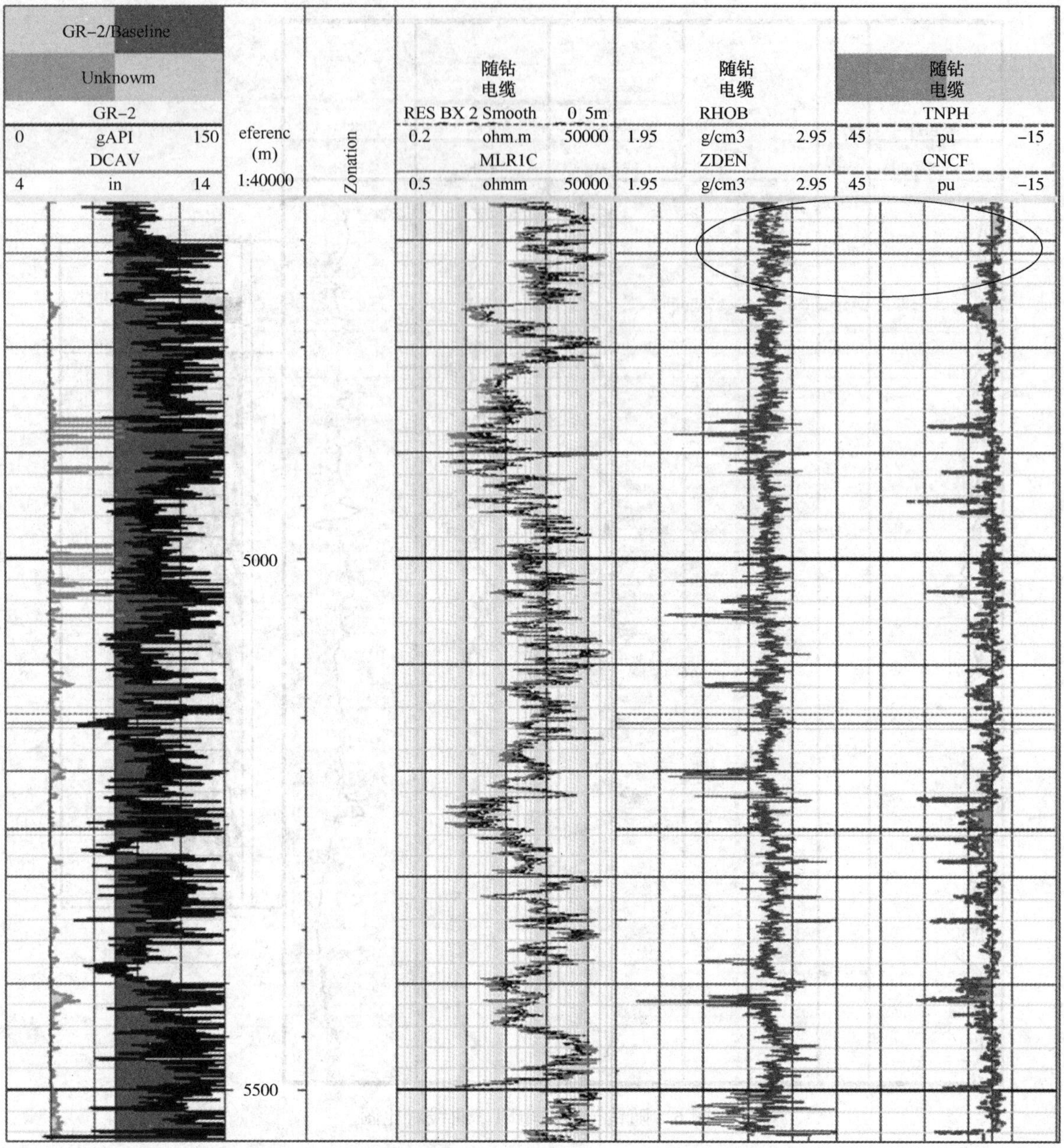

图7 随钻与电缆测井曲线对比图

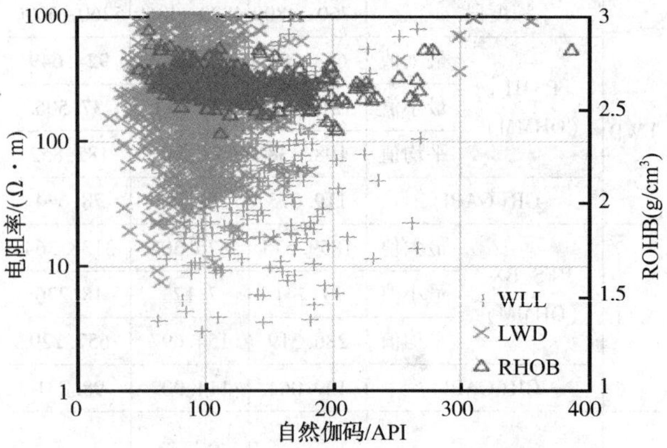

图8 电阻率与自然伽马交会图

4 结论

(1) 在PDF-HSD钻井液体系下，非渗透层段，随钻自然伽马值与电缆测井自然伽马值基本重合；在渗透层段，两者变化趋势相同，但存在一定的差异，均在6.7GAPI以上，此种钻井液侵入越严重，其差异值越大，因此可以用此差异来识别渗透层段和对电缆伽马曲线侵入段进行校正。

(2) 在本区块测井系列中，渗透层段，电缆电阻率值大于随钻电阻率值(仪器测量范围不同，依据原理随钻电阻率值应大于电缆测井电阻率值)；非渗透层段，电缆电阻率值小于随钻电阻率值；随钻电阻率对地层的分辨能力小于电缆电阻率，幅度衰减电阻率曲线可用于辅助识别裂缝。

(3) 通过随钻与电缆电阻率曲线和自然伽马交会图，在低电阻率差异段结合幅度衰减电阻率在排除钻井液侵入的影响下识别高导缝；在高电阻率差异段再排除钻井液侵入的影响识别凝析气储层。

(4) 进一步用随钻与电缆的密度、中子和声波时差测井曲线交会来识别裂缝类型和流体性质。

参 考 文 献

[1] 敖耘玮. 随钻测井技术最新进展及其应用[J]. 现代经济信息，2016，4(12)：311.

[2] 朱桂清，章兆淇. 国外随钻测井技术的最新进展及发展趋势[J]. 测井技术，2008，4(05)：394-397.

[3] 唐宇，李总南. 斯伦贝谢 MICRO SCOPE LWD 系统在水平井中全探视应用[J]. 测井技术，2013，(2)：127.

[4] 吴刚，王谦，王华伟，等. 随钻测井与电缆测井资料对比分析[J]. 长江大学学报(自然科学版)，2014，(31)：107-112.

[5] 刘之的，夏宏泉. 随钻电阻率测井曲线与电缆电阻率测井曲线的对比分析[J]. 国外测井技术，2007，22(3)：46-48+4.

[6] 申本科，赵红兵，宋相辉，等. 电缆测井、随钻测井和过套管测井研究[J]. 国外测井技术，2011，31(1)：10-14+3.

[7] 薛牟奇，荣琳琳. 海上石油水平井钻探中随钻测井技术应用分析[J]. 化工管理，2019，(21)：92-93.

[8] 席海安. 随钻测井技术的发展探究[J]. 中国科技博览，2017，(32)

[9] 王庆，廖勇. 海上石油水平井钻探中随钻测井技术的应用探讨[J]. 科学与信息化，2021，(22)：54-56.

[10] KIM,G. Y. et al. Comparison of logging-while-drilling and wireline logging data from gas hydrate-bearing deep-sea sediments, the Ulleung Basin, East Sea[J]. Exploration Geophysics, 2021: 1-12.

稠油油藏烟道气辅助蒸汽热采绿色开发技术

李 伟 吴光焕 邓宏伟

(中国石化胜利油田分公司勘探开发研究院)

摘 要 针对稠油热采注汽锅炉排放量大、开发效果逐渐变差的问题,烟道气辅助蒸汽热采绿色开发技术将烟道气与蒸汽一同注入油层,可以实现节能减排和稠油增效开发。通过攻关,揭示了烟道气辅助蒸汽热采"增能助排、热量缓释、接替降黏、深部封存"的开发机理;利用高温高压真实气体分压、相态、热缓释、泡沫封堵的定量表征研究,建立了烟道气辅助蒸汽热采开发数学模型;研发了烟道气回收、净化系统、分级增压注入设备,实现锅炉烟道气安全高效注入;研发了耐高温高压烟道气专用缓蚀剂,形成了烟道气辅助蒸汽热采开发防腐工艺。2018年来胜利油田在15个单元实施523井次,覆盖普通到特超稠油油藏储量9354万吨,减排二氧化碳3.47万吨,增油16.04万吨,周期产油由464吨上升到897吨,油汽比由0.24上升到0.50,实现翻番。

关键词 烟道气;蒸汽;稠油;机理

党的十八大以来,我国把生态文明建设摆在治国理政的突出位置,着力推进绿色发展、循环发展、低碳发展,2021年明确提出"双碳"目标,绿色低碳开发是油田可持续发展的必然选择。稠油油藏是我国重要的能源类型,我国稠油储量80亿吨,占石油总储量27.2%,2020年产量1597万吨,稠油产量对我国能源安全具有重要意义。而稠油热采排放量大,胜利热力采油产量占油田的19.4%,碳排放占55%,年均排放烟道气75.8亿标方,二氧化碳239万吨;同时随着蒸汽吞吐轮次的增加,周期产油量和油汽比逐渐降低,热采稠油开发效果和效益变差。烟道气辅助蒸汽热采绿色开发技术将烟道气与蒸汽一同注入油层,能够减少温室气体排放,符合当今绿色开发的趋势,同时高温烟道气的主要成分是氮气和二氧化碳,可以有效增加地层能量,扩大热波及,高压下CO_2溶解于原油,有明显的降黏效果,从而提高蒸汽驱开发效果。因此,烟道气辅助蒸汽热采开发技术具有节能减排和提高采收率的双重意义。

1 开发机理

1.1 增能助排

烟道气压缩性强,10MPa条件下,其压缩系数是水的360倍,注入过程烟道气压缩储能,回采过程烟道气膨胀驱油;二氧化碳与稠油的高压物性实验表明,二氧化碳在稠油中具有良好的溶解膨胀能力,原油黏度1760mPa·s的原油在压力20MPa条件下饱和二氧化碳后体积增加14.6%,同时在回采过程中由于压力降低,二氧化碳缓慢析出形成泡沫油,逐渐补充地层能量;烟道气辅助蒸汽热采中,烟道气增加弹性能量、延缓压力下降,提高油井产液能力,数值模拟表明周期中后期可提高地层压力1MPa以上,提高产能和周期生产时间(图1)。

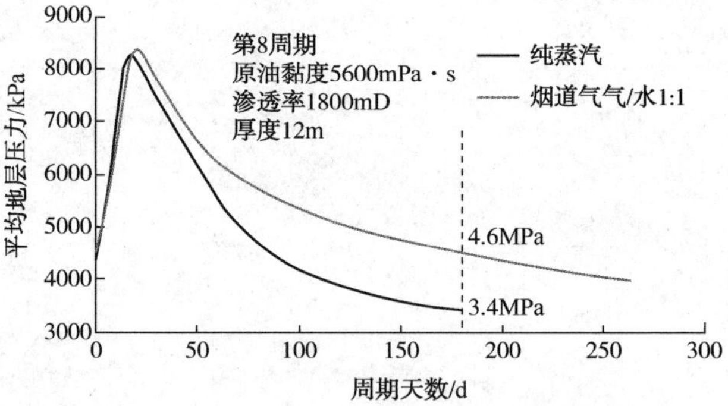

图1 注烟道气气后地层周期压力变化规律

1.2 热量缓释

利用烟道气影响蒸汽冷凝实验发现,近井混合蒸汽带,由于烟道气不凝结,在岩石表面的液膜外聚集形成不凝气层,减低蒸汽与岩石间的传热系数,增加蒸汽向岩石的传热阻力,减缓蒸汽热量释放,使更多热量进入地层深部;在热水带,蒸汽冷凝烟道气上浮,由于气体导热系数比液体低一个数量级,饱和气体储层的导热系数比饱和液体储层明显降低,顶部饱和气体储层导热系数减低,减少热量向顶层损失;烟道气通过“烟气-蒸汽带减缓热量释放、热水带隔热保温”作用，把热量携往地层深部，有效扩大热波及，实验岩心中深部温度提高10~17℃(图2)。

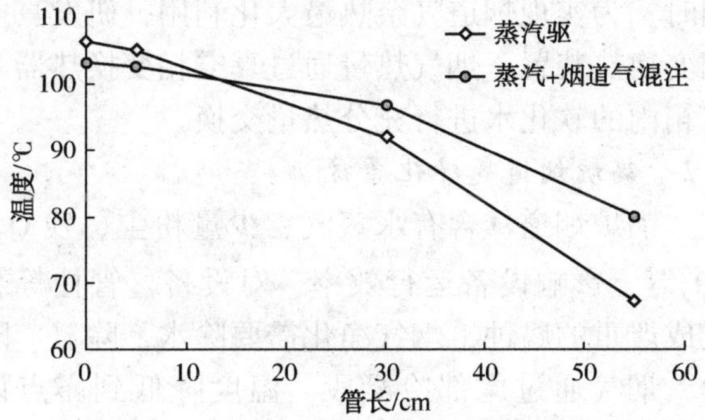

图2　驱替结束时沿程温度曲线

1.3　接替降黏

蒸汽加热与二氧化碳溶解均具有降低原油黏度的作用，近井地带温度高，蒸汽加热降黏作用明显。注入过程二氧化碳处于超临界状态，具有超强的扩散性，扩展距离是热水的1倍，二氧化碳溶解降黏主要作用于远井低温区，弥补蒸汽不足，实现接替降黏，降黏半径比单一蒸汽吞吐扩大1倍(图3)。

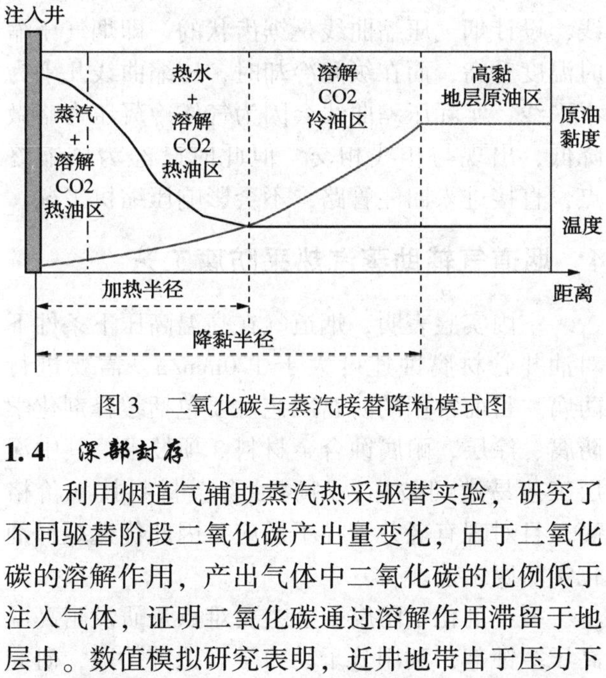

图3　二氧化碳与蒸汽接替降粘模式图

1.4　深部封存

利用烟道气辅助蒸汽热采驱替实验，研究了不同驱替阶段二氧化碳产出量变化，由于二氧化碳的溶解作用，产出气体中二氧化碳的比例低于注入气体，证明二氧化碳通过溶解作用滞留于地层中。数值模拟研究表明，近井地带由于压力下降二氧化碳被采出，注入二氧化碳主要在油层深部实现封存，烟道气辅助蒸汽吞吐中二氧化碳封存率随地层压力增加而增加(图4)。

2　烟道气辅助蒸汽热采开发数学模型

在机理研究基础上，通过高温高压下，真实气体分压相态、热量缓释、泡沫封堵等机理的定

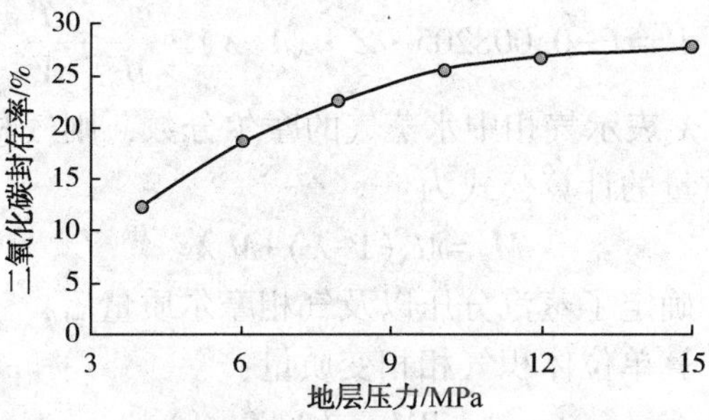

图4　不同地层压力下烟道气辅助蒸汽吞吐中二氧化碳封存率

量表征，对连续性方程、能量方程、气相渗透率方程进行修正，建立道气辅助蒸汽热采表征模型。

2.1　连续性方程

根据质量守恒定律，在单位时间单位体积内，单元体质量变化=流入流出的质量差+注入的流体质量+相变引起的质量变化，对微元体建立质量守恒方程如下：

$$\phi\frac{\partial(\rho_i S_i)}{\partial t}=-div(\rho_i\,\vec{u_i})+q_i+\dot{m}_i \qquad (1)$$

式中，下标 $i=w$、o、g 分别表示液态水相、油相和气相。ϕ 为岩石孔隙度，ρ 为各相密度，S 为各相流体饱和度，u 为各相流体流动速度，q 为源项。m 为相变质量，对于油相而言，$m=0$，对于水相和气相，$m_w=-m_g$。

相变质量代表气相的蒸汽与水相之间由于相变引起的质量转换，相变质量的求取过程分为两步，首先是计算系统中混合体系中的气相质量，然后再计算其中蒸汽的相变质量。混合体系中的气相质量要将烟道气+蒸汽混合气体当做真实气体，其状态方程的计算可采用马丁-侯方程(简称为M-H方程)。根据实验测得的烟道气分压比例与蒸汽饱和温度关系(图5)，求取临界特征常数，进而计算系统中的蒸汽分压。

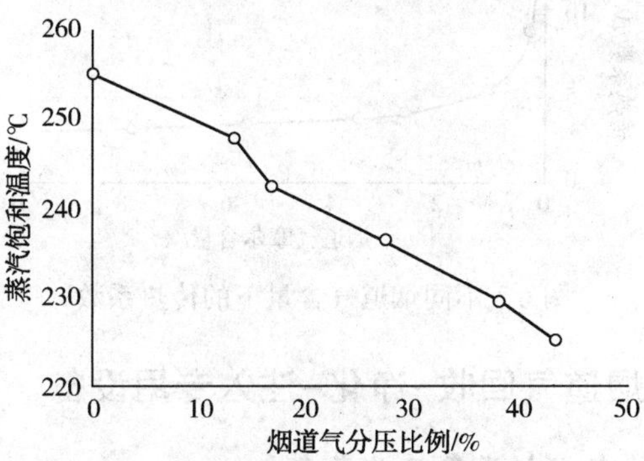

图5　蒸汽饱和温度随烟道气分压比例的变化

$$P_s=P-0.008205\cdot Z\cdot(1-\lambda)\cdot\frac{m_N}{M_n}\cdot\frac{T}{V}\quad(2)$$

λ 表示气相中水蒸气的摩尔分数，则气相摩尔质量的计算公式为：

$$M_g=M_N(1-\lambda)+M_s\lambda\quad(3)$$

确定了蒸汽分压以及气相摩尔质量后，就可以计算单位体积气相相变质量：

$$\dot{m}=\frac{\partial}{\partial t}\left[\frac{PM_g\cdot(\lambda\phi S_g-b)}{\sigma TR}\right]\quad(4)$$

2.2 能量方程

根据能量守恒定律，单元体能量变化=流体质量变化引起的热量差+注入流体携带的热量+流体热量变化+岩石骨架热量变化，用方程的形式表示为：

$$\frac{\partial(\phi\sum S_i\rho_i c_i T+(1-\phi)\rho_r c_r T)}{\partial t}=-\nabla(\sum p_i\,\vec{u_i}h_i)+\sum q_i h_i+\nabla(\phi\sum s_i K_i\Delta T)+\nabla((1-\phi)K_r\Delta T)\quad(5)$$

式中，c 为比热容，J/(kg·K)；K_i 为流体的传热系数，W/(m^2·℃)，h 为热焓，J/kg。其中“流体热量变化”项里面的“气相传热系数”K_g需根据烟道气含量对其进行修正，以反映烟道气对蒸汽强化传热的影响。

根据烟道气影响蒸汽传热规律实验得到的不同烟道气含量下的传热系数变化实验结果(图6)，拟合可得到混合气体传热系数随蒸汽摩尔分数变化的关系式：

$$K_g=-2.72\ln(1-\lambda)+6.05\quad(6)$$

式中，K_g为混合气体传热系数；λ 为气相中蒸汽摩尔分数。

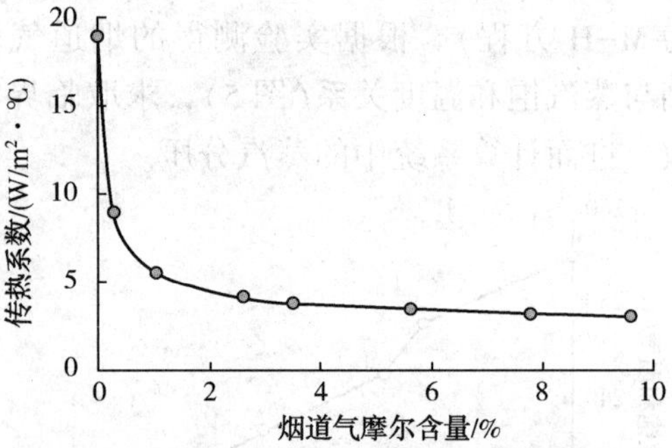

图6　不同烟道气含量下的传热系数

3 烟道气回收-净化-注入专用设备

3.1 锅炉烟道气回收装备

锅炉烟道气回收装备流通通道过长易造成烟气阻力增加，导致炉膛燃烧压力升高，为此，在锅炉烟道气捕集接口处设计可调挡板，实现烟道气捕集量与炉膛压力平衡，保证炉膛正常燃烧。同时，为实现烟道气余热最大化利用，研发真空相变换热装置，烟气热量通过真空相变换热器与水箱内的软化水进行充分热量交换。

3.2 锅炉烟道气净化系统

锅炉烟道气含有水蒸气、少量粉尘、残 O_2、SO_2等，影响设备运行效率，对设备、管柱等会造成严重的腐蚀，烟气净化需要除水、除氧、除尘。烟气通过尾部冷凝段，温度降低到露点以下，水蒸气析出，实现初级干燥，设计百叶窗除雾器，实现对超细颗粒液滴分离，烟气含湿量降到2%，实现二次干燥。二次干燥后的烟气，进入湿式电除尘器，湿式电除尘进口设置光度计，检测烟气颗粒物浓度(10mg/m^3)并自动投运电除尘器，烟道气颗粒物含量可降到3mg/m^3 以下。

3.3 烟道气增压注入系统

对于烟气增压回注系统来说，为避免温度过高和级间冷却期间的气体凝析，设计分级增压-级间冷却的注入方式，根据压缩曲线与气相图曲线，设计烟气压缩曲线是锯齿状的，即烟气压缩时温度升高，而在级间冷却时，压缩曲线几乎为水平线，实际压缩曲线会因为气体冷凝压力略微降低，出现与相线相交，但此时已经为压缩终点，直接进入回注管路，不会影响压缩机工况。

4 烟道气辅助蒸汽热采防腐工艺

室内实验表明，烟道气在高温高压下条件下对油井管材腐蚀速度大于1.0mm/a，需要进行防腐。目前常用的防腐工艺主要包括缓释剂化学防腐、涂层、耐腐蚀合金材料3项技术，其中涂层工艺易遭到破坏，耐腐蚀合金材料技术价格高，且对现有老井管柱不适应，因此优选缓释剂化学防腐工艺。

缓释剂化学防腐工艺主要难点是研发耐高温高压缓蚀剂，利用分子动力学模拟等手段，研究了高压条件下缓释剂分子结构与耐高温耐二氧化碳的构效关系，设计合成了耐高温高压缓蚀剂GHX-1，缓蚀剂在基材表面反应成膜防腐，温度与压力越高，成膜的效果越好，缓蚀率越高，室内350℃下0.3%缓蚀剂浓度实验，烟道气与蒸汽环境中N80钢的腐蚀速率0.054mm/a，缓蚀效率≥90%。

5　实施效果

2018年以来，在草4沙4等单元应用复合热流体吞吐523井次，覆盖储量9354万吨，从普通稠油到特超稠油油藏、从弱边水到强边水油藏均有应用，技术适用性强、适用范围广。矿场应用节能、减排、增效显著，累注烟道气9766万标方，减排二氧化碳3.47万吨。其中封存二氧化碳7136吨；回收热量节约533吨标准煤，减少二氧化碳排放1888吨；累计减少注汽量9.1万吨，减少二氧化碳排放25715吨。累计增油16.04万吨，平均周期产油由464吨上升到897吨，油汽比由0.24上升到0.50，实现周期产油量与油汽比翻番。

C4-12-X314井第9轮蒸汽吞吐，注汽2100t，周期产油578t，油气比0.28，周期含水76.4%，2018年4月转第一轮烟道气辅助蒸汽吞吐，注汽1800t，注烟道气13万方，周期产油1293t，周期油汽比0.72，周期含水65.3%。2019年3月转第二轮烟道气辅助蒸汽吞吐，注汽1724t，注烟道气10万方，周期产油1411t，周期油汽比0.82，周期含水69.8%。2020年4月转第三轮烟道气辅助蒸汽吞吐，注汽1800t，注烟道气12.8万方，周期产油789t，周期油汽比0.44，周期含水73.4%。

参考文献

[1] 张弦，刘永建，车洪昌. 蒸汽+烟道气+化学剂复合驱提高稠油采收率研究[J]. 科学技术与工程，2010，10(10)：2445-2448.

[2] 付美龙，熊帆，张凤山. 二氧化碳和氮气及烟道气吞吐采油物理模拟实验——以辽河油田曙一区杜84块为例[J]. 油气地质与采收率，2010，17(1)：68-71.

[3] 刘慧卿，侯志杰，高本成. 高3断块烟道气蒸汽混注驱替实验研究[J]. 石油勘探与开发，2001，28(5)：79-82.

[4] 马春红，段永旭. 洼38块蒸汽复合烟道气驱试验研究[J]. 特种油气藏，2001，8(4)：74-77.

[5] 朱汇，常毓文，沈德煌. 稠油油藏注蒸汽和烟道气数值模拟研究[J]. 特种油气藏，2003，10(2)：59-63.

[6] 沈德煌，张运军，韩静. 非常规稠油油藏多元热流体开发技术实验研究[J]. 特种油气藏，2014，21(4)：134-137.

[7] 霍刚，范潇. 混注烟道气辅助蒸汽吞吐驱替机理数值模拟研究[J]. 油气地质与采收率，2012，19(4)：59-63.

[8] 王壮壮，李兆敏，鹿腾. 烟道气对蒸汽腔影响可视化研究及机理分析[J]. 特种油气藏，2019，26(2)：136-140.

[9] 李兆敏，王勇，李宾飞. 烟道气在超稠油中的溶解特性[J]. 特种油气藏，2010，17(5)：84-88.

[10] 王一平. 氮气辅助蒸汽驱强化传热机理及成因探讨[J]. 特种油气藏，2018，25(2)：134-138.

[11] 屈晓航，田茂诚，张冠敏. 含不凝气体蒸汽泡直接接触冷凝[J]. 化工学报，2014，65(12)：4749-4753.

川东北海相储层改造测试技术的研究及应用

张迎春　王　伟

(中石化胜利石油工程有限公司井下作业公司)

摘　要　川东北海相气藏具有超深、高压、高含硫等特点，碳酸盐岩储层埋藏深、破裂压力高、施工压力高、排量低，常规的射孔酸压测试三联作技术或酸压测试联作技术承压能力差，无法满足进行深度酸压改造要求，因此需要优化联作测试技术，尤其是提高封隔器等测试工具的承压差能力，将其提升至耐压差105MPa，则满足储层深度酸压改造要求。

关键词　碳酸盐岩；深度酸压酸化；封隔器；联作

我国海相碳酸盐岩储层形成时代久远，多已进入成岩作用后期阶段，基质孔隙度和渗透率很低，但因深层海相储层具有多期构造运动，加上长期风化剥蚀淋滤作用，形成了孔、洞、缝储集体，储层非均质严重，孔缝洞多以不连续的发育带形式分布。储层埋藏深，大多呈现高温、高压等特征。深层海相碳酸盐岩油气藏，储层基质几乎无储渗能力，裂缝、溶洞是主要的储存空间，裂缝是主要的渗流通道。

随着川东北地区油气勘探的逐步深入，已发现海相碳酸盐岩气藏的埋深达7500m，是典型的超深气藏。储层岩性多为溶孔白云岩、生屑白云岩、生屑灰岩，气层以Ⅱ、Ⅲ类储层为主，具有低孔、中-低渗透特征，储层压力系数高。以元坝区块为例，钻探实践表明，该区块存在多套压力系，且相差悬殊，最高的地层压力系数达到2.13，最低的地层压力系数低于1.25；井底温度高，该地区井深一般为6800.00~7200.00m，井底温度155~165℃。针对研究碳酸盐岩气藏特征，酸压是储层改造和增产的必要措施，常规三联作酸压技术由于受到承压能力的限制，难以达到较好的改造效果，必须进行深度酸压才能实现碳酸盐岩气藏的有效开发。深度酸压技术的改造，受到两方面因素的制约，一是酸液体系，二是测试技术，本文重点阐述深度酸压中的测试技术。

1　制约储层深度酸压改造的测试技术难点

川东北海相气藏主要分布在二叠系、三叠系、寒武系和震旦系，埋藏深，温度高。储层基质渗透率很低，裂缝、孔洞较发育，地层孔隙压力高，岩石闭合应力高，导致储层破裂压力和延伸压力高，造成酸压过程中施工泵压极高，酸液排量提升困难；同时储层温度高，酸岩反应速度快，尤其是Ⅱ、Ⅲ类储层酸压改造时，酸液与近井带岩石反应过快，难以获得足够长度的酸蚀缝长，给酸压带来了难度。解决问题的关键是提升酸液排量，获得足够长度的酸蚀缝长。提升排量带来的问题就是施工泵压的升高，制约高泵压的核心因素就是联作测试技术中的封隔器耐压差能力，它决定了能否在深度酸压改造中取得满意的改造效果。因此封隔器的耐压差能力的突破，是超高压联作测试技术的关键。

2　超高压联作测试技术改进

2.1　RTTS封隔器的结构改进

RTTS封隔器是一种自带水力锚的机械坐封式卡瓦封隔器，主要由水力锚、胶筒、卡瓦等组成。超高压酸压过程中，施工泵压一直处于高泵压，常规的RTTS封隔器无论是水力锚的锚定力还是胶筒的承压性能都无法满足要求，需要对RTTS封隔器的水力锚及胶筒密封性能进行改进。

2.1.1　RTTS封隔器水力锚锚定力的改进

为了增强水力锚的咬合力，增加了水力锚本体的长度和液压卡瓦数量，液压卡瓦数量由原来的3排6个增加为6排12个，在水力锚本体上的分布也由原来的每组间隔120°增密至每组间隔60°(图1)。

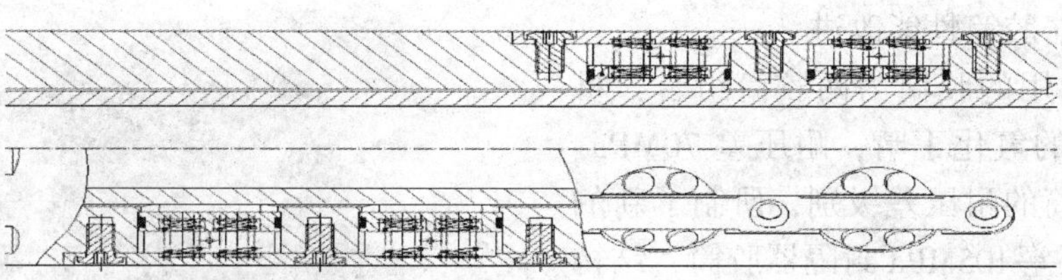

图 1　改进后水力锚结构图

图 2　改进后加长水力锚实物图

采用加长水力锚的双排交叉的锚块锚定结构，增强了高压时，水力锚的锚定区间面积，这种排列很大程度上减少了套管的损坏，而且锚定力是普通单组水力锚的 2 倍以上(图 2)。

2.1.2　RTTS 封隔器水力锚密封结构的改进

当水力锚整体处于高温高压环境中时，由于长时间的处在高温高压环境、同时还受到酸液液体的侵蚀使水力锚的密封件出现高温脱硫、高温碳化等现象，大大降低了锚爪的密封性能。因此为了提高水力锚 O 型圈承压能力，增强密封性能，对锚爪密封部位进行改进。

O 型密封圈是一种挤压型密封，借助介质本身来改变 O 型圈接触状态使之实现密封。O 型圈的自封是有限的，当内压过高时，会出现 O 型圈的"胶料挤出"现象。即当密封部位因为有间隙存在，受高压作用的 O 型圈在间隙处会产生应力集中，当应力达到 O 型圈的胶料不能承受时，胶料就会被挤出，此时虽然 O 型圈还能暂时维持密封，但实际已经损坏，如图 3 所示。

水力锚在井下，压差方向不断变化，压裂时承受正向压差，放喷时承受反向压差，为防止出现"胶料挤出"现象，必须要密封支撑做 O 型圈护肩，防止 O 型圈高温下挤出，变形，影响工具密封，在水力锚 O 型圈两侧安装支撑环，可以极大的提升 O 型圈在井下的密封性能，承压能力达到 105MPa(图 4)。

(a)安装好的O型圈压力作用在O型圈上

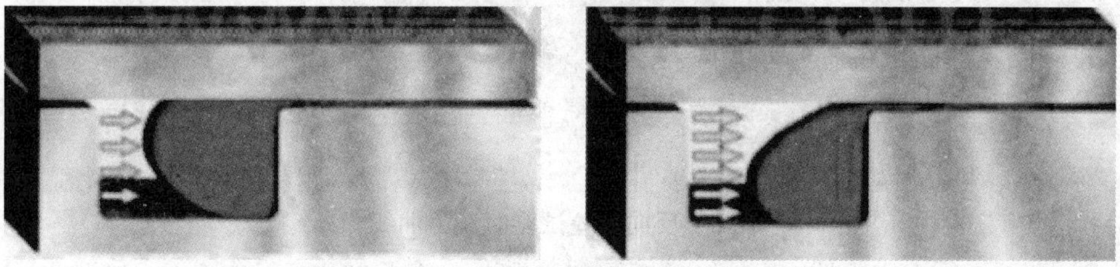

(b)O型圈挤出O型圈失效

图 3　O 型圈挤出原理

图 4　水力锚锚爪密封性能改进前后对比图

2.1.3　RTTS 封隔器胶筒性能改进

RTTS 封隔器常用的胶筒为两胶筒组合，材质为耐高温耐腐蚀的氢化丁晴，耐压差 70MPa。为了提升封隔器胶筒的耐压差级别，研制了新的耐高温 204℃、耐压差 105MPa 封隔器胶筒，结构为三胶筒组合。三胶筒组合的胶筒具有以下特点：

中间胶筒比较软，起主要密封作用；两端胶筒比较硬，主要其保护中胶筒的作用。整个密封组件由 AFLAS 材质中间胶筒及两端复合胶筒组成。中间胶筒采用凹槽设计，使密封胶筒在受高压时其内部的应力分布更加均匀，有效提高胶筒在高温条件下的耐压性能。为了提升两个端胶筒的双向承压能力，将端胶筒改进为含铝合金金属丝网胶料的的铝网胶筒(图 5、图 6)。

图 5　改进前两胶筒组合

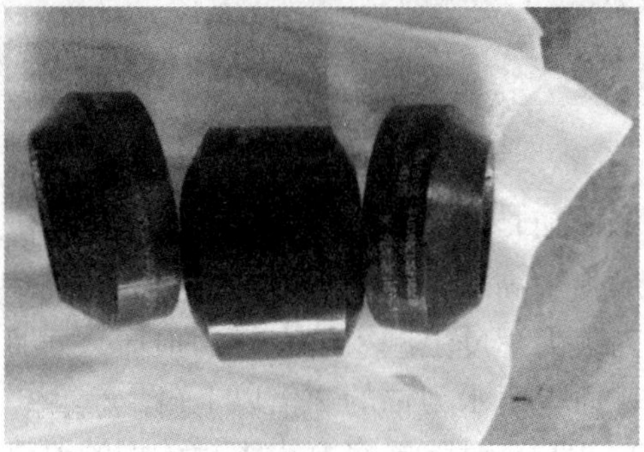

图 6　改进后的三组合铝网胶筒

通过对改型后的 RTTS 封隔器进行整装室内试验，可以看出改型后的 RTTS 封隔器能够承受双向压差达到了 105MPa、耐温 204℃(图 7、图 8)。

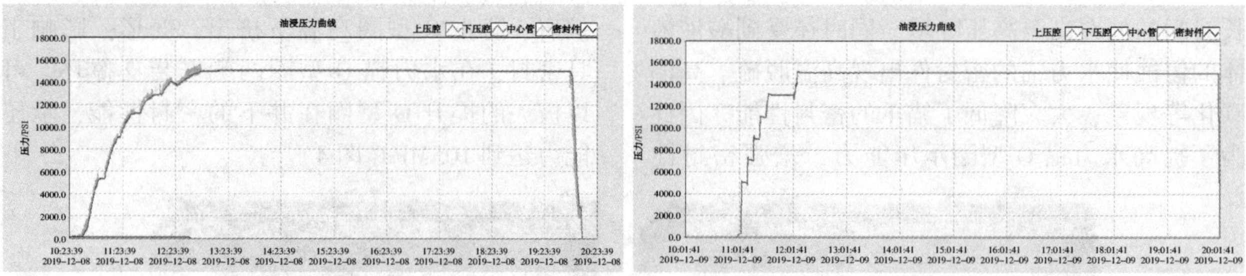

图 7　正向压差试验时压力曲线

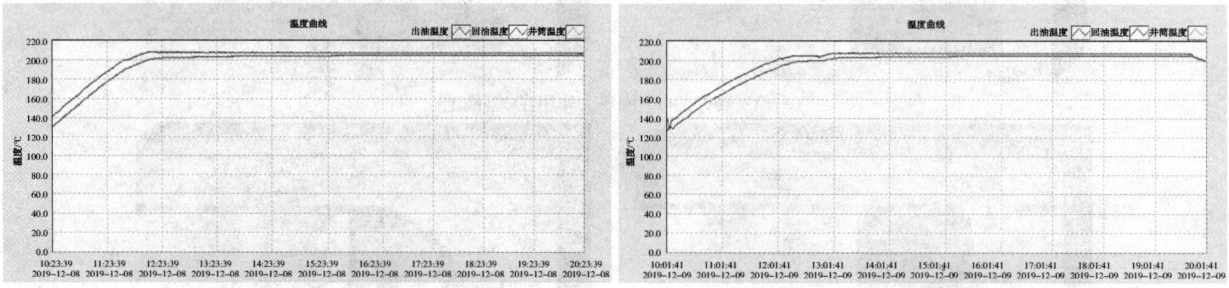

图 8　反向压差试验时压力曲线

2.2　形成超高压三联作测试技术

改进型 RTTS 封隔器试验成功后，在进行超深超高压酸压时，形成了“五阀一封”联作管柱组合(管柱自上至下)：油管+伸缩节+油管+上 RD 循环阀+OMNI 阀+RD 安全循环阀+电子压力计拖筒+震击器+RD 循环阀+高压安全旁通阀+RTTS 封隔器+筛管+射孔枪一套。

该管柱组合特点：

(1) 首先增加了防冲蚀短节，该短接内径与测试工具内径一致，主要是为了在大排挤注酸液时保护测试工具，减少砂液对测试工具的伤害；

(2) 使用最新型的 BGT3 型气密封油管扣型，保证了超高压下的管柱密封性能，增加了 4 根伸缩节，其中有两根伸缩节处于压缩状态。另外两根伸缩节处于伸长状态，每根伸缩节的有效伸缩距离为 1.524 米，这样就可以有效克服管柱在超高压酸压时及放喷排液时的伸长与缩短量，保证联作测试的成功；

(3) 使用了自主研发的高压安全旁通阀，该阀既具备旁通阀的功能同时具备安全接头的功能，减少了工具的入井数量，保证测试陈功率；

（4）105MPa RTTS 封隔器的应用，可以提升酸压时的施工泵压及排量，施工限压可以提升至 120MPa，根据地层的吸收量情况，排量最大可以提升至 8-10 方/分钟，可以获得足够长度的酸蚀缝长，提升酸压效果。

3　现场应用

元坝×井是部署在川东北元坝低缓褶皱带宝成茅口组岩性圈闭东北部的一口预探井。完钻井深 7366m，测试层位：茅口组三段：井段：6923.00~6963.00m，岩性：灰色灰质白云岩、白云质灰岩、含云生屑灰岩、生屑灰岩，三类气层。采用 APR 酸压测试联作技术施工。

3 月 28 日下入 APR 酸压测试管柱，3 月 29 日加压 210kN 座封，完成丰深 6525.08m，3 月 30 日替喷，测得气产量 $3.21\times10^4m^3/d$，4 月 3 日，酸压施工：酸液量 $300m^3$，施工泵压 105~99MPa，排量 $1.85m^3/min$ 施工期间套管保持平衡压力 34-35MPa，停泵压力 94.5MPa。4 月 4 日采用一级 16mm+二级 18mm 油嘴两级节流放喷，35mm 孔板临界速度流量计求产，油压 18.66MPa，测得气产量 $105.94\times10^4m^3/d$。套管环空打压 76MPa，打开上 RD 循环阀及 RD 安全循环阀，替入密度 $2.35g/cm^3$ 泥浆反压井，至 4 月 19 日起出酸压测试管柱。

采用 Pansystem v3.50 软件对一关压力恢复曲线进行分析，选用无限导流垂直裂缝模型，具体地层解释参数见表 1。

表 1　酸压改造后解释参数表

解释模型	无限导流垂直裂缝
解释软件	Pansystem V3.50
参数名称	解释方法
	双对数拟合
流动系数 $(kh/\mu)/(10^{-3}\mu m^2\cdot m/mPa\cdot s)$	20380
地层系数 $(kh)/(10^{-3}\mu m^2\cdot m)$	1019
有效渗透率 $(k)/(10^{-3}\mu m^2)$	36.4
表皮系数/s	-6.38
探测半径/m	
井筒储集系数/(m^3/MPa)	
裂缝半长(Xf)/m	26.3

该井测试层段(6923.0~6963.0m)内测井解释储层 25.0m/5 层，其中二类层 1.5m/1 层、三类层 15m/3 层、含气层 8.5m/1 层。下表为酸压改造前测井解释结果(表 2)。

表 2　酸压改造前测井解释成果表

解释层号	起始深度/m	截止深度/m	厚度/m	孔隙度/%	渗透率/$(10^{-3}\mu m^2)$	解释结论
61	6923.8	6926.8	3.0	4.7	0.098	三类气层
62	6928.3	6929.8	1.5	5.0	0.141	二类气层
63	6942.1	6948.5	6.4	2.4	0.005	三类气层
64	6948.5	6957.0	8.5	1.8	0.002	含气层
65	6957.0	6962.6	5.6	2.3	0.004	三类气层

测井孔隙度为 1.8%~5.0%，平均为 2.61%；渗透率 $0.002\sim0.141\times10^{-3}\mu m^2$，平均为 $0.0231\times10^{-3}\mu m^2$。根据 DZ/T 0217-2005《石油天然气储量计算规范》标准，静态资料反映储层为低孔、特低渗特征。

酸压后解释有效渗透率 $36.4\times10^{-3}\mu m^2$，为中渗储层，地层系数 $1019\times10^{-3}\mu m^2\cdot m$，流动系数 $20380\times10^{-3}\mu m^2\cdot m/mPa\cdot s$，计算裂缝半长 26.3m，且获得百万方高产气流，酸压后储层具有较高的导流能力。

本层整个施工过程顺利，未发生异常情况，取全取准了各项资料。现场应用情况表明，超深超高压测试技术的改进，对于川东北海相储层改造效果显著。

4　结论与认识

（1）耐压差 105MPa 封隔器的研制，解决川东北海相储层超高压酸压过程中封隔器易失封问题；

（2）超高压测试技术的运用，为碳酸盐岩储层改造提供了技术支撑；

（3）改造前储层为低孔、特低渗特征，超高压酸压改造后储层为中渗储层；

（4）可以有效延长储层缝长，获得储层有效产能，对储层流体性质、地层参数进行准确评价；

（5）川东北海相碳酸盐岩储层属于超深超高压施工，在施工工艺方面还需要进一步加强研究，不断完善和改进各项工艺技术。

参　考　文　献

[1] 谭明文，张应科，等. 川东北高温高压深井超深井酸压改造技术研究与应用[J]. 钻采工艺，2011，34.

[2] 李阳，康志江，薛兆杰，等. 中国碳酸盐岩油气藏开发理论与实践[J]. 石油勘探与开发，2018，45(4).

基于 EPBP 的录井资料采集系统设计与开发

贾　鹏

(中石化经纬有限公司胜利地质录井公司)

摘　要　EPBP 2.0 版本在胜利油田正式推广应用，录井专业公司是 EPBP 推广中不可缺少的重要数据源头提供单位。按照 EPBP 推广应用的要求，录井需采用 EPBP 采集提交数据，公司自身将无法应用相关数据，同时也将无法对油田分公司提供数据服务支持。本文介绍了根据录井公司现有的资料录入系统应用情况，通过数据标准修订完善、数据采集系统升级开发、数据导出、EPBP 自动化加载开发等，完成录井业务数据与 EPBP 的融合对接，从而保障公司内部数据共享应用，支撑井筒业务一体化系统和 SICP 建设。

关键词　录井；EPBP；资料录入系统；数据标准；数据共享

中国石化油田勘探开发业务协同平台(EPBP)由油田部主导在上游板块全面推广建设的专业化大型应用软件平台。目前，中石化 EPBP 系统在胜利油田全面上线运行，按照 EPBP 系统推广应用要求，录井是 EPBP 系统中重要的数据录入源头。若公司信息传输系统停止运行只使用 EPBP，则自身将无法获得数据的自我使用权，因而面临了数据“有去无回”的尴尬局面，更难以支撑公司内部应用的数据需求，这不仅对公司自身的信息化系统和应用造成了极大的冲击和影响，而且公司也无法对油田分公司提供相关的数据服务支持，这将对油田各分公司的研究和生产管理工作产生一定的影响。

其次，由于现有源头采集系统与 EPBP 系统存在一定的数据采集和存储差异，不能实现无缝衔接，为了满足 EPBP 数据在源头采集的要求下，同时保障公司自身数据应用需求，则两套系统需并行运行，但这无疑导致增加现场重复录入数据工作量、数据采集质量难以保证、数据录入效率低等问题。同时，现有录井源头采集系统无法满足 SICP 的新的云平台架构对数据采集的要求。因此需要将公司录井资料系统与 EPBP 高效对接，实现数据一次采集，满足两套系统数据录入要求具有重要意义。

1　录井资料采集系统的总体设计与架构

1.1　系统总体设计

结合录井公司井场数据采集传输系统的经验基础，充分利用现有成熟的技术和软硬件资源，按照“建用结合、以用为主”的原则，升级优化井筒规范标准，依托录井传输系统的系列软件对现有井场信息集成、整合，搭建统一标准的井场源头采集平台，实现与 EPBP 系统的数据对接；通过井场源头采集平台开发建设，实现井场信息的一体化、标准化、数字化采集与传输，在不影响现有井场数据实时共享、井场施工质量远程监控、水平井远程实时导向、随钻分析、决策指挥等业务的前提下，满足 EPBP 推广需要和 SICP 建设需要。

1.2　系统总体架构

源头采集平台建设以“一体化”理念进行设计与实施，采用“顶层架构、各自开发、统一集成”的策略，依据信息传输要求和环境的差异使用对应的实施方案，以现有录井传输系统的成果为基础，通过“标准修订完善”、“录井采集系统升级开发”、“数据导入导出软件开发”、“文档自动生成系统升级开发”的建设，充分利用现有的设备资源和人员资源，在满足现有应用的同时兼顾考虑将来扩展，建立“采-存-用-传-共享”面向石油工程业务全过程的井场采集平台，以实现各专业现有成熟系统的独立性、完整性、易维护性，整个系统平台的统一性、开放性、可扩展性和可移植性。如图 1 所示。

2　录井资料采集系统的开发

2.1　数据标准完善

为了建立满足 EPBP 和公司内部共同需求的“录井业务数据采集规范”，以中石化源头数据标准体系为基础，结合 EPBP 推广应用、SICP 建设的要求，在 EPBP 系统基础上，结合录井最

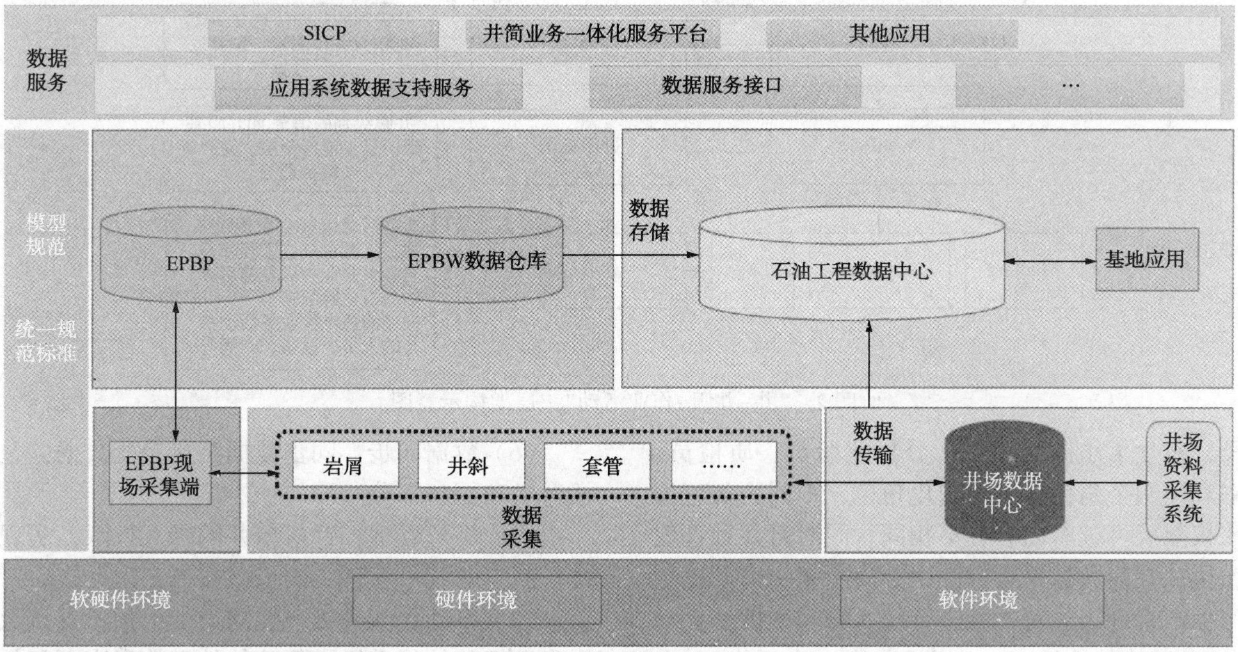

图1　总体框架示意图

新的行业标准，梳理录井业务模块，修订完善录井业务数据采集规范。在数据标准完善中，遵循以下原则：

（1）依据 EPBP 的采集要求，在现有源头采集生产库的基础上扩展 EPBP 数据采集项，以满足甲方对数据的最新要求，同时参照 SICP 的建设方向，扩展 SICP 应用相关的井筒数据。

（2）确定数据标准完善策略。依据井场各专业数据应用需求、后方相关方应用需求，确定数据结构标准中冗余数据取舍策略，建立井场源头统一、采集唯一、存储唯一的数据存储标准。

（3）井场数据完善扩展。实现现有源头采集标准的完善扩充，对比分析专业公司的新生业务，建立新业务的采集数据标准和源头数据逻辑结构。

（4）数据字典的完善。依据扩展修订完成的数据标准，完善现有的录井业务数据字典。

2.2　数据采集系统升级开发

数据采集专业分别采集，按照“谁产生谁采集，谁采集谁负责”的总体原则，各专业只采集本专业产生的数据，对于借用其他专业数据从井场数据库直接引用。在录井资料整理系统的基础上，对数据采集软件系统进行统一整合、集成与部署。

2.2.1　井筒数据采集

按照 EPBP 采集的要求和 SICP 建设的需要，升级已经实现了数据采集的专业软件，未实现井筒数据采集的专业按照统一思路进行开发。井筒数据采集软件整体设计如下：

（1）采用大型 Oracle 数据库存储。目前，数据库数据项包含了公司自身所需数据和 EPBP2.0 数据项，数据内容是以前的 1.5 倍，后续发展还需要增加钻井、测井、井下作业等专业数据，原来使用的 Access 数据库无法满足应用需求。Oracle 数据库在数据库性能、安全性、稳定性大幅优于 Access 数据库，更符合今后应用发展需求。

（2）采用多库存储设计。数据储存分为现场库、中心编辑库、中心库，针对现场计算机安装 Oracle 数据库，可以将数据存储在本地数据库中。若计算机未安装本地数据库，可以通过数据服务的形式直连后方中心编辑库实现数据的录入存储，便于后方人员应用整理资料等；中心库用来存储当前所有井上传的最新数据。

（3）采用“井-井眼-作业活动”三层架构。对所有数据表进行分级，分为井级别数据表、井眼级别数据表、作业活动级别数据表，使其满足所有井场业务活动的实际需求，并在数据库框架上做系统和全面的描述，如图 2 所示。

（4）按照一体化思想，基于业务活动驱动，用户可以根据现场实际业务需求，灵活动态的建立业务作业，录入内容随业务活动动态变化，针对不产生的业务的表，录入界面不显示。

（5）基于多角色的设计。针对不同的录入人

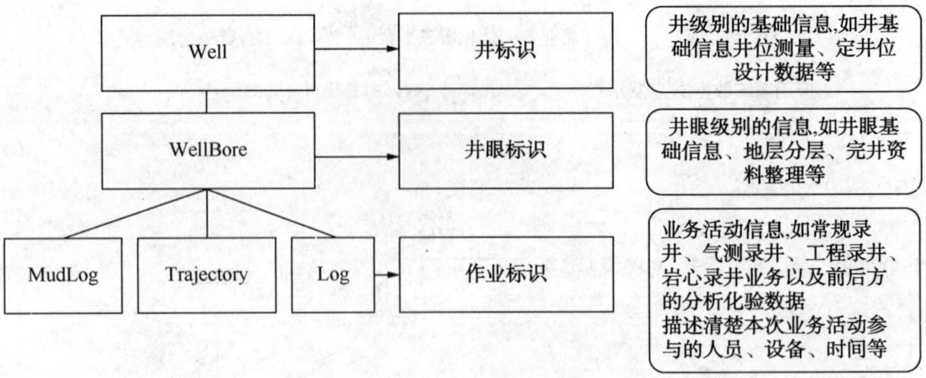

图2　“井-井眼-作业活动”三层架构示意图

员，建立了小队录入员、分析化验员、质检员、书刊化四个角色，可定制化角色，不同的角色录入权限及可查看内容各不相同。同时将井号管理模块从井筒数据采集软件中独立出来，可设置专门生产管理人员对井号进行统一管理维护。

2.2.2　软件功能

软件主要功能如下：

（1）界面灵活配置：录井采集系统自身软件优势，采集系统软件可按专业进行采集界面定制开发，快速实现专业采集数据的定制开发。

（2）数据录入：用于将现场各类资料录入到系统中，可以对单井进行删除、更名等操作。

（3）数据迁移：为方便用户导入导出单井数据，系统支持基于PG数据库的数据迁移。

（4）字典管理：为了保证录井信息入库、归档的规范，将地层名称、靶点类型、开井名称等信息由数据字典统一管理。

（5）数据提交下载：从现场本地数据库或后方中心编辑库中提取数据上传到中心库；从中心库提取数据下载到现场本地数据库或中心编辑库。

（6）数据同步：同步数据字典专业数据，包括新增和更新部分。

（7）用户管理：针对单井的录入权限，实现井与用户的统一管理。

（8）自动更新升级：无需人工干预，支持数据库升级和软件升级，保障软件和数据库更新的及时性和便捷性，降低操作难度。

2.3　数据传输升级

在数据传输方面，新传输系统在传输功能、传输方式、传输效率等方面做了升级改造，从而保障传输的稳定性更好、传输效率更高，环境适用性更强。

（1）多目标传输。可以同时指定多个传输目标，不同的传输目标的内容可定制(图3)。

（2）基于业务活动的传输。同一个表不同业务活动的数据各自独立、互不影响；现场和后方同时录入同一个业务项目(例如：分析化验)，两个地方提交数据后，数据各自不冲突，从而保障数据的完整性、满足现场和后方的业务需求(图4)。

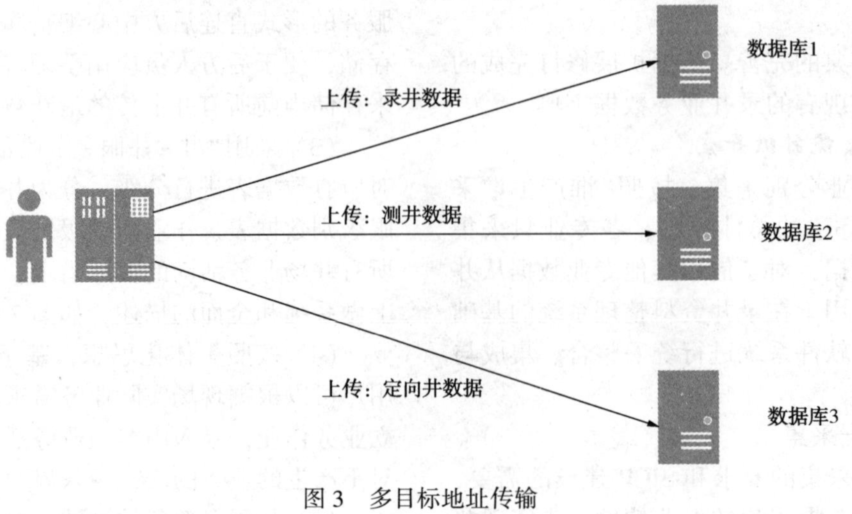

图3　多目标地址传输

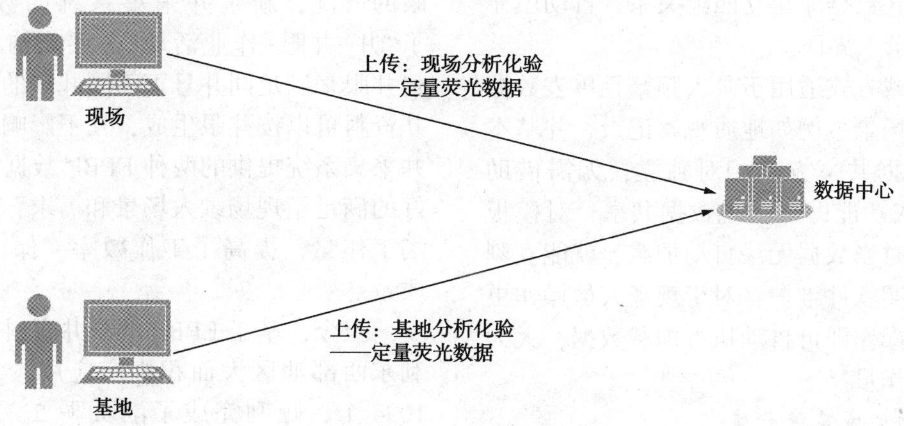

图4　基于业务活动传输

(3) 采用了本地快速差异比较技术传输修改内容。原传输系统基于现场和基地同步比较技术，每次传输前需要获取后台记录标识数据进行比较，数据只能做插入和删除操作，随着数据表的增多这种比较技术效率较低。新传输系统首先检查作业基表是否有更新，再检查这个业务下哪些表数据有修改，最后针对修改的数据进行单个记录标识的比较，确定需要增、删、改的操作。新的传输比较技术依赖于在录入过程中对任意表的操作都会记录这个表的最新统计信息(当前记录数、更新时间等)，针对每一个传输目标会记录上次传输每个表每条记录的上传时的相关信息。

(4) 基于远程数据库事务技术提交数据，远程事务执行过程信息可回显。原传输系统基于后台数据接收程序入库，采集系统将整个传输事务包发送到后台，后台完全入库后返回是否成功给前端，当出现错误时只能把错误记录的标识字段(录入时间)返回给用户，对错误定位不友好。新传输系统可以在后台入库的同时返回信息到前端，以便用户及时了解入库进程，同时针对不同表可以指定错误回显字段值(如岩屑描述的深度值等)。

2.4　EPBP 数据共享

EPBP 数据共享是源头采集系统和 EPBP 在井场进行对接的唯一入口，即可实现了公司自有采集系统的独立运行、减少现场人员的重复录入的工作量，同时又可满足 EPBP 录井数据采集的需求。

设计了两种方式实现 EPBP 数据共享功能，从而满足现场录入的不同场景。第一种方式是通过 EXCEL 模板交换数据，第二种方式是基于自动化技术直接与 EPBP 采集界面交互。两种设计均坚持了石油工程数据优先的策略，保障了采集系统正常运行的同时又满足 EPBP 数据采集要求。

2.4.1　Excel 交换数据

Excel 交换数据方式主要基于 EPBP 平台提供的数据模板导入功能，对于大部分 EPBP 采集内容，EPBP 采集平台提供了 Excel 的数据导入模板，每个模板可能包含多个多个 SHEET 页。针对 EPBP V2.0 录井管理部分，逐表检查下载导出模板，针对 EPBP 提供的导入模板，配置和录井数据库的表间对应关系，包括单-单、单-多、多-单三种关系，根据 EPBP 模板提供的数据项，从采集系统中提取相应数据，并将数据填充到该 EPBP 模板中，最终生成包含所需数据的 EPBP 模板，通过 EPBP 平台的模板导入功能，将该模板导入即可。

Excel 交换数据方式主要适用于录入频率低且单表大数据量的录入场景，例如套管记录、井斜数据等，可以较快的完成数据导入导出。而该方式缺点是受 EPBP 模板限制，对于 EPBP 平台未提供模板的无法应用；且 EPBP 模板一旦改变，程序配置文件就必须更改，导致后期软件维护困难，同时也存在一定不可控性，EPBP 模板的更改无法立刻得知，无法保证数据录入的准确性。

2.4.2　自动化加载

针对 Excel 交换数据方式存在的缺陷，设计了第二种数据共享方式来弥补，即自动化加载方式，该方式基于网络爬虫技术，计算机模拟人工录入。首先自动定位到 EPBP 采集界面，通过 EPBP 录入界面 URL 以及各字段的 ID 号等元素的分析，和录井数据库建立匹配关系，自动填充数据到EPBP录入界面。

自动化加载方式适用于录入频繁且单表数据量较小的录入场景，例如地质观察记录、井基本信息等，该数据共享方式相对独立，无需借助EPBP模板导入功能即可实现数据共享，对模板无依赖性，同时当数据无法自动加载，就能立刻知晓，便于后期软件维护，对于现场人员操作更加便捷，一键操作即可自动执行加载数据，大大减轻了现场工作量。

2.5 文档自动生成系统开发

采用.NET Framework 4.0开发环境，WindowsForm模式开发，采用面向对象的编程思想和基于模版驱动的实现方式，通过Word应用服务接口实现文档报告数据的自动写入，并按照标准报告格式实现成果报告的保存应用。

(1) Oracle数据中心服务接口程序的开发

井场数据中心按照EPBP数据结构进行了升级完善，并通过标准的数据服务接口功能提供数据交互服务。

(2) 报告生成功能开发

采用Office Word对象模型开发，在.Net FrameWork中开发Word解决方案时，会与Word对象模型进行交互。此对象模型包含Word的主互操作程序集中所提供的类和接口，Word提供了数百个可与之交互的对象。这些对象采用严格遵循用户界面的层次结构进行组织。采用Office模型开发，能够完全保障文档报告的输出格式，不会产生错误、丢失、兼容等方面的问题，所有的调用对象都来自于Word内部，最能符合Word本身的特点。

根据录井资料标准进行了统一的报告模版进行定制，固定格式，在指定位置写入数据并保存，即实现报告的自动生成。报告生成形式包括：单记录报告、多记录报告、日报记录等大文本内容的处理、完井报告批量处理。

3 应用效果分析

系统实现后在国内市场进行了测试与应用，于2019年5月开始分别在盐斜237、牛161侧、义178-斜9、营104共计4口井进行了现场软件测试应用，测试结果显示功能正常、符合技术指标、应用效果良好。

在现场实际应用中遇到填井侧钻等导致多井眼的情况，新录井采集系统的数据模型采用了“井-井眼-作业活动”三层架构，可以通过新建井眼来满足同井号下不同井眼的数据录入，完井资料可以按井眼生成，互不影响。同时，新录井采集系统提供的两种EPBP数据共享方式，很好的满足了现场录入场景和需求，极大减轻了现场工作量，提高了工作效率，保证了数据录入质量。

至今，基于EPBP的录井资料采集系统在胜利东西部油区大面积推广应用，共部署客户端1094个，顺利完成了渤页平5、胜科1、樊斜189等重点井的录入工作，目前已完成共2254口井上的录井数据录入任务。取得的主要效益如下：

(1) 系统的成功研发，有效的解决了EPBP系统推广应用对公司数据采集的影响，有效的维护了公司信息资源的独立和完整性，极大保护了现有井场信息实时综合分析、应用系统的正常运行。同时也减轻了基层队重复录入的工作负担，优化了现场工作量。

(2) 为公司录井资料远程实时传输监控系统、水平井导向、工程预警等应用提供了强有力的数据支撑。

(3) 改进现有生产流程、管理程序，提高石油工程服务能力和水平，大幅提升石油工程服务效率和质量，为甲方提供更快、更优质的服务。

(4) 使井场信息资料的应用范围更加广阔，从而开辟新的应用范围，增加新的生产经营项目，提高石油工程企业的经济效益。

4 结束语

与EPBP数据共享的录井资料采集系统将EPBP与录井资料采集系统深度结合，通过自动化录入技术与EPBP系统无缝衔接，实现了与EPBP数据共享，有效解决了EPBP系统二次录入的需求，同时又保障了公司自有采集系统的独立运行、减少现场人员的重复录入的工作量，对基层队减轻工作负担有显著意义。

该系统在为EPBP系统提供数据支撑的同时，也为SICP系统建设提供了数据分析依据。支撑了源头数据中心库的数据服务，为其他单位应用系统提供了数据支撑。

参 考 文 献

[1] 常明红，肖玉，储文革，等. EPBP在油田的应用前

瞻性分析[J]. 数字化用户，2019，025(005)：140.
[2] 李玲，赫俊民，魏荃立，等. 基于 EPBP 的勘探业务数据定制采集及初步应用[J]. 信息技术与信息化，2020(8).
[3] 杨媚. EPBP 系统在滚动勘探中的实践与应用[J]. 江汉石油科技，2020(1).
[4] 袁良悦. 基于 EPBP 的单井开发井史的应用研究[J]. 科技尚品，2017，000(005)：185-185.
[5] 梁海波，张金，张喆，等. 综合录井数据采集与远程实时监测系统设计[J]. 自动化仪表，2013，34(001)：47-49.
[6] 孙海钢. 综合录井数据采集系统研究及在钻井工程中的应用[D]. 东北石油大学，2015.
[7] 及昂，王孝良. 高可靠录井数据采集系统的实现[J]. 2011.
[8] 郭梯云，刘增基，王新梅，等. 数据传输(修订本)[M]. 人民邮电出版社，1998.

基于全新组分的“井筒-储层”双重耦合模型注气优化研究

马　帅　王雯娟　张乔良　查玉强　陈业祥

[中海石油(中国)有限公司湛江分公司]

摘　要　涠洲12-1油田涠四段为国内海上最大规模注伴生气开发油藏，目前已进入开发中期，需落实该阶段气驱油机理优，化注气制度。针对传统PR方程组分拟合效果差的问题，通过室内气油两相PVT实验得到全新组分方程，实现对气驱油机理精准刻画；同时建立“1∶1圆柱形”数字岩心，准确还原实际长岩心实验机理，通过敏感性分析得到当前最优注气速度。针对注气井动态监测困难的问题，建立考虑海水对流换热的“井筒-储层”双重耦合模型，实现对注气井底流动特征和储层吸气能力实时监控，为油藏注伴生气开发合理工作制度优化、提高采收率奠定基础。

关键词　注气；组分；长岩心；耦合；动态监测；吸气能力；数值模拟

目前，国内外油田主要靠注水补充能量开发，受气源限制注气开发应用较少，主要集中在委内瑞拉Cariot centrel、国内吐哈油田等地，注气开发机理研究相对较薄弱。相比注水，气体流度更高、更容易注入地层，可有效提高注采井间连通性；同时，注入气不会对储层造成伤害，可有效避免水敏、结垢等问题，且在特殊温压条件下可与储层原油发生组分交换提高流动性、甚至达到混相，大幅提高采收率。

位于中国南海西部的涠洲12-1油田是目前海上最大规模整装注气开发油藏，中块3井区涠四段在纵向上分为W_4ⅠA、W_4ⅠB、W_4ⅡD三套砂体，平均孔隙度15.7%~16.9%，渗透率10mD~150mD，为中孔、中低渗储层。该油藏在2007年开始注气，期间生产平稳、气油比缓慢上升，目前已累产原油近360万方，取得较好开发效果。随着区块进入开发中期，阶段气驱油机理仍不落实，且受制于注气井井筒温压分布复杂，井底流动状态预测难度较大、动态监测精度低，油田下步注气制度优化存在不确定性，有必要开展相关研究，落实下步开发决策。

笔者基于靶区生产动态特征结合PVT和长岩心实验，开展伴生气驱油组分交换机理研究，形成岩心尺度精细数值模拟预测技术；同时针对注气井动态监测精度低的问题开展注气井筒与储层耦合研究，实现注气井注入能力、井底流压实时监测，为该类高陡油藏注气开发工作制度合理优化提供理论支持。

1　注伴生气驱油机理相平衡研究

1.1　室内气驱油实验评价研究

1.1.1　PVT拟合与新型状态方程的建立

以WZ12-1-B20井的原油PVT实验分析数据为基础，借助商业数值模拟软件的PVT拟合模块，选用软件中默认的PR方程对相态实验数据进行拟合以确定原始流体的物理化学性质。拟合结果显示：单次脱气实验各参数拟合结果的平均相对误差为3.8%(表1)；恒组成膨胀实验各参数拟合结果的平均相对误差为5.7%(表2)；多次脱气实验各参数拟合结果的平均相对误差为14.5%(图1)，恒组成脱气实验和多次脱气实验的拟合结果平均误差高于5%，总体误差过大。为了提高拟合精度，笔者将对PR状态方程进行修正。

表1　单次脱气测试数据与模拟数据对比

测试项目	实验测试参数	模拟计算参数	相对误差/%
原始压力下原油密度/(g/cm^3)	0.838	0.838	0
原始压力下原油黏度/(mPa·s)	0.664	0.728	9.639
原始压力下原油体积系数	1.616	1.675	3.651
饱和压力/MPa	24.24	23.98	1.073
原始气油比	182	191	4.945
平均误差	3.861		

表 2　恒组成拟合实验测试数据与模拟数据对比

压力/MPa	实验相对体积	模型计算相对体积	相对误差/%
33.69	0.958	0.888	7.310
27.59	0.989	0.959	3.035
24.41	1	1	0
20.77	1.061	1.101	3.770
17.24	1.151	1.231	6.953
13.79	1.322	1.432	8.321
10.34	1.618	1.748	8.035
6.9	2.294	2.474	7.847
5.52	2.796	2.956	5.722
平均误差			5.666

PR 方程是应用广泛的 vdw 型方程之一，拟合精度较高，能满足 vdw 型方程所具有的临界点条件，方程具体形式为：

$$p=\frac{RT}{v-b_i}-\frac{a_i\alpha(T)}{v(v+b_i)+b_i(v-b_i)} \tag{1}$$

式中，p 为压力，MPa；v 为体积，m^3；R 为普适气体常数，$R=8.314J/(mol\cdot k)$；T 为温度，K；a_i为 i 组分的引力修正系数，$kPa\cdot(dm^3/mol)^2$；b_i为 i 组分的引力修正系数，$kPa\cdot(dm^3/mol)^2$；$\alpha(T)$ 为温度相关函数，无因次，具体表现形式为：

$$\alpha(T)=[1+m_i(1-T_{ri}^{0.5})]^2 \tag{2}$$

式中，T_{ri}为 i 组分的对比温度，无因次；m_i为 i 组分的偏心因子相关系数，无因此，其中具体表现形式为：

$$m_i=0.37464+1.48503\omega_i-0.26992\omega_i^2 \tag{3}$$

式中，ω_i 为 i 组分的偏心因子，无因此。

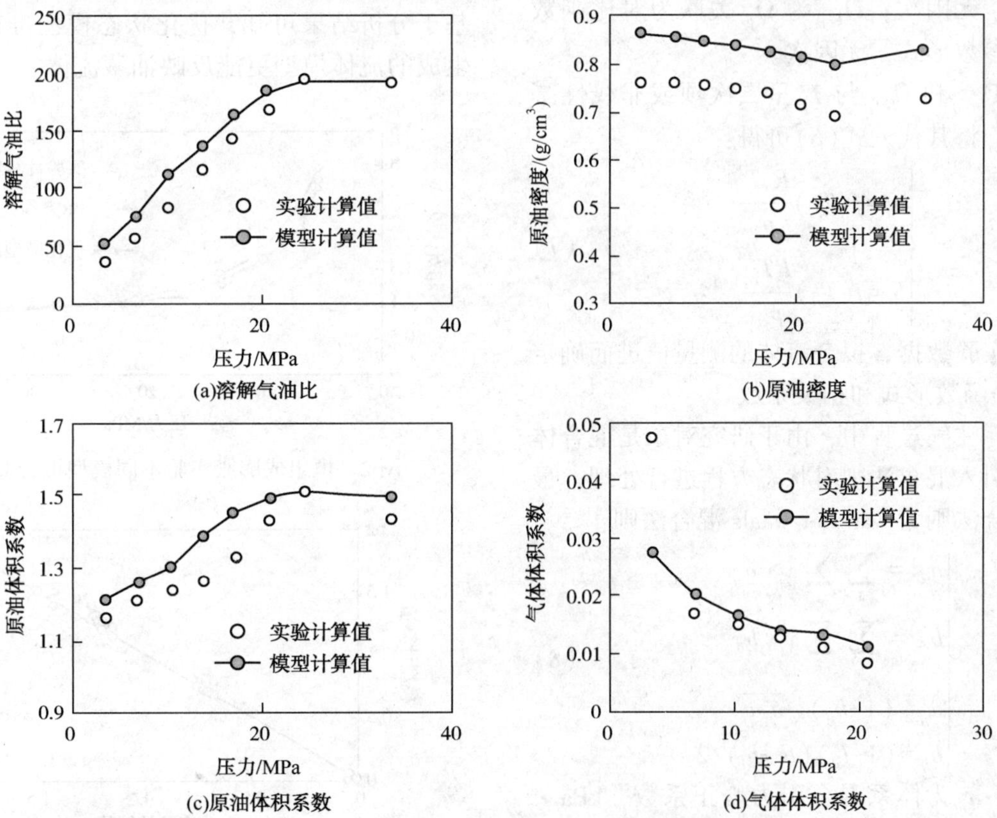

图 1　多次脱气分离实验拟合曲线

在临界条件下，临界等温线上的压力对体积的一阶和二阶导数为零，所以可得：

$$\begin{cases}\left(\dfrac{\partial p}{\partial v}\right)_{T=T_c}=0\\ \left(\dfrac{\partial^2 p}{\partial v^2}\right)_{T=T_c}=0\end{cases} \tag{4}$$

式中，T_c为临界温度，K。

联立式(1)和(2)，可得出式中的引力修正系数 a_i和体积修正系数 b_i，为：

$$\begin{cases}a_i=\Omega_a\dfrac{R^2T_{ci}^2}{p_{ci}}\\ b_i=\Omega_b\dfrac{RT_{ci}}{p_{ci}}\end{cases} \tag{5}$$

式中，Ω_a 为引力修正系数中的无因次系数，无因次，通常取值为0.45724；Ω_b 为体积修正系数中的无因次系数，无因次，通常取值为0.07780。

PR方程中，无因次系数通过实验回归得到，回归系数应与组分具有相关性而非常数；同时，体积和引力与温度具有较强相关性，无因次系数也应与温度具有较强相关性。对于每个组分，笔者将 Ω_a 和 Ω_b 处理成温度的函数，为了保持其普适性和无因次形式，利用物质对比态相似性原理和对比态无因次化特性，关联为对比温度的函数以提高拟合精度。因此，将 Ω_a 和 Ω_b 修正为：

$$\begin{cases}\Omega_{aT_{ri}}=f(T_{ri})\\ \Omega_{bT_{ri}}=f(T_{ri})\end{cases} \tag{6}$$

式中，$\Omega_{aT_{ri}}$ 为 Ω_a 关联为对比温度函数后的参数形式，无因次；$\Omega_{bT_{ri}}$ 为 Ω_b 关联为对比函数温度后的参数形式，无因次。

假设 $\Omega_{aT_{ri}}$ 和 $\Omega_{bT_{ri}}$ 与 T_{ri} 呈二次项或非线性幂函数形式，将其代入式(6)可得：

$$\begin{cases}a_i=f(T_{ri})\dfrac{R^2T_{ci}^2}{p_{ci}}\\ b_i=f(T_{ri})\dfrac{RT_{ci}}{p_{ci}}\end{cases} \tag{7}$$

根据实验数据，拟合流体的测量值进而确定式(7)中的函数形式和相关系数。

在实际注气过程中，由于研究对象是混合体系，需要引入混合法则对状态方程进行处理，最常用的混合法则为wan der waals混合法则：

$$\begin{cases}a_m=\sum\limits_i\sum\limits_j x_ix_ja_{ij}\\ b_m=\sum\limits_i\sum\limits_j x_ix_jb_{ij}\\ a_{ij}=(1-k_{ij})\sqrt{a_ia_j}\\ b_{ij}=(1-l_{ij})(b_i+b_j)/2\end{cases} \tag{8}$$

式中，a_m为体系混合引力修正系数，kPa·$(dm^3/mol)^2$；b_m为体系混合体积修正系数，dm^3；a_j为j组分的引力修正系数，kPa·$(dm^3/mol)^2$；b_j为j组分的引力修正系数，dm^3；k_{ij}和l_{ij}分别为i组分和j组分的引力和斥力修正项，无因次。x_i和x_j分别为i组分和j组分的摩尔分数。

由于各组分同极性和对称性存在差异，对斥力作用系数和引力作用系数进行优化，这样可以更好地描述极性和对称性存在差异的组分体系，从而得到针对原油体系的混含法则，修正后的混合法则为：

$$\begin{cases}a_m=\sum\limits_i\sum\limits_j x_ix_ja_{ij}\\ b_m=\sum\limits_i\sum\limits_j x_ix_jb_{ij}\\ a_{ij}=(1-k_{ij}+(k_{ij}-k_{ji})x_i)\sqrt{a_ia_j}\\ b_{ij}=(1-l_{ij}+(l_{ij}-l_{ji})x_i)(b_i+b_j)/2\end{cases} \tag{9}$$

联立式(1)、式(7)和式(9)得到优化后的注伴生气油气混相驱流体的状态方程。基于新型状态方程，对PVT实验数据进行拟合，拟合结果见图2、图3，由图2可知，恒组成膨胀实验优化模型计算的相对体积值更接近PVT实验值，相对误差为2.1%，低于PR方程计算的相对误差5.7%；由图3可知，优化模型的拟合度更高，更接近于多级分离实验所计算的实验值，相对误差为3.9%远低于PR方程的相对误差14.5%。基于分析结果可知，优化状态模型准确度更高，生成的流体模型更能反映油藏流体。

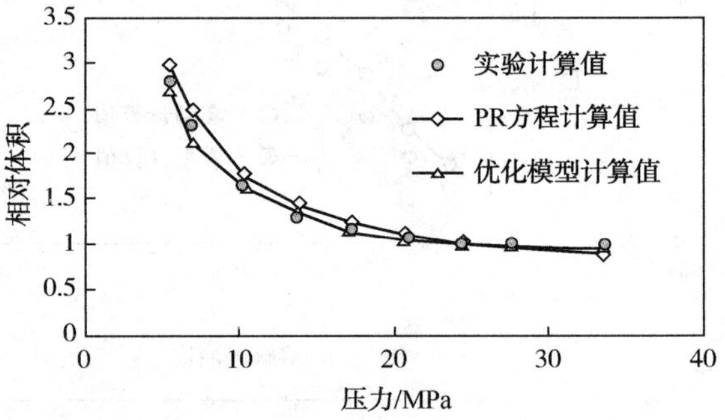

图2　恒组成膨胀实验不同模型拟合对比图

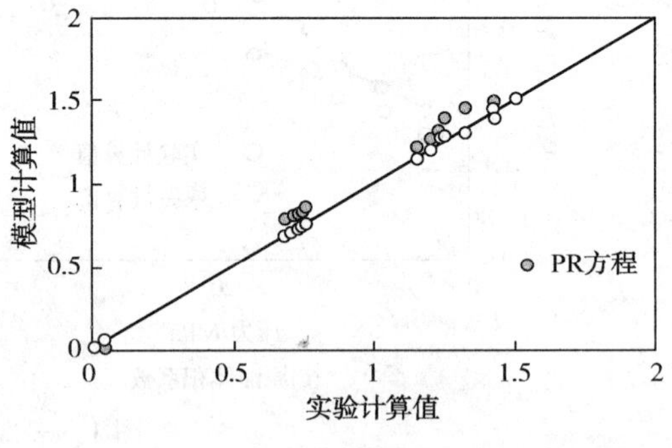

图3　多级分离实验不同模型拟合效果对比图

1.1.2　长岩心高温高压实验

通过长岩心驱替实验(图4)，对气驱油产出组分和注入组分进行分析，观察产出气和注入气的组分变化，探索研究了基于油气组分变化的气驱油机理。

气驱油实验过程中，在注入气突破前、注入气突破时、注入气突破后三个阶段收集油气两相

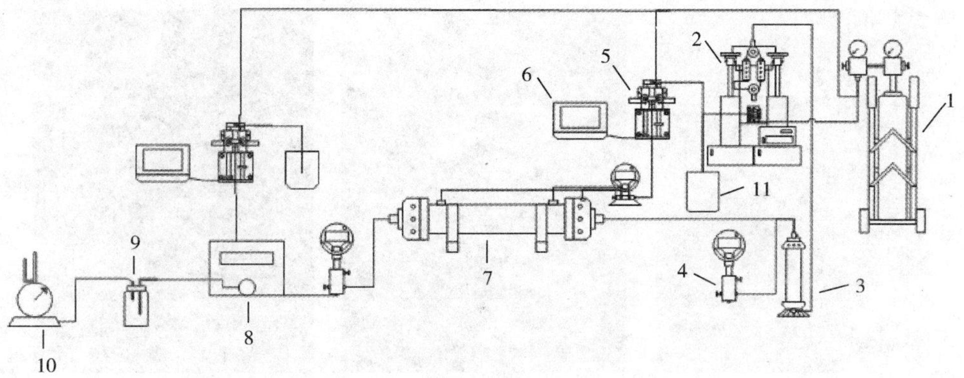

图 4 长岩心驱替实验流程图

1—高压气瓶；2—isco 泵；3—中间容器；4—电子流量计；5—微量泵；6—笔记本电脑；7—长岩心夹持器；8—回压泵；9—气液分离瓶；10—气体流量计；11—烧杯

流体，通过油气色谱分析可知原油组分变化如图 5 所示，气相各组分变化如图 6 所示，分析结果显示产出气组分中 $C_2 \sim C_4$ 组分摩尔分数随着时间变化规律为先较为稳定，随着注入气的突破摩尔分数逐渐降低，随后逐渐上升直至稳定。而产出气中 $C_5 \sim C_{11+}$ 组分摩尔分数的变化规律则是注入气突破前较为稳定，注入气突破后其摩尔分数逐渐下降直至接近 0。注入气驱替前缘不断与新鲜的地层油接触，将中间烃溶解到地层油中加富原油，形成凝析气驱，产出气中 $C_2 \sim C_4$ 组分摩尔分数下降而随着驱替倍数的继续增大，注入气为产出气的主要组成，产出气中 $C_2 \sim C_4$ 组分摩尔分数和注入气基本一致。地层原油中 $C_5 \sim C_{11+}$ 蒸发至注入气体，形成蒸发气驱，产出气中 $C_5 \sim C_{11+}$ 组分摩尔分数先稳定后下降，蒸发作用减弱后 $C_5 \sim C_{11+}$ 组分摩尔分数下降为 0。基于以上实验现象可知，当注入气中间烃含量高于地层油中间烃含量时，注入气主要以凝析方式将中间烃溶解到地层油中；当注入气中间烃含量低于地层油中间烃含量时，注入气主要将油相所含的中间烃蒸发到气相中去；因此，气驱油过程为凝析作用与蒸发作用的联合，形成近混相驱替。

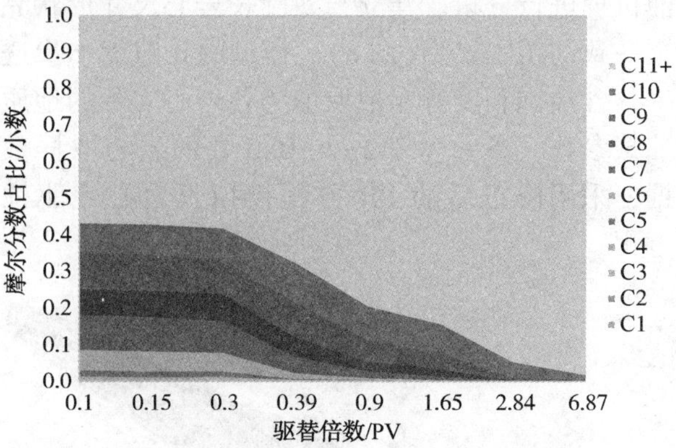

图 5 原油组分变化趋势图

如图 7 所示，在室温条件下产出油外观前中期为褐色、淡黄色，后期为黑色，表明产出油重质组分胶质、沥青质在增加。结合图 5，注入气中 $C_2 \sim C_4$ 溶解导致原油密度变轻，最后注入气与原油多次接触抽提轻质组分，特别是破后其抽提作用更为显著，使得闪蒸分离得到的地面脱气原油变重。

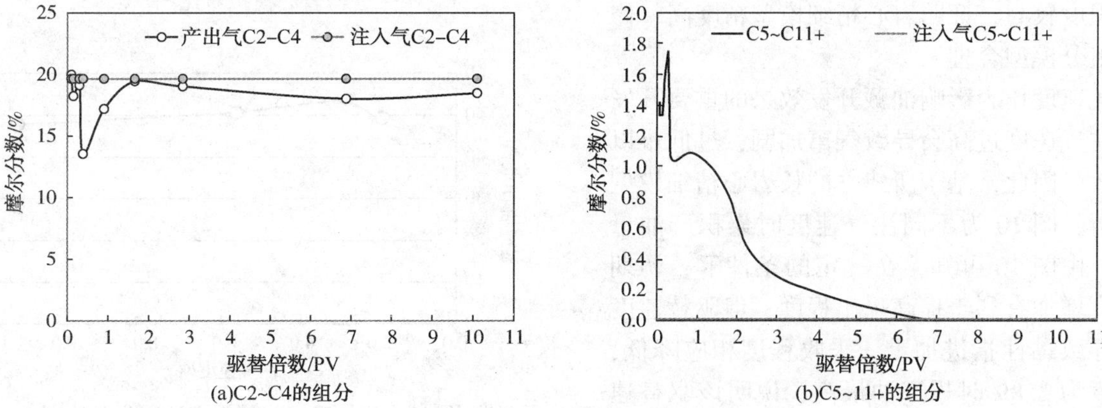

图 6 产出气与注入气烃变化趋势图

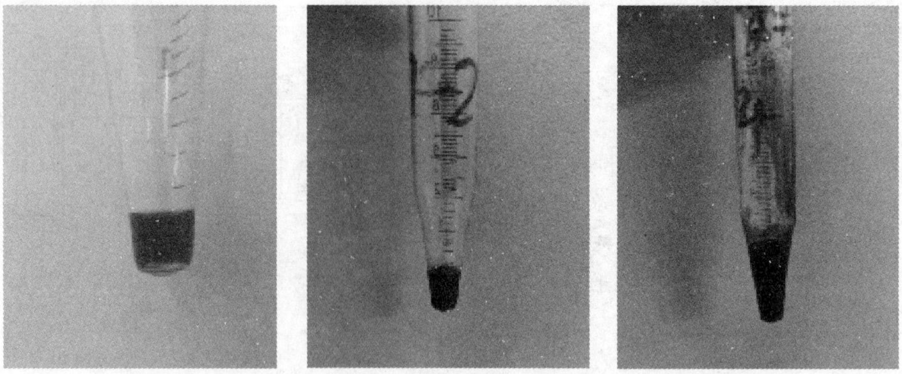

(a)　(b)　(c)

图7　产出气与注入气烃变化图

1.2　岩心尺度精细数值模拟技术

长岩心物模实验耗时久、灵活性低，因此笔者将利用数值模拟技术建立精细岩心模型对气驱油机理进行分析。建立与实际长岩心尺寸形状完全一致的精细模型(图8)，模型的孔隙度、渗透率、含油饱和度等参数取值为各岩心实际的地质油藏参数，参考WZ12-1-B20井的岩心取样数据，采用修正后的PR方程模拟长岩心气驱油过程。

图8　长岩心精细模型

如图9所示，出岩心数值模拟结果与实验数据吻合程度较高，证明岩心精细模型精度高、修正后的组分模型合理。

注气速度作为影响油藏开发效果的重要开发指标，注气速度过高会导致气窜加剧，过低难以注采受效。因此，基于所建立的长岩心精细模型进行分析，图10为不同注气速度时累积产油量的变化，由图10可知，在一定的条件下，初期驱替速度增加有利于提高采出程度，但驱替速度过大会导致黏性指进加重，采收程度相应降低，注气速度为2.8%时累产油最高，说明该驱替速度下气体前缘推进较为均匀。

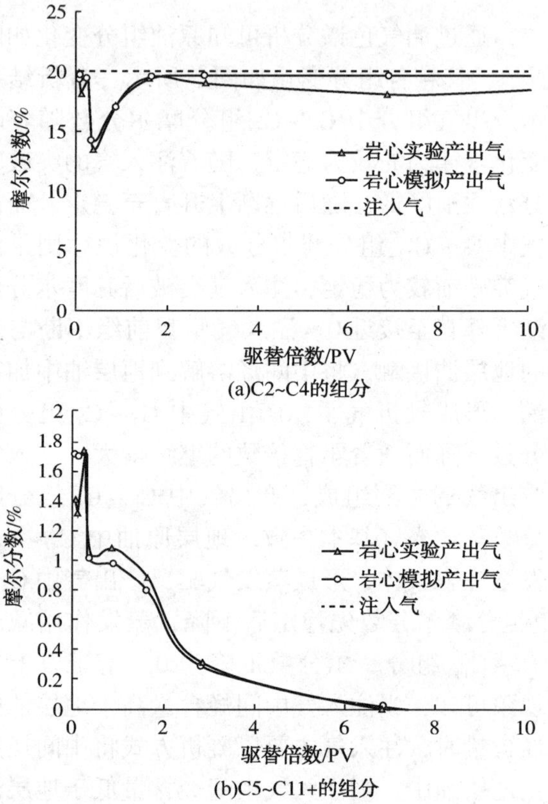

图9　岩心实验中产出气组分变化规律与岩心模拟对比图

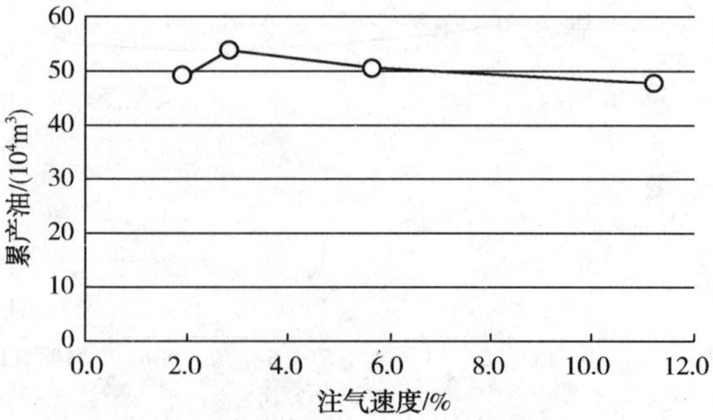

图10　注气速度与随累产油变化曲线图

2 “井口-井底-储层”双重耦合模型建立与求解

针对注气井动态监测技术欠缺，难以实现精细注气的问题，通过建立“井口-井底-储层”双重耦合模型，结合已知参数(地层压力)及可控因素(注气速度)进而明确井口压力，并通过调整井口压力实现生产优化，达到提高采收率的开发效果。

2.1 注气井井筒流体温压耦合模型的建立与求解

马帅等人建立了井筒流体的温度模型和压力模型，并通过耦合温度模型和压力模型建立了井筒的温度压力耦合模型进而计算伴生气在井筒中的状态。

其中，井筒温度梯度模型为：

$$\frac{dT_f}{dz}=\frac{(T_e-T_f)}{A}-\frac{g\sin\theta}{c_p}-\frac{vdv}{c_p dz}+\alpha_H\frac{dp}{dz} \tag{10}$$

式中，c_p为流体比定压热容，J/(kg·K)；α_H为焦耳-汤姆逊系数，K/Pa；T_f为井筒温度，K；T_e为地层温度，K；v为流体流速，m/s；θ为井斜角，°；q为单位长度控制体在单位时间内热损失，J/(m·s)；p为压力，MPa；A为中间变量。

$$\frac{1}{A}=\frac{2\pi r_{ti}U_{ti}k_e}{k_e+r_{ti}U_{ti}f(t_D)} \tag{11}$$

式中，G为产气质量流量，kg/s；r_{ti}为油管内半径，m；U_{ti}为井筒内总传热系数，W/(m^2·℃)；k_e为地层导热系数，W/(m·℃)；$f(t_D)$为无因次温度分布函数；U_{ti}为井筒内总传热系数，也可视为各热阻的串联，所以U_{ti}为：

$$U_{ti}=\begin{cases}\left[\dfrac{1}{h_f}+\dfrac{r_{ti}\ln(r_{to}/r_{ti})}{k_{tub}}+\dfrac{r_{ti}}{t_{to}(h_c+h_r)}+\sum\limits_{j=1}^{n}\dfrac{t_{ti}\ln(r_{coj}/r_{cij})}{k_{cas}}+\sum\limits_{j=1}^{n}\dfrac{r_{ti}\ln(r_{wbj}/r_{coj})}{k_{cem}}\right]^{-1} & (\text{地层段})\\ \left[\dfrac{1}{h_f}+\dfrac{r_{ti}\ln(r_{to}/r_{ti})}{k_{tub}}+\dfrac{r_{ti}}{t_{to}(h_c+h_r)}+\dfrac{r_{ti}\ln(r_{to}/r_{ti})}{k_r}+\dfrac{r_{ti}}{r_{ro}h_{sea}}\right]^{-1} & (\text{海水段})\end{cases} \tag{12}$$

式中，h_f为油管内气体对流换热系数，W/(m^2·℃)；h_c、h_r为环空对流换热系数、辐射传热系数，W/(m^2·℃)；r_{to}、r_{wb}为油管、水泥环外半径，m；r_{ci}、r_{co}为套管内、外半径，m；k_{tub}、k_{cas}、k_{cem}为油管、套管、水泥环导热系数，W/(m·℃)。

井筒流体压力模型为：

$$\frac{dp}{dz}=-\frac{\rho g\sin\theta+\dfrac{f\rho v^2}{2D}}{1-\rho v^2/p} \tag{13}$$

式中，f为流摩阻系数；ρ为气体密度，kg/m^3。

联立方程组(10)、(13)建立耦合模型进行求解。求解过程采用离散的方法，将井筒分为足够短的微元段，认为每个微元段内的温度、压力为一定值。给定原始条件：井底流压、温度、产量(或井口压力、温度、产量)，对线性方程组进行隐士迭代求解，当所有微元段压力、温度迭代误差小于控制精度(0.5%)即停止运算，输出结果。基于建立的温压耦合模型，模拟井口压力16MPa，注气量分别为$10\times10^4m^3/d$、$20\times10^4m^3/d$、$30\times10^4m^3/d$、$40\times10^4m^3/d$、$50\times10^4m^3/d$，计算井筒温度和压力剖面见图11。

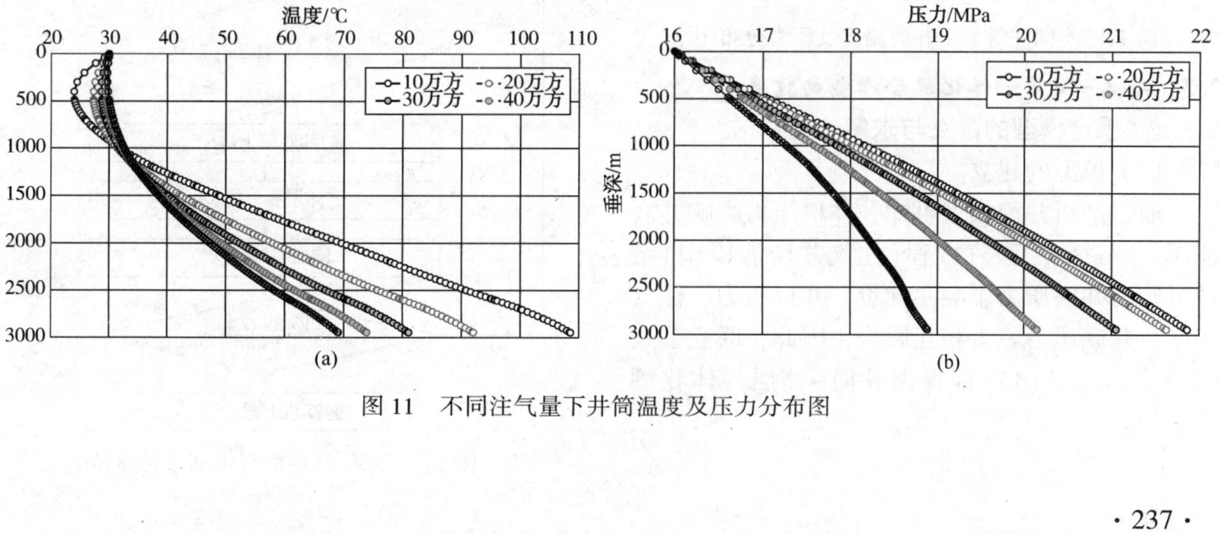

图11　不同注气量下井筒温度及压力分布图

2.2　注气井产能模型的建立

影响储层吸气能力的影响因素较多，为了表征储层吸气能力与注气井井筒之间的联系，笔者在此用注气井产能方程来反映储层的吸气能力。由达西公式可知，注气速度与井底注入压力和地层压力平方差正相关，可以根据现场实测注气速度和井底压力得出注气井的产能方程，但现场数据通常只有井口压力。首先根据前面所求的井筒管流模型输入井口压力和注气量，得到不同注气速度下的井底流压，再进行回归处理，可得到注入速度与井底流压与地层压力平方差的关系图版，回归后可得到下式：

$$P_{inj}^2 - P_e^2 = AQ + B \tag{14}$$

式中，A 为储层吸气能力倒数，[$m^3/(d \cdot MPa)$]$^{-1}$；B 为启注压力平方，MPa^2；P_{inj} 为井底压力，MPa。

将式(5)变化形式为：

$$P_{inj} = \sqrt{AQ + B + P_e^2} \tag{15}$$

基于注气井产能模型，输入相应参数可以得到不同地层压力下的储层吸气曲线(图 12)，随着井底注入压力增大、注气量增大，且增大幅度逐渐增加。随着地层压力增大、注入难度增加，吸气曲线逐渐抬升，且注入压力与注气量关系逐渐线性化。

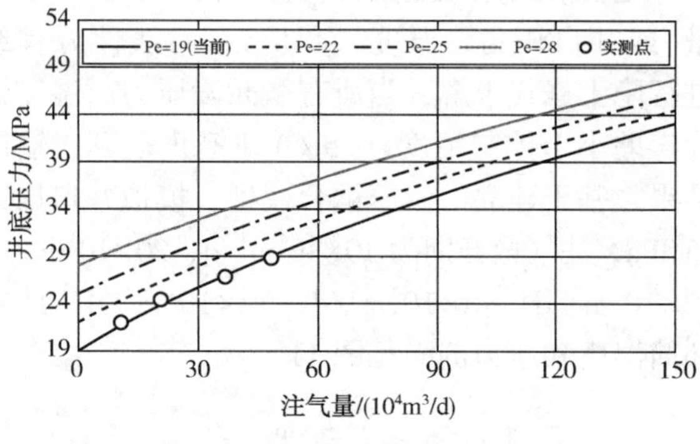

图 12　不同注气量下井筒温度及压力分布图

2.3　井筒–储层一体化耦合模型的建立

2.3.1　耦合模型的建立与求解

(1) 模型的建立

通过剖析井筒模型可知，井口压力影响井底流压；通过储层吸气方程(注气井产能模型)结构可知，井底压力影响注气量。井口压力、注气速度、井底压力三者相互影响，因此，联立公式(10)、(13)、(15)即得出井筒–储层一体化耦合模型。

$$\begin{cases} \dfrac{dT_f}{dz} = \dfrac{(T_e - T_f)}{A} - \dfrac{g\sin\theta}{c_p} - \dfrac{v dv}{c_p dz} + \alpha_h \dfrac{dp}{dz} \\ \dfrac{dp}{dz} = \dfrac{\rho g \sin\theta + \dfrac{f\rho v^2}{2D}}{1 - \rho v^2 / p} \\ P_{inj} = \sqrt{AQ + B + P_e^2} \end{cases} \tag{16}$$

(2) 模型的求解

图 13 为井筒–储层耦合模型求解路径图，整个求解过程包括井筒模型中的温度、压力耦合求解，以及井筒和储层的二次耦合，共两次隐式迭代，具体过程如下：

① 给定需要预测的井口压力；

② 给定注气速度初始值；

③ 井筒离散化，对每个节点赋予温度、压力初始值，并输入井筒温度–压力耦合模型，计算得到新的节点温度、压力；

④ 计算前后各温度、压力误差，小于给定误差限则输出井底压力，反之则更新初始温度、压力值重复运算，直到满足误差限为止；

⑤ 根据储层产能方程计算得到新的吸气速度，与步骤(2)中注气速度对比，误差小于给定误差限则输出吸气量，反之更新该参数重复运算，直到满足误差限为止；

⑥ 满足误差限的吸气量即为给定井口压力对应的注气速度。

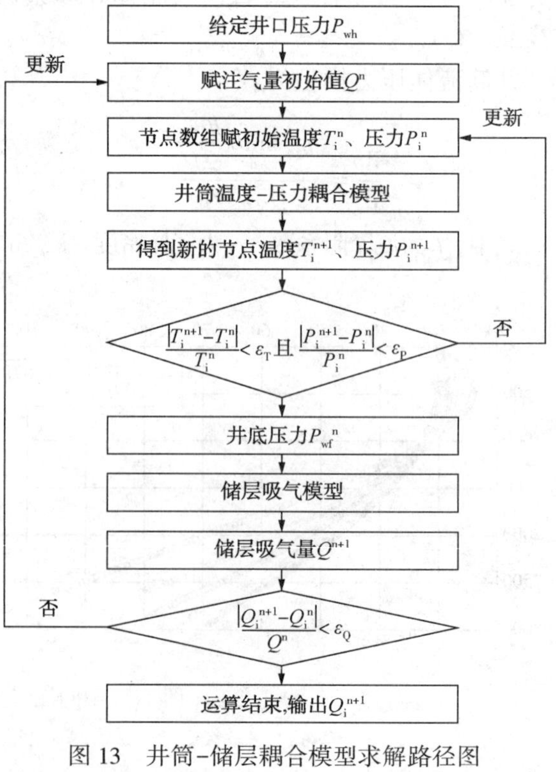

图 13　井筒–储层耦合模型求解路径图

2.3.2　耦合模型的验证与应用

以 WZ12-1-A8 为例，该井目前注气速度 30 万方，随着受效井气窜加剧，需增加该井注气量保证储层平衡注采。针对 WZ12-1-A8 井，测试了不同工作制度下的井口压力、注气速度、井底压力。同时，根据井筒-储层耦合模型，输入井口压力(或注气速度)，采用图 15 的求解方法，可以得到相应注气速度(或井口压力)。通过对比实测数据和模型计算数据，得出整体误差小于 0.5%(表 4)，证明该模型较为准确。

表 4　不同工作制度下管流模型准确性验证

工作制度	注气速度/($10^4m^3/d$)	井口压力/MPa	井底压力		
			模型计算/MPa	实测/MPa	误差/%
1	10.73	16.19	21.99	21.99	0.02
2	20.63	18.20	24.38	24.41	0.14
3	36.69	20.83	26.78	26.84	0.23
4	48.26	23.23	28.73	28.81	0.25

基于井筒-储层耦合模型，可作出地层因素与可控因素(井口压力)的关系图版(图 14)。该图版可用于预测最大井口压力条件下的井口注气量，以及判断井口条件能否满足油藏需求的注气速度。以目前地层压力为例，最大井口压力(25MPa)对应注气速度 57 万方，能够满足油藏平衡注采需求(48 万方/天)，当储层压力上升至 25MPa 后，井口压力要达到 26MPa 才能满足 48 万方/天注气量，届时需要优化可控因素，升级井口装置以达到优化生产的目的。

3　现场应用

涠洲 12-1 油田中块 3 井区涠四段 A8 井区于 2019 年开始注气，以全新组分方程为基础，采用数字岩心技术落实最优注气量，同时结合双重耦合模型精确控制注气井注入压力和注气量，以达到最优注采目的。A8 井注气制度优化后，主力受效井 B28S2 生产状态平稳，平均日产 $150m^3/d$，累产油 12 万方，开发效果较好(图 15)。

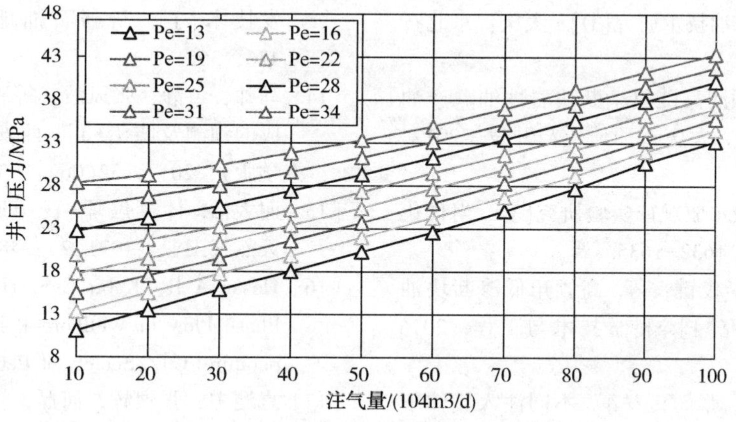

图 14　A8 井注气量-井口压力图版

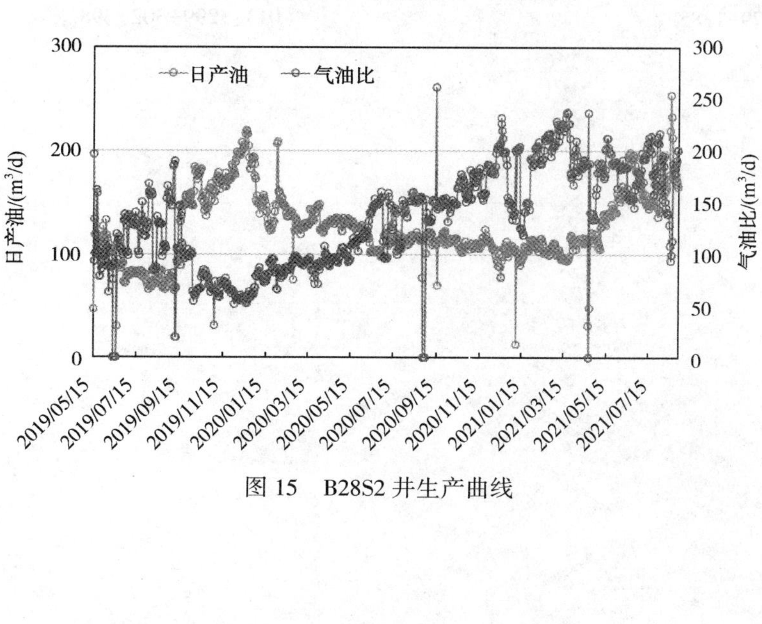

图 15　B28S2 井生产曲线

4 结论

(1) 针对气驱油 PVT 实验数据拟合不精确问题，笔者通过优化引力项系数和斥力项系数，并修正混合法则，进而建立了新型状态方程。使得恒组成膨胀实验的相对误差由 5.7%降为 2.1%，多次脱气实验相对误差由 14.5%降为 3.9%。

(2) 通过长岩心高温高压实验对注入和产出组分进行分析，明晰了组分在气驱过程的变化规律；同时建立岩心精细数值模型，实现对物理模型精确模拟，得出当前条件下最佳注气速度。

(3) 针对注气井动态监测技术欠缺、精细注气难的问题，通过半解析的研究方法建立了井筒-储层一体化耦合模型，明晰了地层压力、井口压力及注气速度关系，建立了注气井实时动态监测图版，实现了注气井实时动态监测，为精确调控注气工作制度奠定基础。

参 考 文 献

[1] 伍晓妮. 二氧化碳采油技术研究[D]. 大庆：东北石油大学，2015.

[2] 任艳滨，田晓东. 预测高陡复杂断块岩性油藏产油量的一种新模型[J]. 大庆石油地质与开发，2017，36(6)：5.

[3] 田鸿照. 高倾角油藏水驱规律实验研究[J]. 当代化工，2021，50(07)：1632-1635.

[4] 常元昊，姜汉桥，李俊键，等. 高倾角低渗断块油藏顶部注气规律研究[J]. 科学技术与工程，2016(33)：179-183.

[5] 赵楠，王磊，孙雷，张辉，罗军. 不同注入气体下低渗油藏注气开发室内评价[J]. 科学技术与工程，2020，20(04)：1379-1385.

[6] 廉黎明，秦积舜，刘同敬，等. 修正混合规则的 BWRS 型状态方程及其在 CO_2-原油体系相态计算中的应用[J]. 中国石油大学学报：自然科学版，2013，037(002)：81-88.

[7] 陈亮，顾鸿君，刘荣军，等. 低渗油藏 CO_2 驱特征曲线理论推导及应用[J]. 新疆石油地质，2017(2).

[8] 郝斐，程林松，李春兰，等. 特低渗透油藏启动压力梯度研究[J]. 西南石油大学学报(自然科学版)(6)：29-32.

[9] 谢丹，瞿利明，池建萍，等. CO_2-原油体系中的 PR 状态方程改进方法[J]. 西南石油大学学报：自然科学版，42(4)：8.

[10] 陈振华，曹堃，姚臻，黄志明. 基于 PR 状态方程的二元体系临界性质计算中不同混合规则对比[J]. 高校化学工程学报，2008(03)：365-370.

[11] 张连枝，王彦利，袁丙龙，等. 注气过程中相态变化分析在油藏中的应用[J]. 天然气与石油，2020，38(03)：63-67.

[12] 郭平，杜志敏，张茂林，等. 葡北油田气水交替注烃混相驱开发研究[J]. 西南石油学院学报，2004(04)：25-27，37-90.

[13] 刘滨，张俊，李艳明，等. 葡北油田注气混相驱开发技术[J]. 新疆石油地质，2002(05)：424-426，355.

[14] 马帅，黄静，张风波，等. 深水气井测试水合物生成的预测及防治[J]. 西安石油大学学报(自然科学版)，2017，32(06)：93-98.

[15] 谢太浩. 计算焦耳-汤姆逊系数的 LKP 方法[J]. 天然气工业，1991(2)：48-55.

[16] Hasan A R，Kabir C S. Heat Transfer During Two-Phase Flow in Wellbores；Part I——Formation Temperature[C]//Society of Petroleum Engineers，1991.

[17] 袁迎中，张烈辉，何磊，等. 注采比多元回归分析及合理注采比的确定[J]. 石油天然气学报，2008(01)：299-302+398.

裂缝自适应堵漏体系研究与应用

于　雷　李公让　刘振东　明玉广　李　卉

（中石化胜利石油工程有限公司）

摘　要　针对常规堵漏材料与裂缝适应性差的难题，构建了具有自适应封堵效果的堵漏体系。研选了刚性颗粒、弹性颗粒、纤维材料和弹性孔网颗粒，室内开展了2×1mm和4×3mm楔形长裂缝封堵模拟实验评价，形成了适应不同裂缝开度的堵漏体系配方。实验结果表明，形成的堵漏体系配方裂缝封堵区域位置适中，封堵区域厚度增加，漏失量小，承压能力高。裂缝自适应堵漏体系在现场进行了多口井的应用，一次堵漏成功率达85.7%，对解决裂缝性地层漏失具有较好的堵漏效果。

关键词　堵漏；裂缝性漏失；自适应；弹性孔网

近年来，随着油气勘探开发的深入，井漏情况更加突出，如在川渝的威远-长宁区块、鄂北的杭锦旗区块等，井漏问题已成为制约提速提效的重大难题。据统计，这些区块绝大部分井的漏失都与裂缝相关。目前，针对裂缝性漏失的堵漏剂主要包含桥接型堵漏剂、高失水堵漏剂、暂堵型堵漏剂、膨胀类堵漏剂、水泥速凝类堵漏剂、可固化型堵漏剂、复合材料堵漏剂等多种类型。其中使用较为普遍的是桥接型堵漏剂，相对其他产品，该类产品使用简便，成本较低。但常规桥堵材料多采用核桃壳等桥架颗粒及纤维等填充，研究表明，在高温下，这些材料易出现高温炭化，时间较长时即发生堵层失效，特别是针对较深地层，极易发生复漏；同时，常规堵漏材料与裂缝匹配性差，难以有效进入漏层形成封堵，导致堵漏成功率低。针对这一问题，开展了裂缝自适应堵漏体系的研究，形成了裂缝自适应堵漏体系配方，并进行了现场应用。

1　裂缝自适应堵漏体系的构建

1.1　构建思路

针对裂缝宽窄不等、多尺度并存、易于扩展的特点，优选具有压缩变形特点的弹性孔网颗粒作为架桥材料，弹性孔网在压差作用下可以压缩变形挤入裂缝，在裂缝壁面通过阻架桥、堵塞、嵌入、卡喉、渗滤、拉筋等作用形成一定强度的架桥。由于弹性孔网颗粒良好的压缩变形性能，其可以进入不同宽度的裂缝中，因此对封堵裂缝具有良好的广普性。优选不同粒度的刚性颗粒和弹性颗粒作为填充材料，有效填充弹性孔网形成的孔隙，增强自适应裂缝封堵效果；优选纤维材料利用其形成网状结构的特点，增加体系内摩擦力和结构强度，协同提高承压封堵能力。

1.2　材料优选

（1）弹性孔网材料

弹性孔网材料是一种聚氨酯多孔固体泡沫，整体为立体骨架网状结构，具有孔隙体积大（可达97%）、密度低、压缩性高、机械强度优良等特点，其可在井底压差作用下挤入裂缝，适应不同开度地层裂缝（自适应性），在裂缝处形成一个过滤网，同时起到骨架支撑的作用，变缝为孔，降低封堵区域渗透率，提高堵漏材料在裂缝中的滞留能力。

（2）刚性颗粒

选择了不同目数的方解石颗粒作为刚性颗粒GFD。方解石颗粒具有以下特点：①弹性模量大，泊松比小，利于形成强力链网络结构；②强度高，承压能力强；③惰性物质，抗温能力强（>200℃），不与钻井液发生物化反应；④棱角分明，易于加工，货源充足，经济廉价。

（3）弹性颗粒

研选了合成橡胶颗粒作为弹性颗粒RFD，合成橡胶颗粒具有以下特点：①弹性变形率大，达到71.43%，自适应裂缝开度的变化；②表面摩擦系数高，避免封堵层发生摩擦滑动失稳和剪切破坏失稳，且有利于在裂缝入口不远处形成封堵层；③惰性物质，抗温能力强（>180℃），不与钻井液发生物化反应。

（4）纤维材料

研选了一种矿物纤维作为纤维类堵漏材料

FFD，该堵漏纤维物理机械性能好，抗温能力大于200℃，可快速、均匀、完全的分散于水中，对钻井液体系性能影响较小，具有良好的配伍性，对裂缝自适应能力强。

2　裂缝自适应堵漏体系评价

2.1　实验装置及方法

利用中国石油大学(华东)研制的长裂缝封堵模拟实验装置评价弹性孔网堵漏材料对裂缝的封堵性能。长裂缝封堵模拟实验装置由高温高压钻井液釜体、楔形长裂缝模具夹持器、温度压力测量控制系统及数据采集处理系统组成，工作压力范围为0~25MPa，工作温度范围为室温~180℃。其中，为更好地模拟地层裂缝状态和进行堵漏效果评价，裂缝模具设计为两端缝宽不等的楔形，裂缝长度长达1000mm，楔形长裂缝实验模具共包括1×0.5mm、2×1mm、3×2mm、4×3mm和5×4mm(表示前端缝宽×后端缝宽)等五种不同规格，可用来模拟不同缝宽的漏层。

长裂缝封堵模拟实验操作方法为：(1)安装高温高压钻井液釜体，配制2L堵漏浆倒入釜体内；(2)将楔形长裂缝模块装入模具夹持器中，连接围压管线、滤液出口管线和活塞压力管线；(3)加围压至15MPa，加热至实验温度100℃；(4)打开滤液出口阀，放置量筒计量漏出堵漏浆体积，对釜体内堵漏浆加压并计时，单一弹性孔网堵漏材料评价实验中快速将压力加至3.5MPa，计时并记录累计漏失量，计算漏失速率，根据漏失速率的大小优选确定堵漏材料。

2.2　开度2×1mm楔形长裂缝评价实验结果

表1为刚性颗粒封堵配方、表2为刚性颗粒与弹性颗粒复合封堵配方，表3为刚性颗粒、弹性颗粒、堵漏纤维复合封堵配方，表4为刚性颗粒、弹性颗粒、堵漏纤维及弹性孔网复合封堵配方。表5为2×1mm长裂缝封堵实验结果，图1为不同配方堵漏体系封堵2×1mm楔形长裂缝封堵实验照片。

表1　刚性颗粒封堵楔形长裂缝实验配方(2×1mm)

编号	GFD-2	GFD-3	GFD-4	GFD-5
2-1#	1%	3%	3%	2%
2-2#	2%	3%	3%	2%
2-3#	3%	3%	3%	2%
2-4#	4%	3%	3%	2%
2-5#	5%	3%	3%	2%

表2　刚性颗粒、弹性颗粒封堵楔形长裂缝实验配方(2×1mm)

编号	GFD-2	RFD-2	GFD-3	RFD-3	GFD-4	RFD-4	GFD-5
2-6#	4%	1%	3%	—	3%	—	2%
2-7#	4%	2%	3%	—	3%	—	2%
2-8#	4%	1%	3%	1%	3%	—	2%
2-9#	4%	1%	3%	1%	3%	1%	2%

表3　刚性颗粒、弹性颗粒、堵漏纤维封堵楔形长裂缝实验配方(2×1mm)

编号	GFD-2	RFD-2	GFD-3	RFD-3	GFD-4	RFD-4	GFD-5	FFD-2
2-10#	4%	1%	3%	1%	3%	1%	2%	0.1%
2-11#	4%	1%	3%	1%	3%	1%	2%	0.2%
2-12#	4%	1%	3%	1%	3%	1%	2%	0.3%

表4　复合堵漏材料封堵楔形长裂缝实验配方(2×1mm)

编号	GFD-2	RFD-2	GFD-3	RFD-3	GFD-4	RFD-4	GFD-5	FFD-2	IWN-1
2-13#	3%	2%	4%	1%	2%	1%	3%	0.2%	0.04%
2-14#	3%	2%	4%	1%	2%	1%	3%	0.2%	0.08%
2-15#	3%	2%	4%	1%	2%	1%	3%	0.2%	0.12%

表5　刚性颗粒封堵楔形长裂缝实验结果(2×1mm)

编号	封堵区域位置/mm	封堵区域厚度/mm	承压能力/MPa	漏失量/mL
2-1#	—		—	—
2-2#	985~995	10	3	355
2-3#	990~1000	10	3.5	345
2-4#	975~995	20	4	350
2-5#	—		—	—
2-6#	920~955	35	5	300
2-7#	—	—	—	—
2-8#	915~940	25	7	270
2-9#	910~945	35	7	245
2-10#	850~900	50	8	200
2-11#	810~875	65	8.5	170
2-12#	—		—	—
2-13#	765~830	65	9	145
2-14#	745~815	70	10	125
2-15#	—		—	—

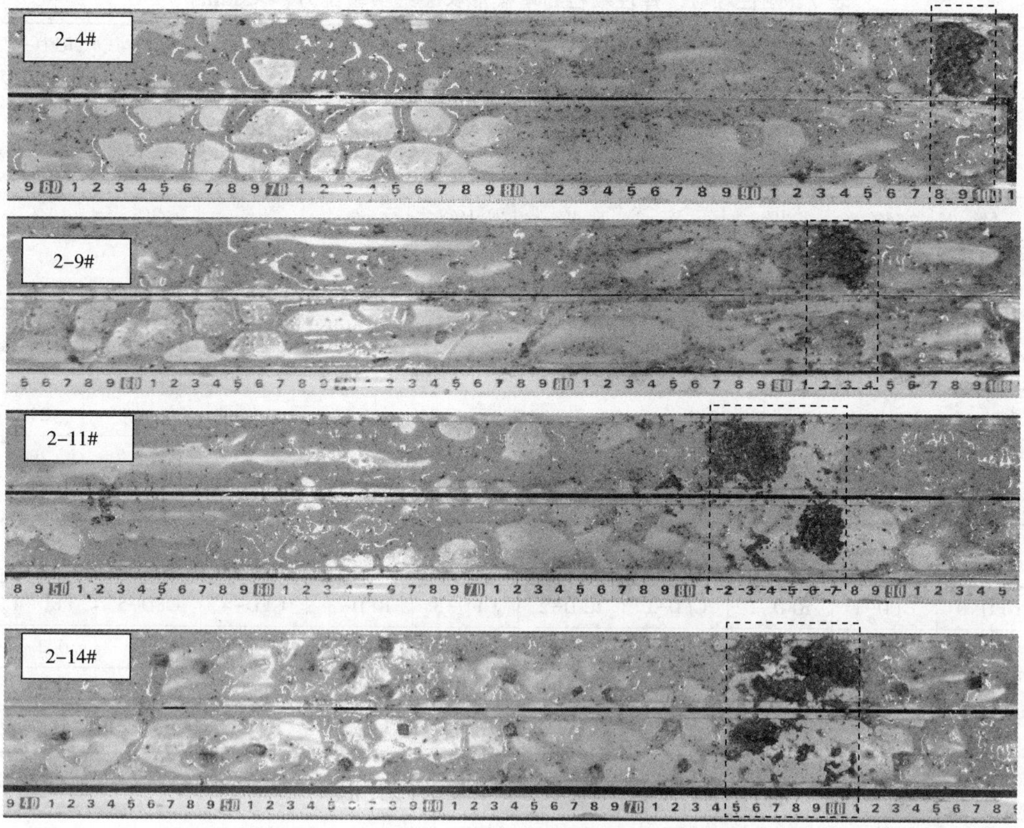

图1　不同配方堵漏体系封堵楔形长裂缝实验照片(2×1mm)

由实验结果可知，2-2#~2-4#配方裂缝封堵区域均为裂缝近出口端，封堵区域厚度较小，裂缝封堵层结构疏松(图1 2-4#)，裂缝漏失量较大，随着GFD-2浓度的增加，封堵层的承压能力逐渐增加至4MPa，其中2-1#配方GFD-2浓度过低，无法形成承压封堵层，堵漏失败，2-5#配方GFD-2浓度过大，堆积在裂缝开口外，形成“封门”，堵漏效果较差。在刚性颗粒封堵配方基础上，加入不同粒径弹性颗粒，裂缝封堵区域位置前移(图1 2-9#)，封堵区域厚度增加，封堵层承压能力增加至7MPa，裂缝漏失量降低至200mL，其中2-7#配方RFD-2浓度过大，堆积在裂缝开口外，形成“封门”。继续增加堵漏纤维后，裂缝封堵区域位置前移(图1 2-11#)，封堵区域厚度增加，裂缝漏失量降低至170mL，但加入0.3%FFD-2时，由于浓度过大，在裂缝开口外搭接成网，颗粒状堵漏材料无法进入裂缝中，形成“封门”。随着弹性孔网堵漏材料的加入及浓度的增加，裂缝封堵区域位置前移(图1 2-14#)，封堵区域厚度增加，封堵层的承压能力显著增加，裂缝漏失量降低至125mL，当弹性孔网颗粒浓度增大至0.12%时，由于浓度过大，颗粒状堵漏材料无法进入裂缝中，形成“封门”。因此，开度2×1mm楔形长裂缝的自适应堵漏体系配方为：12%GFD(10~160目)+3%RFD(20~80目)+0.2%FFD-2+0.08%IWN-1(2mm×2mm×2mm)。

2.3　开度4×3mm楔形长裂缝评价实验结果

表6为刚性颗粒封堵配方、表7为刚性颗粒与弹性颗粒复合封堵配方，表8为刚性颗粒、弹性颗粒、堵漏纤维复合封堵配方，表9为刚性颗粒、弹性颗粒、堵漏纤维及弹性孔网复合封堵配方。表10为长裂缝封堵实验结果，图2为部分不同配方堵漏体系封堵4×3mm楔形长裂缝实验照片。

表6　刚性颗粒封堵楔形长裂缝实验配方(4×3mm)

编号	GFD-0	GFD-1	GFD-2	GFD-3	GFD-4	GFD-5
4-1#	2%	4%	4%	3%	3%	2%
4-2#	3%	4%	4%	3%	3%	2%
4-3#	4%	4%	4%	3%	3%	2%
4-4#	5%	4%	4%	3%	3%	2%
4-5#	6%	4%	4%	3%	3%	2%

表 7 刚性颗粒、弹性颗粒封堵楔形长裂缝实验配方(4×3mm)

编号	GFD-0	RFD-0	GFD-1	RFD-1	GFD-2	RFD-2	GFD-3	RFD-3	GFD-4	RFD-4	GFD-5
4-6#	5%	1%	4%	1%	4%	1%	3%	1%	3%	1%	2%
4-7#	5%	2%	4%	2%	4%	1%	3%	1%	3%	1%	2%
4-8#	5%	3%	4%	3%	4%	1%	3%	1%	3%	1%	2%
4-9#	5%	4%	4%	3%	4%	1%	3%	1%	3%	1%	2%

表 8 刚性颗粒、弹性颗粒、堵漏纤维封堵楔形长裂缝实验配方(4×3mm)

编号	GFD-0	RFD-0	GFD-1	RFD-1	GFD-2	RFD-2	GFD-3	RFD-3	GFD-4	RFD-4	GFD-5	FFD-4
4-10#	5%	3%	4%	2%	4%	1%	3%	1%	3%	1%	2%	0. 1%
4-11#	5%	3%	4%	2%	4%	1%	3%	1%	3%	1%	2%	0. 2%
4-12#	5%	3%	4%	2%	4%	1%	3%	1%	3%	1%	2%	0. 3%
4-13#	5%	3%	4%	2%	4%	1%	3%	1%	3%	1%	2%	0. 4%

表 9 复合堵漏材料封堵楔形长裂缝实验配方(4×3mm)

编号	GFD-0	GFD-1	RFD-1	GFD-2	RFD-2	GFD-3	RFD-3	GFD-4	GFD-5	FFD-4	IWN-1
4-14#	4%	5%	3%	3%	1%	4%	1%	4%	2%	0. 2%	0. 04%
4-15#	4%	5%	3%	3%	1%	4%	1%	4%	2%	0. 2%	0. 08%
4-16#	4%	5%	3%	3%	1%	4%	1%	4%	2%	0. 2%	0. 12%

表 10 刚性颗粒封堵楔形长裂缝实验结果(4×3mm)

编号	封堵区域位置/mm	封堵区域厚度/mm	承压能力/MPa	漏失量/mL
4-1#	—	—	—	—
4-2#	990~1000	10	3	440
4-3#	980~995	15	3	415
4-4#	970~995	25	4	395
4-5#	—	—	—	—
4-6#	915~945	30	4. 5	340
4-7#	910~950	40	5	310
4-8#	910~955	45	6	290
4-9#	—	—	—	—
4-10#	820~890	70	6. 5	255
4-11#	810~885	75	7. 5	225
4-12#	815~900	85	8	205
4-13#	—	—	—	—
4-14#	720~810	90	9	180
4-15#	710~815	105	10	160
4-16#	—	—	—	—

由实验结果可知，4-2#~4-4#配方裂缝封堵区域均为裂缝近出口端，封堵区域厚度较小，裂缝封堵层结构疏松(图 2 4-4#)，裂缝漏失量较大，随着 GFD-0 浓度的增加，封堵层的承压能力逐渐增加至 4MPa，其中 4-1#配方 GFD-0 浓度过低，无法形成承压封堵层，堵漏失败，4-5#配方 GFD-0 浓度过大，颗粒状堵漏材料堆积在裂缝开口外，形成“封门”，堵漏效果较差。在刚性颗粒封堵配方基础上，加入不同粒径弹性颗粒，随着弹性颗粒浓度的增加，裂缝封堵区域位置前移(图 2 4-8#)，封堵区域厚度增加，封堵层承压能力增加至 6MPa，裂缝漏失量降低至

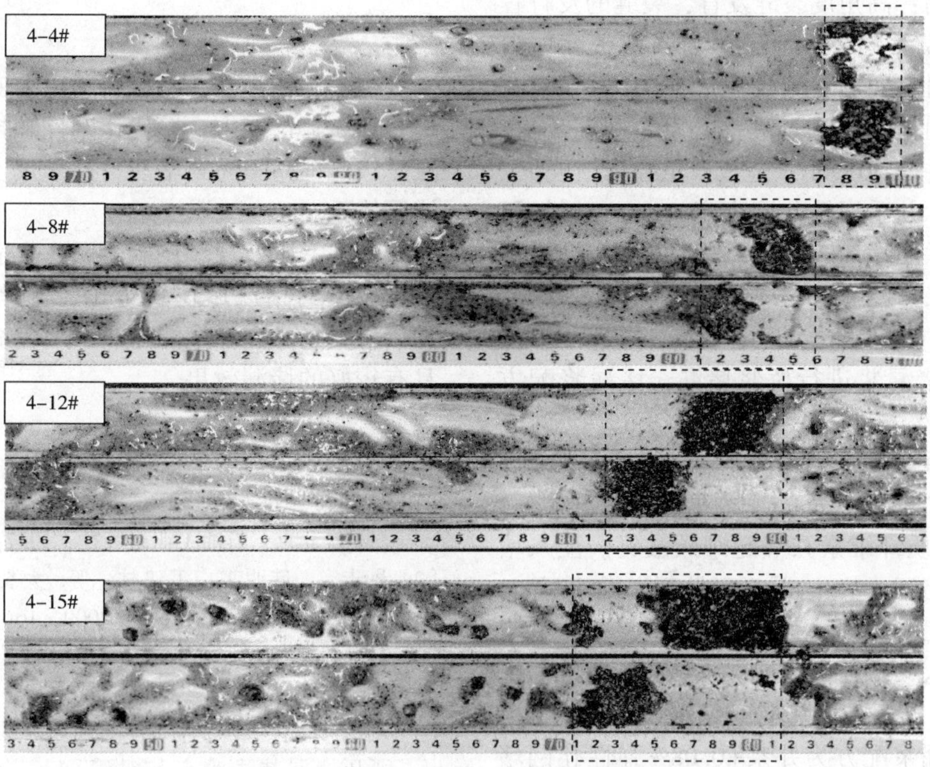

图 2　不同配方堵漏体系封堵楔形长裂缝实验照片(4×3mm)

290mL，其中 4-9#配方 RFD-0 浓度过大，堆积在裂缝开口外，形成“封门”。继续加入纤维，随着纤维浓度的增加，裂缝封堵区域位置前移(图 2 4-12#)，封堵区域厚度增加，裂缝漏失量降低至 205mL，当加入 0.3%FFD-4 时，由于浓度过大，在裂缝开口外搭接成网，颗粒状堵漏材料无法进入裂缝中，形成“封门”。随着弹性孔网堵漏材料的加入及浓度的增加，裂缝封堵区域位置前移(图 2 4-15#)，封堵区域厚度增加，封堵层的承压能力显著增加，裂缝漏失量降低至 160mL，当弹性孔网颗粒浓度增大至 0.12%时，由于浓度过大，颗粒状堵漏材料无法进入裂缝中，形成“封门”，堵漏效果较差。开度 4×3mm 楔形长裂缝的自适应裂缝堵漏体系配方为：21% GFD(6~160 目)+9%RFD(6~80 目)+0.3%FFD-4+0.08%IWN-1(4mm×4mm×4mm)。

3　现场应用

截止目前，研选的弹性孔网堵漏材料在四川威远区块 35 平台、元坝 701 井、陕北双 34-55H2 井等应用了 21 井次，一次堵漏成功 18 井次，一次堵漏成功率高达 85.7%，表 11 是部分应用井的应用情况，下面以元坝 701 井为例介绍弹性孔网堵漏材料的应用情况。

表 11　弹性孔网堵漏材料在部分井的应用情况

区块	井号	漏层	漏点位置/m	漏速/(m^3/h)	堵漏效果
元坝	元坝 701	自流井	3834.76	24	一次堵漏成功
神木	双 34-55H2	刘家沟	2058.02	20	一次堵漏成功
彭州	彭州 3-5D	须家河	5041.72	36.2	一次堵漏成功
彭州	彭州 3-5D	雷口坡	6347.61	28.8	一次堵漏成功
彭州	彭州 3-4D	马鞍塘	5859.89	15.5	一次堵漏成功
威远	威页 35-4HF	龙马溪	4985.71	52.2	一次堵漏成功
乐山	普仁 1	栖霞组	3523.52	井口失返	溶洞恶性漏失，未成功

元坝 701 井是位于四川盆地川北坳陷九龙山背斜南的一口评价井，目的层为下二叠统茅口组三段，设计井深 6845m。该区块陆相地层自流井-须家河组地层中有高压低渗裂缝性气藏，岩性分布比较复杂，砂砾岩储层发育，岩石成分以灰色钙屑砂岩、碳酸盐为主，且多为钙质胶结，

灰质含量较高；高角度裂缝发育，裂缝的发育程度和分布规模不均一；地层压力当量密度窗口窄，漏、涌时有同层。例如，元坝 101 井在自流井至须家河组地层钻进过程中共发生井漏 4 次，累计漏失钻井液 $3019m^3$，造成严重经济损失。

元坝 701 井采用钻井液密度 $1.96g/cm^3$ 钻至自流井组东岳庙段 3834.76 米发生漏失，钻进正常排量为 45L/s，漏速 $24m^3/h$，降排量至 20L/s 后漏速降为 $16m^3/h$，期间累计漏失钻井液 $38m^3$；配制堵漏浆进行桥浆堵漏，堵漏浆配方为：井浆+4%核桃壳（1~3mm）+3%核桃壳（0.5~1mm）+4%酸溶暂堵剂+4%承压封堵剂+2%刚性堵漏剂（2~3mm）+2%橡胶颗粒（0.5~1mm）+2%木质纤维素+3%超细碳酸钙。注入堵漏浆后静止堵漏，静止 6h 后下钻到底循环不漏，提排量至 45L/s 发生漏失，漏速 $13m^3/h$。鉴于地层即将进入须家河高压地层，钻井液密度需提至 $2.10g/cm^3$ 以上，配制 $40m^3$ 堵漏浆进行承压堵漏，承压堵漏浆配方为井浆+0.08%弹性孔网堵漏材料 IWN－1＋5% GFD－2＋4% GFD－3＋0.2% FFD+4% RFD－2＋2% GFD－4＋3% RFD－3＋5% GFD－5。具体施工程序为：光钻杆下至 3700m，泵入堵漏浆 $33m^3$，泵入期间环空返浆，泵注完堵漏浆后替入井浆 $35m^3$，然后起钻至 3300m，关井正挤憋压，泵入 9 次共 $7.75m^3$，静止 30min，立压由 6.35MPa 下降至 6.18MPa，再次泵入 $0.45m^3$，立压 6.39MPa，憋压 2h 后立压由 6.39MPa 将至 6.23MPa，开井循环不漏失，换算井底最高当量密度为 $2.13g/cm^3$。

堵漏成功后更换钻进钻具组合，下钻到底正常钻进排量循环不漏失，在进入须家河地层前逐渐将提密度至 $2.12g/cm^3$，三开顺利钻穿须家河地层，未发生漏失复杂情况。

4 结论

（1）利用弹性孔网材料的压缩变形性提高裂缝自适应封堵能力，并优化刚性颗粒和弹性颗粒粒度级配提高填充封堵能力，形成了裂缝自适应堵漏体系。

（2）室内及现场试验表明，自适应堵漏体系配方裂缝封堵区域位置适中，封堵区域厚度增加，漏失量小，承压能力高，对裂缝性地层漏失具有较好的堵漏效果

参考文献

[1] 徐同台，刘玉杰，申威. 钻井工程防漏堵漏技术[M]. 北京：石油工业出版社，1997：217-220.

[2] 景步宏，储明来，丁建林，等. 大裂缝性漏失堵漏新技术[J]. 特种油气藏，2009，16(1)：92-95.

[3] 林英松，蒋金宝，秦涛. 井漏处理技术的研究及发展[J]. 断块油气田，2005，12(2)：4-8.

[4] 刘四海，崔庆东，李卫国. 川东北地区井漏特点及承压堵漏技术难点与对策[J]. 石油钻探技术，2008，36(3)：20-23.

[5] 何新星，李皋，段慕白，等. 地层裂缝动态变形对堵漏效果的影响研究[J]. 石油钻探技术，2018，46(4)：35-39.

[6] 林永学，王伟吉，金军斌. 顺北油气田鹰 1 井超深井段钻井液关键技术[J]. 石油钻探技术，2019，47(3)：113-120.

[7] 韩成，黄凯文，罗鸣，等. 南海莺琼盆地高温高压井堵漏技术[J]. 石油钻探技术，2019，47(6)：15-20.

[8] 孙金声，张家栋，黄达全，等. 超低渗透钻井液防漏堵漏技术研究与应用[J]. 钻井液与完井液，2005，22(4)：21-23.

[9] 范钢，张宏刚. 深层裂缝性储层防漏堵漏实验评价研究[J]. 探矿工程：岩土钻掘工程，2008，7：80-83.

浅析矛盾分析法在录井油气显示层解释评价中的应用

李广庆

（中石化经纬有限公司胜利地质录井公司）

摘　要　本文先对矛盾分析法的原理与分析过程进行分析，并阐述该方法在显示层解释评价中的应用内容与方法，最后将矛盾分析法应用到岩石热解录井资料解释评价中，借助具体案例分别对成熟度、吸附气、核磁共振进行解释评价，在解释期间不但要注重矛盾一般规律，还要把握特殊性，结合不同区域石油地质条件采取相应的技术措施，并牢牢把握主要矛盾，一分为二的看待问题，使油气显示层得到准确客观的评价。

关键词　矛盾分析法；录井油气；解释评价

当前油气资源日益匮乏，勘探开发深入不断加大，石油地质条件逐渐发生变化，使勘探难度随之增加，录井油气层比重降低，弱显示油层被发现。测录井资料与试采结果、录井资料之间的矛盾问题逐渐暴露出来，需要将矛盾分析法引入其中，对复杂地质现象下的油气层进行客观解释评价，使不同区域解释需求得到充分满足，由此提高测录井服务能力。通过矛盾分析法的应用，正确把握主要矛盾，从多方面着手分析事物内部的动态变化，从而更加客观全面的看待事物。

1　矛盾分析法概述

该法是指利用矛盾观点分析事物内部各方面变化情况，从而对客观事物有全面的认知，属于定性分析法的一种。在实际应用中应牢牢坚持对立统一观点，深刻意识到统一和对立互相包含。从整体来看，首先要坚持“两点论”，避免片面看待问题，还要坚持“重点论”，牢牢抓住主要矛盾、矛盾的主要方面，抓住关键；还要将矛盾普遍性、特殊性结合起来，不但要看到事物具体情况，还要避免事物脱离普遍联系；最后要坚持“发展论”，肯定事物处于不断的变化之中，动态的分析矛盾，避免思想固化影响结果的客观性。以社会现象分析为例，该方法的分析步骤为：先将社会现象当作运动中多方面、多层次矛盾统一体，分析影响该现象存在的各项矛盾。其次，在大量矛盾中找出主要矛盾、主要方面，二者对现象本质具有决定作用，该现象也是上述矛盾的外在表现。在分析矛盾变化时，应对内外条件综合看待，并注意矛盾量变转化为质变的分界点，便是主要矛盾的转化时机与条件。

2　矛盾分析法在油气显示层解释评价中的应用内容

2.1　抓住解释评价关键因素

一方面，选择关键解释参数。对于不同区域来说地质条件不尽相同，所产生的响应特征也有所区别，应牢牢抓住关键解释参数用于评价，才可提高整体评价效率，以免受到其他参数的干扰。以H凹陷区为例，该区域岩石颗粒粒径均值普遍较小，受束缚水干粮、钻井施工等因素影响，形成“低阻油层”，此类油层的围岩、电阻率等与一般油层相比较低，导致评价难度提升。地层内含烃量与水质、状态无关，在数据定量化影响下，可作为该区域内油气显示的重要参考，取得理想的应用成果。另一方面，注重特殊矿物。以白云母为例，属于较为普遍的丛状硅酸盐物质，含有该物质的储集层一般渗透率较低。在钻井期间，将空隙堵塞后导致渗透率降低，储集层改造失效。对此，在解释评价中应先注重岩屑内白云母含量，对于含量较高的储集层，则解释为干层。

2.2　一般规律与特殊现象综合看待

石油地质条件不尽相同，成藏因素众多，在显示层解释评价时可采用矛盾分析法，在遵循普遍规律的基础上，还应考虑到地质条件的特殊性，结合现实情况分析问题，做出公正客观的解释评价。一般情况下，将高油气显示级别看成是“好显示层”的标志，反之则是弱显示层。近年来，弱显示层的录井资料响应特征不尽相同，无法适用传统解释方法进行评价，加上此种层级成因较多，只有在采集各类资料的基础上，对解释区中弱显示成因细致分析，才可准确评价。以B304井为例，其属于BY凹陷预探井，岩屑录井用荧光显示，气测组分只有C_1，录井与电性的泥岩隔层反应不够显著，通常带有此类特点的储集层与油气层的成因不相符合。但对沉积相细致分析后，发现储集层带有快速堆积小型砂砾体，此类岩石骨架粒径较大，粉砂质较多，将其钻开后发现许多砾石被破坏，因砾石密实度较大，原油进入较为困难，在其破碎后砾石表面很难呈现液态原油，砾石间的个别原油也在钻井作用下消失，致使整个显示程度不足。因部分油气进入到粉砂质内，使岩石的热解分析值提升。对此，可结合热解分析结果、钻时状态等指标，解释多层油层，开采出产量较高的工业油流，使砂体勘探取得可喜成绩。

2.3　辩证解读录井资料

事物作为矛盾统一体，均含有相互对立的两方面。在油气解释评价中，也应辩证看待和解读录井资料，不但要看到“好油层”内有助于解释油气层的信息，还要客观看待不利于解释的信息。对于“差油层”来说，不但要注重有助于解释非油气层的信息，还要注重不利于解释的信息。以气测值较高的显示层为例，在具有良好物性、较高地层能量的基础上，但若没有显著的“单根峰”，且后效值较短，则地层连通性家偶偶，能量始终得不到切实补给。低显示层多为水层，但若岩屑内带有少量岩石热解分析值较高，钻后气测“单根峰”较为显著，且“后效值”延续时间较长，则说明储集层物性良好，投产结果多为高产量油层。此外，在岩石热解录井中，地表吸附气S_0、烃类物质含量S_1值较高、储集层排替压力S_2值较低时，意味着油质良好，大多解释为油层，但实际上储集层物性较弱，投产结果为干层。

以MD地区为例，该地测录井资料不够完善，油层与干层的数值相互重合，致使当地录井解释难度增加。录井资料作为当地油气层解释评价的关键依据，但因存在S_0高、S_1高、S_2低的特点，试油显示为干层，结合录井原理发现该处油质良好、含烃量较高，属于“好油层”。从表面上看，上述试油结论与热解分析值不相同，但采用辩证分析的方式解读资料，便可发现二者之间存在一致性，即热解录井值体现的是地层吸附气，在特定条件下，岩石比表面积越大、物性越弱、吸附能力越强，S_0值也随之提升；反之物性较弱，则S_0值相对较低；在特定条件下，储集层物性越强、排替压力越小时，S_2值越大，反之则越小。通过解读岩石热解录井资料，可发觉测井孔隙与S_2间的关系，也就是孔隙度与S_2具有正比关系。根据录井资料可知，当S_0与S_1值均较高，S_2值较低时，储集层内含有诸多白云母，致使层内物性降低。通过对比分析可知，通过优化当地油气层解释方法，使油井的产油效率显著提升，取得理想的生产效果。

2.4　内外因结合客观评价

一方面，在内因中探寻解释依据。在受影响的众多因素中，内因主要包括油质、物性、含烃量等，内因可对油气显示结果起到决定性作用。对此，在录井资料分析与油气层解释中，先要探究内因产生的影响，如岩石骨架颗粒增加，烃类胶质含量较低时，录井显示级别降低，但因颗粒间的填充物较为细腻，可使烃类物质得以良好存储，使显示级别提升。在岩屑资料内，整体显示较低状态下，含有少量的高显示级别岩屑。在热解录井资料中，部分点位分析值较高，可根据气测进行评价，将储集层内的产液性质充分体现出来。以某深层斜井为例，利用PDC钻头钻进，该区域与物源距离较近，砂体发育速度较快，粒径较粗，储层物性良好，录井的显示级别较低，热解分析值也较低，需要对录井中S_1与S_0之和进行着重解释，得出数据分布区间，根据数据解释为水层。但因该层内含有两个点位，应对该点位岩石充填基质分析值进行全面分析，使两个点位与真实地层中S_1与S_0之和更加靠近，并根据气测录井相关信息，将该层解释为油层，在投产后获得大量工业油流。

另一方面，探寻外因影响较小的信息。在油气层解释评价期间，应做到内因与外因兼顾，外因主要为钻头类型、钻井液类型与性能等等。据调查，当前PDC钻头在大斜井内得到普及应用，但在使用期间很可能因操作不当导致岩屑破碎，对岩性识别带来较大不良影响，但事物具有两面性，有助于录井发现油气显示。将钻井液与添加剂混合后，尽管会对气测全烃值产生一定影响，但基本不会影响到气测组分；密度与黏性较高的钻井液有助于减少油气逃逸，可提高显示真实性，使最终结果更接近于地质真实。在对外因影响因素进行分析后，采取针对性的解决措施，采用影响较弱的资料进行解释凭借，可有效减少外因产生的阻碍。

3　矛盾分析法在岩石热解录井资料解释评价中的应用方法

以某深凹区为例，该区不但地势较低，同时还是生油中心，拥有一套巨厚烃源岩系，厚度最大值为3000m，面积约为640km^2，拥有较为丰富的有机质，有机碳含量均值为1.77%，母质类型良好，地热梯度较高，温度均值为4.1℃，拥有理想的生油条件，油源较为丰富。为对该区域岩石热解录井资料进行解释评价，将矛盾分析法引入其中，采用一分为二的方式进行解释，并对成熟度、吸附气、核磁共振等进行客观评价。

3.1　成熟度评价

该项指标是判断烃源岩不同时期演化产物的重要指标。站在油气成藏的角度，当有机成熟度提升时，有助于页岩气生成与汇聚，岩内的各类赋存形态有机质在出现降解后，烃体便会转移离开母体，使固体空间扩大，且页岩基质孔隙度也会随之提升。在达到成熟度范围后，有机质成熟度逐渐提升，颗粒微空隙发育更加完全，吸附性随之增强。烃类物质相态与成熟度间的关联性日益紧密。当成熟度提升时，有机质逐渐变成液态，待成熟度提升到特定温度后，液态烃便会热裂分解出一些气态烃。在成熟度不断提升之下，烃源岩演化进入湿气内。在油气井的2184m~3620m之间进行岩层地化分析，根据结果可知，页岩成熟度相差较小，Tmax范围为435~445℃。结合该区域历史研究结果，AS1井中的烃源岩为最佳，有机质类型Ⅰ型。根据烃源岩有机质评价标准，在井内2185m~3250m之间为生油阶段，无法符合烃源岩演化进入湿气阶段的相关要求。

3.2　吸附气评价

热解录井值可将样品气态烃含量体现出来。对于岩屑样品来说，在钻岩期间蕴含在缝隙内的游离气体转移到钻井液内，在液体上返期间，残留在缝隙内的游离气体在压力不断降低情况下，大量转移到钻井液中，在液体内的气态烃部分能够被检测，但一部分进入到空气内。在上返期间，未进入到钻井液中的气体大多数在岩屑清洗和取样期间混入空气内，通过地化录井分析得出的S_0值可将样品的吸附气充分体现出来。根据分析可知，该井的2225m~2366m段的S_0值最高，均值为0.1285mg/m，其中粉砂岩样品分析中的S_0值超过细砂岩。但气测录井中最佳井段在2458m~2560m之间，井段均值为0.0952mg/g，究其原因，可能因该段内溶解气含量较高，钻头破碎岩石后，该部分气体深入钻井液内，使岩石内气体残留减少。通过对气态烃指标S_0进行分析，发现2225m~2366m段为全井较高段，同时也是最有希望突破的层段。针对热解录井参数进行分析，将2225m~2366m段解释为差油层，剩余井段为非产层段。

3.3　核磁共振录井评价

通过核磁共振的方式，针对含油气性、孔渗性等方面对页岩气开展定量评价，对与岩性、气测异常井段相比不符之处，录井分析含油性较差，且孔渗性不足，无法开展细致性分析与评价。根据上表可知，物性分析范围在2225m~2366m之间，属于全井物性最佳井段，该层与2158m~2254m井段均超过深层空隙度，在2608m~2630m范围内，井段物性与安棚深层孔隙度相比较低。通过储集层中动态流体饱和度分析可知，在2451m~2560m段为最佳段落，2228m~2335m之间的可动流体饱和度较低，特别是在2228m~2335m之间，这对含油饱和度来说处于最低值，对解释评价产生不利影响。通过对核磁共振中的渗透率、空隙度等参数分析后，发现2451m~2560m段为最佳段落，可解释评价为差油层，剩余层段为非产层。

综上所述，随着勘探开发深入不断加大，测录井资料与试采结果、录井资料之间的矛盾问题逐渐暴露出来，需要将矛盾分析法引入其中，对复杂地质现象下的油气层进行客观解释评价。根据本文研究可知，油气层解释过程是承认、揭露和解决矛盾的过程，在解释期间不但要注重矛盾一般规律，还要把握特殊性，结合不同区域石油地质条件采取相应的技术措施，透过现象看本质，只有对关键参数进行解释，才可促进解释评价精准度的显著提升。

参 考 文 献

[1] 余明发，郭海峰，庄维，等. 常规气测录井综合气体指数解释法的建立及其在油气储层解释中的应用[J]. 石油天然气学报，2019，39(4)：11.

[2] 白昕. 浅谈弱油气显示录井解释评价方法[J]. 中国化工贸易，2020，010(001)：246.

[3] 段仁春. 岩石热解录井技术在特殊类型储层解释评价中的应用[J]. 当代石油石化，2019(11)：012-014.

[4] 李庆春，余明军，黄继翔. 数据处理方法在差油气层评价中的应用[J]. 内蒙古石油化工，2018(13)：113-114.

[5] 方锡贤，程昌茹，孟玲志，等. 录井技术在AS1井页岩油气解释评价中的应用[J]. 录井工程，2019，22(3)：57-61.

三维定量荧光技术在胜利油区录井现场中的应用

罗伯青

（中石化经纬有限公司胜利地质录井公司）

摘　要　三维定量荧光分析技术作为一门新兴的荧光分析技术，逐渐取代了以往的二维定量荧光分析技术，在勘探开发中起着越来越重要的作用，本文主要从三维定量荧光分析工作原理入手，介绍了三维定量荧光分析技术在录井现场工作中的应用，并对该项技术进行了总结和展望。

关键词　三维；原油性质；丰度；识别

三维定量荧光录井技术是在二维定量荧光录井技术基础上发展起来的最新定量荧光分析技术，当用不同波长的激发光对样品进行照射时就测得了不同的二维光谱，多个二维光谱叠加就生成了三维光谱，经处理可得到样品的荧光指纹图，两者有着相同的理论基础。由于使用三维荧光分析方法光分析灵敏度提高10~35倍，使用正己烷做为萃取剂，克服传统荧光录井使用四氯化碳或氯仿对原油的猝灭作用，且分析出立体图谱和指纹图谱直观全面地反映出各种油质及泥浆添加剂的荧光特征，三维荧光分析方法在现场中得到了越来越广泛的应用。

1　三维定量荧光分析技术的工作原理

三维定量荧光分析仪，如图1所示，首先是由灯源氙灯发射出的光束照射EX分光器，如图2所示，EX分光器每转动一个角度允许一种波长的光通过，连续转动不同波长的光连续通过，照射到样品池样品池中的荧光物质吸收激发光后发生能量跃迁而发射荧光。荧光由大孔径非球面镜的聚光及EM分光散射后照射于光电倍增管上，把光信号转换成电信号，电信号经过放大送至计算机进行处理，然后再以数字显示或图谱打印的方式提供给用户。三维荧光分析仪采用多点激发、多点接收的方式。激发波长为200~800nm任选，接收200~800nm的发射波长，光谱带宽为10nm。

三维荧光分析技术使用的激发波长为200~800nm，发射接收波长为200nm~800nm，可任意选择激发波长段，得到不同荧光物质的最佳激发波长和发射接收波长，这在一定程度上弥补了二维荧光技术存在的不足，采用多点激发、多点接收的方式，光谱带宽为10nm。得到图谱如图3，图4所示。

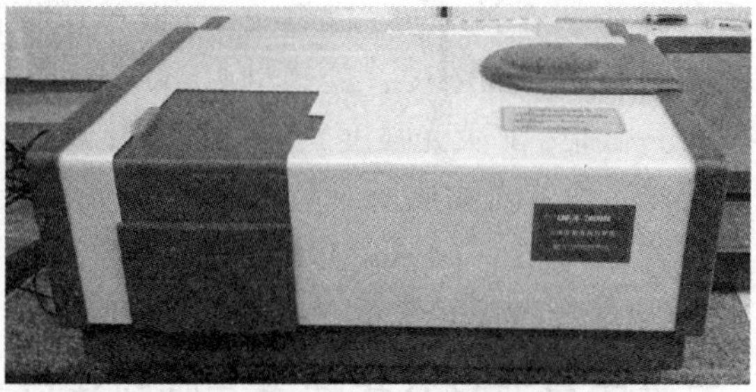

图1　三维定量荧光分析仪(北京永盛通)

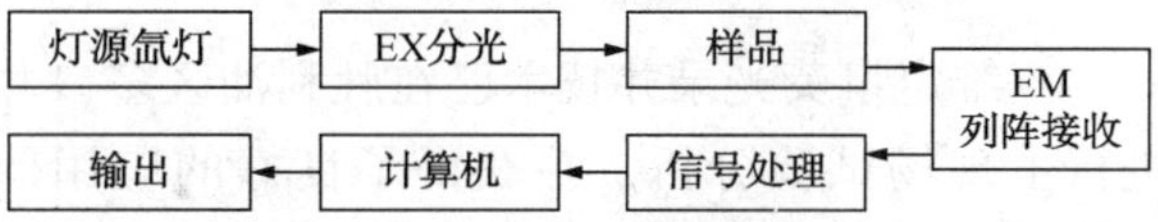

图2　三维荧光分析过程

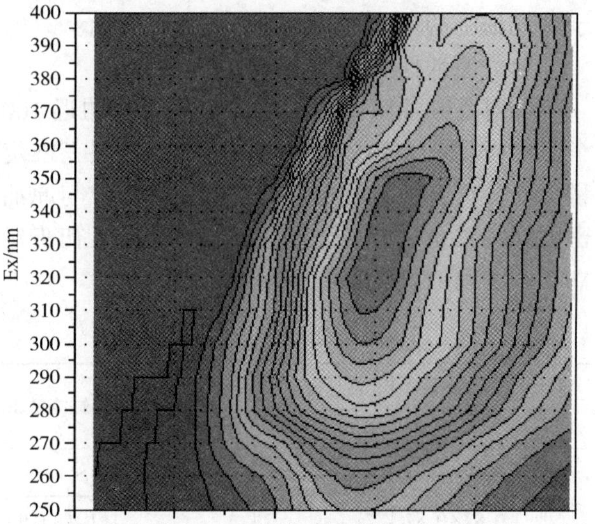

图3　荧光指纹图

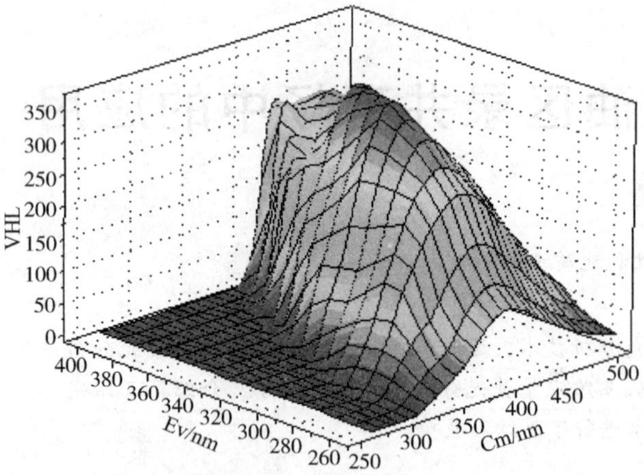

图4　荧光三维图

三维定量荧光录井分析参数：激发波长(Ex，nm)、发射波长(Em，nm)，荧光强度指荧光物质所发射荧光的强弱，反映了样品中荧光物质的多少，含油浓度(C，mg/L)指单位样品中荧光物质的含油浓度，公式是C=K·F+b(K-斜率，b-截距，F荧光强度)，对比级N(1-15])指单位样品中荧光物质所对应的荧光系列对比级别，公式是N=15-(4-lgC)/0.301，三维油性指数(Oc)指综合考虑轻中重三个峰的荧光强度。

2　三维定量荧光分析技术在胜利油区录井现场中的应用

三维定量荧光录井技术已在胜利油区多口井进行了现场试验分析，并获得了良好的应用效果，为现场录井工作起到了一定的辅助指导作用，基于目前的应用研究，三维定量荧光技术在录井现场中的应用主要包括以下几个方面：

(1) 原油性质判别

针对胜利油区不同区块、不同层位的近100个原油样品及500多个井壁取心样品开展三维定量荧光分析，并对分析数据中的油性指数与原油密度间的关系进行了分析总结，目前已经初步建立了两者间的相关性图版，如表1所示。

表1　三维定量荧光原油性质判别标准

原油性质	相对密度/(g/cm^3)	最佳激发波长 Ex/nm	最佳发射波长 Em/nm	油性指数 R
轻质原油	0.77~0.82	315~330	370~380	<1.3
	0.82~0.87			1.4~1.9
中质油	0.87~0.92	330~340	380~400	1.9~2.3
重质油	>0.92	340~380	400~440	>2.3

例如：利38-斜10井，在井深1376米，三维荧光做样分析，稀释2倍，扫描出结果激发波长335，发射波长390，油性指数2.0，荧光强度1073.9，含油浓度52.4，荧光系列对比级别7.4级，可判断为中质油。

(2) 真假油气显示快速识别

不同的油质和添加剂存在不同的最佳激发波长和发射接收波长，从三维荧光图谱分析中能够很直观的区分出不同的荧光物质，清晰的区分真假油气显示，同时利用差谱功能扣除泥浆添加剂对油层的干扰，彻底解决了钻井液添加剂中有机物的荧光干扰和混油等问题。

新井录井前，将井区目的层油样、钻井液用水、钻井液、钻井液添加剂进行三维荧光检测，确定原始钻井液是否污染，添加剂是否含有荧光，通过对比，确保与本区块油品标样图谱相同添加剂不入井，以防为后续油气显示的识别造成困难；录井过程中，确保做样准确性，若出现混油情况，应加强岩屑谱图和钻井液谱图、钻井液添加剂之间的对比，及时掌握钻井液污染及真假油气显示情况。当混入添加剂的峰位置与地层真实油气的峰位置不一致时，可以利用该技术进行直接评价；当峰位置一致或相近时，对现场油气显示的发现造成困难，应避免下井。

例如：桩129-平10井为海油陆采井，其目的层为沙二段油层，埋深3300~3350米，构造图上呈北高南低趋势。该井钻探过程中采用了油基钻井液，对油气显示的发现造成了较大困难，从图谱分析来看，如图5，图6所示，白油和岩屑的最佳激发和发射波长不一致，因此对油气显示发现影响不大，该层显示为真显示。

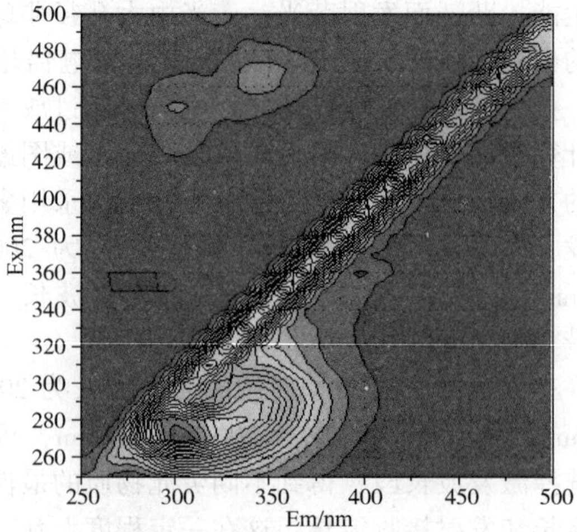

图5　白油(271nm，300nm)

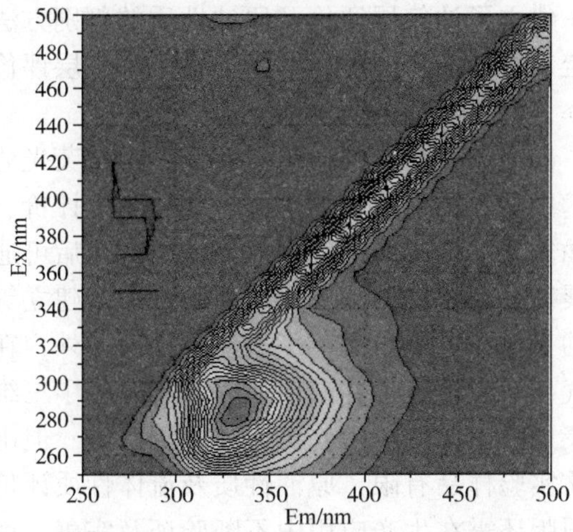

图 6　岩屑 4196.00m(282nm，330nm)

(3) 弱油气显示识识别

现场录井过程中，岩屑荧光滴照仅见弱荧光显示，气测异常不明显，地化及二维定量荧光分析化验值均表现为低值，对现场油气显示的落实造成了一定的困难，而在含油浓度相同的情况下，三维定量荧光的灵敏度要明显高于二维定量荧光，故可通过三维定量荧光进行弱油气显示的识别。

例如花古斜 3 井在井深 1080.00m 左右综合录井气测，地化数据均不明显，如表 2 所示。

现场岩屑荧光显示较微弱，通过三维定量荧光进行识别如表 3 所示。

表 2　花古斜 3 气测及地化数据

层位	顶深/m	底沉/m	厚度/m	岩性	钻时	气测录井					地化录井						定量荧光
						全烃	C1	C2	C3	相对密度	类别	$S_{1深}$/(mg/g)	$S_{21深}$/(mg/g)	$S_{22深}$/(mg/g)	$S_{23深}$/(mg/g)	PG	强度
中生界	1066.0	1072.0	6.0	灰色荧光岩屑砂岩	0.1↓ 5.6	0.06↑ 0.04	0.03↑ 0.02	0.001	0.001	1.12	屑	0.038	0.110	0.082	0.110	0.34	3.8
	1075.0	1081.0	6.0	灰色荧光岩屑砂岩	10.5↓ 3.3	0.07↑ 0.05	0.03↑ 0.02	0.001	0.001	1.12	屑	0.027	0.110	0.082	0.110	0.329	4.1

表 3　三维定量荧光分析数据

井深	样本类型	岩性	稀释倍数	荧光强度	相当油含量	对比级	油性指数	最佳激发波长	最佳发射波长
850	岩屑	灰色粉砂岩	1	3.77	0	0	0.344	300	394
999	岩屑	灰色粉砂岩	1	2.57	0	0	0.026	280	308
1052	岩屑	灰色岩屑砂岩	1	1.6	0	0	0.24	430	492
1080	岩屑	灰色荧光岩屑砂岩	1	27.58	0.74	1.3	1.063	410	441
1100	岩屑	灰色泥质细砂岩	1	11.14	0	0	0.069	340	415
1150	岩屑	灰色岩屑砂岩	1.74	0	0	0.08	300	386	
1200	岩屑	灰色岩屑砂岩	1	2.1	0	0	0.145	420	483
1972	岩屑	灰色石英砂岩（一级荧光）	1	.8.9	0	0	0.360	320	372
1986	岩屑	灰色石英砂岩（一级荧光）	1	6	0	0	0.243	330	441

(4) 含油气丰度评价

目前，胜利油区采集 500 多个井壁取心样品开展三维定量荧光分析，结合试油及投产情况，建立了三维定量荧光对比级别评价含油气丰度的标准，并建立了油气水层评价解释图版及标准，如表 4，表 5 所示。

表 4　三维定量荧光含油气丰度评价标准 1

原油性质 \ 含油气丰度	高	中	低
轻质油	N>7	5<N<7	N<5
中质油	N>9	6<N<9	N<6
重-稠油	N>11	8<N<11	N<8

表5　三维定量荧光含油气丰度评价标准2

流体性质	油层	油水同层	含油水层	水层或干层
荧光对比级别	≥11	9~11	6~9	<6

3　三维定量荧光分析技术总结及展望。

(1)通过录井现场三维定量荧光技术的应用，能够为勘探开发提供了更有价值的基础资料和开发建议，为发现和评价油气提供更有力的依据，拓宽了录井技术的应用领域。通过该技术可放开部分添加剂的使用，助推钻井工程的提质提速提效；解决了钻井过程中由于混油、加入荧光添加剂等原因带来的真假油气显示难以辨识的难题，建立了油气层评价及原油性质的判别方法的确定及标准解释图版，辅助提高了油气层评价准确率，保障了油田的增储上产。

(2)从目前应用情况看，三维定量荧光分析技术主要在原油性质识别、含油气丰度评价、真假油气显示等方面的应用效果良好，今后可通过开展钻井液添加剂和原油样品图谱库的建立等方面的工作，进一步完善了上述应用。另外，在弱油气显示发现及钻井液监控方面又开辟了三维定量荧光技术新的应用，扩大了应用范围。但由于目前实验样品有限，原油性质及流体性质评价解释图版还需在生产应用中不断验证及完善，评价方法有待于进一步总结。

王家岗深层低渗透稠油油藏降黏复合开发技术研究

陈桂华　吴光焕　全　宏　邓宏伟　韦　涛

（中国石化胜利油田分公司勘探开发研究院）

摘　要　为了有效动用开发难度极大的深层低渗敏感稠油油藏，选取胜利油田的典型代表王152块，利用单管填砂驱油模型实验、油藏工程方法和数值模拟技术，在深入分析开发难点和渗流机理基础上，创新性提出“降黏引驱”开发方式，并开展了深层低渗敏感稠油油藏的开发技术研究，研究表明：生产井降黏吞吐引效，注入井变浓度、早期连续、后期段塞降黏驱替的“降黏引驱”方式开发深层低渗敏感稠油油藏，能提高采出程度14.3%。并优化了“降黏引驱”关键参数驱替方式、引效周期、降黏剂浓度及注入量等，形成深层低渗敏感稠油油藏的开发技术政策界限。在王家岗油田王152块进行先导试验后，井组日产油11.5t/d，比措施实施前提高了4倍，实现了低渗稠油从“未动用”到“有效动用”的转变。

关键词　深层低渗；降黏驱；降黏引驱；敏感稠油；开发技术界限

深层低渗稠油为油藏埋深900~1600m，储层平均渗透率低于300mD，油层条件下脱气原油黏度大于50mPa·s的油藏。胜利油田深层低渗稠油探明石油地质储量近亿吨，主要分布在罗家垦西砂砾岩体稠油油藏、王家岗滩坝砂稠油油藏等区块，是胜利油区最大的未开发稠油储量阵地。

胜利油田一直在开展深层低渗稠油的探索攻关。2009年罗家沙四段罗904井压裂后注汽投产，初期日产油4.8t/d，累油210t。因油藏埋藏深、物性差，导致直井注汽压力高，注汽干度低，注汽质量差，生产过程产能低、递减快，无经济效益。2011年王家岗油田完钻了王146-支平1井，采取微乳液降黏体系+CO_2复配体系投产，注入压力最高达到了18.0MPa，投产后峰值日油13.1t/d，是周围直井初产的6.5倍，取得了一定的试验效果，但较高产量只是维持在生产初期，随着后期油水黏度比大，含水上升快、稳产时间短等一系列矛盾也随之凸显，试验未取得突破性进展。

深层低渗稠油油藏开发难度大，主要由于深层低渗稠油的注入压力高于蒸汽的临界条件，注入为高压热水，所携带的热焓及比容远小于气相饱和蒸汽，即使复合降黏剂和CO_2开发时，其有效降黏泄油半径不到15m，且油藏启动压力高，流度小，单井产能低。目前无明确的开发方式对超深层低渗稠油的亿吨储量进行有效动用。

油稠、渗透率低、埋藏深等几个不利因素叠加在一起，严重影响该类油藏实现效益开发。埋藏深，蒸汽热损失大；油稠、低渗导致油藏启动压力高，流度小，开发效果差。在调研前人研究基础上，剖析开发难点，采用单管填砂驱油模型实验、油藏工程方法和数值模拟技术，创新性提出“降黏引驱”开发方式，论证了“降黏引驱”的渗流机理，并开展了深层低渗敏感稠油油藏“降黏引驱”开发技术政策界限研究。2020年4月王152块试验井组投产，井组日产油11.5t/d，比措施实施前提高了4倍，取得了较好的效果。

1　区块概况

王家岗油田王152块地处东营市广饶县丁庄乡李沧村东部，构造上位于东营凹陷丁家屋子与八面河构造带之间。王152块沙四段为常温常压、构造-岩性低渗敏感普通稠油油藏，埋深1500m。孔隙度23.2%~25.4%，空气渗透率平均135mD，地面原油黏度14016mPa·s，油层温度76℃，氯离子含量13665mg/L，地层水矿化度23594mg/L。

王152块沙四段深层低渗敏感稠油油藏具有深、低、敏、稠、弱的特点。埋藏深，热损失大，热采效果无法保障；渗透率低，注汽压力高，建立有效驱替困难；原油黏度大，原油流动性差；区块封闭天然能量弱，供液能力无法保障。不仅如此，区块储层强水敏，水敏指数高达81.3%，黏土膨胀，渗流能力无法保障，强水敏进一步加大了开发难度。王152区块自2011年投产至2020年初，先后采用常规注汽、高干注汽热采、压裂改造后注汽热采、降黏冷采吞吐等开发方式，效果均不理想，目前单井日产油仅0.1~0.8t/d，采出程度仅1.4%，油藏基本未动用(图1)。

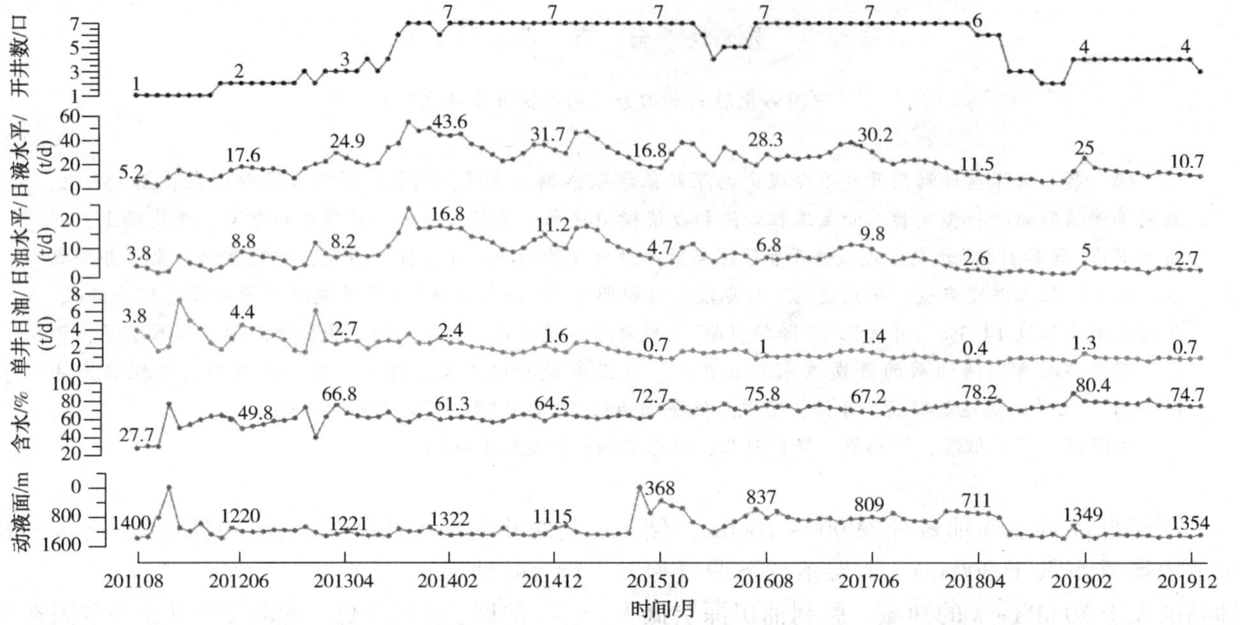

图1　王152块开发曲线

2　降黏引驱开发技术的提出

王152块受低渗、油稠影响，原油流动能力较弱，油藏启动压力高，同时压力传导损失大，其中同类油藏草13块启动压力高达13MPa。

常规注水驱替开发时，注入端油相压实堆积，在前缘形成近井地带富集油区域，但由于储层低渗、油稠，注采井间存在高黏度的压力传导阻滞区域，同时随着采出端轻质组分采出，重质沉积吸附，致使高黏度原油堆积，采出端形成堵塞区域，泄油区渗流能力下降；导致注采井之间无法建立有效驱替关系(图2)。因此，笔者提出了“降黏引驱”的开发思路，具体的内涵是：

(1) 注采井双向降黏，建立有效驱替压差

研究表明，王152区块油藏条件下原油黏度为602mPa·s，常规水驱开发时，测算油水井附近易流区不足10m，缓流区不足30m，注采井之间存在150m以上的高黏度滞留区，压力不能有效传导，无法建立有效驱替(图3)。

采用“降黏引驱”开发，从注入端和生产端双向降黏，可大幅降低油藏启动压力。数值模拟预测表明，当降黏后黏度降至100mPa·s附近，

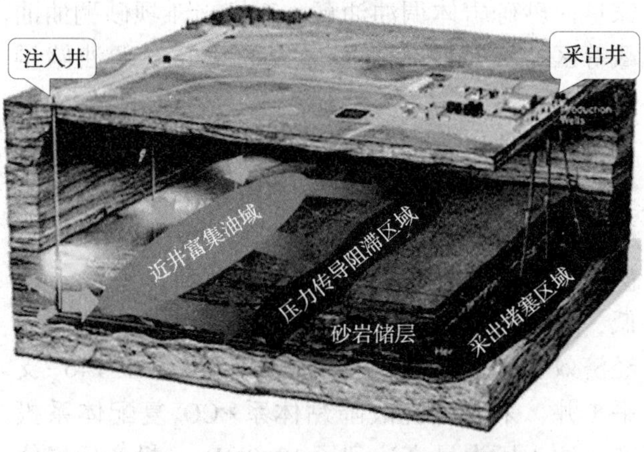

图2　注水开发注采井间流动示意图

井间低黏区域扩大到120m左右；在相同驱替压差时，测算油水井附近易流区和缓流区扩大至水驱时的3倍左右，高黏度滞留区消失，即扩大了极限注入半径和极限生产半径，压力能够有效传导，从而达到建立注采驱替关系，有效补充地层能量的目的(图4)。

(2) 优选降黏体系，扩大波及体积，同时保持渗流能力

采用水驱开发时，水油流度比大，注入水突进变快，油井含水上升快，水驱时易发生指进现象，水驱波及系数越小。而降低水油流度比，就

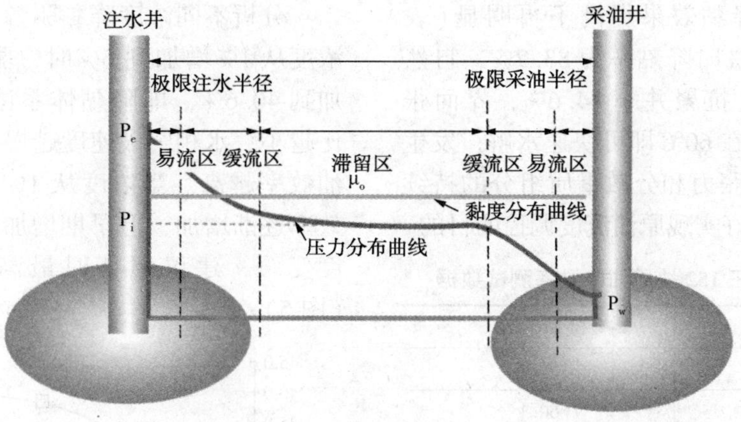

图 3　常规水驱开发压力分布曲线、黏度变化示意图

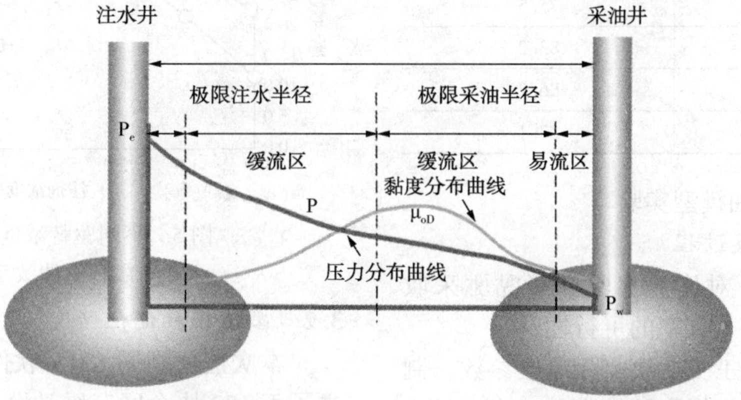

图 4　降黏引驱开发压力分布曲线、黏度变化示意图

能扩大波及体积。降黏驱替的关键是降低油水流度比。

本次研究优选了 LPA 降黏体系，双向调节注采黏度。首先考虑降低油相黏度，利用 LPA 降黏体系的多重降黏作用，将地层原油黏度降至 100mPa · s 附近。同时增加注入相黏度至 20mPa · s 左右。双向调节后，注入相和油相的流度比为 5 左右，波及系数由水驱时的不足 20%提高到 65%以上。

此外，针对王 152 块强水敏性，优选配伍的驱替工作液进行降黏引驱开发，有效防控水敏，进一步保持渗流能力。

3　技术可行性评价

王 152 块深层低渗稠油油藏早期开发采用注蒸汽热采开发，注汽压力高达 20. 3MPa，注蒸汽沿程热损失大，井底干度损失高达 50%以上，热采效果差，平均单井日产油仅 1. 6t/d。压裂改造后注蒸汽热采，注汽压力未明显降低，平均单井日产油略有升高为 1. 9t/d，但投入产出比为 0. 7，经济效益差。降黏吞吐开发时，油井初产 5. 4t/d，但递减率快，平均日产油仅为 1. 7t/d，无能量补充，不能持续稳产开采。

王 152 块有效开发必须补充能量。本次研究从室内实验和数值模拟两方面对比了水驱、降黏驱等不同开发方式的开发效果。通过室内实验论证了降黏驱提高采收率的可行性；通过数值模拟研究论证了降黏引驱技术双向降黏开发提高采收率的可行性。

3.1　室内实验研究

3.1.1　实验用油及降黏体系性能

实验用油：胜利油田王 152 沙四纯下油井脱水原油，黏度 16400mPa · s。

实验用水：王 152 沙四纯下单元地层水，氯化钙型，矿化度为 23594mg/L。

针对王 152 原油组分及其特点，对多个降黏体系进行测试，最终优选 LPA 降黏体系。该产品为均匀液体，无杂质的复合降黏体系。

实验测定了 LPA 降黏体系质量浓度 0. 3% ~ 5%时的降黏率，随着浓度增大，降黏率不断增加，当浓度从 0. 3% 变成 5% 时，降黏率从 57. 1%上升为 87. 1%，当药剂浓度 3%以上，继续增加药剂浓度，降黏效果提高不再明显(表1)。在质量浓度为3%时降黏率为83.2%，自然沉降脱水率82.5%，抗聚并率74.6%，界面张力小于0.01mN/m。在60℃即可快速水解，发生改性，兼具降低界面张力和分散重质组分的持续叠加降黏作用，能更好实现原油流度调控的目的。

表1　不同质量浓度王152块原油降黏率测试数据

药剂浓度/%	降黏率/%
0.3%	57.1
0.5%	60.1
1.0%	71.3
2.0%	75.5
3.0%	83.2
4.0%	86.7
5.0%	87.1

3.1.2　单管填砂驱油模型实验

3.1.2.1　实验条件及过程

实验目的：分析对比热水驱和降黏驱采收率，论证降黏驱提高采收率的可行性。

模型参数：根据王152块实际地层参数，制作石英砂天然油砂环氧树脂胶结岩心，岩心长度30cm，直径2.5cm，气测渗透率512.6mD左右；

饱和原油：王152块脱气稠油(黏度16400mPa·s)，68.5%；

驱替及配液水：王152区块地层水；

驱替药剂浓度：0%(热水)，1%，2%，3%，5%；

驱替回压：0.5MPa；

驱替实验步骤：固定0.3mL/min的速度，①注入0%浓度热水(地层温度)，驱替至含水>99%时结束；②注入1%浓度药剂，驱替至含水>99%时结束；③注入2%浓度药剂，驱替至含水>99%时结束；④注入3%浓度药剂，驱替至含水>99%时结束；⑤注入5%浓度药剂，驱替至含水>99%时结束；分别计算以上驱油效率。

3.1.2.2　驱替结果分析

对于驱替开发油藏，其采收率取决于驱油效率和波及系数的乘积。当驱油效率和波及系数增加，采收率也增加。

对比热水驱替和降黏驱替实验发现，热水驱替最终驱油效率仅22.1%；浓度5%降黏驱替时，最终驱油效率40.6%，即降黏驱替开发驱油效率和采收率更高。

分析不同浓度降黏驱替实验发现，降黏体系浓度从1%增加到5%时，驱油效率从29.1%增加到40.6%，即降黏体系浓度越高，水油黏度比越小，水相突破速度越慢，含水上升越慢，驱油效率越高。当浓度从1%增加到5%时，驱油效率逐渐增加，但早期增加幅度快，后期增加幅度变缓，建议驱替时最高段塞浓度小于5%(图5)。

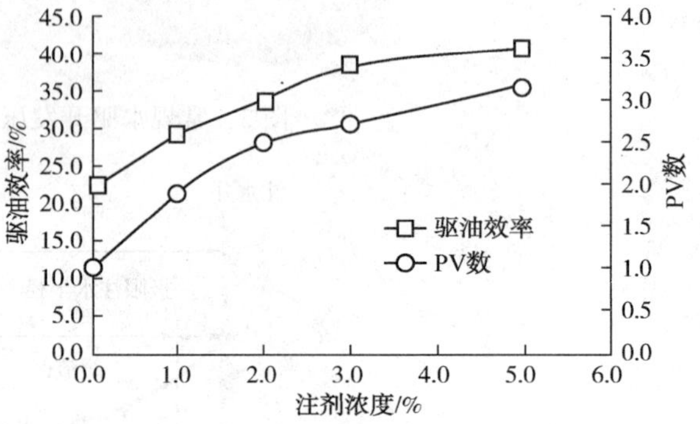

图5　不同驱替浓度下最终注入PV数和驱油效率关系图

3.2　数值模拟优化研究

本次优化利用CMG软件的STARS模块，建立了王152块全区三维油藏模型，并采用黏度非线性混合方式，模拟不同降黏剂浓度下原油黏度的变化。

模型储量169万吨，油藏埋深1477.8m，砂厚16~20m，平均孔隙度25.9%，渗透率120~142mD，初期7口老井排状分布，预测时部署反九点法面积井网，井距230m左右。

模型K方向3小层，模拟3个主力油层，I方向网格232个，J方向网格94个，网格步长8.3-25m，有效网格总数65424个。

首先利用数值模拟和类比法开展了开发方式优化研究。分析对比了稠油油藏水驱、热水驱、蒸汽驱、降黏吞吐、降黏剂驱和降黏引驱等六种开发方式的生产效果。

从数值模拟研究结果看，受油藏埋藏深、渗透率低、油稠等影响，六种开发方式总体采出程度都不是很高，其中降黏引驱开发方式的采出程度最高为14.3%。但六种开发方式中只有降黏剂驱和降黏引驱2种开发方式有经济效益，净采油量为正值，其中降黏引驱净采油量最高为7.46×10^4t。由于降黏引驱开发的净产油和采出程度均最优，推荐王152块采取“降黏引驱”开发方式进行开发(图6)。

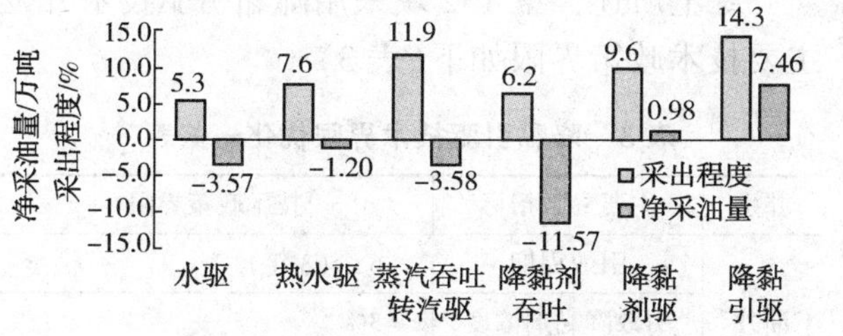

图 6　不同开发方式生产效果对比图

4　降黏引驱开发技术界限研究

降黏引驱开发要求注入井降黏驱替的同时，生产井降黏吞吐引效。因此研究降黏引驱开发技术界限时，需要对注采井同时进行多参数的协同优化。

4.1　油井优化

4.1.1　降黏吞吐引效周期优化

数模优化对比了生产井降黏吞吐引效 4 周期~12 个周期后再降黏驱的 5 个方案生产效果(图 7)，研究结果表明生产井降黏剂吞吐引效 6 周期时，净采油量最高，采出程度比引效 12 个周期时仅低 0.3%。整体开发效果较好，建议引效 6 周期(3 年，1 年 2 周期)后只进行注入井驱替。

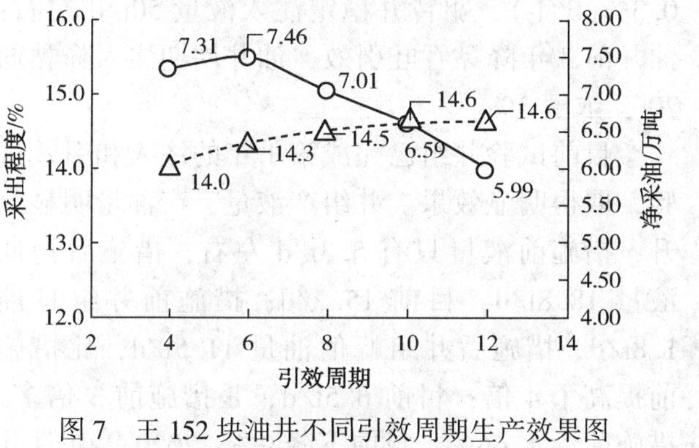

图 7　王 152 块油井不同引效周期生产效果图

4.1.2　降黏剂浓度及用量优化

本此研究采用的 LPA 降黏剂，随着浓度变化静态降黏率变化较大，当浓度从 0.5%变成 3%时，降黏率从 62.9%上升为 83.7%，王 152 块为特稠油，原油黏度大，考虑降黏效果，浓度不宜过小。利用数值模拟方法优化对比了油井采用 1%，2%、3%、4%四种不同浓度降黏吞吐引效的生产效果，结果表明采用 2%~3%浓度效果最好，考虑敏感性油藏的地层吸附作用，建议降黏剂浓度前三年采用 3%(图 8)。

同时优化对比了油井吞吐引效每个周期注入降黏剂用量，研究表明吞吐引效每周期降黏剂用量 20t 左右效果最优。

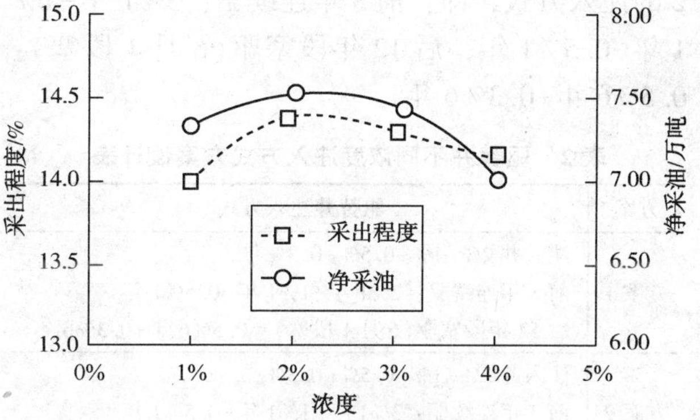

图 8　王 152 块油井不同降黏剂浓度生产效果图

4.2　驱替井注入参数优化

4.2.1　驱替方式优化

设计了连续降黏驱、段塞降黏驱、变浓度降黏驱、变浓度+段塞降黏驱四种驱替方式，利用数值模拟进行优化对比，预测结果表明：油井前 3 年降黏吞吐引效的同时，采用注入井变浓度(3%1 年−1%1 年−0.5%1 年连续注入)+段塞驱替方式 0.5%(6 年)+0.3%(6 年)进行开发，净采油量最高，采出程度较高。推荐变浓度+段塞降黏驱替方式，即前 3 年变浓度连续注入，第 4 年以后变浓度段塞注入方式(6 月 1 个降黏剂段塞+6 月 1 个水段塞交替注入)(图 9)。

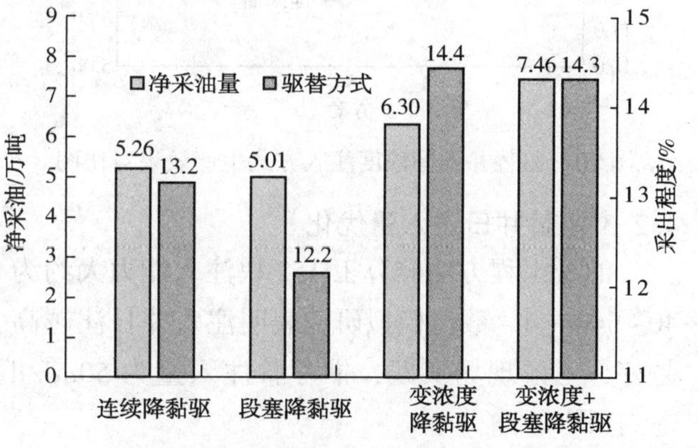

图 9　不同驱替方式开发效果对比图

4.2.2　注入方式优化

考虑油藏降黏剂吸附作用和现场的经济成本，驱替井注入方式优化时，在前期推荐变浓度+段塞降黏驱替方式基础上，对不同浓度组合，不同段塞注入方式进行深入优化。优化了不同浓度和段塞组合方案的 5 种注入方式(表 2、图 10)，对比了驱替井不同注入方式的生产效果。计算结果表明：方案 4 累产油和采出程度最高，方案 2 净采油最高为 7.46×10^4t，采出程度比方案4仅低0.9%。综合考虑，建议采用方案2的注入方式，即：前3年连续驱：3%1年-1%1年-0.5%1年，后12年段塞驱(6月1段塞)：0.5%6年+0.3%6年。

表2　驱替井不同浓度注入方式方案设计表

方案	驱替井注入方式
方案1	注入井2%-1%-0.5%-0.3% 前3年连续驱：2%1年-1%1年-0.5%1年 后12年段塞驱(6月1段塞)：0.5%6年+0.3%6年
方案2	注入井3%-1%-0.5%-0.3% 前3年连续驱：3%1年-1%1年-0.5%1年 后12年段塞驱(6月1段塞)：0.5%6年+0.3%6年
方案3	注入井3%-2%-1%-0.5%-0.3% 前3年连续驱：3%1年-2%1年-1%1年 后12年段塞驱(6月1段塞)：0.5%6年+0.3%6年
方案4	注入井：5%-3%-1%-0.5%-0.3% 前3年连续驱：5%1年-3%1年-1%1年 后12年段塞驱(6月1段塞)：0.5%6年+0.3%6年
方案5	注入井1%3年-0.5%6年-0.3%6年 期3年连续驱，第4年始段塞驱间歇6月

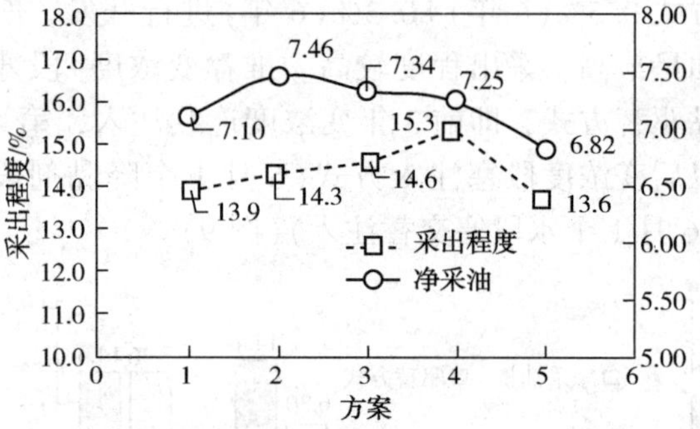

图10　驱替井不同浓度注入方式生产效果对比图

4.2.3 驱替井日注入量优化

油藏工程方法测算王152块注入能力大约为40~64m³/d。数值模拟研究表明注入井日注越高越好，考虑现场实践，推荐日注入量为50m³/d左右(图11)。

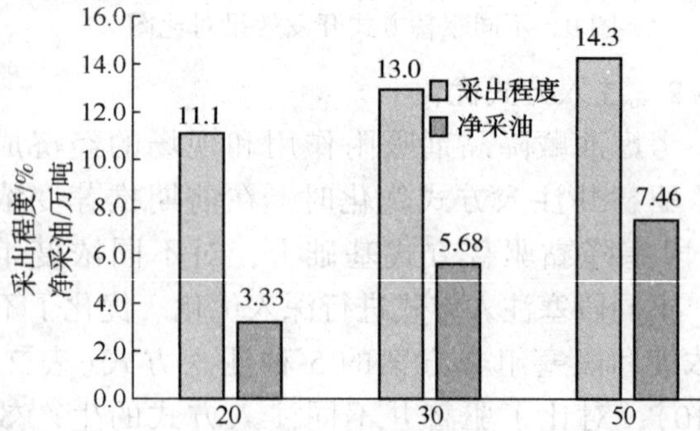

图11　驱替井不同日注入量生产效果对比图

综上所述，王152块采用降黏引驱技术开发主要技术政策界限如下(表3)。

表3　降黏引驱技术界限优化一览表

井别	主要参数指标	技术政策界限
油井	引效周期	6个(3年)
	引效降黏剂浓度	3%
	周期注入量	20t
注入井	驱替方式	早期3年连续驱，第4年降黏剂段塞驱，6月1段塞
	降黏剂浓度	前3年连续驱：3%1年-1%1年-0.5%1年； 后12年段塞驱(6月1段塞)：0.5%6年+0.3%6年
	日注入量	50t

5　应用效果

依据上述研究成果，王152块于2020年4月在王152-斜6井组实施了“降黏引驱”1注2采现场试验，早期3年连续驱，第4年降黏剂段塞驱，6月1段塞。注入井变浓度(3%1年-1%1年-0.5%1年)+段塞驱替方式0.5%(6年)+0.3%(6年)，驱替井稳定注入液量50t/d左右；油井前3年降黏吞吐引效，油井周期注入降黏剂20t，浓度3%。

目前试验井组已完成第1年的注入和引效试验，取得明显效果。井组产液量、产油量明显上升，措施前液量只有5.3t/d左右，措施后初期液量18.8t/d，目前15.2/d；措施前井组日油1.8t/d，措施后井组峰值油量11.5t/d，比措施前提高了4倍；目前6.5t/d，是措施前3倍多。措施前含水66%，目前下降9%。2020年9月井组驱替生产157d，累积注入6534m³，2口油井均已见效，井组累积产油856t，生产效果明显改善，预测提高采收率11.0%(图12)。

6　结论

(1) 室内实验表明降黏驱替方式优于热水驱方式，其驱油效率明显增加。当降黏驱替浓度增加时，驱油效率不断增加，浓度增加到一定程度后，增加幅度变缓。

(2) 深层低渗稠油油藏有效开发的前提是建立有效注采驱替关系。采用降黏引驱开发方式，通过注入端和采出端双向降黏，能够大幅降低油

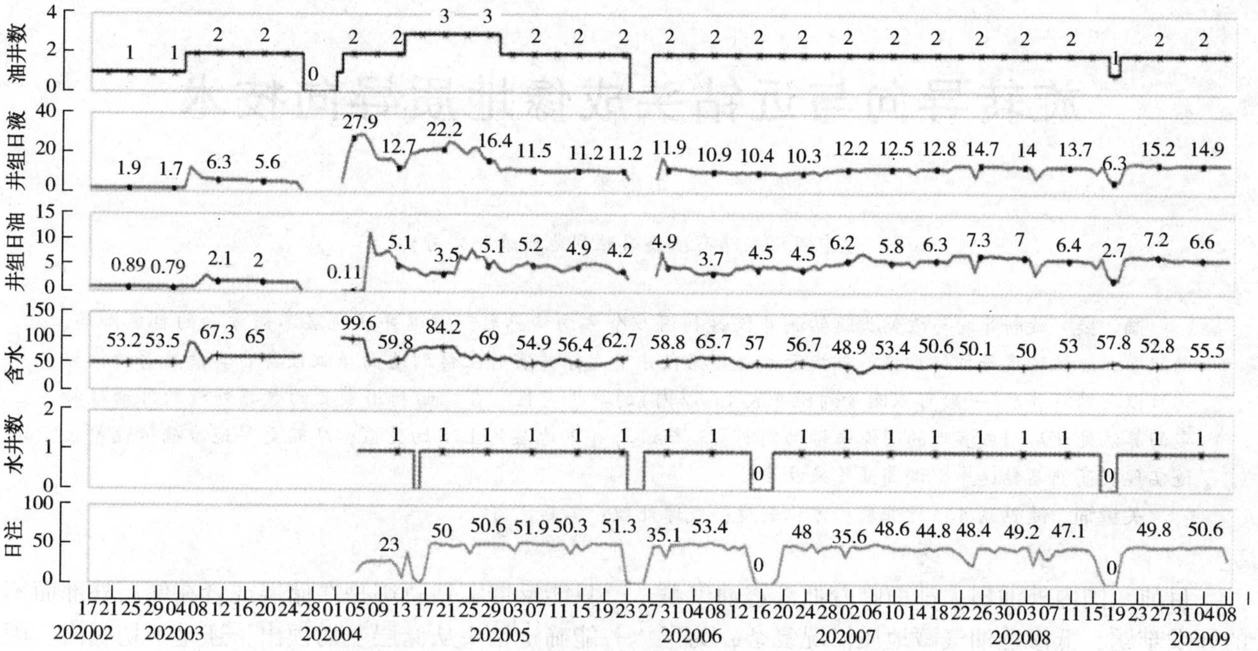

图 12　王 152-斜 6 井组降黏引驱注采曲线图

藏启动压力；另一方面通过注入端持续补充能量，扩大了极限注入半径和极限生产半径，压力能够有效传导，从而有效建立注采驱替关系。

（3）对比水驱、热水驱、蒸汽驱、降黏吞吐、降黏驱等开发方式，降黏引驱开发方式可明显提高产能，提高采收率，是一种深层低渗敏感稠油油藏有效的开发方式。

（4）降黏引驱方式开发中，驱替方式采用早期连续驱替、后期段塞降黏驱替的方式；注入井注入浓度建议采用变浓度注入，即早期高浓度，后期低浓度注入方式，旨在提高采收率的同时，达到更高的经济效益。

参 考 文 献

[1] 才汝成，李阳，孙焕泉，等. 油气藏工程方法与应用[M]. 东营：石油大学出版社，2002：284-287.

[2] 王一平. 深层低渗稠油有效开发方式[J]. 承德石油高等专科学校学报，2016，18(1)：8-11.

[3] 赵燕，杨艳霞，吴光焕. 深层稠油油藏高干度蒸汽驱物理模拟实验[J]. 断块油气田，2018，25(2)：266-268.

[4] 刘勇，王崇先，李晓辉，等. 深层超稠油多元热流体开采机理[J]. 断块油气田，2019，26(5)：638-643.

[5] 李伟忠. 金家油田低渗敏感稠油油藏适度出砂室内评价[J]. 断块油气田，2019，26(6)：810-815.

[6] 邓宏伟. 超深层低渗透稠油 CO_2 增溶降黏体系研发与应用[J]. 油气地质与采收率，2020，27(1)：81-88.

[7] 曹畅，罗君兰，刘磊，等. 超深稠油注天然气气举降掺稀先导试验[J]. 大庆石油地质与开发，2019，38(1)：116-120.

[8] 王旭东，张健，施雷庭，等. 稠油活化剂降黏机理及驱油效果研究[J]. 特种油气藏，2020，27(6)：133-138.

[9] 熊钰，冷傲燃，孙业恒，等. 水溶性分散型降黏剂降黏及微观驱油机理[J]. 油气地质与采收率，2020，27(5)：62-70.

[10] 赵红雨，李美蓉，曲彩霞，等. 普通稠油降黏剂驱与聚合物驱微观驱油机理[J]. 石油化工高等学校学报，2015，28(1)：59-64.

[11] 魏超平，李伟忠，吴光焕，等. 稠油降黏剂驱提高采收率机理[J]. 油气地质与采收率，2020，27(2)：131-136.

[12] 刘祖鹏. 边底水稠油油藏水溶性降黏剂吞吐技术研究[J]. 特种油气藏，2020，27(3)：99-104.

旋转导向与近钻头成像地质导向技术

张书弟

(中石化经纬有限公司胜利地质录井公司)

摘　要　旋转导向与近钻头随钻测井仪器利用多个方向传感器，将近井底地层不同方向的自然伽马、电阻率、岩性密度等特征数据结合指示方向数据在井下存储并实时上传到地面接收设备。其最显著的优势是可以反馈近井底(一般可以测量到距井底4m以内)的数据变化。在地面利用专业的数据处理软件通过特定的算法处理后形成直观的图像来辅助判断实钻轨迹与井下地层的上下切关系，从而更早地准确地调整轨迹实现提高储层钻遇率，调高油气采收率。

关键词　随钻测井；近井底；方位刻度；成像处理；工具优劣

目前，国内外油田大都面临着低渗透油气藏的开发难题，低渗透油气藏地质情况复杂，为了解决这一难题，多采用定向井和复杂结构井进行开发。在钻进过程中，准确监测井下环境，及时获取井下工程参数和地质参数是保证钻进低渗透油气储层时井筒安全的前提，也是优快钻井、提高开发效益的基础。实钻过程中，地质导向是根据钻井施工时实时测量的地层信息，判断钻头钻遇的地层，及时调整钻进轨迹。实时测量的信息包括地质参数以及工程参数，地质导向仪器中最常用的地质参数为自然伽马和电阻率等。

随钻自然伽马成像仪器采用多方向自然伽马传感器，探测效率高，其测量结果具有方位特性，除了识别岩性、计算泥质含量等常规自然伽马测井应用并实现实时传输数据至地面为地质导向重要资料；随钻电阻率成像仪器可以满足定向井在裂缝地层、薄层、低孔隙度和低渗透率地层等复杂储层中的地质导向、地层评价和井壁电阻率成像需求。下面以随钻自然伽马成像仪器在页岩气开发过程的应用为例进行说明。

1　随钻方位伽马测量原理

传统的随钻伽马测量仪是在随钻测量工具内安装自然伽马传感器，通过伽马传感器内的计数管来获取其周围岩层中放射出的γ射线，然后进行API刻度后传输至地面，进而判断地层的平均伽马值。因为只有一条曲线只能把实钻轨迹看做一条线，但是实际上钻井管柱有自身的直径尺寸对应的就有了上下左右之分，单一伽马曲线只能反馈实钻轨迹是在储层或者在储层外部而不能确定钻头从储层上切顶出，还是下切底出，因此对于下步轨迹调整方案无法给出理论支持。随钻方位伽马测量技术是近年来发展起来的一种新型随钻测量技术，在方位伽马及成像伽马仪器开发中，利用钻铤本体充当伽马测量的天然屏蔽体，为实现方位伽马测量提供了可能。利用陀螺仪等装置在井下钻具旋转的情况下识别方位并在特制钻铤本体相应位置开孔测量钻具预设方位地层的自然伽马，井下测量系统分时、分区累计来自各对应地层的自然伽马，经过实体刻度及修正技术得到国际通用的API数据，用于表征对应地层的泥质含量。图1(a)是2个伽马方位对称安装时钻铤表面的结构，用以记录来自上、下(对称方位)2个方位的地层伽马射线，根据需要还可以将扇区配置为4，8或16个方位进行实时测量。图1(b)是8扇区方位伽马测量分布示意图，不仅可以实现常规自然伽马应用，还可以对地层进行伽马成像，拾取地层倾角和分析构造，进而更好地指导地质导向和地层评价。

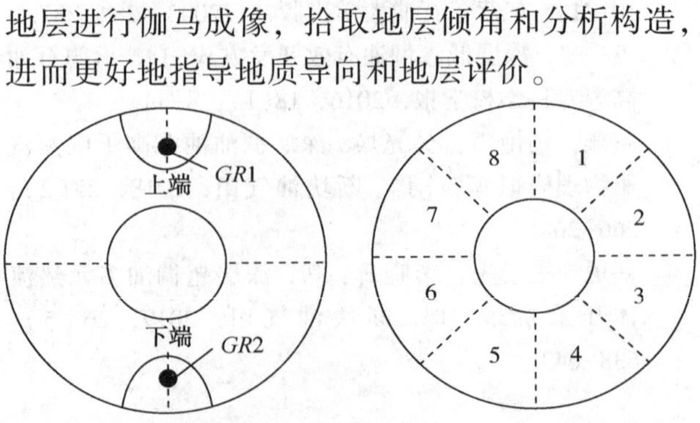

(a)方位伽马结构　　(b)8扇区方位伽马分布

图1　方位伽马结构及测量扇区分布示意图

根据随钻方位伽马测量仪器提供的方位伽马曲线可以很好的解决单一伽马曲线存在的问题：在目的层顶底岩性一致且曲线特征相近的情况下，无法识别如何从原地层进入新地层，即顶出地层还是底出地层。如图 2 所示，利用随钻方位伽马测量仪器测量时，在轨迹接近地层界面或曲线特征有变化的位置，因为钻具管柱自身直径的存在会出现钻具管柱在不同方向上接触进入新地层有先后的区别，不同方向自然伽马曲线变化也会出现变化的先后顺序，经过专业软件的计算选择合适的色度标定后制成方位伽马成像图。从轨迹延伸方向上看，一般在成像图上呈“V”字形轨迹上切地层；在成像图上呈“Λ”字形轨迹下切地层。图 2 标注内单一伽马曲线特征上对称性很好在岩性一致的情况下后容易误判为轨迹回切而停止调整轨迹甚至做出错误的决策；而根据随钻方位伽马曲线及成像图可以直观的判断出实钻轨迹一直在上切地层，依次进行对应的轨迹调整可以更早的实现追层目的。

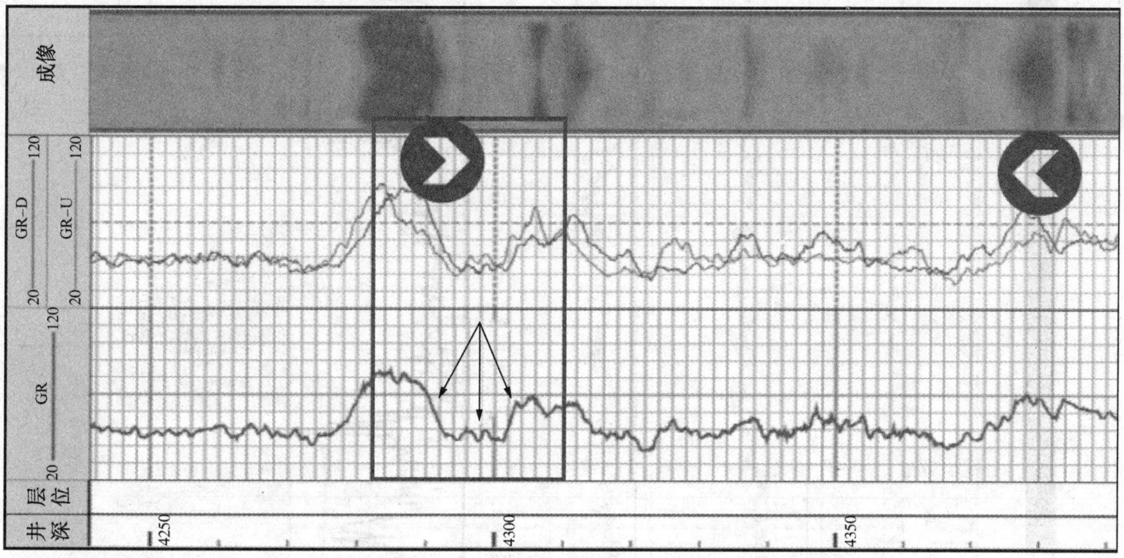

图 2　XXX 井水平段部分井段随钻方位伽马曲线及成像图

2　随钻方位伽马成像仪器的应用

下面选取 AY4HF 井的随钻测井资料进行实例说明。该井是一口开发海相地层页岩气水平井，目标层上、下均为黑色页岩，目的层薄且真实地层倾角大且局部微构造发育，而且设计要求在厚度为 4 米的箱体内穿行，因为水平段长长和后期作业安全要求必须控制水平段内轨迹狗腿度在 3°/30m 以内，这就限制了水平段钻进过程中不仅要准确判断井底地层位置，还要准确地识别发现轨迹与地层的上下切关系并制定轨迹调整方案，因此相对增加了水平段井眼轨迹的控制难度。为此，采用随钻近钻头方位伽马测量仪器进行地质导向施工。通过方位伽马、伽马成像及时发现实钻轨迹位置和上下切地层关系，以便工程上及时调整，使轨迹保持在目标层内穿行，显示了伽马成像仪器的优势。

图 3 是 AY4HF 井水平段钻进过程中随钻方位伽马及伽马成像资料在不同状态下的应用实例。从图 3 可以看出，本井水平段岩性全为黑色页岩且机械钻速较低，随着水平段的延伸钻时缓慢的逐步升高也符合钻头磨损的正常现象(个别高钻时为调整轨迹滑动钻进)，单独从岩性和机械钻速变化上无法判断井下地层情况；近钻头随钻方位伽马测量零长 1m(随钻测量数据距钻头距离 1m)，相比岩屑录井、气测录井及衍生分析化验数据能够更早地反映井下地层位置，可以实现更早地发现地层变化尽早调整，实现不出目的层或少出目的层。现场应用表明，根据利用随钻方位伽马以及伽马成像仪器托数据，对应调整轨迹最终实现目的层钻遇率 100%，因为更早地调整轨迹可以微调少调整体井身轨迹更加圆滑，进而更好地指导地质导向钻井施工。

3　旋转导向与近钻头成像地质导向技术的差异

国内在现场应用过程中，旋转导向工具和近钻头工具都可以实现随钻成像地质导向技术。但

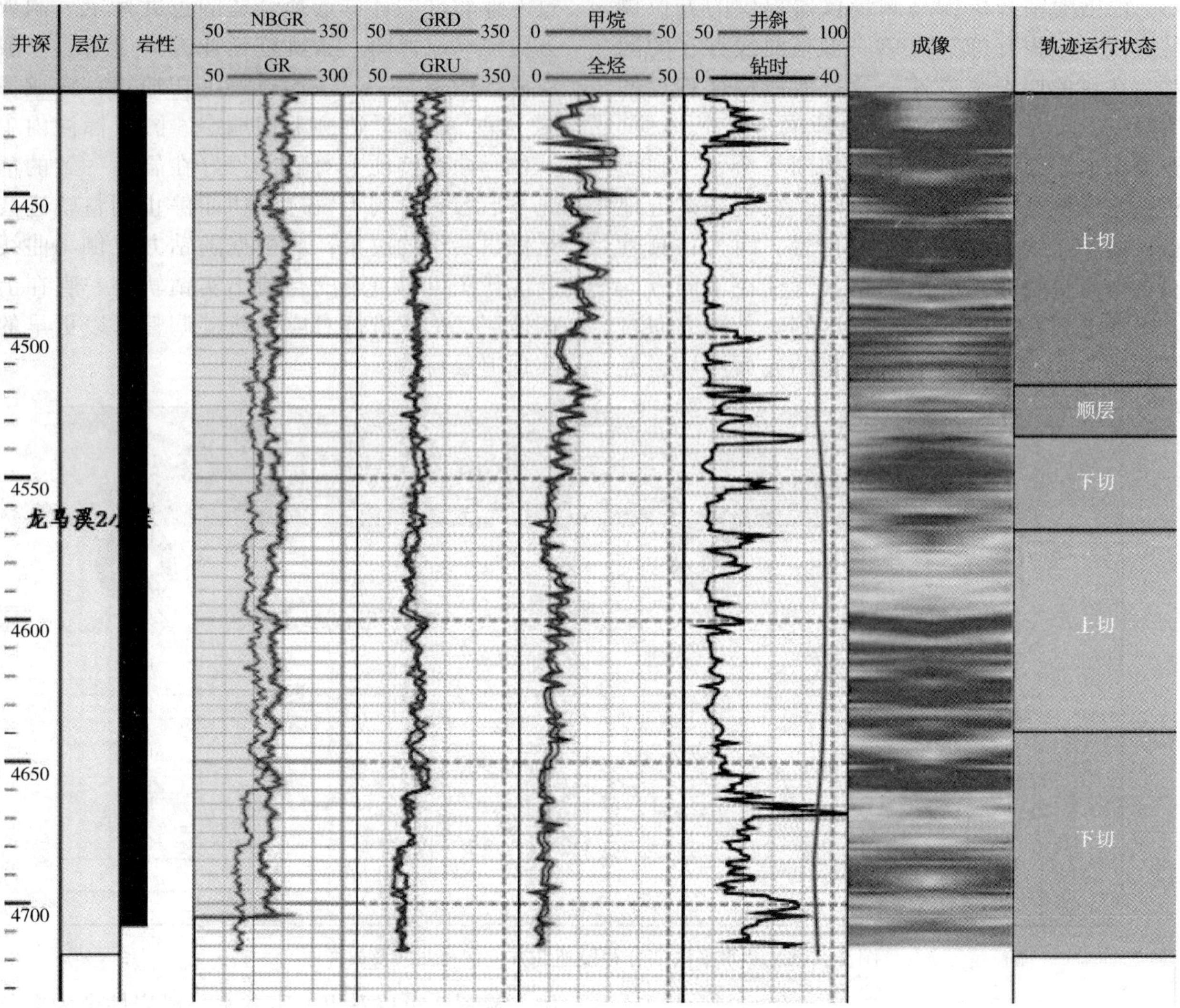

图3　AY4HF井水平段单井解释图(局部)

二者也有明显的不同和优劣：

(1)旋转导向工具在调整轨迹时因其自身特性，可以通过地面仪器通过调整钻井液立压的大小向井下发送指令控制井下工具以推靠式或者指向式导向头将原工具外形变成特定弯度和特定方向的状态来实现增降斜等轨迹调整目的。；而近钻头工具则是采用在弯螺杆的弯接头前加装测量短节实现近钻头测量，其增降斜方式同远端随钻工具原理一致，需要通过在地面按照预期人为摆正工具面后滑动钻进(不开转盘钻进)，而且因为弯接头前端长度更长为了保护工具和降低井下震动地面转盘转速也需要相应的降低。另外近钻头工具依靠固定弯度螺杆定向致使调整井斜角度时只能通过滑动钻进进尺数实现调整；相对来说，旋转导向工具在轨迹调整过程可以调整井下工具的弯度将整个调整角度可以细分到全部进尺上、不需要人工摆工具面及可以开转盘钻进，所以其井身轨迹要更好，机械钻速也更快，这一点在大位移水平段的中后段更为明显。

(2)旋转导向工具相较近钻头工具的技术含量更高、更先进，其测量数据的精度及准确性也优于近钻头工具；因此也导致旋转导向工具相较近钻头工具单套仪器更加昂贵：一套进口旋转导向工具一般在1500万以上，一套进口近钻头工具一般在800万以下；这样一旦发生井下事故，使用旋转导向工具要比使用近钻头工具损失更大。

4　结论及建议

(1)利用随钻数据成像化处理方法对现场实际资料进行处理，获得了效果较好的成像测井图像，直观反映了井壁地层不同方位的岩性变化情况，确定实钻轨迹与地层的上下切关系及时调整轨迹，从而提高储层钻遇率。

（2）在选择使用随钻成像测量仪器时应当考虑区域地质条件（储层厚度及电性稳定性、复杂情况等）和开发实效紧迫度等因素选择旋转导向工具还是近钻头工具。

（3）随钻成像测井是随钻测井技术的一个重要发展方向，基于随钻成像测井资料，可以进一步计算地层倾角、进行构造分析，将为复杂油气藏的勘探开发提供一种低成本、精细化的地质导向技术，从而指导钻井施工，特别是在目前低油价时期，可以根据实际情况减少或取消完钻测井项目从而降低项目投入实现降本增效。

参 考 文 献

[1] 唐海全. 随钻方位伽马数据成像化处理方法[J]. 岩性油气藏，2017，29(1)：110-115.

[2] 李安宗，等. 随钻方位自然伽马成像测井在地质导向中的应用[J]. 测井技术，2017，41(6)：713-717.

[3] 陈鸣，等. 高分辨率伽马成像技术在地质导向中的应用[J]. 海洋石油，2016，36(4)：71-75.

低渗透油田水平井高效找堵水技术研究与实践

朱洪征[1,2]　李大建[1,2]　苏祖波[1,2]　王　百[1,2]　吕亿明[1,2]　常莉静[1,2]　杨海涛[1,2]　崔文昊[1,2]

(1. 中国石油长庆油田分公司油气工艺研究院；2. 低渗透油气田勘探开发国家工程实验室)

摘　要　近年来水平井作为油田转变开发方式重要手段，在开发低渗透、天然裂缝及非常规油气藏方面应用规模逐年扩大，产能占比不断攀升。但随着生产时间延续，水平井见水、水淹已成为规模应用的拦路虎。针对油田水平井储层渗透率低、改造段数多、单井产量低，常规生产测井找水技术测试流量下限高、含水测不准、成本高的难题，提出了水平井"井下封隔、分段生产"找水及机械分段堵水方法，研发配套了相关管柱及关键工具，试验了可钻封隔器(桥塞)长效卡堵及找堵一体工艺技术，探索了示踪剂产液剖面测试、连续油管电潜泵快速找水技术，形成了适合长庆油田水平井"快速找水、高效堵水"找堵水技术系列。现场应用210口井，找水成功率93.4%，堵水成功率81.7%，平均有效期268天，累计增油9.3x10^4t，平均单井日增油1.72吨。研究及现场实践表明，低渗透油田水平井井筒高效找堵水技术已成为长庆油田高含水水平井综合治理的主要手段，对其他油田同类水平井治理也具有指导和借鉴意义。

关键词　低渗透油藏；水平井；高含水；分段生产；快速找水；高效堵水

近年来，水平井作为低渗-超低渗油藏有效开发的重要手段，应用规模逐渐扩大，低渗透油田水平井通过压裂改造提高储层导油能力、注水补充能量开发，但由于微裂缝发育，天然缝与人工缝共存，水平井见水不可避免，水平井见水后若不采取措施，含水上升极快、产能迅速下降，严重影响水平井开发效果，截止2021年5月底长庆油田油田累计投产水平井3501口，其中含水80%以上的水平井超过总井数的26%，日损失产能约2091t，亟需针对性地采取找堵水等措施，抑制产水段出水，恢复油井产能。但目前产液剖面测试方法找水不适应低渗透油藏水平井，无法为堵水提供准确依据；常规直井/定向井机械隔采管柱不能满足水平井堵水需求。为此，结合长庆油田储层渗透率低、套管固井完井、多段压裂改造等开发特征，持续开展高含水水平井找堵水技术攻关，形成了适合长庆低渗透油田水平井分段找堵水技术，为水平井控水稳油及规模开发应用提供了技术保障。

1　低渗透油藏水平井生产特点及治理难点

低渗透油藏水平井最明显的特点是储层渗透率低、改造段数多、单井产量低。截至2018年底，中国石油共投产水平井9000余口，其中长庆、吉林、青海等低渗透油田水平井以注水开发为主。以长庆油田为例，平均单井改造段数8段以上，产液量小于20m^3/d的井占总井数的94%，平均单段流量小于2m_3/d。文献资料显示，目前水平井找水测试方法主要有产液剖面测试、中子寿命测试和中子氧活化水流测井3种，均采用放置测试仪测取其周围位置液体的含水率及流量，对各层段进行含水、流量监测，由于流速较小情况下，水流在水平状态下存在层流现象，仅适用于流量大于30m^3/d，不能满足低渗透油藏水平井找水要求，同时不动管柱分段生产找水技术测试周期长、效率低。另外水平井常规机械堵水或承压能力不足，致使封隔器失效或管外窜，或长时间放置打捞困难，易发生井下事故，无法实现水平井井筒长效卡堵以及井筒后期完整性，因此需研究适应低渗透油藏水平井特点的高效找堵水技术。

2　水平井找水技术

针对常规产液剖面测试方法不能满足低液量水平井找水以及不动管柱分段找水测试周期长的问题，结合长庆低渗透油藏水平井特点，采用"井下分段封隔或标记、地面分段计量、化验(检测)含水"思路，研究形成了拖动管柱分段生产找水以及示踪剂标记找水技术，测试流量下限拓宽至 0.5m³/d，单井平均找水周期缩短至 12 天以内。

2.1 拖动管柱分段生产测试找水技术

（1）单封拖动管柱找水工艺

针对油套环空返液水淹水平井，利用单封隔器将射孔段分为两部分，拖动管柱抽汲（或自流）生产、井口计量，通过递减法计算每段产液量及含水，判断出水层段。管柱至上而下主要由 Y211 封隔器、扶正器、筛管、丝堵组成，见图 1。

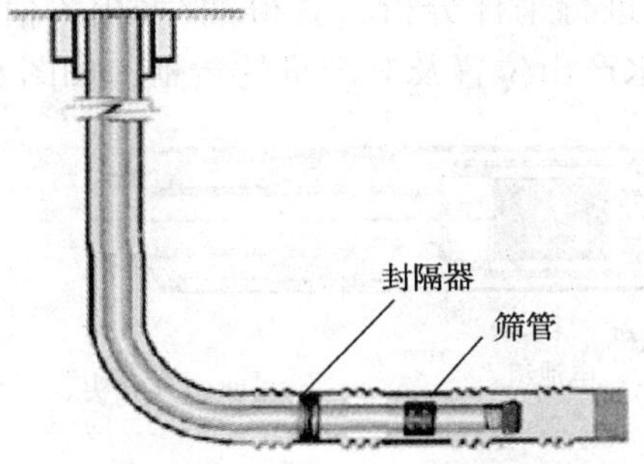

图 1　单封拖动管柱找水管柱结构示意图

（2）双封拖动管柱找水工艺

针对油套环空不返液见水水平井，采用双封隔器卡封射孔层段，拖动管柱逐段

抽汲生产，可定量测试各段的产液量及含水率，确定见水层段。管柱至上而下主要由抽子、Y111 封隔器、Y211 封隔器、桥通座、丝堵组成，见图 2。

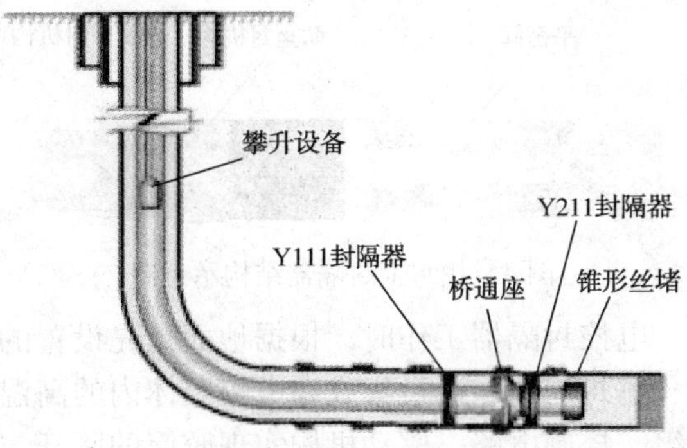

图 2　双封拖动管柱找水管柱结构示意图

（3）找水配套工具研制

拖动管柱分段生产测试找水技术的关键是井下分段多次卡封，因此开展了水平井封隔器研究，形成水平井段有效密封技术，确保找水管柱密封、安全可靠。研制了可重复坐封、解封的水平井找水机械封隔器及电控封隔器，一趟管柱找水达到 20 段以上。

① 找水下封隔器结构

主要有平衡阀、胶筒、卡瓦、摩擦块、换向槽、锥形丝堵（带孔）等组成，如图 3 所示。封隔器可长短槽切换，起下管柱过程胶筒不受力不磨损，坐封时压缩密封。设置固定密封，类似平衡阀结构、平衡上下压力，保护胶筒，实心结构，实现下层液体无法进入管内；另外，坐封后承受下压高于上压，需减小下支撑胶筒硬度，使其坐封后下支撑胶筒能够承受接近上支撑胶筒的应力。

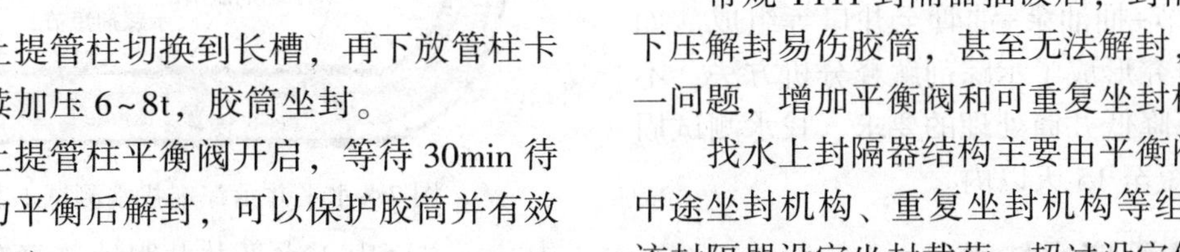

图 3　找水下封隔器示意图

入井：找水下封隔器在短槽位置下钻至设计位置。

坐封：上提管柱切换到长槽，再下放管柱卡瓦打开，继续加压 6~8t，胶筒坐封。

解封：上提管柱平衡阀开启，等待 30min 待胶筒上下压力平衡后解封，可以保护胶筒并有效重复坐封（表 1）。

表 1　找水下封隔器主要参数表

最大外径/mm	长度/mm	承压能力/MPa	耐温/℃	重复坐封次数	坐封距离/mm	坐封吨位/t
116	1750	上 15、下 25	90	30	400	6~8

② 找水上封隔器

常规 Y111 封隔器抽汲后，封隔器上压大于下压解封易伤胶筒，甚至无法解封，为了克服这一问题，增加平衡阀和可重复坐封机构。

找水上封隔器结构主要由平衡阀、胶筒、防中途坐封机构、重复坐封机构等组成，见图 4。该封隔器设定坐封载荷，超过设定值坐封，易复位；遇阻后上提，坐封机构重新复位；上提平衡阀开启，胶筒上下压力平衡后上提管柱解封。

③ 电控封隔器

为了进一步提高水平井井下封隔可靠性及效率，研制电控封隔器，实现快速找水作业。

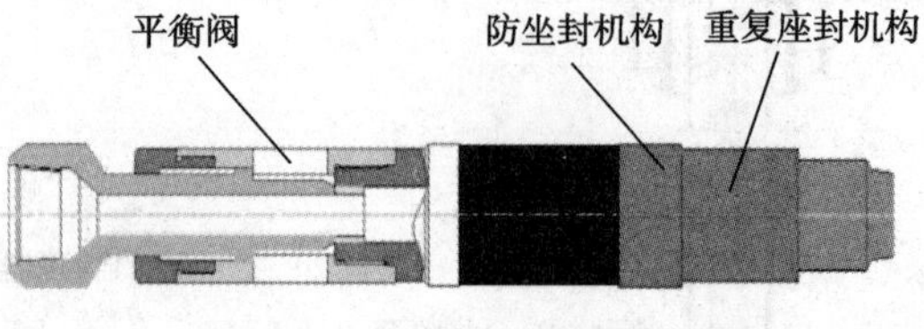

图4　找水上封隔器结构示意图

电控封隔器工作时，根据地面预先设置的坐封、解封周期，通过集成在电控腔体内的高温电池组、控制电路、驱动机构实现胶筒的胀开与收回。主要由上接头、上提管柱解封机构、胶筒、丝杠螺母驱动机构、行星减速器、直流电机、高温电池组、主控电路板和下接头组成，见图5。

2.2　示踪剂标记找水测试技术

采用"油管输送+示踪剂标记"方式，水平井各段分别放置不同型号的示踪剂装置，无需采用封隔器进行分隔，油井生产过程中，当从每个喷点产生油和水时，它必须通过示踪剂，其中示踪剂将溶解到产生的液体中，地层中的产液流出，与示踪剂接触，化学标记物质进入含原油流体中，产液中的水体就有了特殊标记。不同产层放置化学标记不同的水基示踪剂，在地面采集样品就得到了不同产层中的产水量数据。在地面对产出流体进行采样分析，获得油/水相关信息，确定油/水产出位置及对产量的贡献，如图6所示。

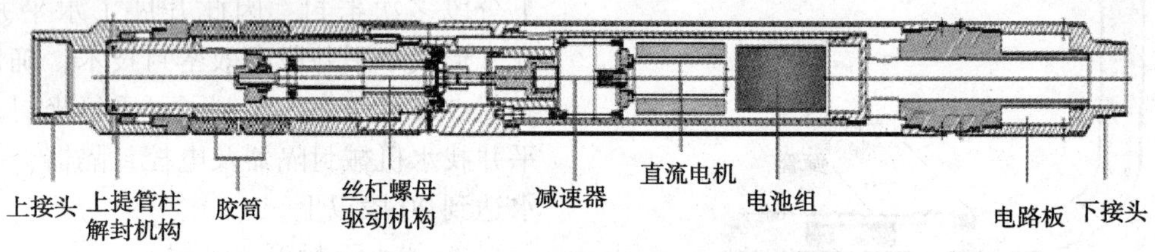

图5　电控封隔器结构图

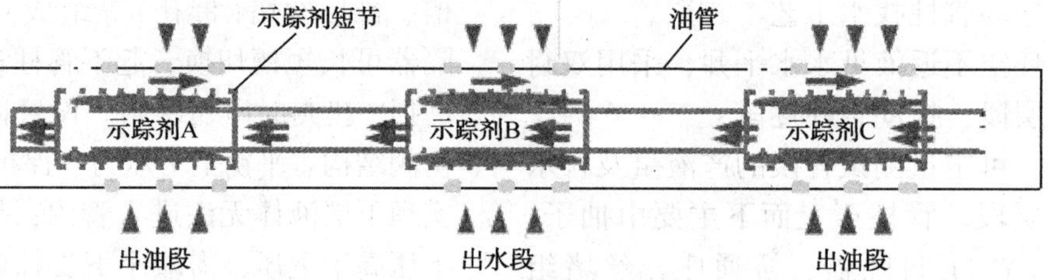

图6　水平井示踪剂找水测试原理图

下入示踪剂找水管柱采用光油管输送方式，每段对应有一贴片示踪剂短节，进液口位于油管挂尾部。进液通道：产层—油套环空—示踪剂短节—ICV，示踪剂短节置入每段产层的下部，该段产液必须经过示踪贴片才能到达ICV。以三段式测试管柱为例，设计的管串结构自下而上为：进口+油管+示踪剂短节+油管+示踪剂短节+油管+示踪剂短节+抽油泵+油管至井口等组成。如图7所示。研究形成了示踪剂解释分析方法，不需要封隔器，降低井筒处理的要求，找水测试周期由20天缩短至15天以内。

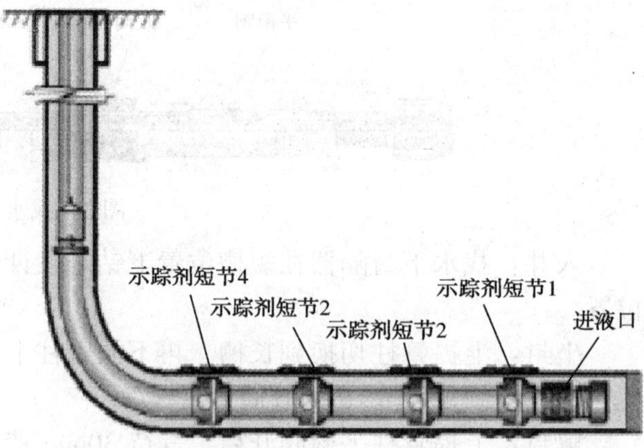

图7　水平井示踪剂找水测试工艺管柱

2　水平井分段堵水技术

以井筒出水位置定点封堵、水驱优势通道调驱为思路，形成了适合不同见水特征水平井双向调堵技术，基本满足了高含水井治理需求。

2.1　水平井机械堵水工艺管柱

机械堵水在直井中已成熟应用，但在水平井中，一方面由于水平井井眼轨迹复杂，井下作业配套技术不完善；另一方面由于水平井的特点，其见水方式与直井不同，水平井机械堵水工艺技术更为复杂。为此，针对油田水平井见水特点，研究形成适合不同见水特征的机械堵水技术(见表3)。

表3　不同出水位置机械堵水表

出水位置	堵水封隔器	管柱结构
趾部	可捞可钻堵水桥塞	油管至井口+抽油泵+筛管+丝堵+可捞可钻堵水桥塞
跟部	可钻可捞堵水插管封隔器	油管至井口+抽油泵+可捞可钻堵水插管封隔器+丝堵
两端	可钻可捞堵水封隔器+可捞可钻堵水桥塞	油管至井口+抽油泵+可捞可钻堵水插管封隔器+丝堵+可捞可钻堵水桥塞

2.2　堵水配套工具设计

为实现水平井井筒长效卡堵以及井筒后期完整性，针对机械堵水作业需求，研制了适合低渗透油藏水平井井筒特点的可钻式水平井堵水桥塞和封隔器，提高了堵水效果和可靠性。

(1) 可钻可捞堵水桥塞

采用液压坐封、边钻边捞解封方式，双向卡瓦锚定，可抗双向压差，卡瓦采用窄条多块设计，易于钻除同时避免卡钻，且位于胶筒上方，缩短解封钻距，增加内捞孔径，从而提高桥塞钻除解封的整体效率。

桥塞主要由上接头、上中心管、上背帽、上缸体、中背帽、中缸体、上活塞、下缸筒、启动剪钉、中活塞、下活塞、下中心管、推力套、连接套、丢手剪钉、锁簧、上椎体、卡瓦、保护环、下椎体、剪钉、胶筒、隔环、胶筒轴、下背帽组成。

(2) 可钻可捞堵水封隔器

采用液压送封工具坐封，坐封后起出送封工具。封隔器下端带有机械滑套底阀。封隔器将上下层隔开，实现封上采下或封下采上，检泵不起封隔器，能克服复杂井筒状况等因素影响使用。靠插管回插开滑套底阀实现层间转换，插管上带有密封胶件，磨损可地面更换。考虑到以可捞为主，卡瓦上端有短防砂胶筒。防止砂埋卡瓦。设有专用打捞工具。下套铣筒或者磨鞋对丢手后井下剩余部分进行钻除。

3　水平井找堵一体化技术

结合区块油藏类型、藏物性、井眼轨迹、水平井见水规律、见水特征及生产动态，预判主要出水位置、分段控制，实现了由先找后堵向找堵联作工艺转变。

3.1　分段生产找堵一体化

根据分段生产动态，人工或自动调整控制生产层段，实现控出水段、开采产油段。

(1) 两段式找堵一体

针对五点法井网、两端见水水平井，采用二分法通过下如入插管封隔器轮换生产实现关闭出水层段生产低含水层段的目的。管柱结构自下而上为：插管封隔器及过桥泵(杆式泵)等组成，见图8。

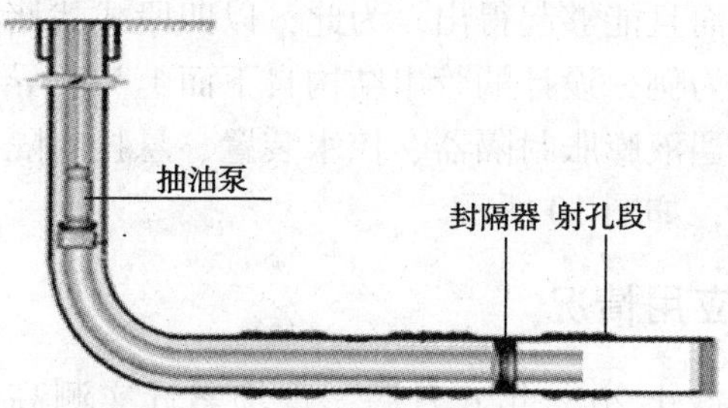

图8　二段式找堵水一体工艺管柱

(2) 三段式找堵一体

针对七点法井网、多点见水水平井，采用封隔器将射孔段优化组成三个段，每段智能开关器按设定程序定时开关，实现井下各段依次生产，地面计量、化验产液获得各段产量、含水等数据。根据找到的出水层段，通过地面调层关闭出水层段对应的开关器，实现关闭高含水层段生产低含水层段目的。管柱结构自下而上为：封隔器、开关器、扶正器及过桥泵(杆式泵)等组成，见图9。

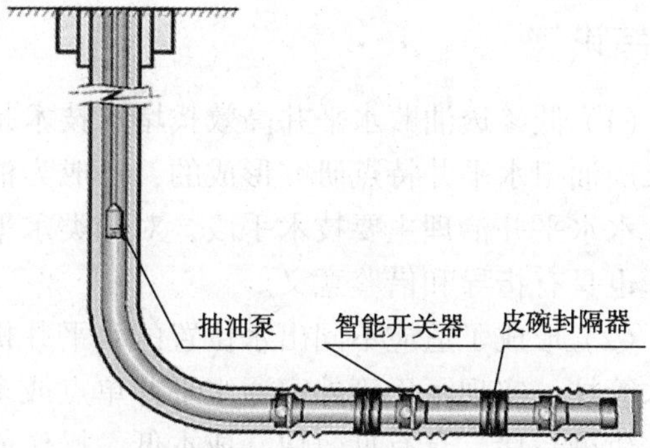

图9　三段式找堵水一体工艺管柱

3.2　水平井自适应找堵一体工艺

针对长庆低渗透油藏水平井低黏度特点，采用封隔装置将各压裂层段卡封开，对应层段放置自适应控水阀，通过阀体流动特性实验和见水规律研究，合理优化液流阀嘴大小及控水层段，在不动生产管柱的情况下，根据油水黏度、密度差异，利用自动调整流动控制阀的开度，从而实现自适应过油阻水，控制主力出水层段，实现任意高含水层段动态找堵水一体化施工。

管柱采用“油管输送+封隔装置+自动流体控

制阀”方式，考虑到水平井井身结构的特殊性，必须确保测试管柱水平状态下的密封性，且下得去、起得出。自动流体控制阀主要考虑低黏度，低速流体，优化控水阀结构，两级限流，有效提高控流能力。封隔装置参考无卡瓦封隔工具，起钻负荷小、结构简单、施工操作方便，不但封得住，而且能够起得出。为此，以四段式找堵一体管柱为例，设计的管串结构自下而上为：导向丝堵、遇液膨胀封隔器、控水装置、悬挂封隔器等组成，如图10所示。

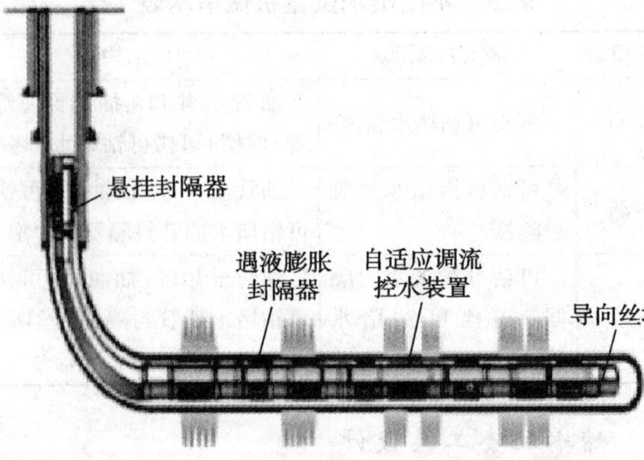

图10　自适应控水找堵一体化工艺管柱

4　应用情况

截止2021年6月底，现场累计实测高含水水平井110口872段，现场累计实施机械分段堵水210井次，有效172井次，有效率81.9%，累计增油9.3x10^4t，降水25.68x$10^4$$m^3$，平均有效期268天，平均单井日增油1.72吨，如图11所示。

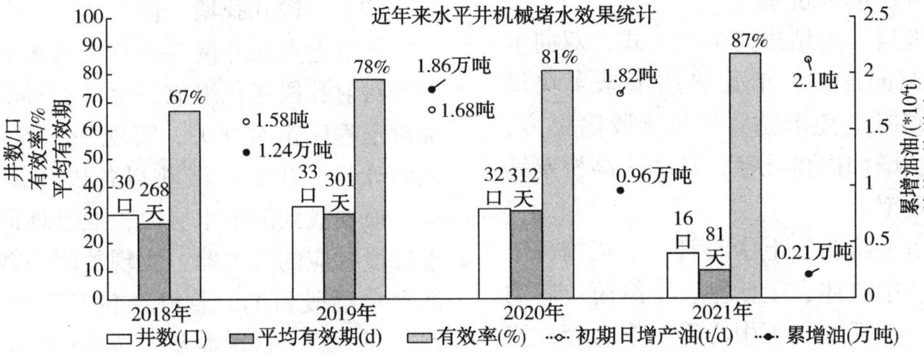

图11　2018年以来找堵堵水效果统计图

5　结论

(1) 低渗透油藏水平井高效找堵水技术是针对长庆油田水平井特点研究形成的，已成为油田高含水水平井治理主要技术手段，对同类水平井治理也具有指导和借鉴意义。

(2) 形成了适应不同出水位置的水平井机械堵水管柱，实现了无管外窜通水平井单点或多点出水机械封堵，具有见效快、成本低、操作简单等特点。

(3) 针对长庆油田出水层段不明确的低渗透油藏水平井，研究形成了机械分段生产测试找水技术，实现了水平井分段动态监测，为实施堵水提供了准确依据，随着水平井钻完井技术进一步提升，长水平段找堵水效率需进一步提高。

参 考 文 献

[1] 董建华，郭宁，孙渤，等. 水平井分段压裂技术在低渗油田[J]. 特种油气藏，2011，18(5)：118-119.

[2] 张学文，方宏长. 低渗透率油藏压裂水平井产能影响因素[J]. 石油学报，1999，20(4)：51-55.

[3] 牛彦良，李莉. 特低丰度油藏水平井开发技术研究[J]. 大庆石油地质与开发，2006，25(2)：29-30.

[4] 耿师江，曾卫林. 非均质油藏中高含水期稳油控水措施及效果[J]. 大庆石油地质与开发，2001，20(3)：40-41.

[5] 吴世旗，钟兴福，刘兴斌，等. 水平井产出剖面测井技术及应用[J]. 油气井测试，2005，14(2). 60-64.

[6] 聂飞朋，石琼，郭林园，等. 水平井找水技术现状及发展趋势[J]. 油气井测试. 2011，20(3)：32-34.

[7] 柴国兴，辛林涛，谷开昭，等. ZF皮碗封隔器及其应用[J]. 钻采工艺，1999，22(2)：43-44.

[8] 朱洪征，吕亿明，崔文昊，等. 水平井井下射线式含水监测仪的研制与试验[J]. 钻采工艺，2017，40(1)：83-85.

[9] 郑希科，刘兴斌，朴玉琴，等. 水平井油水两相管流流量和含水率测量方法实验研究[J]. 测井技术. 2010(34)：323-326.

[10] 陈宁. 吉林油田水平井机械找堵水技术研究与应用[D]. 大庆：东北石油大学，2012.

水平井定面射孔近井起裂及扩展规律研究

余前港　张　军

（东北石油大学石油工程学院）

摘　要　对于致密储层体积压裂，螺旋射孔技术通常难以有效引导裂缝走向，裂缝易偏转交叉，严重影响压裂效果。为此，部分学者提出可以提高体积压裂效果的定面射孔技术。本文采用基于合成岩体技术和离散格点理论研发的三维离散格子法，对正断层及走滑断层应力状态下致密储层水平井定面射孔岩石起裂及裂缝扩展规律进行分析。结果显示：采用定面射孔，岩石破裂压力更低，且近井区域裂缝不易沿井筒轴向偏转，能更好引导裂缝走向。起裂初期，岩石总是先在射孔平面内破裂，形成不规则扇形破坏面以后再沿井筒径向扩展。起裂压力与射孔径向夹角呈正相关关系，在夹角达到30°以后起裂压力增幅下降。起裂压力与射孔直径、射孔深度和水平应力差呈负相关关系。在射孔直径增大至17mm、射孔深度增大至25cm或水平应力差达到8MPa以后，起裂压力降幅均明显减小。

关键词　定面射孔；水力压裂；水平井；离散格子方法；致密储层

致密油气资源是油气开采的重点研究方向，富集该类资源的储层通常岩性致密，孔隙度、渗透率极低，自然产能无法满足生产需求，通常需要采用水平井体积压裂工艺，增加储层中油气运移通道，才能达到增产目的。射孔技术作为体积压裂过程的关键环节，既能沟通井筒与地层，又能引导裂缝扩展和延伸，受到研究人员的高度关注。螺旋射孔是目前较为常用的一种射孔技术，但对于深层致密储层，其不仅破裂压力高、延伸压力高，地层倾角变化幅度较大，且在储层厚度较小的条件下，该技术难以有效引导裂缝扩展方向，易造成裂缝交叉串通。在这种情况下，降低起裂压力、有效引导裂缝走向是提高压裂效果的关键。针对上述技术难点，斯伦贝谢公司非常规油气技术中心的Iran Walton提出一种新的射孔技术—定面射孔。相比常规射孔技术，定面射孔可以有效引导裂缝走向以及降低起裂压力，避免裂缝在近井区域交叉扭转，促进裂缝向深部扩展，改善压裂效果。

自水力压裂技术发展以来，相关研究人员对螺旋射孔做了许多研究。2003年，张广清、殷有泉等人通过线弹性三维有限元模型对螺旋射孔各参数做了单因素分析，认为破裂压力与射孔密度和射孔深度呈负相关性。2012年，杨野等人通过数值模拟研究了螺旋射孔对水平缝扩展的影响，认为采用螺旋射孔时，可以有效降低起裂压力，但各裂缝发育程度不一，相互串通，难以形成良好泄油通道。薛世峰、孙春海等人认为破裂压力随孔密的增加而降低，随射孔方位角增大而增大，现场应当优选高孔密和低方位角进行射孔。目前，对于螺旋射孔相关研究较多，且已经有了较为统一的认识。

然而，现场实践表明，采用螺旋射孔技术对深部致密储层进行水力压裂作业时，会出现近井筒区域裂缝偏转和部分射孔簇无法起裂的现象，对于深层致密储层，这一问题尤其突出。部分研究表明，定面射孔技术对于降低裂缝起裂压力，促使多裂缝起裂并向远场扩展具有显著的效果。针对定面射孔对水力压裂起裂及裂缝扩展的影响，Falser等、Yuan等通过一系列物模试验研究了定面射孔各因素对起裂压力及裂缝形态的影响；王素玲、张影等基于有限元技术研究了定面射孔在正断层状态和逆断层状态下起裂规律，认为正断层应力机制下定面射孔起裂压力小于螺旋射孔，而在逆断层应力机制下，定面水平射孔起裂压力高于螺旋射孔。赵振峰等人基于有限元数值模拟方法建立了定面射孔应力分布模型，认为相位角是影响裂缝扩展形态的重要可控因素，定面射孔由于各射孔道之间的干扰，应力分布状态有明显差异，裂缝通常呈现非对称不规则形态。

由于地层、井筒及射孔之间的尺寸差异明显，采用三维数值模拟进行水力裂缝起裂和扩展研究的难度较大。前人大多采用二维方式或者物理实验方式对定面射孔进行研究，而较少采用三维数值模拟方式对定面射孔以及螺旋射孔条件下的压裂效果进行对比研究。本文采用基于离散格子方法建立的三维离散射孔压裂模型，探究在正断层以及走滑断层两种应力条件下定面射孔起裂规律，揭示射孔参数和地质参数对定面射孔压裂效果的影响。

1　射孔模型建立

1.1　离散格子方法原理

离散格子方法是基于离散元方法的简化粒子模型，模型是由一系列随机分布且由弹簧连接而成的质点组成，类似于离散元模型中的颗粒结构，见图1。弹簧相当于粒子之间的接触，而一个具有质量的节点相当于一个粒子。裂缝的弹性参数和强度参数赋给与不连续面接触的弹簧。既可以模拟岩体的细观损坏，也可以模拟不连续面上岩石基质的相对滑移。节理处的节点采用光滑节理模型进行计算，因此，节理处弹簧受力的切向及法向均参照节理面的设定方向计算，而并非节点间的连线方向。当节点之间的弹簧受力超过其强度时发生断裂，产生的微裂纹相互贯通形成宏观裂缝。节点间的间隙被定义为"管道"，用于计算流体的微观流动，并将流体压力作用于岩石基质，同时基质的变形又会引起孔隙压力和孔径的变化。

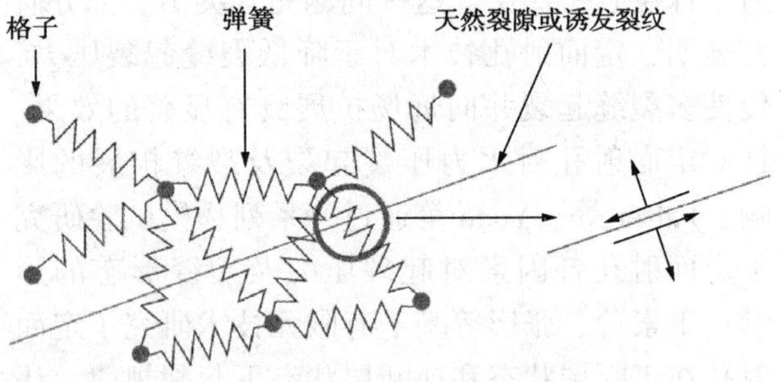

图1　离散格点模型原理示意图

平动自由度的运动定律由以下每个节点的中心差分公式组成：

$$v_i^{(t+\Delta t/2)}=v_i^{(t-\Delta t/2)}+\frac{\sum F_i^{(t)}\Delta t}{m}\tag{1}$$

式中：$v_i^{(t)}$ 是质点元素 i 在 t 时刻的速度，m/s；$\sum F_i^{(t)}$ 是 t 时刻作用在粒子上的所有力之和，N。

质点单元的旋转运动方程为：

$$M=I\beta\tag{2}$$

式中：M 是合力矩，N/m；I 是转动惯量，kg·m^2；β 是角加速度，rad/s^2。

在 t 时刻，分量 i 的角速度 ω_i 下列差分方程计算：

$$\omega_i^{(t+\Delta t/2)}=\omega_i^{(t-\Delta t/2)}+\frac{\sum M_i^{(t)}}{I}\Delta t\tag{3}$$

式中：ω 为角速度，rad/s；R 为质点元素的半径，m。

弹簧的法向力和切向力的变化可以用节点的相对位移来计算，即：

$$F_i^N\leftarrow F_i^N+\dot{u}_i^N k^N\Delta t\tag{4}$$

$$F_i^S\leftarrow F_i^S+\dot{u}_i^S k^S\Delta t\tag{5}$$

式中：F^N、F^S 为法向力与切向力，N；$\dot{u}_i^N$、$\dot{u}_i^S$ 分别为法向速度和切向速度，m/s；k^N 和 k^S 分别为弹簧法向刚度和剪切刚度，N/m。如果 F^N 超过抗拉强度或 F^S 超过抗剪强度，则判断弹簧发生拉张破坏或剪切破坏。

两个节点(A和B)之间沿管道的流量 q 根据以下关系计算：

$$q=\beta K_r\frac{a^3}{12\mu}\left[P^A-P^B+\rho_w g(Z^A-Z^B)\right]\tag{6}$$

式中：q 为两节点之间的流量，m^3/s；β 为无量纲修正系数；K_r 为相对渗透率，mD；a 是管道孔径，m；μ 为流体黏度，mPa·s；P^A、P^B 为节点A、节点B处的压力，Pa；ρ_w 为流体密度，kg/m^3；g 为重力加速度，m/s^2；Z^A、Z^B 为节点A，B所处的高度，m。

1.2　射孔模型建立及参数设定

建立以射孔井筒为中心的三维压裂模型，如图2所示，岩体模型尺寸为1.5m×2.5m×2.5m。当模型采用正断层应力机制时，σX = 38MPa，σY=42MPa，σZ=48MPa；当模型采用走滑断层应力机制时，σX = 38MPa，σY = 48MPa，σZ = 42MPa。井筒位于模型几何中心，轴向与 X 轴平行。射孔直径 D = 2cm，射孔深度 L = 25cm，水泥环厚度为4cm，套管厚度为1cm。同时，为使应力传导更均匀，在模型四周边界覆盖上厚度为0.125m的软土层。模拟包括如下四个阶段：(1)模型达到初始力学平衡；(2)开挖井筒及射孔；(3)构建水泥环和套管，模型再次达到力学平衡；(4)删去射孔及井筒内格点，达到力学平衡；(5)注入压裂液(压裂液参照水的性质设定)。

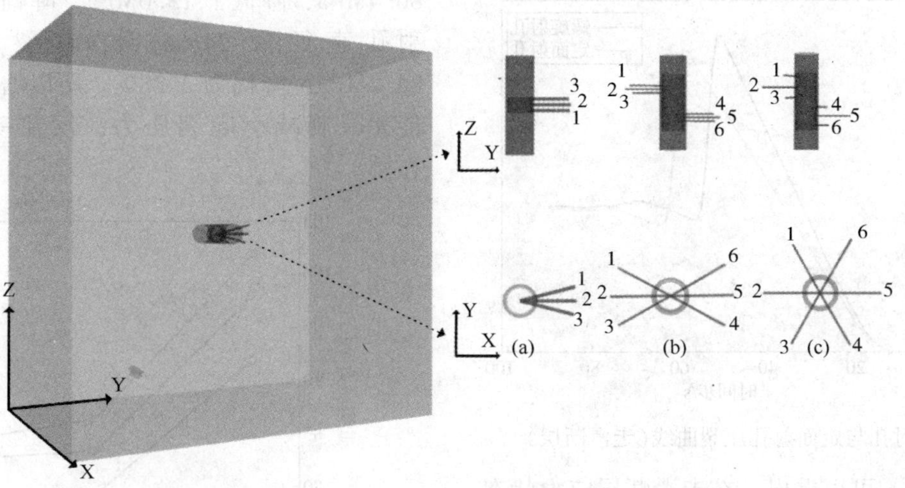

图 2 射孔模型示意图

表 1 模型计算参数

参 数	岩体	参 数	岩体
抗拉强度/MPa	7.2	渗透率/($10^{-15}m^2$)	1.7
抗压强度/MPa	110	断裂韧性/($MPa \cdot m^{0.5}$)	0.98
杨氏模量/GPa	30	垂向地应力/MPa	48
泊松比	0.221	最大水平主应力/MPa	42
密度/(kg/m^3)	2650	最小水平主应力/MPa	38

2 计算结果及影响因素分析

2.1 定面射孔与螺旋射孔起裂及扩展规律对比

为研究螺旋射孔与定面射孔起裂及扩展规律，采用如图 2(c)、2(b)所示的射孔模型，在正断层(σX＝36MPa，σY＝46MPa，σZ＝48MPa)和走滑断层(σX＝36MPa，σY＝48MPa，σZ＝46MPa)两种应力状态下进行模拟。参考前人研究，螺旋射孔相位角取 60°，孔密为 20 孔/米，定面射孔的径向夹角 $\theta=30°$，射孔数均为 6 个。其他参数参照表 1，模拟结果如图 3~6 所示。

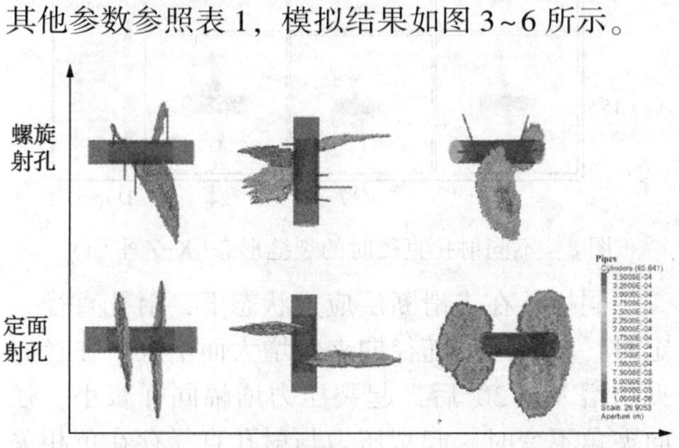

图 3 两种射孔方式裂缝形态(正断层)

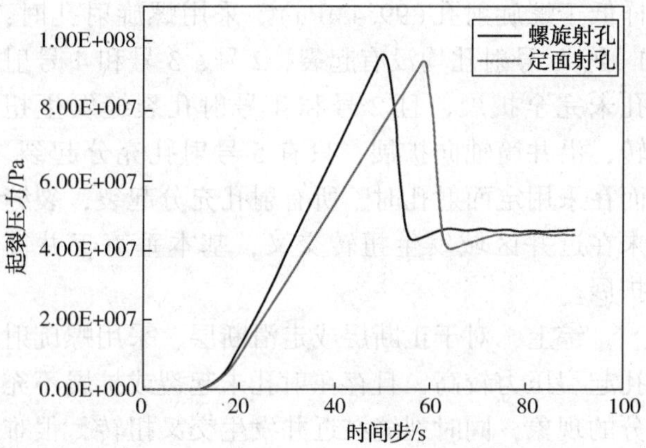

图 4 螺旋射孔与定面射孔压裂曲线(正断层)

从图 3、图 4 可知，在正断层应力状态下，采用定面射孔(94.1MPa)时岩石破裂压力低于螺旋射孔(96.2MPa)。同时，在采用螺旋射孔时，1 号、2 号、3 号以及 6 号射孔均没未起裂，只有 4 号充分起裂，5 号不完全起裂，且 4 号裂缝沿井筒轴向发生严重偏转。而在采用定面射孔时，6 个射孔均充分起裂，形成两个垂直井筒并沿井筒径向扩展的裂缝。

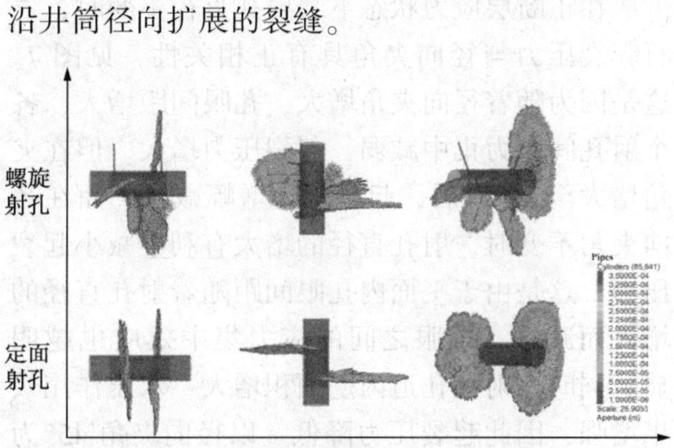

图 5 两种射孔方式裂缝形态(走滑断层)

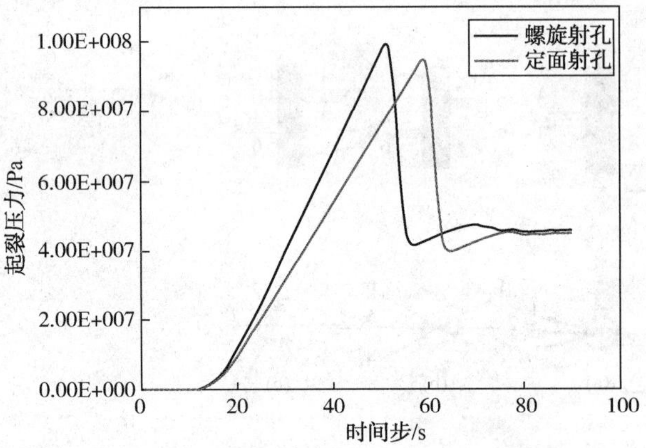

图 6　螺旋射孔与定面射孔压裂曲线(走滑断层)

从图 5 图 6 可以看出，在走滑断层应力状态下，采用定面射孔(95. 1MPa)时岩石破裂压力同样低于螺旋射孔(99. 4MPa)。采用螺旋射孔时，1 号、6 号射孔均没有起裂，2 号、3 号和 4 号射孔未完全扩展，且 2 号和 4 号射孔裂缝发生扭转，沿井筒轴向扩展，只有 5 号射孔充分起裂。而在采用定面射孔时，所有射孔充分起裂，裂缝未在近井区域发生扭转交叉，基本垂直于井筒扩展。

综上，对于正断层或走滑断层，采用螺旋射孔起裂压力较高，且存在射孔未起裂或扩展不充分的现象，同时裂缝在近井发生交叉扭转，很难控制裂缝走向。而采用定面射孔时起裂压力更低，且能有效引导近井区域裂缝走向，使其基本垂直沿井筒径向扩展，促使其往深部扩展以便在远场形成复杂缝网。

2.2　射孔直径对定面射孔岩石起裂及裂缝扩展影响

设定射孔直径分别为 10mm、17mm 和 24mm，射孔径向夹角分别为 15°、30°和 45°。

在正断层应力状态下，射孔直径不变时，岩石起裂压力与径向夹角具有正相关性，见图 7。这是因为随着径向夹角增大，孔眼间距增大，各个射孔间应力集中减弱，起裂压力增大。但在夹角增大至 30°以后，起裂压力增幅减小。而在径向夹角不变时，射孔直径的增大有利于减小起裂压力，这是由于平面内孔眼间距随着射孔直径的增大而减小，孔眼之间的应力集中效应也越明显。同时，射孔孔道内壁面积增大，水压作用效果增强，因此起裂压力降低。以径向夹角 45°为例，当射孔直径为 10mm 时，起裂压力为 102MPa，当射孔直径为 17mm 时，起裂压力为 86. 4MPa，降低了 15. 6MPa，降幅达 15. 3%，当射孔直径为 24mm 时，起裂压力减小至 84. 2MPa，降幅为 2. 28%。所以增大射孔直径不能无限制减小起裂压力，仅在一定范围内起作用。

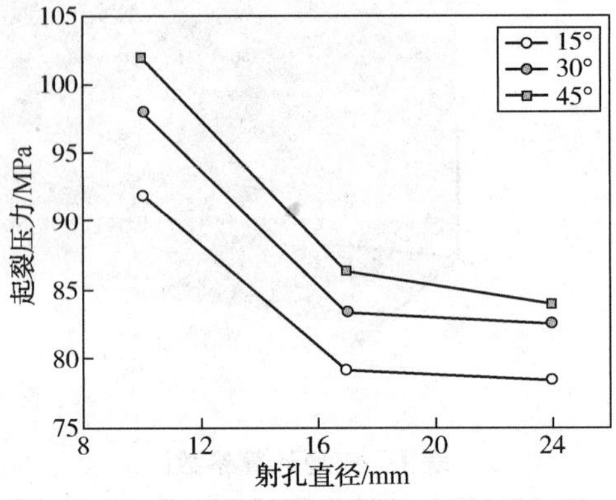

图 7　射孔直径对起裂压力的影响(正断层)

在径向夹角为 15°时，裂缝均未出现分叉现象，在径向夹角为 30° 时，仅在射孔直径为 10mm 时出现分叉，而径向夹角为 45°时，裂缝均在近井区域出现轻微分叉现象，见图 8。这说明在正断层应力状态下，随着径向夹角增大，定面射孔裂缝在近井区域分叉的概率也随之增大。同时如图 9 所示，在正断层应力状态下，起裂初期，岩体总是在射孔平面先破裂，随着压裂液持续注入，逐渐形成扇形破坏面，再沿井筒径向扩展。

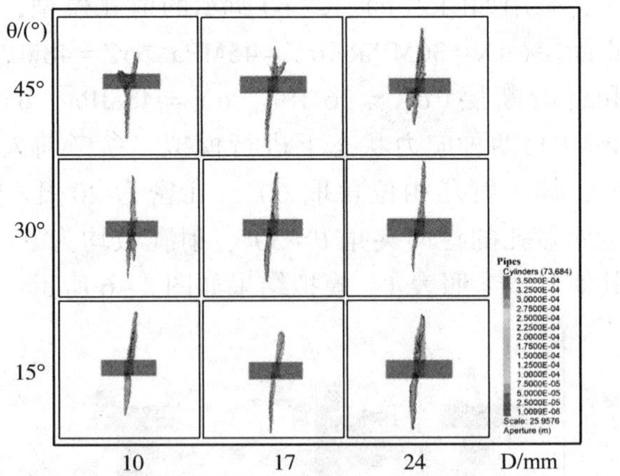

图 8　不同射孔直径时的裂缝形态(X-Z 平面)

同样，在走滑断层应力状态下，射孔直径一定时，起裂压力随径向夹角增大而增大，在径向夹角增大至 30°后，起裂压力增幅同样减小。径向夹角不变时，起裂压力与射孔直径存在负相关性，见图 10。以径向夹角 45°为例，当射孔直径为 10mm 时，起裂压力为 102. 8MPa，射孔直径

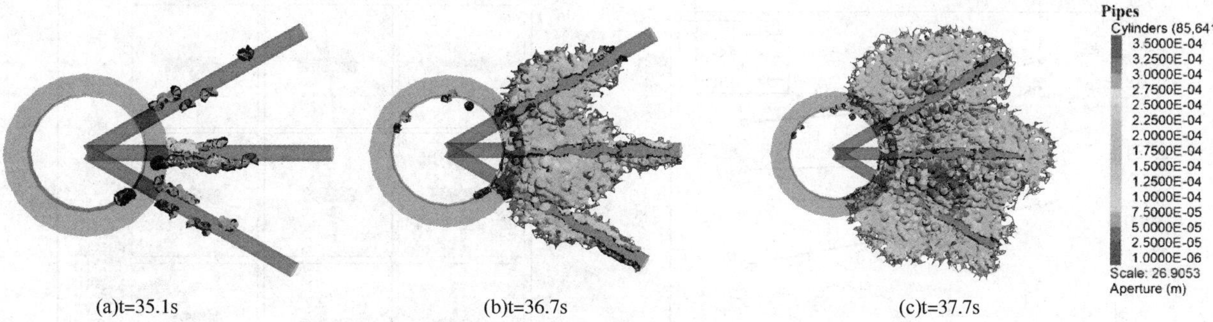

(a)t=35.1s (b)t=36.7s (c)t=37.7s

图 9 正断层应力状态下不同时间步的裂缝形态

(θ=30°，D=17mm，L=25cm。)

为 17mm 时，起裂压力为 88.3MPa，降低了 21.7MPa，降幅为 14.1%，射孔直径为 24mm 时，起裂压力减小至 86.7MPa，降幅为 1.8%。所以在逆断层应力状态下，增大射孔直径同样不能无限制减小起裂压力。

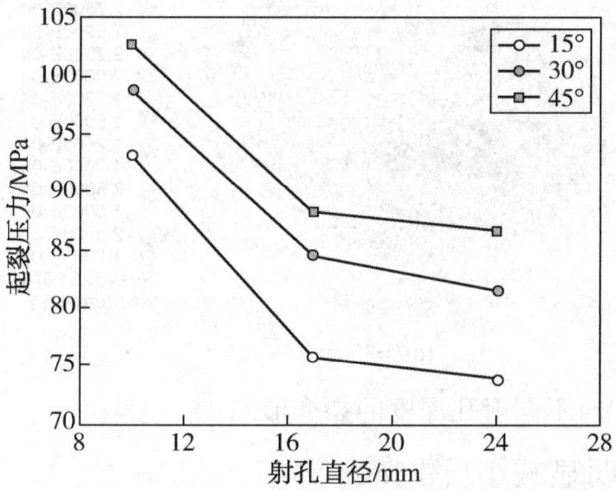

图 10 射孔直径对起裂压力的影响(走滑断层)

当径向夹角 15°时，10mm 和 17mm 直径射孔充分起裂，24mm 直径射孔未充分起裂；当射孔的径向夹角为 30°时，仅有 17mm 直径射孔全部充分起裂，10mm 和 24mm 直径射孔均出现射孔未充分起裂现象；当径向夹角为 45°时，所有射孔均出现起裂不充分的现象，见图 11。所以，随着径向夹角的增大，射孔全部充分起裂的可能性降低。同时如图 12 所示，在走滑断层应力状态下，初始起裂时岩石同样先在射孔平面内起裂，形成扇形破坏面后再沿井筒径向扩展。

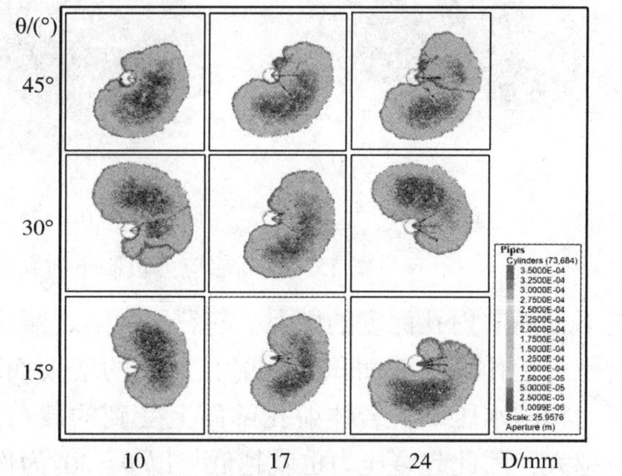

图 11 不同射孔直径时的裂缝形态(X-Z 平面)

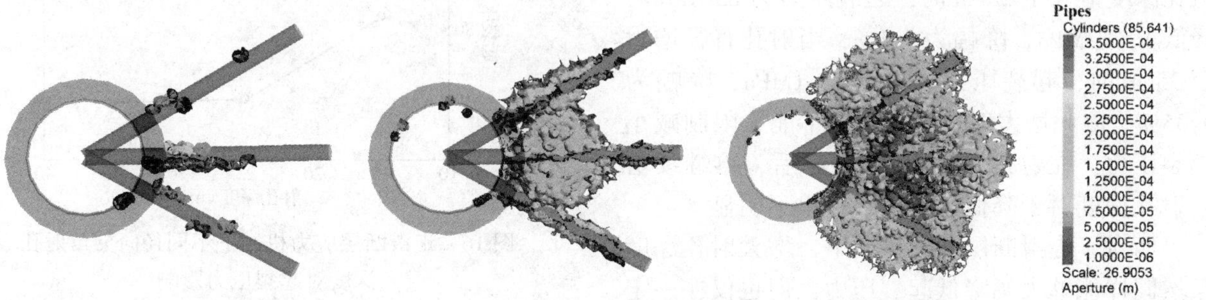

(a)t=35.1s (b)t=36.7s (c)t=37.7s

图 12 走滑断层应力状态下不同时间步的裂缝形态

(θ=30°，D=17mm，L=25cm。)

2.3 射孔深度对定面射孔岩石起裂及裂缝扩展规律影响

为研究两种断层应力机制下射孔深度对定面射孔起裂压力的影响规律，设定射孔深度(L)分别为 15cm、25cm 和 35cm(图 13~15)。

如图 13 所示，在正断层应力机制下，射孔深度一定时，起裂压力同样随着射孔径向夹角增大而增大且在 30°以后增幅减小。当径向夹角一定情

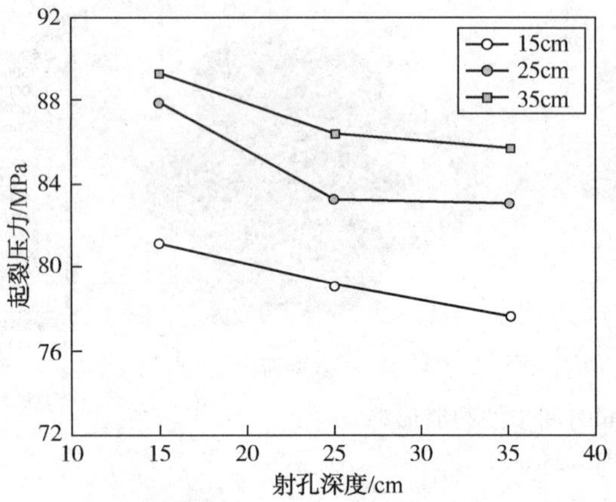

图 13　正断层应力机制下不同径向夹角下射孔深度对起裂压力影响

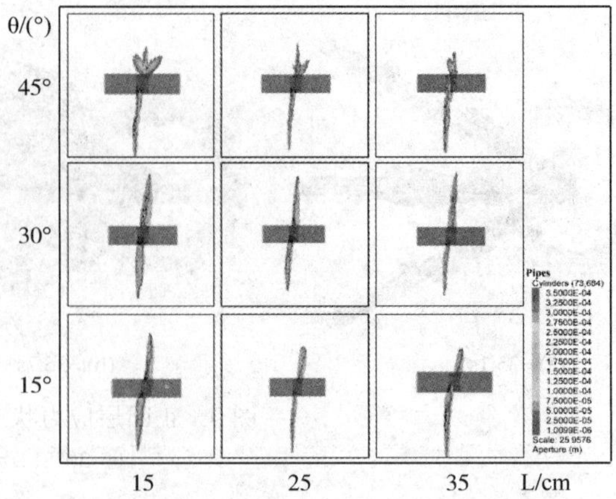

图 14　正断层应力机制下不同径向夹角下不同射孔深度的裂缝形态(Y-Z 平面)

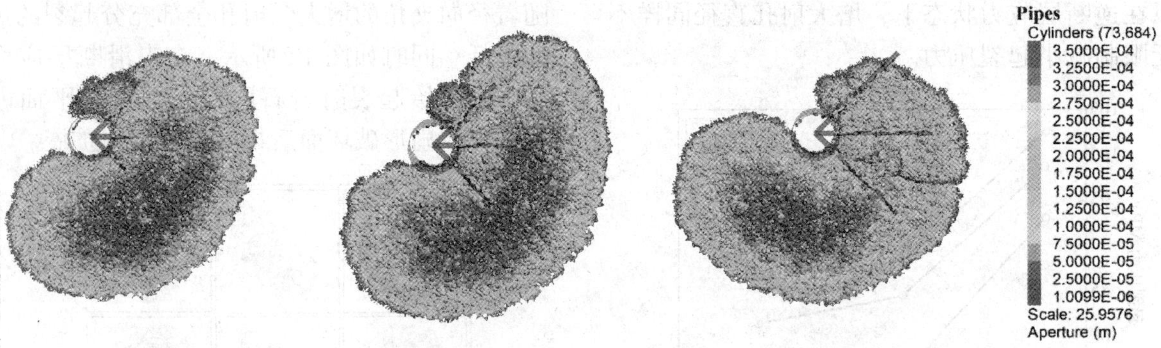

(a)L=15cm　　(b)L=25cm　　(c)L=35cm

图 15　正断层应力机制下射孔径向夹角为 45°时不同射孔深度的裂缝形态

况下，随着射孔深度的增大，起裂压力随之减小，这是由于孔眼壁面面积随着射孔深度的增大而增大，相同水压下，岩体射孔壁面上受到的载荷效应越大，因此起裂压力也就越低。以 θ=30°为例，当射孔深度为 15cm 时，起裂压力为 89.8MPa，当射孔深度增大至 25cm 时，起裂压力为 83.4MPa，降低了 6.3MPa，降幅为 7.1%，当射孔直径增大至 35cm 时，起裂压力减小至 83.1MPa，降幅为 0.35%。因此增大射孔深度同样不能无限制减小起裂压力，在射孔深度达到 25cm 后，再继续增大射孔深度对于降低起裂压力效果不明显。

而对于走滑断层应力机制下，增大射孔深度虽然同样能够大幅降低起裂压力，但也仅在一定范围内效果明显。以 θ=15°为例，当射孔深度为 15cm 时，起裂压力为 81.0MPa，当射孔深度增大至 25cm 时，起裂压力为 75.8MPa，降低了 5.2MPa，降幅为 6.4%，当射孔直径增大至 35cm 时，起裂压力减小至 75.5MPa，降幅为 0.39%。因此增大射孔深度同样不能无限制减小起裂压力，在射孔深度达到 25cm 后，起裂压力降幅明显减小(图 16)。

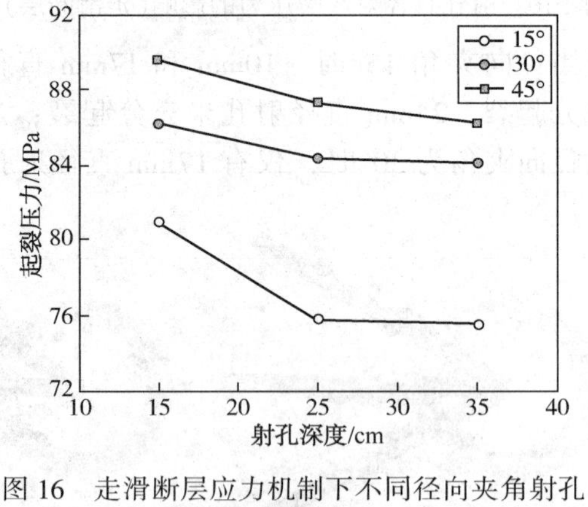

图 16　走滑断层应力机制下不同径向夹角射孔深度对起裂压力影响

如图 17 所示，在走滑断层应力机制下，射孔径向夹角越大，射孔深度越大，越易出现以井筒为轴线的非对称扩展，在 35cm—45°分界线上方，均出现非对称扩展，而在分界线下方基本为对称扩展。出现这种非对称扩展的现象其原因是当射孔深度过大或者是径向夹角过大，射孔孔眼间应力不集中导致部分射孔不充分起裂。

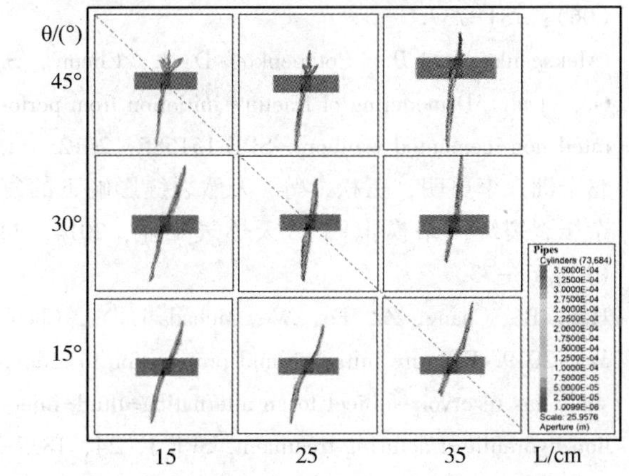

图 17　走滑断层应力机制下不同径向夹角下不同射孔深度的裂缝形态（Y-Z 平面）

2.4　水平应力差对定面射孔岩石起裂及裂缝扩展规律影响

为研究水平应力差（*K*）对定面射孔起裂规律的影响，设定正断层应力状态下σX = 36MPa，σY = 46MPa，σZ = 48MPa，走滑断层应力状态下σX = 36MPa，σY = 48MPa，σZ = 46MPa。改变σX，使得水平应力差为 6MPa、8Mpa 和 10MPa，模拟结果如图 18～21。

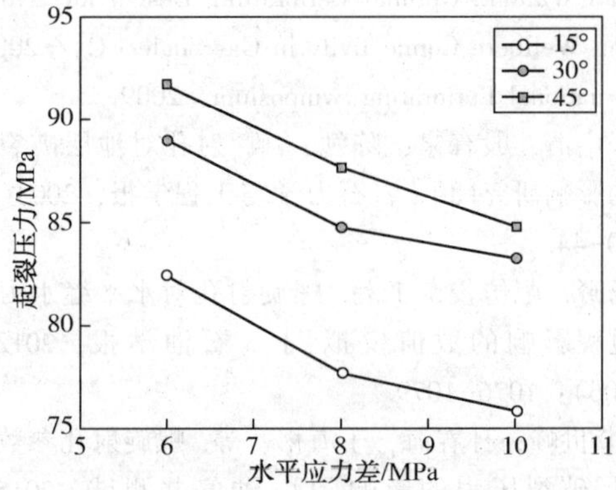

图 18　正断层应力机制下水平应力差对起裂压力的影响

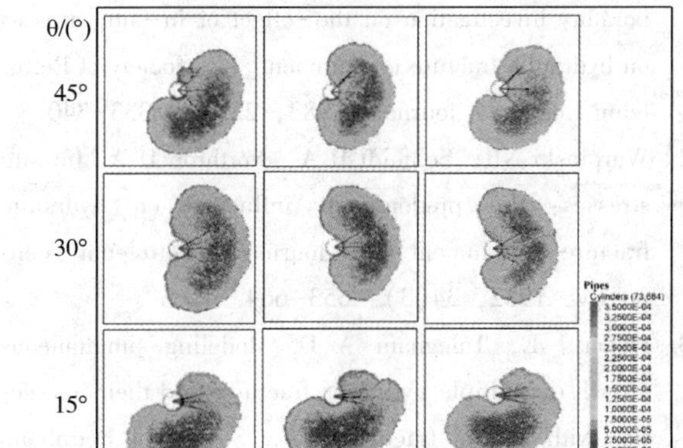

图 19　正断层下不同水平应力差的裂缝形态（Y-Z 平面）

在正断层应力状态下，径向夹角不变时，起裂压力随水平应力差增大而减小，这是由于随着水平应力差增大，裂缝受到来自最小水平主应力的干扰作用减弱，因此起裂压力也就越低。以径向夹角 30°为例，当水平应力差为 6MPa 时，起裂压力为 89.1MPa，当水平应力差增大至 8MPa 时，起裂压力为 84.8MPa，降低了 4.3MPa，降幅为 4.8%，当水平应力差增大至 10MPa 时，起裂压力减小至 83.3MPa，降幅为 1.76%。因此高水平应力差同样不能无限制减小起裂压力，在水平应力差达到 8MPa 后，其对于减小起裂压力效果不大。

如图 20 所示，走滑断层应力状态下，水平应力差不变时，起裂压力随着径向夹角的增大而增大。径向夹角一定时，水平应力差的增大同样有利于降低起裂压力。以径向夹角为 45°时为例，当水平应力差为 6MPa 增大至 8MPa，岩石破裂压力则从 92.7MPa 降低至 89.0MPa，降幅为 3.9%；当应力差为 10MPa 时，起裂压力降低至 88.1MPa，降幅为 1.01%。所以在走滑断层应力状态下水平应力差的增大对于降低起裂压力同样仅在一定范围内有显著效果。

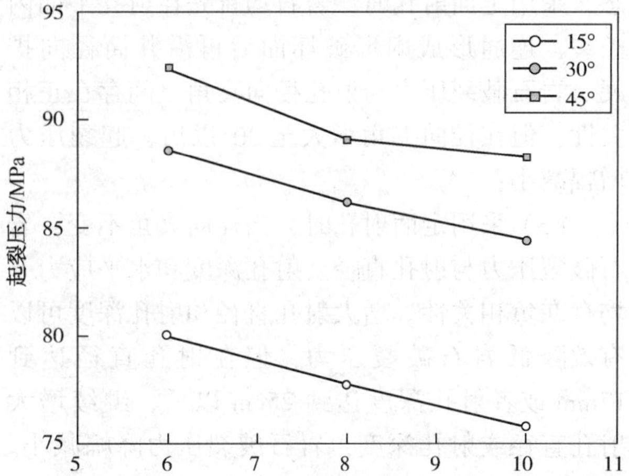

图 20　走滑断层应力机制下径向夹角对起裂压力的影响

同时，在径向夹角为 15°、应力差为 6MPa 时，裂缝沿井筒轴向偏转程度最大。当径向夹角一定时，裂缝偏转程度随应力差增大而减弱，裂缝趋于沿井筒轴向垂直对称扩展，同时，在径向夹角为 45°时，裂缝均出现射孔未充分起裂的现象，见图 21。所以，在走滑断层应力状态下，径向夹角越小，水平应力差越小，裂缝沿井筒轴向偏转程度越严重。

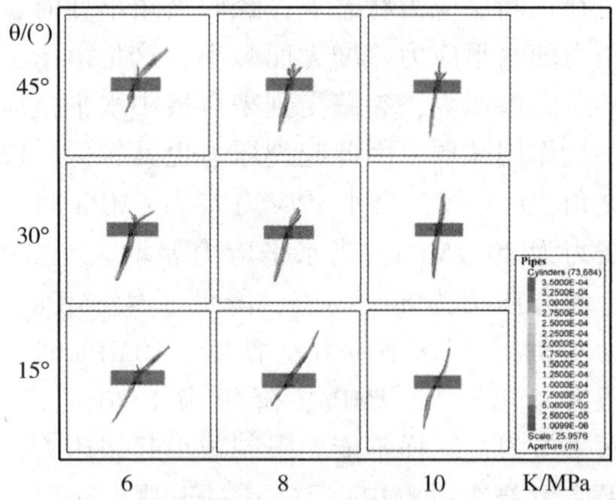

图 21 不同水平应力差下裂缝形态
(走滑断层，X-Z 平面)

3 结 论

(1) 在正断层应力状态和走滑断层应力状态下，采用螺旋射孔时存在近井区域裂缝交叉扭转和射孔起裂不充分的现象，而采用定面射孔时，岩石破裂压力更低，射孔均能充分起裂扩展，裂缝面基本垂直于井筒，有利于裂缝往深部延伸在远场形成复杂缝网；

(2) 对于正断层应力状态和走滑断层应力状态，采用定面射孔时，岩石均首先在射孔平面内破裂，连通形成扇形破坏面后再沿井筒径向扩展。岩石破裂压力与射孔径向夹角之间存在正相关性，但在径向夹角增大至30°以后，起裂压力增幅减小；

(3) 采用定面射孔时，当径向夹角不变，岩石破裂压力与射孔直径、射孔深度和水平应力差均存在负相关性。增大射孔直径和射孔深度可以有效降低岩石破裂压力，但在射孔直径达到17mm或者射孔深度达到25cm以后，继续增大射孔直径或射孔深度，岩石破裂压力降幅减小。在应力差达到8MPa以后，岩石破裂压力降幅有所下降；

(4) 在正断层应力状态下，径向夹角过大则会造成定面射孔在近井区域起裂不充分或分叉，不利于裂缝向远端扩展。而在走滑断层应力状态下，定面射孔径向夹角越小，射孔深度越大，水平应力差越小裂缝沿井筒轴向偏转程度越大。

参 考 文 献

[1] 刘合，王峰，王毓才，等. 现代油气井射孔技术发展现状与展望[J]. 石油勘探与开发，2014，41(06)：731-737.

[2] Alekseenko，O. P.，Potapenko，D. I.，Chemy，S. G.，et al. 3D modeling of fracture initiation from perforated non-cemented wellbore. SPE 151585，2012.

[3] 赵金洲，李勇明，王松，等. 天然裂缝影响下的复杂压裂裂缝网络模拟[J]. 天然气工业，2014，34(1)：68-73.

[4] Hou，B.，Chang，Z.，Fu，W.，Muhadasi，Y.，Chen，M.，2019. Fracture initiation and propagation in a deep shale gas reservoir subject to an alternating-fluid-injection hydraulic-fracturing treatment. SPE J，24，1839-1855.

[5] Zhang，R. X.，Hou，B.，Shan，Q. L.，et al.，2018a. The study on hydraulic fracture initiation and propagation of coplanar perforation technology in the horizontal well. SPE 189374，Presented at the SPE/IADC Middle East Drilling Technology Conference and Exhibition，Abu Dhabi，UAE，29-31 January.

[6] Wang S L，Sui X，Zhu Y C. Effect of set surface perforating technology on hydraulic crack extension[J].. Rock and Soil Mechanics，2016，37(12)：3393-3400.

[7] Lan Walton. Optimal Perforatiing Design for Hydraulic and Wellbore Connectivity in Gas Shales[C]//2009 International Perforating Symposium，2009.

[8] 张广清，殷有泉，陈勉，等. 射孔对地层破裂压力的影响研究[J]. 岩石力学与工程学报，2003(01)：40-44.

[9] 杨野，彪仿俊，王瀚. 螺旋射孔对水平缝水力压裂过程影响的数值模拟[J]. 石油学报，2012，33(06)：1076-1079.

[10] 薛世峰，孙春海，于海彬，等. 螺旋射孔参数对地层破裂压力的影响[J]. 油气井测试，2015，24(06)：11-13+73.

[11] Warpinski NR，Clark J A，Schmidt R A，et al. Laboratory investigation on the-effect of in-situ stresses on hydraulic fracture containment[J]. Society of Petroleum Engineers Journal，1982，22(3)：333-340.

[12] Warpinski NR，Schmidt R A，Northrop D A. In-situ stresses：the predominant influence on hydraulic fracture containment[J]. Journal of Petroleum Technology，1982，34(3)：653-664.

[13] Olson J E，Taleghani A D. Modeling simultaneous growth of multiple hydraulic fractures and their interaction with natural fractures[J].. Society of Petroleum Engineers，2009.

[14] Falser S，Mo W，D Weng，et al. Reducing Breakdown Pressure and Fracture Tortuosity by In-Plane Perfora-

tions and Cyclic Pressure Ramping[C]. in: 50th U. S. Rock Mechanics/Geomechanics Symposium, Houston, Texas, June 2016.

[15] Liang Y, Bing H, Shan Q, et al. Experimental Investigation on Hydraulic Fracture Initiation and Geometry in the Definite Plane Perforating Technology of Horizontal Well[C]//SPE Asia Pacific Hydraulic Fracturing Conference. 2016.

[16] 王素玲，张影，朱永超，等. 水力压裂多裂缝起裂射孔参数优化研究[J]. 力学与实践，2015，37(05)：607-611.

[17] 赵振峰，唐梅荣，逄铭玉，等. 定面射孔对压裂初始裂缝形态的影响研究[J]. 科学技术与工程，2016，16(22)：60-63.

[18] Cundall P A. Lattice method for modeling brittle, jointed rock [C]. //2nd International. FLAC/DEM Symposium. Continuum. distinct Element. Numerical. Modeling in geo-mechanics. Melbourne, Australia: 2011.

[19] Damjanac B, Cundall P A. Application of distinct element methods to simulation of hydraulic fracturing in naturally fractured reservoirs [J]. Computers and Geotechnics(2015), 06. 007.

[20] 张儒鑫，侯冰，单清林，等. 致密砂岩储层水平井螺旋射孔参数优化研究[J]. 岩土工程学报，2018，40(11)：2143-2147.

[21] 郭兴午，刘强，张柟乔，等. 页岩定面射孔水力裂缝起裂特征探索及应用[J]. 断块油气田，2018，25(02)：254-257.

[22] 孙峰，唐梅荣，张翔，等. 水平井定面射孔近井筒的破裂形态[J]. 天然气工业，2019，39(04)：62-68.

地质工程一体化井轨迹控制技术-以大庆古龙页岩油为例

房　超[1]　李　博[2]　项德贵[1]　李　牧[1]　王志辉[2]

(1. 中国石油集团工程技术研究院有限公司；2. 大庆油田有限责任公司)

摘　要　地质工程一体化轨迹控制充分发挥地质与工程交互优势，基于钻前地质建模与井轨道设计、井轨迹周缘地层属性曲线拟合与随钻测井曲线对比、随钻地质模型重建及井轨迹优化三项技术，形成了设计-对比-调整-优化-控制-再设计循环迭代的一体化轨迹控制作业方法。大庆古龙现场实际应用表明，一体化轨迹控制能够快速识别地层突变，综合考虑钻井风险和经济效益，指导轨迹优化。

关键词　地质工程一体化；大庆古龙；地质模型；井眼轨迹；随钻测井

随着非常规油气藏、复杂油气藏勘探开发进程加快，定向井、水平井成为实现钻探目标的重要手段。地质工程一体化井轨迹控制技术对提高定向井、水平井储层钻遇效果和油气高效开发具有重要作用。地质工程一体化的轨迹控制能够充分利用地震、已钻井地质、测井等资料构建钻前先导地质模型，钻中充分利用随钻测量、测井和录井资料，结合地质、工程设计及时准确划分已钻地层和预测待钻地层，优化已有地质模型，基于模型认识调整井眼轨迹，保障井眼轨迹准确钻遇目的层并始终处于油层的最佳位置。

1　一体化井轨迹控制技术方法与流程

地质工程一体化轨迹控制充分发挥地质与工程数据交互优势，以地质认识作为工程施工指导，根据地层甜点展布对井轨迹平滑设计提出建议，降低施工难度的情况下达到地质目标，通过工程作业中采集的地质数据对地质模型进行更新，指导井轨迹实时修正，此过程往复迭代为实时井轨迹优化提供及时优质的决策依据，其基本流程如下(图1)。

(1) 钻前根据搜集的地震资料、井资料进行研究区域地质模型建立，明确可识别的断层、地层展布情况，重点确立目标层和标志层时空分布。

(2) 根据目标层确定水平段钻井长度，以井轨迹平滑入靶、造斜段岩石力学性质稳定为原则，确定造斜点和造斜率，完成初始井轨道设计。

(3) 在地质模型下沿井轨迹提取 Gr、Rt 等地层岩性数据，或选取参考井模拟沿井轨迹周缘地层属性。定向段随钻井轨迹监测，完成随钻测井曲线与模拟曲线对比，如曲线拟合较好，表明地质模型准确，如拟合较差，结合地震数据判断地层异常，修正地质模型，直到模拟曲线与实钻曲线拟合较好，模型调整完毕。

(4) 重点监测钻遇标志层情况，确定轨迹调整方向，确保准确着陆，预防迷失地质目标。

(5) 确保轨迹准确着陆。

(6) 水平段随钻井轨迹监测，完成随钻测井曲线与模拟曲线对比，如曲线拟合较好，表明储层地质模型准确，地层变化情况不大，继续按计划钻进。如拟合较差，对原地质模型进行调整，当调整后实时模拟曲线与随钻曲线拟合较好后，地质模型调整完毕，继续钻进。如再次出现拟合较差时，重复(6)操作。

1.1　钻前地质建模与井轨道设计技术

以区域地质认识为基础，充分利用地震、已钻井地质、测井等资料，利用地震数据体建模技术，单井测井、录井资料对建立模型进行约束，提高模型精度。

通过地质模型明确目的层、标志层分布特征，指导井轨道设计。在满足勘探开发部署、钻井及采油工艺技术等要求的基础上，井轨道设计选用形状简单、易于施工的轨道形状，以实现安全、优质、快速钻井。为实现以上目标，轨道设计主要基于直线模型、斜面模型和柱面模型三种数学模型，主要算法有圆弧法、最小曲率法和弦

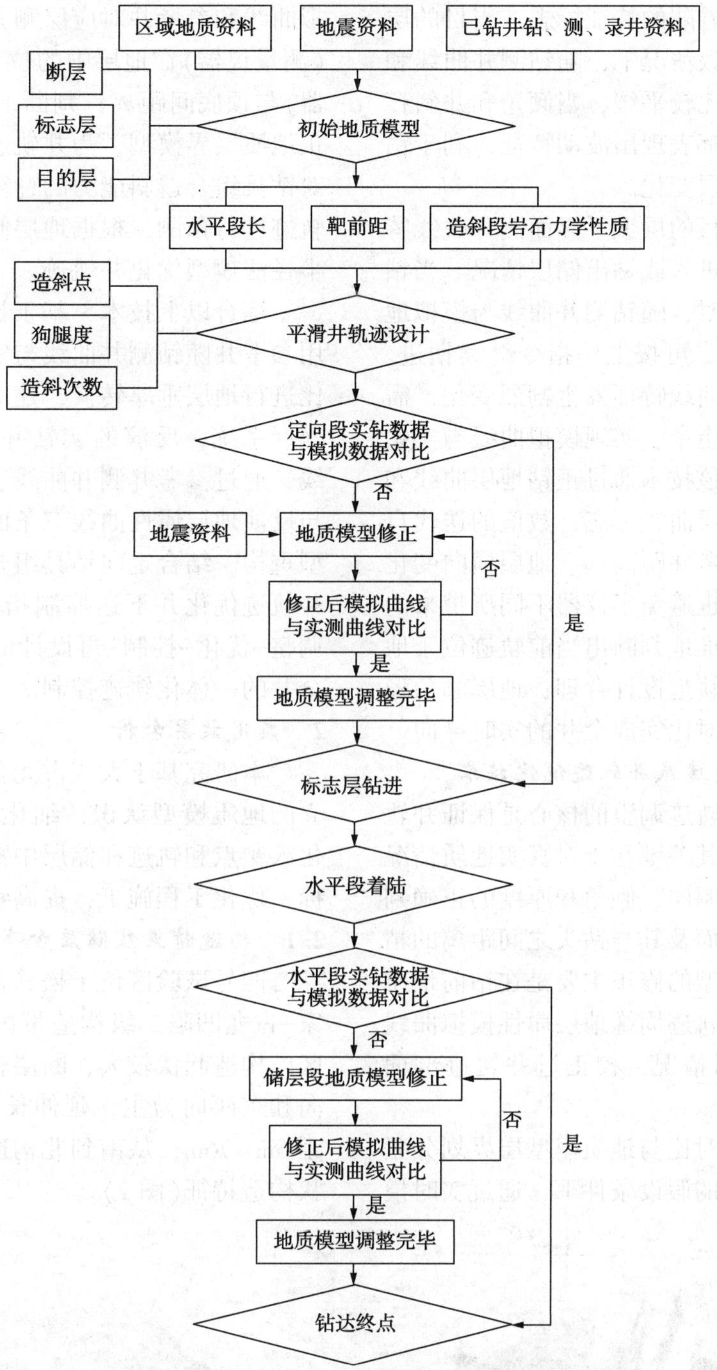

图 1　一体化井轨迹控制技术方法与流程

步法，最小曲率法凭借计算步骤少、公式简洁等特点成为最常用的算法。同时，充分考虑井轨道与预钻地层、钻完井工具等因素的匹配程度，分析工具造斜能力、套管下入能力，提高轨道设计合理性。

1.2　井轨迹周缘地层属性曲线拟合与随钻测井曲线对比技术

充分利用随钻测量和录井资料，准确识别标志层，基于参考井和实钻井标志层拉平技术，建立过实钻井剖面的二维地质模型，实现参考井与实钻井地质模型连接。依据参考井测井曲线值建立实钻井轨迹周缘地层属性模拟曲线，拾取实钻井轨迹在不同井深对应参考井真厚度测井值，生成全井轨迹的地层属性模拟曲线。

对比沿井轨迹周缘地层属性模拟曲线与随钻测井曲线拟合情况，作为判断地质模型与实钻模型吻合度依据，标志层、轨迹临近着陆点井段和水平段是曲线对比重中之重。模拟曲线与随钻测井曲线进行同框对比，能够更好的展现曲线对比符合情况。模拟曲线往往在着陆段波动特征明显，可作为判断轨迹着陆的特征标志。当目的层倾角和水平段井斜一致情况下，随钻测井曲线和模拟地层属性曲线都比较平缓，当倾角和井斜存在夹角时，两条曲线都表现出波动特征，利于钻井过程中及时发现地层变化。

利用参考井钻遇目的层上下界面测井曲线特征，判别实钻井轨迹进入或钻出储层情况。当钻井轨迹在同一层钻进时，随钻测井曲线与模拟地层属性曲线拟合较好，可按上一指令继续钻进。当出现上下穿层后，曲线特征发生剧烈变化，需及时下达井轨迹调整指令，实现模拟曲线与实钻曲线重新拟合目标。该技术通过正钻地层曲线和本井前期钻遇相同地层曲线形态、数值的迭代自对比，既避免了因参考井距离远、地层横向变化而产生的对比误差，也避免了仪器不同所带来的对比误差，可较为精准地判断出当前轨迹位于地层中的位置。当井眼轨道设计合理，地层倾角稳定情况下，甚至可自对比完成全井的实时导向。

1.3 随钻地质模型重建及井轨迹优化技术

地质模型修正和轨迹调整的核心是保证井轨迹始终处于储层中，其关键在于对真实地质情况的再认识，对目的层倾向、倾角和厚度的正确判断，对目的层顶底界面及其与钻头之间距离的精准判别。现有地质模型的修正主要是在钻前地质模型基础上，根据井轨迹周缘地层属性模拟曲线与随钻测井曲线比对情况，校正过井轨迹剖面模型。

水平井曲线拟合对比与地质模型层界划分紧密相关，在地层等厚的假设条件下，通过实时模拟曲线和参考井对应层测井曲线对比，确定钻头(测量仪器)在地层中的位置，估算钻头(测量仪器)与顶底间距离，判断地层真实倾角，从而修正地质层界模型，为井轨迹调整提供依据。通过对钻具组合造斜能力的计算，运用几何外推法对轨迹进行预测，根据地层倾角假设条件以及曲率半径法模型优化井轨迹。

综合以上技术，基于初始地质模型认识，利用参考井随钻测井曲线与实钻测井曲线标志层对比进行地层垂厚转换，建立以标志层为基准的新坐标系统，反演的实钻井轨迹周缘地层属性曲线，通过参考井测井曲线、实钻井随钻测井曲线与反演地层属性曲线三条曲线对比，进行地质模型重构，结合定向钻具组合特点及造斜能力，对井轨迹优化并下达控制指令，形成设计-对比-调整-优化-控制-再设计的循环迭代，最终实现全井的一体化轨迹控制。

2 应用效果分析

本研究基于大庆古龙页岩油层四号试验区建立的地质模型认识，细化过B井地质模型，优化入靶点和轨迹在储层中穿行路径，实现地质目标，优化工程施工，提高钻探效果。

2.1 构造特点及储层分布

四号试验区位于松辽盆地北部中央坳陷区齐家-古龙凹陷二级构造带内的古龙向斜区，试验区内构造起伏较大，断层较为发育，走向以北西向和东西向为主，延伸长度0.7km~3.8km，断距6m~76m，从南到北构造逐渐变深，形成阶梯状构造特征(图2)。

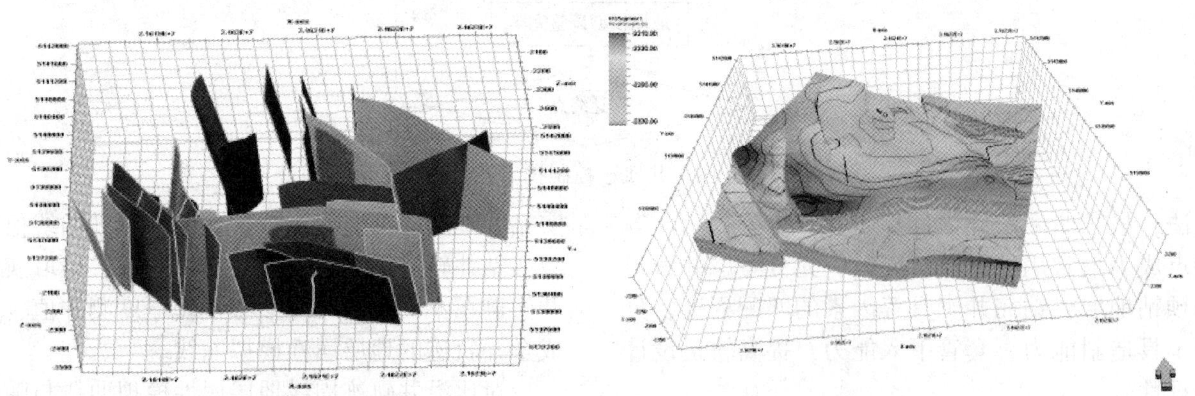

图2 四号试验区地质模型，左为断层模型，右为Q2层顶面构造模型

试验区标准直井A井青山口组Q1~Q9层矿物组分以粘土和石英为主，其矿物含量为37.7%和32.1%，其次为长石，其矿物含量为18.2%。不同层位岩性分布存在差异，整体上以纹层状黏土质长英页岩为主，主要目的层Q1和Q2层发育层状黏土质长英页岩，测井解释Q2层厚12.76m，伽马值为115~156API，电阻率5.16~13.56Ω·m，录井岩屑为灰黑色纹层状砂

质页岩，与Q3分界以Gr值减小、电阻率增大为划分特征，储层综合评价较好。Q1层厚14.94m，伽马值为114.2～182.3API，电阻率5.7～21.8Ω·m，录井岩屑灰黑色粉砂质页岩，与Q2层分界特征明显，Gr和电阻率同步增大(图3)。

水平井B井为一口计划开发Q2层页岩油资源的水平井，设计井轨迹在Q2层顶部着陆，A靶点井深2645m，垂深2445m，闭合距454.16m，闭合方位321.61°。为了确保轨迹顺利着陆，分析了预钻地层垂深、倾角及厚度变化。区块构造顶面图显示在钻遇Q9层之前遇到断层，断层断距4.8m左右，着陆后地层整体平缓，地层倾角变化较小(图4)。综上所述，B井目的层整体识别度和追踪性较强，可以指导轨迹准确进入目的层顶部。

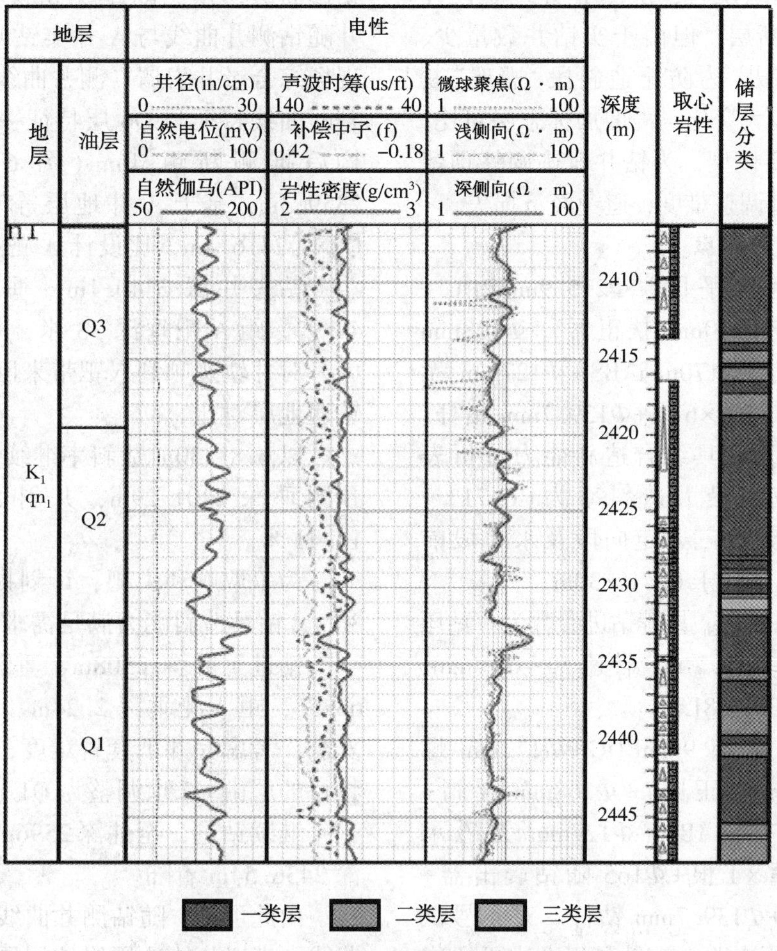

图3　A井Q1–Q3层测井及储层解释特征

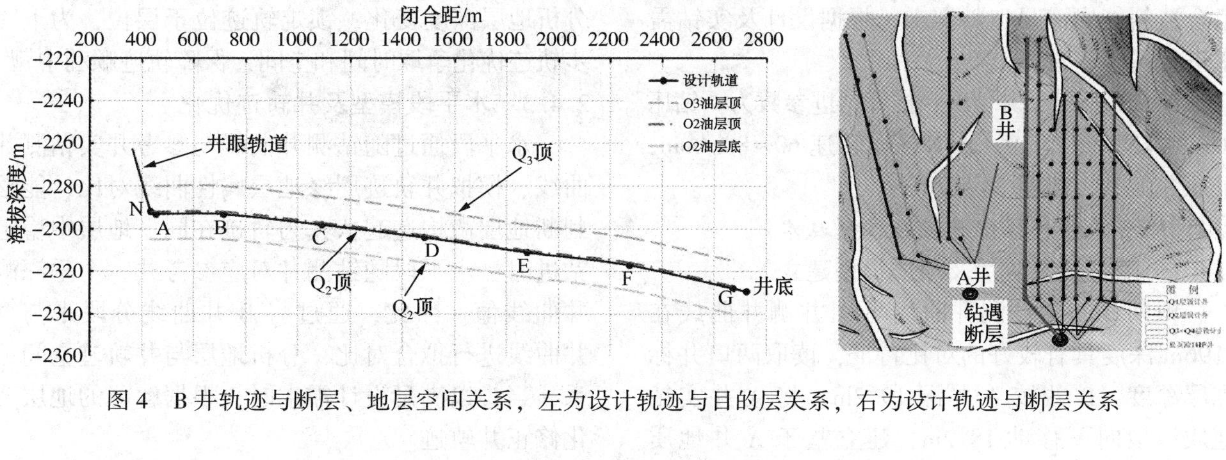

图4　B井轨迹与断层、地层空间关系，左为设计轨迹与目的层关系，右为设计轨迹与断层关系

2.2　井轨迹控制难点

区域标准层为嫩江组，距目的层深度大于500m，对目的标定意义有限，且二开套管已封固嫩江组地层段。三开定向段需要根据现场工程师经验，选择A井测井曲线具有标志特征层段，将B井实钻过程中随钻测井曲线值特征与A井标志层段测井曲线进行对比，再基于等厚垂深原则，判别B井实钻位置与靶点时空关系。

4号试验区内断层发育，虽然B井地质设计显示造斜段不发育断层，但由于实钻井数量少、地震资料分辨率有限，为防止造斜段"遭遇"断层，导致地层发生较大变化，需增加标志层对比，实钻过程中优化地质模型，为钻井轨迹调整预留足够空间，降低轨迹调整难度，避免经济损失。

2.3　钻具组合及钻井参数

（1）定向段+水平段：Φ215.9mmPDC+Φ172mm螺杆（1.5°Φ210mm扶正器）+Φ168mm浮阀+Φ171mmAWR+Φ170mmABS+Φ127mm无磁承压+Φ139.7mm加重×6根+Φ139.7mm钻杆。对4号试验区实钻及钻具组合造斜能力分析表明，该钻具组合应用最大造斜率为（6.71°~9.48°）/30m，因此建议三开定向段及水平段前500m范围内造斜率不大于6.71°/30m。

综合分析已钻井情况，推荐钻进参数为：钻压40~120kN，扭矩6~12kN·m，转速50~60r/min，泵压23~31，排量34~38L/s。

（2）水平段：Φ215.9mmPDC+Φ172mm螺杆（1.25°，Φ210mm扶正器）+Φ168mm浮阀+Φ171mmAWR+Φ170mmABS+Φ127mm无磁承压+Φ139.7mm加重×4根+Φ165随钻震击器+Φ139.7加重×2根+Φ139.7mm钻杆。对4号试验区实钻造斜率分析表明，该钻具组合水平段应用的最大造斜率为（1.42°~1.54°）/30m，钻具组合造斜能力满足造斜需求，根据设计及实钻需求进行造斜率选择。

综合分析已钻井情况，推荐钻进参数为：钻压60~100kN，扭矩19~25kN·m转速60~80r/min，泵压30~34，排量34~36L/s。

2.4　地质工程一体化井轨迹控制技术

2.4.1　随钻测井应用及地质模型建立

识别B井随钻测井曲线与A井测井曲线在2196m深度具有较好的对比特征，读取两口井标志层深度，B井较A井深19.2m，将A井实钻地质模型向下移动18.2m，建立基于A井地质模型的B井等厚地质模型（图5）。在模型下反演出B井轨迹预钻地层属性值，与A井测井值进行对比，右侧纵向窗口对比A井测井曲线与B井实钻曲线，上部窗口对比B井随钻测井曲线与反演地层属性值曲线，通过曲线对比判断钻遇地层情况。

2.4.2　定向段模型重构及井轨迹调整

根据地质设计预测B井在钻遇Q9地层前将钻遇断层，预测断距4.8m。实钻过断层后，B井随钻测井曲线与A井实钻测井曲线无法对比，现场综合录井岩屑、测井曲线对比相结合，综合判断曲线特征与Q6层特征一致，经地质模型重构后推测断距46m（图6）。Q6号层垂深2359.3m，基于A井地层等厚对比法推算本井Q2顶2416.4m，比设计A靶点上提26m。

钻头井深2440.1m，垂深2376.3m，井斜47.9°，距A靶垂深33米，目的层上提深度较大，对井轨迹顺利入靶带来巨大挑战，后续加强钻遇地层对比。

以6.8°/30m造斜率继续钻进至井深2479m，预测垂深2401.29m，井斜54°，距A靶垂深16.41米。

为争取顺利中靶，计划提高造斜率到8.5°/30m，钻具造斜能力满足需求，全力增斜到90°。

钻进至井深2508m，垂深2415.86m，井斜63.5°，距A靶垂深2.24m。为了保证工程施工安全，考虑完井下套管难度，经综合论证后建议将目的层由Q2顶调整为Q1顶。

继续钻进，至井深2596m，井斜85.03°，垂深2436.54m着陆。

由此可见，随钻测井曲线与参考井实钻测井曲线、模拟井轨迹周缘地层属性曲线对比，能够较快的识别地层突变。通过曲线拟合对比，快速分析地层深度变化，锁定轨迹位于层位，为下一步轨迹优化争取时间和空间，保障轨迹顺利中靶。

2.4.3　水平段模型及井轨迹优化

水平段通过随钻测井曲线与参考井实钻测井曲线、模拟井轨迹周缘地层属性曲线对比，能够判断地层微构造起伏，当轨迹在同一地层中稳定钻进时，水平段随钻测井对应参考井一个垂深测井曲线值。因此，通过将B井曲线分段来与A井曲线进行拟合对比，分析地层与井轨迹空间关系，当难以满足设计需求时，根据解释的地层变化修正井轨迹。

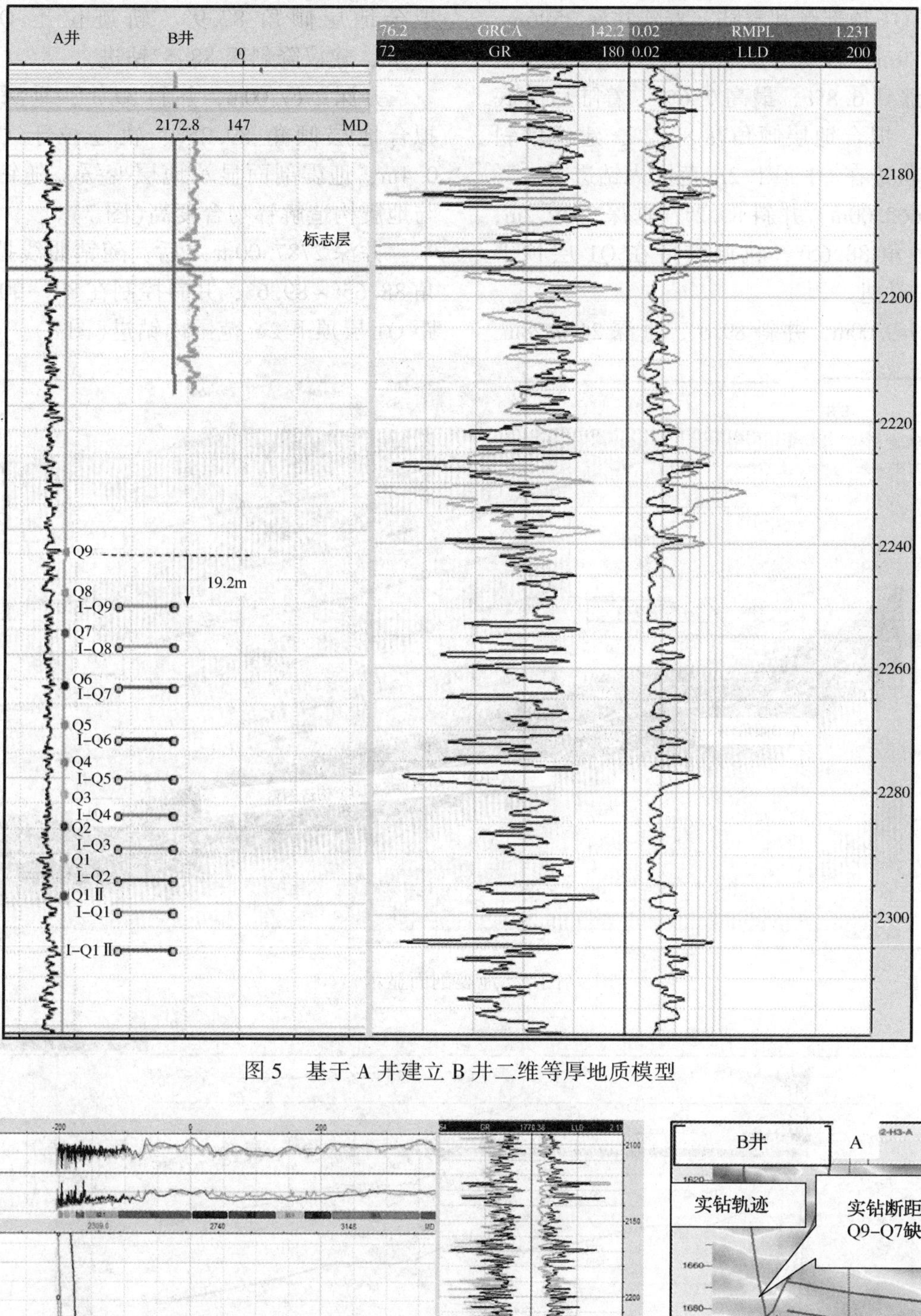

图5　基于A井建立B井二维等厚地质模型

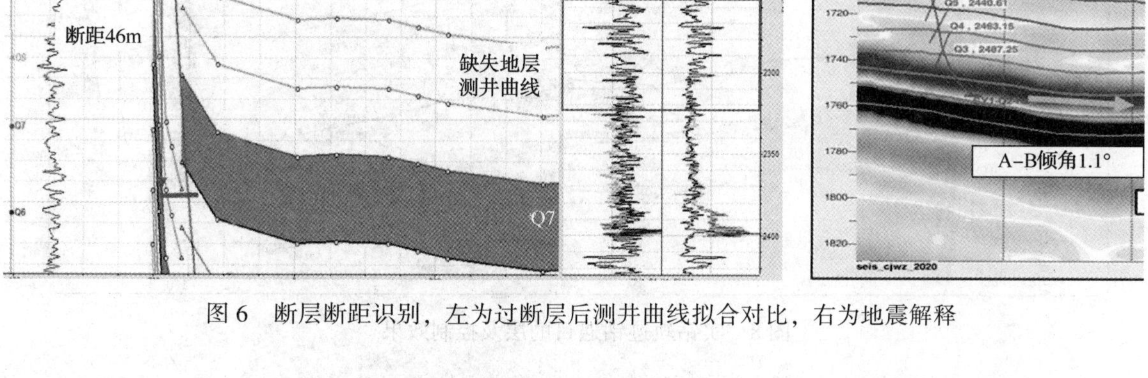

图6　断层断距识别，左为过断层后测井曲线拟合对比，右为地震解释

B井在Q1顶部顺利着陆，着陆井深2596m，垂深2435.79m，岩屑为层状页岩，气测曲线值由4.2%上涨到6.8%，最高7.6%。着陆后井底井斜86.8°，拟合地层倾角在89.2°，建议增斜至89°保持轨迹在Q1顶下2m范围内钻进。

井深2662.00m，井斜89.2°，垂深2439.2m，拟合地层倾角88.65°，轨迹维持在Q1层顶下2m稳斜89°钻进。

井深2749.00m，井斜89.0°，垂深2440.28m，拟合地层倾角87.9°，轨迹位于Q1层顶下0.3m，建议降斜至88.5°钻进。

井深2767.00m，井斜89.3°，垂深2440.35m，拟合地层倾角89.25°，轨迹位于Q1层顶下0.4m，地震剖面显示地层变缓，随钻解释结果与地震构造解释吻合度高(图7)。

井深2787.00m之后，随钻曲线拟合地层倾角88.65°~89.6°，井斜控制在89°-90°，保持在距Q1层顶下2m范围内钻进(图8)。

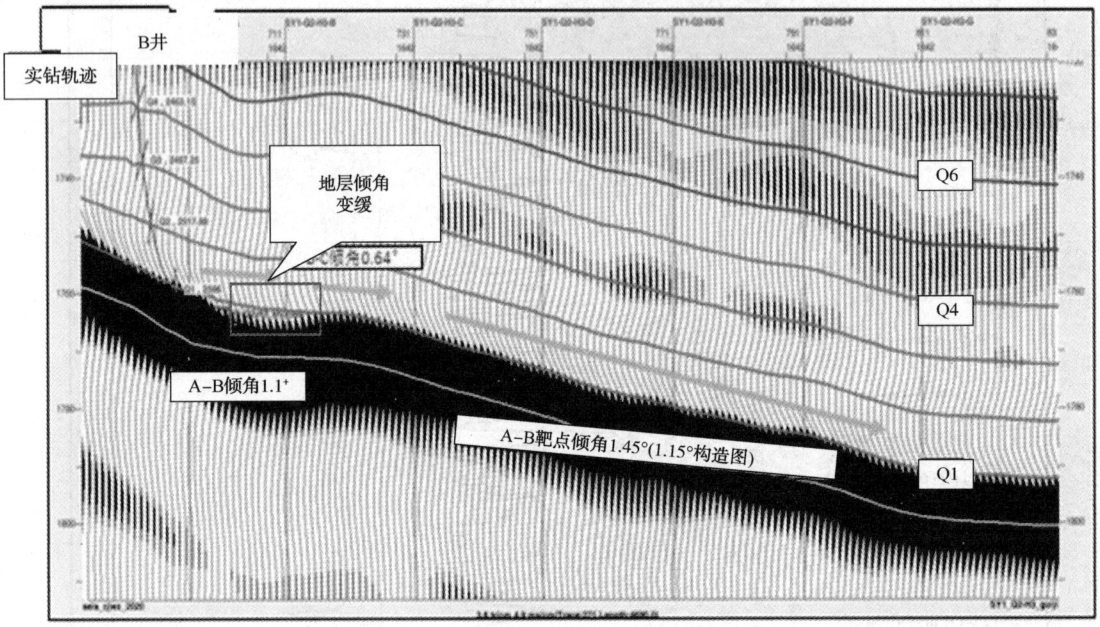

图7　地震剖面显示

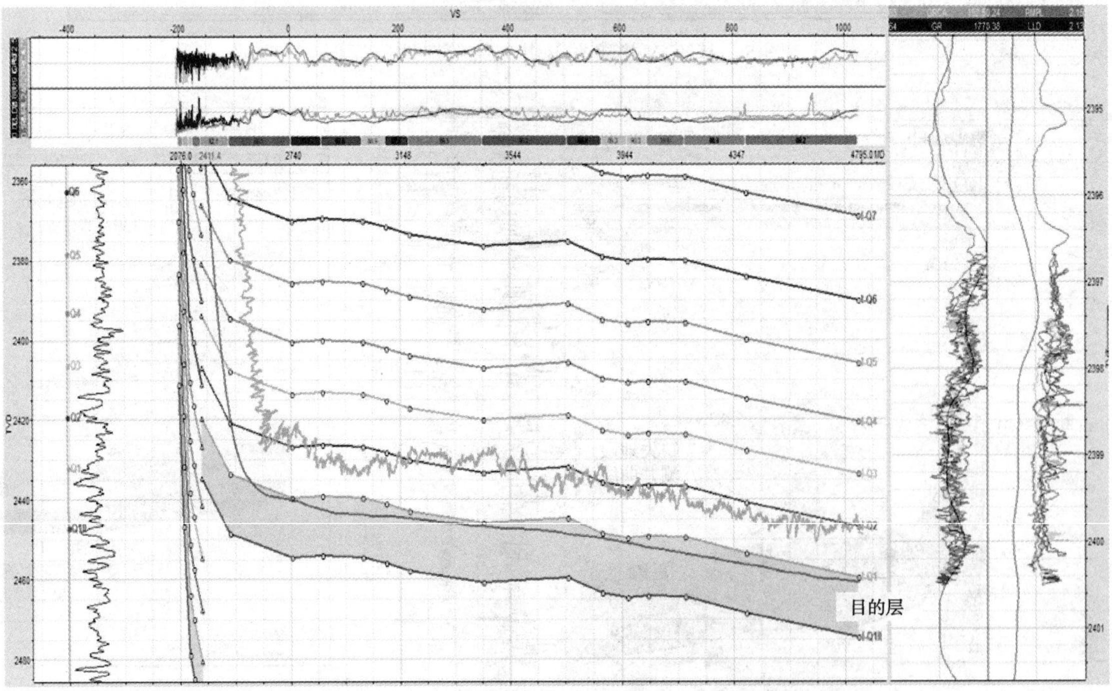

图8　实钻轨迹钻遇目的层及控制效果

水平段实钻过程中加强分段拟合对比频率，实时跟踪轨迹与地层空间关系，倡导顺地层钻进，减少定向施工大幅调整轨迹频率，保障钻井时效、实现地质目标的前提下，兼顾井眼轨迹平滑。

3 结论与建议

（1）地质工程一体化轨迹控制以地质认识指导工程施工，考虑施工难度的情况下实现地质目标，基于钻前地质建模与井轨道设计、井轨迹周缘地层属性曲线拟合与随钻测井曲线对比、随钻地质模型重建及井轨迹优化三项关键技术，实现一体化轨迹控制。

（2）大庆古龙页岩油四号试验区 B 井实钻遇到地层突变，通过参考井测井曲线、模拟实钻井轨迹周缘地层属性曲线与随钻测井曲线三条曲线对比，快速分析轨迹与地层空间关系，重构地质模型，并根据钻具组合造斜能力优化井轨迹。

（3）一体化井轨迹控制在地质工程一体化的同时，需要考虑风险和经济效益一体化。B 井评估钻井风险和经济效益后，决定调整目的层，在地质工程一体化井轨迹控制指导下顺利实现储层钻遇目标。

参 考 文 献

[1] 房超，项德贵，赵庆，等. 地质导向软件发展现状、趋势及国产化建议[J]. 石油钻采工艺. 2020，42(04)：385-392.

[2] 舒红林，王利芝，尹开贵，等. 地质工程一体化实施过程中的页岩气藏地质建模[J]. 中国石油勘探. 2020，25(02)：84-95.

[3] 吴宗国，梁兴，董健毅，等. 三维地质导向在地质工程一体化实践中的应用[J]. 中国石油勘探. 2017，22(01)：89-98.

[4] 刘卫彬，徐兴友，张君峰，等. 陆相页岩地层地质—工程一体化水平井精确钻探技术—以松辽盆地吉页油 1HF 井为例[J]. 中国地质. 2021：1-18.

[5] 王磊，沈金松，邹榕，等. 融合地震属性和成像测井信息优化的储层缝洞带评价与钻井轨迹[J]. 吉林大学学报(地球科学版). 2021，51(02)：607-623.

[6] 杨彬，李琳艳，孔健，等. 随钻地质建模技术在水平井地质导向中的应用[J]. 特种油气藏. 2020：1-10.

[7] 刘修善. 定向钻井轨道设计与轨迹计算的关键问题解析[J]. 石油钻探技术. 2011，39(05)：1-7.

[8] 张新新. 随钻地质与地球化学分析在四川威远页岩气开发中的应用[J]. 中国石油勘探. 2021，26(01)：138-146.

[9] 林昕，苑仁国，韩雪银，等. 地质导向钻井轨迹控制技术研究[J]. 钻采工艺. 2021，44(02)：5-8.

[10] 刘旭礼. 页岩气水平井钻井的随钻地质导向方法[J]. 天然气工业. 2016，36(5)：69-73.

[11] 孙龙德，刘合，何文渊，等. 大庆古龙页岩油重大科学问题与研究路径探析[J]. 石油勘探与开发. 2021，48(03)：453-463.

[12] 王玉华，梁江平，张金友，等. 松辽盆地古龙页岩油资源潜力及勘探方向[J]. 大庆石油地质与开发. 2020，39(03)：20-34.

库车山前大斜度井复杂盐膏层组合固井技术的探索与应用

高海洋[1] 刘洪涛[1] 周 波[1] 李 宁[1] 刘忠飞[1] 艾正青[1] 鲍秀猛[2] 文 亮[1]

(1. 中国石油塔里木油田分公司油气工程研究院；2. 中国石油塔里木油田分公司油气田产能建设事业部)

摘 要 库车山前克拉苏构造带克深 10 号构造由于地层埋藏深且目的层以上发育多套断层，钻井工程难度极大。为避开断层，只能在复合盐膏层段造斜实现大斜度井开发。由于巨厚盐膏层段井斜大、易蠕变缩径，且普遍发育高压盐水层和易漏失薄弱地层，安全密度窗口窄，给套管安全下入、提高管柱居中及保证固井顶替效率带来了极大挑战。常规施工作业手段易发生卡套管、固井漏失、窜槽等复杂情况，且施工排量受限、居中度无法保证，导致固井顶替效率差，严重影响了封固质量和井筒完整性。为解决上述难题，近年来通过不断探索实践，总结出了“随钻扩眼+有接箍套管+精细控压”盐膏层组合固井技术，并首次在库车山前大斜度井克深 X 井复杂盐膏层尾管固井中取得成功应用。该井套管顺利下送到位，固井施工全过程不漏不溢，钻塞无后效，SBT 测井解释全井段合格率 94%，管鞋段、气水隔层段及重合段等关键井段合格率 100%，满足了下开目的层降密度钻进需求。本次盐膏层组合固井技术的成功应用对于大斜度井复杂盐膏层固井施工作业提供了重要的借鉴和指导意义。

关键词 库车山前；大斜度井；复杂盐膏层；精细控压固井；随钻扩眼；盐层有接箍套管

塔里木盆地库车山前油气资源丰富，多年来一直是塔里木油田主力产区。但受地质构造及沉积环境的影响，该区块普遍面临着极端复杂的工程地质条件。克深 10 区块位于库车坳陷克拉苏构造带克深断裂带克深段，受地层逆掩叠置影响，盐上碎屑岩地层在挤压应力作用下发生错断，形成在盐层内滑脱的逆冲断层。逆冲断层上盘地层发生大幅度变形，形成断背斜形态，下盘地层则受断层牵引形成向斜构造，在顶蓬构造之下库姆格列木群膏盐岩大量聚集，形成巨厚的盐体。克深 X 井是位于克深 10 区块的一口碎屑岩开发井，目的层为白垩系巴什基奇克组。该井目的层以上存在多套断层及巨厚盐膏层，为避开克拉 1、克拉 8 断层，顺利实现勘探开发目的，采用了大斜度井井身结构设计，在复合盐膏层段造斜，目的层稳斜钻进(图 1)。

1 克深 X 井基本情况简介

克深 X 井设计采用塔标 II 五开井身结构，由于库姆格列木群复合盐膏层埋深厚、蠕变性强、地层压力系统复杂，无法实现一开次封完，因此采用两层厚壁套管封盐，最后五开目的层采用 5″尾管完井。

(1) 实钻井身结构及地层岩性分布情况

该井井身结构如图 2 所示，三开采用 293.45mm 厚壁套管封固库姆格列木群盐岩段(重合段 200m 采用 273.05mm 套管)，回接 273.05mm 套管至井口。四开在中泥岩段 5400m 开始造斜，实钻用 2.25g/cm^3 钻井液钻至 6511.8m 中完(垂深 6156m)，最大井斜 64°，最大狗腿约 10°/30m。下入 206.38mm 厚壁套管封固库姆格列木群中泥岩段及膏盐岩段(重合段采用 196.85mm 套管)，尾管悬挂器坐挂点位于 4857.7m，送入钻具为 57/8″钻杆。固井主要目的是封固全部库姆格列木群膏盐岩段，为下步巴什基奇克组目的层安全钻进创造条件。

四开为典型的溢流同存井段，其中水层段位于 5700m(垂深 5688m)，漏层段位于 6349m(垂深 6080m)。

(2) 安全密度窗口情况

中完期间井漏降密度 2.25↓2.22g/cm^3，起钻前在上层管鞋处打 64 方 2.60g/cm^3 重浆帽，附加 5MPa，折算漏层处当量密度 2.30g/cm^3 未漏；下钻至井底重浆高度至少 1805m，附加 6.73MPa，折算漏层处当量密度 2.33g/cm^3 未漏；

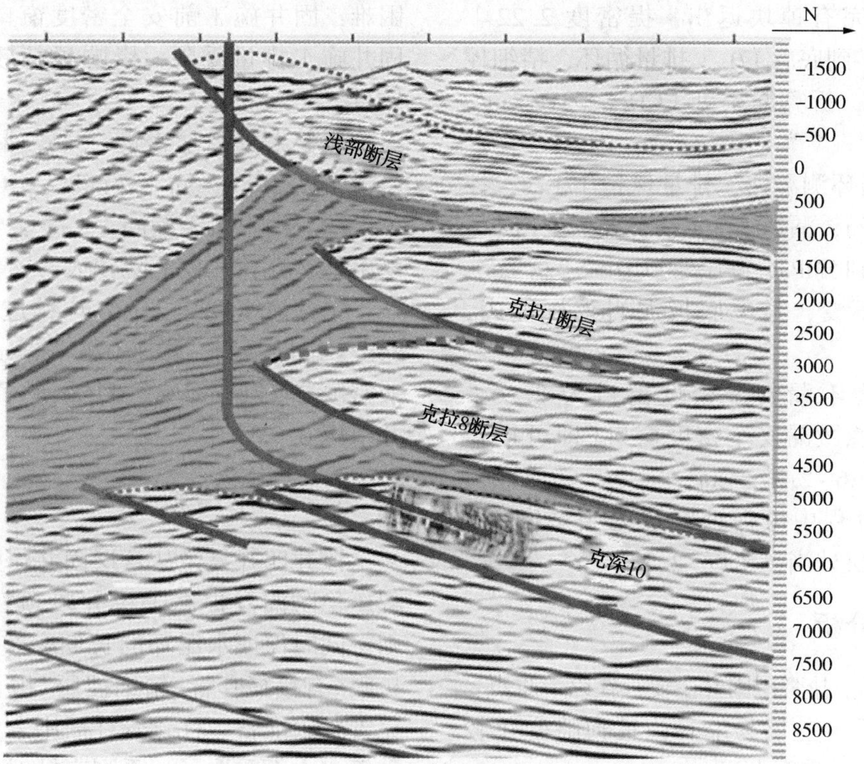

图 1　克深 X 井构造示意图

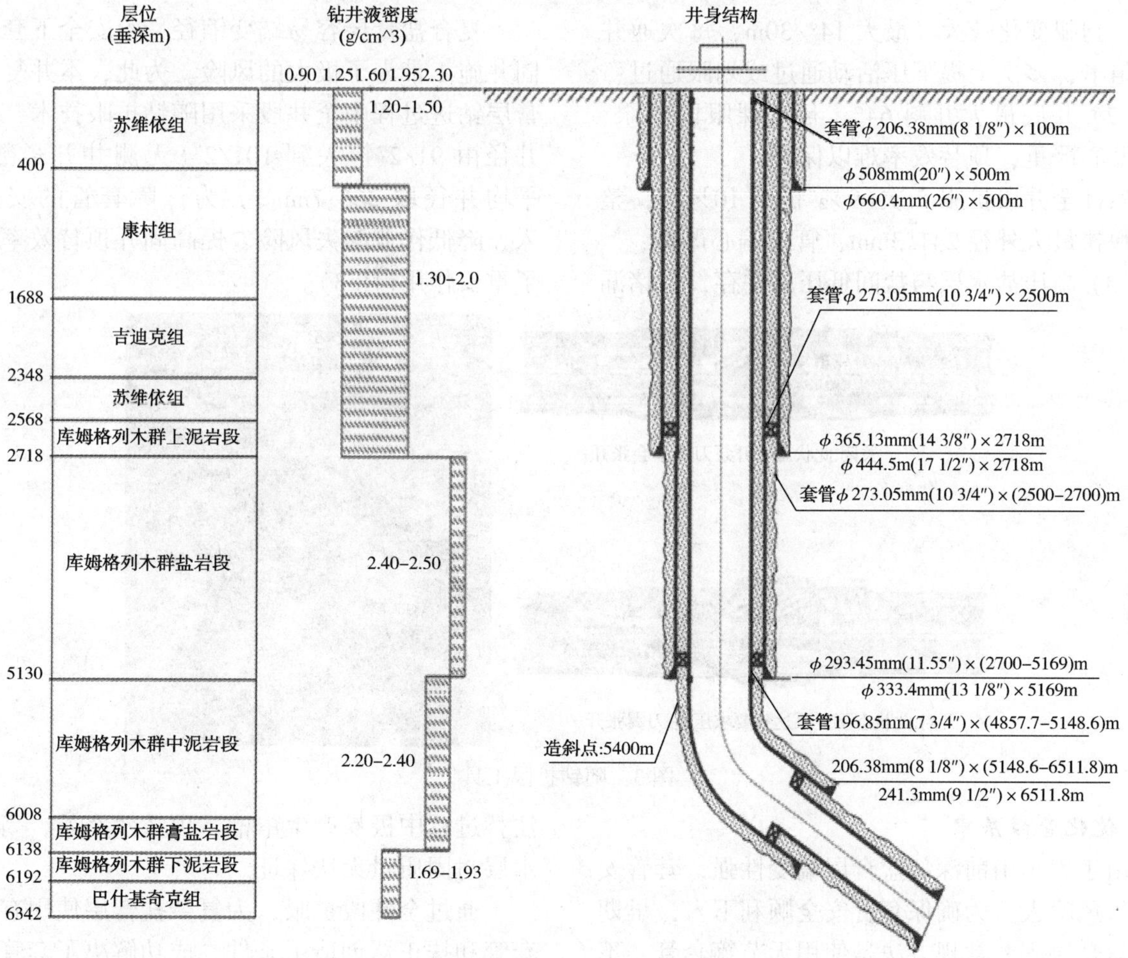

图 2　克深 X 井井身结构图

传输电测完有掉块返出，提密度 2.22↑2.25g/cm³，复扩到底后 17L/s 排量循环，精细控压 1.6~1.8MPa，折算漏层处 ECD=2.31g/cm³，未漏；

井底控压循环测漏速，排量保持 17L/s，控压值提到 2.9MPa，漏速 1.2m³/h，漏层处ECD=2.33；控压值提到 5MPa，漏层处 ECD=2.37g/cm³，漏速 1.2m³/h 不变，考虑底板泥岩承压能力，不再向上探索；

综上，压稳不漏安全密度窗口为 2.26~2.31g/cm³，压稳微漏安全密度窗口(即可操作密度窗口)为 2.26~2.37g/cm³；

控压固井过程中应保证漏层处当量密度<2.31g/cm³，水层处当量密度>2.28g/cm³。

2 固井难点分析

该井四开复杂盐膏层固井主要存在以下难点：

(1) 裸眼段膏盐层易缩径，且狗腿变化较大，套管顺利下入难度大

裸眼段发育多段膏盐岩、泥质盐岩，井眼易缩径；狗腿变化较大，最大 14°/30m，每次通井均有阻卡，多次上提下压活动通过或划眼通过；

(2) 井底最大井斜 64°，且全裸眼段扩眼，套管偏心严重，顶替效率难以保证

累计全井段扩眼 5 次(9½″扩至 10½″)，整体式弹扶最大外径 241.3mm，管柱偏心严重；

(3) 高压盐水层与盐间低压层并存，且堵漏困难，固井施工前安全密度窗口仅 0.05g/cm³；固井施工排量受限，影响顶替效率和界面胶结质量

压稳水层当量密度 2.26，漏层处承压能力当量密度 2.31g/cm³，窗口仅 0.05g/cm³；

(4) 裸眼段溢漏同存，下套管或固井过程容易由漏转溢，井控风险较大

钻井液密度 2.25g/cm³ 钻进至 6389.4m 时，24L/s 排量循环，漏速 0.6~2.4m³/h，出口钻井液密度 2.25g/cm³↘2.07g/cm³↗2.25g/cm³，关井求压 0.5MPa；

3 主要技术措施

该井四开复杂盐膏层固井作业围绕确保全过程压稳防漏及提高关键井段顶替效率的总体原则，同时保证水泥环的长期完整性，采用“随钻扩眼+有接箍套管+精细控压”组合固井技术，从完善井眼准备、优化管柱居中、细化精细控压参数等多方面采取了一系列有针对性的技术措施。

3.1 完善井眼准备

复合盐膏层容易蠕变缩径，给安全下套管和固井施工带来了极大的风险。为此，本井复杂盐膏层钻进过程中全井段采用随钻扩眼技术，平均井径由 91/2″扩大到 101/2″(无测井井径数据，平均井径取 266.7mm)，为保障套管的安全下入、降低作业漏失风险、提高固井顶替效率发挥了重要作用(图 3)。

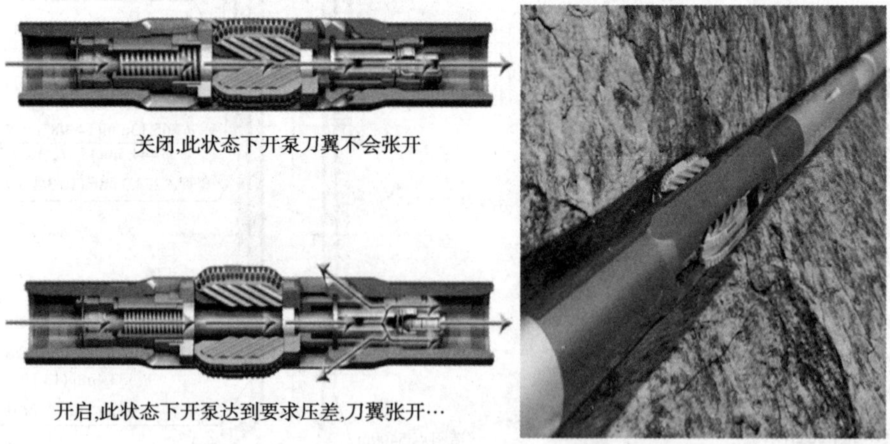

图 3 随钻扩眼工具

3.2 优化管柱居中

由于库车山前深部盐膏层蠕变性强，套管安全下入风险大，为确保套管安全顺利下入，早期复杂盐膏层固井常规方法是使用无节箍套管，不加扶正器，导致盐层段套管柱容易贴边，水泥浆注替过程中极易产生窜槽，顶替效率差，高压盐水层封固质量无法保证。

通过全井段扩眼，为复杂盐膏层使用有接箍套管和扶正器创造了条件，成功解决了套管安全下入与保证管柱居中之间的矛盾。通过使用定制

的特殊间隙接箍套管，并配套使用整体式弹性扶正器，实现全井段1根套管安放1只整体式弹扶，扶正器安放在套管中部，加止推环固定，保证整体居中度达到70%以上。优化了盐层段管柱居中情况，提高了固井顶替效率(表1、表2、图4)。

表1　206.38mm×17.25mm 140HC 特殊间隙接箍特殊螺纹套管技术参数

外径/mm	壁厚/mm	通径/mm	接箍外径/mm	最小抗拉强度/kN	最小抗外挤强度/MPa	最小抗内压强度/MPa
206.38	17.25	168.70	220.14	9890	150.0	145.2

表2　206.38×241.3mm 整体式弹性扶正器尺寸性能参数

内径/mm	外径/mm	高度/mm	片厚/mm	片数/个	起动力/N	复位力/N
210	247±5	350±10	6±1	6	≤4697	≥4697

3.3　细化精细控压参数

(1) 重浆帽设计

控压3.6~4MPa起钻至5200m，水层处当量密度2.31g/cm^3；为保证起钻、下套管不控压也能压稳水层，打重浆帽附加压力3.6MPa(折算水层处当量密度2.314g/cm^3，漏层处当量密度2.310g/cm^3)。

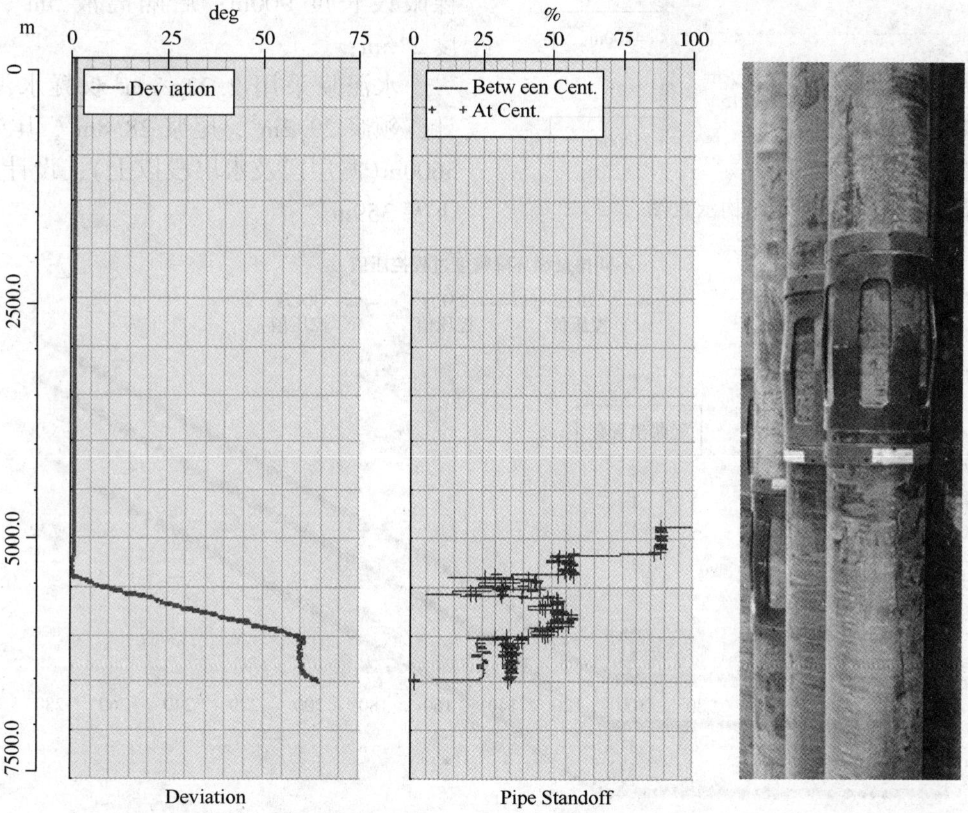

图4　管柱居中模拟及整体式弹性扶正器实物图

重浆帽：2.39g/cm^{3}重浆80m^3+2.25g/cm^{3}井浆22m^3+2.39g/cm^{3}重浆42m^3+2.25g/cm^{3}井浆14m^3+2.60g/cm^{3}重浆6m^3(附加1.5MPa管内压差便于起钻)，见图5。

下套管过程ECD变化：

下套管及送入管柱过程中不控压，井底实际静态当量密度ESD为2.31~2.35，全程压稳水层，控制下放速度，保证不漏或微漏；

常规下套管至井深2000m，井内重浆附加压力3.6MPa，漏层处ECD=2.31；随着管串继续下入进入2.39g/cm^{3}重浆段，附加压力开始上涨；

下至3928m时，重浆返出井口，附加压力达到最大值6.45MPa，继续下至井深4700m，压力附加值保持不变，此过程中漏层处ECD=2.35；

下钻至井深6511m，重浆底部返至2700m，此时压力附加值降至3.6MPa，漏层处ECD=2.31。

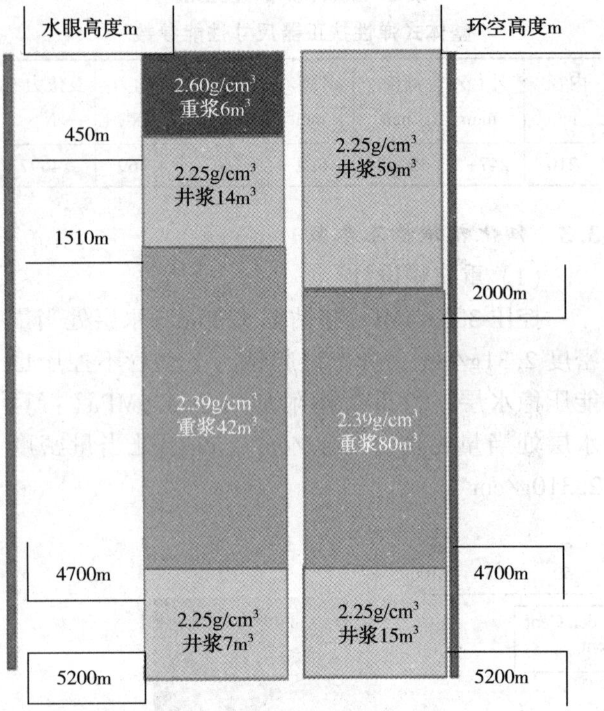

图 5　井眼中重浆帽结构示意图

(2) 控压循环降密度

尾管下到位后，为充分释放固井施工排量，循环降密度至 2. 18g/cm³。

首先用密度 2. 25g/cm³ 原钻井液循环一周，充分排出重浆；泵入密度 2. 18g/cm³ 轻浆循环降密度，根据轻浆返出量确定控压值大小，保证漏层位置当量密度<2. 31g/cm³，水层位置当量密度>2. 28g/cm³。

钻井液密度性能调整均匀后 30L/s 循环，控压 4. 7MPa；停泵期间控压 7. 16MPa。

具体如图 6、表 3 所示。

(3) 浆柱结构设计

隔离液密度 2. 20g/cm³；前隔离液 20m³，占裸眼段长度 900m；后隔离液 5m³，占套管长度 215m；

水泥浆采用 2. 22g/cm³ 双凝水泥浆体系设计，领浆 29. 2m³，尾浆 28. 8m³，尾浆设计返高 5600m(漏层段及水层段以上)；设计上塞 300m，下塞 359m。

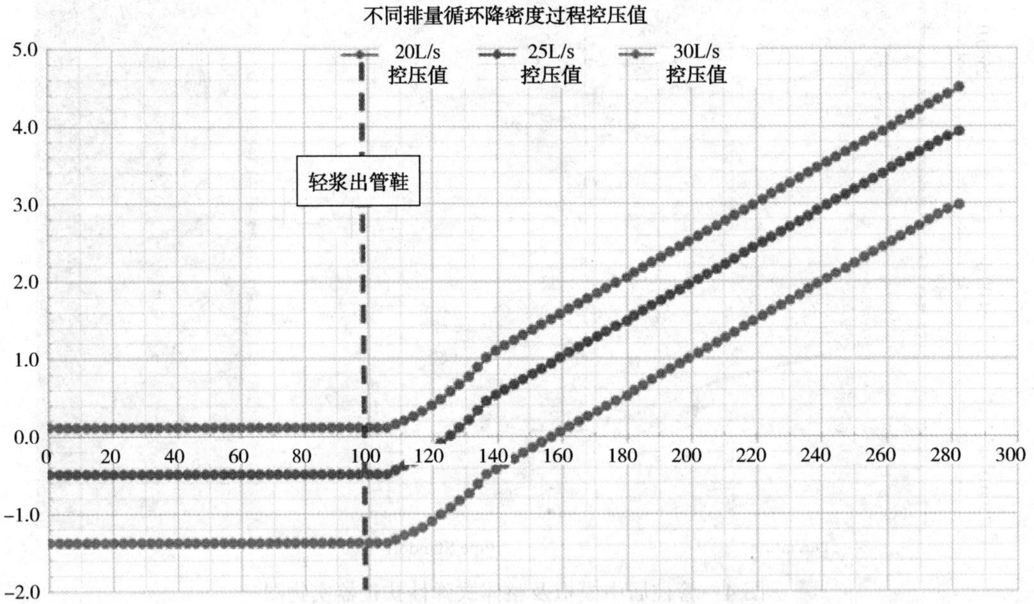

图 6　模拟计算不同排量下循环降密度过程控压值

表 3　控压循环降密度施工单

累计泵入量/m²	泵入密度/(g/cm³)	排量/(L/s)	开泵控压值/MPa	停泵控压值/MPa	备注
0~103	2. 06	7~20	0	3. 6	轻浆出管鞋
103~134		20	0	4. 2	轻浆出管鞋 31m³ 返至上层管鞋
134~139		20	0	4. 4	轻浆出管鞋 36m³ 返至喇叭口
139~163		25	0	5	轻浆出管鞋 60m³
163~183		30	0	5. 5	轻浆出管鞋 80m³
183~203		30	0	5. 9	轻浆出管鞋 100m³

续表

累计泵入量/m²	泵入密度/(g/cm³)	排量/(L/s)	开泵控压值/MPa	停泵控压值/MPa	备注
203~223	2.06	30	1	6.4	轻浆出管鞋 120m³
223~243		30	1.5	6.9	轻浆出管鞋 140m³
243~263		30	2	7.3	轻浆出管鞋 160m³
263~283		30	2.5	7.8	轻浆出管鞋 180m³
>283，持续循环		30	2.5	7.8	全井筒为轻浆
停泵		—	—	7.8	

考虑裸眼段井径井斜大，套管柱存在偏心现象，存在尾浆上窜至喇叭口的风险，实际施工过程中领浆多打、尾浆少打，实际领浆注入 38.2m³，尾浆注入 27.8m³。

浆柱结构如图 7 所示。

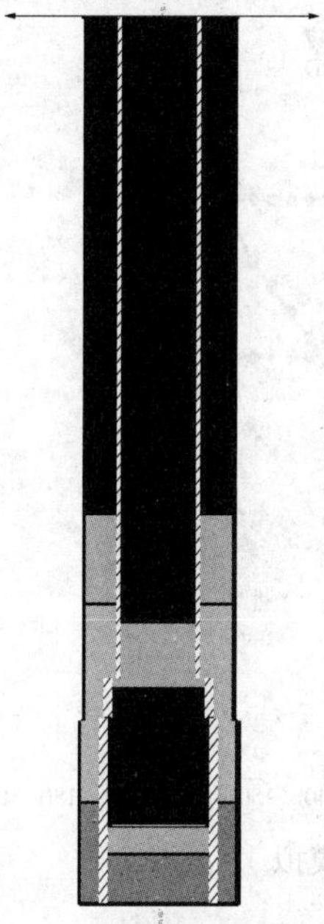

图 7 浆柱结构示意图

(4) 施工参数设计

通过应用精细控压设备及全井段扩眼，中完钻井液密度由本区块邻井的 2.40↓2.25g/cm³，不仅有效抑制了盐层蠕变，同时保证了井下未溢未漏，并为固井施工作业创造了更大的密度窗口。本井注替施工过程关键层段 ECD 变化范围：水层处安全压稳 ECD=2.28；漏层处安全防漏 ECD=2.31，具体如图 8~11 所示。

应用盐层组合固井技术，环空返速由邻井平均 0.8↑1.3m/s，实现了窗口 0.03g/cm³ 条件下的成功一次上返固井。

注替水泥浆过程中排量基本保持在 30L/s，裸眼段环空返速 1.3m/s，重合段环空返速 1.7m/s，碰压前 6m³ 逐步降排量，替浆过程中碰压 28↑33MPa，停泵放回水断流；固井注替施工期间通过精细控压设备控压 1~2MPa，倒闸门停泵期间控压 6MPa 左右，注替结束后控压 6.6~7.2MPa 起钻 15 柱，接旋塞开始变排量循环排混浆(30~45L/s)，环空控压 3~7.5MPa，成功实现了施工全过程不漏不溢。施工结束后关井憋压侯凝，套压 11.2↑12.2↓10.5↓7.2↓7MPa。

图 8 精细控压固井设备

4 现场施工简况及效果

通过采取一系列的控压技术措施，有效保证了该井固井作业的顺利完成，大小胶塞重合时泵压 14MPa 涨至 24MPa，替浆 23m³ 时顺利碰压，泵压 10MPa 涨至 17MPa，正反计量差值始终保持不变，表明整个施工全过程不漏不溢，实现了窄安全密度窗口条件下彻底压稳水层并防止了漏失。

该井四开复合盐膏层尾管段钻塞过程无高压盐水溢出，喇叭口试压 10MPa 稳压 30 分钟合格。SBT 测井解释结果显示全井段固井合格率 94%，其中管鞋段 45m 连续优质胶结、喇叭口重合段 100m 连续优质胶结(图 12、图 13)，且五开钻进过程中钻井液密度由 2.18g/cm³ 逐步降至 1.67g/cm³，地层未出盐水，表明该井复合盐膏层高压盐水层被彻底封固，成功实现了固井目标。

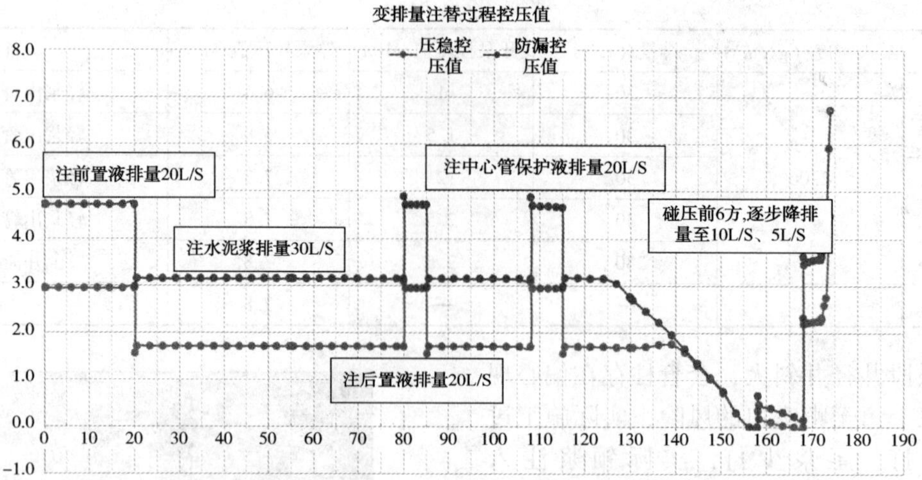

图9　变排量注替过程中压稳防漏控压值范围

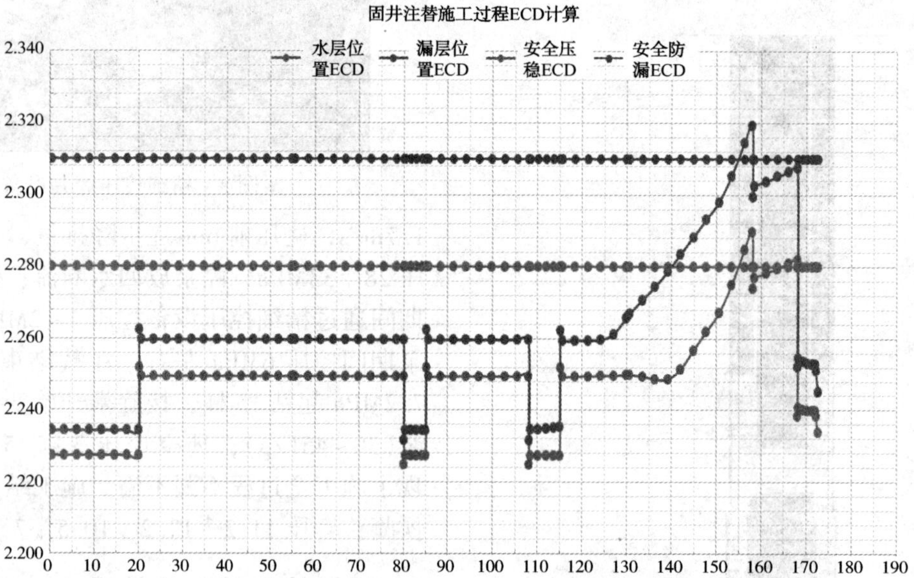

图10　固井注替过程中井底关键层段ECD模拟

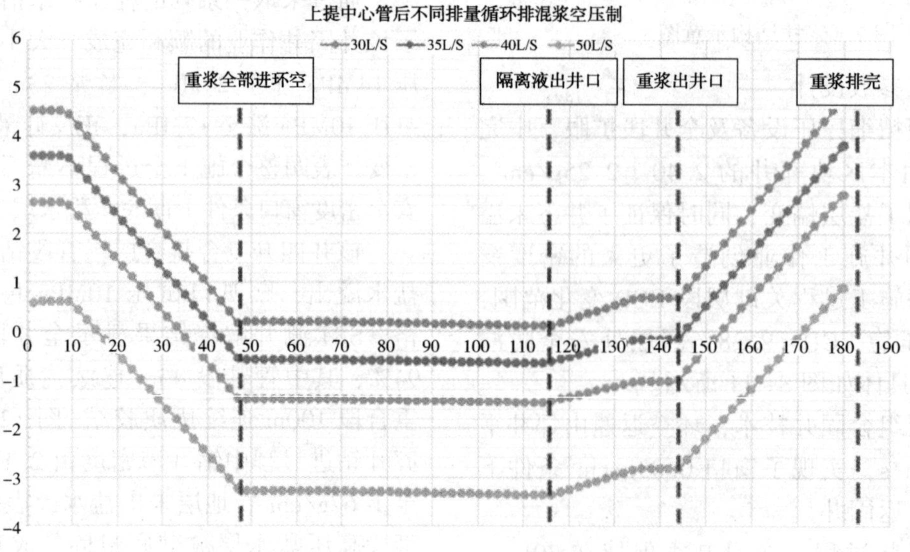

图11　上提中心管后不同排量循环排混浆控压值

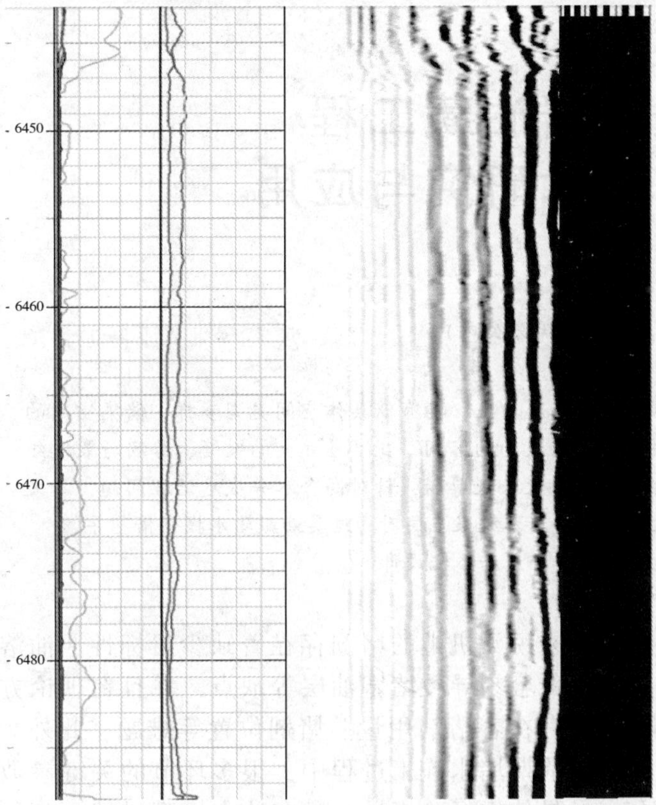

图 12　管鞋段(6444~6489m)
45m 连续优质胶结

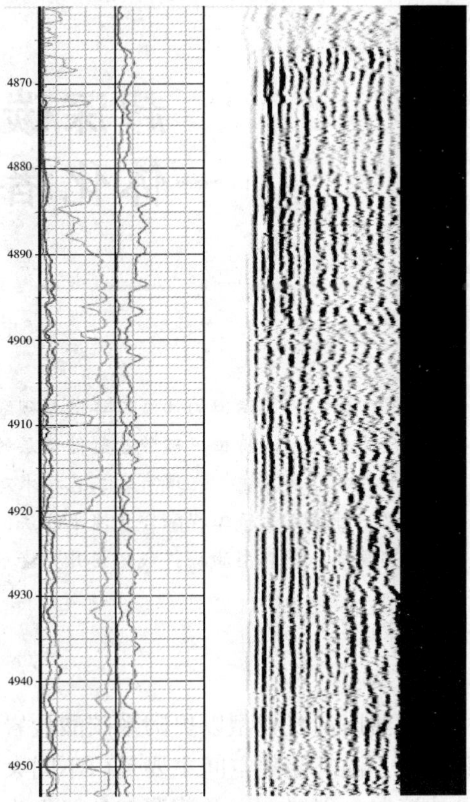

图 13　喇叭口重合段(4860~4960m)
100m 连续优质胶结

5　认识及建议

(1) 该井是库车山前大斜度井复杂盐膏层第一口应用组合固井技术的井，现场初步试验取得圆满成功，为提高库车山前大斜度井复杂盐膏层固井质量提供了很好技术经验。建议继续大力推广应用库车山前大斜度井复杂盐膏层组合固井技术现场应用，不断完善工艺技术体系。

(2) 库车山前大斜度井复杂盐膏层固井作业施工过程中，必须密切结合实钻情况，从完善井眼准备、优化居中度、细化施工参数等多方面着手，详细分析井下安全密度窗口范围，精细计算注替施工过程中的井底 ECD 变化，并优化精细控压技术措施，确保复杂盐膏层固井施工全过程不漏不溢。

参 考 文 献

[1] 姜智博，周英操，刘伟，王倩. 精细控压钻井井底压力自动控制技术初探[J]. 天然气工业，2012，32(7)：48-51.

[2] 石林，杨雄文，周英操，李怀仲，王瑛. 国产精细控压钻井装备在塔里木盆地的应用[J]. 天然气工业，2012，32(8)：6-10.

[3] 赖敏斌，樊洪海，彭齐，等. 井底恒压控压钻井井口回压分析研究[J]. 石油机械，2015，43(11)：13-17.

[4] 晏凌，吴会胜，晏琰. 精细控压钻井技术在喷漏同存复杂井中的应用[J]. 天然气工业，2015，35(2)：59-63.

[5] 郭继刚. 精细动态控压固井技术在顺南区块的应用[J]钻井液与完井液，2016，33(5)：76-79.

[6] 王小文，张维滨，郑会错，等. 控压固井技术简介[J]西部探矿工程，2019(1)：37-40.

[7] 李军，何淼，柳贡慧，等. 控压钻井起下钻钻井液帽优化设计[J]. 石油机械，2016，44(12)：21-24.

[8] 周英操，杨雄文，方世良，等. PCDS-I 精细控压钻井系统研制与现场试验[J]. 石油钻探技术，2011，39(4)：7-12.

[9] 黄洪春，刘爱萍，陈刚，卢红. 川渝气区“三高”气井固井技术研究[J]. 天然气工业，2010，30(4)：70-73.

[10] 李晓春，李坤，刘锐，等. 塔里木盆地超深天然气井全过程塞流防漏注水泥技术[J]. 天然气工业，2016，36(10)：102-109.

[11] 陈永衡，冯少波，邓强，等. 大北 X 井盐膏层尾管精细控压固井技术[J]. 钻井液与完井液，2020，37(4)：521-525.

超深碳酸盐岩油藏工程一体化堵水技术研究与应用

李　军　陈启龙　王　莎

(中国石化西北油田分公司)

摘　要　塔河油田的油藏以奥陶系碳酸盐岩缝洞型油藏为主，具有储集体空间类型多样，储集空间的特征尺寸差别大的特征。碳酸盐岩储集层的主要是由不同大小的溶洞、宽窄差异大的裂缝、溶洞与裂缝组合而形成的空间系统。在现有的工艺技术对于抑制底水的效果较薄弱，针对高含水井底水治理问题，本文拟建议一种建立油藏工程融合式堵水方法，最大限度提升堵水效果，同时为这类油藏堵水提供借鉴导。

关键词　缝洞型油藏；底水抬升；堵水；地质工程融合；一体化设计

1　引言

塔河油田油藏类型以奥陶系碳酸盐岩缝洞型油藏为主，油气储集空间主要是由不同大小、不同尺寸溶洞、裂缝、以及溶洞与裂缝组成，储集体空间类型多样，缝洞尺寸差异大，空间分布随机，非均质性极强，这些空间既是储油存气的有效空间，又是主要的渗流通道。随着油田开发的不断深入，油水界面不断抬升，底水不断锥进，会导致油井持续高含水，但井周侧向及顶部剩余油被屏蔽难以动用。底水抬升是制约提高采收率的主要因素之一，每年影响的产量占递减产量的10%以上，影响年产量达到10万吨。因此，需要对抑制底水工艺进行优化改进，提高工艺与油藏匹配性，满足油田开发的需要。

基于上述地质背景，堵水目前存在两大难题，一是缝洞发育程度差异大，渗流通道尺度差别大，是产水通道也是产油通道，需封堵但不能完全堵死；二是成藏的环境对堵剂要求苛刻，成藏深度为5600~6300m，地层压力55~70MPa，地层矿化度160000~230000mg/L，上述的地质背景对堵剂的要求极高。而现有的控水工艺技术，对于抑制底水的工艺技术比较薄弱，前期对于高含水的井主要采用井筒底部留塞，用水泥进行井筒纵向封堵，不仅牺牲了产层段，也会对储层造成不可逆伤害，后续堵水在此基础上进行改进，使用无机类堵剂进行井筒不留塞堵水，但由于底水水淹井的水体能量强，无机堵剂由于在低渗通道注入性差不能奏效，总体来说无机类的堵剂存在着缺少目标性、油溶性低容易导致堵塞油层等缺点，并且在理论方面存在着堵剂用量、堵剂位置等难题。此外，在前期堵水施工过程中，很多环节的关键参数都是依靠经验指导，存在油水模型描述不清，堵剂用量测算不准，施工排量一成不变等问题，通过对堵水井不断总结，逐步建立一套油藏工程融合式堵水方法。

针对高含水井底水治理问题，基于碳酸盐岩的成藏条件，试图解决前期堵水存在的上述问题，堵水思路发生三大转变，一是井筒留塞向井筒不留塞转变，不再牺牲产层段；二是井筒控水向储层深部控水转变，深部控水打破控水局限；三是无机堵剂向有机类堵剂转变，减少堵剂对地层的伤害；这三大转变不仅提高堵水的经济性，而且提高堵水的可持续发展。此外，堵水设计上建议一种建立油藏工程融合式堵水方法，通过精细刻画油藏模型，明确剩余油位置，水淹模式深度剖析对油藏进行详细准确描述；结合油藏分析结论，围绕堵剂类型、堵剂用量、驻留能力、封堵强度4个方面开展科学分析设计，做到各项关键参数与缝洞结构框架、油水赋存关系相匹配，满足最大限度提升堵水效果，同时为这类油藏堵水提供借鉴。

2　精细油藏描述

前期堵水施工侧重于工程设计，地质刻画不够精确，对油水模型和底水窜进通道认识不清，地质认识与工程设计结合不够紧密，堵水设计针对性和适用性不强。因此地质精细刻画指导工艺设计，主要通过以下几个方面进行精细刻画：一是精细刻画地质模型，主要通过剩余储量规模，能量指示曲线验动态储量，初步测算油井潜力；二是通过刻画缝洞结构，描述储集体展布情况；三是剖析水淹模式，含水上升曲线验油水分布、酸压曲线验井储关系、产吸剖测井曲线验导流通道位置、油水级差曲线验油水能量差异，掌握剩余油分布规律；四是地质背景指导工艺设计，相干、水系定岩溶背景，雕刻体定储集体展布，波阻抗反演定井洞关系，AFE 属性定通道分布，油藏精细刻画如图 1 所示。

通过强化基础资料应用，有利于堵剂选择更有针对性和适应性，形成相应的思路技术方法。通过上述分析，形成了不同剩余油类型及选井原则，通过对今年在塔河八区、塔河十区南、托甫台区三个区块实施的 17 口井 22 井次进行总结，矿场统计法总结出高角度缝屏蔽顶部，高渗通道封档侧向剩余油类型，以及单一通道水侵、近井多通道沟通的井堵水效果较好。

3　优化工艺设计

结合油藏分析结论，围绕堵剂类型、堵剂用量、驻留能力、封堵强度 4 个方面开展科学分析设计，做到各项关键参数与缝洞结构框架、油水赋存关系相匹配，最大限度提升堵水效果。

3.1　通道形态定堵剂类型

目前主要的完井方式包括常规完井和酸压完井，井周与缝洞组合存在多种类型，目前主要包括井-洞-通道、井-多级缝网-远端溶洞/通道、井-缝-多洞串/并联以及井-缝-洞 4 种类型，如图 2 所示。

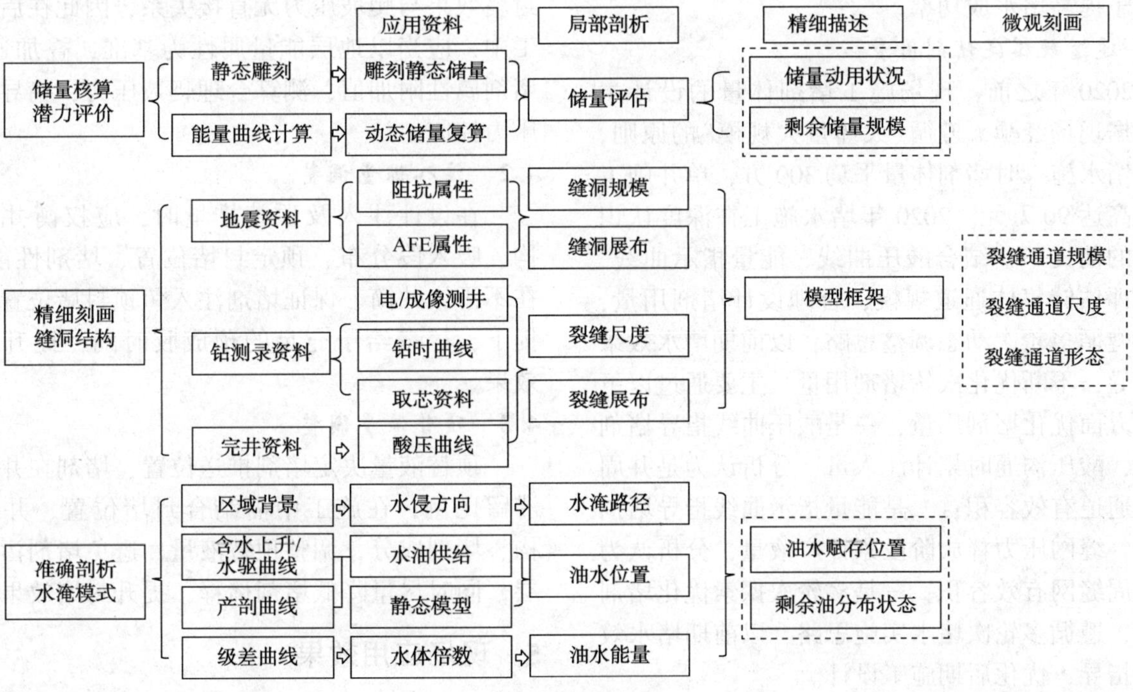

图 1　油藏精细刻画

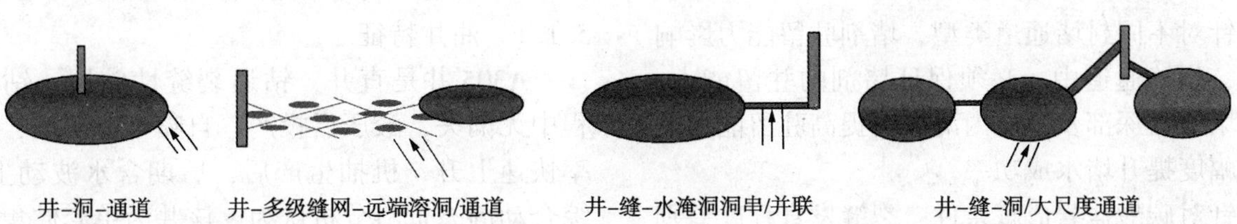

图 2　四种通道形态

根据上述 4 种通道形态，对于今年在塔河八区、塔河十区南、托甫台区实施的 22 井次进行通道形态划分，通过对前期注颗粒井施工情况统计分析，发现通道形态是影响注入的最主要的原因，前期常用的橡胶颗粒进行深部卡堵架桥时易发生地层堵塞情况，后续堵水施工主要使用胶体类堵剂，胶体类堵剂在裂缝及缝洞型油藏适应性良好，未发生近井堵塞情况，目前主要使用聚丙烯酰胺类冻胶体系，并对2020年在上述三个区块的堵水效果进行分析，胶体类堵剂应用情况如表1所示。

表1　胶体类堵剂应用情况

类型	实施井次	有效井次	待评价井次	无效井次	有效率
井-洞-通道	2	0	2	0	0%
井-多级缝网-远端溶洞/通道	8	7	1	0	83%
井-缝-多洞串/并联	3	1	0	2	33%
井-缝-洞	9	7	0	2	78%

结合通道形态的类型，有效的指导了堵剂类型的选择，对堵水施工有两方面的指导：一是由颗粒类向液相堵剂过渡，防止因裂缝宽窄分布差异大导致的近井堵塞，二是根据通道类型指导选井，选择井周主要是裂缝的通道，这类通道类型有利于提高堵水成功率。

3.2　通道规模定堵剂用量

2020年之前，现场施工堵剂体量的设计主要依据现场经验，遵循“大体量大规模”的原则，现场堵水施工时堵剂体量平均300方，单井施工费用高达90万元。2020年堵水施工在深度认识油藏的前提下，结合酸压曲线、能量指示曲线，科学评估储集体通道规模，合理设计堵剂用量，同时遵循多轮次动态调整思路，以前期堵水效果为指导，不断优化次轮堵剂用量。主要通过以下三个方面优化堵剂用量，一是酸压曲线指导堵剂用量，酸压沟通时累计注入量，分析认为是井周裂缝通道有效容积；二是能量指示曲线指导堵剂用量，缝网压力释放阶段累计产液量，分析认为是井周缝网有效容积；三是多轮次探索优化堵剂用量，遵循多轮次堵水实施思路，以前期堵水效果为指导，优化后期施工设计。

3.3　封堵位置定驻留能力

针对不同封堵通道类型，堵剂驻留能力影响不一，裂缝通道中，必须保证堵剂的驻留能力，防止堵剂往深部及溶洞内漏失，提高驻留能力能够大幅度提升堵水成功率。

针对碳酸盐岩成藏条件，裂缝发育程度差别大，目前丙烯酰胺类堵剂与裂缝匹配性较好，但是针对不同井况及堵水需求，需要优化堵剂性能：比如，针对垂向裂缝进行封堵时，必须考虑堵剂的暂堵能力，防止漏失，那就要求胶体成胶时间短，在井筒成胶后形成胶塞，不断顶替推到预封堵的位置，达到封堵近井裂缝的目的。

3.4　水体能量定封堵强度

目前常用的液相堵剂的承压能力有限，目前常用堵剂的承压强度在3~5MPa，这就限制了在油水极差较大的井的适用性，堵剂的强度目前适用于油水极差小于10MPa的井，目前针对油水极差大的井需要攻关中高强度的堵剂，也是下步工作的主要方向。

4　调整施工过程

结合井储关系、封堵位置、堵剂成分性能等关键参数，指导施工动态调整，优化注入压力、排量、顶替量，降低井筒堵塞风险，提升堵水成功率。

4.1　注入压力调控

通过分析前期堵水井施工情况，胶体类堵剂封堵效果与爬坡压力无直接关系，因此在后期施工中，应当以地层能量属性为基准，叠加通道、堵剂属性附加值，测算合理爬坡压力，指导施工压力控制。

4.2　注入排量调整

在设计注入及顶替排量时，应权衡井身结构、吸入段分布、预定封堵位置、堵剂性能等，在不污染井筒、保证堵剂注入鱼顶封堵位置的前提下，尽量给予充足的预成胶时间，提升封堵效果。

4.3　顶替液量调整

顶替液量决定堵剂推送位置、堵剂在井筒内滞留比例，在施工中需结合封堵位置、井身结构、堵剂成分，调整顶替液量，避免堵剂污染储层，同时尽量降低堵剂稀释，提升封堵效果。

5　现场应用效果

5.1　裂缝型井堵水现场试验及效果

5.1.1　油井特征

A305井是直井，钻遇裂缝性储层，钻井过程中无漏失，酸压后投产，自喷生产期间，含水率快速上升，机抽生产后，后期含水波动上升。综合动静态资料分析认为，该井为单套储集体供给体系，裂缝出水，根部已水淹，整段油水同出。

5.1.2　堵水思路

在利用冻胶体系进行托堵和封堵的基础上，再利用冻胶的成胶时间快的特点，对目前生产段的水窜通道进行封堵。

5.1.3　堵水施工

2020 年 1 月进行堵水，累计注入堵剂 $100m^3$，无明显爬坡压力，施工曲线如图 3 所示。

5.1.4　堵水效果

堵水前后生产曲线如图 4 所示，堵后该井自喷不带水生产，平均日产液 25t，平均日产油 15t，含水 40%，有效期 319d，累计增油 3930t。

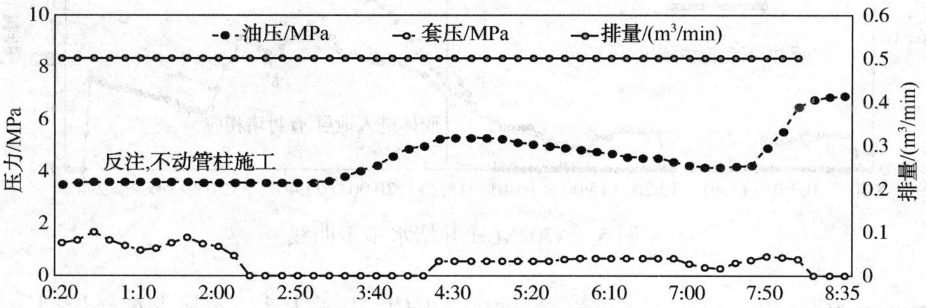

图 3　A305 井堵水施工曲线

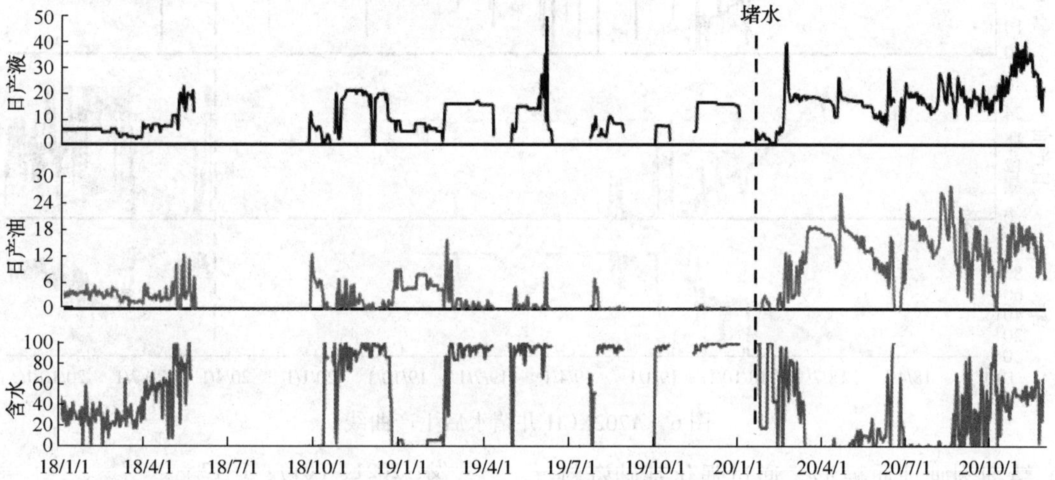

图 4　A305 井堵水后生产曲线

5.2　裂缝-溶洞型井堵水现场试验及效果

5.2.1　油井特征

A702XCH 井是侧钻水平井，钻遇裂缝性储层，钻井过程中无漏失，后进行酸压，酸压过程显示裂缝沟通溶洞，自喷生产期间，自喷期 1500d，含水缓慢抬升后持续高含水，后机抽和泵升级生产过程中，持续高含水。综合动静态资料分析认为，该井为两套供给体系，裂缝沟通溶洞，优势通道已高度水淹，上部储集体剩余油难以动用。

5.2.2　堵水思路

酸压裂缝尺度不发育，不适用颗粒类堵剂，因此选用聚丙烯酰胺冻胶进行前置托堵和封堵的基础上，再选用水玻璃进行段塞强化及封口，对优势水窜通道进行封堵。

5.2.3　堵水施工

2020 年 5 月进行堵水，累计注入堵剂 $200m^3$，施工过程中有明显爬坡压力，施工曲线如图 5 所示。

5.2.4　堵水效果

堵水前后生产曲线如图 6 所示，堵后该井自喷不带水生产，平均日产液 81t，平均日产油 19t，含水 74%，有效期 150d，累计增油 2841t。

2020 年累计施工 22 井次，有效 14 井次，有效率64%，目前累计增油 1.8 万吨，吨油成本 500 元，下步会立足地质认识，精细储集体刻画，优化工艺设计，不断提高堵水成功率，并将该技术在塔河油田进行推广应用。

6　结论

（1）堵水思路转变指导堵水工艺改进，针对高含水井底水治理问题，堵水思路发生三大转变，一是井筒留塞向井筒不留塞转变；二是井筒控水向储层深部控水转变；三是无机堵剂向有机类堵剂转变；这三大转变不仅提高堵水的经济效益，而且提高堵水的可持续发展。

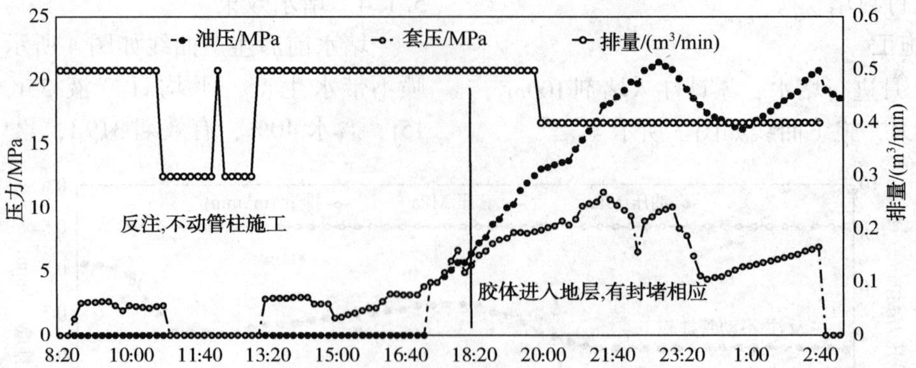

图 5　A702XCH 井堵水施工曲线

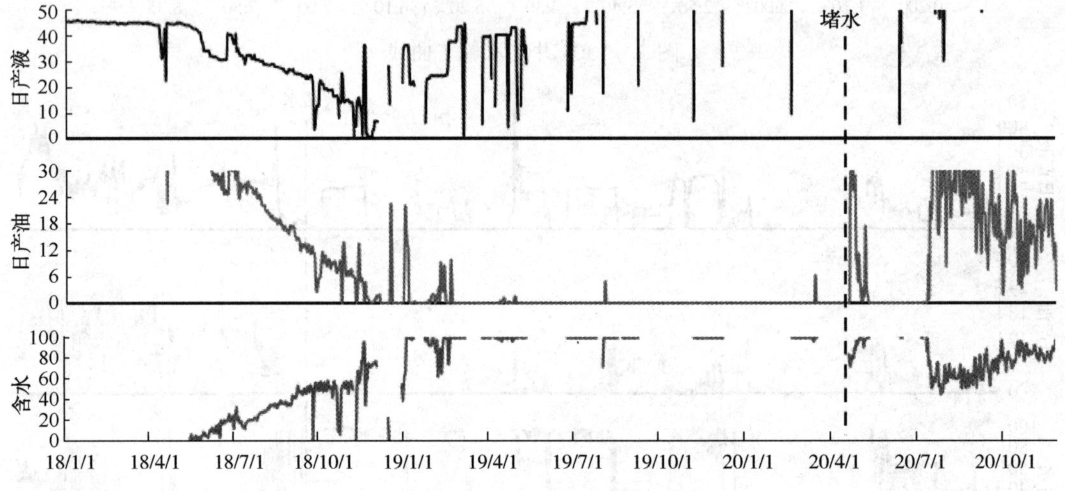

图 6　A702XCH 井堵水后生产曲线

(2) 精细刻画地质模型，通过强化基础资料应用，认清剩余油位置及水窜通道，深度剖析前期生产情况，形成不同剩余油类型及选井原则，指导工程设计。

(3) 结合油藏分析结论，围绕堵剂类型、堵剂用量、驻留能力、封堵强度 4 个方面开展科学分析，进行了堵水设计优化，形成了以油藏认识为核心的地质工程一体化堵水技术，对碳酸盐岩堵水技术完善提供了更多的经验借鉴。

(4) 现场实例应用说明油藏指导工程设计，形成油藏地质工程一体化融合式堵水方法，现场增油效果明显，取得了良好的经济效益，适合进一步推广应用。

参 考 文 献

[1] 胡文革. 塔河碳酸盐岩缝洞型油藏开发技术及攻关方向[J]. 油气藏评价与开发，2020，10(02)：1-10.

[2] 张文彪，段太忠，李蒙，等. 塔河油田托甫台区奥陶系断溶体构型类型及表征方法[J]. 石油勘探与开发，2021，(01)：1-12.

[3] 杨敏，龙喜彬，潜欢欢，程洪. 塔河缝洞型油藏试井曲线特征及储集体识别[J]. 油气井测试，2020，29(03)：64-70.

[4] 金强，张三，孙建芳，等. 塔河油田奥陶系碳酸盐岩岩溶相形成和演化[J]. 石油学报，2020，41(05)：513-525.

[5] 张三，金强，乔贞，等. 塔河油田奥陶系构造差异演化及油气地质意义[J]. 中国矿业大学学报，2020，49(03)：576-586.

[6] 张慧涛，王金柱，杨敏，等. 塔河奥陶系岩溶古暗河充填特征研究[J]. 新疆石油天然气，2020，16(01)：4-10+1.

[7] 刘佳庚，李静，苏玉亮，等. 塔河油田奥陶系储层构造应力场研究[J]. 地质力学学报，2020，26(01)：48-54.

[8] 王涛，赵兵，曲占庆，等. 塔河老区井周弱势通道暂堵酸压技术[J]. 断块油气田，2019，26(06)：794-799.

[9] 谢爽，刘蕊，谭涛，等. 塔河河道砂油藏水驱特征及改善水驱技术研究[J]. 新疆石油天然气，2019，15(01)：66-72+4-5.

[10] 周禄凯. 塔河油田缝洞型碳酸盐岩油藏气窜后剩余油分布及差异化动用方法[J]. 新疆石油天然气，2019，15(01)：58-61+4.
[11] HongyuanHuang，GuoyinWu，Yao Rong. Distribution Law of Water Pressure on the Lining in Tunnels with Water Blocking and Drainage Control Design[J]. International Journal of Design & Nature and Ecodynamics，2020，15(5)：749-755.
[12] 王牧，王雷，李孟康，韩欠欠. 水平井机械卡堵水技术在合水油田的应用[J]. 化工管理，2017，(30)：15+17.
[13] 张平安. 油田水平井见水特征及机械堵水工艺技术研究[J]. 石化技术，2017，24(09)：291.
[14] 刘晓民. 新型集成式油井堵水完井工艺研究[J]. 化学工程与装备，2017，(07)：125-126.
[15] 黄正详，熊书权，成楚传，等. 新型低分子选择性堵水剂性能与应用研究[J]. 中外能源，2020，25(10)：38-43.
[16] 张金元，杨彪强，李育，吴若宁. 油井反向调驱(堵水)技术在低渗油田中的应用[J]. 延安大学学报(自然科学版)，2020，39(03)：61-64+69.
[17] 张雄，杨飞，张广辉. 水平井找堵水工艺的开发与应用[J]. 化学工程与装备，2020，(08)：50-51+53.
[18] 秦飞. 塔河油田复合冻胶堵剂性能评价与现场工艺[J]. 辽宁石油化工大学学报，2020，40(05)：44-49.

高性能螺杆钻具马达定子弹性体匹配性研究

郭添鸣　郭　晨　孙一迪　张赢今　张洪霖

(北京石油机械有限公司)

摘　要　螺杆钻具的核心元件是具备密封能力的马达定子，马达定子弹性体性能是影响其密封能力的主要因素。随着石油钻井的系统化、个性化发展，马达定子弹性体也在向定制化发展。本文列举了5种钻井工况，根据工况特点提出其对马达定子弹性体的性能要求。选取两种典型工况进行弹性体匹配研制，制备工具并进行现场试验。试验结果表明弹性体匹配钻井工况的设计理念是可行的。

关键词　螺杆钻具；马达定子；弹性体；钻井工况；现场试验

螺杆钻具是油气钻井行业中应用最为广泛的井下动力钻具，同时已逐渐成为定向井造斜和水平井稳斜、纠斜的必备工具，在现代钻井工艺中具有不可替代的作用。在高端钻完井作业中，螺杆钻具+PDC钻头的钻井模式是当前各类井型钻井提速的主要基础模式，乃至在直井钻井中也越来越不可或缺。随着油气勘探开发形势的发展，钻井技术在不断发展，推动着螺杆钻具技术水平也在不断进步和提高。纵观其发展过程和发展趋势，其方向可基本概括为：长寿命、大扭矩、高转速、系列化、个性化。

根据现场施工反馈，同样的螺杆钻具工具组件在不同区域、不同钻井设计可能带来相差一倍甚至更多的钻进速度。究其根本，马达定子作为螺杆钻具的核心，弹性体性能在很大程度上决定螺杆钻具性能的优劣。

本文就多元化、个性化钻井工况与马达定子弹性体性能进行阐述，匹配材料性能与工具性能。同时选取两种典型钻井工况，逆向锚定弹性体性能，通过材料配方、制备成型工艺、工具室内测评、现场试验进行验证。为马达定子弹性体向系列化、个性化发展提供技术支持。

1　钻井工况与马达定子弹性体性能的匹配性

1.1　低温井

国内陆地常规一开钻井通常深度在1000米以内，使用常规钻井液，且井下温度一般不超过100℃。基于一开钻井扭矩、马大排量、相对较低，工具作业过程中温升较小、弹性体受热体积膨胀小、硬度等物性变化不大。此时要求定子弹性体具备一定的抗压缩永久形变、耐磨性、耐疲劳支持马达定转子配合的有效性。故而宜采用硬度相对较软、压缩永久形变较低、耐磨性较好的普通丁腈橡胶，另要根据作业现场的钻井设计，控制好马达定转子的匹配关系。

1.2　中温井

在二开、三开、造斜及水平井阶段，通常井温处于120~150℃左右，同时根据钻井设计(如造斜)，多数要求工具较短、排量大、扭矩大。对定子弹性体提出极为苛刻的要求，如弹性体单位面积上的受力大幅度增加；在斜井水平井工作状态下，作业的同时受重力作用，导致弹性体受力不均匀，造成定子弹性体因挤压、撕裂等原因失效或因弹性体与金属粘接强度不够而整体脱胶。这种井况匹配的弹性体应具备足够的弹性模量及硬度以提供更好的密封，形成更大的马达压差，达到减少工具长度的目的；应具备极好的耐磨性及抗压缩永久形变性，以保持定子马达密封腔尺寸的有效性；应具备极好的耐油性、抗屈挠、抗撕裂等保持弹性体在工具作业过程中物理动态性能的保持率。在弹性体满足钻井工况的同时，应综合考虑马达定子匹配性，避免匹配不当造成磨损内耗，使工具性能提前损耗。

1.3　高温井

当井下温度达到150~175℃，钻井液循环在160℃左右时，螺杆钻具的作业工况则高温、高压环境。随着工具运转生热、钻井液循环散热过程，弹性体在高温中受热膨胀、吸入介质膨胀，导致定转子间隙变小，摩擦扭矩、制动扭矩变大，使弹性体更容易发生老化而降低工具寿命。这种井况匹配的弹性体应具备足够的耐温性、较好的导热性、较低的压缩生热性以保障弹性体在高温、高压工况中性能的保持情况。在弹性体满足钻井工况的同时，应综合考虑马达定子匹配性，避免不必要的内耗，使工具性能提前损耗。

1.4 超高温井

当井下温度达到超过175℃，温度已经超出目前行业广泛使用丁腈橡胶及大部分氢化丁腈橡胶的耐温极限。弹性体在这种高温环境中，弹性体分子链极易发生断裂，材料各类物性损失严重，导致工具失效。这种井况匹配的弹性体应具备足够的耐温性，以延长工具的运转时间。更重要的是应综合考虑马达定子匹配性，避免不必要的内耗，使工具性能提前损耗。

1.5 特殊工况

近年来钻井设计的系列化、个性化已逐渐成为钻井行业发展的主流，驱使马达定子弹性体向系列化、个性化发展。弹性体发展的个性化、系列化目前尚无统一说法，从对钻井液匹配性可大致分为耐油基钻井液弹性体、耐水基钻井液弹性体、耐复杂钻井液弹性体。从对应特殊工况可大致分为耐磨低压变弹性体、高硬度高模量弹性体、自润滑弹性体等。

1.5.1 钻井液匹配性弹性体

当弹性体的耐油性不能满足需求，工作时弹性体遇油会很快发生溶胀，各项力学机械性能急剧下降，马达定子在周期性应力作用下，很快遭到破坏。当制品与各种油液长期接触时，油液能渗透到弹性体中，使之膨胀或体积增大；另一方面，油类介质可以从弹性体中抽出可溶性的配合剂(如增塑剂等)，导致弹性体收缩或体积减小。这是一个动态平衡过程：如果溶胀导致的体积变化大于收缩导致的体积变化，则呈现膨胀；反之则收缩。

弹性体在水基钻井液及复杂钻井液中的失效主要是磨损、压变、体积溶胀/析出。这种井况匹配的弹性体应具备较好的耐磨性、抗压缩永久形变性及较好的吸析平衡。

1.5.2 特殊工况匹配弹性体

特殊工况是指相对螺杆钻具定子弹性体而言是较特殊的，如高强度、扭矩等。当地层极硬或高速钻井则需要高硬度、高模量弹性体提供更好的密封达到工具的大扭矩效果。当使用气体钻井、泡沫钻井等情况，匹配的弹性体则需要一定的自润滑性，避免工具启动应力过大等问题。修井、救援井等工。应根据需要选择适当的定子弹性体类型，保障工具的特殊需求。

2 作业工况选取

本文针对低温浅井、中温水平井进行定子弹性体研究。择优选取两种弹性体配方，一种为适用于低温浅井的丁腈橡胶配方，具备耐磨、耐疲劳、低压变等特点；另一种为适用于中温水平井的丁腈橡胶配方，具备高硬度、高强度、高模量、低压变等特点。

低温浅井通常设计为水基钻井液、对扭矩、排量、转速等要求不高，作业温度通常不高于100℃，对弹性体密封制品的要求不高，温度膨胀较小，硬度变化不大。定子弹性体设计以耐磨、耐疲劳、耐老化、低压变、低硬度、动态性能为主。中温水平井为水平段作业，通常设计为油基钻井液，多数要求钻具较短、马达级数减少，产生的扭矩却要接近于常规浅井用的螺杆钻具。同时在水平状态下工作由于重力作用，定子受力不均匀，造成定子弹性体更易因挤压形变、撕裂等原因失效。弹性体整体性能，如强度(抗撕裂、抗挤压)、抗疲劳老化等特性均要有极好表现。定子弹性体设计以高强度、高硬度、高模量、低压变为主，提升制品的密封性为工具提供强劲动力，减少水平段作业时间，减少工具出现故障几率。

3 弹性体性能测评

3.1 弹性体硫化特性

弹性体硫化特性测试，参照GB/T 9869—2014，采用MV200E型有转子硫化仪进行测试，测试条件175℃×30min。性能如表1所示。

表1 不同配比弹性体的硫化特征

配方	ML/(N·m)	MH/(N·m)	T10/s	T90/s	ML(1+4)
1#	0.68	3.45	220	453	43.1
2#	1.01	4.57	219	789	45.2

从表1可看出，两种弹性体的焦烧时间均不小于3分钟，门尼黏度均不大于50，符合螺杆钻具马达定子小截面狭长空间挤出成型对弹性体性能的要求。

3.2 弹性体力学性能及老化试验

弹性体各项物性按最新标准执行。模拟弹性体在螺杆钻具中的使用工况，进行耐介质试验，试验条件为300h×100℃水基钻井液介质老化、

300h×120℃油基钻井液介质老化。

表2　弹性体物理机械性能

主要性能	1#配方	2#配方
拉伸强度/MPa	21.6	21.5
邵尔A硬度/度	70	84
直角撕裂强度/(kN/m)	47.62	46.8
拉断伸长率/%	548.8	389.3
弹性模量/MPa	12.96	17.98
压缩永久形变/%	30.2	41.8
1#配方300h×100℃水基钻井液介质老化后 2#配方300h×120℃油基钻井液介质老化后		
拉伸强度变化率/%	-5.1	+3.3
硬度变化/度	-1	+1
撕裂强度变化率/%	-9.9	-11.1
拉断伸长率变化率/%	-13.9	-19.8
弹性模量变化率/%	-1.6	-2.8
压缩永久形变/%	25.8	39.6
体积溶胀/%	+3.36	+3.91

注：压缩永久形变压缩量为25%，且常温试验周期为48h。

如表2所示，1#配方常温条件下，硬度较小、模量较低、压缩永久形变较小，符合低温浅井使用需求，同时弹性体在经过介质试验后，各项性能指标变化不大，有利于弹性体密封件尺寸及工具性能的保持。2#配方常温条件下，具备高硬度、高模量、低压缩永久形变等特性，为螺杆钻具提供良好密封性，提升工具性能，符合中温水平井对工具的需求，同时弹性体经过介质试验后，各项性能指标变化不大，有利于弹性体密封件尺寸及工具性能的保持。

4　产品试制

使用两种弹性体制备马达定子，并进行适当的定转子匹配。根据行业标准SY/T5383-2010，对马达定子进行压力试验，验证其封压能力，如表3所示。其中1#弹性体性能符合低温井的使用要求，2#弹性体性能符合中温井的使用要求。

表3　马达压力试验

类　别	马达压降
1#组分弹性体制备马达定子	3.2MPa
2#组分弹性体制备马达定子	5.4MPa

5　工具现场实验

1#弹性体配方成型的7LZ172X7.0螺杆钻具于2020年8月~10月，先后在南堡23-平2230(冀东)、南堡23-平2305(冀东)、南堡23-平2302(冀东)下井三次，累积循环使用436h，进尺2500m，平均机械钻速4~7m/h。经拆解马达定子尺寸损耗0.1mm，橡弹性体密封件无异常。

2#弹性体配方成型的C7LZ172X7.0螺杆钻具于2019年9月在长城钻探工程公司钻一70192队承钻的202H57-6井三开(龙马溪3127-3877米)成功使用，累积循环使用247h，进尺2500m，平均机械钻速7-11m/h，达到井队现场使用上限。经拆解马达定子尺寸损耗0.15mm，弹性体密封件无异常。

6　结束语

(1)螺杆钻具使用工况差异性较大，定子弹性体研究重点应向指向性、个性化转变发展，应开发系列化、不同性能橡胶配方，应对不同钻井工况，以保障工具的性能

(2)螺杆钻具马达定转子匹配是衔接材料性能与工具性能的重要桥梁，在研究弹性体时，应予以综合考虑

(3)在选择螺杆钻具时，应对马达定子性能及钻井设计进行匹配选择，降低工具故障率。

参　考　文　献

[1] 曹阳，狄勤丰，朱卫平，等. 高效导向螺杆钻具的研究与应用[J]. 钻采工艺，2011，(03)：67-70.
[2] 李兴伟. 带扶正器弯螺杆钻具的造斜率计算及应用[J]. 石油矿场机械，2013，42(12)：90-93.
[3] 高兴宝. 高效螺杆钻具在大牛地气田的应用[J]. 技术应用与研究，2012，(3)：68-69.
[4] 谭春飞，李树盛. 中速螺杆钻具配缸体PDC钻头现场试验[J]. 石油钻采工艺，1998，20(6)：20-23.
[5] 林琦，王鹏，刘振兴，等. 定向施工中井眼轨迹控制[J]. 中国井矿盐，2013，44(2)：18-21.
[6] 陈湖滨，何元君，史桂云，等. 降低螺杆钻具井下事故的工艺措施[J]. 石油工程技术，2006(4)：40-44.
[7] 刘永刚，陈怀高，刘文红. 气体钻井过程中的钻具失效研究[J]. 石油矿场机械，2008，37(2)：49-52.
[8] 陈勇，李萍. 螺杆泵定子用丁腈橡胶溶胀性能的研究[J]. 橡胶科技市场，2008(12)：21-23.
[9] 梁磊，赵素合，等. 纳米填料填充氢化丁腈橡胶的性能及压缩形态特征[J]. 合成橡胶工业 2012，35(1)：17-21.

[10] 李志才，张涌，郭建华，曾幸荣，等. 硫化体系对氢化丁腈橡胶高温拉伸性能的影响[J]. 合成橡胶工业，2016，39(4)：271-275.

[11] 玉树，赵素合，等. 高性能氢化丁腈橡胶密封胶料的制备及性能[J]. 合成橡胶工业 2013，36(2)：132-137.

[12] 张明霞，王兵. 硫化体系对氢化丁腈橡胶性能的影响[J]. 材料开发与应用，2013，28(2)：55—59.

[13] 赵学康，陈亚薇，乔慧君，等. 硫化体系对丁腈橡胶高温力学性能的影响[J]. 合成橡胶工业，2015，38(1)：36-39.

[14] 王增林，李再峰，等. 甲基丙烯酸锌/炭黑增强氢化丁腈橡胶的性能[J]. 合成橡胶工业，2011，34(3)：218-222.

泾河油田水平井密切割增能体积压裂探索及认识

李凌川　梁志彬

(中国石化华北油气分公司)

摘　要　针对鄂尔多斯盆地泾河油田致密油储层物性差、非均质性强和产量递减快、采收率低等问题，在综合分析前期压裂施工水平井效果的基础上，根据长8致密油储层工程地质特征，基于ABAQUS有限元+粘结单元耦合数值模拟方法，构建了压裂裂缝扩展数值模型，研究簇间距、施工排量、压裂液黏度等因素对裂缝形态扩展的影响。结果表明：1)缩小射孔簇间距可以加剧不同射孔簇间的缝间干扰现象，裂缝形态更加复杂，泾河油田长8致密油储层合理的射孔簇间距为10~16m；2)提高施工排量有利于增加裂缝内净压力，天然裂缝更容易起裂扩展形成复杂缝网，为实现体积改造，单簇施工排量需达到4~6m^3/min；3)低黏压裂液能够显著提升近井筒周围裂缝复杂程度，前置液阶段采用5~10mPa·s低黏压裂液更容易沟通天然裂缝，携砂液阶段采用50~60mPa·s高黏压裂液，可以连续携砂提高加砂强度和裂缝导流能力。相关研究成果可为同类致密油体积压裂改造提供借鉴。

关键词　泾河油田；水平井；体积压裂；密切割；渗吸置换；微地震

鄂尔多斯盆地泾河油田长8油藏为典型的裂缝型致密油藏，基质储层物性差，非均质性强，储量丰度低，孔隙度4.0~10.0%，平均6.5%，渗透率0.1~2.4mD，平均0.26mD，储量丰度15.52×10^4t/km^2，油井基本无自然产能，采用常规直井压裂开发效益差。2012~2013年试验水平井分段压裂工艺，水平井初期产量达到6~10t，是周围直井的3~5倍。然而，随着生产时间的延长，受储层物性致密，以及裂缝型油藏补充能量难度大，注水易水窜等因素影响，部分压裂水平井产量递减较快，第一年产量递减率达39.2%，预测弹性能量开发采收率仅1.96%。如何针对泾河长8致密油的地质特征和工程难点，优化储层改造工艺技术和施工参数，以进一步提产量、控递减是实现该类油藏效益开发的核心要义。

近年来，大规模密切割体积压裂逐步发展为页岩气、页岩油等非常规油气资源普遍应用的提产增效核心技术，不少学者通过建立裂缝扩展数值模型，对密切割体积压裂进行仿真模拟，分析簇间距、排量、井距及裂缝复杂程度等因素对增效效果的影响。但是这些裂缝扩展数值模型大都基于二维均质封闭油藏，未考虑天然裂缝分布以及孔隙压力与地应力的耦合，无法模拟天然裂缝发育储层压裂改造过程中的裂缝扩展规律。因此，本文基于ABAQUS有限元+粘结单元耦合数值模拟方法，充分考虑孔隙压力与地应力耦合、任意天然裂缝分布，采用多核心并行计算，模拟研究射孔簇间距、施工排量、液体黏度等因素对水力裂缝扩展的影响。研究结果可为同类致密油密切割体积压裂设计优化提供参考。

1　储层改造难点及不足

1.1　压裂技术难点

泾河长8致密油藏具有储层物性差，裂缝发育，非均质性强，地层压力系数低等特点，其压裂改造主要存在以下技术难点：

(1)复杂缝网形成难度大，储层动用程度低。杨氏模量、泊松比中等，计算岩石脆性指数为14.4~37.8%，差应变分析测试最大、最小主应力差值6~10MPa，应力差异系数为0.24~0.5，压裂缝以“主缝+分支缝”为主，裂缝复杂程度及缝控储量低。

(2)储层压力系数低，地层能量衰减快。地层压力系数0.85~0.9，前期开展了注水开发试验，但由于天然裂缝发育，注水沿裂缝水窜严重，基质区无效，无法实现有效驱替，效果较差，如何有效利用压裂实现增能有待深化研究。

(3)储层敏感性强，储层保护难度大。储层伤害类型及伤害特征分析表明，裂缝储层以固相颗粒伤害、应力敏感伤害为主；基质储层以水锁伤害为主，并存在较强的应力敏感和一定的水敏伤害；如何优选针对性的低伤害压裂液体系，对压裂改造效果至关重要。

1.2 现有压裂技术的不足

近年来，泾河油田水平井分段压裂方式由裸眼封隔器分段压裂工艺向套管固井完井下的可钻桥塞分段压裂和连续油管带底封分段压裂工艺转变，水平井压裂改造的针对性进一步加强，压后实现了井筒全通径，为油井后期综合治理提供了保障。但由于储层非均质性强，层内连通性差，单井产量受水平段钻遇天然裂缝发育程度影响较大，水平井压后整体表现出产量低、采出程度低等问题。通过分析前期压裂井资料，认为主要原因如下：

（1）初期改造规模小，复杂缝网形成的地质基础不足。前期压裂单段液量（120~500m^3）、单段砂量（20~50m^3）规模普遍较小，用液强度（3~8m^3/m）、加砂强度低（0.8~1.2t/m），施工排量3~8m^3/min，导致形成较大裂缝改造体积的地质基础不足，储量动用程度低。

（2）段间距过长，段间储量得不到充分动用。前期水平井分段长度普遍在100m以上，段间距大都50m以上，缝间应力干扰作用得不到充分利用，裂缝复杂程度及段间储量动用效率低。

（3）压裂液体系普遍采用冻胶，不利于沟通天然裂缝。前期压裂改造大量采用冻胶携砂提高加砂量，但高黏冻胶不容易进入天然裂缝或基质储层，压裂裂缝的复杂程度降低。

2 密切割增能体积压裂参数优化

密切割体积压裂技术是指在一定的水平段长度条件下，通过缩短水力裂缝间距实现密集布缝，充分利用诱导应力干扰来增加裂缝复杂程度，从而提升单井缝控储量及最终采收率。泾河油田前期水平井段间距普遍在50m以上，过大的裂缝间距无法充分利用诱导应力干扰来克服较大的水平应力差值，裂缝形态以“单一主裂缝”为主，复杂程度及改造体积偏小，油井产量递减快。因此，有必要探索试验密切割体积压裂，为提高储层改造体积，延缓单井递减寻求一种更为有效的压裂技术。

2.1 模型构建

泾河长8储层非均质性强，天然裂缝发育，单一均质模型无法考虑孔隙压力与地应力耦合，复杂裂缝扩展模拟精度低。为此，基于ABAQUS有限元+黏结单元耦合数值模拟方法，采用常规有限元+嵌入式零厚度黏结单元相结合，利用常规有限元单元模拟储层基质，零厚度的黏结单元模拟压裂裂缝和天然裂缝，黏结单元与储层基质单元通过共节点连接，通过共用节点处理基质与裂缝单元间的应力、位移、孔隙压力等传递作用。构建的模型具有以下几个方面的优势：

（1）考虑孔隙压力与地应力耦合。采用孔隙压力与地应力完全耦合的数值模型，可模拟孔隙压力变化对地应力的影响，同时也可以模拟地应力的变化对孔隙压力的影响，实现孔隙压力与地应力的耦合。

（2）考虑任意天然裂缝分布。模型基质单元网格划分后，采用零厚度的Cohesive单元全域嵌入或部分嵌入，可模拟不同的储层类型和裂缝形态。

（3）多核心实现并行计算。模型采用多核心并行计算，能够大幅度提升模拟计算速度，缩减模拟时间。

裂缝型储层的压裂裂缝扩展模型如图1所示。采用四边形结构体对模型进行网格划分，同时为减少计算量，对天然裂缝分布区域采用局部网格加密，网格数量51684个，主要模拟参数见表1。

表1 主要模拟参数

储层类型	簇间距/m	射孔簇数	单簇射孔排量/(m^3/min)	单段液量/m^3	液体黏度/mPa·s	水平主应力差/MPa	杨氏模量/MPa	泊松比	压力系数	温度系数/(℃/100m)
裂缝型储层	20-40	2-4	3-6	500	5、10、20、50	6-10	20861	0.25	0.845	2.69

2.2 簇间距

泾河油田前期水平井裂缝间距普遍大于50m，为此有必要研究50m以下间距的裂缝扩展形态。假设射孔簇数为3簇，模拟不同簇间距20、25、30、40m条件下的裂缝展布形态如图2所示。由图2可以看出，射孔簇间距较小时，不同射孔簇间的缝间干扰现象严重，裂缝形态更加复杂，中间射孔簇形成的裂缝长度小于两端射孔簇，这是由于中间裂缝在两侧裂缝的应力干扰作用下延伸困难，因而有效缝长较短；射孔簇间距

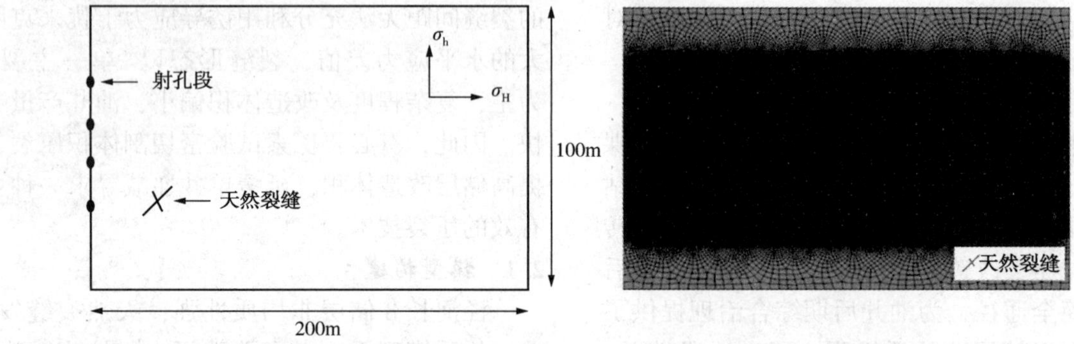

(a)几何模型　　　　　　　　　　　　　(b)数值模型

图 1　裂缝型储层压裂裂缝扩展模型

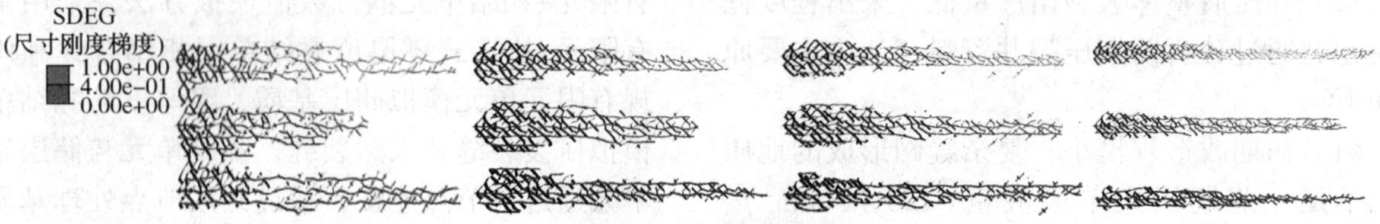

(a)20m　　　　(b)25m　　　　(c)30m　　　　(d)40m

图 2　不同射孔簇间距条件下裂缝扩展形态

增大，相应的干扰作用逐步减弱，不同射孔簇形成的裂缝形态复杂性降低，簇间储量得不到充分动用。

根据 Sneddon 提裂的缝转向判别模型：

$$\sigma_{\text{H-h}} \leqslant \sum_{i=1}^{n-1} \sigma_{x(in)} - v\left(\sum_{i=1}^{n-1}\right) \sigma_{x(in)} + \sum_{i=1}^{n-1} \sigma_{y(in)} \qquad (1)$$

式中：$\sigma_{\text{H-h}}$ 为原始水平主应力差，MPa；$\sigma_{x(in)}$、$\sigma_{y(in)}$ 为裂缝 i 对裂缝 n 施加的诱导应力分量，MPa；ν 为泊松比，无因次。水平井分段多簇压裂示意图见图 3。

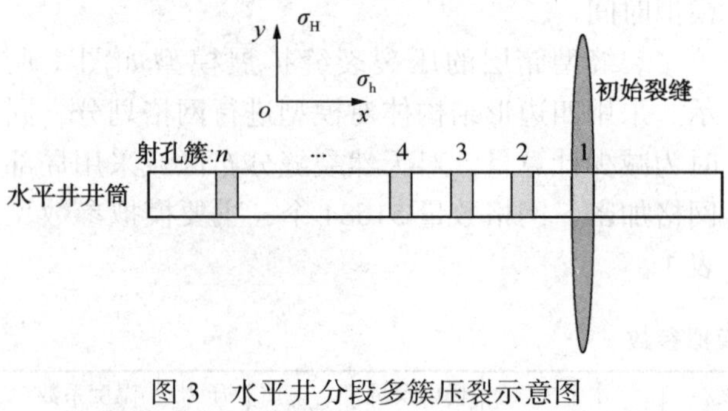

图 3　水平井分段多簇压裂示意图

基于以上裂缝转向判别模型，计算不同缝内净压力条件下的诱导应力差与距裂缝中心距离的分布，如图 4 所示。从图 4 可以看出，压裂诱导应力差随缝内净压力的增加而增大，随距离裂缝中心的距离先增大后减小。泾河长 8 储层水平两向应力差值为 6~10MPa，为了保持足够的缝内净压力，与裂缝中心距离为 5~8m 时，水平两向诱导应力差较大，因此合理的射孔簇间距为 10~16m。

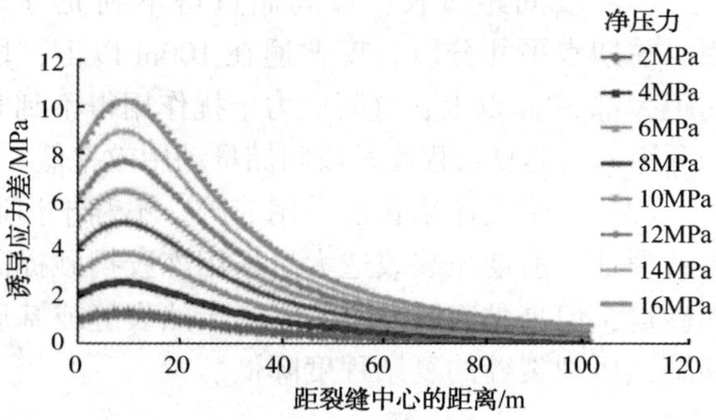

图 4　诱导应力差随距裂缝中心距离的变化曲线

2.3　施工排量

前期水平井单簇施工排量较小，一般在 $3m^3/min$ 左右，假设射孔簇数为 4 簇，模拟不同单簇施工排量为 3、4、5、$6m^3/min$ 时的裂缝展布特征如图 5 所示。由图 5 可以看出，随着施工排量增大，裂缝的复杂程度增加，储层改造范围不断扩大。这是由于提高施工排量能够大幅度增加注入压力，使储层的孔隙压力增加，天然裂缝更容易起裂扩展形成复杂缝网。不同单簇施工排量下裂缝总长度变化规律如图 6 所示。单簇施工排量 $3.0m^3/min$ 条件下，压裂裂缝的总长度为 1705m，单簇施工排量 $4.0m^3/min$，压裂裂缝总长度增加至 2820m，增加幅度达到 65%，但随着单簇施工排量进一步增大，缝长增加幅度逐步减小。因此，优化单簇施工排量为 4~$6m^3/min$。

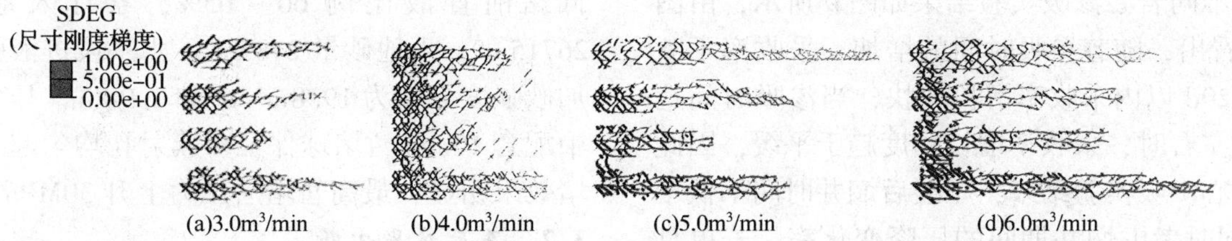

图 5　不同施工排量下裂缝扩展情况

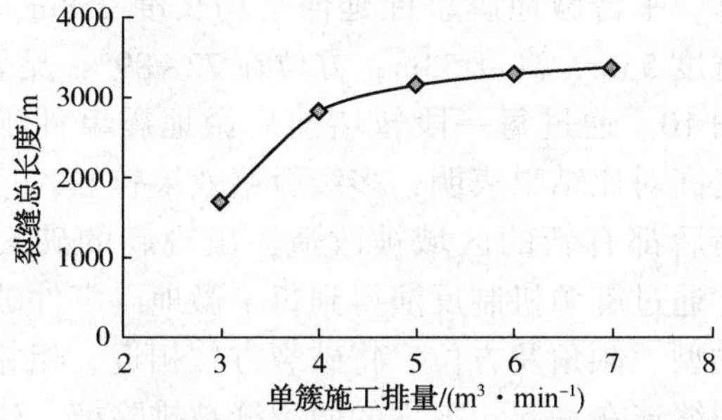

图 6　裂缝总长度随单簇施工排量变化曲线

2.4 压裂液黏度

前期压裂液体系普遍采用冻胶，在 $170s^{-1}$ 剪切速率下连续剪切 90min 后黏度≥60mPa · s，假设射孔簇数为 4 簇时，模拟研究不同压裂液黏度 5、10、20、50mPa · s 条件下的裂缝扩展情况如图 7 所示。可以看出随着压裂液黏度的不断增大，裂缝分布长度逐步增加，分布宽度逐步降低。不同压裂液黏度对裂缝总长度的影响也表明，随着压裂液黏度增大，裂缝总长度不断增加，但压裂液黏度增加至一定范围后，裂缝总长度的增加幅度逐渐降低。因此，低黏压裂液能够显著提升近井筒周围裂缝复杂程度，压裂液黏度越低，压裂液更容易滤失进入天然裂缝中，形成复杂裂缝。优化前置液阶段采用 5~10mPa · s 低黏压裂液沟通天然裂缝，扩大裂缝复杂程度；携砂液阶段采用 50~60mPa · s 高黏压裂液，采取连续加砂方式提高加砂强度和裂缝导流能力，实现较大的改造体积并建立主缝高导流带。

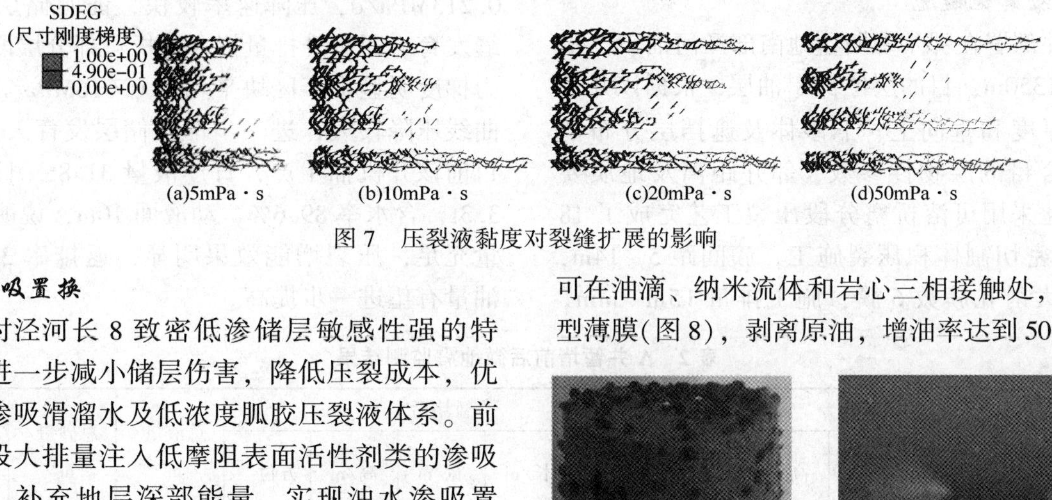

图 7　压裂液黏度对裂缝扩展的影响

2.5 渗吸置换

针对泾河长 8 致密低渗储层敏感性强的特征，为进一步减小储层伤害，降低压裂成本，优选采用渗吸滑溜水及低浓度胍胶压裂液体系。前置液阶段大排量注入低摩阻表面活性剂类的渗吸滑溜水，补充地层深部能量，实现油水渗吸置换，并携带小粒径支撑剂段塞，充填微裂缝，减小液体滤失；携砂液阶段泵注高黏度携砂压裂液，以获得满足油藏长期导流能力的裂缝网络系统。采用的压裂液配方为：①渗吸滑溜水：0.2%防膨剂+0.3%渗吸剂+清水；②低浓度胍胶压裂液：0.22%HPG+0.2%防膨剂+0.2%破乳助排剂+0.2%环保型杀菌剂+0.2%低温破胶助剂+清水，交联剂为中低温强交联剂。渗吸剂为表活剂与改性纳米二氧化硅复合而成，降低油水界面张力 10^{-3}~10^{-2}mN/m，润湿角改变能力 126~147°，可在油滴、纳米流体和岩心三相接触处，形成楔型薄膜(图 8)，剥离原油，增油率达到 50~60%。

图 8　自发渗吸与润湿性转变示意图

压裂施工结束后焖井进行渗吸扩散，使压裂液流动到低孔隙压力区，能大幅提高地层压力保持水平，扰动并开启远端天然裂缝，增大储层改造体积和裂缝复杂程度，加速剩余油向水力裂缝流动。不同岩心渗吸实验结果如图9所示，由图9可以看出，随着渗吸时间的增加，采收率不断增大，20d以内采收率增长较快，当渗吸时间达到45d左右时，采收率增长幅度趋于平缓，因此基于岩心渗吸实验结果，压裂后焖井时间不低于45d。同时考虑焖井期间的压降变化率，若单日压降变化率小于0.1MPa/d时，井底压力与地层压力达到平衡，从压降角度认为达到开井条件。

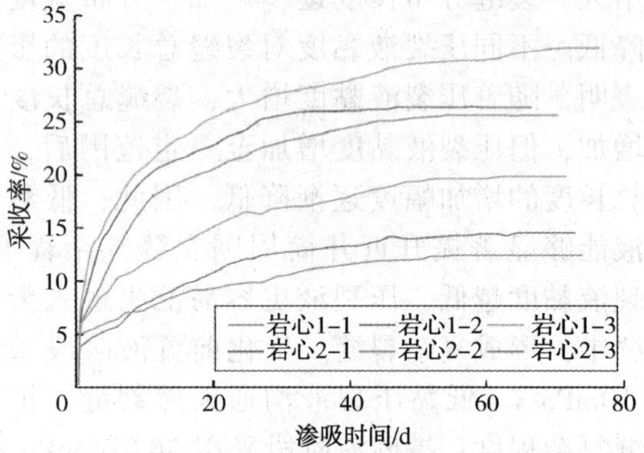

图9 渗吸采收率随时间变化规律

3 现场试验及分析

3.1 压裂实施概况

A井部署在鄂尔多斯盆地南部泾河油田，水平段长1350m，目的层位长8_1^1油层，根据该井长8_1^1砂体厚度和垂向上、下砂体及遮挡层分布情况，结合目的层物性参数、邻井距离及地质要求，优化采用可溶桥塞分段压裂工艺完成了18段82簇密切割体积压裂施工，簇间距5~14m，单段最大射孔簇数6簇，施工排量15m^3/min，低黏前置液比例60~65%，累计入地液量26715m^3，入地砂量2485m^3，水平段进液强度和加砂强度分别为19.8m^3/m和2.9t/m。压裂施工中配套19mm暂堵球保证多簇射孔均匀起裂，暂堵效果明显，最高暂堵后压力上升30MPa。

3.2 压后效果分析

微地震监测共识别定位出634个有效微地震事件，平台微地震事件延伸平均长度258m，平均宽度53m，高度53m，方位在72~89°，见表2和图10。通过每一段暂堵前后微地震事件延伸长宽高对比结果表明，多级暂堵效果较好，每次暂堵后都有新的区域被改造，出现新的破裂区域。通过震源机制反演得到每个微地震事件破裂的类型、倾角及方位，将破裂方位相近、相邻的微裂缝连在一起，孤立的微裂缝被排除掉，建立微地震有效微裂缝网格，计算有效的压裂改造体积E-SRV为8.3×10^{6}m^3，说明储层改造程度比较充分，获得了比较大的有效改造体积。

压后瞬时停泵压力8.7MPa，关井压力仅6.8MPa，与井区平均值10MPa相比，明显偏低；焖井后开井压力3.6MPa，压降为0.213MPa/d，压降速率较快，证明储层天然裂缝发育。通过升排量拟合分析，部分层段延伸压力梯度明显小于区块平均值0.016MPa/m，施工曲线压降较大，进一步证实储层发育天然裂缝。目前该井机抽生产，日产液量31.8t，日产油量3.3t，含水率89.6%，动液面10m，说明地层能量充足，压裂增能效果明显，返排率35%，产油量有望进一步提高。

表2 A井暂堵前后微地震监测结果

压裂段号	暂堵前					暂堵后					总液量/m^3	总砂量/m^3	暂堵球/颗
	事件个数	长/m	宽/m	高/m	方位/°	事件个数	长/m	宽/m	高/m	方位/°			
1	23	198	71	58	72	43	289	101	59	72	1623.7	146.2	36
2	24	278	81	46	74	40	310	90	52	78	2024.7	187.9	36
3	21	267	80	41	76	42	324	86	52	82	1659.9	141.8	36
4	23	218	92	48	75	40	289	92	53	75	1853.2	162.8	30
5	32	252	71	62	80	42	316	81	62	83	1860.1	176.4	30
6	21	188	66	42	81	35	280	66	43	83	1485.6	141.1	30
7	26	267	75	49	78	43	301	84	42	79	1855.8	169.2	30
8	22	228	88	43	75	37	236	88	46	75	1391.1	131.4	24
9	—	—	—	—	—	12	74	48	24	80	528.9	44.3	未暂堵
10	25	248	113	59	67	37	248	113	59	67	1458.8	136.1	36

续表

压裂段号	暂堵前					暂堵后					总液量/m^3	总砂量/m^3	暂堵球/颗
	事件个数	长/m	宽/m	高/m	方位/°	事件个数	长/m	宽/m	高/m	方位/°			
11	21	162	60	41	85	35	273	88	58	85	1241.9	117.9	30
12	26	168	86	59	68	35	294	86	59	68	1396.1	138.3	30
13	21	197	77	49	78	31	252	77	49	78	1223.7	117.9	30
14	21	197	83	45	78	35	253	83	62	78	1516.6	138.3	30
15	27	229	37	39	88	38	246	56	40	88	1810.5	169.2	20
16	35	254	89	61	75	40	275	89	69	75	1901.6	185.3	24
17	—	—	—	—	—	16	135	45	48	82	454.7	42.2	未暂堵
18	23	204	85	49	79	30	234	85	50	79	1428.3	138.3	24

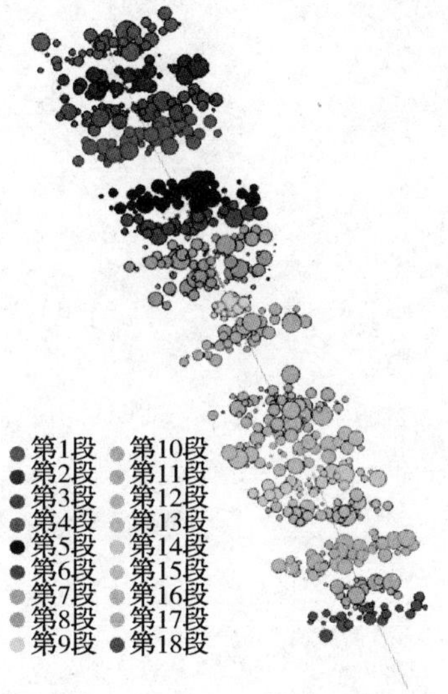

图 10　A 井微地震监测事件图

4　结论

（1）缩小射孔簇间距可以加剧不同射孔簇间的缝间干扰现象，裂缝形态更加复杂，泾河长 8 致密油储层合理的射孔簇间距为 10~16m；增大排量有助于提升缝内净压力，从而更容易沟通天然裂缝形成复杂缝网，为实现体积改造，单簇施工排量需达到 4~6m^3/min。

（2）低黏压裂液能够显著提升近井筒周围裂缝复杂程度，前置液阶段采用 5~10mPa·s 低黏压裂液更容易沟通天然裂缝，携砂液阶段采用 50~60mPa·s 高黏压裂液，可以连续携砂提高加砂强度和裂缝导流能力。

（3）压裂施工结束后焖井进行渗吸扩散，能大幅提高地层压力保持水平，扰动并开启远端天然裂缝，加速剩余油向水力裂缝流动，泾河长 8 致密油压裂后焖井合理时间为 45d 左右。

参　考　文　献

[1] 刘忠群，秦锐，郝前勇，等. 泾河油田长 8 致密油藏地震 Likelihood 裂缝预测[J]. 成都理工大学学报（自然科学版），2016，43(5)：609-616.

[2] 肖宇，刘洪平，赵彦超. 鄂尔多斯盆地泾河油田长 8 段致密砂岩油层岩电性质研究[J]. 地球物理学进展，2016，31(2)：829-835.

[3] 李凌川，徐文玺，郑虎成，等. 泾河油田三叠系长 8 段天然裂缝特征与预测[J]. 新疆石油地质，2016，37(3)：291-296.

[4] 牛似成，闫吉曾，胥豪，等. 泾河油田三维水平井井眼轨迹优化设计及应用[J]. 石油地质与工程，2017，31(4)：84-87.

[5] 王香增，任来义，贺永红，等. 鄂尔多斯盆地致密油的定义[J]. 油气地质与采收率，2016，23(1)：1-7.

[6] 刘忠群. 泾河油田裂缝型致密油藏地质特征及开发对策[J]. 西南石油大学学报（自然科学版），2019，41(2)：23-32.

[7] 于学亮，胥云，翁定为，等. 页岩油藏“密切割”体积改造产能影响因素分析[J]. 西南石油大学学报（自然科学版），2020，42(3)：132-143.

[8] 张军涛，赵习森，王伟刚，等. 水平井体积压裂技术在黄陵致密油区的研究和实践[J]. 非常规油气，2018，5(3)：84-87.

[9] 闫新智，雷俊杰，任剑. 南部探区致密油藏体积压裂参数优化[J]. 非常规油气，2020，7(5)：113-120.

[10] 郑有成，范宇，雍锐，等. 页岩气密切割分段+高强度加砂压裂新工艺[J]. 天然气工业，2019，39(10)：76-81.

[11] 夏赟，张丽萍，褚浩元，等. 吉木萨尔页岩油“下甜点”低成本技术[J]. 油气藏评价与开发，2021，

11(4)：536-541.
[12] 何青，秦玉英，姚昌宇，等. 鄂尔多斯盆地南部致密油藏水平井分段压裂技术[J]. 断块油气田，2014，21(6)：816-818.
[13] 姚昌宇，王迁伟，高志军，等. 连续油管带底封分段压裂技术在泾河油田的应用[J]. 石油钻采工艺，2014，36(1)：94-96.
[14] 胡艾国. 缝网压裂工艺技术研究及在泾河油田的应用[J]. 石油地质与工程，2016，30(5)：104-107.
[15] 邓红琳，陶鹏. 低温压裂液在鄂南地区中浅储层中的应用[J]. 特种油气藏，2016，23(1)：142-145.
[16] 姚昌宇. 致密低渗油藏水平井分段多簇压裂技术优化及在泾河油田的应用[J]. 石油地质与工程，2017，31(2)：117-120.
[17] 范宇，周小金，曾波，等. 密切割分段压裂工艺在深层页岩气 Zi2 井的应用[J]. 新疆石油地质，2019，40(2)：223-227.
[18] WARPINSKI N R，BRANAGAN P T. Altered-stress fracturing[C]. SPE17533，1989：990-997.
[19] 李海涛，卢宇，谢斌，等. 水平井多段分簇射孔优化设计[J]. 特种油气藏，2016，23(3)：133-135.
[20] 胥云，雷群，陈铭，等. 体积改造技术理论研究进展与发展方向[J]. 石油勘探与开发，2018，45(5)：874-887.

高产水气井同井采注技术研究及应用

周　舰　张凌筱　张　阳　李　璇　刘　慧

（中国石化华北油气分公司）

摘　要　高产水气井存在井筒排液难、地面气水混输难及水处理成本高等难题，常规机械排采技术很难系统解决这一复杂问题。本文基于"电泵深抽+采出水不出地面处理"研究思路，研制了一种井下气液流道转化关键装置，耐温120℃，耐压差45MPa，实现井下气水流道空间转换及产层与回注层有效封隔；并集井下气液流道转化装置、电泵机组、储层保护装置一体化设计，创新形成高产水气井同井采注技术。42口水淹关停井采用同井采注技术后，井筒平均压差降低16.5MPa，气井实现了油管连续采气、油套环空产出水全部井下回注，天然气增产3350万方，节省污水处理成本926万元，实现高产水气井经济有效排采，为高含水气藏有效动用开发提供一种新手段。

关键词　高产水气井；同井采注技术；井下气水分离；潜油电泵机组；排水采气；产出水回注

井筒积液是所有产水气井在全生命周期生产过程中都会出现的普遍现象。气井一旦能量不足，井筒就会发生积液现象，会造成井筒压降升高，增加液体对气层的回压，导致产气量下降，如果不及时采取合理排水采气措施，气井积液问题就会愈发严重，导致气井水淹停产，极大降低了气井最终采收率。

高产水气井由于产水量大，井筒积液问题会更加严重，对排水采气工艺技术要求会更加迫切。高产水气井排水采气主要存在三大技术难点：第一，高产水气井井筒压损大，排液需要的举升压力高，依靠自身携液难度大，自喷生产期短；第二，高产水气井地面管线压损大，气液混输难度加大；第三，高产水气井水量大，产出水处理成本高，经济效益差。依靠常规单一的机抽、电潜泵、螺杆泵等机械排水采气工艺很难经济有效解决上述难题，极大制约了高含水气藏有效开发。

本文首次提出"潜油电泵深抽+采出水不出地面处理"研究思路，以产出水不出地面为目的，充分发挥电潜泵深抽优势，创新集成高产水气井同井采注技术，实现气井稳定生产和产出水井下回注，有效降低采气成本，提高气井开发效果。

1　潜油电泵同井采注工艺管柱结构及原理

1.1　同井采注工艺管柱基本结构

同井采注工艺管柱基本结构自下向上主要由储层保护装置、潜油电泵机组、气液流道转化装置及油管等部件组成，如图1所示。其中，核心部件的主要功能为：

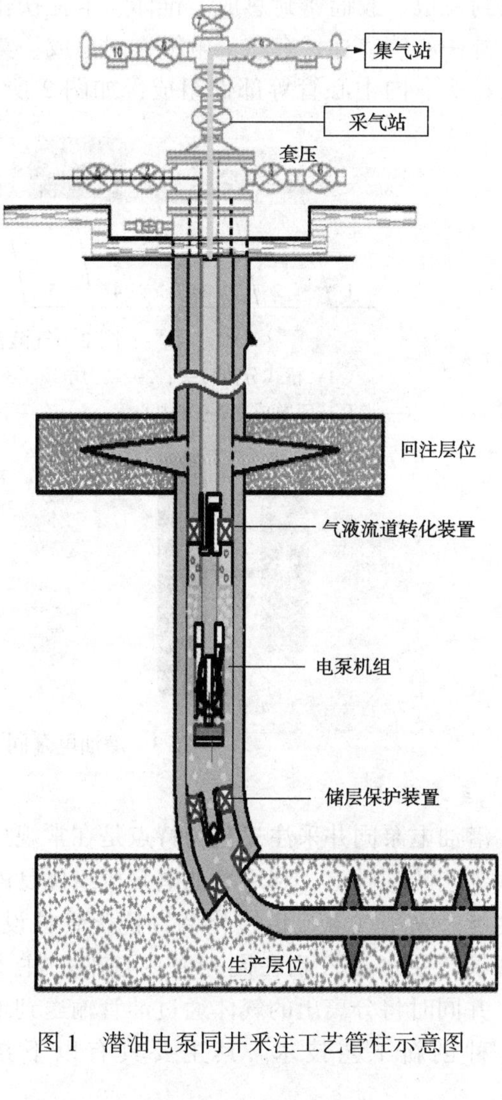

图1　潜油电泵同井采注工艺管柱示意图

(1) 储层保护装置是一个带单流阀的封隔器，只能允许底部生产层的流体向上流动，主要作用是防止后续检泵、起管柱等井下作业时储层保护装置上部的注水层内的水倒灌进入生产层，而影响气井开发效果及排液效率。

(2) 潜油电泵机组结构自下向上依次设置为井下传感器、电机、气液分离器、离心泵等部件，其中井下传感器实时监测电泵及流体温度、压力，并通过动力电缆传输到地面二次仪表，存储井下参数；电机为离心泵提供动力；气液分离器分流井下的气、水混合流体，防止气体进入离心泵而降低离心泵的排液效率，避免气锁现象发生；离心泵用于为从气液分离器分离出的液体提供向上的泵送力。

(3) 气液流道转化装置是一个由过电缆封隔器、集成分流接头、桥式分流接头、电缆密封总成及内外中心管等主要部件一体化集成设计的关键装置，其结构自上而下由桥式分流接头、上电缆密封总成、胶筒密封总成、锥体、卡瓦扶正总成、外中心管、连接套、下电缆密封总成、集成分流接头、内中心管等部件组成，如图2所示。外中心管穿过过电缆封隔器密封件，内中心管设置在外中心管中，且与外中心管之间形成环形通道；环形通道用于连通过电缆封隔器密封件下方的油套环空与井口位置的油管，实现气体的采集；内中心管用于连通潜油电泵机组上的气液分离液体出口与过电缆封隔器密封件上方的油套环空，以实现液体的输送。气液流道转化装置不仅有效保障了产层与回注层密封效果，而且顺利实现了井下气水流道空间转换。

1.2 工艺原理

在高产水气井回注层与产层之间用过电缆封隔器(气液流道转化装置)封隔油套环空，潜油电泵机组下至封隔器以下，流体通过气液分离器分离后，通过离心泵增压进入封隔器下部油管，从集成分流接头进入过电缆封隔器内中心管，然后经桥式分流接头进入到封隔器以上油套环空，注入到目的层；气体从气液分离器进入封隔器下部的油套环形空间，上升至集成分流接头从进气孔进入过电缆封隔器内外中心管的环形空间，从桥式分流接头的气流通道进入到封隔器上部的油管内，从油管采出地面。工艺流程如图3所示。

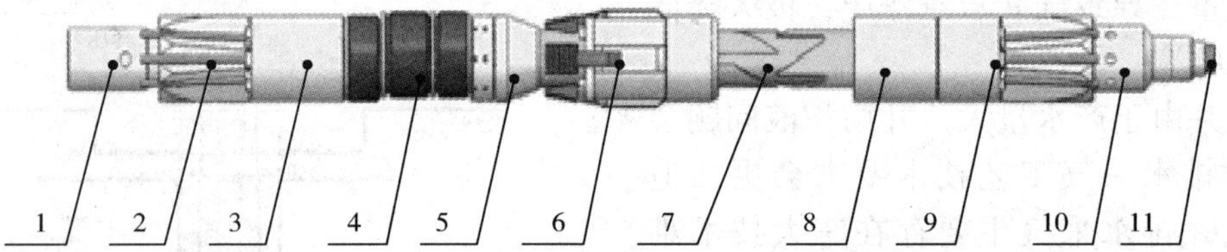

图2　气液流道转化装置结构示意图

1—桥式分流接头；2—动力电缆；3—上电缆密封总成；4—封隔器密封总成；5—锥体；6—卡瓦扶正总成；7—外中心管；8—连接套；9—下电缆密封总成；10—集成分流接头；11—内中心管

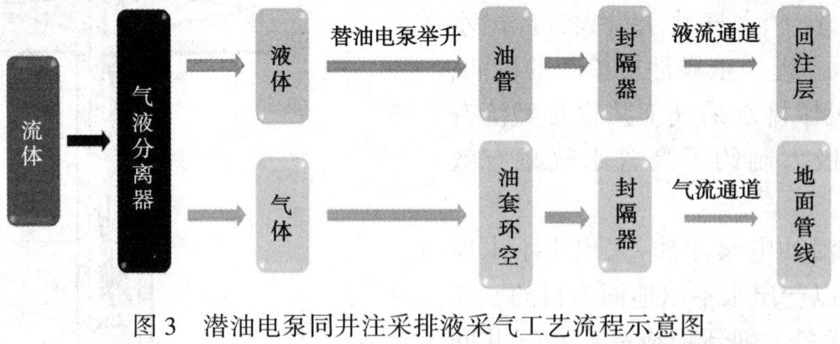

图3　潜油电泵同井注采排液采气工艺流程示意图

1.3 主要优点

潜油电泵同井采注工艺的特点是在常规排液采气工艺的基础上，利用潜油电泵机组优良的排液性能，采用气液流道转化装置优化管柱设计，实现将产层水注入到在同一井内选取的注入层内，并同时将分离出的气体通过油管输送到地面的一种创新工艺技术。其主要具有以下技术优势：

(1) 潜油电泵机组可下入大斜度及水平井段生产运行，相比有杆泵可以有效避免管杆偏磨问题。

(2) 排液快，排量范围广，可通过变频控制技术，依据对产液量及液面的控制要求，随时进行排量调整。在一定排量范围内，可避免因调整泵型进行起下作业施工。

(3) 采出水经分离后直接回注注入层，不需要配套地面水处理泵站、流程及其他辅助设施。

2 潜油电泵同井采注工艺技术

2.1 同井采注工艺设计

1）回注层选择

回注层要满足以下基本条件：

(1) 回注层保存条件好，埋藏深度不宜过浅；

(2) 封隔层封闭能力要强，避免污染上部地表水，破坏环境；

(3) 固井质量好，避免回注水窜流至上部水源造成污染；

(4) 回注层储层物性好，吸水能力强，具备一定的注入性。

2）工艺参数设计

同井采注工艺参数设计步骤如下：

(1) 结合气井产出特征，确定气井产气、产液生产曲线；

(2) 确定气井配产气量，并根据气井产气生产曲线确定对应的井底流压；

(3) 根据气井配产气量条件下的井底流压，利用气井产液生产曲线确定相应的产液量；

(4) 结合气井井筒管柱结构特征，根据井底流压值，综合确定潜油电泵下入深度、储层保护装置下入深度；

(5) 评价回注层位的注入能力(注入量和注入压力)，确定回注层深度及配套增注措施；

(6) 根据潜油电泵下入深度和回注层深度，考虑井筒安全性和完整性，确定气液流道转化装置下入深度；

(7) 根据气井配产气量、产液量、地面安全回注压力及潜油电泵下深，综合确定潜油电泵机组排量、扬程；

(8) 根据地层压力、温度、产气、产水参数和出砂情况，综合确定电机、保护器、分离器等电泵机组选型。

2.2 主要施工工艺

(1) 压井。采用2%KCL反循环法压井，压井完毕后，静止观察8小时，待无溢流、无气体逸出，确保无井控风险后，再灌注压井液。

(2) 拆原井口装置、安装防喷器组。按井下作业标准对防喷器试压至合格为止。

(3) 探砂面/冲砂。原管柱加深探砂面至人工井底，若遇阻，冲砂至人工井底位置；若不遇阻，下原管柱至人工井底位置进行洗井，洗井合格后，起冲砂管柱。

(4) 刮削。组下刮削管柱，重点对回注层增注措施位置、气液流道转化装置坐封位置、储层保护装置坐封位置上下10m反复刮削3~5次，随后进行反洗井至进出口水质一致为合格，合格后起出刮削管柱。

(5) 下入储层保护装置。组下带单流阀的封隔器工具至预定设计位置。

(6) 实施回注层增注作业。严格按照地质设计要求进行增注措施作业(水泥车破压、射孔或压裂)，施工过程做好井控防护。

(7) 刮削。组下刮削管柱，重点对射孔位置、气液流道转化装置坐封位置、储层保护装置坐封位置上下10m反复刮削3-5次，随后进行反洗井至进出口水质一致为合格，合格后起出刮削管柱。

(8) 组下生产回注管柱。管柱组合(自下而上)：潜油电泵机组+外加厚生产油管+气液流道转化装置坐封位置+外加厚生产油管，分别将潜油电泵机组、气液流道转化装置下入至预定设计位置。要求组下生产回注管柱时做好电缆保护，尤其是自造斜点需加装电缆保护器。

(9) 进站生产。安装压力级别相配套的采气井口、高压电缆穿越器。连接地面管线。安装完成后，调试、启动设备试生产。记录井底井口压力、产气及电泵运行情况。

3 现场应用

3.1 典型井基本情况

LP14井生产层位为H1，完钻井深5173m，造斜点3303m，A点斜深3973m，水平段长1200m。LP14H井采用Φ114.3m尾管固井完井，尾管悬挂封隔器斜深3601.46m(垂深3582.84m，井斜33.96°)。该井于2015年8月1日~8月9日对H1层进行钻桥塞-多簇射孔联作加砂压裂，在地层中部流压16.201MPa/3973m(垂深3738.45m)、地层中部流温124.974℃/3973m(垂深3738.45m)的条件下，放喷试气求取天然气无阻流量$2.07\times10^4m^3/d$，日产水$68.9m^3/d$。8月25日起出压裂管柱，8月28日下入Φ60.3mm生产管柱，下深3905m，如图4所示。由于该井产水量较大，试气完后难以正常生产而导致长期关停。

3.2 同井采注工艺参数设计

(1) 同井注采工艺管柱组合设计(自下而上)：潜油电泵机组+单流阀+Φ73mm外加厚油管油管+气液流道转化装置(Y211-146过电缆封隔器)+Φ89mm平式油管1根+Φ73mm外加厚油管，在潜油电泵机组下方下入储层保护装置(Y441-150防倒灌封隔器)，见图4。

(2) 潜油电泵机组排量设计70m^3，下入深度设计2500m(考虑耐温120℃影响)，扬程设计3500m(考虑回注压力10MPa)，气水分离器要求气液分离效率高于95%。

(3) 回注层要考虑固井质量、套管接箍影响，气液流道转化装置位置设计1780m，装置最大外径146mm，耐温120℃，耐压差45MPa，适合Φ177.80mm技术套管内径，上接Φ89mm外平式油管，下连接Φ73mm外加厚油管，满足油管强度校核的安全要求。

(4) 考虑到固井质量、套管接箍影响，为了提升封隔器坐封稳定性，储层保护装置(Y441-150防倒灌封隔器)设计2940m，要求耐压差45MPa，耐温120℃，适合Φ177.80mm技术套管内径，上接Φ73mm外加厚油管。

(5) 根据施工压力、生产井口油压、注水井口套压，井口压力不超过25MPa，井口装置选择KQ65-35。

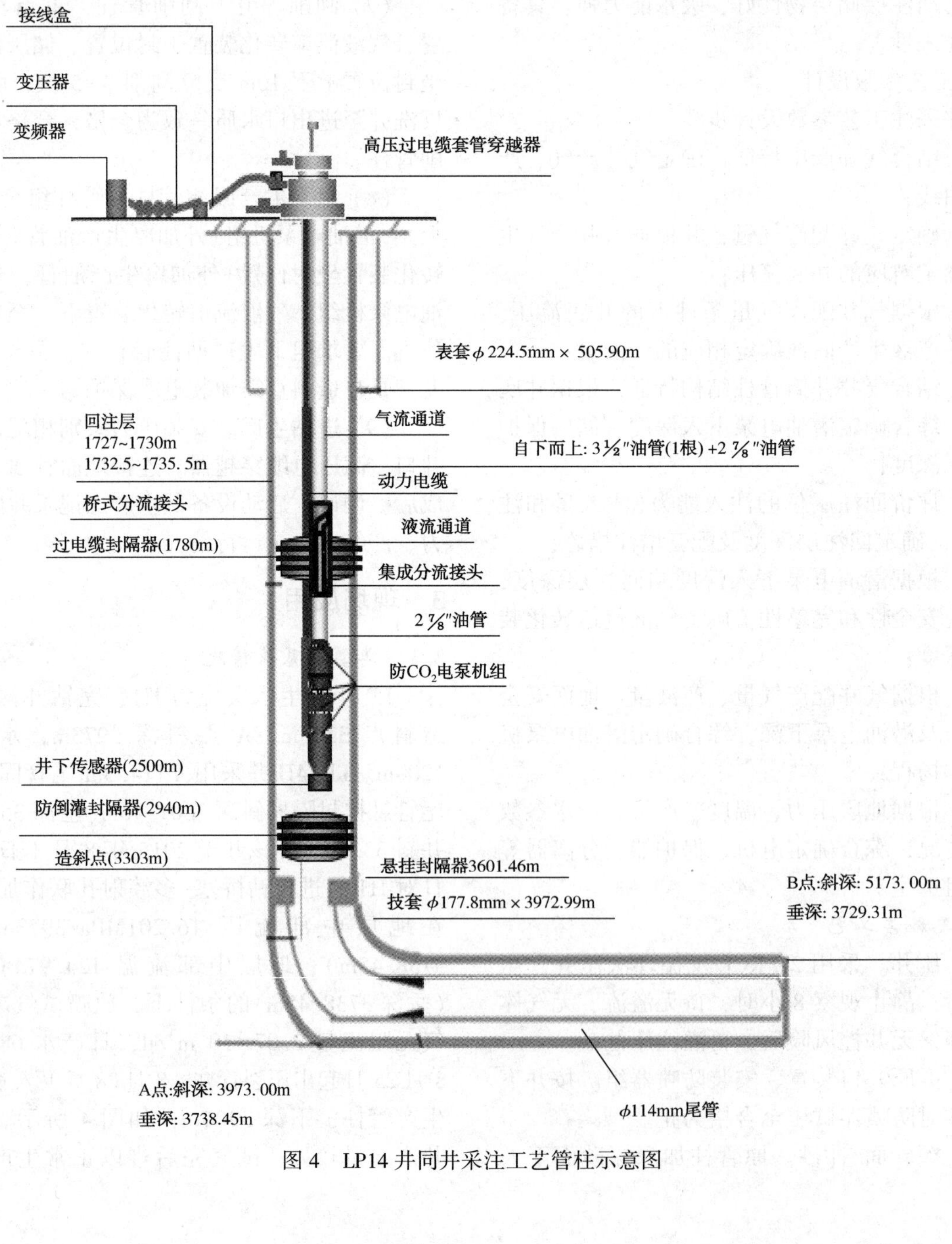

图4　LP14井同井采注工艺管柱示意图

3.3 应用效果

LP14H井于2019年7月27日开始实施同井采注工艺，于2019年9月5日停止试验，累计生产41天，井下电泵吸入口压力最低降至4.8MPa，折算井底流压17MPa，气井平均稳定日产气8000方，累计采气24.2万方，如图5所示，产出水实现不出井口同层系回注，验证了同井采注工艺可行性。

在LP14H井同井采注技术试验成功的基础上，同井采注技术已累计在高产水气井推广应用42口，平均井筒压降16.95MPa，井筒液面大幅度降低，水淹关停井得到有效复产，累计增产3350万方；产出水实现不出地面直接井下回注，累计回注水量7.72万方，节省污水处理成本成本926万元，降本增效效果明显。同井采注技术实现了高产水气井有效排采，为高含水气藏有效动用开发提供一种开发新手段。

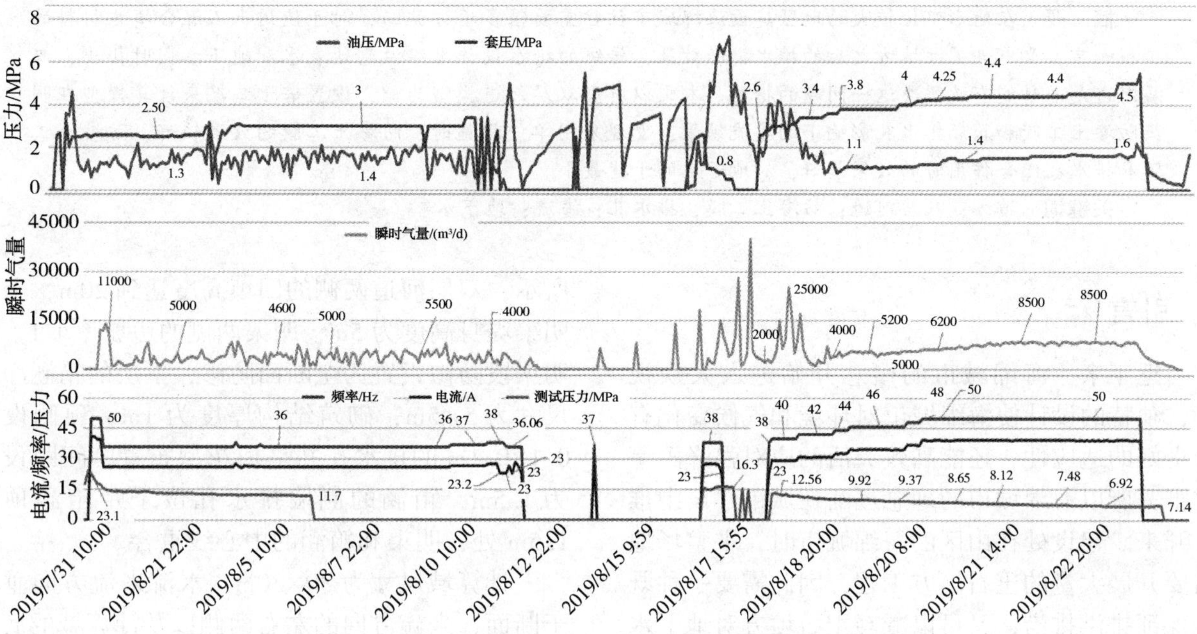

图5 LP14H井同井采注工艺试验效果

4 结论

(1) 研制适合Φ177.80mm技术套管的井下气液流道转化装置，最大外径146mm，耐温120℃，耐压差45MPa，不仅有效保障了产层与回注层密封效果，而且顺利实现了井下气水流道空间转换。

(2) 集井下气液流道转化装置、潜油电泵机组、储层保护装置等部件一体化设计，创新形成潜油电泵同井采注工艺技术，可实现高产水气井油管稳定采气、油套环空产出水不出地面直接井下回注。

(3) 现场应用表明，基于储层产出特征合理设计同井采注工艺参数，可有效降低井筒压降，42口高产水关停气井得到长期复产稳产，累计增产3350万方，产出水全部实现有效回注，节省污水处理成本成本926万元，为高含水气藏有效动用开发提供一种开发新手段。

参考文献

[1] 杨启明. 国外井下气液分离采气新技术研究现状分析[J]. 天然气工业，2001，21(2)：85-87.

[2] 赵勇，贾浩民，李敏，等. 井下气液分离及同井回注技术的应用[J]. 天然气工业，2010，30(1)：56-58.

[3] 杨川东. 采气工程. 北京：石油工业出版社，1997:：193-210.

[4] 张琪. 采油工程原理与设计. 东营：石油大学出版社，2000:：187-193.

[5] 邱永发，罗代亮，谢卫兵，等. 电潜泵同井采注水工艺及关键技术研究[J]. 石油机械，2013，41(7)：102-106.

[6] 贺遵义. 气水两相流入井的一种数理模型及一点法求解[J]. 钻采工艺，2002，25(5)：28-31.

不同工程措施对陕西志丹县海绵城市双层河道渗流影响的研究

刘小婧

(志丹县水务局地下水监督监测管理站)

摘　要　在地形变化较大的地区建设海绵城市往往需要很多填方施工，对于使用土石混合填方材料的工程而言，要重点关注填方之后的排水排涝效果，传统的排水设施很难做到地表水和地下水同时排出，双层河道是一种能有效解决这一问题的措施。本文以典型双层河道模型为例，设置若干工况来计算模型在明渠防渗土工膜和箱涵排水孔影响下的渗流结果，发现采用单一措施时，防渗土工膜的效果较好，防渗土工膜和排水孔组合作用时的效果最好，对地下水的干扰最小。

关键词　填方；双层河道；防渗土工膜；排水孔；渗流；地下水

1　引言

近年来，海绵城市的概念开始进入大众视野，独特的设计使海绵城市对环境和气候变化有着良好的适应性，还能高效灵活的应对强降雨等灾害，所以海绵城市的理念逐渐在城市建设中推广开来。建设处在山区的海绵城市时，平整场地需要开展大量的土石填方工程，因此需要一种既能保证排洪排涝，又可以减轻土石填方对地下水流动产生干扰作用的河道结构。这样的背景下，专家们提出了双层河道这种新型河道结构，双层河道分为上、下两层，上层河道一般为明渠，用来调节城市河流和地表水水情，下层河道为具有一定透水能力的箱涵或管道，用于排出渗流。土石填方区域的渗透能力是影响双层河道使用效果的关键因素，因此双层河道的渗流特性是本文的研究重点。

在双层河道的建设中，是否在上层明渠设置防渗设施，或是在下层箱涵设置排水设施，以及如何解决边坡稳定问题，同时将结构的沉降变形控制在一定范围内，都是双层河道建设过程中的重点研究问题，而填方体的渗流情况又是影响这些问题的关键，鉴于此，本文将运用软件 spaw 来建立双层河道模型，在同一设计洪水位下展开不同工程设施对河道渗流特性影响的研究。

2　计算模型及方案

软件 spaw 建立的典型双层河道模型如图 1 所示，双层河道两侧的回填高度达到 20m，上层明渠堤身高度为 5m，明渠两侧的边坡率取1∶2，明渠段防渗设置为全断面防渗，下层的箱涵净空尺寸为 5×5m，砌筑结构厚度为 1m，顶侧设置 0. 1×0. 1m 的排水孔并呈梅花型布置，间距设置为 1. 5m，箱涵的侧墙排水孔位于距箱涵顶部 1. 5m 处，明渠和箱涵的中心线重合。

计算域尺寸为 30×30m，水流来流方向垂直于断面，来流方向的左右两侧以及计算域的底部为不透水边界，上层明渠的边坡以及河床为透水边界，防渗土工膜布置在该处，下层箱涵设有排水孔，渗流通过排水孔进行流量交换，且流量交换为负值，其余边界均为不透水边界。

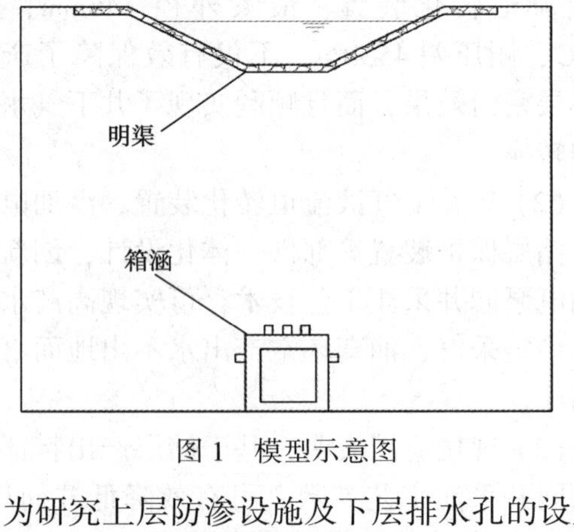

图 1　模型示意图

为研究上层防渗设施及下层排水孔的设置对模型渗流结果的影响，设置四种工况来展开计算：工况(1)在上下两层均不设置防渗措施或排水孔；工况(2)仅在下层设置排水孔；工况(3)仅在上层设置防渗土工膜；工况(4)在上层设置防渗土工膜，下层设置排水孔。各工况下的工程措施及计算水深如表1所示。

表1　不同工况的工程措施及边界条件

工况	上层防渗土工膜	下层排水孔	计算水深
1	无	无	3.5m
2	无	有	3.5m
3	有	无	3.5m
4	有	有	3.5m

3　计算结果

3.1　静水位下的渗流结果

（1）工况1

孔隙水压力在河流纵向上基本保持一致，渗流场的变化主要发生在横断面上，所以该二维模型只计算河道横断面上的渗流结果，如图2所示，当上层明渠未设置防渗设施时，在设计洪水位下，由于水流不能快速顺河道排出而产生了向下的渗流，因此在土石填方内部出现了地下水位顶托渗流现象，下层的箱涵四周孔隙水压力增大，而且模型的最大正孔隙水压力出现在箱涵的周围，孔隙水压力等值线绕箱涵呈抛物线，孔隙水压力随埋深的降低而不断减小，孔隙水压力在计算域的两侧顶部达到最大负压力。

单位:kPa

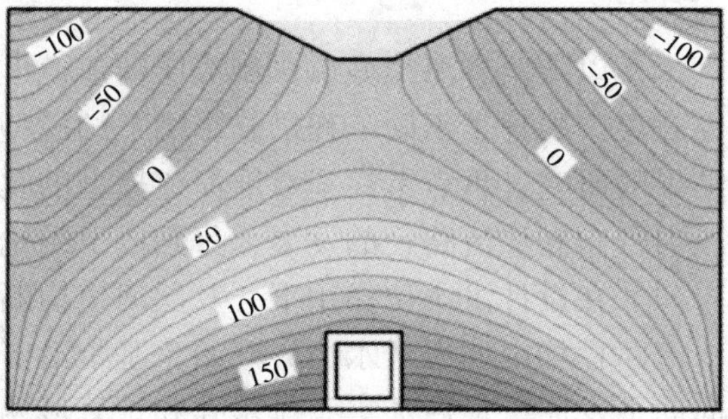

图2　孔隙水压力分布图

图3为工况1下的渗流路径示意图，可以看出，设计洪水位作用下，上层明渠的水流不断向下渗流，而箱涵由于无排水设施，其周围产生了明显的绕流现象，水流由模型底部向外渗流而出，地下水受明显影响。

（2）工况2

如图4所示，当上层的明渠未设置防渗设施时，在设计洪水位影响下，土石填方内的渗流量更大，同样产生了地下水位顶托渗流的现象，虽然下层箱涵设置有排水设施，但是土石填方体的

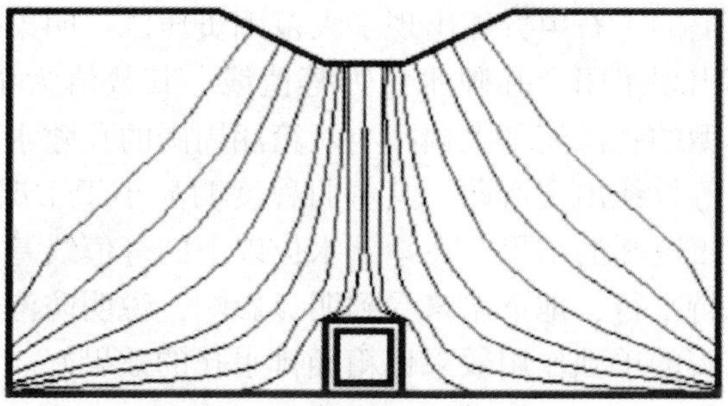

图3　渗流路径示意图

渗流量远大于箱涵排水孔的排水量，因此孔隙水压力等值线图在箱涵附近有凹向箱涵排水孔的趋势。箱涵顶部的孔隙水压力较小而两侧以及模型底部的孔隙水压力达到最大正压力，在明渠附近的孔隙水压力比较小，明渠两侧孔隙水达到了最大负值。

单位:kPa

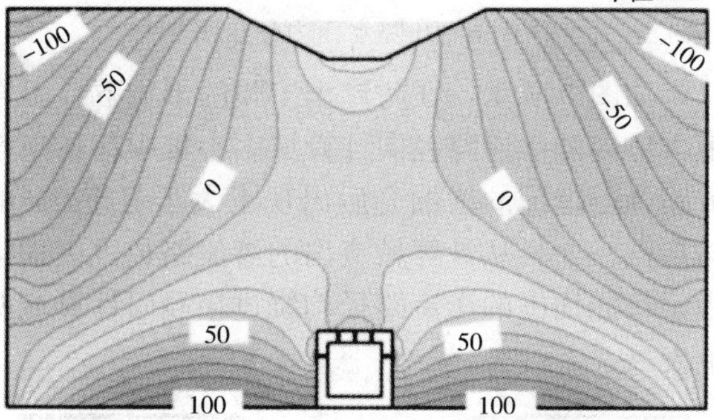

图4　孔隙水压力分布图

如图5所示，由于工况2在箱涵处设置有排水孔用来排水，因此箱涵周围没有出现绕流的现象，而且部分渗流能通过箱涵的排水孔流出，但箱涵排水孔的排水量比较小，而计算域的总渗流量较大，所以仍有相当一部分渗流由模型的两侧流出。

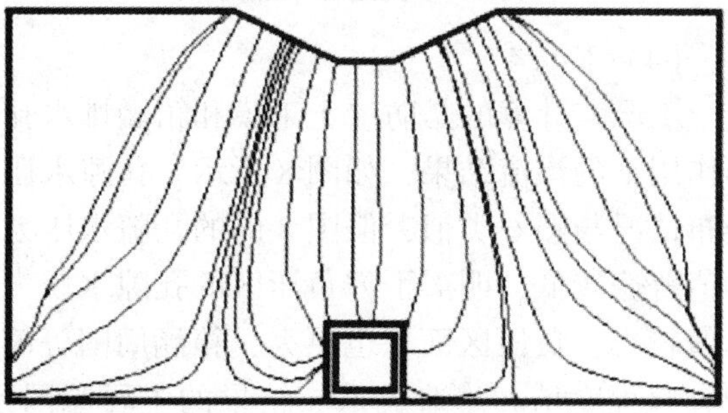

图5　渗流路径示意图

（3）工况3

如图6所示，当模型仅在明渠底部设置防渗土工膜，而不考虑箱涵排水孔作用时，模型地下水位托顶渗流现象几乎没有发生，位于地下水位

以上的土石填方体出现了大范围负压区，明渠底部出现了闭合孔隙水压力等值线，其数值为负，模型的总渗流量大幅减小。箱涵周围的孔隙水压力等值线出现弯曲，其弯曲程度明显小于工况1和工况2的结果，在地下水位以下的等值线基本保持平行，地下水未受到明显影响，说明防渗土工膜的单独作用效果比箱涵排水孔的效果好。

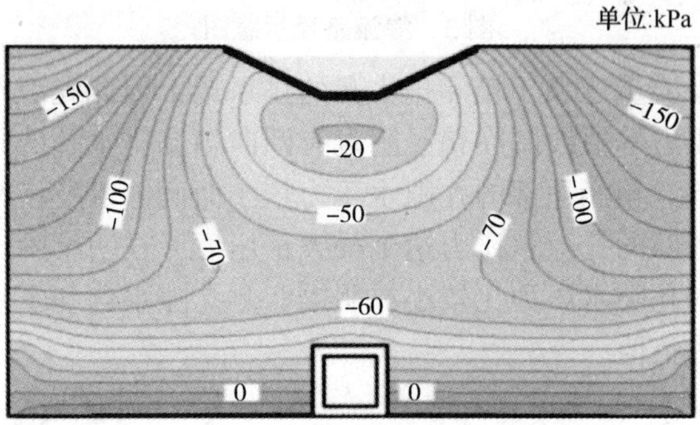

图6　孔隙水压力分布图

如图7所示，在防渗土工膜的影响下，土石填方体内的渗流路径向计算域中心集中，各条渗流路径随埋深的增加先后出现了大于等于90°的转折点，而且从计算域流出的渗流路径也更加集中。箱涵周围的渗流路径均绕过箱涵向计算域两侧发展。

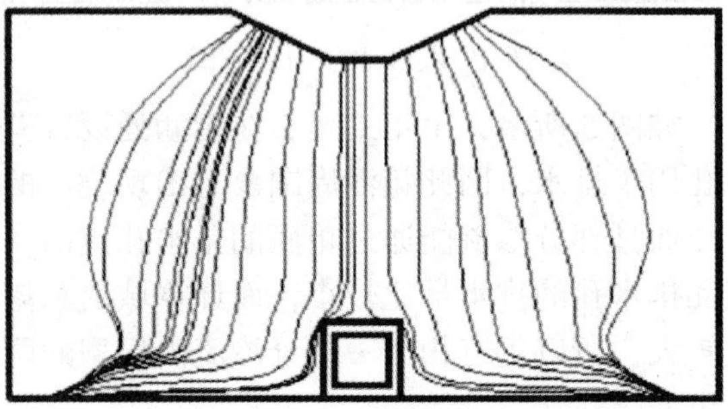

图7 渗流路径示意图

（4）工况4

工况4计算的是防渗土工膜和箱涵排水孔共同作用下的渗流结果，如图8所示，孔隙水压力分布情况与图6类似，但图8的的孔隙水压力绝对值普遍较低，明渠下方负压区的孔隙水压力绝对值较小，负压区面积也更大，箱涵周围等值线的突起程度稍高。造成这一结果的主要原因是：防渗土工膜大幅减小了总渗流量，土石填方体内的水流又能很快的从箱涵排水孔排出，进一步减小计算域内的渗流量。

如图9所示，渗流路径的数量较少，越往计算域中间，渗流路径越集中，其间距越小，计算域中间的渗流路径竖直向下发展，最后由箱涵顶部和两侧的排水孔流出，未对地下水产生影响，计算域两侧的渗流路径都朝着左、右两个出流点发展，未对地下水水位造成太大影响，地下水水位基本与箱涵侧排水孔齐平。

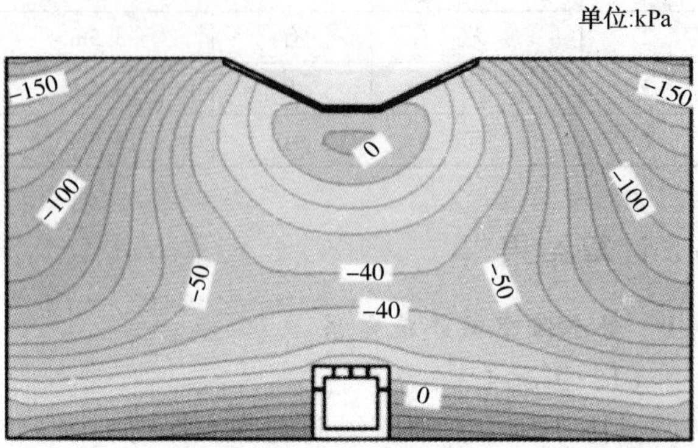

图8　孔隙水压力分布图

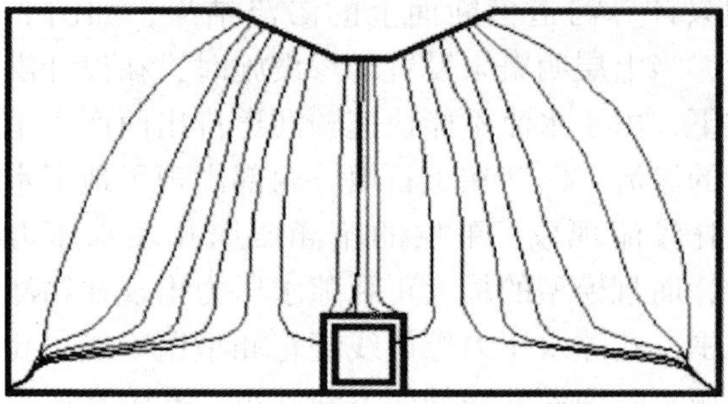

图9　渗流路径示意图

4　结论

本文以陕西省海绵城市典型双层河道模型为研究对象，展开了不同工程措施影响下的模型渗流结果的研究，重点考察了双层河道模型的孔隙水压力分布和渗流路径的发展，得到以下结论：

（1）在设计洪水位作用下，双层河道横断面的渗流路径均由明渠透水边界开始，基本沿竖直方向向下发展，最后汇集于排水孔和计算域两侧的出流点，流出计算域，渗流路径的分布较对称。

（2）仅考虑单一工程措施时，防渗土工膜对渗流量的削减作用明显优于排水孔，原因是防渗土工膜能从源头上减少总渗流量，而排水孔主要是作为辅助工程使用，其本身的作用并不突出，而且排水孔没有均匀的分布在计算域底部，所以排水孔单独作用时的效果并不理想。

（3）对比四个工况的结果，发现防渗土工膜和排水孔共同运作时，模型的防渗、排水效果最佳，土石填方体的孔隙水压力最小，渗流路径的发展更加合理，即使是在设计洪水位的影响下，地下水位也未受到明显影响。

参 考 文 献

[1] 张卫艳，李磊. 海绵城市设计理念在城市建设中的研究与实践[J]. 工程建设与设计，2020(10)：67-68.

[2] 曾俊，李星，凌晓鸣，等. 渗流分析中基于Signorini变分不等式结合杆单元法的排水孔模拟[J]. 中国农村水利水电，2019(10)：169-174+179.

[3] 王定柱. 复合土工膜施工技术[J]. 技术与市场，2018，25(09)：70-72.

[4] 邓卓智，冯雁. 北护城河的生态修复[J]. 水利规划与设计，2007(06)：14-16+27.

第三篇　非常规油藏评价及开发技术篇

我国非常规油气分布层系多，范围广，资源潜力巨大。经历几十年的研究探索，在鄂尔多斯、准噶尔、松辽等多个盆地取得了重大突破，成为我国油气稳产上产的最重要接替资源。但由于我国致密油气赋存的地质条件复杂，地面、地下的开采难度大，高质量的规模效益开发还面临着勘探开采技术、后期效益开发管理等诸多的挑战。本篇《非常规油藏评价及开发技术》围绕我国各大盆地非常规油气藏的勘探开发的核心问题，取得的关键技术、下步的评价攻关方向进行了系统总结梳理。

测井油藏综合评价技术与应用实践

杨　林[1]　温　柔[1]　姜　龙[2]　李　栋[1]　王茜瑜[1]　朱苗苗[2]

(1. 中国石油集团测井有限公司地质研究院；2. 中国石油集团测井有限公司长庆分公司)

摘　要　为稳步推进和全面实施提高油田采收率，在研发新技术的同时，需要通过测井与地质、工程、油藏等多学科紧密结合，充分发挥测井“下得深、探得远、测得精、评价准”硬核优势，灵活应用测井区域评价技术研究油藏地质特征及开发规律，动静结合，科学地制定油藏综合治理措施，指导开发方案调整，切实有效地提高油藏的最终采收率，为“十四五”期间原油有效稳产、持续上产提供有力的技术支撑。

关键词　采收率；测井；区域评价技术；开发规律；综合治理措施

提高采收率是油田开发永恒的主题，21世纪以来，面对新增探明储量的资源品质下降、老油田开发难度不断增大等问题，为稳步推进和全面实施提高油田采收率，在研发新技术的同时，需要我们进一步提升测井综合治理服务水平，发挥测井技术综合应用优势，创新科研、服务、生产一体化的全新工作模式，能够助力油田增储上产、提质增效，为油气勘探开发提供更优质的技术支撑。

测井作为油田勘探开发中的重要环节、地质勘探的“眼睛”、油田工程的“尺子”、油藏开发的“医生”，发挥着越来越重要的作用。本文以某研究区为例，在认识目前区块开发矛盾的基础上，有的放矢的提出相应动态监测方案，以测井为抓手，针对不同问题展开具体分析，并提出切实有效的措施建议，措施后增油1.17万吨，增产效果良好。

1　区块开发矛盾分析

研究区2008年大规模投入开发，主力开发长6_1^1、长6_1^2油层，其中长6_1^1层油藏平均孔隙度12.9%，平均渗透率$1.58\times10^{-3}\mu m^2$；长6_1^2层油藏平均孔隙度13.7%，平均渗透率$1.21\times10^{-3}\mu m^2$。油藏整体长6_1^2层物性好于长6_1^1层，平面渗透率分布差异大，非均值性较强。随着油藏进入中含水开发阶段，综合含水51.8%，含水上升率7.8%，采出程度7.16%，平面、剖面水驱矛盾日益突出，主要表现为层间、平面吸水不均，有效分注难以落实，油井含水上升速度加快等特点，油藏稳产难度大(图1)。

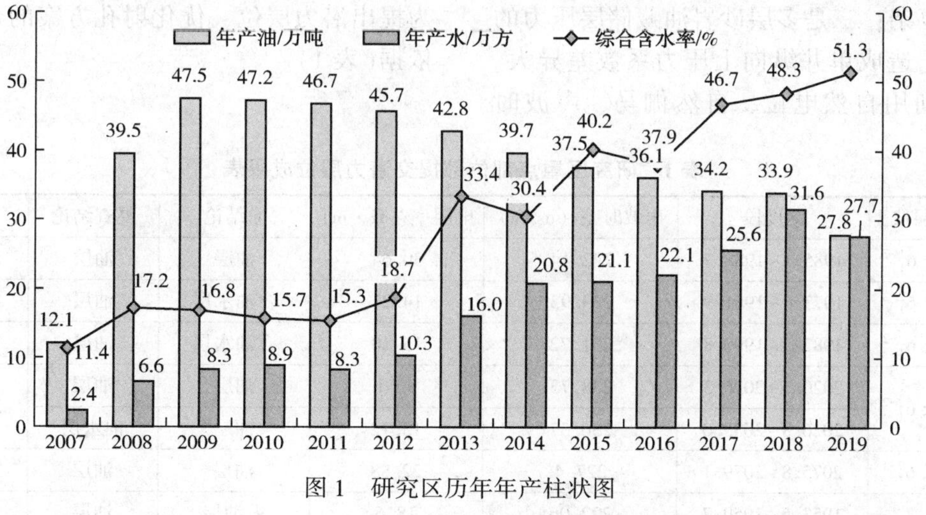

图1　研究区历年年产柱状图

2　动态监测方案优化

动态监测是油田开发中的一项重要的基础工作，而监测方案的制定是其中关键环节，需要根据油藏开发矛盾，充分发挥测井优势，遵循“多井同测、一井多测、连续监测、油水同测”原则，有针对性的合理制定动态监测方案，在保持常规动态监测基础上，加大特殊动态监测项目，重点突出井间测试整体性，强化井组内单井测试针对性，优选适宜的测试项目和测试内容，进一步监测油藏水驱变化、剩余油分布状况，切实有效的把降本增效落到实处，服务油田提高采收率。

根据研究区“层间层内吸水不均、注水政策难以落实、油井含水上升速度加快及剩余油挖潜困难”等开发矛盾，通过油藏区块动态监测方案优化，在保持常规动态监测基础上加大特殊动态监测项目，进一步监测油藏水驱变化、剩余油分布状况，在满足区块正常测试的前提条件下，有的放矢地进行动态监测，重点突出井间测试整体性，强化井组内单井测试针对性，优选适宜的测试项目和测试内容，共优化动态监测工作量 110 井次(图 2)。

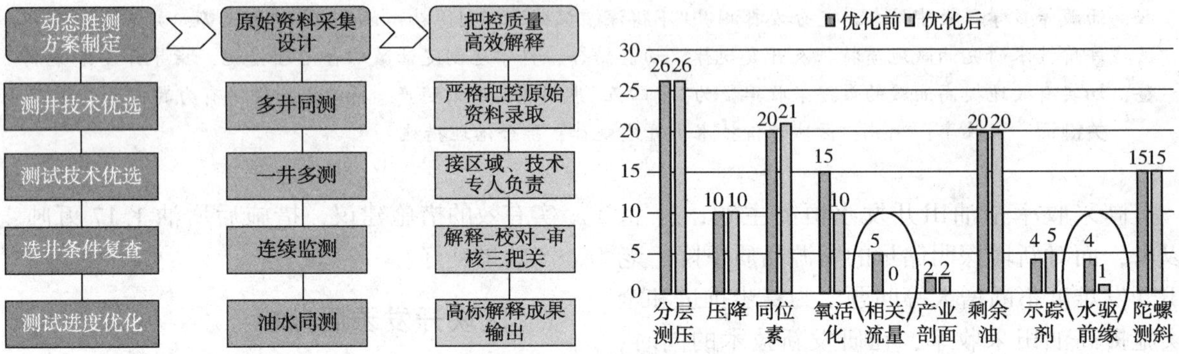

图 2　动态监测方案优化原则及工作量对比

3　提高采收率测井关键技术

3.1　测井二次精细解释深化水淹规律技术

在油田注水开发过程中，有三个方面的变化明显影响着测井资料对水淹层的解释和评价。一是随着油层的不断开采，油层中含油饱和度逐渐降低，含水饱和度相应增加，造成深、中探测电阻率曲线数值的变小；二是随着注水量的不断增加，水对岩石不断产生冲洗作用，使岩石的物理、化学性质发生变化，特别是清污混注情况下的变化更为复杂；三是多层砂岩油藏储层压力的不均衡变化，造成单井纵向上压力系数差异大。因此，可以利用自然电位、自然伽马、声波时差、电阻率曲线的水淹测井响应特征及其相关性，定性判别水淹层。

该研究区共有油井 614 口，其中水淹井直关停井 89 口，水淹井占比 14.5%，为深化水淹规律，在重点部位开展水淹前后测井响应特征研究，通过分析不同注入水条件下水淹层测井曲线响应特征，总结低渗透储层水淹前后变化规律，并根据单井试油、投产资料和测井资料的综合研究，筛选新老井对比、电阻率重构、淡化系数法等适宜的方法对全区重点水淹层进行重新认识，为提出潜力层位，优化射孔方案的合理选择提供依据(表 1)。

表 1　研究区重点部位部提交潜力层位成果表

序号	井号	层位	深度段	声波时差/(us/m)	电阻率/(Ω·m)	原结论	复查结论	射孔段
1	X1	长 6_1^{1-2}	1985.1~1988.7	222.14	30.64	油层	油层	1985.5~1986.5
2	X2	长 6_1^{2-2}	1973.0~1981.9	233.93	14.21	含油水层	油层	1973.0~1977.0
		长 6_1^{2-2}	1982.3~1990.8	231.72	15.18	含油水层	油层	1982.5~1984.5
3	X3	长 6_1^{2-2}	2020.3~2026.3	238.73	9.61	油层	油层	2020.5~2022.5
			2026.8~2035.0	236.57	13.72	油层	油水层	
4	X4	长 6_1^{2-1}	2075.8~2079.1	227.4	22.88	油层	油层	2076.0~2077.0
5	X5	长 6_1^{1-2}	1953.5~1959.7	222.06	18.6	差油层	油层	1954.0~1958.0
			1960.2~1963.7	222.32	21.23	差油层	油层	
		长 6_1^{2-1}	1972.2~1975.9	225.08	22.71	差油层	油层	1972.5~1973.5

续表

序号	井号	层位	深度段	声波时差/(us/m)	电阻率/(Ω·m)	原结论	复查结论	射孔段
6	X6	长 6_1^{2-2}	2080.3~2085.5	237.62	11.2	油水同层	油层	2080.5~2084.5
			2085.9~2088.4	232.22	13.7	油水同层	油层	
			2088.8~2092.9	232.12	14.42	油水同层	油水层	
7	X7	长 6_1^{2-2}	2024.0~2036.3	222.41	18.15	油层+油水层	低含水	2024.0~2028.0
8	X8	长 6_1^{1-2}	2003.4~2005.5	217.87	34.3	油层	油层	2003.5~2004.5
			2006.3~2009.8	217.87	31.65	油层	油层	
9	X9	长 6_1^{2-2}	2115.9~2118.8	231.43	14.15	油层	油层	2116.0~2018.0
			2118.8~2121.4	247.03	5.47	油水层	油水层	
10	X10	长 6_1^{1-2}	2029.5~2032.9	232.03	22.63	油层	油层	2029.5~2030.5
11	X11	长 6_1^{1-2}	2008.2~2010.3	223.24	38.22	差油层	油层	2008.5~2009.5

3.2　基于单砂体的精细注采两端连通关系分析技术

单砂体空间展布的研究是单砂体精细刻画的核心内容，分析储层单砂体空间展布规律，有助于寻找储层渗流规律和控制水驱效率的地质因素。主要开展储层各向异性精细描述、沉积成因单元的类型及展布规律研究、储层渗流特性的变化规律研究、油水运动规律分析、剩余油分布规律研究及合理井距的优化。

针对研究区层间层内矛盾突出、含水上升快的开发矛盾，以注水井为中心、以“井组”为单位，开展井间精以单砂体精细刻画为基础，结合测井“两个剖面”，动静结合，深化油藏认识，精细刻画注采对应关系，寻找采油井上下两层高含水层段，为油井堵水、隔采等治理措施提供依据。

在全区单砂体精细刻画基础上，结合“注产剖面”测井成果，动静结合，深化油藏认识，精细刻画注采对应关系，寻找采油井的高含水层段，为油井堵水、隔采等治理措施提供依据。如图3所示，采油井YJ1对应两口注水井SJ1和SJ2，从两口注水井吸水剖面、单砂体连通关系及YJ1井剩余油测试资料综合分析，长 6_1^2 层主吸水，长 6_1^2 层SJ2与YJ1井之间是以单河道连通关系为主，且SJ2储层水平位置略高于SJ1储层，导致注水压力差更大，因此判断YJ1井长 6_1^2 层高含水主要来自SJ2井。

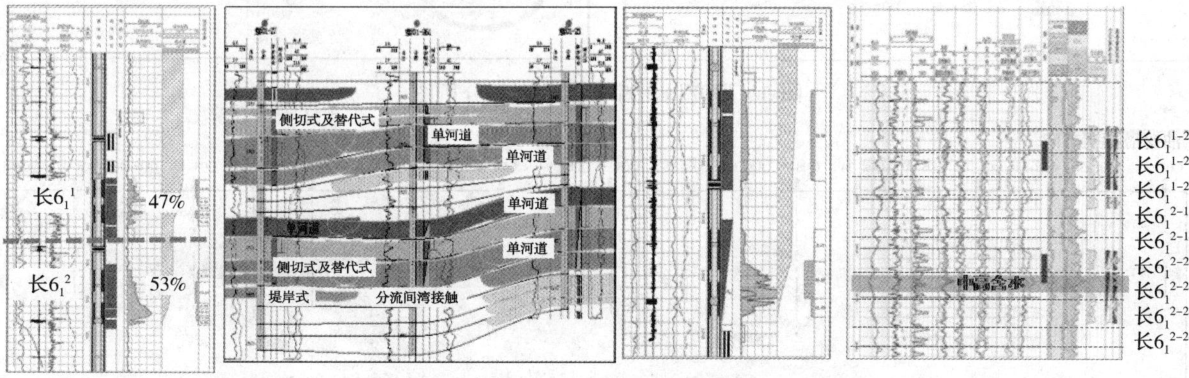

图3　注采关系分析，识别高含水层位

3.3　动静结合深入评价水驱效果技术

利用油藏生产动态资料、吸水剖面、产液剖面测试、井组分析等多种手段，在对全区注采关系、井组注采关系、特殊井注采关系进行研究的基础上，分析水驱前后油藏指标的变化，总结水驱规律，切实为油藏“注够水、注好水”，落实降本增效油田政策，为注采措施的调整、生产监测计划的制定提供技术支撑。

(1) 剖面水驱变化规律

通过对历年吸水资料分析，剖面吸水不均匀层段占比51%，吸水不均的情况没有得到有效的控制；吸水强度变化特征明显，长 6_1^1 层吸水强度逐年升高，长 6_1^2 层逐年下降(图4)。

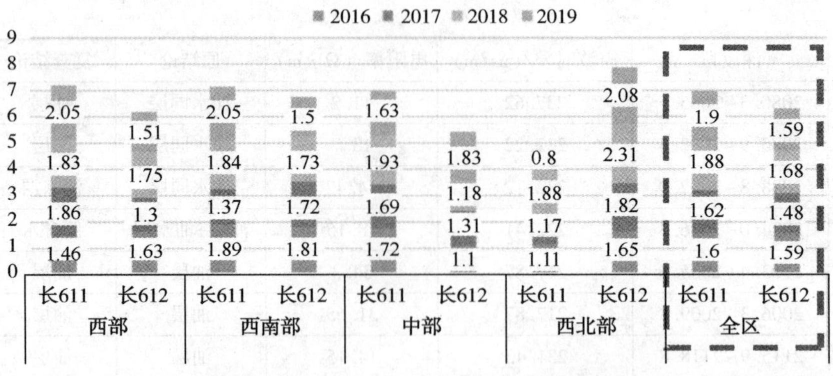

图4　研究区历年分层分部位吸水强度柱状图

(2) 平面水驱变化规律

根据示踪剂监测的整体情况来看，初期平面水驱以优势方向(NE50度)为主，随着高含水井关停及油藏调剖治理后，注入水向侧向及角井方向波及，呈现多向见水特征，跨井组见剂井增多，说明水驱通道更加复杂，侧向及角井方向剩余油相对较多。同时，整体见剂井数较少，不见剂情况较多，水驱前缘波及范围不大，剩余油平面富集(图5)。

3.4　基于动态监测资料的油藏数值模拟技术

为进一步明确剩余油分布状况，精确定位剩余油局部“甜点区”，采用单砂体精细刻画与油藏数值模拟技术有机结合，创新利用动态监测资料修正数值模拟模型，更清晰地认识了油藏剩余油饱和度分布情况，使得剩余油预测结果更接近生产实际情况，为开发调整、剩余油挖潜指明方向(图6、7)。

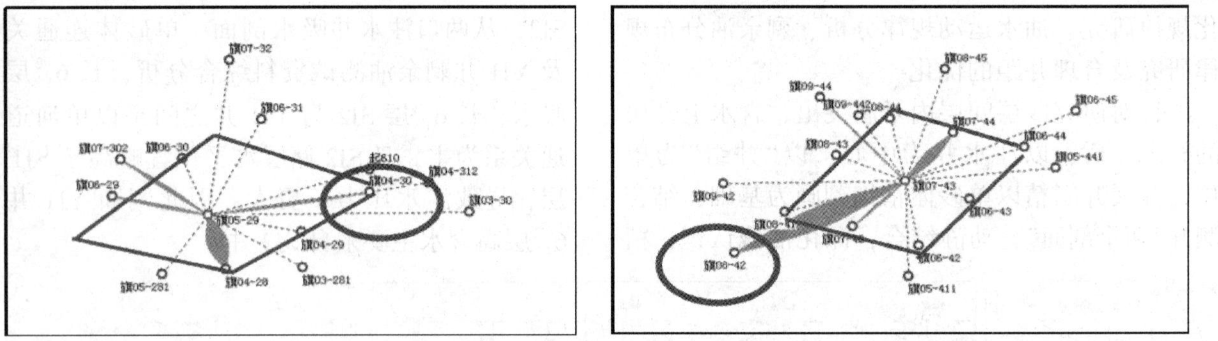

图5　研究区示踪剂监测资料分析图

油挖潜指明方向。

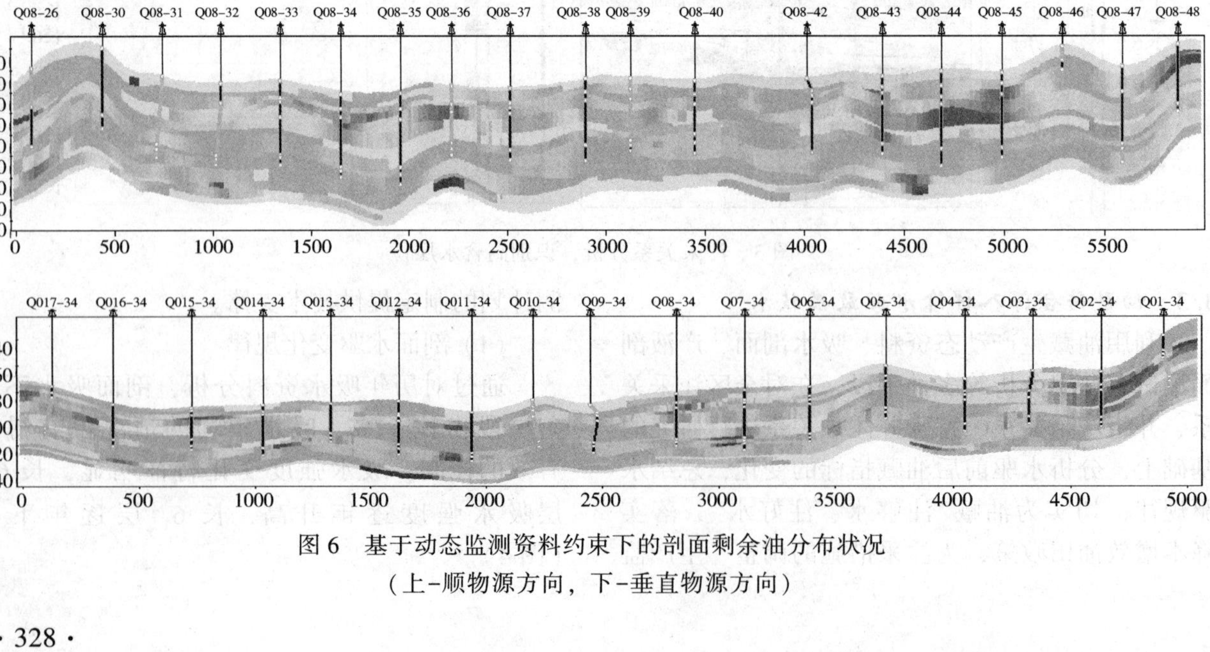

图6　基于动态监测资料约束下的剖面剩余油分布状况

(上-顺物源方向，下-垂直物源方向)

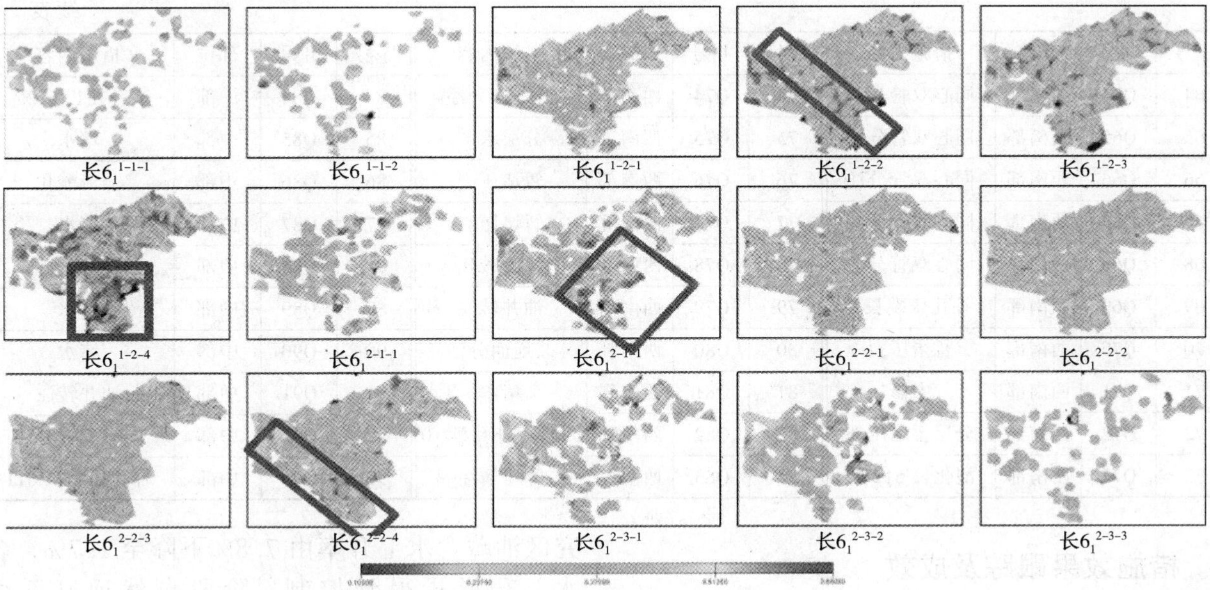

图7 基于单砂体的剩余油平面分布图

4 综合治理措施建议

根据研究成果，形成以精细分层注水、查层补孔、酸化压裂、堵水调剖等措施方式为主的综合治理方案，共计93井次。其中采油井45口，以补孔(25口)、压裂(10口)为主；注水井48口，其中以分注(19口)、调剖(16口)为主(表2)。

表2 综合治理方案具体内容

序号	井号	部位	措施内容	序号	井号	部位	措施内容	序号	井号	部位	措施内容
1	Q1	西北部	降压增注	22	Q22	西部	补孔长612	43	Q43	西部	堵水调剖
2	Q2	西北部	暂堵压裂	23	Q23	西部	同心双管分注	44	Q44	西部	堵水
3	Q3	西部	补孔长612	24	Q24	西部	同心双管分注	45	Q45	西部	补孔长611
4	Q4	西部	补孔长611	25	Q25	西部	补孔长612	46	Q46	西部	补孔长612
5	Q5	西部	堵水调剖	26	Q26	西部	补孔长611	47	Q47	西部	补孔长611
6	Q6	西部	分流酸化	27	Q27	西部	补孔长611	48	Q48	西部	补孔长611
7	Q7	西部	堵水调剖	28	Q28	西部	补孔长612	49	Q49	西部	补孔长612
8	Q8	西部	同心双管分注	29	Q29	西部	补孔长612	50	Q50	西部	补孔长611
9	Q9	西部	暂堵压裂	30	Q30	西部	补孔长612	51	Q51	西部	分流酸化
10	Q10	西部	暂堵压裂	31	Q31	西部	补孔长612	52	Q52	西部	补孔长612
11	Q11	西部	补孔长611	32	Q32	西部	补孔长611	53	Q53	西部	补孔长611
12	Q12	西部	补孔长611	33	Q33	西部	同心双管分注	54	Q54	西部	补孔长611
13	Q13	西部	堵水	34	Q34	西部	隔采	55	Q55	西南部	堵水调剖
14	Q14	西部	暂堵酸化	35	Q35	西部	分层暂堵压裂	56	Q56	西南部	同心双管分注
15	Q15	西部	改同心双管分注	36	Q36	西部	同心双管分注	57	Q57	西南部	同心双管分注
16	Q16	西部	补孔长612	37	Q37	西部	隔采	58	Q58	西南部	油井堵水
17	Q17	西部	低碳混溶	38	Q38	西部	暂堵压裂	59	Q59	西南部	分流酸化
18	Q18	西部	同心双管分注	39	Q39	西部	堵水	60	Q60	西南部	选择性酸化
19	Q19	西部	酸化降压增注	40	Q40	西部	常规堵水调剖	61	Q61	西南部	补孔酸化延10
20	Q20	西部	隔采	41	Q41	西部	堵水调剖	62	Q62	西南部	宽带压裂
21	Q21	西部	堵水调剖	42	Q42	西部	同心双管分注	63	Q63	西南部	分流酸化

续表

序号	井号	部位	措施内容	序号	井号	部位	措施内容	序号	井号	部位	措施内容
64	Q64	西南部	同心双管分注	74	Q74	西南部	改地面分注	84	Q84	中部	补孔长 612
65	Q65	西南部	同心双管分注	75	Q75	西南部	分层求产	85	Q85	中部	堵水
66	Q66	西南部	同心双管分注	76	Q76	西南部	暂堵压裂	86	Q86	中部	分流酸化
67	Q67	西南部	同心双管分注	77	Q77	西南部	暂堵压裂	87	Q87	中部	堵水
68	Q68	西南部	同心双管分注	78	Q78	西南部	分流酸化	88	Q88	中部	改地面分注
69	Q69	西南部	补孔压裂长 6	79	Q79	西南部	油井转注	89	Q89	中部	堵水
70	Q70	西南部	暂堵压裂	80	Q80	西南部	改地面分注	90	Q90	中部	堵水
71	Q71	西南部	大修	81	Q81	西南部	堵水	91	Q91	中部	油井转注
72	Q72	西南部	分层暂堵压裂	82	Q82	西南部	封长 6 补孔延 10	92	Q92	中部	同心双管分注
73	Q73	西南部	酸化长 612 层	83	Q83	西南部	降压增注	93	Q93	中部	补孔压裂长 611

5 措施效果跟踪及成效

在深化测井二次精细解释、注采关系精细分析、水驱效果评价及剩余油分布等方面成果基础上，积极推动项目成果现场应用，措施建议采纳率达到80%。截止2020年11月，该研究区油藏含水上升率由7.8%下降至1.7%，含水上升形式得到控制，阶段自然递减率由9.6%下降至7.5%，油水井措施累增油1.17万吨，采出程度由7.16%上升至7.43%，经济效益显著，有力支撑了油田区块稳产，大大提高了该研究区最终采收率(图8)。

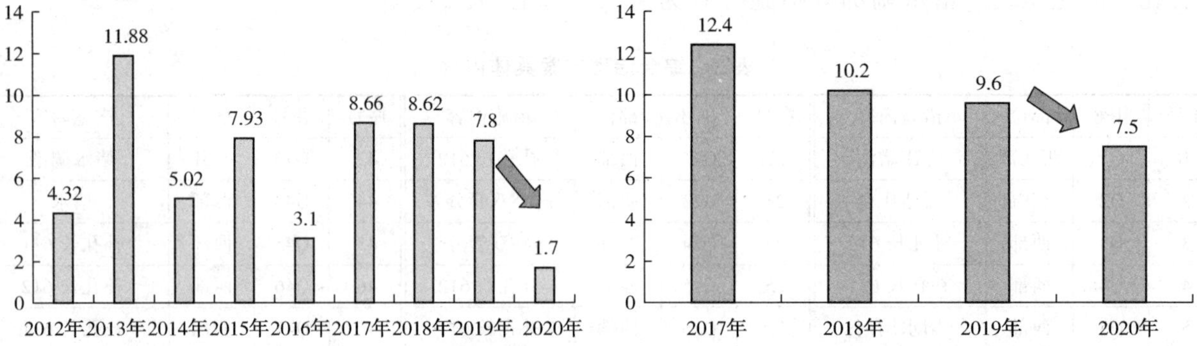

图8　研究区开发指标分析图(左-含水上升率，右-阶段自然递减)

6 结论

(1) 由于地下油气分布具有复杂性和不确定性，在保护油气藏、识别和评价油气藏、改造油气藏和提高单井产能、提高动用率和采收率方面，测井充分发挥“下得深、探得远、测得精、评价准”硬核优势，动静结合，有效服务油气勘探开发全过程。

(2) 综合利用“测井+”手段，精细刻画油藏、准确把控开发动态，明确油藏注采关系、井间流体流动特征、剩余油展布规律等，提出增产措施建议、优化开发方案，提高油藏最终采收率。

参 考 文 献

[1] 袁士义，王强. 中国油田开发主体技术新进展与展望[J]. 石油勘探与开发，2018，45(04)：657-668.
[2] 王选涛，王海华，李秉路，等. 超低渗透油藏 N_2 吞吐提高采收率影响因素[J]. 西安石油大学学报(自然科学版)，2020，35(06)：60-64.
[3] 白松涛，李戈理，王国平，等. 油气“四定”测井评价方法探讨[J]. 测井技术，2020，44(03)：262-267.
[4] 梁卫卫，党海龙，徐波，等. 基于单砂体的湖泊三角洲相储层构型模型的建立——以鄂尔多斯盆地S区块为例[J]. 西安石油大学学报(自然科学版)，2020，35(02)：26-34.
[5] 杨海微. 油水井动态监测资料在油田开发动态分析中的应用[J]. 化学工程与装备，2020(04)：58-59.
[6] 高丽. 中低渗油藏数值模拟研究[J]. 中国石油和化工标准与质量，2020，40(14)：127-128.

低品位致密气有效开发技术研究与应用

易发新　李昌绵　吴则鑫

（中国石油长城钻探工程公司）

摘　要　苏里格气田进入开发中后期，开发对象由主体富集区向低饱和度富水区、薄层致密区转移，低饱和度富水区含气饱和度与主产区相比降低近10%，气井产量差异大且普遍高产水，薄层致密区储层厚度薄至6-8m，布井难度大、钻遇率低、产量低。本文以长城钻探自营区块为例，针对低饱和度气藏成藏主控因素、气水分布模式，薄储层水平井差异化部署和压裂段簇优化设计等方面深入开展研究，形成了低饱和度气藏平面避水部署、纵向识水避水建产、控水排水采气、薄储层预测及水平井轨迹优化、水平井压裂段簇优化设计的地质工程一体化技术。在新的认识和技术指导下，在低饱和度区优选含气富集区6个，优化实施井57口，实现直井/(侧钻)水平井平均日产1.5~5.0万方，薄层区部署实施水平井17口，单井平均日产6.9万方，取得较好开发效果，为实现低品位致密气藏储量有效动用和产量突破提供了有效途径。

关键词　致密砂岩气；低饱和度；避水开发；薄储层；差异化部署；段簇优化

随着开发不断深入，苏里格气田主产区井网已基本完善，产能接替区储层物性条件差、非均质性强，多期河道随机展布、连续性差，低饱和度气藏和薄层气藏尤为典型。近几年评价开发证实，对于低饱和度区，无论钻遇厚层砂岩、还是薄砂岩储层气井均出现不同程度产水，气井见水后产能快速下降，导致储量动用程度低，部分开发指标达不到方案设计要求，制约了气田开发效果。近年来，许多学者针对此做了大量研究，在构造、沉积、储层、地层水识别方面取得了明显的进展，但成藏及气水分布模式尚未明确，本文基于地质背景调查、成藏演化解剖、钻井地质分析、岩心取样及实验等手段，对该区天然气成藏主控因素、富集规律、气水分布模式等开展了研究，总结出“源储控藏、物性+构造控气”的成藏模式，明确了低饱和度致密砂岩气成藏的主控因素，建立3种气水分布模式，探索开发技术对策，以期指导苏里格气田低饱和度致密砂岩气藏的规模勘探及开发实践。同时对于薄层气藏，以地质工程一体化理念，以提高水平井产量为目标，在薄储层(6~8m)预测、水平井轨迹优化设计、水平井精准地质导向、压裂段簇优化设计方面开展技术研究与试验，做到“部好井、导好井、压好井”，实现薄层区水平井提产增效，解决薄层区致密气藏开发难题。

1　基本地质特征

苏里格气田是长庆油田乃至我国最大的天然气田，位于内蒙和陕西境内，长城钻探自营区块成“品”字型分布，位于鄂尔多斯盆地苏里格气田西北部(图1)，整体位于盆地伊陕斜坡北部，呈现北东高、南西低的西倾单斜构造，平均坡降3~5m/km，断层不发育。主力含气层段为二叠系下石盒子组盒8段和山西组1段。盒8、山1段储层为河流-三角洲沉积体系，受沉积物源和水动力条件影响，河道频繁摆动迁移，造成砂体多期复合叠置，连片性差。砂体类型主要为心滩、边滩砂体，其次为决口扇、天然堤及废弃河道砂体，复合砂体厚度在20m左右，宽1.5~2.0km，近南北向展布，非均质性强。盒8、山1段孔隙度主要分布在6.0%~12.0%之间，渗透率集中在0.1~6.0mD之间，属于低孔特低渗储层。

2　低饱和度气藏气水分布及开发对策

2.1　地层水特征

地层水在储集层孔隙中的赋存状态主要受孔隙大小、喉道及岩石颗粒润湿性所控制。区内盒8、山1段储层无明显的气水界面与边底水，产水井在平面上分布零散，纵向上气、水关系复杂，根据储层非均质性、孔喉结构配置关系将储层地层水分为3类，分别为吸附水、毛细管水和自由水，其中毛细管水为主要地层水类型，占60%以上。研究区试气出水井主要为气水同出，平均出水量为1~20m^3/d，出水层水分析资料显示，水型为$CaCl_2$型，平均矿化度为33.9g/L，最高达49.6g/L，为封闭埋藏环境下的古沉积水(表1)。

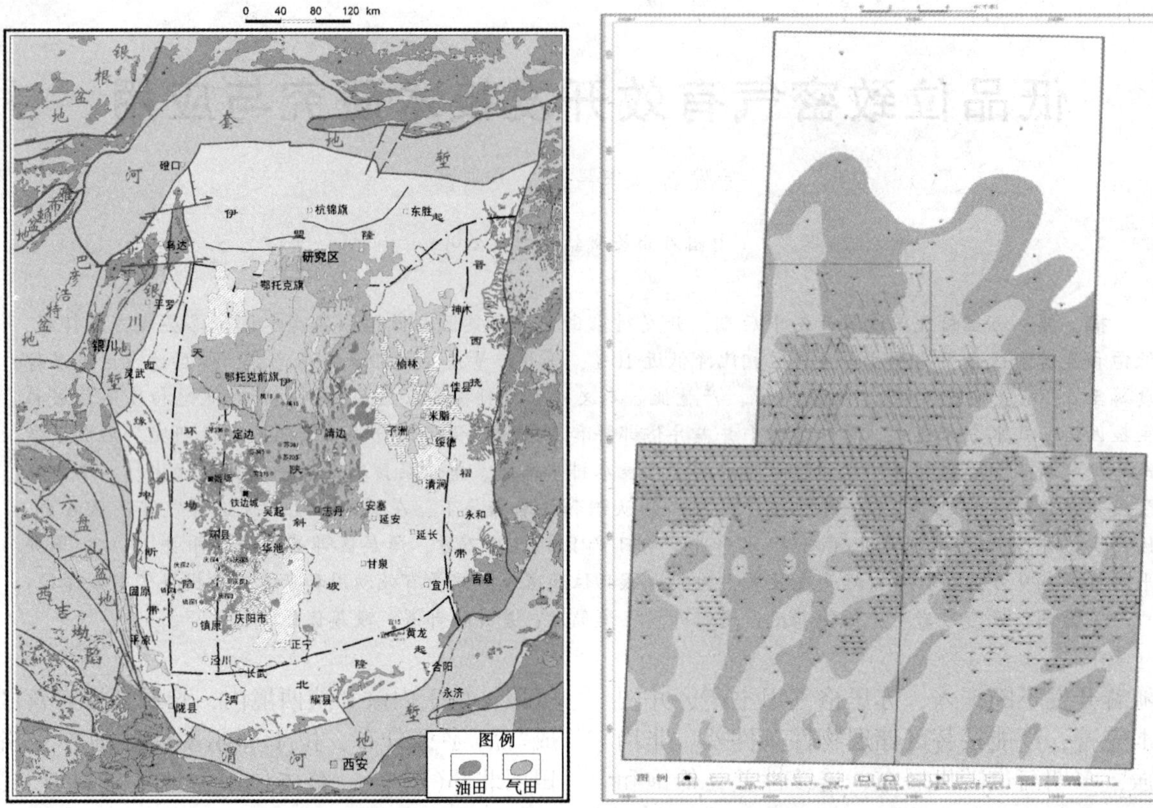

图 1　鄂尔多斯盆地构造单元划分与研究区储量分类图

表 1　不同地层水赋存状态特征描述统计表

地层水状态	电性特征	示意图	解释结论	压泵形态	孔径分布	描述	试气效果
束缚水			气层 含气层			储层岩石表面、微毛细管水，孔隙度小 $\phi>8\%$ $K>0.35$mD $Rc<0.2\mu m$	产气、部分井产少量凝析水
毛细管水			微含气层 气水同层			储层纵向非均质性强，孔隙度较小，小孔隙含水 $\phi<8\sim10\%$ $K<0.35\sim1.1$mD Rc 介于 $0.2\sim0.7\mu m$	气水同出
自由水			含气水层 水层			储层均质，孔隙度较好，气水纵向存在弱分异 $\phi>10\%$ $K>1.1$mD $Rc>0.7\mu m$	产水、微产气或不产气

2.2　低饱和度气藏成藏主控因素

(1) 充足烃源是天然气成藏的前提，天然气近源富集

烃源岩是气藏形成的重要物质基础，直接决定着储层天然气充注程度。研究区中部气源岩主要为本溪组-山西组煤系烃源岩，主力生气层段为本 1、太 2 段煤层，煤层平均厚度 6.8m，全区均有分布，表现广覆式生烃、供烃的特点，生

气强度介于 $15\sim70\times10^8m^3/km^2$，呈东西两侧低、中间高的分布特征，中部生烃强度普遍大于 $45\times10^8/km^2$，而东西两侧平均仅为 $17.5\times10^8/km^2$，产水气井也由中部向东西两侧逐渐增多(图 2)。从气藏纵向分布特点上得出，储集层与气源岩的距离在一定程度上控制着储层中气体的充满程度：距离烃源岩相对较近的山 1 段和盒 8 下亚段优质砂岩天然气充注程度高，气层和含气层发育，盒 8 上亚段气层含气饱和度偏低，以含气层和微含气层为主。总体表现为：含气饱和度按山 1 段-盒 8 下亚段-盒 8 上亚段的顺序逐渐降低。

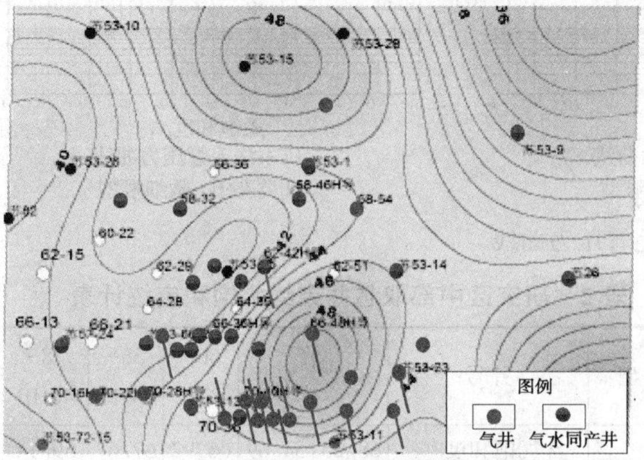

图 2　苏 X 中部上古生界生烃强度图

(2) 储层非均质性决定气藏的分布和形成规模

储层非均质性影响天然气富集程度，从而影响储层分布和规模。在有利的成藏条件下，受沉积、成岩作用等影响，砂岩储层内部容易形成部分强致密层，物性较好砂岩被优先充注，而致密层由于毛管阻力较大，多出现成藏滞留水，造成其含气饱和度低。同时，河流沉积体系储层物性变化快，心滩、河道、天然堤微相储层非均质性逐渐增强，纵向上可形成多套气层-干层-水层的组合模式。由于储层的强非均质性，气层、差气层、水层横向上多数不连续，且单个气层规模较小。综合测井解释数据分析，气层的孔隙度主要集中在 10%~15%；含气层的孔隙度分布在 6%~10%；微含气层孔隙度介于 2%~8%之间，说明储层物性越好，其含气饱和度越高，反之，含气饱和度越低(图 3)。

(3) 古今构造、砂体与小幅度构造配置关系控制了天然气的富集

构造运动在控制地层展布形式的同时，与盆地油气运移、聚集关系密切。苏里格地区位于鄂尔多斯盆地中部斜坡带，地层平均倾角不超过 1°。

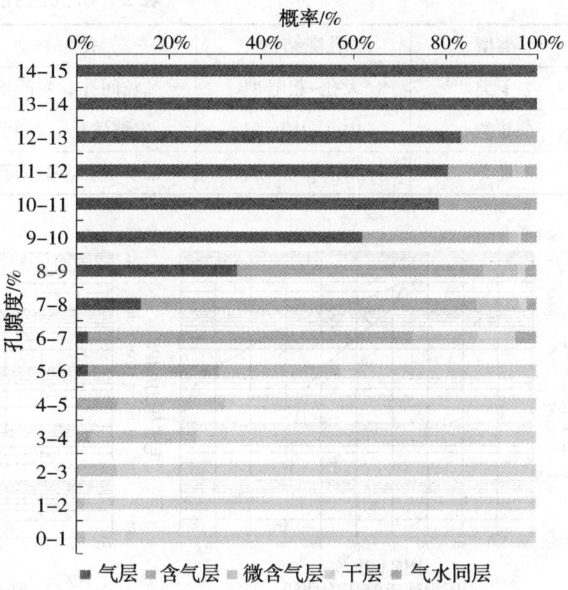

图 3　研究区中部储层流体随孔隙度变化累积频率直方图

研究区处于盆地稳定区，构造梯度 4.5m/km，除少数鼻状构造外，大都十分平缓。在成藏的关键时期(燕山期)，天然气难以在静水环境中沿构造进行大规模运移，总体上以垂向运移为主，侧向运移为辅。开发评价证实，储层砂岩单层厚度最大为 15.5m，最小为 0.4m，单层平均砂体厚度 2.60m，明显小于细粒砂岩储层要求的垂直临界高度 12.5m。在构造平缓、砂体规模小的致密储层中，气体的压差小，天然气的向上浮力难以克服毛细管阻力的影响，导致气、水分异作用减弱，地层水饱和度偏高。

(4) 储层孔喉结构是造成气水分布高度复杂的关键因素

在气藏圈闭构造坡度平缓、石英砂岩强亲水性的成藏环境下，毛细管力和天然气向上浮力对研究区中部气水分布具有明显控制作用。根据毛细管压力曲线形态及孔喉特征参数，将储层孔隙结构分为 3 种类型分别为小孔-微细喉型、中孔-中喉型和大孔-粗喉型(表 2、图 4)，研究区以小孔-微细喉型和中孔-中喉型为主，吼道中值半径主要分布在 0.03~0.4μm 之间，地层条件下的储层毛细管阻力介于 0.13~1.67MPa。实验分析表明，横向连通、物性相对较好的气层天然气向上浮力分布在 0.07~0.29MPa 之间(对应毛细管力 0.25~0.8μm)。当天然气向上浮力小于毛细管力时，会导致储层气水垂向分异不明显、气水两相混储，容易形成高含水气藏。

表2 研究区孔隙结构分类情况统计表

类型	孔隙结构	孔隙类型	中值半径/μm	孔隙度/%	渗透率/md
Ⅰ类	大孔-粗喉型	粒间孔、粒间溶孔	>0.7	>10%	>1.0
Ⅱ类	中孔-中喉型	岩屑溶孔、粒间溶孔	0.2~0.7	8%~10%	0.35~1.0
Ⅲ类	小孔-微细喉型	杂基溶孔、晶间孔为主	<0.2	<8%	<0.35

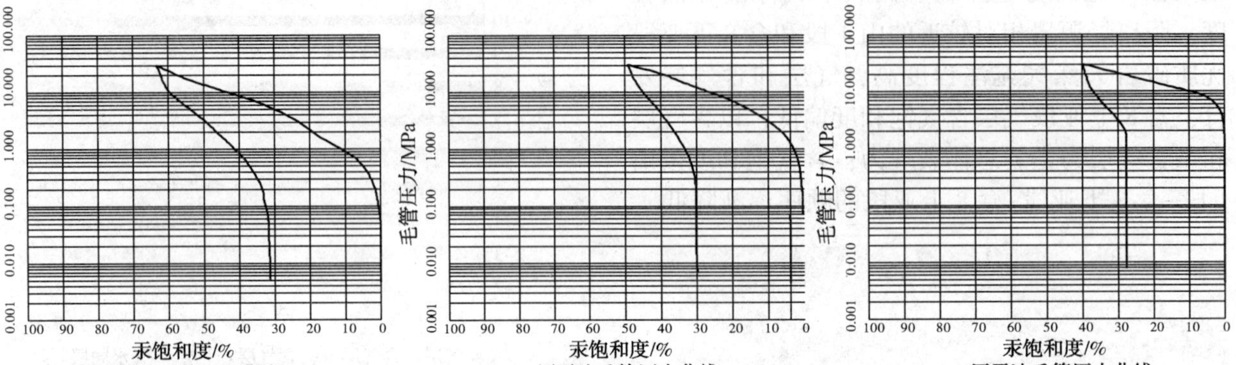

压汞法毛管压力曲线
Ⅰ类:大孔-粗喉型

压汞法毛管压力曲线
Ⅱ类:中孔-中喉型

压汞法毛管压力曲线
Ⅲ类:效孔-微细喉型

图4 不同类型井压汞法毛管压力曲线

(5) 束缚水饱和度直接影响储集砂体的含气饱和度

束缚水饱和度的高低直接影响着气层含气饱和度的高低，束缚水的来源及其含量对低饱和度气层的成因至关重要。随着埋藏深度增加，成岩作用逐渐加强，自生黏土矿物会不断调整结构和成分，已达到新的平衡和稳定，具体表黏土矿物的类型和成分变化，即随着埋深增加，自生黏土矿物组合类型呈现出规律性的变化：从蒙脱石→伊/蒙混层→伊利石、高岭石、绿泥石。研究区X射线衍射数据表明，黏土矿物的类型主要为伊/蒙混层，其次为绿泥石、伊利石和高岭石(图6)。由于弱水动力沉积条件，大量的黏土矿物沉积下来，同时在长期成岩作用中，长石溶蚀后孔隙水中沉淀出自生黏土矿物，不仅增加孔隙迂回度、孔隙结构复杂化，而且为黏土矿物吸附大量束缚水提供了有利条件。由核磁共振实验分析的数据可知：气层的束缚水饱和度分布范围为31.75%~45.31%，低饱和度气层束缚水饱和度分布范围为45.31%~64.62%，如表2所示。因此，高束缚水饱和度是形成含气饱和度低的主要因素之一。

2.3 气水分布模式

依据研究区中部储层、构造特征，综合地层水赋存类型及主控因素研究认识，平面与剖面、微观与宏观紧密结合，将气水分布模式总结划分为构造低部位滞留水、致密低渗带滞留水和孤立透镜状水。

表2 研究区中部取芯井束缚水饱和度统计表

类型	井号	S-1	S-2	66-28	58-24HD	58-46HD
气层	含气饱和度/%	68.25	54.69	66.92	67.67	59.14
	束缚水饱和度/%	31.75	45.31	33.08	32.33	40.86
低饱和度气层	含气饱和度/%	45.32	38.81	36.42	37.30	35.38
	束缚水饱和度/%	45.31	60.65	56.12	53.33	64.62

(1) 构造低部位滞留水

在测井解释上一般指水层或含气水层、厚度较大，主要分布在盒8段区域连通、物性相对较好的砂体低部位(鼻隆构造底部或砂体下倾尖灭)。气田属于"广覆式"生烃特点，而盒8下亚段砂体厚度大，沉积物粒度粗、物性最好，天然气垂向运移距离中等，天然气驱替地层水作用不够彻底。在沉积过程中，河道边部的水动力条件较弱，故其沉积物粒度细、泥质杂基含量高，储层物性也一般较差，天然气驱替地层水作用不彻底，使得地层水多分布在构造斜坡带的砂体边部，天然气主要富集于斜坡带鼻隆构造高部位。

(2) 致密低渗带滞留水

指微含气层或气水同层、厚度较小，水体不活跃，主要出现在气源供给充足的山1段低孔低渗和强非均质性储层内。进入生烃和排烃高峰期后，由于所处位置生烃强度相对较大，天然气获得强有力的补给并对储集砂体及时充注，使得天然气呈水溶相或游离相运移。随着天然气的不断充注，储层中天然气含量逐步增加，当充注到一定程度后，天然气将沿着已连通的有限通道运移，而其余通道就会相应的合并或停止增长，从而导致储层孔隙度逐渐变小，渗透率降低，渗流阻力增大。天然气充注到最后，物性较好的储层含气性往往较好，而物性较差的储层含气性差，一些致密储层甚至没有天然气的进入。而对于物性较差砂体而言，因一开始饱含地层水，水量较大，易形成低渗带滞留水。

(3) 孤立透镜状水

主要分布在研究区盒8上亚段的东北部或西南部地区，储集砂体规模较小且远离烃源岩，导致天然气充注强度不足，地层水排泄不畅，滞留于相对孤立的单砂体内。该类地层水主要分布在河道底部相对孤立的砂体中，完全为地层水，不含气。平面上分布多不连续，被不渗透或渗透性较差的泥岩和粉砂质泥岩所包围，地层水聚集在此类砂体后很难流出，因而被保存了下来。此类地层水在平面的分布上多呈孤立状，独立成片，横向连通性差，所以含此类地层水的气井在平面上常不均匀分布。

2.4 低饱和度气藏开发技术对策

(1) 优化井型及压裂射孔层位，实现平面上避水部署，纵向上识水避水建产

依据气水分布与天然气成藏模式，综合地震含气性检测及测井解释可动水评价技术，开展精细地质研究，优选含气富集区3个，区域面积77.0km^2，地质储量90.0$\times10^8m^3$；针对不同气水分布模式，结合经济效益评价结果，优选井型及开发部署方式，分区制定差异化开发技术对策：①开发甜点区内采用直定向井、水平井整体部署，集中建产，突出规模效益；②地层水富集区实行直井、侧钻水平井评价部署；③针对甜点区与地层水富集区以外区域，采用直定向井滚动开发部署，局部构造高点、高含气区域，甩开部署，适度建产。同时，基于核磁共振实验，建立可动水测井解释模型，优化压裂射孔方案，降低新井产水风险。通过开发实践，Ⅰ+Ⅱ类井比例由探评井阶段62.5%提高到81.3%，钻井成功率也由早期的63%提高到95%，甩开部署实施5口直井，初期日产气3~5万方，实现了高效避水开发。

(2) 优化排水采气方案，提高储量动用程度

对于低饱和度致密砂岩气藏，气井产水是其主要开发特征，加强动态监测，及早制定控排水对策，可以避免气藏大幅度水淹。国内外大量学者致密气渗流实验发现：气体须在发生膨胀且占据50%以上孔隙空间时才能流动。由此得出，气藏部分气井产水后，继续降压开采，使被水封闭的天然气不断膨胀，冲破水封，进入生产井底。因此，提高此类气藏采收率的方法是从产水井中强化排水采气，地层能量逐渐消耗后，借助压力差和水在孔隙中的渗吸驱气作用，使“死气区”的天然气逐渐“复活”释放，能够有效提高采收率。根据气井不同生命周期阶段的积液规律和不同排水采气工艺的适用条件，结合气井日产气量、液面高度、产水量、油套压等参数判断，建立不同的排水采气措施流程，排水采气有效率由2019年53.6%上升至目前89.1%；老井措施增产气量由2019年的5106$\times10^4m^3$上升至8671$\times10^4m^3$。

3 薄层气藏水平井有效开发

3.1 薄储层识别和差异化井位部署

现有的地震资料频带窄、主频低、品质差，气层分辨能力不强，薄层和薄互层含气砂岩识别和分布规律研究方法一直是研究的重点，融合“Radon变换、超道集、谱整形”等叠前、叠后地震处理技术，提高地震资料分辨率，克服地震资料薄储层边界反射不清晰的问题。在岩石物理特征研究的基础上，综合运用叠前反演、属性分析技术开展储层展布特征研究，明确了主体河道砂岩近南北向平面展布形态，降低单一方法预测结果多解性。综合运用“叠前反演、属性分析”储层预测技术，刻画储层平面展布。形成以地震波形特征、砂体构型为主的储层精细刻画技术体系，建立了地震、地质相结合的三种河道边界判别方法，精确识别薄储层平面展布边界。同时“垂向分期、侧向划界”剖析储层内部结构，精准识别薄层边界。通过对单砂体纵横向解剖，明确单期河道砂体叠置关系与规模，实现单一河道识别，并依据地震波形特征划定河道边界，提高了井间储层预测可靠程度。针对薄储层展布规模小、随机模拟精度低的难点，采用分级相控、地质-地震多因素协同约束的建模方法，建立了更能体现储层内部单期河道砂岩叠置关系的地质模型，以满足产能接替区井位部署需求，以及水平井实施中对储层精度要求。

在薄储层分布规律研究的基础上，如何实现该类储层的有效动用很关键。应用实际参数建立模型，开展数值模拟、多模型正交分析(图5)，确定600m井距条件下水平井开发厚度下限为4.1~7.4m，800m井距条件下厚度下限4.3~8.4m，科学指导薄层区水平井部署。“同时综合考虑储层发育模式，利用数值模拟技术，优化薄层区水平井井网，提出600m、800m混合井网(图6)，薄层区水平井达到1.2亿方单控下限要求，提升了水平井开发适用范围。“厚密薄疏、差异部署”，实现薄层区经济、有效开发。另外，根据周围完钻井测井曲线旋回特征，进行目的层沉积期次划分，形成“堆积叠置形、靶点-端点叠置型、互层型”三种储层发育模式轨迹优化设计方法。“细分沉积期次、优化靶点设计”，为地质导向，以及压裂改造提前布局。

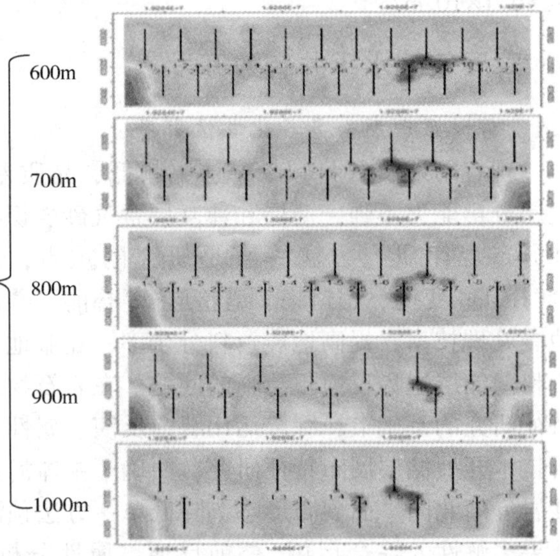

图5　薄层区不同井距下开发技术界限数值模拟图

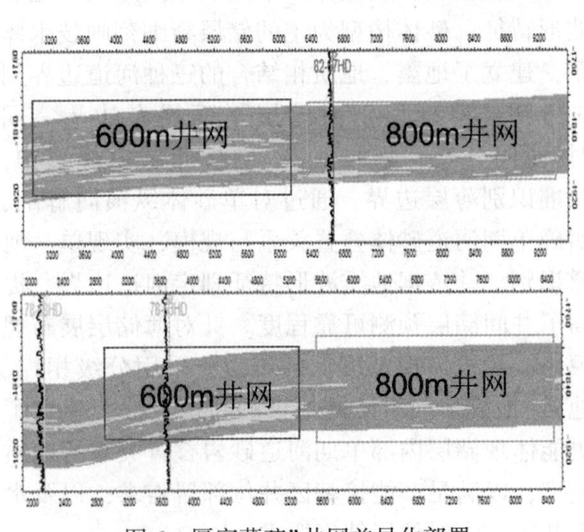

图6　厚密薄疏”井网差异化部署

3.2　水平井压裂段簇优化设计

薄储层的开发是系统工程，在部好井的基础上，实现较高的水平井砂岩钻遇率也是成果的重要一环。在实时精细地层对比基础上，综合利用“地层等厚法”、“模型法”准确预测目的层顶底深度，引导轨迹入靶，针对薄储层入靶难度大的问题，建立轨迹分级控制原则，依据储层发育厚度，优化稳斜探顶角度。造斜段“精细对比、分级控制”，实现一次入靶成功率100%。依据岩屑粒序、曲线旋回特征，建立水平段泥岩类型判别标准，识别5种储层发育模式，制定技术对策，有效指导水平段轨迹调整。依据薄层区地质参数，采用物模、数模方法相结合，开展最小段间距和压裂段数优化研究(图7)，明确致密砂岩气藏水平井压裂最小段间距为50~60m，压裂段数8~12段。研究表明：水平井压裂最小段间距50~60m时，既可有效动用缝间区域，又能减小缝间应力干扰作用，1200m水平段压裂段数8~12段增产效果最佳。基于储层物性、含气性特征，对不同布缝方式下的水平井产量进行模拟，结果表明在储层物性较差的井段，缩小裂缝间距有利于提高单井产量。同时针对致密砂岩储层变化快、叠置关系复杂的情况，突破常规均匀布缝理念，形成“薄层造长缝、互层造高缝”设计理念(图8)，点—面—体”协同优化压裂段簇，综合考虑储层钻遇情况、储层发育规模与隔夹层发育情况，地质工程一体化优化压裂分段方案与施工参数，提高储层改造效果。在研究区薄层区实施水平井17口，平均砂岩钻遇率81.6%，平均有效储层钻遇率51.9%，平均单井产量由前几年平均4.5万方/天提高至6.9万方/天，平均单井增产2.4万方/天，效果显著。

4　结论

(1)明确苏里格气田产能接替区存在两种典型气藏类型，深入剖析研究并提出针对性开发技术对策对气田长期稳产意义重大。

(2)针对低饱和气藏，从生储盖角度建立低饱和度气藏成藏模式，落实气水分布的宏-微观主控因素，提出地层水3种微观赋存状态和3种宏观气水分布模式，明确了天然气富集于优质源-储有效叠置区。据低饱和度气藏成藏模式，利用储层含气性检测和可动水识别技术，优选低

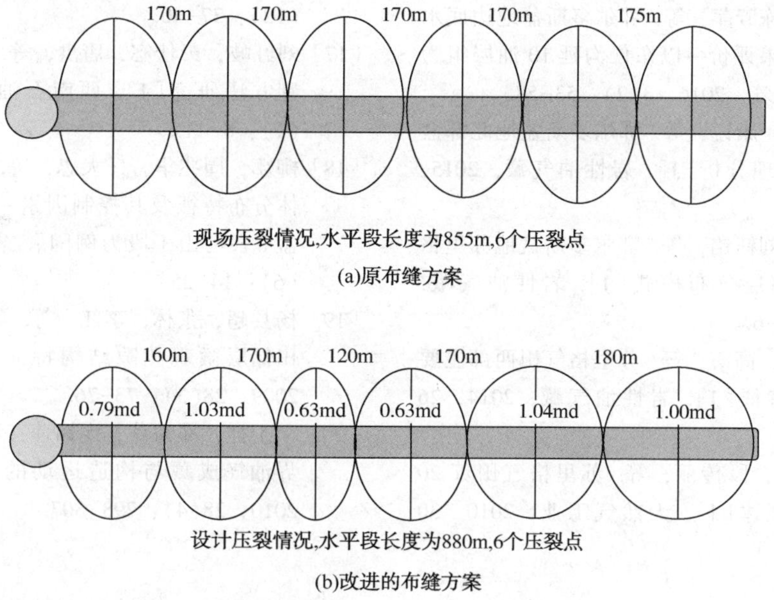

图 7　差异化布缝方案对比图

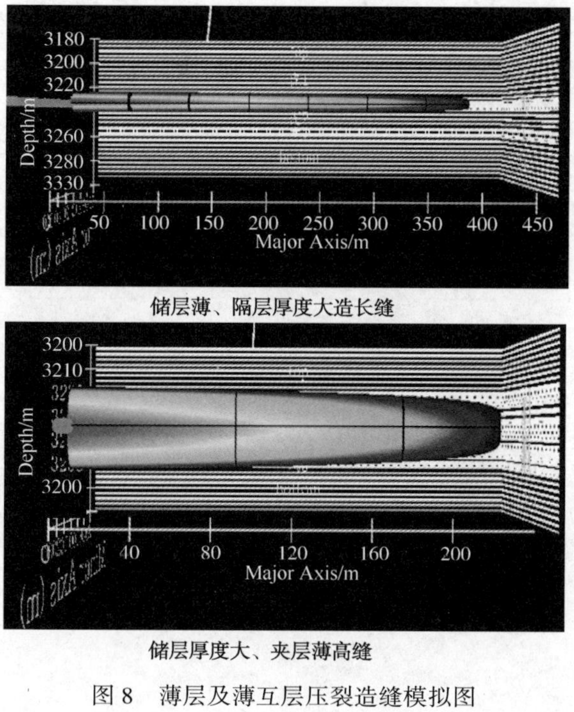

图 8　薄层及薄互层压裂造缝模拟图

饱和度气藏含气富集区；依据气水分布规律差异化，平面上差异化布井，纵向识水避水建产。

（3）针对薄层气藏，集成“叠前提信噪比、叠后提分辨率”地震高分辨率处理、沉积相描述及砂体构型技术，基于三维建模储层描述，提出600m/800m 差异化部署模式。同时应用物模-数模明确水平井压裂最优段间距压裂段数，提出基于储层物性、含气性特征的差异化布缝方式，突破均匀布缝理念，提高薄层水平井压裂改造体积，效果明显。

参 考 文 献

[1] 何自新，付金华，席胜利，等. 苏里格大气田成藏地质特征[J]. 石油学报，2003，24(2)：6-12.

[2] 刘圣志，李景明，孙粉锦，等. 鄂尔多斯盆地苏里格气田成藏机理研究[J]. 天然气工业，2005，25(3)：4-6.

[3] 傅诚德. 鄂尔多斯深盆气研究[M]. 北京：石油工业出版社，2001：132-188.

[4] 刘孝汉，王欣，董钢，等. 鄂尔多斯盆地上古生界气水分布和地层压力[J]. 低渗透油气田，1998，3(2)：32-36.

[5] 闵琪，杨华，付金华. 鄂尔多斯盆地的深盆气[J]. 天然气工业，2000，20(6)：11-15.

[6] 侯伟，杨宇，周文，等. 子洲气田气水层测井识别方法[J]. 岩性油气藏，2010，22(2)：103-106.

[7] 谢庆宾，谭欣雨，高霞，等. 苏里格气田西部主要含气层段储层特征[J]. 岩性油气藏，2014，26(4)：57-64.

[8] 赵林，夏新宇，洪峰. 鄂尔多斯盆地中部气田上古生界气藏成藏机理[J]. 天然气工业，2000，20(2)：17-21.

[9] 李仲东，惠宽洋，李良，等. 鄂尔多斯盆地上古生界天然气运移特征及成藏过程分析[J]. 矿物岩石，2008，28(3)：77-83.

[10] 李贤庆，侯读杰，胡国艺. 鄂尔多斯盆地中部气田地层流体特征与天然气成藏[M]. 北京：地质出版社，2005：39-87.

[11] 石彬，陈芳萍，王艳，等. 鄂尔多斯盆地延长组下组合储层评价与有效开发技术策略[J]. 非常规油气，2016，3(3)：80-86.

[12] 王敏，段景杰，陈芳萍，等. 鄂尔多斯盆地边底水油藏开发方案效果评价—以东仁沟延10油层组为例[J]. 非常规油气，2016，3(2)：53-58.
[13] 刘晓鹏，赵小会，康锐，等. 鄂尔多斯盆地北部盒8段砂体形成机理分析[J]. 岩性油气藏，2015，27(7)：196-204.
[14] 侯加根，唐颖，刘钰铭，等. 鄂尔多斯盆地苏里格气田东区致密储层分布模式[J]. 岩性油气藏，2014，26(3)：1-6.
[15] 谢庆宾，谭欣雨，高霞，等. 苏里格气田西部主要含气层段储层特征[J]. 岩性油气藏，2014，26(4)：57-66.
[16] 王泽明，鲁宝菊，段传丽，等. 苏里格气田苏20区块气水分布规律[J]. 天然气工业，2010，30(12)：37-40.
[17] 刘红岐，彭仕宓，唐洪，等. 苏里格庙气田气层识别方法研究[J]. 西南石油学院学报，2005，27(1)：8-11.
[18] 柳娜，周兆华，任大忠，等. 致密砂岩气藏可动流体分布特征及其控制因素——以苏里格气田西区盒8段与山1段为例[J]. 岩性油气藏，2019，31(6)：14-25.
[19] 杨县超，张林，李江，等. 鄂尔多斯盆地苏里格气田储层微观孔隙结构特征[J]. 地质科技情报，2009，28(3)：73-76.
[20] 李士祥，邓秀芹，庞锦莲，等. 鄂尔多斯盆地中生界油气成藏与构造运动的关系[J]. 沉积学报，2010，28(4)：798-807.

海上少井中深层低渗气藏储层精细表征技术

段冬平 李文俊 陈 波 蒋云鹏 何贤科 毛云新 王 伟 黄 鑫

[中海石油(中国)有限公司上海分公司]

摘 要 我国东海陆架盆地西湖凹陷海上低渗气藏具有少井、埋藏深、非均质性强等特点，储层精细表征难度大。针对海上地质特点，以储层构型理论和地震沉积学方法为指导，综合运用井、地震和动态资料，利用基于AVO特征的地震沉积学方法刻画沉积相并建立演化模式，利用人机交互及多属性融合刻画单河道砂体，同时建立了基于叠前AVO特征的扩展弹性阻抗烃类预测技术，系统刻画了储层结构及内部流体特征。在少井中深层条件下明确了研究区花港组大型浅水三角洲沉积环境，在H5层刻画出4期单一河道的边界、厚度及其内部流体，实现了少井中深层条件下低渗储层精细表征。本研究成果有效指导了海上气田综合调整，取得较好的效果，对国内外类似储层的精细研究有较好的借鉴意义。

关键词 少井中深层；低渗储层；烃类预测；精细表征

近年来低渗致密气已成为全球非常规天然气勘探开发的重要领域之一，我国低渗致密砂岩气在鄂尔多斯和四川也已经实现规模开发，形成了针对低渗致密气藏开发地质特征的一些列的特色技术，包括优化布井、多级加砂压裂、富集区预测与评价、水平井整体开发和排水采气等，展示了广阔的开发前景，我国东海近年发现多个大中型低渗致密砂岩气田，展现出良好的低渗致密气勘探开发前景。海上油气田受制于平台空间限制及高昂的压裂成本，通常依据少井高产的原则，在构造高部位部署水平井或多分支井进行开发，但由于低渗气藏储层纵横向变化快、内部非均质性强等特点，生产过程中暴露出储量动用程度低、带水生产递减快、采出程度低等一系列难题。其根源在于低渗储层的强非均质性，在少井中深层条件下储层表征精度低，无法实现针对低渗"甜点"的精准部井，而陆上基于密井网的成熟的储层表征技术无法在海上推广应用，必须针对海上低渗特点攻关相应的储层精细表征技术。

为了加快东海低渗天然气资源的高效开发，笔者以储层构型理论为指导，针对西湖凹陷某气田花港组低渗致密砂岩储层开展研究工作，利用基于AVO特征的地震沉积学方法刻画沉积相并建立演化模式，利用人机交互及多属性融合刻画单河道砂体，同时建立了基于叠前AVO特征的扩展弹性阻抗烃类预测技术，系统刻画了储层结构及内部流体特征，为后续井位部署及少井条件下低渗气藏高效开发奠定了地质基础。

1 地质背景

研究区位于东海陆架盆地的西湖凹陷中央反转构造带，为凹中宽缓背斜(图1)。新生界地层发育齐全，其中古近系渐新统花港组是主要含油气层系，按照沉积旋回和层序地层划分原则，可将花港组划分为花上段和花下段，结合地震与测井综合解释花港组自下而上共划分出12砂组，其中花上段的3、4、5砂组是主要开发层系，主要发育河流-浅水三角洲沉积体系。主要目的层埋深在3000~3600m，对应地震资料主频25HZ，垂向分辨率低；岩心分析目的层平均孔隙度9.8%~14.8%之间，渗透率介于2mD~19mD之间，整体低孔渗，局部含"甜点"。

2 沉积体系刻画及演化规律建立

2.1 地震岩性体构建

由于研究区埋深较大，整体储层物性表现为低孔低渗、局部含常规物性的"甜点"储层，储层孔隙度较低，砂岩与泥岩之间缺少足够的波阻抗差，采用常规叠后地震资料虽然可以进行地震沉积学工作，但解释效果尚难令人满意，造成了利用地震信息预测砂体困难。AVO分岩石物理分析发现中深层纵横波速度比砂泥岩预测好，而AVO梯度可以反映在纵横波速度比的变化率，因此AVO梯度在中深层的岩性预测上较常规地震具备优势，同时由于本区为浅水三角洲沉积，地层厚度较为稳定，采用AVO梯度可较好的反映复合砂体的界面，故可用 AVO 梯度数据体作为地震岩性体开展地震沉积学研究。从采用同样解释层位和时窗所提取的属性效果来看，采用基于 AVO 梯度的地震沉积学解释的砂体展布更为合理，河道特征更为清晰，与钻井实钻的储层吻合率更高(图 2)。

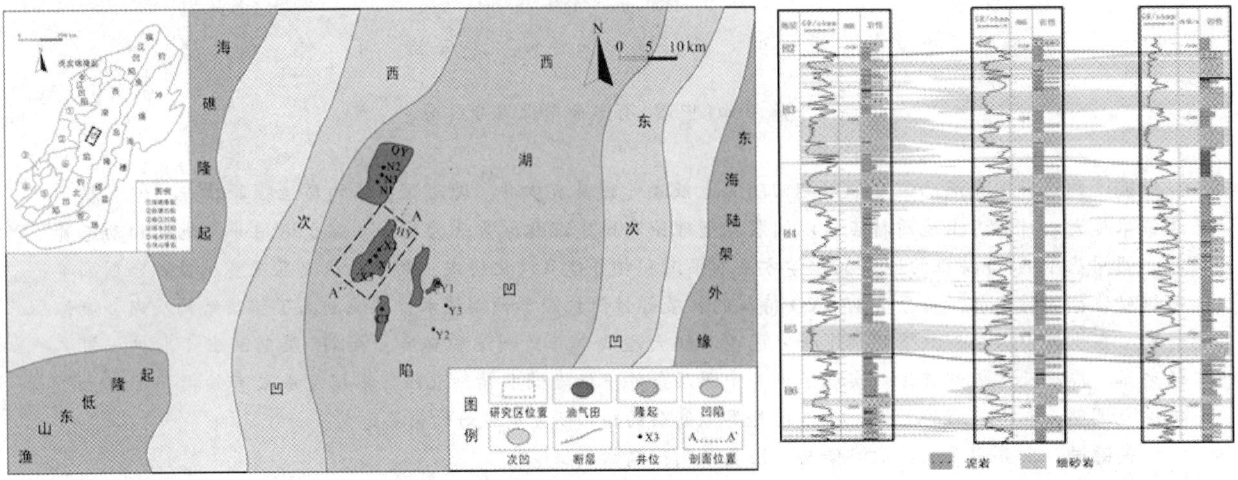

图 1　西湖凹陷地层概况、构造演化与构造单元划分

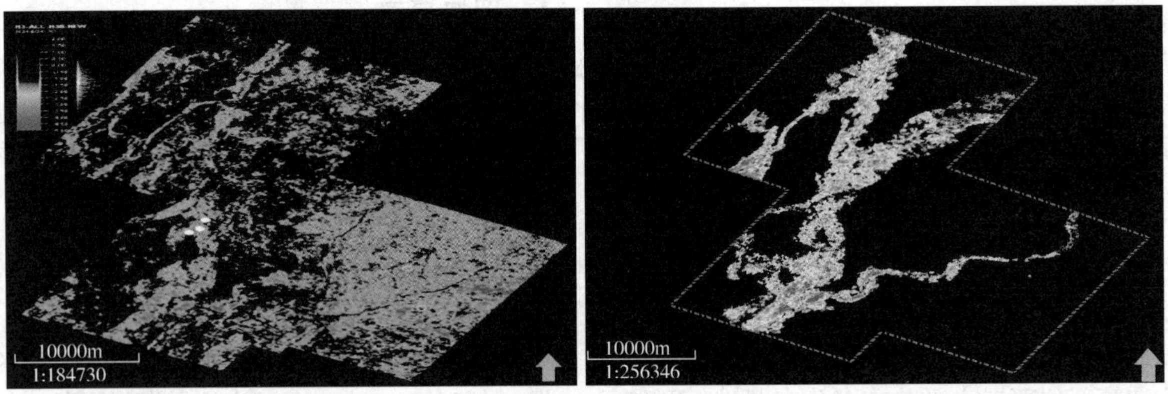

图 2　H3 层采用不同地震岩性体的地震沉积学切片效果(左为常规地震，右为 AVO 梯度)

2.2　基于 AVO 梯度的中深层地震沉积学解释

以 AVO 梯度数据体作为地震岩性体，基于区域等时格架划分结果，精细解释了 1400km^{2}的三维构造，采用地层切片方法在等时界面内做线性内插，对于地质形态较好且井震吻合度高的切片进一步根据砂体厚度特征优选时窗并重提属性，完成最优化的地震平面属性提取，再综合岩心、测井、沉积模式和古地貌特征开展地震沉积学解释工作。

在 H5 层沉积时期，沉积物供给充足，水系发育，水系方向为自北向南，北西方向多个分支水系向南汇入主水系，主水系位于工区西部，主水系内多期河道叠置连片，整个河道带宽度可达 15km~25km，河道砂体厚度可达 40m，河道形态具备较低的弯曲度，说明沉积时地形虽具有一定坡度，但整体仍较为平坦；在 H4 层沉积时期，物源供给开始减弱，地层上表现为泥包砂特征，河道发育开发萎缩，河道规模减弱，仅在局部地区发育主水道，河道砂体厚度可达 35m；在 H3 层沉积时期，沉积物供给充足，水系发育，水系方向为自北向南，西部、中部和东部各有一支主水道，向西南方向汇聚，河道形态呈低弯度特点，整个河道宽度 1km~5km，河道砂体厚度可达 35m；在 H2 层沉积时期，随着湖盆的填平补齐，古地形愈发的平坦，在工区内可见两条曲流型的河道。

2.3　花上段沉积演化模式

从切片结果来看，证实区域上河流-浅水三角洲的沉积环境，有利的沉积相带为水道类沉积，理清了花上段各砂层组的垂向演化规律，自下而上建立了 HY 区花港组河流-浅水三角洲的沉积演化模式(图 3)，从而实现了中深层复合砂体展布的准确刻画。

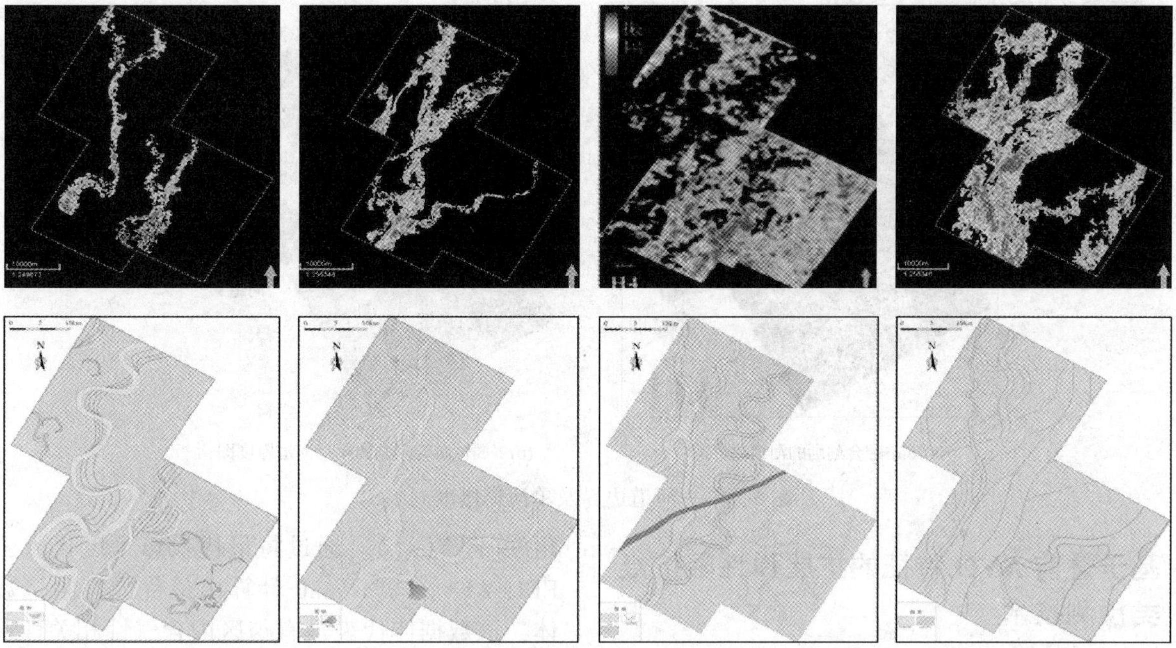

图 3　研究区 H2～H5 层地震沉积学切片及沉积相图

（自左至右以此为 H2\H3\H4\H5，上为地震沉积学切片，下为沉积相图）

3　单河道砂体刻画

HY 区花港组多期河道叠置关系复杂，常规地震属性难以精细刻画单河道空间分布。创新以正反演结合的地质模式为约束，通过多属性融合，先划分期次再预测厚度，完成对单河道的精细表征。

首先结合本区地质和地震特征综合响应规律，针对水道砂体在叠后地震数据上具有波形横向变化的特点，通过标定后的自动追踪，在 H5 层复合河道内共识别出 4 期单一河道，依据发育先后顺序命名为河道 1、河道 2、河道 3、河道 4(图 4)。

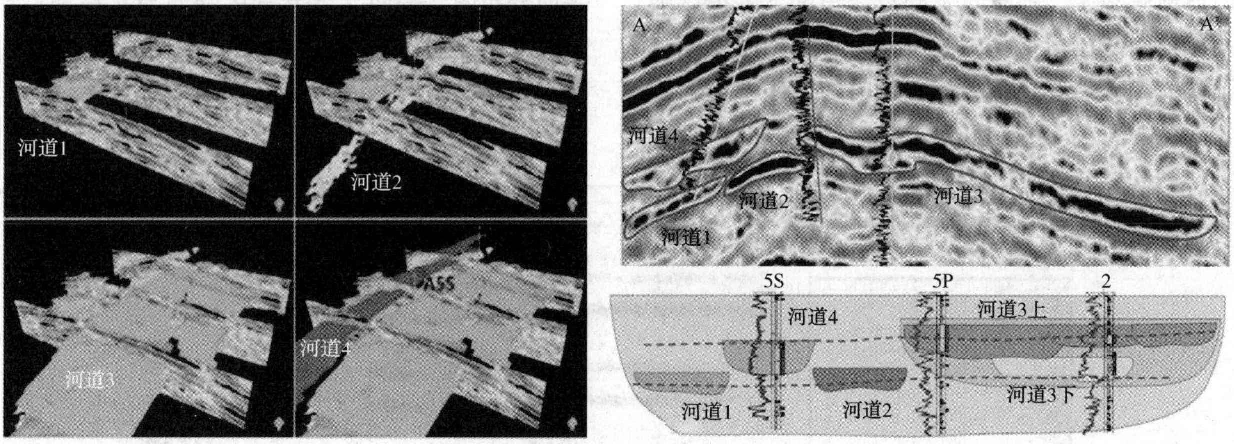

图 4　H5 层人机交互单一河道解剖

然后通过地震属性优选找出与岩性变化敏感的属性，在河道人机交互解释的基础上，优选了三种能反映储层横向变化及砂体边界的平面属性，即方差、瞬时相位和最小振幅，采用 RGB 颜色融合的方式，通过颜色分布突出河道边界清晰度，实现在复合河道内单一河道期次及河道边界的划分如图 5(a)所示。

最后通过基于地质模式约束开展多属性智能融合，采用基于地质认识的正演模型设置虚拟井，以此弥补样本点不足，以反映储层厚度的多属性为砂体趋势面，即波谷振幅之和、总能量、地震甜点属性，以井上砂体厚度作为监督数据，实际井旁道地震属性和虚拟井的井旁道正演地震属性作为训练数据，采用机器学习方法进行多属性智能融合，最终实现了少井条件下的单河道厚度定量预测如图 5(b)所示。

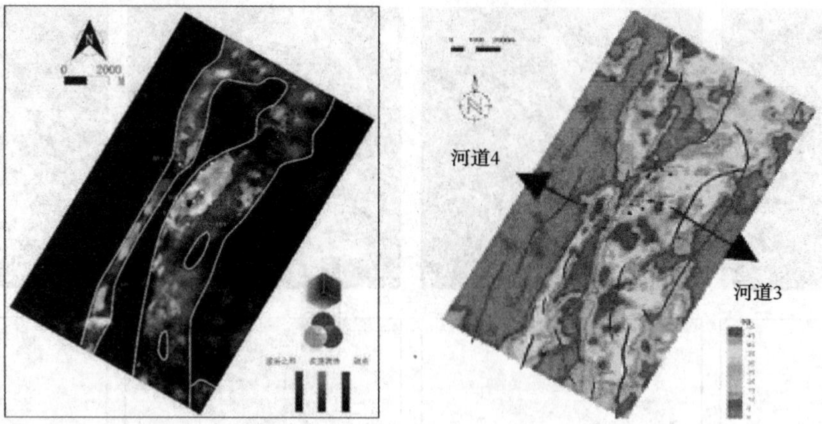

(a)RGB融合刻画的河道边界图　　(b)多属性融合刻画的单一河道厚度图

图5　单一河道边界及单河道厚度刻画

4　基于叠前AVO特征的扩展弹性阻抗烃类预测技术

HY区主力开发层位为常规低渗储层，针对含气及含水砂岩岩石物理分析及叠前正演模拟结果发现，低孔渗储层在同等埋深条件下，含气与含水砂岩均为Ⅱ类AVO，仅不同偏移距的反射强弱存在差异(图6)。由于气砂与水砂的岩石物理特征及AVO响应特征均相似性较高，导致常用的流体检测方法无法有效地区分气水层。根据坐标变换和角度旋转原理，创新了扩展弹性阻抗烃类预测技术，通过对不同投影角度下的扩展弹性阻抗曲线进行计算，并将其与含水饱和度曲线进行互相关运算，选取相关性最高时对应的旋转角度(图7(a))。通过将最优投影角度代入公式 $EEI=AI*\cos\theta+GI\sin\theta$ 计算出最优弹性阻抗数据体，该数据体代表具有与区内含气性相关性最高的扩展弹性阻抗数据体。

扩展弹性阻抗数据体与研究区含气性相关度较高，其不仅具有清晰地区分气水层特征的能力，对区内含气性强弱的区分也与实钻高度吻合。研究区南北向三口探井连井剖面显示，3井的含气性优于1井和2井，与井点实钻情况吻合(图7(b))。以扩展弹性阻抗属性数据体为基础，通过提取H5层位的平面属性，得到H5层含气异常区平面分布图，平面含气异常区强弱与实钻井点相关性达到0.8以上，表明在无模型约束的情况下，该方法预测平面气饱分布趋势具有较高的可靠性。

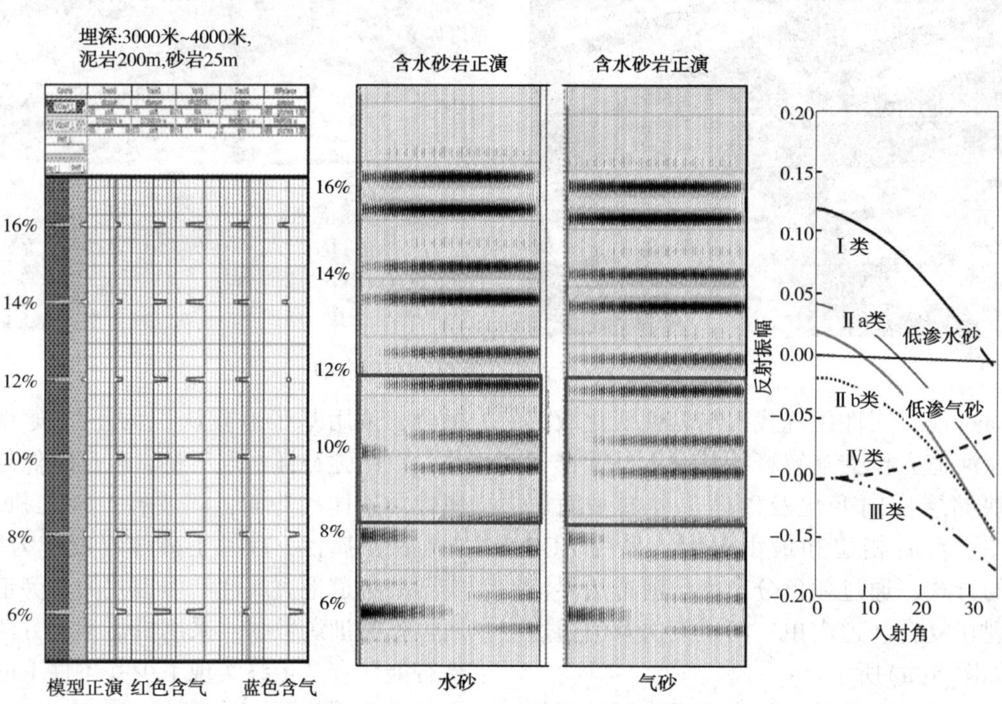

图6　HY区目的层段含水、含气砂岩叠前正演分析

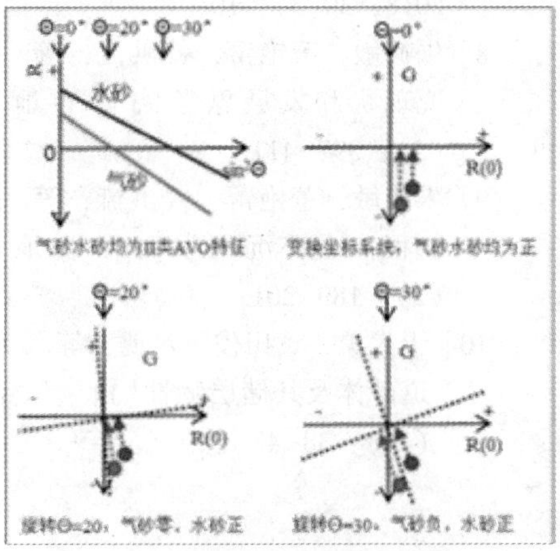

(a)坐标变换及角度旋转原理

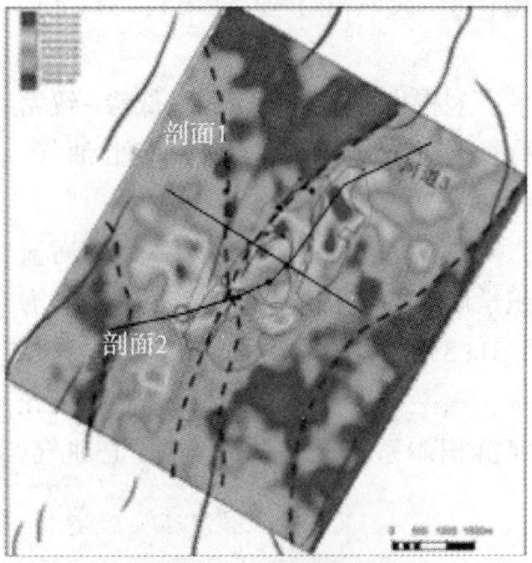

(b)扩展弹性阻抗平面流体分布图

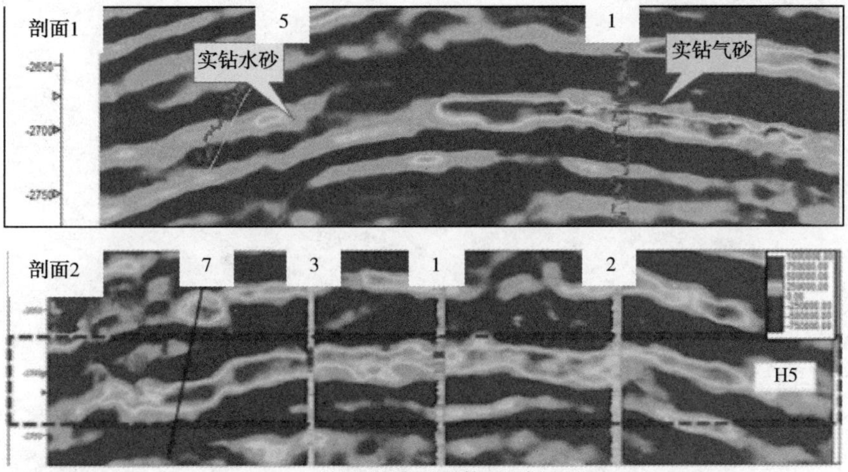

(c)扩展弹性阻抗流体预测剖面图

图 7　HY 区 H5 气藏扩展弹性阻抗流体检测

5　应用成效

研究成果很好的在生产实践中得到了检验，陆续部署了 7 口调整井，在中深层主要目的层储层钻遇率达到 100%，中厚层厚度误差小于 20%，实现了精准预测。基于叠前 AVO 特征的扩展弹性阻抗烃类预测技术实现了研究区从储层识别到流体检测的有效突破，并预测了 3 井西部仍有较大范围的高含气潜力区，是下步挖潜调整的重要方向。2020 年 4 月和 11 月分别部署两口井钻探，成功在低部位钻遇多套高阻气层，且与已开发井区属不同气水系统，进一步证实了该项流体检测技术的可靠性(图 7(c))。目前靶区气田储量和产量已较 2018 年攻关前翻了 3 倍，应用效果和经济效益显著。

6　结论

(1) 针对砂岩与泥岩之间缺少足够波阻抗差的低孔渗储层，可以采用基于 AVO 梯度的地震沉积学方法进行沉积学解释，明确了研究区北东南西向的浅水三角洲砂体的发育演化规律，结合人机交互在复合河道砂体内识别出多个单一河道，落实了其边界与厚度。

(2) 针对Ⅱa 类 AVO 特征低渗储层，叠前抗展弹性阻抗技术开展流体检测具有较高的可信度。

(3) 河道解剖结果和烃类预测结果与实钻井吻合度高，可以定性-半定量的精细预测有利储层的发育规律，指导下一步井位部署工作。

参　考　文　献

[1] 贾爱林，低渗透致密砂岩气田开发[M]. 北京：石油工业出版社，2017.

[2] 邹才能，非常规油气地质(第二版)[M]. 北京：地质出版社，2013.

[3] 马新华，贾爱林，谭健，等. 中国致密砂岩气开发工程技术与实践[J]. 石油勘探与开发 2012，39(5)：572-579.

[4] 何光怀，李进步，王继平，等. 苏里格气田开发技

术新进展及展望[J]. 天然气工业，2011，31(2)：12-16.

[5] 黄导武、段冬平、刘彬彬，等. 西湖凹陷低渗-致密砂岩气藏储层特征及差异成因[J]. 中国海上油气，2019，31(3)：99-107.

[6] 陈波，段冬平，刘英辉，等. 西湖凹陷中深层河流相砂体地震沉积学解释与沉积演化分析[J]. 中国海上油气，2019，31(3)：118-126.

[7] 张国华，刘金水，秦兰芝，等. 西湖凹陷渐新统花港组大型辫状河沉积体系特征[J]. 中国海上油气，2018，30(3)：10-18.

[8] 朱筱敏，董艳蕾，曾洪流，等. 中国地震沉积学研究现状和发展思考[J]. 古地理学报，2020，22(3)：397-411.

[9] 朱筱敏，董艳蕾，曾洪流，等. 沉积地质学发展新航程：地震沉积学[J]. 古地理学报，2019，21(2)：189-201.

[10] 于大勇，黄田俊，吕龑，等. 地震振幅能量表征河道砂体及其储层物性[J]. 天然气工业，2020，40(10)：38-43.

川南泸州区块深层页岩气体积压裂工艺研究及应用

邱　伟　于　洋　肖　兵

（中石化中原石油工程有限公司）

摘　要　川南泸州阳 101 井区页岩气田埋深 3600～3900m，优质页岩储层厚度 35～40m，孔隙度为 4.5%～5.9%、TOC 为 2.5%～5.7%、含气量为 4.8～8.1m^3/t、地层压力系数为 1.2～1.5。通过测井解释及岩心分析表明，泸州阳 101 井区深层页岩脆性矿物及力学脆性指数较高，但两向水平应力差值大，在 12～14MPa 之间，难以形成复杂体积缝网。针对压裂难点形成的"密切割+暂堵转向+连续高强度加砂、大排量、大液量"工艺成功于 Y101H1-2 及 Y101H4-5 井，压后测试产量分别为 46.8 万方/日、35.6 万方/日，取得了泸州阳 101 井区深层页岩气商业开发重大突破。

关键词　泸州区块；深层页岩气；体积压裂；密切割分段；暂堵转向

四川盆地海相地层五峰-龙马溪组页岩气资源量巨大，近几年来，逐渐建设了涪陵、长宁-威远、昭通等国家级页岩气开发示范区，实现了埋深介于 2500～3500m 页岩气的商业化开采，但 3500m 以深的丁山、威远、永川、泸州等深层页岩气田，由于其埋深导致压裂施工难度及成本远大于浅层页岩气，使得深层页岩气还未实现大规模效益开发。

本区块前期壳牌公司累计完成 12 口水平井压裂施工，测试产量 1.7～43 万方/天，平均 14.43 万方，单井压后产量差异较大，压后产量递减快。主要因地质条件复杂，水平应力差异大、施工泵压高、缝宽窄等原因，导致加砂困难，压裂后的裂缝复杂程度和改造体积有限，压后产气量低，并且衰减快、长期稳产难。为此，针对该区块改造难点，以提高裂缝复杂性、导流能力和分段分簇改造充分性为思路，配套针对性体积压裂工艺技术措施，在 2 口井中成功应用，实现了商业突破，为泸州阳 101 区块页岩气田的开发打下了坚实的技术基础。

1　工程地质特征

1.1　物性及含气性分析

川南泸州区块深层页岩气目的储层位于龙马溪组-五峰组地层，其中阳 101 先导试验区内五峰组-龙马溪组一段 1～4 小层储层厚度大，其中Ⅰ+Ⅱ类储层厚度为 14～16m，岩性主要为黑色泥页岩、灰黑色碳质泥页岩。测井解释孔隙度为 4.5%～5.9%之间，平均 4.9%；有机碳含量为 2.5%～5.7%，平均 3.5%；总含气量 4.8～8.1m^3/t，平均 6.7m^3/t，底部含气量明显高于中上部。表明该区域良好的资源前景，具备较大的勘探开发潜力。

1.2　岩石矿物分析

采用全岩矿物 X 射线衍射对龙马溪组-五峰组目的层取心岩石进行分析，优质页岩层段马溪组-五峰组一段石英矿物含量 47.9%～61.3%，平均 56.4%；碳酸盐岩矿物含量 10.6%～17.9%，平均 13.8%；黏土矿物含量 11.2%～26.0%，平均 18.4%。整体脆性矿物含量较高，介于 72%～88%，而且自上到下（龙马溪组-五峰组一段一亚段到四亚段）黏土含量逐渐降低，脆性矿物逐渐上升，见表 1。

表 1　Y101H1-2 井深层页岩矿物组成

层位	石英/%	碳酸盐岩/%	黏土/%	脆性矿物/%
龙一$_1^4$	47.9	14.5	26.0	72.5
龙一$_1^3$	53.6	10.6	23.9	74.1
龙一$_1^2$	59.8	16.5	13.6	84.5
龙一$_1^1$	61.3	17.9	11.2	88.4

1.3　力学特征分析

对目的层取心并进行杨氏模量、泊松比及三轴应力测试，结果表明，优质页岩龙马溪组一段 1～4 号亚层杨氏模量 40.5～47.2GPa，泊松比 0.26～

0.27；最小水平主应力约为87.0~89.1MPa，最大水平主应力约为99.9~102.1MPa，水平主应力差为12.6~13.9MPa，差异系数0.14。由于其最小水平主应力绝对值就高达88MPa，再加上压裂时需要形成较高净压力条件下，天然裂缝较大程度的开启，说明该深层页岩气施工难度及形成复杂裂缝的难度极大。

表2　Y101H1-2井深层页岩力学特征

层位	杨氏模量/GPa	泊松比	最大主应力/MPa	最小主应力/MPa	垂向应力/MPa	破裂压力/MPa	脆性指数(纵横波)
龙一$_1^4$	40.5	0.27	101.7	89.1	94.5	105.0	43.1
龙一$_1^3$	42.1	0.26	101.3	88.6	95.2	103.4	44.6
龙一$_1^2$	44.8	0.26	99.9	87.0	95.4	100.2	46.9
龙一$_1^1$	47.2	0.27	102.1	89.2	95.3	104.7	46.8

1.4　裂缝发育特征分析

通过对蚂蚁体裂缝解释分析，Y101H1-2井1500m水平井段中126m裂缝较发育，1120.0m距离天然裂缝较近，说明泸州区块深层页岩天然裂缝相对发育。

2　压裂改造的难点及技术对策

2.1　压裂改造难点

（1）储层水平两向应力差异较大，形成复杂缝网难度较大。水平主应力差为12.6~13.9MPa，差异系数0.14，在较高的裂缝延伸下，再进一步提高较高的施工净压力很难，会导致天然裂缝开启难，裂缝的复杂程度低。。

（2）泸州区块深层页岩储层埋藏深(3500~4500m)，具“三高一变”储层特性：高破裂压力，高停泵压力，高闭合压力，页岩塑性变强。由此将导致施工压力高，压裂缝宽小，加砂难度大。阳101H1-2井前七段压裂过程中出现多次砂堵，地层对砂比敏感，整个加砂砂比较低(综合砂液比小于3.0%)，加砂量偏低(单段砂量仅为40~60m^3)，难以获得较高的导流能力。

（3）易发生套管变形的风险，会严重耽误工期，减少压裂改造段数，影响产能。初步统计表明，套管变形及破损问题在泸州区块较为普遍，已进行压裂施工的井中，发生明显套管变形的井有7口，套管变形率为78.5%，如何预防在压裂施工中套管变形是亟待解决的问题。

2.2　技术对策

针对前述压裂改造面临的难点，并借鉴国内外页岩气水平井的压裂经验和最新发展趋势，以提高裂缝的复杂性和增大裂缝导流能力为核心目标。通过采用“密切割分段分簇+暂堵转向”等技术来提高裂缝的复杂性，采用低砂比连续加砂增加加砂强度，提高裂缝导流能力，提升压裂改造效果。具体为：

（1）加强地质和工程甜点结合优化分段分簇和射孔参数，采用“密切割分段分簇+暂堵转向”压裂工艺；并采用投球缝口暂堵+暂堵剂缝内暂堵复合转向工艺，保障各段簇的充分改造。

（2）采用多粒径支撑剂适当增加小粒径支撑剂用量，保障分支缝的有效支撑；采用低砂比长段塞加砂模式，尽量提高加砂强度至2.0~2.5m^3/m。

（3）优化压裂液体系，采用变黏度滑溜水体系，其中，施工前期采用低黏滑溜水，尽可能的沟通天然裂缝，后期采用高黏滑溜水，提高压裂液的携砂能力以保障。

3　压裂工艺优化设计

3.1　超高压装备配套、大排量施工

为了克服较大的水平主应力差形成复杂裂缝，须采用大排量施工以提高裂缝内净压力。在Y101H1-2井140MPa的套管、压裂井口及大功率电动压裂泵车(6000HHP)，施工限压达到120MPa、施工排量达到16~18m^3/min。

3.2　暂堵转向技术

暂堵转向可分为投球缝口暂堵和暂堵剂缝内暂堵。

投球缝口暂堵是通过一次或多次向井段内投送可溶性堵球，封堵射孔炮眼，迫使后续压裂液进入未压开的射孔簇，促使新缝的产生，最终提高改造段的缝覆盖率。通过投球实现簇口暂堵转向压裂，并将压裂一段一级提升为一段2~3级。均匀改造每条裂缝，提高射孔每簇的压裂有效率。暂堵球的粒径：暂堵球粒径(13.5mm)稍大于射孔孔眼直径(10mm)。

暂堵球的数量：暂堵球数量为射孔孔数的50%~60%。

暂堵球加入时机：在施工的中间时段投球，促使投球前后两级裂缝均有效及充分延伸。

暂堵剂缝内暂堵是采取添加暂堵剂颗粒对缝内进行暂堵，提高缝内净压力，从而开启新裂缝

或转向裂缝，增加整体改造体积，主要是针对页岩气天然裂缝发育的井段。

暂堵剂颗粒粒径：2～3mm。暂堵剂的数量：300～400kg。

暂堵剂加入时机：在施工的中间时段加入，促使加入前后两级裂缝均有效及充分延伸。

3.3　分段分簇射孔优化

一般射孔位置的优选原则有：

① 优选脆性高、含气量高、破裂压力低的甜点取进行射孔；

② 将物性参数、地应力差异小、固井质量相当的井段划为一段进行压裂改造；

③ 对地质评价较好的井段，适当减少段间距，加密段数，增加改造规模。在射孔参数优化方面，可增加射孔簇数（每段射孔簇数由2～3簇/段增加到5～8簇/段）、缩短簇间距（由20～35m缩短至10～15m）、减小单簇射孔长度（由1～2m/簇减至0.3～0.6m/簇），利用簇间干扰，集中液体能量，提高多簇射孔孔眼开启率，提高裂缝的复杂程度。而且造针对深层页岩气应力差异大，不利于缝网形成的客观条件下，可增加裂缝条数，同样提升改造体积。

3.4　防套变施工对策

易诱发套变井段（蚂蚁体裂缝追踪显示裂缝相对发育）控制施工规模和施工排量；采用阶梯降排量停泵模式，缓解局部应力加载；若发生套管变形，根据套管变形情况，若变形程度较小，采用满足该地层温度条件下的小直径桥塞，若小直径桥塞都无法正常下入，则利用连续油管对套管变形影响段进行射孔，射孔完毕后采用投球暂堵转向压裂。

3.5　降低加砂难度，增加改造体积和导流能力

采用等孔径射孔、加强酸预处理、加强粉陶段塞等技术措施降低破裂压力和近井效应，降低加砂难度；提高液体黏度，采用高黏滑溜水，确保携砂及造缝性能；适当增加小粒径支撑剂用量，保障分支缝的有效支撑；优化泵注程序，采用长段塞连续加砂模式，砂比4%～10%左右，提高加砂量和改善裂缝铺置剖面，确保裂缝导流能力。

4　压裂施工参数优化设计

4.1　裂缝参数优化

（1）缝长优化

采用Meyer压裂软件，输入地质参数，模拟了裂缝半长220m、240m、260m、280m、300m时累计产气，模拟结果发现（图1），累计产气量随裂缝半长增加而增大。当裂缝半长大于280m时累计产量增长速度减缓，综合考虑最优裂缝半长为280m左右。

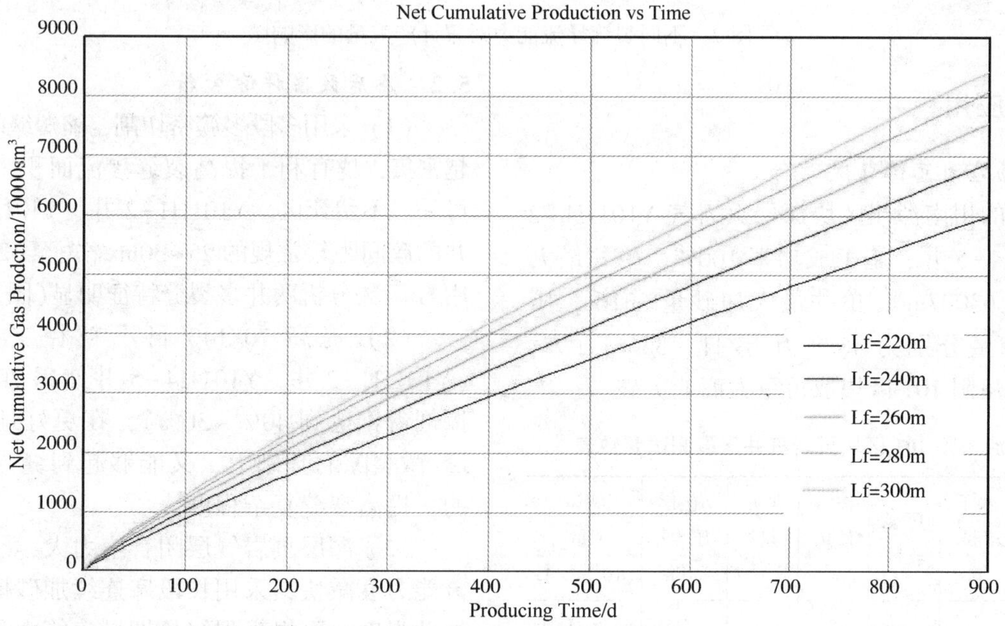

图1　不同裂缝半长对累计产气量的影响图

（2）裂缝导流能力优化

在设定裂缝半长为280m时，模拟了裂缝导流能力2D·cm、4D·cm、6D·cm、8D·cm、10D·cm时累计产气，模拟结果发现（图2），累

计产气量随裂缝导流能力增加而增大。当导流能力大于6D·cm时累计产量增长速度减缓，综合考虑最优裂缝导流能力为6D·cm左右。

4.2 施工参数优化

(1) 规模优化

采用Meyer压裂软件模拟不同施工液量为1600m^3、1800m^3、2000m^3、2200m^3、2400m^3时裂缝半长，结果表面，随着施工规模的增加，裂缝半长不断增加，但增加的趋势逐渐减缓，当注入液量为2200m^3时，裂缝半长为285m，满足最优裂缝半长的要求。综合考虑单段压裂最优液量为2200m^3左右。

(2) 加砂量优化

采用Meyer压裂软件模拟不同支撑剂规模60m^3(平均砂比2.7%)、80m^3(平均砂比3.7%)、100m^3(平均砂比4.5%)、120m^3(平均砂比5.4%)、140m^3(平均砂比6.3%)时裂缝的导流能力，当支撑剂规模100m^3~120m^3时，裂缝导流能力在5.7~7.16D·cm，即能获得最优支撑剂导流能力。

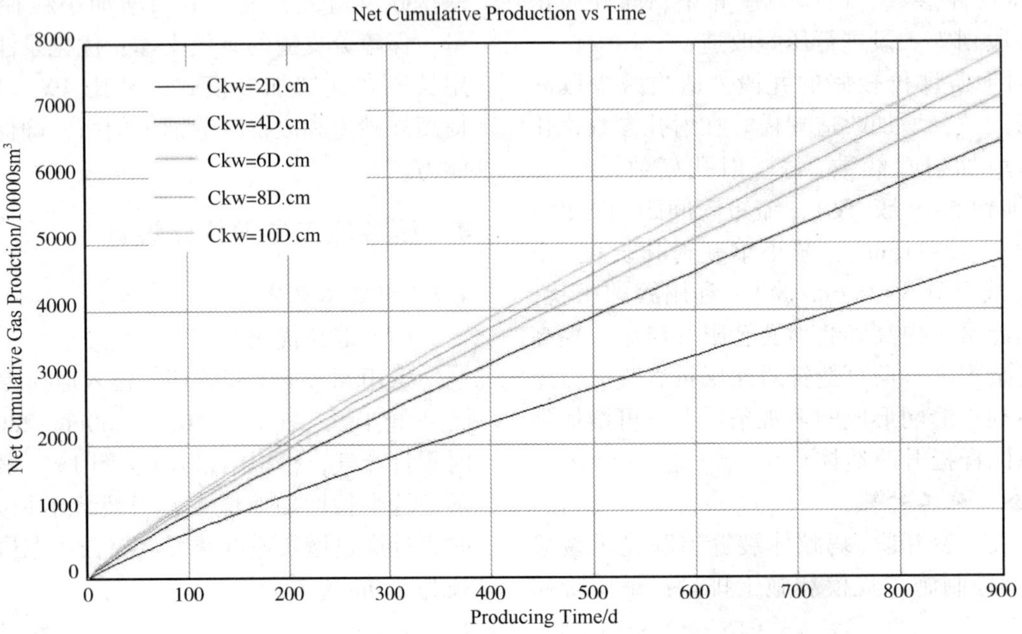

图2 不同裂缝导流能力对累计产气量的影响图

5 现场应用

5.1 现场应用总体情况

形成的川南泸州区块深层页岩气Y101H1-2及Y101H4-5井，施工成功率100%。单井最大注入液量63007m^3，单井最大加砂量3316t，压后测试产量分别为46.8万方/日、35.6万方/日，在泸州阳101区块取得重大商业突破。

表3 泸州阳101区块页岩气井压裂测试参数表

井号	水平段长/m	压裂段数	注入液量/m^3	加砂量/t	施工压力/MPa	测试产量/(10^4m^3/d)
Y101H1-2	1515	30	63007	2316	90~115	46.8(套压33.2MPa)
Y101H4-5	1650	32	55839	3316	85~100	35.6(套压36.5MPa)

5.2 压后效果评价分析

(1) 采用多段多簇密切割，缩短缝间距，裂缝越密集，越有利于提高裂缝渗流面积，实现“全”可采，不留死区。Y101H1-2井、Y101H4-5井两井的簇间距较常规的25~30m缩短至12~20m，应用G函数分析两井多裂缝特征明显(图3)。

(2) 提高70/140目小粒径支撑剂用量(Y101H1-2井、Y101H4-5井使用70/140目支撑剂占比达到40%~50%)，在更好地沟通微裂缝/微裂隙的基础上，又能够起到缝内转向的目的，提高裂缝复杂程度。

(3) 深层页岩气层闭合应力大，裂缝长期导流能力衰减快，采用长段塞连续加砂模式，增加加砂强度，可提高裂缝长期导流能力和有效支撑裂缝体积。Y101H4-5井在加砂压力平稳，加砂顺畅的情况下不断提高加砂强度，加砂强度达到2.5~3.0t/m，为压后的高产奠定了基础。

（4）采取加入暂堵球、暂堵剂转向技术，促使形成复杂缝网，确保储层有效改造体积。阳101H1-2井第5段压裂裂缝监测可知，暂堵前事件点集中在井筒西侧连续响应，添加暂堵剂后，微地震事件点集中在井筒东侧响应，暂堵效果明显(图4)。

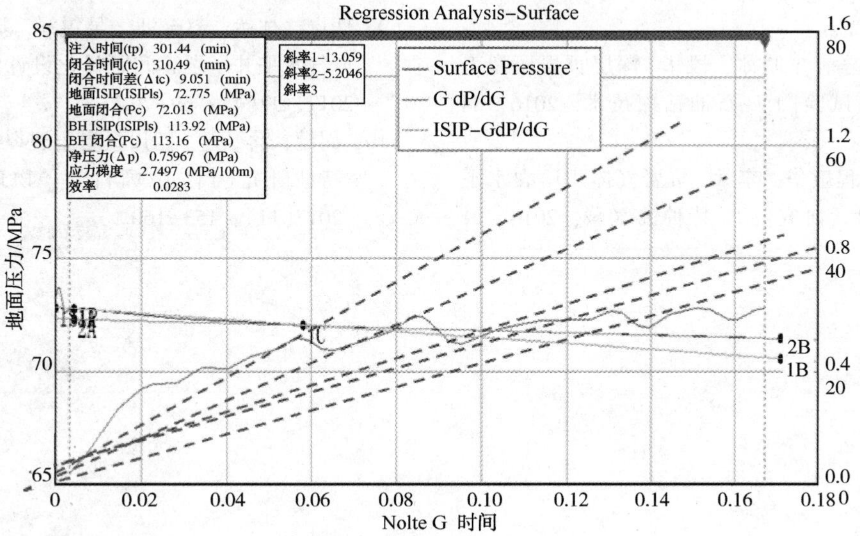

图3　G函数分析结果图

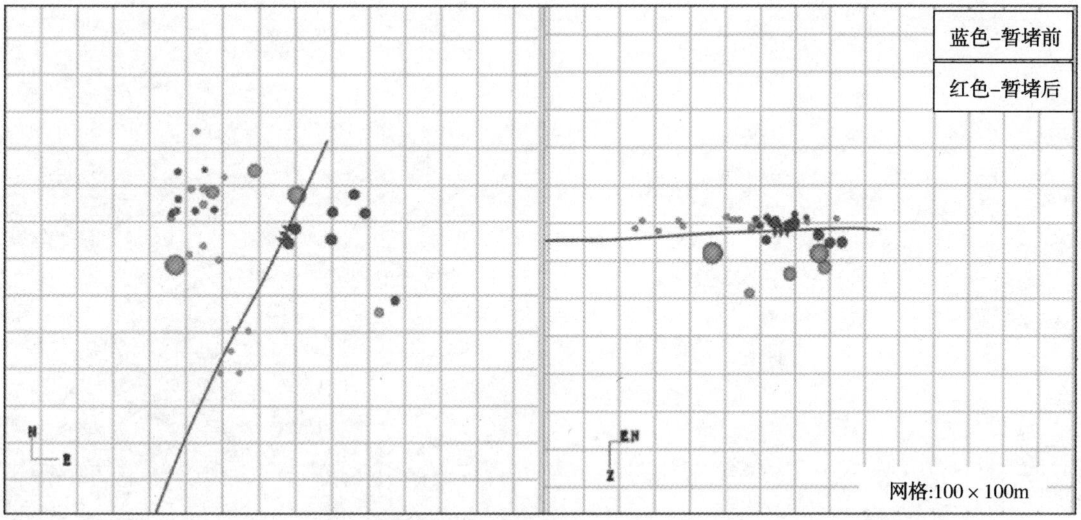

图4　Y101H1-2井第5段微地震检测图

6　结论与认识

（1）泸州阳101区块页岩气气藏物性、含气量、脆性矿物含量中等偏上，可压性较好。但其埋藏深、地应力高、水平主应力差异大、天然裂缝发育一般，裂缝起裂及延伸压力高，导致施工泵压高，加砂困难，难以形成复杂缝网。

（2）针对泸州阳101区块深层页岩气井压裂改造的难点，形成了“多段多簇密切割+高强度长段塞连续加砂+暂堵转向、大排量、大液量”主体压裂工艺”，以增加裂缝的改造体积和导流能力。

（3）该压裂工艺在目标区块2口页岩井得到成功应用，压后测试均得到高产工业气流，拉开了泸州区块深层页岩气大规模商业开发的序幕。

参　考　文　献

[1] 张相权. 川东南地区深层页岩气水平井压裂改造实践与认识[J]. 钻采工艺，2019，42(5)：124-126.

[2] 林永茂，王兴文，刘斌. 威荣深层页岩气体积压裂工艺研究及应用[J]. 钻采工艺，2019，42(4)：67-69.

[3] 曾义金，陈作，卞晓冰. 川东南深层页岩气分段压裂技术突破与认识[J]. 天然气工业，2016(1)：6-11.

[4] 蒋学庭，卞晓冰，王海涛，等. 深层页岩气水平井体积压裂技术[J]. 天然气工业，2017(1)：90-96.

[5] 陆程，刘雄，程敏华，李兵. 页岩气体积压裂水平井产能影响因素研究[J]. 特种油气藏，2014，21(4)：108-112.

[6] 王海涛，蒋廷学，卞晓冰，段华. 深层页岩压裂工艺优化与现场试验[J]. 石油钻探技术，2016，44(2)：76-81.

[7] 陆程，刘雄，程敏华，李兵. 页岩气体积压裂水平井产能影响因素研究[J]. 特种油气藏，2014，21(4)：108-112.

[8] 纪国法，张公社，许冬进，等. 页岩气体积压裂支撑裂缝长期导流能力研究现状与展望[J]. 科技技术与工程，2016，16(14)：78-88.

[9] 任岚，林然，赵金洲，吴雷泽. 基于最优 SRV 的页岩气水平井压裂簇间距优化设计[J]. 天然气工业，2017，37(4)：69-79.

[10] 周健，蒋廷学. 四川页岩压裂裂缝扩展实验及力学特性研究[J]. 中国科学：物理学力学天文学，2017(11)：153-160.

普光陆相千佛崖组水平井缝网压裂初探

蔡树行　汪勇章　施　文

（中国石化中原油田分公司）

摘　要　普光陆相千佛崖组为致密砂岩储层，微裂隙不发育，与周边川西须家河、苏里格气田，甚至美国皮申斯等致密砂岩气田相比，其物性更差［孔隙度 0.5%～1.7%、渗透率（0.0001～0.0049）$\times 10^{-3}\mu m^2$、孔吼更小］，开发难度更大。

普光陆相须家河组储层通过前期常规压裂及近期非常规压裂实验，采用的压裂技术模式多种多样（包括常规卡封分层、水力喷射分层、缝网压裂以及双翼长缝+段内转向模式），液体种类多（胍胶压裂液、清洁压裂液、滑溜水、低伤害压裂液）、压裂规模从单段 $200m^3$ 到单段 $700m^3$，支撑剂用量从单层 $7.3m^3$ 到 $70m^3$，虽然压裂施工成功率均达到 100%，由于改造体积受限，未达到预期产能目标。借鉴须家河组压裂施工经验，针对陆相千佛崖组，采用水平井“多段分簇”+可钻桥塞+缝网压裂”的技术模式，在储层致密、天然裂缝不发育、低孔低渗及岩石强度极大地情况下，以“增体积、促复杂、提高加砂强度”为目标，进行“多段分簇”+可钻桥塞+缝网压裂”工艺技术试验，该技术已于普陆 3 井、普陆 4 井成果应用。普光陆相千佛崖组的缝网压裂成功，为普光气田的后续接替提供了有力支撑。

关键词　千佛崖组；水平井；多段分簇；可钻桥塞；缝网压裂

1　储层物性及岩石力学分析

1.1　矿物成分及孔渗特征

千佛崖组岩性以细粒长石岩屑砂岩为主，颗粒分选磨圆较好，填隙物主要为泥质、灰质，呈鳞片状结构，见部分细晶方解石和黄铁矿，微裂隙不发育，以孔隙型为主。石英含量 38.5%～45.8%（平均 41.68%），黏土含量 21.70%～29.80%（平均 24.36%），黏土矿物以绿泥石和伊利石为主，方解石含量低。

储层平均孔隙度 0.5%～1.7%（平均 1.05%），渗透率 $0.00137\times 10^{-3}\mu m^2$，属于致密砂岩储层，呈现低孔隙度，低渗透率特征。

1.2　天然裂缝发育情况

通过结合普光陆相千佛崖组钻井取芯、测井等资料，进行了天然裂缝预测，裂缝不属于大规模裂缝，在整个河道砂体中属于中偏上级别裂缝。根据天然裂缝区域分布和钻井取芯分析，压裂改造的难点在于沟通天然裂缝，若压裂裂缝能够沟通天然裂缝带，压裂改造过程中能够形成复杂裂缝，若无法沟通天然裂缝带，压裂改造可能以主裂缝为主，压裂改造难度大（图 1）。

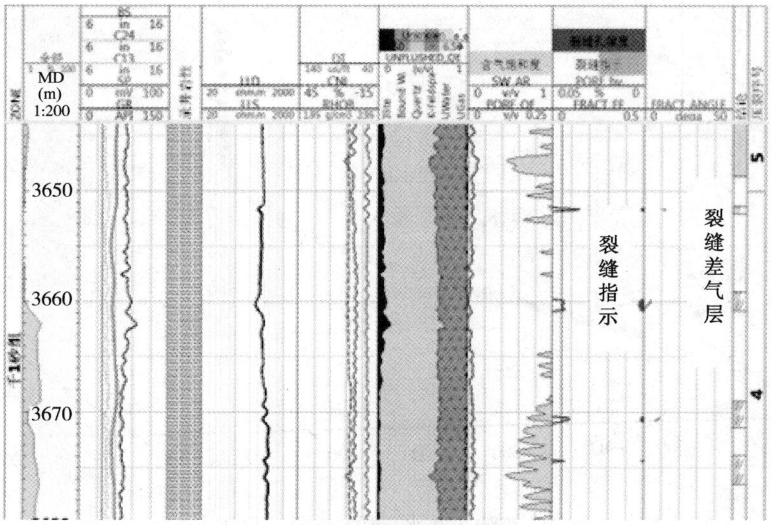

图 1　普陆 3 井水平段裂缝预测

1.3 岩石力学实验及地应力场模拟

根据钻井取芯单轴压缩和巴西劈裂实验结果，千佛崖组岩石力学特征表现为，单轴弹性模量平均42.49GPa，平均泊松比0.175，平均抗压强度170.23MPa，巴西劈裂抗拉强度平均达到15.018MPa。通过力学实验测试发现，千佛崖砂4段弹性模量高、泊松比低，总体脆性较好。

通过岩石力学及地应力建模表明，泊松比范围在0.14~0.17之间，杨氏模量范围在20~50GPa之间，最大水平主应力在60~75MPa之间，最小水平主应力在60~70MPa之间，水平主应力差在1.2~2MPa之间，破裂压力在80~105MPa之间。整体来说，水平主应力差相对较小。

2 缝网压裂工艺研究

2.1 缝网压裂难点及有利条件

2.1.1 压裂难点

(1) 储层致密、低孔低渗，开发潜力受限。千佛崖砂4段致密砂岩岩石致密，呈现孔隙度低低渗透率特征，平均孔隙度0.5%~1.7%(平均1.05%)，渗透率$0.00137\times10^{-3}\mu m^2$，储层气体储集空间小，储层含气性受限。压裂改造后气体渗流难度大，气体渗流半径小，影响压裂改造后的产量。

(2) 天然裂缝不发育，大范围体积压裂难度大。千佛崖组储层岩石致密，总体天然裂缝不发育，压裂裂缝可能以主裂缝为主，压裂裂缝复杂程度较低，改造体积范围小。

(3) 岩石强度大，前期裂缝宽度小，加砂难度大。千佛崖组砂4组致密砂岩弹性模量41.05GPa，泊松比0.18，抗拉强度15.02MPa。压裂改造过程中起裂难度大，压裂裂缝宽度小，压裂延伸压力高，支撑剂加砂难度大。

2.1.2 有利条件

(1) 石英脆性矿物含量高。根据钻井取芯矿物成分分析结果，千佛崖组砂4段致密砂岩石英含量较高(平均41.68%)，黏土矿物含量低(平均24.36%)。

(2) 水平主应力差小。依据实验和测井解释结果，水平主应力差1.28~2.33MPa(平均2.05MPa)。

2.2 射孔优化

2.2.1 地质-工程综合甜点分析

根据地质参数和工程参数进行了普陆3井水平段的地质工程甜点综合研究，水平段的地质-工程甜点分布如图2所示，根据系数分布结果，普陆3井水平段的中后段地质-工程甜点系数较高，表明中后段是压裂改造的重点。

2.2.2 多段分簇射孔

结合地质和工程甜点分析，进行普陆3井压裂分段分簇优化，水平段3450~3935(段长485m)，结合水平段固井质量，优化压裂段数为6段，单段2~3簇射孔，段间距64~81m，射孔簇间距19~25m。射孔段和射孔簇的分布如图3所示，具体的分段设计表和桥塞位置如表1所示。

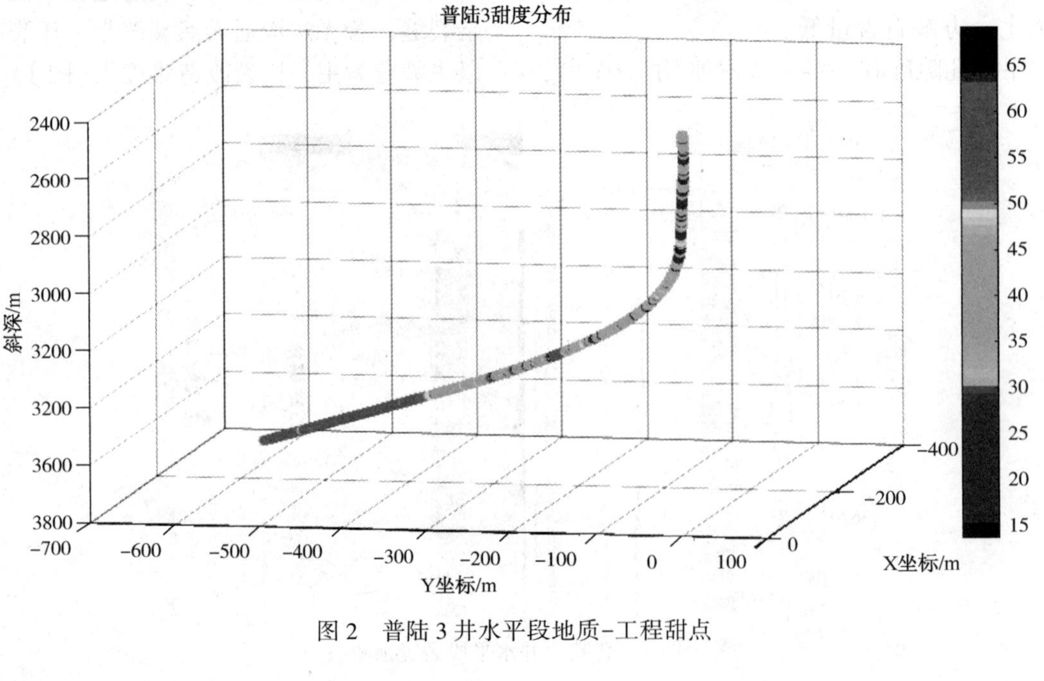

图2　普陆3井水平段地质-工程甜点

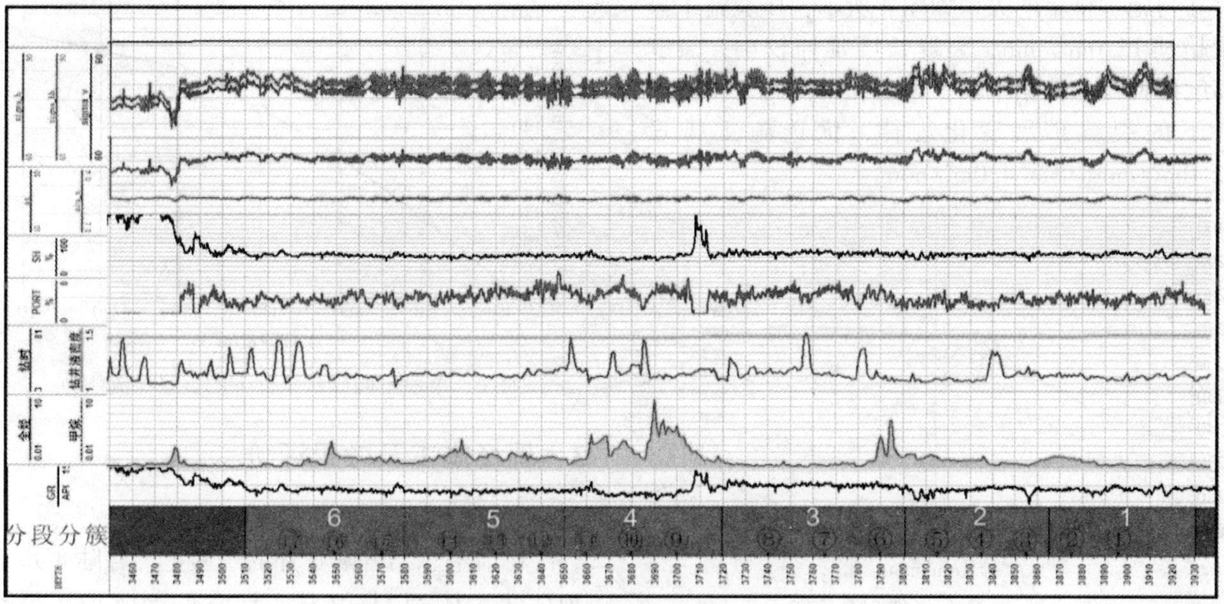

图 3　普陆 3 井多段分簇压裂分段分簇位置

表 1　普陆 3 井水平井分段设计表

分段数据				桥塞
序号	起始井深/m	终止井深/m	段长/m	位置/m
1	3866	3930	64	–
2	3801	3866	65	3866
3	3720	3801	81	3801
4	3650	3720	70	3720
5	3580	3650	70	3650
6	3510	3580	70	3580

普陆 3 井设计射孔 17 簇，累计射孔长度 17m。第 1 段射孔 2 簇，每簇射孔长度 1.0m；第 2、3、4、5、6 段每段 3 簇，每簇射孔长度 1.0m。所有射孔簇 60° 相位角，孔密 16 孔/m，采用深穿透射孔。

2.3　压裂材料优选

（1）滑溜水压裂液

根据储层特征和压裂施工需求，优选了适合千佛崖组致密砂岩的滑溜水压裂液体系，利用滑溜水尽可能沟通天然微裂缝，增加压裂改造效果。优选的滑溜水压裂液配方如下：

滑溜水配方：0.1%减阻剂+0.1%防水锁剂+0.3%黏土稳定剂+0.3%助排剂。

（2）胍胶压裂液

千佛崖组砂 4 段致密砂岩弹性模量大、强度高，压裂改造过程中特别是压裂施工初期压裂裂缝宽度小，近井筒地带摩阻大，压裂施工难度大。综合考虑普陆 3 井的储层特征和压裂改造需求，压裂施工造缝阶段初期采用高黏胍胶压裂液造主缝，增加压裂裂缝宽度，携砂液中后期利用高黏胍胶进行中高强度携砂。依据储层特征和压裂改造的需求，优选的高黏冻胶压裂液体系配方如下：

胍胶压裂液配方：0.3%HPG+0.4%交联剂+0.15%Na_2CO_3+0.1%防水锁剂+0.3%黏土稳定剂+0.3%助排剂+0.05%胶囊破胶剂。

（3）支撑剂优选

综合考虑千佛崖组的水平最小主应力实验和测井解释结果，平均水平最小主应力 70.6MPa。优选陶粒作为本井的支撑剂，支撑剂粒径包括陶粒 40/70 目、30/50 目、70/140 目，支撑剂的抗压强度大于 86MPa。压裂过程中前期利用 70/140 目打磨射孔孔眼和裂缝面，降低孔眼和近井筒地带摩阻，携砂液阶段主要采用 40/70 目支撑剂，后期根据施工情况尾追 30/50 目支撑剂争取在近井筒地带形成高导流能力的支撑裂缝。

小粒径陶粒在低渗致密气藏的适应性分析：千佛崖组砂 4 段储层弹性模量高，造缝难度大，裂缝宽度窄，小粒径支撑剂更易进入裂缝起到打磨孔眼、裂缝面的作用，同时小粒径支撑剂更易携砂进入裂缝，降低施工砂堵风险。小粒径支撑剂的破碎率低，导流能力保持水平高；在相同施工砂液比条件下，能铺置更多层的支撑剂，更有利于压后气体的渗流。

2.4　施工参数优化

（1）排量优化

单段 3 簇射孔，不同施工排量条件下的裂缝尺寸与施工排量的关系如图4所示，压裂施工排量超过 12.0m³/min，裂缝长度延伸较小，裂缝高度延伸快。依据单段3簇射孔不同施工排量条件下的裂缝扩展变化规律，优选施工排量 12.0m³/min(单簇 4.0m³/min)。

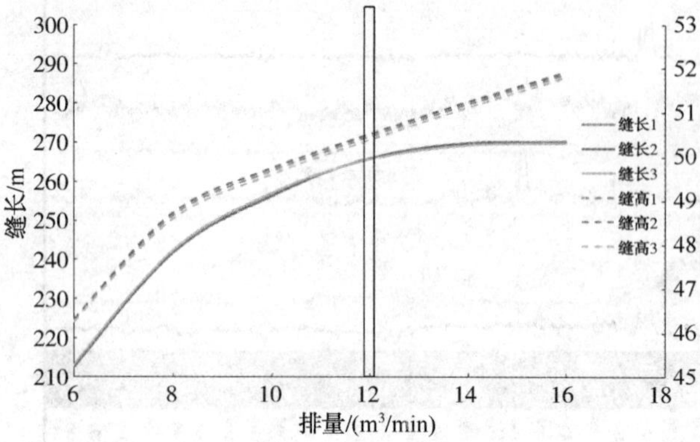

图4　单段3簇射孔
不同施工排量条件下的裂缝尺寸

(2) 液量优化

针对千佛崖组储层特征、压裂工艺以及液体类型，进行了单段3簇射孔、不同施工液量条件下裂缝扩展模拟，不同施工液量与裂缝尺寸关系如图5所示，施工液量 700~1600m³ 条件下，裂缝半缝长变化范围为 221m~263m、裂缝高度 45.1~50.4m，依据裂缝长度和裂缝高度的变化规律，施工液量超过 1150m³，裂缝长度超过 250m。单段液量超过 1200m³，裂缝半长增加幅度降低。优选施工液量 1150~1300m³。

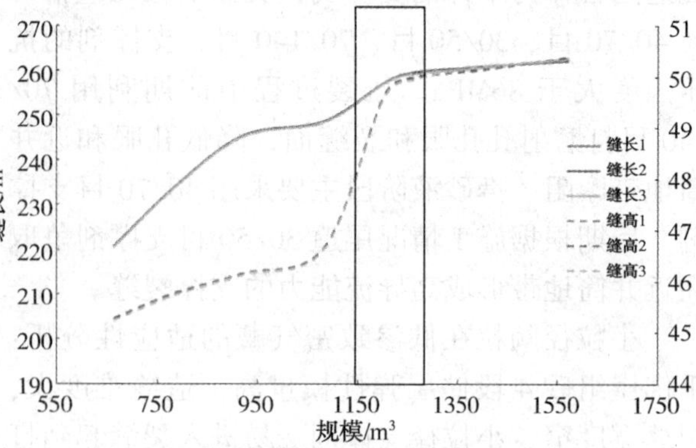

图5　单段3簇射孔
不同施工液量尺寸

(3) 砂量优化

根据不加砂量条件下裂缝平均导流能力分析，不同加砂量与平均导流能力的关系曲线如图6所示，支撑剂超过 80m³，压裂裂缝导流能力增加趋势变缓。因此，根据平均导流能力曲线优选支撑剂加砂量推荐 75~80m³。

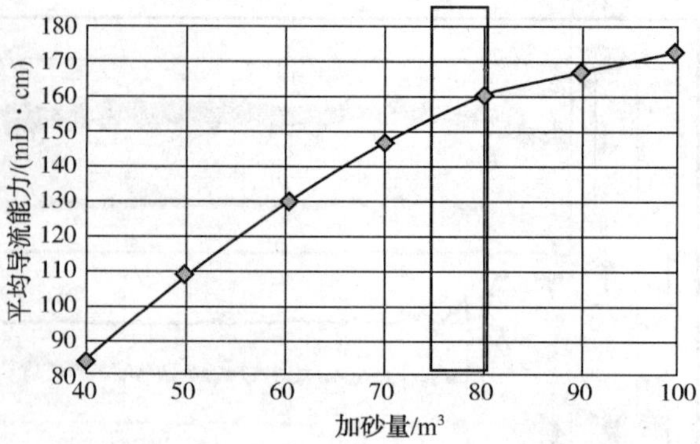

图6　单段不同砂量条件下的裂缝导流能力

3　现场施工及效果评价

3.1　现场施工

在借鉴总结普陆3井的经验上，普陆4井于2021年8月25日~9月4日桥塞分14段压裂施工。施工排量 16~18.5m³/min。总液量 30559.4m³，其中酸液 353m³，低黏滑溜水 7953.9m³，中黏滑溜水 10520.9m³，高黏滑溜水 11731.6m³，总砂量 1548.2m³，70/140 粉陶 500.7m³，40/70 陶粒 789.7m³，30/50 陶粒 200.1m³，投球 434 个(图7)。

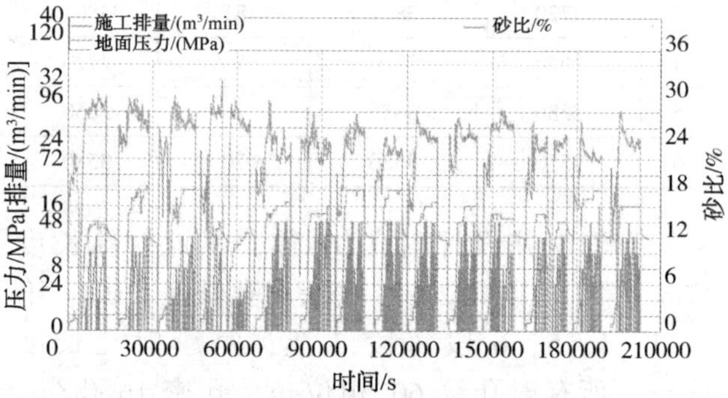

图7　普陆4井多段压裂施工曲线

3.2　施工压裂曲线特征

(1) 起裂压力低，但大排量条件下整体施工压力高。

(2) 各段施工压裂变化差异性大，前4段施工压力高于后10段。

(3) 主体施工压力 64~89.92MPa，压裂延伸压力梯度大，部分压裂段主体压裂的延伸压力梯度超过 0.032MPa/m，远高于普陆3井的 0.018~0.024MPa/m。

(4) 压裂加砂难度大，对中高砂比敏感，表明压裂裂缝形态复杂，裂缝宽度小。

(5) 施工压力与钻井泥浆漏失量相关性较差。

(6) 投暂堵球后施工压力上涨 2.1~5MPa，推测 7 段暂堵后形成了新裂缝。

3.3 停泵压力分析

(1) 瞬时停泵压力 40.52~51.73MPa，远高于普陆 3 井(26.88~33.33MPa)。

(2) 停泵压降 4.63~16.65MPa，整体与普陆 3 井停泵压降相当。

(3) 根据闭合应力反算的水平最小主应力(含孔隙压力)70MPa，高普陆 3 井约 10MPa。

具体如图 8、9 所示。

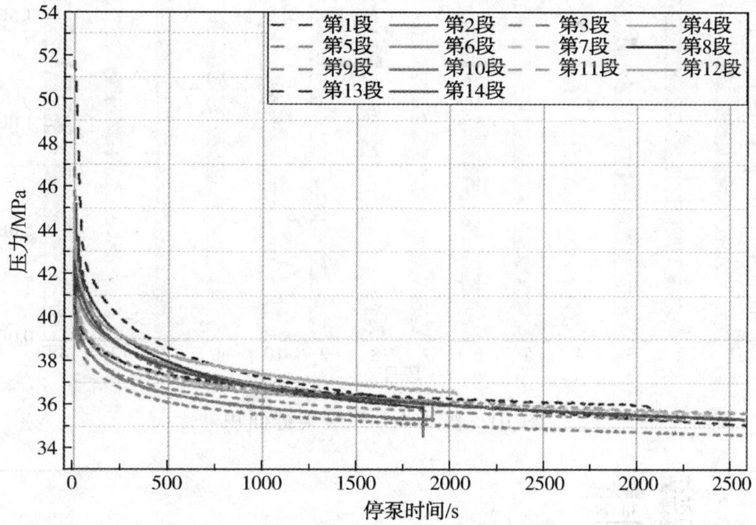

图 8　普陆 4 井停泵压降曲线

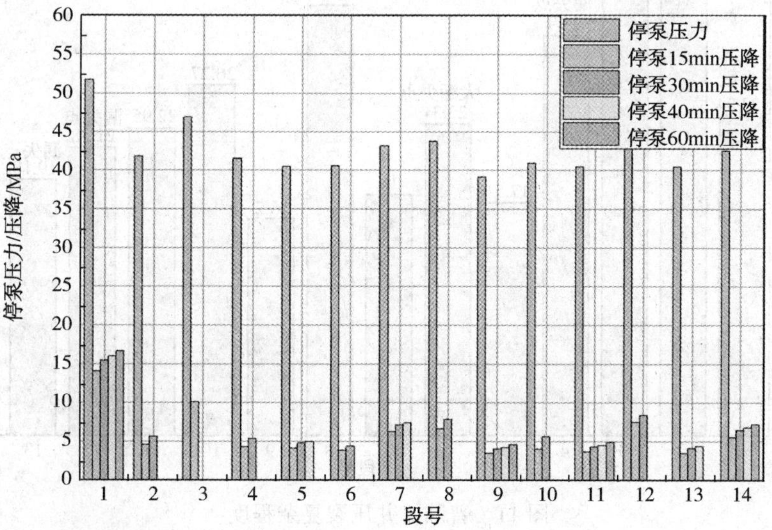

图 9　普陆 4 井压降数据

3.4 压裂裂缝形态描述

(1) 压裂沟通的天然裂缝面积大，证明压裂改造过程中形成了复杂裂缝。

(2) 根据压裂施工曲线与摩阻分析，普陆 4 井近井筒天然裂缝的发育程度优于远端。

具体如图 10、11 所示。

3.5 压裂效果

普陆 4 放喷采用 12mm 油嘴，油压 22.8MPa，产量 28.2 万方，采用指数式计算无阻流量 54.7 万方/天(图 12)。

4　总结

(1) 储层基质强度大，压裂起裂压力高，但沟通天然裂缝后延伸压力低。千佛崖组砂四段为致密砂岩，储层基质密度大、弹性模量高、强度大加上钻井泥浆污染，造成起裂压力高。压裂裂缝遇到天然裂缝前排量提升空间小、裂缝延伸难度大。压裂裂缝沟通到天然裂缝后，延伸压力大幅度降低，裂缝延伸压力梯度约 0.01MPa/m，远低于预测的延伸压力梯度，表明天然裂缝发育。

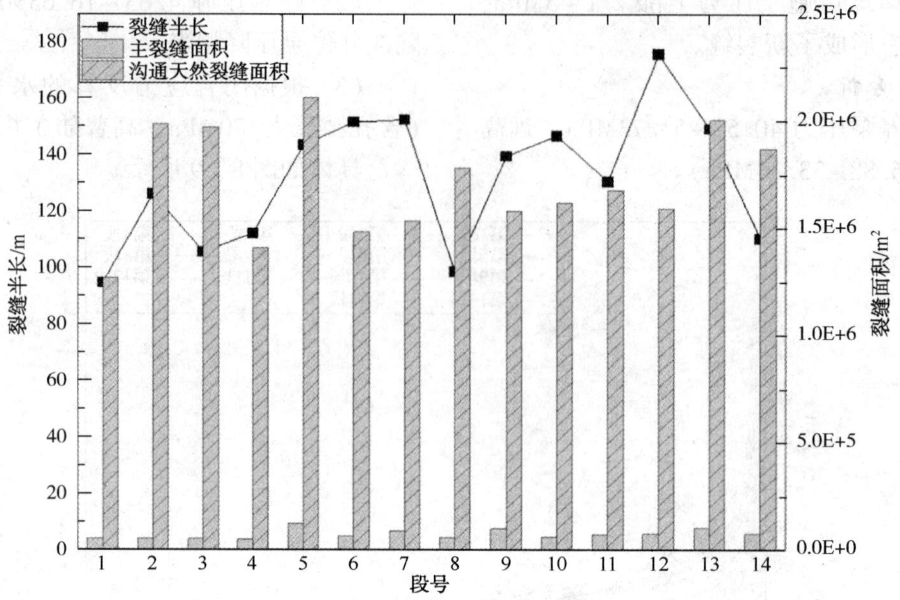

图 10　普陆 4 井压裂裂缝面积

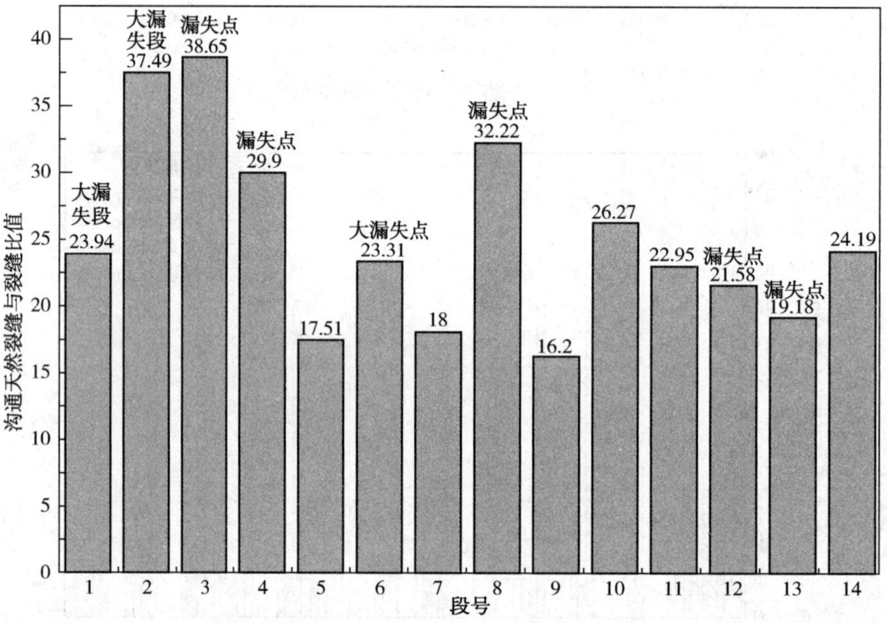

图 11　普陆 4 井压裂复杂程度

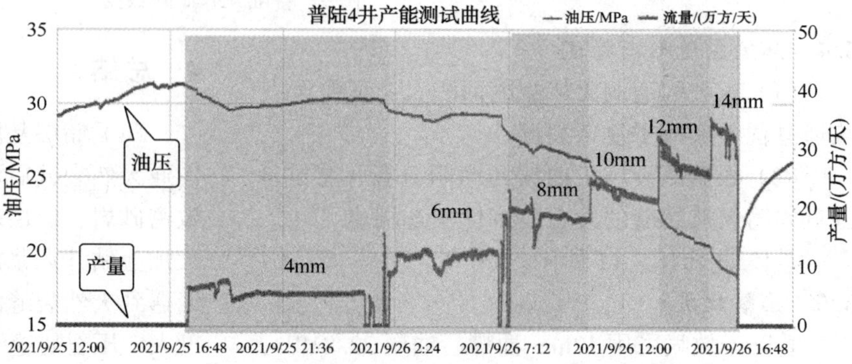

图 12　普陆 4 井放喷火焰及产能测试情况

（2）普陆4井的成功实施，进一步落实了普光地区陆相千佛崖组的圈闭资源量，证实了普光探区陆相侏罗系千佛崖组是重要勘探增储层系，致密砂岩整体含气且具有较高产能，具备“井工厂”模式效益开发建产的地质条件。

参 考 文 献

[1] 张燕明，问晓勇，等. 苏里格致密气田丛式井组连续油管一体化压裂技术[J]. 石油钻采工艺，2019，41(2)：236-241.

[2] 田建超，胡佳佳. 储层体积压裂改造可行性分析[J]. 化工管理，2016，(25)：175-175.

[3] 刘欢，池晓明，尹俊禄，等. 致密储层水平井体积压裂簇间距优化方法[C]. 2016年全国天然气学术年会论文集. 2016：1-9.

[4] 任闽燕，姜汉桥，李爱山，等. 非常规天然气增产改造技术研究进展及其发展方向[J]. 油气地质与采收率，2013，20(2)：103-107.

[5] 向传刚，迟博. 基于岩石力学及压裂施工参数计算的复杂缝网建模[J]. 大庆石油地质与开发，2018，37(5)：153-159.

[6] 赖建林，房启龙，高应运，等. 延川南煤层气复杂缝网整体压裂技术研究与应用[J]. 油气藏评价与开发，2018，8(3)：79-82.

[7] 许文俊，李勇明，赵金洲，等. 页岩气水平井分段压裂复杂缝网形成机制[J]. 油气藏评价与开发，2017，7(5)：64-73.

[8] 赵金洲，李勇明，王松，等. 天然裂缝影响下的复杂压裂裂缝网络模拟[J]. 天然气工业，2014，34(1)：68-73.

[9] 欧阳伟平，孙贺东，韩红旭，等. 致密气藏水平井多段体积压裂复杂裂缝网络试井解释新模型[J]. 天然气工业，2020，40(3)：74-81.

低渗气藏河流相储层表征技术探索及应用

丁　芳　段冬平　陈　波　石美雪　陈　晨　时　琼

[中海石油(中国)有限公司上海分公司]

摘　要　东海盆地低渗致密气储量占比较大，初步估算该类天然气资源量为3.9万亿方，合理开发好这部分资源对东海的发展有重要意义。但黄岩区低渗气藏以河流相沉积为主，储层横向变化快，纵向叠置关系复杂，生产过程中暴露出储量动用程度低、剩余气认识不清的问题。针对上述问题，创新建立了基于精描砂体的嵌入式建模技术和低渗气藏阻流界面精细表征技术，通过建立水道单砂体界面的空间分布模型，针对水道叠置处及水道内不同微相叠置处的阻流界面，以三维地质模型为基础，追踪识别出叠置处的网格空间包络面，作为阻流界面以此达到在油藏数值模拟中设置渗流屏障的目的。上述技术的应用研究成果，在东海西湖凹陷A气田指导了调整井的井位优化，通过大斜度井钻穿多个阻流带可提高天然气储量动用程度，单井动用储量规模较原有开发井提升2倍以上。

关键词　低渗储层；河流相；嵌入式；阻流界面；渗流屏障

“十二五”期间，东海西湖凹陷相继开发了9个油气田，油气藏埋深多介于3000m～3600m，储层普遍低渗，投产后生产现状不容乐观。生产过程中暴露出储量动用程度低、剩余气认识不清的问题，急需在气田内部寻找剩余气富集区，增加调整井以提升油气田开发效果。低渗河流相储层在表征过程中主要存在2大难点需克服：

(1)河流相储层横向变化快，纵向叠置关系复杂，河流相储层的精细化三维地质建模一直是研究的难点和热点，目前常用基于像元和基于目标的方法，但这2种随机建模方法对构型界面的几何形态、空间展布及组合关系考虑较少，没有很好的模拟效果，本文创新提出基于精描砂体嵌入式建模技术，以砂体单元包络面(X、Y、Z)为基础，将几何目标体直接嵌入到等时格架中形成砂体结构模型，该技术可真实地反映砂体单元的空间几何形态和单砂体叠置关系。

(2)低渗气藏内不同沉积砂体阻流界面的存在会导致气井动储量低，以往该界面是通过人为设置“死网格”的方法来等效表征，且只能表征连通或不连通两种模式，无法表征砂体半连通的叠置关系，导致无法准确预测流体在储层中的渗流情况，剩余油气的分布预测不可靠。本文创新建立了低渗气藏阻流界面精细表征技术，在传统隔夹层预测的基础上，针对水道叠置处及水道内不同微相叠置处的阻流界面，以三维地质模型为基础，结合计算机空间网格拓扑关系，追踪识别出叠置处的网格空间包络面，作为不占网格体积的阻流界面空间分布模型；根据生产动态特征和历史拟合结果，不断迭代调整阻流界面处传导率，达到在油藏数值模拟中设置渗流屏障的目的。

上述两个技术有效表征河流相储层的空间展布和叠置关系，实现了复杂地质界面处阻流界面的模型精细表征，指导了调整井的井位优化，实施中调整井穿越多个阻流界面，单井动用储量规模较原有开发井提升2倍以上，同时也可为国内同类型低渗河流相储层研究提供参考。

1　地质概况

东海陆架盆地是以新生代为主的中新生代含油气盆地，新生代地层沉积广泛，南北长度约1130km，东西宽度约220km，面积约24×10^4 km^2。东海陆架盆地内发育多个含油气凹陷，其中，西湖凹陷位于东海陆架盆地中段的浙东坳陷东部，呈北北东向展布。西湖凹陷经历了早期断陷、中期坳陷和晚期整体沉降等3个阶段，具有东西分带、南北分块的构造特征，由西往东可分为西部斜坡带、西次凹、中央洼陷-反转构造带、东次凹及东部边缘断裂带。A构造属于西湖凹陷西部斜坡带与中央洼陷-反转构造带之间的、发育于洼中隆的背斜-断背斜构造类型。各主力层的整体构造特征均表现为形态比较完整、埋藏相对较深的低幅度反转背斜构造特征。埋藏深度为3000~4000m，对于海上油气田而言，埋深相对较深，是典型低渗气田，主力层H5层发育多期叠置且连片分布的复合辫状河流相砂体，各期河道具有不同的气水系统，含气砂体主要为心滩粗粒岩相沉积，发育“一砂一藏，甜点主控”的成藏模式，孔隙度多小于15%，渗透率，是典型的低渗河流相储层。

2　基于精描砂体嵌入式建模技术

A气田多按构造模式以水平井、分支井开发，主力产层为渐新统花港组，以河流相沉积为主，储层横向变化快，纵向叠置关系复杂，近年来对沉积体系进行了再认识，并对主力储层进行了精细的砂描研究，有效地描述了储层的叠置关系，以往地质模型是基于等时构造层面的建模，要求地球物理追踪每套砂体的完整等时界面，耗时且不易实现，据此，探索了基于精描砂体嵌入式建模技术来实现储层构型的表征，准确再现储层纵向叠置关系。

2.1　技术原理

该技术首先是建立大的等时地层框架，然后以砂体单元顶底包络面(X，Y，Z)，将几何目标体直接嵌入形成砂体模型，整体研究思路如下：

(1) 利用地震解释等时构造面与断层，结合井对比、分层及研究区内的地层发育特征，生成构造网格，纵向网格应与地层沉积趋势线一致，也即使同一序号的纵向网格具等时意义。

(2) 以深度域砂体单元包络面(即砂体单元的顶、底面)，应用网格嵌套技术，形成单砂体单元结构模型(也即“骨架”模型)；纵向叠加各个单砂体单元的砂体结构模型，形成整个研究区内的砂体单元结构模型。

2.2　实现步骤

(1) 构建等时地层模型网格

基于等时地层格架的构造建模，是指利用地震解释等时构造面，结合分层数据，建立具有沉积等时意义的地层层面模型，以构建等时地层格架网格。

(2) 构建砂体单元结构模型

在上述等时构造的基础上，内插细分网格，采用Petrel软件模块，较好地刻画了地下砂体的形态及展布。针对少井条件下河道砂体叠置样式以及地球物理追踪的砂岩顶底包络面，在细分网格中根据深度位置自动嵌入至构造模型中，从而实现精描砂体空间分布的精准描述。

2.3　实现效果

本文根据研究区岩性、测井资料，对研究区的地下结构进行了精细刻画及表征，辫状河的心滩单砂体建模包括2个级次：(1)对辫状河带进行空间表征，以河道间泥岩为背景，将单河道的剖面形态进行刻画，提取砂体的顶底面进行约束，作为建模目标，嵌入到地质模型中；(2)心滩砂体的顶界面建模，以辫流带连通体为背景，将心滩作为目标，对其剖面形态进行刻画并提取其顶底面，嵌入地质模型中。结果表明，利用分级次嵌入式建模，较好的刻画出构型单元的空间形态和叠置关系，为下一步渗流界面的识别和表征提供了重要的模型基础，同时该技术能够为其他油田相似沉积背景的建模提供借鉴。

3　低渗气藏阻流界面精细表征技术

A气田主力储层为水道类砂体，多为低渗储层，平面上变化快，纵向上切割叠置，砂体内部连通关系复杂，受制于海上开发井少、动静资料缺乏，模型精细表征难度大，制约了剩余油气的描述精度。低渗气藏内阻流界面会导致气井动储量低，传统人为设置“死网格”的技术不适用于复杂地质界面，创新建立了低渗气藏阻流界面精细表征技术。

3.1　技术原理

一般意义上讲，阻流界面是各种沉积和成岩作用的综合反映。从岩心资料和测井曲线来看，阻流界面一般存在砂体边缘、河道废弃、层组边界和单砂体叠置处。砂体的边缘和层组的边界造成的渗流边界一般阻碍水平方向的流动；废弃河道沉积一般影响流体的垂向流动；单砂体叠置处的储层流体水平和垂向的流动性均较差。

其中，河道底部边缘物性较差的夹层和单砂体叠置处的低渗透夹层是渗流边界的主要形成类型。在砂体沉积过程中，单砂体与单砂体之间相互叠置，造成砂体叠置处存在低渗透夹层，同时在单砂体底部和边缘处物性较差，这两种情况使连续分布的砂体之间存在夹层或低渗透流动边界，即阻碍流体流动的渗流边界。

常规来讲，这种储层内部单砂体间的阻流界面规模是非常小的，受限于地质模型的精度和运算速度等问题，难以在地质模型中单独刻画出来。为了在模型中更好的识别及表征出阻流界面，探索了一套地质界面追踪技术，该技术的原理是以地质认识为指导，在精细地质模型的基础上，结合计算机空间网格拓扑关系[图1(a)]，优选合适的模型属性数据体，通过属性网格界面的追踪，识别出单砂体外边界包络面[图1(b)]，进而表征储层单砂体渗流边界界面[图1(c)]。

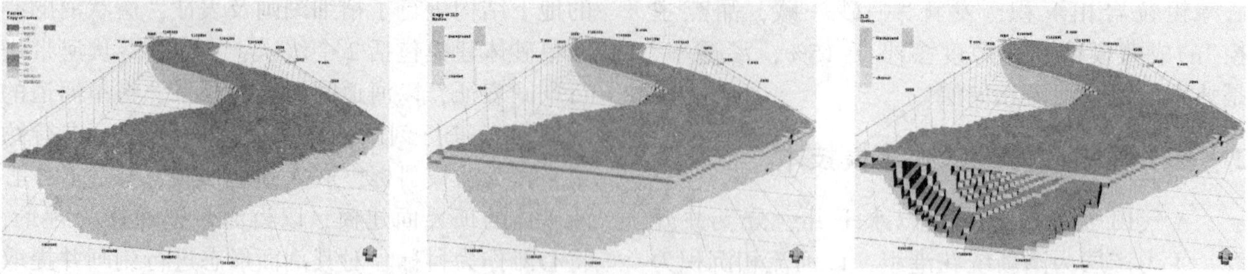

(a)水道范围　　(b)水道边界识别　　(c)水道渗流边界包络面

图1　单砂体渗流边界模型识别原理示意图

3.2　实现步骤

实际工区主力储层一般为多个单砂体叠置组合而成，叠置关系复杂，并且三维地质模型网格数量巨大，仅凭手工勾勒单砂体包络面十分困难，因此需要进一步探索模型算法才能简化。由于地质模型为三维数据体，因此需要计算三个维度的阻流界面分布，从i、j、k三个方向在三维研究区域内将阻流界面网格识别出来并将其组合得到最终的阻流界面属性体。

图2为阻流带提取和识别的实现步骤，图中灰色为泥岩相、黄色和橘色为不同单砂体相。

1D：设置砂泥交界处的泥岩网格为阻流带；同样，设置不同单砂体间交界网格为阻流带。

2D：两个方向均采用1D算法设置阻流带，表征相带变化边界。

3D：三个方向均采用1D算法设置阻流带，表征相带变化边界，识别阻流带包络面

从结果可以看出，识别的阻流带分别位于为与砂岩交界处的泥岩网格以及两个单砂体交界的网格处。

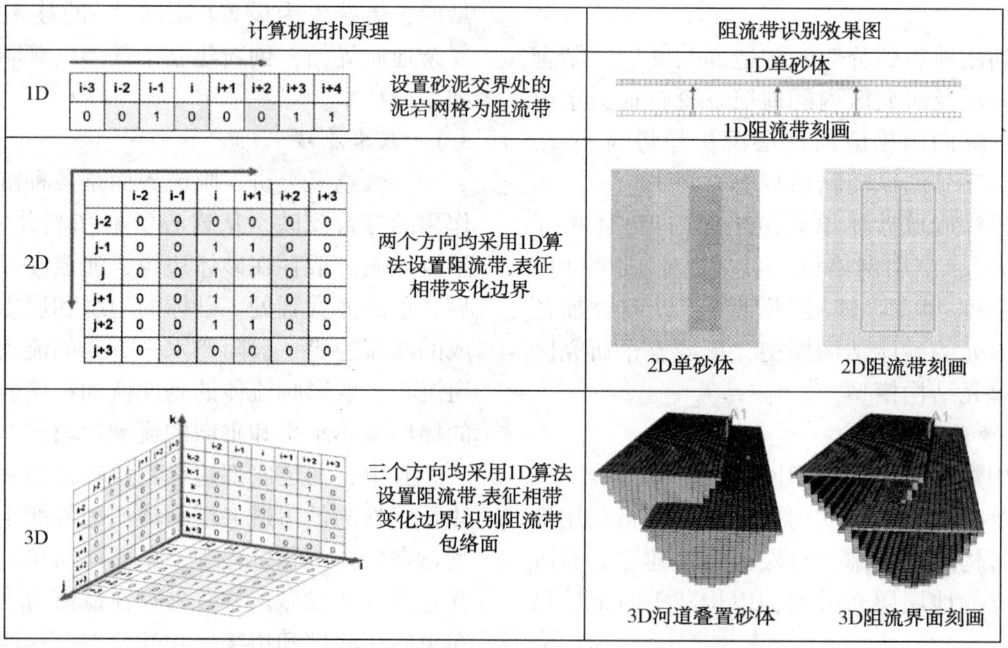

图2　阻流带提取和识别的实现步骤

3.3　实现效果

A气田H5层河道储层内部为不同心滩甜点单砂体相互叠置而成的。在不同单砂体之间存在侧向及垂向的变化，单砂体间的构型界面大多是低渗透或不渗透的，由于这种界面规模很小，地质建模时难以完整准确地表征出来。基于2.3中单河道和心滩的嵌入式实现效果，应用渗流界面表征技术，对A气田H5层心滩间渗流界面进行

了识别和表征。识别的阻流界面网格，该属性体能够区分不同心滩之间的边界，进而控制不同心滩间的流体渗流能力。

4 应用效果

在传统隔夹层预测的基础上，为了表征储层内部渗流边界对油藏内部流体渗流的影响，根据生产动态特征和历史拟合结果，不断迭代调整阻流界面处传导率，达到在油藏数值模拟中设置渗流屏障的目的。该技术不仅能够有效代表了多个单砂体界面整体上对渗流效果的影响，同时未占用模型网格体积，从而保证了模型的动用储量。阻流带表征后一次拟合情况，可以看出应用阻流带表征技术后模型流压和油压与实际数据吻合程度较好，模型初始拟合率较高。

该技术有效表征砂体叠置处对气藏渗流效果的影响，实现了复杂地质界面处阻流界面的模型精细表征，指导了调整井的井位优化，实施中调整井穿越多个阻流界面，单井动用储量规模较原有开发井提升 2 倍以上。

5 结论

（1）基于精描砂体嵌入式建模技术可准确地实现河流相储层纵向叠置样式和平面展布的表征，为下一步渗流界面的识别和表征提供重要的模型基础，同时该技术能够为其他油田相似沉积背景的建模提供借鉴。

（2）在嵌入式岩相建模的基础上，低渗气藏阻流界面精细表征技术较好地提取了单砂体间的阻流界面，结合计算机空间网格拓扑关系，追踪识别出叠置处的网格空间包络面，并准确地表征了阻流界面，提高了模型的拟合精度，有效地预测了剩余油的分布。

（3）上述低渗气藏河流相储层表征技术指导了调整井的井位优化，穿越多个阻流界面，大大提高了单井的储量动用规模，可在国内类似的低渗气藏储层表征中进行推广应用。

参 考 文 献

[1] 胡光义，肖大坤，范廷恩，等. 河流相储层构型研究新理论、新方法——海上油田河流相复合砂体构型概念、内容及表征方法[J]. 古地理学报，2019，21(1)：143-159.

[2] 赵翰卿，付志国，吕晓光，等. 大型河流—三角洲沉积储层精细描述方法[J]. 石油学报，2000，21(4)：109-113.

[3] 李少华，张昌民，尹艳树. 河流相储层随机建模的几种方法[J]. 西安石油学院学报(自然科学版)，2003，18(5)：10-16.

[4] Clayton V Deutsch，Libing Wang. Hierarchical object-based stochastic modeling of fluvial reservoirs [J]. Mathematical Geology，1996，28(7)：857-880

[5] 王丽娟，何东博，冀光，等. 阻流带对子洲气田低渗透砂岩气藏开发的影响[J]. 天然气工业，2013，33(5)：56-60.

[6] 张锦伟，赵汗青，傅志飞. 东海陆架盆地南部构造演化及对油气的控制作用[J]. 海洋石油，2011，31(2)：8-12.

[7] 陈波. 东海陆架某气田分流河道砂体分级构型及潜力分布[J]. 上海国土资源，2021，42(2)：14-19.

[8] 陈波，段冬平，刘英辉，等. 西湖凹陷中深层河流相砂体地震沉积学解释与沉积演化分析[J]. 中国海上油气，2019，31(3)：117-126

[9] 王改云，杨少春，廖飞燕，武群虎. 辫状河储层中隔夹层的层次结构分析[J]. 天然气地球科学，2009，20(3)：378-383.

[10] 刘钰铭，侯加根，王连敏，等. 辫状河储层构型分析[J]. 中国石油大学学报(自然科学版)，2009，33(1)：7-11.

[11] 刘群明，唐海发，吕志凯，等. 辫状河致密砂岩气藏阻流带构型研究——以苏里格气田中二叠统盒 8 段致密砂岩气藏为例[J]. 天然气工业，2018，38(7)：25-33.

干旱型冲积扇块状砂砾岩储层孔隙结构特征与含油性差异分布关系分析

荐　鹏　孟令娜

(中国石油辽河油田公司)

摘　要　干旱型冲积扇沉积形成的特低渗块状砂砾岩储层岩性混杂、成分与结构成熟度较低、物性差，导致微观孔隙结构复杂。本次研究在沉积构型模式指导下，以岩心观察、铸体薄片鉴定、扫描电镜、高压压汞、真实砂岩模型油水驱替与三维CT孔隙结构分析等实验结果为基础，结合油层分布特征与试油试采效果，对特低渗块状砂砾岩储层的岩石学特征、物性、泥质含量、孔隙结构特征、微观孔隙结构与含油性控制因素分析进行深入研究，获得岩心储集空间类型可视化模型，建立储层微观孔隙结构分类标准。此项研究有助于系统认识特低渗块状砂砾岩储层微观孔隙结构，揭示其对含油性的影响，研究成果对于特低渗块状砂砾岩有效储层识别与分类评价、储层连通性分析、优势目的层段优选及调整均有重要指导作用。

关键词　特低渗；块状砂砾岩；储层构型；微观孔隙结构；含油性控制因素

储层微观孔隙结构是指储集岩中孔隙与喉道的几何形状、大小、分布及其相互连通关系，是影响储层物性的重要因素。对于特低渗~致密储层而言，储集空间微观结构研究不仅是储层质量评价的重要指标，也是储层含油性差异的主要控制因素。受干旱型冲积扇沉积形成的Q16块特低渗块状砂砾岩储层油田开发中表现出注采井网与储层匹配性较差、自然产能低、含水上升快、油井普遍低产低液等开发矛盾。分析认为其根本原因在于特低渗块状砂砾岩储层微观孔隙结构的特殊性及其对含油性的控制作用。

1　油藏概况

Q16块位于柴达木盆地KB断阶带中部，构造形态为一受KQ、KN两条逆断裂挤压形成的大型鼻状构造，构造轴向沿Q4~Q402~Q163~Q16一线延伸，东南高、西北低。本区早古近纪开始接受沉积，发育七个泉组(Q_{1+2})~上干柴沟组(N_1)、下干柴沟组上段($E_3{}^2$)、下干柴沟组下段($E_3{}^1$)、路乐河组(E_{1+2})及基岩等多套地层。研究目的层古近系路乐河组(E_{1+2}组)Ⅱ油组为干旱型冲积扇沉积，物源来自于南侧祁漫塔格物源，由南向北，扇根、扇中、扇缘依次展布，细分为3个砂岩组($Ⅱ_1$~$Ⅱ_3$)、8个小层($Ⅱ_1{}^1$~$Ⅱ_1{}^3$、$Ⅱ_2{}^1$~$Ⅱ_2{}^3$、$Ⅱ_3{}^1$~$Ⅱ_3{}^2$)。

2　块状砂砾岩储层孔隙结构特征

2.1　干旱型冲积扇沉积构型研究

(1) 干旱型冲积扇构型级次划分

Miall参考河流相界面分级，将冲积扇储层构型界面划分为7级界面。通过冲积扇露头与现代沉积研究，建立Q16块E_{1+2}组Ⅱ油组冲积扇沉积模式，在冲积扇的扇根、扇中与扇缘各亚相带，进一步划分了3个级次的构型要素以描述透镜状粗碎屑岩体相互叠置的复杂内部构造。其中扇中亚相为冲积扇沉积主体，分为辫流带和漫流带2类5级构型单元，4级构型单元辫流水道、漫流砂体及漫流细粒沉积交替发育。

(2) 构型单元分布规律

研究内主要发育两个冲积扇体，物缘方向来自工区西北和东南两个方向，分别位于Q26井区、Q163井区。其中Q26井区以扇缘径流水道为主，整体由西北向东南延伸，扇体规模较Q163井区扇体延伸距离短，规模小，约占10%左右。Q163井区以扇中辫流水道为主，整体由南向北延伸，辫流水道在Q1610~Q163~Q1613一带比较发育，水道间相互交织，向北逐渐分叉。平面上辫流水道在扇体西部集中发育，从下至上西部都是水动力最活跃的区域。北部辫流水道末端发育径流水道，平面上成窄带状展布。漫流砂体分布在辫流水道与径流水道水道间。沉积规律分析自下至上扇体退积特征明显，反映水进旋回，扇中面积占比越来越大，由 35%提高到 45%，水道形态从窄带状过渡为网状(图 1)。

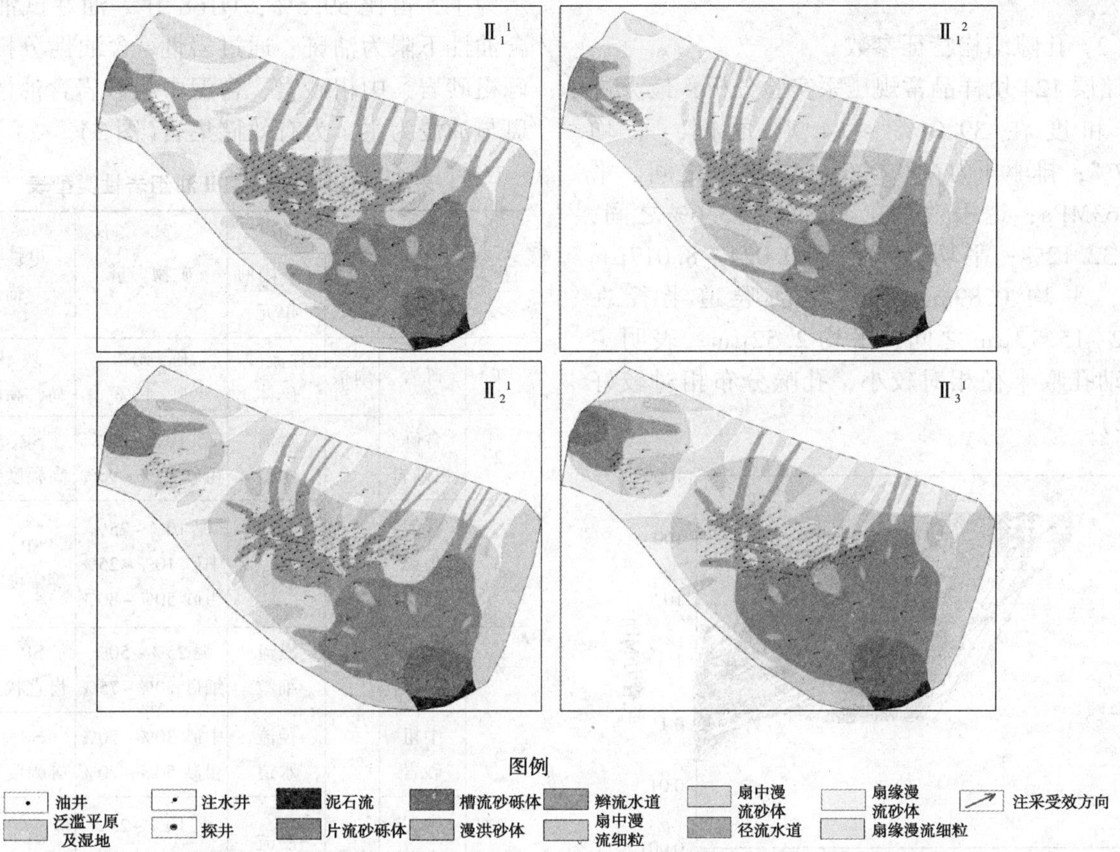

图 1　Q16 块 E_{1+2} 组 $Ⅱ_1^{\ 1}$ ~ $Ⅱ_1^{\ 2}$ ~ $Ⅱ_2^{\ 1}$ ~ $Ⅱ_3^{\ 1}$ 时期冲积扇 4 级构型单元平面分布图

2.2　储层岩石学特征

(1) 岩石类型及结构

储层岩石成分成熟度较低，主要为岩屑长石砂岩与长石岩屑砂岩，以中砂及粗砂为主，且具一定数量巨砂与砾石，岩石粒级分布较为分散，岩性粒度较粗，主要为砾状中~粗砂岩、不等粒砂岩、砂砾岩等。砂岩结构成熟度较差，分选差，长石风化程度中~深，磨圆度为棱角~次棱角状，碎屑颗粒接触关系为线~点式接触，杂基分布于粒间，岩石胶结类型以孔隙型为主。

(2) 岩石组分特征

① 矿物成分

薄片鉴定分析，储层岩石石英含量平均 17.2%，长石含量 30.6%，岩屑含量 32.1%，填隙物含量 18.4%、其中杂基含量 11.7%、胶结物含量 6.7%，主要为碳酸盐胶结。

② 黏土矿物

X 衍射分析，黏土矿物主要为伊利石、伊蒙混层与绿泥石，伊利石含量平均 56.6%、伊蒙混层含量 26.7%、绿泥石含量 14.9%，还含少量蒙脱石及高岭石。伊蒙混层比平均 6.7%，表明膨胀性相对较弱。

③ 胶结物及杂基

储层砂岩中杂基含量较少、胶结物含量较低，有利于储层孔隙发育。但胶结物与杂基主要分布于粒间孔及孔隙喉道中，或分布于碎屑颗粒表面呈黏土膜状，对渗透率影响较大。杂基主要为含铁泥土、少量灰泥质及云母质粘土，含铁泥土含量一般 0.0%~14.0%，平均 4.7%；灰泥质杂基整体较低，含量一般 0.0%~10.0%，平均 1.3%，局部分布较高，常见泥晶白云化现象，形成少量晶间孔，有利于储集性能改造，但分布相对有限，贡献甚微。

2.3　储层孔隙结构特征

(1) 孔隙类型

储层孔隙类型主要以剩余原生粒间孔为主，溶蚀孔及微裂缝占一定比例。孔隙类型中原生孔相对量稍高，所占孔隙比例一般 53%~87%，次生孔相对含量稍低，所占孔隙比例一般 12%~43%，此外还有裂缝孔隙，包括粒内缝、压裂缝以及溶蚀缝，所占孔隙相对含量一般小于7%，多为后期形成，半充填少量胶结物，对渗透率贡献较大。

(2)孔隙结构特征参数

储层124块样品常规压汞实验分析，最大进汞饱和度在39.01%～84.9%之间，平均57.37%；排驱压力在0.025～16.7MPa之间，平均0.63MPa；退汞效率在11.0%～53.6%之间，平均32.12%；平均孔喉半径0.024～8.017μm之间，平均0.89m；主要流动喉道半径在0.042～15.73μm之间，平均2.52μm。表明主要流动孔喉半径相对较小，孔喉分布相对较好(图2)。

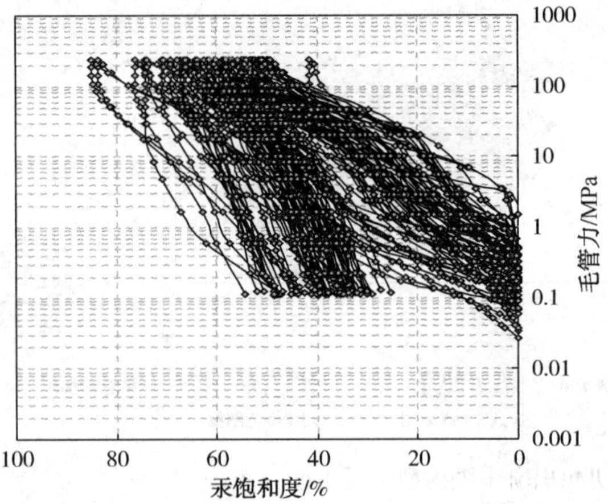

图2　Q16块E_{1+2}组Ⅱ油组储层岩石毛管压力曲线

3　含油性差异控制因素分析

(1)干旱型冲积扇沉积构型复杂多样，微相控制储层岩性变化。

平面上同一沉积期次具顺流差异特征，扇根表现为"泛连通体"，扇中表现为辫流水道与漫流细粒侧向相间、垂向互层，扇缘为窄带状径流水道砂体镶嵌于漫流～湿地泥岩之中。由扇根向扇缘岩性总体变细，目的层主要发育7种岩性，由扇根砾岩，扇中含砾粗砂岩、含泥中粗砂岩、泥质细砂岩，向扇缘中粗砂岩、含泥中细砂岩、泥质粉砂岩过渡(表1)，不同沉积微相形成的岩性差异体现在砂体发育、物性、泥质含量、孔隙结构特征的差异，进而控制含油性差异。

(2)有利沉积构型形成岩性含油性较好，为有效储集岩。

Q16块E_{1+2}组Ⅱ油组沉积主体的扇中亚相辫流水道、漫流砂体构型沉积主要岩性分别为含砾粗砂岩、含泥中粗砂岩，扇缘亚相径流水道构型沉积主要岩性为中粗砂岩。含油岩心中以油斑显示为主，占比59.5%，Q168井等油井试油证实含油性下限为油斑。通过岩性～含油性分析，含砾粗砂岩、中粗砂岩、含泥中粗砂岩含油性以油斑与油浸为主，为有效储集岩(图3)。

表1　Q16块E_{1+2}组Ⅱ油组岩性类型表

序号	岩性	沉积相		矿物含量	电性特征描述
		亚相	4级构型单元		
1	砾岩	扇根	片流砂砾体	砾>90% 砂<10%	块状高伽马、高电阻
2	含砾粗砂岩	扇中	辫流水道	砾10%～25% 粗砂75%～90%	SP、RT较高幅度钟型
3	含泥中粗砂岩	扇中	漫流砂体	泥10%～25% 中砂10%～25% 粗砂50%～80%	SP、RT中等幅度指型
4	泥质细砂岩	扇中	漫流细粒	泥25%～50% 细砂50%～75%	SP、RT锯齿直状
5	中粗砂岩	扇缘	径流水道	中砂30%～50% 粗砂50%～70%	SP、RT中等幅度钟型
6	含泥中细砂岩	扇缘	漫流砂体	泥10%～25% 细砂50%～70% 中砂10%～25%	SP、RT低幅度指型
7	泥质粉砂岩	扇缘	漫流细粒	泥25%～50% 粉砂50%～75%	SP、RT平直状

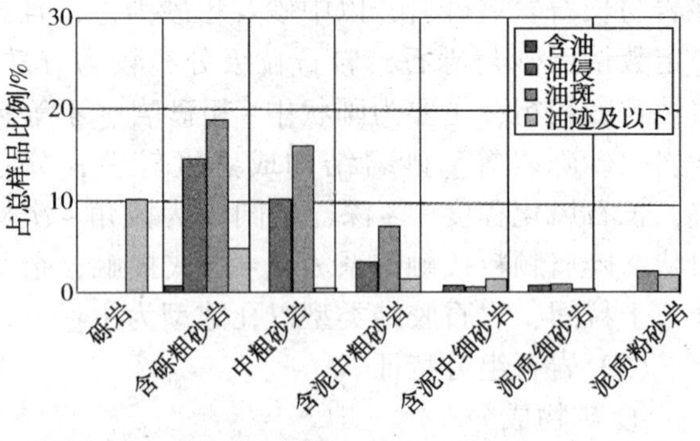

图3　Q16块E_{1+2}组Ⅱ油组岩性与含油性关系图

以油斑为含油性下限，通过含油性～物性分析，确定有效储层物性下限为孔隙度≥9.5%、渗透率≥0.5mD(图4)。其中含砾粗砂岩、中粗砂岩、含泥中粗砂岩3种主要有效储集岩物性分析均在有效储层物性下限之上(图5、6)，表明有效储集岩岩性与物性具有对应关系，为含油性差异的控制因素之一。

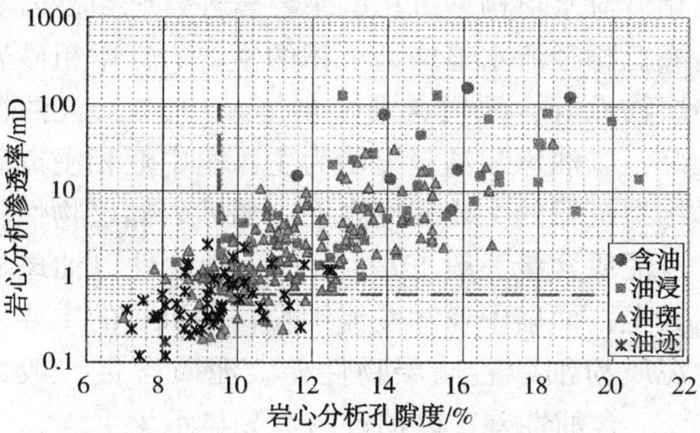

图 4 Q16 块 E_{1+2} 组Ⅱ油组物性与含油性关系图

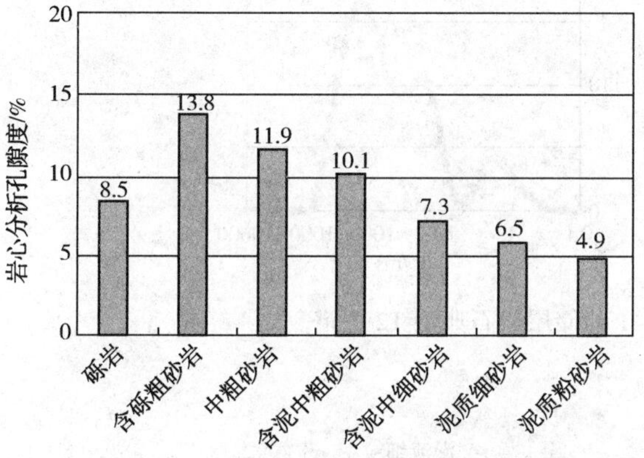

图 5 Q16 块 E_{1+2} 组Ⅱ油组岩性与孔隙度关系图

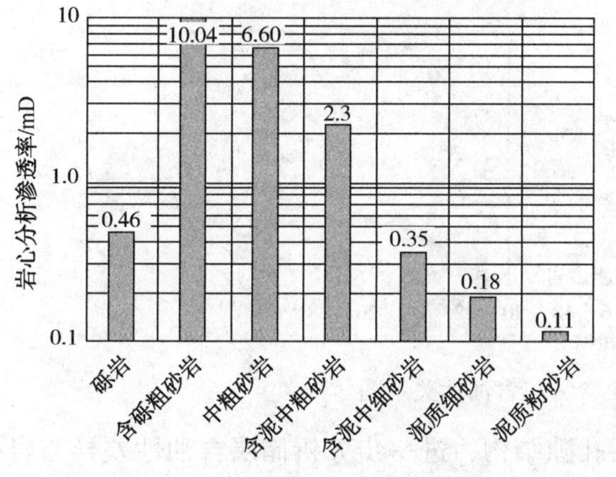

图 6 Q16 块 E_{1+2} 组Ⅱ油组岩性与渗透率关系图

（3）储层非均质性强，砂体分布及物性受相带控制明显。

Q16 块 E_{1+2} 组Ⅱ油组平面上不同相带储层质量差异较大，其中扇中辫流水道和漫流砂体由于较远距离的搬运，分选、物性好，因此扇中砂体为较好的有效储集空间，其中扇中辫流水道储层物性好于其他微相（表 2）。

以 $Ⅱ_1{}^1$ 小层为例，Q163 扇体平面上发育切 168～切 16-4-2～切 16-18-5～切 163 井及切 1618～切 169 井 2 条辫流水道（图 1），有效储层主要发育在扇中辫流水道、漫流砂体构型要素中，有效储层厚度较大，达到在 4m 以上（图 7）。分析显示，扇中辫流水道微相是优势储集层的主要发育区域，亦是砂体及物性相对发育区域，控制油层分布特征同 2 条辫流水道展布特征基本一致（图 8）。

表 2 Q16 块 E_{1+2} 组Ⅱ油组扇中亚相不同微相储层物性对比表

相带	辫流水道	漫流砂体	漫流细粒
孔隙度/%	>12	9.5～12	<9.5
渗透率/mD	>5	0.5～5	<0.5

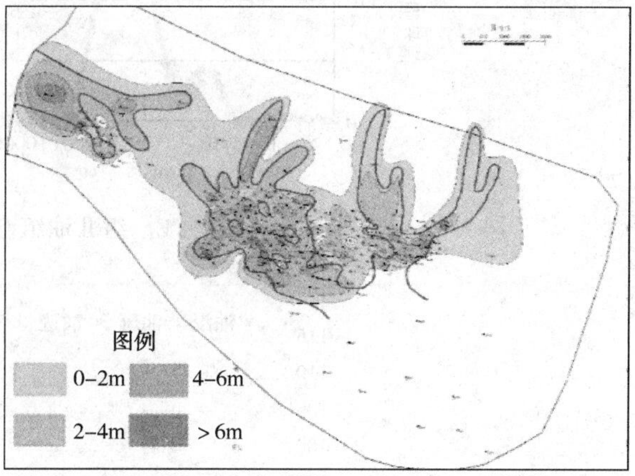

图 7 Q16 块 E_{1+2} 组Ⅱ油组 $Ⅱ_1{}^1$ 小层砂体分布图

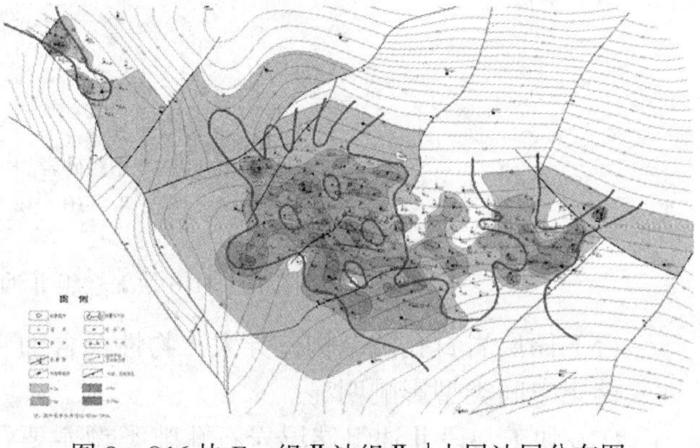

图 8 Q16 块 E_{1+2} 组Ⅱ油组 $Ⅱ_1{}^1$ 小层油层分布图

（4）受沉积控制储层泥质含量较高，影响物性及含油性。

受近物源干旱型冲积扇沉积影响，Q16 块 E_{1+2} 段Ⅱ油组砂砾岩储层具有典型的复模态孔隙结构特征。根据核磁曲线形态定性判断模态特征，典型井储层岩石核磁 T2 图谱主要为双峰和三峰图谱（图 9），核磁共振实验分析结果表明以双模态与复模态结构为主，表现为以砾石为骨架形成的孔隙中，常常部分或全部地被砂粒所充填，而在砾石和砂粒形成的孔隙结构中，多被以陆源碎屑机械成因形成的伊/蒙混层矿物与伊利石等粘土颗粒呈混杂方式填隙于粒间或围绕碎屑颗粒分布，反映出储层岩石孔隙非均质性更强。

Q16块E_{1+2}组Ⅱ油组有效储层泥质含量较高，一般10%~15%，平均13.5%，根据泥质含量~含油性分析，表明泥质含量≤20%、自然伽马值≤95API，储层含油性在油斑以上，确定有效储层泥质含量上限≤20%(图10)。其中扇中亚相辫流水道构型沉积的主要岩性含砾粗砂岩与扇缘亚相径流水道构型沉积的主要岩性中粗砂岩储层物性好，泥质含量一般6%~12%、含油性较好，以油斑与油浸显示为主；扇中亚相漫流砂体构型沉积的主要岩性含泥中粗砂岩储层物性较好、泥质含量一般12%~20%，含油性以油斑显示为主；而扇中亚相漫流细粒构型沉积的主要岩性泥质粉细砂岩储层物性差、泥质含量一般≥20%，含油性差，以油迹与荧光显示为主。

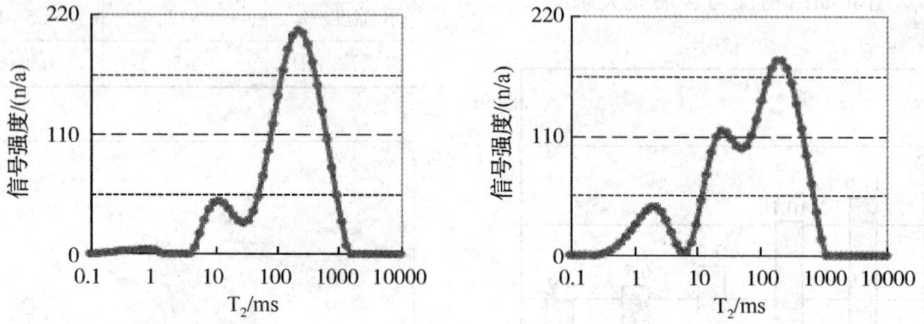

图9　Q16块E_{1+2}组Ⅱ油组Q16-20-41井储层岩石典型T2图谱

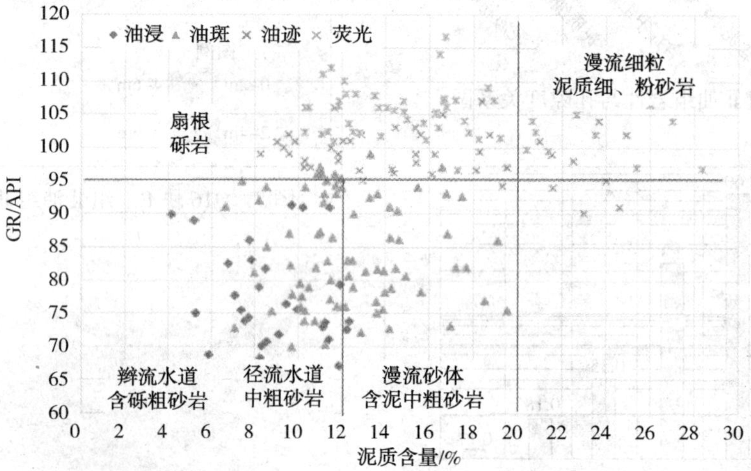

图10　Q16块E_{1+2}组Ⅱ油组泥质含量与含油性关系图

(5)储层岩石孔隙结构差异大，物性及含油性受储集空间类型影响明显。

Q16块E_{1+2}段Ⅱ油组储层岩石孔隙类型主要为原生粒间孔、次生粒间孔、并有少量裂隙孔。铸体薄片及化验分析显示，样品见到比较明显的粒间溶孔、粒内溶孔及成岩构造微缝(图11)，微缝一般占面孔率的5%~20%，渗透率高的储层岩石(渗透率大于1mD)反映出存在较多和较大的粒间、粒内溶孔或溶缝，而渗透率小的储层岩石(渗透率小于1mD)明显粒间溶蚀孔与微裂缝较少。

应用岩心三维CT扫描多尺度表征特低渗储层孔隙结构，进一步分析储层含油性差异与岩石孔隙类型关系。纵向上对比分析Q163井不同层段、不同沉积构型储集空间类型与含油性差异关系，发现2个样品点辫流水道沉积形成的砾状中粗砂岩及含砾中粗砂岩物性好、储集空间类型以贯穿缝+次生溶孔与贴粒缝+次生溶孔为主，含油性明显好于漫流砂体构型；对比分析Q163井不同层段、同为辫流水道构型沉积形成的储集空间类型与含油性差异关系，发现2个样品点的储集空间类型以贯穿缝+次生溶孔与贴粒缝+次生溶孔为主的储层，含油性明显好于储集空间类型以次生溶孔为主的储层(表3)。

粒间溶孔与微缝(187 1.93m、14.1%、7.0mD)

绕粒缝、粒间与粒内溶孔(1866.40m、12.8%、17.6mD)

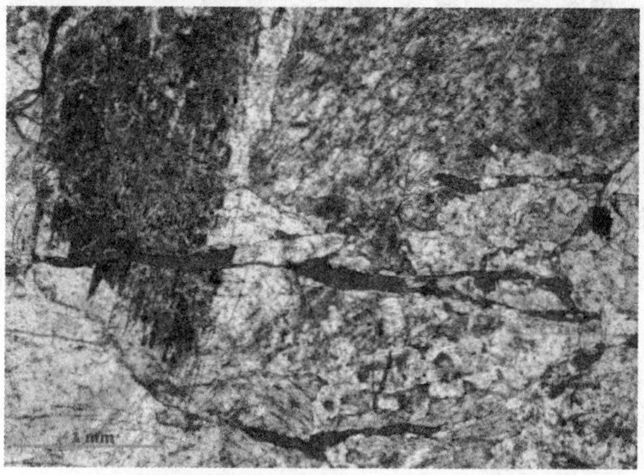

粒内溶孔与微缝(1912.14m、5.5%、1.2mD)

微缝与粒内溶孔(1878.09m、9.0%、0.05mD)

图 11　Q1612 井铸体薄片

表 3　Q163 井不同层段储集空间类型与含油性对比表

样品深度/m	沉积微相	岩性	渗透率/mD	解释结论	储集空间类型
1842.95	辫流水道	砾状砂岩	2.2	油层	贯穿缝~次生溶孔
1845.30	辫流水道	含砾砂岩	1.4	差油层	贴粒缝~次生溶孔
1856.70	漫流砂体	含泥砂岩	0.5	干层	贴粒缝~次生溶孔
1862.40	辫流水道	砾状砂岩	0.3	非渗透层	次生溶孔

以上分析表明，不同沉积相带发育不同的储集空间类型，是导致储层含油性差异主要因素之一。油层、差油层储集空间类型以微裂缝~次生溶孔复合型为主；干层储集空间类型以粒内微孔型为主，贴粒缝也有发育，但发育规模有限；非渗透性层样品点几乎不发育微裂缝，只发育少量溶孔，是储层渗透性差主要原因。因此微裂缝的存在常与特低渗储层相伴生，可有效提升储层渗流能力，导致含油性差异明显，其中微裂缝~孔隙复合类型在孔隙半径、喉道半径、有效孔占比以及配位数等方面明显更优，渗透性因微裂缝存在而大大提高、连通性较好，可形成开发优势储层，为有利目标优选提供依据。而次生溶孔及粒内微孔型储层，虽具有一定孔隙度，但物性及连通性差，不具备有效渗流能力(图 12)。

4　结论

（1）特低渗储层评价重点在储集空间微观结构研究，与含油性、渗流机理及储层保护等关系密切，是衡量和评价储层优劣的重要指标。块状砂砾岩特低渗储层通过分析孔吼大小、孔隙类型、面孔率、孔喉配位数、泥质含量等参数对孔隙结构进行定量表征。

（2）块状砂砾岩特低渗储层孔隙结构非均质性强，微观孔隙结构差异大，应遵从从宏观到微观、从二维到三维原则，运用多种技术手段，三维表征微观孔喉分布非均质性，反映孔喉结构整体信息，开展分类研究，确定优质储层孔隙结构。

（3）干旱型冲积扇沉积构型复杂，有利的沉积构型决定了有利的岩性、岩石孔隙结构及储集

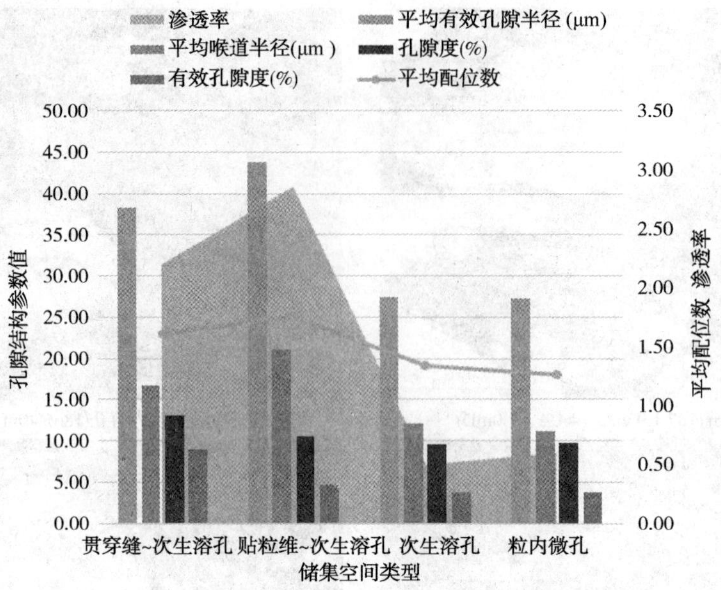

图12　Q16块E_{1+2}组Ⅱ油组不同储集空间类型孔隙结构对比图

空间类型，表现在砂体分布、物性、泥质含量及非均质性等储层质量差异，是储层含油性差异的主要控制因素。

参 考 文 献

[1] 吴胜和，范峥，许长福，等. 新疆克拉玛依油田三叠系克下组冲积扇内部构型[J]. 古地理学报，2012，14(3)：331-332.

[2] Miall A D. The geology of fluvial deposits[M]. Berlin：S pringer Verlag，1996：245-250.

[3] Allen P A. Sediments and processes on a small streamf low dominated，Devonian alluvial fan Shetland Islands[J]. Sedimentary Geology，1981，29(1)：31-67.

[4] Brierley G J. Sedimentology of coarse-grained alluvial fans in the Markham Vally，Papua New Guinea[J]. Sedimentary Geology，1993，86(3/4)：297-324.

[5] 季政君，荐鹏，等. Q16块路乐河组干旱型冲积扇沉积构型表征[J]. 新疆石油天然气，2019，15(3)：18-19.

[6] 李国永，徐怀民，张兵，等. 准噶尔盆地西北缘八区克下组冲积扇沉积微相研究[J]. 特种油气藏，2010，17(2)：15~17.

[7] 叶庆全，袁敏，等. 油气田开发常用名词解释[M]. 北京：石油工业出版社，2009：76-77.

[8] 郑占，吴胜和，许长福，等. 克拉玛依油田六区克下组冲积扇岩石相及储层质量差异[J]. 石油与天然气地质，2010，31(4)：466~468.

[9] 王瑞飞. 特低渗透砂岩油藏储层微观特征[M]. 北京：石油工业出版社，2008：55-56.

[10] 刘洪涛，曾联波，房宝才，等. 裂缝对大庆台肇地区低渗透砂岩储层注水的影响[J]. 中国石油大学学报(自然科学版)，2005，29(4)：67-73.

[11] 孙卫. 风化店火山岩油藏开发效果分析研究[J]. 石油学报，1998，19(2)：80-86.

[12] 徐永强. 鄂尔多斯盆地陇东地区长7致密砂岩储层微观孔喉特征及分类评价研究[D]. 西安：西北大学，2019.

大民屯凹陷沈358块超低渗砂岩油藏储层甜点评价技术及应用

蔡　超　王　维

（中国石油辽河油田公司）

摘　要　本研究以大民屯凹陷沈358块超低渗透砂岩油藏为例，综合利用铸体薄片、常规压汞、微米CT扫描等资料，引入分形理论实现储层定量化分类；通过大规模水力压裂的物理模拟实验，论证不同类别储层压裂效果差异；利用目标概率反演，实现油层分布规律预测，建立了多参数、宏微观相结合的储层甜点评价技术。研究表明，研究区储层主要分为三类：Ⅰ类储层主要岩性为砂砾岩，储层孔隙结构分形维数平均为2.13，主要分布在扇体辫状河道主体；Ⅱ类储层主要岩性为中、细砂岩，储层孔隙结构分形维数平均为2.35，主要分布在扇体辫状河道边部；Ⅲ类储层主要岩性为粉砂岩，储层孔隙结构分形维数平均为2.6，主要分布在扇前缘。通过大规模水力压裂的物理模拟实验表明，Ⅰ类储层层厚脆性强，压裂缝网复杂，Ⅱ、Ⅲ类储层发育不稳定泥岩夹层及纹层，压裂缝延展受限明显。该评价技术使得甜点预测准确可靠，在辽河油田低渗透油藏勘探开发中取得了良好的应用效果。

关键词：低渗油藏；储层评价；高效开发

1　引言

我国低渗透油藏石油资源量丰富，近年来低渗油藏已逐步成为油田公司增储稳产的主要领域，如何有效动用已探明低渗储量、提高已开发储量采出程度，是当前各个油田亟待攻关的技术难题。辽河油田低渗储层具有埋藏深，储层敏感性强等特点，在开发上有效动用难度大，建产投资高，其效益动用技术亟待攻关。

以大民屯凹陷致密砂岩油藏为例，沈358-268块邻近西部陡坡带中部平安堡—安福屯构造带，盆地边界与沉降区高差可达500m，目的层为沙四下亚段（$E_2S_{4下}$），主要发育大套砂砾岩。储层岩性复杂，物性差，为特低渗油藏。区块沉积环境复杂，横向变化快。

综合利用铸体薄片、常规压汞、微米CT扫描等资料，引入分形理论实现储层定量化分类；通过大规模水力压裂的物理模拟实验，论证不同类别储层压裂效果差异；利用目标概率反演，实现油层分布规律预测，建立了多参数、宏微观相结合的储层甜点评价技术。

2　建立宏微观相结合的储层定量分类评价标准

2.1　已有孔隙结构评价方法局限性

根据不同参数表征孔隙结构意义上的差异，重点对反映储层渗透性的渗透率、孔隙度、孔喉半径平均值（rm）、孔隙喉道大小的最大孔喉半径（rD）以及反映孔喉分选好坏的均质系数（α）和反映孔喉分布特征、结构特征的退汞效率（We）、峰态（Kp）等7项参数进行了重点分析。在综合考虑储层物性、孔喉粗细、孔喉分选、孔隙结构特征对渗流作用影响等几个因素对本区储层孔隙结构进行了划分，储层孔隙结构类型呈现多样、丰富的特点。

大民屯地区沈358块目前应用J函数法对储层进行分类评价（图1），仍为定性半定量评价，不能满足高效开发的需求，需建立一套低渗储层定量分类评价标准。

2.2　利用分形维数定量表征储层孔隙结构复杂程度

所谓分形，是指那些没有特征长度而又具有自相似性的图形、构造以及现象的总称。自相似

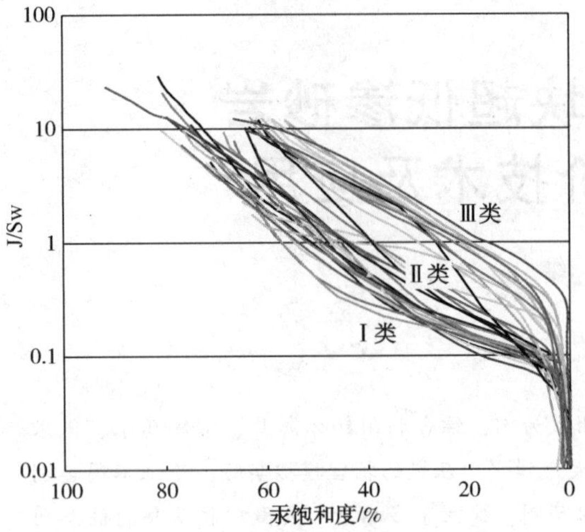

图1　沈358块J函数曲线

性是从不同的空间尺度或时间尺度看，某一结构或过程的特征都是相似的，从而体现了分形对于不同尺度都具有对称性。分形几何理论研究的正是具有统计自相似性的对象，是由法国数学家曼德布罗特(Mandelbrot B. B)在1975年提出的，该理论认为分形体没有特征长度，却具有统计自相似性，其复杂程度可以用分形维数来描述。

孔隙和喉道是组成岩石孔隙结构的基本单元。所谓孔隙是指在孔隙网络系统中，被骨架颗粒包围着并对流体储存起较大作用的相对膨大部分；孔隙喉道是指在沟通孔隙形成通道中起着关键作用的相对狭窄部分。岩石的孔隙空间不仅是流体的储集空间，而且也是流体的运移通道。任何一种流体在岩石中流动时，必须要经过一系列的孔隙和喉道，且要受到孔隙大小和喉道几何形状等因素的控制。因此岩石的孔隙结构(孔喉几何状态，分布)与影响岩石储集和运移能力的物性参数(如孔隙度、渗透率)有着密切联系，从宏观上说，也是控制油气生产潜能的关键。

储层岩石的孔隙与喉道的空间分布具有统计自相似性，孔隙大小分布也可用分形几何学进行表征。从某井的铸体薄片观察孔隙结构可以看到，放大不同的倍数，孔隙结构并没有随着尺寸减小而简化(图2)，这直观的反映出储层孔隙结构的自相似性。

相对于其他方法，分形理论将岩石孔隙结构作为复杂无规律的整体来进行研究，更加符合真实情况。因此，利用分形模拟的理论，通过分析

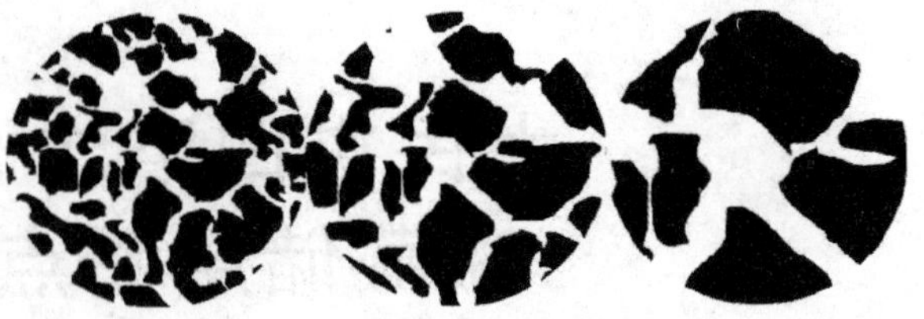

图2　不同尺度下的孔隙结构示意图

储层岩石孔隙分布和毛细管压力曲线建立分形几何模型，可以定量描述孔隙结构特征，揭示储层微观非均质性。

目前主要通过分析岩石样品的压汞资料来得到孔隙结构的分形维数，对压汞资料的研究表明：在三维欧氏空间中孔隙结构的分形维数是介于2和3之间的分数，分形维数越小，孔喉表面越光滑，均质性较强，岩石的储集性能越好；反之，孔喉表面越粗糙，非均质性越强，储集性能越差。

在压汞实验中，水银进入不同半径孔隙的难易程度可以通过毛细管压力的大小来反映，由此得到的毛细管压力曲线可以作为计算三维空间孔隙结构分形维数的基础数据。

毛管压力曲线是由一系列相互对应的汞饱和度和毛管压力数据组成的。一般横坐标表示流体(汞)饱和度，而纵坐标表示毛管压力Pc。目前毛管压力的资料已经在油气勘探开发中获得十分广泛的应用。与储层微观性质相关的全部参数，诸如孔隙度、渗透率、残余油饱和度、束缚水饱和度、喉道大小分布等，都可以利用毛管压力资料获得。由压汞测试的过程可知，在某一压力下进入岩样的汞的体积等于该压力对应的连通孔隙和喉道体积之和。据此原理推导分形维数的计算过程如下：

假设以r为测量尺度对某储层岩石样品进行测度，所测出的半径为的孔隙数量为$N(r)$，则两者之间应满足关系式：

$$N(r) \propto r^{-D} \tag{1}$$

其中D为分形维数。又由毛细管模型，有下式：

$$N(r) = V_{Hg}/(\pi r^2 l) \tag{2}$$

式中l为毛细管的长度，V_{Hg}为水银流经半径为r的毛细管时所对应的累计体积，由公式

(1)、(2)，可得

$$V_{Hg}/(\pi r^2 l) \propto r^{-D} \tag{3}$$

$$V_{Hg} \propto r^{2-D} \tag{4}$$

根据毛细管压力求取公式

$$p_c = (2\sigma\cos\theta)/r \tag{5}$$

式中 θ 为接触角，σ 为界面张力，P_c 为毛细管压力。将式(5)带入式(4)，可得

$$V_{Hg} \propto p_{c-(2-D)} \tag{6}$$

根据岩样中水银饱和度的定义：

$$S_{Hg=} V_{Hg}/V_p \tag{7}$$

其中 S_{Hg} 为水银饱和度，Vp 为样品孔隙的总体积，综合(6)、(7)两个式子，可得

$$S_{Hg=} \alpha p_{c-(2-D)} \tag{8}$$

其中 α 为常数。将式(8)两边取对数并作简单变换可得

$$\ln S_{Hg=}(D2)\ln p_c + \ln\alpha \tag{9}$$

式(9)说明如果储层岩石孔隙结构具有分形性质，则根据毛管压力资料 $\ln S_{Hg}$ 与 $\ln P_c$ 存在线性关系，根据其斜率可以计算分形维数 D。

2.3 分形维数的计算

本区发育砾岩类和砂岩类两种储层。通过岩心观察、铸体薄片鉴定，储集空间以及孔隙为主，所占比例为92.8%，少量裂缝，所占比例仅为7.2%。砾岩类的储集空间类型主要有粒间孔、溶蚀孔及微裂缝、溶蚀缝；砂岩类储集空间类型主要以原生粒间孔、溶蚀孔为主，见少量粒间溶孔(图3~图6)。

图3　原生粒间孔

(沈358井，3014.68m，粗砂岩)

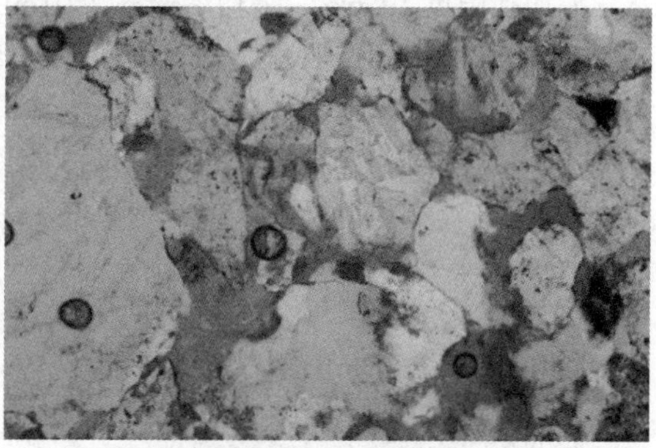

图4　溶蚀孔

(沈268-34-18井，3021.14m，砂砾岩)

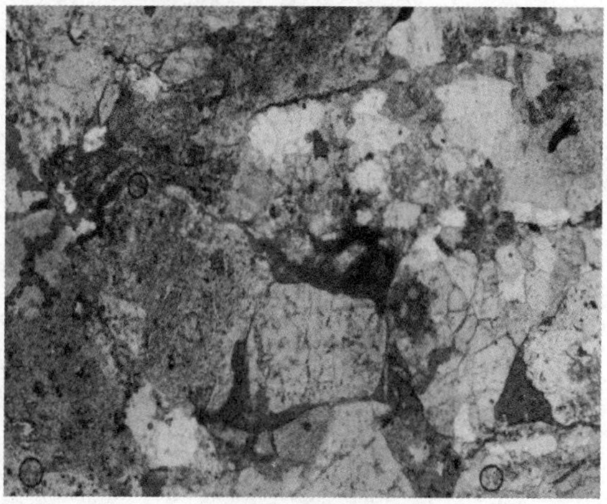

图5　溶蚀缝

(沈358井，3015.88m，中-粗砂岩)

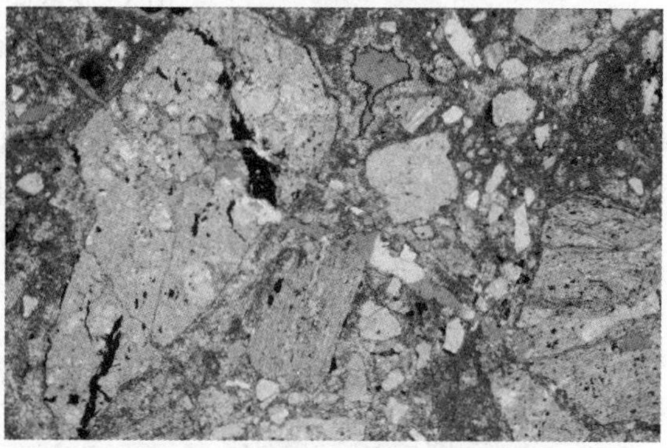

图6　溶蚀缝

(沈268井，3446.52m，砂砾岩)

根据本区的压汞分析资料，储层孔隙结构以低孔、特低渗、细-微细喉不均匀型为主。砂砾岩孔喉半径主要集中于0.025~0.4μm，实测毛细管压力曲线排驱压力中等，一般1~5MPa，最大压力下汞饱和度一般大于40%，退汞效率大于20%(图7)。砂岩孔喉半径主要集中于0.16~

1μm。平均孔隙度12.6%，平均渗透率2.01mD，实测毛细管压力曲线排驱压力较小，一般小于1MPa，最大压力下汞饱和度一般大于50%，退汞效率大于30%(图8)。

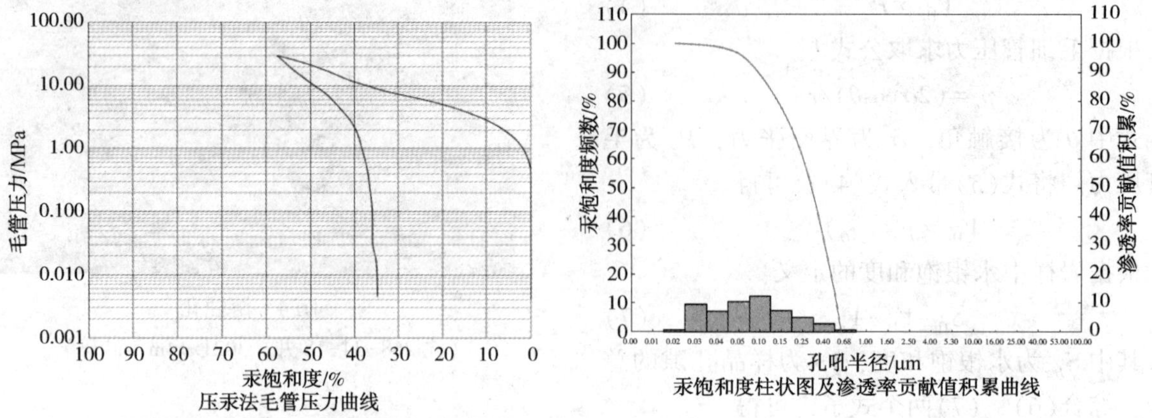

图7　沈358井毛细管压力曲线特征
(井深：3019.04m，砂砾岩)

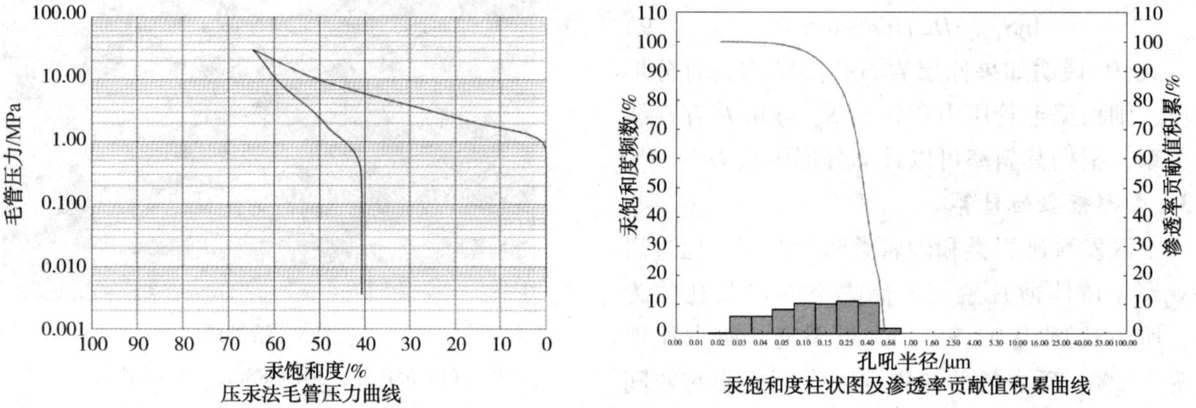

图8　沈354井毛细管压力曲线特征
(井深：3340.55m，中-粗砂岩)

采用汞饱和度法计算6口取心井151块样品分形维数，利用分形维数定量表征储层孔隙结构复杂程度(图9)。

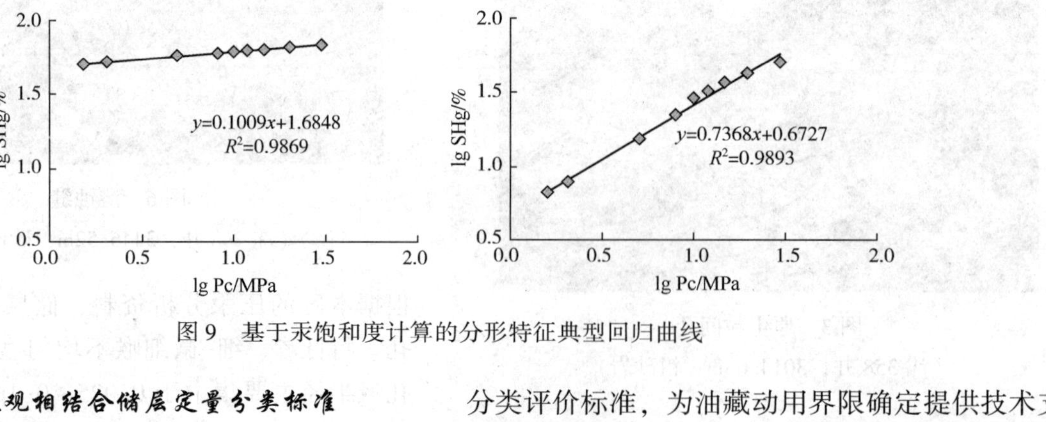

图9　基于汞饱和度计算的分形特征典型回归曲线

2.4　建立宏微观相结合储层定量分类标准

综合物性、电性、孔隙结构、分形维数定量等指标，建立多参数、宏微观相结合的储层定量分类评价标准，为油藏动用界限确定提供技术支撑。物性、电性与岩石含油性及产能之间具有不可分割的联系，通过建立图版对储层有效性进行分类(图 10、11)。

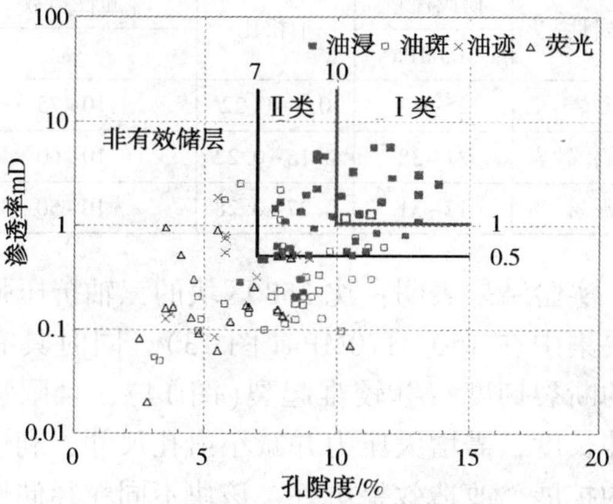

图 10　沈 358-沈 268 块物性分类图版

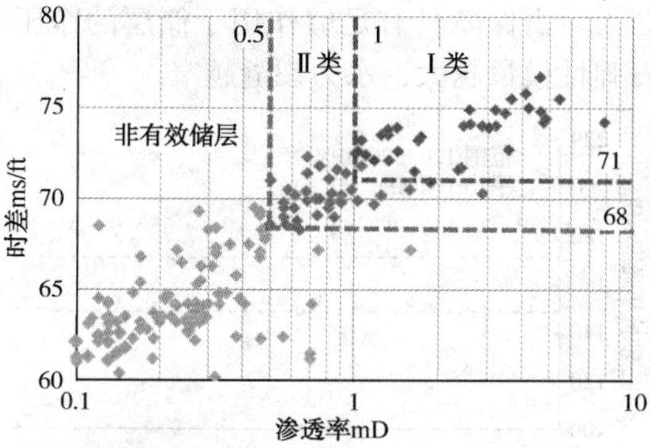

图 11　沈 358-沈 268 块电性分类图版

在此基础上将分形维数应用于研究区 7 口井 58 块样品的储层分类与评价中，建立了分形维数与电性的关系，实现复杂储层的定量分类与评价(图 12、表 1)。

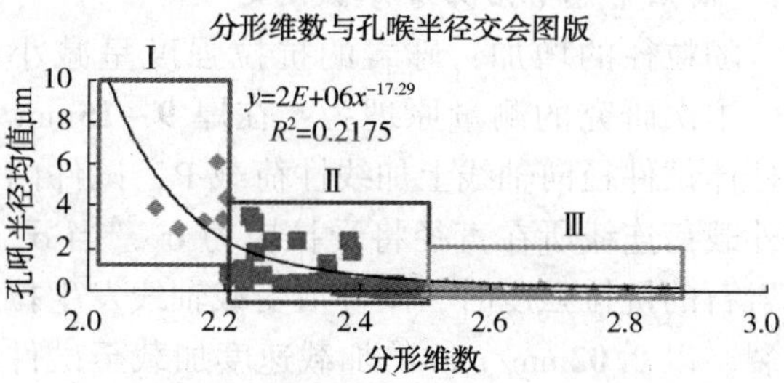

图 12　分形维数与孔喉半径交会图版

Ⅰ类：主要岩性为细砂岩，电阻大于 70Ω · m，时差大于 238μs/ft，采油强度大于 2t/(d · m)，储层孔隙结构分形维数小，平均为 2. 13。储层孔隙类型以完整粒间孔、残余粒间孔和粒间溶孔为主，喉道多为孔隙的缩小部分，孔喉连通性好，渗流能力强，排驱压力低，平均为 0. 07MPa，孔喉分布范围宽，平均孔喉半径大，并且孔喉分布较为均匀，孔喉结构系数低，孔隙结构简单，多属于小孔细喉特细喉型。同时该类储层物性最好，平均孔隙度大于 15%，平均渗透率大于 2mD，总体属于中低孔、低渗的优质储层。

表 1　沈 358-沈 268 块储层定量分类评价标准

分类	岩性	物性参数		电性特征		孔喉特征参数			分形维数
		Φ/%	K/mD	RT/Ω · m	AC/(μs/ft)	排驱压力/MPa	半径均值/μm	分选系数 Sp	
Ⅰ	砾岩、砂砾岩	≥10	≥1	>70	>238	0. 04～0. 1	1. 8～9. 65	0. 38～2. 3	2. 07～2. 2
Ⅱ	中细砂岩、粉砂	7～10	0. 5～1	>55	>223	0. 08～0. 21	0. 61～1. 79	1. 98～5. 92	2. 2～2. 5
Ⅲ	粉砂岩	< 7	< 1	>24	>208	0. 14～0. 22	0. 6～0. 91	3. 58～6. 06	2. 5～2. 79

Ⅱ类：主要岩性为凝灰质粉细砂岩，电阻大于 55Ω · m，时差大于 223μs/ft，采油强度在 1～2t/(d · m)，储层孔隙结构分形维数较小，平均为 2. 35。储层孔隙类型以残余粒间孔和粒间溶孔为主，喉道多为颗粒间可变断面的收缩部分，孔喉连通性及渗流能力中等，排驱压力较低，平均为 0. 15MPa，孔喉分布范围较宽，平均孔喉半径中等，孔喉分布相对均匀，孔喉结构系数较低，孔隙结构较复杂，多属于小孔特细微细喉性。该类储层物性中等，平均孔隙度多在 13%～15%之间，平均渗透率在 0. 5～2mD 之间，属于低孔低-特低渗的中等储层。

Ⅲ类：主要岩性为粉砂岩,，电阻大于 24Ω · m，时差大于 208μs/ft，采油强度在小于 1t/(d · m)，储层孔隙结构分形维数中等，平均为 2. 6。储层孔隙类型以粒间溶孔和粒内溶孔为主，喉道多呈片状或弯片状，孔喉连通性及渗流能力较差，排驱压力高，平均为 0. 18MPa，孔喉分布范围窄，平均孔喉半径较小，孔喉分布均匀性较差，孔喉结构系数中等，孔隙结构复杂，多属于小孔细喉或极细喉型。该类储层物性较差，平均孔隙度为多在 10%～13%，平均渗透率在

10～13mD 之间，属于低孔低-特低渗的差储层。

3　结合储层岩石学特征，为压裂优化提供依据

3.1　储层静态岩石力学参数测定

随粒径的增加，砾岩的抗拉强度呈减小趋势。本次研究的测量原理为：在厚 **9～15**mm 的圆柱体试件径向轴线上加线性荷载 P，试件内部沿外载荷连线所在直径将受拉应力 σ_t，当 σ_t 达到岩石的抗拉强度时，试件沿受载轴线发生拉伸破裂。以 **0.02**mm/min 的加载速度加载至试件破坏。三轴抗压强度指示岩石在压缩载荷作用下抗破坏能力，与形成剪切裂缝的能力、形成缝网能力成正相关关系。

抗拉强度指示岩石在拉伸载荷作用下抗破坏能力，与破裂压裂呈正相关。根据地应力计算地层破裂压力梯度，从而进一步计算压裂施工时所需的地面泵压，以及地面工程控制。断裂韧性表征岩石抵抗裂纹失稳扩展能力，与初期裂缝扩展能力及缝高延伸能力呈负相关关系。开展三轴压缩测试，进行储层静态岩石力学参数测定，确定地层弹性模量、泊松比、抗拉强度、抗压强度及断裂韧性等岩石力学参数，为压裂设计提供可靠参数，确定加砂浓度，预测形成缝网的复杂程度等。

通过岩样的声波测试得到岩石的纵波速度和横波速度，计算得到动态弹性模量和动态泊松比等动态力学参数，在通过静态力学参数实验得到岩样的静态弹性模量及静态泊松比、三轴抗压强度等，对动态力学参数进行标定和校正，得到区块将动态力学参数转化为静态力学参数实验测试拟合公式。应用该公式将阵列声波测井数据得到单井动态力学参数剖面，转化为静态力学参数剖面，即单井的地应力剖面、脆性指数剖面和断裂参数剖面，及可压性系数。

经动态力学参数声波测试及岩样静态试验结果标定，沈 **358** 区块储层整体具有低泊松比、高杨氏模量、高脆性特征(表 **2**)，人工造缝更容易形成网状裂缝，能获得更高的产能利于裂缝的纵向扩展。

表 2　沈 358-268 块不同岩性特征表

岩性	杨氏模量	泊松比	脆性指数
	103MPa		%
砾岩	24～40	0.11～0.24	10～70
砂砾岩	25～42	0.12～0.24	10～70

续表

岩性	杨氏模量	泊松比	脆性指数
	103MPa		%
砂岩	25～47	0.1～0.22	10～75
泥质粉砂岩	27～38	0.15～0.22	10～60
泥岩	12～31	0.27～0.28	10～50

实验结果表明：沈 358 区块的三轴抗压强度主要集中在 150～170MPa(图 13)，同时具有较低的断裂韧度裂缝较难起裂(图 14)，且限裂缝延伸长度，需增大压力并减小射孔尺寸，利于裂缝的扩展，改造效果更好。该块不同粒径储层抗拉强度范围为 2.10～7.06Mpa，平均为 4.41Mpa(图 15)，抗拉强度与破裂压力正相关，设计施工压力时需保障具有足够作用于储层的净压力。岩石弹性模量越大，水力裂缝越窄。

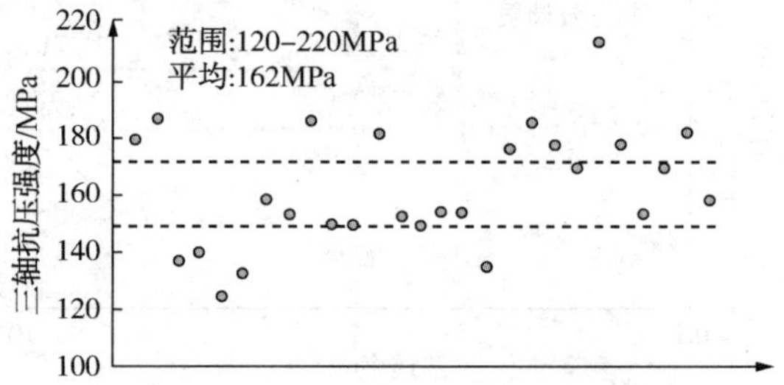

图 13　沈 358 块三轴抗压强度

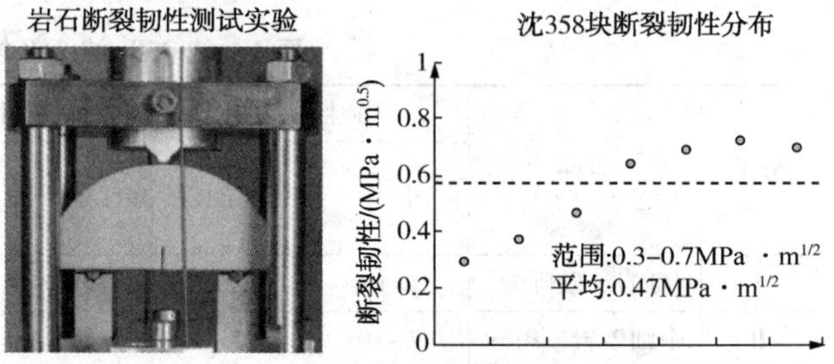

图 14　沈 358 块断裂韧性分布图

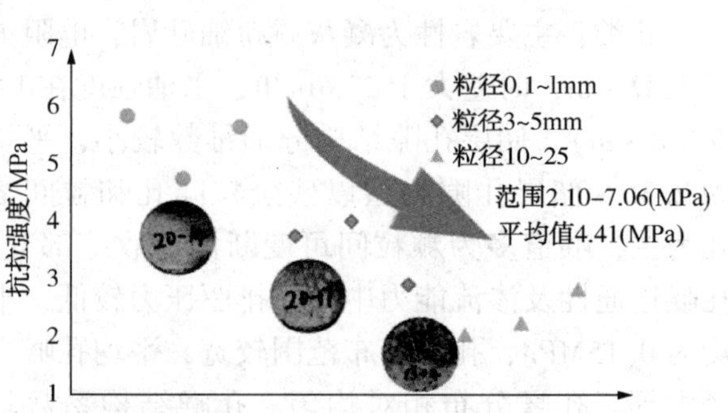

图 15　沈 358 块不同粒径砾岩试件抗拉强度

3.2　开展基于大规模水力压裂的物理模拟实验

依据岩石力学参数体积压裂可行性标准，岩石的脆性指数和三轴抗压强度与缝网能力成正比；岩石的动态弹性模量和动态泊松比与缝宽成反比关系；岩石的抗拉强度与破裂压力成正比；岩石的断裂韧性与缝高成反比关系。

对于各储层岩性样品的水力压裂效果，采用以下两种参考量进行表征：裂缝面粗糙度、穿砾数量。

Ⅰ类储层砂砾岩储层断开截面比较粗糙，砾石直径存在差异，但层厚并且脆性强，穿砾率达到 46.86%，压裂缝网较好，如图 16 所示，被贯穿砾石用绿色标注，未被贯穿砾石用红色标注。

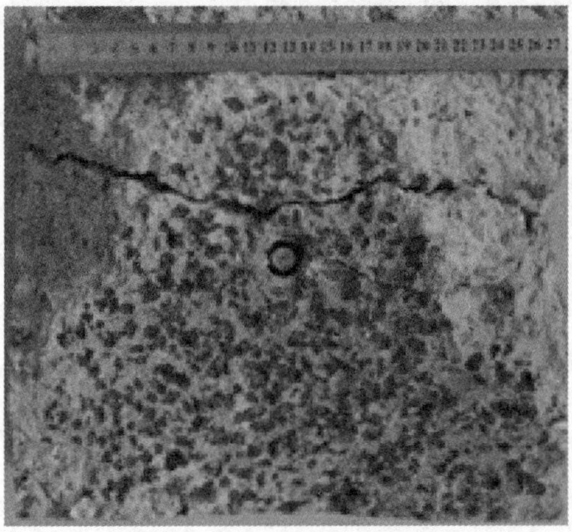

图 16　砂砾岩缝面穿砾情况

Ⅱ类储层砂岩中发育有多个不稳定层状泥岩夹层，压裂缝延展较受限，如图 17 所示，压裂液仅能穿透部分砂体或某一砂体的局部。

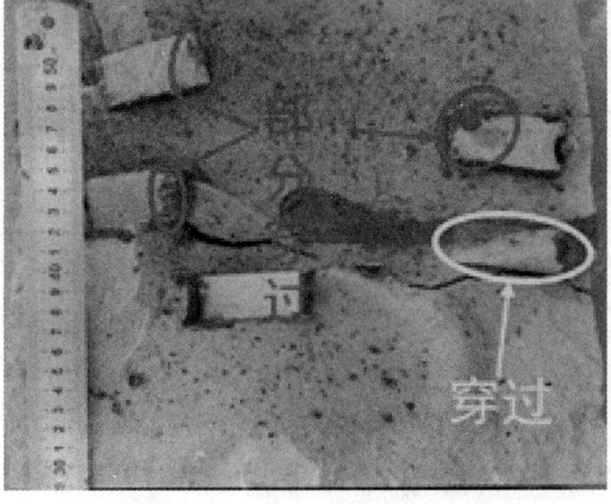

图 17　中细砂岩水力裂缝面

Ⅲ类储层渗透率极低，部分储层纹层较发育，岩性复杂且变化较快，压裂缝延展受限明显，如图 18 所示，红色线表示水力裂缝在纹层较多储层中的扩展路径。

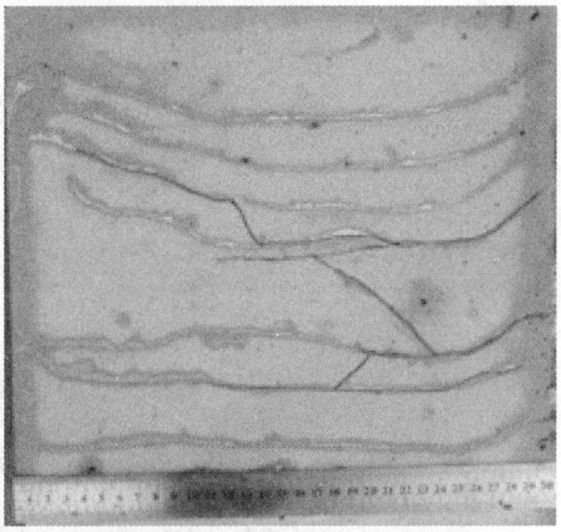

图 18　致密储层水力压裂结果

4　应用相控有效储层预测技术，提高储层预测精度

沈 358 块沙四段为近岸水下扇沉积，物源主要来自西北侧，主要发育两个扇体，每个扇体纵向上由多期砂体叠置而成，砂体最厚 400m，储层发育特征受沉积控制，主体部位叠加厚度大，横向变化快，各扇体分布特征不同，纵向上可划分为三个砂岩组(图 19、图 20、图 21)。

Ⅲ砂岩组缺乏主体河道，扇中辫状河道频繁改道，沉积以砂砾岩、细砂岩为主，薄互层明显，隔夹层多。水体能量相对较强，往两翼减薄，过渡为扇中前缘相，岩性变细。

Ⅰ砂岩组扇体物源供给充足，沉积较为广泛，水体能量较强并持续加深，物源区到达研究区的沉积物粒度变细，沉积以细砂岩夹砾岩为主。在沈 358、沈 351 及沈 358-34-18 井一带发育扇中辫状水道砂体，东侧受控沉积断层影响，延伸长度有限，南部南部具有沉积填平的特点，扇体延伸较远。

Ⅱ砂岩组扇体物源供给充足，扇中主辫状河道发育，沈 358-24-16-沈 358-26-20-沈 358-28-22 为主河道，沉积以厚层状砂砾岩、细砂岩为主，在南部与沈 257 扇体叠置。河道北西南东走向。

传统的地质统计学反演是通过分析有限样本来表征空间变异程度，并依此估计预测点的高频成分。地震的作用是保证中频符合地震特征，高频利用井进行随机模拟。由于地质统计学是基于空间域样点分布的，因此模拟结果受井位分布的影响较大，对井均匀分布的要求较高。此外，变差函数的统计尤其是变程的确定往往不能精细反映储层空间沉积相的变化，导致模拟结果平面地质规律性差，随机性强。

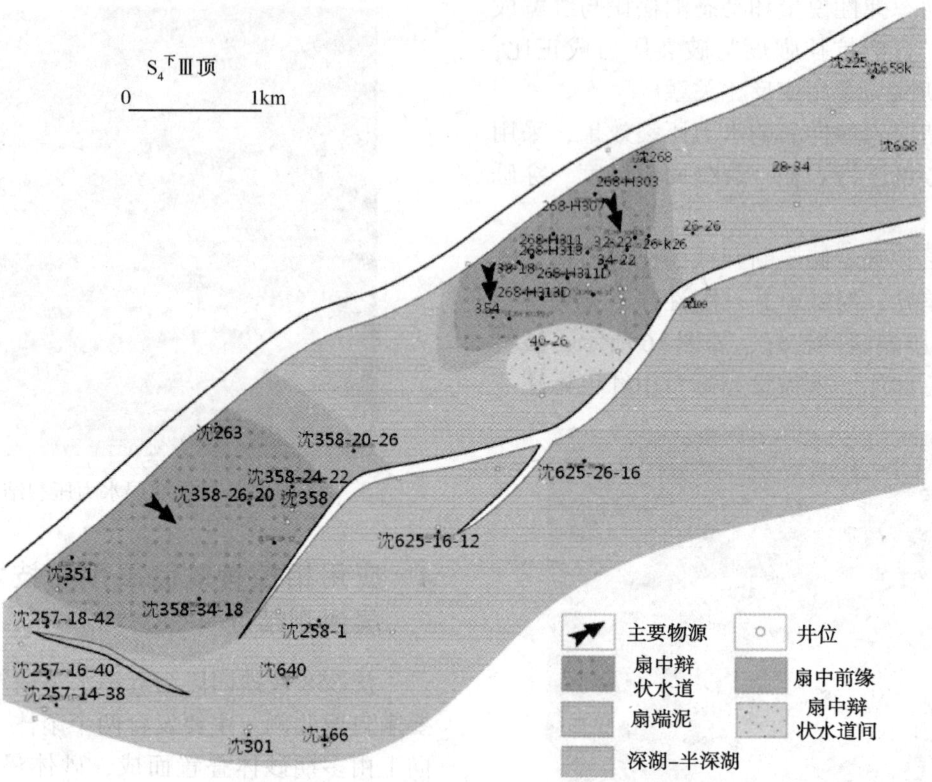

图 19　沈 358–268E_2 $S_{4下}$Ⅲ沉积微相分布图

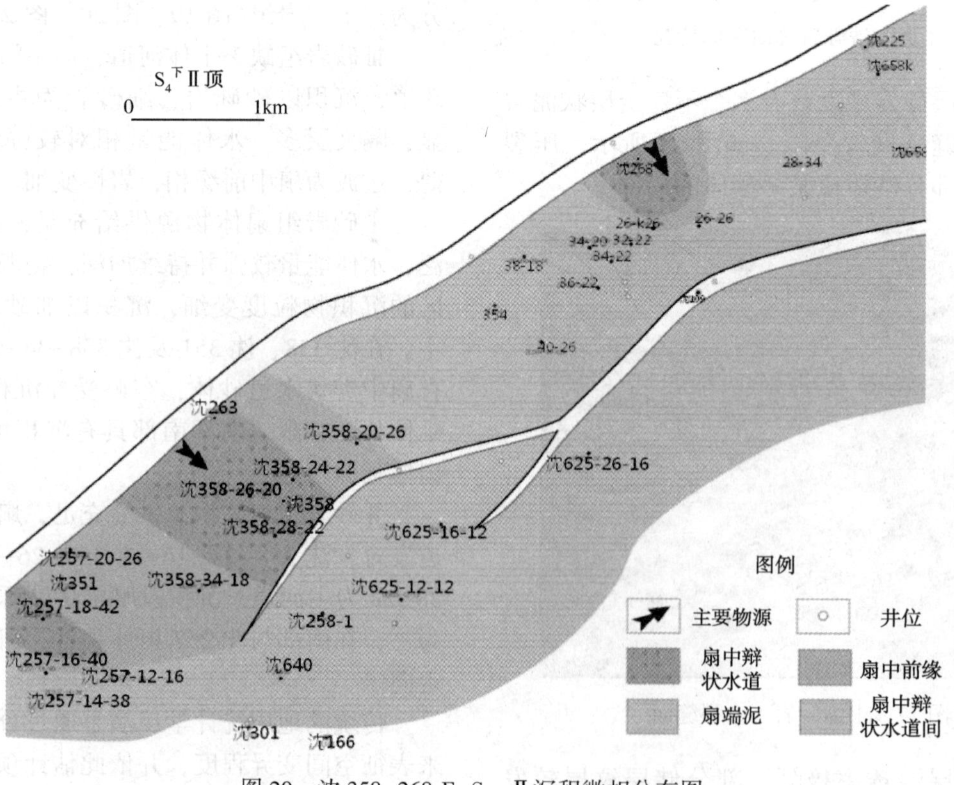

图 20　沈 358–268 E_2 $S_{4下}$Ⅱ沉积微相分布图

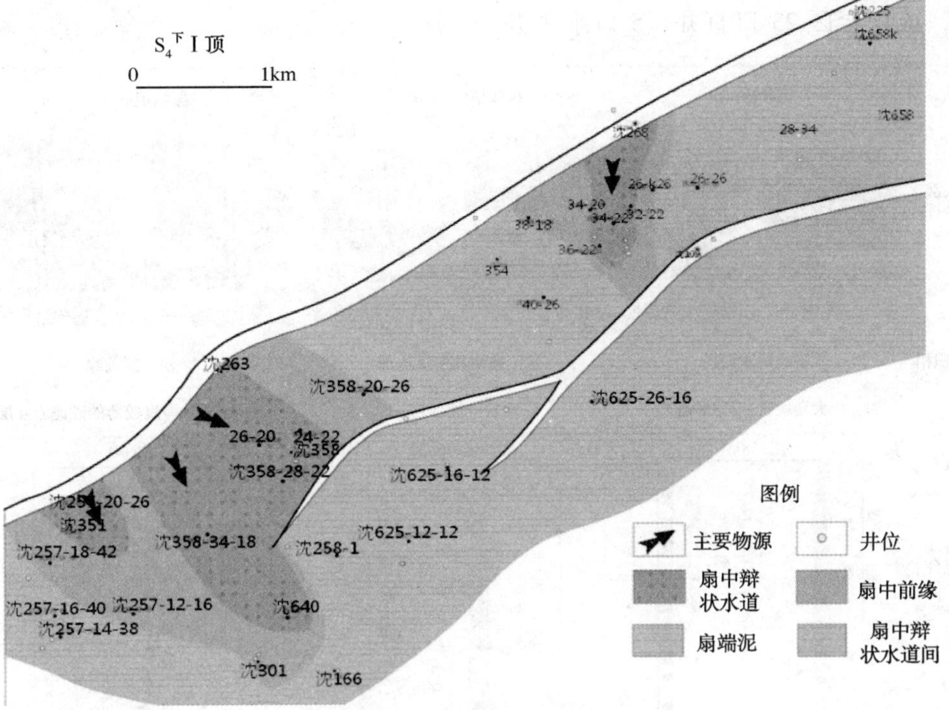

图21　沈358-268 E_2 $S_{4下}$ I沉积微相分布图

本次采用“地震波形特征指示反演技术”，是在传统地质统计学基础上发展起来的新的统计学方法，采用独创的“地震波形指示马尔科夫链蒙特卡洛随机模拟(SMCMC)”算法，其基本思想是在统计样本时参照波形相似性和空间距离两个因素，在保证样本结构特征一致性的基础上按照分布距离对样本排序，从而使反演结果在空间上体现了地震相的约束，平面上更符合沉积规律。

4.1　地震波形指示目标概率模拟

按照地震波形特征对已知井进行分析，优选与待判别道波形关联度高的井样本建立初始模型，并统计其纵波阻抗作为先验信息。传统变差函数受井位分布的影响，难以精确表征储层的非均质性，而分布密集的地震波形则可以精确表征空间结构的低频变化。在已知井中利用波形相似性和空间距离双变量优选低频结构相似的井作为空间估值样本。将初始模型与地震频带阻抗进行匹配滤波，计算得到似然函数。如果两口井的地震波形相似，表明这两口井大的沉积环境是相似的，虽然其高频成分可能来自不同的沉积微相、差异较大，但其低频具有共性，且经过井曲线统计证明其共性频带范围大幅度超出了地震有效频带。利用这一特性可以增强反演结果低频段的确定性，同时约束了高频的取值范围，使反演结果确定性更强。

在贝叶斯框架下联合似然函数分布和先验分布得到后验概率分布，并将其作为目标函数，不断扰动模型参数，使后验概率分布函数最大时的解作为有效的随机实现，取多次有效实现的均值作为期望值输出。实践表明，基于波形指示优选的样本，在空间上具有较好的相关性(图22)。

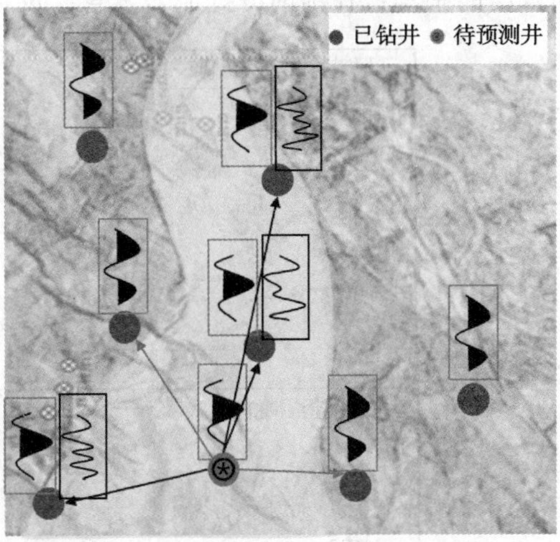

图22　地震波形指示反演基本原理

4.2　预测成果分析

依据直井测井解释结论，以地震波形特征为

约束，参照波形相似性和空间距离两个因素对储层进行预测，统计全区23口直井、5口水平井储层段预测结果，符合率达90%以上(图23)。

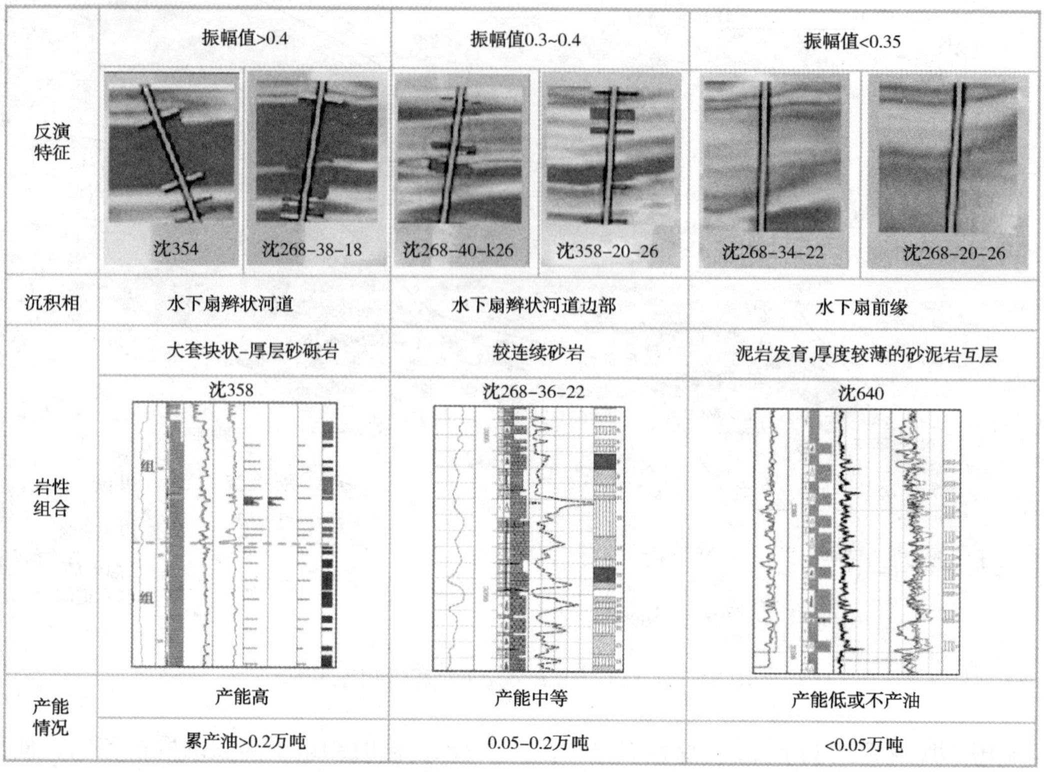

图23　沈35块有利储层特征-反演特征-产能特征匹配关系

分析不同储层的岩性特征、目标概率反演以及产能状况的关系，明确了有利砂体的特征。以在扇体辫状河道主体，岩性组合为套块状-厚层砂岩，产能较高；在扇体辫状河道边部，岩性组合为连续砂岩，反演特征为振幅值介于0.3~0.4之间，产能中等；在扇前缘处泥岩发育，反演特征为振幅值小于0.35，产能低。

沈358块Ⅰ、Ⅱ组储层均有发育，连续性好，目标概率反演剖面显示储层中部较好，向南北边部减薄(图25)，分别与沉积相和油层分布对应(图24)，反演预测结果与地质认识相匹配。

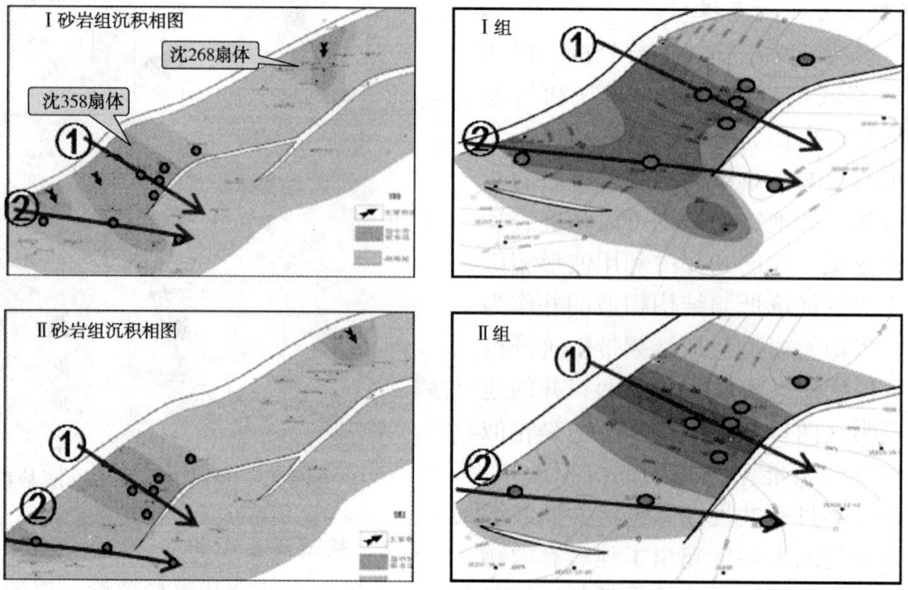

图24　沈358块Ⅰ、Ⅱ沉积相图与油层平面图

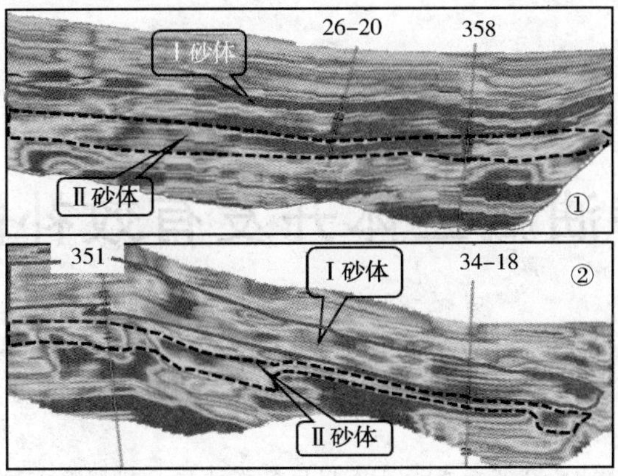

图25　沈358块目标概率反演剖面图

利用地震波形横向变化代替变差函数表征储层空间结构的差异性，明确了平面两个扇体、纵向多期叠置的沉积体系，该方法体现了“相控反演”，预测结果更符合地质认识，提高了储层预测精度。

5　结论

（1）研究表明，研究区储层分为三类：Ⅰ类储层主要岩性为砂砾岩，储层孔隙结构分形维数平均为2.13，孔隙类型以粒间孔、溶蚀孔及微裂缝、溶蚀缝为主，虽然孔喉分选差，但半径均值较大，平均可达5.8μm，且连通较好，排驱压力平均为0.15MPa，主要分布在扇体辫状河道主体；Ⅱ类储层主要岩性为中、细砂岩，储层孔隙结构分形维数平均为2.35，孔隙类型以原生粒间孔为主，见少量粒间溶孔，孔喉分选中等偏差，但半径均值偏小，平均为1.4μm，连通较差，排驱压力平均为0.7MPa，主要分布在扇体辫状河道边部；Ⅲ类储层主要岩性为粉砂岩，储层孔隙结构分形维数平均为2.6，孔隙类型以粒内溶孔为主，孔喉分选好，但半径均值极小，平均仅为0.13μm，排驱压力平均达到2.2MPa，主要分布在扇前缘。

（2）通过大规模水力压裂的物理模拟实验表明，Ⅰ类储层层厚脆性强，压裂缝网复杂，Ⅱ、Ⅲ类储层发育不稳定泥岩夹层及纹层，压裂缝延展受限明显。该评价技术使得甜点预测准确可靠，水平井油层钻遇率由75%提升至85%，单井产量提高了30%~40%，在辽河油田低渗透油藏勘探开发中取得了良好的应用效果。

参　考　文　献

[1] 徐洁，罗钰琳，张金芝，等．低渗透油藏渗流规律及其开发对策研究现状[J]．石油化工应用，2011，30(7)：7-10.

[2] 孙伟，李丽，周炳军，等．低渗透油藏增效开发技术研究与应用[J]．中国石油和化工标准．

[3] 李大勇，臧士宾，任晓娟，等．用分形理论研究低渗储层孔隙结构[J]．辽宁化工，2010，39(7)：723-726.

[4] 耿斌，胡心红．孔隙结构研究在低渗透储层有效评价中的应用[J]．断块油气田，2011，18(2)：187-790.

[5] 杨庆红，谭吕，蔡建超，等．储层岩石孔隙的分形结构研究和应用[J]．天然气工业，2000，22(2)：67-70.

[6] 王允诚．油气储层评价[M]．北京：石油工业出版社，1999.75-81.

[7] 王振奇，张昌民，侯国伟，等．安鹏深层系扇三角洲低渗致密砂岩储层综合评价[J]．江汉石油学院学报，2002，24(3)：1-6.

[8] 魏虎．低渗致密砂岩气藏储层微观结构及对产能影响分析[D]．西安：西北大学，2011.

[9] Wang Y, Karaoulanis F. Impacts on SRV Region in Low-Permeability Formations Due Stressse Around a Hydraulic Fracture[C]// SPE Asia Pacific Hydraulic Fracturing Conference. 2016.

[10] Wang J, Zheng X, Wang Z, et al. Application of Injection Well Fracturing in Extra Low-Permeability Oilfields[C]// SPE Asia Pacific Hydraulic Fracturing Conference. 2016.

[11] Zhang K, Tang M, Yong S S, et al. Evaluation of Stage Contribution and Interwell Connectivity During Initial Flowback and Oil Production in a Tight Oil Horizontal Stimulation Using Tracer Technology[C]// SPE Asia Pacific Hydraulic Fracturing Conference. 2016.

缝网改造低渗油藏立体开发有效补能研究与实践

罗鹏飞　司　勇　吕媛媛

(中国石油辽河油田公司)

摘　要　缝网改造低渗透油藏在实施水平井体积压裂改造后，初期产量较高，但衰竭式开发产量递减快，需探索有效补能方式。本文以低渗透油藏J2块为研究对象，综合运用室内实验、油藏工程、数值模拟等研究方法，充分论证各类有效补能方式，确定采用注水方式最为可行。考虑原直井井网，采用直注平采、底部温和注水的补能方式，优化注采参数，设计形成24注64采的注水补能方案。现场已实施1个井组，取得阶段效果，水平井日产油从8.9t上升至12t。对其他同类型油田具有较好的借鉴意义。

关键词：低渗透；水平井；体积压裂；注水；补充能量

辽河外围J2块为一注水开发的低渗透老油藏，在部署水平井分段体积压裂[1]缝网改造后，取得了较好的开发效果，水平井初期单井日产油达10t以上，是直井的3~5倍。但递减幅度大，平均递减率月达40.35%，补充地层能量迫在眉睫。目前国内对低渗体积压裂缝网改造后的油藏，没有较好的有效补能方式可借鉴。通过调研对比论证注水、注气、蓄能压裂等补能方式后，确定采用注水这一简单易行、经济有效的补能方式。结合油藏特点，采用直平组合底部温和注水。本着边试验边推进的原则，率先开展了一个井组试验已初见成效。结果表明，直平组合底部温和注水补能方式合理有效，可以在该区块规模实施。

1　油藏概况

1.1　地质简况

J2块为一岩性构造低渗透油藏，含油面积7.1km^2，地质储量455×10^{4}t，油层埋深1600~1850m，目的层为白垩系上统九佛堂组上段的Ⅱ、Ⅲ油组。主要发育近岸水下扇沉积。储层岩性较复杂，成分成熟度低，分选差，以细砂岩及砂砾岩为主，泥质填充、钙质胶结。孔隙度20.2%，渗透率39.6mD，泥质含量9.3%，粒径中值0.19mm，分选系数2.21。黏土矿物中等，伊蒙混层占72.1%。孔喉特征以低孔特低渗微细喉道为主，孔隙分布不均、喉道细，连通性差。地层原油密度0.811g/cm^3，地层原油黏度5.2mPa·s。地层水总矿化度5787.8mg/L，水型为$NaHCO_3$型。

1.2　开发概况

开发初期采用200m井距、正方形井网压裂生产，后改为反九点面积井网注水开发。注水初期见效明显，含水快速上升，存在水窜现象，但仅两年后注水井陆续注不进停注，平均单井累注水2.61万方，区块处于低速低效开发状态。2019年以Ⅰ、Ⅱ类储层为目标，分两层部署水平井21口(Ⅱ油组9口、Ⅲ油组12口)，分段体积压裂，区块实现二次开发。

设计水平井长度600~1200m，排距200m、水平井垂向距离60m。平均单井压裂段长度1009m、单段长度12m、簇间距25m，单井压裂液量18227m^3、强度18.4m^3/m，单井加砂量852m^3、强度0.9m^3/m。裂缝监测资料表明，压裂缝方向为东西向，与水平井方向垂直，水平井压裂缝平均缝长217m，平均缝高67m，与设计水平井排距及垂向井距匹配程度较高，实现平面井间、纵向上下层整体沟通，达到整体改造的效果。水平井压裂过程中，相邻平面及垂向水平井均见到压裂响应，相邻直井也见到不同程度的压裂响应，主要表现为增液增油。

投产水平井16口，平均单井初期日产液33.7m^3，日产油10.4t，目前平均单井日产液20.9m^3，日产油5.2t，阶段累产油32814t，阶段累产水 88323m^3。水平井投产后，无有效能量补充，产量快速下降，平均递减率月达 40.35%。

2　补能技术研究

2.1　补能方式论证

水平井产量递减到较低水平后，如何实现有效补能，调研了国内外同类型油藏不同补能方式，目前主要有注水、注气、蓄能压裂等方式。

(1) 注水开发

开发实践表明，注水开发是保持油田高产稳产、提高油田最终采收率的有效手段。注水和其他补充能量方式相比，具有投资少、见效快、物源充足等优点。

该块 J58-46 井室内试验驱油效率达 41%(图 1)，可以实施注水开发。储层为中等偏强水敏(图 2)，膨胀率平均为 16.9%，临界矿化度 6000mg/L，注水时需注意注水水质，加强防膨处理即可。

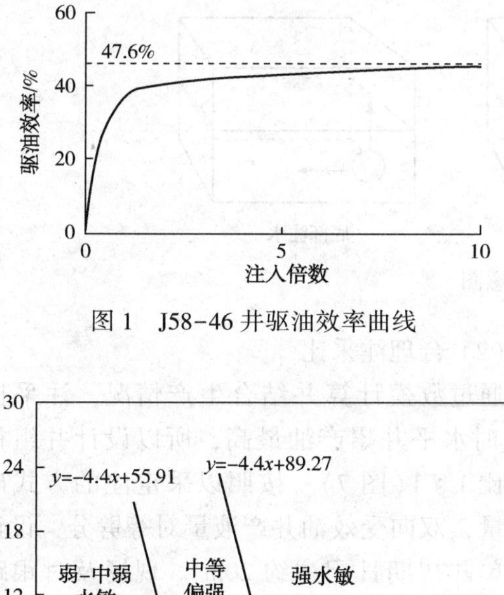

图 1　J58-46 井驱油效率曲线

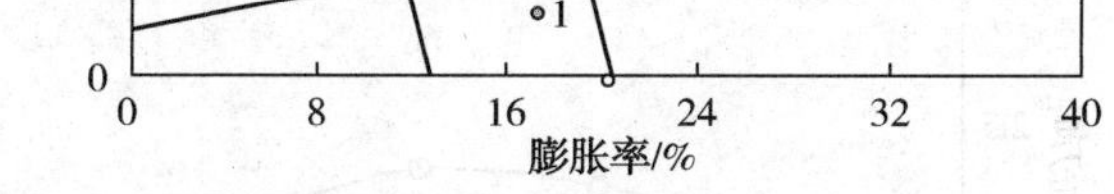

图 2　J2 井阳膨法水敏性评价图

(2) 注气开发

注气或气辅助泡沫是有效的补能方式，具有调剖、洗油作用等优势，能扩大低渗透储层波及体积、提高驱油效率。目前主流的气驱介质主要有 CO_2、N_2、减氧空气等。但气驱混相压力较高，同类型油藏混相压力均在 20Mpa 以上，J2 块地层压力仅 8Mpa 达不到混相，因此也达不到理想的驱替效果。同时，该块顶部距水平段垂向距离过小，易发生气窜，不利于驱替。另外缺乏稳定、充足、廉价的气源供应，且存在防腐、防渗透、防窜等生产安全问题，预防处理费用大，操作困难。

(3) 蓄能压裂补能

蓄能压裂一般采用先大排量注水吞吐补充地层能量，然后再压裂改造。注水吞吐增油机理以渗吸置换和恢复地层压力为主，缝网搭接后形成渗析+驱替；增能压裂主要机理是注水增能后，通过暂堵压裂开启老缝，延伸新缝，扩大渗吸置换接触面积。吐哈三塘湖油田采用多轮次吞吐增能重复压裂，水平井单井日增油 10.7t，单井累计增油 1474t。但在 J2 块蓄能压裂费用较高，单口井费用在 500 万元以上，经济评价 50 美元油价下投入产出比较仅 1：1.6，效益远低于注水。

综上所述，目前仅注水补能方式适合用于该块。

2.2　注水补能设计

2.2.1　注采井网设计

J2 块老直井较多，从节约成本合理利用资源角度考虑，可充分利用老井网及地面系统，采用直平组合注采井网，即直井注水、水平井采油。同时尽量多选取一些注水井点，注水强度适当降低，即点弱面广，保证水驱控制程度，力争多向受效。注水井尽量避开水平井 A 点部位，防止水窜。优选井况较好的 47 口直井复产、24 口直井注水，1 口注水井对应 1~2 口水平井，设计形成 24 注 64 采的注采井网。

2.2.2　注采井距设计

在纵向注水层段配置关系上，注水层位如果距离水平井压裂缝底过远，注水不能达到效果，如果在裂缝范围之内，容易造成水窜。由于交 2 块内为层状砂岩油藏，局部通过压裂改造已形成复杂缝网地质体。

如果选择顶部注水，注入水通过重力作用自上而下驱油，中高角度裂缝易造成注入水沿着裂缝快速下窜，使处于油藏下部的水平井水淹，注水波及体积小；如果选择对应位置注水，注入水会沿压裂人工裂缝快速窜流，造成水平井水淹，部分注入水也会向油层下部窜流，产生多相渗流造成剩余油分散；如果选择底部注水，通过形成人造底水，向上托进，有利于减弱油水窜流和剩余油零散分布。采用 eclipse 数模软件，结合压裂监测资料，建立水平井体积压裂井组模型，模拟不同注采井距[5]-[7]和不同注采高差对水平井累产油的影响，优化出最佳的井网井距。结果显示，注采井距大于 120m(图 3)，注采高差 40m 最为理想(图 4)。

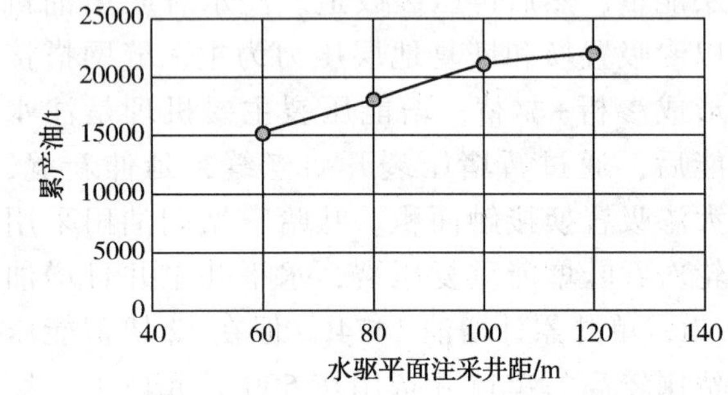

图 3　不同注采井距水平井累产油

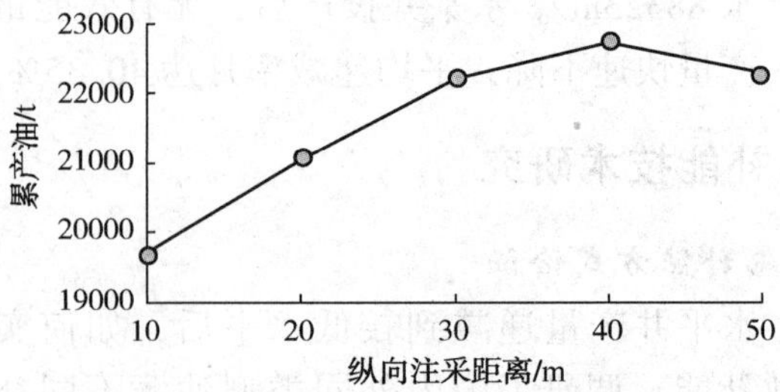

图 4　不同注采高差水平井累产油

2.2.3　纵向注水部位设计

在纵向注水层段配置关系上，如果选择顶部注水，注入水通过重力作用自上而下驱油，中高角度裂缝易造成注入水沿着裂缝快速下窜，使处于油藏下部的水平井水淹，注水波及体积小；如果选择对应位置注水，注入水会沿压裂人工裂缝快速窜流，造成水平井水淹，部分注入水也会向油层下部窜流，产生多相渗流造成剩余油分散；如果选择底部注水，通过形成人造底水，向上托进，有利于减弱油水窜流和剩余油零散分布，因此选择底部注水(图 5)。

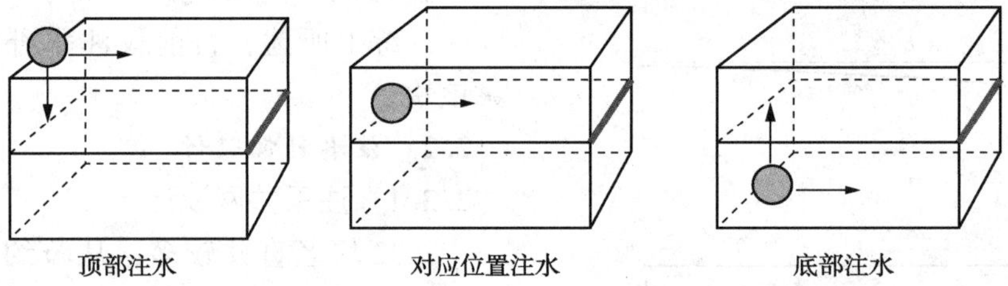

图 5　注入水位置示意图

2.2.4　注参数设计

(1) 注水时机

对于压裂改造后的油藏，理论上应尽早补能。J2-H1 井组注水试验及数模计算结果表明(图 6)，返排液量比例为 30%～50%时注水补能效果较好，目前各井返排液量比例一般为 30%～40%，应尽快补能。

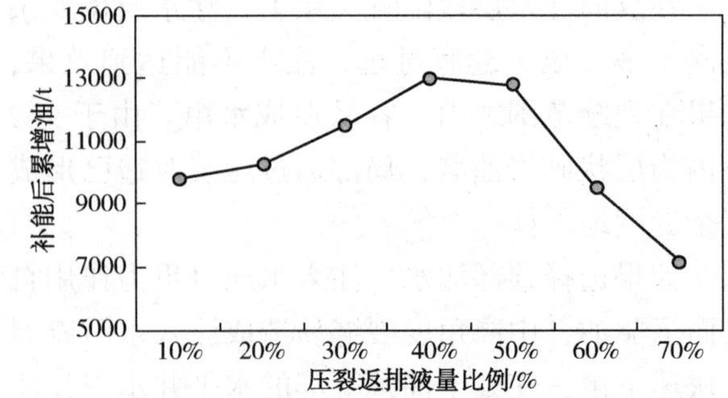

图 6　数模预测补能后累增油与压裂返排液量比例关系

(2) 合理注采比

通过数模计算并结合生产情况，注采比为 1：1 时水平井累产油最高，所以设计井组初期注采比 1：1(图 7)。按照以采定注的方式确定注入量，双向受效油井产液量对等劈分，设计注水井单井初期日配注约 $20m^3$。现场及时跟踪动态变化，如果发现水窜现象，及时停注或调控。

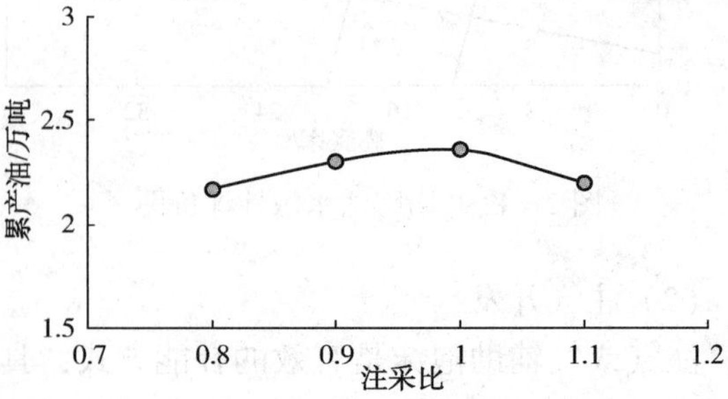

图 7　注水井与水平井累产油曲线

（3）注入方式

考虑到体积压裂裂缝较为发育，注水时严格控制注水强度，平面上尽量利用较多的直井注水，点弱面广，尽量温和注水，保证多向受效。同时根据生产动态，不同方向注水井可轮替注入，并辅以周期、脉冲的注水方式，防止水窜。

（4）注入压力

一般情况下，注水压力不能超过油层的破裂压力，达到破裂压力的80%较为合适。J2块的油层破裂压力为31~33MPa。经计算，J2块注水的最高井口压力在17~19MPa。

（5）注入水质

根据室内岩心试验结果，注入水应满足粒径中值≤0.8μm，悬浮物固体含量≤2.0mg/L，含油量≤3.0mg/L(表1)，其它项参照中国石油行业标准SY-5329-2012碎屑岩注水水质标准。该块储层为中强水敏，注入水要做好防膨处理。

表1　J58-46井室内试验数据

指标名称	井号	样号	井深/m	气测渗透率/mD	指标界限
粒径中值	J58-46	4	1760.7	4.10	≤0.8μm
悬浮物		4	1760.7	5.00	≤2.0mg/L
含油量		7	1666.2	4.53	≤3.0mg/L

3　现场实施效果

选取J68-46井进行了试注试验，注水井段为底部1795.9~1818.9m，17.2m/6层，与对应水平井J2-H1平面距离106m，垂距33m。初期日注水20m^3，注入压力0MPa，后上升至4MPa。注水10天后，J2-H1井见到注水效果，表现为液、油同增。油井见效前日产液16m^3，日产油8.9t，含水44.3%，见效后日产液18m^3，日产油12t，含水28.5%，阶段增油435吨。注水过程中根据水平井含水变化，采用周期注水方式及时动态调控，保证了水平井生产平稳(图8)。

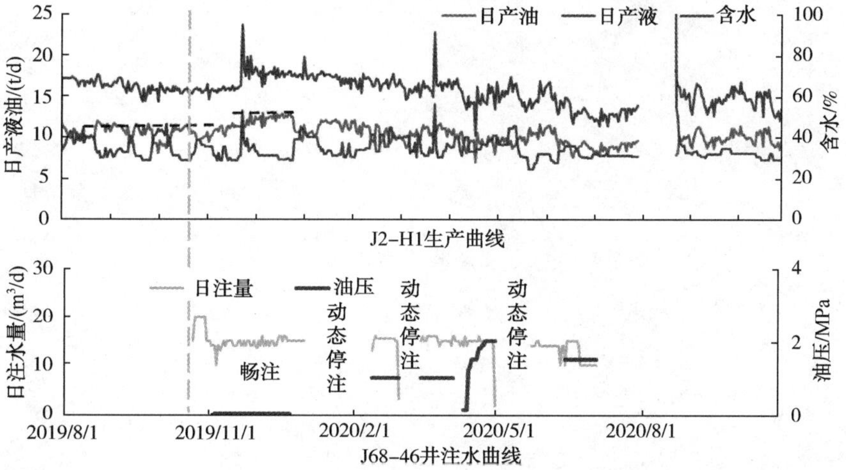

图8　J2块注水试验井组曲线

4　结论

（1）分析论证了注水、注气、蓄能压裂等多种补能方式，受油藏条件、经济效益等因素影响，注水方式是该油藏行之有效的补能方法。

（2）室内研究及现场试验表明采用直平组合底部温和注水，适合体积压裂缝网改造油藏有效补能。

（3）由于缝网改造后，平面及纵向裂缝均较为发育，注水前要优化合理注采井距及注水参数，注水过程中要密切跟踪及时调控，防止水窜的发生。

参考文献

[1] 李春芹．水平井分段压裂在特低渗透油藏开发中的应用[J]．西南石油大学学报，2011，33(6)：86-88.

[2] 郑忠博，刘月田，等．特低渗透油藏压裂水平井和直井联合井网形式研究[J]．陕西科技大学学报，2014，32(5)：105-109.

[3] 牟珍宝，袁向春，朱筱敏，等．低渗透油田压裂水平井开发井网适应性研究[J]．石油天然气学报，2008，330(6)：119-122.

[4] 孙致学，姚军，等．低渗透油藏水平井联合井网型式研究[J]．油气地质与采收率，2011，18(5)：74-77.

[5] 郑伟，姜汉桥，陈民锋，等．低渗透油藏混合井网系统合理注采井距确定[J]．新疆石油地质，2010，31(6)：637-640.
[6] 凌宗发，王丽娟，等．水平井注采井网合理井距及注入量优化[J]．石油勘探与开发，2008，35(1)：85-91.
[7] 郑伟，姜汉桥，等．水平井注采井网合理井间距研究[J]．西南石油大学学报(自然科学版)，2011，33(1)：120-124.
[8] 徐正晓，李兆敏，等．断块油藏人工气顶-底水双驱替渗流特征[J]．中国石油大学学报(自然科学版)，2020，44(5)：94-102.
[9] 李南，田冀，任仲瑛．低渗透油藏 CO_2 混相区域波及规律研究[J]．油气井测试，2014，23(4)：1-8.
[10] 张海龙．CO_2 混相驱提高石油采收率实践与认识[J]．大庆石油地质与开发，2020，39(2)：114-119.

天然裂缝对普光碳酸盐岩气藏开发水侵的影响

彭遥圆　祖克威　卓色强　余启奎　宿亚仙　罗周亮　戴　寅　何　东

（中国石化中原油田分公司）

摘　要　天然气藏开发过程中，水侵是影响开发效果的关键地质问题。普光气田边水能量较强，投产后气井陆续产水。该区储层孔隙类型多样，受多期构造运动影响，天然裂缝发育，影响气井的水侵。根据岩心和成像测井资料，并结合裂缝形成时期的古构造应力场数值模拟，对普光气田飞仙关组储层天然裂缝的分布特征及发育规律进行了研究。在此基础上，对天然裂缝对水侵突进影响进行了分析，建立了储层孔隙-裂缝系统与水侵的数学关系模型。普光气田飞仙关组主要发育近东西向构造裂缝，裂缝分布的非均性极强。天然裂缝是普光气田主体飞一、二段水侵突进的主要影响因素，水侵突进方向与天然裂缝方位一致，水侵速度与天然裂缝发育程度密切相关。加强产水气井沿裂缝上行方向的重点监测，控制天然裂缝发育区气井的生产压差，减缓水体运动速度，调整水侵路径，是避免气井暴性水淹和防水控水的有效途径。

关键词：天然裂缝；优势通道；水侵；碳酸盐岩；普光气田

在边水、底水天然气藏开发过程中面临着水侵的风险，一旦发生水侵，气藏的采气速度和单井产量将迅速降低，部分气井甚至会因为水淹而停产，从而大大增加了气藏的开发难度，影响气藏的开发效果。为了边水、底水气藏的有效开发，一些学者针对缝洞型和裂缝型天然气藏中的不同水体体积、采气速度、气藏压力等进行了物理模拟实验，认为如果边底水能量充足、储层渗透性好、裂缝发育程度高，则在气藏开发过程中可能会发生大规模水侵。并结合多个气田开发资料，建立了水侵量的计算方法，通过气藏数值模拟研究了渗透率、采气速度、水体体积等因素对水侵的影响。已有的裂缝—孔隙型有水气藏的开发实践表明，天然裂缝发育是气井高产的关键因素，但同时也可能是边水、底水快速侵入气藏的主要原因。因此，天然裂缝对边底水天然气藏开发过程中的水侵影响研究，对边底水天然气藏合理开发具有重要意义。

四川盆地是我国天然气主要生产基地，裂缝—孔隙型天然气藏分布范围广，天然气资源丰富，单井产气能力强。其中，普光气田作为我国首个投入开发的深层礁滩相碳酸盐岩高含硫气田，同时也是“川气东送”工程的重要气源地，其目的层早三叠世飞仙关组一段和二段(下文简称飞一、二段)为典型的块状碳酸盐岩气藏，目前已稳产11年。在气藏开发过程中，边水整体上不断的向构造高部位推进，且能量较大。同时，飞仙关组自沉积以来，经历了多期构造运动，形成了复杂的天然裂缝，可能是导致纵向窜流和横向局部突进水侵特征的重要原因。因此，研究储层天然裂缝发育特征及其与边水侵入突进的关系，是明确该气藏下一步开发方向、判断可能的见水气井并制定合理配产方案的关键。

本文以四川盆地普光气田早三叠世飞仙关组飞一、二段为例，在碳酸盐岩储层天然裂缝发育特征研究的基础上，对天然裂缝在碳酸盐岩气藏开发过程中水侵的影响进行了分析，对碳酸盐岩天然气藏开发具有重要的借鉴作用。

1　裂缝发育特征

通过普光气田主体地区23口井的岩心及成像测井资料分析，早三叠世飞仙关组飞一、二段储层天然裂缝主要以构造裂缝为主(图1)。天然裂缝的倾角分布较广，既发育裂缝倾角小于30°的低角度裂缝，也发育裂缝倾角大于40°的中高角度裂缝(图2，图3)。从井壁成像测井的裂缝解释结果统计，天然裂缝发育的优势方位为近东西向~北西西-南东东向(图4)。天然裂缝的有效性好，在岩心和成像测井上沿裂缝普遍有溶蚀现象。裂缝的发育程度与岩性、厚度、构造和成岩作用等地质因素关系密切。根据成像测井和岩心测量裂缝宽度进行校正，普光气田飞一、二段储层天然裂缝的缝宽通常小于1mm，占67.57%；宽度分布在1mm~2mm之间的裂缝占24.32%。构造裂缝的高度主要集中在0.7~1.2m，裂缝的视孔隙度集中在0.2%~0.7%。根据裂缝宽度和孔隙度计算，裂缝的渗流率最大可达$500\times10^{-3}\mu m^2$以上，比储层基质渗透率高1~2个数量级。反映该区储层天然裂缝的储集能力贡献小，主要是起渗流通道的作用，控制了天然气藏的流体渗流规律。

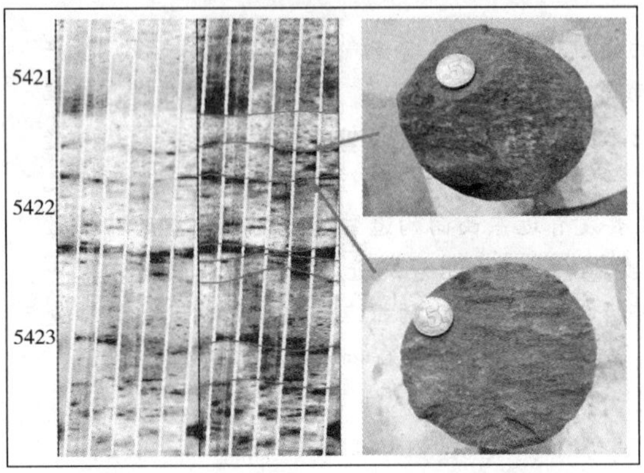

图1　P302-1井井壁成像测井解释成果与岩心裂缝对比图

图2　P302-1井岩心高角度剪切裂缝

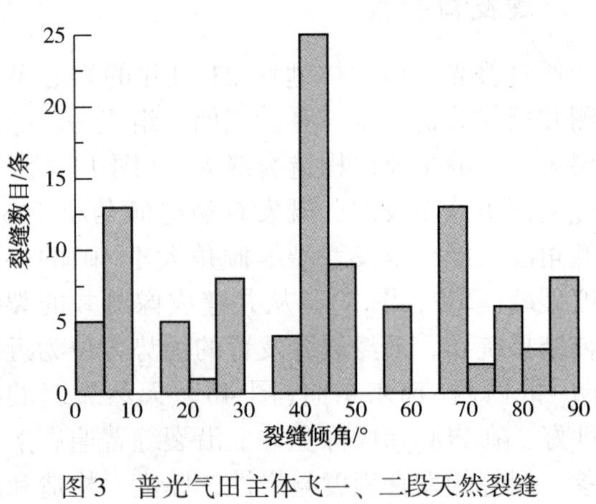

图3　普光气田主体飞一、二段天然裂缝倾角分布图(裂缝条数N=186)

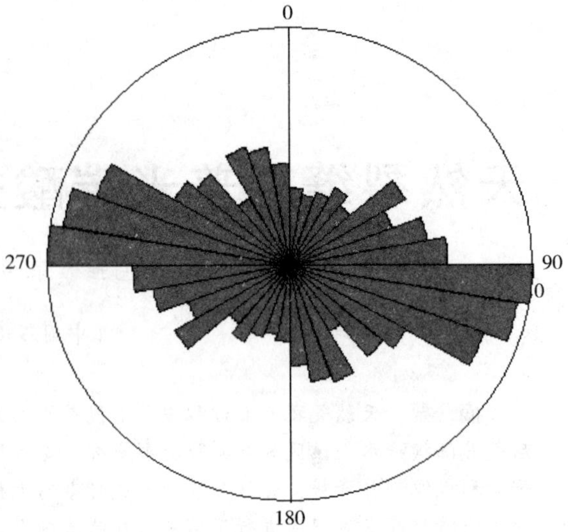

图4　普光气田主体飞一、二段有效裂缝走向玫瑰花图(裂缝条数N=186)

普光气田飞仙关组地层沉积以来，经历了多期构造运动，其中印支期主要以水平升降为主，燕山早、中期为构造活动平静期，燕山晚期来自南东方向的挤压应力作用、喜马拉雅早期不断增强的继承性应力、喜马拉雅晚期北东方向强烈挤压作用是构造裂缝发育的最主要因素。

基于声发射试验和包裹体分析，结合区域构造演化，确定普光主体飞仙关组裂缝形成时期的边界条件。利用有限元法对裂缝形成的各个时期进行应力场数值模拟，根据单井岩心和成像测井裂缝评价结果进行约束，利用岩石破裂指数预测普光主体飞一、二段储层构造裂缝的平面发育规律。预测结果表明，在P104-2井区周围的裂缝发育程度相对较高，而研究区南部及东北部P104-3井以北区域的裂缝发育程度较低。

2　水侵特征

目前的岩心和薄片资料显示，碳酸盐岩礁滩相气藏储集空间主要有孔隙、溶孔、裂缝及网状缝带，由于非均质性强，随着气藏开发与地层压力的降低，势必形成流体流动的优势通道。流动阻力较小的孔隙、裂缝、溶孔、网状裂缝带是构成水侵通道的主要流动空间。优势通道之外的储集空间，地层压力波的波及程度低，水侵过程总体表现为沿优势通道的窜进特征。

相比于均质孔隙喉道，天然裂缝的渗流能力更强，气、水在裂缝中流动时所受到的渗流阻力远小于在基质中的渗流阻力。通过可视化物理模拟实验，地层水优先进入裂缝并快速向前推进，同时，在毛细管力和润湿性的作用下，裂缝中的水向基质渗吸侵入，沿裂缝两侧的储层基质的含水饱和度增加，严重阻碍气体流动。在通过缝、洞沟通的气藏中，水体沿着裂缝快速地充满孔洞，当出口端通过缝、洞与边、底水沟通时，气藏将在短时间内因为水淹而停产，导致气藏动用程度低。

在同时考虑储层基质渗透率与裂缝发育程度综合影响的情况下，采用双因素水侵通道因子数学模型对储层渗透能力进行表征，对于裂缝-孔隙型储层，双因素水侵通道因子可作为水侵优势通道评价的定量指标。双因素水侵通道因子可表达为：

$$\gamma=\alpha_K K_D+\alpha_f f_D$$

式中，γ 为双因素水侵通道因子，无量纲；α_K、α_f分别为储层渗透率和裂缝密度对优势通道的影响权重；K_D、f_D分别为归一化储层渗透率和归一化裂缝密度，无量纲。

普光气田主体飞一、二段储层以裂缝-孔隙型为主，平均气水界面-5125m。根据不同渗透率基质岩心及造缝后的测试分析，当岩心中存在裂缝时，其与基质渗透率级差较大，裂缝对水侵速度的影响远大于基质。在气井正常生产时，裂缝作为高效渗流通道，对提升产能具有明显的贡献；当裂缝沟通水体后，地层水可迅速沿裂缝侵入。P203-1、P105-2、P103-4井区裂缝发育程度低，储层孔隙为主要渗流通道，水侵发生后，水气比上升较平稳，并且随渗透率降低水气比上升速率减小。P103-1、P104-3、P105-1H井裂缝发育程度较高，自产水后，水气比呈现指数上升(图5)，进一步说明裂缝是气藏水侵的最主要通道。

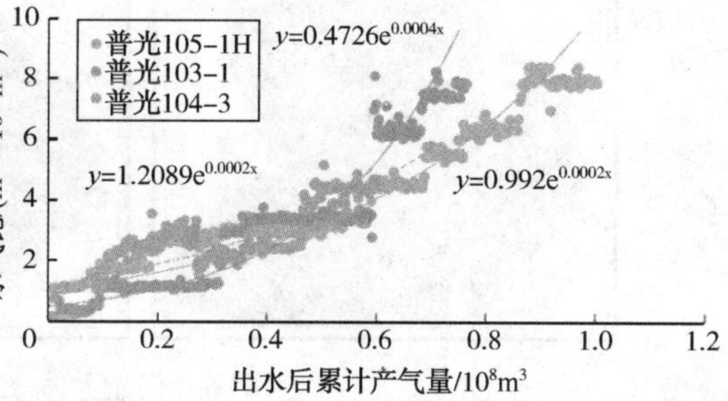

图5　普光气田裂缝发育区产水气井水气比与累产气量的关系

3　水侵突进方向

普光主体飞一、二段中，储层孔隙的强非均质性是造成水体局部突进的主要原因，而局部裂缝的发育使水侵速度加快，并且具有更强的方向性，水侵前缘移动不均衡。根据普光气田不同开发时间储层含水饱和度分布情况(图6)，P103-4与P103-1井区附近储层物性相对较差，气井遭受水侵并持续推进的情况下，其水侵前缘移动分别沿北西方向呈指状进行推进，即P103-4井水侵向P2011-5井推进，P103-1井水侵向P103-2井推进。

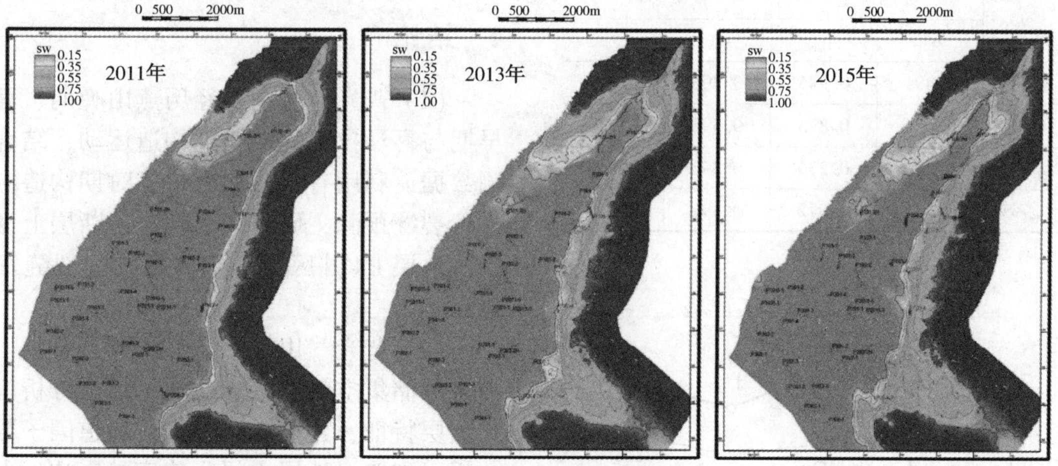

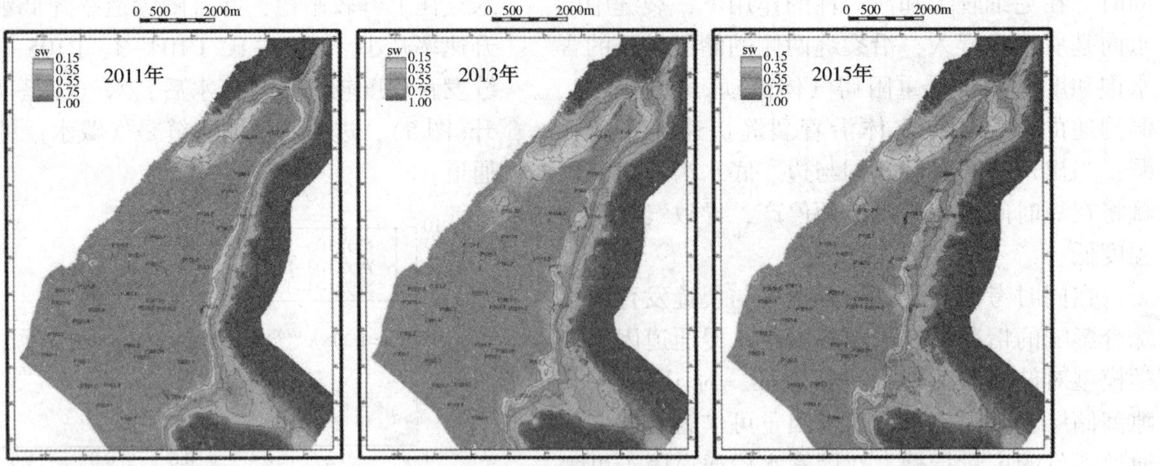

图6　普光主体飞一、二段含水饱和度平面分布图

通过实测裂缝特征与储层测试资料对各产水气井水侵通道双因素因子计算分析(表1)，水侵突进优势方向为北西向，与飞一、二段地层裂缝优势方向基本一致。P103-4井物性差且裂缝密度低，$\gamma<0.2$，见水初期水侵速度较慢，但向P2011-5井方向裂缝发育程度高，与P103-4井区主要依靠裂缝进行连通，$\gamma>0.7$，2015年水体进入裂缝空间后侵入速度急剧加快；P103-1井与P103-2井裂缝发育程度比P2011-5井区低，$\gamma_{P103-2}<\gamma_{P103-1}<\gamma_{P2011-5}$，因此，其水侵速度相对较低(图7)。而在P103-1→P103-2井与P103-4→P2011-5井两个水侵突进路径之间，裂缝发育程度较低，水侵速度较小。

表1　产水气井水侵通道因子计算结果

井号	γ	无因次量		权重系数	
		K_D	f_D	α_K	α_f
P103-1	0.765	0.491	0.945	0.396	0.604
P103-2	0.736	0.526	0.873	0.396	0.604
P103-4	0.143	0.000	0.236	0.396	0.604
P2011-5	0.799	0.534	0.972	0.396	0.604

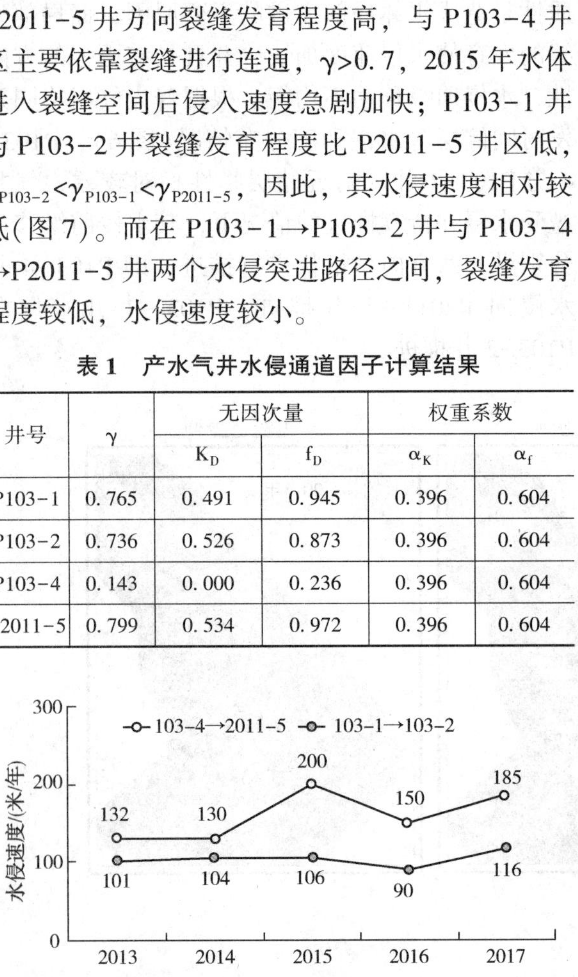

图7　不同路径的水侵速度与时间关系图

根据上述普光主体裂缝预测结果与水侵优势通道分析，P4井区西侧距断层较近，伴生、派生裂缝密度大；P4井区与P12井区之间地层破裂率高，裂缝发育程度高。目前井区东南部的P105-1H井已经见水，水气比上升迅速，并且水侵突进系数持续增大，平面水侵范围逐年扩张，需要对其P4与P12井区加强监测。

鉴于研究区储层的强非均质性，针对目标区实际水侵情况，需要密切跟踪气井生产动态，准确识别单井气水界面，密切跟踪水体前缘界限。为改善水侵突进，从稳气控水角度出发，结合水体上行与裂缝延伸向，特别是见水气井的西北部高产井组，进行整体考虑并制定相关预案，控制裂缝发育区气井的生产压差以减缓水体运动速度，调整水侵路径的。

4　结论

(1)普光地区主要经历燕山晚期、喜马拉雅早期与喜马拉雅晚期三期构造运动，结合实际观测数据、利用有限元法分析各时期构造应力场并进行裂缝预测，研究区西部逆冲断层上盘和飞一二段地层P4井区与P12井区之间裂缝发育程度最高。

(2)普光气田飞一、二段具有孔隙、缝、洞等多种储集空间与渗流通道，综合分析气井产水与储层特征，建立双因素水侵通道因子数学模型分析，裂缝对地层水侵入速度的影响远大于基质孔隙。

(3)普光主体飞一、二段储层裂缝发育区域，与现今地应力方向近平行的NWW-SEE向高角度裂缝的地下开度大，有效性好，是普光气田的优势水侵突进通道。该方向的水侵速度较高，需要加强产水气井沿该方向裂缝上的重点监测，避免暴性水淹。

参 考 文 献

[1] 冯曦，钟兵，杨学锋，等．有效治理气藏开发过程中水侵影响的问题及认识[J]．天然气工业，2015，35(2)：35-40.

[2] 李涛．普光气田开发过程水侵特征分析[J]．天然气工业，2014，34(6)：65-71.

[3] 戴勇，邱恩波，石新朴，等．克拉美丽火山岩气田水侵机理及治理对策[J]．新疆石油地质，2014，35(6)：694-698.

[4] 焦春艳，朱华银，胡勇，等．底水气藏水侵物理模拟实验与数学模型[J]．科学技术与工程，2014，14(10)：191-194.

[5] 刘华勋，任东，高树生，等．边、底水气藏水侵机理与开发对策[J]．天然气工业，2015，35(2)：47-53.

[6] 沈伟军，李熙喆，刘晓华，等．裂缝性气藏水侵机理物理模拟[J]．中南大学学报(自然科学版)，2014，45(9)：3283-3287.

[7] 郭平，王娟，刘伟，等．缝洞型凝析气藏衰竭开采动态实验研究[J]．石油钻采工艺，2013，35(2)：67-70.

[8] 廖运涛．计算天然水侵量的回归公式[J]．石油勘探与开发，1990，17(1)：71-75.

[9] 夏静，谢兴礼，冀光，等．异常高压有水气藏物质平衡方程推导及应用[J]．石油学报，2007，28(3)：96-99.

[10] 程开河，江同文，王新裕，等．和田河气田奥陶系底水气藏水侵机理研究[J]．天然气工业，2007，161(3)：108-110，159.

[11] 李凤颖，伊向艺，卢渊，等．异常高压有水气藏水侵特征[J]．特种油气藏，2011，18(5)：89-92，140.

[12] 吕金龙，卢祥国，王威，等．裂缝对致密储层渗流能力影响实验研究[J]．特种油气藏，2019，26(2)：141-146.

[13] 陈明．裂缝—孔隙型储层水侵规律研究[D]．成都：成都理工大学，2019.

[14] 徐轩，万玉金，陈颖莉，等．裂缝性边水气藏水侵机理及治水对策实验[J]．天然气地球科学，2019，30(10)：1508-1518.

[15] 任世林，徐守成，杨杰，等．元坝气田超深层生物礁气藏产水类型识别与开发对策[J]．天然气勘探与开发，2020，43(1)：36-43.

[16] 马永生，蔡勋育，郭旭升，等．普光气田的发现[J]．中国工程科学，2010，12(10)：14-23.

[17] 朱光有，张水昌，梁英波．四川盆地深部海相优质储集层的形成机理及其分布预测[J]．石油勘探与开发，2006，33(2)：161-166.

[18] 万小进．普光气田主体气藏水侵规律及控水对策研究[D]．重庆：重庆科技学院，2015.

[19] 桑頔．普光气田水侵过程中气水互驱两相渗流机理研究[D]．成都：西南石油大学，2018.

[20] 任杰，田永敏，王军，等．普光气田礁滩相储层特征及分类评价[J]．断块油气田，2020，27(5)：579-584.

[21] 陈培元，杨辉廷，黄长兵．普光气田飞仙关组白云岩地球化学特征[J]．四川地质学报，2018，38(4)：589-594.

[22] 厚东琳．白云石化对储层发育的控制作用——以普光、元坝气田飞仙关组为例[J]．断块油气田，2019，26(4)：449-452.

[23] 张汉荣，孙跃峰，窦齐丰，等．孔隙结构参数在普光气田的初步应用[J]．石油与天然气地质，2012，33(6)：877-882.

[24] 何治亮，张军涛，丁茜，等．深层-超深层优质碳酸盐岩储层形成控制因素[J]．石油与天然气地质，2017，38(4)：633-644，763.

[25] 曾联波，高春宇，漆家福，等．鄂尔多斯盆地陇东地区特低渗透砂岩储层裂缝分布规律及其渗流作用[J]．中国科学(D辑：地球科学)，2008(S1)：41-47.

[26] 赫俊民，王小垚，孙建芳，等．塔里木盆地塔河地区中-下奥陶统碳酸盐岩储层天然裂缝发育特征及主控因素[J]．石油与天然气地质，2019，40(5)：1022-1030.

[27] 肖阳，刘国平，韩春元，等．冀中坳陷深层碳酸盐岩储层天然裂缝发育特征与主控因素[J]．天然气工业，2018，38(11)：33-42.

[28] Liu G. P., Zeng L. B., Han C. Y., et cl. Natural Fractures in Carbonate Basement Reservoirs of the Jizhong Sub-Basin, Bohai Bay Basin, China: Key Aspects Favoring Oil Production[J]. Energies, 2020, 13(18): 4635. doi: 10.3390/en13184635.

[29] 祖克威，范凌霄，王波，等．四川盆地普光地区嘉陵江组二段碳酸盐岩储层裂缝发育规律[J]．石油与天然气地质，2020，41(6)：1188-1196.

[30] 赵向原，胡向阳，曾联波，等．四川盆地元坝地区长兴组礁滩相储层天然裂缝有效性评价[J]．天然气工业，2017，37(2)：52-61.

[31] 何胡军，曾大乾，毕建霞，等．普光气田碳酸盐岩储层裂缝的成因及其控制因素[J]．海相油气地质，2014，19(4)：65-72.

[32] 祖克威．川东北地区复杂碳酸盐岩储层裂缝形成机理和控制因素[J]．湖南科技大学学报(自然科学版)，2018，33(4)：1-6.

[33] 曾联波，文世鹏，肖淑蓉．低渗透油气储层裂缝空间分布的定量预测，中国石油勘探，1998，3(1)：24-26.

[34] 曾联波，柯式镇，刘洋．低渗透油气储层裂缝研究方法．北京：石油工业出版社，2010.

[35]曾联波，漆家福，王成刚，等．构造应力对裂缝形成与流体流动的影响[J]．地学前缘，2008，69(3)：292-298.

[36] 徐珂，戴俊生，付晓龙，等．基于有限元法的层状岩体破裂规律探讨[J]．地质力学学报，2015，21(3)：330-340.

[37] 冯曦，彭先，李隆新，等．碳酸盐岩气藏储层非均质性对水侵差异化的影响[J]．天然气工业，2018，38(6)：67-75.

[38] 郭平，黄伟岗，姜贻伟，等．致密气藏束缚与可动水研究[J]．天然气工业，2006，26(10)：99-101，181-182.

[39] 苏玉亮，李东升，李蕾，等．致密砂岩气藏地层水可动性及其影响因素研究[J]．特种油气藏，2020，27(4)：118-122.

[40] 方飞飞，李熙喆，高树生，等．边、底水气藏水侵规律可视化实验研究[J]．天然气地球科学，2016，27(12)：2246-2252.

[41] 宿亚仙．深层礁滩相气藏水侵优势通道刻画-以普光气田飞一、二段气藏为例[J]．断块油气田，2020，27(6)：770-773.

[42] 魏聪，张承泽，陈东，等．塔里木盆地克深2气藏断层、裂缝、基质“三重介质”渗流及开发机理[J]．天然气地球科学，2019，30(12)：1684-1693.

辽河凹陷 S103 井区难采储量沉积微相识别与应用

李　龙　陈仁军　孙素青　李渔刚　崔成军　李　敏

（中国石油辽河油田公司）

摘　要　S103 井区杜家台油层难采储量自 1996 年投入开发 20 年以来，采收率 0.04%，采油速度 2.1%，一直没有钻探新井。针对于制约 S103 井区开发地质问题，本文应用层序地层学和沉积学原理，重点研究了 150m 厚杜家台油层的精细划分和沉积微相，将杜家台油层划分为三个含油砂组，并对含油砂组进行沉积微相研究，建立了砂体微相与油井产能之间的对应关系，确定了水下分流河道砂体为优质储层以及各油组的优质储层分布位置。同时，结合地震波阻抗反演并在三个油组优质储层叠置的区域部署钻完钻 28 口井，初期平均日产油 6~20t 不等，大幅度提高了储量动用程度，实现了该区 20 年后的高效开发。本文开展储层精细沉积微相研究，确定微相与产能的对应关系，落实并实施三个油组优质储层叠置的区域部署钻探井位的研究思路和方法技术，对于邻近主力生油凹陷斜坡区的岩性油气藏勘探与开发具有指导意义，也获得了巨大的经济和社会效益。

关键词：难采储量；沉积微相；优质储层；产能；杜家台油层；西部凹陷；辽河坳陷

辽河盆地西部凹陷构造上划分为西部斜坡带、中央深陷带和东部陡坡带，S103 井区位于西斜坡中段，西斜坡具有油气生成、运移、聚集良好的配置关系而成为油气复式聚集带，蕴育了辽河油田第一大油田—曙光油田。S103 井区位于该斜坡较低部位(图 1)，呈北西向南东倾的单斜，紧邻盘山洼陷，油层埋深 2400~3400m，而该区生油门限深度 2800m，本身就具有生储盖的良好配置关系，更不乏圈运保的有利条件，我们从该区的勘探开发过程为切入点，深入研究，找到制约进一步开发的原因。

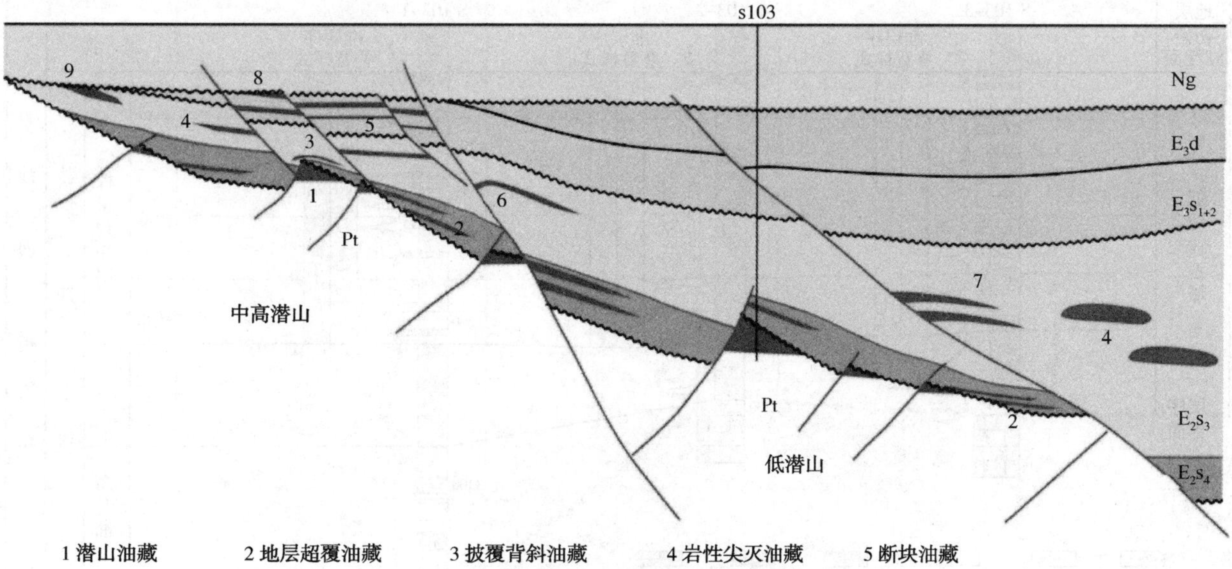

图 1　曙光西斜坡成藏模式图

1994年，辽河盆地西部凹陷S103古潜山的发现，掀起了低断阶带古潜山的勘探开发高潮，而S103井区由于潜山高产的原因而弱化了杜家台油层的研究，近150m厚的杜家台油层整体作为研究对象，在96年投入开发之后，在构造控油理论指导下，打了几口井，产能差异很大，从构造和储层方面都不能说明产生这种差异的原因。2008年为了提高S103块杜家台油层的储量动用程度，钻探一口分支水平井，仍然没有钻到油层，使该区杜家台油层开发再一次陷入困境，一直没有钻探新井。

对该区进行重新研究，对新采集的三维地震资料进行重新解释，S103井区的构造为被两条北东向主干断裂夹持的西北高、东南低的单斜，发现高产井和低产井并不完全受构造高低的限制，这就说明在这个斜坡背景上，优质储层的分布起了特别关键的作用，构造高部位缺乏优质储层，同样有低效井，而构造底部位优质储层发育，同样有高产井。因此本次工作加强了储层的分布规律研究，通过层序地层学等时对比的方法将杜家台油层细划，在油层组范围内进行储层的沉积微相研究，确定各种微相在不同时段的展布规律，直观地再现沉积演变过程，更有利于发现沉积微相与油井产能的内在联系，进一步确定高产能微相砂体分布范围，达到高效开发难采储量的目的。

1　工区概况

辽河盆地西部凹陷构造上划分为西部斜坡带、中央深陷带和东部陡坡带，S103井区位于西斜坡中段，呈北西向南东倾的单斜，地层自下而上依次为：中上元古界、古近系沙河街组、东营组以及新近系地层，本次研究的主要目的层为沙河街组四段的杜家台油层。杜家台油层顶底均发育一套以油页岩和泥岩为主的岩性组合，中部以中薄层砂岩、细砂岩、粉砂岩与泥岩互层。

根据层序地层学原理，辽河西部凹陷与大民屯凹陷的层序地层划分结果相同，结合西部凹陷的具体特征，沙河街组四段和三段为一个层序，沙四段为低位体系域，沙三段下段相当于湖浸体系域，沙三中上段相当于高位体系域；沙河街组二段和一段为第二个层序，东营组为单独一个层序。沙四段杜家台油层顶部的油页岩与泥岩互层段相当于大民屯凹陷沙四段的油页岩段，即为初始湖泛面，杜家台油层底部直接与太古界接触，为区域不整合面，即为层序界面，层序界面与初始湖泛面之间的地层单元-杜家台油层即为低位体系域，由多个向上变浅的准层序加积组成(图2)，通过准层序识别与对比，并与生产层位相匹配，划分为三个油层组。

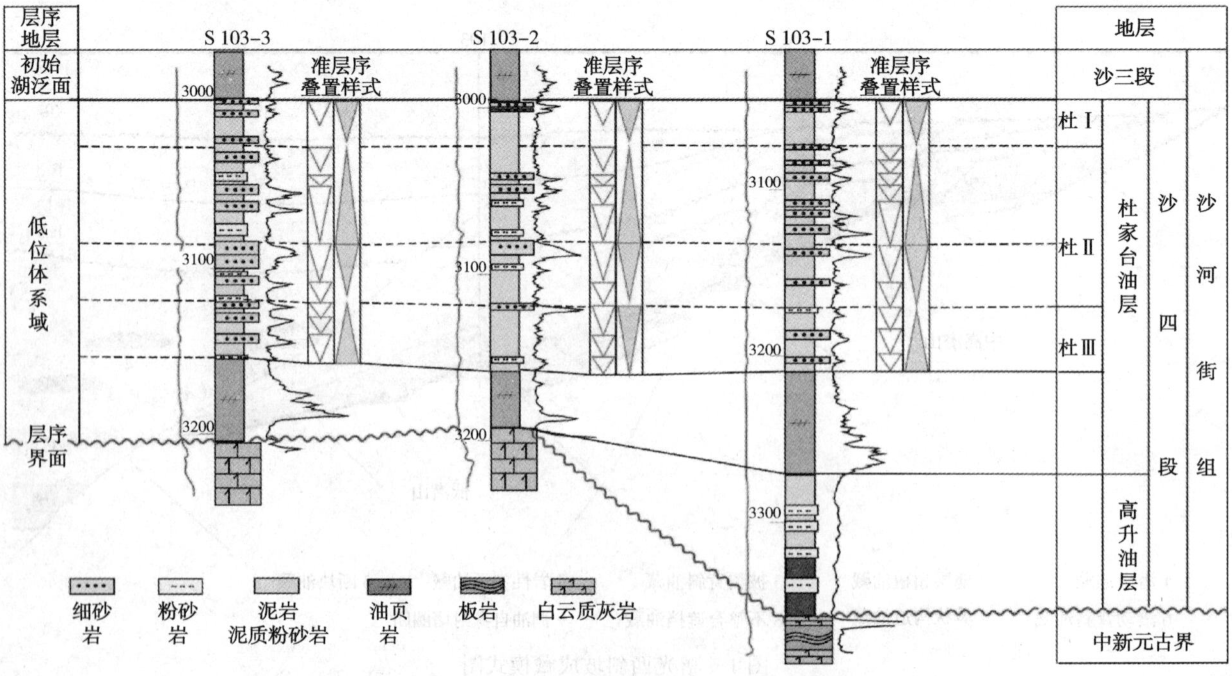

图2　层序地层对比剖面图(剖面位置见图4)

2　沉积微相类型及特征

沉积微相研究广泛而深入，在滚动勘探过程中发挥重要作用，沉积微相与油气分布、岩性油气藏、储层非均质性、剩余油分布以及注水开发等都有直接的关系，在研究单井产能以及难采储量的扩边和提高动用方面同样起着关键的作用。

2.1　沉积相分析

杜家台油层扇三角洲沉积相的结论自上世纪七、八十年代至今始终没有变化，直到最近有少数研究者提出了辫状河三角洲和滨浅湖滩坝砂体的存在，断陷湖盆中扇三角洲与辫状河三角洲存在明显差异。

从古地貌上来看，扇三角洲主要发育在主断裂控制的陡坡带，辫状河三角洲发育于断阶坡折带控制的缓坡带，辽河断陷在沙四时期为初始张裂期，西部凹陷西斜坡坡度很缓，不符合扇三角洲发育的地理环境，而沙三时期快速沉降，形成陡坡，利于扇三角洲发育；从油藏类型上看，扇三角洲更易于发育构造油藏，而辫状河三角洲更易发育构造背景下控制的岩性油气藏；从岩心上可以直观看出，同样为扇三角洲水下分流河道砂体，曙光地区沙四段在粒度上与沙三段和沙二段有很大差异，前者以中、细粒砂岩为主，冲刷构造不发育，后者以含砾砂岩、砂砾岩为主，甚至砾岩也占有一定比例，冲刷构造比较发育。S103井区杜家台油层单层厚度较薄，最大厚度5m；岩性相对较细，为中薄层细砂岩、粉砂岩与泥岩互层，岩石成分以石英为主，占74%，长石为24.5%，颗粒呈园状，分选中等，具有相对较高的成分和结构成熟度，同时，反韵律的河口坝亚相发育(图3)。因此，本文更倾向于S103井区杜家台油层沉积相为辫状河三角洲相的前缘亚相。

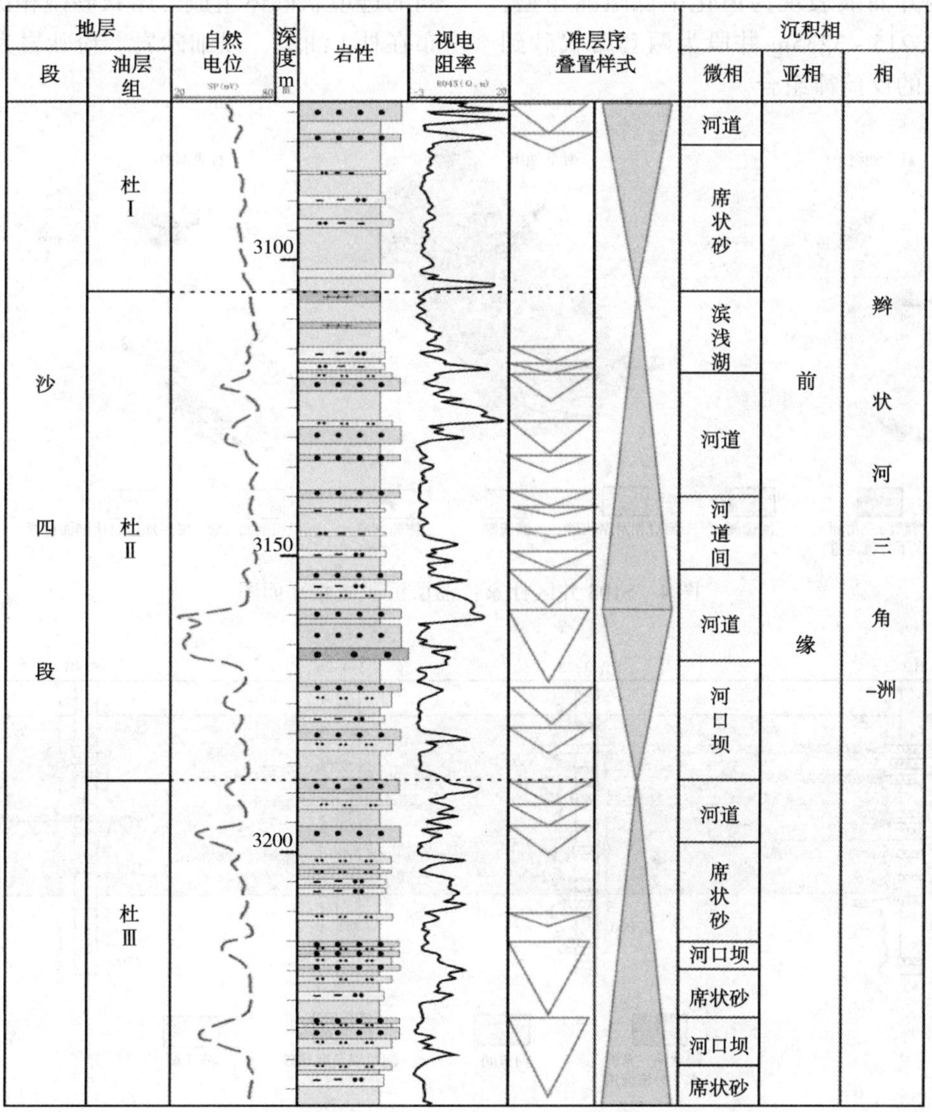

图3　S103井层序分析及微相划分

2.2 微相类型及特征

辫状河三角洲前缘亚相共识别出四个微相，它们的具体特征简述如下：

水下分支流河道微相：砂体厚度一般为 3～6m，岩性以中细砂岩、粉砂岩为主，分选较好，中下部发育大型交错层理和平行层理，向上发育小型交错层理和爬升层理，电测曲线表现为箱型和钟型，如图 3 所示，S103 井 3160～3167m 井段和 3127～3132m 井段。

河道间微相：为河道之间相对地势较高的区域，岩性以细砂岩、泥质细砂岩、泥质粉砂岩为主，砂体厚度一般小于 2m，发育小型交错层理、脉状层理或透镜层理，分选差。测井曲线表现为齿化低阻直线型，如 S103 井 3140～3150m 井段。

河口坝微相：由细砂岩、粉砂岩构成，发育波状交错层理、波状层理、反递变层理，见生物扰动构造。测井曲线表现为齿化中低阻漏斗型，如 S103 井中 3215～3235m 井段为两套席状砂到河口坝的沉积的反韵律组合。

前缘席状砂微相：厚度 1～3m，以粉砂岩为主，呈席状稳定分布测井曲线表现为顶底突变的薄层低阻，如 S103 井中 3085～3100m 井段。

各沉积微相在空间展布也是具有明显的特征，水下分流河道微相纵向上主要分布在杜 II 油组（图 4），有 S103 和 S100-S66 两条河道发育区，（图 5）展示了横切河道方向，砂体变化比较明显，S103-2 和 S2-4-26 的河道砂体向两侧尖灭比较迅速，波阻抗反演的结果与地质研究相吻合，波阻抗反演不仅使砂体空间分布可视化，还可以帮助确定砂体的具体的边界（图 6），河道发育部位，波阻抗反演显示阻抗值较大，为红色，蓝色基本上与湖相泥岩相当，绿色与薄的河道或河口坝、河道间或席状砂微相相当。河口坝纵向上主要分布在杜 III 油组，平面上主要分布在 S103-S66 井一线，由一系列侧向相连、厚薄相间的透境状砂体组成。席状砂微相纵向上主要分布在杜 I 油组，以细砂岩、粉砂岩为主。

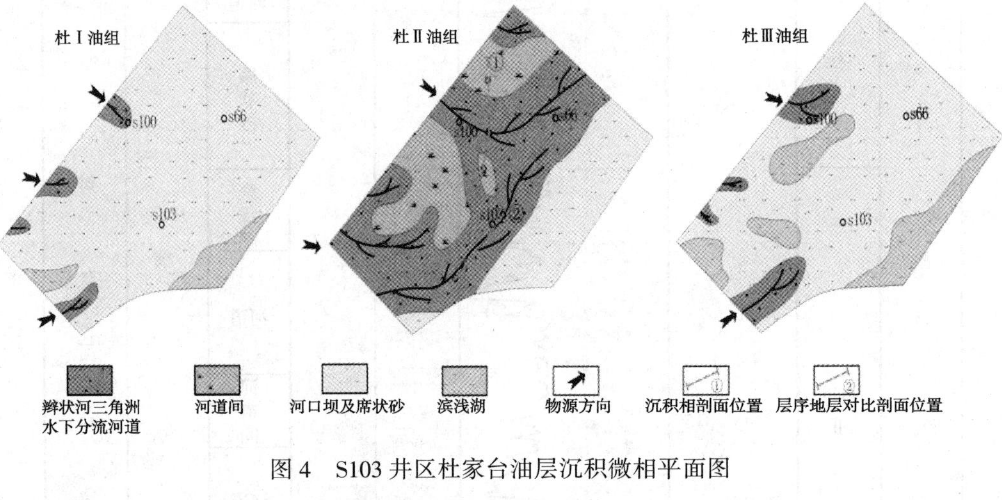

图 4　S103 井区杜家台油层沉积微相平面图

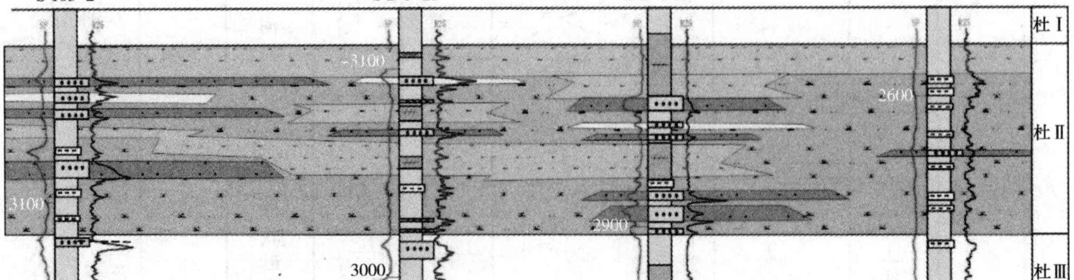

图 5　杜 II 油组联井剖面相分析图

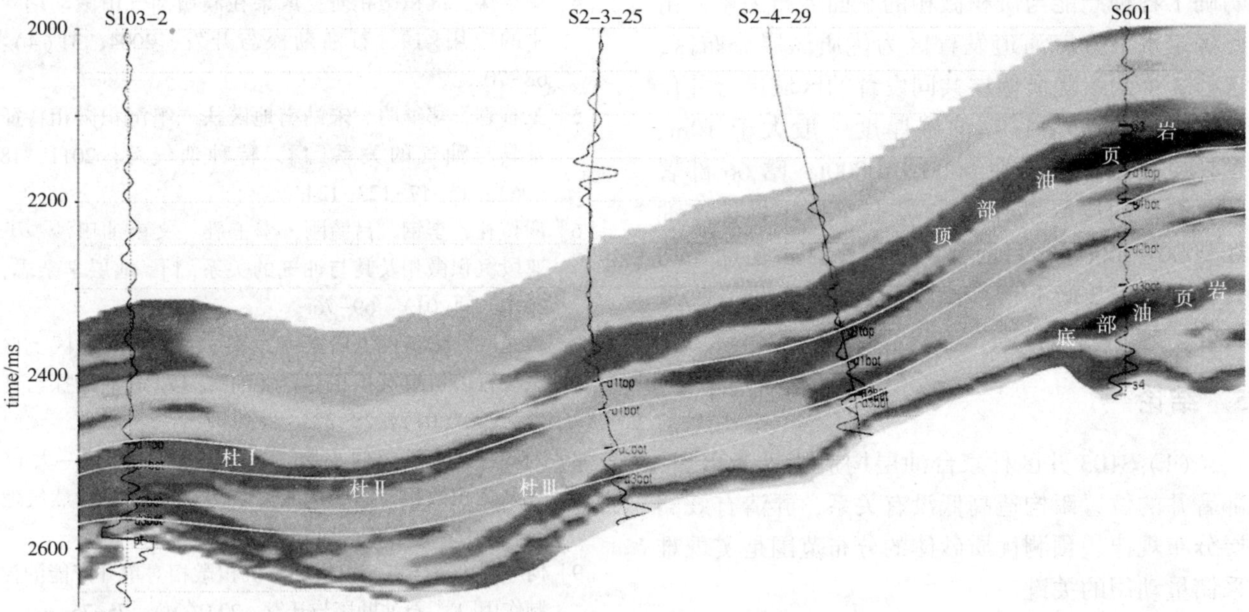

图6　波阻抗反演剖面

3　沉积微相与储层关系

储层产能与储层物性、油层厚度、储层连通性等多种因素息息相关，而这些因素从根本上受控于沉积微相。

3.1　沉积微相与物性关系：

杜Ⅰ油组席状砂微相储层：孔隙度主要分布在 14～21%，平均为 18%；渗透率主要分布在 18～26mD，平均为 22mD。杜Ⅱ油组水下分流河道储层：孔隙度主要分布在 16～26%，平均为 21%；渗透率主要分布在 28～56mD，平均为 42mD。杜Ⅲ油组河口坝储层：孔隙度主要分布 14～19%，平均为 17%，渗透率主要分布 11～35mD，平均为 28mD。

3.2　沉积微相与有效厚度关系

各油组有效厚度的分布主要受砂体沉积微相的控制，不同油层组，发育的优势微相不同，有效厚度因此而有较大差异：杜Ⅱ时期水下分流河道微相广泛发育，累计砂岩厚度在 25～35m 之间，累积油层厚度在 10～15m，单层厚度 3～5m。杜Ⅲ和杜Ⅰ分别以河口坝和席状砂微相比较发育，仅在局部地区发育小股水下分流河道，累计砂岩厚度较薄，杜Ⅰ大多小于 15m，杜Ⅲ大多小于 25m，二者的累积油层厚度均小于 5m，差别在于杜Ⅲ油层零星分布，而杜Ⅰ油层分布相对稳定，单层油层厚度 1～3m。

3.3　沉积微相与储层连通关系：

沿水下分流河道走向方向，砂泥岩分异性好，主力层连通。垂直河道方向，主力层联通较差。水下分流河道的侧缘部位以及河道间部位，部分砂体虽然连续，但单层薄，物性差，含油气性也差，有的表现为干层。

3.4　沉积微相与产能关系：

沉积微相的水动力条件决定了储层的物性、有效厚度、联通性等内部组成结构，最终体现在油井的产能方面。

S103 井区，油井产能高低差别较大，按照累计产量高低不同将其分为高产井（大于 1×10^4 t）、中产井（大于 0.5×10^4t）、低产井（小于 0.5×10^4t），特低产井（小于 0.1×10^4t）. 杜Ⅱ油组水下分流河道砂体，初期日产高，平均 12.7t/d，累产油 4.89×10^4t，占区块总累产 80%，单井累产油在 $0.6700\sim2.6710\times10^4$t 之间，属于中、高产能井；河道间砂体，初期日产平均为 1.5t/d，单井累产油 $0.014\sim0.3523\times10^4$t，属于低、特低产能井。Ⅰ油组席状砂储层，初期日产油平均为 5.8t/d，区块累产油 0.7133×10^4t，Ⅲ油组砂河口坝砂体，初期日产油平均为 5.4t/d，区块累产油 0.44×10^4t，属于低产能井。

4　效果分析

按照产能高低，本区有利沉积微相依次为水下分流河道、席状砂、河口坝，最差为河道间，明确了各种产能与沉积微相的平面展布关系，由此确定水下分流河道发育区为优质储层分布区，选择3个油组优质储层共同发育的区域进行井位部署。S103部署区：油层厚度一般大于10m，预计单井累积产油在6000~10000t；曙66部署区：整体油层厚度在10m以上，单井累积产油在9000~26000t。目前都已实施钻探，初期平均日产油6~20t不等，高产井超出预期，效果良好。

5　结论

（1）S103井区杜家台油层构造背景为单斜，部署井的位置跟构造高低没有关系，弄清有效储层分布规律、预测优质砂体的分布范围是实现难采储量动用的关键。

（2）S103井区杜家台油层分为杜Ⅰ、杜Ⅱ、杜Ⅲ三个油层组，将厚度较大的研究对象细划，更易于发现储层对油藏以及油井产能的控制作用。

（3）沉积微相决定了油井的产能。按照产能高低，本区有利沉积微相依次为水下分流河道、席状砂、河口坝，最差为河道间。水下分流河道砂体，属于中、高产能井；席状砂、河口坝砂体，属于中、低产能井；河道间砂体，属于低、特低产能井。

（4）该区块的研究思路及实践，对于邻近主力生油凹陷斜坡区的岩性油气藏勘探与开发，具有指导意义。

参考文献

[1] 张方礼，张吉昌，李军生．辽河油区复杂油气藏滚动开发实践与认识[M]．北京：石油工业出版社，2007，100-130.

[2] 孙素青，沈渭洲．大民屯凹陷沙河街组四段、三段层序特征及其与油气成藏条件之间的关系[J]．地球学报，2006，27(1)：57-62.

[3] 刘玲利，朱永进，严卫兵，等．沉积微相分析在胜南3、6区块滚动勘探中的应用[J]．特种油气藏，2009，16(3)：44-46.

[4] 周金保．沉积微相研究成果在濮城油气田滚动勘探中的应用[J]．石油勘探与开发，2004，31(4)：68-70.

[5] 王雅春，郑继明．宋站南地区扶二组沉积微相特征及其与油气的关系[J]．特种油气藏，2011，18(06)：15-17+123-124.

[6] 谢传礼，李钢，吕毓刚，李玉胜．文南油田沙一下亚段沉积微相及其与油气的关系[J]．地层学杂志，2010，34(01)：69-76.

[7] 魏兆胜，宋新民，唐振兴，等．大情字井地区上白垩统青山口组沉积相与岩性油藏[J]．石油勘探与开发，2007(01)：28-33.

[8] 刘双莲，李浩，周小鹰．大牛地气田大12—大66井区沉积微相与储层产能关系[J]．石油与天然气地质，2012，33(01)：45-49+60.

[9] 何顺利，郑祥克，魏俊之．沉积微相对单井产能的控制作用[J]．石油勘探与开发，2002(04)：75-76.

[10] 刘子良，司云革，于孝玉，等．吉林油田未动用难采储量评价技术方法[J]．中国石油勘探，2003，8(3)：65-68.

[11] 李应暹．辽河裂谷渐新世初期的扇三角洲[J]．石油勘探与开发，1982(04)：17-23.

[12] 盛和宜．辽河断陷湖盆的扇三角洲沉积[J]．石油勘探与开发，1993(03)：60-66.

[13] 薛叔浩，罗平，杨永泰，等．辽河坳陷沉积体系与油气分布[J]．石油勘探与开发，1997(04)：19-22+98-99.

[14] 谷团．富油气凹陷进源勘探理论与实践-以辽河盆地西部凹陷南段为例[M]，北京：科技出版社，2016，79-119.

[15] 薛良清，W. E. Galloway. 扇三角洲、辫状河三角洲与三角洲体系的分类[J]．地质学报，1991(02)：141-153.

[16] 朱筱敏，信荃麟．湖泊扇三角洲的重要特性[J]．石油大学学报(自然科学版)，1994(03)：6-11.

[17] 刘磊，钟怡江，陈洪德，等．中国东部箕状断陷湖盆扇三角洲与辫状河三角洲对比研究[J]．沉积学报，2015，33(6)：1170-1181.

[18] 李应暹，邱云贞，董迪，等．辽河坳陷下第三系储层沉积构造图册[M]．沈阳：辽宁科学技术出版社，1991，101-147.

低幅度小断块油藏效益开发对策研究及应用

侯平舒　刘秀珍　周　敬　单海荣

（中国石化中原油田分公司）

摘　要　达尔其油田位于内蒙古自治区乌拉特中旗境内，构造上属于二连盆地白音查干凹陷南部斜坡带，由12个低幅度小断块油藏组成，属于常压中孔中低渗边水油藏。针对油田产量递减快、采出程度低、开发效果和经济效益变差、开发经营困难实际，文中立足油藏实际及开发阶段性，以地质研究为基础，进行效益开发对策研究，以提高水驱开发效果、进行低成本工艺配套、精细注采管理为对策，加强成果转化及应用，通过一块一策开发技术政策的实施，油田产能规模扩大，开发综合效益明显提高，为同类油藏的效益开发提供可借鉴经验。

关键词：低幅度油藏；地质研究；水驱开发；工艺技术；注采管理

1　油藏概况

达尔其油藏位于内蒙古自治区巴彦淖尔盟乌拉特中旗境内，构造上属于二连盆地川井坳陷北部白音查干凹陷南斜坡白音构造带上。从上往下又分为赛汉塔拉组、都红木组、腾格尔组。都红木组和腾格尔组是达尔其油田的含油气层系，油藏埋深400~1700m。油藏类型均属断块层状油藏，具有多套油水关系。油藏平面不连片，纵向不叠加，层系各自独立成藏。油藏立体成藏，都红木组、腾上段、腾下段三套层系独立分布，连片程度差。油藏压力系数0.97~1.02，地层温度33~76.3℃。为常温常压中孔中低渗低幅度小断块边水油藏（图1）。

图1　达尔其油藏构造井位图及油藏剖面图

油藏含油幅度低，储量丰度低。油藏高度20~30m（最大60m），含油条带宽度一般小于300m。储量丰度平均为79万吨/平方公里。储层岩性主要为长石质岩屑砂岩、不等粒砂岩，少量含砾。储层类型为砂岩储层。平均孔隙度13.1%~30.7%，渗透率9.1~195.6mD。油藏总体属中孔中渗低幅度小断块边水油藏。地面原油密度0.833 ~ 0.8773g/cm^2，黏度5.385 ~ 20.5308mPa·s，水型复杂，地层水类型为$CaCl_2$、Na_2SO_4、$MgCL_2$、$NaHCO_3$型，地层水总矿化度（5.6~18.3）×10^4mg/l。

达尔其油田2004年开始投入开发，经过产能建设、注水开发、含水上升三个阶段后，产量开始快速下降，递减加大，含水上升，开发效益变差，阶段末油水井开井率低，区块油水井共137口，开井57口，开井率41.6%；开发指标变差，区块日产油只有15.8t，综合含水89.9%，采油速度0.1%，自然递减28.92%，地质采出程度5.41%；受油价影响开发调整对策单一，三个结构调整工作量少，仅通过简单补孔进行维系生产；水驱效果明显变差，受注水系统配套不完善，水井工作量滞后影响，水驱效果变差。

2　开展提高开发效益综合研究

2.1　进行低幅度油藏剩余油描述

针对达尔其油藏断层钻遇率低，刻画难度大；断距小，同相轴错位不明显，地震解释难度大；断层空间组合多解性强。综合运用多种技术手段开展重新认识地下油藏潜力研究，进行了“动静结合、相控数模”为手段的剩余油精准描述。

2.1.1　通过构造研究，落实块内低序级断层

针对小断点识别难的问题，应用传统的旋回对比方法，通过地层对比，准确识别小断点，将断层刻画精度提升至10m级。达尔其西对比总井数128口，建立标准井14口，骨架剖面5条，划分52个小层，修改断点数据20多处。

结合地震资料，用新老井资料卡准大断层；复杂断块地震人机交互精细解释：人机交互地震解释(叠合时间切片、层拉平切片、方便灵活的任意线解释、多方式波组追踪对比；三维精细构造解释技术：解释连井剖面、在地震数据体上直接开展立体解释、面块切片解释、用同相干体法进行断层解释、剖面放大多窗口类比追踪解释技术、构造框架解释与细节解释相结合的方法；大量编制建立油藏剖面，合理组合断层。RFT资料综合运用，深化断块内小断层的认识。

通过三维地震精细解释、结合生产动态资料、HDT及RFT资料，理顺达尔其东块构造格局，落实低序级断层展布。修改断层7处，小断层展布更加准确。

达尔其东区块断层主要以北北东向断层为主，东倾与西倾断层相互切割；南北掉向两条断层将区块分为北中南三个小块，油藏构造形态复杂化；区块内部发育多条延伸短小断层，构造复杂(图2)。

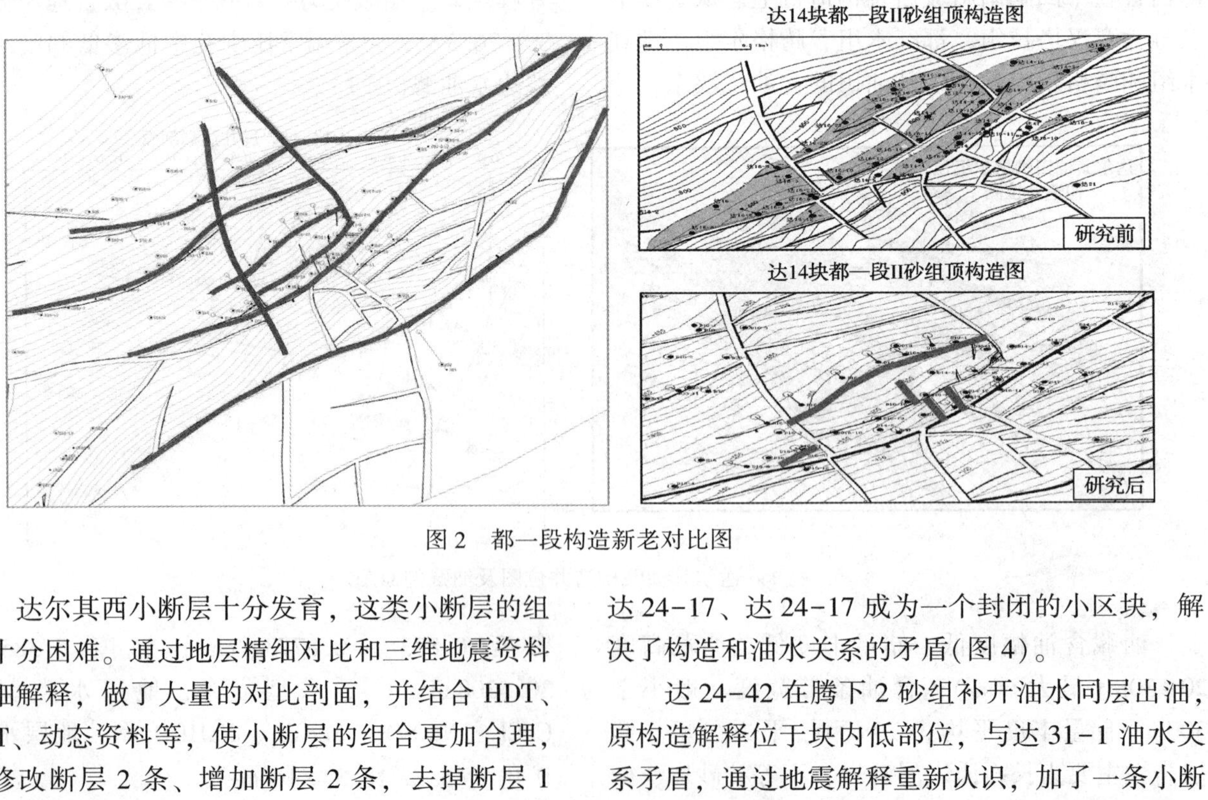

图2　都一段构造新老对比图

达尔其西小断层十分发育，这类小断层的组合十分困难。通过地层精细对比和三维地震资料精细解释，做了大量的对比剖面，并结合HDT、RFT、动态资料等，使小断层的组合更加合理，共修改断层2条、增加断层2条，去掉断层1条，新认识5处(图3)。

原构造侧达24-17、达24-17深度、油水关系在构造图上矛盾，通过重新解释和认识，认为达24-17、达24-17成为一个封闭的小区块，解决了构造和油水关系的矛盾(图4)。

达24-42在腾下2砂组补开油水同层出油，原构造解释位于块内低部位，与达31-1油水关系矛盾，通过地震解释重新认识，加了一条小断层，使达24-42和达24-52在一个小条带，达24-42位于高部位。

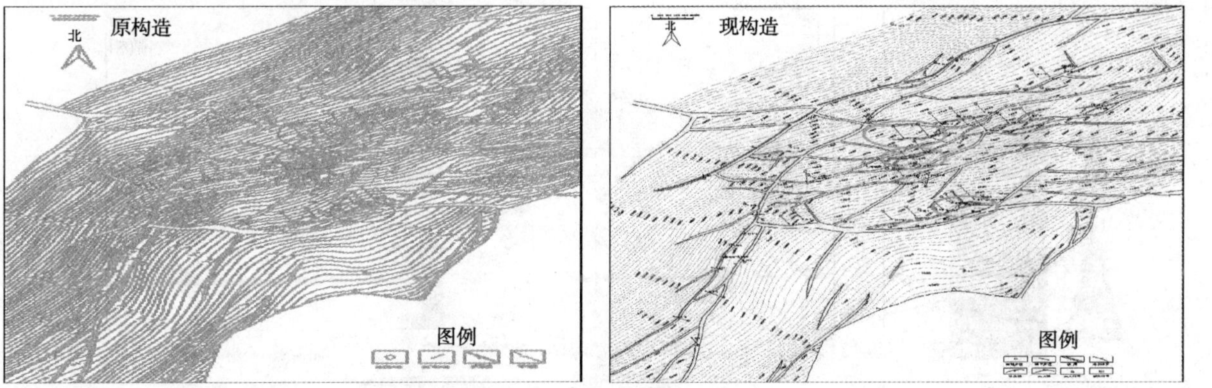

图 3　腾下 4 顶面构造新老对比

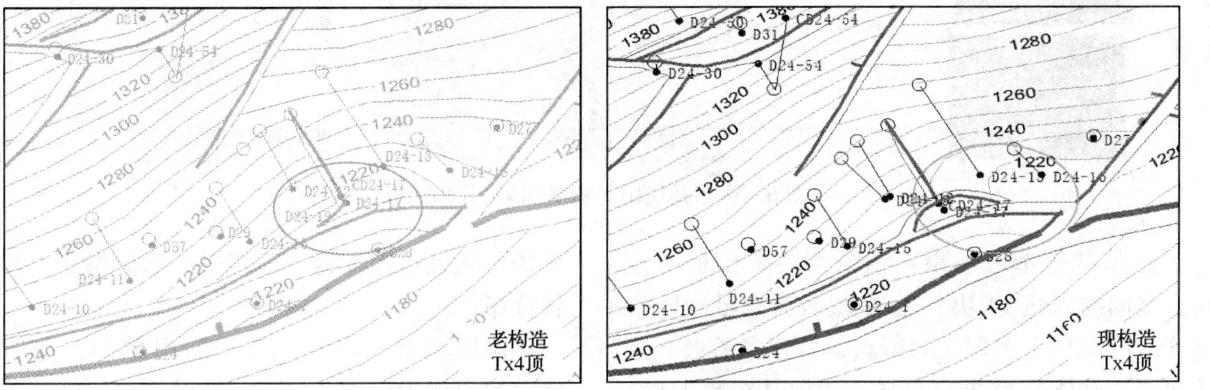

图 4　腾下 4 顶面构造新老对比

在构造研究基础上，确定达尔其西斜坡近洼为新的勘探目标区，新解释构造圈闭目标 4 个，圈闭面积 0. 67km^2，预测油层厚度 70m，预测储量 58. 5×10^{4}t(图 5)。

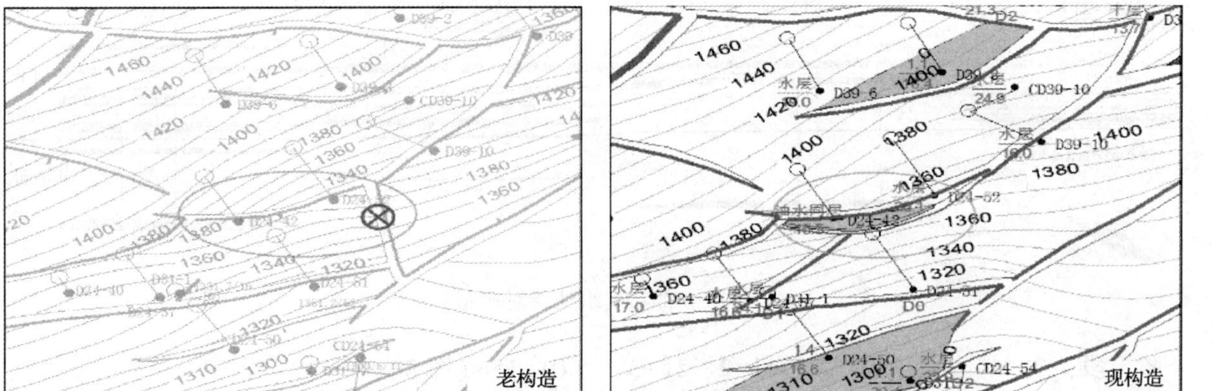

图 5　腾下 2 顶面构造新老对比

2. 1. 2　细分沉积微相，明确砂体空间分布状况

利用取心井资料及测井资料，明确沉积微相展布特征。结合储层预测以及井点砂岩划分结果，进行砂岩展布规律研究通过岩芯观察、沉积背景分析、结合前人研究成果认为：达尔其油田腾下段油藏储层为辫状河三角洲沉积体系。观察岩心 8 口，分析取芯井的岩电组合关系，确立辫状河三角洲沉积背景，

建立测井相图版(图 6)。

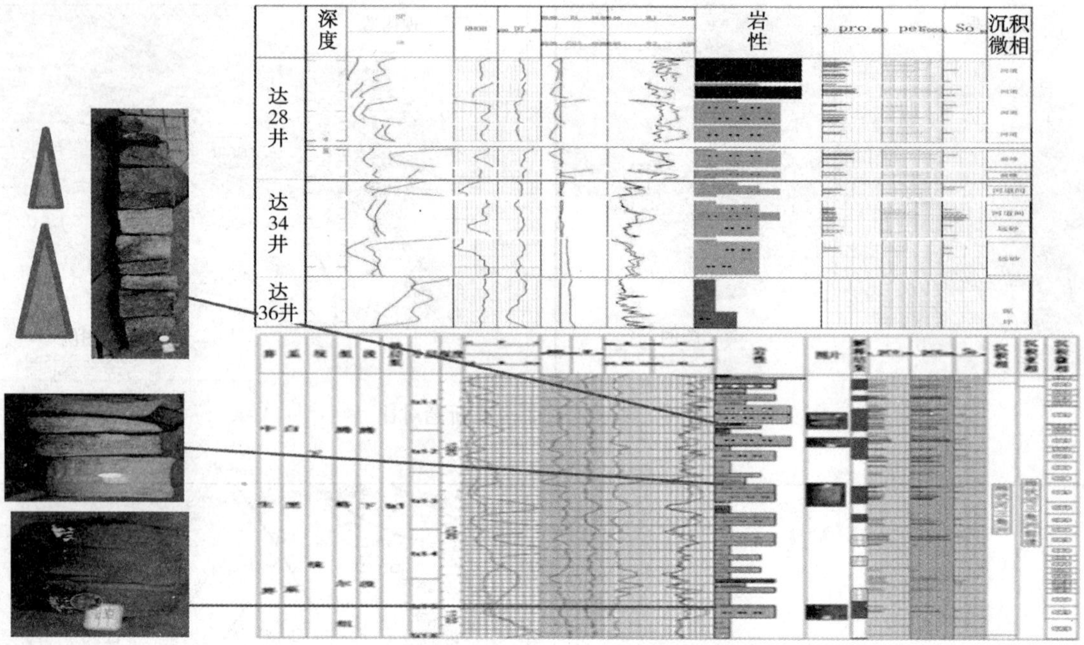

图6　达尔其油田沉积微相-测井相图版

达尔其东都红木组：物源主要来自东南方向，北向物源达14块、达33块较为充足，较南方好。沉积具有多期次的特点，发育多条水下分流河道，砂体发育成组性强。达尔其东腾上段：南东向物源，继承性差。窄河道为主，沿物源方向延伸较远，呈长条带状，横向迁移快。达尔其西腾下段：物源来自东南向，继承性较好。河道呈条带状继承性发育，前缘砂、远砂微相，呈片状分布。

储层展布。都红木组：储层单一，稳定连片，主力层为都一Ⅱ砂组一套油层组，油层沿断层高部位呈细条带分布，平均厚度4～8m（图7）。

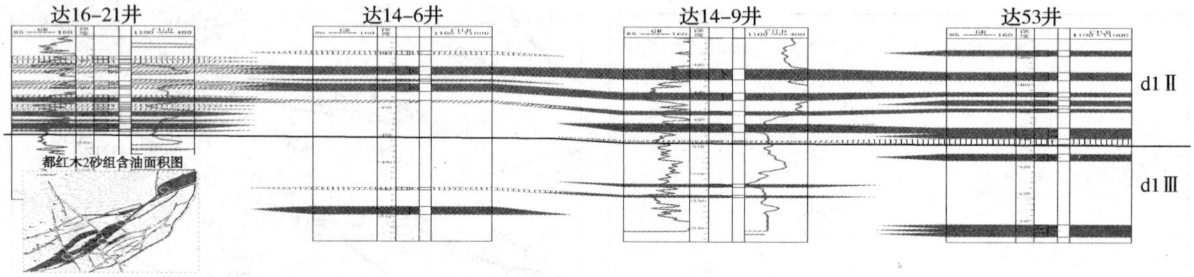

图7　都红木组油层对比图

腾上段：主力层为达33块腾上11-2、21-3砂组，主力储层发育单一，变化大，油层总厚度10～15m（图8、9）。

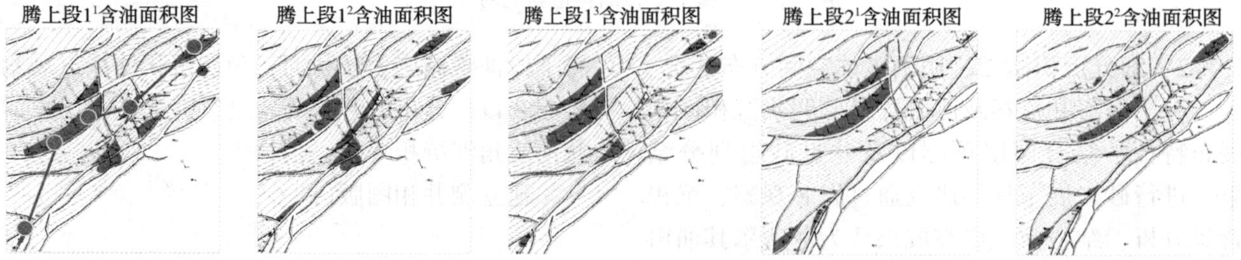

图8　腾上段含油面积图

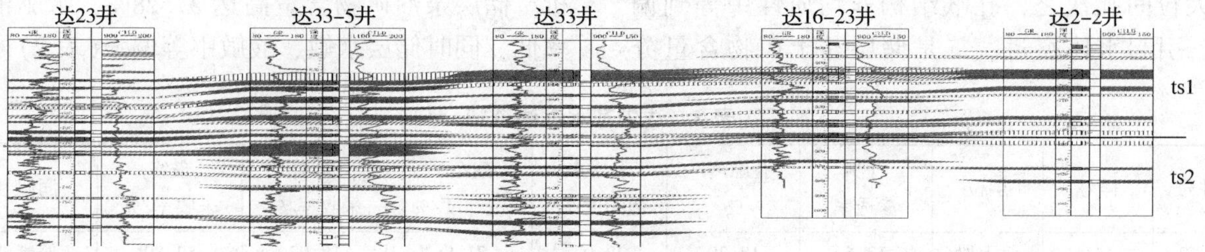

图 9　腾上段油层对比图

腾下段：地层厚度较大，储层主要集中在腾下 2. 3. 4 砂组，油层总厚度 20~24m，储层连片性差(图 10)。

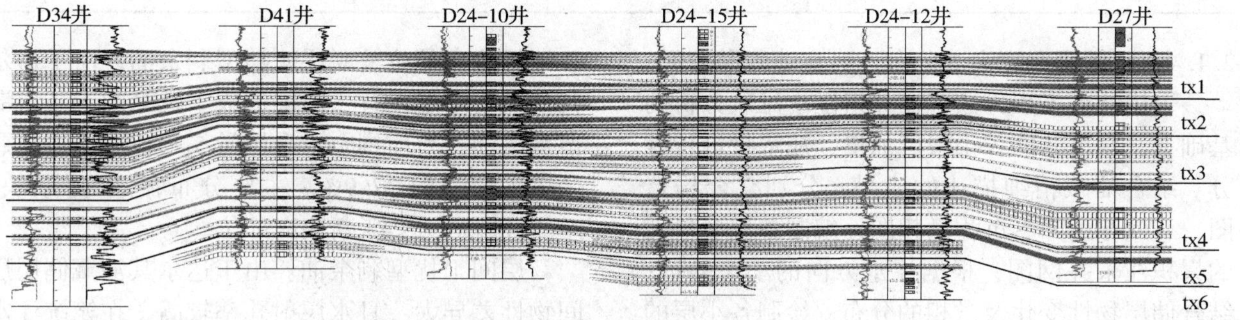

图 10　腾下段油层对比图

2. 1. 3　进行储层非均质性分析，明确注水政策

通过统计该油藏层间非均质性，砂组之间平均渗透率差别较大，tx1、tx2 油组渗透率平均值高，tx3、tx4、tx5、tx6、tx8 次之，tx7 油组最小；tx2 油组变异系数最大，tx3、tx1、tx4、tx7、tx8、tx6、tx5 逐渐减小；突进系数都在 1. 4−2. 9 之间，tx1 油组最大，其次为 tx5、tx7、tx2、tx4、tx8、tx4 油组，tx6 最小；渗透率级差 tx1 油组最大，tx6 油组最小。总体上层间非均质性较弱，属于均匀−较均匀型(表 1)。

表 1　达尔其油田层间渗透率非均质参数统计表

层号	渗透率最大值/mD	渗透率最小值/mD	渗透率平均值/mD	突进系数	级差	变异系数
tx1	34. 3	2. 6	11. 7	2. 9	13. 2	0. 46
tx2	26. 4	4. 7	14. 1	1. 9	5. 6	0. 63
tx3	11. 2	3. 4	8. 2	1. 4	3. 3	0. 48
tx4	10. 3	4. 3	6. 7	1. 5	2. 4	0. 46
tx5	9. 8	2. 6	4. 8	2. 0	3. 8	0. 19
tx6	6. 2	3. 8	5. 0	1. 3	1. 6	0. 21
tx7	6. 7	1. 5	3. 4	2. 0	4. 5	0. 44
tx8	6. 7	2. 2	4. 4	1. 5	3. 1	0. 35

在平面非均质性方面，对小层的有效砂体钻遇率统计表明，有效钻遇率最小为 1. 54%，最高为 39. 02%，平均为 12. 81%。说明有效砂体钻遇率低，有效砂体的连续性一般。

达尔其平面储层渗透率变异系数小于 0. 5 的小层只有 22 个，占全体储层的 64. 7%；变异系数在 0. 5~0. 7 之间的小层有 11 个，占全体储层的 32. 4%；变异系数大于 0. 7 的小层有 1 个，占全体储层的 2. 9%。渗透率级差范围在 1. 46~134. 94 之间，平均为 17. 2；渗透率突进系数为 1. 19~7. 57 之间，平均为 2. 89，平面非均质性中等偏弱。

通过储层微观特征研究，明确低幅度油藏水驱渗流规律，达尔其储层原生粒间孔发育丰富、扩大粒间孔次之，孔喉结构非均质性中等到偏强，引起水体突进。二是储层黏土矿物含量分析。储层亲油矿物含量高达37.28%，水驱油效率低。同时储层水敏、酸敏中等偏强(表2)。

表2　达尔其水驱油资料

井号	样号	层位	气测渗透率	孔隙度/%	束缚水饱和度/%	残余油饱和度/%	无水采收率/%	最终采收率/%	润湿性
达2	1	腾上段	13.6	18.29	23.94	31.86	18.93	54.89	偏亲油
达2	19	腾上段	40	20.25	22.3	38.1	15.74	50.93	偏亲油
达2	6	腾上段	126	21.46	31.42	27.62	26.13	59.73	偏亲油
达14	1	都一段	71.8	15.76	22.67	30.04	23.02	61.15	偏亲油
达14	4	腾上段	143	22.71	25.04	29.49	36.45	60.67	亲水

2.1.4　定量研究剩余油分布，确定油藏潜力区

采用油藏工程方法，在井组注水见效分析的基础上，对单井的各小层产油量、注水量进行劈分。结合油藏精细描述的成果，分别叠合构造图、有效厚度图、沉积微相图，编制各流动单元的累积注采井网图，根据注水方向的动态验证，结合储层物性变化及微相的分布，绘制各小层的水淹图。油藏的水淹级别划分为以下四种：①未水淹，fw<40%；②弱(未)水淹，40%<fw<60%；③中水淹，60%<fw<80%；④强水淹，80%<fw<90%；⑤特强水淹，fw>90%。

剩余油在水淹图上的分布规律为：一类层水淹程度高，二三类层水淹程度低；剩余油主要富集在动用差的二、三类层及一类层的井网不完善、无边水及断层边角处。河道相分布范围小，大部分已水淹；前缘相、远砂相由于储层物性差，注采不完善，剩余油分布范围较广。

通过剩余油定性研究和数值模拟结果对比看：虽然在各小层采出程度有较大差异，但具有相近的剩余油分布特征。油藏剩余油分布总体上与砂体的物性变化(沉积微相变化)、注采井网完善程度、注采井网的大小、注采强度、断层的遮挡和分割密切相关。达尔其油藏剩余油分布总体上可分为四种类型。

构造高部位及断层遮挡型剩余油。由于达尔其油藏小断层发育，断层形成了较多的近断层滞留剩余油，目前剩余可采储量5.8×10^{4}t，占总剩余可采储量的37.9%。主要分布在达24断块、达34断块、达44断块高部位。

层间干扰型剩余油：由于达尔其油藏储层层间物性差异大，且水层射孔率较高，在笼统注水条件下，水层吸水率较高，由于上述原因形成大量层间干扰型剩余油。此类剩余油主要分布在二、三类层内，目前剩余可采储量3.6×10^{4}t，占总剩余可采储量的23.5%。

井网不完善型剩余油：由于该油藏土豆状砂体发育，难以形成注采关系，从而形成剩余油，此类剩余油大量分布，部分可通过补孔零星挖潜，目前剩余可采储量3.8×10^{4}t，占总剩余可采储量的24.8%。

其他类型剩余油：达尔其油藏主要发育前缘相、远砂相，由于储层孔喉不均匀、层内夹层多等因素，总体上水驱油效率低，高含水层内仍有一定数量的剩余可采储量，目前剩余可采储量2.1×10^{4}t，占总剩余可采储量的13.6%。

剩余油主要分布在构造高部位、注水未波及区，分别占总剩余可采储量的37.9%和24.8%，其次分布在井间区和井损区(表3)。

表3　达尔其油田剩余油潜力表

砂组	地质储量/10^{4}t	累产油/10^{4}t	标定采收率/%	采出程度/%	剩余可采储量/10^{4}t	剩余油分布类型(10^{4}t)			
						构造高部位	井间	注水示波及	井损
都一段	128.5	10.59	9.5	8.24	1.7	0	0.6	0.9	0.2
腾上段	295.5	13.84	6.4	4.68	5	1	2	1.4	0.6
腾下段	276.1	12.05	7.5	4.36	8.6	4.8	1	1.5	1.3
合计	700.1	36.48	7.39	5.21	15.3	5.8	3.6	3.8	2.1

通过剩余油定量描述，落实老区有利目标区4个，达24断块达29井区、达24-52井区、部署老井侧钻4口：达57侧、达24-侧52、达24-50侧、达34-6侧、调整井1口：达24-60。预计新增含油面积0.18km^2，新增探明储量16.7×10^{4}t，新建产能0.23×10^{4}t(图11)。

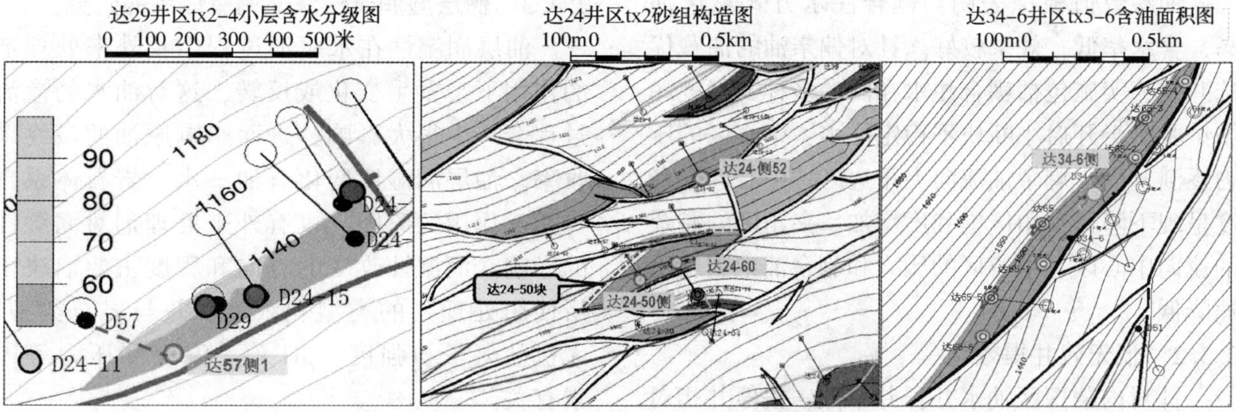

图11　达24块、达34西南块含油面积图

2.2　低幅度油藏注水开发对策

针对达尔其注水开发油藏储量品位差情况，结合边水能量、砂体构型，明确分类油藏挖潜对策，达到减缓递减、提高采收率的目的(表4)。

表4　达尔其油田不同类型油藏挖潜对策表

类型	边水能量	构型类型	砂体连通模式	地质储量/10^4/t	储量占比/%	挖潜对策	典型区块
边水较活跃	边水能量较充足 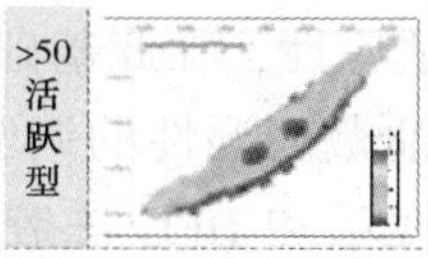	河道叠切型	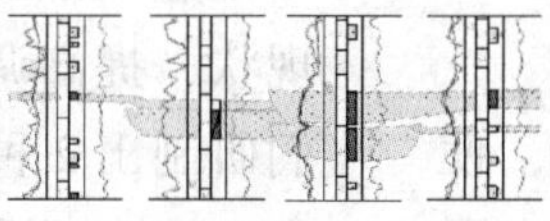	107.58	17.13	充分依靠天然能量，均衡生产，辅助边内注水	达24块 达10块
边水一般活跃	边水能量中等 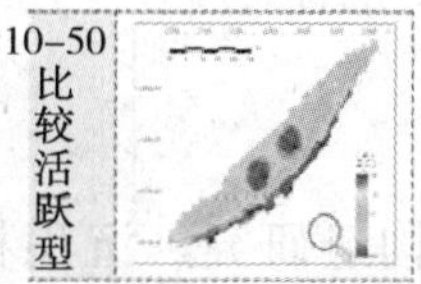	河道末端型		135.95	21.64	边内切割注水辅助边外注水	达33块 达39块
		高程差侧向拼接型	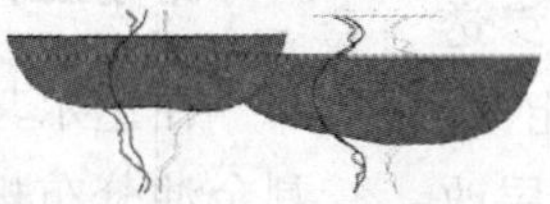	162.29	25.84	河道注河道采	达35块 达31块 达23块 达44块
边水不活跃	边水能量较弱 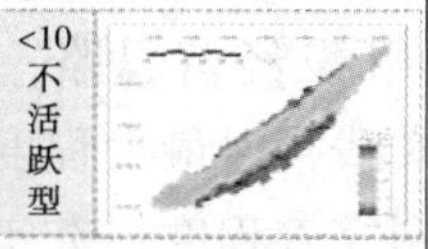	席状砂连型	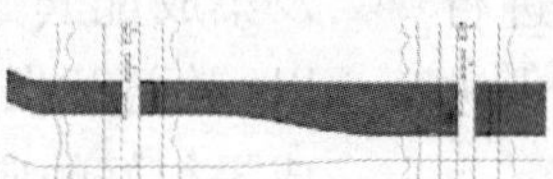	222.31	35.39	多井点、点弱面强、温和注水	达14断块 达2块 达24块
合计				658.13	100		

2.2.1　单油层段细分注水

适用有一定含油面积，含油高度>50m，水体倍数<10，渗透率100md以上油藏；水层注水效果差，笼统注水不见效；选择油层注水，降低级差，注水井段尽可能小，低强度(1.7m^3/m/d)注单油层段，有效提高水驱采收率0.2个百分点。

2.2.2　中渗条带油藏边外注水技术

边外注水阻力小，注水量可大幅度提高，增大驱替压力梯度，提高驱油效率。边内注水油水井间平均压力梯度0.012MPa/m；边外注水阻力小，注水量提高4倍，压力梯度提高到0.023MPa/m，扩大近1倍；增大压力驱替梯度，渗流孔隙体积增加，更多小孔隙原油被驱替，驱油效率提高12.6个百分点。

2.3 低幅度油藏效益开发技术对策

2.3.1 流场调整技术

油藏数值模拟表明：耦合注水方式累产油高，含水率低，效果较好。针对偏亲油的油藏优选井组，实施包括耦合注水在内的多种变强度注水试验。半开启小断块不稳定注水：中心区的压力逐渐升高，剩余油流向夹角边区；中心区饱和度呈现下降，夹角区饱和度增加。夹角区的剩余油流向中心区，中心区的压力和剩余油饱和度迅速降低。

2.3.2 低无效井提效

针对内蒙探区油水井开井率低，关停井相对分散的特点，在复工初期，安排地质、工艺技术人员与两干项目部密切结合，完成了53口关停井的潜力摸排，对具备恢复潜力的26口长停油水井调查，对具备一定潜力的长关井分别制定相应挖潜措施。恢复界限：按原油价格1902元/吨测算，间开井需年产油51吨(日均0.13吨)，全天恢复井需年产油65吨(日均0.2吨)。

2.4 低幅度油藏集成工艺技术配套

2.4.1 缝网压裂技术

“缝网压裂”就是指在水力压裂过程中，使天然裂缝不断扩张和脆性岩石产生剪切滑移，形成天然裂缝与人工裂缝相互交错的裂缝网络，从而增加改造体积，提高初始产量和最终采收率。存在剪切、滑移、错断等复杂力学行为，打碎储层，裂缝以复杂缝网形态扩展，实现人造“渗透率”，改造体积大，大大增强储层的渗流能力。低黏+低伤害的滑溜水体系造网技术进行储层改造，大液量+大排量+低砂比压裂增能技术进行层内蓄能，生物驱油剂+闷井，加合增效技术进行生物驱油。

2.4.2 确定有效提液时机

强边底水低幅度油藏，提液效果较好；油藏基础井网注采比偏低、含水偏高，能量较充足的区块较适合提液。三个匹配思路：油层埋深与下泵深度相匹配，参数选择与供液能力相匹配，地面抽油设备与地质需要相匹配。重点在注水能量充足的达10、达33块及边底水较为充足的达24块实施有效提液。

随着驱替压力梯度增加，水驱油效率提高，含水率70%~80%以后，驱油效率随含水率的上升增加幅度较大，含水90%－95%时提液时机最佳。

2.4.3 储层湿润改性深部调驱体系的研究

油层润湿性在水驱油过程中及外来处理剂的作用下会发生变化或反转，这对油水的渗流过程会产生很大影响，进而影响原油的最终采收率。油层润湿性变化有油—水—岩石体系自身相互作用的原因，也有外来处理剂对润湿性的影响。润湿性改变的方向和程度主要取决于所使用处理剂的类型和浓度，并与岩石类型、无机盐离子与强度、pH值、温度和压力等因素有关。

润湿性反转与油藏条件的变化、化学处理剂的类型和浓度等具有非常重要的关系，因此油湿性储层在调堵过程中的关键是实现润湿性反转，在调堵过程中通研究出具有润湿改变的调堵剂或者通过注入化学剂将偏亲油油藏润湿性转变为亲水或中性润湿油藏，从而达到提高该类油藏的采收率目的。

鉴于该区块岩心是亲油，为了改善区块开发现状，提高调驱体系的适应性，在此基础上，我们研制出2种可以改变油藏润湿性的调驱体系。PF601纳米活性性调驱体系和DPG冻胶分散体乳液调驱体系。

PF601纳米活性调驱剂体系。

3 现场应用

在达尔其油藏精细构造研究、沉积相研究、剩余油分布规律研究、低成本开发技术对策研究及集成配套工艺技术研究的基础上，紧紧围绕以“效益开发”为中心的开发经营思路，将研究成果很好的应用到开发实践，以最大程度提高水驱控制和动用程度、井网完善程度，夯实稳产基础，控制自然递减和含水上升速度。

3.1 评价落实达尔其勘探潜力

在构造、储层、剩余油分布规律研究的基础上，通过精细的三维地震解释、剖面加密加长，断点重新组合，在达尔其实施探井3口进一步扩大了该区含油层系及含油范围。新增含油面积0.75km^2，新增石油探明石油地质储量53.05×10^{4}t，新增预测石油地质储量1188.35×10^{4}t(表5)。

表 5　探井实施效果统计表

井号	钻遇层位	新增含油面积/km^2	新增地质储量/10^4t	油层厚度/m	累计产油/10^4t
达 65	k1btx2-6	0.3	12.8	15	515
达 66	k1btx2-6	0.26	26	20	35
达 67	k1btx2-6	0.19	14.25	20	105
小计		0.75	53.05	55	655

表 6　新井实施效果统计表

井号	钻遇层位	动用地质储量/10^4t	新建产能/10^4t	钻遇油层/(m/n)	投产日产油/t
达 24-60	k1btx1-6	3.6	0.08	69.6/29	5.5
达 57 侧 1	k1btx1-5	5.8	0.11	23.9/15	3.6
达 34-6 侧 1	k1btx2-6	7.9	0.17	28.6/4	5.5
小计		17.3	0.36	122.1/57	14.6

3.2　挖掘达尔其西部油藏潜力

通过完善工程服务市场，新钻井工程造价降低 25-30%。按 40 美元内部收益率 8%评价，新井经济评价率得以提高。产能建设井评价通过 2 口，老井侧钻 1 口，落实储量 17.3×10^4t，新建产能 0.36×10^4t，投产预计日产油 14.6(表 6)。

3.3　实现重点油藏层系转移

在储层"四性"关系研究的基础上，重新界定低幅油藏油水层识别标准，对达尔其腾上 3 砂组低阻油藏重新评价，评价 16 口井 34 个层，覆盖地质储量 10.2×10^4t。实施补孔挖潜 3 井次，累增油 1018t(表 7)。

表 7　低阻油层效果统计表

序号	井号	措施前产状					措施后产状					日增油/t	累计增油/t
		工作制度	日产液/t	日产油/t	含水/%	动液面/m	工作制度	日产液/t	日产油/t	含水/%	动液面/m		
1	达 24-19	38×3×2	6.4	0.4	93.7	1061	38×3×2	7.5	3.4	54.4	615	3.0	668
2	达 24-57	38×2.5×2	1.7	0.1	91.5	1612	38×2.5×2	3	0.8	82	1621	0.7	158
3	达 24-15	38 * 1.8 * 3	6.3	1.2	81.6	578	38 * 1.8 * 3	7.8	2.5	70	486	1.3	192
合计												5.0	1018

3.4　实施三个结构调整

3.4.1　注水结构

平面上通过大修、转注、长关井恢复完善井网，层间上通过细分注水、调驱改善水驱动用状况。在达 14 块东实施单油层段细分注水，油井 3 口，水井 3 口，注采比 1：1，区块见效日增油 3.2t，累计增油 768t，采收率由提高由 18.7%提高到 22.6%。在达 33 块中低渗条状带油藏实施边外注水，实施井组 38 个，对应油井 47 口，见效 20 口，占比 43%。其中见效增油 5 口，平均单井累增油 213t，区块油量稳定，液量稳中有升，含水缓慢上升。通过转注、水井检管恢复完善井网，共实施 12 井次，新增注水见效方向 15 个，恢复水驱动用储量 12.5×10^4t。二是以恢复注采井网为主，提高水驱动用程度。加快井网恢复，提高水驱动用。按照地面完善一块、配套实施一块的原则，重点在达尔其油田的达 14 断块、达 39 块、达 2 块、达 33 块等 5 个区块实施，选取了进行调驱试验。对应油井 3 口，日增油 2.6t，年增油 390t，投入产出比 1：3.14。

3.4.2　措施结构

在剩余油富集区通过补孔、大修挖掘高部位、井损区剩余油，实施补孔 8 井次，累计增油 1580t。同时按照"潜力大小、先易后难"的原则，优先选择潜力大的油井达 39、达 10-3 井进行大修，累计增油 569t。

3.4.3　产液结构

通过补孔、提液、长关井利用、压裂等方式增加液量，增产增效；同时通过堵水、无效井关停减少无效液量，降本增效。一是开展长关井挖潜。通过对 53 口关停井进行复产难度和效益预测评价，按照优先实施位于构造高部位、有配套注采井网、地面管网完好扶躺原则，同时剩余可采储量大于 1000t，投入产出比大于 1：1，依据潜力大小，共实施长关井恢复 18 口，日增油 8.8t，累计增油 1443t。油井开井率由 44.4%提高到 59.1%。二是掌握有效提液时机，通过理论研究与实践验证，优选具有一定的供液能力的油井。通过优化参数，提升产能，共实施8井次，实施前日产液41.7t，日产油9.9t，含水76.3%，动液面650米。实施后日产液57.1t，日产油12.6t，含水77.9%，动液面761m。实现日增液15.4t，日增油2.7t，含水基本平稳。平均单井有效期84天，阶段累增油179t。

3.5　提高开发管理效益

3.5.1　水井不稳定注水

结合内蒙生产特点，优选达14断块6个井组开展不稳定注水试验，有效减缓油藏递减。通过周期注水，注采耦合改变流线，控水稳油。采取集中注水，有效蓄能。每年11月–2月为注水时间。对应油井日增油2.4t/d，年增油275t，减缓递减1.7个百分点。减少耗电26.65×10^4kW·h，年节约费用19.98万元。

3.5.2　更换节能电机

更换节能电机46台，机采系统YE3系列电动机平均节能率为5.99%。46口井更换前年耗电量为369.97×10^4kW·h。改造更换后年耗电量减少电量为22.16×10^4kW·h，按综合电价0.75元/kW·h计算，每年节约电费16.62×10^4元，折标煤27.2t，降低能耗指标。

3.5.3　控制躺井

完善躺井的预警机制，切实有效地提高油井躺井的预见性，实现躺井超前控制。作业费用由2019年的120×10^4元下降至2021年的48×10^4元，躺井率由3.0%下降至1.5%。降低了作业成本。

3.5.4　精细注采

加强井组动态分析，改善水井调配效果，实时动态调配12井次；优化生产参数，选择合理的工作制度。上提泵挂3井次，下调冲次4井次；恢复注采井网，补充地下能量，共施水井对应补孔3井次，恢复注水8井次，动液面上升30m。

通过项目实施，研究成果及时应用于生产，取得了明显的效果。

开发效果改善：平面上井网增加了15个受控方向，4口井由单向受控变为双向和多向受控，新增见效油井6口；纵向上吸水剖面改善，吸水层数百分数由35.5%提高到55.6%，吸水厚度百分数由37.4%提高到62.3%，潜力层段吸水量增加$60m^3/d$，无效层段(高耗水层段)吸水量减少$40m^3/d$；落实储量81.8×10^4t，新增可采储量10.6×10^4t，提高采收率1.52个百分点。

开发指标变好：日产油由15.8t上升到29.5t，采油速度由0.09%提高到0.18%，综合含水由89.9%下降到84.1%，下降5.8个百分点；增加水驱控制储量42.5×10^4t，增加水驱动用储量15.8×10^4t；自然递减同比由27.17%下降至7.63%，下降了19.54个百分点，综合递减同比由17.97%下降至6.59%，下降了11.38个百分点；

产能效益提升：通过完善挖潜，2020年以来年增油0.56×10^4t，总计投入费用672×10^4元。油价按60美元计算，共创产值1390×10^4元，投入产出比1：2.07。

4　认识及建议

4.1　通过油藏精细描述，建立可靠地质模型

探索低幅度油藏注水工艺配套技术，只有综合运用多种手段，才能有效挖掘剩余油潜力；达尔其低幅度小断块油藏，结合油藏情况及开发阶段性特点，通过研究及成果转化，可以实现效益开发。

4.2　通过实施不稳定注水，减缓油藏递减

低幅度油藏半开启小断块油藏实施不稳定注水，延长了稳产时间，提高了最终采收率；效益开发是一项系统工程，涉及面广，达尔其油藏类型复杂，要想实现效益开发，必须分油藏类型制定对策。

4.3　配套成熟工艺技术，支撑增储上产及效益开发

达尔其斜坡近洼带储层以发育薄层砂体为主，沉积微相类型主要为席状砂微相，油藏储量丰度受储层物性控制，总体品位低，局部产能较好，新发现达65~67块腾下段油藏，进一步扩大了达尔其西向下洼方向的含油面积，储量得到落实，配套成熟工艺技术，是下步增储上产及效益开发的有力区域；建议优化投资，减低成本，逐步实现区块规模效益开发。

4.4　通过三次采油，提高区块最终采收率

达尔其油田由于整体含油幅度低，都一段、

腾上段油藏物性好，在注水见效基础上，通过有效提液可以提高产能，在开发后期，建议按区块进行调驱、调剖，通过三次采油，提高区块最终采收率。

参 考 文 献

[1] 光兴毅，朱伟厚，孙玉生，等．白音查干油田小断块油藏开发影响因素分析[J]．断块油气田，2011，11.

[2] 任延峰．徐龙宝，等．低幅度油田注水开发思路[J]．内蒙古石油化工，2011，8.

[3] 杨福成．侯平舒，等．白音查干凹陷低幅度油藏开发配套技术政策[J]．试验研究，2013，8.

[4] 孙黎娟．马艳艳，等．低幅度油藏水驱见效特征研究[j]．中国石油和化工标准与质量，2020，5.

[5] 由海燕．浅谈油田自然递减因素及减缓递减措施[j]．工程科技，2014，7.

生物礁气藏分区物质平衡动态预测方法研究

祝浪涛

(中国石化西南油气分公司)

摘　要　传统的物质平衡方法忽略了地层的非均质性、低渗区储层供给及低速非达西渗流特征的影响，且无法对气藏进行早期动态预测。为了利用物质平衡方法实现稳产期开发动态预测，针对深层生物礁储层非均质性的特点，将生物礁储层划分为礁核高渗开发区及礁缘低渗补给区，基于一维非线性渗流机理及质量守恒原理，综合考虑低渗区对高渗开发区的补给作用及低渗区低速非达西渗流特征，建立了两区补给物质平衡方程，结合产能方程实现了对气井早期动态精准预测。实例应用结果表明：该方法可揭示两区内压力、产量变化特征，改善气井稳产期预测指标准确性。

关键词：物质平衡；低速非达西；非均质性；分区补给；产能方程；动态预测

典型气井的生产需要经历稳产、递减和增压三个时期，包括了定产量和定压力两种生产方式。气藏定产稳产阶段动态预测通常采用物质平衡及数值模拟方法，其中物质平衡方法是较为有效和准确的方法。而传统的物质平衡法仅能获取动态储量、压降趋势参数，同时将整个气藏当作一个容器，忽略了地层非均质性、低品位储层供给以及低速非达西渗流对开发动态的影响，无法实现稳产期开发动态早期预测及准确评估非均质生物礁气藏开发动态。

近年来国内外学者针对非均质气藏开发特征，改进传统物质平衡方法提出了分区补给物质平衡法，该方法与数值模拟评估结果相近，验证了分区补给物质平衡法的可靠性。高承泰等人将开展气藏动态气藏模拟实验，并提出了分区补给物质平衡方程，初步实现了基于稳产期数据开展气藏动态预测的目的，但缺乏完备的理论基础。程时清等人基于分区补给理念，对低渗气藏分区定容气藏动态储量和压力展开了深入评价，但无法实现对单井动态开发特征精准预测。孙贺东等人采用一维两区分区物理模型对低渗储层进行分类表征，初步实现了对非均质储层渗流特征的描述，但未考虑低渗区非达西渗流对气藏开发特征的作用规律。魏漪等人采用分区补给物质平衡方法描述致密油体积压裂区、致密储层区物性差异大的特征，而缺乏对气藏系统性的分析。本文基于生物礁气藏礁核储层高渗、礁缘低渗的非均质特征，考虑低渗区低速非达西渗流特征及低渗区补给的影响，建立了分区补给物质平衡法，综合气井产能方程，实现了对生物礁气藏气井早期动态预测。该方法更符合非均质储层开发特征、能够实现稳产阶段开发动态预测，为气井合理配产及工作制度的确定提供理论依据。

1　具有分区补给的动态预测方法

1.1　生物礁气藏储层特征

在低渗油气藏中，当驱替的压力梯度低于某一值时气藏中的流体呈现低速非达西渗流特征，而高于该值后流体呈现达西线性渗流特征，这一临界压力梯度叫做启动压力梯度。在低渗气藏中，细小的流动孔隙而产生强烈的固气界面的相互作用是启动压力梯度产生的直接原因。表 1 及图 1 呈现了 A 气藏长兴组气藏 6 口井 16 个岩心启动压力梯度分析资料统计结果；分析不同岩心启动压力梯度变化特征可知，岩心渗透率高于 1.5mD，启动压力梯度趋近于 0；岩心 0.1～1.5mD 之间，启动压力梯度呈现缓慢递减趋势；当岩心渗透率低于 0.1mD 时，启动压力梯度呈现随岩心渗透率降低而剧烈增大的趋势。总体来看，低渗储层具有较大的启动压力梯度，表现出显著的低速非达西渗流特征。

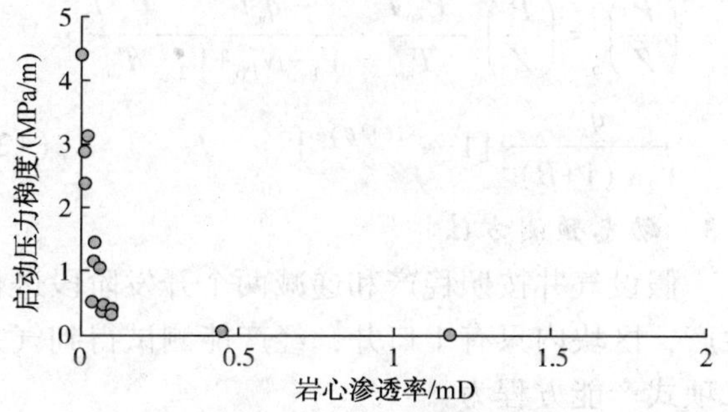

图 1　A 气田启动压力梯度与岩心渗透率关系曲线示意图

表 1　A 气田不同岩心启动压力梯度统计表

井名	渗透率/mD	启动压力梯度/(MPa/m)
A104	0.005	2.8541
	4.81	0
	0.0451	1.4557
	0.0942	0.4318
	0.0324	0.4973
	0.0096	2.3697
A271	0.0997	0.3415
	0.0675	0.388
	0.0739	0.4417
	1.174	0.0039
	0.0558	1.0878
	0.0885	0.391
A273	0.4531	0.0517
A12	0.0075	2.8741
A9	0.0012	4.4216
A204	0.045	1.1374

1.2 分区补给物质平衡方程

(1) 物理模型

基于生物礁构型可知，气藏储层分割为相对均质独立的礁核高渗开发区及礁缘低渗补给区两部分(图 2)。为研究方便，采用典型的一维两区渗流模型近似描述生物礁构型特征。模型假设条件为：①高渗区、低渗区储层水平均质、等厚，忽略重力及水的影响；②低渗区储层致密，气固作用强，表现出低速非达西渗流特征，而高渗区储层渗透率高，渗流满足达西渗流特征；③两区间补给受两区压差控制，其补给气量正比于两区之间的压力差，补给流动距离为 $(L_1+L_2)/2$；④高渗区及低渗区长度分别为 L_1、L_2，宽度为 L，地层厚度为 h；⑤高渗区、低渗区，地质储量分别为 V_1、V_2，渗透率分别为 K_1、K_2；⑥高渗区产气量为 q_g。

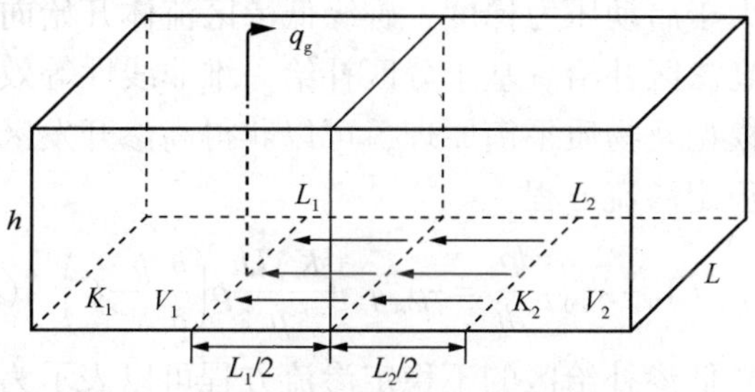

图 2　高渗开发区及低渗补给区两区物质平衡物理模型

(2) 数学模型及求解

储层非均质性对生物礁气藏开发及流体运移影响较大，低渗区储层物性较差，表现出明显的低速非达西渗流，进而使得礁缘低渗区相对礁核高渗区压降较慢，两区地层压力差异明显。受两区物性差异影响，气井生产表现出明显的两个开发阶段，初期仅礁核高渗开发区流体向近井地带流动，当两区压力梯度大于低渗区启动压力梯度 G 时，礁缘低渗区流体向礁核高渗区补给。

① 初期礁核高渗开发区渗流阶段

受低渗区低速非达西渗流特征影响，气井累计产气量 N_P 低于 N_{P0} 时，两区压力梯度小于启动压力梯度，仅礁核高渗区流体流动，而低渗区流体不发生流动。此时，高渗开发区的不稳定渗流方程为：

$$V_1\frac{d\rho_1}{dt}=-\rho_{sc}q_{sc} \tag{1}$$

初始条件：

$$\rho_1(t=0)=\rho_2(t=0)=\rho_0 \tag{2}$$

由式(1)可知：

$$\left(\frac{P}{Z}\right)_1=\left(\frac{P}{Z}\right)_i-\frac{P_{sc}T}{V_1T_{sc}}\cdot N_P \quad (N_P\leqslant N_{P0}) \tag{3}$$

式中：

$$N_{P0}=\left[\left(\frac{P}{Z}\right)_i-\left(\frac{P_i-(\frac{L_1+L_2}{2})}{Z}\right)_0\right]\Big/\left(\frac{P_{sc}T}{V_1T_{sc}}\right) \tag{4}$$

式中：P 为储层压力，MPa；P_i 为储层初始压力，MPa；Z 为气体偏差因子，小数；P_{sc} 为标准条件下压力，MPa；T 为储层温度，K；T_{sc} 为标准条件下温度，K；ρ_1 为高渗区流体密度，kg/m^3；N_{P0} 为低渗区开始向高渗区补给的最小产气量，亿方。

② 后期礁缘低渗区向高渗区补给阶段

气井累计产气量 N_P 大于 N_{P0} 时，两区压力梯度大于启动压力梯度，礁缘低渗区流体开始向礁核高渗区补给。基于分区补给一维非线性等效解析模型及物质平衡原理，可以获得高渗开发区的不稳定渗流方程：

$$(V_1-N_{P0})\frac{d\rho_1}{dt}=-\rho_{sc}q_{sc}+\frac{K^*Lh}{\mu}\rho\left(\frac{\partial p}{\partial x}-G\right) \quad (5)$$

低渗补给区的不稳定渗流方程可以表示为：

$$V_2\frac{d\rho_2}{dt}=-\frac{K^*Lh}{\mu}\rho\left(\frac{\partial p}{\partial x}-G\right) \quad (6)$$

式中：ρ_1 为高渗区流体密度，kg/m^3；ρ_2 为低渗区流体密度，kg/m^3；K^* 为低渗区与高渗区之间的渗流阻力，mD；G 为低渗补给区启动压力梯度，MPa/m；t 为时间，day；ρ_{sc} 为标准条件下的流体密度，kg/m^3；q_{sc} 为标准条件下的产气量，万方/day。

基于等效渗流阻力原理，高压礁缘低渗区向低压礁核高渗区补给的渗流阻力由两部分构成，依次为高压低渗区向低压高渗区的阻力、低压高渗区内流动的阻力。不考虑两区流体黏度差异性，渗流阻力 $K*$ 可以表示为：

$$K^*=\frac{\dfrac{L_1+L_2}{2}}{\dfrac{L_1}{2K_1}+\dfrac{L_2}{2K_2}} \quad (7)$$

初始条件：

$$\rho_1(t=0)=\rho_2(t=0)=\rho_0 \quad (8)$$

式中：ρ_0 为原始条件下的气体密度，kg/m^3

式(5)—式(8)可转化为二阶常系数齐次线性微分方程：

$$\frac{d^2\rho}{dt^2}+a(1+B)\frac{d\rho}{dt}-aB\gamma=0 \quad (9)$$

其中，参数 a、B、γ 分别表示为：

$$B=\frac{V_1-N_{P0}}{V_2},\quad a=\frac{K^*Lh}{(V_1-N_{P0})\mu C_gW},\quad \gamma=-\frac{\rho_{sc}q_g}{V_1-N_{P0}} \quad (10)$$

式中：C_g 为天然气压缩系数，MPa^{-1}。

由上式可得：

$$\left(\frac{P}{Z}\right)_1=\left(\frac{P}{Z}\right)_0-\frac{P_{sc}T}{T_{sc}}\cdot\frac{q_gt}{V_1-N_{P0}+V_2}+\frac{P_{sc}T}{T_{sc}}\cdot\frac{q_g}{(V_1-N_{P0})a(1+B)^2}[1-e^{-a(1+B)t}] \quad (11)$$

$$\left(\frac{P}{Z}\right)_2=\left(\frac{P}{Z}\right)_i-\frac{P_{sc}T}{T_{sc}}\cdot\frac{q_gt}{V_1-N_{P0}+V_2}-\frac{P_{sc}T}{T_{sc}}\cdot\frac{q_g}{V_2a(1+B)^2}[1-e^{-a(1+B)t}] \quad (12)$$

1.3 动态预测方法

假设气井按照稳产和递减两个开发阶段进行生产，区块内只有 1 口井，经产能测试得到气井二项式产能方程为：

$$\Delta P^2=P_1^2-P_{wf}^2=aq_g+bq_g^2 \quad (13)$$

式中：P_{wf} 为井底流压，MPa；a、b 分别为二项式产能方程系数

(1) 稳产期的计算

① 高渗开发区计算

设单井初期以稳定的产量 q_g 进行生产，直至井底压力降至最低值 P_{wL}；由式(13)可知，稳产期末高渗开发区的储层压力 P_s 由下式决定：

$$P_s=\sqrt{P_{wf}^2+aq_g+bq_g^2} \quad (14)$$

用节点 P_{1j}，($j=0$，1，2 8 1，m_1)将压力区间$[P_0, P_s]$分为均匀的 m_1 个区间，将稳产期产量 q_g、压力 P_{1j} 带入式(11)可获得不同开发阶段，高渗生产区稳产期累计生产时间 t 及累产气量 G_{pj}。

高渗开发区剩余储量可以采用下式获得：

$$V_{1,j}=V_1\frac{P_{1,j}/Z_{1,j}}{P_{1,0}/Z_{1,0}} \quad (15)$$

② 低渗补给区计算

进一步将累计产气量 G_{pj}、累计生产时间 t 及稳产期产气量 q_g 带入式(12)可知低渗补给区的视地层压力$(P/Z)_2$，通过下式可以得到低渗补给区向高渗开发区累计补给气量为：

$$Q_{C,j}=V_2\left(1-\frac{P_{2,j}/Z_{2,j}}{P_{2,0}/Z_{2,0}}\right) \quad (16)$$

低渗补给区剩余储量可以通过下式获得：

$$V_{2,j}=V_2\frac{P_{2,j}/Z_{2,j}}{P_{2,0}/Z_{2,0}} \quad (17)$$

(2) 产量递减期的计算

① 高渗开发区计算

设经济极限产量为 q_L，则废弃地层压力 P_L 可通过下式获得：

$$P_L=\sqrt{P_{wf}^2+aq_L+bq_L^2} \quad (18)$$

进一步将稳产期末储层压力及废弃地层压力区间$[P_s, P_L]$分为任意 m_2 个相等的小区间，节点压力为 P_{1j}，($j=m_1+1$，m_1+2，m_1+m_2)，类似

稳产期计算，可求得第 j 区间的平均储层压力 $\overline{P}_j$、平均产量 $\overline{q}_j$，参数之间关系由方程(13)决定，即

$$\Delta P^2=\overline{P}_1^2-\overline{P}_{wL}^2=a\ \overline{q}_j+b\ \overline{q}_j^2 \tag{19}$$

求解式(19)可得：

$$\overline{q}_g=\frac{-a+\sqrt{a2+4b(P_j^2-P_{wL}^2)}}{2b} \tag{20}$$

将递减期不同区间平均产量 $\overline{q}_g$、节点储层压力 P_{1j} 带入式(11)可知高渗生产区累计生产时间 t 及累产气量 G_{pj}。

高渗开发区剩余储量可通过下式获得：

$$V_{1,j}=V_1\frac{P_{1,j}/Z_{1,j}}{P_{1,0}/Z_{1,0}} \tag{21}$$

② 低渗补给区计算

进一步将 G_{pj}、累计生产时间 t 及平均产量 $\overline{q}_g$ 带入式(12)可获得低渗补给区的视地层压力 $(P/Z)_2$，通过下式可以得到低渗补给区向高渗开发区累计补给气量为：

$$Q_{C,j}=V_2\left(1-\frac{P_{2,j}/Z_{2,j}}{P_{2,0}/Z_{2,0}}\right) \tag{22}$$

低渗补给区剩余储量可通过下式获得：

$$V_{2,j}=V_2\frac{P_{2,j}/Z_{2,j}}{P_{2,0}/Z_{2,0}} \tag{23}$$

2 *P/Z* 曲线特征及实例应用

2.1 *P/Z* 曲线特征

当气井以恒定产量生产且处于稳产期时，基于式(11)可以获得高渗生产区视地层压力 $(P/Z)_1$ 与累计产气量 G_P 之间的关系曲线，该曲线呈现出明显的两段式分段特征。本模型所产生的 $(P/Z)_1$ 曲线初期下降特征主要受到高渗开发区储层储量影响，递减率等于 $(P/Z)_1/V_1$，后期受低渗补给区储量供给的影响，曲线递减率接近于 $(P/Z)_1/(V_1+V_2)$。相对于均质模型评估的可采储量，本模型评估结果明显更低，差值为 ΔG_P(图 3)。

2.2 实例应用

以某生物礁气藏 D 井为例，气井储层初始压力为 68.69MPa，日均配产 47 万方/天；经测试，单井无阻流量为 $199\times10^4\mathrm{m^3/d}$，二项式产能方程为：

$$P_e^2-P_{wf}^2=3.9319q_g+0.098q_g^2 \tag{24}$$

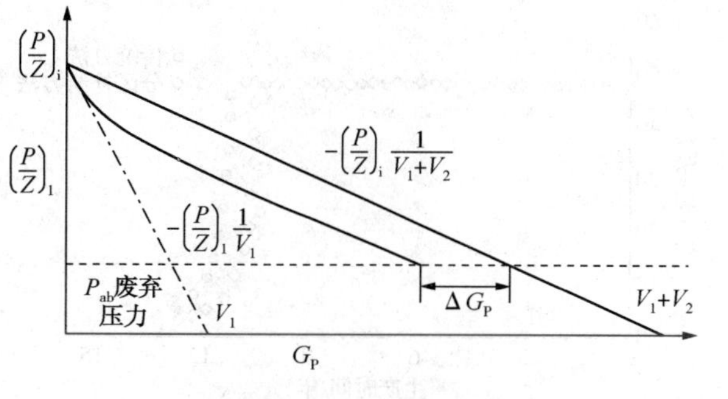

图 3　高渗开发区及低渗补给区两区物质平衡方程 P/Z 曲线

(1) *P/Z* 曲线拟合

其高渗生产区 *P/Z* 与累产气的关系曲线如图 4 所示，通过拟合稳产期不同时间的 *P/Z* 值获取储层相关参数：评估结果为礁核高渗开发区储量为 30 亿方，礁缘低渗补给区储量为 10 亿方，低渗补给区低速非达西渗流因子 G 为 0.008MPa/m，渗流阻力系数 a 系数为 0.2；从低渗补给区运移储量与累计产气量之间的关系曲线图可以看出，当开发区累产气达到 1.94 亿方时，补给区与开发区压差大于补给区低速非达西渗流因子 G，进而使得补给区储量开始向高渗开发区运移。

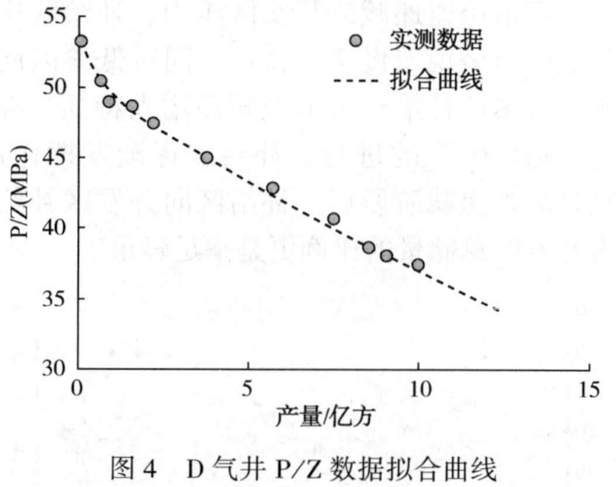

图 4　D 气井 P/Z 数据拟合曲线

(2) 气井动态预测

该井最低井底流压 P_{Wf} 为 $16MPa$，经济极限产量为 Q_L 为 $2\times10^4\mathrm{m^3/d}$，假设该井以 $47\times10^4\mathrm{m^3/d}$ 的产量进行生产，采用传统的物质平衡预测方法与本文提出的分区补给物质平衡方法对比结果如图 5 所示。利用本文方法计算得到稳产期相对传统物质平衡方法低 0.65 年，分区补给法稳产期为 10.3 年，传统方法稳产期为 10.95 年，两者差距较大。

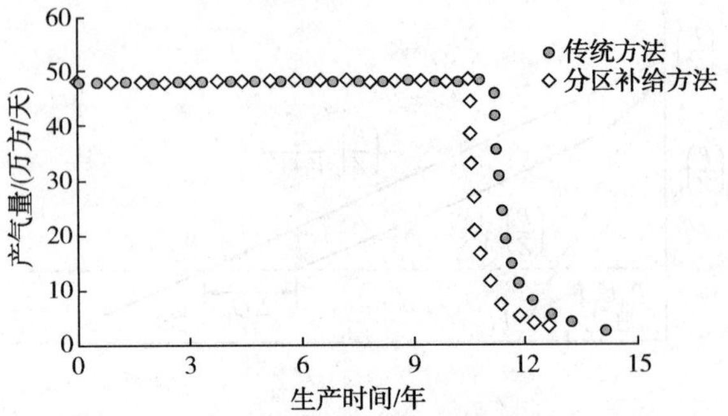

图5　不同物质平衡动态预测曲线对比图

假设该井以$47\times10^4m^3/d$的产量进行生产，生产区、补给区平均地层压力与产量的变化规律如图6所示。参数变化特征主要分为三个阶段：低速非达西渗流影响阶段(稳产初期)，稳产后期，产量递减阶段。各阶段参数变化特征如下：①低速非达西渗流阶段限制了礁缘低渗补给区流体向高渗开发区的渗流，高渗开发区储层压力P_1、井底流压P_{wf}表现为快速下降特征，而低渗补给区储层压力P_2保持恒定，补给区向开发区补给气量为0；②稳产后期礁缘补给区及开发区之间的压力梯度大于低速非达西渗流因子G，开发区储层压力、补给区储层压力、井底压力及低渗区向开发区累计补给气量呈现线性快速变化特征；③产量递减阶段产气量快速递减，开发区压力、补给区压力及井底压力呈现缓慢递减特征，同时低渗区向高渗开发区累计补给气量呈现缓慢增大特征。综上所述，随着生产的进行，补给区逐渐发挥作用，尤其是进入递减阶段后，补给区向开发区补给气量占开发区总储量的比例更是举足轻重。

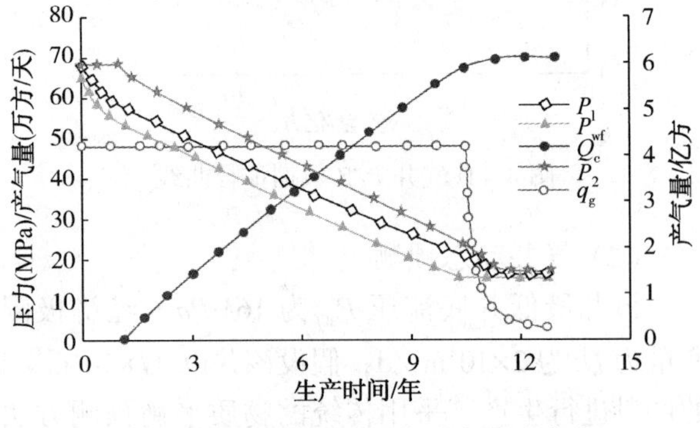

图6　两区补给物质平衡动态预测曲线

3　结论

(1)建立了综合考虑生物礁礁体非均质性、低渗储层供给及低速非达西渗流的分区补给物质平衡方程，模型更加接近实际，计算结果更加准确。

(2)综合分区补给物质平衡方程及产能方程，提出了基于稳产期物质平衡方程的气井动态预测方法，该方法丰富了稳产期动态预测评价方法，为实现早期准确预测气井开发动态提供技术支撑。

(3)通过应用可知，分区补给物质平衡法更符合生物礁储层和渗流特征，可较为准确地预测气井控制范围内的高渗开发区及低渗区补给区储量，为生产井产量及工作制度的确定、开发井网的部署和调整提供理论依据。

参　考　文　献

[1] 疏壮志，杜志敏，刘建仪，等．气井生产动态预测方法研究[J]．天然气工业，2004，23(8)：97-100.
[2] 王俊魁，许运新．气井产量递减规律与动态预测[J]．天然气工业，1995，14(2)：52-55.
[3] 高承泰．具有补给区的物质平衡法及其对定容气藏的应用[J]．石油勘探与开发，1993，20(5)：53-61.
[4] 高承泰，卢涛，高炜欣，等．分区物质平衡法在边水气藏动态预测与优化布井中的应用[J]．石油勘探与开发，2006，33(1)：103-106.
[5] 胡勇，朱华银，陈建军，等．高、低渗“串联”气层供气机理物理模拟研究[J]．天然气地球科学，2007，18(3)：469-472.
[6] 程时清，杨秀祥，谢林峰，等．物质平衡法分区计算定容气藏动储量和压力[J]．石油钻探技术，2007，35(3)：66-68.
[7] Lord M E, Collins R E. Detecting compartmented gas reservoir through production performance [A]. SPE 22941, 1991.
[8] Hagoort J. Fundamentals of gas engineering [M]. Amsterdam: Elsevier, 1988.
[9] Matt ar L, Anderson D. Dynamic material balance oil or gas-inplace without shut-ins [J]. Journal of Canadian Petroleum Technology, 2006, 45(11): 7-10.
[10] 杨玲，高承泰，高炜欣．非均衡开采在陕甘宁盆地中部气田的应用[J]．西安石油学院学报(自然科学版)，1999，14(2)：13-15.
[11] 孙贺东．具有补给的气藏物质平衡方程及动态预测[J]．石油学报，2011，32(4)：683-686.
[12] Hower T L, Collins R E. Detecting compartmentalization in gas reservoirs through production performance [R]. SPE 19790, 1989.
[13] 魏漪，冉启全，李冉，等．基于分区补给物质平衡法预测致密油压裂水平井动态储量[J]．石油勘探与开发，2016，43(3)：448-455.

川西致密砂岩气藏水锁伤害解除技术

许　剑　赵哲军　姚麟昱

（中国石化西南油气分公司石油工程技术研究院）

摘　要　针对川西致密砂岩气藏水锁伤害问题，基于理论分析和实验研究，认识到初期为压裂液水锁伤害，中后期以井筒积液反渗析水锁伤害为主，提出了水锁指数法、表皮系数法以及矿场经验法水锁识别方法。研发了脂肽小分子解水锁剂SHY，较常规解水锁剂具有更强的表面活性和吸附性，解水锁性能优于常用的醇类和氟碳类解水锁剂。形成了“大液量顶替””和“小液量吞吐”解水锁配套工艺，现场应用13口井，措施有效率为69.2%，累计增产天然气377万方。

关键词：川西；低渗致密；解水锁；反渗析；表面活性剂

川西中浅层大部分储集层有效渗透率低于0.1mD、孔隙度小于10%，喉道半径小于0.1um，低孔低渗储层为水锁伤害创造了条件。岩石成分中粘土含量在10%左右，其中伊蒙混层占比高达13%~17%，具有较强的亲水性，容易吸水膨胀，进一步加剧了水锁伤害。据统计，川西中浅层气藏30%因水锁伤害造成气井产量异常递减，年天然气损失超过1亿方，对2019年~2020年东坡沙溪庙组120口生产气井跟踪分析，因水锁伤害造成产量异常递减的气井有42口井，直接产量损失达$30\times10^4m^3/d$，年天然气产量损失超过了5000万方以上，水锁伤害已经影响到气田总体开发效益。

近年来，国内油气田也重点关注致密砂岩水锁问题，2018年大牛地气田开展了4口井泡排与解水锁一体化作业，单次注入解水锁剂约为$0.6m^3$，实现增产39万方，2019年苏里格气田开展了4口井解水锁与解堵/泡排联合作业，单次注入解水锁剂约为$1.0m^3$，实现增产91万方。总体来看，解水锁工艺在国内处于先导试验阶段，应用井数少，以小液量解除工艺为主，未形成一套行之有效的通用做法。为此，从生产井水锁机理研究出发，形成了水锁井识别技术，研发了新型解水锁剂，并开展了工艺配套研究和现场应用验证。

1　水锁伤害机理研究

水锁伤害的本质是多孔介质孔吼被水膜占据，增加了流体渗流阻力，造成储集层渗透率下降。川西致密砂岩气藏水锁主要来源于部分：一是压裂作业过程中，大量水基工作液侵入储集层孔吼中，堵塞过流通道，降低近井带渗透率；二是气井生产中后期长期积液，在液柱压力和毛管力共同作用下，积液会反向渗吸至储层孔吼中，造成近井储层的水锁伤害，见图1。

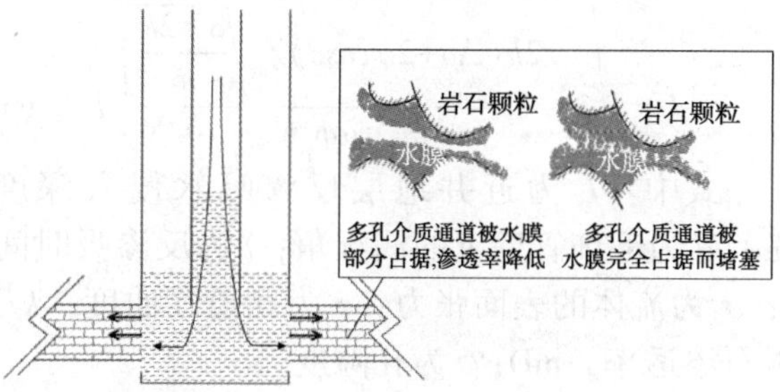

图1　致密砂岩储层水锁原理图

1.1　压裂水锁伤害

压裂过程中，在正压差作用下，压裂液从裂缝壁面大量滤失进入储层基质，主要有三种形式：①裂缝延伸和支撑过程中，前置液中的冻胶滤失进入储层；②返排前破胶液滤失进入储层；③返排前压裂液破胶不完全，既有冻胶滤失又有破胶液滤失。

开展了冻胶液和破胶液对岩心伤害实验，见

表 1，冻胶液渗透率损害率达到 90.24%，破胶液渗透率损害率达到 68.39%，且驱替启动压力增加了 70%~83%，充分说明了压裂过程中水锁伤害的严重性。

表 1　压裂液岩心驱替实验

岩心	含水饱和度/%	气相渗透率/mD	渗透率损害率/%	启动压力/MPa	实验流体
1	47.1(原始)	0.1394	0	1.93	冻胶液
	53.27(束缚水)	0.0757	45.7	2.32	
	85.64(最大)	0.0136	90.24	3.29	
2	45.9(原始)	0.01433	0	1.68	破胶液
	57.65(束缚水)	0.0842	41.24	2.57	
	82.44(最大)	0.0453	68.39	3.09	

1.2　反渗析水锁伤害

采用两块渗透率不同的岩心，开展反渗析水锁伤害模拟实验：(1)将岩心建立束缚水饱和度，模拟中后期水锁状态，气测渗透率；(2)在岩心驱替装置出口端保持压力为 5MPa，模拟地层压力；(3)为了减轻驱替压差对实验的影响，入口端压力略高于出口端压力 0.1~0.5MPa 进行驱替，驱替时间为 30 天；(4)气测渗透率和含水饱和度。

实验结果见表 2，微压差驱替岩心 30 天后，岩心渗透率下降了 42%~63%，平均含水饱和度从 58.7%上升至 86.1%，证明了长期积液会导致地层水反渗析进入储层，造成近井带水锁伤害。

表 2　岩心驱替实验结果

岩心编号	孔隙度/%	初始渗透率/mD	反渗析后渗透率/mD	初始含水饱和度/%	反渗析后含水饱和度/%
1	11.80	0.9050	0.3782	55.2	83.3
2	8.71	0.0101	0.00058	62.3	88.9
平均值	10.25	0.4575	0.1893	58.7	86.1

认为反渗析过程复合毛管束多孔介质模型，可通过 Poiseuille 公式计算水侵入深度，见式(1)。

$$L=\sqrt{2\frac{\tau 2k(\Delta p+2\sigma cos\theta)/\sqrt{\frac{8\ \tau 2k}{\phi}}}{\mu\phi}t} \quad (1)$$

式中：L 为近井地层反渗吸水侵入深度，cm；θ 为毛细管壁上的润湿角；t 为反渗吸时间，s；σ 为流体的表面张力；τ 为孔道迂曲度；k 为岩石渗透率，mD；? 为孔隙度。

反渗析时间为气井积液时间，将气井物性数据代入式(1)即可计算出反渗吸水侵入深度，见表 3，川西中浅层反渗析水锁深度在基质面 10cm 以内，这为解除生产井水锁伤害提供了理论支撑。

表 3　川西中浅层部分气井反渗析水锁深度计算

井号	L/cm	渗透率/($10^{-3}\mu m$)	孔隙度/%	t/天
JS206HF	9.09	0.06575	14.41	623
JS209HF	7.58	0.1095	12.35	548
JS33-7	6.69	0.26375	11.14	1045
ZJ109D	9.32	0.0965	9.51	854

2　气井水锁识别

2.1　水锁指数法

对于水锁伤害预测，D. B. Bennion 等基于大量实验数据，提出了水锁伤害判断方程(2)，并得到广泛应用。

$$APT_i=0.25lg\ K_a+2.2\ S_{wi}-R\ P_a-I\ P_a+P\ R_a \quad (2)$$

式中APT_i为水锁伤害指数；Kg 为地层平均气体渗透率，mD；Sw 地层原始含水饱和度；$R\ P_a$为相对渗透率校正因子；$I\ P_a$为侵入深度校正因子；$P\ R_a$为地层压力校正因子。APT_i>1.0，表示水锁效应不明显；APT_i值在 0.8~1.0 之间，表示储层有潜在的水锁效应；APT_i<0.8，潜在水锁伤害严重。APT_i值越小，水锁伤害越严重。

以东坡沙溪庙组各层位数据代入，计算得水锁指数在 0.35~0.69 之间，潜在水锁伤害严重，采用该方法也可以预测单井水锁程度，可作为生产井水锁初步识别一种手段(表 4)。

表 4　东坡沙溪庙组各层位水锁指数

层位	孔隙度/%	Kg/mD	Sw	APT_i
JS_1	13.23	0.181	0.53	0.48
JS_2	11.14	0.07	0.52	0.35
JS_3	14.51	0.842	0.55	0.69

2.2　表皮系数法

表皮系数反映的近井带伤害引起的附加压降，见式(3)，对于生产中后期气井，钻井泥浆、压裂伤害得到有效解除，引起表皮系数变化的主要因素为近井带水锁圈闭造成附加压降增加。

$$S=\frac{Kh}{1.842\times10-3q\mu B}\Delta P_s \quad (3)$$

式中 S 为表皮系数；K 为未伤害地层渗透率，μm^2；h 为储层有效厚度，m；ΔP_s 为附加压降，MPa；q 为气井产量，m^3/d；μ 为流体黏度，mPa·s；B 为流体体积系数。

例：JS203HF 井初期压恢试井解释，综合表皮系数为-2.2，表明压裂改造过程中解除了近井带伤害，随着气井生产至 1000 天以后，综合表皮系数逐渐增加至 3~4.5，其原因是井筒长期积液，近井带含水饱和度的增加，造成表皮系数增加(图 2)。

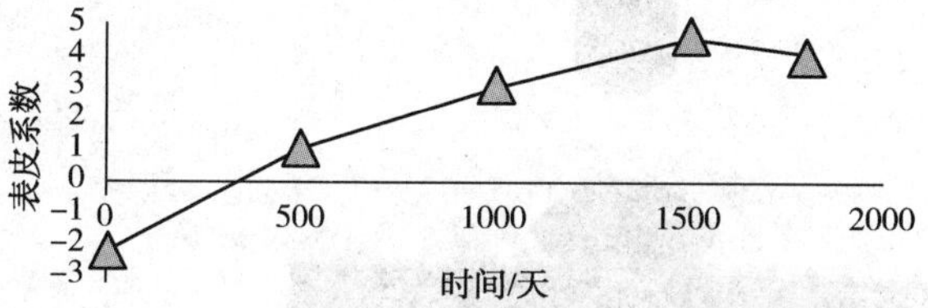

图 2　JS203HF 井生产过程表皮系数拟合

2.3　矿场经验法

(1) 压裂后气井产量不及预期

川西致密砂岩气藏大部分气井需要水力压裂措施获得产能，外来工作液通过压裂的人造裂缝侵入基质孔吼或者微裂缝中，造成近井带含水饱和度上升，堵塞渗流通道。主要有两种表现，一是测试产量较低，压裂改造效果不及预期；二是压裂后大量压裂液长期滞留地层，开井生产产量远低于测试产量。

例：ZX32D 井 2014 年加砂压裂改造，测试产量为 $0.9\times10^4 m^3/d$，因无外输管线气井未投产，2018 年开井生产，几乎无产量。该井压裂后返排率仅为 33%，有 $180m^3$ 压裂液长期滞留储层，造成水锁伤害，2018 年 12 月年开展解水锁作业，气井产气量上涨至 $0.4\times10^4 m^3/d$，已连续增产 26 个月。

(2) 气井积液造成产量异常下降

川西致密气井生产中后期井筒会逐渐积液，在毛管力和液柱回压作用下造成反渗析水锁。主要生产表现为气井产量突然降低，气井关井后产量无法得到有效恢复，长期水淹井复产困难。

例：JS105HF 井于 2015 年 5~7 月关压恢后，气井产量从 $3.35\times10^4 m^3/d$ 下降至 $1.76\times10^4 m^3/d$，产液从 $2.4m^3/d$ 下降至 $0.6m^3/d$，呈现压力、产量、产液三重递减情况，其原因是井筒积液在关压恢过程中反渗析至储层，造成近井带水锁伤害。

3　解水锁剂研发及评价

常用水锁解除法为物理法和化学法，物理法主要有水力压裂、地层加热、干气吞吐等，单纯物理法作用有限且成本高，目前以化学解除法为主。化学解水锁法是借助表面活性剂降低液固界面张力，减小毛管力，提高液相流动性；表面活性剂吸附在岩石表面，改变岩石表面的润湿性，提高液相接触角，提高液相的流动性。

为此，研发了脂肽小分子解水锁剂 SHY 体系，表面活性剂分子结构上有一层偶联剂，能够紧密吸附在岩石表面，分子表层为输水层，降低液体附着能力，从而实现解水锁功能，见图 3。

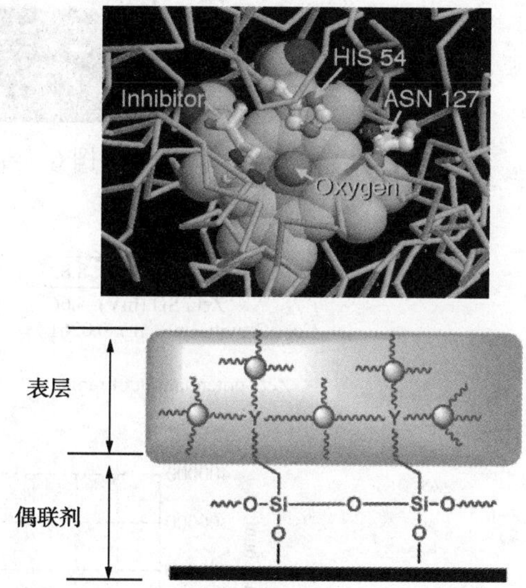

图 3　脂肽小分子结构和作用机理

3.1　表面活性对比

将脂肽小分子表活剂 SHY 与常用的氟碳类、

柠檬烯类、醇类等进行对比，在蒸馏水中加入不同体积分数的表面活性剂，测定溶液的表面张力，见图4。SHY体系降低表面张力效果最好，在0.1%时表面张力降低至15.95mN/m，其次是非离子氟碳类表活剂表面张力为20.75mN/m，脂肽小分子SHY体系较氟碳表面张力降低了23%。

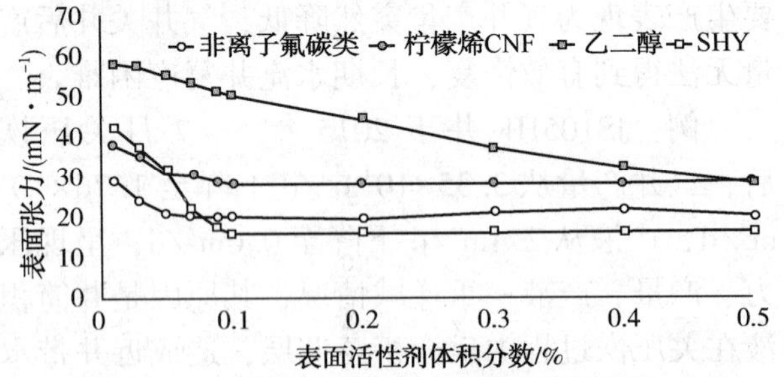

图4　表面张力检测

3.2　润湿性评价

采用蒸馏水测试接触角，经SHY处理后载玻片蒸馏水的接触角从42°提升至95.6°，接触角增加率达到127%，见图5。经SHY处理后东坡沙溪庙岩心蒸馏水接触角从17.4°提升至60.3°，接触角增加率达到246%，见图6，将亲水性岩心改性为憎水性，起到了润湿反转的作用。

3.3　体系电性检测

致密砂岩储层为负电性或者中性电性，设计新型表面活性剂为正电性体系，Zeta电位为+8.83Mv，见图7，保证表面活性剂能够有效地吸附在岩石表面。

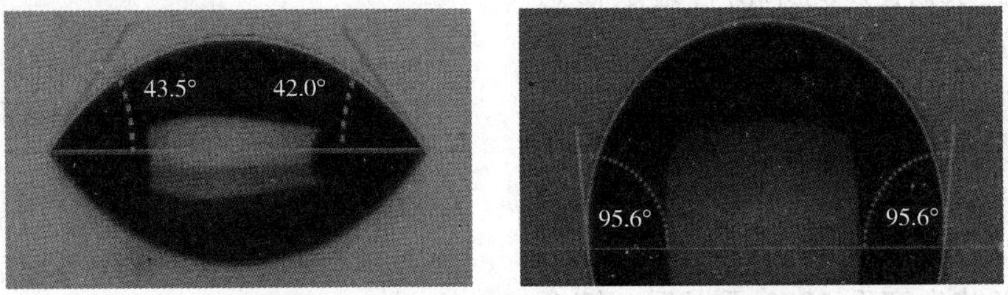

图5　载玻片处理前后水滴接触角

图6　岩心处理前后水滴接触角

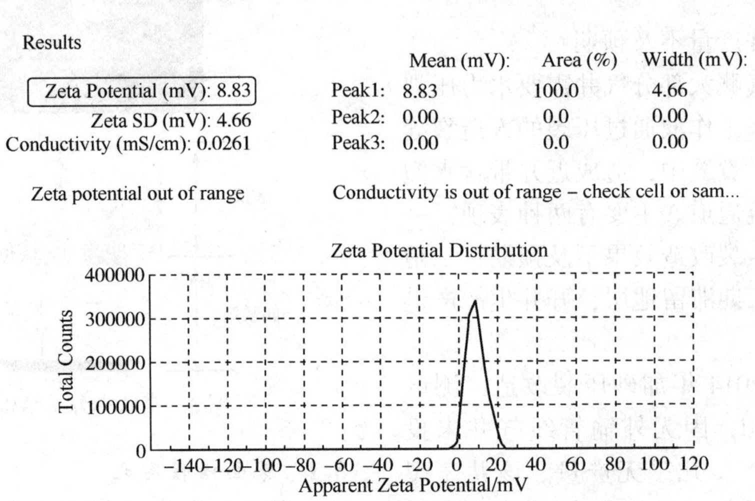

图7　Zeta电位检测

3.4 耐温耐盐性

SHY体系在温度100℃，矿化度分别为0mg/L、10000mg/L、30000mg/L、50000mg/L，老化240h体系依旧澄清透明，见图8。

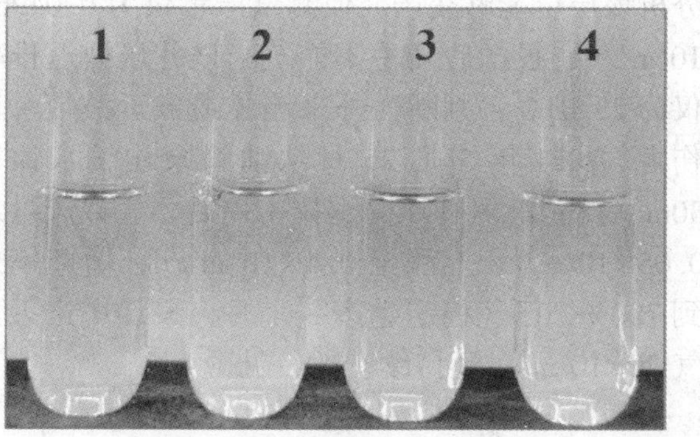

图8 老化实验与配伍性实验

3.5 岩心流动性实验

将常用解水锁药剂甲醇、醇基解水锁剂GCY、氟碳类解水锁剂FT以及新型解水剂SHY，开展岩心水锁伤害解除实验，见表5，SHY解水锁效果最佳，渗透率恢复率达到64.4%。

表5 岩心驱替实验结果

实验参数	0.2%SHY	0.5% GCY	0.5% FT	100%甲醇
岩心气测渗透率/mD	0.0101	0.033	0.0112	0.027
污染后渗透率/mD	0.0042	0.010	0.0048	0.010
解除后渗透率/mD	0.0065	0.012	0.0066	0.012
渗透率恢复率/%	64.4	36.4	58.9	44.4

4 解水锁配套工艺

川西致密砂岩气藏主要为压裂液水侵水锁和生产中后期积液水锁，针对两种工况不一，分别形成了“大液量、强顶替”和“小液量吞吐”的施工工艺。

4.1 压裂液水锁伤害解除工艺

通过建立了压裂井水锁模型，压裂液侵入带为紧贴压裂主裂缝相连基质部分，见图9。压裂后气井能量充足，因近井基质部分吼道被堵塞，造成天然气流动阻力大，施工工艺需要解水锁剂突破水锁带，形成了“大液量、强顶替”解水锁工艺。

解水锁药剂需要充分填充至压裂裂缝和水锁区域，解水锁剂用量=人工裂缝容积 V_1+基质水锁带体积 V_3。

$$V_1 = 2\times\frac{1}{2}\times A\times B\times C\times\beta \tag{4}$$

$$V_2 = E\times\varphi\times S_i \tag{5}$$

式中A为压裂裂缝长度，m，B为压裂裂缝宽度，m；C为压裂裂缝高度，m；β为压裂砂孔隙度；E为反渗析水锁带体积，m^3；φ为储层孔隙度；S_i为束缚水含气饱和度。

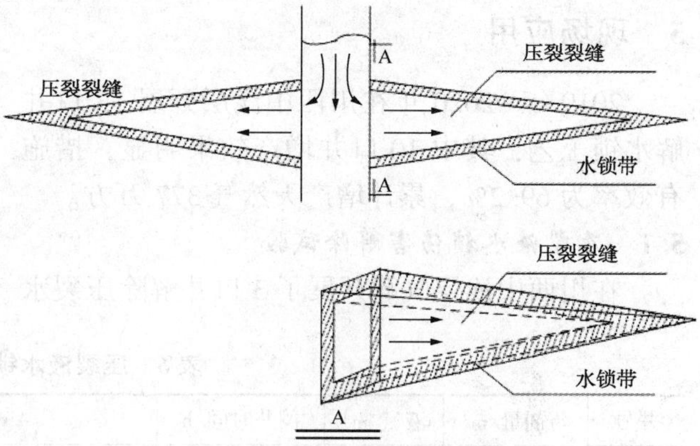

图9 压裂井近井水锁模型

按药剂用量计算公式，川西中浅层定向井单层解水锁用量约为10m³，若为多层合采井或者水平井，药剂用量还需适当增加。之后采用液氮高于地层压力进行补压，目的将解水锁剂推至液锁带，提高药剂的有效性，还可以增加储层干度，降低近井带含水饱和度，有利于水锁的解除，开井后采用强排或者气举辅助排液。

4.2 生产中后期积液井水锁伤害解除

建立气井反渗析水锁积液模型，反渗析水锁带处于裂缝与基质面间区域，见图10。生产中后期气井能量不足，为了避免大量液体进入储层造成返排困难，形成了“小液量多次吞吐”施工工艺，让解水锁剂长时间作用于近井带，改变岩石孔吼的润湿性，从而解除反渗析水锁伤害。

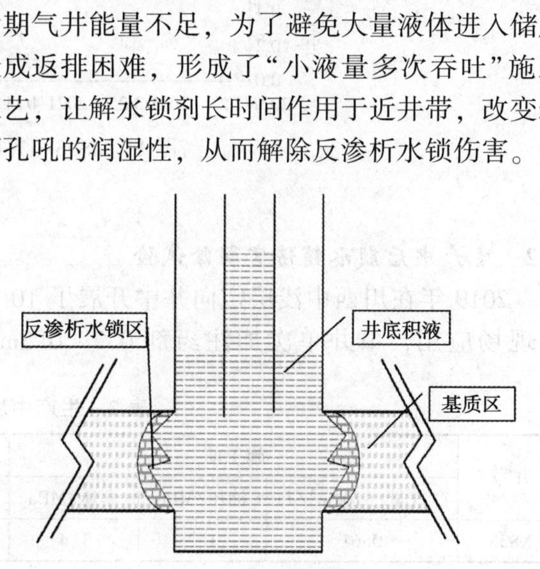

图10 反渗析水锁模型

川西致密砂岩气藏反渗析水锁带通常为基质10cm以内，定向井单次解水锁剂用量通常小于$1m^3$。施工前气举排除井筒积液，防止药剂被稀释，预防积液被压入地层造成二次伤害；加药后可采用气举车憋压顶替，或者关井憋压，让药剂作用至近井反渗析水锁带；开井后通常采用泡排、气举辅助排液，根据气井措施效果，反复多次开展上述施工工序。

5　现场应用

2019年~2020年在川西中浅层开展13口井解水锁工艺，其中10口井增产效果明显，措施有效率为69.2%，累计增产天然气377万方。

5.1　压裂液水锁伤害解除试验

在川西中浅层气藏开展了3口井解除压裂水锁伤害试验，措施有效率为100%，累计增产天然气335万方，实现经济效益424余万元，且还在持续增产，见表6。

JS33-17井于2021年3月转层挖潜，地质分析该层位能够获产，但测试产量仅为$0.0496 \times 10^4 m^3/d$，投产后几乎不产气。该井压裂返排率仅为23.31%，判断为外来流体造成近井带水锁伤害。2021年5月25日从油管泵注解水锁剂$30m^3+18m^3$液氮补压，返排1周后，气井产量从$0.05 \times 10^4 m^3/d$上涨至$0.4 \times 10^4 m^3/d$，增产率达到700%，已经稳定生产3个月，累计增产天然气$20 \times 10^4 m^3$，还持续有效，见图11。

表6　压裂液水锁伤害解除应用情况

井号	药剂量/m^3	液氮/m^3	闷井时间/h	效果
ZX32D	11	18	24	产量从0.13↑0.33万方/天，长期有效，累计增产天然气300万方
JS33-17	30	18	36	产量0.04↑0.4万方/天，持续有效，已累计增产20万方
JS330	20	18	36	产量0.1↑0.18万方/天，有效期5个月，累计增产天然气15万方

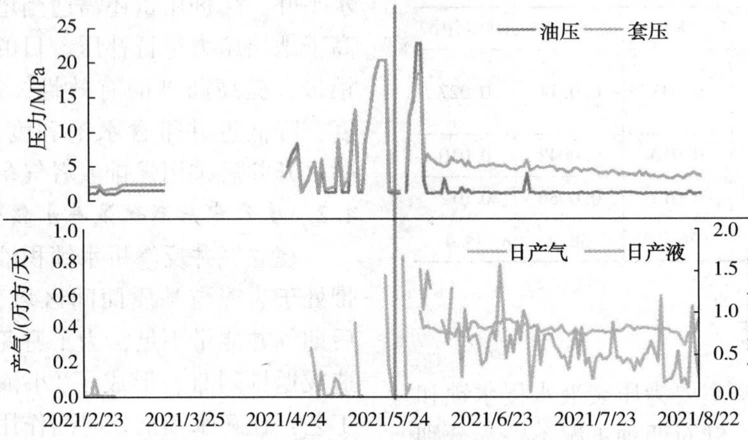

图11　JS33-17井解水锁施工前后生产曲线

5.2　生产中后期水锁伤害解除试验

2019年在川西中浅层定向井中开展了10口井现场应用，单井单次加注药剂$0.2 \sim 0.5m^3$，实施次数约为3~4次，共开展39井次解水锁作业，合计使用药剂$40m^3$，措施有效率为60%，累计增产$42 \times 10^4 m^3$，实现经济效益31万元，详见表7。

表7　生产中后期气井解水锁现场应用

井号	施工前			施工后			有效期/天	增产/$10^4 m^3$
	产气量/($10^4 m^3/d$)	油压/MPa	套压/MPa	产气量/($10^4 m^3/d$)	油压/MPa	套压/MPa		
X838	0.61	1.2	1.4	0.59	1.4	1.7	—	0

续表

井号	施工前			施工后			有效期/天	增产/10^4m^3
	产气量/(10^4m^3/d)	油压/MPa	套压/MPa	产气量/(10^4m^3/d)	油压/MPa	套压/MPa		
X841	0.21	1.2	2.1	0.19	1.4	2.6	—	0
X842	0.55	1.45	2.24	0.62	1.3	2.05	237	16.6
X872	0.1	1.03	1.56	0.16	1.06	1.31	122	7.3
X871	0.59	2.1	2.63	0.62	2.08	2.46	118	3.5
X804	0.51	1.42	1.91	0.55	1.46	1.91	105	4.2
X843	0.44	1.16	1.6	0.41	1.16	1.47	—	0
X891	0.57	3.4	4.0	0.54	3.31	4.0	—	0
LS24D	0.08	0.36	1.16	0.22	0.39	0.56	50	7.5
LS42D-2	0.21	1.57	2.03	0.29	1.53	2.01	43	3.2

6　结论

（1）川西中浅层致密砂岩气藏，孔吼半径小，粘土含量高，为水锁伤害提高了条件，其主要来源气井初期压裂液侵入水锁和生产中后期井筒积液反渗析水锁。

（2）水锁井识别可采用水锁指数法和表皮系数法进行理论判断，还需要结合气井生产特征，如压裂后气井产量不及预期，气井积液造成产量异常下降，或者水淹井复产困难等进行综合判断。

（3）研发了脂肽小分子解水锁剂 SHY 体系，表面张力降低至 15.95mN/m，将蒸馏水的接触角从 42° 提升至 95.6°，Zeta 电位为 +8.83Mv，具有强的吸附性，耐温耐盐性能良好，岩心驱替实验表明，SHY 解水锁性能优于常用的醇类和氟碳类解水锁剂。

（4）气井初期能量充足，压裂液水侵深度通常较深，形成了“大液量、强顶替”解水锁工艺；生产中后期气井能量不足，为了避免大量液体进入储层造成返排困难，形成了“小液量多次吞吐”施工工艺。

（5）在川西中浅层开展 13 口井解水锁作业，其中 3 口井解除压裂水锁伤害，措施有效率为 100%，实现增产天然气 335 万方，10 口生产中后期积液反渗析水锁伤害，措施有效率为 60%，实现增产 42 万方。

参 考 文 献

[1] 王翘楚．川西致密砂岩气藏微观孔隙结构对气水分布的控制作用[D]．北京：中国石油大学(北京)，2018.

[2] 薛海东．川西中浅层井底净化排水采气联作技术研究[D]．成都：西南石油大学，2019.

[3] 许剑，赵哲军．中江气田生产异常井诊断及治理研究[J]．中外能源，2018，23(07)：60-65.

[4] 杨易骏，王锦昌，周瑞立，等．排液及解水锁一体化采气技术在大牛地气田中的应用及评价[J]．天然气技术与经济，2018，12(05)：27-29+82.

[5] 王旭东，刘成钢，李昕，等．苏里格气田储层解水锁复产技术应用研究[J]．内蒙古石油化工，2021，47(02)：59-62+72.

[6] 江健．川西致密气藏生产后期解除水锁工艺技术[J]．钻井液与完井液，2012，29(03)：64-66+96.

[7] 赵哲军，李莎莎，赵华，等．气井生产过程中水锁伤害机理研究[J]．天然气技术与经济，2015，9(03)：33-36+78.

[8] 李宁，王有伟，张绍俊，李家学．致密砂岩气藏水锁损害及解水锁实验研究[J]．钻井液与完井液，2016，33(04)：14-19.

[9] 张金波，陈海涌，杨富，等．苏里格气田储层解水锁工艺应用与评价[J]．内蒙古石油化工，2019，45(03)：31-33.

[10] 耿学礼，吴智文，黄毓祥．低渗储层新型防水锁剂的研究及应用[J]．断块油气田，2019，26(04)：537-540.

[11] 杜洋，许剑，赵哲军，陈海龙．中江低渗储层解水锁剂试验研究[J]．能源化工，2018，39(04)：58-62.

[12] 周霞，越传赞．砂岩表面 Zeta 电位测定探讨[J]．西安石油大学学报(自然科学版)，2009，24(06)：49-51+111.

川西中江气田致密砂岩体积压裂应用与意义

缪尉杰　刘　林　邱　玲　王兴文

(中国石化西南油气分公司石油工程技术研究院)

摘　要　四川盆地川西中江气田致密砂岩具有河道砂体展布不均、水平应力差大(10~12MPa)、脆性指数低(<0.5)、天然裂缝不发育、延伸压力梯度高(2.28~3.66MPa/100m)的特点，使得改造整体加砂强度偏低(0.3~0.6t/m)，施工压力较高，压后产量不理想。本文借鉴“流动距离最短，流动阻力最小，控制范围最大”理念，依托地质工程一体化，以多向量强支撑体积改造为关键，研究川西致密砂岩体积改造工艺。基于均衡扩展精细布缝技术，优化川西致密砂岩双甜点分段分簇，大幅度增加横向动用率。以二级组合支撑、高排量连续加砂及变黏液体实时调控的强加砂技术，实现复杂裂缝耦合支撑剂组合的多向量强加砂。通过簇间多粒径暂堵球、缝内多组合暂堵剂的双重复合暂堵强制分流提高横向裂缝复杂程度。研究成果在川西中江气田已成功应用并逐步进行推广，加砂强度由前期0.5t/m提高到4.1t/m，加砂强度提高了8倍，已实施平均无阻流量60.52万方/天，平均EUR(有效控制储量)1.49亿方，改造效果较前期显著提高。

关键词：中江气田；均衡扩展；强加砂；双重复合暂堵；改造体积

1　引言

我国致密气资源量大，是常规天然气资源量的1.76倍，主要分布在鄂尔多斯、四川、准噶尔、渤海湾和松辽等盆地，开发潜力巨大。四川盆地致密气资源量约15万亿方，主要集中在新场、中江、秋林、安岳、合川等区块。川西中江气田位于川西坳陷东斜坡带上，西邻成都凹陷，北接梓潼凹陷，包括中江、高庙、知新场等局部构造，其主力生产层位侏罗系沙溪庙组，气藏流体以天然气为主，伴有地层水和凝析油的产出，目的层压力系数为1.1~1.57，局部存在常压气藏，其地温梯度2.12℃/100m。随着开发的进行储层品质逐渐下降，水平井分段压裂逐步成为气田主力开发手段。前期针对河道砂体提出了以“水平井套管射孔完井+73mm油管+投球滑套工具分段压裂”为基础的“短半径多缝”压裂工艺技术，最大排量6.2m^3/min，单段最大缝数4缝，单井最高8级21缝；随后提出切割铺置剖面改善支撑剂铺置形态的混合水体积压裂工艺，实现降低流动阻力提高有效缝长。多轮次储层改造表明，中江气田具有河道砂体展布不均、水平应力差大(10~12MPa)、天然裂缝不发育的工程地质特征，同时储层延伸压力梯度高(2.28~3.66MPa/100m)又增大了加砂难度，使得改造整体加砂强度偏低(0.3~0.6t/m)，压后产量不理想。

目前致密砂岩储层改造技术方向趋于多段多簇、大规模、多向量高强度的体积压裂工艺，增加密度切割储层，提高储层改造波及体积和支撑效果。塔西南区块阿克莫木气田采用常规水平井分段体积压裂改造建产；苏里格地区率先建成我国最大的致密砂岩气田，主力采用水力喷砂、裸眼封隔器、水平井多分段的主体技术，配合速钻复合桥塞、重复开关滑套的核心工具实现多段体积改造；在川中秋林地区采用高黏滑溜水配合大排量强加砂工艺成功突破川中侏罗系产能瓶颈，工艺应用现状具体如表1所示。

表1　国内外致密砂岩气藏体积压裂工艺现状

序号	区块	美国Granite Wash	阿克莫木	川中秋林	苏里格	中江
1	水平段长度/m	1000~1500	700~800	1000~1500	1200~1500	900~1000

续表

序号	区块	美国 Granite Wash	阿克莫木	川中秋林	苏里格	中江
2	压裂段数	8~14	3~6	14~18	6~10	5~17
3	段间距/m	100~120	90~243	60~80	150~200	50~60
4	平均排量/(m^3/min)	8~16	5~8	14~18	6~8	6~12
5	单段液量/m^3	800~1000	630~890	1000~1400	430~680	300~500
6	加砂强度/(t/m)	2.5~3.0	0.97	3.0~8.0	0.4~1.0	0.3~0.6
7	初期日产/(万方/天)	14~20	7~50	11~83	3~5	3.1~25

本文在深入认识川西致密砂岩工程地质特征的基础上，结合前期施工情况，分析区块体积压裂改造存在的难点，针对性的提出“流动距离最短，流动阻力最小，控制范围最大”的理念，以均衡扩展精细布缝机理为指导，多向量强加砂配合双重暂堵为关键的体积压裂工艺技术，在JS318HF等井实施后提高增产倍比达到10，有效提高了储层改造体积和复杂裂缝导流能力，为川西地区致密砂岩Ⅱ、Ⅲ类储层改造提供技术指导，同时也为四川盆地深层须家河组致密砂岩改造做技术储备。

2 川西致密砂岩体积压裂面临挑战

2.1 地质特征研究

沙溪庙组目的层属于辫状河三角洲平原-前缘沉积，储层沉积微相以前缘水下分流河道为主，分为JS_1、JS_2、JS_3段，由11套砂组、18层砂体(JS_{11}-JS_{33-3})构成，砂岩平均孔隙度9.14%，平均渗透率$0.339\times10^{-3}\mu m^2$，属于低孔低渗致密砂岩储层。砂体叠置频繁，单层厚度变化大，纵向上垂直河道呈透镜状展布，河道砂平面上沿河道呈条带状展布。纵向上储层物性特征差异大，JS_3储层物性最好，JS_1、JS_2次之。平面上同层不同河道差异大，主河道具有“河道控储”特征，优质储层主要沿主河道中心呈条带状分布但分布局限，主河道边部和分支河道砂体多为差储层。与国内外典型致密砂岩相比，中江致密砂岩优质储层厚度相对较小，物性更差，主要以低孔特低渗较差储层为主(表2)。

表2 国内外致密砂岩气藏储层基本特征

序号	区块	美国 Granite Wash	加拿大 Groundbirch	阿克莫木	川中秋林	中江
1	深度/m	3500~4000m	2400~3500	3000~3200	2100~2500	2300~2800
2	压力系数/无因次	1.2~1.4	1.1~1.4	1.1~1.5	1.0~1.2	1.1~1.9
3	天然裂缝	发育程度高	相对发育	相对发育	相对不发育	相对不发育
4	储层有效厚度/m	10~50	10~50	30~50	30~40	15~30
5	孔隙度/%	8.47	9.48	11.47	12.57	9.33
6	渗透率/mD	0.09	0.28	0.68	1.07	0.26

受地质构造及沉积影响，川西致密砂岩与同层位邻区秋林气田地质力学特征相比有所差异，主要表现在：脆性指数相对较低、储层垂向应力大、水平地应力差异系数较大使得整体施工压力上抬，对设备要求增加。在裂缝形态上以单一缝为主，裂缝形态复杂程度较低，改造范围受限。同时，岩石弹性模量更低，泊松比高，岩石塑性较强，初期裂缝延展受限，后期缝宽不足、加砂难度大(表3)。

表3 川西地区沙溪庙组储层地质力学特征

序号	类型	新场	中江	高庙	秋林
1	弹性模量/MPa	2.11×10^4	1.30×10^4	1.42×10^4	2.51×10^4
2	泊松比	0.28	0.23	0.17	0.22
3	脆性指数/%	31.84	32.26	49.39	37.84
4	垂向应力/MPa	66.02	59.24	69.52	58.81
5	最大水平主应力/MPa	85.67	67.13	90.62	59.64

续表

序号	类型	新场	中江	高庙	秋林
6	最小水平主应力/MPa	59.01	50.42	67.41	52.21
7	水平地应力差异系数	0.29~0.45	0.21~0.33	0.30~0.34	0.14
8	水平应力差/MPa	17.32~26.66	10.81~16.71	20.15~23.21	7.62

2.2 体积压裂主要难点

(1) 前期水平井分段改造效果不佳，川中秋林、美国 Granite Wash 地区的强加砂体积压裂工艺在川西地区受制于改造理念、入井体系、施工工艺等多因素难以实现(表4)，储层高动用目标下的精细布缝难度较大，流动距离较大，急需体积改造改善压裂效果。

表4　中江沙溪庙组储层施工特征

井号	JS33-42HF	JS33-41HF	JS33-44HF	JS308HF	JS33-43HF
施工压力/MPa	34~90	40~72	45~94	67~90	64~88.6
注入方式	31/2″	75/8+4″	37/8″	27/8″	27/8″
液体体系	胍胶	降阻水	降阻水	胍胶	胍胶
分段数	14	13	17	11	11
裂缝间距/m	68	64.1	63	83.1	56.5
加砂强度/(t/m)	0.375	0.6	0.39	0.405	0.39
用液强度/(m^3/m)	2.37	7.62	4.8	2.8	2.04
最高排量/(m^3/min)	8	12.5	9	4.5	4.5
无阻流量/(10^4m^3/d)	6.19	11.78	6.62	6.29	5.55

(2) 高施工压力下施工排量低，压力窗口窄，支撑剂加砂难度大，铺置效果差，无法保证裂缝高导流能力，难以实现少液多砂；

(3) 水平地应力差异大(>10MPa)，人工裂缝较单一，同时延伸压力梯度不一，储层进液不充分，裂缝均衡延伸难度高，导致裂缝控制范围差异较大，改造不充分；

(4) 河道砂体特征下单井地质控制储量有限，大规模体积改造后单井产量盈亏平衡点被大幅拉升，经济性体积压裂也是目前面临的一大难题。

3　川西致密砂岩体积压裂关键技术

根据“流动距离最短，流动阻力最小，控制范围最大”的理念，川西致密砂岩体积压裂主体思路是，以密切割提高储层接触面积和裂缝密度为目标，以提高支撑剂远端铺置能力、长期裂缝导流能力及裂缝复杂性的多向量支撑为核心，以“多段多簇+大排量+暂堵转向+变黏液+强加砂”为关键，实现经济最大化体积改造。

3.1 精细布缝缩短流动距离

前期布缝以单段单簇、少段少簇为主，横向流动距离偏大，基于水平应力差异系数大特点，通过多簇起裂实现高密度切割储层缩短流动距离。以裂缝均衡扩展角度模拟裂缝延伸实现地质工程双甜点优选，模拟结果如图1、图2所示：簇间距增加，缝间压制作用减弱，簇间距大于12m条件下，裂缝扩展更均衡，改造面积更大；簇数增加，可以一定程度提高裂缝多向量性和控制范围，降低渗流距离，簇数过多会导致部分簇无法有效扩展，5~6簇条件下，裂缝扩展更均衡。川西致密砂岩单段簇数优化3~6簇，簇间距10~26m，单段长度68~95m。

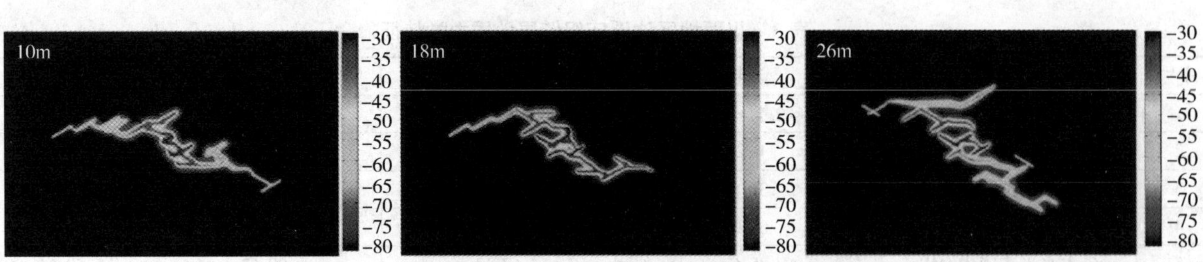

图1　不同裂缝簇间距情况下的裂缝扩展影响(4簇)

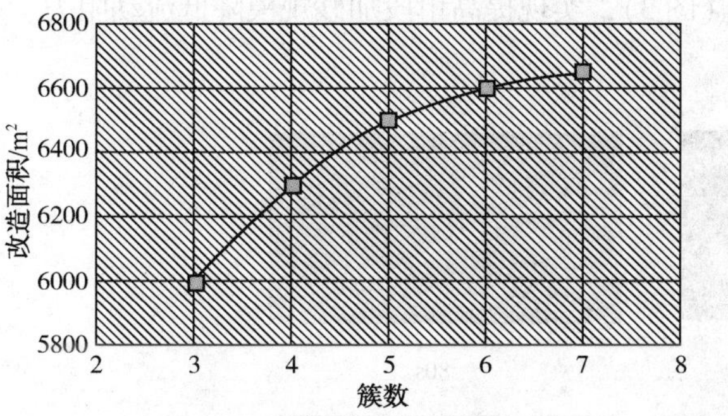

图2　不同簇数下的裂缝改造面积

具体而言，储层较差段段间距25~35m，优质储层段的段间距控制在25m以内确保高密度切割；各段射孔簇数以5~6簇为主，首段3~4簇、靠近A靶点层段选择簇数4~5簇；为保证各簇均匀进液，同段中进行变密度射孔，渗透率低、河道宽度较窄的地方，采用高密度射孔，反之选择低密度射孔，单簇射孔0.3~0.6m；鉴于首段施工难度较大，应选择较大孔密(20孔/m)和射孔长度(0.5~0.6m)，确保单孔进液排量≥0.33m³/min；从均衡扩展、射孔簇产量优选了射孔簇数、簇间距，具体确定射孔时，综合考虑可压裂性好、全烃含量高、应力差异系数小、岩矿脆性等基本原则确定具体射孔位置，实现地质工程一体化双甜点选择。

3.2　强加砂降低流动阻力

支撑剂在复杂裂缝中的高强度铺置是降低流动阻力的关键，对复杂裂缝的支撑剂输送进行实验及模拟，研究复杂裂缝条件下的输送规律，研究表明：主裂缝宽度主要分布在1~3mm，常规加砂时支撑剂主要集中于此，若改变液体黏度、输送排量及支撑剂粒径则利于次裂缝、微裂缝的支撑。中江气田地应力较高，裂缝扩展体积有限，前期加砂强度偏低，采用二级组合支撑、高排量连续加砂及变黏液体实时调控的强加砂技术，包含多裂缝耦合支撑剂组合的多向量加砂强度得到大大提高。

(1) 粒径越小缝内支撑裂缝长度越长，前期30/50目支撑剂加砂难度大，缝口堆积明显，有效支撑缝长较短。采用小粒径二级支撑的40/70和70/140目组合支撑剂，通过提高小粒径70/140目支撑剂占比到65%~75%，可输送至裂缝深部支撑微细裂缝，大幅度提高加砂强度。但粒度越小会使得导流能力偏低，气藏数值模拟表明裂缝导流能力到达8D·cm满足日产$5\times10^4m^3$，因此选择40/70目覆膜石英砂提高闭合后裂缝宽度，维持长期高导流能力，实现复杂裂缝耦合支撑剂组合的多向量强加砂。

(2) 储层泥质含量在3.4~10.2%，平均5.1%，且部分井压力系数在1.1~1.3之间，选择具有强化返排和防膨能力的降阻性好的在线配液的一体化可变黏压裂液体系，初期线性胶开启并延伸微裂缝，主体采用低黏滑溜水实现大排量连续加砂，中黏滑溜水控制施工中激动压力实时中顶，液体具体指标如表5所示。

表5　一体化变黏压裂液性能指标

序号	实验项目	指标要求	检测结果
1	pH值	6~7	7.0
2	滑溜水降阻率/%	>70	77~79
3	低黏滑溜水黏度/(mPa·s)	2–5	4.65
4	中黏滑溜水黏度/(mPa·s)	6–15	10.4
5	线性胶黏度/(mPa·s)	>20	24.8
6	破胶液表面张力/(mN/m)	≤28	25.60
7	防膨率/%	>70	78.56
8	配伍性	48h无沉淀、无絮凝、无分层	48h无沉淀、无絮凝、无分层
9	线性胶残渣含量/(mg/L)	<100	58.69
10	线性胶破胶后黏度/(mPa·s)	≤5	2.33

(3) 大排量连续加砂

鉴于加砂浓度、加砂强度双低难点，采用5寸半套管14~18m³/min大排量连续低、中砂比加砂，配合中黏滑溜水实现高浓度携砂和中顶疏通，较前期排量增加6~10m³/min，大幅度提高裂缝内净压力和缝内液体流速，减少胶液用量。数模研究表明排量越大缝内支撑裂缝长度越长，14~16m³/min时支撑剂已经可输送至裂缝深部，在选用低黏滑溜水

3mPa·s 的条件下主缝内支缝裂缝长度已达到总缝长的 2/3 以上，且分支裂缝内铺置的支撑剂最多(图 3)，实现提高单段加砂规模降低流动阻力。

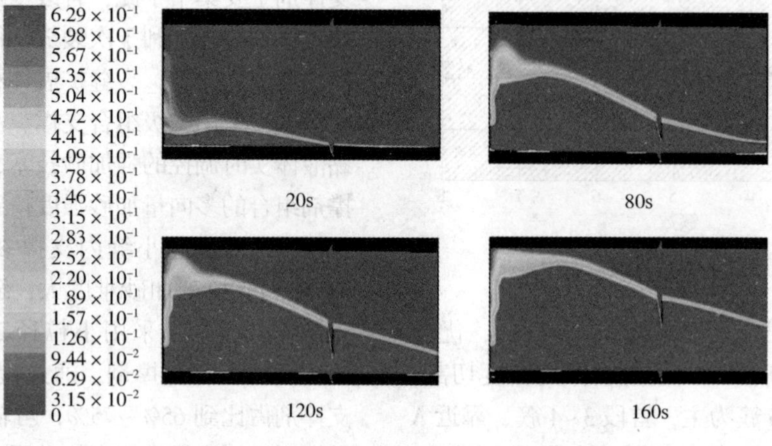

图 3　复杂裂缝中支撑剂输送数值模拟结果

3.3　双重暂堵提高控制范围

从川西致密砂岩前期实践来看，多簇射孔由于裂缝起裂不完全，延伸竞争不均导致川西河道砂体横向改造不充分，储层动用程度偏低，影响产能释放。为了进一步实现段内分段多簇裂缝的均衡扩展，在满足安全条件且有压力窗口时，采用簇间多粒径暂堵球、缝内多组合暂堵剂的双重复合暂堵强制分流，使得压裂液及支撑剂进入新开启裂缝，增加起裂效率和增加分段的效果。

基于前期改造暂堵剂使用经验以及支撑剂冲蚀效应，孔眼孔径范围得到扩大，分布在 12.83~17.52mm，优选暂堵球尺寸为 19mm+15mm+13.5mm、暂堵剂粒径 1~3mm、20~80 目，暂堵球数量 21~32 个、暂堵剂用量 300~400kg，同时考虑总液量 50%~55%进行不降排量暂堵。现场实践表明，通过双重复合暂堵强制分流转向工艺，加砂前后压力上涨了 2~4MPa(表 6)，单段平均暂堵后微地震事件新增 25 个，暂堵有效率占比 32%，通过暂堵提高缝内净压力，地层破裂增多，横向改造面积得到增加(图 4)。

表 6　JS318HF 暂堵前后压力变化情况

段号	暂堵剂总量/kg	暂堵球数量/个	到位响应/MPa	总体上涨/MPa	段号	暂堵剂总量/kg	暂堵球数量/个	到位响应/MPa	总体上涨/MPa
2	175	8	0.4	1	7	300	15	0.8	2
3	225	16	0.3	2.0~3.0	8	300	15	0.5	2
4	275	15	1.2	2.0~3.0	9	300	16	2.1	2
5	300	15	0.1	3.0~4.0	10	300	16	1.3	2.0~3.0
6	300	15	0.3	2	11	300	16	0.5	4

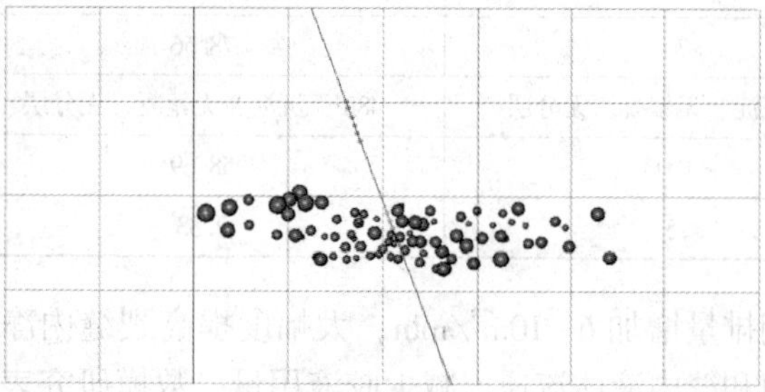

图 4　暂堵前后地震事件发生情况
(红：暂堵前，蓝：暂堵后)

4　现场实施情况

通过致密砂岩体积压裂工艺的攻关，形成以“精细布缝、强加砂、双重暂堵”的体积改造技术在 JS318HF 等井持续应用，有效释放储层产能，提产效果明显。裂缝布缝由单段 1~3 簇增加为 4~6 簇，单井簇数由 11~20 簇增加到 40~68 簇，横向覆盖率提高了近 3 倍，储层动用率得到显著加强；加砂强度由前期 0.5t/m 提高到 4.1t/m，加砂强度提高了 8 倍，多向量性裂缝铺置强化了裂缝长期导流能力；变黏滑溜水性能稳定，配合大排量泵送携砂性能优异，单方加砂用液量降到1：7，整体施工泵压稳定在41~65MPa之间，较前期施工压力降低近50%，施工难度大大降低，少液多砂降本增效效果显著(表7)。

表7　压裂参数及效果对比

工艺	井号	簇数	用液强度/(m^3/m)	加砂强度/(t/m)	单方砂液比/(m^3/m^3)	测试产量/(万方/天)	无阻流量/(万方/天)	EUR/亿方
前期	JS308HF	11	4.5	0.405	10.29	2.08	6.29	—
	JS220HF	20	6.4	0.62	9.69	1.0	1.9	—
	ZJ18HF	11	4.6	0.4	7.65	0.61	0.87	—
	JS33-41HF	13	7.4	0.58	19.0	5.39	11.78	—
	平均	13.75	5.73	0.5	11.66	2.27	5.21	—
后期	DF-501HF	68	18.9	4	7.13	21.67	46.5	0.78
	JS318HF	61	17.8	4.1	6.29	25.56	103.5	2.2
	GM-111HF	40	18.2	4.1	6.77	20.49	31.57/13.5(油)	—
	平均	56.33	18.3	4.06	6.73	22.57	60.52	1.49

压后G函数评估表明裂缝复杂程度较高，体积改造测试产量为邻井常规压裂的11倍，增产效果明显；常规压裂后压力下降幅度大，体积改造井排液期间产量及压力稳步上涨，已实施井平均无阻流量60.52万方/天，平均EUR1.49亿方，其中JS318HF井EUR为2.2亿方，较邻井JS317HF(0.21亿方)提升10倍。

分析可知，单井产能与加砂强度呈正相关、单方砂液比呈反相关关系，考虑经济性体积压裂，首先提高加砂强度实现复杂裂缝多向量的高导流能力，获取较高EUR，其次降低单方砂液比，减少压裂液伤害的同时少液多砂，实现降本增效。

5　结论

(1) 川西致密砂岩河道砂体展布不均、水平应力差大、天然裂缝不发育、延伸压力梯度高，体积改造面临施工压力高、加砂强度低、加砂难度大等难题。研究表明人工缝以单一缝为主，储层横向动用有限，需采用高动用的体积改造工艺改善压裂效果。

(2) 研究与实践表明：均衡扩展的地质工程双甜点布缝，精细布缝细分切割地层，提高横向动用率；采用多向量强加砂支撑手段，优化二级粒径支撑剂铺置方式和高排量一体化变黏压裂液运用，降低施工泵压，实现强加砂；以双重多组合复合暂堵强制分流转向，进一步提高裂缝复杂程度。

(3) 研究形成的技术在川西致密砂岩得到了成功应用，平均无阻流量60.52万方/天，平均EUR1.49亿方，体积改造效果较前期大幅度提高。

(4) 体积压裂效果与加砂强度呈正相关、单方砂液比呈反相关关系，经济性体积压裂要求提高加砂强度获取较高EUR，降低单方砂液比减少成本支出，实现降本增效。

参　考　文　献

[1] 龙胜祥，刘娅昭，许华明，等．四川盆地中国石化探区天然气勘探开发领域与技术攻关方向[J]．天然气地球科学，2020，31(09)：1195-1203.

[2] 卞从胜，王红军，汪泽成，等．四川盆地致密砂岩气藏勘探现状与资源潜力评价[J]．中国工程科学，2012，14(7)：74-80.

[3] 马新华．四川盆地天然气发展进入黄金时代[J]．天然气工业，2017，37(2)：1-10.

[4] 黎华继，周文雅，代平，等．川西拗陷致密河道砂岩气藏类型及其高产富集模式[J]．天然气勘探与开发，2018，41(2)：7-14.

[5] 李忠平，冉令波，黎华继，等．窄河道远源致密砂岩气藏断层特征及天然气富集规律—— 以四川盆地中江气田侏罗系沙溪庙组气藏为例[J]．天然气工业，2016，36(7)：1-7.

[6] 段永明，曾焱，刘成川，等．窄河道致密砂岩气藏高效开发技术——以川西地区中江气田中侏罗统沙溪庙组气藏为例[J]．天然气工业，2020，40(05)：58-65.

[7] 戚斌，杨衍东，任山，等．脉冲柱塞加砂压裂新工艺及其在川西地区的先导试验[J]．天然气工业，2015，35(01)：67-73.

[8] 刘琦，杨建，刁素．新场气田沙溪庙组气藏水平井加密分段压裂先导试验[J]．钻采工艺，2016，39(02)：61-63+3-4.

[9] 黄禹忠，刁素，尹琅，等．致密砂岩气藏水平井细分段适应性分析[J]．天然气地球科学，2017，28(03)：460-465.

[10] 黄禹忠，刁素，栗铁峰，等．致密砂岩气藏水平井体积压裂新技术[J]．天然气勘探与开发，2017，40(01)：68-72.

[11] 金成志，张玉广，尚立涛，等．致密气藏复杂裂缝压裂技术[J]．大庆石油地质与开发，2018，37(1)：154-158.

[12] 王瑞．致密油藏水平井体积压裂效果影响因素分析[J]．特种油气藏，2015，22(2)：126-128.

[13] 闫天雨．变排量条件下致密砂岩储层缝网形成机制研究[D]．大庆：东北石油大学，2020.

[14] 刘洪涛，刘举，刘会锋，等．塔里木盆地超深层油气藏试油与储层改造技术进展及发展方向[J]．天然气工业，2020，40(11)：76-88.

[15] 石石，常志强，徐艳梅，等．塔西南阿克莫木气田白垩系克孜勒苏群砂岩储层特征及其控制因素[J]．石油与天然气地质，2012，33(04)：506-510+535.

[16] 凌云，李宪文，慕立俊，马旭．苏里格气田致密砂岩气藏压裂技术新进展[J]．天然气工业，2014，34(11)：66-72.

[17] 樊建明，杨子清，李卫兵，等．鄂尔多斯盆地长 7 致密油水平井体积压裂开发效果评价及认识[J]．中国石油大学学报(自然科学版)，2015，39(4)：103-110.

[18] 李宪文，张矿生，樊凤玲，等．鄂尔多斯盆地低压致密油层体积压裂探索研究及试验[J]．石油天然气学报，2013，35(3)：142 – 146，152.

[19] 冯逢，张琳羚，刘波，等．高黏滑溜水在秋林致密砂岩气压裂中的应用[J]．钻采工艺，2021，44(01)：115-119.

[20] 郑有成，韩旭，曾冀，等．川中地区秋林区块沙溪庙组致密砂岩气藏储层高强度体积压裂之路[J]．天然气工业，2021，41(02)：92-99.

苏里格高含水致密砂岩气藏水平井开发技术

——以苏里格气田东区北部苏 77、召 51 区块为例

卫扬安　相金元　何太洪　张　林　吕凤清　刘　海　沈　杰　郭　锐　陈　林　孔丰硕

（中国石油集团西部钻探工程有限公司苏里格气田分公司）

摘　要　苏里格气田东区北部苏 77、召 51 区块因储层高水饱气井普遍产水，微气井、长关井不断增加，单井累产低，效益开发面临巨大挑战。通过多年的研究和开发实践，逐渐认清了含水致密砂岩气藏基本特征与开发关键性问题，目前已实现储量直丛井低效动用向水平井高效动用的开发方式转变，并初步形成了工程地质一体化开发管理模式及“部署避水、钻后识水、压裂疏水、采中排水”等关键环节的主要做法与相应技术，探索成果对该区及类似高含水气藏开发具有指导和借鉴意义。

关键词：致密砂岩气藏；高水饱；水平井；体积改造；合理配产；排水采气

1　地质概况

鄂尔多斯盆地苏里格气田主力产层为二叠系石盒子组盒 8 段，岩性为中粗粒岩屑石英砂岩，平均孔隙度 5%~12%，平均渗透率 $0.06\sim2\times10^{-3}$ 8130m8,5 3 8气藏压力系数 0.87，属于低孔、低渗、低产、低丰度大型岩性圈闭气藏。受沉积物源控制，盆地储层石英含量由西向东逐渐降低，由纯石英砂岩过渡为岩屑砂岩；受气源、构造、断裂等多方面影响，苏里格气田西区及东区北部含水饱和度较高（SW>50%），开发过程普遍产水，气井产能低且递减较快。

苏 77、召 51 区块位于苏里格气田东区北部，受北部泊尔江海子大断裂活动影响（图 1），区块中部发育一组近东西向“巴音-木肯”走滑断裂，造成天然气二次运移调整，逸散严重，主要围绕断裂带附近有利构造区聚集成藏（图 2）。相比苏里格气田中区、西区（表 1），整体表现出“厚砂体、高岩屑、强非均质、小孔喉、高水饱、低压力”气藏地质特征。围绕高含水致密砂岩气藏“不好动、不好压、不好采”技术难题，通过十二年开发技术攻关配套，目前建成天然气生产能力 290 万方/天，由于高水饱原因，90%气井产水，区块平均水气比 2.2 方/万方，其中苏 77-1 集气站高达 4.22 方/万方。

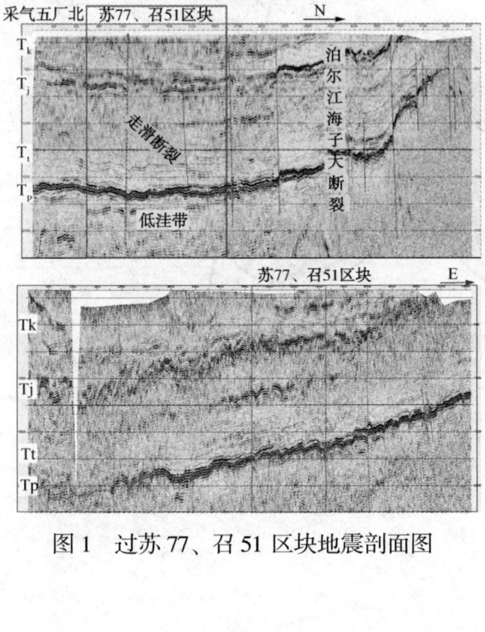

图 1　过苏 77、召 51 区块地震剖面图

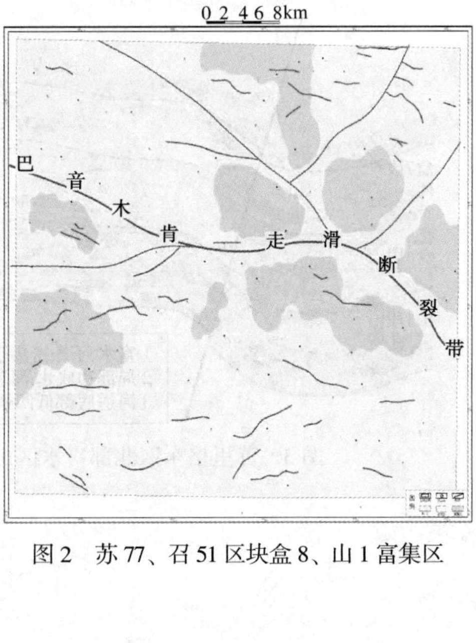

图 2　苏 77、召 51 区块盒 8、山 1 富集区

表1　苏西、苏中、苏东及苏77+召51区块气藏地质参数对比表

区　块	苏里格西区		苏里格中区		苏里格东区		苏77、召51区块	
	盒8	山1	盒8	山1	盒8	山1	盒8	山1
岩性	石英砂岩		石英砂岩为主		岩屑石英砂岩为主		岩屑石英砂岩为主	
平均砂层厚度/m	38.1	9.5	25.8	9.0	32.1	10.2	30.7	12.1
石英含量/%	90.8	86.5	86.0	85.1	79.1	84.3	77.8	71.6
岩屑含量/%	9.2	13.2	14.8	13.7	20.7	15.6	22.1	28.3
平均孔隙度/%	9.3	8.2	9.4	8.1	8.7	8.2	7.8	8.1
平均孔喉半径/μm	0.25		0.35		0.11		0.07	
平均渗透率/($10^{-3}\mu m^2$)	0.890	0.580	1.510	0.500	0.780	0.520	0.376	0.337
地层温度/℃	112.8		110		94.6		90.3	
压力系数	0.90		0.87		0.83		0.78	
束缚水饱和度/%	42.9		45.4		50.5		77.6	
平均含气饱和度%	54.8		70.2		56.9		51.4	

通过多种地质因素与气井产能关系分析总结，“储、构、断”是苏77、召51区块气水分布的控制因素，其中构造是主要因素，天然气通过砂体、断层优先在构造高部位储层聚集，如果保存条件良好，构造高部位即成为富集区，而断层在天然气成藏过程中是一把“双刃剑”，一是可作为良好运移通道，天然气向上运聚成藏，二是破坏原有气藏，导致天然气逸散。工区内“巴音-木肯”走滑断裂为二级断裂，活动至第三系，由于封闭性较差，导致天然气二次调整，一部分通过断裂在构造高部位的优势储层中聚集成藏，一部分通过断裂向上部地层逸散，局部成藏，最终导致在断裂带内气井产能低、产水量大。同时由于储层

致密、连通砂体规模小，在微幅构造背景下，天然气二次运移动力不足，难以有效克服致密砂岩储层毛细管阻力，造成气水分异作用不明显，气藏含水饱和度高。区块气水分布基本不受区域大构造控制，未见明显边底水和统一气水界面(图3)，但含气饱和度受构造用影响明显，平面差异大。

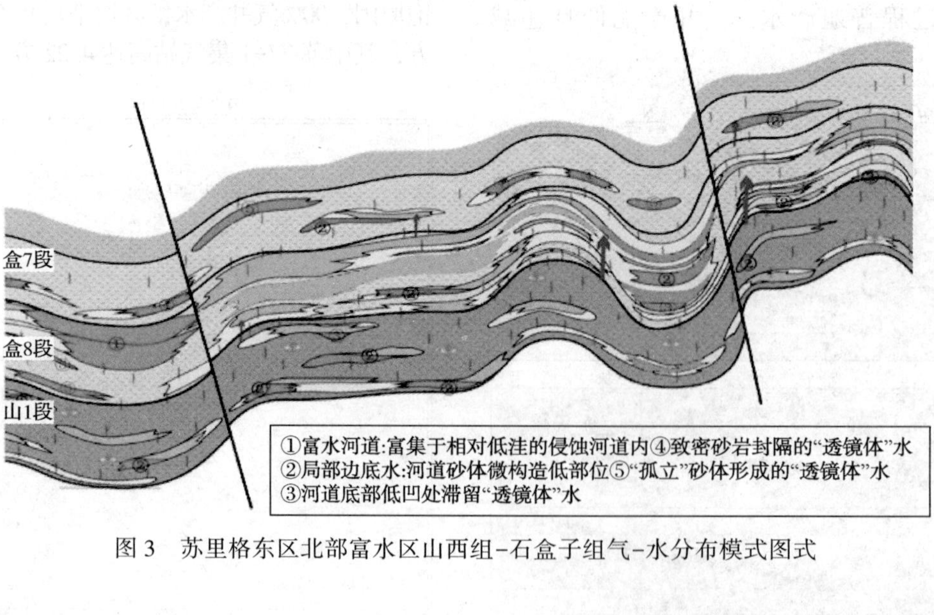

图3　苏里格东区北部富水区山西组-石盒子组气-水分布模式图式

2　开发难点

主力层盒 8 下处冲积扇前缘辫状河沉积，“砂包砂”的有效砂岩混层分布特征、复杂的孔喉结构及高含水饱和度，造成含水气藏规模效益开发存在多方面挑战。

一是无自然产能。含水致密砂岩气藏多为低孔、极低渗储层，地层压力系数低(0.78)，需采用压裂改造技术才能获得工业气流。

二是储量动用程度低。盒 8、山 1 砂体厚、非均质性强，泥岩隔层及致密夹层发育，气层纵向多层分布(图 4)，单层厚度薄，延伸范围有限，平面连续性差，造成纵横向储量动用程度均受到制约，储层改造实现空间含气砂体储量整体动用难度较大。

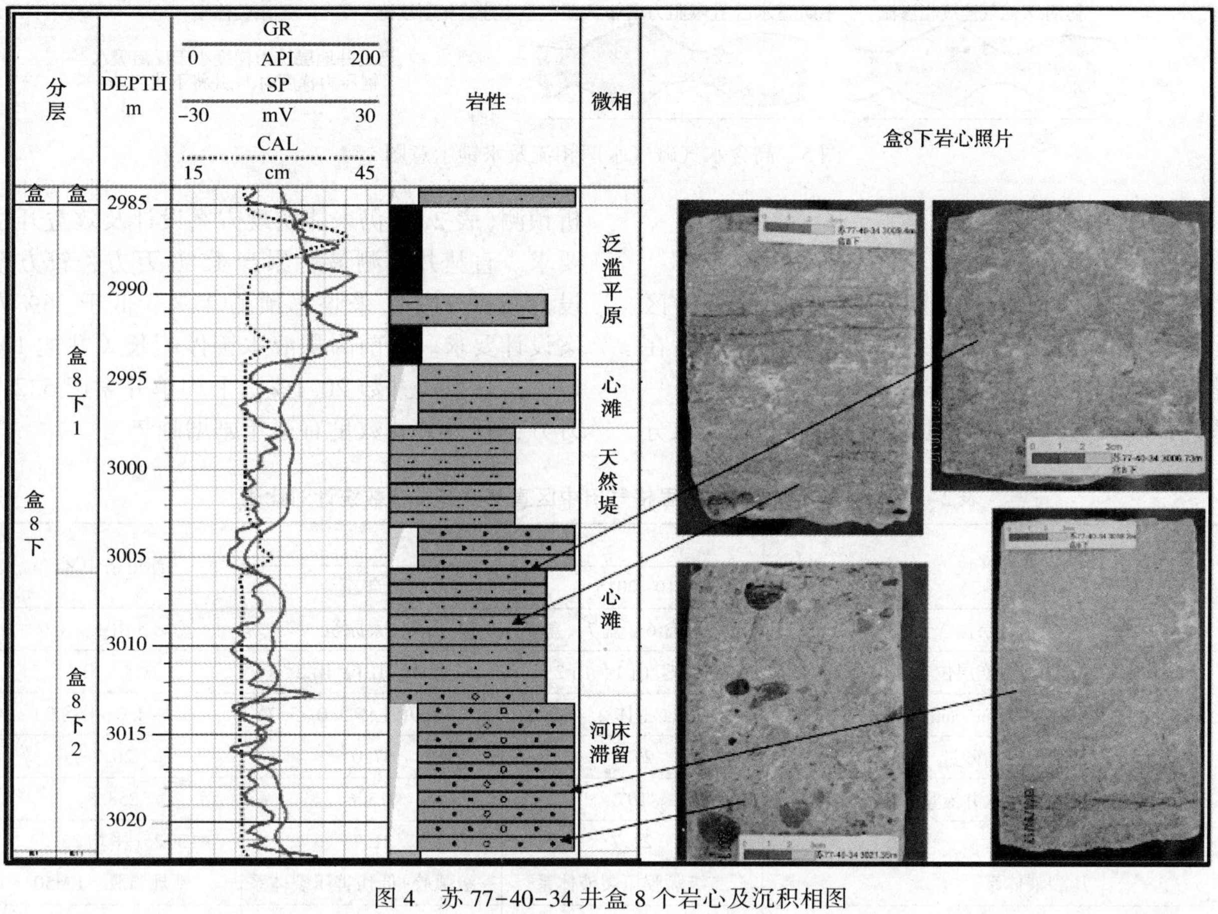

图 4　苏 77-40-34 井盒 8 个岩心及沉积相图

三是储量采出程度低。储层微观孔隙结构特征分布直接决定了可动用储量大小和渗流能力的强弱，也决定了气藏的开发效果和开发难易程度。受高岩屑及强烈的压实作用影响，苏 77、召 51 区块盒 8、山 1 储层平均孔喉半径 0.07μm，远低于苏里格气田中区(表 1)，造成储层渗流能力极差。而对于高含水致密砂岩气藏来说，由于储层致密，孔喉细小且迂曲度大，液相更容易在高毛管力作用下对储层造成滞留伤害。苏 77、召 51 区块因高水饱普遍产水，气水两相流动，气相相渗透率降低，再加上气藏含凝析油(油气比 0.2 方/万方)所带来的反凝析现象，储层中存在油、气、水三相流动，这更降低气相相对渗透率，影响气井产能。在压敏、贾敏、阀压、紊流和滑脱效应下，水相、油相占据细小孔喉对气藏伤害十分严重，油水沿着细小喉道大范围分布对于大孔隙中的气体形成包围状封闭(图 5)，形成水锁，导致气井停喷，储量采出程度大幅降低。

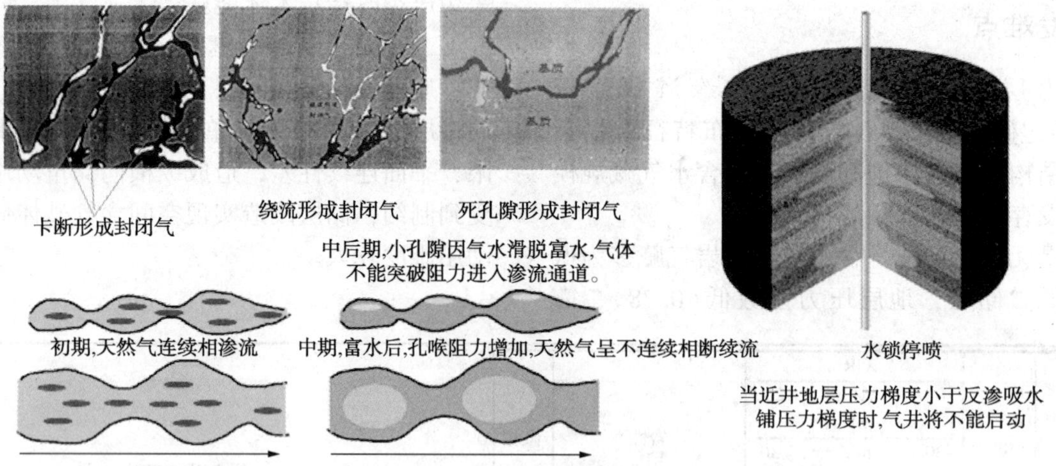

图5 高含水气藏气水两相流及水锁示意图

3 直丛井开发存在问题

苏77、召51区块早期直接沿用苏里格中区无水气藏开发模式，并以直丛井开发为主，后在储层改造、生产管柱、排水采气等方面进行了一系列优化改进与配套，但经多年生产动态资料分析预测(表2)，仍未能实现方案设计及效益开发要求。直丛井预测最终累产1580万方，较方案设计减少21%，采收率预测27%，低于36%方案设计要求。目前因积液水锁停喷长关井达173口，占总投产井数20.1%，平均单井累产532.3万方，且长关井数量有逐年剧增趋势。

表2 苏77、召51区块与苏里格气田中区直丛井开发参数统计对比表

开发区块		苏77、召51区块		苏里格中区
		2010~2015年	2016年至今	
含气层位		盒6、盒7、盒8、山1、山2、太原组		盒8、山1、山2
主力投产层位		盒8、山1、山2	盒8、山1、山2	盒8、山1
储层改造	施工排量(m^3/min)	1.8~4.1(主体2.4~2.6)	1.8~8.0(主体3.0~3.2)	2.2~4.0(平均3)
	平均单层加砂量/(m^3)	27.8	37.0	26.2
	平均单层入井液量/m^3	197	315.6	258.8
	砂比/%	22.7	21.7	12-25(平均22.5)
	压裂液体系	二级胍胶压裂液体系	一级胍胶+低伤害压裂体系	常规胍胶、EM50
生产管柱		73.0mm	48.3mm	73.0mm
气井平均配产/(10^4m^3/min)		0.8	0.8	1.0
稳产增产措施		泡排、柱塞、解水锁、气举、间开等		
初期递减/%		38.7	36.1	35.0
投产前三年累产气量/万方		584.7	673.2	969.4
累产预测/万方		1517	1672	2515

分析直丛井开发未达标原因，主要有三方面问题暂未能有效解决：

(1) 直丛井储层改造规模受限，不能形成复杂缝网最大沟通空间渗流砂体，导致累产低。苏77、召51区块目的层埋深2750~2950m，从不同管柱不同压裂方式统计对比可以看出(表3)，直丛井采用73.0mm压裂管柱，最大施工排量4.0m^3/min，采用88.9mm压裂管柱常规139.70mm井眼最大施工排量8.0m^3/min；如果进行单层投产，可采用48.3mm油管环空压裂，常规井眼最大排量8~10m^3/min，小井眼最大排量6~7m^3/min；采用桥塞分层压裂，可进一步提升排量，最高可达16 m^3/min，但建井成本大幅上升。

表 3 苏里格直丛井不同泵注方式下最大施工排量统计表

井眼类型	套管外径/mm	钢级	壁厚/mm	内径/mm	抗内压/MPa	抗外挤/MPa	不同压裂方式最大排量 /(m^3/min) 73mm压裂管柱	88.9mm压裂管柱	48.3mm油管环空压裂	光套管压裂
常规	139.7	P110	10.54	118.62	93.6	100.2	4	8	10	16
		N80	9.17	118.19	63.3	60.8	4	8	8	12
小井眼	114.3	P110	7.37	99.56	85.6	73.7	4	—	7	11
		N80	7.37	99.57	62.1	58.8	4	—	6	9

（2）分压合试投产存在严重层间干扰。多层合采气井生产呈现动态变化，通常表现出层间自动转换接替特征，早期由高渗高产层主导产气，晚期由低渗层主导产气。但在实际生产中，当合采气层初始生产压差过大时，会造成致密产层产气不利，甚至压后不能顺利返排而致压裂液长期滞留污染储层。同时高产水层位由于水相渗透性较高，地层水持续进入井筒，除造成气井积液、躺停等后果外，还会因积液压制其它产层的生产能力，从而大幅降低气井产能以及后续挖潜能力。

（3）含气水层投产致气井高产水。受岩性、物性控制，再加上气藏气水分异程度差，致密砂岩气层、水层的测井响应特征差异不明显，储层流体性质准确识别存在一定风险，从而造成高阻含气水层投产而高产水。经对苏 77、召 51 区块 173 口停喷井统计分析，其中可能存在含气水层投产井占比达到 39.9%。

4 水平井开发技术配套

水平井作为致密砂岩气藏提高采收率的主要手段之一，以有效井段长、控制储量高、渗流面积大、渗流阻力小的特点达到有效提高含水气藏采收率的目的。针对直丛井开发产量低、采收率低的困局，先后在苏 77 区块召 23 井区、召 51 区块召 63 井区开辟了水平井整体开发试验区，随着储层改造技术进步，特别是体积压裂、桥塞分段分簇压裂的推广应用，单井产量快速提升（表 4）。

表 4 77、召 51 区块水平井开发区开发参数统计对比表

开发区块		裸眼封隔器完井 召 23 水平井开发区	召 63 水平井开发区	固井完井桥塞分段分簇压裂
开发层位		盒 8、山 1	盒 8、山 1	盒 6、盒 8、山 1
实施井数		26	9	19
地质概况	开发层储能系数（¢ * h * Sg）	0.256	0.314	0.298
	平均水平段长/m	1198	1123	1302
	平均储层钻遇率/%	79.5	85	96.7
	平均气层钻遇率/%	59.9	71.1	77.6
改造参数	施工排量/(m^3/min)	2~13（平均 6.0）	5~22（平均 16.0）	5~16（平均 11.0）
	平均单层加砂量/(m^3)	60.3	79.8	111.2
	平均单层入井液量/(m^3)	482.3	715.5	882.9
试气结果	平均无阻流量/（万方/天）	29.34	52.14	65.27
	平均日产水/（方/天）	8.29	8.95	7.4
	平均水气比/（方/万方）	2.59	1.40	1.65
生产动态	平均初期配产/（万方/天）	3.7	4.6	4.2
	投产前三年累产气量/万方	2482	3466	2019 年投产，预测 3374
	最终累产预测/万方	5034	6798	2019 年投产，预测 6381

4.1　开发试验

经水平井累产预测及分小区水平井统计对比，取得以下认识：

（1）地质差异是导致各井区水平井开发效果差异最主要因素。各井区及各井平均单井预测累产与储能系数都存在明显线性相关关系（图6），说明地质差异是导致各井区水平井开发效果差异最主要因素；在相同地质条件下，水平段越长累产越高（图7）。

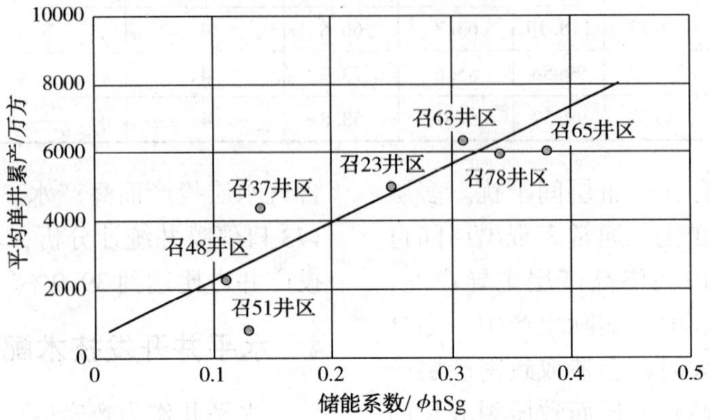

图6　单井累产预测——储能系数交会图

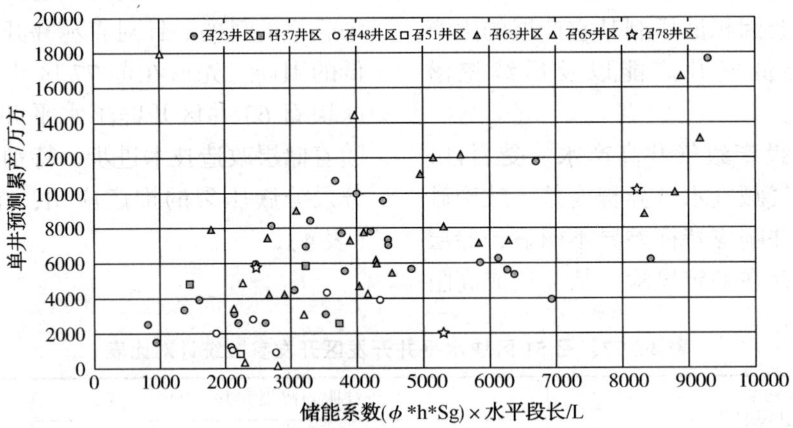

图7　单井累产预测——水平段长度交会图

（2）在相同地质条件下，排量越大、加砂量越高，单井产量越高，稳产能力越强。缝网压裂过程中施工排量是影响缝网复杂程度的主要因素，排量越大，施工净压力也就越大，动态扩展裂缝的延伸形态也就越复杂，裂缝导流能力越强。苏77、召51区块盒8下主要为冲洪积相沉积，储层空间非均质性极强，砂包气的气藏分布特征决定了各含气砂体在渗流阻隔带下相对孤立，如要充分动用，需要长缝与复杂缝的充分沟通。召63井区水平井体积压裂证实，压裂段数、簇数越多，水平井有效控制储量越大；入地砂量大，可以有效提高缝内铺砂浓度和裂缝导流能力；压裂液返排速度快，可以降低远端微裂缝残留压裂液造成的储层伤害，保证压裂效果最大化，这些因素都更有利于气井稳产，提高最终采收率（图8、图9）。

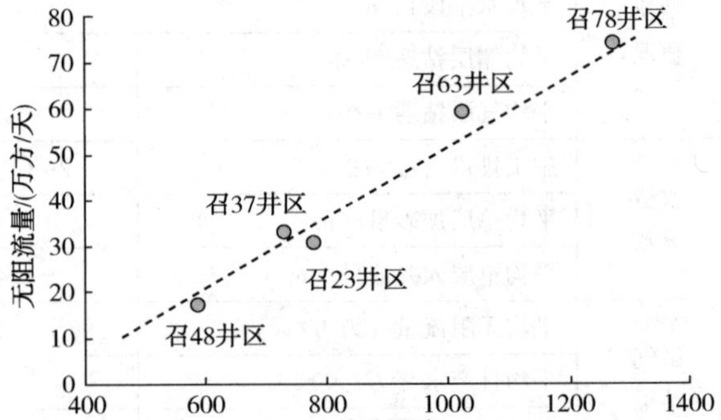

图8　各井区平均加固砂量与无阻流量关系图

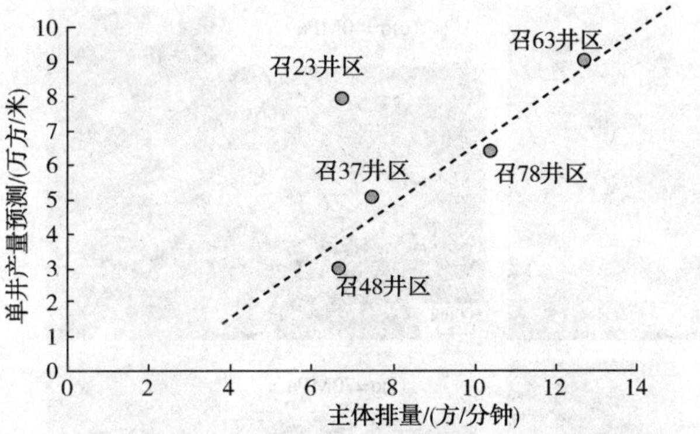

图 9　各井区平均排量与平均米累产关系图

(3) 含水气藏开发需要高导流。石英砂因破碎率高致裂缝段导流能力大幅降低，造成气井低产。致密砂岩气藏含水饱和度一般为 30%～70%，随着地层含水饱和度增大，流动气相的地层原始渗透率迅速降低，当含水饱和度达到 60%～80%时，气相渗透率基本降为零。裂缝导流能力主要受储层闭合压力、支撑剂物理性能、支撑剂铺置浓度、支撑剂嵌入及压裂液残渣等多种因素影响。一般而言，天然气对裂缝的导流能力要求不高，但对含水致密砂岩气藏，不仅需要长缝、体积缝沟通井间所有含气砂体，还需要裂缝高导流能力满足压裂液、地层水、凝析油流动要求，否则易发生水(油)锁阻断天然气流动。通过工区岩心岩板导流试验结果表明，在闭合压力 41.4MPa 下石英砂破碎率 17%，导流能力相比陶粒下降 73%～99.2%，从而造成压裂液、地层水在裂缝中流动困难而试气返排、生产效果大幅变差(表 5、图 10、11)。

表 5　铺砂浓度 8kg/m²、闭合压力 41.4MPa 下石英砂、陶粒岩板导流能力统计表

试验条件 / 支撑剂导流	岩板试验		钢板试验	
	20～40 目	40～70 目	20～40 目	40～70 目
陶粒导流能力/D·cm	25.23	7.49	136	48
石英砂导流能力/D·cm	6.81	0.82	16	0.4
石英砂导流能力相比陶粒下降	73.0%	89.1%	88.2%	99.2%

2019～2020 年苏 77、召 51 区块规模开展石英砂替代部分陶粒试验，累计实施 92 井次。石英砂与陶粒分别采用 2∶1、1∶1 及尾追陶粒方式，造成试气效果变差，一次排通率由 56.7%下降至 38.5%，返排困难井占比由 25.5%上升至 46.2%，平均试气产量下降 17.13%，间开投产井占比由 27.9%上升至 42.9%，投产 90 天平均日产量下降 48.05%。

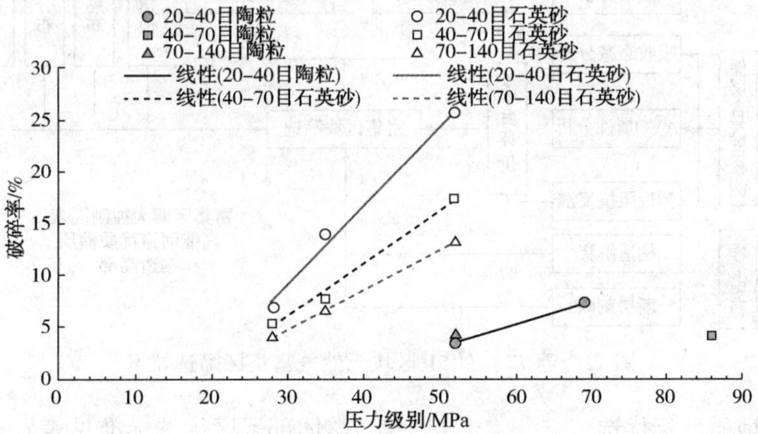

图 10　不同目数陶粒、石英砂压力与破碎率关系图

图11　20/40 目石英砂破碎形态图

4.2　技术配套

4.2.1　天然气富集区筛选

苏里格气田具典型的"相控砂、砂控气"深盆气成藏地质特征，富集区预测评价(图12)需要在沉积演化史、构造史和成岩演化史分析基础上建立储层成因模型，分析有利储层发育控制因素，从而揭示富集区分布地质规律。苏77、召51区块位于盆地北部伊盟隆起坡折带，受泊尔江海子断裂带影响，次生走滑断层发育，富集区受河道和构造双重控制，其中利用地震叠前道集资料进行AVO分析或弹性参数反演，是预测天然气富集区最有效手段，该技术可解决"砂包泥、砂包砂"背景下的气层识别问题。

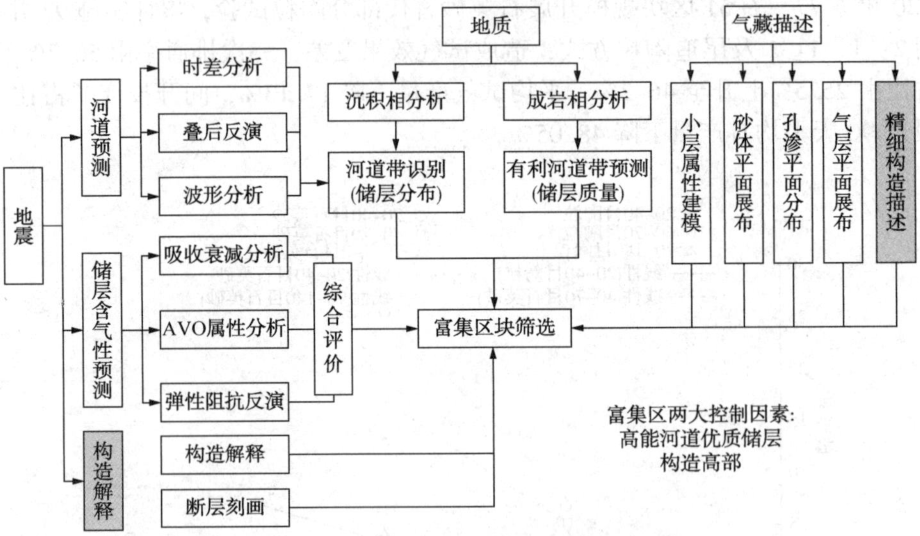

图12　苏77、召51区块天然气富集区筛选技术

4.2.2　水平井开发地质目标优选

优选相对富集区进行水平井整体规划部署、滚动实施是含水气藏开发的基本策略；对直丛井井网相对完善的已建产区，采用甜点式优选水平井井位进行加密部署。苏77、召51区块水平井整体部署区优选标准见表6，要求远离断裂、处构造相对高部且构造幅度平缓，处心滩、边滩有利沉积相带，砂体稳定，泥岩夹层厚度薄；含气饱和度大于40%，目的层平均储量丰度大于0.7亿方/平方公里。

表6　苏77、召51区块水平井整体开发区优选标准

评内容	评价参数	指标
地震	异常振幅、AVO	含气有利区
	构造平缓	构造幅度<10m/km
	远离断层	与主断层距离>1.0Km
储层地质	沉积微相	边滩、心滩
	砂体厚度	≥10m
	砂体内部泥岩隔夹层单层厚度	≤2m
	气层厚度	≥4m
储量丰度	含气饱和度	≥40%
	水平井目标层储量丰度	$\geq 0.7\times10^8 m^3/km^2$

4.2.3　优化布井

针对高含水致密砂岩气藏储量丰度低的特点，充分考虑气体渗流所存在的压敏、贾敏、阀压、紊流和滑脱效应所带来的单井控制半径有限的实际，为提高储量整体动用程度，采用一次井网整体设计、肥瘦搭配、立体动用开发模式。但针对不同地质目标，需要针对性的部署调整(表7)。

对储量丰度低的区域适当加长水平段长设计，以加大井控储量、保障单井效益。

对厚层强非均质区域，适当缩短井距，井间轨迹采用纵向错位设计，以突破泥质隔夹层实现储量立体动用。

表7　苏77、召51区块水平井布井参数

水平井部署目的层	辫状河砂体：盒$_{8下1}$、盒$_{8下2}$
	曲流河砂体：盒7、盒$_{8上1}$、盒$_{8上2}$、山1^1、山1^2、山1^3、山2^1
	潮道砂体：太原组
井　距	一般500m，对强非均质厚层砂体，在储量保障条件下，井距可缩短至400-450m。
水平段长	按照单井累产≥5000万方目标，依据目的层储量丰度及60%采收率进行设计；一般≥1200m，对地障区，可根据实际情况进一步延长水平段设计。
多层系立体动用区	根据开发小层之间泥岩夹层厚度进行错位设计，井间平面距离≥50m。
水平段方向	综合考虑砂体形态、天然裂缝方向、人工裂缝方向等因素共同确定水平段方向，一般要求水平段方向与最大主应力方向(天然裂缝方向)垂直。
轨迹设计	优选主力小层，沿层中上部进行轨迹设计。

对地障区域采用长水平段及非常规方式进行井网设计。

对井控程度低区域，采用先导井方式，完成录测井资料采集后实施直改平。

水平段方向综合考虑河道走向并尽量垂直最大主应力方向。

轨迹针对主力层中上部进行设计，有利于压后气液置换。

4.2.4　水平井井身结构优化

针对苏里格致密砂岩气藏钻完井工程难点，经过多年工艺攻关与优化，已形成一套成熟的直丛井、水平井大井组钻完井技术，实现了“提质、提速、降本”目标，但由于苏77、召51区块高含水，采用直井开发，改造规模受限，导流能力不高，储层及裂缝积液严重，造成单井气量低、水淹快、累产低。水平井具有最佳储量控制、最大泄流面积、大排量大砂量体积改造优势，是高含水致密砂岩气藏提高产量、防止过早积液最有效开发方式。为满足二开水平井施工排量大于$15m^3/min$、三开水平井施工排量大于$12m^3/min$的储层改造需求，针对区块储层物性、埋深及水平段长设计，对井身结构、套管性能进行了优化调整(表8)。

表8　苏77、召51区块水平井井身结构

井型		三开水平井	二开水平井
井型适用条件		水平段长≤1200m	水平段长≥1200m
表套	下深/m	501m(封固河组水层并进入稳定地层30m)	
	套管规格	φ273.1mm×J55×8.89mm	φ273.1mm×J55×8.89mm

续表

井型		三开水平井	二开水平井
技套	套管规格	ϕ177.8mm×N80×壁厚(9.19+10.36)mm	—
	水泥返高/m	表层套管内 200m 以上	—
气套	套管规格	ϕ114.3mm×P110×8.56mm	ϕ139.7mm×P110×10.54mm
	水泥返高/m	刘家沟组底界以下 50m	表层套管内 200m 以上

4.2.5　储层改造工艺

苏 77、召 51 区块盒 8、山 1 致密砂岩气藏砂体厚度大，气层厚度薄但纵向层数多、横向变化快。根据鄂尔多斯盆地东部野外地质露头观察(图 13)及密井区地质建模解剖，单砂体厚度 1~5m，宽度 50~300m，长度 100~900m。针对这一气藏地质特征，通过多年实践，建立了与之相适应的改造模式与方法，取得了较好的改造效果。

图 13　府谷盒 8 下 2 露头剖面及砂体构型模式图

4.2.5.1　分段分簇原则及标准

(1) 分段设计：原则上 100m 一段，如果岩性均一、含气性好，段长可扩大至 150m；对非均质性较强水平段，可缩减至 60m 一段。

(2) 分簇设计：考虑区块储层空间强非均质地质特征及水平井井筒认识的局限性，原则上采用均匀布缝原则，一般一段 3 簇，射孔点根据随钻 GR、气测显示可进行动态调整。为保证各缝的延伸效果，要求簇间距离不低于 25m，段与段之间相邻簇间距大于 30m。对频繁钻遇泥岩夹层的强非均质水平段，为保障通过长缝沟通含气性较好的空间砂体，一般一段 1~2 簇。

4.2.5.2　裂缝半长设计

(1) 对辫状河储层(盒 8 下)，基于最小 50m 河道宽度情况下，为保障裂缝突破渗流阻隔带(落淤层或致密层)沟通井间所有含气砂体，实现储量全动用，要求裂缝半长设计不低于 200m。

(2) 对曲流河沉积砂体(盒 8 上、山 1、山 2 等)，根据砂体规模刻画进行针对性设计，原则不低于 150m。

4.2.5.3　裂缝导流能力设计

天然气对裂缝导流能力需求不高，但对高含水气藏，则需要满足地层水(及微量凝析油)长期流动要求，否则易过早出现裂缝积液水锁，导致气井停喷。原则上裂缝导流设计能不低于 40D.cm，对高水饱气藏(SW≥50%)、凝析油含量较高的气藏，则可通过高速通道压裂实现较高的裂缝导流能力，实验室测定高速通道形成的导流能力是常规压裂的 10~15 倍(图 14)。召 51-67-5 井盒$_{8下2}$含气饱和度 39.3%，采用高速通道压裂，放喷 56 小时返排率达到 70.2%见气，火焰高度 2-3m，后续稳定产量 1.17 万方/天，产水 3 方/天。

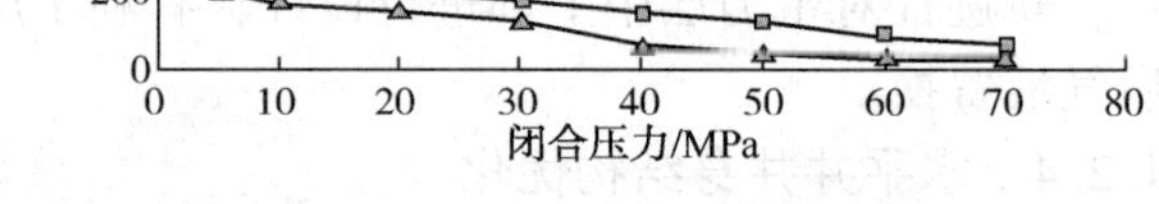

图 14　不同闭合压力下常规压裂与通道压裂导流能力曲线

4.2.5.4　裂缝支撑设计

为实现复杂缝网及提高裂缝远端导流能力，可利用不同支撑剂属性和支撑剂密度差对沉降速度影响，形成全裂缝有效支撑，提高裂缝铺置效果。苏 77、召 51 区块采用“远低近高”导流次序支撑剖面，支撑剂选择陶粒。其中 40/70 目+70/140 目支撑剂占总支撑剂量比例 20%~30%，同时根据人工裂缝需求，设计 70/140 目：40/70

目=1∶1/1∶2(表9)。

主缝支撑：20/40 目(850~425μm)

分支缝支撑：40/70 目(425~212μm)

微缝支撑：70/140 目(212~106μm)

表9　苏77、召51区块不同粒径陶粒裂缝导流能力

闭合压力	铺砂浓度	粒 径	导流能力/D·cm	
40~50Mpa	$8kg/m^2$	20~40 目	86.7陶粒1.86	0.86石英砂47
		40~70 目	25.22~31.53	0.6~2.53
		70~140 目		0.18~0.73

4.2.5.5　加砂强度设计

在选择最优导流能力下，以实现目标铺砂浓度$8kg/m^2$，根据区块裂缝半长需求，模拟计算支撑剂用量，单条裂缝(簇)支撑剂用量需要$30\sim40m^3$，结合水平井分段分簇，加砂强度在$1.0\sim1.2m^3/m$。

4.2.5.6　段内簇间暂堵设计

区块砂岩杨氏模量20300~26600MPa、泊松比0.21~0.25、最小水平主应力49.8MPa、最大水平主应力55.9MPa、层内水平最小主应力差值2-4MPa，满足暂堵转向岩石力学条件。针对非均质性较强水平段，为确保段内多簇均能起裂，实施段内暂堵。结合施工裂缝形态，优选4~8mm纤维/1~5mm不规则颗粒/6~10mm块状颗粒/16~13mm块状颗粒，计算暂堵剂加量。对岩性均一水平段，可通过优化射孔孔数(6孔/0.5m或8孔/米)并采用限流压裂方式进行压裂，以保证各簇均匀起裂。

4.2.5.7　施工排量设计

测井及岩心测试分析表明，工区储隔层应力差≥6.5MPa。在层间泥岩隔层厚度大于6m以上时，在ф114.3mm套管$12m^3/min$排量及ф139.7mm套管$16m^3/min$排量情况下，裂缝难以突破泥岩遮挡层。为提高空间缝控储量，实现裂缝高导流，要求在满足套管安全条件下进行最大排量设计，对含气性较差层段，可适当降排量，实现长缝改造。

4.2.5.8　纤维悬砂设计

储层低孔低渗，裂缝闭合慢，导致支撑剂下沉严重，引起裂缝纵向上非均匀铺置。利用纤维对支撑剂的包裹及约束作用，可降低支撑剂沉降速度，改善支撑剖面。增强充填砂体稳定性，并辅助控制支撑剂返吐。优选可降解悬砂纤维，不影响支撑裂缝导流能力，降解后呈酸性，有利于清除压裂液残胶，纤维加量在0.1%~0.2%时，可降低沉降率及沉降时间。

4.2.5.9　压裂液性能设计

苏77、召51区块储层以岩屑石英砂岩为主，岩屑含量达到20%以上，其中填隙物中粘土矿物以高岭石、伊利石为主，可见伊蒙混层粘土，绿泥石含量相对较低。为降低粘土矿物水化带来的储层伤害，通过优化压裂液体系配方引进低伤害压裂液体系，将胍胶浓度由原来0.45%~0.5%降低至0.35%，同时，在压裂液体系配方中加入纳米排驱剂，改变岩石润湿性，有效降低排驱压力，并使压裂液能够有效达到裂缝前段，解决了大量注入的压裂液被截留储层中，从而降低了储层污染。实验室评价残渣含量降低44.4%~66.7%，岩心伤害率降低20%。

4.2.6　采气工艺

对高含水致密砂岩气藏，排水是第一要务，需按照“采气先排水”开发思路，围绕地层水在储层基质孔隙渗流通道、人工裂缝、井筒、地面的流动过程进行工艺与制度配套，确保气井产出水能够及时有效排出，尽可能降低压敏、贾敏、阀压、紊流和滑脱效应所带来的储层、裂缝段积液水锁现象。

4.2.6.1　采气管柱优选

为加快压后返排速度，提高水平井斜井段携液效率，优选60.3mm生产油管，带压作业下至A点。

4.2.6.2　合理配产

苏77、召51区块含水饱和度高并微含凝析油，在开采过程中存油气水三相流动，由于致密砂岩孔喉细小、毛细管压力高，同时由于气体黏度小以及具有可压缩性，与油水相比，在流动能力上存在很大差异，

在向井筒流动过程中，会出现气水滑脱现象，造成部分渗流通道地层水及凝析油聚集，达到一定程度会卡断天然气流动，形成水锁

(图 15)。为充分利用天然气弹性能量，降低气水滑脱效应，确保储层孔隙、孔喉中地层水、凝析油顺利达到井筒，因此需在满足生产管柱最低携流量条件下，尽量降低配产，实现温和开采。

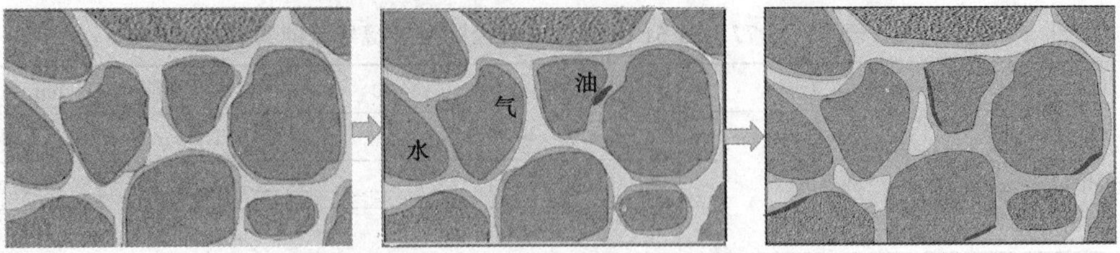

图 15　近井带储层积液水锁过程

根据生产动态统计分析，水气比小于 2.0 方/万方水平井，初期配产为无阻流量 1/10，水气比大于 2.0 方/万方水平井，初期配产为无阻流量 1/10~1/20。

4.2.6.3　排水采气技术

针对高含水气藏高产水生产特点，采用“低配长稳”生产管理制度，期间及时根据压力、产气量、产水量变化调整配产。在进入低压低产阶段通过更换生产管柱(48.3mm 油管或 38.1mm 速度管柱)、辅助泡排措施提高气井携液能力。对于严重地层积液长关井，采用小油管+压缩机连续气举工艺(图 16)复产，可进一步降低废弃压力，提高最终采收率。

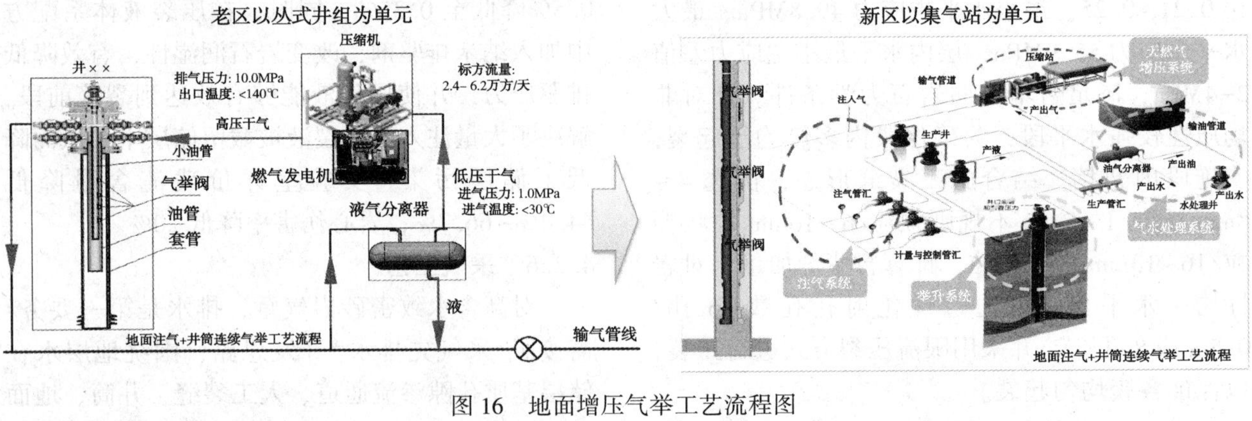

图 16　地面增压气举工艺流程图

5　结论

窄喉道的储层孔隙结构特征、气藏二次调整所带来的高水饱以及直丛井改造规模受限是造成苏 77、召 51 高含水区块单井产量低、稳产能力差、采收率低的主要原因。经多年开发实践与攻关配套，苏 77、召 51 区块已实现由低效直丛井开发向水平井高效开发转变，主要取得以下开发认识：

(1) 高含水区块要以避“边水、底水”为目标进行水平井目标优选与部署。

(2) 储层改造要以高导流为目标提高地层水流动能力，压裂规模越大，越有利于气井稳产。

(3) 以防止或延缓储层孔隙内部及井筒气水滑脱为目标，在保证排水情况下尽量降低配产比例并采用小油管生产，可有效提高水平井长期携液生产能力。

(4) 在低压低产期及时更换小油管生产及配套增压连续气举工艺，可进一步降低废弃压力，提高最终采收率。

参 考 文 献

[1] 郭平，张茂林，黄全华，等．低渗透致密砂岩气藏开发机理研究[M]．北京：石油工业出版社，2009，12.

[2]李鹭光，胡勇，杨洪志，等．含水致密砂岩气藏开发技术[M]．北京：石油工业出版社，2017，07.

[3] 廖仕孟，等，致密气藏缝网压裂理论与技术[M]．北京：石油工业出版社，2016，10.

吉木萨尔页岩油水平井钻井施工技术优化研究与实践

王　青　李　辉　李振川　郭志奇

（中国石油集团西部钻探工程有限公司工程技术研究院）

摘　要　本文主要针对吉木萨尔页岩油水平井钻井过程中遇到的影响钻井效率提高的因素进行分析和研究，并按照机械比能理论定量研究和现场施工来反复验证，找到钻井过程中影响水平井钻井效率提高的内在因素，再通过现场参数分步测试实践筛选得到最有效的钻井施工参数，从而提高吉木萨尔页岩油水平井钻井的效率。首先通过优化井眼轨迹设计来说明井眼轨迹对钻井过程中摩阻扭矩的影响，证明井眼轨迹设计和钻井效率的相关性。通过邻井资料总结分析，选定旋转导向钻具组合作为首选钻具组合，螺杆钻具组合作为备用钻具组合，优选出水平段和造斜段最优的钻头选型。根据影响水力学参数的不同因素，以泵压和井底ECD作为基准，定量计算不同钻具，机械钻速，密度，钻井液动切力和塑性黏度对泵压和井底ECD的影响，为现场实时钻井分析水力参数的选择提供理论依据。研究组织钻井优化技术组织管理架构，为现场钻井优化工程师进行现场优化施工提供技术支撑，提高工作效率。根据机械比能理论，在吉木萨尔钻井现场实施优化钻井施工，利用机械比能曲线分析井底粘滑，涡动，钻头泥包，软硬交界面等对机械钻速的影响，从而找到影响机械钻速的井下内在因素，应用现场分步测试筛选最优的钻井参数改善不利于快速钻井的因素，从而提高水平段机械钻速和钻井效率。

关键词：轨迹设计；摩阻扭矩；旋转导向；钻井优化；机械比能；分步测试

吉木萨尔凹陷芦草沟组页岩油位于新疆吉木萨尔凹陷，已成为中国首个规模化开发的陆源碎屑沉积页岩油藏，历经数年勘探开发实践，自2012年以来发现二叠系芦草沟组页岩油，截至2018年底共完钻探井、评价井20口及水平井28口，2019年在致密油区块布井82口。目前以水平井开发为主，区块布置了大量平台式水平井，为后期大面积酸化压裂和储层改造创造条件。

吉木萨尔页岩油水平井钻井过程中主要面临以下难题：井眼轨迹控制难度大，主要表现在以页岩，碳酸盐岩，粉、细砂岩为主的储层厚度薄[2]，设计只有2.1m，为保证不出储层，钻井期间频繁轨迹调整，地质导向和实钻轨迹控制存在矛盾；钻井参数选择困难，主要表现在水平段钻进期间，钻压转速施加困难，钻具易发生涡动，黏滑等低效率事件，无法提前预判井下钻具振动情况，提高钻压后旋转导向工具黏滑值高，影响工具使用寿命，机械钻速低；排量受限制因素较多，井眼清洁不能保证；钻进期间摩阻扭矩大易卡钻，划眼期间频繁憋停顶驱，实钻中没有有效的手段监测并降低摩阻扭矩和影响机械钻速的因素。本文通过调研2019年吉木萨尔页岩油区块已完钻井资料，参照目前国内外水平井优化的先进做法，归纳总结，并结合现场钻井实践，研究了吉木萨尔页岩油水平井钻井施工工艺技术，并在现场实时验证，为后续水平井钻井施工中的现场技术人员提供钻井参数优选和钻井施工工艺操作的技术储备，有利于提高吉木萨尔页岩油的勘探开发进度，提高钻井效率。

1　基本情况概述

1.1　地质特征

由于吉木萨尔页岩油区块水平井钻井主要挑战在芦草沟组水平段，所以，本文主要介绍储层芦草沟组的地质岩性特征，如图1和图2所示，主要介绍了吉木萨尔凹陷地质特征和储层岩性情况。储层岩性主要以泥岩为主，芦一段和芦二断厚度0.2~2m，占总厚度8%~11%，单层厚度小于5m，平均孔隙度7.36%，渗透率0.00004μm^2，属于典型页岩油。

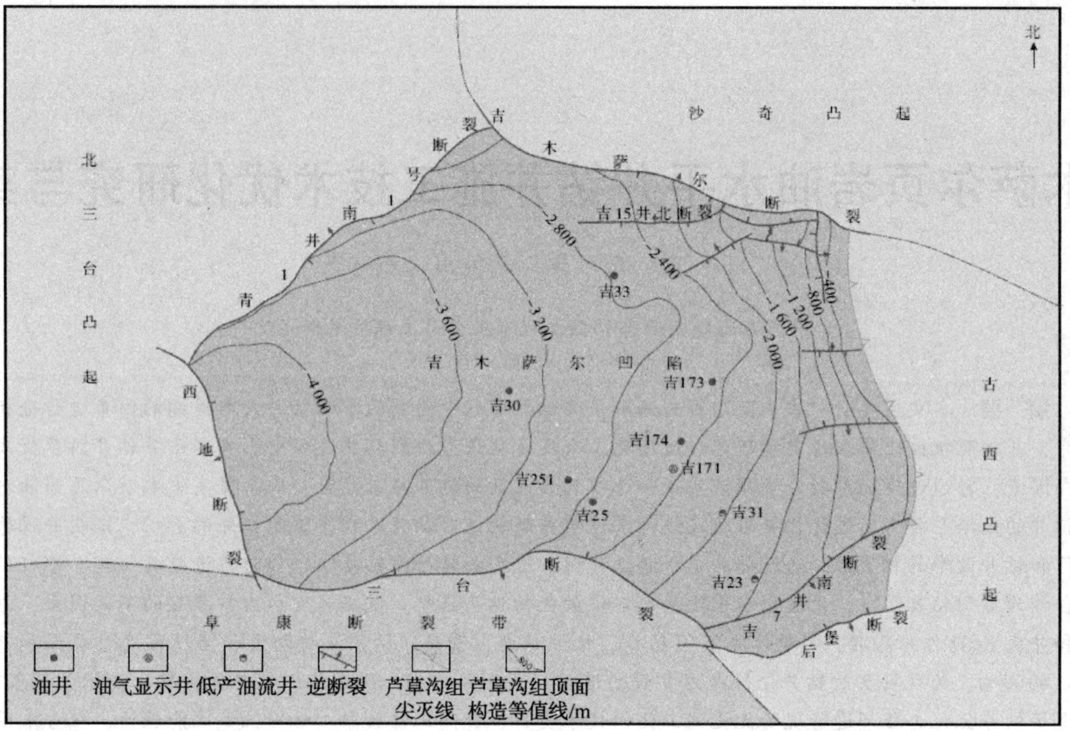

图1　吉木萨尔凹陷构造位置

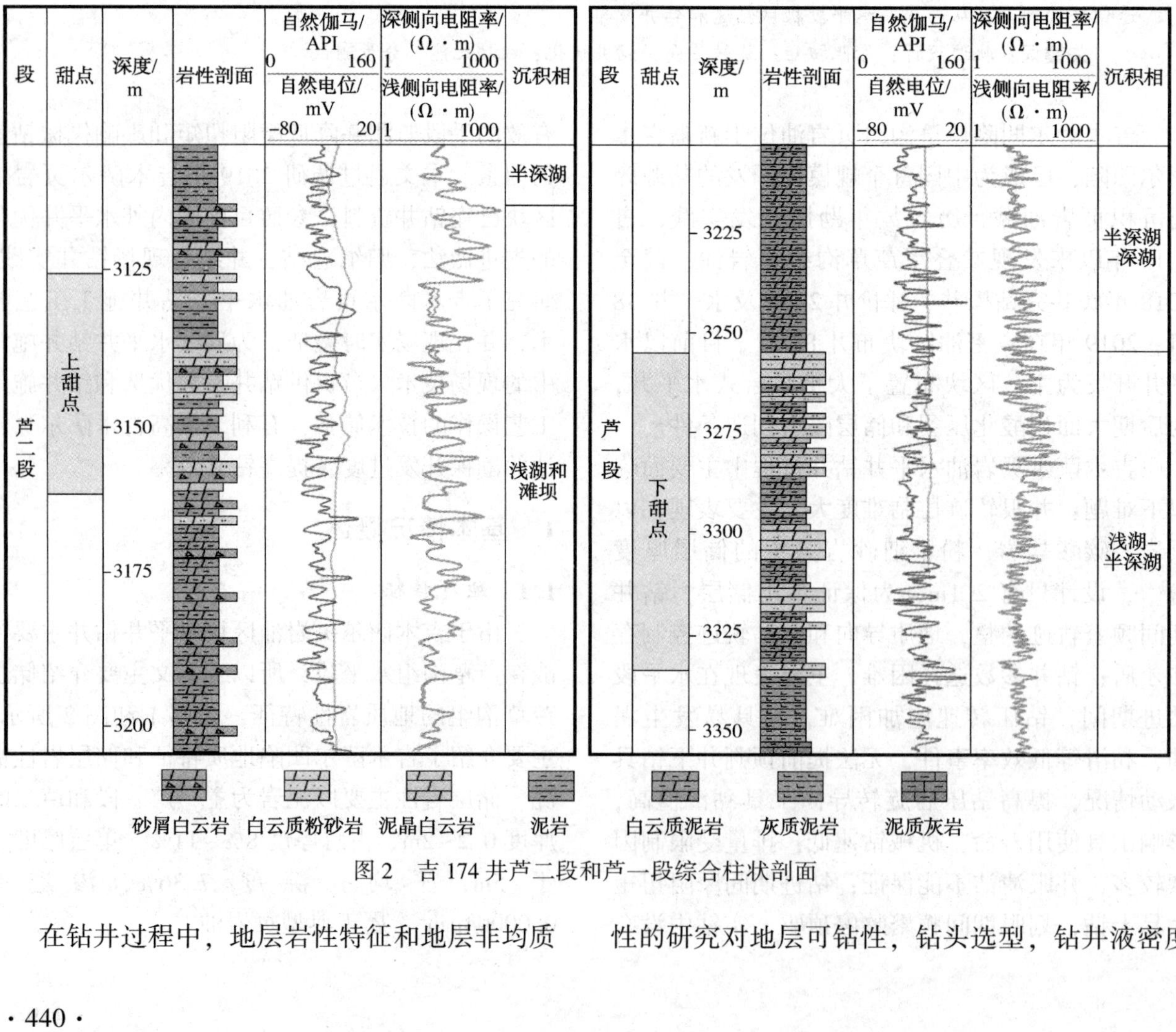

图2　吉174井芦二段和芦一段综合柱状剖面

在钻井过程中，地层岩性特征和地层非均质性的研究对地层可钻性，钻头选型，钻井液密度的选择至关重要，所以有必要了解吉木萨尔页岩油区块的地质岩性特征，为现场优化钻井施工解释影响机械钻速因素的原因提供理论基础。

1.2 岩石力学参数

岩石的力学性质包括岩石的变形特性和强度，可用力学参数来描述。岩石力学参数包括弹性参数和强度参数。弹性参数包括杨氏模量(E)、体积模量(K)、剪切模量(G)、泊松比(υ)。弹性参数又分为动态弹性参数和静态弹性参数。石油工程应用中宜采用静态弹性参数。而本文水平井钻井优化技术研究，解决钻井中影响水平段机械钻速提高的问题，主要了解水平段泥岩的岩石力学参数，芦草沟组泥岩岩石抗压强度152～233MPa，内聚力44.33MPa，内摩擦角29.18°，静态泊松比0.8。通过计算水平和垂直方向的岩石各向异性，水平方向与垂直方向岩石力学参数差异明显，水平样品与垂直样品的动态杨氏模量之比为1.02～1.33，平均1.15；静态杨氏模量之比为1.08～1.51，平均1.28；动态泊松比之比为1.00～1.24，平均1.07，水平静态泊松比均大于垂直泊松比。根据声波时差和岩石可钻性的关系，分析认为吉木萨尔芦草沟页岩油储层地层为软-中硬地层可钻性4～6。根据地层特征使用柴油基钻井液，钻井液密度1.4～1.58g/cm^3，钻井液配方和性能方面，本文不做多余讨论。

1.3 井身结构

表1　吉木萨尔页岩油二开井身结构

开钻	井深	钻头尺寸	套管尺寸	套管下入	套管下入深度	环空水泥浆返至井深
次序	m	mm	mm	地层层位	m	m
一开	1600	381	273.1	齐古组	1598	地面
二开	5425.2	215.9	139.7	芦草沟	5423	2780

表2　吉木萨尔页岩油三开井身结构

开钻	井深	钻头尺寸	套管尺寸	套管下入	套管下入深度	环空水泥浆返至井深
次序	m	mm	mm	地层层位	m	m
一开	1600	381	273.1	齐古组	1598	地面
二开	5425.2	215.9	139.7	芦草沟	5423	2780

吉木萨尔页岩油钻井施工采用两种井身结构设计如表1和表2所示，本文主要研究水平井裸眼断较长的二开井深结构，即表1对应的井身结构，分析讨论215.9mm井眼钻井过程中遇到的影响机械钻速提高的问题。

根据吉木萨尔页岩油地质特点、岩石力学参数和井身结构作为钻井技术优化的地质基础，研究水平井井眼轨迹对摩阻扭矩的影响，通过优选井眼轨迹来实现钻井优化和提高钻井效率，形成井眼轨迹优化的设计技术方案。

2 轨迹设计

根据吉木萨尔页岩油芦草沟组地质设计要求，设计该区块井眼轨迹，轨迹造斜点选择考虑地层稳定性，着陆到A点后，造斜井段全角变化率在造斜工具造斜范围内。根据不同井眼轨迹设计方法，模拟计算轨迹悬重摩阻和扭矩摩阻，优选井眼轨迹。

2.1 设计依据

选择吉木萨尔页岩油某区块计划开钻的一口井，作为轨迹优化的目标井，但该井并不作为后续优化施工的井位，主要目的是为了说明哪种轨迹设计方法更有利于后续水平井钻进，为后续井眼轨迹设计提供设计理论依据。由于井眼轨迹对水平段钻井无论是机械钻速还是复杂预防都至关重要，所以井眼轨迹的优化也是钻井技术优化的一部分，在钻井设计时必须优化井眼轨迹，否则钻井效率的提高将受到井眼轨迹的影响。该井井口坐标、着陆点A和靶点B不在同一方位，必须要扭方位，本文根据地质钻遇储层要求和轨迹控制难易程度，设计三种不同类型的轨迹，作为钻井优化的前提。轨迹T1：双二维，轨迹T2：着陆前完成扭方位：轨迹T3：着陆后完成扭方位，如图3所示。T1，T2，T3三种轨迹的造斜点选在上开次套管鞋以下安全距离，地层选择在岩性较为稳定的二叠系梧桐沟组，岩性以砂质泥岩为主，地层可钻性好，机械钻速高，着陆点A在水平段起始点前后各30m范围内。

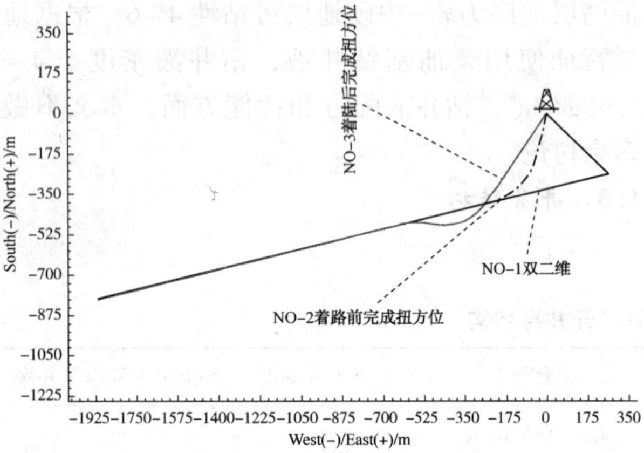

图3　吉木萨尔页岩油区块轨迹优选

说明：NO-1双二维下文代号T1，NO-2着陆前完成扭方位代号：T2，NO-3着陆后完成扭方位代号T3

2.2　轨迹优选

模拟计算钻井过程中钻进，起下钻，钻具旋转的摩阻和扭矩，钻具疲劳，侧向力等参数，来优选井眼轨迹。模拟软件采用哈里伯顿公司的Landmark软件，模拟参数为：钻具组合：钻头+RSS+L/MWD，钻进钻压10T，转速100RPM，顶驱设置扭矩21KN-m，排量30L/s，正划眼转速100RPM，倒划眼转速50RPM。如图4至图11所示。起下钻过程中T1轨迹上提下放悬重变化大，说明T1轨迹相比其他轨迹摩阻高，T2和T3轨迹上提下放悬重相同；下放过程中T1轨迹更容易发生螺旋屈曲弯曲，T2轨迹更不容易螺旋屈曲；划眼和钻进扭矩变化情况可以看出T2轨迹扭矩值最小，其次是T3，T1轨迹的扭矩值最大；钻进期间钻具组合受到的侧向力变化情况分析T2轨迹受到的侧向力最小，摩阻最低，其次是T3，T1轨迹的侧向力最大；三种钻具组合的疲劳系数变化情况看，T1和T3轨迹疲劳系数变化峰值最大，T2轨迹疲劳系数均匀，钻具不易疲劳。

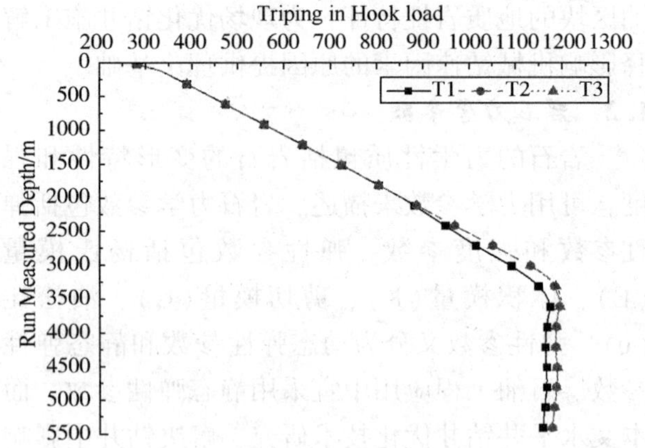

图4　下钻过程中悬重

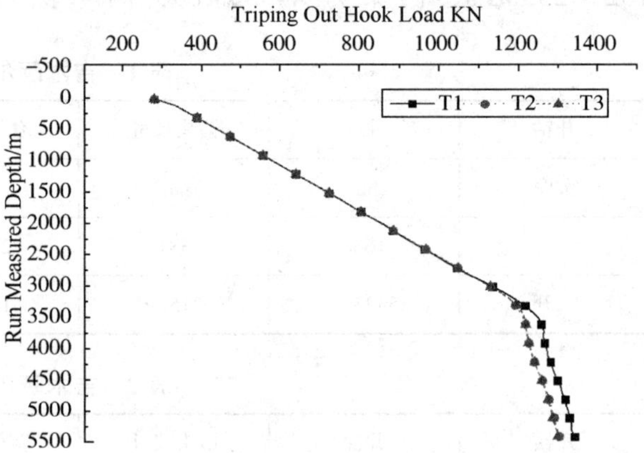

图5　起钻过程中悬重

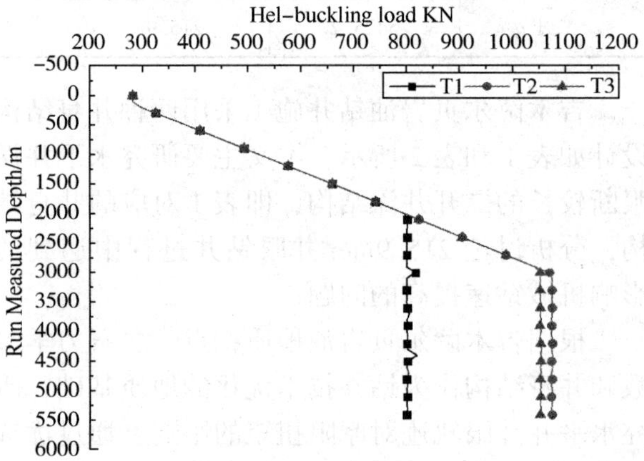

图6　钻具螺旋屈曲

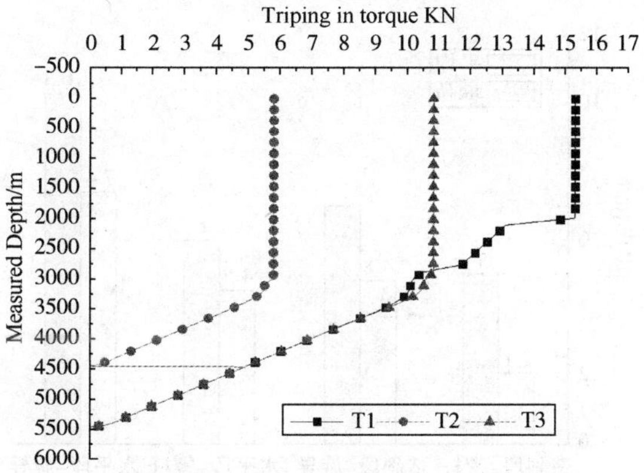

图 7　正划眼扭矩

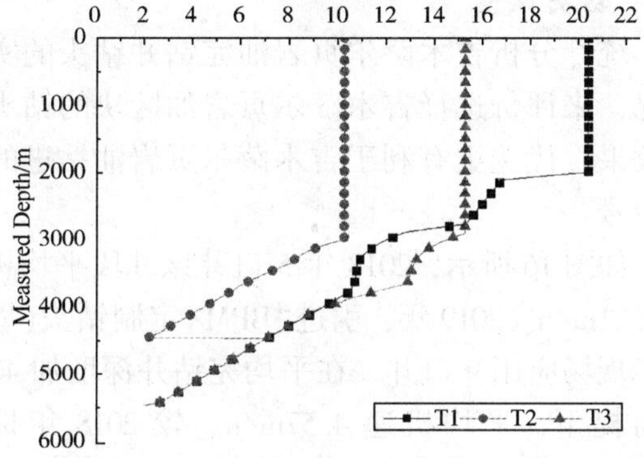

图 8　倒划眼扭矩

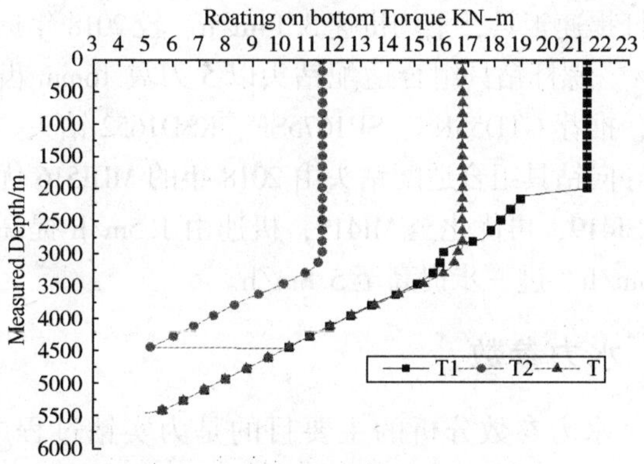

图 9　钻进扭矩

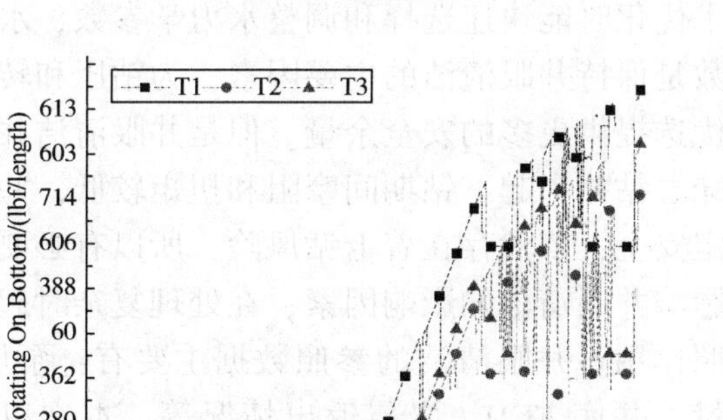

图 10　钻进时钻具与井壁之间的侧向力

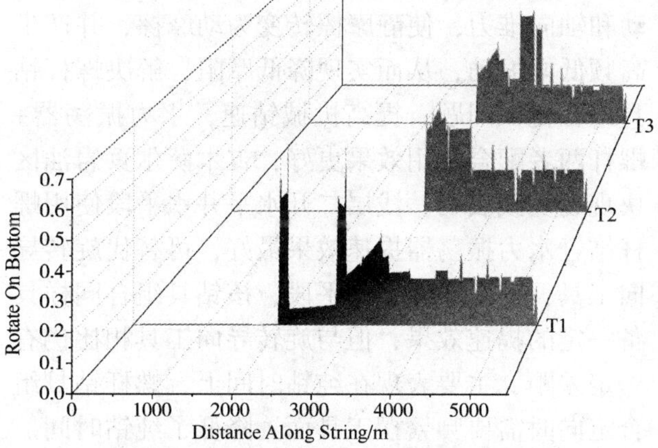

图 11　钻进时的钻具疲劳系数

通过上文不同轨迹摩阻扭矩等的计算，T2 轨迹的摩阻，扭矩，屈曲值最低，适合水平井钻井，所以该井轨迹建议设计采用 T2 轨迹，在 A 点以前进行扭方位。说明井眼轨迹对钻井摩阻扭矩影响较大，建议吉木萨尔页岩油每口井井眼轨迹的设计，都要进行轨迹的摩阻扭矩和钻具屈曲等进行优化计算，使轨迹更有利于水平井优快钻井。

3　钻具组合及钻头选型

3.1　旋转导向钻具组合

本区块旋转导向钻井系统主要使用斯伦贝谢公司开发的旋转式导向钻井系统，旋转导向钻井系统可以在高达 150℃ 的温度下工作，通过控制内部伺服电机相对钻具等速反向旋转控制钻头的指向，即工具面始终处于设计要求不变，实现定向作业。不会降低钻井作业效率，也不需要特殊的设备或操作。因此岩屑通过钻具组合更加顺畅，避免了钻屑重复破碎，完全旋转的特性避免了静止部分摩阻，能量利用率提高，机械钻速得以提高，此特性同时也降低了沉砂卡钻的风险。(图 12、13)

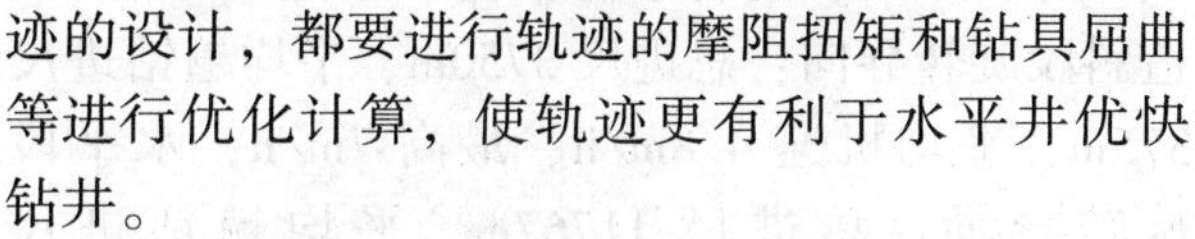

图 12　旋转导向钻具组合

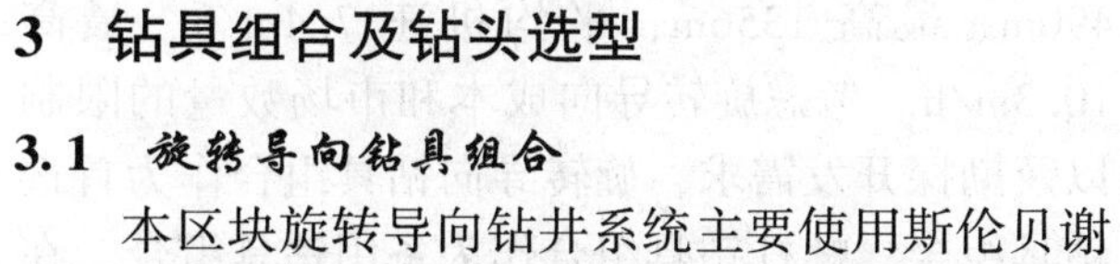

图 13　弯螺杆钻具组合

3.2　螺杆钻具组合+水力振荡器

水力振荡器是在钻井液作用下，产生径向振动和轴向推力，使静摩擦转变为动摩擦，并产生高频低幅振动，从而实现降低摩阻，解决螺杆钻具组合托压问题，提高机械钻速，水力振荡器+螺杆两者配合使用效果更好，吉木萨尔页岩油区块现场实践表明：浅层二开水平井水平段使用螺杆结合水力振荡器提速效果最好，可替代旋转导向工具，而深层三开水平段，该钻具组合同样具备一定的提速效果，但与旋转导向工具相比仍有一定差距，主要表现在纯钻时间上，螺杆钻具组合定向时需要频繁摆工具面，降低了纯钻时间。

以上两种钻具组合在吉木萨尔页岩油 8.5”井眼钻进，根据实钻情况对比发现(图 14 和图 15)，造斜段螺杆：总进尺 6764m、平均趟钻进尺 154m、最高 600m，平均机械钻速 2.1m/h、最高 5m/h；水平段螺杆：总进尺 8417m、平均趟钻进尺 443m、最高 1332m，平均机速 4.5m/h、最高 6m/h；配合水力振荡器提速效果较好；造斜段旋转导向：总进尺 3750m、平均趟钻进尺 375m，平均机速 4.8m/h、最高 7m/h；水平段旋转导向：总进尺 11767m、平均趟钻进尺 490m、最高 1356m，平均机速 7.4m/h、最高 10.3m/h。考虑旋转导向成本和市场数量的限制以及勘探开发需求，旋转导向钻具组合作为首选钻具组合，螺杆钻具组合作为备用钻具组合，在下文所有钻井技术优化展开的讨论，钻具组合均为旋转导向钻具组合，但本文钻井技术的优化对螺杆钻具没有限制，方法同样实用。由于所钻区块主要以旋转导向钻具组合钻进为主，所以主本文主要讨论旋转导向钻具组合。

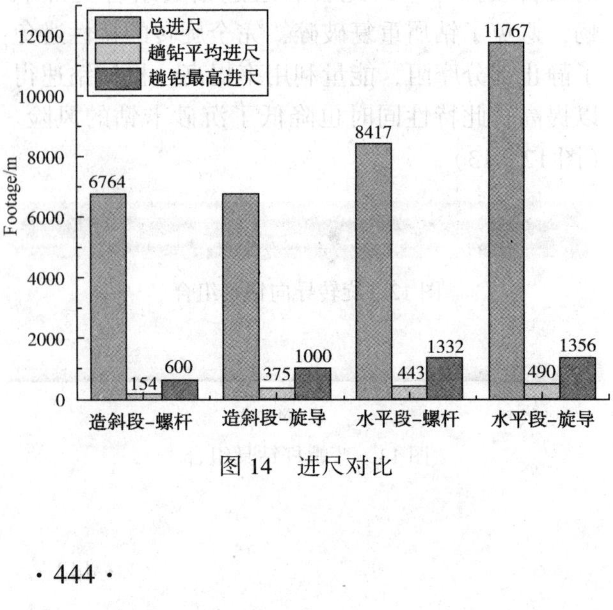

图 14　进尺对比

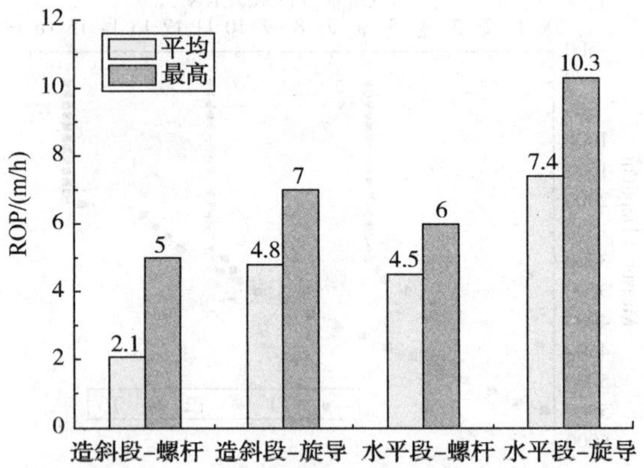

图 15　机械钻速对比

3.3　钻头选型

统计分析吉木萨尔页岩油完钻井钻头的实钻情况，来评价选择吉木萨尔页岩油区块的钻头使用效果，优选更有利于吉木萨尔页岩油钻进的钻头型号。

如图 16 所示，2018 年 5 口井该井段平均机速仅 2.21m/h。2019 年，引进“BPM+定制钻头(犀牛齿)”现场应用 9 口井，在平均完钻井深增加 400m 的前提下，平均机速 4.57m/h、较 2018 年提速 107%。此外，2019 年优选高效 PDC 钻头序列(SP1944、SF45KH3、MS1952、DS753/742AB)配合螺杆提速工具，平均机速 3.14m/h、较 2018 年提速 46%。螺杆钻具组合适配钻头以 5 刀翼 16mm 齿为主，推荐 GTD55KS、SP1675SF、KSD1652 钻头。旋转导向钻具组合适配钻头由 2018 年的 MDI516 优化至 SI419、再优化至 MI419，机速由 1.5m/h 提高至 3.5m/h、进一步提高至 5.8m/h。

4　水力参数

水力参数分析的主要目的是为实钻过程中，实时调整钻井液水力学参数做技术储备，在实钻技术优化时能快速选择和调整水力学参数，水力参数是保持井眼清洁的主要因素，为钻压和转速的优选提供更多的安全余量。但是井眼清洁并不意味着钻井和起下钻期间摩阻和扭矩较低，井筒一定安全，依然存在着卡钻风险，所以有必要计算影响井眼清洁的影响因素，在处理复杂时起到参照作用。井眼清洁的参照数据主要有：泵压，排量，井底 ECD，岩屑返出情况等，本文以泵压和井底 ECD 为参照，计算影响泵压和井底 ECD 的因素，为钻井技术优化提供依据，在实钻过程中做出实时调整。

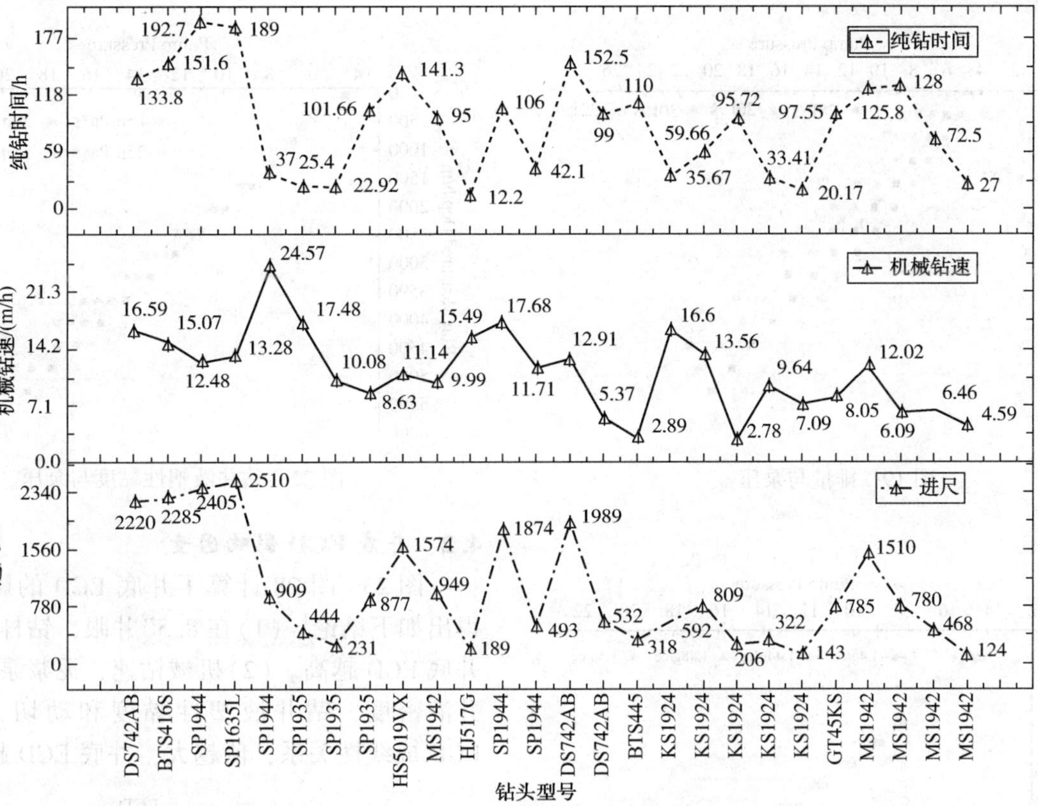

图 16　吉木萨尔区块钻头使用情况(二开+三开井身结构)

4.1　泵压影响因素

如图 17~图 22 计算的不同参数的泵压所示，钻进到不同井深时不同影响因素相对应的泵压值。得到如下结论：(1)图 17 所示钻杆尺寸越大在 8.5”井眼里泵压越高，而理论上认为 5”钻杆比 5-1/2″内径较小，管内压耗应该更高，泵压因该比 5-1/2″钻杆高，实际上 5-1/2″钻杆的泵压更高，主要原因是 5-1/2″钻杆与 8 .5″井眼的环空间隙小，导致环空压耗高于 5”钻杆的环空压耗，相应的如图 23 所示 5-1/2″钻杆的对应的井底 ECD 明显高于 5”钻杆和复合钻杆，而复合钻杆 5-1/2″+5″(2500m)的泵压最低，提高排量后，有较富裕的泵压余量。(2)图 18 所示机械钻速与泵压的关系可知，在机械钻速高于 60m/h 后，机械钻速才对泵压有影响，而实钻中受于工具振动的限制，实际机械钻速最高 30m/h，机械钻速对泵压没有影响。(3)图 19 所示，不同排量对泵压的影响成线性关系，随着排量的增加，泵压随之增加。(4)图 20-图 22 所示钻井液密度，钻井液塑性黏度和钻井液动切力与泵压值也是线性变化，随着值的增加泵压值增加。

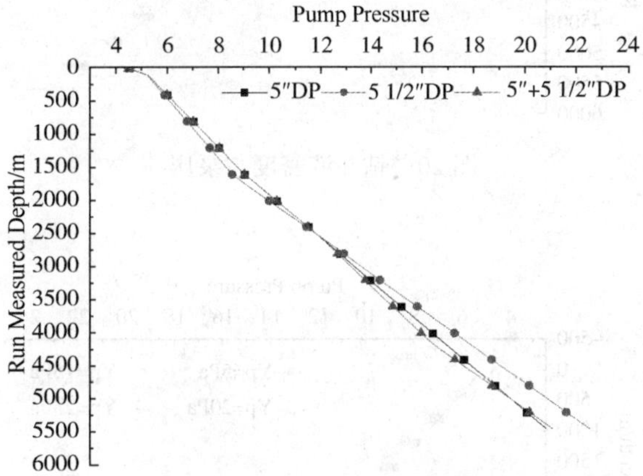

图 17　钻杆尺寸与泵压

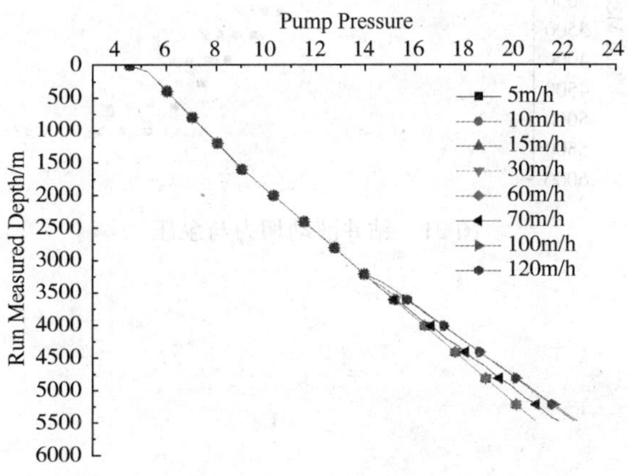

图 18　机械钻速与泵压

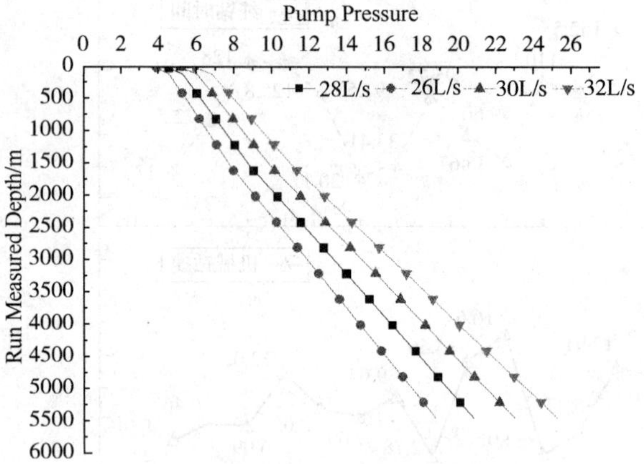

图19 排量与泵压

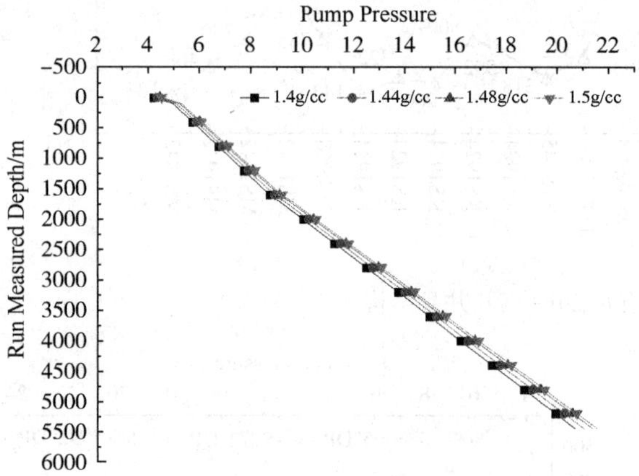

图20 钻井液密度与泵压

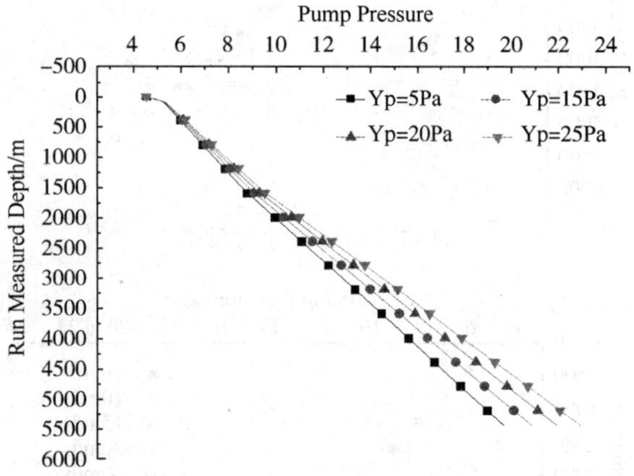

图21 钻井液动切力与泵压

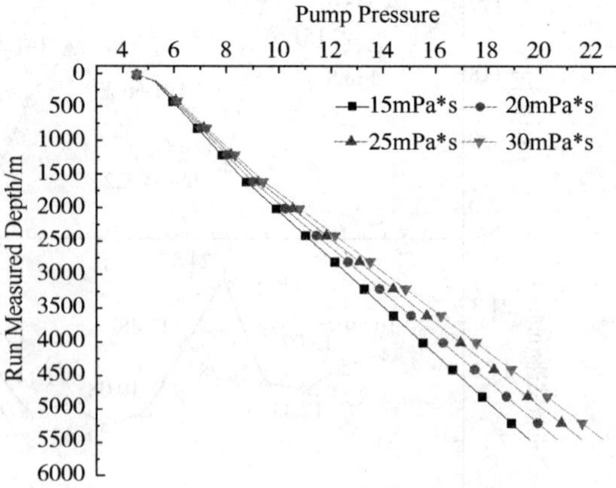

图22 钻井液塑性黏度与泵压

4.2 井底ECD影响因素

图23~图28计算了井底ECD的影响因素，得出如下结论：(1)在8.5”井眼，钻杆尺寸越大井底ECD越高。(2)机械钻速，泥浆泵排量，钻井液密度，钻井液塑性黏度和动切力与井底ECD成线性关系，值越大，井底ECD越大。

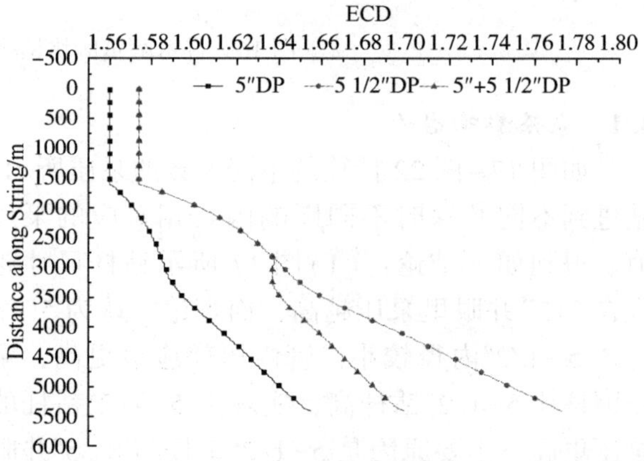

图23 钻杆尺寸与井底ECD

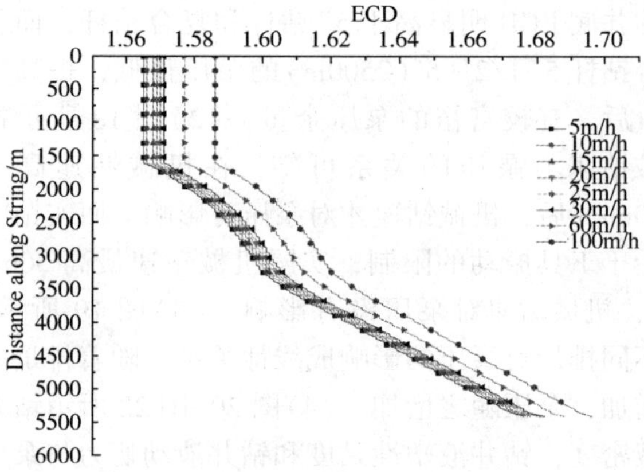

图24 机械钻速与井底ECD

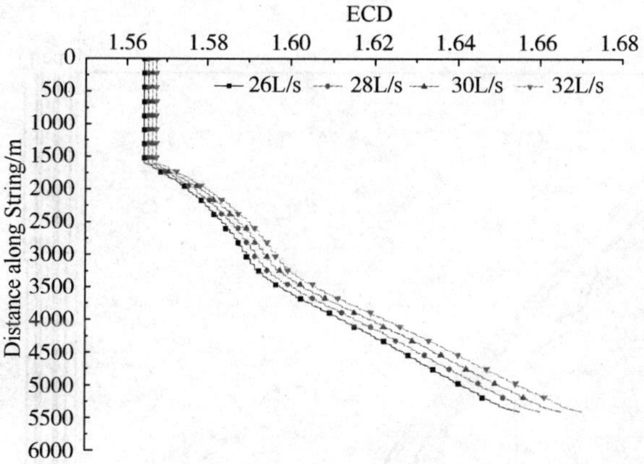

图 25　排量与井底 ECD

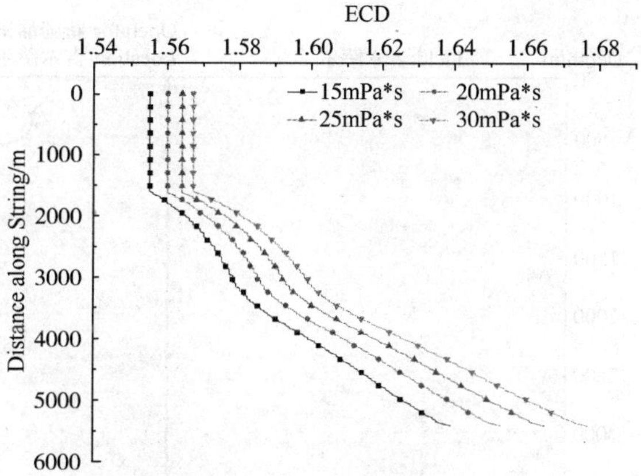

图 26　塑性黏度与井底 ECD

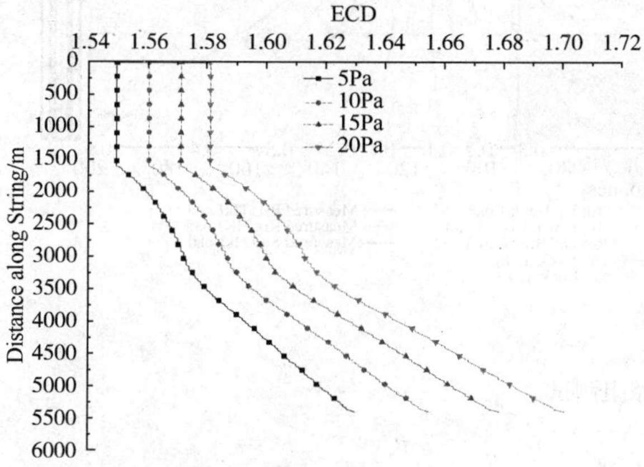

图 27　动切力与井底 ECD

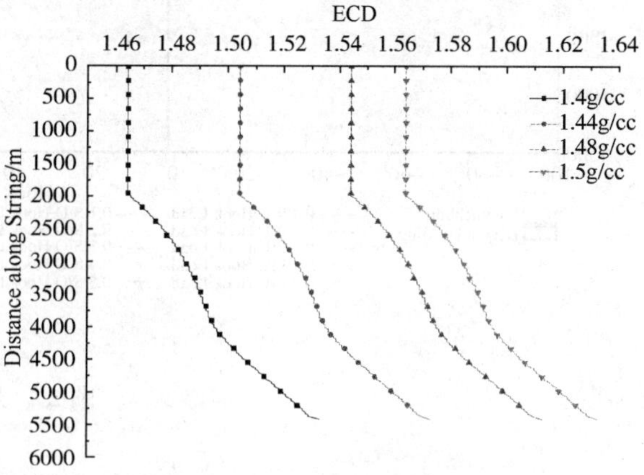

图 28　钻井液密度与井底 ECD

计算证明，钻杆尺寸和机械钻速对井底 ECD 的影响比泵压的影响更加突出，钻杆尺寸从 5"改为 5 1/2"，泵压增加 2Mpa，而井底 ECD 增加 0.1g/cc，泵压换算成当量密度只有 0.04g/cc。机械钻速在 60m/h 内几乎对泵压没有影响，对于井底 ECD 而言，每增加 5m/h 的机械钻速，井底 ECD 增加 0.001~0.002/cc 的当量密度。钻井液密度，排量，黏度和动切力对井底 ECD 和泵压成线性关系，所以在钻井过程中因该保持线性参数在最优范围内，控制井底 ECD 能保持井壁稳定且不发生井漏。实钻中通过上提下放摩阻来验证井眼清洁情况，观察振动筛返出岩屑和泥浆池液面变化来确定井壁是否稳定。如图 29~图 30 所示，是每次打完立柱做摩阻扭矩测试来验证井眼清洁情况。

如图 29~图 30 所示：扭矩测试为顶驱提离井底 2m 以上转速 RPM30 转，记录稳定的扭矩值，悬重摩阻测试：提离井底 1m 后均匀上提 2~3m 至稳定的悬重，后均匀下放，记录稳定的下放悬重，上提下放 RPM 为 0，排量为正常钻进排量。

5　实钻优化工艺

实钻优化工艺技术是基于地质录井资料的工程解释结合工程实践来实现的，主要目的和工作就是在实时钻井过程中优化机械钻速 ROP，而优化机械钻速，不仅仅是为了获得更高的机械钻速，而是综合考虑钻头的磨损，钻具组合的共振，井眼的稳定等展开的机械钻速优化。所以通过研究实钻过程中影响机械钻速的因素，找到改善影响机械钻速因素的方法，达到优化钻井技术的目的。吉木萨尔页岩油水平井钻井技术优化组织架构思路如图 31 所示。

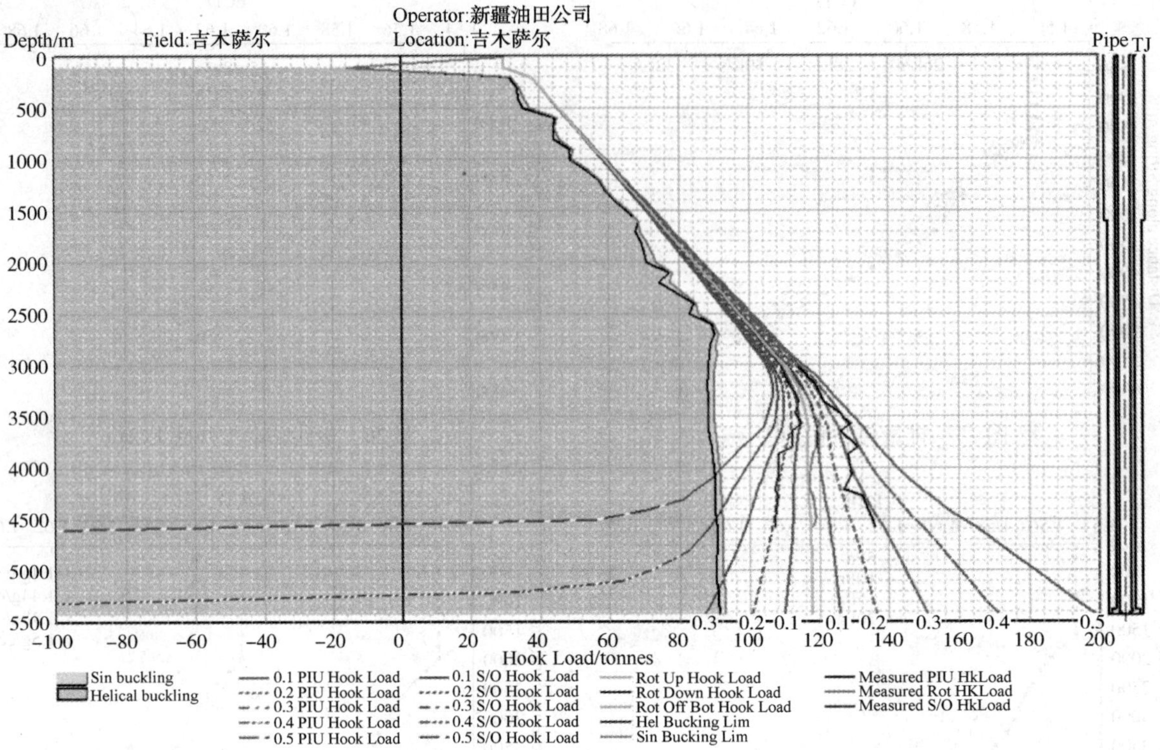

图 29　悬重摩阻测试

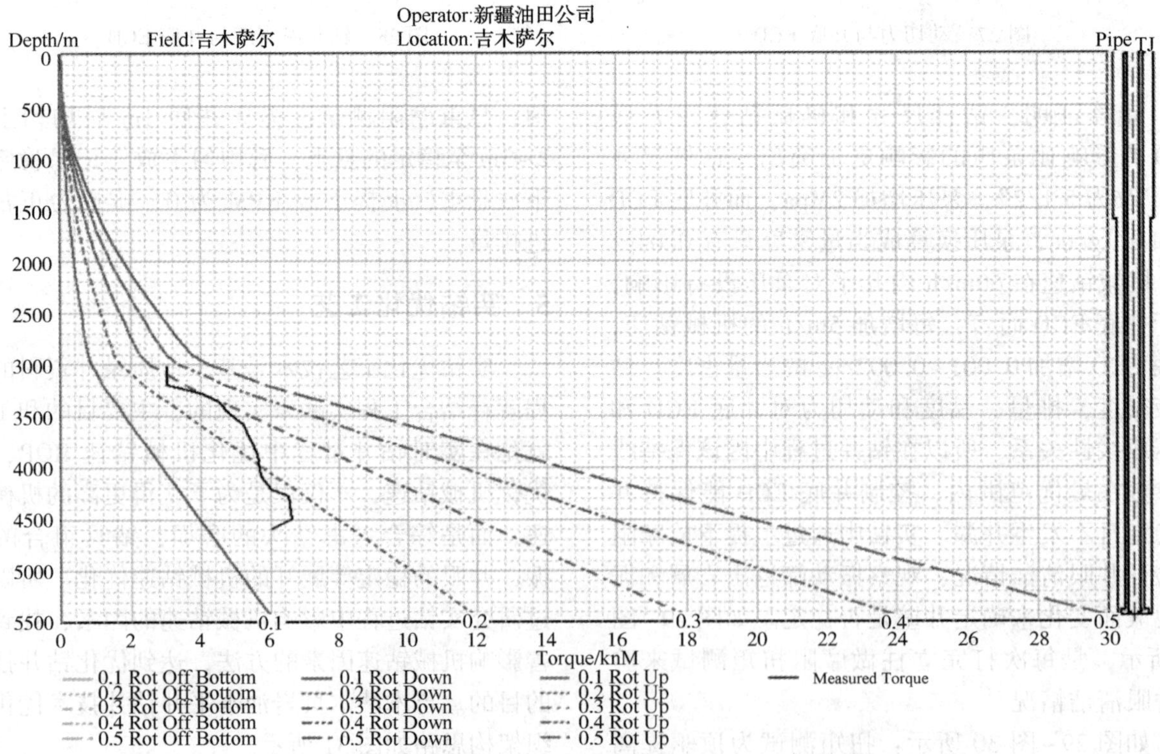

图 30　扭矩摩阻测试

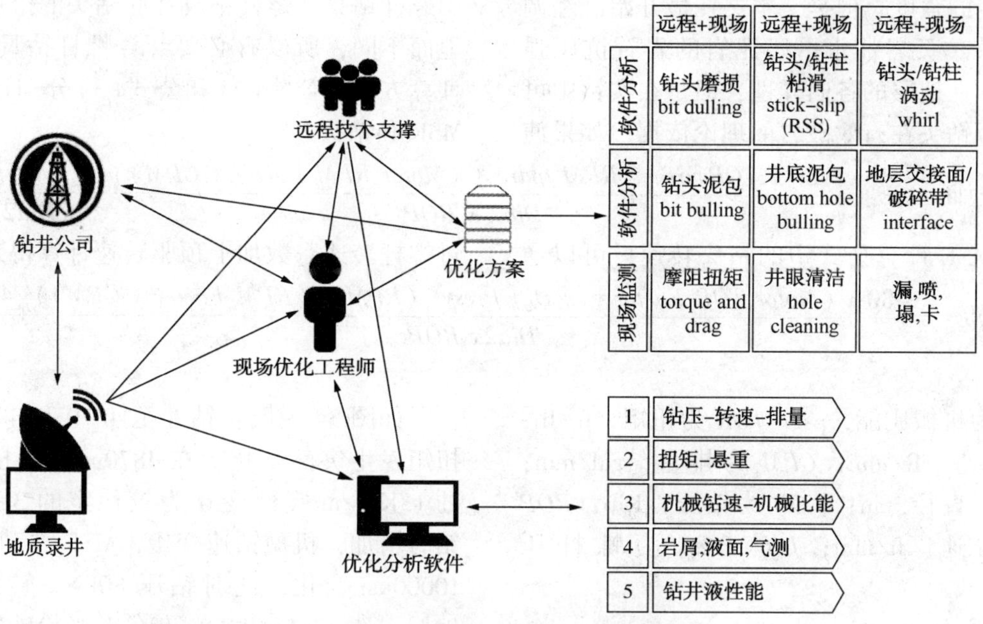

图 31　实时钻井优化技术组织架构路线图

图 31 说明：现场优化钻井工程师是实时钻井技术优化的核心，现场优化钻井工程师在现场将录井公司数据库实时传输到钻井优化软件，在钻井优化软件中跟踪分析实钻情况，通过机械钻速，机械比能，摩阻扭矩等值判断实时钻井是否存在影响机械钻速的因素，远程技术支撑团队全程跟踪优化过程，同时现场工程师将现场实际情况反馈给远程支撑团队，提高实时分析效率，然后最终优化方案反馈给钻井公司，现场及时采取措施，提高钻井效率。

5.1　机械钻速影响因素分析

如图 32 所示，井下钻具振动或失效，井底动力钻具，定向轨迹控制和地面钻机设备都是影响机械钻速的因素，然而，螺杆动力钻具、地面设备、井眼轨迹的控制都是无法再优化的钻井条件，没有提高机械钻速的更多空间，井下钻具振动，涡动，黏滑，以及钻头泥包，井底泥包和钻进软硬交界面等影响机械钻速的因素却是实时变化的，可优化的钻井参数，优化后能有效提高机械钻速。根据 SPE(102210)文献的论述：当机械钻速小于该参数应有的机速(低于虚线，如图 33)，机械比能就会增加，根据这一理论，可以根据机械比能来找到影响机械钻速的这些因素，从而提高钻井效率。

机械比能(MSE)是钻进单位体积的岩石所用的能量，通过将旋转做功(扭矩×距离)和轴向做功(钻压×距离)相加和钻岩石体积做比来推导得出，如公式(1)所示：

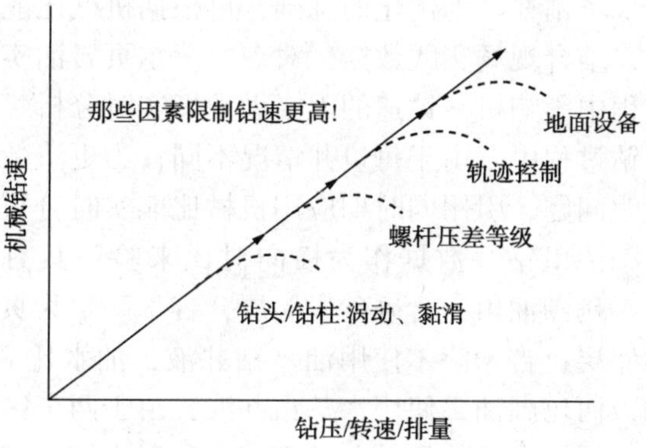

图 32　影响机械钻速的因素

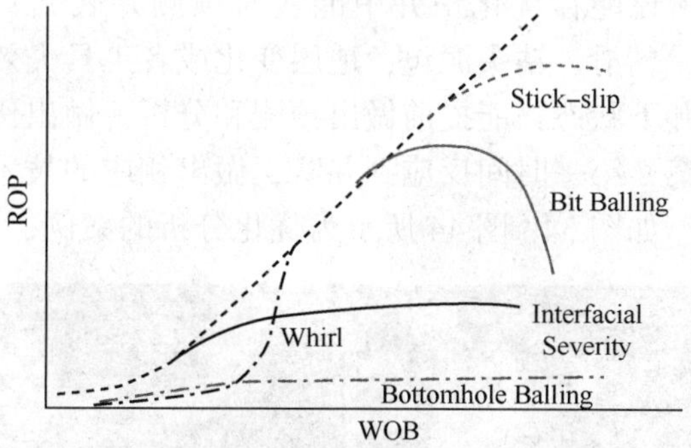

图 33　机械比能对机械转速因素的响应

$$MSE_{psi}=\frac{480\ x\ TOR\ x\ RPM}{Dia\ 2\ x\ ROP}+\frac{4\ x\ WOB}{x\ Dia\ 2} \quad (1)$$

研究发现，如果钻头的效率为 100%，则 MSE 等于岩石的抗压强度。最初在 2003 年是作为钻井现场监测参数使用，最开始在现场无法确切了解岩石的强度，但是，本文在最开始已经调研了吉木萨尔页岩油水平段泥岩的岩石抗压强度，虽然存在地层的各向异性，但是在实钻中可以作为是否钻头在有效破岩的理论依据。如果使用螺杆钻具，螺杆钻具井底钻头的扭矩和转速与地面不同，所以有必要计算螺杆钻具的MSE值计算方法。公式(2)和公式(3)分别计算了地面MSE和钻头MSE。

$$\text{地面}\ MSE_{psi}=\frac{480\ x\ TORsurf\ x\ (RPM\ tpdrv+(Motor\ RPM\ Factor\ x\ GPM))}{Dia2\ x\ ROP}+\frac{4\ x\ WOB}{x\ Dia2} \quad (2)$$

钻头MSE计算公式中的钻头转速，可以通过螺杆转速系数加上顶驱转速计算得到)

$$\text{钻头}\ MSE_{psi}=\frac{480\ x\ (Motor\ TOR\ Factor*\ x\ Diff\ Press)\ (RPM+(RPM\ Factor\ x\ GPM))}{Dia2x\ ROP}+\frac{4\ x\ WOB}{x\ Dia2} \quad (3)$$

MSE 为机械比能，psi；*TOR* 为扭矩，ft-Ib；*RPM* 为转速，R/min；*GPM* 为排量，gal/min；Dia^2为钻头直径，in；*WOB* 为钻压，Kib；*ROP* 为机械钻速，ft/min；*Diff Press* 为螺杆压降，MPa。

5.2 优化分析

以上文第1章到第4章讨论的吉木萨尔页岩油地质特点、钻具组合、钻头技术、水力学参数为现场钻井技术优化的基础，再根据机械比能理论，结合现场实践数据，对吉木萨尔页岩油实钻过程中影响机械钻速的因素做现场实时分析。在实钻过程中，由于每口井情况不同，为更清楚的说明问题，引用同时期应用机械比能实时分析的玛湖油田钻井数据作为横向对比来验证其有效性。玛湖油田为含砾砂岩储层，吉木萨尔为页岩油储层，吉木萨尔使用油基钻井液，油水比80：20，而玛湖油田使用水基钻井液，由于两个区块的地质特点和使用钻井液不同，所以应用机械比能优化分析的效果也必然不同，但是更能突显出机械比能在优化钻井中能实时预测井底钻具涡动，黏滑，钻头泥包，地层变化或者工具失效时的井下状态，能提前做出预测和分析，做出优化方案，第一时间反应到井队，做出相应的技术调整。如图34~图44所示为优化分析的案例。

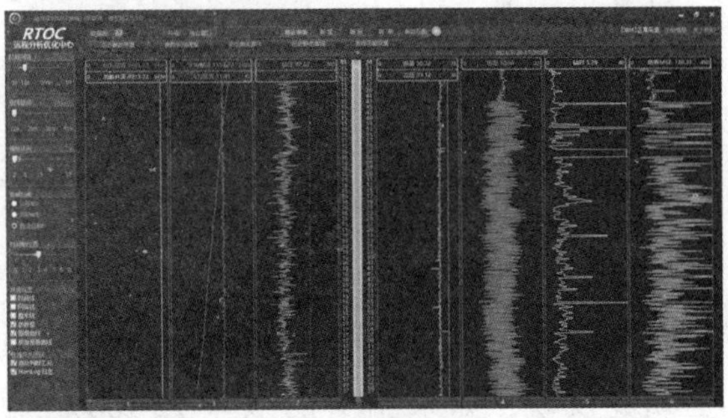

图34　吉木萨尔JY-2井机械比能-钻头涡动

如图34说明：钻井至4870和4960m期间，扭矩发生突然变化，在4870m附近扭矩有原来的13KN-m突然变化为较稳定的3~21kN-m，钻时增加，机械钻速变慢，MSE波动变大200~10000ksi变化，此时钻压80kN，转速100rpm，地层岩性4941~4982m灰色荧光粉砂岩，白云质粉砂岩，岩性稳定，无明显变化，分析判断为地层岩石强度发生变化，或者发生涡动，如果是涡动，增加钻压即可缓解涡动，实时证明，后续逐渐增加钻压到120kN，扭矩持续波动，并没有缓解而是变成了如图35所示的趋势。

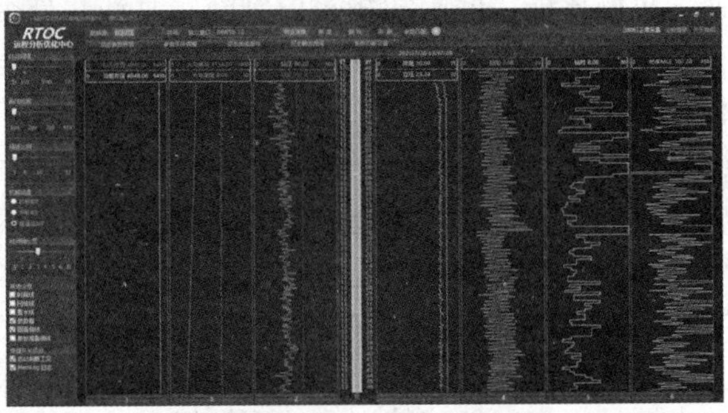

图35　吉木萨尔JY-2井机械比能-钻头黏滑

图35说明：在4960~5010mm，为降低涡动提高钻压到120kN扭矩周期性波动，机械钻速提高不明显，而对应的MSE值也周期性波动，判断为钻压过高而钻头发生黏滑所致。继续调整钻井参数值钻压10t，转速100r/m，扭矩稳定，机械钻速和MSE也相对平稳，说明井底已经消除了影响机械钻速的因素，所以图34判定为钻井非均值性地层，或者破碎带，卡钻风险较高，调整参数后扭矩和MSE值如图36所示，恢复到正常范围值。

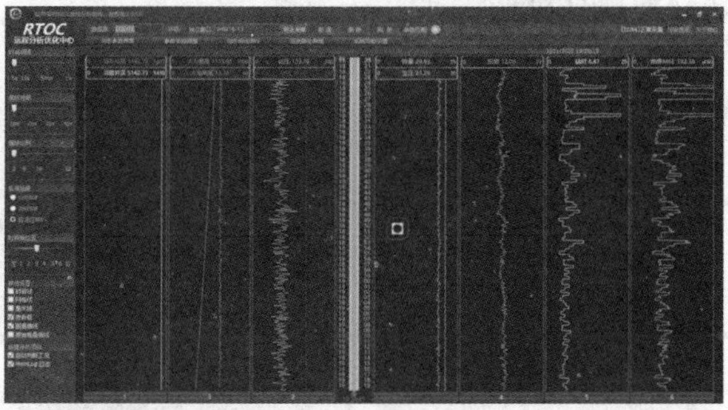

图 36　吉木萨尔 JY-2 井在井段 5130~5142m 高效钻进

如图 37 所示：钻进至 3517m 时，转速 70r/m，钻压 60kN，如上图右侧井下和地面 MSE 数据均出现较大波动，钻头 MSE100－300－400ksi 波动，地面 MSE400－800－600Ksi 波动，且峰值差值较大，判断为地层软硬交界面，钻进至 3534m 后，随钻 LWD 测量数据显示轨迹出层钻遇夹层，定向 5m，复合钻进 2m 后 MSE 恢复基准值，轨迹返回储层。

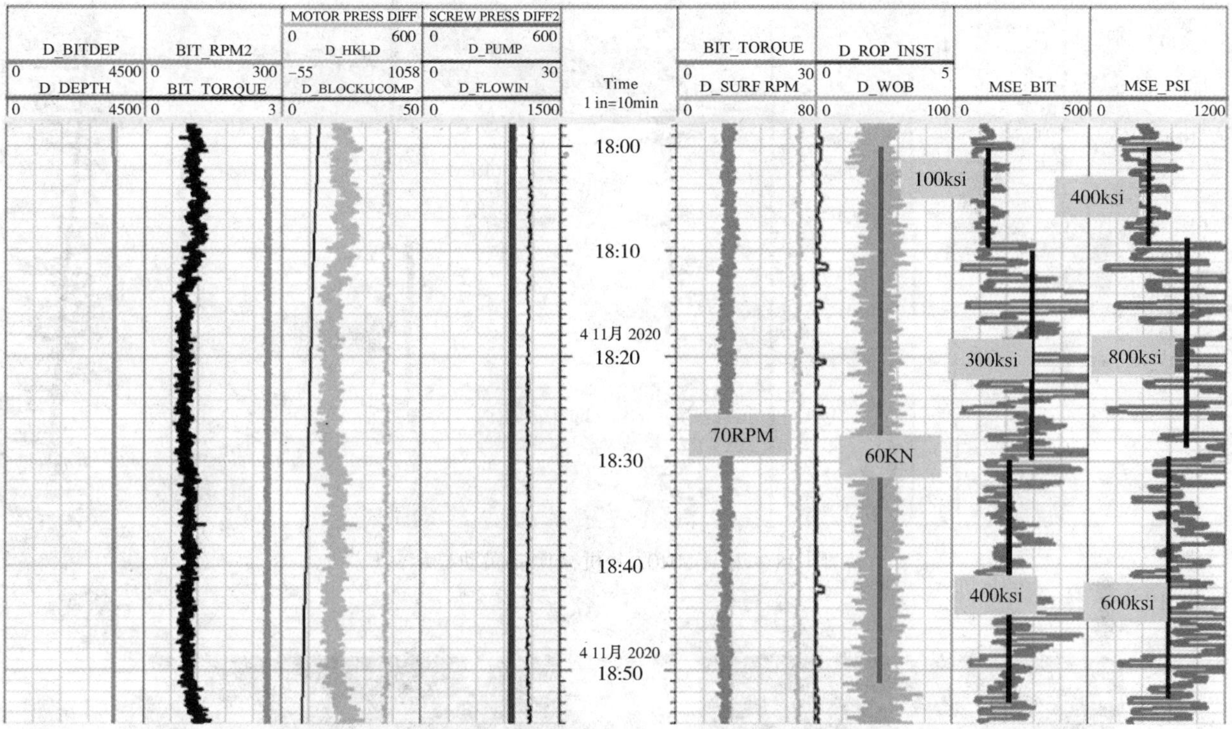

图 37　玛湖 MH01 井机械比能软硬交界面显示

如图 38 所示，钻进至 3600m，转速 50r/m，钻压从 70kN 降低到 60kN 后，机械钻速 ROP 从 6m/h 降低到 2m/h，MSE 值增加，初步判断钻压过小引发涡动，起出钻头后，观察钻头如图 39 所示：钻头外排齿磨损严重，造成钻头外排齿环切。

如图 41 所示钻进至 3800 井段附近，扭矩变小，MSE 增加明显，岩性为泥岩段，初步判断为钻头泥包，继续钻进，机械钻速改善较小，建议起出钻头，起出钻头观察如图 40 所示，钻头泥包。

如图 42 所示钻至井深 3395m 时，转速 70r/m，钻压 60kN，扭矩由对称波动逐渐变为不对称波动，MSE 曲线变化幅度变大，ROP 由 9m/h ↓4m/h，表明可能发生完全黏滑，降低钻压到 50kN，参数恢复正常，消除黏滑，继续钻进。

通过吉木萨尔页岩油 JY-2 井和玛湖油田几口井应用机械比能钻井参数实时钻井分析对比发现，吉木萨尔页岩油水平井地层可钻性较好，钻头磨损在外排齿肩部，钻头涡动概率高，通过机械比能对比钻时，钻压，转速，扭矩的变化，能实时发现井底钻具影响机械钻速的因素，同时做出实时调整，能有效的提高机械钻速，缩短钻井周期。常规调整钻井参数的方法为直接改变钻压或者转速来降低钻具振动，提高机械钻速，虽然具有一定的可行性，但是不能够定量确定给定参数的有效性和安全性。根据机械比能与钻压，转速，机械钻速的关系，采用分布测试来现场实测最优钻井参数，既能保证井下钻具的高效安全运转又能提高机械钻速。

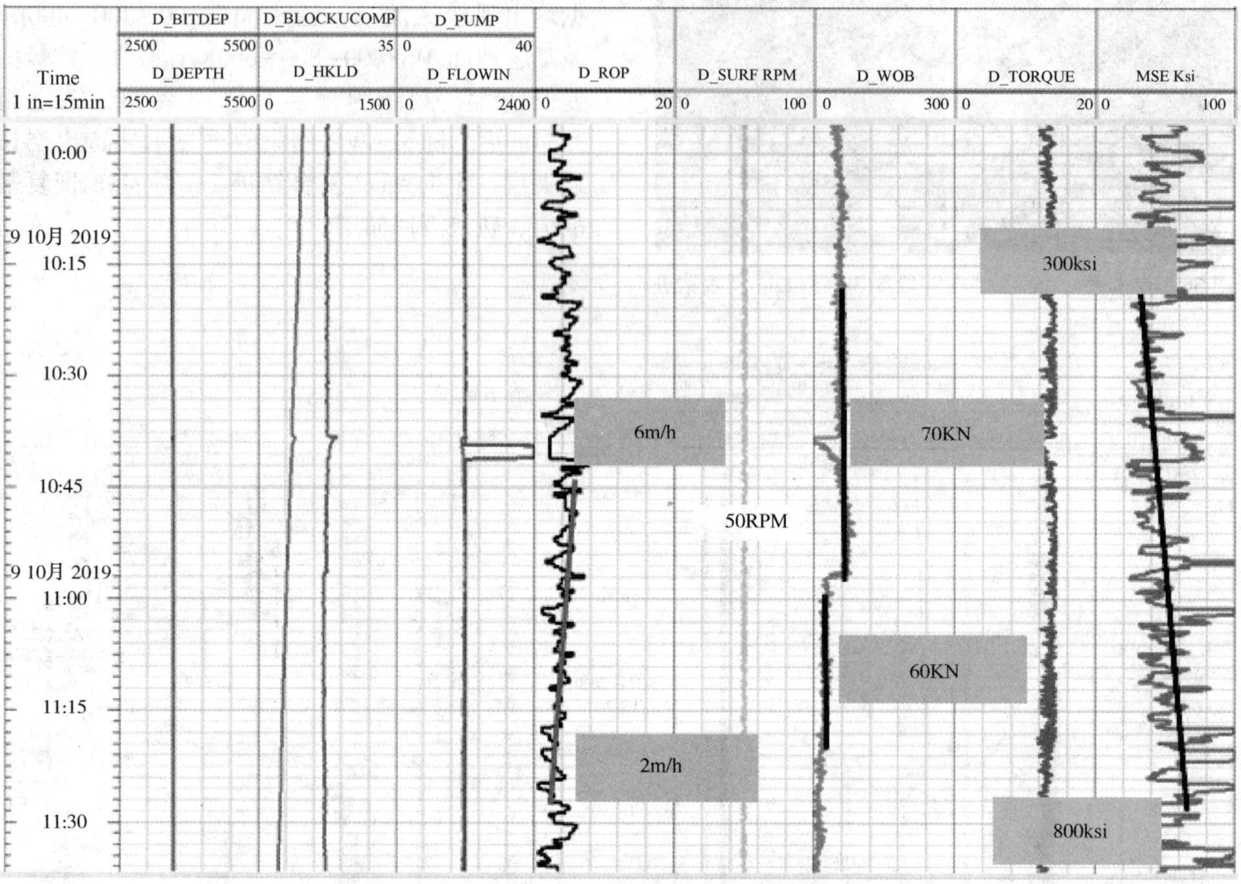

图 38 玛湖 MH03 井机械比能涡动显示

图 39 涡动磨损钻头

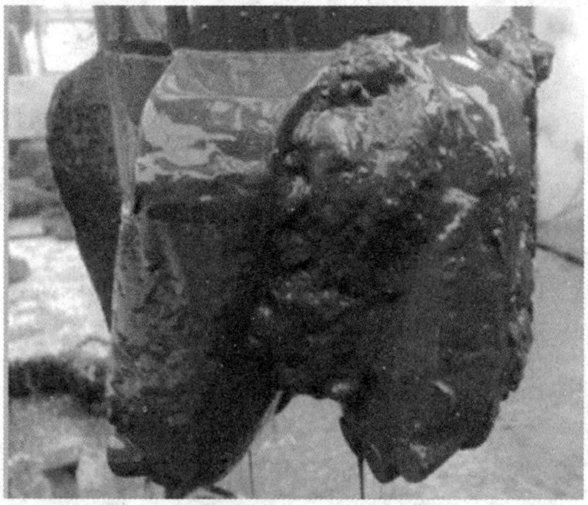

图 40 钻头泥包

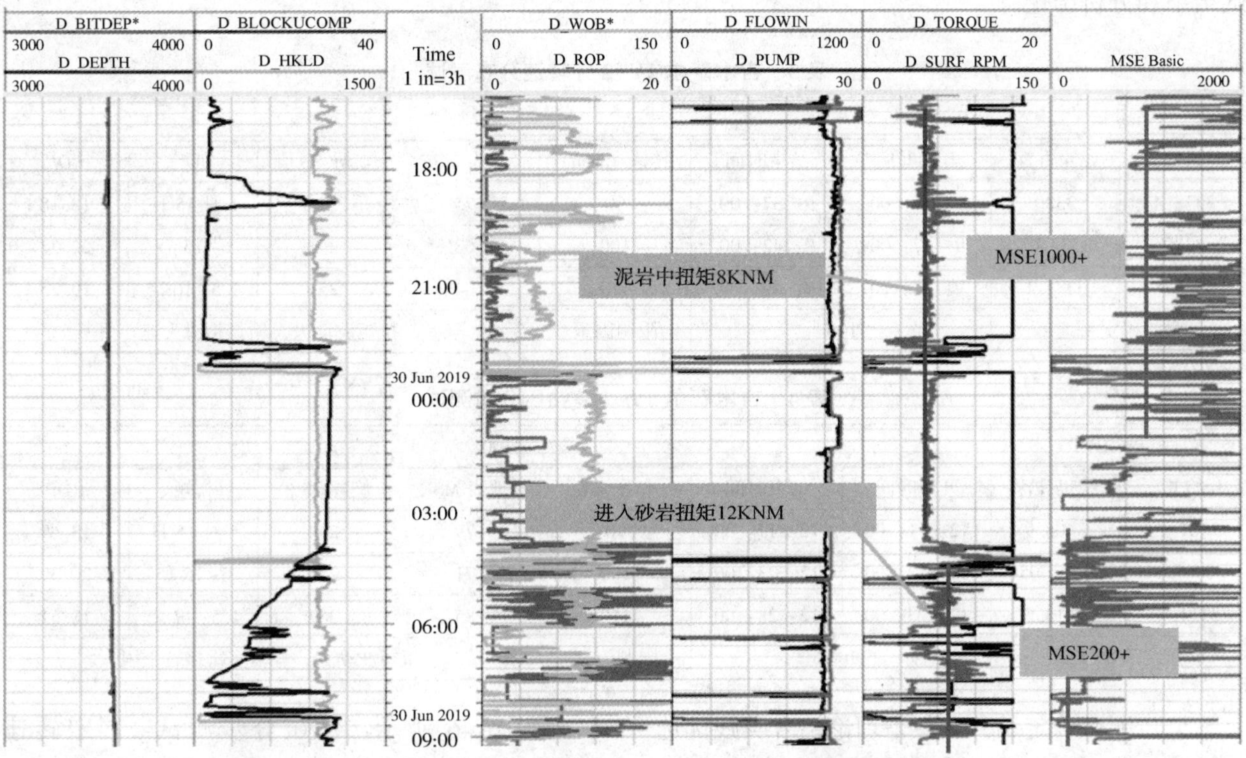

图 41　玛湖 MH03 井机械比能泥包钻头显示

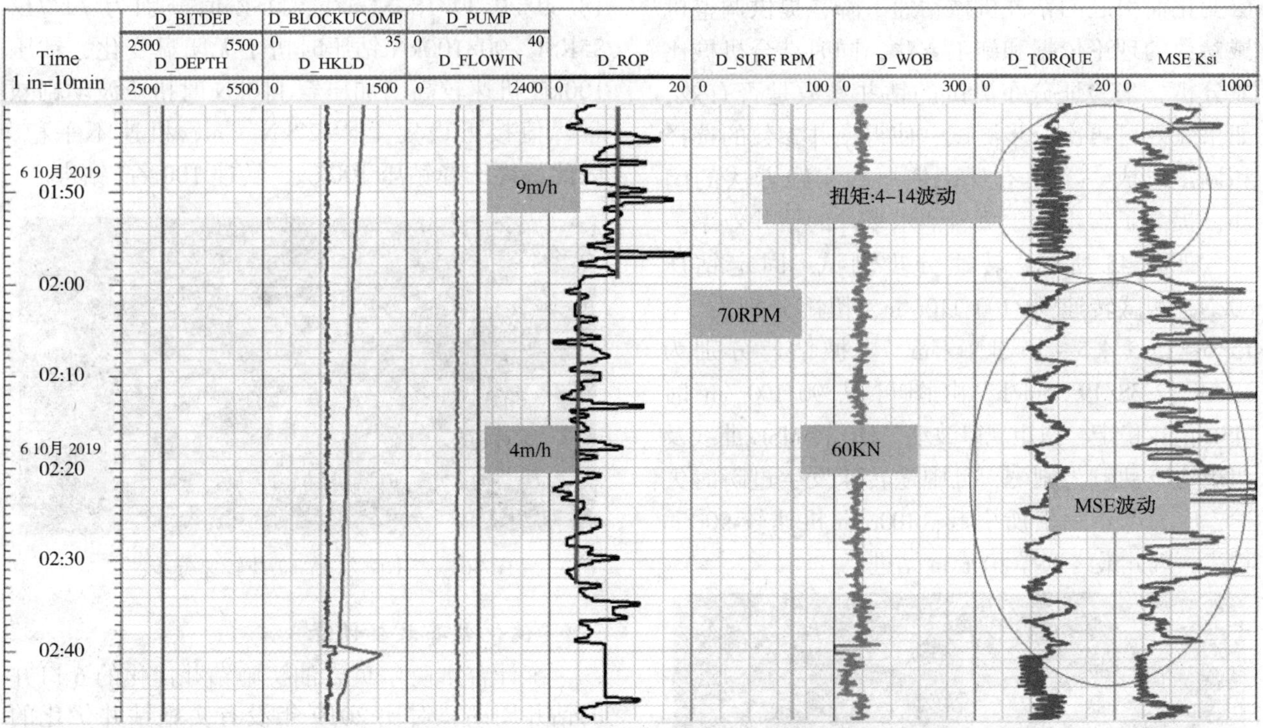

图 42　玛湖 MH02 井机械比能粘滑显示

5.3　分步测试筛选最优钻井参数

最优钻井参数的测试主要是应用控制变量法，对影响机械钻速的直接参数钻压和转速做分步测试，测试过程中，先设定转速为定值，在常规钻压范围值上下间隔钻井 2m，或者控时 20min 左右，根据实际情况灵活调整，对应机械比能值，参照图 33 理论，来选定最优的钻压和转速，表 3 和表 4，图 45 和图 46 所示的分布测试结果和分析结论。

表 3　吉木萨尔 JY−2 井转速分布测试

钻压 kN		80						
开始井深	结束井深	开始时间	结束时间	转速/(r/m)	地表 *MSE*	旋导 SS 值	扭矩	*ROP*
3378.4	3380	9：31：00	9：37：00	90	75	224	5 月 15 日	18.18
3380	3382.07	9：37：00	9：42：00	100	68	241	6~15.5	22.38
3382.07	3384.1	9：42：00	9：49：00	110	94	251	4.5~16.5	19.35
最终确定转速		100		限制因素	扭矩波动大，钻具粘滑失速			

表 4　吉木萨尔 JY−2 井钻压分布测试

转速 RPM		100						
开始井深	结束井深	开始时间	结束时间	钻压/kN	地表 MSE	旋导 SS 值	扭矩	ROP
3407.13	3408.9	12：11：00	12：17：00	90	79	244	5 月 15 日	18.69
3408.9	3411.05	12：17：00	12：23：00	100	71	252	6~15.5	20.39
3411.05	3413.5	12：23：00	12：28：00	110	85	262	4.5~17.5	18.51
最终确定钻压		100		限制因素	扭矩波动大，峰值多次接近上限			

分步测试确定钻井参数是理论结合实践优选的钻井参数，避免了现场钻井参数施加的盲目性，为井底钻具发生涡动、黏滑、钻头泥包、地层变化而引起的钻井机械钻速下降，提供调整机械参数的理论依据和施工方法，同时结合机械比能分析，来验证分布测试的钻井参数是否有效，如果无效可再次分步测试，使得钻井参数的选择和调整形成一个具有理论依据和实践方法的闭环，提高了吉木萨尔页岩油水平井的钻井效率。

如图 45 所示：转速分步测试：固定钻压 80kN，测试转速 90/100/110r/m，扭矩分别为 5~15/6~15.5/4.5~16.5kN·m，机械钻速分别为 18.18/22.38/19.35m/h，由图可见 90/100r/m 时 MSE 值较稳定、扭矩规律波动，110 转 MSE 曲线及扭矩均波动较为剧烈，且中途转速发生过瞬时失速，应为严重粘滑所引起；100r/m 机速较 90r/m 稍高，因此最终选择 100r/m 钻进；

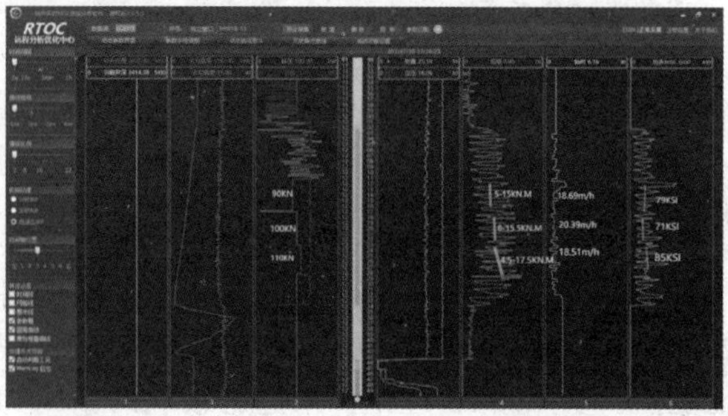

图 45　吉木萨尔 JY−2 井钻压分步测试

如图 46 所示：钻压分步测试：固定转速 100，测试钻压 90/100/110kN，扭矩分别为 5~15/6~15.5/4.5~17.5KN.M，机械钻速分别为 18.69/20.39/18.51m/h，MSE 值分别为 79/71/85KSI，90/100kN 钻压时扭矩无明显变化，钻压 100kN 机速较高，加压至 110kN 时扭矩波动剧烈且峰值接近设定上限 22kN·m，机速不平稳，因此最终选择钻压 100kN、转速 100r/m 钻进。

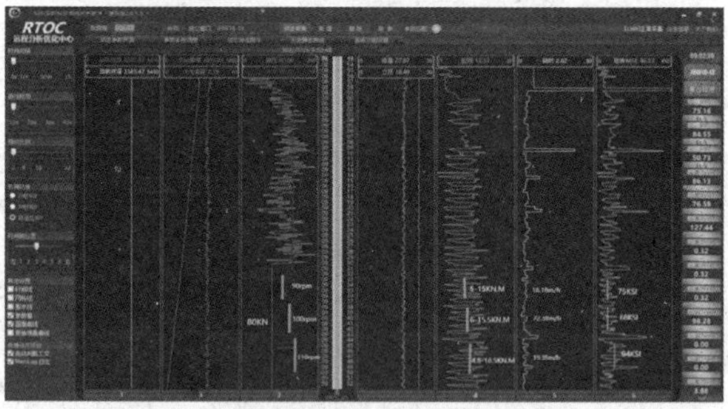

图 46　吉木萨尔 JY−2 井转速分步测试

5.4　优化钻井效果评价

统计吉木萨尔页岩油实施钻井优化的 6 口井的钻井周期，对比 2019 年没有实施钻井优化的钻井周期发现，实施优化钻井技术的井钻井周期较 2019 年平均钻井周期最高缩短 38.54%，并且钻井周期全部低于 2019 年平均钻井周期，刷新了吉木萨尔页岩油在该区块的钻井记录。较钻井设计周期最高缩短 23%，明显提高了钻井效率。如图 47 所示。

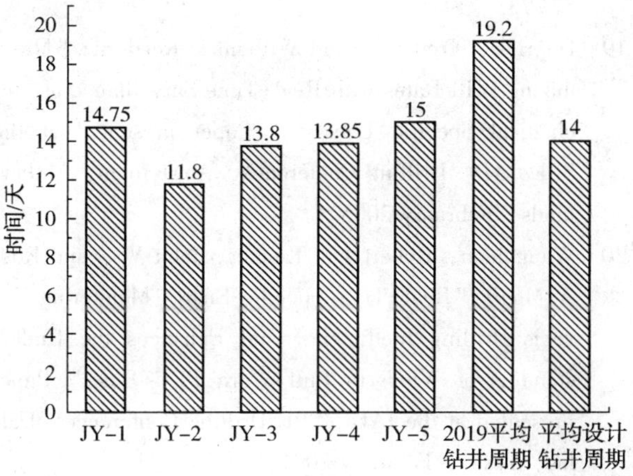

图47 优化钻井周期对比

6 结论

(1) 吉木萨尔页岩油钻井水平井轨迹设计和轨迹控制难度较高，其中轨迹设计需要依据钻具上提下放、旋转的摩阻和扭矩值来验证和优选井眼轨迹，即使是相同的区块或者单井都要根据摩阻扭矩来评价轨迹，尽可能降低。

(2) 旋转导向钻具组合适配钻头 MI419，机速提高至 5.8m/h。螺杆钻具组合适配钻头以 5 刀翼 16mm 齿为主，推荐 GTD55KS、SP1675SF、KSD1652 钻头。

(3) 吉木萨尔页岩油钻井水力学参数泵压影响因素和井底 ECD 影响因素不同，对水力学参数的调整必须同时考虑泵压和井底 ECD。水力参数的预先计算是钻井优化的关键，能提高钻井技术优化的时效性。

(4) 钻井技术优化组织架构不论是哪种方式，都是必须要预先完善和调整的，因为实时钻井优化的首要限制因素是时效性，即第一时间解决问题。需要各个团队密切高效的配合，在实时钻井中才能发挥钻井优化的作用，达到优快钻井的目的。

(5) 机械比能在水平井钻井优化中能有效的预测井底钻具影响机械钻速的因素，根据钻压转速分布测试优选的钻井参数更具有实践性，能有效的降低影响机械钻速提高的因素。钻井参数机械比能的实时监测和分析与钻井参数分步测试形成了实时钻井优化技术的闭环，既有理论指导，又有实践基础，是科学有效的钻井优化思路。

参 考 文 献

[1] 高爱庭．新疆油田吉木萨尔页岩油区块优快钻井技术[J]．江汉石油职工大学学报，2021，34(01)：44-46.

[2] 吴继伟，袁丹丹，席传明，刘可成，张文波．吉木萨尔页岩油水平井钻井技术实践[J]．钻采工艺，2021，44(03)：24-27.

[3] 万教育，折扶蓉，闫华兵，张学德，顾宗茂，李俊胜．吉木萨尔页岩油超长水平段水平井钻井技术[J]．西部探矿工程，2021，33(05)：97-100.

[4] 曹元婷，潘晓慧，李菁，邹阳．关于吉木萨尔凹陷页岩油的思考[J]．新疆石油地质，2020，41(05)：622-630.

[5] 王然，常秋生，钱永新，刘国良，万敏，黄立良．准噶尔盆地吉木萨尔凹陷芦草沟组页岩油“甜点体”储集特征及成因机理[J]．石油实验地质，2020，42(04)：604-611.

[6] 王小军，梁利喜，赵龙，刘向君，秦志军，李玮．准噶尔盆地吉木萨尔凹陷芦草沟组含油页岩岩石力学特性及可压裂性评价[J]．石油与天然气地质，2019，40(03)：661-668.

[7] 高阳，王英伟，王玉多，谢天寿，刘刚，王黎．吉木萨尔凹陷芦草沟组致密储集层岩石力学特征[J]．新疆石油地质，2016，37(02)：158-162.

[8] 谢志江，常雪，杨林，皮阳军．基于机械比能理论的煤岩可钻性分级方法[J]．煤田地质与勘探，2021，49(03)：236-243.

[9] 高爱庭．新疆油田吉木萨尔页岩油区块优快钻井技术[J]．江汉石油职工大学学报，2021，34(01)：44-46.

[10] 童鑫．大位移水平井钻井技术难点与施工工艺[J]．中国石油和化工标准与质量，2016，36(24)：127-128.

[11] 王旭东，钟成旭，吴鹏程，周浪，李郑涛，许廉峰．川南深层页岩气水平井轨道设计优化探讨[A]．中国石油学会天然气专业委员会．2018 年全国天然气学术年会论文集(03 非常规气藏)[C]．中国石油学会天然气专业委员会：中国石油学会天然气专业委员会，2018：6.

[12] 黄川，许思勇，冉晓军，丁凡，文晓峰，蒽春平．旋转导向技术在超长水平井中的应用[J]．测井技术，2021，45(03)：336-340.

[13] Hisham, Khunsa, and Robert Darbe. " Optimal Position Control for RSS During Lateral/Tangent Sections in Cruise Mode. " Paper presented at the 55th U. S. Rock Mechanics/Geomechanics Symposium, Virtual, June 2021.

[14] 吴德胜，黄瑞，张楠，王巧灵，赵恺．水力振荡器+大功率螺杆在吉木萨尔的应用及分析[J]．云南化工，2020，47(07)：109-111.

[15] 周磊，李应新，于贵健，陈思杨．高效螺杆在吉木萨尔页岩油钻井中的应用[J]．化工管理，2020(16)：170-171.

[16] 章敬．非常规油藏地质工程一体化效益开发实践——以准噶尔盆地吉木萨尔凹陷芦草沟组页岩油为例[J]．断块油气田，2021，28(02)：151-155.

[17] Dupriest，Fred E. "Comprehensive Drill Rate Management Process To Maximize ROP." Paper presented at the SPE Annual Technical Conference and Exhibition，San Antonio，Texas，USA，September 2006.

[18] Teale，R.："The Concept of Specific Energy in Rock Drilling，" Intl. J. Rock Mech. Mining Sci. (1965) 2，57-73.

[19] Dupriest，Fred E.，and William L. Koederitz. "Maximizing Drill Rates with Real-Time Surveillance of Mechanical Specific Energy." Paper presented at the SPE/IADC Drilling Conference，Amsterdam，Netherlands，February 2005.

[20] Waughman，Robert J.，Kenner，John V.，and Ross A. Moore. "Real-Time Specific Energy Monitoring Reveals Drilling Inefficiency and Enhances the Understanding of When to Pull Worn PDC Bits." Paper presented at the IADC/SPE Drilling Conference，Dallas，Texas，February 2002.

德惠地区凝灰岩储层综合技术应用研究

王洪星　王丽丽　胡　佳

（中国石油吉林油田公司地球物理勘探研究院）

摘　要　为了解决德惠地区德西构造带火石岭组凝灰岩储层的有效动用问题，对凝灰岩成因，断裂系统、构造样式、优势源岩和有效储层预测技术开展综合研究，预测了火石岭组凝灰岩储层有效分布范围并摸索出了有效动用技术方法。该套储层的研究体现了从宏观的分析到储层特征的初步认识，再到储层特征的深入认识的过程，研究认为：①德西构造带火石岭组凝灰岩为中心-裂隙式喷发形成的火山碎屑岩，具有南北分区，东西分带的特征；②该套凝灰岩储层具有连片分布，局部油气富集特征；③该套凝灰岩储层为中孔隙度，低渗透率储层，其横向变化快，非均质性强，直井难以有效动用，但水平井和体积压裂技术可效益开发。因此火山岩储层综合研究技术较好预测了德西构造带储层含气性，为火石岭组凝灰岩储层的有效开发提供了技术保障。

关键词：断裂系统；构造样式；凝灰岩；烃源岩；供烃窗口

德惠地区勘探始于70年代，通过重力、磁力，电法和二维地震在农安南浅层泉头组构造圈闭完钻探井1口，获得高产气流，发现了农安气田；在80-90年代通过二维地震，针对深层部署了多口探井，在深层火石岭组凝灰岩均见到良好气测显示，通过射后测试，只获得了少量气流；在2011年以后针对深层碎屑岩和火石岭组凝灰岩原生气藏开展研究，针对营城组碎屑岩部署DH80井，获得高产工业气流，发现了营城组碎屑岩气藏。但凝灰岩气藏通过小规模压裂试验，仍然无法效益动用；2018年以后，针对凝灰岩储层，通过水平井提产试验，部署的DH101井获得日产气10万方以上高产工业气流，拉开了德惠断陷德西构造带凝灰岩储层开发动用序幕。

1　研究区地质概况

1.1　地质特征

研究区位于松辽盆地南部一级构造单元东南隆起构造带南部的德惠断陷，该断陷在火石岭组时期发育大量火山岩，其喷发模式主要以中心-裂隙式为主。从地质条件看，德惠断陷可以划分为南部的农安、中部的华家和北部的郭家三个构造带如图1所示，这三个构造带火山岩岩性和岩相有较大差异，钻井揭示北部郭家构造带火山岩的岩性以火山熔岩为主，中部华家构造带火山岩的岩性以火山熔岩和晶屑凝灰岩为主，南部农安构造带以沉火山凝灰岩为主。

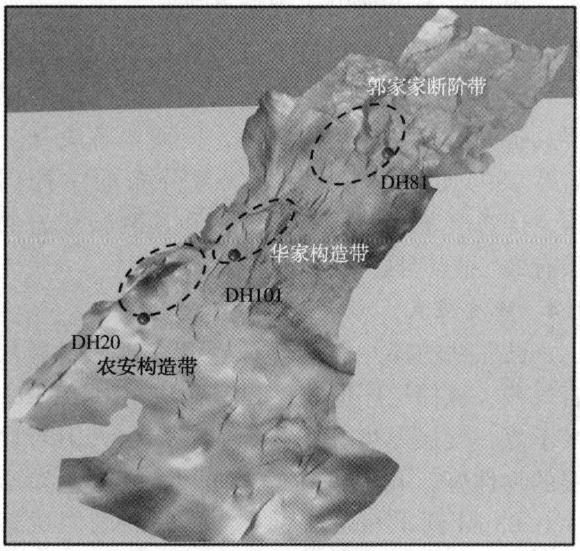

图1　德惠断陷火石岭组顶面立体图

1.2　烃源岩特征

从烃源岩分布来看，德惠断陷的烃源岩主要在火石岭组、沙河子和营城组发育，优质烃源岩具有广覆式发育特征。但是从源岩预测结果来看，各期烃源是迁移的，火石岭组时期沉降中心位于南部，沉积了300多米厚度的暗色泥岩，到了沙河子组时期沉降中心向北迁移，沉积中心在华家构造带附近，沉积的暗色泥岩厚度有500多米，到了营城组末期，由于受到构造隆升影响，营城组地层遭受严重剥蚀，在断陷东西两侧的控陷断裂附近残留了少量暗色泥岩。烃源岩迁移的变化体现了沉降中心的变化特征如图2所示，丰富的烃源岩和广覆式发育的凝灰岩使德惠地区具备规模成藏的条件。

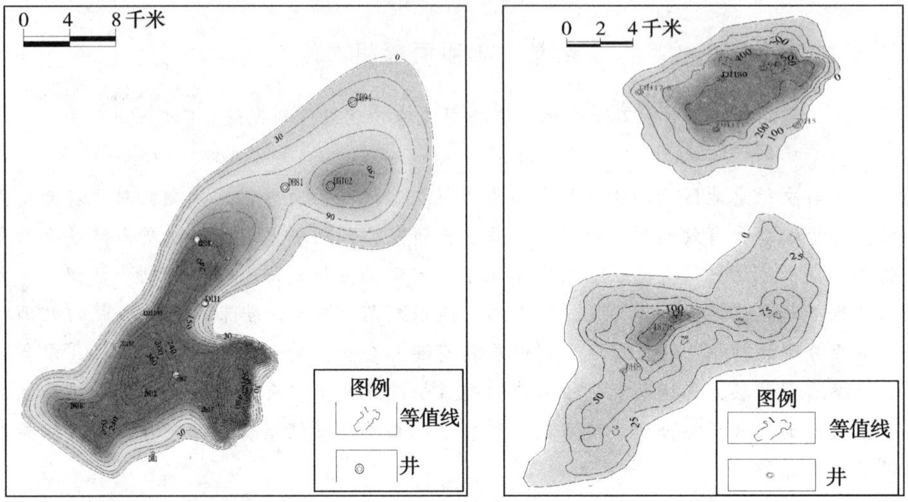

图2　沙河子烃源岩分布图(左)和营城组烃源岩分布图(右)

1.3　地质需求

德惠断陷火石岭组凝灰岩，前期探井揭示来看，多数井都见到了良好的气测显示，通过试气均见到少量烃类气，说明已经成藏，但采用常规开采方式难以实现效益动用。通过水平井和大规模体积压裂技术进行提产试验，效果较为显著，取得了高产工业气流。因此该套储层具备局部开发动用的条件，但需要解决凝灰岩储层内气层分布特征，气藏分布的主控因素，优选凝灰岩储层有利区带和预测凝灰岩储层有效“甜点”区。

1.4　地质难点

已完钻的探井揭示火石岭组发育一套凝灰岩气藏，该储层厚度较大，厚度从30米到280米不等，气层厚度在10米到50米，火山岩储层的物性好，孔隙度在6%到12%之间，渗透率0.03md到1.6md，是一套较好的勘探层系如图3所示。已完钻的探井揭示，该套储层普遍含气，但是采用直井动用产量普遍不高，难以实现效益动用。针对该问题，经过分析，认为主要是火石岭组、营城组和嫩江组末期的多期构造运动，导致地层破碎，断裂复致使气藏分散，整体表现为构造背景下的低压、低饱和度的岩性气藏。通过对华家构造带的凝灰岩气藏进行精细解剖(图4)，认为该套气层具有下列三大特征：一是该套岩性气藏的油气富集受断裂、供烃窗口、有效储层等因素控制；二是优质气层总体位于上部，不同断块气层分布有差异，总体表现为空间不连续特征，局部气藏具备动用条件。

1.5　物探技术难点

地球物理方面要想解决德惠断陷火石岭组凝灰岩开发动用方面的地质问题，需要解决好以下三方面技术难题：一是构造及断裂问题，主要包括构造样式分析、主控断裂认识；二是储层分布问题，包括宏观分布明确储量规模问题和微观刻画明确富集区带问题；三是水平井地震导向问题，如何在复杂构造条件下，精准控制构造的精度，规避层间断裂，选准“甜点”层，最终通过物探技术保障水平井气层钻遇率问题。

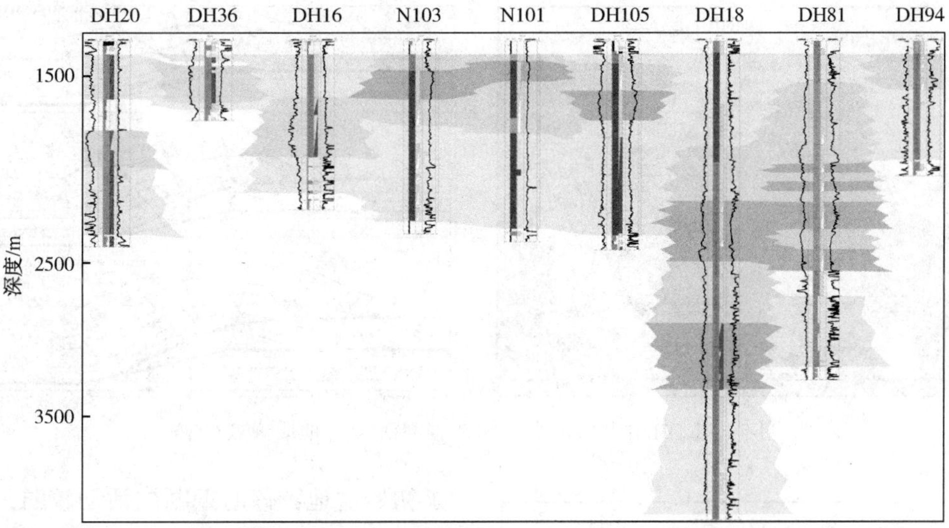

图 3　连井气藏剖面

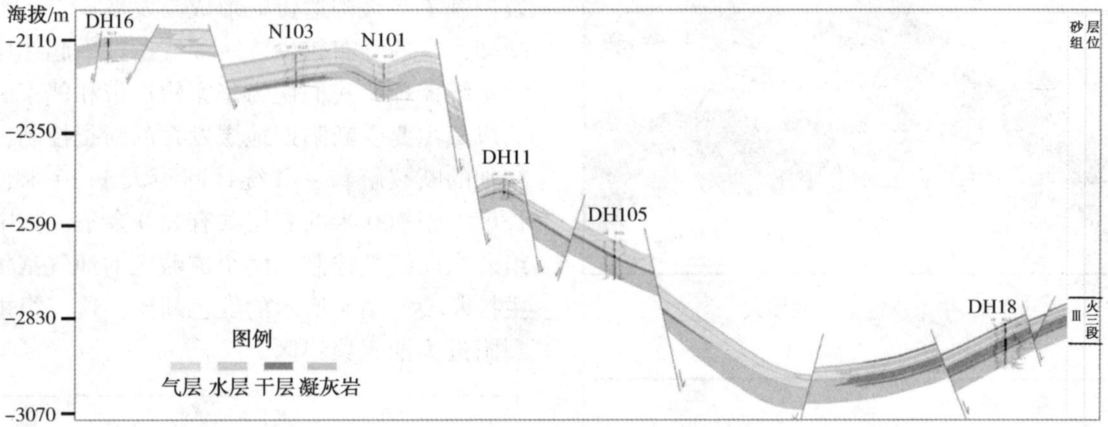

图 4　华家火石岭组气藏剖

2　关键技术

针对上述地质需求和物探技术难点，我们采用了由浅入深，逐级约束的技术对策描述地下资源。通过对构造、断裂和源岩的宏观分析明确有利区带，通过火山岩储层的微观刻画，明确该套火山岩喷发期次和有利储层分布特征，通过多属性融合技术落实凝灰岩储层“甜点”区，最终实现优质储层的刻画和有效动用。

2.1　构造特征及构造样式分析

德惠断陷是陆相伸展裂陷盆地，其断陷期受到拉张与挤压反复作用，同时伴随走滑作用，导致断陷期和坳陷期地层结构有较大差别。断陷期受拉张和伸展作用，早期喷发的火山岩作为构造楔向前挤压造成上覆沉积地层上翘断折破裂，顺应力下地层弯曲，晚期火山岩广覆式披覆，形成的叠瓦状断弯褶皱(图 5)。在此影响下发育多个地堑、半地堑和箕状断陷结构，断陷内充填物主要为火山岩、火山碎屑岩和沉积岩。坳陷期为火山喷发后热沉降的沉积，其地层充填特征为沉积层超覆在断陷期之上。

受多期构造运动影响，德惠断陷整体表现为西高东低的构造格局，区内又可以分为多个二级构造单元，其中本文重点研究的两个成藏区华家构造带和郭家断阶带为两个二级构造单元。华家构造带呈鼻状构造特征，它与烃源岩侧向对接，同时通过小断裂垂向沟通火石岭组气源，其高部位三组断块是有利成藏区如图 6 所示。郭家断阶带构造样式为顺向断阶，它与源岩垂向疏导为主，中部三组断块成藏有利如图 7 所示。

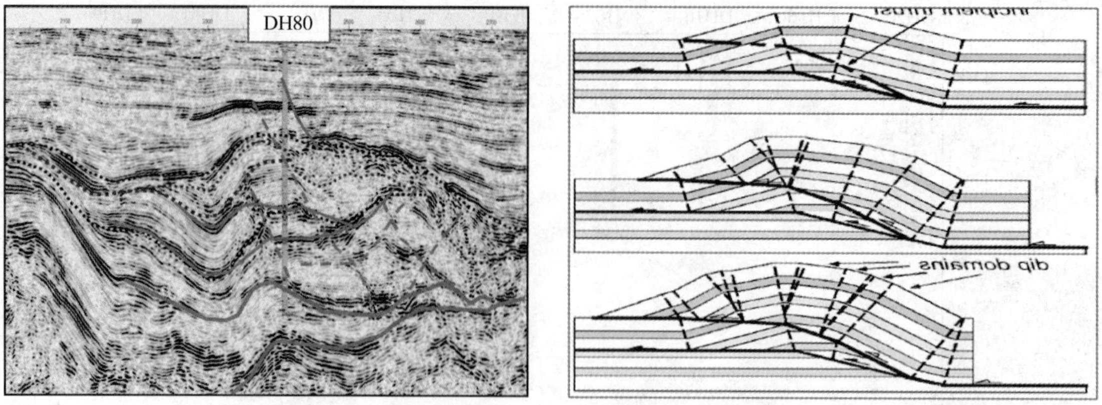

图5　过DH80井顺应力方向地震剖面(左)地质模式(右)

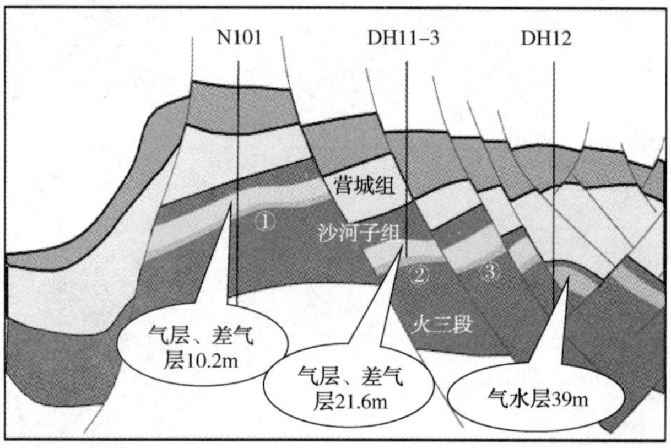

图6　华家构造带成藏模式

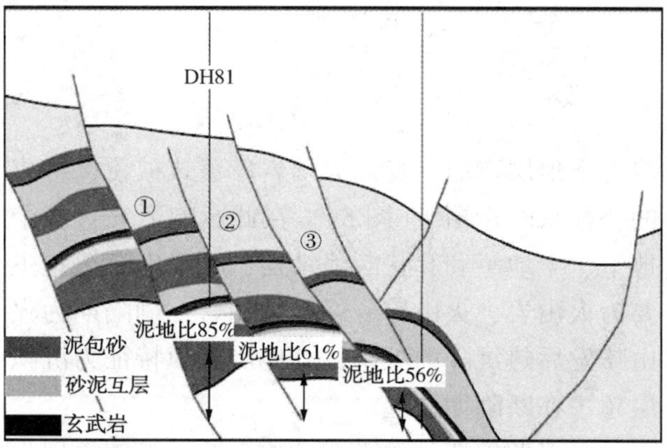

图7　郭家断阶带成藏模式

2.2　断裂刻画与成藏认识

2.2.1　断裂的刻画与分析

德惠断陷受区域应力场拉伸、挤压交替作用和走滑影响导致德惠断陷断裂系统非常复杂，在断陷期沉积的地层受北东和北西两组断裂控制，其中北东向断裂控制断陷边界，农安走滑断裂贯穿全区。通过对断裂梳理，我们认为这些复杂断裂总体上可以分为三期：一是基底断裂，它控制了初始盆地，该时期断层活动较弱，形成局部扇体填充；二是断陷期，断层持续活动，它控制了火石岭组到营城组末期地层的沉积，该时期的断裂控制了二级构造带的形成与发展；三是坳陷期断裂，它的分布较少，对油气运聚不起作用。通过系统梳理，我们认为华家构造带和郭家断阶带的成藏主要受断陷期地层发育的断裂控制，经过精细的断裂解释，并统计断距大于20米、延伸长度大于300米的断层共有800余条，其中有三组北东向断裂控制了两个成藏区的油气富集，为主控断裂如图8所示的红色断层，这三组主控断裂附近为油气聚集区。

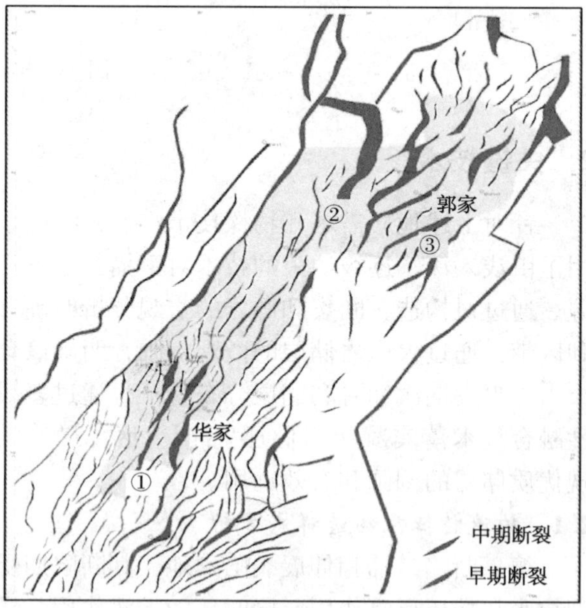

图8　凝灰岩顶面断裂分布图

2.2.2　供烃窗口刻画

从成藏方面分析，我们认为油气的富集程度受断裂、储层和源岩的有利配置有关，源岩与储层纵向对接的窗口越大，油气能够聚集成藏的可能性越高，因此，供烃窗口的刻画对油气成藏至关重要。针对烃源岩的预测利用烃源岩具有低波阻抗的特性，通过稀疏脉冲波阻抗反演方法预测了沙河子组和火石岭组烃源岩分布特征。从烃源岩反演剖面看，南部的农安南构造带烃源岩来自火石岭组，气源充足，中部华家构造带的烃源岩来自沙河子组和火石岭组，具有双重供烃的能力，北部的郭家断阶带烃源岩来自沙河子组，该断阶带内沙河子组泥岩沉积厚度薄，只有10m厚，有机质含量低，生烃能力相对不足如图9所示。黄色区域为火石岭组储层，其中凝灰岩主要分布在该套储层的上部，黑色为暗色泥岩，具有一定生烃能力，供烃窗口的大小受到断层的断距大小控制，断距大，烃源岩与储层的对接面积大，供烃窗口就大，供烃能力强，从供烃窗口及源岩来看，华家构造的成藏条件最好，郭家断阶带次之，农安构造带最差。

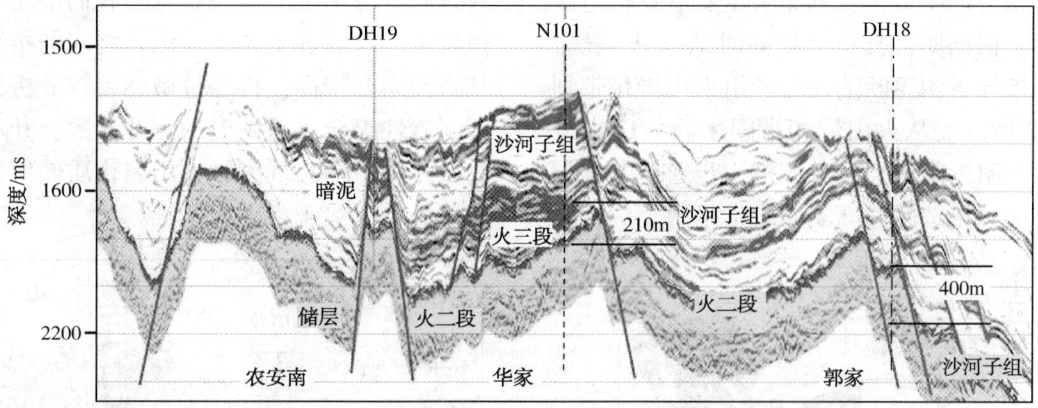

图9　供烃窗口刻画模式

2.3　火山岩岩相识别及地震响应特征

根据德惠断陷火山喷发特点、形成机制，结合测井、地震反射特征，同时以岩性特征和地震相特征作为标准，建立了井震岩性模板如图10所示。

岩性	(沉)火山凝灰岩	熔结、晶屑火山凝灰岩		凝灰质火山熔岩	
代表井	DH16	N103	DH12	DH93	DH102
	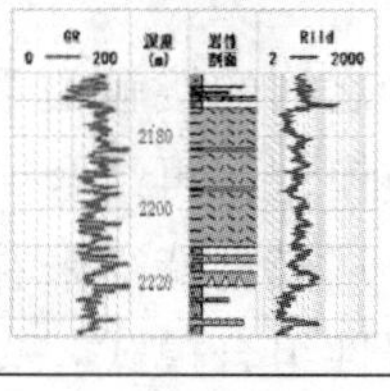	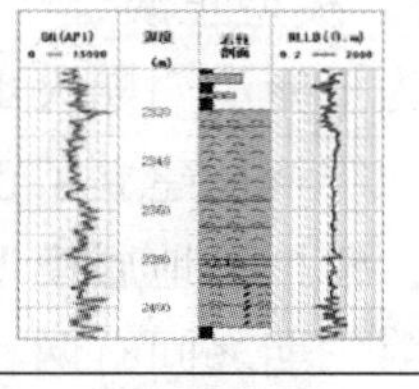	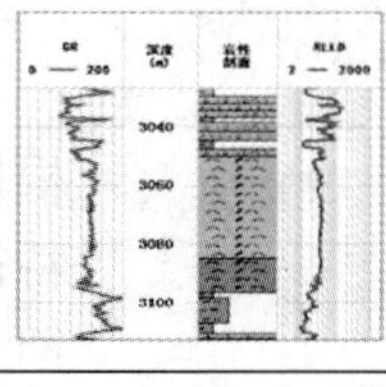	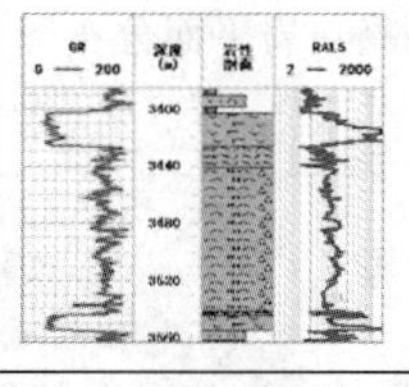	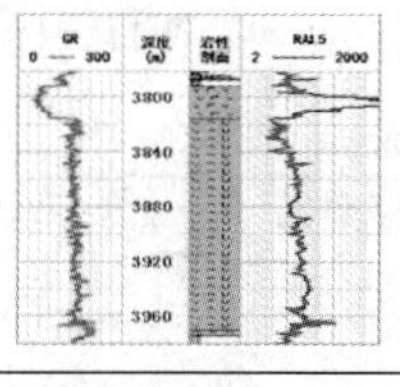
厚度	33m	90m	47m	101m	155m
地震相反射特征	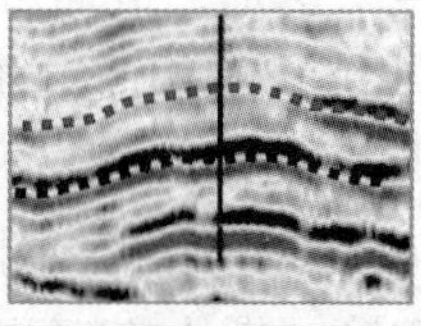	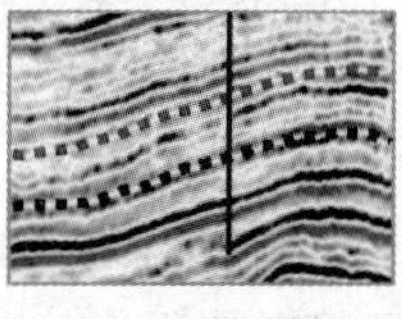	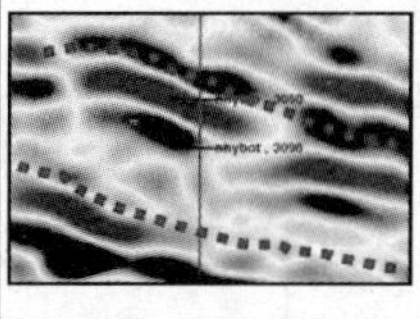	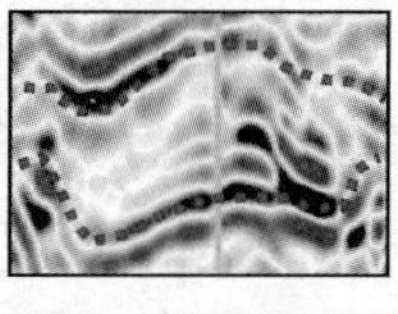	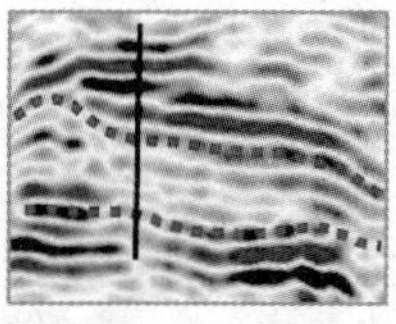
	低频、弱振幅	低频、中强振幅、亚平行反射	低频、差连续、强振幅反射	低频、差连续、强振幅反射	中频、低连续、强振幅反射

图10　井震岩性模板

从岩性模板来看，凝灰质火山熔岩在地震相上为中低频、差连续和强振幅反射特征，熔结或晶屑凝灰岩具有低频、差连续、中强振幅亚平行反射特征，沉火山凝灰岩地震相特征为低频、弱振幅的地震反射特征。

2.4 火山岩有利相带预测

利用多属性分析技术，预测了凝灰岩的平面展布特征如图11所示。从图11预测结果来看，凝灰岩储层明显具有分区分带特征，北部郭家断阶带以火山熔岩相为主，储层呈块状分布，南部以火山沉积相为主，储层连片分布，断裂发育带附近熔岩相特征明显，有利储层主要沿着构造高部位发育。根据属性分析结果同时结合井-震岩性模板，指导了德惠断陷火石岭组火山岩相带划分如图12所示。从火山岩相带图来看火山口或者近火山口附近凝灰岩发育，进一步通过井震分析，明确华家构造带和郭家断阶带是两个优势岩性分布区，具有很大的勘探潜力。

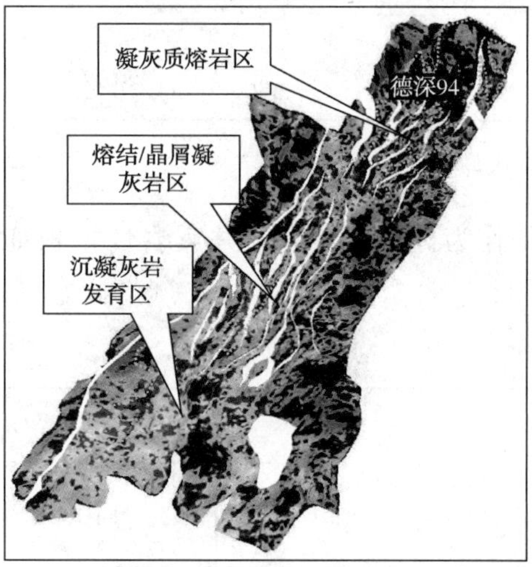

图11　优势凝灰岩平面分布图

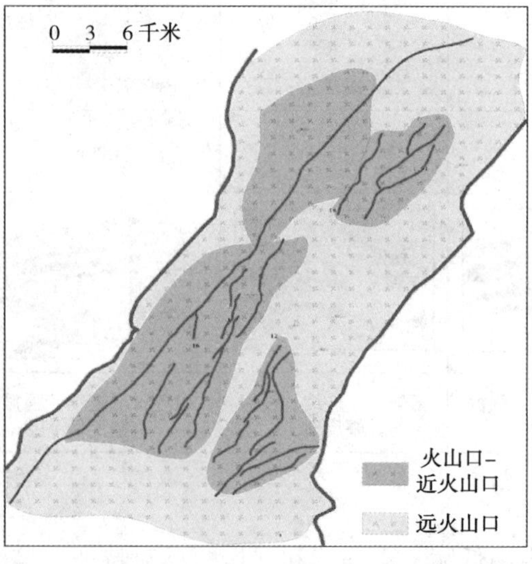

图12　火三段凝灰岩相带图

2.5 火山岩优质储层刻画

通过元素测井，德惠断陷火石岭组凝灰岩储层能够识别出四期火山沉积旋回，纵向上各期沉积旋回相互叠置，空间上不均匀分布，如图13所示，为火石岭火山岩分布的地质模型，纵向叠置、横向不均匀性非常明显。已完钻井证实，火山岩优质储层主要发育在第二期火山沉积旋回内，是主力气层段，但第二期火山沉积旋回在不同区带岩性组合差异较大，导致优质储层难于有效刻画。为了解决这一难题，我们采用了正演模拟技术，厘清各个期次火山岩之间的接触关系及其岩性组合特征，再通过敏感参数分析，找到对不同岩性组合关系敏感的测井参数，开展特征参数反演，最终实现刻画火山岩优质储层，指导井位部署。

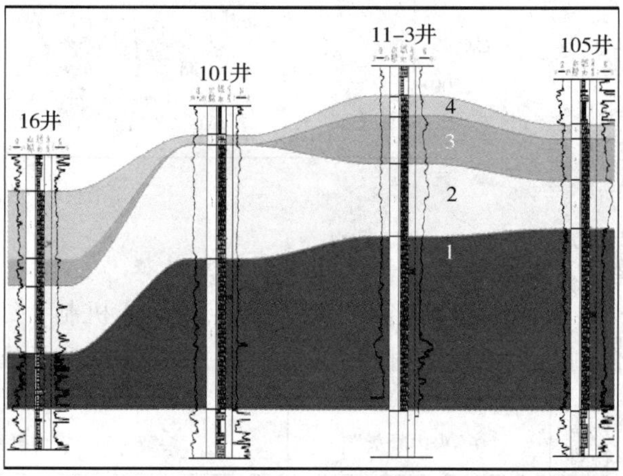

图13　凝灰岩四期火山旋回

2.5.1 模型正演

为了厘清四期火山岩之间的接触关系，我们根据地震特征建立了正演模型，再结合测井曲线特征，模拟了地质模型，从模型特征来看，第二期和第三期之间有两种岩性组合模式：一种是两期之间有泥岩隔层，泥岩隔层形成强反射界面，第二期沉积旋回顶界面容易识别，进而可识别出优质储层，而第三期火山沉积旋回呈复波特征，且横向不连续发育；二是两期之间无沉积隔层，两期相互叠置，尤其是第三期火山沉积对第二期火山沉积影响很大，导致第二期火山沉积旋回内幕成层性差，有效储层难于刻画如图14所示，下部是过井地震剖面，其凝灰岩期次界面明显，可连续对比追踪，中部是正演模型，上部是地质模型，从地质模型看二、三期凝灰岩之间两种模式特征明显。

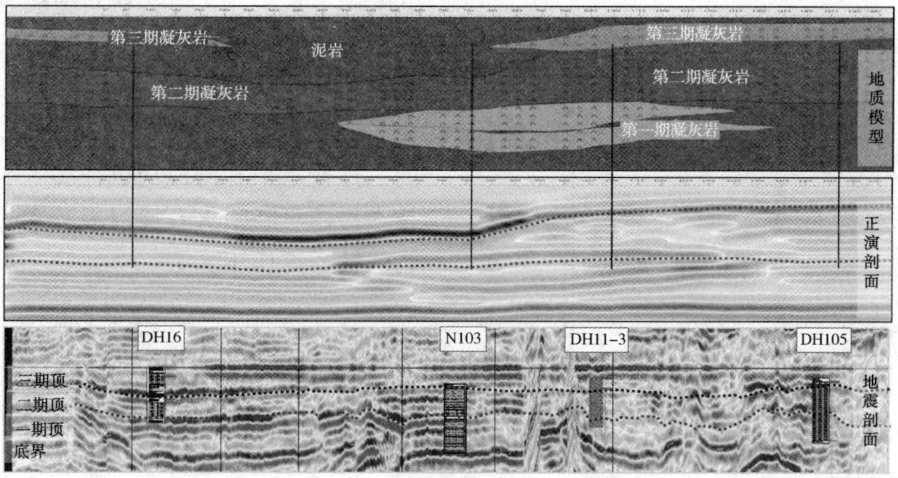

图 14　模型正演研究凝灰岩地震特征

2.5.2　优质储层预测

根据正演模拟结果，针对两种不同岩性组合，采用了不同的技术方法，来预测有效储层。对于第二期和第三期之间有沉积隔层的岩性组合，采用稀疏脉冲的波阻抗反演较好的预测了第二期火山沉积的有效储层分布。从反演结果来看，凝灰岩储层具有较高阻抗，可以精准的识别出凝灰岩顶界面，DH101 井揭示在顶部凝灰岩物性好，其孔隙度 8% 到 12%，是优质储层如图 15 所示。对于第二期和第三期之间没有沉积隔层的岩性组合，首先采用测井曲线交汇分析如图 16 所示，交汇分析结果表明，单一的测井参数很难把凝灰岩储层识别出来，但是伽马和电阻率曲线交汇能很好区分泥岩和凝灰岩。因此，采用多参数反演融合技术来预测有效储层，其原理如图 17 所示，它是通过把 A 数据体作为基准数据，然后把 B 数据按照一定比例取值，融合到 A 数据中形成新的数据体 C。具体做法是依托电阻率特征参数反演体作为基准，伽马反演融合到电阻率反演体中，形成了新的反演数据体，通过该项技术有效预测了第二种岩性组合的优质储层分布特征，指导井位部署。

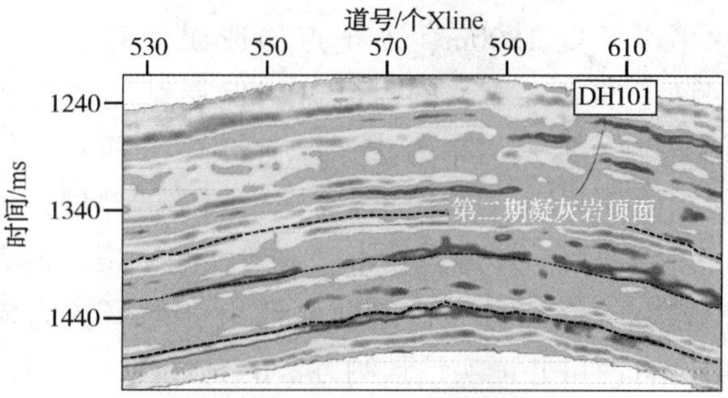

图 15　过 DH101 井反演剖面

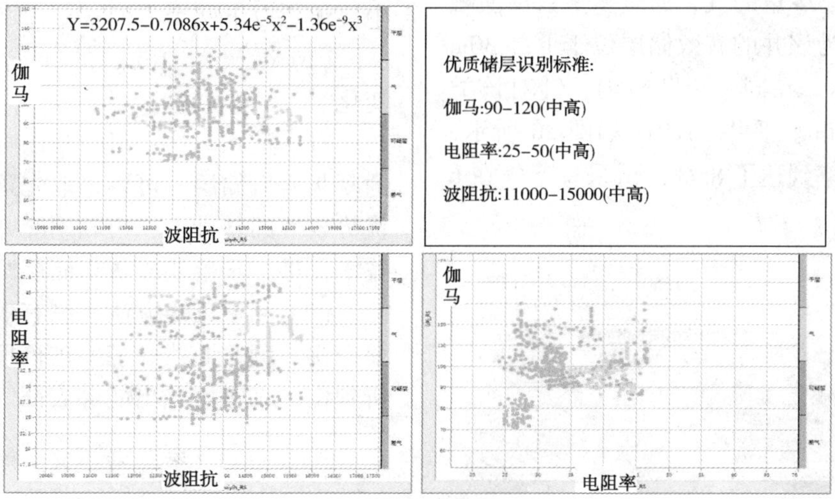

图 16　交汇分析图

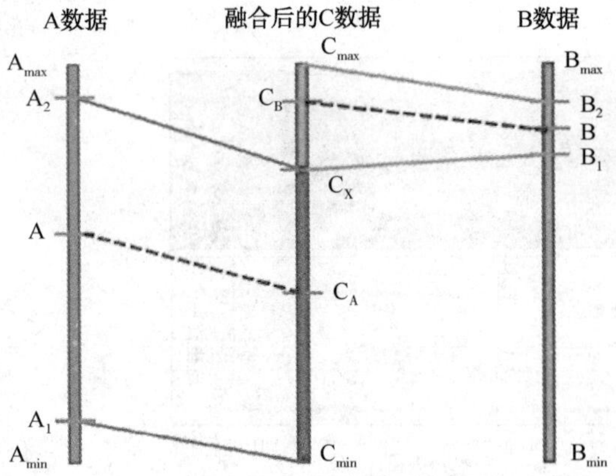

图 17　多参数反演融合示意图

3　应用效果分析

钻井证实，德惠断陷火石岭组凝灰岩储层直井产量低，难以效益动用，采用水平井和体积压裂技术开发效果较好，但是水平井对凝灰岩储层预测精度要求较高。针对火石岭组凝灰岩储层两种岩性组模式进行水平井开发动用试验，从试验结果来看，第二期与第三期火山沉积有泥岩隔层，开发效果较好，部署了多口水平井都获得了高产工业气流，如在德深A区块部署的DH2井水平段长度1800m，入靶点构造误差只有1m，保证了准确入靶，同时凝灰岩储层钻遇率达到100%，气层钻遇率为95%以上如图18所示。针对第二期与第三期之间没有泥岩隔层的储层，通过多参数反演体融合技术，有效预测了第二期火山岩有效储层分布，这种岩性组合的凝灰岩储层，有两口井证实该预测方法的有效性，一口是DH34井，该井钻遇了较厚凝灰岩，气层钻遇率很低，试气只产了少量的气，通过多参数反演融合方法，我们认为该井的有效储层位于下部30m左右如图19所示。在同一个断阶内，针对该类储层又部署了一口水平井DH103如图20所示，该井的气层钻遇率到达了85%，试采日产气在6万方以上。

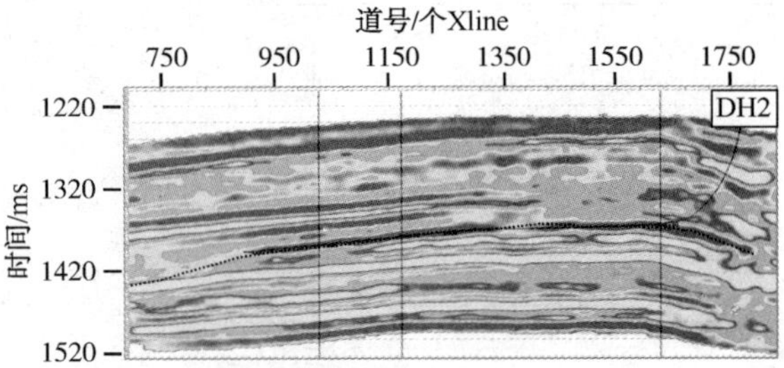

图 18　沿 DH2 井轨迹波阻抗反演剖面

针对德惠断陷火石岭组凝灰岩储层，近3年共实施了水平井7口，从实施成效来看，凝灰岩储层平均钻遇率达到了92.8%，气层平均钻遇率为81%，整体水平井产量较高，均达到了工业气流，实现了通过水平井进行高效开发的目的，这些水平井的成功也证实了本文探索的物探技术对德惠断陷火石岭组凝灰岩的开发动用具有较好的支撑作用。

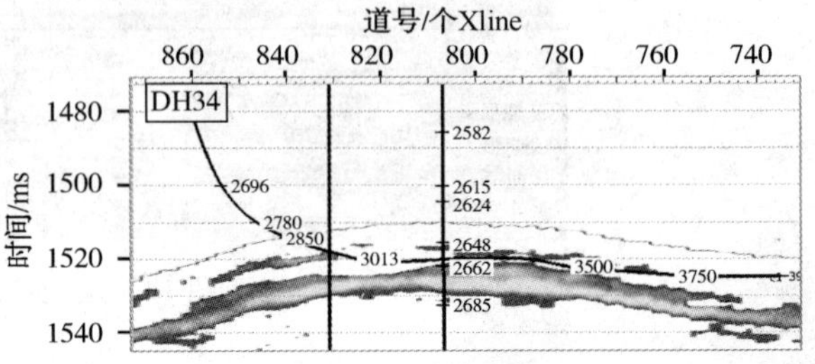

图 19　沿 DH34 井轨迹融合反演剖面

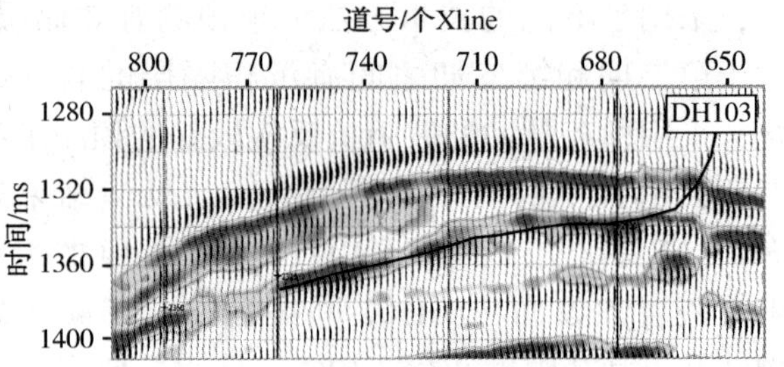

图 20　沿 DH103 井轨迹融合反演剖面

4　结论

本文采用的技术方法，在德惠断陷火石岭组凝灰岩储层勘探、开发中得到了实践，多口水平井证实了该方法对于火石岭组凝灰岩有效储层预测是可行的，能够有效指导生产，但在应用过程中要注意以下两个方面：

(1) 凝灰岩中气层的分布与凝灰岩的横向变化

有一定相关性，对于难以直接预测气层特征的凝灰岩岩储层，可以采取先预测优势岩性，在优势岩性的基础上，再利用测井、地震和反演等技术，进一步落实凝灰岩储层“甜点”区；

(2) 利用反演方法预测有效储层，基础工作要夯实，测井曲线一定要进行环境校正，交汇分析到位，真正优选出能够表征气层的参数。

参　考　文　献

[1] 邹才能，等．中国沉积盆地火山岩油气藏形成与分

布．石油勘探与开发，2008(3)：257-270.

[2] 李明，邹才能，等．松辽盆地北部深层火山岩气藏识别与预测技术[J]．石油地球物理勘探，2002(5)：477-484.

[3] 柯钦，郭波，等．德惠断陷鲍家地区火山岩预测及成藏条件分析[J]．物探化探计算技术，2002(5)：477-484.

[4] 王璞珺，等．松辽盆地火山岩相与火山岩储层的关系[J]．石油与天然气地质，2003(1)：18-23.

[5] 吴颜雄，王璞珺，边伟华，等．松辽盆地深层火山岩储层测井响应及地质解译[J]．吉林大学学报(地球科学版)，2012，42(6)：1927-1934.

[6] 周萍．王府断陷火石岭组火山岩岩性及岩相识别[J]．断块油气田，2020，27(02)：188-192.

[7] 钟高明，赵密福，李永刚，等．火山岩致密凝灰岩气藏开发潜力分析——以松南火山岩气藏为例[J]．石油地质与工程．2016，30(01)：91-94+149.

[8] 聂妍，范廷恩，樊鹏军等．多属性反演储层描述方法及在K油田的应用[J]．中国科技论文，2018，13(15)：1722-1727.

[9] 蔡义峰，夏雨，黄新华等．多属性融合技术在沉积相研究中的应用[C]//中国石油学会石油物探专业委员会，中国地球物理学会勘探地球物理委员会．中国石油学会2019年物探技术研讨会论文集，2019：4.

[10] 罗静兰，等．火山岩油气藏研究方法与勘探技术综述[J]．石油学报，2003(1)：31-37.

[11] 侯启军，赵志魁，王立武．火山岩气藏[M]．北京：科学出版社，2009.

[12] 吴昊，丛立芬，刘智军，等．薄互层“甜点”预测及水平井跟踪导向技术研究应用[C]//中国石油学会石油物探专业委员会(SPG)、国际勘探地球物理学家学会(SEG)．SPG/SEG南京2020年国际地球物理会议论文集(中文)，2020：4.

涪陵地区页岩气储层低阻成因及含气饱和度计算方法研究

石文睿[1,2,3]　张占松[1,2]　张超谟[1,2]　王兴志[3]　万云强[4]　石元会[5]　朱　凌[5]

(1. 地球物理与石油资源学院·长江大学；
2. 油气资源与勘探技术教育部重点实验室·长江大学；
3. 油气藏地质及开发工程国家重点实验室·西南石油大学；
4. 中石化重庆涪陵页岩气勘探开发有限公司；
5. 中石化经纬有限公司江汉测录井分公司)

摘　要　为克服涪陵地区五峰组—龙马溪组页岩气储层低阻导致Archie类电法模型计算的含气饱和度不准确的问题，根据页岩气储层含气饱和度与偶极阵列声波测井和常规测井参数间的关系，以及含气饱和度与总有机碳间的相关关系，建立两种非电法页岩气储层含气饱和度模型，并通过实例井验证方法的可行性以及精确度。研究表明：涪陵地区五峰组—龙马溪组页岩低阻现象的主要成因是页岩石墨化，同时黄铁矿发育以及黏土附加导电等多种因素也会对页岩低阻造成影响；研究区低阻页岩气储层横纵波时差比随含气饱和度的增加而明显减小，并且与密度具有较好相关性，因此可根据横纵波时差比和密度与岩心分析含气饱和度建立饱和度计算模型；低阻页岩气储层含气饱和度随总有机碳增大呈对数增长规律，具有较好的相关性，因此可根据总有机碳实测值建立饱和度计算模型。这两种模型，在实例井中计算精度较高，优于Archie类电法模型。研究认为，利用横纵波时差比和密度建立的饱和度模型适用于有岩心分析的情况，具有一定的地区经验性；基于总有机碳的饱和度模型，具较好的普适性。这两种新的模型适用于低阻页岩气储层含气饱和度计算，具有推广价值。

关键词：含气饱和度；页岩气储层；低阻；横纵波时差比；TOC；涪陵地区

1　前言

全球页岩气资源十分丰富，近年来随着美国“页岩气革命”的成功，使其越来越受到国际能源市场和各国政府的重视。涪陵页岩气田的商业化开发，加快了中国页岩气开发步伐，将推动中国的能源结构逐步发生变化。含气饱和度是页岩气储层评价十分重要的参数，也是页岩气勘探选区中一项重要指标。含气饱和度的计算精度直接影响游离气含量的准确计算，同时也对产能预测起到十分重要的影响。

饱和度评价的主流方法应用的是电法测井，特别是Archie评价方法，但是Archie模型有其苛刻的适用条件，即中等到大孔隙的纯砂岩地层，并且只有地层水导电。随着储层越来越复杂以及研究的加深，后人在Archie模型的基础上进行了发展和完善。针对含泥质储层，建立了不同的饱和度评价模型，比如：层状泥质砂岩模型(1954)、Simandoux模型(1963)、Indonesian模型(1971)、total shale模型(1972)、双水模型(1977)和有效介质模型(1997)等。虽然这些模型是针对含泥质砂岩储层饱和度评价提出的，但其中一些模型在页岩气储层中也有所运用，比如：在美国Marcellus页岩气饱和度评价中运用了Simandoux模型；中国建南气田页岩气饱和度评价中运用了total shale模型。虽然传统的电法测井饱和度模型在这两个区块有较好运用，但是这类方法并不适合低阻页岩气储层饱和度评价。

根据电性特征，传统油层低阻可分成两类：一类是绝对低阻，即电阻率绝对值小于5Ωm；另一类是相对低阻，即在同一油水系统内，油层的电阻率增大率小于3，甚至小于2。本文所探讨的页岩气储层“低阻”，是指由于地层矿物骨架导电造成储层或储层局部电阻率不高于同层或邻层非含气页岩电阻率的一种现象。Simandoux 模型和 total shale 模型都是基于 Archie 模型改进及发展而来，而这类模型成立的前提条件是仅有地层水导电，构成地层骨架的矿物成分不导电，含水饱和度和电阻率之间是唯一的对应关系。由于矿物骨架导电，导致这类模型可能不适用于低阻页岩气储层饱和度评价。孙建孟等针对黄铁矿发育造成低阻的现象建立了饱和度并联模型：该模型认为页岩气储层电阻率主要受黄铁矿、有机质、粘土以及微孔隙和微裂缝中的地层水这四部分影响，可以计算每一部分的电阻率然后并联起来，建立相应的饱和度模型。该模型对富含黄铁矿的济阳凹陷页岩油饱和度评价具有很好的效果，但是由于多种因素共同作用导致低阻现象的四川盆地涪陵地区五峰组—龙马溪组页岩气评价中依然不能规避除了黄铁矿外的其他因素造成的影响。因此该方法更适合于只有黄铁矿造成低阻的页岩油气储层。

本文针对涪陵地区五峰组—龙马溪组页岩低阻现象，以该地区焦石坝区块为研究对象，根据参数井岩心分析、钻井地质、测井以及录井资料，分析了研究区五峰组—龙马溪组页岩的低阻成因，建立了基于横纵波时差比（RMSC）与密度（DEN）的测井拟合模型，以及基于 TOC 值建立的通用计算模型，最后以建模井和非建模井实例进行分析探讨。涪陵地区的良好应用显示，建立的模型能够有效提高了低阻页岩含气饱和度计算精度，丰富了现有的饱和度测井计算方法，深入挖掘偶级阵列声波测井资料和 TOC 资料应用潜力。

2　研究区低阻页岩成因分析

2.1　地质概况

涪陵地区焦石坝区块位于四川盆地川东高陡褶皱带包鸾—焦石坝背斜带北缘（图 1a），地处涪陵区东部，隶属于中国重庆市涪陵区焦石坝镇。该区块目的层五峰组（O_3w）—龙马溪组（S_1l）发育有优质的海相笔石页岩；根据研究区钻井地质资料、测井资料、录井资料及岩心观察，将该页岩层段自下而上划分为三段九小层（图 1（b））。

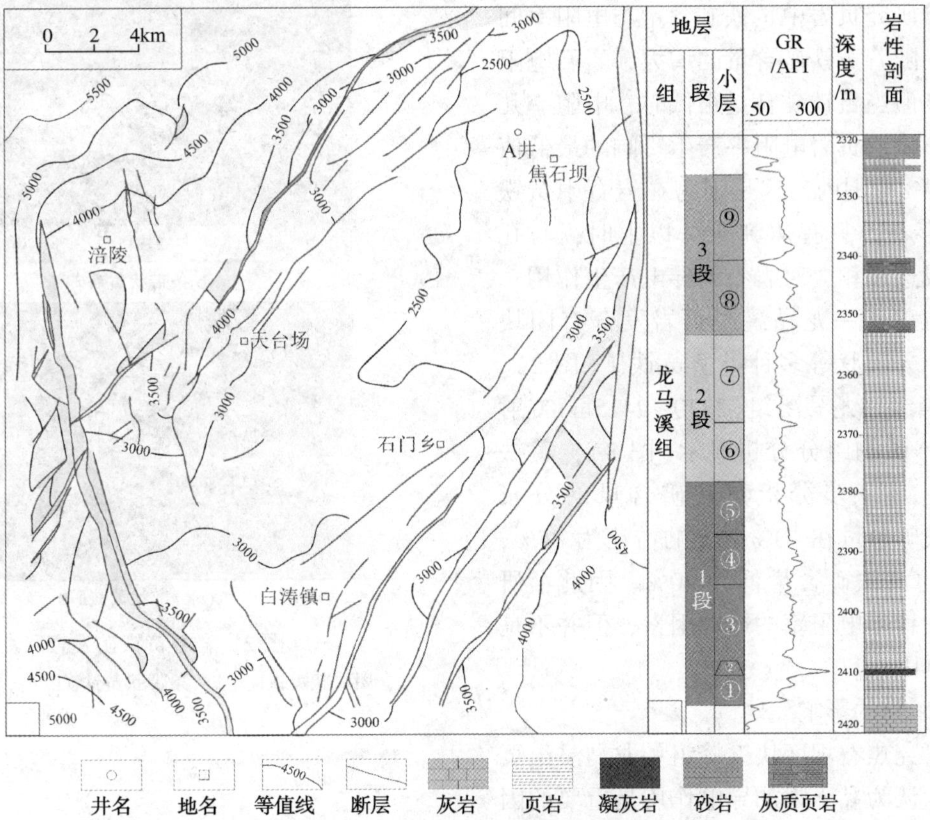

(a)主体构造区　(b)典型井A井储层划分剖面

图 1　涪陵地区焦石坝区块构造与储层划分示意图

研究区TOC主要介于05%~85%，平均为50%，富含有机质；镜质体反射率(R_o)主要介于22%~38%，平均为26%，热演化程度高；有机质类型主要为Ⅰ型和II_1型；矿物成分以石英和黏土矿物为主，且黄铁矿在目的层广泛发育。研究区目的层处于有利生气阶段，具有异常高压特性，储集性能良好，但该区电阻率呈低阻现象，传统的电法测井饱和度模型不适用于该区域的评价。

2.2　低阻页岩成因分析

油气藏低阻现象的成因有多种：比如黄铁矿或磁铁矿等导电矿物的发育、地层水矿化度过高、黏土附加导电作用、围岩影响等。另外，地质构造作用、沉积环境与沉积相带作用等地质因素也可能对低阻油气藏的形成产生影响。很多时候低阻现象不是单一因素所产生的，可能是多种因素共同作用的结果。本研究认为研究区页岩气储层低阻现象主要是受页岩石墨化影响，并且同时是黄铁矿发育以及黏土附加导电作用等多种因素共同作用的结果。

2.2.1　黄铁矿的影响

孙建孟等研究页岩中黄铁矿含量与电阻率间的关系发现：随着黄铁矿含量的增大，岩石电阻率有所下降，但当黄铁矿含量很低时，电阻率几乎没有受到影响，页岩电阻率产生影响的最低值约在40%~60%范围内。这是因为在岩石中黄铁矿呈分散态存在，只有达到40%以上时，与孔隙相连易形成连续相，对岩石的导电产生作用。

研究区五峰组—龙马溪组页岩发育有团块状、条带状、分散状等多种类型黄铁矿(图2)。根据A井五峰组—龙马溪组(2330~2415m)X射线衍射(XRD)矿物组分分析显示(图3)，黄铁矿广泛发育。进一步分析黄铁矿含量的分布(图4)，黄铁矿含量在40%以上的占比为85%，大多数层段的黄铁矿含量低于40%。因此，研究区黄铁矿发育是电阻率的影响因素，但并不是最主要的影响因素。

2.2.2　黏土矿物的影响

张晋言研究焦石坝区块五峰组—龙马溪组页岩低阻成因，认为黏土附加导电作用是重要的因素：黏土矿物中的蒙脱石吸附水基钻井液中的水膨胀形成附加导电性。

作者研究黏土矿物和页岩电阻率的关系，从A井目的层XRD分析数据中，以黄铁矿含量均小于40%，且孔隙度相近和TOC也相近的原则选出12组数据。分析发现：当黏土总量大于460%后，电阻率随黏土总量的增加才明显下降；当黏土总量小于460%时，电阻率变化不明显(图5)。研究认为：只有当黏土含量达到一定程度，才会对电阻率产生影响。进一步研究，发现黏土含量在460%以上的数据点均位于页岩⑧~⑨小层(2330~2353m)，优质页岩气层段页岩①~⑤小层(2377~2415m)黏土矿物含量多小于40%，但依然存在低阻现象。因此，黏土矿物影响应不是最主要影响因素。

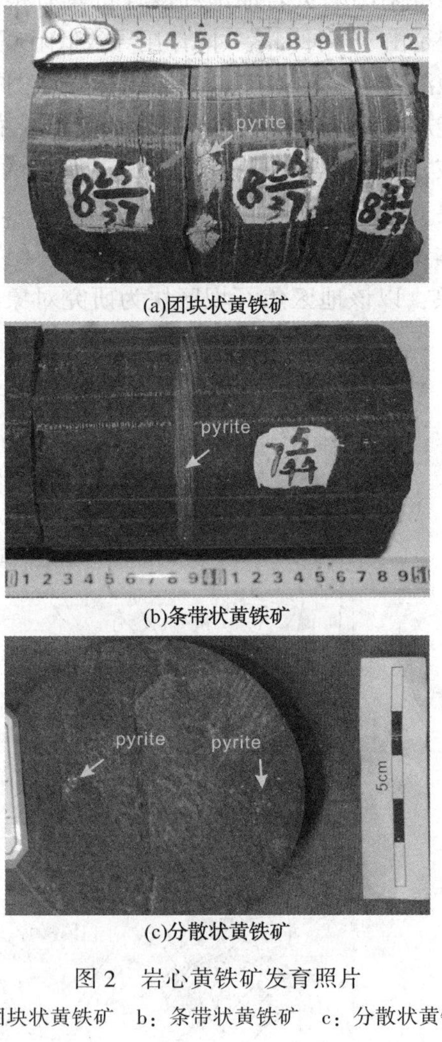

(a)团块状黄铁矿

(b)条带状黄铁矿

(c)分散状黄铁矿

图2　岩心黄铁矿发育照片

a：团块状黄铁矿　b：条带状黄铁矿　c：分散状黄铁矿

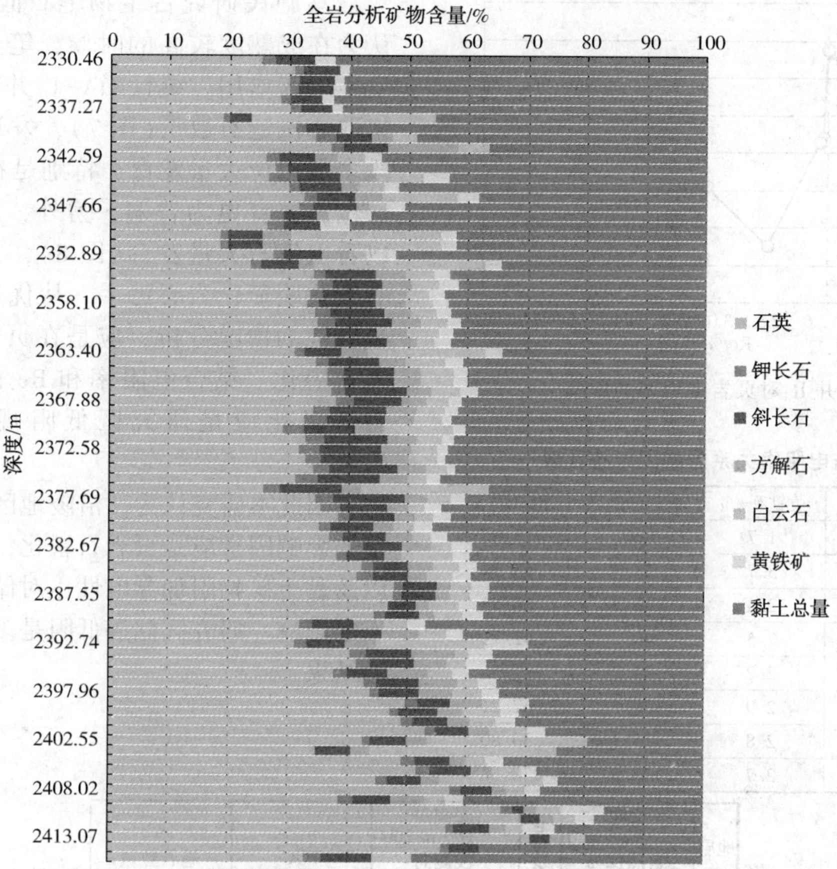

图 3　A 井五峰组—龙马溪组 XRD 矿物组分分析图

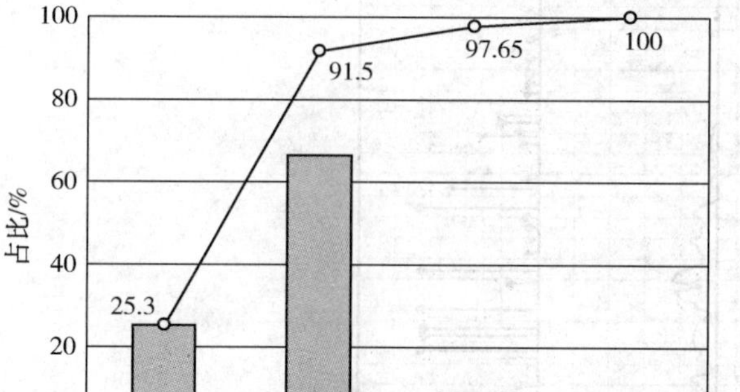

图 4　A 井五峰组—龙马溪组页岩层段黄铁矿含量统计图

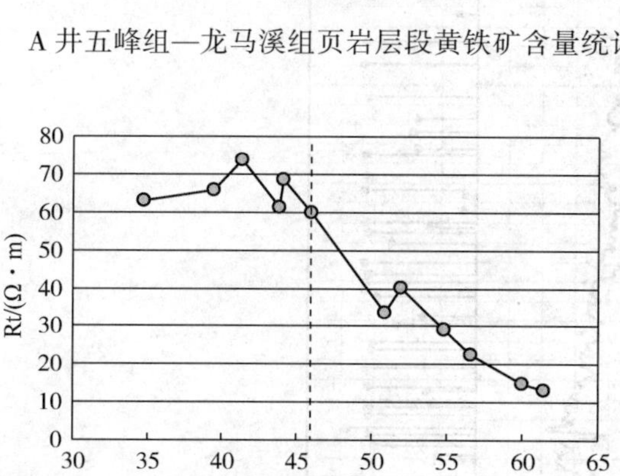

图 5　A 井黏土总量对页岩电阻率的影响

2.2.3　页岩石墨化的影响

有机质碳化是南方页岩气勘探与研究中存在的一种地质现象，该现象是指在高成熟阶段泥岩或页岩会经过有机质降解、裂解等过程，固体有机质部分或全部转化成石墨或类石墨物质，最终导致页岩石墨化。有研究认为 R_o 增大到一定程度时会造成页岩石墨化，发生由离子向电子导电转化，从而可能呈现电阻率降低的现象。研究区目的层段 R_o 在 220%～380%之间，处于较高阶段。研究 R_o 与电阻率的关系(图 6)，可以看出随着 R_o 的增大，当 R_o 大于 255%后，电阻率有随 R_o 增加而下降的趋势。另外，研究也发现 R_o 为 280%的数据点的电阻率明显低于其他数据点。为探究该点数据明显低的原因，统计了各 R_o 数据对应的黄铁矿含量和黏土总量(表 1)。统计发现各组 R_o 数据对应的黄铁矿含量均小于 40%，但是 R_o 为 280%的数据点的黏土矿物含量达到 600%，明显高于其他数据点。该点应是受黏土附加导电作用影响导致电阻率明显低于其他数据点。

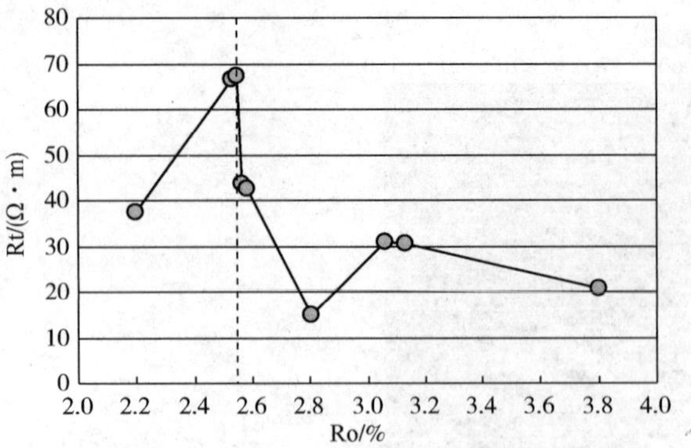

图 6　A 井 R_o 对页岩电阻率的影响

表 1　R_o 与电阻率关系影响因素统计表

深度/m	Ro/%	黄铁矿/%	黏土总量/%	Rt/Ω · m
2339. 3	2. 80	1. 7	60	15. 02
2346. 5	2. 57	3. 7	38. 3	43. 54
2358. 6	2. 53	2. 3	43. 2	66. 53
2367. 4	2. 58	2. 5	40. 2	42. 71
2376. 1	2. 20	2. 2	44. 7	37. 56
2385. 4	2. 55	2. 9	38. 5	67. 21
2397. 1	3. 06	2. 8	35. 1	30. 80
2406. 2	3. 13	2. 7	28. 3	30. 68

马施民研究古生物笔石同页岩气的关系，认为在成熟度较高的时候，笔石结构转换主要发生增碳作用。统计 DA-E 井五峰组—龙马溪组取心段笔石数量(图 7)，发现笔石在页岩层段多数层位大量发育，特别是在 TOC 含量高的层位，繁育更为普遍。另外，从岩心截面也可以看出笔石大量发育(图 8)，并且部分井段岩心碳化明显，岩心污手。从优质页岩气层段大量含气的情况分析，应是在页岩气藏形成后逐渐石墨化。结合电阻率和 Ro 的关系来看，页岩石墨化应是研究区低阻现象的主要影响因素。

因此本研究认为，涪陵地区储层低阻现象的主要影响因素应是页岩石墨化，并且黄铁矿发育以及黏土矿物附加导电性也对储层低阻现象产生一定影响。研究区储层低阻是多种因素共同作用的结果。

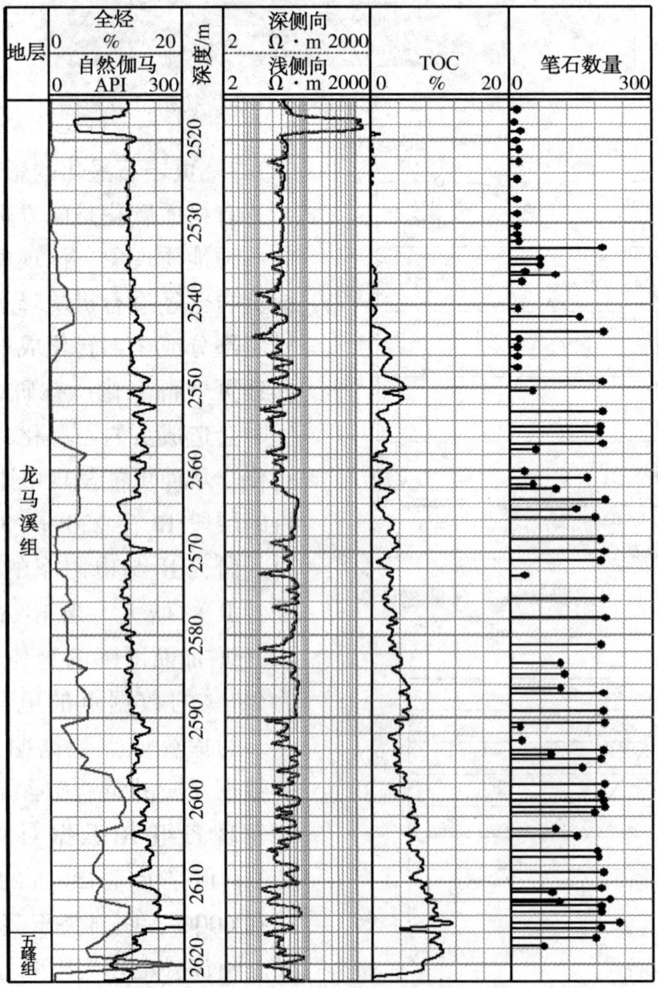

图 7　DA-E 井取心段笔石数量分析图

图 8　岩心截面存在大量发育的笔石

3　饱和度计算方法研究

3.1　非低阻页岩气储层饱和度计算方法

国内外在非低阻页岩气储层饱和度计算多采用 Simandoux 和 total shale 模型，实质是在 Archie 模型的基础上考虑泥质的影响。Simandoux(1963 年)根据均匀分布的砂和黏土混合物的实验结果，研究认为泥质的附加电导形式应该是 Vsh× Csh，提出了 Simandoux 公式：

$$C_t=\frac{C_w\times S_w^2}{}+V_{sh}\times C_{sh} \tag{1}$$

式中，C_t 为含油气泥质砂岩电导率，S/m；C_w 为地层水电导率，S/m；C_sh 为泥质电导率，S/m；V_sh 为泥质含量，小数；S_w 为含水饱和度，小数；F 为地层因素，无量纲。

Schlumberger 公司(1972)在 Simandoux 模型的基础上提出了 total shale 模型，也被称为修改过的 Simandoux 模型。该模型不考虑泥质的分布形式，只考虑总的泥质含量，公式如下：

$$\frac{1}{R_t}=\frac{\phi^m\times S_w^n}{aR_w\times(1-V_{sh})}+\frac{V_{sh}\times S_w}{R_{sh}} \tag{2}$$

式中。R_{sh}为泥岩电阻率，Ω · m；R_t为地层真电阻率，Ω · m；R_w 为地层水电阻率，Ω · m；ϕ 为地层孔隙度，小数；a 为岩性系数，无量纲；m 为地层胶结指数，无量纲；n 为饱和度指数，无量纲。

3.2　低阻页岩气储层饱和度计算方法研究

前面研究发现，研究区五峰组—龙马溪组页岩由于地层骨架的矿物成分导电，使得如 Simandoux 和 total shale 这类以电阻率为主导参数的饱和度计算模型，在低阻页岩气储层中不适用。孙建孟等以 Archie 模型为基础，针对黄铁矿发育造成页岩气储层低阻的问题，建立了饱和度计算并联模型。虽然该模型能够规避黄铁矿造成的低阻影响，但是不能规避页岩石墨化造成的低阻影响。上述所说的这三个模型属于电法模型，均不适用于研究区饱和度计算。因此，本文研究认为应建立非电阻率法模型，以规避低阻的影响。为解决这个问题，本文以研究区 3 口井的岩心分析数据为基础，通过研究这些数据与测井参数间的关系，建立适用于低阻页岩气储层的饱和度计算新模型。

3.2.1　研究区含气饱和度与常规测井参数关系

根据研究区 B 井、C 井、D 井三口井 40 个页岩岩心分析数据样本，研究岩心饱和度和测井响应的关系，发现岩心饱和度除与 DEN 有较好的线性相关外，与自然伽马(GR)、补偿中子(CNL)、声波时差(AC)、电阻率(R_t)这些测井参数以及储层参数孔隙度(POR)相关性不明显(图 9)。其中，岩心饱和度与 DEN 的相关指数 R^2为 061，在饱和度计算要求较高的页岩气储层评价中，显然单与 DEN 建立的拟合公式并不适用。

因此，在常规参数拟合效果不理想的情况下，作者通过分析岩心含气饱和度与偶级阵列声波参数以及 TOC 间的关系，建立了两种含气饱和度计算模型。

3.2.2　偶级阵列声波参数拟合法

谢进庄在研究声波弹性参数与剩余油饱和度的关系发现：岩石的压缩系数主要受孔隙度、泥质含量和岩石中所含流体性质所影响。通常，当泥质含量确定时，岩石的孔隙度越大，其压缩系数越高；当孔隙度确定时，岩石的泥质含量比例越大，其压缩系数也会越高；当孔隙度和泥质含量都一定时，岩石的压缩系数则随含气饱和度的增大而升高。笔者利用上述三口井 40 个岩心数据通过压缩系数、孔隙度、泥质含量拟合求取含气饱和度。拟合公式如下：

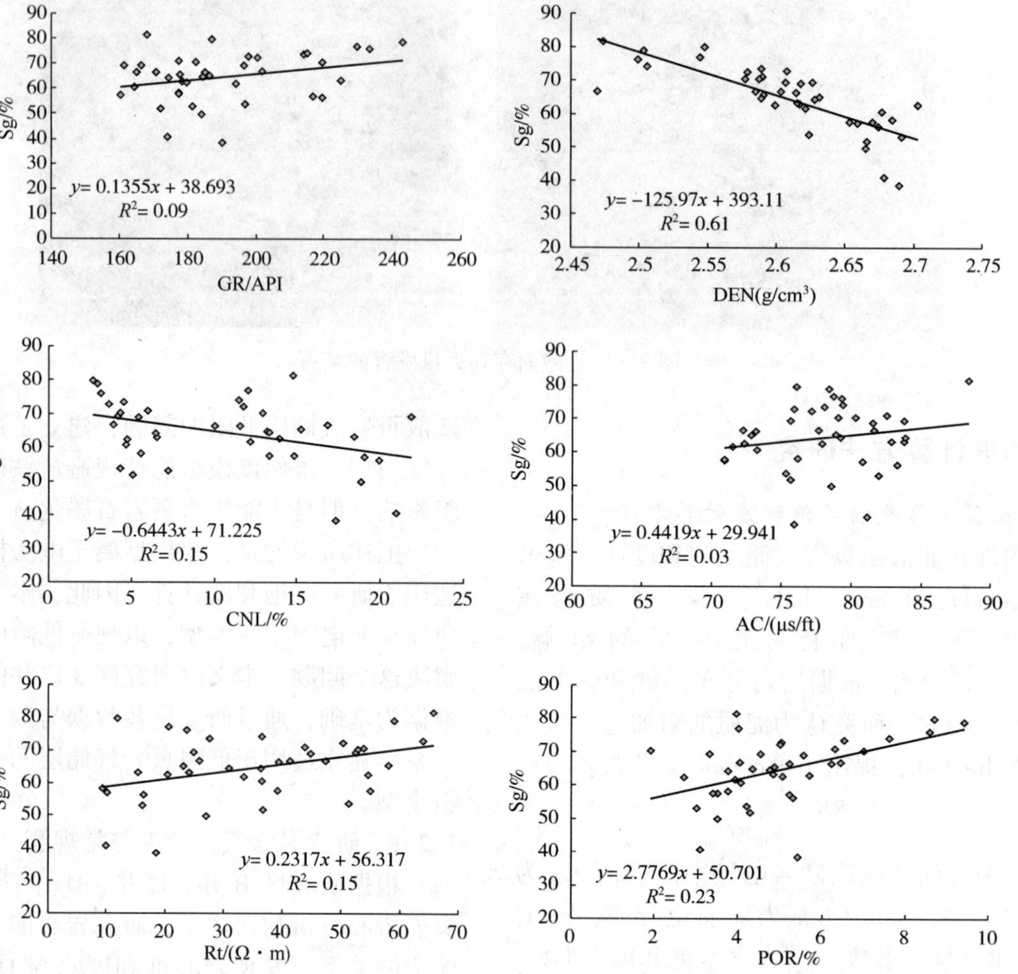

图 9　岩心分析饱和度与页岩储层常规测井参数以及孔隙度的相关性分析

$$S_g = 513.29C - 0.32V_{sh} - 0.672POR + 57.404 \quad (3)$$

式中，C 为岩石压缩系数，为体积模量的倒数，GPa^{-1}；POR 为页岩气储层孔隙度，%；S_g 为含气饱和度，%。

公式 3 的相关指数 R^2 为 040，呈弱相关关系。该方法虽不理想，但受弹性参数与饱和度关系的启发，可以考虑偶级阵列声波参数与饱和度的关系。横纵波时差比是指横波时差与纵波时差的比值，也被称为纵横波速比。纵波作为压缩波，在气体中能够传播，当储层含气时，纵波能量明显衰减，使得纵波传播速度大幅减小，则纵波时差大幅增大；横波作为剪切波，在气体中不能传播，遇到气层时变化不大，所以横纵波时差比在储层含气时会下降，并且随含气饱和度的增加而下降明显。研究发现横纵波时差比和岩心分析含气饱和度之间也存在较好的相关关系(图 10)，R^2 为 063。

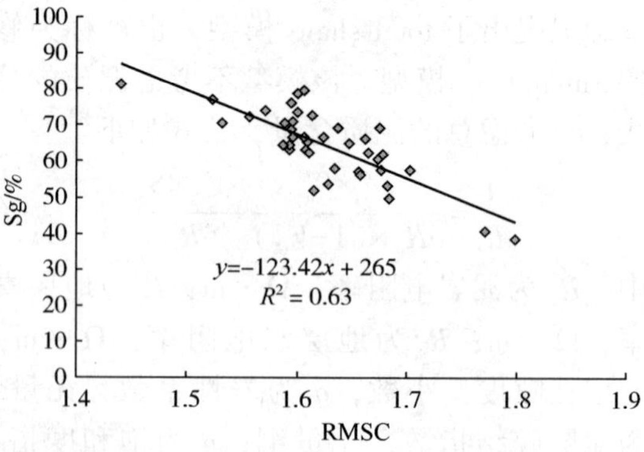

图 10　岩心分析含气饱和度与横纵波时差比相关性分析

在含气饱和度与横纵波时差比和 DEN 均有较好相关性的前提下，建立含气饱和度与两者的多元拟合模型，相关指数较高，R^2 为 074。公式如下：

$$S_g = -73.825RMSC - 71.475DEN + 370.889 \quad (4)$$

式中，$RMSC$ 为横纵波时差比，无量纲。

3.2.3　基于 TOC 的含气饱和度计算方法

1）模型建立

页岩气藏作为“自生、自储”的一类气藏，TOC 是页岩骨架的一部分，同时又是页岩生气潜力的指示参数，而 TOC 属于烃源岩里能够反映有机质丰度的指标。研究发现：岩心分析 TOC 与对应岩心分析含气饱和度间具有较好的相关性(图 11)，因此可以考虑用 TOC 度量含气饱和度。

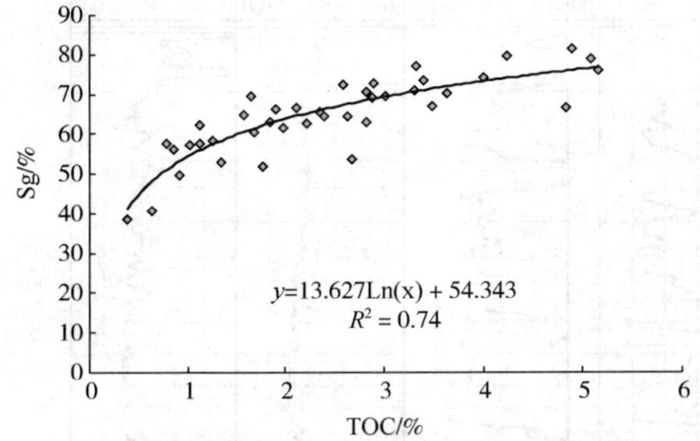

图 11　岩心分析含气饱和度与 TOC 相关性分析

本文以 TOC 与含气饱和度的关系为基础，在考虑页岩 TOC 区域背景值的情况下，比照电阻率增大系数模型建立饱和度模型，规避了低阻的影响。

$$S_w = n_{toc}\sqrt{\frac{TOC_b}{TOC_t}} \times 100\% \tag{5}$$

$$S_g = 100 - S_w = 100 - n_{toc}\sqrt{\frac{TOC_b}{TOC_t}} \times 100\% \tag{6}$$

式中，TOC_b 为页岩有机质背景值，%；TOC_t 为页岩气储层录井实测或测井计算的 TOC 值，%；n_{toc} 为 TOC 饱和度指数，无量纲。

将岩心分析的 TOC 值通过公式 6 计算含气饱和度，并与对应岩心分析含气饱和度做交会分析(图 12)，可以看出交会的数据点较均匀分布在 45°线两侧，趋势线也与 45°线较为贴合，有强相关关系。

2）TOC 饱和度指数 n_{toc} 值确定方法

参照北美地区及四川盆地建南气田东岳庙段页岩气勘探实例，以含气饱和度 50% 为界划分页岩气层和含气层，将页岩气层的最小含气饱和度定义为 05 或 50%，即区域页岩气层测录井 TOC 最小值 TOC_{tmin} 与 TOC_b 具有以下关系：

$$n_{toc}\sqrt{\frac{TOC_b}{TOC_{tmin}}} = 1.5 \tag{7}$$

将公式两边求对数，公式变形，得

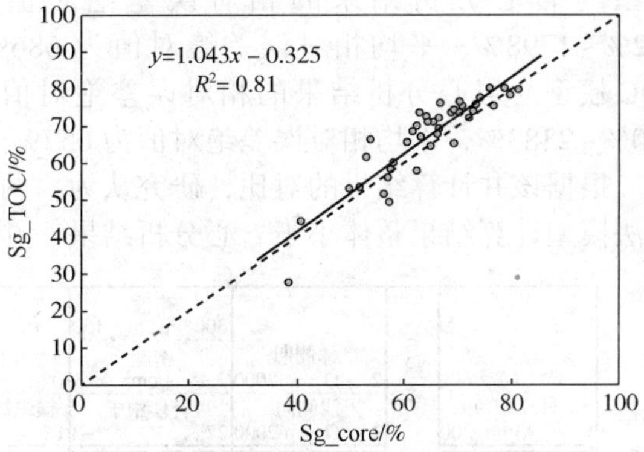

图 12　40 个岩心分析含气饱和度与公式 6 计算含气饱和度交会图

$$n_{toc} = \frac{lg\dfrac{TOC_{t\,min}}{TOC_b}}{lg2} \tag{8}$$

研究区页岩气储层中气层最小含气饱和度对应的 TOC_{tmin} = 08%，背景值 TOC_b = 02%，则根据公式 8 计算 n_{toc} = 2，即 TOC 饱和度指数 n_{toc} 取 2。

4　结果与讨论

4.1　实例分析

4.1.1　建模井实例分析

D 井是研究区的一口评价井，目的层五峰组—龙马溪组存在良好页岩气显示，地层层序正常，未钻遇断层。该井五峰组—龙马溪组自然伽马曲线呈高值，在 105API ~ 280API 之间；深、浅侧向电阻率曲线明显低值显示，在 6Ωm ~ 80Ωm 之间。

将 Archie 模型、total shale 模型(公式 2)、时差比多元拟合模型(公式 4)以及 TOC 模型(公式 6)在 D 井中进行验证，如图 13 所示第六道至第九道分别是四个模型计算结果与岩心分析含气饱和度的匹配。从第六道可以看出 Archie 模型计算的含气饱和度整体小于岩心分析含气饱和度，并且多处与岩心分析含气饱和度相差甚远；第七道 total shale 模型计算结果较 Archie 模型计算结果有所提升，部分点与岩心分析结果匹配较好，但是整体还是小于岩心分析结果；第八道和第九道分别是公式(4)、公式(6)的计算结果，可以看出整体与岩心分析结果有更好的匹配。

分析 total shale 模型、时差比多元拟合模型和 TOC 模型与岩心分析含气饱和度的匹配结果(表 2)：total shale 模型与岩心分析结果的相对误差绝对值在 140% ~ 9129%，平均相对误差绝对值为 2153%，相对误差绝对值范围过宽，少数点与岩心分析结果相差甚远；时差比多元拟合模型与岩心分析结果的相对误差绝对值在042%~1798%，平均相对误差绝对值为686%；TOC模型与岩心分析结果的相对误差绝对值在010%~2383%，平均相对误差绝对值为657%。

根据该井计算结果的对比，研究认为：两种电法模型计算结果整体小于岩心分析结果，并且部分点完全不匹配，因此这类模型不适用于研究区低阻页岩气含气饱和度评价，而本文研究的两种计算方法则更适合研究区低阻页岩气含气饱和度计算。为了验证文中研究的两种方法的可行性，选择研究区内一口非建模井进行评价。

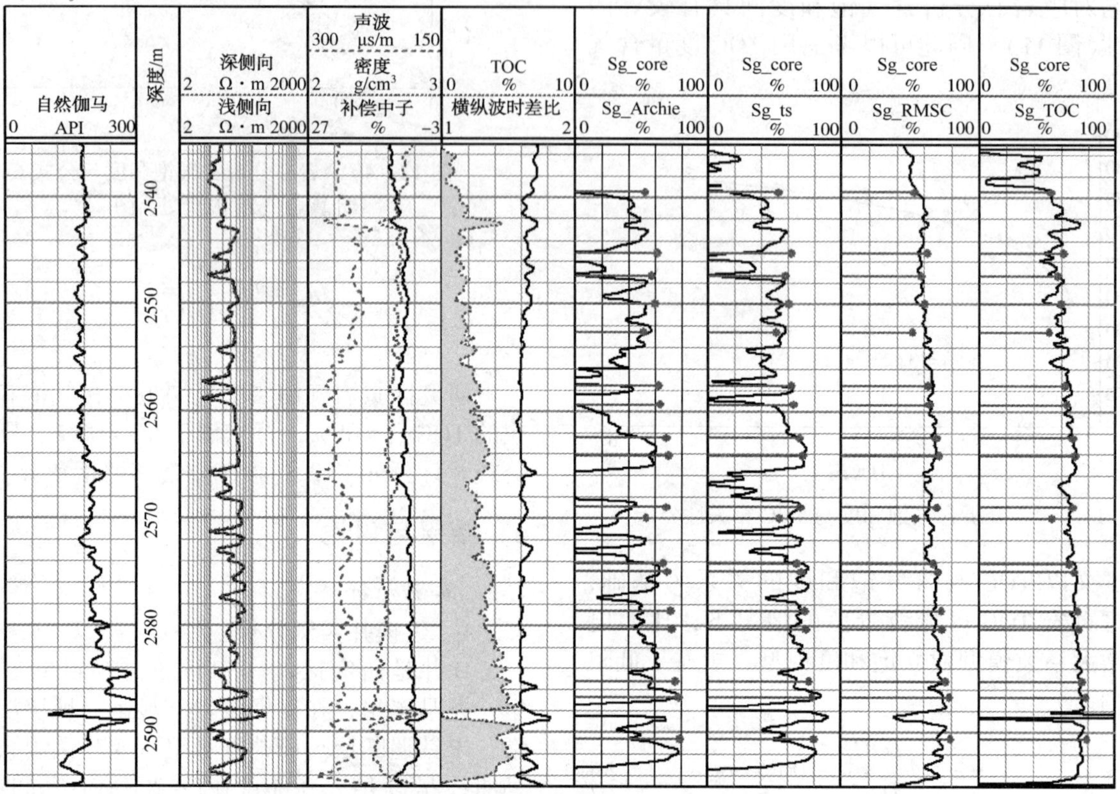

图13　D井计算含气饱和度与岩心分析含气饱和度对比图

表2　三种饱和度模型计算结果与岩心分析含气饱和度对比

样品号	深度/m	$S_{g_}$core/%	total shale 模型		RMSC 模型		TOC 模型	
			$S_{g_}$ts/%	相对误差/%	$S_{g_}$RMSC(%)	$S_{g_}$ts/%	相对误差/%	$S_{g_}$RMSC/%
C1	2539.55	53.04	17.64	−66.75	54.33	2.44	52.76	−0.52
C2	2545.2	62.44	18.64	−70.14	54.89	−12.09	48.09	−22.98
C3	2547.31	58.19	5.07	−91.29	58.44	0.42	54.92	−5.62
C4	2549.99	60.61	56.13	−7.39	56.03	−7.55	56.97	−6.01
C5	2552.58	51.79	57.55	11.11	61.10	17.98	59.57	15.01
C6	2557.63	63.05	55.92	−11.31	66.15	4.92	67.39	6.88
C7	2559.38	64.31	48.39	−24.76	65.45	1.78	66.10	2.78
C8	2562.49	69.00	68.04	−1.40	65.95	−4.42	67.27	−2.51
C9	2564.19	70.97	69.80	−1.66	67.97	−4.23	70.10	−1.22
C10	2568.97	69.37	67.83	−2.22	63.72	−8.15	68.52	−1.23
C11	2569.99	53.76	62.62	16.49	63.16	17.49	66.57	23.83
C12	2574.2	66.81	69.55	4.10	68.26	2.17	70.53	5.57
C13	2575.01	70.35	73.55	4.55	69.4	−1.31	71.23	1.25
C14	2578.66	72.87	70.62	−3.09	65.35	−10.32	68.30	−6.28
C15	2580.36	73.56	62.59	−14.91	67.63	−8.06	70.23	−4.52
C16	2585.23	75.99	65.88	−13.30	74.49	−1.98	75.91	−0.10
C17	2586.69	78.82	82.79	5.03	73.87	−6.28	75.73	−3.92
C18	2590.59	79.73	49.43	−38.00	70.18	−11.98	73.28	−8.08

4.1.2　非建模井实例验证

DA-E井同样是研究区的一口评价井，该井五峰组—龙马溪组自然伽马曲线呈高值，在130API~250API之间；深、浅侧向电阻率曲线明显低值显示，在8Ωm~75Ωm之间。

运用total shale模型(公式2)、时差比多元拟合模型(公式4)以及TOC模型(公式6)计算含气饱和度，并与岩心分析含气饱和度进行对比(图14)，可以看出本文建立的两种模型计算结果均优于total shale模型计算结果，与岩心分析含气饱和度有更好的匹配。TOC模型计算结果与total shale模型结果相比，呈包络线形态，在电阻率异常值降低层段TOC法计算含气饱和度并没有减小。

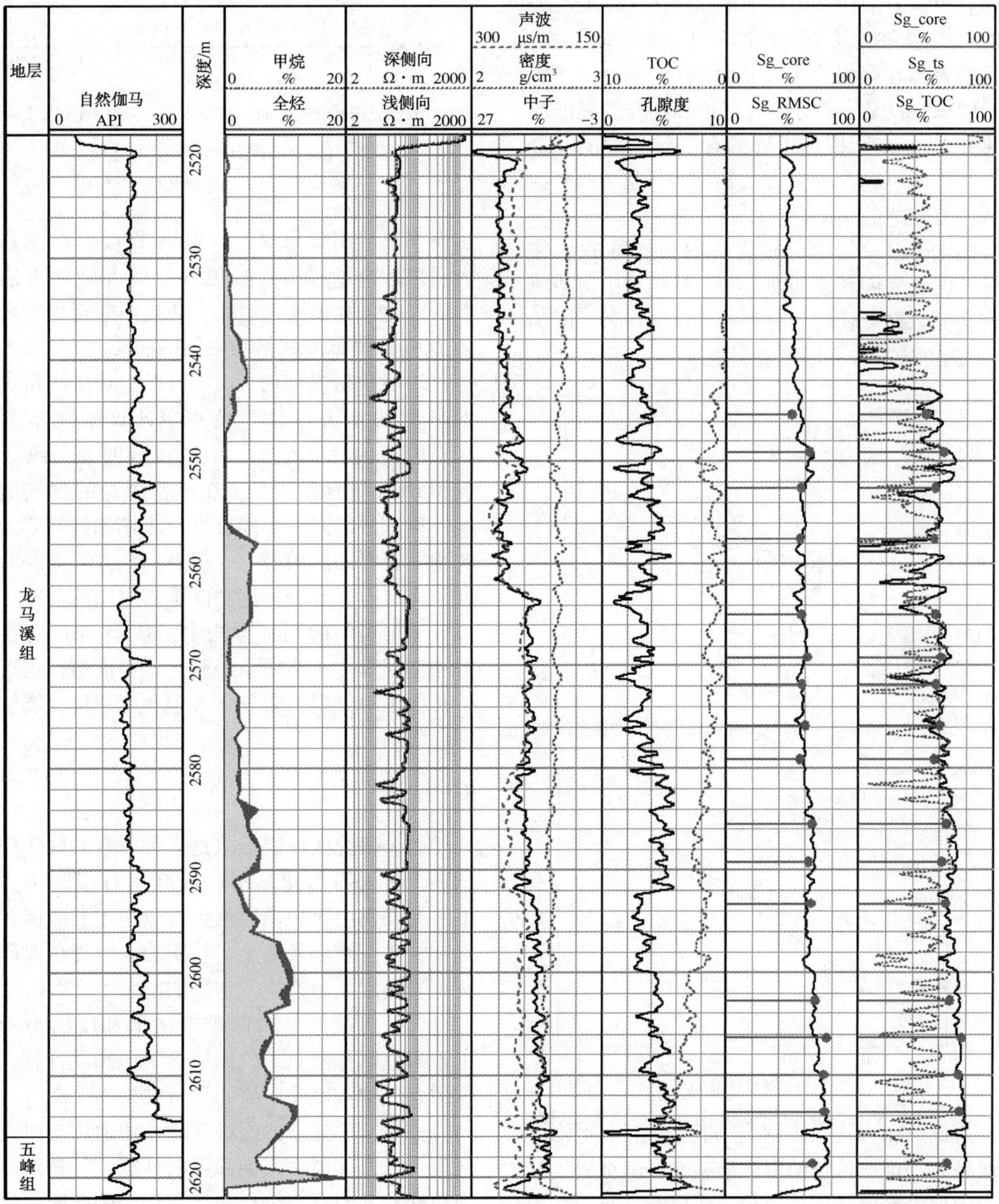

图14　DA-E井计算含气饱和度与岩心分析含气饱和度对比图

4.2 讨论

进一步对比文中建立的两种计算方法以及 total shale 模型的精度，我们将 DA-E 井岩心分析含气饱和度与三种方法计算的含气饱和度作交会分析，并计算其相关性。

图 15(a)是岩心分析含气饱和度与 total shale 模型计算的含气饱和度的交会图。从图中可以看出该方法计算的含气饱和度多小于岩心分析的含气饱和度，多数点都位于 45°线的下方，并且两者不具有相关性，R^2 为 007。

图 15(b)是岩心分析含气饱和度与横纵波时差比和 DEN 多元拟合计算的含气饱和度的交会图。从该图可以看出交会的数据点贴合在 45°线两侧，有较好的相关性，R^2 为 072。

图 15(c)是岩心分析含气饱和度与 TOC 模型计算的含气饱和度的交会图。从该图中可以看出交会的数据点较均匀分布在 45°线两侧，R^2 为 080。该方法与岩心匹配效果最理想。

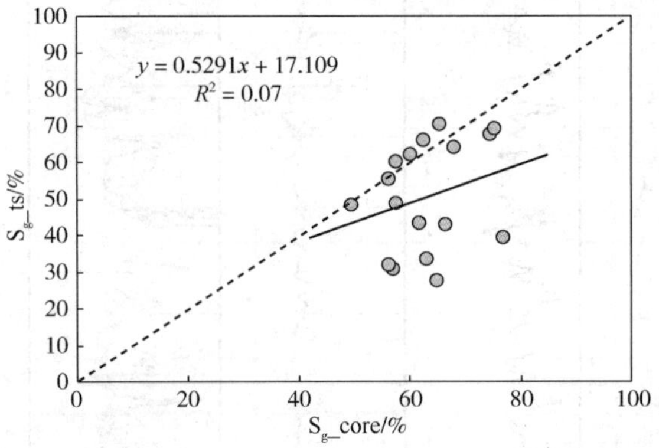

(a)岩心分析含气饱和度与total shale模型计算含气饱和度交会图

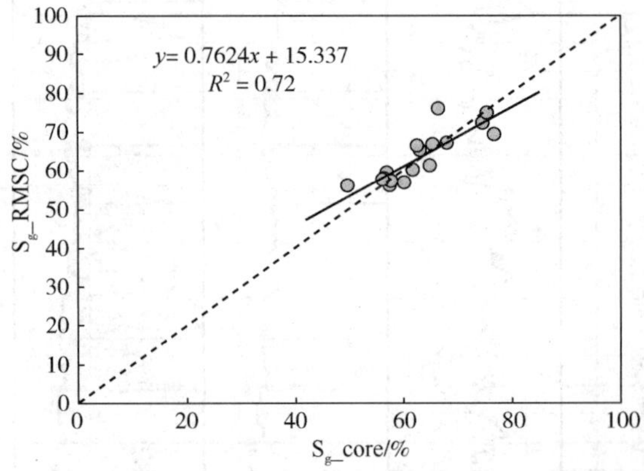

(b)岩心分析含气饱和度与RMSC模型计算含气饱和度交会图

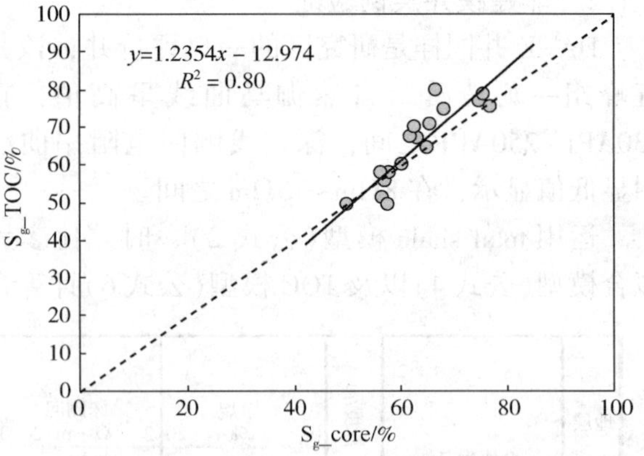

(c)岩心分析含气饱和度与TOC模型计算含气饱和度交会图

图 15　DA-E 井岩心分析含气饱和度与三种模型计算含气饱和度交会图

对比上述方法(图 15)，可以看出本文建立的两种方法优于传统的电法模型在低阻页岩气储层中的评价。但是，这两种方法也有一定的适用条件：

1)基于 TOC 的含气饱和度计算方法虽在非建模井中运用效果最好，但是 TOC 值在测井中为间接计算所得，TOC 值计算的准确性直接影响最终的计算精度。因此，通过测井资料精确计算 TOC 值是该方法精确应用的前提。

2)运用横纵波时差比和 DEN 拟合计算含气饱和度的方法在非建模井中计算精度略差于 TOC 模型的计算结果，但是横波时差、纵波时差和 DEN 可直接测量。在丰富现有的含气饱和度计算方法的同时，能够进一步挖掘偶级阵列声波测井资料的应用潜力。但是，该方法为经验拟合公式，有岩心分析饱和度是其应用的前提。

文中提供的两种方法中，基于 TOC 的含气饱和度计算方法不属于经验公式类模型，也适用于其他区块低阻页岩气含气饱和度评价，能够被广泛应用。

5 结论

(1)研究区储层低阻是多种因素共同作用的结果。页岩石墨化是涪陵地区焦石坝区块五峰组—龙马溪组页岩储层低阻现象的主要成因，并且黄铁矿发育以及黏土矿物附加导电性也对研究区页岩储层低阻产生一定影响。

(2)传统的 Archie 类电法饱和度模型不适用于研究区低阻页岩气储层含气饱和度计算，计算的含气饱和度小于岩心分析结果。

(3)文中建立的两种计算方法适用于研究区低阻页岩气储层含气饱和度的计算，计算结果更为精确，并与岩心分析结果有更好的匹配，优于 Archie 类电法模型在低阻页岩气储层的评价。

(4)建立的两种含气饱和度计算方法具有相

应的应用前提：根据横纵波时差比和 DEN 建立的拟合公式适用于有岩心分析饱和度数据的区块，具有地区经验性；基于 TOC 的计算模型适用于 TOC 值能精确获取的区块，并且该方法不受地区经验影响，在页岩气储层具有较广的适用范围。

参 考 文 献

[1] Glorioso JC, Rattia A Unconventionalreservoirs: basic petrophysical concepts for shale gas[C] SPE 153004.

[2] Jarvie DM, Hill RJ, Ruble TE, et alUnconventional shale-gas systems: the Mississippian Barnett Shale of north-central Texas as one model for thermogenic shale-gas assessment[J]AAPG Bulletin, 2007, 91(4): 475-499.

[3] Weijermars, R, 2014 US shale gas production outlook based on well roll-out rate scenarios Appl Energy 124, 283 - 297 https: //doiorg/101016/japenergy201402058.

[m2] Zou CN, Dong DZ, Wang YM, Li XJ, Huang JL, Wang SF, Guan QH, Zhang CC, Wang HY, Liu HL, Bai WH, Liang F, Lin W, Zhao Q, Liu DX, Yang Z, Liang PP, Sun SS, Qiu Z, 2016 Shale gas in China: Characteristics, challenges and prospects (II) Petroleum Exploration and Development, 43 (2): 182-196.

[m3] Shi WR, Wang XZ, Zhang CM, Feng AG, Huang ZS, 2019 Experimental study on gas content of adsorption and desorption in Fuling shale gas field Journal of Petroleum Science and Engineering, 180: 1069 - 1076 https: //doiorg/101016/jpetrol201906021.

[4] Burnaman M, Xia Wenwu, Shelton J Shale gas play screening and evaluation criteria [J] China Petroleum Exploration, 2009, 3: 51-64.

[5] Archie GE The electrical resistivity log as an aid in determining some reservoir characteristics[J] Transactions of the AIME, 1942, 146(1): 54-62.

[6] Poupon A, Loy ME, Tixer MP A contribution to electric log interpretation in shaly sands[J] Transactions of the AIME, 1954, 201: 138-145.

[7] Simandoux P Dielectric measurements on porous media: Application to the measurement of water saturation : study of the behaviour of argillaceous formations[C]SPWLA Shaly Sand Reprint Volume, 1963: 97-124.

[8] PouponA, LeveauxJ Evaluation of water saturations in shaly formations [J]Gastroenterology, 1971, 140(5): 81-95.

[9] SchlumbergerLog interpretation volume 1: Principles [M] Schlumberger Education Services, 1972.

[m1] Basiouni, Z, 1994, Theory, measurement, and interpretation of well logs: SPE, SPE Txtbook Series, 4, 372-384.

[10] Koelman JM, Kuijper DA An effective medium model for the electric conductivity of an N-component anisotropic percolating mixture [J] Physica A Statistical Mechanics & Its Applic, 1997, 241(1): 10-22.

[11] Boyce ML, Carr TR Lithostratigraphy and petrophysics of the Devonian Marcellus interval in West Virginia and southwestern Pennsylvania[J] Gcssepm Proceedings, 2009, 10: 254-281.

[12] 石文睿，张占松，张建平，等建南东岳庙段页岩气常规测井解释模型研究——以建页 HF-1 井为例[J]天然气勘探与开发，2014，37(2)：29-34.

[13] 杨春梅，周灿灿，程相志低电阻率油层成因机理分析及有利区预测[J]石油勘探与开发，2008，35(5)：600-605.

[14] 赵军龙，李甘，朱广社，等低阻油层成因机理及测井评价方法综述[J] 地球物理学进展，2011，26(4)：1334-1343.

[15] 翟利华，林艳波，秦智，等鄂尔多斯盆地姬塬地区延长组长 4+5 低阻油层成因及识别方法[J]油气地质与采收率，2018，25(2)：50-57.

[16] 朱家俊济阳坳陷低电阻率油层的微观机理及地质成因[J]石油学报，2006，27(6)：43-46.

[17] 王友净，宋新民，何鲁平，等高尚堡深层低阻油层的地质成因[J]石油学报，2010，31(5)：426-431.

[18] 孙建孟，张晋言，赵建鹏，等一种泥页岩油气饱和度的计算模型[P]中国专利，2015100447293，2015-01-29.

[19] Chen SB, Zhu YM, Chen S, et al Hydrocarbon generation and shale gas accumulation in the Longmaxi Formation, Southern Sichuan Basin, China[J] Marine and Petroleum Geology, 2017, 86: 248-258.

[20] 张晋言，李淑荣，王利滨，等低阻页岩气层含气饱和度计算新方法[J]天然气工业，2017，37(4)：34-41.

[21] 赵文智，李建忠，杨涛，等中国南方海相页岩气成藏差异性比较与意义[J]石油勘探与开发，2016，43(4)：499-510.

[22] Spoetl C, Houseknecht D W, Jaques R C Kerogen maturation and incipient graphitization of hydrocarbon source rocks in the Arkoma Basin, Oklahoma and Arkansas: A combined petrographic and Raman spectrometric study[J] Organic Geochemistry, 1998, 28(9/10): 535-542.

[23] 王玉满，董大忠，程相志，等 海相页岩有机质碳

化的电性证据及其地质意义：以四川盆地南部地区下寒武统筇竹寺组页岩为例[J]天然气工业，2014，34(8)：1-7.

[24] 王玉满，李新景，陈波，等海相页岩有机质炭化的热成熟度下限及勘探风险[J] 石油勘探与开发，2018，45(3)：385-395.

[25] 马施民，邹晓艳，朱炎铭，等川南龙马溪组笔石类生物与页岩气成因相关性研究[J]煤炭科学技术，2015，43(4)：106-109.

[26] 谢进庄，楚泽涵，李艳华用声波弹性参数确定剩余油饱和度的方法探讨[J]测井技术，2003，27(3)：181-184.

[27] Lin S，Lai B Experimental investigation of water saturation effects on barnett shales geomechanical behaviors [C] SPE 166234.

[28] Marion D Acoustical mechanical and transport properties of sediments granular materials[D] Stanford University，1990.

[29] 张金钟纵横波速度比、骨架岩性指数及孔隙结构指数的关系[J]西南石油学院院报，1990，5(2)：89-91.

[30] Guerin G，Goldberg D Sonic waveform attenuation in gas hydrate-bearing sediments from the Mallik 2l-38 research well，Mackenziedelta，Canada[J] Journal of Geophysical Research：Solid Earth，2002，107：1-11.

[31] Klimentos T Attenuation of P- and S-waves as a method of distinguishing gas and condensate from oil and water[J] Geophysics，1995，60：447-458.

[32] Pickett GR Acoustic character logs and their applications in formation evaluation[J] Journal of Petroleum Technology，1963，15：650-667 .

[33] Modica CJ，Lapierre SG Estimation of kerogen porosityin source rocks as a function of thermal transformation：example from the Mowry Shale in the PowderRiver Basin of Wyoming[J] AAPG Bulletin，2012，96(1)：87-108.

[34] Bustin RM Gas shale tapped for big play[J] AAPG Explorer，2005，26(2)：5-7.

[35] Xu JL，Xu L，Qin YXTwo effective methods for calculating water saturations in shale-gas reservoirs [J] Geophysics，2017，82(3)：187-197.

[36] Fontaine J Design，execution and evaluation of typical Marcellus shale slick-water stimulation：a case history [C] SPE 117772.

[37] Jacobi D，Gladkikh M，Lecompte B，et al Intergrated petrophysical evaluation of shale gas reservoirs [C] SPE 114925.

致密砂砾岩气藏有效开发技术研究

纪学雁　陈　曦　尹华铭　李　伟

（大庆油田有限责任公司勘探开发研究院）

摘　要　昌德气田主产层是营城组营四段致密砂砾岩储层，具有储层埋藏深、致密低渗透，气井产量低、稳产能力差的特点，如何经济有效开发该区块成为气田开发的关键问题之一。通过精细描述扇三角洲沉积相带及砂砾岩体的展布特征，建立储层的优选界限，综合确定甜点区的分布，形成了致密砂砾岩气藏甜点优选技术，优选出两类甜点区，充分投资、储量动用程度和风险等，确定了平直结合的部署方案。方案实施井取得较好效果，投产1口直井，日产气7.4万方，是周围原直井的4倍，形成的致密砂砾岩有效动用技术，为大庆深层气田提交近200亿方沙河子组探明储量及后续资源的有效动用提供了技术支撑。

关键词：致密砂砾岩；气藏；甜点；有效开发

1　引言

昌德气田，位于黑龙江省大庆市大同区、肇州县及安达市交界处，区域构造位于深层徐家围子断陷西部斜坡带与古中央隆起衔接部，是大庆深层三大气藏之一，1998年提交天然气探明储量$117.08\times10^8m^3$，其中芳深6井区砂砾岩的储量为$84.42\times10^8m^3$（图1）。砂砾储层主要发育于早白垩系营城组的营四段地层，地层厚约120～170m，内部分为yc_4Ⅰ层和yc_4Ⅱ层。孔隙度平均3.2%，孔隙度小于4%的样品占70%。渗透率平均0.51mD，渗透率小于0.05mD的样品占50%。

芳深6井区共3口井营四段储层试气达到工业气流，芳深6井、芳深6-1和芳深7井试气产量分别为$13.84\times10^4m^3$、$6.22\times10^4m^3$和$4.23\times10^4m^3$，投产后日产气量分别为$1.5\times10^4m^3$和$1.1\times10^4m^3$。通过芳深6井试采表明，砂砾岩储层可以保持相对较高的压力，低产量进行长期的生产。

由于气井产量低、稳产能力差，气田一直没有得到有效开发，为实现难采储量有效动用，开展气藏精细描述及经济有效动用研究。

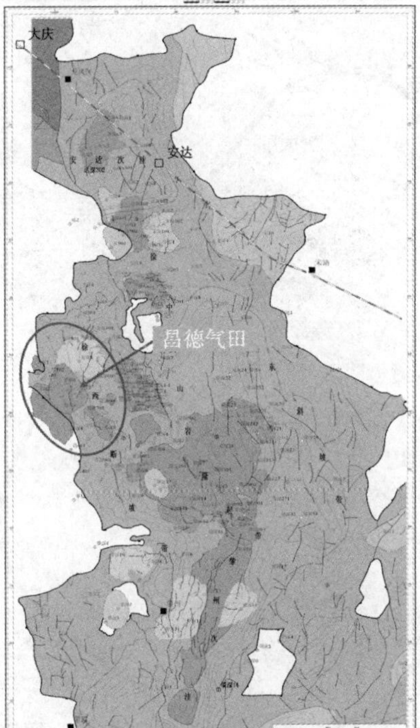

图1　大庆深层气田分布图

2　气藏甜点优选

2.1　沉积相带及砂体描述

yc_4Ⅰ层普遍发育一套薄层砂砾岩，以颗粒支撑为主，yc_4Ⅱ层以薄互层状砂砾岩为特征，局部发育厚层块状砂砾岩。岩性以扇三角洲沉积的杂色砾岩、砂砾岩、含砾砂岩、泥质粗砂岩或粉砂岩为主，其中，砂砾岩含量超过50%；

井震结合，从单井相识别，剖面相划分对比，结合物源分析运用地震属性刻画平面相特征，综合应用“点”、“线”、“面”相结合的相带精细描述技术，确定了各储层段的岩相、亚相及微相类型及特征。

通过古地貌，岩性、电性特征等研究表明，来自古中央隆起的粗碎屑物质经短距离搬运直接进入山前盆地形成扇三角洲沉积，自西向东形成由安达-肇州背斜带向徐家围子断陷延伸的洪积、冲积扇的叠合体，叠合扇体延伸入湖形成营四段地层。气田沉积相主要为扇三角洲相和冲积扇相，其次为浅湖相，优势亚相为扇三角洲前缘亚相。砂砾岩体沉积特点是多物源、近物源、快速堆积，物源主要来自气田西部的古中央隆起的基岩(图2、3)。

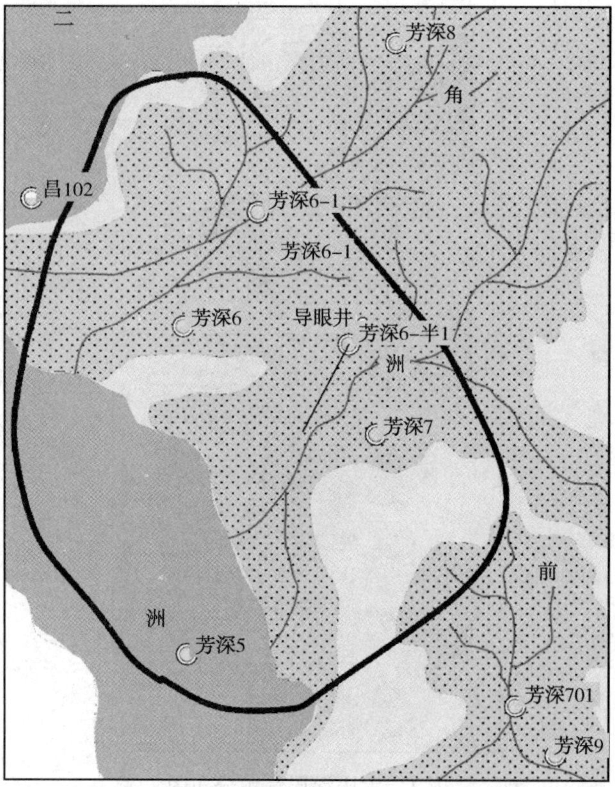

图2　芳深6区块营四段 yc_4 Ⅰ层沉积相分布

从电测曲线看上部旋回电性表现为高电阻和箱状组合，而下部旋回电性表现为低电阻和梳状组合。地震剖面上营四段顶面为不整合面，界面上具有上超和顶超现象，波形特征明显、连续性好，多为中振幅，局部为弱振幅，易于对比追踪。其上、下常伴随弱、中振幅的反射波，与其呈平行反射结构。

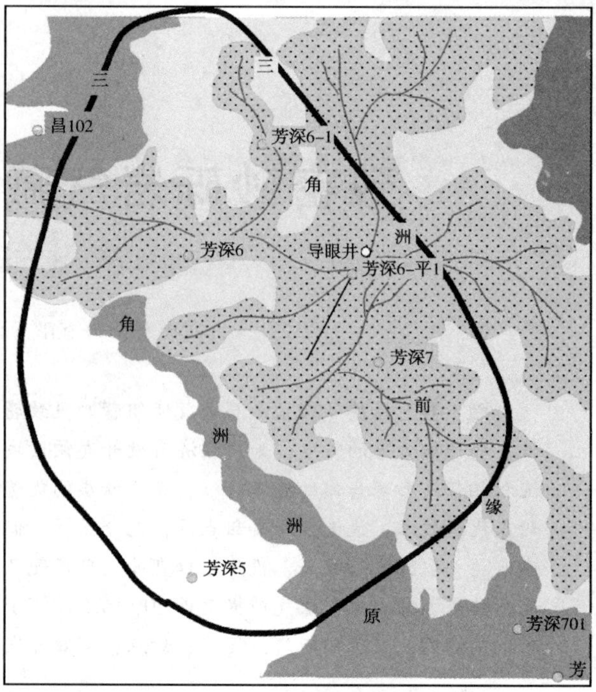

图3　芳深6区块营四段 yc_4 Ⅱ层沉积相分布

yc_4 Ⅱ层处于砂砾岩体形成的早期，由于西部基岩隆起区高，东部低，砂体形成主要是填平补齐的特征，表现整体砂体发育范围较局限，全区厚度差异大，局部下伏构造低洼的部位砂体发育厚度大，分流河道砂砾岩体在局部小区域厚层较连续分布，砂体厚度主要在60~90m，砂体最厚的地方位于芳深6井东部2km附近，厚度约125m，yc_4 Ⅰ层发育较晚，平面上看，自西南向东北方向河道发育较明显，整体砂体发育范围较大，除西北部气田边部为基岩隆起区外，基本覆盖气田，但分流河道砂砾岩体呈多层错叠较厚层发育，砂体横向变化快，发育厚度主要在30~45m。

2.2　有效储层展布特征

井震结合，通过沉积相带约束，叠前、叠后反演预测砂体分布，结合孔隙度预测有利储层的分布，参考气水界面分布，经含气性检测预测有效储层平面展布特征，本次砂砾岩有效储层的预测符合率为82%。

营城组四段有效储层主要发育于扇三角洲前缘砂砾岩体。芳深6区块营四段砂砾岩有效厚度主要在25~50m，平均约26.2m，沿芳深6井至芳深6-1井和芳深7井一线分布较厚，向两侧减薄，以芳深6-芳深6-1井附近最厚，厚度超过50m，芳深7井附近高点厚25m左右，而芳深5井附近最大厚度约18m左右；其中yc_4 Ⅰ层厚度主要在13~20m，yc_4 Ⅱ层厚度主要在8~18m。

依据致密砂砾岩有效储层分类标准，开展有效储层的分类预测，从特征看，全区以Ⅲ类储层为主，厚度一般为15~28m，Ⅱ类储层次之，厚度一般为10~16m，Ⅰ类有效储层分布局限，只在芳深6井和芳深6-1井附近发育，厚度约8~11.5m，整体发育比较致密(图4、5)。

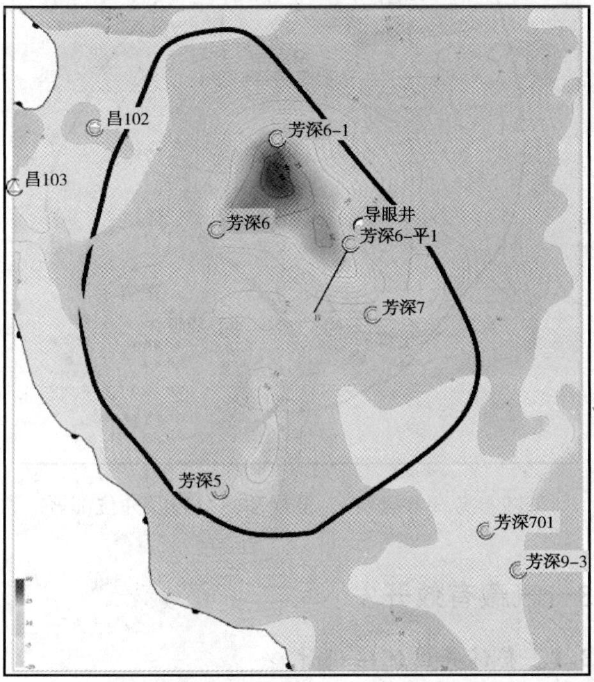

图4 芳深6区块营四段yc_4 Ⅰ层有效储层分布

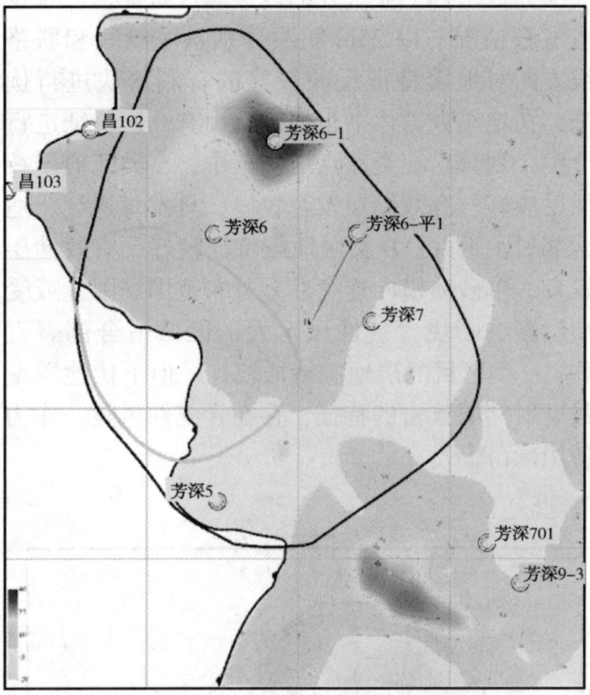

图5 芳深6区块营四段yc_4 Ⅱ层有效储层分布

2.3 布井经济界限研究

在气藏整体认识后，优选有利部位部署双分支提产试验井芳深6-平1井，双分支完钻后试气获得105万方无阻流量，证实提产试验获得突破。

依据提产试验井和工业气流井的特征，及昌德气田近年来实际发生的气井钻完井和地面建设等投资情况，建立了储层有效厚度、经济极限产量、地震属性特征等参数的优选界限。结合2018年经济评价方法及参数选取标准，按气价1.52/m³计，初步测算芳深6区块部署水平井的单井经济极限产量为$4.96\times10^4m^3/d$，极限井控储量为$4.07\times10^8m^3$，部署直井单井经济极限产量为$2.09\times10^4m^3/d$，极限井控储量为$1.715\times10^8m^3$，根据有效厚度与工业气井产气量的关系，进一步确定能够经济有效动用储量的厚度下限，水平井厚度为16m，直井厚度为30m(表1)。

表1 不同气价、井型条件下芳深6区块布井产量、井控储量界限

项目	直井		水平井					
气价(元/m^3)	1.52	1.68	1.52					1.68
井深(m)	3500	3500	4000	4300	4500	4000	4300	4500
单井初期平均经济极限产量($10^4m^3/d$)	2.09	1.856	4.96	5.27	5.47	4.405	4.678	4.860
单井平均经济极限累计产气量(10^8m^3)	0.686	0.610	1.629	1.731	1.797	1.447	1.537	1.596
单井控制经济极限储量(10^8m^3)	1.715	1.525	4.070	4.327	4.493	3.617	3.84	3.990

2.4 甜点优选

通过优选影响气井产能特征的重要参数，确定根据经济有效动用下限、有效储层发育区、典型工业气井的地震反射特征等，综合确定甜点区的分布[6~9]。

在含气面积内，圈定经济可动用的有效储层范围，再结合工业气井的地震属性特征，以及构造发育情况，以25m间距分别从主测线和联络线方向对地震特征反映较好的有利区块进行优选，在地震数据体上根据优选出有利区特征进行分类，划分出三类甜点区。其中，A类区地震特征反应好、有效储层发育较厚，且发育连续，适合部署水平井；B类区地震特征较好、有效储层发育、单砂体横向连续性差分布范围局限，或受断层影响断块含气性风险大的区域适合部署直井；C类区目的层地震特征较好，但下伏地层呈强反射储层致密的特征，存在含气性风险，作为备用区(图6、7)。

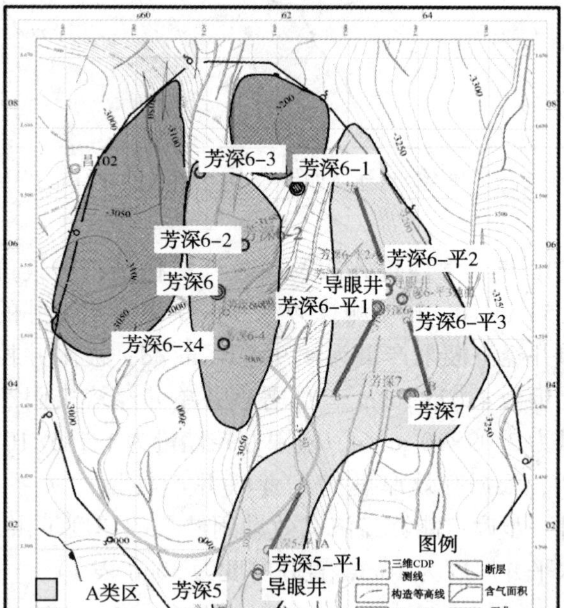

图6　芳深6区块 yc_4 Ⅰ层甜点分布及井位部署

根据甜点区的有效厚度分布，重新圈定含气面积，再结合探明储量的其它储量参数，评价甜点区的可动用储量为 $63.41\times10^8m^3$。

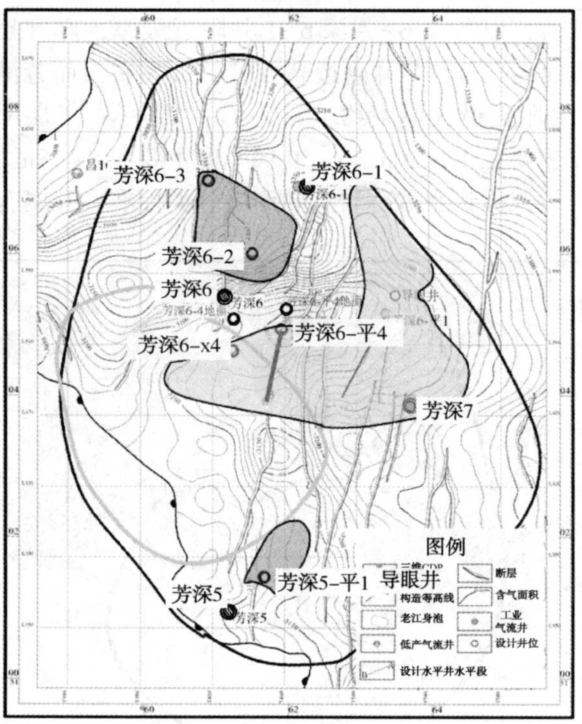

图7　芳深6区块 yc_4 Ⅱ层甜点分布及井位部署

3 气藏有效开发

3.1 整体井位优化设计

为合理开发气藏，以“整体部署，分步实施”的原则，采用不规则井网，整体考虑气藏的井位部署。

(1) yc_4 Ⅰ层井位设计

在 yc_4 Ⅰ层优选的水平井甜点区有两部分，一部分是芳深5井所在甜点区，考虑砂体和有效厚度分布形态，结合局部构造特征，水平井部署应沿着砂体发育的北偏东方向，该方向是适合本区水平井的部署方向，水平井水平段长可达到1000m以上；另一部分是芳深6-平1井所在甜点区，范围较大，为充分利用该区域，并且考虑降本增效的需要，部署与芳深6-平1井地面井位同井场的2口水平井，结合局部构造特征，两口井沿北偏西一线部署比较合适，两口水平井水平段长都可达到1000m以上。

在优选的直井甜点区，从分布形态看，芳深6和芳深6-1井之间的范围较大，结合构造特征，避开断层，可部署区域只限于两口井间，东西两侧断层间区域。由于该区域受空间限制，若部署水平井，只能平行于两侧断层方向，所以在方向上优选目的层地震特征稳定连续的范围。从过芳深 6-1 井和芳深 6 井的地震剖面看，两井间 yc_4 Ⅰ层、yc_4 Ⅱ层地震反射特征横向较稳定连续范围约 700m，部署水平井空间范围局限，并且从地震反射波形的稳定性上看，上下变动幅度较大，若部署水平井存在储层钻遇率风险，适合部署 1 口直井。另外，在芳深 6 和芳深 6-1 井西侧的小断块里，从平行于两条断层中间剖面的地震特征看，地震特征较稳定连续，具备部署水平井的条件，但由于断块位于含气面积边部，并且断块里的含气性存在风险，所以断块里适合在构造最高部位先部署一口直井，落实储层和含气性情况，再考虑改为水平井(图 6)。

（2）yc_4 Ⅱ层井位设计

在 yc_4 Ⅱ层优选的水平井甜点区位于芳深 6 井的东南侧，除去已部署芳深 6-平 1 井及断层发育的区域，在芳深 6 井的东南部适合部署 1 口水平井，结合构造特征，水平井部署应近南北向，该方向是适合本区水平井的部署方向，水平井水平段长可达到 1000m 以上。北部优选的直井甜点区，除西侧断块含气性不确定，在芳深 6-1 井所在的断块里，该井位于有利区中部，平面上看没有足够的空间部署水平井，故该区域以部署直井为主(图 7)。

3.2 初步开发方案

根据气田储层致密、断层发育的特点，采用水平井与直井联合开发，整体动用营城组地质储量 $63.41\times10^8m^3$，设计开发井总井数 10 口，其中老井 3 口(芳深 6、芳深 6-1、芳深 6-平 1)，新井 7 口(芳深 6-平 2、6-平 3、5-平 1、6-平 4、芳深 6-2、芳深 6-X4、芳深 6-3)，首批实施新井为芳深 6-平 2、芳深 6-平 3、芳深 6-2、芳深 6-X4 井，接替井为芳深 5-平 1 井、芳深 6-平 4、芳深 6-3 井。产能规模 $1.32\times10^8m^3$，采气速度 2.08%，稳产年限 9 年，预计累计产气 $19.73\times10^8m^3$。对该方案进行经济评价，评价该方案财务内部收益率 7.04%，达到致密气的内部收益标准，财务净现值为 5838 万元，静态投资回收期 9.24 年。

4 方案实施效果

芳深 6 区块方案井实施都取得较好效果。通过完钻井认识表明，营四段构造实钻与预测比较一致，yc_4I 层有效厚度普遍发育较厚，比预测厚度大，分析原因为在气田西部是构造较高的区域，且上部砾岩层物性好；yc_4II 层砂砾岩都比较发育，局部含气性差，有效厚度变化较大(表 2)。从完钻水平井的实钻情况来看，区块内的断层及断层衍生的小的构造波动，对储层的有效厚度以及储层连续性都有一定的影响，水平井的储层钻遇率平均达到 55%。

表 2　芳深 6 区块完钻直井钻遇有效厚度对比表

井号	营四段 yc_4 Ⅰ层			营四段 yc_4 Ⅱ层		
	预测有效厚度/m	实钻有效厚度/m	差值/m	预测有效厚度/m	实钻有效厚度/m	差值/m
芳深 6-3	11~13	32.36	19.36	15~18	14.56	-0.44
芳深 6-X4	11~13	33.81（校直后）	20.81	12~14	0	-12
芳深 6-2	18~20	47.36	27.36	12~14	14.28	0.28

方案气井陆续投产 2-3 年，整体提产效果明显，直井产量是原直井的 2~5.5 倍，水平井产量是原直井的 4-8 倍，其中芳深 6-X4 井日产气稳定在 $8.5\times10^4m^3$，是周围老井的 5.5 倍，油压 26MPa；芳深 6-平 4 井日产气稳定在 $12\times10^4m^3$，是周围老井的 8 倍，油压 28MPa。

5 结论

通过芳深 6 区块开展致密砂砾岩气藏有效开发研究，明确了以下认识：

（1）致密气藏的难采储量，通过优选甜点区的方式开发能够实现经济有效的动用；

（2）甜点区的有效动用，通过不同井型的合理优化部署及井间接替，能够实现整体区块的较好的开发效果。

大庆深层未开发储量基本都是致密气藏，本次通过探索优选甜点的方式动用难采储量获得成功，为剩余致密气藏的经济有效开发提供了可靠的技术支撑，为大庆油田深层气的上产提供了有力的保障，为后续同类气藏的有效开发提供了指导依据。

参 考 文 献

[1] 赵澄林，等．中国天然气储层．石油工业出版社．1999：6-7.

[2] 王洪宝．东营凹陷盐家油田砂砾岩体内幕沉积期次精细划分[J]．石油天然气学报，2009，31(05)：45-49.

[3] 谢风猛．王庄地区砂砾岩扇体及其成藏特征研究[J]．断块油气田，2009，16(6)：31-33.

[4] 雷德文，瞿建华，，安志渊，等．玛湖凹陷百口泉组低渗砂砾岩油气藏成藏条件及富集规律[J]．新疆石油地质，2015，39(1)：1-8.

[5] 黄薇，肖利梅，陆加敏，等．徐家围子断陷下白垩统营四段层序地层与致密气成藏的关系[J]．天然气工业，2012，32(7)：6-11.

[6] 李小华，黄伟强，陈珂，等．利用水平井开发克拉玛依油田六东区克下组稠油油藏难动用储量[J]．特种油气藏，2009，16(6)：55-57.

[7] 许多年，尹路，瞿建华，等．低渗透砂砾岩“甜点”储层预测方法及应用——以准噶尔盆地玛湖凹陷北斜坡区三叠系百口泉组为例[J]．天然气地球科学，2015，26(suppl.1)：154-161.

[8] 刘钰铭，侯加根，王兴明，等．断块油气田非均质储层流动单元评价[J]．天然气地球科学，2009，21(1)：168-171.

[9] 侯景涛，程日辉，王璞珺，等．松辽盆地东南缘六台地区下白垩统营城组二段砾岩沉积特征及成因模型[J]．吉林大学学报：地球科学版，2007.06.

[10] 李鹭光．四川盆地低渗透气藏开发技术研究[D]．成都：西南石油大学博士论文．2004.

[11] 唐俊伟，贾爱林，何东博，等．苏里格低渗强非均质性气田开发技术对策探讨[J]．石油勘探与开发，2006：33(1)：107-110.

[12] 李建奇，杨志伦，陈启文，等．苏里格气田水平井开发技术[J]．天然气工业，2011，31(8)：60-64.

煤层顶板水平井穿层压裂适应性数值模拟研究及施工参数优化

郭天魁　王云鹏　陈　铭　吴飞鹏　刘晓强　曹金豪

[中国石油大学(华东)]

摘　要　为确定顶板压裂的有利地质、施工条件，基于平面三维多裂缝扩展模型，同时考虑层间垂向断裂韧性及滤失非均质性，建立煤层顶板水平井分段多簇压裂裂缝扩展数学模型，评价地应力组合剖面、煤层岩石断裂韧性、滤失系数、簇间距、排量、簇数等参数对压裂效果的影响，并确定合理的水平井距煤层顶面距离。研究结果表明：①煤层为相对低地应力、水平井与煤层顶面距离在4m以内压裂效果较好；②地应力组合剖面为压裂效果的关键控制因素，煤层断裂韧性、滤失系数为次要控制因素；③排量、簇间距、簇数对压裂效果有重要影响。

关键词：煤层顶板压裂；裂缝穿层；地质与工程条件；有效面积；有效面积比例

我国华北东部、华南、西南，以及鄂尔多斯盆地广泛分布碎软煤层，煤层气资源丰富。该类煤层物性差，孔隙度和渗透率低，开发难度大，需进行压裂才可实现高效开发。由于煤层强度低、易破碎的特点，在煤层内钻孔、压裂，导致钻井液污染煤层，井壁坍塌，不利于后续压裂改造。顶板压裂煤层为软煤层煤气开发提供了新思路。该技术在煤层顶板进行压裂，通过裂缝的垂向穿层扩展实现对煤层的压裂改造。

目前国内外已开展了煤层顶板压裂或穿层压裂的相关理论及现场试验研究。目前相关研究集中在压裂施工参数以及射孔参数对裂缝穿层的影响、煤层顶板水平井开发技术优化、煤层或煤层顶板起裂压力研究、煤层不同顶板岩石的性质相关研究等方面。然而，目前适合顶板水平井压裂的有利地质条件、施工参数的研究国内外还鲜有报道，准确设计水平井离煤层顶面距离、簇间距等缺乏理论依据。

针对上述问题，本文在平面三维多裂缝扩展模型基础上，同时考虑层间垂向断裂韧性与滤失非均质性，建立煤层顶板水平井分段多簇压裂裂缝扩展数学模型，基于该模型，以裂缝进入煤层的面积及其与总裂缝面积比值评价不同地质条件对裂缝穿层扩展的影响，从而得到适合煤层顶板压裂的地应力组合剖面、煤层岩石断裂韧性、滤失系数、施工参数等，并确定合理的水平井距煤层顶面距离。该研究成果为我国煤层气规模效益开发提供了路径。

1　数学模型

1.1　水平井压裂多裂缝扩展模型

1.1.1　岩石变形模型

采用三维位移不连续模型计算岩石变形。平面裂缝的剪切位移不连续量为零，因此，缝内压力与裂缝宽度的关系可采用式(1)描述

$$p_f - \sigma_h = \int_{A(t)} C(x-x',\ y-y',\ z-z')\, w(x',\ y',\ z')\, dA \tag{1}$$

格林函数

的具体形式为

$$C=\frac{E}{8\pi(1-v^2)}\frac{1}{[(x-x')^2+(y-y')^2+(z-z')^2]0.5} \tag{2}$$

1.1.2　缝内流动模型

缝内流体流动本构方程为

$$q=-\frac{w^3}{12\mu}\nabla p_f \tag{3}$$

式(3)的分量形式为

$$\begin{cases} q_x = -\dfrac{w^3}{12\mu}\dfrac{\partial p_f}{\partial x} \\ q_y = -\dfrac{w^3}{12\mu}\dfrac{\partial p_f}{\partial y} \end{cases} \tag{4}$$

流体在缝内流动的连续性方程为

$$\frac{\partial w}{\partial t}+\nabla \cdot q+\frac{2C_1}{\sqrt{t-t_0}}=\delta(x-x_{in,k},\ y-y_{in,k},\ z-z_{in,k})Q_k,\ k=1,\ 2,\ \cdots,\ n_f \tag{5}$$

式(3)代入式(5)，得到

$$\frac{\partial w}{\partial t}=\nabla \cdot \left(\frac{w^3}{12\mu}\nabla p_f\right)+\frac{2C_1}{\sqrt{t-t_0}}+\delta(x-x_{in,k},\ y-y_{in,k},\ z-z_{in,k})Q_k,\ k=1,\ 2,\ \cdots,\ n_f \tag{6}$$

1.1.3　井筒内液体流动方程

对于多簇压裂问题，各簇进液量受“井筒—射孔—裂缝”系统控制。各簇裂缝入口压力满足

$$p_w=p_{p,k}+p_{t,k}+p_{in,k},\ k=1,\ 2,\ \cdots,\ n_f \tag{7}$$

射孔孔眼摩阻计算公式为

$$p_{p,k}=\frac{0.807\rho Q_k^2}{n_k^2 d_k^4 K_k^2} \tag{8}$$

井筒内沿程流动摩阻采用 Churchill 全流态公式计算。同时各簇分流量满足质量守恒，即

$$Q_T=\sum_{I=1}^{n_f} Q_{in,\ k} \tag{9}$$

1.1.4　初边值条件

每条裂缝的入口流量满足

$$Q|_{in}=-\frac{w^3}{12\mu}\frac{\partial p}{\partial n}=Q_{in,k} \tag{10}$$

当裂缝尖端应力强度因子满足某一层岩石断裂韧性时，裂缝将发生扩展

$$K_{tip}=K_{Ic} \tag{11}$$

尖端应力强度因子计算公式为

$$K_{tip}=\frac{0.806E\sqrt{\pi}w_{tip}}{4(1-v^2)\sqrt{dx}} \tag{12}$$

1.2　模型求解

采用固定网格计算裂缝扩展，固定网格为矩形单元结构化网格。单元标号为$(i,\ j,\ k)$，对应位置为$(x_i,\ y_j,\ z_k)$。单元类型包含4种：通道单元、尖端单元、待激活单元和未激活单元，如图1所示。每次需判断尖端单元是否达到扩展条件，从而更新网格的单元类型。单元中心点为未知量(宽度和压力)求解点，单元边界为流量求解位置。

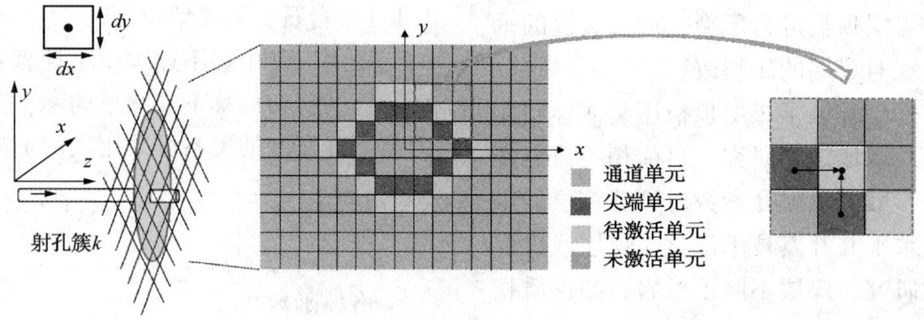

图1　网格示意图

将所有开启单元和尖端单元依次标号为I，当前时刻单元数量为N_e，$I=1,\ 2,\ \cdots,\ N_e$。采用常单元位移不连续方法离散方程，式(1)，得到

$$p_I=\sum_{J=1}^{N_e} C_{IJ}w_J+\sigma_h \tag{13}$$

C_{IJ}可根据式(2)推导而来。式(13)矩阵形式为

$$p=Cw+\sigma_h \tag{14}$$

采用有限体积方法建立流动方程(式(6))的离散形式，得到

$$\Delta w_{i,j,k}=\frac{\Delta t}{12\mu dx}\left[\left(w^3_{i+\frac{1}{2},j,k}\frac{p_{i+1,j,k}-p_{i,j,k}}{dx}-w^3_{i-\frac{1}{2},j,k}\frac{p_{i,j,k}-p_{i-1,j,k}}{dx}\right)\right]+\frac{\Delta t}{12\mu dy}\left[\left(w^3_{i,j+\frac{1}{2},k}\frac{p_{i,j+1,k}-p_{i,j,k}}{dy}-w^3_{i,j-\frac{1}{2},k}\frac{p_{i,j,k}-p_{i,j-1,k}}{dy}\right)\right]-4C_1\sqrt{t-t_0}+\Delta tQ_k \tag{15}$$

为计算井筒流量分配，根据井筒条件，

$$F(Q_1,\ Q_2,\ \cdots,\ Q_{n_f},\ p_w)=0 \tag{16}$$

式(16)具体分量为

$$\begin{cases}F_1(Q_1,\ Q_2,\ \cdots,\ Q_{n_f},\ p_w)=p_w-\dfrac{0.807\rho Q_1^2}{n_1^2d_1^4K_1^2}-p_{t,1}-p_{in,1}(Q_1,\ Q_2,\ \ldots,\ Q_{n_f},\ p_w)\\ \cdots\\ F_k(Q_1,\ Q_2,\ \ldots,\ Q_{n_f},\ p_w)=p_w-\dfrac{0.807\rho Q_k^2}{n_k^2d_k^4K_k^2}-p_{t,k}-p_{in,k}(Q_1,\ Q_2,\ \ldots,\ Q_{n_f},\ p_w)\\ \cdots\\ F_{n_f}(Q_1,\ Q_2,\ \ldots,\ Q_N,\ p_w)=p_w-\dfrac{0.807\rho Q_N^2}{n_k^2d_k^4K_k^2}-p_{t,n_f}-p_{in,n_f}(Q_1,\ Q_2,\ \ldots,\ Q_{n_f},\ p_w)\\ F_{n_f+1}(Q_1,\ Q_2,\ \ldots,\ Q_N,\ p_w)=Q_T-\sum\limits_{k=1}^{n_f}Q_k\end{cases} \tag{17}$$

采用 Newton-Raphson 法求解式(16)，并与缝内流固耦合方程式(14)和式(15)迭代计算各簇流量。模型计算采用2阶精度的 Runge-Kutta-Legendre 方法加速求解。目前模型准确性已通过 penny 裂缝解析解、澳大利亚联邦科学研究院压裂物理模拟实验结果进行了全面验证。

2　数值模拟结果

为获取不同地质参数对有效裂缝面积及有效面积比例的影响特征，以淮南潘一东煤矿 PX2-1 井为例，对不同地应力组合剖面、水平井离煤层顶面距离、煤层断裂韧性和滤失系数下的压裂效果进行分析，裂缝穿层几何模型如图 2 所示。

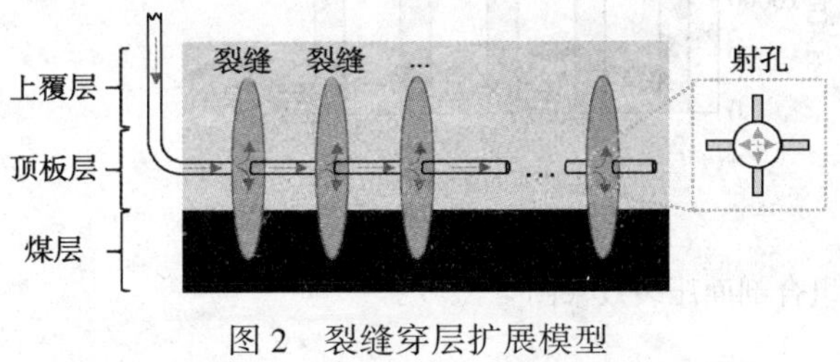

图 2　裂缝穿层扩展模型

基本参数为：地层从上至下依次为“上覆层—顶板层—煤层”，顶板层厚度为 20m，各层岩石弹性模量均为 $E=10.0$GPa，泊松比为 $v=0.2$，垂向断裂韧性为 $K_{Icv}=0.5\text{MPa}\cdot\text{m}^{0.5}$，滤失系数为 $C_1=1.0\times10^{-4}\text{m/min}^{0.5}$，施工排量为 $Q=10.0\text{m}^3/\text{min}$，施工液体黏度为 $\mu=10.0\text{mPa}\cdot\text{s}$，注入时间为 $t=10$min，射孔孔眼直径为 12.0mm，射孔磨蚀系数 0.8，单簇射孔数 16，簇间距 15m，设置网格大小 $\Delta x\times\Delta y=2\text{m}\times2\text{m}$。四种地应力组合剖面与射孔示意图如图 3 所示，从上至下依次为“上覆层—顶板层—煤层”。图 3 中水平井与煤层顶面的距离 d 介于 2~10m，以单段 3 簇压裂为例分析不同地质条件对压裂效果的影响，以评价适合进行顶板穿层压裂的地质条件。

2.1　地应力组合剖面

首先分析不同地应力组合剖面对裂缝穿层扩展效果的影响。为直观的对比不同地质参数下裂缝沟通煤层的效果，采用煤层内的裂缝面积作为有效面积 A_c，煤层内裂缝面积占比作为有效面积比例 R_A(式(18))，固定其他参数不变，分别研究“上覆层—顶板层—煤层”四种(图 3)不同地应力组合剖面下的穿层压裂效果。

$$R_A=\frac{A_c}{A_t} \tag{18}$$

2.1.1　“高—低—高”地应力组合剖面

图 3(a)类型地应力组合剖面下，水平井离煤层顶面不同距离的压裂裂缝形态差异较小(图 4)，水力裂缝大部分位于顶板层内。相对于上覆层与煤层，顶板层地应力较小，因此裂缝易于在顶板层内扩展，沟通煤层的能力较弱。

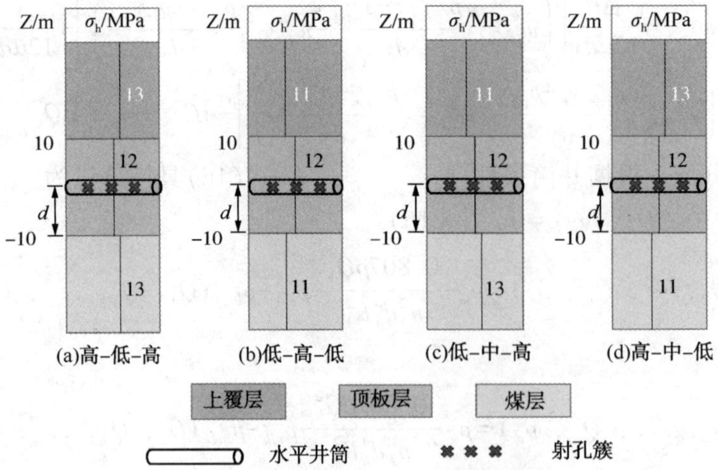

图3　地应力组合剖面示意图

此外，由于缝间应力干扰作用，导致中间缝的缝长相对于两侧缝较小，诱导应力大于层间应力差时，裂缝开始垂向扩展，导致缝高相对较大，产生裂缝不均匀扩展现象。

如图5所示，水平段距煤层顶面的距离越小，煤层内裂缝面积越大，但是增加程度微小(1%~2%)。水平井距离煤层顶面10m与2m对应有效面积比例均处于36%~38%，有效面积均处于1.40×10^4~$1.54\times10^4m^2$。

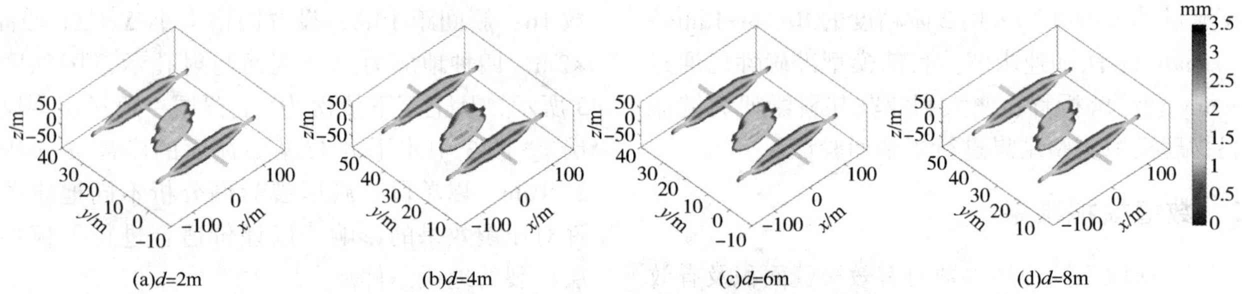

图4　“高—低—高”地应力组合剖面裂缝扩展形态图

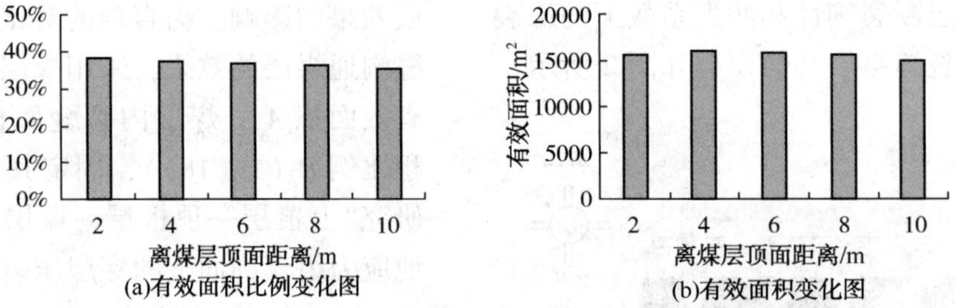

图5　“高—低—高”地应力组合剖面压裂效果图

2.1.2　“低—高—低”地应力组合剖面

图3(b)类型地应力组合剖面下分析水平段离煤层顶面距离d对压裂效果的影响。图6显示在该地应力组合剖面下，水平井离煤层顶面不同距离对应的压裂裂缝形态差异较大。由于顶板处于高应力层，裂缝在顶板内的扩展受到阻力最大，而在煤层扩展受到阻力最小，因此，裂缝一旦穿透顶板与煤层界面，将进入地应力较小的煤层内扩展。如图7所示，水平井离煤层顶面距离越小，裂缝越容易穿透顶板层向煤层扩展。随着距离d从10m减小至2m，有效面积比例从40%提升至68%，有效面积从$2\times10^4m^2$提升至$3.8\times10^4m^2$，压裂效果有显著提升。

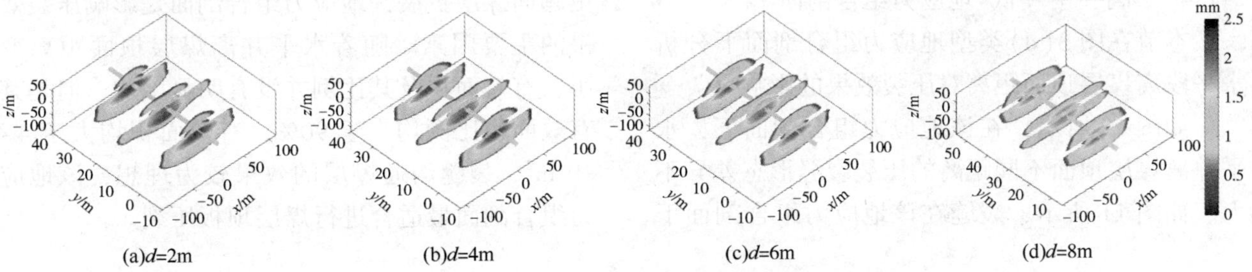

图 6　“低-高-低”地应力组合剖面裂缝扩展形态图

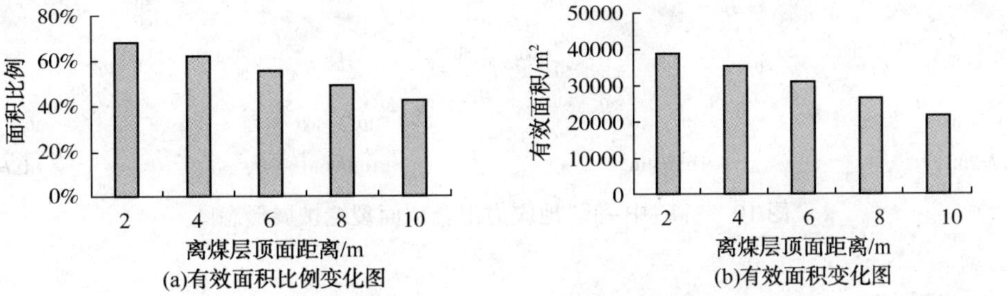

图 7　“低-高-低”地应力组合剖面压裂效果图

2.1.3　“低—中—高”地应力组合剖面

本节在图 3(c)类型地应力组合剖面下分析水平段离煤层顶面距离对压裂效果的影响。

如图 8 所示，在该地应力组合剖面下，水平井离煤层顶面不同距离时的压裂裂缝形态差异微小。相对于顶板层，煤层处于高地应力层，裂缝不易在煤层扩展，沟通煤层效果较差。

如图 9 所示，水平井离煤层顶面距离从 10m 减小至 2m，裂缝也难以在煤层扩展。有效面积比例从 3%增加到 8%，有效面积从 1 000m^{2}仅提升至 3 000m^2，因此，在该地应力组合剖面下裂缝沟通煤层的能力不强，该地应力组合剖面不适合进行顶板水平井压裂。

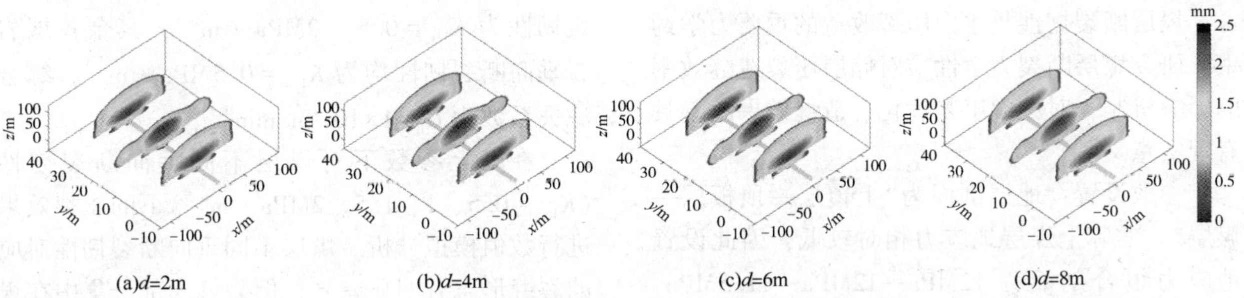

图 8　“低-中-高”地应力组合剖面裂缝扩展形态图

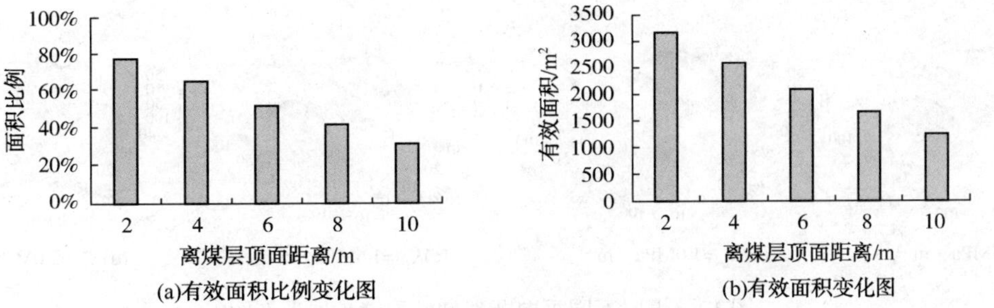

图 9　“低-中-高”地应力组合剖面压裂效果图

2.1.4 "高—中—低"地应力组合剖面

本节在图 3(d)类型地应力组合剖面下分析水平段离煤层顶面距离对压裂效果的影响。

如图 10 所示，在该地应力组合剖面下，水平井离煤层顶面不同距离的压裂裂缝形态差异不大。如图 11 所示，裂缝在该地应力组合剖面下更趋向煤层扩展，地应力组合剖面是影响压裂效果的主要因素。随着水平井离煤层顶面距离变小，有效面积及其比例并没有明显增加，但是其有效面积比例均大于 90%，有效面积均大于 $4\times10^4m^2$，裂缝沟通煤层的效果较为理想，该地应力组合剖面最适合进行煤层顶板压裂。

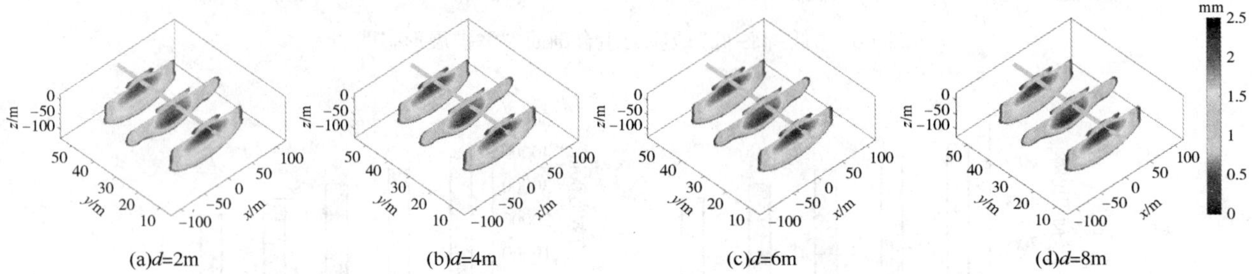

图 10 "高-中-低"地应力组合剖面裂缝扩展形态图

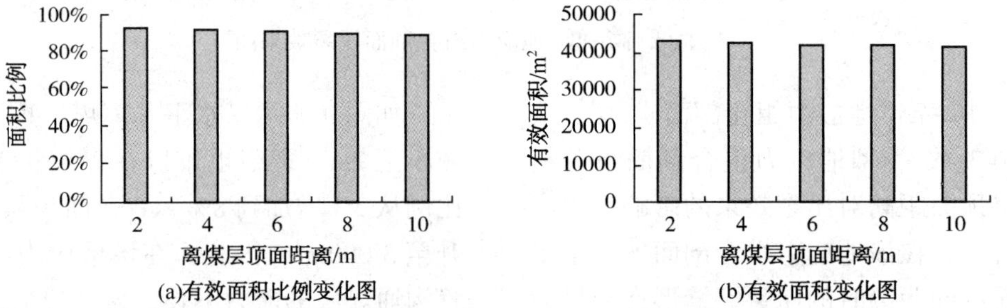

图 11 "高-中-低"地应力组合剖面压裂效果图

2.2 煤层断裂韧性分析

煤层断裂韧性是水力压裂改造的重要力学约束，研究煤层断裂力学性质对储层压裂造缝效率的影响机制，对压裂工艺优化、造缝效果改善具有现实意义。

参数设置：地层剖面为"上覆层—顶板层—煤层"，实际上煤层地应力相对较低，因此设置地应力组合剖面为 12MPa—12MPa—11.5MPa，水平井距离煤层顶面 $d=4$m，岩石弹性模量为 $E=10.0$GPa，泊松比为 $v=0.2$，煤层岩石垂向断裂韧性为 $K_{Icv}=0.5\sim2$MPa·m$^{0.5}$，其余各层岩石垂向断裂韧性均为 $K_{Icv}=0.5$MPa·m$^{0.5}$，综合滤失系数为 $C_1=1\times10^{-4}$m/min$^{0.5}$。

在以上参数下对煤层不同垂向断裂韧性($K_{Icv}=0.5$、1、1.5、2MPa·m$^{0.5}$)下的压裂效果进行数值模拟分析。煤层不同垂向断裂韧性对应的裂缝形态有明显差异，但裂缝大部分集中在煤层，如图 12 所示。

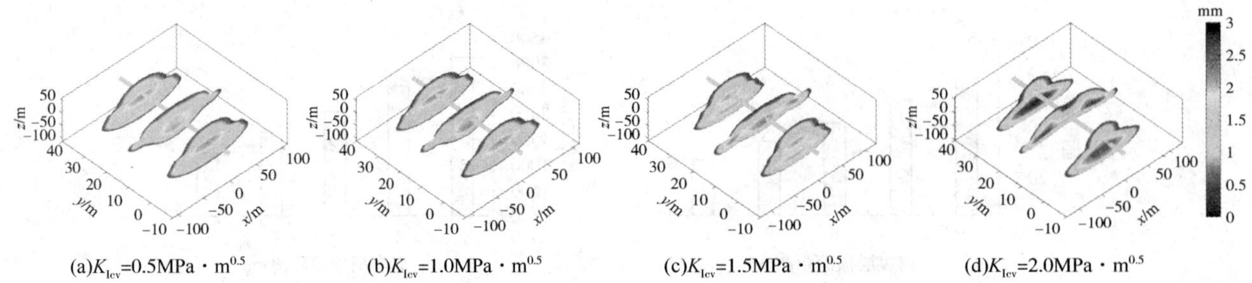

图 12 煤层不同垂向断裂韧性裂缝扩展形态图

煤层垂向断裂韧性越大，穿层压裂效果越不理想(图 13)。不同垂向断裂韧性对应有效面积比例均在 60%以上，且垂向断裂韧性越小，有效面积比例越大，如 $K_{Icv}=0.5\text{MPa}\cdot\text{m}^{0.5}$ 条件下比 $K_{Icv}=2\text{MPa}\cdot\text{m}^{0.5}$ 对应的有效面积比例大 12%，有效面积大 $0.7\times10^4\text{m}^2$。随着煤层垂向断裂韧性非均质性的增强，有效裂缝面积和有效裂缝面积比例逐渐下降，且非均质性越强，有效面积下降速度越快。

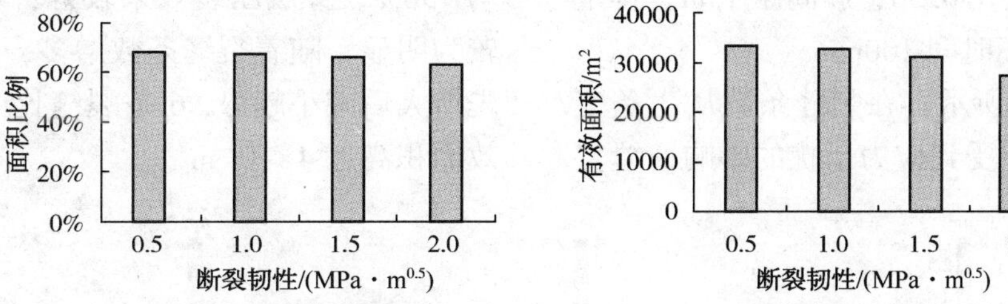

(a)有效面积比例变化图　(b)有效面积变化图

图 13　煤层不同垂向断裂韧性压裂效果图

研究结果显示煤层岩石垂向断裂韧性为顶板层岩石断裂韧性的 4 倍时，由断裂韧性产生的阻力仍不能阻止裂缝向煤层大面积扩展，表明地应力组合剖面对压裂效果的影响程度大于断裂韧性，与裂缝穿层的已有理论研究结论一致。

2.3　滤失系数

滤失系数是表征压裂液滤失进入地层能力的参数。滤失系数越大，压裂液滤失速度越快，液体效率越低。本节参数设置：水平井距离煤层顶面距离 $d=4\text{m}$，上覆层、顶板层滤失系数 $C_1=1\times10^{-4}\text{m/min}^{0.5}$，"上覆层—顶板层—煤层"对应的地应力组合剖面为 12MPa—12MPa—11.5MPa，固定其他基本参数不变，对煤层滤失系数为 $C_1=2\times10^{-4}\text{m/min}^{0.5}$、$4\times10^{-4}\text{m/min}^{0.5}$、$6\times10^{-4}\text{m/min}^{0.5}$、$8\times10^{-4}\text{m/min}^{0.5}$进行数值模拟并分析比较结果。

结果发现，裂缝形态随着滤失系数的变化有较为明显差异(图 14)。滤失系数 C_1 从 $2\times10^{-4}\text{m/min}^{0.5}$ 增大到 $8\times10^{-4}\text{m/min}^{0.5}$，有效面积比例下降了约 25%，有效面积降低了 $1.6\times10^4\text{m}^2$。由于煤层滤失系数增大，有效造缝液体体积减小，导致煤层裂缝面积及其比例降低。综合来看，有效面积及其比例随着煤层滤失系数的增大而减小。煤层的滤失系数为顶板层滤失系数的 8 倍时，有效面积比例仍达到 40%，表明压裂效果主要受地应力组合剖面影响，滤失系数为次要影响因素(图 15)。

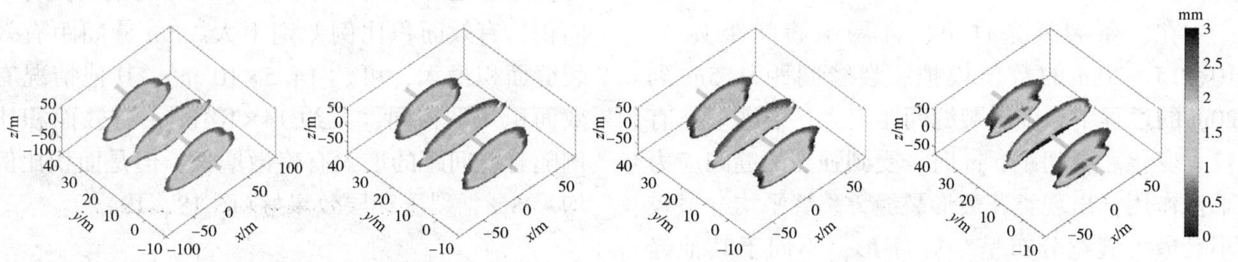

(a)$C_1=2.0\times10^{-4}\text{m/min}^{0.5}$　(b)$C_1=4.0\times10^{-4}\text{m/min}^{0.5}$　(c)$C_1=6.0\times10^{-4}\text{m/min}^{0.5}$　(d)$C_1=8.0\times10^{-4}\text{m/min}^{0.5}$

图 14　煤层不同滤失系数的裂缝扩展形态

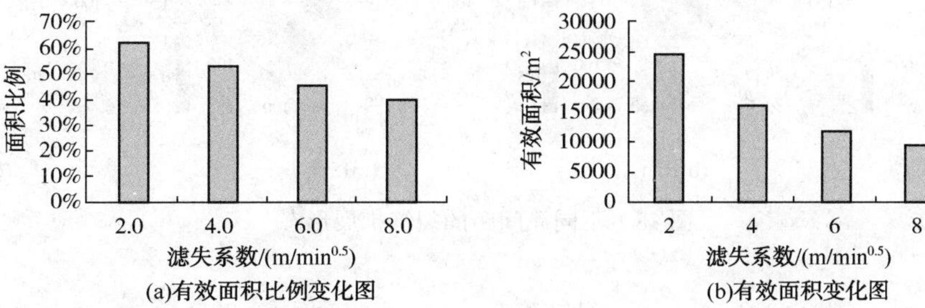

(a)有效面积比例变化图　(b)有效面积变化图

图 15　煤层不同滤失系数压裂效果图

2.4 裂缝簇数

本节对单段3、4、6、8簇裂缝进行模拟，分析裂缝簇数对穿层压裂效果的影响规律。基本参数：应力剖面：12.5MPa-12MPa-11 MPa，杨氏模量10GPa，泊松比0.30，簇间距15m，排量$10m^3/min$，模拟施工时间100min。

如图16、图17所示，在裂缝条数从3条变化到8条的过程中，受到应力干扰的影响，缝宽降低减小，在图16(d)中出现了裂缝未开启的现象，表明单段内裂缝条数越多，裂缝的缝宽会有明显降低甚至出现不开启。裂缝簇数对有效面积比例影响较小，四种情况下的裂缝有效面积比例均~98%，穿层压裂效果较好；对有效面积影响较为明显，随着裂缝条数增多，有效裂缝面积呈先增大后减小趋势，6条裂缝比8条裂缝下的有效面积高近$4\times10^4\ m^2$。

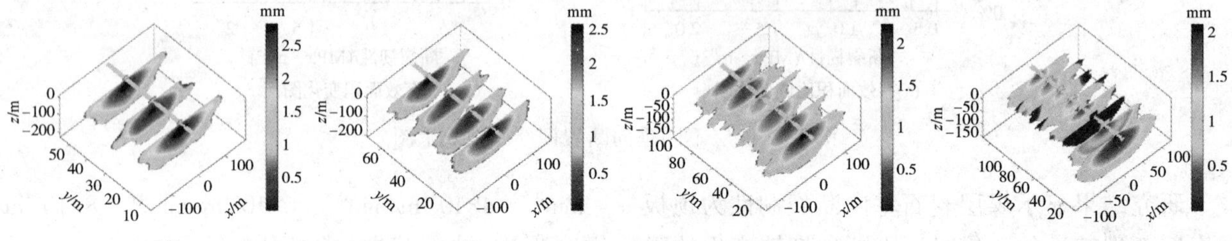

(a)3簇　(b)4簇　(c)6簇　(d)8簇

图16　不同簇数的裂缝扩展形态

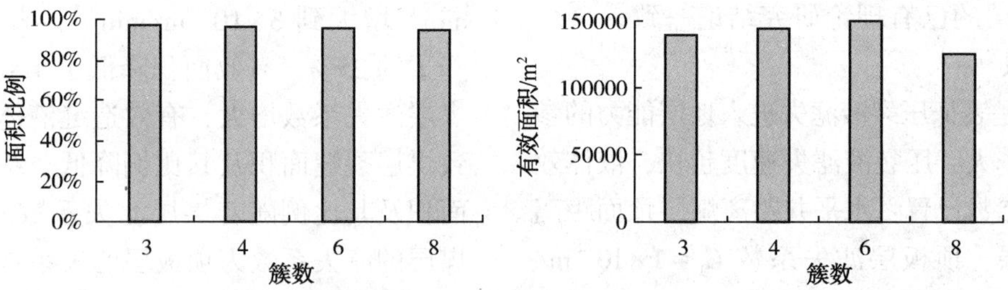

(a)有效面积比例变化图　(b)有效面积变化图

图17　不同簇数压裂效果图

2.5 缝间距

在三条裂缝条件下，开展了簇间距为5、10、15、20m的数值模拟。裂缝间距从5m到20m的过程中，随着裂缝间距变大，裂缝形态有较大变化。缝间距5 m时，受到强烈的缝间应力干扰作用，出现类花瓣形裂缝，裂缝平均缝宽较小且最大缝宽分布呈“八”字形，不同于其他缝间距的靠近井筒圆形分布。不同缝间距对应有效面积、有效面积比例差别不大。5m缝间距有效裂缝面积最大，可达$14.5\times10^4 m^2$，其他情况有效面积几乎相同，大约$14\times10^4 m^2$；有效面积比例随着缝间距的增大有略微增长，但是面积比例均~98%，裂缝穿层效果好(图18、19)。

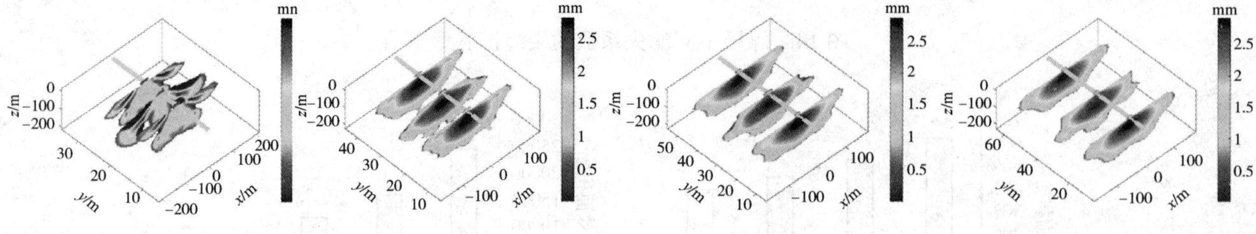

(a)5m　(b)10m　(c)15m　(d)20m

图18　不同簇间距的裂缝扩展形态

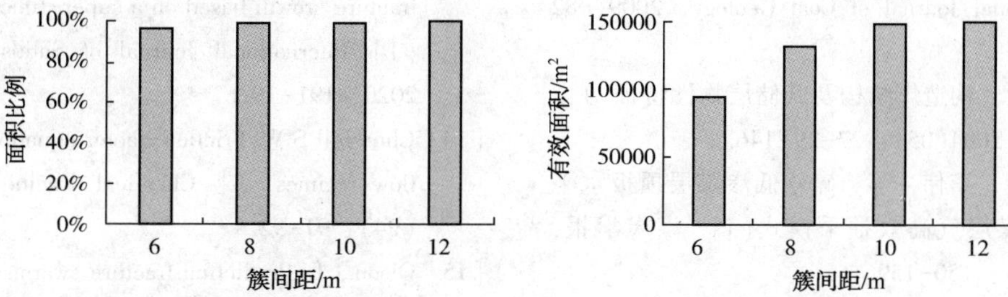

(a)有效面积比例变化图　(b)有效面积变化图

图 19　不同簇间距压裂效果图

2.6　施工排量

在 2.5 节基本参数下，固定簇间距为 15m，簇数为 3。如图 20、图 21 所示，随着施工排量的增大，裂缝缝高、缝长均有大幅增加，裂缝有效面积逐渐变大，由 $8\times10^4 m^2$ 到 $1.6\times10^5 m^2$；但是裂缝有效面积比例基本无变化，均为 99%。施工排量越大，液体造缝能力越强。

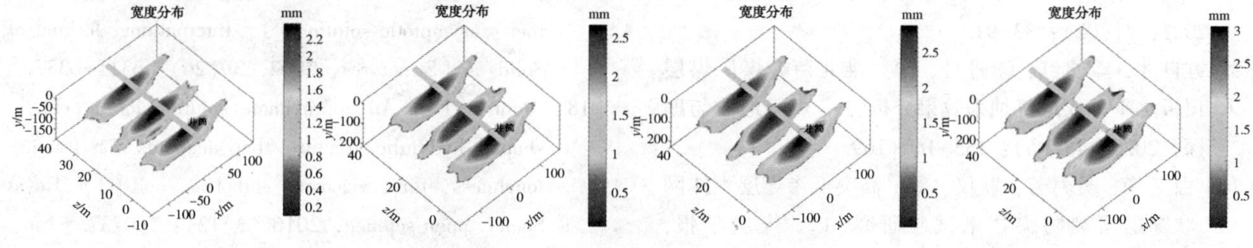

(a)$6m^3/min$　(b)$8m^3/min$　(c)$10m^3/min$　(d)$12m^3/min$

图 20　不同排量的裂缝扩展形态

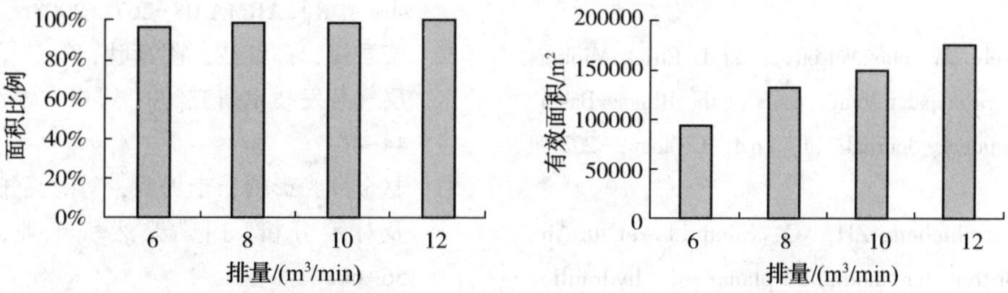

(a)有效面积比例变化图　(b)有效面积变化图

图 21　不同排量压裂效果图

3　结论

（1）研究发现，煤层为相对低地应力时，压裂裂缝沟通煤层的效果好，压裂效果较为理想；煤层为相对高地应力时，压裂效果较差；

（2）水平井与煤层顶面距离对穿层压裂效果有重要影响，特别是在“低—高—低”地应力组合剖面下。为了在实际应用中获得理想的压裂效果，水平井与煤层顶面距离建议在 4 m 以内；

（3）地应力组合剖面为压裂效果的关键控制因素，煤层断裂韧性、滤失系数为次要控制因素；

（4）施工排量、簇数、簇间距对压裂效果有重要影响。

参 考 文 献

[1] 刘成林，朱杰，车长波，等．新一轮全国煤层气资源评价方法与结果[J]．天然气工业，2009，29(11)：130-132+152.

[2] 刘见中，孙海涛，雷毅，等．煤矿区煤层气开发利用新技术现状及发展趋势[J]．煤炭学报，2020，45(01)：258-267.

[3] BoJIANG，ZhenghuiQU，Geoff G. X. WANG，et al. Effects of structural deformation on formation of coalbed methane reservoirs in Huaibei coalfield，China

[J]. International Journal of Coal Geology, 2009, 82(3).

[4] 姜波，琚宜文. 构造煤结构及其储层物性特征[J]. 天然气工业，2004(05)：27-29+146.

[5] 张群，葛春贵，李伟，等. 碎软低渗煤层顶板水平井分段压裂煤层气高效抽采模式[J]. 煤炭学报，2018，43(01)：150-159.

[6] 张丰收，吴建发，黄浩勇，等. 提高深层页岩裂缝扩展复杂程度的工艺参数优化[J]. 天然气工业，2021，41(01)：125-135.

[7] 王燚钊，侯冰，王栋，等. 页岩油多储集层穿层压裂缝高扩展特征[J]. 石油勘探与开发，2021，48(02)：402-410.

[8] 巩泽文，贾建称，许耀波，等. 基于测井信息的煤层顶板水平井抽采煤层气技术[J]. 天然气工业，2021，41(02)：83-91.

[9] 方良才，李贵红，李丹丹，等. 淮北芦岭煤矿煤层顶板水平井煤层气抽采效果分析[J]. 煤田地质与勘探，2020，48(06)：155-160+169.

[10] 白新华，吴财芳，耿仪，等. 高突低渗煤层立体网状穿层压裂防突技术试验研究[J]. 煤炭学报，2013，38(02)：245-250.

[11] 唐铁吾，刘大安，崔振东，等. 煤矿顶板致裂水压力的断裂力学评估[J]. 煤炭学报，2020，45(S2)：727-735.

[12] Stephen F. Greb, W. John Nelson, Scott D. Elrick. Mining geology of the principal resource coals of the Illinois Basin [J]. International Journal of Coal Geology, 2020, 232: 103589.

[13] Ming CHEN, Shicheng ZHANG, Sihai LI, et al. An explicit algorithm for modeling planar 3D hydraulic fracture growth based on a super-time-stepping method [J]. International Journal of Solids and Structures, 2020, 191-192.

[14] Churchill S W. Friction-factor equation spans all fluid-flow regimes [J]. Chemical Engineering, 1977, 84(24): 91-92.

[15] Olson J E. Predicting fracture swarms-The influence of subcriticl crack growth and the crack-tip process zone on joint spacing in rock[J]. Geological Society, London, Special Publications, 2004, 231(1): 73-88.

[16] 陈铭，张士诚，胥云，等. 水平井分段压裂平面三维多裂缝扩展模型求解算法[J]. 石油勘探与开发，2020，47(01)：163-174.

[17] SA VITSKI A A, DETOURNAY E. Propagation of a penny-shaped fluid-driven fracture in an impermeable rock: asymptotic solutions[J]. International Journal of Solids and Structures, 2002, 39(26): 6311-6337.

[18] Dontsov E V. An approximate solution for a penny-shaped hydraulic fracture that accounts for fracture toughness, fluid viscosity and leak-off [J]. Royal Society open science, 2016, 3(12): 160737.

[19] WU R, Bunger A P, Jeffrey R G, et al. A comparison of numerical and experiemental results of hydraulic fracture growth into a zone of lower confining stress[R]. ARMA 08-267, 2008.

[20] 柴君锋，孙红波，阴慧胜，等. 煤层顶板水平井煤层气开发技术研究[J]. 煤炭技术，2020，39(10)：44-46.

[21] 赵金洲，彭瑀，李勇明，等. 高排量反常砂堵现象及对策分析[J]. 天然气工业，2013，33(4)：56-60.

中上扬子地区五峰组—龙马溪组笔石与页岩气富集及气测烃显示关系

石元会[1]　赵红燕[1]　石文睿[2]　王子轶[3]　焦恩翠[1]

[1. 中石化经纬有限公司江汉测录井分公司；
2. 长江大学；3. 中国地质大学(北京)]

摘　要　前人对笔石的研究主要是在地层划分和沉积环境影响方面，对笔石与页岩气之间的关系研究甚少。本文在前人对中上扬子地区奥陶系、志留系笔石研究的基础上，依托取心井岩心分析资料、钻井地质资料、实验分析资料和测录井资料，结合不同沉积环境的笔石类型，将中上扬子地区奥陶系五峰组分成四个笔石带(WF1-WF4)、志留系龙马溪组划成九个笔石带(LM1—LM9)，其中WF2—LM4的TOC含量高、有机孔隙发育，属于页岩气有利开发层段。研究页岩气与笔石的关系发现：笔石的演化和有机质的富集具有相同的沉积环境；笔石的丰度和TOC、有机孔隙度以及气测全烃含量具有正相关关系，笔石的演化对页岩有机质丰度、有机孔的形成具有一定贡献，并在一定程度上影响其含气性，属于页岩气储层评价的一项重要指标。同时也间接说明了中上扬子地区五峰组——龙马溪组页岩气形成和笔石之间可能存在某种成因上的关联，为下一步页岩气储层研究起到借鉴作用。

关键词：笔石；有机质；页岩气；五峰组——龙马溪组；中上扬子

笔石是一类已灭绝的海洋群体动物，其化石保存于岩石层面上，很像用笔书写的痕迹，故名“笔石”(graptolites)，在希腊文中“graphein”即“书写”的意思，而“lithos”即“石头”的意思。笔石最早出现在寒武纪，在奥陶、志留两纪达到极盛，至早泥盆世绝灭。由于笔石演化快，地理分布广，是一种地层划分及对比的重要化石，特别是奥陶纪与志留纪分阶的带化石。中国笔石属种十分丰富，共有2286种，其中又以中上扬子地区研究基础好，种类繁多，是中国笔石研究的一个重要区域。

本文以中上扬子地区奥陶系五峰组—志留系龙马溪组笔石页岩为研究对象(通常“笔石页岩”中的笔石，专指正笔石)，根据研究区取心井岩心分析资料、钻井地质资料、测井资料以及录井资料，探讨页岩气与笔石之间的关系，特别是笔石与页岩气富集之间的关系。本文的研究不仅丰富了现有的页岩气成因理论，并且对五峰组—龙马溪组页岩气储层评价具有重要意义，也为下一步页岩气有效勘探开发提供借鉴作用。

1　区域地质概况

中上扬子地区北靠大巴山断裂带，西临龙门山断裂带，东南接安化—溆浦—怀化断裂，南抵紫云—罗甸断裂(图1)，是扬子板块的主体部分，总面积约$50×10^4km^2$(图1)。该区发育有上震旦统和下寒武统、奥陶系、下志留统、二叠系、三叠统多套烃源岩，特别是晚奥陶世—早志留世发生海侵沉积的海相烃源岩，主要以笔石页岩为主。因此，中上扬子地区是中国南方重要油气勘探区，而奥陶系五峰组——志留系龙马溪组笔石页岩是该区重要的页岩气勘探层段。目前中上扬子地区五峰组—龙马溪组页岩成功进行商业开发的区块有中石化涪陵页岩气田焦石坝区块和中石油长宁—威远区块。

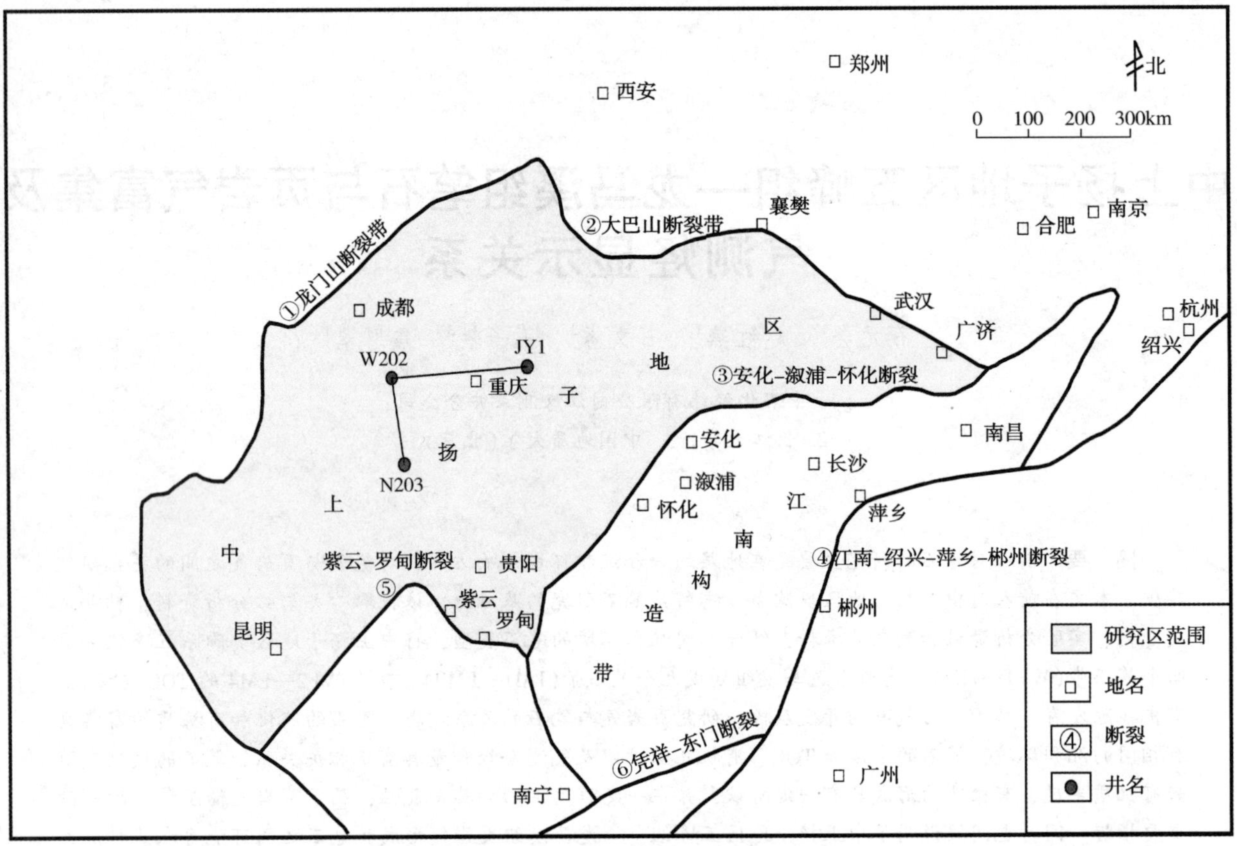

图1　中上扬子地区位置图

五峰组地层岩性较单一，主要为灰黑色碳质笔石页岩，上部观音桥层主要为0.3m~1.2m厚的介壳灰岩；沉积环境为深水陆棚相沉积，且沉积水体从下到上逐渐变浅。五峰组页岩笔石含量丰富，有叉笔石(Dicellograptus)、四笔石(Tangyagraptus)、纤笔石(Leptograptus)和双笔石(Diplograptus)等。此外，还产有介形虫(Ostracode)、几丁虫(Chitinozoa)等化石。观音桥段中产丰富的赫南特贝(Hirnantia)动物群。

龙马溪组页岩主要为一套浅水—深水陆棚相沉积。地层岩性可分上、下两部分：下部为黑色笔石页岩，含大量笔石，；上部多为灰、灰黄或绿黄色页岩夹粉砂岩或灰质瘤核，含少量笔石。龙马溪组页岩富含笔石，尤以下部最多，有栅笔石(Climacograptus)、锯笔石(Pristiograptus)、半耙笔石(Demirastrites)、旋转笔石(Spirograptus)等。在大多数地区，龙马溪组与下伏含赫南特贝(Hirnantia)动物群的上奥陶统观音桥层呈整合接触。

中上扬子五峰组—龙马溪组下部页岩地层富含笔石类化石(图2)；多井实钻显示，全区气测显示活跃，天然气成分主要为甲烷，在95%以上，基本不含硫化氢；气测全烃显示较好的多有异常高压，压力系数不小于1.2；电性上主要表现为高阻特征，但黄铁矿含量高或者页岩石墨化严重的部位多表现为低阻特征，电阻率多低于20Ω.m。页岩厚度为20m~200m;；TOC介于0.5%~8.5%，平均为5.0%，具有自上而下呈增加趋势，热演化程度高，Ro介于2.0%~3.7%，平均为2.5%，有机质类型主要为Ⅰ型和$Ⅱ_1$型；孔隙度介于1.6%~8.9%，属于致密型储层，并且储集空间类型丰富，主要以有机质孔、溶蚀孔、粒间孔、粒内孔、微裂缝等为主。

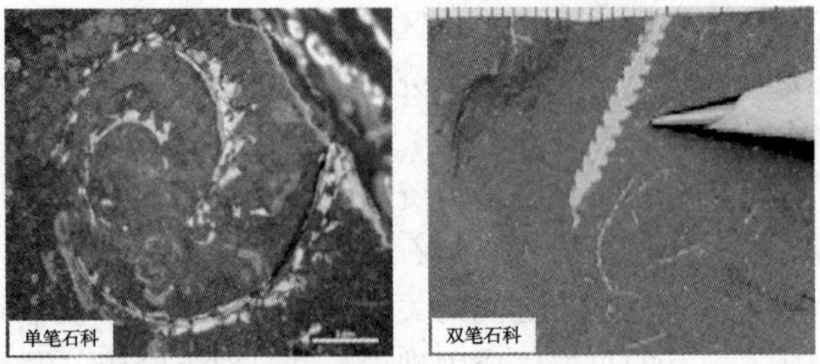

图2　研究区笔石类型岩心照片

2 笔石研究进展

2.1 研究进程

笔石的研究在全球有将近三百年历史。在这近三百年的过程中，笔石研究的发展情况，大致可分成五个阶段：第一阶段(1727 年~1849 年)，该阶段是笔石的最初发现阶段；第二阶段(1850 年~1900 年)，该阶段在笔石分类和地层上的分布等方面有了很大的进展，初步奠定了笔石研究的基础；第三阶段(1901 年~1948 年)，该阶段对笔石体的发育有了更新的认识，笔石的研究工作在全世界范围内发展起来；第四阶段(1949 年~2010 年)主要注重笔石的内部构造的研究，对笔石在生物系统中的位置及其演化、分类各方面获得重要成果；第五阶段(2010 年~至今)，该阶段更多的是研究笔石与页岩气之间的关系。

2010 年，随着美国“页岩气革命”的成功，笔石研究进入第五阶段，中国也逐渐进入页岩气勘探开发阶段，特别是中上扬子地区海相页岩的成功大规模开发，引起了国内页岩气研究的热潮。随着页岩气产业的发展，除了地质工作者外，石油工作者也开始关注笔石这类古生物，众多学者开始探讨笔石与页岩气之间的关联，特别是笔石带的划分和页岩含气层段的关系、笔石演化对有机质贡献的问题以及页岩笔石和页岩气成藏间的关系等。

2.2 笔石带划分

地层的划分最基本的方法主要有岩石地层法、生物地层法和年代地层法三类。在中上扬子地区，由于五峰组和龙马溪组页岩沉积环境相差较大，页岩相关岩石特征也有较大差异，并且局部地区的五峰组和龙马溪组两套黑色页岩间发育有观音桥层的介壳灰岩，因此仅运用岩石地层法可以将五峰组和龙马溪组区分开来；但是当观音桥层缺失或者相变的情况下，这两套地层的划分就变得极其困难了，更难以做进一步的细分。

在这种情况下，生物地层法则可以弥补岩石地层法的不足。笔石作为全球公认的地层划分化石，在志留系和奥陶系生物地层研究中，可以为五峰组和龙马溪组页岩精细划分提供依据。不同沉积环境中的笔石有特定的类型，而不同的沉积环境有相应沉积的页岩与之对应，因此建立五峰组和龙马溪组相应的笔石带序列则能使地层划分更为准确。

随着国内页岩气发展，陈旭院士建立了中上扬子地区五峰组(WF)和龙马溪组(LM)的页岩笔石带的划分方案，并附以代码编号和同位素年龄值(图 3)。该方案将五峰组划分成四个笔石带(WF1 - WF4)，龙马溪组划成为九个笔石带(LM1—LM9)，观音桥层属于 WF4 笔石带，其中 WF1—WF3 属于凯迪阶，WF4—LM1 属于赫南特阶，LM2—LM5 属于鲁丹阶，LM6—LM8 属于埃隆阶，LM9 属于特列奇阶。

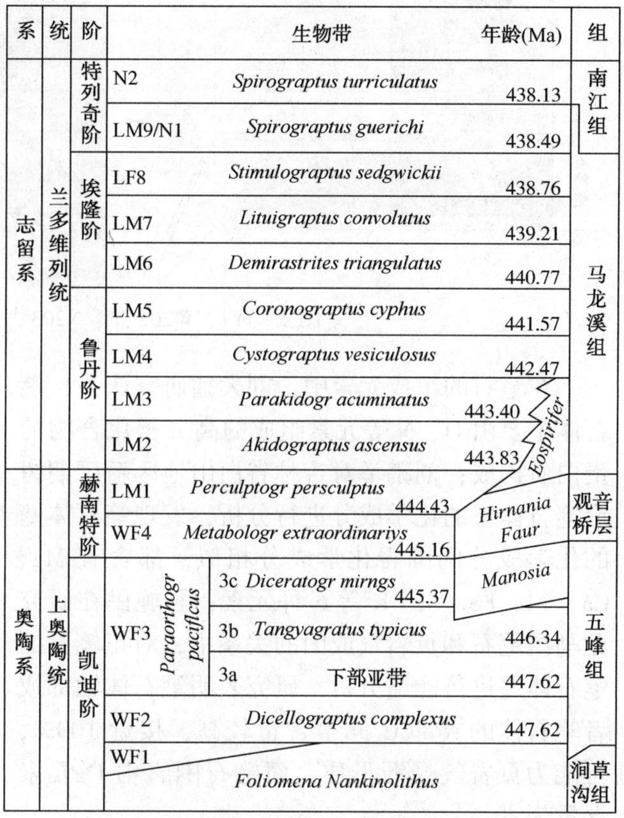

图 3　中上扬子地区五峰组(WF)和龙马溪组(LM)笔石带划分方案

分析焦石坝区块和威远—长宁区块具有区域代表性的的页岩气井笔石带分布(图 4)，研究表明 WF2—LM4 的 TOC 含量高、有机孔发育，具有良好的页岩气富集条件，属于页岩气开发的有利层段。

2.3 笔石化学特征及笔石食物链

在早期的笔石研究中，一些学者对笔石体的颜色进行分析，认为树形笔石中含有葡糖胺(几丁质的指示物)，认为笔石体是由几丁质所组成；也有学者研究认为，笔石体中不含几丁质，但含多种氨基酸，骨骼为硬蛋白质或似骨胶(

collagen-like）物质。

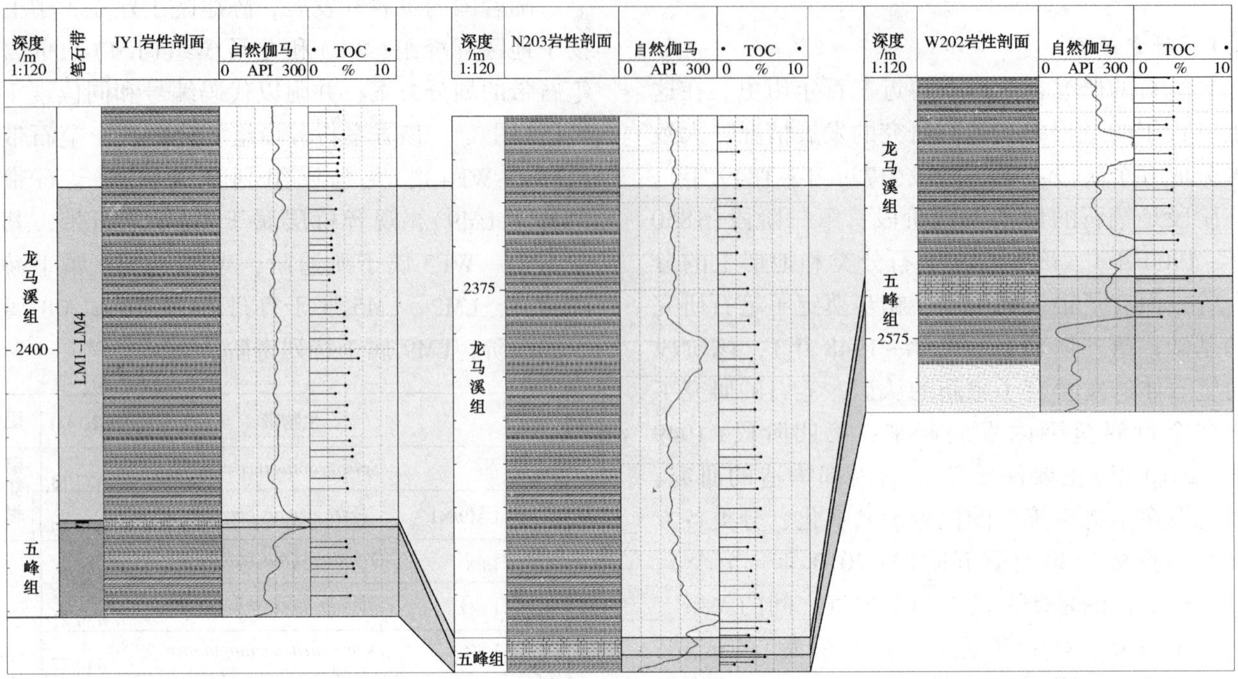

图4　JY1、W202井、N203井五峰组—龙马溪组笔石页岩对比

在笔石的组成元素中，刘大猛研究认为，笔石体主要由O、N等元素组成的高分子化合物的蛋白质构成；刘鹏举对吉林省白山地区新厂期树形笔石体壁的化学成分进行分析，发现笔石体壁的化学成分同围岩化学成分相似，都含有Mg、Ca、Al、Fe、Si、K等6种元素；马施民在研究龙马溪笔石和页岩气成因的关系中，对正笔石的笔石体壁进行能谱分析，研究表明笔石体轴部或者笔石体的翼部C元素含量较高，接近100%，可能为页岩气烃源母质，而笔石围岩中C元素含量为零。

在笔石繁盛时期，笔石属于海洋环境中相对“高等”的一类生物，它们处于海洋食物链的高层，以浮游藻类、各类单细胞生物以及菌类为食。在笔石动物群分异度和丰度相对比较高的时期，特别是笔石复苏和激增的时期，对于它们赖以生存的食物链底层中的生物分异度和丰度也更大。国内外通过分析浮游藻类、细菌等笔石食物的结构组成发现：这些由较多的脂肪族结构和较少的芳香族结构组成的富氢有机质具有更高的生烃潜力，而这正是油气生成的源泉，这也间接说明笔石和有机质的形成存在的一定关系。

3　笔石与页岩气关系探讨

研究区五峰组—龙马溪组高碳暗色页岩被认为是国内海相页岩勘探开发的主要目的层段，该层段发育有大量的笔石。国内外一些学者对含笔石的页岩进行了相关研究，结果表明：笔石是页岩中有机质的重要组成部分。页岩气有机成因被大多数学者所认同，根据页岩气的原地成藏模式，将烃源岩和笔石联系起来即有了“页岩笔石生气说”的观点。因此，探讨页岩气与笔石的关系，能够更为清楚的认识中上扬子地区五峰组—龙马溪组页岩气的形成环境和富集特点。在研究笔石与页岩气间的关系时，笔者选取研究区内具有区域代表性的页岩气井JY41-5井的岩心、测井、录井等数据进行分析。其中笔石丰度的统计方法是统计岩心截面所含笔石体的数量。

JY41-5井是涪陵页岩气田焦石坝区块上的一口评价井，自地表而下分别钻遇三叠系下统嘉陵江组T_1j、飞仙关组T_1f等。目的层志留系龙马溪组S_1l和奥陶系上统五峰组O_3w存在良好页岩气显示，地层层序正常，未钻遇断层。该井五峰组—龙马溪组页岩富含笔石(图5(a))，含气笔石页岩段建立10个笔石带：上奥陶统凯迪阶3个，赫南特阶2个；下志留统鲁丹阶3个，埃隆阶 2 个(表 1)。受广西运动影响，龙马溪组内部存在地层缺失，缺失 LM2(尖笔石带)。

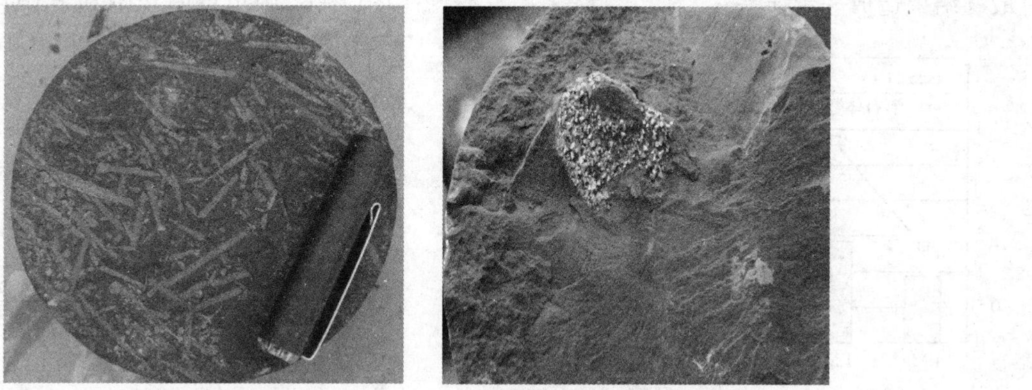

(a)井深2583.7m笔石　(b)井深2556.17m黄铁矿团块

图 5　JY41-5 井笔石与黄铁矿岩心照片

表 1　JY41-5 井五峰组—龙马溪组笔石页岩笔石带划分

统	阶	组	深度	笔石带	生物带
志留系兰多维列统 S1	埃隆阶 Aeronian	龙马溪组	2516. 25～2555. 43m	LM7	Oktavites commanis 带
			2554. 43～2576. 9m	LM6	Demirastrites convolutus 带
	鲁丹阶 Rhuddanian		2576. 5～2599. 9m	LM5	Pristiograptus leei—Petalolithus 带
			2599. 9～2611. 1m	LM4	Orthograptus vesiculosus 带
			2612. 2～2612. 9	LM3	Parakidograpus acuminatus 带
上奥陶统 O_3	赫南特阶 Hirnantian		2612. 9m	LM1	Normalograptus persculptus 带
		观音桥层	2613. 3m		Hirnantia 动物群
		五峰组	2613. 4m	WF4	Normalograptus persculptus 带
	凯迪阶 Katian		2613. 4～2614. 0m	WF3	Diplogarptus bohemicus 带
			2614. 1～2614. 54m	WF2	Tangyagensis typicus 带
			2614. 9～2617. 7m	WF1	Dicellograptus sichuanensis—Pararetiograptus 带

3.1　笔石与页岩气的关系

3.1.1　笔石与 TOC 关系

根据 JY41-5 井综合剖面图(图 6)可知，该剖面 TOC 纵向上由下至上有明显增大的趋势。五峰组的黑色笔石页岩 TOC 含量在 0.58%～5.27%，平均为 3.62%；龙马溪组笔石页岩 TOC 含量在 0.29%～4.35%，平均为 1.85%。五峰组页岩笔石以雕笔石(Glyptograptus)和栅笔石(Climacograptus)为主，龙马溪组页岩除有雕笔石(Glyptograptus)和栅笔石(Climacograptus)外，还发育有双笔石(Diplograptus)、纤笔石(Leptograptus)、耙笔石(Pastrites)等。其中龙马溪组埃隆阶 LM7 笔石带 2510～2532m 笔石欠发育，对应的 TOC 含量也低。

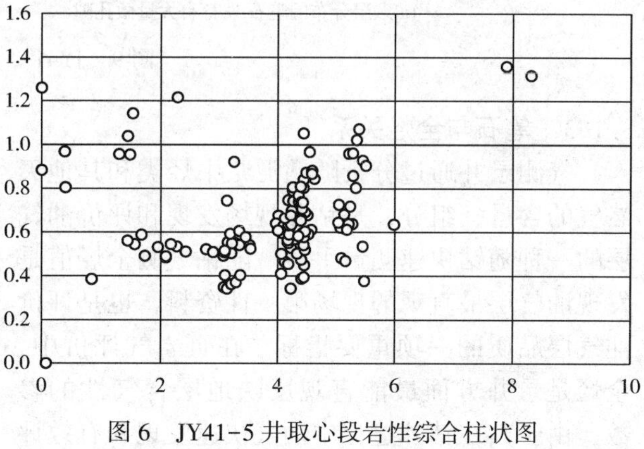

图 6　JY41-5 井取心段岩性综合柱状图

统计 TOC 含量和笔石体数量在不同笔石带的变化趋势(图 7)，可以看出随着深度的增加，笔石体的数量与 TOC 含量有一样的变化趋势。其中 LM4-LM3 和 LM1-WF1 的笔石体数量明显高于 LM7—LM5 的笔石体数量。TOC 含量与笔石体数量间具有一定相关性，可以认为笔石生物的繁育程度对页岩有机质丰度具有一定贡献作用。但是在进行岩心笔石体统计时，由于页岩较脆，多段页岩笔石整体细碎，不便于统计，可能对最终结果造成一定误差。

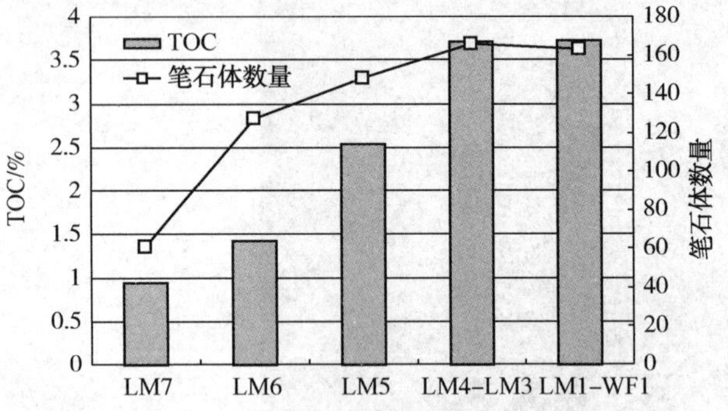

图 7　JY41-5 井 TOC 含量、笔石体数量变化趋势图

3.1.2　笔石与有机孔关系

在笔石与有机孔的关系研究中，腾格尔通过 FIB—SEM 仪器观测到焦石坝区块五峰组—龙马溪组的笔石局部发育有纳米级有机孔隙；戴娜运用 FIB—SEM 仪器的高分辨的背散射(BSE)和二次电子成像(

将笔石有机孔

孔隙和生物

研究笔石和有机孔隙度之间的关系，从综合剖面图(图 6)中可以看出有机孔隙度与 TOC 在纵向上有相似的趋势。同样有机孔隙度与笔石体数量的关系也有相似的规律(图 8)；观察页岩显微照片，也能发现笔石局部发育有微孔隙、微裂缝(图 9)。这也进一步证明笔石体在油气生成过程中对页岩气的储气能力有一定的贡献。

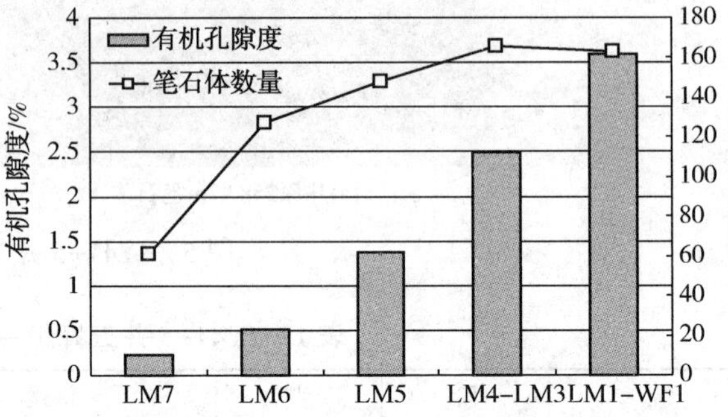

图 8　JY41-5 井有机孔隙度、笔石体数量变化趋势图

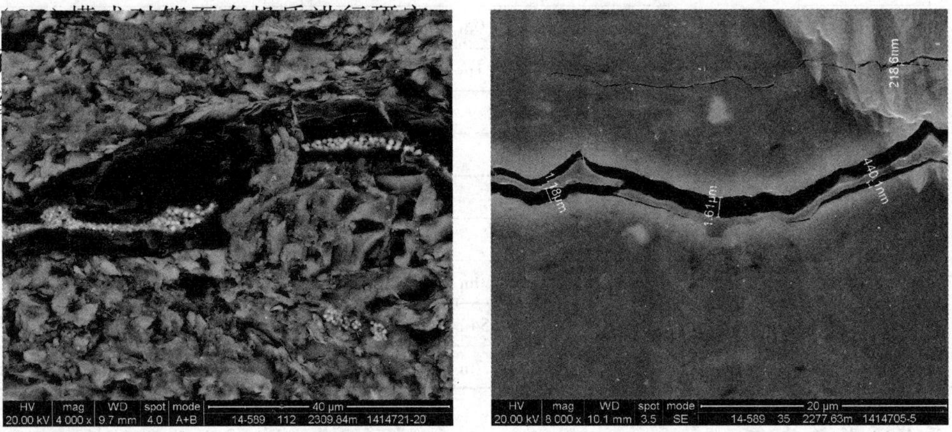

(a)顺层分布的笔石,发育有大量微孔隙　　(b)笔石形貌放大,其边缘残余微缝隙

图 9　JY41-5 井笔石显微照片

3.1.3　笔石与全烃关系

气测录井通过分析随钻泥浆中烃类和其他天然气的含量、组分，是钻井现场发现和评价油气层的一种随钻快速测量手段。随钻气测全烃值是发现油气层最直观的现场第一性资料，也是评价油气层品质的一项重要指标。在页岩气评价中，全烃是录井方面最能直观反映地层含气性的参数，由于其在钻井过程中油气快速发现和有效评价的特点，在焦石坝区块井场上被广泛应用。

从 JY41-5 井的综合剖面图(图 6)可以看出全烃在纵向上从上至下有增大趋势，研究全烃与笔石体数量的关系，发现两者具有正相关关系(图 10)，说明笔石体的繁育程度对页岩气含气性具有一定的影响。

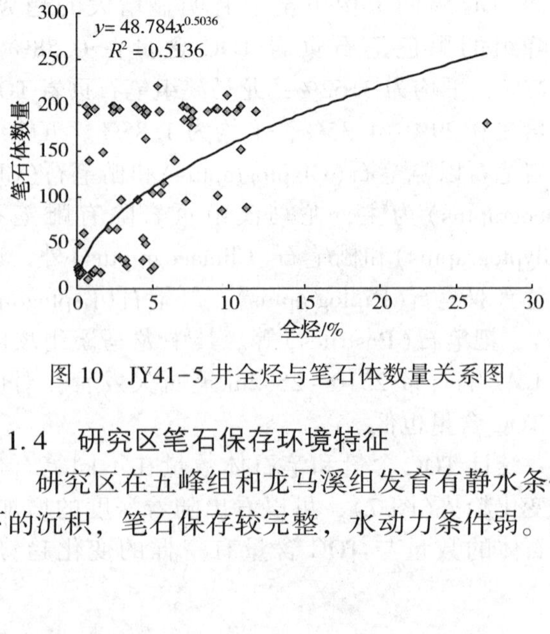

图 10　JY41-5 井全烃与笔石体数量关系图

3.1.4　研究区笔石保存环境特征

研究区在五峰组和龙马溪组发育有静水条件下的沉积，笔石保存较完整，水动力条件弱。由

于静水条件下易沉积较为细粒的沉积物，使得沉积物的渗透率有所下降，阻隔了氧气下涌，而沉积在底部笔石尸体分解时所产生的 H_2S 不易扩散，保持了缺氧的还原环境。龙马溪组团块状黄铁矿(图 5(b))的存在，说明了笔石当时的保存环境就是缺氧的还原环境。笔石分解产生的 H_2S 吸附海洋中的铁组分形成了黄铁矿。对研究区五峰组—龙马溪组页岩有机质富集主控因素的研究，国内学者普遍认为缺氧条件是其主控因素。因此，从保存环境上看，笔石的演化和页岩气富集存在关联。

3.2 笔石与有机质富集关系探讨

在笔石与有机质关系的研究中，通过对焦石坝区块 JY41-5 井的研究发现，五峰组和龙马溪组笔石的丰度同 TOC、有机孔隙度之间存在一定关联，表明笔石体的繁育程度对页岩有机质富集起着一定的贡献作用。亢韦在研究渝南地区龙马溪组笔石与页岩气成藏的关系中，分析认为笔石体丰度与 TOC 具有强的相关性，笔石是笔石相页岩中有机质的主要来源。腾格尔等学者从四川盆地城口庙坝露头和石柱漆辽露头五峰组—龙马溪组笔石页岩中分离出两个单体笔石，并进行热解分析，研究认为笔石的残留 TOC 是五峰组—龙马溪组笔石页岩 TOC 的重要贡献者。

但是邱振却对“笔石与有机质富集存在一定关系”这一观点存有一定疑问。他通过分析重庆巫溪地区某口页岩气井的钻井岩心，并进行相应的分析测试，发现该井所取样品的 TOC 与笔石丰度相关性差，研究认为页岩全岩 TOC 并不能与笔石页岩层(笔石体和围岩采集层)划等号；页岩全岩 TOC 主要受控于围岩 TOC，表明浮游藻类才是有机质富集的主要贡献者，并不是笔石体本身。

通过研究笔石与 TOC、有机孔隙度以及全烃的关系，笔石在整个页岩气形成过程中一定起到相应的作用，但是页岩气的形成并不是仅受单一方面因素影响，一定是多种因素共同作用的结果。因此，在笔石与浮游藻类均丰富的页岩内，有机质富集两者应都起到相应的作用，但究竟是笔石还是浮游藻类对有机质富集起主要贡献以及贡献率的问题仍需要进一步分析研究。

4 结论

（1）笔石生物最早出现于寒武纪，主要繁盛于奥陶纪和志留纪，在泥盆纪彻底绝灭，由于笔石演化快，分布广，是一种十分重要的地层划分及对比的化石；在中上扬子地区，根据不同沉积环境中不同的笔石类型，将奥陶系五峰组分为四个笔石带(WF1-WF4)、志留系龙马溪组划为九个笔石带(LM1—LM9)，其中 WF2—LM4 具有良好的页岩气富集条件，是页岩气开发的有利层段。

（2）笔石体主要由 O、N 等元素组成的高分子化合物的蛋白质构成，其硬体部分主要由碳元素构成，可能为页岩气烃源母质；在笔石繁盛时期，笔石属于当时海洋环境下的“高等”生物，处于海洋食物链的高层，以浮游藻类、各类单细胞生物以及菌类为食，而浮游藻类、细菌等是油气生成的源泉，食物链间接表明笔石和有机质间存在的一定关系。

（3）笔石保存的演化条件主要为缺氧的还原环境，该环境也是页岩气有机质富集的主控因素，因此从保存环境可以看出，笔石对页岩气的形成具有一定的影响。

（4）研究区笔石的丰度和页岩气 TOC、有机孔隙度以及气测全烃具有一定相关性，表明笔石体的演化对页岩气有机质的形成具有一定得贡献，并且一定程度上影响页岩气的含气性，属于页岩气储层评价的重要指标，因此对五峰组—龙马溪组笔石页岩潜力的再认识具有重要意义。笔石生烃潜力以及对储层储气能力的贡献率是页岩气勘探开发中一个十分重要的部分，是未来需要深入研究的方向。

致谢：本文在撰写和研究中得到了中石化江汉石油工程公司高级专家冯爱国教授级高工、页岩气专家叶英贵高工的热忱指导和大力帮助，特致谢意。

参 考 文 献

[1] 穆恩之，李积金．笔石[M]．北京：科学出版社，1960.
[2] 穆恩之，葛梅钰，陈旭，等．西南地区下奥陶统的笔石[M]．北京：科学出版社，1979.
[3] 张翔，陈波，郭志辉，等．石柱复向斜五峰组—龙马溪组笔石页岩特征浅析[J]．非常规油气，2016，3 (6)：49-54.
[4] 黄福喜，陈洪德，侯明才，等．中上扬子克拉通加里东期(寒武—志留纪)沉积层序充填过程与演化

模式[J]. 岩石学报，2011，27(8)：2299-2317.
[5] 邱登峰，李双建，袁玉松，等. 中上扬子地区地史模拟及其油气地质意义[J]. 油气地质与采收率，2015，22(4)：6-13.
[6] 文沾. 中上扬子地区中、晚寒武世岩相古地理研究[D]. 武汉：长江大学，2013.
[7] 王玉满，董大忠，黄金亮，等. 四川盆地及周边上奥陶统五峰组观音桥段岩相特征及对页岩气选区意义[J]. 石油勘探与开发，2016，43(1)：42-50.
[8] 陈旭，樊隽轩，张元动，等. 五峰组及龙马溪组黑色页岩在扬子覆盖区内的划分与圈定[J]. 地层学杂志，2015，39(4)：351-358.
[9] 陈旭，樊隽轩，王文卉，等. 黔渝地区志留系龙马溪组黑色笔石页岩的阶段性渐进展布模式[J]. 中国科学：地球科学，2017，47(6)：720-732.
[10] Gradstein F M，Ogg J G，Schmitz M. The Geologic Time Scale 2012[M]. Amsterdam：Elsevier，2012：1-1176.
[11] Kozlowski R. On the structure and relationships of graptolites [J]. Journal of Paleontology，1966，40(3)：489-501.
[12] 刘鹏举，赵祥麟. 吉林省白山地区新厂期上斜正笔石式树形笔石体壁的化学成分[J]. 长春地质学院学报，1996，26(6)：121-124.
[13] 门凤岐，赵祥麟. 古生物学导论[M]. 北京：地质出版社，1984.
[14] Towe K M，Urbanek A. Collagen-like structures in Ordovician graptolite periderm[J]. Nature，1972，237：443-445.
[15] Riekards R B. Palaeoecology of the Graptolithina，an extinct class of the Phylume Hemichordata [J]. Nature，1975，50(4)：397-436.
[16] 刘大锰，侯孝强，蒋金鹏. 笔石组成与结构的微区分析[J]. 矿物学报，1996，16(1)：53-57.
[17] 马施民，邹晓艳，朱炎铭，等. 川南龙马溪组笔石类生物与页岩气成因相关性研究[J]. 煤炭科学技术，2015，43(4)：106-109.
[18] 秦建中，申宝剑，陶国亮，等. 优质烃源岩成烃生物与生烃能力动态评价[J]. 石油实验地质，2014，36(4)：465-472.
[19] TISSOT B P，WELTE D H. Petroleum formation and occurrence：A new approach to oil and gas exploration [M]. Berlin：Springer-Verlag，1978.
[20] Luo Qingyong，Zhong Ningning，Dai Na，et al. Graptolite-derived organic matter in the Wufeng-Longmaxi Formations (Upper Ordovician-Lower Silurian) of southeastern Chongqing，China：implications for gas shale evaluation [J]. International Journal of Coal Geology，2016，153：87-98.
[21] Petersen H I，Schovsbo N H，Nielsen A T. Reflectance measurements of zooclasts and solid bitumen in Lower Paleozoic shales，southern Scandinavia：correlation to vitrinite reflectance [J]. International Journal of Coal Geology，2013，114：1-18.
[22] 石文睿. 焦石坝区块页岩气储层含气性测录井评价方法研究[D]. 武汉：长江大学，2015.
[23] 腾格尔，申宝剑，俞凌杰，等. 四川盆地五峰组—龙马溪组页岩气形成与聚集机理[J]. 石油勘探与开发，2017，44(1)：69-78.
[24] 戴娜，钟宁宁，张瑜，等. 氩离子抛光/扫描电镜分析方法在笔石有机质研究中的应用[J]. 电子显微学报，2015，34(5)：416-420.
[25] Wen-rui Shi，Chong Zhang，Shao-yang Yuan，et al. A Crossplot for Mud Logging Interpretation of Unconventional Oil and Gas and Its Application [J]. The Open Petroleum Engineering Journal，2015，8(1)：265-271.
[26] 谢元军. 随钻气测录井全烃值标准化方法探讨[J]. 录井工程，2007，18(4)：13-16.
[27] 俞秋明. 利用气测录井对含气显示层进行定量评价的方法探讨[J]. 图书情报导刊，2012，22(22)：145-147.
[28] Demaison G J，Moore G T. Anoxic environments and oil source bed genesis [J]. AAPG Bulletin，1980，64：1179-1209.
[29] Wei H Y，Chen D Z，Wang J G，et al. Organic accumulation in the lower Chihsia Formation (Middle Permian) of South China：constraints from pyrite morphology and multiple geochemical proxies [J]. Palaeogeography，Palaeoclimatology，Palaeoecology，2012，353-355：73-86.
[30] 李双建，肖开华，沃玉进，等. 南方海相上奥陶统—下志留统优质烃源岩发育的控制因素[J]. 沉积学报，2008，26(5)：872-880.
[31] 王淑芳，董大忠，沃玉进，等. 四川盆地南部志留系龙马溪组富有机质页岩沉积环境的元素地球化学判别指标[J]. 海相油气地质，2014，19(3)：27-34.
[32] 亢韦. 渝南地区龙马溪组笔石页岩相与页岩气成藏关系探讨[D]. 北京：中国矿业大学，2015.
[33] 邱振，董大忠，卢斌，等. 中国南方五峰组—龙马溪组页岩中笔石与有机质富集关系探讨[J]. 沉积学报，2016，34(6)：1011-1020.

松南深层低品位致密砂岩含气性分步刻画技术

李　宁

（中国石化东北油气分公司）

摘　要　松辽盆地断陷期构造活动频繁、沉积速率快，多为近源、小扇体沉积，沉积相带变化快、砂体空间连续性差，砂岩储层致密且品位低，非均质性较强，致密砂岩与围岩弹性参数值较为接近，在地震剖面上表现为弱反射特征，常规叠前弹性参数反演检测结果往往无法有效区分储层是否含油气，因此，如何探寻有效的地震预测方法进行致密砂岩储层“甜点”预测是该区致密砂岩剩余储量动用中亟需解决的关键问题。本文在有利相带预测基础上基于气砂组合规律首先进行气砂定性预测，同时选取岩性和含气性敏感参数优化组合建立气砂因子，提高气砂预测的精度，最后依据贝叶斯分类方法对含气概率进行定量评价，保证气砂预测的可靠性。从地震相、属性定性认识、构建气砂因子及反演预测到贝叶斯含气概率定量评价的分步预测技术，在龙凤山开发水平井中验证效果较好，是该区低品位致密砂岩含气性预测和剩余储量动用行之有效的方法。

关键词：松辽盆地；致密砂岩；气砂因子；叠前反演；分步刻画

东北地区断陷层储层以近源小扇体快速沉积为主，断陷期地貌复杂、构造活动频繁、沉积速率快，导致断陷期储层具有沉积相带变化快、砂体空间连续性差的特点。储层横向变化快，泥质含量高，有效储层占比低，纵向多层、互层、致密的特点，地球物理响应弱，有效储层孔隙度大部分都低于 10%，储层上覆火山岩强反射，及常有地层超覆、剥蚀等复杂的地质结构，对地震资料的成像造成影响，有效储层描述较为困难，常规地震反演方法对于气砂刻画效果较差。

针对区域地质条件和资料条件，通过地震相识别等多种手段精细分析岩性组合模式和储层地震响应模式，落实沉积扇的规模和有利相带范围，同时针对有利相带利用地球物理方法重点剖析已钻井含气性弹性参数特点，通过贝叶斯分级明确储层含气性概率，让地质人员更准确的把握和运用储层预测的结果。

1　井督导波形聚类地震相刻画

研究区西南部发育辫状河三角洲沉积体系，沉积范围较广，南部受构造作用及湖盆底形影响，“沟-扇”对应性较强。西南部与南部扇三角洲在湖盆汇聚，相互叠置，形成复合扇体。营城组沉积时期总体上表现为水动力较强的三角洲沉积环境，呈现出从三角洲平原-三角洲前缘-滨湖-浅湖-半深湖沉积序列，其中三角洲前缘为其沉积主体，分布范围最广。储层岩相变化快、成熟度偏低，具有显著近源快速沉积特征，由于储层原始孔隙大量被破坏、连通性降低，整体物性较差，主要为特低孔、特低渗致密储层。

地震相预测是沉积相分析的重要辅助手段，尤其是对于少井或者无井的地区，通过研究地震道的波形变化所反映地质体的综合特征，结合岩心和测井相的认识，能够对沉积相尤其是岩相分析提供有效的依据，研究地震相相控下的储层预测能给研究结果减少不确定性。研究剖面上的地震反射模式是地震相分析的一项重要内容，是指研究地震剖面的各个组成部分的物理地震学特征，包括视振幅、视频率、连续性三个方面。通过地震剖面结合井上分析，认为龙凤山地震反射模式与沉积模式匹配关系主要分为以下三种：(1)扇三角洲外前缘-前扇三角洲：同向轴连续性较好，速度较大，在地震剖面上体现为连续中强反射；(2)前缘水下分流河道：同向轴连续性较差，速度较小，为连续性较差的中弱反射；(3)前缘根部(内前缘)：同向轴连续性最差，速度较大，为连续性较差的弱-杂乱反射(图 1)。

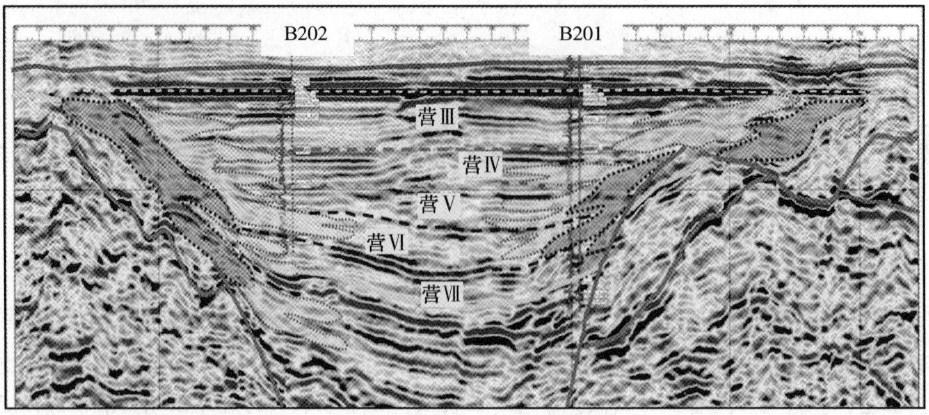

图 1　地震剖面相识别图

为了刻画这些相带的平面分布范围，利用单井在目的层的合成记录波形，督导地震波形聚类结果，可有效的融入单井相认识，使地震波形分聚类结果更具有地质含义。选取典型井进行正演波形督导分类，得到督导后的地震相图(图 2)。第 1、2 类地震相区域在营 IV 砂组沉积时期地势相对较高，主物源方向是南，沉积相带主要分为三个区域，以 BEI203 附近为主的区域及其左右两翼区域，结合古构造分析，认为中间为古隆起带，砂体沉积薄，两侧为扇三角洲的两个分支，砂体沉积相对较厚，预测两翼黄红色带是扇三角洲前缘有利相带。

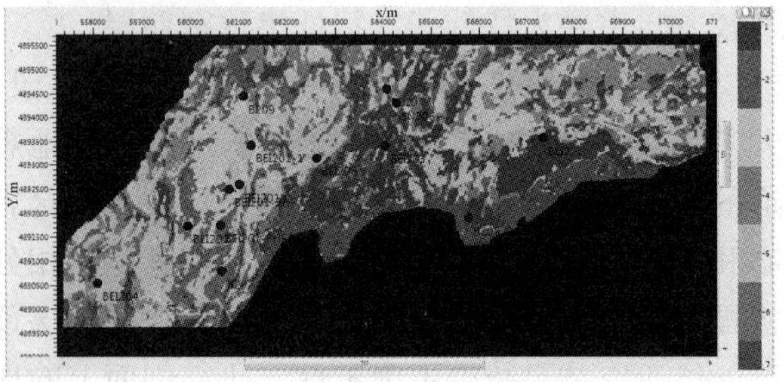

图 2　营Ⅳ 砂组井督导地震相分布

2　地震敏感属性定性识别

地震属性是指那些由叠前或叠后地震数据，经过数学变换而导出的有关地震波几何学、运动学、动力学和统计学的特征。地震属性代表了原始地震资料中所包含全部信息的子集。地震属性技术已成为油藏地球物理的核心部分，在勘探地震与开发地震之间起着桥梁作用，随着油气勘探的不断深入，特别是在常规地震资料含有微弱油气、地层信息而人工难以分辨的情况下，人们致力于从地震数据体中提取其它方法无法提取的地震信息—地震属性参数，并利用各种数学方法对地震属性参数进行系统研究，将地震层位上属性数据点借助数学算法将其扩展到平面上，从而确定主要岩性带的分布，预测储层有利部位。

统计营 IV 砂组已钻井的地震反射特征，认为营 IV 砂组表现为“双峰夹一谷”特点。当营 IV 砂组储层发育时，由于砂岩具有较高阻抗，在泥岩-砂岩界面形成波峰反射，在营 IV 砂组底，营 IV 砂组砂岩和营 V 砂组泥岩形成波谷反射，进而在波谷下出现一个波峰(图 3)。

追踪 B201 营 IV 砂组下部的那套储层的地震反射特征，结合以上四口井营 IV 砂组的含气性进行对比可以发现：下部波峰弱，储层不发育；下部波峰强储层发育，其中对应的上部波峰较弱时为气层，较强时为非气层。

根据这个特点，利用追踪下部波峰和上部波峰两个比较容易识别的岩性界面，提取下部波峰的属性减去上部波峰的属性，结合下部波峰的平面属性中强振幅反映储层的分布范围，得到大的正值即能一定程度上反映气层的分布，如图 4 所示，B201 至 B206 延伸至 B209 认为是有利的目标区。

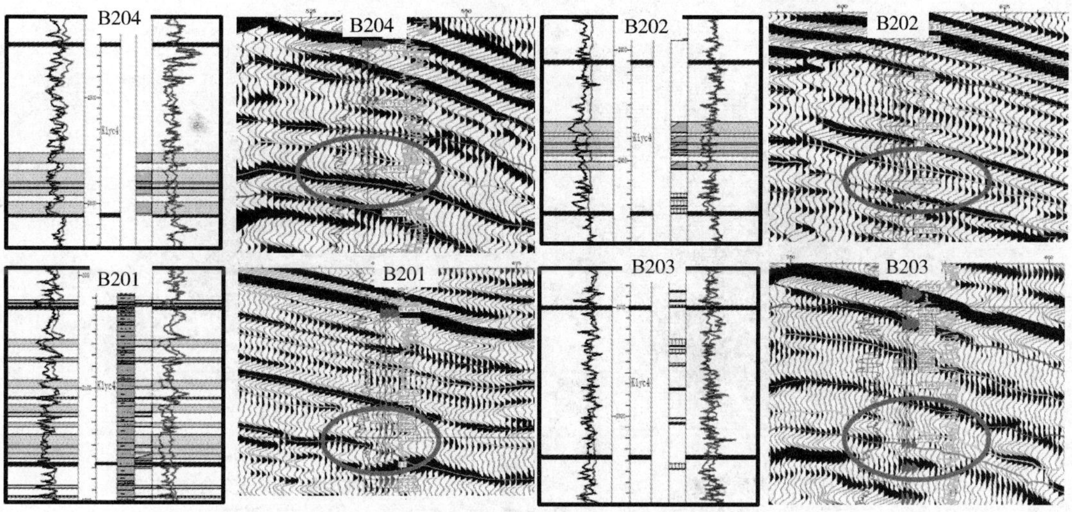

图3　营IV砂组底部储层地震响应特征

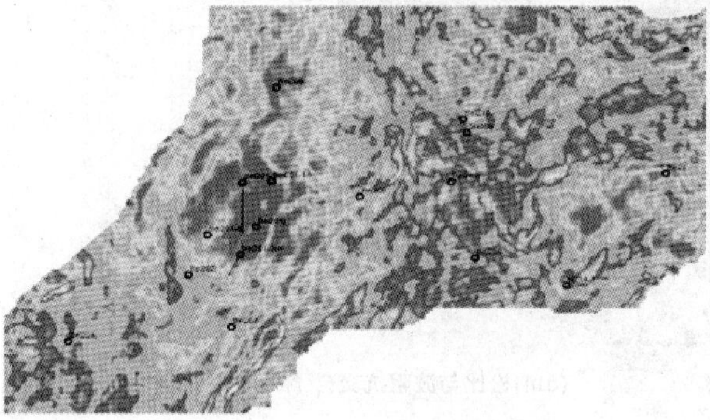

图4　营IV砂组地震属性定性预测储层分布平面图

3　致密砂岩含气性定量预测

3.1　参数优选及气砂因子构建

相带控制下进行地震反演是预测致密砂岩储层的有效手段，前面通过地震相分析对砂体沉积的综合变化有了基本认识，下步则是通过地震反演方法来预测储层。反演之前，需分析可行性判断哪种反演方法适用于本区，这就需要结合测井曲线和岩心数据对岩石物理的各个参数进行优选。岩石物理分析是反演的基础，通过分析井上的弹性参数与岩性、物性和含油气性的关系，来最终指导反演结果体的解释。

对已钻井营城组弹性参数交会分析，发现自然伽马与纵波阻抗对岩性有一定区分，自然伽马不属于岩石弹性参数，不能直接参与反演，而波阻抗的界面也并不清晰。结合录井岩性数据进一步分析，如图5所示，低伽马和高纵波阻抗能有效的区分出火山岩，但是砂泥岩的界面并不清晰，尤其砂砾岩与泥岩有较多叠置的区域。加入物性参数和更多弹性参数深入分析，最终在波阻抗与泊松比的交会图上找到波阻抗区分储层的依据：低阻抗对应特低孔隙的泥岩和致密砂；中高阻抗对应砂岩储层，在砂岩中孔隙度仍然与阻抗保持负相关的关系符合理论认识，中高阻抗中包含少量孔隙度好的火山岩；高阻抗对应火山岩发育区。

纵波阻抗对于大套的砂组能起到一定的表征作用，但是砂岩含气后反而与泥岩叠置更多，砂岩含气后纵波速度下降接近泥岩速度，而横波速度不受流体影响，因此横波速度较纵波速度能更好的区分岩性。

将目的层段的气砂、泥岩和围岩(不含气砂岩)的岩石物理参数选取样点进行分析，如表1所示，发现泥岩和砂岩值变化率最大，对砂泥的区分度最好，而对于气砂和围岩的区分度更好，变化率达到0.32。但是，通常用来区分含气性的差异却相对较小，经过反演小的变化率易被误差等因素进步降低甚至抵消。因此需要寻找更为敏感的参数。

为了深入分析弹性参数的差异，对龙凤山四口重点井的12块岩心样品测试了岩石物理参数。对岩心在干燥状态、饱含气、饱含水进行模拟，测试了这三种状态下孔隙度、纵横波速度及密度等几个基础参数。岩心的纵横波速度的关系可以区分气砂和水砂，气层具有低的特征，但是差异并不明显，常规叠前参数有效识别致密砂岩的精度有限。因此，结合测井响应特征及岩心数据上弹性参数对岩性与含气性的敏感程度，提出了气砂因子 Qs：

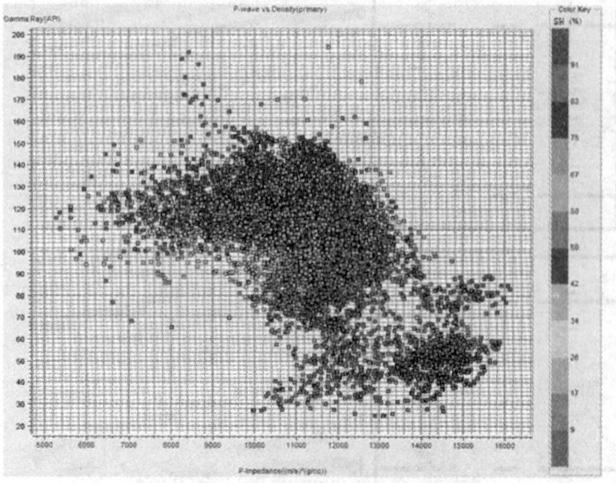

(a)波阻抗与伽马交会(泥质含量)

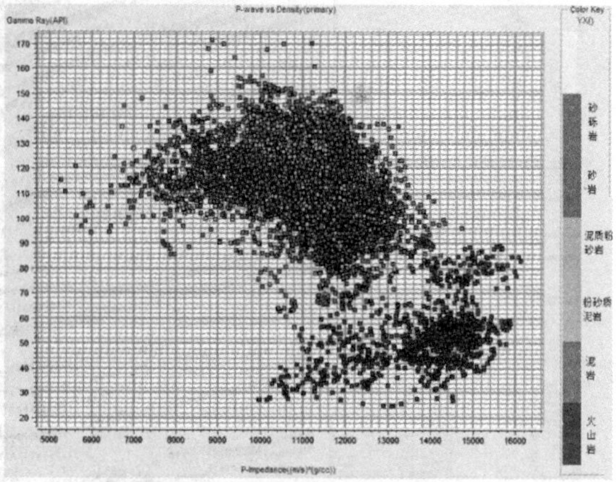

(b)波阻抗与伽马交会(录井岩性)

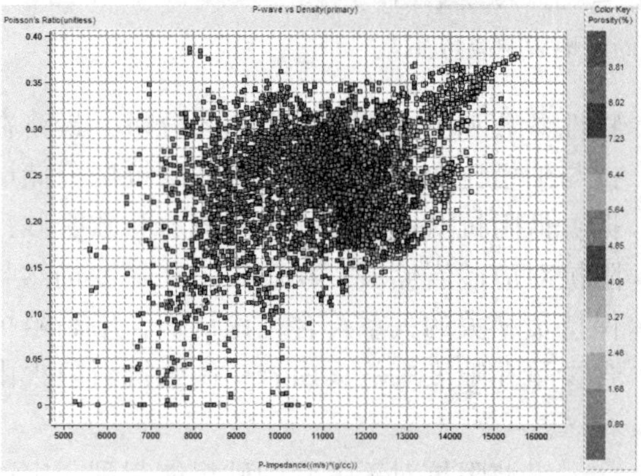

(c)泊松比与波阻抗交会(孔隙度)

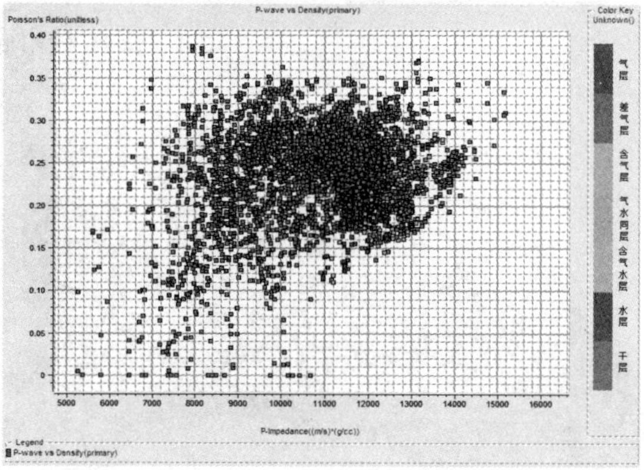

(d)泊松比与波阻抗交会(含气性)

图 5　岩石物理参数交会图

表 1　B201 井 IV 砂组弹性参数变化特征对比表

岩性	Vp/(m/s)	Vs/(m/s)	ρ/(kg/m³)	ZP/(kg/m³m/s)	Zs(kg/m³m/s)	λ/GPa	μ/GPa	γ	σ
气砂	4629.38	2888.31	2497.00	11559561.86	7212110.07	11.85	20.83	1.60	0.18
泥岩	4194.58	2254.24	2606.78	10934324.80	5876293.59	19.37	13.25	1.86	0.30
围岩(砂岩)	4877.41	2922.48	2596.00	12661756.36	7586758.08	17.41	22.17	1.67	0.22
气砂与围岩(变化率)	−0.05	−0.01	−0.04	−0.09	−0.05	−0.32	−0.06	−0.04	0.18
气砂与泥岩(变化率)	0.10	0.28	−0.04	0.06	0.23	−0.39	0.57	−0.14	0.39
泥岩和干砂变化率	−0.14	−0.23	0.004	−0.14	−0.23	0.11	−0.40	0.11	−0.35

(表中，Vp——纵波速度，单位 m/s；VS——横波速度，单位 m/s；ρ——密度，单位 kg/m³；Zp——纵波阻抗，单位(kg/m³)*(m/s)；ZS——横波阻抗，单位(kg/m³)*(m/s)；λ——拉梅系数，单位 Gpa；μ——剪切模量，单位 Gpa；γ——纵横波速度比，无量纲；σ——泊松比，无量纲)

$$Qs=\frac{\mu}{\lambda\sigma} \tag{1}$$

从物理意义上来说，μ 只能区分岩性，而 λ 及 σ 降低能区分含气砂岩，组合成气砂因子以后，高值表征含气砂岩，中值表征水砂，低值表征泥岩，能够解决泥岩与含气砂岩弹性参数叠置的矛盾。分析岩心数据气砂水砂变化率直方图，气砂因子分辨气砂和水砂的变化率远优于常规区分流体的纵横波速度比和泊松比(图 5)。

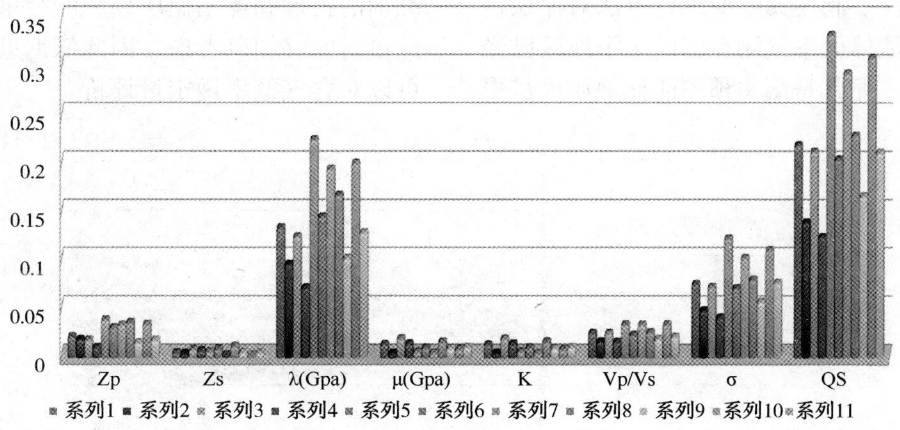

图 5　岩心弹性参数气砂与水砂的变化率直方图

3.2　致密砂岩气砂分布预测

叠前弹性参数反演也称为叠前同时反演，是目前国内外应用较为广泛的叠前反演方法之一，通过利用测井数据和叠前道集数据利用数学算法得到叠前弹性参数的过程，其数学基础是 Zoeprtitz 方程及其简化式，得到的最直接的反演结果为三参数：纵波速度 Vp、横波速度 Vs 和密度 ρ，也可以通过岩石物理方程转换得到前述其他弹性参数来表征储层或流体的性质，诸如所选的组合参数等。

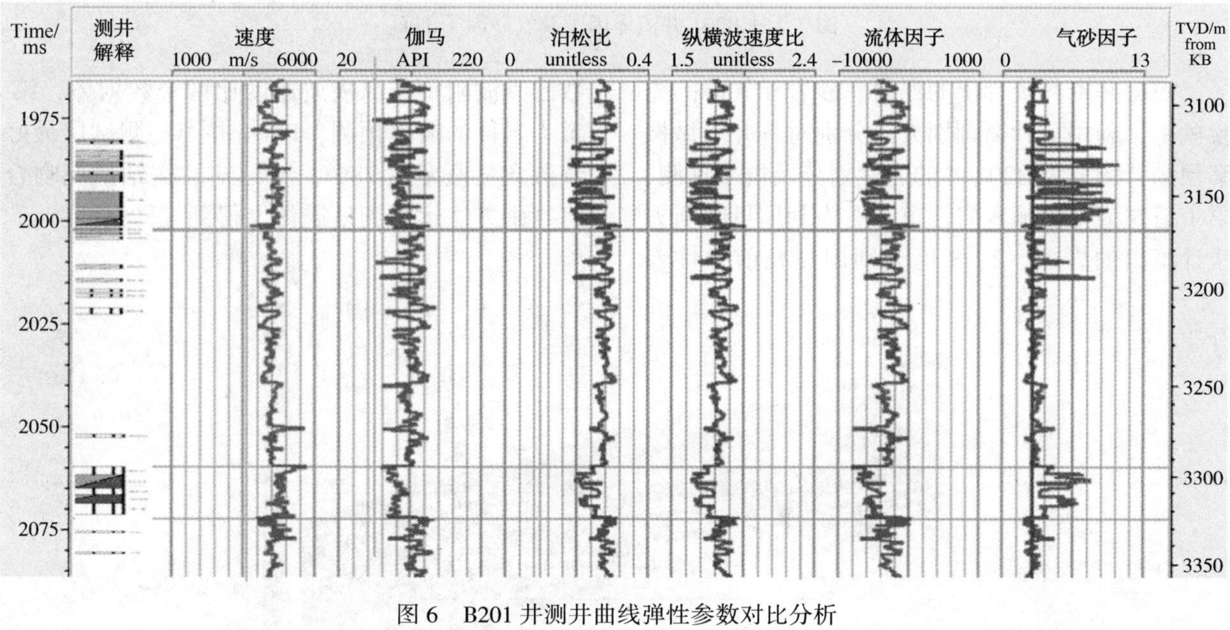

图 6　B201 井测井曲线弹性参数对比分析

单井对比分析营城组的测井曲线的气砂因子 Qs、Russell 基于 Gassmann 方程提出的流体因子 fp 进行对比、常规参数泊松比 σ 等参数的变化，B201 井营城组有三段测试层，第一测试层累计产气 39.13 万方，累计产油 99.07m^3；第二层测试层见少量气；这二层在这些弹性参数上都或多或少的表现出异常，但是区分度有限，如图 6 所示，Qs 相对与单参数及 fp 对含气的敏感性更高。

在相带控制下、定性预测范围内利用“气砂因子”方法进行有效储层描述。利用地震叠前反演方法预测的 Qs 剖面，如图 7 所示，预测结果与 B201 井实际测试情况两层吻合，部署了水平井 A-1HF，预测水平段前段含气性好于后段，拐点与实钻相符，水平层段钻遇砂体物性好、含气饱和度高，测试获得高产，目前日产气 7.8 万方，日产油 2.0t。

3.3　致密砂岩含气概率评价

考虑到致密砂岩反演外推过程中，由于不同岩性的弹性参数范围叠置仍然存在多解性的问题，因此引入贝叶斯判别发进行含气概率评价进一步降低多解性。利用贝叶斯统计方法对储层进行岩性判别和流体概率预测在国内多个地区已经取得较好效果，尤其是概率预测能让地质人员更准确的把握和运用储层预测的结果，计算圈闭和储量时能够加以考虑，因此依据贝叶斯分类方法可以对含气概率做定量评价。

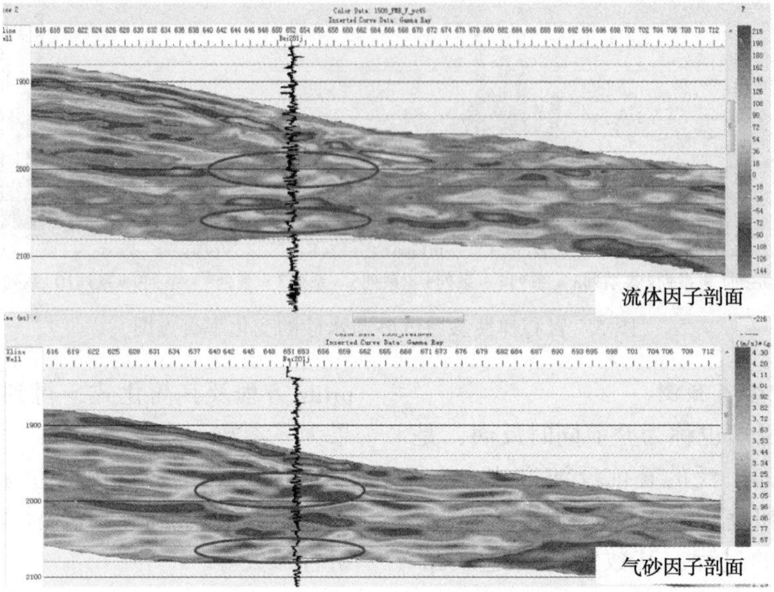

图 7　过 B201 井流体因子及气砂因子剖面

根据井资料统计出的泥岩、砂岩和气砂的先验概率，利用贝叶斯判别方法分别对各井上做概率预测，图 8 为 B201 井的岩性划分及概率预测，第 1 道左为初始输入岩性道，右为利用贝叶斯方法计算出的岩性，2、3 道分别用到叠前弹性参数的纵波阻抗与纵横波速度比两个数据体，第 4 道为岩性的概率预测，B201 井第三测试层最好，预测含气概率达 78%，与已知井实钻情况吻合，将判别方法运用到地震体上得到气砂概率体。

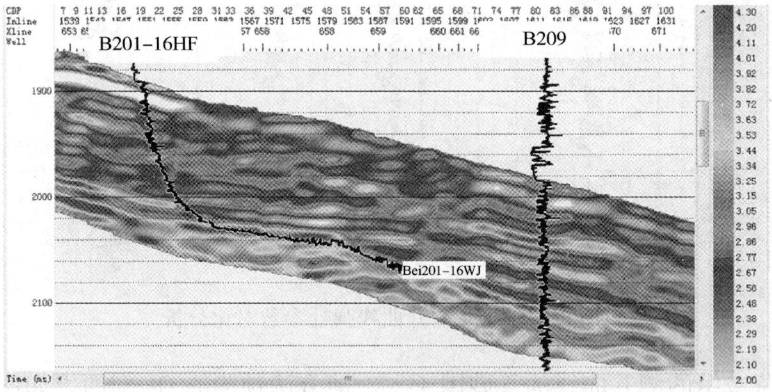

图 8　B201 井单井岩性及含气概率预测图(红色为气砂，黄色为砂岩、绿色为泥岩)

依据单井上对岩性的贝叶斯分类结果，约束气砂因子反演结果进行三维数据体的概率模拟分析，可以对目标区致密砂岩的含气概率进行预测，为开发井网部署及水平井设计提供支撑。图 9为预测单井的含气概率结果，用新钻探 B220-2HF 井验证，实际井水平段钻遇高于 60% 的气砂较多，B220-4HF 水平段投影前半段气砂储层 60% 左右，总体低于 B220-2HF 井，后半段未钻遇气砂，验证了含气概率定量评价结果的可靠性。

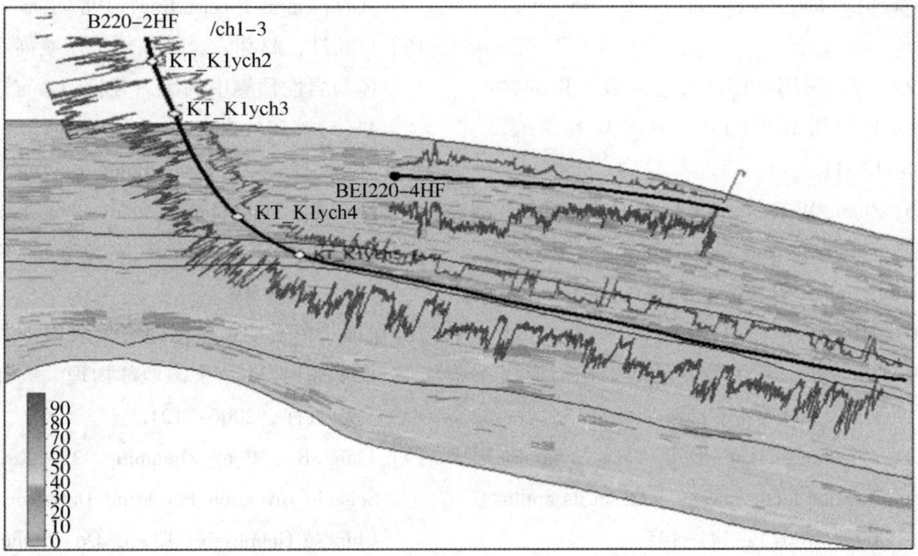

图 9 过 B220-2HF 及 B220-4HF 含气概率剖面图

4 结论

（1）近源、小扇体沉积储层需要首先刻画有利相带，通过井督导地震相识别能够有效识别有利相带分布，在此基础上针对其砂体纵横向变化快的特点选取合适的敏感参数，确保反演的过程的可靠性和确定性。

（2）断陷层致密砂岩埋深大，在强压实作用影响下，孔隙度变化范围小、对声波影响也相对较小，而含气与含水导致的声波差异更大，因此可以通过含气性评价来评价储层有效性。结合岩心试验分析数据分析选出敏感参数优化组合提出的气砂因子，对识别致密碎屑岩气层更敏感。

（3）分步预测逐级聚焦致密砂岩“甜点”，并通过贝叶斯分级对其含气性概率定量评价，能让地质人员更准确的把握和运用储层预测的结果，为计算圈闭资源和储量评价提供相对准确的数据。

参 考 文 献

[1] 晏信飞，曹宏，姚逢昌，巴晶．致密砂岩储层贝叶斯岩性判别与孔隙流体检测[J]．石油地球物理勘探，2012，47(6)：945-950.

[1] Yan Xinfei, Cao Hong, Yao Pengchang, Ba Jing. Bayesian lithofacies discrimination and pore fluid detection in tight sandstone reservoirs. Oil Geophysical Prospecting. 2012，47(6)：945-950.

[2] 陈美伊，秦月霜，王建民，等．基于等时相控反演的致密砂岩储层地震识别方法[J]．石油地球物理勘探，2016，51(4)：782-791.

[2] Chen Meiyi, Qin Yueshuang, Wang Jianmin, Chen Shoutian, Fang Shi. Tight sandstone reservoir identification based on isochronal phase-controlled inversion. Oil Geophysical Prospecting. 2016，51(4)：782-791.

[3] 牛聪，张益明，王迪，等．LA 地区盒 8 段优质储层的特征与分布预测[J]．石油地球物理勘探，2017，52(3)：591-598.

[3] Niu Cong, Zhang Yiming, Wang Di. Prediction of high-quality reservoir characteristics and distribution in the area LA. Oil Geophysical Prospecting. 2017，52(3)：591-598.

[4] 董文学，王红，张中平．GeoEast 属性技术在致密储层预测中的应用[J]．石油地球物理勘探，2014，49(增刊 1)：212-215.

[4] Dong Wenxue, Wang Hong, Zhang Zhongping. Tight reservoir predication with seismic attribute approach provided by GeoEast. Oil Geophysical Prospecting. 2014，49：212-215.

[4] Dong Wenxue, Wang Hong, Zhang Zhongping. Tight reservoir predication with seismic attribute approach provided by GeoEast. Oil Geophysical Prospecting. 2014，49：212-215.

[5] 宁忠华，贺振华，黄德济．基于地震资料的高灵敏度流体因子[J]．石油物探，2006，45(3).

[5] Ning Zhonghua; He Zhenhua; Huang Deji. High sensitive fluid identification based on seismic data [J]. Geo-

physical Prospecting for Petroleum 2006, 45 (3): 239-241.

[6] 张翠娟，张文，等．利用纵横波反射系数差检测含油气性方法及其应用效果[J]．中国海上油气，2007，19(1)：13-17.

[6] Zhang Cuijuan, Zhang Wen, et al. A method to detect hydrocarbon by using reflection coefficient difference between compression and shear waves. China Offshore Oil and Gas, 2007, 19(01): 13-17.

[7] 王栋，贺振华，黄德济．新流体因子的构建与应用分析[J]. 石油物探，2009, 48(02)：141-145.

[7] Wang Dong, He Zhenhua, Huang Deji. Construction of a new fluid identification factor and analysis on its application. GPP, 2009, 48(02): 141-145.

[8] 郑静静，印兴耀，张广智．流体因子关系分析以及新流体因子的构建[J]. 地球物理学进展，2011，26(2)：579~587.

[8] Zheng J J. Yin X.y , Zhang G Z. Fluid factor analysis and the construction of the new fluid factor. Progress in Geo ρ hys. (in Chinese), 2011. 26(2) : 579-587.

[9] 印兴耀，张世鑫，张繁昌，郝前勇．利用基于Russell近似的弹性波阻抗反演进行储层描述和流体识别[J]．石油地球物理勘探，2010，45(3)：373-380.

[10] Yin Xing-yao, Zhang Shixin, Zhang Fan-chang and Hao Qian - yong. Utilizing Russell Approximation - based elastic wave impedance inversion to conduct reservoir description and fluid identification. OGP , 2010 , 45(3): 373-380.

[11] 印兴耀，曹丹平，王保丽，宗兆云．基于叠前地震反演的流体识别方法研究进展[J]. 石油地球物理勘探，2014，49(1)：22-34.

[12] Yin Xing-yao, Cao Danping, Wang Baoli, and Zong Zhaoyun. Research progress of fluid discrimination with prestack seismic inversion. OGP, 2014 49 (1): 22-34.

[13] Jan L. Fatti, George C. smith, peter J. strauss, and Philip R. Levitt. Detection of gas in sandstone reservoirs using AVO analysis: A 3-D seismic case history using the Geostack technique[J]. Geophysics, 1994, 59: 1362-1376.

[14] Quakenbush M, shang B, tuttle C. Poisson impedence [J]. The leading Edge, 2006, 25: 128-138.

[15] Smith GC, Gildow P M. Weighted stacking for rock property estimation and detection of gas [J] . Geophysics Prospecting, 1987, 35: 993-1014.

[16] 甘利灯，赵邦六，杜文辉，李凌高．弹性阻抗在流体与岩性预测中的潜力分析[J]. 石油物探，2005，44(5)：504-508.

[17] Gan Lideng, Zhao Bangliu, Du Wenhui and Li Linggao. The potential analysis of elastic impedance in the lithology and fluid prediction. GPP, 2005, 44 (5): 504-508.

[18]梁波，彭真明．叠前地震反演用于流体检测的关键技术探讨[M]. 中国地球物理．成都：四川科学技术出版社，2006：121.

[19] Liang Bo, Peng Zhenming. The Key Techniques Of Seismic Inversion For Fluid Detection Are Discussed. Chinese Geophysics. Cheng Du: Sichuan Science And Technology Press. 2006: 121.

[20] 张永刚．油气地球物理技术新进展[M]. 北京：石油工业出版社，2003，128~175.

[21] Zhang Yonggang. New Progress In Oil And Gas Geophysics. Bei Jing: Petroleum Industry Press. 2003, 128-175.

[22] 孙兴刚，魏文，李红梅．岩石物理参数的流体敏感性分析[J]．油气藏评价与开发，2012，2(1)：37-40.

[23] Sun Xinggang, Wei Wen, Li Hongmei. Fluid Sensitivity Analysis Of Rock Physical Parameters. Evaluation And Development Of Oil And Gas Reservoir. 2012, 2(1): 37-40.

[24] 许翠霞，马朋善，赖令彬，等．致密砂岩含气性敏感参数——以松辽盆地英台气田营城组为例[J]. 石油勘探与开发，2014，41(6)：712-716.

[25] Xu Cuixia, Ma Pengshan, Lai Lingbin, Kong Yuanhui , Li Zhongcheng. Sensitivity parameters of tight sand gas: A case study of Lower Cretaceous Yingcheng Formation of Yingtai gas field in Songliao Basin, NE China. Petroleum Exploration & Development. 2014, 41(6): 712-716.

[26] Russell B H, Hedlin K, Hiterman F, et al. Fluid-property discrimination with AVO: A Boit-Gassmann perspective[J]. Geophysics, 2003, 68(1): 29-39.

[27] Brian H. Russell, David Gray, Daniel P. Hampson and Laurence R lines. Lineared AVO and poroelasticity [J]. CREWES Research Report.

[28] 张杰，赵德勇，赵玉华，等．致密薄储层预测技术及在马岭油田的应用[J]．石油地球物理勘探，2013，48：47-52.

[29] Zhang Jie, Zhao Deyong, Zhao Yuhua, Wang Daxing,

Wang Yongli, Huang Ligang. Tight thin reservoir prediction in Maling Oilfield. Oil Geophysical Prospecting. 2013, 48: 47-52.

[30] 杨培杰，董兆丽，刘昌毅，等．敏感流体因子定量分析与直接提取[J]．石油地球物理勘探，2016, 51(1): 158-164.

[31] Yang Peijie, Dong Zhaoli, Liu Changyi, Guan Xiaoyan, Mu Xing. Sensitive fluid factor extraction and analysis. Oil Geophysical Prospecting. 2016, 51(1): 158-164.

[32]周惠文，曹正林，杜斌山．含气特征曲线重构技术在致密含气砂岩中的应用[J]．天然气地球科学，2006, 17(5): 723~726.

[33] Zhou Huiwen, Cao Zhenglin, Du Binshan. N atural Gas Geoscience. 2006, 17(5): 723~726.

[34]彭真明，李亚林，梁波，等．叠前弹性阻抗在储层气水识别中的应用[J]．天然气工业，2007, 27(4): 43-45.

[35] Peng Zhenming, Li Yalin, Liang Bo, Wu Shenghong, Zhao Hui . Application Of Prestack Elastic Impedance Inversion In Gas And Water Recognition Of The Reservoiy. Natural Gas Industry. 2007, 27(4): 43-45

低渗油田 CO_2 吞吐井位优选及注入参数优化分析

李　朋　陈洪壮

(中国石化东北油气分公司)

摘　要　七棵树油田为典型低孔特低渗透油藏，随着注水开发的进行，注水压力逐年上升，且逐渐暴露出注水不均衡、水驱效率低等一系列难题，导致储量动用差、单井产能低，仅靠注水已不能满足开发需要。为提高七棵树油田单井产能和采收率，增加开发效益，本文参考国内外同类油藏开发经验及 CO_2 吞吐先导性试验结果，综合分析了 CO_2 吞吐提高采收率效果的影响因素，依据 CO_2 吞吐适应性评价指标体系在七棵树油田全区范围内共筛选出 7 口候选井。采用模糊综合评判方法对 7 口候选井各项指标适宜性进行综合评价，根据评价结果确定最优吞吐井位 4 口，实施以来，效果较好。

关键词：提高采收率；CO_2 吞吐；模糊综合评判；井位优选

1　前言

七棵树油田位于梨树断陷中央构造带车家窝堡构造圈闭内，构造形态为北东高西南低的单斜构造，主要含油层系为沙河子组一段 2、3 号小层，砂体分布较稳定，隔层较发育。储层平均渗透率 $3.75\times10^{-3}\mu m^2$，平均孔隙度 10%，典型的低孔特低渗透油藏。2010 年开始注水开发，2015 年底油井开井 44 口，水井开井 25 口，日产液 132.06t/d，日产油 73.9t/d，综合含水 44.04%，年自然递减率 18.89%，含水上升率 4.74%，与同类油藏相比产量递减大、含水上升快。随着注水开发的进行，注水压力逐年上升，且逐渐暴露出注水不均衡、水驱效率低等一系列难题，导致储量动用差、单井产能低，仅靠注水已不能满足开发需要。

CO_2 单井吞吐强化采油技术是近年来发展起来的一项补充地层能量、提高采收率的新方法，在选井合适、配套工艺完善、注采制度合理的条件下，采用该方法直接处理低产油井，投资小、偿还快，且能够实现较好的增油效果。1963 年首先在大庆油田利用 CO_2 驱作为主要提高采收率的方法进行研究，随后在 1966 年，1969 年，1985 年，1991 年，1994 年先后开展了注 CO_2 先导试验。吉林油田自 1995 年开始进行 CO_2 单井吞吐试验，利用金塔 CO_2 气田的液态 CO_2 吞吐和 CO_2 泡沫压裂 100 井次以上累计增油 1420t。胜利油田 1998 年开始进行 CO_2 单井吞吐增油效果的试验，平均单井增产 200t 以上。胜利油田桩西油区具有构造复杂、注采不完善、储层物性差等特点，导致注水开发困难，能量不足，采收率低，于 2000 年 6 月在桩 39-9 井开始进行矿场试验，至 2003 年 8 月共实施 CO_2 吞吐井 26 口，成功 20 口，邻井见效 1 口，初期日增油 48 t，已累计增油 26215 t，综合措施增油效果显著。

现场试验结果表明：CO_2 吞吐采油技术对无法完善注采关系、地层能量较低的油层来说是一种有效的增产措施，对目前挖潜注采不完善型剩余油具有比较现实的意义。为提高七棵树油田单井产能和采收率，增加开发效益，采用模糊综合评判方法优选吞吐井位，为七棵树油田实施 CO_2 吞吐强化采油技术提供理论指导。

2　七棵树油田 CO_2 吞吐井位初选

2.1　井位优选条件分析

2.1.1　油藏条件

油藏深度、压力和温度是彼此相关的，为了提高的驱油效率要求，要求在地下处于高压状态，一般要求油藏深度不低于 1000m。但是油藏深度越大，施工难度也会越大，成本也相应会增加，最终也会影响驱油整体效果。

实验表明，CO_2 在原油中的溶解度随压力增加而增大，但在不同原油中增加的幅度不同。

CO_2溶解能力越强，则地层油体积膨胀越多，地层油的弹性能量增加越多，增油效果越明显。原油体积膨胀不但可以增加地层的弹性能量，还有利于膨胀后的剩余油脱离地层水及岩石表面的束缚，变成可动油，从而增加油井产量，且深油藏所能承受的注入压力也更高，因此油藏较深更适合 CO_2吞吐。

2.1.2　储层特征

（1）渗透率

在成功进行 CO_2吞吐的项目中，选择渗透率小于 $100\times10^{-3}\,\mu m^2$ 的油藏最多。对于低渗透油藏，CO_2吞吐过程能有效带出近井带地层的剩余油；而渗透率太高，受气窜影响，注入的 CO_2不能充分与近井地带剩余油互溶却会很快扩散到地层远处，回采时易形成气窜，导致吞吐效率大幅下降。

（2）孔隙度

孔隙度在10%～20%范围内进行 CO_2吞吐的油藏最多。孔隙度太大，容易发生指进，致使 CO_2吐出过程中携带剩余油的能力降低，不利于提高驱油效率。

（3）非均质性

渗透率非均质性对 CO_2吞吐过程有明显影响，非均质性严重的油藏注气过程中易气窜，CO_2吞吐的成功率相对较低。

2.1.3　流体特征

（1）剩余油饱和度

剩余油饱和度是实现驱油效益的保证，剩余油饱和度越大，吞吐效果越好。Thomas 和 Monger 等通过岩心实验和数值模拟指出，CO_2吞吐前具有较高的当前含油饱和度，是取得驱替效益的先决条件。一般而言，当前含油饱和度越大，油、气产量大，含水率低，对 CO_2吞吐有利。若原油饱和度太低会导致混相驱过程中难以形成连续油带，得不到预期的吞吐效果。对于 CO_2吞吐，油藏含油饱和度在40%～70%为好。剩余油饱和度过低会导致驱替过程中很难形成连续油相，驱替效果降低。

（2）原油黏度和密度

在合适的范围内，油的黏度、密度越低，对 CO_2吞吐越有利。在成功进行 CO_2吞吐的项目中，选择原油密度分布小于0.86 g/cm^3的油藏最多。原油相对密度高，表明含重质烃类较多，黏度一般较大，此时溶于原油的 CO_2对原油的增容能力下降，且原油与气体的黏度差更大，容易造成粘性指进，致使驱油效果变差。

（3）单井含水率

根据国内开发实例分析，高含水（含水率>95%）特别是已水淹的井 CO_2吞吐效果甚微，而中低含水的油井 CO_2吞吐效果较好。这主要是因为 CO_2溶于原油中可明显改善油的流动性，降低水的流动性，改善原油和水的流度比，从而达到增油的目的。

2.2　筛选标准建立

如前文所述，不同条件下 CO_2的作用不同，其增产机理也不尽相同，总结得出影响 CO_2吞吐效果的主要影响因素共11项。

本次井位筛选工作，首先对吞吐技术现状做了充分的调研，与近年来国内外筛选标准统一起来。近年来国内外专家提出的适合稀油油藏 CO_2吞吐油藏筛选标准，尽管油藏参数取值范围不尽相同，但相对取值趋势相同，且存在有一定的取值界限。参考国内研究成果及同类油藏 CO_2吞吐矿场试验结果，结合目前国外常用的《液态二氧化碳吞吐推荐作法》中的 CO_2吞吐开发油藏筛选标准，建立适合七棵树油田的 CO_2吞吐井位筛选评价指标体系（表1）。

表1　CO_2吞吐井位筛选评价指标体系

评价参数	量化范围				
	好	较好	中等	较差	差
油藏深度/m	>2500	2000～2500	1500～2000	1000～1500	<1000
油层厚度/m	>20	15～20	10～15	5～10	<5
油藏压力/Mpa	>20	15～20	10～15	5～10	<5
油藏温度/℃	>40	40～60	60～80	80～100	>100
渗透率/$10^{-3}\,\mu m^2$	<100	100～300	300～600	600～1000	1000

续表

评价参数	量化范围				
	好	较好	中等	较差	差
孔隙度/%	>20	20~25	25~30	30~35	<35
渗透率级差	<0.5	0.5~0.55	0.55~0.6	0.6~0.65	<0.65
剩余油饱和度/%	>60	50~60	30~40	20~30	<20
原油黏度/mPa·s	<5	5~10	10~100	100~1000	>1000
原油密度/g·cm^{-3}	<0.8	0.8~0.83	0.83~0.86	0.86~0.89	<0.89
含水率/%	40~60	60~70	70~80	70~95	>95

2.3 CO_2吞吐井位初步筛选

根据评价指标体系中各参数的量化范围，在全区筛选确定7口候选井，其中3口井位于构造边部相对封闭小断块内，由于储层物性差，存在注不进采不出现象，为低产低能井；4口井位于SW10区块构造南部，该区井网不完善，多口水平井无注水补充，目前这一部分储量只能依靠天然能量开采维持生产，随着地层压力下降，产量递减大，单井产能低。候选井基本情况如下(表2)。

表2 七棵树油田CO_2吞吐候选井基本信息表

评价参数	井号						
	SW8-3	SW10-15	SW10-20	SW10P4	SW10P5	SW8-7-5	SW10P6
产层深度/m	2128.2	1860.35	2188.55	1950	2081.8	2047.2	2064.35
油层厚度/m	12.1	2.1	5.7	88.4	221.4	11.3	380.7
油藏压力/Mpa	15.4	14.06	18.82	17.5	15.19	16.09	15.35
油藏温度/℃	74.49	72.55	85.35	76.05	81.19	79.84	80.51
渗透率/$10^{-3}\mu m^2$	0.5	0.4	0.37	0.45	0.47	0.28	0.6
孔隙度/%	12	6	9.5	8.99	9.43	8.25	10.5
渗透率级差	1	1	2.7	10	4	6	2.75
剩余油饱和度/%	63.04	43.51	51.60	34.23	48.45	20.19	36.96
原油黏度/mPa·s	2.55	2.49	2.49	2.49	2.49	2.49	2.49
原油密度/g·cm^{-3}	0.848	0.848	0.848	0.848	0.848	0.848	0.848
含水率/%	10	99	11	10.3	12	15	14

3 模糊综合评判法优选井位

模糊综合评判法就是应用模糊变化原理和最大隶属度原则，针对难以用准确数字进行量化的评价问题，考虑与评价对象相关的各种因素，通过数学处理，对其做出综合评价。其理论基础模糊集合理论的概念于1965年由美国自动控制专家查德(L. A. Zadeh)教授提出，具体步骤：

(1) 确定评判对象和因素集

将评判事物确定为评判对象，本文中评判对象为CO_2吞吐候选井，评价结果由一组评语上的模糊集合来表示，即评语集V。而影响评价结果的所有因素构成因素集U。

如前文所述，根据评价指标体系中各参数的量化范围，在全区筛选确定7口候选井为评判对象，其中3口井位于构造边部相对封闭小断块内，4口井位于SW10区块构造南部。

(2) 分配各影响因素权重，确定权重集X=(x_1，x_2，…，x_n)，

对评价因素确定一个权重值x_i，表明该因素对评价结果的重要程度，由x_i组成的集合称作权重集或权向量。

确定CO_2吞吐提高采收率的适应度，一个重要的环节就是确定各评价指标的权重。反映各项指标重要程度的指标权重对于CO_2吞吐提高采收率的适应度评估起到了至关重要的作用。指标权

重值不同，评价结果也不同，甚至会出现相反的结果。

对指标体系中的所有指标两两进行比较，按一定的准则，比较两个因素 u_i 和 u_j 哪一个更重要，重要多少，需要对重要多少赋予一定的数值。这里使用1~9 比例尺度见表3。对于 n 个因素来说，按表3 即可得到两两因素比较的判断矩阵 A。

1~9 的标度方法是将思维判断数量化的一种方法。首先在区分事物质的差别时，总是相同、较强、强、很强、极端强的语言，再进一步细分，可以在相邻的两级中插入折衷值 2、4、6、8。其次心理学的实验表明，大多数人对不同事物在相同属性上差别的分辨能力在 5~9 级之间。再次当比较的因素其属性处于不同数量级，一般需要将较高数量级的元素进一步分解，以保证被比较因素在所考虑的属性上有同一个数量级或比较接近。因此，1~9 的标度表较适用。

表3　1~9 标度表

标度	含义
1	表示两个因素相比，具有同样重要性
3	表示两个因素相比，一个因素比另一个因素稍微重要
5	表示两个因素相比，一个因素比另一个因素明显重要
7	表示两个因素相比，一个因素比另一个因素强烈重要
9	表示两个因素相比，一个因素比另一个因素极端重要
2、4、6、8	上述两相邻判断的折衷值

通过分析影响吞吐效果的主要因素，确定七棵树油田吞吐井位主要优选条件为产层深度、油层厚度、油层渗透率及非均质性、含油饱和度、含水率。按表3 对各因素两两比较，得到判断矩阵

$$A=\begin{bmatrix}1 & 2 & 2 & 3 & 2 & 2 & 3 & 1/3 & 3 & 3 & 1/2\\ 1/2 & 1 & 2 & 3 & 1/2 & 2 & 3 & 1/2 & 3 & 3 & 1/2\\ 1/2 & 1/2 & 1 & 1 & 5 & 5 & 6 & 1/5 & 5 & 5 & 2\\ 1/3 & 1/3 & 1 & 1 & 1/4 & 1/3 & 5 & 1/5 & 1 & 1 & 1/6\\ 1/2 & 2 & 1/5 & 4 & 1 & 2 & 4 & 1/2 & 5 & 5 & 1/3\\ 1/2 & 1/2 & 1/5 & 3 & 1/2 & 1 & 3 & 1/3 & 2 & 3 & 1/5\\ 1/3 & 1/3 & 1/6 & 1/5 & 1/4 & 1/3 & 1 & 1/3 & 2 & 1 & 1/5\\ 3 & 2 & 5 & 5 & 2 & 3 & 3 & 1 & 3 & 3 & 4\\ 1/3 & 1/3 & 1/5 & 1 & 1/5 & 1/2 & 1/2 & 1/3 & 1 & 2 & 1/9\\ 1/3 & 1/3 & 1/5 & 2 & 1/5 & 1/3 & 1 & 1/3 & 1/2 & 1 & 1/8\\ 2 & 2 & 1/2 & 6 & 3 & 5 & 5 & 1/4 & 9 & 8 & 1\end{bmatrix}$$

由于判断矩阵的特殊性，可采用方根法计算权重向量。

首先，计算矩阵各行元素的积得：

$$M_i=\prod_{i=1}^{n}a_{ij} \tag{1}$$

然后，计算 M_i 的 n 次方根 B_i 并得出新的向量 B：

$$B_i=\sqrt[n]{M_i}$$

$$B=(B_1,\ B_2,\ \cdots,\ B_n)^T \tag{2}$$

对各 B_i 进行归一化得权重向量：

$$W_i=B_i/\sum_{k=1}^{n}B_k \tag{3}$$

最后得到权重向量：

$$W=(w_1,\ w_2,\ \cdots,\ w_n) \tag{4}$$

将 A 代入式 2、3 进行规范化处理得到权重指标为

$$W_1=0.1176$$
$$W_2=0.0874$$
$$W_3=0.1260$$
$$W_4=0.0267$$
$$W_5=0.0905$$
$$W_6=0.0444$$
$$W_7=0.0170$$
$$W_8=0.2523$$
$$W_9=0.0185$$
$$W_{10}=0.0179$$
$$W_{11}=0.2017$$

（2）确定评语集，计算隶属函数

评语集可根据评判对象的评价等级划分，也可以由某一空间上的离散数值构成，其中数字代表评语的隶属度。隶属度表示个体元素隶属于某一集合的程度，是(0，1)之间的一个数，该值

越大说明隶属度越高，在这里引入隶属度是为了说明 CO_2 吞吐候选井中的某种元素对筛选标准的适宜程度。通过计算不同模糊集合(评语集)的隶属度，确定模糊集合的隶属函数。

(3) 构建评价矩阵，计算每口候选井各个影响因素的相对隶属度

为了确定最优的候选井，就需要对每个候选井的情况进行优次比较。因此，可以用评价因素之间的相对隶属度来代替单个评价因素的绝对隶属度，从而减弱单个评价因素的影响。从这一思想出发，可以建立起相对优劣方案。若某评价因素越大越优，则标准值取最大值，若某评价因素越小越优，则标准值取最小值。根据此原则和模糊数学理论可得到两种情况的相对隶属度函数(见公式1和2)。

$$\text{越大越优型：}\mu_{ij}=\frac{x_{ij}-x_{i\min}}{x_{i\max}-x_{i\min}}\ (i=1,\ 2,\ 3\cdots,\ n;\ j=1,\ 2,\ 3\cdots,\ n) \tag{5}$$

$$\text{越小越优型：}\mu_{ij}=\frac{x_{i\max}-x_{ij}}{x_{i\max}-x_{i\min}}\ (i=1,\ 2,\ 3\cdots,\ n;\ j=1,\ 2,\ 3\cdots,\ n) \tag{6}$$

u_{ij} 表示表示第 j 号候选井第 i 项评价因素的相对隶属度，x_{ij} 表示表示表示第 j 号候选井第 i 项评价因素的特征量值，$x_{i\max}$ 与 $x_{i\min}$ 分别表示第 i 项评价因素的最大与最小特征量值。确定了 μ_{ij} 从而构成评判矩阵 $R=[\mu_{ij}]_{n\times m}$。

在相对隶属度计算过程中为保证数据统一，将各因素界限值设定为7口候选井相关因素的最大和最小值，计算过程中产层深度、油层厚度、油藏压力、渗透率、孔隙度、剩余油饱和度遵循越大越优原则，油藏温度、渗透率级差、含水率遵循越小越优原则，原油粘度和密度由于区块内无太大变化，各井该因素的相对隶属度设定为1。计算得出全部候选井各因素相对隶属度结果(表4)。

表4　候选井各因素相对隶属度结果

井号＼指标	产层深度(垂深)/m	油层厚度(视厚)/m	油藏压力/Mpa	油藏压力/℃	渗透率/$10^{-3}\mu m$	孔隙度/%	渗透率级差	剩余油饱和度/%	原油黏度/mPa·	原油密度/$g\cdot cm^{-3}$	含水率/%
SW8-3	0.82	0.03	0.28	0.85	0.69	1.00	1.00	1.00	1.00	1.00	1.00
SW10-15	0.00	0.00	0.00	1.00	0.38	0.20	1.00	0.54	1.00	1.00	1.00
SW10-20	1.00	0.01	1.00	0.00	0.28	0.33	0.81	0.73	1.00	1.00	0.99
SW10P4	0.27	0.23	0.72	0.73	0.53	0.20	0.00	0.33	1.00	1.00	1.00
SW10P5	0.67	0.58	0.24	0.33	0.59	0.31	0.67	0.66	1.00	1.00	0.98
SW8-7-5	0.57	0.02	0.43	0.43	0.00	0.00	0.44	0.00	1.00	1.00	0.94
SW10P6	0.62	1.00	0.27	0.38	1.00	0.60	0.81	0.39	1.00	1.00	0.96

(4) 综合评判

建立评价因素与候选井优劣之间的模糊关系，得到评价因素隶属度为元素的模糊矩阵后，作模糊变换 $Y=X\times R$。最后用最大隶属度原则对综合评价集 Y 进行评价，从而得到综合评判结果。

按照以上建立的评价方法和步骤，对七棵树油田7口侯选井进行综合评价，得出各候选井的综合评判指数(表5)。

表5　各候选井评判结果

井号	综合评判指数
SW8-3	0.77
SW10-15	0.26
SW10-20	0.72
SW10P4	0.52
SW10P5	0.65
SW8-7-5	0.37
SW10P6	0.66

根据各候选井的综合评判指数，可以对各油井的吞吐适宜程度进行排序。从评价结果来看，SW8-3为最优，进行 CO_2 吞吐试验成功性较大，风险较小，SW10P5、6、SW8-7-5 井次之，生产制度合理且工艺配套的情况下能够实现经济效益。

4　实施效果

按照设计注入参数，采取撬装注入装置对SW8-3等两口井先后实施注入液态二氧化碳，SW8-3井累计注人514 t，SW10P5井累计注入507 t，两井实际注人速度均为80 t/d。焖井后初期采用较高速度放喷，转抽后油井工作制度与吞吐前相同。SW8-3井放喷很快见油，日产油达到6.2 t，较吞吐前提高3.7 t，生产一段时间液量下降较大，采取热洗处理后，产液量恢复。生产至目前仍在有效期，含水率从关停前的19.4%下降到10.4%，平均日增油2 t，阶段累计增油420 t，地面换油率已经达到0.82，吞吐效果较好。

5　影响因素分析

（1）未做空白试验的影响

在试验前，试验井均是已经关停两年半的油井，注入二氧化碳前只是简单试抽检验井筒状况，未排出近井地带死油。试验1井在吞吐前更换管柱并检查抽油泵及筛管状况完好，在焖井后开抽10d后不出液，功图显示供液不足，动液面测试显示在泵上600m左右，判断为近井地带死油堵塞筛管，洗井后恢复。措施前应进行空白试验将井筒及近井地带的死油排出。

（2）未处理管柱的影响

先开展吞吐井SW8-3井在注入二氧化碳前更换管柱，以为管柱问题不大；为节约成本，SW8-3井实施吞吐前未更换管柱，同时采用油套环空注入二氧化碳。SW10P5井焖井后开井生产不出液，洗井也未能恢复正常，动液面较高，与供液不足图不匹配，分析在注入时，油套环空内死油被推人近井地带。生产后影响渗流及井底液成分和黏度。之后检泵作业发现筛管堵塞，同时抽油泵球座结垢。可见注入前应更换管柱，刮削、洗井清理井筒套管壁死油和垢等杂物，消除干扰因素。

6　结论

（1）根据国内外同类油藏开发经验及 CO_2 吞吐先导性试验结果，综合分析了影响 CO_2 吞吐提高采收率效果的主要因素是产层深度、油层厚度、油层渗透率及非均质性、含油饱和度、含水率。

（2）依据根据 CO_2 吞吐适应性评价指标体系在七棵树油田进行井位初选，全区范围内共筛选出7口候选井。采用模糊综合评判方法对7口候选井各项指标适宜性进行综合评价，最终确定最优吞吐井位为SW8-3井和SW10P5、6井，为七棵树油田实施 CO_2 吞吐强化采油技术提高开发效益提供理论指导。

（3）实施后SW8-3、SW10P5井效果较好，预计换油率最高达2.0。

参　考　文　献

[1] 高云丛，赵密福，王建波．特低渗油藏 CO_2 非混相驱生产特征与气窜规律[J]．石油勘探与开发，2014，41 (1)：79-85.

[2] 张德平．CO_2 驱采油技术研究与应用现状[J]．科技导报，2011，29 (13)：75-78.

[3] 杨胜来，王亮，何建军等．CO_2 增油机理及矿场应用效果[J]．西安石油大学学报(自然科学版)，2004，19 (6)：23-26.

[4] 李士伦．注气提高石油采收率技术[M]．成都：四川科学技术出版社，2001. 11.

[5] 邓瑞健，吴应川，陈德斌，等．低渗透油藏注烃气采油技术[M]．北京：石油工业出版社，2003.

[6] MONGER T G . A laboratory and field evaluation of the CO2 huff and puff process for light oil recovery[R]. SPE 15 501，1988.

[7] 钟立国，韩大匡，李莉．人工压裂低渗透油藏二氧化碳吞吐因素敏感性分析[J]．大庆石油学院学报，2009，33 (4)：125-129.

[8] 秦积舜，张可，陈兴隆．高含水后 CO_2 驱油机理的探讨[J]．石油学报，2010，31(5)：797-800.

[9] 周正平，钱卫明，郎春艳，等．低渗透油藏CO2吞吐效果分析[J]．大庆石油地质与开发，2003，22 (5)：53-54.

[10] 李相远，李向良，郭平．低渗透稀油油藏 CO_2 吞吐选井标准研究[J]．油气地质与采收率，2001，37 (5)：66-68.

[11] 陈民锋，姜汉桥，吴应川．CO_2 吞吐井位优选模糊综合评判方法研究[J]．油气田地面工程，2008，27 (10)：1-3.

陇东页岩油大平台开发钻完井关键技术

韦海防[1,3] 倪华锋[2] 王培峰[1,3] 赵文庄[1,3]
杨 光[2] 杨 赟[1,3] 田逢军[2] 石崇东[2]

(1. 中国石油川庆钻探工程有限公司钻采工程技术研究院;
2. 中国石油川庆钻探工程有限公司长庆钻井总公司;
3. 低渗透油气田勘探开发国家工程实验室)

摘 要 陇东长7页岩油是我国目前探明储量规模最大的页岩油整装油田，已探明储量10.52亿吨。针对长7储层纵横向砂体变化快、非均质性强，采用短水平井、小井丛等模式难以实现储量有效动用和效益开发的问题。长庆油田借鉴国内外页岩油开发成功经验并根据自身特点展开探索攻关，最终形成了陇东页岩油大平台、多层系、立体式开发的模式。该模式以平台井数、水平段长度最大化为目标，攻关大井丛、长水平段开发钻完井关键技术，探索规模效益开发模式，提高钻井效率、节约土地资源、降低单井成本和最大限度动用可采储量，最终实现了陇东长7页岩油高质量效益开发。该模式在陇东的成功应用对新成立的吉木萨尔和古龙页岩油示范区及其它页岩油开发项目都有很好的借鉴和指导意义。

关键词: 长7页岩油；非均质性强；大井丛；长水平段；钻完井关键技术

2021年，非常规油占原油总产量的10%，已达近2000万吨，并先后成立了长庆陇东页岩油示范区、新疆吉木萨尔成立国家级页岩油开发示范区和大庆古龙陆相页岩油国家级示范区。基于国内页岩油普遍为陆相成藏的特点，国内页岩油开发难点存在很多共性的地方。

1 陇东大平台、多层系和立体式开发面临的困难

1.1 黄土塬地貌布井受限，多层系大井丛开发设计及施工难度大

黄土塬地表沟壑纵横，井场可利用地形有限，丛式井井距小仅为6~8m，随着开发层系、平台井数和水平段长度需求增加，井网部署、井序优化、防碰设计及施工难度加大。现设计开发层达3个、平台水平井超30口、水平段长超5000m。

1.2 长7页岩油单砂体薄、油层变化快，大平台提高钻遇率困难

陇东长7页岩油主要开发长7_1、长7_2、长7_3目的层，储层夹层多单层薄，厚度不超过6m；横向连续性差，横向延伸长度为1400-4500m；非均质性强，存在多个夹层；渗透率低平均为0.13~0.17mD；“甜点”控制、油层钻遇、轨迹调整难度大，钻井作业效率低。

1.3 井身结构简单、裸眼段长，塌、漏、溢等问题突出，安全钻井存在挑战

随着水源区、林缘区等难动用区域开发及单井增产、降本增效需求，水平段长度持续增加，二开结构井占88.6%，裸眼段3000m以上井超过80%，洛河组、直罗组、延长组等漏、塌、溢复杂层在同一裸眼段，且储层存在区域性断层，钻完井安全作业风险大。

1.4 大偏移距、长水平段井眼条件复杂，完井技术亟待提升

大偏移距条件下，轨迹复杂、长水平段摩阻大，下套管易发生屈曲，影响安全下入。二开裸眼段长，存在多套压力层系，固井施工易发生压差性漏失及环空窜流，采用现有固井技术难以保证水泥浆返高和界面胶结质量。

2 陇东页岩油大平台钻完井关键配套技术

面对陇东页岩油大平台开发困难，以“效益

开发”为目标，从平台整体设计、大偏移距水平井优快钻井、长裸眼安全钻完井、高质量固井等方面入手，攻关形成页岩油大平台多层系立体式开发钻完井关键技术，推进陇东国家级页岩油百万吨示范区建设。

2.1　形成了多层系立体式水平井大平台优化设计方法，实现3层立体式开发，平台布井能力提升4倍

大平台布井时要考虑其经济性和可行性。首先，确定同平台同时开发层系的层数和水平段间的井距，为后续的防碰工作做好计划；其次，需要确定能够安全施工的最大偏移距的大小，从而确定大井丛施工时边缘井的最大覆盖范围，进一步决定了平台设计的最大井数；最后，根据现有装备的作业能力、经济性和地质条件确定水平段长度。综合以上三点因素最终设计完成大平台开发的最优设计。

2.1.1　开发层系和井距优选

单套层系：垂深跨度30~40 m，主要开发1个目的层，采用丛式水平井井组开发，单平台布井4~6口；2套层系：垂深跨度60~80 m，主要开发2个目的层，采用大丛式立体水平井组开发，单平台布井6~12口；3套层系：垂深跨度100~120m，主要开发3个目的层，采用大丛式立体水平井组开发，单平台布井10~20口(图1)。

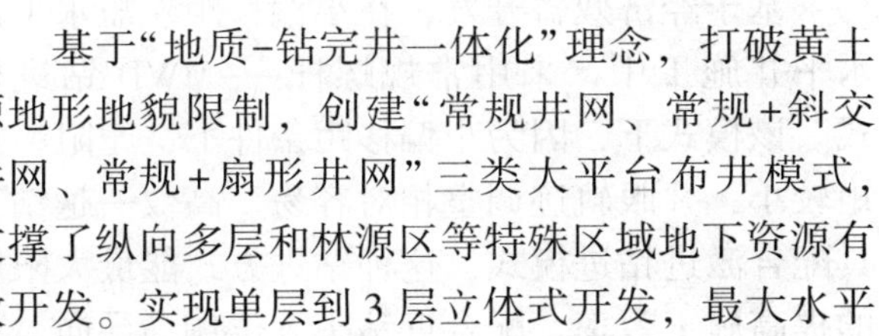

图1　不同开发层系开发示意图

基于“地质-钻完井一体化”理念，打破黄土塬地形地貌限制，创建“常规井网、常规+斜交井网、常规+扇形井网”三类大平台布井模式，支撑了纵向多层和林源区等特殊区域地下资源有效开发。实现单层到3层立体式开发，最大水平井数由6口增至31口。

示范区开展了200m、400m井距对比试验，目前13口200m小井距水平井全部压完，试验显示，200m小井距水平井压窜10口，井间裂缝窜通比例达77%，井距越小，压窜比例越高。根据数值模拟，随着井距减小，单井累积产量降低，但采出程度增高；当井距为300~400m时，单井累产和采出程度较高，优化井距为300~400m。

2.1.2　最大偏移距的确定

大平台布井时，布井数应根据自身的地理条件和施工水平，以效益开发为目的，充分考虑施工难度和自身的工艺水平合理布井。在合理的布井数下，单井成本会综合降低；当达到峰值时，布井数的增加反而会因为施工难度带来成本上的额外上升，如图2所以，应该充分考虑边缘井因偏移距大、水平段长带来的施工难度大而增加的额外的钻完井费用，确保做到单平台的布井数最优化。其中偏移距的大小成为了制约平台布井数的关键因素，偏移距越大，斜井段裸眼施工距离越长，难度越大。

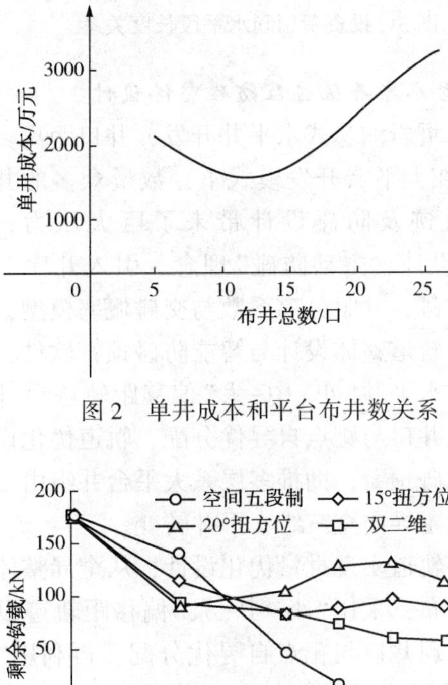

图2　单井成本和平台布井数关系

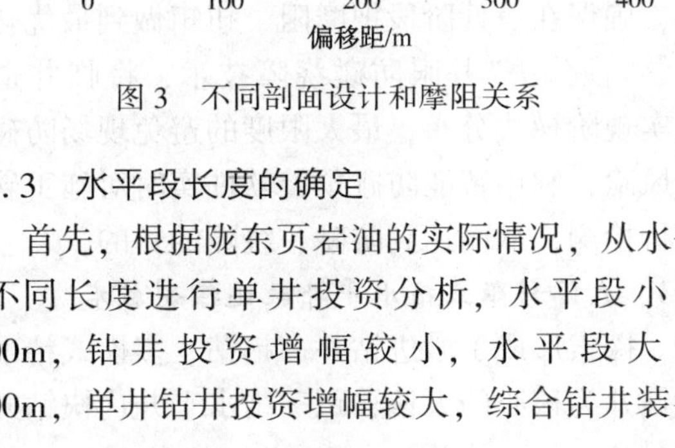

图3　不同剖面设计和摩阻关系

2.1.3　水平段长度的确定

首先，根据陇东页岩油的实际情况，从水平井不同长度进行单井投资分析，水平段小于1500m，钻井投资增幅较小，水平段大于2300m，单井钻井投资增幅较大，综合钻井装备和工艺水平，水平井水平段长度为1500~2000m(图3)。

其次，从工程施工角度考虑，常规钻具在钻井施工中，当水平段小于2000m时，平均机械钻速为22.35m/h。当水平段超过2000m后，因摩阻增大、滑动困难等因素，平均机械钻速为18.83m/h。

为了实现高效经济开发，陇东页岩油开发水平段长度一般设计为1500~2000m。

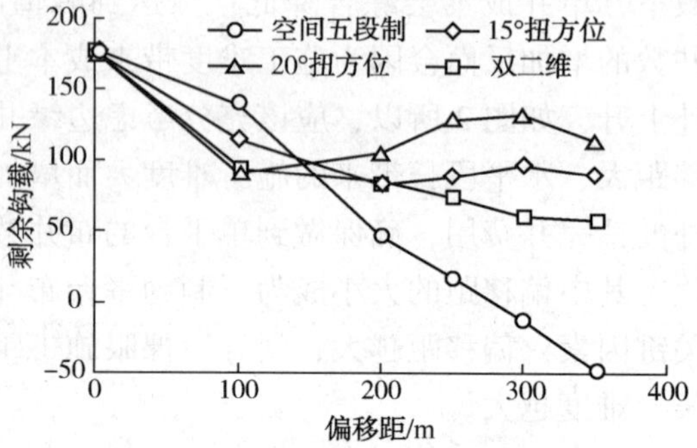

图3　投资费用和水平段长度关系

2.2　平台水平井轨迹及防碰整体设计

陇东页岩油丛式水平井开发，井口距离多为6~8m，在大平台开发模式下，数量众多的井位给井眼轨迹及防碰设计带来了巨大压力。立足“整体设计、主动防碰”理念，引入井序三分法预分防碰、井眼分离系数与交碰概率模型，开发了井眼轨道整体设计与智能防碰预警软件，构建了平台水平井“小-中-大”偏移距轨迹设计模式，实现井口与靶点自寻优分配、轨道优化设计及智能防碰预警，助推多层系大平台井组由二维水平井占主导向全三维水平井转变。

井眼轨道实现批量优化设计，从全局整体考虑轨迹分布，采用“小-中-大”偏移距轨迹设计模式，实现井口与靶点自寻优分配，再利用“七段制”剖面优化方法，对每口井的剖面逐一进行优化设计，最后带入模拟软件验证计算施工可行性，确保在设计阶段把摩阻、扭矩做到最优化。

“预分法”井眼防碰绕障技术，将临井造斜点实现阶梯式分布，最大限度的避免现场防碰施工风险，利用智能防碰预警软件实时对施工轨迹进行检测，从而达到防碰、绕障的目的。

2.3　大偏移距三维水平井轨迹控制技术

探索形成了激进钻井一趟钻、多模式精准导向钻井为核心的大偏移距三维水平井优快钻井技术，储层钻遇率、延伸能力、一趟钻能力显著提高。基于“高钻压、高转速、大排量”激进钻进要求，研制了长寿命PDC钻头，创建了水平井分井段一趟钻作业模板；形成了自研液力脉动型水力振荡器结合钻柱扭摆的低成本降摩减阻组合；基于不同偏移距、水平段长，发展了3种三维水平井导向模板(表1)：旋转导向、近钻头导向+MWD涡轮发电、常规螺杆+MWD(图4)。应用181口井，二开井入窗前后分段一趟钻比率由21%提至52%，三开井实现直斜平各一趟钻，储层钻遇率由75%提至86.8%，最长水平段达5060m，其中旋转导向应用16口井，实现全程旋转、井眼轨迹精细控制，保证2000m以上水平段顺利实施。

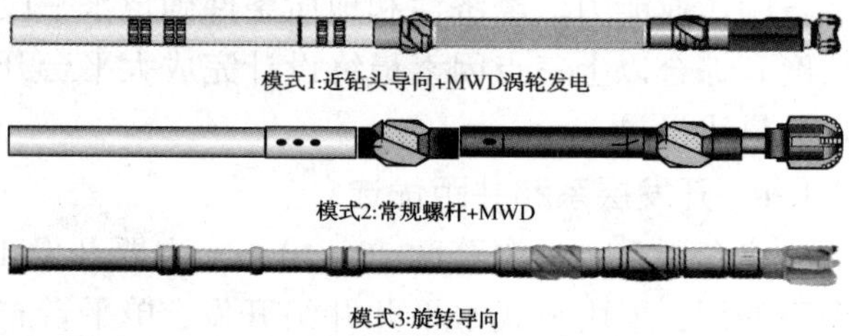

图4　三种钻具组合模式优选

表1　不同偏垂比下的钻具组合模式优选

偏垂比 \ 水平段长	H≤1000m	1000<H<2000m	H≥2000m
δ≤0.1	模式1 模式2	模式1 模式2	模式3
0.3>δ>0.1	模式1 模式2	模式2 模式3	模式3
δ≥0.3	模式3	模式3	模式3

2.3.1　近钻头导向+MWD涡轮发电

基于经济效益开发，在小偏移距、短水平段水平井施工中，采用常规螺杆—+MWD钻进模式。该模式下，因为小偏移距条件下，摩阻、扭矩较小，井眼轨迹调整相对容易。高效一趟钻工具配合激进钻进模式，这种钻进方式能最大限度的提高施工效率，配合近钻头方位伽马导向，在钻遇泥岩夹层时，能够快速调整井斜，保证储层钻遇率。

2.3.2　常规螺杆+MWD

在中等偏移距、短水平段水平井施工中，采

用常规螺杆+MWD钻进模式。相比近钻头导向模式，该钻具组合减少了方位伽马短节，在钻进过程中能降低滑动作业难度，提高施工效率。在机械钻速方面较第一种模式有较好的表现。

2.3.3 旋转导向钻进模式

常规钻具在大偏移距条件下要实现井斜和方位的双控制难度较大，同时水平段超过2000m以后的施工，常规钻具施工效率低下，滑动效率低。在提高机械钻速和提高储层钻遇率方面面临双重压力。旋转导向工具就能完美解决以上两个问题，但是，旋转导向使用费用高昂，要实现经济效益开发，目前旋转导向工具推广使用面临困难。

3种三维水平井导向模式：实现不同偏垂比、水平段长的导向钻进效益匹配，储层钻遇率、延伸能力及井眼轨迹质量显著提升。激进一趟钻模式，钻压强化75%、排量提高19%，破岩能量提高37%，滑动效率提高23%，机械钻速提高13.0%，一趟钻最长进尺3685m，其中分段一趟钻比例达80%以上、水平段一趟钻突破3000m。其中旋转地质导向有力保证水平段超2000m的安全延伸和储层钻遇率要求，储层钻遇率由75%提至86.8%，最长水平段达5060m。

2.4 长裸眼安全钻井技术

随着水源区、林缘区等难动用区域开发及单井增产、降本增效需求，水平段长度持续增加，二开结构井占88.6%，裸眼段3000m以上井超过80%，最长突破5000m，(图5)，洛河组、直罗组、延长组等漏、塌、溢复杂层在同一裸眼段，且储层存在区域性断层，钻完井安全作业风险大。

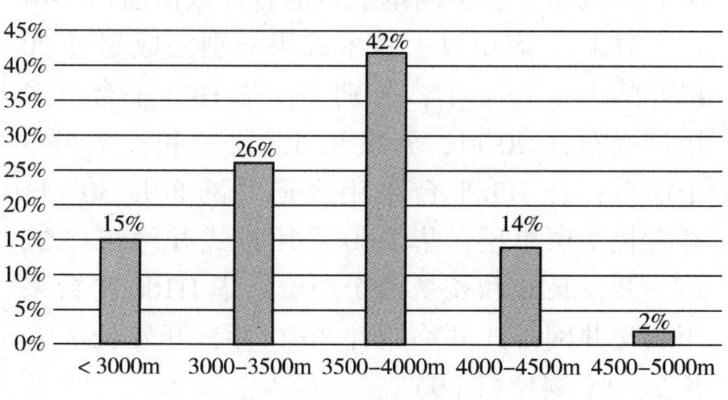

图5 历年页岩油裸眼长度统计

2.4.1 高性能水基防塌钻井液技术

针对水平段泥页岩含量高，易垮塌、井漏、油气侵等问题，基于储层理化性能和力学性能评价，以“微裂隙封堵、离子镶嵌、水活度匹配、抑制滤液侵入、降低压力传递、复合润滑”为核心理论，通过增强抑制、封堵护壁、压力平衡、复合润滑，研发了适用于页岩油储层安全钻进的防漏防塌CQSP-4体系和高润滑防塌CQSP-RH水基钻井液体系，浸泡后岩石强度较常规水基钻井液提高25%以上(图6)，摩阻同比降低20%以上，为页岩油井身结构优化及长水平段井安全实施创造技术条件。

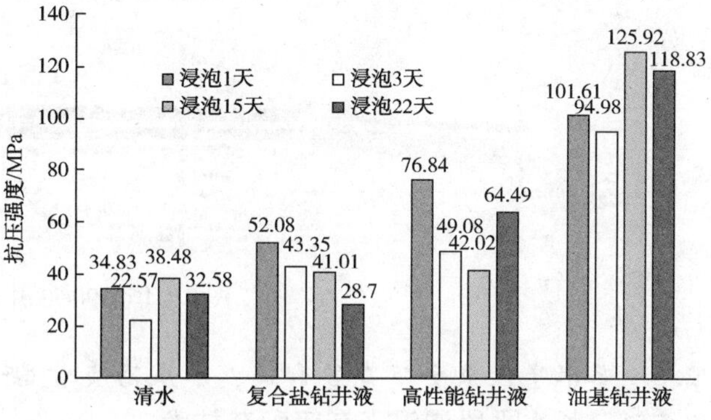

图6 不同体系浸泡后抗压强度变化

2.4.2 可固化堵漏技术

可固化堵漏技术应用以“进得去、留得住、可固化”为基点，研发了液柱压力低、滞留能力强的防侵微膨可固化堵漏工作液，密度低至1.25g/cm3，可泵时间2~8h可调，在水侵情况下能够形成有效固化体，强度保持率达92%，固化膨胀率大于0.85%，提高恶性漏失地层堵漏成功率，一次堵漏成功率85.7%。该技术在页岩油平台应用28口井，一次堵漏成功率85.7%，有效解决了多层系、多类型漏失难题，其中华H90-3井水平段钻遇6个断层(图7)，一次堵漏成功，且钻进3250m至完钻漏失无复发，支撑该井创5060m亚洲陆上最长水平段记录。

2.4.3 注水区控压钻井技术

根据长庆油田自身低压、注水开发特点，攻关研发了专用低高度旋转防喷器、井口回压自动控制装置等核心系列装备。装备针对长庆注水区域储层异常高压、溢流井控风险高的钻井技术难题，研究形成了以不同溢流情况下的密闭循环钻井工艺、7MPa/14MPa单胶芯旋转防喷器、手动/自动井口回压控制系统等为关键技术的密闭循环控压钻井配套技术。实现了在不调整密度或调整幅度较小的情况下，可以迅速控制井口回压，保证井底压力平衡，从而大幅度提高钻井效率和钻井安全。有效解决页岩油区域注水、钻试同步、工厂化等开发模式导致的溢流出水和溢漏同存难题，保障了合 H9、华 H44 等平台井控安全，地层出水复杂平均停钻处置时间减少 60% 以上。

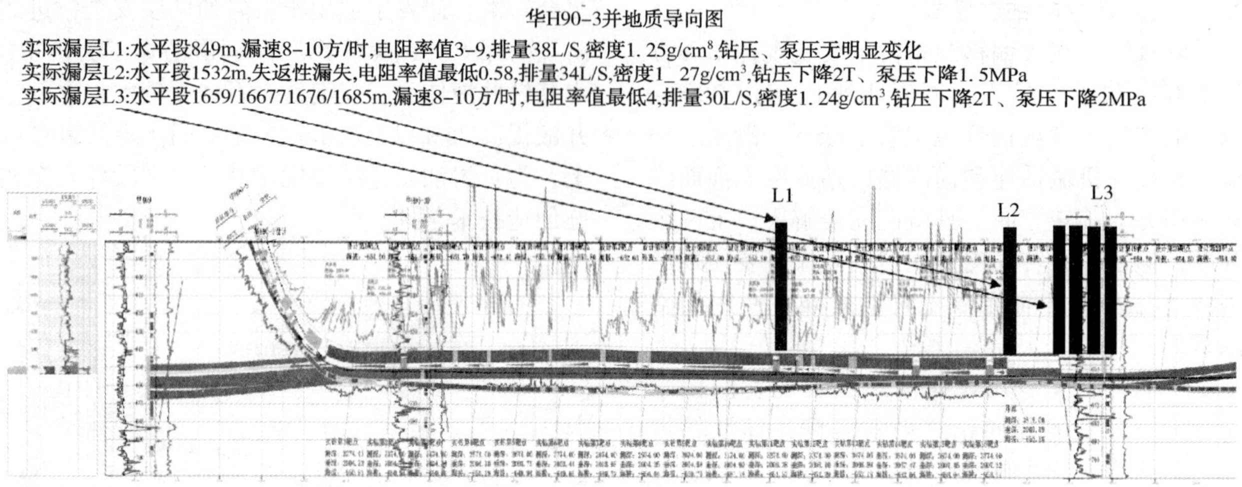

图 7　华 H90-3 井水平段断层与漏失情况

2.5　长水平段安全下套管和漏、水层高质量固井技

2.5.1　长水平段漂浮下套管配套技术

基于“套管漂浮、旋转引导”降摩减阻机理，研制了预应力漂浮接箍、水力冲击划眼式旋转引鞋、下套管作业连续循环装置等套管下入工具，实现了超长水平井套管安全下入，其中华 H90-3 井创造亚太地区陆上最长水平段 5060m 套管安全下入记录。

2.5.2　多套压力层系固井技术

基于“低密级配防漏、憎水防窜、高效清洗提强度”，研发了多维粒径防渗漏水泥浆体系、韧性防侵水泥浆体系和界面增强前置液，密度低至 1. 15g/cm³，固化前承压能力提高 3～5MPa(图 8)，水侵后水泥石强度保持率大于 90%，界面清洗效率大于 97%，结合平衡压力固井工艺、浆柱精细化设计，保证了水泥浆返高、水泥石和界面胶结强度，提高了漏层、水层环空封固质量。针对注水开发油藏存在多压力系统问题，形成了以压稳防窜工艺、浆柱结构设。计为主的多压力系统固井技术，研发了基于提高孔隙结构阻力的防窜不渗透水泥浆体系，水泥石液相渗透率为零，有效解决水侵造成的封固质量差和环空带压难题，为漏失井固井提供有力支撑。

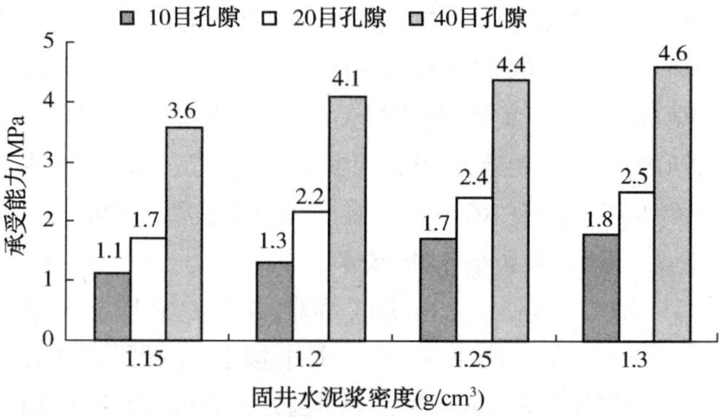

图 8　防渗漏水泥浆固化前承压能力

3　陇东页岩油大平台现场应用

经过多年的探索和积累，陇东页岩油开发在近几年取得了巨大的成功。特别是在 2018 年陇东页岩油示范区建成以后发展更是突飞猛进。示范区目前累计完钻 545 口水平井，全部采用大井丛立体式布井，平均单平台部署井数由前期 2～4 口↑31 口。应用以上技术成果分别完成超过 20 口井的大平台 4 个，分别是：华 H40 平台，采用排式布井 20 口，开发长 6、长 7_1 和长 7_2 共 3 个层系；合 H9 平台采用扇形井网布井 30 口，开发长 7 层单层；华 H60 采用排式井网布井 22 口，开发长 6 和长 7 两个层位；华 H100 平台采用斜交井网排式井网布井 36 口井，开发长 7_1 和长 7_2 两个层位(图 9)。

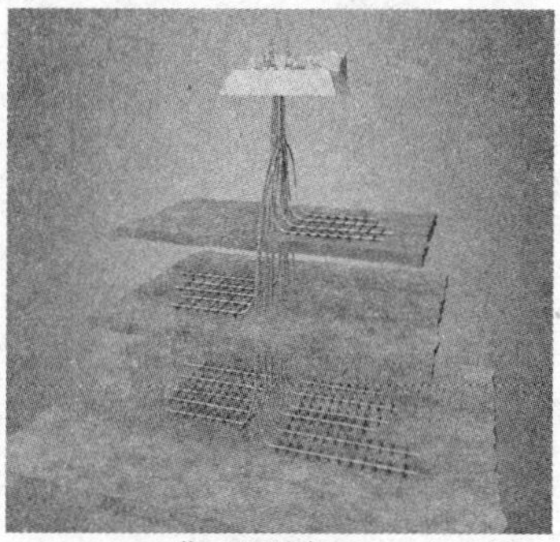
华H40平台

合H9平台

华H100平台

图9　不同平台的布井示意图

其中，华H100平台的顺利完成标志着陇东页岩油大平台、多层系、立体式开发取得了进一步的突破，也代表了国内页岩油大平台开发的最高水平。该平台位于庆城油田西233区块，平台部署井位36口井(其中定向井5口)；长71部署15口；长72部署16口井。井场呈南北走向，南北长度约220 m，东西约120 m；井眼轨迹南北跨度约7.8 km，东西跨度约1.4 km，井场采油能力提升10倍，占地面积下降60%。该平台多项数据均创亚洲陆上记录，国际领先。该平台设计两套层系布井，完钻井达36口(其中31口水平井)。该平台设计井距350m，平均完钻水平段长度2045m，累计水平段长度63.2km，最大偏移距1266m，钻遇储层5.48万m^2。控制储量超过1000万吨，储层钻遇率较其他平台提高7%，平均测井Ⅰ类油层1115m，Ⅱ类油层409m。在耀眼数据的背后，是众多科研工作者辛勤劳动的成果。华H100平台的圆满完成在节约土地使用面积、井序优化、防碰绕障、轨迹优化、轨迹控制、提高钻遇率、高质量完井等方面都是工艺技术不断进步的体现。

4　结束语

近年来，国内各大石油企业围绕陆相页岩油勘探开发需求，通过工程技术攻关与应用研究，初步形成了页岩油工程技术体系，有力支撑了页岩油勘探开发先导试验的顺利进行。但是，与国外页岩油工程技术相比还有较大差距，需要在完善现有页岩油工程技术体系的基础上，聚焦科技创新关键问题，进一步开展关键技术和降本增效攻关、理论与技术配套成型，加大页岩油地质-工程技术一体化整合优化攻关力度，提高单井产量和可采储量，满足提质提速提效提产的需求，实现陆相页岩油的绿色、规模、效益开发。同时，在页岩油原位转化等前沿科学领域也应该展开相关研究，为页岩油进一步开发做好技术储备。

参考文献

[1] 付锁堂，金之钧，付金华，等．鄂尔多斯盆地延长7段从致密油到页岩油认识的转变及勘探开发意义[J]．石油学报，2021，42(5)：561-569.

[2] 梁晓伟，关梓轩，牛小兵等．鄂尔多斯盆地延长组7段页岩油储层储集性特征[J]．天然气地球科学，2020，31(10)：1489-1500.

[3] 田逢军，王运功，唐斌等．陇东页岩油大偏移距三维水平井钻井技术．石油钻探技术．49．网络首发．

[4] 陈志鹏，等．旋转地质导向技术在水平井中的应用及体会．以昭通页岩气 示范区为例．天然气工业，2015，35(12)：64-70.

[5] 白璟等．四川页岩气旋转导向钻井技术应用．钻采工艺，2016，39(2) ：9-12.

[6] 练钦，赵金海，史洪军．“PDC钻头结构特征因素对造斜率影响的机理浅析”．西部探矿工程，2020，78(5)：58-59.

[7] 彭元超，韦海防，周文兵．长庆致密油3000m长水平段三维水平井钻井技术．钻采工艺，2019，42(5)：106-112.

[8] 胡祖彪，张建卿，王清臣，等．长庆油田华H50-7井超长水平段钻井液技术．石油钻探技术2020，48(4)：1-16.

[9] 陈宁，邓凯，陈小荣，等．可固化堵漏技术在长庆油田的研究与应用[J]．中国石油和化工质量与标准，2021，41(3)：157-159.

[10] 苏义脑，路保平，刘岩生，等．中国陆上深井超深井钻完井技术现状及攻关建议[J]．石油钻采工艺，2020，42(5)：527-542.

新疆油田砾岩油藏大型集团式压裂技术应用

孟磊峰

(中国石油集团西部钻探工程有限公司井下作业公司)

摘　要　玛湖砾岩油藏储层具有油藏高压低孔低渗，两向应力差大，脆性指数低，天然裂缝不发育等特征，采用天然能量衰竭式开发，产量递减快、压力保持程度低、一次采收率低、纵向剖面不均等问题，采用常规重复压裂技术，增产效果有限，提产增效难度大。为进一步提高玛湖砾岩储层采收率，通过对砾岩储层的研究分析，提出一种大型集团式压裂增产工艺。通过集团增能、同步压裂、暂堵转向压裂等多种技术组合，同时辅以井下微地震监测技术、示踪剂监测技术，对玛湖砾岩油藏进行技术试验应用。试验结果显示，改造裂缝复杂程度大大提高，由单一缝向体积复杂缝转变，SRV 增大了 7 倍，12 口井压后累计增油量超过 2.3 万吨，提高采收率 3.6%，为玛湖砾岩提高采收率提供了有效的技术支撑。

新疆油田玛湖砾岩油藏是国内最大的砾岩整装油藏，目前已经进入高速开发阶段，是新疆的主体上产区块。玛湖砾岩油藏 2015～2016 年开展不同井距的衰竭式开发建产试验，部署直井 89 口，动用地质储量 515 万 t，初期产量达到设计产能，投产初期日产油平均 16.1t，该区直井单井累产液量 0.26～1.44 万 t，平均 0.87 万 t。整个生产自喷期呈两段式递减，快速递减期递减率 73.6%、缓慢递减期为 21.5%，平均自喷 24 个月后转抽。转抽初期日产油 3.4～19.0t，平均 11.2t。目前平均单井日产油 0.9t，调开井占比 54.5%，采出程度仅为 8.8%。

前期直井区实施注水开发试验，随着注入量增加，注水压力逐渐升高，接近破裂压力，几个月内邻井就发生水窜，注水效果较差，只能采取自然能量衰竭式开采。由于该井区无法实现注水开发。

针对直井区能量衰减快，一次采收率低的问题，探索直井区重复压裂提高采收率方式，2017～2018 年开展 4 口井人工增能+多级转向压裂试验，措施后平均单井增油 1340t，取得了一定效果，但单井预测采收率增幅有限。为进一步探索该区提高采收率有效途径，需转变传统储层改造工艺理念，由单井改造向油藏整体改造发展。因此，开展直井集团重复压裂方案设计与优化，旨在实现整个井组的复杂裂缝网络改造，提高井组采收率。

1　区块地质状况

区块油藏位于黄羊泉扇体南翼扇三角洲前缘相带，构造背景为南东倾单斜，井区水下分流河道沉积为主。直井区中部海拔-3525m～-3575m，含油面积 2.83km2，地质储量 235.23×104t。直井主力层 T_1b_{11}、T_1b_{12} 砂层厚度分别为 11.1m，9.8m。跨度平均 27.6m(图 1)。

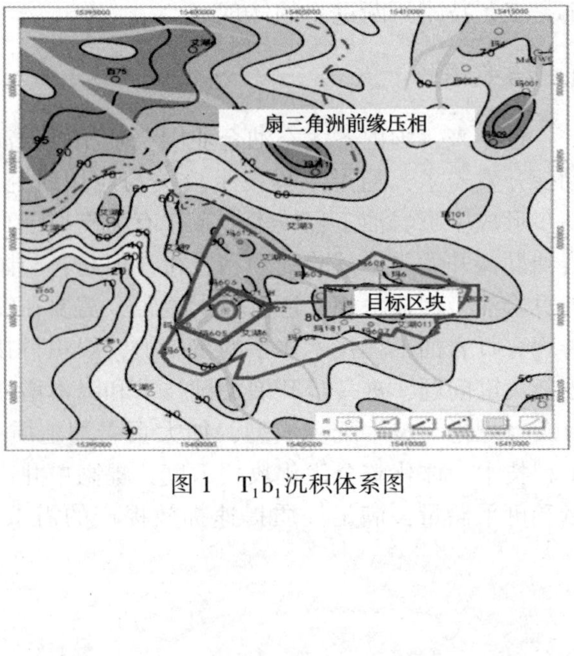

图 1　T_1b_1 沉积体系图

直井区油层段孔隙度 10.3%～12.6%，平均 11.2%，含油饱和度 56.3%～67.1%，平均 62.2%。原始地层压力 62.61MPa，压力系数 1.648。地层温度 90～97℃之间。原油密度 $0.828g/cm^3$，原始气油比 $99m^3/m^3$。两向应力差为 10～15MPa，差异系数在左右 0.3 左右；脆性指数在 30～40 之间，主要以两翼缝为主，难以形成大面积的体积复杂裂缝网络。

（1）初产高，产量递减快

初期日产油 11.5～22.7t，平均 16.0t。自喷期呈两段式递减，快速递减期递减率 73.6%、缓慢递减期为 21.5%转抽初期日产油 3.4～19.0t，平均 11.2t。转抽后产量递减较快，前期递减为 68.2%，后期递减为 37.9%。具体产量递减情况如图 2 所示。

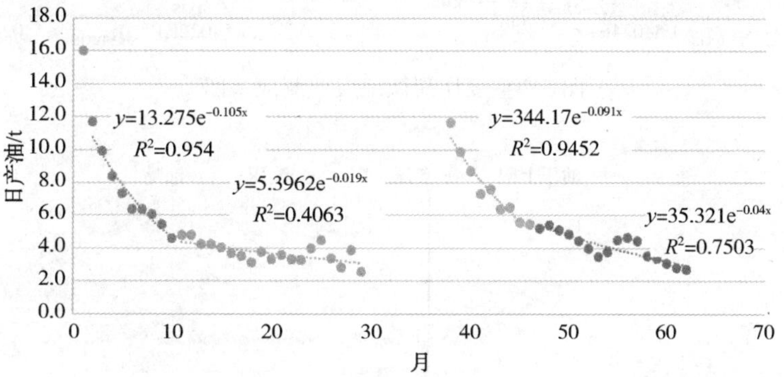

图 2　玛湖区块产量递减图

（2）天然能量衰竭式开发、原始地层压力系数高、地层能量递减快

原始开井压力平均 22.1MPa。油压为两段式递减，年递减分别为 80.1%，50.5%，玛湖区块油压递减情况如图 3 所示。根据物质平衡法计算该区目前地层压力 34MPa，压力保持程度 54%左右。

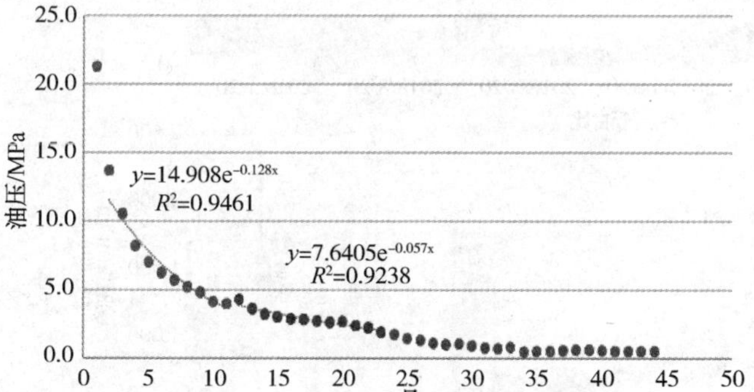

图 3　玛湖区块油压递减图

（3）平面上及剖面上动用不均匀

微地震监测显示压裂半缝长平均 91m，4 口重复压裂井微地震监测显示裂缝半长 140.5m，而直井区最小井距为 300m，初次小规模压裂难以动用井间的全部储量。同时产液剖面显示，T_1b_{11}产出占比最高，达 76%，T_1b_{12}产出占比为 20%，具体剖面动用占比图如图 4 所示。

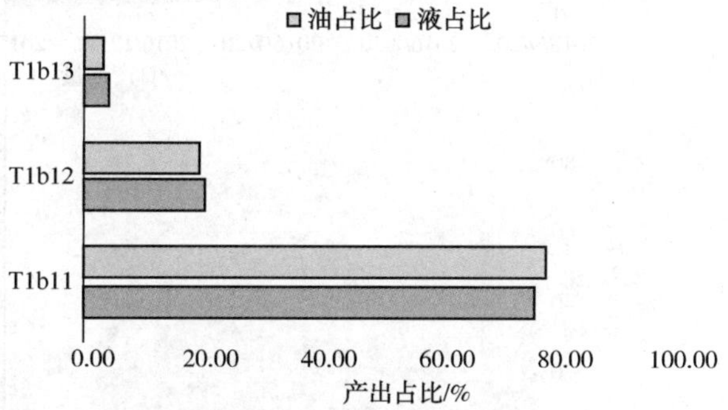

图 4　剖面动用占比图

（4）单井重复压裂效果较好，但稳产期短

前期采用"滑溜水+冻胶、大排量、大液量"暂堵转向压裂工艺进行单井重复压裂改造，压后形成了较为复杂的裂缝网络，压后增产效果明显，初产高，但是稳产期较短，增产有效期仅 5 个月，平均单井增油量 1340t(图 5、图 6)。

2　集团式重复压裂技术

为进一步提高单井产量和老油田稳产水平，玛湖砾岩直井区块决心对高压低孔低渗储层重新认识、重新改造、重新开发。同时，为了效益开发，实现老井增产的目的。优选直井区块的老井，通过大规模集团压裂这种工厂化施工方式，对储层进行整体重复改造。

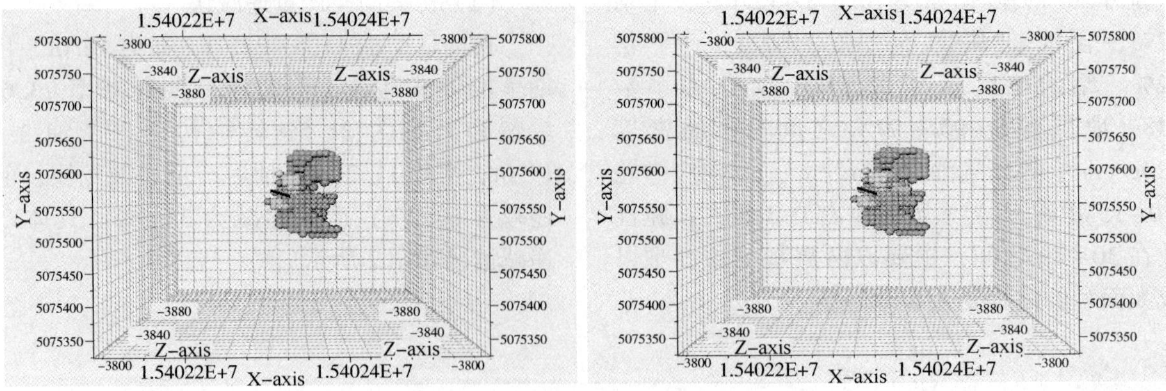

图 5　重复压裂微地震监测成果图

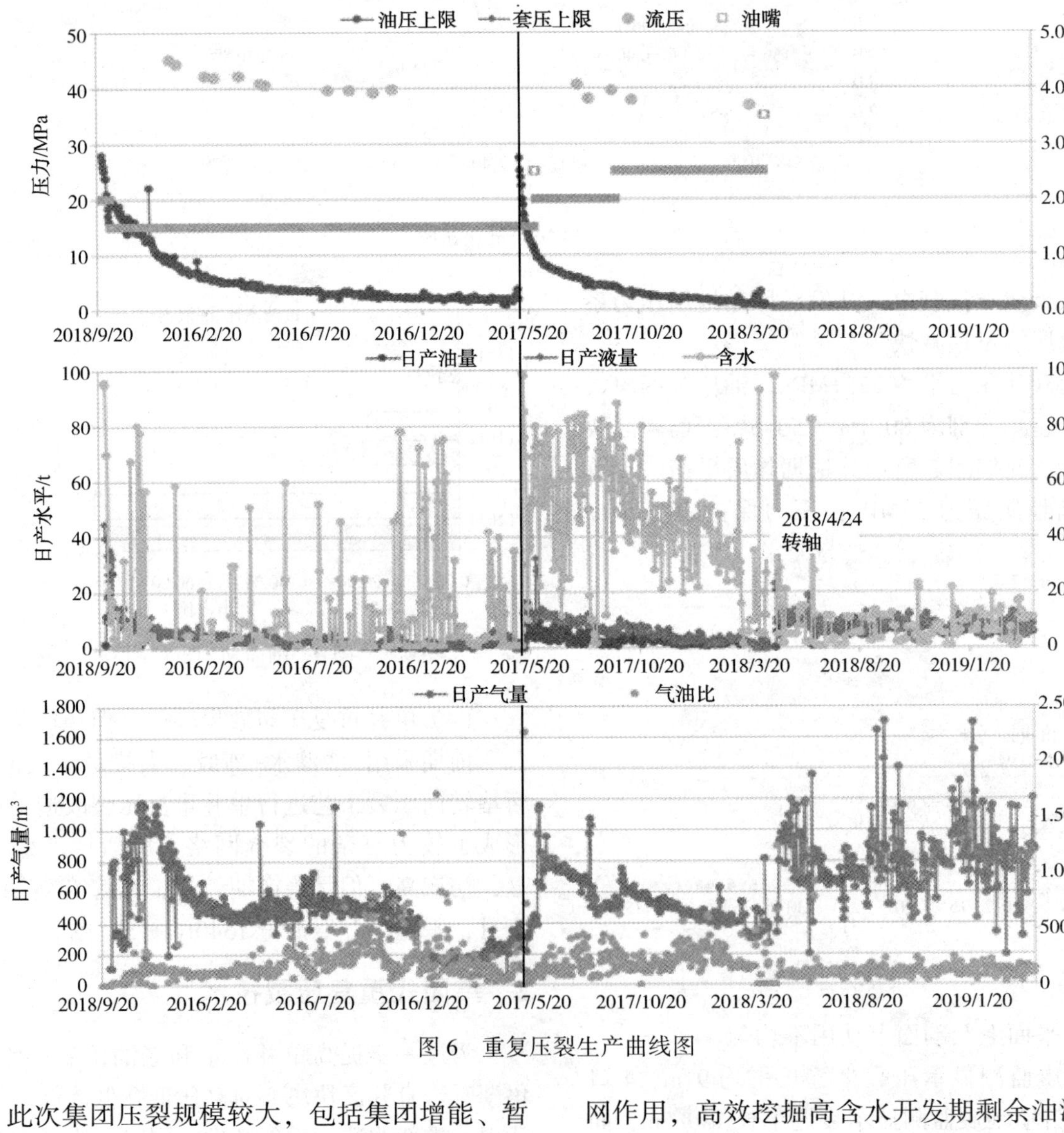

图 6　重复压裂生产曲线图

此次集团压裂规模较大，包括集团增能、暂堵转向压裂、常规重复压裂、大规模压裂等多种压裂方法的复杂组合。可通过集中补充能量，同步干扰压裂、暂堵转向技术立体改造储层，形成复杂的多裂缝，进而增加缝控储量，发挥现有井网作用，高效挖掘高含水开发期剩余油潜力，最大限度改善注采关系，提高采收率。

2.1　集团式压前补压蓄能

玛湖砾岩区块采取天能能量衰竭式开发，随着生产的进行能量逐渐递减，目前保持程度仅为

54%，无有效的能量补充。若对老井进行重复压裂改造前未进行补压增能，压裂液会首先进行地层的能量补充，并且补充量少，难以恢复地层压力，导致地层压力不足，稳采时间短，且重复压裂新压裂的人工裂缝会向老缝所在的低压区生长，导致重复压裂未能沟通新的区域，压后效果差(图7)。因此采用压前大排量补水增能方式补充地层能量，可延长稳产时间，促进重复压裂裂缝延伸形态，提高重复压裂效果。

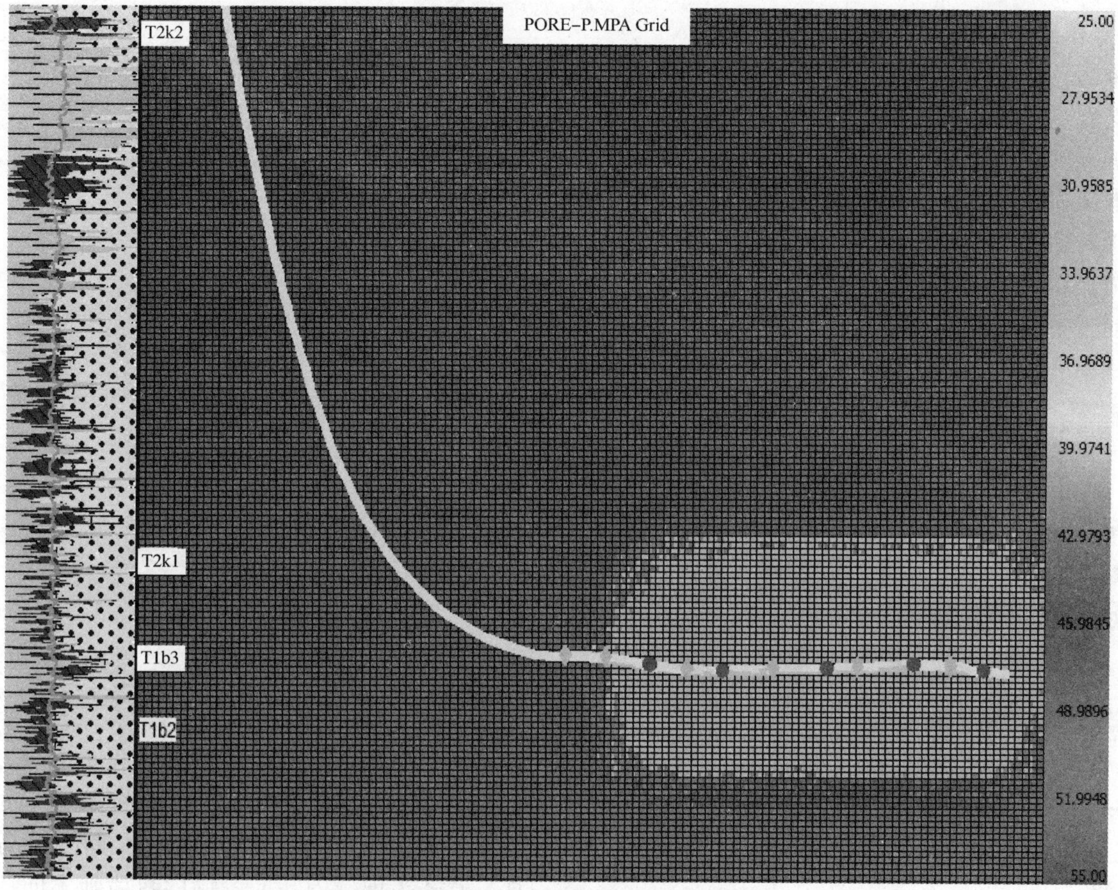

图7　压前蓄水增能压力模拟示意图

为进一步增加增能效果，结合玛湖砾岩岩性物性特征，对注水蓄能材料进行优选，通过实验筛选磺酸盐、TRNF、纳米驱油剂这三种产品，分别验证0.1%、0.2%以及0.5%浓度三种试剂的性能。表、界面张力及渗析提高采收率实验表明，纳米驱油剂驱油性能优于其它两种产品。对玛湖砾岩岩心取样，进行纳米渗析实验，具体实验数据见表1。实验结果表明加入纳米乳液的采收率明显高于未加的，0.2%的纳米乳液驱油剂即可提高采收率30%以上，随着纳米乳液驱油剂用量的增加，渗吸采收率提高，但0.5%纳米乳液驱油剂仅比0.2%的纳米乳液驱油剂采收率高5.75%，出于经济考虑，建议配方采用0.2%的纳米乳液驱油剂。

表1　纳米驱油剂渗析实验数据表

岩心编号	岩心长度/cm	岩心直径/cm	孔隙度/%	渗透率/mD	渗吸采收率/%	平均渗吸采收率/%	渗吸液
1	5.113	2.475	9.60	0.701	20.48	21.33	配液用水
2	5.100	2.474	11.03	1.884	22.19		
3	5.058	2.476	10.43	0.482	56.36	55.25	0.2%纳米乳液驱油剂压裂液体系
4	5.063	2.473	7.30	0.093	54.13		

续表

岩心编号	岩心长度/cm	岩心直径/cm	孔隙度/%	渗透率/mD	渗吸采收率/%	平均渗吸采收率/%	渗吸液
5	5.091	2.474	7.86	0.118	61.52	60.90	0.5%纳米乳液驱油剂压裂液体系
6	5.127	2.475	8.55	0.239	60.28		

2.2 暂堵转向压裂技术

暂堵转向技术能在原有老裂缝的基础上再产生分支裂缝或在不同于原来裂缝方向产生新裂缝，扩大泄流面积，从而达到提高采收率的目的。本文将缝口暂堵与缝内暂堵相结合，通过缝口暂堵转向实现剖面上的均匀改造，同时采取缝内暂堵提高缝内净压力，开启微裂缝或形成支缝，促进平面裂缝复杂程度。

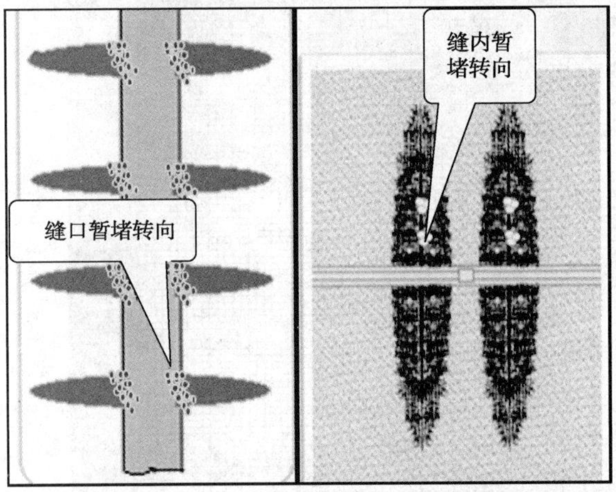

图 8　缝口及缝内转向

玛湖砾岩百口泉剖面上应力差异上部较下部偏低 2-4MPa，脆性指数上部较下部高(图 9)；常规笼统压裂改造不均匀，上部改造较好，下部改造较差(图 10)。重复压裂采用缝口暂堵方式，促进剖面上暂堵转向事项，实现剖面均匀改造。

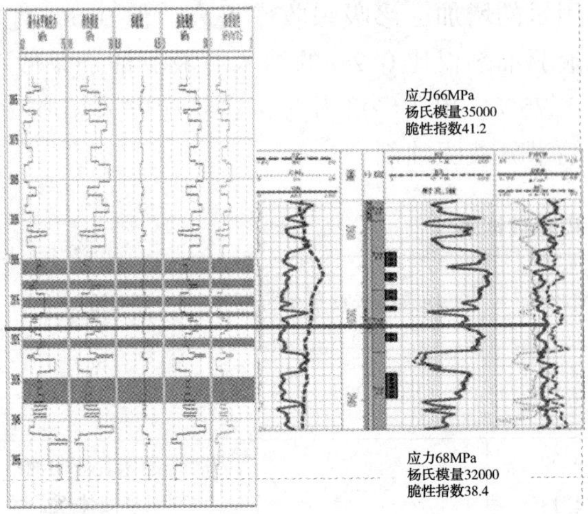

图 9　百口泉组应力分析图和测井曲线

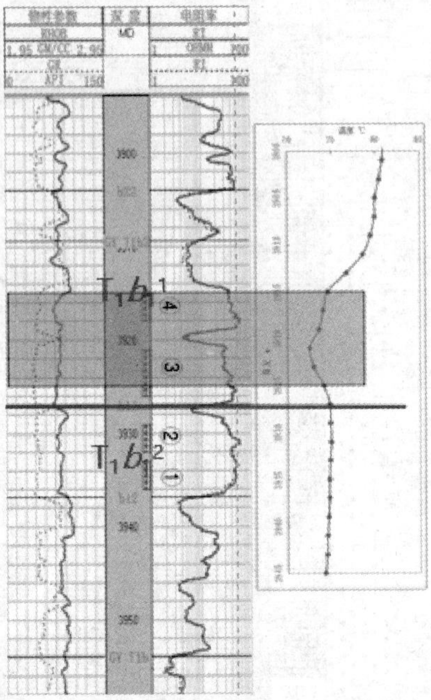

图 10　测井曲线和压后井温曲线

玛湖油藏百口泉组致密砾岩两向主应力差高达 12~15MPa，由于裂缝转向的前提是缝内净压力大于两向应力差，通过缝内暂堵可提高净压力，最终实现缝内转向。缝内暂堵施工曲线如图 11 所示，暂堵微地震监测结果如图 12 所示。

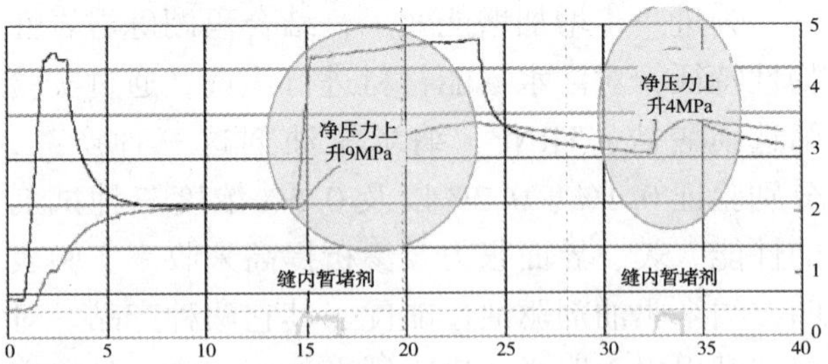

图 11　缝内暂堵施工曲线图

暂堵转向关键材料为暂堵转向剂，通过筛选结果可知，暂堵 HHTP 系列暂堵材料具有刚性及柔性双重特性。该暂堵材料在不同温度压裂液(酸液)环境中降解彻底，无残留物，降解率达 99%以上，岩心封堵转向率可达到 95%以上，降解后岩心渗透率恢复率可达到 98%以上，抗压强度 40MPa 以上，降解液无生物毒性，安全环保。

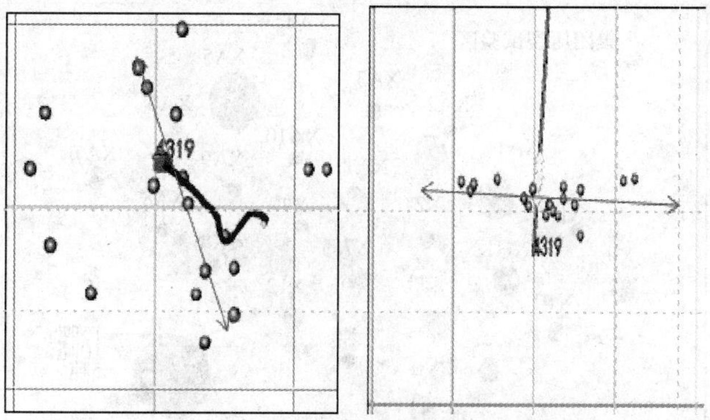

图 12　缝内暂堵前后微地震监测

2.3　集团同步压裂技术

集团同步压裂技术是集团式压裂的核心，就是选择同一井区多口作为一个压裂井组，进行同步压裂，通过压裂过程中的压力干扰，同时利用缝内暂堵提高净压力，实现更多隐性天然微裂缝开启，从而形成更为复杂的网络裂缝，提高改造体积，进一步提高井组采收率。

对复杂缝网的形成进行可行性分析，裂缝干扰后的水平主应力差如图 13 所示。

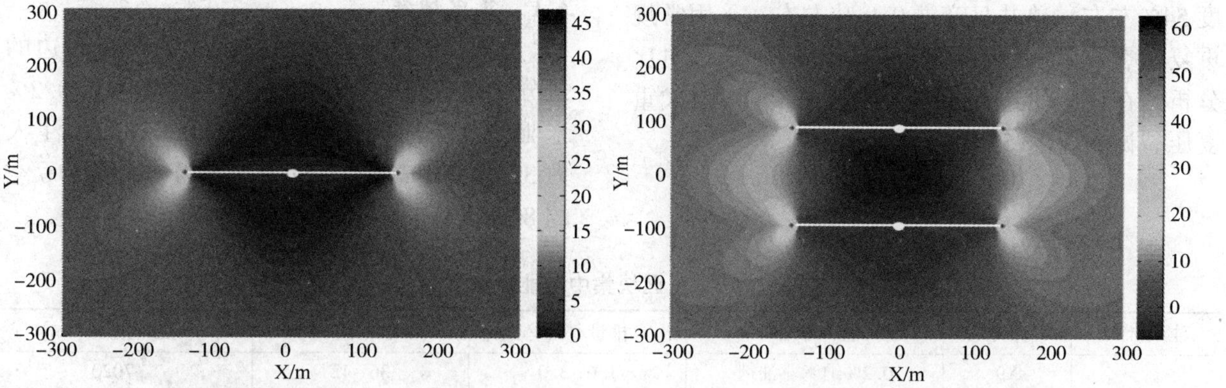

(a)单条裂缝干扰后水平主应力差　　(b)两条裂缝干扰后水平主应力差

图 13　可行性分析结果

单条裂缝应力干扰作用仅使水平地应力差减小，而使地应力发生转向概率小，这对形成复杂缝网是低效甚至无效的。两条裂缝在裂缝附近区域形成了强诱导应力叠加，产生的诱导应力差较大，基本都超过了初始水平地应力差，使应力干扰过后的地应力发生了转向角度大。

相同参数条件下，单井逐次压裂和同步压裂干扰及转向角和裂缝间距有较大影响，当同步压裂，两条裂缝对向延伸，当延伸到一定程度后，由于应力干扰的影响裂缝发生偏转，偏转的角度随着两条裂缝间距的增大而减小。当单井两向裂缝平行延伸的时候，裂缝间距小，则裂缝偏转较早，且角度较大，反之亦然(图 14)。

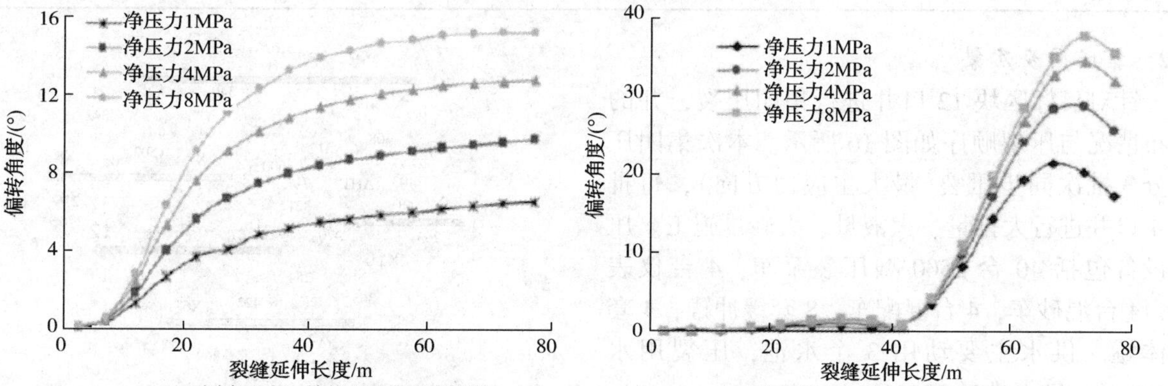

(a)不同净压力下单井压裂裂缝偏转度　　(b)不同净压力下同步压裂裂缝偏转度

图 14　单井和同步压裂不同净压力下裂缝偏转结果

从整体上分析来看，当2井次对向同步压裂，且裂缝间间距小，则干扰区域大，干扰雷锋偏转角度大，干扰性强，且随着净压力的增大而增大，最终形成强应力干扰，从而形成复杂缝网，增大SRV。此外，对超过两口直井实施同步压裂会使应力叠加效应更为显著，更有利于形成复杂缝网。

3 玛湖X区块现场试验

玛湖X区块是新疆油田玛湖砂砾岩开发一个较早开发区块，前期开发直井目前均处于低产，目前采出程度7.5%左右，地层压力保持程度54%左右，单井日产油0.9吨左右，采用常规重复压裂效果一般。根据该区块情况，通过对比分析，在该区块选择12口井进行大型集团式重复压裂试验(图15)。

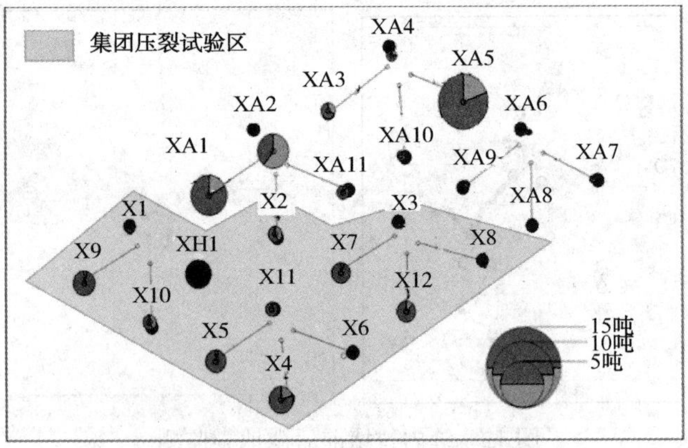

图15 大型集团式压裂试验井位图

3.1 集中增能

根据12口井位置，采用先中间在两边的方式分2批次进行集中增能，注入液体为0.2%纳米驱油剂，注入排量1.5~3.0m³/min，注入压力32~45MPa，注入量为5.5万方(按照亏空量的80%设计)。

表2 X区块集中增能参数表

注入批次	井号	注入液体	注入排量/(m³/min)	注入压力/MPa	累计注入量/m³
第1批	X9	0.2%纳米驱油剂	1.6~3.0	36~42	7020
	X12	0.2%纳米驱油剂	1.6~1.9	37~40	3802
	X10	0.2%纳米驱油剂	1.8~2.7	32~42	3750
	X7	0.2%纳米驱油剂	1.9	32~37	2083
	X11	0.2%纳米驱油剂	0.6~1.85	30~38	5500
	X8	0.2%纳米驱油剂	2.4~2.7	32.5~35	5004
第2批	X4	0.2%纳米驱油剂	1.6~1.9	38~41	2875
	X6	0.2%纳米驱油剂	1.9~2.3	33~37	7002
	X5	0.2%纳米驱油剂	1.6~2.3	37~45	5002
	X3	0.2%纳米驱油剂	1.9	30~32	2011
	X2	0.2%纳米驱油剂	1.9~2.8	40~44	4520
	X1	0.2%纳米驱油剂	1.6~2.7	32~40	7000
合计	—	—	—	—	55569

3.2 集团同步压裂

针对目标区块12口井进行集团压裂，井的分布情况与压裂顺序如图16所示。本次集团压裂分3批次同步压裂(最大主应力方向)，每批次4口井进行大排量、大液量、大砂量施工。压裂设备包括40台2500型压裂泵车，4台仪表车，4台混砂车，4台混配车，8套缓冲罐，4套软体罐。供水主要动用3个水池，压裂用水22000m³，供水排量2800m³/h。

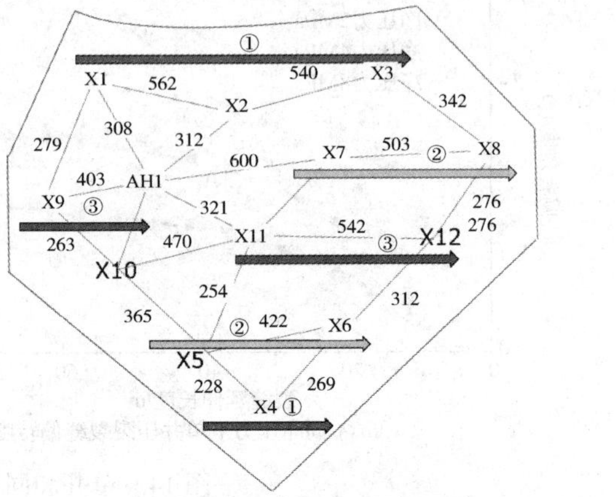

图16 X区块大型集团式干同步压裂施工顺序

以造长缝和提高缝内净压力为关键因素，采取光套管大排量、大规模、暂堵、集团式同步压裂思路，提高裂缝复杂程度，动用更多剩余油区域。同时优选3口开展低成本免配压裂液体系的对比试验，对比不同压裂液体系下裂缝的波及体积及后期生产效果。优化支撑剂粒径组合，40/70目石英砂支撑剂微细裂缝和分支缝，30/50目陶粒支撑主裂缝。采用变黏度多级加砂方式，即冻胶(高黏)连续加砂+低粘滑溜水段塞加砂+冻胶(高黏)连续加砂；同时视单井情况而定，采用缝口转向、缝内多级转向。集团压裂试验12口井中，2口井根据施工情况进行了调整，其余10口井均按照设计完成施工，方案符合率90.5%。

12口井共分25层压裂，共计变黏滑溜水14176.0m³，胍胶压裂液8761.9m³，共计压裂液22937.9m³；缝内暂堵剂9480kg，缝口暂堵剂3260kg，共计暂堵剂12740kg；40/70目石英砂813m³，30/50目陶粒867m³，共计支撑剂1680m³。具体压裂实际参数如表3所示。

表3　集团压裂12口井压裂实际参数汇总表

批次	井号	层数	施工排量/(m³/min)	胍胶液量/m³	低/高黏滑溜水量/m³	总液量/m³	总砂量/m³	破裂压力/MPa	施工压力/MPa	停泵压力/MPa	缝内暂堵剂/kg	缝口暂堵剂/kg
第1批	X1	1	10.0	1021.6	693.0	1714.6	131	62	55~58	38.0	320+400(400)	—
		2	10.0	221.9	430.5	652.4	40	55	54~58	38.0	400	260
	X2	1	10.0	—	815.6/859.2	1674.8	130	61	52~56	42.0	320+320	—
	X3	1	10.0	890.2	725.0	1615.2	113	62	49~56	33.0	340(400)+400	—
	X4	1	9.1-9.3	626.9	671.3	1298.2	100	58	60~61	39.0	320+320	260
第2批	X5	1	9.0-10.0	1142	663.0	1805	125	64	57~65	42.0	320(400)+400	—
	X6	1	10.0-10.7	948.5	580.5	1529	110	60	54~62	39.0	320+400	—
	X7	1	9.5-10.5	—	1314/1706	3020	145	55	54~60	38.0	400+500	—
		1	11.5-12.0	—	275.0/688.7	963.7	70	46	42~47	33.0	400	—
	X8	2	10.8-11.7	—	205/434.1	639.1	30	60	57~63	34.0	260	260
		3	10.0-11.5	—	307.7/326.7	634.4	27.8	62	54~60	34.0	260	220
第3批	X9	1	10-10.6	611.9	450.0	1061.9	72	65	60~65	43.8	400+400	—
		2	9.0-9.6	403.5	588.2	991.7	63	67	58~65	41.5	360(400)	240
	X10	1	8.0	677.9	630.0	1307.9	85	65	60~65	40.0	360+400	—
		2	7.0-8.0	444.7	208.0	652.7	30	65	60~65	41.9	280	240
	X11	1	11.0	857.1	1317.2	2174.3	160	65	54~64	43.0	400+400(500)	—
	X12	2	8.0-9.5	336.6	—	336.6	25	65	56~63	43.5	—	240
		1	8.0-10.0	767.9	845.0	1612.9	120	64	60~63	38.0	400+400	—
		2	7.0-8.0	461.3	403.0	864.3	36	65	57~64	38.5	360	260

3.3　实施效果

集团压裂的方案设计、参数优化实现了现场施工的集团改造，达到了立体化的体积改造目的，实现了平面上和剖面上的有效改造。微地震显示集团压裂改造后平均单井改造体积478万方，平均裂缝半长229m，同比前期小井距初次压裂裂缝半长及波及体积大幅增加。具体裂缝网络数据统计结果如表4所示。

表4　集团压裂裂缝网络数据统计

压裂井	裂缝网络(m)			裂缝网络宽/m	裂缝网络/m	裂缝网络走向(北东)	微地震事件数目	改造体积/万方
	西翼	东翼	总长					
X1	161	214	375	156	69	95	58	360
X2	311	297	608	159	64	77	159	717
X5	215	297	512	149	59	90	44	397
X7	212	244	456	215	69	62	119	601
X9	89	245	334	92	41	89	27	216
X10	269	241	510	182	68	84	62	489
X11	264	151	415	126	85	83	113	567

根据井下微地震事件，同步指导压裂施工，优化压裂参数和暂堵转向时机，避免压窜邻井，确保平面和剖面上有效动用[9-10]。井下微地震俯视如图17所示，由图可知，平面、剖面上改造充分，实现了立体化的三维缝网体积改造。

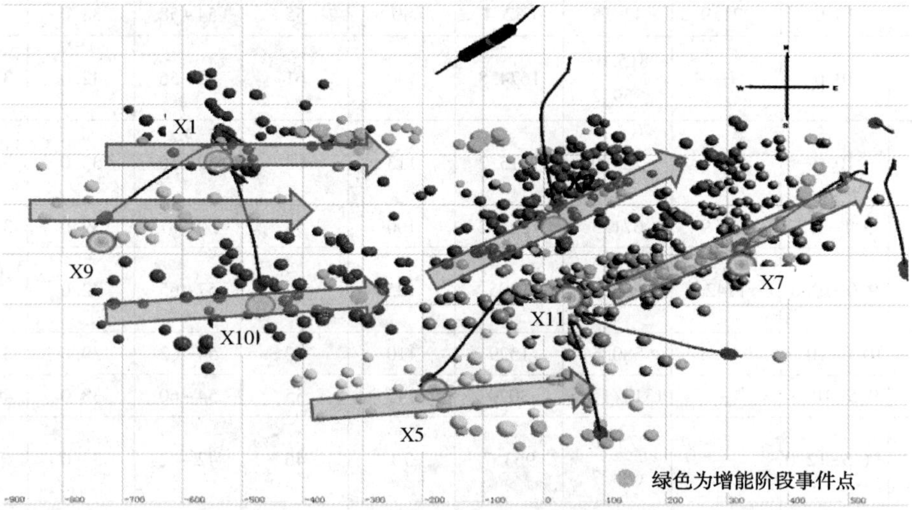

图17　集团压裂井下微地震事件俯视图

12口井经过集团压裂改造后平均油压5.0MPa，平均日产液147t，平均日产油123t，平均含水16.4%，压后累计增油2.3万吨，平均单井增油1916吨，取得了较为显著的效果。具体生产曲线见图18所示。

通过微地震、压裂效果、生产效果等方面可知，集团式压裂改造方案取得了较为显著的效果。

4　结论

(1) 新疆油田玛湖砾岩区块采用天然能量衰竭式开发，一次采收率低，地层能量递减快，压力保持程度低，剩余可采储量丰富。

(2) 玛湖砾岩储层两向应力差大，脆性指数低，压裂裂缝以两翼缝为主，裂缝复杂程度低，采用常规单井暂堵重复压裂技术，增产效果有限。

(3) 通过研究分析，采用大型集团式压裂技术，包含纳米驱油注水增蓄能技术，暂堵压裂技术及集团同步压裂技术，实现对玛湖砾岩区块老井的增能及重复压裂，提高裂缝的复杂性和储层的能量。

(4) 通过对玛湖砾岩X区块直井区12口井进行集团式压裂，实现了平面上和剖面上的立体化的三维缝网体积改造。微地震显示改造后平均单井改造体积478万方，平均裂缝半长229米。

压后累计增油 2.3 万吨，平均单井增油 1916 吨，取得了较为显著的效果。

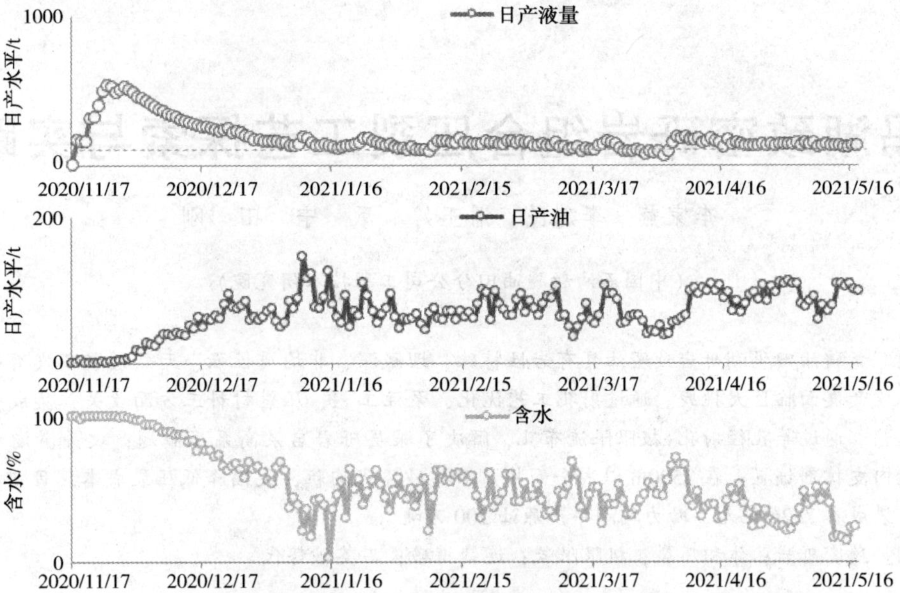

图 18　X 区块 12 口井集团压裂井生产曲线

参 考 文 献

[1] 寇双锋，朱炬辉，尹丛彬，等．多井同步压裂理论与工艺探讨[J]．天然气工业，2014，34(S1)：35-39.

[2] 申贝贝，何青，陈付虎，等．大牛地气田同步压裂工艺应用研究[J]．重庆科技学院学报：自然科学版，2015，17(4)：4.

[3] 陈守雨，杜林麟，贾碧霞，等．多井同步体积压裂技术研究[J]．石油钻采工艺，2011，33(6)：7.

[4] 李建召，杨兆中，李玉涛，等．暂堵转向压裂裂缝扩展轨迹研究[J]．石油化工应用，2015，034(008)：26-31.

[5] 沈彬彬，郑波，岳翰林，等．水平井簇间及缝内暂堵转向压裂方法：，CN111350481A[P]．2020.

[6] 贺沛，周德胜．同步压裂时裂缝延伸规律[J]．大庆石油地质与开发，2016，35(004)：102-108.

[7] 陈作，周健，张旭，等．致密砂岩水平井组同步压裂过程中诱导应力场变化规律[J]．石油钻探技术，2016，44(006)：78-83.

[8] 高长龙，艾池，李玉伟，等．致密储层同步压裂井间裂缝形态判别模型[J]．断块油气田，2015，22(003)：379-383.

[9] 刘博，苗红波，徐刚，等．微地震同步压裂监测技术研究与应用[J]．钻采工艺，2017，40(004)：53-55.

[10] 刘博，苗红波，徐刚，等．微地震同步压裂监测技术研究与应用[J]．钻采工艺，2017，40(004)：53-55.

玛湖致密砾岩组合压裂工艺探索与实践

李家燕　李建民　潘玉婷　承　宁　田　刚

(中国石油新疆油田分公司工程技术研究院)

摘　要　新疆油田玛湖砾岩致密油具有岩性特殊、埋藏深、非均质性强、天然裂缝不发育等特点，水平井体积压裂开发面临巨大挑战。通过射孔工艺优化、泵注工艺、压裂材料三方面攻关，集成一套高效低成本压裂工艺。通过等孔径射孔+极限限流布孔，解决了深层砾岩启泵高泵压难题；攻关滑溜水连续携砂工艺优化缝内支撑剂铺置；在 3500m 以浅全面推广石英砂替代陶粒，大幅降低压裂成本。目前应用 159 口井，节省压裂成本 7.26 亿元，助力玛湖年产原油 200 万吨。

关键词：致密砾岩；体积压裂；极限限流；连续携砂；石英砂替代

中国致密砾岩油藏有着巨大的勘探开发潜力，地质储量丰富，新疆油田玛湖地区是世界上迄今规模最大的整装砾岩油田，面积 7300km^2，目前石油地质储量 13.24 亿吨，探明石油地质储量 4.81 亿吨。

2012 年以来，以“缝控储量”理念为核心，以“效益产量”为目标，紧扣“砾岩”特殊性，先后开展了直井压裂、水平井分段压裂、水平井体积压裂技术实践，经过多年的不断探索与试验，实现了单井高产和规模开发，但仍然面临开发成本高、效益风险大等难题，因此如何采取更经济高效的储层改造技术，提升玛湖砾岩致密油抗油价波动风险能力是当前急需解决的问题。为此，新疆油田攻关了极限限流布孔技术、压裂液携砂技术、石英砂替代陶粒的高效致密砾岩组合压裂工艺，既节约成本，又有助于缩短作业时间，为同类非常规油气资源的开发提供技术参考，具有积极而深远的意义。

1　玛湖致密砾岩油藏地质特征与改造难点

玛湖致密砾岩油藏主力开发层系百口泉组、乌尔禾组均为洪积扇三角洲沉积，有利储层发育在前缘相带，两套含油层系均为扇三角洲前缘砂质碎屑流为主的砾岩沉积。储层岩性以砾岩为主，平均孔隙度 8.7%～10.38%，平均渗透率 1.27～6.59mD，属特低孔、特低渗储层，埋深 2600～4500m，地层压力系数 1.0～1.63，两向应力差 10～22MPa，脆性指数 22.1%～31.5%。

砾岩油藏由于地质条件复杂，通过现场试验证明国外非常规开发理论并不适用，给水平井体积压裂带来更为严峻的技术挑战。与国内外其他致密油藏相比，两向应力差更高，脆性指数更低、天然裂缝发育程度更差，根据“四参数五区域”图版，形成复杂缝网可能性较低；储层埋藏深、岩性更独特复杂，地层起裂机理复杂，人工裂缝起裂与延伸受到影响，压裂施工前置阶段出现启泵压力高、排量提升困难，影响施工效率；砾石含量高，50%以上，粒径变化大，范围 2～40mm，支撑剂运移规律复杂，严重影响人工裂缝有效支撑。

2　玛湖致密砾岩压裂工艺探索

玛湖油田勘探始于上世纪八十年代，由于缺乏针对性砾岩储层改造技术，导致已发现的玛北油田无法有效开发。2012 年开始攻关水平井体积压裂技术，经历了提产试验、开发试验、规模开发三个阶段，压裂工艺实现裸眼分段到桥塞分段压裂，工程装备实现由裸眼封隔器到速钻桥塞、可溶桥塞的飞跃，水平段长、加砂量、平台化作业等技术指标不断提升，日产油量更是突破了百吨大关。

2012～2014 年在玛 131 井区部署 5 口水平井提产试验，平均日产油 11.5t，产量较直井大幅提升，具备长期生产能力，但仍无法满足效益开发需求。2015~2016 年，在玛 18 百口泉组开展了直井压裂、水平井密切割体积压裂开发对比试验，生产 64d 后水平井产量是直井的 4.8 倍，确立了水平井+体积压裂为主体的开发技术。

2017~2020 年，全面推进水平井体积压裂技术在玛湖的应用，定型固井桥塞+分簇射孔主体压裂工艺，主体参数为簇间距 20~35m，施工排量 10~12m³/min，加砂强度 1.0~1.2m³/m；压裂设备逐步向大功率、自动化方向发展，同时自主研发裸眼封隔器、可溶桥塞，低浓度胍胶、变黏滑溜水等压裂配套工具和材料。

虽然已进入规模开发阶段，但仍存在以下问题。

（1）高泵压需泡酸处理，影响施工效率

玛湖深层砾岩区块采用 5 寸小井眼厚壁套管、86 枪配 89 弹射孔完井，现场压裂起泵压力高，提升排量困难，需要浸泡酸和多级段塞预处理才能提升排量至设计值，目前现场预处理阶段时间占比高，达 38%，施工效率提升难度大，如图 1 所示。2019 年开展了深穿透+重复射孔、等孔径+重复射孔试验，仍需泡酸和段塞处理后才能达到设计排量。据统计，2019 年采用单段 2~3 簇压裂，酸处理比例 69.5%。

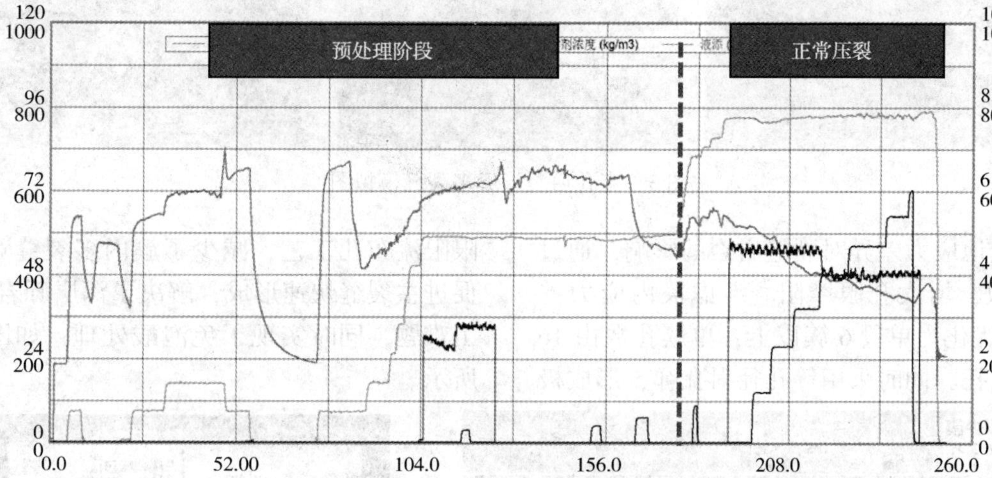

图 1　玛湖地区水平井单段压裂典型曲线图

（2）砾岩缝面粗糙易形成简单缝，需提高铺置效果

玛湖百口泉组储层砾石粒径 2~35mm，由凹陷周缘向中部粒度变细、分选变好，从中砾逐步过渡到小砾、细砾。小尺寸岩心单轴抗压实验显示，砾石粒径差异性影响了人工裂缝的形态，水平应力差越低，分支裂缝的偏转越明显，裂缝形态越复杂。

采用真三轴水力压裂模拟系统，结合声发射监测和 CT 扫描重构裂缝形态，物模实验揭示了砾岩油藏裂缝延伸规律，即砾岩储层人工裂缝扩展存在绕砾、穿砾、遇砾止裂以及砾石影响下的多缝模式如图 2 所示。为保证储层改造效果，急需开展支撑剂铺置效果研究。

（3）现有支撑剂成本高，需降低材料降本

玛湖地区前期支撑剂主要采用陶粒，其价格比石英砂高 3.07 倍，实施大砂量、大液量的水平井体积压裂成本高，其中压裂材料占总费用的 40%以上。为此，急需建立支撑剂替代理论，推广石英砂替代陶粒降低压裂成本，实现玛湖地区致密砾岩油藏的经济开发。

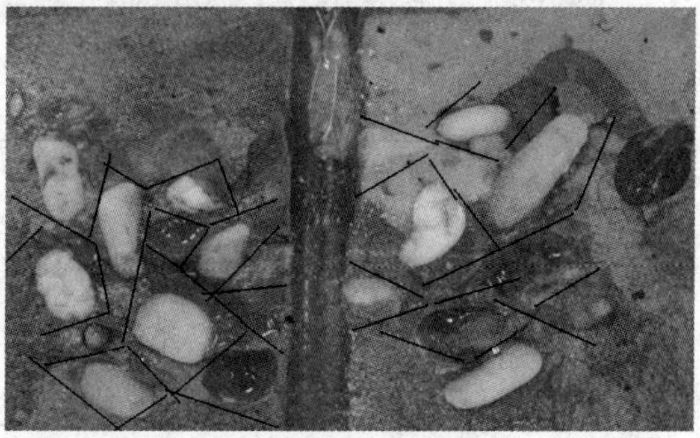

图 2　砾岩储层人工裂缝壁面示意图

3　玛湖致密砾岩组合压裂工艺

针对低油价形势下如何效益开发问题，创新

攻关形成了极限限流射孔工艺、全程滑溜水连续携砂以及石英砂替代陶粒的组合工艺，为玛湖大规模压裂开发提供有力保证。

3.1　极限限流免泡酸

受砾岩储层非均质影响，段内多簇裂缝均衡启裂和扩展难度大。岩心弹性模量测试结果表明，受砾石含量和胶结影响，同区不同井以及同井不同岩样的弹性模量差异大，储层非均质程度极高，砾岩特性导致近井地带地应力差异增加。

前期单簇 16 孔进液，多条微裂缝与砾石互相作用，扩展路径曲折，难以生长合并形成主缝，导致启泵后施工压力居高不下，需要泡酸和段塞处理，如图 2、图 3 所示。

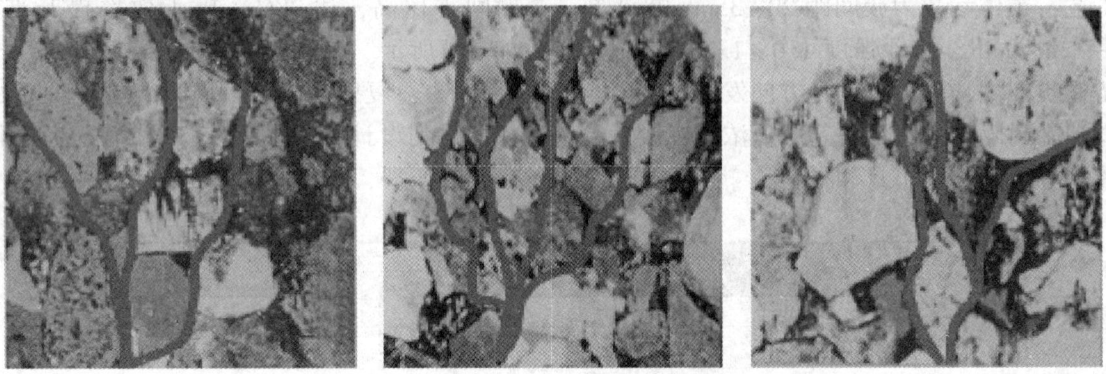

图 3　多孔启裂形成多裂缝模拟图

为降低地应力差异对裂缝启裂的影响，通过减少射孔数，增大孔眼摩阻。考虑段内应力差 1~2MPa，优化为单段 6 簇以上，单簇孔数由 16 孔优化为 3 孔，同时采用等孔径射孔弹，形成极限限流布孔工艺，减少了簇内多裂缝竞争启裂，促进主裂缝快速形成，解决了深层砾岩高泵压施工难题，同时实现了免泡酸处理，如图 4、图 5 所示。

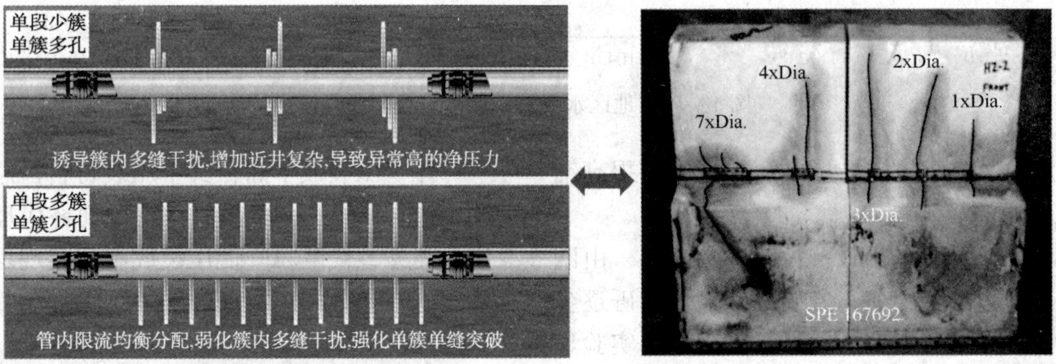

图 4　不同射孔参数和单簇射孔长度对裂缝启裂延伸的影响

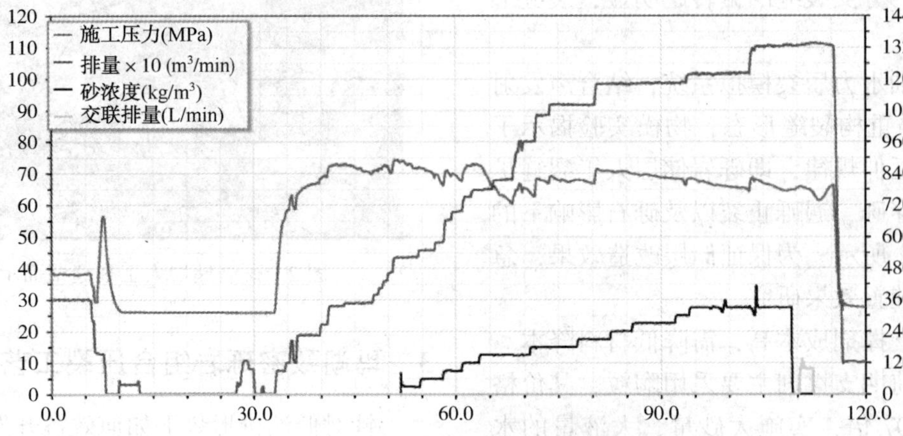

图 5　单簇 3 孔免泡酸压裂施工曲线

通过射孔工艺优化，酸处理比例由 2019 年的 70%左右降至目前 15%，缩短非正常作业时间近 1.5h/段，如图 6 所示。Ma20025_H 井改造段长 1356m，簇间距 17m，段内 3~6 簇分 21 段压裂。压后平均日产油 40.2t，较邻井常规压裂工艺产量提高 35%，累计生产 576d，累产油 23180t。目前玛湖地区最高段内压裂 12 簇，最小簇间距达 6m。

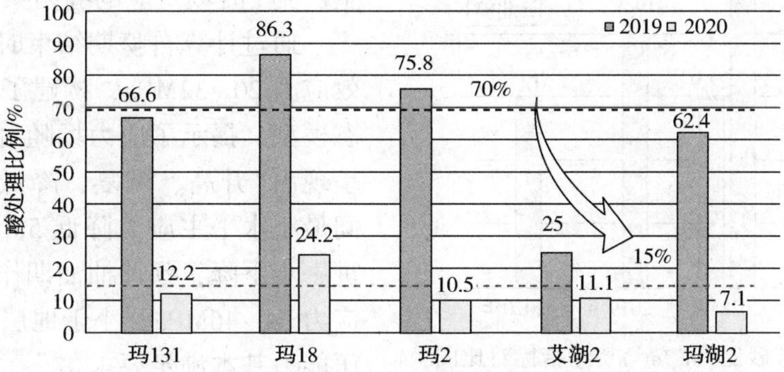

图 6　玛湖地区 2019~2020 年酸处理比例对比图

3.2　全程滑溜水连续加砂高效铺置

近年来，玛湖致密砾岩油藏单井加砂量由 700m^3 增至 1470m^3，单井液量由 6050m^3 增至 26600m^3，滑溜水比例逐年提高，最高达到 70%以上。采用滑溜水大排量施工工艺，充分利用滑溜水的低黏深穿透性，增强裂缝复杂度，从而提高储层改造效果。根据 N R Warpinski 的公式，流动距离越长，则克服的流动阻力也越大，所需要流动压差也就越大。

$$y=\sqrt{\frac{2k\Delta Pt}{\varphi\mu}} \tag{1}$$

其中，y 为基质到裂缝的渗流距离，m；k 为裂缝渗透率，$10^{-3}\mu m^2$；t 为流动时间，min；φ 为裂缝孔隙度；μ 为流体黏度，mPa·s。

相比于前期胍胶压裂液，变黏滑溜水体系成本大幅降低，但是携砂性能较弱，需要开展支撑剂运移规律研究，针对性地优化工艺参数，保证缝内支撑剂有效铺置。

砾岩裂缝壁面粗糙度较大，砾石颗粒影响流体在裂缝内的流动路径，砾石颗粒越大，液体流经砾石绕流现象越明显，流体流动的阻力以及压力波动幅度越大，研究砾石引起的裂缝曲折以及对砾石绕流的影响有助于支撑剂运移规律的研究。考虑砾石带来的影响，建立支撑剂运移模型。通过压裂-3D 扫描打印得到粗糙裂缝沉降模板，用于平板流动试验可视化装置，研究粗糙壁面支撑剂沉降规律，实验表明人工裂缝粗糙度由 0.28 增至 0.79，支撑裂缝缝长降低 50%，有效支撑高度提高 10%，如图 7、图 8 所示。

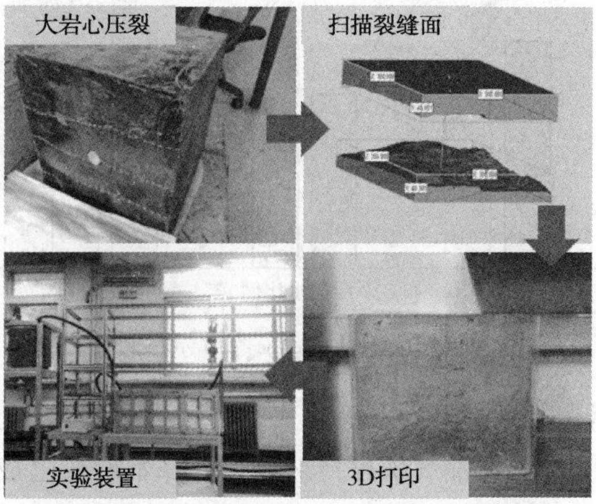

图 7　基于 3D 粗糙壁面的支撑剂运移实验装置

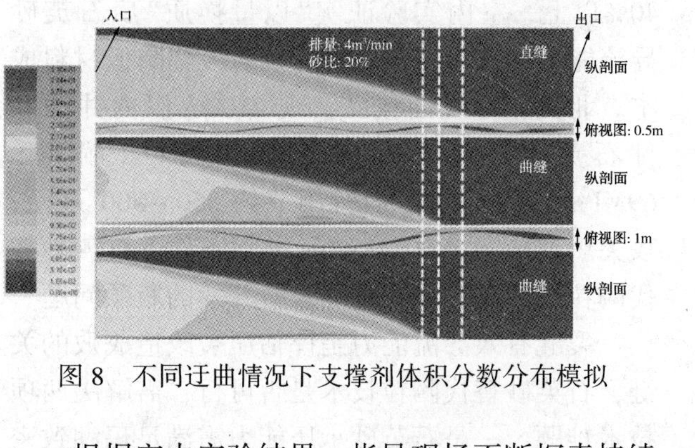

图 8　不同迂曲情况下支撑剂体积分数分布模拟

根据室内实验结果，指导现场不断探索持续优化，由黏度携砂转换为速度携砂理念，形成全程滑溜水 10~14m^3/min 大排量连续携小粒径石英砂工艺，现场最高砂浓度 480kg/m^3，滑溜水比例大幅提升，液砂比大幅下降，成本大幅度下降。目前滑溜水应用比例超过 95%、液砂比

12m³/m³，指标参数与北美基本持平，与 2019 年相比，液砂比下降 29%，单井液量同比减少 24%，如图 9、图 10 所示。

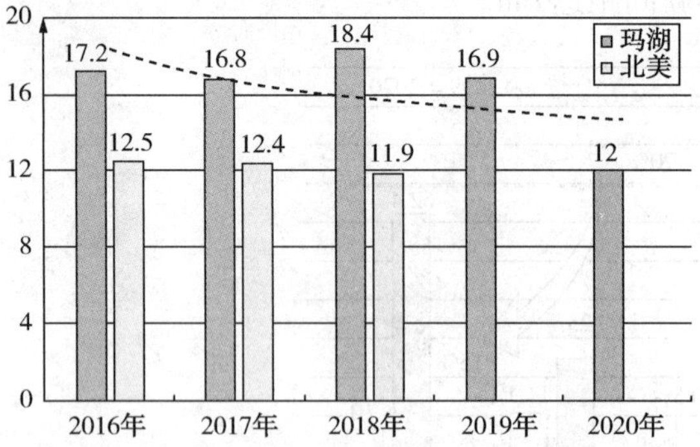

图 9　玛湖、北美平均液砂比(m^3/m^3)历年指标对比图

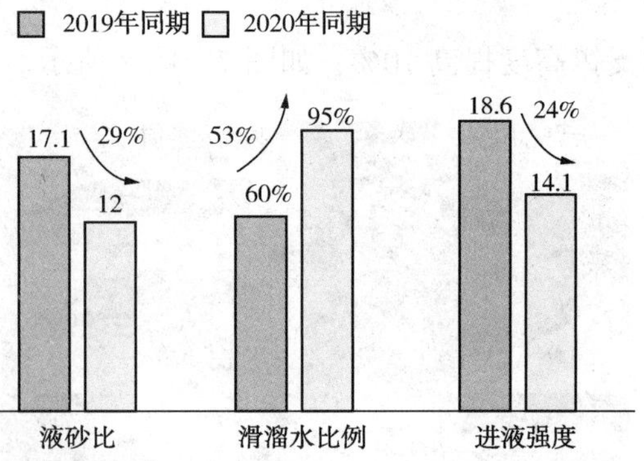

图 10　水平井体积压裂主要指标同期对比图

3.3　石英砂替代陶粒

近年来油气价格持续低迷，降本增效已成为油田大规模压裂开发的主旋律，水平井体积压裂规模大、成本高，其中压裂材料费占总费用 40%以上，室内实验证实“以量换质”后石英砂导流能力可满足生产需求，同时大幅降低材料成本。北美非常规油藏已实现 2800m 以内井深条件石英砂（耐压 28MPa）替代陶粒（耐压 > 69MPa），单井支撑剂费用节约 350 ~ 500 万元，攻关玛湖地区 2800 ~ 3500m 井深条件下石英砂替代陶粒技术是实现致密油效益开发的瓶颈问题。

裂缝有效导流能力是评估压裂改造成败的关键，石英砂替代陶粒技术是否可行，需解决两项技术难题：一是石英砂承压能力需满足玛湖致密油高闭合压力需求下；二是保证石英砂替代后仍能保证裂缝的导流能力。首先建立实际工况下支撑剂在油藏裂缝中受力模型，提出液与砂共同支撑的理念，计算有效应力可判断是否满足抗压能力，计算公式：

$$\sigma_e(t)=\sigma_c+\frac{v}{1-v}[P_{now}(t)-P_0]-P_{now}(t) \quad (2)$$

其中 P_0 是原始孔隙压力；v 是泊松比；$\sigma_e(t)$是 t 时刻作用在支撑剂上的有效应力；P_{now}是生产到 t 时刻对应的缝内某点压力。

通过计算自喷期结束时作用于支撑剂上的有效应力 20 ~ 32MPa，构建了压裂井应力场变化动态模型，揭示了应力场随着地层孔隙压力的变化呈现出“升高、恢复、降低”规律，自喷 3 年时间最小水平主应力降低 5MPa，抽油期闭合应力进一步下降，预计抽油期作用于支撑剂上的有效应力 34 ~ 46MPa，小于地层闭合应力，石英砂抗压能力基本满足要求。

开展石英砂长期导流能力测试，在抽油期有效闭合应力(45MPa)条件下，石英砂导流能力仍有 20 ~ 40D · cm，满足油藏生产需求，从而建立长期导流能力图版，通过提高铺砂浓度，增加导流能力。同时采用电镜扫描手段，明确了影响石英砂导流能力的主要因素为强应力集中产生破碎，揭示了小粒径石英砂抗破碎能力更强的原因，对较深井可增加小粒径石英砂比例；系统评价了应力加载速率、铺砂浓度对破碎率影响，明确了铺砂浓度是影响破碎率主要因素，增加铺砂浓度影响可有效降低破碎率，铺砂浓度由 2.5kg/m² 增至 10kg/m²，破碎率下降 60%，因此石英砂替代导流能力能够满足工艺需要。

截止目前，玛湖地区 3500m 以浅区块已开展石英砂替代陶粒 159 井次，共计应用石英砂 27.3 万方，节约投资 7.26 亿元，如图 11 所示。对 2017 年风南 4、玛 131 井区石英砂试验井与邻井进行生产效果对比分析，目前产量与陶粒井相当，石英砂在降低成本方面优势更明显，推动致密砾岩油藏的经济有效开发。

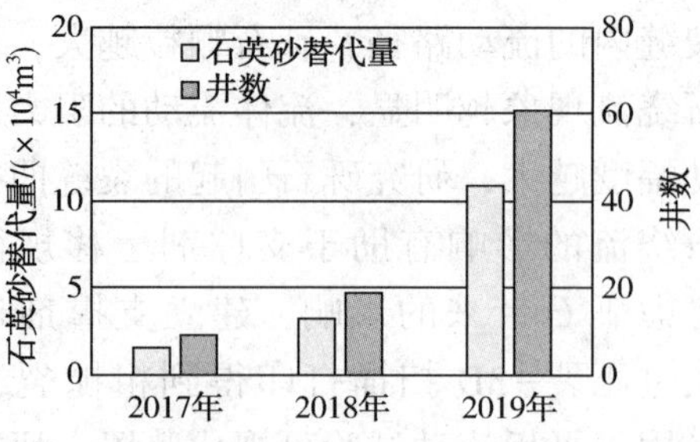

图 11　玛湖石英砂替代陶粒推广情况统计图

4 结论

（1）提出的极限限流布孔工艺降低了地应力差异对裂缝启裂影响，破解了砾岩高泵压施工难题，免泡酸处理比例由69.5%降至15%，施工效率提升58.3%。

（2）大排量+全程滑溜水连续携砂组合工艺，实现了玛湖地区排量14m^3/min、砂浓度480kg/m^3、滑溜水比例95%以上的三大指标提升，提高了支撑剂远端铺置效果，进一步降低液体成本。

（3）实现了埋深3500m石英砂完全替代陶粒，材料成本可降低44%，同时石英砂导流能力满足长期生产需求。

（4）玛湖致密砾岩压裂组合工艺在节约成本、提高采收率方面取得初步效果，其现场试验的成果对后续研究发展具有指导意义。

参 考 文 献

［1］周能武，卢双舫，王民，等．中国典型陆相盆地致密油成储界限与分级评价标准［J/OL］．石油勘探与开发，2021，{4}(05)：1-11.

［2］李国欣，朱如凯．中国石油非常规油气发展现状、挑战与关注问题［J］．中国石油勘探，2020，25(2)：1-13.

［3］雷德文，瞿建华，安志渊，等．玛湖凹陷百口泉组低渗砂砾岩油气藏成藏条件及富集规律［J］．新疆石油地质，2015，36(6)：642-647.

［4］黄建波，张奎，谢斌，等．准噶尔盆地玛湖凹陷百口泉组低渗透率砾岩储层分类［J］．测井技术，2020，44(3)：305-311.

［5］杜猛，向勇，贾宁洪，等．玛湖凹陷百口泉组致密砂砾岩储层孔隙结构特征［J/OL］．岩性油气藏，{3}，{4}{5}：1-12［2021-07-16］.

［6］李国欣，覃建华，鲜成钢，等．致密砾岩油田高效开发理论认识、关键技术与实践——以准噶尔盆地玛湖油田为例［J］．石油勘探与开发，2020，47(06)：1185-1197.

［7］陈怡婷，刘洛夫，王梦尧，等．鄂尔多斯盆地西南部长6、长7储集层特征及其控制因素［J］．岩性油气藏，2020，32(1)：51-65.

［8］刘向君，熊健，梁利喜，等．基于微CT技术的致密砂岩孔隙结构特征及其对流体流动的影响．地球物理学进展，2017，32(3)：1019-1028.

［9］况晏，司马立强，瞿建华，等．致密砂砾岩储层孔隙结构影响因素及定量评价——以玛湖凹陷玛131井区三叠系百口泉组为例［J］．岩性油气藏，2017，29(4)：91-100.

［10］李颖川．采油工程［M］．石油工业出版社，2009.

［11］李建民，吴宝成，赵海燕，等．玛湖致密砾岩油藏水平井体积压裂技术适应性分析［J］．中国石油勘探，2019，24(2)：250-259.

［12］N R Warpinski，M J Mayerhofer，M C Vincent. Stimulating un-conventional reservoirs：maximizing network growth while opti-mizing fracture conductivity［C］// paper SPE-114173-MS pres-ent at the SPE Unconventional Reservoirs Conference，10 - 12February 2008，Keystone，Colorado，USA.

吉木萨尔页岩油水平井前置 CO_2 压裂技术研究与实践

王俊超[1]　李建民[1]　于会永[1]　陈　璐[1]　李柏杨[2]　王亮[1]　马明伟[1]

[1. 中国石油新疆油田公司工程技术研究院；2. 中国石油大学(北京)]

摘　要　吉木萨尔芦草沟组页岩油下甜点非均质性强，局部原油黏度高。前期在原油黏度较高的区域实施水平井 JS_ H 井，与下甜点投产水平井平均水平相比，自喷时间缩短了 90%，首年累计产油量降低 70%~80%，开发效果未达预期，严重制约了 2000×10^4t 储量的有效动用。针对高粘区域压力递减快、产量低难题，利用 CO_2 降低原油黏度、与原油混相、置换微纳米孔隙原油、溶蚀碳酸盐岩、刺激层理开启的综合作用，攻关配套了水平井前置 CO_2 压裂技术，形成了"隔段注入+单次注入 100~150t"的前置注入模式。2019 年，在 JX_ H 井开展现场试验，累计注入 17 段共 2618t 液态 CO_2。试验井压后效果效果不但较前期试验水平井 JS_ H 井大幅提升，而且相较于下甜点平均水平，首年累计产油量提升 40%以上，压力递减减缓 30%以上。产量和压力保持程度较邻井大幅提升，实际验证了前置 CO_2 压裂技术对页岩油的提产作用，为吉木萨尔页岩油下甜点进一步增产提效提供了支撑依据和技术储备。

关键词：二叠系芦草沟组；页岩油；黏度；水平井；前置 CO_2 压裂

随着水平井体积压裂技术的成熟，页岩油气等成为重要油气接替资源之一。新疆油田准噶尔盆地吉木萨尔凹陷二叠系芦草沟组作为我国页岩油勘探开发的重点领域，估算资源量达到 15.8×10^8t。通过水平井体积压裂技术的攻关和实践，针对芦草沟组页岩油薄互层、层理发育特征，已攻关形成水平井高密度切割+高强度改造的体积压裂提产提效技术，实现了资源的有效动用。但水平井压裂投产后初期产量高、递减快，单井自喷期递减率约 51%，井组条件下递减率可达 80%，三年累计产油量占全生命周期累计产油量的 50%以上，需探索有效的稳产、提效技术手段。同时，下甜点局部区域原油黏度高、易乳化(地层原油黏度≥30mPa·s，地面乳化原油黏度最高可达 200030mPa·s)，前期该区试验井 JS_ H 井应用主体体积改造技术，压后压力递减快、自喷时间短、产量低，无法满足效益开发需求，制约了高黏区域 2000×10^4t 储量的有效动用。

目前，在非常规油藏中，CO_2 的应用日趋广泛，国内外诸多油田均开展 CO_2 驱、吞吐提高采收率措施，并积极探索在压裂过程中前置注入 CO_2 技术，提高一次采收率。大量室内实验证实，CO_2 除了能降低原油黏度、与原油实现混相之外，与储层岩石之间的物理化学作用也可提高孔隙度和渗透率，在压裂阶段注入还有提高裂缝复杂程度的作用。

不同区块物性条件、原油及矿物组成差异极大，相同的实验得到的结论并不完全一致甚至可能相反。因此针对在吉木萨尔页岩油开展了系统的室内实验评价，明确 CO_2 与芦草沟组页岩油原油、储层的相互作用机制，并通过数值模拟技术优化水平井前置 CO_2 压裂工艺参数，指导现场实践。

1　芦草沟组页岩油岩石、原油特征

吉木萨尔凹陷二叠系芦草沟组页岩油埋深 800~4500m、平均 3570m，厚度 25~300m、平均 200m。纵向上，芦草沟组主要发育两个甜点体，上甜点油层主要分布在 $P_2l_2^{2-1}$、$P_2l_2^{2-2}$、$P_2l_2^{2-3}$ 3 个小层，岩性主要为砂屑云岩、岩屑长石粉细砂岩和云屑砂岩；下甜点体油层分布在 $P_2l_1^{2-1}$、$P_2l_1^{2-2}$、$P_2l_1^{2-3}$ 3 个小层，岩性主要为云质粉砂岩。上甜点孔隙度平均为 10.84%，渗透率平均为 0.014mD；下甜点孔隙度平均为 11.20%，渗透率平均为 0.009mD，总体上，90%以上样品渗透率小于 0.1mD。

根据直井JX井上、下甜点取心后全岩分析结果，矿物成分呈明显分区现象，主要由石英类(石英、长石、黄铁矿)和碳硫酸盐类(方解石、白云石、文石、菱铁矿、菱镁矿、赤铁矿、硬石膏、钙芒硝、重晶石)为主，黏土含量较少(见表1)。其中粘土矿物以伊蒙混层为主，伊利石次之，高岭石、绿泥石较少，平均相对含量分别为69.6%、24.2%、3.5%、4.25%。

受低-中等的热演化程度、藻质体和无定形体为主的烃源岩母质类型及源储一体近距离运移的成藏模式影响，芦草沟组页岩油原油总体表现为偏重的中质原油。上甜点原油密度为0.843g/cm³，地下原油黏度为9~21mPa·s；而下甜点烃源岩比上甜点烃源岩处于咸化的更强还原环境，藻类等水生生物更为发育，造成其油质更稠，原油密度0.912g/cm³，地下原油黏度为6~60mPa·s。

平面上受控于烃源岩成熟度演化差异，部分烃源岩在低成熟度阶段生烃，胶质和沥青质含量高。并且，吉木萨尔页岩油井口采出原油显示明显的乳化特征，乳化后黏度高达2000mPa·s。

2　CO_2与芦草沟组原油、岩石相互作用实验

选用上、下甜点原油和JX井岩心，系统地开展了降黏、混相、置换、驱替、岩石物理化学作用和大尺寸压裂实验。

2.1　原油降黏实验

根据注气膨胀实验结果，注入CO_2后，原油的黏度下降明显，且原油黏度随着注入CO_2量增多持续降低。注入75%mol的CO_2后，上甜点原油黏度由6~8mPa·s降低至2mPa·s；注入80%mol的CO_2后，下甜点原油粘度由19mPa·s降低至5.5mPa·s(图1)。

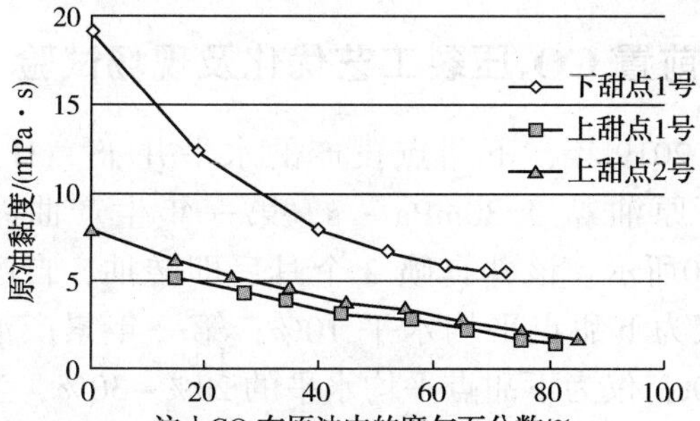

图1　上、下甜点原油降粘实验结果图

2.2　原油混相实验

根据油样井实际地层压力和温度，通过细管实验获得驱替压力和驱油效率关系曲线，曲线拐点对应最低混相压力(表1、图2~图4)。实验结果显示，最小混相压力均小于原始地层压力，CO_2可在地层中与原油实现混相。

表1　细管实验条件及最小混相压力对比表

	上甜点1	上甜点2	下甜点
地层温度/℃	98	82.8	89.2
地层压力/MPa	44.45	36.67	39.3
饱和压力/MPa	5.78	3.33	5.61
气油比/(m³/m³)	23	14	20
最小混相压力/MPa	27.18	16.26	25.51

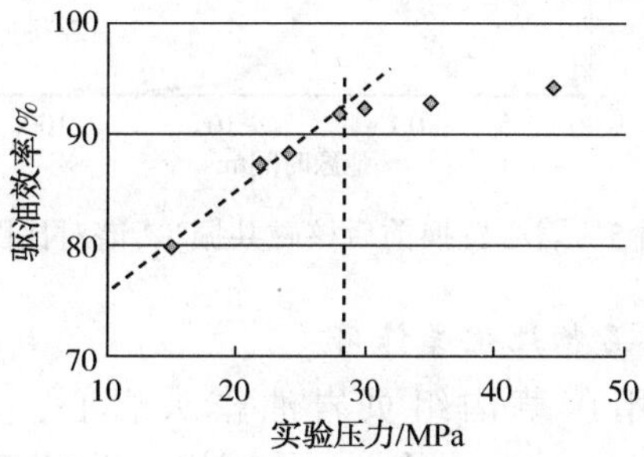

图2　上甜点1驱替压力和驱油效率关系图

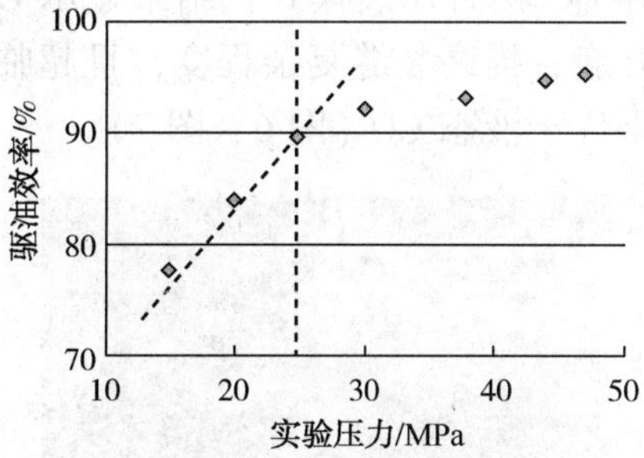

图3　上甜点2驱替压力和驱油效率关系图

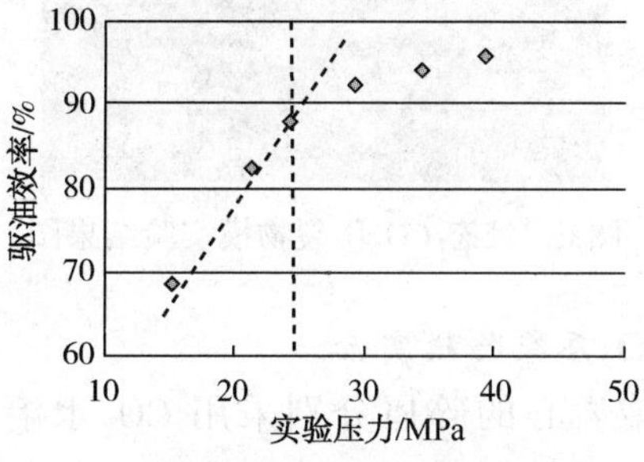

图4　下甜点驱替压力和驱油效率关系图

2.3　置换实验

开展地层压力(40MPa)和温度(90℃)条件下的浸泡实验，浸泡24小时，并利用核磁共振扫描，定量评价CO_2置换岩心中原油的作用。从浸泡前后核磁共振测试的T2谱可知(见图5)，大孔隙中原油被置换出岩心的同时，小孔隙中原油持续被置换入大孔隙，进而被置换出岩心。根据核磁信号量计算岩心含油质量，该岩心浸泡前饱和油质量3.903g，浸泡后1.963g，采出质量2.210g，实验室内采收率达56.7%。

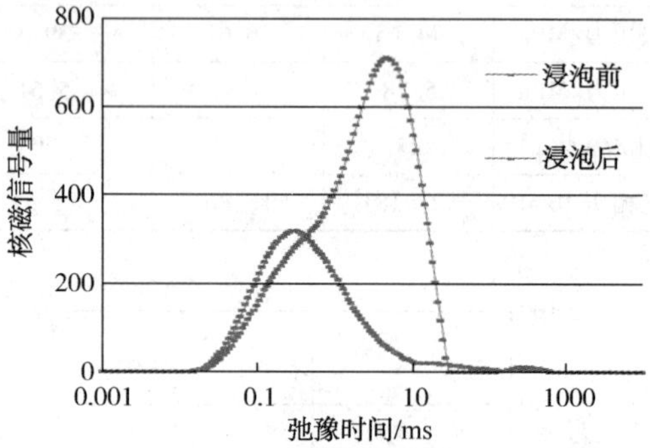

图5　岩心置换前后核磁共振T2谱对比图

2.4　岩石物理化学作用

选用芦草沟组页岩油露头岩心，切割成30cm×30cm×30cm的立方体试样，沿层理方向钻井眼后固井模拟水平井压裂。实验设计液态CO_2和超临界CO_2两种压裂模式；结果显示CO_2可刺激层理开启，提高裂缝复杂程度，且超临界CO_2造缝效果优于液态CO_2(图6、图7)。

图6　液态CO_2压裂物模实验结果图

2.5　CO_2压裂物模实验

选取岩心的碎屑分别采用CO_2水溶液和纯CO_2在地层压力(40MPa)、温度(90℃)下浸泡2天，浸泡前后矿物含量发生明显变化(见图8、图9)，方解石和白云石等碳酸盐岩类矿物成本

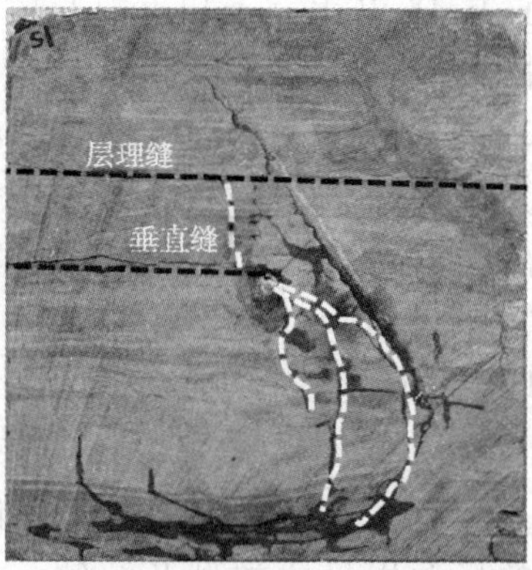

图7　超临界CO_2压裂物模实验结果图

大幅降低，黏土矿物含量保持不变，表明对储层矿物有一定溶蚀作用，且CO_2水溶液的溶蚀作用较纯CO_2更强。

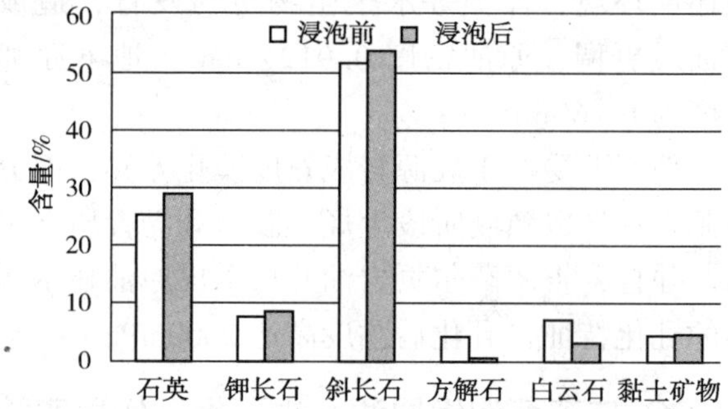

图8　CO_2水溶液浸泡前后矿物成分对比图

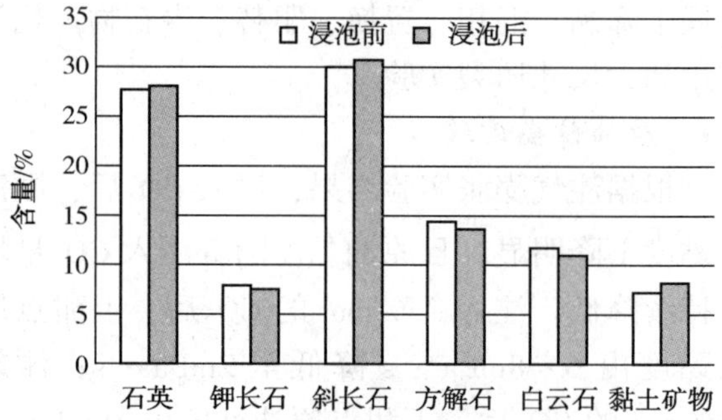

图9　纯CO_2泡前后矿物成分对比图

3　前置CO_2压裂工艺优化及现场试验

2019年，下甜点投产的水平井JS_ H井，地下原油黏度30mPa·s，第一年生产曲线如图10所示。该井自喷2个月后即转抽，自喷时间仅为下甜点平均水平10%；第一年累产油仅2400t，仅为下甜点平均水平的20%~30%，生产效果差，水平井密切割+高强度体积改造技术未能实现有效动用。

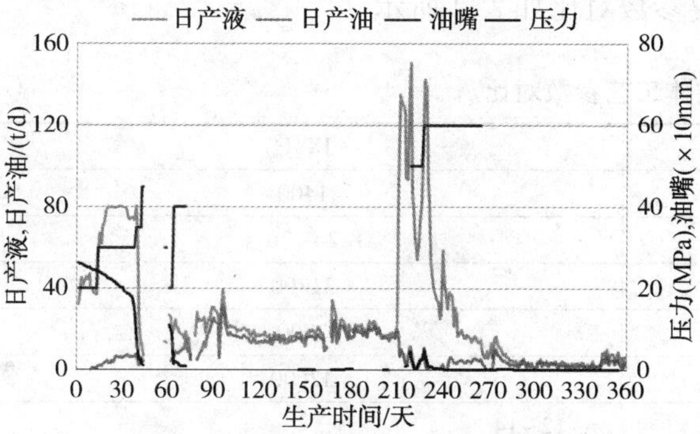

图 10　JS_ H 井一年期生产效果图

为进一步探索下甜点黏度较高区域的有效开发方式，在CO_2与原油、岩石相互作用机理研究的基础上，选取 JS_ H 井北部的 JX_ H 井开展前置CO_2压裂现场试验，该井地下原油黏度 24~26mPa·s。

3.1　工艺参数优化

根据前置CO_2压裂后焖井-返排-生产动态模拟模型(图 11~13)，开展注入量、注入模式的优化。

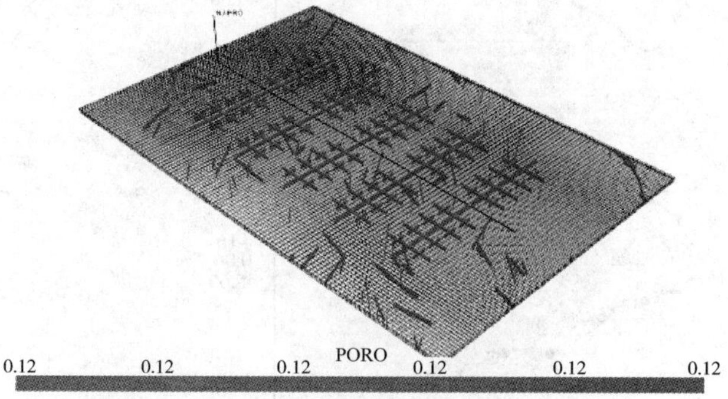

图 11　前置CO_2压裂后焖井-返排-生产动态模拟模型示意图

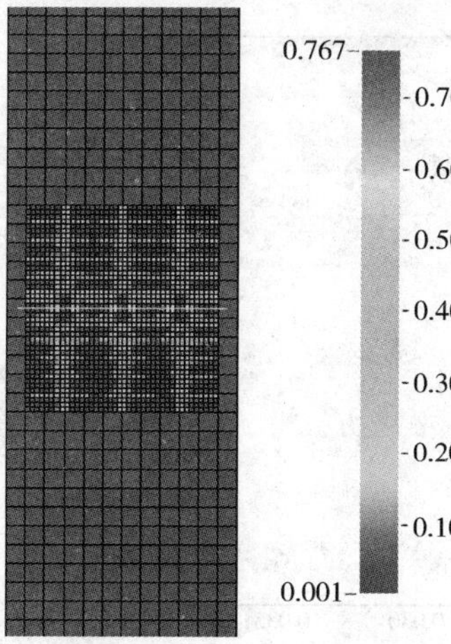

图 12　前置CO_2注入后 CO2 分布场示意图

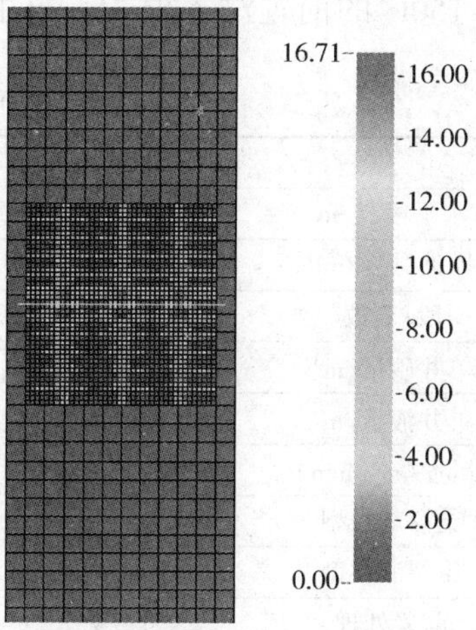

图 13　前置CO_2注入后原油粘度场分布图

数值模拟结果显示，在单段注入量超过 120t 时，增油幅度变缓；设计单段注入量 100~150t(见图 14)。

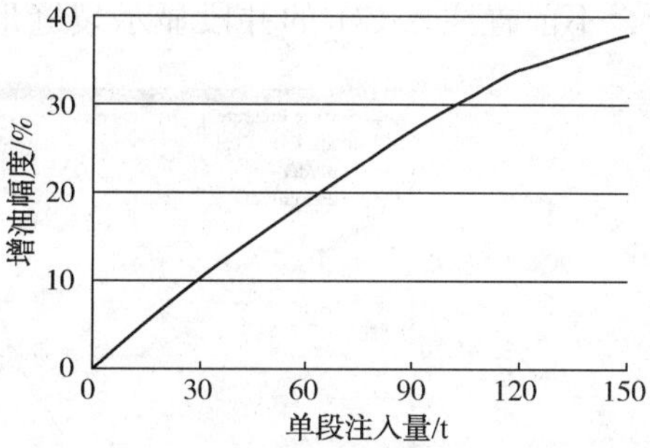

图 14　单段注入量和增油幅度相关性曲线图

在设计总注入量不变的情况，模拟连续注入模式(每段均注，每段注入量 75t，为隔段注入的一半)和隔段注入模式(仅偶数段或奇数段注入，每段注入 150t)的差异，隔段注入方式累产油增幅仅低 7%(图 15)；考虑试验井CO_2实际供给能力和施工时效性，选用隔段注入模式。

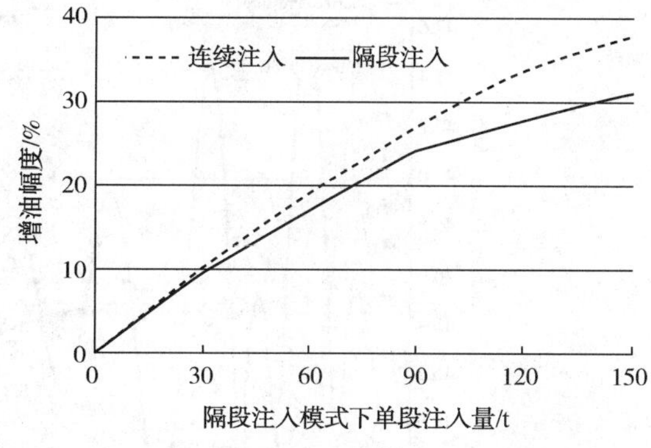

图 15　注入模式和增油幅度相关性曲线图

基于数值模拟结果，采用“隔段注入+单次

注入 100~150t”的前置注入模式，与 JS_H 井压裂参数对比如表 2 所示。

表 2　前置 CO2 压裂与主体工艺参数对比

	JS_H	JX_H
水平段长/m	950	1400
地下原油黏度/mPa·s	30	24~26
段/簇数	20/58	31/90
单井砂量/m^3	1760	2900
单井液量/m^3	29000	42600
排量/(m^3/min)	12~14	
支撑剂类型	陶粒	
压裂液类型	胍胶压裂液	
前置处理	—	隔段注入 CO_2，单次 100~150t

3.2　现场实施及效果评价

JX_H 井实际 17 段注入液态 CO_2，累计注入量 2618t，平均单次注入 154t。

压后停泵测试的 G 函数分析显示(图 16、图 17)，不前置注入 CO_2 的井段显示裂缝形态相对简单，以张性破裂单一缝为主；而前置注入 CO_2 的井段近井以张剪结合破裂机制的网状缝为主，G 函数叠加导数在后期的波动出现复杂和多裂缝特征。

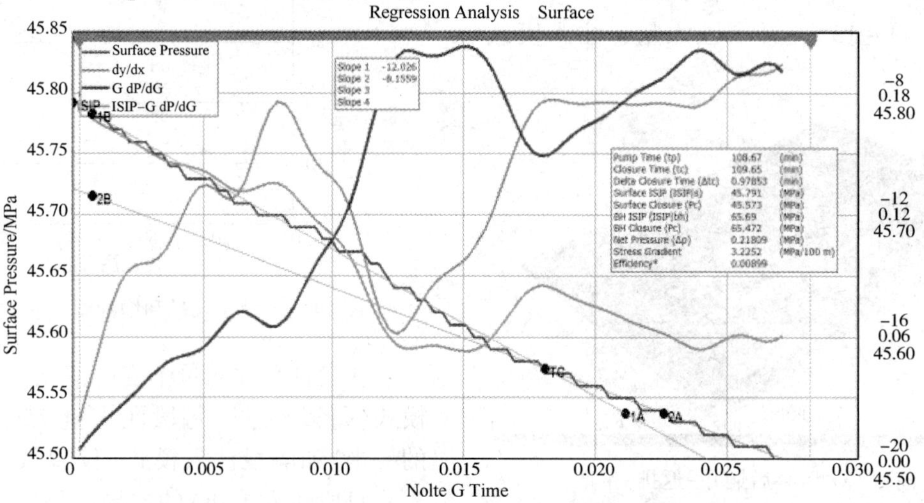

图 16　不前置注入 CO_2 停泵压降测试的 G 函数分析结果图

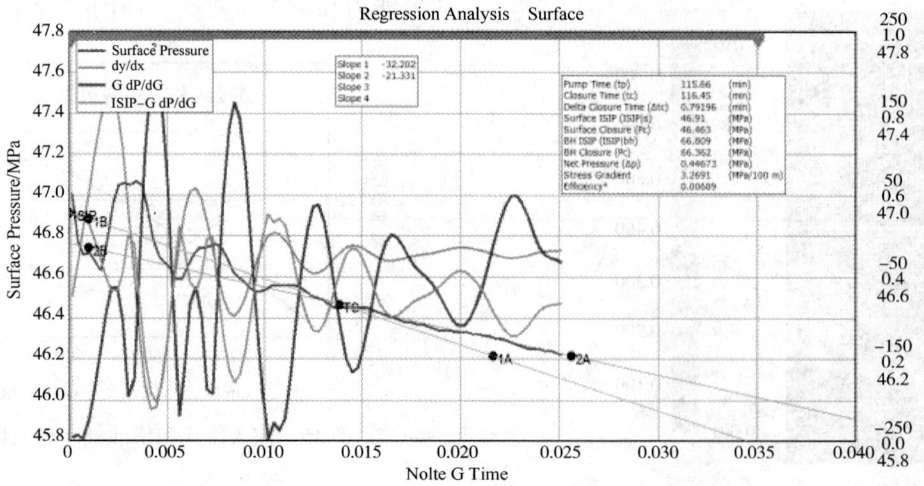

图 17　前置注入 CO_2 停泵压降测试的 G 函数分析结果图

生产历史数据进行模型调参拟合，考虑多簇压裂的开启效率评价增能效果。按照簇开启率50%、67%和100%对模型进行分析(图18)，拟合开井的储层压力在57~58MPa。采用储层增能有效转化率量化评价增能效果，计算方法见公式(1)，试验井储层增能有效转化率达35.5%，较常规水力压裂的20%~25%大幅提升。

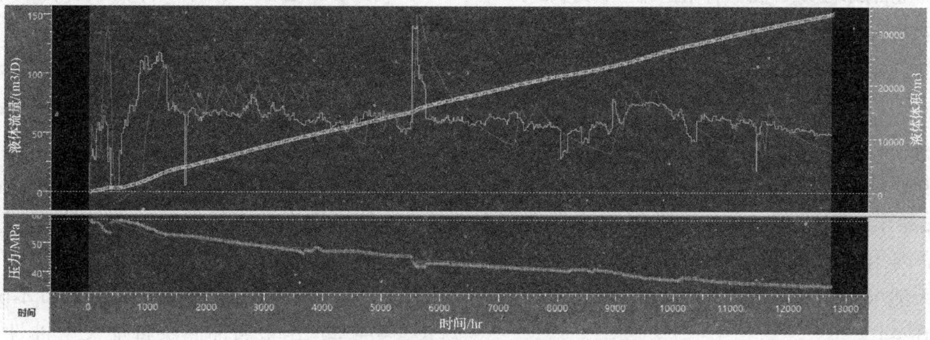

图18　试验井压后生产数据历史拟合结果图

$$储层增能有效转化率=(p_n-p_0)/(p_w-p_o)\times 100\% \quad (1)$$

式中，p_n为压裂后平均储层压力，MPa；p_0为储层原始压力，MPa；p_w为井底流压，MPa。

该井与2019年11月22日开井，在5mm油嘴下，峰值日产油量达119.6t/d，创芦草沟组页岩油水平井峰值产量新高。截至2021年10月底，已累产油超2.8×10^4t、平均日产油超40t/d。单井产量和压力保持程度均优于下甜点平均水平(图19、图20)；对比一年期生产效果，JX_H井累计产油较同层邻井平均提升40%，井口油压递减速率减缓30%。

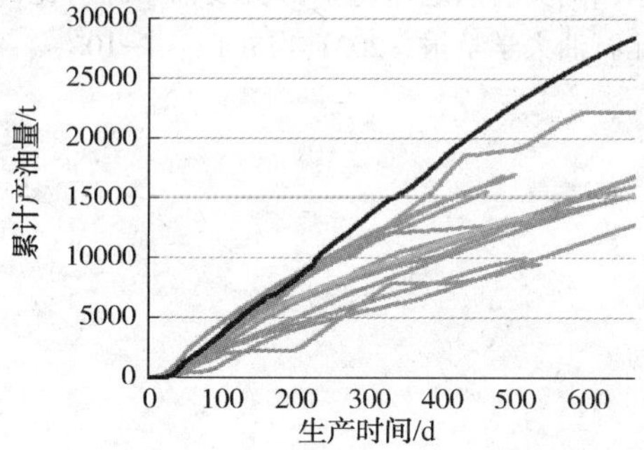

图19　JX_H井(黑色线)与同层邻井累产油对比图

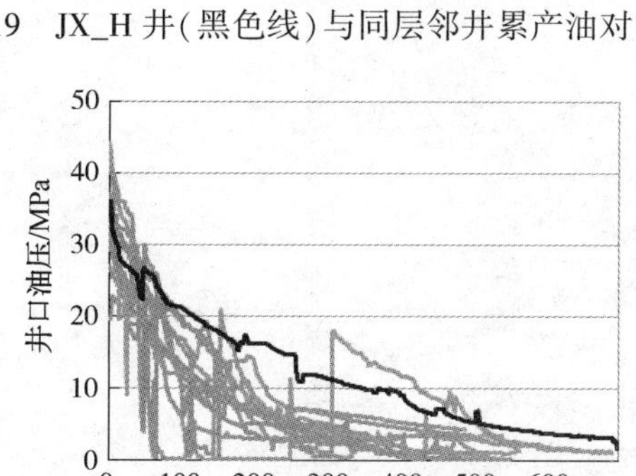

图20　JX_H井(黑色线)与同层邻井井口油压对比图

4　结论

针对吉木萨尔芦草沟组页岩油，开展了系统的 CO_2 与原油、岩石和压裂实验，结合数值模拟技术优化了水平井前置 CO_2 压裂参数；现场试验证实，工艺提产、稳产效果显著，为芦草沟组页岩油和其它非常规油藏开发提供有利借鉴。主要取得以下认识：

(1) 芦草沟组页岩油为偏重的中质原油，黏度较高、密度大。采用 CO_2 可有效降低原油黏度，在地层条件下发生混相，并置换孔隙中原油，提高采出程度。

(2) 在超临界 CO_2 压裂的作用下，可刺激层理等弱面开启，提升裂缝复杂程度；CO_2 水溶液对芦草沟组页岩油岩石的碳酸盐岩类有明显的溶蚀作用，具有一定提高孔隙度和渗透率的效果。

(3) 在实验结果的基础上，通过数值模拟技术，优化设计芦草沟组页岩油水平井采用“隔段注入+单次注入100~150t”的前置压裂模式。

(4) 现场实践表明，前置 CO_2 压裂可提高近井裂缝复杂程度，且增能效果显著；相较同层邻井，试验井JX_H井一年期压力递减速率减缓30%、累计产油量提升40%。

参　考　文　献

[1] 何登发，李德生，童晓光，等．中国沉积盆地油气立体综合勘探论[J]．石油与天然气地质，2021，42(2)：265-284.

[2] 高阳，叶义平，何吉祥，等．准噶尔盆地吉木萨尔凹陷陆相页岩油开发实践[J]．中国石油勘探，

2020，25(2)：133-141.

[3] 吴宝成，李建民，邬元月，等．准噶尔盆地吉木萨尔凹陷芦草沟组页岩油上甜点地质工程一体化开发实践[J]．中国石油勘探，2019，24(5)：679-689.

[4] 章敬．非常规油藏地质工程一体化效益开发实践—以准噶尔盆地吉木萨尔凹陷芦草沟组页岩油为例[J]．断块油气田，2021，28(2)：151-155.

[5] 夏赟，张丽萍，褚浩元，等．吉木萨尔页岩油“下甜点”低成本技术[J]．油气藏评价与开发，2021，11(4)：536-541.

[6] 李红南，毛新军，胡广文，等．准噶尔盆地吉木萨尔凹陷芦草沟组致密油储层特征及产能预测研究[J]．石油天然气学报（江汉石油学院学报），2014，36(10)：40-44.

[7] 霍进，何吉祥，高阳，等．吉木萨尔凹陷芦草沟组页岩油开发难点及对策[J]．新疆石油地质，2019，40(4)：379-388.

[8] 王永辉，卢拥军，李永平，等．非常规储层压裂改造技术进展及应用[J]．石油学报，2012，33(增1)：149-158.

[9] 马铨峥，杨胜来，陈浩，等．致密油储集层 CO_2 吞吐效果及影响因素分析——以新疆吉木萨尔凹陷芦草沟组为例[J]．石油科学通报，2018，3(4)：434-445.

[10] 王香增，孙晓，罗攀，穆景福．非常规油气 CO_2 压裂技术进展及应用实践[J]．岩性油气藏，2019，31(02)：1-7.

[11] 谷丽冰，李治平，候秀林．二氧化碳驱引起储层物性改变的实验室研究[J]．石油天然气学报，2007，29(3)：258-260.

[12] 周琳淞，杜建芬，郭平，等．超临界 CO_2 对疏松砂岩储层物性影响的实验研究[J]．油田化学，2015，32(2)：217-221.

[13] 于志超，杨思玉，刘立，李实，杨永智．饱和 CO_2 地层水驱过程中的水-岩相互作用实验[J]．石油学报，2012，33(06)：1032-1042.

[14] 肖娜，李实，林梅钦．CO_2-水-岩石相互作用对岩石孔渗参数及孔隙结构的影响——以延长油田35-3井储层为例[J]．油田化学，2018(1)：85-90.

[15] 李四海，马新仿，张士诚，等．CO_2-水-岩作用对致密砂岩性质与裂缝扩展的影响[J]．新疆石油地质，2019(3)：312-318.

[16] 许琳，常秋生，杨成克，等．吉木萨尔凹陷二叠系芦草沟组页岩油储层特征及含油性[J]．石油与天然气地质，2019，40(3)：535-549.

[17] 张治恒，田继军，韩长城，等．吉木萨尔凹陷芦草沟组储层特征及主控因素[J]．岩性油气藏，2021，33(2)：116-126.

[18] 彭永灿，李映艳，马辉树，等．吉木萨尔凹陷芦草沟组致密油藏原油性质影响因素[J]．新疆石油地质，2015，36(3)656-659.

[19] 靳军，向宝力，杨召，等．实验分析技术在吉木萨尔凹陷致密储层研究中的应用[J]．岩性油气藏，2015，27(3)：18-25.

[20] 李二庭，向宝力，刘向军，等．准噶尔盆地吉木萨尔凹陷芦草沟组页岩油偏稠成因分析[J]．天然气地球科学，2020，31(2)：250-257.

[21] 覃建华，高偎博，彭寿昌，等．准噶尔盆地吉木萨尔凹陷页岩油地球化学特征及油—源对比[J]．东北石油大学学报，2021，45(1)：1-10.

四川盆地蒲吕场向斜深层页岩储层改造实践与认识

宗国洪　郭　莉　林卫东　廖　玲　陈劲松　王琪斯

（中国石化石油勘探开发研究院）

摘　要　四川盆地蒲吕场向斜及其毗邻区带是典型的隔挡式复杂褶皱带，该区带志留系龙马溪组深水陆棚相黑色页岩储层发育，优质页岩主体埋深 4000～4500m，厚度 40～60m，TOC2.5%～3.8%，孔隙度 3.7%～5.7%，含气量 3.3～6.4m^3/t，脆性指数 58%～72%，最大最小水平主应力差 9.6～19.5Mpa，压力系数 1.86～2.08，表现为高压异常、高有机碳、高脆度、高含气量，其评价难点是埋深大、横向厚度变化大、储集性变化大，因此地质甜点、工程甜点优选与配套高效压裂技术是成功的关键。通过先导性试验攻关，储层改造关键配套技术实现突破，包括 2000～2500m 超长水平段、“铂金靶体”、密切割分段+短簇距布缝、大排量低黏滑溜水加砂、高强度小粒径组合支撑剂、全可溶桥塞分段+助溶剂等，压裂后测试产量 15.78×10^4m^3～25.66×$10^4m^3/d$，预测 EUR1.26～2.11 亿方，技术效果显著，标志着 4000m～4500m 深层页岩气储层体积改造技术达到工业化生产水平，有望带动渝西北部 1000km^2深层、超深层页岩气规模建产 50 亿方，并实现中、长期稳产和效益开发。

关键词：蒲吕场向斜；下志留统龙马溪组；深层页岩气；储层特征；储层改造技术；产能建设

1　蒲吕场向斜区先导试验与勘探评价概况

蒲吕场向斜区地处渝西区块北部，为重庆页岩气勘探开发有限责任公司作业区块。位于四川盆地南部，重庆市西部，包括大足、铜梁、北碚、璧山等区；勘查面积约1400km^2（图 1），地质资源量 5000 亿方。该区域页岩气专探始于 2014 年，二维地震覆盖全区，业已完成三维地震 430 平方千米。截至目前，完钻井 17 口（评价井 8 口、先导试验井 9 口），完成压裂试油 15 口，投产井 15 口。年产能力达到 2 亿方（表 1）。

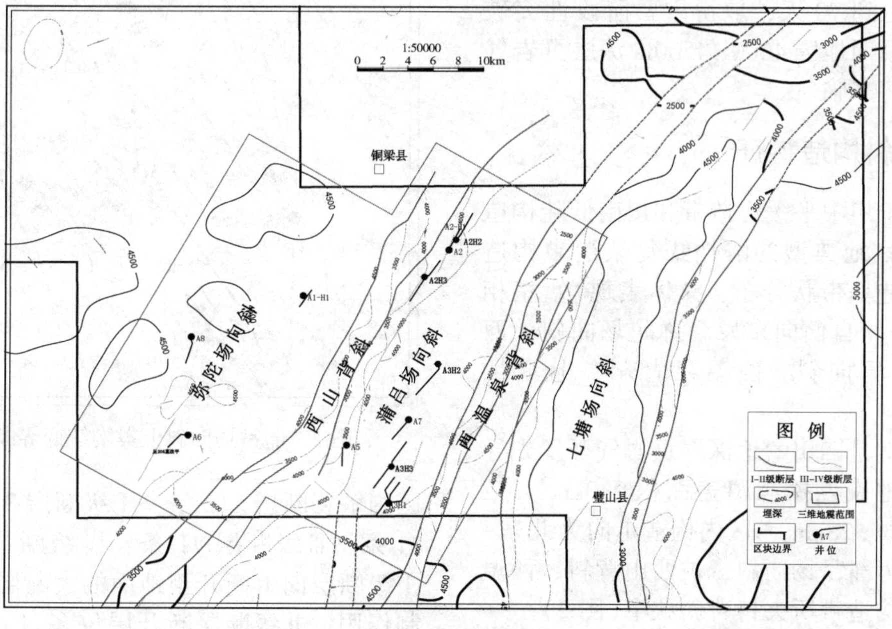

图 1　蒲吕场向斜区位置及构造区划图

表1　蒲吕场向斜及邻区页岩气井统计表

构造单元	面积/平方千米	资源量/亿方	井号	井深/米	垂深/米	水平段长/米	压裂段长/米	备注
弥陀场向斜	600	4000	A1-H1	6038	4371.90	1503	1444	评价井、投产
			A6	6240	4148.63	1500	1491	评价井、投产
			A8	6216	4359.06	1591	834.4	评价井、投产
西山背斜	200	1000	A2(直井)	3980	3729.83			评价井、投产
			A2-H1	5636	3925.45	1526	1562	评价井、投产
			A5	5275	3660.93	1500	1478	评价井、投产
			A2H3-1	5818	3709.50	2000	1974	评价井、投产
			A2H3-2	5500	3577.69	1500	1485	评价井、投产
			A2H2-2	6366	4062.15	2000	2053	评价井、投产
蒲吕场向斜	300	1800	A3	5793	4174.86	1260	1380	评价井、投产
			A7	6276	4393.78	1600	1573	评价井、投产
			A3H1-1	6110	4084.07	1493	1481	评价井、投产
			A3H1-2	5980	4206.86	1501	1501	评价井、投产
			A3H1-3	6370	4179.75	1503	1485	评价井、投产
			A3H2-1	7318	4306.84	2852	2424	评价井、投产
			A3H3-2	6850	4291.60	2360		评价井、待压裂
			A3H3-5	6936	4340.00	2300		评价井、待压裂
七塘场向斜	300	1800						部署评价井、待钻

蒲吕场向斜区(图2)当前处于页岩气勘探开发先导试验阶段，已部署实施A2H2、A2H3、A3H1、A3H2、A3H3五个先导试验平台共设计13口水平井，其中A2H2-2，A2H3-1、-2，A3H1-1、-2、-3，A3H2-1完成压裂试油，初步实现先导试验指标，即水平井单井EUR(预测最终可采储量)2亿方，以及最近完钻的A3H3-5井钻井周期达到70天，取得重要阶段性突破成果，预示着渝西地区4000~4500m深层页岩气大规模开发即将来临。

2　蒲吕场向斜构造特征

研究区位于川中平缓构造带和川南低陡构造带，地处四川盆地典型的隔挡式复杂褶皱构造带，平面上构造呈带状分布，整体表现“堑垒相间”的构造特征，自西向东发育弥陀场向斜、西山背斜、蒲吕场向斜、西温泉背斜、七塘场向斜。

蒲吕场向斜是四川盆地深层页岩气开发先导试验区，三维地震勘探满覆盖面积230km^2，三维地震资料面积528km^2，区内构造走向为北东-南西向，主体为蒲吕场向斜，被西山背斜、西温泉背斜等两排构造带所夹持背斜狭窄(图2)。

蒲吕场向斜断裂发育，断层主要呈北东向，

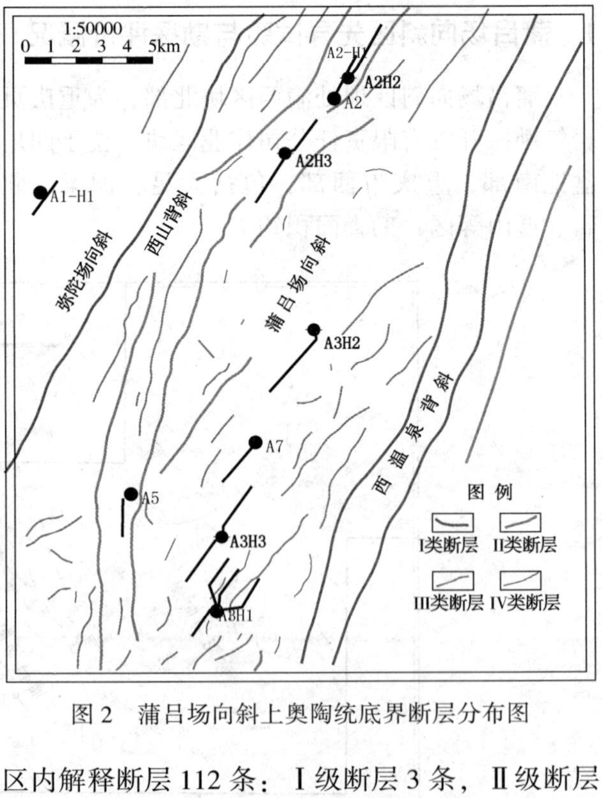

图2　蒲吕场向斜上奥陶统底界断层分布图

区内解释断层112条：Ⅰ级断层3条，Ⅱ级断层11条、Ⅲ级断层71条、Ⅳ级断层27条。其中Ⅰ级断层向上断开至地面的大断层，对构造有控制作用；Ⅱ级断层断开层位多(向上断开至二叠系或三叠系)，断层上下盘落差大(通常为100~

300m)，Ⅲ级断层向上断开志留系内部地层，断层上下盘落差一般在 40～100m，Ⅳ级断层一般只断开龙马溪组，断层上下盘落差 20～40m。

该向斜区内五峰组底埋深大，主要介于 3500～4500m，占比 78.7%，以深层页岩气为主。3500m 以浅主要分布在西山背斜及西温泉背斜带上，面积为 107km^2，3500～4000m 主要分布在西山背斜及西温泉背斜翼部，面积为 106km^2，4000～4500m 主要分布在蒲吕场向斜内，面积为 309km^2。

左邻弥陀场向斜，有利面积 600km^2 以上，已完成三维地震勘探，满覆盖面积 200km^2；断裂相对不发育，储层主体埋深 4300～4500m，地层连续性好。右邻七塘场向斜有利面积约 300km^2，储层主体埋深 4400～4800m；该区域目前无井控资料，结合二维地震勘探及区域构造特征推测断裂构造、储层特征与蒲吕场向斜类似。

3　深层页岩气储层分布特征

区域研究表明，渝西龙马溪组整体为深水陆棚相沉积，北部水体相对较浅，向南逐渐加深，中间处于相对深水区。龙马溪组自下而上分为龙一段及龙二段，龙一段自下而上细分为龙一 1 亚段及龙一 2 亚段，龙一 1 亚段自下而上细分为龙一$_{11}$、龙一$_{12}$、龙一$_{13}$、龙一$_{14}$等 4 个小层，Ⅰ+Ⅱ类储层优质页岩主要分布在龙一$_{11\sim3}$，储层岩性以黑–灰黑色富笔石硅质页岩为主，厚度分布在 20～60m 之间，北薄南厚，蒲吕场向斜区分布在 25–35m 之间。

利用钻井资料及三维地震资料对弥陀场向斜–蒲吕场向斜井区进行了甜点预测。三维区优质页岩的厚度在 25～60m 之间，中南部相对较厚，在 40～50m 之间。脆性指数相对稳定，多数地区在 58%～72%之间。有效孔隙度在平面上分布变化大，在 3.38%～5.68%之间，南部 A3 井区相对较高。有机碳介于 2.4%～3.78%之间，含气量 3.88～5.4m^3/t。总体以Ⅰ+Ⅱ类储层为主（图 3）。该井区实测最大最小水平主应力差 9.6～19.5Mpa，压力系数 1.86～2.08。预测结果表现出优质页岩厚度较大、总体高有机碳、高脆度、高含气量和中低孔隙度的特点，同时展示了三维区储层在平面上具有横向厚度变化大，孔隙度、总有机碳、总含气量及脆性指数等储集性变化大的特点。

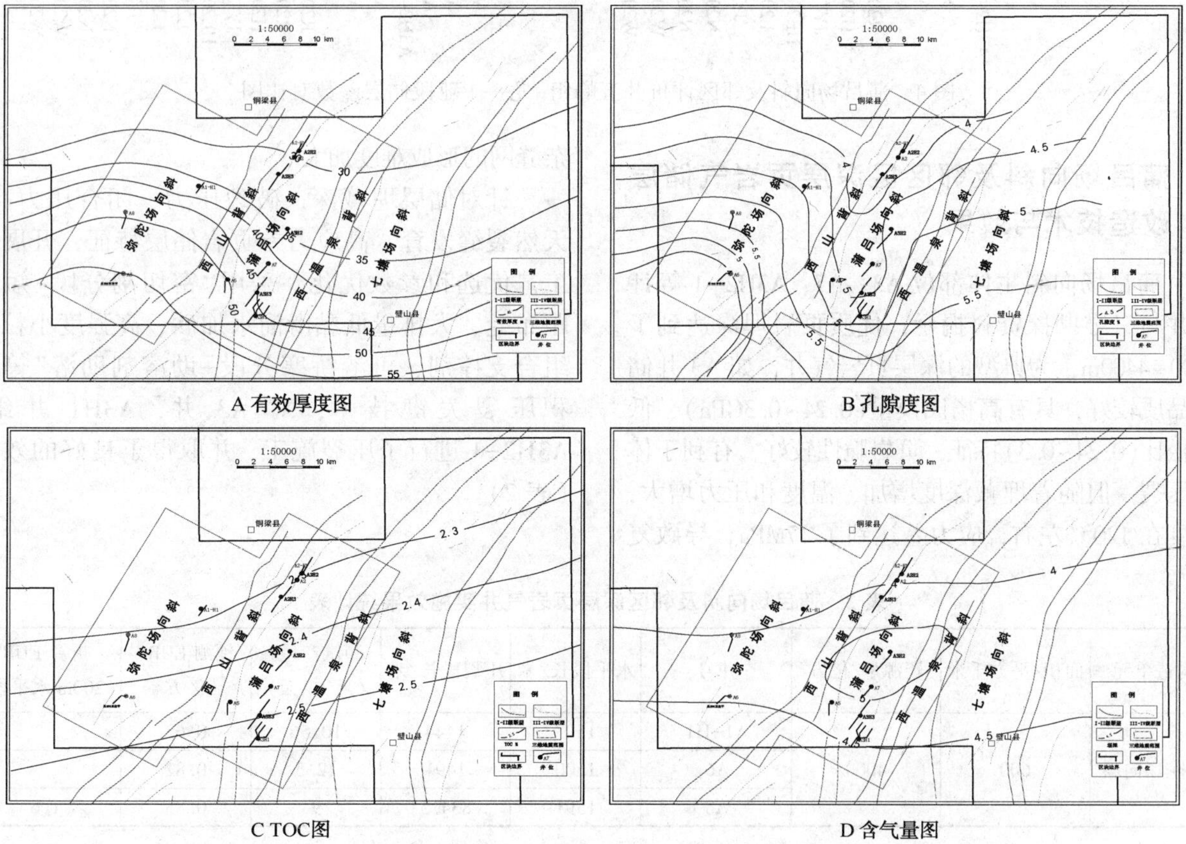

图 3　弥陀场向斜–蒲吕场向斜深层页岩储层参数等值图

矿场试验研究表明，五峰组上部-龙一$_{11}$Ⅰ类储层连续厚度(测井高 GR 段)大于 5m 更利于压裂施工、形成复杂缝网，高产稳产。研究区内这个 3~10m 的高 GR 段，也即“铂金靶体”，是当前钻井水平轨迹穿行部位。

与长宁(N)、威远(W)、焦石坝(J)等邻区对比，孔隙度和含气量略低，但优质页岩厚度较大(图 4)。

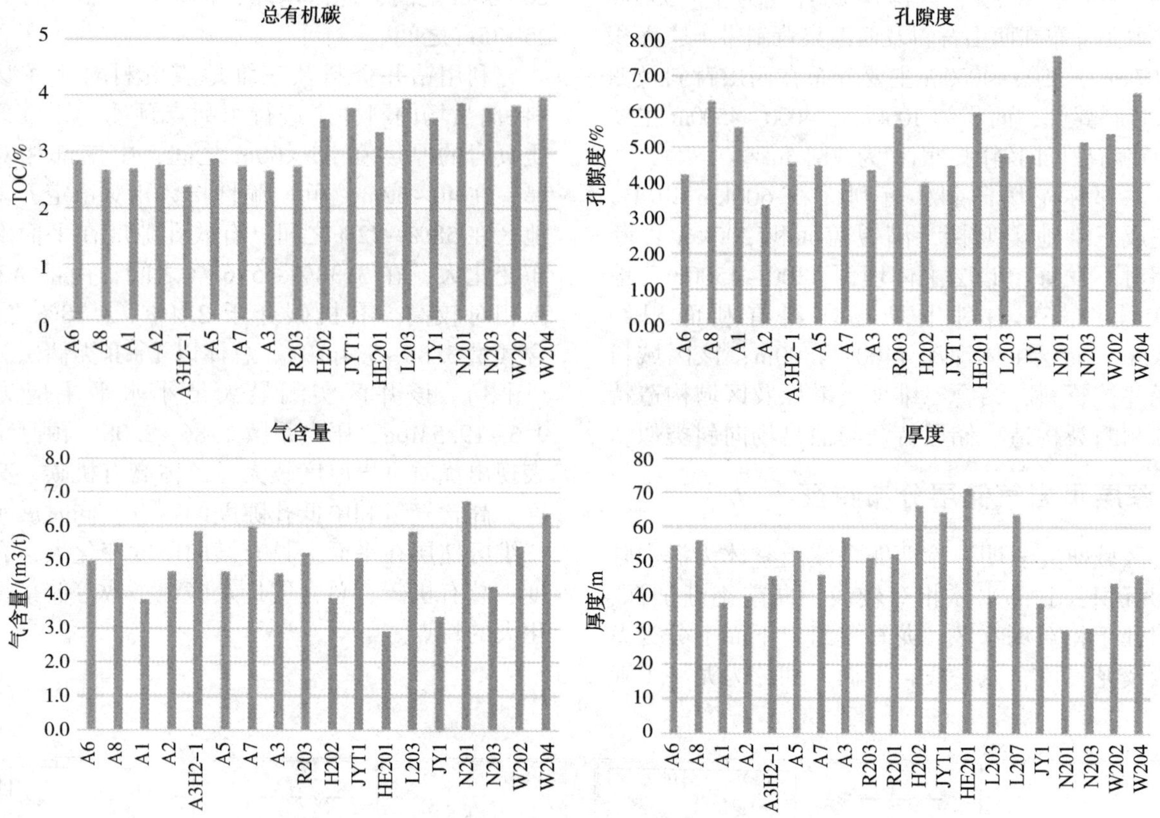

图 4　蒲吕场向斜及邻区评价井五峰组-龙一 1 亚段储层参数对比图

4　蒲吕场向斜及邻区区深层页岩气储层改造技术与效果

蒲吕场向斜主体部位 A3、A7、A3H2-1 等评价井与三维勘探资料揭示，优质页岩埋深达到了 4100~4400m，为典型的深层页岩气井，如 A3 井储层品质较好，具有高杨氏模量(0.24~0.3GPa)、低泊松比(0.24~0.3)特征，页岩脆性较好，有利于体积压裂。但随着埋藏深度增加，温度和压力增大，温度在 120℃左右，应力差达到了 17MPa，导致复杂缝网的形成难度加大。

针对储层埋藏深，破裂压力、闭合压力高，天然裂缝发育，高应力差页岩储层特征，开展了工艺优选和参数优化，采用“密切割分段+短簇距布缝、大排量低黏滑溜水加砂、高强度小粒径组合支撑剂、可溶桥塞分段+助溶剂助溶”等体积压裂关键技术，对 A3 井、A3H1 井组、A3H2-1 进行了压裂施工，并取得了良好的效果(表 2)。

表 2　蒲吕场向斜及邻区深层页岩气井实施效果统计表

构造单元	面积/平方千米	资源量/亿方	井号	水平段长/米	压裂段长/米	测试产量/(万方/天)	预测 EUR/亿方	折算 EUR(200m 水平段)
弥陀场向斜	600	4000	A1-H1	1503	1444	10.56	0.65	
			A6	1500	1491	12.5	0.82	
			A8	1591	834.5	9	0.85	1.6

续表

构造单元	面积/平方千米	资源量/亿方	井号	水平段长/米	压裂段长/米	测试产量/（万方/天）	预测 EUR/亿方	折算 EUR（200m 水平段）
西山背斜	200	1000	A2(直井)			4.9	0.12	
			A2-H1	1526	1562	49.67	0.4	
			A5	1500	1478	9.26	0.4	
			A2H3-1	2000	1974	15.78	1.26	1.3
			A2H3-2	1500	1485	19.7	0.98	1.3
			A2H2-2	2000	2053	6.15	0.43	
蒲吕场向斜	300	1800	A3	1260	1380	21.3	1.1	
			A7	1600	1573	14.15	0.82	
			A3H1-1	1493	1481	20.2	1.27	1.8
			A3H1-2	1501	0501	23.1	1.33	1.8
			A3H1-3	1503	1485	23.7	1.36	1.8
			A3H2-1	2852	2424	25.66	2.11	1.8
			A3H3-2	2360				评价井、待压裂
			A3H3-5	2300				评价井、待压裂
七塘场向斜	300	1800						部署评价井、待钻

西山背斜相对埋深浅 3500~4000m，但断裂复杂，断层间距小，对水平井组布置限制多；同时由于断裂活动对孔隙有破坏作用，临近断层处储层孔隙变小、孔隙度降低、游离气量变小，因而抑制压裂改造效果(表 2)。

4.1　密切割分段+短簇距布缝

A3 井区应力差较大，因此采取缩短簇距、缩小气体由基质向裂缝的流动距离、减小单缝与单缝之间未充分改造区域来提高单井产量和储量动用率，为保证段内各簇均匀起裂，A3 井以 3 簇为主，平均段长 55.22m/25 段；A3H1-1、2、3 井组 5~8 簇，平均段长 59.24~60.04m/25 段，为提高裂缝复杂程度，在部分段配合使用暂堵转向工艺。

4.2　大排量低黏滑溜水加砂

岩石脆性是页岩储层选择压裂液的重要参考，A3 井岩石脆性矿物含量高、脆性指数大，因此，低黏滑溜水是压裂工作液的首选。

净压力是形成复杂缝网的关键，而大排量施工是获得高净压力的最直接、最有效途径；采用低黏滑溜水加砂，支撑剂受重力影响会快速沉降，必须依靠大排量才能将支撑剂输送至裂缝远端，实现对分支缝、微缝的多级支撑；大排量还能增大裂缝宽度，有助于支撑剂通过缝口进入地层，降低砂堵风险；对于天然裂缝发育的地层，大排量施工还能缓解因天然裂缝滤失带来的施工风险；A3 井采用 17 m^3/min 的施工排量，A3H1－1、2、3 井组主体排量 $19m^3/min$，A3H2-1 主体排量 $19\sim20m^3/min$，施工过程中获得的净压力普遍高于应力差值，满足形成复杂缝网的条件。

4.3　高强度小粒径组合支撑剂

A3 井的井底闭合压力在 80MPa 以上，根据压裂支撑剂选择标准，应采用高强度抗破碎支撑剂。裂缝宽度与液体黏度呈正相关关系，与杨氏模量呈负相关关系。A3 井储层的高杨氏模量特征和以滑溜水为主的施工工艺导致缝宽受限是必须要面临的问题。因此，为利于支撑剂顺利通过缝口并在缝内顺利输送，确保施工成功，应采用小粒径支撑剂。基于上述分析，A3 井选用 70/140 目石英砂(占 30%)和 40/70 目高强度陶粒组合支撑剂(占 70%)，其中 70/140 目支撑剂主要用于打磨降滤和微缝支撑，40/70 目支撑剂主要用于分支缝和主缝支撑。Z203 井加砂强度 1.76t/m，A3H1-1、2、3 井组加砂强度分别为 2.75t/m、2.90t/m、2.80t/m，A3H2－1 加砂强度 4.06t/m。

4.4　可溶桥塞分段+助溶剂助溶

为满足后期生产测井、排水采气等工艺措施的实施，压裂后井筒全通径是页岩气水平井体积压裂发展的主流方向，速钻桥塞和可溶桥塞均可达到此目的。但由于A3井斜深达到了5733.5m，A3H1-1、2、3井组5911-6295m，受井眼轨迹、地层倾角等因素影响，压裂后采用连续油管易发生自锁，导致桥塞钻磨难度大。因此，用耐高温可溶桥塞进行分段。为加快可溶桥塞的溶解，可注入助溶剂助溶，该方法有助于缩短试油周期，并确保可溶桥塞彻底溶解。

4.5　应用效果及优化的压裂参数

A3(直改平)压裂改造井段长1380m，地面微地震监测累计监测微地震事件1011个；全井SRV为6179万方，单段平均247万方；微地震事件响应垂直于井身轨迹沿最大主应力方向分布，范围长度200~540m，平均342m；宽度65~117m，平均86m；高度54~150m，平均109m；A3(直改平)压裂后测试产量21.3×10^4 m^3/d，预测EUR1.1亿方(表1、图7)。

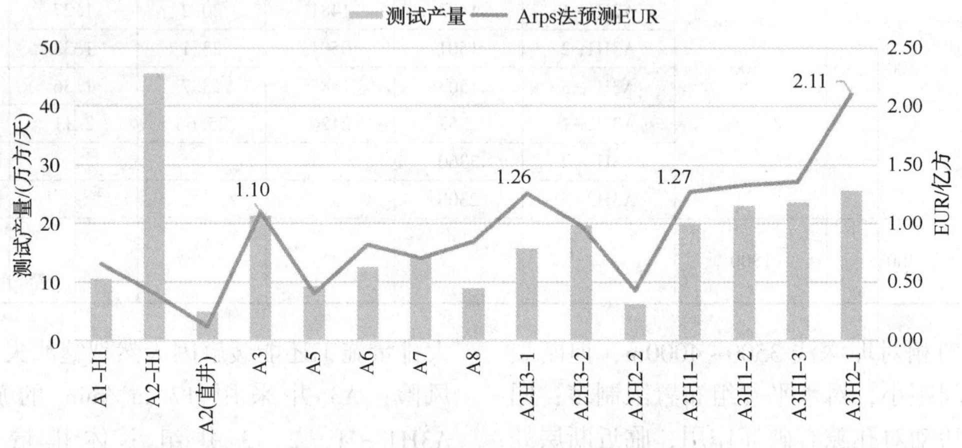

图7　蒲吕场向斜及邻区深层页岩气井测试产量与EUR统计图

A2H3-2压裂改造井段长1485m，井轨迹位于五峰组、龙一11小层，地面微地震监测累计监测微地震事件1406个；全井SRV为6149万方，单段平均256.2万方；微地震事件响应范围长度平均359m，宽度平均86m，高度平均64.38m；A2H3-2压裂后测试产量19.7×10^4 m^3/d，预测EUR0.98亿方。同平台的A2H3-1压裂改造井段长1974m，测试产量15.78×10^4 m^3/d，预测EUR1.26亿方(表1、图7)。

A3H1-1、2、3井组，压裂改造井段长分别为1493m、1501m、1485m，地面微地震监测累计监测事件点1355个、1334个、1297个，SRV分别为6026万方、6433万方、6130万方，平均缝长352~367m，缝宽95~105m，缝高72~75m。压裂后测试产量(5d)分别为20.2×10^4 m^3/d、23.1×10^4 m^3/d、23.7×10^4 m^3/d，预测EUR1.27、1.33、1.36亿方(表1、图7)。

A3H2-1压裂改造井段长2424m，地面微地震监测累计监测事件点1746个，SRV为13000万方，平均缝长436.8m，缝宽109.2m，缝高90.3m。压裂后测试产量(3d)分别为25.66×10^4 m^3/d，预测EUR2.11亿方(表1、图7)。

与邻区深层页岩气评价井储层改造主体参数对比，“铂金靶体”(高TOC靶窗)、长水平段(>2000m)、密切割(段长55m~60m/簇长8m~10m)、大排量(17 m^3/min~21m^3/min)、大液量(用液强度大于42m^3/m)、大砂量(加砂强度3-4t/m)显然是深层页岩气水平井高产的关键(图7、8)。

4.6　蒲吕场向斜及邻区深层页岩气开发展望

蒲吕场向斜深层页岩气开发先导性试验取得成功意义重大，对于四川盆地埋深4000~5000m深层、超深层页岩气效益开发具有指导意义，必将加速储层埋深4500m超深层页岩气的勘探评价实践。

蒲吕场向斜与弥陀场向斜、七塘场向斜相邻，构造、地层、储层及其含气性相似，优快钻井、储层改造技术可借鉴。该区域可工作面积约1000km^2，可动用资源量5000亿方。其中，蒲吕场向斜可动用面积160~200km^2，井控程度高，资源落实，勘探开发评价资料较扎实，工程技术基本成熟，可加快开发建产10~20亿方。弥陀场向斜，面积更大，已实施 A1-H1、A6、A8 井，地质资源较落实，仍需要攻关集成储层改造技术，近期具有突破的可能性，近中期能够建产 20~30 亿方。七塘场向斜，目前评价工作刚刚起步，地质条件与蒲吕场向斜应当相似，推测 I 类连续储层厚度更大，深度略深 4400~4800m，是很有开发潜力的区域，中长期建产目标 10~20 亿方。结合四川盆地国家页岩气示范区产能建设与资源/储量匹配关系，蒲吕场向斜及其邻近的区域，有望联动形成 50 亿方产能，10 年以上中、长期效益稳产的局面。

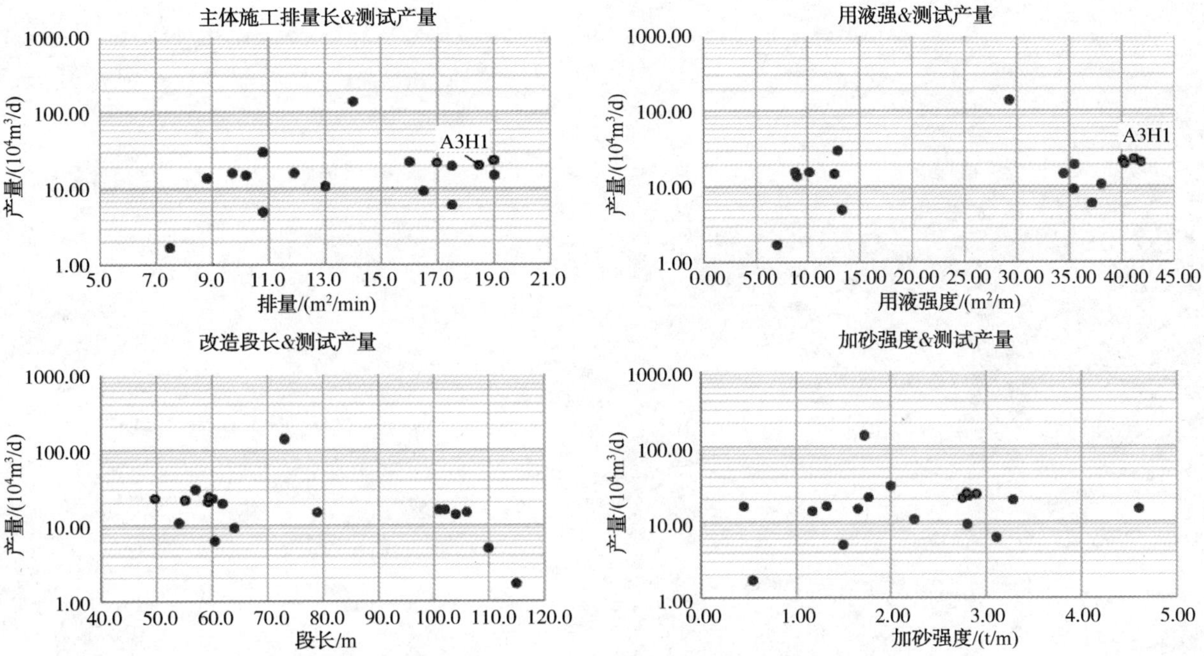

图 8　蒲吕场向斜深层页岩气储层改造参数与邻井对比图

5　结论

（1）蒲吕场向斜地处“堑垒相间”的隔挡式复杂褶皱构造带，区内断裂发育，五峰组底埋深大，为典型的复杂构造深层页岩气区。五峰组-龙马溪组页岩属深水陆棚相沉积，纵向上Ⅰ+Ⅱ类优质页岩分布在龙一$_{11\sim3}$，厚度分布在 20~50 米之间。

（2）蒲吕场向斜优质页岩的厚度在 40~60m 之间，脆性指数在 58%~72%之间，有效孔隙度在 3.7%~5.7%之间，有机碳介于 2.5%~3.8%之间，含气量 3.3m^3/t~6.4m^3/t，储层在平面上横向厚度变化大，孔隙度、总有机碳、总含气量及脆性指数等储集性纵、横向变化大。五峰组上部-龙一$_{11}$小层测井高 GR 段是最佳水平轨迹“铂金靶体”，优质页岩段下部 I 类储层连续厚度 5m 以上品质更优。

（3）采用“密切割分段+短簇距布缝、大排量低黏滑溜水加砂、高强度小粒径组合支撑剂、可溶桥塞分段+助溶剂助溶”等体积压裂关键技术，对先导试验井进行了压裂施工，地面微地震监测显示全井 SRV 为 6026~13000 万方，压裂后测试产量 15.78×10^4m^3~25.66×10^4m^3/d，折算水平段长 2000mEUR1.3~1.8 亿方，技术效果显著，标志着埋深 4000m~4500m 深层页岩气储层体积改造技术达到工业化生产水平。

（4）蒲吕场向斜及其邻近的弥陀场向斜、七塘场向斜，可工作面积 1000km^2，可动用资源量约 5000 亿方，具有中、长期 50 亿方高产稳产开发资源与技术基础。其中，蒲吕场向斜应加快 10~20 亿方产能建设，弥陀场向斜应积极攻关集成储层改造技术、创造条件上产 20~30 亿方，七塘场向斜应加大勘探力度积极评价、准备中长期发展阵地。

参 考 文 献

[1] 马新华，谢军，雍锐．四川盆地南部龙马溪组页岩

气地质特征及高产控制因素[J]. 石油勘探与开发，2020，47(5)：1-15.
[2] 王玉满，董大忠，李新景，等. 四川盆地及其周缘下志留统龙马溪组层序与沉积特征[J]. 天然气工业，2015，35(3)：12-21.
[3] 曾波，等. 川南深层页岩气水平井体积压裂关键技术[J]. ECF国际页岩气论坛，2020.
[4] 郭旭升，胡东风，魏祥峰，等. 四川盆地焦石坝地区页岩裂缝发育主控因素及对产能的影响[J]. 石油与天然气地质，2016，37(6)：799-808.
[5] 郑和荣，高波，彭勇民，等. 上扬子地区下志留统沉积演化与页岩气勘探方向[J]. 古地理学报，2013，15(5)：645-656.
[6] 谢军，赵圣贤，石学文，等. 四川盆地页岩气水平井高产的地质主控因素[J]. 天然气工业，2017，37(7)：1-12.

裂缝性古潜山复杂油气藏地质建模与数值模拟关键技术研究

秦 峰 朱彦杰 陈斯宇 邓永辉 杨 鹏

[中海石油(中国)有限公司深圳分公司]

摘 要 HX26油田是南海东部海域近年发现的储量规模最大的单体油气田，其中火山岩潜山油气藏储量规模占比大，其开发效果直接决定整个油气田的开发价值。火山岩潜山油气藏属于裂缝-孔隙型双孔介质储层模式，孔隙结构复杂；油藏流体呈“上气下油”分布，开发过程中压力改变会引起流体相态、油气界面以及岩石骨架应力发生复杂变化，使得油藏开发评价面临前所未有的技术挑战。通过多专业一体化协同研究，从定性分析、定量表征到变权重融合约束建模，形成了完整的火山岩潜山双重介质储层精细表征技术体系；通过集成双孔双渗模拟技术、组分梯度模拟技术、流固耦合表征技术等，在南海东部海域首创形成裂缝性潜山复杂油气藏高效动态模拟技术体系，为HX26油气田高效开发奠定了坚实的基础。

关键词 火山岩潜山；裂缝；双重介质；变权重融合；组分梯度；流固耦合

1 潜山油藏概况及背景

1.1 地质油藏概况

HX26位于南海珠江口盆地，所在海域水深约112m(图1)。HX26是南海东部发现的第一个古近系、古潜山油气藏并存的“双古”油气田，也是南海东部近十年来发现的储量规模最大的单体油气田。

火山岩潜山油气藏为两条近NWW向和一条NE向控洼断裂共同控制断块构造油藏。该油藏岩性非常复杂，可划分为三大类和多个亚类。三大类主要为侵入岩、喷出岩及其动力变质岩。侵入岩包括中性侵入岩-闪长岩、酸性侵入岩-花岗岩，岩脉主要由中性岩脉-闪长岩岩脉、酸性岩岩脉-正长细晶岩和花岗伟晶岩；喷出岩只在1口井钻遇，主要为玄武安山岩，少量花岗岩；变质岩包括构造片岩和碎裂岩、构造角砾岩。

古潜山储层裂缝系统发育，形成网状的空间体系。储集空间组合类型以裂缝-孔隙型和孔隙-裂缝型为主，次为孔隙型和裂缝型，具有双重介质特点。根据纵向储层孔隙结构特征及物性的不同，将潜山油藏分为风化裂缝带和内幕裂缝带(图1)。风化带储集空间以孔隙型和裂缝-孔隙型储层为主，内幕裂缝带储层发育程度较风化带差，净毛比降低，储集空间以孔隙-裂缝型和裂缝型储层为主。

潜山风化带中溶蚀孔、缝均较发育，物性较好，横向连通性好。钻井揭示地层厚度67.0m~236.3m，储层厚度56.2m~168.6m。潜山内幕主要发育孔隙-裂缝型和裂缝型储层，致密段较多，钻井揭示地层厚度164.0m~405.9m，储层厚度0m~123.2m。

中生界古潜山储集空间为双孔介质，储层非均质性强。岩心分析结果中生界古潜山孔隙度为2.0%~11.4%，平均4.6%，中值3.1%；渗透率0.001mD~31.6mD，平均2.04mD，中值0.01mD。根据非碎屑岩储层分类，中生界潜山以低~中孔、特低渗储层为主。

古潜山流体性质异常复杂，目前HX26-1井在3590.00m~3816.66m井段测试和取样证实为凝析气层，在3830.00m~4170.75m井段测试和取样证实为油层，结合测井解释和调研情况，认为中生界古潜山低部位为挥发油，高部位为凝析气顶，为带气顶的块状油藏。上部气层温度介于临界温度与临界凝析温度之间，且露点压力接近地层压力，地露压差小(0MPa~2.491MPa)，凝析油含量为$634cm^3/m^3$~$700cm^3/m^3$，衰竭期间最大反凝析液量19.74%~26.07%，最大反凝析压力16.00MPa~18.00MPa，属于高饱和高含凝析油凝析气藏。下部地层原油气油比$279m^3/m^3$~$524m^3/m^3$，体积系数1.91~2.67，为高挥发性原油。

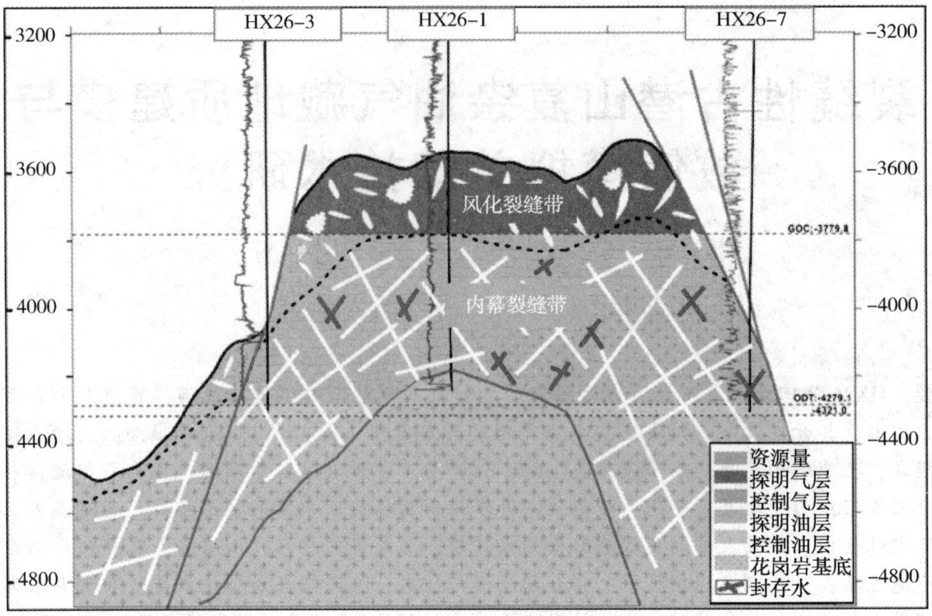

图1　HX26潜山油藏模式图

1.2　油田开发评价难点与挑战

作为南海东部第一个火山岩裂缝性潜山凝析气顶油藏，其开发评价研究实施过程中面临诸多挑战与风险，集中体现如下：

（1）火山岩特殊岩性储层结构特征复杂，储层精细表征面临技术瓶颈

与常规砂岩油藏不同，火山岩潜山油藏属于裂缝-孔隙型双孔介质储层，孔隙结构复杂，储层成因机理认识不清。开展储层定量表征研究过程中，既要表征基质孔隙的空间发育规律，又要描述裂缝的空间分布特征。钻井显示潜山储层岩性复杂，横向非均值性极强，4口井钻遇的储层岩性、物性及厚度完全不同。同时，油藏埋深大，地震主频低，地震储层预测精度有限，对于裂缝的预测更是无能为力。在地震储层预测信息有限、缺乏钻井资料条件下，如何提高储层表征精度是开展油藏开发评价工作的第一大挑战。

（2）潜山油气藏流体性质及相态变化异常复杂，模拟开发难度大

潜山复杂油气藏属凝析气顶挥发性油藏，同时含有凝析气与挥发油，流体性质与相态变化异常复杂。同时储层垂向跨度几百米，流体性质在垂向上存在明显差异，表现出组分分异现象，海上已开发油气藏鲜有案例参考。

（3）双重介质低渗储层应力敏感性强，难以精细表征流、固特征变化

潜山油气藏为双重介质低渗储层，储层应力敏感性强，开发过程中，油气不断采出导致储层岩石承受有效应力增大，储层物性会发生明显变化，作为流体渗流通道的孔喉在有效应力作用下发生压缩变形，导致储层岩石渗透率减小，影响流体采出，这一过程难以精细表征。

2　关键技术与创新

2.1　火山岩潜山复杂储层精细表征技术

火山岩潜山储层孔隙结构复杂，成因认识不清的问题。同时，由于地层埋深大，地震主频低，地震储层预测精度有限，对于裂缝的预测基本无能为力。本次研究以问题为导向，以目标为引领，定性分析与定量表征并举，从火山岩储层成因基质分析入手，创新性运用储层成因主控因素定量表征思路，从地质角度开展潜山优势储层三维预测；基于成因主控因素定量表征结果开展潜山裂缝分级、分类建模表征。在钻井资料较少，地震预测信息有限的条件下，提高了地质模型的井间预测性，为潜山油藏开发评价工作奠定了坚实地质基础。

2.1.1　火山岩潜山储层成因基质及主控因素定性分析

对HX26潜山储层的铸体薄片观察分析表明，潜山储层普遍发育溶蚀作用，原生孔隙发育较少，仅在铸体薄片中见到少量晶间孔，溶蚀孔隙是主要的储集空间。溶蚀孔隙的发育与裂缝密切相关，岩心观察显示，裂缝附近发育大量溶蚀孔洞（图2）。对于火山岩潜山，发生溶蚀作用必

须具备两个要素，即溶蚀流体及流体进入的通道，溶蚀作用的发生可以分为两个阶段。早期，火山岩喷发冷却成山，在未被上覆地层掩埋前，山体岩石受风化淋滤作用，潜山表层风化溶蚀形成风化带，地貌高点往往风化溶蚀作用更强，同时流体沿着断层、裂缝等纵向渗流通道进入潜山内部，使深部地层沿着渗流通道发生溶蚀作用，该时期，溶蚀作用的发生强度受到地貌高度及渗流通道共同控制；晚期，山体被掩埋后，潜山主要受地下水的溶蚀，这一时期既是的对风化带的进一步溶蚀改造，也可以发生在更深层潜山内幕带，此时溶蚀作用的发生主要受控于渗流通道的分布。

基于上述分析可以明确，潜山储层基质孔隙的形成主要受到古地貌形态，断裂及裂缝的发育程度控制，古地貌高部位裂缝发育区，是溶蚀孔隙的有利发育区。

根据成因的不同，可以将 HX26 潜山储层中发育的裂缝分为三类(表 1)，成岩缝、构造缝及溶蚀缝。构造缝和溶蚀缝是潜山储层的主要渗流通道，是裂缝表征的主要研究目标。构造缝的发育主要受控于构造曲率、距断层距离两大因素；而溶蚀缝的发育主要受控于溶蚀作用发生的条件，即古地貌高度及裂缝、断层等溶蚀流体通道的发育程度。

综合上述分析，建立了 HX26 潜山储层成因模式(图 3)。潜山优势储层发育区主要位于相对古地貌高部位的裂缝发育区，构造曲率相对大的区域，以及断裂附近。

图 2　岩心、铸体薄片上的溶蚀孔隙发育特征

表 1　HX26 潜山裂缝分类特征表

裂缝类型	成像特征	地质模式	地质成因
半开缝	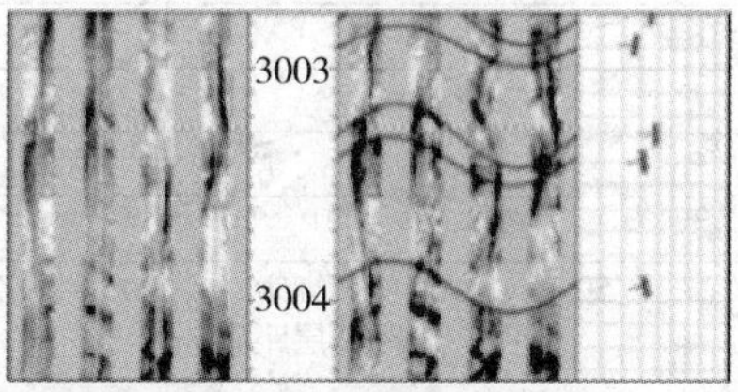	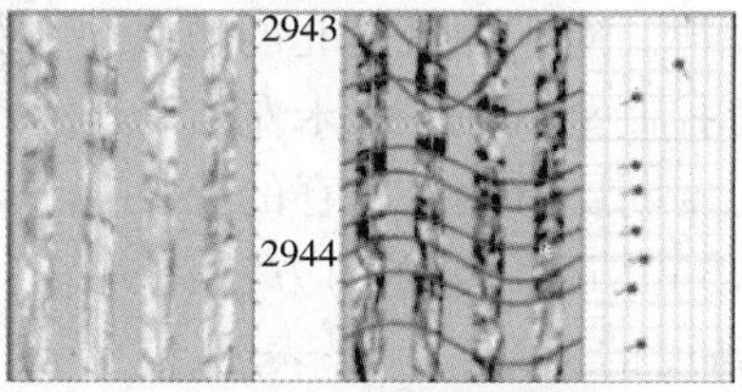	半开缝主要为成岩成因，由于侵入岩体中的流体混入，造成冷凝收缩形成，裂缝在成像上为不完整的弧形，未切穿整个井筒
连续缝	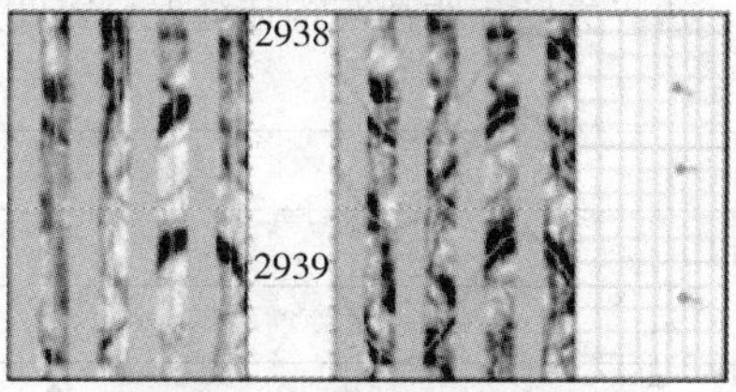	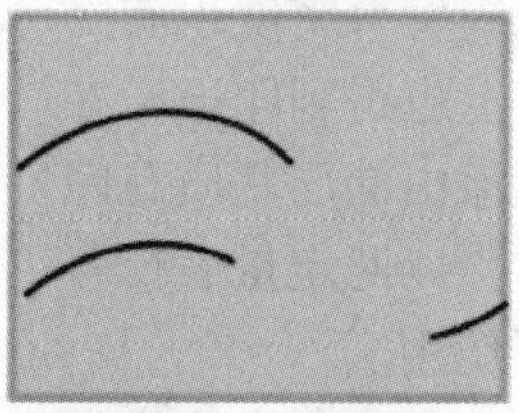	连续缝主要为构造成因，多为成组出现，裂缝产状相拟，裂缝在成像上为完整的正弦或余弦
溶蚀缝	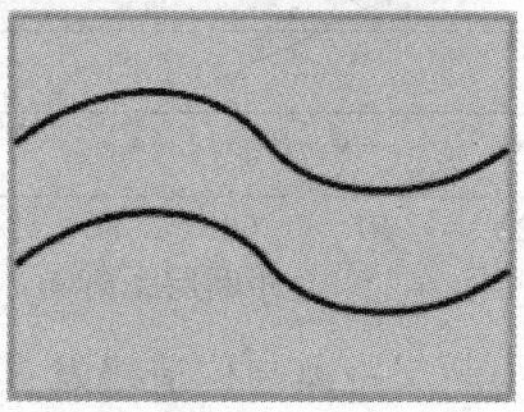	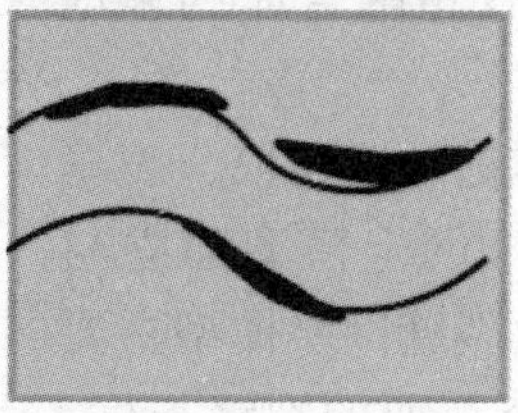	溶蚀缝为前期形成的连续缝，后期经过淋滤、局部风化造成的裂缝面不规则加大、变宽

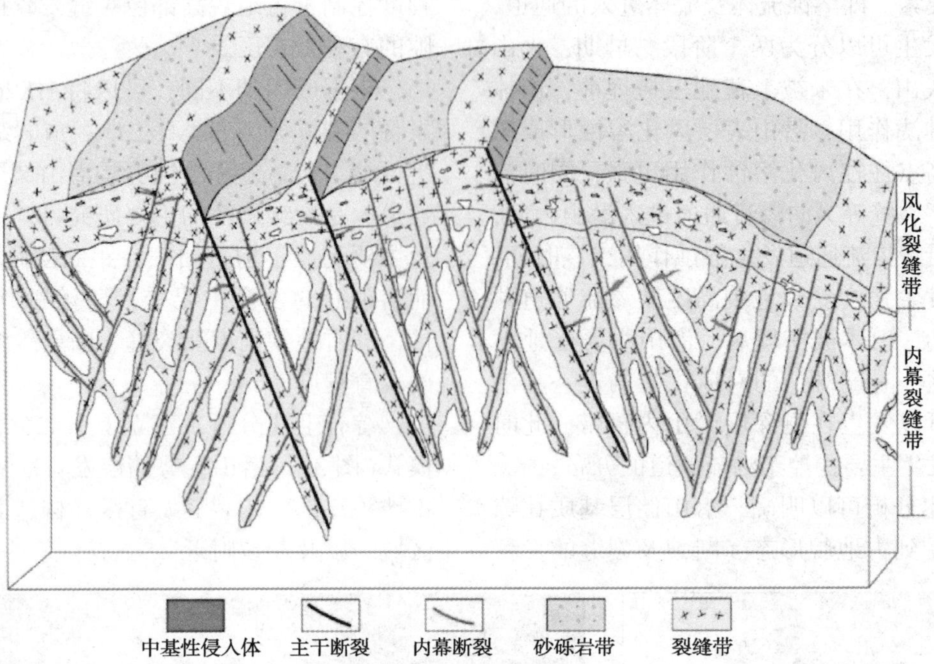

图3　HX26潜山储层成因模式图

2.1.2　潜山储层成因主控因素定量表征

在对潜山储层孔隙、裂缝发育主控因素进行定性分析的基础上，为了精细表征各主控因素在空间上对基质孔隙、裂缝的发育控制作用，本次研究以常规测井解释、成像测井解释成果为基础，开展了潜山储层成因主控因素定量描述，精细表征了各主控因素在三维空间不同位置与基质孔隙、裂缝发育程度的定量关系。

通过统计井上距断层面不同距离构造缝发育的密度发现，构造缝发育密度具有随着距断层面距离不断增加而变小的规律。对于油藏南北的边界大断层，其对裂缝发育控制范围在180米左右(图4)；油藏内部中小尺度断层对裂缝发育的控制范围在80米左右(图5)。运用同样的方法，统计了溶蚀缝与古地貌高度的关系，结果表明，随着古地貌高度的降低，溶蚀缝发育密度也有降低趋势，这一规律在岩心观察上也得到印证。在前述统计规律基础上，建立了潜山储层基质孔隙度、各类裂缝空间发育概率体，以此定量表征各主控因素对潜山储层发育控制作用。

2.1.3　基于成因主控因素变权重融合体约束地质建模技术

潜山地质建模的核心工作是裂缝建模，裂缝建模主要分为离散裂缝(DFN)网上模型建立与裂缝属性模型建立两步。离散裂缝网络模型主要是是根据地质、地球物理研究获取的裂缝长度、密度、开度及产状等参数，通过确定性货随机性算法建立的裂缝片。裂缝属性模型是在离散裂缝网络片的基础上，根据裂缝尺寸、开度及裂缝间接触关系，采用斯伦贝谢petrel软件中的Oda算法，计算得到裂缝孔隙度、方向渗透率及表征基质与裂缝耦合关系的Sigma参数场(图6)。

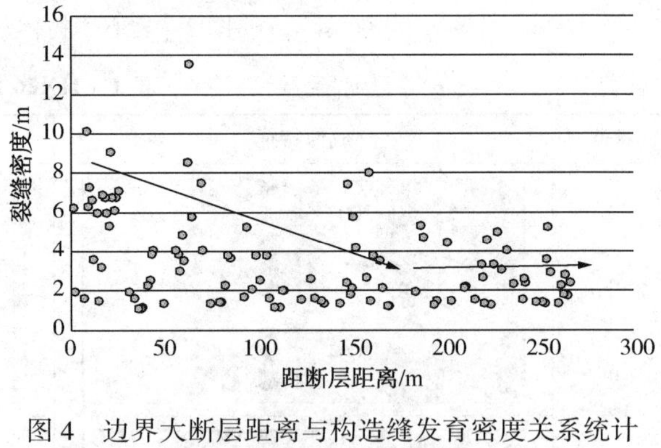

图4　边界大断层距离与构造缝发育密度关系统计

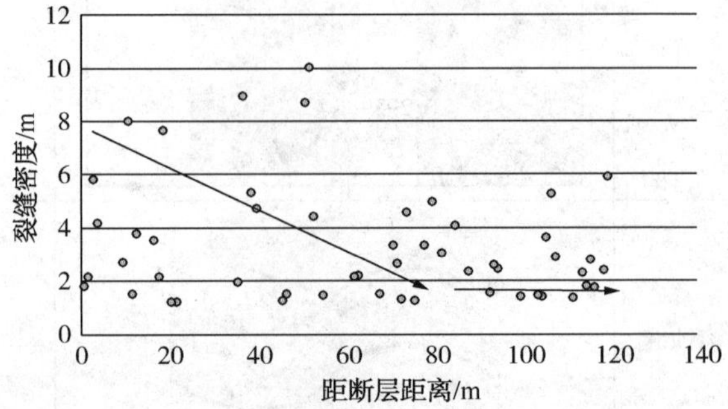

图5　中小断层距离与构造缝发育密度关系统计

HX26 发育多种尺度、多种成因类型裂缝，为了精细表征潜山油藏内部裂缝发育规律，本次裂缝建模采用多属性变权重融合约束、“分级、分类”建模的思路。

对于地震可识别的大尺度裂缝，通过地震正交双方位资料进行构造滤波增强断裂信息，采用蚂蚁追踪识别得到大尺度裂缝片，再讲得到的裂缝片采用确定性算法直接采样到地质模型中，建立大尺度裂缝离散网络模型。对于中小尺度裂缝，一般采用随机模拟的建模方法，但简单的依靠参数控制的随机模拟井间不确定性大，无法全面、精确表达地质认识。为了降低中小尺度裂缝随机模拟过程中的不确定性，增加模型井间预测性，本次创新性的运用改进的 PR 多信息变权重融算法(图 7)，对不同成因类型裂缝的主控因素在考虑地质成因权重的基础上，进行信息融合，得到不同成因类型裂缝发育综合概率体，作为裂缝模拟的约束条件。基于这一技术思路建立的中小尺度裂缝模型，可以极大的降低模型的不确定性，提高井间裂缝属性的预测性。

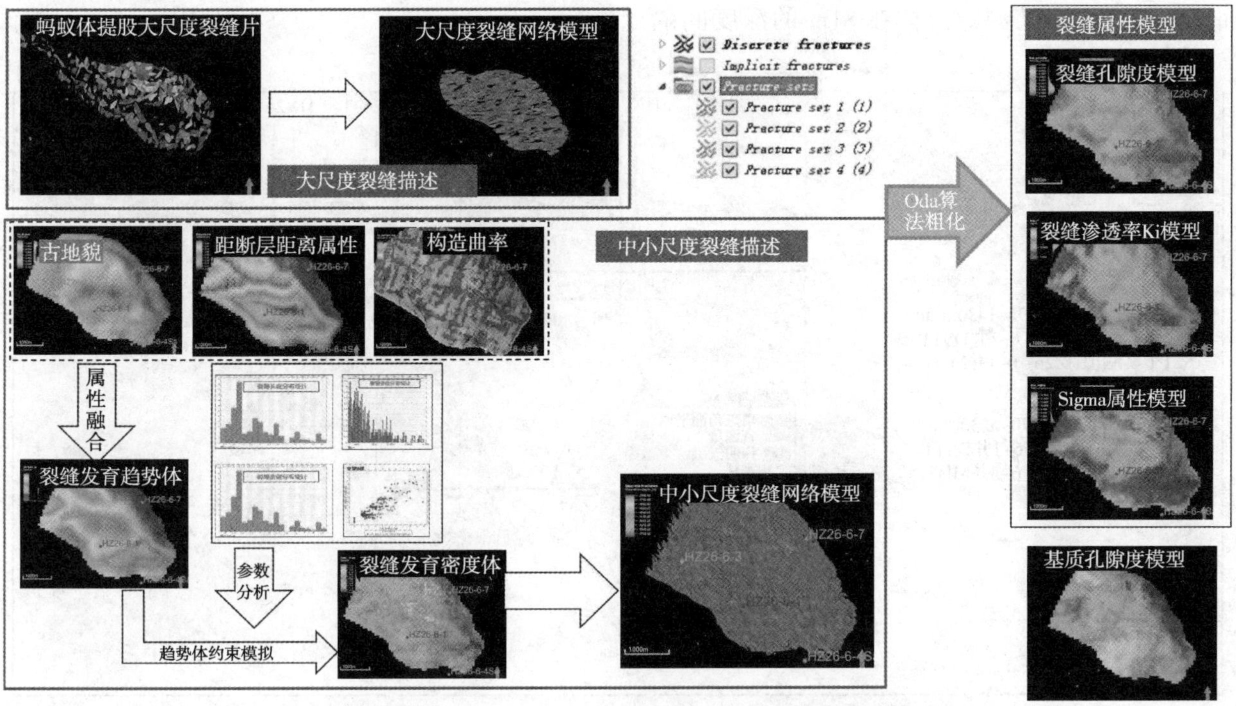

图 6　基于改进的 PR 多信息变权重融合体约束裂缝建模技术思路

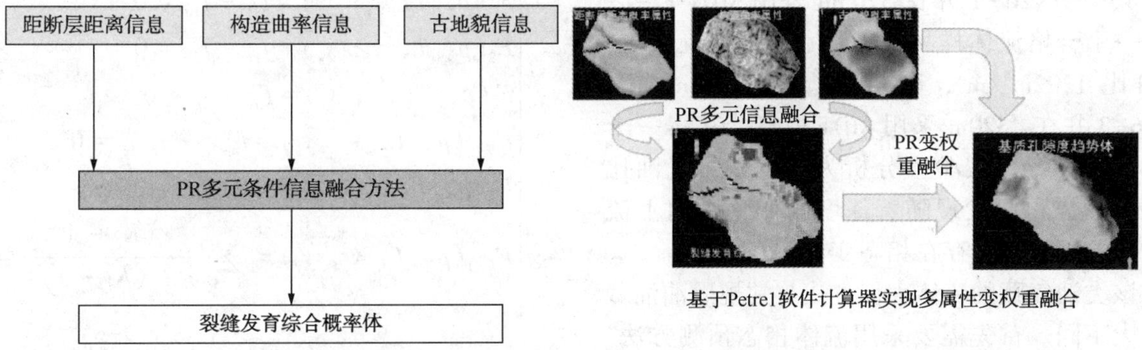

$$P\{C \mid K,S\}=\frac{\dfrac{1-P\{C\}}{P\{C\}}}{\dfrac{1-P\{C\}}{P\{C\}}+\dfrac{1-P\{C \mid K\}}{P\{C \mid K\}}\cdot\dfrac{1-P\{C \mid S\}}{P\{C \mid S\}}}$$

C:断层距离
K:相对古地貌高度
S:构造曲率

图 7　改进的 PR 多信息变权重概率融合技术原理及流程图

通过上述研究工作，成功解决了地震预测信息有限、少井资料条件下复杂潜山储层双重介质地质建模的难点问题，提高了开发前期地质模型的精度，并总结形成了一套完善的火山岩潜山储层精细表征技术体系。

2.2　潜山复杂油气藏组分梯度模拟技术

凝析气藏与挥发性油藏流体通常表现出组分梯度现象即在不同深度下组分分布存在明显差异。这种由于重力和温度梯度产生的组分分级，会使得不同深度采集的样品差别很大，甚至导致油藏的顶部是气，底部是油，而没有明显的相界面。例如，北海某油藏流体在 81m 的深度间隔上，甲烷浓度就从顶部的 72.3mol%降到底部的 54.92mol%，这样大的组分变化是不可忽略的，它对储量的估算及开发政策的制定都有很大的影响。

HX26 油气田潜山油气藏是一个典型的“上气下油”裂缝型火成岩块状油气藏。潜山储层层厚，烃类高度近 800m，勘探评价井分别在不同深度采集了 PVT 流体样品，通过对高压流体样品的 PVT 实验和流体物性测定结果分析，可以发现纵向上流体组分差异明显且存在相态变化(图 8)。

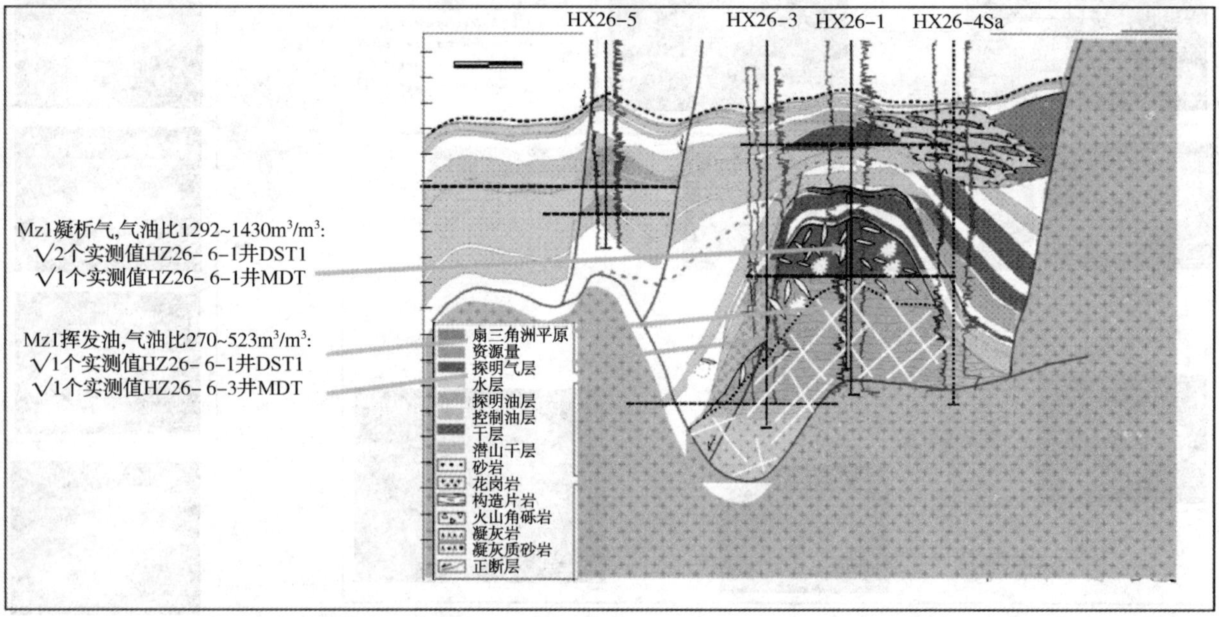

图 8　过 HX26-5 井/HX26-3 井/HX26-1 井/HX26-4Sa 井油气藏剖面图

其中 HX26-1 井在 3705m 采用 MDT 取样，获得一个合格流体样品，实验室分析为凝析气，气油比 $1292m^3/m^3$，凝析油含量 $700cm^3/m^3$；HX26-3 井在 4320m 采用 MDT 取样，获得一个合格流体样品，实验室分析为挥发油，气油比 $269m^3/m^3$，可以发现随着深度的变化纵向上流体组分差异明显且存在相态变化。

该类油气藏的流体表征方式与常规黑油油藏有很大不同。首先需要采用流体相态预测方法，其次需要创新引入组分梯度的表征方法。

2.2.1　流体相态预测

对于凝析气的平衡相变研究前人已经作了大量的研究，主要是采用基于各种相态方程的闪蒸平衡计算。闪蒸平衡计算采用数学模型如下：

$$\begin{cases} F_1(p,\ T,\ x_i,\ y_i) = f_{1l} - f_{1g} = 0 \\ F_2(p,\ T,\ x_i,\ y_i) = f_{2l} - f_{2g} = 0 \\ F_i(p,\ T,\ x_i,\ y_i) = f_{il} - f_{ig} = 0 \\ F_{n-1}(p,\ T,\ x_i,\ y_i) = f_{n-1l} - f_{n-1g} = 0 \\ F_n(p,\ T,\ x_i,\ y_i) = f_{nl} - f_{ng} = 0 \\ F_{n+1}(p,\ T,\ x_i,\ y_i) = \sum_{i=1}^{n} \dfrac{z_i(K_i - 1)}{1 + (K_i - 1)V} = 0 \end{cases} \tag{1}$$

方程组中含有 n+1 个方程，因此可分别求解所对应相态中的 n+1 个变量。

用相平衡数学模型求解油气藏烃类体系相态问题的关键是准确求解油气体系中各烃类组分的逸度和平衡常数。根据公式，只要能选择出可同时描述平衡气液两相 PVT 相态特征的状态方程，就可得到求解相平衡计算所需的逸度系数 φig，φiL，逸度 fi，fiL，以及平衡气液相的偏差系数 Zg 和 ZL。

本次采用气-液两相平衡方程与 PR 状态方程与来描述流体相态变化。

PR 状态方程形式如下：

$$p=\frac{RT}{V-b}-\frac{a\alpha(T)}{V(V+b)+b(V-b)} \tag{2}$$

2.2.2　组分梯度理论

潜山油气藏因为组分分级现象的存在，单单采用常规相态预测方法是无法准确描述流体性质变化，因此需要创新引入组分梯度的表征方法。

研究认为组分梯度主要的形成机理有三种，重力分离、地温梯度和热扩散作用。在重力作用下，原油的重组分下移，轻质组分向上迁移，促使油藏高部位轻组分含量高，低部位重组分含量高。地温梯度作用，导致油藏温度一般随深度增加而增加，相比恒温系统，原油组分则按照地温梯度达到新的相平衡，同时由于不同条件下各个组分化学势不同，因此地温梯度影响下，会出现轻组分向下迁移，重组分向上迁移的趋势（称为热扩散效应，通常热扩散效应又会减轻重力分异作用）。基于以上认识，考虑重力作用、地温梯度和热扩散效应的组分梯度理论模型如下：

$$RTd\ln f_i=M_ig-S_idT-F_n\frac{dT}{T} \tag{3}$$

式中，R 为气体常数；T 为温度；f 为逸度；M_i 为第 i 个组分的摩尔质量；g 为重力加速度；S_i 为第 i 个组分的偏摩尔熵；F_n 为热扩散相关项。

对于式(3)，有如下 3 种情况：

（1）不考虑地温梯度，只考虑重力作用，即 $dT=0$，则式(3)为

$$RTd\ln f_i=M_ig \tag{4}$$

当油藏深度从参考点深度 h_0 变为 h，则式(4)为

$$f_i^h=f_i^{h_0}\exp\frac{M_ig(h-h_0)}{RT} \tag{5}$$

（2）当存在地温梯度，并考虑重力作用，但不考虑热扩散效应，即 $dT\neq0$，$F_n=0$，则式(5)为

$$f_i^h=f_i^{h_0}\exp\frac{M_ig(h-h_0)-S_i(T-T_0)}{RT} \tag{6}$$

（3）当同时存在重力作用、地温梯度和热扩散效应，式(3)不变。

组分梯度理论模型主要考虑了重力、地温梯度和热扩散效应的影响。但在考虑热扩散效应时因重组分的扩散系数计算模型误差较大，计算结果往往偏离实验值。

2.2.3　组分梯度模拟技术应用

对不同深度的样品进行 PVT 相态拟合，采用组分梯度计算模型计算油藏深度范围流体组分及物性参数的变化规律，并与实测点数据进行对比。组分梯度变化规律如下：

组分分布理论计算与测试结果如图 9 所示。通过理论计算的不同深度下组分分布与实测点基本一致，轻质组分随深度增加含量减小，重组分 C7+随着深度增加含量增加。轻质组分变化范围从 66.96%～47.36%，重质组分变化范围从 5.94%～23.85%，组分组成变化明显。

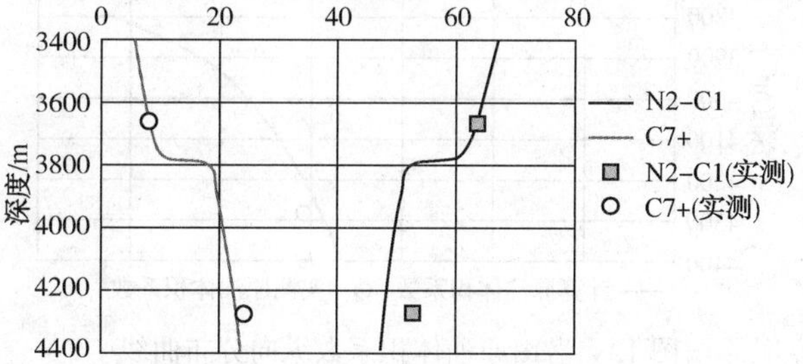

图 9　潜山流体纵向组分分布曲线

饱和压力理论计算与测试结果如图 10 所示。饱和压力随深度增加先增加后减小，在深度 3772m 出现过渡带，过渡带以上地层流体表现为凝析气特征，过渡带以下为挥发油。计算的该油气界面深度与当前实钻认识油气界面 3779.9m 非常接近。

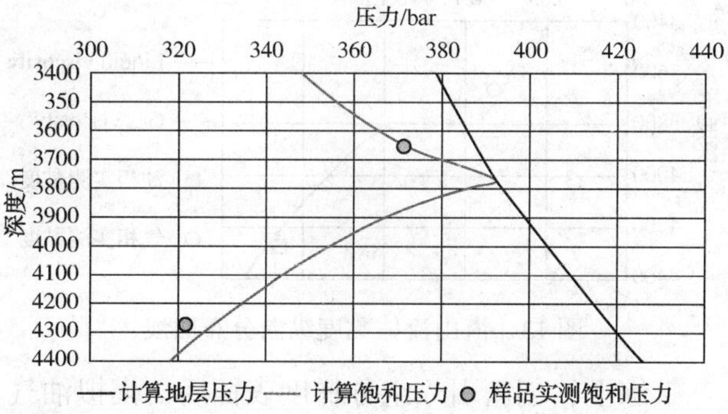

图 10　潜山流体饱和压力纵向分布曲线

气油比随深度变化曲线如图 11，气油比随深度增加而减小，且在油气界面处急剧变化。这是因高部位轻组分含量高，低部位重组分含量高，纵向上气油比变化范围 231～1896m^3/m^3，

流体性质差异明显。

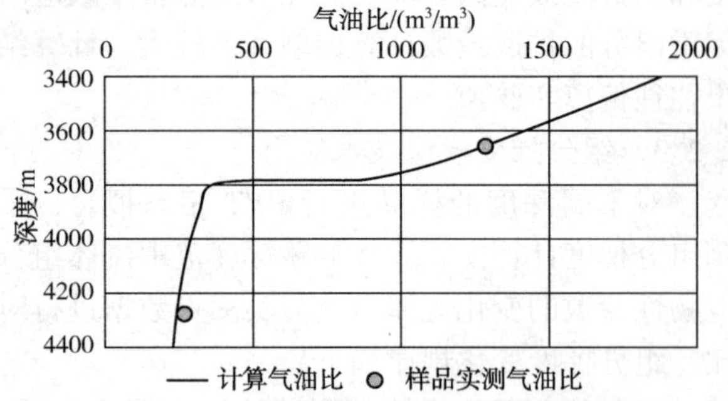

图11 潜山流体气油比纵向分布曲线

原油体积系数随深度变化曲线如图12。当前预测油气界面在3772m，油气界面以下流体性质为原油，随深度增加，体积系数减小。

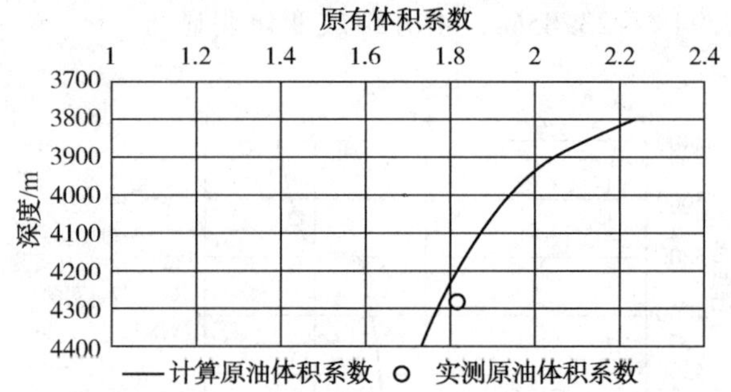

图12 潜山原油体积系数纵向分布曲线

流体黏度变化曲线如图13。气相在纵向深度3664m实测黏度0.083cp，且随着深度增加，黏度增大，变化范围0.065~0.089cp；油相在纵向深度4279m实测黏度0.215cp，且随着深度增加，黏度增大，变化范围0.145~0.236cp，增加幅度大于气相黏度变化。

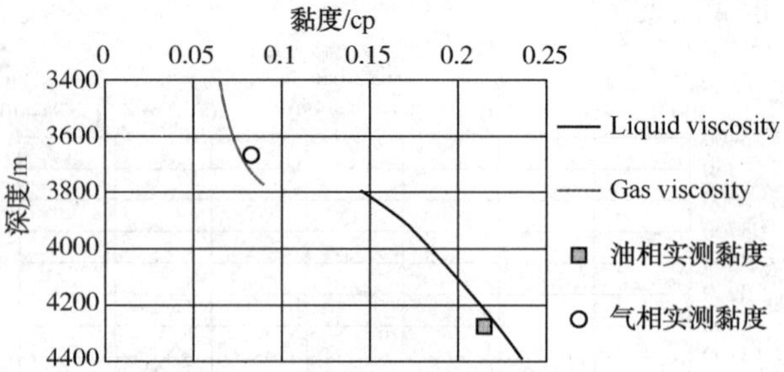

图13 潜山流体黏度纵向分布曲线

综上，创新引入组分梯度表征后，模拟油气界面在3772m出现过渡带，过渡带以上地层流体表现为凝析气特征，过渡带以下为挥发油。模拟油气界面深度与当前实钻认识油气界面3779.9m非常接近。同时随着纵向深度增加，流体轻质组分减少，重质组分增加，气油比减小，变化范围231~1896m^3/m^3，流体性质差异明显。达到了精确描述复杂流体相态变化的目的，为开发方案制定打下了坚实基础。

2.3 潜山储层流固耦合表征技术

2.3.1 低渗储层流固耦合理论

潜山储层属于双重介质低渗储层。低渗透油藏与中高渗油藏相比存在很多差异，由于低渗透储层砂岩粒径小、孔隙喉道狭窄、比表面积大，这些特点导致固液表面分子力影响变大，在驱替压力梯度达到一定临界值后，流体才能流动。而且开发实践表明，低渗透储层存在较为严重的应力敏感现象。在衰竭开发过程中，流体压力降低，岩石骨架发生弹塑性变形，孔隙喉道变小，渗透率降低，油气水多相渗流特征(突出表现在相渗曲线上)将变得更加复杂。因此，有必要在油藏数值模拟工作中考虑储层流固耦合的影响，以提高模型的准确程度。

2.3.2 流固耦合表征方法

储层流固耦合现象主要表现为储层岩石应力敏感效应。应力敏感效应指开发过程中，储层地层压力下降、有效应力上升会导致渗透率降低，评价应力敏感性需要对通过应力敏感性实验测量岩样有效应力和渗透率残余系数(某一净应力下岩心渗透率与初始渗透率的比值)的关系。实验结果表明，有效应力提高(相当于地层压力降低)，渗透率残余系数均存在不同程度的降低，且岩样渗透率越低，下降幅度越大(图14)。将多条应力敏感曲线进行归一化处理后得到能够综合表征潜山低渗储层的应力敏感曲线(图15)，由曲线可知，随着开发进行，储层岩石的渗透率最大降幅超过20%，渗透率的降低将对单井产能和油藏采收率造成极大影响。

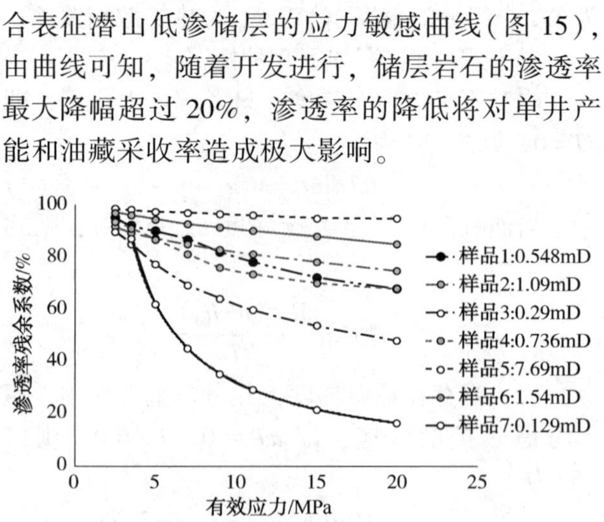

图14 不同岩样的应力敏感曲线图

另一方面，考虑到地层条件下，在开发过程中既存在储层应力敏感效应对流体流动的影响，又存在油气组分组成的变化。选取古近系低渗储层岩心通过一定的排列方式拼装成实验用长岩心，并选取实际油藏伴生气和原油样品作为实验用流体，恢复至地层温度条件下进行高温油气相对渗透率实验。实验结果表明(图 16)，气相高温相对渗透率比常温相渗更高，油相高温相对渗透率比常温相渗更低，高温油气两相同流区更窄，说明地层高温条件下，更有利于气相的流动。

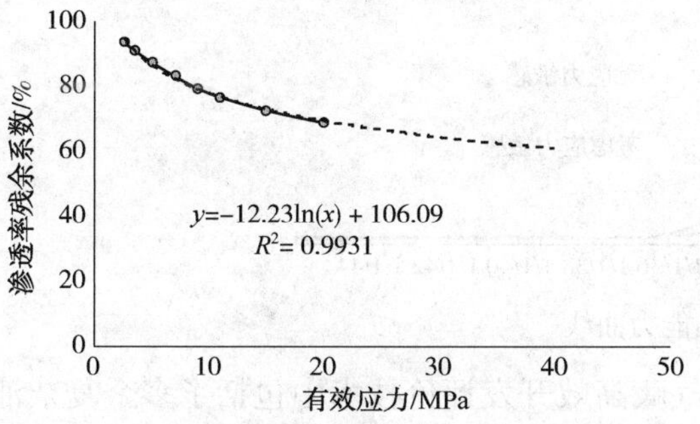

图 15　归一化后的应力敏感曲线

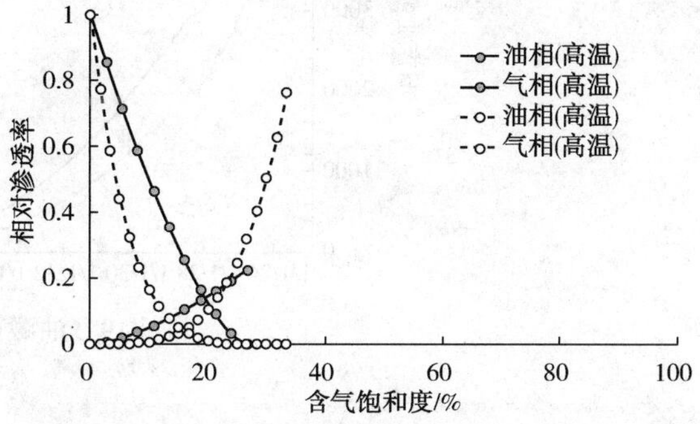

图 16　高温油气相渗与常温油气相渗对比

2.3.3　流固耦合表征技术应用效果

将应力敏感曲线和高温油气相渗曲线输入到油藏数值模型以表征流固耦合的影响，预测结果表明，考虑应力敏感后的油藏日产气稳产期更短，递减更快(图 17)；同时油藏产气能力和产油能力均有所下降，并且产油能力降低程度明显高于产气能力(图 18 和图 19)；考虑应力敏感和高温油气相渗后，天然气/溶解气的采收率降低 3.3%，凝析油/挥发油采收率降低 1.6%。综合来看，考虑流固耦合后油藏数值模拟结果更接近低渗油气藏实际开发特征和开发经验，说明流固耦合表征技术能够提高低渗油气藏模拟的精度。

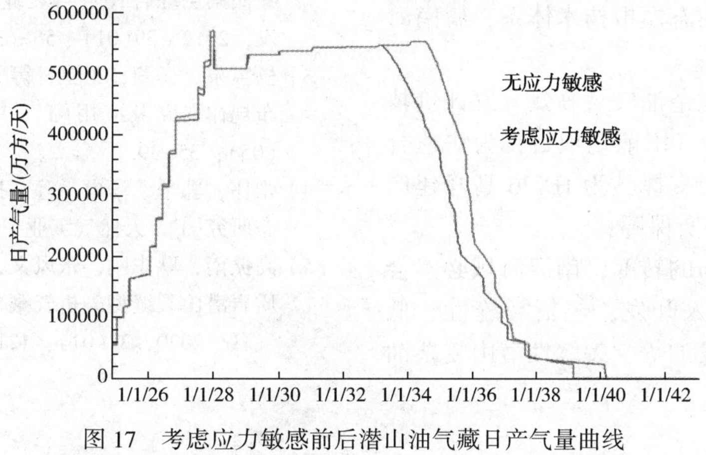

图 17　考虑应力敏感前后潜山油气藏日产气量曲线

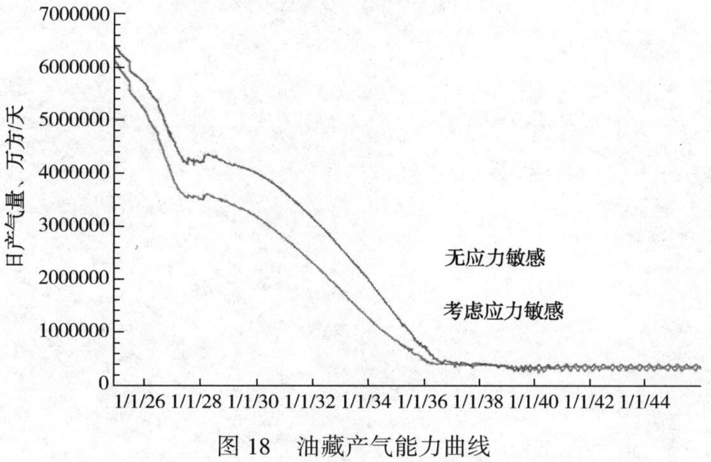

图 18　油藏产气能力曲线

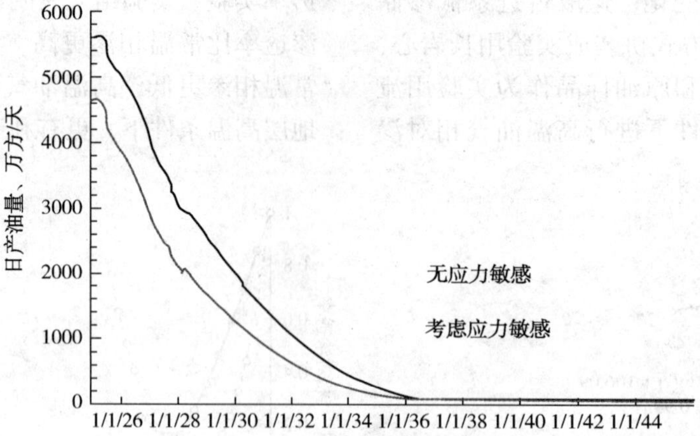

图19　油藏产油能力曲线

3　结论

(1) 在南海东部首次建立火山岩潜山双重介质精细地质模型，总结形成了一套基于储层成因主控因素变权重融合约束建模技术体系，填补了南海东部在火山岩潜山裂缝-孔隙型储层精细表征技术空白。

(2) 创新性集成双孔双渗模拟技术、组分梯度模拟技术、流固耦合表征技术等，形成裂缝性潜山复杂油气藏高效动态模拟技术体系，属南海东部海域首创；

(3) 裂缝性潜山复杂油气藏高效开发评价技术成功应用于HX26油气田前期项目，为快速合理预测指标提供了有力支撑，为HX26高峰建产100万方油当量夯实坚实保障；

(4) 随着勘探方向的转变，南海海域必然会有更多复杂油气田投入开发，包括裂缝性、低渗、高含凝析气、挥发油等，裂缝性潜山复杂油气藏高效开发评价技术中包括了多个复杂油气藏的关键模拟技术，形成了大量的技术与人才储备，应用前景广阔。

参 考 文 献

[1] 肖大坤，范廷恩，范洪军，等．变质岩潜山双重介质油藏储层建模及质控方法——以渤海湾A油田为例[J]. 中国海上油气，2020，32(06)：82-89.

[2] 童凯军，赵春明，吕坐彬，等．渤海变质岩潜山油藏储集层综合评价与裂缝表征[J]. 石油勘探与开发，2012，39(01)：56-63.

[3] 杨宝泉，杨莉，王星，等．挥发性油藏组分梯度分布规律研究及应用[J]. 中国海上油气，2013，25(05)：35-39.

[4] 张伟，郭平，汤勇，等．扎那若尔气顶油藏流体相态研究[J]. 天然气工业，2006(07)：91-93+158.

[5] 高振南，耿志刚，张风义，等．基于流固耦合的变质岩潜山裂缝型凝析气藏数值模拟研究[J]. 特种油气藏，2020，27(01)：121-128.

单砂体三维地质建模技术

——以柴达木盆地扎哈泉油田扎7井区 N_1 油藏为例

周　艳　张　军　林长庆　崔守凯　李兴彦　魏　莉　周　燕

（中国石油青海油田分公司勘探开发研究院）

摘　要　随着油田开发工作的不断深入，单砂体三维地质建模工作近年来已引起人们的重视。本文利用Petrel软件，通过前期对研究区地质和构造的认识成果为约束，利用确定性建模手段建立相对真实地反应地下三维的精细地质模型，为下一步油藏数值模拟提供理想的模拟模型数据体。在本次研究中，地质建模以四大类资料为基础，砂体构型为依据，细化建模单元，建立单砂体地质模型，纵向上共建立了103个小层，其中砂岩层45个，泥岩层58个。单砂体构造建模，应用储层构形成果建立单砂体顶底格架，构建骨架网格生成三维框架，依据分层数据建立层面模型，以最小纵向0.5m细分小层，建立精准模型。研究区储量计算以模型二维投影面积为范围，由构建模型提供三维参数计算出研究区的储量，计算误差1.23%，储量的拟合精度高。通过对研究区三维构造建模、岩相建模、参数建模，再现了储层物性参数的空间分布特征，为油田进一步调整开发方案及剩余油挖潜提供了可靠的地质模型。

关键词　单砂体；三维地质建模；柴达木盆地；模型

在油气田的勘探评价和开发阶段，储层研究以建立定量的三维储层地质模型为目标，精确描述地下地质结构，确切地表征储层结构和储层参数的空间分布和变化特征，这是油气勘探开发深入发展的要求，也是储层研究向更高阶段发展的体现。单砂体三维地质建模实际上是在储层构形研究的基础上进行的，由于构形的研究强调了夹层对单砂体的封隔作用，因而研究精度越来越高、难度越来越大，但基本的建模工作中的计算方法并没有多大改变，主要的不同之处是沉积微相（储层）、隔层、夹层模型的构建。柴达木盆地扎哈泉油田扎7井区 N_1 油藏属于低渗透储层，研究区目的层段Ⅲ油组是扎7井区 N_1 油藏的主力油层。随着油田开发的深入，注水突破、低产低效等矛盾逐渐暴露，致使油田产量快速递减、开发效果变差，稳产形势严峻。亟需通过精细的三维地质建模来构建三维空间中储层的结构和属性的分布，为研究区开发调整提供可靠的地质模型。

1　建立地质模型的思路与方法

1.1　建模方法与软件选择

目前国内外储层建模的方法有确定性建模和随机建模两种，确定性建模由于用确定性算法得到唯一的三维地质模型；随机建模则在随机过程的基础上通过多个实现描述地下储层形态的不确定性。研究区三维精细建模则以前期对该油藏地质和构造的认识成果为约束，利用确定性建模手段建立相对真实地反应地下三维精细地质模型，并为下一步油藏数值模拟提供理想的模拟模型数据体。

在建模软件的选用上主要针对RMS、Gocad、Direct、SKUA和Petrel地质建模软件等各自特点及对研究区的适应性，选用目前中石油推广普及的主流建模软件Petrel地质建模软件作为本次研究的工具。

1.2　建模程序

建立储层地质模型一般必须经过三个步骤：①建立井模型；②建立层（骨架）模型；③建立参数模型。

2　三维建模数据准备

数据的准备是三维地质建模的基础，在对构造及储层参数解释研究的基础上，根据软件要求和油田的数据特点，对井数据和层面数据进行了收集和整理。

2.1　主要数据来源

油藏单砂体三维地质建模是在油藏精细描述

的基础上进行的，由于油藏精细描述是以地质、地震、测井综合解释成果为基础，所有的研究成果必须进入综合数据库，才能使建模工作顺利完成。油藏数据库的建立，就是对建模用的地质、地震、测井、测试、开发动态数据进行分析整理，使之符合Petrel软件所需的数据格式，然后加载形成。研究区收集到54口井井头数据、井轨迹数据。孔隙度、渗透率、含油饱和度共应用了53口井，来源于测井解释曲线。本次建模主要采用54口建模井59个地层界面及45个单砂层面数据。

2.2 数据输入

建模数据准备好后，就要将建模数据通过PETREL的INPUT模块输入到建模软件中，供后续的建模工作使用。建模数据的输入首先要输入井头数据，其次为井轨迹数据，其后一般为井分层、孔隙度、渗透率、含油饱和度等属性数据。层面数据在井头和井轨迹数据输入后输入。所有数据通过加载后被接受并按Petrel规定的规格进行管理，在Petrel中建立了一个完善的综合数据库。

在数据输入过程中必须对输入的数据做质量控制，特别注意的是井头数据输入后，后续的单井数据与井头数据的匹配上要严格一致。

3 三维构造模型

三维构造模型是地质体的离散化，用于定量表征构造和分层特征，通过网格化的顶面及地层厚度数据体来体现。构造模型研究是在地震资料分析油藏总的构造特征的基础上利用较密井网资料，以合理的内插等值线法绘制油层顶界或底界构造图，从而揭示油层局部构造起伏变化特征。构造模型主要包括2个主要部分，即地层层面模型和断层模型。由于研究区内无断层，因此构造模型只需要建立层面模型。研究区构造面主要是应用储层构形研究成果，建模地质体由小层顶底界形成地层格架，将砂岩层与泥岩层分开建立，砂岩层根据厚度再进一步细分。全工区103个小层，其中砂岩层45个，泥岩层58个。

3.1 骨架网格化(Pillar Gridding)

构建骨架网格(Pillar Gridding)的目标是生成一个三维框架。这个框架完全是由标志网格角点的Pillar表示出来(包括构成断层的Key pillars和衍生的Pillar)，可以定义网格方向是否沿着断层或者边界线以控制网格化操作。骨架网格建立以后，其后的各种模型都是在其控制下来进行的。

在构造建模过程中，平面网格精度考虑了工区面积及井网密度等因素，平面网格间距定为20×20m，即大多数井间具有8个以上网格，以较为精细刻画储层平面分布特征(图1)。

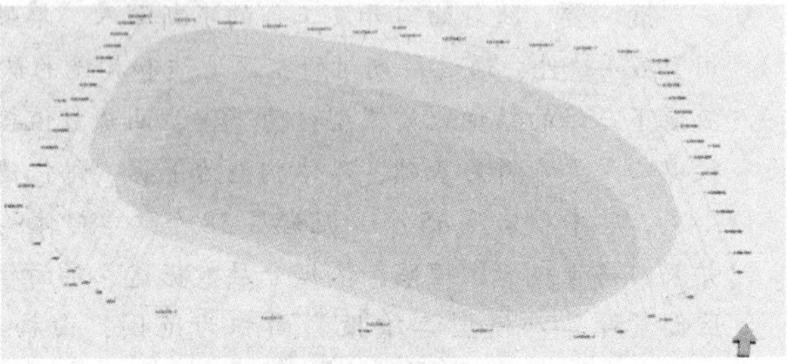

图1　研究区三维地质模型骨架网格化

3.2 建立垂向网格框架

以测井分层数据(即地层界面数据)和以往的地质认识，建立以小层为基本单元的精细构造模型，利用测井分层数据来计算小层构造模型。然后，根据测井分层数据对计算结果进行手工编辑、校正，逐层校正构造面使之与测井分层数据完全吻合。对于没有分层数据控制的区域，则利用整体构造趋势落实其三维走趋。

研究区构造模型主要由103个模拟层的砂体顶底面组成，为了处理研究区复杂地质特征并使模型更符合实际情况，主要采取如下措施：

(1) 创建层面(Make Horizon)：以59个细分层面及研究区45个砂层面共88个地质界面的单井分层数据及相应的构造层面数据为数据源来创建104个层面。

(2) 创建层(Make Zone)：以104个层面为基础，创建103个层(zone)，调整形成的103个层面，去掉负体积，形成合理的层(zone)。

(3) 细分层(Layering)：垂向上(Z轴方向)考虑每0.5m一个网格，以满足可分辨出较薄夹层的要求，对45个砂岩层以纵向网格厚度0.5m为基本单元进行纵向细分。

通过以上步骤建立研究区构造模型(图2)。工区内总井数为54口，其中用于构造建模54口，建属性模型53口。平面网格20×20m，垂向上平均每小层分为0.5m划分(表1)。

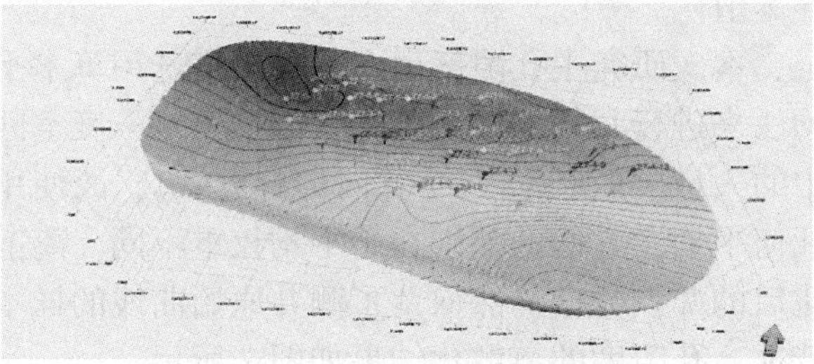

图 2　研究区三维构造模型

表 1　研究区建模网格数据表

模型	平面网格步长	网格系统	网格总数/$\times10^4$	模型面积/km^2
扎 7 井区	20×20	230×129×438	1299. 55	10. 36

4　岩相建模

由于本次建模采用的是确定性建模，相建模时运用沉积相约束下的砂体精细刻画成果，形成了各单砂体的砂体边界属性，直接输入各岩相(砂岩相 FACIES＝1、泥岩相 FACIES＝0)在平面上的分布图到每个层中(图 3)。通过对研究区三维岩相模型，可以看出各种岩相在平面上分布与常规研究方法所建立的地质认识是一致的(图中黄色为砂岩、灰色为背景相泥岩)(图 4)。模拟结果符合地质概念模型，能够真实地反映各单砂体连通及演化特征。

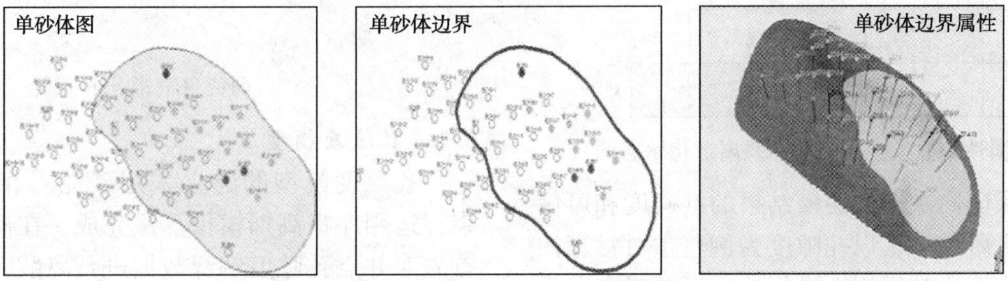

图 3　研究区砂体边界数字化过程图

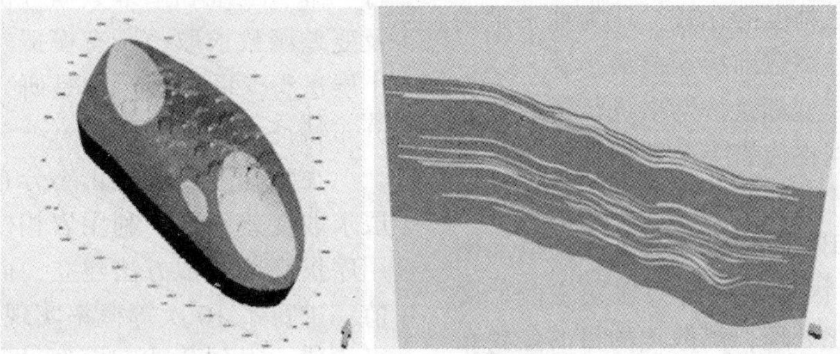

图 4　研究区岩相模型

5　储层参数属性建模

储层参数属性模型是指以数据体形式定量表征储层特征，一般包括砂厚、净厚(或净毛比)、孔隙度、渗透率、饱和度等场。建模时先确定砂厚场，在此基础上确定其他场。内插方法有距离反比加权、趋势面分析、曲面样条、克里金等，研究区以克里金为主力内插方法。

储层参数属性建模首先建立储层分布模型，然后根据不同储层类型的属性参数定量分布规律，根据不同储层类型进行随机模拟，建立属性参数分布模型。油藏参数属性建模流程图(图 5)。

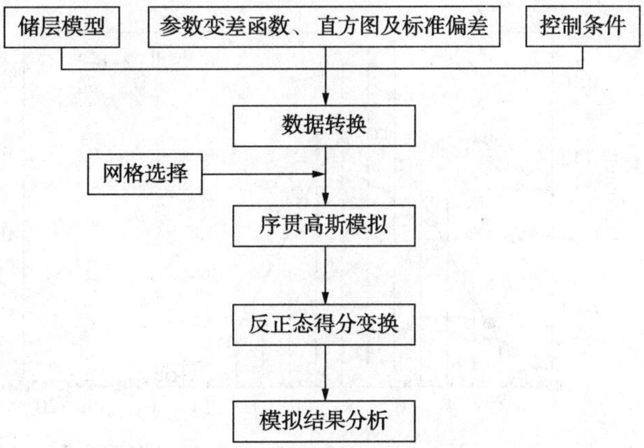

图 5　储层参数属性建模流程

5.1　离散化(Scale-up)算法研究

储层参数属性模型是通过将真实油藏利用三维网格剖分，以井点属性值为条件数据，运用数学算法，对整个油藏网格进行插值完成的。由于井点属性由测井解释得来，测井分辨率远远大于网格的纵向尺寸，导致一个网格中有若干个属性值，而在进行属性参数模拟时，只允许每个网格有一个相应的属性值，即测井曲线的离散化(scale-up)(图 6)。因此，选择何种算法将连续的测井成果曲线离散并赋值给过井网格是进行属性模型建模首先要解决的问题。

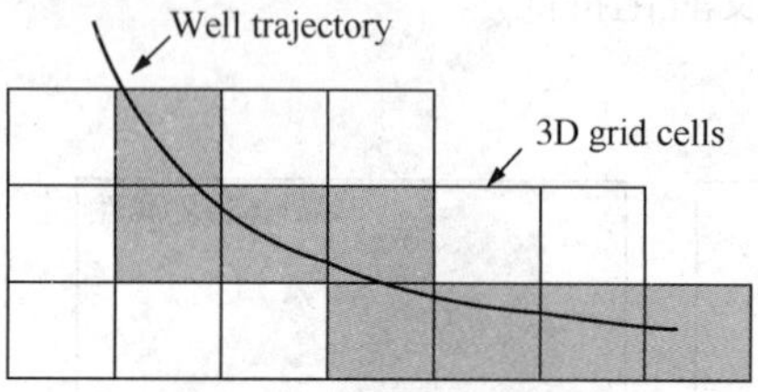

图 6　属性参数模拟中测井曲线离散化示意图

为了保证本次属性建模结果的准确度和可信度，在本次研究中，以孔隙度为例着重对常用的多种离散化算法的适用性进行研究，并对离散后数据进行质量控制，保证了条件数据的准确性和可靠性。通过对算法精度的比较，认为算术平均在孔隙度等标量属性离散前后误差最小。

储层参数属性模型都是按网格进行各参数的模拟计算，每一个网格代表一个数据点。而单元网格的厚度一般都比实际井点的数据点采样间隔大得多(井点采样间隔一般为 0.125 米，单元网格为 0.5 米左右)，因此，在模型建立之前，必须对井数据作离散化处理，离散化的目的是要在单元网格范围内的数据中选择一个有代表性数据样本值。

本次研究中孔隙度、含油饱和度选用算术平均法来进行井数据的离散化；渗透率是三度空间中的矢量(即在 xyz 三个方向均有贡献)，故使用几何平均，它们的差别在于平均权重不同。离散化后的井点数据仍然保留了测井原始曲线的样本特征。孔隙度的离散化结果如图 7 所示。

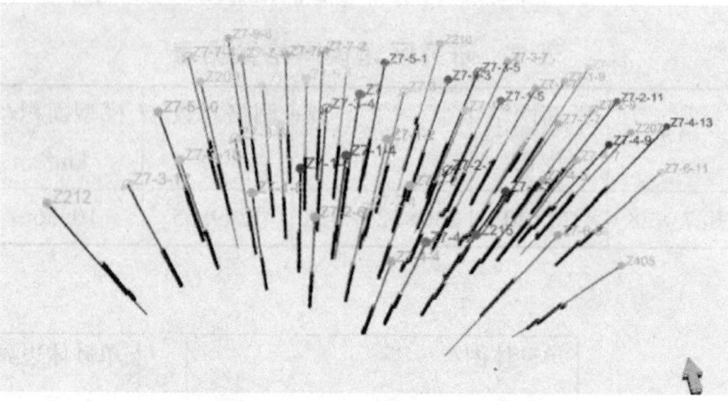

图 7　研究区离散化孔隙度

5.2　孔隙度模型

孔隙度模型的建立采用砂泥岩相为主要约束，运用序贯高斯模拟算法完成。在模拟运算前首先对井点孔隙度解释数据进行离散，在模拟运算前首先对井点孔隙度解释数据进行离散，并进行一维、二维和三维数据分析，正态分布分析以及变差函数求取，所有模拟参数的求取都是逐一小层进行。图 8 展示的是研究区小层孔隙度正态分布特征。

在对孔隙度进行正态分布处理后，对每个小层求取变差函数，利用岩相模型控制，砂岩相采用序贯高斯模拟方法建立，而泥岩相直接进行赋值，进行了 10 次等概率实现，计算 10 个模型的平均值，得到孔隙度模型(图 9)。

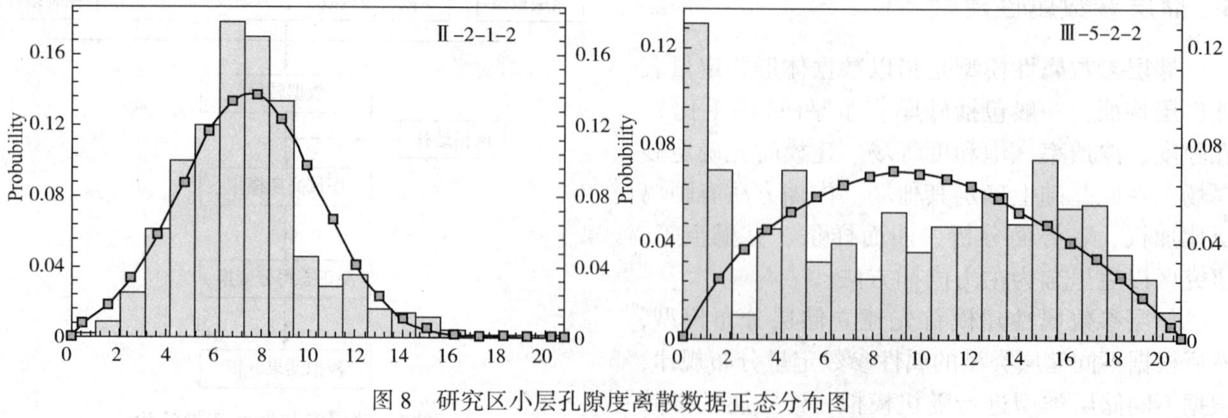

图 8　研究区小层孔隙度离散数据正态分布图

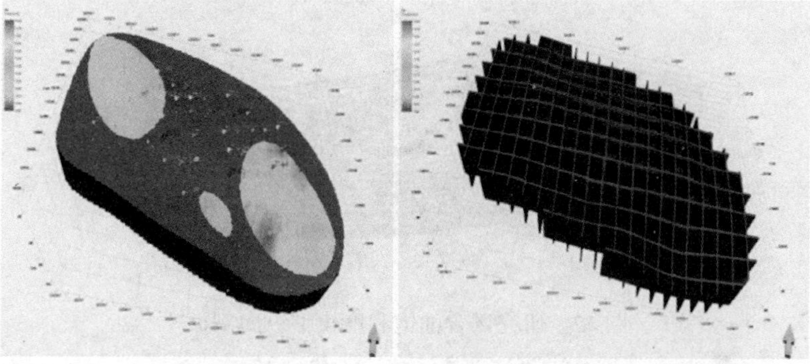

图9　研究区孔隙度模型及栅状图

5.3　渗透率模型

由于本次研究区孔隙度与渗透率具有较好相关性，因此，本次渗透率模型的建立在岩相模型控制的基础上，增加孔隙度模型作为协相关进行约束，模拟方法选用序贯高斯模拟，在模拟运算前首先对井点渗透率解释数据进行离散，并对渗透率对数值进行一维、二维和三维数据分析，正态分布分析以及变差函数求取。由于单井渗透率离散数据级差较大，很难服从正态分布特征。而序贯高斯算法对数据的要求有较好的正态分布特征，因此，在对渗透率离散数据变差函数的求取前，先进行对数的求取，经过对数求取后的渗透率离散数据有着较好的对数曲线相关性。所有模拟参数的求取都是逐一小层进行。

对每个小层求取变差函数，利用岩相控制，由于渗透率离散数据与孔隙度离散数据有着较好的相关性。利用孔隙度模型作协相关约束，采用序贯高斯模拟方法，进行了10次等概率实现，计算10个模型的平均值，得到渗透率模型(图10和图11)。

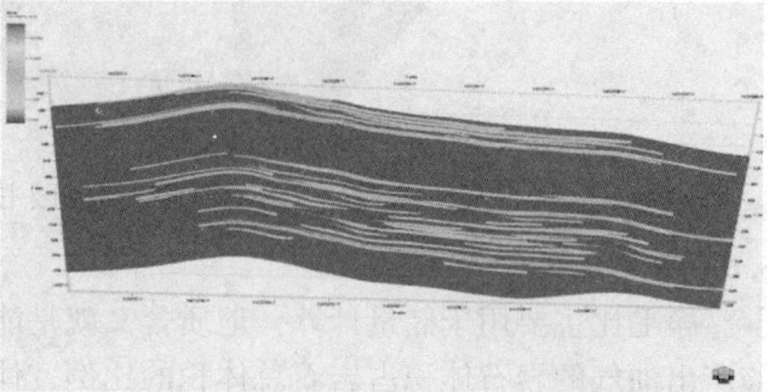

图10　研究区渗透率模型纵向剖面

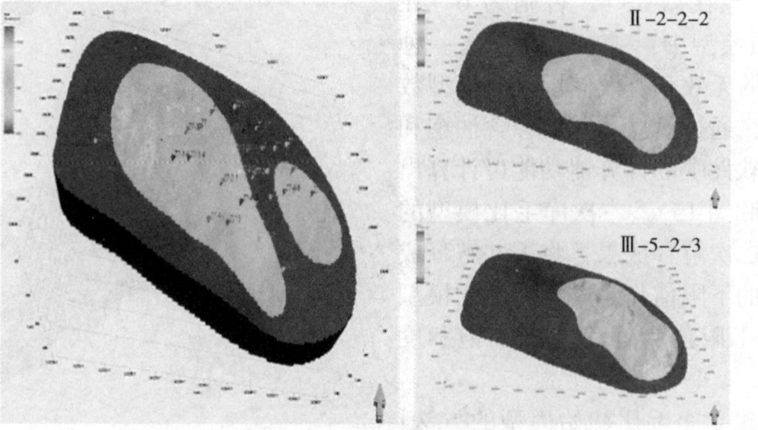

图11　研究区渗透率模型

5.4　含油饱和度模型

饱和度模型是三个属性模型里面最难求准的一个，主要原因是在测井解释数据本身有着很大的不确定性，离散的测井解释数据与其他属性的相关性较弱。研究区开发时间较短，目前所有井都能反应油藏开发初期的状态，因此用井的饱和度测井解释数据进行油水分布模型的建立是可以满足技术要求。因此本次模型的建立将离散的属性数据进行正态分布特征分析，设置模型的主次变差函数，变差函数特征参数，利用岩相控制，采用克里金模拟方法，建立含油饱和度模型。(图12和图13)。

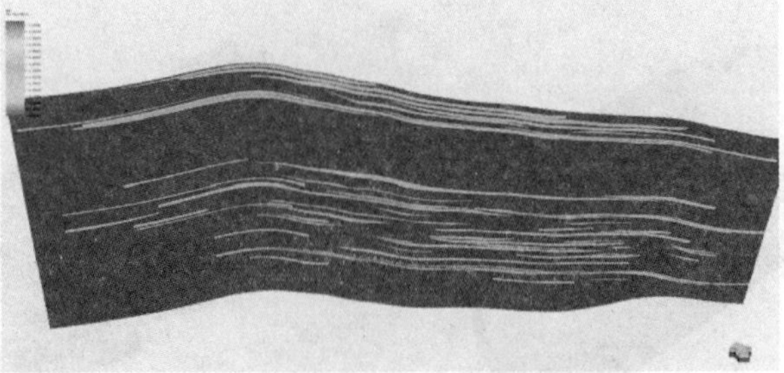

图12　研究区含油饱和度模型纵向剖面

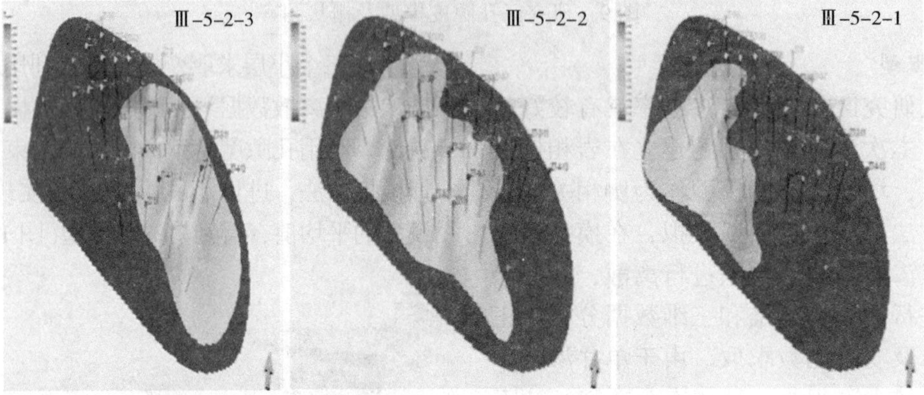

图13　研究区主力小层含油饱和度模型

5.5　净毛比模型

净毛比主要用于储量计算，地质含义就是能够产出油气的岩石体积占岩石总体积的比例，体现在地质模型中就是某一模型网格是否存在可动用油气，如果某一模型网格含有可动用的油气，则该模型网格的净毛比就是1，否则为0。在Petrel软件三维地质模型中，NTG通常是指一种用数字0和1区分的无效和有效储层。对模型数据体进行截断处理，通过设立孔隙度和含油饱和度的门槛值，利用软件中的计算器功能可计算出净毛比模型(图14和图15)。本次净毛比模型的建立主要依据测井二次解释成果，将测井解释成果解释为油水同层的下限值作为本次净毛比模型的门槛值。孔隙度下限值为0.07，含油饱和度下限值为0.49。

按照软件惯常建立净毛比初始模型的方法：把符合孔隙度大于0.07，且含油饱和度大于0.49的条件设为有效储层，定值为1，否则为无效储层，定值为0，其表达公式：

NTG=IF(Porosity≥0.07 and Saturation≥0.49，1，0)

式中，Porosity为孔隙度；Saturation为含油饱和度。

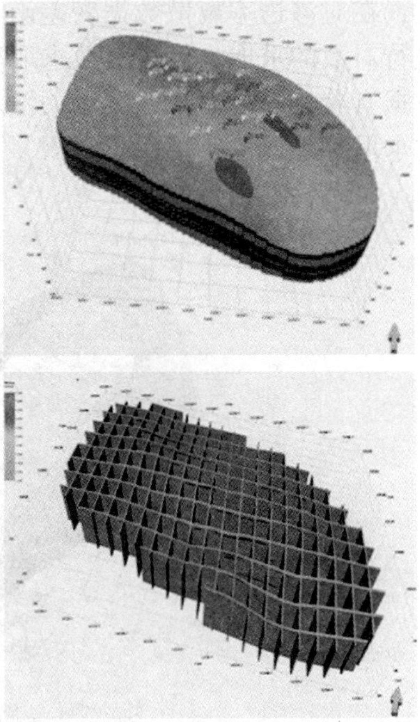

图14　研究区净毛比模型及栅状图

5.6　储量计算

储量计算是油藏精细描述、剩余油分布研究工作的重要组成部分，也是进行方案调整和油藏动态评价的重要依据，伴随着油田进一步开发，进行石油地质储量的复算是非常必要的。为了提高储量计算的精度，本次研究将研究层位细化到了单层，对各单层内的储量分布重新进行了计算。

本次储量计算以模型二维投影面积为范围，由模型提供三维参数，即孔隙度模型、含油饱和度模型、净毛比模型，计算出研究区的储量。同时计算出各有效小层的地质储量及占总储量的比重。

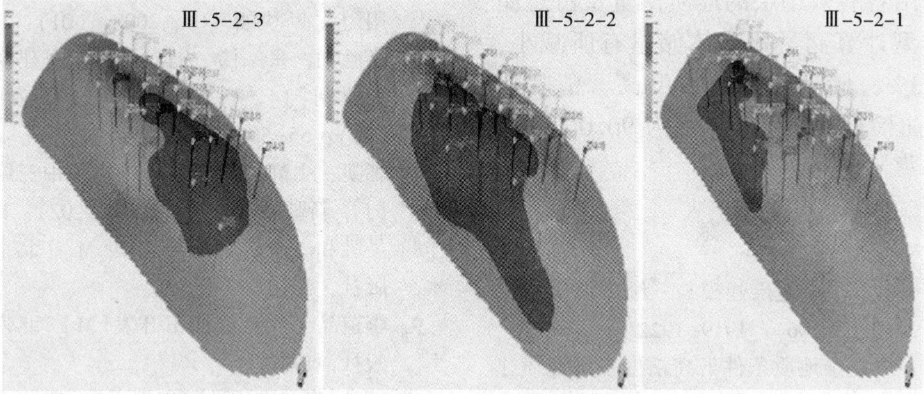

图15　研究区主力小层净毛比模型

分析建模储量的拟合精度，而此次模型计算储量比砂体储量减少了 1.52×10^4t，误差1.23%。主要原因是此次建模以砂体构型为依据，细化建模单元，储量计算时剔除了砂体中泥岩夹层，油层厚度与上报探明储量时用的参数相比，有所减小。

5.7　模型精度检验

精度检验主要采取“抽稀检验”，选取研究区构造中区一口检验井与模型属性参数建模结果进行对比分析，对模型的精确度进行检验。利用检验井测井测得的孔隙度与模型模拟孔隙度进行对比，对20个单砂层进行检验，有18个小层符合，除两个小层误差较大外，其余样品点数据误差均小于10%，符合率为90.0%，说明该地质模型真实可靠。

本次研究通过对研究区单砂体三维构造建模、岩相建模、参数建模，再现了储层物性参数的空间分布特征，为油田进一步调整开发方案及剩余油挖潜提供了可靠的地质模型。

6　结论

（1）本文利用Petrel软件，通过前期对研究区地质和构造的认识成果为约束，利用确定性建模手段建立相对真实地反应地下三维的精细地质模型。地质建模以四大类资料为基础，砂体构型为依据，细化建模单元，建立单砂体地质模型，纵向上共建立了103个小层，其中砂岩层45个，泥岩层58个。单砂体构造建模，应用储层构形成果建立单砂体顶底格架，构建骨架网格生成三维框架，依据分层数据建立层面模型，以最小纵向0.5m细分小层，建立精准模型。

（2）本次研究以孔隙度为例，着重对常用的多种离散化算法的适用性进行研究，并对离散后数据进行质量控制，保证了条件数据的准确性和可靠性。储层参数属性模型都是按网格进行各参数的模拟计算，每一个网格代表一个数据点。在模型建立之前，对井数据作了离散化处理，离散化的目的是要在单元网格范围内的数据中选择一个有代表性数据样本值。

（3）孔隙度模型的建立采用砂泥岩相为主要约束，运用序贯高斯模拟算法完成。对孔隙度进行正态分布处理后，对每个小层求取变差函数，利用岩相模型控制，砂岩相采用序贯高斯模拟方法建立，而泥岩相直接进行赋值，进行了10次等概率实现，计算10个模型的平均值。

（4）研究区开发时间较短，目前所有井都能反应油藏开发初期的状态，用井的饱和度测井解释数据进行油水分布模型的建立可以满足技术要求。本次含油饱和度模型的建立将离散的属性数据进行正态分布特征分析，设置模型的主次变差函数，变差函数特征参数，利用岩相控制，采用克里金模拟方法。

（5）净毛比模型的建立对模型数据体进行截断处理，通过设立孔隙度和含油饱和度的门槛值，利用软件中的计算器功能可计算出净毛比模型。主要依据测井二次解释成果，将解释为油水同层的下限值作为本次净毛比模型的门槛值。孔隙度下限值为0.08，含油饱和度下限值为0.50。

(6)研究区储量计算以模型二维投影面积为范围，由模型提供三维参数，计算出研究区的储量，同时计算出各有效小层的地质储量及占总储量的比重。模型计算储量比砂体储量有所减小，计算误差1.23%，储量的拟合精度高。精度检验主要采取“抽稀检验”，符合率为90.0%，地质模型真实可靠。

参 考 文 献

[1] 朱发华，贺怀建．复杂地层建模与三维可视化[J]．岩土力学，2010，31(06)：1919-1922.

[2] 刘顺昌，李黎．复杂地质条件下高精度三维地质建模研究[J]．人民长江，2021，52(08)：127-132.

[3] 景成杰，胡望水．相控建模技术在高台子油藏精细描述中的应用[J]．石油天然气学报，2009，31(01)：39-42.

[4] 左毅，芦凤明．相控建模技术在河流相复杂断块的应用[J]．特种油气藏，2006，(01)：36-39.

[5] 严申斌，李少华．曲相控储层建模在胜南油田的应用[J]．断块油气田，2008，(01)：16-17.

[6] 吴胜和，张一伟．提高储层随机建模精度的地质约束原则[J]．石油大学学报(自然科学版)，2001(01)：55-58.

[7] 郭凯，史静．储集层随机建模中三维变差函数研究[J]．新疆石油地质，2007，(02)：179-181.

[8] 吴胜和．储层表征与建模[M]．北京：石油工业出版社，2010.

[9] 李道品．低渗透油田开发[M]．北京：石油工业出版社，1999.

[10] 秦同洛．实用油藏工程方法[M]．北京：石油工业出版社，1989

华北油田余热利用技术研究与应用

周秋成 罗 宁 李健敏 郭发军 王秀伟 尚翠娟 卢 威 唐 力 豆惠萍 王美思 王 虹

（中国石油华北油田公司）

摘 要 华北油田已有四十余年的油气田开发历史，同时余热利用也有十余年的技术积累，近年来，通过加强技术攻关，建立了建立冀中地区地热数据资源库，形成了余热开发相关配套技术。实现了余热资源的高效利用。目前华北油田已开展多项余热利用项目，例如余热发电、余热社区供暖和油田余热清洁能源替代等等；并掌握了多项余热利用关键技术，例如潜山重力流开发技术、闲置井改造工艺技术和提高采水回灌量技术等等。华北油田在双碳目标下，积极发展油田余热业务，高效快速的建成地热总供暖能力284万平米，年节约标煤3.72万吨，年减排$CO_2$8.87万吨；综合利用余热等清洁能源对采油站场的燃油加热炉进行清洁替代，余热能年利用量折0.31万吨标煤，年减排$CO_2$0.74万吨。有效减少了生产和生活过程中的化石能源消耗，实现能源生产用能低碳化，对外供能清洁化、减碳措施效益化，为国家实现双碳目标做出应有贡献。

关键词 余热利用；潜山；清洁能源；余热供暖；余热发电

地热作为一种清洁的新能源，具有分布连续且稳定的特点，其开发利用越来越受到各级政府和企业的青睐。开发利用地热能，可以缓解由于燃煤供暖造成的雾霾等环境问题，可为煤炭等传统资源相对贫乏的地区提供电力来源，带动当地经济发展；同时，大量开发我国优质地热资源，可缩短我国地热资源的开发利用与世界其他国家的差距。

2020年3月，中国石油戴厚良董事长提出“清洁替代、战略接替、绿色转型”三步走的总体部署，力争2025年左右实现“碳达峰”，2035年外供绿色零碳能源超过自身消耗的化石能源，2050年左右实现“近零”排放。

2021年5月，勘探与生产分公司新能源工作推进会在华北油田召开，会议提出在双碳目标下要大力发展太阳能、风能、地热、氢能等新能源业务，积极发展CCUS产业，有效减少生产过程中的化石能源消耗，减少二氧化碳排放，实现能源生产用能低碳化，对外供能清洁化、减碳措施效益化，为国家实现双碳目标做出应有贡献。

华北油田随着开采的不断进行，闲置井或特高含水井逐渐增多，闲置井可以转为地热井，实现油田热田同步开发。部分油田采出液温度较高，如果优化生产流程，可将油田产出液的余热充分利用，实现油田清洁能源替代。

1 华北油田余热资源情况

华北油田经过近半个世纪的勘探开发，在冀中地区发现多个大型潜山构造，20个潜山地热田。经统计潜山地热资源基本占总资源量的一半，地热资源总量1304×10^{18}J，潜山地热资源量640.97×10^{18}J，占比49%，折合446亿吨标煤，开发潜力巨大。目前已对多个潜山开展了地热开发工作，未来将逐步推广完善该高效开发技术。

冀中地区潜山热储包括O、∈、Pt、Ar地层，其中Jxw为主力热储，为本区最好的地热开发层系。通过对20个潜山热田的重新落实，Jxw在冀中地区均有分布，主要集中在中北部。冀中地区地域范围较广北起廊坊市南至石家庄市，涉及1个新区和5个地级市，未来市场潜力巨大。预估潜在规模2亿平以上，如该技术推广应用获得成功，将发挥其具大的开发优势，为城市建设创造一定的社会和经济效益（图1、图2、表1）。

表1 冀中地区潜山余热资源总量表

潜山地热资源总量	640.97×10^{18}J
水资源总量	$8670\times10^{8}m^{3}$
折标准煤	219×10^{8}t

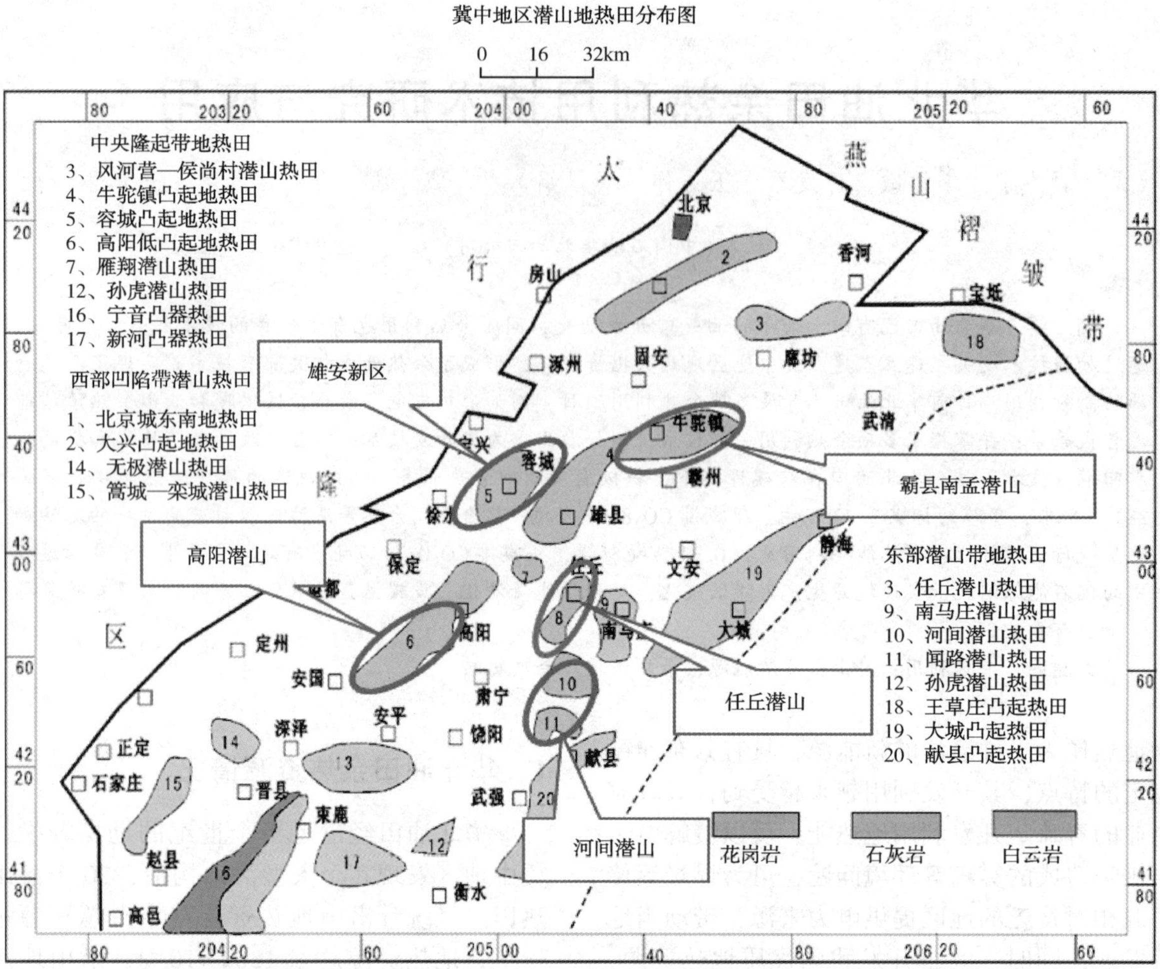

图 1　冀中地区潜山余热田分布图

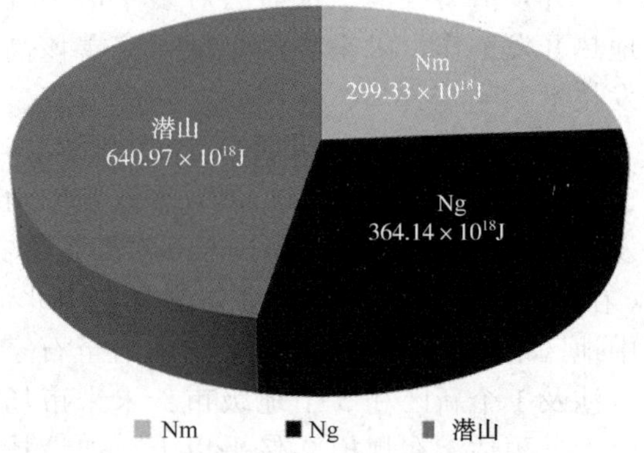

图 2　冀中地区各地层余热资源量饼状图

2　油田余热利用特色技术

余热利用是综合利用好勘探评价、地热地质评价、钻采工程、开发方案、市场开发及运营管理的系统工程。总结华北地热开发实践，形成了多项油田余热利用特色技术。

2.1　*潜山重力流开发技术*

理论基础：假设对井为同一温压系统，井底深度为储层底界深度，对于非自溢地热井，井筒内静液面高度 H_s 与液柱的平均密度 ρ_s 是一定的。当采用技术措施，将 ρ_s 降低至自溢密度阈值 ρ 阀值时，井筒内液体即会在地层自身压力作用下，实现自溢。若继续降低井筒液柱密度 $\rho\leq$ ρ 阀值时，将出现自喷。

$$\rho_{阀值}=\rho_f=H_s/H\times\rho_s$$

H_s = 静液柱高度

H = 储层深度

ρ_s = 静液柱平均密度

渗流量、渗流速度与地质条件、水力坡度有关，当地质条件一定时，调整局部水力坡度是回灌的关键，地层渗流条件好，水力坡度调整相对容易。不同温度下，水密度相差较大，利用降低水温，增大回灌井的水力坡度，超过地层流动摩擦阻力时，水会回灌进地层。经过一段开采时间，采水井井筒内液体温度升高，密度变小，可实现大排量自喷开采；换热后液体温度降低，密度变大，回灌井可实现大排量无压回灌。

该理论已在多个项目中得以应用并且取得了极好的效果，当前正在其他新建设项目中加以推广。目前华北油田共利用潜山余热井 10 余口，单井采灌水量大于 $3000m^3/d$，采出水温度大约为 120~150℃，采灌平衡，同层采灌，已平稳运行 3 个采暖季(图 3)。

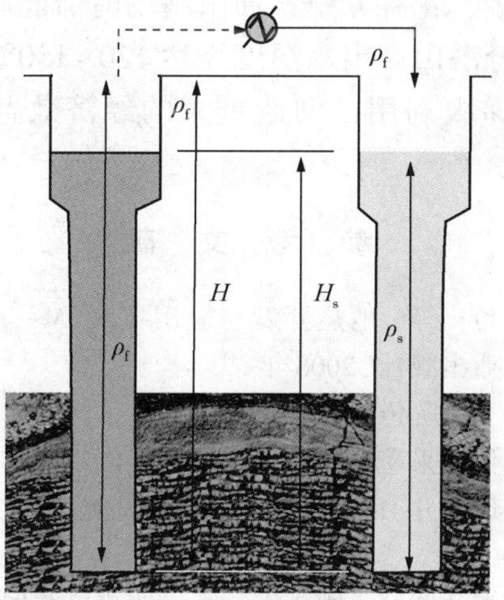

图 3　潜山重力流开发技术示意图

2.2　闲置井改造工艺技术

可利用闲置井的筛选：首先筛选出目标区块所有的闲置井，特低产老井；然后根据地质资料判别这些井是否钻遇目的层，或者井底下方是否有目的层存在；最后摸排井筒情况，地面情况和管线情况；最终决定该闲置井是否可以利用，后续的改造工艺是选择加深钻井，还是大型酸化压裂等等。

利用本井及邻井资料进行采灌水量分析，选择储层物性好、具有较好的产液或吸水能力的井，选井时要注意采灌井距，通常油水井的注采井距较小，有的达到 150m，而余热井采灌量较大，采灌井距一般在 400-500m 以上。闲置井利用还需充分考虑邻井的生产情况，防止附近的生产井水窜或水淹。

由于老井多采用 177.8mm、甚至 139.7mm 的表层套管，采水设备尺寸受限，无法满足开发设计水量，开发效率低，经济效益不甚理想，形成了工艺简单、成本较低的取换套和套管修复技术。

2.3　提高采水回灌量技术

在地热井采水和回灌过程中，所面临最大的问题是近井地带堵塞，回灌困难。为解除近井地带堵塞，着手对多井取样进行室内岩心试验分析，结果表明，影响地热尾水回灌过程中的主要堵塞机理为：悬浮物堵塞、化学堵塞和气体堵塞。相对应的解决方案有：酸洗压裂(形成针对性的酸液体系)、优化采灌井网、机械增灌(定期回扬并优化回扬周期)等增灌解堵工艺，形成了多项提高采水回灌量技术。

3　余热利用应用情况

3.1　余热发电

从 2010 年开始，依托国家 863 计划，利用留北潜山地热资源先后建成 1 台 410kW 和 1 台 500kW 发电机，开国内中低温地热发电之先河。目前华北油田正在积极筹备新的余热发电项目，充分调研国内外先进技术，寻找换热效率最高的工质，实现余热资源的梯级利用(图 4、图 5)。

图 4　留北潜山地热 500kW 发电机组

图 5　留北潜山地热 410kW 发电机组

3.2　社区供暖

利用油田余热为社区供暖，华北油田已完成多项余热社区供暖项目。

社区供暖项目实施步骤：首先落实供暖需求，然后摸清供暖市场地下的余热资源，落实单井采灌能力和采水温度，计算出需要的采灌井数，利用数值模拟技术优化井距，模拟项目运行 20 年地下温度场的变化情况，最后进行经济评价，论证项目的可行性。围绕冀中一区五县供暖市场，华北油田高效快速的建成余热总供暖能力284万平米，每年节约标煤3.72万吨，年减排$CO_2$8.87万方。

3.3 油田燃油(气)加热炉清洁能源替代

综合利用余热等清洁能源进行清洁替代，目前共有在运项目1项，在建项目2项。任丘西部和留北油田余热利用项目：利用采出水余热为油田生产提供维温伴热，实现燃油加热炉的清洁能源替代，余热能年利用量折0.31万吨标煤。

4 油田余热利用范例

4.1 油田生产井采出液高温余热利用

2017年开始，华北油田实施西部油田余热综合利用项目，将5口井的高温产出液，一部分在联合站内换热，另一部分调至作业区的两座中转站，为两座站生产系统换热，热量利用后余热水回到联合站回注。余热调水线和回水线均利用旧套管进行建设，该油田实现了燃油替代。

4.2 油田闲置井余热再利用

2000年在河间城区附近的两口地质报废井(J19、J10)转为余热井，两口井井距为1100m，井口温度105℃，已平稳运行18个采暖季。J19井作为采水井，目前仍自喷，流量基本稳定在60m^3/h，自喷压力维持地热水系统循环。J10井作为回灌井，井口压力大部分时间为零，回注情况良好。承担供暖面积13.3×$10^4 m^2$。该项目获得2019年能源行业“地热能开发利用标准化示范项目”。

5 结论与建议

(1) 华北油田已掌握了多项余热利用关键技术，例如潜山重力流开发技术、闲置井改造工艺技术和提高采水回灌量技术等等。

(2) 华北油田高效快速的建成地热总供暖能力284万平米，年节约标煤3.72万吨，年减排$CO_2$8.87万方；综合利用余热等清洁能源对采油站场的燃油加热炉进行清洁替代，余热能年利用量折0.31万吨标煤，年减排$CO_2$0.74万方。有效减少了生产和生活过程中的化石能源消耗。

(3) 余热利用方式有多种，例如余热发电、社区供暖、花卉养殖、油田站场清洁能源替代等等，部分潜山产出水温度高达120~150℃，将余热资源梯级利用，创造更大的经济效益与社会效益。

参　考　文　献

[1] 朱家玲，等．地热开发与应用技术[M]．北京：化学工业出版社．2006年．

[2] 曾梅香，阮传侠，田光辉．井间示踪技术在岩溶裂隙热储层采灌系统中的应用——以天津市王兰庄地热田回灌井HX-25B示踪测试为例[J]．地质与勘探．

[3] 何满潮，刘斌，姚磊华，等．地热单井回灌渗流场理论研究[J]．太阳能学报，2003，24(2)：197-200.

[4] 庞菊梅，庞忠和，孔彦龙．岩溶热储井间连通性的示踪研究[J]．中国地质，2004，3：916-923.

[5] 李元杰．地热回灌示踪技术及热储模拟实验研究[D]．北京：中国地质科学院．

[6] 王树芳，刘久荣，林沛．岩溶热储回灌实验与示踪试验研究[J]．水文地质工程地质，2013，40(6)：129-133

[7] 王昌军，罗觉生，陈武．油田储层敏感性评价实验研究[J]．化学与生物工程，2006，23(6)：44-46.

[8] 王坤，朱家玲．中低温孔隙型地热田回灌试验研究[J]．太阳能学报，2001，22(2)：236-239.

[9] 赵志宏等．基于等效渗流通道模型的地热尾水回灌理论模型[J]．水文地质与工程地质，2017，5，44(3)：158-164.

Y63 断块高温低渗油藏深部调驱关键技术及规模化应用

郝紫嫣　王　莉　王秀伟　顾玉洁　陈亚娟　何思琦

（中国石油华北油田勘探开发研究院）

摘　要　华北油田 Y63 断块油藏温度高达 115℃，平均渗透率 14.8mD，为典型的高温低渗油藏。由于断块压裂投产，水流优势通道较为发育，中部区域注水突进严重，油井生产状况差异大；采用分注等措施后层间矛盾得到一定改善，但平面矛盾依然突出，常规水驱措施挖潜难度较大。自 2016 年起，该断块已实施了 5 个轮次的深部调驱，累计增油 2×10^4t，方剂增油 0.14t/m^3，增油降水效果明显，形成了适宜该类油藏的深部调驱配套技术。

关键词　高温低渗油藏；深部调驱；水流优势通道；高温凝胶体系；自组装微球体系

华北油田受区域构造和沉积环境的影响，砂岩油藏已复杂断块为主，由于地质条件复杂，开发难度较大，复杂断块油藏地质储量占全油田的 54.6%，年产油量占全油田的 85.3%，是目前华北油田产量的主体。经历 40 多年的开发，大部分油藏已经进入高含水开发阶段，稳产形式严峻，常规的水驱技术难以适应油田开发调整的需要，而深部调驱技术可以有效封堵水流优势通道，扩大波及体积，经过 20 多年的技术攻关，取得了较好的应用效果并实现规模化推广。通过对华北油田高温低渗油藏技术瓶颈的攻关，优化体系配方及注入参数，在典型的高温低渗油藏 Y63 断块取得显著效果。

1　地质开发特征

Y63 断块平均孔隙度为 16.1%；平均渗透率范围为 14.8mD，属于中孔低渗储层。地层温度 115℃，总矿化度 10440.63mg/L，水型为 $NaHCO_3$ 型。断块于 2006 年 9 月投产，2009 年 1 月注水开发。2010 年 4 月扩边建产，产量逐渐上升，2013 年至 2015 年产量快速递减，2016 年至 2018 年通过水井调驱、重配，油井压裂、提液等综合治理措施实现稳产，2018 年至今由于雄安新区政策进入加速开采阶段。目前油藏处于高含水阶段。

2　油藏开发矛盾

断块压裂投产、且储层非均质性强，加上长期水驱后，局部水淹严重，目前面临的主要矛盾为 Es_3 段中部区域注水突进严重，油井生产状况差异大。该井区中部及北部区域 Es_3 Ⅱ油组长期受注水突进影响，水流优势通道发育，油井水淹严重，平均含水 80.7%；水驱优势通道两侧水驱效果差，油井低液生产平均单井日产液 5.8t，日产油 1.5t，含水 74.1%（图 1、图 2）。

图 1　Es_3 段Ⅱ油组 6 号小层水淹图

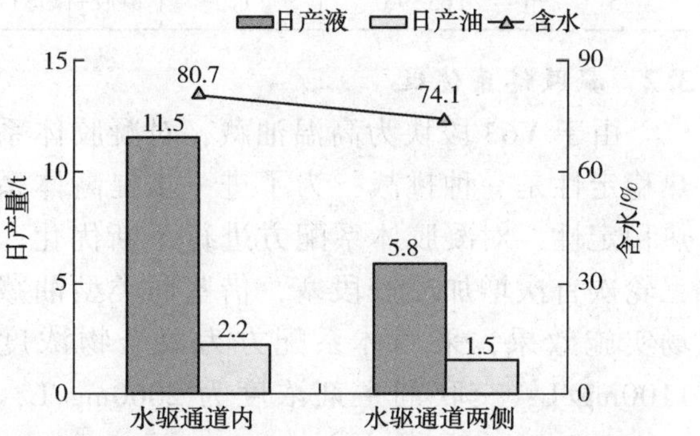

图 2　水驱通道内外油井生产状况统计柱状图

3　调驱体系室内评价技术研究

3.1　微球体系优选

Y63断块已实施的四次深部调驱均以微球段塞为主，微球体系需要同时满足在低渗油藏的注入性和封堵性，因此，各轮次根据室内实验研究以及水流优势通道分析，不断优化微球段塞，提高调驱体系与油藏的配伍性。通过室内实验评价结果，Y63断块第一、二轮次深部调驱参考同类型区块主要采用纳米级、微米级微球，浓度为3000mg/L。多轮次调驱后，针对微球体系开展进一步优化，通过不同粒径微球封堵岩心的压力变化的室内实验得出，亚毫米级微球比微米级、纳米级微球封堵性更好，并且根据前期调驱效果分析，结合调驱后水流优势通道研究，第三轮次采用浓度为微米级、亚毫米级微球，水流优势通道较为发育井组增加前置凝胶段塞。通过对现场实施效果的跟踪评价，针对调驱过程中含水上升油井在调大微球粒径、提高微球浓度后增油降水效果明显，第四次深部调驱体系均采用亚毫米级微球，个别井组增加小段凝胶段塞。

本次微球体系室内评价通过改变微球浓度研究不同浓度微球对封堵效果的影响，提高注入浓度，第一测压点封堵率提高，有利于微球的封堵效果，第二测压点的封堵率先提高后下降，微球向深部运移的能力先增强后减弱，浓度过高不利于微球的深入运移。综合考虑微球在低渗条件下的封堵性和持续深入性，微球体系浓度采用3000mg/L，实施过程中，定期对微球产出液进行取样分析，结合油井见效情况及时调整(图3、图4)。

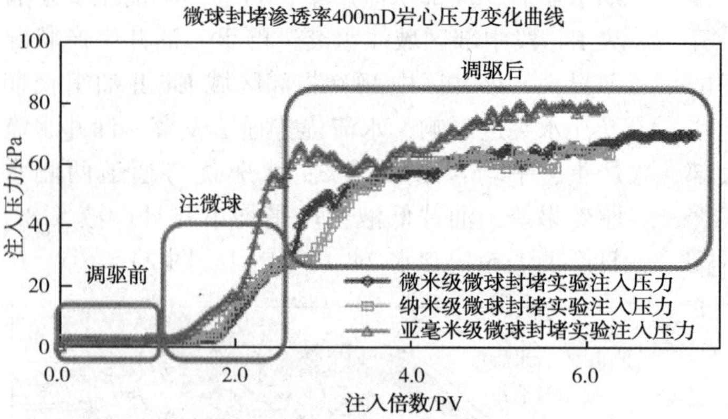

图3　微球封堵岩心压力变化曲线

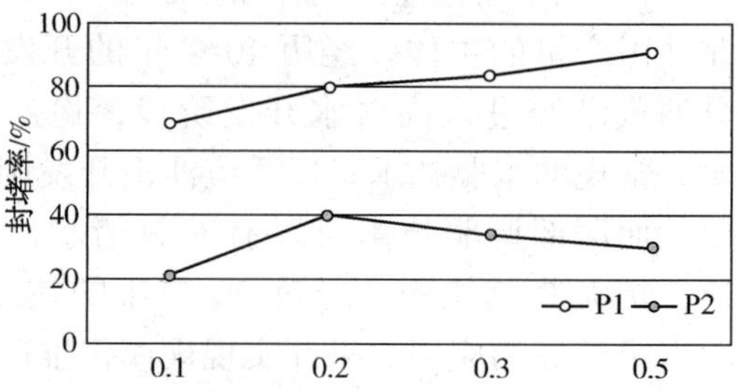

图4　微球封堵岩心压力变化曲线

表1　各轮次调驱段塞及微球体系配方

轮次	井区	井组/个	调驱段塞	微球粒径	微球浓度
1	Y63-3	7	微球(7井组)	纳米级、微米级	3000
2	Y63-50	4	微球(4井组)	微米级	3000
3	Y63-3	7	微球(3)凝胶+微球(4)	微米级、亚毫米级	3000、4000
4	Y63-80、-95	4	微球(3)凝胶+微球(1)	亚毫米级	3000、4000
5	Y63-95	11	凝胶+微球(8)微球(1)自组装微球(2)	微米级	3000

3.2　凝胶体系优选

由于Y63段块为高温油藏，对凝胶体系的热稳定性是一种挑战，为了进一步提高体系的热稳定性，对凝胶体系配方进行不断优化。第三轮次首次增加凝胶段塞，借鉴同类型油藏现场实施效果，采用体系配方为聚合物浓度为1100mg/L，交联剂主剂浓度为2000mg/L，交联剂助剂浓度为1000mg/L。为了进一步提高凝胶体系配方在高温油藏的热稳定性，开展凝胶体系配方优化。优化后的体系配方的黏度保持率有较大幅度的提升，第四次深部调驱采用低强度凝胶体系配方，聚合物浓度1100mg/L、A浓度2500mg/L、B浓度1000mg/L，高强度体系配方作为备选(表2)。

表2　凝胶体系配方优化

体系	实验号	配方浓度/(mg/L)			黏度/(mPa·s)							30天黏度保持率/%
		聚合物	交联剂A	交联剂B	初始	1天	2天	5天	10天	20天	30天	
原方案	现场	1100	2000	1000	89.2	3030	1878	1892	1676	1050	829	27.36
新送样品	X1	1100	2000	1000	93.5	1017	1703	2509	1849	1445	1168	57.6
	X2	1100	2500	1000	100.1	1763	1838	2621	2083	1759	1350	67.1
	X3	1300	3000	1000	120.5	2545	3429	4370	3773	3249	2754	74.3

本次根据现场所送交联体系，对比成胶性能和体系经济效益，实验结果表明新体系配方的热稳定性和经济效益均有所提高。两种体系配方均在1天之内成胶，新配方的黏度保持率可达到75%，热稳定性提高31%。对比相同强度下每方工作液价格，新体系配方较原体系配方相比下降7%(表3、图5)。

表3　凝胶体系配方优化及成本

实验号	浓度/(mg/L)			黏度/(mPa·s)								30天黏度保持率/%	每方工作液价格/元	备注
	聚合物	交联剂A	交联剂B	初始	5小时	1天	2天	5天	10天	20天	30天			
1	1100	2500	1000	100	未成胶	1763	1838	2621	2083	1759	1350	51.5	61.22	原方案体系
2	1300	3000	1000	121	未成胶	2545	3429	4370	3773	3249	2754	63	70.46	
3	1200	1500	1000	71.5	未成胶	1472	1553	1588	1530	1246	1198	75.4	44.47	本次评价体系
4	1500	2000	1200	97.9	未成胶	2560	2483	2420	2275	2015	1901	74.3	56.51	

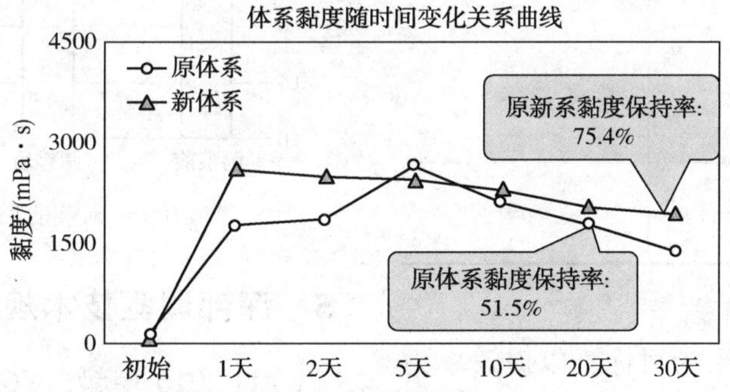

图5　凝胶体系优化评价结果

3.3　探索多种体系在该断块适应性

在相同实验条件下，对比4种不同微球的封堵能力，自组装微球的封堵能力高于亚毫米微球、微米微球以及超分子微球。本次针对发育中强水流优势通道、微球封堵效果有限但凝胶注入受限的井组，采用封堵率更好的自组装微球体系(图6、图7)。

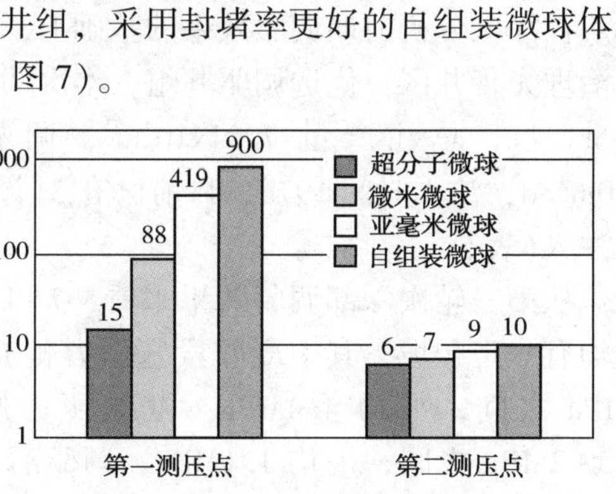

图6　不同调驱体系封堵实验压力对比

调驱体系	模型渗透率/mD	封堵率/%	残余阻力系数
超分子微球	2319	40.0	2
微米微球	1989	87.7	8
亚毫米微球	2123	95.4	23
自组装微球	2017	96.8	32

图7　不同调驱体系封堵能力对比

4　深部调驱关键技术研究

4.1　优势通道识别及调驱决策技术研究

Y63断块经过长期注水开发，已形成大量水流优势通道，以目标油藏水驱动用砂体为单元、井组为中心，优选以主见效层静态、动态指标为核心的优势通道判别参数并进行归一化处理，建立模糊数学与系统聚类的水流优势通道量化评分方法，根据各因素的权重计算综合评分并排序，实现水流优势通道快速精确分级，并且结合油水井生产动态对分级情况进行验证。

将调驱井组各小层优势通道分为一级、二级，发育一级水流优势通道的井组设计凝胶微球组合调驱，发育二级水流优势通道的井组设计纯微球调驱，封堵水窜通道，扩大波及体积。针对发育一级水流优势通道但由于压力空间不足或管柱影响凝胶注入受限的井组采用自组装微球(表4)。

表4　Y63断块设计调驱井组水流优势通道综合评分

井号	分级	段塞
Y63-139	发育一级水流优势通道	自组装微球
Y63-143		
Y63-160	发育一级水流优势通道	凝胶微球
Y63-152		
Y63-166		
Y63-146		
Y63-137		
Y63-145		
Y63-91		
Y63-155	发育二级水流优势通道	微球
Y63-149		

4.2　方案实施跟踪优化调整

在实施过程中以增效果为目标，以提效率为核心，进行全过程跟踪，合理安排配套监测技术，主要包括调驱体系性能监测，注入井吸水剖面、爬坡压力监测，生产井产液剖面、示踪剂监测。在调驱过程中共调大微球粒径3口，调整后8口油井含水得到控制(图8)，油量上升明显；2井组补注凝胶5700m^3，补注后水井压力爬坡4MPa，累计增油2300t。

此外，在微球的注入过程中定期对油井的微球产出液进行监测，评价微球封堵效果，创新提出“四步法”油水分离技术，通过紫外分光光度检测法检测采出液样品的吸光度，结合标准曲线计算出采出液样品中的微球含量，通过产出液中的微球含量结合油井的见效情况，优化方案参数。针对油井出现含水上升问题，结合微球产出液监测结果分析，如果油井调驱效果变差含水上升，且微球产出液含量变高，认为体系未能形成有效封堵，调整微球粒径并控制配注，可有效控制含水上升，调整后Y63-36井见效明显(图9)。如果油井含水上升但微球产出液含量稳定，分析周围未调驱水井影响，合理控制配注。

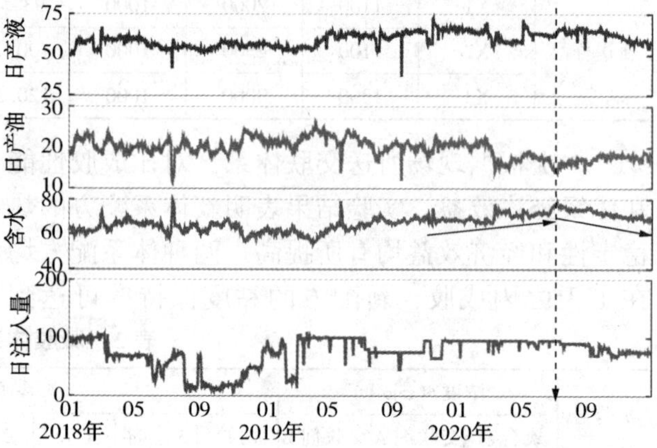

图8　8口优化调整油井生产曲线

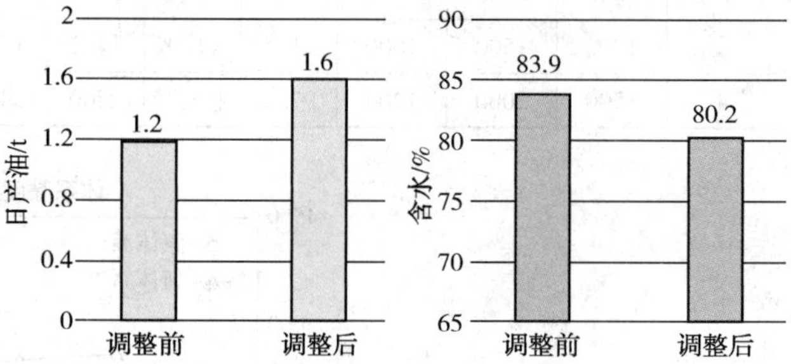

图9　调整前后日产油、含水对比

5　深部调驱技术规模化应用

自2016年起，Y63断块先后在4个井区实施5次深部调驱，共涉及调驱井33口，覆盖地质储量345×10^{4}t，累计注入调驱液17.6×10^{4}m^3，对应油井112口，累计增油2×10^{4}t，配合综合治理，年自然递减由27%减缓至10%以内，提高采收率2.5%。通过对调驱井组、段塞设计以及体系配方不断的优化和升级，调驱效果持续变好。在深入分析前期调驱效果的基础上，立足综合治理完善井区，优选调驱井组，本次调驱井组共11口，总注入量7.21x10^{4}m^3，调驱配注390m^3/d，注入时间197d，目前已有3个井组开始注入(表5)。

从第三轮次深部调驱效果来看，7口井的压力均有一定爬坡，其中凝胶段塞压力爬坡在4~7MPa之间，平均4.4MPa；微球压力爬坡在0.3~2MPa之间，平均1.1MPa。调驱后水驱动用程度提高2%，吸水层数增加6%，吸水厚度增加 4%，7 口调驱井全部见到调驱效果。

表 5　Y63 断块历次深部调驱概况

轮次	实施时间	井区	井组/个	对应油井/口	累计注入量/m^3	累计增油/t	单井组增油	方剂增油
1	2016. 1～2017. 11	Y63-3	7	24	35000	5065	723. 57	0. 14
2	2017. 7～2018. 4	Y63-50	4	16	24700	2452	613. 00	0. 10
3	2019. 3～2021. 1	Y63-3	7	25	84993	12433	1776. 14	0. 15
4	2020. 4～2021. 4	Y63-80 Y63-95	4	18	30900	2555	638. 75	0. 08
5	2021. 1	Y63-95	11	29	正在实施			
合计			33	112	175593	22505		

调驱共对应油井 25 口，调驱见效 22 口，见效率 88%，井组日产液由 181. 4t 上升至 238. 7t，日产油由 59. 1t 上升至 77. 9t，含水由 68. 9%下降至 71. 5%，高峰期日增油 26t，含水下降 6%，效果明显，截至 2021 年 5 月，累计增油 12433t，超过方案预测增油量，调驱有效期已超过 20 个月，目前仍处于有效期(图 10、图 11)。

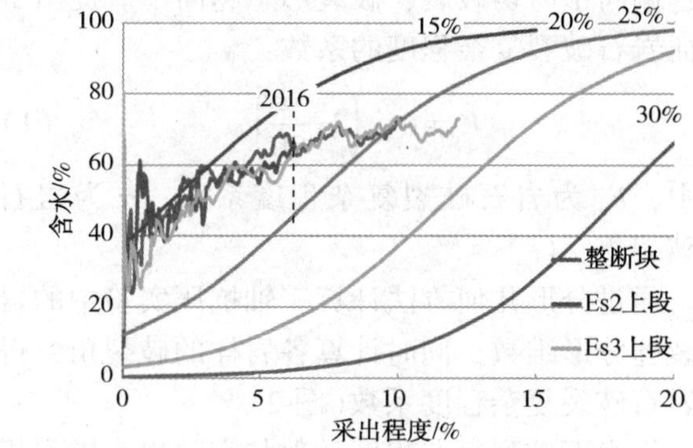

图 10　Y63 断块含水与采出程度曲线

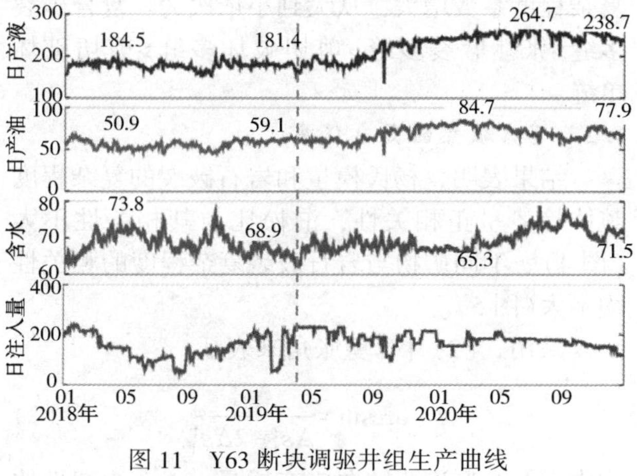

图 11　Y63 断块调驱井组生产曲线

6　结论

（1）针对高温低渗油藏需要不断探索适宜不同阶段的调驱段塞，经过不断优化适宜的体系配方，综合评价体系性能以及经济性，筛选出的凝胶微球体系有较好的热稳定性和注入性。

（2）通过模糊评判方法，可以准确对“双高期”水流优势通道的发育情况进行分级。该技术在 Y63 断块的调驱决策中的应用，准确的对各调驱井组的优势通道发育情况指导调驱方式的选择，实现了增油降水效果，为老油田深部调驱技术提供了技术支撑。

（3）在调驱过程中的跟踪调整技术是非常必要的，实时跟踪油水井动态，根据见效情况及时调整，确保调驱持续增效。

参 考 文 献

[1] 曾庆桥，孟庆春，等．聚合物微球深部调驱技术在复杂断块油藏的应用[J]．石油钻采工艺，2012，34(5)：91～94.

[2] 丁帅伟，姜汉桥，赵翼，等．水驱砂岩油藏优势通道识别综述[J]．石油地质与工程，2015，29(5)：132-136.

[3] 刘月田，孙保利，于永生．大孔道模糊识别与定量计算方法[J]．石油钻采工艺，2003，25(5)：54-59.

[4] 艾长虹，高维衣．吸水剖面曲线与大孔道定量分析技术的应用[J]．油气田地面工程，2003，22(4)：51～52.

[5] 王实．数据挖掘中的聚类算法[J]．计算机科学，2002，27(4)：42.

[6] 郭志东，权培丰，付长春．PI 决策技术及其在复杂断块油田调剖中的应用．油气井测试，2000，9(3)：50～53.

页岩油气高效压裂技术研究与实践

郭建春

(油气藏地质及开发工程国家重点实验室·西南石油大学)

摘　要　页岩储层渗透率极低，水平井分段多簇压裂形成复杂裂缝网络是开发页岩油气藏的关键技术。本文针对页岩缝网压裂开展技术攻关：实现页岩储层可压裂性定量评价；建立套管射孔定向井的起裂压力预测模型；基于改造带裂缝密度和井间压窜预防对裂缝簇间距和暂堵时机进行优化；搭建全域可视复杂缝网支撑剂输送装置，揭示复杂缝网支撑剂输送和铺置规律；实验揭示水化过程中孔隙结构的演变机制；形成基于解吸附剂的低吸附-低伤害压裂液技术。

关键词　页岩储层；可压裂性；裂缝扩展；支撑剂输送；导流能力；水化；压裂液

页岩极低的孔渗特征严重制约了油气的商业开采，为了增加深层页岩储层裂缝的复杂程度、维持高闭合压力下的支撑裂缝导流能力，目前主要形成了密切割分段压裂、大孔径等孔径射孔、变黏度压裂液多级交替注入、大排量低黏滑溜水加砂、大规模高强度小粒径组合支撑剂和暂堵转向改造等工艺技术。但现场实践表明，页岩油气总体开发效果还不够理想，尚不能满足效益化开发的要求。页岩储层压裂面临页岩压裂具有水平段长，储层物性及工程地质特征差异显著，基于常规可压裂性评价难以明确影响页岩可压裂性的主要因素；压裂后裂缝形态的表征与实际存在较大差异；多尺度裂缝内支撑剂的沉降输送特征复杂等难题，严重制约页岩储层的压裂效果。对上述问题认识不清，导致水平井体积压裂后形成复杂缝网的难度大，储层改造范围有限，压裂效果不理想。因此，需结合深层页岩储层的工程力学特征，采用理论和实验相结合的方法从裂缝的起裂、扩展、支撑和压裂液等方面开展深入的技术研究与实践。

本文在页岩储层缝网可压性评价、复杂裂缝起裂及扩展规律、多尺度裂缝中支撑剂输送与有效支撑、页岩水岩作用机理和高性能压裂液等方面开展了有益的探索与实践，以期为促进我国深层页岩储层缝网压裂理论与技术的进步提供借鉴和参考。

1　页岩储层可压裂性评价

1.1　页岩破裂形态特征

岩石的破裂过程本身具有自相似性，岩石破裂模式具有分形特征。如图1所示，通过描述岩石端面的破裂形态计算分形维数。

以岩样中轴线为基准线，主破裂面与中轴线的夹角即为岩石的破裂角。破裂角越大，岩石破裂越偏向于剪切破裂，破裂形态越简单。提出了表征岩石破裂复杂程度的系数：

$$F_c = D \cdot \left(1 - \frac{\alpha}{90}\right) \tag{1}$$

式中，F_c 为岩石破裂复杂程度系数；α 为岩石的破裂角，(°)。

通过分形几何方法计算三轴抗压实验中的岩样裂缝分形维数，同时计算各岩样的破裂角，得到岩石破裂复杂程度系数(图2)。

将岩石破裂复杂程度系数与实际岩心破裂相对比发现(图3)：随着破裂程度加深，岩石破裂复杂程度系数增大，从大到小依次为：复合破裂多缝>张性劈裂多缝>剪切破坏多缝>剪切破坏单缝。

1.2　页岩破裂的复杂程度

结果表明，杨氏模量和岩石破裂的复杂程度整体趋势呈正相关性，泊松比与其相关性不大(图4)。不同矿物与岩石破裂复杂程度的相关性均不大(图5)。

采用式(2)计算剪胀角来表征：

$$\psi = \arcsin = \frac{\Delta\varepsilon_v^p}{\Delta\varepsilon_v^p - 2\Delta\varepsilon_1^p} \tag{2}$$

式中，$\Delta\varepsilon_1^p$ 为塑性轴向应变增量；$\Delta\varepsilon_v^p$ 为塑性体积应变增量。

在三轴抗压实验条件下，对上式进行变形可得：

图 1　实验岩石破裂面

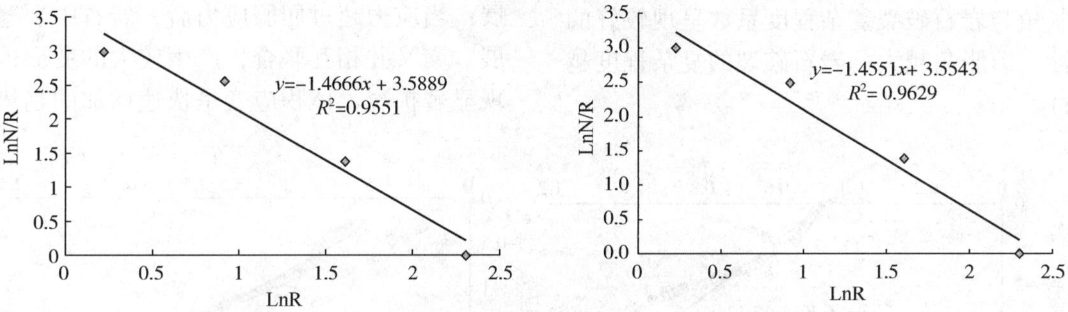

图 2　分形维数计算

(a)复合破裂多缝　(b)张性劈裂多缝　(c)剪切破坏多缝　(d)剪切破坏单缝

图 3　典型破裂模式

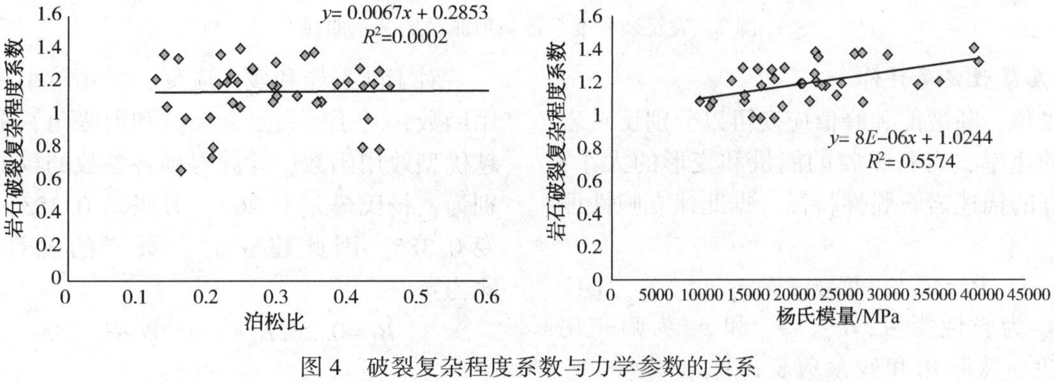

图 4　破裂复杂程度系数与力学参数的关系

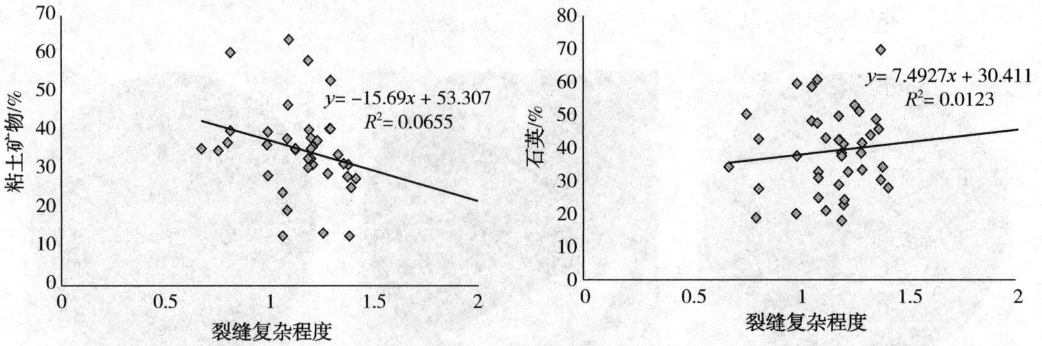

图5　矿物组分含量与破裂复杂程度之间的关系

$$\left|\frac{\Delta\varepsilon_3^{\mathrm{p}}}{\Delta\varepsilon_1^{\mathrm{p}}}\right|=\frac{1}{2}\frac{1+\sin\psi}{1-\sin\psi} \tag{3}$$

剪胀角与岩石破裂复杂程度系数呈现较好的正相关性。剪胀角越大，岩石破裂的复杂程度越大(图6)。

如图7所示，岩石开始出现的扩容的阶段为裂纹非稳定扩展阶段，该阶段裂纹开始起裂并扩展；当应力超过屈服应力后，岩石中裂缝快速发展、交叉并相互联合，产生较大的变形，岩石呈现显著扩容，体积应变呈快速增加的趋势。

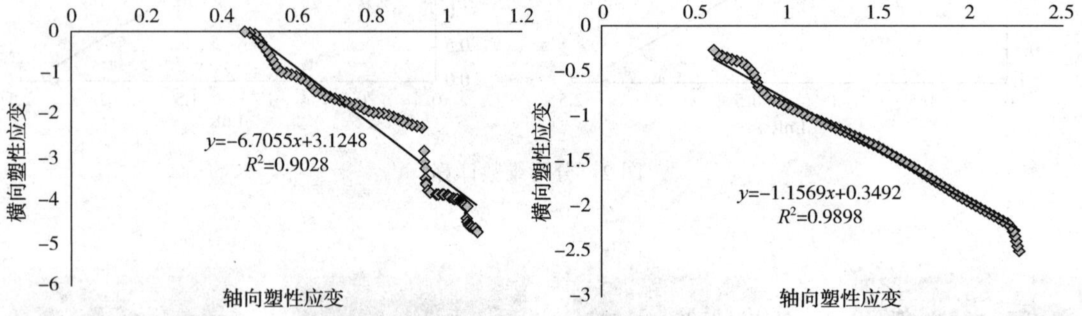

图6　塑性应变与横向塑形应变关系曲线

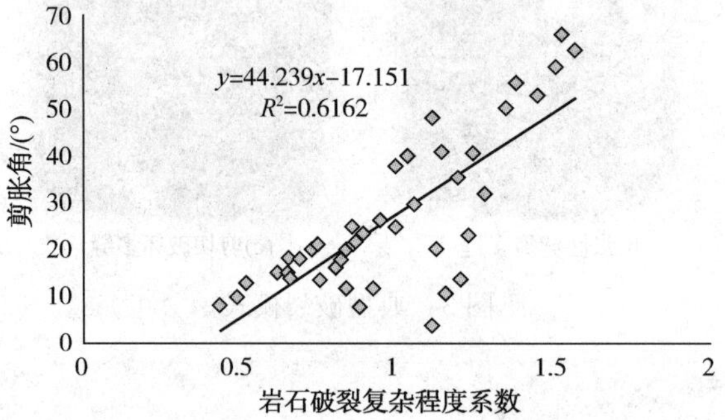

图7　裂复杂程度系数与剪胀角的关系曲线

1.3　可压裂性定量评价

剪胀角、断裂能和峰值应变可以分别反映岩石变形的速率、岩石吸收的能量和变形的大小，可以很好的描述岩石脆性特征。据此建立脆性评价方法：

$$B_1=W_1E_n+W_2\psi_n+W_3\varepsilon_{\mathrm{pn}} \tag{4}$$

式中，B_1 为脆性指数；E_n、Ψ_n 和 $\varepsilon_{\mathrm{pn}}$ 为归一化的断裂能、剪胀角和残余应变；W_1、W_2 和 W_3 为各参数的权重系数，$W_1+W_2+W_3=1$。

对于断裂能和残余应变，采用越小越优型效用函数，对于破裂复杂系数和剪胀角，采用越大越优型效用函数，计算得到各参数的权重系数分别为：杨氏模量0.262，剪胀角0.353，峰值应变0.385。因此建立适合页岩的脆性评价方法为：

$$B_1=0.262E_n+0.353\psi_n+0.385\varepsilon_{\mathrm{pn}} \tag{5}$$

2 页岩复杂裂缝起裂及扩展规律

2.1 起裂压力预测模型

2.1.1 射孔孔眼周围应力

在井壁 r_w 处，可以不同的应力分量叠加得到总应力分布：

$$
\begin{cases}
\sigma_{\theta p} = (\sigma_x^o + \sigma_y^o + \sigma_z^o) + 2(\sigma_x^o + \sigma_y^o - \sigma_z^o)\cos 2\theta^* - 2(\sigma_x^o - \sigma_y^o) \\
\quad \times \left(\cos 2\theta + 2\cos 2\theta \cos 2\theta^* + v(2\cos 2\theta^* + 1)\dfrac{R_w^2}{r^2}\cos 2\theta\right) \\
\quad - 4\tau_{xy}^o\left[(1 + 2\cos 2\theta)\sin 2\theta + v\dfrac{R_w^2}{r^2}(2\cos 2\theta^* + 1)\sin 2\theta\right] \\
\quad - 4\tau_{\theta z}\sin 2\theta^* - 2p_w(\cos 2\theta^* + 1) + TF\dfrac{R_o^2}{r^2}p(r_w) \\
\quad + \dfrac{\alpha(1-2v)}{(1-v)}\left[\dfrac{1}{[R^2(t) - r_w^2]}\displaystyle\int_{r_w}^{R(t)} p(r)\cdot r\cdot dr - p_p\right] \\
\sigma_{zp} = \sigma_R^c - 2v\left\{\sigma_z^o - \dfrac{\sigma_x^o + \sigma_y^o}{2}\left(1 + \dfrac{R_w^2}{r^2}\right) + \dfrac{\sigma_x^o - \sigma_y^o}{2}\left[\left(1 + 3\dfrac{R_w^4}{r^4} - 4v\dfrac{R_w^2}{r^2}\right)\cos 2\theta\right.\right. \\
\quad \left.\left. + \tau_{xy}^o\left[\left(1 + 3\dfrac{R_w^4}{r^4} - 4v\dfrac{R_w^2}{r^2}\right)\sin 2\theta\right]\right\}\cos 2\theta^* - 4v(-\tau_{xz}^o\sin\theta + \tau_{yz}^o\cos\theta)\left(1 + \dfrac{R_w^2}{r^2}\right)\sin 2\theta^* \\
\quad + \dfrac{\alpha(1-2v)}{(1-v)}\left[\dfrac{1}{[R^2(t) - r_w^2]}\displaystyle\int_{r_w}^{R(t)} p(r)\cdot r\cdot dr - p_p\right] \\
\tau_{\theta zp} = -2(\tau_{xz}^o\cos\theta + \tau_{yz}^o\sin\theta)\left(1 - \dfrac{R_w^2}{r^2}\right)\sin\theta^* + 2(\sigma_y^o - \sigma_x^o)\left(1 - 3\dfrac{R_w^4}{r^4} + 2\dfrac{R_w^2}{r^2}\right)\sin 2\theta \\
\quad + 2\tau_{xy}^o\left(1 - 3\dfrac{R_w^4}{r^4} + 2\dfrac{R_w^2}{r^2}\right)\cos 2\theta\cos\theta^*
\end{cases}
\tag{6}
$$

2.1.2 射孔孔眼起裂准则

张性破坏准则通常被用来预测裂缝起裂压力，假设在井壁的任意一点，一旦最大主应力分量达到岩石抗张强度时，裂缝起裂。

$$\sigma_3 = \frac{1}{2}\left[(\sigma_{\theta p} + \sigma_{zp}) - \sqrt{(\sigma_{\theta p} - \sigma_{zp})^2 + 4(\tau_{\theta zp}{}^2}\right] \tag{7}$$

式中，σ_3 表示井壁处的最大张应力(负值)。

当流体渗透时，地层中孔隙压力增大；孔弹性效应会减小有效最大张应力：

$$\sigma_f = \sigma_3 - \alpha \cdot \bar{p}_{R(t)} \tag{8}$$

式中，σ_f——岩石的有效强度，MPa。

采用最大张应力准则用来确定起裂压力：

$$\sigma_f \leqslant -\sigma_t \tag{9}$$

2.1.3 影响因素分析

选取四川长宁区块的典型页岩气井作为模拟计算的基础参数，如表1所示。

表1 模型计算基础参数

参数名	单位	数值	参数名	单位	数值
最大水平主应力	MPa	72.9	套管杨氏模量	MPa	210000
最小水平主应力	MPa	60	套管泊松比	–	0.3
垂向应力	MPa	63.4	套管外径	mm	139.7
原始地层孔隙压力	MPa	31.75	套管内径	mm	115.4
地层渗透率	mD	500	施工排量	m^3/min	4
储层厚度	m	6	压裂液黏度	mPa·s	10
综合压缩系数	$10^{-4}MPa^{-1}$	9.3	井眼半径	m	0.1

续表

参数名	单位	数值	参数名	单位	数值
孔隙度	%	6.3	射孔深度	m	0.5
岩石杨氏模量	MPa	45000	孔眼半径	m	0.005
岩石泊松比	–	0.22	射孔数量	–	16
岩石抗张强度	MPa	2.94	井筒井斜角	°	90
Biot 系数	–	0.5	井筒方位角	°	90
温度	℃	97	射孔相位角	°	60

(1) 储层孔隙压力变化

如图8所示看出，随着注入时间的增长，射孔孔眼附近的压力变化越来越陡。随着激动半径的增加，孔隙压力显着降低。随着注入时间的增加，激动半径增大。

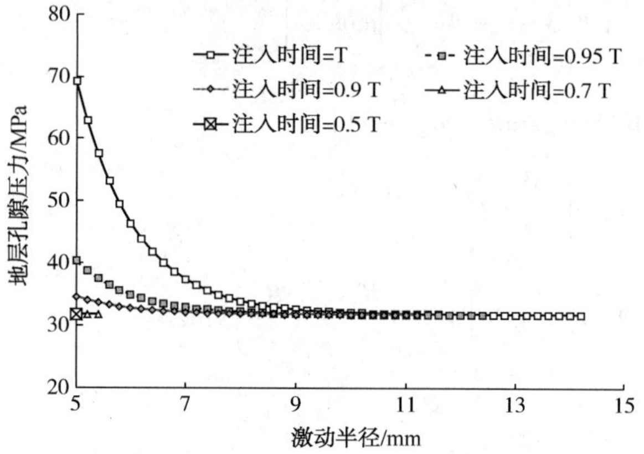

图8　注入时间孔隙压力与激动半径关系

(2) 射孔方位角

射孔时，需要找到最优的射孔方位，使得起裂压力最低。如图9所示，计算结果曲线关于180°方位角对称。最优的射孔方位角为0°和180°，对应的起裂压力最低；而在90°和270°时，起裂压力最大。因此，推荐沿着0°或者180°方位角射孔。

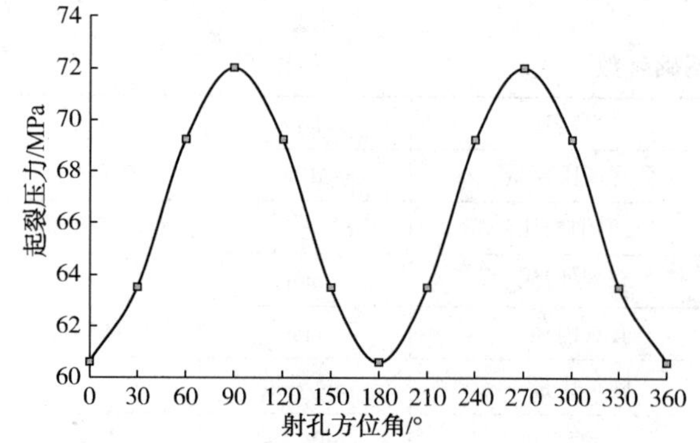

图9　射孔方位角对起裂压力的影响

(3) 压裂液黏度

压裂液黏度为流体内摩擦力的表现，影响着施工过程中的起裂压力。

从图10和图11中可知，随着黏度减小，近井有效应力增加，孔隙压力减小，起裂压力减小。较低的流体黏度降低了与地层中黏性流体相关的能量损耗，因此起裂压力也较低。

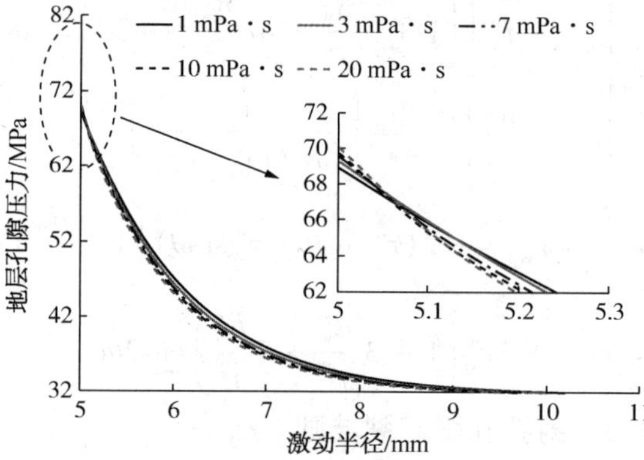

图10　孔隙压力变化

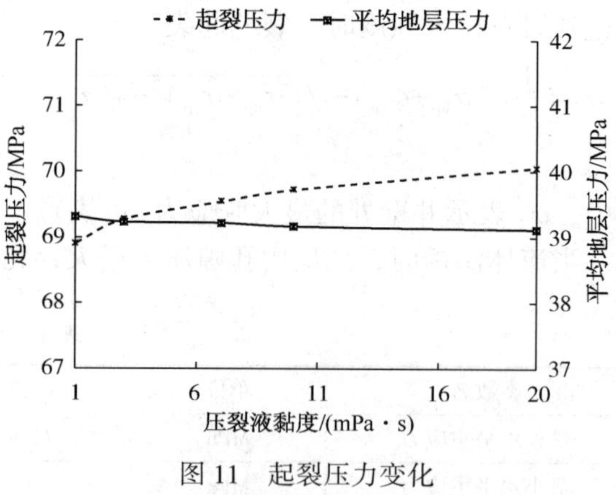

图11　起裂压力变化

2.2　页岩复杂裂缝扩展模拟与参数优化

使用相场法建立复杂裂缝扩展模型，进行页岩复杂储层条件下的裂缝扩展模拟分析。在基质岩体的断裂过程中，外力做功变为岩体的弹性能和裂缝的耗散，则基质岩体的弹性能演化，裂缝的耗散和外力功需满足能量守恒定律：

$$\dot{E}+D-P=0 \quad (10)$$

式中，$\dot{E}$ 为弹性能的演化，J/s；D 为耗散，J/s；P 为外力功，J/s。

根据线弹性理论，全局的弹性能泛函为：

$$E(u,\ d)=\int_B \psi(\varepsilon(u),\ d)\mathrm{d}V \quad (11)$$

式中，u 为位移张量；ε 为应变张量；ψ 为弹性能密度函数。

在断裂的页岩基质岩体中，全局本构耗散泛函为：

$$D(\dot{d})=\int_B \varphi(\dot{d},\ \nabla\dot{d})\mathrm{d}V \quad (12)$$

式中，φ——单位岩石体积的本构耗散函数。

对于受体力作用和表面力作用的材料，外力功泛函可以表示为：

$$P(\dot{u})=\int_B B(x,\ t)\cdot\dot{u}\mathrm{d}V+\int_{\partial Bt} t_N(x,\ t)\cdot\dot{u}\mathrm{d}A \quad (13)$$

式中，B 为单位体积的体力，N；$t_N(x,\ t)$ 为纽曼边界条件的面力或外力，N。

应用高斯理论和应力平衡对到可以获得裂缝相场演化方程：

$$\dot{d}=\frac{1}{\eta}\left[2(1-d)\psi_0^{+}-g_c\left(\frac{d}{l}-\Delta d\right)\right] \quad (14)$$

基于相场法裂缝扩展模型，建立了页岩水力裂缝与多条天然裂缝交互扩展物理模型(图 12)，分析不同参数下裂缝扩展形态。

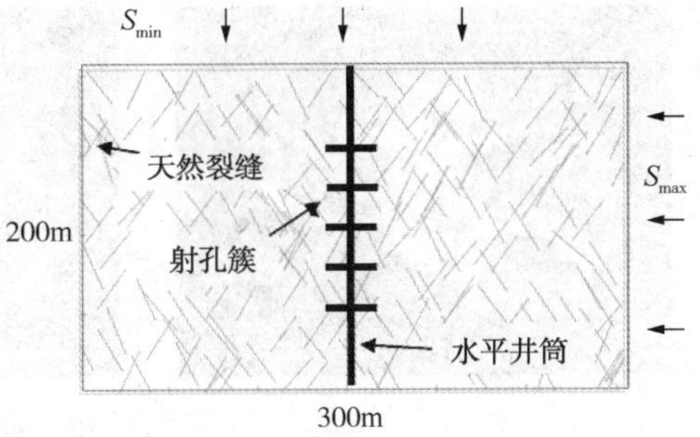

图 12　物理模型示意

通过不同簇间距的裂缝扩展模拟发现(图 13)，簇间距越小，簇间应力干扰越明显，水力裂缝易与邻簇裂缝“串联”，形成网络裂缝；在大簇间距情况下，簇间应力干扰减弱，形成多条平行较为独立的主裂缝。簇间距较小时，多簇均有效开启，改造带面积小高；簇间距增大，形成优势流动通道，影响部分簇的有效扩展，裂缝扩展均匀性降低。因此，天然裂缝较为发育时，优化采用较小的簇间距，提高裂缝密度。

通过分析不同泵注液量下的裂缝形态(图 14)，发现在泵注 1100m³ 压裂液后，裂缝长度接近 300m，有井间压窜风险，需进行暂堵，控制优势裂缝长度。因此，优化在泵注 1100m³ 压裂液进行暂堵。在压裂模拟中，设置对优势裂缝的封堵，继续泵注，裂缝扩展形态如图 15 所示。可以发现，部分之前未有效扩展的射孔簇紧邻的裂缝开始扩展，裂缝复杂性明显增加，有效提高了改造区域内的裂缝密度。

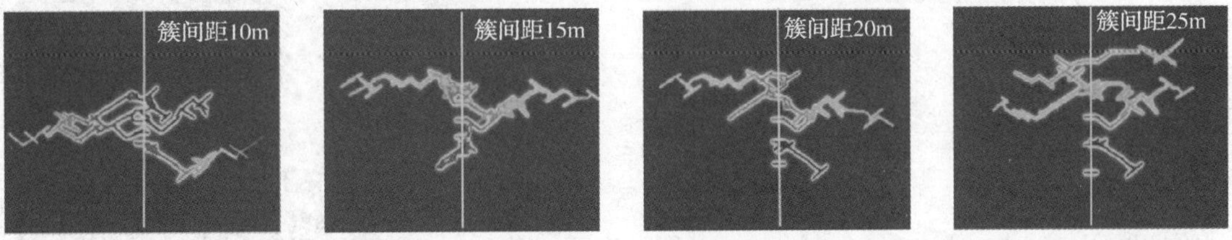

图 13　不同簇间距下的裂缝扩展形态

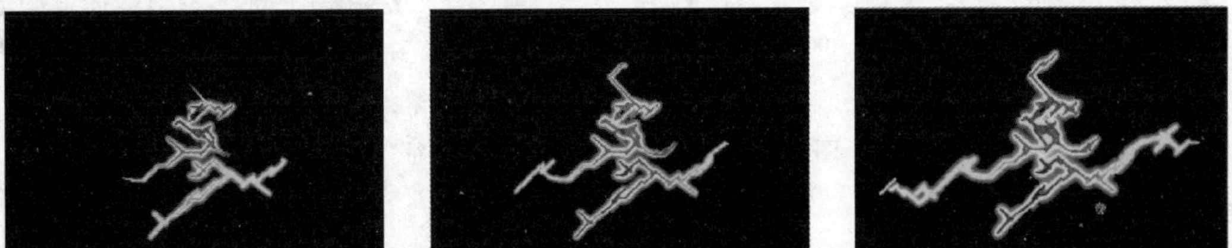

图 14　不同液量下的裂缝扩展形态

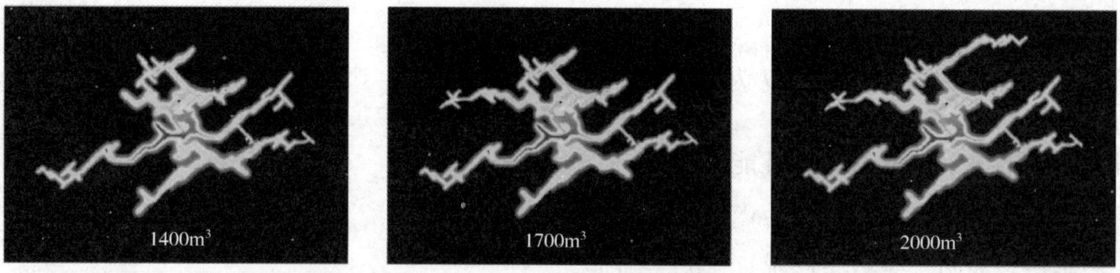

图 15　暂堵后继续泵注的裂缝形态

3　裂缝网络支撑剂输送及导流能力评价

3.1　裂缝网络支撑剂输送

支撑剂在裂缝中的运移沉降规律是影响支撑剂在裂缝中铺置形态的关键，也直接决定压裂改造的最终效果。

3.1.1　复杂缝网支撑剂输送实验

本文以典型平板裂缝为基础，利用全域可视复杂缝网支撑剂输送实验装置，建立裂缝固液两相流动参数解释系统。整个实验装置由实验段、压裂液-支撑剂混配系统、泵注系统、循环系统、计算机控制与采集系统和 PIV 系统等部分构成(图 16)。

图 17 展示了射孔处瞬时射流测试结果。在高速压裂液射流的带动下，40/70 目支撑剂无论从速度大小、方向上都展示了较强的跟随性；测试结果也表明所研发的测试方法对复杂的裂缝内流动就有较好的适应性。

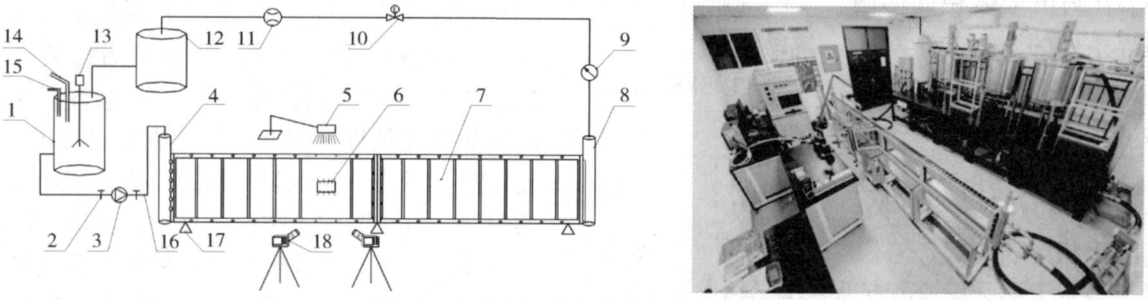

图 16　支撑剂输送实验装置及示意图

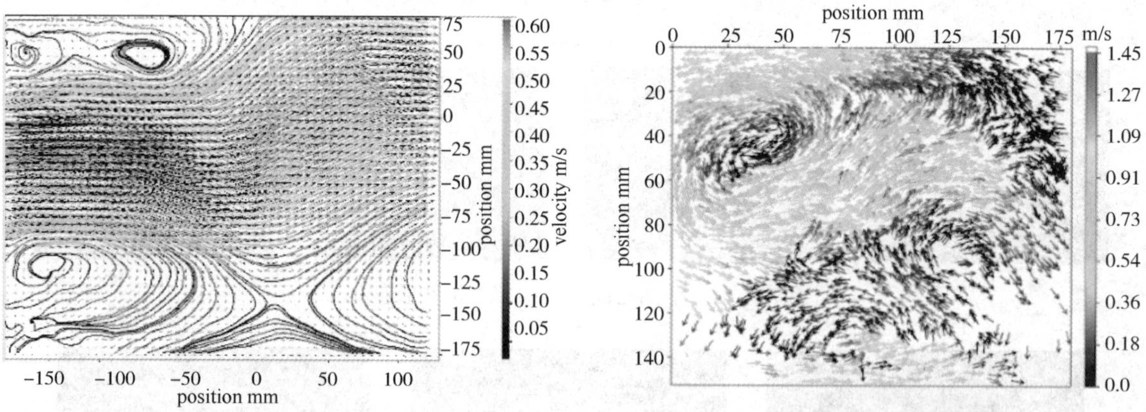

(a)流线分布　　(b)支撑剂速度分布

图 17　射孔射流处两相流流动特征

3.1.2　缝网中支撑剂铺置规律

根据支撑剂-压裂液两相 CFD 模拟得到缝网中支撑剂铺置规律。如图 18(a)所示，主缝中支撑剂铺置过程中，携砂液进入裂缝，支撑剂在离入口较近地方快速沉降并形成砂堤。伴随着携砂液不断注入，砂堤高度不断增加，但是砂堤高度在离入口较近处增长速度明显高于离入口较远处增长速度。如图 18(b)所示，支撑剂进入次缝一段时间后，次缝中砂堤形态始终以某一倾角值向上堆积，该过程中砂堤几何形状不变，只是增加砂堤高度；当次缝中砂堤形状达到一定高度后，次缝中砂堤形状发生变化，不再是以该倾角在次缝中铺置，而是砂堤顶部形状变得水平。

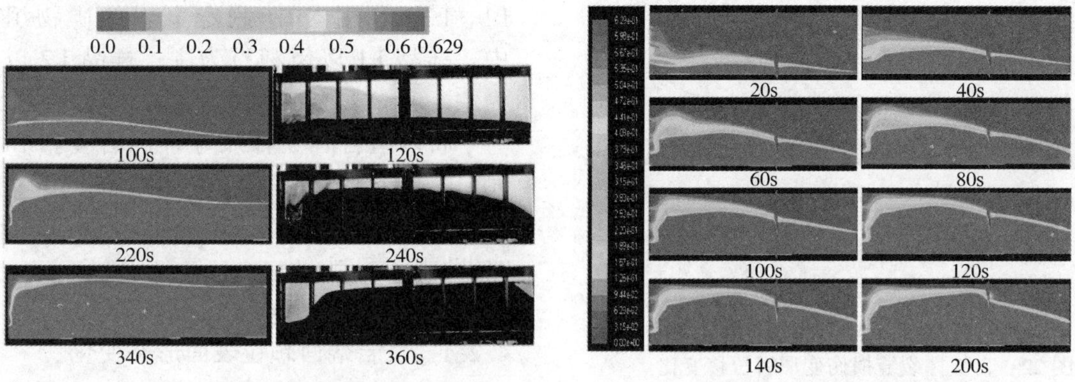

(a)主裂缝中支撑剂铺置　　(b)缝网次缝中支撑剂铺置

图 18　主裂缝和缝网次缝中堆积规律

3.2　裂缝导流能力评价

裂缝网络的导流能力是决定页岩产能大小的关键因素，认识裂缝网络中各种尺度裂缝的支撑机理，是页岩压裂面临的重要问题。

3.2.1　含支撑剂的支撑裂缝

裂缝网络中的主裂缝和支裂缝由支撑剂保持裂缝开启提供导流能力。页岩支撑裂缝导流能力实验明确了支撑剂破碎、支撑剂嵌入、微粒运移和成岩作用是含有支撑剂的裂缝导流能力的主要影响因素。支撑剂在裂缝闭合压力作用下会发生变形、破坏和嵌入到页岩中(图 19)，随着闭合压力的增加，支撑剂嵌入程度大幅增加，使导流能力急剧降低。因此，结合支撑剂嵌入微观分析和塑性损伤理论，将嵌入分为弹塑性和蠕变两个阶段，建立考虑岩石长期蠕变效应的支撑剂嵌入深度理论模型(图 20)。

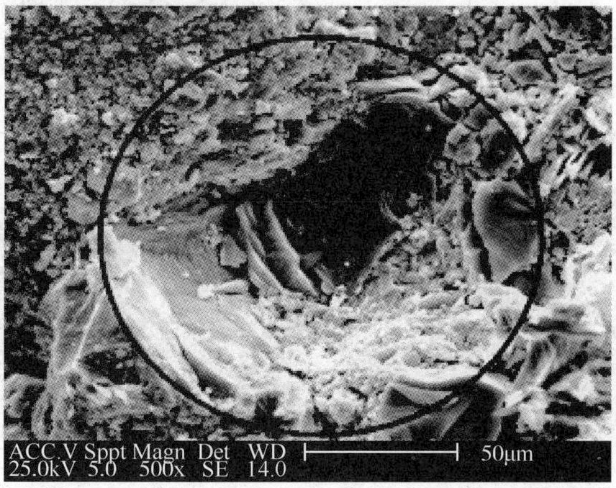

图 19　支撑剂嵌入微观显示

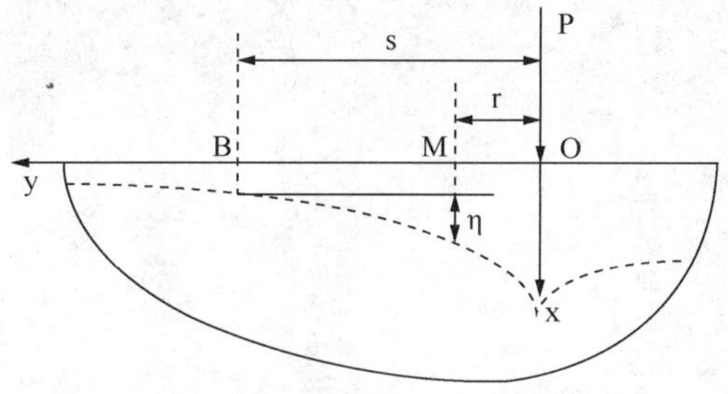

图 20　支撑剂嵌入物理模型

3.2.2　剪切滑移自支撑裂缝

页岩压裂形成的裂缝网络中很大部分没有支撑剂，需要靠页岩剪切裂缝的粗糙面滑移支撑。结合缝内流体压力作用下人工裂缝和天然裂缝剪切滑移量计算方法，研发自支撑裂缝导流能力测试系统(图 21)，并提出了考虑非达西效应的自支撑裂缝导流能力计算模型。

图 21　自支撑裂缝导流能力测试装置

结合力学分析和实验模拟，将理想弹塑性理论引入改进 Hopkins 模型，提出裂缝闭合发生损伤变形的判定方法(图 22)；基于三维形态表征技术重构裂缝表面形貌并建立了自支撑裂缝流动通道几何模型(图 23)；采用非结构网格离散流体域，建立了考虑裂缝损伤变形的自支撑裂缝导流能力预测模型。

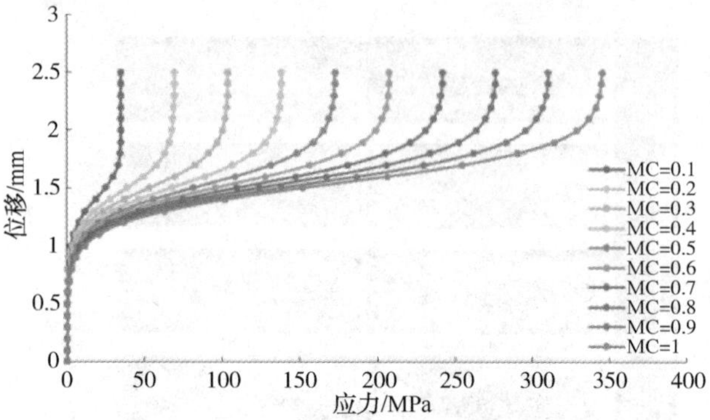

图 22　自支撑裂缝损伤变形后位移变化

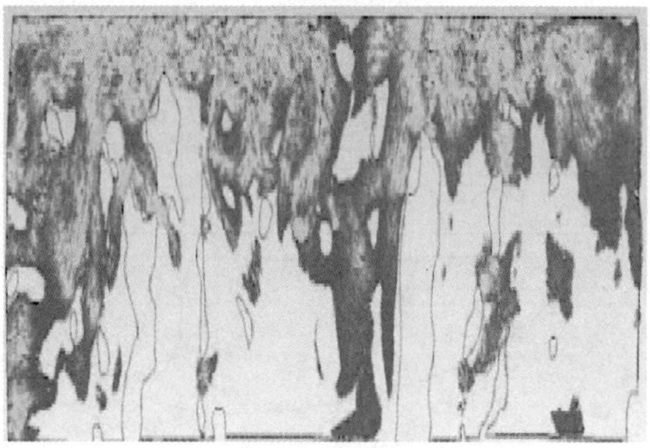

图 23　自支撑裂缝流动机理

4　深层页岩水化作用机理

采用扫描电镜、高压压汞、低温 N_2 吸附等手段，对比黏土矿物组成不同的两套页岩样品在水化过程孔隙结构的变化，分析页岩水化的主控因素。

4.1　实验设计

实验岩心采自龙马溪组两个相邻井区，编号L1、L2。利用 XRD 测定页岩的矿物组成。其中，样品 L1 以伊利石为主；样品 L2 以蒙脱石为主。

将两组岩心 3 种尺寸样品各 4 份在温度为90℃条件下，分别浸泡 0，5，10，20d，压裂液配方与现场一致：0.1%降阻剂+0.1%防膨剂+1%助排剂配制。

4.2　实验结果分析

4.2.1　页岩端面颗粒表面形态变化

图 24、图 25 分别为 L1、L2 岩样不同水化时间下微观结构的变化情况。L1 岩样浸泡后，页岩水化过程存在 3 种变化形式：①水浸后黏土矿物膨胀不明显，岩样以层理缝的张开及初始裂缝扩展为主；②黏土矿物吸水膨胀，颗粒边缘逐渐钝化，不膨胀颗粒崩解分散，微裂缝趋于闭合；③溶蚀孔增多，总体结构转化为多孔疏松，岩样胶结强度降低。L2 岩样具有与 L1 岩样相似的变化趋势(图 27)，不同的是：水化 10d 后在该岩样中还观测到明显的裂缝扩展行为；水化 20d 时，微粒分散程度远高于 L1 岩样。

4.2.2　自吸后孔径分布

(1) 高压压汞实验

实验测试进汞压力曲线计算 L1、L2 岩样浸泡前后孔隙分布比例如图 26 所示。

表 2　页岩样品 L1、L2 矿物组成

编号	总有机碳含量/%	非黏土矿物含量/%						黏土矿物含量/%		
		石英	正长石	斜长石	黄铁矿	白云石	方解石	伊利石	绿泥石	蒙脱石
L1	2.3	38.5	3.9	4.3	2.8	2.3	6.5	22.1	8.4	8.9
L2	3.5	36.1	3.5	4.7	2.9	3.4	4.5	11.2	6.9	23.3

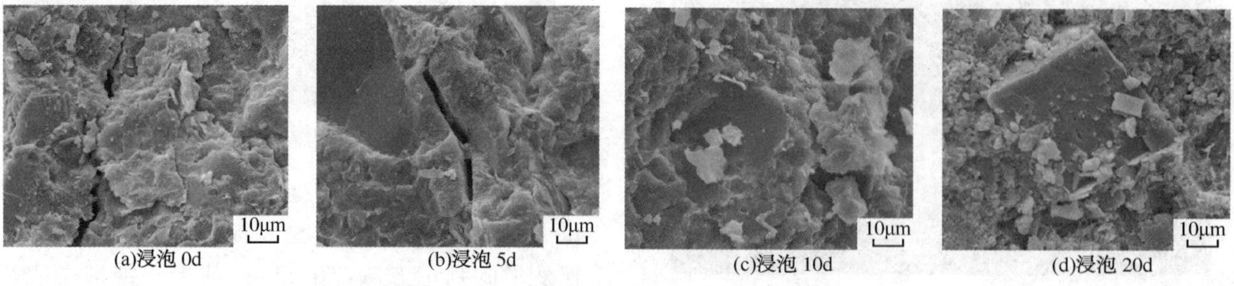

(a)浸泡 0d　(b)浸泡 5d　(c)浸泡 10d　(d)浸泡 20d

图 24　L1 岩样不同浸泡时间下的微观结构

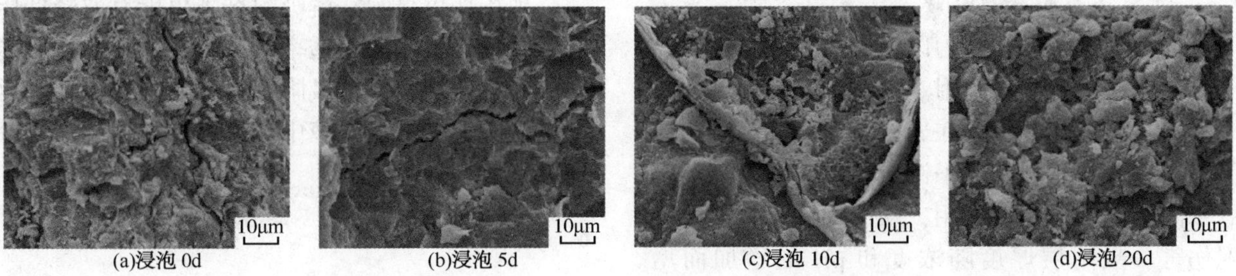

(a)浸泡 0d　(b)浸泡 5d　(c)浸泡 10d　(d)浸泡 20d

图 25　L2 岩样不同浸泡时间下的微观结构

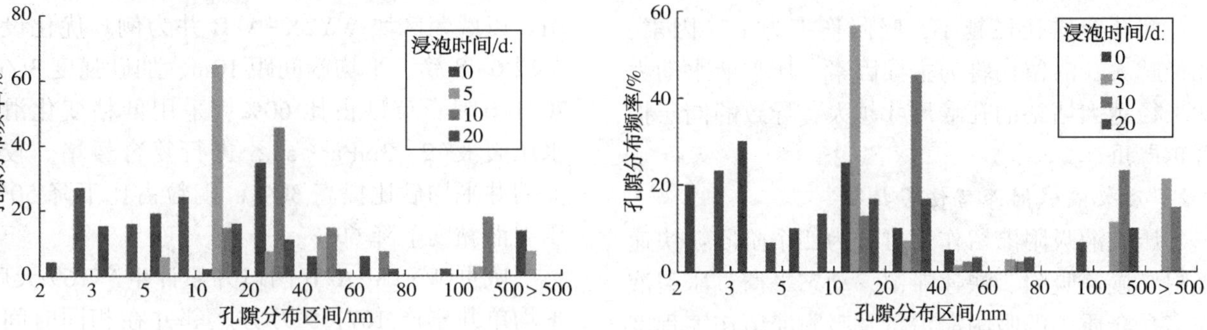

(a)L1岩样　(b)L2岩样

图 26　岩样浸泡前后孔隙分布频率

适当浸泡可以改善岩样孔隙结构，提高岩样渗流能力，但浸泡时间并非越长越好，浸泡 5d 时，10~20nm 孔隙占比大幅升，大于 100nm 微裂缝开启；浸泡 10d 时，20~40nm 孔隙占比大幅升高；浸泡 20d 时，10~40nm 孔隙多数堵塞，大于 100nm 微裂缝基本封闭。总体结果为 L1 岩样浸泡 5d、L2 岩样浸泡 10d 时孔隙结构最发育，渗流能力最强。

（2）低温 N_2 吸附实验

L1、L2 岩样氮气吸附/脱附曲线如图 27 所示。

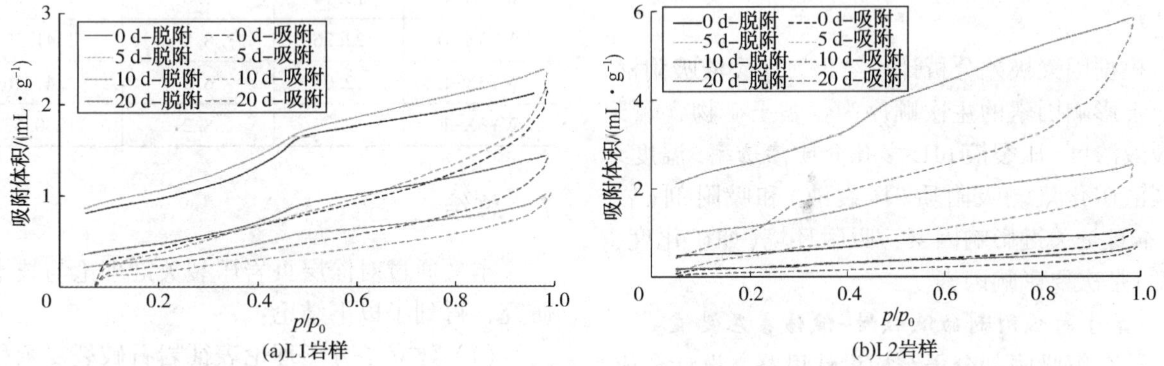

(a)L1岩样　(b)L2岩样

图 27　等温脱附、吸附曲线

岩样在浸泡过程中孔隙开放程度整体上先增大后减小。说明页岩存在最佳水化时间，此时微观孔隙结构最发育，储集层物性最好，浸泡时间过长，则会产生不利影响，结果显示 L1 岩样浸泡 5d、L2 岩样浸泡 10d 时连通性最强，压裂液扩散能力也最强。

5　低吸附-低伤害压裂液

针对压裂液在页岩储层中的吸附滞留规律和伤害特征机理不明，重点研究压裂液在储层中的吸附滞留机理、伤害特征和影响因素，形成低吸附-低伤害压裂液技术。

5.1　压裂液吸附滞留机理

在页岩储层的吸附为以氢键作用为主，以及部分静电作用的物理吸附。在两种吸附作用力共同作用下，稠化剂链段在岩石表面上发生吸附滞留，且羟基数量多的分子链段，与岩石表面的含氧基团形成多重氢键作用，从而加剧压裂液的吸附伤害。吸附层厚度随浓度和 pH 的增加而增加、随温度先增加后减小。不同压裂液浓度、pH、矿化度条件下，破胶后的水动力学半径不同。多孔介质孔径越小，吸附伤害为主导因素，孔径越大，滞留伤害为主导因素。压裂液水动力学半径越大堵塞的孔喉尺寸越大，导致的储层损害越严重。

5.2　压裂液吸附滞留伤害特征

压裂液吸附滞留作用可分为四个阶段：快速吸附、慢速吸附、快速滞留、动态平衡。压裂液在多孔介质中的吸附滞留量及吸附滞留伤害程度随溶液 pH 的增加先增大后减小，pH 临界值为10。随着矿化度升高吸附滞留量和伤害程度快速增加，但当矿化度超过 20000mg/L 时，吸附滞留作用趋于平衡。压裂液在多孔介质中的吸附滞留量及吸附滞留伤害程度随着温度升高呈先增大后减小趋势，70℃为吸附滞留量的“最适温度”，80℃为渗透率伤害的“极限温度”。吸附滞留量、伤害程度与多孔介质渗透率呈负相关关系。同时吸附滞留量和吸附滞留伤害随黏土矿物增加呈剧增趋势。

根据因素极差分析计算结果，压裂液吸附滞留伤害影响因素的主次顺序为：黏土矿物含量>压裂液浓度>压裂液 pH>多孔介质渗透率>温度>压裂液矿化度。吸附质(压裂液)和吸附剂(岩石)本身是关键影响因素，吸附环境(如矿化度、温度)是次要影响因素。

5.3　基于解吸附剂的低吸附-低伤害压裂液

结合解吸附剂分子结构设计思路，设计合成了具有破坏氢键、屏蔽静电、形成位阻、改变润湿等能力的解吸附剂分子结构(图28)。

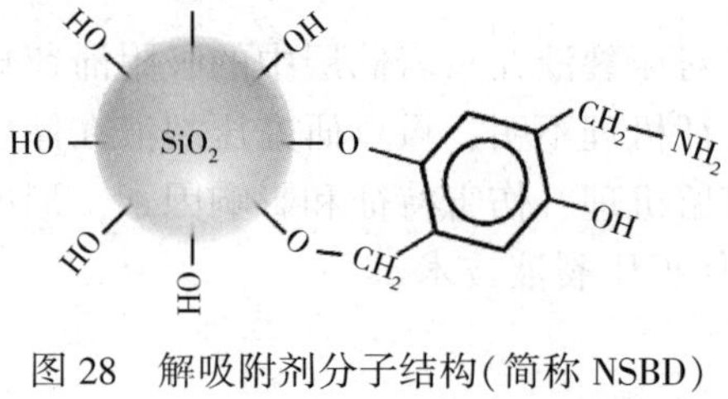

图28　解吸附剂分子结构(简称 NSBD)

现场评价显示，解吸附剂不仅能有效降低压裂液对页岩储层的渗透率伤害，而且不会影响压裂液的其他性能。解吸附剂能大幅提高压裂液返排率、显著增加返排液中剩余瓜尔胶浓度、充分释放压后产能。

6　现场应用

基于开展的优化分析工作，在渤海湾盆地页岩油和四川盆地威远页岩气区块进行现场广泛应用。以威荣区块 WY2X-A/B 井为例。优化设计单段6~8簇、平均簇间距 10m、加砂强度 3t/m、70/140 目石英砂占比 60%、采用低粘变化滑溜水压裂液(2~3mPa·s)，进行复合暂堵。较之前的井平均砂比提高 30%，陶粒占比下降 50%，压裂液黏度下降 60%。

威页 WY2X-A/B 两口井累计生产 169 天后，平均单井累产 1671.9 万方。邻井在相同时间内平均累产 1169 万方，优化后平均单井增加累产 502 万方，增产 42%，增产效果显著(表3)。

表3　生产169天时的生产情况

井号	套压/MPa	日产量/10^4m^3	累产量/10^4m^3
WY2X-A	19.96	9.59	1702.9
WY2X-B	20.1	7.8	1640.9
WY3X-A	9.18	3.52	867.79
WY3X-B	18.08	7.0	1109.19
WY3X-C	19.14	7.0	1323.63
WY3X-D	22.26	8.8	1141.39
WY3X-E	12.05	6.5	1241.36
WY3X-F	24.2	8.2	1330.53

7　总结

本文通过对深层页岩压裂关键理论与技术的研究，得到了以下结论：

(1)建立了分形理论表征岩石破裂复杂程度方法，明确了杨氏模量、剪胀角和峰值应变是页岩破裂形态的主控因素。

(2)沿着0°或者180°方位角射孔，可使得起裂压力最低；起裂压力随着渗透率的增加而降低；随着黏度减小，近井有效应力增加，孔隙压力减小，起裂压力减小。

(3)基于相场法的裂缝扩展数值模型，可实现裂缝发育储层复杂裂缝扩展模拟，以改造带裂缝密度和井间压窜预防为目标对裂缝簇间距和暂堵时机进行优化。

(4) 龙马溪组页岩水化实验表明，页岩水化特征与黏土组成密切相关；水化全过程中，页岩微观孔隙结构先变好后变差，存在最佳水化时间。

(5) 压裂液和岩石本身是压裂液吸附滞留伤害的关键影响因素，吸附环境(如矿化度、温度等)是次要影响因素，形成了基于解吸附剂的低吸附-低伤害压裂液技术。

(6) 研究成果在页岩油气藏进行应用，相较前期井产量提高 42%，增产效果显著。

参考文献

[1] 范宇，周小金，曾波，等. 密切割分段压裂工艺在深层页岩气 Zi2 井的应用[J]. 新疆石油地质，2019，40(02)：223-227.

[2] 沈骋，郭兴午，陈马林，等. 深层页岩气水平井储层压裂改造技术[J]. 天然气工业，2019，39(10)：68-75.

[3] 曹学军，王明贵，康杰，等. 四川盆地威荣区块深层页岩气水平井压裂改造工艺[J]. 天然气工业，2019，39(07)：81-87.

[4] 曾波，王星皓，黄浩勇，等. 川南深层页岩气水平井体积压裂关键技术[J]. 石油钻探技术，2020，48(05)：77-84.

[5] 郭建春，赵志红，路千里，等. 深层页岩缝网压裂关键力学理论研究进展[J]. 天然气工业，2021，41(01)：102-117.

[6] 赵金洲，任岚，蒋廷学，等. 中国页岩气压裂十年：回顾与展望[J]. 天然气工业，2021，41(08)：121-142.

[7] ZHU H，GUO J，XING Z，et al. Hydraulic fracture initiation pressure of anisotropic shale gas reservoirs[J]. Geomechanics & Engineering，2014，7(4)：403-430.

[8] 柳占立，王涛，高岳，等. 页岩水力压裂的关键力学问题[J]. 固体力学学报，2016，37(01)：34-49.

[9] 路千里. 基于相场法的页岩水力压裂裂缝扩展规律研究[D]. 成都：西南石油大学，2018.

[10] 侯磊，蒋廷学，李根生，等. 复杂裂缝内支撑剂输送的关键参数及算法简[J]. 科学通报，2017.

[11] YG A，MM B，EM A，et al. Proppant placement in complex fracture geometries：A computational fluid dynamics study[J]. Journal of Natural Gas Science and Engineering，79.

[12] ZHAO Z，WU K，FAN Y，et al. An optimization model for conductivity of hydraulic fracture networks in the Longmaxi shale，Sichuan basin，Southwest China[J]. Energy Geoscience，2020，1(1-2).

[13] GUPTA A K，RAI C S，SONDERGELD C H. Experimental Investigation of Propped Fracture Conductivity and Proppant Diagenesis：Unconventional Resources Technology Conference[C]，2019.

[14] KASSIS S，SONDERGELD C H. Fracture Permeability of Gas Shale：Effect of Roughness，Fracture Offset，Proppant，and Effective Stress[J]. 2010.

[15] GUO J，LIU Y. Modeling of Proppant Embedment：Elastic Deformation and Creep Deformation：SPE International Production and Operations Conference & Exhibition[C]，2012.

[16] 陈迟. 页岩气藏清水压裂自支撑裂缝导流能力研究[D]. 成都：西南石油大学，2014.

[17] LU C，HUANG C H，CHEN C，et al. Study on the Flow Mechanism Simulation of Deep Shale Propped Fractures in Sichuan Basin：53rd U. S. Rock Mechanics/Geomechanics Symposium[C]，2019.

[18] 曾凡辉，张蔷，郭建春，等. 页岩水化及水锁解除机制[J]. 石油勘探与开发，2021，48(03)：646-653.

[19] 刁素，王兴文，尹琅，等. 新型低吸附低伤害瓜胶压裂液在致密砂岩气藏的先导试验：第 31 届全国天然气学术年会(2019)[C]. 中国安徽合肥，2019.

[20] 郭建春，李杨，王世彬. 氢键抑制方法减少瓜尔胶压裂液对砂岩储层的吸附伤害[J]. 天然气工业，2019，39(07)：57-62.

济阳坳陷陆相页岩油水平井体积缝网压裂技术进展

李爱山　张燎源　钟安海　郑彬涛　张子麟

(中国石化胜利油田石油工程技术研究院)

摘　要　济阳坳陷陆相页岩油资源量丰富，多为灰泥岩互层，塑性强、脆性指数偏低，可压性偏差，主缝、分支缝、微裂缝开启及延伸过程复杂，加上缝宽有限，且铺置效率低，常规压裂工艺的导流能力难以长效保持，压后稳产难度较大。针对以上问题，重点开展了陆相页岩油可压性评价方法、页岩油体积裂缝起裂-扩展规律、水平井密切割分段压裂技术、多尺度-全支撑-高导流缝网压裂工艺、一体化乳液变粘压裂液研究及技术集成配套，形成了陆相页岩油水平井密切割缝网体积压裂技术，在樊页1、渤页平5、牛页1-2HF等井开展了试验应用，单井初期日产油均在百吨上，为济阳坳陷陆相页岩油的有效动用提供了重要技术支撑。

关键词　可压性；密切割；裂缝扩展；组合缝网；全支撑

以济阳坳陷为代表的中国东部陆相盆地，具有良好的形成页岩油气的基本地质条件。济阳坳陷陆相页岩油资源量丰富，预测资源量40.45亿吨，可采资源量约5亿吨，开发潜力巨大。前期济阳坳陷已有320口探井在古近系沙河街组陆相页岩中见油气显示，常规试油30余口井获工业油气流，其中罗42最高日产117t。主力储层区多为灰泥岩互层，塑性强、脆性指数偏低，可压性偏差，主缝、分支缝、微裂缝开启及延伸过程复杂，加上缝宽有限，且铺置效率低，常规压裂工艺的导流能力难以长效保持，压后稳产难度较大。

可压性评价及“甜点识别”是页岩油实现高效压裂的重要基础和前提。目前国内外针对页岩油气的甜点识别都是基于岩石脆性单一指标表征的可压性进行，忽略了岩石可压性与缝网构建之间的本质关系，更未考虑可压性与含油气性的相关性。对比页岩储层水力压裂，缝网的发育形成受到多因素的相互作用和控制。然而，现有的评价理论并未考虑页岩开发需重视的储层和力学因素之间的联系，具有优势缝网形成条件的生产井段各项有利因素之间是否，给水平井分段分簇压裂方案的制定带来较大难度和不确定性，以商业产量为目标的任务难以实现。因此，多因素之间联系时影响机理等方面的研究就显得尤为重要。

前人在研究页岩油水平井分段压裂时认识到裂缝存在先后起裂的问题，初始裂缝会对井筒周围应力场产生影响，产生诱导应力场，对后续裂缝的起裂产生影响，在一定裂缝间距内诱导应力场会增高破裂压力，而超过一定裂缝间距，诱导应力场反而会降低破裂压力。总的来讲，簇间距是影响同时起裂的主要因素。当簇间距较大时，先起裂裂缝对后续裂缝诱导应力影响较小，并最终实现裂缝的依次起裂，通过优化射孔参数能实现多裂缝的同时起裂。但是，针对具体的储层，在储层物性、地应力非均质性以及应力阴影影响下，考虑射孔数、孔眼压降和射孔孔眼的流量分配与储层物性、地应力非均质性的匹配关系，进而实现水平井分段多簇裂缝同时起裂。

前期研究表明：在进行页岩储层开采时，应控制裂缝形态，使每个产层均能产生足够长的裂缝和带宽，在裂缝相互干扰的同时实现水力裂缝改造体积的最大化，并兼顾多尺度水力裂缝的有效支撑和铺置，形成全支撑的页岩油体积缝网。然而，现场裂缝监测结果显示，页岩储层裂缝高较难控制，不同层间裂缝易相互连接，使得压裂液在纵向滤失量增大，不利于裂缝向前扩展，从而使得压裂改造范围受到限制；同时受泥岩隔层影响，穿层压裂较为困难。因此，需要对灰泥岩互层的页岩油储层垂直裂缝扩展规律及层间干扰机理展开模拟分析研究。

为了有效指导济阳坳陷陆相页岩油的技术动用，针对以上问题，本文重点开展了陆相页岩油可压性评价方法、页岩油体积裂缝起裂-扩展规律、水平井密切割分段压裂技术、多尺度-全支撑-高导流缝网压裂工艺、一体化乳液变粘压裂液研究及技术集成配套，初步形成了胜利油田济阳坳陷陆相页岩油水平井密切割缝网体积压裂技术，在樊页1、渤页平5、牛页1-2HF等井开展了试验应用，取得了显著的增产效果。

1　可压裂性评价研究

脆性破裂是岩石形变主要机制，可压性反映储层压裂难易程度，早期阶段国内外常用脆性指数评价泥页岩储层可压性。基于岩石脆性指数的单一指标表征的可压性评价，忽略了岩石可压性与缝网构建之间的本质关系，更未考虑可压性与含油气性的相关性。脆性指数可以基于弹性模量和泊松比进行相关计算，弹性模量越大、泊松比越小，脆性指数越高。其实杨氏模量受控于岩石强度和弹性应变量两方面，脆性是指岩石破裂前发生很小塑变能力，破裂时全部以弹性能形式释放出来。而缝网的发育形成受到多因素的相互作用和控制，现有的评价理论未考虑页岩开发需重视的储层和力学因素之间的联系，具有优势缝网形成条件的生产井段各项有利因素之间是否，给水平井分段分簇压裂方案的制定带来较大难度和不确定性。页岩的可压性还受脆性矿物含量、天然裂缝发育程度、最大最小水平主应力差等影响。因此，建立多因素评价页储层可压性研究就显得尤为重要。

针对目前页岩可压性评价方法考虑因素比较单一，无法满足济阳坳陷陆相页岩油可压性评价等难题，我们利用层次分析法，结合岩石力学参数测试、直斜井及水平井压裂施工分析、矿物测试、天然裂缝对裂缝复杂程度影响研究等，建立了综合考虑脆性矿物含量、力学性能、水平应力各向异性、天然裂缝等因素的可压指数评价方法，具体的可压性评价项、权重系数及可压性评价结果见表1所示。

$$FI = \sum_{i=1}^{n} S_i W_i + c(i = 1,\ 2,\ \cdots,\ n) \tag{1}$$

式中，FI 为可压性指数，无因次；S_i 为页岩参数，分别表示脆性矿物指数、脆性指数、水平应力各向异性；天然裂缝发育程度；W_i 为权重系数，分别表示脆性矿物指数、脆性指数、水平应力各向异性和天然裂缝所占的权重。

表1　济阳坳陷页岩可压性评价标准

可压裂级别	脆性指数 BI^1	脆性矿物指数 BI^2	应力各向异性	天然裂缝	可压指数	可压裂性评价
Ⅲ	0.1~0.3	0.2~0.3	1.5	不发育	0.18~0.32	低
Ⅱ	0.3~0.6	0.3~0.5	1.3	中等发育	0.36~0.58	中等
Ⅰ	0.6~0.8	0.5~0.8	1.1	发育	0.62~0.82	高

选取了济页参1、利页1等6口井天然岩心，开展三轴力学、地应力及矿物组分等物模测试实验，获得了区域层系的脆性指数、应力各项异性等参数。综合测井数据计算结果和室内相关力学参数测试成果，依据以上建立的可压性评价方法，对济阳坳陷不同洼陷页岩储层可压指数进行了计算和评价。

表2　济阳坳陷不同洼陷页岩储层可压性评价成果

洼陷	井号	目的层	脆性指数	脆性矿物指数	应力各向异性	天然裂缝发育程度	可压性指数
渤南	济页参1	Es3下	0.49	0.62	1.13	0.5	0.60
	罗67	Es3下	0.54	0.78	1.11	0.5	0.64
	新义深9	Es3下	0.42	0.58	1.16	0.5	0.55
利津	利页1	Es3下	0.51	0.72	1.08	0.5	0.59
牛庄	牛页1	Es4纯上	0.48	0.68	1.13	0.5	0.57
	牛页1	Es3下	0.45	0.61	1.08	0.5	0.54
博兴	樊页1	Es3下	0.41	0.52	1.01	0.5	0.52
	樊页平1	Es4纯上	0.58	0.8	1.1	0.5	0.59

根据评价，济阳坳陷不同洼陷页岩可压指数0.52~0.64，可压性中等偏上，渤南整体可压性较好，更容易形成复杂体积缝网。

2　页岩油体积裂缝扩展形态研究

2.1　裂缝扩展形态和诱导应力场关系

岩石作为一种多孔介质，包括固相和充满流

体的孔隙空间。孔隙压力与固体基质应变之间存在瞬时相互作用。利用线性孔隙弹性方程可以建立应力和应变关系：

$$\sigma_{ij}=\lambda\varepsilon_{vol}\sigma_{ij}+2G\varepsilon_{ij}-C\xi\sigma_{ij}$$
$$p=C\varepsilon_{vol}-M\xi \qquad (2)$$

式中，σ_{ij}为应力大小，MPa；λ 和 G 为多孔材料的 Lame 参数；C 和 M 为描述两相介质所需的附加弹性模量，MPa；ε_{vol}为体积应变，无量纲；ξ 为描述流体相对于固体的体积变形的应变参数，无量纲；p 为孔隙压力，MPa。

研究裂缝扩展过程中，流体同时进行着切向和法向流动，如图 1 所示。流体在切向方向的流动促使裂缝延伸扩展，法向流动表明流体滤失到地层中。

裂缝内流体切向流动方程为：

$$q=\frac{\omega^3}{12\mu}\nabla p_f \qquad (3)$$

式中，q 为通过裂缝截面的体积流量，m^3/s；ω 为裂缝的宽度，m；μ 为压裂液的黏度，mPa·s；∇p_f 为沿裂缝方向的流体压力梯度，MPa。

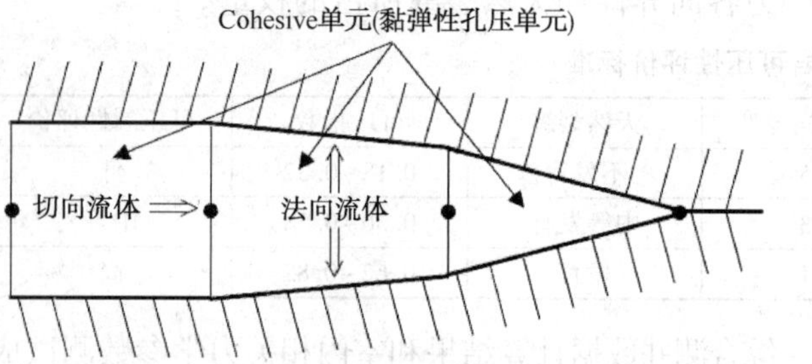

图 1　数值模拟中压裂液的流动示意图

裂缝内流体法向流动方程为：

$$\begin{cases} q_t=c_t(p_i-p_t) \\ q_b=c_b(p_i-p_b) \end{cases} \qquad (4)$$

式中，q_t、q_b 为压裂液的滤失量，m^2/s；c_t、c_b 为裂缝顶部和底部的滤失系数，$m^2/(s\cdot Pa)$；p_i 为 Cohesive 单元中部的表面压力，Pa；p_t、p_b 为裂缝表面压力，Pa。

基于线弹性断裂力学中断裂能原理，运用 Cohesive 粘弹性孔压单元来模拟裂缝起裂与延伸。图 2 表示 Cohesive 粘弹性孔压单元的损伤判断依据。

2.1.1　不同排量下裂缝扩展形态分析

不同排量($6m^3/min$、$9m^3/min$、$12m^3/min$)下的裂缝形态和缝宽与缝高关系计算结果如图 3 和图 4 所示。如图 3 所示，不同排量下，裂缝的扩展形态不一样。排量为 $6m^3/min$ 时，只有一

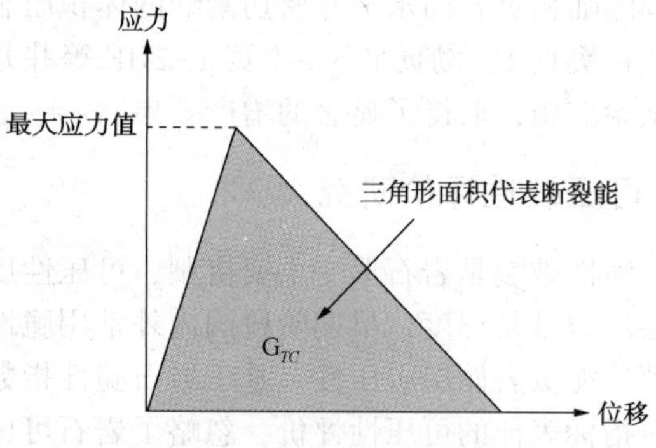

图 2　损伤起裂示意图

条缝扩展，上部两条裂缝宽度几乎为零。排量为 $9m^3/min$ 时，有两条缝扩展，下部裂缝的宽度最大。排量为 $12m^3/min$ 时，三条缝同时扩展。随排量的增加，裂缝的扩展总波及面积就越大，压裂效果越好。因此，排量应大于 $9m^3/min$，以有效刺激大多数地层；但如图 4 所示，当排量为 $12m^3/min$ 时，三条裂缝的裂缝高度整体上都在增大，并且最底部裂缝的总高度已经略大于层厚，表明此时裂缝已经有逐渐向层间垂向延伸的趋势，如果继续增大排量，裂缝高度将难以控制。

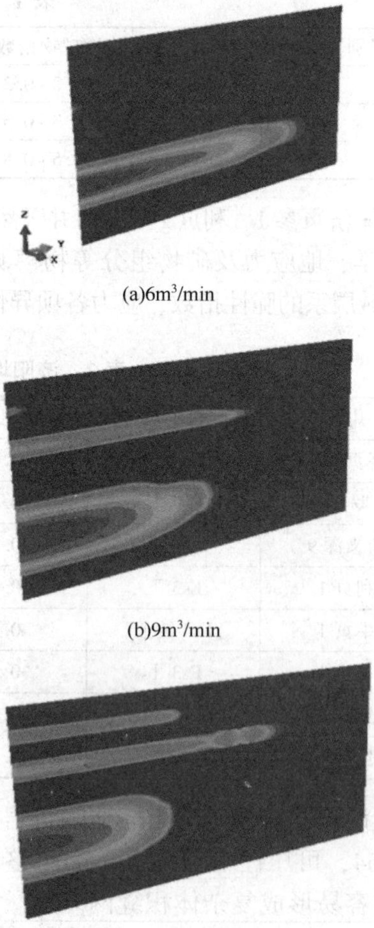

(a)$6m^3/min$

(b)$9m^3/min$

(c)$12m^3/min$

图 3　不同排量下裂缝形态比较

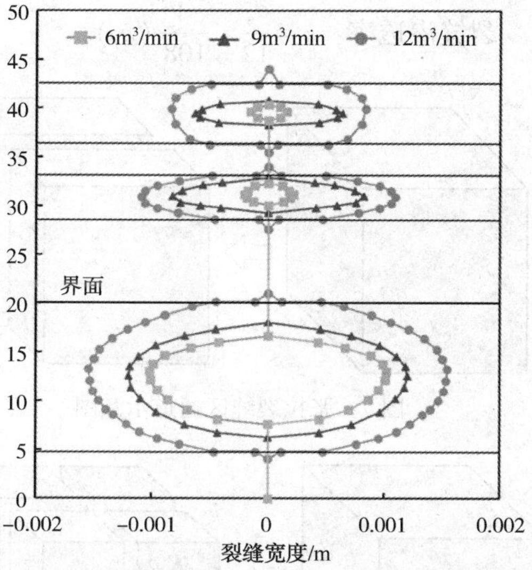

图 4　不同排量下裂缝宽度和裂缝高度的变化规律

2.1.2　不同排量下诱导应力分析

不同排量($6m^3/min$、$9m^3/min$、$12m^3/min$)下的诱导应力计算结果如图 5 所示。从应力场比较图可以看出，排量越大，应力干扰区域越大；远离裂缝面的区域，应力接近原始应力状态。一般来说，排量的变化会导致裂缝几何形状和孔隙压力的变化，高排量有增大诱导应力场的趋势，低排量有利于控制垂向上裂缝高度的延伸。当排量为 $12m^3/min$ 时，不同储层的裂缝均会扩展，此时高度和宽度都比较大。

2.2　基于等效双重介质模型的多尺度缝网表征方法研究

将地层/储层离散成若干具有不同物性-岩性的基元，采取 Monte-Carlo 方法和 Weibull 分布统计描述相结合对基元进行初始化赋值。然后通过力的平衡方程、几何方程和物理方程求解各个离散基元体的力学响应，进而判断基元体内裂缝的起裂与延伸状态。

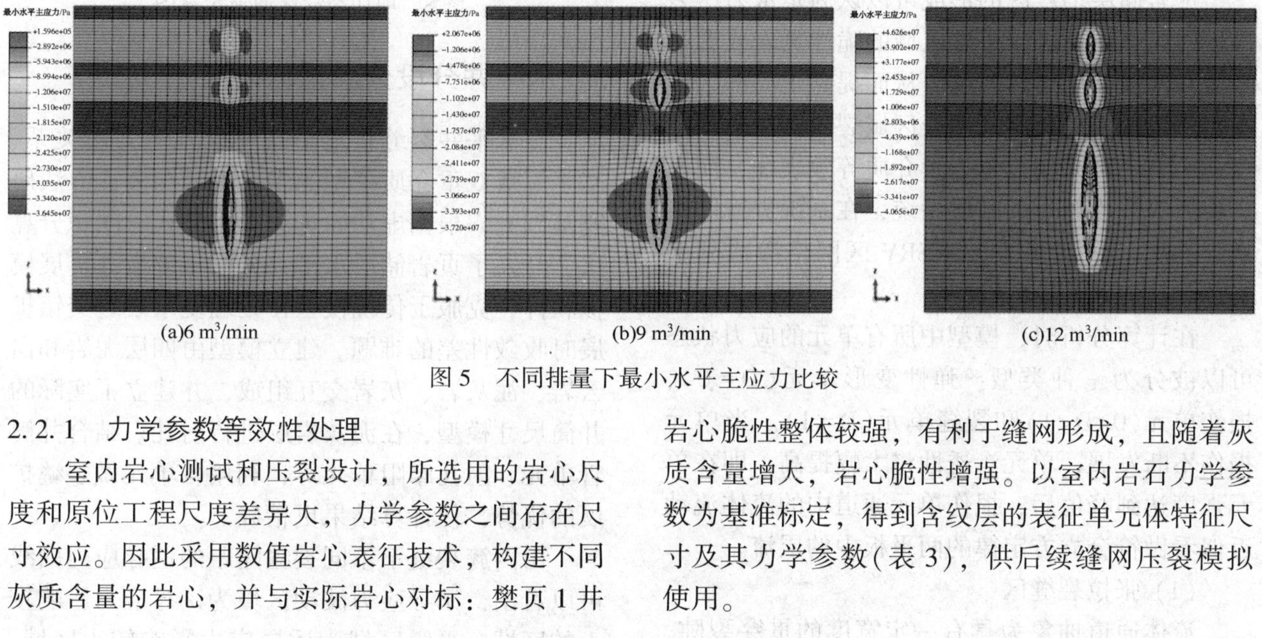

图 5　不同排量下最小水平主应力比较

2.2.1　力学参数等效性处理

室内岩心测试和压裂设计，所选用的岩心尺度和原位工程尺度差异大，力学参数之间存在尺寸效应。因此采用数值岩心表征技术，构建不同灰质含量的岩心，并与实际岩心对标：樊页 1 井岩心脆性整体较强，有利于缝网形成，且随着灰质含量增大，岩心脆性增强。以室内岩石力学参数为基准标定，得到含纹层的表征单元体特征尺寸及其力学参数(表 3)，供后续缝网压裂模拟使用。

表 3　不同灰质含量岩心破裂模式(数值岩心)

灰质含量/%	弹性模量/GPa	泊松比	峰值应力/MPa	峰值应变	起裂应力/MPa	起裂应变	残余应力/MPa	残余应变
20	39.03	0.23	108.03	0.41	69.84	0.22	51.02	0.51
35	39.60	0.21	114.18	0.43	72.56	0.23	53.25	0.54
50	40.12	0.19	120.56	0.44	75.34	0.24	55.23	0.56
65	41.54	0.17	125.92	0.46	78.62	0.25	57.26	0.59
80	42.15	0.15	129.42	0.47	81.14	0.26	60.80	0.62

2.2.2　孔渗参数等效性处理

将复杂缝网等效为双重介质：人工裂缝采用等效放宽处理，固定裂缝导流能力，适当放宽裂缝从而降低裂缝渗透率来表征裂缝，视其为储层中的高渗透带；基质初始孔渗参数按测井数据及室内实测数据设置(图6)。

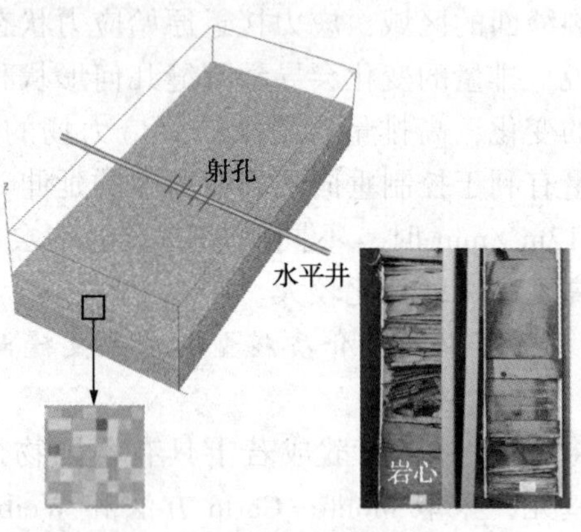

图6　数值模型的网格剖分

等效渗透率：$K_{fe}=F_{CD}/W_{fe}$

等效孔隙度：$\phi_{fe}=\phi_f\dfrac{W_f}{W_{fe}}$

2.2.3　裂缝区物性参数表征

页岩储层增产区的形成可以认为是水力压裂过程中压裂流体打碎了该区域的脆性页岩或者是激活并沟通储层天然裂缝，从而提高了局部区域的整体渗透率。考虑到增产区域裂缝网络的复杂性，压裂区域采用双重连续介质等效表征，而未压裂区等效为单一的基质系统，在系统进行网格划分之后，可以通过修改SRV区网格渗透率来表征SRV。

在计算分析时，模型中所有单元的应力状态可以被分为三种类型：弹性变形单元(D=0)，损伤单元(0<D<1)和裂缝单元(D=1)。当单元损伤不断发展，单元渗透性将大幅提高，即在单元强度达到峰值后，损伤单元通道中的流体流动近似看做符合立方定律的两平板中的层流。

(1) 张拉裂缝区

流体通道抽象为具有一定宽度的贯穿裂隙，如图7所示。

裂缝开度：$b_{\mathrm{t}}=\dfrac{\Delta V}{l^2}=\dfrac{V}{\sqrt[3]{V^2}}\varepsilon_{\mathrm{v}}=\sqrt[3]{V}\varepsilon_{\mathrm{v}}$

裂缝渗透率：$k_{\mathrm{t}}=\dfrac{b_t^2}{12}=\dfrac{\sqrt[3]{V^2}}{12}(\varepsilon_v)^2$

(2) 剪切裂缝区

流体通道抽象为具有一定宽度的三组空间正交贯穿裂隙，如图8所示。

裂缝开度：$b_{\mathrm{s}}=\dfrac{\Delta V}{3l^2}=\dfrac{V}{3\sqrt[3]{V^2}}\varepsilon_{\mathrm{v}}=\dfrac{\sqrt[3]{V}}{3}\varepsilon_{\mathrm{v}}$

裂缝渗透率：$k_{\mathrm{t}}=\dfrac{d_{\mathrm{s}}^2}{12}=\dfrac{\sqrt[3]{V^2}}{108}(\varepsilon_v)^2$

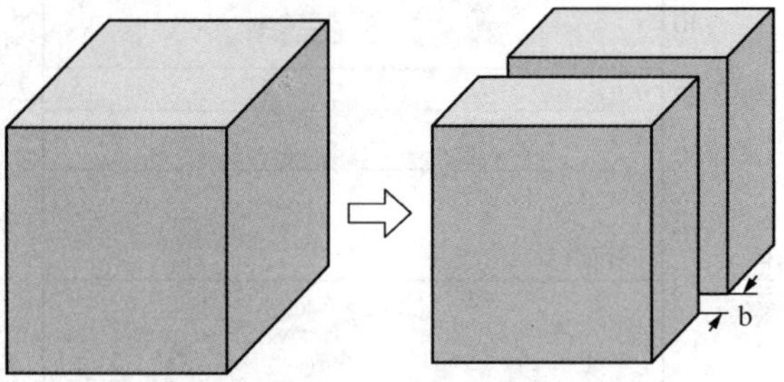

图7　张拉裂缝区通道示意图

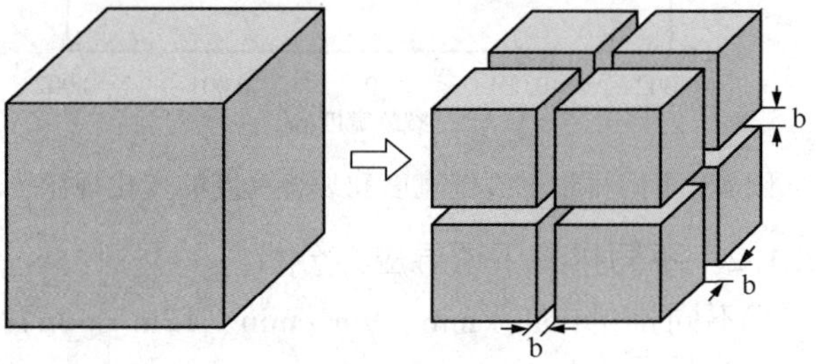

图8　剪切裂缝区通道示意图

3　水平井分段分簇优化研究

在水平井裂缝扩展形态和诱导应力场关系、基于等效双重介质模型的多尺度缝网表征方法研究基础上，根据虚功原理，利用显式时间积分算法，开发了页岩储层水平井分段压裂裂缝扩展模拟软件，克服了传统模型在处理复杂裂缝交错扩展时收敛性差的难题。建立模型由四层泥岩和白云岩、泥灰岩、灰岩交互组成，并建立了实际的井筒尺寸模型，在泥灰岩层进行射孔。结合井筒管单元、射孔摩阻单元等，利用各单元做裂缝扩展的优势，使计算结果更精确。

由两簇裂缝下不同裂缝间距的诱导应力曲线可以看出，诱导应力波动区域为诱导应力影响较大的区域，平缓区域为诱导应力影响较小区域。间隔6m和10m时诱导应力波动影响距离逐渐增大，当间隔增大到14m时由于间隔过大，两裂缝间存在诱导应力波及较小区域。间隔6m时诱导应力波及距离为14m，间隔10m和14m时诱导应力波及距离为20m，考虑现场压裂效果，优选簇间距为8~10m左右，此时两簇裂缝可实现均衡扩展(图10)，3簇裂缝可实现均衡扩展的簇间距12~14m(图11)，4簇裂缝可实现均衡扩展的簇间距15~17m(图12)。

以4簇射孔优化为例，间距越小裂缝间应力

干扰越大，簇间距 6m 时应力干扰是最大的(图 13)。

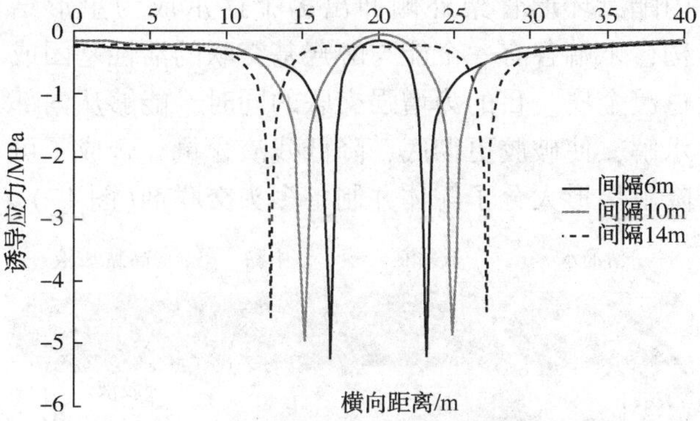

图 9　不同裂缝间距的诱导应力曲线

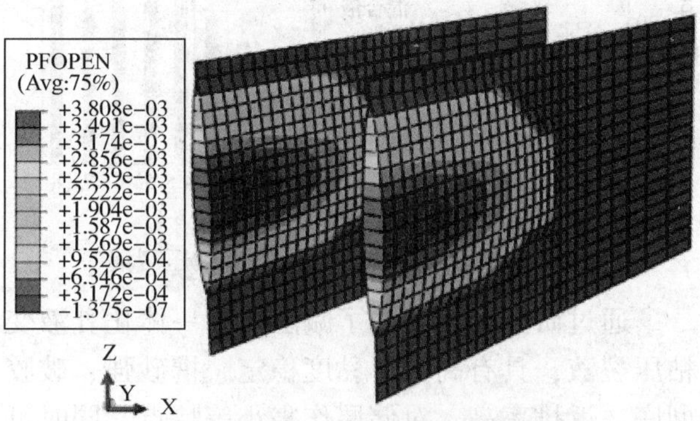

图 10　2 簇射孔下裂缝均衡扩展形态模拟

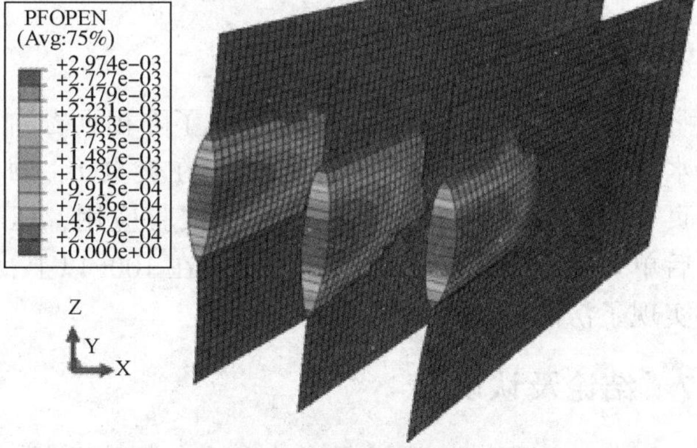

图 11　3 簇射孔下裂缝均衡扩展形态模拟

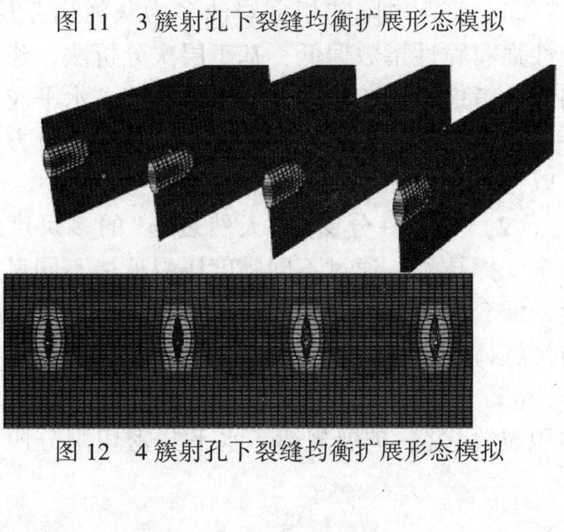

图 12　4 簇射孔下裂缝均衡扩展形态模拟

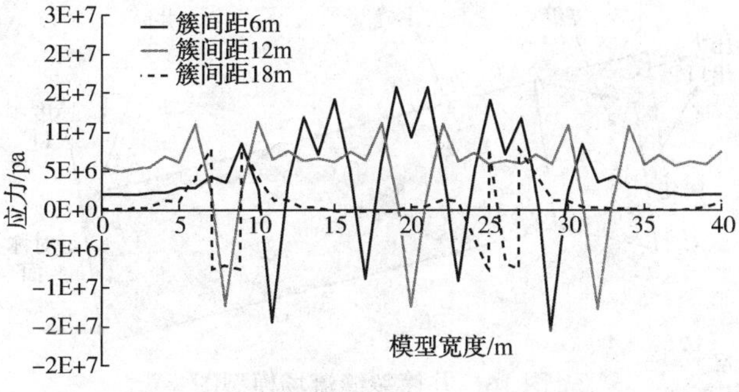

图 13　4 簇射孔下不同簇间距下裂缝应力干扰分析

4　多尺度−全支撑−高导流缝网压裂工艺

物模实验表明：压裂液黏度越低，越容易形成复杂裂缝网络(图 14)；最大最小水平应力差值越小，越容易形成复杂裂缝网络。多尺度−全支撑−高导流缝网压裂工艺其核心是“主缝+分支缝+天然裂缝”的多尺度缝网技术，通过不同黏度压裂液造不同尺度缝，配套不同粒径支撑剂充填，增大裂缝与油藏的接触体积。

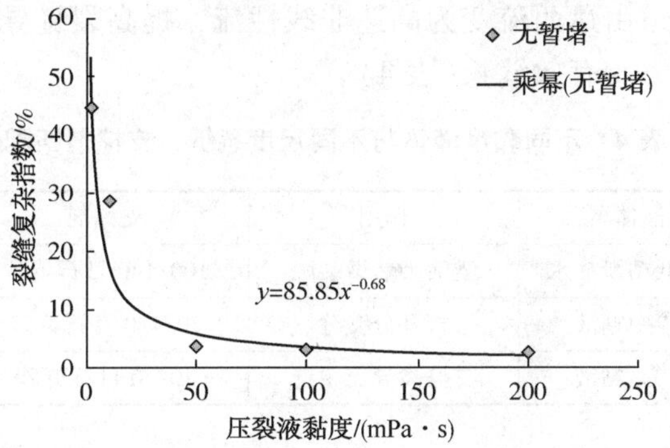

图 14　液体黏度与复杂程度关系

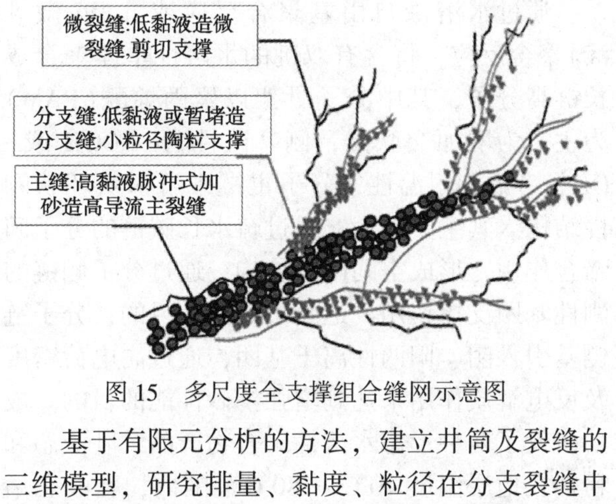

图 15　多尺度全支撑组合缝网示意图

基于有限元分析的方法，建立井筒及裂缝的三维模型，研究排量、黏度、粒径在分支裂缝中的运移规律。不同粒径支撑剂在分支缝运移表明：随着颗粒直径增大，进入支缝的颗粒比例下降(图 16)。

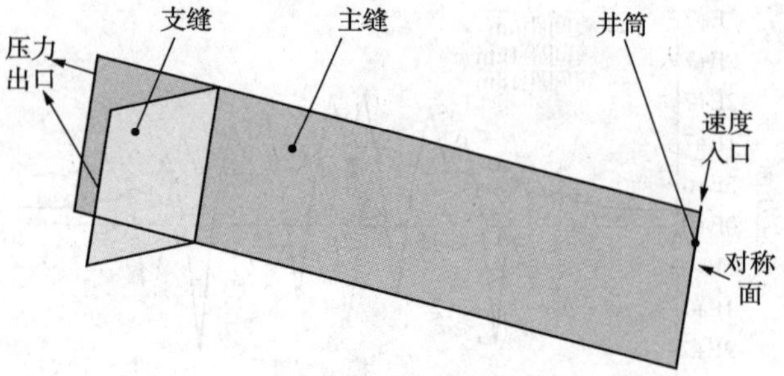

图16　井筒裂缝流场模型图

以低成本开发为原则，开展石英砂导流能力测试，并通过建立压裂优化数值模型，利用等效渗流理论，初步形成了复杂缝网导流能力优化方法，指导石英砂与陶粒优选。多尺度裂缝全支撑工艺优选小粒径、单一目数石英砂，提高支撑剂运移能力和裂缝导流能力。通过对簇式支撑高导流裂缝形成及稳定机制、脉冲式压裂工艺参数优化、压裂材料及装备研发等方面的研究，引入脉冲式高导流压裂技术，在加砂后期实施脉冲式高导流加砂，形成近井高导流通道裂缝，油气渗流通道由达西流变为高速非线性流，提高裂缝导流能力和有效缝长(表4)。

表4　不同黏度液体与不同尺度裂缝、支撑剂匹配

液体名称	作用	支撑剂
低粘滑溜水	激活天然微裂隙	100/140目石英砂
中粘液	打开分支缝	70/120目石英砂
高粘液	支撑高导流主缝	40/70目石英砂

5　一体化乳液变粘压裂液

通过水溶液自由基聚合反应或乳液(微乳液)聚合反应，将含有双键的水溶性单体聚合成长链高分子，其中分子骨架以聚丙烯酰(PAM)为主，为增加交联点，侧基改性为-COOH或-OH，考虑到耐温性，分子主链中可引入环状刚性结构。其主要理念：通过疏水长碳链的分子间缔合作用，形成空间网络结构；通过分子侧链的刚性基团支撑作用，达到耐高温的目的；分子链侧基引入阴、阳两性离子基团，通过高电荷密度及反电解质作用来达到增强携砂性能的目的。成功研发了两种形态水溶性聚合物产品，乳液态和粉剂在地层温度70℃~180℃范围内，乳液态增稠剂使用量为质量比0.6%~3%，乳白色半透明液体，分散性较好、形态规则、粒度均匀，粒径中值10~20nm，1min内达到黏度最大值；粉剂在120℃下使用量为质量比0.4%。

通过多元羧酸、多元醇或多元胺缩聚成环形内酯，环形骨架外侧伸出多个遥爪成为星形结构，末端各有一个能与醇羟基交联的活性基团或过渡金属。目的为增强交联的同时，能够从内部水解，使破胶更彻底，降低残渣含量，合成了可降解星形大分子配体并制备多头交联剂(图17)。

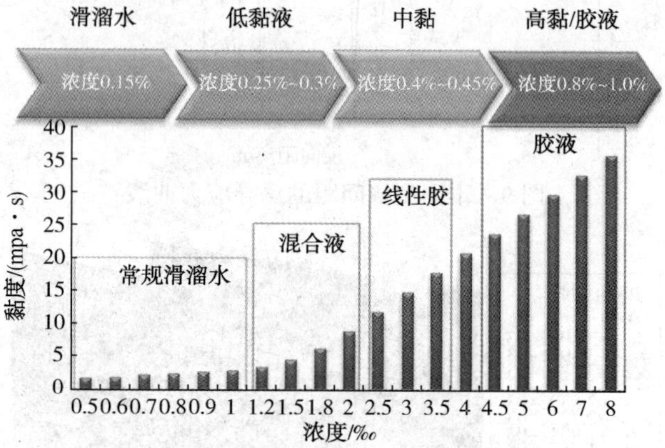

图17　减阻携砂一体化乳液变粘压裂液

通过研究配套形成了减阻携砂一体化乳液变粘压裂液，具有高温下黏度稳定、携砂强、破胶彻底、返排率高、对储层伤害小等特点，同时可以满足地表水实时、在线混配、黏度可调等优势。

6　现场试验应用

通过技术集成配套，初步形成了陆相页岩油水平井密切割缝网体积压裂技术，在樊页1、渤页平5、牛页1-2HF等井开展了试验应用，压后单井初期日产液220t，日产油均在100t以上，实现了济阳坳陷页岩油有效动用。

7　结论及认识

(1)济阳坳陷陆相页岩油多为灰泥岩互层，塑性强、脆性指数偏低，基于层次分析法，建立的综合考虑脆性矿物含量、力学性能、水平应力各向异性、天然裂缝等因素的可压指数评价方法可以指导页岩油水平井甜点选择。

(2)“主缝+分支缝+天然裂缝”的多尺度缝网全支撑技术，通过不同黏度压裂液造不同尺度缝，配套不同粒径支撑剂充填，增大裂缝与油藏的接触体积。

(3)在陆相页岩油可压性评价方法、页岩油体积裂缝起裂-扩展规律、水平井密切割分段压裂技术、多尺度-全支撑-高导流缝网压裂工艺、一体化乳液变粘压裂液研究基础上，形成了济阳坳陷陆相页岩油水平井密切割缝网体积压裂技术，在樊页1、渤页平5、牛页1-2HF等井开展了试验应用，增产效果显著。

参 考 文 献

[1] 孟勇，贾庆升，张潦源，等．东营凹陷页岩油储层层间干扰及裂缝扩展规律研究[J]．石油钻探技术，2021，49(4)：130-138.

[2] 才博，等．应力阴影效应对水平井压裂的影响[J]．天然气工业，2014，34(7)：55-59.

[3] 王增林，鲁明晶，张潦源，等．东营凹陷陆相页岩油强化缝网改造生产制度优化研究[J]．石油钻探技术，2021，49(4)：71-77.

[4] 温庆志，高金剑，黄波等．通道压裂砂堤分布规律研究[J]．特种油气藏，2014，21(4)：89-93.

[5] 赵海峰，陈勉，金衍．水力裂缝在地层界面的扩展行为[J]．石油学报，2009，30(3)：450-454.

[6] 连志龙，张劲，王秀喜，等．水力压裂扩展特性的数值模拟研究[J]．岩土力学，2009，30(1)：169-174.

[7] 李扬，邓金根，刘伟，等．水平井分段多簇限流压裂数值模拟[J]．断块油气田，2017，24(1)：69-73.

[9] 潘林华，张士诚，程礼军，等．水平井压裂簇间干扰的数值模拟[J]．天然气工业，2014，34(1)：74-79.

盐池地区长 C 地层水分析及与油气运聚关系研究

徐　宁　张　雁　侯景涛　周　飞　王碧涛　刘玉峰　苏幽雅　李积林　朱亚娣

(中国石油长庆油田公司)

摘　要　盐池地区长 C 油藏近年增储建产规模不断拓展，但随着勘探开发的深入，常规的油藏规律认识及产能控制因素等研究与实际开发成果不符，认为长 C 地层属于特殊的油气运聚成藏模式。该论文基于地层水对油气运聚的重要指示意义，以盐池地区长 C 地层水为研究对象，通过对地层水成分、成因、运移等方面的深入研究，并引入钠氯系数、脱硫系数、变质系数等关键参数表征油气的运聚和保存条件、储层封闭性，厘清了长 C 地层油气运聚及成藏因素，对后期盐池地区长 C 层增储建产具重要的指导意义。

关键词　盐池地区长 C 层；地层水分析；成藏指示；增储建产

1　油气疏导体系研究

1.1　长 C 勘探简况

盐池地区近年长 C 在面上发现多个出油点，古峰庄-红井子地区油藏近年得到高效拓展。新发现峰 A1-峰 A5 现实目标区，评价井盐 Y 长 C 层试油获 116.28t 高产工业油流，并建产能 1.9 万吨，展示出盐池地区长 C 良好的勘探增储前景。油藏在不同区域的分布特征也有差异，从面上看，天环坳陷-伊陕斜坡带易形成规模油藏，外围出油点产能低、不易建产；古峰庄以西、以北均见油气显示，生产验证为出水带；西缘区受断层沟通影响，形成局部甜点富集区(图 1)。

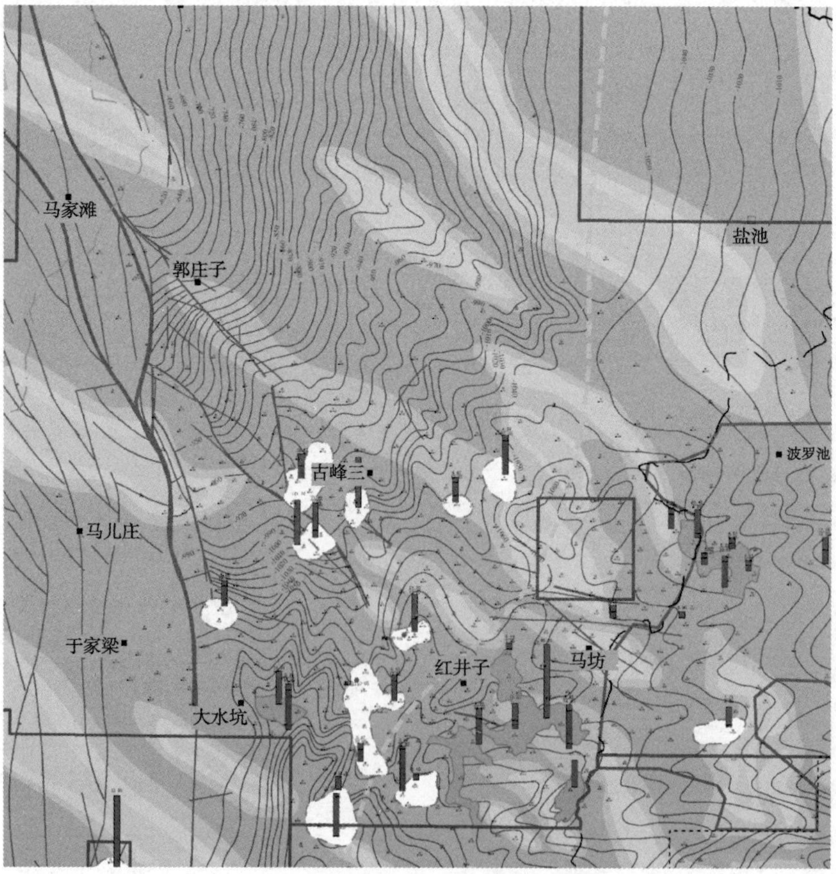

图 1　盐池地区长 C 勘探开发形势图

1.2 输导体系

横跨天环坳陷及西缘断褶带两大构造单元，地层倾角大，断层、裂缝发育，是油气运移主要通道，为纵向多层系成藏提供了条件。油气沿断层、裂缝在烃源岩排烃异常压力作用下向下运移，已发现的多个油藏及出油井点多位于断层附近，断层为长C油藏的富集起到了运移通道的作用(图2、图3)。

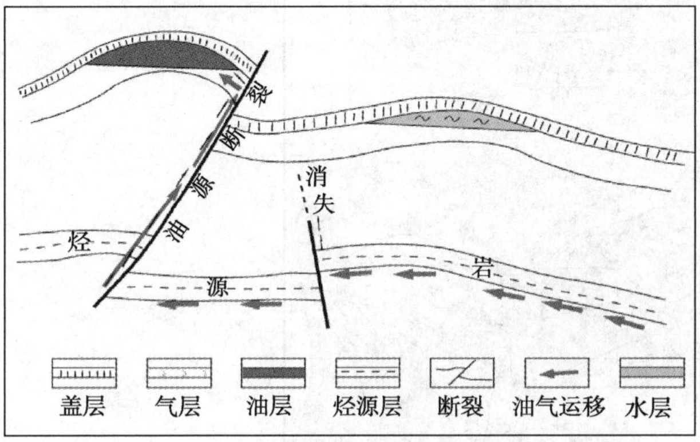

图2　盐池地区断裂沟通模式图

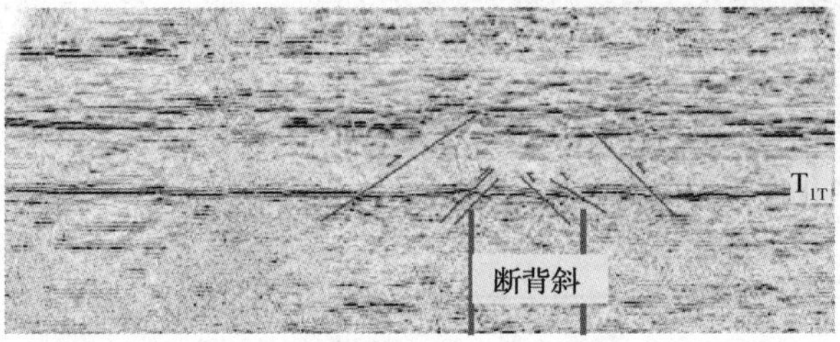

图3　盐池地区R1地震测线

该地区长C原油主要来自长B烃源岩。据前人化验分析资料，原油中性含氮化合物分馏效应纵向上反映了长C原油来自长C以上地层，这与油源对比和油气运移的纵向输导体分布研究结果一致。断层、裂缝纵向沟通为油气垂向运移提供了条件、广泛发育的叠置河道砂则有利于油气沿侧向运移，在遇到较好的储盖条件时被捕获聚集成藏(图4、图5)。

2 长C地层水分析

在盆地沉积、油气运移、大气水淋滤及构造运动中，地层水作为油气运移、聚集的载体，也经历着置换、运移和水岩反应等，并最终以不同的形式与油气共存于地下岩石的孔隙中，与油气的生成、运聚、保存和破坏有着十分密切的联系。

油气在其生成、运移、聚集、演化和保存过程中与水的活动密切相关，地层水中必然会保留

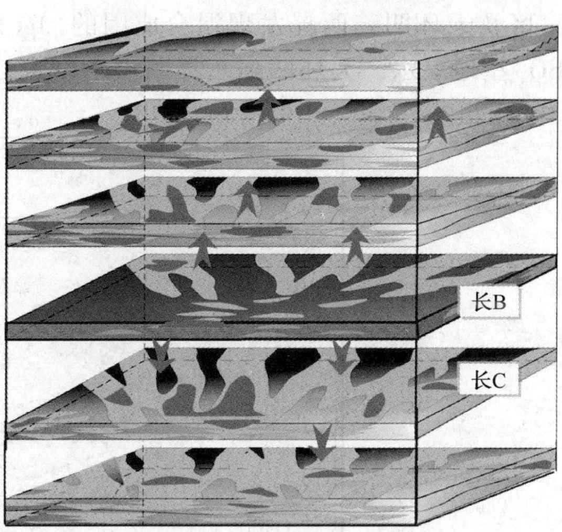

图4　盐池地区平面砂层油气捕获模式

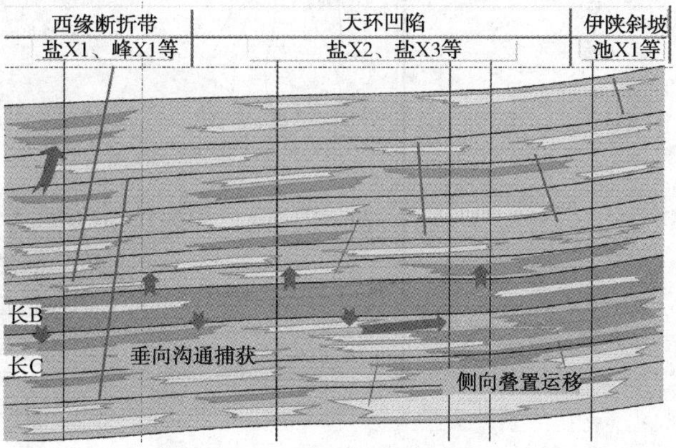

图5　盐池地区油气运移剖面图

油气活动的诸多信息。从流体物理、化学性质的变化上可以得到现今水动力的某些信息，因为流体本身既是运动的介质，又是能量的载体，流体物理、化学成分的变化既反映了流体与外界因素间的物质和能量交换作用，也在一定程度上给流体本身留下了运动痕迹。

2.1 地层水活动

盐池地区长C地层水活动受多因素影响，构造断层与裂缝沟通作用也直接导致了油藏地层水上下沟通，受排烃力、水动力、油气浮力重力等综合影响下，发生运移。从油田水与油气藏空间分布关系看，该区地层水又可分为夹层水、边水及底水。盐池西部断层发育地带，纵向沟通作用明显，东部断层不发育区，地层水伴随着叠置砂体、构造压差浮力驱动下的油气运移，这也造成盐池地区地层水不同地域、层系的差异化分布。

2.2 平面及纵向分布特征

2.2.1 平面分布特征

长C地层水化学类型多样成分复杂，断层

发育区及天环凹陷西翼发现混合成因的 $MgCl_2$、$NaSO_4$ 型地层水，天环凹陷东翼断层不发育区，地层水水型基本为 $CaCl_2$，出现地域化的分布差异(图6、图7)。

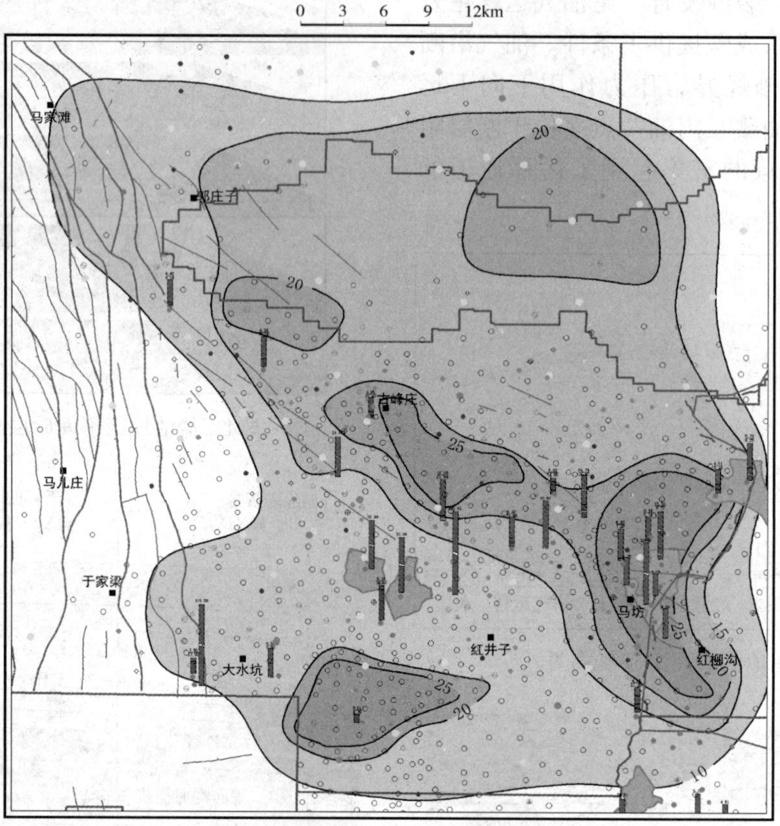

图6　盐池地区长C层矿化度平面分布图

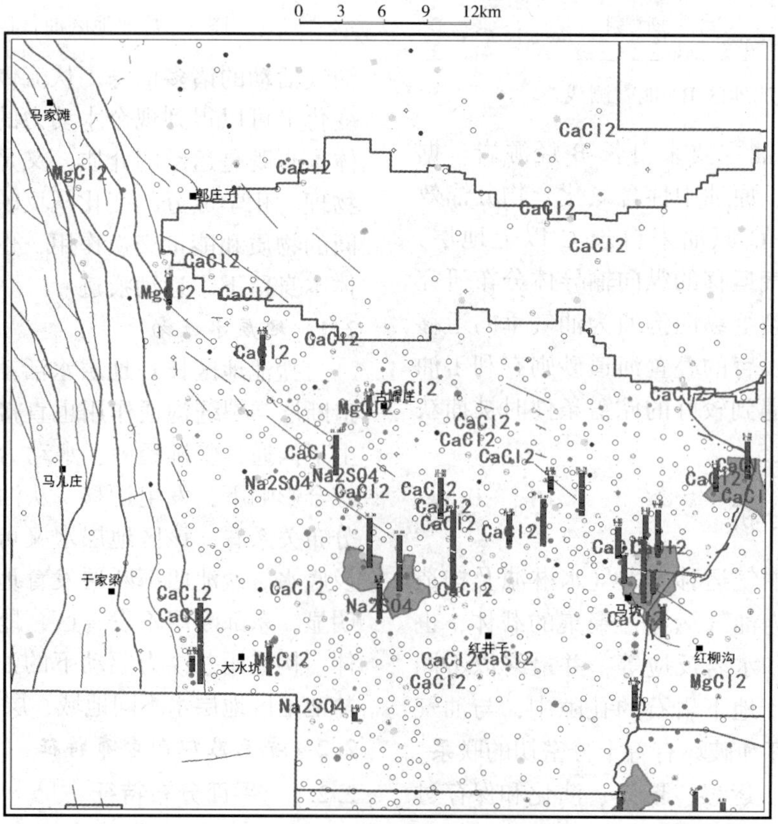

图7　盐池地区长C地层水型平面分布图

2.2.2　纵向分布特征

纵向上从深到浅、地层由老到新，地层水矿化度逐渐增大；平面上，地层水矿化度高值区呈现从西北缘逐渐往盆地内部迁移的趋势。

平面上西缘断裂带受地表/大气水淋滤影响较大，地层水处于自由交替循环带，分布低矿化度、低氯离子浓度的 Na_2SO_4 型或 $NaHCO_3$ 型水，地层封闭性较差，通常形成稠油；往天环凹陷等地区，地层水处于交替停滞带或阻滞带，浓缩程度高，主要分布高矿化度、高氯离子浓度 $CaCl_2$ 型水，地层封闭性好，形成保存较好的中—轻质油(表1)。

表1　盐池地区各地层纵向地层水离子及矿化度含量表

层位	样品数	主要水型	pH值	相对密度/(g/m^3)	钙/(mg/L)	镁/(mg/L)	氯根/(mg/L)	碳酸根/(mg/L)	硫酸根/(mg/L)	重碳酸根/(mg/L)	氢氧根/(mg/L)	总矿化度/(g/L)
侏罗系	153	$CaCl_2$、Na_2SO_4	6.19	0.06	2037.6	487.6	19188.0	163.5	3379.0	318.0	133.4	25.7
上覆1	28	$CaCl_2$	5.92	0.19	4483.3	983.3	46629.8	170.7	2863.4	159.6	66.6	55.4
上覆2	22	$CaCl_2$	6.06		3938.1	1144.2	32848.7	85.4	2941.0	143.9	109.0	41.2
上覆3	41	$CaCl_2$	6.08	0.17	3886.4	1193.9	35114.4	46.9	4318.9	228.1	113.9	44.9
长A	153	$CaCl_2$	6.11	0.03	3950.1	1007.6	36889.6	107.2	2835.6	298.1	68.4	45.2
长B	59	$CaCl_2$	6.12		10451.7	679.2	29171.7	154.3	2198.3	279.7	100.2	43.0
长C	43	$CaCl_2$	6.00		3280.6	298.5	16878.4	75.1	2837.6	136.8	51.9	23.6
长D	186	$CaCl_2$、Na_2SO_4	6.16	0.11	2550.3	417.6	12497.8	67.8	2402.7	146.1	55.6	18.1
长E	7	$MgCl_2$	6.36		971.3	204.1	6760.4	290.5	2832.9	208.6		11.3
汇总	794		6.13	0.07	3511.5	647.6	23105.0	111.1	2798.6	256.4	88.4	30.5

2.3　水型成因分类

地层水作为盆地流体的重要组成部分，其演化反映了盆地中有机烃类的演化规律；同时，它也是油气运移的重要驱动力，水的流动样式也是油气运移的反映。目前，油田中地层水主要按照苏林分类法将地下水分为4种类型：Na_2SO_4 型、$CaCl_2$ 型、$NaHCO_3$ 型、$MgCl_2$ 型。

不同类型的地层水所反映的地质信息也不相同：裸露和严重破坏的地质构造中，多属 Na_2SO_4 型；与地表隔绝良好的封闭构造中，多属 $CaCl_2$ 型；过渡性构造条件，常有硫酸盐还原菌存在，与烃类作用而脱硫，形成 $NaHCO_3$ 型水；$MgCl_2$ 型水也出现在过渡性的构造中，在通常条件下不是含油标志。

3　矿场实践应用

在油田实际生产实践中，不仅需要应用地层水型、矿化度定性地反映地质信息，更需要通过地层水化学特征研究定量表征油气运聚和保存条件、储层封闭性等。

3.1　定量表征参数

本次研究中，为获取地层水表现出的信息，除矿化度参数外，引用地层水与油气保存条件地层水化学特征系数包括钠氯系数、脱硫系数、变质系数等，这些系数与有关定量表征油气油气的运聚和保存条件、储层封闭性。

3.1.1　钠氯系数(Na^+/Cl^-)

钠氯系数可以表征地层水的变质程度，钠氯系数值越低，水变质程度就越高，油气形成与保存条件也越好。

3.1.2　脱硫系数($100\times SO_4^{2-}/Cl^-$)

埋藏封闭区是脱硫作用发生的有利场所，脱硫作用彻底与否反映出油藏封闭程度。脱硫系数越低表明地层水还原彻底，油藏封闭性好；反之，则认为还原不彻底，可能受浅表层氧化作用的影响。

3.1.3　变质系数($(Cl^- - Na^+)/Mg^{2+}$)

变质系数可表征地层水在运移过程中水岩作用的强度和离子交替置换的程度。地下径流越慢，水岩作用时间越长，离子交换作用将越彻底，流体中 Na^+ 和 Mg^{2+} 离子可能越少，而其他离子相对越多。与此对应，水的变质程度就越深，越有利于油气保存。

3.2　增储建产中应用

3.2.1　初期油藏潜力分析

盐X6油藏位于盐池北部，长C钻遇油水层

6.1m，试油日产油 4.85 吨/水 25.6 方，2018 年围绕峰 X4 滚动建产，北部完钻骨架井盐 X-1 钻遇油水层 10.0 米，投产初期 0.1t/98.7%。油藏呈连片趋势，规模向北进一步扩大，新增预测面积 4.0 平方公里。南部峰 X4 区内完钻井 32 口(26 油+6 水)，初期平均日产油 2.38t。

按照常规“油藏认识—单井分析—储层识别—有利区预测”的研究思路，提出下步部署及补孔试采建议后，在北部认为成藏有利部位进行部署建产(图 8、图 9)。

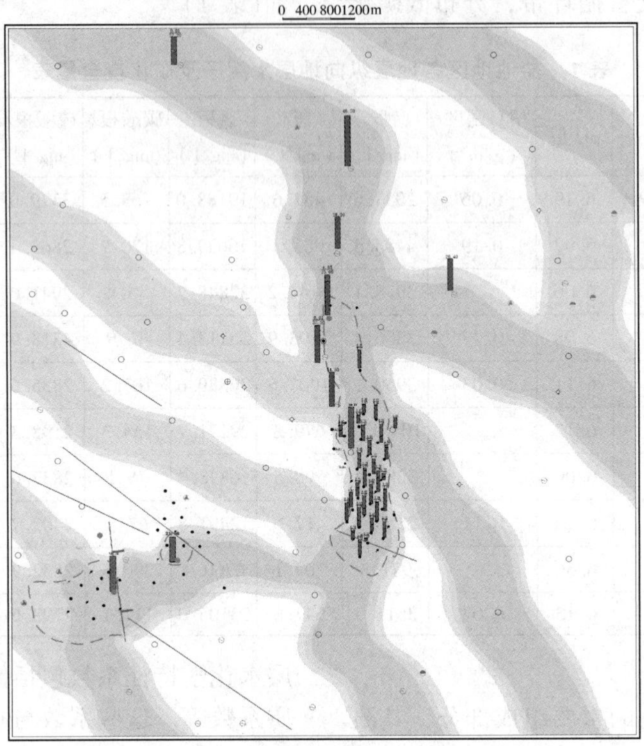

图 8　盐池盐 X6 地区长 C 油藏综合图

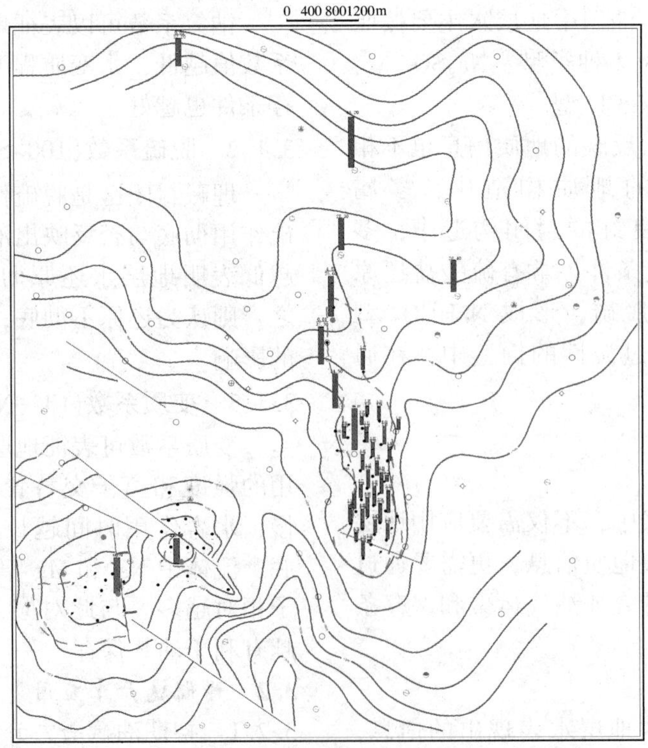

图 9　盐池盐 X6 地区长 C 层构造平面图

3.2.2 阶段建产效果

依据油藏研究常规分析，在北部构造高部位、含油性及物性较好部位实施产建井 3 口，均未见到油气显示，与前期研究结果相差较大(图 10)。

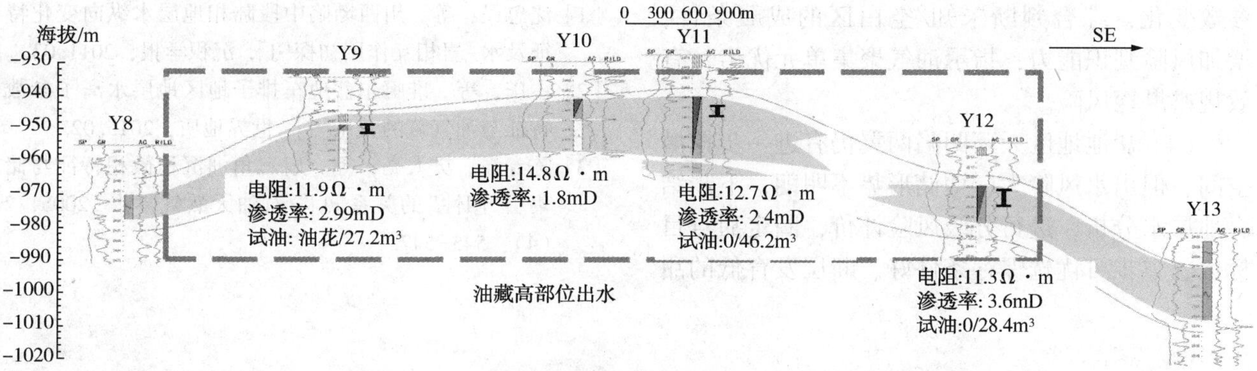

图 10　盐 X6 地区部署区 Y8-Y13 井长 C 油藏剖面图

3.2.3 地层水分析及应用

从地层水水型研究结果看，该区整体以 $CaCl_2$ 为主，在已建产区域，水型多存在 Na_2SO_4、$MgCl_2$ 等地层水类型。从表征油藏保存程度的参数分布将油藏分为三个区带：出水区、过渡带、含油区。其中三参数在各部位的分布值为，出水区钠氯系数>0.9，脱硫系数>1.9，变质系数<1.1；过渡区钠氯系数 0.8-1.0，脱硫系数 1.6-2.0，变质系数 1.0-1.3；含油区钠氯系数<0.9，脱硫系数<1.7，变质系数：>1.2(图 11)。

前期建产井位于出水带，分析后及时调整建产方向，在构造抬升区，出油及过渡带建产，分别见到不同程度油气显示，试油试采效果较好(图 12)。

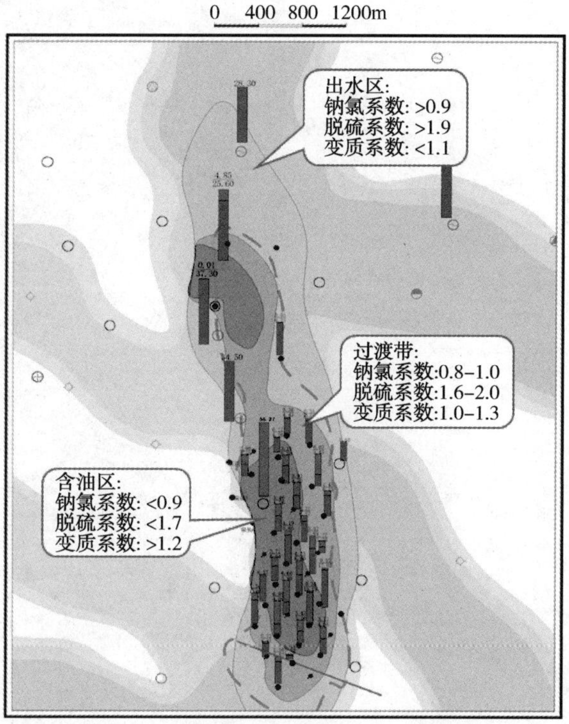

图 11　盐 X6 区长 C 综合含油性平面图

4 结论与认识

(1) 通过地层水分析及其影响要素，从区域规律—局部剖析两个层面分析，厘清了其与油气运聚的关系，并对反应地层水特性的参数进行分析，指导油气运聚规律的认识。

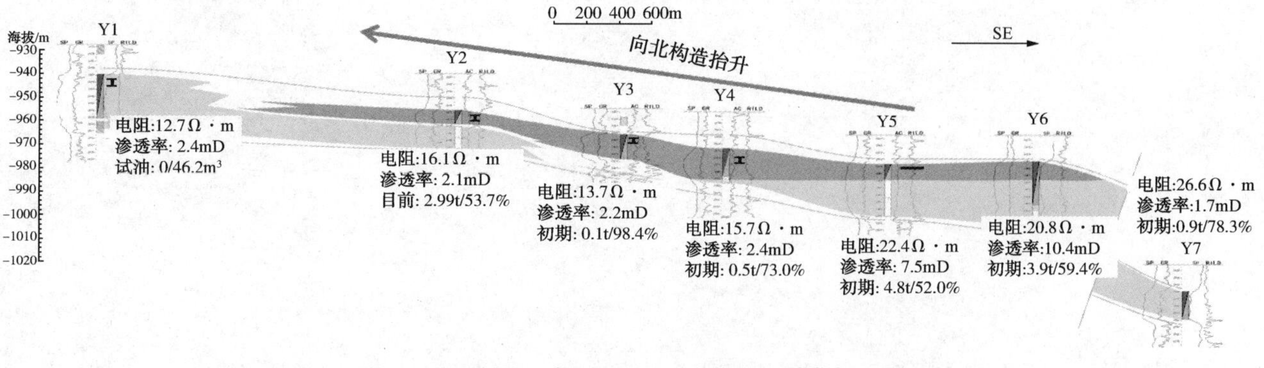

图 12　盐 X6 地区部署区 Y1-Y7 井长 C 油藏剖面图

(2) 为部分区块、井层二次解释提供旁证，在一定意义上对有效识别过路油、孔隙残余油，特别是针对裂缝、断层发育区的油气聚集与成藏认识提供了一些思路上的创新。

(3)有效结合地层水动力场及原油地球化学参数变化，综合判断未知/空白区的成藏条件，增加风险判识能力，指示油气聚集单元优劣，有效规避勘探风险。

(4)盐池地区天环凹陷两翼仍有进一步挖潜空间，但出水风险大，增储形势不明朗，下步结合地层水分析，进行分级风险评价，圈定甜点目标区，下步可优选保存条件好、断层发育低的甜点部位进行勘探开发。

参 考 文 献

[1] 沈忠民，等．川西坳陷中段陆相地层水纵向变化特征及水-岩相互作用初探[J]．沉积学报，2011.03.

[2] 占庆，等．准噶尔盆地车排子地区地层水离子参数特征与油气藏的关系[J]．世界地质，2015.02.

[3] 陈春强，樊太亮，等．扇三角洲沉积微相特征与储集层“四性”的关系[J]．石油天然气学报．2005，2(4)：545-547.

多薄层超低渗油藏大斜度井开发模式及储层改造研究与认识

王　策　何善斌　王明瑜　顾九骊　郑　平

（中国石油长庆油田公司）

摘　要　华庆油田长6砂岩储层为典型的超低渗透油藏，储层整体呈现出非达西渗流特征明显、天然裂缝普遍发育、低产低效井比例大、常规直井开发单井产量低等特点。本文在大斜度井提高采油速度机理的基础上，针对超低渗油藏开发过程中采出程度低、注水诱导裂缝发育等问题，通过室内数值模拟和矿场实际效果评估，验证大斜度井在超低渗油藏的可行性以及优越性，提出一套适用于超低渗油藏大斜度井立体开发模式：采用大斜度井开发，有利于各小层对产能的均匀贡献，实现了多层系的充分动用，平面、纵向储层动用程度高；超前注水模式增加储层渗吸驱替作用，提高单井产量，扩大水驱波及体积；大斜度井通过增大纵向压裂缝，避免缝间干扰。结论认为，华庆油田L183区块大斜度井开发为超低渗透隔夹层发育的厚层油藏压裂参数优化设计提供有力支撑，为其现场应用提供理论指导和技术支撑。

关键词　超低渗油藏；渗吸采油；大斜度井；提高采收率

鄂尔多斯盆地华庆油田探明储量大，石油资源量发达，主力层长6是华庆油田勘探开发的有力战场。该区储层为典型超低渗（渗透率0.38mD）、地层压力低（压力系数0.6～0.8），油层稳定连片厚度大（23.6m），单井控制地质储量大（10.6万吨），沉积环境相对复杂，中部半深湖重力流水道相互作用，南部主要发育深湖砂质碎屑流，携砂能力弱，隔夹层发育，同时储层天然裂缝发育，最大主应力方位NE50°～NE90°。因此，亟需探索更适宜超低渗厚油藏配套开发模式，进一步提高油藏采收率。

大斜度井是指同一口采油井能够实现同时穿过多个层系进行开采，目前国内对于大斜度井的研究相对较少，杨光提出油层厚度小且天然能量充足的储层适合长水平井开发，砂体发育不连续，水驱状况复杂的储层适合短水平井开发，油层层位多、厚度大的储层适合大斜度井开发，汤程辉针对大斜度井工艺难题问题，研制了定向水利喷射技术，实现了喷枪的自然定位，避免在射孔过程种射穿薄夹层的问题。本文基于对华庆油田L183区长6油藏数值模拟以及矿场试验分析的基础上，对大斜度井的改造强度、合理流饱比、超前注水时机进行了探讨，最终实现了超低渗油藏大斜度井规模效益开发，其认识对我国超低渗油藏大斜度井效益开发具有重要借鉴意义。

1　井型转变的必要性

1.1　*大斜度井必要性*

华庆油田超低渗油藏具备油层厚度大、隔夹层发育、探明未动用储量大，砂体结构以连续叠加型为主的特点见图1，针对研究区储层物性综合直井以及水平井开发优势，创新提出大斜度井开发模式，充分利用各个小层，实现多层系的开发，提高储层平面、纵向动用程度。

通过数值模拟进一步研究适应华庆油田超低渗开发模式，开展数值模拟剩余油分布见图2，从图中看出，针对超低渗多隔夹层储层大斜度井单井控制范围高于定向井和水平井，大斜度井平面波及效率为80.8%，高于定向井波及效率58.1%以及水平井平面波及效率49.6%，即大斜度井开发动用储层程度兼备定向井与水平井的特点。

通过研究区数值模拟水驱20a压力分布情况见图3，图中显示大斜度井压力分布相对均匀，且启动压力梯度相较定向井、水平井高，水平井井筒附近存在大范围低压区，区域内压差小，而定向井附近压力分布不均匀，大斜度井边井、角井处压力较低，较定向井相比生产压差较大。

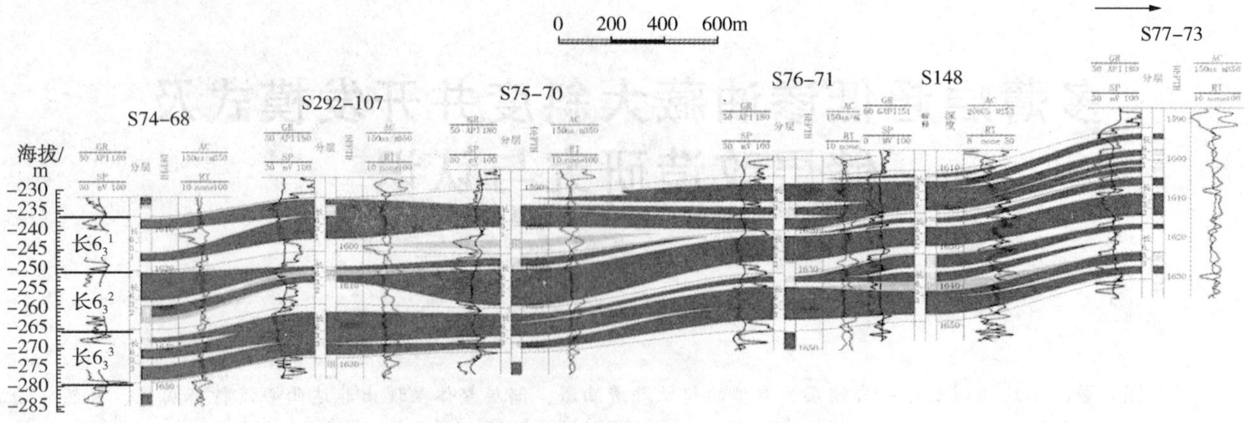

图 1　华庆油田 L183 区块长 6 油藏剖面图

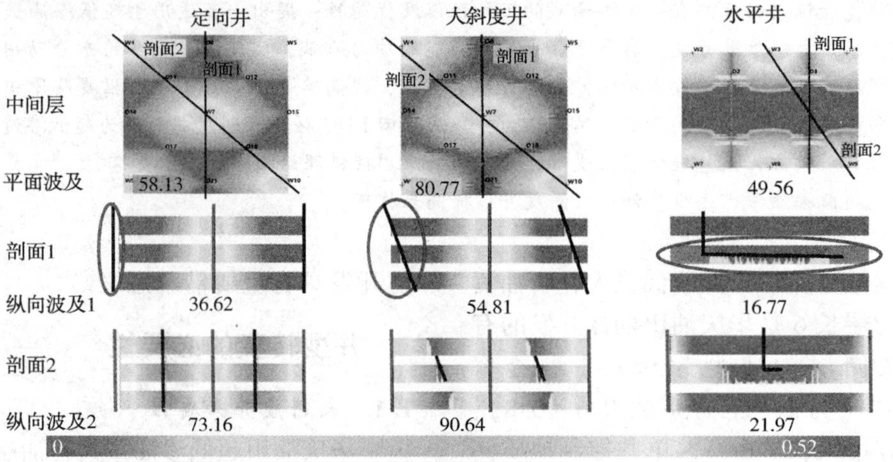

图 2　华庆油田 L183 区长 6 数值模拟剩余油分布(水驱 20 年)

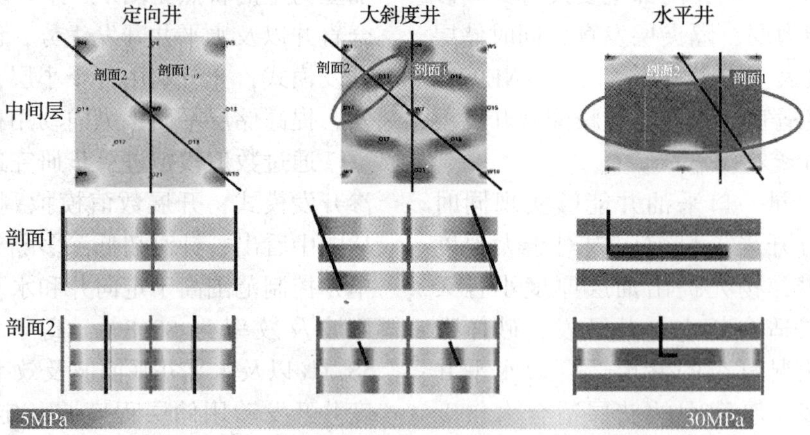

图 3　华庆油田 L183 区长 6 数值模拟压力分布(水驱 20 年)

图 4 为数值模拟水驱 20a 渗流场分布情况图，从平面上看，定向井渗流场存在无法驱替区域，具整体渗流相对较窄，水平井腰部渗流场分布较少，大斜度井渗流线整体呈现宽而密，相较于定向井，大斜度井渗流场分布均匀且聚集效果更好。

因此，研究区数值模拟认为在华庆油田厚层多薄层相对高渗段的油藏，大斜度井适应性好，平面波及效率更大，启动压力梯度更大，渗流场更均匀。

1.2　井网井型选择

华庆油田储层物性差，开发过程中存在有效驱替系统建立缓慢、产量递减快等矛盾。从而优选菱形反九点井网、五点井网、矩形井网三种井网形式，开展数值模拟研究结果见图5、图6，五点井网注水井数多，剩余油分布较少，菱形反九点井网、矩形井网存在较明显剩余油分布，受井网控制剩余油富集在角井附近，但相比较矩形井网压力分布更为均匀。

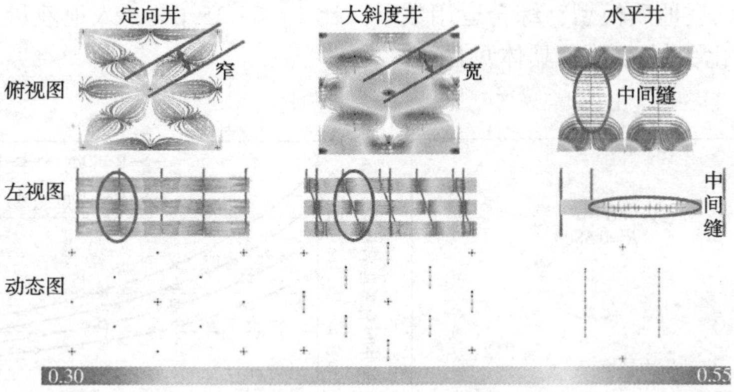

图4 华庆油田L183区长6数值模拟渗流场分布(水驱20年)

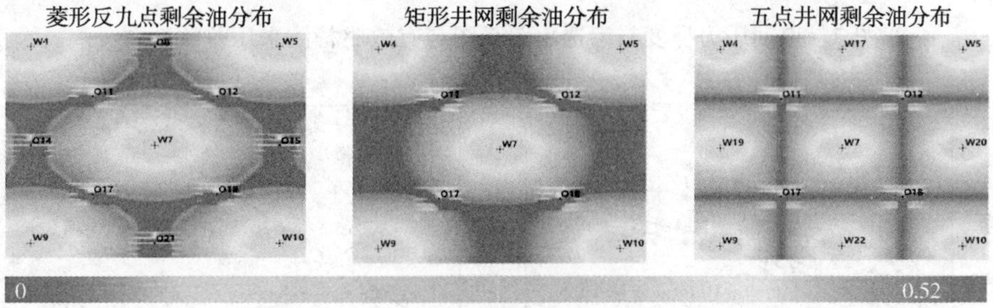

图5 华庆油田L183区长6数值模拟三类井网剩余油分布

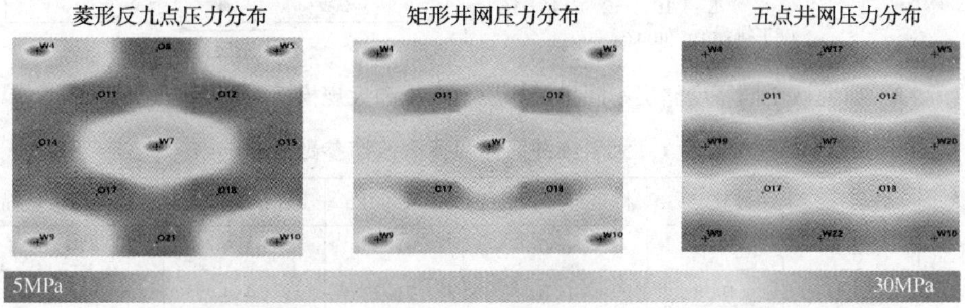

图6 华庆油田L183区长6数值模拟三类井网压力场分布

结合华庆地区天然裂缝发育特征和现今主应力方向，设计优选该区井网调整，使得油水井间更容易建立驱替系统，延长稳产时间，华庆超低渗油藏井网分布与裂缝密度以及油藏基质渗透率均相关，且超低渗油藏具备明显非达西渗流特征，因此需要计算不同井排距下注水井以及采油井之间地层压力分布曲线，根据不同渗透率下启动压力梯度，确定了大斜度井矩形井网的井井距为400m，排距为140m。

在生产压差一定的条件下，渗透率不同的储层对应着不同的“极限供油半径”，也就是说，“极限供油半径”确定时，不同的渗透率的储层对应极限生产压差，即储层渗透率与生产压差呈反比见图7，而实际生产压差大概率无法达到极限生产压差的需求，因此优选相对大的生产压差。

2 储层改造

借鉴水平井储层大规模改造思路，针对多层系动用，平面、纵向动用程度高的储层，以“纵向多级、井间成网”为目标，整体采用水力喷射、精细多段、干扰压裂的技术思路，形成特色华庆油田超低渗油藏大斜度井开发模式：①单点集中射孔：通过水力多段喷孔达到点源起裂，使得人工裂缝易受控延伸，②纵向分层压裂：在地质“甜点”、注采对应处动用储层，实现精细多段压裂；③大排量压裂：类同于水平井层内多段多簇压裂，增加裂缝三维复杂程度。

通过建立研究区压裂地质模型，综合运用数模软件、压裂软件优化关键参数，具体见图 8，表 1 所示，实现人工裂缝取代天然裂缝，最终确定改造技术以常规水力喷射分段压裂为主，压裂液生物胶、EM30+压裂液，压裂段数 4～8 段，单井加砂单段 57～63m^3，排量 4～6m^3/min，砂比 19.0～25.0%，入地液量 2300～2500m。

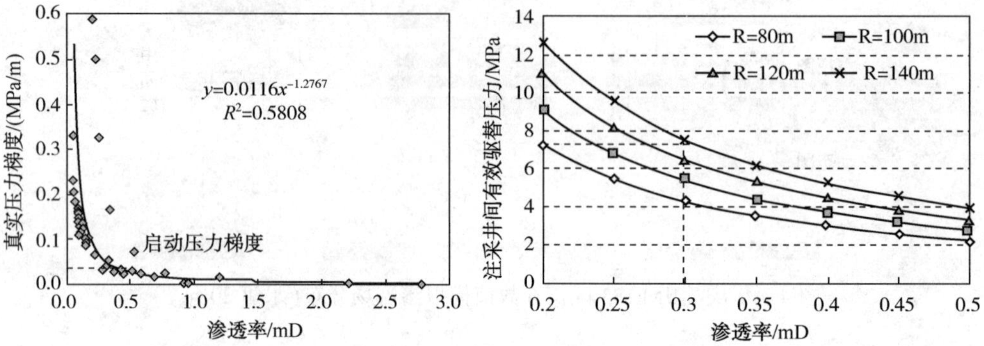

图 7　启动压力梯度与渗透率关系图与有效驱替注采压差关系图

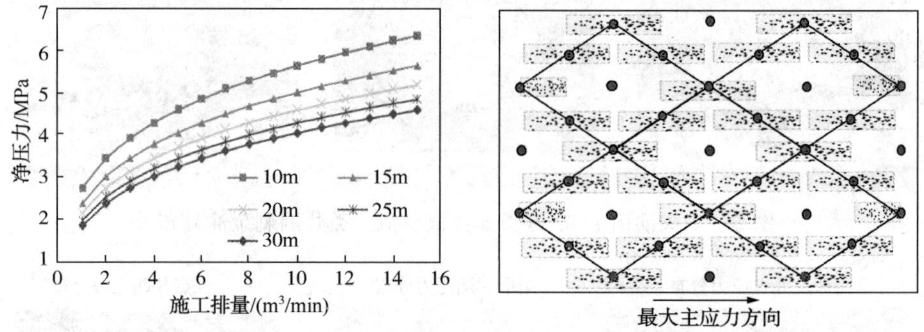

图 8　研究区不同厚度储层不同排量净压力图版和大规模压裂缝网匹配示意图版

表 1　大斜度井区体积压裂改造参数表

井号	簇数	砂量/m^3	砂比/%	排量/(m^3/min)	破压/MPa	工作压力/MPa	单段入地液量/m^3	返排液量/m^3
1	6	42.5	17.9	6.0	91.3	63.9	479.2	54.6
2	5	52.0	19.8	6.0	71.2	54.4	354.1	71.0
3	6	60.8	18.6	5.0	79.4	58.2	496.5	86.3
4	6	43.3	19.5	6.0	72.0	43.9	318.6	59.7
5	6	54.2	18.2	5.0	75.9	57.8	398.5	72.7
6	5	64.0	19.6	6.0	68.3	47.2	430.2	81.1

3　实例分析

通过数值模拟，结合储层条件、改造工艺、精细注水、技术政策等各方面因素，2020 年在华庆油田 L183 区块创新性实施大斜度井规模建产，为同类超低渗油藏高效开发提供思路借鉴。

3.1　L183 区地质特征

华庆油田 L183 区属于深水重力流沉积，油层发育稳定且厚度较大，南部主要发育深湖砂质碎屑流，携砂能力弱，砂体发育规模较小，油层薄，变化快，隔夹层发育，油藏埋藏深度 2064m，发育油层 11.9m，差油层 4.6m，平均孔隙度 11.6%，平均渗透率 0.28mD，含油饱和度 56.87%，电阻率 55.41Ωm，声波时差 225.8us/m。

3.2 L183 区整体实施效果

试验区目前开井 139 口，初期日产油 4.0t/d，目前日产油 3.7t/d，累计产油 12 万吨；大斜度试验区满一年阶段递减 30.8%，整体处于早期递减阶段见图 9，初期平均单井日产油 4.0t，大斜度初期产量为周围定向井的 2.0~2.4 倍，初期采油速度由 0.8%~1.0%↑2.0%~2.3%，区块采油速度和单井产量明显提升。

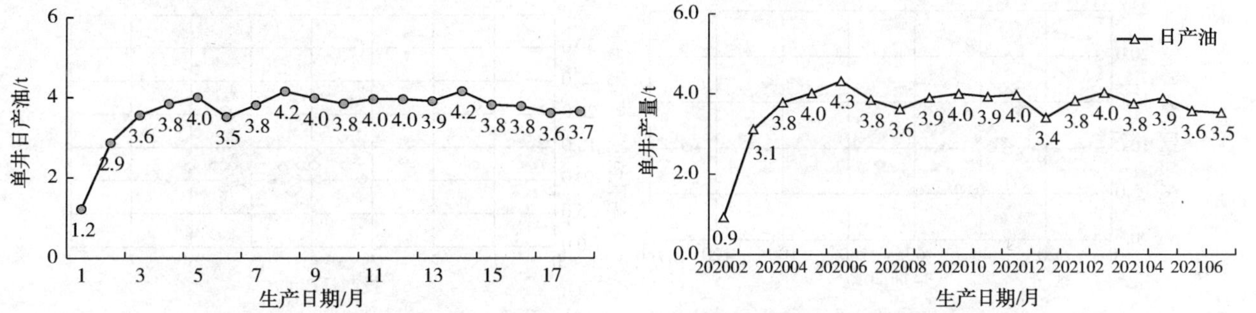

图 9　L183 大斜度井区单井日产油曲线与 L183 大斜度井区拉齐单井日产油曲线

3.3 L183 区改造程度

L183 区储层改造主要以常规水力喷射分段压裂为主，压裂液主要是生物胶压裂液，借鉴转变注水开发方式试验成熟经验，实施压后闷井，139 口大斜度井平均压裂段数 5.6 段，平均单井加砂 352m³(单段 63m³)，平均砂比 19.6%，排量 5.7m³/min，入地液量 2500m³(单段 446m³)，平均单井闷井 20 天以上(图 10)。

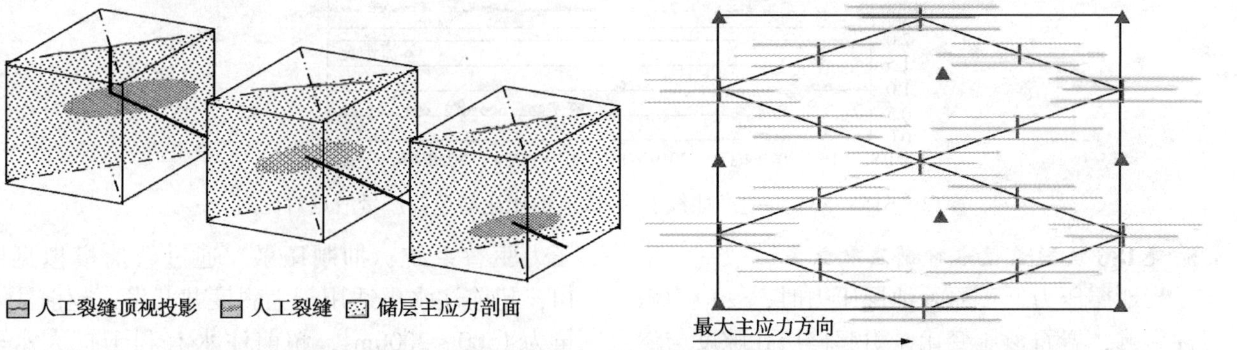

图 10　L183 区大斜度井+水力喷射分段压裂工艺示意图与 L183 区开发井网示意图

通过单段入地液量与日产油量散点关系图以及排量与日产油量散点关系图(图 11)证明储层改造规模与日产油呈正比；与常规认识相反，研究区排量越大含水反而越低，大排量改造形成宽缝而不是向远端延长缝，在提液的同时能充分对射孔段附近进行改造并不影响含水。

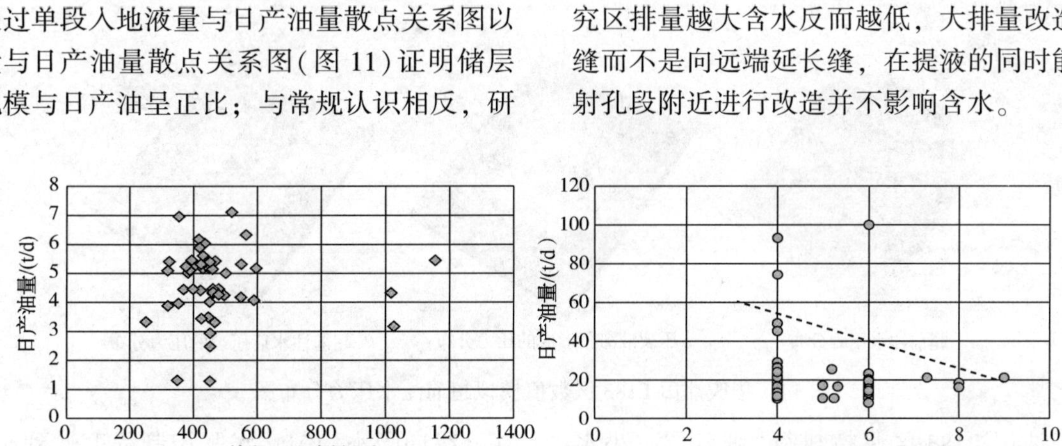

图 11　单段入地液量与日产油量散点关系图与排量与含水散点关系图

本次论文引入射孔控制程度参数见图 12，即有效油层长度除以射孔段数量，代表单个射孔段控制油层长度，单个射孔段控制油层长度越小储层改造效果好，结合控降成本减少压裂段数理念最优结果在10~20米/个。

3.4　L183区合理流饱比

对华庆L183全区长6大斜度区开展流饱比与单井产量规律相关性分析得出：当流饱比<0.8时，单井产量介于4.0~5.0t之间，效益最大化。根据S155-53X单井分析，流饱比<0.8时，递减出现明显拐点，呈现加大趋势(图13)。

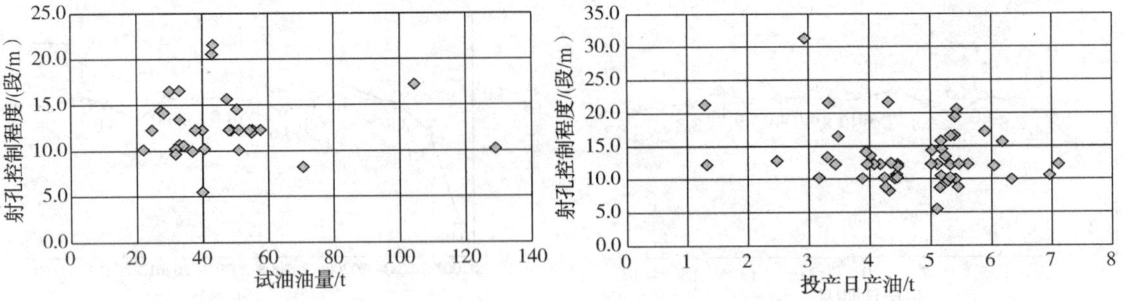

图12　射孔控制程度与试油油量散点关系图与射孔控制程度与投产日产油散点关系图

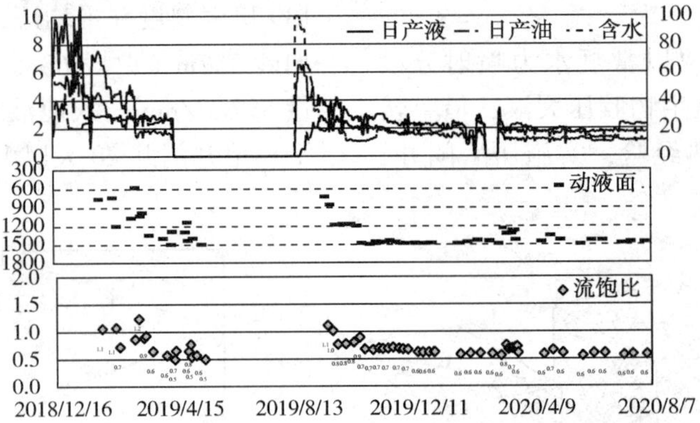

图13　S155-53X井生产曲线L183区流饱比比与单井产量散点对比图

3.5　L186区超前注水抑制压敏效应

当地层压力低于原始地层压力时，受应力敏感性影响，岩石覆压变化，引起储层孔隙度与渗透率变化，其过程不可逆，超前注水建立有效的压力驱替系统，抑制压敏。通过数值模拟见图14，超前注水更适用于大斜度井开发，超前注水量为1500~2000m^3，超前注水有利于扩大水驱体积，减缓油藏递减。

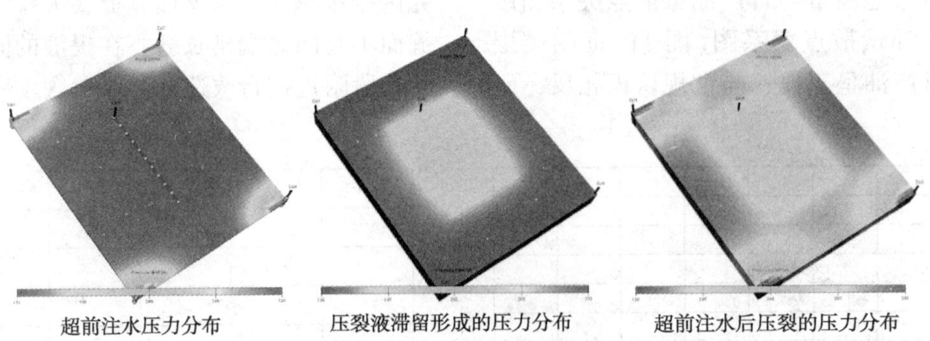

图14　华庆油田L183区数值模拟超前注水压力分布图

华庆油田L183区坚持执行“细分层、小水量、长周期、平面均衡”超前注水及连续油管+焖井的开发技术政策，压力保持水平达120%以上，地层能量充足，注水井全部采用2~3层分注，纵向吸水均匀，水驱控制程度达到72.4%，动液面保持在1000m左右，大斜度井初期单井日产油4.1t，半年单井日产油4.0t，递减小。

3.6 L183 区产量递减规律

L183 区大斜度井产量变化符合指数递减规律见图 15，投产半年递减 10.9%，投产 1 年递减 30.8%，含水稳定在 25%左右，整体处于早期递减阶段。

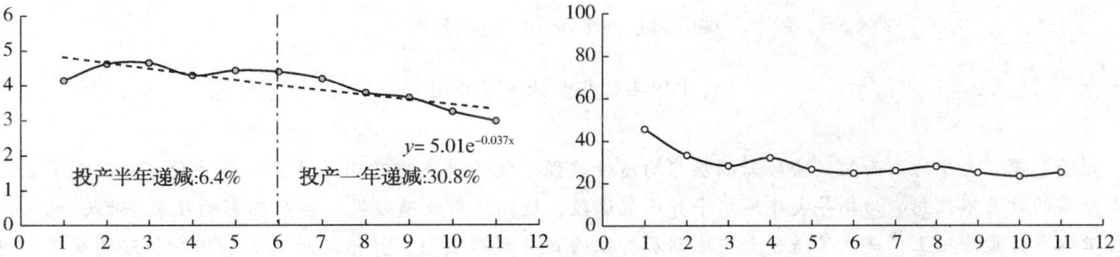

图 15　L183 区大斜度井日产油投产拉齐曲线 L183 区大斜度井含水投产拉齐曲线

4　结论与认识

（1）华庆油田超低渗油藏储层物性差，非均质性强，天然裂缝发育，通过数值模拟结果表明，研究区采用大斜度井开发，其单井控制范围高于定向井，储层动用兼有定向井与水平井的特点，且相较于定向井的单缝，大斜度井裂缝流线聚集效果更佳，因此大斜度井在超低渗油藏开发具备可行性以及优越性。

（2）研究区大斜度井采用超前精细分层注水开发方式，区域地层压力保持水平达 120%以上，利用闷井渗吸驱替作用，实现渗流范围增大，大幅提高采油速度。

（3）研究区大斜度井开发通过井型井网的改变，储层改造裂缝与油层的关系由二维层面转变为三维层面。通过数值模拟结合实际矿场试验结果，证明大斜度井区结合控降成本减少压裂段数理念，射孔控制程度最优结果在 10～20 米/个，合理流饱比<1.0 时，达到效益最大化。

（4）研究区多套小层均发育相对高渗段，大斜度井具有较好的适应性，初期平均单井日产油 4.0t，大斜度初期产量为周围定向井的 2.0～2.4 倍，初期采油速度由 0.8%～1.0%提升至 2.0%～2.3%，区块采油速度和单井产量明显提升。

参　考　文　献

[1] 童晓光，王红军，马锋，等．全球非常规油气资源评价[J]．石油勘探与开发，2016，43(6)：850-862.

[2] 杨光．JA 油田水平(大斜度)井储层改造研究与认识[C]．第十六届宁夏青年科学家论坛论文集，2020.

[3] 汤程辉．水力喷射压裂在大斜度井薄夹层中的研究应用[J]．内蒙古石油化工，2020；6(3)：116-118.

[4] 徐蕾，师永民，徐常胜，等．长石族矿物对致密油储渗条件的影响[J]．石油勘探与开发．2013，40(04)：448-454.

[5] 杨华，付金华，何海清，等．鄂尔多斯华庆地区低渗透岩性大油区形成与分布[J]．石油勘探与开发．2012，39(06)：641-648.

[6] 何拓平，李元昊，陈朝兵，等．深水重力流储层宏观非均质性控制因素[J]．西北地质．2020，53(01)：178-188.

[7] 李璟，傅强，邓秀琴，等．鄂尔多斯盆地华池-庆阳地区延长组长 6_2-6_3 沉积微相研究[J]．沉积与特提斯地质．2018，38(04)：68-75.

[8] 巩磊，高铭泽，曾联波，等．影响致密砂岩储层裂缝分布的主控因素分析[J]．天然气地球科学．2017，28(02)：199-208.

[9] 曾联波，吕文雅，周思宾，等．鄂尔多斯盆地西南部致密砂岩储层微观裂缝特征及控制因素[J]．天然气地球科学．2020，31(01)：37-46.

[10] 欧阳伟平，张冕，孙虎，等．页岩油水平井压裂渗吸驱油数值模拟研究[J]．石油钻探技术．2021，49(4)：143-149.

[11] 贾辉．三肇地区扶余油层井型井网优化研究[D]．大庆：东北石油大学．2020.

[12] 刘晓成．利用超前注水技术实现低渗透油藏产能提升[J]．内蒙古石油化工．2021，81(3)：79-103.

致密砂岩气藏水平井压裂甜点识别方法

刘　威　李凌川　梁志彬

(中国石化华北油气分公司)

摘　要　大牛地山西组致密砂岩储层非均质性较强，仅凭借地质及测录井资料等手段预测识别有效甜点分布的效果不理想。为指导大牛地水平井压裂选段，提高压裂改造效果，在明确影响压裂“甜点”的地质与工程参数集基础上，建立了适合大牛地储层特征的测井解释模型，并借助优选的熵值分析法明确了各评价参数对压裂效果的影响程度，而后利用综合权重法建立了综合压裂“甜点”计算模型，并基于该模型开展了矿场水平井压裂“甜点”评价分析。结果表明：相较于单一地质手段，本文建立的压裂“甜点”综合评价方法使得压裂“甜点”识别准确率得到了有效提高，压裂“甜点”计算模型得到的综合甜度与压后产能之间相关度高达87.6%，表明该综合甜度评价方法可较好地指导大牛地储层的压裂选段，为提高大牛地气田水平井压裂效果提供支撑。

关键词　大牛地气田；压裂选段；测井解释模型；权重分析法；压裂“甜点”

大牛地气田位于鄂尔多斯盆地东北部，其二叠系山西组平均孔隙度小于8%、平均渗透率小于0.8mD，为辫状河沉积背景下的致密砂岩气藏，目前主要采用体积压裂水平井生产。由于其特殊的沉积环境，水平段的储层物性、岩石力学性质、应力条件等沿井身变化较大，储层非均质性较强，导致压裂选段改造效果较差。为此，大牛地前期开展了有效甜点评价方法研究，主要利用地质、测录井等资料，预测识别有效甜点的分布情况。现场实际应用结果表明，气井压后产能与有效甜点指标正相关性并不高。因此，利用该方法指导致密砂岩水平气井的压裂选段具有一定的盲目性。亟需明确影响压裂效果的主要因素及其敏感性，构建适合大牛地致密砂岩储层的压裂“甜点”评价方法，以提高选段精准性，提升压裂改造效果。

压裂“甜点”本质为压裂改造的优势井段，其内涵包括地质“甜点”与工程“甜点”的双重属性，由于其对开发效果影响显著，已引起诸多学者的广泛关注，取得了一系列有益认识。当前，该领域的主要评价思路是从压裂效果影响因素出发，考虑主要参数对压裂效果的影响程度，赋予每个参数特定的权值，形成基于权重分配的综合“甜点”评价方法；该方法具有结果稳定、抗干扰性强的优势，取得了不错的应用效果。

上述研究虽然全面地考虑了地质、工程双因素影响，并评价了不同地质、工程评价参数在“甜点”预测中所占权重，但是，在获取评价参数及选择权重分析方法方面存在不足，即笼统地采用成熟的地质及工程参数计算模型及权重分析方法，未考虑参数计算模型及权重方法在研究区块的适应性。

本文根据大牛地气田山西组致密储层特征，综合考虑并筛选影响压裂“甜点”的地质、工程参数集，建立适合大牛地储层特征的测井解释模型并优选适合本区的权重分析方法；然后以标准化指标数值与所占权重乘积加和的形式建立压裂“甜点”计算模型，开展综合甜度的模糊数学评价，经21口实例井的评价对比，表明该综合甜度评价方法可较好地指导大牛地储层的压裂选段，同时也为其他类似压裂选段评价问题提供了借鉴。

1　大牛地储层参数模型构建

1.1　压裂“甜点”影响因素的确定与筛选

水平井压裂效果是多个因素共同作用的结果，可从地质因素和工程因素两个方面来考虑。地质因素主要描述储层的生产潜力，综合储层物性和含油气性两方面影响，筛选出平均全烃、孔隙度、渗透率、含气饱和度、泥质含量等5项参数；工程因素主要描述压裂措施能否形成有效的裂缝系统以实现储层有效改造，综合裂缝系统的形成与复杂程度两方面影响，筛选出弹性模量、泊松比、脆性指数、水平主应力差、断裂韧性等

5 项参数。

1.2　测井解释模型组建与校准

影响压裂效果的地质及工程参数作为压裂甜点评价的基础数据，其取值的精准性直接关系到能否实现压裂“甜点”的精准评价，因此，建立起高精度的储层参数解释模型是压裂“甜点”评价的关键之一。本文在岩心深度归位的基础上，利用大牛地区块岩心进行岩石力学和物性测试，获取研究区地质、工程特征参数，进而修正相应参数模型或增加校正项来提高模型计算精度，测井解释模型及其校准方法如表 1 所示。

基于取芯井的测井资料，利用校准前后的测井解释模型分别计算地质及工程参数，并将计算结果分别与岩心测试值进行对比，如图 1 所示。

表 1　测井解释模型校准说明

解释参数	计 算 公 式	校 准 说 明
泥质含量	$V_{sh岩心}=8.9272V_{sh测井}^{0.1478}$	拟合模型预测值与岩心测试值的关系式
孔隙度	$\varphi=-0.214-0.438GR+0.23GR^2+1.438AC$ $-0.64AC^2+1.04DEN-0.48DEN^2$	建立岩心分析孔隙度与三孔隙度测井数据之间的非线性多元关系式
渗透率	$K=0.0993EXP(0.2458>)$	建立岩心分析渗透率与岩心分析孔隙度之间的关系式
含气饱和度	$S_g=1-\sqrt[2]{\left(\frac{1.1129\times0.127}{R_t\cdot^{1.463}}\right)}$	确定岩性系数 a 与 b、胶结指数 m、饱和度指数 n
杨氏模量	$E_s=5.3888E_d^{0.4536}$	建立动静态转换关系式
泊松比	$\mu_s=5.0129\mu_d^{2.717}$	建立动静态转换关系式
断裂韧性	$K_{IC}=0.2068P_c+K_{IC}^0$	建立围压 P_c 与岩石断裂韧性 K_{IC} 的关系式
水平主应力	$\sigma_h-\alpha P_p=\frac{\nu_s}{1-\nu_s}(\sigma_V-\alpha P_p)+0.1777(\sigma_V-\alpha P_p)$ $\sigma_H-\alpha P_p=\frac{\nu_s}{1-\nu_s}(\sigma_V-\alpha P_p)+0.3650(\sigma_V-\alpha P_p)$	反算水平主应力差模型中的构造应力系数 β_1 和 β_2

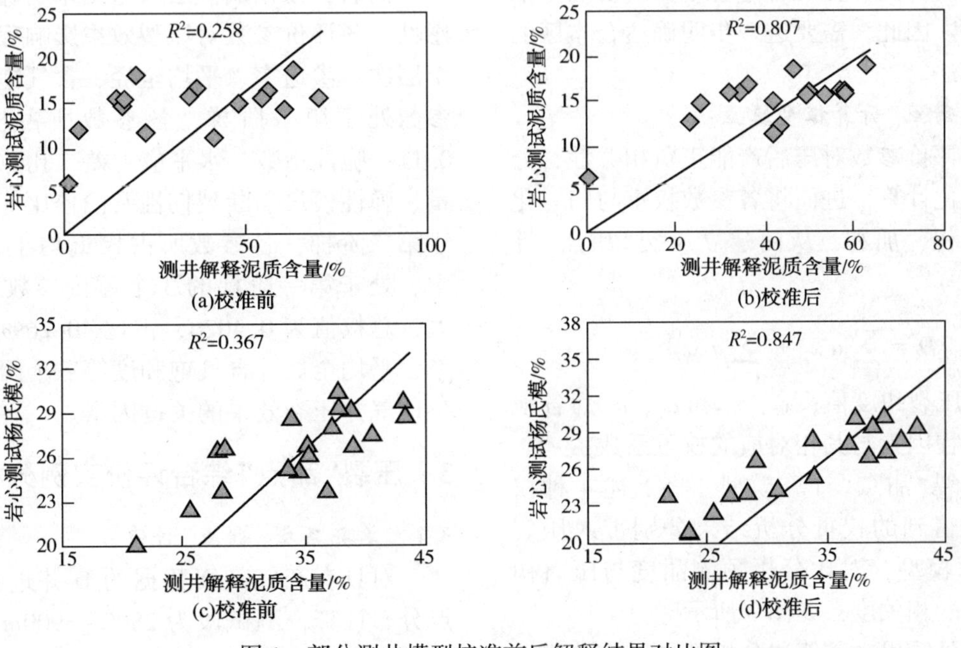

图 1　部分测井模型校准前后解释结果对比图

从图 1 可以看出，校准后的测井解释计算结果与岩心测试得到的真实参数值之间的平均相对误差更小，精度提升范围在 37.2%~46.3%。经过校准后的测井解释模型能获得更精确的地质及工程参数，从而更准确地反映地下储层真实性质。

2 综合压裂“甜点”计算模型研究

各地质、工程评价参数对压裂效果的影响程度各有差异，准确地赋以参数合理的权重是进行压裂“甜点”评价的核心工作，基于各评价参数所占权重，然后以标准化指标数值与所占权重乘积加和的形式建立压裂“甜点”计算模型。

2.1 压裂“甜点”评价指标权重分析

实现各评价参数所占权重的精确计算是压裂“甜点”评价的核心，目前，权重分析方法按照基本原理大体上可分为三大类：多指标综合评价法(包括主观赋权评价法和客观赋权评价法)、统计相关性分析法及模糊数学分析法。各类方法均存在一定的适应性和制约性，本文从上述三大类方法中筛选出广泛应用且具有代表性的 4 种方法展开综合评价，以确定适合本区的权重分析方法。

基于研究区内 168 条已投产水平井样本数据，利用灰色关联分析法、Pearson-MIC 法、层次分析法及熵值法计算了各评价参数的权重，然后统计平均各方法计算的参数权重，最终得到组合权重，评价参数权重如图 2 所示。

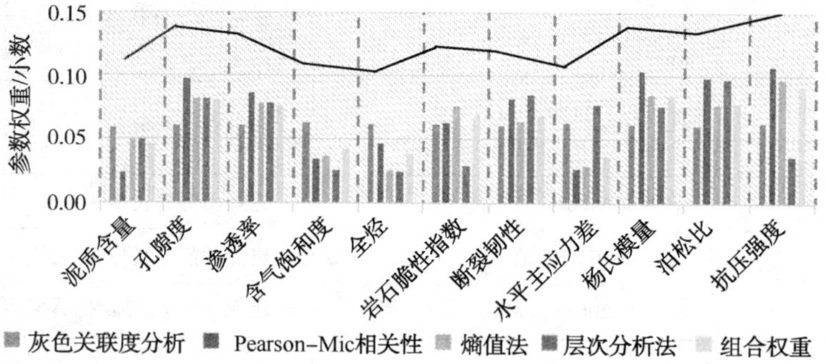

图 2　评价参数权重分布直方图

从图 2 可看出，4 种权重分析方法计算结果反映的评价参数对压后效果的影响程度是大体接近的，但不同方法计算的各评价参数所占权重依旧存在差异。因此，需要进一步明确适合本区的权重分析方法。

2.2 压裂“甜点”计算模型建立

根据各评价参数对压后产能正负相关性，分别进行归一化计算，进而将各参数权重与归一化数值进行乘积、加和，从而建立压裂“甜点”计算模型(式 1)。

$$D = \sum_{i=1}^{5} a_i x_i + \sum_{j=1}^{5} a_j x_j$$

式中，D 为压裂甜度值；x_i、x_j 和 a_i、a_j 为各地质因素、工程因素与其相对应的权重系数；

基于压裂“甜点”计算模型，将上述 4 种权重分析方法得到的权重分析结果分别带入压裂“甜点”计算模型，对比分析预测甜度与压后初期真实产能的相关度，如图 3 所示。

从图 3 可看出，熵值法分析结果对应的甜点计算模型预测效果优于其他方法，其预 1 测甜度与真实产能的相关度高达 89%；因此，在当前样本数据集合下，选用熵值法进行地质及工程参数的权重分析。

而后，依据熵值法权重结果明确主控因素敏感性，各评价参数对压裂效果影响程度可分为两个层次：渗透率、平均全烃、含气饱和度等三个参数处于第一阶梯，各参数所占权重均大于 0.11；脆性指数、水平应力差、孔隙度、泥质含量、弹性模量、断裂韧性及泊松比等七个参数位于第二阶梯，各参数所占权重均小于 0.11。其中，处于第一阶梯的 3 个评价参数影响普遍较大，总权值为 0.4026，占比 40.26%，表明渗透率、平均全烃、含气饱和度等三个因素是影响大牛地气井压裂效果的关键因素。

3 压裂“甜点”综合评价实例分析

3.1 单井压裂“甜点”评价

对具有产气剖面数据的 D 井进行水平段甜点分布计算，测试段为 2800~3900m，共有 9 处射孔井段，每处射孔段长 3m，将水平段甜度值、测井解释结果与产气剖面解释结果进行对比，如图 4 所示。

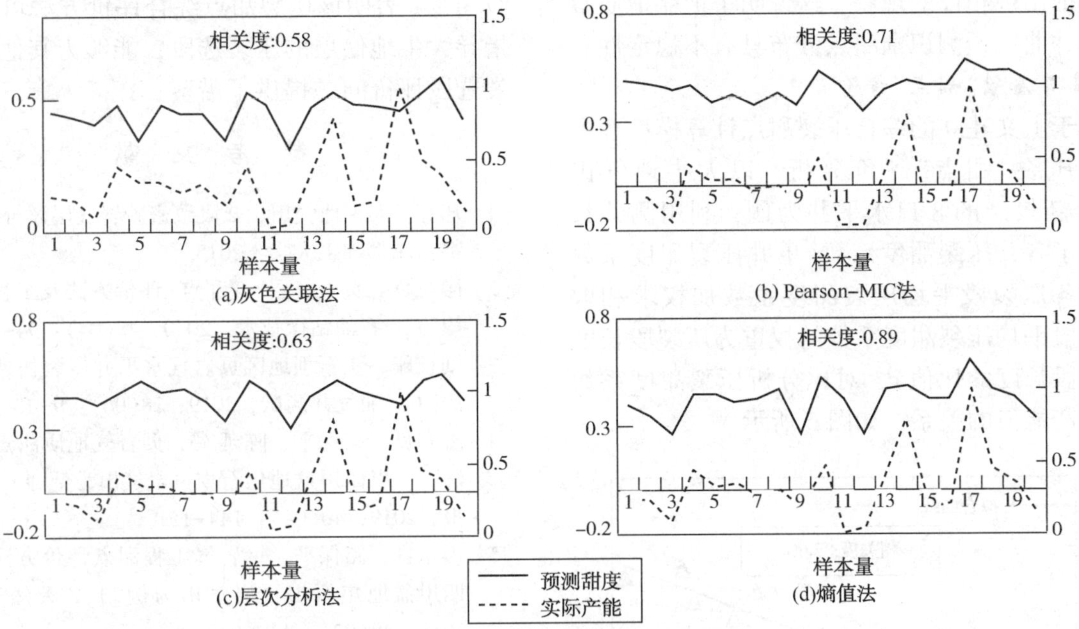

图3　预测甜度与真实产能对比图

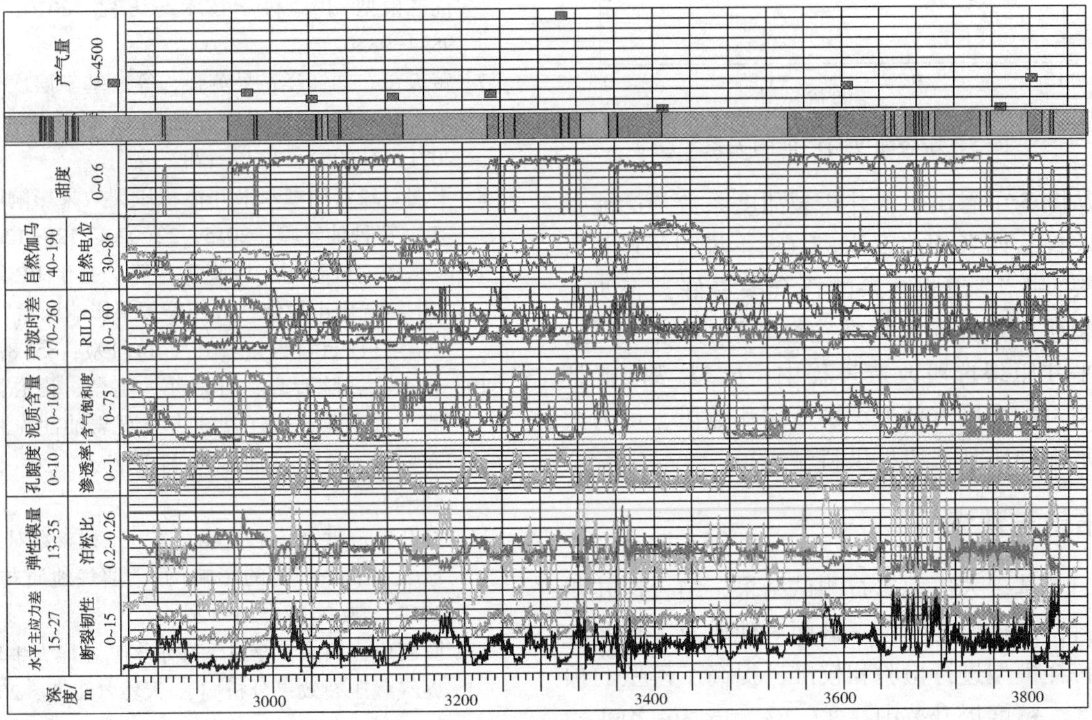

图4　甜点分布及测井曲线特征图

从图4可看出，第1、2、3、4、5、7、9段对应的位置处较高甜度值密集分布，说明相应位置地质条件、工程条件较好，属于水平段最佳压裂“甜点”位置，对应射孔段的产气量较好；第6、8段对应的位置处甜度值为零，说明相应位置地质条件、工程条件较差，不属于水平段压裂“甜点”位置，对应射孔段产量贡献较低或无产量贡献。总体看来，各射孔井段甜度值与单段产气量具有良好的正相关关系，验证了压裂“甜点”计算模型的准确性与有效性。

从“甜点”响应敏感参数的连续剖面图来看，各射孔段产气贡献与电阻率、声波时差、含气饱和度、孔隙度、渗透率呈正相关趋势，与泥质含量、泊松比、水平主应力差、断裂韧性呈负相关趋势，但也存在“甜点”响应敏感参数异常区域，如第4、8段射孔段产气贡献与地质、工程参数响应特征出现相悖的现象。这说明了依靠地质参数及测井曲线预测识别甜点分布具有不稳定性。

3.2 多井压裂“甜点”评价

基于上文建立的综合压裂甜点计算模型开展的多井压裂“甜点”评价分析，以大牛地气田2021年新投产的8口水平井为例，利用测井数据计算了各井压裂甜度系数(单井压裂甜度系数通过对各压裂段平均压裂甜度系数加权求和取得，各段平均压裂甜度系数的权重为压裂段长度与水平段长度的比值)，对比分析压裂甜度系数与实际产能值的关系，如图5所示。

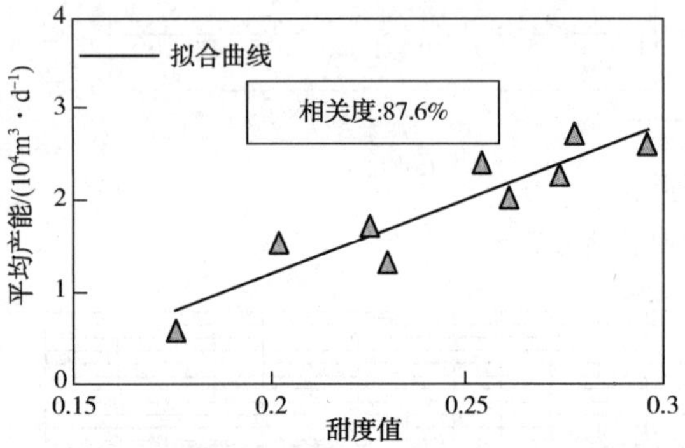

图5　压裂甜度与产能的关系

从图5可看出，各井压裂甜度系数与产能呈正相关性，两者相关度达87.6%，说明了该8口井压裂“甜点”预测结果的符合率良好，表明了该压裂甜点计算模型的准确性和可行性。可见，在水平井压裂选段改造过程中，压裂“甜点”计算模型可以准确有效地识别压裂甜点段，可为大牛地水平井压裂选段提供科学指导。

4　结论与认识

(1) 基于大牛地岩石测试结果，结合探井测井资料，进行岩心归位，进而对地质及工程参数测井解释模型进行检验和校准，提高了模型的预测精度，精度提升范围在37.2%~46.3%之间。

(2) 基于优选的熵值法权重分析结果，明确了压裂效果对影响因素的敏感性，其中影响山西组大牛地气井压后产能的关键因素依次为渗透率、平均全烃和含气饱和度。

(3) 相较于依靠“甜点”响应敏感参数的连续剖面图来判别有效甜点的分布情况，压裂甜点综合评价方法的“甜点”识别准确率得到了有效提高；经过现场应用证明，压裂甜点计算模型得到的甜度值与压后初期产能之间相关度高达87.6%。表明该压裂甜点综合评价方法可较好地指导大牛地储层的压裂选段，能够为其他类似压裂选段评价问题提供了借鉴。

参　考　文　献

[1] 郑婷．大牛地气田山2段致密砂岩气层评价[D]．成都：成都理工大学，2015.

[2] 廖东良．页岩气层“双甜点”评价方法及工程应用展望[J]．石油钻探技术，2020，48(04)：94-99.

[3] 刘长印．焦石坝地区页岩气水平井压裂快速选段方法[J]．油气井测试，2019，28(06)：9-13.

[4] 廖东良，路保平，陈延军．页岩气地质甜点评价方法——以四川盆地焦石坝页岩气田为例[J]．石油学报，2019，40(02)：144-151.

[5] 廖东良，路保平．页岩气工程甜点评价方法——以四川盆地焦石坝页岩气田为例[J]．天然气工业，2018，38(02)：43-50.

[6] 李旻翾，孙敬，胡佳妮，等．页岩气水平井段甜点优选模型[J]．科学技术与工程，2020，20(24)：9844-9850.

[7] 黄天镜，刘钰洋，吴英强，等．基于层次分析法的致密砂岩双甜点评价方法[J]．科学技术与工程，2021，21(05)：1775-1782.

[8] 王瑞．致密油藏水平井体积压裂效果影响因素分析[J]．特种油气藏，2015，22(02)：126-128+157.

[9] 战永平，付春丽，段晓飞，等．基于BP网络分析大牛地气田山西组气井压裂效果影响因素[J]．长江大学学报(自科版)，2017，14(19)：85-89+120.

[10] 崔宝文，陈春瑞，林旭东，赵莹，程心阳，张玉鹏，鲁国强．松辽盆地古龙页岩油甜点特征及分布[J]．大庆石油地质与开发，2020，39(03)：45-55.

[11] 林旺，范洪富，刘立峰，等．工程参数对致密油藏压裂水平井产能的影响[J]．油气地质与采收率，2017，24(06)：120-126.

[12] 谢润成，周文，李良．鄂尔多斯盆地大牛地上古生界气藏压裂效果分析[J]．天然气工业，2004(12)：71-73+190.

[13] 邓宇，陈胜，欧阳永林，曾庆才，苏旺，管全中．川西南威远地区页岩气效益“甜点区”地震综合预测方法及其应用[J]．大庆石油地质与开发，2019，38(02)：112-122.

[14] 雍世和，张超谟．测井数据处理与综合解释[M]．东营：中国石油大学出版社，2007：139-151.

[15] 尚世龙，高加印．模糊灰色关联法在大牛地气田优选压裂井层中的应用[J]．数学的实践与认识，2016，46(13)：103-108.

[16] 刘思峰，蔡华，杨英杰，曹颖．灰色关联分析模型

研究进展[J]. 系统工程理论与实践，2013，33(08)：2041-2046.
[17] 郝诗佳. 基于MIC的江苏省邮电业务数据分析应用[J]. 江苏通信，2018，34(02)：67-70.
[18] 邓雪，李家铭，曾浩健，陈俊羊，赵俊峰. 层次分析法权重计算方法分析及其应用研究[J]. 数学的实践与认识，2012，42(07)：93-100.
[19] 王富喜，毛爱华，李赫龙，贾明璐. 基于熵值法的山东省城镇化质量测度及空间差异分析[J]. 地理科学，2013，33(11)：1323-1329.

鄂尔多斯盆地低渗透储层内源微生物群落结构分析

边紫薇[1]　吴一飞[2]　韦露莎[3]　吴汉宁[1]

(1. 西北大学地质学系/大陆动力学国家重点实验室;
2. 西北大学食品科学与工程学院;
3. 陕西师范大学食品工程与营养科学学院)

摘　要　获知地下油藏微生物的群落特征对于应用内源微生物提采技术具有重要意义，本研究采用高通量测序法，对鄂尔多斯盆地低渗透油藏内生物多样性进行研究并为现场应用微生物驱油技术工艺给予启示；此外通过在实验中设置不同孔隙直径滤膜研究滤膜对群落结构影响。研究结果表明：1)使用大孔径滤膜(0.45μm)并提高过滤量可获得较好群落结构信息；2)本区块富含大量利于提采的菌群如盐厌氧菌、弓形杆菌、海杆菌以及互营单胞菌等；3)综合群落物种及丰富度，考虑通过单井吞吐的开采方式，采用内源微生物激活技术向地下注入适当碳源激活群落促进采收。

关键词　鄂尔多斯盆地；低渗透油藏；微生物提采；群落多样性；高通量测序

我国广泛分布着开采难度较大的低渗透资源，占总油气资源的46%，因其复杂的地质条件往往采收率不尽如人意(胡文瑞等，2018)，经过传统采油方式作用后的地层中仍有35%-55%的石油残余(Safdel，et al. 2017)。因此，如何高效开采地下残余油是全球油公司都亟需解决的问题。

微生物提采技术自提出至今，随着对油藏微生物的不断认识以及对其作用机理的研究，低成本、较简便的操作、对环境友好等优势使得该提采技术得到越来愈多地关注。微生物提采技术依据机制分为内源微生物驱体系及外源微生物驱体系。其中内源微生物驱体系通过向地下注入营养物质(碳、氮、磷等)激活地下已有的内源微生物，使其繁殖产生代谢物(生物表面活性剂、气、聚合物等)作用于原油及储层，降低界面张力、改善流动性，进而提采。该项技术无需单独培养菌种、地面不需大型设备、投入更低、更加环保。在我国胜利油田、陕北油田等均有应用。

而准确掌握储层中内源微生物的物种信息及丰度对应用内源微生物驱、评价微生物驱油潜力至关重要。但传统的培养方法并不能全面准确的认识油藏内的微生物的实际情况。近年来，现代分子生物技术快速发展，使得油藏微生物群落检测的精确度及覆盖率有了大幅度提高。16S rDNA扩增子高通量测序技术通过扩增原核生物16S rDNA的可变区，构建高通量测序文库，一次性对几十万条DNA进行测序，实现对群落微生物组成及丰度的鉴定。

本研究采用高通量测序技术对鄂尔多斯盆地低渗透油藏微生物群落进行研究，分析油藏微生物功能并评价其驱油潜力。此外，在进行微生物群落分析过程中，对于样品的处理直接影响最终群落结构的结果，处理方式中滤膜的使用至关重要，因此本研究通过设置不同孔隙直径的水系滤膜，验证其对群落结构的影响。综合研究结果针对性提出适合的开采方法，为低渗透油藏应用微生物提采技术提供基础与思路。

1　材料与方法

1.1　样品来源

本次研究采出水样来自鄂尔多斯盆地西部胡尖山油田154区块安加155-501井长4+5层位。该层位平均孔隙度12.5%，渗透率为3.65mD，是典型的低渗透储层。在采出井口用无菌采样器集样品后立即送往实验室进行处理。

1.2　实验方法

1.2.1　样品预处理

由于采出水中混合有残余油及杂质，因此需要进行样品的预处理，采用过滤分离法获取其中的细菌群落。具体操作为：摇晃样品桶是样品混匀，取100mL采出水于锥形瓶，将样品通过过滤器(纱布与脱脂棉组合置于漏斗之上)去除其中大颗粒杂质；将滤后样品重复上述步骤，同时收集滤液，每 10mL 滤液更换试管，保证样品均一性。随后使用真空抽滤机与滤膜对样品进行抽滤，使细菌留于滤膜表面，每张滤膜过滤样品量一致并在每次过滤后高温灭菌滤嘴。将滤膜卷起放入离心管并编号，保存于-20℃。

本次实验为验证不同直径滤膜对群落结构的影响，设计 0.22μm（编号 A2W1，A2W2）以及 0.45μm（A4W1，A4W2）直径水系滤膜分别进行实验。所有材料使用前均需灭菌，全程于超净工作台内进行。

1.2.2　采出水菌群总 DNA 提取与扩增

将滤膜剪碎并用蒸馏水反复冲洗，使菌种释放于水中。使用 DNA 提取试剂盒按说明从水样中提取 DNA，使用 Equalbit dsDNA HS Assay Kit 检测 DNA 浓度。

以 20-30ngDNA 为模板，使用苏州金唯智公司设计的 PCR 引物扩增 16S rDNA 上 V3、V4 两个高变区。引物序列为（5’-3’）：ACACTCTTTCCCTACACGACGCTCTTCCGATCT 与 CGGTCTCGGCATTCCTGCTGAACCGCTCTTCCGATCT。PCR 反应体系为 25μl（TransStart Buffer 2.5μl、dNTPs 2μl、Primers 22μl、TransStart Taq DNA polymerase 0.5μl、DNA 模板 20ng，用 ddH_2O 补充至 25μl）

1.2.3　文库制备与测序

用磁珠进行文库纯化，通过酶标仪检测浓度和琼脂糖凝胶电泳检测片段大小，将文库定量到 10nM。按 Illumina MiSeq/Novaseq（Illumina，San Diego，CA，USA）仪器使用说明书进行 PE250/FE300 双端测序，由 MiSeq/Novaseq 自带的 MiSeq Control Software（MCS）/Novaseq Control Software（NCS）读取序列信息。测序中保留序列长度大于 200bp 的序列，经过质量过滤，去除嵌合体序列，得到用于 OUT 聚类分析的序列，共计获得 189，809 个 reads。

2　结果

2.1　OUT 聚类结果

通过设定相似水平给测序序列进行归类以便于生物信息分析研究的方法称为 OUT 聚类，一个 OUT 代表一个物种。97%相似水平下，使用 VSEARCH（1.9.6）对测序获得的序列进行归类获得 OTU。图 1 为基于 OTU 的热图（top30），图中色块颜色越深，表明该单元在样本群落中丰度越高。附表 1 详细列出了丰度最高的 15 个 OTU 单元物种信息。

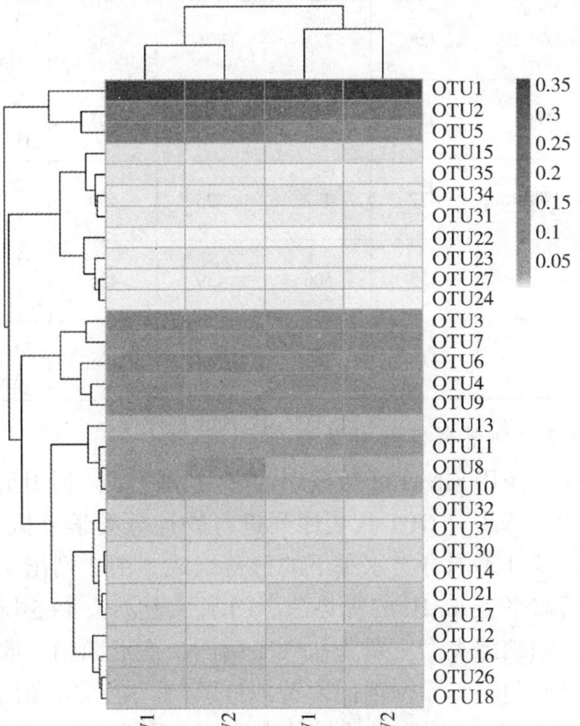

图 1　OTU 丰度聚类热图

附表 1

ID	A2W1	A2W2	A4W1	A4W2	物种信息
OTU1	13292	14185	12983	13117	k_Bacteria；p_Halanaerobiaeota；c_Halanaerobiia；o_Halanaerobiales；f_Halanaerobiaceae；g_Halanaerobium；s_Halanaerobium_ sp.
OTU2	7120	5922	5653	6534	k_Bacteria；p_Campilobacterota；c_Campylobacteria；o_Campylobacterales；f_Arcobacteraceae
	3634	3517	4327	4040	k_Bacteria；p_Proteobacteria；c_Gammaproteobacteria；o_Oceanospirillales；f_Nitrincolaceae；g_Marinobacterium；s_uncultured_ Marinobacterium
OTU3	2513	2227	3021	2696	k_Bacteria；p_Proteobacteria；c_Gammaproteobacteria；o_Oceanospirillales；f_Nitrincolaceae；g_Marinobacterium；s_uncultured_ bacterium

续表

ID	A2W1	A2W2	A4W1	A4W2	物种信息
OTU7	2229	2202	1323	1301	k_Bacteria; p_Desulfobacterota; c_Desulfuromonadia; o_Desulfuromonadia; f_Syntrophotaleaceae; g_Syntrophotalea; s_bacterium_ enrichment
OTU6	1034	1171	2146	1954	k_Bacteria; p_Proteobacteria; c_Gammaproteobacteria; o_Alteromonadales; f_Marinobacteraceae; g_Marinobacter
OTU4	1304	1442	1075	858	k_Bacteria; p_Firmicutes; c_Clostridia; o_uncultured; f_uncultured; g_uncultured; s_uncultured_ organism
OTU9	889	1047	923	1179	k_Bacteria; p_Thermotogota; c_Thermotogae; o_Petrotogales; f_Petrotogaceae; g_Geotoga
OTU11	843	852	816	818	k_Bacteria; p_Halanaerobiaeota; c_Halanaerobiia; o_Halanaerobiales; f_Halanaerobiaceae; g_Halanaerobium
OTU8	640	681	807	871	k_Bacteria; p_Campilobacterota; c_Campylobacteria; o_Campylobacterales; f_Arcobacteraceae
OTU10	726	728	776	742	k_Bacteria; p_Proteobacteria; c_Gammaproteobacteria; o_Alteromonadales; f_Marinobacteraceae; g_Marinobacter; s_Marinobacter_ persicus
OTU13	539	566	626	595	k_Bacteria; p_Desulfobacterota; c_Desulfobacteria; o_Desulfobacterales; f_Desulfobacteraceae; g_Desulfocella
OTU26	472	477	525	499	k_Bacteria; p_Proteobacteria; c_Gammaproteobacteria; o_Alteromonadales; f_Marinobacteraceae; g_Marinobacter; s_Marinobacter_ persicus
	455	506	439	426	k_Bacteria; p_Campilobacterota; c_Campylobacteria; o_Campylobacterales; f_Sulfurospirillaceae; g_Sulfurospirillum; s_epsilon_ proteobacterium
OTU16	418	381	458	498	k_Bacteria; p_Campilobacterota; c_Campylobacteria; o_Campylobacterales; f_Arcobacteraceae; g_Halarcobacter; s_Arcobacter_ anaerophilus

2.2 细菌群落物种信息

使用Silva138数据库为参考数据库，利用贝叶斯算法对OUT代表序列进行物种分类学分析，并统计不同分类水平下的群落组成。图2列出了门水平上top10的优势菌。门水平上，长4+5层位的细菌类型主要为盐厌氧菌门、变形菌门、脱硫杆菌门、厚壁菌门以及拟杆菌门。盐厌氧菌门在0.22μm滤膜过滤样品中比例分别为36.36%，38.6%，略高于0.45μm样品（35.44%，35.79%）；脱硫杆菌门在0.22μm样品中分别占比8.98%与9.03%，而在0.45μm滤膜样品中明显减少，分别为6.82%与6.58%。而厚壁菌门丰度表现出相反的情况，在0.22μm滤膜样品中丰度(23.34%，22.43%)明显少于0.45μm滤膜(29.84%，27.51%)。

属水平上(图3)，长4+5层优势菌属为盐厌氧菌属、弓形杆菌科(其种属未鉴定出)、海细菌属、海杆菌属以及互营单胞菌属。其中海细菌属与海杆菌属在两种样品间丰度用明显的差别。0.45μm滤膜样品中海细菌属比例分别为20.35%，18.7%，而在0.22μm滤膜样品中比例为16.92%，15.69%，与0.45μm样品比较下降明显。海杆菌属也有类似趋势，0.22μm滤膜样品与0.45μm滤膜样品相比，比例分别下降3.12%与2.1%。

2.3 多样性分析

2.3.1 Alpha分析

通过样本复杂度分析(Alpha分析)与多样本比较分析(Beta分析)反应四个样本内群落及样板间的群落差异。采用对序列进行随机抽样的方法，以抽到的有效序列进行OTU分析，利用Qiime计算α指数。表1列出了主要4个指数。其中ace指数与chao1指数表征了样品的丰度；shannon与simpson指数表征了群落的多样性。整体而言四个样本从ace及chao1可以看出，四个样品整体上丰度差异不大，0.22μm滤膜样品丰度略高于0.45μm滤膜样品，而样本的群落多样性，0.45μm滤膜样品反而略高于0.22μm滤膜样品。

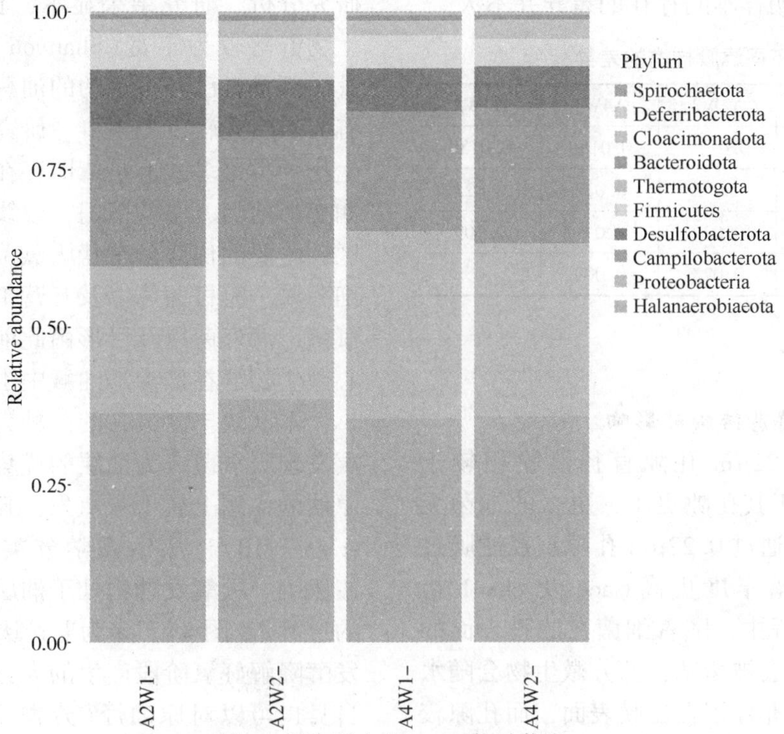

图 2　门水平上的 top10 物种信息

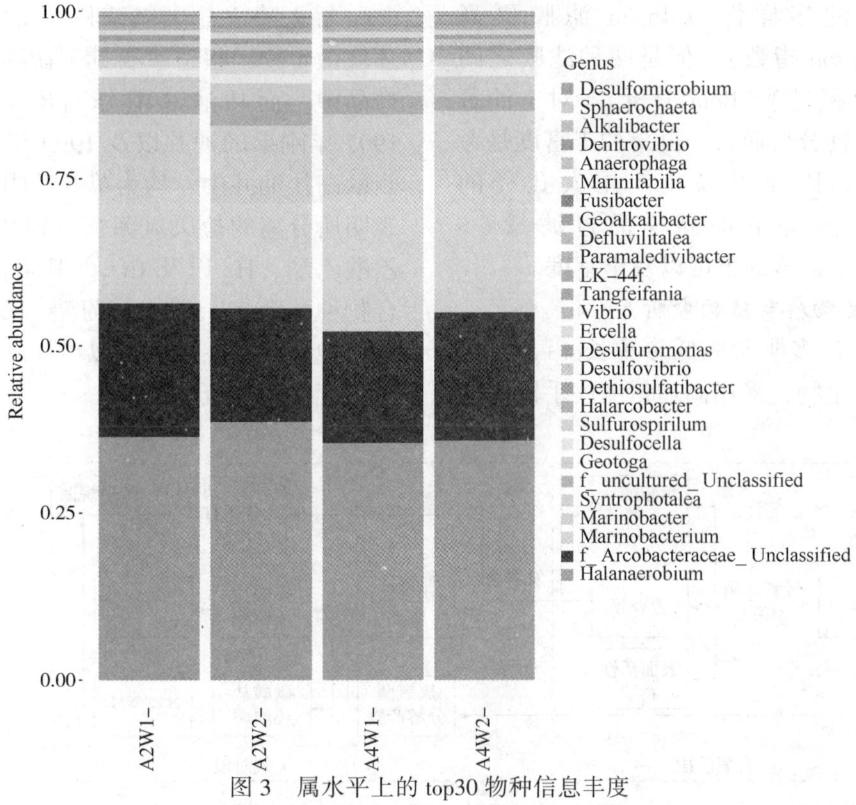

图 3　属水平上的 top30 物种信息丰度

表 1　α 分析指数

样本	ace	Chao1	shannon	simpson
A2W1	41. 114	40	3. 462	0. 833
A2W2	39	39	3. 487	0. 828
A4W1	40. 584	40	3. 559	0. 844
A4W2	39	39	3. 508	0. 839

2. 3. 2　Beta 分析

Beta 多样性主要衡量样本间的差异性，反应样本间的多样性差异（陈锐等，2017）。Unifrac 分析度量样本间的差异，数值越高代表差异性越大。从整体数据看(表 2)，样本间差异性均小于0.1，表明样本间存在的差异并不大。

表2　不同滤膜样本的差异

样本	A2W1	A2W2	A4W1	A4W2
A2W1	0	0.0139	0.0186	0.0139
A2W2	0.0139	0	0.022	0.023
A4W1	0.0186	0.022	0	0.009
A4W2	0.0139	0.023	0.009	0

3　讨论

3.1　滤膜孔径对群落结构的影响

研究表明，0.22μm孔隙直径滤膜相较于0.45μm滤膜，由于其孔隙更小，更多的细菌无法通过孔隙，因此通过0.22μm孔隙直径滤膜过滤所得样品的群落丰度更高(ace及chao1指数)。但在过滤过程中，随着细菌在滤膜表面的不断堆积，孔隙也会被堵塞，部分微生物会随水从滤膜边缘过滤而非停留在滤膜表面，而孔隙较大的0.45μm滤膜这种现象会少于0.22μm滤膜，因此群落的多样性0.45μm滤膜更高(shannon与simpson指数)。但是两种滤膜之间的差异性并不是很显著(Beta分析)。对于油藏微生物群落多样性分析而言，群落的丰富度是考虑的重要因素，因此可以在使用大孔径的0.45μm滤膜的前提下提高样品过滤量(>10mL)，同时保证群落的丰度以及丰富度。

3.2　采出水微生物群落结构分析

本文针对鄂尔多斯盆地低渗透长4+5层位采出水中油藏微生物，采用高通量测序手段进行研究分析。研究结果显示，长4+5采出水中微生物群落较为丰富(Shannon指数均大于3.4)，其中既具有已经报道的的油藏环境中的菌种，也有相对研究较少的菌群。研究表明，虽然油藏微生物种类繁多，但是依旧存在核心的生物群，例如变形菌门、厚壁菌门，放线菌门等。在本研究区，主要的优势菌有盐厌氧菌属、弓形菌科、海细菌属、海杆菌属以及互营单胞菌属。其中盐厌氧菌，海杆菌以及弓形菌此前均有报道，证明核心微生物群在低渗透油藏中也同样存在。

本区块丰度最高的菌种为盐厌氧菌，这是首次发现厌氧菌成为油层的优势菌。盐厌氧菌从对原油的作用上属于厌氧发酵菌(ferementation bateria，FMB)，从生物学分类上属于厚壁菌门、梭菌纲。厌氧发酵菌处于油层好氧气与厌氧阶段的过渡带(图4)，多为兼性厌氧菌，其不单可以发酵降解好氧阶段产生的大分子物质以及醇，其自身也可以对原油烃(芳香烃、烷烃等)进行降解(马挺等，2018；黎霞等，2008)。1984年，Oren等人建立盐厌氧菌科，盐厌氧菌属于极端环境微生物，报道主要见于盐湖或者腌制的一些产品中。而从油井中分离出盐厌氧菌仅见于1997年刚果的油井以及1999年美国俄克拉荷马州的高盐油井中，均为革兰氏阴性菌，并且研究表明所分离的盐厌氧菌葡萄糖代谢产物为乙醇、乙酸乙酯、H_2以及CO_2。其可以利用的碳水化合物种类众多，例如葡萄糖、麦芽糖、蔗糖等。以上代谢产物在地下可以增加底层压力，降低原油黏度，增加流动性。

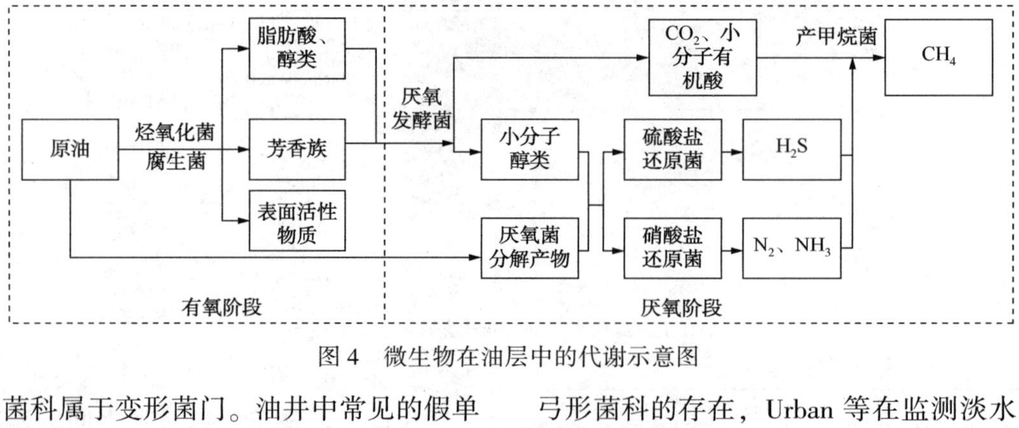

图4　微生物在油层中的代谢示意图

弓形菌科属于变形菌门。油井中常见的假单胞菌属，脱硫弧菌属、伯克氏菌属都属于变形菌门。弓形菌一般在15~37℃下适宜生存，属于需氧菌。Grabowski等于低温油井采出水中鉴定到弓形菌科的存在，Urban等在监测淡水细菌群落时也曾发现弓形菌科。现场实施水驱时，所使用的水不会经过灭菌处理，因此，水体中的原有的群落会对油藏本身微生物群落造成一定的影响与改变；并且采出水的理化特征在一定程度上可以反映油藏的微生物群落组成，但是特定的群类还是有差异，因此推测储层中弓形菌科的存在，可能是由注入水带入地下，与原生群落相互作用竞争后的结果。

胡尖山154区块还有一定数量的海杆菌，海杆菌属于变形菌门中的γ变形菌纲。在油井中发现海杆菌为优势菌的实例较少，苏三宝等(2018)在青海油田注水井群落中发现占比较高的海杆菌。此外，有学者在黄海沉积物找那个分离出了一株海杆菌，并发现其可以利用多种糖类以及碳源，降解多环芳烃以及烷烃(李倩等，2011)。而据 Mohanram 等(2016)，海杆菌还可以利用原油为碳源产表面活性剂。

3.3 对微生物提采应用的启示

通过研究表明，本区块低渗透油藏中存在大量可以利用多种碳源包括原油进行繁殖代谢产生气体、醇以及生物表面活性剂等物质作用于储层及原油。气体可以增加地层压力，达到提高采收率的目的。生物表面活性剂是小分子量的两性分子化合物。他们极具有类似化学表面活性剂的表面活性及乳化性能，同时又具有耐盐、低毒、生物降解等性质，因其在改变润湿性、降低油水界面张力等方面有较好作用而广泛应用。因此综合而言，在现场应用过程中应该考虑采用内源微生物激活技术，通过单井吞吐的方式，向地下补充充足的廉价碳源以刺激微生物的生长。而在技术实施过程中的具体操作以及实施标准仍旧需要室内试验进一步研究。

4 结论与展望

本研究采用高通量测序的手段，分析胡尖山低渗透油藏微生物群落结构并探讨其对微生物驱工艺的启示，结论如下：

(1) 实验操作中使用小孔经滤膜会获得较高的群落丰度，而孔隙较大的滤膜则会得到较好的群落丰富度。因此在进行群落分析中，使用0.45μm 滤膜并提高过滤量效果更好；

(2) 本区块微生物群中，盐厌氧菌最为丰富，这是首次发现厌氧菌为最优势菌种。其次优势菌有弓形菌、海细菌、海杆菌以及互营单胞菌，可通过降解原油中烃类物质以及产生物表面活性剂作用于原油；

(3) 本区块在实施 MEOR 时，应考虑内源微生物激活技术，注入合适的廉价碳源，通过单井吞吐的方式对地下微生物进行最大可能的激活。

参考文献

[1] 胡文瑞，魏漪，鲍敬伟．中国低渗透油气藏开发理论与技术进展[J]．石油勘探与开发，2018，45(4)：646-656.

[2] Safdel M，Anbaz M A，Daryasafar A，et al. Microbial enhanced oil recovery，a critical review on worldwide implemented field trials in different countries[J]. Renewable and Sustainable Energy Reviews，2017，74：159-172.

[3] Niu J J，Liu Q，Lv J，et al. Review on microbial enhanced oil recovery：Mechanisms，modeling and field trials [J]. Journal of Petroleum Science and Engineering，2020，192：107350.

[4] She H C，Kong D B，Li Y Q，et al. Recent Advance of Microbial Enhanced Oil Recovery (MEOR) in China [J]. Geofluids，2019，2019：1-16.

[5] Michael S，Jana S，Alexander G，et al. Starting Up Microbial Enhanced Oil Recovery[J]. Adv Biochem Eng Biotechnol，2013，142：1-94.

[6] Bryant S L，Lockhart T P. Reservoir Engineering Analysis of Microbial Enhanced Oil Recovery[J]. SPE Reservoir Evaluation & Engineering，2002，5(5)：365-374.

[7] Bian Z W，Zhang X C，Wu Y Y，et al. Review on microbial enhanced oil recovery in China：mechanisms，potential disadvantages，and application of genetic engineering[J]. Energy sources. Part A，Recovery，utilization，and environmental effects，2021：1-16.

[8] 包木太，汪卫东，王修林，等．激活内源微生物提高原油采收率技术[J]．油田化学，2002，19(4)：382-386.

[9] 胡婧，曹功泽，王文杰，等．沾一3内源微生物驱的生物特征变化及其对驱油效果的影响[J]．中国石油大学学报(自然科学版)，2017，41(4)：174-179.

[10] 王永梅，聂亚涛，王晓辉．本源微生物采油技术在子长油田的应用[J]．云南化工，2018，45(3)：125.

[11] Du C A，Song Y T，Yao Z，et al. Developments in in-situ microbial enhanced oil recovery in Shengli oilfield [J]. Energy sources. Part A，Recovery，utilization，and environmental effects，2019：1-11.

[12] 王大威，张健，何春百，等．渤海N油田油藏内源微生物群落结构分析[J]．生物技术通报，2016，32(9)：83-92.

[13] 宋永亭，胡婧，吴晓玲，等．室温条件下油藏采出液微生物群落结构稳定性[J]．应用与环境生物学报，2017，23(3)：495-501.

[14] 陈锐，孙晓宇，赵玲侠，等．安塞石油污染区土壤真菌群落结构分析[J]．陕西农业科学，2018，64(8)：22-25.

[15] Song Z Y，Zhu P R，Wu X L，et al. Vertical distribution of biofilm communities along an injection wellbore in a deep petroleum reservoir[J]. Journal of Petroleum Science and Engineering，2021.

[16] Ma J X，Wang J Z，Y Y，et al. Correlating microbial community structure and compositionwith aeration intensity in submerged membrane bioreactorsby 454 high - throughput pyrosequencing [J]. Water Res.，2013(47)：859-869.

[17] 陈锐，赵玲侠，孙晓宇，等．陕北石油污染区土壤细菌群落结构解析[J]．环境污染与防治，2017，39(11)：1181-1185.

[18] Gao P K，Tian H M，Wang Y S，et al. Spatial isolation and environmental factors drive distinct bacterial and archaeal communities in different types of petroleum reservoirs in China[J]. Scientific Reports，2016，6(1)：141-251.

[19] Li Q，Li J，Jiang L，et al. Diversity and structure of phenanthrene degrading bacterial communities associated with fungal bioremediation in petroleum contaminated soil [J]. Journal of hazardous materials，2021，403：123895.

[20] Mafiana M O，Kang X，Leng Y，et al. Petroleum contamination significantly changes soil microbial communities in three oilfield locations in Delta State，Nigeria [J]. Environmental Science and Pollution Research，2021.

[21] 马挺，陈瑜，刘如林．油藏微生物的代谢特征与提高原油采收率技术[J]．微生物学杂志，2018，38(03)：1-8.

[22] 黎霞，承磊，邓宇，等．石油烃厌氧生物降解研究进展[J]．应用与环境生物学报，2008(2)：283-289.

[23] Oren A，Paster B J，Woese C R. Haloanaerobiaceae：A New Family of Moderately Halophilic[J]. System. Appl. Microbiol.，1984(5)：71-80.

[24] 石孔兰．两株嗜盐厌氧细菌的分离、鉴定及其系统发育分析[D]．浙江大学生命科学学院，2008.

[25] Cayol J L，Ollivier B，Patel B K，et al. *Haloanaerobium lacusroseus* sp. nov.，an extremely halophilic fermentative bacterium from the sediments of a hypersaline lake[J]. Int J Syst Bacteriol，1995，45(4)：790-797.

[26] Bhupathiraju V K，McInerney M J，Woese C R，et al. *Haloanaerobium kushneri* sp. nov.，an obligately halophilic，anaerobic bacterium from an oil brine [J]. International Journal of Systematic and Evolutionary Microbiology，1999，49(3)：953-960.

[27] Ravot G，Magot M，Ollivier B，et al. *Haloanaerobium congolense* sp. nov.，an anaerobic，moderately halophilic，thiosulfate-and sulfur-reducing bacterium from an African oil field[J]. FEMS Microbiol Lett，1997，147(1)：81-88.

[28] 苏三宝，董浩，喻高明，等．典型复杂岩性油藏的微生物多样性及应用研究[J]．河南科学，2018，36(9)：1438-1443.

[29] Khademolhosseini R，Jafari A，Mousavi S M，et al. Physicochemical characterization and optimization of glycolipid biosurfactant production by a native strain of Pseudomonas aeruginosa HAK01 and its performance evaluation for the MEOR process[J]. RSC advances，2019，9(14)：7932-7947.

[30] 王敏．弓形杆菌及弯曲菌的检测研究[D]．中国疾控中心传染病所，2017.

[31] Grabowski A，Nercessian O，Fayolle F，et al. Microbial diversity in production waters of a low-temperature biodegraded oil reservoir[J]. FEMS Microbiology Ecology，2005，54(3)：427-443.

[32] Urban L，Holzer A，Baronas J J，et al. Freshwater monitoring by nanopore sequencing [J]. eLife，2021，10.

[33] 张蔚，胡小丽，邱轩，等．山东胜利油田沾3油藏微生物组特征[J]．科学通报，2019，64(18)：1930-1942.

[34] 李倩，崔志松，赵爱芬，等．一株石油烃降解菌新种 *Marinobacter sp.* PY97S 的鉴定[J]．微生物学报 Acta Microbiologica Sinica，2011(5)：648-655.

[35] Mohanram R，Jagtap C，Kumar P. Isolation，screening，and characterization of surface-active agent-producing，oil-degrading marine bacteria of Mumbai Harbor[J]. Marine Pollution Bulletin，2016，105(1)：131-138.

[36] 张凡．不同油藏采油功能微生物菌群表征[D]．中国地质大学(北京)，2014.

[37] 于洋，刘琦，彭勃，吕静．微生物降解稠油中沥青质的研究进展[J]．化工展，2021，40(03)：1574-1585.

裂缝性致密砂岩有水气藏水侵特征及开发对策

杨　敏　陈　东　杨凤来　王海波　张　旭

（中国石油塔里木油田公司）

摘　要　库车坳陷大北、克深地区发育裂缝性致密砂岩气藏，主力区块具有层基质致密、裂缝发育不均、水体活跃性强的特点，开发过程中井间产能差异大、压力响应异常迅速、且水侵特征复杂多样，非传统沿断缝水窜的模式。为此，本文以塔里木库车坳陷深层气田群为主要研究对象，基于气田群不同气田储层、裂缝及气水分布的特点，得出受基质物性和裂缝缝网发育程度共同控制下的储层模式，并总结不同模式下的水侵特征，为塔里木盆地库车坳陷深层气田群的高效开发和调整提供技术支撑，也为国内同类气田的科学开发提供方法借鉴。

关键词　裂缝；致密储层；储层模式；多重介质；水侵特征；开发对策

近年来，随着我国对油气能源需求的增长以及中浅层油气勘探开发程度的日益成熟，中浅层新的勘探发现难度越来越大，深层、甚至超深层领域逐渐成为油气勘探开发的重点和热点。库车坳陷深层气田群主要含气层系为白垩系巴什基奇克组，气藏埋深跨度大(除克拉2气田外，埋深均超过了4500m)、高温超高压、储层厚、区块间裂缝发育差异大、边底水普遍存在、气水关系复杂。由于裂缝的存在，气藏皆呈现不同程度的非均匀水侵，气田投入开发后，构造低部位、高部位气井出现不同程度的产水，且气井见水后产能快速下降，集强应力、多尺度渗流介质等复杂特征于一体，不同孔-缝-断介质组合下，水侵特征复杂多样，并非传统沿断缝水窜的单一模式。本文以塔里木库车坳陷深层气田群为主要研究对象，基于气田群不同气田储层、裂缝及气水分布的特点，得出受基质物性和裂缝缝网发育程度共同控制下的储层模式，并总结不同模式下的水侵特征，为塔里木盆地库车坳陷深层气田群的高效开发和调整提供技术支撑，也为国内同类气田的科学开发提供方法借鉴。

1　储层模式划分

受南北两侧及垂向上强烈的构造挤压作用，库车坳陷深层气田群断裂(裂缝)普遍发育，平面上呈“南北分带、东西分段”的特征。“南北分带”即在克拉苏断裂以北的山前带为垂向裂缝强发育带，克拉苏断裂与克深断裂之间为零星裂缝发育带，克深断裂与拜城断裂之间为网状裂缝和高角度裂缝强发育带，拜城断裂以南为零星裂缝发育带。“东西分段”表现为克深段以高角度垂向裂缝为主，大北-博孜段主要发育网状裂缝。不同级次断裂(裂缝)及其空间组合，是深层气田气井高产的主控因素，同时也是开发过程中水体侵入的主要通道。

由于裂缝发育复杂、基质致密，不同级别裂缝、不同程度切割基质组成的复杂储层模式。根据试井解释、井间连通性评价及岩心测试结果，将裂缝性致密储层概念模式划分五个基本单元，包括：大裂缝，裂缝、裂缝系统、基质系统、基质，整合为三类储层模式(图1)：大裂缝型储层、缝网型储层、基质型储层。主要表征方式是依靠井间干扰分析确定大裂缝型储层及缝网型储层，根据试井解释确定裂缝系统及基质系统，根据岩心测试结果确定基质储层，如表1所示。

2　气藏水侵特征

克拉苏深层气田各气藏由于储层基质物性、裂缝发育程度以及基质与裂缝组合方式的差异，生产动态与水侵特征明显不同。由于裂缝导流能力远大于基质，是水侵的主要通道，因此水侵特征与断裂发育特征直接相关，主要表现为两大类，第一是大裂缝型储层，表现为边底水沿大裂缝锥进型，第二是缝网型储层，表现为边底水沿微细裂缝带指进型。

表1　储层模式划分表

储层模式	储层基本单元		渗透率范围	表征方式	备注
大裂缝型	大裂缝/断裂	井间	>1000mD	井间干扰	井间高速通道
缝网型	裂缝/缝网	井间	100~1000mD	井间干扰	连通裂缝及裂缝网络
缝网型	裂缝系统	区域	50~500mD	试井解释	裂缝及周边基质
基质型	基质系统	区域	0.5~5mD	试井解释	基质及部分非连续裂缝
基质型	基质	区域	<0.5	岩心测试	致密基质

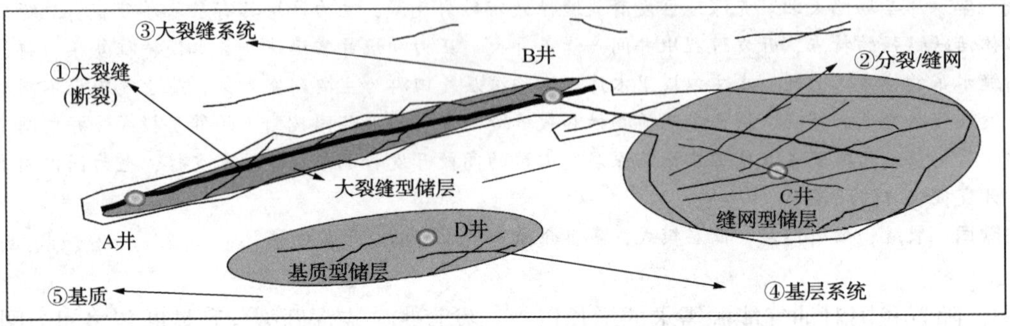

图1　储层模式划分示意图

(1) 大裂缝型储层水侵特征

大裂缝型储层的典型代表为A气藏，该气藏是一个高陡式断背斜构造，受挤压作用强，裂缝非均质性强，裂缝线密度从0~3.4条/m不等，井间大裂缝沟通为主，单井产能差异大，表现为早期裂缝供气产量高但下降快、而后期基质供气产量相对稳产的特征。

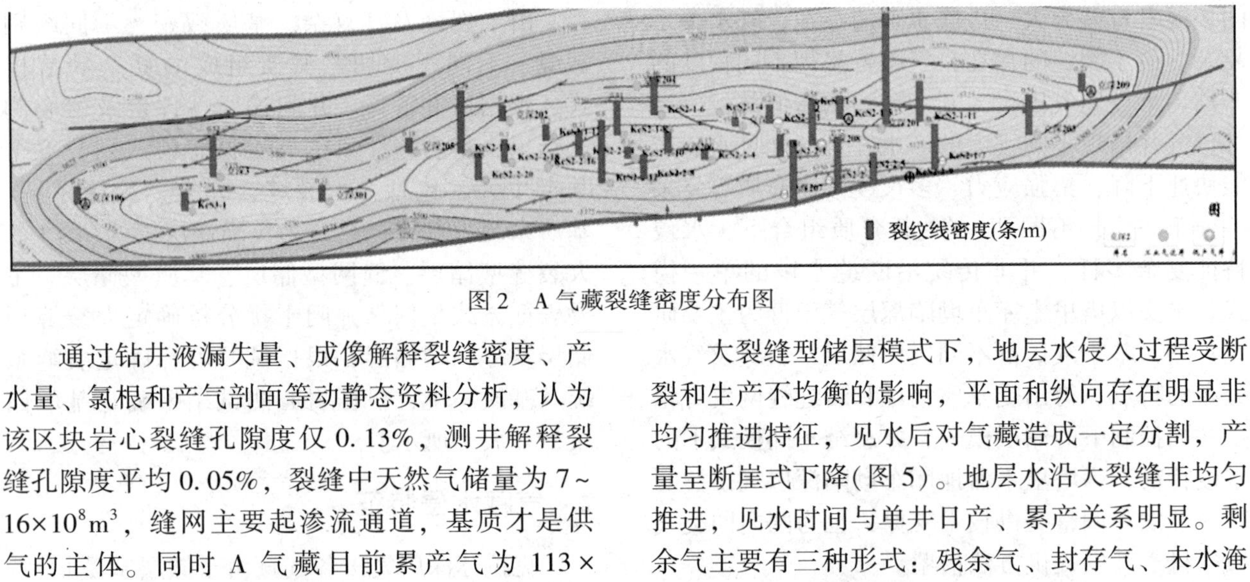

图2　A气藏裂缝密度分布图

通过钻井液漏失量、成像解释裂缝密度、产水量、氯根和产气剖面等动静态资料分析，认为该区块岩心裂缝孔隙度仅0.13%，测井解释裂缝孔隙度平均0.05%，裂缝中天然气储量为7~16×10^{8}m^3，缝网主要起渗流通道，基质才是供气的主体。同时A气藏目前累产气为113×10^{8}m^3，若边底水均匀抬升，气水界面抬升仅50m左右，远低于目前最高部位见水井的抬升高度(约300m)，进一步表明地层水是沿裂缝系统快速突进。通过分析单井产气剖面资料，认为气井的产气点主要集中在巴二段及以下，产气段与有效缝集中发育段、断层分布、泥浆漏失段对应性好，气井产气点也是后期的出水点(图3、图4)。

大裂缝型储层模式下，地层水侵入过程受断裂和生产不均衡的影响，平面和纵向存在明显非均匀推进特征，见水后对气藏造成一定分割，产量呈断崖式下降(图5)。地层水沿大裂缝非均匀推进，见水时间与单井日产、累产关系明显。剩余气主要有三种形式：残余气、封存气、未水淹纯气区，构造高部位缝网相对不发育、累产气低的区域为剩余气富集区。

(2) 缝网型储层水侵特征

缝网型储层的典型代表为B气藏，基于该气藏9口井1292条水基泥浆成像测井裂缝数据统计发现，气藏主要发育NW-SE向高角度网状裂缝，以低阻未充填缝为主，且裂缝走向与现今最大主应力夹角总体较小，裂缝有效性好。缝网均质发育，大幅改善了储层物性及孔喉连通关系，产能较高且分布均衡，构造位置越高则单井无水采气期越长。

B气藏井附近断层裂缝发育，所以在生产过程中会导致边底水沿着断层裂缝上窜至井底后横侵。该类井在不同时期生产特征较为明显(图6)：①水侵初期，油压下降速度会加快，氯离子含量会逐渐上升，产气量相对稳定，产水量逐步上升；②水侵中后期，由于油压过低无法进系统，氯离子含量与地层产水上升趋势一致，产水量大，基本上无产气量。

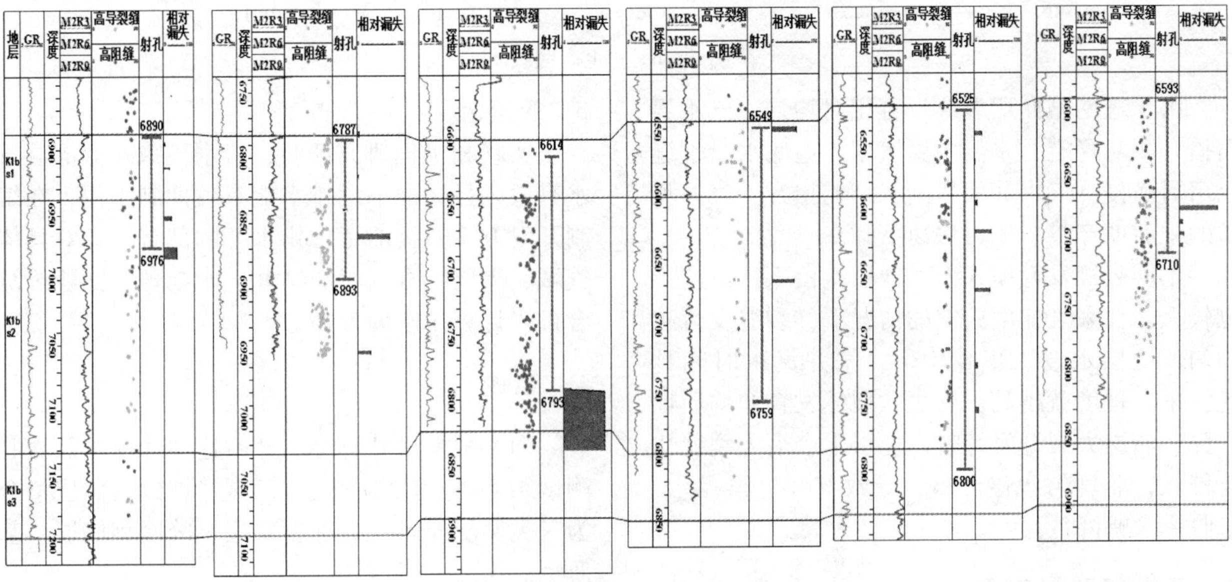

图3　A气藏裂缝发育及漏失段井间对比图

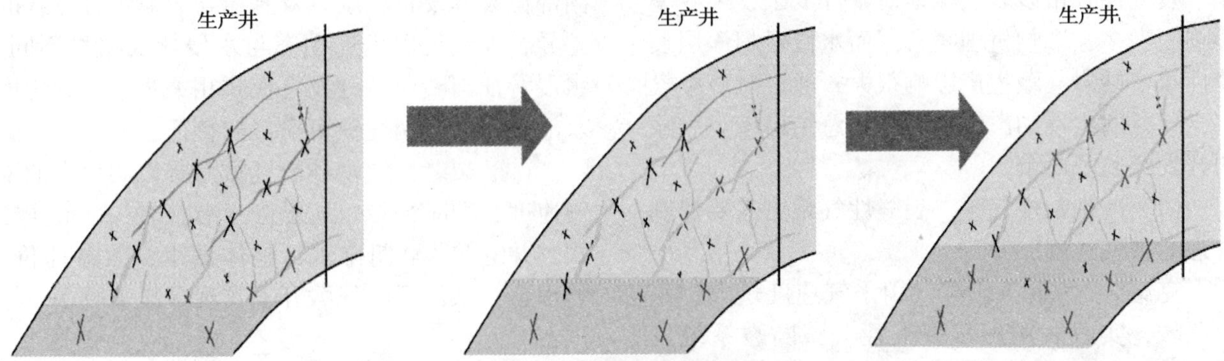

图4　气井纵向水淹过程示意图

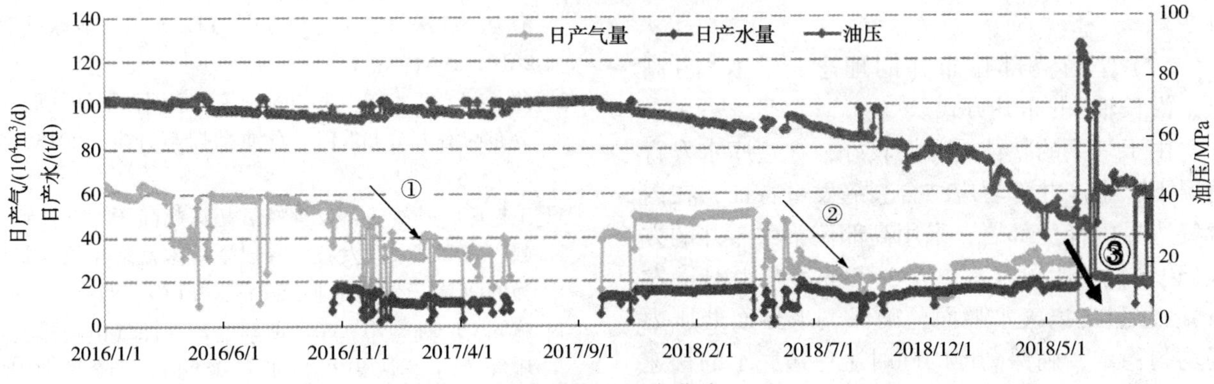

图5　A1井生产曲线

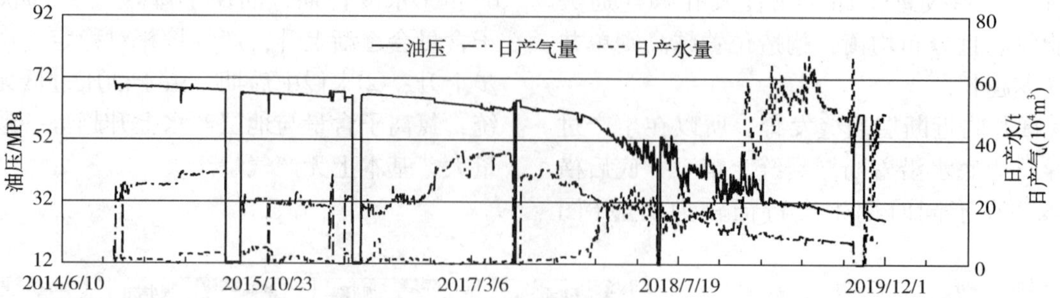

图6　B1井生产曲线

由于缝网型储层裂缝发育相对均匀，气水界面抬升相对稳定，水侵主要表现为边底水沿裂缝上窜后横侵，气水界面呈网状结构抬升，气井见水的中后期产量、压力快速下降。

不同裂缝发育模式下，地层水侵入特征差异也较大，在采气速度一定的情况下，裂缝发育越均匀，地层水侵入也越均匀，气井见水时间越晚，采出程度就越高；反之，裂缝发育非均质性较强、储层大裂缝发育时，地层水会沿大裂缝快速侵入，非均匀水侵严重，导致气井过早见水，采收率大幅降低。

3　开发经验及对策

裂缝性致密砂岩气藏地质条件复杂，采收率影响因素多，影响机理复杂。而水侵对超深层裂缝性致密砂岩气藏生产影响很大，通过对该类气藏，气井的水侵动态特征的分析总结出该类气藏的开发经验及对策。

(1) 区别常规气藏，裂缝性气藏更需要控制合理的采气速度。

克深2、大北气田等气田采气速度过大、水侵严峻，实践表明库车裂缝性气藏断裂系统发育，采用相对较高的采气速度会造成气藏快速水侵，导致气藏开发效果变差，采气速度通常超过2%。

(2) 坚持高部位布井的理念，采取“占高点、沿长轴”的布井方式。

由于气藏的整体连通性较好，在边底水发育情况下，生产井部署应结合裂缝发育特征，在内含气边界内择优部署，采用高部位集中布井的方式(边部气井距离气水边界3~5km，井距1km左右)，尽量远离气水界面，确保气水界面处压力场均匀稳定，确保高产的同时避免边底水的快速锥进，延长稳产期。

(3) 立足“早期排水、整体治水、效益评价”的理念。

实践和机理研究证明，有水气藏在低部位排水有效，且边部早期排水能有效抑制水侵，在编制开发方案时提前考虑排水井的部署，针对具体气藏，需要结合气藏的钻井、水处理、回注等综合投入计算排水的效益。

4　结论

(1) 根据试井解释、井间连通性评价及岩心测试结果将克拉苏深层气田裂缝性致密储层整合为三类储层模式：裂缝型储层、缝网型储层、基质型储层。

(2) 克拉苏深层气田由于储层基质物性、不同部位裂缝发育程度以及基质与裂缝组合方式的差异，导致气田生产动态与水侵特征明显不同。水侵特征与断层裂缝发育模式相关，表现为边底水沿着断层和裂缝纵窜横侵的特征。

(3) 裂缝性致密砂岩气藏需要控制合理的采气速度，同时采取“占高点、沿长轴”的布井方式，并立足“早期排水、整体治水、效益评价”的理念，从而保障气藏开发实现最高采收率。

参考文献

[1] 于京都，郑民，李建忠，等．我国深层天然气资源潜力、勘探前景与有利方向[J]．天然气地球科学，2018，29(10)：1398-1408.

[2] 孙龙德，邹才能，朱如凯，等．中国深层油气形成、分布与潜力分析[J]．石油勘探与开发，2013，40(6)：641-649.

[3] 王振彪，孙雄伟，肖香姣．超深超高压裂缝性致密砂岩气藏高效开发技术—以塔里木盆地克拉苏气田为例[J]．天然气工业，2018，38(4)：87-95.

[4] 江同文，孙雄伟．库车前陆盆地克深气田超深超高压气藏开发认识与技术对策[J]．天然气工业，2018，38(6)：1-9.

[5] 贾爱林，唐海发，韩永新，等．塔里木盆地库车坳

陷深层大气田气水分布与开发对策[J]. 天然气地球科学，2019，30(6)：908-918.

[6] 李熙喆，郭振华，胡勇，等. 中国超深层构造型大气田高效开发策略[J]. 石油勘探与开发，2018，45(1)：111-118.

[7] 赵力彬，石石，肖香姣等. 库车坳陷克深2气藏裂缝-孔隙型砂岩储层地质建模方法[J]. 天然气工业，2012，32(10)：10-13.

[8] 罗瑞兰，张永忠，刘敏. 超深层裂缝性致密砂岩气藏水侵动态特征分析-以库车坳陷A气田为例[J]. 浙江科技学院学报，2017，29(5)：321-327.

鄂尔多斯盆地南缘断缝体油藏特征及油气富集规律

党文斌

(中国石化华北油气分公司)

摘　要　鄂尔多斯盆地南缘中生界油气资源丰富，早期认为中生界油藏裂缝不发育，为大型的致密砂岩岩性油藏，但是多年来的开发实践以及三维地震资料证实盆地南部断裂发育，而且油气富集高产与断裂极其伴生的裂缝密切相关，自断层核部向外发育断缝体油藏、裂缝孔隙型油藏和孔隙型油藏，其中断缝体油藏是最有利的油藏类型。本文综合利用地震、钻井、录井、测井、生产动态等资料，明确了断缝体油藏内部结构特征及其油气富集高产规律。研究表明受多期构造运动影响，断缝体油藏为内部结构及流体分布极其复杂的三维地质体，它在横向上具有不对称性，走向上具有分段性，纵向上具有分层特征；断缝体油藏富集高产主要受三方面因素控制：(1)近断层优质的孔隙型油层是断缝体油藏富集的基础；(2)断缝体控制的复杂缝网体积是油井高产的重要因素；(3)连通断缝体内局部构造高部位是有利的油气富集区。

关键词　鄂尔多斯盆地；泾河油田；走滑断裂；断缝体油藏；断裂特征

鄂尔多斯盆地南缘红河、泾河等油田是中石化在鄂尔多斯盆地的重要勘探开发区块，截止目前在中生界延长组致密低渗油藏提交三级储量超过4亿吨，但是由于总体储量品位较低，如何实现效益开发是制约该类储量开发的核心问题。近年来，通过对老井地质、生产资料的挖掘，在中生界延长组油藏发现区内走滑断裂极其伴生的裂缝与油气富集存在紧密的关系，前人根据断裂、裂缝与砂体的配置关系以及油气赋存及渗流特征，划分出了断缝体油藏、裂缝孔隙型油藏和孔隙型油藏等三类油藏，并明确了断缝体油藏为最有利的油藏类型。

国内外学者对于与断裂相关的油藏已经开展了很多年的研究，积累了丰富的研究成果，目前国内为学者普遍认为断裂不是一个简单的二维面，而是一个具有复杂内部结构的三维地质体，认为断裂带自内向外逐渐发育的滑动破碎带和诱导裂缝带与未变形的原岩在构造特征、储层物性等方面存在明显差异。邓尚、邬光辉等通过对塔里木盆地顺北地区走滑断裂的深入研究，提出主活动期与油气成藏期匹配的主干断裂带是油气富集的有利部位。王威等通过研究四川盆地北部须家河组气藏发现，天然气在断层、裂缝叠合发育的规模网状缝内富集，称之为断缝体储层；何发岐等基于储集空间和储层类型提出了“断缝体”油藏的概念，它是由断裂、伴生脆性破碎带及被其改造过的致密低渗砂岩共同构成的储集体，其上部及侧面均有非渗透泥质岩、致密层等封挡。

从目前鄂尔多斯盆地南缘中生界致密油藏的开发形势来看，断缝体油藏是目前最重要的建产目标，已经初步评价出断缝体储量2000多万吨，但是目前对断缝体油藏的研究尚处于初级阶段，断缝体油藏特征及富集高产规律不清，导致开发效果未达预期，高产井比例不到40%，限制了断缝体油藏的高效开发进程，因此亟待研究清楚“断缝体”油藏发育特征及其内部结构特征，明确富集高产规律，为鄂尔多斯盆地南缘致密低渗油藏效益开发提供支撑。本文综合利用地震、野外露头、岩心观察、测录井分析等手段，以鄂尔多斯南缘泾河油田延长组“断缝体”油藏为例对断缝体油藏进行解剖研究，通过解剖断裂发育特征、断缝体油藏内部结构特征以及断缝与油气富集的关系，为该区断缝体油藏高产富集规律认识深化以及高效勘探开发提供参考和借鉴。

1　地质背景

泾河油田位于鄂尔多斯盆地西南缘伊陕斜坡与渭北隆起交汇处，构造整体较为平缓，呈现出南东高—北西低的特征，局部发育鼻状隆起，沿北东到南西方向平均构造坡降为10.4m/km；区内发育北东东向走滑断裂，断裂主要经历燕山及喜马拉雅期两期差异演化。中生界延长组长7油页岩为主要的生油岩，厚度5~20m，主力油层为三叠系延长组长8，发育三角洲前缘水下分流河道沉积，砂体厚度 5~12m，储层岩性主要为细砂，储集层的岩石类型以长石岩屑砂岩、岩屑长石砂岩为主，早白垩中期到万白垩中期，油藏埋深达到最大，受机械压实、碳酸盐胶结的双重作用影响，储层致密化剧烈，原生孔隙基本消失，孔隙以次生溶蚀孔隙叠加多期断裂演化形成复杂的次生储集系统为主，储层平均孔隙度 8.2%，平均渗透率 0.3mD，平均含油饱和度 45%，储量丰度 $20\sim40\times10^4 t/km^2$，压力系数 0.86，主要发育致密砂岩岩性油藏和断缝体油藏两种油藏类型(图 1)。

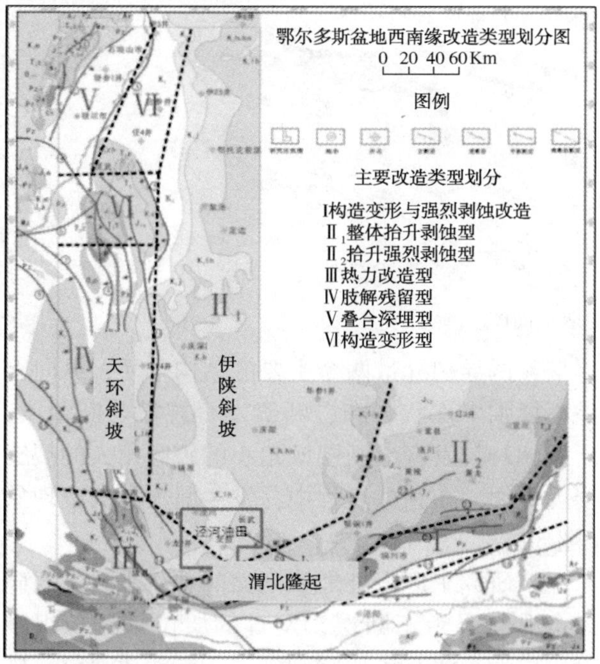

图 1　鄂尔多斯盆地西南缘泾河油田构造位置图

2　走滑断裂特征

走滑断裂是泾河油田断缝体油藏最重要的组成要素，断裂的形成期次、发育特征、组合关系、力学性质等决定了断缝体油藏的发育特征及其含油性，因此断裂特征的研究是断缝体研究的基础。在对泾河油田北部三维地震资料精细解释的基础上，结合野外露头、岩心观察、实钻分析，整体刻画了泾河油田北部断裂系统，本文主要对走滑断裂的剖面及平面构造样式及其差异分布进行了剖析。

2.1　走滑断裂剖面构造样式

泾河油田中生界地层主要受印支、燕山、喜马拉雅期三期构造运动影响，发育多条 NE、NEE 向高角度走滑断裂，其中印支期在基地断裂基础上形成主断裂，燕山期、喜山期继承性活动，并扩大了的断裂规模，断裂延伸长度 5.4~19.4km，断裂带宽度 100~800m 不等，断层倾角 70~90°，断距 5~35m。断裂带在走向上、纵向上表现出强烈的非均质性(图 2)。

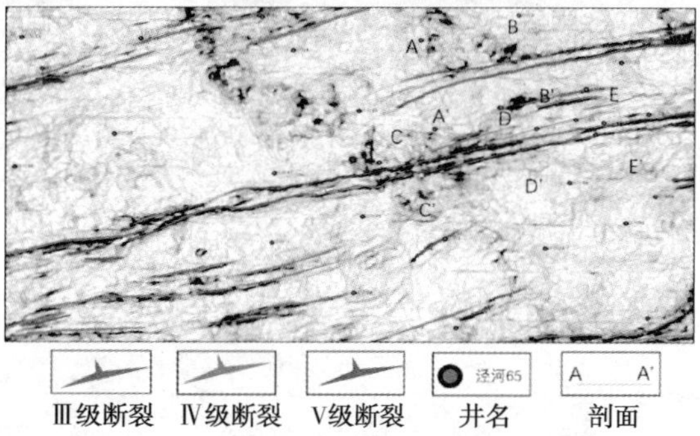

图 2　鄂尔多斯盆地泾河油田延长组长 8 顶面相干属性及断裂分布图

地震剖面上，发育正花状、断堑型、反 Y 字型、断垒型和负花状等典型的走滑断裂构造样式(图 3)，在断裂的不同位置发育不同的构造样式。花状构造主要发育在走滑断裂的末端，主要特征为之下而上裂缝带宽度逐渐增大，主要发育压扭性的负花状构造和张扭性的正花状构造，一般在右行走滑断裂右阶弯曲处为拉张应力，易形成负花状构造，右行走滑断裂左阶处为挤压应力，易形成正花状构造；断堑和断垒主要发育于走滑断层平移走滑段，断层倾角一般大于 80°，由于走滑断层存在“丝带效应”和“海豚效应”，断层不同位置断距差异大，正段层和逆断层交替出现。反 Y 字型构造主要发育在主断裂次生断裂上，断裂规模较小。

2.2　走滑断裂平面构造样式

从长 8 顶相干平面图以及实钻断层平面组合关系来看，泾河油田走滑断裂平面上主要发育马尾状、斜列式、平行式和拉风式四种构造样式(图 4)。马尾状构造主要发育于断裂带末端，能量逐渐减弱，断层向前延伸的动能减小，从断层中部向末端呈发散状，纵向上断距较小，地震同相轴错断不明显，难以识别；斜列式一般发育于两条断层的交汇处或者主断裂一侧，一般在剖面上呈断阶状或者正花状，它与多期构造运动叠加改造密切相关；平行式主要发育在走滑断层中部，断距及倾角大，构造变形强烈，一般在剖面上呈断垒或者断堑形态；拉分构造主要发育于走滑断层发生转折或者弯曲的部位，主要受局部张扭应力形成，多呈不规则菱形。

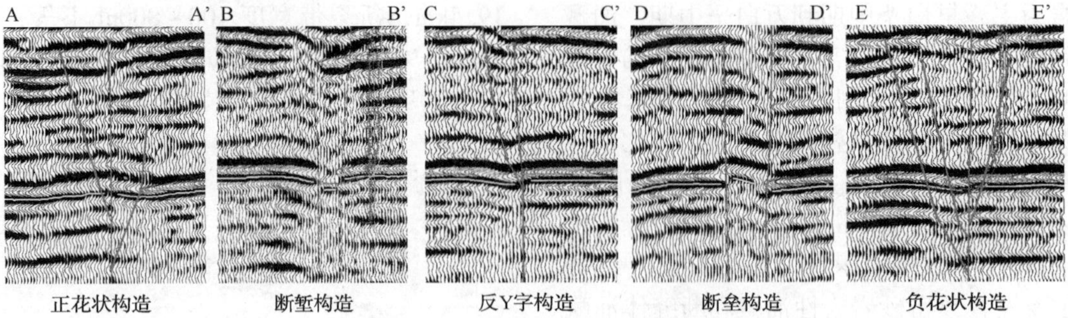

图3　典型走滑构造地震剖面图

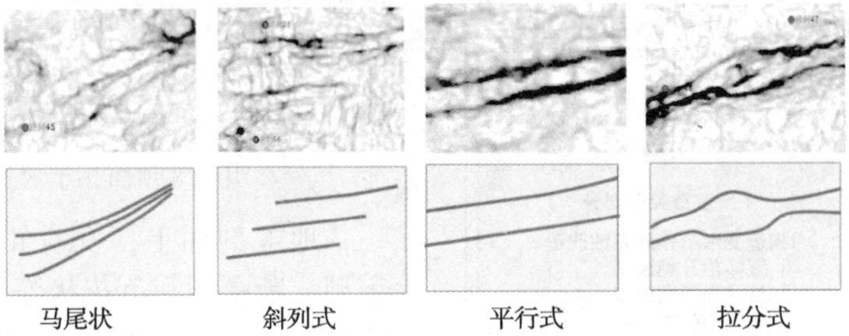

图4　典型走滑构造平面图

2.3　走滑断裂分布差异性

泾河油田走滑断裂受燕山期、喜马拉雅期两期构造运动影响，同时由于沉积的非均质性，局部力学性质的差异性，导致同一区块不同断裂带的分布特征差异较大。泾河油田东北部主要发育NEE向断裂，垂向断距5~40m；西北部主要发育NE向断裂和近EW向断裂，纵向上长8以下主要为近直立断层，向上断裂倾角逐渐增大，断裂条数逐渐增多，断裂带宽度逐渐变宽。

3　断缝体发育特征

断缝体是一个复杂的三维地震体，主断裂及其破碎带构成断缝体的“骨架”，伴生的次级裂缝构成断缝体的“动脉”，断缝连通的孔隙型储层及裂缝孔隙型储层构成断缝体的“血肉”，其中赋存的流体则是断缝体的“血液”，本文从断缝体的宏观分布特征、内部结构特征两个方面对断缝体进行精细解剖。

3.1　宏观发育特征

断缝体主要分布在走滑断裂带上，断缝体发育规模与断裂带的构造位置、性质和破碎程度密切相关。泾河17井区断缝体主要发育在NEE向走滑断裂带两侧300~500m范围内，自断层核部向外裂缝密度逐渐降低，在横向上划分为滑动破碎带和诱导裂缝带两个主要的结构单元；纵向上呈不规则串珠状分布，断缝发育规模与断距没，断缝相对较发育，断层倾角小的较倾角大的裂缝密度更大，在钻井过程中易发生漏失和放空现象(图5)。

从研究工区野外地质剖面的观察来看，西砥口走滑断层为正断层，发育的层位是延长组中段，岩性为浅灰色块状细砂岩，夹泥质薄层，砂岩厚度4~5m，断距1.3m，产状353°∠72°。

断裂带发育特征：断缝体在剖面上呈现明显的二元结构，滑动破碎带宽度约4.5m，主要发育在上盘，裂缝密度2~5条/m；上盘诱导裂缝带宽度4~5m，裂缝密度0.5~2条/m，下盘诱导裂缝带宽约3.2m，裂缝密度0.5~1.5条/m，裂缝发育程度及密度从断层中心向两侧逐渐降低。

3.2　内部结构特征

3.2.1　断缝体岩心观察

岩心是识别裂缝发育最直接的资料，也可以验证测井及物探解释成果的可靠性，为了进一步认识断缝体在地下的结构特征，选取泾河工区内钻遇断缝体的取心井进行细致的岩心观察和描述。泾河55井在钻井过程中钻遇了滑动破碎带和诱导裂缝带。该井在滑动破碎带断开地层的岩性为灰褐色砂岩、灰褐色泥岩。断点深度1502m，断距约5m，岩石破碎松散，整体成岩性较差，单个破碎体一般是泥岩、黏土岩包裹次圆状细砂岩块组成，断面充填特征明显，该岩相特征的形成机制主要是由于滑动破碎带位于断裂带中心部位，也是受力最集中的位置，断裂形成的破碎岩块在滑动过程中不断滚动、研磨，部分岩块由棱角状变为次圆状，部分砂岩块研磨成断层泥，后期在断层流体作用下一部分发生岩石交代作用形成黏土，包裹在砂岩块表层。诱导裂缝带断开地层为灰褐色细砂岩，断点深度1401m，断距约4m，岩石破碎，成层性差，断面呈不规则状，过油痕迹明显，岩心破碎程度要明显小于滑动破碎带(图7)。

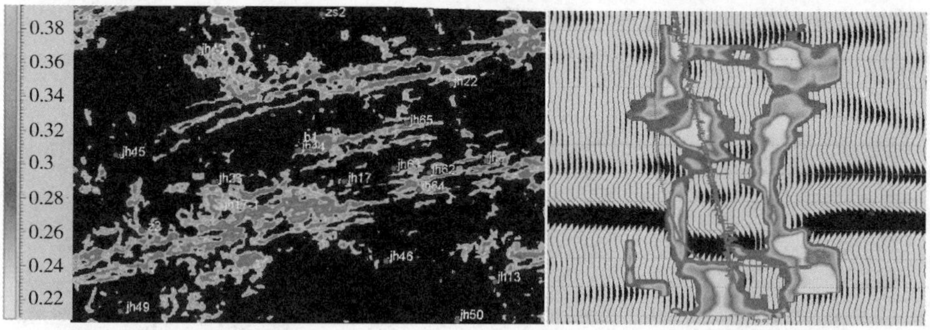

(a)平面顺断裂带分布　(b)剖面串珠状分布

图5　断缝体平面及剖面分布图

图6　西砣口走滑断裂野外剖面

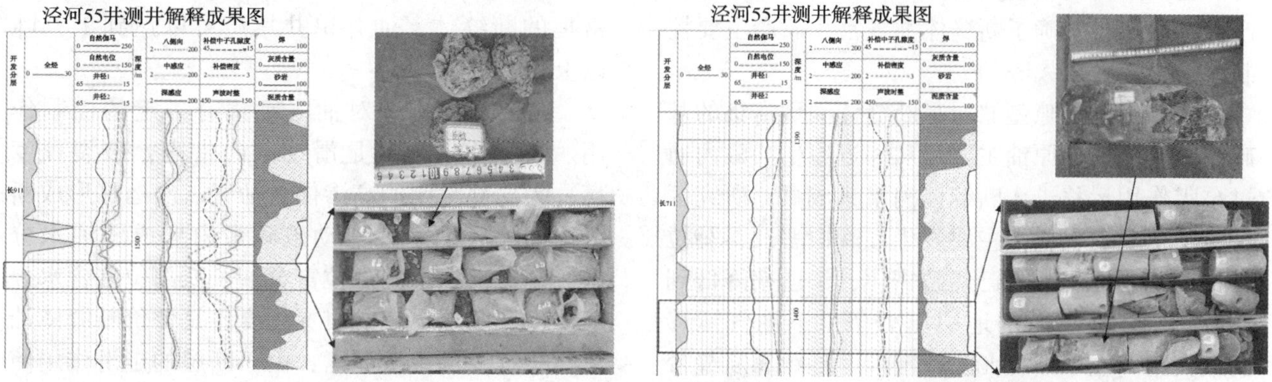

(a)滑动破碎带岩心照片　(b)诱导裂带岩心照片

图7　泾河55井断缝体岩心照片

3.2.2　断缝体微观观察

为了进一步研究断缝体内部结构特征，选取钻遇断缝体的泾河65、泾河17等取心井，采用显微镜、扫描电镜以及纳米CT扫描等手段研究不同尺度裂缝的发育特征。

对全直径岩心进行断面切割，对切片采用体视显微镜进行镜下裂缝的观察，发现岩心发育有高角度缝，高角度缝长度为2~13mm，对裂缝中充填物进一步采用荧光显微镜进行观察，裂缝中充填由胶质和沥青质，有荧光显示，表明裂缝曾经是油气运移的通道。进一步采用扫描电镜对裂缝的形态和尺寸进行观察发现，岩心中发育有溶蚀孔隙和裂缝，其中裂缝宽度为60.54um和106.1um，长度为1mm，溶蚀孔隙直径为51.49um和200um，且距离主断层越近，溶蚀孔隙越发育，表明近断层孔隙更容易受到外来流体的作用，更容易改善储层物性。纳米CT扫描也可见μm级别的裂缝，裂缝长度6~20μm，裂缝呈不规则分布(图8)。

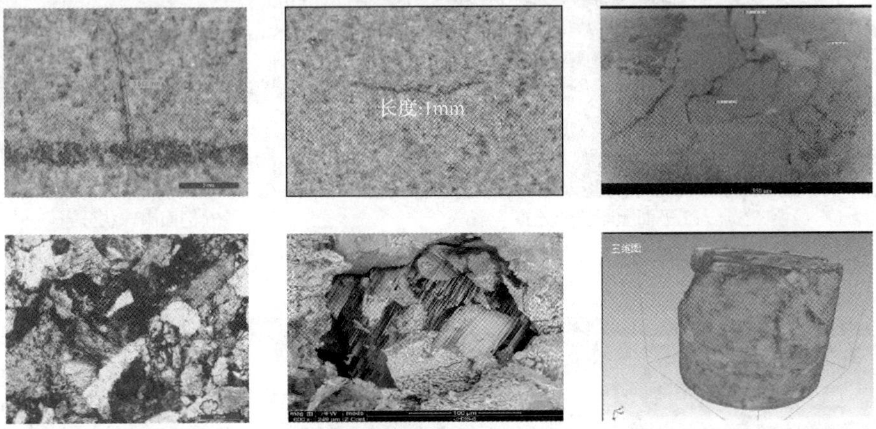

(a)显微镜裂缝观察　(b)扫描电镜观测裂缝　(c)纳米CT对裂缝的观察

图8　断缝体微观裂缝照片

4　油气富集规律

断缝体油藏的形成机制目前尚不明确，目前一些研究者普遍认为断缝体油藏是原生油藏原生岩性油藏受后期构造运动影响，在多期构造运动形成的地震泵作用下原油从近断缝孔隙中沿断裂向断裂破碎带及其伴生的次级断裂带等上部泥岩遮挡的相对高渗区运移聚集成藏形成。本文通过对泾河油田目前钻遇断缝体油井的地质特征、生产规律研究，明确了断缝体油藏富集高产主要控制因素。

(1)优质孔隙型储层是断缝体油藏富集的基础。断缝体内的原油主要是从邻近原生油藏内通过泵吸作用运移进入断缝体内聚集成藏，研究区泾河油田在二次成藏主要发生在晚白垩及喜马拉雅期，此时原生油藏已经致密化，渗透率降低到1mD以下，在当时的地层压力条件下油气运移的最大距离在100~300m范围内，且距离断缝带越近，孔隙储层对断缝体成藏贡献率越高，因此近断层孔隙型油层的储量决定了断缝体油藏的富集程度。

(2)油井控制的断缝规模越大，油井产量越高。走滑断裂形成的滑动破碎带以及诱导裂缝带是断缝体油藏的主要储集空间。通过对钻遇断缝体油藏钻遇裂缝条数及破碎带储量的关系来看，油井钻遇裂缝条数越多，钻遇的裂缝宽度越大，控制的破碎带储量越大，油井初产、累产越高，一般在走滑断裂转折端、断裂带末端等构造部位因应力集中易于形成较大规模缝网区，形成油气富集的断缝体，油井单井累产可以达到1万吨以上。

(3)局部构造对油气富集有一定的控制作用。断缝体内尤其是滑动破碎带内，破裂程度高，为局部封闭的高渗体，油气二次运移形成断缝体油藏后油水在滑动破碎带内形成弱油水分异，在局部构造高部位富含油，低部位富含水。

(4)断层纵向的贯穿程度也是评价断缝体油藏富集程度的重要因素，由于断层的走滑作用使得部分长8储层与长7优质烃源岩直接接触或者形成高效的油气运移通道，形成油气藏，但是部分断层断裂规模大，纵向上断穿上部盖层，导致油气向上逸散。

5 结论

（1）鄂尔多斯盆地南缘走滑断裂存在明显的分段性，不同位置构造样式不同，研究区纵向上主要发育正花状、断堑型、断垒型、反 Y 字型和负花状 5 种构造样式，纵向上自下而上断缝宽度增大；平面上主要发育马尾状、斜列式、平行式及拉分式 4 种构造样式。

（2）走滑断裂自断层向外依次发育滑动破碎带、诱导裂缝带和原岩的，断缝体主要有滑动破碎带和诱导裂缝带组成，距离断缝带越近，裂缝密度越大，破碎程度越高。

（3）断缝体内油气富集主要受近断层孔隙型油层含油性、断缝发育规模及局部构造等三方面因素控制。

参 考 文 献

[1] 罗群，姜振学，庞雄奇．断裂控藏机理与模式[M]．北京：石油工业出版社，2007.

[2] 陈伟．塔里木盆地断裂带内部结构特征及其与油气运聚的关系[D]．青岛：中国石油大学（华东），2011.

[3] 邓尚，李慧莉，张仲培等．塔里木盆地顺北及邻区主干走滑断裂带差异活动特征及其与油气富集的关系[J]．石油与天然气地质，2018，39(10)：878-887.

[4] 邬光辉，陈志勇，曲泰来，等．塔里木盆地走滑带碳酸盐岩断裂相特征及其与油气关系[J]．地质学报，2012，86(2)：219-227.

[5] 王威，凡睿．四川盆地北部须家河组“断缝体”气藏特征及勘探意义[J]．成都理工大学学报(自然科学版)，2019，46(5)：541-548.

[6] 何发岐，梁承春，陆骋等．鄂尔多斯盆地南缘过渡带致密-低渗油藏断缝体的识别与描述[J]．石油与天然气地质，2020，41(4)：710-718.

[7] 何自新．鄂尔多斯盆地演化与油气[M]．北京：石油工业出版社，2003：3-4.

[8] 贾承造．中国塔里木盆地构造特征与油气聚集[M]．北京．石油工业出版社，1997.

[9] 漆家福．油区构造解析[M]．北京．石油工业出版社，2006.

[10] 韩剑发，苏洲，陈利新，等．塔里木盆地台盆区走滑断裂控储控藏作用及勘探潜力[J]．石油学报，2019，40(11)：1296-1308.

[11] 王时林，秦启荣，苏培东．储层裂缝识别与预测[J]．断块油气田，2009，16(5)：31-33.

[12] 金强，周进峰，王端平，杨勇．断层破碎带识别及其在断块油田开发中的应用[J]．石油学报，2012，33(1)：82-89.

[13] 彭文绪，张志强，姜利群等．渤海西部沙垒田凸起区走滑断裂演化及其对油气的控制作用[J]．石油学报，2012，33(2)：204-212.

特低渗储层微乳降压驱替体系现场应用效果评价

方　群　斯　容　刘学全　熊　佩　张立强　张　阳

(中国石化华北油气分公司)

摘　要　红河油田长9油藏平均孔隙度13.2%，平均渗透率$1.98\times10^{-3}\mu m^2$，属于低孔特低渗储层，喉道中值半径0.45μm，以小孔微细喉为主，储层同时发育有微裂缝。注水开发时以地层破裂压力的80%限压注水，但部分注水井组累注采比仅为0.4时注水压力已达允许注水压力，存在注水增能困难的问题，现场采用常规酸化工艺有效期短。本文优选采用微乳体系通过降低界面张力、增溶原油进行降压增注，室内实验优化微乳注入参数为使用浓度1%，驱替2PV后降压率为29.6%，现场试验1井次，降压率达17.8%。

关键词　特低渗储层；微乳体系；降压增注

红河油田长9油藏平均孔隙度13.2%，平均渗透率1.98mD，孔隙类型以粒间孔为主，其次为粒内溶孔。长9油藏孔喉细小，中值孔喉半径0.14μm，为典型的低孔特低渗油藏。红河油田长9油藏发育有微裂缝，前期注水开发见效油井达73%，注水开发时以地层破裂压力的80%限压注水，但部分井组存在注水压力较高的问题(表1)。

表1　红河长9油藏部分水井注水参数

水井井号	平均注水压力/MPa	80%地层破裂压力/MPa
HH55P5X	21.3	21.5
HH55P4X	18	20.5

为解决红河油田长9油藏部分井组注水压力较高的问题，开展微乳降压增注技术攻关。微乳液体系可降低油水界面张力、具有较好增溶性可降低含油饱和度，并通过明确目标降压率，室内实验优化施工参数，实现降压增注的目标。

1　实验材料与方法

1.1　实验仪器

QJZY-1全自动表界面张力测试仪，岩芯流动装置(主要由注入系统、岩芯夹持器系统、采出计量系统组成)。

1.2　实验材料

实验油样为红河油田长9油藏脱气、脱水原油，温度65℃时黏度为3.32mPa·s。

实验水样为红河油田长9油藏地层产出水，离子浓度(mg/L)为：Na^+、K^+ 12143.5，Ca^{2+} 10635.6，Mg^{2+} 482.2，Cl^- 38886.9，HCO_3^- 87.8，矿化度62236.1mg/L，水型为$CaCl_2$。

1.3　实验方法

1）表界面张力测定

用地层水配制不同浓度的微乳溶液，在65℃温度下采用全自动表界面张力仪分别测定微乳溶液与原油间的界面张力，以及微乳溶液表面张力。

2）增溶原油测定

将30mL浓度10%的微乳液置于60毫升具塞刻度量筒中，向量筒中加入30mL原油，塞紧并摇匀后放于65℃水浴锅中静置4h，分别观察静置后微乳液的体积和原油的体积，原油体积的减少值即为微乳体系增溶原油的量。

3）降压效果评价

采用红河油田长9油层岩芯开展微乳体系降压效果评价实验，实验温度65℃、围压5Mp、驱替速度0.05mL/min。实验过程如下：

(1) 岩芯洗油烘干后测量岩芯直径、长度、干重等，测量空气渗透率与孔隙度；

(2) 将岩芯装入夹持器中，并抽真空4小时，用地层水正向驱替岩芯至压力稳定，记录进出口压差，称量湿重并计算岩芯的孔隙体积，通过达西公式计算水相渗透率；

(3) 原油反向驱替岩芯直到出口端无地层水流出，继续用原油驱替5PV，关闭平流泵，静置24小时；

(4) 地层水正向驱替饱和油的岩芯至压力稳定，记录水驱过程中的压力；

(5) 用地层水配置不同浓度的微乳液，并按实验设计正向驱替不同体积或段塞组合的微乳液进入岩芯，关闭平流泵，静置48小时；

(6) 地层水正向驱替岩芯至压力稳定，记录水驱过程中的压力。

（7）降压率计算公式为：

$$P_L=\frac{P_1-P_2}{P_1}\times 100$$

式中，P_L 为降压率,%；P_1 为一次水驱压力，MPa；P_2 为二次水驱压力，MPa。

2 微乳体系优选及性能评价

优选微乳体系配方为 Gemini（13%）+助剂 1（4%）+助剂 2（4%）+正丁醇（4%）+正辛烷（6%）+10%NaCl 溶液（68%）+OP-25（1%）。其中各组分均为工业品。室内实验对该体系的界面张力、增溶量进行测试。

从室内实验评价结果看，5%以上浓度的微乳体系可降低界面张力至 10^{-2} mN/m，原油增溶量可达 3～7mL/30mL（表 2）。

表 2 微乳体系性能评价

实验编号	微乳体系浓度/%	界面张力/（mN/m）	增溶量评价		
			原始原油体积/mL	试验后原油体积/mL	增溶量/mL
1	1	0.356	30	28	2
2		0.233		29	1
3		0.186		28	2
4	3	0.105	30	28	2
5		0.159		28	2
6		0.138		27	3
7	5	0.073	30	27	3
8		0.08		26	4
9		0.078		26	4
10	10	0.0559	30	25	5
11		0.05		25	5
12		0.0533		23	7

3 微乳液体系注入参数优化

3.1 配液矿化度对微乳体系效果的影响

实验一为用 1%KCL 溶液稀释微乳液体系至浓度为 1%，实验二为用注入水稀释微乳液体系至浓度为 1%，分别测试降低岩芯水驱压力效果，具体实验结果如下。从实验也可看出 KCl 溶液产生了一定的抑制粘土膨胀的作用（表 3）。

表 3 不同配液矿化度对微乳液体系降压效果影响评价

	浓度/%	岩芯渗透率/mD	一次水驱压力/MPa	二次水驱压力/MPa	降压率/%
实验一	1	0.816	1.02	0.59	42.2
实验二	1	0.762	2.02	1.45	28.2

3.2 注入浓度优化

分别用地层水配置浓度为 10%、5%和 1%的微乳液，注入体积 5PV 时分别测试降压效果，具体实验结果如下。结合红河长 9 油藏目前注入压力未超过地层破裂压力的 80%，拟采用 1%浓度的微乳体积进行现场试验（表 4）。

表 4 不同浓度微乳液降压效果评价

浓度/%	岩芯渗透率/mD	一次水驱压力/MPa	二次水驱压力/MPa	降压率/%
10	0.861	1.2	0.36	70
5	0.824	1.1	0.53	51.8
1	0.816	1.02	0.59	42.2

3.3　注入体积优化

用地层水配制浓度为1%的微乳液，分别测试不同注入体积的微乳液体系评价降压效果，具体实验结果如下。为达到更好的降压效果，推荐注入体积为2PV(表5)。

表5　不同配液矿化度对微乳液体系降压效果影响评价

注入体积/PV	浓度/%	岩芯渗透率/mD	一次水驱压力/MPa	二次水驱压力/MPa	降压率/%
5	1	0.816	1.02	0.59	42.2
2	1	0.762	2.02	1.45	28.2
1	1	0.852	1.01	0.86	14.5

4　现场试验效果

优选HH55P5X井开展现场试验，该井位于基质区，孔隙度9.9%、渗透率0.74mD，该井注入性较差，累注4358m^3时注入压力升至20MPa，措施前日注量20m^3/d，注入压压21.3MPa，该井地层破裂压力的80%为21.5MPa，目前注入压力临近限定压力。设计微乳液体系处理半径为2m，根据孔隙体积计算微乳液体系用量为1000m^3，浓度1%。施工结束后该井注入量不变，油压降至17.5MPa，降压率达17.8%。

5　结论

(1) 优选的微乳体系能使油水界面张力达到10^{-2}mN/m，每30mL微乳液增溶原油达到3~7mL，可实现降低注入水流动阻力的目的。

(2) 配液矿化度对微乳体系降压效果有较大影响，室内实验推荐微乳体系注入浓度为1%，注入量为2PV，降压率可达21.6%，可满足红河长9油藏降压增注需要。

(3) 现场试验1井次，措施后注入压力从21.3MPa下降至17.8MPa，微乳体系降压率达17.8%，红河长9油藏现场试验效果较好。

参　考　文　献

[1] 徐耀平，何鹏，刘寒梅．超低界面张力体系驱油技术研究与现场应用[J]．中国石油和化工标准与质量，2013，21(13)：102-102.

[2] 闫飞，刘东．低渗透油田降压增注提高采收率技术研究[J]．石油天然气学报，2005，27(1).

[3] 徐耀平，何鹏，刘寒梅．超低界面张力体系驱油技术研究与现场应用[J]．中国石油和化工标准与质量，2013，21(13)：102-102.

[4] 周冰灵．微乳液的制备及其驱油效果评价[D]．大庆：东北石油大学，2016.

[5] 殷代印，项俊辉，房雨佳．低渗透油藏微乳液驱微观剩余油驱替机理研究[J]．特种油气藏，2017，24(5)：136-140.

[6] 殷代印，吕恬．低渗透油藏复配表面活性剂微乳液驱配方优选[J]．化学工程师，2017：39-42.

沁水盆地北部晋中地区构造特征及有利区带分析

安　川

（中国石化华北油气分公司）

摘　要　晋中地区位于沁水盆地北部，沁水盆地的油气勘探工作主要集中在盆地南部，盆地北部勘探程度较低，构造特征未开展系统研究，常规天然气资源潜力及勘探方向仍具有较大的争议。在充分利用现有研究资料的基础上，通过二维地震资料构造解释，对晋中地区的构造及演化特征进行了详细研究，并优选了下一步勘探的有利目标区。研究表明晋中地区构造较为复杂，根据断裂发育情况及构造特征，可以将晋中地区划分为5个构造单元。晋中地区构造演化可以划分为稳定沉积期、挤压隆起期和抬升剥蚀期三个构造演化阶段。通过区带油气地质条件的对比研究，认为来远区带和榆社区带是下一步油气勘探工作的有利目标区带。

关键词　晋中地区；构造特征；演化；区带

晋中地区地理位置位于山西省晋中地区的太谷县、祁县、平遥县、榆社县一带，构造位置位于沁水盆地北部，沁水盆地是中生代以来形成的构造盆地，即所谓的陆向斜。沁水盆地以油气为目的的勘探工作始于上世纪五十年代，早期主要是对盆地进行区域性的油气普查工作，近期沁水盆地的勘探工作主要以盆地南部的煤层气勘探为主，盆地北部特别是晋中地区内部勘探程度较低，基本构造特征尚不明确。

沁水盆地石炭-二叠系煤层气资源丰富，盆地周边浅部和南部地区已开展大量煤炭以及煤层气勘探工作，盆地南部已经进入大规模开发建产阶段，实现了商业化运营。盆地北部地区由于构造特征相对复杂，且埋藏深度较大，目前开展的勘探工作量较少。本文通过地震资料的构造解释，查明晋中地区构造及演化特征，为沁水盆地北部的油气勘探工作提供依据。

1　区域地质概况

沁水盆地是在华北克拉通盆地的基础上，经多期改造变形而形成的沉积构造盆地，盆地整体为一北东向大型复向斜构造，轴线基本位于沁县—漳源—榆社一带。盆地内构造相对比较简单，仅盆地周边发育有少量大型区域断裂，盆地内部以发育褶皱为主，盆地内部断裂及构造走向多为北东、北北东向。晋中地区位于沁水盆地北部（图1），位于山西地堑系与沁水盆地交界部位。晋中地区晚古生代至中、新生代地层为石炭系中统、二叠系，三叠系及侏罗系中上统、上第三系和第四系。目前沁水盆地油气勘探层位主要集中在上古生界石炭-二叠系。

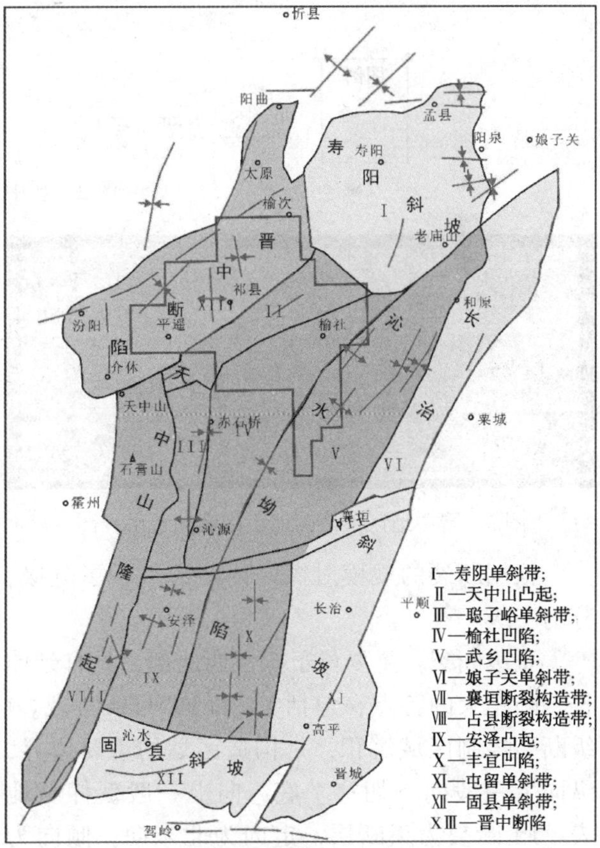

图1　沁水盆地构造分区图

2　构造特征

晋中地区构造位置位于沁水盆地北部，沁水

盆地是中生代以来形成的构造盆地。盆地自三叠纪末期，在华北地台构造演化背景下，经历了多期次的构造运动，形成了现今复向斜构造形态。

2.1　断裂特征

通过对晋中地区二维地震的精细构造解释，基本查明了探区内断裂的横向及纵向的分布特征。从探区断裂刚要图及地震剖面图上可以看出，晋中地区全区范围内断裂较发育，断裂主要为逆断层，一般为高角度，向下延伸至奥陶系，部分断裂向上终止于中生界，部分通至地表浅层。断层平面上走向为NE、NNE向为主，延伸长度在10~60km，大部分断层断距在200m左右，少部分断层断距可以达到2000m(图2、图3)。

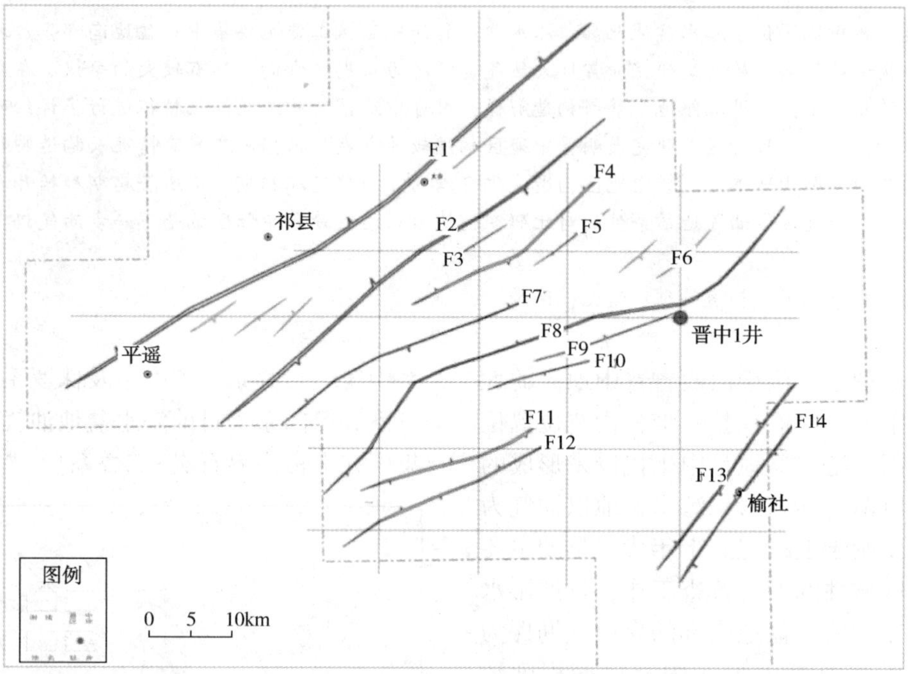

图2　晋中地区断裂刚要图

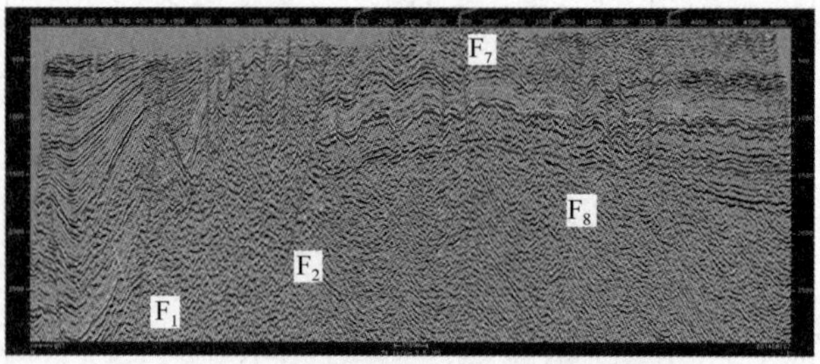

图3　晋中地区EW向地震剖面构造解释图

根据断裂的规模对探区内断裂进行了分级，分为三级：

Ⅰ级断裂：主要位于探区西北部，具有延伸长，断距大的特点，包括F1和F2两条断裂。Ⅰ级断裂控制区域沉积，是构造区划的重要边界，纵向上一般向下切穿基底，向上一般延伸至地表。F1断裂为正断层，走向为北东向，倾向为北西向，探区内延伸长度为77km，断距约为2000m。F2断裂为逆断层，走向基本与F1断裂平行，倾向也为北西向，探区内延伸长度为57km，断距约为1600m。

Ⅱ级断裂：主要位于探区中部，控制探区内构造带的发育，延伸相对较长，断距相对较大，一般延伸超过20km，断距大于200m。

Ⅲ级断裂：是Ⅰ、Ⅱ级断裂伴生的小型断裂，控制探区内局部构造的发育，一般延伸较短，断距较小。

2.2　构造单元划分

构造单元划分是盆地及探区研究的重要内容，也是油气资源评价及油气勘探部署的重要基础(或依据)。构造单元划分涉及到多种地质、地球物理资料的综合分析。通过盆地构造单元的划分，可以明确多种资料间的联系与差别，并为盆地形成和演化认识提供帮助。

晋中地区根据探区内基底性质、地层层序特征、断裂特征以及构造演化等差异，将晋中地区自西北到东南划分为5个一级构造单元：晋中断陷，太谷斜坡，来远凸起，榆社缓坡和武乡凹陷，它们的基本构造特征如下(图4)：

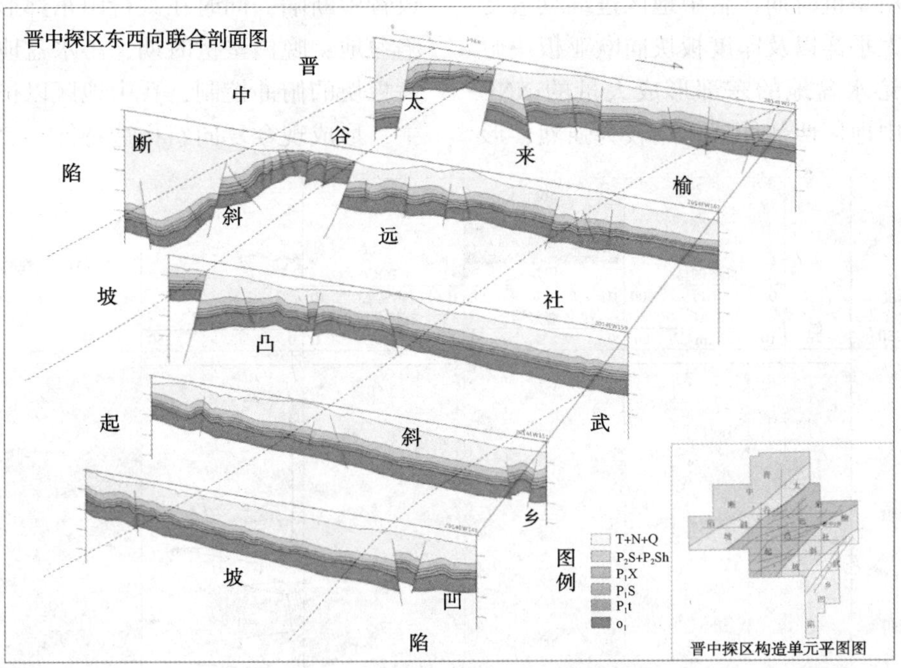

图 4　晋中地区构造单元分布平面图

（1）晋中断陷

晋中断陷位于晋中地区西北部，是由 F1 控制的大型新生代断陷盆地，呈北西深、陡，南东浅、缓的箕状盆地。晋中断陷在探区内面积约为 $1400km^2$，呈北东向展布，内部沉积有巨厚的新生界地层。盆地内新生代沉积层厚为 1000~4000m 左右。

（2）太谷斜坡

太谷斜坡是由 F1 和 F2 控制的逆冲凸起构造，F2 逆冲断距约为 1600m。太谷斜坡平面上为狭长的带状，探区内面积为 $770km^2$，内部断裂发育，由于逆冲作用形成叠瓦状断层和挤压背斜构造，太谷斜坡内地层坡度较大，部分古生界地层由于强烈的逆冲作用而出露地表，地层埋藏深度变化范围较大，上古生界埋藏深度在 500~3000m 左右。

（3）来远凸起

来远凸起为挤压隆起区，为北东走向的背斜，背斜呈西南高、东北低的特征；区内逆断层发育，发育大量断背斜等构造，构造较为复杂，断裂及背斜走向与来远凸起背斜一致。上古生界埋藏深度在 1000~2000m 左右。

（4）榆社缓坡

榆社缓坡为沁水盆地复向斜的宽缓翼部，是来远凸起与武乡凹陷的过渡带，构造相对比较平缓，变形较弱，发育有小型的褶皱构造，断裂不发育。

（5）武乡凹陷

武乡凹陷为沁水盆地复向斜轴部凹陷区，地层相对稳定，发育有少量断裂及褶皱，断裂和褶皱走向与沁水盆地复向斜走向一致。

2.3　构造演化特征

应用平衡剖面技术原理，将晋中地区东西向剖面进行了构造演化的恢复，根据演化过程可以看出，受华北板块构造演化控制，晋中地区的构造演化可划分为以下 3 个主要阶段（图 5）：

（1）稳定沉积期

中晚元古代，沁水盆地位于古秦祁海和古兴蒙海的中间，盆地及华北板块受控于两个洋壳向华北板俯冲作用。沁水盆地在晚元古代末期抬升为陆地，开始接受剥蚀。到晚古生代末期沁水盆地与整个华北地区仍处在同一构造演化进程中。中生代以后，受太平洋板块碰撞的影响，华北板块开始差异沉降，沁水盆地作为一个独立的沉积盆地开始接受沉积演化。到三叠纪时期，沁水盆地接受稳定沉积，三叠纪末期，受印支运动影响，沁水盆地晋中地区开始抬升遭受剥蚀，并由于挤压作用，盆地内产生了少量的逆断层。

（2）挤压隆起期

早中侏罗世时期，受太平洋板块、印度洋板块向欧亚板块俯冲作用的影响，沁水盆地收到了 NW-SE 方向的挤压作用，形成了大量 NE、NNE 向的褶皱及断裂。之后进入燕山运动的活跃期，在晋中地区内形成了北东、北北东向的挤压逆冲断裂，沁水盆地抬升遭受剥蚀，吕梁山和太行山开始隆起。早白垩世时期，晋中地区进继续遭受抬升剥蚀，受太平洋以及印度板块向欧亚板块俯冲作用控制，沁水盆地的东部形成大量的NNE向逆断层，晋中地区西部伸展作用较为强烈，形成晋中断陷，同时在太行山东部形成了一系列断陷盆地；晚白垩世时期，沁水盆地的构造仍受两大板块的俯冲控制，晋中地区以挤压隆升剥蚀为主，形成现今复向斜构造特征。

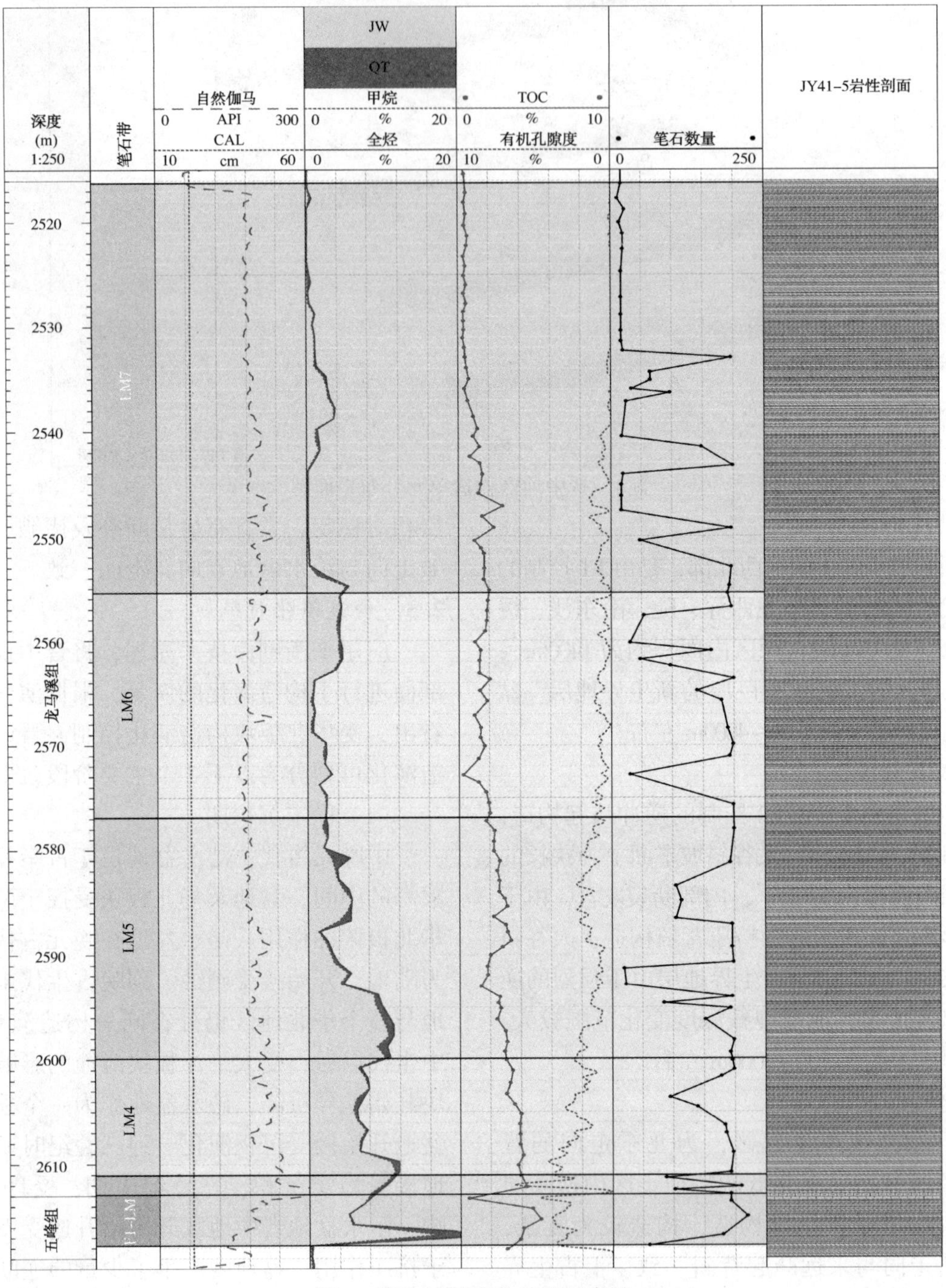

图5　晋中地区演化过程示意图

(3)抬升剥蚀期(局部伸展断陷)

古近纪时期，沁水盆地构造演化主要以缓慢的抬升剥蚀为主，晋中地区西部的山西地堑系成为断陷沉降区，形成了晋中断陷内巨厚的新生代沉积。而晋中地区其他区域由于早期的抬升作用，古近纪时期没有接受沉积，新近纪及第四纪时期，沁水盆地晋中地区大部分区域主要发生抬升剥蚀，只有晋中断陷继续接受沉积。在喜马拉雅运动时期，沁水盆地及晋中地区受到了新一轮的挤压抬升作用，盆地内部的断裂及褶皱进一步被改造，从而形成了现今沁水盆地复向斜的构造特征。

2.4 构造演化动力学特征

根据沁水盆地构造演化的分析，印支期华北板块南北边缘造山带的挤压作用导致板块遭受近南北向的水平挤压作用，但位于板块内部的晋中地区遭受的挤压作用较弱(图6)。

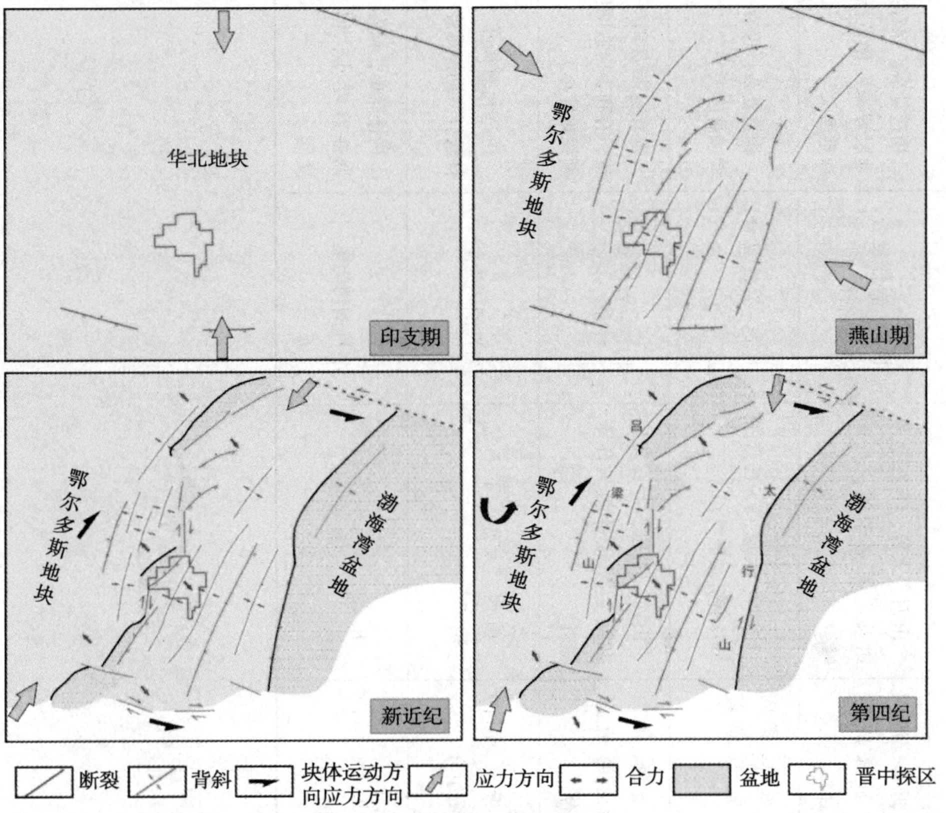

图6　晋中地区构造演化示意图(据吴奇，2012，修改)

燕山期，华北板块南缘和北缘地区发生再次造山运动，同时板块东部构造活动主要受太平洋板块活动控制，应力状态主要为NW-SE向的水平挤压为主。挤压作用东部较强西部较弱，在山西的南部地区主要以NWW向近水平的挤压作用为主，山西的南部地区发生褶皱抬升，形成较为宽缓的沁水盆地，同时在盆地内形成一系列NE-SW向的褶皱及断裂构造，褶皱规模较大，遍及华北地块全区。鄂尔多斯地块与太行山地块开始独立活动。

白垩纪至古近纪早期，受印度板块与欧亚板块碰撞挤压影响，山西的南部地区产生NE-SW向挤压应力，形成了一系列规模较小，叠加在燕山期构造上的NW向褶皱。这个时期整体构造活动强度较弱。

新近纪时期，印度板块向北运动加快，青藏高原的隆升加速，鄂尔多斯地块受到青藏高原隆升产生的推挤作用。整个华北地块受到北东-南西向的挤压作用，由于应力差异作用，鄂尔多斯地块相发生逆时针旋转，对于太行山地块发生右旋的走滑，并在鄂尔多斯地块与太行山地块交界处产生一系列的右旋走滑断层，随着鄂尔多斯地块旋转位移量的增加，在走滑断层转换部位形成拉分盆地，晋中断陷开始接受断陷沉积。

第四纪以来，各块体之间的相对运动发生了一定变化，鄂尔多斯地块的西南部受到的主压应力由早期的NE向转变为NEE向。鄂尔多斯地块持续旋转，与太行山地块交界处的走滑分量进一步增大，晋中断陷继续伸展断陷，晋中地区内收到北北东向的挤压作用，先期形成的褶皱及断裂构造接受进一步挤压改造，逐步形成了现今的构造形态。

3 区带优选

根据晋中地区构造单元划分及目前的勘探情况，将晋中地区划分为五个勘探区带，分别是：祁县区带、太谷区带、来远区带、榆社区带和武乡区带，分别对应了晋中地区五个构造单元。综合晋中地区各构造单元构造演化、断裂特征、构造样式、断裂形成演化、断裂对局部构造分布及成藏影响分析，以及勘探程度进行综合分析，对五个勘探区带进行了区带综合评价，评价结果见表1。

表1　晋中区块上古生界区带评价表

区带划分	构造单元	构造特征	上古生界成藏条件及勘探前景							
			山西组底部埋深	煤层厚度	保存条件	成藏组合	有利成藏层位	圈闭类型	勘探前景	综合评价
祁县	晋中断陷	新生代断陷盆地，断裂控制了该区的轮廓和发展；呈北西深、陡，南东浅、缓的箕状盆地	3000~6000	6~16	断裂发育，保存条件差	近源、源内和远源成藏组合	山西、太原、下石盒子组及上石盒子组、石千峰组	构造-岩性复合、构造、岩性	构造复杂，保存条件差，地层埋深变化范围大，勘探难度大	Ⅳ
太谷	太谷斜坡	逆断层控制的逆冲凸起构造，地层坡度大，断裂发育，构造复杂	500~3000	4~8	断裂发育，保存条件差	近源、源内和远源成藏组合	山西、太原、下石盒子组及上石盒子组	构造-岩性复合、构造	构造复杂，保存条件差，勘探难度大	Ⅲ
来远	来远凸起	为挤压隆起区，逆断层发育，发育大量断背斜，构造较为复杂	1000~2000	5~12	断裂较发育，保存条件一般	近源、源内和远源成藏组合	山西、太原、下石盒子组及上石盒子组、石千峰组	构造-岩性复合、构造	发育有断背斜等局部构造，有利于构造圈闭发育，勘探难度小	Ⅱ
榆社	榆社斜坡	沁水复向斜中段的西翼部分。褶曲走向近SN。区内断裂不发育	1500~2500	8~14	断裂较不发育，保存条件较好	近源、源内成藏组合	山西、太原、下石盒子组	岩性圈闭为主	构造相对简单，保存条件较好，勘探难度小	Ⅰ
武乡	武乡凹陷	沁水复向斜中段的东翼。区内次级褶曲呈NNE向雁行排列，区内断层较不发育	1500~2500	12~16	断裂较不发育，保存条件较好	近源、源内成藏组合	山西、太原、下石盒子组	岩性圈闭为主	构造简单，保存条件好，勘探难度小，但勘探程度低	Ⅲ

根据评价结果，认为榆社区带构造稳定，断裂不发育，古生界主要目的层段埋深适中，源岩及保存条件较好，有利于形成大型岩性圈闭，是下一步勘探工作的重点目标区。来远区带构造相对较复杂，区带内发育有大量的背斜、断背斜构造，且区内源岩条件较好，是构造圈闭发育的有利区，也是下一步勘探工作的重点区带。

4 结论

(1) 通过对晋中地区内钻井及二维地震的精细研究，认为晋中地区全区范围内断裂较发育，断裂主要以逆断层为主，断层平面上走向为NW、NNW向为主。

(2) 根据晋中地区构造特征，晋中地区自西北到东南划分为5个一级构造单元：晋中断陷，太谷斜坡，来远凸起，榆社缓坡和武乡凹陷，各探区构造特征差异较大。

(3) 受华北地台构造演化影响，晋中地区的形成演化可划分为3阶段：稳定沉积期、挤压隆起期、抬升剥蚀期(局部伸展断陷)，晋中地区的形成演化主要受鄂尔多斯地块及太行山地块相对运动影响，燕山运动及喜马拉雅运动两期构造运动作用形成了晋中地区现今的构造格局。

(4) 根据晋中地区目前的研究成果，优选榆社区带和来远区带，作为下一步勘探工作的重点目标区带。

参考文献

[1] 刘亢，曹代勇，林中月，等. 沁水盆地中北部沉降史分析[J]. 煤田地质与勘探，2013. 41(2)：8-15.

[2] 梁建设，王存武，柳迎红，等. 沁水盆地致密气成藏条件与勘探潜力研究[J]. 天然气地球科学，2014. 25(10)：1509-1519.

[3] 谢新生，江娃利，王焕贞. 山西太谷断裂带全新世活动及其与1303年洪洞8级地震的关系[J]. 地震学报，2004. 26(3)：281-293.

[4] 常兴浩. 鄂尔多斯盆地杭锦旗地区构造单元划分新方案及其地质意义[J]. 科学技术与工程，2013. 30(13)：8892-8899.

[5] 薛会，张金川，王毅，等. 鄂北杭锦旗地区构造演化与油气关系[J]. 大地构造与成矿学，2009. 33(2)：206-214.

[6] 方石，孙求实，谢荣祥，等. 平衡剖面技术原理及其研究进展[J]，科学导报，2012. 30(8)：73-79.

[7] 李月，林玉祥，于腾飞. 沁水盆地构造演化及其对游离气藏的控制作用[J]. 桂林理工大学学报，2011. 31(4)：482-487.

[8] 吕宝凤，段艳秋. 论华北地区中新生代中小盆地[J]. 石油地质与工程，1997. 11(02)：1-4.

[9] 谭永杰，邱瑞照，肖庆辉，等. 中国及邻区印支运动特征及其意义[J]. 中国煤炭地质，2014. 26(8)：8-14.

[10] 王莹，张庆龙，朱文斌，等. 沁水盆地北端中生代构造变形与构造应力场特征[J]. 煤田地质与勘探，2014. 42(1)：8-12.

[11] 刘超，张庆龙，葛荣峰，等. 山西沁水盆地东缘太行大断裂构造变形特征及其成因探讨[J]，地质学刊，2011. 35(2)：113-122.

[12] 王春华，廖素琼. 鄂尔多斯地块周缘地堑系形成机制及其地震活动性的实验研究[J]. 西北地震学报，1990. 12(4)：69-75.

[13] 吴奇. 华北地块中部构造地貌与活动构造特征[D]. 青岛：中国海洋学，2012.

[14] 陈小斌，臧绍先，刘永岗，等. 鄂尔多斯地块的现今水平运动状态及其与周缘地块的相互作用[J]，中国科学院研究生院学报，2005. 22(3)：309-314.

[15] 刘建忠，李三忠，周立宏，等. 华北板块东部中生代构造变形与盆地格局[J]，海洋地质与第四纪地质，2004. 24(4)：45-54.

三门峡盆地新生界油气成藏潜力评价

张云翠

(中国石化华北油气分公司)

摘　要　三门峡盆地油气资源勘探程度极低，构造演化及成藏作用研究较少，成藏控制要素认识不足，长期制约着油气勘探突破。为明确三门峡盆地油气地质条件、优选勘探有利区，本文以野外地质剖面观测、区域重磁资料为基础，通过井-震结合及区域二维地震资料解释，初步明确了三门峡盆地构造演化过程。结合DR1井油气发现成果，利用岩石地球化学分析、原油地球化学分析及油源对比等技术，明确了古近系坡底组和小安组下部灰-灰黑色泥岩是新生界主要烃源岩，DR1井原油属轻质原油，形成于低盐度弱还原水体环境，初步确定了DR1井原油来源于古近系烃源岩；灵宝凹陷、芮城凹陷、枣灵凹陷古近系埋深大、地层厚度大，是潜在有利生烃凹陷；坡底组、小安组砂岩孔、渗性好，储层侧向运聚能力强；区域泥岩及局部灰岩、盐岩盖层发育，油气保存条件好。通过油气成藏要素综合分析，建立了古近系自生自储自盖的成藏组合。函谷凸起位于多级断裂发育部位，断块、断背斜构造圈闭发育，具有多凹供烃、储层侧向运聚、断裂输导的有利地质条件，是油气资源富集有利区，建议作为下一步勘探首选目标。

关键词　构造演化；烃源岩；油源对比；自生自储；函谷凸起

三门峡盆地位于华山、中条山和崤山之间，属新生代断陷-坳陷叠合盆地，跨晋、豫、陕三省，呈东西-北东向分布，西接渭河盆地，东隔崤山隆起与洛阳盆地相邻，盆内以新生界沉积为主，古近系沉积厚度大，最厚达5000米。盆地内石油地质勘探程度较低，20世纪50~70年代，陕西省地质局、山西省地质局、地质部第三石油普查大队等单位在盆地内进行了区域地质调查工作，主要完成了1∶20万地质测量、120km/4条电测深剖面、1：20万基岩埋深图、61个电测深点及渭7、渭8等7口浅井钻探工作；20世纪70~90年代，河南石油指挥部、江汉物探局等单位先后在三门峡盆地开展了石油地质调查工作，主要完成了模拟地震剖面299.3km、区域重力普查4500km^2，并钻探了LC1、LC2两口油气探井。前期油气地质勘探工作基本查明了盆地构造属性，明确了盆地内主要以新生界红层沉积为主，钻井无油气显示，未钻遇有效烃源岩，仅ZK1在小安组底部钻遇4.7m灰-灰黑色泥岩，不具备形成工业性油气藏的物质条件，且前期地球物理资料品质较差，钻穿新生界钻井较少，难以指导盆地深部油气勘探。2000年以来，随着地热资源在发电及建筑供暖、温室农业、温泉旅游业等的快速开发利用，三门峡盆地低温传导型及构造对流型热资源逐渐引起重视，潼关、灵宝和陕县温塘等地区古近系、新近系砂岩及第四系下更新统中粗砂、砂砾石层储热性能好，水温20~75℃，地温梯度2.05~3.58℃/100m，具有较好的地热地质条件。2019年，位于三门峡盆地中部低隆起函谷凸起的DR1井在古近系小安组发现油气显示，打破了三门峡盆地油气勘探近70年的空白。但由于三门峡盆地勘探程度低、研究资料少、新生界沉积厚度大、基底类型与构造特征等认识不清，且钻井没有发现可靠的烃源岩，生烃条件认识不清，直接制约了盆地的油气勘探工作。

本文在整合前期研究资料基础上，通过对区域构造背景的综合分析，结合野外露头、钻井、测井、物探、重磁等资料的响应特征，对盆地的基底组成和构造单元划分进行了讨论，明确了新生界地层沉积特征及主要勘探层位。在此基础上，利用岩石样品的地球化学分析资料，对盆地的生烃条件进行初步分析，结合原油地化特征及油源分析技术，以油气成藏动力学为指导，对三门峡盆地新生界油气成藏条件及资源潜力进行综合评价，以期为三门峡盆地的油气勘探工作提供理论指导，力争早日获得油气突破。

1　区域地质背景

三门峡盆地处于秦岭纬向构造系小秦岭断块

与新华夏构造系中条山断块、崤山断块的联合作用区，经历了多次构造运动与变动，最终演变为一个被断裂夹持的不对称地堑型断陷盆地。据三门峡盆地剩余重力异常显示特征，盆地存在NE-SW向异常带和近EW向异常带，两者在东北合并，向西南分支，整体呈"人"字形，重力高、低值区呈带状相间分布，平面形态为长条状，南北短，东西长(图1)。以灵宝-三门峡断裂为界，东部绝对异常值小，新生界沉积相对较薄，可进一步划分为五亩凹陷、张村凹陷、平陆凹陷等3个Ⅱ级构造单元；西部绝对异常值大，新生界沉积地层较厚，自北而南可进一步划分为北部坳陷带、中部低隆起和南部坳陷带。其中，北部坳陷带包括芮城凹陷、枣灵凹陷等2个Ⅱ级构造单元；中部低隆起包括盘头凸起、函谷凸起等2个Ⅱ级构造单元；南部坳陷区包括潼关凹陷、阳平凹陷、灵宝凹陷等3个Ⅱ级构造单元(图2)。

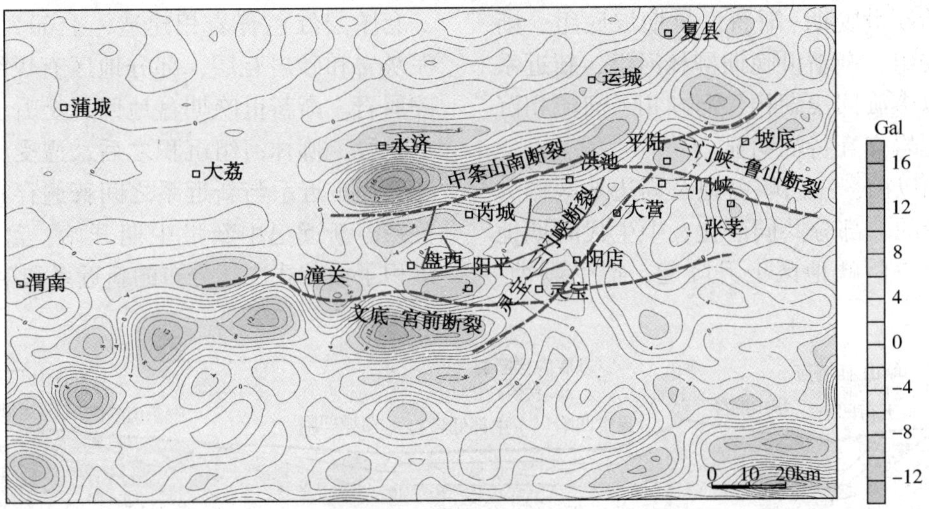

图1　三门峡盆地及邻区剩余布格重力异常与断裂叠合图

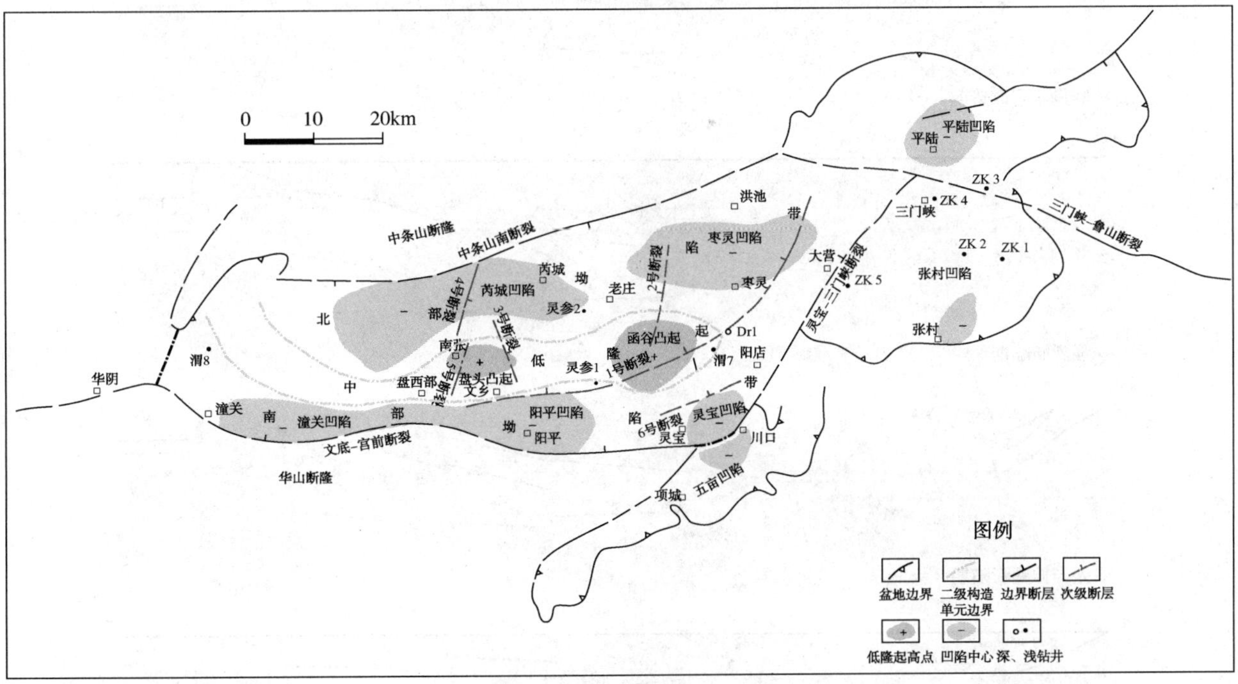

图2　三门峡盆地构造单元划分图

由于三门峡盆地构造复杂，断裂发育，不同构造单元间活动强度差异较大，导致各凹陷间沉积环境差异较大，且同一凹陷沉积范围小、物源多变，岩性横向变化也较大。因此，三门峡盆地不仅基底类型复杂，而且地层展布极不规律，分层方案地区差异较大。在前人古生物化石研究基础上，综合野外剖面地质特征，将盆地前新生界基底划分为结晶基底变质杂岩系、浅变质–未变质沉积岩系两大类；其中结晶基底变质杂岩系主要包括中条山地区上太古界涑水群、下元古界绛县群及华山、崤山地区太华群；浅变质–未变质沉积岩系主要包括中元古界熊耳群、洛峪群、新元古界震旦系、古生界寒武–奥陶系及中生界白垩系。新生界自下而上划分为古新世–晚始新世门里组、晚始新世晚期–渐新世早期坡底组、渐新世中期小安组、渐新世晚期柳林河组、新近系及第四系，以多旋回浅湖相、河湖相、河流相沉积为主，砂泥岩交互特征明显。

燕山运动以前，三门峡盆地及周边地区作为华北地台南缘的一部分共同演化，中生代时期地台分裂解体，三门峡地区上升隆起，遭受剥蚀、夷平。燕山运动晚期，在古生代、震旦纪基底上，开始构造运动加剧，张性断块活动，秦岭北侧山前大断裂及中条山南缘大断裂的切割作用形成了两个断面相向的地堑构造，形成了地堑型断陷盆地的雏形。白垩纪至始新世早、中期，受东西向与北东向构造复合作用，形成北北东向灵宝–三门峡坳陷，发生充填作用，沉积了一套厚度巨大的灰–灰黑色煤系地层，但分布范围不大，主要在坳陷中心地区。始新世晚期–渐新世早、中期，盆地进一步发生沉降，沉积范围进一步扩大，沉积了一套厚层红色膏岩相建造，上部为灰绿色泥岩、泥灰岩和砂岩互层，部分地区有煤线，下部为粗碎屑岩。渐新世晚期盆地回返上升，进入萎缩衰亡阶段，柳林河组沉积之后，遭受不同程度的剥蚀，使古近系与新近系之间普遍存在不整合接触关系。新近纪中新世中期开始，盆地再次沉降，沉积了披盖式广泛分布的新近系和第四系(图3)。

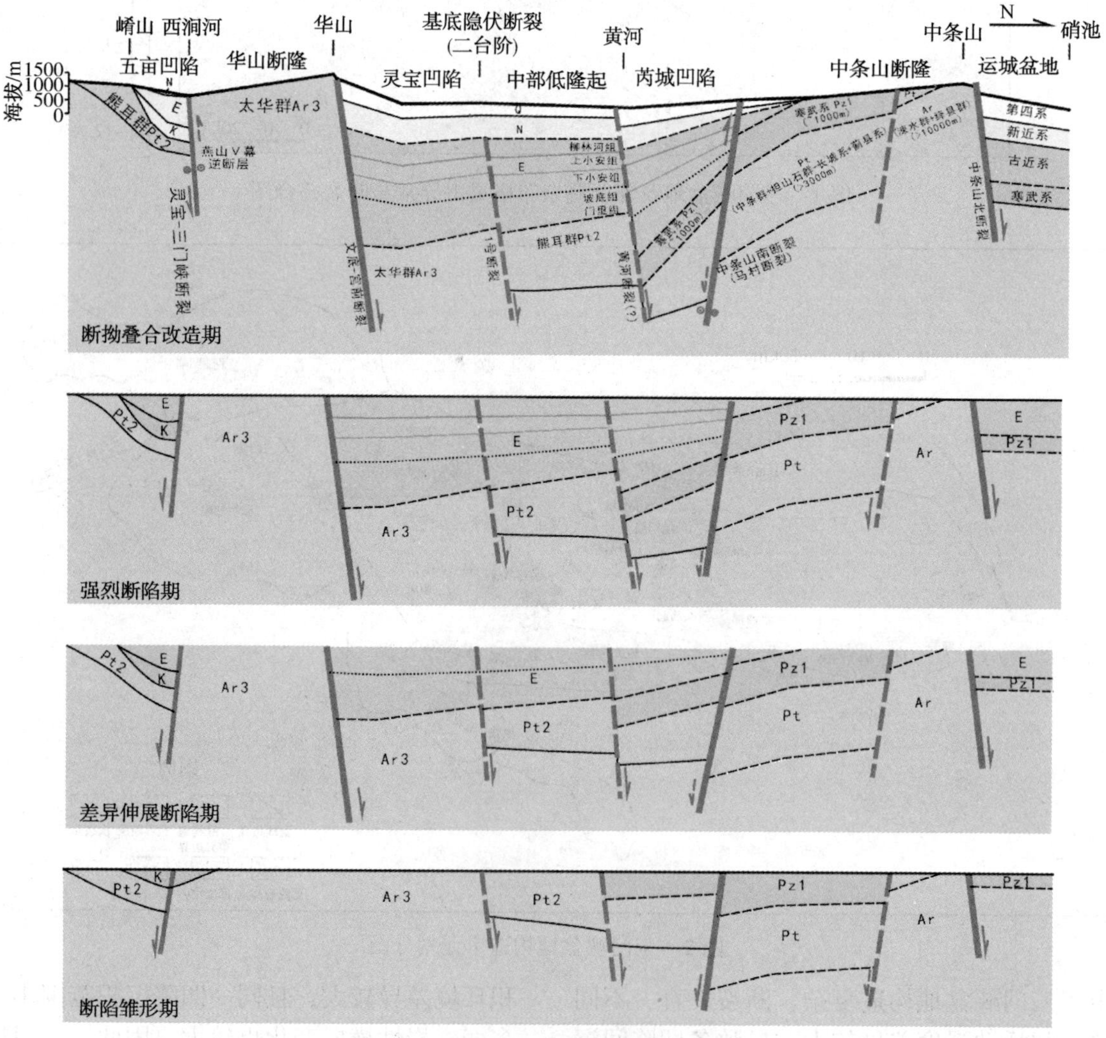

图3　三门峡盆地新生界构造演化剖面

2　原油地化特征及成因分析

DR1 井产油层位于小安组中部，测井解释油层 22m、含油水层 2.6m，油层电阻率平均 8.9Ω·m，声波时差平均 290μs/m，平均孔隙度 25%，平均渗透率 49μm^2。原油族组成分离结果显示，原油中饱和烃含量最高，占原油组成的 66.58%，芳烃和非烃含量接近，分别占 14.56% 和 15.09%，沥青质含量较低，仅占 3.77%。从原油的族组成上看，原油品质较好，总体呈现出中等偏轻的特征，指示原油可能来源于有机质类型相对较好的烃源岩，为成熟阶段烃源岩生成的原油；或油藏距生烃灶较远，经历了长距离的运移，在运移分馏效应下导致原油中极性较大的非烃和沥青质等重组分含量较低。

原油饱和烃色谱分析显示，原油中正构烷烃分布在 $nC_{13}\sim nC_{36}$ 范围内，正构烷烃完整，主峰碳为 nC_{20}，呈现出单峰正态分布的色谱峰型，在色谱图上无明显的基线漂移，表明油藏保存条件良好，原油未遭受过生物降解作用。正构烷烃中 $\sum nC_{21}^{-}/\sum nC_{22}^{+}$ 比值为 0.672，$\sum nC_{22}^{-}/\sum nC_{23}^{+}$ 比值为 0.886，高碳数正构烷烃丰度更高，CPI 和 OEP 值分别为 1.08 和 0.94，无明显的奇偶优势，指示原油来自于成熟阶段烃源岩的产物。原油中类异戊二烯烃参数 Pr/Ph 比值为 0.74，指示原油来源于弱还原环境发育的烃源岩(图 4)。

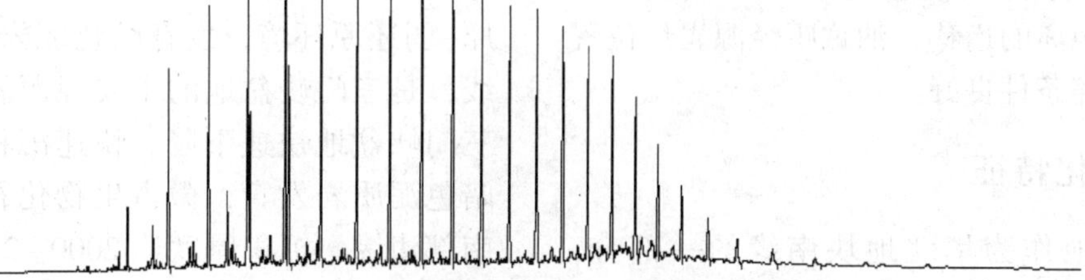

(a)地热1井原油饱和烃色谱图

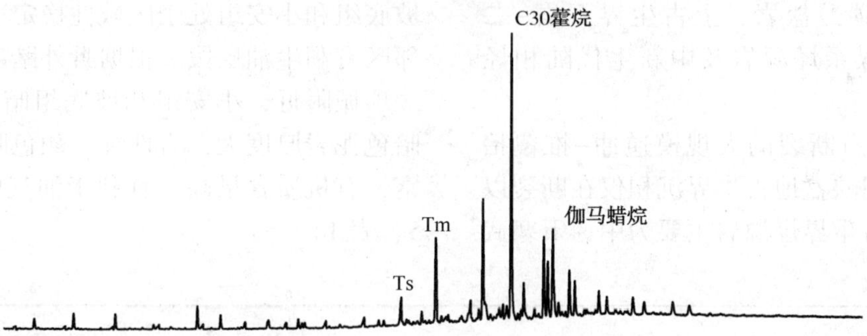

(b)地热1井原油饱和烃m/z 191质量色谱图

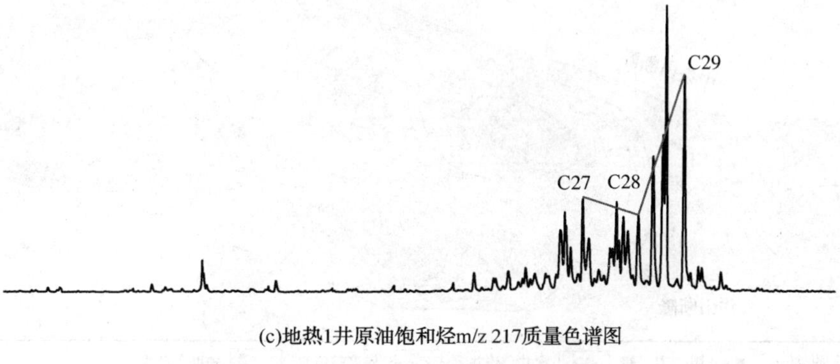

(c)地热1井原油饱和烃m/z 217质量色谱图

图 4　DR1 井原油地化特征谱图

原油饱和烃 m/z191 质量色谱图以 C_{30} 藿烷为主峰，$C_{31}\sim C_{35}$ 藿烷呈阶梯状降低，伽马蜡烷含量一般，伽马蜡烷指数($G/C_{30}H$)为 0.38，指示了原油来源于低盐度水体环境下形成的烃源岩。三环萜烷丰度较低，三环萜烷/藿烷比值为0.08，高碳数三环萜烷含量极低，指示了低等水生藻类的贡献较小；低碳数三环萜烷(如C_{19}、C_{20}三环萜烷)含量相对较高，C_{19}/C_{23}三环萜烷和C_{20}/C_{23}三环萜烷比值分别为0.55和0.78，指示陆源有机质对原油的贡献相对较大。

甾烷类化合物中C_{29}规则甾烷占绝对优势，C_{27}、C_{28}、C_{29}规则甾烷呈反"L"型分布，指示了原油母质来源中陆源有机质输入的成分较多。C_{29}甾烷异构体参数C_{29}-20S/(20S+20R)和C_{29}-ββ/(ββ+αα)比值均为0.42，在关系图版中刚达到成熟阶段，推测原油生成时烃源岩成熟度应在0.8左右。

综合分析认为DR1井原油来源于低盐度、弱还原环境条件下成熟阶段烃源岩，生烃母源主要为陆源有机质。原油族组成中饱和烃含量高，可能经历了远距离的运移，油藏距烃源岩灶位置较远，油藏保存条件良好。

3　烃源岩地化特征

三门峡盆地作为华北地块南缘的一部分，与鄂尔多斯盆地具有相似的区域性烃源岩，包括下古生界海相碳酸盐岩、上古生界石炭-二叠系海陆交互相煤系烃源岩及中新生代陆相烃源岩。

受三门峡-峡石断裂的大规模逆冲-推覆抬升作用控制，三门峡盆地古生界沉积仅在断裂以北局部出露。下古生界烃源岩主要为中、下寒武统的泥灰岩、钙质页岩，厚度大(>400m)，但分布局限，有机质较低，为区域性差烃源岩或非烃源岩。上古生界石炭-二叠系海陆交互相煤系地层多为新生代沉积所覆盖，仅在盆地东北部边缘地区部分出露，烃源岩类型包括暗色泥岩、碳质泥岩和煤层、煤线，厚约400m。盆地周边洛阳-伊川等地区石炭-二叠系烃源岩有机质类型以Ⅱ-Ⅲ型为主，煤的S1+S2在110~140mgHc/g·Toc之间，属于差烃源岩；泥岩S1+S2在0.5~4.2mgHc/g·Toc在之间，有机质丰度评价为较差-较好生油岩。邻区洛阳凹陷、济源凹陷普遍发育中生界三叠系，三门峡盆地周边未见三叠系，仅五亩凹陷见晚白垩系零星出露，推测三门峡盆地内整体缺失中生界。

三门峡盆地新生界以河流、湖泊相为主，整体偏氧化环境，仅古近系坡底组和小安组发育还原-弱还原环境，发育暗色泥岩、炭质泥岩、煤线，是三门峡盆地的主要烃源岩层。古近纪时，三门峡盆地快速下降、快速沉积，沉积厚度大，暗色泥质岩发育，微古生物化石丰富，盆地东、南部边缘，沉积厚度达2000~2500m，暗色泥质岩厚100~500m，单层最大厚度60m。纵向上，坡底组和小安组处于区域性稳定下降沉寂期，是邻区有利生油层段。根据野外踏勘成果，盆地南缘项城附近，小安组和坡底组暗色泥质岩发育，暗色泥岩厚度大，岩性纯、颜色暗、生物化石丰富，有机质含量高，有利于油气的大量生成(图5、表1)。

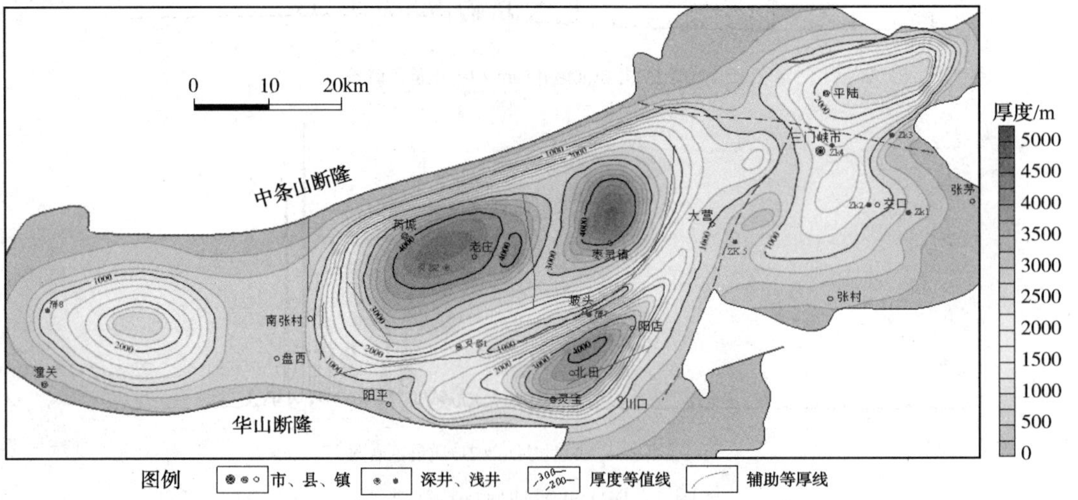

图5　三门峡盆地古近系地层厚度图

表 1 三门峡盆地野外露头泥岩样品地化特征参数

剖面位置	层位	岩 性	$C_有$%			$S^=$%	$Fe^{2+/3+}$	A%
			最大值	最小值	平均值	平均值	平均值	平均值
柳林河	小安组	灰绿色泥岩	0.75	0.04	0.4	0.1	0.67	0.023
过村	小安组	/	0.6	0.6	0.6	0	0.3	0.0027
项城	小安组	灰、灰绿色泥岩	2.44	0.23	1.55	0.1	3.1	0.0098
项城	坡底组	灰黑、灰、灰绿色泥岩	2.61	0.2	0.87	0.06	6.08	0.02
柳林河	坡底组	灰绿色泥岩	0.19	0.04	0.13	0.06	0.6	0.0078
川口	坡底组	灰、灰绿、紫红色泥岩	1.6	0.08	0.59	0.02	0.72	0.026

3.1 有机质丰度及类型

根据我国陆相泥质烃源岩有机质丰度标准，利用烃源岩有机碳含量 TOC、氯仿沥青“A”、镜质体反射率 Ro、干酪根镜检等数据，对三门峡盆地古近系烃源岩进行综合评价。由于研究区内缺乏必要钻井资料，本研究主要依据野外露头区岩石样品进行烃源岩的对比分析。研究表明，门里组、小安组上部和柳林河组杂色泥岩、灰色泥岩有机碳平均 0.1%~0.4%，沥青 A<0.02%，属于非烃源岩；坡底组和小安组存在灰色、灰黑色泥岩、含灰泥岩、炭质泥岩，有机碳含量高，总有机碳含量 1.01%~7.78%，均值 3.69%，尤其是黑色炭质泥岩，总有机碳含量最高，但暗色泥岩中氯仿沥青“A”含量普遍较低，S1+S2 介于 0.1~2.4 之间。整体来看，灰黑色、黑色泥岩、炭质泥岩及煤层总有机碳含量很高，属于中等-很好烃源岩类型。暗色泥岩干酪根显微组分以镜质体为主、腐殖无定形体次之，微量丝质体，见少量角质体以镶边形式与镜质体伴生，镜质组平均含量 59，腐殖无定形体平均含量 29，惰质组平均含量 10，类型指数平均-40，干酪根类型为Ⅲ型。

3.2 有机质热演化程度

三门峡盆地地热钻井资料显示，盆地内地温梯度较高，DR1 井平均地温梯度 3.58℃/100m，井深 2200m 处，地层温度近 100℃，造成盆地内古近系烃源岩成熟度较高。根据野外露头古近系烃源岩样品实测镜质体反射率 Ro 数值统计分析，坡底组、小安组灰色、灰黑色泥岩、炭质泥岩 Ro 在 1.03%~1.32% 之间，最高热解峰温 T_{max} 介于 450~500℃ 之间，处于有机质热演化的成熟-高成熟阶段，属于中等-很好烃源岩。DR1 井 1950m 以深，地层温度超过 90℃，推测其烃源岩已进入主生烃期(图 6)。

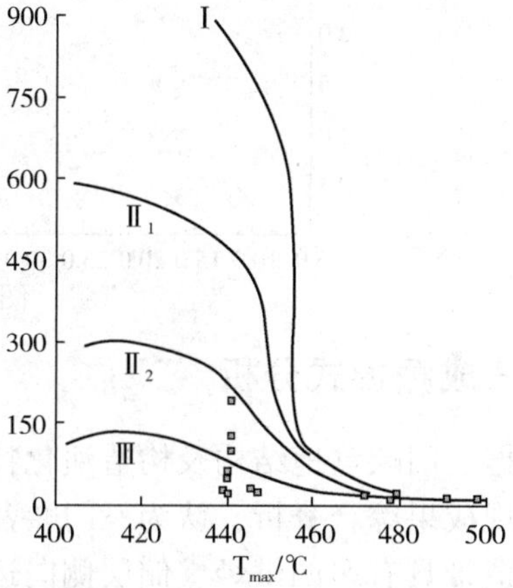

图 6 三门峡盆地露头区暗色泥岩干酪根类型图版

4 油源分析

DR1 井原油饱和烃色谱图具有以 nC_{22} 为主峰的正态分布特征，$\sum nC_{21}^-/\sum nC_{22}^+$ 为 0.672，原油饱和烃中类异戊二烯参数 Pr/Ph 分别为 0.67，指示了强还原的环境条件。

在生物标志化合物组成上，DR1 井原油 C_{27}、C_{28}、C_{29} 规则甾烷均以 C_{29} 规则甾烷占优势为主要特征，呈反“L”型分布(图 4)，在规则甾烷三角图中(图 7)，DR1 井原油落在陆源高等植

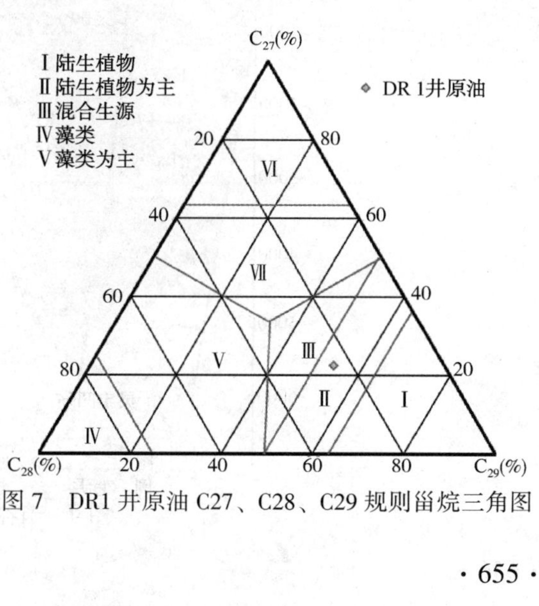

图 7 DR1 井原油 C27、C28、C29 规则甾烷三角图

物母质来源范围内，指示了陆源高等植物为原油的主要母质来源。此外，在萜烷类化合物中，原油还见到有典型的高等植物来源的奥利烷，进一步明确了陆源高等植物母质来源的贡献。萜烷类化合物中指示沉积环境特征的伽马蜡烷指数($G/C_{30}H$)在DR1井原油中为0.38，指示了低盐度的水体盐度条件。

综合分析，DR1井原油母质来源以陆源高等植物为主，供烃源岩的沉积环境为低盐度还原环境。

对DR1井原油及古近系烃源岩甾、萜烷类化合物色谱-质谱分析，结果显示，在色谱-质谱图上(图4、图8)，DR1井原油与古近系烃源岩C_{27}、C_{28}、C_{29}规则甾烷均表现出反“L”字型分布特征，且C_{29}规则甾烷含量均明显高于C_{27}、C_{28}，两者具有极好的相似性，指示了陆源高等植物母源贡献更为显著的特征，推测DR1井原油来源于古近系暗色烃源岩层系。

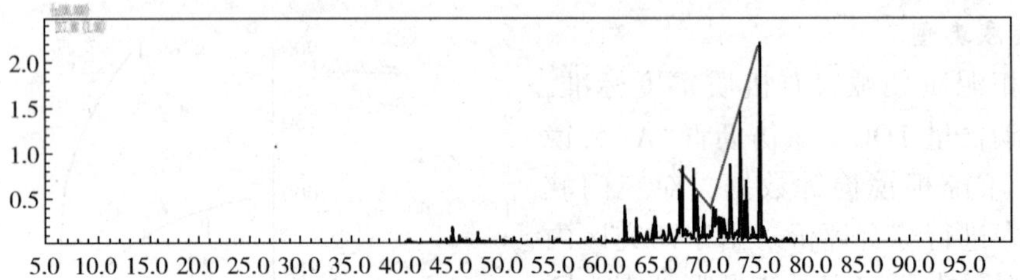

图8　古近系烃源岩色谱-质谱图

5　油气成藏模式分析

根据三门峡盆地结构及构造演化特征，结合油气发现成果综合分析，认为三门峡盆地中部低隆起构造带具有多凹供烃、储层侧向运聚、断裂输导、构造控圈的有利地质条件，是油气运聚最重要的正向有利构造带。其中，中部低隆起北部芮城凹陷、枣灵凹陷及南部灵宝凹陷、五亩凹陷古近系埋藏深、厚度大，坡底组、小安组暗色泥岩发育，生烃条件有利；纵向上古近系砂泥岩互层特征明显，坡底组、小安组砂岩孔隙性和渗透性较好，砂岩单层厚度2~5m，测井解释孔隙度平均25%左右，渗透率在20~90μm^{2}之间，油气运聚能力强；中部低隆起构造带受多级断裂控制，断块、断背斜等多种构造样式发育，圈闭条件优越；生油凹陷中生成的油气从两侧沿砂体侧向运移再由断层垂向运移至圈闭中聚集成藏，断层作为油气运移通道，沟通了下盘烃源岩与上盘有效圈闭，油气充注动力足，在古近系坡底组、小安组暗色泥岩与上部砂泥岩间构成了良好的自生自储自盖成藏组合。DR1井原油的发现有利证明了油气已运聚成藏，以DR1井油气成果为突破点，依托区域地震资料，对函谷凸起开展有效圈闭识别，进一步落实油藏类型及油藏分布范围，争取获得油气突破，带动三门峡盆地整体勘探部署的实施(图9)。

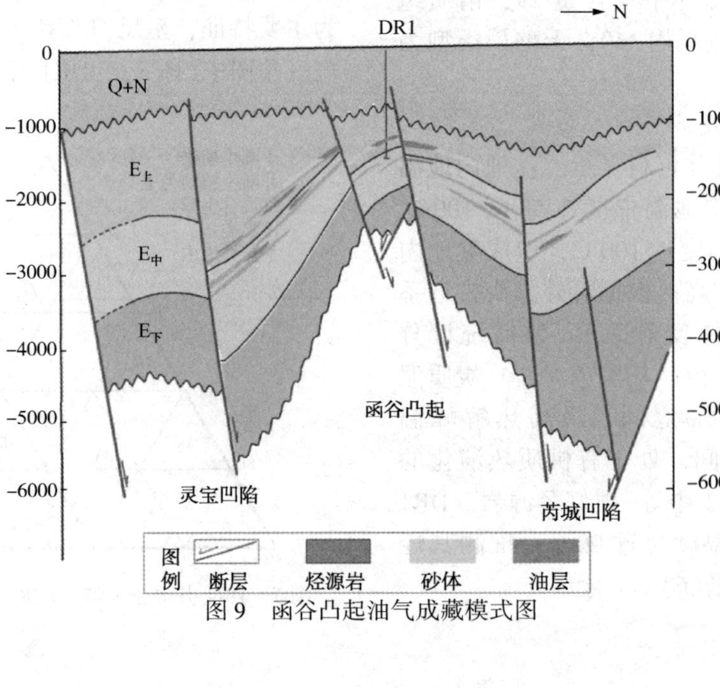

图9　函谷凸起油气成藏模式图

6 结论

(1) 三门峡坳陷主要发育新生界，古近系是主要勘探目的层；

(2) DR1 井原油母质来源以低盐度、弱还原沉积环境的陆源高等植物为主，源岩已达成熟生油阶段；

(3) 古近系坡底组和小安组下部是主要烃源岩发育层位，灵宝凹陷和芮城凹陷是潜在有利生烃凹陷；

(4) DR1 井油气成藏模式以古近系自生自储为主，中部低隆起带是油气聚集有利目标区，函谷凸起处于多级断裂结合部位，且两侧紧邻生烃凹陷，油气充注动力足，是下一步勘探首选目标。

参 考 文 献

[1] 张瑞胜．河南灵宝盆地中新生代陆相地层的新划分与对比研究[J]．资源调查与环境，2014，35(2)：114-119.

[2] 王丹丹，张交东，刘旭锋，等．河南三门峡盆地构造格架及其油气资源远景分析[J]．中国地质，网络首发论文，20210305.

[3] 王建一，胡望水，汤济广，等．豫西地区中古生代构造特征与油气前景评价[J]．科学技术与工程，2015，15(5)：207-215.

[4] 张小浩，周鼎武，赵伟波．豫西地区构造样式与油气勘探的研究[J]．西北大学学报(自然科学版)，2007，37(4)：647-652.

[5] 司马献章．豫西中新生代地球动力学探讨[J]．河南地质，1998，16(3)：198-201.

[6] 冯兴祥．三门峡盆地的新构造运动与地震活动[J]．河南师大学报，1982，6(1)：49-55.

[7] 张小浩．洛阳—伊川盆地中新生代构造演化及其与油气的关系．西安：西北大学，2007.

[8] 周新科，许化政，胡宗全，等．豫西地区晚三叠世原型盆地及含油气性分析[J]．石油实验地质，2005，27(3)：211-217.

[9] 李风勋，章新文，熊翠，等．洛伊-三门峡地区烃源岩热演化史研究[J]．石油天然气学报(江汉石油学院学报)，2009，31(4)：161-187.

[10] 刘司红，刘西宁，李平和，等．洛阳-伊川盆地构造演化特征及含油气远景评价[J]．地质与资源，2003，12(4)：228-232.

[11] 齐兴宇，王劲松，卜翠萍，等．济源凹陷油气成藏主控因素与含油气远景分析[J]．石油地质，2006，6(3)：13-19.

[12] 刘春晓，苗翠芝，王道义．济源凹陷邓 2 井含油构造的成藏作用研究[J]．断块油气田，2002，9(4)：15-20.

[13] 杨文涛．河南省三叠纪陆相沉积环境及演化规律．焦作：河南理工大学，2009.

[14] 赵伟卫，金强，王伟锋，等．河南济源凹陷邓 2 井油藏成因分析[J]．高校地质学报，2003，9(1)：113-122.

[15] 曹倩，金强，程付启，等．柴东地区生物气藏储盖层定量评价[J]．天然气工业，2007，27(9)：17-20.

[16] 林潜龙．河南古板块构造概述[J]．河南地质，1989，7(4)：21-27.

[17] 张锐锋，于福生，刘喜恒，等．河套盆地临河坳陷及其周边地区中-新生代成盆演化特征[J]．石油与天然气地质，2020，41(6)：1139-1150.

[18] 罗丽荣，李剑锋，赵占良，等．河套盆地临河坳陷新生界油源对比及其勘探意义[J]．中国石油勘探，2019，24(3)：323-330.

东胜致密含水气藏有效开发关键技术

雷　涛　张占杨　郭　辉　曹绍贺　高照普

(中国石化华北油气分公司)

摘　要　东胜气田是近年来在鄂尔多斯盆地北缘发现的千亿立方米级大气田，对中国天然气的增储上产具有重要的意义。与鄂尔多斯盆地内部相比，东胜气田地质条件更加复杂，开发难度更大。经过多年的理论研究与开发实践表明：东胜气田构造复杂、沉积变化快、气藏类型多样、原始含水饱和度高，主要目的层下石盒子组发育冲积扇-辫状河沉积体系；整体可划分区四个成藏区带，不同区带成藏特征具有明显的差异性；对于不同类型气藏采用相应的气藏精细描述技术及富集高产区评价技术为致密含水气藏的有效开发奠定了坚实的基础；针对不同类型气藏的地质特征采用混合井网立体开发模式，有效提高了一次井网的储量动用程度；形成的致密含水气藏配套工程工艺技术，支撑了东胜气田复杂高含水气藏的经济高效开发。东胜气田在勘探开发实践中形成的一系列关键技术，不仅丰富了致密砂岩气藏地质理论，而且对其他盆地致密含水气藏的高效开发具有重要的借鉴意义。

关键词　东胜气田；致密含水气藏；地质特征；有效开发；关键技术

随着全世界能源供给格局的不断变化，天然气成为向清洁能源过渡不可逾越的桥梁。构建全球绿色、清洁现代化的能源体系，天然气将在未来一定时间内发挥不可替代的作用，提高天然气竞争力是优化中国能源结构的重中之重。致密砂岩气是非常规天然气的主要类型，也是目前国际上开发规模最大的非常规天然气。中国的致密砂岩气资源十分丰富，近年来，随着致密砂岩气藏成藏理论的创新和开发技术的不断突破，鄂尔多斯盆地发现了一系列大气田。

中国石油化工股份有限公司于2019年9月25日对外宣布，鄂尔多斯盆地油气勘探获得重大进展，在盆地北缘杭锦旗区块发现了千亿立方米级大气田—东胜气田，累计探明天然气地质储量达$1239\times10^8m^3$，成为国家能源发展战略的重要支撑。东胜气田位于鄂尔多斯盆地北缘构造、沉积、成藏过渡带，天然气成藏条件复杂，叠加成藏后期持续且强烈的构造活动，传统勘探理论认为不具备大规模油气成藏基础，经历半个多世纪的勘探，虽然实现了点的突破，但成藏富集规律不明确。与鄂尔多斯盆地内部相比，东胜气田具有构造复杂、沉积变化快、气藏类型多样、高含水的特点，2011~2015年多次转移评价阵地，一直未能实现有效开发，气井成功率仅50%。“十三五”期间，为了进一步寻找鄂尔多斯盆地北缘天然气富集区，探索适应复杂气藏的勘探开发技术，中石化华北油气分公司针对东胜气田特殊的地质条件，对气藏富集规律及勘探开发技术开展了一系列攻关，逐步揭示了准连续-非连续成藏机理，明确了东胜气田天然气成藏模式和气藏分布类型，形成了一套适用于高含水致密气藏有效开发的关键技术。

本文在介绍东胜气田基本地质特征的基础上，总结了东胜致密含水气藏有效开发的关键技术，并对关键技术的应用效果进行了分析，为中国致密砂岩气地质理论的发展和其他盆地同类气藏的高效开发提供了重要依据。

1　东胜气田地质概况

1.1　构造背景

鄂尔多斯盆地位于华北地块的西缘，是一个整体沉降、坳陷迁移、构造简单的大型多旋回克拉通盆地。晚奥陶世至早石炭世，由于秦岭海槽的闭合，华北板块经历了长期的隆升剥蚀与填平补齐，在鄂尔多斯盆地形成了非常平缓的沉积古地形，恢复的古沉积坡度小于1°。鄂尔多斯盆地北部自元古代以来经历了多期伸展-挤压构造旋回，发育了一系列形态各异的断层，各期构造运动发育的断层在性质、展布特征等方面存在很大差异，导致盆地北部断层具有多向性、多期性及分区性等特征，并对该区的沉积构造及油气成藏等具有重要控制作用。盆地北部断裂构造类型丰富、空间展布复杂多样，表现出明显的分期、分区、分带、分段及分层差异活动特征。从天环坳陷北部到苏里格庙、乌审、东胜一带为北东向断裂多发区，其中泊尔江海子断裂东西向延伸长度 97km，断距 50~300m。

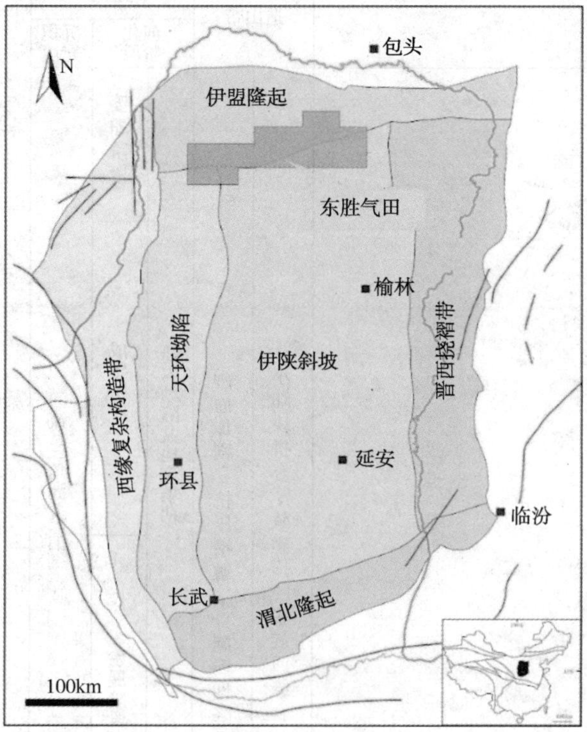

图 1　东胜气田构造位置图

东胜气田位于内蒙古鄂尔多斯市的杭锦旗、达拉特旗、伊金霍洛旗和鄂托克旗以及东胜区，勘探矿权面积 8940.95km^2，构造上横跨鄂尔多斯盆地伊盟隆起、伊陕斜坡、天环坳陷三个构造单元(图 1)，东胜气田在地史演化中始终处于相对隆起状态。东胜气田处于从南部斜坡区向北部继承性隆起区过渡的构造过渡带，从南向北地层倾角显著增大，在中部近东、西向三条基底大断层及伴生的一系列次级断层的多期活动控制下，上古生界发育大量局部隆起带与裂缝带，继承性古隆起控制了古生界地层由南向北超覆尖灭，现今呈现东北高、西南低的构造格局。

1.2　沉积特征

鄂尔多斯盆地古生代的演化过程主要受北缘的古亚洲洋、南缘和西南缘的秦岭洋及其派生的贺兰坳拉槽的扩张、俯冲、消减、再生活动的控制，晚古生代发育的地层包括本溪组、太原组、山西组、下石盒子组、上石盒子组及石千峰组(图 2)。由于鄂尔多斯盆地北缘伊盟隆起长期处于隆起状态，直接影响着晚石炭纪太原期—二叠纪石盒子期沉积状况。晚古生代沉积超覆于早奥陶世及前古生代变质地层之上，其沉积相展布及演化受构造作用及古地貌所控制。构造演化主要以水平的升降为主，古地貌影响冲积平原-河流的分布范围、规模及位置的变化。从晚石炭世太原期至早二叠世晚期研究区经历了由海到陆的古地理演化过程，与此相应地发育了几套沉积体系，太原组发育扇三角洲沉积体系、山西组发育三角洲沉积体系、下石盒子组发育冲积扇-辫状河沉积体系。由于古气候变迁的影响，在冲积平原上，河流频繁迁移叠置，可形成大面积分布的复合储集砂体。

东胜气田下石盒子组物源主要来自北部的阿拉善-阴山古陆，沉积环境为北部近物源陡坡区冲积扇沉积向南部较远物源缓坡区辫状河沉积的过渡，整体上呈现南北分带、东西分区的特点。下石盒子组盒 1 段沉积期，北部隆起区发育冲积扇砂体，沉积水动力强，砂体粒度粗、厚度大；南部斜坡区逐渐过渡为辫状河沉积，沉积水动力逐渐减弱，砂体粒度和厚度减小。结合物源区、古地貌特征及沉积环境，将东胜气田分为三大水系：什股壕-十里加汗水系、独贵加汗水系、公卡汉-新召水系(图 3)。在古地貌及沉积物源的控制下，自东向西砂体厚度及物性呈明显的规律性变化，整体而言，从西部新召区带到东北什股壕区带，古地貌坡降变大，水动力作用变强，砂体发育规模变大，储层物性逐渐变好。

1.3　烃源岩特征

东胜气田上古生界烃源岩主要为太原组、山西组的煤层、暗色泥岩与炭质泥岩，其中煤为主力生气源岩。由于受前石炭纪古地貌的影响，东胜气田烃源岩分布厚度不均一，具有南厚北薄、东厚西薄、凹陷最为发育的特点(图 4)。

太原组主要分布在泊尔江海子断裂、乌兰吉林断裂和三眼井断裂以南区域，为一套近岸的海陆交互相扇三角洲沉积，其间沉积的煤系地层形成了烃源岩层。烃源岩厚度较薄，整体厚度为 10~30m。山西组除在公卡汗凸起大面积缺失、什股壕地区个别缺失外，全区皆有分布，为陆相的三角洲相沉积，在分流河道之间的沼泽沉积了以暗色泥岩、炭质泥岩和煤为主的烃源岩。相对于太原组而言，山西组烃源岩厚度明显增大、分布区域广，形成了向南开口的烃源岩沉积凹陷，烃源岩厚度一般不超过 30m。

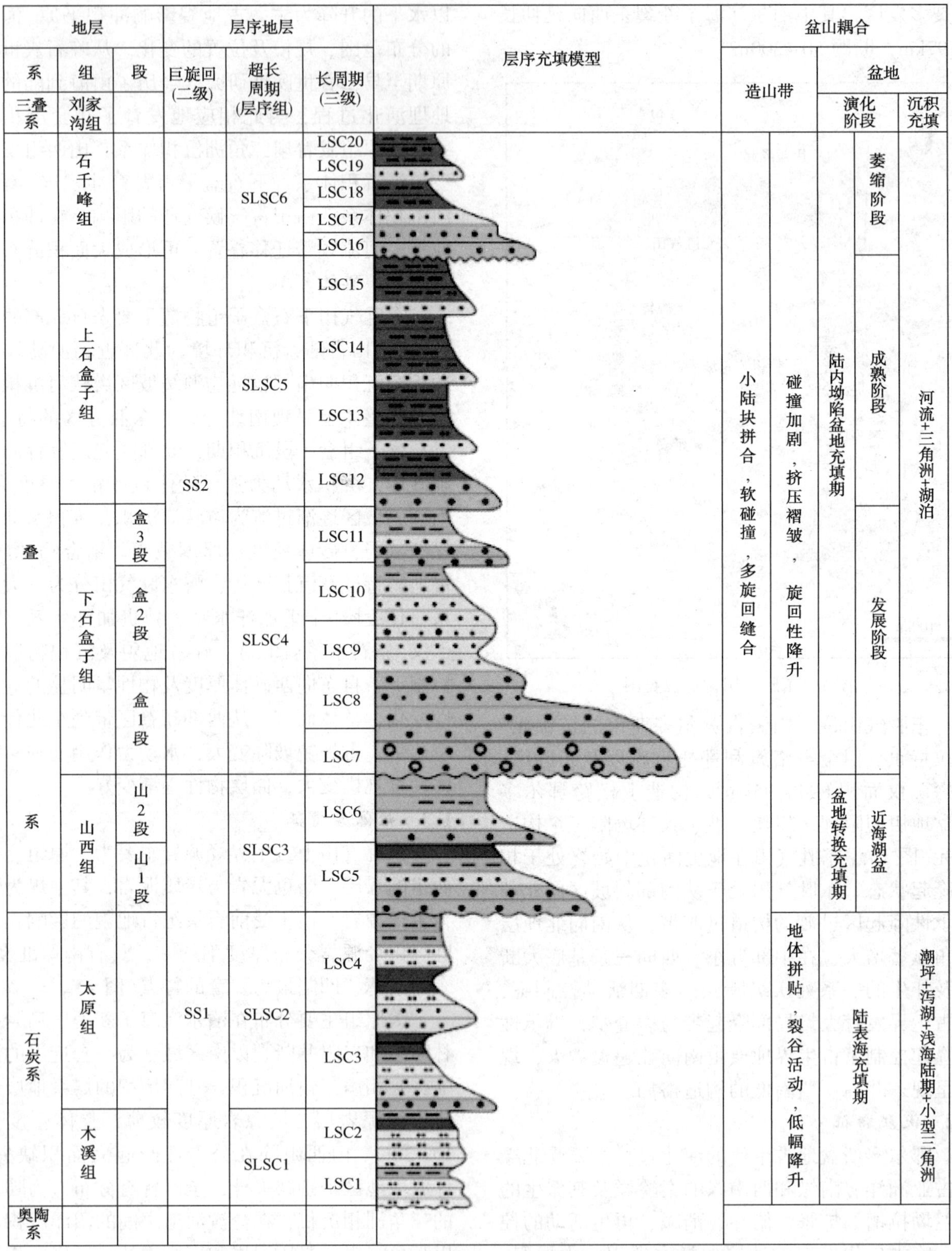

图2　鄂尔多斯盆地北部晚古生代层序充填模型及盆-山耦合关系

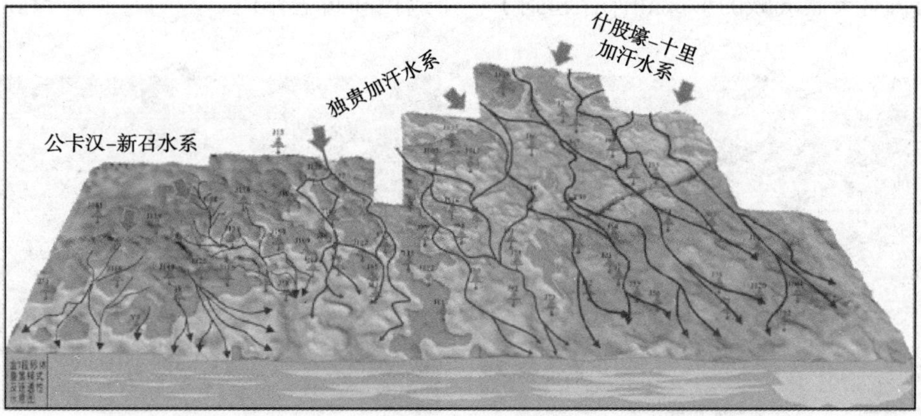

图 3　鄂尔多斯盆地北缘盒 1 段沉积期古地貌与三大水系分布示意图

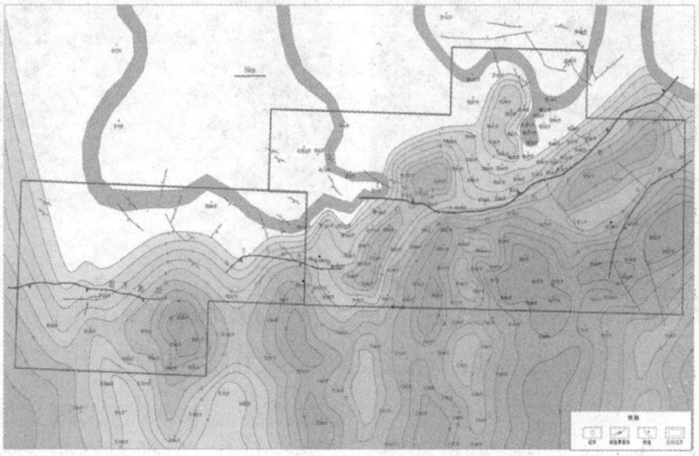

图 4　东胜气田石炭系—二叠系煤层厚度分布图

东胜气田太原-山西组煤层总厚在 5～15m 左右，最厚达 20m，全区均有分布，具有“广覆式”的特点。整体而言，以泊尔江海子、乌兰吉林庙及三眼井断裂为界，断裂以南地区煤层厚度相对较大，一般在 8～16m 之间，煤层镜质体反射率一般在 1.0%～1.6%之间，已进入高成熟阶段；断裂以北地区煤层厚度相对较小，一般在 0～6m 之间，煤层镜质体反射率一般在 0.5%～1.0%之间，烃源岩成熟度及生烃强度相对较低。

1.4　储层特征

东胜气田储层主要为二叠系山西组和下石盒子组，主要目的层下石盒子组盒 1 段与盒 3 段岩石由砾岩、砾质粗砂岩、含砾粗砂岩、粗砂岩、中细砂岩、泥岩等组成，岩石类型主要为岩屑砂岩、岩屑石英砂岩、石英砂岩。东胜气田不同区带的储层特征也存在显著差异，以盒 1 段为例，总体自东北向西南方向随着埋深的增大储层物性逐渐变差。什股壕区带盒 1 段储层物性最好，平均孔隙度 12.5%、平均渗透率 1.5mD；十里加汗东部地区次之，平均孔隙度 11.9%、平均渗透率 1.2mD；独贵加汗及新召区带储层相对较致密。

下石盒子组储层孔隙类型以残余粒间孔和粒间溶孔为主，其次为粒内溶孔、微孔和微裂缝（图 5）。盒 1 段砂岩平均排驱压力为 0.83MPa，中值压力为 15.60MPa，中值半径为 0.12μm，分选系数为 0.25，歪度系数为 2.50；盒 3 段排驱压力为 0.29MPa，中值压力为 6.30MPa，中值半径为 0.23μm，分选系数为 0.74，歪度系数为 2.60。总体上，储层孔喉结构组合以细孔中细喉为主。

1.5　盖层特征

上石盒子组和石千峰组分布广泛且稳定的泥岩构成了东胜气田的区域性盖层。盖层的岩性主要为粉砂质泥岩、泥岩，盖层中含有较多的膨胀性矿物蒙脱石和伊利石—蒙脱石，泥质岩石中该类膨胀性矿物越多，其封阻能力越强。东胜气田上石盒子组盖层属于超压封闭盖层，能有效封闭流体向上运动，对天然气藏的形成和保存起到了遮挡和封盖作用。

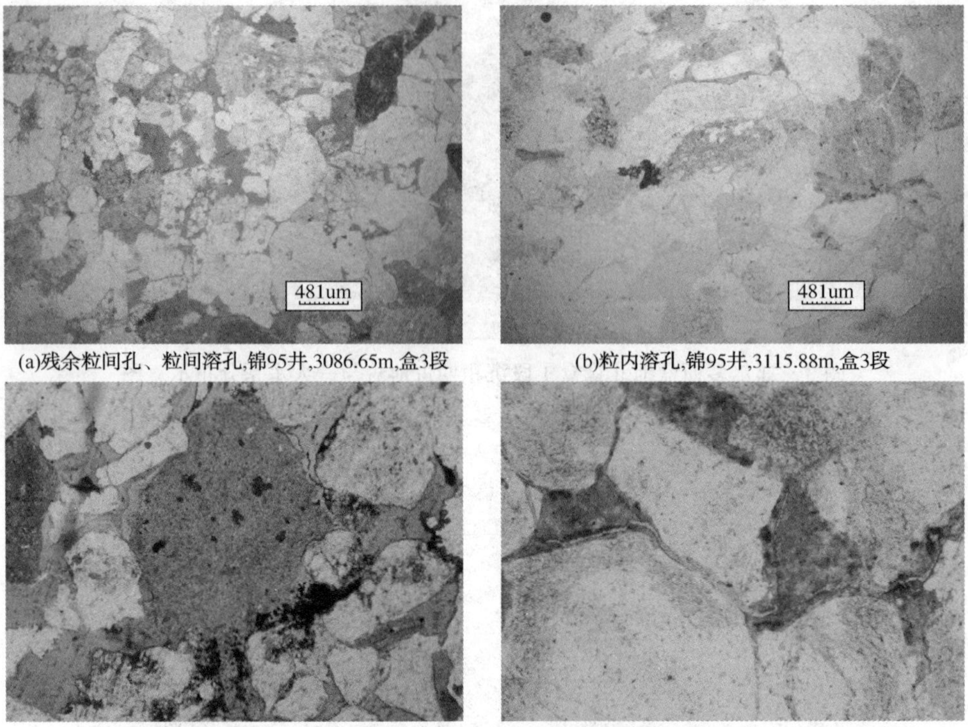

(a)残余粒间孔、粒间溶孔,锦95井,3086.65m,盒3段　(b)粒内溶孔,锦95井,3115.88m,盒3段

(c)粒间溶蚀孔,锦99井,2929.23m,盒1段　(d)粒间微裂缝,锦114井,3087.08m,盒1段

图5　东胜气田下石盒子组储层主要孔隙类型显微照片

1.6　气藏类型

东胜气田气藏类型复杂多样，其成藏模式决定了气藏的纵横向分布受“源-储-输-构”时空配置关系的控制，呈现空间的有序分布。在盆地内部的斜坡区，石炭-二叠系大面积源-储紧邻分布背景下，天然气为准连续充注成藏，形成了大面积岩性气藏；在盆地北部隆起区，源-储条件由紧邻配置过渡为侧接配置，天然气由充注成藏过渡为运移调整成藏，形成了构造、岩性-构造、地层-岩性复合等多类型气藏。

纵向上，从下到上岩性的控制作用逐渐增加，圈闭类型由构造圈闭为主过渡为岩性圈闭为主，气藏类型由构造气藏为主过渡为岩性气藏为主。在源内致密地层-岩性成藏带，太原组、山西气藏以构造-岩性复合气藏为主，下石盒子组气藏以岩性气藏为主(图6)。

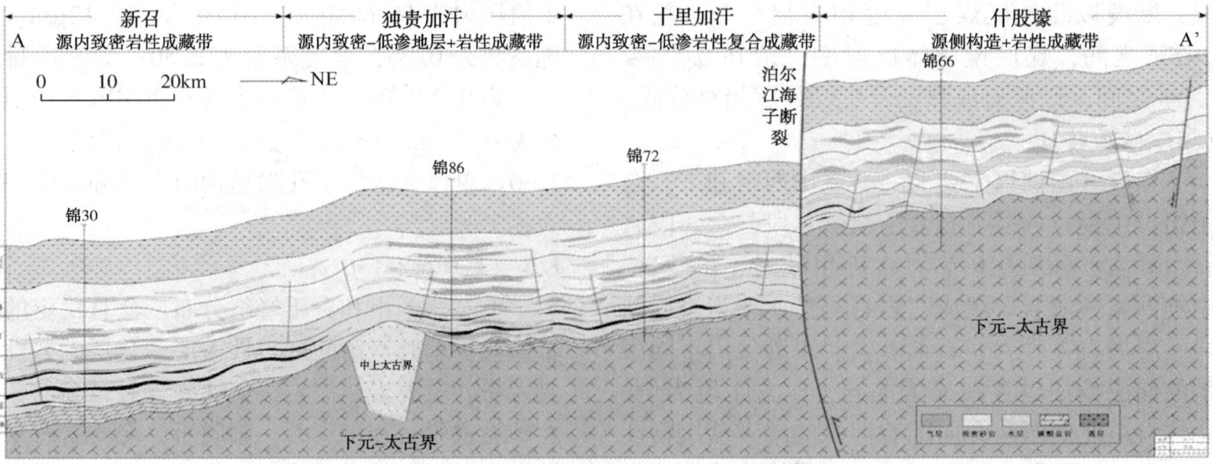

图6　东胜气田上古生界气藏成藏模式图

平面上，同一含气层系从西向东，构造的控制作用逐渐增强，由岩性圈闭为主过渡为构造圈闭为主，气藏类型也随之变化。自南西至北东，东胜气田可分为源内致密岩性成藏带(新召气区)、源内致密-低渗地层-岩性成藏带(独贵加汗气区)、源内致密-低渗岩性复合成藏带(十里加汗气区)、源测构造-岩性成藏带(什股壕气区)四个成藏区带。

在连续型(深盆气型)、准连续型及不连续型成藏理论指导下，东胜气田建立了源内充注准连续成藏、源内充注调整成藏、源侧断-砂输导非连续成藏三种成藏模式。东胜气田碎屑岩含气系统是“源-储-输-构差异配置、多类型气藏有序聚集”的全系统研究，是“源内勘探”和“源外勘探”齐头并进的成功案例。

2　致密含水气藏有效开发关键技术

2.1　复杂含水气藏精细描述技术

东胜气田主要目的层古地貌变化大，沉积类型多样，发育冲积扇、辫状河、三角洲沉积。气藏类型多样，发育地层-岩性气藏、岩性-构造气藏、岩性气藏等。针对不同类型气藏，充分应用三维地震资料，开展地质物探一体化协同攻关研究，进行构造、断裂精细描述及储层精细预测，精确刻画气藏甜点，确定开发有利区。

2.1.1　地层-岩性气藏精细描述

地层-岩性气藏主要分布在独贵加汗气区，独贵加汗气区为近源致密层强充注准连续成藏区，北依公卡汉凸起，发育冲积扇-辫状河沉积体系，古地貌变化控制沉积相转变，河道迁移频繁，砂体叠置模式多样，有效储层在致密砂岩中零散分布，“甜点”储层准确刻画和有效动用难度大。

针对河道频繁迁移叠置，储层非均质性强的特点，以近物源区冲积扇-辫状河沉积模式为指导(图7)，创新性地引入分形理论进行测井曲线重构，解决了多期叠置且无明显夹层的复合砂体内部期次界面识别难题，垂向划分精度达到3~5m，并结合现代沉积、相似野外露头、经验公式、地震属性等刻画心滩发育特征，形成了基于空间相对分辨率等时切片及相控高分辨率反演的心滩定量刻画技术，储层预测符合率达到90%(图8)。

2.1.2　岩性-构造气藏精细描述

东胜气田什股壕区带位于泊尔江海子断层北部、伊盟隆起的杭锦旗断上，南接伊陕斜坡，总体呈北东高南西低的单斜特征。该区带长期处于古地貌高部位，基底起伏变化大，且构造活动较强，发育北东-南西向的小型鼻状构造，整体属于岩性-构造气藏。该类气藏面积小($0.3\sim0.8km^2$)、气水分布复杂，精准预测窄河道、刻画小圈闭、瞄准小气藏是该类气藏高效开发的关键。

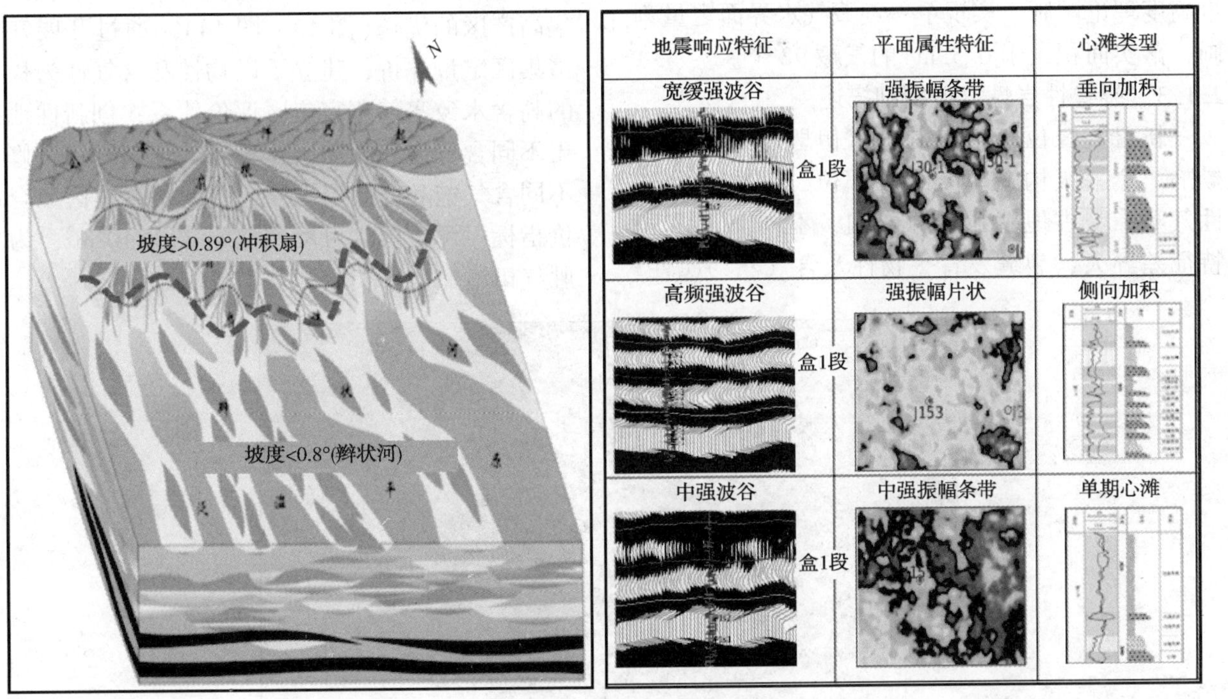

图7　冲积扇-辫状河沉积模式及心滩地震响应模式

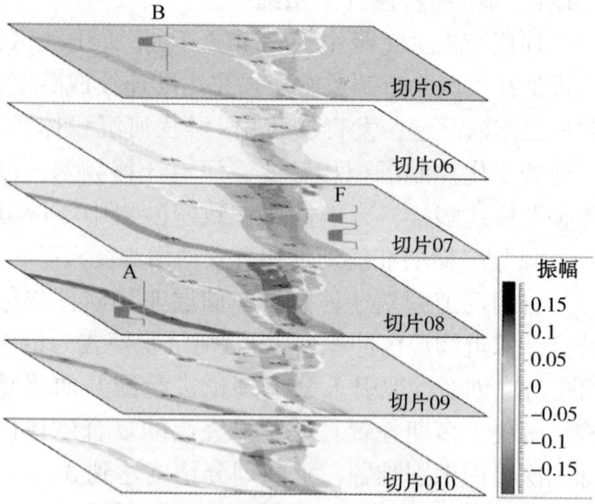

图 8　基于空间相对分辨率理论提取的连续地层切片地震属性

针对构造复杂、井控程度低的特点，采用小网格解释、小半径追踪、小滤波调整、小间距成图为核心的“四小法”构造描述技术，实现 5 米以上微幅构造精细描述(图 9)，刻画出构造幅度 5~25m、面积 0.3~0.8km^2 的构造气藏 131 个，含气面积 72.7km^2。

针对高能辫状河沉积河道窄、砂体薄、多期叠置的特点，采用基于远偏移叠加体等时地层切片技术，窄河道分期剥离，实现厚度 5~10m、宽度 300~800m 河道有效预测(图 10)。

针对气藏面积小、无统一气水界面、气水刻画难度大的问题，通过 J 函数处理制定气水过渡带高度理论图版，实现单一气藏气水界面定量刻画，落实面积大于 0.5km^2 的气藏 92 个。

2.1.3　裂缝性岩性气藏精细描述

新召气区位于伊陕斜坡、伊盟隆起、天环拗陷三个一级构造单元结合部位，是典型的岩性气藏。受古地貌和物源影响，不同河道沉积特征差异大，裂缝发育，物性及含气非均质性强，含水饱和度高(45%~55%)。开展不同河道裂缝及含气性预测是该区带气藏精细描述的重点。

针对新召气区不同河道沉积、成岩差异导致含气性非均质性强及预测难度大的问题，在总结砂体叠置模式及正演模拟的基础上，通过地震沿层切片属性预测储层展布，低频能量比和 ABV 吸收属性分河道预测含气性，气层钻遇率提高至 67.4%(图 11)。

基于高产井影响因素分析，明确了裂缝是气井高产的关键控制因素。通过构造导向滤波、蚂蚁追踪、最大似然属性及各向异性叠前裂缝检测实现高角度裂缝精细预测，裂缝预测符合率 70%(图 12)。

2.2　致密含水气藏富集高产区综合评价技术

通过分析多种因素对气井产能的影响，明确了“源、储、构、断”是鄂尔多斯盆地北缘致密砂岩气藏富集高产区的主控因素。综合烃源岩、储层、古地貌、断层、构造等因素，结合储层预测、产能评价、经济评价优选气藏富集高产区，形成了优选烃源岩发育区、大型叠合心滩优质储层发育区、古地貌斜坡区、构造高部位、远离断裂带的气藏富集高产区地质评价方法。基于三维地震储层及含气性预测成果优选有利储层发育区，在产能平面分布规律研究的基础上，优选产能高的区域作为产能有利区，从而实现了气藏富集高产区的优选(图 13、图 14)。通过开展气藏富集区定量评价，建立了以物性和含气性为核心的高含水致密气藏富集区评价体系；创新性地基于不同含气饱和度储层体积等效加权方法，修正不同含气饱和度储层厚度，量化了富集区综合评价指标，评价落实可动用储量 870×10^8m^3，为东胜气田增储上产奠定了坚实的基础。

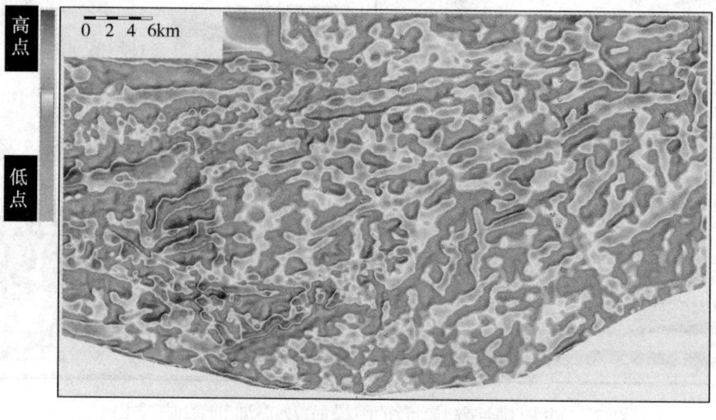

图 9　趋势面法低幅度构造识别效果图

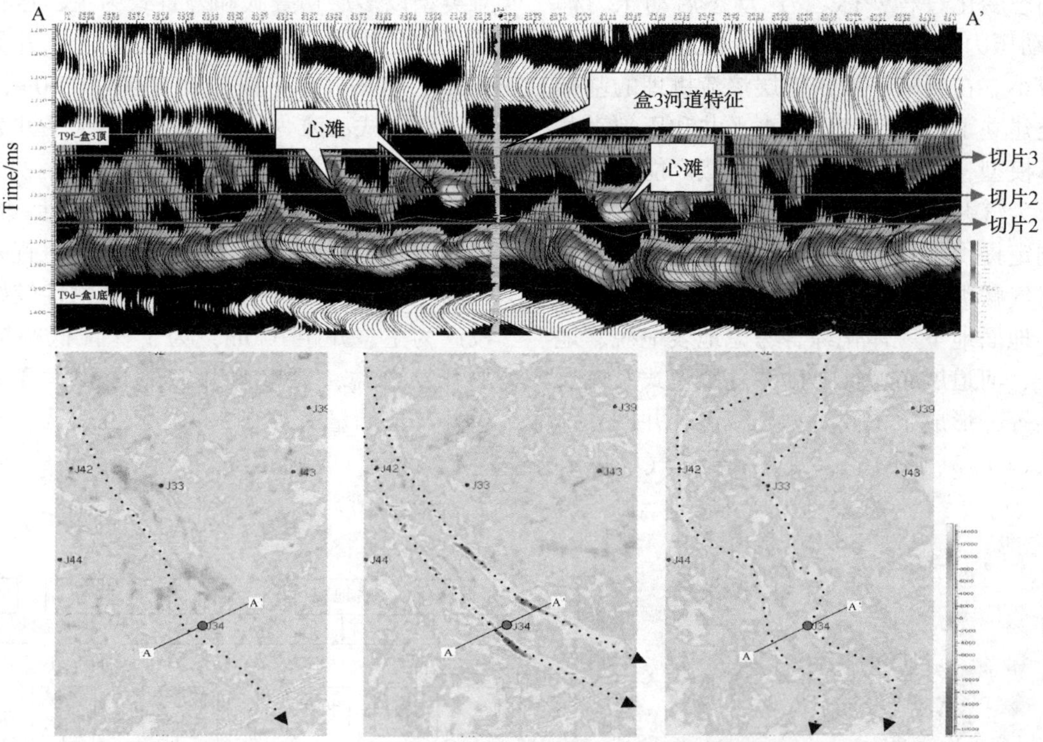

盒1段上部沉积特征(切片1)　盒2段底部沉积特征(切片2)　盒3段底部沉积特征(切片3)

图 10　盒 2+3 段分期次剥离及储层识别

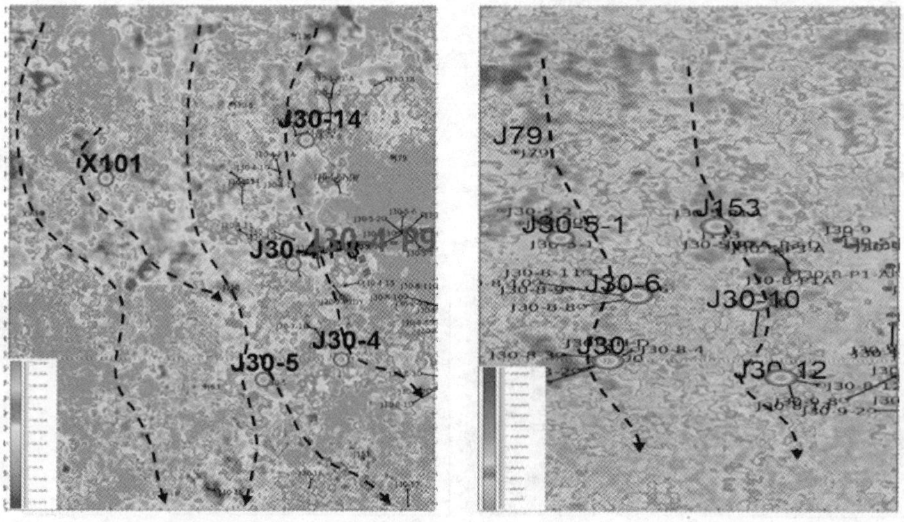

(a)低频能量比属性　(b)ABV吸收属性

图 11　地震属性预测含气性

2.3　致密含水气藏合理开发技术政策

致密含水气藏具有低孔、低渗、非均质性强、原始含水饱和度高、气水两相渗流机理复杂等特点，使得气藏内部天然气的流动状况更为复杂，与常规气藏相比，致密含水气藏的有效开发难度更大。

通过理论研究和室内物理模拟实验，系统地研究了鄂尔多斯盆地北缘致密含水气藏气水两相渗流机理，认识到气藏渗透率应力敏感性中等，渗透率越低，其渗透率应力敏感程度就越强；孔隙度敏感程度总体较弱，孔隙度越低，其孔隙度应力敏感程度就越低。孔隙度敏感性弱于其渗透率敏感性，水相的存在会使得岩心的应力敏感程度加强。在致密气藏的开发过程中，启动压力梯度并非一成不变，存在随着储层压力降低而逐渐增大的动态变化过程，称之为“动态启动压力梯度”，启动压力梯度的存在会使储层流动区范围进一步减小。在明晰了致密储层渗流机理的基础上，分类建立了致密气藏压裂水平井和压裂直井产能计算模型，形成了致密含水气藏产能评价技术体系，为气井合理配产、井网井距等开发技术政策的制定提供了重要的指导依据。

针对气藏类型多样且气水两相渗流机理复杂的特点，地面地下一体化综合考虑地表地貌、地应力特征、河道展布特征、砂体叠置模式及储层非均质性等，形成了不同类型气藏混合井网立体开发模式(图15、图16)。地层-岩性气藏的心滩类型以多层切叠式和叠置式为主，适宜采用直井+水平井混合井型，压裂投产，井距600～800m，水平井水平段长度1000～1200m；岩性气藏以孤立式心滩为主，适宜采用水平井为主直井为辅的井型，定点密切割压裂投产，井距700～900m，水平段长1200～1500m；岩性-构造气藏以侧向叠置式和孤立式心滩为主，适宜采用定向井为主水平井为辅的井型，气藏物性较好，自然投产为主，井距650m，为了保证低幅构造气藏的开发效益，要求单井控制面积大于0.5km^2，单井井控储量大于$0.5\times10^8m^3$。

图12　新召气区盒1段叠前裂缝预测
(裂缝方位及密度)

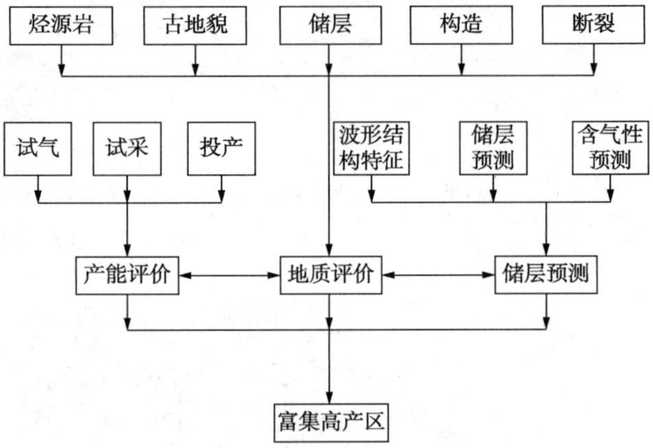

图13　气藏富集高产区优选流程图

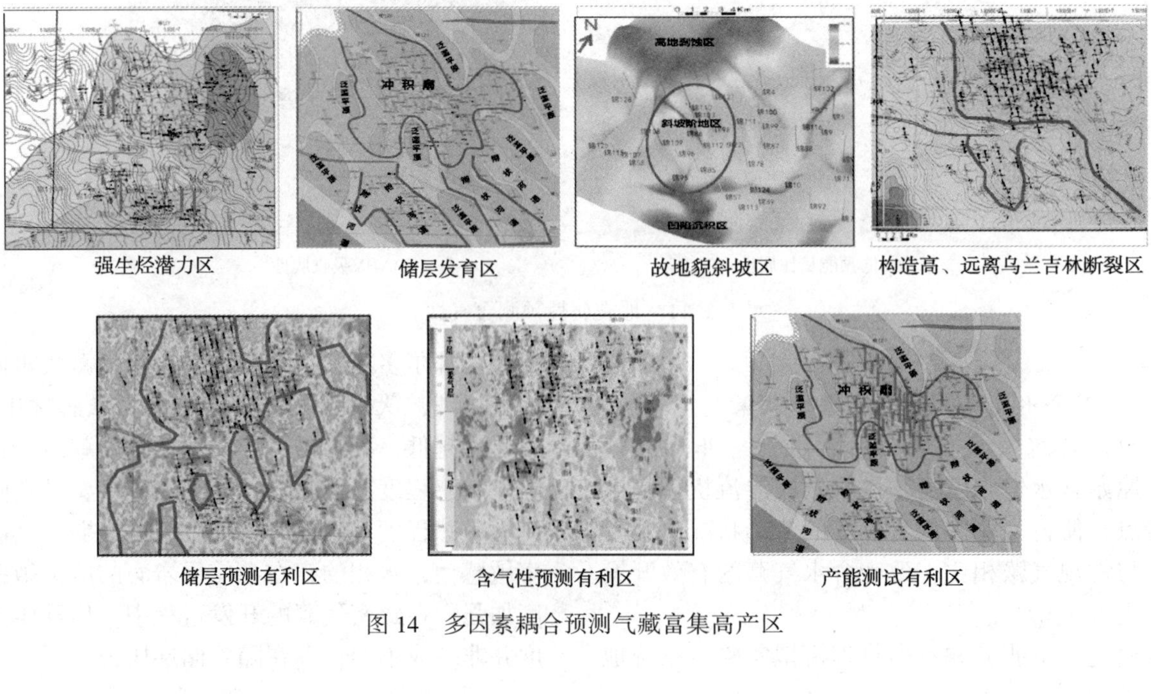

图14　多因素耦合预测气藏富集高产区

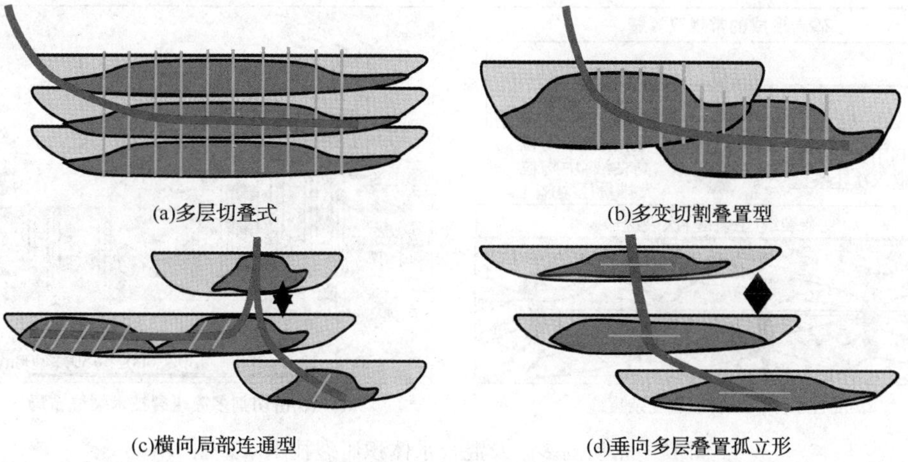

图 15　东胜气田部署不同类型井的主要砂体类型模式

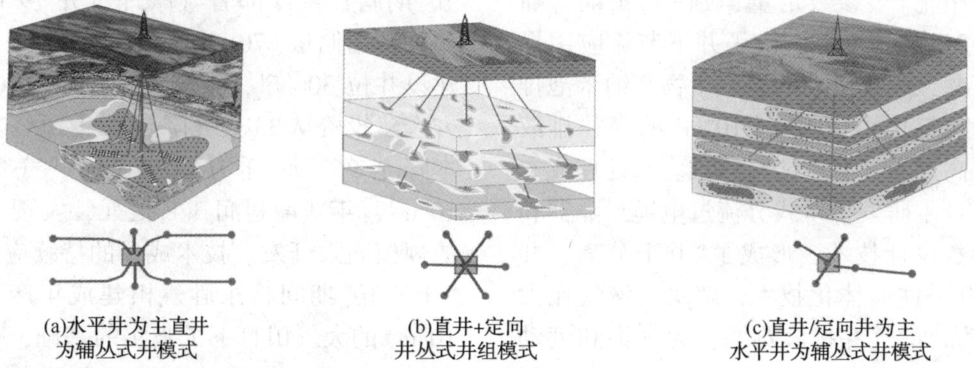

图 16　混合井型立体开发井网

2.4　致密含水气藏配套工程工艺技术

针对东胜致密含水气藏储层岩石致密、砂泥岩频繁互层、砾石层发育、可钻性差、储隔层应力差大以及气水关系复杂等工程地质特征，开展了复杂地质条件优快钻完井、复杂气水关系气藏差异化改造、高液气比气井排水采气及低压集输工艺技术研究，形成了适用于鄂尔多斯盆地北缘过渡带复杂类型气藏有效开发的一整套工程工艺技术。

2.4.1　漏塌控制提速降本钻井技术

通过创新弱承压地层井组井间协同防漏技术，有效解决了弱承压地层钻井漏失严重问题，漏塌治理有效率较前期提升 40%以上。针对东胜气田石千峰组及石盒子组裂缝型泥岩严重失稳难题，创新地形成了“地震、地质、测井、钻井”地质工程一体化井壁稳定技术，水平井井壁失稳复杂时间缩短 86.9%，实现钻速大幅提高。该技术应用水平井 289 口，机械钻速提高 52.4%，钻井周期缩短 50.4%，钻井投资降低 18.3%。

2.4.2　复杂含水气藏差异化高效压裂技术

为了提高东胜气田薄互层储层的纵向动用率，着重考虑水平应力差、隔层厚度、施工排量、入地液量等对缝高的影响，建立穿层压裂图版，形成了水平井穿层压裂技术，现场实施 58 口井，日产气提高 47.1%；针对微裂缝发育的岩性气藏，在三维地质建模基础上，结合天然裂缝分布、岩石力学、地应力等参数，建立了地层可压性评价和混合水压裂参数设计方法，形成了“多簇射孔、高粘液造主缝、低粘液扩支缝”混合水体积压裂技术(图 17)，现场应用 25 口井，水平井产量提高 29%、直井 45%；针对复杂气水关系储层压裂后高产液低产气的问题，研发了遇气溶解遇水固结封堵剂，评价优选了控水支撑剂，在此基础上创新性地形成了气水同层组合疏水压裂技术和气水互层选择性封堵控水压裂技术，现场应用 12 口井，平均单井日产气相比同层位邻井提高 81.6%，液气比降低 40.9%。

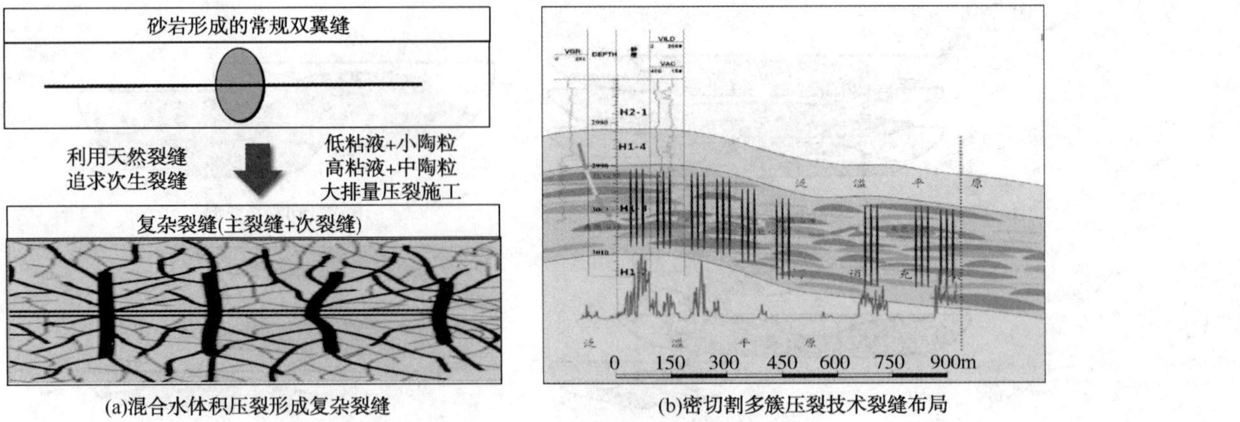

(a)混合水体积压裂形成复杂裂缝　　(b)密切割多簇压裂技术裂缝布局

图 17　密切割多簇及混合水体积压裂技术示意图

2.4.3　高液气比气井高效采输一体化技术

创新两相流“多参数定量识别−两相耦合嘴流管流模型”设计技术，解决了井下节流应用界限不清的问题，配合研发的新型生物基纳米泡排剂，解决了液气比小于 $10m^3/10^4m^3$ 的气井排液难题；针对高产水气井产能释放难、水处理成本高的难题，自主研发了桥式分流过电缆封隔器和同井采注参数设计技术，形成了“井下分离、井下分流”同井采注一体化技术，解决了液气比大于 $10m^3/10^4m^3$ 的气井排液难题，含气饱和度动用下限由 55%降至 45%，为高含水气藏清洁低成本采气开辟了新途径。该技术应用 190 口井，生产时率由 70.3%提高至 98.3%。

2.4.4　高产液井低压串接混输集气技术

由于鄂尔多斯盆地北缘地貌条件复杂，攻关形成了以“混合串接−工具整流技术”为核心的高产液气井低压串接气液混输集气工艺，大幅提高了集气半径，最大可达 17.8km，有效解决了高地形差条件下的气液混输难题。针对甜点气藏“规模小、分布散”的特点，以含水气藏标准化设计为抓手，以气藏分布及规模为导向，按照“干管联藏，支线串井”思路，定型部署 10 万～20 万规模小型气站，解决了不连续小型块状气藏地面集输高成本的难题。

3　应用效果分析

通过对鄂尔多斯盆地北缘过渡带的攻关形成了复杂类型气藏成藏模式以及精细描述和开发技术，完善并提升了我国致密油气开发技术，成为非常规油气勘探开发和陆上油气工程技术的重要组成部分。在我国油气勘探开发由常规向非常规致密油气过渡的关键节点，通过在现场的实践应用，有力支撑了致密气储产量的上升。“十三五”期间，累计部署气藏评价井 79 口，评价落实可动用储量 $870\times10^8m^3$，累计部署天然气产能建设井位 306 口，新建产能 $20.5\times10^8m^3$，十亿方产建投资从 33 亿元降至 28 亿元，单位完全成本降至 963 元/千方，2020 年产气量突破 $15\times10^8m^3$，年新增利润 3.8 亿元，实现了东胜气田的规模高效开发。技术成果的持续应用，不仅为“十四五”期间将东胜气田建成年产量达到 $30\times10^8m^3$ 的大气田打下了坚实的基础，并且对其他复杂致密含水气藏的高效开发具有重要的借鉴意义。

4　结论

(1) 东胜气田构造复杂、沉积变化快、气藏类型多样、原始含水饱和度高，下石盒子组发育冲积扇−辫状河沉积体系；东胜气田自南西至北东可分为源内致密岩性成藏带、源内致密−低渗地层−岩性成藏带、源内致密−低渗岩性复合成藏带、源测构造−岩性成藏带四个成藏区带，发育地层−岩性气藏、岩性−构造气藏、岩性气藏等多种类型气藏。

(2) 地震地质相结合，形成了针对不同类型气藏有效开发的气藏精细描述技术，明确了“源、储、构、断”是鄂尔多斯盆地北缘致密砂岩气藏富集高产区的主控因素，为东胜气田的增储上产奠定了坚实的基础。

(3) 经过现场的勘探开发实践，形成了针对不同类型气藏地质特征的混合井网立体开发模式，有效提高了一次井网的储量动用程度。

(4) 根据储层工程地质特征，形成了适用于鄂尔多斯盆地北缘过渡带复杂类型气藏有效开发的一整套工程工艺技术，包括漏塌控制提速降本钻井技术、复杂含水气藏差异化高效压裂技术、高液气比气井高效采输一体化技术、高产液井低压串接混输集气技术。

参 考 文 献

[1] 付金华，范立勇，刘新社，等．苏里格气田成藏条件及勘探开发关键技术[J]．石油学报，2019，40(02)：240-256.

[2] 贾爱林，何东博，位云生，等．未来十五年中国天然气发展趋势预测[J]．天然气地球科学，2020：1-11.

[3] 邹才能，杨智，何东博，等．常规-非常规天然气理论、技术及前景[J]．石油勘探与开发，2018，45(04)：575-587.

[4] 马新华，贾爱林，谭健，等．中国致密砂岩气开发工程技术与实践[J]．石油勘探与开发，2012，39(05)：572-579.

[5] Qiao J，Zhao X，Zeng J，et al. The Impacts of Nano-Micrometer Pore Structure on the Gas Migration and Accumulation in Tight Sandstone Gas Reservoirs[J]. Energies(Basel)，2019，12(21)：4102.

[6] Li M，Guo Y，Li Z，et al. The diagenetic controls of the reservoir heterogeneity in the tight sand gas reservoirs of the Zizhou Area in China´s east Ordos Basin：Implications for reservoir quality predictions[J]. Marine and petroleum geology，2020，112：104088.

[7] Wu D，Liu S，Chen H，et al. Investigation and prediction of diagenetic facies using well logs in tight gas reservoirs：Evidences from the Xu - 2 member in the Xinchang structural belt of the western Sichuan Basin，western China[J]. Journal of petroleum science & engineering，2020，192：107326.

[8] 杨华，付金华，刘新社，等．鄂尔多斯盆地上古生界致密气成藏条件与勘探开发[J]．石油勘探与开发，2012，39(03)：295-303.

[9] 杨华，付金华，刘新社，等．苏里格大型致密砂岩气藏形成条件及勘探技术[J]．石油学报，2012，33(S1)：27-36.

[10] 何发岐，王付斌，张威，等．鄂尔多斯盆地北缘勘探思路转变与天然气领域重大突破[J]．中国石油勘探，2020，25(06)：39-49.

[11] 何自新．鄂尔多斯盆地演化与油气[M]．北京：石油工业出版社，2003：1-390.

[12] 杨华，席胜利，魏新善，等．鄂尔多斯多旋回叠合盆地演化与天然气富集[J]．中国石油勘探，2006(01)：17-24+6.

[13] 周安朝，贾炳文．内蒙古大青山煤田晚古生代沉积砾岩的物源分析[J]．太原理工大学学报，2000(05)：498-504.

[14] 蔡勋育，邱桂强，孙冬胜，等．中国中西部大型盆地致密砂岩油气“甜点”类型与特征[J]．石油与天然气地质，2020，41(04)：684-695.

[15] 孟德伟，贾爱林，冀光，等．大型致密砂岩气田气水分布规律及控制因素——以鄂尔多斯盆地苏里格气田西区为例[J]．石油勘探与开发，2016，43(04)：607-614.

[16] 徐清海．鄂尔多斯盆地十里加汗地区致密砂岩气差异富集的主控因素及甜点区地质模型[D]．中国地质大学，2017.

[17] 苟启洋，徐尚，郝芳，等．基于灰色关联的页岩储层含气性综合评价因子及应用——以四川盆地焦石坝区块为例[J]．天然气地球科学，2019，30(07)：1045-1052.

[18] 黎华继，严焕榕，詹泽东，等．川西坳陷侏罗系致密砂岩气藏储层精细评价[J]．天然气工业，2019(S1)：129-135.

[19] 卢涛，张吉，李跃刚，等．苏里格气田致密砂岩气藏水平井开发技术及展望[J]．天然气工业，2013，33(08)：38-43.

[20] 何东博，贾爱林，冀光，等．苏里格大型致密砂岩气田开发井型井网技术[J]．石油勘探与开发，2013，40(01)：79-89.

[21] 翁定为，蒋廷学，焦亚军，等．安塞油田改变相渗压裂液重复压裂现场先导试验[J]．油气地质与采收率，2009，16(2)：103-105.

[22] 李宪文，凌云，马旭，等．长庆气区低渗透砂岩气藏压裂工艺技术新进展——以苏里格气田为例[J]．天然气工业，2011，31(02)：20-24.

低渗砂岩油气藏开发技术研究现状及未来展望

陈　波　和鹏飞　宋峙潮　徐　彤　侯永亮

(中海油能源发展股份有限公司)

摘　要　低渗砂岩油气成藏概率高，在我国分布广泛，具有巨大的开发潜力。但储层具有低孔、低渗透率的特点，且采用常规开采手段无法获得具有工业价值的油气流，单井产量低。针对这一问题，本文广泛调研了目前低渗砂岩油气藏开发现状，结合国内低渗砂岩储层基本特征，综述了目前较为成熟的开发方式，如井网加密技术、小井眼钻井技术、欠平衡钻进技术、水平井增产技术、水平井分级压裂技术、水平井酸化技术等，并从深层致密砂岩油气藏开采和数智化油气开采两个角度进行了未来技术展望，以期国内致密砂岩油气开发取得进一步的发展。

关键词　低渗砂岩；储层特征；分级压裂；低成本钻井；数智化

低渗砂岩油气在我国大都以陆相湖盆沉积的形式存在，生油层和储油层接触紧密，使低渗砂岩油气成藏几率大大提高。目前，低渗砂岩油气藏最主要的分布区域有鄂尔多斯、四川、松辽、渤海湾、吐哈、塔里木及准噶尔等。我国广泛学习北美页岩气勘探开发经验，在上述盆地、海湾等地设立了多个低渗砂岩油气藏勘探开发试验区，目前最突出的一块试验区为鄂尔多斯盆地苏里格气田，该气田符合低渗砂岩油气藏特征，具有巨大开发潜力。截至2020年底，该气田低渗砂岩气累计探明储量为6000亿立方米，约占全国天然气探明储量的的9.2%。我国在2020年底，低渗砂岩气年产量达400亿立方米，低渗砂岩油年产量达到3200万吨。

低渗砂岩油气储集层具有低孔、低渗透率、单井产量低等特点，需要大量水平井钻井和多段压裂才有商业开发价值，但是水平井钻井和压裂技术总费用高，因此具有较高经济效益的新方法和技术是低渗砂岩油气藏开发主要发展方向。

1　低渗砂岩油气藏基本特征

低渗砂岩油气藏属于非常规油气藏，其储层特征与常规油气藏差别较大，具有勘探开发困难的特点。

(1)孔隙喉道连通性差。低、特低渗流能力是低渗砂岩油气藏一个重要的标志，低渗砂岩油气藏通常埋深较深，在上覆岩压的作用下，储层实际的渗流能力比取心后进行室内实验测得的渗流能力更差，油气等储层流体难以通过负压作用流入井筒。

(2)储层极其致密，孔隙度低。我国依据现已建立的低渗砂岩油气藏试验区开发情况，将孔隙度上限设为12%，再根据储层微裂缝发育情况，灵活调整低渗砂岩油气藏的界定范围。以四川盆地须家河组低渗砂岩气区为例，该区块孔隙度范围为8%~11%，孔隙度平均值为10.3%，具有储层厚、范围大但含气量低的特征，给开发带来了巨大难题。

(3)储层含水饱和度高。受构造圈闭影响，我国低渗砂岩储层的油气水分布具有独特之处，即原生水含量较高，且具有较宽的油水过渡带，导致采油时底水锥进明显，生产井的无水采油气期很快就会结束。

(4)砂体分布零散。我国低渗砂岩储层沉积形式为陆相湖盆沉积，该沉积形成的砂体产状以透镜状为主，具有零散分布于多层中的特点，难以集中开采。

(5)地层压力情况复杂。目前，我国发现的两大主要低渗砂岩储层，如川西坳陷侏罗系、鄂尔多斯苏里格等都存在异常压力，且四川低渗砂岩为异常高压(压力系数1.8~2.0)，苏里格气田为异常低压(压力系数0.6~0.8)。一般来讲，异常高压储层易形成微裂缝，对油气渗流有积极作用。

2　低渗砂岩油气藏开发技术研究现状

2.1　低渗砂岩油气藏开发方式

经过数十年的探索与研究，我国非常规油气

勘探开发水平迅速提高，结合国内独特的低渗砂岩油气藏地质特征，现已形成了一系列油气开发关键技术。

（1）井网加密技术。由于国内低渗砂岩储层为陆相沉积，所以砂体具有分布零散的特点，为提高油气藏采收率，井网加密是重要技术手段之一。井网加密技术需要以地质模型为基础，模拟油气藏生产动态，计算单井控制储量及泄油面积等参数。通过对比井网加密前后低渗砂岩油气藏可采储量的变化情况，分析加密效果并给出具体可实施的加密方案。

（2）低成本钻井技术。与常规储层相比，低渗砂岩油气藏开发成本昂贵，其中钻井成本占了其中40%以上，为获得较高的经济效应，小井眼井和欠平衡钻井技术发展迅猛。小井眼井指的是全井段60%以上的井眼尺寸小于152.4mm的井，根据国内现有钻井经验来看，小井眼井可在钻前费用、钻井液费用、完井费用等方面，节约总成本10%~16%，实现了降本增效。

由于低渗砂岩储层孔喉较窄，毛管自吸现象严重，外来流体进入会造成严重的水锁伤害，增加了后期储层改造成本。欠平衡钻井是指在钻井过程中，保持钻井液液注压力略低于地层压力的状态，该技术能有效防止滤液渗流进储层，实现储层保护。且可以在一定程度上提高机械钻速，缩短钻井周期，有效降低钻井成本。

（3）水平井增产技术。结合国内低渗砂体分布零散的特点，学者们通过对随钻测量技术、随钻测井技术及井下动力钻具等技术装备的研究，实现了一次钻井贯穿多个透镜状砂体的技术，即水平井增产技术。水平井是以水平井为基础延伸出的分支水平井、丛式水平井、大位移井等，上述井型无法优化油气渗流能力，但提高了井筒与砂体的接触面积，扩大了泄油区。分析国内现有水平井增产技术应用现状，该技术能够提高单井产量约1.5倍，具有低成本、高收益的特点。

（4）水平井分段压裂技术。低渗砂岩油气藏需要通过压裂等增产改造手段来得到具有工业价值的油气流，水平井分段压裂工艺能够根据砂体所在位置进行定点压裂，高效精准地提高了油气渗流通道。国内目前形成了以连续油管带底封拖动压裂技术和裸眼封隔器+投球滑套压裂技术为主体的两大水平井分段压裂技术，使水平井增产改造提产300%~500%。

① 连续油管带底封拖动压裂，通过向连续油管中泵注高速和高压携砂流体进行射孔，已射开孔上下部的井眼中会产生负压值，流体进入地层中从而打开裂缝并形成支撑，对一个层段同步完成射孔、压裂，压裂完成后继续拖动管柱至下一个改造层段。

② 裸眼封隔器+投球滑套（如图1），通过液压打开封隔器并将不同直径的小球泵送到相应的压裂滑套内，增压打开滑套，对相应的产层进行压裂，该技术实现了对多个水平井裸眼段进行有效的机械分隔，一次压裂施工压开多个层段。

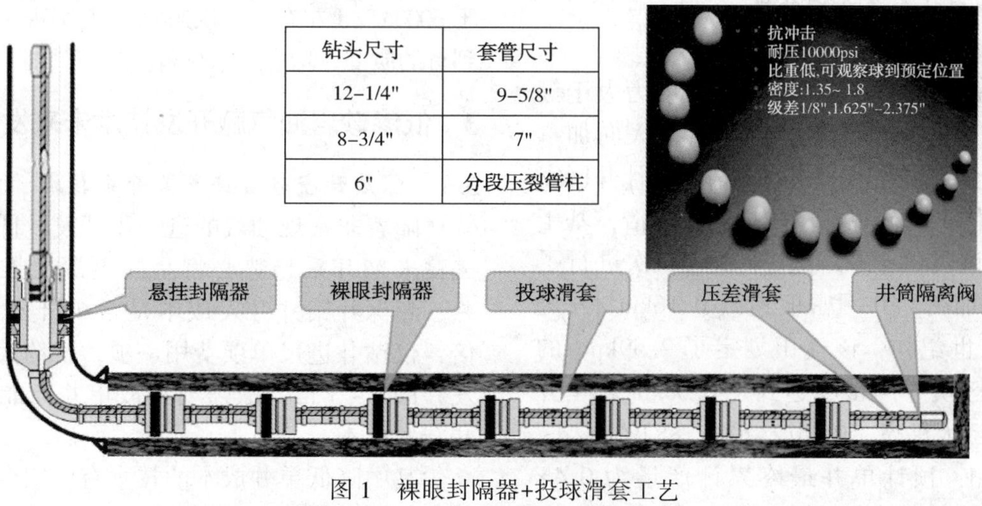

钻头尺寸	套管尺寸
12-1/4"	9-5/8"
8-3/4"	7"
6"	分段压裂管柱

图1　裸眼封隔器+投球滑套工艺

（5）水平井酸化技术。水平井酸化工艺技术具有规模大、用酸多、施工时间长等特点，应用于东海残雪、宁波等低渗砂岩储层增产改造，能够有效改善受污染段储层渗流能力，取得了较好的效果。目前国内外常用的水平井酸化技术如表1所示。

表1　水平井酸化技术特点对比

技术类型	技术特点
笼统注酸	施工工艺、不需要复杂的技术装备，但用酸量大不易返排
水力喷酸技术	短期内在射孔处泵入大量酸液，实现酸液的有效分流，成本低廉
封层深穿透技术	该工艺在注酸解堵之前，需要先将化学封堵剂泵注入井筒，暂时封堵渗透率较高的层段，然后再通过酸液对污染段地层解堵
连续油管带底封拖动酸化技术	仿照水平井分段压裂技术，由连续油管带射孔枪下入井筒，先高排量泵注稠化酸携砂分段射孔，再向射孔处挤入解堵酸液。该技术具有成本低廉，应用广泛的特点

通过对水平井酸化技术的研究，目前形成了一系列成熟的酸化装备及工作液，如：VES转向封堵剂、Halliburton的水平井喷射分段工具、美国公司Packer Plus Energy Services的水平井分段工具。尤其是将水平井分段压裂技术与酸化工艺结合起来的连续油管带底封拖动酸化技术已取得成功应用，酸化解堵效果显著，单井产量取得巨大突破。

除了上述成熟的低渗砂岩油气藏开发技术，目前还形成了一些新型增产技术，如水力脉冲震荡、超声波穿透清洗恢复储层渗流能力的技术；电磁波加热升温解除储层水锁伤害的技术等。

2.2　低渗砂岩油气藏开发效果

（1）加拿大Willianms Forks气田

Willianms Forks气藏早期井网密度为大于等于0.65km^2/井。90年代初，气田管理人向加拿大油气委员会提出井网加密的申请，预计井网密度提高2.1倍，预计单井产量提高4.3倍，基于这一判断，该气田于90年代末期有一次进行了进一步井网加密，井网密度达到0.16km^2/井进行开采。20世纪初，该气田划定了2.59km^{2}的试验区，该区块井网密度达到了0.08km^2，单井产量取得了巨大提高，初期产量为2.8×10^{4}m^3/d~5.7×10^{4}m^3/d，预计单井最终累计产量为0.4×10^{4}m^3/d~0.7×10^{4}m^3/d。

（2）鄂尔多斯盆地苏里格气田

苏里格地区的主力产气层是下石盒子组的盒8段地层，沿顺古河道与横切古河道两个方向将盒8段细分为盒$8_{上}^{1}$、盒$8_{上}^{2}$、盒$8_{下}^{1}$、盒$8_{下}^{2}$，其中盒$8_{下}^{2}$砂体发育程度最高，具有砂体厚度大，平面上分布稳定、储层物性特征好、含气饱和度高的优势，采用水平井增产技术取得了较好的效果。经统计，目前苏里格气田投产水平井527口，前期平均单井产气量为5×10^{4}m^3，而邻近的直井平均单井日产量约为量1.4×10^{4}m^3，水平井日产气量是直井的3~5倍。

（3）加拿大Daylight油气田

Daylight油气田主要有Elmworth、West Central和Pembina三大油区，孔隙度在2%~10%之间，渗透率在0.3mD~10mD之间，属于低渗砂岩油气藏。在该油田的主力油区中的8口井使用裸眼封隔器+投球滑套压裂技术进行先导性试验，每口井平均水平段长度1207m，每口井压裂19级，单级间距60m。进行水平井分级压裂后，8口井单井初始平均日产量和稳产两年后平均日产量较未压裂前分别提高了3.2倍和1.6倍，显著提高了单井产量和经济效益。

（4）东海残雪油气田

残雪气藏主要含气层分布在花港组(G组)，共划分为G1~G7等7个砂岩组。主要开发目的层为G组G6气藏，33.2m的砂层中夹4层1~2m不等的泥岩夹层，层内非均质性较严重。测井解释孔隙度在1%~9.5%之间，渗透率8.9~20mD之间，为低渗储层。在残雪区块B1H井采用水平井酸化解堵技术，酸化作业结束并返排约100m^{3}液体后，返排液中开始含可燃气体，计算天然气产量，逐渐稳定于6000m^3/d左右，此次解堵施工实现了产量从无到有的质变，增产效果显著。

3　低渗砂岩油气藏开发技术未来发展展望

3.1　深层致密砂岩油气藏开采技术

随着非常规油气的进一步开发，低渗砂岩油气藏未来开采趋势必将是向更深层推进，但深井、超深井钻井开发成本是常规开发井的5~6倍，仅钻井进尺单项费用一项，就约为为常规开发井的2~3倍，故需要释放单井产能并降低单井开发成本。

其中降低单井成本的技术有：安全经济防腐技术、井下超高温钻完井工具国产化、深层钻井提速作业技术、深层完井高效作业技术。

释放单井产能的技术有：复杂结构井(多底

井、分支井等)钻完井技术、高温裂缝性储层保护技术、高含凝析油低渗储层改造及增产技术。目前四川盆地低渗砂岩油气藏开发方案涉及到复杂结构井钻井，根据模拟及类比结果发现，多底井、分支井初期产能最高可达到定向井的10倍，累计产量为定向井的5倍~7倍。

3.2 数智化油气开采技术

随着全球气候变化以及可再生能源技术的不断进步，能源消费结构正朝多元化方向发展。在今后数十年，数字化技术必将加速发展，进一步改造传统经济生态和传统工程技术，而石油工业也必将进入“数字化”转型的新阶段。

未来低渗砂岩油气藏数智化技术开发的发展方向有如下两个方面：

(1) 数智化钻井技术：包括钻完井技术及钻完井装备两个层面。其中钻完井技术主要涉及到智能井眼轨迹优化、智能钻井导向、智能机械钻速优化等；钻完井装备主要涉及到智能钻机、智能钻杆、智能钻头、智能旋转导向工具、钻台机器人、起下钻自动控制装备、自动送钻装备等。

(2) 数智化开发技术：包括油藏模拟及储层改造两个层面。其中油藏模拟包括智能化油藏模型生成技术、智能化井间流动检测技术；储层改造包括一趟式自动识别层位射孔并压裂技术等。

4 结论

(1) 储层岩石颗粒细、分选性差、胶结物含量高，经过长时间上覆岩石的压实作用和低渗透非达西渗流后变得十分低渗，低渗透储层岩石渗透率一般小于 $50\times10^{-3}\mu m^2$。储层孔隙度低，孔隙分布不均匀，孔隙度位于7%~20%之间，个别高达28%。故开发过程中必须采用压裂、酸化，才能提高经济效益，取得相应的开发效果。

(2) 低渗砂岩油气藏因为孔隙结构复杂，喉道小，泥质含量高，所以开发的时候储层特别容易受到污染，开采时一定注意开采方式，避免储层污染，造成不必要的损失。

(3) 目前较为成熟的低渗砂岩储层开发方式有井网加密技术、小井眼钻井技术、欠平衡钻进技术、水平井增产技术、水平井分级压裂技术、水平井酸化技术等，这一系列技术分别在国内外油田的应用中取得了较好的效果。

(4) 未来低渗砂岩储层的发展趋势为更深和数智化，为了迎接未来油气开采中存在的挑战，还需钻井技术、智能化技术及相关配套装置的进一步研究与发展。

参 考 文 献

[1] 刘洪平．鄂尔多斯盆地定北地区太原组致密砂岩气层开发地质评价[D]．武汉：中国地质大学，2017.

[2] 刘佳瑶．低渗透油藏CXCY区块二次加密方案研究[D]．大庆：东北石油大学，2020.

[3] 谭天．中高含水期特低渗油藏改善开发效果技术研究[D]．西安：西安石油大学，2020.

[4] 陈伟峰．新疆油田致密油小井眼水平井钻井技术研究[D]．荆州：长江大学，2013.

[5] 刘建勋．苏里格气田小井眼水平井提速技术研究与应用[D]．大庆：东北石油大学，2016.

[6] 于承朋．樊家区块致密砂岩油藏水平井钻井设计优化研究[D]．青岛：中国石油大学(华东)，2014.

[7] 张欣．低渗特低渗油层压裂增产改造经济评价研究[D]．大庆：东北石油大学，2016.

[8] 何春明，雷旭东，卢智慧，等．VES自转向酸破胶问题研究[J]．钻井液与完井液，2011，28(4)：60-63.

[9] McDaniel B W, Surjaatmadja J B. Hydrajetting applications in horizontal completions to improve hydraulic fracturing stimulations and improve ROI[C]//SPE Eastern Regional Meeting. Society of Petroleum Engineers, 2009.

[10] Rotondi M, Pace G, Malonga H, et al. Application of Different Stimulation Techniques, Multistage Proppant and Acid Fracturing Operations Offshore Congo[C]//SPE Annual Technical Conference and Exhibition. Society of Petroleum Engineers, 2010.

[11] 薛国锋，孙士艳，许秋范，等．物理法增产技术在低渗透油田中的应用[J]．石油天然气学报，2009，31(3)：271-273.

[12] 周中鉴，刘玉忠．减缓近井储层损害的声波增产措施[J]．国外油田工程，2006，21(10)：17-18.

[13] Kumar H, Lester E, Kingman S, et al. Inducing fractures and increasing cleat apertures in a bituminous coal under isotropic stress via application of microwave energy[J]. International Journal of Coal Geology, 2011, 88(1): 75-82.

[14] 盛军．致密砂岩气藏储层综合研究及水平井开发对策[D]．西安：西北大学，2016.

[15] 谈心．致密砂岩油气藏水平井压裂增产方法与技术研究[D]．北京：中国地质大学(北京)，2016.

[16] 宋瑞．海上N气田低孔渗气藏探井测试解堵增产技术研究[D]．成都：西南石油大学，2015.

桑塔木油田TⅢ油藏特高含水期提液增油可行性研究

朱正俊　付　莹　赵　安　王　超　张国良

(中国石油塔里木油田公司)

摘　要　针对桑塔木油田TⅢ油藏目前特高含水期开采现状，应用油藏工程方法明确了油藏具备提液条件；采用单因素分析法，应用数值模拟方法，明确了最佳的提液时机为单井含水率不低于60%和提液倍数为正常产液速度的2~4倍；设计了提液方案，并进行了效果预测。预测结果显示，平均单井增油2.44万吨，极限含水率为98%的前提下，油藏采收率提高2.13%。

关键词　特高含水期；复杂断块；提液时机；数值模拟；底水油藏

桑塔木油田TⅢ油藏区域构造位于塔里木盆地塔北隆起轮南斜坡，为隔夹层零星分布的复杂断块底水油藏，油藏平均埋深4700m，属于辫状河三角洲-湖泊沉积体系，储层岩性以中砂岩为主，平均孔隙度21%，平均渗透率0.68D，为中孔中高渗储层；油品性质为低粘原油，原油地下黏度3.4mPa·s~26.8mPa·s。油藏为天然能量充足的块状底水油藏，油藏驱动类型为天然水驱，天然水体体积是油体体积的300多倍。

桑塔木油田TⅢ油藏1990年采用不规则井网开发，现有采油井共计52口，目前综合含水90.45%，采出程度15.42%，采油速度0.5%，处于“两低一特高”的生产阶段，为改善油藏的开发效果，先后在该油藏实施了注水侧向驱、化学堵水及机械堵水等各类措施，取得了一定的效果。通过调研发现，提液是改善中高含水阶段油田生产效果的常用手段之一，且具有投入少、见效快、效果好的优点，对于底水油藏提液方法同样适用，为进一步改善油藏开发效果，针对桑塔木油田TⅢ油藏开展了特高含水期的提液研究。

1　提液可行性分析

1.1　特高含水期具备提液的物质基础

高含水期是底水油藏的重要开发阶段，此类油藏在特高含水期仍有较高的储量可供采出。理论计算及数模结果显示，桑塔木油田TⅢ油藏高含水期采出程度为中低含水期2倍以上，而实际生产结果统计也证明了这一点(图1)。

现井网条件下，桑塔木油田TⅢ油藏水驱控制储量1035万吨，多种方法综合计算，标定采收率20.3%，目前采出程度15.42%，剩余可采储量50万吨。

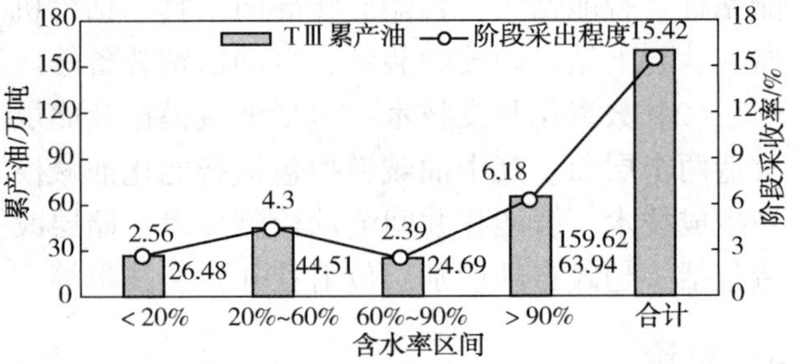

图1　桑塔木油田TⅢ油组不同含水阶段累产油及采出程度统计

1.2　边底水供给能力强，地层能量满足提液要求

桑塔木油田TⅢ油藏属于块状底水油藏，原始地层压力50.65MPa，经过30多年的开采，目前地层压力49.76MPa，压力保持程度98.4%，天然能量评价评级结果为Ⅰ类天然能量充足油藏，地层能量能够满足提液需求。

1.3　高含水期无因次采液指数大幅抬升，储层物性满足提液要求

相渗实验及实际生产数据统计(图2)发现，随着含水率的增加，无因次采液指数在中低含水期略有下降，进入高含水期后大幅抬升，这表明进入高含水期后，随着含水率的增加地层供液能力不断增强，为油藏实施提液提供了根本保障。

2　最佳提液参数的确定

采用单因素分析方法，利用桑塔木油田TⅢ

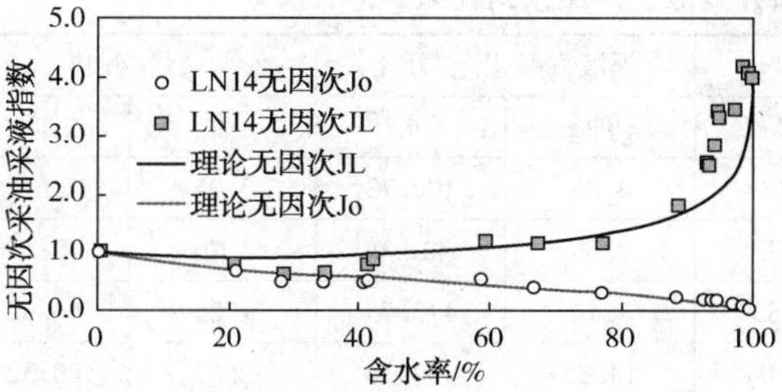

图2　桑塔木油田TⅢ油藏（LN14井）无因次采液指数与采油指数与含水率变化关系

油组实际地质模型开展数模研究，确定最佳提液时机和最佳提液倍数。

2.1　最佳提液时机

以50t/d的产液量（生产压差1MPa）作为基础方案，分别在含水率达到0%、20%、60%、90%、94%时，提高产液量至200t/d（生产压差4MPa）生产至单井含水率达到98%。

随着含水率的增加，提液后单井累产油量先降后升，说明对于桑塔木油田TⅢ油藏，过早提液会导致油井生产效果变差；在含水率60%~90%期间提液可取的最佳的增油效果，说明在高含水、特高含水期提液可以改善该油藏的开发效果；由于极限含水率的影响，含水率达到94%后提液效果明显变差；含水率在60%时提液的增油量最高，但产水量比含水率90%时提液多30万方（图3）。由此可知，该模型条件下，单井含水率不低于60%后实施提液，可取得最佳的经济效益。

2.2　最佳提液倍数

初期以50t/d的产液量（生产压差1MPa）生产，并以此作为基础方案，在含水率为90%时分别将产液量提升2、3、4、5、6、7、8倍，生产至单井含水率达到98%。

随着提液倍数的增加，单井累产油量先升后降，提液5倍（250t/d）时单井累产油量最高，但随着提液倍数的增加，产水量也逐渐递增（图4）。该模型条件下，最佳单井提液倍数为2~4（100t/d~200t/d）。

3　生产效果预测

按上述提液参数设计如下两套方案：

（1）提液方案：选取平均分布在油藏各处的10口采油井进行提液生产，维持其他生产井生产制度不变，生产至单井含水率达到98%；

（2）基础方案：维持现有生产井生产制度不变，生产至单井含水率达到98%。

数值模拟结果表明，设计的10口提液井最高增油4.96万吨，最少增油1.36万吨，平均单井增油量2.44万吨，单井增油效果显著（表1）；对于整个油藏而言，提液方案相较于基础方案增油22.12万吨，采收率提高2.13%，说明对于桑塔木油田TⅢ油藏而言，在特高含水期提液具有良好的应用前景。

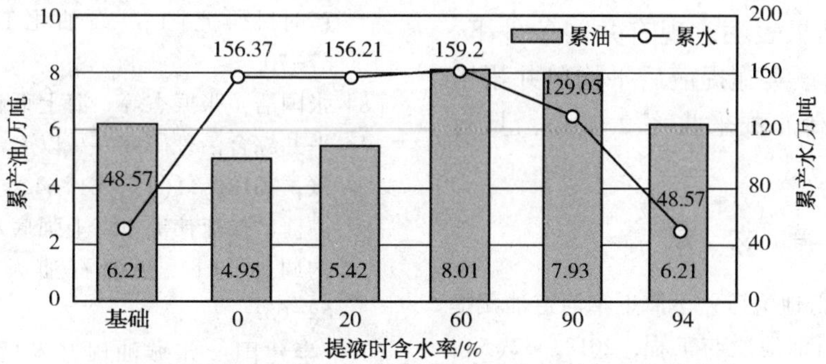

图3　不同含水率提液平均单井累产油及累产水变化曲线

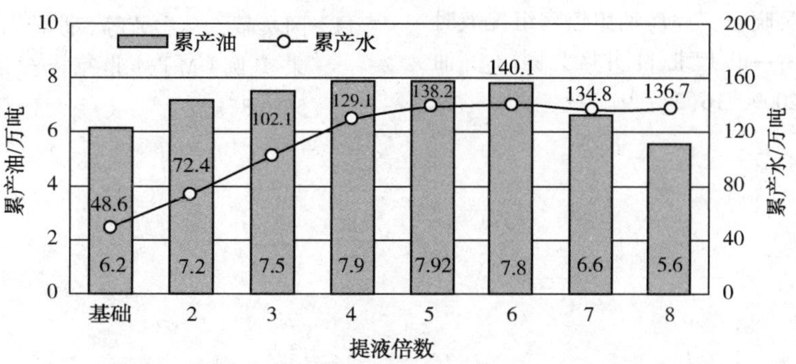

图4　不同提液倍数平均单井累产油及累产水变化曲线

表1　桑塔木油田TⅢ油组部分采油井提液生产结果对比表

序号	井号	提液参数		基础方案累产/万吨		提液方案累产/万吨		增量/万吨	
		含水率	倍数	油	水	油	水	油	水
1	JF123	88%	2	0.98	0.13	4.33	100.73	3.35	100.60
2	ST2-10	92%	2	5.33	79.75	7.09	118.9	1.76	39.15
3	ST2-9	88%	3	5.29	46.83	7.14	113.75	1.85	66.92
4	ST4-C1	90%	4	11.66	124.04	14.33	154.36	2.67	30.32
5	ST5-7H	91%	2	2.51	53.71	5.15	104.81	2.64	51.10
6	ST5-H5	87%	2	3.35	69.31	4.89	106.83	1.54	37.52
7	ST6-4	92%	4	6.92	91.98	8.69	116.97	1.77	24.99
8	ST6-7H	91%	4	2.48	26.72	3.84	92.58	1.36	65.86
9	ST2-1	91%	3	18.18	61	23.14	160.89	4.96	99.89
10	ST2-2	92%	3	20.06	125.99	22.5	229.57	2.44	103.58
平均		90%	2.9	7.67	67.98	10.11	129.94	2.44	61.99

4　认识与结论

(1)对于隔夹层不发育的复杂断块底水油藏，在储层物性、原油性质及地层能量满足提液条件，可合理实施提液取得增油效果。

(2)对于桑塔木油田TⅢ油藏，为保证最佳的经济效益，单井在不同含水阶段的生产制定应各不相同：在中低含水期应保持合理采液速度以延长油井的低含水采油期；当油井进入高含水期(60%)后应根据相渗计算结果适当放大生产压差、提高单井日产液量(100t/d~200t/d)，实现增油的目的。

(3)数值模拟结果表明，现有井网条件下，对桑塔木油田TⅢ油藏实施提液后平均单井累增油2.44万吨，可提高油藏采收率2.13%，具有良好的应用前景。

参　考　文　献

[1] 潘杰，王全林等. 低地饱压差下海上窄河道油藏提液技术研究[J]. 石油地质与工程，2018，32(5)：76-78.

[2] 任允鹏，李秀生，吴晓东. 埕岛油田馆陶组提液时机及技术界限研究——以埕北11井区为例[J]. 油气地质与采收率，2009，16(2)：91-93.

[3] 马功联，刘志萍等. 通61断块特高含水期提液技术研究与实践[J]. 大庆石油地质与开发，2004，23(6)：43-33.

[4] 郑强，张武等. 高含水高采出程度阶段砂岩油藏提液开采研究——以彩南油田彩9井区三工河组油藏为例[J]. 新疆石油天然气，2013，9(1)：24-27.

[5] 周学金. 沈84——安12块特高含水期提液技术研究与应用[J]. 石油地质与工程，2012，26(2)：116-117.

[6] 万学鹏，张兴等. 强边底水低幅度构造油藏二次提液增油效果探讨——以南美奥连特盆地塔区块为例[J]. 特种油气藏，2008，15(2)：60-63.

[7] 王小梅，王宏江等. S39区块高含水开发阶段提液生产时机研究[J]. 石油化工应用，2017，36(6)：67-70.

[8] 张国浩，张振杰等. 海上低幅边底水油田高含水水平井综合治理研究——以L油田为例[J]. 复杂油气藏，2018，11(4)：61-64.

[9] 谭捷，侯亚伟等. 海上强底水油藏高含水期产液结构调整[J]. 新疆石油天然气，2019，15(1)：62-65.

[10] 李建国. 州城油田开发后期提液增油技术探讨[J]. 特种油气藏，2010，17(6)：120-122.

[11] 冈秦麟，林志芳等. 改善高含水期油田注水开发效果实例[M]. 北京：石油工业出版社，1993：57-68.

东胜气田 139.7mm 套管开窗侧钻水平井钻完井技术

张永清　张　阳

（中国石化华北油气分公司）

摘　要　为进一步落实蒋家梁圈闭南部盒 3 气层产能特征，在东胜气田锦 125 井开展了 139.7mm 套管开窗侧钻水平井试验。针对小井眼侧钻井水平井井壁易失稳、漏失风险高、环空压耗大、钻具延伸难等工程难点，攻关形成了以侧钻井三维轨道设计、小井眼水力参数优化、一体化定点开窗、双排齿四刀翼 PDC 钻头、钾铵基混油钻井液体系、裸眼预制管柱完井为核心的适应性钻完井技术系列。锦 125 侧井裸眼段长 1239m，未发生井壁失稳；实钻水平段长 800m，刷新鄂尔多斯盆地同类井最长水平段记录；全井平均机械钻速 2.89m/h，钻井周期 46d；3 寸半套管+管外封隔器裸眼完井管柱下入顺利，压后日产气 $1.25\times10^4m^3$。该技术为公司后期利用侧钻井挖潜奠定了基础。

关键词　东胜气田；139.7mm 套管；开窗侧钻；水平井；钻完井

锦 125 侧井位于鄂尔多斯盆地北缘蒋家梁圈闭南部，是为评价圈闭盒 3 段含气性而利用老井锦 125 井(直井)部署的一口 Φ139.7mm 套管内开窗侧钻水平井。该区三叠系至二叠系从上到下依次钻遇刘家沟组、石千峰组、上石盒子组、下石盒子组地层，整体地层砂泥岩交互；目的层盒 3 段不压裂无自然产能。刘家沟组承压能力弱，邻井锦 113 井在刘家沟组钻井液密度 $1.10g/cm^3$ 发生漏失；石千峰组、上石盒子组、下石盒子组泥岩主要为裂缝型硬脆性泥岩，且石千峰组发育一段棕红色软塑性泥岩，钻井过程中极易出现井壁失稳及钻头泥包现象，邻井 J58P8H 井在上石盒子组井壁失稳，报废进尺 682m 且发生钻头泥包。老井锦 125 井在盒 3 段先后进行了常规压裂和二氧化碳压裂，地层扰动及可能存在的二氧化碳进一步增加了侧钻水平井的复杂难度。且小井眼施工存在钻具柔性大、泵压高，排量小、轨迹控制困难、水平段摩阻大等难题。本文利用测井等工程资料优选侧钻点、优化钻井液性能保持井壁稳定、优化钻具组合及井眼轨道、优选 PDC 钻头防泥包快速钻进，形成复杂地层 Φ139.7mm 套管开窗侧钻钻完井技术。锦 125 侧井施工顺利，裸眼段长 1239m，水平段长 800m，刷新鄂尔多斯盆地同类井最长水平段记录；全井平均机械钻速 2.89m/h，钻井周期 46d，达到较高施工水平。

1　老井基本情况

锦 125 井为评价直井，完钻井深 3292m，完钻层位元古界。井身结构：Φ311.2mm 钻头×400.87m（Φ244.5mm 套管×400.87m）+Φ215.9mm 钻头×3292m（Φ139.7mm 套管×3290.35m）。二开套管特征：外径 139.7mm，壁厚 7.72mm，钢级 N80。固井质量合格，无套损情况。

2　地质设计论证

经过工程地质充分结合论证，地质设计着陆 A 靶点靶前距 250m，水平段长 800m，水平段距井口延伸方位 11°，水平段呈上倾型，趾端较根端浅 19.1m。根据测录井资料及工程工艺需要，采用 88.9mm 套管+管外封隔器裸眼完井(表 1)。

表 1　锦 125 侧井井身结构

井眼类型	井眼尺寸×井深	套管尺寸×下深	完井方式
侧钻井眼	Φ118mm×(2810~4031.34m)	Φ88.9mm×(井底~10)m	裸眼预制管柱

3　侧钻水平井钻完井技术

3.1　“稳-增-增-平”三维轨道设计

3.1.1　侧钻点选择

侧钻点对起始段轨迹的影响较大，是关系侧

钻水平井成败的重要因素。有研究表明：侧钻点宜选在易造斜地层、固井质量优质、避开套管接箍和扶正器位置、有利于水平井轨迹控制且井斜角较小的井段。

根据以上原则，结合老井施工情况，优选2810m为侧钻点，该点位于刘家沟组底部以深142m，在最大限度利用老井筒的同时，避开易漏地层，降低复杂风险；此处固井质量为优质、测井显示上下5m岩性均为砂岩，地层较为稳定；且测井资料显示位于单根套管中部有效避开套管接箍；侧钻点井斜角1.01°、闭合距21.54m、闭合方位31.18°。

3.1.2 轨道设计

初始方位角的确定：侧钻点初始方位与设计方位之间的差值对扭方位和施工影响很大，方位差越大，扭方位所需的井段长度就越大，就会增大施工的难度和延长施工时间，增加施工费用。

在侧钻点位置确定的基础上，利用恒工具面法，设计定向方位角9.15°，与地质设计方位11°，方位差较小，利于扭方位(表2)。

表2　锦125侧井侧钻段设计轨道

井深/m	井斜角/°	方位角/°	垂深/m	闭合距/m	北南位移/m	东西位移/m	全角变化率/(°/30m)	备注
2810.00	1.01	9.15	2809.50	21.54	18.43	11.15	0.00	侧钻点
2840.00	1.01	9.15	2839.50	22.62	19.65	11.20	0.00	稳斜稳方位
2856.40	2.72	227.31	2855.89	22.38	19.53	10.93	6.53	增斜扭方位
2867.19	2.72	227.31	2866.67	21.89	19.18	10.56	0.00	稳斜稳方位
3231.08	92.18	11.00	3095.80	250.00	245.41	47.70	7.78	增斜扭方位/A靶
4031.34	90.77	11.00	3076.70	1050.00	1030.71	200.35	0.00	稳斜稳方位/B靶

3.2 开窗侧钻

3.2.1 侧钻前井眼准备

井控设备试压，环形防喷器试至24.5MPa，其他设备试压至35MPa，稳压10min，压降小于0.7MPa；水泥塞扫塞至2820m，确保下压15吨(5min)钻具无下移；起钻至2100m进行套管试压，压力20MPa，稳压30min，压降0.5MPa；使用φ118mm通径规+GX-T140刮管器通径刮管作业，在预开窗井段，反复刮管3次，严防井内落物；预置斜向器：下入液压双卡瓦式斜向器(DXQ114F×210)并利用陀螺仪定向确保斜面方位为9.85°，投球憋压23~25MPa，坐封斜向器。

3.2.2 复合式铣锥开窗

利用KCXZ120×210复合铣锥及斜向器一体式开窗工具，从2810米开窗。开窗时均匀缓慢送钻、轻压慢转，钻压5~10kN、转速30~40r/min，使铣锥沿套管内壁均匀磨铣；骑窗段加大钻压和转速，钻压10~50kN，转速40~60r/min，开出窗口；开窗成功后利用铣锥小钻压高转速修窗：钻压5kN，转速60r/min。出窗段大钻压、高转速，钻压30~50kN，转速60r/min，利用铣锥钻入地层2m左右，确保验窗合格。最终形成2810~2812m共计2m窗口，PDC钻头试钻10m，地层岩性为浅棕色细砂岩，后续施工情况表明：窗口段地层稳定，无水泥掉块及窗口挂卡现象。

3.3 分段钻进与轨迹控制

侧钻采用“稳、增、增、平”四段制剖面，使用4⅝″PDC+1.5螺杆+105mm无磁+定向接头+3½″加重钻杆×7+2⅞″加重钻杆×2+2⅞″钻杆×21+2⅞″加重钻杆×10+2⅞″钻杆钻具组合及钻压10~30kN、转速螺杆+20~40rpm、排量8~10L/s的钻井参数钻进，同时根据井深增加调整下部钻杆数量，保持倒装的加重钻杆处于井斜30°以上位置。自试钻段2821m始稳斜稳方位钻至2836m，迅速避开老井眼；从2836m开始利用7.3°/30m全角变化率增斜扭方位钻进，至3165m，井斜角72.2°、闭合方位扭至设计值11°，该段最大全角变化率10°/30m；从井深3165m至3250m增斜稳方位钻进、井斜增至90.1°；3250~4050m水平段使用4⅝″PDC+1.25°螺杆+无磁+3½″加重钻杆＊6++2⅞″钻杆＊45+2⅞″加重钻杆＊9+2⅞″钻杆钻具组合及钻压10~30kN、转速螺杆+20~40rpm、排量8~10L/s的钻井参数稳斜稳方位钻进。每钻完一个单根划眼1~2次、每钻进150m或连续钻进36小时短程起下钻，及时清除岩屑床，减小摩阻。实钻情况表明：倒装钻具组合、斜井段1.5°螺杆、水平段1.25°螺杆及配套工程措施，可较好满足造斜、井眼曲率控制及快速钻进需要。

3.4 钻井液及配套技术

锦 125 侧井裸眼段长，开窗点下部石千峰组、上石盒子组及盒 3 段裂缝型硬脆性泥岩易剥落掉块；石千峰组棕红色泥岩易水化膨胀泥包钻头；水平段井眼净化困难，易形成大段岩屑床，导致钻具摩阻、扭矩大及钻头加压困难，且气层需加强储层保护。

设计施工中优选使用胺基纳米防塌混油钻井液体系，该体系根据润滑需要及录井限制混入 3%~5%的原油。针对泥岩剥落掉块及水化膨胀问题，采用超钙Ⅳ(小于 5μm 占比≥70%)、纳米封堵剂 NP-1(粒径范围 100~3000nm)、聚合醇(微纳米级)，配合高酸溶磺化沥青封堵微裂隙，提高井筒完整性；引进钻井液用 0.3%~0.5%胺基聚醇 AP-1 和 2%聚合醇提高钻井液抑制性；使用 200 目振动筛去除有害固相，形成薄而致密泥饼；同时保证合理的钻井液密度，确保井壁稳定。针对水平段降摩减扭、储层保护问题，引入高密度极压润滑剂，同时混入 3%的原油(保证全烃基质小于 0.5%，满足录井需要)，利用聚合醇的润滑特性，将润滑剂、原油、聚合醇三者混合使用，解决润滑性问题，实测摩擦系数只有 0.06；选用 XC 生物聚合物、PAC 等高分子聚合物作为主处理剂，并保持其足够的浓度，提高动塑比，保持钻井液低剪切速率下携带岩屑的能力；严控钻井液高温高压失水<10mL、常温失水<4mL、含砂量小于 2%，降低对储层的固、液相损害。全井段斜井段钻井液密度 1.09~1.20g/cm^3、漏斗黏度 40~45s、失水 1.6~3.2mL、pH 值 8.5~9、动塑比 0.4~0.45、粘滞系数 0.06。实钻 265m 泥岩段、1239m 裸眼段未发生坍塌遇阻现象、800m 水平段井底摩阻只有 6t，最大全烃值达到 22%。但钻井液静止后特别是后期起下钻黏度、切力会升高，易造成下钻到底后开泵立压高。

3.5 PDC 钻头使用情况

石千峰组至目的层盒 3 段，为砂泥岩互层，砂岩可钻性级值在 6~8 之间，属中硬地层，已使用钻头情况分析表明：牙轮钻头总体效率低，且存在掉牙轮风险。现场全井选用 IADC 码为 M233 的 PDC 钻头 GM1304TZ 钻进，该胎体钻头切削齿直径 13mm、冠部短抛物线、四刀翼、双排抗研磨齿，具有防崩齿、防泥包、抗研磨和快速钻井中能保持方位和井斜的特点。439m 斜井段应用钻头 4 只，第 1 只钻头在 2811~2821m 纯砂岩段钻进，钻压 3~4t、转速 35r/min，9 小时试钻结束起钻，钻头新度只有 70%，切削齿磨损严重；后 3 只钻头在砂泥岩互层段钻进，钻压 2~4t、排量 8L/s、转速 25r/min+LG，平均进尺 143m；斜井段钻头均未发生泥包、造斜效果良好。800m 水平段使用钻头 3 只，采用低钻压、高转速钻进：钻压 2~3t、排量 8L/s、转速 25r/min+LG，平均机械钻速 5.5m/h，整体机械钻速高、稳斜效果良好。

3.6 完井情况

本井实际完钻井深 4050m，裸眼段长 1239m，水平段长 800m。测录井资料显示锦 125 侧井目的层砂体厚、裂缝不发育、下部不含水层，为提高单井产能采用裸眼封隔器+多级压裂滑套+尾管悬挂的完井方式。套管钢级 P110，滑套级数 9 级，尾管悬挂器 Φ139.7mm×88.9mm，悬挂位置 2657.42m。

管柱下入时先用套管刮管器刮套管，然后用单扶正器和双扶正器模拟通井，通井器外径 114mm。下入管柱时，需要严格对下入速度、灌浆速度进行控制，管柱到预定位置后，用 KCL 溶液正循环顶替井筒内钻井液，逐级打压坐封悬挂封隔器和裸眼封隔器，丢手后起出送入工具。完井采用分段体积压裂改造投产(加入防水锁剂)，试气产气量 $1.30\times10^4m^3/d$ 是锦 125 井二次压裂试气产气量 $399m^3/d$ 的 32.63 倍，取得了较好的效益。

4 结论

(1) 锦 125 侧井是东胜气田的第一口 Φ139.7mm 套管侧钻长水平段水平井，其侧钻裸眼段长度、水平段长度、平均机械钻速等技术指标都处于较先进水平。该井钻完井成功标志着公司在利用侧钻水平井挖潜剩余储量的工程技术取得了较大进步。

(2) 应用的胺基纳米防塌混油钻井液体系可满足复杂地层侧钻水平井长裸眼段防塌、润滑、储层保护及测录井需要。

(3) Φ118mm 的四刀翼 PDC 钻头在提高钻井机械钻速、防泥包方面效果显著，可提高机械钻速，缩短钻井周期。

(4) 侧钻水平井在东胜气田可获得较好的挖

潜、提产效果。

参 考 文 献

[1] 张东海，童明金．Φ139.7mm 套管开窗侧钻技术现状及展望[J]．断块油气田，2006，13(2)：65-67.

[2] 史学东，吴修国，刘俊方．短半径水平井侧钻技术在沙特 HRDH-128 井的应用[J]．断块油气田，2011，18(5)：672-674.

[3] 高立军，王广新，郭福祥，等．大庆油田小井眼开窗侧钻水平井钻井技术[J]．断块油气田，2008，15(4)：94-95.

[4] 石崇东，袁卓，王万庆，等．Φ139.7mm 套管开窗侧钻水平井钻井技术在苏 36-6-9CH 井的应用[J]．内蒙古石油化工，2014，14：99-103.

[5] 刘顺治，刘刚，吴贝贝，等．5½″套管开窗侧钻水平井技术在延长气田的应用[J]．辽宁化工，2012，41(9)：983-986.

[6] 杨振科．Φ118mm 侧钻水平井钻完井技术在红侧平+24-022 井的应用[J]．石油钻采工艺，2015，37(5)：34-36.

[7] 石晓兵，聂荣国，陈平，等．侧钻水平井初始井眼条件对起始段轨迹的影响分析[J]．天然气工业，2003，23(5)：53-55.

[8] 陈晓华，王翔，杨大足，等．东胜气田致密含砾砂岩地层钻头选型[J]．石油机械，2016，44(4)：7-11.

小井眼及丛式井组钻完井技术在东胜气田锦 30 井区的应用

牛似成

（中国石化华北油气分公司）

摘　要　东胜气田锦 30 井区致密低渗气藏多气层叠合发育区开发面临钻井工程成本高、废弃固液处理量大、经济开发效益低等问题，针对性开展了 6½″小井眼及丛式井眼钻完井技术研究。通过调研对比及理论分析确定了二开 6½″井眼×4½″套管完井的小井眼井身结构方案，同时通过理论计算、模拟研究、现场试验等优化确定了上提造斜点、降低井斜角的“直-增-稳”三段轨道设计、以 4″钻杆为主体的低循环压耗钻具组合、动态优化的高性能 PDC 钻头和钻井参数、低密度低黏度水泥浆体系、紊流-有效层流顶替流态等，同时针对丛式井组研究形成“一”字型井口排布方式及差异化防碰轨道设计等。2019~2021 年东胜气田锦 30 井区逐步推广应用小井眼及丛式井组钻完井技术，规模化应用 67 口井、20 个井组，2021 年实施井钻井周期较 2019 年缩短 44.7%，机械钻速较 2019 年提高 73.8%。

关键词　东胜气田；钻井；小井眼；丛式井组；轨道设计；钻具组合；井口排布

东胜气田锦 30 井区构造单元上位于鄂尔多斯盆地伊陕斜坡与天环向斜结合部，是华北油气分公司重点评价开发区域，2018~2020 年实施多口评价井，钻遇显示盒 1 段和山 2 段多套气层叠合发育，钻遇气层 3~4 套，气层厚度 9~20m，盒 1 段平均孔隙度 8.3%，渗透率 0.58mD，山 2 段平均孔隙度 8.3%，渗透率 0.67mD，为低孔-特低孔、低渗型气藏，局部断裂、裂缝发育，前期评价开发过程中面临钻井工程成本高、气层钻遇要求高、效益开发投资控制难度大等问题。对比同处于鄂尔多斯盆地的苏里格气田、苏南气田及长北气田等，其采用小井眼丛式井组、长水平段水平井等钻完井技术取得了较好的效果。针对锦 30 井区有利发育区多套气层叠合发育情况，论证确定采用直井/定向井丛式井组多层合采，前期常规 8½″井眼二级井身结构直井/定向井开发，一直存在钻井工程成本高、废弃固液处理量大、经济开发效益低等问题，结合锦 30 井区特点研究形成适应性的 6½″小井眼及丛式井组钻井技术，2019~2021 年现场规模化应用 67 口井、20 个井组，钻井周期缩短 44.7%，机械钻速提高 73.8%，钻井成本降低 20%左右。

1　小井眼及丛式井组钻完井技术

东胜气田前期成熟应用 8½″井眼二级井身结构钻完井技术，缩小井眼尺寸必然面临合理井身结构论证确定、提速钻具组合及钻井参数确定、小间隙固井技术优化等一系列问题，通过理论计算、数值模拟、现场试验等开展了井身结构论证、井眼轨道设计、提速钻具优化、降压提效固井、丛式井组钻井等技术研究，形成适应性 6½″小井眼及丛式井组钻井技术。

1.1　6½″小井眼井身结构论证

东胜气田锦 30 井区基于前期实钻井地层压力测试结果及测井资料，利用地层三压力经验计算模型建立了全井段地层三压力剖面，锦 30 井区自上而下为一套压力系统，见图 1，无异常高压或低压，实钻无明显必封点，前期采用 8½″井眼二级井身结构开发致密砂岩气藏已较为成熟。前人研究结果表明，随着井眼尺寸减小地层坍塌压力降低，即井眼尺寸缩小有利于井周地层稳定，降低安全钻井难度。综合以上分析，在保持二级井身结构条件不变条件下，二开井眼尺寸由 8½″进行缩小具有技术可行性。

依据井身结构设计标准，以满足安全快速钻井、提高储层固井质量、满足后期压裂改造为目标，初步确定二开采用 4½″套管固井完井或 3½″套管固井完井方式，并由此自下而上确定了两种小井眼井身结构设计方案，见表 1。

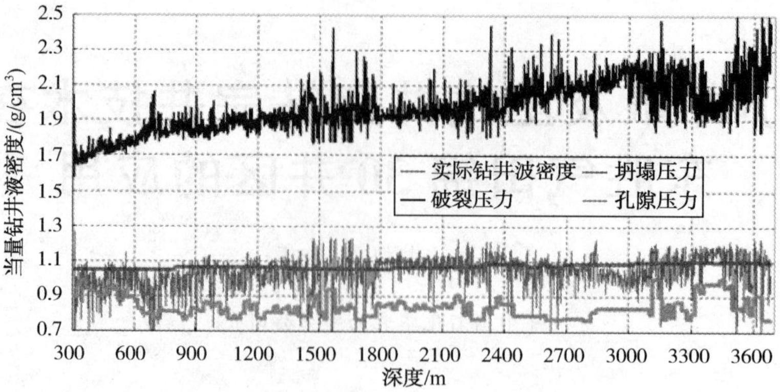

图 1　东胜气田锦 30 井区直井全井段地层三压力剖面

表 1　小井眼井身结构设计方案

开次	方案一	方案二
一开	Φ222.3mm($8\frac{3}{4}$″)井眼×Φ177.8mm(7″)套管	Φ241.3mm($9\frac{1}{2}$″)井眼×Φ193.7mm($7\frac{3}{4}$″)套管
二开	Φ152.4mm(6″)井眼×Φ88.9mm($3\frac{1}{2}$″)套管	Φ165.1mm($6\frac{1}{2}$″)井眼×Φ114.3mm($4\frac{1}{2}$″)套管

基于提出的两种小井眼井身结构设计方案，系统对比分析了钻井、压裂、采气等技术差异性，同时从后期管理及单井钻采投资方面开展了可行性分析。方案二压裂改造规模、后期排水采气等方面具有一定技术优势，且后期修井作业难度相对较小，但单井钻采投资相对较高，结合锦 30 井区提速降本、提高产量及排水采气需求，确定采用方案二，即 $6\frac{1}{2}$″小井眼二级井身结构设计方案。

表 2　不同小井眼井身结构方案技术及经济对比

方案	方案一	方案二
钻井	一开 $8\frac{3}{4}$″PDC+4″钻杆，二开 6″PDC+$3\frac{1}{2}$″钻杆 “直-增-稳”轨道设计、钾铵基储保钻井液 一次双凝全封固井或正注反挤全封固固井 7″×$3\frac{1}{2}$″×70MPa 套管头+35MPa 井控装置	一开 $9\frac{1}{2}$″PDC+5″钻杆，二开 $6\frac{1}{2}$″PDC+$3\frac{1}{2}$″或 4″钻杆 “直-增-稳”轨道设计、钾铵基储保钻井液 一次双凝全封固井或正注反挤全封固固井 $7\frac{5}{8}$″×$4\frac{1}{2}$″×70MPa 套管头+35MPa 井控装置
压裂	套管滑套压裂工艺、电缆桥塞分层压裂工艺 水基羟丙基瓜胶压裂液+陶粒 Φ88.9mm×N80(70MPa)+KQ65-70 型井口 压裂规模受限(排量 4~5 方/分钟)	套管滑套压裂、电缆桥塞压裂、连续油管带底封压裂 水基羟丙基瓜胶压裂液+陶粒 Φ114.3mm×P110(70MPa)+KQ65-70 型井口，连续油管 KQ103/65-70 型井口 压裂规模较大(排量 8~10 方/分钟)
采气	KQ65-35 型井口+Φ52.4mm 油管(2″) 泡排+井下节流+井口保温解防堵+防腐阻垢 后期井下作业难度相对较大	KQ65-35 型井口+Φ60.3mm 油管($2\frac{3}{8}$″) 泡排+井下节流+柱塞+井口保温解防堵+防腐阻垢 后期井下作业难度相对较小
管理	后期管理难度较大	后期管理难度较小
成本	单井钻采投资 740 万元	单井钻采投资 777 万元

1.2　$6\frac{1}{2}$″小井眼钻井技术

1.2.1　井眼轨道优化设计

华北油气分公司目前采用“米费制”结算模式，即单井钻井工程投资与进尺成正比，以“降低施工难度、缩短全井进尺”作为定向井“直-增-稳”三段制轨道优化目标，通过模拟计算不同造斜点、井斜角、造斜率下井眼轨道全井进尺及钻进摩阻，建立了造斜点、井斜角及造斜率与全井进尺、钻进摩阻的变化曲线，见图 2、图 3。造斜点、井斜角对全井进尺的影响较大，而造斜率对全井进尺的影响较小，且随着造斜点上移、井斜角减小，全井进尺缩短、摩阻降低，由此确定了上提造斜点、降低井斜角、合理设计造斜率的轨道设计原则，并确定井斜角 10°~25°(对应造斜点）、造斜率 3°/30m。统计分析了 2019～2020 年锦 30 井区多口定向井最大井斜角与机械钻速的相关性，随着最大井斜角的增大，机械钻速降低，即降低井斜利于提速，与轨道模拟优化结果一致，见图 4。

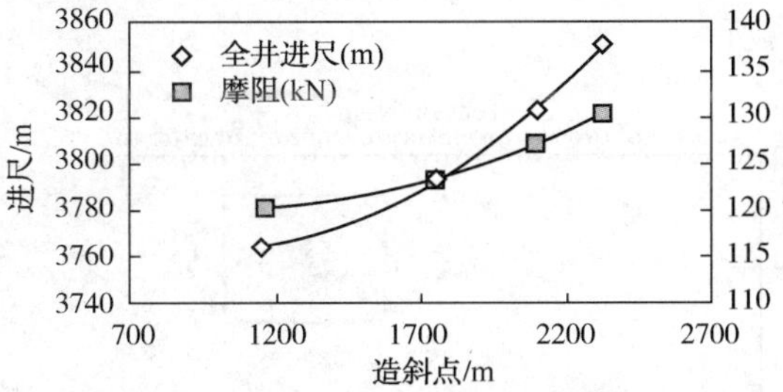

图 2　造斜点与全井进尺、钻进摩阻相关性曲线

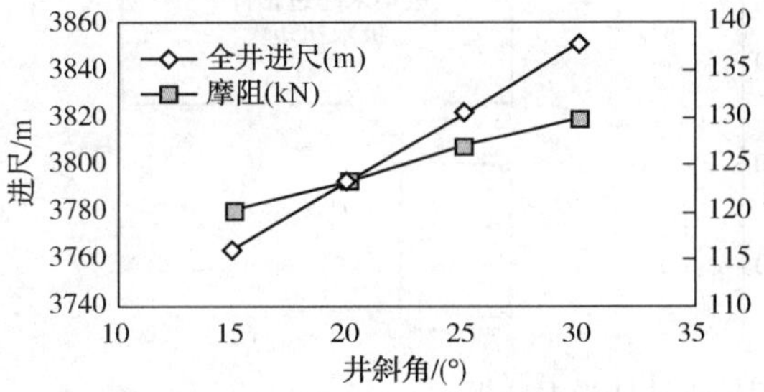

图 3　井斜角与全井进尺、钻进摩阻相关性曲线

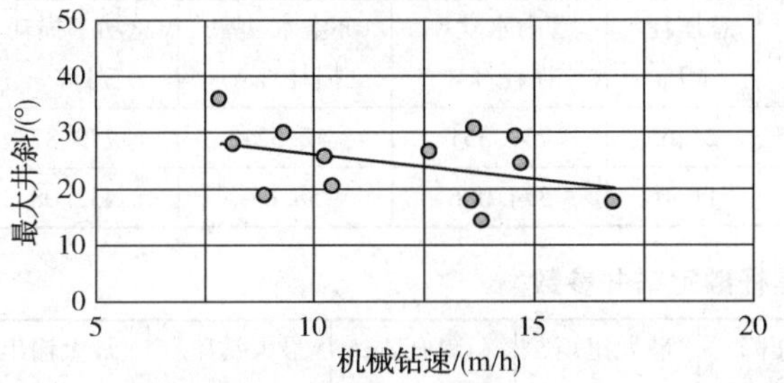

图 4　锦 30 井区定向井实钻最大井斜与机械钻速关系

1.2.2　钻具组合优化

通过调研苏里格气田及苏南气田小井眼井实钻钻具组合，结合东胜气田水平井三开 6″井眼应用钻具组合，确定二开 6½″井眼钻进可采用 4″或 3½″钻杆及对应的螺杆钻具。针对目前东胜气田常用的 G105 钢级 4″或 3½″钻杆开展抗拉、抗外挤及抗扭强度校核及模拟钻进能力分析，计算结果见表 3 及图 5。模拟计算初始条件：最大井斜角 20°、井径扩大率 7%、套管摩阻系数 0.25、裸眼摩阻系数 0.35；4″或 3½″钻杆+4″或 3½″加重钻杆+5″钻铤+5″无磁钻铤+Φ135/Φ127mm 螺杆+6½″钻头。从计算结果可明显看出，G105 钢级 4″或 3½″钻杆抗拉、抗外挤及抗扭均满足要求，且模拟钻进未发生螺旋屈曲或自锁。

表 3　G105 钢级 4″或 3½″钻杆抗拉、抗外挤及抗扭强度校核

参数	加重钻杆	钻杆	加重钻杆	钻杆
外径/mm	101.6	101.6	88.9	88.9
钢级	G105	G105	G105	G105
累重/kN	177.2	766.99	147.6	695.58
最大轴向拉力/kN		766.99		589.93
额定轴向拉力/kN		2175		1321
抗拉安全系数		2.84		2.24
最大外挤压力/MPa		37.14		37.14
抗挤强度/MPa		175.1		116
抗挤安全系数		4.71		3.12
接头紧扣扭矩/(kN·m)		17.64		17.64
抗扭强度/(kN·m)		45.3		27.26
抗扭安全系数		2.57		1.55

基于降低循环压耗、强化钻井参数、提高水功率等目的，模拟建立小井眼井钻进模型，模拟初始条件与前文一致，分别计算了临界携岩排量下采用 4″、3½″钻杆全井循环压耗及功率损耗，计算结果见表 4。3½″钻杆环空临界携岩排量 21.40L/s，4″钻杆环空临界携岩排量 19.58L/s。

从表 3 可看出，采用 4″钻杆钻进循环压耗及耗损功率较 3½″钻杆分别低 48%、46%，4″钻杆更有利于减低循环压耗、强化钻井参数、提高辅助破岩水功率。

综合 4″或 3½″钻杆钻进能力、循环压耗及水功率损耗，优选 G105 钢级 4″钻杆作为主体钻具。此外，针对螺杆钻具亦进行了优选，对比分析了适用于 6½″井眼的 Φ135mm 及 Φ127mm 螺杆钻井参数及钻压、扭矩传递情况等，见表 5，优选输出大输出扭矩、大输出功率的 135mm 螺杆。

1.2.3　钻头及钻井参数动态优化

基于东胜气田锦 30 井区岩心微钻头可钻性级值及测井曲线，建立岩石动静态可钻性级值计算模型，计算得到全井段岩石可钻性级值剖面，锦 30 井区刘家沟以深地层可钻性级值 5～7。初步优选攻击性及破岩能力较强的 PDC 钻头，2019 年现场应用后钻进稳定性较差，整体破岩钻进速度较低，采用加长刀翼、加密布齿，进而提高钻头破岩稳定性，2020 年现场应用后部分切削齿受冲击崩齿，钻头寿命受到影响，进一步优化切削齿倒角，同时减少刀翼数量，由五刀翼优化为四刀翼，进一步提升PDC钻头切削破碎岩屑能力(表6、表7)。

以提高钻具钻进能力为目标，基于大功率大扭矩 Φ135mm 等壁厚螺杆及4″钻杆开展不同钻井参数下模拟钻进及循环分析，结合钻杆强度、机泵条件，明确钻井参数强化范围：钻压60~100kN、排量17~25L/s、转速45~60r/min+螺杆转速。

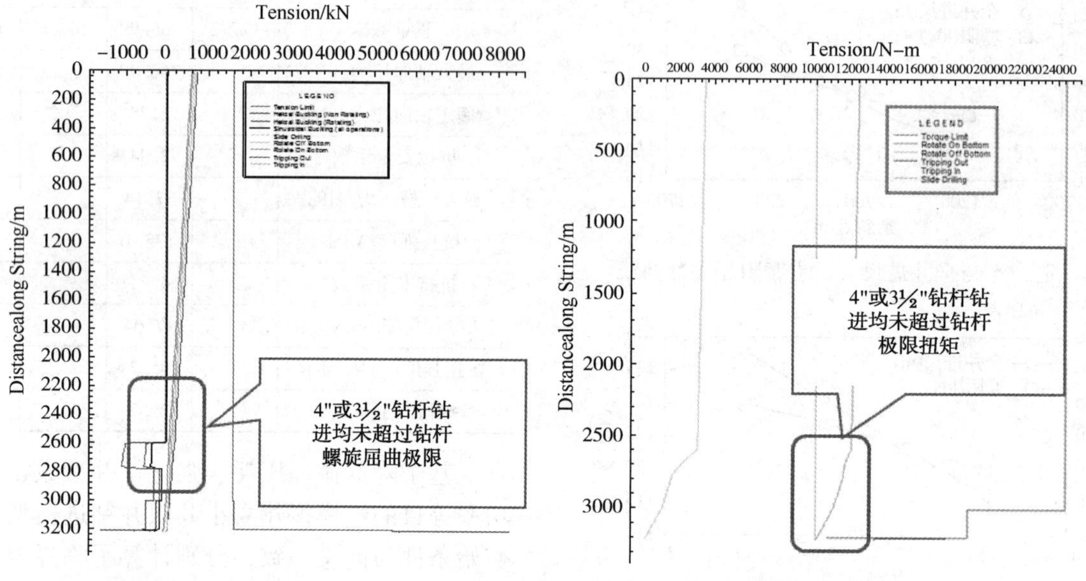

图5　G105钢级4″或3½″钻杆模拟钻进钻杆受力分析

表4　4″或3½″钻杆钻进全井循环压耗及功率损耗

钻头尺寸/mm	钻杆尺寸/mm	管柱内径/mm	环空间隙/mm	钻具内循环压耗/MPa	环空循环压耗/MPa	总压耗/MPa	管内水功率损耗/kW	环空水功率损耗/kW	总功率损耗/kW
165.1	88.9	70.21	43.88	19.64	2.01	21.65	737.351	42.521	779.87
165.1	101.6	84.8	37.53	8.73	2.43	11.16	374.006	58.07	432.08

表5　135mm及127mm螺杆额定钻井参数

钻具型号	外径尺寸/mm	排量/(L/min)	转速/rpm	最大压降/MPa	最大扭矩/(N·m)	钻压/kN	最大钻压/kN	最大输出功率/kW
7LZ135x7.0 L-5	135	757-1514	105-210	5.24	4990	50	100	107
7LZ127x7.0 L-7	127	516-1030	128-256	7.91	2829	49	100	85

表6　锦30井区小井眼井PDC钻头优化进程

钻头特点	双排中密度布齿 五刀翼浅排屑槽 短抛物线外形 直径16mm切削齿 弧形保径设计	双排高密度布齿 五刀翼深排屑槽 中等抛物线外形 直径16mm切削齿 长保径设计	双排稀齿四刀翼、内锥浅外锥深 直径16mm切削齿 上部井段切削齿倒角0.3°，下部井段切削齿倒角0.5°
应用情况	攻击性较强但稳定性较差，整体破岩钻进速度较低	加长刀翼、加密布齿，提高稳定性、耐磨性，部分切削齿受冲击崩齿	减少刀翼数量，优化切削齿倒角，提高冲击破碎能力

表7　锦30井区小井眼井钻井参数强化

强化前后	开次	直径/mm	钻压/kN	排量/(L/s)	泵压/MPa	转速/(r/min)
强化前	二开	165.1	60-80	20-23	17-20	45-55+LG
强化后	二开	165.1	60-100	20-25	17-25	45-60+LG

1.3 6½″小井眼固井完井技术

1.3.1 水泥浆性能参数优化

6½″井眼内下入 4½″套管与 8½″井眼内下入 5½″套管相比，在相同井径扩大率 7%（参考实钻井平均值）条件下，环空间隙及环空截面积分别减少了 31.7%及 46.4%，具体见表 8。初始试验 4½″套管固井最高施工压力接近 30MPa，环空水泥浆循环最大摩阻 1.62MPa，较 5½″套管固井最高施工压力及环空最大摩阻分别提高 12MPa、1.3MPa，不仅增大了现场施工风险，而且加大了环空压漏地层风险，基于此开展了水泥浆优化降低施工压力研究。建立了 6½″井眼内 4½″套管固井模型，模拟计算了开展不同密度及黏度的领浆模拟顶替压力，水泥浆密度变化范围 1.15~1.33g/cm³，黏度变化范围 14.55~90.54mPa · s，计算结果见表 9。结果表明，随着水泥浆密度降低、塑性黏度及屈服值减小，固井施工碰压值由 28.2MPa 降低至 23.7MPa，综合考虑降低水泥浆密度投资情况，确定水泥浆密度由 1.33g/cm³ 降低至 1.25g/cm³，黏度由 90.54mPa · s 降低至 28.68mPa · s，碰压值由 28.2MPa 降低至 24.5MPa。

表 8 8½″井眼与 6½″井眼对应套管下入环空间隙

钻头尺寸/mm	井径扩大率	井眼尺寸/mm	套管尺寸/mm	环控间隙/mm	环空截面积/mm²
215.9	7%	231.01	139.70	45.66	26586.45
165.1	7%	176.66	114.30	31.18	14249.64

表 9 不同水泥浆密度、黏度、屈服值下固井施工压力

水泥浆密度/(g/cm³)	塑性黏度/(mPa · s)	屈服值/Pa	碰压值/Pa
1.33	90.54	7.07	23.2↗28.2
1.27	55.65	6.14	21.6↗26.6
1.25	28.68	5.37	19.0↗24.5
1.15	14.55	2.77	18.7↗23.7

1.3.2 固井顶替效率提升

影响固井顶替效率的主要因素是顶替流态及套管居中情况，在水泥浆各项性能基本确定的情况下，决定顶替流态的主要因素是流动速度，即各类浆体的临界流速，国内外研究及实践结果表明，紊流顶替效果最好，其次为塞流，最后为层流。基于目前应用冲洗液、领浆及尾浆，通过理论计算确定紊流临界返速分别为 0.42m/s、1.35m/s、2.34m/s，正常钻进过程中环空最高循环速度为 1.25m/s 左右，结合现场采用的机泵条件，确定替浆排量为 1.0-0.3m³/min，即冲洗液紊流顶替+水泥浆有效层流顶替。

根据国内外研究及标准要求，套管居中度达到 67%时可有效提升顶替效果，以此为目标开展了不同扶正器加放方式下套管居中度模拟计算，同时兼顾考虑套管下入摩阻，尾浆井段与领浆井段分别按照 1 只/1 根、1 只/2 根、1 只/3 根加放方式进行组合，计算结果见表 10。尾浆井段段每 3 根套管加一只扶正器，其余井段每 5 根套管加一只扶正器，即可满足套管居中度达到 67%的要求，且套管下入摩阻仅为 10kN。

表 10 不同扶正器加放方式下套管居中度及套管下入摩阻

加放方式	尾浆井段	领浆井段	尾浆段居中度/%	中部井段居中度/%	上部井段居中度/%	扶正器总数/只	套管下入摩阻/kN
方式一	1 只/1 根	1 只/1 根	86.5~88	79~89	69~90	271	18
方式二	1 只/2 根	1 只/2 根	84~86	76~84	69~86	136	14
方式三	1 只/2 根	1 只/3 根	82~86	72~78	69~86	100	12
方式四	1 只/3 根	1 只/3 根	81~85	72~78	69~86	84	12
方式五	1 只/3 根	1 只/5 根	77~85	69~86	69~86	61	10

1.4 小井眼丛式井组钻井技术

基于锦 30 井区多层叠合区域分布情况，采用丛式井组开发模式，以节约井组整体投资、缩短全井组进尺、降低施工难度为目标，开展了丛式井组井口排布及丛式井组差异化防碰轨道设计研究。

1.4.1 丛式井组井口部署

从锦 30 井区多层叠合区域发布情况来看，单

一丛式井组最大井数在6~7口井左右，以此对比分析了单排井口排布与双排井口排布及施工方式，井口间距5m，井排相距66m，单排井口排布采用"一"字型排布，一台带滑轨钻机依次实施，双排井口排布采用双"一"字型排布，两台钻机相向依次实施，分别见图6及图7。对比分析了单排井口排布与双排井口排布模式下动用钻机、征地面积、施工周期、钻井投资等方面，见表11，单排井口排布虽然征地面积少、钻井整体投资低，但整体施工周期偏长，难以满足当年度新井产量贡献需求，因此综合考虑降低钻井投资及投产需求，推荐2~4口井丛式井组采用单排井口排布，5~7口井丛式井组采用双排井口排布。

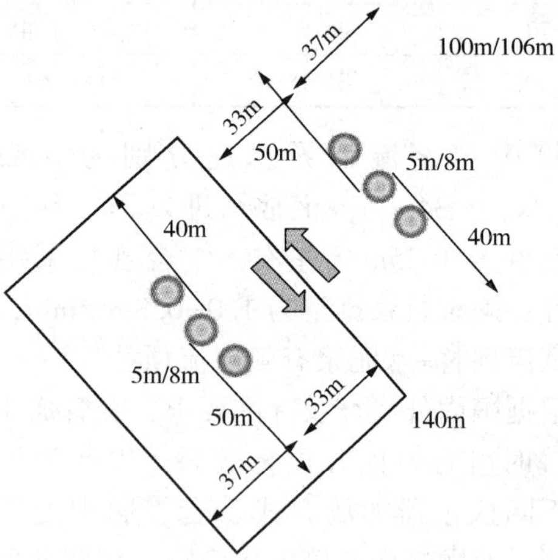

图6　双排井口排布及施工方式

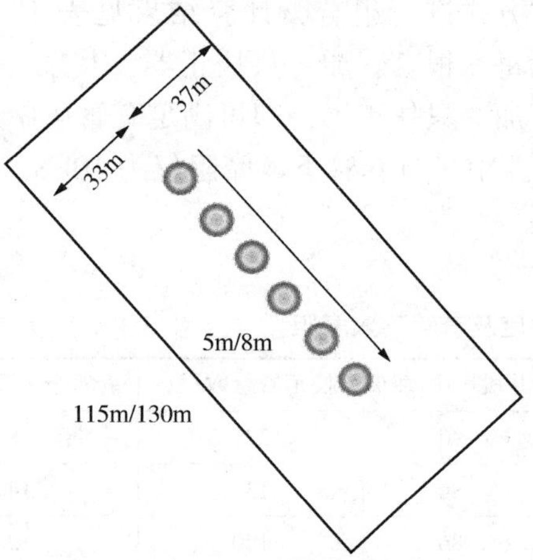

图7　单排井口排布及施工方式

表11　锦30井区6口井丛式井组单排井口排布与双排井口排布模式对比

井口排布类型	动用钻机	征地面积	施工周期	钻井投资
单排	1部	9100m^2	173d	3100万元
双排	2部	12600m^2	89d	3200万元

1.4.2　差异化防碰轨道设计

基于"1.2.1井眼轨道优化设计"研究结果，上提造斜点、降低井斜角有利于缩短全井进尺、降低施工难度、节约钻井投资，丛式井组差异化防碰轨道设计亦在此原则基础上结合丛式井组防碰行业标准进行了优化设计。丛式井组内小井眼定向井均采用"直-增-稳"三段制轨道设计，整体采用上提造斜点、降低井斜角(<25°)、错开造斜点30m以上的设计方案，地质工程结合优先部署实施靶前距短的定向井，即距离井场越近的井优先实施，同时根据井口及目的层靶点分布情况，按照水平投影连线最近且无交叉的方式匹配，某四井式井组轨道设计及井口排布模式见表12及图8。

表12　某四井式井组差异化防碰轨道设计结果

井号	造斜点/m	井深/m	垂深/m	井斜/(°)	方位/(°)	水平位移/m
①	725.74	3629.73	3568.02	12	359.68	591.34
②	2599.57	3587.87	3568.02	12	62.25	193.05
③	863.35	3650.17	3570.16	14	281.04	657.34
④	1886.96	3603.79	3568.02	12	189.27	344.52

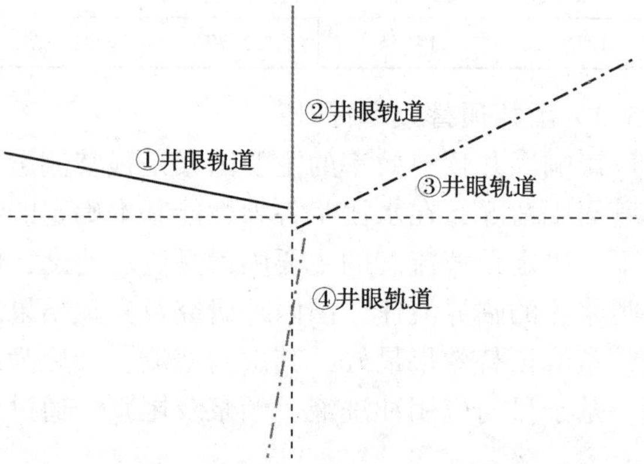

图8　某四井式井组差异化防碰轨道水平投影图

2　应用效果

2019~2021年，东胜气田锦30井区规模化应用6½″小井眼井67口，随着小井眼钻井技术现场应用逐步成熟，钻井周期大幅缩短、机械钻速大幅提升。2019年首批次实施6½″小井眼井12口，钻井周期较8½″井眼井缩短13.1%，机械钻速基本相当，2021年6½″小井眼井钻井周期缩短至15.89天，较2019年缩短44.7%，机械钻速提高至19.08m/h，较2019年提高73.8%(表13)。

表 13　2019~2021 年 6½″小井眼井钻井指标情况

年份	井型	井数/口	钻井周期/d	完井周期/d	机械钻速/(m/h)
2019 年	二开 8½″井眼	6	33.07	47.16	11.60
2019 年	二开 6½″井眼	12	28.75	41.06	10.98
2020 年	二开 6½″井眼	44	17.46	23.62	17.52
2021 年	二开 6½″井眼	11	15.89	23.76	19.08

6½″小井眼井不仅在钻井指标方面提升效果明显，而且在降低钻井投资方面也效果突出。基于“米费制”结算模式，6½″小井眼较常规 8½″井眼钻井液用量及固液废弃物处理量减少 27%，水泥浆用量减少 41%，同时在套管使用量及钻井工程米费单价亦有大幅降低，综合计算平均每米钻井工程费用减少 150 元左右，预计单井节约钻井工程投资 55 万元左右(表 14)。

表 14　2019~2021 年锦 30 井区 6½″小井眼井钻井工程投资节约情况

年份	平均井深/m	井数/口	总井深/m	米费金额/(元/m)	合计节约/万元
2019 年	3856.9	12	46282.8	150	694.2
2020 年	3708.0	44	163152.0	150	2447.3
2021 年	3629.5	11	39924.5	150	598.9
2019-2021 年小井眼总计节约钻井工程投资(万元)					3740.4

随着丛式井组钻井技术逐步成熟，丛式井应用比例逐步提升，2019 年锦 30 井区开发方案部署 17 口直井/定向井，其中丛式井组 3 个、丛式井 11 口，丛式井比例 64.71%，2020 年方案部署 34 口直井/定向井，其中丛式井组 10 个、丛式井 33 口，丛式井比例 97.06%，2021 年方案部署 12 口直井/定向井，其中丛式井组 7 个、丛式井 12 口，丛式井比例 100%(表 15)。

表 15　2019~2021 年锦 30 井区开发方案部署井数中丛式井占比

年份	井型	丛式井组数/个	丛式井数/口	方案部署井数/口	丛式井比例/%
2019 年	6½″井眼	3	11	17	64.71
2020 年	6½″井眼	10	33	34	97.06
2021 年	6½″井眼	7	12	12	100.00

3　结论

(1) 东胜气田锦 30 井区多层叠合发育区域，对比钻采技术及投资情况确定采用 6½″小井眼二级井身结构，通过理论计算、模拟分析及现场试验优化形成了以轨道优化设计、钻具组合优化、钻头及钻井参数动态优化、固井完井优化等为主体的小井眼钻完井技术，同时优化丛式井口排布方式及差异化防碰轨道设计，现场规模化应用后钻井指标获得显著提升，丛式井组应用比例逐年提升。

(2) 小井眼及丛式井组钻井技术可以大幅降低钻井投资，实现储层集约化开发，可以在同类致密低渗油气藏开发过程中推广应用，随着 3½″套管内大规模压裂技术及排水采气技术的逐步成熟，可以进一步探索二开 6″井眼+3½″套管固井完井模式，进一步降低开发成本。

参 考 文 献

[1] 史配铭，刘磊，杨勇．苏里格气田 Φ165.1mm 小井眼优快钻井技术[J]．石化技术，2020，27(09)：35-36.

[2] 杨静，涂福洪，霍如军，等．苏里格南区块小井眼钻井关键技术[J]．石油钻探技术，2021，49(01)：22-27.

[3] 李新强，王鹏，马红伟．靖南区块 4½小套管固井工艺技术[J]．内蒙古石油化工，2021，47(05)：95-98.

[4] 王清臣，张建卿，胡祖彪，等．长庆气田小井眼钻井液技术研究与应用[J]．钻井液与完井液，2020，37(06)：746-752.

[5] 贾佳，谢海涛，夏忠跃，等．神府致密气区块小井眼井改进研究[J]．石油工业技术监督，2021，37

(4)：6-10.
[6] 林海，伍葳．井眼尺寸对井壁稳定性影响研究[J]．科学技术与工程，2013，13(18)：5308-5311.
[7] 韩志勇．定向井设计与计算[M]．山东东营，中国石油大学出版社：192-205.
[8] 魏向辉，宋苏涵，张斌，等．小井眼 PDC 钻头+螺杆钻具提速技术研究[J]．设备管理与维修，2021(Z1)：20-22.
[9] 贾佳．提高致密气小井眼井固井质量技术研究[J]．承德石油高等专科学校学报，2021，23(01)：12-15+54.

东胜气田新召区块水平井体积压裂技术

梁志彬　李凌川　张　宇

（中国石化华北油气分公司）

摘　要　东胜气田新召区块储层存在强非均质性，水平井水平段存在渗流阻隔带。如何实现水平井水平段储量充分动用，是储层改造的关键。采用密切割多簇压裂设计方法，缩小缝间距，降低渗流阻隔带的影响。通过启动压力测试得到储层泄气半径，依据泄气半径优化压裂段长为71~83m，段内2~3簇，簇间距15~25m。根据极限限流理论优化射孔参数，2簇射孔孔密16孔/m，单簇1m；3簇射孔孔密10孔/m，单簇1m。根据储层物性参数，优化裂缝导流能力30μm^2·cm，支撑半缝长200~250m。新召区块采用密切割多簇压裂技术实施6口水平井，平均产量5.7×10^{4}m^3/d，是邻井的2.5倍。

关键词　水平井；渗流阻隔带；密切割；多簇；压裂

东胜气田新召区块是中石化华北油气分公司上产重要接替区，位于鄂尔多斯市新召地区，区内发育有一组近东西走向的三眼井断裂带，天然裂缝较为发育。新召区块主要开发层位为上古生界盒1段，储层埋深3500~3900m，盒1段主要为碎屑石英砂岩和石英砂岩。盒1段砂岩孔隙度主要分布区间5%~18.2%，平均8.32%，渗透率主要分布区间0.2~3.99mD，平均0.58mD，属于强非均质性致密低渗气藏。

新召区块储层具有强非均质性的特点，储层多心滩垂向叠置发育、横向交错发育，新召区块多心滩发育模式见图1，水平段易钻遇孔隙度、渗透率较低的储层，在启动压力梯度的影响下，泄气范围大幅降低，部分水平段甚至形成渗流阻隔带。

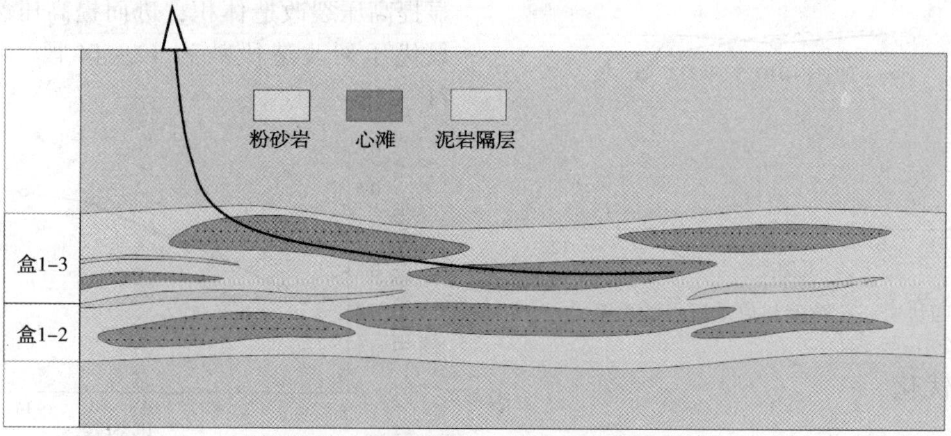

图1　新召区块多心滩发育模式图

为了降低非均质气藏渗流阻隔带对气藏渗流的影响，采用密切割多簇体积压裂设计方法，缩小缝间距，增大穿透渗流阻隔带的几率，并结合储层天然裂缝发育的特点，采用“低黏+高黏”混合水压裂技术，大排量施工利用低黏液体的强穿透性沟通天然裂缝，形成复杂缝网，大幅提高压裂改造体积及缝控储量。

1　启动压力测试

低渗透含水气藏气体渗流为低速非达西渗流，低渗气藏中气体渗流时存在启动压力梯度。启动压力梯度定义为作用在流体上的压差达到一定程度时，流体克服粘滞力开始流动时的压力梯度，气体启动压差为气体克服毛细管力，突破孔隙喉道处水膜的束缚，从静止到流动所需要的最小压力差。

影响启动压力梯度的因素很多，如岩心渗透率、束缚水饱和度和岩心的孔隙结构特征等都会对其产生明显的影响：渗透率越低，启动压力梯度越大；束缚水饱和度越高，启动压力梯度越大；岩心越致密，启动压力梯度越大。启动压力梯度的存在，增大了强非均质性致密低渗气藏的开发难度。

为测定新召区块启动压力梯度，选取4块岩心采用“增水法”在地层束缚水饱和度条件下测试其启动压力梯度，新召东井区平均含水饱和度48%。启动压力梯度测试结果见表1，4块岩心在储层条件下的启动压力梯度为0.0768MPa/m~0.0996MPa/m，启动压力梯度与孔隙度和渗透率成正相关关系(图2、图3)，在5MPa生产压差下，泄气半径为50~65m。

表1　岩心启动压力梯度测试结果

序号	岩心号	长度/cm	直径/cm	孔隙度/%	渗透率/×10^{-3}μm^2	含水饱和度/%	启动压力梯度/(MPa/m)
1	J152-50	5.354	2.470	11.25	0.801	48	0.0768
2	J152-52	5.264	2.466	10.02	0.556	48	0.0936
3	J152-44	5.270	2.466	10.98	0.447	48	0.0972
4	J152-10	5.298	2.470	8.71	0.308	48	0.0996

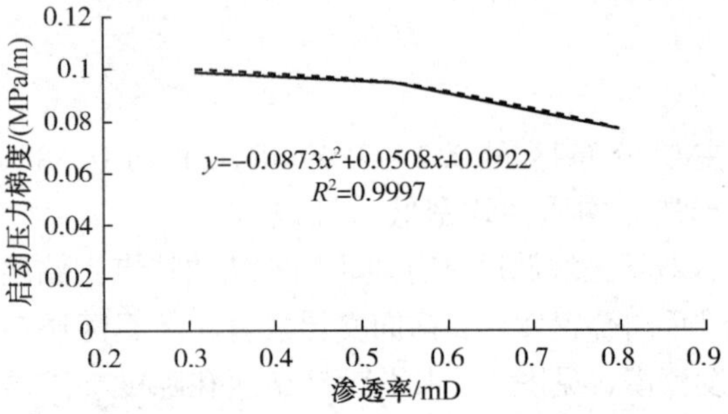

图2　四块岩心渗透率与启动压力的关系

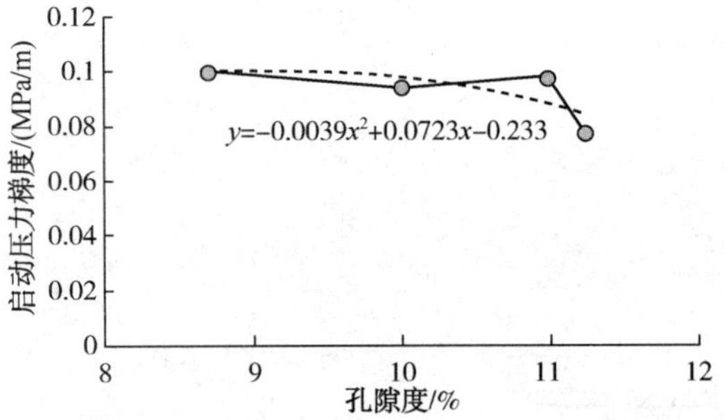

图3　四块岩心孔隙度与启动压力的关系

2　缝间距优化

水平井水平段在钻遇低渗透率储层时，在启动压力梯度的影响下，泄气范围大幅降低，形成渗流阻隔带，需要精细优化布缝位置及缝间距。

以新召区块水平井J30-9-XX为例，该井水平段长为1000m，水平段显示段长581m，水平段渗透率解释情况如表2所示，水平段渗透率低于0.1mD的长度达到600m。

表2　J30-9-XX井水平段渗透率解释情况

K≤0.01mD/m	0.01mD<K≤0.1mD/m	0.1mD<K≤1mD/m
419.0	181.0	398.0

模拟1000m水平段长情况下不同压裂段数裂缝扩展情况，并计算压裂改造体积(SRV)。由模拟结果可以看出(图4)，当压裂改造段数为6段时，压裂段长167m，此时压裂改造体积较小。随着压裂级数增加，压裂段长逐渐减小，压裂改造体积逐渐增长。压裂段数达到12段，压裂段长缩小至83m以后，改造体积的增长逐渐变缓，当压裂段数达到14段后，压裂段长缩小至71m，此时增大段数，压裂改造体积增加有限，裂缝间基本全部波及。由此可见，缩小压裂段长可以明显提高压裂改造体积，进而提高压裂改造效果，最优压裂改造段数为12~14段，压裂段长为71~83m。

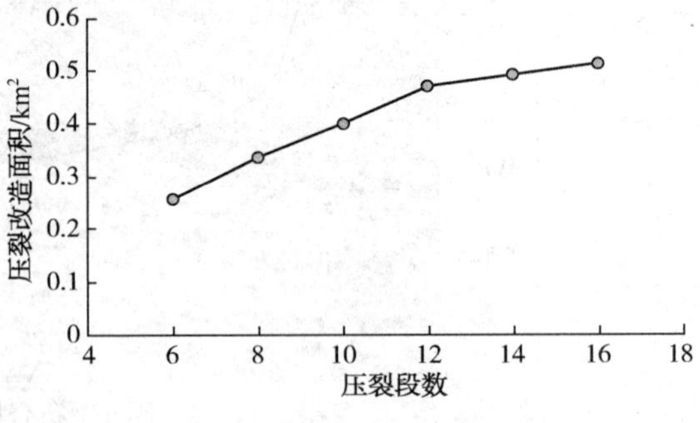

图4　不同压裂段数与改造体积关系图

在渗透率较低的水平段，同时由于启动压力的存在，泄气半径大幅降低，渗透率小于0.1mD时，5MPa生产压差下泄气半径仅25m左右，因此需要开展段内多簇射孔，以保证水平段长方向充分改造，实现水平段储量充分动用。根据压裂段长优化结果，单段射孔2~3簇，簇间距15~25m。

3 射孔参数优化

通过计算不同簇间距下诱导应力对破裂压力增加值(图5)，可以看出，随簇间距增大，诱导应力对破裂压力增加值影响急剧减小，当簇间距位于15~25m范围内时，破裂压力增加值位于1.5~4MPa之间。

射孔参数优化主要依据极限限流压裂理论，通过计算不同射孔参数下在不同排量下的孔眼摩阻(表3)，实现多簇压裂簇间均衡改造。

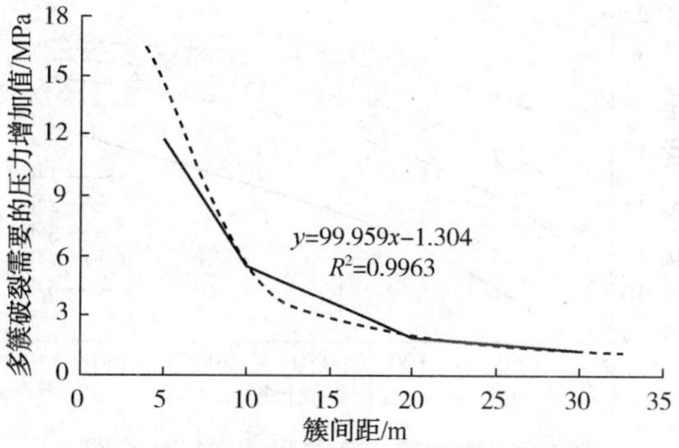

图5　不同簇间距对破裂压力增加值

表3　不同施工排量及孔眼数下的孔眼摩阻计算

总孔眼数目	20	24	30	36	42	48
排量/(m^3/min)	孔眼摩阻(MPa)/孔径10mm					
5.0	2.49	1.73	1.11	0.77	0.57	0.43
6.0	3.59	2.49	1.59	1.11	0.81	0.62
7.0	4.88	3.39	2.17	1.51	1.11	0.85
8.0	6.38	4.43	2.84	1.97	1.45	1.11
9.0	8.07	5.61	3.59	2.49	1.83	1.40
10.0	9.97	6.92	4.43	3.08	2.26	1.73
11.0	12.06	8.37	5.36	3.72	2.73	2.09
12.0	14.35	9.97	6.38	4.43	3.25	2.49

根据计算，在8~12m^3/min排量区间，10mm孔径条件下，单段总孔数在20~30孔可以达到孔眼摩阻在4.4~14.4MPa，达到限流效应，实现多簇射孔均匀起裂的目的。因此优化射孔参数：单段2簇，孔密16孔/m，单簇1m，施工排量8~10m^3/min；单段3簇：孔密10孔/m，单簇1m，施工排量10~12m^3/min。

4 压裂参数优化

新召区块主要目的层盒1储层物性参数如表4所示。

表4　新召区块储层物性参数

砂厚/m	孔隙度/%	渗透率/mD	含气饱和度/%	杨氏模量/GPa	泊松比
15	8.3	0.58	52	28.9	0.22

结合新召区块储层条件，计算得到盒1储层砂体厚度分别为5m和15m下的裂缝导流能力与累计产量的关系(图6)，裂缝导流能力大于30μm^2·cm后，累计产量增加变缓，因此优化裂缝导流能力为30μm^2·cm。

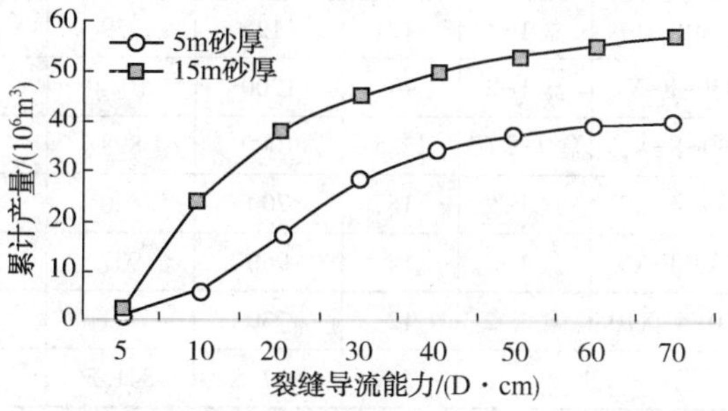

图6　盒1储层裂缝导流能力对单井累计产能的影响

通过模拟在裂缝导流能力30μm^2·cm不同裂缝长度下累计产量的变化规律(图7)，可以看出单井产量随裂缝长度增加而增加，但当缝长大于200m后，产量增加逐渐减缓，因此优化裂缝长度为200~250m。

通过模拟不同加砂规模下支撑裂缝半长的变化规律(图8)，单段加砂规模大于60m^3后支撑裂缝半长增加变缓，因此优化单段(单簇)加砂规模为50~60m^3，单段(2簇)加砂规模为80~90m^3，单段(3簇)加砂规模为110~120m^3。

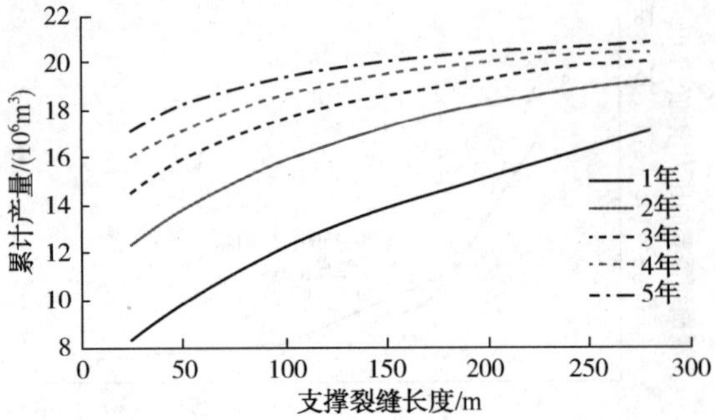

图7　支撑裂缝长度与累计产量关系图

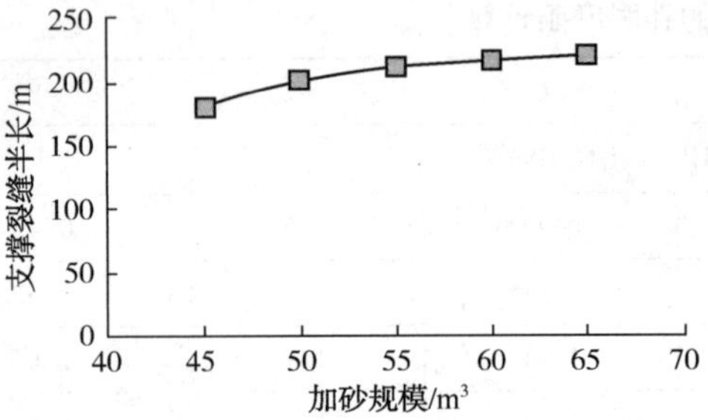

图8　加砂规模与支撑裂缝半长关系图

5　现场应用

东胜气田新召区块水平井采用多簇混合水体积压裂技术共应用6口水平井井，平均钻遇水平段长度952.5m，平均钻遇砂岩长度841.5m，平均单井压裂9.3段18.3簇(根据水平段实钻情况，部分段采用段内2~3簇射孔，部分段采用单簇射孔)，两向水平应力差为7~8MPa，采用大排量施工提高缝内净压力，利用混合水压裂低粘液体的强穿透性沟通天然裂缝，形成较为复杂的裂缝网络。单井平均液量7868.5m^3，单井平均加砂量775.2m^3，压后平均日产气量5.7×10^{4}m^3/d，是邻井常规压裂工艺的2.5倍，取得了较好的应用效果。

6　结论

(1)启动压裂梯度与渗透率相关性大，东胜气田新召区块在存在启动压力梯度的情况下泄气半径为50~65m，在渗透率较低的渗流阻隔带泄气半径仅为25m左右。

表5　新召区块多簇混合水体积压裂效果统计表

井号	层位	砂厚/m	水平段长/m	砂岩段长/m	平均全烃/%	压裂段/簇	排量/(m^3/min)	液量/m^3	砂量/m^3	油压/MPa	套压/MPa	日产气/(10^{4}m^3/d)
J30PxH	盒1-1	12	1125	979	9.9	11/22	8.0~11.4	8537	867	5.2	9.9	4.64
J30-8-X	盒1-2	18	1200	1014	13.5	10/15	8.0~10.0	6046	805.2	10.6	13	3.72
J30-8-X3	盒1-2+3	12.5	1000	898	14.5	10/17	9.0~11.0	7715	892	13.6	18.2	6.95
J30-4-X3	盒1-2	15	700	520	41.8	8/15	10	8862	645	14.3	23.2	7.95
J30-4-X9	盒1-3	14	960	937	31.0	10/27	8~12	8588	853.9	12.4	20.7	5.52
J30-4-X10	盒1-2	12	730	701	16.6	7/14	8~10.5	7463	588	15.8	/	5.56
平均		13.9	952.5	841.5	21.2	9.3/18.3	/	7868.5	775.2	12.0	17.0	5.7

(2)通过缩小压裂段长能够增加改造体积，1000m水平段长优化压裂改造段数为12~14段，压裂段长为71~83m，段内多簇射孔能够有效消除渗流阻隔带的影响，优化段内射孔2~3簇，簇间距15~25m。

(3)通过极限限流射孔能够保证多簇射孔均匀起裂，优化射孔参数：单段2簇，孔密16孔/m，单簇1m，施工排量8~10m^3/min；单段3簇：孔密10孔/m，单簇1m，施工排量10~12m^3/min。

(4)采用密切割多簇体积压裂设计方法降低非均质气藏渗流阻隔带对气藏渗流的影响，优化裂缝导流能力30μm^2·cm，支撑裂缝半长200~250m，加砂规模单段(单簇)为50~60m^3，单段(2簇)为80~90m^3，单段(3簇)为110~120m^3。

(5)东胜气田采用密切割多簇体积压裂技术实施6口井，压后平均产量5.7×10^{4}m^3/d，是邻井常规压裂工艺的2.5倍，取得了比较好的改造效果。

参　考　文　献

[1] 林永茂，尹琅，王兴文，等. 川西致密砂岩气藏水平井高效分段压裂技术及应用[J]. 广东石油化工学院学报，2019，29(04)：1-4.

[2] 吴凡，孙黎娟，乔国安，等. 气体渗流特征及启动压力规律的研究[J]. 天然气工业，2001(01)：82-84.

[3] 王昔彬，刘传喜，郑荣臣. 大牛地致密低渗透气藏启动压力梯度及应用[J]. 石油与天然气地质，2005(05)：698-702.
[4] 依呷，唐海，吕栋梁. 低渗气藏启动压力梯度研究与分析[J]. 海洋石油，2006，26(3)：51-54.
[5] 王道成，李闽，乔国安，等. 天然气启动压力梯度实验研究[J]. 钻采工艺，2007，30(5)：53-55.
[6] 张矿生，唐梅荣，陈文斌，等. 压裂裂缝间距优化设计[J]. 科学技术与工程，2021，21(4)：1367-1374.
[7] 祝铭辰. 多级压裂裂缝诱导应力优化计算模型[J]. 复杂油气藏，2019，12(04)：77-86.
[8] 卢宇，赵志恒，李海涛，等. 页岩储层多簇限流射孔裂缝扩展规律[J]. 天然气地球科学，2021，32(2)：268-273.
[9] 李扬，邓金根，刘伟，等. 水平井分段多簇限流压裂数值模拟[J]. 断块油气田，2017，24(1)：69-73.
[10] 马新仿. 水力压裂参数优化的解析方法[J]. 中国石油大学学报(自然科学版)，2011，35(1)：102-105.

第四篇　深层深水油气藏开发技术篇

近年来世界新增油气储量的60%来自深层，我国深层、超深层油气资源量高达671亿吨油当量，占全国油气资源总量的34%。深层和深水油气藏已成为我国油气新重大发现的主阵地。与常规油气藏开发技术相比，深层、深水油气藏开发的技术成熟度更低、发展意义更大，攻关难度更高，其研究和实践对我国开拓更多油气生产阵地，保障国家能源安全，具有重要的理论与现实意义。本篇结合我国四川盆地普光气田和威荣页岩气田、准格尔盆地南缘、渤海湾盆地、南海西部琼东南盆地等深层深水油气藏代表，从储层精细表征、超深井高效钻井、气藏安全高效稳产、深水气井水合物防治等方面开展了研究和应用。

深层礁滩相高含硫边底水气藏安全高效稳产关键技术

张纪喜　罗周亮　宿亚仙　卓色强　余启奎　彭　松

（中国石化中原油田分公司）

摘　要　通过“十一五”—“十三五”的持续攻关，普光气田基本形成了高含硫天然气田开发的理论及技术系列，建成了百亿立方米级的特大型高含硫气田，并连续12年保持安全高效与持续稳产。但经过十余年的持续高产稳产，气田开发中也反映出了纵向上储量动用差异大、边水侵入与硫沉积影响逐步显现等问题，需要持续攻关研究，延长稳产期。为此，通过完善深层礁滩相储层精细描述技术，形成低孔低渗储层有效动用技术对策；开展深层礁滩相气藏水侵前缘变化规律研究，建立气藏控(治)水技术对策。采用数值模拟方法开展储层中硫沉积动态变化规律及高含硫气藏气井产能变化规律等方面研究，为研究控(治)硫技术提供手段及依据。

关键词　边底水气藏；普光气田；礁滩相；水侵规律；硫沉积；动用对策

1　深层礁滩相储层内幕精细刻画及有效动用对策研究

1.1　低孔低渗台内滩储层精细预测技术

通过对取心段岩芯观察、薄片鉴定、物性分析、电性识别等基础研究，结合区域沉积背景特征以及前人的研究成果，完成四级层序下飞三段43口单井的沉积微相划分，并制作了沉积相连井剖面图和平面图。

（1）沉积相剖面能够很好的展示沉积相纵向演化与横向展布特征，在单井相分析的基础上，建立连井沉积微相对比剖面(图1、图2)。

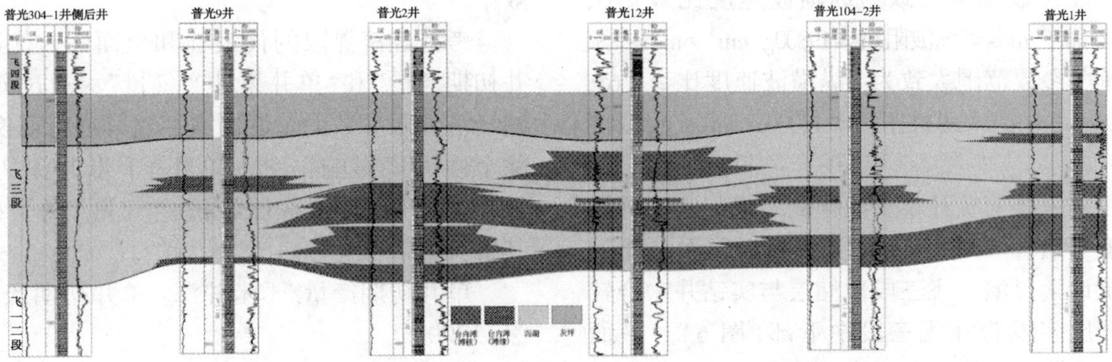

图1　PG304-1井-PG9-P104-2-PG1井沉积相对比剖面

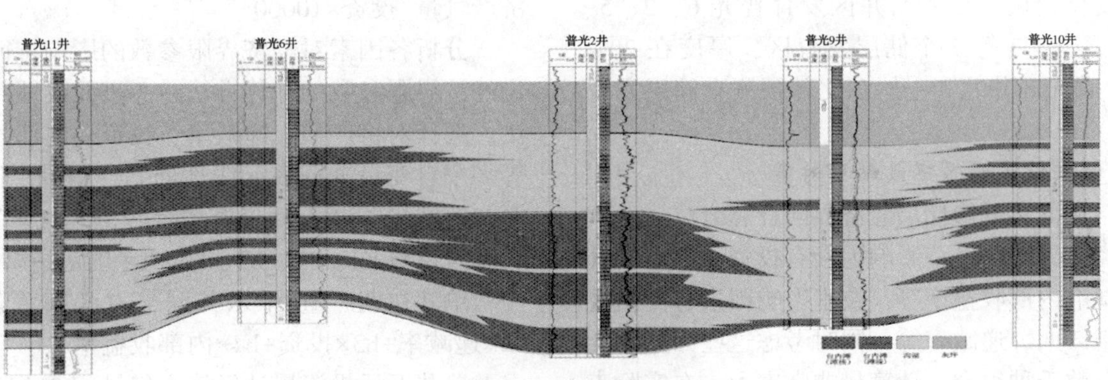

图2　P302-1井-P102-1井-PG1井沉积相对比剖面

(2) 沉积相平面展布特征

滩体面积变得很小且呈零星分布，主要以开阔台地台内滩形式存在，滩体主要为鲕粒滩或生屑滩沉积。其中，普光11-普光6井区为台地边缘滩的生屑滩沉积，台内鲕粒滩发育在普光2-普光12井区、普光10井区、普光1-普光4井区、普光2井区、普光5井区(图3、图4)；

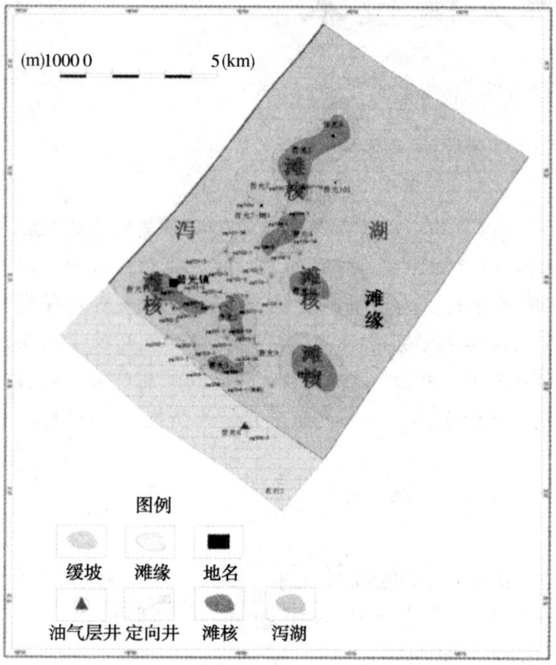

图3　TSQ_2 Ⅶ层序沉积相平面图

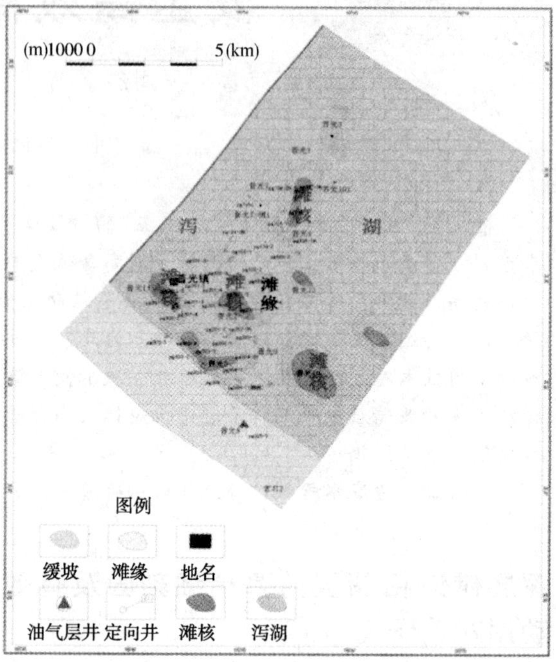

图4　TSQ_2 Ⅷ层序沉积相平面图

针对低孔低渗储层特征，开展岩石物理分析，构建相位旋转因子，新量版储层界限更清晰：白云岩的弹性参数范围大致为纵横波速度比≥1.83，14500g/cm^3 ∗ m/s≤纵波阻抗≤19800g/cm^3 ∗ m/s；灰岩的弹性参数范围大致为：纵横波速度比≥1.65，13000g/cm^3 ∗ m/s≤纵波阻抗≤18000g/cm^3 ∗ m/s(图5)；

井约束叠前统计学反演预测结果与实钻井统计厚度符合率85%。从储层预测剖面看，通过地质统计学反演，飞三段薄储层与实钻井吻合较好，储层多发育在飞三段中下部(图6)。平面看，飞三段储层展布厚度在0~50m，相对较薄，横向变化较快；在实钻井区发育普光6、2、5、10、12、4、3等7个储层发育区，厚度在20~50m；普光8井北和主体东北部预测有储层发育(图7)。

1.2　低孔低渗储层有效动用对策

(1) 低孔低渗储层经济界限计算方法

经济界限的经济影响因素有投资、成本、气价、基准内部收益率等，技术影响因素有产量规模、稳产期、递减率等，同时考虑这些因素的变化将有数千种组合，计算量非常庞大。在实际工作中，如何消除单一因素的影响，建立起一个误差小、使用方便的通用公式，将大大提高工作效率。

考虑经济界限的代表性和全面性，优选“单井初期产量”和“单井累计产气量”，通过分析影响经济界限参数的个性因素，对其进行变换，消除个性因素影响，引入单井“千米井深初期产量”和“万元投资累计经济产气量”两个概念，其中：

单井初期产量/千米井深=单井初期产量/井深×1000

单井万元投资累计经济产气量=单井累计经济产气量/投资×10000

分析各因素对经济界限参数的影响特征，确定经济界限参数的计算方法——多元线性回归方法。选择对稳产期、递减率、投资、内部收益率等多个自变量进行多元线性回归，得到“千米井深初期产量”和“万元投资累计经济产气量”表达式及其系数b0、b1、b2、b3、b4确定结果如下：

单井初期产量/千米井深=b0+b1×稳产期+b2×递减率+b3×投资+b4×内部收益率

单井万元投资累计经济产气量=b0+b1×稳产

期+b2×递减率+b3×内部收益率+b4×单井初期产量/千米井深。

具体见表1、表2。

应用该公式计算504-1H、108-1T井经济技术界限，与现场评价结果符合率达到90%以上。

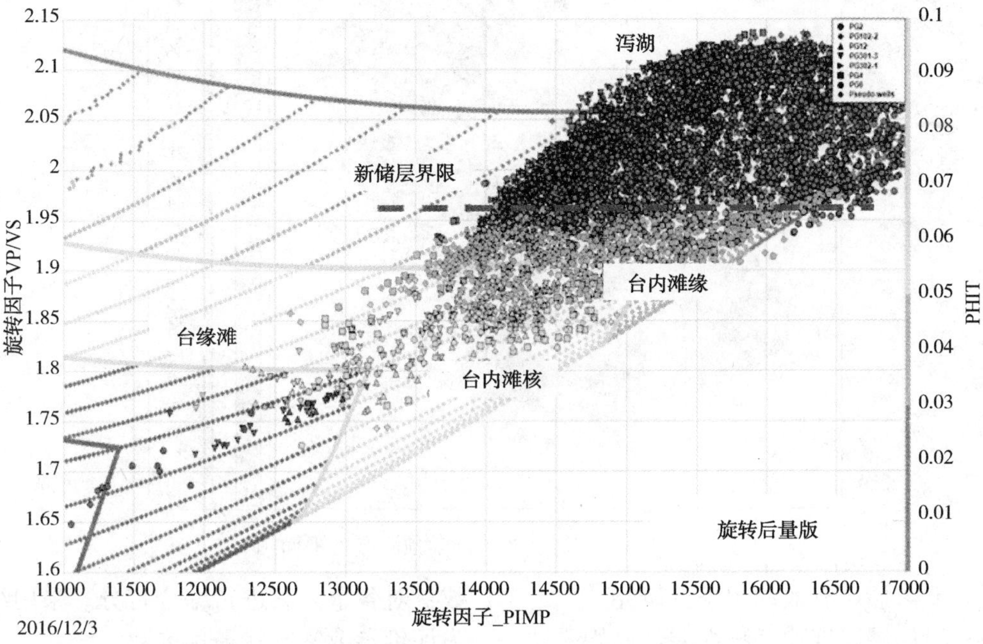

图5　普光主体飞三段岩石物理解释量版

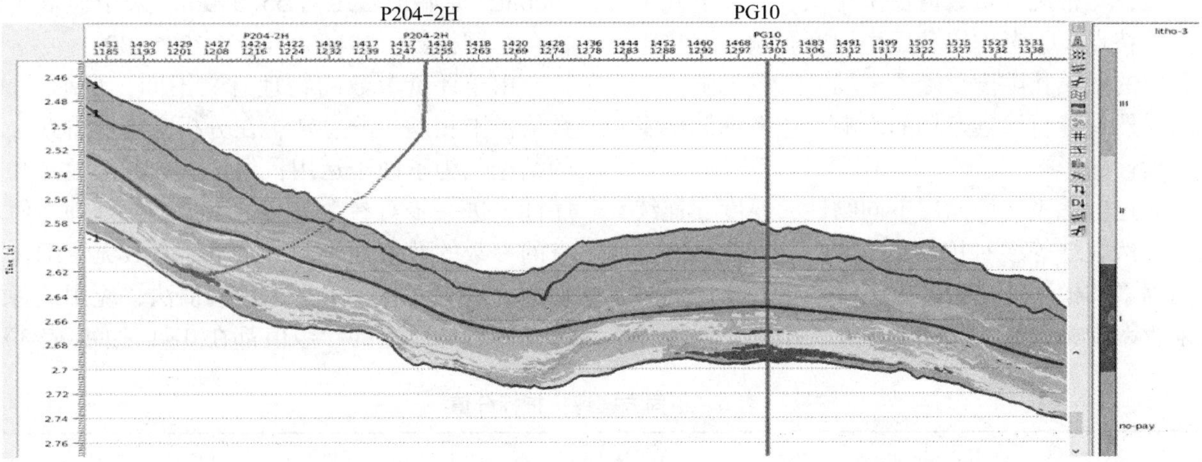

图6　飞三段低孔低渗薄储层地质统计学反演剖面图

表1　多元线性回归系数确定结果表

参数	b0	b1	b2	b3	b4
单井初期产量/千米井深	18.803	-0.048	0.181	-0.00081	0.087
单井万元投资累计经济产气量	2.155	0.079	0.012	0.045	0.156

表2　P504-1H、108-1T井经济界限确定结果对比表

井号	初期产量界限			经济极限累产量		
	现场评价	公式计算	符合率	现场评价	公式计算	符合率
108-1T	35.21	37	95%	10.17	9.5	93.4%
504-1H	31.27	30	96%	9.03	8.5	94%

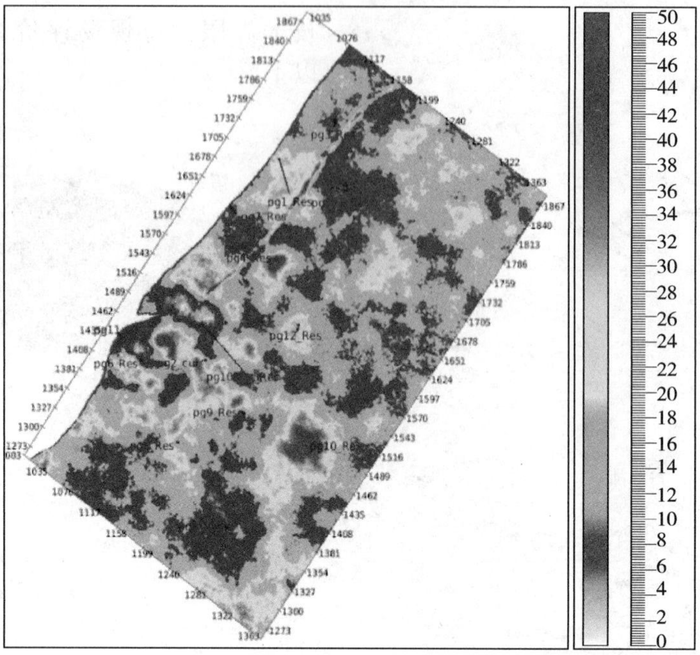

图7　飞三段储层地质统计学预测厚度平面图

(2) 低孔低渗储层有效动用条件研究

针对飞三段储层厚度薄、物性差、非均质性强等特点，建立了反映气藏地质特征的非均质数值模型，与常规气藏数值模型相比具有以下几个方面的特点：①考虑启动压力梯度影响；②呈正态分布的基质孔隙度、渗透率场；③考虑随机分布的天然裂缝对渗透率场的影响；④考虑储层发育连续性的影响。

通过考虑飞三段储层不同物性、厚度、连续性、天然裂缝等多种因素的影响，建立了25个不同因素的模型。模拟各方案平均单井累产气量及采收率指标，在此基础上建立一个综合评价指数，对各个方案进行综合打分。采用综合分值作为评价参数，寻找最优参数组合。

模拟工区范围16.1km×15.3km，顶面埋深4800m，原始地层压力55.0MPa。采用迪卡尔网格，总网格数：2946300=322×305×30。

由于评价参数的物理意义不同，量纲不同，数值范围相差十分悬殊，在分析时难以得到合理的结论。为了便于运用，保证参数的等效性和同序性，进一步对参数进行了无量纲化处理，使所有的参数的数值处于同一水平。参数无量纲化处理的方法有多种，本文采用阈值法，应用这种方法变换后，所有的参数值都在0~1之间(表3)。

表3　不同方案评价指标分值

分类评价参数	等级	Ⅰ	Ⅱ	Ⅲ
	评语	好	中	差
	分值区间	≥1.5	1.0~1.5	<1.0
储层孔隙度/%		≥4.0	3.5~4.0	<3.5
储层厚度/m		≥35	15~35	<15
裂缝网格占比/%		≥8	2~8	<2.0
裂缝/基质渗透率/倍		≥600	200~600	<200
非储层比例/%		<40	40~60	>60
连续区半径/m		≥400	200~400	<200
初期产量/(10^4m^3/d)		≥25	15~25	<15.0
累产气量/(10^8m^3)		≥8.1	5.0~8.1	<5.0
内部收益率/%		12~20	8~12	<8

该类参数的标准化方法为第 i 个参数值除以该项参数的最大值：

产量无量纲：$Eq_i=\frac{q_i}{q_{\max}}$

采出程度无量纲：$Er_i=\frac{r_i}{r_{\max}}$

综合评价指数为单项评价参数加权后求和：

$$M_i=Eq_i\times Wq+Er_i\times Wr \tag{1}$$

评价参数的权重通过该项参数变异系数除以所选 2 项参数变异系数的和求取：

$$W_q=\frac{\dfrac{\sqrt{\sum_{i=1}^{n}(Eqi-\overline{Eqi})^2/_n}}{\overline{Eqi}}}{\dfrac{\sqrt{\sum_{i=1}^{n}(Eqi-\overline{Eqi})^2/_n}}{\overline{Eqi}}+\dfrac{\sqrt{\sum_{i=1}^{n}(Eri-\overline{Eri})^2/_n}}{\overline{Eri}}} \tag{2}$$

$$W_r=\frac{\dfrac{\sqrt{\sum_{i=1}^{n}(Eri-\overline{Eri})^2/_n}}{\overline{Eqi}}}{\dfrac{\sqrt{\sum_{i=1}^{n}(Eqi-\overline{Eqi})^2/_n}}{\overline{Eqi}}+\dfrac{\sqrt{\sum_{i=1}^{n}(Eri-\overline{Eri})^2/_n}}{\overline{Eri}}} \tag{3}$$

在此基础上，采用二次回归模型构建综合参数与储层孔隙度(x_1)、非储层比例(x_2)、储层厚度(x_3)、连续区半径(x_4)等 4 个主要影响因素间的计算方程，并回归相关系数。

$$M_i=-1.9847+70.7950x_1+0.0108x_2-1.5358x_3+0.0049x_4+1.1756x_1x_2-0.1722x_1x_4+0.0028x_2x_3+0.0001x_2x_4-0.0009x_2^2-0.02452x_3^2 \tag{4}$$

根据上述计算方程，结合普光气田钻完井作业及生产运行成本，在目前经济技术条件依据 *Mi* 值大小将普光气田飞三段划分为三类目标区域。

一类：*Mi*≥1.5 主要位于滩核，新钻井具有较好的效益，开发潜力大。

二类：1.0≤*Mi*<1.5 主要位于滩缘内侧，满足新井经济界限，具有一定开发潜力。

三类：*Mi*<1.0 主要位于滩缘外围，达不到新钻井经济界限，潜力小。

根据单井模拟结果，对比 25 个部署方案，储层物性、连续性及储层厚度是影响气井产能的主要因素，天然裂缝对气井产能影响相对较小。

采用此方法综合评价普光飞三段 10 个井区有效动用储量 127.3 亿方。飞三段低渗层储层预测结果及以上综合评价指标结果，平面上一类区域有效区分布在普光 10、2 井区，二类区域有效区分布在普光 12、1、4、6 井区，三类区域有效区分布在普光 5 井区。评价三类目标区可有效动用低孔低渗层储量 127.3 亿方(表 4)。

表 4　普光飞三段井网方案优选模拟

序号	井区	面积/km²	厚度/m	孔隙度/%	M	井网评价			动用对策		可动用储量/(10^8m^3)
						控制	产出	动用程度/%	新井	措施	
1	普光 10	6.14	21.3	4.6	1.53	×	×	0	√		18.32
2	普光 2	4.27	19.7	5.8	1.68	√	√	100			15.35
3	普光 12	4.19	20.1	5.0	1.14	×	×	0	√		12.80
4	普光 1	4.83	17.3	4.8	1.08	×	×	0	注水		12.25

续表

序号	井区	面积/ km^2	厚度/ m	孔隙度/ %	M	井网评价			动用对策		可动用储量/ ($10^8 m^3$)
						控制	产出	动用程度/%	新井	措施	
5	普光 4	4.65	20.3	4.1	1.00	√	√	50.2		√	7.60
6	普光 6	3.51	16.2	5.8	1.08	√	×	0	√	√	10.44
7	普光 5	4.04	14.2	5.0	0.90	√	×	0		√	5.50
8	毛坝 4 块	3.84	25.0	7.2	1.76	×	×	0	√		20.44
9	大湾 1 块	5.54	13.2	5.2	1.01	√	×	0	√		11.21
10	大湾 2 南	4.90	17.8	5.1	1.12	×	×	0	√		13.35

2　边底水气藏水侵规律研究

2.1　水侵优势通道刻画

普光气田投产 4 年以后，普光 105-1H 井开始产出地层水，在随后的 3 年内陆续出现 5 口产水气井。从这 6 口气井的气水比与出水后累计产气量的关系图中可看出(图 8)，水气比上升特征呈现 2 种类型：一种为快速上升型，另一种为缓慢增加型。

水气比上升特征是水侵速度的直观反映。从地质角度出发及 6 口气井出水层段的平均渗透率及发育的裂缝数量对比表可以看出，可分为裂缝型、孔隙型两种水侵模式(表 5)。

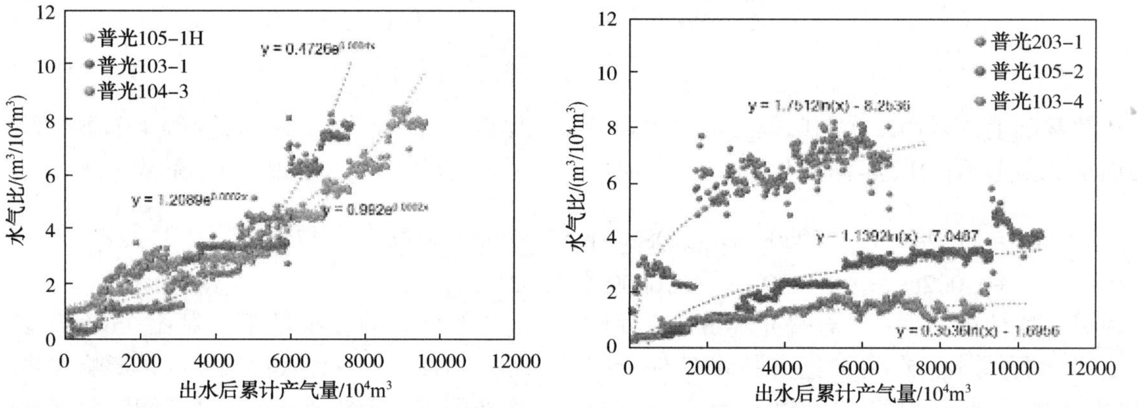

图 8　普光气田产水气井水气比变化图

表 5　产水气井出水层段渗透率及裂缝数量对比表

井号	渗透率/($10^{-3}\mu m^2$)		裂缝数量/条		水气比上升速率/ ($m^3/10^4m^3/d$)	水侵模式
	TSQ_1Ⅲ	TSQ_1Ⅳ	TSQ_1Ⅲ	TSQ_1Ⅳ		
普光 103-1	2.51	0.19	34	21	0.021	裂缝型水侵
普光 104-3	8.4	2.72	47	/	0.023	
普光 105-1H	1.9	0.69	58	9	0.018	
普光 203-1	0.49	3.31	/	3	0.008	孔隙型水侵
普光 105-2	2.09	3.64	12	10	0.007	
普光 103-4	1.42	0.68	7	9	0.005	

分析已知储层渗透率和裂缝发育数量是影响水侵的两项主要因素，在这二者共同作用下，渗流能力强的区域即为水侵优势通道。为此，我们同时考虑储层渗透率及裂缝的综合影响，提出了双因素水侵通道因子 γ

$$\gamma=\alpha_k \cdot K_D+\alpha_f \cdot f_D \qquad (式 2-1)$$

采用灰色关联法求得储层渗透率和裂缝密度的权重系数分别为 0.22、0.78。

基于产水气井的水侵通道因子值 γ，综合考虑水侵类型以及水气比上升速率，将水侵通道划分为三个级别：当 $\gamma \geq 0.6$ 时为一类高渗带，以Ⅰ、Ⅱ类储层为主，裂缝发育；当 $0.3 \leq \gamma < 0.6$ 时为二类高渗带，以Ⅱ类储层为主，裂缝较发育；当 $\gamma < 0.3$ 时为非高渗带，以Ⅲ类储层为主，裂缝基本不发育(图 9、图 10)。

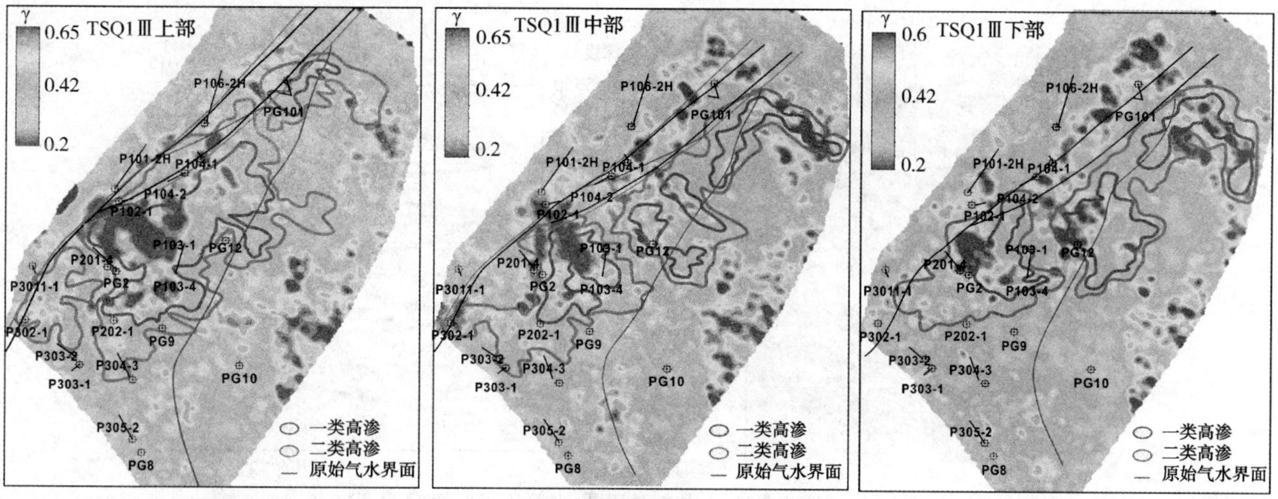

图 9　TSQ1Ⅲ层序高渗条带展布图

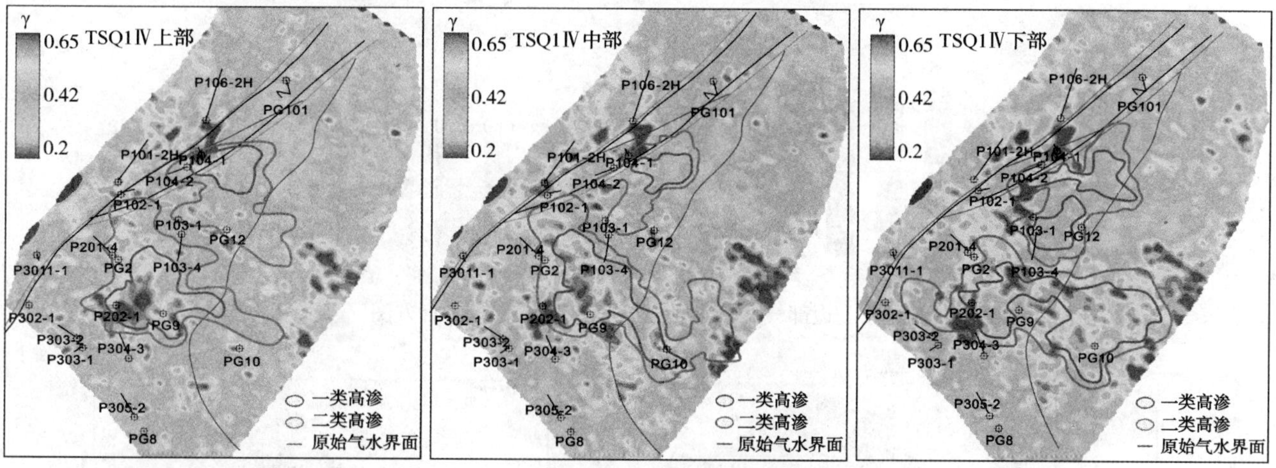

图 10　TSQ1Ⅳ层序高渗条带展布图

2.2　四维地震识别水侵前缘空间分布

在地震数据识别气水界面方法优选的基础上，利用普光气田两期采集地震数据，开展不同时期气水界面在纵向上各个四级层序的空间分布及动态移动特征分析，同时结合叠前地震数据裂缝定量预测成果，并立足于气水界面推进规律分析及控制因素研究，形成一套适合普光气田的时移地震监测气水界面识别、预测及定量评价技术。

(1) 气水识别地震属性优选

基于一致性优化处理的时移地震数据，结合生产动态资料，沿边部水侵气井井轨迹提取地震属性，分析分类地震属性识别水侵井段适用性，优选地震振幅属性，确定气水界面地震(属性)响应特征。

通过两期对比，认为第二期地震资料振幅能量在水侵层段 5750m 附近位置明显变弱，变化率约为 20%(图 11)。

提取边部多口气井两期地震振幅比值，对比显示已水淹的普光 103-1、103-4、104-3、105-2 井两期振幅比值大于 1.3；处于气水前缘的普光 103-2、104-1、105-1H 振幅比值较高；其他没有水淹井两期阻抗比值接近 1(图 12)。

(2) 气水界面地震识别

以 TSQ1-3 层序为例，利用时移地震叠后振幅属性分析的方法，分析边部井区水侵范围、水侵路径等特征。

利用2003年采集地震数据振幅值除以2016年采集地震数据，即两期地震振幅属性的比值，结合前面方法分析，就可以分析、确定TSQ1-3层序的水淹区、气水前缘区的大致范围及水体推进的方向(图13)。

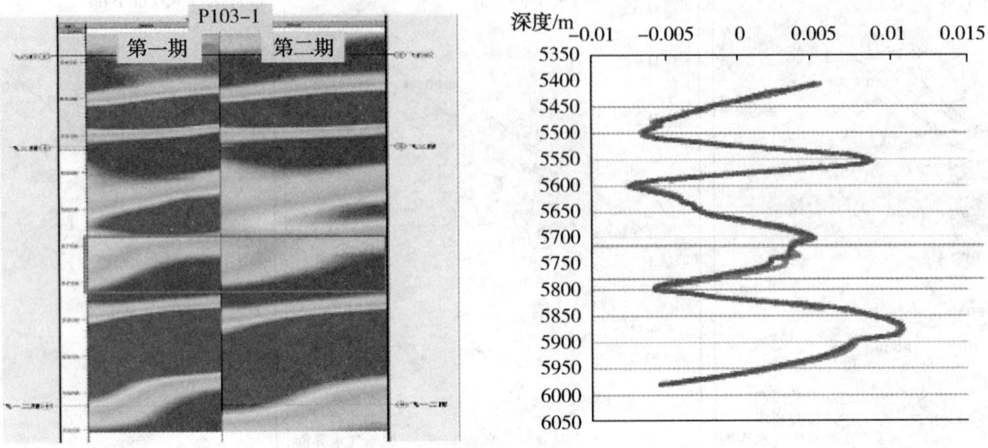

图11　过普光103-1井轨迹两期地震数据振幅对比图

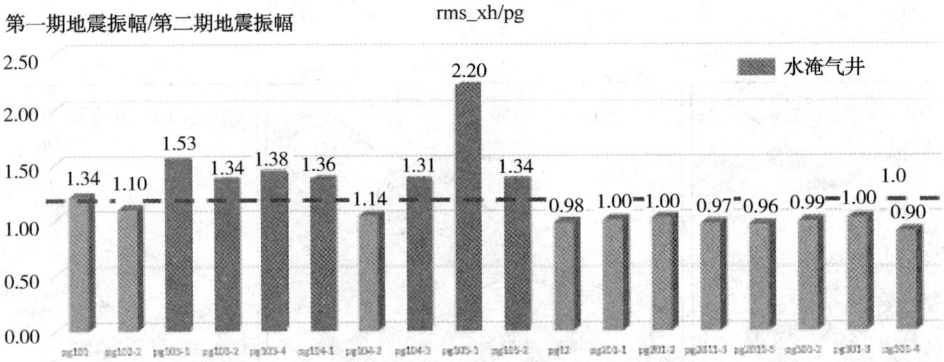

图12　边部气井两期地震数据振幅比值对比直方图

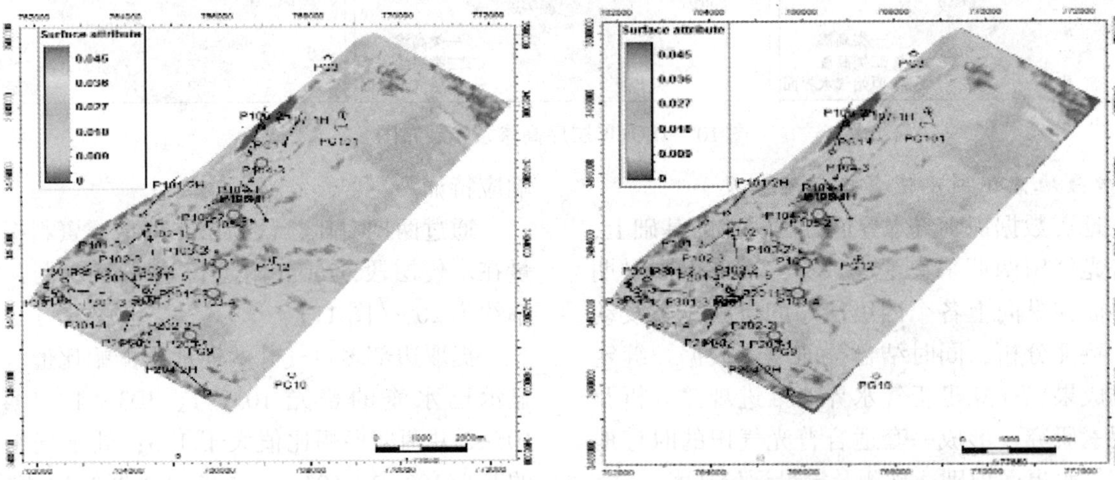

图13　主体边部TSQ1-3层序第一期(左)、第二期(右)地震RMS振幅值

分析TSQ1-3层序地震属性比值平面图，结合边部5口气井见水的动态现状。静、动结合，标定认为数值大于1.3为水淹区，介于1.2~1.3为气水前缘区。结合深化地质研究成果，边水由普光12井区向西有南、北两个水侵路径：向北由103-1井区向105-2、104-3，向南由103-4向203-1(图14、图15)。

结合前期典型层序分析，认为TSQ1-Ⅲ层序是主要水侵层，水侵范围主要在 P103-104-105-107 井区，气井产出状况好、与边水连通好、高渗带发育面积大。TSQ1-Ⅳ层序主要水侵范围在构造南部 P203-204 井区。TSQ1-Ⅴ、Ⅵ层序边水整体推进，局部突进不明显。

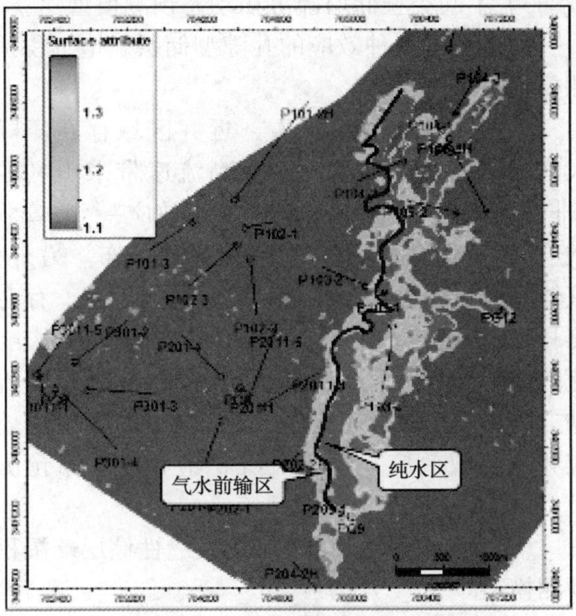

图 14　边部 TSQ1-3 层序水侵前缘区分布图

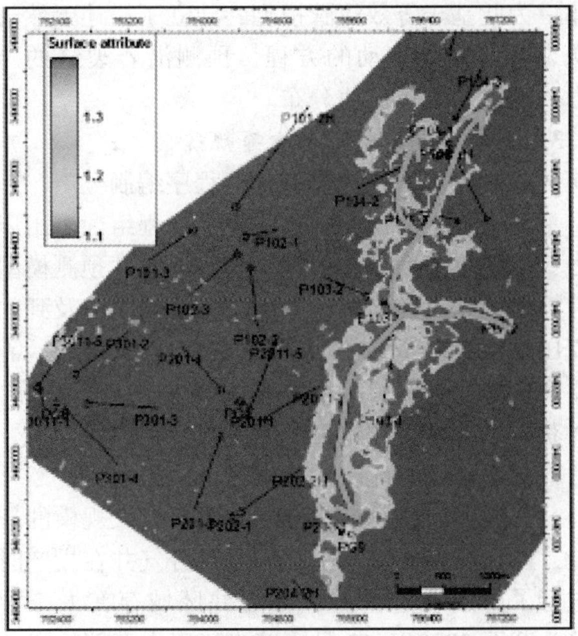

图 15　边部 TSQ1-3 层序水侵路径

3　高含硫气藏硫沉积分布规律研究

3.1　高含硫气藏硫析出与沉积机理

1）高含硫气藏单质硫析出条件确实

高含 H_2S 天然气中单质硫的初始含量、饱和状态、临界析出条件以及在不同温度压力下的溶解度，是研究硫沉积问题的重要基础参数。

（1）单质硫含量测定

原始状态下未饱和溶解单质硫的气藏，单质硫初始含量存在较大差异，并且与压力、温度、埋深、H_2S 含量等因素没有明显的相关性，基于井下气样检测是获取该参数的唯一途径。利用从普光 104-1 井和毛坝 502-1 井取得的井下气样，测得单质硫含量为 0.1~0.39g/Nm^3（图 16）。

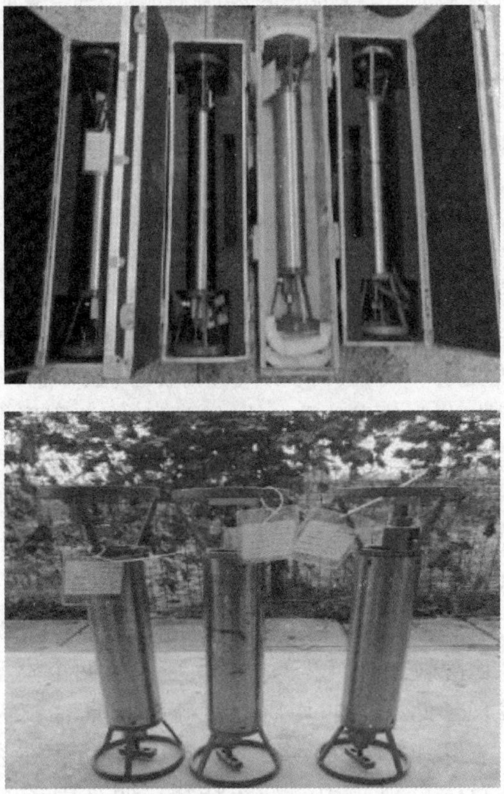

图 16　普光 104-1（左）和毛坝 502-1（右）井下气样

（2）储层中硫临界析出压力确定

采用改进的色谱法测试了地层温度、不同压力条件下酸气中硫的饱和含量，采用线性插值法求得普光气田地层中单质硫临界析出压力 19.2~21MPa。截至 2020 年 12 月，普光气田地层压力 26~32MPa，高于储层中单质硫的析出压力，表明地层中尚未发生单质硫析出和沉积现象（图 17）。

（3）储层中单质硫析出相态确定

采用高温高压单质硫熔点测试装置，测定普光气田酸气中单质硫的凝固点。普光气田主体地层温度高于 120℃，地层中析出的单质硫为液态；大湾和毛坝气藏地层温度在 90~110℃，地层中析出的单质硫为固态（表 6）。

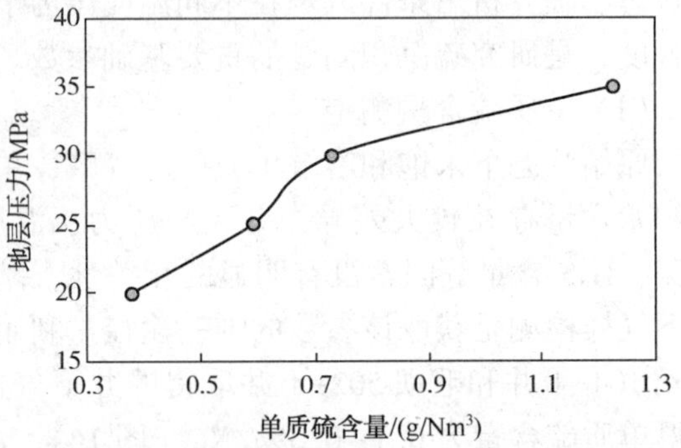

图17　普光104-1井下气样单质硫饱和含量变化曲线

表6　单质硫凝固点测试结果表

压力/MPa	65	55	45	39	33	23
凝固点/℃	118.65	116.99	115.23	114.25	113.37	112.1
压力/MPa	17	11	5	3	0.5	
凝固点/℃	111.52	111.42	111.91	112.4	114.25	

(2) 高含硫气藏硫沉积特征

利用微观渗流可视化装置，开展储层中硫沉积微观分布实验，揭示气体-液态硫、气体-固态硫在岩心多孔介质中的微观运移、沉积形态及分布特征：一是固态硫、液态硫主要分布在岩心相对疏松的裂缝、大孔隙中，大部分微孔隙没见到固态硫、液态硫沉积。二是在裂缝和基质共存区域，固态硫、液态硫沉积优先沉积在裂缝中，固态硫、液态硫沉积主要发生在气体易流动区域，压降较快，沉积易发生。三是对两个模型分析发现，储层的非均质性对硫沉积具有较大影响。裂缝和基质共存条件下，硫优先沉积在裂缝中，总体呈现非均匀分布特征。四是固硫沉积时，单质硫逐渐聚积，最终将会在狭窄孔道处形成桥塞，堵塞部分孔道，导致严重的渗流能力伤害；而液硫沉积时，当沉积量达到一定饱和度后可以流动。

3.2　储层硫沉积分布预测模型

为准确描述开发中后期储层硫沉积动态分布特征、评价对气井产能的影响，创新开展储层硫沉积伤害渗流实验，综合考虑近井区域温降、压降、高流速、非平衡等渗流特征，建立了高含硫气藏储层硫沉积动态分布预测模型。

1) 普光气田高含 H_2S 天然气中单质硫溶解度预测模型

基于硫溶解度实验测试数据，建立适用于普光气田的硫溶解度预测模型，为结合硫的实际含量预测不同条件下的硫析出量提供简单、实用的工程计算手段。

2) 储层硫沉积渗透率伤害评价经验模型

采用现场取得的不同渗透率的岩心，测试不同硫沉积饱和度条件下的渗透率，定量评价硫沉积对储层渗透率的伤害规律及程度。

3) 不同类型储层硫沉积动态预测模型建立

(1) 考虑多种效应的孔隙型储层硫饱沉积预测模型

从气体渗流理论来看，近井区域存在压降大、流速高两个显著特征，高流速带来不利的“非达西效应”，同时也能引起正效应—“毛管数效应”，它们共同影响硫饱和度的分布。另外，气体具有可压缩性，在近井地带降压膨胀，存在焦耳-汤姆逊冷却效应，会导致温度改变，影响硫的溶解度。为此，我们从 Forcheimer 非达西流动方程出发，综合考虑近井区域焦耳-汤姆逊效应和毛管数效应，建立硫沉积饱和度分布预测模型。

(2) 基于等效流管模型的裂缝性储层硫沉积预测模型

对于天然裂缝发育的储层，我们所关心的重点是与井筒相连的较大裂缝中的气体的流动规律，为此基于等效流管模型，建立了描述天然气从裂缝向井筒流动的方程，预测沿着裂缝的压力、温度及气体流速分布。

3.3　高含硫气藏硫沉积分布规律

(1) 硫沉积预测模型计算程序编制

联合建立的饱和度预测模型方程组，求出压力、温度、速度分布，再结合硫溶解度预测模型计算硫饱和度径向分布。由于方程组中涉及到的高压物性等多个参数均是压力、温度的函数，需要耦合迭代求解，基于 VB6.0 编制了计算程序，并获得了软件著作权(图18)。

(2) 储层中硫沉积分布特征

普光气田飞一二段储层并不发育大规模的裂缝，以孔隙型储层为主，但是部分气井在投产时进行了酸压改造措施，在近井区域存在人工裂缝。截至2020年12月，普光气田中高部位气井的平均地层压力为26.4MPa，高于单质硫的临界析出压力，目前地层中尚未发生硫析出和沉积现象。为了摸清地层压力下降到临界析出压力以下后储层硫沉积分布特征，利用建立的方法和编制的程序，从中高部位气井中选取 P201-2(孔隙型)、P302-1 和 P2011-5(人工裂缝)等典型气井开展储层硫沉积饱和度分布预测及影响因素分析(表7)。

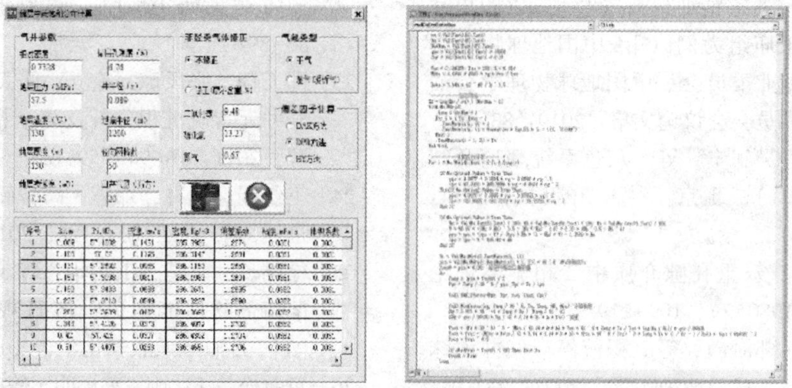

图18　径向硫沉积饱和度分布预测程序界面及部分代码

表7　典型气井参数汇总表

井号	目前地层压力/MPa	地层温度/℃	产层厚度/m	渗透率/mD	孔隙度/%	泄流半径/m	裂缝半长/m	平均日产气/(10^4m^3/d)
P201-2	26.5	128.3	111.5	13.92	6.24	950	/	55.58
302-1	27.2	128.9	105.4	10.03	6.02	945	52.0	57.8
2011-5	28.8	128.1	255.4	9.75	6.76	950	49.6	92.2

3.4　高含硫气井井筒硫沉积分布预测

当前普光气田地层中尚未发生硫沉积现象，然而井筒中硫沉积问题已经显现并且呈现加重趋势，为了给井筒解硫堵提供依据，开展了高含硫气井井筒硫沉积分布预测研究。基于井筒温度压力动态分布预测，结合用于硫溶解度预测的Chrastil热力学模型，建立高含硫气井井筒硫析出预测模型，提出硫沉积的判断准则。从井筒中硫颗粒和硫液滴的受力情况出发，分别建立基于连续携液理论和颗粒动力学的硫液与硫颗粒运移沉积模型，用于计算硫液滴和硫颗粒被携带出井筒所需要的临界流速和临界产量，指导高含硫气井合理配产和制定工艺制度。

(1)井筒温度-压力剖面计算

普光气田不同压力温度下硫溶解度实验测试结果表明，影响硫溶解度的主要因素是温度和压力。因此，在高含硫气井生产过程中，准确计算高含硫气井井筒温度、压力剖面，对井筒硫沉积预测极为重要。

由质量、动量和能量守恒及其井筒传热理论，考虑非烃影响，建立高含硫气井井筒温度压力耦合计算数学模型。在建立模型时作如下假设：油套管同心；气体在井筒作一维稳定流动；从井筒到第二界面的传热为一维稳态传热，从第二界面到井筒周围地层的传热为一维非稳态传热；井筒和周围地层中的热损失是径向的，不考虑沿井深方向的传热；地层温度沿线性变化，地温梯度已知。

(2)井筒中单质硫析出与沉积预测

由高含硫气井井筒温度压力耦合计算可得到沿高含硫气井井筒压力和温度剖面，采用Chrastil硫溶解度预测热力学模型，并将模型转化为温度和压力函数的关系，获得硫在高含硫天然气混合物中沿井筒不同位置的溶解度，一旦硫的溶解度小于高含硫天然气中的含硫量，即超过载硫气体的溶解度，就势必导致硫的析出，这样可以大致判断井中硫是否会析出以及析出的大概部位，为高含硫气井井筒硫沉积防治奠定基础。

参考文献

[1] 李国峰，刘洪升，张国宝，等.ZD-10暂堵剂性能研究及其在普光气田酸压中的应用[J].河南化工，2012，29(3)：23-26.

[2] 黄霞，程礼军，李克智，等.川东北地区碳酸盐岩储层深度酸压技术[J].天然气与石油，2012，30(3)：40-44.

[3] 李根生，沈忠厚，彭烨.自动旋转喷嘴的理论研究[J].石油学报，1995，16(4)：148-153.

[4] 代成建.小直径旋转喷枪酸化解堵技术研究[D].北京：中国石油大学(北京)，2016.

[5] 曾桃，郑永建，李跃林.复杂断块油藏优势通道识别与定量描述——以涠洲12-1油田北块6井区为

例[J]. 石油地质与工程，2016，30(4)：92-95.

[6] 王紫笛，林煜，何傅为，等. 基于动静态资料分析的深部碳酸盐水侵通道精细刻画技术——以四川盆地磨溪主体区龙王庙组为例[C]//中国地球物理学会油气地球物理专业委员会. 中国地球物理学会油气地球物理专业委员会会议论文集：2019：83-86.

[7] 刘思峰，杨英杰，吴利丰，等. 灰色系统理论及其应用(第七版)[M]. 北京：科技出版社，2014：63-112.

[8] 陈钟祥，刘慈群. 双重孔隙介质中二相驱替理论[J]. 力学学报，1980(2)：109-119.

[9] 耿新中，赵先进，郭海霞，等. 积液停产气井泡沫排液诱喷复产工艺[J]. 钻采工艺，2004，27(1)：58-59.

[10] 贾浩民，李治，张耀刚，等. 气举排水采气工艺技术研究及应用[J]. 石油化工应用，2010，29(12)：35-38.

[11] 陈大钧，郭东旭，邓英江，等. 液态双酚F型环氧树脂在堵水中的作用探讨. 精细石油化工进展 2011，12(1)，5-8.

[12] 陈连喜，张惠玲，雷家珩，环氧树脂潜伏性固化剂研究进展. 化工新型材料(7)，27-27.

[13] 杨学锋，黄先平，钟兵，等. 高含硫气体中单质硫溶解度实验测定及计算方法研究[J]. 天然气地球科学，2009，20(3)：416-419.

[14] 罗勤，涂振权，姬忠礼. 高含硫天然气中元素硫含量测定的影响因素分析[J]. 天然气工业，2012，32：95-98.

[15] 刘建仪，刘敬平，李丽，等. 含硫气井新型溶硫剂研究与评价[J]. 应用化学，2013，42(3)：401-403，409-331.

[16] 尹伟，法焕宝，鲜晓红，等. 气-质联用仪外标法定量分析的实验教学探索[J]. 实验科学与技术，2014，12(1)：13-14，33.

[17] 梅海燕，张茂林，孙良田，等. 气—液—固三相相平衡计算[J]. 石油与天然气化工，2003，32(5)：269-271.

[18] 陈磊，李长俊. 基于BP神经网络预测硫在高含硫气体中溶解度[J]. 石油与天然气化工，2015，44(3)：1-5.

[19] 王颖，施雷霆，舒政. 高含 H_2S 气藏硫溶解度的关联和预测研究[J]. 断块油气田，2007，14(4)：57-59.

[20] CHRASTIL J. Solubility of solids and liquids in supercritical gases [J]. Journal of Physical Chemistry, 1982, 86(15): 3016-3021.

[21] ROBERTS B E. The effect of sulfur deposition on gas well inflow performance [J]. SPE Reservoir Engineering, 1997, 12(02): 118-123.

[22] 欧成华，胡晓东，万红心. 含硫气藏元素硫沉积及预防对策研究[J]，钻采工艺，2005，28(6)：86-89.

[23] 邵天翔，张凤琼，徐立，张袁辉. 川东地区高含硫气井元素硫沉积分析及防治措施探索[J]. 中外能源，2011，16(9)：59-62.

[24] 王红娟，诸林，郑蓉. 高含硫气藏硫沉积防治措施进展[J]. 天然气与石油，2012，30(3)：30-33.

[25] 徐国玲，王慧，王振华，等. 高含硫气井新型胺类溶硫剂的性能研究：溶硫规律和再生性能(上)[J]. 石油与天然气化工，2015，44(5)：82-85.

[26] 黄雪松，汪沈阳，郭远明，等. 高含硫气井新型胺类溶硫剂的性能研究：腐蚀性、配伍性和现场应用(下)[J]. 石油与天然气化工，2015，44(6)：70-75.

[27] 黄雪松，魏星. 高含硫气田溶硫剂的研究与应用[J]，石油与天然气化工，2012，44(1)：58-61.

[28] 张广东，等. 新型低毒低刺激溶硫剂的研制及评价[J]. 应用化工，2014，43(3)：412-416.

[29] 李晶明，李圭甲. 含硫天然气开发中的硫溶剂(上)[J]. 天然气工业，1991，11(3)：73-77.

[30] 王晓页，王奎升，王风祥，等. 非均匀地应力下套管变形和整形复位分析[J]. 石油矿场机械，2009，38(005)：9-14.

[31] Han W. M., Yan Y. F., Yan X. Z. Uncertainty and sensitivity analysis of in-situ stress in deep inclined strata[J]. Geotechnical and Geological Engineering, 2020, 38: 2699-2712.

[32] 韩伟民，闫怡飞，闫相祯. 基于广义Kelvin模型的非定常盐岩蠕变模型[J]. 中南大学学报(自然科学版)，2020，051(005)：1337-1349.

[33] 马海志. BP神经网络的改进研究及应用[D]. 东北农业大学，2015. 8-15.

[34] 吴姗，郭利杰. 基于模糊聚类及BP神经网络的采矿方法选择研究[J]. 中国矿业，2016，25(z2)，281-285.

[43] 李伟，戴文新，关乃佳，等，以大孔容TiO2和大孔容Al2O3为混合载体的加氢脱氮(HDN)催化剂的研究[J]. 燃料化学学报，2000，28(4)：352~355.

[44] 张义玲，赵双霞，等，低温Claus尾气加氢催化剂浅析[J]. 硫酸工业，2010，3：43-46.

[45] 谭伟雄，张志虎，马猛，等. X射线元素录井与测井结合识别碳酸盐岩岩性[J]. 录井工程，2017，28(4)：12-15，21.

[46] 何素文，杨春文，李爱润，等. RMT测井资料处理解释软件开发及应用[J]. 测井技术，2012，36(2)：170-174.

准噶尔盆地南缘高泉复杂深井安全高效钻井关键技术研究

周双君[1]　赵　利[1]　于德成[1]　王　雷[2]　王　青[3]

（1. 中国石油集团西部钻探工程有限公司钻井液分公司，2. 中国石油集团西部钻探工程有限公司克拉玛依钻井分公司，3. 中国石油集团西部钻探工程有限公司钻井工程技术研究院）

摘　要　准噶尔盆地南缘勘探与开发潜力巨大，该地区地层倾角大、非均质性强，地应力和地层压力高、压力系统复杂，导致钻井复杂事故频发，严重制约了区域油气勘探与开发。通过开展精细控压、油基钻井液等技术应用，完成了高泉构造带GT1、G101和G102井钻探任务。分析表明，精细控压技术能够科学改善多套压力系统下安全密度窗口过窄问题，油基钻井液抑制泥岩水化、提高复杂地层井壁稳定性。研究结果为准噶尔盆地南缘深井钻探提供借鉴，加快勘探步伐。

关键词　复杂地层；压力预测；精细控压；油基钻井液

准噶尔盆地南缘区域内油气聚集构造多，勘探与开发潜力巨大，是盆地油气资源的重要接替区。随着下组合构造的开发，深井与超深井已经成为准噶尔盆地南缘油气开发的重要手段。但是受构造运动影响，该地区山前断褶带和冲断带并存，地层倾角大、非均质性强，地应力和地层压力高、压力系统复杂，导致钻井过程中溢、漏、塌、卡等事故频繁发生，钻井速度慢、钻井周期长，严重制约了南缘地区的油气勘探与开发。针对此，结合井筒压力控制机理、井壁失稳机制以及钻井液技术和准噶尔盆地南缘多口深井及超深井实钻经验，开展了准噶尔盆地南缘高泉复杂深井安全高效钻井关键技术研究，并进行了应用效果分析。研究结果可为准噶尔盆地南缘复杂深井钻井提供借鉴，提高钻井效率，加快勘探步伐。

1　准噶尔盆地南缘地区钻井难点

1.1　地质特性

准噶尔盆地南缘储层埋藏深，地质条件复杂，主要体现在：

（1）地层倾角大，自然造斜率高。准噶尔盆地南缘为北天山山前构造带，从区域构造展布看，西部为山前断褶带，东部为山前冲断带；从区域构造样式看，背斜带与向斜带并存且层数较多。地层倾角大，地层自然造斜率高，上部地层倾角达50°~70°，下部地层倾角逐渐平缓，但也达到20°以上，地层非均质性强导致自然造斜率高，断层、夹层多，地层软、硬交错频繁。

（2）地层压力系统复杂，高低压间断出现。准噶尔盆地南缘地层压力系统复杂，复杂地层安集海河组为异常高压，安集海河组以上地层为正常压实地层，地层压力基本上属正常压力系统。进入紫泥泉子地层后，地层压力呈下降趋势，到白垩系或侏罗系地层压力又有升高。

（3）层理发育地层破碎，且部分层段水敏性强。塔西河、安集海河泥岩砂岩互层，层理发育地层破碎，且粘土矿物含量较高，水化能力较强。岩心测试实验结果表明，安集海河组地层蒙脱石含量达70%，沙湾组、塔西河组地层伊蒙混层含量为50%~60%，所以水敏性极强。

1.2　钻井难点

根据南缘地层特点分析，结合实钻资料，分析总结出南缘钻井存在以下难点。

（1）地层压力预测不准确，合理井身结构设计难度大。

构造运动使压力系统复杂，地层压力预测不准确，合理井身结构确定困难多，上部–中部组合地质条件限制了套管层次调整，必封点多。下部组合地层压力系统变化大，容易导致同一裸眼段高低压力系统并存，平衡地层孔隙压力及坍塌压力与防止漏失的矛盾十分突出，安全密度窗口狭窄，使得井漏频繁发生。

（2）水敏性地层易垮塌，钻井过程中井壁稳定难度大。

塔西河、安集海河等层组水敏性强，水化后易膨胀，导致钻井过程中井壁极容易大面积坍塌，进而造成阻卡频繁；破碎地层硬脆性泥岩微裂缝发育，且本身强度低，钻井液滤液浸泡后容易剥落。已钻井井下复杂统计数据表明，破碎性地层的掉块阻卡和层理面错动阻卡是准噶尔盆地南缘阻卡的主要形式。

2　主要钻井技术研究

2.1　地层压力预测与控制

通过测井资料相关数据，基于有效应力定理对于地层压力进行了预测，如图 1 所示。结合准噶尔盆地南缘高泉区域已钻井及井下复杂统计，明确了该区域不同井深处的必封点：500m 处封隔地标松散砾石层；安集海河组存在异常高压，三开采用油基钻井液施工，需封隔上部砾石层与高低压过渡带；白垩系与侏罗系存在异常高压，需在钻穿紫泥泉子后封隔上部复杂地层，确立了四开井身结构(图 2)，以 G101 井为例。

2.1.1　地层压力预测

南缘地区地质构造复杂，下组合地层压力预测困难，施工 4 口井预测地层压力与实钻偏差达到 21%~28%，G102 井预测地层压力系数 1.95，实际钻井液密度 2.34g/cm^3。结合钻前地层压力预测，开展随钻地层压力监测。

2.1.2　随钻地层压力监测

Project 地层压力监测软件，集成现场钻井、录井资料综合评价地层压力，较 DC 指数法评价地层压力变化划分更为精准，并且可以计算地破压力和坍塌压力，对现场指导更更加科学和精细(图 3)。

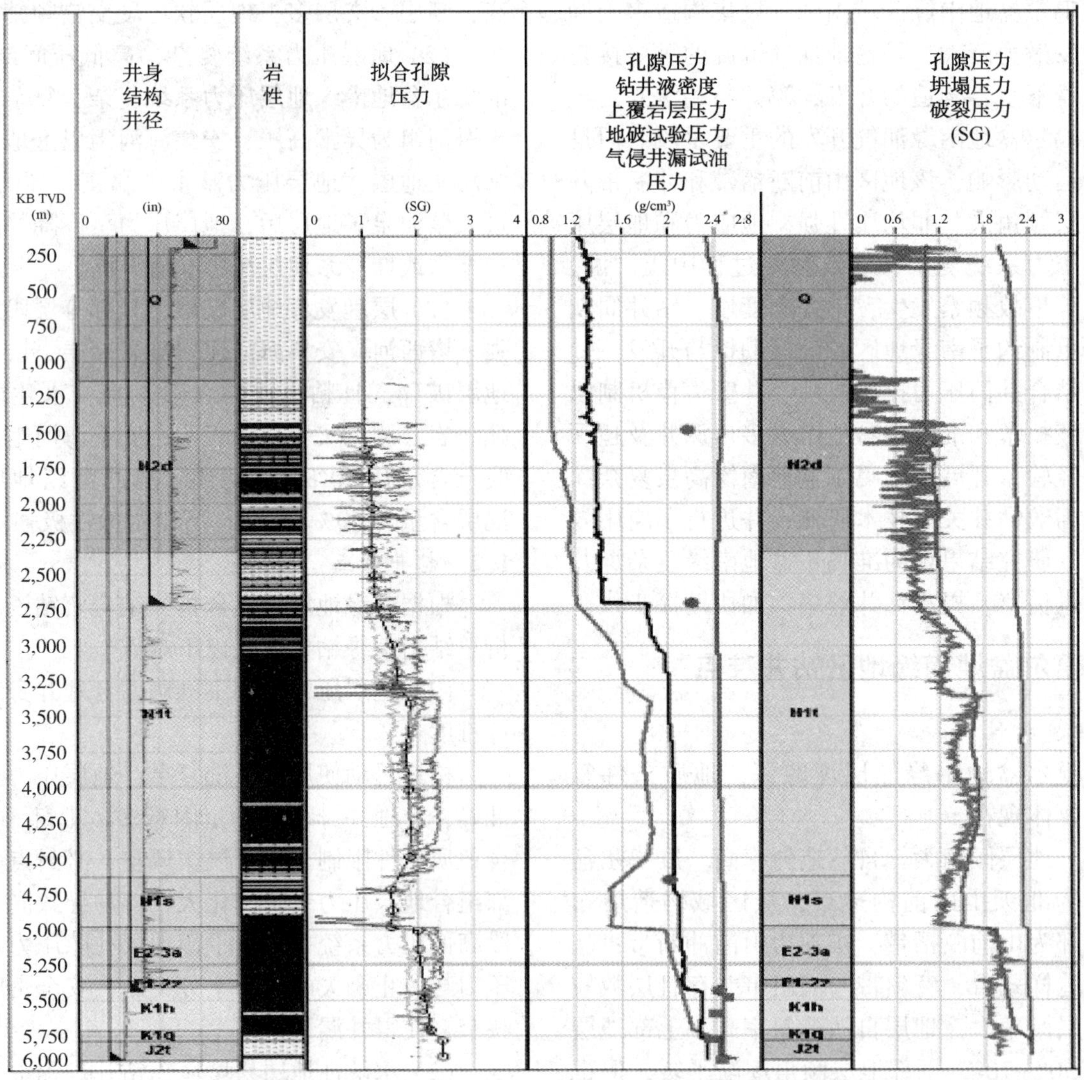

图 1　高泉地区地层压力系统研究

地质分层	底界深度	井身结构示意图
Q	1160	
N_2d	2400	
N_1t	4870	
N_1s	5260	
$E_{2-3}a$	5530	
$E_{1-2}z$	5590	
K_1tg	5960	
J_2t	6255	
J_2x	6275（未穿）	

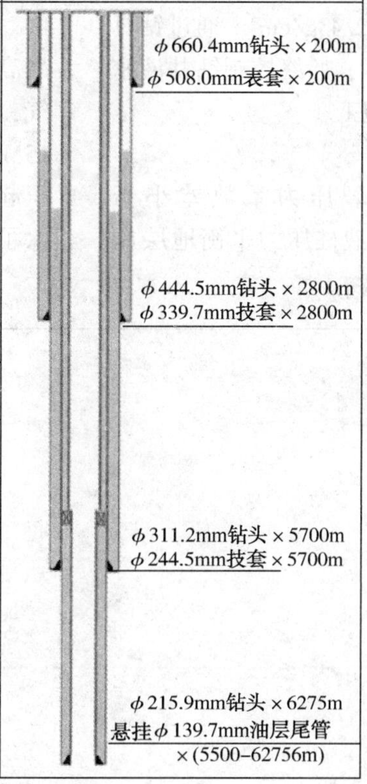

图 2　G101 井井身结构示意图

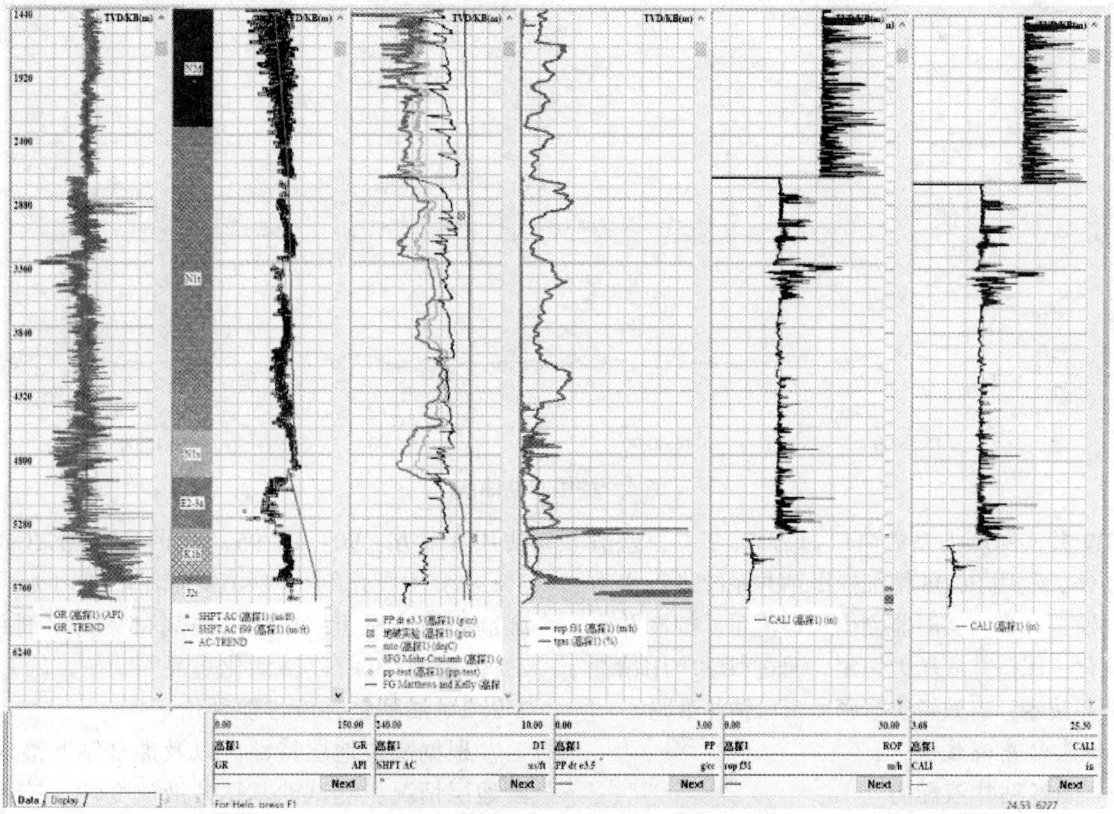

图 3　GT1 井地层压力评价图

GT1井溢流前钻井液密度2.28g/cm³，压井时使用2.40g/cm³发生井漏。应用新的地层压力监测方法判断地层压力系数2.33，地层破裂压力系数2.43，安全钻井窗口为2.37~2.43g/cm³。通过钻具组合优化及采用精细控压技术，始终控制钻井液密度在2.39g/cm³安全窗口中施工。

2.1.3 精细控压技术

因地层孔隙压力与破裂压力系数差小于0.10，若完全采用钻井液静液柱压力平衡地层压力，循环压耗与激动压力作用下，井底压力大于地层破裂压力，导致井漏发生，利用精细控压装置实现井底压力平衡。

GT1井控压起钻期间发生油气侵，关井套压最高15MPa，通过精细控压设备控压节流循环排气，钻井液密度提高至2.36g/cm³，井口回压由15MPa降至0.26MPa，气侵处理结束后进行控压起钻作业，控压值始终保持在2.4~3MPa，确保了井筒内压力的稳定性(图4)。

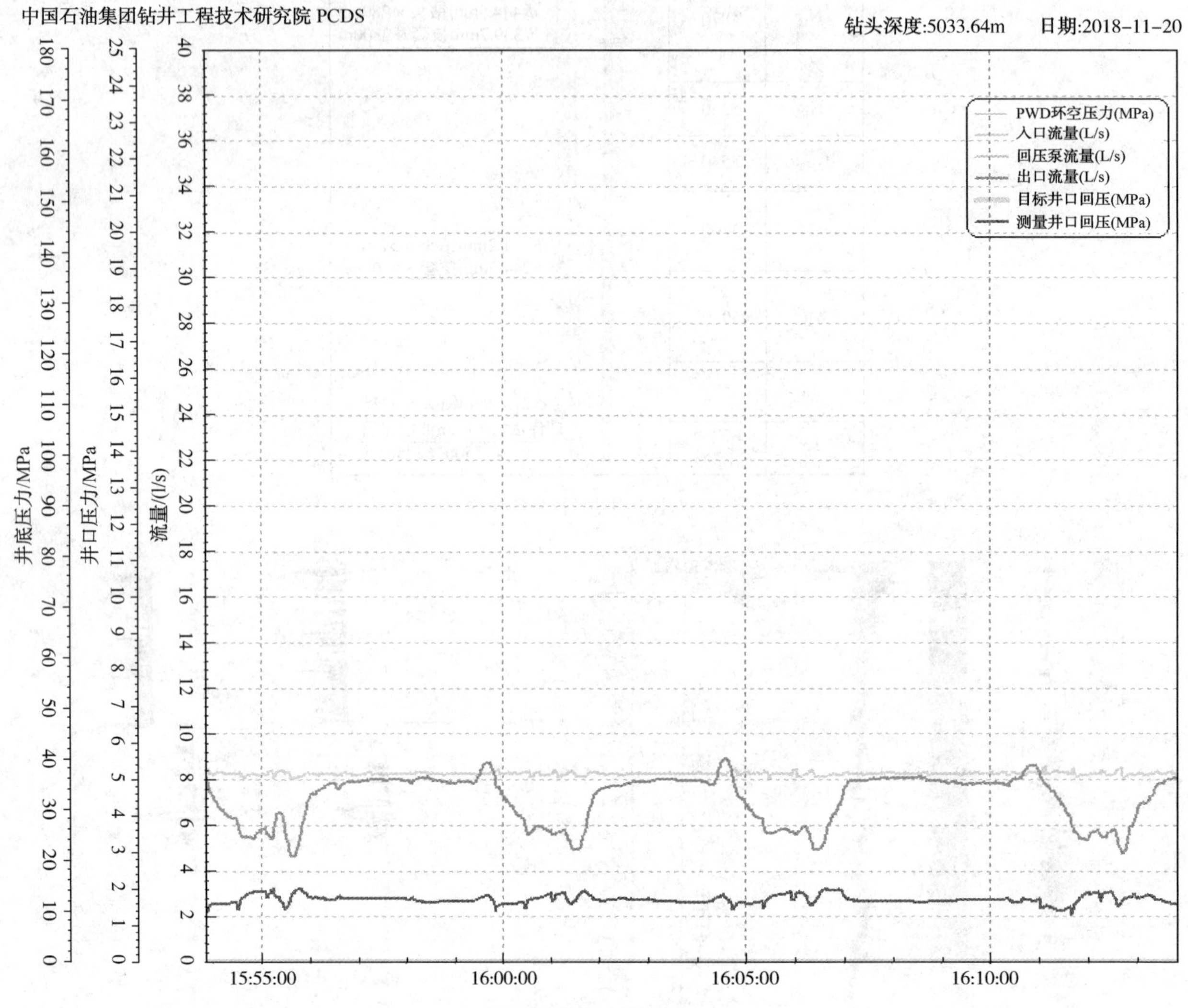

图4 控压起钻曲线

GT1井实测压力系数窗口为2.37~2.43，差值仅有0.06，利用PCDS精细控压钻井系统进行水力学软件模拟计算、实时监测出入口流量，控制井底压力变化，保持井底压力恒定。通过科学应用精细控压钻井技术，有效解决窄密度窗口钻井难题。

2.2 油基钻井液技术

2.2.1 油基钻井液配方

为解决中下部高压复杂地层钻井，优选油基钻井液配方：90：10/95：5(白油：30%$CaCl_2$)+3%~5%主乳化剂+4%~6%辅乳化剂+1%~2%润湿剂+1%有机土+3%降滤失剂+5%封堵剂+1%~2%稳定剂+3%石灰+活化重晶石

2.2.2 油基钻井液性能评价

根据高泉地层特性，以及油基钻井液应用井段地层情况，测试油基钻井液流变性、抗污染性能以及高温沉降稳定性评价测试。

(1) 高密度钻井液性能

通过处理剂用量调整，分别配制了不同密度的油基钻井液，试验结果如表1所示。

表1　油基钻井液性能评价

序号	老化条件	ρ/(g/cm³)	PV/(mPa·s)	YP/Pa	Gel/(Pa/Pa)	FL_{HTHP}/mL	ES/V
1#	老化前	1.80	43	9.12	5.5/8	-	1772
	120℃×16h	1.80	34	7.2	4.5/6.5	1.9	1631
2#	老化前	2.00	35	2.5	2.5/5.5	-	1550
	120℃×16h	2.00	34	4.5	2.5/4.5	2.2	1791
3#	老化前	2.35	58	16.3	6.5/9	-	1495
	150℃×16h	2.35	48	12.9	5.5/8	3.2	1209
4#	老化前	2.50	100	3.84	3.5/14	-	1546
	150℃×16h	2.50	87	8.16	5/13	5.0	1148

由实验数据可知，不同密度油基钻井液体系配方性能稳定，破乳电压维持在1000V以上；随着密度的升高，钻井液切力和黏度升高，悬浮能力相应提高。通过加入封堵造壁材料，使得钻井液高温高压滤失量控制在5.0mL以内，可以有效降低井壁剥落及垮塌风险。

(2) 抗污染能力评价

南缘地层含高压盐水层，通过模拟地层盐水，测试油基钻井液抗盐水污染能力，选用密度为2.50g/cm³钻井液配方开展抗盐水侵测试，盐水配方为：清水+10% $CaCl_2$+18%NaCl（表2）。

表2　盐水侵对油基钻井液性能的影响

加量/%	老化条件	ρ/(g/cm³)	PV/(mPa·s)	YP/Pa	Gel/Pa	FL_{HTHP}/mL	ES/V
0	老化前	2.50	35	2.5	2.5/5.5	-	1546
	150℃×16h	2.50	34	4.5	2.5/4.5	5.0	1148
10	老化前	2.44	97.5	77	10/19	-	1109
	150℃×16h	2.44	95	89	4/13	7.2	930
20	老化前	2.37	93	22.56	10.5/20	-	975
	150℃×16h	2.37	95	15.84	16/22	11.6	842
30	老化前	2.30	99	25.44	13.5/21	-	718
	150℃×16h	2.30	110	27.36	24/32	14.4	563
40	老化前	2.23	99	27.36	127.5	-	302
	150℃×16h	2.23	116	21.12	138.5	17.5	119

由实验数据可知，随着盐水侵入量增加，钻井液密度逐步下降，塑性黏度和切力逐步升高，高温高压滤失量上升，破乳电压逐步下降。当盐水量达到30%时，破乳电压将至563V，随着盐水含量达到40%，破乳电压降低到400v以下，表明该钻井液抗盐水侵能达到30%。

(3) 沉降稳定性评价

为满足GT1井试油压井的需求，开展了密度为2.43g/cm³油基完井液沉降稳定性测试，135℃恒温10天后，测试结果如图3所示。

实验测试结果表明，完井液在135℃下恒温10天后，探杆下行阻力较小，能顺利到底，表明油基完井液高温沉降稳定性良好。

2.3　随钻风险预警技术

利用综合录井技术实时监测地层岩性、气测、钻井、钻井液参数变化及钻井工况等，对钻井作业中各种风险提前预警，及时避免或减少工程复杂事故发生。

2.3.1　钻井参数直接判断法

随钻实时监测钻井液及工程多项参数，根据参数异常变化与工程复杂的相关性作出工程复杂类型判断。

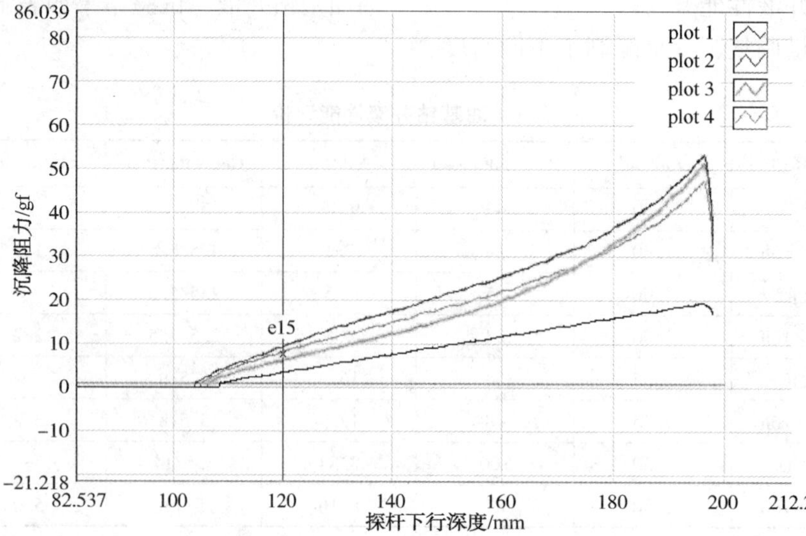

图5　油基完井液沉降稳定性测试

2.3.2　溢流早期预警技术

利用邻井录、测井资料钻前预测高压带，随钻利用气测、钻井液温度参数、工程施工状况等压力模型修正，及时发现地层高压带，对潜在的溢流风险进行预警。针对提下钻工况下由于抽汲、波动压力以及灌浆不及时造成溢流险情，研发了提下钻灌浆监控系统，自动计算理论灌浆量，提下钻过程中自动对比理论灌浆量和实际灌浆量；发现灌浆异常自动报警，图形、数据表格形式回放灌浆监控记录，确保了溢流险情的发现。GT1井在吐谷鲁群底部5769m钻揭高压层1m，及时提示溢流风险，立即关井处理。

2.3.3　水力学分析研究

利用水力学分析软件，计算循环当量密度、循环压耗、抽吸与激动压力、携岩效率等，可进行井眼清洁评价、钻具刺漏预报分析，根据抽吸压力、激动压力计算确定合理的提下钻速度等。

2.3.4　应用效果

应用研究成果，GT1预报工程异常53次，其中阻卡35次、气侵1次、溢流1次、井漏3次、钻头磨损12次、泵上水效率低1次，预报率和准确率均为100%。

3　现场应用

3.1　应用情况

在复杂地层分析与地层压力预测基础上完成高泉地区下组合四开井身结构优化，通过现场实施复杂深井安全高效钻井关键技术研究与应用，分别在GT1、G101和G102井钻探任务。

3.2　应用效果

从上表可以得出，通过开展压力分析、精细控压、油基钻井液等技术应用，GT1、G101和G102井在完钻井深与层位逐步加深，钻井效率较GQ1井得到提升。GT1井完钻井深5920m，完钻层位头屯河组，钻井周期最短；G101井机械钻速提升困难，随复杂时率较低，但钻井周期最长；G102井在机械钻速上超越GT1井，卡钻侧钻一次，复杂时率高达31.28%，也说明高泉地区下部组合地质条件复杂，勘探难度大。

表3　应用井实施效果数据对比

序号	井号	完钻井深/m	完钻层位	钻机台月/(台月)	纯钻时率/%	平均机械钻速/(m/h)	复杂时率/%
1	GT1	5920	J_2t	7.25	42.5	2.67	2.62
2	G101	7000	J_2x	13.15	47	1.56	1.16
3	G102	6100	J_1s	11.50	27.54	2.68	31.28
4	GQ1	5594	$E_{2-3}a$	15.33	27.52	1.84	16.37

4 结论

（1）通过压力预测、精细控压、油基钻井液等技术，形成了南缘高泉构造中下组合复杂深井安全钻井技术体系。

（2）通过使用油基钻井液体系，解决了南缘山前安集海河组泥岩伊蒙混层强水敏的特点，井壁稳定性大幅提高，对南缘安全钻井起到了关键性的作用，油基钻井液防漏堵漏技术需要持续攻关。

（3）南缘下组合地层压力精细预测难度大，安全密度窗口窄，通过开展地层压力预测研究，精细控压技术可提高南缘钻井的成功率。

（4）通过开展随钻风险预警技术应用，及时预判井下风险，为准确预防复杂起到积极作用，有效提升钻井效率。

参考文献

[1] 卓鲁宾，石建刚，吴继伟，等．准噶尔盆地南缘钻井技术进展、难点及对策[J]．西部探矿工程，2020(2)：75-80.

[2] 郭南舟．准噶尔南缘地区复杂深井钻井提速关键技术研究[D]．武汉：长江大学，2014：6-9.

[3] 路宗羽，徐生江，叶成，等．准噶尔盆地南缘膏泥岩地层高密度防漏型油基钻井液研究[J]．油田化学，2018(1)：1-7.

[4] 田衍亮．准噶尔南缘深井安全高效钻井技术应用研究[D]．成都：西南石油大学，2013：7-22.

[5] 朱忠喜，刘颖彪，路宗羽，等．准噶尔盆地南缘山前构造带钻井提速研究[J]．石油钻探技术，2013，41(2)：34-37.

[6] 石建刚．准噶尔盆地南缘下组合超深井钻井技术研究与应用[J]．石油天然气学报，2014，36(12)：127-130.

[7] 余加水，李竞，等．超高密度钻井液技术研究[J]．钻井液与完井液，2005(3)：17-20.

[8] 梁大川，李健．准噶尔盆地南缘地区防塌钻井液技术探讨[J]．石油钻探技术，1997(3)：127-130.

准噶尔盆地南缘中段呼探1井超深井钻井关键技术

陈向辉　李秀彬　石巧资　李　晨　翟亚杰　解俊昱

(中国石油集团西部钻探工程有限公司)

摘　要　呼探1井是位于准噶尔盆地南缘冲断带中段呼图壁背斜上的一口风险探井，钻探过程中存在安集海河组水敏性强、下组合无实钻资料参考、深层可钻性差、地层压力系统复杂、裂缝发育等难点。为此，通过井身结构方案优化，研究应用油基钻井液有效控制中上组合水敏性及下组合高温高压难题，优选个性化钻头及工具实现中浅层防斜打快及深层快速钻井，应用精细控压钻井技术应对窄密度窗口风险；综合运用超深井钻井关键技术，使该井成功钻探，成为准噶尔盆地最深井。该井在白垩系清水河组试油获得高产工业油气流，实现了准噶尔盆地南缘冲断带中段下组合油气勘探的重大突破，展现了准噶尔盆地南缘中段天然气勘探的巨大潜力。

关键词　超深井；准噶尔盆地南缘；下组合；呼探1井

呼探1井位于新疆呼图壁县境内，是准噶尔盆地南缘冲断带中段呼图壁背斜上的一口风险探井，主要目的层为下组合白垩系清水河组和侏罗系喀拉扎组，设计井深7280m。南缘作为准噶尔盆地钻井难度的制高点，曾经一度制约着南缘的勘探步伐；呼探1井在钻探过程中存在安集海河组水敏性强、下组合无实钻资料参考、深层可钻性差、地层压力系统复杂、微细裂缝发育等难点；为此，进行了一系列地质和工程技术攻关，随钻小层对比、地层压力预测及随钻监测、抗高温高密度油基钻井液体系、精细控压钻井以及超深井钻井提速工具，这一系列技术集成应用，保障了呼探1井顺利钻至井深7601m完钻，成为准噶尔盆地南缘中段最深井。

南缘冲断带西段高探1井白垩系清水河组试获日产千方高产油气流，下组合勘探首获重大突破；中段呼探1井白垩系清水河组试油，获高产工业油气流，8mm油嘴，自喷日产油87.10t，日产气$61.00\times10^4m^3$。标志着准噶尔盆地南缘冲断带中段下组合油气勘探取得重大突破，进一步推进了盆地“满盆油半盆气”的勘探进程，呼探1井区自成圈面积28.70km^2，估算天然气资源量260亿方。该井的成功钻探，形成了一套准噶尔盆地超深井钻探的地质和工程钻完井技术，对后续钻探乃至国内外超深井、复杂井钻井也具有一定的借鉴意义。

1　基本情况及技术难点

1.1　井身结构设计

呼探1井主要目的层为白垩系清水河组和侏罗系喀拉扎组，埋深超过7300m，该井设计采用五开备六开井身结构(图1)，若清水河底井漏严重则下入168.3mm尾管，改用139.7mm钻头继续六开钻进。

呼探1井实钻井身结构按设计方案制定的套管下深原则执行，通过井身结构优化结合地层压力变化情况及实钻地层底界卡取各开次中完、完钻井深。一开，用φ660.4mm钻头钻至井深591.00m，下φ508.00mm表层套管至井深590.47m，封固第四系松散砂砾岩及低压地层。二开，φ444.5mm钻头钻至井深3036.00m，下φ365.13mm技术套管至井深3035.54m，封固安集海河组以上低压地层。三开，用φ333.4mm钻头钻至井深3795.00m，下φ273.05mm技术套管至井深3794.58m专封安集海河组高压及水敏性地层；四开，用φ241.3mm钻头钻至井深5700.00m，下φ219.10mm技术套管至井深5693.89m，封固连木沁组中上部及以上低压地层。五开，目的层清水河组较设计加厚，按设计完钻井深不能钻至目的层清水河组底砂层及卡拉扎组，因此，用φ190.5mm钻头在原设计井深7280m基础上加深钻至井深7601.00m完钻，下φ139.70mm尾管至井深7600.50m。

呼探1井井身结构中必封点有4个，分别为：(1)第四系松散砾石层；(2)安集海河组以上低压地层；(3)安集海河组高压及水敏性地层；(4)连木沁组中部及以上低压地层。

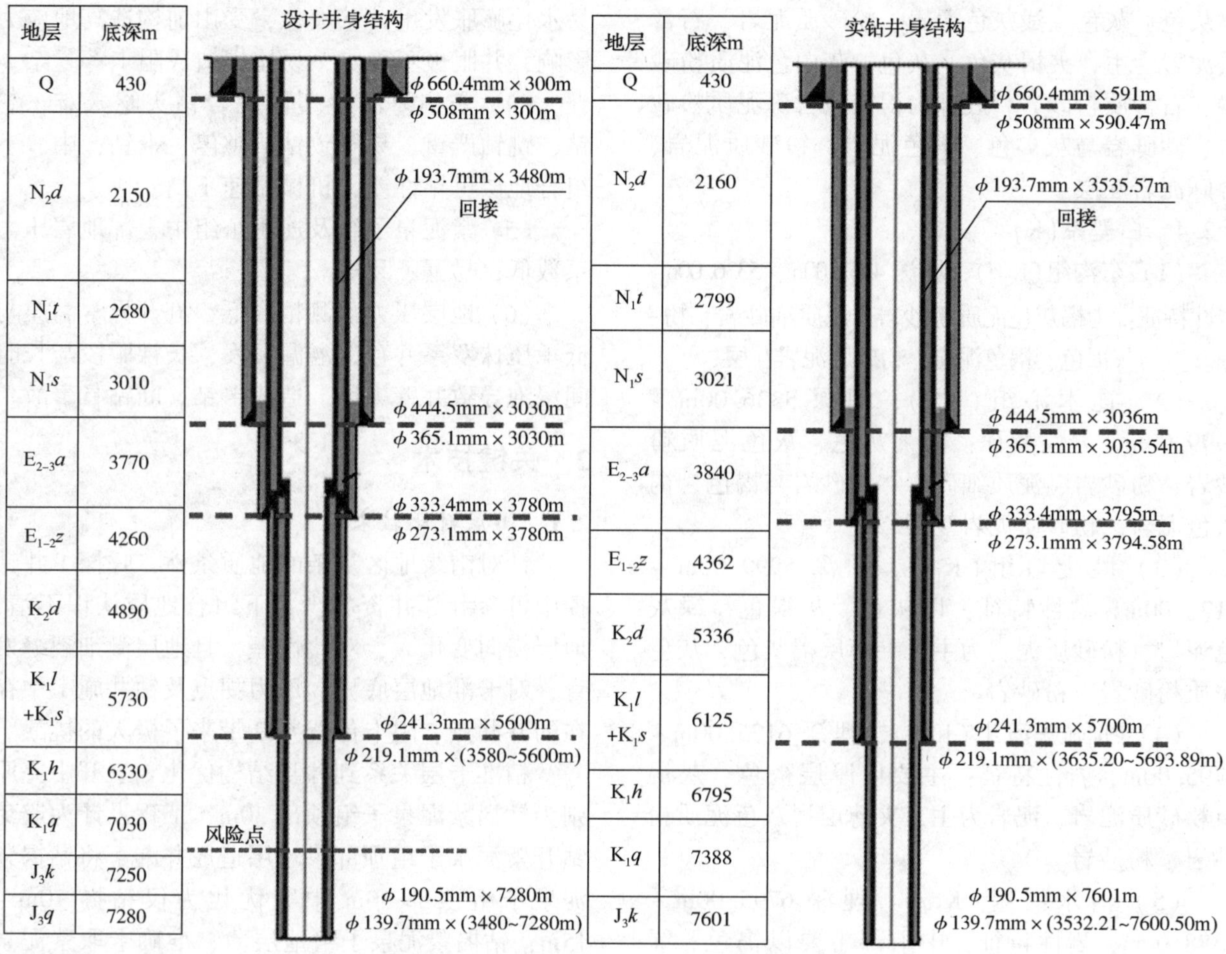

图1　呼探1井设计与实钻井身结构对比图

1.2　地质剖面及特点

自上而下所钻地层依次为第四系，新近系独山子组、塔西河组、沙湾组，古近系安集海河组、紫泥泉子组，白垩系东沟组、连木沁组、胜金口组、呼图壁河组、清水河组，侏罗系喀拉扎组。主要岩性特点如下：

1.2.1　第四系(Q)，埋深0~430.00m，本系地层颜色为深灰色；上部为疏松的砾石、砂砾石沉积，成岩性较差。下部以黄灰色泥质砾石、深灰色砂砾石为主，局部夹黄灰色粉砂质泥岩，泥质含量增加，岩性明显较上部地层致密，且成岩性好于上部地层。

1.2.2　新近系

(1)独山子组(N_2d)，埋深430.00m~2160.00m，岩性特征：上部为灰褐色、褐灰色、黄灰色泥岩、粉砂质泥岩、含砾泥岩与黄灰色、褐灰色泥质粉砂岩、含砾泥质粉砂岩、砂砾岩不等厚互层；下部以灰褐色、褐灰色泥岩、粉砂质泥岩为主，夹褐灰色、灰褐色泥质粉砂岩薄层。本组砂岩欠发育，岩性粒度自上而下逐渐变细。

(2)塔西河组(N_1t)，埋深2160.00m~2799.00m，岩性特征：以绿灰色、褐灰色泥岩、粉砂质泥岩、砂质泥岩为主，局部夹薄层绿灰色泥质粉砂岩、泥质细砂岩。储层欠发育，厚度薄，且粒度偏细。

(3)沙湾组(N_1s)，埋深2799.00m~3021.00m，岩性特征：以厚层红褐色、灰褐色、褐色泥岩、粉砂质泥岩为主，局部夹薄层褐灰色、浅灰色泥质粉砂岩。

1.2.3　古近系(E)

(1)安集海河组($E_{2-3}a$)，埋深3021.00m~3840.00m，岩性特征：以绿灰色、灰褐色、褐色、红褐色泥岩、粉砂质泥岩为主，夹灰白色、浅灰色、灰褐色泥质粉砂岩、灰质粉砂岩、石膏质粉砂岩。

(2) 紫泥泉子组($E_{1-2}z$)，埋深 3840.00m~4362.00m，岩性特征：中上部以褐色、灰褐色、褐灰色、灰色、浅灰色泥岩、粉砂质泥岩、石膏质泥岩为主，夹褐灰色、灰色、灰白色泥质粉砂岩、石膏质粉砂岩；底部为褐灰色含砾泥质粉砂岩、砂砾岩与灰褐色、褐色泥岩、粉砂质泥岩、含砾泥岩互层。

1.2.4 白垩系(K)

(1) 东沟组(K_2d)，埋深 4362.00m~5336.00m，岩性特征：为褐灰色泥质粉砂岩、泥质细砂岩、粉-细砂岩与灰褐色、褐色泥岩、粉砂质泥岩互层。

(2) 连木沁组(K_1l)，埋深 5336.00m~5999.00m，岩性特征：为褐灰色、灰色泥质粉砂岩、粉砂岩、泥质细砂岩、细砂岩与褐色、褐灰色泥岩、粉砂质泥岩互层。

(3) 胜金口组(K_1s)，埋深 5999.00m~6125.00m，岩性特征：以灰色、灰褐色、绿灰色泥岩、粉砂质泥岩为主，夹薄层褐灰色、灰色泥质粉砂岩、粉砂岩。

(4) 呼图壁河组(K_1h)，埋深 6125.00m~6795.00m，岩性特征：主要以厚层褐色、灰褐色粉砂质泥岩、泥岩为主，夹薄层褐灰色泥质粉砂岩、粉砂岩。

(5) 清水河组(K_1q)，埋深 6795.00m~7388.00m，岩性特征：中上部主要以褐色、绿灰色、深灰色粉砂质泥岩、泥岩为主，夹薄层灰色泥质粉砂岩，底部发育厚层浅灰色泥质粉砂岩、粉-细砂岩。

1.2.5 侏罗系喀拉扎组(J_3k)

埋深 7388.00m~7601.00m，岩性特征：以灰色、浅灰色、深灰色泥质粉砂岩、含砾泥质粉砂岩、含砾细砂岩、细砂岩、粉-细砂岩、泥质细砂岩、含砾泥质细砂岩为主，夹薄层褐色、褐灰色、灰褐色粉砂质泥岩。

1.3 施工难点

在分析呼深 1 井地质特征的基础上，结合其井身结构设计，并参考邻井井下故障统计结果，认为该井钻井主要存在以下技术难点。

(1) 上部地层倾角大，易井斜；大尺寸井眼井段长，井眼稳定难度大。

(2) 第四系砾石胶结疏松、成岩性较差，发育大段砾石、砂砾石、砂砾岩，憋钻、跳钻严重；第四系、新近系地层易发生缩径、井塌、卡钻。

(3) 安集海河组为水敏性泥岩地层，地层粘土总量高达 65%，其中伊蒙混层含量 46.3%，易水化膨胀发生井壁失稳，受山前构造高地应力影响，井眼极不稳定，易垮塌造成阻卡等复杂。

(4) 安集海河组塑性泥岩钻头吃入难，憋钻、跳钻严重，易导致钻具憋停、卡钻；中、下组合地层可钻性差，机械钻速不高。

(5) 紫泥泉子组及连木沁组中上部地层压力系数低，易漏、易塌。

(6) 地层压力预测精度低，五开异常高压与低承压侏罗系并存，溢漏频发，长裸眼段与长时间浸泡导致井壁失稳、造成卡钻、断钻具事故。

2 关键技术

2.1 小层对比技术

针对南缘地区复杂的地质条件，呼探 1 井钻探中可参考邻井资料少，下组合地质认识不清，地层横向变化大，对比性差，且地层微细裂缝发育，对卡准地层底界、压力拐点及钻井施工中存在的井漏点、阻卡位置判断带来了极大的挑战。

精准卡层关系到井身结构优化，三开中完原则为钻揭紫泥泉子组顶部 30m，工程设计为避免钻开紫泥泉子组顶部渗透层造成井漏，将钻揭紫泥泉子组顶部 30m 中完优化为仅钻揭 10m~15m，钻揭紫泥泉子组地层薄，准确卡取紫泥泉子组顶界是关键，针对卡层难点，运用小层对比，随钻中加强地质分析，以区域标志层结合岩石矿物特征进行小层精细对比，精准识别岩性，结合岩石颜色、区域地层展布特征，准确卡取紫泥泉子组顶界，实钻中仅钻揭紫泥泉子组 13m 即中完，有效避免钻揭紫泥泉子组漏失层，避免了复杂的发生，优化井身结构，保障钻井施工安全。

根据小层对比分析，随钻中及时、准确预测下部地层钻遇岩性、断层位置等，结合岩性、地质、构造特征提出钻头优选建议，并随钻分析掉块产生位置，井漏发生位置及阻卡点，从地质角度分析复杂发生原因，及时提示工程风险，为钻井施工提供技术支撑。

2.2 地层压力预测及监测技术

准噶尔盆地南缘山前构造的地层压力超压明显，压力系数绝大多数在 1.30~2.10 的超压范围内，地层压力监测关系到井身结构设计及优化，钻井液密度使用，井控风险，钻井提速等方面，准确预测及监测地层压力至关重要。主要采取钻前压力预测评价和随钻监测方法评价地层压力，通过计算有效应力与声波的关系，进而计算有构造应力条件下的地层压力，修正地层压力模型，弥补了传统DC指数法的不足。钻前压力预测及随钻地层压力评价分析成果，对呼探1井裸眼段多压力系统共存和窄安全密度窗口下的钻井施工提供了技术支持。

（1）钻前压力预测

通过对区域资料分析，预测呼探1井第四系、新近系独山子组基本为正常压力系统，压力系数在1.10左右，新近系塔西河组、古近系安集海河组和白垩系连木沁组下部、胜金口组、呼图壁河组、清水河组为三套异常高压地层，压力系数1.56~2.10，新近系沙湾组、古近系紫泥泉子组、白垩系东沟组、连木沁组中上部及侏罗系卡拉扎组压力稍低。准确的预测主探层地层压力系数，在发现保护油气层的基础上，提前建议调整钻井液密度，有效避免出现井控风险。

（2）随钻压力监测

本井钻探过程中，对井段20.00~7601.00m进行随钻地层压力监测，从修正后的地层压力模型可将本井地层压力分为10段，如表1、图2所示。准确、及时的地层压力监测与评价，宏观上掌握上、中、下3套组合地层的压力分布规律，上组合新近系独山子组为正常压力，塔西河组为异常高压，沙湾组压力回落；中组合古近系安集海河组压力明显抬升，为异常高压，紫泥泉子组至连木沁组中部压力回落；下组合白垩系清水河组底部压力达到最高，往下侏罗系压力略有回落；钻揭白垩系清水河组主力层之前即预报异常高压的存在，避免了部分潜在工程复杂的发生，为该区域后续上钻提供指导依据。

表1　呼探1井地层压力监测成果数据表

地层	井段/m	压力系数
$Q-N_2d_{中下部}$	21~2160	1.05~1.08
N_1t	2160~2799	1.20~1.53
N_1s	2799~3021	1.05~1.15
$E_{2-3}a_{中上部}$	3021~3600	1.65~1.78
$E_{2-3}a_{下部}-K_1l_{中部}$	3600~5700	1.25~1.50
$K_1l_{中下部}$	5700~5999	1.50↑1.85
K_1s	5999~6125	2.10~2.13
K_1h	6125~6750	1.90~2.02
$K_1h_{底部}-K_1q_{下部}$	6750~7250	2.00~2.12
$K_1q_{下部}-J_3k$	7250~7601	2.00~1.82

2.3　油基钻井液

呼探1井钻探中，三开段安集海河组地层强水敏性，四开、五开段地层高温、高压，且局部有高压水层易出水污染钻井液体系。实钻中使用强抑制、抗高温、高密度油基钻井液体系有效解决了中、下组合超深井钻井面临的高密度钻井液抗高温和抗污染的难题。油基钻井液体系具有良好的抗污染、抗高温能力，且在高密度条件下，流型可控。

油基钻井液体系：柴油(0#)+4%主乳化剂+4%辅乳化剂+1%润湿剂+2%有机土+4%降滤失剂+2%封堵剂+20%氯化钙盐水+4%氧化钙+重晶石。钻井液体系主体性能评价试验结果见表2。在实验温度180℃条件下，密度从2.30g/cm³逐渐到2.65g/cm³，钻井液性能稳定，表明该体系具有优良的抗高温能力，且在高密度条件下各项性能稳定(表2)。

表2　钻井液体系性能评价结果

密度/(g/cm³)	性能	Φ_6/Φ_3/rpm	AV/(mPa·s)	PV/(mPa·s)	YP/Pa	G10s/G10min/Pa	ES/V	HTHPFL/mL
2.30	老化前	6/5	43.5	40	3.5	4/5.5		3.5
	老化后	7/6	49.5	44	4.5	4.5/7	2000	3.2
2.40	老化前	7/6	66.5	61	5.5	3.5/6		3.6
	老化后	9/7	77	68	9	5.5/9	>2000	3.0
2.50	老化前	7.5/6	79.5	75	4.5	4.5/7		
	老化后	11/10	84	77	7	5/8	>2000	3.6
2.60	老化前	8/7	97	86	11	4/4.5		
	老化后	12/11	106	97	9	7.5/12	>2000	3.0
2.65	老化前	8/6.5	107	102	5	4.5/6.5		
	老化后	7/5	116	112	4.0	2.5/3	>2000	3.2

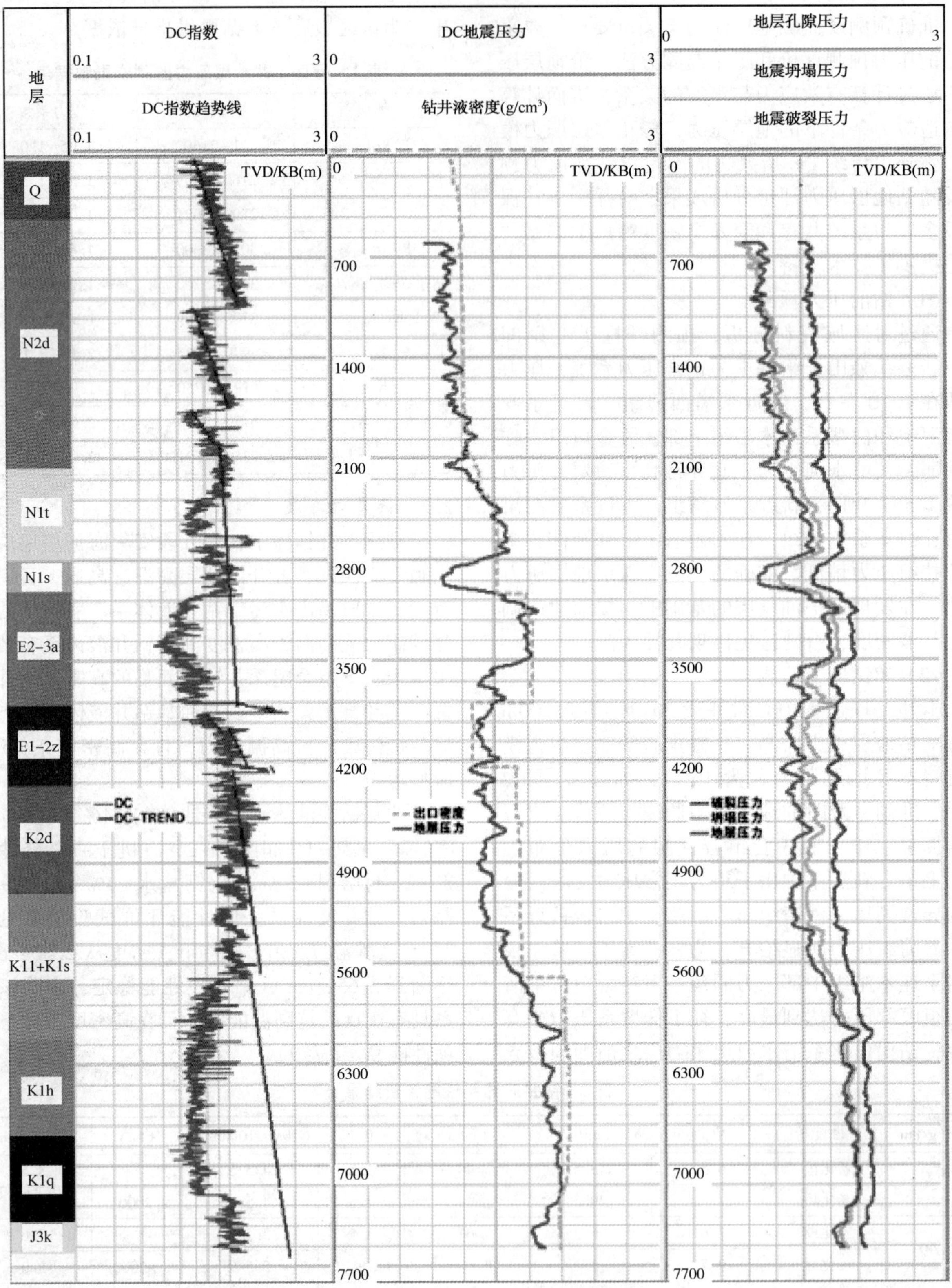

图2　呼探1井地层压力实钻监测图

同时，分别进行钻井液抗钙、抗盐、抗岩屑污染能力评价，该体系抗污染性能评价结果见图3。随着 $CaSO_4$、NaCl、岩屑含量的逐渐增加，钻井液体系热滚前后的表观黏度，塑性黏度，动切力流变参数变化稳定，热滚后破乳电压略有降低，仍然大于1000V，API失水量和HTHP失水量小且稳定；由此确定出该体系抗钙、抗盐、抗岩屑污染能力分别为15%、12%、10%。

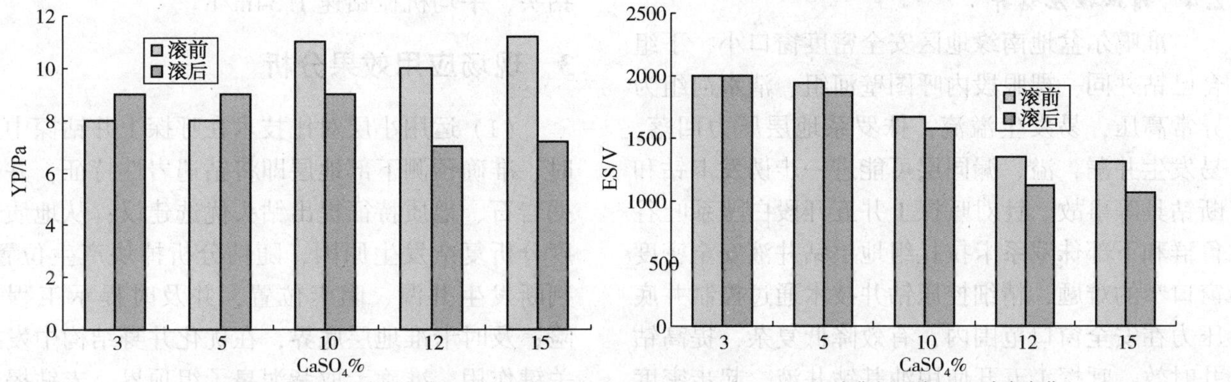

动切力随$CaSO_4$浓度变化　　破乳电压随$CaSO_4$浓度变化

(a)抗钙污染能力评价结果

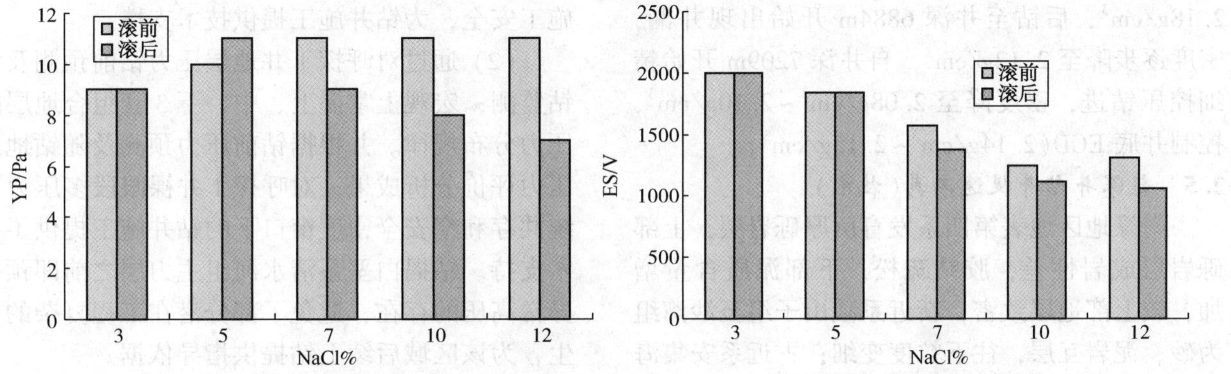

动切力随NaCl浓度变化　　破乳电压随NaCl浓度变化

(b)抗盐污染能力评价结果

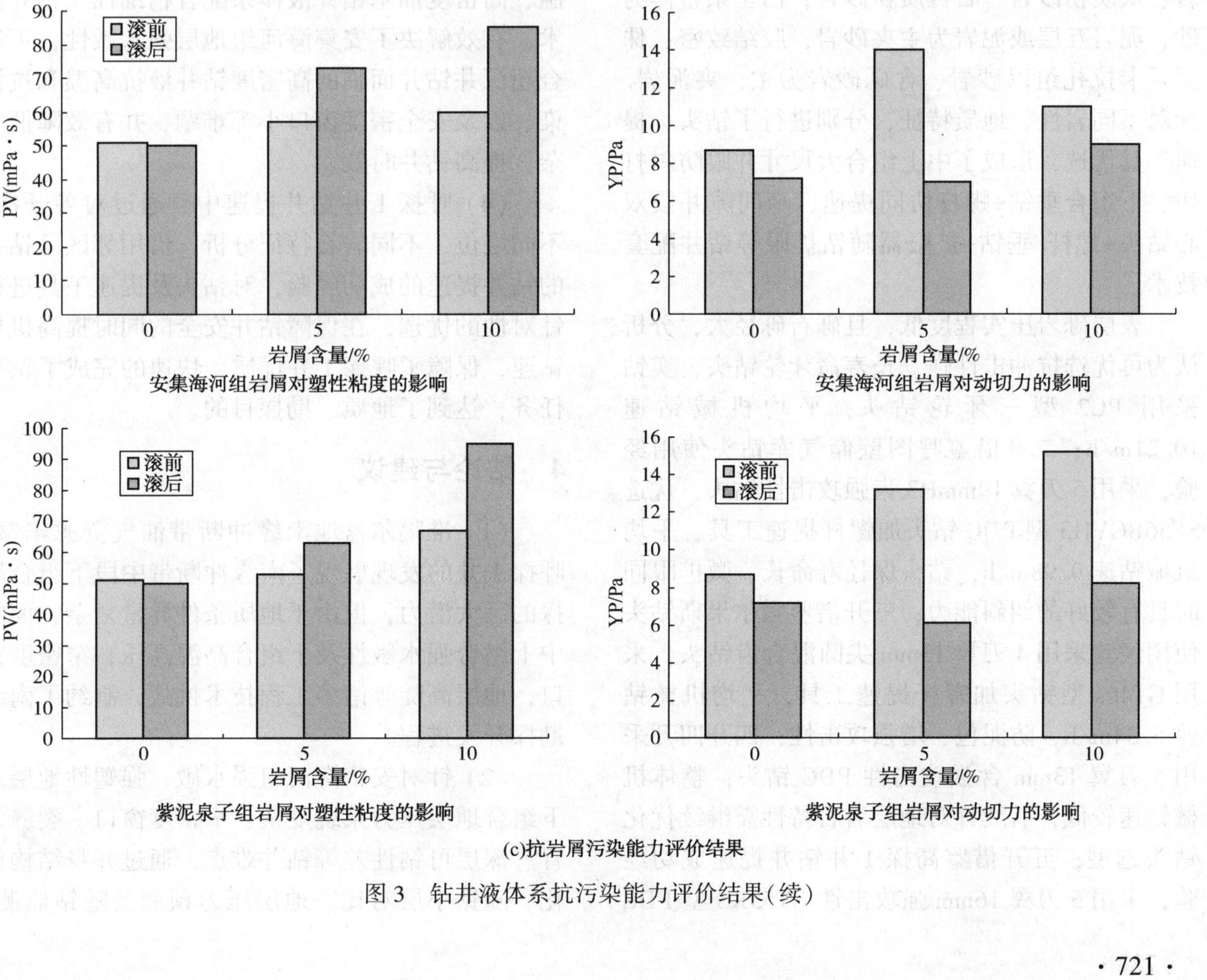

安集海河组岩屑对塑性粘度的影响　　安集海河组岩屑对动切力的影响

紫泥泉子组岩屑对塑性粘度的影响　　紫泥泉子组岩屑对动切力的影响

(c)抗岩屑污染能力评价结果

图3　钻井液体系抗污染能力评价结果(续)

2.4 精细控压钻井

准噶尔盆地南缘地区安全密度窗口小，下组合已钻井同一裸眼段内呼图壁河组、清水河组为异常高压，易发生溢流，侏罗系地层压力回落，易发生井漏，溢、漏同层可能进一步诱发卡钻和断钻具等事故。针对呼探1井五开段白垩系吐谷鲁群和下部侏罗系卡拉扎组地层钻井液安全密度窗口窄的难题，精细控压钻井技术通过控制井底压力在安全窗口范围内，有效降低复杂，提高钻井时效。呼探1五开使用油基钻井液，起步密度 $2.15g/cm^3$，井深6180m短提出水后密度提至 $2.18g/cm^3$，后钻至井深6884m开始出现井漏，密度逐步降至 $2.12g/cm^3$，自井深7209m开始精细控压钻进，密度降至 $2.08g/cm^3 \sim 2.10g/cm^3$，控制井底ECD($2.14g/cm^3 \sim 2.15g/cm^3$)。

2.5 超深井钻井提速工具(技术)

南缘地区地表第四系发育巨厚砾岩层，上部砾岩层成岩性差，胶结疏松，下部泥质含量增加，较上部地层致密；新近系独山子组至沙湾组为砂、泥岩互层，往下粒度变细；古近系安集海河组、紫泥泉子组为大段泥岩，局部夹泥质粉砂岩、灰质粉砂岩、石膏质粉砂岩；白垩系整体为砂、泥岩互层或泥岩为主夹砂岩，胶结致密；侏罗系卡拉扎组以砂岩、含砾砂岩为主，夹泥岩。针对不同岩性、地质特征，分别进行了钻头、提速工具优选，形成了中上组合大尺寸井眼防斜打快、下组合垂钻+螺杆协同提速、窄间隙井段双心钻头+螺杆/垂钻+扩眼器随钻扩眼等钻井配套技术。

表层砾岩压实程度低，且砾石砾径大，分析认为可优选抗冲击性强、长寿命牙轮钻头，实钻采用PC2型三牙轮钻头，平均机械钻速10.21m/h；二开借鉴呼图壁储气库钻头使用经验，采用5刀翼19mmH3齿强攻击性钻头，优选SF56BGVH3型PDC钻头加螺杆提速工具，平均机械钻速9.98m/h，钻头保径寿命长、微扩眼同时具有较好的纠斜能力；三开借鉴霍尔果斯钻头使用经验采用4刀翼13mm尖圆混合齿钻头，采用GT46s型钻头加螺杆提速工具，平均机械钻速5.34m/h，防泥包、增强攻击性；四开四开采用5刀翼13mm含强攻击性PDC钻头，整体机械钻速较低，后续针对地层岩石特性需继续优化钻头选型；五开借鉴高探1井钻井提速成功经验，采用5刀翼16mm强攻击性GT55KS型PDC钻头，平均机械钻速1.34m/h。

3 现场应用效果分析

(1) 运用小层对比技术在呼探1井钻探中及时、准确预测下部地层即将钻遇岩性特征，并根据岩石、地质特征提出钻头优选建议；从地质角度分析复杂发生原因，随钻分析掉块产生位置，判断发生井漏、阻卡位置，并及时提示工程风险；及时卡准地层底界，在优化井身结构中发挥关键作用，准确卡取紫泥泉子组顶界，未钻揭紫泥泉子组漏失层，避免复杂的发生，保障了钻井施工安全，为钻井施工提供技术支撑。

(2) 通过对呼探1井地层压力钻前预测及实钻监测，宏观上掌握上、中、下3套组合地层的压力分布规律。并根据钻前压力预测及随钻地层压力评价分析成果，对呼探1井裸眼段多压力系统共存和窄安全密度窗口下的钻井施工提供了技术支持。钻揭白垩系清水河组主力层之前即预报异常高压的存在，避免了部分潜在工程复杂的发生，为该区域后续上钻提供指导依据。

(3) 呼探1井钻探中，使用强抑制、抗高温、高密度油基钻井液体系配合精细控压钻井技术，有效解决了安集海河组地层强水敏性，下组合超深井钻井面临的高密度钻井液抗高温和抗污染、以及安全密度窗口小等难题，并有效降低复杂，提高钻井时效。

(4) 呼探1井钻井提速中，通过对各开次，不同层位，不同岩石特征分析，借用邻区已钻井的钻井提速的成功经验，对钻头及提速工具进行针对性的优选，在保障钻井安全的同时提高机械钻速，保障了呼探1井优质、快速的完成了钻探任务，达到了地质、勘探目的。

4 结论与建议

(1) 准噶尔盆地南缘冲断带油气资源丰富，呼探1井的发现展现了南缘冲断带中段下组合勘探的巨大潜力，但由于地质条件异常复杂，面临中上组合强水敏性及下组合高温高压，窄密度窗口，地层高陡等诸多工程技术挑战，制约了南缘勘探开发进程。

(2) 针对安集海河组强水敏、强塑性地层及下组合地层压力系统复杂、窄密度窗口、裂缝发育、深层可钻性差等钻井难点，通过井身结构优化、随钻小层对比、地层压力预测及随钻监测、抗高温高密度油基钻井液体系、精细控压钻井以及钻井提速工具配合高效PDC钻头等技术，逐步形成了有针对性的超深井安全钻井技术体系。

参 考 文 献

[1] 杜金虎，支东明，李建忠，等．准噶尔盆地南缘高探1井重大发现及下组合勘探前景展望[J]．石油勘探与开发，2019，46(2)：205-215.

[2] 刘奥，曹光福，等．霍尔果斯背斜深井井身结构优化设计[J]．探矿工程(岩土钻掘工程)，2018，45(2)：26-29.

[3] 卓鲁斌，石建刚，吴继伟，等准噶尔盆地南缘钻井技术进展、难点及对策[J]．西部探矿工程，2020，02：75-80.

[4] 杨虎，周鹏高，孙维国，等．利用地震资料预测准噶尔盆地南缘山前构造地层压力[J]．新疆石油地质，2017，38(3)：347-351.

[5] 石建刚．准噶尔盆地南缘下组合超深井钻井技术研究与应用[J]．石油天然气学报，2014，36(12)：127-130.

[6] 杨晓儒，朱雪华，等．霍尔果斯背斜井壁稳定性技术[J]．天然气技术与经济 2019，13(2)：36-29.

[7] 廖新伟，安俊，轩恒．精细控压钻井技术在准噶尔盆地南缘高探1井的应用[J]．新疆石油天然气，2020，16(3)：26-29.

[8] 廖新伟，戴勇，安俊，等．准噶尔盆地南缘霍尔果斯背斜精细控压钻井技术应用探讨[J]．新疆石油天然气，2019，15(4)：37-42.

[9] 曾武强，郑基煊，冯才立，等．准噶尔盆地南缘山前构造高难度深井钻井工艺技术[J]．天然气工业，2020. 20(1)，44-47.

[10] 张茂林，张晨，陈涛，等．准噶尔盆地南缘随钻扩眼技术实践与认识[J]．西部探矿工程，2021(5)：29-32.

深层页岩气井不同开发模式下EUR评价方法优选

阴丽诗　卜　淘　谢　晶　王　坤　李　艳

(中国石化西南油气分公司)

摘　要　深层页岩气井主要采用放压和控压控产开发模式，不同开发模式下气井压力、产量变化及开发指标差异较大。由于深层页岩气藏具有多尺度的储渗空间和多样的赋存方式，且开发模式和开发制度多变，EUR评价结果具有较高的不确定性。针对这一问题，基于EUR评价方法调研结果，分析各方法适应性。以威荣气田为例，分析不同开发模式下EUR评价方法和评价结果稳定性，明确了深层页岩气井不同开发模式下的EUR评价方法，提出基于EUR评价的开发模式建议。

关键词　深层页岩气；威荣气田；EUR评价；不稳定渗流

1　前言

我国海相页岩气可采资源量达8.2×10[12]m[3]，具有广阔的资源前景和勘探开发潜力。其中五峰-龙马溪组是目前我国页岩气获得商业突破的主要目的层位，代表气田为威远-长宁页岩气田和涪陵页岩气田，储层垂深2000～3500米。随着我国水平井压裂技术广泛应用且逐渐趋于成熟，页岩气开发领域逐渐向深层拓展。

威荣页岩气田是我国首个实现商业化开发的深层页岩气田，储层埋深更大、围压更高、压实程度更高、微纳米孔隙结构特征显著，流动特征复杂。勘查面积143.77km[2]，地质资源量1113.88×10[12]m[3]。气田主体处于白马镇向斜区，向斜底部构造略有起伏，工区西部深度较大，东区略微抬升，开发目的层位为下志留统五峰—龙马溪组海相页岩，构造底部深度范围为-3200m至-3540m，储层埋深为3550～4000m(图1)。

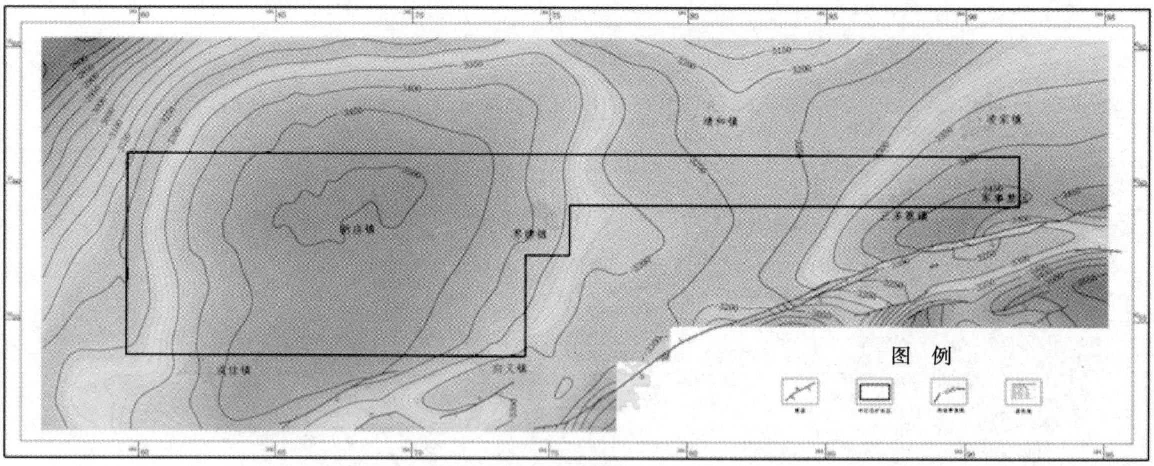

图1　威荣气田构造及矿区位置图

威荣气田于2018年底规模建产，总体规划20平台166口气井，预计建成产能30×10[8]m[3]。目前，已投产气井14平台82口，其中生产时间超过1年的气井50口。

不同的生产阶段反映着不同的生产特征和流动阶段(图2)，现有的EUR评价方法应用于不同的开发模式和流动阶段时均具有一定的局限性。因此，为了提高页岩气井EUR评价的准确性，需要根据不同开发模式和流动阶段对EUR评价方法进行适应性分析、评价优选和实践应用。本文以威荣气田为例，构建适用于不同开发模式下的深层页岩气井EUR评价方法。

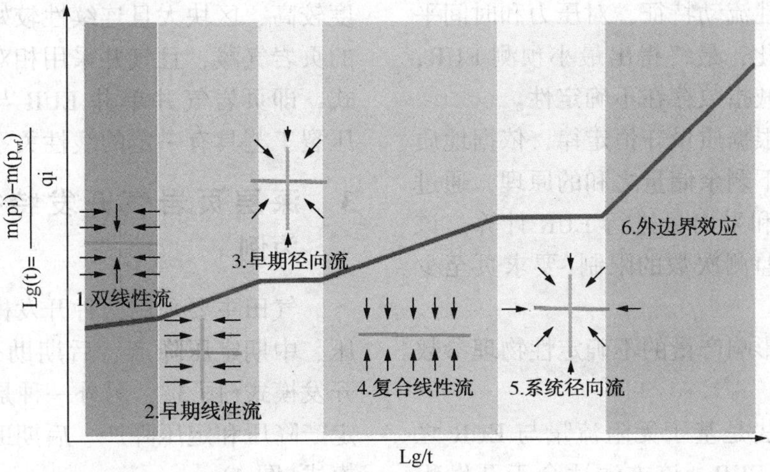

图 2　页岩气井不同阶段流态特征图

2　EUR 计算方法

基于不同理论、不同页岩气井数据特点，衍生出了多种页岩气井 EUR 计算方法。目前，国内外常用的 EUR 计算方法有以下几种：经验产量递减法(经验法)、现代产量递减法、解析模型法、数值模拟法、物质平衡法、线性流分析法、概率法、测试产量回归法等(表 1)。

经验产量递减法作为常规气藏产量递减法中较为常见的计算方法，在页岩气井定压生产且拥有大量生产数据的条件下被广泛应用，其主要适用于线性流及边界控制流。

表 1　页岩气井 EUR 计算方法及适用条件表

序号	计算方法	适用阶段	特点
1	经验产量递减法	线性流边界控制流	适用于采用定压生产，拥有大量气井作为样本点的气藏
2	现代产量递减法	边界控制流	可进行变压力变产量生产模式气井分析，同时考虑吸附气解吸附效应，后期评价结果准确性较高
3	解析模型法	各流动阶段	适用于储层各流动阶段及变压力变产量生产模式，但模型建立及求解困难、生产数据较少时计算结果误差较大
4	数值模拟法	各流动阶段	适用于各流动阶段及变压力变产量条件下的 EUR 预测，能够兼顾多相流动及吸附气解吸附效应，但模拟困难、模型求解难度大、对数据完整性要求较高
5	线性流分析法	线性流动阶段	递减指数存在不确定性
6	物质平衡法	边界控制流	应用受流压监测次数的限制
7	概率法	各流动阶段	根据影响产量的不确定性物理参数来进行 EUR 预测的计算方法
8	测试产量回归法	各流动阶段	适用于开发程度较高的气藏及采用定产生产模式的气井

现代产量递减法通过建立分段压裂水平井解析模型来表征气体 PVT 随压力的变化，同时考虑吸附气解吸附效应来调整储层参数，并结合经验产量递减法对气井产量和压力进行分析及图版拟合，进而预测 EUR，其主要应用于页岩气井的分析方法有流动物质平衡法、Fetkovich 图版、Blasingame 图版等。该方法适用于不稳定流和边界控制流及变压力变产量的生产模式，生产后期计算结果准确性较高。

解析模型法是在页岩气复杂流动机理研究成果的基础上建立的，分析单相流储层的生产数据、储层流体物性和导流能力等各种作用机理来拟合生产历史以达到 EUR 预测，主要分析方法为多段压裂水平井解析模型法。其适用于各流动阶段及变压力变产量生产模式，但模型建立及求解难度较大，生产数据较少时评价结果准确性受限。

数值模拟法建立于页岩气复杂流动机理之上，全面分析各类地质因素作用机理，兼顾多相流动及吸附解吸效应，主要研究方法为组分模型法。适用于各流动阶段及变压力变产量条件下的 EUR 预测，但该方法对数据的完整性要求较高，模型求解难度大。

线性流分析法是建立在 Arps 递减法的基础

之上，利用晚期线性流动特征，对压力和时间平方根关系进行归一化，最终得出最小预测 EUR，但该计算方法中递减指数存在不确定性。

物质平衡法是根据质量守恒定律，依据地质储量为采出量和地下剩余储量之和的原理，通过研究地层压力变化和采出量进行 EUR 计算。该方法的应用受流压监测次数的限制(要求页至少有两个测压点)。

概率法是根据影响产量的不确定性物理参数来进行 EUR 预测。

测试产量回归法是基于无阻流量与 EUR 之间的回归关系评价 EUR，该方法适合于开发程度较高、区块大且连续性较好、具有较多样本点的页岩气藏，且气井采用相对稳定的定产开发模式，即页岩气井单井 EUR 与整个页岩气储层、压裂工艺具有一定的线性关系。

3　深层页岩气开发特征—以威荣气田为例

气田主要采用两种开发模式，一种是初期放压、中期定压降产、后期助采的放压(大压差)开发模式(图 3)，另外一种是初期大压差、中期定产降压和定压降产、后期助采的控压控产开发模式(图 4)。

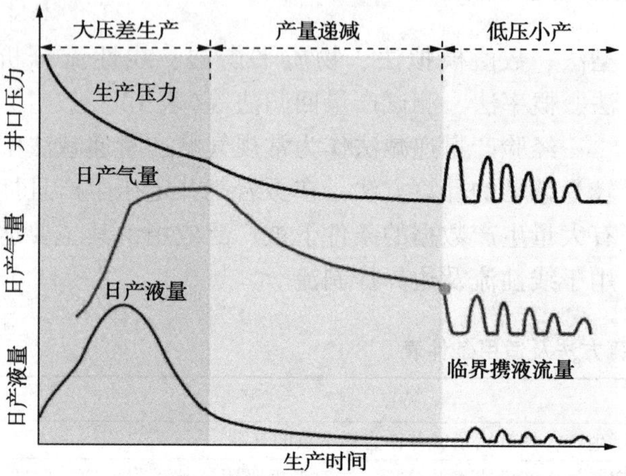

图 3　放压开发模式示意图

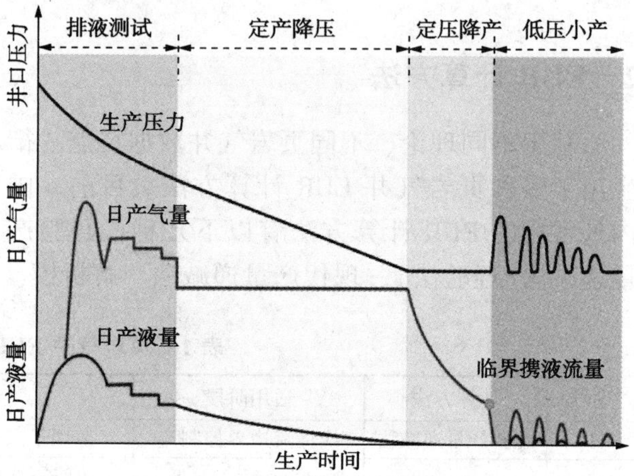

图 4　控压控产开发模式示意图

采用放压开发模式的气井早期采用大压差方式生产，气井受不稳定产量影响，井口压力呈单一的线性递减规律，日均压降 0.1~0.35MPa/d，在气嘴不改变的条件下，产量-压力双递减，产量呈调和递减规律，综合递减率 40%~62%(图 5)。该类气井受放压影响，产量、压力快速递减，生产 10~12 个月期间表现出拟稳态特征(图 6)，对应于产量递减阶段末期。

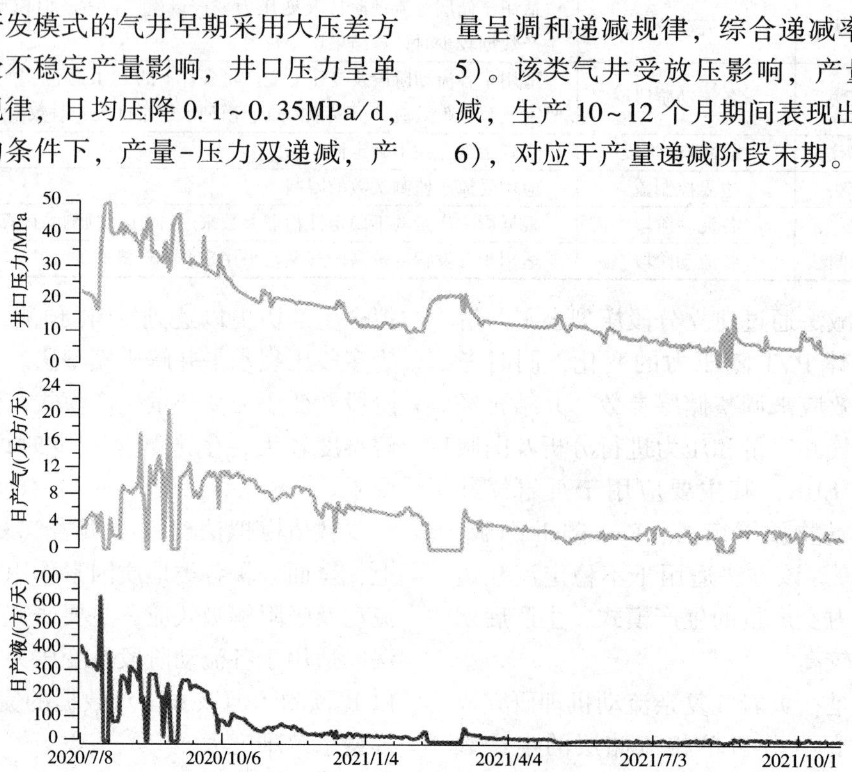

图 5　WY1a 井采气综合曲线

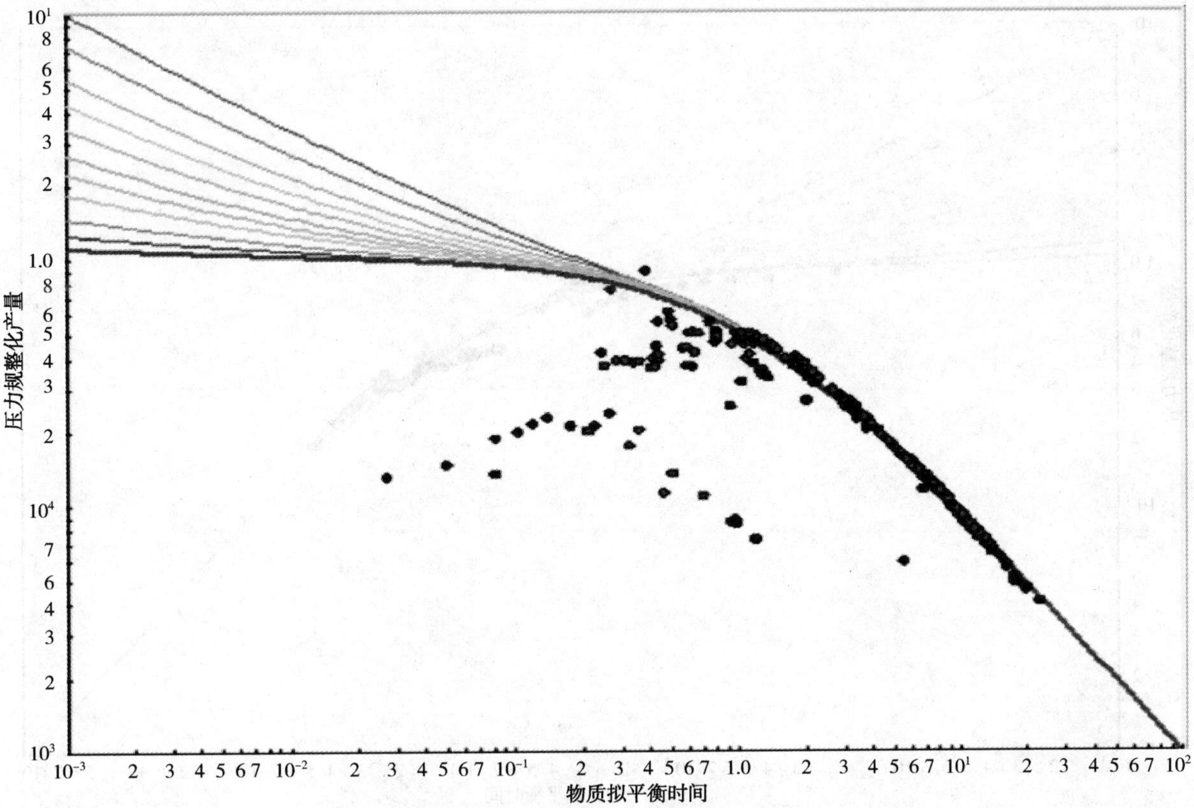

图 6　WY1a 井压力规整化产量与物质平衡时间关系

控压控产开发模式气井在系统测试后进入定产降压阶段，按规定制度生产，压力呈线性递减趋势，日均压降 0.05～0.15MPa/d。随着气井能量衰竭，后期进入定压降产阶段，期间产气量自然递减，呈指数或调和递减趋势，综合递减率 25%～38%(图 7)。该类气井受气井控压控产影响，生产 12～18 个月表现出拟稳态流动特征，对应于定产降压生产阶段末期(图 8)。

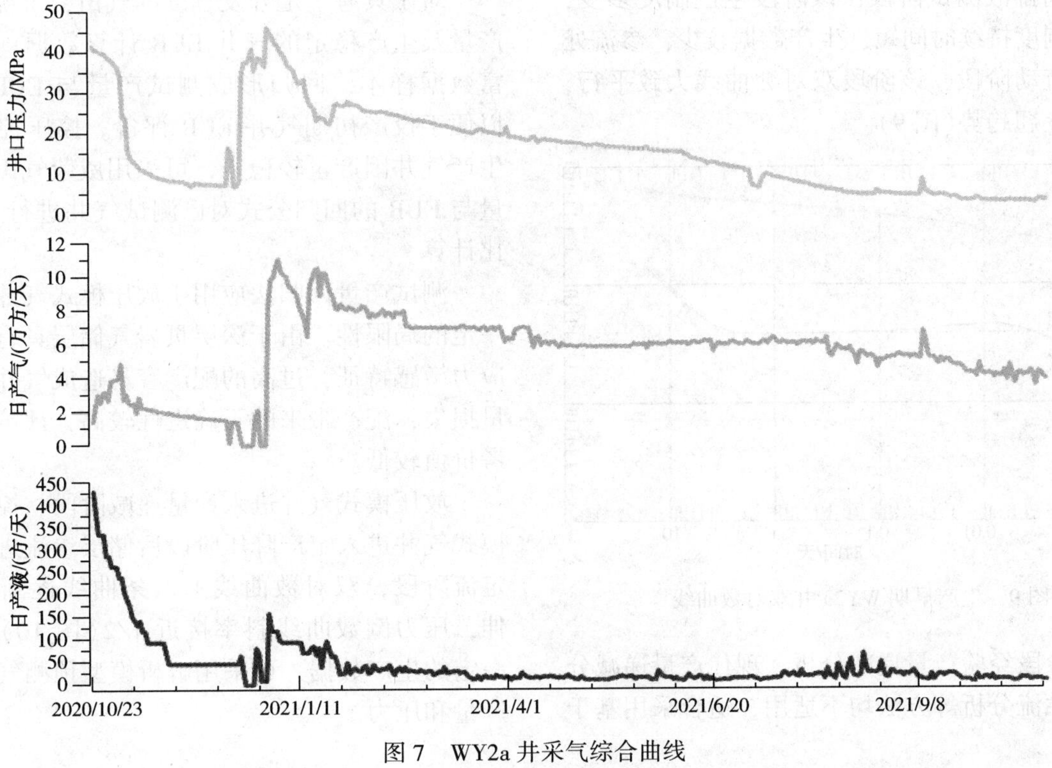

图 7　WY2a 井采气综合曲线

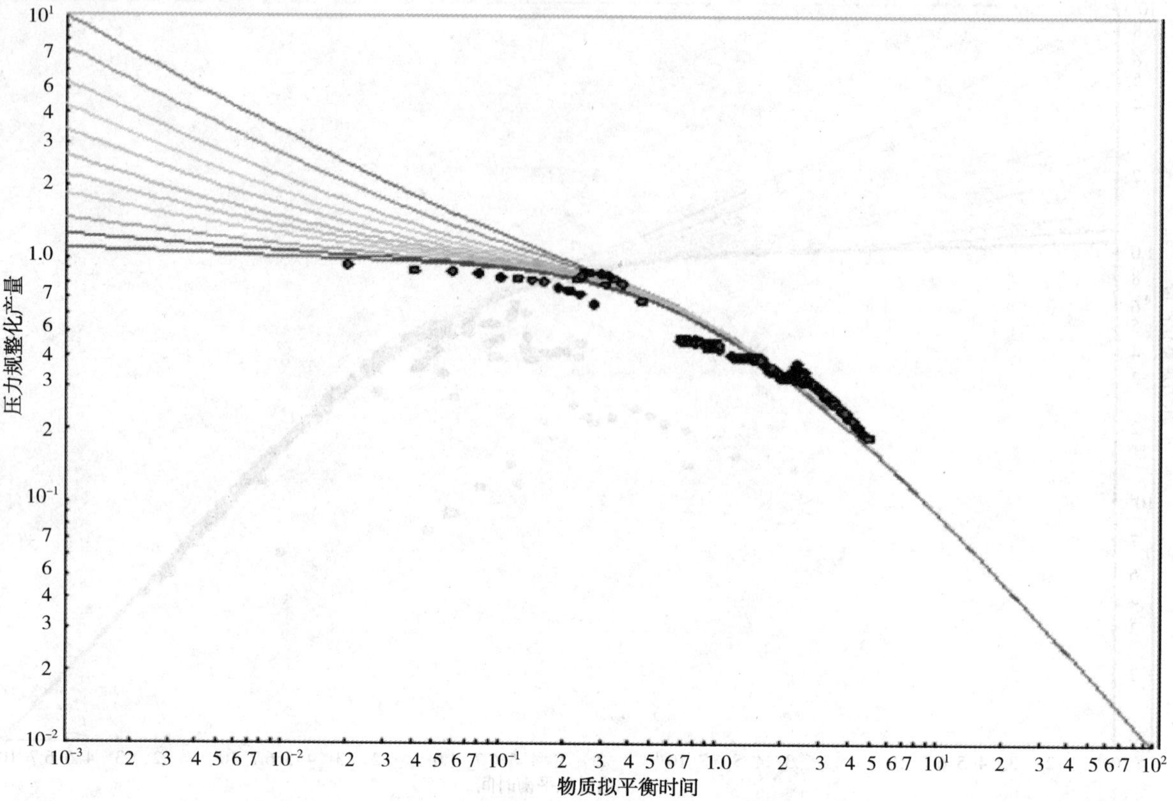

图8　WY2a井压力规整化产量与物质平衡时间关系

4　EUR计算方法优选

不同开发模式下气井生产阶段具有一定差异，但也有一定的相似性。两种开发模式气井均经历早期排液测试阶段，该阶段生产制度多变，且单一制度持续时间短，生产数据较少，渗流处于线性流动阶段，该阶段双对数曲线大致平行，尾部呈上翘趋势(图9)。

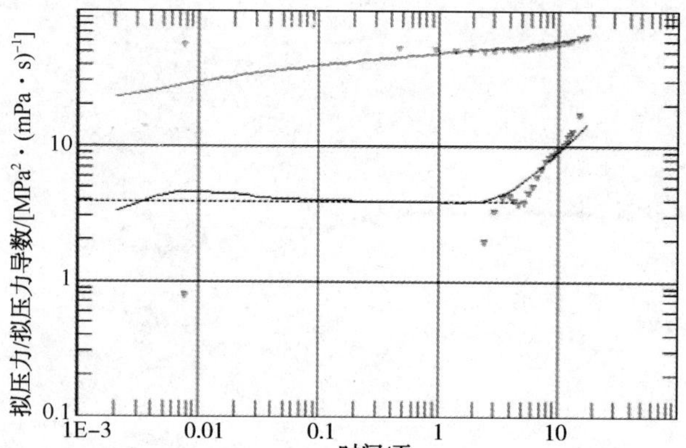

图9　生产早期WY2a井双对数曲线

该阶段经验产量递减分析、现代产量递减分析、线性流分析等方法均不适用，适合采用基于复杂流动机理的解析模型法或数值模拟分析方法，由于解析模型法需要拟合历史数据，而该阶段生产时间较短，因此推荐选用数值模拟法进行EUR计算。

对于具有一定开发程度的气田，可统计测试产量及生产稳定的气井EUR计算数据，不断丰富数据样本，回归形成测试产量与EUR公式，以便于投产初期气井EUR评价。控压控产模式生产气井因产量较稳定，可采用威荣气田测试产量与EUR的回归公式对已测试气井进行EUR类比计算。

测试产量回归法应用于放压模式气井时具有一定的局限性。由于深层页岩气储层具有很强的应力敏感特征，过高的配产容易造成气井累产气量损失，配产带来的不确定性较高，评价结果参考价值较低。

放压模式气井进入产量递减阶段、控产控压模式气井进入定产降压阶段后储层渗流进入不稳定流阶段，双对数曲线上两条曲线逐渐向上沿伸，压力倒数曲线斜率接近1/2(图10)，具备一定的生产数据，可采用解析模型预测气井未来产量和压力。

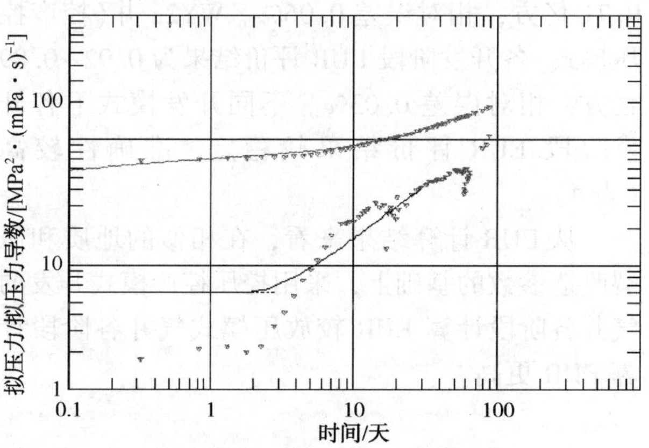

图10　生产中期WY2a井双对数曲线

随着生产时间的延长，放压模式气井进入产量递减阶段中后期，控产控压模式气井进入定压降产阶段，储层渗流进入边界控制流，此时两条双对数曲线斜率为“1”（图11），采用现代产量递减分析法计算EUR结果较为稳定。

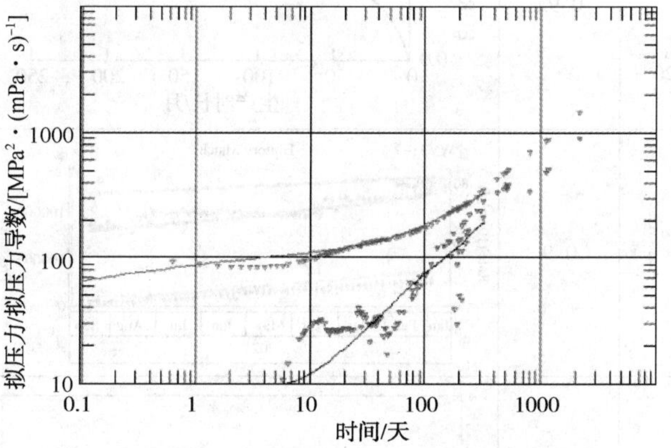

图11　生产后期WY2a井双对数曲线

WY2a井属于控压控产模式生产气井，通过现代产量递减分析方法，气井在生产12个月后达到边界控制流。该井在生产12个月之前，采用现代产量递减分析法评价EUR结果较小，随生产时间的延长呈增大趋势，当持续生产12个月以上，EUR评价结果基本稳定（表2），即该井生产到个12月后，逐渐进入边界控制流，EUR评价结果可靠性更高。

表2　WY2a井不同生产阶段现代产量递减分析法EUR计算结果表

生产时长	EUR/10^8m^3
3个月	0.53
6个月	0.65
12个月	0.88
13个月	0.89

综上所述，不同开发模式气井在排液测试期结束后表现出不同的生产特征，包括气井产量-压力变化、生产阶段划分、达到不稳定流及拟边界控制流的生产时间等，决定了不同生产模式及同一生产模式下不同生产阶段适用的EUR计算方法有所差异。

放压与控压控产生产模式气井EUR评价均可分为三个阶段。第一阶段为生产初期，对应放压生产模式气井投产到生产2~3个月，开发阶段为排液测试阶段至产量递减初期，对应控压控产模式气井投产到生产2~4个月，开发阶段为排液测试阶段至定产降压阶段初期，期间页岩气井生产不稳定，推荐采用数值模拟方法或测试产量回归法评价EUR；第二阶段为生产中期，对应放压生产模式生产2~3个月至10~12个月，开发阶段为产量递减阶段，对应控压控产模式生产2~4个月至12~18个月，开发阶段为定压降产阶段，储层流动由线性流过渡至不稳定流，具备一定的数据基础，推荐采用解析法评价EUR；第三阶段为生产后期，对应放压生产模式生产10~12个月之后，开发阶段为产量递减阶段后期，对应控压控产模式生产12~18个月之后，开发阶段为定压降产阶段后期，气井生产稳定且进入边界控制流，推荐采用现代产量递减分析方法（表3）。

表3　不同开发模式页岩气井EUR计算方法建议表

开发模式 / 开发阶段	控压控产模式		放压模式	
	生产阶段	EUR计算方法	生产阶段	EUR计算方法
生产前期	开井排液-定产降压初期	测试产量回归法	开井排液-产量递减阶段初期	数值模拟法
生产中期	定产降压-定压降产阶段	解析模型法	产量递减阶段中期	解析模型法
生产后期	定产降压后期（生产12~18个月后）	现代产量递减分析法	产量递减阶段后期（生产10~12个月后）	现代产量递减分析法

5　实例应用

WY1a 井与 WY2a 井地质条件及压裂改造参数均较为相近，其中，WY1a 井含气量 5.28m^3/t，孔隙度 5.76%，改造段长 1500m，簇间距 12.2m，加砂强度 1.25m^3/m。WY2a 井含气量 5.58m^3/t，孔隙度 5.31%，改造段长 1500m，簇间距 12.0m，加砂强度 1.22m^3/m。

通过计算，WY1a 井(放压开发模式)各开发阶段采用相应计算方法评价得 EUR 为 0.75~0.71 亿方，相对误差 0.06%。WY2a 井(控产控压模式)各开发阶段 EUR 评价结果为 0.92~0.89 亿方，相对误差 0.03%。不同开发模式下各开发阶段 EUR 评价结果较稳定，准确性较高(表 4)。

从 EUR 计算结果来看，在相似的地质和压裂改造参数的基础上，采用控压控产模式开发的气井各阶段计算 EUR 较放压模式气井各阶段计算 EUR 更高。

表 4　不同开发模式页岩气井 EUR 计算结果

气井 开发阶段	WY1a 井		WY2a 井	
	EUR/10^8m^3	方法图版	EUR/10^8m^3	方法图版
生产前期	0.73	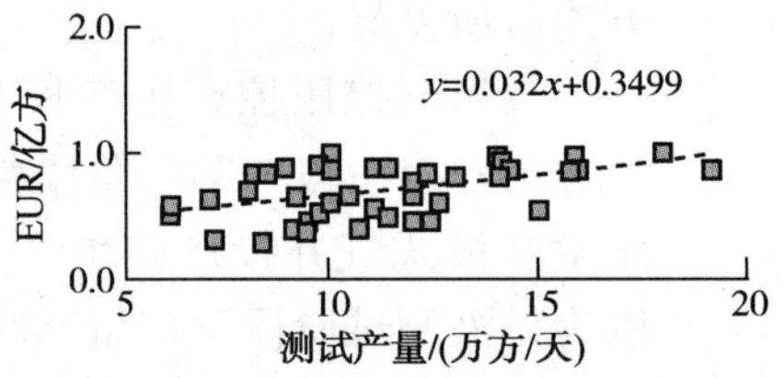	0.92	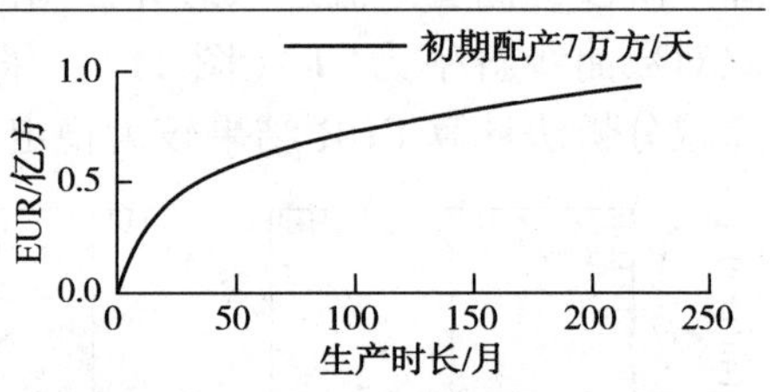
生产中期	0.72	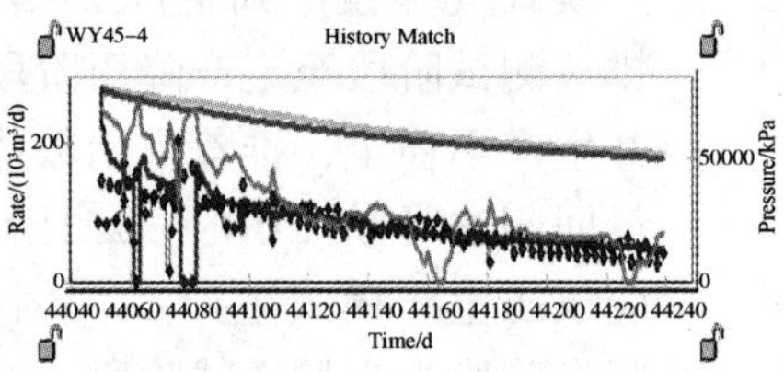	0.9	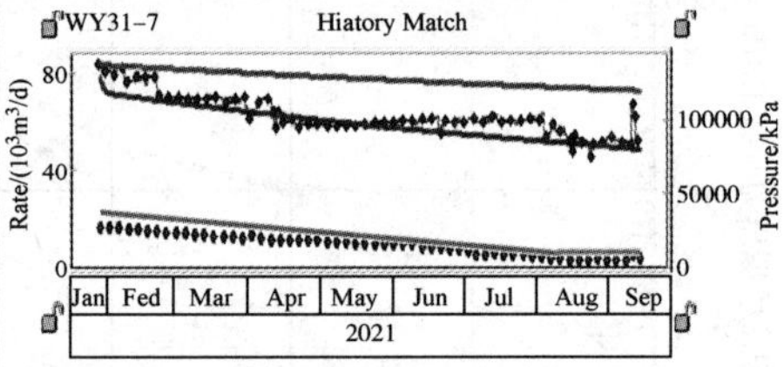
生产后期	0.71	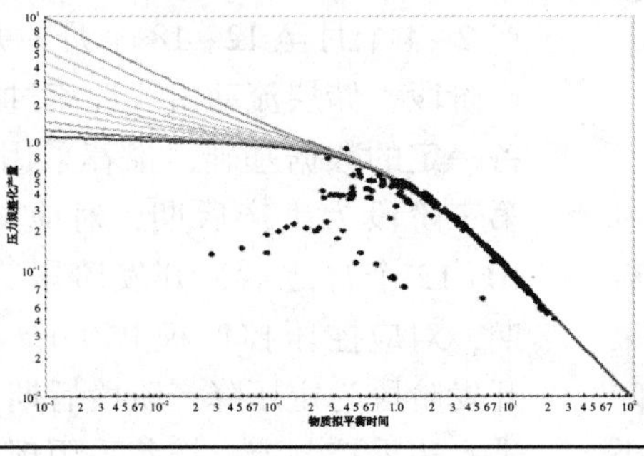	0.89	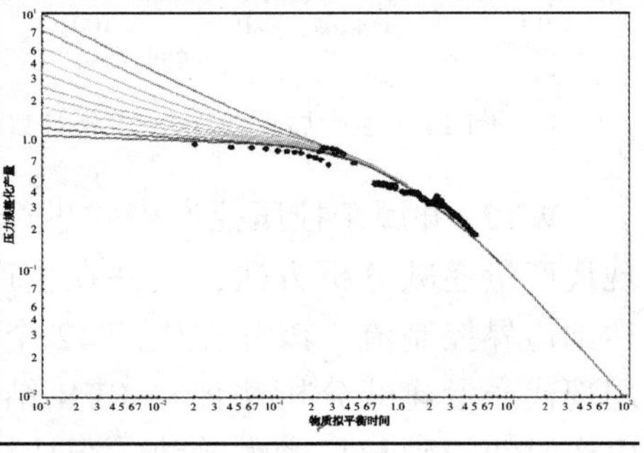

6　结论及建议

(1) 深层页岩气井主要采用控压控产生产模式和放压产生产模式，气井产量-压力变化特征、生产阶段划分以及达到各流动阶段的生产时间均不同。

(2) 控压控产模式气井进入不稳定流及边界控制流所需时间较长，控压控产模式气井生产 2~4 个月进入不稳定渗流阶段，生产 12~18 个月进入边界控制流，放压模式气井生产 2~3 个月进入不稳定渗流阶段，生产 10~12 个月进入边界控制流。

(3) 生产前期控压控产模式气井推荐采用测试产量回归法，放压模式气井生产前期推荐采用数值模拟方法，生产中期采用两种生产模式气井均采用解析法，达边界控制流后采用现代产量递减分析法进行各阶段气井 EUR 评价。

(4) 在地质及压裂改造参数相近的前提下，采用控产控压模式气井 EUR 高于采用放压模式气井，且控产控压模式气井各阶段 EUR 计算结果稳定性较高，因此，推荐采用控产控压模式进行深层页岩气井的开发管理。

参 考 文 献

[1] 宋海敬，苏云河，熊小林，等. 页岩气井EUR评价流程及影响因素[J]. 天然气地球科学，2019.

[2] 刘晓旭，杨学锋，陈远林，吴建发，冯曦. 页岩气分段压裂水平井渗流机理及试井分析[J]. 天然气工业，2013，33(12)：77-81.

[3] James，Ramsay Giles Hooker. Dynamic Data Analysis [M]，Berlin：Springer - Verlag，2017. FAST RTA technical document - theory and equations [EB/ OL]. http：//www. fekete. com/software/rta/media/webhelp/index. html.

[4] 李卉. 页岩气EUR评价方法研究与应用[D]. 成都：西南石油大学，2018.

[5] 董大忠，王玉满，李新景，et al. 中国页岩气勘探开发新突破及发展前景思考[J]. 天然气工业，2016，036(001)：19-32.

[6] 张金华，魏伟，钟太贤. 国外页岩气资源储量评价方法分析[J]. 中外能源，2011，16(009)：38-42.

[7] 潘仁芳，陈亮，刘朋丞. 页岩气资源量分类评价方法探讨[J]. 石油天然气学报，2011，33(05)：172-174.

[8] 董大忠，程克明，王世谦，等. 页岩气资源评价方法及其在四川盆地的应用[J]. 天然气工业，2009，000(005)：33-39.

[9] Lei Tan，Lihua Zuo，Binbin Wang. Methods of Decline Curve Analysis for Shale Gas Reservoirs[J]. Energies，2018，11(3).

[10] Mahmoud O，Ibrahim M，Pieprzica C，et al. EUR Prediction for Unconventional Reservoirs：State of the Art and Field Case[C]// Spe Trinidad & Tobago Section Energy Resources Conference. 2018.

[11] 于荣泽，姜巍，张晓伟，等. 页岩气藏经验产量递减分析方法研究现状[J]. 中国石油勘探，2018，023(001)：109-116.

[12] 魏明强，段永刚，方全堂，等. 基于物质平衡修正的页岩气藏压裂水平井产量递减分析方法[J]. 石油学报，2016，37(004)：508-515.

[13] Liehui Zhang，Jie Gao，Shuyong Hu，Jingjing Guo，Qiguo Liu. Five-region flow model for MFHWs in dual porous shale gas reservoirs[J]. Journal of Natural Gas Science and Engineering，2016，33.

[14] Wu M，Ding M，Yao J，et al. Production-Performance Analysis of Composite Shale - Gas Reservoirs by the Boundary - Element Method[J]. SPE Reservoir Evaluation & Engineering，2018.

[15] 吴永辉，程林松，黄世军，等. 考虑页岩气赋存及非线性流动机理的产能预测半解析方法[J]. 中国科学：技术科学，2018(6).

[16] Liehui Z，Baochao S，Yulong Z，et al. Gas Transport Model in Organic Shale Nanopores Considering Langmuir Slip Conditions and Diffusion：Pore Confinement，Real Gas，and Geomechanical Effects[J]. Energies，2018，11(1)：223

[17] 梁洪彬. CN-WY页岩气藏产能预测模型研究及应用[D]. 重庆：重庆科技学院，2018.

[18] 梅海燕，何浪，张茂林，等. 考虑多因素的页岩气藏物质平衡方程[J]. 新疆石油地质，2018(04).

[19] 郭小哲，李景，张欣. 页岩气藏压裂水平井物质平衡模型的建立[J]. 西南石油大学学报(自然科学版)，2017(39)：132-138.

[20] 苏玉亮，盛广龙，王文东，等. 页岩气藏多重介质耦合流动模型[J]. 天然气工业，2016，036(002)：52-59.

[21] Valerie，Ann Jochen，Raj，Malpani，Katharine，Moncada，等. Production Data Analysis：Unraveling Reservoir Quality and Completion Quality[C]// Canadian Unconventional Resources Conference. Society of Petroleum Engineers，2011.

[22] 李欣，段胜楷，侯大力，等. 多级压裂页岩气水平井的不稳定生产数据分析[J]. 天然气工业，2012，32(012)：44-48.

[23] Fanchi J R，Cooksey M J，Lehman K M，et al. Probabilistic Decline Curve Analysis of Barnett，Fayetteville，Haynesville，and Woodford Gas Shales [J]. Journal of Petroleum ence & Engineering，2013，109(Complete)：308-311.

[24] 徐兵祥，白玉湖，陈桂华，等. 页岩油气不确定性产量预测方法及应用[J]. 兰州大学学报：自然科学版，2017，v. 53；No. 234(06)：757-763.

[25] 刘华，王卫红，陈明君，等. 涪陵龙马溪组页岩储层应力敏感实验研究[J]. 石化技术，2019(5)：155-158.

[26] 杨波，罗迪，张鑫，等. 异常高压页岩气藏应力敏感及其合理配产研究[J]. 西南石油大学学报(自然科学版)，2016(38)：115-121.

渤海大型深层凝析气藏相态特征及渗流规律研究

张　雷[1]　康　凯[1]　赵　林[2]　吴浩君[1]　黄　磊[1]

[1. 中海石油(中国)有限公司天津分公司渤海石油研究院;
2. 中海油研究总院有限责任公司]

摘　要　A凝析气田是世界最大的变质岩潜山凝析气藏，埋藏深超4500m、地层温度超160℃，气藏地露压差小(1.4~4.4MPa)，反凝析液量高(40%)，流体相态及渗流规律认识不清，严重制约气田高效开发。通过物理实验和气藏工程理论分析，开展不同压降速度下相态变化规律及高温高压油气渗流规律研究，首次揭示气田雾状相态规律，建立了地层温度压力下临界可动油饱和度函数；基于速度剥离和雾状流混相的渗流特征研究，提出A凝析气田气井五区渗流产能模型，创新形成A凝析气田裂缝特征与产能规律定量关系，解决裂缝气藏产能预测难题；该项研究成果，有效指导了气田合理配产、注气时机、注采参数优化、注采井网设计等难题，为A凝析气田十四五上产400万吨油气当量奠定坚实基础。

关键词　潜山气藏；相态特征；渗流规律；产能评价

A凝析气田是世界最大的变质岩潜山凝析气田，具有埋藏深、地层温度高、地露压差小、凝析油含量高的特点，其开发面临诸多挑战。高温高压地层环境下，凝析气在地层中的流动涉及复杂相变过程及渗流机理，导致矿场实践结论与常规认识不符，严重制约气田高效开发。试验区四口气井的产能试井结果显示，常规二项式产能方程的解释效果较差，且测试产气能力随生产压差的增大而增强，与凝析油析出污染地层的常规认识不符。

国内外学者开展了凝析气藏相变及渗流机理的诸多研究，前期集中于反凝析造成的产能损失，后期机理逐步完善。O’Dell等考虑反凝析作用，建立了首个凝析气产能方程。Fevang等考虑反凝析作用，首次引入了凝析气藏的三区流动模型，分别为单相气区、可动气不可动油区及可动气可动油区，建立了产能方程，得到了广泛的应用。Mott等考虑近井高速非达西流动和毛管数效应，建立了基于相渗插值的产能方程。何志雄等建立了考虑气体高速非达西流动的凝析气藏产能评价方程。齐明明等建立了考虑非平衡相变效应的凝析气藏产能方程。综上，目前提出的凝析气藏渗流机理包括反凝析、高速非达西流及非平衡相变三个效应，但仍未建立起高温高压条件下的相变及渗流机理，凝析油分布及产能变化规律仍认识不清。

本文通过物理实验和气藏工程理论分析，研究了高温高压下凝析气的相态变化特征，提出了A凝析气田的凝析气相变机理，并在此基础上，建立了凝析气的五区流动模型，研究了凝析油分布及产能变化规律，解释了气井产气能力增加的现象。本文的研究将为气田合理配产、注气时机、注采参数优化、注采井网设计等提供支撑，为A凝析气田十四五上产400万吨油气当量奠定坚实基础。

1　区块概况

A气田位于我国渤海中部海域，构造位于渤中凹陷西南部，为被走滑断层及其派生断层复杂化的具有背斜特征的断块构造。气田储层以太古界变质岩潜山储层为主，潜山纵向上可划分为砂砾岩、强风化带、次风化带和内幕带，埋深3870m~4900m。储层平均孔隙度为4.5%、平均渗透率为3.7mD，具有低孔、特低渗特征；裂缝裂缝发育程度高，连通性好。

气田各井区实测地层温度170.7℃~191.5℃，实测地层压力49.8MPa~53.2MPa，属高温高压地层。凝析气的地露压差为1.317MPa~7.310MPa，凝析油含量为605g/m^3~774g/m^3，属于近露点、特高含凝析油的凝析气藏。气藏的P-T相图如图1所示。

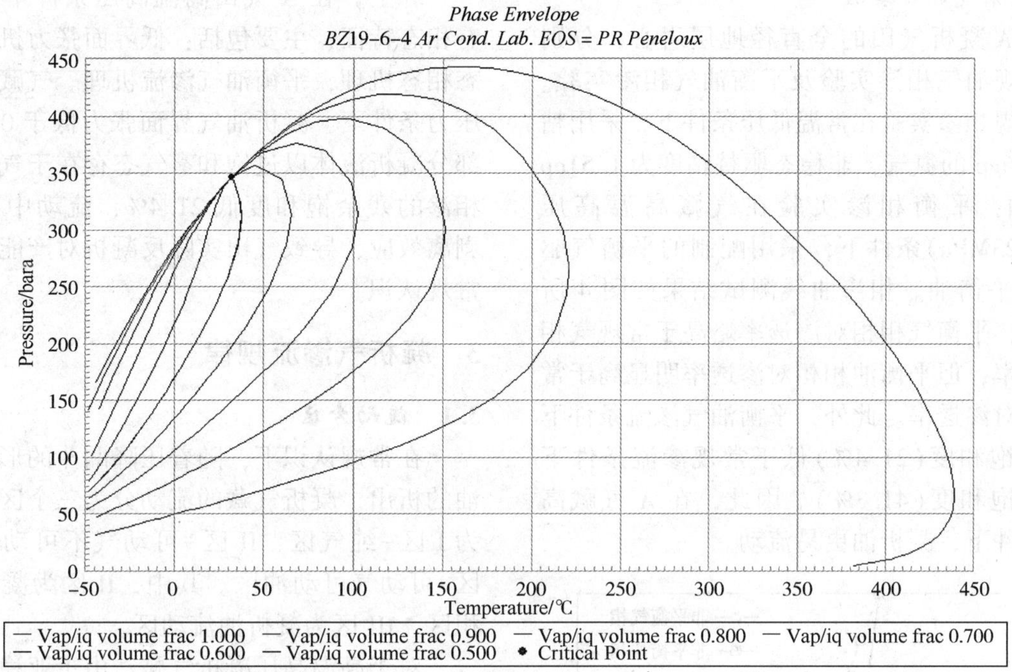

图1　A凝析气田复配样 P-T 相图

2　高温高压相态特征

A凝析气田为典型高温高压凝析气田，凝析气相态呈现特有的特征。采用A凝析气田的地层流体样品，分别开展了界面张力测试、恒质膨胀实验及平衡油气相渗实验，研究高温高压下的凝析气相态特征。

2.1　界面张力

采用界面张力仪分别测试了室温(20℃)和气藏高温(172℃)下油气界面张力随压力的变化关系，见图2。可见，高温下的界面张力低于室温条件。随着压力的增加，界面张力降低。但室温下的降低幅度不大，总体位于中高界面张力范围($10^1 \sim 10^2$mN/m)。气藏高温条件下，界面张力随压力增加显著降低，由大气压下的高界面张力(10^2 mN/m)降低为高压下的低界面张力(10^{-1}mN/m)。可见，在渤中19-6的高温高压条件下，油气混合物为低界面张力体系，油气无明显界面，处于混相状态。

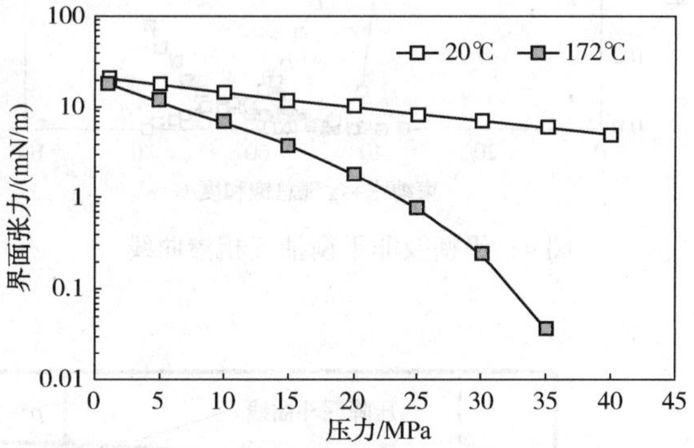

图2　油气界面张力随压力的变化

2.2　恒质膨胀实验

在气藏高温条件下，开展了A凝析气田的凝析气恒质膨胀实验，见图3。当压力大于露点压力(44MPa)时，体系为单一气体。当压力降低到露点压力以下后，凝析油开始析出，体系变为油气混合物。在高压条件下(35~44MPa)，混合物为低界面张力体系，油气无明显界面，部分凝析油以过饱和雾气态存在于气相中，处于亚稳态相变状态。当压力下降至10MPa后，油气开始分离，呈现明显界面。

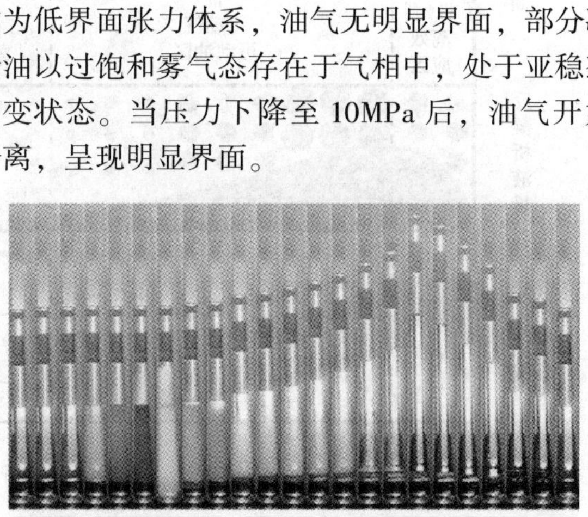

图3　凝析气恒质膨胀实验

2.3 平衡油气相渗实验

采用 A 凝析气田的全直径地层岩心，分别开展了常规油气相渗实验及平衡油气相渗实验。其中，常规相渗实验在常温低压条件下，采用粘度为 0.076cp 的氮气，非稳态驱替粘度为 1.51cp 的模拟油；平衡相渗实验在气藏高温高压(152℃、23MPa)条件下，采用配制的平衡气驱替配制的平衡油。相渗曲线测试结果如图 4 所示。可见，平衡气相相对渗透率略高于常规气相相对渗透率，但平衡油相相对渗透率明显高于常规油相相对渗透率。此外，平衡油气渗流条件下的残余油饱和度(21.4%)低于常规渗流条件下的残余油饱和度(41.3%)。因此，在 A 气藏高温高压条件下，凝析油更易流动。

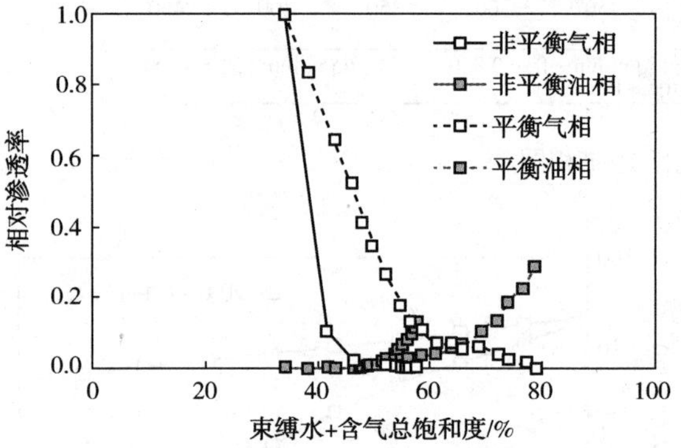

图 4　平衡及非平衡油气相渗曲线

综上，在 A 气田高温高压条件下，存在特有相态特征，主要包括：低界面张力机理，亚稳态相态机理，平衡油气渗流机理。气藏地层温度压力条件下，凝析油气界面张力低于 0.1mN/m，部分凝析液体以过饱和雾气态存在于气相，油气相渗的残余饱和度低 21.4%，流动中存在速度剥离效应，导致气田实际反凝析对产能影响低于常规认识。

3　凝析气渗流规律

3.1 流动分区

在常规认识下，随着压降漏斗的形成和凝析油的析出，凝析气藏的流动分为三个区域，分别为 I 区-纯气区、II 区-可动气不可动油区、III 区-可动气可动油区。其中，II 区为凝析油净累积区，III 区为凝析油流动区。

对于高温高压凝析气藏，由于亚稳态混相相态机理，近井将出现速度剥离效应，进而形成新的流动分区：剥离效应区。由于油气过渡区的雾状流特征，在泡点压力附近，凝析油以过饱和雾气存在于气相中，进而形成新的流动分区：雾状流区。因此，渤中 19-6 的凝析气流动将划分为五个区域，如图 5 所示。各区的渗流机理及拟压力表达形式如表 1 所示。

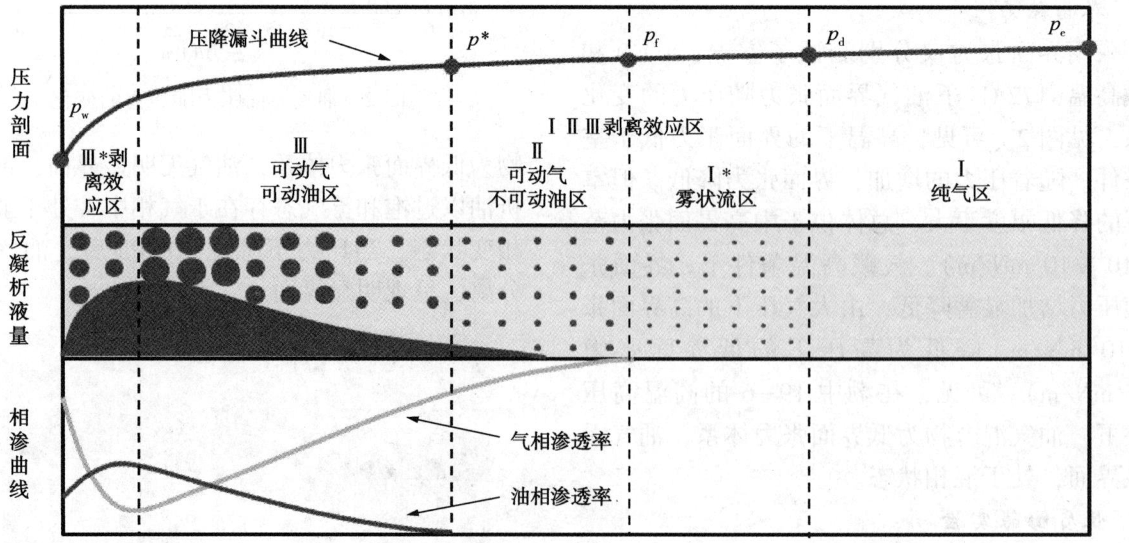

图 5　凝析气藏流动分区示意图

表1　凝析气藏流动分区渗流机理及拟压力

序号	流动分区	渗流机理	拟压力
Ⅰ	纯气区	单相流动	$k_{rg}(s_{wi})\int_{p_d}^{p_e}\frac{1}{B_g\mu_g}dp$
Ⅰ*	雾状流区	雾状流效应	$k_{rg}(s_{wi})\int_{p_f}^{p_d}\frac{1}{B_g\mu_g}dp$
Ⅱ	可动气不可动油区	反凝析净累积	$\int_{p^*}^{p_f}\frac{k_{rg}}{B_g\mu_g}dp$
Ⅲ	可动气可动油区	反凝析两相流	$\int_{p_{wf}}^{p^*}\left[\frac{k_{ro}}{B_o\mu_o}R_s+\frac{k_{rg}}{B_g\mu_g}\right]dp$
Ⅲ*	剥离效应区	亚稳态混相效应	

对于两相流动区，即Ⅳ区和Ⅴ区，引入混相插值系数：

$$f=\frac{1}{(\alpha N_c)^n+1} \tag{1}$$

式中，N_c为毛管数：

$$Nc=\frac{v_g\mu_g}{\sigma} \tag{2}$$

流动速度越大，油气界面张力越小，f越接近于0，流动越接近于纯气相流动，因此混相相对渗透率为：

$$k_{rgm}=fk_{rg}+(1-f)k_{rg}(s_{wi}) \tag{3}$$

气相饱和度为：

$$s_{gm}=fs_g+(1-f)(1-s_{wi}) \tag{4}$$

3.2　凝析油分布

建立半径为100m的凝析气藏模型，初始地层压力42MPa，凝析气泡点压力40.68MPa，研究凝析油的分布规律，如图6所示。可见，三区模型的凝析油从边界到井底逐渐上升，在Ⅱ区-可动气不可动油区缓慢上升，Ⅲ区-可动油区迅速上升，使气井产能发生损失。随着生产压差增加，Ⅲ区向气藏中部扩大，Ⅱ区大小不变，气井产能损失增加。

对于气田的五区流动模型，Ⅰ区与Ⅱ区相比于三区模型基本无变化，但在III区凝析油含量增加至一定程度后，进入Ⅲ*区-剥离效应区。该区凝析油含量迅速降低，使气井产能损失得到一定的恢复。随着生产压差增加，剥离效应增强，Ⅲ*区向气藏中部扩大，近井区域凝析油含量进一步降低，产能损失得到进一步恢复，因此产气能力增强。这导致了气田实际反凝析对产能损失的影响小于常规认识。

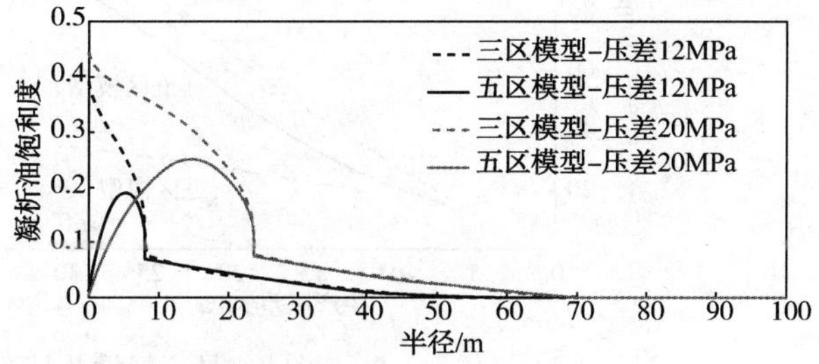

图6　凝析油饱和度分布

3.3　拟压力分布

气藏中的拟压力半对数分布如图7所示。各区拟压力的大小反映了对产能的贡献程度。各区域对产能的贡献率分别为：Ⅲ*区72.3%、Ⅲ区6.97%、Ⅱ区15.11%、Ⅰ区+Ⅰ*区5.66%。可见，近井区域压力降落快，压力范围大，拟压力高，对产能的贡献程度最高，因此近井地带的反凝析效应和剥离效应对产能具有很大的影响。

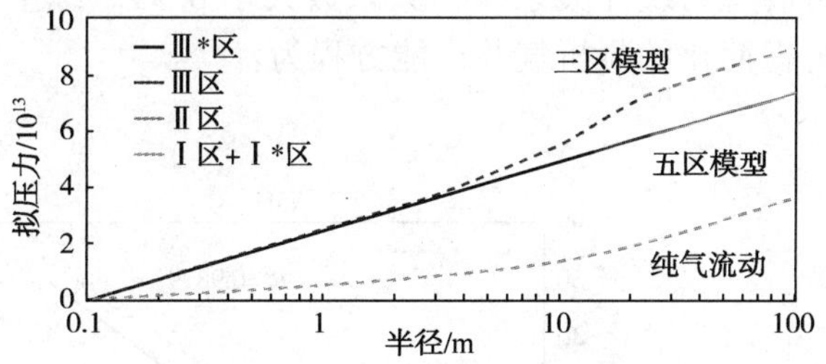

图7　气藏拟压力半对数分布

4　凝析气井产能

4.1　产能变化规律

基于拟压力，可得凝析气井产能方程为：

$$q_s=\frac{2\pi kh}{\ln(r_e/r_w)}(\psi_e-\psi_w) \tag{5}$$

分别做出不同模型气井日产气量、日产气能力与生产压差的关系，如图8所示。可见，对于纯气流动，随着生产压差增加，气体粘度变低，产气能力增强。对于常规三区模型，随着生产压差增加，凝析油析出量增加，产能损失增加，产气能力降低。对于五区模型，随着生产压差增加，剥离效应增强，流动逐渐接近纯气流动，产能能力增强。

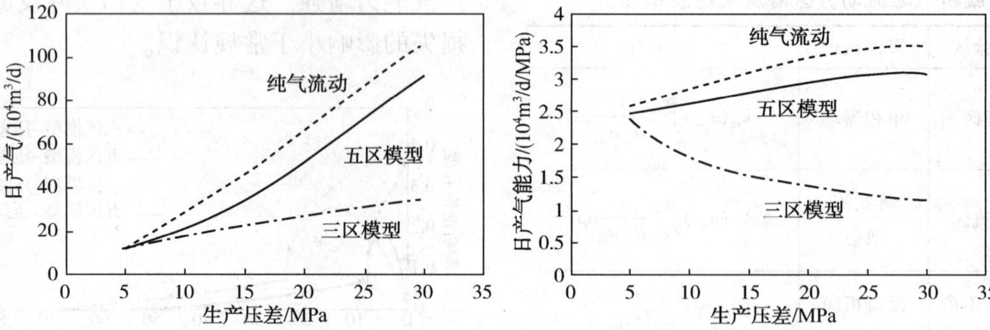

图 8　日产气量及日产气能力随压差的变化曲线

4.2　产能新方程

凝析气产能计算方程(5)涉及拟压力的计算，其形式较为复杂，矿场实用性不强。参考式(1)，引入产能混相插值系数：

$$f_q=\frac{q_s-qg_s}{qg_s-qt_s} \tag{6}$$

并通过拟合发现f_q与q_s呈如下关系：

$$\frac{f_q}{1-f_q}=C(q_s)^m \tag{7}$$

此外，发现纯气流动和三区模型的$q_s\sim\Delta p$均可简化为线性关系，相关系数大于 0.99。综上，可得简化的凝析气井产能方程为：

$$q_s=\frac{1}{1+C(q_s)^m}(A_2\Delta p+B_2)+\frac{C(q_s)^m}{1+C(q_s)^m}(A_1\Delta p+B_1) \tag{8}$$

式中，A_1、B_1、A_2、B_2、C、m 均为常数，且 $A_1>A_2>0$，$B_2>0>B_1$。

采用式(8)对产能试井数据进行解释时，可采用试算法：首先在取值范围内生成一系列的纯气曲线和三区曲线，之后以 $\ln[f_q/(1-f_q)]$ 与 $\ln q_s$的线性关系为拟合目标，获得六个参数的最优值。两口气井的拟合结果如图 9 所示。可见，两口气井均取得了很好的拟合效果，拟合优度 $R^2>0.97$。式(8)为凝析气井产能评价提供了一种实用的方法。

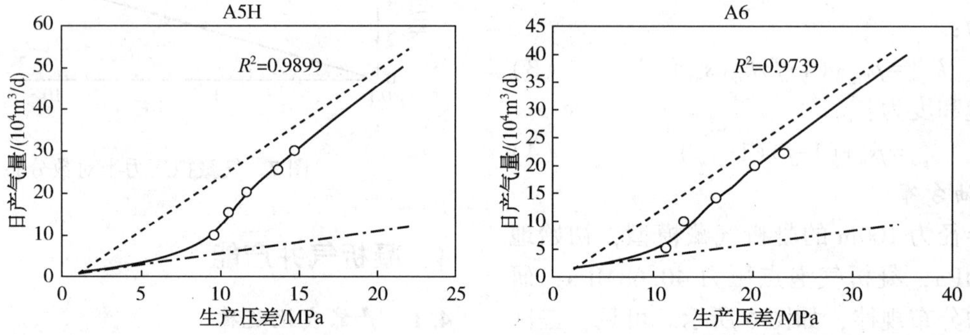

图 9　A5H 与 A6 井的拟合效果图

5　结论

(1) 针对 A 凝析气田，在高温高压条件下分别开展了界面张力测试、恒质膨胀实验及平衡油气相渗实验，得出了 A 凝析气田特有的相态特征，包括低界面张力机理、亚稳态相态机理及平衡油气渗流机理。

(2) 创新性地提出了凝析气的五区流动模型，引入了亚稳态相变效应造成的剥离效应区及雾状流效应造成的雾状流区。剥离效应区的凝析油含量迅速降低，使气井产能损失得到恢复。随着生产压差增加，剥离效应增强，产气能力增大，导致了气田实际反凝析对产能损失的影响小于常规认识，验证了 A 凝析气田气井产能力随压差增大而增强。

(3) 在五区模型的基础上，建立了一种六参数凝析气井产能方程，并对两口气井开展了应用，取得了较好的效果，为凝析气井产能评价提供了一种实用的方法。

符 号 解 释

下标：g—气相；o—油相；e—气藏边界；w—井底；m—混相

符号：f—混相插值系数；α—常数；n—常数；N_c—毛管数；μ—粘度，mPa·s；v—流速，m/s；σ—界面张力，mN/m；q_s—气井日产量，m^3/d；k—绝对渗透率，μm^2；h—储层厚度，m；r—半径，m；ψ—拟压力；k_r—相对渗透率；B—体积系数；R_s—气油比；q_s^g—纯气井日产量，m^3/d；q_s^t—三区模型气井日产量，m^3/d；A_1、B_1、A_2、B_2、C、m—产能方程常数

参 考 文 献

[1] 薛永安，李慧勇．渤海海域深层太古界变质岩潜山大型凝析气田的发现及其地质意义[J]．中国海上油气，2018，30(3)：1-9.

[2] 徐长贵，于海波，王军，等．渤海海域渤中19-6大型凝析气田形成条件与成藏特征[J]．石油勘探与开发，2019，46(1)：25-38.

[3] 牛成民，王飞龙，何将启，等．渤海海域渤中19-6潜山气藏成藏要素匹配及成藏模式[J]．石油实验地质，2021，43(02)：259-267.

[4] 孙贺东，孟广仁，曹雯，等．气井产能评价二项式压力法、压力平方法的适用条件[J]．天然气工业，2020，40(1)：69-75.

[5] 张风波，马帅，张茇强，等．广义二项式产能方程的推导与应用[J]．中国海上油气，2017，29(6)：87-91. DOI：10. 11935. /j. issn. 1673-1506. 2017. 06. 011.

[6] 李士伦，王鸣华，何江川．气田与凝析气田开发[M]．石油工业出版社，2004.

[7] 李士伦．我国气田，凝析气田开发技术展望[J]．天然气工业，1997，17(1)：4.

[8] O'Dell H. G.，Miller R. N. Successfully Cycling a Low-Permeability，High-Yield Gas Condensate Reservoir[J]. Journal of Petroleum Technology，1967，19（01）：41-47.

[9] Fevang O.，Whitson C. H. Modeling Gas-Condensate Well Deliverability[J]. SPE Reservoir Engineering，1996，11(4)：221-230.

[10] Mott R.，Cable A.，Spearing M.. Measurements and Simulation of Inertial and High Capillary Number Flow Phenomena in Gas-Condensate Relative Permeability[J]. SPE62932.

[11] 何志雄，孙雷．凝析气井产能分析新方法[J]．天然气工业，1996，16(005)：32-36.

[12] 齐明明，雷征东，康晓东，等．综合高速效应的凝析气藏流入动态[J]．石油钻采工艺，2006，028(003)：74-77，80.

深层碎屑岩油藏烃气驱注采参数协同优化方法

冯其红[1,2]　吴宽宽[1,2]　张纪远[1,2]　周代余[3]　赵　安[3]　陶正武[3]

[1. 中国石油大学(华东)石油工程学院；2. 非常规油气开发教育部重点实验室；
3. 中国石油塔里木油田公司]

摘　要　目前注气开发已经成为一种重要的提高采收率开发模式，传统的气驱注采参数优化方法多是针对注入参数，或是基于控制变量法对注采参数逐次优化，但这些方法都没有考虑气驱开发过程注采参数的协同开发效果。本文构建了以经济净现值为目标函数的烃气驱注采参数优化数学模型，通过优选智能优化算法CMA-ES，建立了烃气驱注采参数协同优化方法，并对深层碎屑岩D油藏进行了注采参数优化。优化结果与实际开发方案和正交设计方案对比表明：注采协同优化方案比实际开发方案净现值增加了4.3亿元，比正交设计方案高出2.1亿元；协同优化方案相比于实际开发方案增油约28万吨，相比于正交设计方案累产油高出约23万吨，从而验证了协同优化方法的可靠性和优越性。

关键词　深层碎屑岩油藏；烃气驱；经济净现值；CMA-ES；注采协同优化

1　引言

注气开发目前已经发展成为一项十分重要的提高采收率技术，在国内外得到广泛的应用并且取得良好的开发效果。研究表明，注气开发对于改善高含水、低渗透、页岩油等不同类型的油藏的开发效果具有极为重要的意义，近些年经过多个油田现场大规模的注气试验，我国在注气开发机理、气窜研究、效果跟踪评价以及地面设施等各个方面都取得重大突破，注气提高采收率逐渐形成了整套的开发理论、配套技术以及运营模式，注气提高采收率展现出最具前景的技术之一。国内外大量油藏通过注气已取得了较好的开发效果。与水驱相比，混相气驱可以降低原油黏度、消除或者降低原油界面张力，同时气体分子直径小、膨胀性强，能够进入更小孔喉，扩大微观波及范围，更好地保持地层压力，尤其是针对低渗透和页岩油油藏可以解决注水开发困难问题。但是与水驱类似，注气开发极易形成气窜，因此如何调整注采参数，实现均衡气驱，对提高注气开发效果具有重要意义。

目前气驱注采参数优化方法主要包括室内实验法、经验法以及数值模拟法，然而这些方法都存在着各自的局限性。经验法只能定性确定注采参数，并且具有很强的主观性，误差较大，且对于不同地质特征的油藏适应性和泛化性较差；室内实验法虽然可以直观的观测注气开发过程中的渗流过程，但受实验设备限制，很难模拟真实油藏的开发过程，无法进行实际的现场应用；传统的基于数值模拟气驱注采参数优化大多是通过人工设计方案进行优选，只重视注入参数，忽视生产井工作制度的影响，并非真正意义上的优化；王鸣川、王伟等人采用正交设计方法开展注采参数优化，但是正交设计方案有限，对于实际油藏大规模注气井组难以满足现场实际需求；杨勇、罗彪、赵梓平等人在数值模拟历史拟合基础上，按照注采参数逐次优化的方法，依次研究影响注气开发效果的关键参数，然后对比不同方案下的最终采收率或者累产油，优选出最佳的注气开发参数，但是这种逐次优化的方法不能考虑注采参数的协同优化效果，无法实现均衡气驱，极易形成气窜，降低注气利用率。同时在针对大规模注气油藏优化时，注采参数逐次优化方案较多，耗时加长，难以实现。

鉴于此，本文以深层碎屑岩D油藏烃气驱为研究背景，通过构建烃气驱注采参数协同优化的数学模型，并优选自适应协方差矩阵(CMA-ES)智能优化算法对数学模型进行求解，建立了烃气驱注采参协同优化方法，实现了储层参数和剩余油分布与注采参数的精准匹配，最后基于D油藏实际烃气驱验证了注采参数协同优化方法的可靠性。

2　烃气驱注采参数优化数学模型建立

2.1　优化目标函数

本文针对连续注气的特点，以经济净现值(NPV)为目标函数，注采参数为优化变量，结合约束条件，建立了烃气驱注采参数优化数学模型。注采优化的目标为确定各井的最优工作制度，使得油藏注气开发时可以经济、高效地采出地下原油。一般而言，注气量越高，采收率越大，但注气成本也越高，因此，采用经济净现值作为注气参数协同优化问题的目标函数，可以综合衡量开发过程的经济效益：

$$NPV = \sum_{k=1}^{N_t} \left[\frac{1}{(1+b)^i} \left(\sum_{i=1}^{N_p} r_{gp} q_{gp}^{i,k} + \sum_{i=1}^{N_p} r_{op} q_{op}^{i,k} - \sum_{i=1}^{N_p} c_{wi} q_{wi}^{i,k} - \sum_{i=1}^{N_p} c_{gi} q_{gi}^{i,k} - \sum_{i=1}^{N_p} c_{wp} q_{wp}^{i,k} \right) \right]$$

式中，$q_{op}^{i,k}$、$q_{gp}^{i,k}$、$q_{wp}^{i,k}$分别为第 i 口井在第 k 年的油、气、水产量，吨/年或方/年，可通过组分数值模拟获得；r_{gp}、r_{op} 分别为油、气销售价格，元/吨或元/方；c_{wp} 为产出水的处理费用，元/吨；c_{gi}为注气成本，元/方；N_t为评价时间，年；b 为折现率,%。

2.2　优化变量

针对连续注气方式的特点，考虑注采协同开发效果，构建了深层碎屑岩油藏注采参数协同优化数学模型，对于注气提高采收率方法而言，不同注入方式所包含的控制参数并不相同。对于连续注气方式，控制参数包括注气时机、注入速度、注气总量和生产井产液量或井底流压；注气工作制度协同优化是一个带有约束条件、变参数、复杂的优化问题，所以针对连续注气，优化变量的数学表达式为：

生产井定液量生产：

$$x = [I_{t1} \cdots I_{ti} \cdots I_{tn},\ I_{vg1} \cdots I_{vgi} \cdots I_{vgn},\ I_{cg1} \cdots I_{cgi} \cdots I_{cgn},\ P_{l1} \cdots P_{li} \cdots P_{lm}]$$

生产井定压生产：

$$x = [I_{t1} \cdots I_{ti} \cdots I_{tn},\ I_{vg1} \cdots I_{vgi} \cdots I_{vgn},\ I_{cg1} \cdots I_{cgi} \cdots I_{cgn},\ P_{p1} \cdots P_{pi} \cdots P_{pm}]$$

式中，I_{ti}为第 i 口注气井的注气时机；I_{vgi} 为第 i 口注气井的注气速度；I_{cgi} 为第 i 口注气井的注气总量；P_{li}为第 i 口生产井的产液量；P_{pi} 为第 i 口生产井的井底流压；n 为注气井总井数，m 为生产井总井数。

2.3　约束条件设置

为保证前述优化变量处于合理范围之内，需设置相应的约束条件。约束条件包括优化变量自身及其相关变量的约束，边界条件约束主要包括：油井产液量、注入速度、注气量等，当经济净现值达到最大时候，采收率可能不是最大值，因此需要对目标采收率进行约束。最后考虑实际条件下工作问题，对总注气量、总注水量和总产液量进行了等式约束，各约束条件的设置见表 1。

表 1　烃气驱注采参数优化数学模型约束条件设置

约束类型	约束变量	约束表达式
边界条件约束	注气井注入速度	$I_{vgi}^{min} \leqslant Ivgi \leqslant I_{vgi}^{max}$，$i=1, 2, \cdots n$
	生产井液量	$P_{li}^{min} \leqslant P_{li} \leqslant P_{li}^{max}$，$i=1, 2, \cdots m$
	生产井流压	$P_{pi}^{min} \leqslant P_{pi} \leqslant P_{pi}^{max}$，$i=1, 2, \cdots m$
	采收率	$FOE \geqslant FOE_{min}$
等式约束	总注气量	$\sum_{i=1}^{m} Q_{gi} = Q_{gz}$
	总注水量	$\sum_{i=1}^{m} Q_{wi} = Q_{wz}$
	总产液量	$\sum_{i=1}^{m} Q_{li} = Q_{lz}$

式中，FOE_{min} 为最小采收率；Q_{gz} 为总注气量；Q_{wz}为总注水量；Q_{lz}总产液量。

3　数学模型高效求解方法

注采协同优化数学模型具有优化变量多、约束条件复杂、目标函数高度非线性、解平面多极值且不连续等特点，模型高效求解较为困难。为此，建立了气驱模型，开展了智能优化算法的性能对比评价研究。通过建立非均质储层概念模型，如图 1 所示，采用井组连续注气优化问题系统分析评价不同优化算法的寻优效果(图 2)。该模型纵向划分为 8 层，考虑非均质性，两相两组分，地层倾角为 5°，包括注气井 5 口，生产井 6 口。如图 3 所示，CMA-ES 的寻优稳健性和收敛速度明显优于其他算法，表明了方法的可靠性较强。如图 4 所示，相较于传统优化算法如遗传算法(GA)和粒子群算法(PSO)，采用 CMA-ES 对注采参数优化后，注气驱替的均衡程度更好，剩余油动用程度更高，进一步验证了算法的优越性。

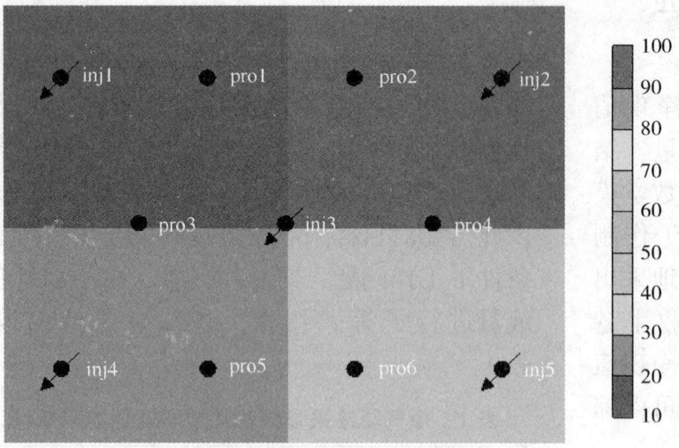

图1　概念模型渗透率场

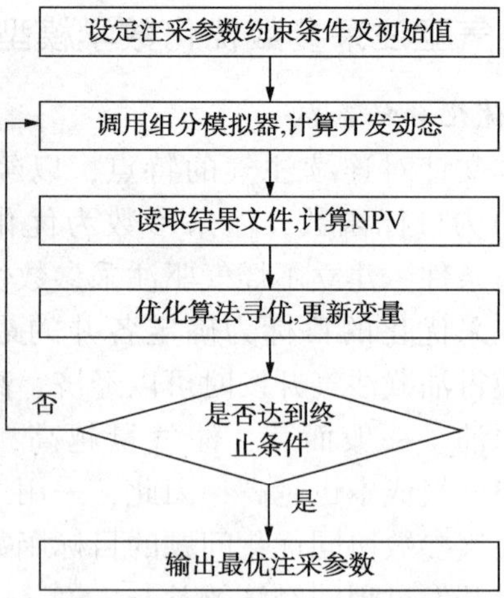

图2　注采参数优化程序流程图

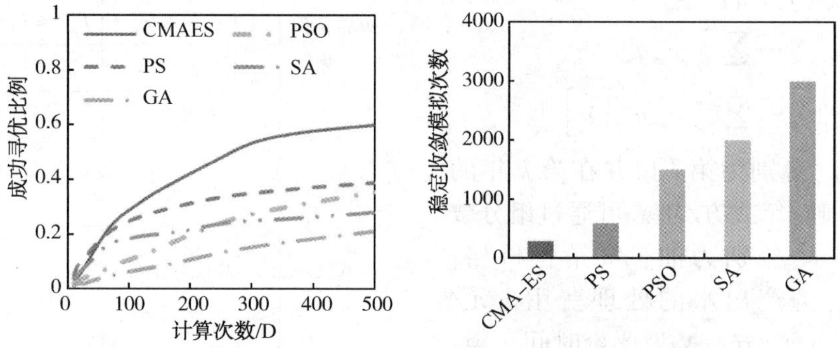

(a)寻优成功率　　(b)收敛速度

图3　不同算法寻优成功率和收敛速度对比

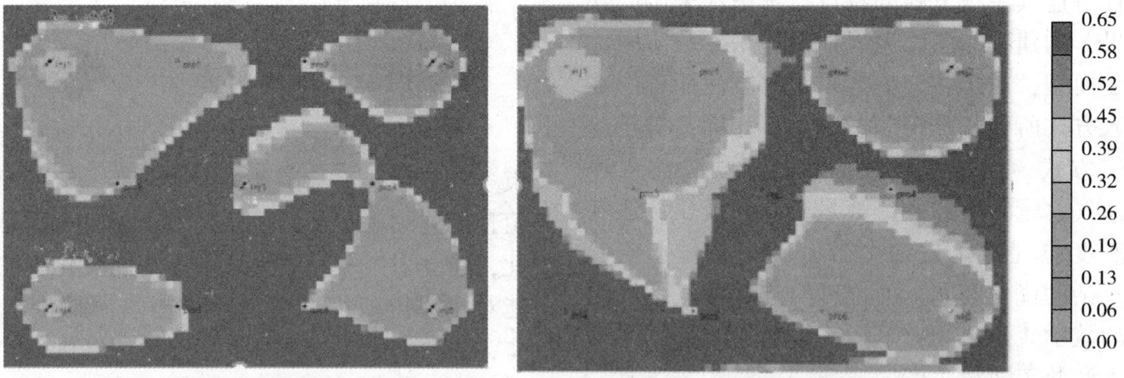

(a)PSO算法优化后驱替效果　　(b)CMA-ES算法优化后驱替结果

图4　不同算法优化后剩余油饱和度对比

4　实例应用

4.1　油藏概况

本研究采用深层碎屑岩D油藏进行注采参数协同优化方法的可靠性验证。D油藏是受东北-西南走向的短轴背斜断块油藏，埋深约为5760m，平均有效厚度约为43.5m，原始地层压力为62MPa，地层温度为140℃，均孔隙度为13.5%，平均渗透率为$64.8\times10^{-3}\mu m^2$，属于高温、高压、深层低孔中渗储层。D油藏1990年起以弹性开采为主，后期转注水开发，水驱至2011年，地质储量采出程度34.65%，D油藏整体处于高采出程度、中高含水开发阶段，面临含水上升加快、产量递减大、后备资源不足、储采比低，稳产上产难度大等挑战，急需转变开发方式。然而D油藏纵向物性差异大，合注合采，纵向矛盾突出，在埋藏深(大于5700m)、温度高(140℃)、矿化度高(大于200g/L)等不利因素下，继续调整注水开发潜力不大。注气提高采收率不受油藏高温、高盐等不利条件的限制，综合考虑气源等因素，因此转入注烃气驱开发。目前地层压力42MPa，地层温度为140℃，地层油饱和压力为4.23MPa，气油比为15.3，地层油密度为0.7838g/cm³，黏度为3.45mPa·s，现注入的烃气最小混相压力为38.9MPa，在目前地层压力42MPa下可以实现混相驱，同时考虑到D油藏厚度大、纵向非均质性强的特点，注入气的膨胀、超覆作用使气体向顶部聚集，综合考虑储层流体条件、驱油效率、气源、工程条件等情况，2014年起D油藏持续开展顶部注烃气辅助重力驱重大开发试验，实施注气开发后，综合含水率下降，油井持续增油，开发效果显著。截至2019年末，D油藏总井数28口，注气井4口，注气时间5年，平均年注气$1.2\times10^8m^3$，平均年产油14.0×10^4t以上，稳产5年，峰值产油15.94×10^4t，采出程度55.7%，综合含水率下降30%以上。

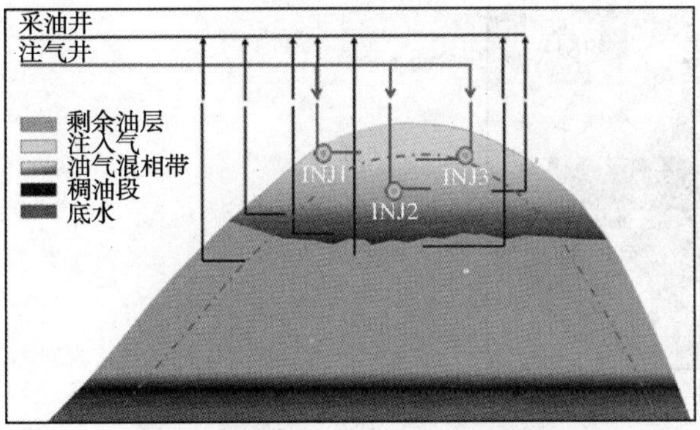

图5　D油藏注气重力辅助混相驱示意图

4.2　优化结果分析

本文基于深层碎屑岩D油藏烃气驱2014~2019年历史拟合模型，保证在总注气量、总产液量、注气时机与D油藏实际注气方案相同的条件下，采用注采协同优化方法和正交设计方法对D油藏进行注入参数和生产参数进行优化(图5)。

如图6所示，协同优化方案的经济净现值和驱油效率明显优于正交设计和实际的注采方案，通过协同优化调整注采参数后净现值比实际开发方案净现值增加了4.3亿元，比正交设计方案高出2.1亿元，通过对比验证了注采协同优化方法的有效性和优越性。

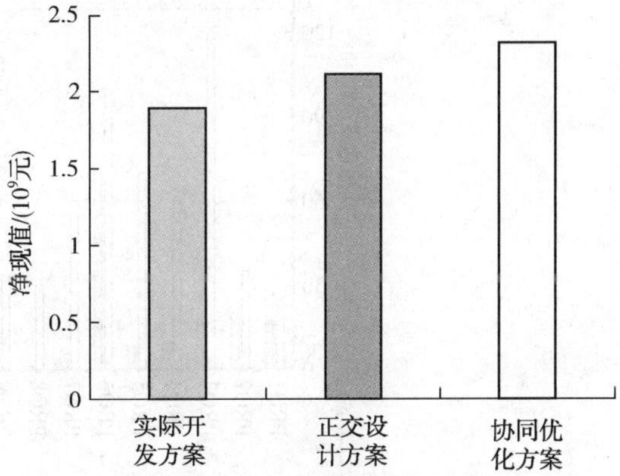

图6　不同开发方案下净现值对比

图7和图8为实际开发方案和协同优化方案注气井注气速度和生产井产液速度对比，由图7和图8可知，协同优化后注气井INJ1和INJ3的注气速度降低，一线生产井的液量降低，这是因为INJ1和INJ3的射孔位置主要在顶层，实际注气速度偏高，因此注气平面推进速度快，容易形成气窜，导致一线受效井气油比上升快，多数二线井受效差(图9)，协同优化后降低注气速度及一线井液量有利于减缓气油比上升速度，同时通过提高二线井液量，有利于增大注气波及面积、提高二线井受效程度及注气利用率。

如图5所示，注气井INJ2注气位置相对较深，主要位于2^1层，与受效油井井间剩余油饱和度相对较高，通过对注气速度和油井液量的智能协同调控，提高了INJ2注气速度和周围受效井产液速度，有利于扩大注气波及范围，有效地减缓了气窜程度，扩大了注气波及范围，提高了气驱均衡程度，充分动用了剩余油储量，实现了注采参数与非均质地层和剩余油的合理匹配(图10)。

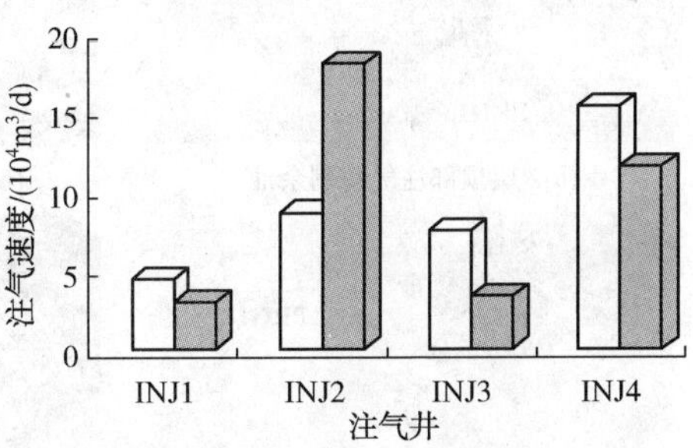

图7　注气速度优化前后对比

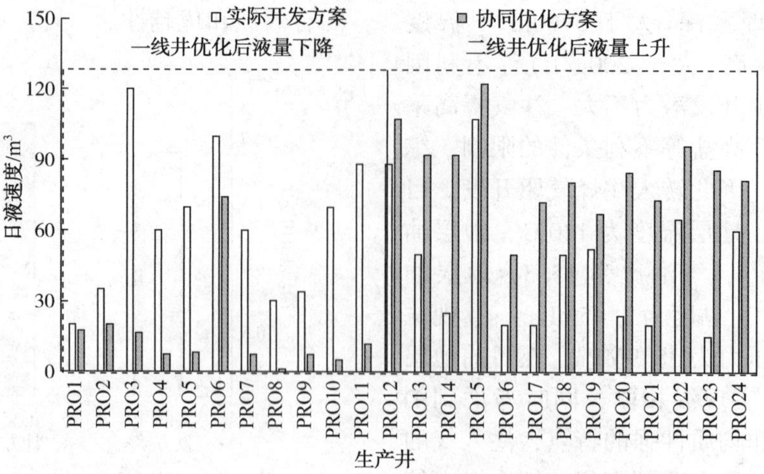

图 8　生产井日液速度优化前后对比

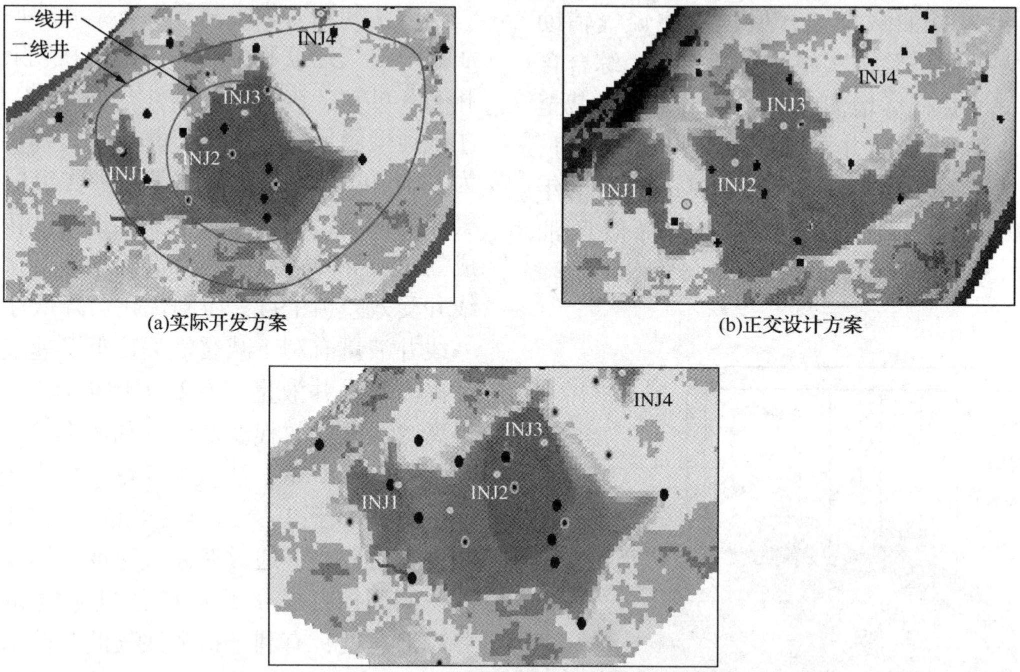

(a)实际开发方案　　(b)正交设计方案

(c)协同优化方案

图 9　不同开发方案含油饱和度对比

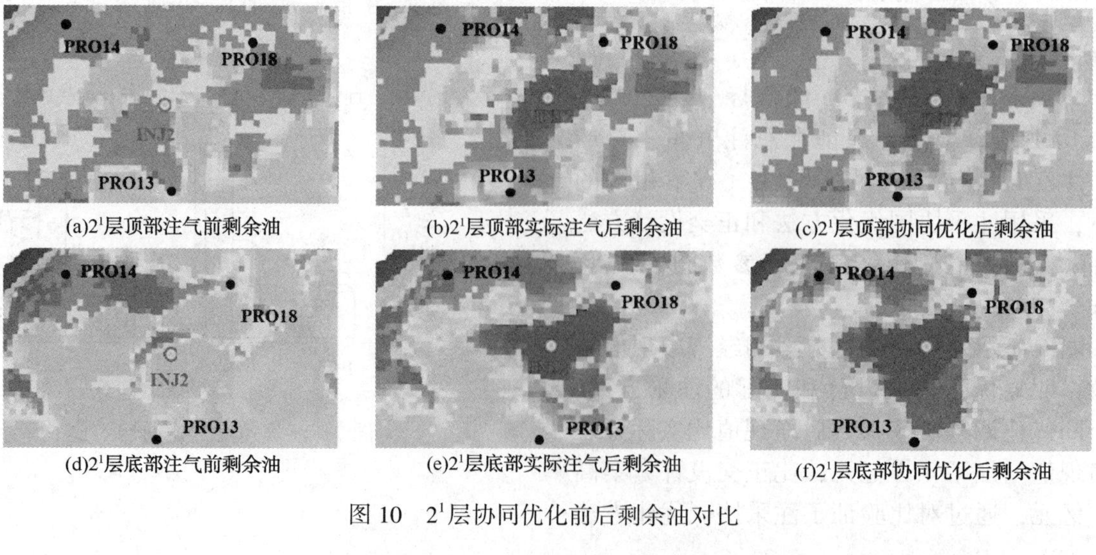

(a)2^1层顶部注气前剩余油　　(b)2^1层顶部实际注气后剩余油　　(c)2^1层顶部协同优化后剩余油

(d)2^1层底部注气前剩余油　　(e)2^1层底部实际注气后剩余油　　(f)2^1层底部协同优化后剩余油

图 10　2^1层协同优化前后剩余油对比

通过对比实际开发方案、正交设计方案和协同优化方案的开发动态可以发现，协同优化方案表现出“一高三低”的优势。如图 11 所示，协同优化方案相比于实际开发方案阶段增油约 28 万吨，相比于正交设计方案累产油高出约 23 万吨。同时协同优化方案比实际开发方案降低吨油耗气率 80m^3/t，气油比降低约 132sm^3/sm^3，最终综合含水率降低约 7%，由此可知，注采协同优化极大地改善了 D 油藏烃气驱开发效果，而且相比于传统的正交设计优化方案，注采协同优化长期开发的效果更好，正交设计方案由于不能考虑注采参数的协同开发作用，往往到了开发后期气油比和含水率会迅速上升，形成严重的气窜，从而导致吨油耗气率急速上升，累产油迅速下降，大大地降低了气驱开发效果。

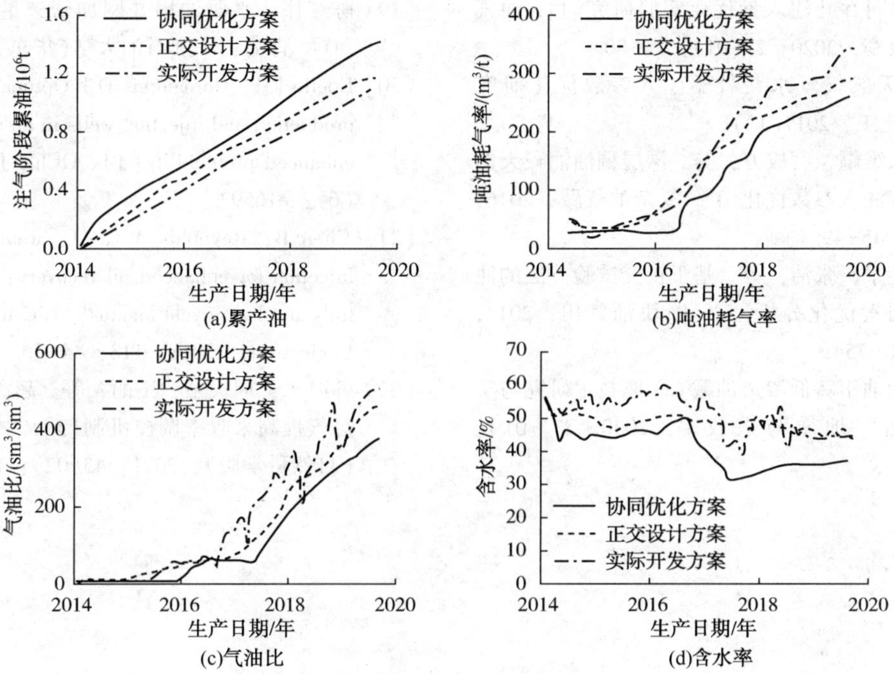

图 11　不同开发方案结果对比

5　结论

（1）本文构建了深层碎屑岩油藏气驱注采参数协同优化数学模型，并基于优选的高效智能求解算法，形成了气驱注采参数智能协同优化方法。

（2）使用注采参数协同优化方法，保证在总注气量、总产液量、注气时机与深层碎屑岩 D 油藏实际注气方案相同的条件下，采用注采协同优化方法和正交设计方法对 D 油藏的注入参数和生产参数进行了优化，优化结果表明，注采协同优化方案明显优于实际开发方案和正交设计方案，注采协同优化通过对注采参数的智能调控，实现了注采参数与地层非均质性和剩余油分布的合理匹配，扩大了注入气的波及范围，有效提高了 D 油藏的采收率，从而验证了协同优化方法的可靠性和优越性。

参　考　文　献

[1] 李士伦，郭平，戴磊，孙雷．发展注气提高采收率技术[J]．西南石油学院学报，2000(03)：41-45+3.

[2] 袁士义，王强，李军诗，等．注气提高采收率技术进展及前景展望[J]．石油学报，2020，41(12)：1623-1632.

[3] 李阳．低渗透油藏 CO_2 驱提高采收率技术进展及展望[J]．油气地质与采收率，2020，27(1)：1-10.

[4] 许清华．塘油藏烃气混相驱机理及混相特征研究[D]．西南石油大学，2017.

[5] 冯其红，李玉润，王森，等．基于深度卷积生成对抗神经网络预测气窜方向[J]．中国石油大学学报(自然科学版)，2020，44(04)：20-27.

[6] 屈雪峰，谢启超，陈小东，齐松超，于海洋．致密油注烃组分驱油效果实验评价[J]．科学技术创新，2020(27)：5-7.

[7] 于波，宫汝祥，杜利，刘业俊，刘海波，李遵照．

冀东油田高13断块烃气驱可行性实验研究[J]. 断块油气田, 2009, 16(05): 53-56.
[8] 张艳玉, 孙文静, 孙晓飞. 深层稠油油藏天然气吞吐优化方案设计[J]. 新疆石油地质, 2010, 31(05): 506-508.
[9] 陈祖华, 蒲敏, 杨春红, 李骏. CS油田CT复杂断块低渗透油藏CO_2驱动态调整研究[J]. 石油天然气学报, 2012, 34(01): 132-135+169.
[10] 王志兴, 赵凤兰, 冯海如, 等. 边水断块油藏水平井组CO_2协同吞吐注入量优化实验研究[J]. 油气地质与采收率, 2020, 27(01): 75-80.
[11] 訾晓翠. 天然气气水交替驱注入参数优化研究[J]. 当代化工, 2017(12).
[12] 王鸣川, 朱维耀, 石成方, 等. 深层稠油油藏天然气气水交替注入参数优化[J]. 复杂油气藏, 2016, 009(003): 45-49.
[13] 胡伟, 杨胜来, 张洁, 等. 基于正交试验方法的注烃气影响因素优化分析[J]. 断块油气田, 2014, 21(6): 750-754.
[14] 杨勇. 胜利油田特低渗透油藏CO_2驱技术研究与实践[J]. 油气地质与采收率, 2020, 27(01): 11-19.
[15] 罗彪. 让纳若尔油田烃类气驱油藏工程参数优化[D]. 中国石油大学(北京), 2018.
[16] 赵梓平, 张宁波, 朱宏绶, 汪金如. 台兴油田CO_2驱细分开发提高采收率技术研究[J]. 复杂油气藏, 2016, 9(02): 48-53.
[17] 张秀清. 基于协同多目标人工蜂群算法的注采优化研究[D]. 青岛: 中国石油大学(华东), 2018.
[18] 王相. 水驱油田井网及注采优化方法研究[D]. 青岛: 中国石油大学(华东), 2016.
[19] 陈红伟. 水驱油田井网加密矢量化优化方法研究[D]. 青岛: 中国石油大学(华东), 2019.
[20] Epelle E I, Gerogiorgis D I. Optimal rate allocation for production and injection wells in an oil and gas field for enhanced profitability[J]. AIChE Journal, 2019, 65(6): e16592.
[21] Chen B, Reynolds A C. CO^2 water-alternating-gas injection for enhanced oil recovery: Optimal well controls and half-cycle lengths[J]. Computers & Chemical Engineering, 2018, 113: 44-56.
[22] 韩海水, 周代余, 王丽, 等. 超深巨厚油藏顶部注烃气提高采收率调控机制[J]. 中国石油大学学报(自然科学版), 2021, 45(02): 104-110.

基于空化热效应的深水在产井水合物防治技术

王明波　王瑞林　邱俊杰

[中国石油大学(华东)]

摘　要　海洋油气开发过程中普遍存在的高压、低温环境极易在井筒中形成水合物堵塞，导致降产、停产，引发一系列生产事故。目前主流的水合物防治方法具有成本高、毒性强、污染大等缺点，现场亟需新的、更有效的水合物预防与处理方法。本文将空化热效应引入到深水在产井水合物防治过程中，设计了适用于现场实际的上部完井管柱结构，借助自主设计的空化热效应室内实验系统，分析了流体初始温度、流速和流体体积等工况参数对空化热效应的影响规律，同时以导热油为工质分别进行空化加热和油炉加热，比较了两种加热方式的流体增温效果，为现场水合物防治提供了新的思路。

关键词　深水；水合物；空化；热效应；实验研究

1　研究目的及意义

海洋油气开发过程中，井筒内高压、低温或季节性低温作用，容易生成天然气水合物。钻进过程、油气测试、生产及集输过程中，水合物的形成会引发巨大危害和经济损失。深水在产井中，生成的水合物会堵塞井筒，导致停产，严重时甚至会引发安全事故。随着海洋油气资源的开发，天然气水合物能否得到有效防治给海洋油气资源开发带来严峻挑战，采用经济有效和安全环保的水合物防治技术，对海上油气高效开发具有重要意义。

目前，水合物防治主要采取加热、降压、干燥和抑制剂注入等措施，注化学抑制剂最为常用。但化学药剂价格较高，通常都具有一定毒性，对环境有一定污染，且不易回收再利用。因此，研制高效、适应性强、无污染的水合物防治技术与装备势在必行。

2　现有水合物防治技术优缺点分析

目前，天然气水合物防治方法有：干燥法、压力控制法、加热法和化学抑制剂注入法。

干燥法是通过一定手段控制天然气中水含量在合理范围内，从而防治天然气水合物的形成。其中空气干燥法具有无污染、干燥效果均匀等特点，一般应用在天然气长输管线上，但空气干燥不能用于解堵，也不适用于海上气井。此外，还可通过设备向管道内注入吸湿性有机溶剂，通过氢键吸收水分子使溶剂与水结合，从而达到干燥的目的，但该方法成本高，施工工艺复杂。

控制压力法通过降低体系压力以防治水合物生成。该方法操作简便，设备简单，运行成本较低，管线压力需维持在一定的范围内。当管柱水合物堵塞时，可以通过降压法来分解生成的水合物，但该方法实际应用时易受储层和生产压力等因素限制，且没有从根本上防治水合物的生成。

加热法是通过管线加热设备对管道内流体进行加热升温，从而使水合物受热分解，达到抑止水合物生成的目的。该方法既可以抑制水合物生成，也可以处理水合物堵塞，但设备能耗大，费用较高。

化学抑制剂注入法即通过直接向管道、设备及井筒中注入抑制剂，通过物化作用抑止天然气水合物的生成或对发生堵塞的管线进行解堵。抑制效果虽好，但不易回收，且井越深所需注入的化学抑制剂越多，成本高。

3　空化热效应研究进展

空化是指当局部压力降低时，液体内部或液固交界面上蒸汽或空泡的形成、发展和溃灭的过程。空化演化过程中，空泡跟随流体从空化发生的低压区运动到高压区，空泡外部压力逐渐增大，空泡发生凹陷，在极短的时间内急剧溃灭。空泡在急速收缩坍塌过程中，泡内不凝结气体被不断压缩，压力和温度不断升高。当空泡收缩到最小尺寸时，泡内气体压力和温度达到峰值，在空泡周围形成局部极端高温高压环境，并伴随冲击波、微射流以及自由基的产生。由于溃灭时间极短，泡内气体来不及被周围液体冷却，温度骤然升高，在液体内部形成多处局部高温点，加热泡内气体以及周围流体。在此过程中引发各种效应，如机械效应(扰动、剪切和冲击等)、热效应、光效应和化学效应等。

按照发生方法的不同，空化可分为水力空化、超声空化、光空化和粒子空化。目前对空化效应的利用主要集中在超声空化和水力空化。超声空化利用超声波在液体中传播引起液体内压力变化原理来产生空化，成本较高，能量利用率偏低。水力空化则通过改变流动水力结构(如节流阀、孔板、文丘里管、高速涵洞或者其他能够引起液体压力变化的几何结构等，如高速旋转)来实现液体空化。以喷嘴为例，当液体流经时，受喷嘴内部结构的影响，流体流速急剧增大，压力急剧下降，当流场内某处压力降到液体饱和蒸汽压时就会引发空化。同超声空化相比，水力空化装置特别是旋转空化装置结构简单，操作费用低，不产生二次污染，更易实现工业化。

20世纪60年代，Sarosdy等对水和氟利昂两种流体进行了水力空化实验研究，发现两种液体的空化形式存在明显不同，水的空泡形态和界面相对清晰，而氟利昂的空泡形态往往不清晰，虽然他们得出是热力学效应对氟利昂的空化产生了影响，但是限于当时的实验条件和认知，没有给出明确的科学解释。

Franc等采用制冷剂R114为流体介质进行了诱导轮空化流动的可视化实验，研究了诱导轮前缘空化发展过程中的热效应，发现随着温度的升高，诱导轮叶片前缘附近空泡长度有所减小，说明热效应的存在抑制了空化的发展。Yoshida等人采用液氮、Kim等采用常温水和液氧也进行了类似实验。

在上述多种效应协同作用下，空化过程会促使污水中的有害有机物发生化学键断裂、水相燃烧、高温分解或自由基反应，会阻止或延缓结垢的形成，会改善煤体渗透率，但同时也会增强变压器油氧化变质的速率。

余彬进行了不同转速下旋转水力空化温升实验，测试了诱导轮规格对温升的影响规律，结果表明：空化诱导轮转速越高，一定程度上代表着空化强度越高，空化引起的温升和产热效率越高；实验测量范围内，随着液体温度的升高，空化效应引起的温升以及产热效率逐渐增大，而后随着温度的进一步升高，对应温度下液体饱和蒸汽压升高，温升及产热效率趋于平缓。

Kim等对涡轮泵诱导轮在不同条件下的空化初生问题开展室内实验研究，获取了空化初生条件下对应的有量纲和无量纲热效应参数，结果表明：(1)给定雷诺数下，随着无量纲热效应参数的增大，旋转空化初生临界空化数减小；(2)当无量纲热效应参数小于0.105时，空化初生临界空化数对雷诺数不敏感；(3)当无量纲热效应参数大于0.105时，空化初生临界空化数随雷诺数的增大而升高。

邱俊杰设计了闭式叶轮空化实验装置，采用数值模拟的方法初步探索了装置内空化分布情况，进一步实验研究了不同工况参数对空化热效应的影响规律，得出了空化效应对流体体积、流体初始温度的影响规律。

王明波等提出利用空化热效应来防治天然气水合物的堵塞问题，并借助数值模拟和实验方法探究了叶轮旋转空化热效应的发展过程。

综合分析前人关于空化热效应的研究成果可以发现：(1)目前科研人员对空化多种效应的研究主要集中在超声空化领域，对水力空化领域的研究偏少。(2)水力空化发生方式能量利用率较高、空化效应发生的范围较大。

4　基于空化热效应的在产井水合物防治技术

高压、低温和有自由水存在时易产生水合物。结合海洋油气开发现状，水合物生成区域一般位于泥线以下一定深度处。基于此，形成了图1所示的深水在产井水合物防治方案：(1)下入完井管柱时，水合物形成区附近的油管外安装保温套或者缠绕金属挠性管；(2)井口附近安装空化加热器、循环水箱(可填充其他液体，如导热油)智能控制箱以及电缆等配套工具；(3)保温套或者金属挠性管同加热装置和水箱连接，形成闭环系统，启动空化加热器，设定循环液体温度，闭环系统中的流体被加热后循环，为水合物生气区域油管内提供热量，阻止或抑制水合物形成，保证安全生产。

为了弄清不同工况参数下空化热效应的演化规律，课题组设计并制作了空化热效应实验系统(图2)，并利用该系统开展了空化热效应室内实验研究。

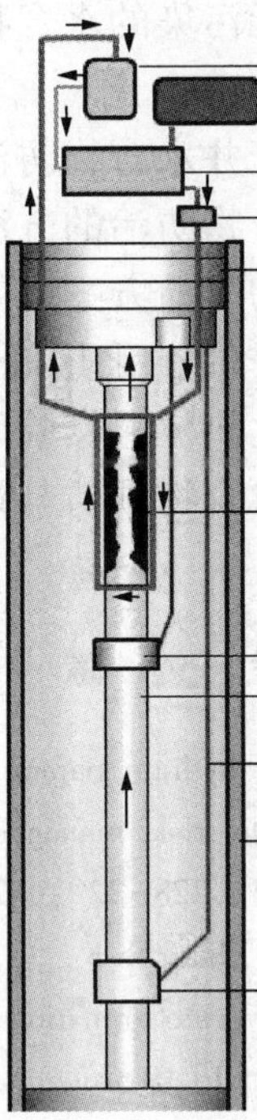

图 1　空化加热系统应用示意图(上部管柱)

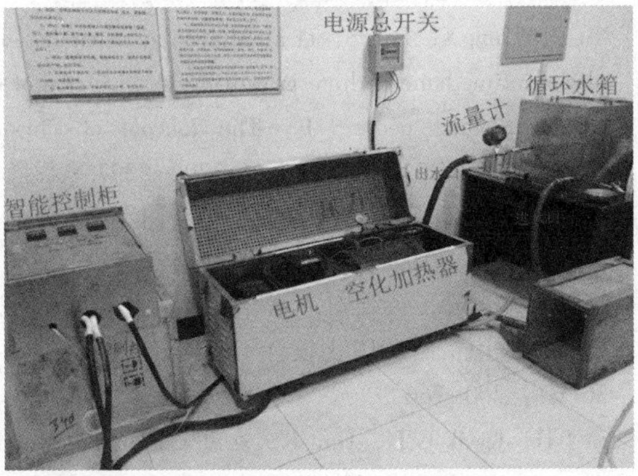

图 2　空化热效应实验系统图

根据实验研究目的，拟定了以下具体实验方案：

(1) 保持流体体积、流量和黏度不变，调节水的初始温度为20℃~40℃进行实验，考察流体初始温度对空化热效应的影响规律。

(2) 保持流体初始温度、体积和黏度不变，调节空化器内水的流量为 $0.6m^3/h$ ~ $3.0m^3/h$ 进行实验，研究流体流量对空化热效应的影响规律。

(3) 保持流体初始温度、流量和粘度不变，分别调节系统内水的体积为 80L~140L 进行实验，研究流体体积对空化热效应的影响规律。

(4) 以导热油为研究对象，分别进行空化加热和油炉加热，记录导热油温度随时间的变化规律。

初始温度对空化热效应的影响规律如图 3 所示。在流量为 $0.6m^3/h$ 时，随着流体初始温度的升高，在相同加热时间内流体的增温值基本保持不变，最大增温与最小增温间温差为 0.2℃。分别计算流体在不同初始温度条件下吸收的热量，发现 0.2℃所对应的热量可忽略不计，可以认为流体初温对空化热效应影响较小。流量分别为 $1.6m^3/h$ 和 $3.0m^3/h$ 时所得规律与此类似。

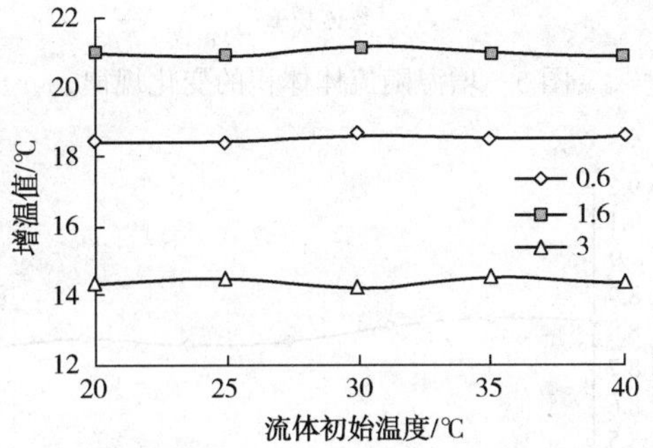

图 3　流体初始温度对空化增温效果的影响

如图 4 所示，初始阶段随着流量的增加，流体增温值逐渐变大，吸收热量越来越多，空化热效应越来越明显。随着流量的增大，实验装置内液体扰动增强，空化热点能量向下传播速度加快。流量变化影响了流体剪切层内速度分布使得剪切层特性发生相应改变。同时，流量提高后，空化气核通过拉应力区的时间缩短，综合作用结果使气核生长加快，同时减小了时滞效应。

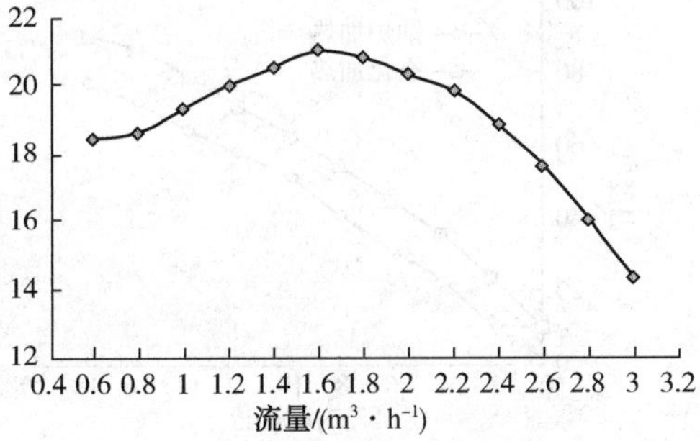

图 4　增温随流量变化规律

如图 5 和图 6 所示，在初始温度和流体流速相同的情况下，流体体积增加会导致增温值减小，但流体吸收的热量基本相等。以流体体积为 100L 时所吸收热量为参考标准，其他流体体积下所吸收热量与参考标准的差值分别为0.19%，0.29%，0.47%，0.57%，0.33%和0.67%，可见流体体积对空化装置的加热性能影响不大。

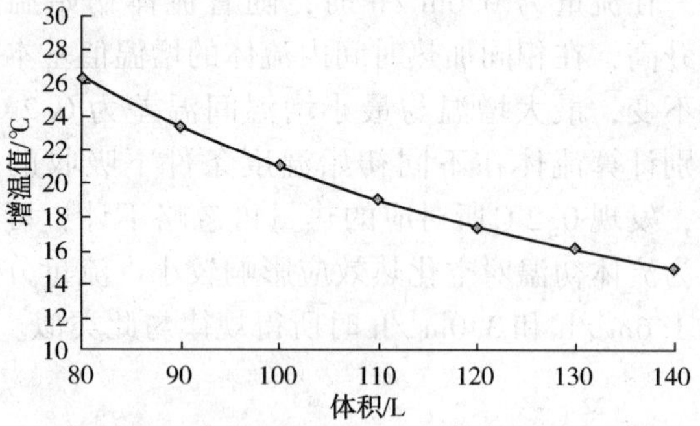

图5　增温随流体体积的变化规律

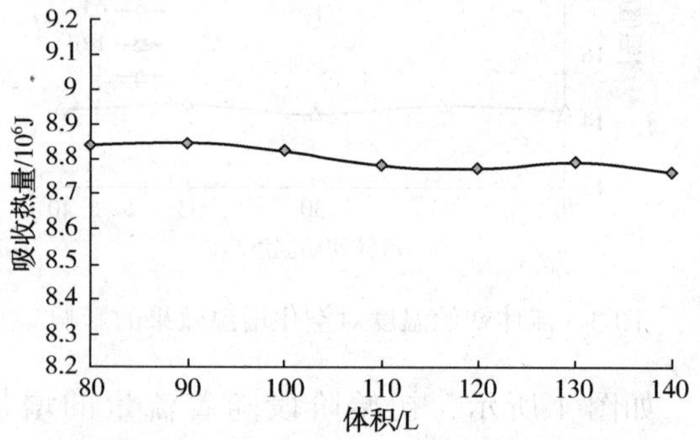

图6　吸收热量随流体体积变化

图7中展示了导热油温度随时间的变化规律，随着加热时间的延长，两种方式下导热油升温规律基本相同。导热油在油炉内加热18分钟，温度最终达到77.0℃；导热油在空化加热装置中加热18分钟温度达到了89.7℃，说明导热油在空化加热装置内加热效果优于油炉加热。

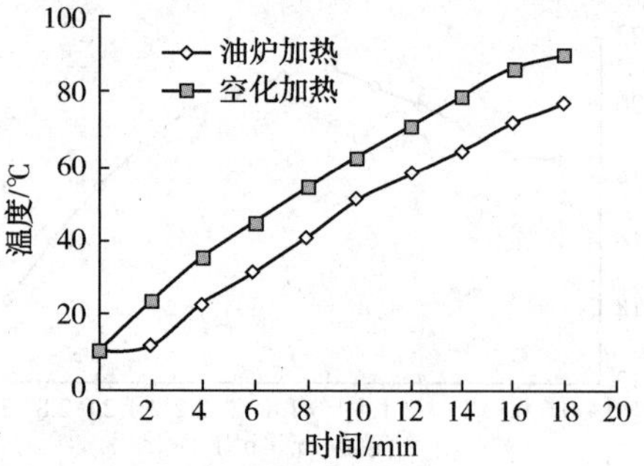

图7　不同加热方式下导热油温度随时间变化规律

5　结论

（1）以化学抑制剂注入为主的传统水合物防治方法具有成本高、毒性强、污染大等缺点，研制高效、适应性强、无污染的水合物防治技术具有重大现实意义。

（2）针对深水在产井水合物防治问题，提出将空化热效应用于水合物防治的方法，并给出了上部完井管柱处水合物防治方案。

（3）利用设计制作的空化热效应实验装置，开展了不同工况下空化热效应实验研究，实验观测结果为空化热效应水合物预防与处理提供了技术支撑。

参 考 文 献

[1] Sloan E D. A changing hydrate paradigm—from apprehension to avoidance to risk management[J]. Fluid Phase Equilibria, 2005, 228-229: 67-74.

[2] Guo Y L, Sun B J, Zhao K K, et al. A prediction method of natural gas hydrate formation in deepwater gas well and its application[J]. Petroleum, 2016, 2(3): 296-300.

[3] Creek J L. Efficient hydrate plug prevention[J]. Energy & Fuels, 2012, 26: 4112-4116.

[4] Xu P, Lang X, Fan S, et al. Molecular dynamics simulation of methane hydrate growth in the presence of the natural product pectin[J]. The Journal of Physical Chemistry C, 2016, 120(10): 5392-5397.

[5] 徐新华．天然气水合物注热开采可行性实验研究[D]．青岛：中国石油大学(华东)，2014.

[6] 赵欣，邱正松，黄维安，等．天然气水合物热力学抑制剂作用机制及优化设计[J]．石油学报，2015，36(6)：760-766.

[7] Sa J H, Kwak G H, Han K, et al. Gas hydrate inhibition by perturbation of liquid water structure[J]. Scientific reports, 2015, 5(1): 1-9.

[8] Yan K F, Li X S, Chen Z Y, et al. Molecular dynamics simulation of the crystal nucleation and growth behavior of methane hydrate in the presence of the surface and nanopores of porous sediment[J]. Langmuir, 2016, 32(31): 7975-7984.

[9] 潘森森，彭晓星．空化机理[M]．北京：国防工业出版社，2013.

[10] 蔡军，淮秀兰，刘斌，等．液体空化技术应用[M]．北京：科学出版社，2019.

[11] 郑霞．声场作用下两气泡间次Bjerknes力的研究[D]．西安：陕西师范大学，2016.

[12] 孔维甸．水力空化强化二氧化氯降解苯酚废水研究[D]．太原：中北大学，2017.

[13] Sarosdy L R, Acosta A J. Note on observations of cavitation in different fluids[J]. Transactions of the

ASME，1961，83(3)：399-400.

[14] Franc J P，Rebattet C，Coulon A. Visualizations of leading edge cavitation in an inducer at different temperatures[C]. the Fourth International Symposium on Cavitation，Pasadena，20-23 June 2001.

[15] Franc J P，Rebattet C，Coulon A. An experimental investigation of thermal effects in a cavitating inducer [J]. Journal of Fluids Engineering，2004，126(5)：716-723.

[16] Yoshida Y，Kikuta K，Hasegawa S，et al. Thermodynamic effect on a cavitating inducer in liquid nitrogen [J]. Journal of Fluids Engineering-transactions of the ASME，2007，129(3)：273-278.

[17] Kikuta K，Yoshida Y，Watanabe M，et al. Thermodynamic effect on cavitation performance and cavitation instabilities in an inducer [J]. Journal of Fluids Engineering - transactions of the ASME，2008，130 (11)：111302.

[18] Kim D J，Sung H J，Choi C H，et al. Cavitation instabilities during the development testing of a liquid oxygen pump [J]. Journal of Propulsion and Power，2017，33(1)：187-192.

[19] 张宁宁．水力空化规律研究及其在油田污水处理上的应用[D]．青岛：中国石油大学(华东)，2007.

[20] 佟德水．空化射流处理油田采出水技术研究[D]．青岛：中国石油大学(华东)，2009.

[21] Fu J S，Li G S，Shi H Z，et al. A novel tool to improve the rate of penetration-hydraulic-pulsed cavitating-jet generator [J]. SPE Drilling & Completion，2012，27(3)：355-362.

[22] Melyanyuk M V，Akhlyan I A. Technological application of cavitating jet streams in the oil and gas industry [J]. Neftyanoe Khozyaystvo-Oil Industry，2019，11：130-133.

[23] 李虹霞．超声空化防除垢与水力空化防除垢和强化传热实验研究[D]．北京：中国科学院研究生院(工程热物理研究所)，2009.

[24] 卢义玉，丁红，葛兆龙，等．空化水射流热效应影响煤体渗透率试验研究[J]．岩土力学，2014，35(5)：1247-1254.

[25] Ming X L. Oxidative deterioration effect of cavitation heat generation on hydraulic oil [J]. IEEE Access，2020，19(9)：11-21.

[26] 余彬．水力空化性能强化及其应用研究[D]．镇江：江苏大学，2014.

[27] Kim J，Song S J. Measurement of temperature effects on cavitation in a turbopump inducer [J]. Journal of Fluids Engineering，2016，138(1)：011304.

[28] 邱俊杰．流体空化热效应的实验研究[D]．青岛：中国石油大学(华东)，2018.

[29] Wang M B，Qiu J J，Chen W Q. Towards the development of cavitation technology for gas hydrate prevention [J]. Royal Society Open Science，2021，8：202054.

区域数据湖关键技术建设探讨

杨克龙　窦上凯　赵　咏　吴玙欣　钟佳男　李俊妤　谭　卓

（中国石油西南油气田公司）

摘　要　公司信息化历经十余年探索发展，历经分散建设、集中建设、集成应用三个阶段，正在迈向协同共享新阶段，努力建成“智能气田”。公司以“两统一、一通用”勘探开发梦想云为蓝图，实现上游全业务链数据互联、技术互通、业务协同与智能化发展，构建共创、共建、共享、共赢的信息化新生态为目标，借鉴数字化转型发展的技术趋势，结合公司上游数据库多、平台多、孤立应用多的“三多”现象，公司统建、自建系统多达上百个，接口上千个，数据无法共享、业务难以协同的信息化建设现状和数据应用时效，系统地研究了数据汇聚、存储和应用的层次划分，提出了逻辑统一、互联互通的公司区域数据湖方案，成功完成了试点验证，有效支撑了上游业务数据新生态的建设。

关键词　区域数据湖；数据生态；数据存储；建设应用；气田

1　引言

随着全球能源供求趋势的变化，能源价值链正在被颠覆，油气行业结构也正在发生着改变。同时，伴随着人工智能、物联网、云计算、大数据等智能技术的逐步发展，包括油气行业在内的传统制造业正走向新的数字化时代。近年来公司信息化建设取得快速发展，成效显著，信息化建设由原来的集中建设、集成应用阶段逐步迈进共享智能新阶段。2018 年，中国石油集团公司在年度工作会上提出“推进工业化与信息化深度融合，积极采用物联网、大数据、云计算、人工智能等先进技术，在建设数字化油田、智能炼厂、智慧加油站、智慧管道等方面取得新突破”的信息化建设要求。集团公司提出了“两统一，一通用”的建设蓝图，核心是建设统一数据湖和统一技术平台，搭建油气勘探、油气开发、协同研究、生产运行、经营管理和安全环保通用业务应用，实现上游业务“一朵云、一个湖、一个平台、一个门户”，提高公司的采收生产率，降低生产成本。区域湖和公司的融合，有效推进两化融合，提升数据质量、增强数据共享，提高后端大数据分析应用水平，为智能化气田奠定坚实基础。。

2　区域数据湖总体架构

区域数据湖解决数据分散、交叉管理以及交换共享能力弱问题，提供数据从采集、治理到分析全生命周期的数据管理架构和治理体系，实现数据的统一集中化管理，保证了数据在采集、治理、存储、分析应用整个过程中的及时性、准确性、完整性和一致性。数据经过治理后，可以推送到共享存储层、分析层以满足公司数据共享和上层数据分析与应用的需求。同时，提供统一、安全、标准化的数据服务，为企业的生产开发，经营分析，项目研究提供数据的快速获取服务，让各个组织机构间的研究成果数据可以继承和共享。数据湖系统从数据建设、集成、治理、服务等方面提供全方位服务，帮助企业打造全面、良性的数据生态。

按照顶层设计要求，根据区域数据湖建设思路，细化公司数据存储及数据流向，形成油田区域数据湖架构。整个数据湖系统由 5 层结构组成，分别是数据源层、贴源层、中间治理层、共享存储层和分析层。历史数据在数据源层经过 ETL 工具采集到贴源层，经过初步转换后进入中间治理层；对于系统新产生的数据按照共享存储层的数据标准进行设计，通过入湖 API 直接进入中间治理环境。数据在中间治理层进行数据质量扫描和统一治理，满足共享层数据标准的数据可以推送到共享存储层实现区域湖、主湖数据共享，在分析层通过 ElasticSearch 来满足高速索引的需求，通过 kylin 实现 OLAP 查询，通过统一数据服务供上层应用调取数据或访问分析层。数据湖系统提供入湖数据的全生命周期管理。在数据源层，提供对各类数据源（Oracle、MySQL、

PostgreSQL 等）的接入。集成 ETL 工具和数据入湖 API，实现数据在区域湖各层之间的流转。整个数据治理体系纵向贯通数据源、贴源层、中间治理层和共享存储层，持续开展标准规范建设，提供元数据管理、主数据管理、数据标准、数据质量监控等能力，并建立数据安全保障体系，提高数据湖的整体能力。

区域数据湖总体架构如图 1 所示。

图 1　区域湖总体架构图

整体来说，通过部署数据湖系统，实现数据的统一管理与治理，提高数据质量及数据应用价值。具体来说有如下几点：

数据湖采集企业众多系统中的数据，并进行统一、集中化的管理，解决信息孤岛问题；

通过主数据建立企业内各业务系统中数据的关联，打破数据壁垒，实现油气田业务数据全联接；

挖掘隐藏的数据关系网络，从而快速了解业务相关内容，提升效率；

建立企业级数据标准及业务规则，规范数据治理体系，全面提升数据质量；

提供统一、标准、安全的企业级数据服务，支助力企业快速、零成本搭建数据服务。

2.1　统一数据湖逻辑架构

区域湖由专业数据库层、共享存储层和数据分析层三部分构成，具体架构如图 2 所示。

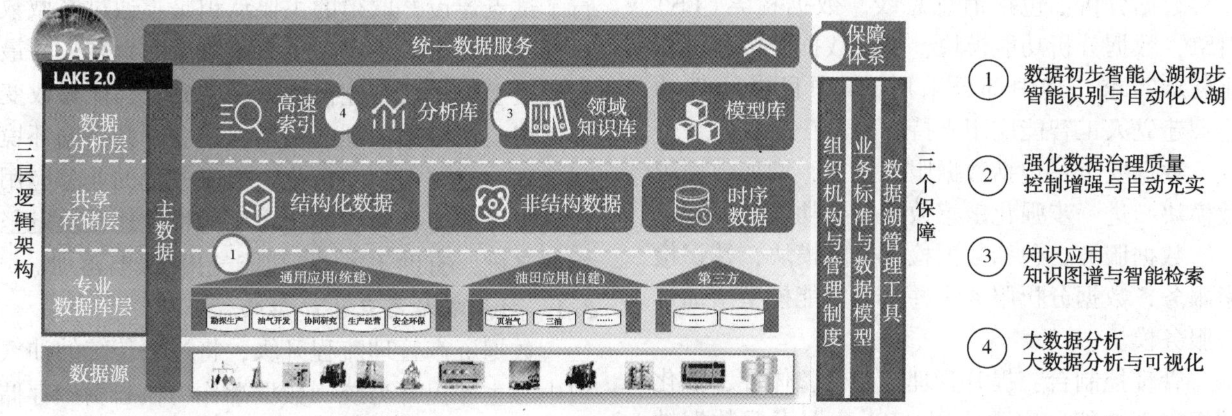

图 2　数据湖逻辑架构图

专业数据库层：实现采集和业务应用专业库的统一管理，保证数据一致性与溯源能力；

共享存储层：围绕 EPDM 模型标准，按照业务覆盖范围持续扩展完善，建立完整的数据共享逻辑层，进一步强化逻辑统一、互联互通；同时按照非结构化数据、结构化数据和时序数据的不同的 IT 类型特点，选择有针对性的技术管理方案，支持对象存储和运算，更好的满足共享应用的需求；

数据分析层：在高速索引基础上，通过新建领域知识库，在实现数据检索的同时满足知识检索应用；基于共享数据层建立能够支撑六大业务领域通用分析应用的分析库环境，通过大数据环境下的数据建模和并行计算能力建设，大幅提高运算与分析效率；基于知识检索和数据充实等智能化应用的需要，建设知识检索和数据充实相关的知识图谱，建立人工智能模型库，发布智能算法服务 API。

2.2　区域湖技术架构

区域湖技术架构包括六大部分组成，分别是数据处理、数据存储、数据分析、数据安全、数据服务、管理控制台(图 3)。

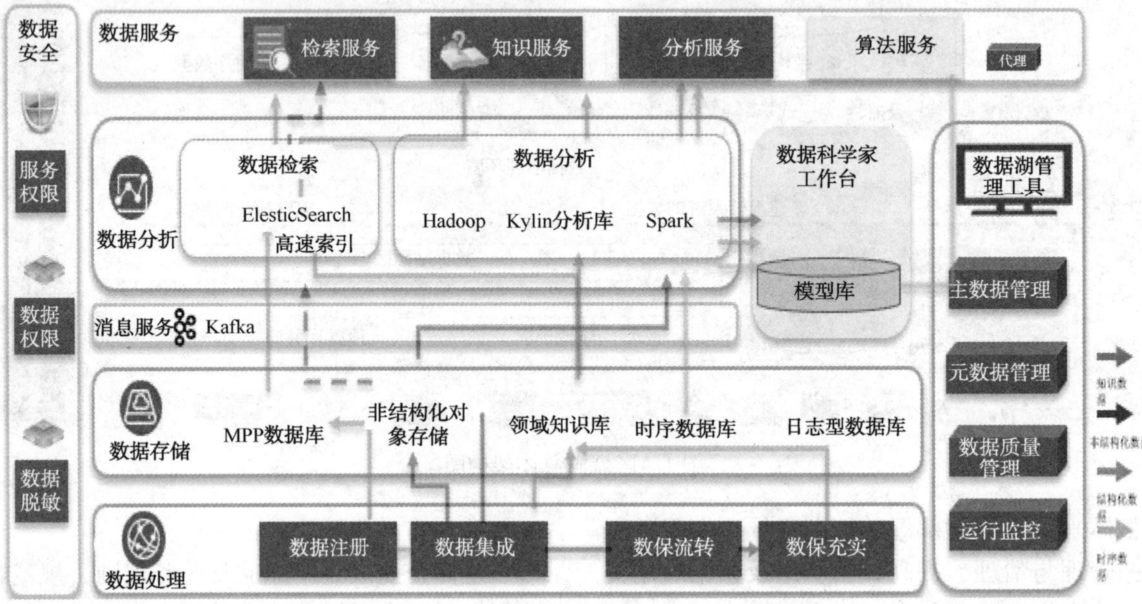

图 3　技术架构图

数据处理：包括主数据注册、数据集成，数据充实和数据流转模块；

数据存储：按照应用需引入对象存储、图数据库和时序数据库技术，时序数据存储能力升级；

数据分析：包括消息总线、数据检索(ES)引擎，数据分析功能模块，满足数据分析和可视化展示需求，其中部分采用 E4 项目中间件功能；建立人工智能应用支持能力；

数据安全：包括数据服务授权，增加数据脱敏模块，进一步强化敏感数据安全功能；

数据服务：包括数据检索服务模块，知识检索服务、数据分析服务，并基于智能模型增加算法服务模块；

管理控制台：提升管理控制台整体性，强化数据治理功能，实现应用 APP 数据库元数据纳管，满足主数据、元数据等功能流程化运行管理。

3　应用效果

按照梦想云统一数据湖 2.0 方案，在公司进行了试点建设，取得的主要认识是：通过区域数据湖架构的引入，实现了三个维度的解耦，在最大程度上继承已有建设成果的基础上，能够改变油气田公司数据治理的格局，建立了共享的环境与氛围，能够提高平台化、微服务化的业务应用建设支撑能力，为智能化应用的快速建设奠定坚实的基础，有助于推动“智能气田”战略落地。

3.1　对原有格局产生的影响

数据资产管理流程升级，将过去传统的油气田中心主库提升为统一数据湖作为核心资产存储环境；企业统一管理的数据类型增加，除结构化数据集团统一标准管理外，增加其他类型数据存储标准要求，数据管理的边界扩大；数据治理工作力度将持续加大，随着云化应用功能的增加，对于高质量数据的需求更加具体，数据治理的工作量将持续加大。

3.2 新生的数据湖生态格局体现出巨大价值

数据共享将更加便捷：统一数据湖相关技术打通了数据共享技术壁垒，将带来更加便捷高效的数据共享应用体验。

数据质量将明显提升：由于引入了数据治理的多个层次，数据治理的责任主体将更加明确，同时通过业务中台、数据中台建设，进一步强化石油上游主数据管理，各专业数据一致性、完整性和准确性将明显提升。

智能应用将更为易建：基于良好的数据基础、更加便捷的应用通道、更高效的数据应用支撑能力，引入大数据平台技术，将为人工智能应用打下坚实基础。

4 结论

区域数据湖在多年来的勘探开发信息化建设成果积累的基础上，建成了“两统一、一通用”的平台，突破了以往存在的“数据难以共享、业务难以协同”的瓶颈，区域数据湖在标准统一的基础上，解决了跨地域、跨专业的数据入湖、大块数据调用的效率问题，同时有效的调动了各单位主动性。数字化转型之路任重而道远，区域数据湖方案仅是围绕目前天然气上游信息化发展现状和对未来发展的愿景进行了有益的探索和实践，最终对应用的支撑效果还需接受实践的深度检验。随着信息技术的不断进步，数据采集与汇聚、存储与管理、治理与应用的方式和方法将会不断地创新，区域数据湖建设将更快地适应时代的要求，更好的服务石油工业的高效高质量发展。

参考文献

[1] 李遵照，王剑波，王晓霖，等．智慧能源时代的智能化管道系统建设[J]．油气储运，2017，36(11)：1243-1250.

深水水驱气藏储层精细表征与开发优化技术研究

周小涪 谭 舜 韩 鑫 郭冰柔 高子康

[中海石油(中国)有限公司海南分公司]

摘 要 南海西部深水气田一砂一井，砂体精细刻画难度大，隔夹层分布规律认识不清，常规地球物理方法难以识别，给深水储层精细表征带来了很大的挑战，另外高渗~特高渗水驱气藏出水机理认识不清，水下井口长距离串联开发“油藏-井筒-井口-管汇-平台”多节点相互之间干扰较大，极大制约了深水气藏高效开发。通过砂体耦合叠后多属性砂体精细刻画，拓频及波阻抗反演隔夹层表征，物模规律—数模优化分析水侵机理，多节点耦合一体化优化模拟，形成了深水水驱气藏储层精细表征与开发优化技术体系，研究成果成功指导了陵水17-2气田的顺利实施及投产。

关键词 深水水驱气藏；储层精细表征；隔夹层；水侵机理；一体化

近年来海上勘探开发逐渐转向深水，深水油气田已成为海上油气增储上产的重要领域。但由于深水气藏均为“一砂一井”，井控程度低，导致对气藏储层精细表征难度大，同时水下井口开采存在较多的局限性，后期无法经济有效地进行修井、增产等措施。因此在开发方案设计初期就需要对储层进行精细表征，结合水驱气藏见水规律并且考虑多气藏联合均衡高效开发提前制定合理开发方案，指导深水气田的开发实施和生产管理。通过多专业理论研究、微观及宏观物模研究、数模一体化优化研究，形成了南海西部深水水驱气藏储层精细表征与开发优化技术。

1 储层精细表征研究

海上深水开发储层精细描述受制于气藏井少、资料少，进行砂体及隔夹层精细表征研究难度大。针对深水气田砂体精细刻画难度大、泥岩隔夹层分布规律认识不清，探索一种深水储层精细表征方法，以期为深水气田的开发提供技术支撑。

（1）砂体精细刻画

1.1.1 地震相识别

在海上井少的背景下，充分利用地震沉积学，减少井间认识的不确定性，在岩心、测井相分析基础上，分析了地震反射振幅、连续性、内部结构等特征，结合前人对峡谷水道地震相的认识，针对典型的3种地震相：浊积水道、天然堤和深海泥进行描述。

浊积水道：内部充填的沉积物呈强振幅反射，水道呈明显的透镜状形态；伽马曲线呈箱型、齿状箱型；岩性为细砂岩、粉砂岩。

天然堤：中强振幅反射，在横切水道地震剖面上常具有海鸥翼或者楔状形态特征，在靠近水道部位厚度较大，向远离浊积水道，靠近峡谷壁方向逐渐减薄；伽马曲线呈钟型；岩性为粉砂岩或者泥质砂岩与薄层泥岩互层。

深海泥：厚层泥岩呈半透明-透明反射；伽马曲线为高值，呈微齿型、微齿状平直基线型。(图1)

（2）波阻抗反演

地震资料是反射界面的表现，是一种界面型信息，只能间接表达储层地质特征，不能直接进行储层的描述；地震反演技术作为储层预测的重要工具，在油气藏开发前期钻井数少的情况下，可以将地震数据转换成波阻抗数据，波阻抗数据由于是地层型剖面，当储层内的岩性、物性发生变化时，经常会引起岩石密度和地震波传播速度的变化，导致波阻抗产生变化，波阻抗在岩性、物性界面处的变化会生成一个反射系数脉冲，当地震波传播到波阻抗界面时，就会在其界面处产生反射波。应用已有的地震记录，通过地震波反射的褶积理论等求取反映地下介质的岩性、物性信息的波阻抗等信息，对地震信息进行地震波阻抗反演。合理的反演成果在经过参数设置之后，可以较清晰地显示地震反演体中蕴藏的地质信息(岩性特征、物性特征等)，为储层砂体边界的刻画提供更为直接的成像依据。

地震相	描述	示意图	沉积微相	岩性及测井响应特征
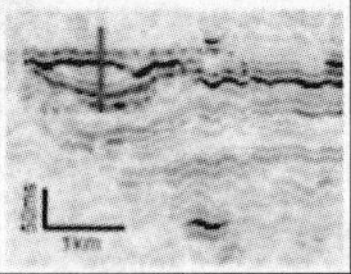	具明显的透镜状下切形态,强振幅反射	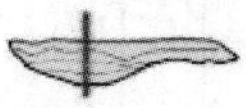	浊积水道	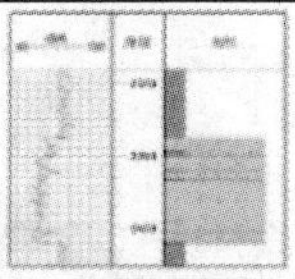
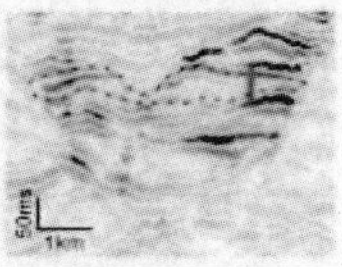	具明显的根状形态,中强振幅反射		内天然堤	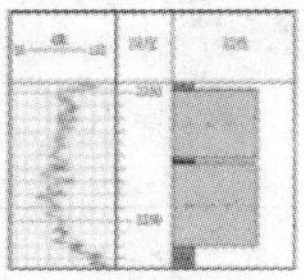
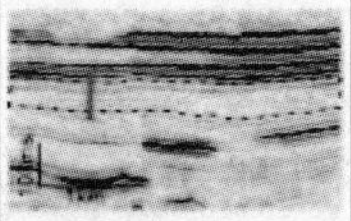	半适明–透明反射		深海泥质沉积	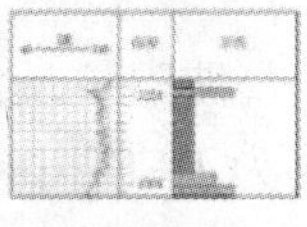
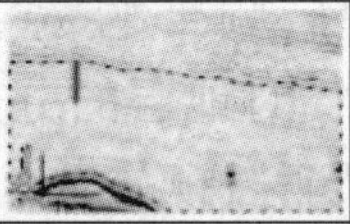	弱振幅杂乱反射		块体流沉积	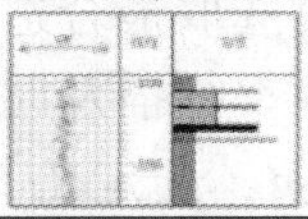
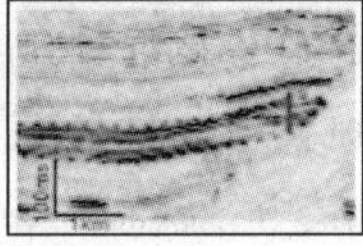	强振幅,高连续平行反射		浊积席状砂	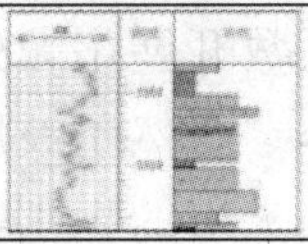

图 1　地震相图版

由于受到分辨率限制，本次研究主要依据地震解释，利用波阻抗反演技术协助识别复合砂体边界(图 2)。波阻抗信息可以准确的反映出砂体的分布、形态，可以确定砂体是否接触、验证两组砂体的接触方式，另外对于常规地震剖面中无法确定接触关系的砂体，利用波阻抗反演也能够清晰的刻画其接触方式。

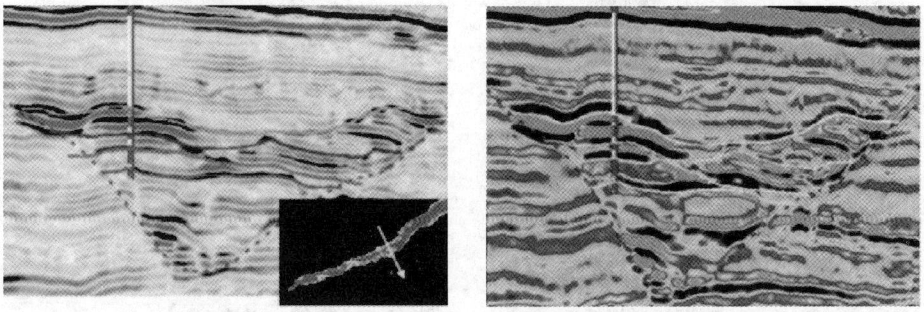

图 2　波阻抗反演协助确定砂体边界

(3) 砂体展布规律

根据地震相识别、波阻抗反演，陵水 17-2 气田的储层黄流组主要砂体为浊积水道复合体。提取地震属性时，采用地震解释的顶界面作为时窗提取的界面，提取沿层的均方根振幅，发现陵水 17-2 气田的储层在每一沉积期次末期均被侵蚀水道切割，水道由下到上逐渐开始下切，变深、变宽，在发育过程中摆动幅度较大。其中，Ⅰ气组顶部遭受侵蚀范围大，导致Ⅰ气组浊积水道完全被侵蚀水道切割成条带状孤立砂体(图 3)。

1.2　隔夹层分布规律预测

(1) 泥岩隔夹层常规表征方法

地质统计学方法表征深水储层泥岩隔夹层有一定局限性，深水气田由于投资大，风险高，气田内钻井资料少，井间距离多大于 10km，无法精准通过地质统计学研究来确定隔夹层的分布范围。陵水 17-2 气田目的层段地震分辨率为 22m，而气组内部的泥岩隔夹层厚度多小于 5m，常规资料无法有效识别这些较薄的泥岩隔夹层。

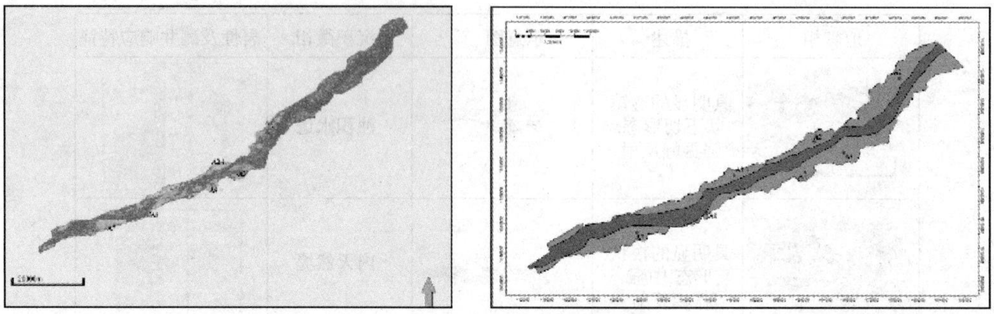

图3　Ⅰ气组砂体平面展布图

(2) 拓频处理及波阻抗反演

子波压缩系数为HFE拓频处理中的唯一参数，在处理中需要选取最合适的子波压缩系数。在原始地震数据频率扫描及时频分析的基础上，结合地震数据品质，选定1.6、1.8、2.0、2.2共4种子波压缩系数开展拓频处理，选择联井线参数开展试验工作。虽然子波压缩系数越大，地震数据对薄泥岩隔夹层的识别能力越强，但为了保证在分辨率得到明显提高的同时，信噪比、相对振幅关系得到较好地保持，确定最优子波压缩系数为2.0。处理后频带拓宽了55Hz，主频由30Hz拓宽到55Hz，对地层的分辨能力由22m提高到12m。为了保证拓频前后合成记录与地震的对应关系好，需根据井震资料的特征，进一步对地震反射层位进行标定，对合成地震记录进行调整，直至与实际地震记录特征基本一致。

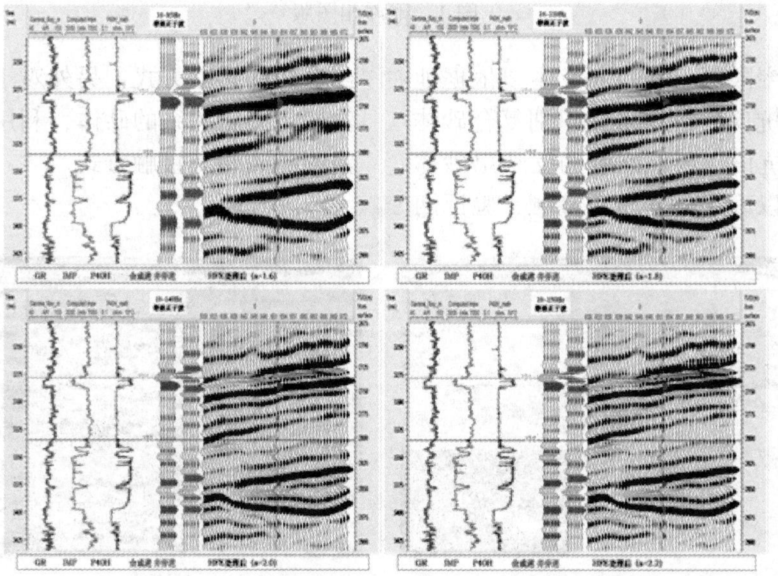

图4　不同压缩系数地震剖面井震标定

地震资料拓频处理后，其分辨能力为12m，对于5m以下的泥岩隔夹层，依然存在一定的不确定性，需利用AIW波阻抗反演以进一步提高地震数据对泥岩隔夹层的分辨能力。基于小波边缘分析方法从HFE处理后的地震数据中提取地震特征参数信息，结合标定后的波阻抗数据及地震解释层位信息，建立AIW反演初始阻抗模型，并参与迭代反演计算的控制，使得运算收敛快速，反演结果正确，最后充分利用反演的信息和地震数据的信息，并结合地质认识，对研究层段在剖面上和平面上的分布进行研究预测。AIW波阻抗反演的剖面纵向分辨率较高，横向变化清晰自然，泥岩隔夹层的响应特征清晰。结合井震标定的结果，在三维工区范围内对黄流组自下而上追踪了Ⅲ与Ⅳ砂组间的泥岩的顶和底、Ⅱ与Ⅲ砂组间泥岩的顶和底、Ⅰ$_{下}$与Ⅱ砂组间泥岩的顶和底、Ⅰ$_{下}$砂组内部泥岩的顶和底、Ⅰ$_{上}$与Ⅰ$_{下}$砂组间泥岩的顶和底、Ⅰ$_{上}$砂组内部泥岩的顶和底，以及0与Ⅰ$_{上}$砂组间泥岩的顶和底(图5)。

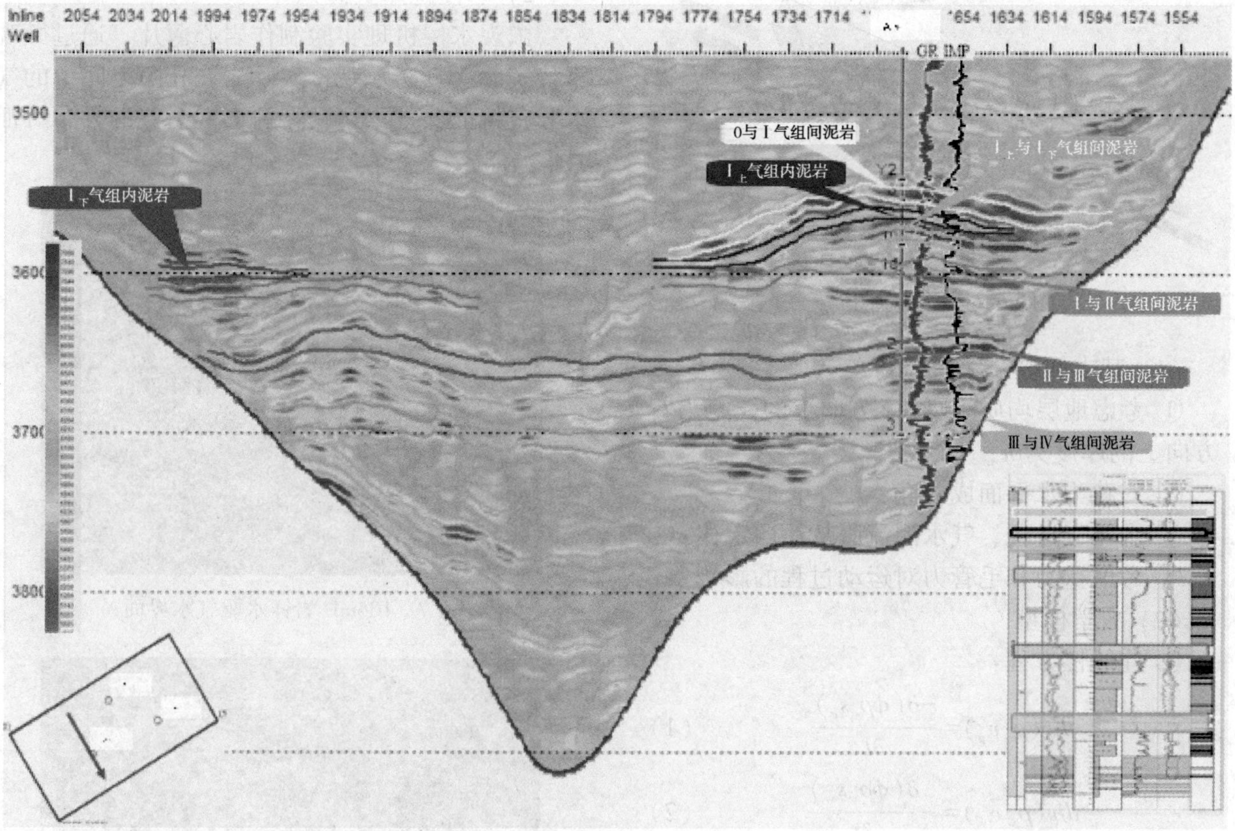

图5　AIW 波阻抗反演剖面

从反演预测结果看，Ⅲ与Ⅳ砂组间、Ⅱ与Ⅲ砂组间泥岩分布稳定，易于追踪，为隔层；而$I_下$与Ⅱ砂组间、$I_下$砂组内、$I_上$与$I_下$砂组间、$I_上$砂组内泥岩横向变化较快，平面连续性不好，为夹层；0与$I_上$砂组间泥岩虽然仅在个别井区分布，但其展布范围基本可以覆盖$I_上$砂组的含气边界，依然为隔层。

2　水侵机理及见水规律研究

在地质研究认识的基础上开展物模实验及数模优化研究，对陵水17-2气田开发井射孔方案及单井配产进行优化，指导陵水17-2气田实施及投产。

2.1　高渗～特高渗水驱气藏水驱规律实验研究

物模实验研究结论需要应用于矿场，指导实际开发生产。因此首先建立相似准则，即室内实验与矿场转换关系准则，以此设计小尺度、符合矿场实际的室内微观水侵机理和可视化流动特征实验，进而从微观、宏观两个层面开展高渗～特高渗气藏水侵机理和见水规律研究。

1）相似准则建立

以气水两相基本方程为基础，应用检验分析法和量纲分析法推导物理模拟相似准数（图6、表1）。

表1　最终相似准数表

相似准数	α	$\frac{dJ}{ds_g}$	b	k_{rg}	k_{rw}
含义	倾斜角	毛管力函数	界面张力分布因子	气相相对渗透率	水相相对渗透率
相似准数	s_{gi}	$\frac{l}{h}$	$\frac{\mu_g}{\mu_w}$	$Ca=\frac{\mu_w v}{\delta\cos\theta}\frac{l}{\sqrt{k\phi}}$	$G=\frac{k\Delta\rho g}{\mu_w v}$
含义	原始含气饱和度	长高比	黏度比	毛管数	重力数

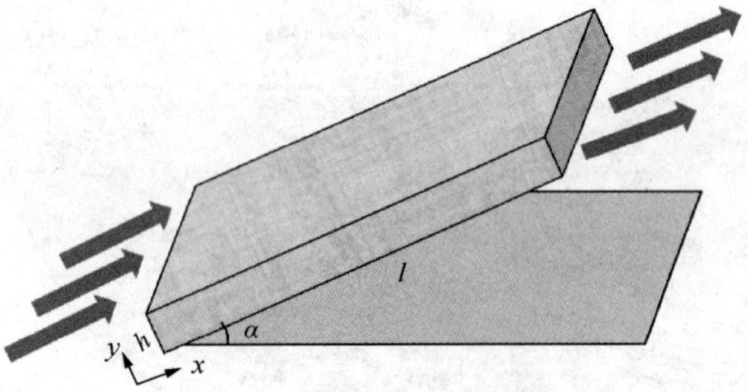

图6　模型示意图

(1) 基本假设

① 考虑地层均质等厚，x 方向上的长度为 l，y 方向上的厚度为 h；

② 气藏与水平面成 α 角；

③ 水驱气过程、气水渗流服从达西定律；

④ 考虑重力和毛管力对运动过程的影响。

(2) 数学模型

① 连续性方程：

$$div(\rho_g \vec{v}_g) = \frac{-\partial(\phi \rho_g s_g)}{\partial t} \tag{1}$$

$$div(\rho_w \vec{v}_w) = -\frac{\partial(\phi \rho_w s_w)}{\partial t} \tag{2}$$

② 达西方程：

$$\vec{v}_w = -\frac{kk_{rw}}{\mu_w}(gradp_w - \rho_w \vec{g}) \tag{3}$$

$$\vec{v}_g = -\frac{kk_{rg}}{\mu_g}(gradp_w - \rho_g \vec{g}) \tag{4}$$

③ 附加方程：

$$p_g = p + b\sigma\cos\theta\sqrt{k/\phi}\,J(s_w) \tag{5}$$

$$p_w = p + (b-1)\sigma\cos\theta\sqrt{\phi/k}\,J(s_w) \tag{6}$$

$$s_w + s_g = 1 \tag{7}$$

(3) 最终相似准数

将式(3)～式(7)分别代入达西方程中，再引入无量纲形式得到最终相似准数(表1)。

毛管数：

$$Ca = \frac{\mu_w v}{\sigma\cos\theta}\frac{l}{\sqrt{k\phi}} \tag{8}$$

重力数：

$$G = \frac{k\Delta\rho g}{\mu_w v} \tag{9}$$

通过分析，实验模型与矿场实际不存在完全相似，需要进行敏感性分析，抓住敏感性较强的相似准数并以此设计小尺度、符合矿场实际的室内微观水侵机理和可视化流动特征实验。

2) 水侵规律实验

微观水侵机理实验制作岩心薄片，通过微观驱替实验，真实地观察实际岩石孔隙空间中的气水分布特征、气水运动特征、残余气的分布特征(图7、8)。

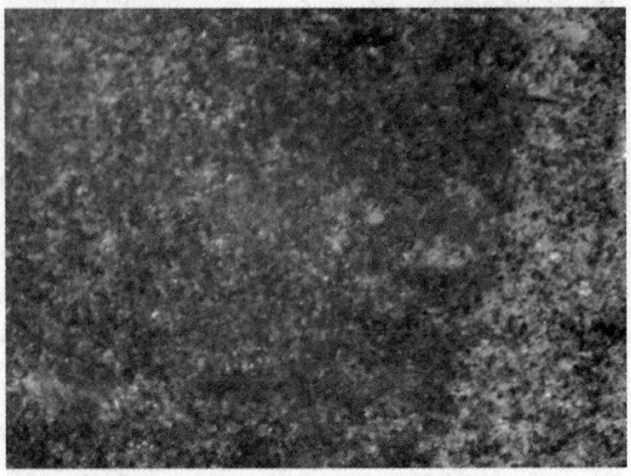

图7　106mD 岩样水驱气水界面

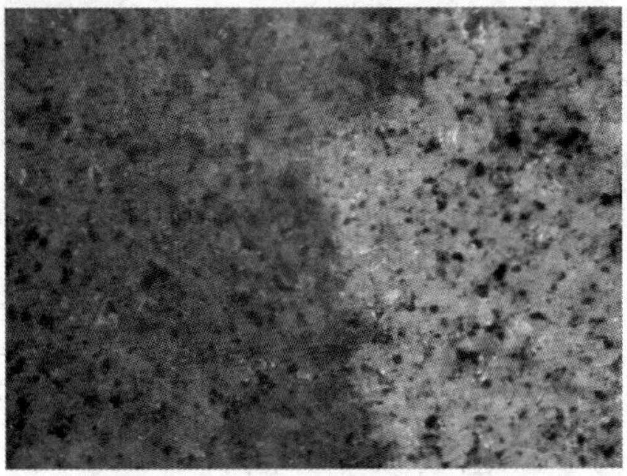

图8　804mD 岩样水驱气水界面

可视化物模实验，通过电阻率探针法监测含水饱和度的分布及水相运移规律，研究不同渗透率(200mD、300mD、500mD)、井型(直井、水平井)、采气速度(3%、6%、10%)、水体能量大小(5倍、20倍、50倍水体)、夹层发育情况等因素对见水的影响规律，采用饱和度探针读数等效可视化水驱气过程(图9、10)。

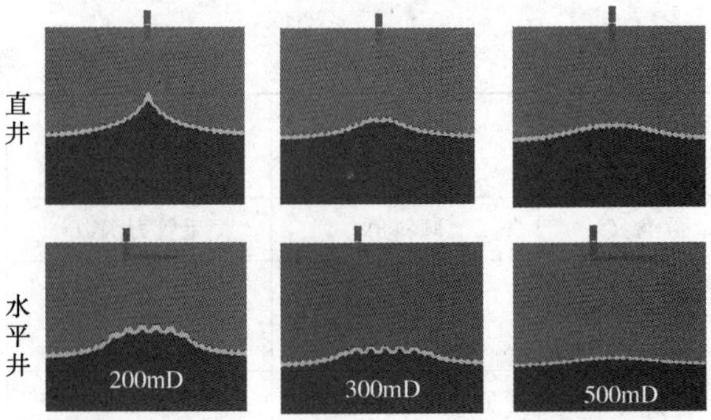

图9　不同井型、不同渗透率含水上升规律

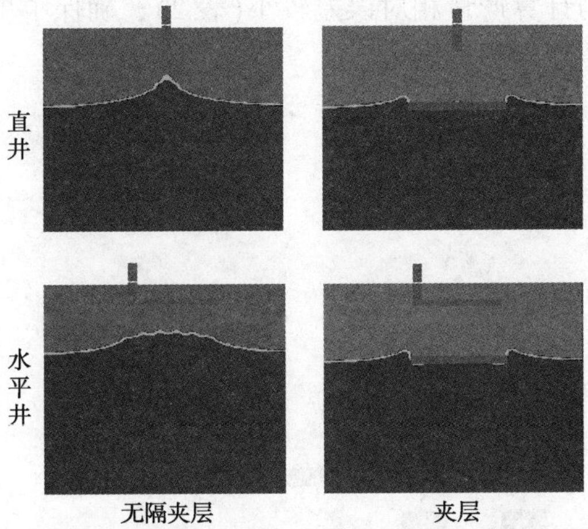

图 10　不同井型夹层发育情况含水上升规律

得到如下实验结论：

（1）高渗～特高渗岩心微观水驱气呈现活塞式，均质储层驱替前缘均匀，微观驱替效率高；水湿岩心微观波及面积大。

（2）对于高渗～特高渗气藏，当水体能量较弱时，气水界面水稳定抬升，难以形成水锥；夹层的存在和水平井开发能有效地压制水锥高度，形成较平缓的水侵前缘；相同采气速度下，高渗储层底水锥进更缓慢。

2.2　精细数模方案优化研究

根据相似准则推导的重力数，可以得到重力数与采出程度之间的关系曲线。利用该曲线按照采出程度最大原则设计单井初步配产，在此基础上进一步采用粒子群算法并结合隔夹层及水侵规律研究成果进行射开程度、单井配产精细化数值模拟优化(图 11)。

$$Q=v\times S=\frac{k\Delta\rho g}{G\mu_{\mathrm{w}}}\times S \tag{10}$$

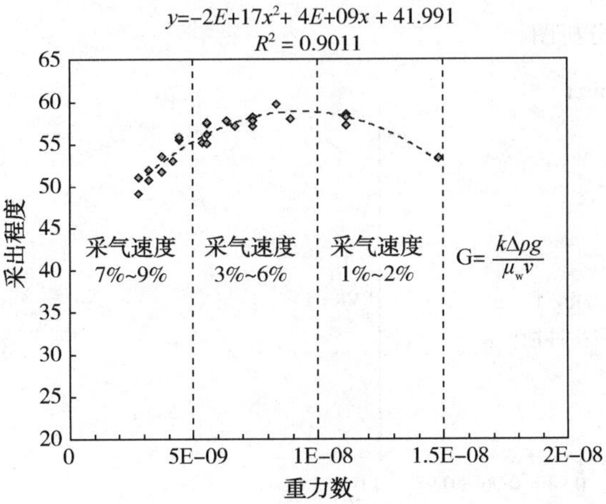

图 11　重力数 G 与采收程度关系

采用 tNavigator 软件的自动优化模块 AHM，以采气速度为变量，以实验预测结果为初始值，采用粒子群优化算法，以最大累积采气量(采出程度)为目标函数，采用标准粒子群优化算法，对陵水 17-2 气田 11 口井的采气速度和射开程度进行多目标优化。

从而制定了陵水 17-2 气田合理射孔方案及采气速度。建议弹性驱气藏直井射开程度可达 100%，无隔夹层底水气藏直井射开储层 1/3，带有边底水的直井射开隔夹层/高渗透带之上；弹性驱和边水驱气藏采气速度 5.5%～6.0%，底水气藏采气速度 2.5%～3.5%。优化结果延缓了底水过快锥近，提高了气田开发效果，单井区采收率最大提高 2.5%。

3　一体化研究

在单井区油藏方案研究基础上进一步一体化统筹优化各井区配产。陵水 17-2 气田为多个井区水下井口串联开发，生产过程受地质油藏特性、油气水产出状态、海底管线距离、低温高压等影响，常会出现井间干扰大，产能释放难，流动安全保障挑战大，从而影响气藏高效开发。针对这些问题从井筒建模入手，考虑开发过程中的温度-压力影响，建立井底-井口流动模型，并根据海底管网和平台设计，采用管网建模软件，建立了开发生产管网系统，然后与多个气藏的数值模拟模型进行耦合，从而建立气藏-井筒-管网一体化稳态模型和瞬态模型(图 12)。在此基础上进行配产优化及流动保障研究。

3.1　稳态一体化技术研究

基于建立的一体化稳态模型进行合理配产研究。确定合理气井产量是气田高效、科学开发的基础，是实现气田长期高产、稳产的前提条件，单井的合理产气量是指在一定的约束条件下获得的最大气量，所以确定约束条件就显得极为重要。陵水 17-2 气田井筒管网一体化模型气井合理配产考虑因素分为：内在因素、外在因素和制约因素，内在因素主要包括气藏压力、物性和单井无阻流量，外在因素包括流入流出动态曲线、单井冲蚀流量等，制约因素为临界携液流量。

（1）内在因素—单井无阻流量验证

将气井测试的井口压力和流入流出曲线数据输入井筒模型，平衡运算后计算的井口产量与测试产量进行对比，如果误差较大，则返回修改流体流动参数，直到测试产量与计算产量误差较小。以 A2 井为例，通过优化流动参数，测试产量与计算产量相对误差较小(表 2)，确保了单井无阻流量的可靠性。

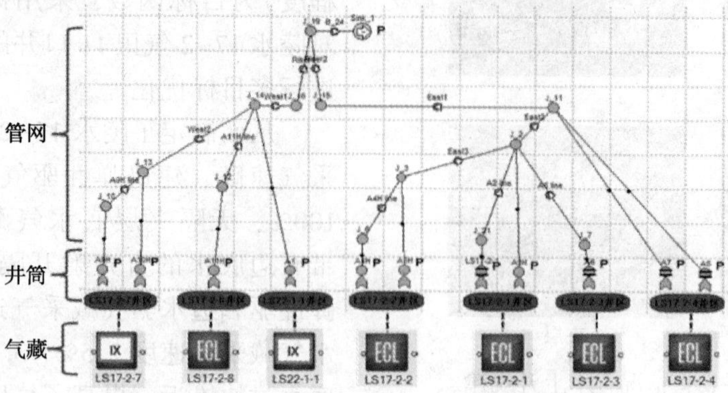

图 12　气藏井筒管网耦合一体化研究示意图

表 2　A2 井测试产量拟合情况表

井口压力/MPa	测试产量/(10^4m^3/d)	拟合产量/(10^4m^3/d)	相对误差/%
28. 907	48. 2977	49. 9479	3. 30
27. 072	74. 2983	76. 1386	2. 42
21. 644	113. 6401	127. 0791	10. 58
16. 769	160. 6276	156. 9872	2. 32

(2) 外在因素—产量协调点与气井冲蚀流量

流入动态曲线和流出动态曲线的交点为产量协调点(图 13)，即为节点分析法，从而得到各气井井筒模型下的产量协调点。通过冲蚀速率比(EVR)分析，当冲蚀速率比小于 1 时，不发生冲蚀，从而得到管柱不发生冲蚀的产量即为气井最大产气量(图 14)。将两个产气量进行比较，选择较小值作为 IAM 软件中气井最大产气量控制条件。

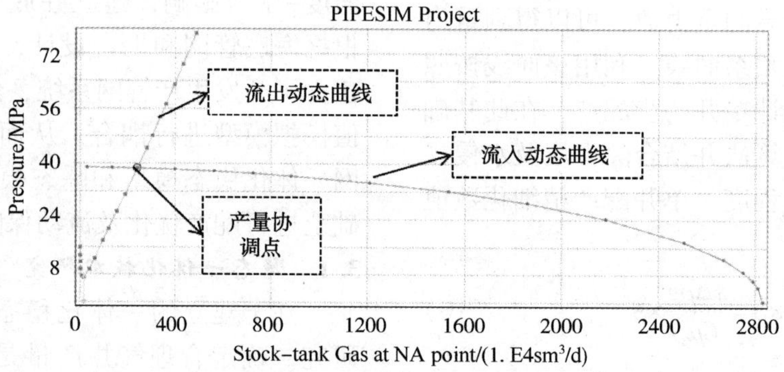

图 13　气井节点分析图

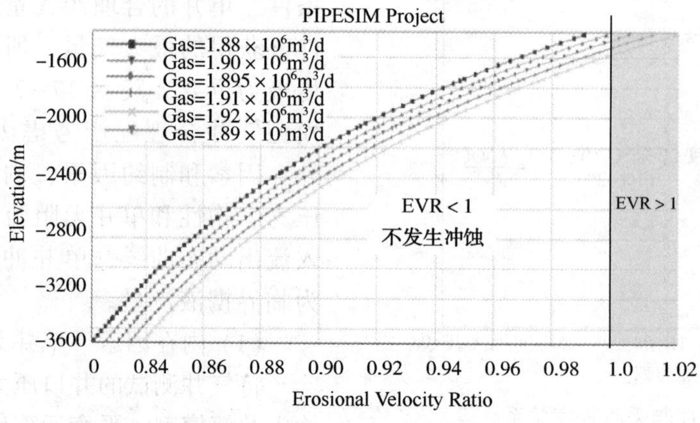

图 14　气井冲蚀流量分析图

（3）制约因素

通过进行井筒敏感性分析得到不同油管尺寸下的临界携液流量与井底流压关系曲线(图 15)，作为单井约束条件，通过关键字控制，若气井产气量小于临界携液流量，则触发条件关井。如图 15，当油管尺寸为 120mm 时，临界携液流量为 15.5 万方/天当气井产量低于 15.5 万方/天时，气井自动关井。

在合理配产影响因素分析的基础上，考虑各井的见水风险，将边水驱动类型的井划分为低风险井组，将底水驱动类型的井划分为中高风险井组，采用 IAM 软件的井组控制，目标设置为在保证气田稳产和采收率的基础上降低产水，进行东西区气藏井筒管网一体化优化，优化后的对比图见图 16。通过对比，一体化优化后气田年产气量递减放缓，气田稳产年限较传统数模研究增加 1 年，稳产期采收率由 33.6%增加到 37.6%。

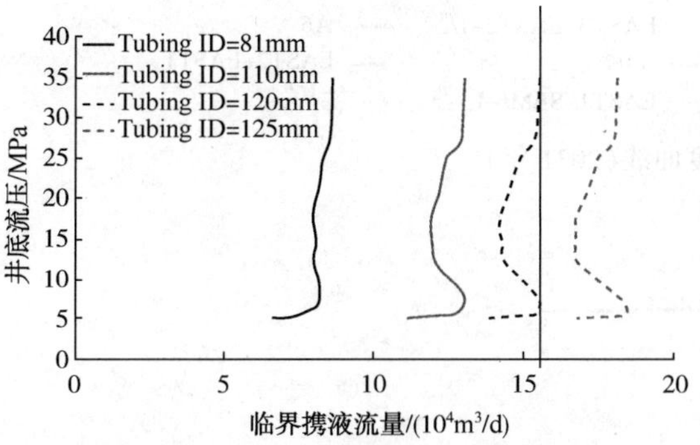

图 15　不同管径下的临界携液流量曲线

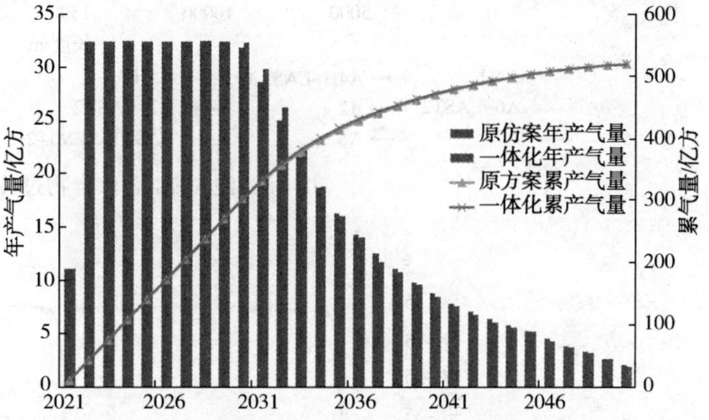

图 16　优化前后陵水 17-2 气田产量对比图

3.2　瞬态一体化技术研究

陵水 17-2 气田由于海底低温及井位分散，海底平均坡度大，易造成海底管道中水合物的形成，会堵塞海管，导致气井停产。因此基于建立的井筒管网一体化瞬态模型进行水合物防治研究。模型分为东西区独立开发，以东区为例。通过模拟东区 7 口井生产路由，流体进入海管或柔性管后，温度快速下降，输送约 2000～3000m 后温度接近环境温度。进入立管后，温度持续降低，立管顶部为东区生产路由最低温度-1.4℃，低于环境温度。7 口井稳态生产情况下井筒均没有水合物生成风险，海管、柔性管和立管均有水合物生成风险。通过优化各井 MEG(体积分数为 92%)注入量，以保障生产路由水合物过冷度均小于-5℃，所有井嘴后 MEG 注入温度均按照环境温度考虑。逐年生产路由注 MEG 后水合物过冷度曲线如图 17～图 19 所示。结果表明，优化 MEG 注入量后各年份东区生产路由水合物过冷度均小于-5℃，满足流动保障需求。

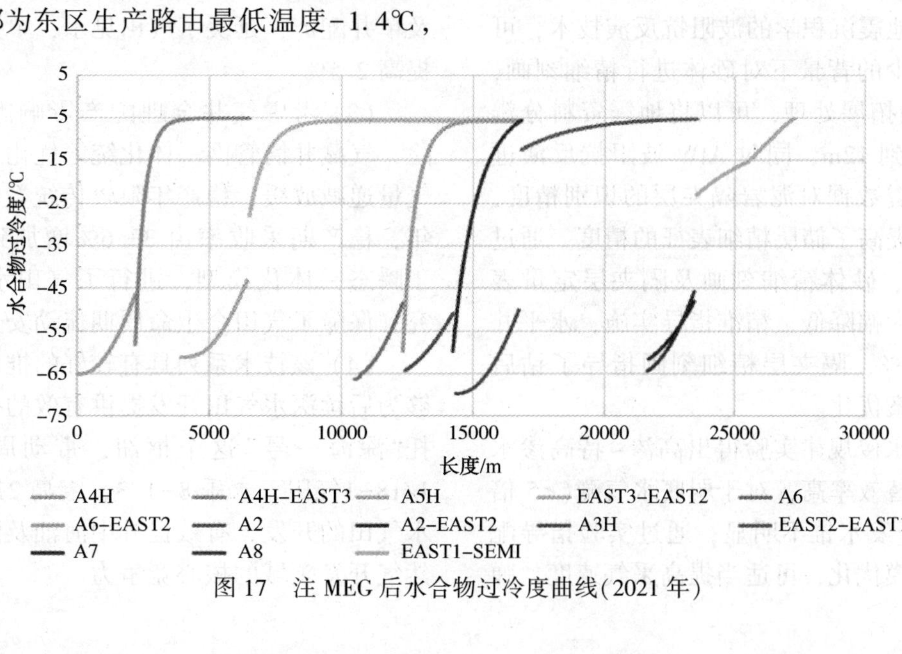

图 17　注 MEG 后水合物过冷度曲线(2021 年)

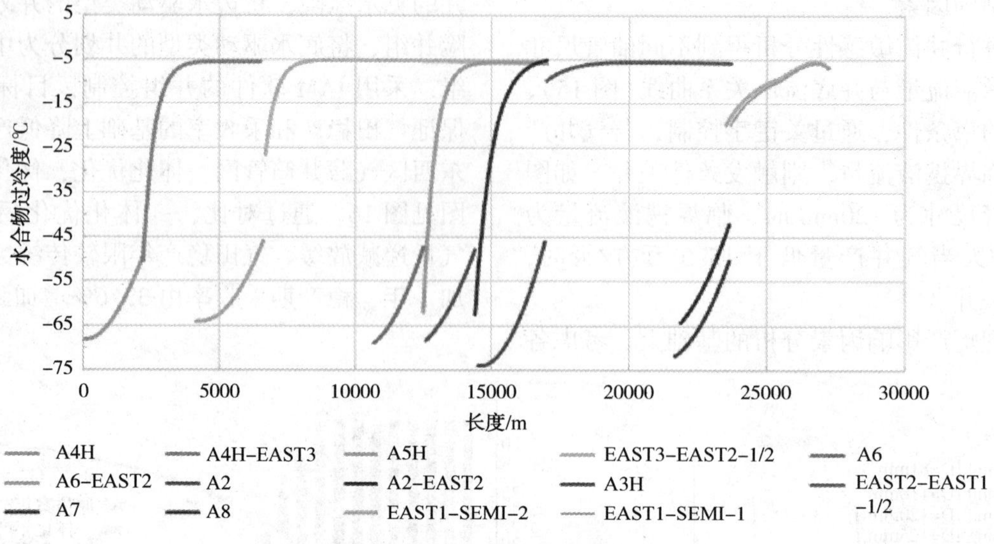

图 18　注 MEG 后水合物过冷度曲线(2031 年)

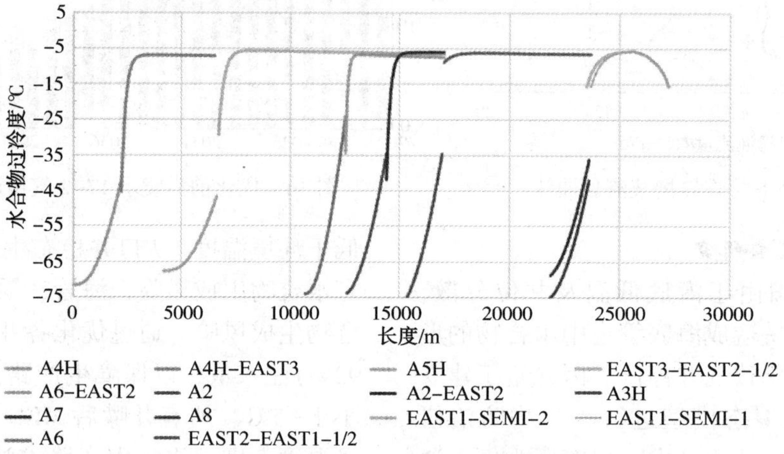

图 19　注 MEG 后水合物过冷度曲线(2043 年)

4　结论及应用

(1) 基于地震沉积学的波阻抗反演技术，可以在井点资料少的背景下对砂体进行精细刻画，通过 HFE 高频拓展处理，可以将地震资料分辨率由 22m 提高到 12m，同时 AIW 波阻抗反演进一步提高了地震数据对泥岩隔夹层的识别精度，两种方法结合提高了储层精细表征的精度。通过构造精准解释、砂体精细刻画及隔夹层定量表征，构造误差大幅降低，精准指导实施，水平井钻遇率达到 92%，隔夹层精细刻画指导了钻后定向井射孔方案优化。

(2) 通过水侵规律实验得出高渗~特高渗水驱气藏微观驱替效率高，对于弱底水气藏(<5 倍水体)水平井开发水锥不明显；通过实验指导配产并精细化数模优化，可适当提高采气速度，弹性驱和边水驱气藏采气速度 5.5%~6.0%，底水气藏采气速度 2.5%~3.5%。通过优化射孔方案及单井配产，延缓了气田见水，单井采收率最大提高 2.5%。

(3) 考虑气井合理配产影响因素及见水风险，气藏井筒管网一体化统筹优化后，气田年产气量递减放缓，稳产年限较传统数模研究增加 1 年，稳产期采收率由 33.6%增加到 37.6%；基于瞬态一体化模型，进行了气田水合物防治研究，保障了气田全生命周期流动安全。

(4) 该技术系列具有较好的推广应用性，能够为后续深水气田开发提供有效的技术支撑。依托“深海一号”这个枢纽，带动周边陵水 25-1/18-1气田、永乐 8-1/3、宝岛 21-1 等多个深水气田的开发，有效提升中海油及国家在深水天然气开发领域的核心竞争力。

参 考 文 献

[1] 李冬，徐强，王永凤，等．琼东南盆地中央峡谷西段充填体系沉积演化与砂体分布[J]．石油地球物理勘探，2013，48(5)：799-803.

[2] 吴大奎，吴宗蔚，伍翊嘉．叠后地震资料井控高分辨率处理新方法[J]．天然气工业，2019，39(11)：36-43.

[3] 周展，杨朝强，洪楚侨．深水少井区重力流薄泥岩隔夹层预测方法[J]．天然气工业，2020，40(12)：52-57.

[4] 周克明，李宁，张清秀，等．气水两相渗流及封闭气的形成机理实验研究[J]．天然气工业，2002，22(21)：122-125.

[5] 何晓东，邹绍林，卢晓敏．边水气藏水侵特征识别及机理初探[J]．天然气工业，2006，26(3)：87-89.

[6] 程开河，江同文，王新裕，等．和田河气田奥陶系底水气藏水侵机理研究[J]．天然气工业，2007，27(3)：108-110.

第五篇　智能化油气田开发技术篇

以数字化、网络化、智能化为代表的高新技术与油气行业的深度融合，正在推动新一轮的油气技术革命。未来随着大数据、人工智能、新材料等新技术的迅速发展，会有更多的跨界技术在石油行业应用，将会进一步推动石油科技由单项技术创新向多学科技术组合创新发展。本篇结合我国吉林、辽河、胜利、长庆、延长等国内外油气田在钻井、采油(气)、储气库等领域所创新应用的油气田智能化开发技术及相关研究成果进行了总结和提炼。

废弃砂岩气藏改建储气库配套气藏工程技术
——以卫 11 储气库为例

卢旭宁　王志宝　田洪维

（中国石化中原油田分公司）

摘　要　根据文 96、文 23 储气库建库经验，研究并运用了圈闭密封性评价、库容评价、注采能力分析及井型井网优化 4 项关键技术，评价了卫 11 储气库建库参数，丰富完善了气藏型储气库建库地质方案设计体系。结果表明：1）卫 11 储气库盖层及边界断层密封性良好；2）采用容积法、压降法及数值模拟方法分别对卫 11 储气库库容进行评价，综合分析确定压降储量作为卫 11 储气库库容体积，共 $10.09\times10^8m^3$；3）结合注采能力节点分析法，评价出单井的采气能力和单井注气能力；4）综合分析各井型的增产规律，卫 11 储气库的注采井网采用斜井与直井相结合的方式。

关键词　气藏型储气库；圈闭密封性；库容评价；注采能力；井型井网优化

1　引言

储气库是一项大型、复杂、多目标性的工程项目，其建库技术要求较高。国外地下储气库建设起步较早，储气库的建设及运行技术完善，尤以气藏改建储气库为代表的油气藏型储气库技术最为成熟，截至 2019 年底，全球已建 716 座储气库中，气藏型储气库占比达到 66.8%。与西方发达国家相比，中国地下储气库起步较晚，其中，中石油建库始于 20 世纪 90 年代，目前已建储气库 23 座；中石化储气库建设起步于“十二五”，与国外相比仍处于起步阶段，目前已建成气藏型地下储气库 2 座，分别是文 96 储气库和文 23 储气库（一期），初步形成了气藏型储气库圈闭密封性评价技术、储气库地质重构技术、方案优化设计技术等建库基本配套技术。卫 11 气藏已经濒临废弃，地质采出程度达到 74.7%，气藏开发较为成功，但是研究认识为前期开发阶段的研究成果，尚未针对储气库建设开展系统性气藏地质与工程的研究工作，形成一套适合卫 11 储气库的建库方案设计技术。本次研究采用动静结合方法来综合评价圈闭密封性及库容，并结合地层压力变化，考虑管柱冲蚀流量的影响，开展气井合理注采气能力评价，以卫 11 气藏储层发育特征为基础进行不同井型适应性研究，明确储气库设计井型，为卫 11 储气库的顺利建设提供技术支撑。

2　研究区概况

卫 11 气藏分布于沙三下 1-3 砂组，位于东濮凹陷中央隆起带北部卫城地垒构造带西部，为一背斜背景下被断层复杂化的狭长断块，构造走向与断块长轴接近，地层倾角 5~13°，研究区内共发育 8 条断层，其中边界断层 3 条：西北边界是卫 34 断层，东边界是卫 32 块断层，南边界是新卫 127 断层。卫 11 块内部小断层 5 条，将整个卫 11 分为 6 个小断块（图 1）。储层以灰色、灰白色砂岩为主，夹有灰色、深灰色泥岩、页岩、褐色油页岩等。岩性以石英粉砂岩和长石石英粉砂岩为主。为三角洲体系的前缘沉积，主要以水下分流河道砂体、席状砂与河口砂坝为主，储层平均孔隙度 15.9%，渗透率 24.54mD，物性由西北向东南逐渐变差，非均质性强。流体分布主要受构造控制，在构造高部位储层以含气为主，在构造边部低部位具有油环和边水，油气水系统呈明显层状油气藏特点。气藏为常温常压层状复杂断块型砂岩气藏。

卫 11 块沙三下 1-3 气藏于 1992 年试采，经历产能建设、稳产阶段、快速递减、低压低产阶段等四个开发阶段。截至 2017 年底，气藏关井，地层压力 2.7MPa，累产气 $9.36\times10^8m^3$，地质采出程度 74.7%，采出程度高，已濒临废弃。

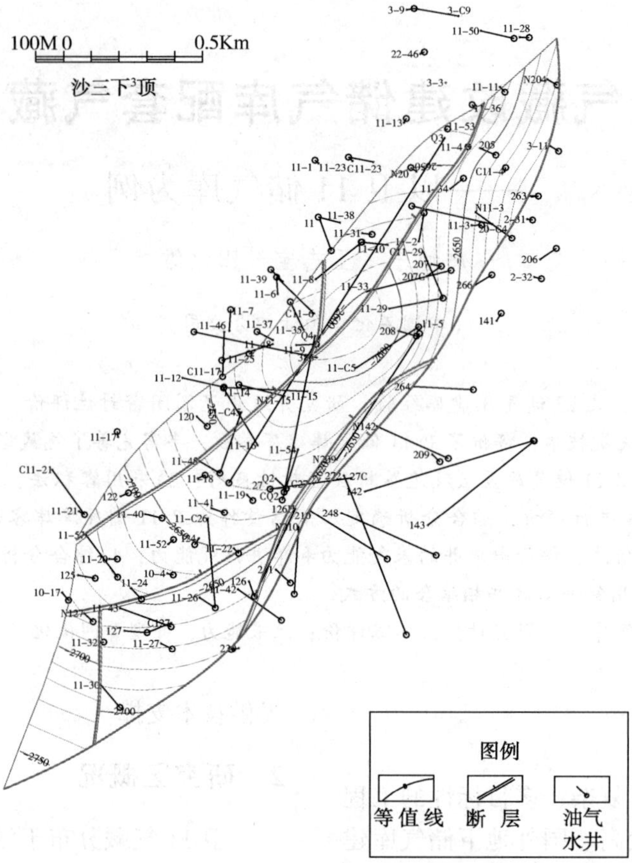

图1　卫11气藏构造井位图

3　储气库圈闭密封性评价技术

地下储气库选址的基本原则是“注得进、存得住、采得出”，其中“存得住”即指储气库具有较好的封闭性能，能够在一定时间内保存一定量的气体，这也是储气库建设及运行的重中之重。本次研究运用静态分析，动态验证圈闭密封性综合评价技术，评价卫11储气库盖层及断层封闭性。

3.1　盖层封闭性评价

评价盖层封闭性主要采用盖层的微观封闭性和宏观封盖条件相结合的方法。宏观特征主要包括盖层的岩性、可塑性、厚度、埋深、非均质性及分布的稳定性。微观特征主要指取心分析试验数据获得的孔隙度、渗透率、突破压力、排替压力、粒径、比表面积、密度、中值半径、最大连通孔隙半径、扩散系数、黏土矿物成分、异常压力等。

在所有盖层岩类中，盐膏层是最好的盖层，它不仅具有小的孔喉半径、高的排替压力，而且在深埋地下情况下可塑性强，不易形成裂缝，可以有效阻止油气的散逸。卫11储气库沙三中地层内部发育多套盐层，盐层厚度29.6~223.6m，平均盐厚94.9m(图2、3)，平面展布稳定，对该区油气的聚集和保存起了重要的控制作用，具有较强的封闭性。

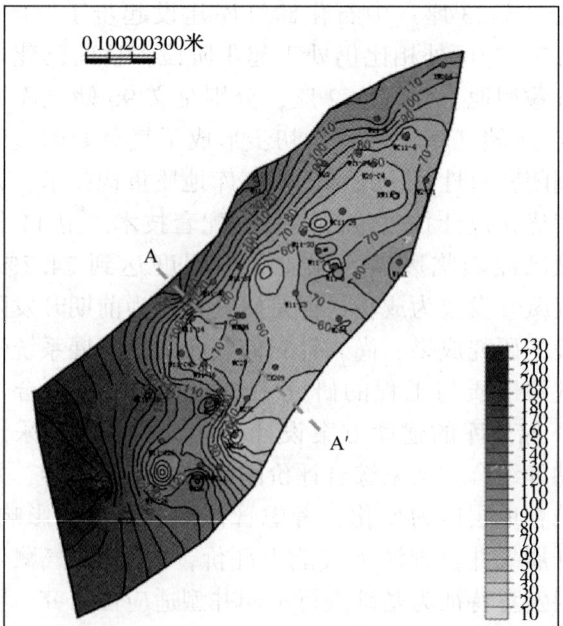

图2　卫11储气库沙三中盐层厚度分布图

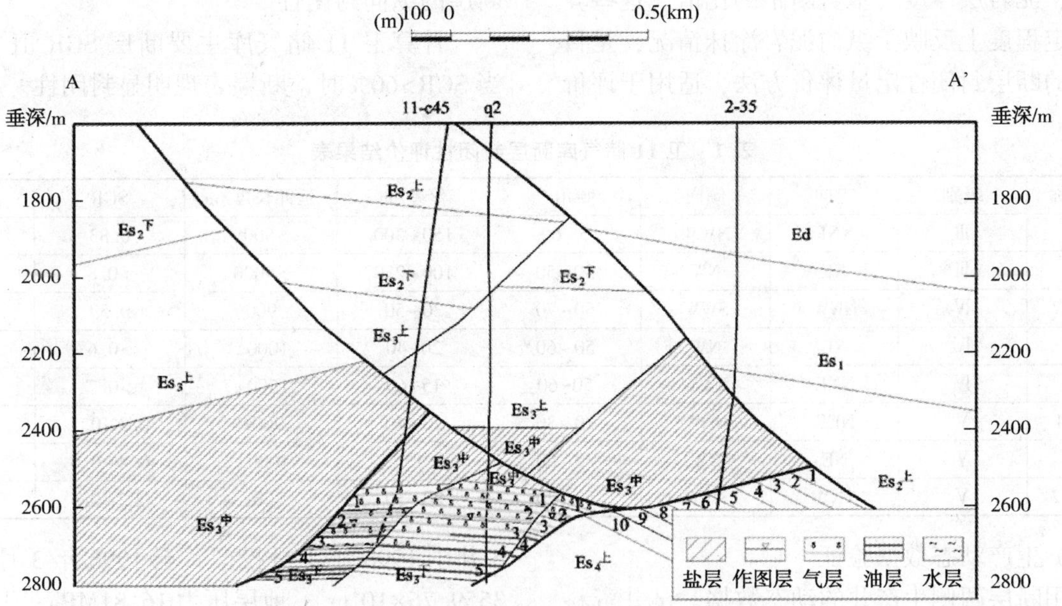

图3　过卫120-卫27-卫126h油气藏剖面图

3.2　断层封闭性评价

（1）定性分析：断层产状与两侧岩层产状的配置关系分析、断层两盘岩性对置关系、断层两侧流体压力、断层带内泥质含量等分析；

当储集层砂岩层与对盘的泥岩层对接是，断层具有侧向封闭性；当储集砂岩层与对盘的砂岩层对接是，断层在侧向上不具有封闭性。目前研究断层两盘岩性对置关系通常使用Allan断层截面图以及计算泥岩百分率等方法来研究，Allan断层截面图法是两盘岩性对置关系分析的定性直观分析方法，适用于评价断层的侧向封闭性。

通过分析断层两盘岩性配置关系，认为卫11气田存在四种接触关系（图4），分别为气砂—盐接触、气砂—泥接触、气砂—气砂接触、气砂—油（水）砂接触。其中，气砂—盐接触、气砂—泥接触方式表现出断层具有明显的封闭性；气砂—油（水）砂接触方式由于气、油（水）流动性质的差异和断层泥的作用使油（水）难以逾越断层而与气层连通，表现出一定的封闭性。

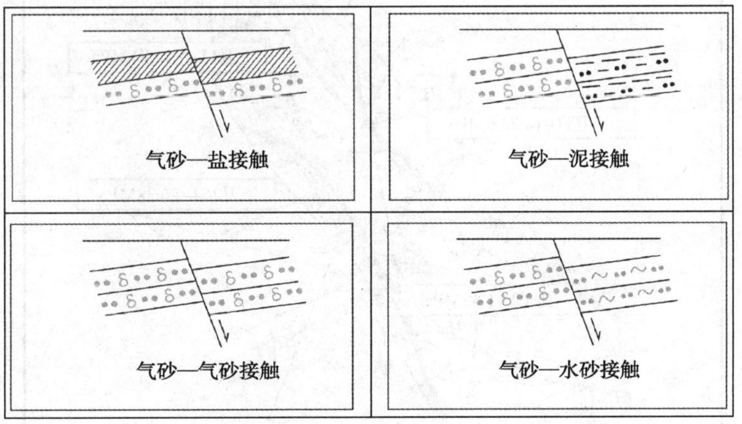

图4　卫11储气库断层两盘岩性配置模式示意图

（2）定量分析：计算砂泥比、泥岩涂抹参数。

泥岩涂抹是通过泥岩层的泥化并进入发育中的断层带而形成的。当断层发生位移错动时，泥岩涂抹在上、下盘的砂岩层断面处，形成较薄的泥质层，对储集层产生封闭。泥岩的涂抹厚度随断距的加大而变薄，常用的定量研究泥岩涂抹封闭能力的算法有3种：泥岩涂抹因子（SSF），断距与泥岩层厚度比值；黏土涂抹势（CSP），泥岩层厚度平方与泥岩涂抹距离的比值；断层泥比率

(SGR)，泥岩层厚度与垂直断距的比值。这些算法在一定程度上反映了纵向泥岩涂抹情况，是目前重要的断层封闭性定量评价方法，适用于评价断层的纵向封闭性。

计算卫 11 储气库主要断层 SGR 值(表 1)，当 SGR>60%时，断层表现明显封闭性。

表 1　卫 11 储气库断层封闭性评价结果表

断层名称	级别	走向	倾向	倾角/°	落差/m	延伸长度/m	SGR	封闭性
卫 32	Ⅲ	NNE	NWW	5~60	150~300	>5000	0. 83	封闭
卫 34	Ⅲ	NE	NW	30~50	100~250	>4000	>0. 8	封闭
新卫 127	Ⅳ	NNW	SWW	50~70	20~50	900	0. 59	封闭
卫 211	Ⅳ	NE	NW	50~60	20-40	1000±	>0. 6	封闭
卫 120	Ⅳ	NNE	NWW	50-60	15-60	1500±	>0. 7	封闭
卫 10-4	Ⅴ	NEE	NNW	20~30	20~40	900±	0. 3~0. 5	不封闭
卫 205	Ⅴ	NE	NW	40~50	15	1000±	0. 4~0. 6	不封闭
卫 11-32	Ⅴ	NNW	SWW	50~70	20~50	500±	0. 2~0. 5	不封闭

(3) 生产动态数据验证

利用断层两侧生产井的动态数据、试井资料及监测井资料，如流体性质、产量、压力监测等进行断层封闭性评价，主要包括单井流体性质分析、压力系统分析、井间干扰试井等。

以评价卫 11 储气库内部断层卫 211 断层和卫 120 断层为例(图 5、6)，卫 211 断层：卫 11-5 井于 1996 年 1 月投产，至 1998 年 3 月累产气 $3559.76\times10^4m^3$，地层压力 16. 81MPa；卫 264 井 1998 年 6 月投产，地层压力仍保持原始状态 26. 38MPa。断层两侧存在 10MPa 的压力差，说明断层两侧不属于同一压力系统，结合卫 211 断层 SGR 值，大于 60%，因此具有较强的封闭性。

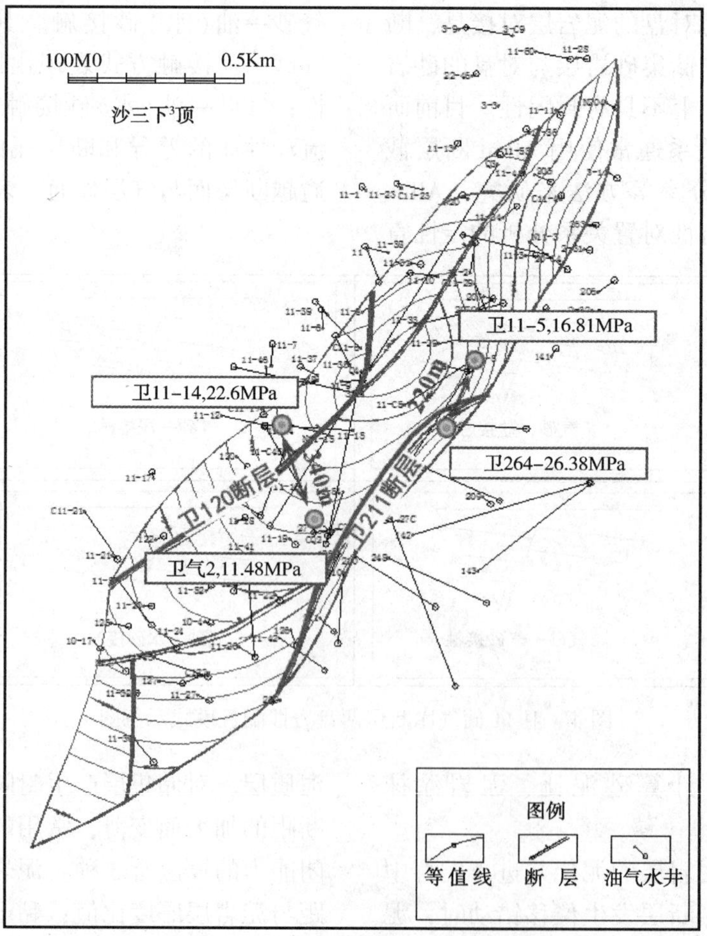

图 5　断层两侧生产井平面位置示意图

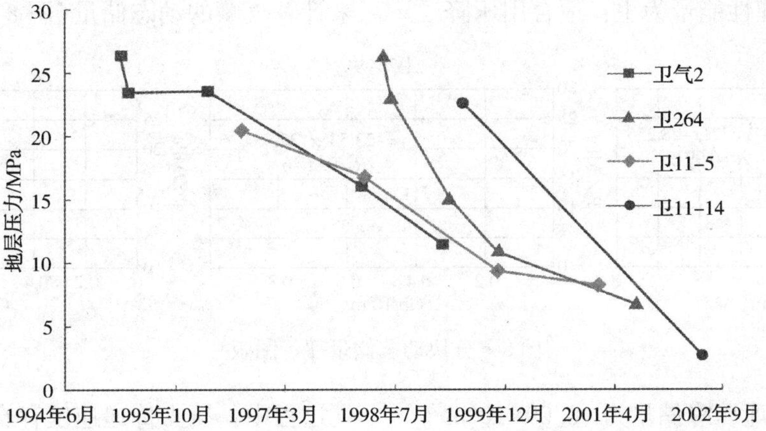

图 6　卫气 2、卫 11-5、卫 264、卫 11-14 井压力变化曲线

卫 120 断层：卫 11-14 井于 1999 年投产，初期地层压力为 22.61MPa，同期卫气 2 井地层压力为 11.48MPa，断层两侧压力相差 11MPa，断层 SGR>70%，具有较强的封闭性。

综合分析研究，卫 11 气藏边界断层(卫 32、卫 34)及分区带断层(新卫 127 断层、卫 120 断层和卫 211 断层)具有较好的封闭性，内部小断层(卫 10-4、卫 205 和卫 11-32 断层)对气不具封闭性。依据卫 11 气藏断层封闭性评价结果，将其划分为主块、卫 120 块、卫 264 块三个相对封闭断块(表 2、图 7)。

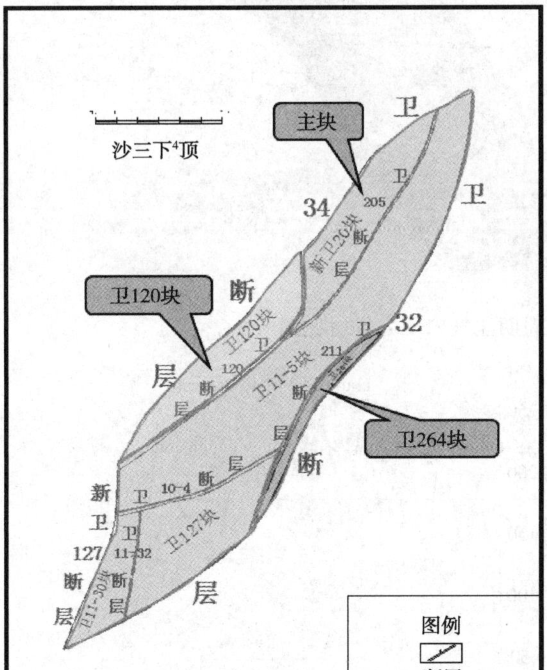

图 7　卫 11 气藏断层块封闭性评价图

表 2　文 23 储气库内部断块封闭性评价表

断块	边界断层
卫 120 块	卫 34 断层、卫 120 断层
卫 264 块	卫 32 断层、卫 211 断层
主块	卫 34 断层、卫 32 断层、新卫 127 断层、卫 120 断层、卫 211 断层

4　库容评价技术

(1) 地质储量评价

地质储量计算主要采用容积法，是一种利用油气田静态资料和参数，以确定油气层的油气体积来计算孔隙储层油气储量的方法。容积法储量适用于不同勘探开发阶段、不同圈闭类型、不同储集类型和驱动方式，其计算结果的可靠程度取决于资料的数量和质量。其可采储量受井网和工艺技术的限制，具有不确定性。

采用容积法计算储量，具体公式如下：

$$G=0.01A_g h\varphi S_{gi}/B_{gi} \tag{1}$$

式中，G 为天然气地质储量，10^8m^3；A_g 为含气面积，km^2；h 为有效厚度，m；φ 为有效孔隙度，%；S_{gi} 为含气饱和度，%；B_{gi} 为体积系数。

经计算，卫 11 储气库天然气地质储量 $13.36\times10^8m^3$。

(2) 动态储量评价

压降法计算的动态储量是目前井网控制的动用储量，即压力波及到的动用储量，高部位动用程度高，未动用储量主要分布在构造低部位、边块断层夹缝带及储层物性较差的Ⅱ、Ⅲ类气层。卫 11 气藏为具有边水的层状气藏，四周断层具有良好的封闭性，地层水弹性能量小。气藏的驱动能量以天然气的弹性能量为主，适合用压降法来计算气藏的动态储量(图8)。

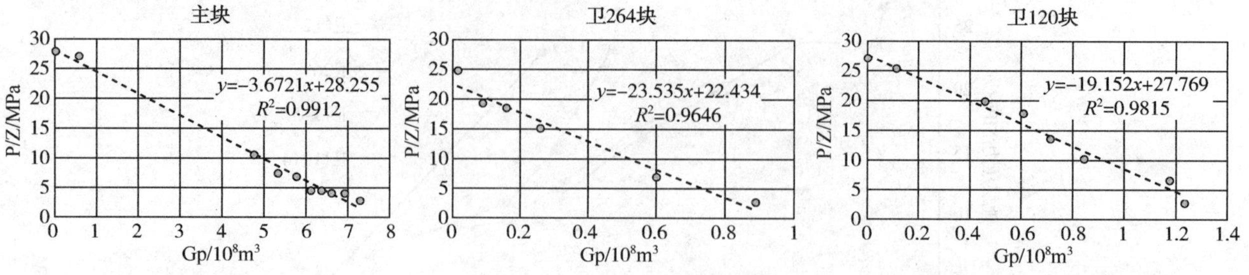

图8　分块动态储量评价图版

评价卫11储气库压降储量为$10.09\times10^8m^3$。

(3) 数值模拟评价

数值模拟又称数值分析方法，是用计算机程序来求解数学模型的近似解，又称计算机模拟，该方法的核心是通过实验或观测建立研究对象的数学模型，基于数学模型进行研究与分析。

模拟预测，气藏库因储层非均质性影响，注气过程中，压力传递速度存在差异，导致前3个注采周期内，在每个注气末期，物性差部位因压力扩散缓慢未达到设计上限压力，而呈现出每个注气末期压力值呈逐步上升的现象；在第8个周期以后，全区压力值都趋于稳定，基本达到设计运行上限压力27MPa(图9~图11)，对应库容稳定为$9.79\times10^8m^3$。

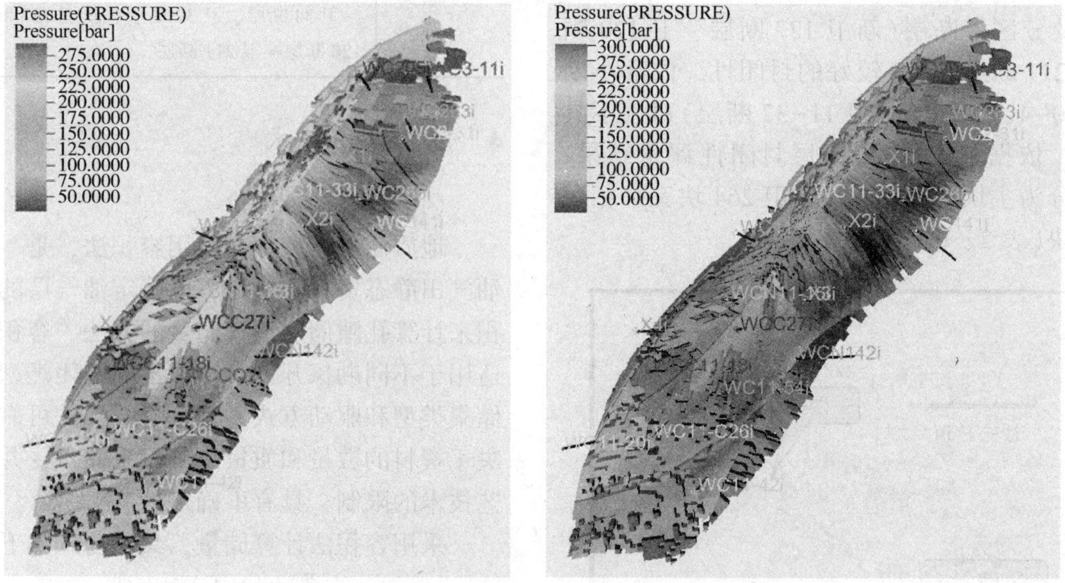

图9　储气库第一周期注气末与第八周期注气末压力场对比图

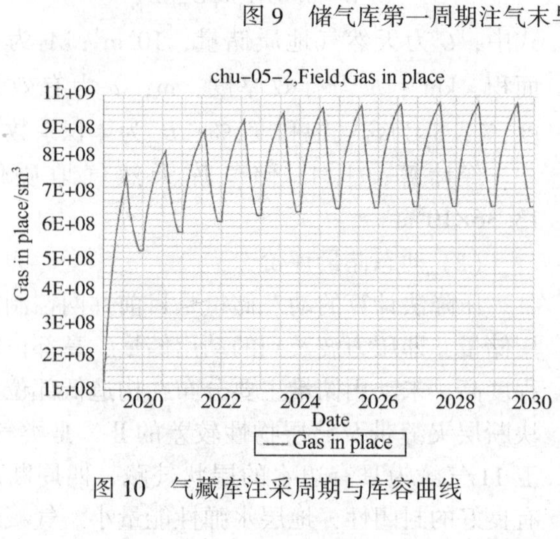

图10　气藏库注采周期与库容曲线

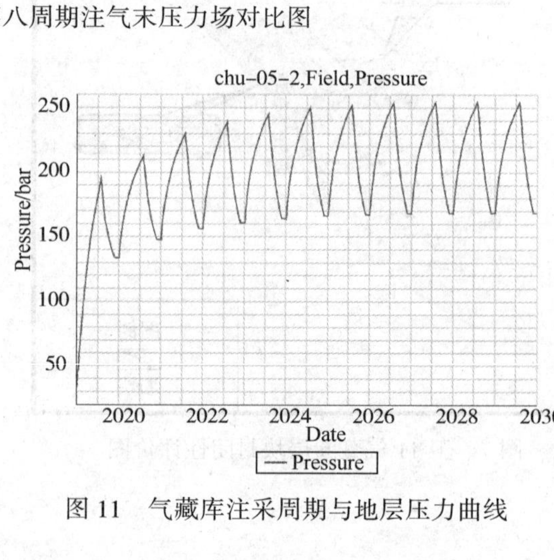

图11　气藏库注采周期与地层压力曲线

5 注采能力分析

5.1 气井产能方程建立

气井产能是指一定回压下的产气量。在地层压力一定条件下，以不同的井底流动压力试验气井的产气量，称之为气井的产能试井，即通常所说的回压试井。根据气井的二项式产能方程分析影响气井产能的主要因素，是气井产能分析的一个主要内容，同时也是研究预测气井产能模型的基础性工作，其结果直接影响到预测模型的准确性、可靠性和科学性。

根据二项式产能方程的定义，产能方程的产能系数 A、B 主要与储层的 K、h 有关。对于一个气藏，可以用统计方法建立 A、B 与 kh 的关系，进而求出气井的产能方程。具体步骤如下，假如气藏有 N 口井进行了产能测试，得到以下产能方程：

$$\phi_{R}^{2}-\phi_{wf}^{2}=A_{i}q_{g}+B_{i}q_{g}^{2} \qquad (2)$$

采用单位无阻流量与产能方程系数回归，进行气井产能方程确定。具体步骤如下：

（1）以产能试井单位地层系数无阻流量为基础，结合层间干扰系数，应用气藏平均地层系数求取气藏单井无阻流量；

（2）应用气藏各单井产能公式回归无阻流量 Q_{aof} 与紊流系数 B 关系式；

（3）结合已得到的气藏单井无阻流量及紊流系数 B，反求层流系数 A，进而确定二项式产能方程。

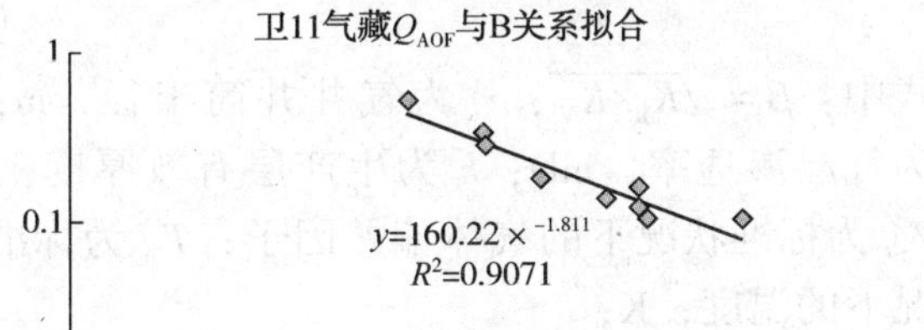

图12 卫11气藏单井无阻流量与紊流系数关系图版

依据上述方法，结合产能测试及产剖确定的干扰系数，建立卫11气藏单井二项式产能方程（图12）：

$$P_{R}^{2}-P_{wf}^{2}=6.5278Q+0.1005Q^{2} \qquad (3)$$

5.2 合理采气量

气井的合理采气量主要以建立的产能方程为基础，结合气井管流方程联立，进而确定气井的合理采气量，也就是IPR与OPR曲线交汇方法确定气井合理采气量。

气柱垂直管流压力计算公式：

$$P_{wf}=\sqrt{P_{wh}^{2}e^{2s}+1.377\times\lambda\ (q_{sc}\overline{T}\,\overline{Z})^{2}(e^{2s}-1)/D^{5}} \qquad (4)$$

$$s=\frac{0.03418\gamma_{g}H}{\overline{T}\,\overline{Z}} \qquad (5)$$

式中：P_{wf} 为井底压力，MPa；P_{wh} 为油管井口压力，MPa；q_{sc} 为天然气产量，$10^4m^3/d$；$\overline{T}$ 为井筒内动气柱平均温度，K；$\overline{Z}$ 为井筒内动气柱压缩系数；D 为油管直径，cm；γ_g 为天然气相对密度；H 为气层中部深度，m；λ 为油管阻力系数。

对卫11气藏IPR曲线-冲蚀流量计算结果，在高压条件下，即高井底流压时，气井的最大产量取决于气井冲蚀流量，随着井底压力的降低，气井的最大产量取决于气井的产能(表3)。

表3 卫11储气库单井采气能力评价表

地层压力/MPa	采气量/($10^4m^3/d$)	冲蚀流量/($10^4m^3/d$)	携液流量/($10^4m^3/d$)
15	14.46	32.68	5.88
18	21.78	37.49	6.39
21	28.89	41.42	6.82
24	35.86	44.74	7.2
27	42.74	47.93	7.52

根据卫11储气库运行参数设计，运行期间地层压力在15~27MPa之间变化，按照目前73mm油管评价，采气期间单井的采气能力为 $14.46\sim42.74\times10^4m^3/d$，小于对应临界冲蚀流量 $42.05\sim55.06\times10^4m^3/d$，高于对应临界携液流量 $5.88\sim7.52\times10^4m^3/d$，处于合理采气区间(图13)。

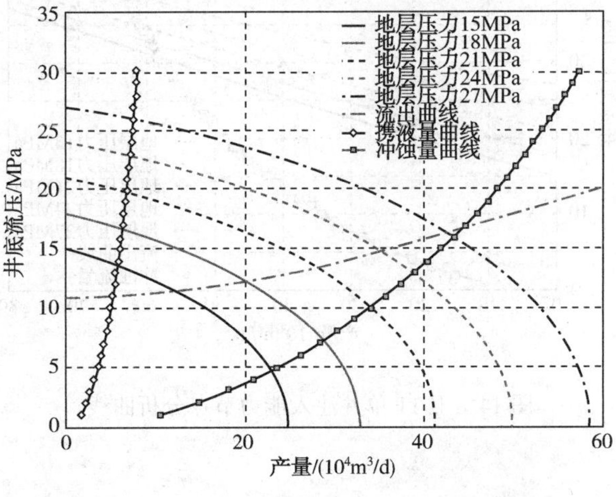

图13 卫11储气库单井采气能力节点分析曲线

5.3 合理注气量

注气井注气能力与采气井的生产能力相反，当注气井口压力一定时，随着气层压力的上升而下降，在气库压力达下限时，注气能力最大，气层压力上升到上限压力时，注气能力最小。根据垂直管流规律，当井口注气压力一定时，注气量越大，井底流压越小，而气层的吸气能力降低。井筒注气量与气层吸气能力负相关，二者的交点就是注气、吸气平衡点，即为该井口压力下实际最大注气量。

根据计算结果，卫11气藏主块下限压力为15MPa时，最大注气能力为45.87×$10^4m^3/d$，气库上限压力27MPa时，最大注气能力为17.96×$10^4m^3/d$。在气库的运行工作压力区间，注入能力始终低于20~25MPa注压下的临界冲蚀流量，因此气井注气期间不会产生冲蚀现象(表4、图14)。

表4　卫11储气库单井注气能力评价表

地层压力/MPa	最大注气量/($10^4m^3/d$)	20~25MPa注压下冲蚀临界流量/($10^4m^3/d$)
15	45.87	49.0~54.4
18	41.41	
21	35.69	
24	28.23	
27	17.96	

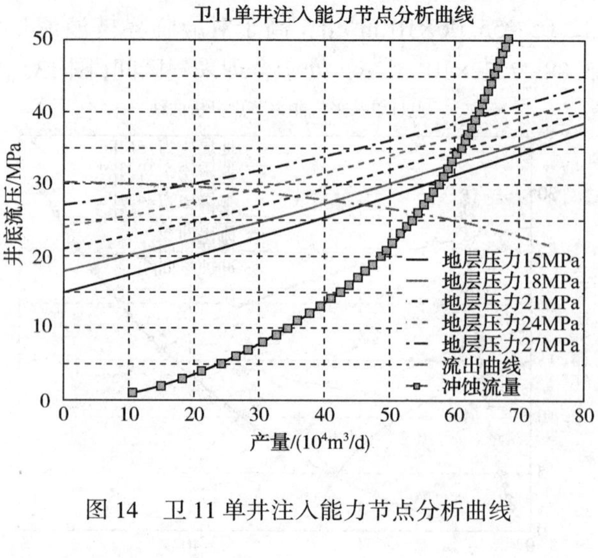

图14　卫11单井注入能力节点分析曲线

6 井型井网优化技术

6.1 井型优选

常规气井有直井、定向井、水平井三种井型，采用理论计算及数值模拟两种方法确定三种井型间的增产关系，为满足以高强度注采能力为特征的储气库井型确定提供依据。

直井、定向井、水平井具有相似的产量计算方程，因此根据产能方程可以推出产量之间的倍数关系。

直井产量计算方程：

$$q_g=\frac{2\pi KhZ_{sc}T_{sc}P_e(P_e-P_{wf})/(\mu_{i_i}Z_iP_{sc}T)}{\ln\frac{r_e}{r_w}} \tag{6}$$

定向井产量计算方程：

$$q_g=\frac{2\pi KhZ_{sc}T_{sc}P_e(P_e-P_{wf})/(\mu_{i_i}Z_iP_{sc}T)}{\ln\frac{r_e}{r_w}+Ss} \tag{7}$$

式中：
$$\begin{cases}S_s=-(\alpha'/41)^{2.06}-(\alpha'/56)^{1.865}\log(h_D/100)\\ h_D=h/r_w\left(\sqrt{\frac{K_h}{K_V}}\right)\\ \alpha'=\tan^{-1}\left(\sqrt{\frac{K_V}{K_h}}\tan\alpha\right)\end{cases}$$

水平井产量：

$$q_g=\frac{2\pi KhZ_{sc}T_{sc}P_e(P_e-P_{wf})/(\mu_{i_i}Z_iP_{sc}T)}{\ln\left[\frac{a+\sqrt{a^2-(L/2)^2}}{L/2}\right]+(\beta h/L)\ln[\beta h/(2\pi r_w)]} \tag{8}$$

式中：$\beta=\sqrt{K_h/K_V}$；r_w为气井井筒半径，m；K为气层渗透率，mD；h为生产层有效厚度，m；Z_{SC}为标准状况下的气体偏差因子；T_{SC}为标准状况下的温度，K；

P_R为地层压力，MPa；P_{wf}为井底流压，MPa；μ_i为初始条件下的气体黏度，mPa·s；Z_i为初始条件下的气体偏差因子；P_{SC}为标准状况下的地面压力，MPa；r_s为气井泄气半径，m。

可根据其倍数关系，推算出定向井及水平井的产量预测。通过公式(6)、(7)、(8)换算，可以明确井型间的增产倍数关系(图15、16)。

对比用气藏工程方法计算的定向井和水平井的产能替代比计算结果，数值模拟方法和气藏工程方法评价结果大体一致(图17)。

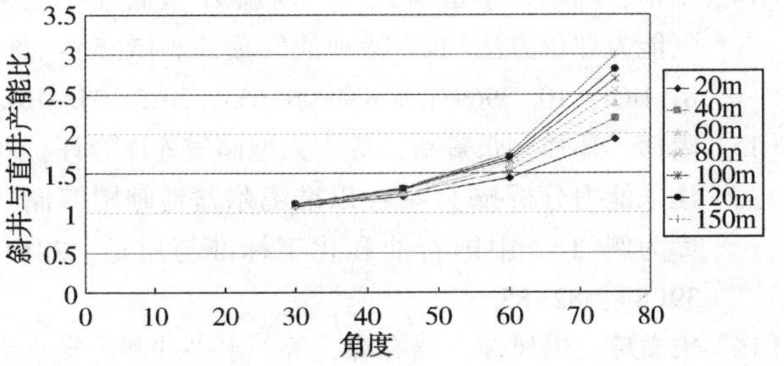

图 15　不同气层厚度定向井与直井产能对比图

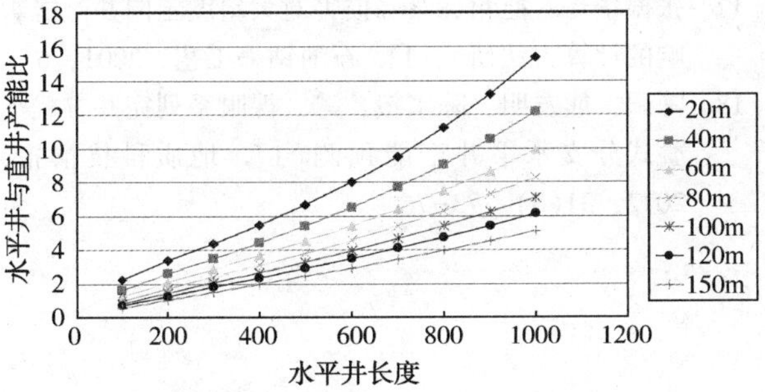

图 16　不同气层厚度水平井与直井产能对比图

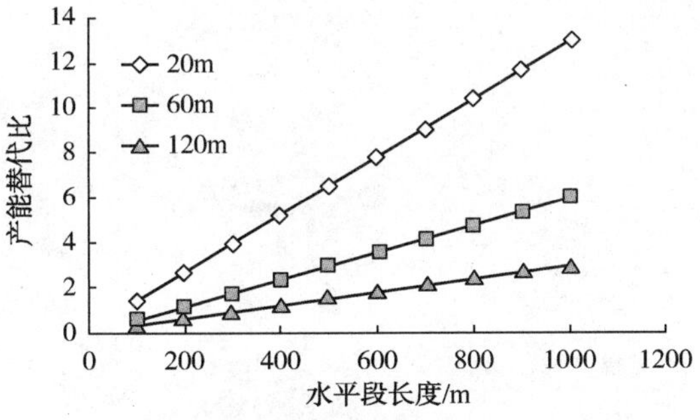

图 17　不同储层厚度、不同水平井长度水平井的产能替代比

各井型间具有以下增产规律：

水平井与直井：储层厚度较小时，任意长度的水平井较直井具有明显增产优势，储层厚度 20 米时，500 米水平段水平井较直井增产 6.46 倍。随着储层厚度增大，水平井必须通过提高水平段的长度才能保障增产优势，但增产幅度不再明显。在储层厚度 120m，水平井长度 500 米时，水平井较直井的增产部位仅有 1.48 倍。

定向井与直井：斜井较直井具有增产优势。井斜角大小是影响定向井增产优势的主要因素，当斜井井大于 60°时，定向井的增产倍数趋势加大；储层厚度对增加定向井增产倍数不明显

卫 11 气藏含气井段长、储层厚度大、层数多，水平井实施较为困难。为充分控制库容，斜井在控制气藏储量、充分发挥纵向上气层产能、实施酸压等增产措施方面有其优势。因此，卫 11 储气库的注采井网采用斜井与直井相结合的注采方式。

7　结论

（1）应用圈闭封闭性评价技术，从静态及动态特征综合分析，评价卫 11 储气库盖层及边界断层具有较好的密封性，内部两条封闭断层将卫 11 储气库划分为 3 个相对封闭的断块。

（2）应用容积法、压降法和数值模拟法分别评价卫 11 储气库库容大小，结合储气库地质特征，气藏地层水弹性能量小，驱动能量以天然气的弹性能量为主，压降法计算的动态储量 $10.09\times10^8m^3$ 准确性高，可以作为卫 11 储气库库容体积。

（3）采用单位无阻流量与产能方程系数回归方法，确定了气井产能方程，在此基础上，应用注采能力评价技术，直观准确评价出卫 11 储气库单井的采气能力为 $14.46\sim42.74\times10^4m^3/d$，单井注气能力为 $17.96\sim45.87\times10^4m^3/d$，均在合理区间。

（4）通过井型井网优化技术，明确了不同井型增产规律及井网优化部署原则，卫 11 储气库的注采井网采用斜井与直井相结合的注采方式，井网设计和部署更加合理。

参 考 文 献

[1] 张光华，中石化地下储气库建设现状及发展建议[J]. 天然气工业，2018，38(8)：112-118.

[2] 曾大乾，张俊法，等．中石化地下储气库建库关键技术研究进展[J]．天然气工业，2020，40(8)：115-123.

[3] 丁国生，王皆明．枯竭气藏改建储气库需要关注的几个关键问题[J]. 天然气工业，2011，31(5)：87-89. DOI：10.3787/j. issn. 1000-0976. 2011. 05. 023.

[4] 吕延防，付广，高大岭，等．油气藏封盖研究[M]. 北京：石油工业出版社，1996：118-120.

[5] 付晓飞，吴桐，吕延防，等．油气藏盖层封闭性研究现状及未来发展趋势[J]．石油与天然气地质，2018，39(3)：454-471.

[6] ALLAN U S. Model for hydrocarbon migration and entrapment within faulted structures[J]. AAPG bulletin, 1989，73(7)：803-811.

[7] KNIPE R J. Juxtaposition and seal diagrams to help analyze fault seals in hydrocarbon reservoirs[J]. AAPG bulletin，1997，81(2)：187-195.

[8] 宋建平. 断层封堵技术在尼日利亚 p64 区块应用[J]. 石油天然气学报, 2011, 33(2): 54-57.

[9] BOUVIER J D, SIJPESTEIJN C K, KLUESNER D, et al. Three-dimensional seismic interpretation and fault sealing investigations, Nun River Field, Nigeria[J]. AAPG bulletin, 1989, 73(11): 1397-1414.

[10] YIELDING G, FREEMAN B, NEEDHAM D T. Quantitative fault seal prediction[J]. AAPG bulletin, 1997, 81(6): 897-917.

[11] 赵密福, 李阳, 李东旭. 泥岩涂抹定量研究[J]. 石油学报, 2005, 26(1): 60-64.

[12] 付晓飞, 温海波, 吕延防, 等. 勘探早期断层封闭性快速评价方法及应用[J]. 吉林大学学报(地球科学版), 2011, 41(3): 615-620.

[13] 付广, 孟庆芬. 断层封闭性影响因素的理论分析[J]. 天然气地球科学, 2002, 13(3/4): 40-44.

[14] 王彬, 陈超, 李道清, 等. 新疆 H 型储气库注采气能力评价方法[J]. 特种油气藏, 2015(5): 78-81. DOI: 10. 3969/j. issn. 1006-6535. 2015. 05. 016.

[15] 廖伟, 郑强, 张赟新, 等. 大型储气库库容评价及注采能力分析技术 ——以准噶尔盆地呼图壁储气库为例[J]. 中国石油和化工标准与质量, 2019, 39(8): 82-83.

[16] 宋文玲, 冯凤萍, 赵春森, 等. 水平井和分支水平井与直井混合井网产能计算方法[J]. 大庆石油学院学报, 2004, 28(2): 107-109.

[17] 张振华, 8 捷年 .8储层损害对大斜度定向井产能影响的计算方法研究[J]. 石油钻采工艺, 2001, 6.

[18] 陈阳, 熊友明, 陈宗毅, 等. 裸眼系列完井方式下叠式分支水平井产能预测[J]. 地质科技情报, 2012, 31(3): 73-76.

油田数据业务建设浅析及展望

——以延长石油地理信息与勘探开发协同工作平台为例

党海龙　张　亮　王世玉　杨　江

[陕西延长石油(集团)有限责任公司研究院]

摘　要　本文以油田数据业务建设作为研究目标，从延长石油地理信息与勘探开发协同工作平台建设实践经验总结出发，阐述数字化油田向智能化油田迈进中存在的数据治理和数据应用问题，提出以业务驱动数据价值释放的数据治理和油田数据业务建设思路，对平台智能油田数据业务建设进行分析展望，针对平台智能化关键问题提出可行性解决方案思路，助力延长石油智能化油田建设。

关键词　数字化；智能化；油田数据业务建设；数据治理；数据应用

延长石油历经百余年勘探开发，面临动静态数据量庞大、数据管理分散、数据查询和处理分析困难、业务软件繁多难以集成应用、研究决策成本高居不下等挑战和困难，为了应对挑战，破解难题，降低劳动强度和生产成本，高效开展科学研究，实现技术分析快速化、决策高效智能化，延长石油从企业长远发展战略高度出发，根据集团公司“十三五”信息化整体规划，对勘探开发业务进行数字化转型探索与实践。延长石油集团研究院历时 8 年，依托 3 个集团级科研项目，开发建设了延长石油地理信息与勘探开发协同工作平台(下文均简称“平台”)，集成 6 大业务系统，涵盖勘探开发专业化研究方面 17 个功能模块，多源整合采集 8 大数据类型，初步形成了从油藏综合研究、开发调整方案编制、产能建设运行到油田开发过程管理全流程的专业软件体系，提质增效作用显著，油田数字化框架基本建成。但已入库各类数据存在数据标准不统一、数据链接单一等问题，导致现有功能模块存在功能固化，对数据格式、数据来源要求苛刻等问题。根据集团公司“十四五”信息化整体规划中数字油藏的要求，延长油田逐步由数字化油田向智能化油田迈进，油田数据业务建设是解决上述问题助力平台智能化的一项重要工程。

1　平台建设现状

1.1　思路架构简介

延长石油地理信息与勘探开发协同工作平台具体的设计思路是按照油藏管理模式基于 GIS 平台进行架构设计，通过动静态数据库管理标准化、多业务功能融合，开发新型数字信息油田勘探开发业务管理系统平台。该体系依托数据层、应用服务层、业务研究层和智能决策层，实现平台整体功能设计(图 1、2)。数据层主要负责数据存储、访问、管理与维护，为平台建设提供数据服务。其主要包含 GIS 数据、基础数据、井数据、图形成果、模型成果、文档的平台主库；应用服务层包括平台的数据服务、图形服务、GIS 服务、成果服务和系统服务，从数据层调用原始数据，为业务研究层提供应用功能支撑，实现数据统计、图形和模型的显示和共享、空间搜索等功能；业务研究层是面对用户的操作界面，实现用户与系统平台进行信息交互及研究分析。主要包括 GIS 导航与展示平台、综合地质研究、油藏工程研究、智能决策汇报等功能模块。

1.2　功能简介

平台是一个集数据采集、管理、应用、研究、共享一体的协同工作的智能控制与综合决策系统，便于油田的快速分析、智能化生产管控和异地同步决策，提高勘探开发管理水平，减少人力物力，大幅度降低勘探开发成本。针对本平台的功能主要从数据资产化管理、综合地质研究、油藏工程优化、现场智能管控等方面展示说明。

(1) 数据资产管理

平台建立了规范、统一、全面的基础数据库，实现海量数据的一体化存储、查询、分享以及工区数据推送工作(图 3)。通过选区、选井等方式对数据、图形、模型和文档四类数据体进行查询、创建工区、导出、处理以及推送，根据实际数据体需要，输出前可在不同的软件进行计算处理。实际应用中可减少 80% 数据基础性重复工作量，极大地提高了工作效率，并且平台内数据可用于支持内部应用，实现平台内无缝对接。

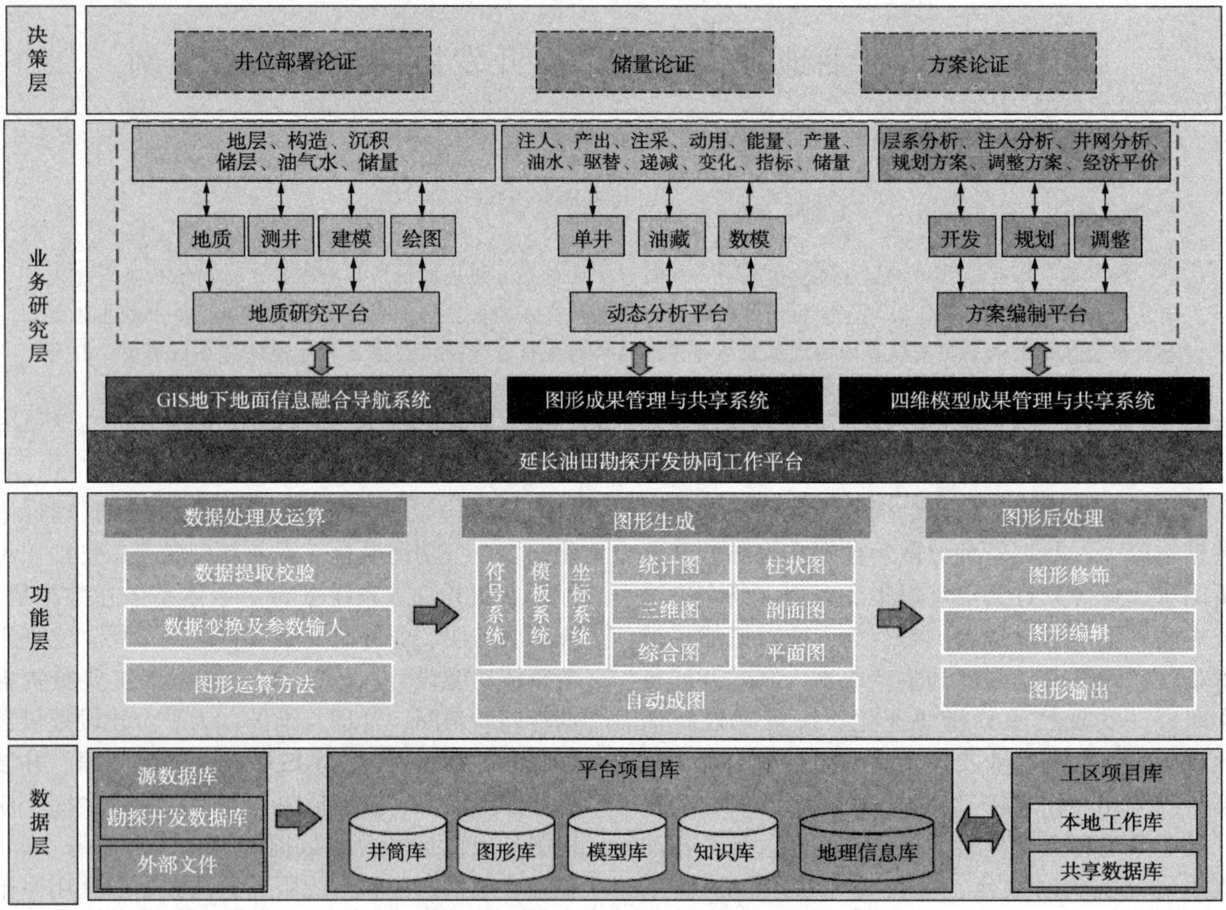

图 1　油气勘探开发业务管理体系整体框架

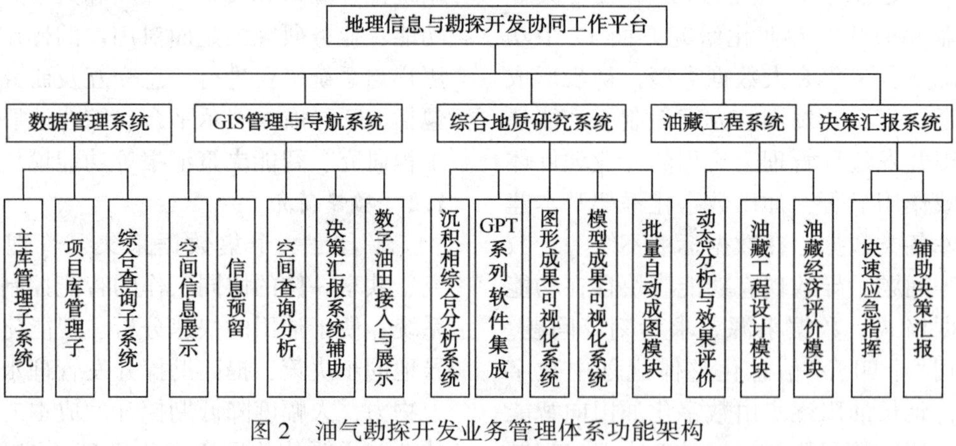

图 2　油气勘探开发业务管理体系功能架构

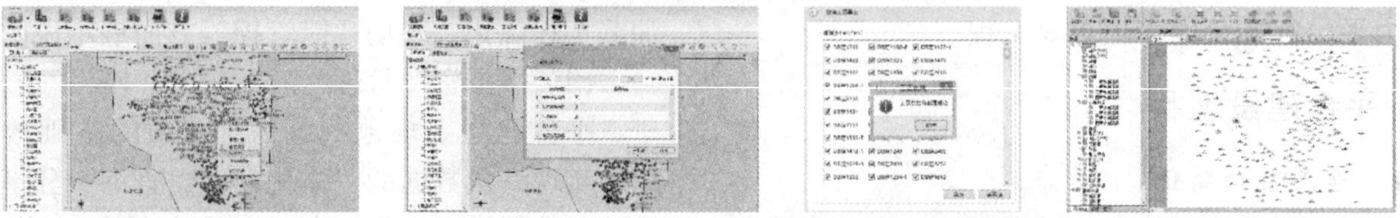

(a)选择工区　(b)推送工区　(c)推送成功　(d)推送结果

图 3　数据推送展示图

(2) 综合地质研究

平台综合地质研究系统，包括沉积相综合分析、图形成果可视化、模型成果可视化模块，集成了 GPT、石文、GeoMap 等主流软件。借助专业软件功能实现对基础地质、剩余油等进行深入细致的分析研究。掌握地下数字油藏在空间和时间上的分布与变化规律以及潜力所在，直接为油田勘探、开发、调整挖潜等提供科学的依据。

(3) 油藏工程优化

利用平台动态分析系统的各个功能模块实现单井、井组、区块分析与评价(图 4)。对综合含水率、耗水量、注水利用率、注入水波及体积等的评价分析，利用多种方法进行开发指标计算、优化对比，实现了单井、井组、区块等各类数据和图形的自动绘制，可集成油藏地质与开发动态成果，为开发效果评价及调整提供充足的依据。

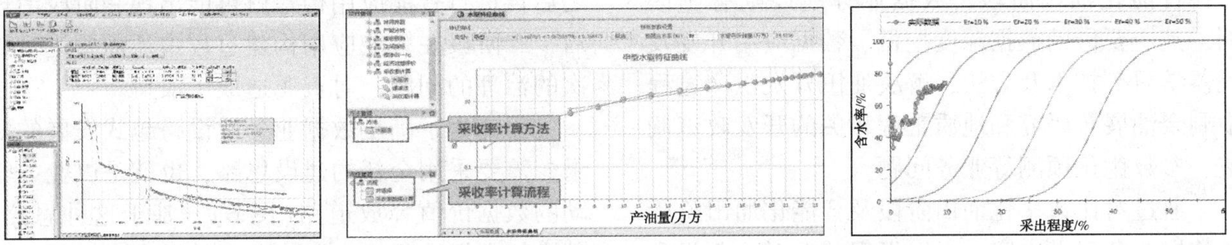

图 4　XX 区块产量递减拟合、采收率标定、含水率与采出程度关系曲线

(4) 现场智能管控

油田生产管理基于高分辨率地图支持，可实现地下油藏、井筒、管道以及地面各种信息的可视化，具有强烈的立体感(图 5)，并可改变观察对象的方向、角度和距离，操作灵活简便，便于直观全方位的定位、观察及控制，同时结合高清三维 GIS 可以进行井场选址部署、管道走向和道路规划，并进行土石方工作量的计算，还可以与 SCADA 系统融合实现生产实时控制与安全监控，做到智能化控制与可视化操作。

(a)虚拟现场踏勘　(b)地下管网三维场景　(c)联合站三维场景

图 5　地上地下可视化展示图

1.3　面临问题

平台经历了一期、二期建设，建成以地理信息系统为导航、以动静态模型为中心的多学科数据集成技术、以多学科信息融合为目标的多维可视化技术、以精细油藏描述的地质研究技术，以区块、井组、单井为单元的油藏动态分析技术，实现油藏地质与油藏动态统一、地面工程与地下地质统一、勘探与开发信息统一，从而促进油藏管理向数字油藏方向迈进，为油田的产能建设和挖潜提供强有力的保障。

但已入库各类数据存在数据标准不统一、数据链接单一等问题，导致现有功能模块存在功能固化，对数据格式、数据来源要求苛刻，数据治理面临极大困难等问题，相比中石油、中石化油田数据治理及智能化应用有一定的差距。主要原因有三点：一是百年延长勘探开发数据格式、类型多样，数据缺失较多，纸质资料电子化有欠账，造成数据零散、准确性唯一性统计管理困难；二是信息化标准建设相较中石油、中石化滞后，来源格式不一的数据有搜集存储无深度整合统一，数据价值得不到很好的释放，平台功能架构受数据壁垒影响造成功能固化、要求苛刻，严重影响智能化应用功能开发；三是平台 2012 年开始开发建设，主要基于 MySQL 架构建设的平台，数据映射、查询随着平台历史数据量爆炸式增长出现灵活性不足、易用性差等问题，制约了平台推广及智能化升级。

2　平台智能油田业务浅析及展望

2.1　油田业务建设内涵浅析

对于油田数据业务的建设，其拥有一个从数字化油田到智能化油田的发展路径。在数字化油田阶段，其主要通过标准建设、数据资源建设、分析可视化等手段解决油田业务系统数据标准不同、数据分散、数据不一致、重复录入等问题。而在智能化油田阶段，数据业务建设则有了区别，其主要借助数据深度挖掘、数据应用开发及机器学习等技术及方法，解决油田开发生产过程中剩余油展布研究和地质工程相关的开发政策调整、参数优化预测等业务问题。

通过对比数字化油田阶段及智能化油田阶段的数据业务建设内容，可以发现其在对业务提升的路径方面是不同的。在数字化油田阶段数据业务的建设主要是通过解决数据的问题进而提升业务的执行效率。而在智能化油田阶段的数据业务建设则是直接利用数据作用于业务本身，解决或者满足业务的诉求。

从建设内容可以看出，在数据业务建设方面，数字化油田阶段是智能化阶段的基础。对于数字化油田建设尚未完备的企业，如何响应数字经济发展，充分发挥数据作为生产要素的价值和意义，是其在当前使其所面临的最直接问题及挑战。

2.2　平台智能油田业务建设思路

对比在数字化油田阶段及智能化油田阶段数据业务建设的不同内容，可以发现对于延长石油地理信息与勘探开发协同工作平台，其数据业务仍处于数字化建设阶段。但为了顺应大数据和人工智能技术的发展趋势，响应数字经济建设的号召，推进企业内部的数字化转型，跨过数字化建设阶段、直接迈向智能化建设阶段是刻不容缓的任务。为了直接推进智能化阶段的建设，需要采用全新的建设思路及方法。

传统的智能应用构建路径首先从数据标准制定开始，制定符合企业业务实际的各类数据标准；之后需要基于标准定义统一的数据模型，规范未来的库表建设；接下来需要进行主数据的管理，规范不同系统的数据名称使得数据归一化、标准化。最后通过数据质量的处理后完成智能应用的构建。采用这种传统的方式实际是首先进行数据的全量治理，之后基于治理后的数据完成智能应用的构建。这种方法可以为智能应用的构建带来一个很牢固的根基，但是其弊端也是显而易见的。也就是说会陷入为了治理而治理的怪圈。举一个例子一张表里面有某个字段为数值型，某一行内容为10，对于实际进行数据治理的工程师来说，这个10到底符不符合标准仅从纯数据角度是无从得知的，对于这个数值的判断必须拥有业务含义才行。因此首先进行全量数据治理，之后再进行智能应用构建就可能出现一阶段治理后，二阶段在智能应用构建过程中还需要进行二次的治理的问题，对资源造成了浪费。

因此为了满足数据业务建设跨越式发展的要求，需要采用全新的建设思路，也就是以业务驱动的数据价值释放道路(图6)。基于这种思路，其进行数据治理的来源为业务的需求。也就是通过业务需求倒推到对于数据的需求，并进而对这些有强烈业务属性的数据进行数据融合和质量管理，并进而进行智能应用的构建。在构建完成后还需要通过一段时间的运行，基于最初的业务需求进行该应用的价值评估，如无法完全满足业务需求则再进行优化。

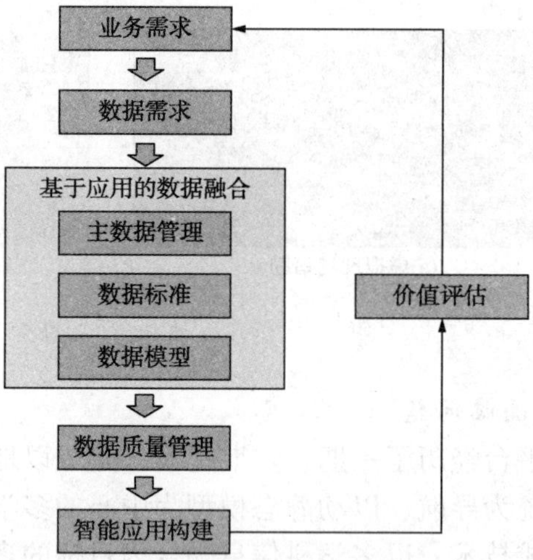

图6　新型智能应用构建路径

对比原有的建设思路，以业务驱动的数据价值释放的道路有两个好处，一是可以完成跨越式发展，基于若干个业务需求，直接完成智能应用的构建；二是解决为了治理而治理的问题，所有的数据治理、融合任务都是面向实际业务需求，可以通过业务出发考察治理的效果及制定治理的实际规则。

2.3　平台智能油田业务建设规划

对于以业务驱动的数据价值释放的思路，其具体的实现路径可以分为三个阶段(图7)：

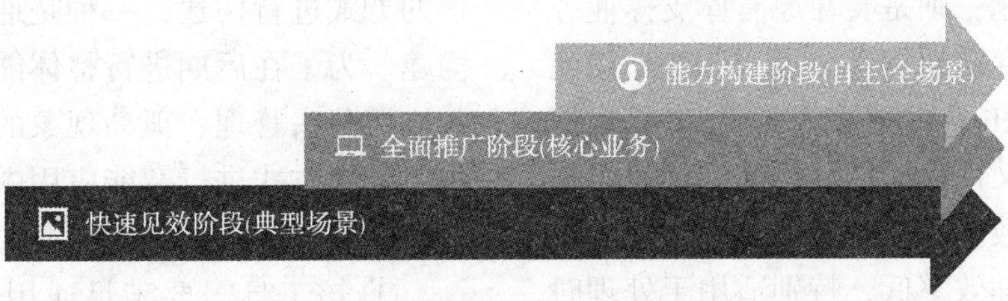

图7　新型智能应用构建路径

第一阶段：快速见效阶段，其主要通过挑选若干典型应用场景，在纵向快速进行智能应用的构建，并完成基于应用的数据汇聚及治理；

第二阶段：全面推广阶段，其主要为针对企业核心业务，在横向进行业务及智能应用的扩展；

第三阶段：能力构建阶段，其主要通过对企业自身数据服务能力及数据分析能力的构建，让业务人员也可以自主得进行智能应用的孵化。

这三阶段所做的事情可以总结为，“纵向到底、横向到边、能力提升”，其中“纵向到底”是在第一阶段通过典型业务场景来从纵向拉通从数据接入、数据处理、模型构建、模型评估到应用构建的全流程，在验证通路畅通的同时，是的智能应用可以快速见效并发挥作用。“横向到边”是在第一阶段的基础上要横向扩展业务范畴，通过核心业务智能应用的构建横向囊括所有业务板块。“能力提升”则是在第三阶段形成完整数据治理及数据服务能力，并提升业务人员整体的数据处理及数据分析能力，使其可以自主的进行相关智能应用的构建。

2.4　平台智能化关键问题处理

（1）数据的高效检索及统计

对于当前系统数据检索统计速度慢，主要是两方面造成的，一是本身 MySQL 作为系统库的性能限制；另一方面是由于数据的层级结构不完善，没有专门为统计分析业务构建数据仓库或数据集市。

对于第一个问题，其根源在于关系型数据存储在千万级左右数据量的存储及读取效率方面优势明显，大数据分布式存储在处理量级达到上亿级别数据量方面优势明显。对于现有系统，直接将其数据库改造为分布式存储架构难度较大，因此需要另建一套大数据计算及存储框架（图 8），对现有 MySQL 库的数据进行备份。做到业务功能通过原有 MySQL 库支撑，查询及统计分析业务由分布式存储框架支撑。总体来说，当前采用混合架构，主要以关系型数据存储为主，未来对单表数据量过大的业务逐步迁入 Hive 或 Hbase 库。

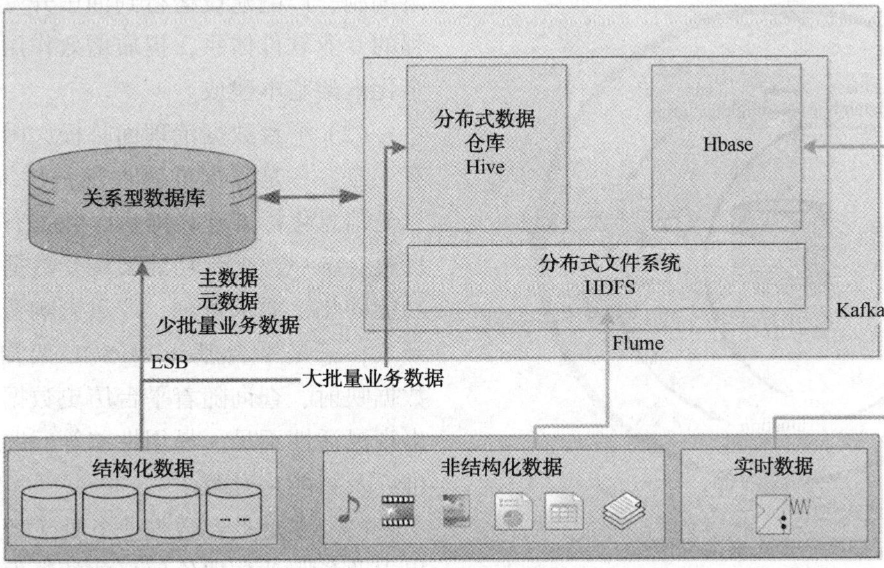

图8　混合存储框架架构

对于第二个问题，则是要在原有库支撑业务的同时，在分布式存储架构部分通过HIVE构建分布式数据仓库。Hive数据仓库是为海量数据设计的基于分布式文件存储的数据库，具有很强的扩展性和高效的数据处理能力，但与hbase相比，对实时数据处理效率低，特别适用于处理时效性要求较低的大批量结构化数据。

（2）智能应用的构建及方式

在智能应用构建方面，首先需要结合业务实际进行场景的选择，当前在智能油田方面已经有了很多成熟的应用。包括工程方面的压裂井选取、钻头选型分析、钻速预测等；生产方面的机井工况诊断预测、支撑剂阻塞预测、设备故障预警等；开发方面的油田配产、产能预测能等。在这些应用构建过程中，不可避免要用到各类机器学习及人工智能的算法，例如回归分析中的决策树回归、SVM回归、保序回归等；分类分析中的朴素贝叶斯、CART、ID3等。在选用算法进行模型构建的同时，也需要确保其执行过程符合标准的方法论的要求，例如CRISP-DM(Cross-Industry Standard Process for Data Mining，跨行业数据挖掘标准流程)方法论(图9)。CRISP-DM主要包含六个标准流程分别为：业务理解(business understanding)、数据理解(data understanding)、数据准备(data preparation)、建立模型(modeling)、评估模型(evaluation)、结果部署(deployment)。

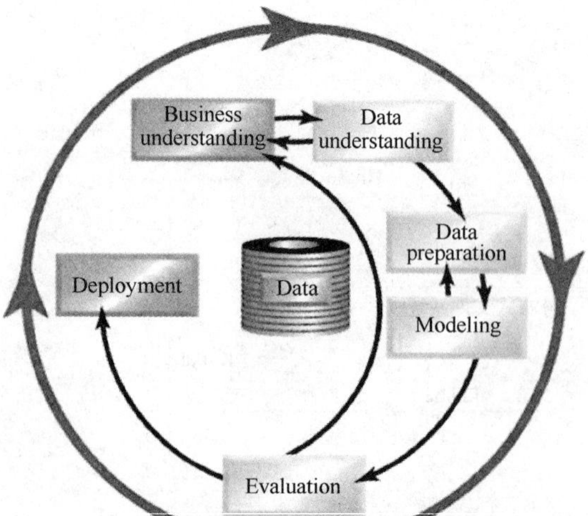

图9　CRISP-DM标准流程图

智能应用的构建有两种方式，一种是采用编程的方式进行构建，一种是通过工具的方式进行构建。为了在后期进行整体能力的构建以及避免各应用分头管理、孤岛现象的重现，因此建议采用工具的方式进行智能应用的构建。而对于这些智能应用工具的选择则需要注意以下几点：

① 该工具需要满足通用性需求。在通用性方面需要满足几个层面，首先该工具需要满足从数据接入、数据处理、特征工程、模型构建、模型评估、结果部署及应用构建的全流程一体化支撑能力。同时，需要自带全面的通用算法、算子及各类图形组件，已满足更广泛场景的应用能力。

② 该工具需要满足扩展性需求。在扩展性方面，内置Python、Java、SQL、R、Scala等环境，可以便捷的专业算法集成及专业图形引用，将研究院所积累的各类算法和公式在平台进行引入。扩充平台对于专业需求及场景的处理能力。

③ 该工具需要满足易用性需求。需要能支持零代码方式进行算法模型构建及应用页面的生成，降低使用门槛，使得业务人员可以快速上手，支撑业务人员分析能力的构建。

3　结论

（1）延长石油地理信息与勘探开发协同工作平台集成6大业务系统，涵盖勘探开发专业化研究方面17个功能模块，多源整合采集8大数据类型，初步形成了从油藏综合研究、开发调整方案编制、产能建设运行到油田开发过程管理全流程的专业软件体系，提质增效作用显著，油田数字化框架基本建成。

（2）平台数据治理面临极大困难，主要原因有三点：一是数据准确性唯一性统计管理困难；二是信息化标准建设滞后，数据有搜集存储无深度整合统一，平台功能架构受数据壁垒影响造成功能固化、要求苛刻，严重影响智能化应用功能开发；三是平台基于MySQL架构建设的平台，数据映射、查询随着平台历史数据量爆炸式增长出现灵活性不足、易用性差等问题，制约了平台推广及智能化升级。

（3）立足平台数据业务处于数字化阶段，提出以业务驱动数据价值释放的数据治理和油田业务建设新思路，满足平台智能油田数据业务建设跨越式发展的需求。

（4）提出“纵向到底、横向到边、能力提升”三阶段平台智能化油田业务建设规划实现路径，同时针对平台智能化面临的关键问题提出采用混合架构实现数据高效检索，结合业务实际采用满足通用性、扩展性和易用性的工具方式进行智能化应用构建场景的建议。

参 考 文 献

[1] 高瑞民，赵习森，党海龙，等．基于勘探开发综合信息的新型数字油田研究[J]．西安石油大学学报(自然科学版)，2017，32(03)：61-67.

[2] 黄海燕．智能油田的数据治理工程及应用技术研究[J]．中国管理信息化，2020，23(06)：68-69.

[3] 杨俊杰，廖卓凡，冯超超．大数据存储架构和算法研究综述[J]．计算机应用，2016，36(09)：2465-2471.

[4] 李雅楠，庞慧．基于 HBase 整合 Hive 的查询性能研究[J]．河北建筑工程学院学报，2021，39(02)：155-158.

[5] 徐明华，熊威，黄旭日，等．基于深度学习的井震智能砂岩优势产能区预测[C]//中国石油学会石油物探专业委员会、中国地球物理学会勘探地球物理委员会．中国石油学会 2021 年物探技术研讨会论文集．中国石油学会石油物探专业委员会、中国地球物理学会勘探地球物理委员会：石油地球物理勘探编辑部，2021：956-959.

[6] 周涛，赵必成，俞博．基于 CRISP-DM 的交通大数据分析方法及实践——以重庆市手机信令数据和 RFID 数据为例[J]．城市交通，2017，15(05)：42-51.

双6储气库注采运行优化数值模拟研究

朱　婵

(中国石油辽河油田公司)

摘　要　双6储气库为带油环、边底水的凝析气藏枯竭后改建，为探索储气库高速注采条件下流体的宏观运动规律、可动有效建库空间评价、扩容达产优化调整方案设计及指标预测等关键技术问题，支撑储气库科学扩容达产及运行，在三维地质建模研究基础上，开展储气库运行动态数值模拟，明确多周期注采过程流体运动规律及其对气库库容量和注采气能力等的影响，进一步指导库容参数的设计和注采方案的优化，保障地下储气库的高效平稳运行。

关键词　双6储气库；数值模拟；注采运行；指标评价；流体运移

1　区域概况

双6储气库位于辽河坳陷西部凹陷南部的双台子断裂背斜带上。双台子断裂背斜构造带位于辽河盆地西部凹陷南部的中央深陷带，西邻西部斜坡带，东靠兴隆台断裂背斜构造带(图1)。双台子断裂背斜为一北东向延伸的长轴背斜，长轴约20km，短轴约3km，长轴背斜形态较为完整，为带油环、边底水的凝析气藏枯竭后改建，由双6区块和双67区块组成，面积约15km^2。

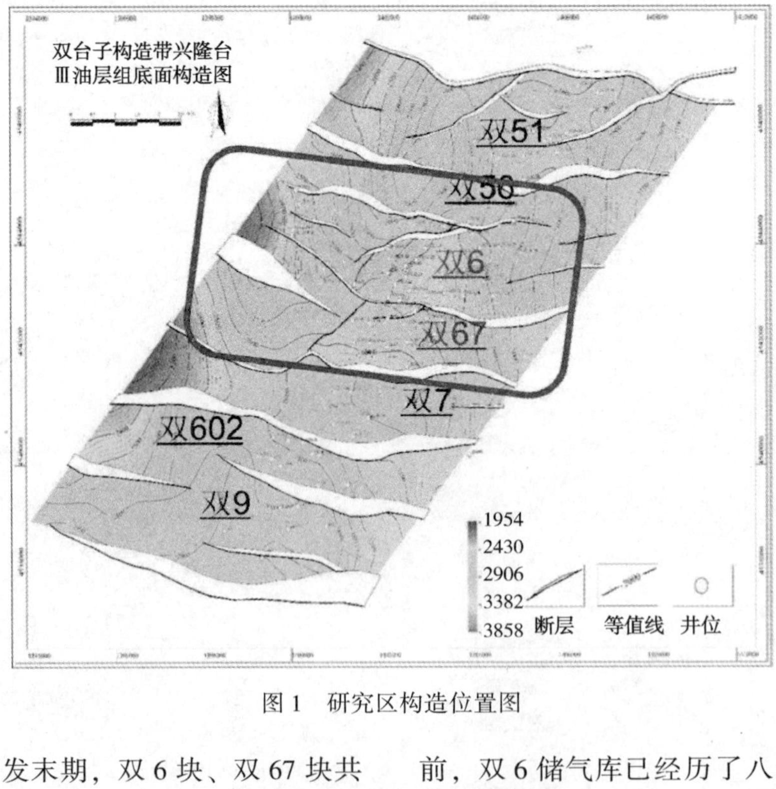

图1　研究区构造位置图

截止到气藏开发末期，双6块、双67块共完钻43口井，投产31口，全部关井，累积产油219.01万吨；累产气56.70亿方，其中原油溶解气累产量为11.79亿方，气层气累产44.91亿方，累积产水54.32万吨。双6储气库2014年投入运行，设计工作气量16亿方。截止到目前，双6储气库已经历了八注五采，注气能力较强，整体运行平稳，缓解了周边天然气的供需矛盾。

2　三维地质模型研究

以双6块油藏描述研究为基础，利用沉积微

相知识、地质统计学原理和储层建模技术，应用三维建模软件进行网格划分、构造建模、沉积微相建模及属性建模，预测了井间物性参数的展布，建立了储层三维相控地质模型。

断层模型的建立主要来源于构造图与断点等数据，将断层数据导入 Petrel 即可得到一系列断层多边形，研究区共发育 8 条断层，其中两条作为边界断层，其余 6 条作为内断层。

构造模型是建立在精细的地层格架模型之上，采用经过井斜和井口海拔校正的测井曲线进行小层的划分与对比，再利用所得的分层数据在数字化等高线约束下进行构造建模(图 2)。

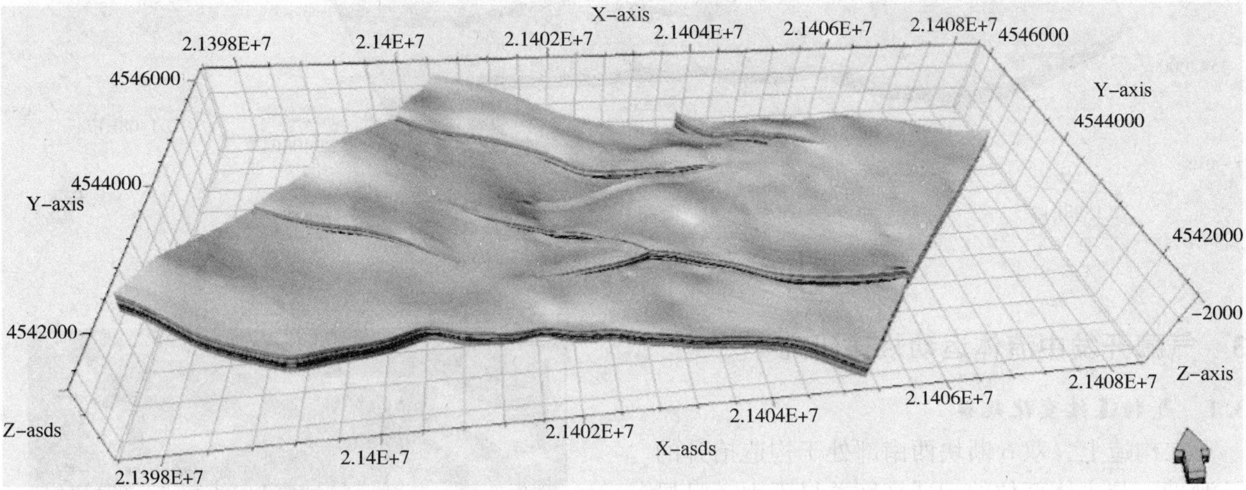

图 2　双 6 储气库构造模型

由于受到沉积微相的控制，各个小层间孔隙度和渗透率的变化趋势与沉积微相的展布基本一致：即在平面上主要体现了各沉积微相之间的物性差异；纵向上则反映了各沉积微相的沉积序列及韵律性的变化情况。从各个小层来看，孔隙度和渗透率的分布主要受到沉积微相模型的约束，其高值主要出现在水下分流河道发育较好的沉积微相分布区，但是由于后期成岩作用的不同，砂体发育较好的沉积微相的孔隙度、渗透率值也不一定高，同一种微相内部孔隙度、渗透率的变化与粒度的韵律性相符(图 3~4)。

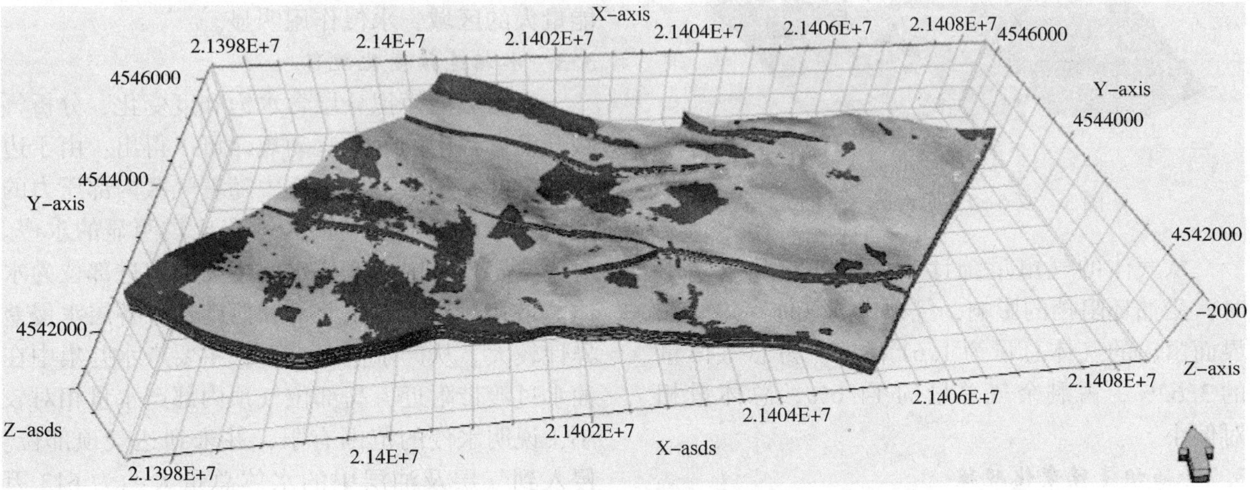

图 3　双 6 储气库孔隙度三维模型

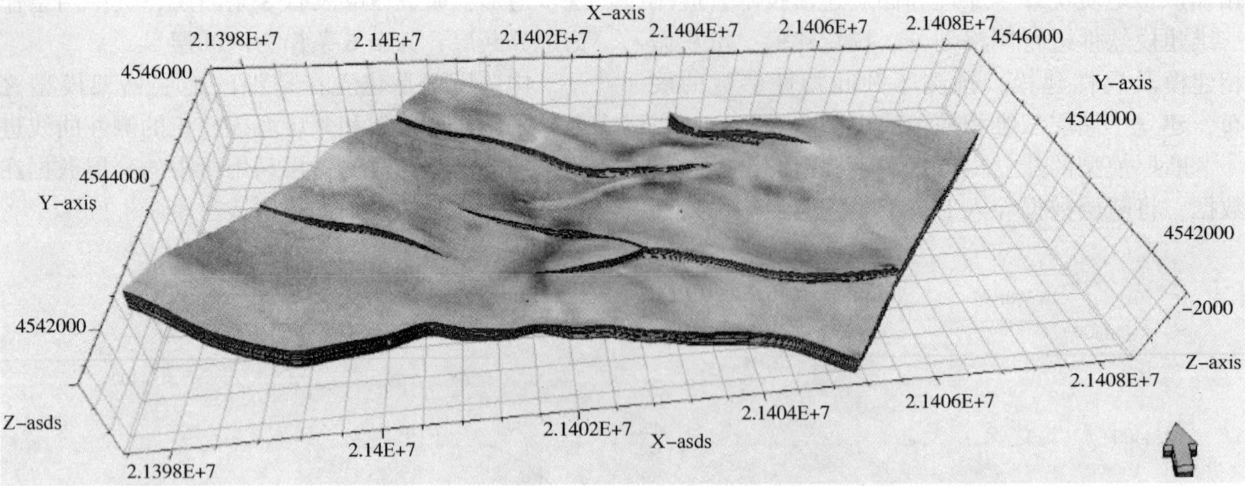

图 4　双 6 储气库渗透率三维模型

3　气藏开发中流体运动规律研究

3.1　气相连续变化规律

在构造上，双 6 断块西南部处于构造抬升的过渡带，与主体部位的构造高度差异不大，且局部有高点，气体封闭程度低，沿此方向容易发生气窜。同时，双 6 断块西南部属水下分流河道相，由于沉积作用的影响，河道方向的渗透率相对偏大，连续性好，气体容易沿该方向突进，为气体主运动通道(图 5)。

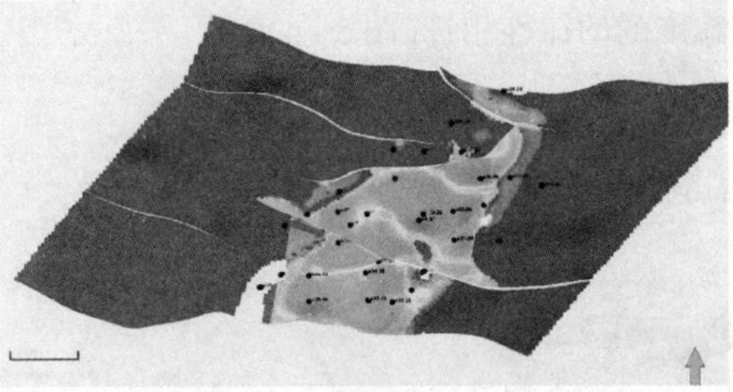

图 5　双 6 储气库构造三维图

从气体的气窜量统计来看，气藏开发结束时，受油环阻挡的影响，气顶内的气体穿过气油界面窜出的气体总量为 1.61 亿方，占总气体量的 3.62%，占剩余气总量的 14.6%，总体量相对偏小。

3.2　油相连续变化规律

从油环的变化规律来看，其主要受上部的气顶影响较大，气窜发生的位置，含油饱和度明显降低；受气顶凝析作用和气窜的影响，油的分布规律性较差，气顶内部区域也有部分剩余油的富集区域(图 6)。

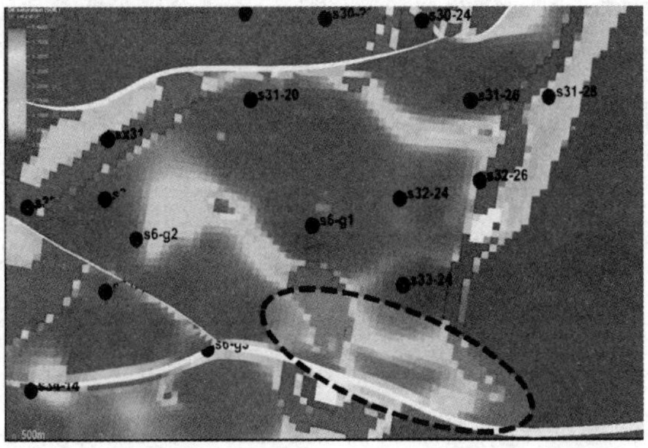

图 6　剩余油环分布规律

双 6 储气库水体为典型的边水型储气库，油环边部的水体对其也有较大影响，物性好、水体能量大的区域，水侵作用明显。

3.3　水相连续变化规律

根据数值模拟分层含水饱和度变化，分析气藏开发过程中的气水运动规律可以得出：由于边水的存在，气藏开发过程中随着气藏内部压力的不断下降，气水过渡带区域有比较明显的水侵。对比原始含水饱和度，水侵主要的突进部位为水体能量相对较强的东北部和西南部，各层水侵差异性较大。从产水情况来看，主要产水井集中在油水过渡带附近，高部位气顶内部产水量相对较小，说明水侵的范围有限，并未到达气顶部位。侵入到气层及油层中的水体总量大约为 613 万方，其中双 6 块的水侵量较大，约为 356 万方，双 67 块的水侵量约为 257 万方。烃类孔隙内水侵体积百分比为 15.35%，整体水侵程度不高(图 7)。

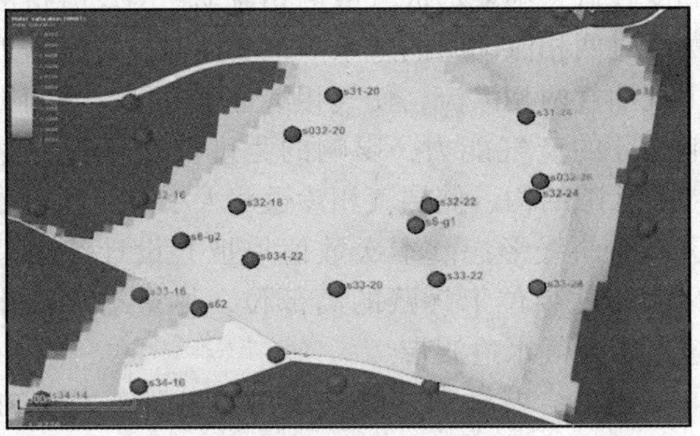

图 7　剩余含水饱和度图

4　储气库注采中流体运动规律研究

4.1　气库注采过程中流体变化规律

多周期注采运行中，共计采出原油 1.31 万吨，从平面上看，气顶内部的油储量丰度随注采周期的增加而逐渐减小，气库空间被充分利用，而油气过渡带和油环内部的油储量丰度变化不大(图 8)。

图 8　双 6 储气库采气结束后气体储量丰度图

4.2　气库注采过程中流体界面运动规律

注气过程中，气体的突进速度比较快，采气过程中，气水界面也快速回收，8 个周期结束时，气水界面向下推进 4 个网格约 28m。注气结束时，气区含气饱和度较高，当采气结束时含气饱和度有所下降，但整体下降比较均匀。注气周期结束时，穿过油环气窜到水域的气体总量达 5.6 亿方，第一周期后气范围边界基本确定。气库运行后，原油的总变化量不大，但平面上原油的分布规律变化较大，剩余油饱和度高的区域大幅减小，分布更加分散。

4.3　注入气体变化规律

从储气库的注采过程来看，组分中 CH4 的浓度只在气顶内部发生了较为明显的变化，气体的范围相对比较稳定，气体的运移量不会随注采周期的增加而增加。三个注采周期中，第一个周期的运移量最大，为 3.68 亿方，第二个周期的运移量明显下降，只有前个周期的 1/3 左右，第三个周期的气窜量仅为第一个周期的 1/12，说明随着注采周期的增加，气顶范围逐渐稳定。当注气结束时，气体主要集中在高部位，高部位气的饱和度较高，而低部位气体饱和度则相对较低，气体向高部位聚集(图 9)。

4.4　采气过程中水侵量

通过双 6 储气库采气过程中水侵量分析，建库前水侵体积较大，多轮注采后，受烃类驱替作用，边水外推，水侵面积下降，水侵体积减小，建库前水侵体积 613 万，目前水侵体积 523 万方，水侵量减少 90 万方，排出约 15%(图 10)。

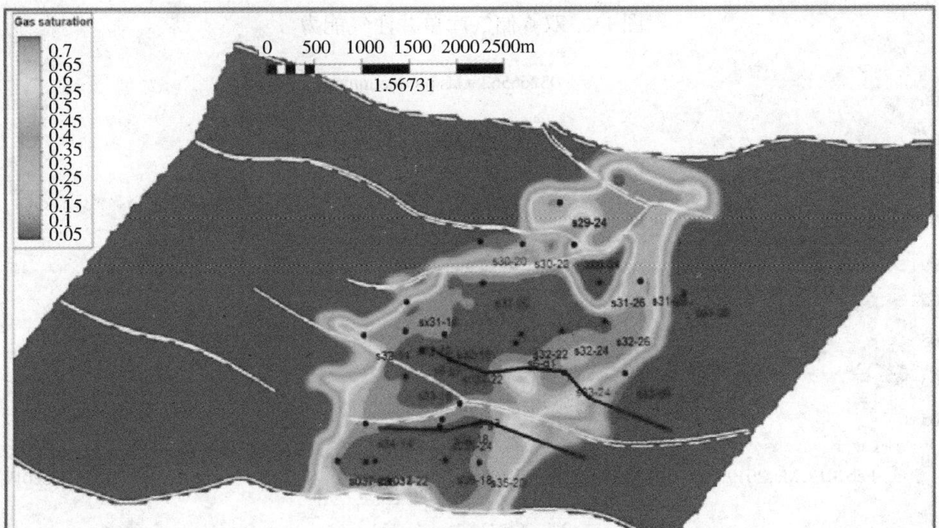

图 9　注气结束时气体充注范围平面分布

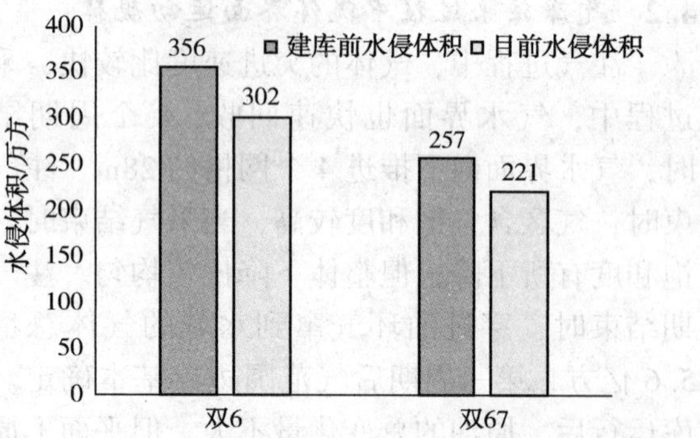

图 10　双 6 储气库不同时间段水侵量统计

5　储气库设计指标评价

5.1　单井注采能力评价

随着凝析气藏的开发，压力不断下降，属于衰竭开采过程，当压力下降到露点压力以下时，井底及井周发生反凝析液现象，初始凝析液的饱和度较低，不能形成气液两相流动，当反凝析液量超过两相流动时的残余液饱和度时，井底附近出现油气两相渗流，使气相渗透率降低，从而影响气井的产气能力，影响的程度取决于储层物性、孔隙结构、储层气相渗透率大小以及相对渗透率的曲线形态。本次数值模拟共设计注采井 18 口，主要位于气藏的高部位，尽量远离油水过渡带及气水过渡带。

预测结果显示，储气库的单井注气能力在 30~150 万方/天，最大日注气量水平井为 146 万方，定向井为 103 万方。通过对比来看，目前双 6 地下储气库的实际注气量在合理范围之内(图 11)。

预测结果显示，储气库的单井采气能力在 20~160 万方/天，最大日采气量水平井为 153 万方，定向井为 72 万方。气库运行实际采气量在合理范围之内(图 12)。

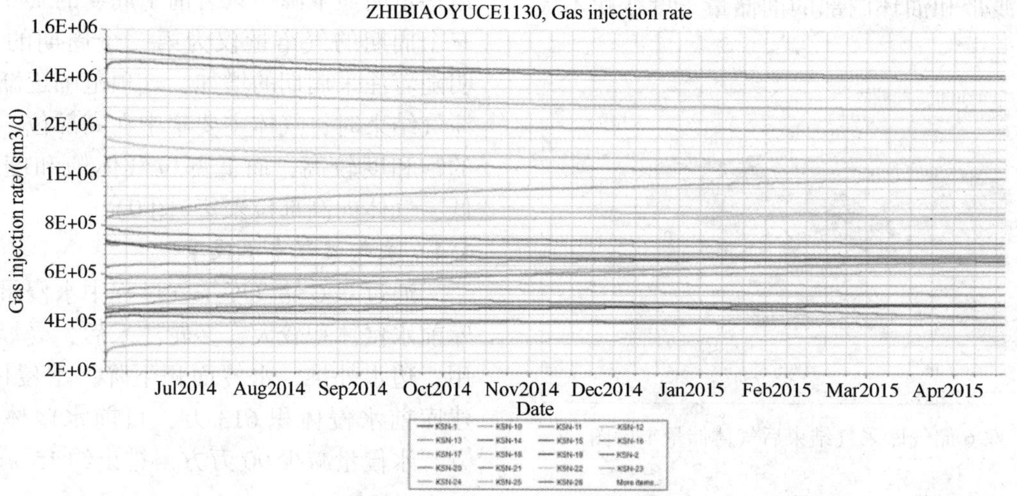

图 11　双 6 储气库单井注气能力

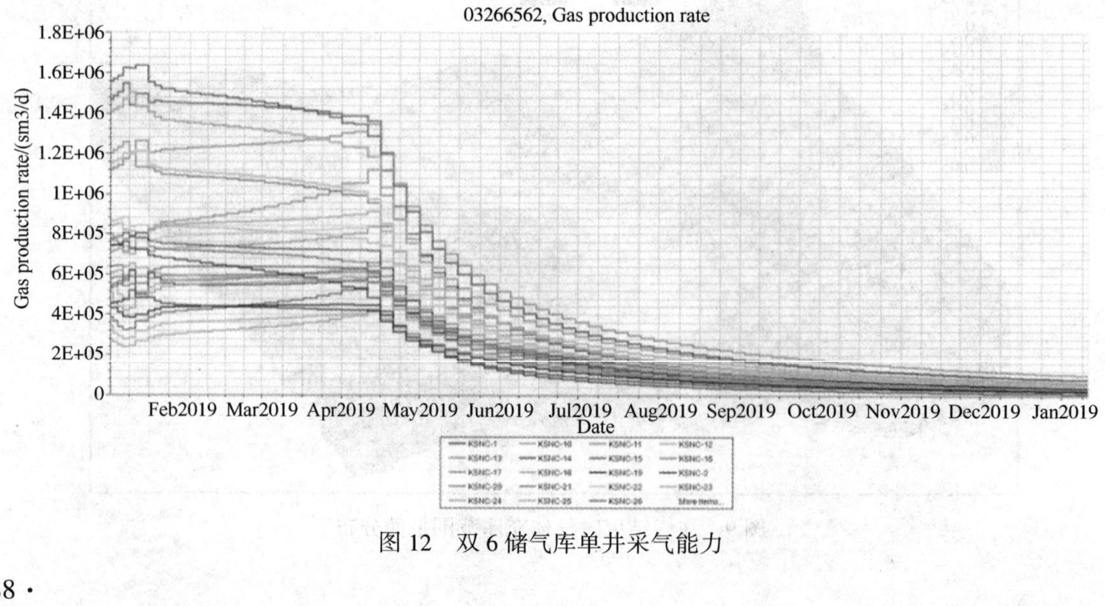

图 12　双 6 储气库单井采气能力

从不同压力下储气库剩余气量和单井产能变化来看，当运行压力从最高 26MPa 下降到 14MPa 左右时，单井的产能变化幅度较大，当油藏压力低于 12MPa，各预测井产能大幅下降，储气库运行到下限压力时，单井的产能基本上与最低极限供气产能相等(表 1、图 13)。

表 1　双 6 储气库压力下降统计表

断块	指标	压力下降/MPa						
		26	22	18	14	10	6	2
双 6	单井产能/10^4m^3	69.98	64.35	51.89	38.76	25.36	10.35	5.26
	剩余气量/10^8m^3	57.85	49.45	41.66	34.26	28.76	23.58	19.66

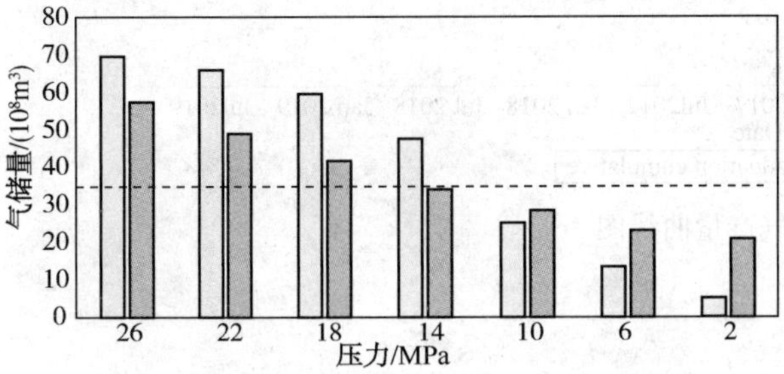

图 13　双 6 储气库压力和气储量关系图

表 2 为双 6 储气库单井合理注采气量表，在实际注采过程中，可将注采量维持在合理范围值之内，以保证气库的安全稳定运行。

表 2　双 6 储气库合理注采气量表

断块	双 6、双 67
合理注入量/(10^4m^3/day)	50~80
合理采气量/(10^4m^3/day)	60~100

5.2　库容量参数评价

库容量是评价储气库存储及供气能力的重要指标之一，其随着气藏压力的变化而变化，要使设计的储气库正常发挥作用，必须落实不同地层压力条件下的库容量，及时调整储气库的注采状况，保证天然气的供需平衡(表 3)。

表 3　双 6 储气库库容参数预测表

指标	断块	压力恢复/MPa								
		4	8	12	16	20	24	28	32	36
储气库库容/10^8m^3	双 6	14.16	33.12	45.04	51.12	54.2	58.84	60.12	61.08	62.32

预测结果显示：注气前期，双 6 储气库的库容随压力的升高变化速度较快，随着库容量逐渐接近原始气藏储量，其变化速率明显降低，当井周围压力达到 24MPa 左右时，基本达到原始库容体积，气库压力继续增加，库容变化速率减小(图 14)。

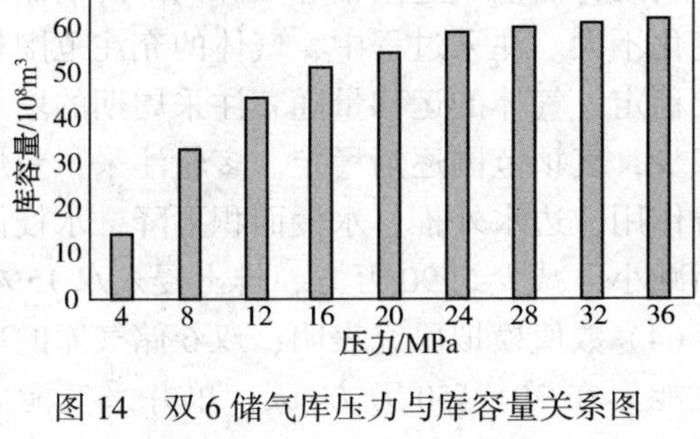

图 14　双 6 储气库压力与库容量关系图

5.3　工作气量评价

预测结果显示，双 6 储气库在上下限运行压力范围内，在新一批排液扩容井投产前，理论采气量可以达到约 18 亿方，随着排液扩容井的逐步投入运行，工作气会逐渐稳定在 22~25 亿方之间(图 15)。

预测结果显示：双 6 地下储气库在运行压力 24MPa 附近时，最高可提供 4000 万方的 12 天应急调峰能力，3000 万方的 21 天应急调峰能力，2000 万方的 42 天应急调峰能力。当运行压力为初始压力条件下，储气库最高可以提供 1000 万方左右的连续产能(图 16)。

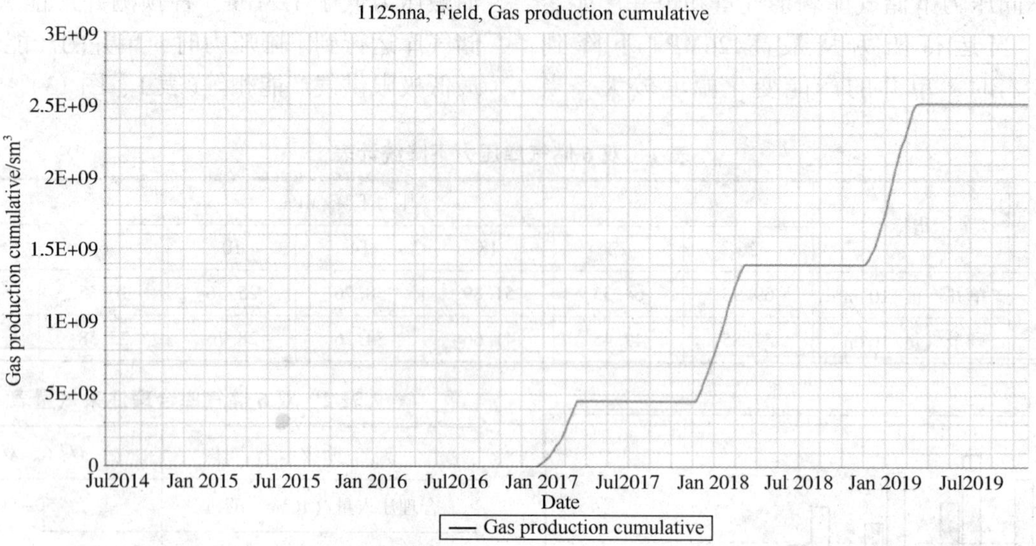

图 15　双 6 储气库气产量曲线图

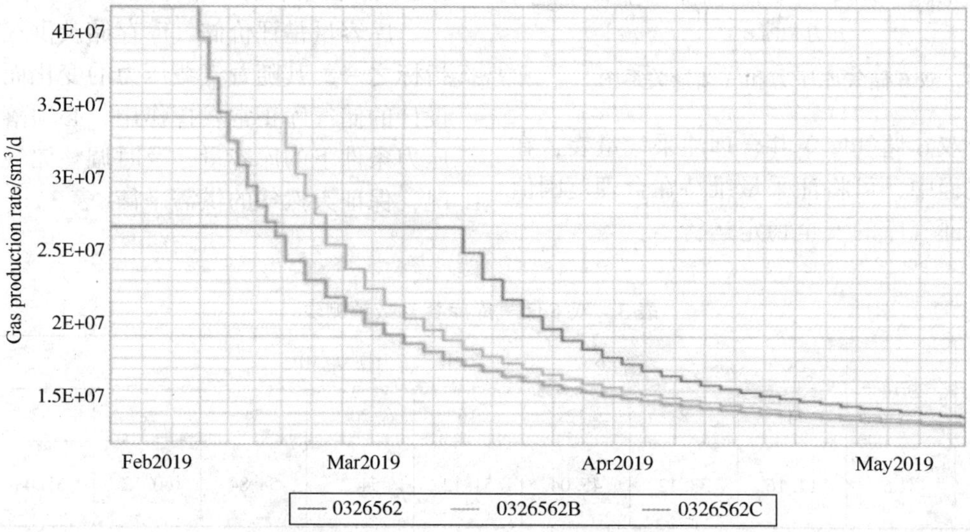

图 16　双 6 储气库应急调峰能力产能图

6　结论

（1）以油藏描述研究为基础，利用沉积微相知识、地质统计学原理和储层建模技术，进行网格划分、构造建模、沉积微相建模及属性建模，预测了井间物性参数的展布，建立了储层三维相控地质模型，并结合流体物性、生产历史数据、动态监测等资料，建立了储气库的数值模拟三维动态模型。

（2）断块西南部气体封闭程度低，沿水下分流河道方向的渗透率相对偏大，连续性好，气体容易沿该方向突进，为气体主运动通道。受气顶凝析作用和气窜的影响，油的分布规律性较差，气顶内部区域也有部分剩余油的富集区域。油环边部的水体主要突进部位为水体能量相对较强的东北部和西南部，各层水侵差异性较大。

（3）经过多周期注采，剩余油饱和度高的区域大幅减小，分布更加分散，气顶内部的油储量丰度随注采周期的增加而逐渐减小，气库空间被充分利用，而油气过渡带和油环内部的油储量丰度变化不大。注采过程中，气体的充注范围相对比较稳定，气体的运移量随着注采周期的增加逐渐减少，气顶范围逐渐稳定。多轮注采，受烃类驱替作用，边水外推，水侵面积下降，水侵体积逐渐减小，减少约 90 万方，排出侵入水 15%。

（4）数值模拟研究表明，双 6 储气库的单井注气能力在 30～150 万方/天，单井采气能力在 20～160 万方/天，气库运行实际注采气量在合理范围之内。当运行压力从最高26MPa下降到14MPa时，单井的产能变化幅度不大，当油藏压力低于12MPa，各预测井产能大幅下降，储气库运行到下限压力时，单井的产能基本上与最低极限供气产能相等。

（5）储气库注气前期，库容随压力的升高变化速度较快，随着库容量逐渐接近原始气藏储量，其变化速率明显降低，当井周围压力达到24MPa左右时，基本达到原始库容体积，气库压力继续增加，库容变化速率减小。预测结果显示，双6储气库在上下限运行压力范围内，随着排液扩容井网的逐步投入运行，工作气会逐渐稳定在22～25亿方之间。

参 考 文 献

[1] 王希勇，熊继有，袁宗明，等．国内外天然气地下储气库现状调研[J]．天然气勘探与开发，2004，27(1)：49-51.

[2] 伍友佳．双台子油气田气顶驱开发中的问题探讨[J]．西安石油大学学报(自然科学版)(5)：23-27+37+5.

[3] 陈家新，等．天然气地下储气库规划设计要点[J]．油气储运，2001，20(7)：13-26.

[4] 李军生．新开、双台子地区断层封闭性研究[J]．断块油气田(05)：24-27+74.

[5] 李铁，等．地下储气库的建设与发展[J]．油气储运，2000，19(3)：1-8.

[6] 吴忠鹤，贺宇．地下储气库的功能和作用[J]．天然气与石油，2004，22(2)：1-4.

[7] M. R. Tek. 地下储气库观察井模拟特性[J]. SPE12078.

[8] 蒲建，杨树合，何书梅，等．大张坨地下储气库数值模拟研究[J]．天然气与石油，2002，20(01)：9-13.

[9] 王皆明，王丽娟，耿晶．含水层储气库建库注气驱动机理数值模拟研究[J]．天然气地球科学，2005，16(05)：673-676.

[10] 方亮．地下储气库注采技术研究[D]．大庆：大庆石油学院，2003. 6-7.

[11] 贾忠伟，等．水驱油微观物理模拟实验研究[J]．大庆石油地质与开发，2002，2(1)：46-49.

[12] 展长虹，等．含水层储气库建设与数值模拟研究[J]．油气储运，2001，20(1)：9-10.

[13] 赵树栋，等．天然气地下储气库注采技术[M]．北京：石油工业出版社，2000.

[14] 奥林，弗拉尼根．储气库的设计与实施[M]．北京：石油工业出版社，44-45.

[15] 李国韬，宋桂华，等．大港地下储气库大气量紧急调峰注采工艺[J]．天然气技术，2009，6：53-55.

辽河油田注汽站无人值守改造与试验

高俊峰

(中国石油辽河油田公司)

摘　要　随着辽河油田数字化建设，2020年特种油开发公司率先实现A11物联网的覆盖，实现油气田井区、计量间、集输站、热注站生产数据、设备状态信息在采油厂生产管理中心及生产控制中心的集中管理和控制，为生产流程自动化再升级实现无人值守创造了良好条件。基于此，特油公司热注系统开展注汽站无人值守改造试验，依托就近注汽站托管，实现注汽锅炉干度在线监测及自动控制，关键生产数据、监控画面的集中采集，摸索无人值守运行方式及管理办法，为后续无人值守班站的改造积累经验。

关键词　无人值守；热注锅炉；干度自动控制；物联网；巡检

1　注汽站通信技术现状

1.1　原有通信技术

辽河油田特种油开发公司管理两个热注作业区，共计66台注汽锅炉。各注汽站的注汽锅炉自带PLC，并可以在值班室实现集中监控热注锅炉的运行数据。各站PLC相互独立，没有上传至上级站场。其中小站锅炉自带PLC通过无线通信上传至值班室的数据存储通信控制器，控制器采用欧姆龙PLC，利用RS232通信协议连接触摸屏显示锅炉运行参数；大站锅炉自带PLC通过TCP/IP协议上传至值班室的上位机，实现集中显示和控制。固定注汽站均已有光缆办公网络接入。部分注汽站为移动站，未接入光缆办公网络。

1.2　A11物联网通信技术

A11物联网建设实现在每个注汽站值班室新增1台RS485串口服务器，将各注汽站每台注汽锅炉自带PLC系统的RS485信号通过通信电缆上传至RS485串口服务器上，然后由通信专业从串口服务器上取锅炉信号利用光缆上传至厂级生产调度中心。厂级生产调度中心设置OPC服务器，将注汽锅炉参数按照A11传输协议的数据上传厂级调度中心(图1)。

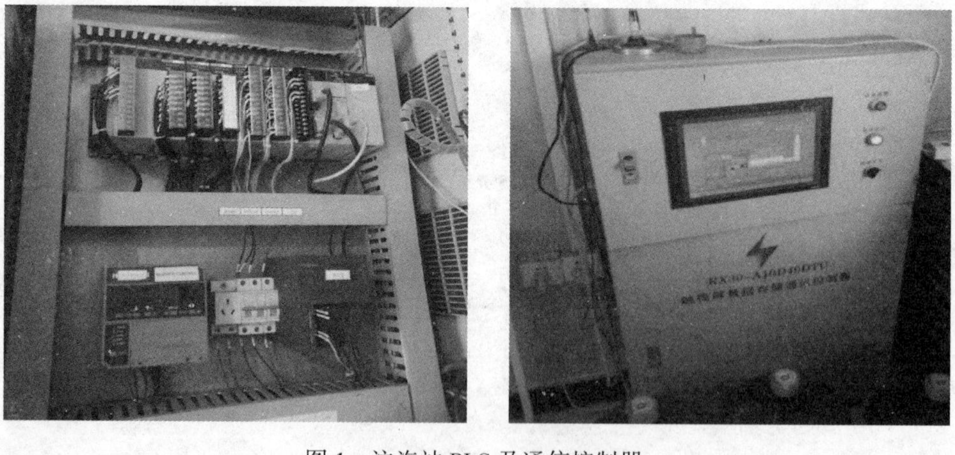

图1　注汽站PLC及通信控制器

1.3　存在问题

A11物联网的覆盖虽然可以实时监控生产，提高运行时率，降低劳动强度。但只能实现少人值守并不能实现无人值守，随着近几年公司员工递减加快，无人员补充，因此亟需开展热注班站无人值守模式的试验研究。目前A11系统可以实现大部分参数、设备运行状态、报警显示与查询的集中采集。但仍需要员工定时巡检记录报表，部分设备参数只能需要员工定时化验巡检记录(表1)。

表1　注汽锅炉采集数据统计

	数据采集方式	序号	名称	单位
注汽锅炉报表及巡检需记录数据	已实现数据采集与显示	1	蒸汽排量	m3/h
		2	蒸汽温度	℃
		3	蒸汽压力	MPa
		4	辐射段入口压力	MPa
		5	辐射段入口温度	℃
		6	对流段入口压力	MPa
		7	对流段入口温度	℃
		8	对流段出口压力	MPa
		9	对流段出口温度	℃
		10	给水泵入口压力	MPa
		11	给水泵出口压力	MPa
		12	炉管温度	℃
		13	排烟温度	℃
		14	火量	%
	人工化验或巡检记录	1	蒸汽干度	%
		2	给水泵入口温度	℃
		3	润滑油压力	MPa
		4	润滑油液位	
		5	变频器频率	HZ
		6	天然气流量	m^3/h
		7	炉膛压力	H_2O/mm
		8	电压	V
		9	电流	A
		10	水罐液位	m
		11	柱塞泵电机温度	℃
		12	柱塞泵泵体温度	℃

2　试验站选取

大十三站隶属热注作业一区，位于杜84块，SAGD2#注汽站东南，距离SAGD2#站350m，步行需要5min，建设23T注汽锅炉3台(炉号分别为40#、41#、48#)，现有员工人数25人。自然条件具备无人值守改造优势，两站同属热注一区管辖，步行即可到达，方便巡检及应急情况处置(图2、表2)。

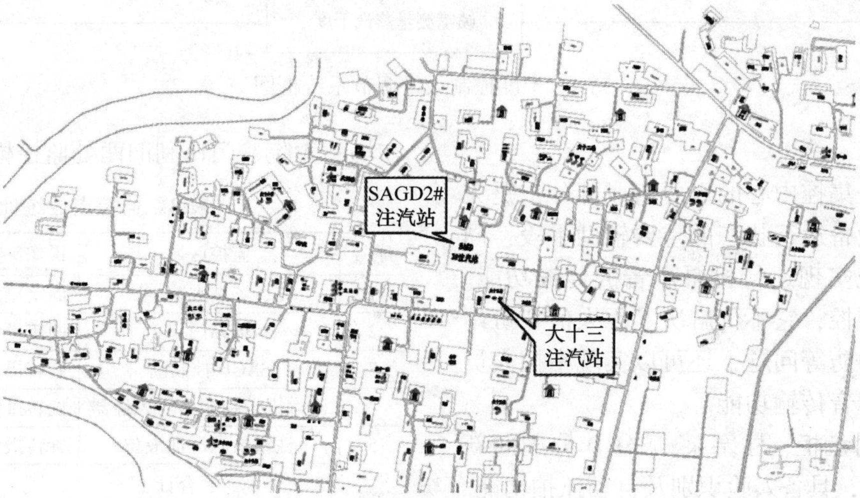

图2　改造注汽站位置

表2　注汽站自然情况

班站	隶属作业区	炉号	锅炉型号	员工人数	注汽方式	2018年		2019年	
						锅炉利用率	注汽量/万吨	锅炉利用率	注汽量/万吨
大十三站	热注作业一区	40#	23T	25	SAGD吞吐	75.68	10.77	62.73	8.42
		41#	23T			76.72	10.72	69.15	9.28
		48#	23T			76.56	10.94	62.94	9.1

3　无人值守关键技术

3.1　干度在线监测

实现注汽锅炉无人值守技术的关键是蒸汽干度的在线测量。采用高温高压蒸汽喷嘴测量法，该测量系统由高压喷嘴作为一次测量元件，高精度压力传感器、智能型差压变送器转换并传输信号，标准4～20mADC信号进入控制系统。首先在工控机中根据压力信号调用标准汽、水性质模块计算饱和水、饱和蒸汽的密度及比焓，然后将差压信号输入数学模型计算出蒸汽干度值。蒸汽干度准确度可达±3%，完全满足蒸汽干度闭环控制需要。喷嘴耐高温、高压、腐蚀、精度高等优点为在线式蒸汽干度的测量提供了保障。

$$x=\{[(C^2\Delta p_w/W_h^2)-v_f]/(v_g-v_f)\}^{2/3} \quad (1)$$

式中，C为修正系数；W_h为锅炉给水流量，kg/h；v_g为蒸汽比容；v_f为水的比容。

3.2　干度自动控制

增加蒸汽干度测量装置、蒸汽喷嘴以、差压变送器、压力变送器。蒸汽干度的控制通过先进的模糊PID算法根据测量干度值和给定干度值的偏差差生输出信号，设立一个比例调节与两个串级的PID实现蒸汽质量的闭环控制。控制燃气电动执行器，从而控制火量，使锅炉出口湿饱和蒸汽的干度达到并稳定在给定值上(图3、4)。

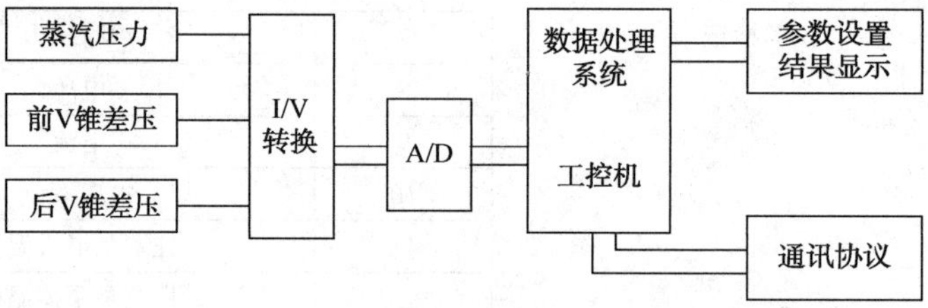

图3　干度测量原理系统图

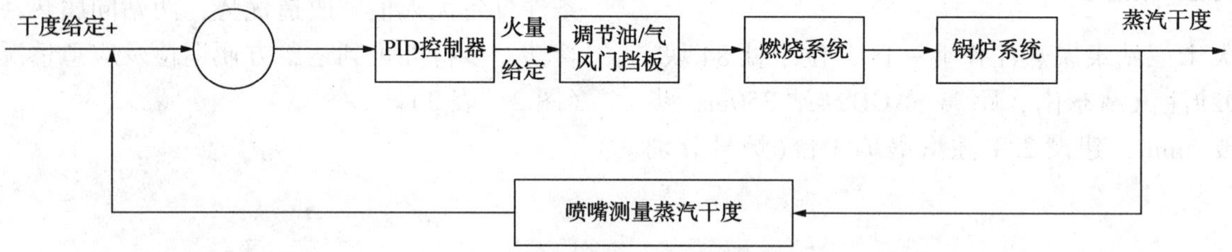

图4　干度控制火量调节系统框图

3.3　监控系统

图像监控是集控中心的重要组成部分，是无人值守后监控设备运行状态的重要辅助手段，同时通过监控系统实现运行机泵声音的传输功能。另外设置防盗监控，它不仅解决了无人值守班站内在安全保卫消防等问题，还可以实现中控人员向现场喊话的声音传输功能。

在锅炉控制盘柜、柱塞泵、SAGD分配间新增7处监控球机，具备人脸识别及自动抓拍功能。在场站大院、门口利旧两处监控枪机(表3)。

表3　监控点位统计

序号	监控区域	摄像头类型	台数	备注
1	场站大院	固定摄像头	1	利旧
2	场站门口	固定摄像头	1	利旧
3	SAGD控制间	旋转摄像头	1	新增
4	注汽锅炉控制盘与燃烧器	旋转摄像头	3	新增
5	柱塞泵润滑油液位	旋转摄像头	3	新增
合计			9	

3.4 站控系统

(1) 搭设大十三站值班室及 SAGD2#注汽站监控室两处监控中心，实现所有参数及监控实现在监控中心的集中显示，两处功能及画面一致。

(2) 在锅炉清水池及 SAGD 分离水箱新增液位计，与泵联锁控制，实现高启低停的自动控制。

(3) 新增柱塞泵、鼓风机电机温度的参数采集。

(4) 在每台锅炉上新增 ABPLC 一套，用于锅炉干度的监测及自动控制，同时采集新增关键生产参数。与原有欧姆龙 PLC 通讯，监控画面通过 1 台硬盘录像机采集。

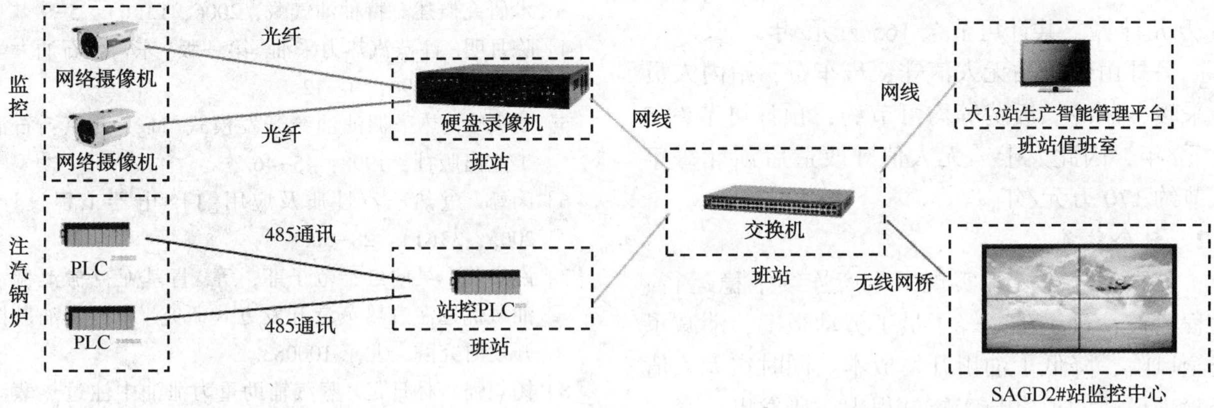

图 5　站控系统拓扑结构图

4 现场试验情况

4.1 施工进度

大十三无人值守改造于 2020 年 9 月 14 日进厂，经过近两个月紧张施工，目前实现三台锅炉干度的在线监测与自动控制功能，新增锅炉辅助监测点位及监控摄像系统已完成，完成大十三站值班室及 SAGD2#注汽站两处监控中心的搭设，实现全部采集参数及监控画面在监控中心的集中显示，两处功能及画面一致；已组织软件工程师对两站员工进行中控系统操作的培训。基本具备无人值守运行条件。

10 月 30 日始逐步减人，将大十三站与 SAGD2#注汽站合并为一个中心站，大十三站夜班员工由 3 人(两男一女)降为 2 人(两男)。

下一步大十三站白班、夜班各留守 1 人，其余人员合并至 SAGD2#站，大十三站日常锅炉启停炉操作、巡检维修、班站零维等由 SAGD2#站统筹安排，摸索无人值守运行模式。

4.2 存在问题

锅炉干度在线监测与自动控制已投产 40 天，41#炉出现两次干度偏差严重现象，误差达到 10%，通过更换喷嘴差压变送器及给水流量差压变送器后，恢复正常。操作系统曲线查询功能操作繁琐，待整改。

4.3 监控中心职责

(1) 监控中心设置专人值守，每隔 1 小时浏览一遍关键工艺流程画面及参数表，并填写锅炉运行报表。每隔两小时将重要参数的曲线翻阅一遍，并做好记录；

(2) 监控人员需对每天通讯情况、设备运行情况、数据异常情况、报警处理情况做好准确、详实的相关记录；

(3) 负责与采油协调，所有指令由监控中心下达；

(4) 严格监控数据在规定指标范围内，对出现的报警数据进行及时的确认并做好记录，对生产过程中出现的指标超标等异常情况要向现场运行人员或值班干部进行问题汇报；

4.4 巡检岗职责

注汽站经无人值守改造后，日常锅炉运行调控、启停炉操作、巡检维修等由巡检操作人员负责，如无异常情况，每 4 小时巡检一次，同时根据中控指令进行现场处置。

5 效益分析

5.1 经济效益

大十三站无人值守改造依托就近注汽站托

管，通过监控岗、巡检岗的运行模式实现少人值守直至下一步无人值守。经济效益主要体现在节省人力、车辆费用等方面。改造前，大十三注汽站必须有人24小时常驻，每个夜班至少安排3人进行值守，共有员工25人，改造后监控中心每班定员1人，实行四班倒，共需要4人，锅炉维修及巡检由中心站安排操作人员负责，共需要10人。因此，可节约人工11人，人工费每年按15万元计算，共计可节余165万元/年。

另外由于班站无人值守，班车费，站内人员的采暖、制冷、饭费等均可节约，预计可节约5万元/年，因此大十三无人值守改造后预计每年可节约170万元/年。

5.2 社会效益

无人值守注汽站实现了生产连续平稳运行、远程监控，进一步减轻了员工劳动强度，消减了安全风险，降低了油田开发成本。同时在无人值守管理模式的摸索与实施过程中，研发出一套完整的新技术体系和新管理模式，对今后辽河油田注汽系统的发展与管理具有重要指导意义。

参 考 文 献

[1] 朱新立．过热蒸汽装置：提高稠油开发效果的效设备[J]．节能技术，2009，27(4)：347-374.

[2] 张广卿．油田专用微过热蒸汽发生器[J]．油气田地面工程，2012(5)：86-87.

[3] 曾玉强，刘蜀知，王琴，等．稠油蒸汽吞吐开采技术研究概述．特种油气藏，2006，13(6)：5-9.

[4] 陈月明．注蒸汽热力采油．第一版．东营：石油大学出版社，1996：10-12.

[5] 刘文章．热采稠油油藏开发模式[M]．北京：石油工业出版社，1998：45-46.

[6] 闵娜．过热蒸汽性质及应用[J]．电器工程设计，2005，33(1)：28-30.

[7] 许安著，吴向红，范子菲，等．肯基亚克盐上稠油油藏优选注过热蒸汽开发方式研究．中国石油勘探开发研究院，北京 100083.

[8] 杨立强，林日亿．蒸汽辅助重力泄油中注过热蒸汽技术研究[J]．油气地质与采收率，2007，14(5)：62-65.

吉林油田液压抽油机设计试验及仿真分析

许箕磊　沈翘楚　张耀华　张　帆　王立杰　石镇铭

（中国石油吉林油田公司）

摘　要　液压抽油机是针对常规游梁抽油机一次性投入高、泵效低的现状，为降低成本、提高效率而研发设计的一种低成本高效举升工艺。吉林油田在历时七年的研究过程中，研制并试验了液压举升主机及液压系统。本文对绳轮式液压主机及液压系统的设计方法做了阐述，并通过模拟仿真对液压主机进行了有限元分析，验证设计的可靠性的同时寻找薄弱点，强化结构，增强其耐用性。该类型液压抽油机在吉林油田中、深油井中目前在用10口井，达到了节省初期一次性投资50%的目的。

关键词　抽油机；有限元；仿真；低成本；液压

吉林油田低产低渗区块较多，对于日产液小于5吨的低产液井，常规开采方式一次性投资成本高，系统效率低，在近几年的低油价条件下不能完全满足油田效益开发需求，在此前提下自2014年开展液压抽油机攻关研究，因其较多的优点以及较少的材料消耗得到了较快的发展。优点概括如下：液压抽油机由于用液压系统提供举升力的方式，可以实现双井同时工作，两口井共用一个液压系统，节省了投资；地面设备重量相对游梁抽油机重量轻，只有同型号游梁抽油机的20%左右；容易实现长冲程、低冲次、大泵径举升，从而减少杆管磨损，延长免修期，实现长期效益；设备初期一次性投资低，对于双井举升系统，成本较目前抽油机降低35%以上；节省占地面积，一机双井生产模式，能减少土地使用50%；设备无外露运动部件、安全性高，能有效降低市区、村镇生产风险。不过液压抽油机也有其独特性，例如液压抽油机对比油梁式抽油机在控制部分是比较复杂的，传感器、液压阀及各种电器元件较多，要求有标准化的日常的检修和维护方法，对维护工人的业务素养提出了更高的要求。

1　绳轮式液压举升主机的研制与应用

绳轮式液压主机最早在2014年在吉林油田投入使用，经过不断的现场试验与改进，并经历了四代机型改进与更替，设计越来越趋于完善。

1.1　工艺原理

绳轮式液压主机由底座、支架、液压缸、绳轮、钢丝绳等组成。见图1。绳轮式液压抽油机采用动滑轮举升机构，具有光杆举升速比为活塞杆速比2倍的特点，容易实现长冲程的液压举升，该举升主机具有以下特点：采用动滑轮机构，主机负载为管柱载荷的2倍，全部重量都由活塞杆和液压缸外套承担，要求活塞杆有足够的支撑强度，以及液压缸要有足够的稳定性，在此基础上设计了支架及高强度底座，保证活塞杆完全伸出时整体的稳定性。

1.2　关键部件设计方式

受力同心设计：为了避免液压缸承受向下的拉力时产生晃动，通过调整液压缸顶部绳轮直径大小来达到受力方向为竖直向下的目的，并解决了前期设计引起的运动偏载及晃动的问题。

轴承设计：轴承部位为整体结构中承受所有受力的部件，不可避免的产生磨损，属于结构中的唯一易损件，不推荐采用圆珠类轴承，为提高稳固性及耐磨性能，本设计考虑采用圆锥滚子轴承或者双列圆锥滚子轴承。

安全防护设计：为了防止意外情况下的钢丝绳跳槽，或者钢丝绳断裂可能产生的安全性问题，可以考虑增加钢丝绳防护罩，增加安全性。

基础加固设计：为了保证整体构架的稳固，采用水泥基础保持底部稳定在五型以上的绳轮式主机是必要的，特别对于八型以上的液压抽油机，基础的稳固显的更为重要。水泥基础不但要考虑一定的埋入深度，还要考虑有足够的分散压力的基底面积。

长冲程设计：液压主机采用动滑轮的设计方法，液压缸与举升速度之比为1：2，这种设计容易实现长冲程的举升目的，目前绳轮式主机设计冲程范围为4.5米~9米。

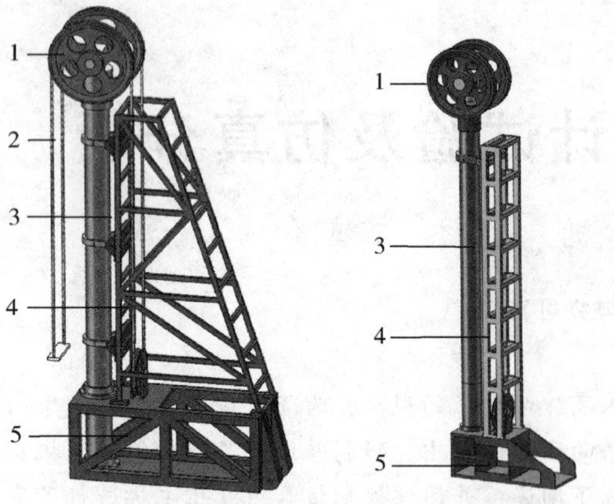

图1　十六型及十型绳轮式液压主机结构图

1—绳轮；2—钢丝绳；3—液压缸；4—支架；5—底座

1.3　现场应用与分析

绳轮式液压主机，在吉林油田现场在用10口井，实现稳定运行1500余天。以八型机为例，目前价格可实现成本较目前油梁式抽油机降低50%，不影响日产液的情况下综合节电率达到25%，对比泵效提高35%。由于活塞杆不接触井液，对井况没有要求，适应性较强；不过由于不能提供向下的压力，对于稠油井的举升，可能会出现较轻的负载下较长时间停井后抽油杆无法下落的情况，这是抽油井应用时候需要考虑的因素之一。该机型活塞杆完全伸出时，如果出现对水平方向的受力会引起整体构架的震动，安装时应该保证钢丝绳的竖直安装，防止主机承受水平方向的受力。

2　液压动力系统的研制与应用分析

绳轮式液压主机采用一个液压站给两台液压主机提供举升力的供能方式。两个液压主机采用U型平衡原理，上腔供油，两台主机下腔直接连通，工作时一台主机上行时，另一台主机下行，下行主机的重力势能通过连通的下腔液体传递给另一台主机。通过开关截止阀可转换工作模式为一机单井模式。

这种一站双井的液压系统为目前吉林油田采用最多也是最成熟的液压系统。适用于井距小于30米、负载相近的两口井，两口井运行过程中冲程冲次完全相同。系统运行中，两口井平衡性越好，系统能耗小、噪音小、震动小；达到较好的平衡匹配情况下，并采用合理的长冲程低冲次的生产方式，能够实现节能25%以上的应用效果。

3　液压抽油机设计与仿真分析

3.1　十型6米冲程液压抽油机

3.1.1　液压缸承压模拟

在计算的基础上对十型6米冲程绳轮主机，进行了液压缸承压模拟，验证设计计算的可靠性。该设计采用活塞杆外径180mm，活塞杆内径130mm，缸筒内径220mm，活塞杆长度3.2m，设计有杆腔最大压力8.8MPa，无杆腔最大压力5.7MPa，额定举升力200kN。

从模拟仿真结果可以看出，活塞杆完全伸出时模拟无杆腔最大压力和位移，最大应力54.9MPa，安全系数4.6，满足要求。活塞杆收回时模拟有杆腔最大压力和位移，最大应力78.4MPa，安全系数3.2，满足要求。证明设计尺寸是满足最大压力要求的(表1、图2)。

表1　十型6米冲程绳轮主机液压缸承压模拟结果

作用位置	模拟压力/MPa	设计压力/MPa	位移最大值/mm	位移平均值/mm	应力最大值/MPa	应力平均值/MPa	安全系数
无杆腔	10	8	0.2	0.17	54.9	12.5	4.6
有杆腔	10	10	0.11	0.09	56	12.2	4.5
有杆腔	14	10	0.17	0.13	78.4	17.1	3.2

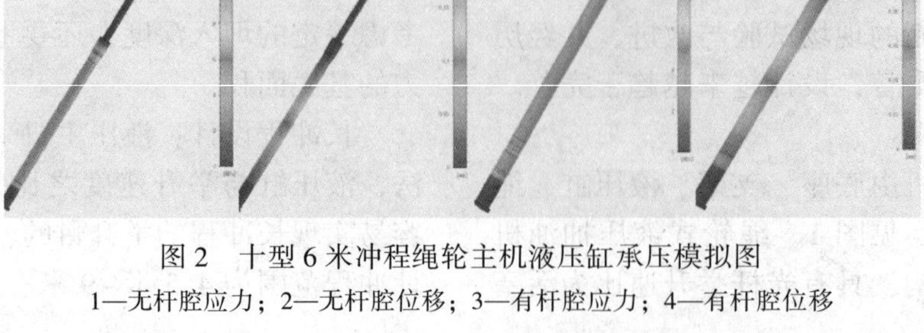

图2　十型6米冲程绳轮主机液压缸承压模拟图

1—无杆腔应力；2—无杆腔位移；3—有杆腔应力；4—有杆腔位移

3.1.2　极限受力情况模拟

通过完整的三维建模，对主机整机进行了极限受力情况模拟。分析现场应用过程中可能出现的极限受力情况为：活塞杆完全伸出，顶部受最大载荷20吨的垂直压力，并且受到一定倾角的水平力分量，同时考虑到大风天气的影响，还会受到一个和拉力同向的大风载荷的影响。计算采用的最大风速是本地气象区30年一遇的平均最大风速，就是30米每秒，接近11级大风(表2、图3)。

表2　十型6米冲程绳轮主机极限受力情况模拟结果

倾斜角	垂直压力/kN	水平拉力/kN	位移最大值/mm	位移平均值/mm	应力最大值/MPa	应力平均值/MPa	安全系数
拉力倾斜0度	200	0	0.19	0.13	21.6	4.7	11.6
拉力倾斜5.7度	200	20	80.7	32.8	216.8	18.48	1.15
拉力倾斜3.5度	200	12.6	51.4	20.93	156.7	12.4	1.6
拉力倾斜2.5度	200	9.12	33.2	16.4	93.1	8.6	2.7

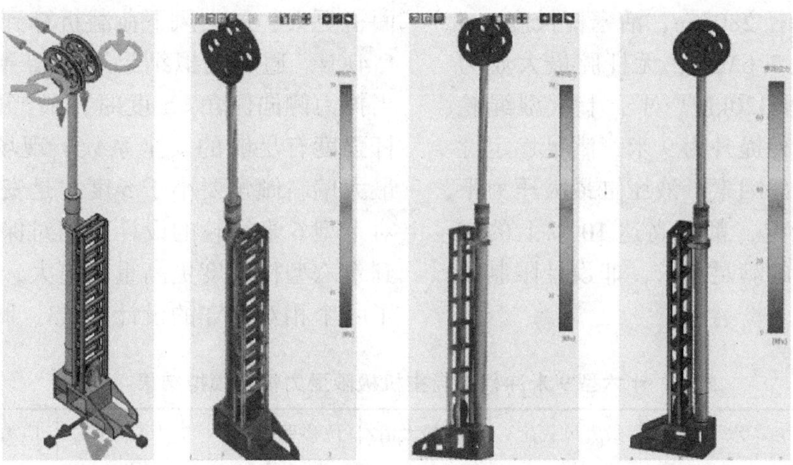

图3　十型6米冲程绳轮主机极限受力情况应力分析

1—受力方向；2—拉力倾斜5.7度；3—拉力倾斜3.5度；4—拉力倾斜2.5度

通过模拟结果可以得到，最大应力位置都是活塞杆底部与密封出口的位置，主要关注这个部位的应力情况。当力的水平分量达到2吨的时候，对应合力倾斜角5.7度，最大应力217MPa，安全系数1.15，安全系数有点低。改变模拟参数重新模拟，当水平力分量为0.912吨的时候，对应合力倾斜角2.5度，安全系数达到2.7，基本满足要求。当拉力侧向倾角<2.5度时，最严峻情况下，活塞杆强度有足够的安全系数。确定该主机在现场使用时，最大偏斜倾角要小于2.5度才是安全的。因为现场安装时候，正常都是要保证钢丝绳井口绳轮在一条竖直线上的。不过难免有误差，而且有的井口本身就不是竖直的，就有一定倾斜度，再考虑长期运行后地基沉降也可能产生主机倾斜的可能，整体结构留有一定的抗侧拉能力还是很必要的。

3.1.3　高应力部位加强与改进

对最严峻情况下的高应力部位进行了加强与改进。对应力超过125MPa，拉力侧向倾角3.5度时的活塞杆和固定环部位进行改进和强化：活塞杆壁厚由25mm加厚到40mm后，活塞杆低端部位应力降低了29%。对固定环进行了改进，位置升高25cm，宽度增加至20cm，应力降低51%。

其他关键部位应力分析：对主机关键部位，以及容易产生疲劳的部位进行应力分析和评价：一是主机支架底部也是受应力比较高的位置，最大应力50.5MPa，安全系数5，满足要求。二是对关键的旋转部件轴承进行了应力分析：安全系数13.2，是满足要求的(图4)。

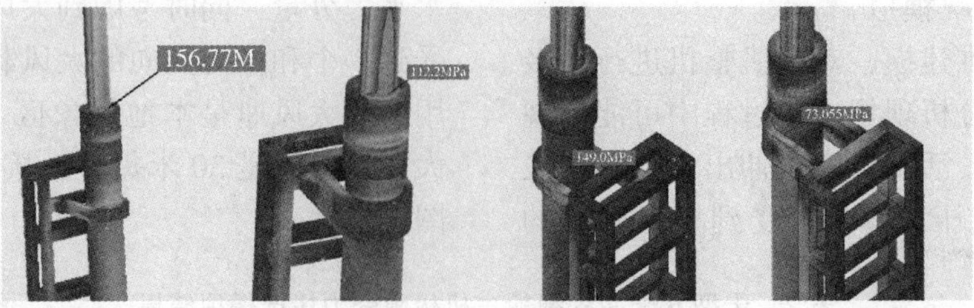

图4　绳轮主机高应力部位应力分析

1—活塞杆应力；2—优化后活塞杆应力；3—固定环应力；4—优化后活塞杆应力

3.2　十六型9米冲程液压抽油机

3.2.1　液压缸承压模拟

在计算的基础上对十六型9米冲程绳轮主机，进行了液压缸承压模拟，验证设计计算的可靠性。该设计采用活塞杆外径220mm，活塞杆内径100mm，缸筒内径280mm，活塞杆长度4.7米，设计有杆腔最大7.6MPa，无杆腔最大压力5.5MPa，额定举升力320kN。对于十六型绳轮式液压主机，因为冲程提升为9米，满足稳定性要求是设计的首要考虑因素。液压缸最大压力下的应力及位移变化情况，都有高达10以上的安全系数，都能够很好的满足要求，非设计限制条件，不再赘述。

3.2.2　极限受力情况模拟

对主机整机进行了极限受力情况模拟。现场应用过程中可能出现的极限受力情况为：活塞杆完全伸出，顶部受最大载荷32吨的垂直拉力，并且受到一定倾角的水平力分量，同时由于受风面机更大，最大风下荷载折算到绳轮中心可达到1.4KN。通过模拟结果可以得到，该设计参数，当拉力侧向倾角<5度时，最严峻情况下，活塞杆强度有足够的安全系数。现场使用和安装时，最大偏斜倾角要小于5度才是安全的。该设计相对十型6米绳轮的设计是相对保守的。主要考虑到十六型机高度更高重量更大，安全性考虑，做了一个相对保守的设计(表3、图5)。

表3　十六型9米冲程绳轮主机极限受力情况模拟结果

倾斜角	垂直压力/t	水平拉力/t	最大风载荷/kN	位移最大值/mm	位移平均值/mm	应力最大值/MPa	应力平均值/MPa	安全系数
拉力倾斜2.7度	320	15	1.4	14.58	3.49	51.25	2.63	4.9
拉力倾斜3.6度	320	20	1.4	21.74	5.26	72.9	3.28	3.4
拉力倾斜5.3度	320	30	1.4	31.7	7.65	106.7	4.35	2.3

图5　十六型9米冲程绳轮主机极限受力情况应力分析

1—受力方向；2—拉力倾斜2.7度；3—拉力倾斜3.6度；4—拉力倾斜5.3度

3.2.3　高应力部位加强与改进

十六型9米绳轮主机在模拟中出现的高应力部位是，轴承部位和固定环部位。对轴承做如下的加强设计：尺寸由170 * 310 * 192加大到200 * 360 * 218，改进后应力降低42%。固定环做如下的加强设计：固定环位置升高27cm，宽度增加至 20cm，改进后应力降低 48%。

4　地基形式的仿真优化设计

在现场实验中出现了因为雨季土壤被雨水浸泡变软，受力不均引起地基倾斜的问题。需要对地基进行重新设计，考虑使水泥基础的受力中心与重心尽量重合，以防止侧向下沉的情况的产生。

第一种设计形式是出现地基单边下沉的地基形状。从 ANSYS 应力分析看，由于左侧压强是右侧的 3.5 倍，会导致地基左侧下沉严重，导致液压主机倾斜。通过初步地基优化设计后，完成了第二种设计模型，受力不均情况有所改善，不过高应力部位还是集中在左侧。针对这个问题，设计了第三种形式的地基，使左侧压强降低了 67%，不过由于形状侧向细长，需要加钢筋保持细长结构稳定而增加成本。最后综合考虑成本因素，采用第四种地基设计的结构形式，能够降低左端压强 57%，前 1/5 部分最大受力由 14.8 吨，降为 9.7 吨，并使应力集中部位向中间移动（图 6）。

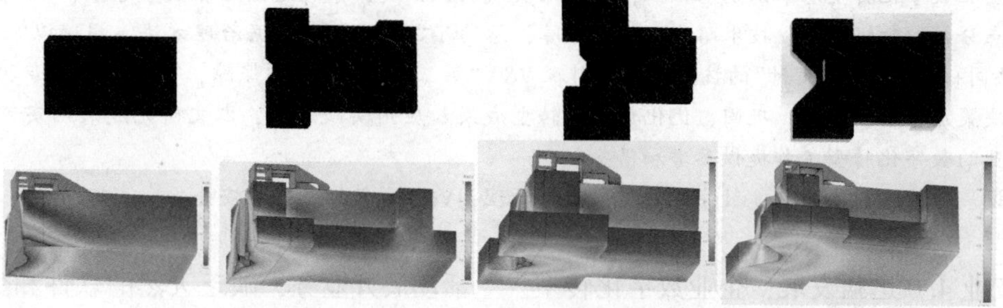

图 6　地基优化仿真模拟

1—初期设计；2—第二设计；3—第三设计；4—最终方案

5　结论

通过绳轮式液压抽油机不断的完善设计、仿真优化、薄弱点加强设计及在现场试验中的不断改进，绳轮式液压抽油机基本趋于完善。在使用中发挥绳轮式液压抽油机长冲程、低冲次的特点，并尽量使两井负载平衡，能够达到节能的效果。液压抽的节能特点在于能够方便的调节冲次、冲程，达到供采平衡需求的工作制度；同时由于液压抽油机换向次数低、摩擦速度低，抽油泵、杆、管寿命长，也能够减少盘根更换频率，长期经济效益明显。

参　考　文　献

[1] 王立杰．独立平衡一站多井液压举升系统设计与试验[J]．石油知识，2019(06)：46-47.

[2] 孙爱军，叶勤友，孙伟．直连式液压抽油机的设计与应用[J]．钻采工艺，2019，42(01)：71-73+6.

[3] 叶勤友，许建国，李兴科．“一机双井”直连式液压抽油机的设计[J]．石油知识，2018(02)：46-48.

[4] 李浩然，何刚，武战利，姚志敏．双井液压抽油机动力单元机械特性建模与分析[J]．液压与气动，2016(05)：69-73.

[5] 姜东亮．液压抽油机的适应性分析及应用[J]．中国石油和化工标准与质量，2018，38(05)：134-135.

[6] 陈靖超，袁锐波，刘永亮．一种无游梁液压抽油机的仿真与实验研究[J]．价值工程，2018，37(05)：126-129.

[7] 张雷．液压抽油机研究现状及展望[J]．液压与气动，2017(04)：82-91.

[8] 薛鑫．海洋平台液压抽油机的设计研究[D]．青岛：中国石油大学(华东)，2017.

[9] 李振河，宋锦春，陈建文，李允公，李松．新型液压抽油机的节能设计与仿真[J]．液压与气动，2017(02)：107-112.

[10] 薛鑫，綦耀光，余淼群，等．海洋平台液压抽油机机架的有限元建模与分析[J]．石油机械，2016，44(12)：65-69.

[11] 张敏鑫．节能型液压抽油机总体研究分析[D]．沈阳：东北大学，2017.

关于非数字原生(传统)企业数字化转型思考与探索
——以中国海油智能油田示范项目建设为例

林　杨[1,2]

(1. 中海石油(中国)有限公司秦皇岛32-6作业公司；2. 渤海油田智能油田建设专项工作组)

摘　要　在工业4.0背景下，企业数字化转型已成为必然。对比数字原生企业和非数字原生新兴企业，非数字原生(传统)企业实施数字化转型具有数据基础薄弱、技术路线适应性差、保障能力不足的特点。本文在阐述企业数字化转型基本认识基础上，从基层实践认识出发，系统地论述非数字原生(传统)企业数字化转型难点分析、数据管理、技术路线、组织保障，总结了“3专+3A”数据治理方法，明确以“云化+平台化+云边协同+敏捷开发与交付”的技术路线，引入V&V“第三只眼”做质控保障，并建议组建专职队伍，以协助公司决策层推动、质控、巩固、优化数字化转型成果。应用实践表明，本文研究成果切实可行，可为同类型企业的数字化转型工作提供参考和借鉴。

关键词　非数字原生企业；数字化转型；数据治理；V&V；数据及网络安全

伴随着工业4.0迅猛发展，企业数字化转型已成为必然趋势。在这种背景下，作为非数字原生(传统)企业，国内外各大石油公司纷纷投身数字化转型建设。目前数字化转型研究成果偏重于宏观的策略研究和局部工作方法的单篇阐述，较少从基层实践角度为非数字原生(传统)企业数字化转型提供一套较全面、易入手、可借鉴的参考案例，以解决非数字原生(传统)企业数字化转型数据基础薄弱、技术路线适应性差、保障能力不足的问题。本文在阐述企业数字化转型基本认识基础上，从中国海油智能油田示范项目建设基层实践认识出发，较为系统地论述了非数字原生(传统)企业数字化转型难点分析、数据管理、技术路线、组织保障，为同类型企业的数字化转型工作提供了参考和借鉴。

1　非数字原生(传统)企业数字化转型特点

1.1　数字原生企业与非数字原生(传统)企业内涵

数字原生企业(Digital Native Enterprise)，是指流程、交易和交互主要依赖于技术支持的组织，且在内外部运营中均以数字技术应用作为竞争优势。

非数字原生(传统)企业基本以物理世界为中心来构建，围绕生产、流通、服务等具体的经济活动展开业务，缺乏天然的软件和数据平台为核心的数字世界入口，使得非数字原生(传统)企业与数字原生企业之间存在显著差异。

1.2　非数字原生(传统)企业数字化转型面临挑战

由于发展于数字时代之前，非数字原生(传统)企业数字化转型难度大，以中国海油为例，其数字化转型面临挑战主要包含以下几个方面：

(1) 如何上下形成共识，科学认识数字化转型本质

数字化在当前时代的内涵，是以数据为中心的思想理论体系、方法论和技术架构体系。数字化转型的驱动力是数字技术；转型的对象是业务，转型的本质是改变生产力，进而带动生产关系的变革。数字化转型作为企业发展战略，不是短期的信息化项目，是一个长期过程，须要公司上下达成共识，科学认识数字化转型本质，共同发力。

(2) 如何做好数据治理，建立数字化转型先决条件

数据已经成为企业数字化转型的核心要素，好的数据质量可大大提高业务运作效率、降低成本。与其他非数字原生(传统)企业面临困境相同，中国海油已有信息化建设，分别针对具体的业务需求建立各自的应用系统，因数据无法提供高效共享与协同，造成部分系统功能冗余、“烟

筒”林立。数字化转型需做好数据治理，解决数据集中共享难、治理难度大等问题。

(3) 如何确定合适的数字化转型技术路线

目前，已有的非数字原生(传统)企业数字化转型研究成果偏重于宏观的策略研究和局部工作的单篇阐述，难以从基层实践角度为中国海油提供较系统、易入手、可借鉴的完整参考案例，需明确一条适合的数字化转型技术路线，同时给同类型企业的数字化转型工作提供参考和借鉴。

(4) 如何建立数字化转型成果保障

在以往信息化系统建设中，IT 技术人员不精通业务，业务人员未深度参与系统开发，造成建设成果不能完全贴合实际业务需求，从而形成“重建设，轻应用”的现象。为保障数字化转型成果，需寻求一种数字化转型质控保障体系，并建立专职队伍，以协助公司决策层推动、质控、巩固、优化数字化转型成果。

针对以上面临挑战的思考，本文基于中国海油智能油田示范项目建设实践，对非数字原生(传统)企业数字化转型探索如下。

2 数据治理是数字化转型的先决条件

在数字化转型过程中，数据既是基础要素也是核心要素。目前，我国已从制度层面将数据作为一种新的生产要素，与土地、劳动力、资本、技术等传统要素并列。作为非数字原生企业，我们需要考虑“数据从哪里来、指令到哪里去”，以及相应的数权、安全和可靠性问题。

2.1 数据治理的重要性

对数据进行针对性的治理，可打通企业内部不同层级、不同系统之间的数据壁垒，逐步实现规范化管理的一套机制，通过消除数据不一致，使数据资产在业务、管理、战略决策中发挥价值。

2.2 数据治理的难点

与互联网公司相比，非数字原生(传统)企业发展于数字世界诞生之前，通常以众多局部业务流程为导向进行信息化建设，形成大量的IT“烟囱”，即“一类业务，一个IT系统，一个数据库”。以中国海油为例，近20年的信息化建设成果为公司生产、科研、管理和决策提供了数据支撑，曾获得国务院国资委中央企业信息化水平A级评价。但作为非数字原生(传统)企业，还是未能避免传统企业遇到的数据孤岛问题，公司已有开发生产类信息系统达80余套，数据资产分散、标准不统一、质量参差不齐，数据治理难度大。

2.3 数据治理“3专+3A”方法

数据治理是解决企业数字化转型问题不可或缺的手段，通过中国海油智能油田示范项目建设实践，建议非数字原生(传统)企业数据治理注重以下四个方面：

(1) 承接数据治理工作的组织须获得公司管理层支持与授权，在工作目标和工作思路上，全体项目成员达成共识，确保工作不走样、不变形；(2)建立数据管理组织。数据本质代表业务，服务于业务管理。业务部门是数据管理的责任主体，在数据管理技术工作方面要建立信息与业务联合的数据管理组织；(3)要尊重科学、采用成熟的方法论和工具。目前，国际石油行业主流的数据模型主要有两个，分别是 POSC 和 PPDM 数据模型。其他非数字原生(传统)企业可参考行业数据标准。(4)建立绩效考核体系。业绩考评的目的是通过量化考核结果，提高治理效率，最终实现数据治理的目标。

非数字原生(传统)企业数字化转型初期，数据治理成熟度较低，数据湖建立不完善。为保证数字化转型成果，中国海油智能油田示范项目建设所有参与成员统一思想，达成“数据为王”共识，成立数据评审领导小组和执行小组、制定数据评审方案、量化三轮数据考核；执行八字方针，即“严之又严，细之又细”；实行“三专”管理，即专人负责、专题周会和专项进度跟踪制度；严守“3A标准”，即数据完整(All)、数据实现前后端联动(Associated)、数据支持系统功能准确呈现(Appeared)。以上方法，有效保障了中国海油智能油田示范项目建设的实施。

3 技术路线是数字化转型的基础条件

技术路线决定数字化转型的落地方案，合适的技术路线有助于保证数字化转型成果的科学性、实用性、灵活性。本文以中国海油智能油田示范项目建设为例，介绍一种适合非数字原生(传统)企业数字化转型的技术路线。具体内容如下：

3.1 技术路线思路

中国海油智能油田示范项目建设遵从的总体原则为：基于集团公司统一规范，以“云化+平台化+云边协同+敏捷开发与交付”为建设思路，采用“数据+平台+应用”的云架构建设模式和“数据+算力+算法”的智能应用技术体系，强调沟通、协作、共享、集成，探索 DevOps(开发运维一体化协同)。

技术架构由 PaaS、IaaS 和边缘层组成，结合实际业务需求，开展智能油田功能设计、技术实现，搭建包含前、中、后台的“稳敏双态”IT 技术架构，并建立管控流程和技术标准，为智能油田提供稳健的技术支撑。

3.2　技术路线实践

在以上思路指导下，中国海油智能油田示范项目建设技术路线围绕以下四个方面开展：

(1) 搭建业务中台，完成从集中式架构向分布式架构转型。通过业务中台的建设，降低应用建设的复杂度，完成从单体到微服务的转型，将可复用的业务能力沉淀到业务领域模型中，为企业其他领域项目快速复用提供支撑，实现业务和流程的组合和融合，降低业务领域与数据之间的耦合度，充分展现微服务的独立性，通过 API 接口进行稳敏态业务的串联。

(2) 建设数据中台，消除数据孤岛。通过全域数据采集与管理实现不同业务领域中台数据的集中管理，从而实现全维度数据的深度融合和共享，通过数据服务支持业务决策、分析，萃取数据价值，加速业务价值的变现。数据中台和业务中台是相辅相成的，共同支撑前端业务，最终共同实现“业务数据化和数据业务化”。

(3) 建设统一云平台，支持中台运行。云平台是中台建设运行的基础环境，也是开发运维一体化的基础平台。在云平台应用与管理方面，通常依赖国外开源社区的开源软件，部分国内数字化转型案例缺乏对技术生态自主可控能力。为降低企业云原生运营的重大风险，实现真正的自主可控，中国海油智能油田示范项目建设实践中，将关键业务场景与华为自主研发的微云管理平台融合，用云边协同技术解决方案构建工业互联网平台。关注对开源软件代码的理解、掌握、改进和应用能力，通过容器化部署，将各项服务实现云端管理，边端高效运行，合理规避空间和时间的缺陷，打破常规的技术和管理方式，建立自主可控的技术生态圈。

(4) 构建现场级工业物联网，搭建全场景工业互联网。光纤通讯技术与无线接入方式融合互补，实现现场网络全覆盖，为海上平生产现场智能监测设备(如：智能仪表、泵工况等)、单兵设备(如移动 PDA)等终端设备提供网络接入环境。基于应用场景，将边缘一体机硬件资源与物联网、数据采集服务技术有机结合，实现与各类协议不统一的数据采集设备互联，通过协议解析、采集、甄别、录波服务等，将现场数据传送到陆地云端，构建泛在感知的工业物互联网。

通过 AI 人工智能与边缘计算技术，连通陆与海，贯穿云和边，助力精准决策，极大提高海陆协同性，提高运营效率，降低生产成本，实现工业互联网的建设。

中国海油智能油田示范项目建设实践探索出的云边协同解决方案，将业务场景与软件结合，实现了分散系统的数据集成、协同管理，形成一套传统业务与 IT 技术深度融合的产品。随着中国海油数字化转型工作的深入，该产品将被继续研发并推广，为同类型非数字原生(传统)企业提供借鉴(图 1)。

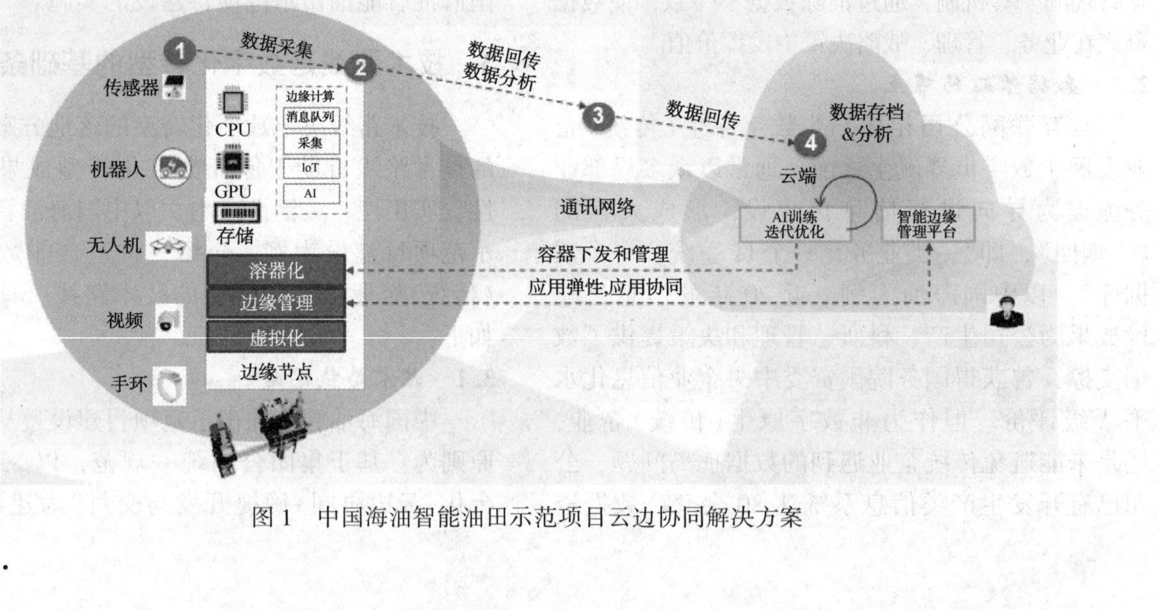

图 1　中国海油智能油田示范项目云边协同解决方案

4 安全防护是数字化转型的保障条件

完善的数据及网络安全防护机制是数字化转型的保障条件。在符合国家网络安全法和等级保护制度的同时，需结合企业的容忍度和承受能力，选择合适的防护手段进行环境搭建。在经济条件允许的情况下充分利用新的防护技术，构建个性化的订制防护体系。

中国海油智能油田示范项目建设实践中，依据“等保 2.0 二级+”要求，重点从计算环境、区域隔离、监测审计等多个方面进行数据及网络安全保障，包含海上与陆地、边缘与云端、工控与生产、监测与巡检共四个备案对象，共计六大类 89 套设备网络架构，形成了“一个中心、三重防护”的防控体系。

另外，非数字原生企业一般自身不具备信息化实施能力，信息化项目通常通过外包的方式进行实施。信息化项目外包也给企业带来额外的数据安全挑战。必须通过外包合同，明确数据安全义务，建立履约机制，以支持企业总体的数据安全制度及其实施。

5 V&V 是数字化转型的质控保障

V&V 是验证(Verificationa)与确认(Validationa)的简称。验证(Verificationa)，即评估或评价系统或部件，以确定在生命周期中的某个给定阶段的产品是否满足在阶段的开始确立的需求的过程；确认(Validationa)，即在开发过程期间或结束时对系统或部件进行评价，以确定它是否满足特定预期用途的需求的过程。在重大项目的重要系统建设中，如核电仪控系统，V&V 工作贯穿项目全生命周期，包括评估、分析、评价、评审、审查和测试，确保研发过程按计划、进度以及预算执行。

为保证数字化转型成果质量，中国海油智能油田建设示范项目引入 V&V 管理，设置独立于甲、乙方外的“第三只眼”，客观监控并及时修改项目过程的错误和异常，预测过程风险并加以预防，共发现整改各类问题项 100+，有效避免了代码风险、成果风险、测试风险、不一致性风险以及进度风险。

6 专职队伍是数字化转型的组织保障

6.1 专职队伍建设的必要性与紧迫性

大量非数字原生(传统)企业遇到诸多问题，部分企业因无法抵抗风险或难以适应新模式而转型失败。建立一支由企业各层级管理、业务和技术人员组成的专职队伍，共同推进数字化转型，有助于顺利推动非数字原生(传统)企业数字化转型。具体原因如下：

专职队伍可以实现：(1)协同各个部门，消除体制障碍，畅通价值链条；(2)发挥专业背景优势，把握业务痛点，贴近用户需求；(3)系统部署技术体系，赋能优化转型；(4)妥善应对误区障碍，抵御转型风险。

因此，数字化转型不仅要做好技术应用，更要适时进行组织调整，以顺应数据作为新型生产要素而产生的新型生产关系。

6.2 数字化转型专职队伍职责

通过中国海油智能油田示范项目建设实践，为推动并巩固数字化转型成果，建议非数字原生(传统)企业数字化转型专职队伍职责应包含：统筹数字化转型规划、设计及建设，为智能化建设提供技术支持，管理数据资产，组织数字化转型及智能化发展有关技术研究攻关，承接或自主承建数据平台(中台)建设，对已建设系统进行运维服务、推广应用，从而做到在公司整体业务范围内，协助公司决策层推动、质控、巩固、优化数字化转型成果。

7 结论及认识

本文基于中国海油智能油田示范项目建设实践，应用“3 专+3A”数据治理方法，以“云化+平台化+云边协同+敏捷开发与交付”的技术路线，建立顺畅的数据流动，准确实现安全管理、油藏研究、生产优化、设备管理等 9 大功能；引入 V&V“第三只眼”做质控保障；组建了专职队伍，协助公司决策层推动、质控、巩固、优化数字化转型成果的同时，培养了一批复合型人才。本文研究成果可为其他同类型企业数字化转型提供借鉴参考。

参 考 文 献

[1] Beier Grischa, Ullrich Andre, Niehoff Silke, et al. In-

dustry 4.0: How it is defined from a sociotechnical perspective and how much sustainability it includes-A literature review[J]. CLEANER PRODUCTION, 2020, 259.

[2] D Richardson, Richardson B, Barry S. System and method of managing safety information: US, US20110314066 A1 [P]. 2011.

[3] C Lasche, V Gollücke, Hahn A. Using an HLA Simulation Environment for Safety Concept Verification of Offshore Operations [C]// Proceedings European Conference on Modelling & Simulation. 2013.

[4] Caolei Q, Lei D. The thinking of Cloud computing in the digital construction of the oil companies [J]. Physics Procedia, 2012, 24(part-PA): 640-644.

[5] Iivari N, Sharma S, Vent-Olkkonen L. Digital transformation of everyday life - How COVID - 19 pandemic transformed the basic education of the young generation and why information management research should care? - ScienceDirect [J]. International Journal of Information Management, 55.

[6] Ghobakhloo M. Industry 4.0, Digitization, and Opportunities for Sustainability[J]. Journal of Cleaner Production, 2019, 252: 119869.

[7] 徐宪平. 新基建[M]. 北京: 人民出版社, 2020.

[8] Veile J W, Kiel D, JM Müller, et al. Lessons learned from Industry 4.0 implementation in the German manufacturing industry[J]. Journal of Manufacturing Technology Management, 2019.

[9] Vial G. Understanding digital transformation: A review and a research agenda[J]. The Journal of Strategic Information Systems, 2019, 28(2): 118-144.

[10] Morteza Ghobakhloo, Masood Fathi. Corporate survival in Industry 4.0 era: the enabling role of lean-digitized manufacturing[J]. Journal of Manufacturing Technology Management, 2020, 31(1): 1-30.

[11] Clemens T, Viechtbauer-Gruber M. Impact of Digitalization on the Way of Working and Skills Development in Hydrocarbon Production Forecasting and Project Decision Analysis[C]. SPE Reservoir Evaluation & Engineering, 2020, 23(4): 1358-1372.

[12] Dmitry Ivanov, Alexandre Dolgui, Boris Sokolov. The impact of digital technology and Industry 4.0 on the ripple effect and supply chain risk analytics[J]. International Journal of Production Research, 2019, 57 (3): 892-846.

[13] 钟华. 数字化转型的道与术[M]. 北京: 机械工业出版社, 2020.

[14] 华为公司数据管理部. 华为数据之道[M]. 北京: 机械工业出版社, 2020.

[15] 李剑峰. 智能油田[M]. 北京: 中国石化出版社, 2020.

[16] 李剑峰. 企业数字化转型的本质内涵和实践路径[J]. 石油科技论坛, 2020, 39(5): 1-8. DOI: 10.3969/j.issn.1002-302x.2020.05.001.

[17] Veile Johannes W, Kiel Daniel, Mueller Julian Marius, et al. Lessons learned from Industry 4.0 implementation in the German manufacturing industry [J]. MANUFACTURING TECHNOLOGY MANAGEMENT, 2020, 31(5): 977-997.

[18] 中华人民共和国中央人民政府.《关于构建更加完善的要素市场化配置体制机制的意见》印发——引导要素向先进生产力集聚[EB/OL]. http://www.gov.cn/zhengce/2020-04/10/content_5500740,2020.

[19] 国务院. 国务院关于深化制造业与互联网融合发展的指导意见[EB/OL]. http: //www.gov.cn/, 2016.

[20] 任敏. 三大要素助力制造业数字化转型成功[J]. 中国信息化, 2021(1): 44-46, 49.

[21] 陈新宇, 罗家鹰, 江威, 等. 中台实践[M]. 北京: 机械工业出版社, 2020.

[22] 欧创新, 邓頔. 中台架构与实现[M]. 北京: 机械工业出版社, 2020.

[23] 梅宏. 大数据发展现状与未来趋势[J]. 交通运输研究, 2019, 5(5): 1-11.

[24] Chen Mingxi, Cheng Guojian, Qiang Xinjian. Building a High Efficient and Intelligent Digital Oilfield Water Injection System [C]//2014 Fifth International Conference on Intelligent Systems Design and Engineering Applications (ISDEA). IEEE 2014: 255-258.

[25] Cheng G J, Liu L J, Shi C Y, et al. Application of a hybrid genetic algorithm in the load balancing of cloud computing[J]. Journal of Xi´an Shiyou University (Natural Science Edition), 2012.

[26] Li F. The digital transformation of business models in the creative industries: A holistic framework and emerging trends[J]. Technovation, 2020, 92-93.

[27] Chengjie Chen, Hao Chen, Yi Zhang, et al. TBtools: An Integrative Toolkit Developed for Interactive Analyses of Big Biological Data[J]. Molecular Plant, 2020, 13 (8), 1194-1202.

[28] Chaowei Yang, Qunying Huang, Zhenlong Li, et al. Big Data and cloud computing: innovation opportunities and challenges [J]. International Journal of Digital Earth, 2016, 10(1): 13-53.

[29] Markus, Reichstein, Gustau, et al. Deep learning and process understanding for data-driven Earth system science[J]. Nature, 2019, 566(7743): 195-204.

[30] Liu L. The Rise of Data Politics: Digital China and the

World[J]. Studies in Comparative International Development, 2021.

[31] Yang Yong, Huang Wenjun, Wang Tiecheng, et al. Research on construction of Data Interlinked Lakes of E & P Dream Cloud[J]. China Petroleum Exploration, 2020, 25(5): 82-88.

[32] Ghamdi A A, Thomson T. Big Data Storage and Its Future[C]// International Conference on Computing Sciences and Engineering (ICCSE). 2018:

[33] Basem Almadani. Drilling Data Management in Petroleum Industry based on RTPS[J]. Procedia Computer Science, 2015, 56.

[34] Qi Zhilin, Cao Lei, Lei Dengsheng. The Thinking of Cloud Computing in the Digital Construction of the Oil Companies[C]// International Conference on Applied Physics and Industrial Engineering, 2012, 24: 640-644.

[35] Qi Zhilin, Cao Lei. The Design and Construction of Decision-Making Command System for Digital Oilfield Emergency Drill[J]. Procedia Environmental Sciences, 2011, 11.

[36] Guojian Cheng, Lijing Liu, Tianshi. Application of Multi-agent Genetic Algorithm in Load Balancing of Digital Oil Field Cloud Computing[S]// 2010 Information and Management Sciences--Processings of the Ninth International Conference on Information and Management Sciences. 2010, 9: 219-222.

[37] Beier G, Ullrich A, Niehoff S, et al. Industry 4.0: How it is defined from a sociotechnical perspective and how much sustainability it includes-A literature review [J]. Journal of Cleaner Production, 2020, 259: 120856.

[38] Marco Ardolino, Mario Rapaccini, Nicola Saccani, et al. The role of digital technologies for the service transformation of industrial companies [J]. International Journal of Production Research, 2018, 56 (6): 2116-2132.

[39] Butta, Raman. An Overview of Oil Drilling and Production Monitoring System Using SCADA Automation in Oil and Natural Gas Corporation Ltd[C]// International Conference on Electrical. IEEE, 2015: 1-4.

[40] Shah P, Kendall F, Khozin S, et al. Artificial intelligence and machine learning in clinical development: a translational perspective [J]. NPJ Digital Medicine, 2019, 2(1).

[41] RENJ, YUG, HEY, et al. Collaborative cloud and edge computing for latency minimization[J]. IEEE Transactions on Vehicular Technology, 2019, 68 (5): 5031-5044.

[42] RENJ, YUG, HEY, et al. Collaborative cloud and edge computing for latency minimization [J]. IEEE Transactions on Vehicular Technology, 2019, 68(5): 5031-5044.

[43] Qi Z, Lei C. The Design and Construction of Decision-Making Command System for Digital Oilfield Emergency Drill[J]. Procedia Environmental Sciences.

[44] Ren J, Yu G, He Y, et al. Collaborative Cloud and Edge Computing for Latency Minimization [J]. IEEE Transactions on Vehicular Technology, 2019: 1-1.

[45] RENJ, YUG, HEY, et al. Collaborative cloud and edge computing for latency minimization[J]. IEEE Transactions on Vehicular Technology, 2019, 68 (5): 5031-5044.

[46] 陈雪鸿，杨帅锋，张雪莹. 浅谈工业互联网数据安全防护[J]. 自动化博览，2021，38(1)：15-17.

[47] (美)DAMA. DAMA 数据管理知识体系指南[M]. 北京：机械工业出版社，2020.

[48] 中华人民共和国中央人民政府. 国家互联网信息办公室关于《数据安全管理办法(征求意见稿)》公开征求意见的通知[EB/OL]. http://www.gov.cn/xinwen/2019-05/28/content_5395524.htm,2019.

[48] 付正双，王钊，严薇薇，等. V&V 技术在核电站非安全级 DCS 系统的可行性探讨[J]. 电工技术，2019 (18): 166 - 168. DOI: 10.3969/j.issn.1002-1388.2019.18.064.

[49] 王萍. 三代核电 TXS 安全仪控系统的 V&V 实现[J]. 科技视界，2012(24)：300-302.

[50] 叶王平，唐建中，陈卫华，等. 浅析核安全级数字化仪控系统软件 V&V 的方法[C].//第九届全国新堆与研究堆学术报告会，2014：377-381.

[51] 张恩博，赵立东，刘标，等. 运行核电厂数字化仪控系统的 V&V 活动及其监管思考[J]. 自动化仪表，2019，40(7)：79-82. DOI: 10.16086/j.cnki.issn1000-0380.2019020027.

旋转导向钻井系统的造斜能力预测与调控技术

管志川[1] 史玉才[1] 陆灯云[2] 王 恒[3] 滕志想[4]

[1. 中国石油大学(华东)石油工程学院; 2. 中国石油集团川庆钻探工程有限公司;
3. 中国石化石油工程技术研究院; 4. 中国石油塔里木油田公司工程技术研究院]

摘 要 依托国家重大专项"旋转导向钻井系统研制"课题研究成果，介绍了静态推靠式旋转导向钻具组合(RSBHA)的力学模型和"平衡趋势造斜率"预测方法，模拟分析了造斜率影响因素和规律，给出了提升造斜率技术措施和CG STEER国产旋转导向钻井系统的工业化应用效果。理论研究与实践表明，平衡趋势造斜率预测方法能够综合考虑旋转导向钻具组合受力、钻进参数、井眼几何形状、钻头以及地层特性等对造斜率影响，为旋转导向钻井系统研制和应用提供支持；导向头结构、柔性短节长度、导向合力、钻压、钻头各向异性指数(钻头侧向切斜能力)、地层特性和井眼扩大率对造斜率影响明显；井斜角、柔性短节直径对造斜率影响不明显；优化导向头结构、适当加长柔性短节、增大导向合力、适当降低钻压、提高钻头侧向切削能力、做好地层适应性评价、避免井眼扩大均有助于提高造斜率。

关键词 旋转导向钻井系统；造斜率预测；钻具组合；钻进参数；钻头选型；地层适应性评价

自20世纪90年代以来，以Baker Hughes公司AutoTrak RCLS系统、Schlumberger公司PowerDrive系统、Halliburton公司Geo-Pilot系统为代表的旋转导向钻井系统(RSS)逐渐成熟并推广应用，大大提升了定向钻井技术水平。国内石油公司及院校经过10多年技术攻关，"十三五"期间终于在静态推靠式RSS研制及应用方面取得重大突破。其中，中海油服油技研究院研制的Welleader，中石油川庆钻探公司与航天科工集团、中国石油大学(华东)共同研制的CG STEER目前已投入工业化应用。依托"十三五"国家重大科技专项"旋转导向钻井系统研制"课题研究成果，系统介绍静态推靠式旋转导向钻具组合(RSBHA)的力学模型和"平衡趋势造斜率"预测方法，以AutoTrak Curve和CG STEER为例，模拟分析造斜率影响因素和规律并给出提升造斜率技术措施，为旋转导向钻井技术研制和应用提供支持。

1 下部钻具组合力学模型与造斜率预测方法

1.1 下部钻具组合力学模型

RSBHA的基本形式如图1所示，包括旋转导向钻井工具(俗称为"导向头")、柔性短节(与稳定器一体化)、无磁钻铤及MWD测量系统等。此外，有时还在无磁钻铤上接一个钻柱稳定器。目前可采用多种方法建立RSBHA力学模型，包括有限元方法、加权余量方法、纵横弯曲梁方法等。其中，纵横弯曲梁方法相对简单，求解速度较快、计算精度较高，此处也采用纵横弯曲梁方法建立RSBHA力学模型。

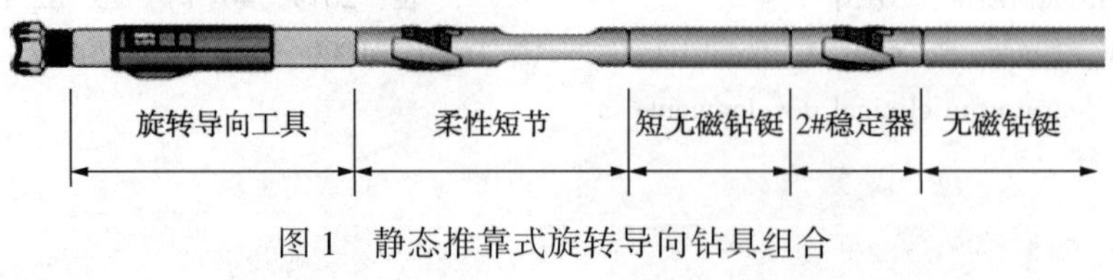

图1 静态推靠式旋转导向钻具组合

采用纵横弯曲梁法建立RSBHA力学模型时，通常采用如下假设：

(1) 钻头、钻铤、偏置机构、稳定器、柔性接头组成的BHA是小弹性变形体系。

(2) 钻头中心位于井眼中心线。

(3) 钻压为常量，沿井眼切线方向.

（4）由于钻柱自重的影响，上切点以上的钻柱躺在下井壁。

（5）井壁为刚性体，井眼尺寸不随时间变化。

（6）稳定器与井壁之间的接触为点接触。

（7）任意一跨内没有变截面。

（8）不考虑钻柱转动和振动的影响。

对导向翼肋和柔性短节进行等效处理是建立RSBHA力学模型的关键所在。基于静态推靠式旋转导向钻井系统的结构和工作原理，将导向翼肋等效为偏心稳定器（该处的内弯矩和偏心距未知，支座反力与导向力大小相等、方向相反）、柔性短节的台阶面等效为虚支座，参照文献建立RSBHA的纵横弯曲续梁力学模型如图2所示，整个下部钻具组合共分为5跨梁柱，依次为“钻头-导向翼肋”、“导向翼肋-1#稳定器”、“1#稳定器-柔性短节台阶面”、“柔性短节台阶面-2#稳定器”、“2#稳定器-钻具与井壁的上切点”。

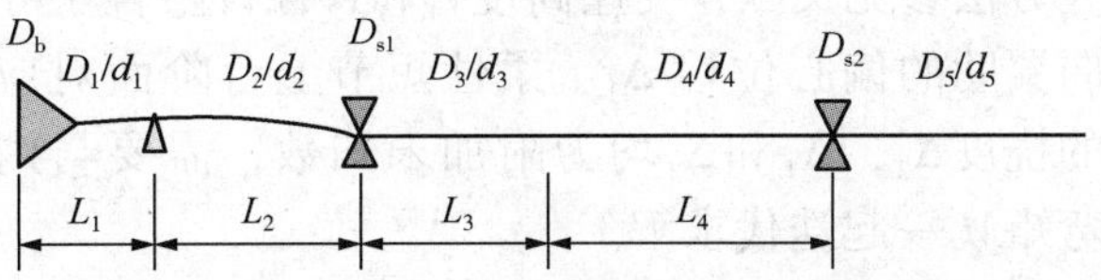

图2　静态推靠式RSBHA的纵横弯曲连续梁模型

二维圆弧井眼条件下，导向合力沿井眼高边或低边时RSBHA力学模型对应的全部三弯矩方程及补充方程见式（1）。除此之外均要建立三维力学模型，可以参照苏义脑院士给出的等效处理方法，将三维井眼（斜面圆弧形状）和导向合力分解到井斜平面P和方位平面Q上分别求解各个稳定器或支座对应的内弯矩及补充未知数，再求出钻头侧向力及钻头转角。

$$
\begin{cases}
M_0Z(u_1)+2M_1\left[Y(u_1)+\dfrac{EI_1L_2}{EI_2L_1}Y(u_2)\right]+M_2\left[\dfrac{EI_1L_2}{EI_2L_1}Z(u_2)\right]+\dfrac{6EI_1}{L_1}\left(\dfrac{1}{L_1}+\dfrac{1}{L_2}\right)y_1 \\
\quad =-\dfrac{q_1L_1^2}{4}X(u_1)-\dfrac{q_2EI_1L_2^3}{4EI_2L_1}X(u_2)+\dfrac{6EI_1}{L_1}\left(\dfrac{y_0}{L_1}+\dfrac{y_2}{L_2}\right) \\
M_1Z(u_2)+2M_2\left[Y(u_2)+\dfrac{EI_2L_3}{EI_3L_2}Y(u_3)\right]+M_3\dfrac{EI_2L_3}{EI_3L_2}Z(u_3)-\dfrac{6EI_2y_1}{L_2\ L_2} \\
\quad =-\dfrac{q_2L_2^2}{4}X(u_2)-\dfrac{q_3EI_2L_3^3}{4EI_3L_2}X(u_3)-\dfrac{6EI_2}{L_2}\left(\dfrac{y_2-y_3}{L_2}+\dfrac{y_2}{L_3}\right) \\
M_2Z(u_3)+2M_3\left[Y(u_3)+\dfrac{EI_3L_4}{EI_4L_3}Y(u_4)\right]+M_4\dfrac{EI_3L_4}{EI_4L_3}Z(u_4) \\
\quad =-\dfrac{q_3L_3^2}{4}X(u_3)-\dfrac{q_4EI_3L_4^3}{4EI_4L_3}X(u_4)+\dfrac{6EI_3}{L_3}\left(\dfrac{y_2-y_3}{L_3}+\dfrac{y_4-y_3}{L_4}\right) \\
M_3Z(u_4)+2M_4\left[Y(u_4)+\dfrac{EI_4L_5}{EI_5L_4}Y(u_5)\right]+M_5\dfrac{EI_4L_5}{EI_5L_4}Z(u_5) \\
\quad =-\dfrac{q_4L_4^2}{4}X(u_4)-\dfrac{q_5EI_4L_5^3}{4EI_5L_4}X(u_5)-\dfrac{6EI_4}{L_4}\left(\dfrac{y_4-y_3}{L_4}-\dfrac{y_5-y_4}{L_5}\right) \\
q_5X(u_5)L_5^4+4\left[2M_5Y(u_5)+M_4Z(u_5)\right]L_5^2=24EI_5\left[L_5K\sum_1^5L_i-y_5+y_4\right] \\
\dfrac{M_0}{L_1}-\left(\dfrac{1}{L_1}+\dfrac{1}{L_2}\right)M_1+\dfrac{M_2}{L_1}-\left(\dfrac{P_1}{L_1}+\dfrac{P_2}{L_2}\right)y_1=F-\dfrac{q_1L_1+q_2L_2}{2}-\dfrac{P_1y_0}{L_1}-\dfrac{P_2y_2}{L_2} \\
\dfrac{M_2}{L_3}-\left(\dfrac{1}{L_3}+\dfrac{1}{L_4}\right)M_3+\dfrac{M_4}{L_4}=\left(\dfrac{P_3y_3}{L_3}-\dfrac{P_3y_2}{L_3}\right)+\left(\dfrac{P_4y_3}{L_4}-\dfrac{P_4y_4}{L_4}\right)-\dfrac{q_3L_3+q_4L_4}{2}
\end{cases}
\tag{1}
$$

式（1）中，$i=1\sim5$；M_i为第i个支座的内弯矩；P_i为第i跨梁柱中点的轴向载荷；L_i为第i跨梁柱的长度；q_i为第i跨梁柱的横向均布载荷；y_i表示第i个支座的高度；F为导向翼肋处推靠合力；K为井眼曲率；$X(u_i)$、$Y(u_i)$、$Z(u_i)$为第i跨梁柱端部转角的放大因子；M_0、y_0分别表示钻头处的内弯矩和支座高度，通常取内弯矩$M_0=0$、支座高度$y_0=0$。式(1)中各个中间变量的计算方法参见文献，支座高度y_1和y_3各自隐含了导向翼肋的偏心位移Δ_1、柔性短节上台阶面对应的挠度Δ_3，Δ_1和Δ_3均为附加未知数，需要与内弯矩M_i一起迭代求解。

1.2　平衡趋势造斜率预测方法

目前主要采用"三点定圆法"、"平衡曲率法"、"极限曲率法"预测造斜率。其中，"三点定圆法"仅依据下部钻具组合的几何参数预测造斜率，预测精度较低；后两种方法考虑了井眼几何形状、下部钻具组合受力及钻进参数等因素影响，认为待钻井眼方向沿钻头合力方向，当钻头侧向力等于0时待钻井眼曲率即为给定条件对应的造斜率。尽管后两种方法考虑因素较多，但是尚未考虑钻头和地层的各向异性等因素影响，造斜率预测结果仍有较大误差。

基于下部钻具组合力学模型、钻头与地层相互作用模型，建立了平衡趋势造斜率预测新方法。"平衡趋势法"的基本原理如图3所示。其中，x'表示已钻井眼方向(井眼轴线的切线方向)；单位矢量$\vec{e}_r$、$\vec{e}_f$、$\vec{e}_a$分别表示待钻井眼方向(将要钻进方向)、钻头合力方向、钻头轴线方向；待钻井眼方向与已钻井眼方向的夹角A_r称为钻进趋势角。若钻进趋势角$A_r\neq0$(井眼侧向速度不等于0)，则待钻井眼曲率增大($A_r>0$)或减小($A_r<0$)；随着待钻井眼越来越长，待钻井眼曲率变化越来越慢，$|A_r|$越来越小；当$A_r=0$时(井眼侧向速度等于0)，待钻井眼曲率达到某个平衡值，该井眼曲率值就是当前钻井条件对应造斜率。该造斜率预测方法能够综合考虑钻具组合受力、钻进参数、井眼几何形状、钻头以及地层特性等因素影响，为下部钻具组合优化及钻进参数优选、井眼轨迹调控提供理论依据和分析手段。

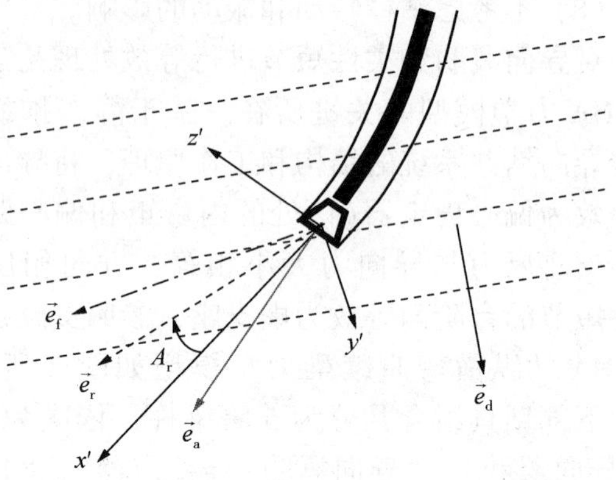

图3　钻进趋势分析

三维空间中钻进趋势角A_r分解到井斜平面P和方位平面Q上分别称为"井斜趋势角"(A_P)和"方位趋势角"(A_Q)。平衡趋势造斜率求解流程如图4所示，先给出造斜率估计值，然后求解下部钻具组合力学模型，求出井斜平面P和方位平面Q对应的钻头侧向力钻头转角；再求解钻头-地层交互作用模型，求出井斜趋势角A_P和方位趋势角A_Q；然后判断是否满足井斜趋势角$|A_P|\approx0$且方位趋势角$|A_Q|\approx0$；若满足该条件则停止试算，试算结果对应的井眼曲率就是给定钻井条件的造斜率；否则就重新估计造斜率并重复上述过程，直至满足试算终止条件。

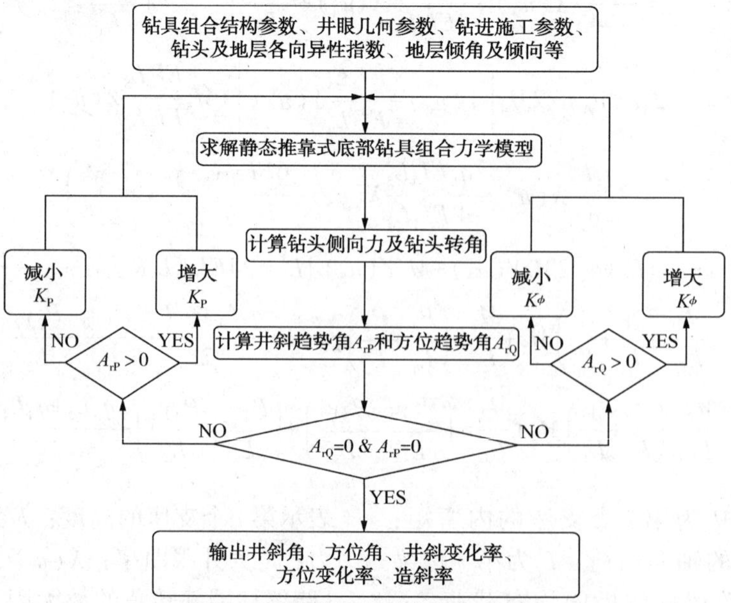

图4　平衡趋势造斜率求解过程

2　造斜率影响因素及规律分析

此处以 AutoTrak Curve（ATC）和 CG STEER（CGS）国产旋转导向钻井系统为例，模拟分析静态推靠式 RSS 的造斜率影响因素和规律，并给出提升造斜率的若干技术措施。

2.1　模拟分析条件

AutoTrakCurve（ATC）和 CG STEER（CGS）结构参数及默认钻进参数见表 1。

表 1　造斜率模拟分析条件

结构参数 / 型号	L_1/m	L_2/m	D_s/mm	L_3/m	D_f/mm	L_4/m
ATC	0.70	1.35	212	1.27	122	3.54
CGS	0.90	1.50	212	0.90	127	2.90
钻具组合	Φ215.9mm 钻头+ATC 型旋导工具（或 CGS）+Φ212mm 稳定器+Φ122mm（或 Φ127mm）柔性短节+Φ178mm 无磁钻铤					
其他参数	钻压 30-90kN，导向合力 25kN；钻头各向异性指数 0.05；井斜角 45°；地层各向异性指数 1；井壁刚性、无井眼扩大。					

2.2　钻具结构对造斜率影响规律

理论研究与实践表明，导向翼肋位置（L_1）、近钻头稳定器位置（L_2）及直径（D_s）、结构参数 L_3、柔性短节长度（L_4）及直径（D_f）、是否采用上稳定器等均影响造斜率。出于技术保密需要，此处仅分析柔性短节长度（L_4）及其直径（D_f）对造斜率影响规律。

（1）柔性短节长度L_4对造斜率影响规律

柔性短节长度L_4特指柔性短节上下台阶面之间的距离。模拟计算结果见图 5。可以看出，造斜率随柔性短节长度L_4增大而先增大再缓慢减小；尽管L_4的最优值约 2.0~2.5m，但是适当加长柔性短节不仅对造斜率影响较小，还有助于提高下部钻具组合的井眼通过能力。现有 ATC 的柔性短节长度L_4=3.54m 是合适的，继续加长柔性短节反而有可能降低造斜率。

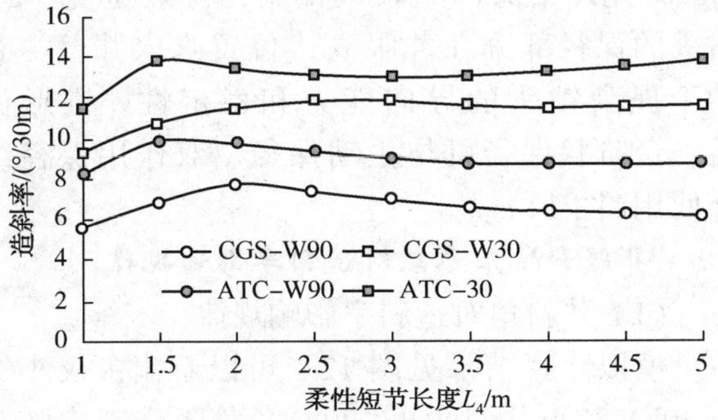

图 5　柔性短节长度L_4对造斜率影响规律

（2）柔性短节直径D_{fs}对造斜率影响规律

模拟计算结果见图 6。可以看出，造斜率随柔性短节直径增大而缓慢减小。现有 ATC 和 CGS 的柔性短节直径分别为 122mm 和 127mm，继续调整该参数对提升造斜率影响较小。

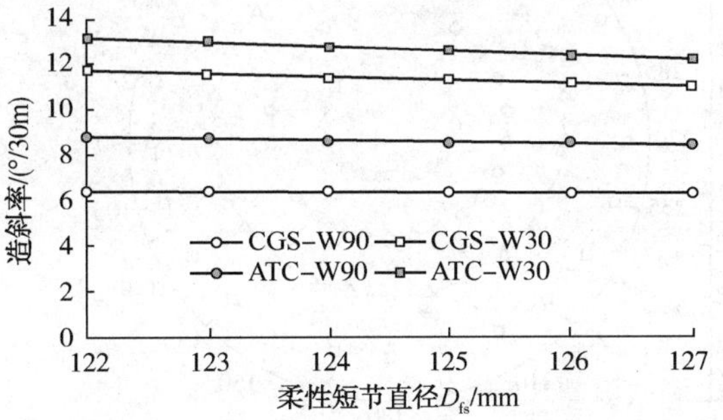

图 6　柔性短节直径对造斜率影响规律

2.3　钻进参数对造斜率影响规律

此处仅分析导向合力大小及方向、钻压对造斜率影响规律。

（1）导向合力大小对造斜率影响规律

模拟计算结果见图 7。可以看出，造斜率随导向合力增大而显著增大、近似呈线性增加关系，提升导向合力可显著提升造斜率。限定导向

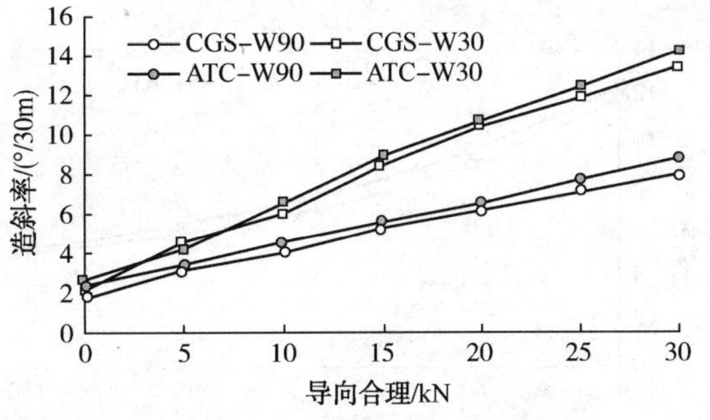

图 7　导向合力大小对造斜率影响规律

合力25kN、钻压30~90kN条件下，ATC的最大造斜率约12.4°/30m、CGS的最大造斜率约11.9°/30m(实钻最高造斜率12.5°/30m)。

(2) 导向合力方向对造斜率影响规律

导向合力方向相当于工具面方向，用高边工具面角表示。模拟计算结果见图8。可以看出，造斜率近似关于高边工具面角0°~180°呈轴对称，全力增方位和全力减方位能力相同；主要原因在于导向合力在方位平面上分力相同时，增方位和减方位的钻具组合受力状态相同；造斜率关于高边工具面角90°~270°不呈轴对称，全力增斜的造斜率大于全力降斜的造斜率，相当于全力增斜比全力降斜要容易，主要原因在于钻具自重影响，钻头更容易向增斜方向偏转。

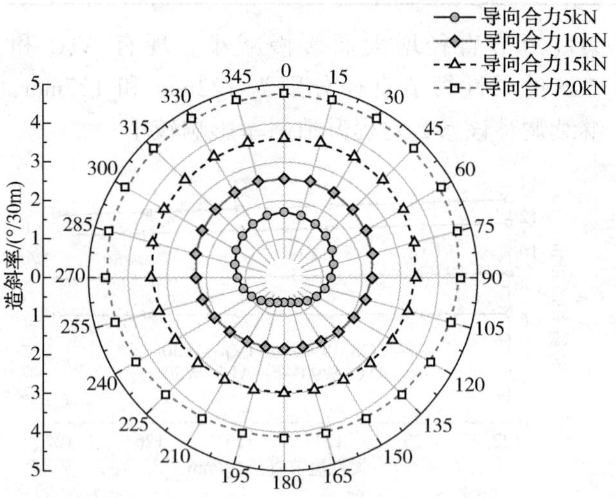

图8　导向合力方向对造斜率影响规律

(3) 钻压对造斜率影响规律

模拟计算结果见图9。可以看出，造斜率随钻压增大而显著降低；钻压越小，造斜率受钻压影响越明显；适当降低钻压可显著提升造斜率。建议选择RSS的井眼轨迹调控指令时，不仅要选择导向合力大小及方向，还应合理选择钻压，只有这样才能准确调控造斜率。

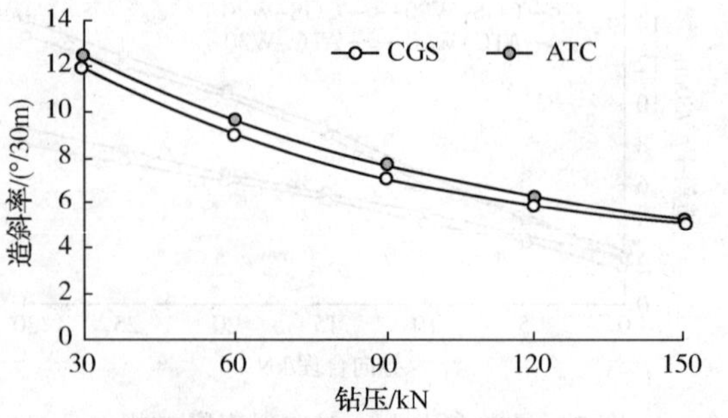

图9　钻压对造斜率影响规律

2.4　钻头对造斜率影响规律

(1) 钻头各向异性指数对造斜率影响规律

钻头各向异性指数用于描述钻头的侧向切削能力，其值越大表明钻头侧向切削能力越强。对于静态推靠式旋转导向钻井系统来说，钻头各向异性指数通常在0.01~0.05之间。

模拟计算结果见图10。可以看出，造斜率随钻头各向异性指数增大而显著增大；提高钻头各向异性指数(提升侧向切削能力)可显著提升造斜率。

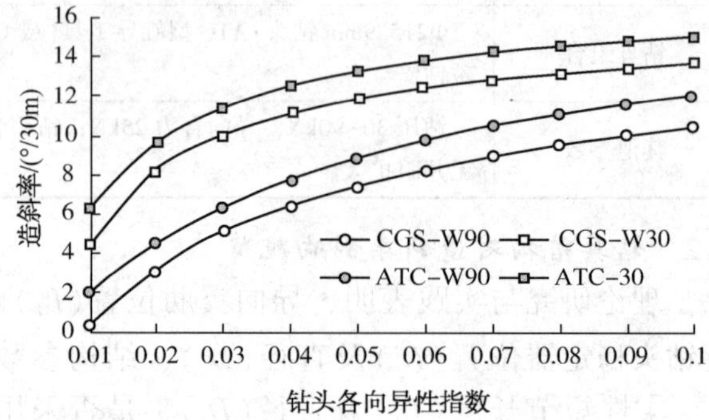

图10　钻头各向异性指数对造斜率影响规律

(2) PDC钻头选型方案

PDC钻头的侧向切削能力与保径结构密切相关。理论研究与钻井实践表明，主动保径(active gauge)且保径部分较短的PDC钻头，侧向切削能力最强，最适合高造斜率推靠式RSS；双作用保径(Dual action gauge, DAG)且保径部分较短的PDC钻头，侧向切削能力中等，适合低造斜率推靠式RSS，不适合高造斜率推靠式RSS。此外，锥形保径(Tapered gauge)能够降低钻头扭矩并提高稳定性；台阶状保径(Stepped gauge)允许钻头产生较大偏斜，有效避免PDC钻头的保径部分在井眼高边位置吃入井壁，有助于提高钻头的导向能力和稳定性。锥形保径、台阶状保径可与主动保径、双作用保径组合使用(图11)。

2.5　井眼和地层参数对造斜率影响规律

(1) 井斜角对造斜率影响规律

模拟计算结果见图12。可以看出，仅小钻压30kN和小井斜角(≤30°)条件下造斜率随井斜角增大而降低，其他情况下造斜率随井斜角增大而略微减小。

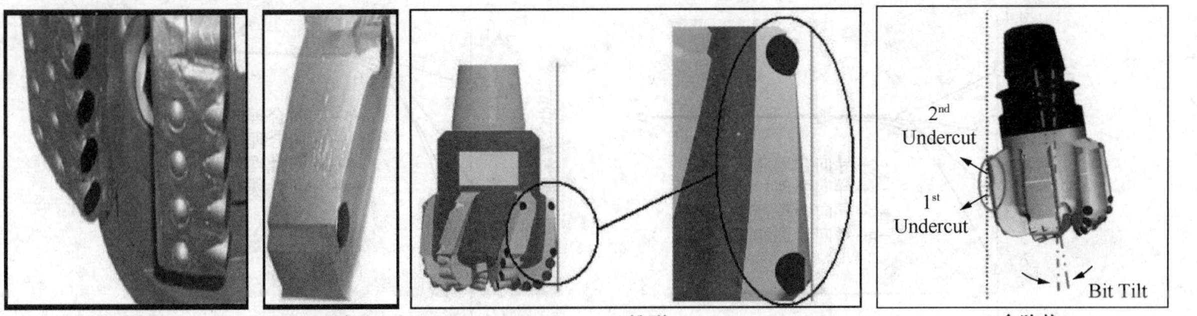

(a)主动保径　(b)双重保径　(c)锥形　(d)台阶状

图 11　适合静态推靠式 RSS 的 PDC 钻头保径结构

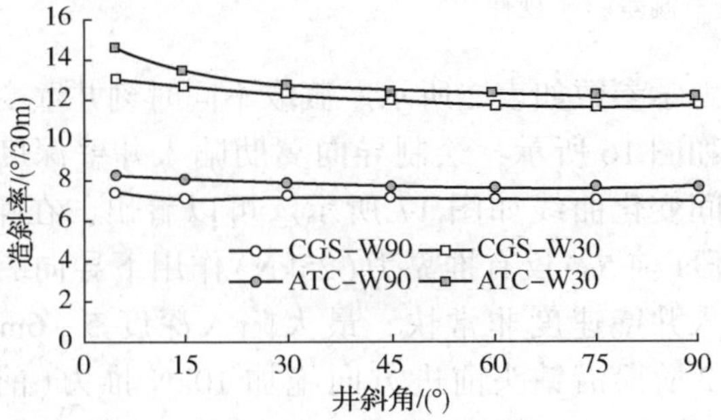

图 12　造斜率随井斜角变化规律

（2）井眼扩大率对造斜率影响规律

模拟计算结果见图 13。可以看出，在给定条件下，小钻压 30kN 时造斜率随井眼扩大率增大而先增大、然后趋于稳定；大钻压 90kN 时造斜率随井眼扩大率增大而先缓慢增大、再迅速减小、然后趋于稳定。该变化规律说明，当井眼扩大到导向翼肋难以有效支撑住井壁时会失去造斜能力；在同样条件下，ATC 对井眼扩大率的适应范围整体优于 CGS。（注意：该分析结果仅适用于导向合力指向井眼高边全力增斜情况，其他情况下需要重新进行分析!!）

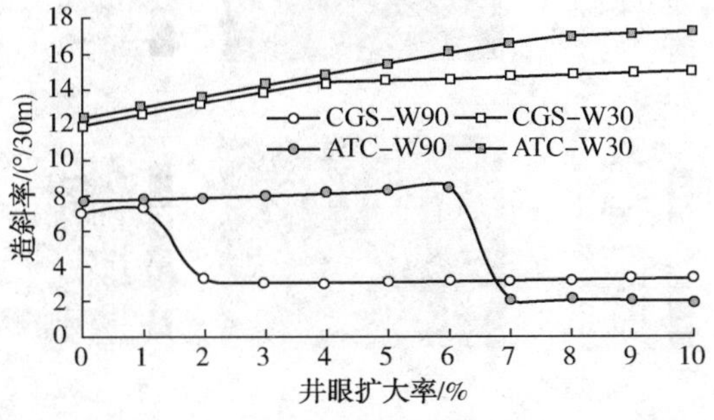

图 13　井眼扩大率对造斜率影响规律

（3）地层各向异性指数对造斜率影响规律

地层各向异性指数是指沿地层层面方向的钻进效率与沿地层法线方向的钻进效率之比。对于沉积岩地层来说，沿地层法线方向更容易钻进，地层各向异性指数通常小于 1.0。

取地层各向异性指数 0.99，地层倾角 5～20°，地层倾向与井斜方位角的夹角 0～180°，井斜角 15°，造斜率、井斜变化率和方位变化率随地层倾向变化规律如图 14 所示。其中，深蓝色线表示地层各向异性指数等于 1，相当于不考虑地层影响。

可以看出，当井眼方向与地层倾向基本一致且地层倾角大于当前井斜角时，地层各向异性使造斜能力增强，有利于增斜；其余情况下，地层各向异性使造斜能力减弱，不利于增斜。上述情况下，随着地层倾角增大，井斜变化率逐渐增大。此外，当井眼方向与地层倾向不一致时还会影响方位角变化，井眼漂移方向（左漂或右漂）通常趋向地层倾向。

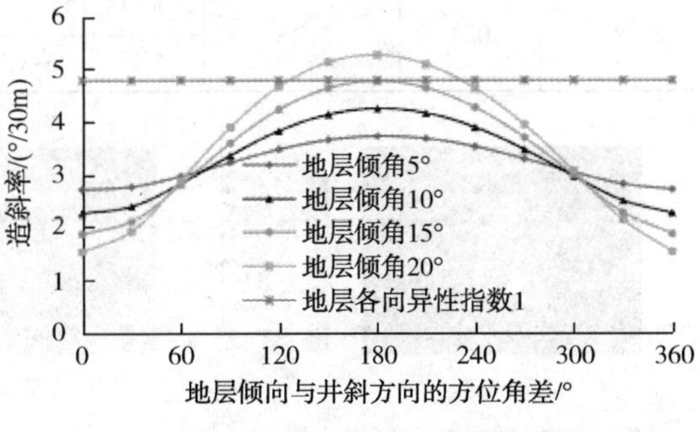

图 14　地层各向异性指数对造斜率影响规律

（4）井壁弹性对造斜率影响规律

前文建立 RSBHA 力学模型时假设井壁为刚性，未考虑井壁弹性影响。考虑井壁弹性影响之后重建 RSBHA 力学模型并预测造斜率。“造斜率偏差”（是指弹性井壁的造斜率预测结果减去刚性井壁的造斜率预测结果）随井壁弹性变化规律如图 15 所示。可以看出，井壁弹性系数小于 10kN · mm^{-1}时造斜率偏差较大，井壁弹性系数越小，造斜率偏差越大。

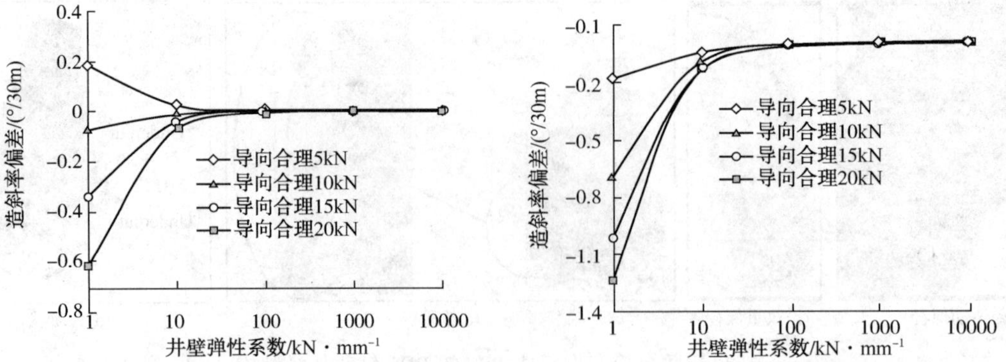

(a)工具面角45°　　(b)工具面角135°

图15　井壁弹性系数对造斜率偏差影响规律

(5) 井壁岩石强度对造斜率影响规律

钻井实践表明，当地层较软时静态推靠式RSS的导向翼肋有可能陷入井壁。该情况下非旋转套停止旋转，钻头进尺很慢或几乎无进尺；若此时上下活动钻具之后继续钻进，则一切恢复正常，但是钻进3~5m又出现相同问题。导向翼肋陷入井壁不仅影响造斜率和井眼轨迹调控精度，还影响钻压传递效率，甚至造成导向工具自锁和井壁屈服破坏。

采用有限元软件ABAQUS对单活塞斜推式导向翼肋与地层相互作用进行模拟分析。井壁岩石力学参数如表2所示。截取不同时刻井壁变形图如图16所示，绘制导向翼肋陷入井壁深度随时间变化曲线如图17所示。可以看出，在第1阶段(前5s)仅有推靠力(25kN)作用下导向翼肋陷入井壁速度非常快，最大陷入深度5~6mm；第2阶段沿钻头前进方向施加10kN推力(前推力)之后导向翼肋沿井壁向前滑动，井壁上出现一道凹槽；随着模拟时间越来越长，导向翼肋陷入井壁越来越深，直至导向翼肋完全陷入井壁和非旋转套本体接触井壁。

表2　岩石力学参数表

密度/(kg/m³)	泊松比	弹性模量/GPa	内摩擦角/°	内聚力/MPa	内摩擦角/°	流应变率	屈服应力/MPa
2038	0.3	7.18	35.132	3.139	54.93	0.778	12.09
			M-C准则数据		D-P准则数据		

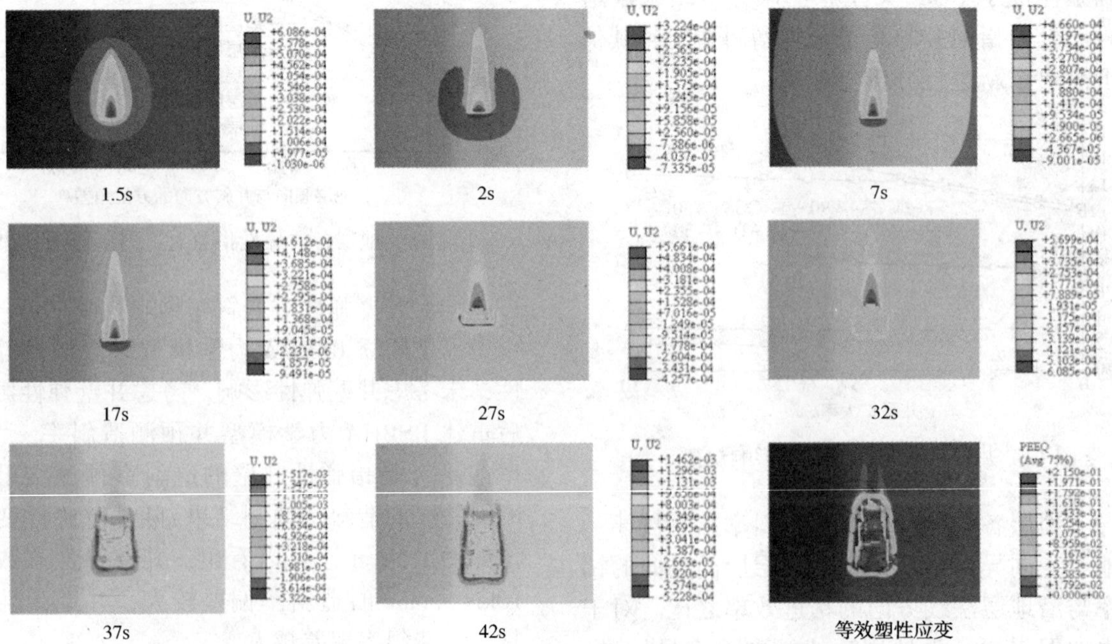

图16　不同时刻井壁变形图

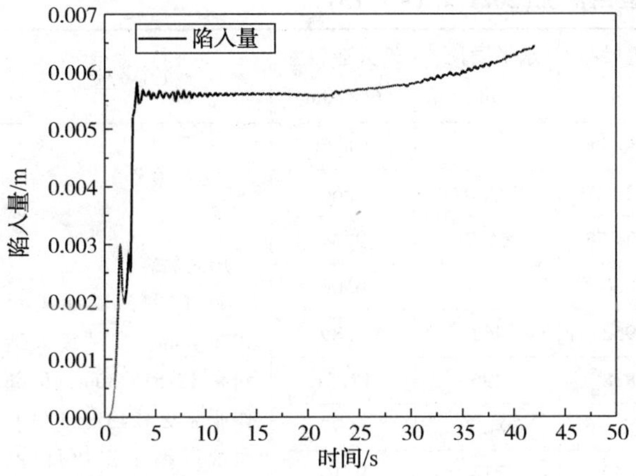

图 17　斜推式导向翼肋陷入井壁深度曲线

2.6　提升造斜率技术措施

基于上述模拟分析，对造斜率影响因素及规律、提升造斜率技术方案总结如下：

（1）导向头结构、柔性短节长度、导向合力、钻压、钻头侧向切斜能力、地层特性和井眼扩大率对造斜率影响明显；井斜角、柔性短节直径对造斜率影响不明显。

（2）优化导向头结构、适当加长柔性短节、增大导向合力、适当降低钻压、提高钻头侧向切削能力、做好地层适应性评价、避免井眼扩大均有助于提高造斜率。

3　国产 RSS 应用实例

“十三五”期间，中石油川庆钻探公司与航天科工集团、中国石油大学（华东）组建了旋转导向钻井技术研发团队，共同承担了国家重大专项“旋转导向钻井系统研制”课题；研究团队重新认识了推靠式 RSS 的导向机理，创建了“平衡趋势造斜率”预测方法，揭示了影响造斜率的关键因素及规律，提升了国产系统的稳定性、可靠性和工程适应性，成功研制出了适用于 φ215.9mm 井眼、造斜率 10.5°/30m（最高 12.5°）、满足陆上非常规油气资源勘探开发需求的 CG STEER 国产静态推靠式 RSS，目前已投入工业化应用。

（1）国产旋转导向系统的技术指标对比

国内外旋转导向钻井系统的技术指标对比见表 3。2020 年 4 月 1 日，中石油科技部对 CG STEER 国产 RSS 进行鉴定，整体性能达到国际先进水平，整体技术指标介于 AutoTrak G3 与 AutoTrak Curve 之间，打破了国外技术垄断，填补了我国陆上非常规油气国产 RSS 空白。

表 3　国内外旋转导向钻井系统的技术指标对比

	CG STEER	AutoTrak G3	AutoTrak Curve	PowerDrive Archer675	GeoPilot Duro7600	AutoTrak G3 HT-175	PowerDrive ICE
适用井眼/mm	Φ215.9	Φ215.9	Φ215.9	Φ215.9	Φ215.9	Φ215.9	Φ215.9
造斜能力/(°/30m)	10.5	6.5	15	15	15	6.5	8
最大钻压/kN	300	250	250	245	250	255	245
抗压/MPa	120	138	138	138	172/206	206	206
耐温/℃	150	150	150	150	175	175	200
近钻头井斜、伽马	√	√	√	√	√	√	√
近钻头伽马零长/m	2.1	5.4	3.5	2.29	0.98	5.4	
近钻头方位	√	×	×	√	×	×	√
零度造斜	√	√	√	√	√	√	√
推靠力监控方式	压力闭环	电流闭环	电流闭环	/	/	电流闭环	/

（2）工业化应用情况

2020 年，CG STEER 在川渝地区完成 15 口水平井作业，累计进尺 24429.88m，系统单次下井循环工作时间最长 390h（宁 209H23-2 井），单趟最长进尺 2149m（秋林 209-8-H1 井）。2021 年 1 月~7 月，CG STEER 在川渝地区和长庆油田完成 25 口水平井作业，汇总分析见表 4，累计进尺 32001.83m，实钻最大造斜率 12.51°/30m（威 202H22-7 井），最高作业温度 124℃（泸 203H53-4 井），单趟最长进尺 2331m（华 100-28 井）。

表4　2021年CG STEER工业化应用情况(2021.1.1~7.13)

序号	井号	趟次	结束井深/m	最大井斜/°	进尺/m	水平段长/m	最大造斜率/(°/30m)	汇总分析
1	威202H23-6井	2	2703.28	81.43°	490.28	33.28	10.34	川渝页岩气：11口井，累计进尺9076.45m，实钻最大造斜率12.51°/30m，最高作业温度124℃，5口井实现一趟钻作业目标，平均单趟进尺477.71m。
2	威204H51-3井	2	3933.03	95.01°	1226.03	793.03	7.66	
3	威202H22-8井	1	2714.78	81.98°	650.78	254.78	9.34	
4	泸203H53-4井	1	3723	89.60°	266	/	6.06	
5	威204H37-1井	1	3877	97.44°	952	462	7.89	
6	威202H22-7井	1	2936	80.96°	818	496	12.51	
7	威204H51-2井	1	3464.36	94.83°	822.36	394.36	8.97	
8	威202H22-6井	1	2843	81.92°	640	273	9.16	
9	威202H19-2井	2	4063	98.63°	1285	813	7.89	
10	威204H37-2井	2	3836	97.87°	879	336	7.9	
11	威202H19-1井	4	3796	99.42°	1047	551	6.99	
12	盐亭207-8-H1井(双)	1	3330	89.27	1901	995	8.89	川渝致密气：6口井，累计进尺10540.50m，4口井实现一趟钻作业目标，单趟最长进尺2210m，平均单趟进尺1117.17m。
13	秋林20H井(双)	1	3138.16	90.1	1288.38	538.16	5.45	
14	观浅1井	1	2310	97.3	1440	800	7.97	
15	秋林209-8-H2井	1	3800	90.81	2210	1220	5.56	
16	秋林212-8-H2井	3	3760	90.89	1960	1240	6	
17	秋林213-8-H1井	2	3500	91.67	1741.12	960	5.52	
18	华H149-12井	2	3729	91.55	2023	1500	5.39	长庆非常规油气：8口井，累计进尺12384.88m，5口井实现一趟钻作业目标，单趟最长进尺2331m，平均单趟进尺1032.07m。
19	华H100-14井	3	3713	/	868	868	/	
20	华H100-25井	2	4122	91.65	2521	1732	4.93	
21	华H100-26井	1	2542	90.11	841	165	/	
22	靖51-29H1井	1	3300	90	615	/	5.43	
23	华100-2井	1	3110	90.21	1452	582	5.36	
24	华100-28井	1	4138	/	2331	1561	4.95	
25	华100-1井	1	3478.88	89.47	1730.88	830.88	4.88	

4　结论与建议

(1) 平衡趋势造斜率预测方法能够综合考虑旋转导向钻具组合受力、钻进参数、井眼几何形状、钻头以及地层特性等对造斜率影响，为旋转导向钻井系统研制和应用提供支持。

(2) 导向头结构、柔性短节长度、导向合力、钻压、钻头侧向切斜能力、地层特性和井眼扩大率对造斜率影响明显；井斜角、柔性短节直径对造斜率影响不明显。

(3) 优化导向头结构、适当加长柔性短节、增大导向合力、适当降低钻压、提高钻头侧向切削能力、做好地层适应性评价、避免井眼扩大均有助于提高造斜率。

(4) 建议继续提升国产旋转导向钻井系统的稳定性、可靠性和工程适应性。

参考文献

[1] 张绍槐．现代导向钻井技术的新进展及发展方向[J]．石油学报，2003，24(3)：82-85，89.

[2] 苏义脑，窦修荣，王家进．旋转导向钻井系统的功能、特性和典型结构[J]．石油钻采工艺，2003，25(4)：5-7.

[3] 王鹏，盛利民，窦修荣，等．国外旋转导向最新技术进展与发展趋势[J]．钻采工艺，2013，36(6)：32-35.

[4] 宋红喜，曾义金，张卫，等．旋转导向系统现状及关键技术分析[J]．科学技术与工程，2021，21(6)：2123-2131.

[5] 菅志军，尚捷，彭劲勇，等．Welleader及Drilog系

统在渤海油田的应用[J]. 石油矿场机械，2017，46(6)：57-62.
[6] 白璟，刘伟，黄崇君．四川页岩气旋转导向钻井技术应用[J]. 钻采工艺，2016，39(2)：9-12.
[7] 席传明，史玉才，张楠，等．吉木萨尔页岩油水平井JHW00421井钻完井关键技术[J]. 石油钻采工艺，2020，42(6)：673-678.
[8] 杨灿，王鹏，饶开波，等．大港油田页岩油水平井钻井关键技术[J]. 石油钻探技术，2020，48(2)：35-42.
[9] 柳伟荣，倪华峰，王学枫，等．长庆油田陇东地区页岩油超长水平段水平井钻井技术[J]. 石油钻探技术，2020，48(1)：9-14.
[10] 白家祉，苏义脑．井斜控制与理论[M]. 北京：石油工业出版社，1990.
[11] 唐雪平，苏义脑，葛云华，等．旋转导向钻具组合力学分析[J]. 力学与实践，2013，35(1)：55-59.
[12] WANG H，GUAN Z C，SHI Y C，et al. Study on build-up rate of push-the-bit rotary steerable bottom hole assembly [J]. Journal of Applied Science and Engineering，2017，20(3)：401-408.
[13] 王恒，管志川，史玉才，等．柔性短节对推靠式旋转导向底部钻具组合造斜能力的影响分析[J]. 钻采工艺，2018，41(6)：19-22.
[14] 滕志想．静态推靠式旋转导向钻井系统井眼轨迹预测技术[D]. 青岛：中国石油大学(华东)，2020.
[15] 王恒．静态推靠式旋转导向BHA力学特性及钻进趋势研究[D]. 青岛：中国石油大学(华东)，2019.
[16] 刘修善，何树山，邹野．导向钻具几何造斜率的研究．石油学报，2004，25(6)：83-87.
[17] 苏义脑．极限曲率法及其应用[J]. 石油学报，1997，18(3)：110-114.
[18] J. Sugiura. Optimal BHA design for steerability and stability with configurable rotar y-steerable system [R]. SPE 114599，2008.
[19] U. Hahne，G. Risdal，J. Ruszka，et al. Integrated BHA concept of the latest generation rotary closed-loop system for hole size from 5⅞″ to 18¼″[C]. IADC/SPE 87168，2004.
[20] J. Sugiura. Systematic testing with push-and point-the-bit rotary-steerable systems leads to the optimal BHA design for stability，steerability and borehole quality [C]. AADE-08-DF-HO-39，2008.
[21] H. M. Panayirci，S. Brands，O. Houette. Selection of optimum bottom hole assembly configuration using steering prediction modeling [J]. Journal of Natural Gas Science and Engineering 27 (2015)：757-762.
[22] J. Goldsmith. Optimizing BHA's through comparison of conventional drilling methods to use of rotary steerable systems in the Barnett Shale [C]. SPE 141127，2010.
[23] P. Pastusek，V. Brackin，P. Lutes，A fundamental model for prediction of hole curvature and build rates with steerable bottomhole assemblies [C]. SPE 95546，2005.
[24] Y. Zhang，R. Samuel. Analytical model to estimate the directional tendency of point and push-the-bit BHAs [C]. SPE 174798，2015.
[25] S. Krueger，R. Sharpe，W. Attridge，et al. Introduction of new drilling technology provides continuous high build rate capability in complex corkscrew well trajectory，accessing unswept reserves in the North Sea [C]. SPE/IADC 184639，2017.
[26] 史玉才，管志川，赵洪山，等．底部钻具组合造斜率预测新方法[J]. 中国石油大学学报(自然科学版)，2017，41(1)：85-89.
[27] 李军，李东春，张辉，等．推靠式旋转导向工具造斜能力影响因素[J]. 石油钻采工艺，2019，41(4)：460-466.

川渝地区难钻地层异形齿 PDC 钻头研制与应用

唐克松　刘素君　姚建林

(中国石油川庆钻探工程有限公司)

摘　要　川渝地区油气资源丰富，但地质情况较为复杂，部分岩层可钻性低，目前使用的常规平面齿结构的 PDC 钻头对难钻地层适应性差，急需对异型 PDC 钻头研发。本文利用异形齿与常规平面齿动力学仿真对比分析、异形齿破岩仿真分析、异型 PDC 钻头动力与水力学仿真分析，成功设计并试制出高效异形齿 PDC 钻头 CAS5163DAU。将研制的 CAS5163DAU 型异型钻头在 N209H49-3 井 495m-1489m 井段进行现场试验，平均机械钻速 6.5m/h 下，钻头进尺达 330m，钻头正常磨损，出井新度 75%，保径轻微磨损，其他正常磨损，刀翼轻微磨损，水眼未堵塞；与邻井常规平面 PDC 钻头应用效果进行对比，整体提速效果明显。结果表明：试制的异形齿 PDC 钻头能够很好适应川渝地区难钻地层，试验成功也为川渝地区难钻地层后续开发提供了宝贵的现场经验；同时说明，非平面异形齿结构 PDC 钻头具有良好的应用和开发前景。

关键词　PDC 钻头；仿真分析；常规平面齿；异形齿；斧形齿；三棱形齿

目前川渝地区须家河、二叠系地层非均性强、可钻性差，使得所使用平面齿结构 PDC 钻头的单只进尺较低和机械钻速较慢，这极大地制约了该类地层的提速提效，影响全井钻井周期。同时，平面齿 PDC 钻头仅能在一种岩石类型中能够获得最佳钻进性能，无法满足川渝地区难钻地层钻头性能的高效运行。因此，为进一步降低该类地层的钻井周期和成本，开展异形齿结构高效 PDC 钻头研制与应用显得尤为必要。研制的异形齿结构 PDC 钻头在 CN 区块二叠系长兴-梁山组地层开展了现场试验，提速效果较为明显，为川渝地区难钻地层提速提供了一种新的技术手段。

1　异形齿结构 PDC 钻头仿真分析

通过异形齿 PDC 钻头国内外研究现状调研和现场应用情况分析，对市场上的异形齿 PDC 钻头进行优选，结果发现，斧形齿结构和三棱形齿结构这两种非平面异形齿 PDC 钻头性能成熟、稳定，具有很强的适用性与代表性，故将这两种异型 PDC 钻头作为模拟与分析对象，为非平面齿结构 PDC 钻头设计提供理论依据。

1.1　异形齿仿真分析与破岩分析

本文选用市场上应用最为广泛的异形齿，结构见图 1，其中齿直径表示为 D，长度表示为 L，脊背线长表示为 H，斧形齿脊背夹角表示 β，如图 1(a)所示；三棱形齿脊背夹角表示为 β，如图 1(b)所示。在异形齿工作过程中，影响其破岩效果参数主要为切削齿脊背夹角夹角 β、金刚石层厚 h。

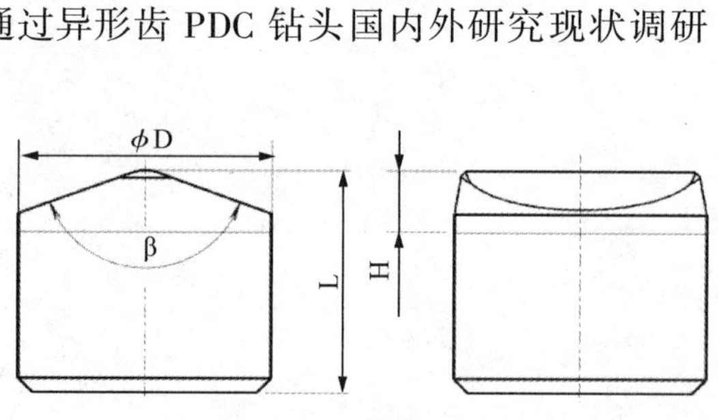

(a)斧形齿结构图

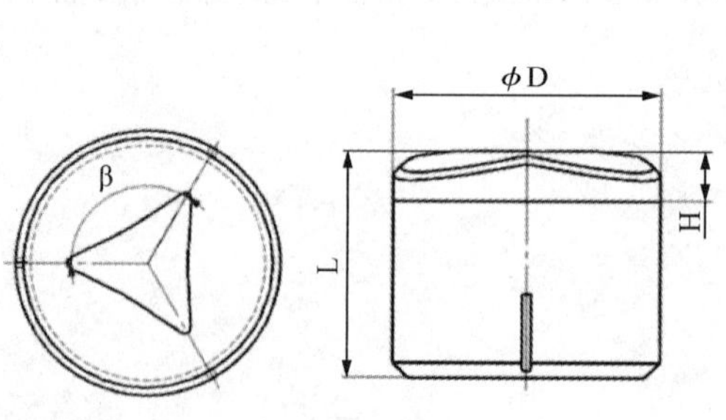

(b)三棱形齿结构图

图 1　异形齿结构示意图

PDC 切削齿与岩石之间的切削宏观上表现为旋转切削，但在有限元模型中，可以将这种切削无限细分，将旋转切削运动化为直线方向切削与垂向压入，直线切入切削有限元模型如图 2(a)所示，垂向压入有限元模型如图 2(b)所示。这种模型通过确定各类岩石参数，可以准确模拟异型结构的 PDC 钻头切削齿切削复杂岩石，不管是均质砂岩、致密砂岩，还是软硬交错岩石均能适用。

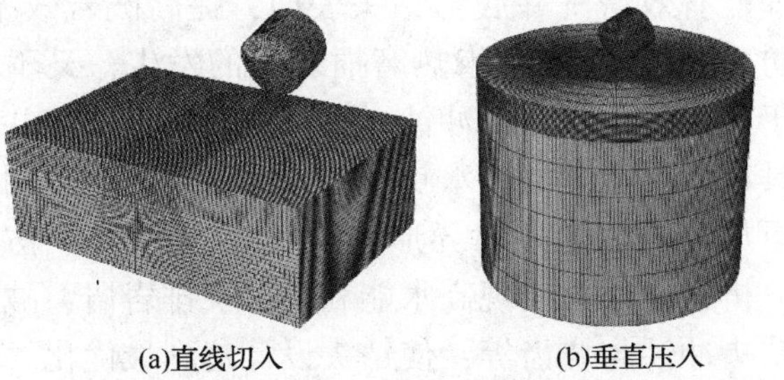

图 2　不同方向切削齿进入岩石的有限元模型

模拟实验中，根据实际 PDC 钻头的使用工况，对 PDC 切削齿的基本参数进行设置，其中直线切削速度设置为 300mm/s，前角设置为 15°，岩石模型选用 40×30×15(mm) 的长方体，图 3 为常规齿与异形齿直线切削岩石时的剪应力分布图。从图 3 可以看出，PDC 钻头常规齿与异形齿在接触区域和接触应力方面有很大差别，常规平面齿接触区域较为集中，主要在齿边缘富集，接触应力分布极性大；异形齿拥有着更大的接触面积，其所具有的独特结构使接触应力分布也更为均匀。

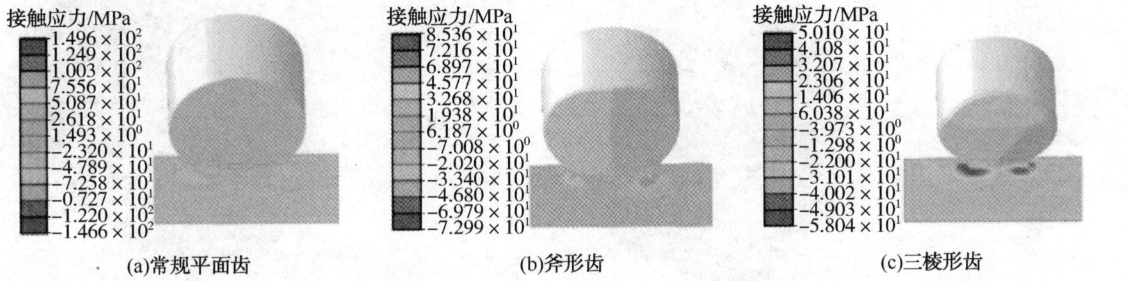

图 3　常规齿与异形齿直线切削岩石剪应力分布云图

1.2　异形齿 PDC 钻头动力、水力学分析

(1) 异形齿 PDC 钻头动力学仿真分析

PDC 钻头的工作稳定性是我们非常关心的一个问题，对钻进时的钻头进行研究发现，PDC 钻头不稳定根本原因源自于一个静不平衡力，这个力作用在与钻头轴线相垂直的平面上，进一步分析发现，这个力并不是一个单一力，而是异形齿所受的轴向力、切向力、弯矩以及轴向力等多种作用力的矢量和，它还影响着异型 PDC 钻头的钻冠形状、布齿方式等。因此，需对异形齿 PDC 钻头进行动力学仿真分析，目前的仿真分析主要借助于数字化钻进分析系统，对异型 PDC 齿与井底岩石接触关系、异型 PDC 钻头受力、异型 PDC 齿磨损区域等进行三维仿真分析，如图 4 所示。通过仿真分析，在设计中调整设计参数，主要在降低横向不均力、均衡易磨区域时异形齿作业负荷、保证异形齿钻头工作稳定等方面，再适时优化调整钻头的冠部形状、切削齿等参数，使钻头设计达到最优化。

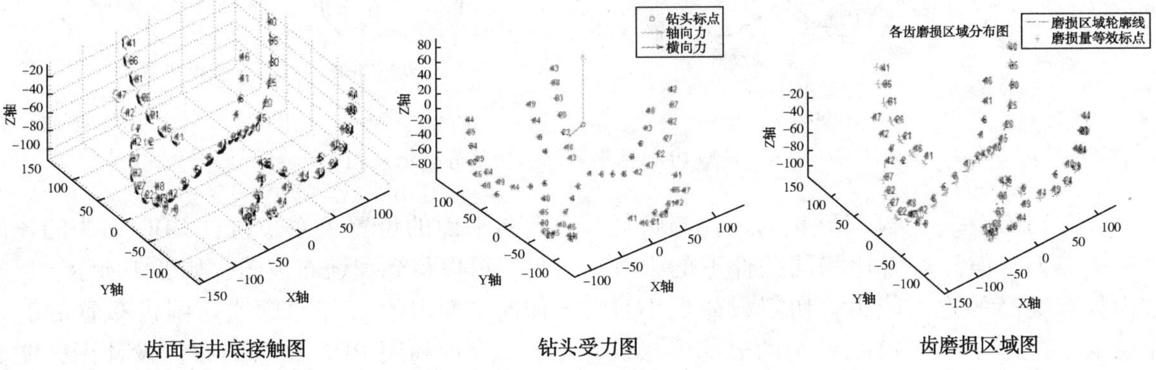

图 4　PDC 钻头三维仿真分析图

(2) 异形齿PDC钻头水力学仿真分析

在钻井过程中，钻井液性能、流体性质等因素与PDC钻头的正常工作密不可分，因此，必须对PDC钻头井底流体和水力结构展开分析，进而对其开展优化设计，这便是水力学仿真分析的目的。PDC钻头井底流场十分的复杂，三维湍流便是其中最常见的流场，若利用常规物理法，会出现成本高、周期长、难以调整等难题，不利于对PDC钻头的分析与结构优化，而采用数值模拟的方法则是一种较为经济和有效的手段。图5为非平面PDC钻头通过水力仿真所模拟出的井底流动轨迹分布图，通过仿真分析，一方面可以使钻头表面保持合适的流速分布，使其即能有效清洗井底与钻头表面，提高破岩效率，防止泥包与PDC齿热磨损现象的发生，又不至于造成钻头基体的冲蚀；另一方面还可以使井底具有尽可能高的比水功率，从而使水力能量利用更加充分。通过对异形齿PDC钻头水力学仿真分析，让钻头实现高水能利用、快排岩屑、减少钻头冲蚀与烧齿等，使钻头设计达到最优化。

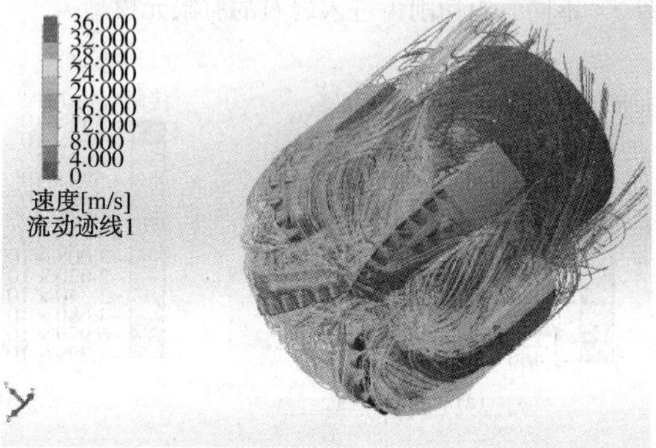

图5　井底流动轨迹水力仿真分析图

2　异形齿结构PDC钻头设计

2.1　冠部形状设计

PDC钻头冠部可分为五部分，从中轴依次往外为内锥、冠顶、外推、肩部、保径，如图6(a)所示；PDC钻头冠部形状分为四种类型：平底型、浅锥型、中锥型以及长锥型，如图6(b)所示。在这四种冠形中，平底与浅锥两种不仅内锥浅，较易受到横向震动的作用力，破坏PDC钻头的切削齿；中锥冠形内锥深，布齿范围广，侵入地层能力强；长锥冠形外锥较长，可以容纳更多切削齿，增强了PDC钻头耐磨性。

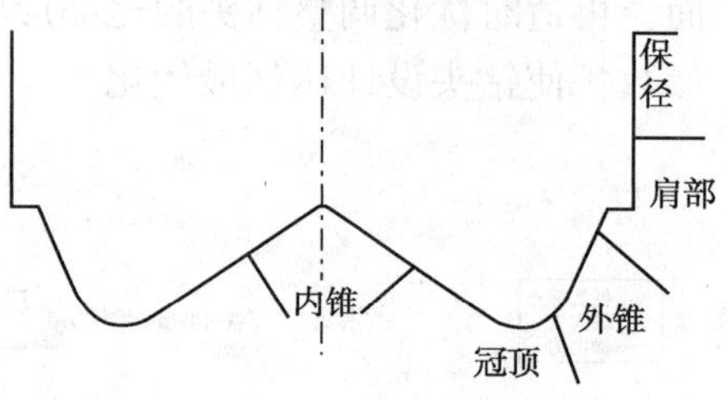

(a)

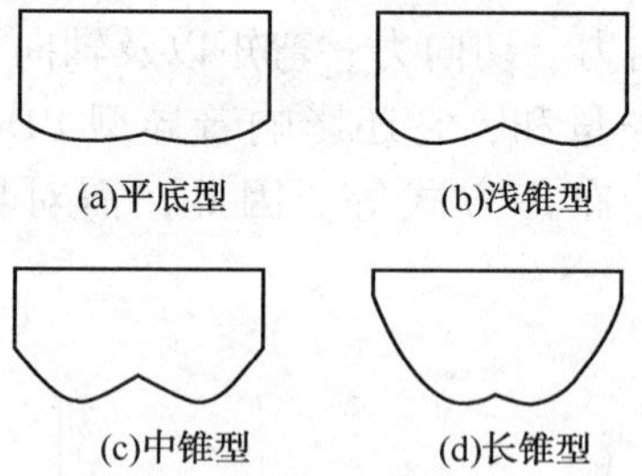

(b)

图6　异型PDC钻头冠部形状与分类示意图

异形齿PDC钻头的冠部形状的选择与常规PDC钻头类似，但异形齿比相同条件下的常规PDC齿具有更高的吃入能力，切削载荷更小且更加稳定，这为异形齿PDC钻头的冠部形状设计中提供了更多选择。

2.2　径向布齿设计

PDC钻头径向布齿主要考虑切削齿之间在径向平面的位置关系，通过PDC钻头的径向布齿，可以得到覆盖布齿图，如图7所示，反映了径向平面上沿冠部轮廓线切削齿布置的疏密程度。合理利用PDC钻头的布齿设计图，能实现异型PDC钻头对井底岩石覆盖的同时，还具有合理的布齿密度，达标的固齿强度，良好的稳定性和工作寿命。

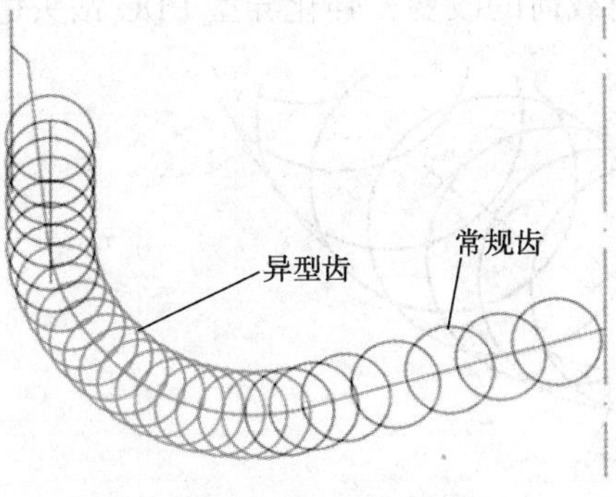

图 7　研磨性地层异型 PDC 钻头径向布齿设计图

常规 PDC 钻头在进行布齿设计时，在内锥以小密度布齿，冠顶及外锥大密度布齿，这样的设计可以平衡因切削速度差异产生的不均匀磨损。异形齿在布齿时所受影响与常规 PDC 钻头相同，但两者齿形存在差异，特别是齿面结构、切削角度等方面，使得异形齿 PDC 钻头有着更强吃入地层的能力，为解决硬研磨性地层吃入难问题提供理论依据。

2.3　周向布齿设计

PDC 钻头的周向布齿设计对象为 PDC 钻头的刀翼，具体为设计刀翼形状、数量以及齿序，主要与 PDC 钻头的工作地层环境相关。异形齿 PDC 钻头刀翼形状与齿序与常规 PDC 钻头保持一致，刀翼数量需要尤为注意。一方面，刀翼数量增加，虽然可以增大钻头布齿数量与密度，增加钻头寿命，但是反而会降低 PDC 钻头吃入地层的能力，不利于钻头的钻进；另一方面，所钻地层越复杂、工况越恶劣，所需钻头切削齿就越多，刀翼也越多。因此，在周向布齿设计中，异形齿 PDC 钻头刀翼数量设计尤为重要，针对川渝地区难钻地层的异型 PDC 钻头周向布齿设计图如图 8 所示。

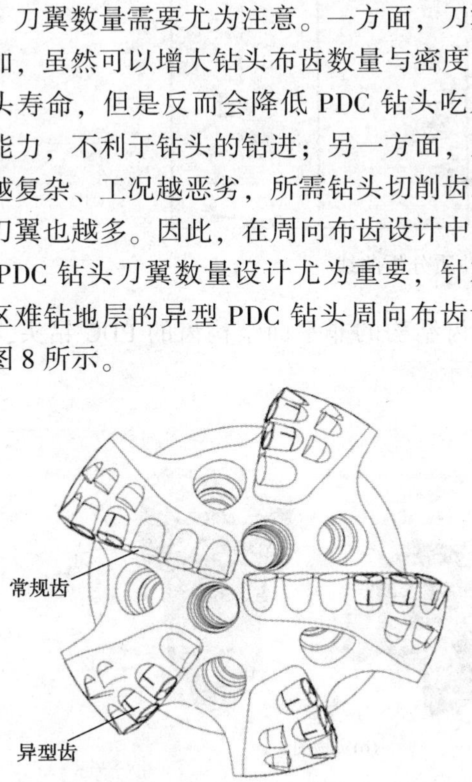

图 8　异形齿 PDC 钻头周向布齿设计图

2.4　力平衡设计

目前失效的 PDC 钻头中，异常失效所占比重较大，对异常失效的 PDC 钻头进行研究，发现大部分为复合片的冲击失效，这是由 PDC 钻头的扭转振动和回旋振动复合作用造成的。故而在 PDC 钻头设计时，需对 PDC 钻头进行稳定性设计，尽可能降低 PDC 钻头在钻进时的振动。然而，PDC 钻头钻进时受力较为复杂，无论是钻冠轮廓、布齿设计，还是切削齿的切削角度，都会影响钻头振动。因此，对 PDC 钻头的综合性力平衡设计尤为重要。相对于常规 PDC 钻头，异型 PDC 钻头具有多样的切削角度，较高吃入地层的能力，三棱齿、斧形齿显得尤为突出，能很好的预防钻头在地层发生“打滑”时产生的扭转振动。另一方面，异形齿结构复杂，切削齿面、切削角度多变，会使产生的切削载荷变化更难预测，影响 PDC 钻头的磨损与工作寿命，增加了力平衡设计的困难。

为了异型 PDC 钻头获得较佳的综合效益，对异型 PDC 钻头做以下设计：

（1）将异形齿的齿面角维持在 130°～150°，辅以适当齿前倾角，这样的设计能保持高切削效率同时，使钻头拥有较好的抗冲击振动能力，减小齿面的磨损与钻头损坏；

（2）确定合适切削角度，保证切削截面的均匀分布，有效让 PDC 钻头齿面保持均匀磨损；

（3）调整异型 PDC 钻头切削齿位置、角度等，使钻头保持横向力近于零的自平衡状态，大大减弱钻头横向振动，还能控制井径扩大。

2.5　齿旋角设计

对异型 PDC 钻头进行破岩机理分析发现，齿旋角与径向载荷、切削振动、齿岩间作用力都有很大关系。因此，异型 PDC 钻头设计重点之一就是齿旋角的设计。

异型 PDC 钻头齿旋角的设计核心在于中心棱线与切削截面，研究异形齿中心棱线在钻头轴面上与齿切削截面几何中心的关系对异形齿齿旋角的设计十分重要，图 9 为异型 PDC 钻头异形齿中心棱线与切削面位置示意图。我们可以计算出异型切削齿截面的集合中心，使异型 PDC 钻头齿面中心棱线在钻头轴面投影经过切削截面几何中心点，从而得到每个异形齿的齿旋角。通过齿旋角的设计，可以改变当前切削齿和相邻切削齿的工作时切削截面的大小与方向。同时，由于异形齿其独有的侧倾角，还能平衡齿旋角变化所引起径向载荷的改变，强化异型 PDC 钻头稳定性。

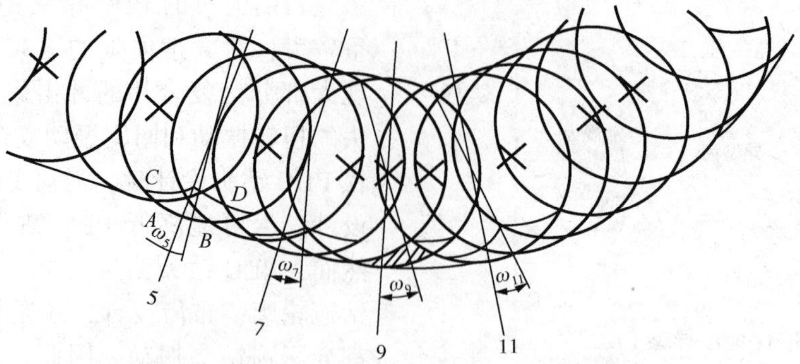

图 9　异形齿中心棱线与切削面位置示意图

3　异形齿结构 PDC 钻头试制

川渝地区长兴-栖霞组地层软硬交错，岩性主要表现为灰岩、云岩，其中夹杂泥质条带、燧石结核，部分区域含铝土质泥岩。对二叠系地层岩石力学性质进行测试分析，其结果如图 10 所示。泥质灰岩段(岩石强度 60~400MPa)、含燧石灰岩段(岩石强度 80~350MPa)，非均质性高；可钻性级值 3~12，可钻性较差；内摩擦角 30~46°，研磨性较强。

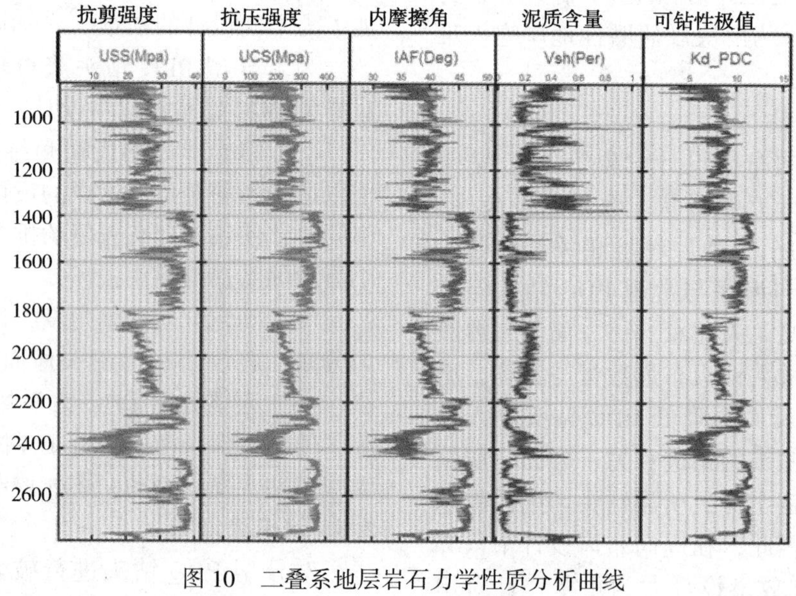

图 10　二叠系地层岩石力学性质分析曲线

二叠系长兴-栖霞组地层灰岩夹燧石研磨性强，局部软硬交错，易对 PDC 钻头产生冲击破碎，根据其地层特点和对钻头的要求，设计并试制了异形齿结构的非平面结构齿的 PDC 钻头，如图 11 所示。

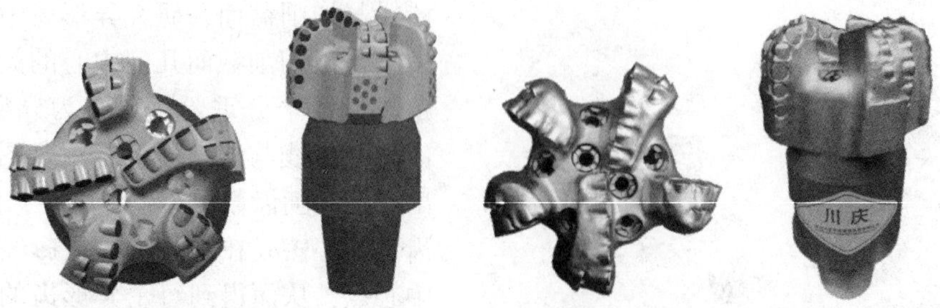

(a)三维模型图　　　　(b)实物图

图 11　81/2in CAS5163DAU 型异形齿结构 PDC 钻头三维模型与实物图

CAS5163DAU 型异型 PDC 钻头性能优异，针对茅口-栖霞组含燧石段，岩石强度高、研磨性强、对钻头寿命要求高的难点，钻头使用了综合性能高、抗研磨性强、自锐能力好的 PDC 复合片；针对地层软硬交错、可能含燧石结核冲击破坏 PDC 钻头，钻头采用部分异形齿后排布置设计，可预防钻头受冲击破坏，增强了钻头破岩能力；针对地层岩性塑性强，PDC 钻头难以吃入，机械钻速低，钻头采用 5 刀翼、φ16mm 三棱形 PDC 复合片，双排齿设计，中等偏小切削后角设计，提高钻头破岩效率；针对研磨性强，钻头磨损严重、保径易缩径，钻头优化了水力设计，有效提高快速钻进时切削齿冷却效率及钻头井底排屑能力，使用寿命及机械钻速大大提高，同时采用人造聚晶片加强保径和主动规径设计，有效井眼防止缩径。

4 异形齿结构 PDC 钻头现场试验

将研制的 CAS5163DAU 型异型钻头在 N209H49-3 井进行现场试验，使用井段 495m~1489m，单只钻头进尺 994m，平均机械钻速 8.97m/h。异型 PDC 钻头应用情况见表 1。

表 1 异型 PDC 钻头应用情况数据表

钻头型号	所钻层位	岩性	累计进尺/m	累计纯钻/h	平均机械钻速/(m/h)
CAS5163DKAU	飞仙关组-栖霞组	泥岩、页岩、灰岩	994	110.87	8.97

入井前与出井后的照片如图 12 所示。起钻原因：钻至井深 1489m 时，层位是栖霞-a 亚段，N209H49-3 井在栖霞-a 亚段有出现钻井液漏失返情况，井队决定起钻通井，以防钻井液漏失返的发生。起钻后检查，钻头正常磨损，钻头出井新度 75%，保径轻微磨损，其他正常磨损，刀翼轻微磨损，水眼未堵塞，未发生泥包现象。钻头 IADC 磨损分级：1-3-CT-S-X-I-WT-PR。

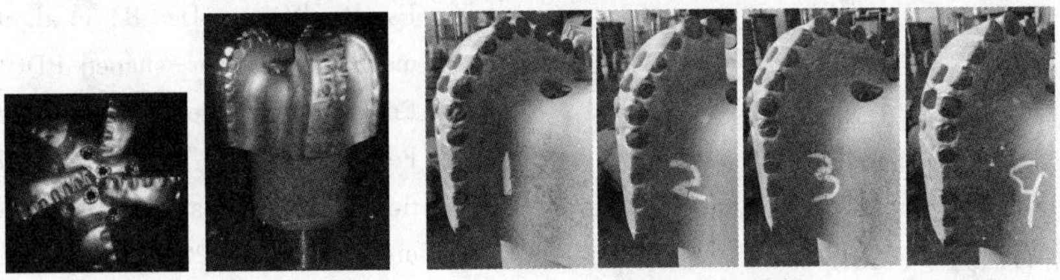

(a)入井前 (b)出井后

图 12 试制异型 PDC 钻头入井前与出井后照片

将自主研制的异形齿个性化 PDC 钻头应用效果与邻井常用国产常规平面钻头进行对比，对比情况如图 13 所示。在二叠系茅口组，单只进尺 330m，同比邻井 N209H49-4 井、N209H47-6 井、N209H47-7 井和 209H47-8 井提高 86.1%~194%；平均机械钻速 6.5m/h，略低于 N209H49-4 井，与 N209H47-6 井相当，但同比其他 2 口邻井提高 28%~38%。

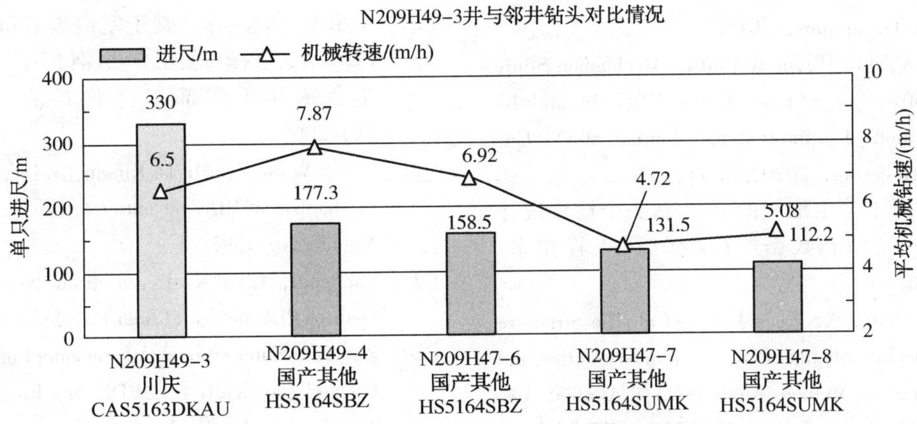

图 13 试制异型 PDC 钻头应用效果对比图

5 结论

(1) 通过异型齿与常规平面齿 PDC 钻头的动力学仿真对比分析发现，斧形齿、三棱形齿等异形齿的破岩效率比常规平面齿稳定性更强；基于异形齿破岩仿真分析、异型 PDC 钻头动力、水力学仿真分析，成功设计并试制出高效异形齿 PDC 钻头，为后续非平面异形齿结构 PDC 钻头与破岩提速工具组合研究打下良好的基础。

(2) 试制的异型非平面齿结构的 PDC 钻头，在 CN 区块二叠系 N209H49-3 井现场试验中，整体提速效果较为明显，特别是优化改进的 CAS5163DKAU 型异形齿结构的 PDC 钻头，平均机械钻速 6.5m/h 下，单只钻头进尺达 330m，为川渝地区难钻地层后续开发提供了宝贵的现场经验。

(3) 目前非平面异形齿结构 PDC 钻头现场试验较少，但常规平面齿结构 PDC 难以满足各种复杂地质情况的钻井需求，因此，非平面异形齿结构 PDC 钻头具有良好的开发和应用前景。

参考文献

[1] 刘志鹏，曾恒，周学军. 适用于特定地层的 PDC 钻头个性化设计[J]. 天然气工业，2013，33(003)：59-63.

[2] 严成森. 屋脊齿 PDC 钻头破岩机理与设计研究[D]. 成都：西南石油大学，2018.

[3] 罗恒荣，唐玉响，徐玉超，等. 新型定向井 PDC 钻头的研制与应用[J]. 石油钻探技术，2007，35(005)：86-89.

[4] Pan J，Wang M，Xinjun G，et al. New Progress and Future Development of PDC Bit[J]. China Petroleum Machinery，2016.

[5] Yu X，Zhu X，Jia Y，et al. Numerical Simulation of FlowField of Center Partition-Type PDC Bit[J]. Petroleum Drilling Techniques，2011.

[6] Li N，Teng X，Liu H，et al. Cutting Mechanism Study of an Innovative Non-Planar Cutter PDC Bit and Its Field Application[J]. International Journal of Oil Gas and Coal Engineering，2020，8(3)：53.

[7] 包乃亮. 适用于特定地层的 PDC 钻头个性化设计[J]. 中文科技期刊数据库(文摘版)工程技术：00118-00118.

[8] Zhang D R，Chang A，Kong C Y，et al. The Structure Design of Special-Shaped PDC Reinforced-Cutter and its Finite Element Method Analysis[J]. Applied Mechanics and Materials，2012，215-216：877-884.

[9] Qiu R，SINOPEC. Development and application of PDC bit with special-shaped teeth[J]. Petrochemical Industry Technology，2019.

[10] 邓元洲，罗伟，张伟，等. 四川盆地侏罗系地层个性化 PDC 钻头研制与试验研究[J]. 钻采工艺，2014，000(005)：74-77.

[11] 郭亮，冯雪诚，陶瑞东，等. 异形齿 PDC 钻头在大港油田的现场应用[J]. 西部探矿工程，2019，031(004)：109-111.

[12] Lyons N，Izbinski K，Pauli A，et al. Footage in STACK Lateral of Oklahoma Increased by 205% through New Non-Planar PDC Cutter Geometry Development and Implementation[J].

[13] Gao K，Sun Y，Liu J，et al. Experimental Study on Bionic PDC Cutting Teeth of PDC Bit Working Angle Optimization for Limestone Stratum[J]. Exploration Engineering(Rock & Soil Drilling and Tunneling)，2015.

[14] Kong C，Zhu R，Zhang D，et al. Research on kinematics analysis of spherical single-cone PDC compound bit and rock breaking simulation verification[J]. Oil & Gas Science and Technology，2021，76(1)：52.

[15] 谢晗，况雨春，秦超. 非平面 PDC 切削齿破岩有限元仿真及试验[J]. 石油钻探技术，2019，047(005)：69-73.

[16] Fsa B，Wei L，Dga B，et al. Study on rock-breaking mechanism of axe-shaped PDC cutter[J]. Journal of Petroleum Science and Engineering，2021.

[17] Feng S，Song F，Bao L，et al. Research and Application of Ridged Diamond Element Bit[J]. China Petroleum Machinery，2018.

[18] 王福修，田京燕. PDC 钻头稳定性技术研究[J]. 石油矿场机械，2002(02)：9-12.

[19] 蔡环. PDC 钻头关键设计参数优化研究[D]. 中国石油大学，2008.

[20] 张德荣，孔春岩，常十梨，等. The Structure Design of Special-shaped PDC Reinforced-cutter and Its Finite Element Method Analysis[J]. 机械设计与研究，2014，030(005)：80-83.

[21] 李祖奎，唐洪林. 基于室内破岩机理试验研究的 PDC 钻头选择与使用方法探讨[C]. 中国石油工程学会钻井工作部年会暨石油钻井院所长会议，2009.

[22] Li S，Wang Z，Ma D. Kinematical analysis and failure mechanism of PDC bit cutter teeth[J]. China Petroleum Machinery，1997.

[23] Shanghai，Chen K. Research on the distribution of the teeth of PDC bits[J]. China Petroleum Machinery，2005.

[24] Zuo R Q. International Advancement of Drilling Bits for Oil and Gas Well(4)—PDC Bits Progress and Present Trend(Ⅱ)[J]. Exploration Engineering(Rock & Soil Drilling and Tunneling)，2016.

基于随机森林模型的阜康凹陷深层机械钻速预测研究

王英杰　钟　震　郭　勇　叶雨晨

（中国石油新疆油田公司）

摘　要　准噶尔盆地阜康凹陷在深层三叠系~石炭系钻井过程中钻头破岩困难、机械钻速慢，导致钻井时效极低。利用传统机械比能理论对该区机械钻速进行预测与实钻结果误差较大，该方法无法反映制约阜康凹陷深部地层提速的真实原因。因此，利用随机森林机器学习算法建立了基于数据驱动的机械钻速预测模型，并对影响机械钻速的特征参数重要性进行了定量评估。通过以阜康凹陷已钻井录井数据和机械钻速数据对模型进行训练和测试，表明基于数据驱动的随机森林预测模型能够较好地捕捉到机械钻速的异常变化趋势，并且泛化能力较强，显著提高了阜康凹陷深井机械钻速预测精度。该方法可以为复杂地层机械钻速预测工作提供借鉴。

关键词　阜康凹陷；机械钻速；随机森林；数据驱动

准噶尔盆地阜康断裂带位于博格达山山前，受海西、燕山、喜马拉雅等多期次构造运动叠加影响，构造变形及油气成藏过程复杂。阜康凹陷地层纵向上发育多套复杂层位，深部地层机械钻速低，二叠系地层平均机械钻速仅为1.56m/h，钻井提速难度大。因此需要针对阜康凹陷开展机械钻速预测方法研究，助推阜康凹陷高效勘探开发。机械钻速作为石油工程钻井作业的重要经济指标，是影响钻井效率的关键因素之一。对机械钻速的预测研究不仅有利于科学预测钻速值，也对合理配置钻井过程中水力参数、机械参数、钻头相关参数和降低油气开发成本具有十分重要的作用。

国内外专家学者对机械钻速的预测方法进行了大量的研究，目前常用的方法包括基于现场统计数据的预测、基于地层性质和钻头结构的钻速方程预测和计算机仿真预测。Bourgoyne 等提出了基于多元回归模型的机械钻速预测方法，但是该方法在计算过程中需要考虑较多的经验参数。Mohammad 等考虑了钻头水力参数、钻头的磨损情况和地层特性等因素的影响改进了机械钻速预测模型。Liu 等通过对模拟试验数据的分析和处理，建立了钻压与机械钻速之间的相互关系模型。Chen 等人基于机械比能理论和侧限抗压强度理论，反推出了钻速方程来预测机械钻速。

但是由于地下情况复杂多变，很难通过简单的映射关系精确地描述机械钻速与地层性质和工程参数等变量之间的关系。Soares 等通过岩石强度分析也证明了基于解析方程的传统机械钻速预测方法的局限性。随着大数据技术的快速发展，用机器学习的方法对数据进行挖掘并应用到石油行业中的情况越来越多。赵颖等使用极限学习机(ELM)对海上油井机械钻速进行了预测，实现了较高的预测精度，并提出了相应的钻速优化措施。Hegde 等将传统模型与机器学习技术进行了比较，得出使用数据驱动可以在机械钻速预测中实现更高的准确性。

因此，本文先从机理模型出发，利用机械比能理论对阜康凹陷深井机械钻速进行了预测，并分析了深部地层钻速较低的原因。然后基于数据驱动，以多口井的钻压、转速、钻井液当量密度等工程参数为特征变量，使用机器学习方法建立了适合阜康凹陷深井钻速预测的模型。分析结果表明，相比于传统的机械钻速预测模型，基于数据驱动的机械钻速预测具有更高的准确度和适用性。

1　基于机械比能理论的钻速分析

1.1　机械比能理论

R. Teale 通过对不同类型的岩石采用不同钻头进行大量的实验，提出了机械比能理论，其物理意义为破碎单位体积岩石所需要的能量。机械比能的表达式为：

$$M=\frac{4W}{\pi D_{b}^{2}}+\frac{480rT_{b}}{D_{b}^{2}R} \tag{1}$$

式中：M 为机械比能，MPa；W 为钻压，kN；D_b为钻头直径，mm；r 为转速，r/min；T_b为钻头扭矩，kN · m；R 为机械钻速，m/h。

基于机械比能和侧限抗压强度理论，可以反推出钻速方程：

$$R=\frac{480rT_{b}}{MD_{b}^{2}-\frac{4W}{\pi}}=\frac{4.06\mu \cdot r}{D_{b}\left(\frac{0.6446CCS}{EFF \cdot W}-\frac{101.6}{\pi D_{b}^{2}}\right)} \tag{2}$$

式中：μ 为钻头特定滑动摩擦因数，无量纲；CSS 为侧限抗压强度，MPa；EFF 为机械效率,%；其他同上。

机械比能可代表钻井时的钻井效率，在获得理想机械钻速条件下的机械比能越小，则表示施加的钻井参数越合理，钻头与地层越适应。钻井过程中，钻压作用于钻头的切削齿使其切入岩石，利用钻头旋转产生的横向运动实现破岩。机械钻速与钻压的关系曲线如图 1 所示，理想状态下机械钻速与钻压成正比例关系，但在阶段 3 中，如果遇到钻头泥包、井底泥包或钻具振动等工况，将出现增加钻压，钻速反而降低的情况。

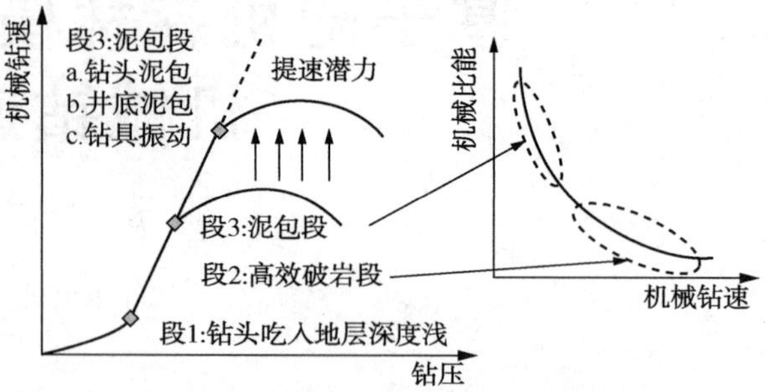

图 1 钻压、机械比能与机械钻速的关系示意图

1.2 机械钻速分析

根据机械比能理论，以准噶尔盆地东部阜康凹陷 F39 井 3800～5000m 井段为例进行机械钻速预测分析。通过计算结果对比可以看出，机械钻速预测值与真实值差异较大。对比钻井参数与实测机械钻速发现，该井段机械钻速与钻压呈负相关关系，与根据钻速方程预测的结果相反。基于 Teale 模型机械比能理论的钻速预测在阜康凹陷深部难钻地层适应性较差(图 2)。

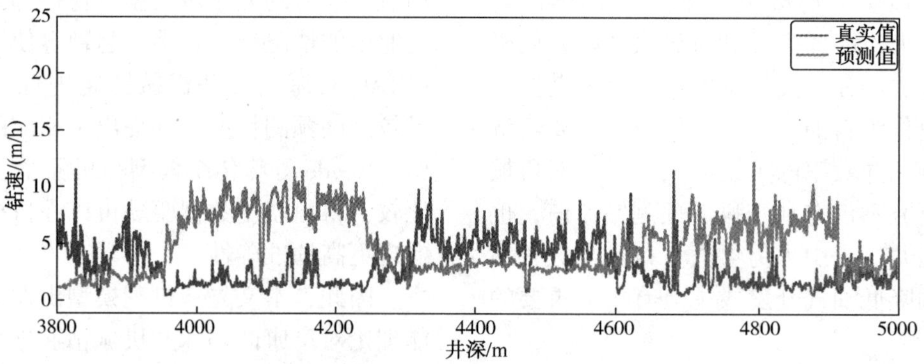

图 2 采用传统机械比能模型的钻速预测值与实测值对比(F39 井)

2 基于数据驱动的机械钻速预测

2.1 随机森林模型机器学习钻速预测原理

随机森林属于 Bagging 类集成机器学习算法，如图 3 所示，集成学习是训练多个弱学习器结合起来组成一个强学习器，在随机森林中，弱模型选用 CART 决策树。在训练阶段，随机森林采用 bootstrap 采样从原始样本中采集多个不同的子训练样本来依次训练多个不同决策树。在预测阶段，随机森林将多个决策树的预测结果取平均得到最终的结果。

在训练 CART 决策树的时候采用穷举法选择切分变量和切分点，即遍历每个特征和每个特征的所有取值，最后从中找出最好的切分变量和切分点。针对与切分变量和切分点的好坏，一般以切分后节点的不纯度来衡量，即各个子节点不纯度的加权和 $G(x_i,\ v_{ij})$，如下式所示：

$$G(x_i,\ v_{ij})=\frac{n_{\text{left}}}{N_s}H(X_{\text{left}})+\frac{n_{\text{right}}}{N_s}H(X_{\text{right}}) \tag{3}$$

其中，x_i为某一个切分变量，v_{ij}为切分变量的一个切分值，n_{left}，n_{right}，N_s分别为切分后左子节点的训练样本个数、右子节点的训练样本个

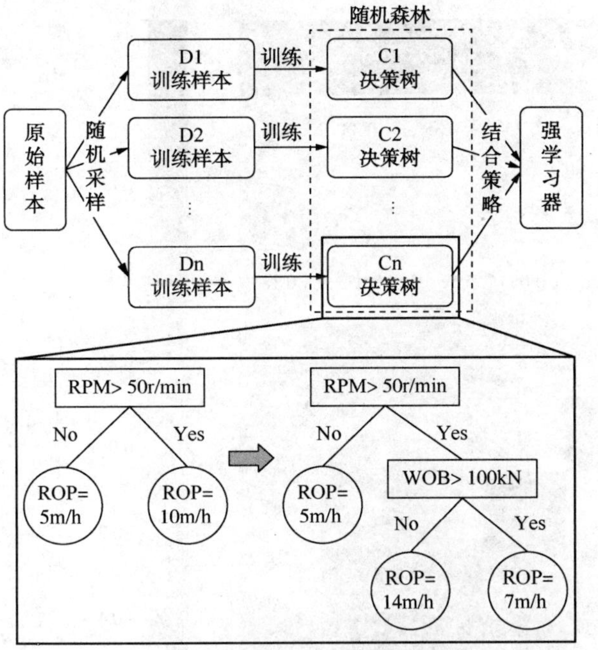

图 3　随机森林结构示意图

数以及当前节点所有训练样本个数；X_{left}，X_{right} 分别为左右子节点的训练样本集合；$H(X)$ 为衡量节点不纯度的函数。

分类和回归任务一般采用不同的不纯度函数，在本文中，采用均方误差 MSE 作为不纯度函数进行机械钻速的回归预测，计算公式如下：

$$H(X_m)=\frac{1}{N_m}\sum_{i\in N_m}(y_i-\bar{y}_m)^2 \tag{4}$$

式中，$\bar{y}_m$ 为当前节点样本目标变量的平均值；y_i 为当前节点样本预测值。

树模型还可以量化特征重要性，特征的重要性表示特征对预测结果影响程度。随机森林中某一特征的重要性，是该特征在内部所有决策树重要性的平均值，本文中用 Gini 指数作为评价指标来衡量，计算公式如下：

$$GI_m=\sum_{k=1}^{|K|}\sum_{k'\neq k}p_{mk}p_{mk'}=1-\sum_{k=1}^{|K|}p_{mk}^2 \tag{5}$$

其中，GI_m 表示节点 m 的 Gini 指数；K 表示有 K 个类别，p_{mk} 表示节点 m 中类别 k 所占的比例。

特征 Xj 在节点 m 的重要性，即节点 m 分枝前后的 Gini 指数变化量为：

$$VIM_{jm}^{(Gini)}=GI_m-GI_l-GI_r \tag{6}$$

其中，$VIM_{jm}^{(Gini)}$ 节点 m 分枝前后的 Gini 指数变化量；GI_l 和 GI_r 分别表示分枝后两个新节点的 Gini 指数

假设随机森林模型中有 n 棵树，那么：

$$VIM_j^{(Gini)}=\sum_{i=1}^{n}VIM_{ij}^{(Gini)} \tag{7}$$

式中，$VIM_{ij}^{(Gini)}$ 表示特征 Xj 在第 i 棵树的重要性；$VIM_j^{(Gini)}$ 表示特征 Xj 在所有树上的重要性之和。

最后，把所有求得的重要性评分做一个归一化处理即可。

$$VIM_j=\frac{VIM_j}{\sum_{i=1}^{n}VIM^i} \tag{8}$$

式中，VIM_j 表示特征 Xj 在随机森林所有树上的重要性评分归一化值。

当决策树模型其他的特征变量变化时，比如钻压，在正常的情况下，机械钻速随着钻压的增加而增加，但是在钻井过程中，可能会出现图 1 中阶段 3 所示的钻头、井底泥包和钻具振动等情况，导致钻压增加，机械钻速反而降低。然而以机理模型驱动的机械钻速模型并不能反映这种由复杂情况导致的机械钻速异常变化，如果继续采用传统的的机械钻速模型，则会得到与实际值相反的变化趋势。而数据驱动仅考虑数据点之间的映射关系，反而能捕捉到机械钻速的这种异常变化趋势，从而很好的应对复杂情况下的深井机械钻速预测问题。

2.2　随机森林模型机械钻速预测结果

为了验证随机森林钻速预测模型的效果，采用准噶尔盆地阜康凹陷 7 口井的工程数据进行分析。首先针对立管压力、扭矩、钻压、转速、当量密度、粘度、入口流量、出口流量、总泵速等工程参数与机械钻速之间的关系，通过 Pearson 相关系数分析各参数之间的线性关系强弱，如图 4 所示。结果显示，钻井液当量密度和黏度与机械钻速呈负相关关系，扭矩、转速、钻井液流量及泵速与机械钻速呈正相关关系，这与我们基于传统机理模型的认识相符。但钻压与机械钻速之间为负相关关系，与机理模型认识不一致，主要原因是在难钻井段遇到了泥包或钻具振动等复杂情况，这也解释了图 2 中阜 39 井基于机械比能模型的钻速预测值与真实值变化趋势相反的原因。

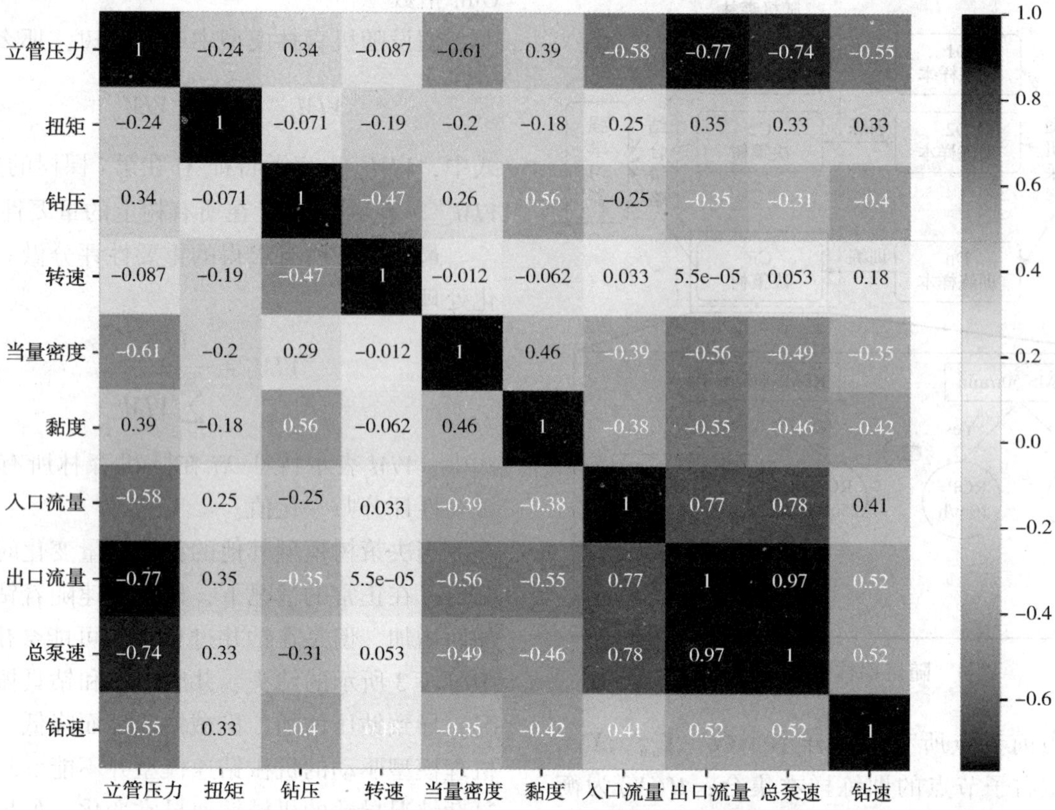

图4　钻井参数间的相关性矩阵

利用随机森林回归算法构建预测模型，利用录井数据对工程参数和机械钻速之间的关系进行训练。在随机森林模型训练过程中，CART决策树采用均方误差(MSE)作为选择特征和划分的标准，最终构建一个目标函数，使得预测值和真实值之间的均方误差最小。利用R方值(或者RMSE)对预测效果进行评价，计算式如下：

$$R^2 = 1 - \frac{\sum_{i}^{m} (\hat{y}_i - y_i)}{\sum_{i}^{m} (\bar{y}_i - y_i)} \tag{9}$$

式中：y_i为实际的钻速值；$\hat{y}_i$为预测的钻速值。

研究共涉及5口训练井(F4、F9、F10、F48、F49和KT1)，两口测试井(F39和KT2)，筛选共计50000组数据作为训练集，10000组数据作为测试集。其中F4井、F9井、F10井、F48井和F49井属于同一区块，KT1井和KT2井距离其他5口井较远，属于相邻区块。选择KT2井作为测试井，也是为了在一定程度上检验机器学习钻速预测模型的泛化能力。

为了直观判断预测模型的效果，以F39井为例，将机械钻速预测值与真实值进行比较，如图5所示。可以看出，机械钻速的预测值与真实值较为吻合，总体变化趋势一致，R^2值达到0.92，整体预测效果良好。而且对于井深3950m～4300m和4700m～5000m异常低速段，随机森林模型也能很好地捕捉到这种异常的机械钻速变化趋势，这是传统的以机理驱动的机械钻速预测模型所无法实现的。对该井机械钻速的影响因素进行特征重要性分析，如图6所示，影响该井机械钻速的主要因素为钻井液当量密度、立管压力、入口流量和泵速，其中钻井液当量密度特征重要性占比最高，达0.39左右。

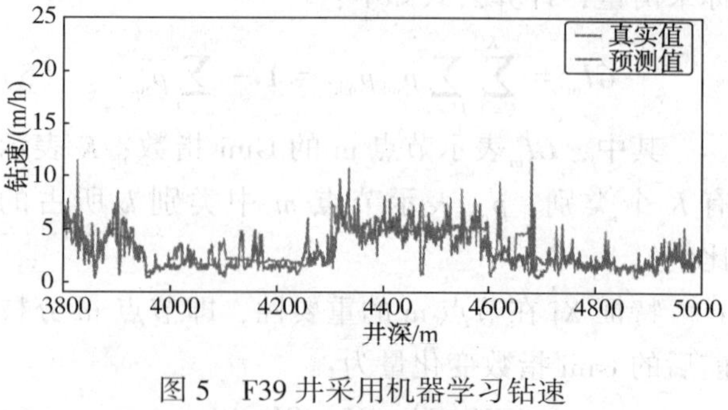

图5　F39井采用机器学习钻速预测模型ROP预测结果

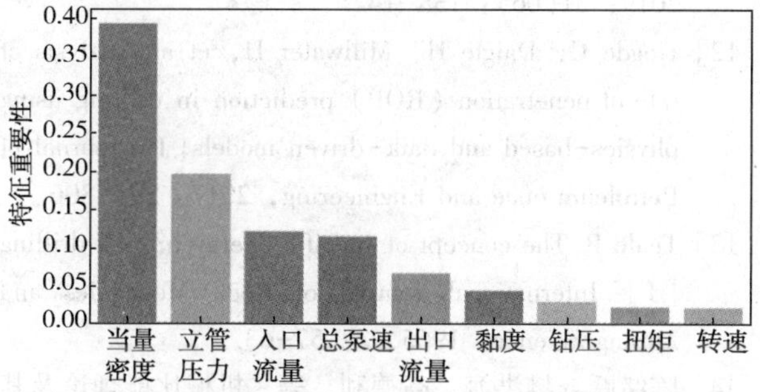

图 6　F39 井影响机械钻速的特征变量重要性排序

KT2 井在区域位置上与其他训练井相距较远，而且其测试井段较长，机械钻速波动较 F39 井更大。机械钻速预测结果见图 7 所示，虽然 KT2 井在 2000m-3500m 相对高钻速段预测结果较实际钻速有一定偏差，但是其很好地拟合了机械钻速的波动变化趋势，R^2 值达到 0.81，整体的预测效果较好。也证明了基于随机森林模型的数据驱动机械钻速预测模型具有较强的泛化能力。同样对该井机械钻速的影响因素进行特征重要性分析，如图 8 所示，影响该井机械钻速的主要因素为钻井液当量密度、立管压力、黏度和钻压，其中钻井液当量密度特征重要性占比超过 0.6。

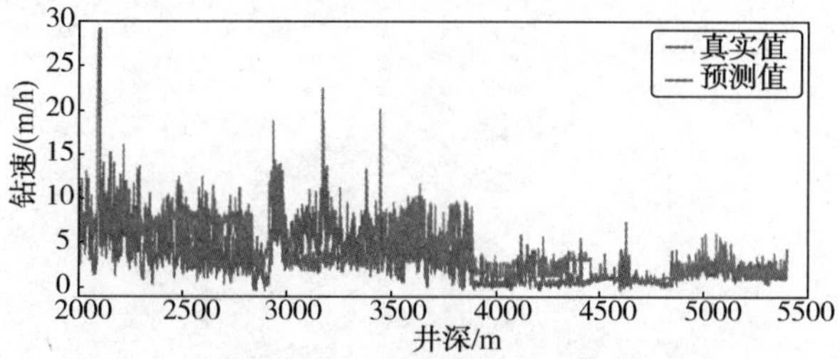

图 7　KT2 井采用机器学习钻速预测模型 ROP 预测结果

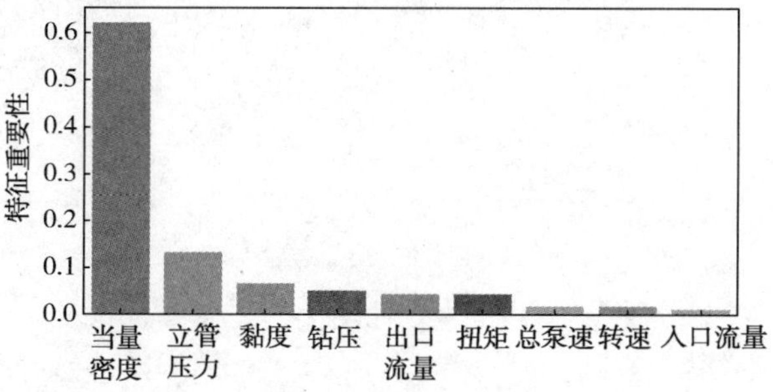

图 8　KT2 井影响机械钻速的特征变量重要性排序

3　结论

（1）机械比能钻速预测模型以岩石破碎功和侧限抗压强度理论为基础，利用该模型对 F39 井机械钻速进行分析，预测结果与实测结果差异较大，表明传统机械比能模型无法反映工程原因造成的机械钻速异常变化趋势，不适合对阜康凹陷深部难钻地层进行机械钻速预测。

（2）利用随机森林机器学习算法，建立了基于数据驱动的机械钻速预测模型，通过阜康凹陷实际录井数据分析，明确了工程施工参数与机械钻速之间的线性相关性，其中转速、扭矩、钻井液流量及泵速与机械钻速呈正相关关系，钻井液密度、黏度和钻压与机械钻速呈负相关关系。

（3）利用随机森林模型通过数据驱动对 F39 井、KT2 井进行机械钻速预测，结果表明，基于机器学习的数据驱动预测模型能够捕捉到机械钻速的异常变化趋势，且具有较强的泛化能力，使阜康凹陷深井机械钻速预测精度显著提高。

参考文献

[1] 苏义脑，陈烨，闫铁，等．气体钻井钻头泥包风险预测及影响因素研究[J]．天然气工业，2016，36(06)：60-65.

[2] 景宁，樊洪海，纪荣艺，等．基于数据挖掘技术的深井钻速预测方法研究[J]．石油机械，2012，40(07)：17-20.

[3] 林元华，宗玉宇，梁政，等．石油钻井机械钻速预测研究进展[J]．石油钻探技术，2004(01)：10-13.

[4] Bourgoyne，A. T. Jr.，Young，F. S. Jr.．A Multiple Regression Approach to Optimal Drilling and Abnormal Pressure Detection[J]. Society of Petroleum Engineers Journal，1974，14(04).

[5] Rastegar M. Optimization of Multiple Bit Runs Based on ROP Models and Cost Equation for One of the Persian Gulf Carbonate Reservoirs[J]. international journal of constitutional law，2003.

[6] Liu S，Yang J，Zhou J，et al. Research on relationship between weight-on-bit and drilling rate during jetting drilling in sub-bottom deepwater[J]. Oil Drilling & Production Technology，2011.

[7] 李昌盛，赵金海，杨传书，等．钻头工作效率实时评估新方法[J]．石油钻采工艺，2012(06)：1-4.

[8] Chen X，Fan H，Guo B，et al. Real-Time Prediction and Optimization of Drilling Performance Based on a New Mechanical Specific Energy Model[J]. ARABIAN JOURNAL FOR SCIENCE AND ENGINEERING，2014，39(11)：8221-8231.

[9] Soares C, Daigle H, Gray K. Evaluation of PDC bit ROP models and the effect of rock strength on model coefficients[J]. Journal of Natural Gas Science and Engineering, 2016, 34: 1225-1236.
[10] Shi X, Liu G, Gong X, et al. An Efficient Approach for Real-Time Prediction of Rate of Penetration in Offshore Drilling[J]. Mathematical Problems in Engineering, 2016, (2016-11-6), 2016, 2016(PT.11): 1-13.
[11] 赵颖，孙挺，杨进，等．基于极限学习机的海上钻井机械钻速监测及实时优化[J]．中国海上油气，2019，31(06)：138-142.
[12] Hegde C, Daigle H, Millwater H, et al. Analysis of rate of penetration (ROP) prediction in drilling using physics-based and data-driven models[J]. Journal of Petroleum ence and Engineering, 2017: 295-306.
[13] Teale R. The concept of specific energy in rock drilling [J]. International Journal of Rock Mechanics and Mining Science, 1965, 2: 57-63.
[14] 陈绪跃，樊洪海，高德利，等．机械比能理论及其在钻井工程中的应用[J]．钻采工艺，2015，38(1)：6-10.

基于数字岩心的页岩油储层地质建模及压裂模拟研究

项远铠　程垒明　马俊修　吕　明　刘蕊宁

（中国石油新疆油田分公司工程技术研究院）

摘　要　吉木萨尔页岩油储层岩性变化快、发育层理缝及构造缝等天然弱面、非均质性强，需攻关精细化天然弱面表征与岩石力学性质研究，实现体积压裂个性化改造。本文以吉木萨尔页岩油为例，开展数字岩心扫描实验，通过多尺度扫描数据解释储层物性及岩石力学参数，综合测井数据，建立三维地质模型开展三维压裂模拟。结果表明：数字岩心解释岩石物理参数可作为非常规储层建模依据，但完善的模型需多数据结合。

关键词　页岩油；数字岩心；岩石力学；地质建模；压裂模拟

吉木萨尔凹陷位于准噶尔盆地东部，目的层二叠系芦草沟组为咸化还原环境的浅湖~半深湖相沉积，沉积厚度平均200m。岩性为细粒沉积的碳质页岩与粉细砂岩、云岩互层，纵向上薄互层发育，岩性变化快，储层非均质性强，岩心解释孔隙度平均8.24%，渗透率平均0.07mD，利用常规测井曲线解释储层物性参数难度大。

近年来，随着岩心扫描技术及计算机技术快速发展，数字岩心被广泛应用于非常规油藏开发过程中。利用计算机图像处理技术的三维数字岩心技术，将岩心微观结构以图像或数据的形式刻画出来，从而实现对岩心微观尺度表征并定量研究各种微观因素对岩石物理属性的影响，合理解释岩石力学参数，准确表征页岩油储层非均质性。

1　基于数字岩心的储层刻画

1.1　数字岩心构建

数字岩心常被应用于反映岩心微观构造，目前数字岩心建模方法分为两大类，物理实验方法及数值重构方法，物理重建方法主要借助实验仪器获取储层岩石图像，如CT扫描仪，SEM高精度扫描电镜，采用一定数学方法将二维图像重构为三维数字岩心；数值重构法是指根据少量岩心二维资料，通过图像处理技术得到建模信息，常用方法包括随机模拟法和过程法，随机模拟法基础为地质统计学，过程法主要通过模拟岩石成岩过程构建数字岩心。

本次采用物理实验方法对吉木萨尔页岩油区块JX井进行全直径130m岩心扫描，并选取样品进行微米CT、纳米CT、Maps扫描电镜、QEMSCAN矿物定量分析多尺度扫描。

通过将不同设备、不同分辨率的岩心扫描图像建立联系，经过图像特征提取、特征匹配，将小尺寸图像及大尺寸图像结合，实现位置对应，对全直径岩心物性、结构进行表征，最终构建三维数字岩心(图1)。

1.2　岩石物理参数计算

通过扫描电镜矿物定量分析(Qemscan)得出的二维矿物分布情况，结合三维CT扫描图像构建的三维矿物数字岩心，进行弹性力学模拟分析。数字岩心弹性模拟是利用有限元方法在三维数字岩心图像上模拟线弹性虎克定律，通过再现三维数字岩心内部的应力应变场计算出岩心有效弹性模量。该模拟的基本原理是，在某一应力或应变作用下变形的弹性体内，存在唯一的稳定势能分布，且该势能是最小可能的势能。该模拟方法便是基于最小势能原理，通过变分法迭代寻找在一定应力应变条件下岩心内部最小弹性势能分布情况。

$$\frac{\partial E_n}{\partial u_m}=0 \tag{1}$$

式中，E_n：储存的能量，u_m：在m点处的弹性位移。

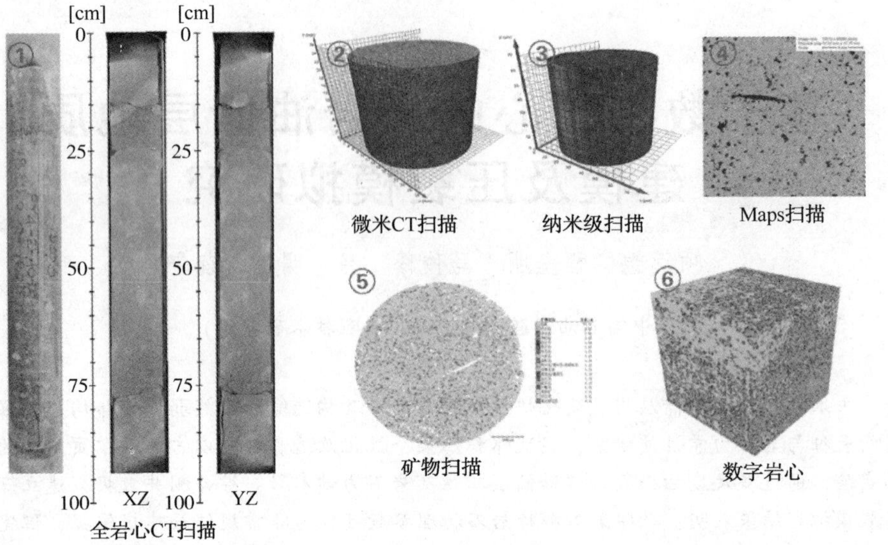

图 1　数字岩心构建流程图

基于三维矿物数字岩心(图 2)，模拟计算岩石的弹性参数和脆性参数，可以发现不同岩性杨氏模量与泊松比差异明显，杨氏模量云质泥岩大于粉砂岩、泥页岩，脆性指数云质泥岩>粉砂岩、泥页岩，上甜点杨氏模量 28.2~35.6MPa，平均 30.1MPa，泊松比 0.20~0.29，平均 0.22，脆性指数平均 69.5，下甜点杨氏模量 27.8~36.4MPa，平均 31.9MPa，泊松比 0.19~0.29，平均 0.23，脆性指数平均 73.3。

图 2　矿物数字岩心

通过数字岩心计算的岩石弹性参数与测井曲线解释岩石弹性参数拟合具有良好相关性 Es=20.33ln(Ed)-45.84，推广至本区其他井，进行一维岩石力学参数计算，为三维地质建模做数据准备(图 3)。

1.3　*天然弱面识别*

通过数字岩心识别天然裂缝比常规 FMI 成像测井识别精度更高，FMI 成像测井识别裂缝过程中可能会受到钻井过程中井壁影响进而弱化了一些裂缝识别，本次扫描显示上甜点天然裂缝相对更发育，天然裂缝密度为 6 条/m，下甜点天然裂缝为 3.6 条/m，纵向上准确识别天然裂缝可为天然建模提供指导参数(图 4)。

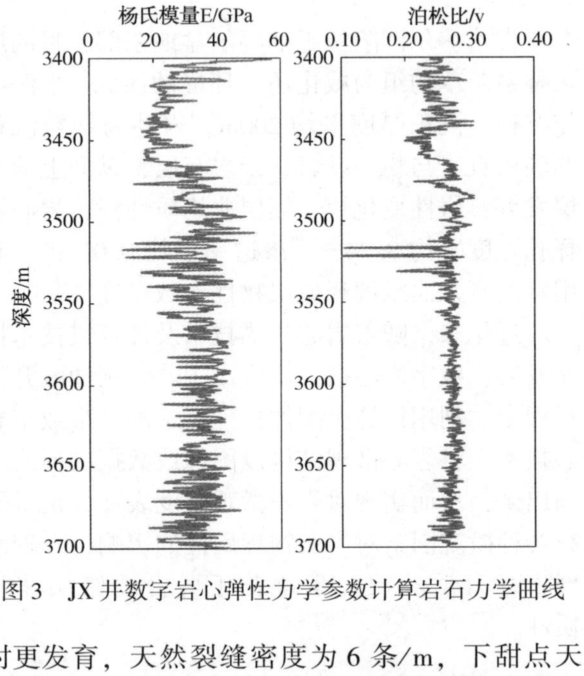

图 3　JX 井数字岩心弹性力学参数计算岩石力学曲线

图 4　数字岩心天然裂缝识别

2 三维地质建模

根据工区边界，总计面积 135km^2，建立芦草沟组一段和二段全层地质模型。设计平面网格步长为 50×50m，纵向网格步长甜点层为 0.2m，普通层为 0.5m，累计建模总网格数为 108 万个，充分利用数字岩心解释数据参与建模过程。

2.1 层系构造建模

储层层系构造模型包括两个主要部分，即地层格架模型和断层模型。地层格架模型是由井坐标数据、测井地质小层划分数据和地震标准层解释数据为基础，采用确定性插值方法，建立的叠合层面模型，即首先通过插值法，形成各个等时层的顶、底层面模型(即层面构造模型)，然后根据地质研究得出的地层组合方式，将各个层面模型进行空间整合，形成地层格架模型。根据地震解释，确定工区主要的断层，首先根据工区内三维地震资料解释断层，通过深度数据匹配，在建模软件中，对定义好的断层作三维网格化处理并进行质量控制，建立符合地质实际的断层三维模型，工区构造主要表现为东高西低的西倾单斜(图 5)。

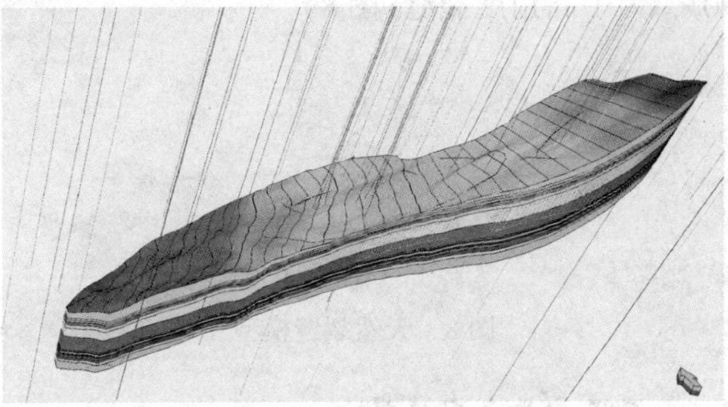

图 5 层系构造三维模型图

2.2 储层属性建模

储层属性建模主要是指储层属性参数建模，包括孔隙度建模、渗透率建模和流体饱和度建模。储层属性参数模型的建立分三步完成，即测井数据离散化、离散化数据分析和模型的实现。在本次研究中，以 Petrel 软件中常用的 Arithmetic 算法对储层的孔隙度、渗透率和饱和度进行离散化处理，结果表明离散化效果较好(图 6)。

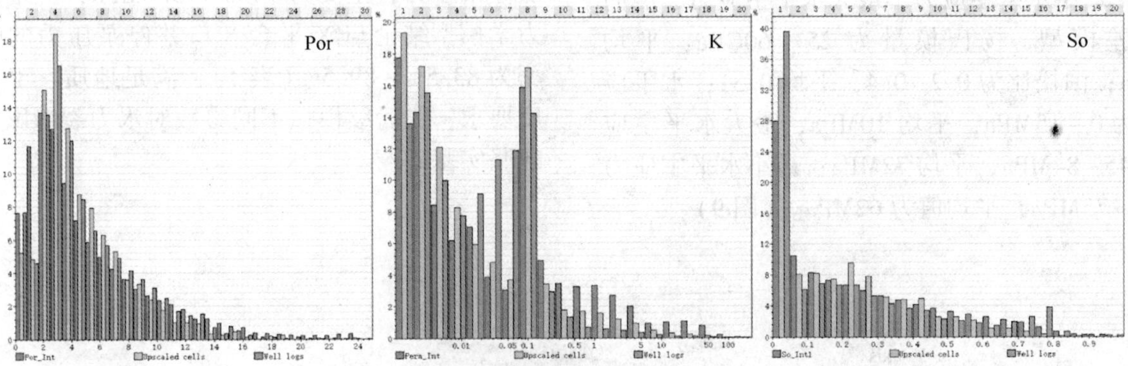

图 6 模型属性分布图

在数据离散化分析的基础上，通过数据正态变换和变差函数分析，运用序贯高斯随机模拟方法建立孔隙度分布模型、渗透率分布模型和含油饱和度分布模型，在建立孔隙度模型时，采用地震反演体进行约束，在建立渗透率和含油饱和度模型时采用孔隙度模型作为第二变量协同模拟(图 7)。属性模拟结果显示孔隙度 0.2%~21.4%，平均 8.24%，渗透率 0.04~31.7mD，平均 0.07mD。

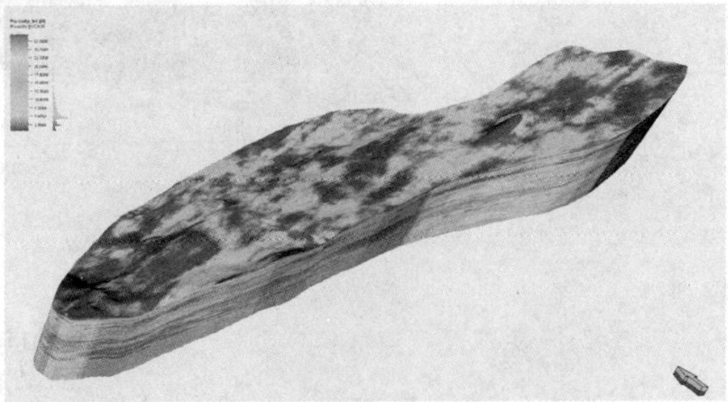

图 7 孔隙度三维地质模型

2.3 天然裂缝建模

基于对模型精度、网格数量及模型运算速度等方面综合考虑，在成像测井裂缝特征分析基础上，利用数字岩心解释裂缝做局部校正，充分应用三维地震属性体约束开展天然裂缝建模。

通过蚂蚁体追踪约束得到的三维裂缝系统显示，研究区天然裂缝总体发育较少，其中上甜点体的天然裂缝相对发育，但并未见明显裂缝集中带，裂缝走向为近南北向，裂缝倾角为 75°～90°，为中高角度裂缝(图 8)。

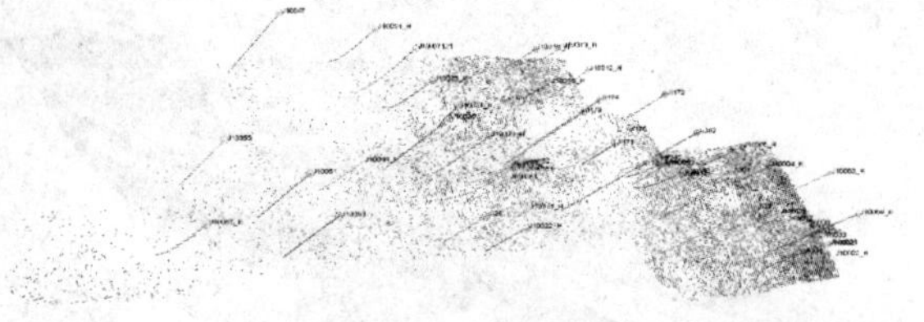

图 8　天然裂缝模型

2.4　岩石力学参数建模

对吉木萨尔储层层理发育、非均质性强和岩性复杂的特性。将基于数字岩心解释的一维岩石力学剖面导入到地质力学模型中去，采用离散元模拟方法，考虑储层为弹性介质，选用线性弹性-应力应变关系的本构方程建立研究区域的地质力学参数模型。赋予杨氏模量、泊松比、体积密度、Biot 弹性常数和线性热膨胀系数等地质力学参数。

最终建立的地质力学模型包括杨氏模量、泊松比、最小水平主应力、最大水平主应力，两向应力差模型，杨氏模量为 25～60GPa，平均 43GPa；泊松比为 0.2～0.4，平均 0.31；水平应力差为 0～15MPa，平均 10MPa，最大水平主应力为 45～84MPa，平均 72MPa；最小水平主应力为 38～75MPa，平均值为 62MPa。(图 9)。

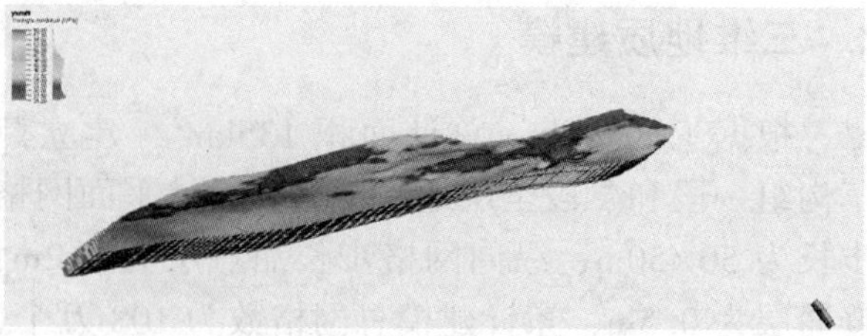

图 9　杨氏模量三维地质模型

3　压裂参数分析及应用

在地质模型基础上采用 Petrel 软件搭载的 Kinetix 模块进行数值模拟，进一步深化认识三维空间中人工裂缝展布形态，优化分段分簇、改造规模等压裂参数，实现更具针对性、更准确、更高效的压裂设计。

将模型小范围切割，以便对模型验证及开展后续三维水力裂缝模拟工作。根据模型提取的沿井力学参数属性统计表明(图 10)，X 平台井组最小水平主应力分布在 61.5～72.8MPa，平均 67.7MPa。根据施工曲线，将停泵压力折合成井底停泵压力，主要为 74.6～75.6MPa，三维岩石力学模型结论与 X 平台 8 口井停泵压力的吻合率为 83.5%～89.5%(表 1)，满足地质、工程精度要求，为后续模拟不同参数对水力裂缝影响构建坚实基础。

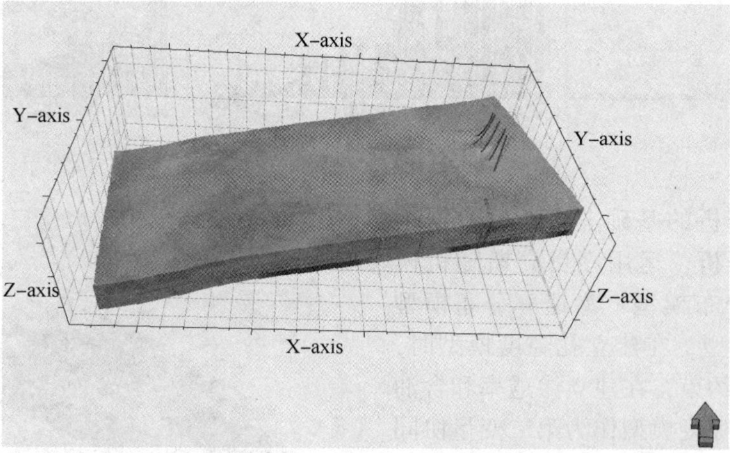

图 10　X 平台最小水平主应力模型

表 1　X 平台压力吻合率统计表

井名	X11	X12	X13	X14	X15	X31	X32	X33
停泵压力/MPa	74.6	75.6	75.4	74.7	73.4	75.4	75.3	74.8
最小水平主应力/MPa	66.7	67.5	66.7	66.4	62.1	62.9	65.9	66.1
吻合率/%	89.5	89.3	88.5	88.9	84.6	83.5	87.6	88.4

3.1　单簇砂量对裂缝影响

单簇砂量是水力压裂过程中一个重要影响因素，不同砂量下裂缝形态出现明显差异，基于三维模型模拟不同加砂量下水力裂缝扩展形态差异性，结果表明单簇 25~30m³ 砂裂缝有较合适的缝长及缝高，并且裂缝体积相对较大，所以单簇 25~30m³ 砂为合适加砂量(图 11)。

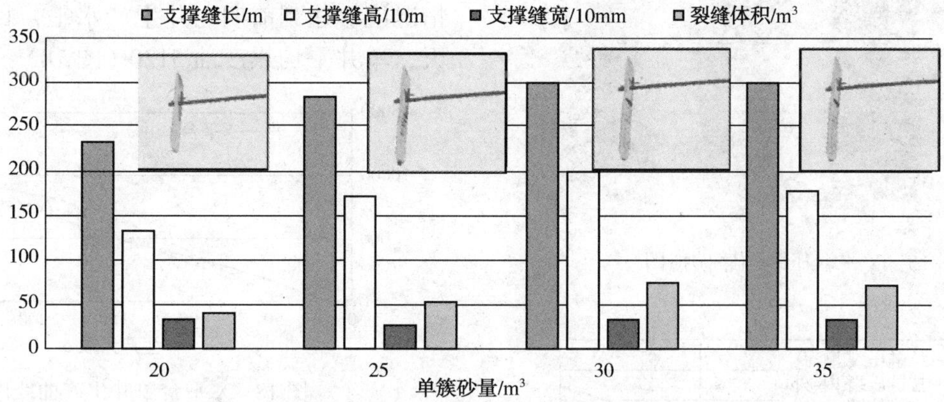

图 11　不同砂量压裂模拟裂缝参数柱状图

3.2　簇间距对裂缝的影响

单段簇数决定单段加砂量，综合影响段内裂缝扩展影响，基于三维模型模拟单段不同簇数下水力裂缝扩展形态差异性，结果表明当单段簇数为 8 簇时，缝长较大，裂缝体积达到最大，并且 3 年累产油最大，所以单段 8 簇较为合适(图 12、图 13)。

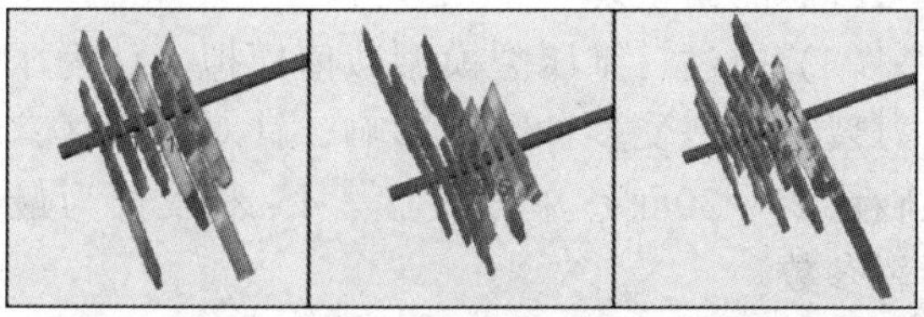

图 12　单段不同簇数裂缝形态图

(左至右为 6、8、10 簇)

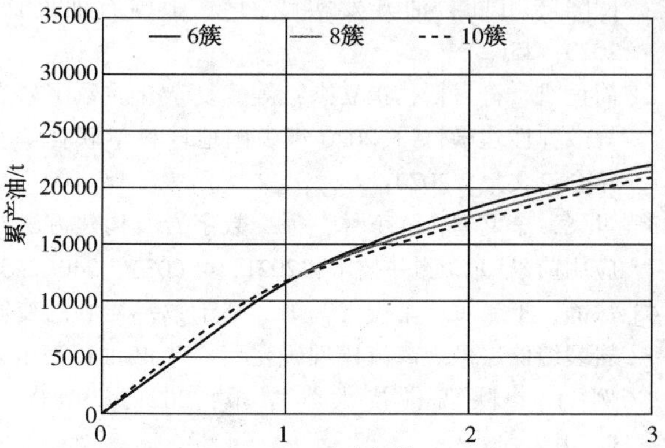

图 13　不同簇数产量模拟图

3.3　段长对裂缝的影响

同簇数下不同段长是压裂过程中一个重要影响因素，基于三维模型模拟 8 簇情况下段长 45m、60m、75m 段长下裂缝扩展情况，结果表明段长 45m 情况下，缝长较大，裂缝体积达到最大，所以段长 45m 较为合适(图 14)。

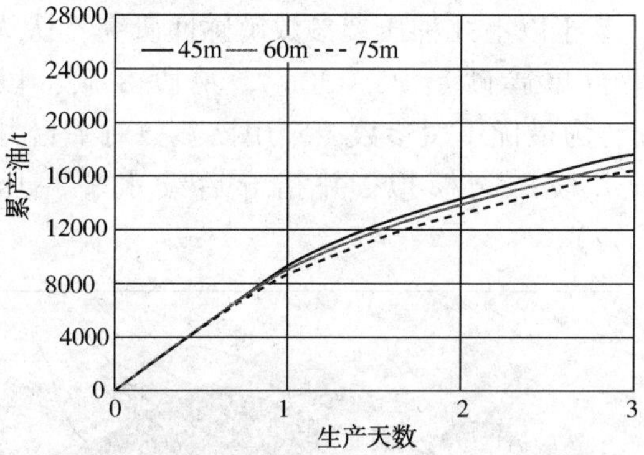

图 14　不同段长产量模拟图

3.4　压裂顺序优化

基于三维模型模拟考虑应力干扰影响下全井组的水力裂缝扩展模拟，结果表明应力阴影对裂缝扩展复杂度有一定影响，但可通过平台整体拉链压裂模式减小井间应力阴影影响，提升裂缝复杂度，进而达到增产目的，以同层 4 井拉链压裂为例，拉链压裂可获得最大缝网体积，并且累产相对较高(图 15、图 16)。

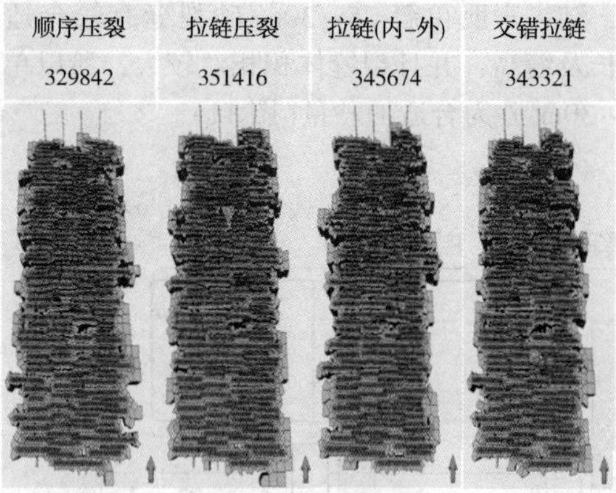

图 15　X 平台压裂顺序模拟图

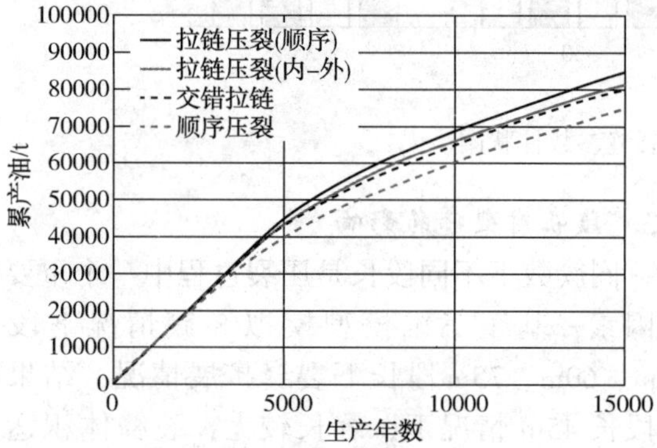

图 16　X 平台压裂顺序模拟图

基于以上几种压裂参数敏感性研究，认为 X 井平台单簇砂量 25～30m^3，单段 8 簇，段长 45m，为最优压裂参数，应用该参数对平台井进行全井段压裂模拟，并指导后续水平井压裂(图 17)。

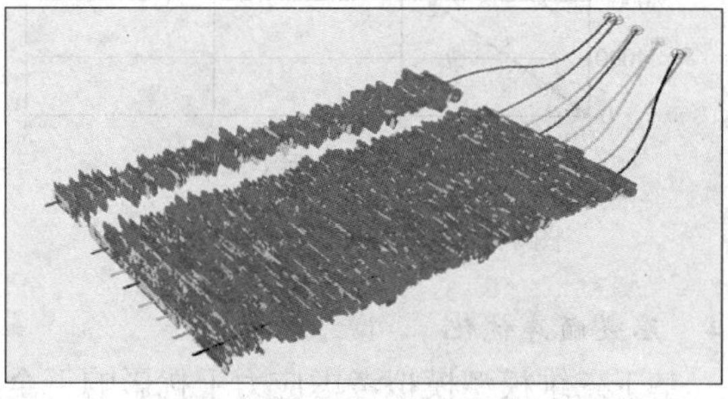

图 17　X 平台压裂模拟图

4　现场应用

基于该模型指导 58 号平台井压裂设计，该平台水平井水平段长 1800m，采用“密切割+大规模”体积压裂思路，簇间距减小至 10m，单段 8 簇，加砂强度达到 4.0。

该平台井现场施工完成率 100%，并且应用微地震监测压裂过程中事件点与压裂模拟裂缝吻合度高，证明通过该参数压裂能够将储层充分动用。

该平台开井后生产效果较好，平台单井生产情况能够达到前期老井生产水平，目前生产 166 天，单井平均累产油 5120t(图 18)。

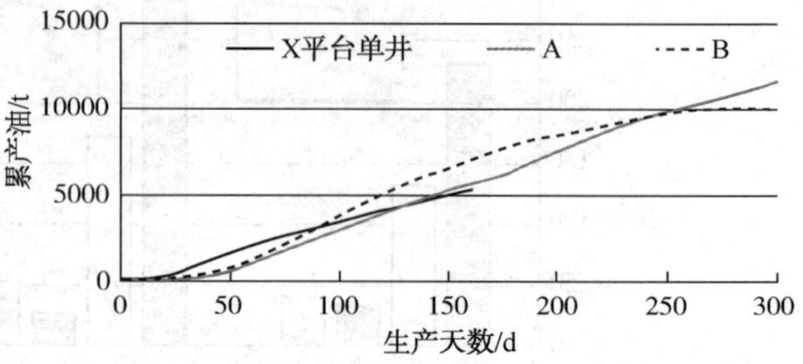

图 18　X 平台单井生产曲线图

5　结论

(1) 从多尺度岩心扫描构建的三维数字岩心，可用于计算页岩油储层岩石力学参数，为三维建模提供可靠井点数据。

(2) 非常规三维建模过程需结合多方面数据，包括储层物性数据，岩石力学参数数据、地震解释数据，多方面数据相互约束最终才能建立较为可靠的模型。

(3) 通过三维压裂模型数值模拟，认为压裂水力裂缝扩展受多种因素影响，针对本工区，单簇砂量 25～30m^3、单段 8 簇、45 米段长为最佳压裂参数。

参　考　文　献

[1] 高阳，叶义平，何吉祥，等．准噶尔盆地吉木萨尔凹陷陆相页岩油开发实践[J]．中国石油勘探，2020，25(2)

[2] 简世凯，符力耘，崔立杰，等．复杂介质数字岩心等效弹性建模[A]．2020 年中国地球科学联合学术年会论文集，2020：2.

[3] 肖飞，李戈理，陈玉林，等．数字岩石构建方法及应用前景[J]．测井技术，2021，45(03)：240-245.

[4] 徐静，王鹏飞，李俊飞，等．基于数字岩心的变质岩裂缝储层微观渗流机理研究——以 JZ 油田潜山为例[J]．陕西科技大学学报，2021，39(04)：96-102.

[5] 宋文辉，刘磊，孙海，等．基于数字岩心的页岩油储层孔隙结构表征与流动能力研究[J]．油气藏评价与开发，2021，11(04)：497-505.

[6] 朱伟，单蕊，聂昕，等．数字岩心等效弹性参数模拟研究进展[J/OL]．地球物理学进展：1-11[2021-10-31].

[7] 王家华，张团峰，等．油气储层随机建模[M]．北京：石油工业出版社，2001. 57-71.

[8] 武强，徐华，等．三维地质建模与可视化方法研究[J]．中国科学（D 辑：地球科学），2004（01）：54-60.

[9] 姜明玉，周艳，等．复杂断块三维地质建模综合表征油藏特征研究[A]．西安石油大学、陕西省石油学会、北京振威展览有限公司．IPPTC 国际石油石化技术会议论文集，2021.

注气驱油型战略储气库调峰时机及调峰能力优化研究

王锦芳[1]　李　彬[2]　陈　静[1]　马晓丽[3]

(1. 中国石油勘探开发研究院；2. 中国石油勘探与生产分公司；3. 中国石油冀东油田公司)

摘　要　与其他国家相比，中国储气库建设起步较晚，建设经验缺乏。中国建库地质条件复杂，中国储气库建库类型单一，以气藏型储气库为主，进一步限制了储气库建设的规模发展，拓展建设注气驱油型储气库，便是中国快速发展储气库建设亟需解决的难题之一。注气驱油型储气库已经成为我国储气库建设中的重要组成部分，是提升我国储气库规模和效益的重要技术手段。由于注天然气驱油注入天然气成本较高，驱油项目效益较低。本文根据经济评价敏感性分析认识到：注气驱油型储气库调峰时机越早、调峰能力越大，经济效益越好。经过油藏数值模拟和经济评价方法论证，优化了合理的调峰时机和调峰能力。2013年以来，中国石油勘探与生产分公司在塔里木、吐哈和辽河等油田开展了天然气驱油与储气库一体化建设试验，目前已累计注入天然气10亿方，累计增油超过100万吨，累计储气超过6亿方，高月日调峰能力500万方，提高了原油和天然气两方面的效益。注气驱油型储气库一体化建设应用潜力大，全国范围内可覆盖地质储量超过10亿吨，库容量达300亿方以上，储气库达容后日调峰气量可超过1亿方，峰值年产油量达千万吨规模。注气驱油型储气库，既能够使老油田再次焕发青春，又有效提升了储气库生产调峰和战略保供能力，可实现油气全产业链效益最大化。

关键词　注气驱油型一体化建库；战略型储气库；提高采收率；储气库；提质增效

我国地下储气库类型包括：衰竭油气藏型、盐穴型、矿坑型和含水层型。注气驱油型式储气库是我国地下储气库的新形式。注气驱油型储气库是指向油藏顶部注入天然气，依靠重力作用从油藏高部位向低部位驱替原油，该项技术气体波及体积大、驱油效率高，能够大幅度提高原油采收率，同时，注入油层的天然气在油藏高部位储集并形成次生气顶，便可看作一个地下储气库。顶部注入的天然气在驱替原油的同时与储气库一体化建库，逐步扩容达产建成战略储气库，促进天然气安全保供，保障国家能源安全。

1　技术现状

1.1　储气库项目现状

欧美国家地下储气库建设可以追溯到上世纪初，距今已有近百年历史。据国际天然气联盟(IGU)最新资料统计，目前世界上共有689座地下储气库，总工作气量达4165.3亿立方米，约占全球天然气总消费量(35429亿立方米)的12%，其中主要发达国家工作气量占消费量的19.5%。其中北美地区占39%，独联体占28%，欧盟占26%(图1)。美国地下储气库数量及工作气量居全球首位，共拥有393座，工作气量达到1360亿立方米，占年消费量的17.5%，俄罗斯为18%(表1)。全球地下储气库总工作气量中，油气藏型储气库工作气量最大，占总工作气量的80%，盐穴型占比9%，含水层型占比11%(图2)。

图1　不同地区储气库工作气量占比

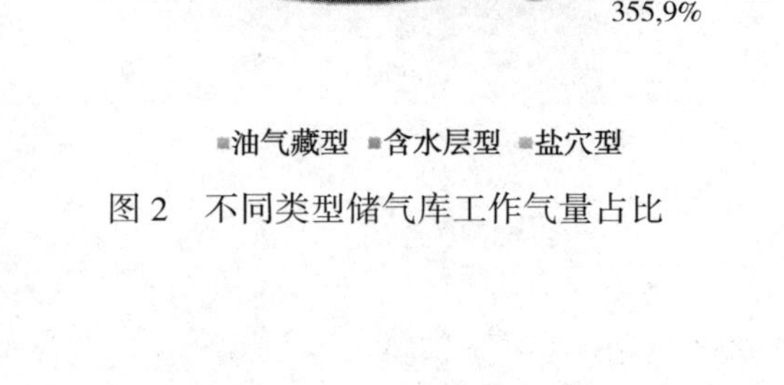

图2　不同类型储气库工作气量占比

表1 主要发达国家储气库建设规模

国家	消费量/亿方	总数/座	调峰能力/亿方	工作气能力占比/%
美国	7786	393	1360	17.5
俄罗斯	3909	23	718	18.4
加拿大	999	66	265	26.6
德国	805	49	238	29.6
意大利	645	12	173	26.9
中国	3067	27	130	4.2
发达国家合计	14144	543	2754	19.5

我国储气库建设开始于1999年，经过20余年发展，先后建成大张坨、京58、呼图壁等储气库，已从起步探索阶段跨入了快速发展阶段。截至2019年底，我国已建成27座地下储气库，主要分布于环渤海、长三角等主要消费市场区和重点管道附近（图3）。设计总库容500亿方，总工作气量219亿方(气藏型占比86%)，目前已建成调峰能力130亿方，占全国天然气消费量的4.2%。

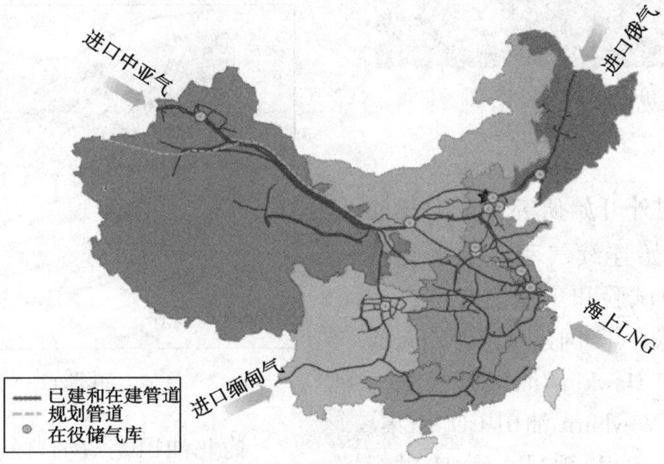

图3 中国储气库分布图

与国外相比，我国储气库调峰能力严重不足，调峰能力占天然气消费量比例仅为发达国家平均水平的三分之一(图4)，储气库建设任重道远。2010年以后，我国天然气消费量以年均15%的速度增长，2019年达到3067亿方，预计2030年将达到6000亿方。因此，大力推动油藏型储气库建设，对于丰富储气库类型和建库技术，快速大幅度提升我国储气库库容和工作气量、保障国计民生、维护国家能源安全具有十分重要的意义。

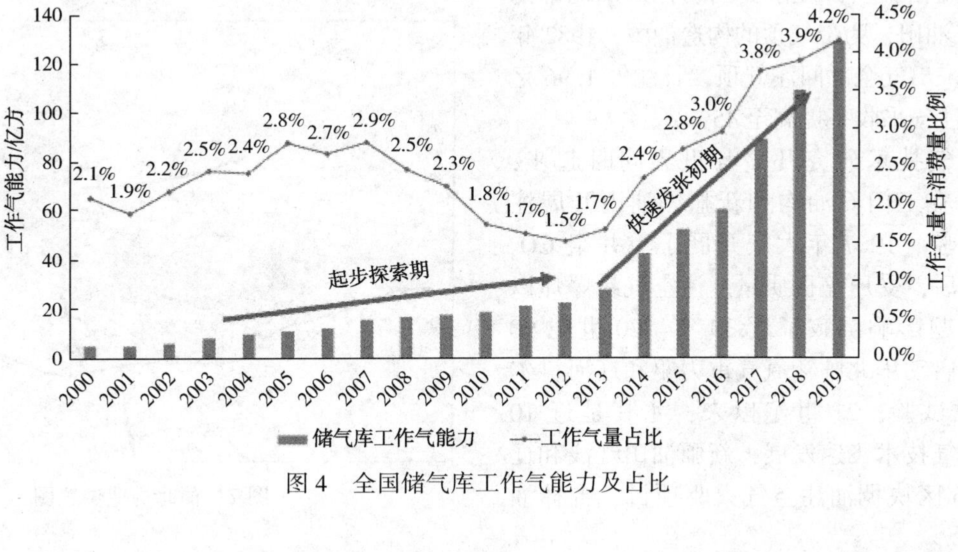

图4 全国储气库工作气能力及占比

我国建设的京58油藏型储气库是由一个衰竭的气顶油藏改建而成，建库层位主要为沙四上段Ⅰ~Ⅳ砂组(图5)，奥陶系白云岩储层，平均孔隙度26.4%，平均渗透率191mD。1989年投入开发，累计产油53.8×10^4t，累计产气$7.4\times10^8m^3$。2006年开始建库，设计库容8.1亿方，工作气量3.9亿方。

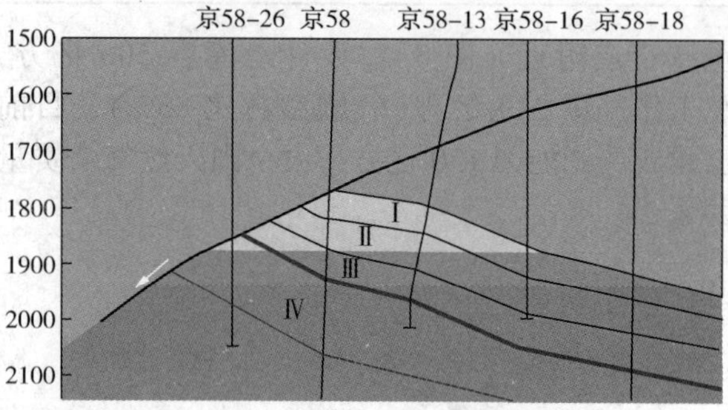

图5 京58断块纵向油气分布图

1.2 气驱采油项目现状

20世纪50年代，国外开始研究注CO_2驱油机理；70~90年代，开始连续气驱、气水交替(WAG)和注气重力驱的试验和工业化推广，一大批气驱商业化项目启动，美国建成了Kuparuk River油田烃气混相驱和Hawkins油田氮气重力驱项目，加拿大建成了Weyburn油田CO_2捕集、驱油和埋存一体化(CCS-EOR)项目；到21世纪初，国外大力发展大储层孔隙体积(PV)注气技术，注气体积达到1~1.5PV。2016年，全球气驱产油量达3671×10^4t，其中美国为2346×10^4t，占全球气驱产量的64%。国外90%以上气驱产油量主要依靠CO_2驱，其他气体驱油介质(如N_2、天然气、烟道气、空气等)矿场应用较少。世界上最大天然气混相驱项目位于美国阿拉斯加北部的Prudhoe Bay油田，为带气顶的构造油藏，1982年开始注气，采出气全部回注气顶，日注气1.96亿方，衰竭后注气采收率提高至45%。

中国注气技术研究几乎与世界同时起步，1958年先后在玉门石油沟和新疆黑油山开展注空气火驱试验，1967年大庆开展了单井组CO_2驱试验；此后，受压缩机质量、注空气易爆炸以及腐蚀等问题影响沉寂了近30年，20世纪90年代才陆续启动华北雁翎氮气重力驱和辽河科尔沁稠油火驱试验；21世纪以来，尤其是近10年，我国注气技术飞速发展，新疆油田红浅和辽河油田杜66区块稠油注空气火驱项目、吉林油田CCS-EOR项目、塔里木油田东河塘烃气重力混相驱项目、长庆油田五里湾一区减氧空气驱项目都取得了重大突破。中国石油天然气集团有限公司(简称中国石油)正在运行的注气开发项目共27项，涉及的气体类型主要有CO_2、天然气、烟道气、N_2和空气等。目前，我国注气开发从技术水平到产量规模总体处于加速追赶阶段。国内已开展的天然气混相驱项目注气增油效果明显。涠洲12-1油藏为断块封闭的构造油藏(图6)，地质储量1200万方，前期衰竭开发，2008开始注气，截至2019年6月累计注气4.4亿方，累计采油175万方；W4段目前采出程度22.4%，注气预期采收率40%。

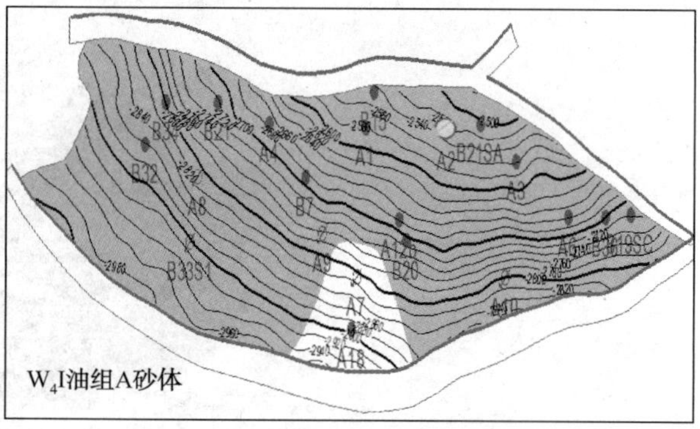

图6 涠洲12-1油藏顶面构造图

葡北油田是短轴背斜构造(图7)，闭合高度105m；油藏目的层三间房组；含油面积$4.43km^2$；地质储量259×10^4t；试油产量39.3~152.7m^3/d。油田开发经历了注气受效、注入气突破以及转注水三个阶段。虽然全油藏未能实施水转气切换，但是延长了无水及低含水采油期，实现了连续五年高速稳产，峰值年产油18万吨，采油速度6.9%。

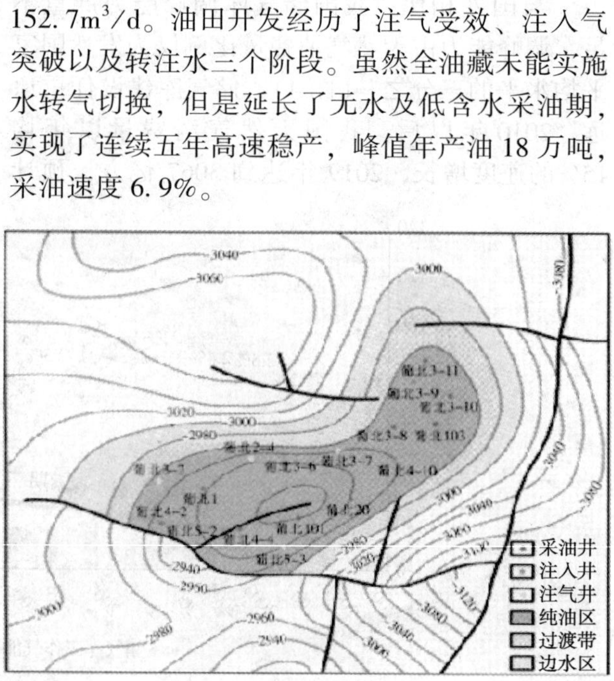

图7 葡北构造位置图

2　注气驱油型储气库建设的模式

2.1　一体化建库的模式

天然气重力注气驱油型战略储气库建设是指向油藏顶部注入天然气，形成次生气顶并不断扩大，利用重力作用将地层中的油水驱替出来实现大幅度提高原油采收率的目的；与此同时，注气驱油使得油藏向气藏转变，并逐步扩容达产，最终建成油藏型储气库(图8)。

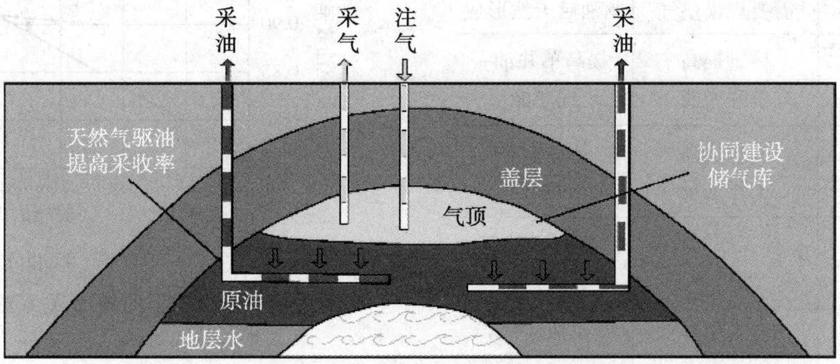

图8　注气驱油型储气库建设示意图

根据油藏型储气库建设的特点，一体化建库模式包括驱油阶段、协同阶段和储气库阶段三个阶段(图9)。

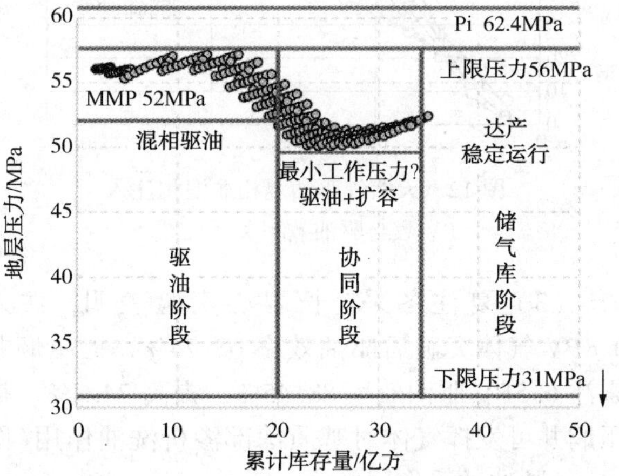

图9　注气驱油型储气压力运行蜗牛图

(1) 驱油阶段的主要任务是，通过注入天然气，尽量保持油藏压力在最小混相压力以上，大幅度提高驱油效率和原油采收率，因此，此阶段需要维持较高的地层压力开发。DH油藏最小混相压力52MPa，驱油阶段地层压力一直保持在52~56MPa之间，确保注入的天然气与地层原油始终处于混相状态，大幅度提高原油采收率。

(2) 协同阶段的主要任务是，当初步形成一定规模次生气顶后，兼顾驱油和储气库扩容、调峰任务，油藏下限工作压力可以降低到最小混相压力以下，原油在天然气重力驱作用下进一步采出，原油剩余可采储量越来越少，油藏储气量越来越大，已经具备一定规模的天然气调峰能力。

(3) 储气库阶段的主要任务是实现储气库扩容达产稳定运行，优化设计合理的上限压力，进一步降低油藏型储气库下限工作压力，有效提升油藏型储气库的工作气量。

油藏型储气库与气藏型储气库在建库时机、盈利模式和运行方式等方面有着本质区别(表2)。一是建库时机不同。油藏型储气库在建库初期储层孔隙中存在高压油气水三相，在驱油阶段为了达到混相状态，油藏压力一直保持高位运行，上下限压力区间较窄，在协同和储气库运行阶段，下限工作压力逐渐降低，上下限压力区间逐渐变宽，运行模式逐渐向气藏型储气库靠近；而气藏型储气库在建库初期气藏孔隙中仅存在低压饱和气体，气藏压力接近废弃压力。二是盈利模式不同。油藏型储气库建设初期能大幅提高单井原油产能，中期能实现单井油气产能兼顾，后期能实现天然气生产调峰，通过增加原油产量和天然气储转费两种模式盈利；气藏型储气库则只能按照工作气量收取储转费的模式盈利。三是运行方式不同。油藏型储气库在建库初期为高压注气，中后期逐步过渡到中等压力规模注气，从初期的小吞小吐逐步过度到大吞大吐，注气驱油阶段周期应力变化不强；气藏型储气库基本维持中等压力规模注气，整体上始终保持大吞大吐运行，注采周期内存在高强度应力变化。因此，与气藏型储气库建设和营运相比，油藏型储气库的建设和营运更加复杂，更需要加强基础理论、关键技术和管理模式研究。

表2　注气驱油型储气库建设与气藏型储气库对比表

参数对比		气藏型储气库	注气驱油型储气库
建库时机	地层压力	接近废弃压力	保持程度较高
	气藏孔隙	低压饱和气体	油气水三相饱和
	垫气规模	需要规模垫气	驱油后天然形成
盈利模式	注采规模	尽量提高单井产能	提高单井油+气产能
	工作气量	尽量提高工作气量	从少到多的过程
	盈利模式	按工作气收储转费	增油+天然气储转费
运行方式	注气压力	压力中等	高压注气
	运行方式	大吞大吐	小吞小吐到大吞大吐
	应力变化	高强度应力变化	周期应力变化不强

2.2　一体化建库的优势

2.2.1　大幅度提高原油采收率

(1) 重力驱替：天然气与地层原油、地层水有密度差，存在重力超覆作用；因此，选择具有一定构造幅度且封闭型好的油藏，采取顶部注气方式，利用注入气的重力分异可实现重力驱替，延缓气窜，从而大幅度提高注气波及体积。以DH油藏为例，在地层条件下天然气密度为0.15g/cm^3，地层原油密度为0.64g/cm^3，地层水密度为1.2g/cm^3，通过数值模拟研究表明天然气重力驱相比水驱提高采出程度20个百分点(图10)。

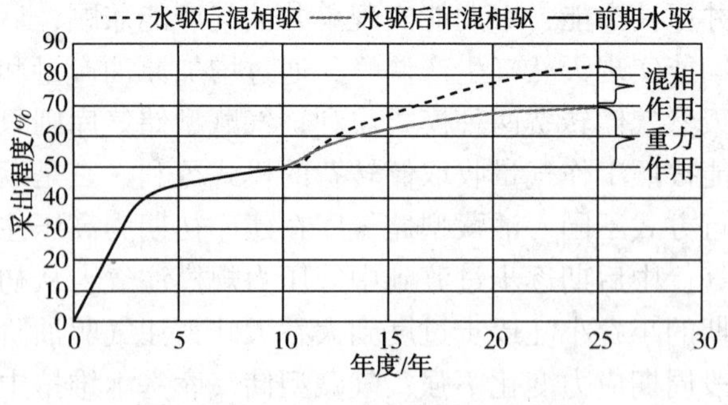

图10　重力和混相作用对采出程度影响

(2) 混相驱替：通过提高注气压力或改变注入天然气组分使注入气与地层原油混相，从而大幅度提高驱油效率。如DH油藏细管实验表明注干气最小混相压力43.5MPa，混相驱驱油效率达90%以上(图11)，比非混相驱提高30个百分点以上(图12)。由于混相的作用，采出程度可在重力驱的基础上再提高10个百分点(图10)。

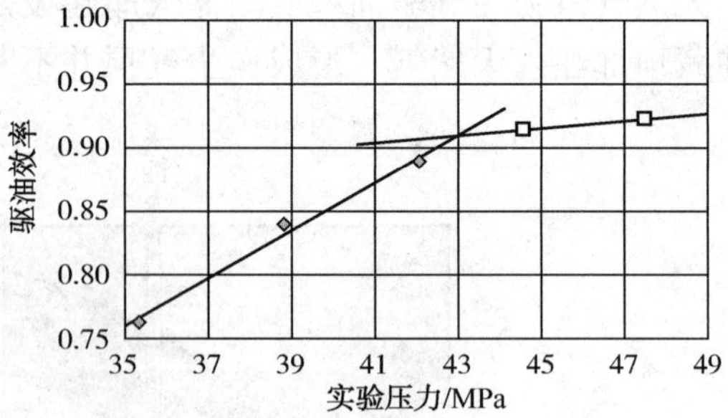

图11　天然气驱油实验压力与驱油效率关系曲线

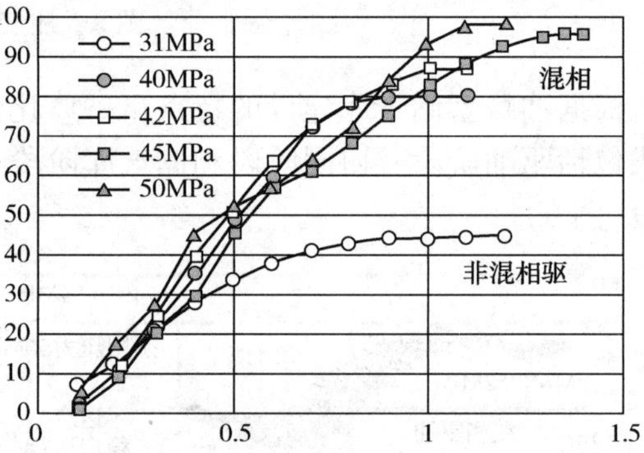

图12　天然气驱油混相非混相注入PV数与驱油效率关系曲线

(3) 夏注冬采：长岩心实验表明，注入0.8PV气体突破后驱油效率63.74%，提压焖井累注6.5PV驱油效率88.45%，提高24.7%。提压焖井可发挥气体对基质深部渗析洗油作用(图13)。脉冲注采作用。

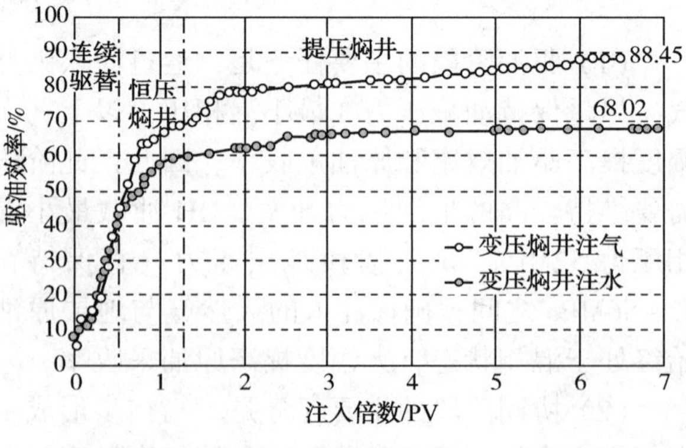

图13　原始注气注水焖井驱油效率曲线

XG油藏数值模拟预测显示，夏注冬采驱油储气协同模式最终采收率可达40.43%，而连续天然气驱替模式最终采收率仅30.55%，夏注冬采的驱油储气协同模式可进一步提高采收率 9.88 个百分点(图 14)。

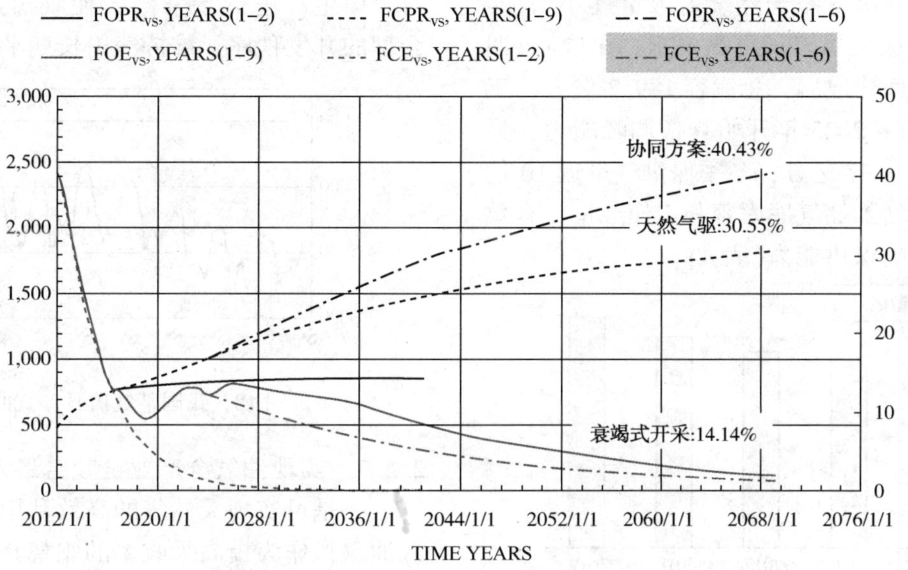

图 14　不同方案预测采收率曲线

(4) 膨胀降粘：通常情况下，对于一个开发中后期的油藏，地层压力相对较低，此时注气一般不能形成混相驱，但是室内实验表明，天然气溶解到原油中，能大幅增加原油膨胀能力。在注入量达到 0.65PV 时，原油体积系数增大 57%(图 15)，原油黏度可降低 83%(图 16)，因此，注天然气可大幅度提高地层原油的流动能力。

2020 年，中国石油筛选了 DH、TZ、XG 和 PB 四个油藏开展天然气驱与储气库一体化建库试验。这四个油藏覆盖地质储量 7797 万吨，目前采出程度 25.5%，年产油 35 万吨，采油速度仅 0.4%，亟需转换开发方式。开展注气驱油型储气库建设，可以大幅度提高此类油藏的原油采收率，实现老油田再次焕发青春。

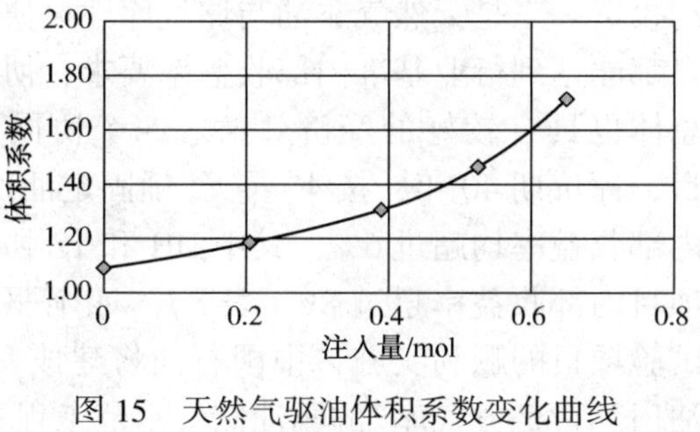

图 15　天然气驱油体积系数变化曲线

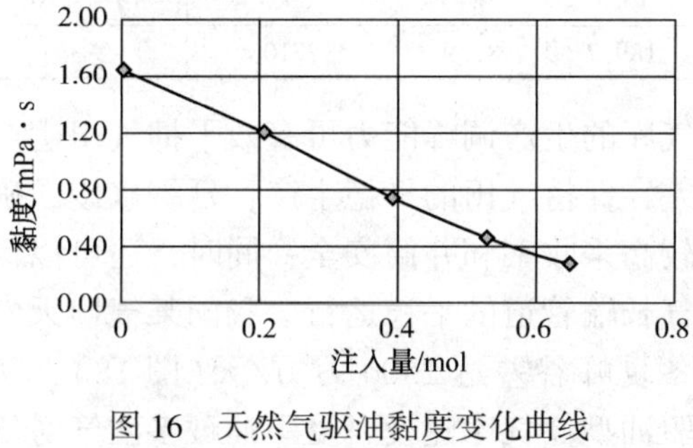

图 16　天然气驱油黏度变化曲线

四个协同项目转注气后峰值年产油达 104 万吨，产量增长 3 倍，提高采收率 26.7 个百分点，新增可采储量 2084 万吨，相当于新探明了四个类似油藏，最终采收率可达 52.2%(表 3)。

表 3　天然气驱油与储气库一体化建库油藏参数及主要开发指标

试验区	油藏类型	地质储量/万吨	构造幅度/m	渗透率/mD	原油黏度/mPa·s	采出程度/%	峰值年产规模/万吨	提高采收率/%	增加可采储量/万吨	最终采收率/%
DH	块状底水	2274	120	13~120	4.36	38.6	43.2	29.7	675.4	70.0
TZ	块状底水	804	146	76~450	2.34	40.3	11.9	24.7	198.6	66.0
XG	裂缝块状底水	4492	1100-1300	0.01~40.6	0.38	14.2	42.6	25.9	1163.4	40.1
PB	短轴背斜	227	120	94~125	0.45	44.9	6.5	20.6	46.8	65.5
合计	7797	—	—	0.4~4.4	25.5	104.2	26.7	2084.2	52.2	

2.2.2　提升储气库生产调峰和战略保供能力

近年来，我国冬季天然气需求量逐年增加，对天然气冬季保供提出了更高要求(图 17)。四个油藏型储气库建成后，总库容 189.7 亿方，工作气量 83 亿方；2025 年开始具备调峰能力，最大日调峰能力 0.77 亿方，冬季保供气量近 10 亿方，可大幅度增加储气库库容和工作气量，有效提升储气库战略保供能力(表 4)。

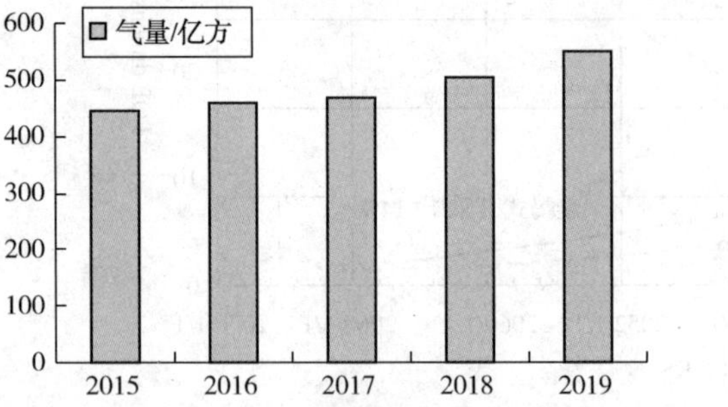

图 17　我国近年来冬季保供天然气量

表 4　天然气驱油与储气库一体化建库储气库指标统计表

试验区	库容量/(亿方)	工作气量/(亿方)	调峰能力/(万方/天)	运行压力/MPa
DH	62.0	28.0	2400	31~56
TZ	43.9	19.8	1650	20~38.7
XG	70.1	28.3	3010	22~43
PB	13.7	6.8	650	19~37.6
合计	189.7	82.9	7710	—

储气库的生产调峰能力可有效平抑气田生产的峰谷差，保持气田的平稳生产，延缓水侵，确保气藏较高采收率和井筒安全；同时，还可以保证天然气长输管道的平稳运行。我国某气田天然气生产冬夏峰谷差达 2500 万方/天(图 18)，实施注气驱油型储气库建设，夏季油藏多注气对气田生产进行“抑谷”，冬季油藏停止注气转采气对气田生产进行“平峰”，使气田始终保持科学合理的开发秩序，维持气田长期平稳生产。

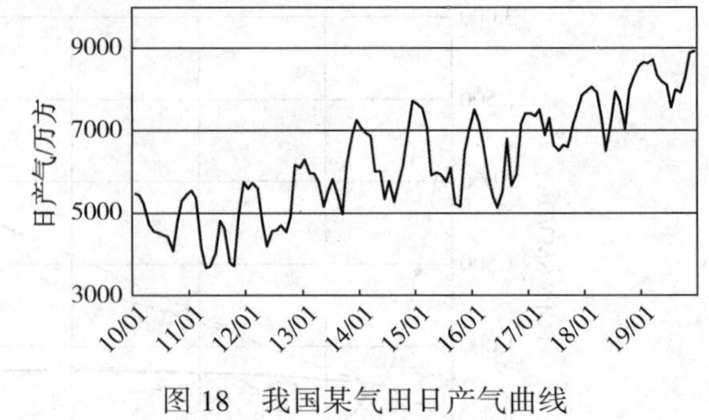

图 18　我国某气田日产气曲线

2.2.3　实现油气全产业链效益最大化

一是可实现天然气的高效利用。将天然气注入油藏，作为提高采收率的驱替介质，建成储气库后，天然气储转将产生效益。二是可实现钻井和地面建设一次性投入。注气驱油型储气库建设的井型和井网设计，可以同时满足驱油提高采收率和后期储气库大吞大吐生产的需要；钻完井管柱的固井质量、管材抗压等级和抗腐蚀等级均满足储气库需要，后期储气库可以直接利用；地面建设中的地面处理系统、集输系统、压缩机注入系统等均满足储气库建设相关标准，后期储气库运行阶段不需要再进一步改建和更换，进一步节约投资。三是天然气驱油与储气库建设协同，各自都能达到行业基准内部收益率要求，协同项目总体也具有较好的经济效益。四个协同试验项目，评价期 40 年，按 45 美元/桶固定油价评价，内部收益率均超过 6%，其中 DH 和 TZ 协同试验项目内部收益率超过 8%(表 5)。四个驱油储气试验项目的顺利实施，中国石油将建成“百万吨油田和百亿方气库”的驱油储气示范工程。

表 5　天然气驱油与储气库一体化建库经济评价统计表

试验区	评价期/年	总投资/亿元	总成本/亿元	内部收益率/%	投资回收期/年
DH	40	111.37	308.60	8.68	16.5
TZ	40	72.01	206.59	9.77	16.1
XG	40	142.58	424.42	6.24	24.9
PB	40	25.30	95.10	6.70	17.5
合计	40	326.00	939.60	7.85	18.7

2.3　一体化建库的调峰参数优化

2.3.1　调峰时机优化

一体化建库项目效益指标的影响程度自高至低依次分别是油气销售价格、油气产量、调峰气量、建设投资、经营成本。当油气销售价格以及油气产量下降 20%，或经营成本上升 20%，内部收益率均低于集团公司规定的基准收益率，项目具备一定的抗风险能力。因此，注气驱油型储气库调峰时机越早、调峰能力越大，经济效益越好。(图19)

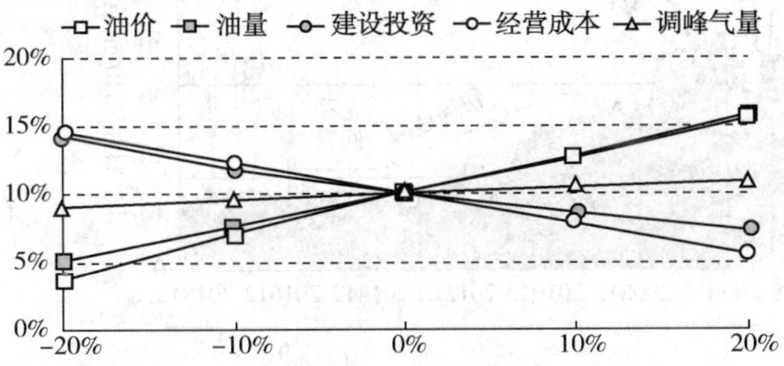

图19　一体化建库敏感性因素分析图

2.3.2　调峰能力优化

当存气量与库容量占比大于20%时，可发挥调峰作用，调峰气量是存气量的10%。截至2021年9月，四个一体化建库的存气量达6.5亿方，工作气量则为7150万方，日调峰气量超过200万方(图20)。

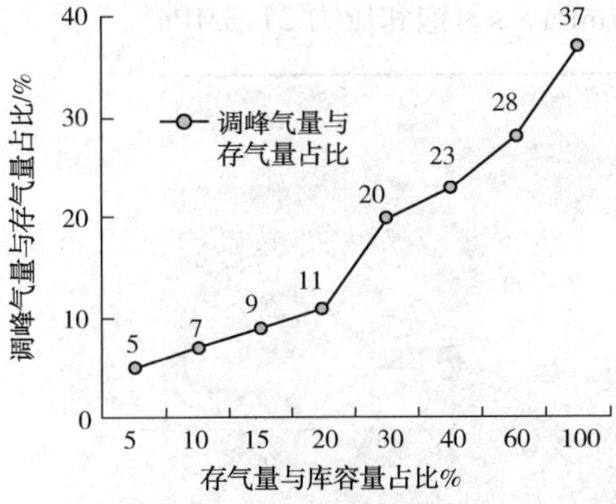

图20　一体化建库敏感性因素分析图

3　注气驱油型储气库建设项目进展

3.1　DH油田

DH油藏构造上整体表现为由北东向西南倾伏的大型鼻状隆起，油藏中深5760m，原始地层温度140℃，原始地层压力62.38MPa，地层水矿化度23.4×10^4mg/L，为深层高温高盐油藏；油藏构造倾角4.5~12°、油柱高120m、地面原油密度0.85~0.87g/cm^3、地面原油黏度5.23~12.47mPa·s(图21)。

DH油田可划分为6个开发阶段(图22)：①1990~1993年为单井试采阶段，7口油井撬装试采；②1994~1996年，油田正式投产，采用边缘底部注水方式开发；③1997~2000年，完成了第一次井网调整，注水方式由边缘底部注水调整为边缘+局部对应注水，原油峰值产量达60万吨；④2001~2005年，进入开发调整稳产阶段，开发调整为利用直井开发底部4、5砂层组、利用水平井开发顶部低渗层1、2砂层组；⑤2006~2013年，油藏分1砂层组、2及以下砂层组两套注采井网进行开采；⑥2014~2020年，天然气重力混相驱重大开发试验阶段。

截止2020年6月底，DH油田累注气5.2亿方，注气产油86.63万吨，累存气3.04亿方，初步具备了天然气调峰能力。地层压力上升，受效井17口，13口井产量翻倍，10口井转自喷，培育100吨井2口、50吨井8口。DH油田产量也实现了多年以来首次止跌回升，综合递减由14.3%降低到2.7%，含水上升率由8.13%降低到-2.76%，平均单井日产油量由14t增加到27t。

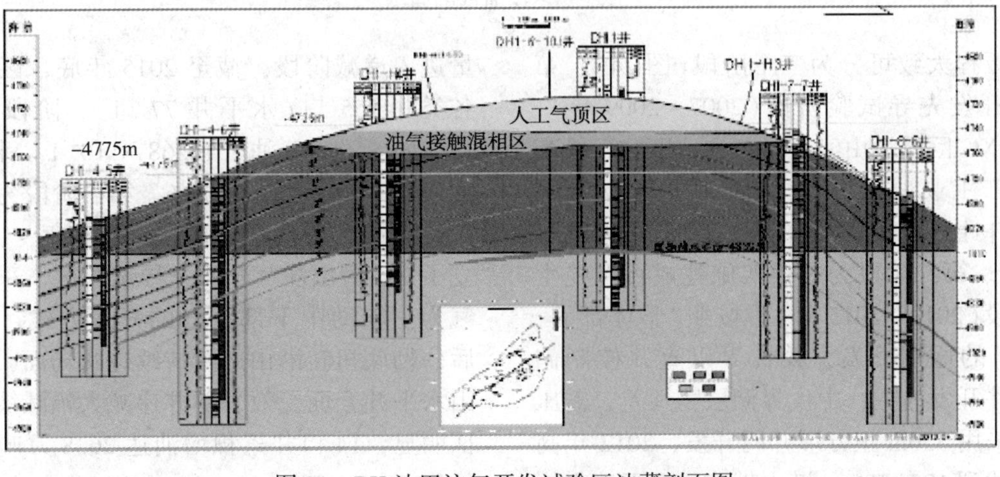

图21　DH油田注气开发试验区油藏剖面图

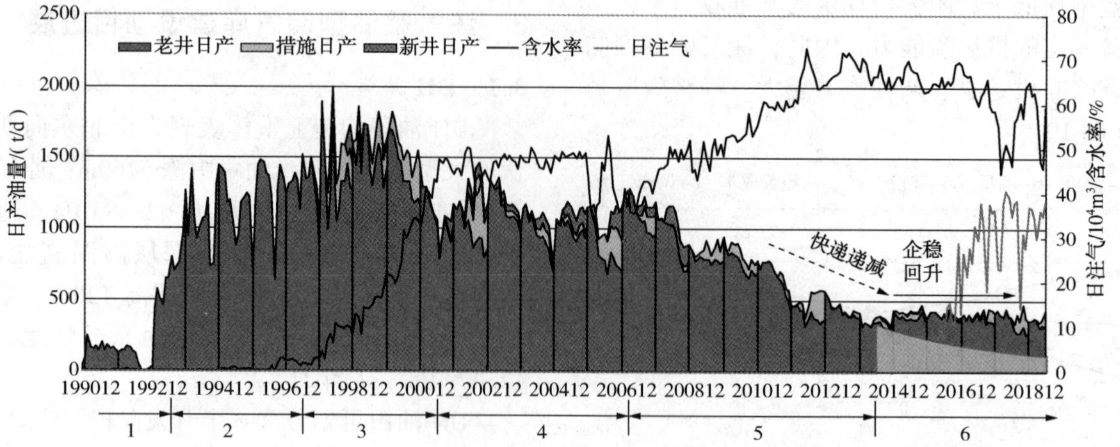

图 22 DH 油田油田生产曲线

面对今年新冠疫情叠加油价断崖式下跌的严峻形势，国内天然气需求减缓，进口管道气“到付不议”，国内天然气市场供大于求，压减国内天然气产量的压力巨大，但是天然气具有明显的价格优势，是低油价下上游开发业务效益实现的主体。通过向该一体化建库项目注入天然气，每天可少压减天然气产量 200~300 万方，在疫情和油价下跌的双重影响下，该项目的实施对于提质增效和气田平稳生产具有重要的现实意义。

3.2 XG 潜山

XG 潜山地质上位于某坳陷西部凹陷中段，构造面积 $85km^2$(图 23)，平均有效厚度 189.7m，地层原油密度 $0.6442g/cm^3$、地层原油黏度 0.384mPa·s、饱和压力 21.3MPa。

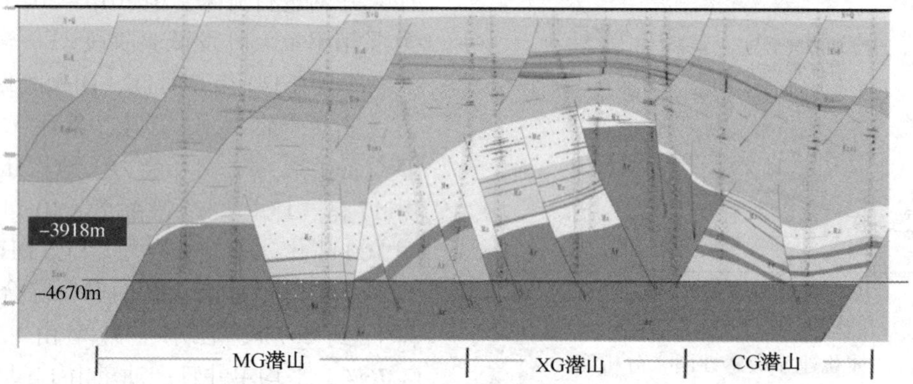

图 23 XG 油藏剖面图

开发历程大致可分为三个阶段(图 24)：第一阶段为开发先导试验阶段(2007~2009 年)，2007 年在 XG 巨厚潜山实施 6 口大斜度井，投产后均获高产工业油流。区块按照四段七层水平井，平面井距 300m，垂向井距 200m 共实施水平井 19 口。第二阶段为规模实施建成百万吨生产能力阶段(2010~2015 年)，按照“整体部署、分批实施”的原则开发，太古界以直井控制储层、水平井开发为主；中生界储层物性差，需压裂改造，采用 350m 正方形井网开发，2012 年高峰年产油达到 $100×10^4t$。潜山带建成百万吨产能后，受地层压力下降和底水侵入的双重影响，产量进入递减阶段，截至 2015 年底，区块共投产各类井 155 口(水平井 77 口)，阶段末日产油 1808.0t，累产油 $612.68×10^4$ t，采油速度 0.59%，采出程度 6.02%。第三阶段为气驱试验及有序建产持续稳产阶段(2016 年~目前)，建立了 XG 潜山注气开发先导试验区，采用顶部注气为主辅助中下部注气的开发方式，规模注气后，彻底扭转潜山产量持续递减局面，注气后潜山水平井全面受效，单井递减大幅减缓，增油特征明显，14 口井累积增油达 26.8 万吨，累注天然气 $8915×10^4m^3$。

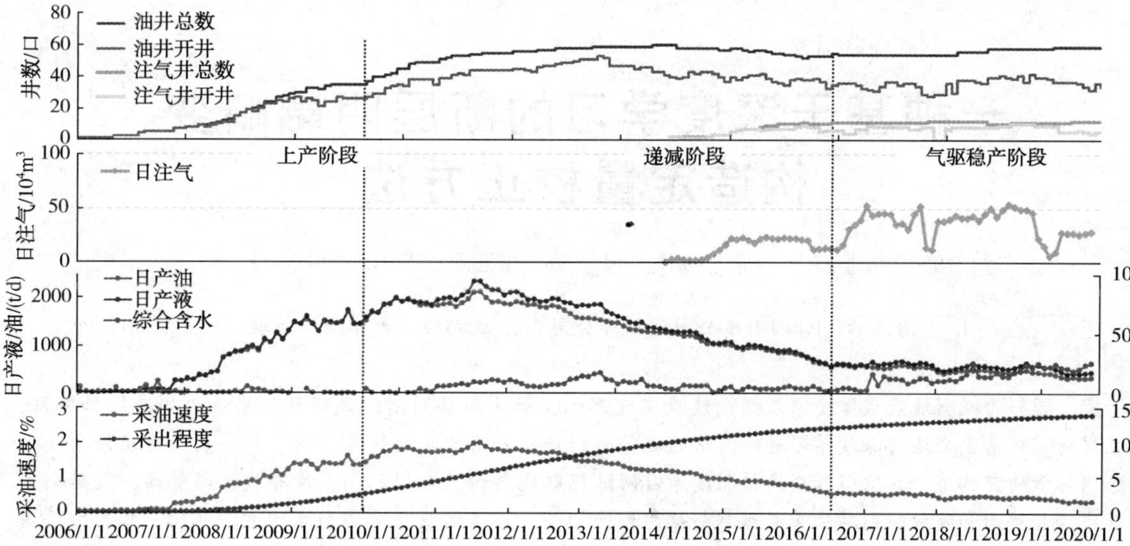

图 24　XG 潜山开发综合曲线

4　结论与建议

（1）在油价下跌、疫情蔓延的双重冲击下，我国提高原油采收率和储气库建设工作更为重要和迫切。天然气驱油提高采收率与战略储气库协同技术具有驱油和储气双重功能，可实现油气全产业链价值最大化，是上游业务提质增效的典范。

（2）天然气是一种绿色、高效、可回收利用的驱油介质，是油田开发践行美丽中国建设的有效手段。天然气重力驱可大幅度提高原油采收率，是国内上游开发业务增储上产的重要利器。

（3）注气驱油型一体化储气库建设有利于弥补气藏型储气库的限制，拓展了储气库选库建库的领域和范围，极大丰富了我国储气库类型，同时为积极探索地下储油库建设提供参考。

（4）注气驱油型一体化储气库调峰时机越早、调峰能力越大，经济效益越好。由于天然气驱油项目注入介质费较高，早调峰、多调峰是项目效益运行的关键。

参　考　文　献

[1] 江同文，王正茂，王锦芳，等．天然气顶部重力驱油储气一体化建库技术[J]．石油勘探与开发，2021，48(5)：1061-1068.

[2] 江同文，王锦芳，王正茂，等．地下储气库与天然气驱油协同建设实践与认识[J]．天然气工业，2021，41(9)：66-74.

[3] 丁国生，魏欢．中国地下储气库建设 20 年回顾与展望[J]．油气储运，2020，39[1]：25-29.

[4] Canada-World leader in hydrocarbon miscible flooding. Mungan，Nick. Journal of Canadian Studies. 2002.

[5] 天然气驱提高原油采收率试验研究[J]．袁广均，王进安，王兴忠，刘超．内蒙古石油化工．2013(04).

[6] 水驱与天然气驱结合提高厚油层油井产能实践[J]．刘英．钻采工艺．2012(02).

[7] 锦 2-6-9 大凌河油层天然气驱可行性研究[J]．李光．中国石油和化工标准与质量．2011(12).

[8] 长岩心注天然气驱油物理模拟实验[J]．郭永伟，杨胜来，李良川，王刚，赵文勋．断块油气田．2009(06).

[9] 注天然气驱提高采收率技术研究[J]．高弘毅，侯天江，吴应川．钻采工艺．2009(05).

[10] 低渗油藏天然气驱适应性研究[J]．赵燕芹，李巧梅，陈德斌，张建丽，程传秀．断块油气田．2009(02).

[11] 特低渗透油藏天然气非混相驱实验[J]．魏浩光，岳湘安，赵永攀，何建华．石油学报．2011(02).

[12] Analysis of Mass Transfer Mechanisms Occurring in Rich Gas Displacement Process. Lee，S-T，Lo，H，Dharmawardhana，B. T. SPE18061-MS．1988.

[13] ComParative Study of RBA，P-x，Muiti-contact and Slim Tube Results. Fbse，X. L，Zhou，A. Journal of Canadian Petroleum Technology．1994.

[14] Vertical Conformance in an Alternation Water-Miscible Gas Flood. H. L. Stone. SPE 11130．

[15] Application of hydrocarbon gas miscible flooding for water flooding reservoir. Shimizu T. SPE 57297．1999.

[16] 马新华，丁国生．中国天然气地下储气库[M]．北京：石油工业出版社，2018：1-22.

一种基于深度学习的断层阴影畸变构造定量校正方法

杨小江[1,2]　戴　宗[1]　何理鹏[1]　王亚会[1]　侯　凯[1]

[1. 中海石油(中国)有限公司深圳分公司；2. 成都理工大学地球物理学院]

摘　要　为减弱地震成像受断层横向速度突变影响，解决断层圈闭油藏断层阴影带内构造解释假象，本文提出一种基于全连接深度学习神经网络的趋势面断层阴影畸变构造恢复方法。首先利用地层倾角属性去除阴影带畸变构造，其次引入全连接深度学习网络获取地层构造数据的高精度非线性趋势面，最后利用该非线性趋势面和收敛映射算法重新预测断层阴影区构造。与传统基于采集和处理方法相比，本文方法基于纯数据驱动，便捷高效，为断层阴影带内的畸变构造定量评价提供了新思路。

关键词　深度学习；断层阴影；构造校正；趋势面；地层倾角

断层阴影作为断层圈闭油气藏普遍存在的构造假象，出现在断层下盘的地震成像不可靠区域。时间偏移成像和断层两侧速度的不准确都会导致该区的同相轴出现上翘或下拉现象，严重时还会产生同相轴错断。这种现象会造成构造伪高(低)点，引起构造识别假象，导致错误的钻井决策部署，带来重大的勘探开发风险。

目前主要从地震采集和地震处理两个角度解决这一问题。然而，地震采集设计及实施周期漫长、要求的经济成本高，使得其难以得到推广应用。传统的PSDM是利用平滑的叠加速度模型作为初始速度模型进行层析迭代，难以获得高分辨率的偏移速度模型。因此断层阴影还是目前制约断圈油藏勘探开发的重要因素。

随着计算机技术的发展，各种机器学习算法被广泛用于解决地球物理中的各种非线性复杂问题。深度学习方法在地震去噪，层位和断层解释，地震相划分，波阻抗反演、三维地震波速度分析及全波形反演等方面均有重要应用。

目前尚无学者利用深度学习来解决断层阴影问题，鉴于深度学习的强非线性表达能力，本文提出基于全连接深度学习网络的断层阴影畸变构造恢复方法。首先利用基于三维地震数据的倾角扫描方法刻画正常地层的范围和受断层阴影影响的畸变构造范围；其次考虑到海相地层横向沉积稳定的地质特征(戴宗等，2020)，再利用全连接深度学习网络对正常地层构造数据进行高精度非线性趋势面求取；最后利用该趋势面作为趋势约束条件，使用正常地层构造恢复受断层阴影影响的畸变区域构造。

1　基本原理

为解决这类构造识别假象，本文首先引入全连接深度学习网络对正常地层构造数据进行高精度非线性趋势面求取，最后利用该趋势面约束恢复受断层阴影影响的畸变区域构造。

基于全连接深度神经网络方法可近似计算由空间位置 a 描述的正常地层构造数据 z，其正向传播过程为，

$$\hat{z}=w^{l}a^{l}+b^{l} \tag{1}$$

$$a^{l}=\sigma(wl-1al-1+bl-1) \tag{2}$$

$$\sigma(x)=\frac{1}{1+e^{-x}} \tag{3}$$

式中，$\hat{z}$ 为全连接深度神经网络预测深度，σ 为激活函数；a^{l} 表示第 l 层深度网格的输出，可以由上一层的网格计算结果求取；w^{l} 为第 l 层网络权系数，其初始值随机产生；b^{l} 为第 l 层偏置，其初始值为0向量，全连接深度学习层数 $l=1$，2，3…n。

由正向传播过程得到的初始预测值与真实构造的值之间存在较大误差，需要基于全连接深度学习神经网络的反向传播方法迭代求解，学习获得各层网络最佳权系数、降低预测构造误差，得到预测构造最优解。

全连接深度学习神经网络算法目标函数 $J(w,\ b)$ 可由预测构造值 $\hat{z}$ 和实际构造值 z 的误差

的 $L2$ 范数表示,

$$J(w,\ b)=\frac{1}{2}\|z-\hat{z}\|_2^2 \tag{4}$$

利用 Nesterov momentum 梯度下降法(Sutskever et al, 2013) 迭代求解 w 和 b,

$$\theta_{t+1}=\theta_t-\nu_{t+1} \tag{5}$$

$$\nu_{t+1}=\mu\nu_t+\eta(s)\nabla_\theta J(\theta_t-\mu\nu_t) \tag{6}$$

$$\frac{\partial\sigma(z)}{\partial z}=z(1-z) \tag{7}$$

$$\eta(s)=\frac{\eta_0}{(1+s*\alpha)} \tag{8}$$

(5)~(6)式中, θ 为待求解参数 w 和 b, 梯度更新速度 ν 表示梯度累积值; 动量参数 μ 为更新速度 ν 的衰减率, 符号 ∇_θ 表示参数 θ 的梯度算子, 求解过程涉及到激活函数 σ 对 z 求导(式7); η 表示学习率, η_0 为初始值, s 为训练迭代次数值, α 表示迭代更新后 η 的衰减率。

将网格权系数 w 和 b 的最优解带入(1)式, 可最终获得基于全连接深度学习网络的构造趋势面。另外, 为消除原始坐标 x^{ori} 和 y^{ori} 因数值分布差异对网格学习产生的影响, 需对原始数据进行标准化处理,

$$x_i=\frac{x_i^{ori}-\overline{x_i^{ori}}}{s},\ i=1,\ 2,\ 3\cdots m \tag{9}$$

$$\overline{x_i^{ori}}=\frac{1}{m}\sum_{i=1}^{m}x_i^{ori} \tag{10}$$

$$s=\sqrt{\frac{1}{m-1}\sum_{i=1}^{m}(x_i^{ori}-\overline{x_i^{ori}})} \tag{11}$$

(9)~(11)式中, x 表示标准化坐标值, x^{ori} 为原始坐标值, $\overline{x^{ori}}$ 为其均值, s 表示 x^{ori} 的标准差, i 表示样本点序号, m 为总样本数。

同样对坐标 y^{ori} 做(9)~(11)式标准化处理, 可得趋势面输入特征数据(x, y)。

2　实例分析

以南海东部番禺油区 Y 油田为例(图1), 该油田主要目的层均为断层圈闭油藏, 其油田开发方案钻井实施后(图1(a)中蓝色点和红色点), 远离断层井的钻井深度误差较小, 与钻前预测较为一致(图1(a)蓝色井, 误差均在3m以内); 而断层附近钻井深度误差大, 构造下压5.7至21.9m(图1(a)的红色井), 该误差严重影响 Y 油田后期生产井的挖潜部署。该现象由断层下方断层阴影引起, 靠近断层的同相轴出现了上翘畸变(图1(b)红色箭头区域), 导致了大约20m的钻井深度误差, 远离断层地震同相轴则比较平缓(图1(b)蓝色箭头)。

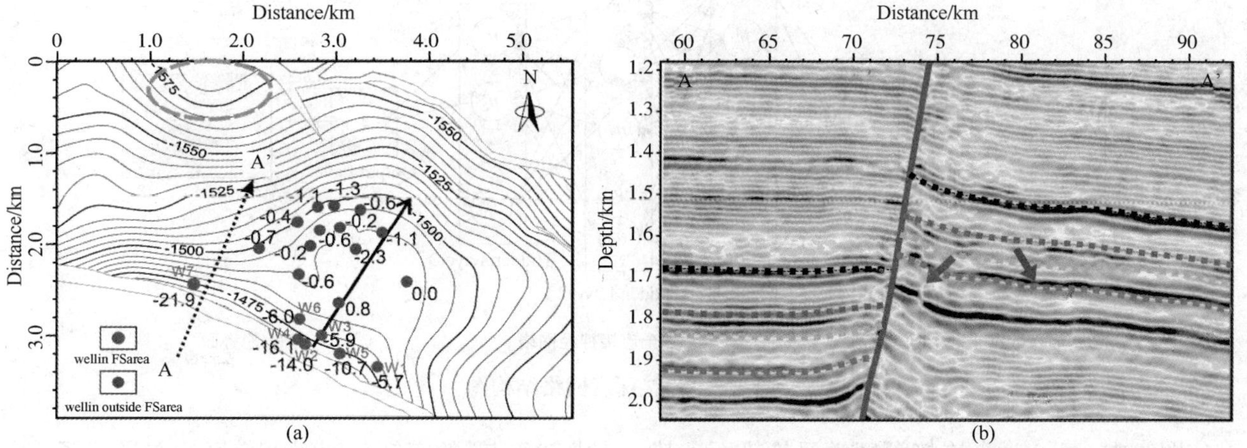

图1　南海东部 PY 油区 Y 油田畸变构造

(a)钻前构造图, 红点为断阴影带内井, 蓝点位阴影带外井, 黑色箭头表示构造走向, 黑色椭圆表示局部构造低点(b)过图 a 中 AB 线地震剖面, 蓝色箭头代表正常成像, 红色箭头表示阴影带畸变成像, 此处会导致大约 20m 深度误差

首先计算地震数据的三维地层倾角属性, 并针对研究目的层求取沿层切片[图2(a)], 切片显示断层附近存在明显的属性异常区域(黑色虚线范围), 该异常范围分布方向与断层平行, 该范围随着与断层距离增加倾角值减小, 结合图1(b)中地震剖面同向轴形态, 将图4(b)黑色虚线范围定义为断层阴影带。将该区域构造去除, 可得到图2(b)去除畸变构造后的构造。

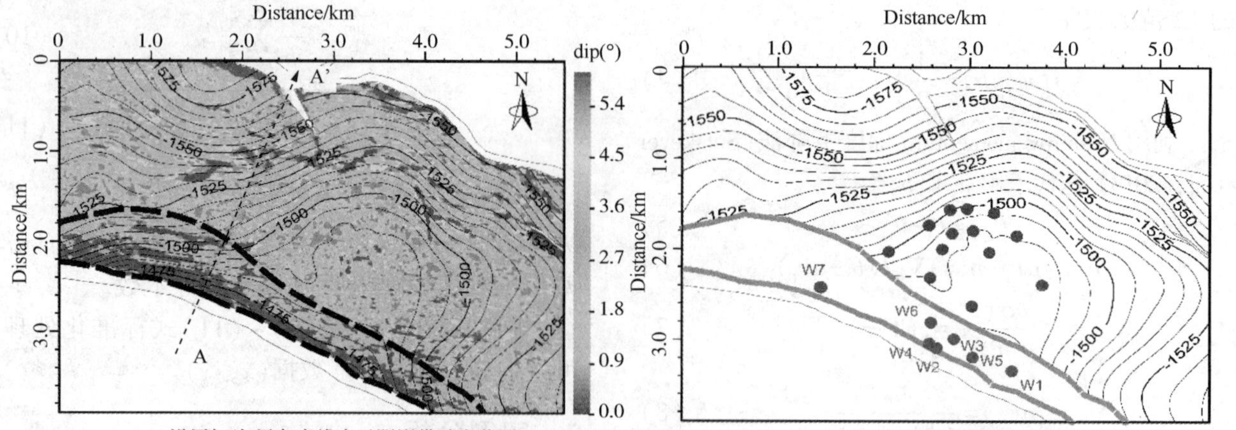

(a)沿层切片,黑色虚线表示阴影带畸变范围　　　　(b)去除畸变后构造

图 2　去除畸变后的目的层构造图

设计全连接深度学习网络模型(图 3)，利用训练数据集对模型进行训练学习，并利用验证数据集质控训练结果，当训练误差和验证误差都收敛至最小值[图 4(b)]时，网络学习出正常地层构造趋势面[图 4(a)]。

图 3 为全连接深度神经网络结构图，(a)表示输入数据，(b)为模型结构，(c)表示输出数据。模型共包含 5 层，共需要模型参数 5871 个，层间采用 relu 激活函数，第一层、二至四层、五层分别为输入层、隐藏层及输出层。输入层结点数为 2；第二层结点数为 100，权系数为 200 个，偏置数目 100 个，存在模型参数 300 个；第三层结点数为 50，模型参数为 5050 个；第四层结点数为 10，模型参数为 510 个；第五层结点数为 1，模型参数为 20 个。采用 Glorot 正态分布初始化模型参数，利用 nesterov 动量梯度优化算法求解误差损失函数，最终得到最优模型参数。其中，初始学习率为 0.001，衰减项值为 1×10^{-6}，动量参数为 0.85，训练 epoch 值为 50，每次喂入训练数据量为 1000。

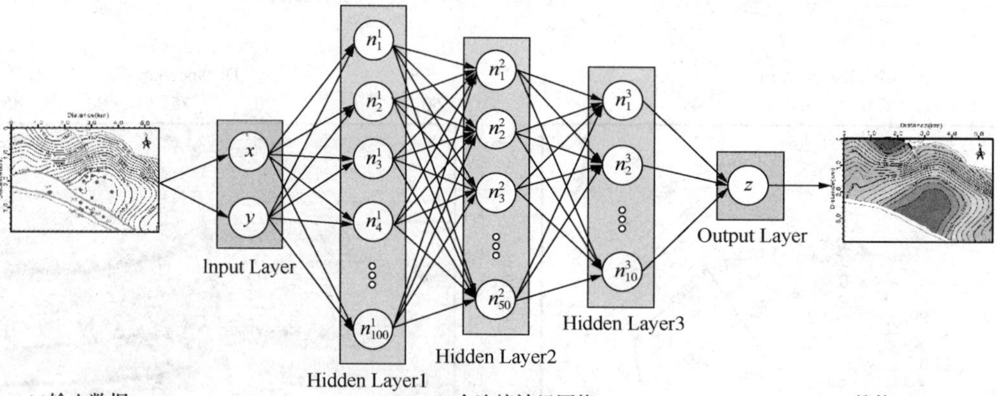

(a)输入数据　　　　(b)全连接神经网络　　　　(c)趋势面

图 3　全连接深度网络结构图

图 4 中，(a)为全连接深度学习趋势面，其主要构造特征与图 1(a)中基本一直，构造走向均为南西北东向，分别见图中黑色箭头，此外，趋势面还很好的表达了西北部局部构造，见图中黑色虚线椭圆。(b)为训练模型收敛情况，训练数据和验证数据同时收敛，收敛值基本一致，说明模型具有良好的泛化能力。

采用该趋势面约束恢复断层阴影带畸变构造(图 5b)。并利用断层阴影带内 7 口钻井(图 5a 中红色点)的实钻深度对畸变区构造进行了盲井检验(图 6)。恢复构造(图 7b)与原始构造(图 7a)相比，断层阴影畸变区(黑色椭圆处)构造等值线变稀疏，消除了断层附近的构造上翘假象(图 1b 红色箭头处)；此外，断层阴影畸变区 7 口实钻井显示(图 10)，原始构造深度误差范围为-5.7m 至-21.9m，利用本文方法恢复畸变区构造后，钻井深度误差下降至-1.2m 至 1.4m(图 10)，这进一步证明了本文方法的有效性。

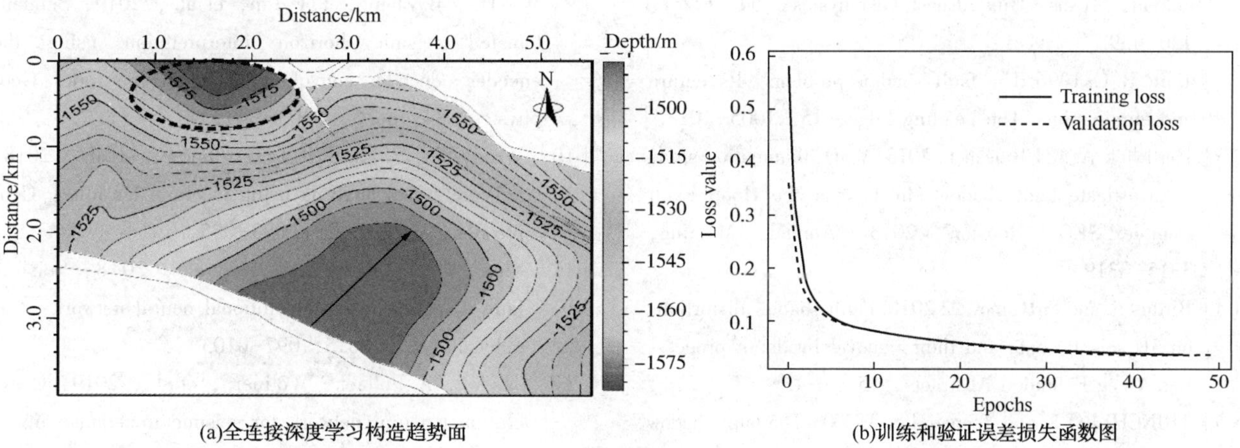

(a)全连接深度学习构造趋势面　(b)训练和验证误差损失函数图

图 4　深度学习趋势面及模型损失函数图

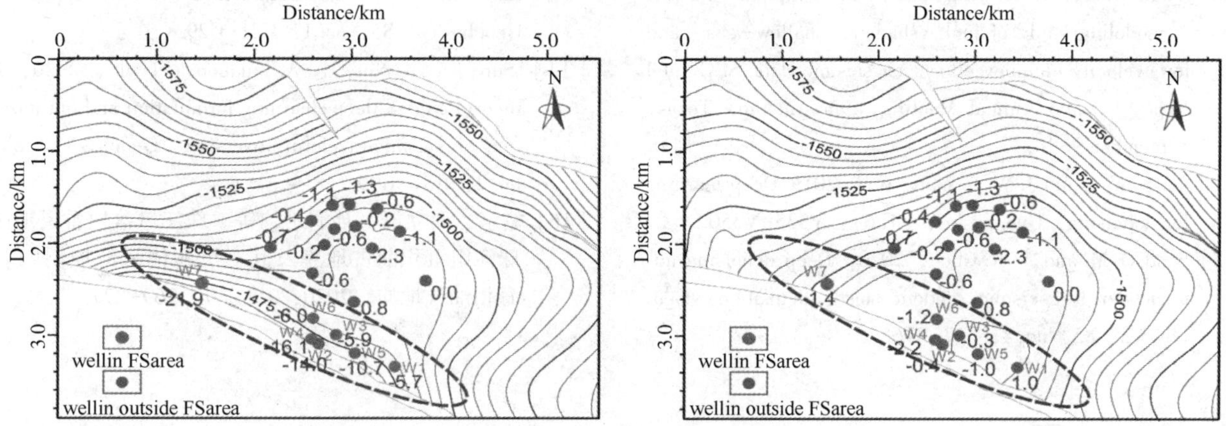

图 5　原始构造(a)和恢复构造(b)对比图

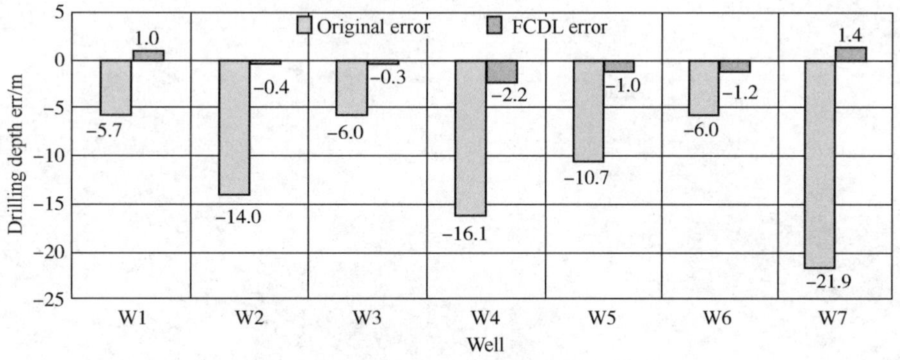

图 6　恢复构造与原始构造误差对比图

3　结论

本文提出基于全连接深度学习网络拟合出正常地层的高精度非线性构造趋势面，再结合该趋势面定量恢复校正阴影带内畸变构造，该方法是一种基于构造数据驱动的断层阴影畸变构造定量校正方法，在番禺油区得到了良好的应用效果。方法具有处理周期短、运算成本低及方便快捷有效的优势，值得在同类断圈油藏的勘探开发中推广应用。但是本方法仅测试了海相低幅平缓沉积地层特征的应用效果，今后将对其他复杂构造地质条件作进一步应用分析。

参　考　文　献

[1] Allen J. L. and Bruso J. M. 1989. A case history of velocity problems in the shadow of a large growth in the Frio for-

mation, Texas Gulf Coast. Geophysics, 54 (2): 426-439.

[2] Bain R. C. 1996. The fault shadow problem: Its nature and elimination: The Leading Edge, 15, 1005-1013.

[3] Hardwick A. and Rajesh L. 2013. A 3D illumination study to investigate fault shadow effects over the Hoop Fault Complex. SEG Houston 2013 Annual Meeting, 3315-3319.

[4] Birdus S. and Artyomov A. 2010. Fault shadow distortions on 3D seismic data and their removal by depth processing. A seg Extended Abstracts, 15, 1-4.

[5] TRINCHERO E. and Tecpetrol S. A. 2000. The fault shadow problem as an interpretation pitfall. The Leading Edge, 132-135.

[6] Youn O. K., Soponpongpipat U. and Pinpipat N. 2001. A modeling study of fault-shadow, shallow-gas, and low-velocity chimney effects on seismic data. SEG Int'l Exposition and Annual Meeting, San Antonio, Texas, September 9-14.

[7] Yu S. W., Ma J. W., Wang W. L. 2019. Deep learning for denoising, Geophysics, 84(6): V333-V350.

[8] Saad O. M. and Y. K. Chen, 2020, Deep denoising autoencoder for seismic random noise attenuation: Geophysics, 85, no. 4, 367-376.

[9] Wu H., B. Zhang, T. F. Lin, et al., 2019, Semiautomated seismic horizon interpretation using the encoder-decoder convolutional neural network: Geophysics, 84, no. 6, B403-B417.

[10] Wrona T., I. Pan, R. L. Gawthorpe, et al., 2018, Seismic facies analysis using machine learning: Geophysics, 83, no. 5, p. 083-095.

[11] Xiong W., X. Ji, Y. Ma, et al., 2018, Seismic fault detection with convolutional neural network: Geophysics, 83, no. 5, 097-0103.

[12] Das V., A. Pollack, Wollner., et al., 2019, Convolutional neural network for seismic impedance inversion.: Geophysics, 85, no. 6, R869-R880.

[13] Gabriel F. O. and R. Sarkar, 2020, Seismic velocity estimation: A deep recurrent neural-network approach: Geophysics, 85, no. 1, U21-U29.

[14] Sun J., Z. Niu, K. A. Innanen, et al., 2020, A theory-guided deep-learning formulation and optimization of seismicwaveform inversion: Geophysics, 85, no. 2, R87-R99.

[16] 戴宗,衡立群,孙润平,等.珠江口盆地番禺地区珠江组沉积前古地貌及其对沉积体系的控制[J].海相油气地质,2020,25(03):269-277.

中东 H 油田注水井腐蚀机理与防控技术研究

朱培珂[1,2]　王青华[1,2]　邹洪岚[1,2]　杨军征[1,2]　崔明月[1,2]

（1. 中国石油勘探开发研究院；2. 中国石油国际勘探开发有限公司）

摘　要　注水井的腐蚀是制约注水工作的一个迫切问题。H 油田于 2015 年开始注水先导试验，注水井筒环境含硫酸盐还原菌，含量为 0~1000 个/mL；溶解氧含量较高，含量为 0.2~5ppm；含有残余的 H_2S/CO_2，最高含量为 500mg/L；注水温度在 40℃~75℃范围；矿化度较高，Cl-最高含量 130，000mg/L。设计并开展四因素(SRB、溶解氧、H_2S/CO_2、温度)三水平正交试验，针对目前油田使用最多的低合金油管钢 L80 开展研究，表明在含有不同水平因素组合的 SRB-溶解氧-H_2S/CO_2环境，L80 均发生严重的均匀腐蚀和点蚀，最大点蚀速率为 8.84mm/a，按照油田使用的 4½″油管计算，约 8 个月将腐蚀穿孔。通过正交试验结果分析，微生物 SRB 和溶解氧是 L80 油管钢点蚀的主控因素，溶解氧引起点蚀，微生物 SRB 的局部酸化作用加速了点蚀发展，温度和 H_2S/CO_2对引起 L80 钢点蚀的影响权重则更低。马氏体不锈钢 13Cr 和超级 13Cr 在模拟注水井环境，均匀腐蚀速率均低于 0.1mm/a，但点蚀速率较高，最高可达 5.7mm/a。双相不锈钢 22Cr 和 25Cr 的在模拟注水井环境，均匀腐蚀速率也均低于 0.1mm/a，且未见明显的点蚀。综合分析，在水质较恶劣的水平下，超级双相不锈钢 25Cr 可满足水质要求。加入 300ppm 的缓释杀菌剂，L80 钢的均匀腐蚀速率和点蚀速率均得到有效控制。若要改善水质降低注水管柱的腐蚀，优先等级依次为 SRB、溶解氧和 H_2S/CO_2。

关键词　注水井；点蚀；微生物；溶解氧；水质

H 油田发生过 2 口注水井 L80 油管的腐蚀，情况如下：

X001 井油管发现井深 295.89-455.71m 腐蚀严重，其中在井深 339.65-452.56m 处的局部腐蚀穿孔最为严重，而其他井深段油管腐蚀相对轻微；另一次是油管腐蚀穿孔主要集中在 0~470m，在 820m~1225m 段存在腐蚀，其余井段未发现明显腐蚀。

X-002 井 2016 年 5 月 18 日转注，与此同时，更换新的油管柱。2019 年 7 月，发现异常，检测发现多根油管严重损坏。油管柱结构：4½″油管@ 17.47m ~ 2914m，3½″油管@ 2914m ~ 3147m。17.47~514m(52 根)4½″油管损坏主要由内腐蚀引起；3033~3079m(5 根)3½″油管也存在腐蚀穿孔。

H 油田于 2015 年开始注水先导试验，注水井筒环境含硫酸盐还原菌，含量为 0~1000 个/mL；溶解氧含量较高，含量为 0.2~5ppm；含有残余的 H_2S/CO_2，最高含量为 500mg/L；注水温度在 40℃~75℃范围；矿化度较高，Cl^-最高含量 130，000mg/L。

1　国内外油田注水井注水井腐蚀概况

调研了国内外 3 个油田注水井的腐蚀情况。

（1）中原油田

根据文献报道，中原油田的污水具有以下特点：①矿化度高，一般都在 10×10^4mg/L 左右，最高达到 16×10^4mg/L；②污水含铁高，以二价铁为主；③细菌含量高，硫酸盐还原菌和腐生菌含量平均高达 10^3个/mL，有些污水甚至含量达 10^4个/mL；④pH 值低，注水水源的 pH 值一般在 6.0 左右；污水中钙镁离子含量较高、游离 CO_2含量较高等。

中原油田污水处理基本上采用密闭处理技术，在整个处理和回注过程中的污水均处于隔氧状态，因此水中溶解氧含量很低，一般在 0 至 50ppb 之间。这样由氧造成的腐蚀就大大降低。造成油田生产系统严重腐蚀的主要因素显然是 SRB 菌。大量测试结果表明，污水中的 SRB 含量大都在 10^2 ~ 10^3个/mL，有的高达 10^6个/mL。现场出现的腐蚀以点蚀穿孔为主，特别是比较脏的管线及结垢的设备中，垢下腐蚀非常严重，这些都充分说明 SRB 造成腐蚀的严重性。

该油田有超过200口井的套管存在腐蚀穿孔，报废井达60口以上，待修的套损井达300口，每年报废250公里以上的油管。采用多臂井径测井仪监测18口井的套损状况，发现注水井油套管的点蚀速率最高可达1.1mm/a，高于油井套管的点蚀速率(0.48mm/a)。

(2) 艾哈代布油田

该油田的采出水矿化度较高，Cl^-含量高，含有一定量的溶解氧和较多的H_2S及CO_2。注水井的N80SS油管在600多米处发生腐蚀穿孔。研究发现，管内垢的组成受到注水中的溶解氧、H_2S、CO_2、井下温度和压力的影响，因而，不同深度处垢样的成分亦存在差异。相对而言，油管的中上段垢样质地较疏松，下段垢样质地较致密。

(3) 塔河油田

通过排查塔河油田注水管网中各主要腐蚀因素，确定溶解氧对塔河注水管网的腐蚀影响最大。针对塔河油田地面注水系统曝氧问题，"改建密闭流程，减少保养点"，从源头上减少注水水质溶解氧含量；在水质处理过程中，通过"除氧剂和缓蚀剂联合使用"，可控制溶解氧含量，降低腐蚀风险。同时为了提高缓蚀剂的适应性，"开发高效缓蚀剂"。

根据NACE04139，在某典型注水井的工况，从温度、溶解氧含量、状态等8个条件对碳钢、3Cr、13Cr、25Cr和镍基合金718等12种材质分别进行分析试验，结果12种材质中无点蚀或均匀腐蚀速率<0.1mm/a的材质为超级双相不锈钢25Cr和镍基合金718。

综上所述，注水井油套管腐蚀较严重，腐蚀因素主要包括微生物和溶解氧。

2 试验

2.1 试验方法

1）模拟注水井工况腐蚀试验

依据标准：JB/T 7901—1999《金属材料实验室均匀腐蚀全浸试验方法》、GB/T 16545—2015《金属和合金的腐蚀 腐蚀试样上腐蚀产物的清除》模拟工况腐蚀失重试验使用高温高压环路测试装置如图1所示。

图1　高温高压环路测试装置

试验步骤：

(1) 搅拌配置好的模拟水。

(2) 将试片先用滤纸擦净，然后放入盛有丙酮的器皿中，用脱脂棉除去试片表面油脂后，再放入无水乙醇中浸泡约5min，进一步脱脂和脱水。取出试片放在滤纸上，用冷风吹干后再用滤纸将试片包好，贮于干燥器中，放置1h后再测量尺寸和称量，精确至0.1mg。将处理后的试片装聚固定夹具上，用螺丝拧紧固定。

(3) 按实验要求将现模拟水加入高温高压环路装置当中，将装好试片的夹具装入环路中。液体先用高纯氮气除氧，用测试仪测试氧含量达到目标值后，停止除氧。

(4) 除氧完毕后，升温至实验温度，使温度达到恒定。开启环路进气阀门，通入H_2S气体，静置30min，使H_2S气体充分溶解，调节H_2S分压至设计分压。然后通入CO_2气体，静置30min，使CO_2气体充分溶解，实验期间持续保持CO_2分压和H_2S分压为设定值。通过调节高温高压环路的流速，使溶液在环路中循环流动，使流动速度达到设定值，开始计时。

(5) 将高温高压环路装置的温度设定为试验温度，实验周期为168h(7天)。

(6) 当实验时间达到168h时，停止流动，取出试片并进行观察，记录表面腐蚀及腐蚀产物粘附情况后，立即用清水冲洗掉实验介质并用滤纸擦干，然后拍照。

(7) 将试片放入丙酮中，用脱脂棉除去试片表面污垢，再放入无水乙醇中浸泡5min，进一步脱脂和脱水。将试片取出放入配制好的酸清洗液中浸泡5min，同时用镊子夹少量脱脂棉轻拭试片表面的腐蚀产物。从清洗液中取出试片，用自来水冲去表面残酸后，立即将试片浸入氢氧化钠溶液(60g/L)中，30s后再用自来水冲洗，然后放入无水乙醇中浸泡约5min，清洗脱水两次。

取出试片放在滤纸上，用冷风吹干，然后用滤纸将试片包好，贮于干燥器中，放置 1h 后称量，精确至 0. 1mg。

（8）实验结果的表示和计算

① 均匀腐蚀速率

试样腐蚀失重速率 rcorr 按下式(1)计算：

$$r_{corr}=\frac{8.76\times10^4\times(m_0-m_t)}{S\cdot t\cdot \rho} \quad (1)$$

式中，r_{corr} 为腐蚀速率，mm/a；m_0 为实验前试样质量，g；m_t 为实验后试样质量，g；S 为试样受试总面积，cm^2；ρ 为试样材料的密度，g/cm^3；t 为实验时间，h。

② 点腐蚀速率

点蚀速率 V_t 按照式(2)计算。

$$V_t=\frac{8.76\times10^3\times h_t}{t} \quad (2)$$

其中：V_t 为点蚀速率，mm/a；h_t 试验后试片表面最深点蚀深度，mm；t 为实验时间，h。

（2）激光共聚焦(CLSM)分析技术

激光共聚焦显微镜采用点光源照射标本，在焦平面上形成一个轮廓分明的小的光点，该点被照射后发出的荧光被物镜收集，并沿原照射光路回送到由双向色镜构成的分光器。分光器将荧光直接送到探测器。光源和探测器前方都各有一个针孔，分别称为照明针孔和探测针孔。两者的几何尺寸一致，约 100-200nm；相对于焦平面上的光点，两者是共轭的，即光点通过一系列的透镜，最终可同时聚焦于照明针孔和探测针孔。这样，来自焦平面的光，可以会聚在探测孔范围之内，而来自焦平面上方或下方的散射光都被挡在探测孔之外而不能成像。以激光逐点扫描样品，探测针孔后的光电倍增管也逐点获得对应光点的共聚焦图像，转为数字信号传输至计算机，最终在屏幕上聚合成清晰的整个焦平面的共聚焦图像。

每一幅焦平面图像实际上是标本的光学横切面，这个光学横切面总是有一定厚度的，又称为光学薄片。由于焦点处的光强远大于非焦点处的光强，而且非焦平面光被针孔滤去，因此共聚焦系统的景深近似为零，沿 Z 轴方向的扫描可以实现光学断层扫描，形成待观察样品聚焦光斑处二维的光学切片。把 X-Y 平面(焦平面)扫描与 Z 轴(光轴)扫描相结合，通过累加连续层次的二维图像，经过专门的计算机软件处理，可以获得样品的三维图像。

2.2 试验方案

根据注水井的腐蚀工况的调研结果，设计四因素三水平正交试验，利用高温高压环路模拟注水井工况条件腐蚀试验。试验因素包括温度(40~80℃)、溶解氧(0. 2~5ppm)、微生物(0~1000 个/mL)、H_2S 分压(0~0. 03MPa)、CO_2(0~0. 1MPa)。各因素分别取三个水平值，按四因素三水平正交表 $L_9(4^3)$ 进行因素组合条件下的腐蚀试验(表 1)。

表 1　正交试验方案

序号	温度/℃	溶解氧/ppm	微生物/(个/mL)	H_2S 分压/MPa	CO_2 分压/MPa	pH	Cl^-/(mg/L)	流速/(m/s)	测试周期/d
1	40	0. 2	0	0	0	5. 5	110，000	2. 5	7
2	60	0. 2	100	0. 01	0. 04				
3	80	0. 2	1000	0. 03	0. 1				
4	80	2	0	0. 01	0. 04				
5	40	2	100	0. 03	0. 1				
6	60	2	1000	0	0				
7	60	5	0	0. 03	0. 1				
8	80	5	100	0	0				
9	40	5	1000	0. 01	0. 04				

3　试验结果与讨论

按照表 1 安排试验，一共进行了 9 组正交试验。表 2 是低合金钢 L80 的正交试验安排及点腐蚀速率结果。

对腐蚀因素的正交结果进行极差分析，因素的极差值越大，说明该因素的影响就越大。

3.2 L80钢腐蚀因素的正交分析

表2是L80低合金钢点腐蚀速率。从表中极差数值可以看出，影响低合金钢L80点腐蚀的因素的主次顺序为：微生物>温度>溶解氧>H_2S/CO_2分压。其中，影响较大的因素是微生物，较小的是温度、溶解氧、H_2S/CO_2分压。

表2　L80正交实验及结果(点腐蚀)

实验序号	溶解氧/ppm	微生物/(个/mL)	H_2S/CO_2分压/MPa	温度/℃	点腐蚀速率/(mm/a)
1	0.2	0	0/0	40	0.3833
2	0.2	100	0.01/0.04	60	2.9351
3	0.2	1000	0.03/0.1	80	1.5327
4	2	0	0.01/0.04	80	1.0079
5	2	100	0.03/0.1	40	2.2051
6	2	1000	0/0	60	4.2507
7	5	0	0.03/0.1	60	1.2911
8	5	100	0/0	80	3.0133
9	5	1000	0.01/0.04	40	3.4190
均值一	1.617	0.894	2.549	2.002	
均值二	2.488	2.718	2.454	2.826	
均值三	2.574	3.067	1.676	1.851	
极差	0.957	2.173	0.873	0.975	

图2是L80的点腐蚀正交效应曲线。从正交效应曲线可以看出：随着溶解氧含量的增加，点腐蚀速率呈现增大的趋势；随着微生物含量的增加，点腐蚀速率也增加；随着H_2S/CO_2气体分压的增大，点腐蚀速率呈现减小的趋势；随着温度的升高，点腐蚀速率先增大后减小，60℃时点腐蚀速率最大。

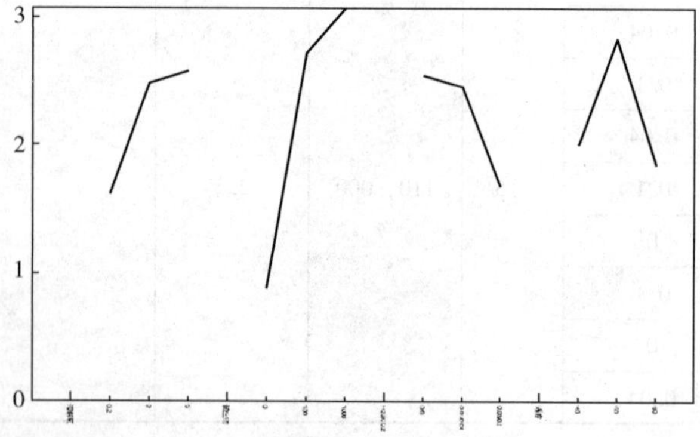

图2　L80的点腐蚀正交效应曲线

表3列出了L80的均匀腐蚀速率。影响低合金钢L80均匀腐蚀的因素的主次顺序为：温度>溶解氧>H_2S/CO_2分压>微生物。其中，影响较大的因素是温度，较小的是溶解氧、H_2S/CO_2分压、微生物。

图3为低合金钢L80正交试验均匀腐蚀速率的效应曲线。从正交效应曲线可以看出：随着溶解氧含量的增加，均匀腐蚀速率呈现增大的趋势；随着微生物含量的增加，均匀腐蚀速率降低；随着温度的升高，均匀腐蚀速率先增大。

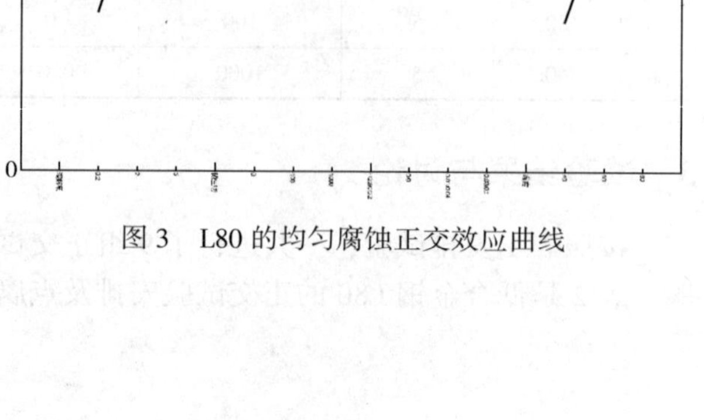

图3　L80的均匀腐蚀正交效应曲线

表 3　L80 正交实验及结果(均匀腐蚀)

实验序号	溶解氧/ppm	微生物/(个/mL)	H_2S/CO_2分压/MPa	温度/℃	均匀腐蚀速率/(mm/a)
1	0.2	0	0/0	40	0.1123
2	0.2	100	0.01/0.04	60	0.4479
3	0.2	1000	0.03/0.1	80	0.8635
4	2	0	0.01/0.04	80	1.4925
5	2	100	0.03/0.1	40	0.6848
6	2	1000	0/0	60	0.3567
7	5	0	0.03/0.1	60	1.5411
8	5	100	0/0	80	1.0968
9	5	1000	0.01/0.04	40	0.5297
均值一	0.475	1.049	0.522	0.442	
均值二	0.845	0.743	0.823	0.782	
均值三	1.056	0.583	1.030	1.151	
极差	0.581	0.466	0.508	0.709	

3.3　各种材质的耐点蚀特性

马氏体不锈钢 13Cr 和超级 13Cr 在模拟注水井环境，点蚀速率较高，最高可达 5.7mm/a。双相不锈钢 22Cr 和 25Cr 的在模拟注水井环境，且未见明显的点蚀(图 4)。

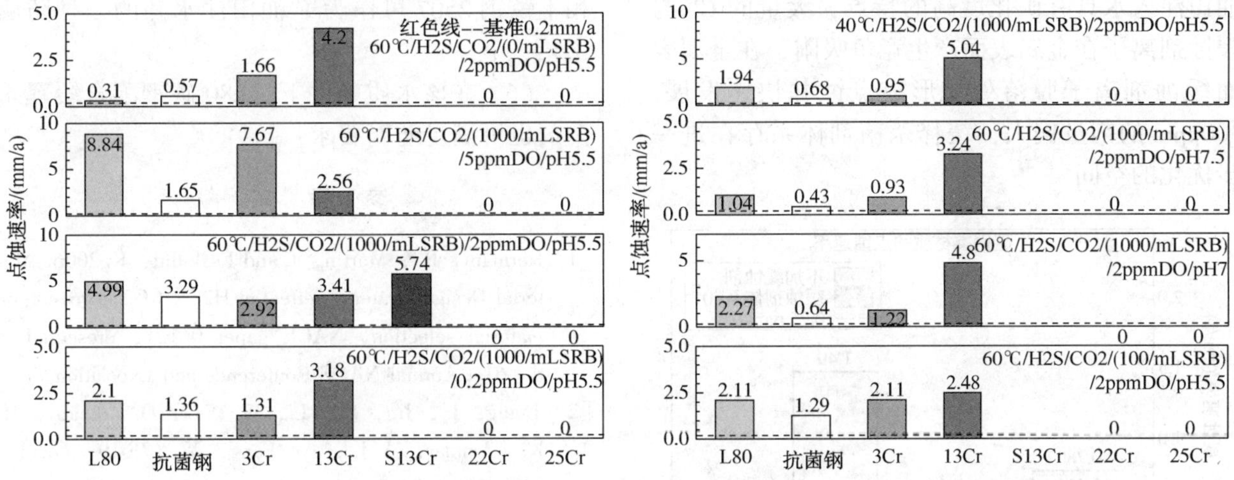

图 4　7 种油管钢在模拟 H 油田注水工况的点蚀速率

3.4　点蚀形貌微观分析

L80 在高含溶解氧和 SRB 的环境，局部腐蚀特征明显。图 5 为 5ppm 溶解氧含量注水井工况条件下 L80 钢的点蚀形貌。

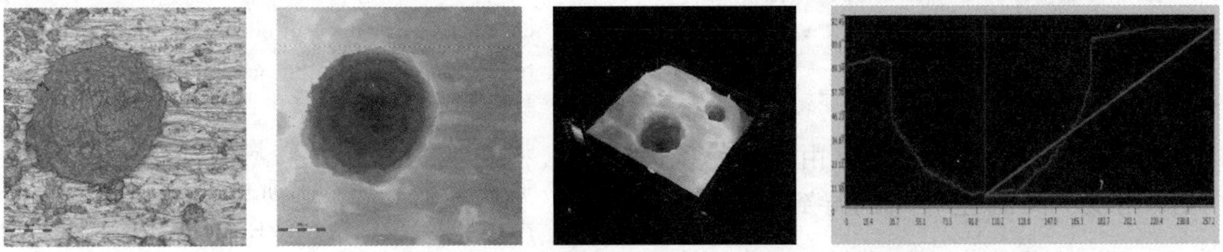

图 5　5ppm 氧含量注水井工况条件下 L80 钢的点蚀形貌

马氏体不锈钢 13Cr 在高含溶解氧和 SRB 的环境，均匀腐蚀速率较低，但存在明显的点蚀坑，特征为孤立分布。图 6 为 100 个/mL 微生物含量注水井工况条件下 13Cr 钢的点蚀形貌。

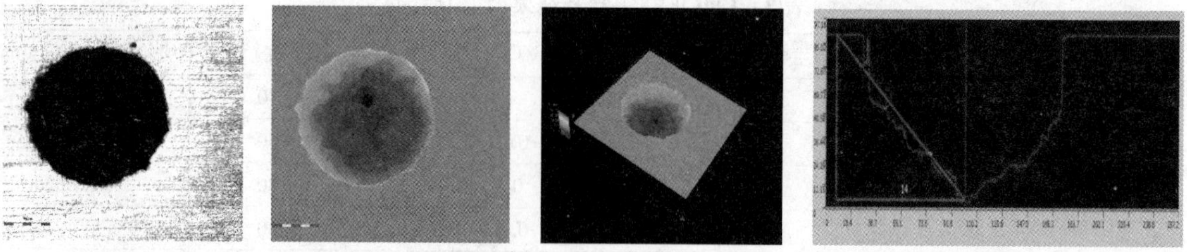

图 6 细菌浓度为 100 个/mL 注水井工况条件下 13Cr 不锈钢的点蚀形貌

3.5 缓释杀菌剂试验分析

不加缓释杀菌剂时，模拟油田某工况，L80 钢的均匀腐蚀速率和点蚀速率均严重高于相关推荐标准，不满足使用要求，L80 钢的均匀腐蚀速率高达 0.7807mm/a，点蚀速率高达 1.49mm/a。按照 300ppm 的剂量添加一种咪唑啉基体系的缓释杀菌剂后，L80 钢的均匀腐蚀速率和点蚀速率均得到显著抑制，均匀腐蚀速率明显低于推荐标准，点蚀速率基本达到推荐标准，见图 7。在该水质条件下，用缓释杀菌剂控制 L80 钢等碳钢的均匀腐蚀和点蚀的技术思路是正确的，但是，H 油田注入水具有矿化度高的特点，大量的 Cl^- 与缓蚀剂离子在金属表面产生竞争吸附，在金属表面缓蚀剂离子脱落处易形成点蚀并快速发展，300ppm 的剂量偏大，缓释杀菌剂体系存在进一步优化的空间。

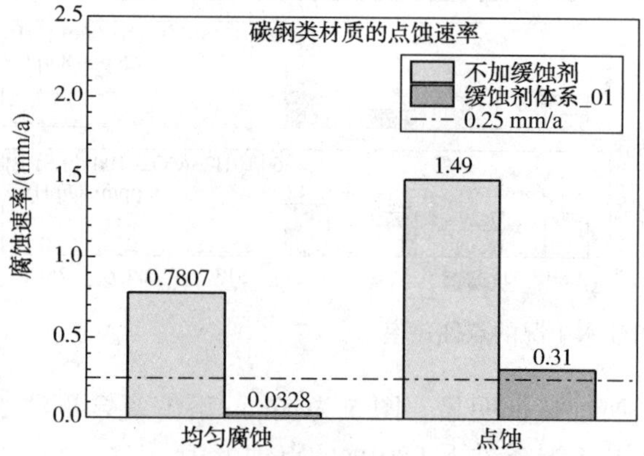

图 7 L80 碳钢+缓释杀菌剂试验结果

4 结论

（1）F 油田注水井工况复杂，由 SRB、溶解氧、高矿化度、高流速等共同导致注水井的腐蚀；

（2）F 油田注水井腐蚀正交试验表明：影响均匀腐蚀速率的因素依次为：温度>溶解氧>H_2S/CO_2>微生物；影响点腐蚀速率的因素依次为：微生物>溶解氧>温度>H_2S/CO_2；

（3）低合金钢 L80 在注水井工况下：

① 60℃时点蚀最严重，可达到 8.84mm/a；80℃时，均匀腐蚀速率达到最大；

② 微生物腐蚀是导致 L80 点蚀的主要因素，微量氧含量、微酸环境以及 Cl-均对微生物腐蚀有促进作用；

③ 溶解氧含量较高时易引发局部腐蚀；

（4）马氏体不锈钢 13Cr 在注水井工况下易产生点蚀；

（5）在水质不能较好控制的前提下，选取双相不锈钢 2507 可作为 F 油田注水井的一种防腐工艺；

（6）在该水质条件下，L80 碳钢配合缓释杀菌剂也可满足防腐要求。

参考文献

[1] Kermani, B., Martin, J. and Esakulul, K. 2006. Material Design Strategy: effect of H2S / CO2 Corrosion on material selection, NACE paper 06121, presented at the 61st Annual NACE Conference and Exposition.

[2] Liang, J., Jin, L., Li, W., Li, Q., Laaby, H. K., Ammar, A. J., … Fang, Y. (2019, October 13). Material Selection for Water Injection System for a Giant Oil Field, Iraq. Society of Petroleum Engineers. doi: 10.2118/197983-MS.

[3] Ibrahim A, Hawboldt K, Bottaro C, et al. Review and analysis of microbiologically influenced corrosion: the chemical environment in oil and gas facilities[J]. Corrosion Engineering, Science and Technology, 2018, 53(8): 549-563.

[4] 张勇. 3Cr 油套管钢 CO_2 腐蚀产物膜的电化学行为及形成机理[D]. 中国石油大学(华东), 2015.

[5] 冯兆阳. 套管钢在 CO_2/H_2S 环境中的腐蚀速率预测研究[D]. 西南石油大学, 2015.

[6] 陈长风. 油套管钢 CO_2 腐蚀电化学行为与腐蚀产物膜特性研究[D]. 西北工业大学, 2002.

[7] 朱世东, 刘会, 白真权, 等. CO_2 腐蚀机理及其预

测防护[J]. 热处理技术与装备，2008，29(6)：37-41.

[8] 施黛艳，张金钟，匡飞，等. 高温高压 CO_2 腐蚀的研究现状[J]. 化学工程与装备，2010，11：129-131.

[9] Beech IB，Sunner JA，Hiraoka K. Microbe-surface interactions in biofouling and biocorrosion processes. Int. Microbiol. 2005；8：157-168.

[10] Lewandowski Z，Beyenal H. Mechanisms of microbially inflfluenced corrosion. Springer Ser Biofifilms. 2008；8：1-2.

[11] Little BJ，Lee JS. Microbiologically inflfluenced corrosion. Hoboken (New Jersey)：John Wiley & Sons，Inc.；2007.

[12] Hassan Abdulkadhim，Alwan Alsaadi，Corrosion Study of the Injection Equipments in Water in Al-Ahdeb Wells-Iraq.

[13] Zhichao Qiu*，Chunming Xiong，Wellbore Corrosion Control Technology Research for H field in Iraq.

[14] Zhichao Qiu*，Chunming Xiong，Wellbore anti-corrosion technique research in B block on the right bank of Amu Darya river sour gasfield.

[15] J. Kvarekval，A. Dugstad，H_2S CORROSION OF-CARBON STEEL UNDER SIMULATED KASHAGAN FIELD CONDITIONS.

[16] Jiabo Liang，Liping Jin，Wenyong Li，Material Selection for Water Injection System for a Giant Oil Field，Iraq.

[17] 曹怀山，谭云贤，罗杨，王磊. 注水井腐蚀原因分析及防护对策[J]. 石油与天然气化工，2010，39(02)：151-154+89.

[18] 史春轩，赵中华，张新杰，陈波. 注水井管柱腐蚀分析及防护措施的应用[J]. 石油矿场机械，2006(03)：87-89.

[19] 田超，韩志红，陈燕，等. 宝浪油田注水井油管腐蚀原因分析[J]. 全面腐蚀控制，2008(04)：60-62.

[20] Wang Tao，Yang Shenglai，Law and countermeasures for the casing damage of oil production wells and water injection wells in Tarim Oilfield.

[21] Ahmad Zaki Abas，Azmi Mohamed Nor，Effect CO_2-H_2S on Corrosion of 3%Cr Carbon Steel in High pCO_2 Environments.

[22] Craig，B. 2018. Material selection for the oil and gas industry，Stainless Steel World.

[23] Sharif，Q. J.，Esmail，O. J.，Radhakrishnan，G.，Simpson，J. A.，& Bremner，M. R. (2012，January 1). Experience with Fiberglass (GRE) Lined Carbon Steel Tubular for Corrosion Protection for Oil Production Applications.

[24] Caihong Lu，Chun Feng，Corrosion Behavior Research of Aluminized N80 Tubing in Water Injection Well.

[25] JPT staff，_.(1998，May 1). Polyethylene-Lined Tubing in Rod-Pumped Wells. Society of Petroleum Engineers.

基于ResNets的电参数全冲程工况识别模型

张战敏[1]　杜立红[1]　闵桂芝[1]　王　佳[2]　董　旭[3]　吴世仝[1]　金学锋[1]

(1. 中国石油华北油田公司工程技术研究院；2. 中国石油华北油田公司第三采油厂；3. 中国石油华北油田公司第四采油厂)

摘　要　在抽油机井工况识别领域，主要通过分析示功图确定工况类别。但是示功图的测量过程繁琐，使用的载荷传感器易故障，安装以及后期维护成本过高。本文提出基于ResNets高维特征提取的电参数故障诊断模型。模型脱离示功图使用电参数进行工况识别。采用残差网络深层次的网络结构提取维度极高的电参数特征向量，充分分析载荷变化信息从而提高工况识别的准确率。采用了Residual block和bottleneck技术优化模型，提高了训练速度，减少了参数量和解决了高维度存在的梯度爆炸问题。同时数据集选取华北油田上百口井的电参数据，大大提高了模型的泛化性。实验结果表明基于电参数的故障诊断模型具有准确性高，运算速度快和适用范围广等优点。

关键词　工况识别；电参数；深度学习；残差网络

1　引言

目前游梁式抽油机是油田生产中最常用的抽油技术，但是通常工作环境恶劣，工况复杂，系统设备易于损坏，严重影响了油田采油效率和经济效益；所以及时掌握油井工况，对实现采油系统自动监控和科学管理而言十分重要。

现在抽油机的故障诊断技术通过分析示功图进行工况识别，但是示功图的测量比较繁琐，需要采集各油井的悬点位移、载荷等信号。示功图的绘制需要确定位移和载荷之间的关系，同时需要对图像拐点通过科学计算法进行识别。其次信号的采集会使用载荷传感器，但是此种传感器长期处于交变载荷的拉伸过程中，容易引起弹性系数发生变化甚至失效。位移、载荷传感器需要安装在机架和光杆上，并通过较长距离的引线与主控仪表相连，容易出现故障，致使可靠性下降，维护工作量增大，成本增高。

近几年随着人工神经网络的发展，出现了使用人工神经网络分析电功率曲线特征对抽油机进行工况识别的方法，此种方法存在两个问题，一是电参数关键的特征是人为确定的，确定过程存在主观性的限制。除此之外，由于神经网络结构的局限性，无法加深网络结构，从而使提取的特征向量维度较低，忽略了很多重要特征，导致准确率较低。

针对上述问题本文提出了基于ResNets的电参数工况识别模型。通过基于深度学习的分类预测技术对电功率序列进行分类，标签设定是不同种工况代码对应此种工况的有功功率序列。模型具有以下优势。(1)模型只需要根据电参数便可以识别工况，无需示功图的参与。(2)模型提取了一个单周期完整的电功率曲线特征。其特征的确定不再是通过人为选取关键特征值的方式，排除了人为主观因素的影响。(3)基于大数据训练模型使得模型的泛化性高，提高了模型对于不同井的适用范围。(4)通过使用残差和bottleneck机制解决了高维度深层所引起的梯度爆炸，收敛速度慢和参数计算量过大等问题。在提取高维度特征向量的同时保证了模型的准确率以及计算速度。

2　相关工作

国内工况识别的早期方法是通过技术专家分析示功图得到结果。高延超提出抽油机井示功图是将抽油机井光杆悬点载荷变化所作的功简化成直观封闭的几何图形，是光杆悬点载荷在动态生产过程中的直观反映，是油田开发技术人员必须掌握的分析方法。通过对示功图的分析探讨可以诊断抽油机井是否正常生产。之后随着数据分析以及模型建立的发展，基于科学计算的工况识别方法出现。任涛等人提出了基于标准误差算法的油井工况识别方法，并建立了标准误差匹配算法的数学模型。通过对大量示功图的识别表明，基于标准误差匹配算法具有非常高的识别可靠性。特别是对微小差别的示功图具有极高的识别精度。近些年机器学习发展迅速，开始将人工神经网络应用到工况识别方面。周自阳等人利用人工神经网络方法对抽油机井示功图进行分类识别，对油田实测的示功图数据进行了预处理，然后利用 MATLAB 神经网络工具箱进行数学处理，建立人工神经网络方法诊断模型。经过测试结果表明，建立的神经网络模型对故障识别正确率高，识别效果稳定。以上工况识别方法的依据均为示功图，电参数据基本没有人关注和利用。

随着数据挖掘思想的兴起，开始有人关注电参数据，利用电参数据和示功图综合进行工况识别。赵海涛等人综合了油井的功图、压力、井身结构、温度、电参数等多元数据进行理论分析研究，与油井的工况进行分析对比，得出了油井多元数据相互之间以及与油井工况之间的主要关系，从而为更加准确的判断油井工况、提高了油井的生产效率。

截止到目前提出的方法，无法脱离示功图只利用电参数进行工况识别。由于示功图无法判别抽油机井地面设备工况、实时测量和维护成本高等问题，出现了独立使用电参数进行工况识别。大庆石油地质与开发提出了建立了基于电参数的皮带式抽油机井工况诊断新模型．根据能量守恒原理和皮带式抽油机悬点运动规律，建立抽油机井地面示功图计算电参数的数学模型．基于该模型，建立 11 种皮带式抽油机井典型工况下的电参数模板，并对参数模板进特征分析和特征值提取，建立基于特征值的电参数工况诊断模型．

最近几年基于神经网络的图像识别技术发展迅速，基于电参数的神经网络模型应运而生。陈培毅统计分析了不同工况的泵功图特征，并建立了泵功图特征参数的计算模型。统计分析了不同工况的电动机功率曲线特征，并建立了电功率曲线特征参数的计算模型。利用 Elman 神经网络，建立了以泵功图特征参数和电功率曲线特征参数为基础的油井工况综合诊断法的人工神经网络模型。

虽然目前国内在工况识别方面取得了一定的研究成果，但是依然很难脱离示功图。即便提出了独立通过电功图方法但是无法广泛应用的工业生产中。主要因为电参数所含细微信息极多，人工神经网络所考虑的特征有限，导致准确率和可靠性不高。网络结构的限制使数据量受限，无法使用大量数据来提高模型的泛化性，同时模型的计算速度有待提高。综上所述，至今提出的工况识别方法无法满足高准确率，适用范围广泛，计算速度快等需求。

3 ResNets 电参数全冲程工况识别模型

本文采用卷积网络中的 ResNets 结构作为工况识别的网络结构。它包括特征提取和结果分类两个过程。残差神经网络的输入数据是通过灰度化处理的高维像素矩阵，输出为 9×1 的分类结果列向量。从图像输入到特征提取的整个过程如图 1 所示。

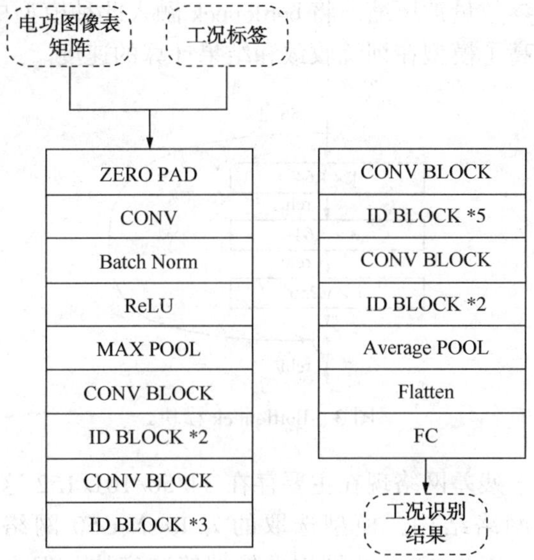

图 1 特征提取流程

为了提取全冲程电参数的高维特征向量，我们采用了具有更深层次网络结构的卷积神经网络。然而，以往的卷积神经网络模型随着特征向量维数和网络层数的增加，在训练过程中会出现梯度扩散/爆炸问题。残差网络采用残差机制来解决这一问题。原理的核心公式为：

$$y=F(x)+x$$

网络使用了两种映射，一种是 identity mapping 指的是图 2 中的 x，另一种是 residual mapping 指的是 F(x)。如果网络已经到达最优，继续加深网络，residual mapping 将被设置为 0，只剩下 identity mapping，这样理论上网络一直处于最优状态了，网络的性能也就不会随着深度增加而降低了。从而保证了模型的准确率。

虽然保证了模型的准确率，但是由于网络结构十分复杂，使得参数量剧增，训练速度缓慢，计算成本较高，为了减少参数量和减轻计算负

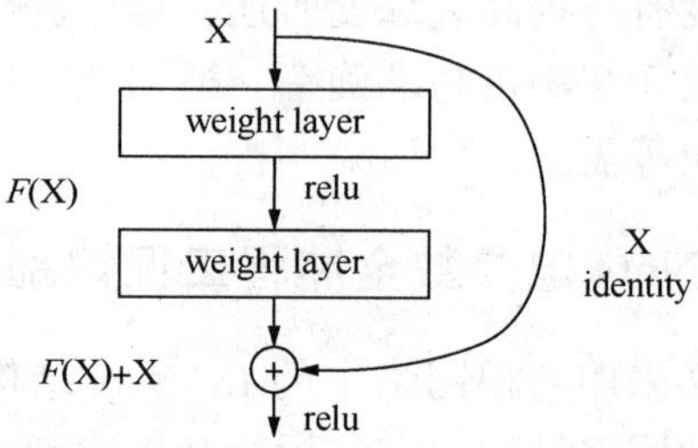

图 2　残差模块

担，模型使用了 bottleneck design。原理如图 3 所示，通过 1x1 的卷积核将输入的 256 维向量降维到 64 维，最终又将其恢复为 256 维，中间计算的参数量被压缩。将 bottleneck 融入此种模型中，提高了模型在训练收敛和结果计算的速度。

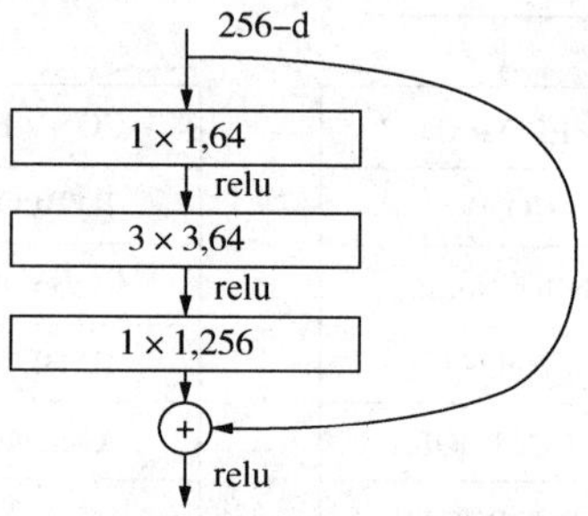

图 3　Bottleneck 模块

残差网络现在主要存在 34/50/101/152 这四种网络结构，模型选取的为 ResNets50 网络结构。因为 34 层的结构虽然训练速度快，但是准确率较低。剩下的 101 和 152 与 ResNets50 的准确率相近，但是在训练上耗时较长，收敛速度较慢。

不同的网络结构在不同的组之间有不同数量的残差模块。在这个 resnet50 中，4 组中分别有 3、4、6 和 3 个残余块。如表 1 所示。

表 1　ResNets 网络结构参数设置

网络层	网络参数
Conv1	7x7，64，stride 2
Conv2	3x3max pool，stride 2 [1x1，64] [3x3，64]　x　3 [1x1，256]
Conv3	[1x1，128] [3x3，128]　x4 [1x1，256]
Conv4	[1x1，256] [3x3，256]　x6 [1x1，1024]
Conv5	[1x1，512] [3x3，512]　x3 [1x1，2048]
	Average pool，1000-dfc，softmax

电功率曲线序列作为输入数据，每张图像对应的工况代码作为数据标签。将数据输入残差网络最终得到工况分类结果。由此得到了基于 ResNets 的电功图全冲程工况识别模型。模型结构如图 4 所示。

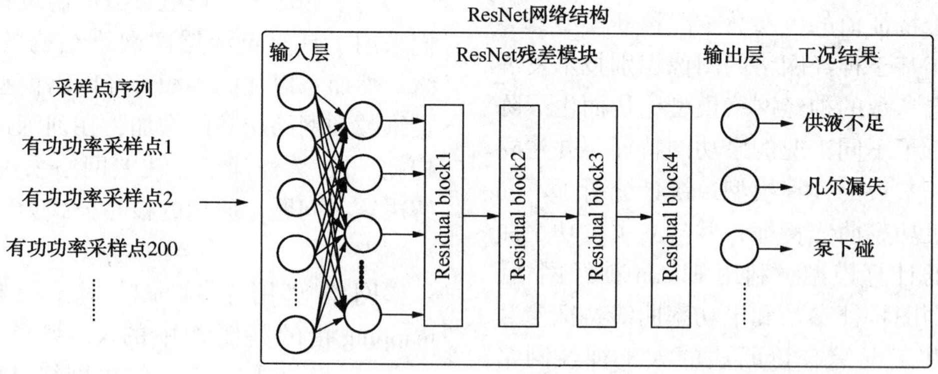

图 4　ResNets 的电参数全冲程工况识别模型

4　实验与分析

4.1　数据处理

取单周期内 200 个 A 相有功功率电参数序列，并且以 0-10 限制地面位移，0-150 限制地面载荷进行数据清洗将异常数据剔除。

首先对数据进行清理，清理过程通过删除离群点，删除丢失点数据(A 相有功功率序列维度不等于 200)，删除重复数据，对数据量较小的故障类别进行重采样，经过数据处理后，训练集约为 56 万数量，测试集与训练集比例为 10∶1。模型识别工况共计 9 种如表 2 所示。

表 2 数据集

训练集	测试集	标签
61170	6117	连抽带喷
38284	3828	气锁或严重液击
40841	4084	气体影响
39227	3923	供液不足
103415	10341	固定凡尔漏失
131447	13145	游动凡尔漏失
75781	7578	泵上挂
29748	2975	泵下碰
43627	4363	泵工作正常
563540	56354	

4.2 实验处理

本实验所用的硬件平台是 GPU Tesla K80，实验环境是 python 3.6。采用 python 语言和 Tensorflow 框架构建网络结构并实现算法。实验以华北油田实测电参数作为样本。每条数据包含 200 个 A 相有功功率采样点，通过连接与光滑性处理绘制电功率曲线图。

由于每种工况现实发生的频率不同，对应数据集中的每种工况数据量不同，为了保证实验结果的可靠性，实验结果取 5 次随机选取数据进行训练的的准确率平均值。准确率以混淆矩阵为基础进行计算。(解释以供液不足为例)

$$Accuracy=\frac{TP+TN}{TP+FP+TN+FN}$$

TP(True Positive)：真正例，实际工况为供液不足，预测为供液不足；

FP(False Positive)：假正例，实际工况不是供液不足，但预测为供液不足；

FN(False Negative)：假反例，实际工况为供液不足，但预测不是供液不足；

TN(True Negative)：真反例，实际工况不是供液不足，预测不是供液不足；

准确率 $=\sum$ Accuracy/7

最终将 9 种工况准确率相加求和取平均为模型预测准确率。

4.3 实验结果分析

残差网络的训练时间为 104 小时。测试集与训练集之比为 10∶1。通过使用不同测试集对模型进行测试，取五次测试结果的平均值，模型精度为 90.6%。

与传统使用神经网络和不同深度的残差网络相比，综合评价 ResNets50 对分类问题的效果最好。相比于传统的神经网络，在相同数据量下残差网络的准确率较高。本实验将 9 种工况分别进行结果统计，之后将不同工况的准确率汇总进行均值，模型准确率可达 90.6%，具体实验结果见表 3。

表 3 ResNet 模型实验结果

工况种类(工况代码)	准确率
连抽带喷	92.2%
气锁或严重液击	89.7%
气体影响	90.7%
供液不足	90.2%
固定凡尔漏失	92.4%
游动凡尔漏失	91.7%
泵上挂	89.6%
泵下碰	82.4%
泵工作正常	95.2%

5 结语

本文提出了一种新的基于电参数的故障诊断方法，使用电参数进行工况识别来实时监测抽油机工作状态，不仅简化了示功图测量的繁琐过程，而且解决了载荷传感器高成本易故障的问题。与最近提出基于神经网络的电参数工况识别模型相比，本模型通过提取超高维度特征向量避免了人为主观因素带来的影响，不再是人为确定关键特征值，充分考虑了单周期内的 A 相有功功率曲线。基于 ResNets 的电参数全冲程工况识别模型通过考虑抽油机工作的整个冲程，大大提高了故障诊断的准确性和可靠性。同时模型经过优化后在计算速度和泛化性方面都有显著的提高。

参 考 文 献

[1] 赵海涛，史明义，檀朝东，等．抽油机井综合利用多元数据进行工况诊断的研究[J]．中国石油和化工，2009(3)：48-50.

[2] 任涛，孙文．基于标准误差算法的油井工况识别技术研究[J]．科学技术与工程，2017(08)：224-229.

[3] 高延超．抽油机井示功图识别与油井工况分析[J]．中国石油和化工标准与质量，2014(4)：75-75.

[4] 基于电功图的皮带式抽油机井工况诊断新模型[J]．大庆石油地质与开发，2017(5).

[5] 陈培毅，基于抽油机实测电功率的悬点示功图仿真与工况诊断[D]．秦黄岛：燕山大学，2013.

[6] 基于电功图的皮带式抽油机井工况诊断新模型[J]．大庆石油地质与开发，2017(5).

[7] 李心明．利用电功图实时分析抽油机井生产工况技术研究[D]．北京：中国石油大学(北京)：2011.

[8] 周自阳，姜凤廷，孟祥芹，等．利用人工神经网络方法诊断抽油机井工况[J]．中国石油和化工，2009(8)：50-52.

液压钻机浮动短节装置研制

王坤青[1,2]，王建伟[1,2]，丛恩会[1,2]

(1. 河北华北石油荣盛机械制造有限公司；2. 河北省井控及井口设备技术创新中心)

摘　要　顶驱主轴的角度变化功能以及主轴浮动功能等，结合钻具输送装置的使用，即可实现液压钻机的接卸单根钻具的操作。当钻具的螺纹旋入时，钻杆螺纹带动螺纹接头向钻杆方向移动，此时浮动短节释放提前储备的长度余量，补偿轴向的位移，从而实现螺纹顺利旋入。浮动短节装置解决了四方面的问题：承受反扭矩、轴向位移补偿、循环泥浆、缓释冲击。

关键词　液压钻机；接单跟；浮动短节；浮动接头；结构

从世界钻井机械的发展趋势看，为适应钻井自动化的进一步需求，顶驱钻井装置和井下钻头加压装置，将成为21世纪世界钻井机械发展的主要方向。而随着全液压钻机在石油、煤层气勘探等领域广泛使用，人们对液压钻机的使用方式也逐渐有了更加清晰的认识。其顶驱下压钻进功能、顶驱接/卸单跟功能、嵌孔锤钻进功能等等已经渐渐被工程人员所认可。而这些功能也让液压钻机成为了一型高效，安全，操作简单的钻机；这些功能的实现来自于液压钻机的上提下压功能，顶驱主轴角度变化功能，以及主轴浮动功能，其中主轴的角度变化功能，以及主轴浮动功能等，结合钻具输送装置的使用，即可实现液压钻机的接卸单根钻具的操作。这种主轴浮动功能在国外的多型钻机上都有应用，如雪姆、阿特拉斯、*FORMOST*公司等液压钻机生产厂家，都有着不同的设计方案。

从国外的使用情况来看，轻型钻机以全液压驱动的方式为发展方向。这些钻机的移动性能好，钻速快，安装方便，综合效益好，不但可应用于边远地区钻勘探井，也可用于老井侧钻和小井眼钻井，与普通钻机相比，可节约钻井费用15%~20%。

在我国，全液压钻机的使用尚未大规模的推进，在一些山地、丘陵等地带使用的较多，其轻便、操作简单等优点得到大家的认可，由于国内的全液压钻机设计和生产工作正处在起步阶段，国内钻井设备领域的多家公司正在加紧研制新型全液压钻机。华北石油荣盛公司根据市场需求，研制了XZJ15/900QY智能化斜直井钻机，其中顶驱装置上安装有浮动短节装置。浮动短节装置解决了四方面的问题：①承受反扭矩；②轴向位移补偿；③循环泥浆；④缓释冲击。

通过在主轴前端安装浮动短节，实现了主轴的轴向浮动，这种轴向浮动是实现接单跟的必须功能。其工作原理是：浮动短节为短轴，其两端加工有API螺纹，一般为上内螺纹下外螺纹，用于连接主轴和下部的钻杆，其内部为双层结构，内外通过密封件密封，滑动副连接，如花键或圆键等组成，当顶驱主轴接卸单根时，钻具螺纹旋转会产生轴向移动，滑动副的两个零件会被动产生滑动来补偿这种轴向移动产生的位移，一般内部会有弹簧，碟簧、弹性体等。这种浮动装置可有效的补偿主轴轴向的移动，而且可以循环泥浆，内部的弹性体也可缓解钻进过程中的震动。

1　结构

1.1　总体结构

浮动短节装置主要由上盖、花键套、花键轴接头、下盖、上缓冲垫、下缓冲垫、导向轴、密封件、螺栓、防松垫片等组成，如图1所示。其特征在于：上盖上端为钻杆内螺纹，下端为端面牙嵌齿形法兰结构；下端同轴安装导向轴，导向轴上端安装有两道密封圈，通过卡簧安装在下盖上；上缓冲垫上安装于导向轴外部，上盖下部，有端面牙嵌矩形齿法兰结构；花键套有内花键，上部有凹槽，上缓冲垫嵌入凹槽中，花键套与上盖通过内六角螺栓及自锁防松垫片连接；花键轴接头上部为外花键，下部为钻杆外螺纹，内部通孔与导向轴同轴安装，内装有两道密封圈，一道耐磨带，外花键与花键套内花键相配合；下缓冲垫为矩形截面圆环，同轴安装在花键轴接头外部，嵌入花键套下部凹槽中；下盖为法兰结构，安装在花键轴接头外部，用内六角螺栓和防松垫片联接在花键套下部，内装有防尘圈和一道耐磨带。

2 工作原理

2.1 承受反扭矩

浮动短节装置上部连接动力水龙头或者顶驱主轴，下部连接钻具，通过上盖的牙嵌矩形齿将顶驱的转矩动力传递给花键套，花键套通过花键将动力传递给花键轴接头，动力转矩传递给下部的一系列钻柱，同样，钻柱反馈的反扭矩会通过浮动短节来承受。

2.2 轴向位移补偿

花键套和花键轴接头通过花键联接，根据螺纹旋入时的位移，设计使花键套的花键长度比花键轴接头的花键长度长，形成一定的位移量。工作时上部 API 钻杆内螺纹已经安装好，下部的钻杆外螺纹与钻杆配合，随着螺纹的旋入，钻杆螺纹带动螺纹接头向钻杆方向移动，此时浮动短节释放提前储备的长度余量，补偿轴向的位移，从而实现正常螺纹旋入。

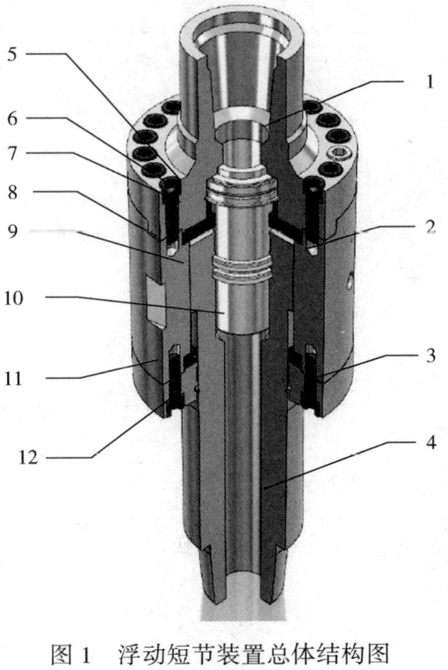

图 1　浮动短节装置总体结构图

1—上盖；2—花键套；3—下盖；4—花键轴接头；
5—端面 O 型圈；6—O 型圈；7—孔挡；8—上缓冲垫；
9—轴用活塞圈；10—导向轴；11—下缓冲垫；
12—螺栓及自锁垫圈

2.3 循环泥浆

导向轴与上盖固定，在导向轴的上端面和轴向有两道密封，实现与上盖的静密封；花键轴与导向轴之间有两道活塞密封圈，实现滑动动密封。这两处密封形成了浮动短节装置的泥浆循环密封，可有效防止泥浆渗入花键副滑动腔。在泥浆压力作用下，活塞密封圈的唇边张开，可形成助封；泥浆推动导向轴下端面也可对导向轴上部的静密封有助封作用。

2.4 缓释冲击

全液压钻机可实现下压功能，可建立初始下压力以提高钻速，浮动短节装置的花键滑动腔上下安装有聚氨酯弹性体材料的缓冲垫，利用聚氨酯弹性体的耐压和高回弹性，可有效缓解压打和吊打时钻具震动对金属零件的冲击，缓解撞击造成的损伤，保护顶驱。同时在误操作的情况下，当浮动短节的浮动余量耗尽，弹性体缓冲圈仍然可以变形，形成二次浮动，避免刚性接触造成部件损坏。

3 主要技术参数

水眼直径	76mm(3 英寸)
水眼密封压力	21MPa
最大工作载荷	882kN(90t)
最大工作转矩	31.5kN · m

连接螺纹

NC46、NC50(API 数字型接头 4 寸或者 5 寸钻杆接头螺纹)

浮动位移补偿	70mm

4 创新技术

1）该装置上盖与花键套的联结采用牙嵌矩形齿结构，用于传递扭矩动力，避免螺栓受剪力造成破坏。

2）花键齿面激光淬火技术，避免整体淬火造成齿根裂纹，可有效减少齿面的磨损，提高使用寿命。

3）聚氨酯弹性体是一种内就能较强的材料，耐磨性优异，它与天然橡胶相比，其抗磨性能可提高 2~10 倍之多。同时他还具有较高的机械强度和抗撕裂强度，加之它所具备的优异减震缓冲性能，使它具备了较好的“以柔克刚”的本领。聚氨酯弹性体材料的应用，可减少金属零件碰撞造成的破坏，提高寿命。

4）螺栓自锁垫圈(NORD-LOCK或HEICO-LOCK自锁垫圈)的使用，有效防止螺纹松动，不再通过缠绕铁丝方式防松，减少装配和维修的工作量。

5）QPQ(盐浴氮化表面热处理工艺)的表面处理技术的使用，减少了泥浆对浮动短节装置的腐蚀。

5　厂内试验及现场应用

1）进行水压密封试验，低压2Mpa以及高压35Mpa，各10分钟无渗漏情况。

2）与液压钻机顶驱组装后，对整体钻机装备进行载荷试验，最大试验载荷为100t。

3）2012年12月，中石油渤海钻探公司在荣试1X井中采用了该浮动短节装置，进行了45斜直井钻井作业，达到使用要求。

4）2014年10月，方圆科技发展有限公司在中石油华固34-1、34-2井钻井作业中使用了该浮动短节装置，作业顺利完成，符合现场使用要求。

6　结论

1）为了实现全液压钻机顶驱接单跟功能，研制了浮动短节装置。该装置可自由伸缩长度。

2）在圈液压钻机顶驱上连接浮动短节后，可实现扭矩传递、轴向位移补偿、泥浆循环、上下缓冲功能，可吸收冲击振动，轴向自动长度补偿，避免螺纹旋入时刚性连接对顶驱造成破坏。

3）今后的研究方向：①在目前浮动短节装置安装方式为基础，研究可快速拆卸的安装接口，方便维修更换；②与顶驱一体化设计缩短安装长度，避免顶驱主轴过长造成挠性变形。③花键轴接头外露表面受液压大钳牙块挤压造成牙痕，为提高强度，可采用表面熔接技术来提高抗挤压强度，增加使用寿命，减少维修次数。

参　考　文　献

[1] 陈朝达，顶部驱动钻井装置(一)[J]. 石油矿场机械，2000，29(3)：1-5.

[2] 郑南，李鸿涛，寇红涛，等．超级单根液压钻机传动及控制．石油矿场机械[J]，2009；38(6)：90-93.

[3] 徐培林，张淑琴．聚氨酯材料手册[M]. 北京：化学工业出版社，2002.

基于深度学习的漏磁检测缺陷三维轮廓重构研究

张士华[1]　王宏安[2]

（1. 中石化胜利石油工程有限公司钻井工艺研究院；2. 山东石油化工学院机械与控制工程学院）

摘　要　针对漏磁检测缺陷三维轮廓重构的难点和热点，提出了一种基于深度学习的漏磁检测缺陷三维轮廓重构方法。该方法结合漏磁检测技术和卷积神经网络技术，将全卷积网络进行改进，实现了漏磁信号缺陷三维轮廓重。通过仿真数据集和管道牵拉数据集进行训练与测试，结果标明：本文提出的方法具备较高的重建精度和工程应用能力，为海底管道精细化安全评估提供基础。

关键词　深度学习；卷积神经网络；漏磁检测；缺陷重构

油气输送管道在管道制造阶段、运输安装阶段、服役阶段受到外界环境、人为因素的影响可能产生各种缺陷。为保证在役管道的安全，通常会定期进行管道内检测评估。漏磁检测作为最常用的管道内检测方法，利用永磁体对待检测管道进行磁化，在管道缺陷附近会出现磁场泄漏，采集漏磁场信息，进而缺陷重构，实现管道安全评估。

国内外学者对于管道漏磁检测缺陷重构的难点和热点进行了大量研究，分别从漏磁信号水平分量、垂直分量等提取特征值，建立缺陷几何参数与信号特征之间关系，利用径向基函数神经网络、SVM 等方法，进行缺陷尺度量化或者缺陷轮廓的重构。管道漏磁检测最终目的是实现管道高精度漏磁成像，即准确反演出管道详尽的特征，从而实现管道的精确评估。缺陷轮廓反演作为最重要的组成部分，缺陷轮廓反演的精度越高，管道成像的结果与实际管道的接近程度越高，后续管道缺陷的评估越精准，对管道安全状况的预测才能越可靠。

传统的缺陷轮廓反演多采用迭代法，时间消耗上较长，虽然现在计算机性能在不断提高，消耗的时间在减少，但目前反演速度在实际应用还是受到诸多限制。另外进行实际应用过程中，迭代法中正向模型模拟管道缺陷生成的漏磁信号，但检测过程受到诸多因素的影响，该模拟与实际管道的缺陷漏磁场还是存在一定差异，这个差异限制了迭代法精度的进一步提高。

近年来，深度学习中的卷积神经网络得到快速发展，利用模型自身进行特征提取，能提取较高维度的特征，解决了人工特征的部分局限性，在计算机视觉领域得到广泛应用，一些重要的算法都是以此为基础的，如 Faster R-CNN、YOLO、SSD。这些模型可以实现图像特征自动提取，并在国际公开数据集中取得了较好的成绩。

借鉴深度卷积神经网络，本文提出了一种基于深度学习的漏磁检测缺陷三维轮廓重构方法，结合漏磁检测技术和卷积神经网络技术，利用漏磁信号的三个维度的数据模拟彩色图像的三个通道作为神经网络的输入，将全卷积网络进行改进，进行缺陷漏磁信号的数据融合和特征提取，实现漏磁信号缺陷三维轮廓重。

1　漏磁检测与卷积网络

1.1　漏磁检测

漏磁检测方法是基于铁磁性材料在缺陷附件出现漏磁扩散的原理，根据漏磁场与缺陷相互关系进行缺陷的反演。对于漏磁检测装置最重要的磁路系统，主要包括钢刷、磁铁、轭铁。磁体、钢刷、轭铁与管道形成闭合回路，实现管道壁磁化，如图 1 所示。若管壁出现缺陷，导致缺陷区域的磁阻增加，磁力线出现泄漏，传感器采集漏磁场信息，从而进行缺陷反演。

1.2　三维漏磁信号

管道被磁化后，产生的漏磁场为空间矢量场，在管道空间中包括轴向分量、周向分量、径向分量三个分量，典型缺陷信号的三个分量如图 2 所示。从图 2 可以看出，轴向分量关于轴向方向偶对称，信号的正峰值出现在缺陷中心附近，并沿着轴向衰减；周向分量在缺陷中心处磁感应强度最小，在缺陷区域出现四个正负峰值点，基本与缺陷顶点向对应；径向信号在轴向方向上出现正负峰值，并相对于缺陷中心奇对称分布。缺陷漏磁场三个分量都包含了缺陷部分信息，在缺陷重构中需要综合考虑。

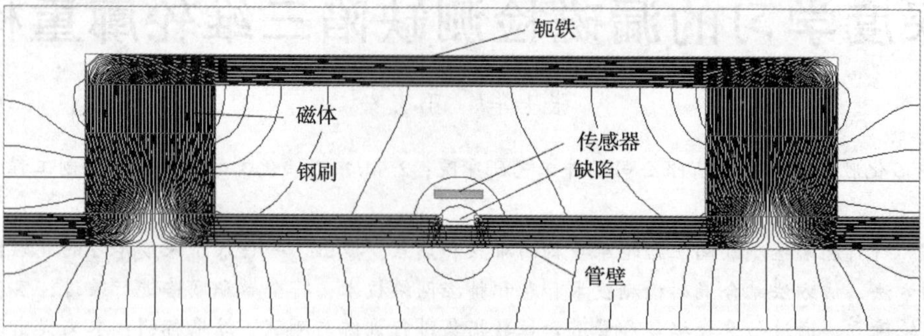

图 1　漏磁检测原理

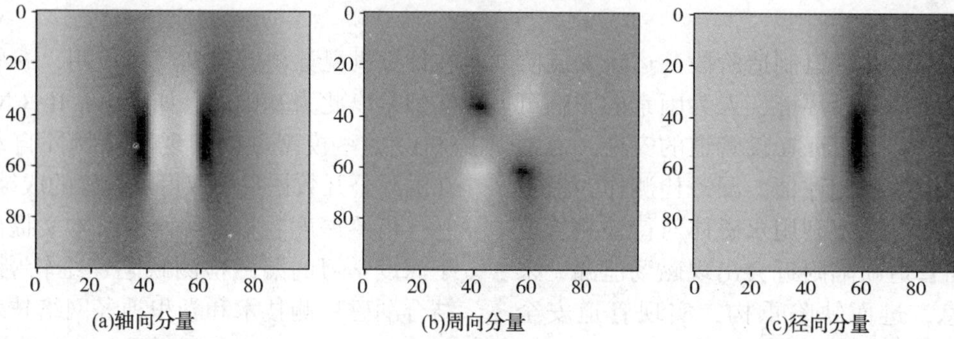

图 2　漏磁缺陷信号图

1.3　卷积神经网络

卷积神经网络(Convolutional Neural Network，CNN)是一种广泛应用的深度学习算法，采用卷积运算代替矩阵乘法的神经网络，一个 CNN 网络通常包括输入层、卷积层、池化层、全连接层和输出层，具体结构如 3 所示。对于任意输入的数据通过卷积核进行卷积操作，形成特征矩阵，为防止特征出现过拟合现象，采用池化层进行降采样操作，降低特征的维度，最后采用全连接层进行输出。卷积神经网络由于实现了特征高维度到低维度的表达，减少了模型参数，降低了特征形变的敏感度，具有一定鲁棒性。

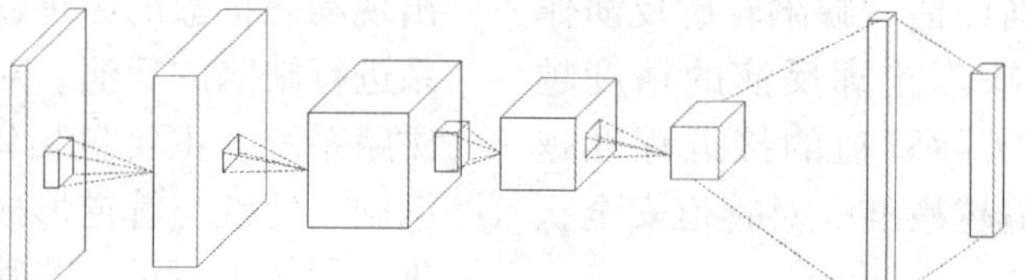

图 3　卷积神经网络结构

2　基于深度学习的漏磁检测缺陷三维轮廓重构

2.1　网络模型

全卷积网络(fully convolutional network，FCN)采用卷积神经网络实现从图像像素到到像素类别的变换。全卷积网络中都是卷积层，有时候保留了部分池化层，卷积神经网络中的全连接层由卷积层所替代。

U-Net 网络 2015 年被提出，并应用在医学中细胞图像的分割。U-Net 网络也是一种全卷积网络，在常见的编码解码结构上增加跳层连接，可在较小的训练集下实现高精度的分割，网络包含两个路径，一个为收缩路径，用于获取上下文信息，获得图像的特征，另一个为扩张路径，用于精确定位。

在解决缺陷漏磁信号三维轮廓反演的问题时，若将缺陷漏磁信号看做一个漏磁信号的彩色图像，缺陷的三维轮廓看成一个关于缺陷深度的灰度图像，即用像素灰度值的大小来表达缺陷的深度，像素的位置为缺陷不同点的位置信息，则缺陷漏磁信号三维轮廓反演就可以看做是一个漏磁信号彩色图像到缺陷几何形状的灰度图像的翻译问题。

本文模型整体框架结果如图4所示，包含编码器、解码器以及跳层连接。

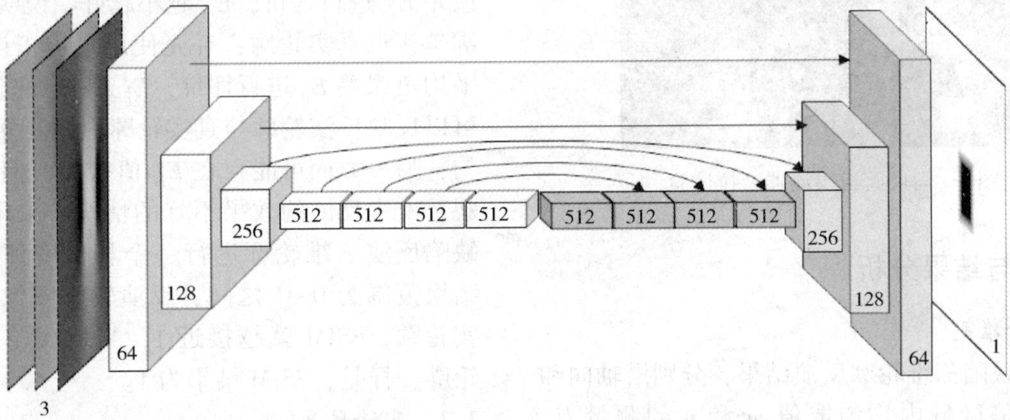

图4　基于深度学习的漏磁检测缺陷三维轮廓重构网络模型

深度卷积神经网络的输入为三个分量的漏磁检测数据。通过卷积神经网络中多输入多输出的互相关卷积计算，实现缺陷漏磁信号三个分量的数据融合和特征提取。

编码器采用卷积网络，对图像进行下采样，增大特征图的通道数，压缩特征图大小，提取深层次的特征，为收缩路径。编码器是一个感受野不断扩大的过程，是认识和发现漏磁信号图像特征的过程，将漏磁信号图像从磁场域转换成抽象层次的特征的过程。解码器采用反卷积网络，对图像进行上采样，减少特征图通道数，扩大特征图大小，将特征图恢复到图像原始大小，为扩展路径。解码器将认识得到特征转化成管道壁厚的空间域。编码器和解码器采用对称的结构，在编码器和解码器对应位置具有相同大小和通道数的特征图，在i层和n-i层(n为层的总数)之间加入跳层连接，实现i层和n-i层之间通道的拼接，在模型网络内部传递信息，如缺陷的边缘相对位置，输入和输出共享缺陷边缘近似位置。

在输出通道概率的卷积层前加入卷积层将输出通道变为1个，并通过激活函数输出像素点处管壁剩余壁厚的百分比。编码器具有丰富的浅层特征，解码器包含大量的深层特征，跳层连接拼接浅层特征和深层特征，让模型自主选择浅层特征和深层特征使用。

2.2　缺陷数据集

对于深度学习需要大量的缺陷漏磁信号样本，在漏磁检测缺陷识别领域，未发现公开的数据集，于是本文建立两个数据集，一个是采用有限元仿真搭建的仿真数据集，另一个是利用三维漏磁内检测器通过在有标准人工缺陷试块的钢制管道中牵拉得到的检测数据集。

利用ANSYS有限元软件建立管道273mm管道漏磁有限元模型，根据缺陷形状不同，构建不同缺陷形状漏磁信号，按照到2mm传感器提离值，采集距离仿真管道内壁2mm处的漏磁场三个方向的信号，每个样本包含1个数据项和1个标签项。数据项为缺陷三维漏磁信号经过融合和插值处理后得到的100×100×3矩阵。标签项表达缺陷三维轮廓，可以看做为一幅灰度图像，采用图像灰度值表示管道剩余壁厚，样本一个是100×100矩阵，矩阵元素表示剩余管壁占原始管壁的比例。

牵拉数据集采用海底管道漏磁器检测牵拉试验得到，如图5所示。试验用的海底管道漏磁器和牵拉试验装置均为中石化胜利石油工程有限公司自主研制，拥有独立自主知识产权，试验地点为中石化胜利石油工程有限公司海洋工程实验室。

在这里采用的牵拉管道为直径273mm、壁厚12.7mm的$X52$管道，利用海底管道三维漏磁内检测器进行牵拉试验。重复牵拉完成后提取试验结果中的缺陷数据，按照仿真数据集建立的方法，得到牵拉数据集。

图5　海底管道检测器牵拉试验

3　试验与结果分析

3.1　评价准则

对于缺陷三维轮廓反演结果，分别沿轴向和周向在缺陷区域内均匀取值 m 和 n 的测量点，则预测的缺陷轮廓(DP)和真实的缺陷轮廓(DR)可以由下式表示。

$$DP=\begin{bmatrix} DP_{11} & DP_{12} & \cdots & DP_{1n} \\ DP_{21} & DP_{22} & \cdots & DP_{2n} \\ \cdots & \cdots & \cdots & \cdots \\ DP_{m1} & DP_{m2} & \cdots & DP_{mn} \end{bmatrix}_{m\times n} \tag{1}$$

$$DR=\begin{bmatrix} DR_{11} & DR_{12} & \cdots & DR_{1n} \\ DR_{21} & DR_{22} & \cdots & DR_{2n} \\ \cdots & \cdots & \cdots & \cdots \\ DR_{m1} & DR_{m2} & \cdots & DR_{mn} \end{bmatrix}_{m\times m} \tag{2}$$

式中，$m\times n$ 为轮廓矩阵的尺寸。

借鉴相关文献和图形领域的图像质量的评估方法，定义的均方根误差 E_m、平均正误差 E_p、平均负误差 E_n 和结构相似性 SSIM 等指标来评估缺陷轮廓反演的结果。

漏磁缺陷轮廓的反演结果一方面通过均方根误差 E_m 进行评价，E_m 越小越好，说明反演的轮廓越接近真实轮廓；补充使用平均正误差 E_p 和平均负误差 E_n 进行评价，E_p 和 E_m 的相对大小，可以反映反演轮廓与真实轮廓的误差分布是否均匀；另一方面可能存在 E_m 值很小，但是人眼直观看上去反演的效果不好的情况，采用 SSIM 对缺陷反演三维轮廓进行一个相似度评价，SSIM 结果范围为 0~1 之间，反演轮廓图像越接近真实轮廓，SSIM 就越接近 1，当反演轮廓与真实轮廓一样是，SSIM 结果为 1。

3.2　实验结果

为验证模型对缺陷三维轮廓反演的效果，利用缺陷轮廓反演仿真数据集进行实验。实验中将数据集样本随机打乱，划分为训练集和测试集，训练集 4186 个样本，测试集 1105 个样本。训练集和测试集采用相同的预处理操作，并采用 GPU 进行模型训练。训练集训练 1000 轮次后，在测试集中缺陷三维轮廓反演误差如表 1 所示，部分缺陷反演轮廓如图 6 所示。

表1　仿真测试集三维轮廓重建的平均误差

E_m	E_p	E_n	SSIM
5.33%	7.3%	4.6%	0.955

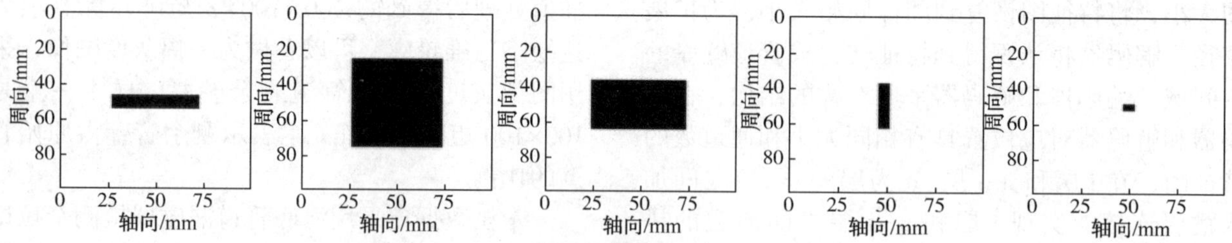

(a)测试集缺陷真实轮廓

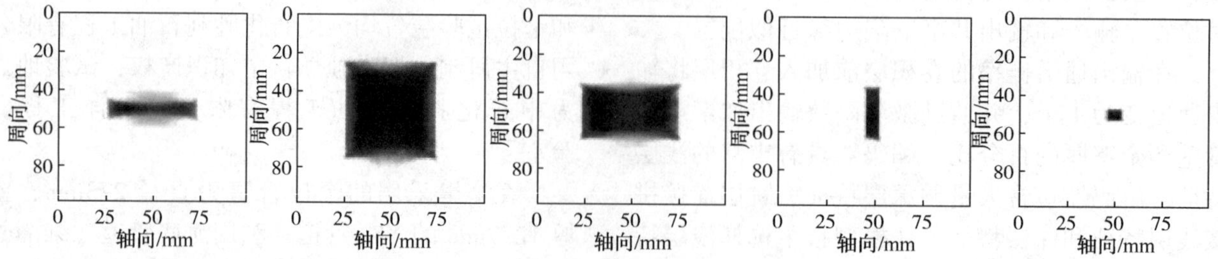

(b)缺陷轮廓反演灰度图

图6　仿真数据集实验结果

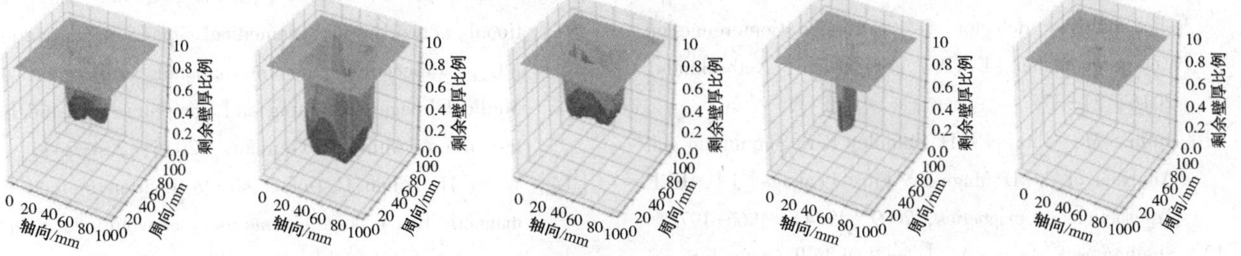

(c)缺陷轮廓反演三维图

图6　仿真数据集实验结果(续)

为测试本文缺陷三维轮廓反演算法在实际管道检测数据中的应用效果，利用牵拉数据集进行模型训练和轮廓反演预测。由于在仿真数据集时已经得到一个可以准确反演仿真缺陷轮廓的模型，这个模型的权重参数能较好的实现漏磁信号特征提取，对于牵拉数据集的训练模型也有很好的指导意义。在进行牵拉数据集训练时，模型初始权重参数迁移了仿真数据集训练好的模型，进行1000轮次的迭代得到结果如表2所示。

表2　牵拉测试集缺陷三维轮廓重建的平均误差

E_m	E_p	E_n	*SSIM*
7.03%	9.23%	8.67%	0.9201

从结果可以看出，测试集反演的缺陷轮廓与真实轮廓在二维边缘上比较接近，缺陷三维轮廓重建的平均误差较小。牵拉数据集平均误差略高于仿真数据集实验的结果，这是因为检测数据集的数据，虽然进行了噪声滤波、探头传感器标定等预处理，但仍然会受到检测器磁化均匀程度、传感器采集精度等影响，特别是仿真数据集中轴向和轴向采样精度为1mm，但漏磁检测牵拉数据集中周向采样精度受到结构和传感器尺寸的影响，周向最小采样精度为>3.3mm，限制了周向方向缺陷轮廓重构的精度。反演的轮廓在相似程度上与真实轮廓是基本符合的，但略低于仿真数据集结果，分析原因主要受到缺陷未实现精确标注，对于牵拉数据中从漏磁信号图像中标注真实缺陷位置较为困难，标注本身存在较大的位置误差。整体来说，通过牵拉数据集实验说明本文提出的方法是可以达到管道检测的工程应用要求的。

4　结论

本文结合漏磁检测技术和卷积神经网络技术，将全卷积网络进行改进，引入缺陷漏磁三维信号图像表示，实现了漏磁信号缺陷三维轮廓重方法。通过仿真数据集和管道牵拉数据集进行模型训练与测试，结果标明：本文提出的漏磁信号缺陷三维轮廓重建方法具备较高的重建精度和工程应用能力，可用于管道漏磁成像，为海底管道精细化安全评估提供基础。

参 考 文 献

[1] 黄松岭，彭丽莎，赵伟，等．缺陷漏磁成像技术综述[J]．电工技术学报，2016，31(20)：55-63.

[2] 杨理践，耿浩，高松巍．长输油气管道漏磁内检测技术[J]．仪器仪表学报，2016，37(8)：1736-1746.

[3] Chen J，Huang S，Zhao W. Equivalent MFL model of pipelines for 3-D defect reconstruction using simulated annealing inversion procedure[J]. International journal of applied electromagnetics and mechanics，2015，47(2)：551-561.

[4] Huang S，Peng L，Wang Q，et al. An opening profile recognition method for magnetic flux leakage signals of defect[J]. IEEE Transactions on instrumentation and measurement，2019，68(6)：2229-2236.

[5] 王宏安，陈国明．基于K均值聚类的油气管道漏磁缺陷标记方法[J]．科学技术与工程，2020，20(21)：8643-8646.

[6] 王宏安，陈国明．基于深度学习的漏磁检测缺陷识别方法[J]．石油机械，2020，48(05)：127-132.

[7] 胡越，罗东阳，花奎，等．关于深度学习的综述与讨论[J]．智能系统学报，2019，14(01)：1-19.

[8] Ren S，He K，Girshick R，et al. Faster R-CNN：towards real-time object detection with region proposal networks[C]. Advances in neural information processing systems (NIPS). Montreal，Canada，2015：91-99.

[9] Redmon J，Divvala S，Girshick R，et al. You only look once：unified，real-time object detection[C]. IEEE conference on computer vision and pattern recognition，Las Vegas，NV，USA，2016：779-788.

[10] Liu W, Anguelov D, Erhan D, et al. SSD: single shot multiBox detector[C]. European Conference on Computer Vision (ECCV). Amsterdam, Netherlands, 2016: 21-37.

[11] Dutta S M, Ghorbel F H, Stanley R K. Simulation and Analysis of 3-D Magnetic Flux Leakage[J]. IEEE Transactions on magnetics, 2009, 45(4): 1966-1972.

[12] Shelhamer E, Long J, Darrell T. Fully convolutional networks for semantic segmentation[C]. IEEE Transactions on Pattern Analysis and Machine Intelligence, Washington, DC, USA, 2015: 3431-3440.

[13] Ronneberger O, Fischer P, Brox T. U-net: Convolutional networks for biomedical image segmentation[C]. Proceedings of International Conference on Medical Image Computing and Computer-Assisted Intervention, Munich, Germany, 2015: 234-241.

[14] Wang H, Chen G. Defect size estimation method for magnetic flux leakage signals using convolutional neural networks[J]. Insight: Non-Destructive Testing and Condition Monitoring, 2020, 62(2): 86-90+97.

[15] 黄松岭，赵伟．漏磁成像理论与方法[M]．北京：清华大学出版社，2016.

无人机巡检平台在天然气管道的应用探索

杨克龙　窦上凯　赵　咏　钟佳男　吴玙欣　李俊妤

（中国石油西南油气田公司）

摘　要　油气田长输天然气管道具有管线里程长、分布范围广、沿线环境复杂等特点，为了提高管道安全管理水平，降低管道运行风险，保障管道安全平稳运行，以四川山区为例分析了影响管道运行的因素，综合多方面因素开发构建了一套天然气管道巡检平台。研究结果表明：①巡检平台尚处于仅对无人机、机载设备、飞行调度和飞行数据管理维护的初级阶段，国内尚无适用于管道巡检无人机的智能化综合管理平台；②巡检平台包含了感知层、链路层、数据层、服务层及应用层4部分，实现对天然气管道无人机巡检作业全流程的系统化、智能化管理；③阐述了主要关键三种技术：视频智能拼接技术、可疑目标智能识别技术、图像智能比对技术，实现了按需求对多路传输视频进行图像拼接，自动检测无人机视频内车辆、房屋、人员等目标，实现了管道智能监测；④巡检平台在某山区管道经过3个月的测试逐步进入完善阶段，提高了天然气管理保护能力，确保管道能够高效率、低故障的运行。结论认为，该研究成果可以有效提升天然气管道企业现代化管理水平，推动天然气管道事业可持续高质量发展。

关键词　天然气管道；无人机；巡检平台；视频拼接；智能识别；智能比对；软件开发；管道智能监测

我国天然气管线里程长、分布广，部分地区地形复杂，人工巡检工作强度大、难度高、危险性强。随着无人机及机载检测设备的不断发展，无人机协助管道巡查维护的优势逐渐凸显，未来将逐步形成人机共检的智能化巡检模式。如何高效智能地管理管道无人机成为亟待解决的问题。

1　无人机巡检现状

近年来，我国通航领域政策逐步放开，无人机技术也得到了快速发展，在远程遥控、续航时间、飞行品质等方面都有了明显的突破。同时，高分辨率倾斜摄影、三维激光雷达扫描建模、合成孔径雷达遥测、激光检测甲烷气体等技术及装备逐渐成熟，使无人机在天然气管线巡检中大有可为。

应用无人机巡检天然气管线可分为通道巡检和精细巡检。前者应用于管线沿线图像采集、高后果区识别、地质灾害预测，通常采用固定翼无人机，具有速度快、飞行高度高、续航时间长等特点。后者应用在高后果区复核、危险因素识别、甲烷气体泄漏检测，一般选用多旋翼无人机，具有速度慢、飞行高度低、需无人机分段协同作业的特点。

目前，无人机管理平台尚处于仅对无人机、机载设备、飞行调度和飞行数据管理维护的初级阶段。国内尚无适用于管道无人机的智能化综合管理平台，无法智能分析多次巡检的历史数据，不能对可疑危险物、甲烷气体泄漏等高风险情况进行实时预警。

2　天然气管道巡检平台技术研究

2.1 巡检平台技术

应用无人机进行天然气管道巡检作业涉及因素多、不同场景业务流程不一致、同时会产生大量非结构化数据，目前亟需系统化的管理技术为企业管理提供支撑。围绕不同巡检场景、结合巡检业务流程开发无人机综合管理平台，形成系统化的管理技术可以从根本上解决企业需求。

以数据模型为基础，融合多种数据接入服务，对管理平台的构建进行研究，应用Web技术完成平台开发，实现对天然气管道无人机巡检作业全流程的系统化、智能化管理。平台包含后台运行接口服务、数据库支撑和前端展示4个子系统，用户通过调用接口服务获取相应功能。

平台分为感知层、链路层、数据层、服务层及应用层4部分。感知层中无人机搭载各类检测设备获取到的底层数据，经由应用物联网技术的数据链路层实时传输至数据层的巡线数据库中存储。服务层是数据层与应用层间的纽带，其三大服务支撑应用层中各项功能，管道管理人员可通过PC Web及移动端App访问应用层使用上述功能。

平台的巡检作业管理按流程顺序可分为检前管理、检中管理和检后管理，实现了对管道无人机巡检作业全流程的覆盖。检前管理包括对飞手、无人机、机载设备、设备配置、虚拟设备、空域申请等信息的管理功能；检中管理包括飞行轨迹显示、在线视频播放、危险目标实时提示和日常巡检、泄漏巡检、灾害识别、应急救援任务管理等功能；检后管理包括飞行记录管理、历史视频回放、历史飞行轨迹、离线图像分析、预警信息管理等功能。基础管理功能包括权限管理、用户管理、日志管理、数据统计等，为平台运行提供基础信息维护。

2.2 视频在线拼接技术

视频拼接旨在解决视频各帧之间的变换关系计算、成图与地理注册等问题。平台采用改进模型估计的快速拼接方法对无人机回传的视频进行在线实时拼接，兼顾了无人机低飞时航拍视频高清晰度和大视场，实时拼接效果如图1所示。该方法利用特征匹配算法对视频各帧进行特征检测与描述，能够对齐一系列空间重叠的图像，构成一个无缝的、高清晰的图像，实现视频高速拼接，新形成的图像具有更好的分辨率和更大的视野，形成管线全景图。

图1　实时拼接管线全景

图像拼接算法为SIFT算法。SIFT(Scale Invariant Feature Transform)全称尺度不变特征变换，SIFT算子是把图像中检测到的特征点用一个128维的特征向量进行描述，因此一幅图像经过SIFT算法后表示为一个128维的特征向量集，该特征向量集具有对图像缩放，平移，旋转不变的特征，对于光照、仿射和投影变换也有一定的不变性，是一种非常优秀的局部特征描述算法。本系统的图像拼接系统首先使用sift算法提取特征点，然后利用快速最近邻算法进行特征点粗匹配，并利用阈值设置和双向交叉检查方法进行初步的筛选。之后利用RANSAC算法进行精匹配，随后经过图像变换将不同图像映射到同一坐标系下，完成图像融合。

2.3 可疑异常目标智能识别技术

基于单阶段目标检测框架对可疑异常目标的智能识别进行研究，开发了可疑异常目标智能识别功能，可检测5类可疑物体：小型汽车、卡车、挖掘机、破路工程车、大巴车。该功能应用神经网络技术进行深度学习，目标在该数据集识别测试中，性能好、速度快、精度高，能满足29fps的在线实时识别。通过多尺度特征和锚点框检测，实现了无人机高空飞行时小尺寸目标的检测，有效提高了可疑目标识别率。

可疑异常目标智能识别可在实时监测下进行，也可对历史视频进行目标检测。如发现天然气管道周边异常情况，管理人员确认后，可截图上报预警，如图2、3所示。

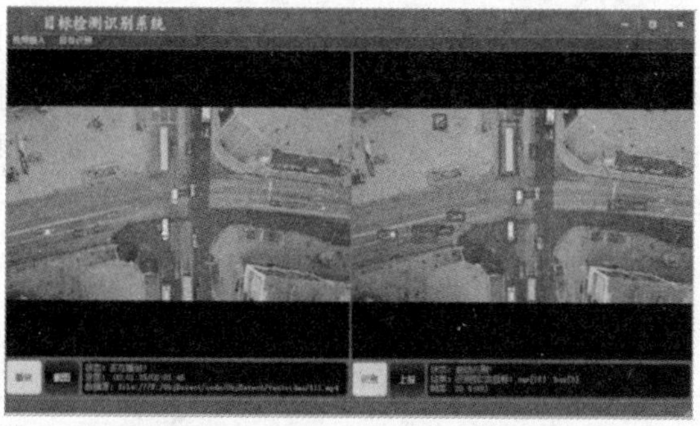

图2　可疑危险目标在线识别

图3　可疑危险目标上报

目标检测算法为YOLOV4。YOLO(You Look Once)系列是基于深度学习的回归方法。其核心思想就是利用整张图作为网络的输入，仅仅经过一个神经网络，得到边界框的位置及其所属的类别。这种算法的优点为检测速度快，在GPU上运行可以实现实时的检测速度，其背景误检率低，而且通用性强。YOLOV4 比起前几代提出了一种高效而强大的目标检测模型，使用者可以使用 1080Ti 或 2080 Ti GPU 训练快速准确的目标检测器。经测试，在无人机高空飞行且目标极多的情况下效果极好。

2.4　图像智能比对技术

基于 Harris 角点特征的图像智能比对算法，实现了大面积正射影像及三维数字模型的离线智能对比分析。智能比对算法在后台执行，同时打开两幅图像，其间对两幅图像自动配准处理，然后做差处理，对有明显差异区域进行相似度分析，自动标记异常区域，如图 4 所示。此外，还可以在图像化窗口中进行人工标注，并上报差异区域，如图 5 所示。自动化+人工的图像智能比对方式，既减轻了管理人员的工作强度，又能降低错报、漏报几率(图 6)。

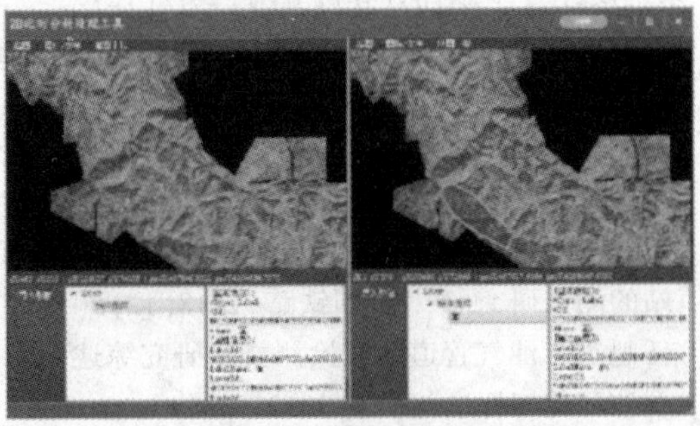

图 4　自动图像比对

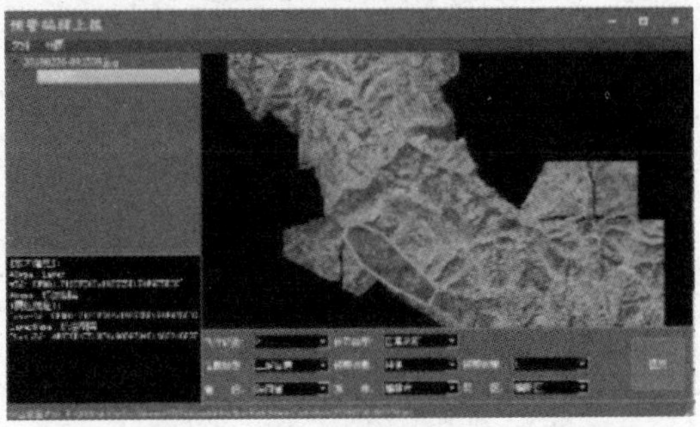

图 5　差异区域上报

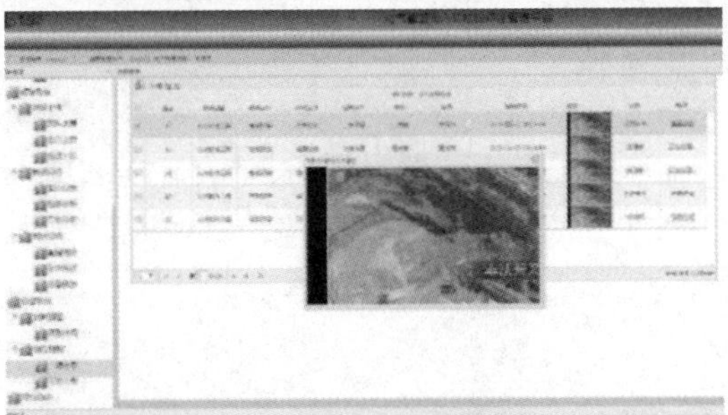

图 6　差异预警信息

3　山区管道应用

上述天然气管道无人机巡检技术，分别于 2020 年 7 月、2020 年 10 月对某山区管道进行现场应用。为测试图像智能技术应用效果，选取同一地区的同一段管道进行现场应用测试。两次测试无人机飞行路线一致，飞行线路如图 7 所示。首次测试共飞行 22 架次，巡检管道 50 余公里，完成对山区天然气管道沿线的平面正射影像、三维地形建模及可疑危险目标识别。二次测试累计飞行 39 架次，在采集平面正射影像、三维地形建模的同时对无人机巡检监控画面进行实时视频转播。

图 7　飞行线路规划图

应用可疑异常目标智能识别技术，对实时转播的无人机巡检监控画面中山体滑坡、管线周围房屋建筑等可疑目标进行自动分析标注，如图 8 所示。应用无人机倾斜摄影拍摄影像，完成对管道沿线附近地表的三维建模。应用图像智能比对技术对两次巡检平面正射影像及三维立体模型进行自动比对分析，得到道路施工改变、占压作物情况变化、工程作业改变、山体滑坡等影响管道安全的风险情况，如图 9 所示。

图 8　可疑异常目标智能识别技术应用效果

图 9

4 结论与展望

（1）基于物联网、人工智能等技术开发的无人机综合管理平台交互设计友好，管理功能完善，预警智能可靠。现场应用表明平台各功能运行良好，能够实现对管道无人机巡检作业的全流程智能化管理。

（2）基于人工智能的可疑异常目标智能识别技术能够辅助识别管道周边潜在危险目标，帮助管道管理人员在指挥无人机巡检作业时快速发现可以异常目标，减轻工作强度。

（3）通过两批次、多架次的管道无人机巡检作业，收集到大量影像数据，应用综合管理平台实现巡检数据高效系统的存储与维护。同时，应用图像智能比对技术能够高效识别两次巡检影像数据中显著改变之处，为山体滑坡、道路改变、第三方施工等风险因素的及时预警提供技术支持。

天然气管道巡检平台在某山区管道经过 3 个月的测试逐步进入完善阶段，提高了天然气管理保护能力，确保管道能够高效率、低故障的运行，提升天然气管道企业现代化管理水平，推动天然气管道事业可持续高质量发展。

参 考 文 献

[1] 王强．智能视频分析技术在城市轨道交通中的应用研究[J]．电气化铁道．2020(S1)．

[2] 唐昕．基于智能视频分析技术的地铁客流大数据应用探讨[J]．网络安全技术与应用．2020(05)．

[3] 陈科来．智能视频分析在城市轨道交通监控中的应用浅析[J]．科技风．2020(23)．

[4] 侯文．地铁智能视频分析综合解决方案[J]．智能建筑与城市信息．2013(10)．

[5] 梁平．以广州地铁为例探讨智能视频分析技术在轨道交通中的应用[J]．中国安防．2015(08)．

[6] 郭振通，刘川，许哲浩．轨道交通监控中智能视频分析技术的应用[J]．科技经济导刊．2018(32)．

[7] 张腾云，荆涛，霍炎．神朔铁路智能视频入侵检测系统设计[J]．铁路计算机应用．2012(12)．

[8] 孙树红．基于城市轨道交通智能视频分析设计应用[J]．电脑知识与技术．2019(31)．

[9] 王羽莹．基于智能视频分析的高速铁路周界入侵探测技术浅析[J]．电信网技术．2018(03)．

[10] 王巍，张沫，任永健．智能视频分析技术在铁路客站的测试研究[J]．中国铁路．2018(12)．

[11] 任魁杰，油气管道在线检测技术研究综述[J]中国石油和化工标准与质量 2012，32(1)：8-9.

[12] 甄建超等，我国油气管道建设历程及发展趋势[J]．石油规划设计，2011，22(4)．

[13] 孙世宇，张岩，胡永江，李建增．改进模型估计的无人机侦察视频快速拼接方法[J]．红外与激光工程，2018，47(09)．

钻具振动检测系统研制

莫明辉

（中石化经纬有限公司胜利地质录井公司）

摘　要　钻具振动主要表现在纵向、横向和扭转方向上。其振动情况通常会在扭矩和大钩负荷上有所反映，与立压和转速有一定关系。因此，通过对扭矩、大钩负荷、立压、转速等录井参数的高频采集，并对其展开傅立叶变换和小波变换。同时，接收 wits 数据计算机械比能。综合分析数据在时序和频谱上的变化差异，从而检测钻具振动是否异常，达到有效保护钻具和提高钻井效率的目的。

关键词　钻具振动；高速采集；傅立叶变换；小波变换；机械比能

在钻井作业中，钻具与井壁的摩擦碰撞、钻头对岩石的反作用都会使钻具受力产生变化，进而产生复杂的机械振动。钻具振动主要有三种基本形式：扭转振动、轴向振动和径向振动，反映到钻井工程上表现为：粘卡至释放、钻头跳动和偏转。持续的井下钻具异常振动，会使钻具外部快速磨损、钻具内部破坏、机械钻速大为降低。同时，会导致井径扩大，产生不规则井身结构，影响井壁稳定性。因此，采集钻具振动相关数据，分析发现其变化特征，进而识别钻具振动异常，对有效保护钻具，指导安全高效钻井具有重要的意义。

1　钻具振动采集装置

（1）结构原理

理论研究表明，钻具振动低频区域（振动频率<200Hz）主要反映钻柱的工作状态，高频区域（振动频率>10kHz）则反映了岩石的破碎特征[2]。经过现场实验，发现特征频率 128Hz 就能发现大部分异常。根据采样定理，钻具振动采集频率达 128＊2＝256Hz，便可达到测量要求。

钻具振动采集装置从录井传感器高频采集数据，经过调理控制，将数据通过网络传送给上位机软件。该装置主要包括以下模块：（1）采集模块：按照指定采集参数和频率，通过高频采集单元从录井传感器高频采集模拟量数据，再通过信号调理单元进行电压信号转换，同时过滤掉其中的噪声数据。（2）主控模块：采用 Coretex M4 架构和实时系统，对高频录井数据的采集、封装和传输进行控制。同时，接收上位机命令并将状态反馈给上位机。（3）传输模块：按照指定的频率通过网络传输给上位机软件。如果发生网络中断，将数据进行缓存。待网络连接稳定后，对断点数据进行续传（图 1）。

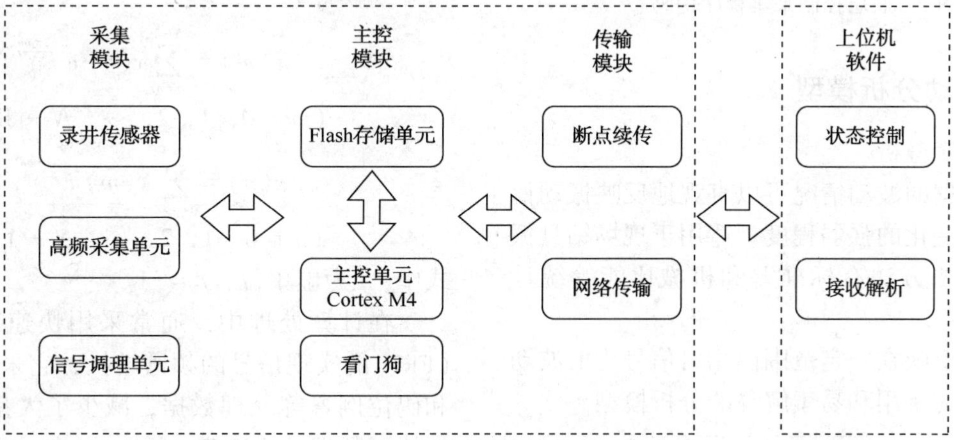

图 1　采集装置结构原理图

在硬件封装调试上，根据控制器和尺寸，采用盘式安装进行牢固加强。使用安全栅，对其进行限压和限流。通过线性回归，解决了A/D信号采集偏差问题。通过反复调试，达到了硬件系统上的信号采集稳定。

(2) 底层控制采集程序

为保证录井数据高速采集的定制化，实现稳定高效采集，基于实时操作系统，采用Turbo C++工具开发了底层采集控制程序，对数字信号和模拟信号进行了区分处理，实现了扭矩、大钩负荷、立压和转速数据的高频采集。根据上位机软件设置，对高频数据进行缓存接收，在对数据进行组合封包，通过网络传输发送给上位机软件。为保证实时稳定运行，采用看门狗技术，一旦确认为系统故障，则重启系统，保证数据的稳定传输。另外，接收上位机传来的指令来实现定制化采集传输，并将状态返回给上位机软件显示。同时，为适应现场环境，在传输模式上也支持串口传输(图2)。

```
void  MainWork()
{
  EnableWatchDog();       //启动看门狗
  while(IsAlive)
  {
    if(RecvCommand())     //如果接收到命令，对设置参数进行更新
      UpdateState();

    count=0;              //按照指定频率进行采集
    while(count > 1/period)
    {
      dataRecv += AquireData();
      Sleep(period);
      count++
    }

    cntErr = 0;
    while(!Send(dataRecv))
    {
      FlusMeory();
      cntErr++;
      if(cntErr >= thres)   //发送失败达到阈值，则启动看门狗进行重置
      {
        WatchDog();

      }
      ReConnecct();          //发送失败重联
    }
    memset(dataRecv);

  }
  DisableWatchDog();
}
```

图2　底层控制采集程序伪码

2　钻具振动分析模型

(1) 时序分析

时序数据的波动情况可以直观地反映振动信号的随时间变化的强弱程度。适用于现场钻具振动的主要分析方法有标准差和机械比能等统计模型。

标准差反映在一定范围内相对信号均值波动情况，是较为常用和易于解释的分析模型。

$$S=\sqrt{\frac{1}{N}\sum\left(x_n-\mu\right)^2} \tag{1}$$

式中，S为标准差；x_n为时域信号；μ为信号均值。

机械比能作为现场分析的有效参数，等同于钻头破碎单位岩石所需要的能量，也可以看做地层岩性的强度。机械比能的变化趋势可以作为一个判断钻头磨损及地层岩性强度的工具。在钻进过程具在井眼中不中，钻规则转动，造成异常的钻具旋转振动可以明显的反映到机械比能上。在地层岩性稳定的区域，设定了机械比能的趋势线。如果其数值在趋势线附近，可以简单地通过增加钻压和顶驱转速来提高机械钻速；如果远大于设定的基线，则表明钻井参数并不是最佳的数值，会加快钻头的磨损。其计算公式为：

$$MSE=\frac{480\times TRQ\times RPM}{Dia^2\times ROP}+\frac{4\times WOB}{Dia^2\times\pi} \tag{2}$$

式中，MSE为机械比能；TRQ为扭矩；RPM为转速；WOB为钻压；ROP为机械钻速；Dia为钻头尺寸。

(2) 频谱分析

时序分析和频谱分析往往符合测不准原理，即在时序上不容易观察的特征，在频谱上却容易发现，在频谱上难以发现的特征，在时序上却可以得到直观显示。。通过数据的频谱分析，可以得到振动数据的频率分布和能量大小，发现时域分析上难以发现的特征。常见的频谱分析有傅里叶分析和小波分析。

傅里叶变换是频谱分析的主要基础算法，它将信号从时域转化为频域，得到信号在频域上的分布情况，是一种十分有效的数据分析方法。现场实际采集的钻具振动信号，是以离散的形式出现的，即变换方式为傅里叶变换(DFT)。离散傅里叶变换计算公式为：

$$X(m)=\sum_{n=0}^{N-1}x(n)\,e^{-j\frac{2\pi nm}{N}}$$

$$(m=0,\ 1,\ 2,\ \cdots,\ N-1) \tag{3}$$

$$x(n)=\sum_{m=0}^{N-1}X(m)\,e^{j\frac{2\pi nm}{N}}$$

$$(n=0,\ 1,\ 2,\ \cdots,\ N-1) \tag{4}$$

式中，j为虚单位，$j^2=-1$。

在计算处理中，通常采用快速傅里叶变换(FFT)的实现信号的频谱转换，它采用蝶形计算和码位倒置等处理数据，减少了大量冗余计算，加快了数据转换速率。

虽然傅里叶变换可以反映出信号的频域特征，但无法反应局部上的时域特征。小波分析兼

顾时域和频域，具有强适的适应性，能观察到信号时段和频段中的许多细节。在信号处理领域一直都是使用一族带通滤波器将信号分解为不同频率分量，即将信号 f(x)送到带通滤波器族 Hi(x)中。小波分解的意义就在于能够在不同尺度上对信号进行分解，而且对不同尺度的选择可以根据不同的目标来确定。

小波基波的表达式为：

$$\Psi(t)=\frac{1}{\sqrt{s}}\Psi\left(\frac{t-\tau}{s}\right) \tag{5}$$

式中，s 为尺度参数，表征频率；t 为位移参数，表征时间。

在离散小波变换中，离散的就是尺度参数 s 和位移参数 t。离散小波表达式为：

$$\Psi_{j,k}(t)=\frac{1}{\sqrt{s_0^j}}\Psi\left(\frac{t-k\tau_0 s_0^j}{sj_0}\right) \tag{6}$$

式中，j 和 k 都是整数，通常取 $s_0=2$，$\tau_0=1$。随着 j 取值的递增，可以得到一串不同的小波。这些子小波的尺度参数以 2 的 j 次方的形式增长。当使用这一系列的子小波，对一个连续函数进行离散分析时，获得的是一组小波分析的系数。计算机实现中常使用二进制离散处理，将经过这种离散化的小波及其相应的小波变换成为离散小波变换。实际上，离散小波变换是对连续小波变换的尺度、位移按照 2 的幂次进行离散化得到的，也称之为二进制小波变换。

3　钻具振动检测软件

开发上位机软件，对高频数据进行了多线程处理。通过实时接收解析、标定计算和存储入库，实现了常规参数的数据预警和曲线监控。对高频数据进行频谱转换，实现了傅立叶变换和小波变换实时频谱显示。同时，结合 wits 数据，实现了标准差和机械比能的计算显示(图 3)。

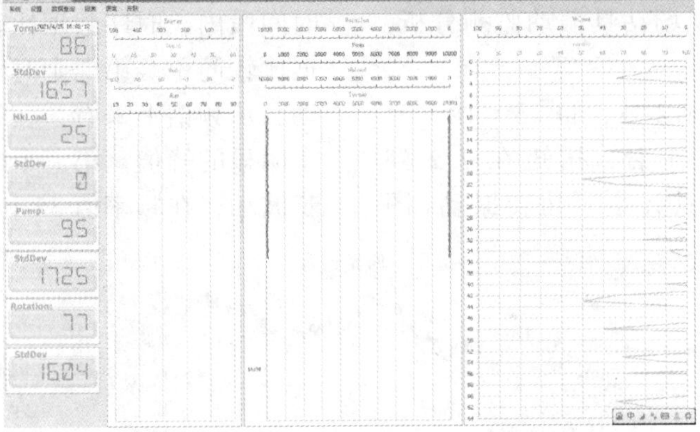

图 3　钻具振动检测软件主界面

采用 mysql 数据库对数据进行高效存储，并实现了数据在秒级层次和高频层次上的查询编辑、曲线回放和频谱回放，便于进一步分析钻具振动相关信息。实现了井斜数据和井身结构数据的编辑、管理和图像显示，结合相关信息，可以为钻具振动监测提供进一步的依据(图 4，5)。

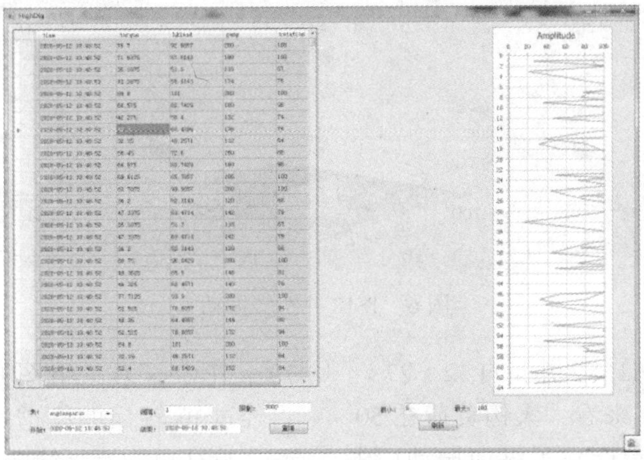

图 4　高频数据回放分析

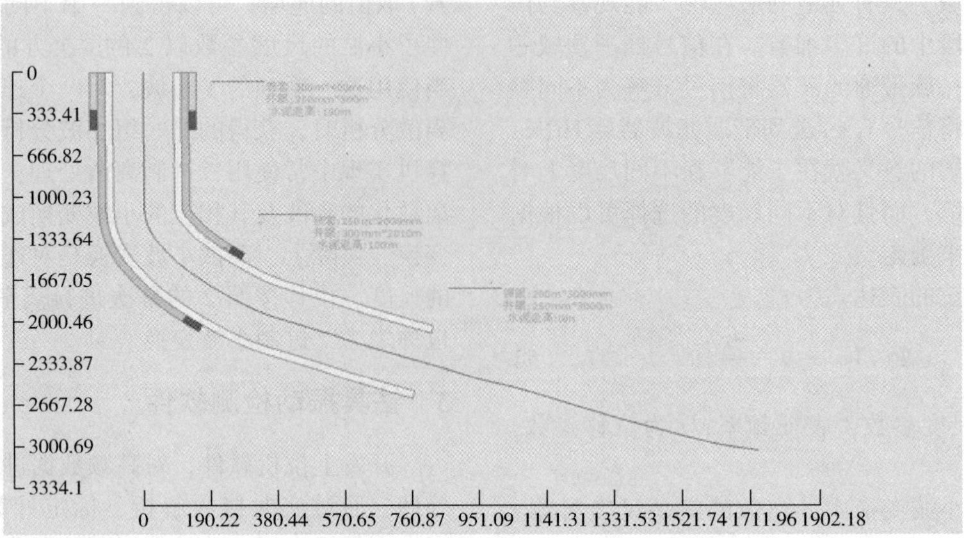

图 5　井身体结构显示

4　钻具振动检测应用

该系统先后在日 TS12、K762_X2 等多口井进行了现场实验。通过现场钻具振动监测分析，可以发现一些特征和规律。

2020 年 5 月 24 日 TS12 井，自 23：18：31 开始观察。从总体数据来看，扭矩在 7.2 到 11.2 之间进行波动，钻具产生了扭转振动(图 6)。分为三组数据，第一组为原始信号图，第二组为傅里叶频谱图，第三组为小波时频图，可以展现更为丰富的时间和频率分布细节。第一个时间段内，时序数据比较平稳，反映在频谱上数据比较简单。第二个时间段内，时序数据产生波动，从频谱上来看，在频率值 35 和 55 处，出现了明显的峰值。第三个时间段内，时序数据进一步波动，在频率值 35 和 55 处，峰值提高明显。

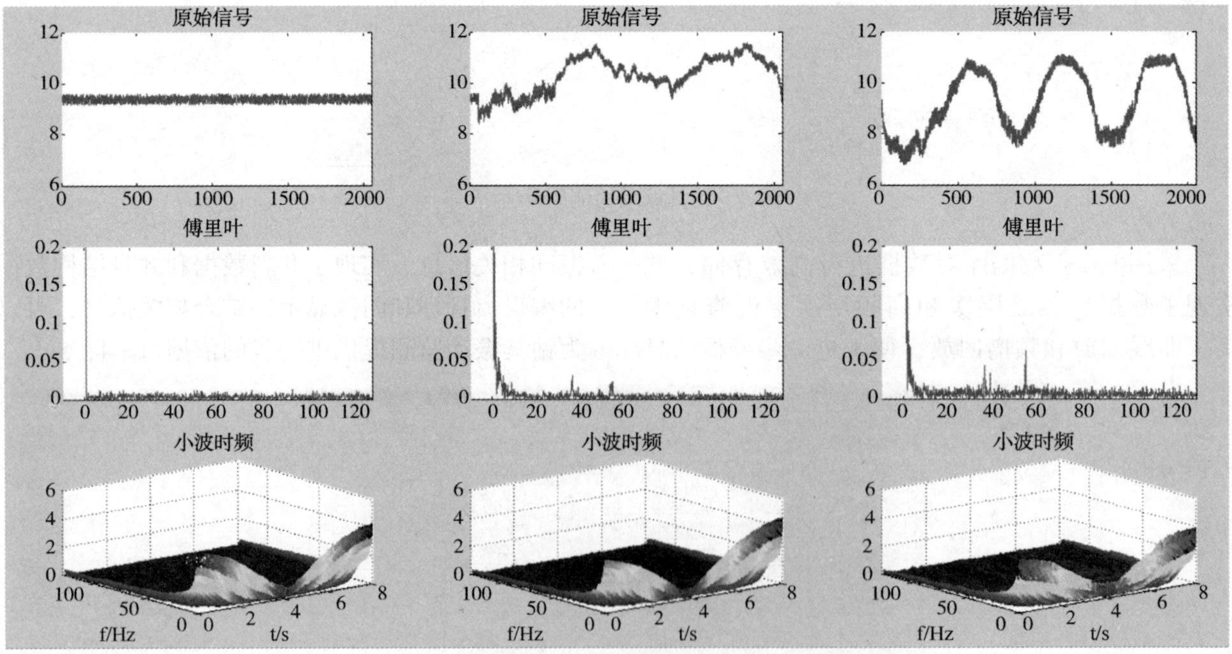

图 6　TS12 井扭转振动

2019 年 8 月 15 日 K762_X2 井，自 12：27：50 开始观察。从时序数据来看，大钩负荷在 50 和 68 之间范围波动，钻具产生了纵向振动(图 7)。其中，第三组图是先经过小波轮廓提取，再经过 fft 转换的频谱。可以看到，相较于傅里叶，特征更为清晰简洁。第一个时间段，时序数据平稳，相应的频谱数据也比较简单，谱峰较少且峰值不大。第二个时间段，时序数据由平缓变为波动，且波动值较大。从频谱数据来看，数据比较杂乱，具体表现为谱峰明显增多，且峰值较高。第三个时间段，时序数据还是波动，但波动范围较小。反映在频谱上，谱峰数量开始减小，且对应峰值也有所下降。

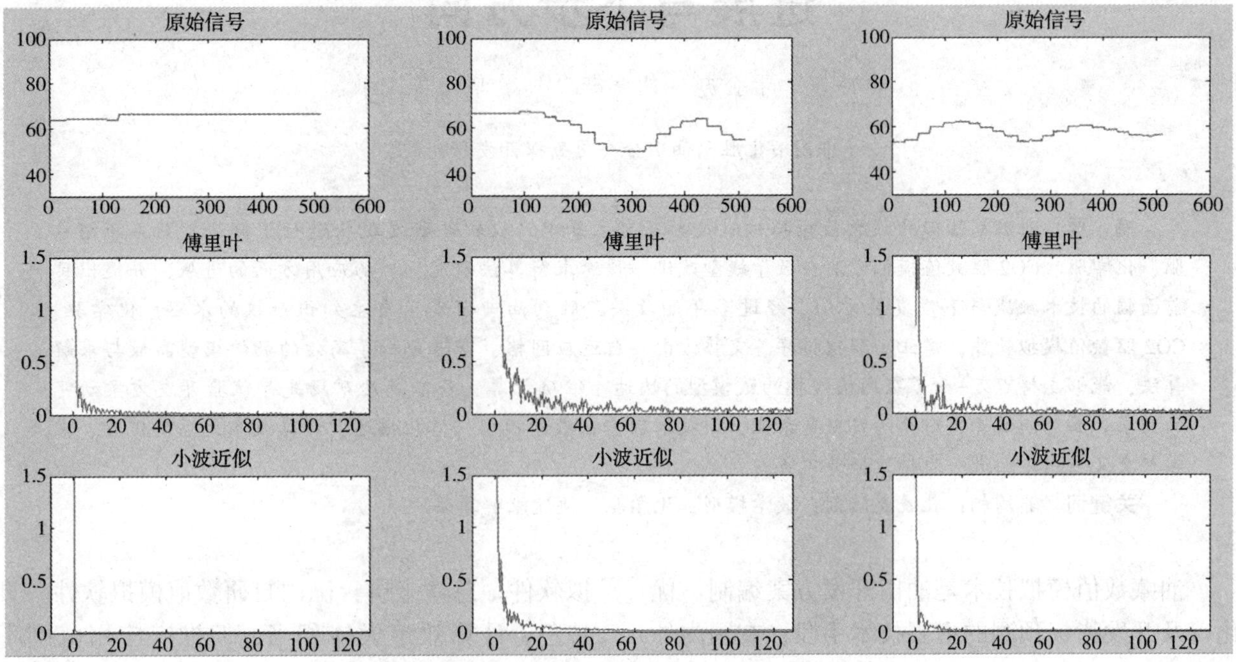

图 7　K762_X2 井纵向振动

5　小结

本文实现了一套基于扭矩、大钩负荷、立压和转速的钻具振动检测系统。不仅可以在微观尺度下观察钻具振动的变化，更能通过频谱分析来检测钻具异常情况。下一步，将进一步分析提取和简化振动数据的时序特征和频谱特征，加深在现场工程和地质上的应用。

参　考　文　献

[1] 韩学岩，武庆河. 钻具振动的三种基本形式[J]. 录井工程，2003，14(3)：41-46.

[2] 高岩，武凤旺，梁占良. 钻柱振动声波录井技术方法及应用实例[J]. 录井工程，2009，20(1)：1-7.

[3] 陈迪，倪朋勃，李祖兵. GeoNEXT 录井系统中钻井效率监测软件现场应用分析[J]. 重庆科技学院学报，2013，15(6)：84-86.

[4] 中国电子仪器仪表学会信号处理学会，《振动数字信号处理程序库》编委会. 振动数字信号处理程序库[M]. 北京：科学出版社，1988：64-298.

[5] 李德葆，陆秋海. 工程振动试验分析[M]. 北京：清华大学出版社，2004：139-168.

[6] 周伟，桂林，周林. MATLAB 小波分析高级技术[M]. 西安：西安电子科技大学出版社，2006：158-240.

胜利油田油藏数值模拟软件自主研发进展与下步方向

曹伟东　于金彪　胡慧芳　史敬华　段　敏

(中国石化胜利油田分公司勘探开发研究院)

摘　要　对胜利油田油藏数值模拟核心技术及自主知识产权软件研发现状进行了概述，重点介绍水驱、化学驱、CO2驱数值模拟方法在数学模型改进、快速求解算法研究、矿场应用方面的进展，并提出目前面临的技术挑战与下步发展方向。经过多年的攻关，胜利油田研发了自主知识产权的水驱、化学驱、CO2驱数值模拟软件，建立了解耦排序、交替方向、自适应网格、有限分析等高效的数学模型离散与求解算法，能够支持百万-千万级网格规模油藏模型的快速、准确计算，基本满足矿场先导试验开发方案研究的需求。面对油藏开发对象的日益复杂化，该技术仍需在数学模型一体化描述、计算效率大幅度提升、多学科交叉应用方面进一步持续提升完善。

关键词　非均相；乳液表活剂；数学模型；化学驱；快速求解算法

油藏数值模拟技术是油田开发方案编制、优化以及开发指标预测的主要技术手段，在国内外油田企业科学设计油藏开发方案、节约成本、降低开发风险等方面发挥了巨大作用。作为这项技术的载体-油藏数值模拟软件，更是渗流机理、开发技术等理论与技术的落脚点，是石油企业的核心技术。国内外大型石油公司一直以来都在致力于发展自主知识产权的油藏数值模拟软件，以期在激烈的行业竞争中占据技术主动。从国际上来看，斯伦贝谢公司推出的Eclipse油藏数值模拟软件，其水驱数值模拟软件已经代表了行业标准；加拿大CMG公司推出的CMG油藏数值模拟软件，模拟功能强大、应用方便灵活，尤其在稠油热采方面，机理描述、计算速度都具备了国际领先水平；兰德马克公司研发的VIP及NEXUS油藏数值模拟软件近年来在化学驱数值模拟方面也有新的发展。从国内来看，中石油、中石化、中海油三家最大的油气勘探开发企业多年来一直都在围绕油田的实际问题开发自主知识产权的数值模拟软件，其中相对成熟的主要有中石油的HiSim(用于水驱和化学驱)、中石化的KarstSim(用于缝洞型油藏)、SLCHEM(用于化学驱)。此外，国内许多科研院所、大型油气行业的软件公司也分别针对不同的油藏问题或引进集成国外的最新技术，陆续发展了多种不同的油藏数值模拟软件。总体来讲，国内自研数值模拟软件各具特色，计算效率大体相当，但推广应用范围不大，与国外商业化软件在综合功能与性能上存在一定差距。

胜利油田地质条件复杂，导致在开发上所应用的技术类型比较多，不同开发技术的渗流或驱替机理差别较大，商业化软件在机理描述、模拟功能方面没有考虑到胜利油田的特殊地质及开发状况，尤其是随着开发逐渐进入特高含水阶段，商业化软件在特高含水期两相渗流规律表征、各类新型化学驱油体系驱油机理描述、二氧化碳混相驱机理及低渗透油藏非线性渗流规律描述等方面，难以对油田现场的开发问题形成有效的支持。因而，多年来，胜利油田围绕不同类型油藏的开发技术与开发矛盾，坚持“特色为主、滚动发展”的思路，先后发展了三维三相黑油模型数值模拟软件、化学驱油藏数值模拟软件、二氧化碳驱组分数值模拟软件等一系列自主知识产权的数值模拟软件，在特殊的机理表征、软件计算速度提升及矿场推广应用方面取得了长足的进展，支持了诸多油田开发实际难题的攻关解决。本文回顾了胜利油田油藏数值模拟软件自主研发的历程，重点介绍针对不同油藏类型、不同开发技术研发的一系列软件的核心技术及应用情况，分析面临的挑战，并提出下一步的发展方向，为油藏数值模拟核心技术的自主可控，为自主知识产权软件的下步发展提供一家之言。

1　胜利油田油藏数值模拟软件研发历程

胜利油田在建设初期，就重视并开展了油藏数值模拟技术的研究工作。1968 年至 1973 年，胜利油田基于 fortran 语言研制了企业的第一个油藏数值模拟软件-二维二相软件，标志着胜利油田自主研发油藏数值模拟软件的开始。1974 至 1985 年，引进了法国 IRIS60 计算机并将二维二相数值模拟软件移植到该机器，开展了油田开发方案及调整方案的模拟研究，成果开始受到石油工业的关注和重视。1986 至 1989 年，将二维二相模拟软件拓展升级到支持多层的模拟，进一步扩大了软件的应用范围。1990 年，胜利油田勘探开发研究院组建渗流力学研究室，成立了一支专门从事油藏数值模拟技术应用、软件研发的团队，陆续开发了三维三相黑油模型模拟软件、化学驱油藏数值模拟软件，开始了面向矿场规模化应用的大型油藏数值模拟软件研发。2008 年以来，依托国家重大专项等重点攻关项目的支持，在水驱、化学驱数值模拟软件的核心算法、前后处理等方面取得了长足的进步，研发了一系列独居特色的模拟功能，先后在中石化、胜利油田等不同层面开展了多个矿场的实际应用，实现了自研软件从室内机理研究到大规模矿场应用的转变。2015 年以来，为解决稠油热采、CO2 驱等开发技术中的一些实际难题，又陆续开展了稠油热采数值模拟软件、CO2 驱组分模型数值模拟软件的研发，形成了相对完整的技术序列。

2　胜利油田油藏数值模拟软件核心技术

针对不同开发方式以及不同油藏类型的特点，胜利油田多年来自主研发了相应的数值模拟软件，形成了不同的特色功能，建立起油藏数值模拟软件的系列核心技术。

2.1　三维三相黑油模型数值模拟系统

该软件主要是为了解决水驱开发方案优化与指标预测问题，通过多年的滚动发展，形成了集前后处理、主模型于一体的软件产品，能够适用于常规两相、三相黑油油藏水驱开发的剩余油分布研究、方案优化设计等数值模拟工作。在中高渗水驱、低渗透油藏水驱两相渗流规律，并行求解方面具有技术特色。

（1）特高含水期油水差异性渗流模拟

实验研究与现场测试发现，水驱油藏进入特高含水期，物性时变特征和层间干扰现象明显，为此，胜利油田相关研究人员建立了相应的表征模型，在三维三相油藏数值模拟软件基础上研发了新的软件模块。

根据矿场取心井统计与室内实验研究结果，建立了渗透率时变模型：

$$K_i^n = M_i \cdot K_{io} = (-2\times10^{-7}\times R^2 + 0.0007R + 1.0265) \cdot K_{io} \tag{1}$$

式中。M_i 为渗透率变化倍数；K_i^n 为 N 时刻的在注水冲刷倍数 R 下对应的储层渗透率，mD；K_{io} 为初始时刻的渗透率，mD。

考虑层间干扰的差异化渗流数学模型中，提出了水相修正系数 ϕ_w 和油相修正系数 ϕ_o，引入到黑油模型的油水渗流方程中，建立考虑物性干扰的油藏数值模拟方法。

$$\nabla \cdot \left[\frac{kk_{rw} \cdot \varphi_w}{B_w\mu_w}\nabla(p_w - \rho_w gD)\right] + q_{vw} = \frac{\partial}{\partial t}\left(\frac{\phi s_w}{B_w}\right) \tag{2}$$

$$\nabla \cdot \left[\frac{kk_{ro} \cdot \phi_o}{B_o\mu_o}\nabla(p_o - \rho_o gD)\right] + q_{vo} = \frac{\partial}{\partial t}\left(\frac{\phi s_o}{B_o}\right) \tag{3}$$

式中，ϕ_o 和 ϕ_w 分别为油相和水相的修正系数；s_o 和 s_w 分别为油相和水相的饱和度；ρ_o 和 ρ_w 分别为油相和水相的密度；B_o 和 B_w 为油相和水相的体积系数；k_{ro} 和 k_{rw} 为油相和水相的相对渗透率；μ_o 和 μ_w 为油相和水相的粘度；p_o 和 p_w 分别为油相和水相的压力；q_{vo} 为地面标准条件下单位时间单位体积内流入或流出油的体积；q_{vw} 为地面标准条件下单位时间单位体积内流入或流出水的体积。

如图 1 所示的模拟结果可以看出，在给定的渗透率级差下，考虑层间物性干扰后，高渗层的吸水能力增强，吸水量增大，由此导致油藏整体含水上升速度加快，见水时间提前；与此同时，低渗层吸水能力、产油能力明显减弱，导致油藏整体采出程度降低。渗透率级差为 2.5 时，采出程度下降了 2.4%。

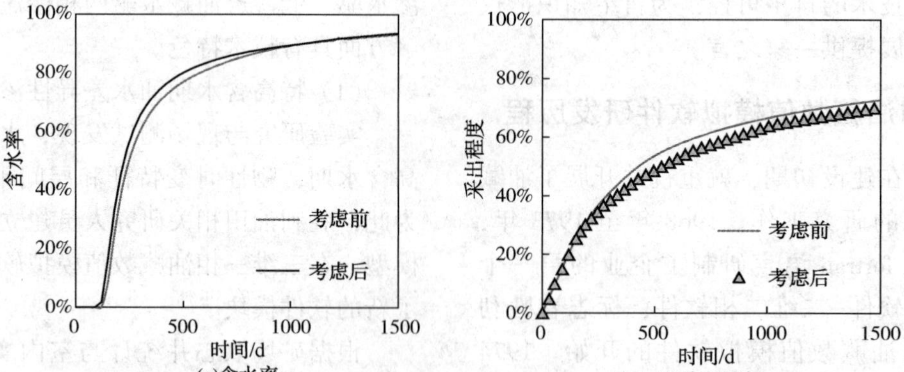

(a)含水率　　(b)采出程度

图1　级差为2.5时含水率和采出程度的变化曲线

（2）低渗透油藏非线性渗流数值模拟

对于低渗、致密油藏，室内试验研究油水两相流动过程中存在明显的非线性渗流特征，目前商业化软件难以描述这一现象，因而对开发指标的预测不准确。为此，胜利油田研究人员根据其油藏特点及实验认识，提出了致密油藏非线性渗流模型-单参数拟启动压力梯度模型，并基于室内实验得到了拟启动压力梯度随渗透率的幂律函数关系，得到了油、水拟启动压力的定量认识。

$$v=\frac{K}{\mu}\left[1-\frac{\lambda}{|\nabla P|\left(1-e^{-|\nabla P|/\lambda}\right)}\right]\nabla P,\quad \lambda_{o}=0.84K^{-0.46} \tag{4}$$

其中，λ为拟启动压力梯度，MPa/m，K为岩石渗透率，mD，μ为相黏度，mPa·s，P为相压力，MPa。

进一步地，将相关模型通过自研的三维三相黑油模型数值模拟软件进行了功能实现，如图2所示，测试结果表明，非线性渗流模拟模块能够有效拟合室内实验结果，产油量明显小于线性渗流的模拟结果，可用于现场开发方案的准确预测。

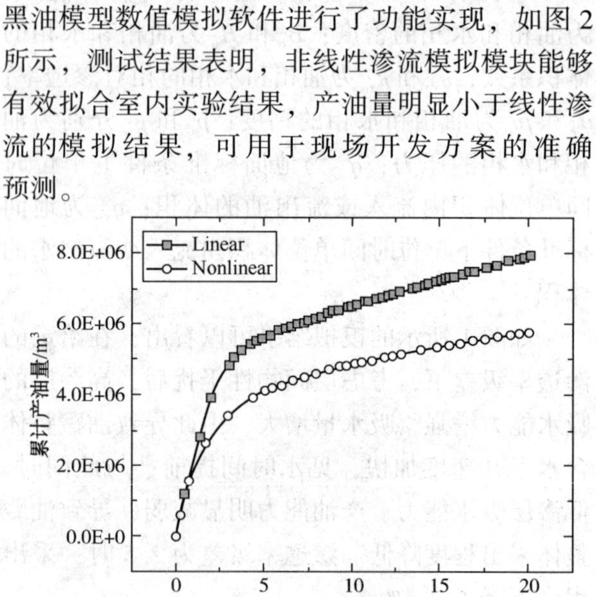

图2　SPE9标准算例线性与非线性模型计算结果对比

（3）黑油模型数值模拟快速求解技术

通过对预处理共轭梯度算法的改进，提出了改进的GMRES预处理算法，提高计算速度30%以上，在此基础上，基于微机集群系统分布式体系结构特点，建立了基于区域分解的非线性混合牛顿迭代并行算法。2007年在胜利油田埕岛油田馆上段模型进行了实际应用，模拟网格规模达到207万节点，采用微机集群系统8个CPU时，其并行效率均保持在60%以上；32个CPU以内可保证并行加速比的正增长。近年来，通过隐式排序算法的改进，串行计算速度大幅度提升，在单机工作站上实现了千万节点模型的快速计算。

2.2　化学驱油藏数值模拟软件

胜利油田自主研发了化学驱油藏数值模拟软件(简称SLCHEM)，能够模拟聚合物驱、表面活性剂驱、碱驱、非均相驱、乳液表活剂驱及各种复合驱等化学驱替方式，驱油机理描述较为完善。该软件采用隐式压力-隐式饱和度-隐式组分浓度的顺序全隐式解法，在矿场应用中计算速度与商业化数值模拟软件相当，目前已经具备了完整的前后处理系统。

（1）非均相复合驱数值模拟技术

非均相复合驱体系是胜利油田研发的一类新型化学驱油体系，该复合体系的主要化学剂为一种粘弹性颗粒驱油剂PPG，通过室内研究发现，PPG的驱油特征与聚合物、表面活性剂等驱油剂有明显区别，其在孔喉中运移呈现时堵时驱的非连续特征。国内外油藏数值模拟软件尚未有针对PPG的模拟方法。基于机理认识，胜利油田研发了这类驱油剂的数值模拟方法，主要的创新有两个方面，一是在颗粒质量守恒方程中提出了颗粒通过因子这一特征参数，描述颗粒孔喉暂堵、变形通过的运移特征，二是在残余阻力系数方程中引入了液流转向系数这一特征参数，描述颗粒在驱替过程中对油藏非均质的改善程度。研究人员将这一数学模型及相应的数值求解算法通过fortran语言集成进了SLCHEM软件，自2010年以来开展了多个区块的现场应用，有效支持了现场动态分析与措施的优化调整，取得了良好的应用效果，如表1所示。

表1　非均相复合驱数值模拟软件现场应用区块一览表

序号	区块及试验名称	地质储量/万吨	预测提高采收率/%
1	孤岛中一区Ng3非均相复合驱先导试验	123	8.5
2	孤岛中一区Ng3非均相复合驱扩大试验	165	9.8
3	坨28沙二1-3非均相复合驱先导试验	290	8.5
4	孤岛西区北Ng3-4层系变流线提高采收率先导试验	1384	7.2
5	河南双河油田IV1-3层系非均相复合驱先导试验	390	7.5
	……		
11	孤东八区Ng5-6非均相复合驱先导试验	615	6.8

（2）乳液表活剂驱数值模拟技术

增黏型乳液表活剂体系为胜利油田研发的新型化学驱油体系，主要适用于特高温低渗透油藏。该体系在一定的油水比条件下，形成高黏度油包水型乳状液，扩大波及体积，与传统表活剂不同，该体系不以降低界面张力为主。乳液表活剂的乳化作用主要增加驱替相(水相)的黏度(类似于聚合物溶液)，与聚合物不同的是，黏度的变化受控于乳液表活剂浓度和油水比。商业化数值模拟软件无法考虑油水比与乳液表活剂浓度的综合影响，因而胜利油田基于SLCHEM软件，自主研发了乳液表活剂驱模拟功能，将乳液表活剂作为水相中的组分，满足物质守恒，考虑了活性剂的吸附和扩散；在驱油机理描述上，设置了乳液活性剂乳化门槛浓度，低于门槛浓度时，不发生乳化，高于门槛浓度时，发生乳化，乳化效果通过驱替相黏度的变化来反映，黏度受含水饱和度控制。研发的乳液表活剂驱模拟模块在胜利油田纯17-1块C1-2层系开展了实际应用，通过软件优化，推荐了二段塞的最优注入方案，预测采收率提高6.4%，现场实施后取得了良好的开发效果(图3)。

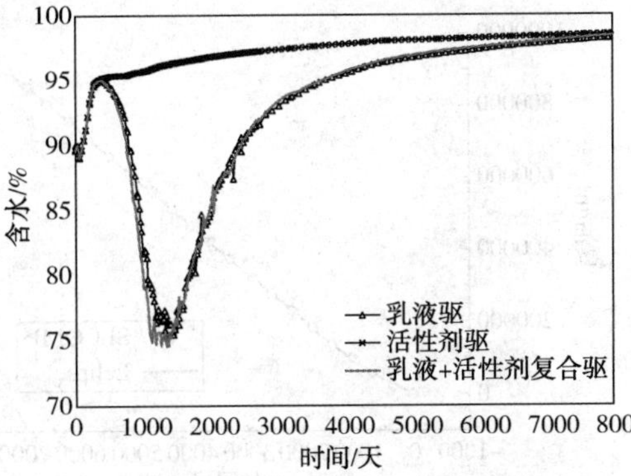

图3　胜利油田某矿场模型不同方案模拟结果对比

（3）化学驱数值模拟快速求解技术

目前，化学驱数值模拟的主要数学模型还是以压力方程、组分浓度方程、饱和度方程这样的解耦形式模型为主，针对此种形式的数学模型，胜利油田开展了针对压力方程的预处理共轭梯度解法及交替方向解法、针对组分浓度方程的上游排序解法、针对整体模型的OPENMP并行解法三方面的改进，取得了良好的计算效率提升效果。如表2所示，目前SLCHEM化学驱数值模拟软件串行计算速度与商业化软件相当，8核并行效率在30%以上。

表2　SLCHEM软件算法改进前后计算效率对比一览表

方案区块	网格规模/万	生产时间/年	SLCHEM串行计算时间/小时		商业化软件串行计算时间，小时	Slchem8核并行计算时间，小时
			改进前	改进后		
孤东八区聚合物驱	133.29	28.4	无法计算	8.83	9.62	3.58
孤东七区西二元复合驱	18.25	30.0	3.71	1.15	1.25	0.27
孤岛中一区非均相复合驱	47.92	5.5	无法计算	1.93	1.84（二元驱模拟）	0.56

2.3 二氧化碳驱组分模型数值模拟软件

(1) CO2驱组分模拟技术

2018年以来，随着胜利油田CO2驱开发技术应用的扩大，研究人员开展了基于组分模型的CO2驱数值模拟软件自主研发。其主要数学模型与目前商业化软件如Eclipse、CMG等的描述方法一致，采用基于闪蒸计算的组分数学模型。为了准确预测CO2驱过程中压裂后油藏中的流体流动状况，胜利油田研究分析了两相流体在基质裂缝界面的流动性质，得到了界面附近的一维稳态两相流的解析解，建立了交换流量的计算格式。基于局部解析解，可以克服因压力梯度发散和饱和度梯度发散造成难以数值离散的困难，不需要对网格进行细分，可以有效提高多相流离散裂缝模型的计算效率。

(2) 多相排序解法及改进的自适应网格算法

胜利油田研究人员在化学驱两相排序算法的基础上，进一步拓展，研究建立了油、气、水三相，包含各类烃类组分的模型的多相排序解法。首先将所有组分方程相加，构造满足总质量守恒的压力方程，其次对压力方程通过牛顿迭代和GMRES方法进行隐式求解，第三，根据油、水压力场对流场重新排序，根据排序结果依次计算饱和度和组分浓度，实现既减少整体计算量又保障隐式求解精度的目的。基于胜利油田非均质概念模型，自研的SLCOMP软件与商业化的Eclipse软件计算指标与计算时间进行了对比，如图4所示。

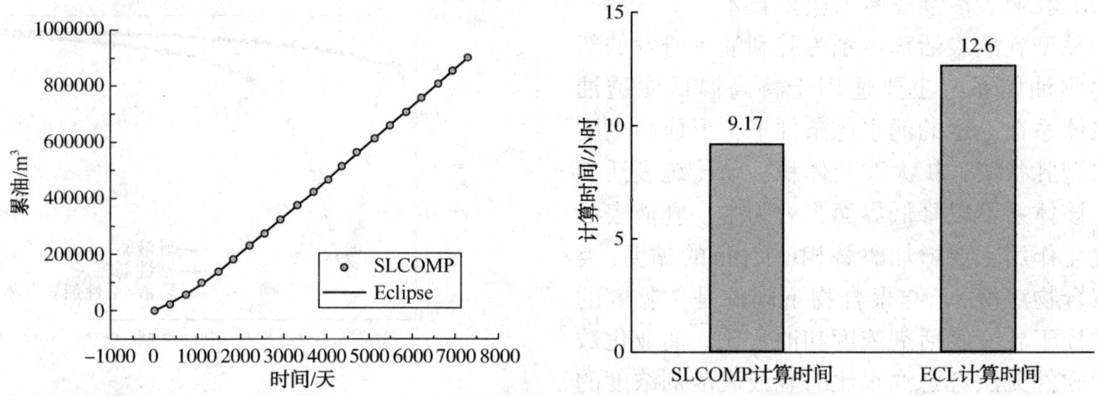

图4　不同软件计算指标(左)及串行计算时间(右)对比

3 面临的挑战及下步发展方向

油藏数值模拟软件的自主研发解决了油田开发中面临的许多特殊问题，对国内油田开发方案的科学编制起到了重要的支持作用。然而，目前国内的油藏数值模拟软件应用仍然被国外商业化软件垄断，相比商业化软件，自研软件在功能的完备性、大规模快速求解等方面还存在一定差距，需要充分吸收借鉴商业化软件的优点，进一步攻关发展。

(1) 一体化：建模数模一体化，多种驱动方式一体化

当前，随着油田开发质量、效益要求的逐步提高，多专业一体化结合、研究流程集成重构已经成为油气开发研究的新发展模式，而目前胜利油田不同的自研软件仅能解决相应单一开发方式的特殊问题，对多元混合驱动模式尚不支持。目前，国际主流的商业化数值模拟软件Intersect(Eclipse的新一代替代产品)在集成化、一体化方面为行业打造了模板。一方面，其数值模拟功能比较完善，水驱、化学驱、稠油热采、CO2混相驱等主要的开发方式模拟，软件都能够实现，可以在同一区块开展多种驱动方式的模拟；另一方面，斯伦贝谢公司将地质建模与数值模拟软件统一集成到PetrelRE建模数模一体化平台，在油藏模型的修正、完善过程中，能够快速地将地质认识的变化同时反映到地质模型和数值模拟结果中，从工作流程上实现了建模数模一体化。我们的自研软件应充分学习这种模式，重新设计一体化、集成化的建模数模一体化软件平台，在保持特色模拟功能的同时，也具有在复杂类型油藏及多种开发方式混合驱动的区块高效应用的能力。

(2) 大规模快速计算

虽然胜利油田的油藏数值模拟软件经过多年的发展，在串行计算速度上有了很大提升，基本

达到了商业化软件相当的水平。但是，随着油田开发精细化水平的提高，千万节点甚至亿级规模的地质模型越来越多，相应地对油藏数值模拟的精度与速度要求也迅速提升。国外的商业化油藏数值模拟软件近年来在大规模并行计算方面取得了突飞猛进的发展，斯伦贝谢公司的 Intersect 通过串行、并行算法(基于 CPU)的改进，在总网格 1209 万、气水两相双孔双渗模型、总井数 44 口、模拟历史 63 个月的条件下，44 核工作站模拟时间仅需 1.5 小时即可完成计算。俄罗斯 RFD 公司的新一代油藏数值模拟软件 tNavigator 通过将 CPU+GPU 协同并行计算，使得超大网格节点(千万~十亿级)油藏模型数值模拟成为可能。快速提升计算速度、实现对超大型油藏模型的快速模拟是当前自研软件面临的另一技术挑战。

下步自研软件应针对统一的全组分数学模型，在串行求解方面，设计全隐式的高效离散与数值求解算法，如多相多组分的顺序隐式离散方法、基于代数多重网格的预处理求解算法等，在并行计算方面，首先实现基于 MPI 的 CPU 分布式并行计算，在此基础上，深入研究基于 GPU 的并行求解算法，并逐步融合 CPU+GPU 的并行求解策略，充分利用先进的硬件条件，实现集群+高性能加速卡模式下的超大规模模型快速运算。

(3) 新技术集成

大数据、人工智能技术目前在油藏数值模拟方面的融合应用相对较少，国内外均处于起步发展阶段，目前在基于油藏数值模拟的代理模型构建、辅助历史拟合方面已经有部分研究成果，油藏数值模拟软件自主研发应抓住这个有利时机，尽快开展大数据人工智能技术的相关研究，在核心技术攻关方面迅速突破积累，拓展自研软件的技术领先优势领域。

4　结束语

(1) 胜利油田经过多年的发展，已形成了支持不同油藏类型、不同开发方式的自主知识产权油藏数值模拟软件序列，在机理研究、方案编制中发挥了重要作用；

(2) 目前的自主知识产权油藏数值模拟软件在串行计算方法方面已经达到了百万-千万级别快速计算的能力，基本满足矿场先导方案研究需要；

(3) 与国外商业化软件相比，自研软件在功能的综合全面性、大规模并行算法方面还存在差距，需继续奋起直追，实现技术的快速进步。

参　考　文　献

[1] 刘忠恺．基于 Windows 平台油藏数值模拟前处理的实现技术[D]．北京：中国科学院研究生院(软件研究所)，2003.

[2] 刘皖露，马德胜，王强，刘朝霞．化学驱数值模拟技术[J]．大庆石油学院学报，2012，36(03)：72-78+9-10.

[3] 张效斌．体积平衡方程在数值模拟中的应用[D]．大庆：东北石油大学，2014.

[4] 崔书岳，康志江，邸元．基于多相流模型的缝洞型油藏数值模拟软件研制与应用[J]．地质科技情报，2019，38(05)：97-104.

[5] 宋道万，孙玉红，戴家林．化学驱数值模拟软件的改进和完善[J]．油气采收率技术，2000(02)：41-44+1.

[6] 李勇明，郭建春，赵金洲．油藏整体压裂数值模拟软件的研制与应用[J]．断块油气田，2004(05)：37-39+91.

[7] 郎兆新，鲜成钢．将大型油藏数值模拟软件向微机移植[J]．石油勘探与开发，1998(04)：92-95+7+15.

[8] 周维四．二维二相模型的不完全乔利斯基——共轭斜量解法[J]．石油学报，1986(02)：83-90.

[9] 杨耀忠，韩子臣，周维四，等．多层二维二相油藏数值模拟并行技术[J]．油气地质与采收率，2001(06)：52-54+2-1.

[10] 孙业恒，时付更，王成峰，等．低渗透砂岩油藏储集层双孔双渗模型的建立方法[J]．石油勘探与开发，2004(04)：79-82.

[11] 于金彪，席开华，戴涛，等．两相多组分流有限元方法的收敛性[J]．山东大学学报(理学版)，2012，47(02)：19-25.

[12] 戴涛，席开华，戴家林，等．基于毛管数插值的二元驱油藏模拟方法[J]．山东大学学报(理学版)，2012，47(08)：55-59.

[13] 曹伟东，戴涛，于金彪，等．非均相复合驱数值模拟方法研究与应用[J]．石油与天然气地质，2016，37(04)：606-611.

[14] 宋道万，单联涛，戴家林，程育红．孤岛油田中一区馆 3 聚合物驱油试验方案数值模拟研究[J]．油气采收率技术，1995(01)：28-34+92.

[15] 戴涛，朱维耀，王小峰，等．炮眼剪切对注入聚合物溶液黏度影响的数学模型[J]．油气地质与采收率，2012，19(02)：29-32+36+113.

[16] 杨耀忠，鲁统超，戴涛，等．二元复合驱数值模拟隐格式和应用[J]．山东大学学报(理学版)，2010，45(08)：19-26+35.
[17] 汪勇．致密油藏非线性渗流规律实验研究及其在数模软件中的应用[D]．合肥：中国科学技术大学，2021.
[18] 杨耀忠．全隐式油藏模拟软件的并行计算及应用[J]．电子学报，2003(03)：429-432.
[19] 王晓宏，王敏，施安峰，等．利用改进的ADI方法实现单机千万节点的油水两相渗流数值模拟[J]．力学季刊，2018，39(03)：465-474.
[20] 曹伟东．乳液表面活性剂驱数值模拟方法研究与应用[J]．油气地质与采收率，2017，24(02)：58-62.
[21] 曹伟东，戴涛，于金彪，等．化学驱数值模拟的IMPIMC方法[J]．山东大学学报(工学版)，2015，45(01)：88-94.
[22] 曹伟东，戴涛，于金彪，等．化学驱模型中压力方程的交替方向解法改进[J]．山东大学学报(理学版)，2018，53(10)：88-94.
[23] 罗冬阳，乔聪颖，谷悦，张鹏．tNavigator基于现代CPU和GPU计算平台的精细油藏模拟器助力大型油气田高效开发[J]．电脑知识与技术，2020，16(18)：205-206.
[24] 王敏，施安峰，刘志峰，等．含泥质夹层油藏蒸汽注采过程的自适应网格算法研究[J]．力学季刊，2019，40(02)：293-303.

基于机器学习的超低渗储层精细解释及评价
——以安塞油田长8层为例

杨　笑　代　波　来昂杰　孟　越　谭全国

（中国石油长庆油田公司）

摘　要　近年来，随着油气田智能化水平的发展，机器学习作为一种自动高效的方法在油气行业领域得到了广泛应用。本文从机器学习的概念出发，介绍机器学习在油田开发领域的应用现状。以安塞油田长8层超低渗储层为研究对象，以测录井、取芯及试油资料为基础开展研究，应用机器学习方法开展测井二次精细解释及测井评价，采用梯度提升树建立岩性模型，核岭回归建立孔隙度模型，深度森林预测流体性质，谱聚类划分储层类型，形成了“岩性-物性-含油性-储层评价”联动的适用于安塞油田长8层的测井精细解释方法。通过优选的解释模型对长8层开展二次精细解释，修改了25口井78个层段的测井解释结论，提出建议补孔井10口。

关键词　机器学习；人工智能；精细解释；长8层

随着油气资源的不断开发，剩余资源开采难度越来越大，成本越来越高，迫切需要创新技术提升油气勘探开发效率和效益。在大数据、人工智能等技术推动下，油气田的智能化水平将会越来越高，这既是油田降本提质增效的有效途径，也是油气技术发展规律的必然趋势。机器学习作为人工智能最具潜力的算法，已经在油气行业各大领域实现，且取得了较好的效果。例如，岩石薄片分析、测井解释、测井岩性识别、油气水层解释、甜点预测等。中国各大油田经过多年信息化建设，已基本实现了信息的数字化，且积累了大量数据资产。如何构建算法对海量数据进行精确分析，实现人工智能与油气行业深度融合，将是相关从业人员研究的重点方向。

本文针对安塞油田长8层测井二次精细解释，使用多种机器学习方法与常规方法对比，初步实现了机器学习方法在岩性识别、储层参数预测、流体精细解释和储层评价等方面应用。

1　机器学习方法

1.1　方法概述

机器学习（Machine Learning）是人工智能研究的一部分，从数据中自动分析获取规律，并利用规律对未知数据进行预测的方法。从实践上看，机器学习是对我们输入的原始数据集通过数学算法训练模型，利用模型预测的方法。机器学习作为对人脑学习思考的一种模拟，其“训练”和“预测”的过程相当于人类大脑进行“归纳”与“推测”的环节，具体的对应关系如图1所示。经过不断的研究发展，机器学习已发展成一个相当大的学科领域，正逐渐成为各领域广泛适用的服务技术。将机器学习方法应用到石油地质学科领域，找出其中具有共性、必须解决的问题，不仅可以很好的解决石油地质问题，也可以促进使用机器学习技术在本学科领域的发展。

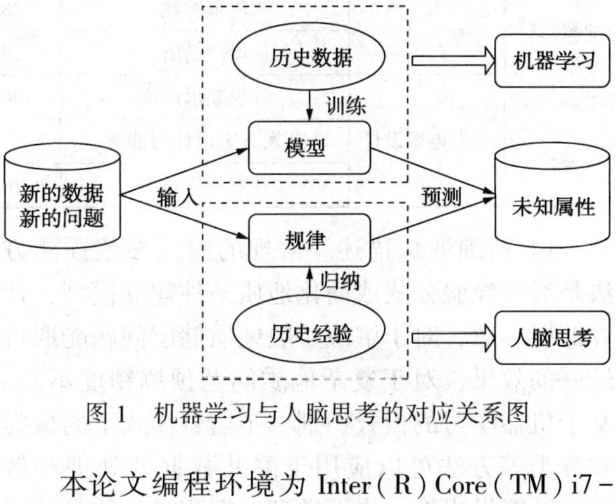

图1　机器学习与人脑思考的对应关系图

本论文编程环境为Inter（R）Core（TM）i7－3840QM@ 2.80GHz的CPU，内存为16GB，64位Windows7操作系统，编程工具是Anaconda，编程语言是python。

1.2　在油田开发中的应用现状

人工智能与油气行业融合发展，必将引领油

气技术的颠覆性创新，推动油气工业从数字化迈向智能化。在当前国标油价持续走低的大环境下，它可促使油田企业实现真正的降本增效。另外，油气行业已有的历史数据绝大多数已经电子化并入库，形成了异常宝贵的数据资源，为机器学习技术分类、预测以及其他复杂及抽象问题的解决奠定了坚实的基础。国内外学者在地质分析、测井解释、地震解释、甜点预测、地质建模、油藏模拟等方面均开展了一些探索性研究，收到了良好的效果。总的来说，机器学习算法在油田开发方面的应用如表1所示。

表1　在油田开发领域的机器学习算法汇总

技术类别			应用成果
油藏描述	地球物理地震	地震资料处理	2019，Wu，编解码的卷积神经网络，断层检测和反射斜率计算
		地震构造解释	2019，Zhang，反褶积神经网络，地震相识别
		地震储层评价	2019，Phan，卷积神经网络，叠前地震反演
	地球物理测井	岩性、岩相	2016，Hall，支持向量机，岩相识别 2019，杨笑，Adaboost-决策树，火山岩岩性识别
		孔喉结构	
		油水层识别	2021，周雪晴，双向长短期记忆神经网络，流体高精度识别
		物性、含油性解释	2018，董满仓，神经网络，渗透率预测
	地质工程	地层划分与对比	2021，周亚伟，INPEFA技术与小波变换，层序地层划分
		构造解释	2019，李冰涛，图像语义分割模型，裂缝智能识别
		沉积微相研究	2020年，肖何，系统聚类法和Fisher判别法，碳酸盐岩沉积微相识别
		储层特征评价	2020，陈雁，自编码器的半监督算法，隔夹层识别
		油水关系(流体、油藏类型)	
		三维地质建模	2020，SHAHKARAMI，基于人工神经网络的智能代理模型，油藏建模
		储量评估	2020，Ekaterina，地质统计学和人工智能神经网络，储量估算
油藏工程	开发技术政策	开发方式	
		开发层系划分及井网井距	2019，沈安琪，灰色关联和聚类算法，油层层系优化重组
		油井产能	2019，谷建伟，长短期记忆网络模型，油井产量预测
		注采参数	2020，贾德利，大数据与多种机器学习方法，老油田精细注水优化
		增产措施	2020，ARTUN，模糊推理，致密砂岩储层重复压裂选井
	开发方案设计	开发效果评价	2020，闫鑫源，层次分析法和模糊评判法，注水效果评价
		开发方案设计与部署	
		开发指标预测	2020，钟仪华，深度学习，预测油田开发指标

1）精细油藏描述。常规的储层参数预测方法是通过经验公式或简化地质条件建立模型，计算储层参数，对于解决一般地质储层问题能取得较好的效果，对于复杂地质问题预测精度不高。基于机器学习的模式识别、半监督模式下的聚类和分类等方法可以应用于测井数据的处理和解释，既能做岩性、岩石类型、沉积微相的自动识别，也可以做储层物性参数自动解释，提高测井信息解释效率。在非常规油藏开发过程中，通过将射孔、水力压裂层位的信息以及油气生产数据进行关联，可建立层位与生产数据之间的关联规则；然后采用聚类算法进行分析，确定甜点层位。基于该方法对美国巴肯页岩数千口页岩油进行分析，甜点区预测符合率超过85%。

2）油藏工程管理优化。在机器学习系统中使用现有油气井特征数据(产气量、产油量、井口温度及压力数据、油嘴参数等)对生产模型进行训练，可以快速形成精确的生产模型，创建井数据与油气产量之间的回归关系，对单井乃至整个井场的生产情况进行合理预测，明确配产需求。目前，油藏管理决策主要基于油藏工程方法，而这些方法是以物理模拟为基础。油田生产过程中提供了大量的数据信息，如生产数据及各种作业措施，而很多数据没有得到有效应用。充分利用机器学习方法，开展聚类、回归和自动递减分析，进行精准预测和实时跟踪，可有效实现单井智能诊断与优化、预警、工况诊断和措施优化设计。

2　机器学习与测井二次精细解释

安塞油田开发数十年，目前已进入中高含水期，为了进一步挖潜油气层，开展储层测井评价研究，急需测井二次精细解释工作的推动。本文测井二次解释过程采用先定性后定量，单井解释向多井综合解释发展，多种解释方法综合进行。

2.1　研究工区

本文以安塞油田长8层致密砂岩为例，区域内有油井895口，长8取芯井106口，获工业油流19口。前期研究过程中，以测井综合图中已解释砂体为依据，未解释段岩性未知，研究区内多解释程度低井，占比达到30%（表2）。因此本文以测井二次精细解释为目的，利用多种机器学习方法，针对岩性、物性、含油性等进行综合应用。

表2　长8层测井解释精度对比表

层号	测井解释结果		
	解释程度低/%	解释成果符合率低/%	解释程度高/%
长8_1	20	35	45
长8_2	15	20	65

2.2　岩性精细解释

安塞油田长8层致密砂岩岩性主要有细砂岩、粉砂岩和泥岩。将取芯和岩矿录井资料较齐全的桥129、桥23、桥146、丹181、丹235、沿19井，以0.125m为间隔进行采样，则共有1173个训练数据。本文从训练集中随机选取821个（70%）数据作为训练样本，其余352个（30%）数据作为测试样本，用于检验方法的有效性。分别采用决策树、随机森林、梯度提升树、贝叶斯、神经网络和支持向量机算法构建模型。岩性分析的基础资料是与岩性相关的各种测井曲线。根据测井曲线上不同岩性所反映的测井响应特征，优选出5条特征曲线，即：自然伽玛（GR）、自然电位（SP）、密度测井（DEN）、声波时差（AC）、深电阻率（RT）。输入常规测井曲线自然伽马（GR）、自然电位（SP）、密度测井（DEN）、声波时差（AC）、深电阻率（RT），分别建立决策树、随机森林、梯度提升树、贝叶斯、神经网络和支持向量机分类模型（图2）。

图3为研究区丹62井的岩性预测结果图，对比发现不同机器学习方法解释出的砂体都比测井图上的厚度大。得出两点认识：一是机器学习方法能识别出测井图中未解释的砂体；二是机器学习方法可以对层内夹层定量识别。岩性综合识别结果以随机森林和梯度提升树识别效果最佳。泥岩易与粉砂岩误判，但梯度提升树97.1%的识别准确率已满足岩性识别精度，可以推广到全区使用。

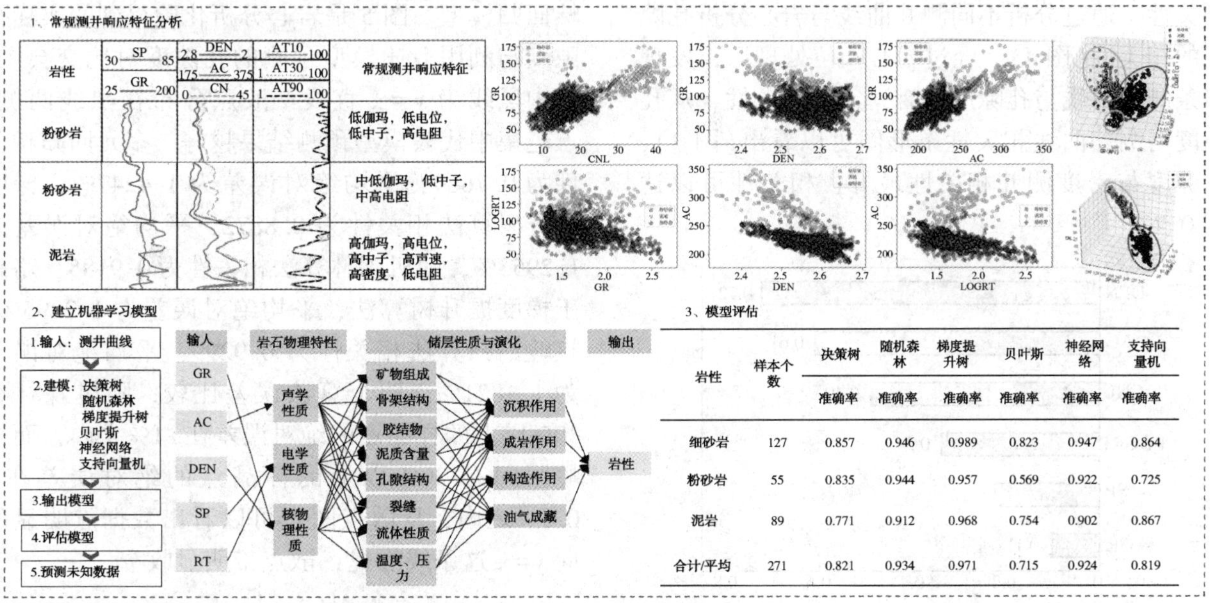

图2　机器学习岩性精细解释流程示例

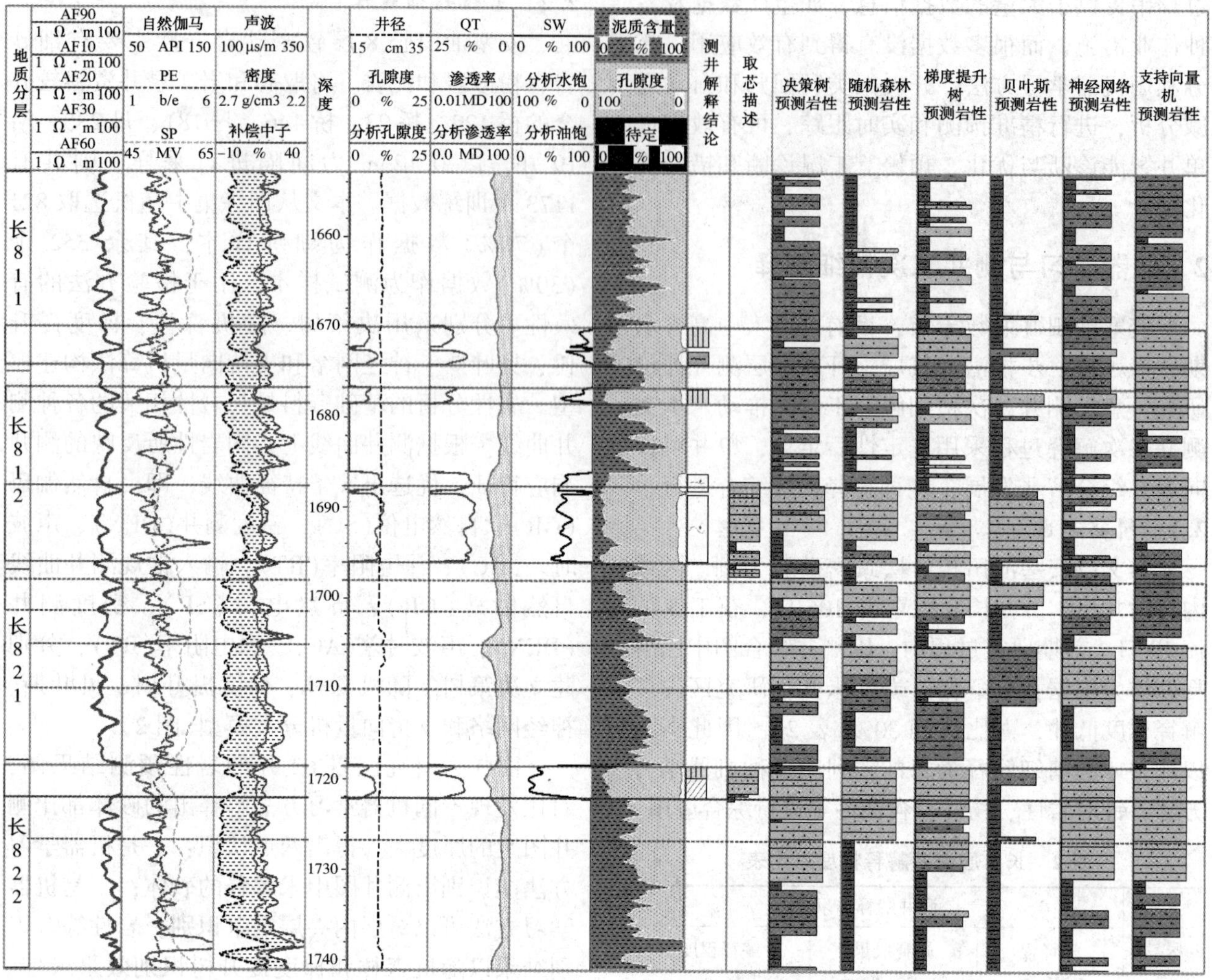

图 3　不同机器学习方法岩性识别结果图(丹 62 井)

2.3　物性精细解释

从理论上来讲，很多测井数据都与孔隙度有相关性，通过分析不同测井曲线与岩心分析孔隙度的相关性(图 4)，经过岩心归位处理后，发现多条测井曲线与孔隙度均有一定的相关性，从孔隙度与测井曲线相关性条形图可以看出(图 4)，孔隙度与密度测井相关性最好，相关性可以达到 0.72。

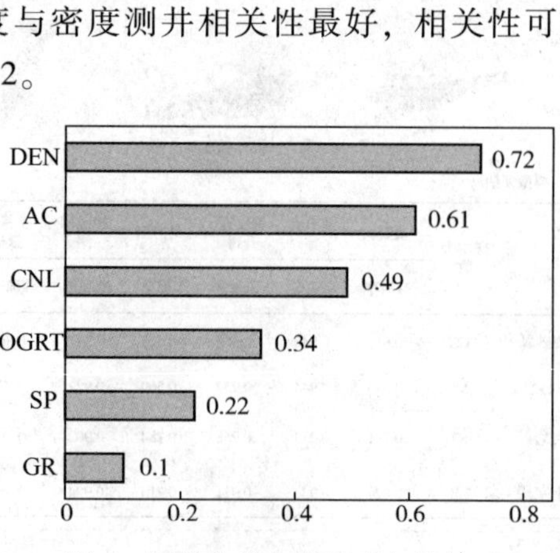

图 4　测井曲线与孔隙度相关性

优选 AC、DEN、CNL、LOG(RT)测井曲线建立多元线性回归、梯度提升树、随机森林和核岭回归模型。图 5 是岩心分析化验得到的实际孔隙度与利用上述模型预测的孔隙度对比交会图，图中黑线为 y=x 直线，散点分布在黑线两侧，点越集中代表模型预测结果越好。多元回归相关性为 0.7669，平均绝对误差为 1.4247%，梯度提升树算法相关性为 0.8872，平均绝对误差为 1.2953%，随机森林算法相关性为 0.9185，略高于梯度提升树算法，平均绝对误差为 1.2295%，核岭回归算法相关性为 0.9299，平均绝对误差为 1.1821%，四个算法误差比较，随机森林有 30%以上的样品点的绝对误差在±1%之内，而核岭回归有 30%以上的样品点的绝对误差在±0.5%之内，从散点图中可以看出数据点明显的向 y=x 这条线靠拢，散点带明显收窄。

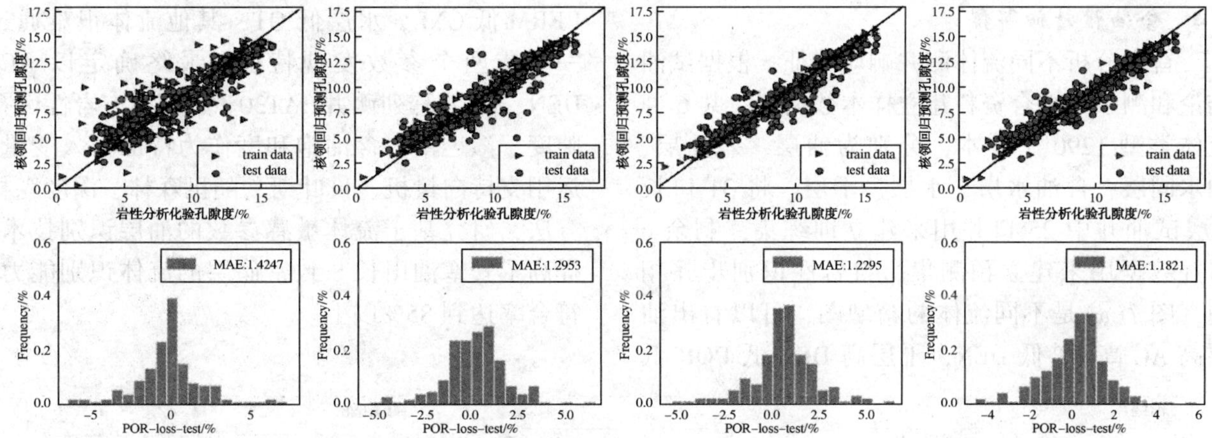

图 5　利用多种机器学习方法解释孔隙度

利用线性回归建立孔隙度预测模型是最为简单方便的方式，但是，当数据离散、规律不明时，其效果往往不佳。从图5中可以看出，原解释孔隙度与岩心分析孔隙度多处匹配不上，随机森林、梯度提升树和核岭回归的效果都明显好于原解释孔隙度，且三者预测效果接近。图6为桥22井利用不同的机器学习算法预测的孔隙度，可以发现，利用机器学习建立的非线性模型得到的预测结果更接近岩心分析化验孔隙度，三者略有差异，相较而言，核岭回归的结果最好，故本文选用核岭回归算法进行全区孔隙度解释。

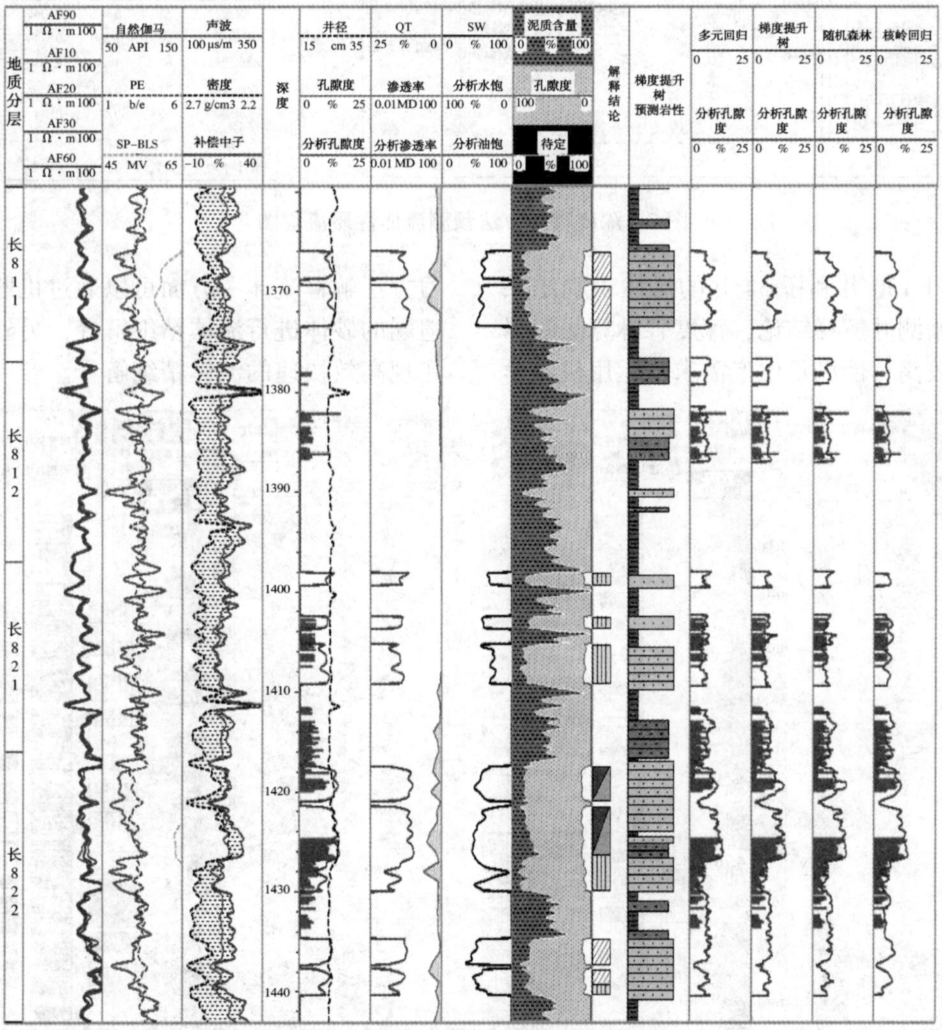

图 6　不同机器学习方法预测孔隙度结果图(桥22井)

2.4 含油性精细解释

首先分析不同流体测井响应特征，根据试油结论和测录井综合资料建立样本数据库，共 6 种流体类型 1290 个样本，分别为油层、差油层、油水同层、含油水层、水层、干层。将 31 口长 8 层试油井中 25 口井用来建立训练集，剩余 6 口井数据用来建立预测集。与岩性识别步骤相似，图 7(a)是不同流体的箱型图，可以看出油层高 AC 高 QT 低 DEN，干层高 DEN 低 POR 低 PERM 低 CNL，水层低 QT，其他流体很难通过一个或两个参数发现特征，最终确定以 AC、DEN、QT、阵列测井(AT30、AT90)、岩性、孔隙度、渗透率、含油饱和度作为特征输入变量，运用支持向量机、贝叶斯、随机森林、深度森林方法，研究基于流体敏感参数的油层识别技术，提高了安塞油田长 8 致密储层的流体识别能力，符合率达到 85%以上。

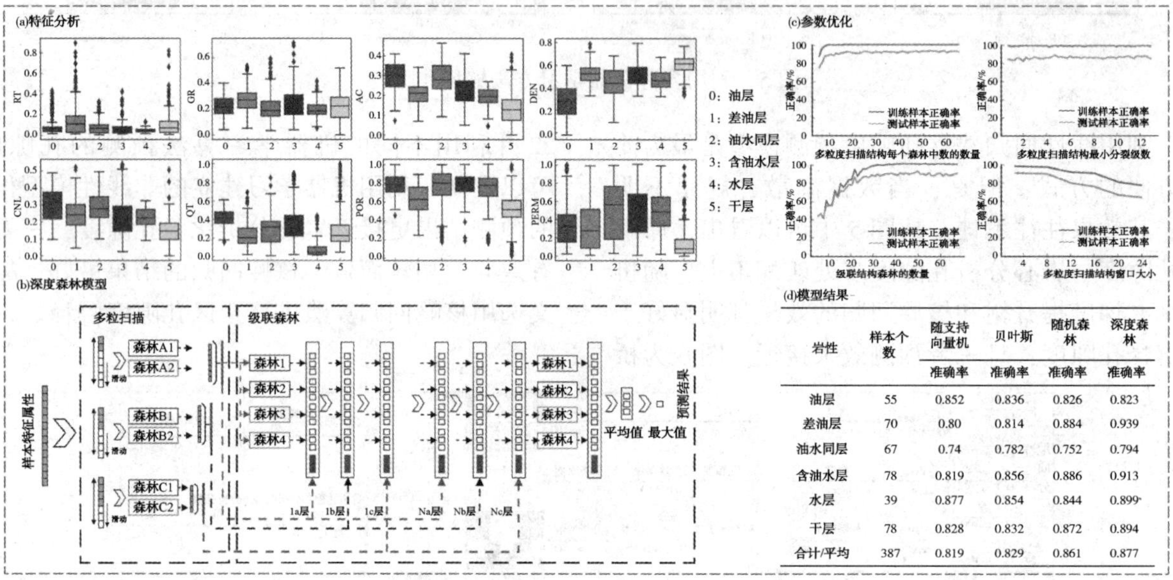

岩性	样本个数	随支持向量机	贝叶斯	随机森林	深度森林
		准确率	准确率	准确率	准确率
油层	55	0.852	0.836	0.826	0.823
差油层	70	0.80	0.814	0.884	0.939
油水同层	67	0.74	0.782	0.752	0.794
含油水层	78	0.819	0.856	0.886	0.913
水层	39	0.877	0.854	0.844	0.899
干层	78	0.828	0.832	0.872	0.894
合计/平均	387	0.819	0.829	0.861	0.877

图 7　深度森林方法预测流体性质流程图

图 8 为丹 130 井和桥 54 井的流体识别结果图，对比原始测井解释结论，深度森林算法解释结果符合率较高，能满足生产需求。运用机器学习方法解释流体一方面可以通过机器学习方法对遗漏的砂体进行流体精细解释，另外一方面可以实现高效快速的流体精细解释。

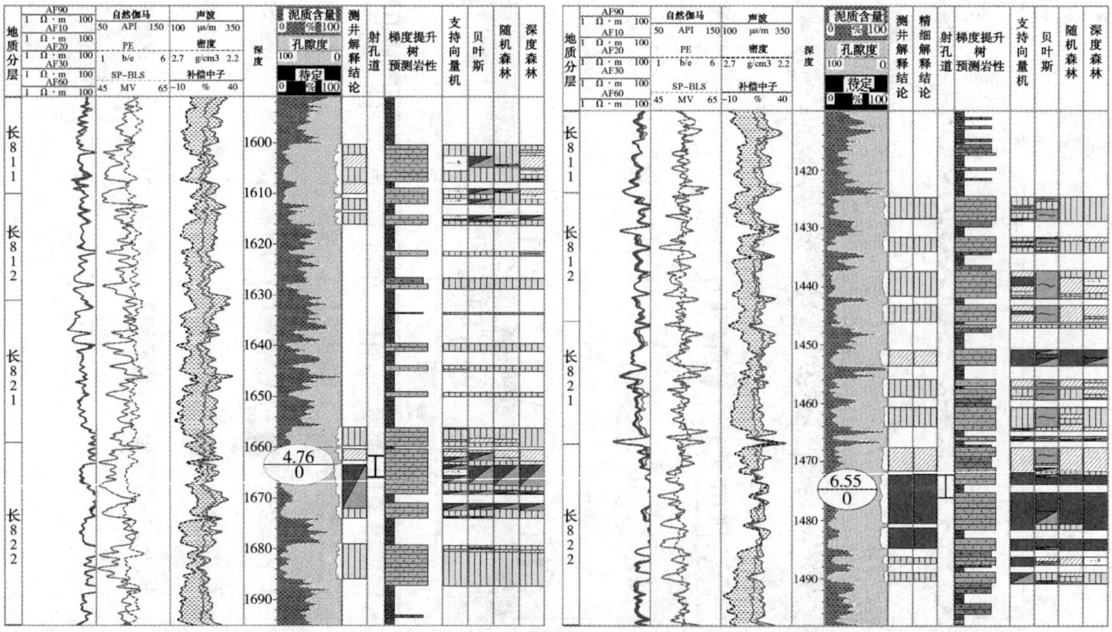

图 8　不同机器学习方法预测流体结果图(左：丹 130 井，右：桥 54 井)

3　机器学习与测井储层评价

据前期研究成果，长8层储层分类评价结果如表3所示，储层分类评价表确定的点不能包含所有的储层，例如孔隙度14%，渗透率0.2mD的点无法从表中确定储层类型，针对这一问题，本文采用参数聚类预测的方法，建立储层质量评价。

表3　长8层前期常规储层分类评价表

	Ⅰ类储层	Ⅱ类储层	Ⅲa类储层	Ⅲb类储层
孔隙度/%	>12	10~12	7~10	4~7
渗透率/mD	>0.3	0.1~0.3	0.05~0.1	0.01~0.05
含油饱和度/%	>55	45~55	20~45	
砂体厚度/m	>12	10~12	8~10	5~8

聚类分析法是目前储层分类评价中应用比较广泛的方法之一，应用效果较好。聚类分析又称点群分析，是按照客体在性质上或成因上的亲疏关系，对客体进行定量分析的一种多元统计分析方法。

取心段RQI、FZI可通过式(3.2)(3.3)求得：

$$RQI=\sqrt{\frac{K}{\varphi_e}} \tag{1}$$

$$FZI=\frac{1}{S_{gv}\tau\sqrt{F_s}}=\sqrt{\frac{K}{\varphi_e}}*\left(\frac{\varphi_e}{1-\varphi_e}\right)^{-1} \tag{2}$$

式中，S_{gv}为单位颗粒体积的表面积；τ为迂曲度；F_s为孔喉形状因子；φ_e为有效孔隙度；K为渗透率。

将岩性、孔隙度、渗透率、含油饱和度、FZI和RQI作为输入，利用谱聚类算法对这4个参数分别聚类，设置聚类簇数目为4，聚类结果如图9所示。

通过孔隙度、渗透率交会图以及FZI与RQI交会图(图9)可以看出，将储层聚为4类，建立不同参数的划分标准(表4)。

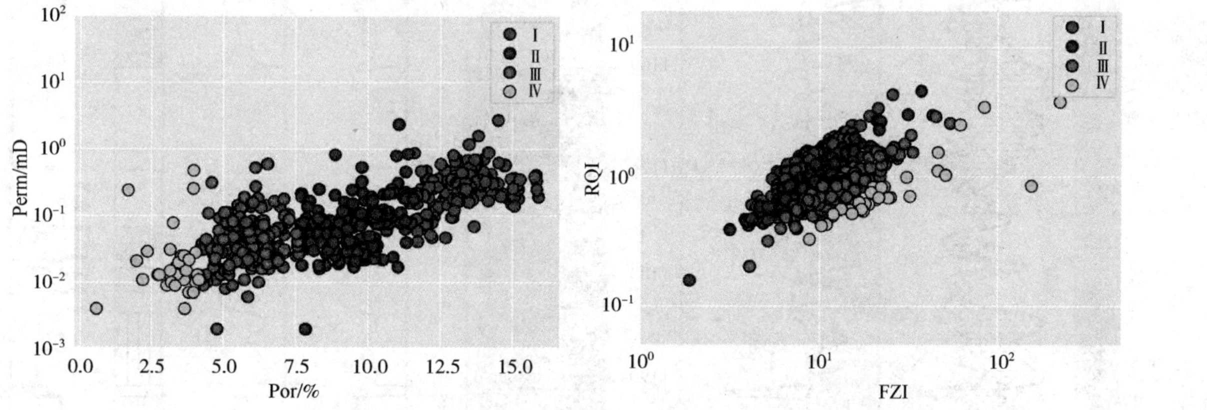

图9　取芯井储层聚类结果

表4　储层聚类结果

储层类别	孔隙度	渗透率	FZI	RQI	岩性
Ⅰ类	11.598~15.92 13.304	0.041~2.723 0.341	4.191~25.532 9.856	0.592~4.332 1.511	细砂岩
Ⅱ类	7.67~11.571 9.512	0.002~2.343 0.117	1.877~37.04 9.05	0.159~4.604 0.952	细砂岩
Ⅲ类	4.23~7.61 5.85	0.002~0.592 0.055	4.075~54.198 14.483	0.204~3.011 0.884	细砂岩、粉砂岩
Ⅳ类	0.551~4.144 3.297	0.004~0.474 0.042	8.738~223.32 32.708	0.331~3.802 0.902	泥岩

运用聚类的方法对每口井都进行单井识别，划分出储层类型，解释结果与流体性质对比较吻合，一定程度上证明了储层类别划分的合理性。图10为桥116井储层类别划分效果图。

通过优选的机器学习解释模型对研究区开展二次解释及储层评价，对油水层和砂体进行解释

160 口井，累计提高结论 18 口井，累计厚度 87.2 米；降低结论 5 口，厚度 24.6 米。解释出测井综合图中遗漏的 78 个砂体，其中 23 个为含油砂体，提出补孔井 10 口，为区域精细评价提供依据(表 5)。

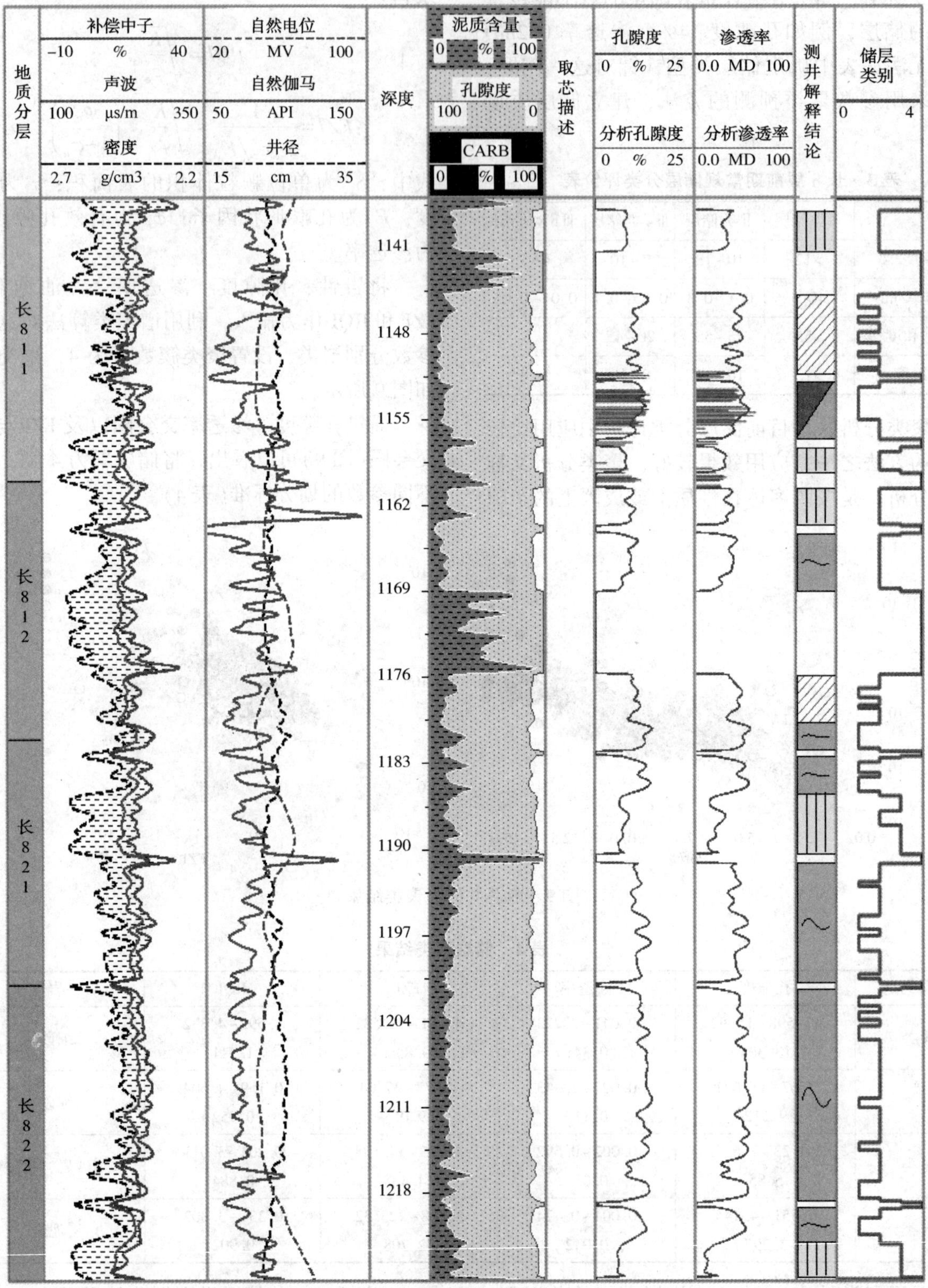

图 10 聚类识别储层类别图(桥 116 井)

表 5　测井二次精细解释结论成果表(部分)

序号	井名	层位	顶深(垂深)	底深(垂深)	厚度	电阻率/Ω·m	声波时差/(μs/m)	原始解释结果	机器学习解释结果	建议补孔段
1	桥 116	长 8_{11}	1145.0	1152.0	7.0	25.5	230.8	差油层	油水同层(Ⅱ类)	1145.0~1148.0
2	桥 54	长 8_{21}	1450.9	1453.5	2.6	30.84	236.28	差油层	油层(Ⅱ类)	1451.0~1453.0
3	高 26-14	长 8_{22}	1540.0	1546.0	6.0	65.2	223.5	未解释	油层(Ⅱ类)	1540.0~1544.0
4	高 32-30	长 8_{21}	1582.3	1589.1	6.4	35.43	234.74	油水同层	油层(Ⅱ类)	1568.0~1572.0
5	高 29-18	长 8_{21}	1560.0	1564.0	4.0	56.22	215.66	未解释	差油层(Ⅲ类)	1560.0~1562.0
6	高 15-17	长 8_{22}	1576.0	1582.0	6.0	28.02	235.72	油水同层	油水同层(Ⅱ类)	1577.0~1582.0
7	高 29-31	长 8_{22}	1616.0	1619.0	3.0	67.95	234.75	油水同层	差油层(Ⅲ类)	1616.0~1618.0
8	高 140-25	长 8_{21}	1631.0	1640.0	9.0	30.26	231.48	油层	油层(Ⅱ类)	1636.0~1639.0
9	高 67-9	长 8_{22}	1859.5	1866.5	7.0	139.43	218.58	油层	油层(Ⅱ类)	1860.0~1863.0
10	高 34-11	长 8_{22}	1607.5	1611.5	4.0	84.61	220.99	差油层	油层(Ⅱ类)	1607.5~1609.5
11	桥 8	长 8_{22}	1174.0	1178.7	4.7	32.9	225.3	未解释	差油层(Ⅲ类)	
12	丹 101	长 8_{22}	1806.0	1810.5	4.5	28.7	231.2	未解释	差油层(Ⅱ类)	
13	桥 150	长 8_{22}	1703.2	1705.7	2.5	79.1	218.5	干层	含油水层(Ⅲ类)	
14	桥 22	长 8_{11}	1366.0	1373.4	6.6	32.04	225.83	差油层	含油水层(Ⅲ类)	

4　结论及认识

(1) 安塞油田长 8 层为低孔超低渗的致密储层，通过对比常规方法和机器学习方法，发现机器学习方法可以有效的解决致密砂岩测井精细解释的问题。形成了“岩性-物性-含油性-储层评价”联动的适用于安塞油田长 8 层的测井精细解释方法。对比表明，梯度提升树算法适合建立研究区岩性模型，核岭回归算法建立孔隙度模型，采用谱聚类方法确定储层类别，基于此，可以快速实现全区多井测井精细解释。

(2) 机器学习方法在油气领域的研究中要注重几点问题：①样本数据优选，尽可能选取具有代表性的样本数据，数据样本的确定性越强，建立的模型可推广性越好。②输入特征优选，输入参数要与解释参数有一定的相关性。③模型优选，要有完整的机器学习模型建立的方法体系，和适应性评价标准。

(3) 利用机器学习方法进行油水层识别和储层分类评价，通过优选的解释模型对研究区长 8 层开展二次精细解释，修改了 25 口井 78 个层段的测井解释结论，建议补孔井段 10 口。

(4) 机器学习方法是一种锦上添花的技术，地质基础分析必不可少。将油藏研究与人工智能结合，以多学科一体化的思维实现油藏定量表征，不仅可以提高油藏研究定量化程度，还可以提高效率，降低科研成本，对油藏勘探开发具有重要意义。

参 考 文 献

[1] 闵超，代博仁，张馨慧，等．机器学习在油气行业中的应用进展综述[J]．西南石油大学学报(自然科学版)，2020，42(6)：1-15.

[2] 胡永祥．人工智能技术发展现状及未来[J]．中外企业家，2018(28)：147-148.

[3] 苏淑玲．机器学习的发展现状及其相关研究[J]．肇庆学院学报，2007(02)：41-44.

[4] 范雯．逐步回归分析方法在储层参数预测中的应用[J]．西安科技大学学报，2014，34(03)：350-355.

[5] 印晓天，湛高峰．聚类分析算法概述及其适用性比较[J]．科技资讯，2018，16(33)：230-232.

[6] WU X，LIAN，L，SHI Y，et al. Deep learning for local seismic image processing：Fault detection，structure - oriented smoothing with edge - preserving，and slope estimation by using a single convolutional neural network [R]. San Antonio：2019 SEG Annual Meeting，2019.

[7] ZHANG H，LIU Y，ZHANG Y，et al. Automatic seismic facies interpretation based on an enhanced encoder-decoder structure[R]. San Antonio：2019 SEG Annual Meeting，2019.

[8] PHAN S，SEN M. Deep learning with cross-shape deep

Boltzmann machine for pre - stack inversion problem [R]. San Antonio：2019 SEG Annual Meeting，2019.

[9] 李红斌，王贵文，王松，等. 基于 Kohonen 神经网络的页岩油岩相测井识别方法——以吉木萨尔凹陷二叠系芦草沟组为例[J]. 沉报：1-20[2021-06-30]. https：//doi. org/10. 14027/j. issn. 1000 - 0550. 2021. 045.

[10] 杨笑，王志章，周子勇，等. 基于参数优化 Adaboost 算法的酸性火山岩岩性分类[J]. 石油学报，2019，40(4)：457-467.

[11] 周雪晴，张占松，朱林奇，等. 基于双向长短期记忆网络的流体高精度识别新方法[J]. 中国石油大学学报(自然科学版)，2021，45(1)：69-76.

[12] 董满仓，柴汝宽，辛晶，等. 致密储层动态渗透率预测模型[J]. 陕西科技大学学报，2018，36(01)：90-95.

[13] 周亚伟，杜玉洪，谢俊，等. INPEFA 技术与小波变换在层序地层划分中的应用与对比——以饶阳凹陷大王庄地区东营组三段为例[J]. 中国科技论文，2021，16(05)：494-501.

[14] 李冰涛，王志章，孔垂显，等. 基于成像测井的裂缝智能识别新方法[J]. 测井技术，2019，43(03)：257-262.

[15] 肖何，张超谟，苏向群. 应用测井资料定量识别碳酸盐岩沉积微相——以川东北元坝地区长兴组为例[J]. 科学技术与工程，2020，20(07)：2573-2582.

[16] 陈雁，焦世祥，程超，等. 基于自编码器的半监督隔夹层识别方法[J]. 特种油气藏，2021，28(01)：86-91.

[17] SHAHKARAMI A，MOHAGHEGH S. 智能代理在油藏建模中的应用[J]. 石油勘探与开发，2020，47(2)：372-382.

[18] 沈安琪，高琳琳，刘义坤等. 灰色关联与聚类分析方法在油层层系优化重组中的应用[J]. 数学的实践与认识，2019，49(09)：130-137.

[19] 谷建伟，周梅，李志涛，等. 基于数据挖掘的长短期记忆网络模型油井产量预测方法[J]. 特种油气藏，2019，26(02)：77-81+131.

[20] 贾德利，刘合，张吉群，等. 大数据驱动下的老油田精细注水优化方法[J]. 石油勘探与开发，2020，47(3)：629-636.

[21] ARTUN E，KULGA B. 基于模糊推理的致密砂岩气储集层重复压裂井选择方法[J]. 石油勘探与开发，2020，47(2)：383-389.

[22] 闫鑫源，姜瑞忠，李艺恬，等. 基于改进模糊层次评价法的注水效果评价[A]. 西安石油大学、成都理工大学、陕西省石油学会 .2020 油气田勘探与开发国际会议论文集[C]. 西安石油大学、成都理工大学、陕西省石油学会：西安石油大学，2020：11.

[23] 钟仪华，王淑宁，罗兰，等. 用深度学习挖掘油田开发指标预测模型的知识[J]. 西南石油大学学报(自然科学版)，2020，42(06)：63-74.

基于鲸鱼优化算法优化 BP 神经网络的页岩气产量递减预测模型

陈成龙　刘义坤　白晓瑞　张戎宙　王京坤

（东北石油大学提高油气采收率教育部重点实验室）

摘　要　页岩气藏储层孔隙特征复杂、渗透率低，导致页岩气产量递减规律与常规气藏不同，常规递减模型对页岩气藏适应性较差。根据鲸鱼优化算法改进的 BP 神经网络，建立以累计产量、地层压力、时间作为输入层，页岩气日产量作为输出层，鲸鱼优化算法优化 BP 神经网络权值和阈值的页岩气产量递减预测模型。针对现存油田开发指标预测方法难以精准反映实际开发指标与其影响因素之间复杂的非线性问题，利用人工神经网络可无限接近任意非线性函数的功能对油田开发指标进行预测，是目前最理想的预测方法。预测结果表明：鲸鱼优化算法优化 BP 神经网络的最大误差约为 4.28%，而 Arps 递减模型的最大相对误差为 19.95%。由此可见，鲸鱼优化算法优化 BP 神经网络的预测精度很高，为预测页岩气产量递减提供了 1 个有效、可行的方法。

关键词　鲸鱼优化算法；BP 神经网络；页岩气；产量递减预测模型；预测精度

页岩气是指以游离态、吸附态、溶解态 3 种形式赋存于泥页岩或页岩中的非常规天然气。然而，由于页岩储层复杂的孔隙特征导致渗透率不高，气体流动性较差，因此产能一般较低。

为研究页岩气产量递减规律，近年来，国内外一些学者取得了一定的研究成果。刘传斌等将产量递减模型进行组合研究，预测页岩气产量递减规律。段永刚等运用幂律指数递减方法，揭示页岩气产量的递减规律。白玉湖等通过不确定性分析法，得到了页岩气产量递减的典型曲线。国际上已有学者根据实际生产的具体情况，对页岩气递减规律进行改进或提出新的预测模型。前人的研究成果对页岩气产量递减分析的发展和认识，以及在解决实际问题中，均提供了巨大的贡献。近些年来，一些学者利用人工神经网络（Artificialneural networks，简称 ANN）来解决油田实际生产过程中一些复杂的且模糊性的非线性产量预测问题。

鲸鱼优化算法是一种设计新颖的智能优化算法，近年来已广泛应用于各种工程优化问题。本文通过分析影响产量递减的因素，确定输入因子，根据美国 Haynesville 单井生产数据，利用遗传算法优化 BP 神经网络各层间的权值和层内的阈值，建立页岩气产量递减预测模型。

1　鲸鱼优化算法

鲸鱼优化算法（Whale Optimization Algorithm，WOA）是根据鲸鱼围捕猎物的行为而提出的算法。鲸鱼是一种群居的哺乳动物，在捕猎时它们也会相互合作对猎物进行驱赶和围捕。

鲸鱼优化算法（WOA）于 2016 年由澳大利亚格里菲斯大学的 Mirjalili 等提出的一种新的群体智能优化算法，其优点在于操作简单，调整的参数少以及跳出局部最优的能力强。

鲸鱼优化算法是模仿座头鲸的狩猎行为进而提出的一种新型启发式优化算法。在 WOA 算法中，每只座头鲸的位置代表一个可行解。在海洋活动中，座头鲸有着一种特殊的狩猎方法，这种觅食行为称为 bubble-net 捕食策略，其狩猎行为如图 1 所示。

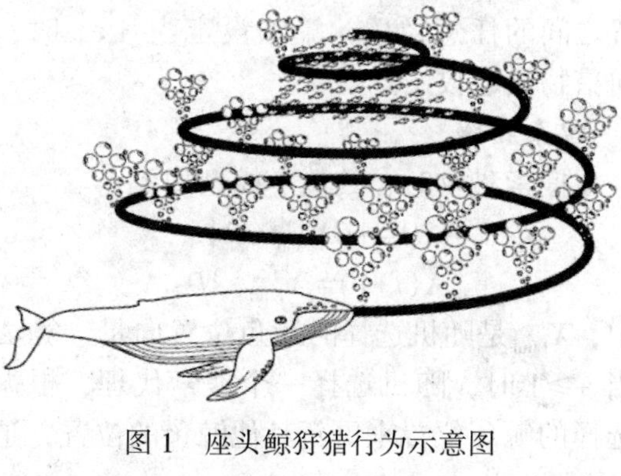

图 1　座头鲸狩猎行为示意图

1.1 包围猎物

座头鲸在狩猎时要包围猎物，为了描述这种行为，Mirjalili 提出了下面的数学模型：

$$D=|CX^*(t)-X(t)| \tag{1}$$

$$X(t+1)=X^*(t)-AD \tag{2}$$

式中，t 是当前迭代次数；A 和 C 表示系数，$X^*(t)$表示目前为止最好的鲸鱼位置向量，$X(t)$表示当前鲸鱼的位置向量，系数 A 和 C 可由式(3)和式(4)得到：

$$A=2ar_1-a \tag{3}$$

$$C=2r_2 \tag{4}$$

$$a=2-\frac{2t}{T_{max}} \tag{5}$$

其中 r_1 和 r_2(0，1)中的随机数，a 的值从 2 到 0 线性下降，t 表示当前的迭代次数，T_{max} 为最大迭代次数。

1.2 狩猎行为

根据座头鲸的狩猎行为，它是以螺旋运动游向猎物，故狩猎行为的数学模型如下：

$$X(t+1)=X^*(t)+D_pe^{bl}\cos(2\pi l) \tag{6}$$

其中，$Dp=|X^*(t)-X(t)|$ 表示鲸鱼和猎物之间的距离，$X^*(t)$ 表示目前为止最好的位置向量，b 是一个常数，用来定义螺线的形状，l 是(-1，1)中的随机数。值得注意的是，鲸鱼以螺旋形状游向猎物的同时还要收缩包围圈。因此，在这种同步行为模型中，假设有 Pi 的概率选择收缩包围机制和 $1-P_i$ 的概率选择螺旋模型来更新鲸鱼的位置，其数学模型如下：

$$X(t+1)=\begin{cases} X^*(t)-AD,\ p<P_i \\ X(t)=X^*(t)+D_pe^{bl}\cos(2\pi l) \end{cases} \tag{7}$$

攻击猎物时，在数学模型上靠近猎物设定了减小 a 的值，这样 A 的波动范围也随 a 下降。在迭代过程中当 a 的值从 2 到 0 下降时，A 是在[-a，a]内的随机值，当 A 值在[-1，1]内时，鲸鱼的下一个位置可以是它现在的位置和猎物的位置之间的任意位置，算法设定当 $A<1$ 时，鲸鱼向猎物发起攻击。

1.3 搜索猎物

在搜索猎物时，其数学模型如下：

$$D=|CX_{rand}-Xt| \tag{8}$$

$$X(t+1)=X_{rand}-AD \tag{9}$$

其中，X_{rand} 是随机选择的鲸鱼位置向量，算法设定当 $A\geqslant1$ 时，随机选择一个搜索代理，根据随机选择的鲸鱼位置来更新其他鲸鱼的位置，迫使鲸鱼偏离猎物，借此找到一个更合适的猎物，这样可以加强算法的勘探能力使 WOA 算法能够进行全局搜索。

1.4 算法流程

(1) 初始化参数：即鲸鱼种群规模大小 S_N，最大迭代次数 T_{max}；

(2) 算法初始化鲸鱼种群的位置；

(3) 计算每一头鲸鱼相应的适应度值，根据适应度值的大小排序，并选取 S_N 个作为初始种群；

(4) 计算出 S_N 个个体适应度值的大小，找出适应度值最小的个体位置作为最优位置；

(5) 更新下一代的位置；

(6) 若达到终止条件，则输出最优个体，即算法找到的最优解；否则，返回步骤(4)。

2 建立 BP 神经网络页岩气产量预测模型

1986 年，Rumelhart 和 McClelland 首次提出 BP 神经网络(BPNN)，它是一种基于误差逆向传播的多层前馈神经网络。BPNN 具有自适应和自学习等特点，是目前解决非线性问题应用最为广泛的 ANN 之一。BPNN 可分为信号正向传播和误差反向传播两个途径。信号正向传播时，信号从输出层传向输出层；误差反向传播时，误差反传给各层。BPNN 的结构分为输入层、隐含层、输出层 3 层，结构见图 2。隐含层节点数是一个非常重要的参数，它的设置对 BPNN 性能的影响很大，隐藏层节点数目的确定仍是 BPNN 目前最难解决的问题之一，目前还没有很好的解决方法，只能通过试验法来确定最佳个数。BP 神经网络结构见图 2。

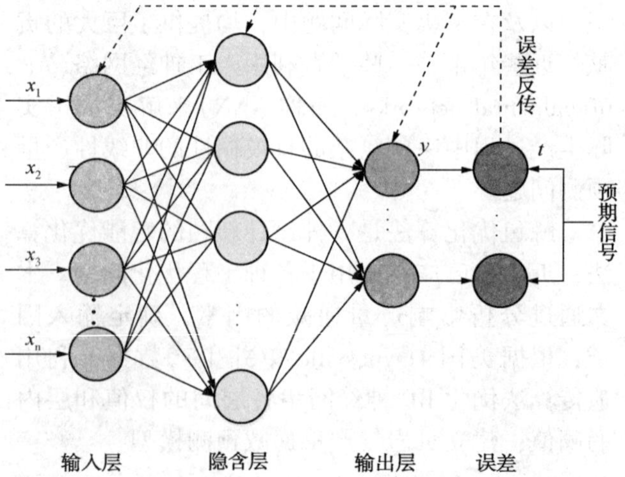

图 2　BP 神经网络结构示意图

BPNN 隐含层函数是在人工神经网络神经元上运行的函数，负责将隐含层的输入映射到输出端。隐含层函数将非线性因素引入神经网络中，使 BPNN 可逼近任意非线性函数，应用到更多的非线性模型。BP 神经网络预测模型的流程图见图 3。

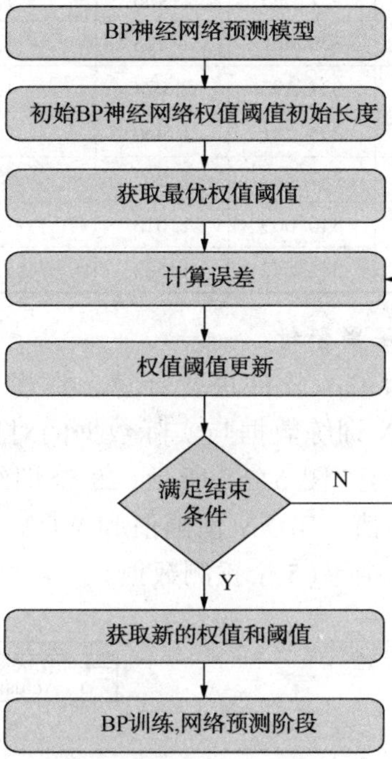

图 3　BP 神经网络预测模型流程图

BPNN 输出层常用线性函数；隐含层常用的函数为 logsig 函数，其表达式分别如式(10)所示。

$$y=\frac{1}{1+e^{-x}} \tag{10}$$

式中，x 为自变量；y 是因变量。Logsig 函数的输入值可以取任意值，输出值的范围分别为(0，1)。

建立 3 层 BP 神经网络结构的页岩气产量预测模型，选取前 28 组页岩气单井的生产数据作为训练集，后 5 组为预测集。

3　建立鲸鱼优化算法优化 BP 神经网络的页岩气预测模型

鲸鱼优化算法(WOA)的优点是擅长全局范围内的搜索寻优，但局部搜索能力较差；BP 算法的优点是容错性强，但全局优化能力差且收敛速度慢。鲸鱼优化算法和 BP 神经网络的优势互补，两者结合后，鲸鱼优化算法的全局搜索能力可以弥补 BP 神经网络的不足，更好地预测页岩气产量。

本文利用 Matlab 软件，建立以地层压力、累计产气量和时间作为输入变量，页岩气日产量量作为输出变量的 3 层鲸鱼优化算法优化 BP 神经网络的预测模型。输入层节点数设为 3，隐藏层节点数设为 11，输出层节点数设为 1。

根据美国 Haynesville 单井生产数据，本文应用 Matlab 软件，采用 3 层网络结构的 BPNN，通过鲸鱼优化算法(WOA)优化 BPNN 的各层间权值和层内阈值的方法(WOA-BPNN)建立预测页岩气日产量的递减模型。

该实验模型以地层压力、累计产气量和时间为输入变量，页岩气日产量为产量预测模型。压力传感器需要测量地层压力信号，将地层压力信号转化为地层压力值，并将地层压力数据作为模型的输入变量。同样，测得的累计产气量信号需要一个流量传感器，将累计产气量信号转换为累计产气量值，并将累计产气量数据作为模型的输入变量。建立鲸鱼优化算法优化 BP 神经网络的页岩气预测模型见图 4。

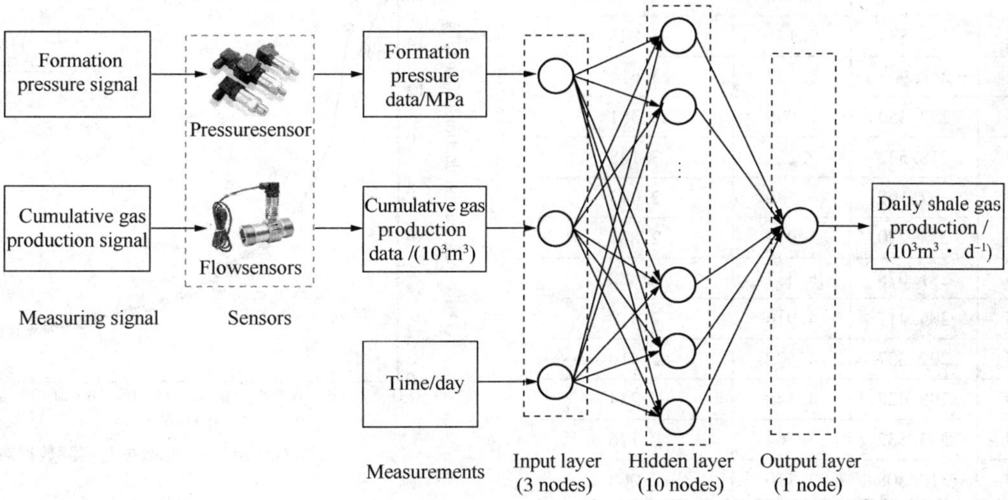

图 4　基于人工神经网络的油田开发指标预测模型

4　页岩气产量的预测结果

随着地层压力的逐渐下降，会使页岩中裂缝闭合，导致页岩的渗透率降低，影响气体在页岩储层中的渗流情况，从而导致产量的降低。累计产气量可以反映页岩地层的实际天然能量情况，随着累计产气量的增加，页岩地层的实际天然能量会下降，页岩气藏的供气能力会降低，从而导致产气量的降低。根据经典的 Arps 递减模型可知，产气量是关于时间的函数。

4.1　学习样本数据

选取美国 Haynesville 页岩气田中 1 口井的日生产数据，对不同地层压力、累积产气量及时间情况下的页岩气日产量进行分析，建立对应的 WOA-BP 预测模型，选取 28 个不同情况下的页岩气日产量作为学习样本，最后 5 个数据不参加学习，作为预测模型精度检验。如表 1 所示。

表 1　人工神经网络学习训练样本基础数据

样本	时间/d	累计产气量/(10^3m^3)	地层压力/MPa	实际页岩气日产量/($10^3m^3 \cdot d^{-1}$)
1	1	15. 779	29. 575	15. 779
2	19	50. 316	27. 501	13. 875
3	49	91. 090	23. 353	14. 730
4	79	116. 248	20. 894	9. 988
5	108	140. 539	18. 590	8. 317
6	140	158. 757	17. 054	7. 190
7	170	172. 637	15. 440	6. 413
8	203	186. 518	14. 134	5. 752
9	232	197. 795	12. 829	5. 286
10	263	208. 206	11. 830	4. 897
11	324	227. 291	10. 063	4. 314
12	354	236. 834	9. 141	3. 848
13	382	242. 907	8. 527	3. 614
14	414	252. 450	7. 835	3. 381
15	445	258. 522	7. 221	3. 148
16	475	267. 197	6. 530	2. 993
17	506	273. 270	5. 915	2. 837
18	535	281. 078	5. 337	2. 682
19	565	285. 417	4. 916	2. 410
20	595	292. 357	4. 532	2. 410
21	629	298. 428	4. 148	2. 254
22	659	303. 632	3. 764	2. 176
23	689	312. 308	3. 150	2. 060
24	712	318. 312	2. 842	2. 060

续表

样本	时间/d	累计产气量/(10^3m^3)	地层压力/MPa	实际页岩气日产量/($10^3m^3 \cdot d^{-1}$)
25	730	321. 851	2. 689	1. 943
26	746	323. 587	2. 689	1. 943
27	760	327. 055	2. 458	1. 866
28	774	329. 661	2. 228	1. 904
Test	791	331. 393	2. 074	1. 788
Test	805	335. 731	1. 920	1. 788
Test	820	337. 467	1. 767	1. 671
Test	833	340. 069	1. 613	1. 671
Test	850	342. 672	1. 383	1. 593

4.2　预测结果分析

利用 Matlab 软件进行计算，常规 BPNN 和 WOA-BPNN 训练数据与实际数据的对比结果分别如图 5(a)、图 5(b)所示(28 个训练数据)。图 6 为实际值、BPNN 预测值和 WOA-BPNN 预测值的对比结果(5 个预测数据)。

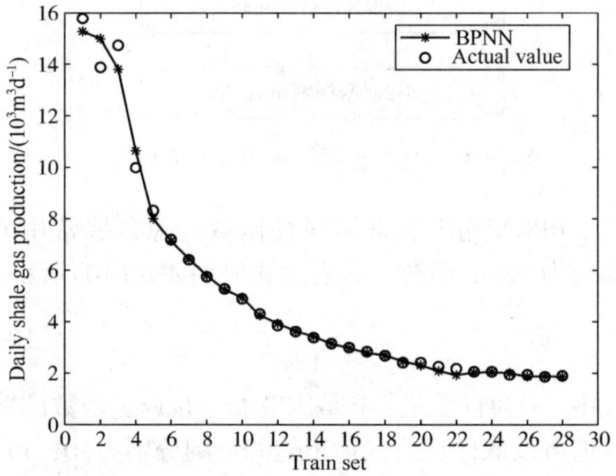

(a)BPNN训练数据与实际数据对比曲线

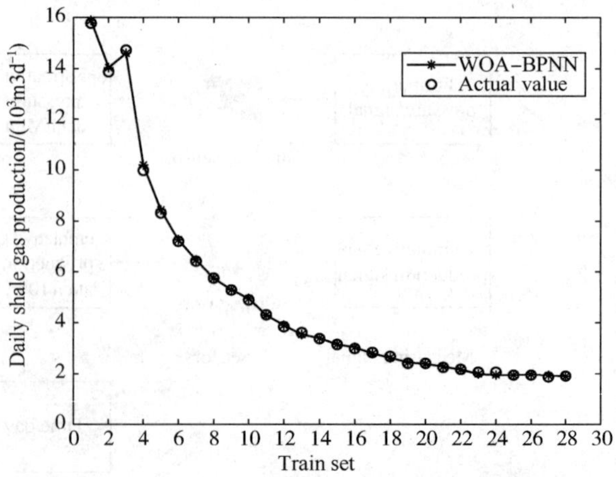

(b)WOA-BPNN训练数据与实际数据对比曲线

图 5

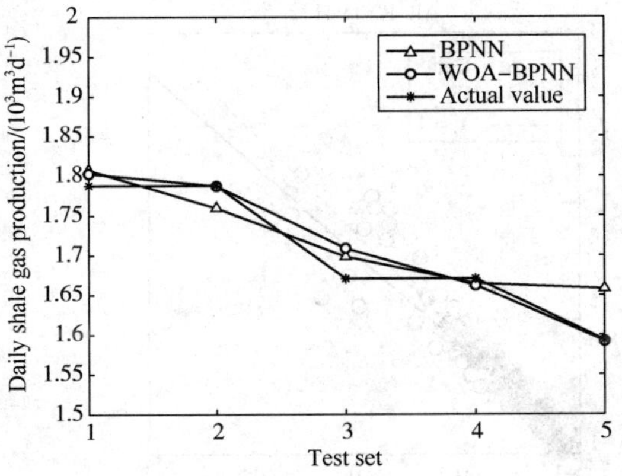

图 6　实际值、BPNN 预测值和 WOA-BPNN 预测值对比曲线

图 7(a) 为 BPNN 训练值与 WOA-BPNN 训练值相对误差的对比结果；图 7(b) 为 BPNN 预测值与 WOA-BPNN 预测值相对误差的对比结果。图 8(a)、8(b) 分别为 BPNN 与 WOA-BPNN 训练集、预测集与实际值之间相关性的对比结果。

选择平均相对误差 (mean relative error, MRE) 和均方根误差 (root mean square error, RMSE) 作为评价标准，具体计算公式如下式 (11) 及式 (12)：

$$MRE = \frac{1}{N}\sum_{i=1}^{N}\left|\frac{y' - y}{y}\right| \tag{11}$$

$$RMSE = \sqrt{\frac{1}{N}\sum_{i=1}^{N}(y' - y)^2} \tag{12}$$

式中，y' 为 ANN 预测值页岩气日产量值，y 为实际页岩气日产量值。

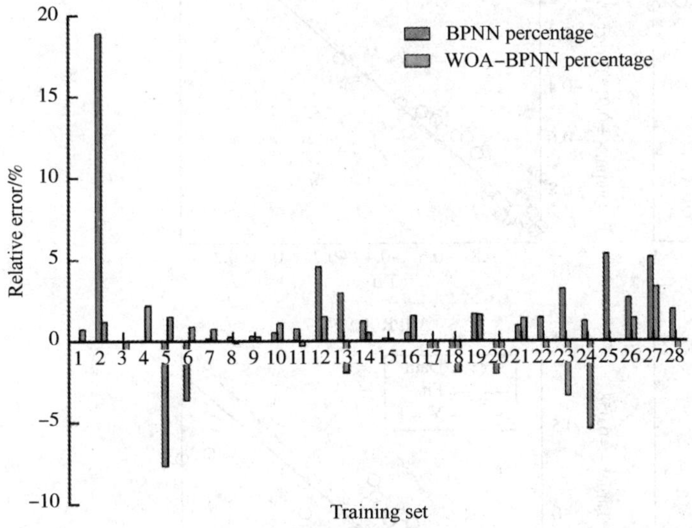

(a) BPNN 训练集、WOA-BPNN 训练集相对误差对比

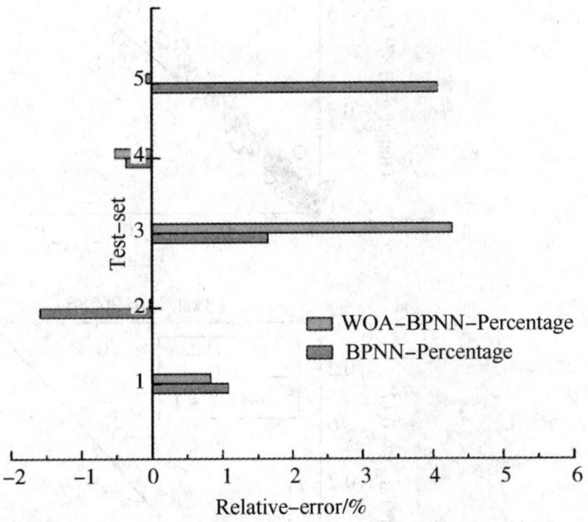

(b) BPNN 预测集、WOA-BPNN 预测集的相对误差比较

图 7

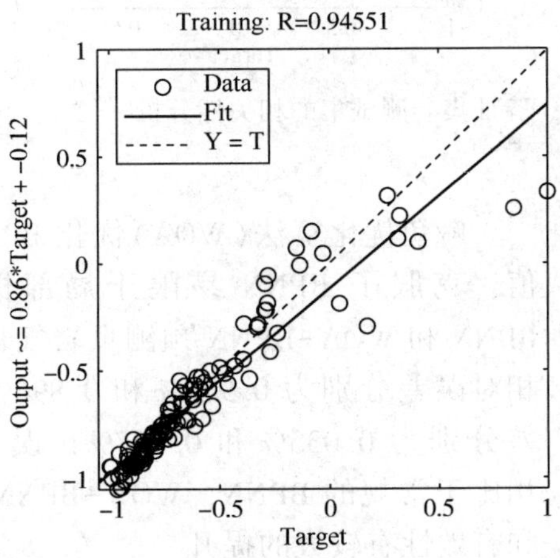

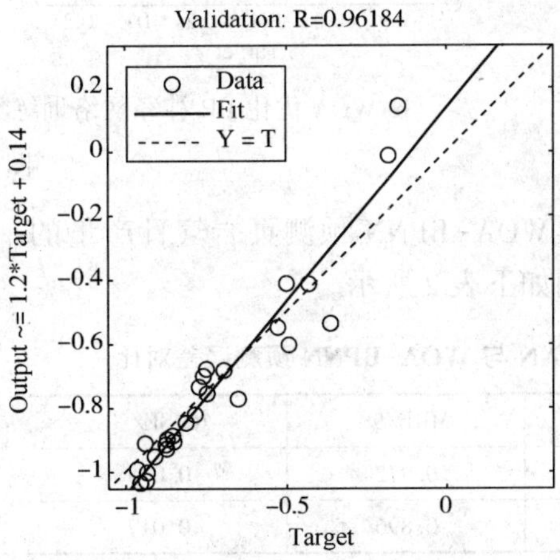

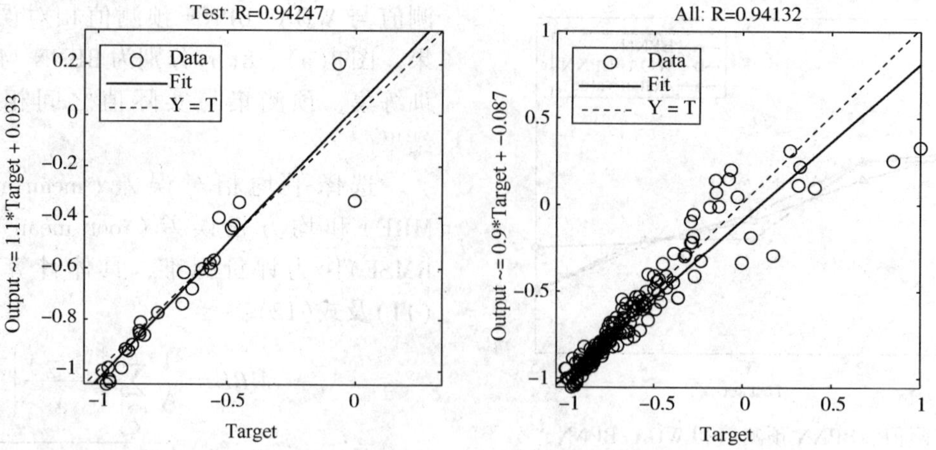

(a) BP 神经网络训练集、验证集、测试集的相关性分析

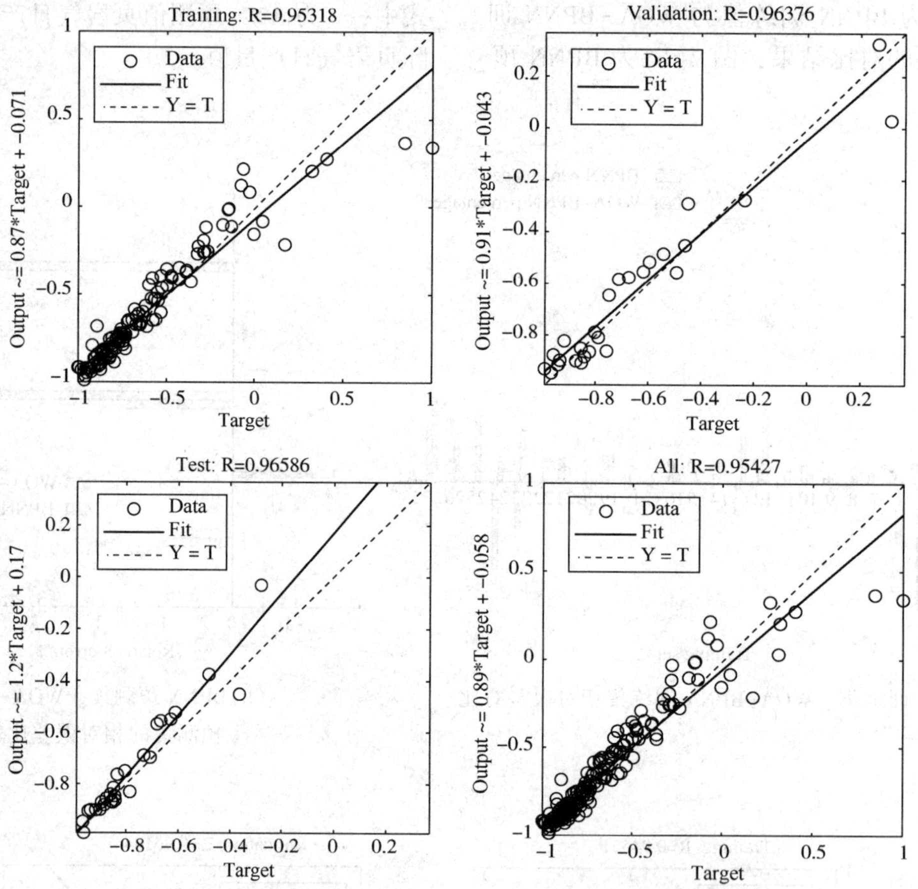

(b) WOA 优化 BP 神经网络训练集、验证集、测试集的相关性分析

图 8

BPNN 与 WOA-BPNN 预测页岩气日产量的误差结果分别如下表 2 所示。

表 2　BPNN 与 WOA-BPNN 预测误差对比

ANNs' name	MRE/%	RMSE/%
BPNN	0.972	0.035
WOA-BPNN	0.896	0.017

鲸鱼优化算法(WOA)优化 BPNN 权值和阈值，克服了 BPNN 易限于局部极值的缺点。BPNN 和 WOA-BPNN 预测页岩气日产量的平均相对误差分别为 0.972% 和 0.896%，均方根误差分别为 0.035% 和 0.017%，误差分析表明：相比于常规的 BPNN，WOA-BPNN 的预测精度和有效性有较大的提升。

4.3 用Arps产量递减公式进行进一步验证

Arps产量递减曲线模型假设生产井是在边界控制下的流动，递减指数 n 在0~1之间，根据 n 值将产量递减类型分为：双曲型递减（$n\in(0, 1)$）、调和递减（$n=1$）和指数递减（$n=0$）。在页岩气气藏中，流体流动方式不是常规的边界控制下的流动，同时 n 的值常常大于1，此时的递减曲线定义为Arps广义双曲型递减曲线。在实际应用中，Arps递减曲线仍然是产量递减分析最常用的方法之一。正是因其使用的广泛性，故选择其与WOA-BP预测模型作对比。

在实际油田应用中，Arps递减曲线仍然是产量递减分析最常用的方法之一。由于它使用的广泛性，因此，选择它进一步验证WOA-BP预测模型。Arps产量递减公式如(13)所示：

$$q_t=\frac{q_i}{(1+nD_it)^{\frac{1}{n}}} \tag{13}$$

式中，n 为递减指数；Di 为初始递减率；t 为递减时间，d；q_i 为初始递减时的产气量，$10^3m^3/d$；q_t 为 t 时刻的产气量，$10^3m^3/d$。

对于上式(13)中的广义双曲型递减，可将式(13)变换为式(14)来求解 n 的值。

$$\left(\frac{q_i}{q_t}\right)^n=1+At \tag{14}$$

上式中 $A=nD_i$。

以美国Haynesville页岩气田1口井的日生产数据为例，根据日生产数据拟合，发现满足Arps双曲型递减曲线，与调和递减和指数递减不相符。通过线性回归得到：n＝0. 80，A＝0. 0054。

根据田亚鹏等推导变换以及线性回归后得到该井递减阶段的产量表达式为：

$$q_t=\frac{q_i}{(1+0.0054D_it)^{\frac{1}{0.80}}} \tag{15}$$

对比WOA-BP与Arps递减模型的预测结果发现，该WOA-BP的预测精度更高，预测结果更接近实际数据，为今后预测页岩气产量提供了1个有效、可行的方法(表3)。

表3　WOA-BPNN和Arps预测结果与实际值的比较

样本	实际产气量/($10^3m^3\cdot d^{-1}$)	WOA-BP训练预测结果/($10^3m^3\cdot d^{-1}$)	相对误差/%	Arps预测产气量/($10^3m^3\cdot d^{-1}$)	相对误差/%
1	15. 779	15. 894	0. 726	15. 779	0
2	13. 875	14. 040	1. 190	13. 968	0. 675
3	14. 730	14. 606	-0. 842	11. 791	-19. 950
4	9. 988	10. 203	2. 156	10. 100	1. 120
5	8. 317	8. 441	1. 489	8. 890	6. 885
6	7. 190	7. 252	0. 867	7. 809	8. 614
7	6. 413	6. 461	0. 750	7. 002	9. 196
8	5. 752	5. 744	-0. 135	6. 262	8. 859
9	5. 286	5. 298	0. 236	5. 711	8. 049
10	4. 897	4. 950	1. 090	5. 225	6. 690
11	4. 314	4. 301	-0. 306	4. 460	3. 395
12	3. 848	3. 906	1. 496	4. 144	7. 711
13	3. 614	3. 544	-1. 942	3. 897	7. 809
14	3. 381	3. 398	0. 511	3. 638	7. 597
15	3. 148	3. 153	0. 147	3. 417	8. 541
16	2. 993	3. 039	1. 543	3. 219	7. 559
17	2. 837	2. 796	-1. 430	3. 040	7. 166
18	2. 682	2. 630	-1. 925	2. 891	7. 805
19	2. 410	2. 449	1. 614	2. 743	13. 850
20	2. 410	2. 390	-0. 839	2. 614	8. 471

续表

样本	实际产气量/($10^3m^3 \cdot d^{-1}$)	WOA-BP 训练预测结果/($10^3m^3 \cdot d^{-1}$)	相对误差/%	Arps 预测产气量/($10^3m^3 \cdot d^{-1}$)	相对误差/%
21	2.254	2.285	1.379	2.477	9.868
22	2.176	2.165	-0.516	2.368	8.821
23	2.060	1.991	-3.365	2.268	10.127
24	2.060	1.949	-5.412	2.194	6.503
25	1.943	1.941	-0.105	2.141	10.159
26	1.943	1.970	1.390	2.096	7.884
27	1.866	1.928	3.314	2.057	10.269
28	1.904	1.890	-0.730	2.019	6.020
Test	1.788	1.803	0.831	1.976	10.538
Test	1.788	1.787	-0.033	1.941	8.557
Test	1.671	2.386	4.278	1.904	13.910
Test	1.671	1.662	-0.519	1.873	12.090
Test	1.593	1.592	-0.077	1.836	15.207

5 结论

(1) 本文提出了一种新的智能算法，通过鲸鱼优化算法优化 BP 神经网络的连接权值，建立以地层压力、累计产气量和时间为输入变量，页岩气日产量为产量预测模型。

(2) BP 神经网络预测结果的最大误差约为 WOA-BP 神经网络预测结果的 5 倍，表明相较于单一的 BP 神经网络，鲸鱼优化算法优化 BP 神经网络的预测精度和有效性有很大的提升。

(3) 利用 Matlab 软件进行相关性分析，常规 BP 神经网络训练集得到的训练模型 R = 0.94551，验证集得到的验证模型 R = 0.96184，测试集得到的测试模型 R = 0.94247；但鲸鱼优化算法优化 BP 神经网络训练集得到的训练模型 R = 0.95318，验证集得到的验证模型 R = 0.96376，测试集得到的测试模型 R = 0.96586，均更接近 1，表明 WOA-BP 神经网络预测模型比 BP 神经网络预测模型拟合性更好，也进一步说明了累计产气量、地层压力压力、时间等作为输入构建神经网络模型对页岩气产量进行预测是可行的。

参 考 文 献

[1] 董大忠，邹才能，杨桦，等. 中国页岩气勘探开发进展与发展前景[J]. 石油学报，2012，33(S1)：107-114.

[2] 薛华庆，王红岩，刘洪林，等. 页岩吸附性能及孔隙结构特征-以四川盆地龙马溪组页岩为例[J]. 石油学报，2013，34(5)：826-832.

[3] 赵立翠，王珊珊，高旺来，等. 页岩储层渗透率测量方法研究进展[J]. 断块油气田，2013，20(6)：763-767.

[4] 杨峰，宁正福，胡昌蓬，等，页岩储层微观孔隙结构特征[J]. 石油报，2013，34(2)：301-311.

[5] 王兰生，廖仕孟，陈更生，等，中国页岩气勘探开发面临的问题与对策[J]. 天然气工业，2011，31(12)：119-122.

[6] 段永刚，曹廷宽，王容，等，页岩气产量幂律指数递减分析[J]. 西南石油大学学报(自然科学版)，2013，35(5)：172-176.

[7] 白玉湖，杨皓，陈桂华，等，页岩气产量递减典型曲线的不确定性分析方法[J]. 石油钻探技术，2013，41(4)：97-100.

[8] ILK D，RUSHING J A，PEREGO A D，et al. Exponential vs. hyperbolic decline in tight gas sands：understanding the origin and implications for reserve estimates using Arps' decline curves [C]//SPE Annual Technical Conference and Exhibition. Richardson，Texas：Society of Petroleum Engineers，2008：SPE-116731-MS.

[9] FULFORD D S，BLASINGAME T A. Evaluation of time-rate performance of shale wells using the transient hyperbolic relation [C]//SPE Unconventional Resources Conference. Richardson，Texas：Society of Petroleum Engineers，2013：SPE-167242-MS.

[10] GONG Xinglai，GONZALEZ R A，McVAY D，et

al. Bayesian probabilistic decline curve analysis quantifies shale gas reserves uncertainty [C]//Canadian Uncon-ventional Resources Conference. Richardson, Texas: Society of Petroleum Engineers, 2011: DOI: 10.2118/147588-MS.

[11] NASIRI J, KHIYABANI F M. A whale optimization algorithm (WOA) approach for clustering [J]. Cogent Mathematics & Statistics, 2018, 5(1): 1483565.

[12] Liang H, Wei Q, Lu D, et al. Application of GA-BP neural network algorithm in killing well control system [J]. Neural Computing and Applications, 2021, 33(5).

[13] Liu Y, Xie S, Zheng L, et al. Air-soil diffusive exchange of PAHs in an urban park of Shanghai based on polyethylene passive sampling: Vertical distribution, vegetation influence and diffusive flux [J]. Science of the Total Environment, 2019, 689 (NOV.1): 734-742.

[14] LiRuiyou, ZhangHuaiqing, ZhuangQiong, et al. BP neural network and improved differential evolution for transient electromagnetic inversion [J]. Computers & Geosciences, 137.

[15] Li J, Liang G. Petrochemical equipment corrosion prediction based on BP artificial neural network [C]// IEEE International Conference on Mechatronics & Automation. IEEE, 2015: 238-241.

[16] 郑度奎，胡晨章，蒲月华. 基于人工神经网络的油管道 CO2 腐蚀速率预测研究进展[J/OL]. 热加工工艺, 2021(18): 25-31[2021-07-03].

[17] 王嵘冰，徐红艳，李波，冯勇. BP 神经网络隐含层节点数确定方法研究[J]. 计算机技术与发展, 2018, 28(04): 31-35.

[18] Ee K, Bin I, Bin J. Adaptive Multilayered particle swarm optimized neural network (AMPSONN) for pipeline corrosion prediction [J]. International Journal of Advanced Computer Science and Applications, 2017, 8(11): 499-508.

[19] Igor, Aizenberg, Leonid, et al. Multilayer Neural Network with Multi-Valued Neurons in time series forecasting of oil production [J]. Neurocomputing, 2016, 175(Part B): 980-989.

[20] Amy A, Rcc A, Ns A, et al. Application of artificial neural networks and response surface methodology approaches for the prediction of oil agglomeration process - ScienceDirect [J]. Fuel, 2018, 220: 826-836.

[21] Chen C, Liu Y, Lin D. et al. Research Progress of Oilfield Development Index Prediction Based on Artificial Neural Networks[J]. Energies, 2021, 14(18): 5844-5868

[22] 田亚鹏，鞠斌山. 基于遗传算法改进 BP 神经网络的页岩气产量递减预测模型[J]. 中国科技论文, 2016, 11(15): 1710-1715.

[23] Xia Lin, Zongshang Liu, Yu Gao, et al. Analysis of main controlling factors of oil production based on machine learn-ing [J]. Information system engineering, 2019 (12): 94-97 + 99.

[24] Ruishu F. Wright, Ping Lu, Jagannath Devkota, et al. Corrosion Sensors for Structural Health Monitoring of Oil and Natural Gas Infrastructure: A Review[J]. Sensors, 2019, 19(18).

[25] Renchang Zhang, Qian Li, Lu Tian, et al. On-chip micro pressure sensor for microfluidic pressure monitoring[J]. Journal of Micromechanics and Microengineering, 2021, 31(5).

[26] Congxing Yang, WeiJie Liu, Nishuang Liu, et al. Graphene Aerogel Broken to Fragments for a Piezoresistive Pressure Sensor with a Higher Sensitivity. [J]. ACS applied materials & interfaces, 2019, 11 (36).

[27] Gaoyang Lei, Guiyun Xu, Xiaoguang Zhang. Study on dynamic characteristics and compensation of wire rope tension based on oil pressure sensor[J]. Advances in Mechanical Engineering, 2019, 11(3).

[28] Mengyao Qu, Yi Yi, Zeqing Lu, et al. Contactless liquid level measurement system based on ca-pacitive sensor [J]. Sensor and microsystem, 2021, 40 (09): 81-84.

[29] Xiaowei Feng, Yi Zhao, Peng Yang, Jincheng Zhou. Application of distributed optical fiber temperature monitoring tech-nology in production and profile interpretation of fractured horizontal wells [J]. Oil and gas reservoir evaluation and de-velopment, 2021, 11 (04): 542-549.

[30] Li Zhang, Wei Zhou. Design and test of distributed optical fiber acoustic leakage monitoring system for gathering and transmission pipeline [J]. Oil and gas field surface engineering, 2021, 40 (08): 57-64.

[31] Xiufen Qiu, Feng Zhang, Zhiwei Sun, et al. Joint detection method of pipeline damage based on distributed optical fiber sensing technology [J]. Oil and gas storage and transportation, 2021, 40 (08): 888-894.

[32] Hongyuan Shen, Liang Ma, Yanan Zhang, et al. Research on real-time measurement technology of oilfield multiphase flow based on multi-sensor and SVR algorithm [J]. Instrument users, 2019, 26 (10):

15-19.

[33] Amin Ahmadi, Mojtaba Abdideh, Fatemeh Amiri. Thermodynamic analysis PVT equation of state definition and gas injec-tion review along with case study in three wells of Iranian oil field[J]. Energy Sources, Part A: Recovery, Utilization, and Environmental Effects, 2020, 42(20).

[34] Tsekos C., Tandurella S., de Jong W. Estimation of lignocellulosic biomass pyrolysis product yields using artificial neural networks[J]. Journal of Analytical and Applied Pyrolysis, 2021, 157.

[35] Alarifi Ibrahim M, Nguyen Hoang M, Naderi Bakhtiyari Ali, at el. Feasibility of ANFIS-PSO and ANFIS-GA Models in Predicting Thermophysical Properties of Al2O3-MWCNT/Oil Hybrid Nanofluid.[J]. Materials (Basel, Switzer-land), 2019, 12(21).

[36] Muhammad Zahir Khan, Muhammad Farid Khan. Application of ANFIS, ANN and fuzzy time series models to CO2 emis-sion from the energy sector and global temperature increase[J]. International Journal of Climate Change Strategies and Management, 2019, 11(5).

[37] Marta Matyjaszek, Gregorio Fidalgo Valverde, Alicja Krzemień, . Optimizing Predictor Variables in Artificial Neural Networks When Forecasting Raw Material Prices for Energy Production[J]. Ener-gies, 2020, 13(8).

抽油机自适应柔性控制技术的研究与应用

段志刚　司志梅　王　志

（中国石化江苏油田分公司工程技术研究院）

摘　要　为解决抽油机井存在调参范围小、悬点载荷峰值大、泵效低、电能浪费的问题，开展了抽油机自适应柔性控制技术的研究应用。研发了流量趋势监测仪，形成了抽油机智能调冲技术；从抽油杆的速度特征、中和点位置、杆柱应力和使用寿命等方面，对比优选了M曲线的控制方法，形成了柔性控制技术；现场应用300多井次，平均单井冲数下降了38%，节能30.2%，还能延长油井检泵周期200天以上。

关键词　抽油机；智能调冲；柔性控制；变频

游梁式抽油机以其结构简单、制造容易、可靠性高、耐久性好、维修方便等优点，在采油机械中占有举足轻重的地位，但现场生产中存在以下几方面的问题：

（1）常规的调参范围有限，实施强度大，调整周期间隔长，难以及时适应井下工况的变化，从而导致生产参数偏大，泵筒充满度低，吨液能耗高；(2)电机的匀速旋转，导致抽油杆的变速运行，使得抽油杆承受较大的惯性载荷和振动载荷，影响了泵效和检泵周期；(3)抽油机启动的扭矩大，正常运行的扭矩小，在配备电机时，一般都会以满足启动扭矩为基本条件，因此，生产中存在“大马拉小车”，导致电能浪费，影响系统效率。

针对以上存在的生产问题，从抽油机自动跟踪地层产能并智能调整冲数、开发变速拖动控制曲线和优化控制柜结构等三个方面进行了技术研究，形成了抽油机自适应柔性控制技术，并在现场推广应用，取得了很好的效果。

1　抽油机智能调整冲数技术

通过现场调研分析，研制了流量趋势监测仪(图1)。该仪器包括监测模块和信号处理器。监测模块由精密电源、发热元件、温度传感器和温度变送器组成，精密电源为发热元件提供稳定的电压，发热元件单位时间内发出的热量恒定，并将热量从流程管线外壁传递给管道壁及其内部的流体。温度传感器用于实时测量发热元件的温度，温度变送器用于将温度传感器的温度信号转换成电流信号。信号处理器根据电流信号的变化，判定流程管线的流量变化趋势。

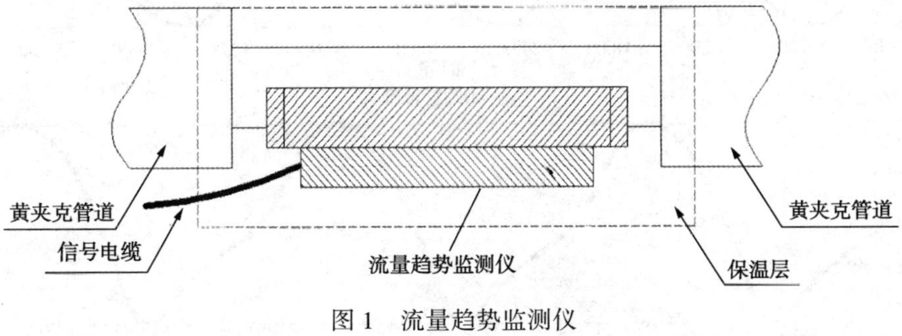

图1　流量趋势监测仪

根据流量趋势监测仪判断产量的变化趋势，并编制了智能调整冲数的程序(图2)，通过PLC和变频器控制电机的运转，从而实现智能调整冲数的目的。

为验证该调冲技术的准确性，特优选了S10井、X29、M45井、Y28等4口井为试验井，该4口井都是单井产液直接进井场的计量单罐，通过刻度直接读数计量。调冲前后分别统计了10天的平均油井产量，结果表明，智能优化冲数后，油井的产量基本无变化(微小差异是由于计量时的读数误差引起的)，数据见表1。

表1　智能调冲前后产量对比

井号	调前冲数/(次·min^{-1})	调后冲数/(次·min^{-1})	调冲前产量/(t·d^{-1})	调冲后产量/(t·d^{-1})
S10井	3	1.2	1.354	1.353
X29	3	1.1	2.132	2.133
M45	3	1.1	1.658	1.656
Y28	3	1.5	1.038	1.039
平均	3	1.225	1.546	1.545

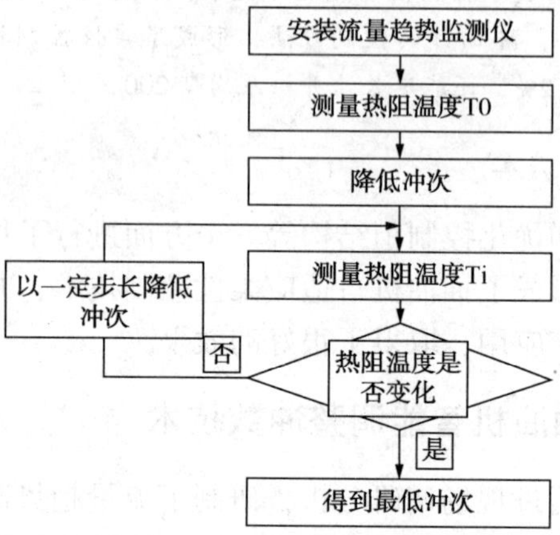

图2　智能调整冲数的程序框图

2　抽油机柔性运行控制技术

抽油机柔性控制技术主要是通过对变频器加载不同的拖动方式，实现对电机转速的实时控制。通过电机的变速运转，改变抽油机曲柄角速度及角加速度、悬点速度、光杆载荷等系统动态参数，进而改变抽油杆的振动载荷、惯性载荷以及柱塞在泵筒中的运动速度分布等参数，对抽油杆的应力变化实现“削峰填谷”，降低抽油杆的应力变化，从而延长抽油杆的使用寿命，提高油井的检泵周期。

研究分析大量的运转控制曲线，优化了一种M控制曲线，与圆拖动方式进行对比，分析两种拖动方式下抽油杆的运行速度和所受应力。

2.1　速度特征对比分析

从两种方式的速度曲线看，M曲线拖动下的抽油杆的最大速度是圆拖动下的最大速度的77.9%，抽油杆的运行相对更加平稳(图3)。

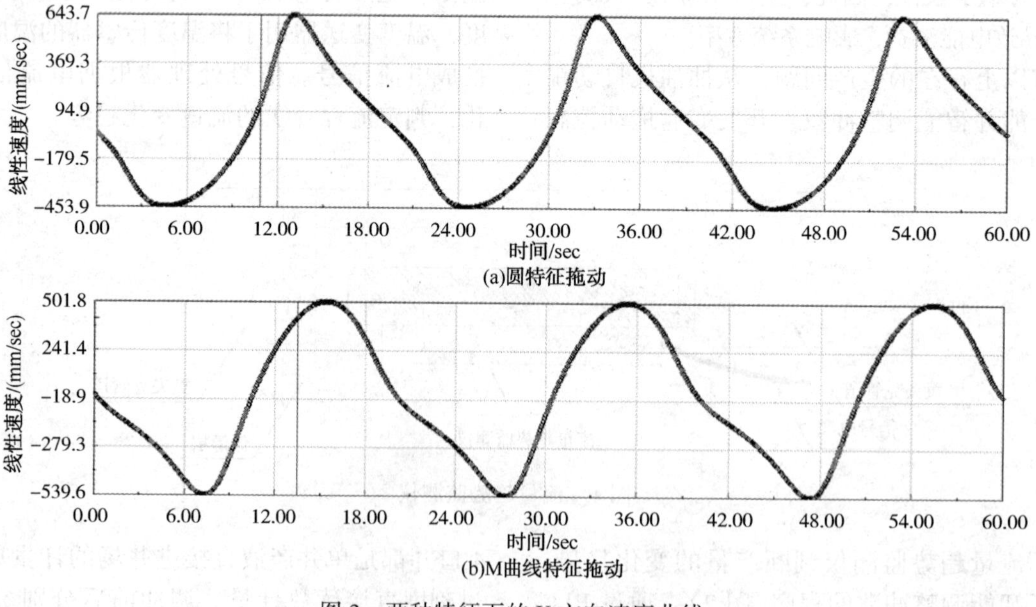

图3　两种特征下的Y方向速度曲线

2.2　中和点对比分析

抽油杆向下运动时，在杆柱系统所受的各种力的综合作用下，抽油杆上部受到的是拉力，下部受到的是压力，在这个压力的作用下，抽油杆在井内产生弯曲变形。随着上下冲程往复，使抽油杆与油管相互摩擦，造成管杆偏磨。以现场的一口油井为例，选取上时刻点位置、下时刻点位置、最大加速度时刻位置以及最大速度时刻位置的数据，计算两种不同拖动方式下的抽油杆柱中和点(表2)，可以看出，在下冲程中，M曲线拖动方式的中和点位置有一定程度的下移，这对油井的防偏磨将起到积极的作用。

表2 下冲程中各时刻对应的抽油杆中和点位置

时刻	中和点位置/m	
	圆拖动方式	M曲线拖动方式
上死点时刻	1254	1265
下死点时刻	1263	1286
最大加速度时刻	1208	1223
最大速度时刻	1242	1265

2.3 杆柱应力对比分析

根据边界条件，利用ANSYS仿真软件，分析光杆在上死点、下死点、下行程加速度最大、上行程加速度最大、下行程速度最大和上行程速度最大等6个主要位置的受力(图4)，并对比分析了光杆在两种不同的拖动情况下受力特征(表3)，总体来说，M曲线拖动的最大应力，比圆拖动的最大应力小，光杆的受力更加均衡。

2.4 杆柱寿命对比分析

抽油杆的使用寿命主要与应力疲劳有关，可以用应力寿命曲线来表示载荷与偏劳失效的关系，应力寿命曲线图表示出承受循环载荷后的循环次数，循环次数高的，则寿命越长。因为主要仿真单轴疲劳，所以利用Fatigue tool中的疲劳敏感性曲线来仿真抽油杆的疲劳寿命，根据实际部件存在一定缺陷，所以将损伤因子设为0.8，并利用Goodman理论对材料进行修正，载荷类型指定为ratio，得到抽油杆的疲劳敏感曲线(图5)，疲劳寿命对比表见表4。从抽油杆的疲劳敏感曲线和寿命对比表的数据来看，除了上死点外，M曲线拖动的循环次数均优于圆拖动，且在上行程加速度最大时(即应力最大点)，M曲线拖动比圆拖动的循环次数多了445600次，说明在抽油杆寿命最短的时刻点，M曲线拖动方式的寿命更长。因此，M曲线拖动方式下的抽油杆使用寿命将更长。

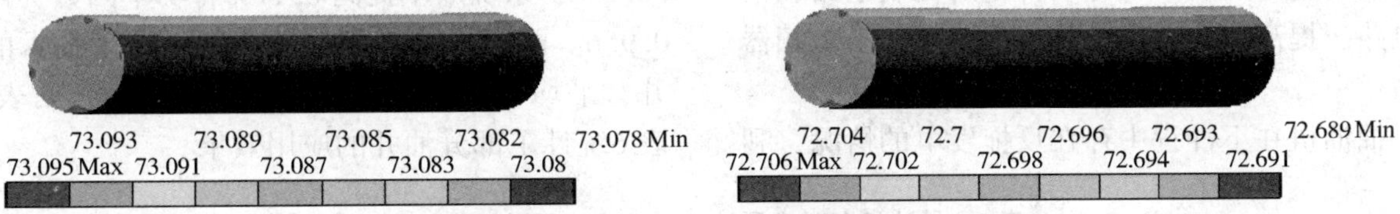

图4 光杆受力仿真

表3 不同拖动方式下的光杆最大应力对比

关键点	圆拖动最大应力 σ_1/MPa	M曲线拖动最大应力 σ_2/MPa	$\sigma_2-\sigma_1$
上死点	71.227	70.816	-0.411
下死点	72.851	72.526	-0.325
下行程加速度最大	73.095	72.706	-0.389
上行程加速度最大	97.985	97.96	-0.025
下行程速度最大	72.194	71.572	-0.622
上行程速度最大	96.068	95.415	-0.653

表4 抽油杆疲劳寿命对比

关键点	圆拖动循环次数 C_1	M曲线拖动循环次数 C_2	C_2-C_1
上死点	48613200	48487200	-126000
下死点	43388400	43663200	274800
下行程加速度最大	42859200	43706400	847200
上行程加速度最大	15115200	15960800	845600
下行程速度最大	46725600	46736000	10400
上行程速度最大	16173600	16203600	30000

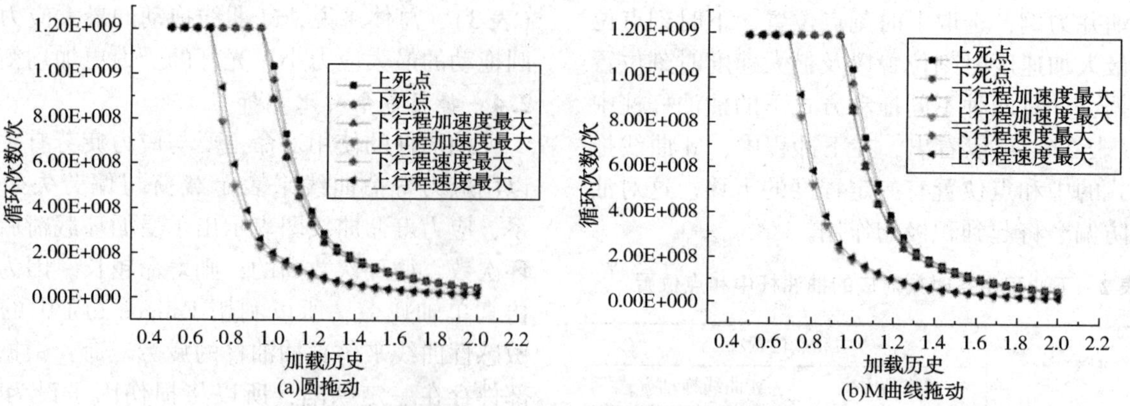

图 5　抽油杆疲劳敏感曲线

通过以上对比分析，显示出 M 曲线拖动的优势。可见，M 曲线控制的柔性运行技术能延长抽油杆的使用寿命，延长油井的检泵周期。

3　抽油机智能控制柜的优化

智能控制柜主要应用了变频调速技术，实时调整冲数和柔性控制抽油机的运行。

针对目前通用型变频器的控制电路和信号电路大多采用软件控制、抗电磁干扰能力弱、故障率高的问题，研发了全部硬件化的控制电路和信号电路，提高了抗电磁干扰能力，延长了变频器寿命。

抽油机在下冲程中存在反拖发电的情况，利用制动电阻消耗反拖发电，保护了变频器设备。同时，优化了控制线路，抑制了电源谐波，控制了变频器产生的谐波对电网的干扰，现场应用表明，谐波低于 5%。

4　现场应用

抽油机自适应柔性控制技术，现场应用 389 井次。对应用井进行了能耗测试，结果表明，应用该技术后，平均单井冲数下降了 38%，节能 30.2%，系统效率提高 6.11%，功率因数提高到 0.956。配合管理水平的提高，应用该技术的油井，平均单井延长检泵周期 205 天，见表 5。表 6统计了部分油井的应用效果。

表 5　抽油机自适应柔性控制技术应用效果统计表

测试项目	应用前	应用后	提高
日耗电/KW · h	129.47	90.37	30.2%
检泵周期/天	576	799	205
系统效率/%	11.7	17.81	6.11
功率因数	0.672	0.956	0.284

表 6　抽油机自适应柔性控制技术应用井的效果对比

井号	状态	冲次/min^{-1}	谐波/%	液量/(m^3/h)	功率因数 COSΦ	系统效率/%	综合节电率/%
H88-5	使用前	2.8	2.81	2.42	0.7952	6.3	32.48
	使用后	1.5	3.08	2.43	0.9327	9.2	
W5-33	使用前	4.5	2.07	1.01	0.3476	5.02	71.22
	使用后	1.4	4.21	1.02	0.9165	16.36	
X19-2	使用前	3	1.45	3.51	0.2964	6.59	55.71
	使用后	1.3	2.09	3.52	0.9963	13.63	
Z35-1	使用前	3	1.01	4.12	0.6731	28.79	29.27
	使用后	1.5	2.09	4.11	0.9293	39.58	

5 结论

(1) 流量趋势监测仪能有效地分析井口产量的变化趋势，为抽油机自动优化调整冲数提供了技术支持。

(2) M 曲线控制的拖动方式，相比常规的圆形拖动，在抽油杆的应力分布、疲劳寿命等方面，都具有优势。

(3) 抽油机自适应柔性控制技术，对于低产油井具有很好的适应性，能大幅提高低产油井的泵效，综合节能率高，且能延长油井的检泵周期。

(4) 抽油机自适应柔性控制技术，能提高电机的功率因数到 0.9 以上，建议采用"抽油机智能控制柜+三相异步电机"的配套方式，取代"永磁同步电机+普通电控柜"，既节能和延长检泵周期，还能降低设备的投入费用。

参 考 文 献

[1] 张明. 浅谈抽油机的发展趋势和驱油技术[J]. 中国化工贸易，2013，5(9)：77.

[2] 吕毫龙，吕莉莉，梁晶，等. 抽油机电机高效再制造技术的研究与应用[J]. 石油石化绿色低碳，2016，1(6)：50-52.

[3] 杜红勇，李炜，陶丽楠，等. 抽油机柔性控制技术研究与应用[J]. 电气应用，2017，36(14)：50-52.

[4] 吴忠智，吴加林. 变频器应用手册[M]. 北京：机械工业出版社，2002.

[5] 王志刚，李辉. 抽油机井防偏磨综合配套技术研究与应用[J]. 石油地质与工程，2011，25(S1)：107-109.

[6] 赵来军，程发兴. 抽油机变频控制技术[J]. 钻采机械，1999，22(06)：62.

抽油机运行姿态智能控制技术研究与应用

赵海勇　张晓博　鄢长灏　王　琨

(中国石油长庆油田公司)

摘　要　常规的抽油机由于长距离上下往复式动力传输，无法解决抽油杆弹性变形引起的抽油泵柱塞运行滞后驴头悬点运行。为解决游梁式抽油机运行时出现的冲程损失大、泵效低、冲击载荷大的问题，本文研究出了抽油机运行姿态智能控制系统，可精确计算出抽油机运行时上下死点的位置，以上下死点位置为依据，控制电动机转子旋转角度、电机速度、转矩等参数，解决了低液量、小功率抽油机参数下调参抽油机空间小的问题，达到机采效率提高、检泵周期延长、操作成本降低的目的。

关键词　抽油机；姿态控制；低产低效井；机采效率；节能

长庆油田所开发的鄂尔多斯盆地属于“三低”油气藏，受先天地质条件影响，单井产量相对较低，油井在生产过程中会间歇出液，造成泵效下降，产生无效能耗，严重制约油田效益建产。对数以万计的低产低能井开展节能降耗工作，对长庆油田实施低成本战略、实现高质量发展意义重大。

1　基本现状

（1）油藏物性

镇北油田开采主要层位为镇北长 8，长 3、侏罗系，岩性为碎屑岩，平均孔隙度 11.3%～13.8%，渗透率 0.76～9.1mD，属于特低孔特低渗油藏，储层物性差，油井日产液水平低(表 1)。

表 1-1　镇北油田油层物性技术数据统计表

油田	层位	油藏类型	油层		油层物性		地层原油性质	
			埋深/m	厚度/m	孔隙度/%	渗透率/mD	密度地下/(g/cm³)	黏度地下/mPa·s
镇北油田	长 8	岩性	2386	10.1	11.3	0.76	0.75	1.68
	长 3	岩性+构造	1942	7.6	11.9	2.21	0.772	1.99
	侏罗系	岩性+构造	1934	9.2	13.8	9.1	0.79	1.7

（2）低产低效现状

镇北油田日产液小于 2m³ 油井 766 口，属于低产低效井，调参空间小，系统效率低，平均泵效 14.3%，平均系统效率仅 19.1%，远低于全油田平均水平(表 2)。

表 1-2　镇北油田油井生产情况调查表

日产液	井数/口	冲程/m	冲次/min⁻¹	泵径/mm	泵深/m	平均单井日产液/(m³/d)	平均泵效/%	平均地面效率/%	平均井下效率/%	平均系统效率/%
Q<1	283	2.3	3.3	28.6	1555	0.6	8.2	51.8	35.9	18.6
1≤Q<2	483	2.3	3.5	28.6	1556	1.5	20.4	52.0	37.6	19.5
2≤Q<3	410	2.3	3.6	28.8	1530	2.5	32.8	53.1	40.4	21.5
3≤Q<4	328	2.3	3.7	28.8	1495	3.5	44.4	52.2	43.0	22.4
4≤Q<5	220	2.3	3.9	28.8	1443	4.5	56.3	51.1	46.5	23.8
Q≥5	586	2.4	4.3	30.6	1427	7.9	71.4	60.9	42.1	25.6
合计	2310	2.3	3.7	28.9	1500	3.4	42.8	55.1	43.2	23.8

2 姿态控制系统

2.1 理论基础

交流异步电机姿态伺服控制器市面上抽油机柔性控制交流变频调速器(以下简称变频器)。伺服器和变频器的控制策略完全不同，是两种完全不同的控制器。伺服器是一种高阶运算的电动机姿态控制器，伺服器先进的数学模型和控制策略全速域控制电动机在高效区运行，电动机在低速和超低速不发热，转矩特性好，正常使用300%力矩启动。

变频器是一种相对简单易用的交流异步电动机调速控制器，它的主要作用是对交流异步电动机进行调频调速，并没有对电动机的鲁棒性进行耦合，所以用变频器控制电动机在低速或超低速运行时，电动机性能急剧恶化，电动机转子严重激励不足，造成低速、超低速运行时转矩不足、电流大、电动机发热严重。

2.2 结构组成

抽油机运行姿态智能控制技术主要由姿态控制柜、传动比校正传感器和旋转传控制器三部分组成，各部件的主要作用：

旋转控制器：安装在异步电机输出轴上，实时监测异步电动机运行时转子相对定子的位置，并将数据信号传输至伺服控制器。

传动比校正传感器：监测驴头在上下止点的首次位置，以此作为基准，在运行中自动校正传动比，以消除皮带传动过程产生的滑差，并将信息实时传输至伺服控制器。

姿态控制器：(1)接受信号：一是接受旋转变压器传输的转子相对定子的实时位置数据信号；二是接收传动比校正传感器传输的驴头在上下止点首次位置及传动比的校正信息；(2)数据处理：在DSP内建立完整的数学模型，综合外部输入信号，通过软件自动计算出电机变速运行每个阶段所需的转矩、转速、位置及电参数；(3)反馈控制信息：根据数据处理结果，将信息及时反馈至控制器，有效控制电机运行的实时输出功率、转矩及相关电参数，从而控制光杆在上下止点附近的低速运行，在上下行过程中高速运行状态(图1)。

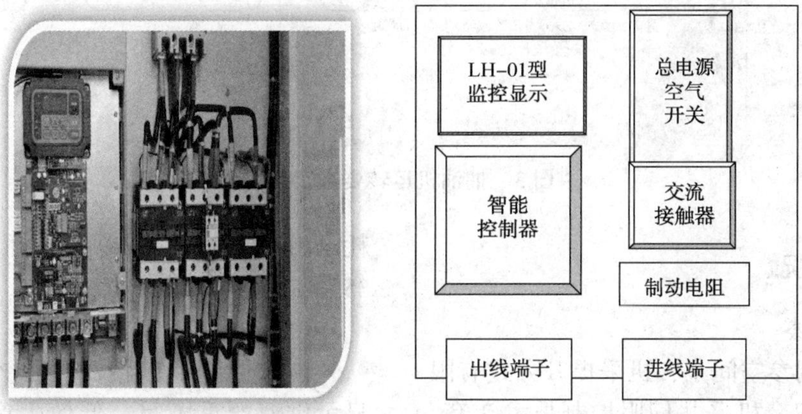

图1 抽油机三相异步电机姿态控制器实物结构图

2.3 工作原理

在姿态控制器数据处理中心(DSP)建立多线程数学模型，以实时计算悬点位置，通过软件自动计算出驴头运行的上下止点位置，实现驴头位置的无传感器高精度、高可靠，闭环控制运行。

根据油井生产需要，实现抽油机运行过程中全程姿态可控。抽油机运行过程中驴头在上下止点位置超低速运行，上下行过程中匀速中高速运行(图2)。

驴头在上下止点位置超低速换向等着滞后的抽油泵柱塞(由抽油杆的弹性变形引起的柱塞滞后)，利用上下止点位置的等待时间和抽油杆的弹性变形，实现增加有效冲程，降低冲击载荷，大幅度提高泵效。达到低冲次，高效、节能运行的目的

抽油机姿态控制技术通过上下止点附近超低速运行，上下行过程中高速运行，实现了一个冲程内的全程变速运行，最大限度解决了杆柱、凡尔冲击载荷大的难题，同时实现了工作参数的实时自动调整，提高了系统效率(图3)。

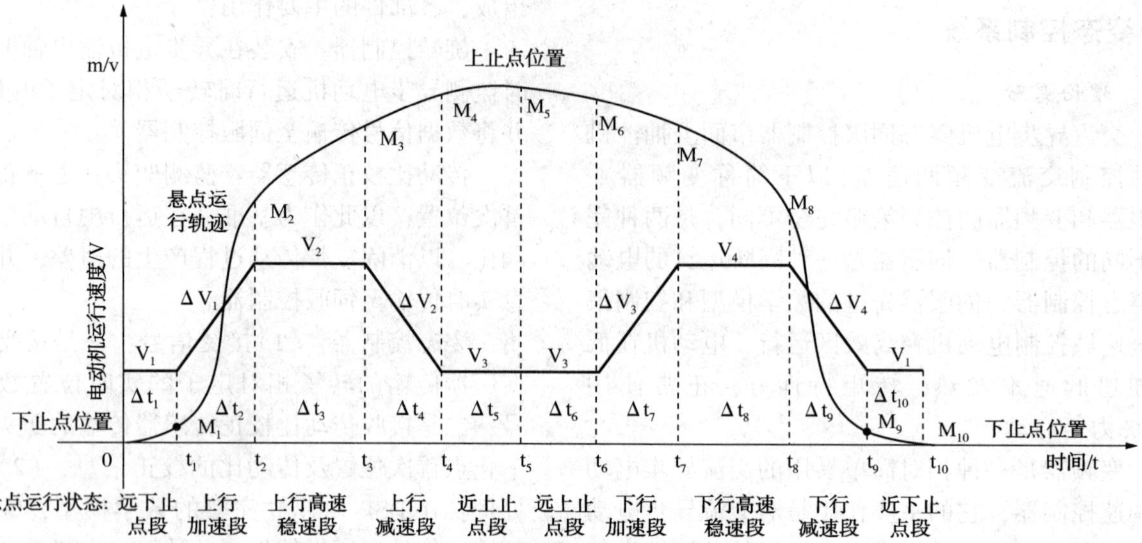

图2 抽油机姿态控制变速运行示意图

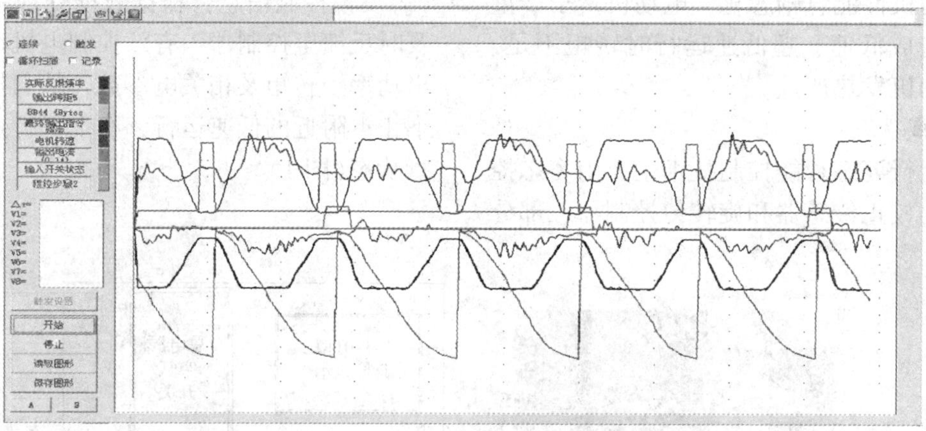

图3 抽油机运转姿态实测图

3 现场应用情况

3.1 现场应用配套

针对常开井调参空间小，机采提升方式有限问题，现场试验配套机采井伺服控制技术2套，平均冲次由3.0下降至0.6min^{-1}，泵效由13.2%上升75.3%，实现了全程变速运行，且应用前后产量保持稳定(表3)。

(1) 镇314-775井

该井生产具体情况：冲次2.0n/min，功图显示供液严重不足，低效生产，日产液0.4m^3，泵效6.9%。

安装抽油机伺服控制系统后，冲次由原来的2.0n/min下调为0.23n/min，降幅88.5%，日产液0.36t/d，泵效达到69.3%，提高了62.4%，泵工况明显改善，安装后节能效果明显，单井日耗电由52.5↓12.8kw·h，系统效率由17.23↑35.6%(图4)。

(2) 镇316-773井

该井具体生产情况：冲次4.0n/min，功图显示供液严重不足，低效生产，日产液1.3m^3，泵效19.4%。

安装抽油机运行姿态系统后，冲次由原来的4.0n/min下调为0.99n/min，降幅75.3%，日产液1.24t/d，泵效达到81.2%，提高了61.8%，泵工况明显改善，实现了注采平衡。调整后节能效果明显，单井日耗电由55.6↓19.8kw·h，系统效率由16.8↑34.2%(图5)。

3.2 节能效果评价

通过配套两口井节电系统评价，平均单井日耗电由66.8下降16.6kW·h，下降50.2kW·h，平均单井节电率达到75%以上。

表 3-1　抽油机运行姿态智能控制技术效果统计表

序号	井号	区块	安装前											
			冲程/m	冲次/(n/min)	泵径/mm	泵深/m	液量/m^3	油量/t	含水/%	液面/m	泵效/%	日耗电/(kW·h)	系统效率/%	示功图
1	镇 314-775	镇 252	2.5	2.0	28	1729	0.40	0.20	39.4	1720	6.9	52.5	17.23	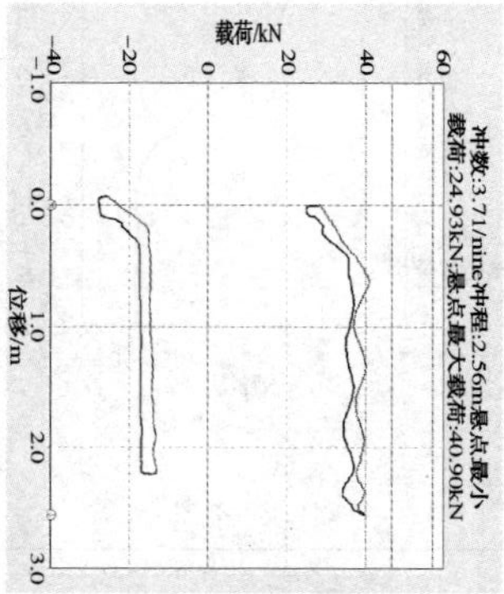
2	镇 316-773	镇 252	1.8	4.0	28	1611	1.30	0.88	19.6	1579	19.4	55.6	16.8	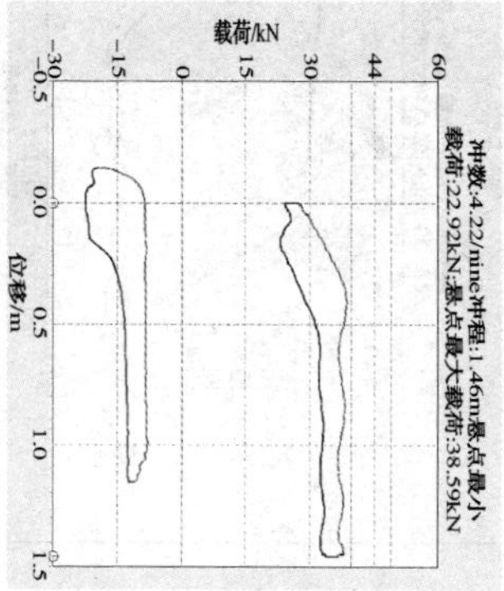

续表

序号	井号	区块	安装后									
			冲程/m	冲次/(n/min)	液量/m^3	油量/t	含水/%	液面/m	泵效/%	日耗电/(kw·h)	系统效率/%	示功图
1	镇 314-775	镇 252	2.55	0.23	0.36	0.18	40.5	1687	69.3	12.8	35.6	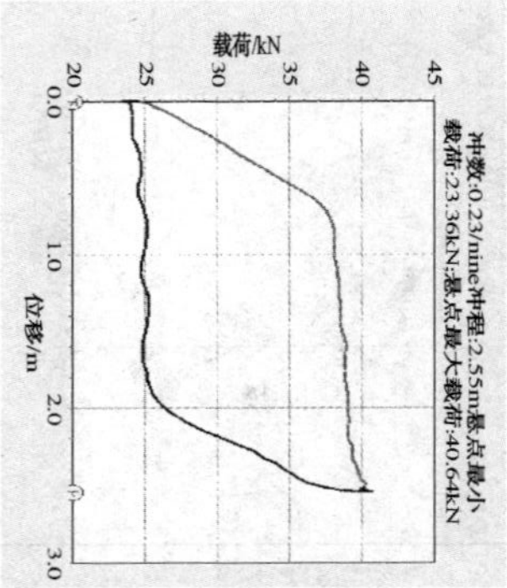
2	镇 316-773	镇 252	1.74	0.99	1.24	0.85	18.9	1607	81.2	19.8	34.2	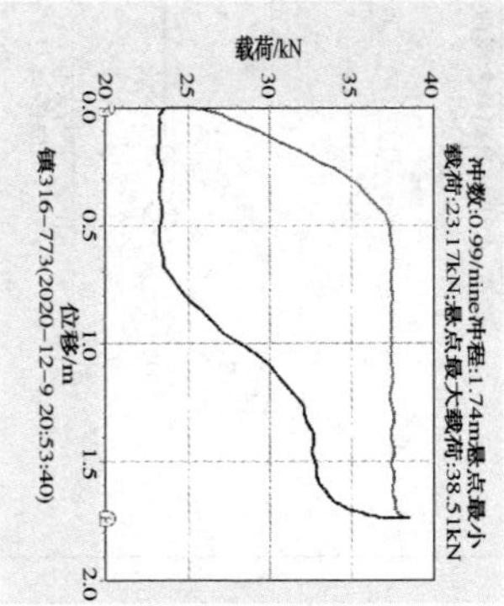

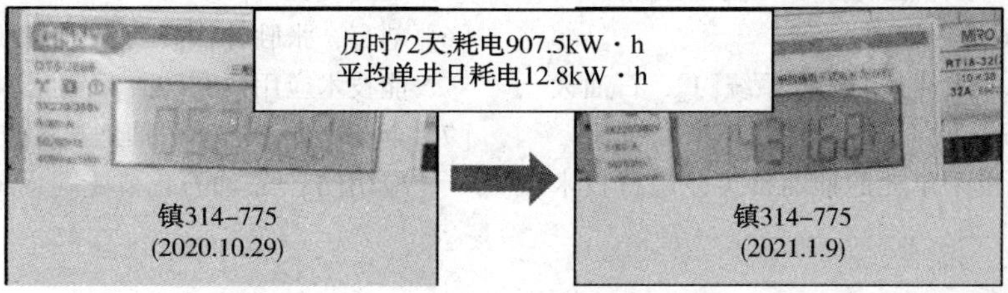

图 4　镇 314-775 配套后耗电情况计量

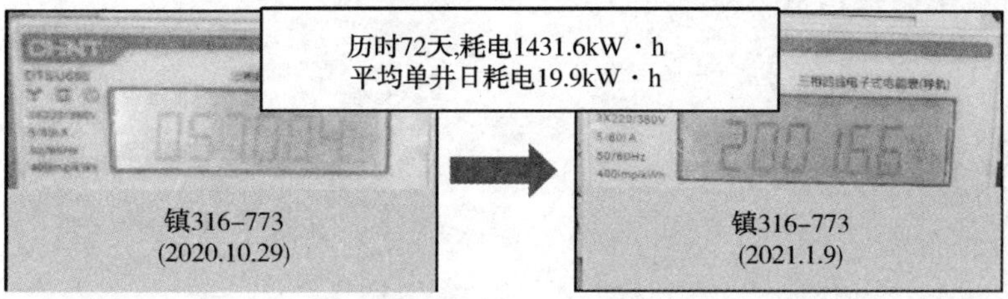

图 5　镇 314-775 配套后耗电情况计量

表 4　机采井伺服控制技术试验统计表

序号	安装前						安装后				
	井号	冲程	冲次	液量	泵效	日耗电	冲程	冲次	液量	泵效	日耗电
1	镇 314-775	2.5	2.0	0.41	6.9	52.1	2.5	0.2	0.36	69.3	12.8
2	镇 316-773	1.8	4.0	1.31	19.4	81.5	1.8	1.0	1.24	81.2	20.4
合计		2.15	3.0	0.86	13.2	66.8	2.2	0.6	0.80	75.3	16.6

3.3　效益评价

(1) 经济效益

根据试验结果，单井日节电 50 度/天，每年运行时间按 365 天计，则单井年节电量费：50 度/天×365 天×0.62 元/度 = 1.13 万元；冲程降低，检泵周期延长，平均单井年减少检泵作业 0.5 次，按每次检泵 1.7 万元，每年节约检泵费用：1.7 万元/次×0.5 次 = 0.85 万元，单井年经济效益：1.13+10.85 = 1.98 万元。

该套单价 2.5 万元/套，预计 15 个月后可完全收回成本。

(2) 社会效益

该技术可实现抽油机现场智能化控制，有效实现节能降耗，提高泵效，降低作业频次，有效节省人力、物力，可以节约大量的资源，创造效益，有利支撑国家节能减排政策，社会意义巨大。

4　结论与建议

(1) 该技术不仅适用于高冲次井，也适用于低冲次油井，尤其是供液严重不足的间抽井，可实现超低冲次（0.2～2.0n/min）稳定生产，减少无效冲次，节能效果明显。

(2) 该技术冲次调节方便，根据实际生产需求，在控制面板即可完成冲次的设置与调整，改变传统的依靠调节皮带轮直径调整冲次的方法，降低员工劳动强度。

(3) 该技术全程变速运行，可以大大减缓运行中的交变载荷，具有减少冲程损失，提高泵效；减少管杆偏磨，延长管杆使用寿命，延长检泵周期，降低开发成本的技术优势。

(4) 该技术与共用直流母线技术配套应用，可充分利用抽油机反拖发电，提高功率因数，降低变压器容量，实现节能降本。

参　考　文　献

[1] 陈志军．基于动液面的智能采油控制系统[J]．科技资讯，2011，20：58.

[2] 白殿春．智能采油系统研究[D]．沈阳．沈阳工业大学，2007，3：1+66.

[3] 白山．智能采油控制系统研究[J]．沈阳工业大学报，2007，10：546+549.
[4] 王以法．新一代智能采油井的测控系统[J]．石油大学学报(自然科版)，2011. 10：49+52.
[5] 于海山．基于降低机采单耗的抽油机柔性运行技术研究与应用[J]．油气藏评价与开发．2015(02).
[6] 刘京，张胜林，黄红星．游梁式抽油机柔性运行节能技术应用研究[J]．石油石化节能，2013(04).
[7] 李杨．低渗透油田抽油机智能柔性控制技术研究与应用[J]．石油石化节能同，2020，10(12).

苏里格气田气井智能注剂装置研发与应用

程世东[1,2]　李永清[1,2]　李　珍[1,2]　吴利利[1,2]　陈荣环[1,2]

（1. 中国石油长庆油田公司油气工艺研究院；2. 低渗透油气田勘探开发国家工程实验室）

摘　要　苏里格气田总井数达1.4万余口，采取泡沫排水采气井7500余口，以井口人工加注方式为主，加药制度难以落实，效果无法保证。部分试验的自动注剂装置受电力、成本等问题，未推广应用。通过对苏里格气田井下节流工艺分析，以气动增压技术为核心，总结积液诊断依据及积液量计算方法并开发智能控制软件，研发了一种利用油套压差驱动的气井气动增压智能注剂装置。经现场运行，该装置安全可靠，利用气井自身能量实现了“一井一工艺”的气井排水采气措施；装置每天耗电3.3w，无需配套电力供应系统，使人工加药周期由3天延长至30天。

关键词　苏里格气田；排水采气；气动增压；智能；注剂装置

苏里格气田是我国已发现并实现规模开发的最大天然气田，是我国陆上最大的天然气枢纽中心。按照规划，将会建成上万口井、上百座集气站。苏里格气田采取井下节流工艺的中低压集气模式，形成了气井井口油管与套管的高差压势能。在开采过程中，地层能量逐渐降低，气体携带井底积液能力减弱，井筒积液增多，导致天然气产量下降，甚至水淹。目前，解决气井积液的主体技术是泡沫排水采气技术，以井口人工加注方式为主。受人力、气候、道路等影响，加药制度难以落实，效果不易保证。在用的单井井口电动加注装置，只能采用太阳能风能互补的方式解决动力来源，造成装置的电源配套成本居高不下、稳定性不高、维护工作量大，无法满足生产需求，急需开展其他方式的井口智能注剂技术研究。

1　工艺流程设计及关键设备研发

如图1所示，工艺主要设计包括气路流程及液路流程，关键设备为气动增压泵。

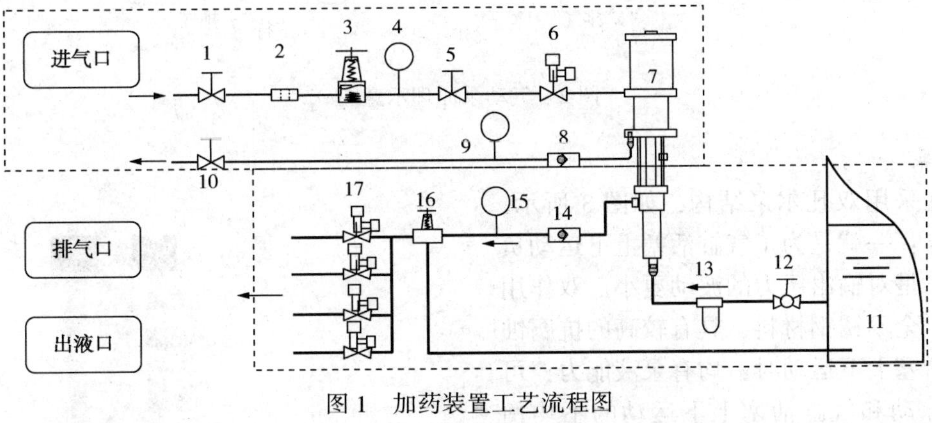

图1　加药装置工艺流程图

1—阀门；2—单向阀；3—调压阀；4—压力表；5—阀门；6—电磁阀；7—气动增压泵；8—单向阀；9—压力表；10—阀门；11—药箱；12—阀门；13—过滤器；14—单向阀；15—压力表；16—三通阀；17—电磁阀

1.1　气路流程

如图1上方红框虚线所示，气路主要包括进气减压、排气及增压泵。进气流程主要包括闸阀、单向阀、减压阀、压力表、电磁阀；排气流程主要包括单向阀、压力表、闸阀。

1.2　液路流程

如图1下方红框虚线所示，液路主要包括药箱、过滤器、单向阀、压力表、八路阀岛等。其中，排液泵与气动泵刚性直连。

1.3 气动增压泵设计

基金项目：中国石油天然气集团公司重大科技专项“长庆油田5000万吨持续高效稳产关键技术研究与应用”——“采油采气关键技术研究”。

结构示意如图4所示，气动增压泵为装置的核心部件，通过内部换向阀实现高压条件下稳定换向，分为气动泵和液压泵。

1.3.1 气动泵设计及工作原理

（1）结构设计

气动泵上下运动的气流换向，设计为机械内换向方式，驱动气体在泵腔内流向不变；泵腔内部活塞顶部设计有机械运动和位置切换装置，控制进、排气体的气门关闭和打开。缸体设计成套缸形式，解决了气流换向，保证了对外零泄漏、零排放问题。

（2）工作原理

如图2所示，活塞上行时(左图)，进气门关闭，排气门打开的情况下，由于气压差气体推动活塞上行，直至气缸顶部，因机械限位使排气门关闭，进气门也同时打开，活塞开始下行(右图)，完成下行的换向。当活塞下行至下机械限位点后，又将进气门关闭，排气门打开，活塞又开始上行，完成上行的换向。进、排气门设计在同一横担机构上，并附有特殊定位和稳定机构，气缸在工作时，进、排气门一开一闭，以保证活塞运动的可靠性。

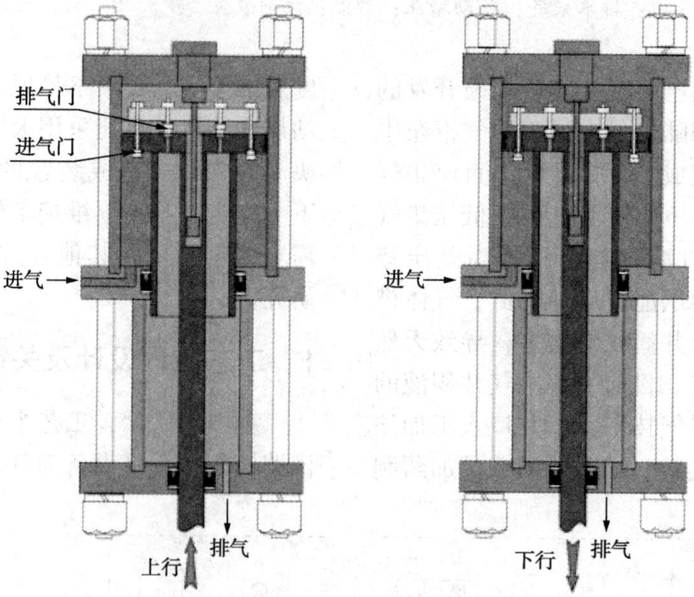

图2 气动泵原理示意图

1.3.2 液压泵

液压泵在采用双凡尔泵结构，如图3所示，具备两个优点：一就是为了气缸活塞上下运动负载更平稳；二是对输出压力的波动更小。双作用凡尔往复泵，全不锈钢材料，具有较高的抗腐蚀能力。气缸活塞上下运动时，均有泵液能力，可减少压力的脉动和气缸活塞上下运动的不均衡性。液缸的缸体、活塞的材料全部选用了304、316L，提高其防腐能力。所配套的密封件均使用德国进口高温高压骨架油封 simrit CFW 密封件。

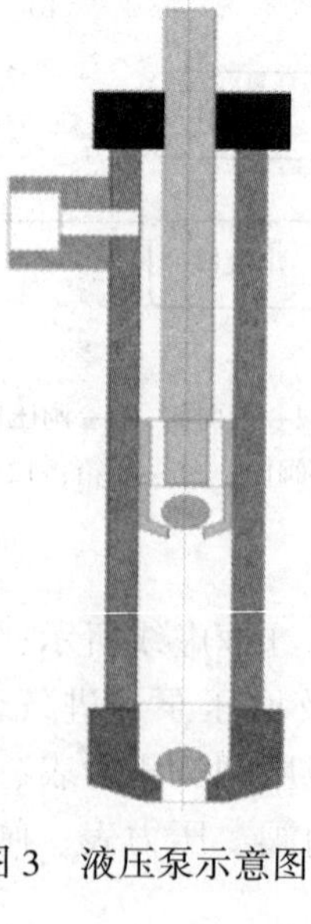

图3 液压泵示意图

1.3.3 气动增压泵合成

气动泵与液压泵采取刚性连接，具有相同频率，结构示意图如图4所示。

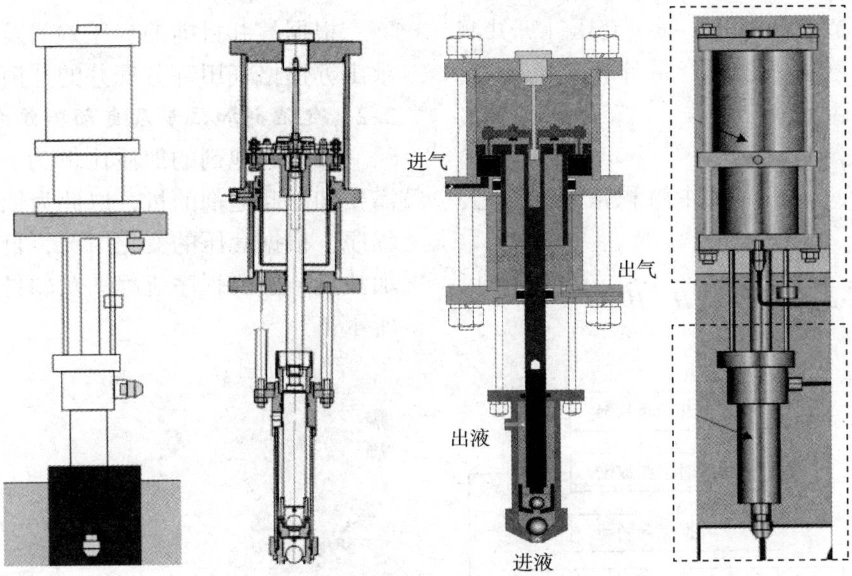

图4　气动增压泵结构示意图

其主要特点如下：

①缸体采用不锈钢材料；②进气采用调压阀调整后压力，小于 5MPa；③排气压力小于 3MPa；④驱动缸有效直径 105mm，加压腔有效直径 22mm，增压比 22∶1；⑤液路增压压力 20MPa。

1.4　装置工作原理

如图 1 所示，打开各阀门，套管气经进气口进入进气管线，调压阀 3 将套管气降压至 2～5MPa 后进入气动增压泵 7，该泵活塞在套管减压气驱动下进行垂直方向的往复运动(增压比为 22∶1)，而泵腔内气体经单向阀 8 排入井口生产管线；活塞运动过程中，药剂从药箱 11 经过滤器 13 被吸入气动增压泵并被增压排入药剂加注管线，电磁阀 17 在加药控制器作用下打开其中一路阀门，并按照设定完成目标井的药剂加注。霍尔开关记录每次泵运行情况，通过运动次数计算加药量，同时与药罐液位计联动，保证按工艺需求进行药剂加注。

2　智能控制算法开发

2.1　积液诊断依据及积液量计算方法

气井积液诊断需考虑井下有节流器和无节流器两种情况。

(1) 针对无节流器气井。积液的诊断主要依靠油套压差进行诊断。根据实际生产数据判断气井是否积液，首先对气井进行临界携液判断，在采用井筒油压及产气量，计算气井在无积液的条件下井筒的理论套压，综合判读气井的理论套压、实际套压及套压差值的变化关系进行判读。诊断依据总结如表 1 所示。

表 1　单井积液诊断判据表

	原理	描述
判据一	$\begin{cases} v_c = A\left[\dfrac{\sigma(\rho_l-\rho_g)}{\rho^2{}_g}\right]^{0.25} \\ A=-0.9622\ln(GWR)+13.757 \\ GWR>1370 \end{cases}$	苏里格 900 余口井验证的临界携液流量模型
判据二	$p_{t0}-p_{t1}>0$	井口实际流压与理论流压的对比值
判据三	$p_c-p_{wf}>\Delta p_{f0}$	实际油套压差与理论压差对比
判据四	$\Delta p_c>0$	采集一定间隔套压变化量
判据五	$q_g-q_{g0}>0$	前产气量小于前一个完全排液结束时的产量
判据六	$p_t-p_{t0}>0$	采集一定间隔井口流压变化量

（2）针对有节流器气井。通过套压计算井底压力，然后通过气嘴直径和产量计算流压梯度，从而诊断气井是否积液。

（3）积液计算

综合第（1）、第（2），井筒积液量计算公式为：

$$Q_2=\frac{\pi}{4}D^2\left[H(1-\Delta p_c\cdot C_g)+(H'-H)+\frac{\Delta H+\Delta H'}{2}\right]$$

根据气井目前油套压差值及以上公式，可以求出苏里格气田部分气井的井筒积液量。

2.2　起泡剂加注量及自动加注方法

根据起泡剂的加注比例为5‰，由此计算出需要加注起泡剂的量，以此为依据开发智能控制程序，根据套压的变化情况，自动调节起泡剂的加注量。主要程序流程图及软件操作界面如图5所示。

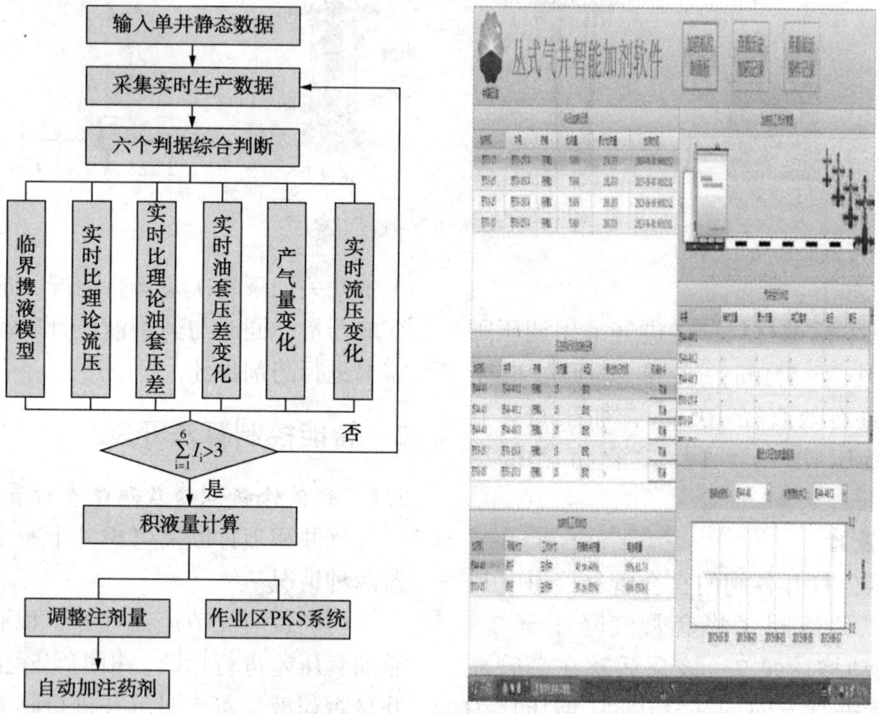

图5　智能加注程序流程图及软件操作界面

软件可根据起泡剂加注比例及气井生产数据变化情况，自动计算调节加注量，实现注剂制度自动优化，注剂设备自动控制，注剂参数实施监控。

（1）加药周期：加药间隔由2min到28d自由配置，单次远程手动加药时长由10s到11h可自由配置。

（2）实时监控：积液量、加注量、电量、液位等参数，当出现电量或液位低于有效运行状态时，软件自动发出报警。

3　装置设计及研发

3.1　工艺设计与工作原理

丛式气井气动加药装置在无外动力条件下，利用气井套管与油管压力差，使单向流动的气体驱动高压气动泵完成药剂加注。

工艺流程：如图6所示，在井口套管取压口处安装取气阀门，套管气降压至2~5MPa后进入气动泵，而泵腔内气体经单向阀排入井口生产管线；该泵气动活塞在气体驱动下，与液泵活塞在垂直方向进行同步的往复运动，药剂从药箱经过滤器被吸入液泵活塞内并加注至套管环套空间。在此过程中，加药控制器（RTU）控制多路分配阀组完成各井药剂加注，实现丛式井注剂流程自动切换。如图6红色虚线所示，RTU控制气路电磁阀开关来控制装置的启停；计数器将数据上传至RTU确定注剂量，达到注剂量控制气路电磁阀关断使装置停止工作；药箱液位计上传液位，具备低液报警功能。

3.2　整体结构设计及研发

气井气动增压智能注剂装置全部进行了模块化结构设计，主要包括气动泵和增压泵单元、液路分配单元、仪表操控单元、电控及通信单元和药箱单元，结构设计如图 7 所示，装置加工图如图 8 所示。

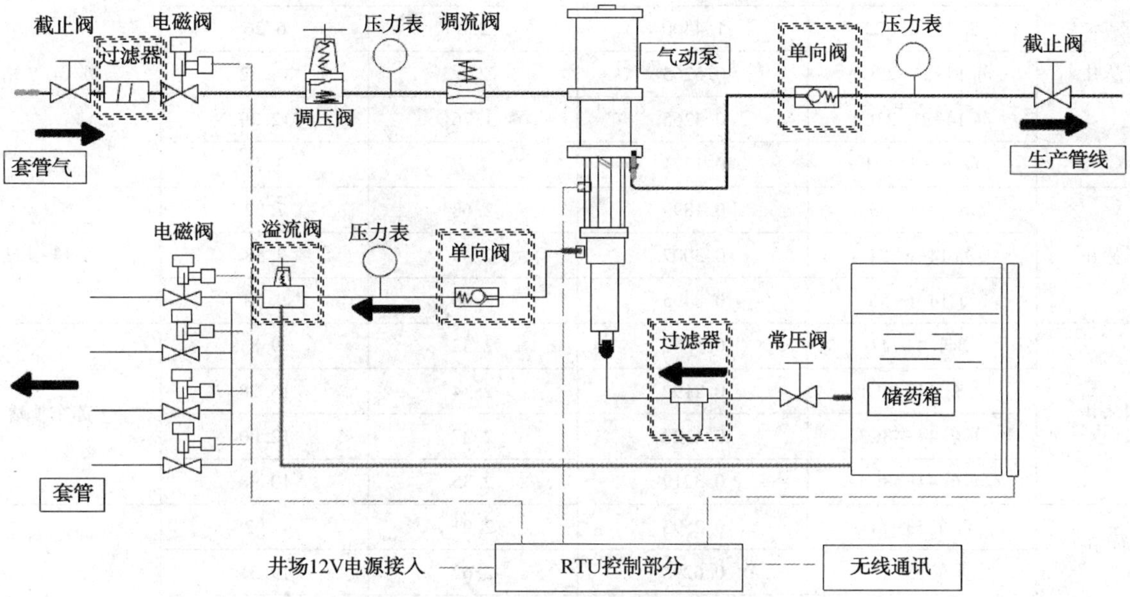

图 6　工艺及控制示意图

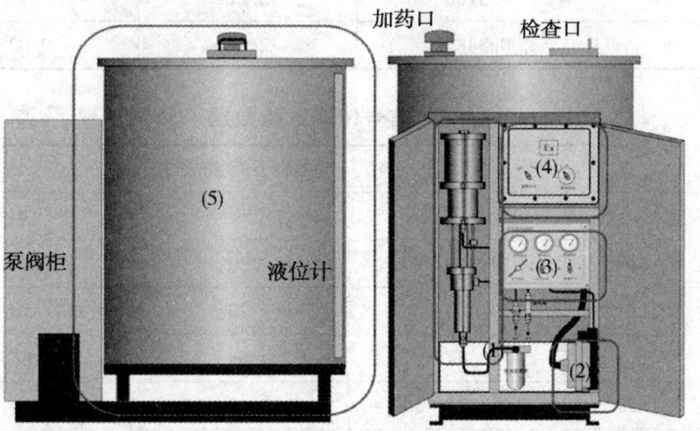

图 7　装置结构设计图

1—气动泵和增压泵单元；2—液路分配单元；3—仪表操控单元；4—电控及通讯单元；5—药箱单元

4　现场应用

4.1　性能测试

以苏里格气田 5 个丛式井组现场应用为例，验证远程数据及信号传输准确性和及时性、加药量准确度以及设备的运行稳定性。5 个丛井基本信息如表 2 所示。

远程数据及信号传输准确性和及时性、加药量准确率如表 3、表 4 所示：

表 2　试验井基本信息

井丛数	井号	日产气量/(10^4m^3/d)	油压/MPa	套压/MPa	集气站
四丛井	苏东 32-23	0.5693	1.37	7.77	苏东 7 站
	苏东 33-24	0.7243	1.06	13.69	
	苏东 32-25	0.3621	0.72	7.05	
	苏东 32-24c1	0.6337	0.97	10.10	

续表

井丛数	井号	日产气量/(10^4m^3/d)	油压/MPa	套压/MPa	集气站
五丛井	苏14-21-23	0.3600	3.7	8.28	苏14-7站
	苏14-21-22	1.4400	2.8	6.26	
	苏14-21-23C3	0.5265	2.8	14.52	
	苏14-21-23C4	0.4265	1.76	12.39	
	苏14-21-21	0.1577	2.7	3.75	
三丛井	苏14-6-53	0.1899	2.68	7.82	苏14-4站
	苏14-6-54	0.3007	2.49	2.58	
	苏14-6-55	0.8495	2.66	9.30	
四丛井	苏东44-47	0.5882	2.53	9.8	苏东1站
	苏东44-48C1	0.2192	2.34	15.28	
	苏东44-48C3	0.4128	2.37	12.00	
	苏东44-48C4	0.3219	2.35	10.98	
五丛井	苏东53-14	0.2593	2.91	4.92	苏东4站
	苏东53-15	0.6298	2.62	19.31	
	苏东53-15C3	0.1257	2.63	8.28	
	苏东53-15C4	0.3168	3.06	7.71	
	苏东53-16	0.3485	2.12	9.62	

表3　信号传输试验数据

项目	远程开启和关闭				
试验次数	1	2	3	4	5
远程开	10：20：10	10：40：30	11：20：33	11：50：45	12：20：11
动作时间	10：20：14	10：40：35	11：20：38	11：50：51	12：20：17
滞后时间/s	4s	5s	5s	6s	6s
远程关	10：30：20	11：01：50	11：40：13	12：10：24	12：40：37
动作时间	10：30：23	11：01：54	11：40：17	12：10：27	12：40：42
滞后时间/s	3s	4s	4s	3s	5s

表4　现场试验调试数据

井号	套压/MPa	泵压/MPa	设定加注量/L	液位计差/cm	实际加注量/L	加注时间/min	加注准确度/%
苏东32-23	7.77	7.85	50	3	43.2	33	86.4
苏东33-24	13.69	14.1	50	2.8	40.32	35	80.64
苏东32-25	7.05	7.4	50	3.1	44.64	32	89.28
苏东32-24C1	10.1	10.8	50	2.9	41.76	33	83.52
苏14-6-53	7.82	8.02	50	2.9	41.76	33	83.52
苏14-6-54	2.58	2.7	30	1.7	24.48	17	81.6
苏14-6-55	9.3	9.7	50	3	43.2	34	86.4

通过对如表3、表4试验数据分析，装置的远程传输准确率100%，信号滞后3~6s，加药量的准确度平均84.48%，满足现场加注需求。

4.2 试验效果

以苏东34-59井为例，如图8所示，该井加药前油压2.33MPa，套压10.53MPa，采用气动增压智能注剂装置加注起泡剂一个月后，套压降至5.05MPa，油套压差由8.2MPa降至2.86MPa，产气量由0.8753×$10^4m^3/d$增至2.5915×$10^4m^3/d$。

装置已累计应用135口井，平均增产34.4%。远程控制软件已嵌入作业区PKS轮训系统，提高了泡排精细管理水平。如表5所示，列出投产后部分气井效果统计。

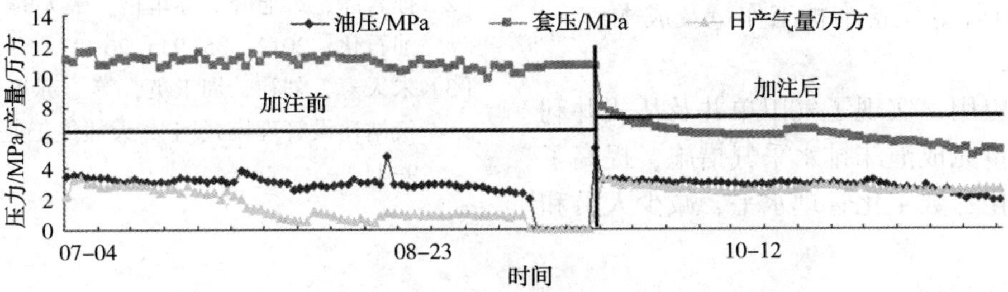

图8　苏东34-59井生产数据曲线

表5　试验井试验效果统计表

井号	加注前			加注后			增产比例/%
	油压/MPa	套压/MPa	产气量/($10^4m^3/d$)	油压/MPa	套压/MPa	产气量/($10^4m^3/d$)	
苏东24-53	1.04	10.4	0.5882	1.24	6.55	0.9743	65.64
苏东24-53C2	1	8.8	0.4128	1.02	7.25	0.5142	24.56
苏东22-45	2.99	12.1	0.3465	2.87	10.32	0.4872	40.61
苏东23-45	2.87	6.64	0.2957	0.95	5.44	0.3041	2.84
苏东22-44	3.01	12.9	0.2459	3.14	5.24	0.2672	8.66
苏东34-57	1.95	10.68	0.6472	1.88	8.71	0.8421	30.11
苏东34-58	1.65	6.75	1.4921	1.53	3.17	1.9543	30.98
苏东34-59	2.33	10.53	0.8753	2.19	5.05	2.5915	196.07
苏东24-59	1.95	10.97	0.8459	1.79	8.64	0.9427	11.44
苏14-4-06	1.14	10.38	0.5693	1.22	9.43	0.6487	13.95
苏14-4-05	1.11	8.88	0.3349	1.32	7.41	0.3421	2.15
苏14-4-06C1	1.09	0.18	0.6337	1.38	0.18	0.7581	19.63
苏14-19-13	1.09	5.87	0.36	1.15	5.42	0.3941	9.47
苏14-19-14	1.07	3.57	1.44	1.27	3.54	1.4513	0.78
苏14-21-18C2	1.2	10.77	0.1899	1.28	7.42	0.3721	95.95
苏14-21-18C1	1.11	10.04	0.3007	1.24	8.69	0.3871	28.73
苏14-21-18	1.14	5.25	0.8495	1.28	5.16	0.8761	3.13
平均	/	/	/	/	/	/	34.39

5 经济及社会效益

5.1 经济效益

丛式气井注剂装置6万元/套，设备折旧费取1.0万元/年，设备维护费0.5万元/年，上井补充药剂1次/月，400元/次(外包)，现场应用34套135口井，年均成本：34×(1.0+0.5+0.04×12)=67.32万元。

(1) 与人工泡排对比：年节约成本 580.68 万元

人工泡排采取外包，400 元/井次，3 天 1 次，120 次/(年．井)，年均成本：0.04×120×135=648 万元。

(2) 与单井自动泡排装置对比：平均 5.0 万元/套，可减少装置数量 101 套，降低设备投资 471 万元，还可降低设备维护工作量及成本。

5.2 社会效益

该技术的应用，实现了气田单井及丛式井利用气井自身能量完成泡沫排水采气措施，提高了气井泡排精细化、数字化管理水平，减少人员和车辆动用次数，大幅降低劳动强度及安全风险，社会效益显著。

参 考 文 献

[1] 何东博，贾爱林，冀光，等．苏里格大型致密砂岩气田开发井型井网技术[J]．石油勘探与开发，2013，40(1)：79-89.

[2] 孙岩冰，彭旭峰．苏里格，最大的气田[J]．中国石油石化，2012，35(9)：26-27.

[3] 朱天寿，刘祎，周玉英，等．苏里格气田数字化集气站建设管理模式[J]．天然气工业，2011，31(2)：9-11.

井口快装式单流阀的研制与应用

景忠峰　郑德贵　李凯凯　杨凯澜　张　通

（中国石油长庆油田公司）

摘　要　在石油生产过程中，原油从单井采出后进入并联式集输管道中，当单井发生油管破漏、油管落井、光杆断脱等情况时，集输管道中的原油会向泄漏点回流，导致原油从井口喷出或流入井筒进入地层，造成原油产量损失及环境污染。为此设计了一种安装便利、使用维护的单流阀，安装在单井的井口，使井口输油管线具备自动防回流的功能。经过现场的试验及应用，该单流阀在集输管线防回流上的具有良好的可靠性，具有良好的推广应用前景。

关键词　集输；单流阀；回流

长庆油田属于超低渗油田，井场原油集输是丛式井组采油集输。在石油生产过程中，油井因井下工具漏失等原因造成已采出原油流回井内形成倒灌；另一方面，光杆断脱后地面管线原油倒流从盘根盒喷出，因此油井井口流程上安装的单流阀就成为防止倒灌和倒流不可或缺的配套设备。

单井出现上述故障时，需要值班人员及时发现并关闭集输管线上的闸板阀来阻止集输管线原油回流。特制防回流的单流阀，在安装时需要井口切断管线安装，程序繁琐，更换维护比较复杂。因此研制了一种井口快装式单流阀，在不改变井口原有管线的情况下，使井口管汇具备防止原油回流的功能。

1　设计结构及原理

1.1　结构

井口快装式单流阀主要由壳体、阀座、密封圈、阀座支架、阀板总成等构成，其结构如图1所示。阀板总成：包括扭簧、阀板、密封胶垫、紧固螺栓、旋转轴销。

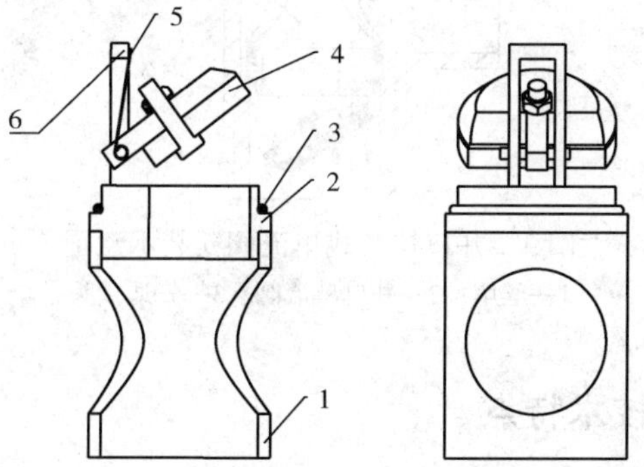

图1　井口快装式单流阀结构图

1—壳体；2—阀座；3—密封圈；4—阀板总成；5—扭矩弹簧；6—阀座支架

1.2　工作原理

单井的采油集输流程(图2)，井口快装式单流阀安装在井口拐角三通(或四通)接头内，单流阀阀座与管线端面配合，利用接头的丝堵固定。

单流阀在弹簧作用下保持关闭，当井口油压大于回压和弹簧作用力时，单流阀开启使井口原油输入集输管线中去；当井口油压小于回压时单流阀关闭，防止原油反流到井口。

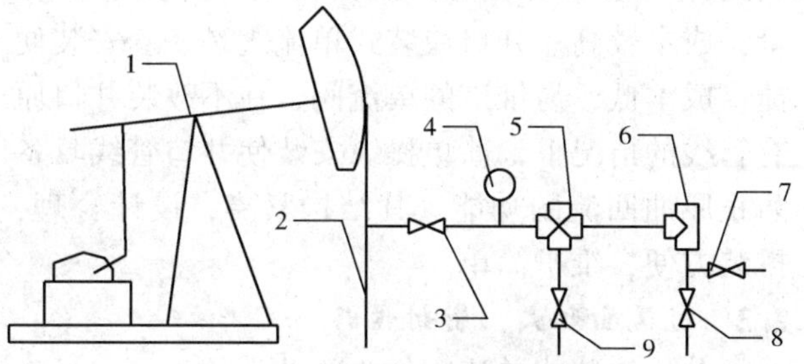

图2　单井采油集输流程图

1—游梁式抽油机；2—井口出液管线；3—生产阀门；4—井口压力表；5 四通接头；6—三通接头；7—取样阀门；8—回压阀门1；9—回压阀门2

安装井口快装式单流阀，消除集输管线回压对井下管串的介入，在井口压力表上观察压力变化：抽油机上冲程时井口压力最高上升到系统回压就不再上升，抽油机下冲程时井口压力逐渐变小，压力为零，作为安装单流阀后现场判断可靠性的参数。

1.3 安装方法

如图 3 示，安装该单流阀时，停抽油机，关生产闸门、回压闸门，放空后打开三通(四通)卸掉丝堵，将单流阀插入，拧紧丝堵即完成安装。安装完成后，打开回压闸门和放空小闸门，验证是否密封(无液体排出为密封状态良好)；取出时，先停井关闭生产闸门和回压闸门，放空后打开三通上的丝堵，取出该工具即可。单流阀安装拆卸过程 10min 可以完成。

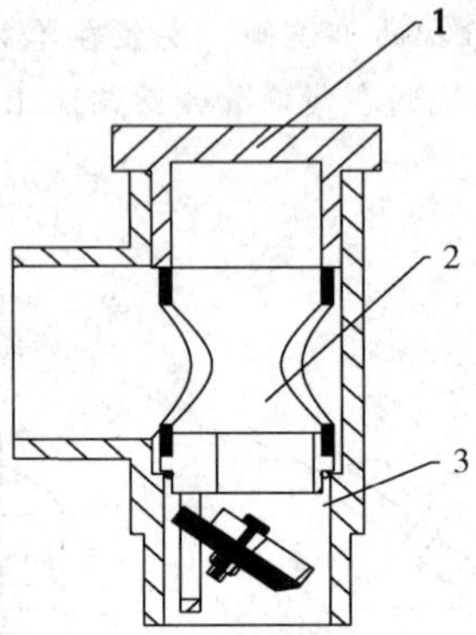

图 3　井口快装式单流阀安装示意图

1—丝堵；2—井口单流阀；3—三通接头

2 技术特点

2.1 设计紧凑，拆装维护简单

长庆油田丛式井组集输管线无单流阀装置设计，要在现有条件下大批量采购成型的单流阀安装到井口输油管线上，需要切割、焊接等工作量，成本较高。井口快装式单流阀是一套安装便捷、成本低、易推广的单流阀，在不改装井口原有管线的情况下，简单操纵安装使井口管线具备防止原油回流的功能。其结构紧凑，设计合理，拆装方便，维护简单。

2.2 过流面积大，密封性好

井口快装式单流阀作为阀芯类的工具，过流量大，比普通弹簧式的单流阀心有明显优势。目前 DN50 型的中心过流面积相当于 Φ35mm 直径的圆孔，做到了同类阀芯中过滤面积的最大化。其阀座采用线切割技术加工，确保了精度和密封性能，在弹簧的作用下，阀板自动回位，确保了单向流通功能。

2.3 耐腐蚀性强，可靠性强

壳体与阀座采用不锈钢材料，耐腐蚀性好，密封严，底单流阀关闭后可承受 15MPa 压力不渗漏。单流阀扭矩弹簧选用弹簧用不锈钢丝 YB(T)11 系列中的 1Cr18Ni9 不锈钢丝制作，具有良好的耐腐蚀、高低温、耐腐蚀。

3 实验应用

为保证井口单流阀质量，对设计的井口单流阀进行了效果验证、可靠性试验。

3.1 实用效果验证

2016 年 2 月至 2016 年 8 月，井口快装式单流阀在长庆油田第六采油厂的砖井作业区、安五作业区、长西等 113 口井上进行了 150 多次生产试验，反复改进，并进行了超过一年的定型试验，通过生产实际检验合格(表 1)。

表 1　实用效果验证

序号	单位	数量/口	试验情况	结论
1	砖井	43	未出现回流及喷油	合格
2	安五	42	未出现回流及喷油	合格
3	长西	28	未出现回流及喷油	合格

3.2 可靠性验证

2016 年 9 月至 2018 年 9 月，组织开展定型试验，在安边、学庄、安五等进行区块投放生产试验，试验井数 60 口，时长 24 个月，工具均使用良好，未出现质量问题(表 2)。

表 2　井口单流阀可靠性验证

序号	单位	数量/口	使用寿命	结论
1	安边	20	≥730d	合格
2	学庄	20	≥730d	合格
3	安五	20	≥730d	合格

3.3 推广情况

2018 年 10 月开始在第六采油厂进行全面推广。目前井口快装式单流阀已进入生产物资系统并取得了物资编号，正在全油田进行推广使用。

2019 年一季度，采油六厂采购 1000 套进行推广安装，并计划编入产建项目投产方案中，新建设的油井全部采用该装置。

4 结论

(1) 井口快装式单流阀防回流功能可靠，特别适用于丛式井组集输管线；

(2) 安装简单，不需改造现有流程即可完成快速安装，效率高，不影响采油生产；

(3) 过流面积最大化，可适用于产量较

高井；

（4）减少上覆压力，改善抽油泵吸入工况，提高泵效延长检泵周期；

（5）能有效防止蜡堵且AB线通用；

（6）集输管线扫线时无需井口放空卸压。

参考文献

[1] 冯永江，张峻，时新东，等．新型油井单流阀的研制与应用[J]．石油机械．2008，36(11)：75-76.

[2] 机械设计手册编委会．机械设计手册[M]．北京：机械工业出版社，2004.

智慧钻井短起时机评估算法研究

马志忠 徐 彤 袁则名 陈 波 袁洪水 和鹏飞

(中海油能源发展股份有限公司工程技术分公司)

摘 要 在石油钻井作业中，短起时机的安排往往非常重要。对短起时机安排，业界通常的做法都是基于长期积累的经验。在数字化时代，如何利用数据进行分析，科学的评估判断短起时机一直是一个困扰业界的难题。中海油钻完井数据中心通过历史大数据统计分析、软件模拟计算，建立了一种基于实时数据的短起时机判断算法并进行了实际应用，效果良好。

关键词 钻井；短起时机；算法；数字化；模拟计算

1 前言

钻井是石油勘探开发中非常重要的一个阶段，是一项高投资、高风险的作业。钻井工程需要对作业中采集的大量数据进行系统研究分析，从而不断完善和优化钻井工艺技术，实现提高作业效率、减小作业风险的目的。在钻井过程中，由于种种因素限制，不可避免的需要进行短起作业，以便修整井眼，判断井下情况，为后续作业提供参考依据。短起时机的安排往往非常重要，短起时机安排的不合理，轻则可能降低作业时效，重则可能造成复杂情况或事故。业界通常的做法都是基于经验法，经验性突出，无法满足数字化时代钻井作业的需要。如何利用数字化技术科学的评估判断短起时机一直是一个困扰业界的难题。

中海油钻完井数据中心(以下简称实时中心)是中海油第一个实时在线辅助决策系统，是由中海油集团公司 2012 年投资建设的重点信息化项目，肩负着为集团公司提高作业效率，降低作业复杂及事故的使命。该系统可以接收、存储并显示钻井过程中产生的各种参数。陆地实时中心人员，可以利用这些实时数据对现场作业情况进行监测、跟踪、分析，及时发现问题，对现场下一步作业进行数字化模拟预测，为现场提供作业建议和决策依据，使决策过程由经验主义变到科学轨道上来，实现科学化决策，数字化智慧钻井。数据中心利用大量历史数据和实时数据进行了探索尝试，希望借助大数据分析与软件模拟计算，找到一种方法，实现短起时机的科学判断，为作业现场提供短起时机决策依据，从而提高作业效率。

2 技术思路

在研究此课题时，提出了这样一个问题：什么样的井不需要进行短起？在经过了一番思考后，认为具备以下三点的井不需要短起：

(1) 井眼清洁状况足够好，不存在因为井眼情况不佳而引起岩屑堆积形成岩屑床的情况。

(2) 井筒摩阻扭矩发展趋势稳定，不存在随着钻进而出现井筒摩阻增大明显而导致复杂情况的发生。

(3) 不存在钻井液与地层相互作用而引起井壁失稳，起下钻、划眼异常困难等情况。

以上三点是基于理想状态而做出的考量，现实中这种理想状态难于存在。因此，有必要找到一个可以接受的边界条件，在边界条件内，可以继续钻进而不需要短起，当超过边界条件后则需要短起。基于以上思考，并查阅了大量文献资料后，设定边界条件如下。

(1) 井眼清洁边界条件：程玉生在硕士论文《大斜度井井眼清洁状况分析及应用研究》中提到：一般将将井眼直径的 10% 作为岩屑床厚度的安全极限值。因此，将井筒岩屑床厚度不超过井眼直径的 10% 作为井眼清洁的边界条件。通过计算岩屑悬浮所需临界流速以及钻井液沿环空径向的流速分布，可以计算出井筒岩屑床厚度。

(2) 井筒摩阻边界条件：对数据库中的历史井，反演钻头进入新地层时井筒的摩擦系数以及短起前井筒的摩擦系数，利用大数据统计分析方法，按照短起过程是否顺利，建立摩擦系数增幅上限，将此增幅上限作为摩阻边界条件。

(3) 安全周期边界条件：对历史邻井短起下实际情况进行统计分析，按照短起过程是否顺利，得出区块安全周期上限。

按照以上边界条件建立三个变量：

A1：井筒岩屑岩屑床厚度<井眼直径的10%；

A2：井筒摩擦系数-钻头刚进入新地层摩擦系数<摩擦系数增幅上限；

A3：单次进尺间隔时间<区块安全周期。

利用三个变量，建立短起时机评估判断函数：$f=A1 \mid\mid A2 \mid\mid A3$

当函数 f 返回值为"真"时，则不需要短起；当函数 f 返回值为"假"时，则需要短起。

3 应用效果

对某油田2021年已完成的历史井各项数据进行了反演统计分析，并在X9井 ϕ215.9mm 井眼钻井作业过程中进行了应用，效果良好。

3.1 摩擦系数统计分析

对作业已完成的8口重点井进行了摩擦系数反演，按照钻头刚进入新地层摩擦系数、钻到短起深度时的摩擦系数，反演统计结果如下表1所示。

表1 摩擦系数统计表

井名	反演节点	摩擦系数（套管，裸眼）	起钻情况
X13	进入新地层	0.20，0.25	
	第一次短起	0.19，0.24	直起，顺利
	第二次短起	0.18，0.24	直起，顺利
	第三次短起	0.22，0.27	直起，顺利
X12	进入新地层	0.22，0.27	
	第一次短起	0.21，0.26	直起，顺利
	第二次短起	0.19，0.24	直起，顺利
X7	进入新地层	0.30，0.35	
	第一次短起	0.35，0.40	划眼
	第二次短起	0.31，0.36	直起，个别点过提未划眼
X6	进入新地层	0.35，0.40	
	第一次短起	0.30，0.35	直起，顺利
	第二次短起	0.27，0.32	直起，顺利

续表

井名	反演节点	摩擦系数（套管，裸眼）	起钻情况
X17	进入新地层	0.21，0.26	
	第一次短起	0.21，0.26	直起，顺利
	第二次短起	0.21，0.26	直起，顺利
	第三次短起	0.19，0.24	直起，顺利
	第四次短起	0.16，0.21	直起，顺利
X16	进入新地层	0.27，0.32	
	第一次短起	0.27，0.32	直起，顺利
	第二次短起	0.25，0.30	直起，顺利
	第三次短起	0.24，0.29	直起，顺利
X3	进入新地层	0.25，0.30	
	第一次短起	0.28，0.33	直起，顺利
	第二次短起	0.24，0.29	直起，顺利
X4	进入新地层	0.45，0.50	直起，顺利
	第一次短起	0.42，0.47	直起，顺利

可以看出，8口井中，只有X7井在短起过程中出现了过提需要划眼的情况，其余井均起钻顺利。X7井钻头刚进入新地层时反演的摩擦系数为CF=0.30/OF=0.35，第一次短起前反演的井筒摩擦系数为CF=0.35/OF=0.40，两组摩擦系数差值为0.05，因此将此差值作为井筒摩阻边界上限值。

3.2 区块安全周期统计

对X9井所在区块历史邻井各次短起下进尺及间隔时间进行统计，如下表2所示。

可以看出，X3井在钻达5203m时进行了一次短起，进尺353m，间隔时间41小时。随后在钻达完钻井深5706m后进行了一次短起，进尺503m，间隔时间56小时，两次短起过程均顺利完成。X4井在钻达完钻井深5586m后进行了一次短起，进尺为661m，间隔时间107.25小时，短起过程顺利完成。通过两口历史邻井短起过程得出区块安全周期上限为107.25小时，并将此安全周期作为短起安全周期边界上限。

3.3 X9井岩屑床厚度计算

X9井在钻进过程中作业排量2200~2300L/min，转速120~130r/min，机械钻速10~20m/h，钻井液密度1.33g/cm^3，计算钻进过程中岩屑床厚度最大为4mm，小于井筒直径(ϕ215.9mm)的10%。具体计算如图1、图2所示。

表2　短起情况统计表

井名	第一次短起				第二次短起			
	起始深度/m	短起深度/m	进尺/m	间隔时间/h	起始深度/m	短起深度/m	进尺/m	间隔时间/m
X3	4850	5203	353	41	5203	5706	503	56
X4	4925	5586	661	107.25				

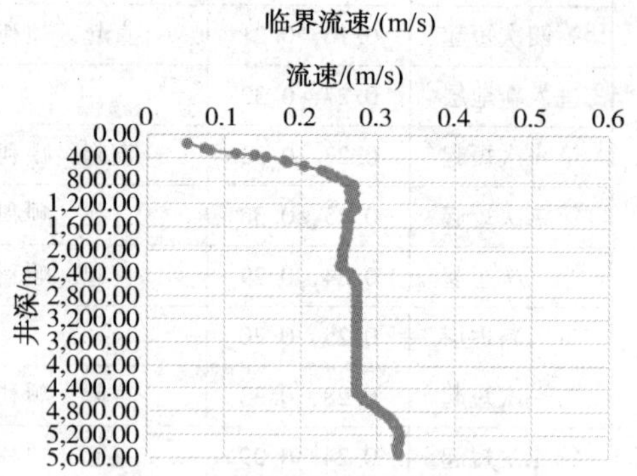

图1　岩屑悬浮临界流速计算图

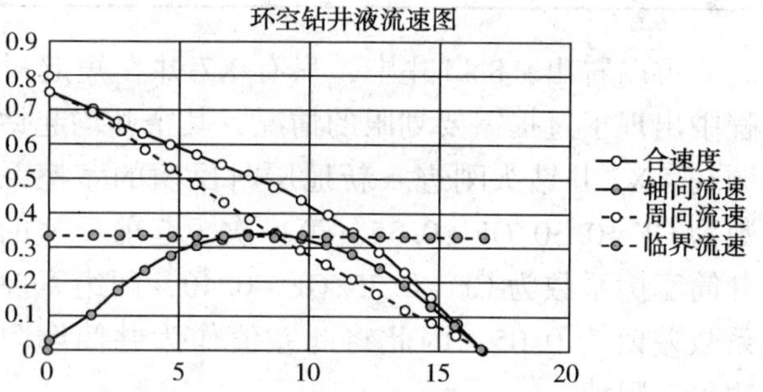

图2　钻井液流速计算图

3.4　X9井摩擦系数反演跟踪

对X9井作业过程中，实时监测反演钻进过程中的摩擦系数，具体如下表3所示。

表3　X9井摩擦系数统计表

井深/m	套管摩擦系数	裸眼摩擦系数
4520	0.27	0.32
4736	0.28	0.33
4940	0.26	0.31
5170	0.25	0.30
5390	0.24	0.29
5550	0.24	0.29

可以看出，刚进入新地层时反演的摩擦系数为CF=0.27/OF=0.32，在钻进至4736m时反演摩擦系数最大，为CF=0.28/OF=0.33，增幅为0.01，小于设定的增幅上限(0.05)。

3.5　X9井短起时机判断

根据短起时机判断函数，X9井在作业过程中岩屑床厚度小于井筒直径的10%，井筒摩擦系数增幅小于设定的增幅上限，那么在钻进过程中，只要间隔时间未超过区块的安全周期上限值107.25小时，则不需要进行短起。

X9井在钻达完钻井深5550m时，进尺为795m，间隔时间为92小时，短起时机判断函数返回值为“真”，因此作业过程中未安排短起。在钻达完钻井深后，进行了短起下作业，整个短起下过程井眼顺畅，作业顺利。

4　结论

（1）基于大数据统计分析及软件模拟计算，建立了一种短起时机评估判断的算法。

（2）在某油田进行了应用，应用效果较好，节省了作业工期。

（3）目前还未开发相关软件，计算过程较为缓慢，后续还需要进行优化并开发能与实时数据连接进行实时计算判断的相关软件，以提高判断的时效性。

参 考 文 献

[1] 汪光太，关岳，高魁旭，等．钻井历史数据分析利用的新视角与启示[J]．石油工业技术监督，2013，29(11)：19-23.

[2] 钱浩东，龚俊，彭轼，等．国内钻井数据库现状及发展应用前景[J]．钻采工艺，2010，33(1)：100-102.

[3] 王建军．基于Hadoop的钻井工程实时数据分析研究[D]．西安：西安石油大学，2016：20-22.

[4] 叶学芳，何跃．石油钻井信息系统中多维分析的设计[J]．计算机应用与软件，2010，27(11)：16-19.

[5] 侯树刚．基于CCSD先导孔钻井数据的数据挖掘[D]．武汉：中国地质大学(武汉)，2004：32-35.

[6] 程玉生．大斜度井井眼清洁状况分析及应用研究[D]．中国石油大学，2011.

[7] 宋巍．水平井岩屑运移规律研究[D]．成都：西南石油大学，2013.

新一代噪声测井数据处理方法及应用实践

李新城[1]　田隆梅[1]　柳先远[1]　王华伟[1]　邱升梁[1]　朱　雷[1]　肖　乐[2]

(1. 中国石油塔里木油田公司 2. 库尔勒大漠石油工程技术服务有限责任公司)

摘　要　准确的找漏找窜一直是动态监测面临的一个重要问题。塔里木油田用于找漏找窜的方法有很多，但无论是多臂井径还是能谱水流测井，在实际应用中均表现出各种各样的局限性，为此塔里木油田引进了噪声测井技术。本文针对新一代噪声测井技术，通过分析大量实测资料，从测井资料处理解释的角度出发，分析了噪声测井资料处理过程中需要解决的问题。在数据分析和方法研究的基础上，基于测井主流软件 forward. NET 平台，开发了噪声测井数据处理软件，将时间索引的离散二维数据转化为深度索引的连续波形数据，实现了噪声测井的原始资料质量控制和成像处理。实测资料应用表明：噪声测井在识别管外窜槽，区分主次产层等方面具有独到的优势，在生产实践中取得了很好的应用效果。

关键词　噪声测井；数据处理；成像；管外窜槽

准确的找漏找窜一直是动态监测面临的一个重要问题。目前国内外找漏找窜的方法有很多，但大都有各种各样的局限性，如多臂井径测井受机械测量原理的限制，不能测量管外套损，对于套管内壁损坏不严重的井测量效果不佳；同位素测井受沾污影响严重（管壁沾污、接箍沾污）使得测井结果具有多解性；氧活化测量成本较高，而测漏时需要很长时间，另外还受活化距离限制等，水泥环外较远距离很难探测清楚。油藏研究人员需要利用产出剖面测井分析主次产层，明确出水层位，确定下一步的调整措施，但是由于裸眼完井、稠油、油管下过射孔层段等复杂管柱结构或者复杂井下流动状态的影响，常规的产出剖面越来越难以满足油藏监测的需求。基于以上原因，塔里木油田引入了噪声测井技术，它克服了以上测井方法的缺点，通过对流体在管外水泥环孔道或地层流动时产生的噪声测量来判断流体的类型和位置，并根据噪声频率对地层结构进行一定判断，同时结合井温、流量等资料，大大提高了找漏找窜和产出剖面测井的成功率，目前在塔里木油田得到逐步推广。

1　噪声测井原理

目前在塔里木油田服务的噪声测井仪器主要为西安威盛公司生产的 NST 及 Sondex 公司生产的 NTO，其在仪器直径、换能器、工作频率等方面有所不同，但工作原理基本是一致的：当井眼内湍流通过阻流位置时将产生压力降，如图 1 所示，流体的动能在阻流部位转换成热能和声能，因此，在阻流位置附近可探测到声音。这种声音称为井内噪声，噪声强度的大小随着流体流速变化而变化，通常，流速变化可以发生在流体产出口、泄漏口、注水位置、窜槽或套管缩径等处。通过对井内这种非人工激发的、由流体流动而产生的自然声场的测量，并研究其频率和幅度特征，同时结合井筒管柱、射孔位置等相关信息，就可以确定地质参数和井筒的工程状况，进一步做好数据处理与测井解释工作。

一般来说，不同位置产生的噪声对应的频率也不同，流体流速越高、地层孔喉越小，产生的噪声频率就会越高，根据实验结果，井眼周围流体噪声频率对应关系一般如图 1 所示。但由于井下流体组成成分的复杂性，噪声频谱会有一定的区别，但没有明显的界限划分，只是遵循一定的分布规律：产气井噪声频谱主要集中在相对较高的 1. 7kHz ~ 4. 5kHz 频段；出水井噪声频谱主要集中在 0. 5kHz ~ 1. 5kHz 频段；产油井频谱集中在它们之间。

基于常规测井方法在复杂管柱结构下的不适应性，噪声测井在检测管外窜槽和确定主次产层方面应用效果显著，目前已在塔里木油田广泛应用。笔者从噪声测井的原始资料出发，对其进行了解编，在此基础上对噪声点测数据进行了插值与滤波处理，从而实现了噪声曲线频谱成像，进一步为产层评价提供理论依据与技术支撑。

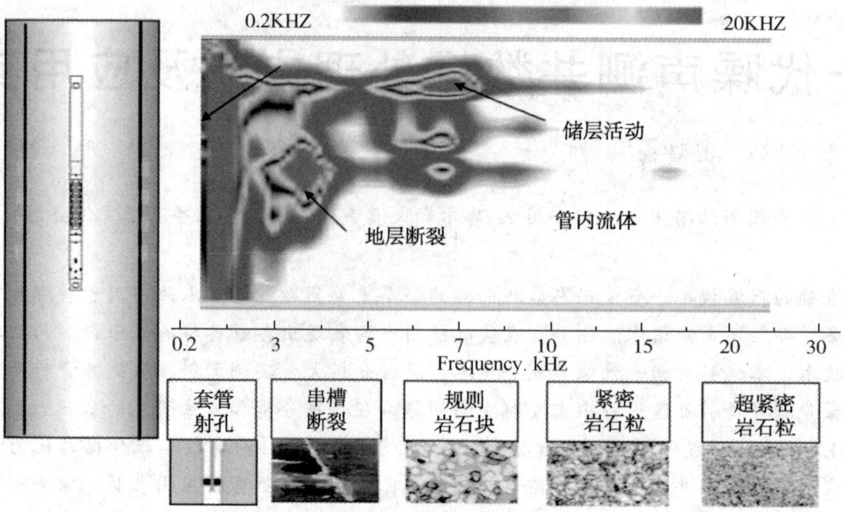

图1　噪声测井原理示意图

2　数据处理分析与研究

目前塔里木油田主流的测井解释平台是Forward. NET，各种测井数据需要解编成wis格式才能在Forward. NET中处理，噪声测井也不例外。但由于噪声测井计数率低，统计涨落较大，测井时需要定点测量，每个噪声测点数据都是一个按时间进行索引的二维数据，而且每个测点的测量时间不同，这就导致了以下几个问题：

(1) 测点数量众多，噪声测井为定点测量，由于测量精度的需要，每口井都要有30~70多个测点，也就意味着要产生几十个wis文件；

(2) 索引信息不匹配，测点曲线缺少深度信息，由于WellBase(Forward. NET SDK库)底层的原因，Forward. NET对按时间进行索引的点测数据支持并不好，甚至不能进行显示，无法处理这种二维数据；

(3) 频谱曲线特殊，为了测量误差得到控制，每个测点数据均为二维曲线，即每个测点以时间为索引，每隔0.125s测量一条频谱曲线，测量时间持续200~400s，最后生成的频谱曲线上千条，由于不能查看这些曲线，异常数据往往得不到处理，导致了数据采集质量无法得到保障，影响了快速评价的及时性和有效性。

针对以上问题，笔者基于MFC与WellBase平台编写了噪声测井数据处理软件，该软件除了完成噪声测井资料的处理外，还实现了每个点测数据的显示与还原，保证了数据采集质量的有效性，程序主界面如图2所示：

通过简单的搜索与优化，程序会把二维点测噪声频谱数据体(默认名称为“SDNFRE”)，如图3(a)所示，从每个wis文件中提取出来，加入深度校正信息后统一存放到目标wis当中，再通过波形合并把每条点测数据体进行维数转换与整合，最后经过二维数值矩阵插值，生成一条按深度进行索引的正常波形数据“SDNFREW”，如图3(b)所示，该波形数据在深度上连续，代表了真实的测井深度，有数据的地方代表了当前深度测点的噪声频谱数据，横坐标为频率，其范围为0~12672Hz，增量99Hz，共128个点，纵坐标为计数率，代表了噪声强度，其大小并不重要，相对分布状态才有参考意义，代表了井眼周围可能的噪声来源。

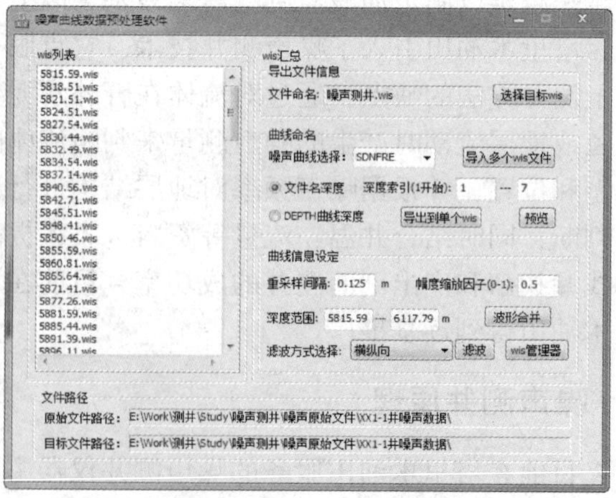

图2　噪声测井数据处理软件主界面

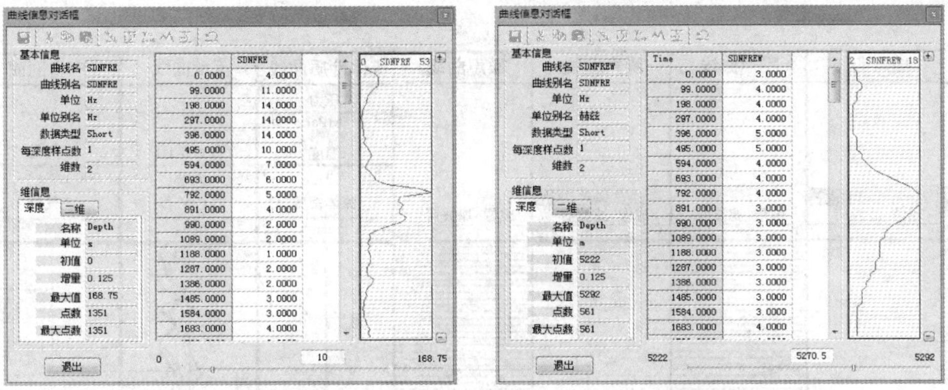

(a)　　(b)

图 3　噪声曲线数据合成

在 Forward. NET 中通过测井绘图打开合成后的目标 wis，添加两道波形曲线道后选择生成的 SDNFREW 曲线，并选择不同的显示方式，如图 4 第 2、3 道所示。由于点测过程中探测器计数率较低，导致合成后的频谱幅度较小，需要对其做适量的缩放，在软件中通过改变幅度缩放因子(0~1)参数获取适当的幅度，由于是整体缩放，其大小并不影响噪声资料的评价结果，调整合适后再次点击波形合并按钮进行合并即可，程序会通过调用 WellBase 底层函数 SetUpdateWisFile 向 Forward. NET 发送一致性消息，自动更新视类中的绘图。

可以看到，该噪声资料虽然已经在局部有了响应，但显示效果并不好，这是由于噪声测井为点测方式，相对于动辄上千米的井段来说，几十个测点是远远不够的，再加上曲线合成时数据采样间隔选择了缺省的 0. 125m，导致最后合成的噪声频谱只显示为一条线。实际资料中，流体的活动都是围绕着井眼在一定范围内展开的，在深度上对测量的精度要求并不高，在有限条件下，可以采用滤波的方式进行处理，滤波的方法有很多，考虑到数据精度与大小，笔者采用了加权平滑法，通过线性滤波来加强测点之间的耦合，降低它们之间的不连续性，也能保证数据的处理速度。

需要注意的是，噪声曲线为二维数据，从实际经验来看，噪声频谱在横纵方向上都要进行滤波，而且需要数次，WellBase 库函数中并没有针对波形曲线读取列数据的功能，需要通过多层指针完成阵列数据的读取与处理。如图 4 所示，经过二维滤波后，噪声频谱成像效果如第 4、5 道所示。成像结果表明，该井段有 3 处产出层位，2 号小层为主产层，1、3 号层次之，从频率分布的差异上看，1 号小层有高频成分产出，原因是受碳酸盐岩中储层活动的影响，2、3 号小层以中低频为主，代表了正常的套管内流体产层。通过对比，该噪声成像结果与温度、示踪流量等资料相符，解释结果如 8、9 道所示。

为了保障数据采集质量，提高资料快速评价的有效性，需要对每个测点的频谱进行显示，Forward. NET 中无法查看点测二维数据体，为了简化这一过程，笔者采用了 VC 与 Matlab 混合编程的方式进行实现。具体来说，利用 Matlab 编译器把写好的频谱数据处理、显示、保存的 M 文件编译为动态链接库，然后在 VC 中调用相应的接口，最后生成的应用程序可以脱离 Matlab 环境独立运行，只需电脑安装了 MCR(Matlab Compiler Runtime)。由于数据较多，耗时较长，需要在 UI 之外单独开启一个工作者线程，以完成动态库方法的调用。如图 5(a)所示，程序只要选择相应的点测数据，点击预览即可，计算过程中程序会给出提示。计算完毕后，后台线程以 PostMessage 的方式给主 UI 发送一个自定义消息，告诉主线程数据处理完毕，随后处于挂起状态，直到下一次获得数据。主副线程之间各司其职，互不干扰，大大提高数据处理效率。同时，程序会把当前的点测噪声数据写入一个名为“mydata”的文本文件，用来保存当前测点的噪声数据，频谱曲线以列存放，形成一个矩阵文件，方便做进一步处理。如果存在异常数据，可以在频谱上直观看出来，如图 5(b)所示，计算时直接把相应的异常数据剔除即可。

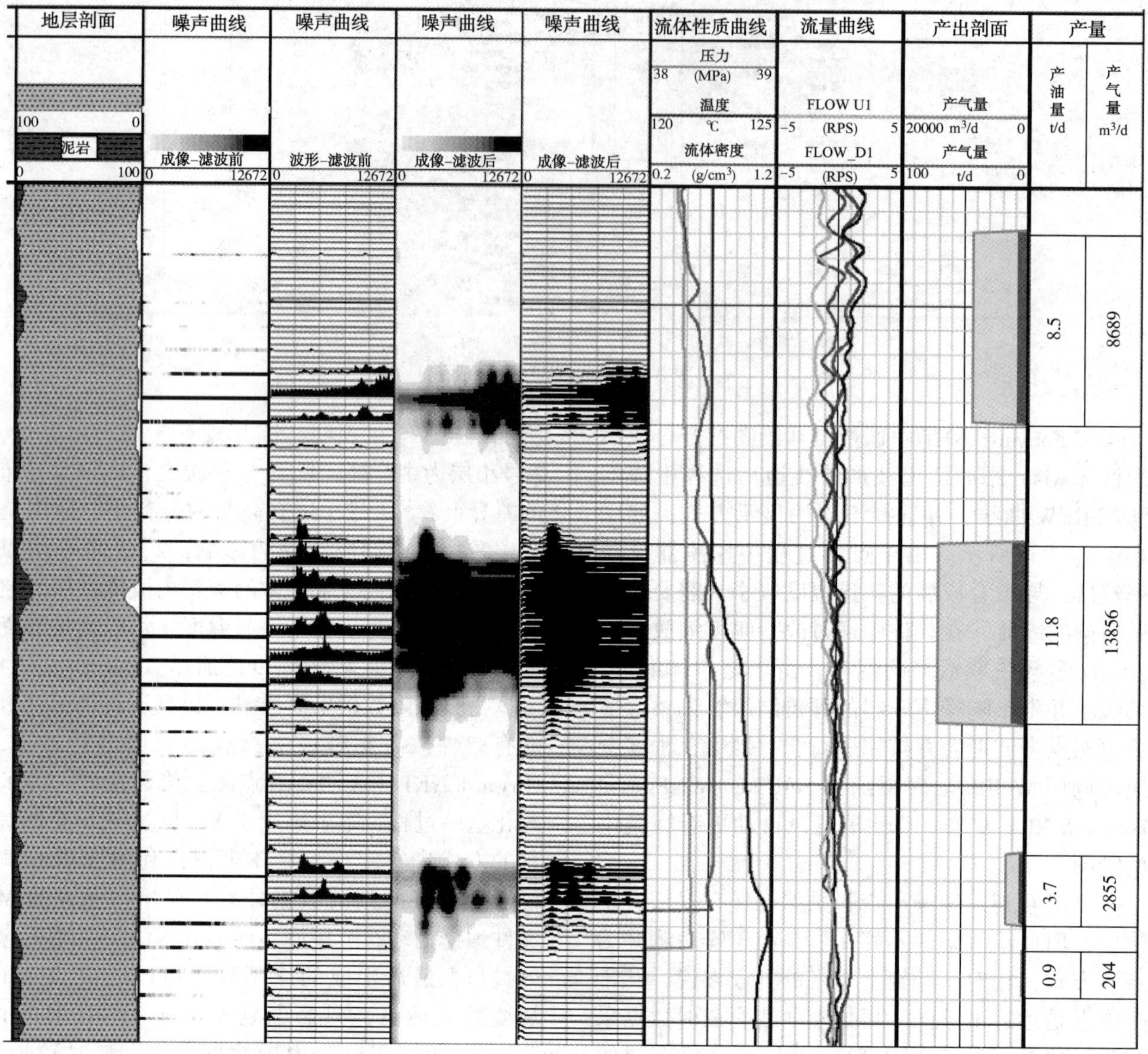

图4　L井噪声测井处理效果图

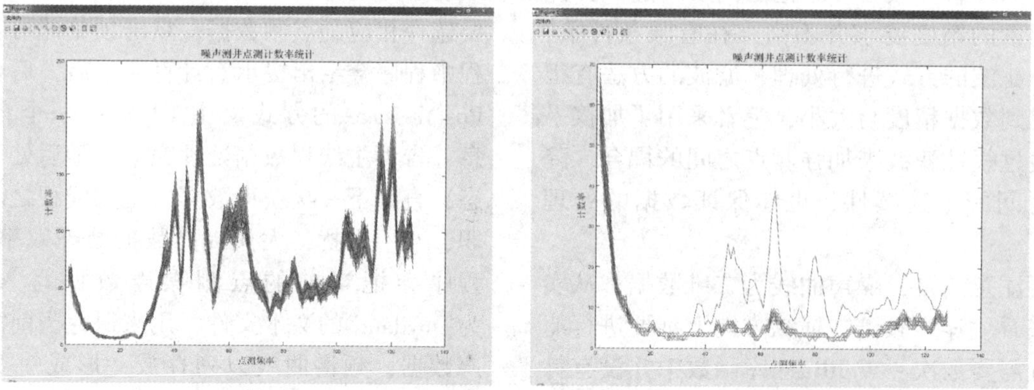

(a)　　(b)

图5　噪声点测数据频谱图

3 实测资料应用

L 井 T1 油组顶部完井测井解释油层 10 米/3 层，投产顶部 3 米油层，含水 79%，是本层产水还是其它层位管外窜产水直接影响到对该层系油藏的水淹模式和水淹程度的认识；采用常规产出剖面测井仅能反映射孔层段底部产水，为了确定产水层位，加测了噪声测井，并利用该软件对噪声资料进行了成像处理，如图 6 所示，射孔层段以下 7 米井段内噪声有明显的异常信号，表明本井段存在管外窜槽。据此进行了堵水作业，封堵窜槽井段，重新补孔生产，日产油 25.9t，产水 0.14t，含水率下降到 0.5%，说明噪声测井能够准确反映管外窜槽，为单井调整措施的制定和油藏认识提供了关键的决策依据。

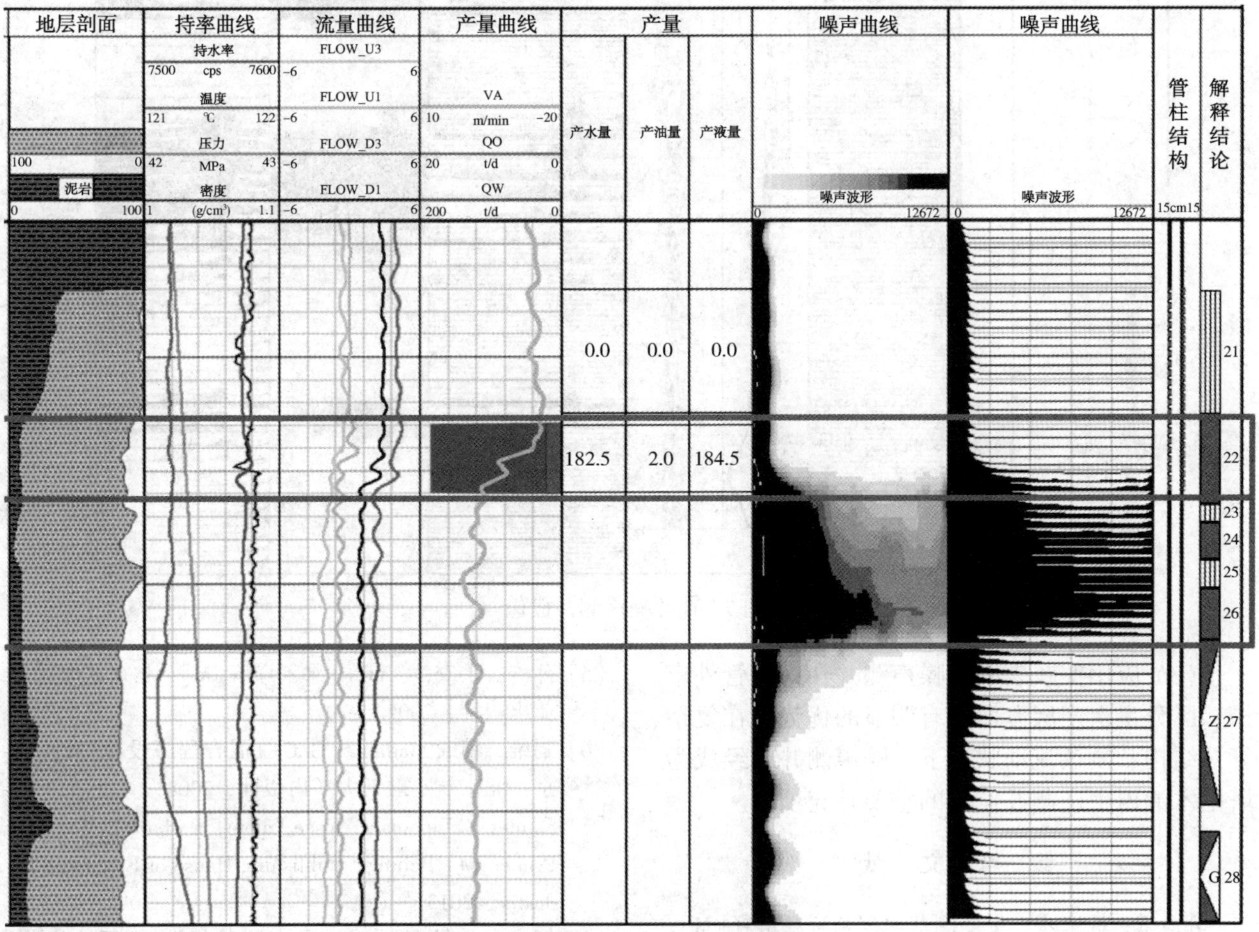

图 6 L 井产出剖面测井成果图

G 井是某碳酸盐岩油藏一口评价井，采用常规产出剖面测井确定主次产层和储层下限，由于裸眼完井井径不规则和油品稠黏度大，常规产出剖面涡轮曲线交叠严重，无法确定产出层位，加测噪声测井，并用本软件进行了噪声测井资料成像处理，如图 7 所示，噪声测井在三套储层出现明显的高频信号，显示地层供液现象，证实了储层下限，为该油藏储层刻画和三级储量上交提供了技术支持。

4 结论

（1）Forward 平台对二维点测数据的支持并不好，通过采用波谱合并和二维数据矩阵插值等方式，可以实现离散的以时间为索引的二维数据体向连续的以深度为索引的波形数据转换，最终实现噪声测井资料成像。

（2）通过 VC++与 Matlab 混编技术，有效实现了噪声点测数据质量的可视化检验，降低了软件开发周期，提高了资料采集质量的控制精度，保证了噪声测井数据的可靠性。

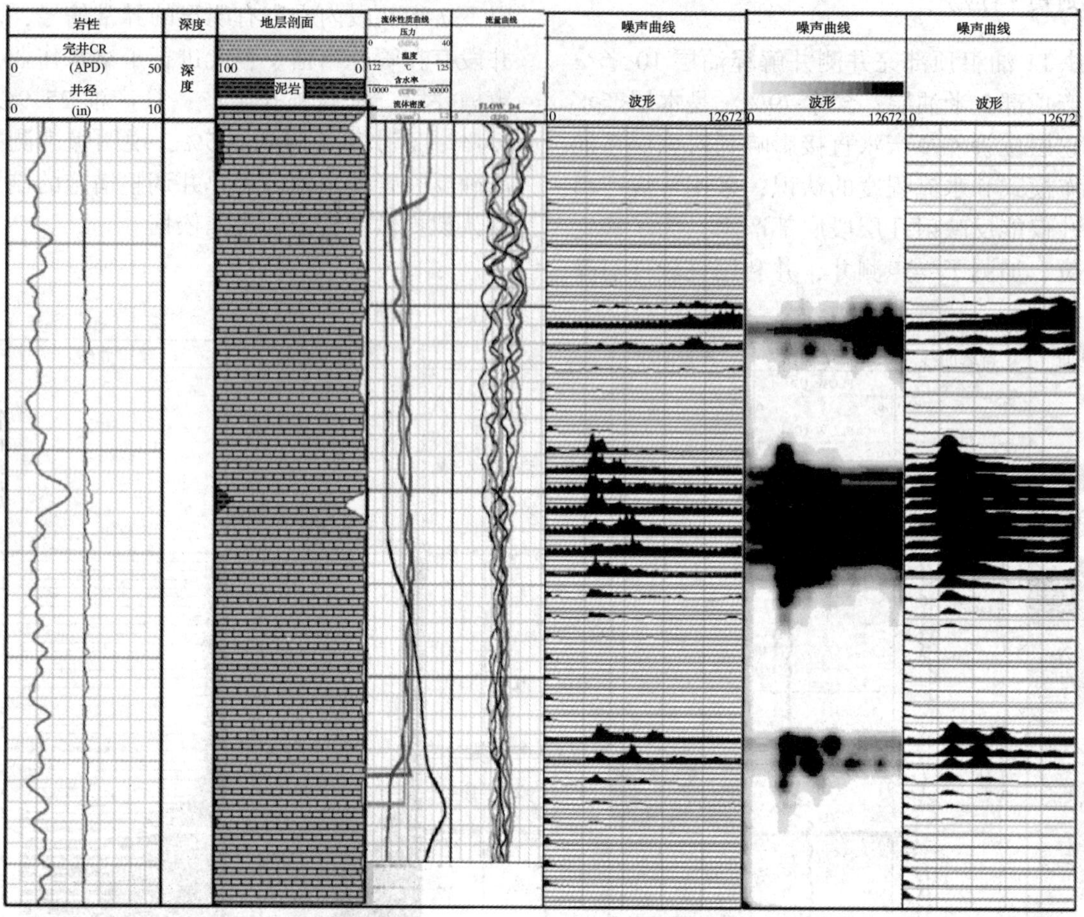

图 7　G 井噪声测井成像

(3) 应用实践表明：噪声测井在识别管外窜槽、区分主次产层方面具有明显的优势。在复杂管柱结构、复杂流动状态下，噪声测井已经成为塔里木油田生产测井监测的重要补充项目。

参 考 文 献

[1] 郭海敏，戴家才．生产测井原理与资料解释[M]．北京：石油工业出版社，2007.

[2] 赵林飞．频谱分析技术在噪声测井中的应用[J]．测井技术，1997，21(6)：442-444.

[3] 杜国兵，陈文荣，陈福利．WellBase 技术开发手册[M]．北京：石油工业出版社，2000.

[4] 涂兴万．高分辨率噪声测井仪及其应用[J]．测井技术，1994，18(1)：71-75.

[5] 孙鑫，余安萍．VC++深入详解[M]．北京：电子工业出版社，2006.

[6] 刘维．精通 Matlab 与 C/C++混合程序设计[M]．北京：北京航空航天大学出版社，2008.

[7] Stanley B. Lippman，Josee Lajoie，Barbara E.Moo.C++ Primer[M].Beijing：Publishing House of Electronic Industry，2013.

[8] 何小东．俄罗斯 TSH 噪声测井仪[J]．石油仪器，2011，25(5)：29-32.

[9] 邱金权．噪声频谱测井在注水井中的应用[J]．测井技术，2017，41(5)：601-605.

[10] 佟学君．GZC-1 型高分辨率噪声测井仪的声性能分析及应用[J]．石油仪器，2001，15(1)：20-23.

水平井双参数动态测试找水工艺研究与应用

肖杰磊

（中国石油化工股份有限公司河南油田分公司）

摘　要　河南油田东部热采水平井控制地质储量较高，采出程度较低。该区块油藏强边水侵入，水淹储量较大，造成高含水井比例高。目前常规的测试找水方式测试费用高，不适合大规模推广应用，因此研究设计了水平井“温剖+流量”双参数测试找水工艺技术，优选温度测试仪、浮子流量计，并开展了室内试验，仪器性能可靠。该工艺首次应用于L井并取得成功，根据找水结果分析461～489m是该井的主要出水段。

关键词　水平井；稠油；高含水；找水；现场应用

河南油田东部热采水平井控制地质储量较高，但采出程度较低。该区块油藏具有油层厚度薄、边水能力强的特点。强边水侵入，造成水淹储量较大，高含水井比例高。东部采油厂热采水平井完井方式主要为套管完井，采用连续射孔，对出水层段的识别难度大。

目前常规的测试找水方式：产液剖面测井、储层参数评价测井，存在测试费用高的问题，不适合大规模推广应用。为了提高油井产能，寻求一种经济有效的找水工艺，研究设计了水平井“温剖+流量”双参数动态测试找水工艺技术，实现了稠油热采水平井精准找水，对改善稠油热采水平井的开发效果具有重要的指导意义。

1　工艺原理

水平井“温剖+流量”双参数找水管柱（图1）主要由抽稠泵、温度测试仪、浮子流量计、皮碗封隔器组成，下井前完成温度测试仪与浮子流量计测试参数的设定。在井筒中下入“温剖+流量”双参数找水管柱，温度测试仪、浮子流量计同一时刻开始工作，具有测试的同步性能。通过改变油井生产工作制度，使得水平段的温度和流量发生变化，测试结束后起出测试仪器回放数据，分析水平段产液温度和流量的变化情况，精准地判断地层出水段。

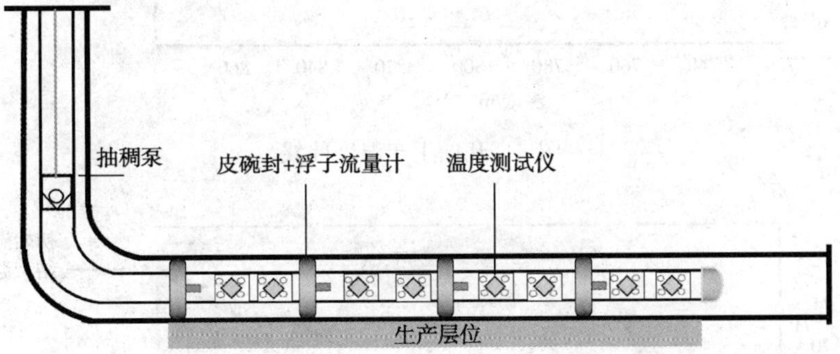

图1　水平井“温剖+流量”双参数动态测试找水管柱图

2　找水测试解释方法

通过改变油井工作制度，完成“静测–抽测–静测”三个过程，见表1，使得水平段的温度和流量发生变化，测取不同工作制度下的温度值、流量值，解释分析出水规律，进而准确地判断地层出水位置。

先进行温剖测试结果解释：

（1）下管柱后静测阶段：温度上升幅度大的井段，证明在之前注汽生产过程中吸汽效果较好，见图2。

（2）开抽生产阶段：温度上升幅度大的井

段，证明有高温流体产出，为主要产液段；温度无明显变化井段，证明该段不是主要产液段，见图 3。

（3）停抽静测阶段：通过温度的上升、下降进而判断出水范围，温度上升证明停抽后持续有高温流体产出，见图 4。

后进行流量测试结果解释，见图 5，根据开抽生产阶段每只流量计测取的流量计算出分段流量，分析判断每一段的产液情况，找出主要的产液段，主要产液段的温度上升幅度较明显。用流量测试结果与温剖测试结果进行对比，进一步验证判断地层的出水位置。

表 1　找水测试工艺步骤

阶段	测试内容	测试时间	解释目的
1	下管柱后静测	1~2 天	判断井段吸汽情况
2	开抽生产	3~5 天	判断主要出水段
3	停抽静测	1~2 天	进一步验证出水段
		1~2h	缩小范围，验证出水段

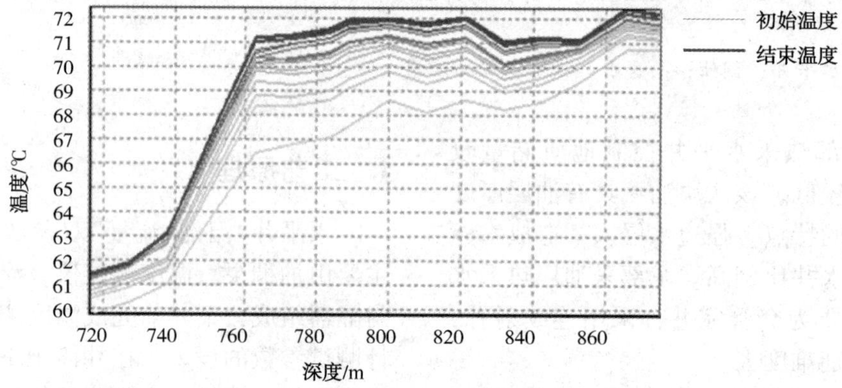

图 2　下管柱后静测温度曲线

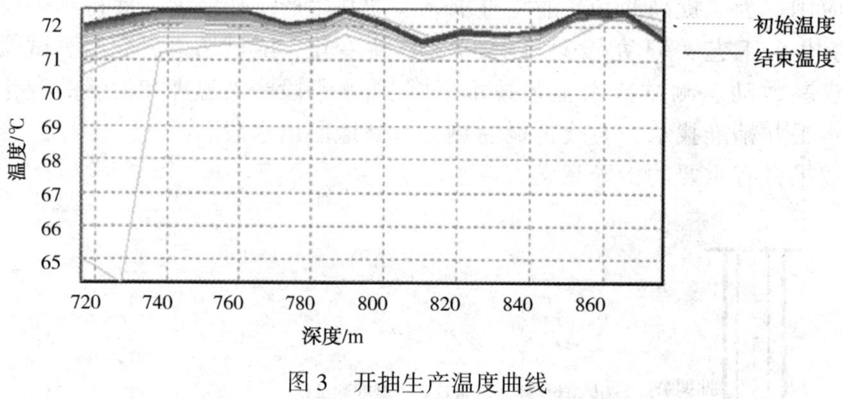

图 3　开抽生产温度曲线

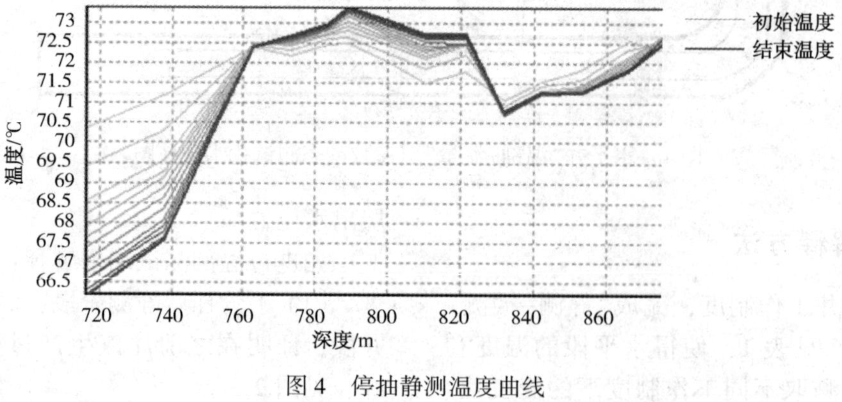

图 4　停抽静测温度曲线

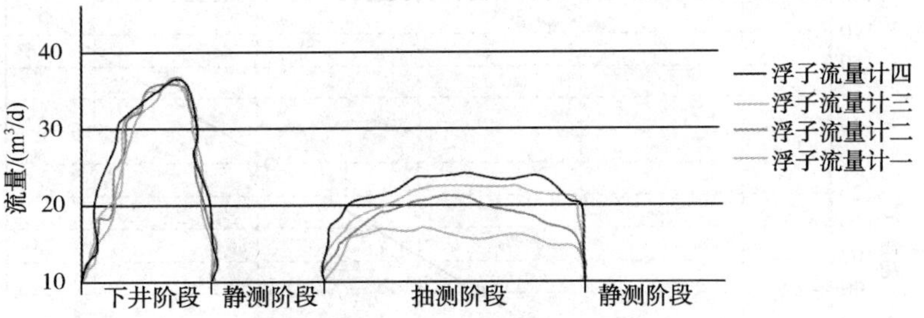

图 5　流量测试曲线

3　工艺特点

（1）测试准确度高。“温剖+流量”双参数，以温度测试为主、流量测试为辅，以流量验证温度，参数互补，精准反映地层出水点。

（2）动态测试。改变工作制度，造成水平段的温度流量发生变化。

（3）成本较低。温度测试仪、浮子流量计可多次重复使用，大大降低了措施成本。

4　优选核心工具

4.1　温度测试仪

温度测试仪(图 6)用于水平井产液温度剖面测试，由高精度温度测试探头、耐高温电路板等组成。高精度温度测试探头采用铂电阻温度传感器，铂电阻温度传感器利用金属铂在温度变化时自身电阻值随之改变的特性来测量温度，储存器将会记录电阻值所对应的温度值。电路板等元件选用耐高温的元器件及材料，确保温度测试仪长时间在高温条件下的测试稳定性能。

温度测试仪数据存储容量大，一次测试时间>30 天；具有时间同步功能，保证多支仪器同时测试；耐温 150℃；测试精度高，精度达 0.2℃。

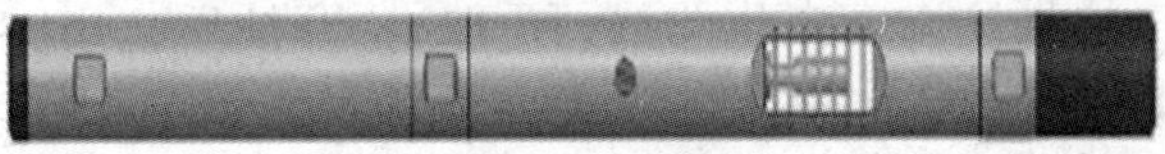

图 6　温度测试仪

4.2　浮子流量计

浮子流量计由浮子、线圈、锥管、电路板等组成。流量测试的工作原理：浮子流量计流量检测元件由一根自下向上扩大的垂直锥形管、一个沿着锥管轴上下移动的浮子、衔铁、线圈等组成，见图 7。弹簧弹性力使得流体流经浮子前后产生压差，被测流体从下向上经过锥管和浮子，浮子上下端产生差压形成浮子上升的力，浮子所受上升力克服弹簧弹性力，推动浮子组件移动，带动衔铁发生位移，不同流量下浮子稳定在一定位置，引起感应线圈中磁阻变化，产生感应电动势，感应电动势经滤波放大输入单片机内进行处理，从而测出流量值，并记录存储。

浮子流量计能够克服地层出沙和流体黏度的影响，与超声波流量计相比受流体黏度的影响要小的多。

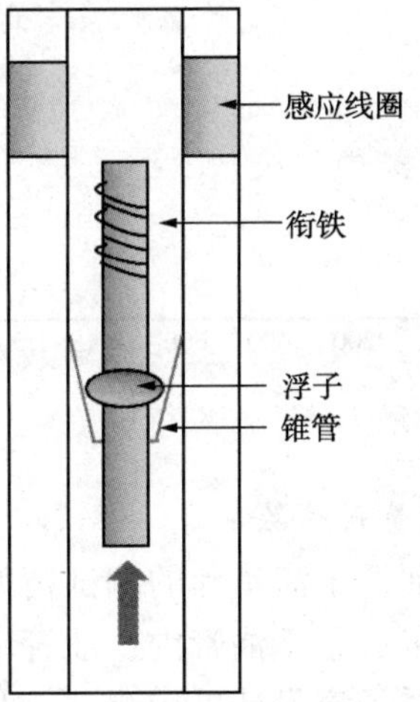

图 7　浮子流量计结构示意图

5　室内试验

5.1　温度测试仪室内精度试验

为了验证温度测试仪的测试精度，将水平井温度测试仪放置于高精度温控试验箱中，对仪器连续标定测试，试验结果见图 8，温度测试仪测温精度±0.2℃。

5.2　温度测试仪同步性能试验

为了验证温度测试仪的同步性能，将 20 只仪器放置于高精度温控箱内，同步加温测试，检测仪器的同步性能和温度指标，试验结果见图 9，时间同步功能设计能够保证时间误差不大于 2s。

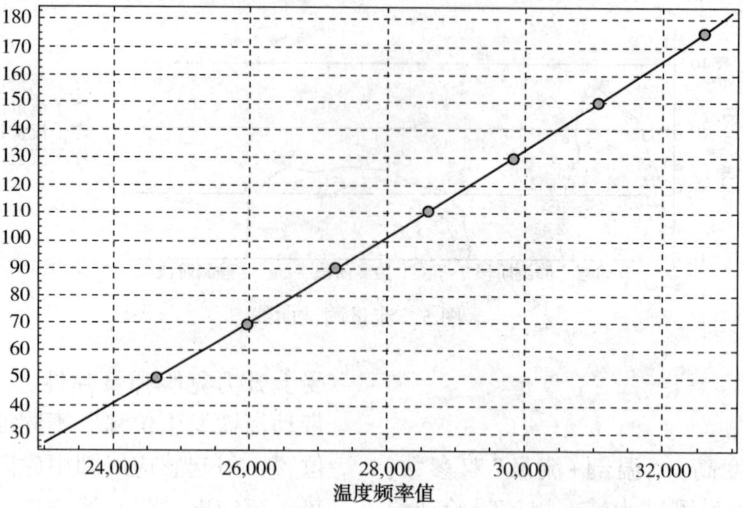

图8　温度测试仪精度测试曲线图

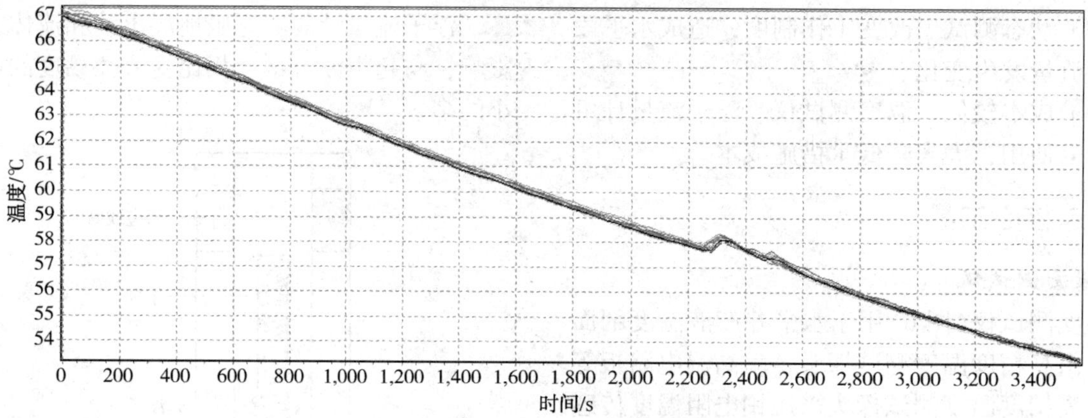

图9　温度测试仪同步性能测试曲线图

5.3　浮子流量计试验

为了验证浮子流量计的测试精度，将2只浮子流量计固定放置于油管内，油管水平放置，定排量对2只浮子流量计进行测试，两只浮子流量计流量曲线吻合较好(图10)，误差小于3%。

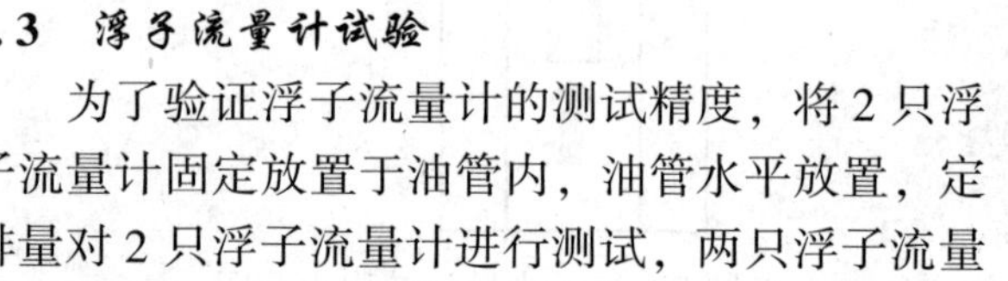

图10　浮子流量计试验数据曲线图

为了验证浮子流量计倾斜角度对流量测试的影响，将浮子流量计倾斜30°放置，使进液口高于出液口，由于浮子本身重量的影响导致测试流量增加(图10)。

6　现场应用试验

为了验证水平井“温剖+流量”双参数测试找水工艺的可靠性，首次在河南油田东部开展了现场试验。L井措施前含水100%，采用套管射孔完井，需要对产层的出水情况进行认识，射孔段长度59m。找水管柱(图11)分布8支温度测试仪，皮碗封隔器将产层分为两段，封隔器卡点位置分别为430m、489m，浮子流量计放置于皮碗封隔器内。

抽测温度变化曲线(图12)：开抽后，461~489m温度上升，判断有高温流体产出，489~520m温度下降，判断无流体产出。

停测温度变化曲线(图13)：停抽后，461~489m温度仍然呈上升趋势，489~520m整体温度无明显变化，证明停抽后461~489m仍有高温流体持续产出导致温度上升。

通过温剖测试结果分析判断461~489m为主要出水段。

浮子流量计1(430m)流量变化曲线(图14)：抽测阶段流量达到13m^3/d，证明430m以下有液体产出。

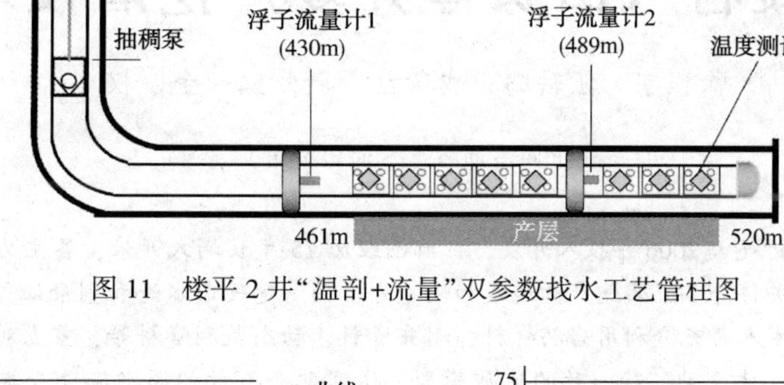

图 11　楼平 2 井“温剖+流量”双参数找水工艺管柱图

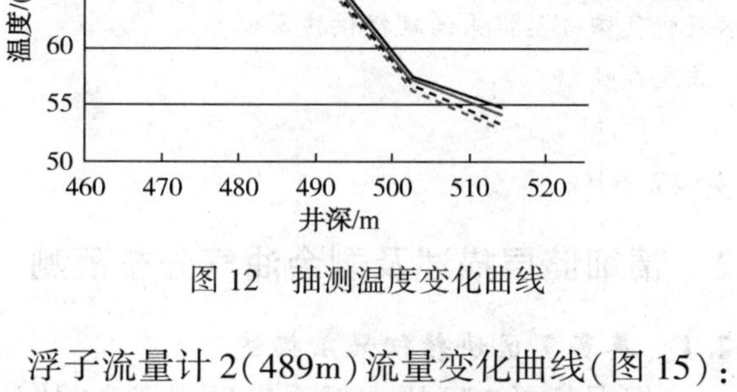

图 12　抽测温度变化曲线

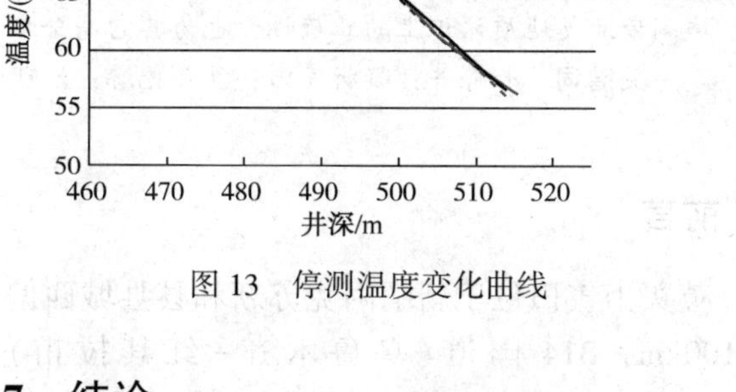

图 13　停测温度变化曲线

浮子流量计 2(489m)流量变化曲线(图 15)：抽测阶段流量为 $0m^3/d$，证明射孔段 489~520m 无液体产出，因此判断 430~489m 是主要产液段。结合温剖测试结果分析判断，461~489m 是Ⅲ8.9 层下段的主要出水段。

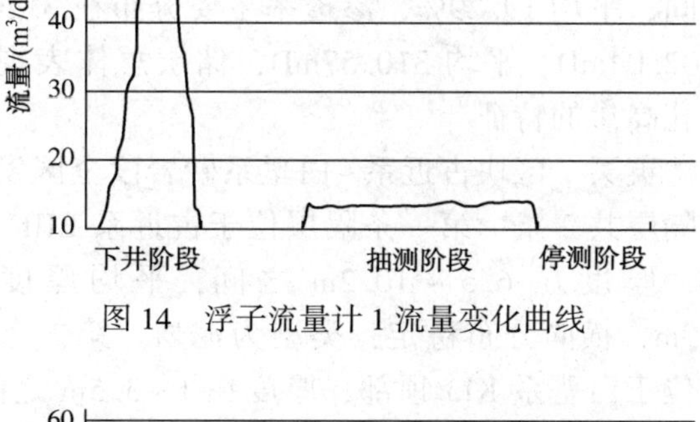

图 14　浮子流量计 1 流量变化曲线

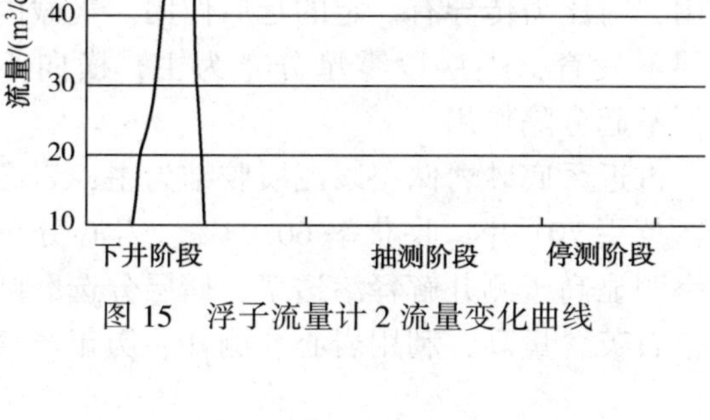

图 15　浮子流量计 2 流量变化曲线

7　结论

(1) 创新研究了一种“温剖+流量”双参数测试找水技术，通过改变油井生产工作制度，使得水平段的温度和流量发生变化，进行数据分析可精准地判断地层出水位置，对改善稠油高含水水平井的生产效果具有重要指导意义。

(2) 优选的温度测试仪、浮子流量计，耐高温、测试精度高、性能可靠。

(3) 双参数动态测试找水工艺在 L 井首次进行现场应用，根据找水分析判断 461~489m 为主要出水段，采取凝胶组合氮气泡沫抑水工艺进行堵水施工。

参　考　文　献

[1] 李大建，朱洪征，马国伟，等．水平井找水技术现状与快速找水方法探讨[J]．石油地质与工程，2021，25(1)：109-117.

[2] 冷冰．水平井油管传输温度剖面测试工艺[J]．石油地质与工程，2010，24(1)：127-128.

[3] 程连文，马宏伟，方倩，等．水平井温度剖面测试找水技术研究与应用——以河南油田稠油热采区块为例[J]．石油地质与工程，2021，35(3)：93-96.

英买力凝析气田长停井复产挖潜技术研究

徐程宇　伍轶鸣　成荣红　康爱红　金　权

(中国石油塔里木油田公司)

摘　要　英买力凝析气田2006年投入开发，目前已经历15年衰竭式开采，各主力气藏均进入开发中后期且水淹严重，见水关停井多，油气产量递减加快。为了搞清楚气田水淹和剩余油气富集规律，最大限度提高气藏采收率，技术人员充分利用岩芯资料、测井资料、动态监测资料等，重点对储层内的隔夹层及高渗储层进行精细刻画，建立动、静一致的地质模型，研究配套有效的高水淹井分类治理技术对策。从2018年初开始陆续在英买7、玉东1和英买21区块开展注气解水锁先导试验，成功复产长停井3口，累计恢复天然气产量3.16亿立方米、凝析油产量2.36万吨，不仅验证了技术人员对英买力凝析气田高水淹区域剩余油气地质认识上的正确性，也为其它高含水边底水凝析气田分类提采治理提供技术借鉴。

关键词　长停井；凝析气田；复产挖潜；治理对策；注气吞吐

1　前言

英买力气田位于新疆阿克苏新和县县城西偏南100km，314国道(乌鲁木齐-红其拉甫)869km路碑以南4.5km处，阿克苏市以东约100km。交通便利，区域地势广阔，无山地丘陵，海拔约990m左右，地表生长耐旱红柳，土壤为盐碱类型，典型的大陆性干旱气候，光照长，少雨。英买力气田构造位置位于塔里木盆地库车坳陷前缘隆起带西段，自上而下钻遇的地层为：新生界第四系，新近系，古近系，中生界白垩系、三叠系，古生界二叠系、奥陶系，大多数井均未钻穿白垩系。主要含油气层段为古近系底砂岩段和白垩系巴什基奇克组顶部砂岩段。依据电性特征、沉积旋回和较稳定泥岩隔层，古近系底砂岩段(E1-2km)可划分为E1和E2两个小层。白垩系巴什基奇克组顶部砂岩段(K1bs)地层与上覆古近系底砂岩段为不整合接触。白垩系含油气层段据岩电特征及油气分布特性可划分为K1、K2和K3三个小层。

英买力气田1983年开始地震勘察，2005年进入产建阶段。经过多年衰竭开发，各气藏由于水体能力强导致水淹严重，油气产量递减加快，气田稳产形势日益严峻。截至2020年12月底，英买力气田老区开井率仅为29%，其中英买7区块12口井仅3口开井，羊塔1区块12口井仅3口井开井，气田产气规模低；天然气采出程度偏低，羊塔1区块为42.34%、玉东2区块为42.64%。

2　精细储层描述及剩余油气分布预测

2.1　英买7区块精细储层描述

根据英买7区块古近系底砂岩段64块岩心物性分析资料的统计，标定测井后解释的孔隙度集中分布特征为，EIII测井孔隙度主要分布在10.5%~26.33%之间，平均21.26%，渗透率主要分布在6.43~8637.56mD，平均1497.91mD，孔渗相关性好，储层总体表现为中孔特高渗的特征；KI测井孔隙度主要分布在10.33%~27.71%之间，平均19.29%，渗透率主要分布在3.20~3602.04mD，平均310.57mD，储层总体表现为中孔高渗的特征。

英买7区块古近系~白垩系砂岩段全区发育的隔层共2条。第一条隔层位于古近系EIII1上部，厚度在6.5~10.2m之间，平均厚度为7.9m，横向分布稳定，类型为泥岩。第二条隔层位于白垩系KI3顶部，厚度在1~3.5m之间，平均厚度为2.3m，单井均钻遇，类型为泥岩。这套泥岩隔层气藏全区分布，对底水有一定隔挡作用，对压力传导有一定的延后作用。气藏内部隔层不发育，夹层以零星分布为主，横向不连续，不起分隔作用。

古近系底砂岩储层以泥质胶结为主，岩心疏松，英买701井，收获率60.23%。岩心分析渗透率明显高于测井解释渗透率，储层分选磨圆较好，石英含量高，利用岩心、测井、历年产气剖面资料，确定英买气田优势渗流通道识别特征（图1）。在英买7区块气藏东高点古近系底砂岩发育一套优势渗流通道，厚度4～6m，平均4.7m，渗透率1426～4514mD，平均渗透率2773.5mD。

分项		优势渗流通道		典型井
		特征	图形	
物质条件	岩性（细砂岩）	疏松分选好	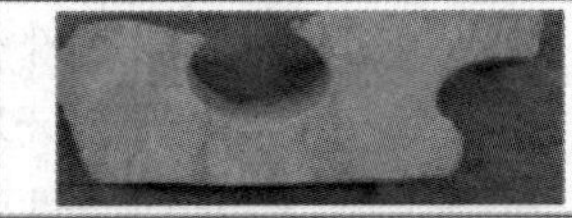	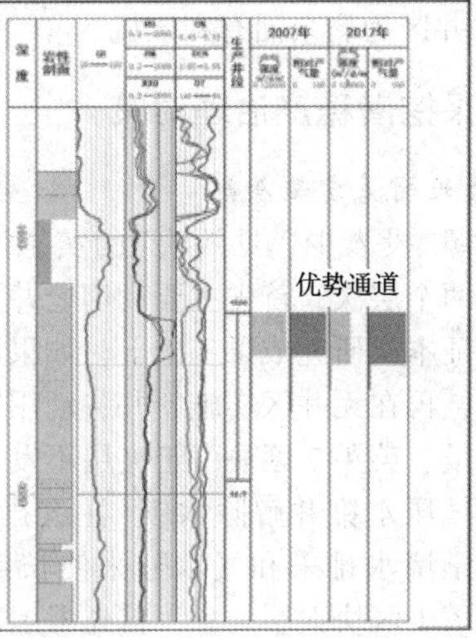
	物性	高渗		
测井解释	GR/API	<50	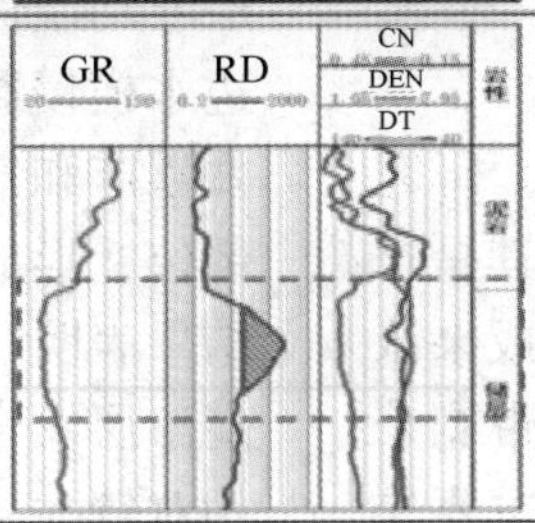	
	RT/(ohm.m)	>20		
	DT/(us/m)	>82		
	DEN/(g/cm^3)	<2.2		
产气剖面	产气强度/($10^4m^3/d/m$)	>5	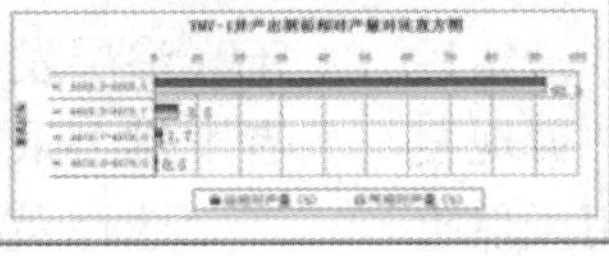	
	相对产气量/%	>40		

图1　英买7气藏优势通道识别及特征图

2.2　羊塔1区块精细储层描述

通过钻、测井、地震资料并结合前人研究成果分析，羊塔1区块古近系主要发育滨浅湖沉积，在钻井岩心中发育石膏、膏泥岩和楔形层理。白垩系巴什基奇克组主要发育辫状河三角洲相沉积，在钻井岩心中发育冲刷面构造、平行层理、波状层理、斜层理和楔形层理。根据羊塔1区块古近系底砂岩段22块岩心物性分析资料，标定测井后通过对12口井测井解释孔隙度和渗透率的统计，白垩系储层孔隙度集中分布范围为12.5%～19.56%，平均值为16.32%；渗透率集中分布范围为34.57～863.43mD，平均值为132.79mD，储层总体表现为中孔、高渗的特征。根据白垩系巴什基奇克组608块岩心物性分析资料统计，白垩系储层孔隙度集中分布范围为17.57%～21.79%，平均值为20.11%；渗透率集中分布范围为192.73～671.49mD，平均值为379.39mD，储层总体表现为中孔、高渗特征。

羊塔1区块古近系底砂岩段全区发育的隔层共2条。第一条隔层位于EI-1小层中上部，厚度在8.5～13.5m之间，平均厚度为9.5m，类型为泥岩。第二条隔层位于EI-2小层，厚度在5.0～13.6m之间，平均厚度为10.3m，类型为泥岩。这套泥岩隔层将古今系储层和白垩系储层完全分开，分属不同压力系统的储层。

EI-1小层层状砂岩储层内部隔层不发育，夹层以零星分布为主，横向不连续，不起分隔作用。白垩系根据开发的需要分为了四个小层，白垩系砂体内泥岩零星分布，横向整体不连续，4口井以上连续分布的泥岩夹层主要发育在KI-2小层顶底，对阻挡底水锥进具有明显效果，也为后续实施堵水作业提供了地质条件。

2.3　区块剩余油气精细刻画

根据单井累计采出与单井井控地质储量的比值，英买7区块东、西部高点采出量较高，其中YM7K井区油、气采出量高于井控储量，YM7N、YM7P井区天然气采出量高于井控储量。剩余油气主要分布在气藏井间椎间带区域，椎间带剩余天然气、原油储量占总剩余天然气、原油储量分别为66.1%及74.3%，其中英买7号构造带西部、中部以及南部采出量较低。

羊塔1区块南部构造高点采出量较高，其中YT1T井区油、气采出量与井控储量接近，其余井区采出量与井控储量相差较大。剩余油气主要分布在气藏井间椎间带区域，椎间带剩余天然气、原油储量分别为74.7%及76.8%。羊塔1区块YT1-C、YT1-D井区位于构造高点，西部、中部以及南部采出量相对较低，剩余油气主要分布在YT1-E、YT1-F井区。玉东2区块YD2井区采出量与井控储量相当，剩余油气主要分布在气藏井间椎间带区域，椎间带剩余天然气、原油储量占总剩余天然气、原油储量分别为56.1%及58.9%，YD2-1、YD201井区采出量较低，构造高点YD2-A、YD20B井区为剩余油有利区域。

3 提采挖潜稳产治理对策

3.1 治理对策实施原则

按照“投入少、见效快”的实施原则，研究成果分两个层次，首先主要利用老井，尤其是长停井验证本次研究成果基础上，如果证实成果认识正确，再在无井区实施新井，动用锥间带剩余油气储量。英买7区块由于夹层不发育，主要先实施注气压水锥并解除水锁(注气排采)，然后考虑化学堵水排采和气水分采使长停井实现复产；羊塔1区块夹层发育，首先考虑利用天然夹层进行机械堵水实现降水同采，然后考虑气水分采使长停井实现复产，玉东2区块目前开采效果好，暂时不考虑老井措施，后期可以利用夹层进行机械堵水实现降水同采。

优选老井必须满足的条件如下，地质条件方面，优先长停井进行注气压锥的地质条件必须满足两点，一是储层满足高渗条带储层发育在射孔段顶部或中上部；二是井间有剩余油气资源。井筒条件方面，井筒必须完整，没发生套管错断或目的层上下固井质量合格。地面条件方面，必须具有注气相关配套设备，气田水回注工艺及设备配套。

根据文献调研结果并结合英买力气田实际情况，建议锥间带提高凝析油气采收率方法考虑下排上采、化学堵水、机械堵水、注气解水锁等提高采收率措施，根据英买7、羊塔1、玉东2区块实际地质特征，建立机理模型，预测证实“下排上采”可增加产气0.99亿立方米。“化学堵水”能有效抑制底水锥进，单井多产气0.06亿立方米，少产水3.04万立方米。高渗层发育在气藏顶部注气解水锁复产提高幅度相对较大，高渗层发育在气藏底部效果最差。

3.2 英买7区块稳产治理对策

英买7区块属于带底油的块状底水凝析气藏，水体能量充足。随着进入开发中后期，气藏水淹严重，气井在近井地带形成水锁，天然气很难突破地层水毛管力形成的渗流屏障，导致剩余油气无法采出。截至2019年12月底，老区总井数43口，开井15口，开井率仅34.9%。

常规气举能增大井底压差，排出井筒积液，但对解除储层内已形成的水锁效果差、成功率低。为有效破除水锁，2019年4月，通过系统总结国内外相似气田开发正反两方面经验，并结合英买7区块地质及地面实际情况认为，对于储层非均质性强，渗透率极差较大，气井受底水和边水横侵影响，可通过注气解水锁复产，提高单井累产和气藏采收率。高渗层发育在气藏的不同部位，形成的水淹情况有一定的差异。模拟计算结果表明：注气解水锁复产都能提高单井累产，高渗层发育在气藏顶部注气解水锁复产提高幅度相对较大，高渗层发育在气藏底部效果最差。对于高渗层发育在气藏底部的情况建议考虑堵水或者下排上采方式提高采收率。

选择英买M井开展注气解水锁先导试验，一方面，通过注气反向突破水锁毛管力，形成井周气相渗流通道，使储层剩余气通过井底顺利采出；另一方面，利用检修放空气回注，有效减少放空天然气100万立方米。2019年10月，英买M井这口因高含水关井超过1年半的高含水长关井，通过注气得以重生，最高日增凝析油1.7吨、天然气1.8万立方米，截至2020年8月底，英买M井成功复产后已累增产凝析油247吨，累增产天然气270万立方米。注气解水锁先导试验获得成功，不仅验证了技术人员在英买力气田高水淹区域剩余油气地质认识上的正确性，也为其它高含水底水气田提采提供借鉴(图2)。

3.3 羊塔1区块稳产治理对策

机理研究表明，对于纵向上夹层较多的水锥型水淹气井，可以充分利用天然的隔夹层实施机械堵水，抑制底水锥进，延长气井生命周期，提高气井累计产量和气藏采收率。井间展布长度大于100m的夹层具有很好的挡水效果，而井间展布长度小于50m的夹层对底水的遮挡作用基本无效。

通过诊断图版，建立羊塔1区块避水高度与无水采气关系图版。羊塔1白垩系凝析气藏夹层基本都是大于200m以上(无水生产期大于1500天)，羊塔1区块除了YT1-5、YT1-6为避水高度低生命周期短，其它9口井都表现出无水生产期大于实际避水高度要求的时间，夹层起了非常重要的作用。

堵水增油增气效果显著，利用天然夹层进行机械堵水是羊塔 1 区块提采挖潜治理首选。为此，从 2014 年开始就持续优选了 5 口进行堵水综合治理，目前实施完毕 5 口均获成功，累计增加凝析油 5.28 万吨、天然气 4.78 亿方，创造经济效益 5.99 亿元(表 1)。

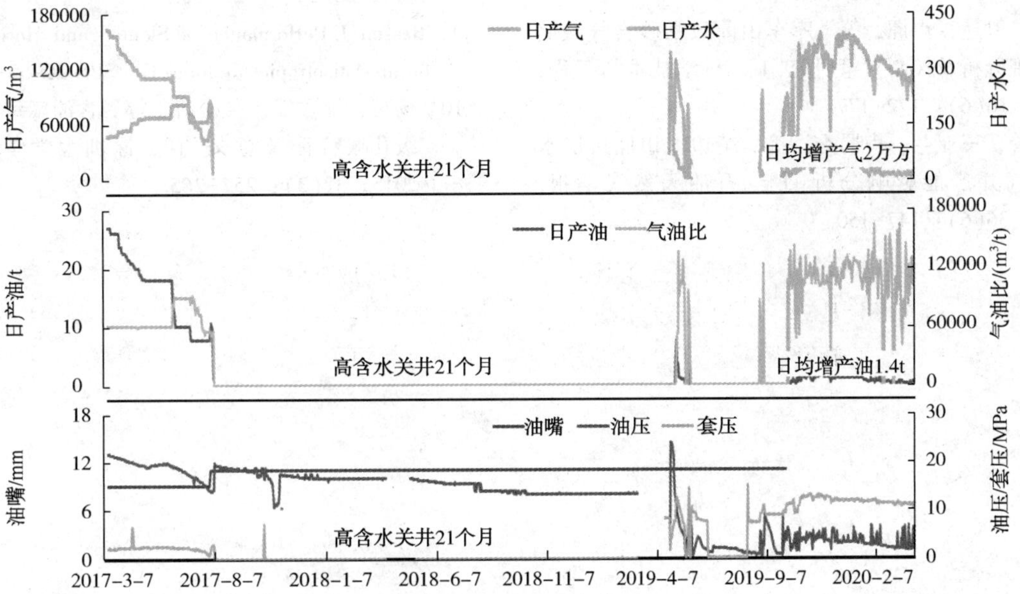

图 2　英买 M 井注气解水锁前后生产曲线

表 1　羊塔 1 区块气藏堵水历年实施效果统计表

序号	井号	措施类型	措施时间	措施前/后产量				累增油/10^4t	累增气/10^8m³	措施评价
				油压/MPa	油/t	水/t	气/(10^4m³)			
1	YT1-8	堵水	2015 年 3 月~5 月	13.6/13	18/13	50/0	8.6/9.9	0.80	0.77	成功
2	YT1-11	堵水	2014 年 4 月~7 月	18.6/26.6	19/26	100/0	7.3/16.2	1.86	1.46	成功
3	YT1-10	堵水	2014 年 12 月~2015 年 3 月	14.8/10.3	13/0	131/180	9.7/5.3	0.15	0.22	成功
4	YT1T	堵水	2017 年 2 月~6 月	23.9/33	18/16	123/0	14.2/21.1	1.63	1.54	成功
5	YT1-1	堵水	2018 年 2 月~7 月	21.3/22.3	13/11	220/147	14.6/13.3	0.84	0.79	成功
合计								5.28	4.78	

4　结论

(1) 经过多年衰竭式开发，英买力气田各区块由于水体能力强导致水淹严重，油气产量递减加快，气田油气稳产形势日益严峻。

(2) 为了最大限度提高气藏采收率，利用岩芯资料、测井资料、动态监测资料等，重点对储层内的隔夹层及高渗储层进行精细刻画与描述。在搞清楚气田水淹规律和剩余油气分布基础上，研究配套有效的分类治理技术及对策。

(3) 结合英买力气田地质及开发实际情况，各区块剩余油气主要分布在气藏锥间带，注气解水锁、机械堵水等技术措施可有效提高油气最终采收率。

参 考 文 献

[1] 高青松．大牛地气田致密砂岩气藏水锁伤害特征分析[J]．科学技术与工程，2018，18(17)：156-162.

[2] Erwin M D，Pierson C R，Bennion D B. Brine Imbibition Damage in the Colville River Field，Alaska，SPE84320，Presented at the SPEA nnual Technical Con - ference and Exhibition in Denver，Colorado，U. S. A，2003，(10)：5-8.

[3] 曹彦超，曲占庆，许华儒，等．水基压裂液对储集层液相伤害的实验研究[J]．断块油气藏，2016；23(5)：676-680

[4] 李帅，丁云宏，刘广峰，等．致密储层体积改造润湿反转提高采收率的研究[J]．深圳大学学报理工版，2017，34(1)：98-104.

[5] 徐鹏，尹达，卢虎，等．库车山前致密砂岩气藏储层伤害分析及控制对策研究[J]．科学技术与工程，2016，16(6)：172-177.

[6] 杨琼警，王亚兰，卢蜀秀，等．靖边气田储集层水锁对气井产能影响分析[J]．石油天然气学报，2014；36(6)：147-150

[7] Bennion D B. Remediation of water and hydroearbon phase trapping problems in low permeability gas reservoirs[J]. JCPT，1999，38(8)：68-70.

[8] 梅洁，张宇，李雷，等．杭锦旗地区致密砂岩气藏水锁伤害评价及防治对策研究[J]．石油地质工程，2014，28(2)：132-135.

[9] Besson J. Performance of Slanted and Horizontal Wells on an Anisotropic Medium[C]. SPE 20965-MS，1990.

[10] 杨智，邹才能，吴松涛，等．含油气致密储层纳米级孔喉特征及意义[J]．深圳大学学报理工版，2015，32(3)：257-265.

第六篇　CCUS 及地面、海洋工程优化技术篇

CCUS(碳捕获、利用与封存)技术是封存温室气体，应对全球气候变化的关键技术之一，有望为实现碳中和提供经济可行的技术解决方案。随着国家‘十四五’能源规划和‘双碳’国家战略目标的制定与落实，CCUS 技术发展迎来了巨大的机遇与美好的前景。在油气田开发实践中如何将环保的社会效益与油田开发的经济效益，将短期目标、室内研究与长远目标、现场试验有效结合、高度统一，是众多专家学者和企业关注的热点。本篇结合我国胜利油田、中原油田、新疆油田、吉林油田等油田现场代表，从 CCUS 机理、CO2 捕集-回注-驱油-封存全流程、海底管道腐蚀、海洋废弃物零排放等方面开展了研究和实践，取得了宝贵经验。

老油田 CO_2 驱及 CCS 关键技术与应用

田　巍　邓瑞健　贾瑞忠　李中超　王　明　朱黎明　戴厚柱　周　迅

（中国石化中原油田分公司）

摘　要　本文从老油田实施 CO_2 驱及埋存关键技术着手，深入分析了老油田 CO_2 驱开发机理，并对 CO_2 捕集封存关键技术及在中原油田的推广实施情况做了详细阐述。研究表明：CO_2 驱机理主要为：CO_2 穿透水膜，溶解于原油中，引起原油物性变化，成为可动油；CO_2 与原油更易实现混相；CO_2 注入改变了储层孔隙结构，增加可动用储量。在埋存方面，形成先进的封存体地质评价技术、新型高效注入技术和四位一体全方位泄漏安全监测技术，实现 CO_2 驱与埋存的闭环高效运行，研究成果已得到规模化实施，本研究成果丰富和发展了油气开发技术体系，为碳减排技术实施提供了一项关键技术。

关键词　老油田；CO_2 驱；捕集；埋存；赋存状态；应用

1　引言

二氧化碳大量排放导致全球气候变暖，严重威胁人类的生存环境，我国碳排放量占世界29%，经济发展和碳减排的矛盾十分突出。环保问题一直是世界各国广泛关注的话题，中国政府继巴黎协会承诺后又提出“3060”目标，碳减排的形势非常严峻。CO_2 地质封存是当前研究的一个热点，利用老油田进行地质封存是减少温室气体的有效手段，也是符合我国国情的碳减排道路，突破并掌握碳埋存关键技术及工业化、规模化、效益化应用成为战略性课题。目前，世界各国很多油田进入了高含水期，我国 46% 的储量进入特高含水期。利用这类油藏开展碳埋存具有得天独厚的优势，既可提高原油采收率，又为规模化碳埋存提供广阔空间；另外，该类油藏地质构造认识程度高，地层流体性质清楚，可节约前期研究费用，缩短建设周期，利用现有井网及集输系统，可节省钻井投资。国外大规模 CO_2 埋存项目主要集中在美国、欧洲、加拿大等，占世界项目总数量 70% 以上，其中热电厂尾气捕集 CO_2 占到一半以上；国内起步较晚，但也积累了一定的经验。中原油田自 2007 年开展相关研究以来，先后针对六种类型油藏开展系统研究，初步建成了濮城沙一、新霍、卫 42 三大埋存基地，中原油田 CO_2-EOR 及 CCS 技术的成功实施必将为我国碳减排技术的推进起到示范引领作用，并为 CO_2 驱技术的推广提供借鉴指导。

2　老油田 CO_2 驱作用机理

2.1　二氧化碳作用微观孔隙界限

如图 1 所示区域 a、b、c、d 4 部分面积之和为总含油；水驱后与饱和油后喉道半径分布曲线低于 10^{-1} μm 几乎重合，在大于 10^{-1} μm 后曲线分开，区域 a 即为水驱原油被动用的部分，可见，水驱动用了 10^{-1} μm 以上的孔隙中的原油，而 10^{-1} μm 以下孔隙中的原油没有发生变化；气驱后的喉道剩余油分布曲线与饱和油后喉道半径分布曲线、水驱后的喉道剩余油分布曲线在 10^{-2} μm以下几乎都是重合的，而在 10^{-2} μm 以上曲线分开，亦即 CO_2 驱动用了 10^{-2} μm 以上所有孔隙中的剩余油，若直接采用 CO_2 混相驱开发，则可动用的 0.01 微米以上所有孔隙中的原油，可动用区域为 a、b、c 面积的总和。因此，CO_2 驱和水驱相比，进一步动用了 10^{-2} ~ 10^{-1} μm 孔道中的原油，区域 b 和 c 即为在水驱基础上提高采收率的产量，区域 d 为气驱开发后的剩余油分布状况，可见 CO_2 驱开发可在水驱基础上进一步提高采收率。

如表 1 所示，进一步根据图 1 按照面积比例计算了水驱和 CO_2 可动流体分布状况，水驱后，可动油饱和度有较大幅度降低，降低 36.83%，不可动油饱和度基本未动用，不可动流体百分比仅降低 6.28%；实施 CO_2 驱后，可动油饱和度大幅度降低，可动流体百分比降低 46.38%，而不可动油饱和度也有一定程度的降低，不可动流体百分比降低 39.49%；显然，水驱基本未动用

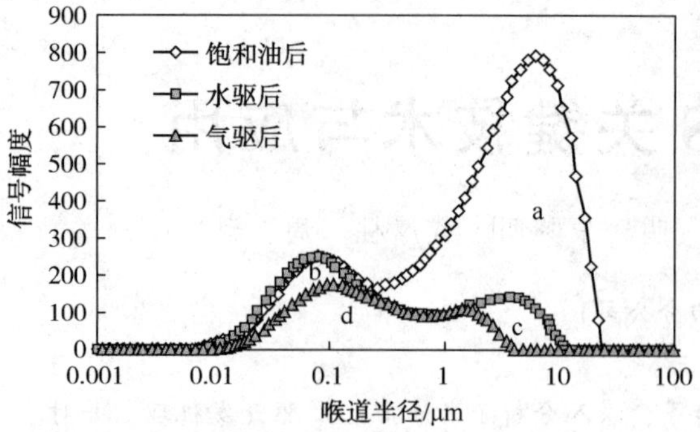

图 1　不同驱替介质下的剩余油分布

不可动流体饱和度，而 CO_2 驱大幅度降低了可动流体和不可动流体百分比，不可动流体降低的部分正是 CO_2 的作用将该部分流体转化为可动流体，可动流体增加了 39.49%。表明在水驱后实施 CO_2 驱起到了较好的驱油效果。

表 1　水驱和气驱后流体分布数据

状态	可动流体百分比/%	不可动流体百分比/%
原始饱和油状态	100	100
水驱状态	63.17	93.72
CO_2 驱状态	16.79	54.23

2.2　CO_2 驱微观驱替机理

图 2 为采用该旁通模型在不同驱替压力下的实验结果。其中，图 2a—c 为非混相驱结果。该驱动过程分为 2 个阶段：第 1 阶段以溶解和驱替作用为主，注入的 CO_2 首先作用于大孔道，一部分溶解在原油中，还有一部分以分散相气泡的形式存在于孔道中，同时在驱动压力下，推动原油向出口端移动，直到大孔道中气体突破，气体在大孔道形成连续相，大孔道只剩余油膜和盲端残余油，而小孔道剩余油较多(图 2(b))，且存在较多分散的 CO_2 气泡；第 2 阶段以溶解和抽提为主，小孔道中的剩余油形成柱状剩余油，与气体接触面较小。盲端剩余油与气体接触溶解，体积膨胀、黏度降低，膨胀出小孔道的原油被气流携带出，同时在气油接触面存在传质作用及抽提作用，黏滞阻力减小，在较低驱动压差下柱状剩余油被动用，并最终被驱替产出(图 2(c))，之后小孔道中剩余油的蒸发和萃取占主导作用，而大孔道中的剩余油一直和 CO_2 充分接触，被充分蒸发和萃取，因此，大、小孔道最终残余油轻质组分较少。

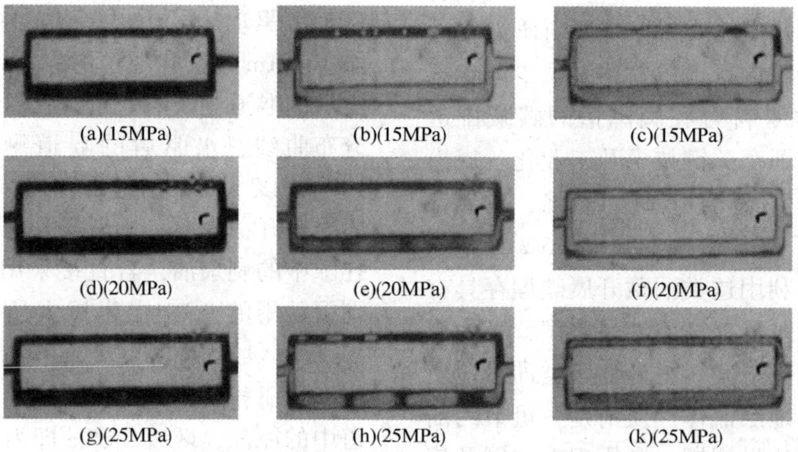

图 2　不同驱替压力下 CO2 与原油作用过程

图 2d—k 为 2 个驱动压力混相条件下的实验结果。驱替过程仍分为 2 个阶段：第 1 阶段以溶解和驱替为主，抽提作用为辅，注入的 CO_2 首先溶解到原油中，在注入量较大时伴随着抽提作用，并在一定驱动压差下推动大孔道中的原油向出口移动，CO_2 在孔道中呈分散相，直至在大孔道突破形成连续相，大孔径内剩余油以油膜的形成附着在模型壁表面，小孔道剩余油较多(图 2(e))；第 2 阶段以溶解和抽提为主，作用过程同非混相驱第 2 阶段，但由于是混相状态，溶解能力更强，膨胀体积更大，抽提作用也更明显，最终的残余油为重质组分或沥青质(图 2f、k)。

2.3　油水共存下 CO_2 溶解分配规律

按照设定的实验步骤，分别开展了 7 个油水比例下的实验，为便于统计和计算，选取油水总体积为 1000mL，如图 3 所示，随着油水比例的逐渐降低(含油饱和度降低)，体系中原油的溶解气量逐渐降低，而水中的溶解气量逐渐增加，而且溶解量与含量饱和度正相关。图3中，油水比例为1：0时，即1000mL全部为油相，CO_2在原油中的溶解气量为14.52mol；当油水比例降到3：2时，CO_2在油、水中的溶解量分别为8.68mol和0.58mol，当油水比例降到1：1时，CO_2在油、水中的溶解量分别为7.26mol和0.76mol，可见，在压力不变的情况下，CO_2的绝对溶解量随含量饱和度的增加而增加，实际地层条件下，随着含水饱和度的增加，注CO_2开采中CO_2在水相中的分压也会越来越大。

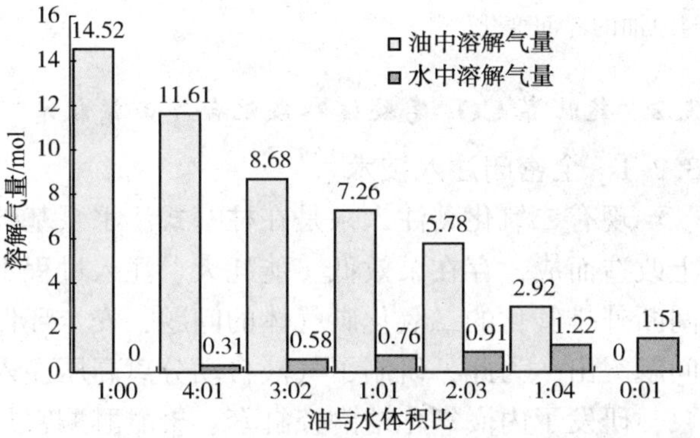

图3　CO_2 在总体积为1000mL的油水中的溶解量

如图4所示，CO_2主要溶解于油中，在CO_2注入量不足的情况下，CO_2主要溶解于原油中，当油水体积相等时，油中CO_2绝对溶解量是水中绝对溶解量9.55倍，随着油水体积比的降低，CO_2在油水中溶解气量比逐渐减小；油水体积比降低，对应的含油饱和度越来越低，含水饱和度越来越高，在体系中原油的绝对溶解气量越来越少，而随着含水的增加，水中CO_2的绝对溶解气量越来越高，所以导致油水中的溶解气量比越来越低，说明CO_2主要溶解于原油中，即使在含油仅为20%的情况下，油中CO_2绝对溶解量仍高于水中的绝对溶解量，前者是后者2.39倍。

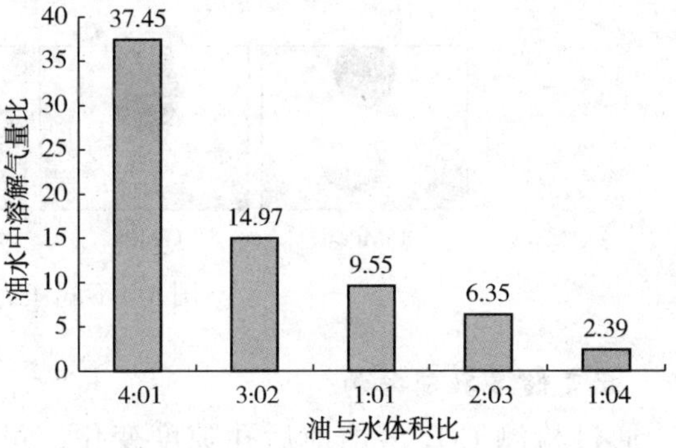

图4　CO_2 在总体积为1000mL的油水中的溶解量气量比

2.4　引起流体性质变化

通过开展油水中的CO_2溶解分配计算，得到CO_2大多溶解于油中，但在水中的扩散速度更快，正是扩散的快才导致迅速通过水膜到达油中。溶解CO_2后，原始油样的黏度大幅度降低，以濮城沙一地层油为例，在目前地层压力下，原油黏度降低47.76%；原始油样的体积膨胀系数大幅度提高。目前地层压力条件下，膨胀系数增大30%，体积膨胀系数为1.30。随着注入CO_2量的增大，脱气原油的密度逐步增大。原油脱气时，溶解CO_2量越大，其抽提出轻质组分的能力越强。

表2　溶解 CO_2 前后原油的性质变化

原始油样	目前压力/MPa	黏度/mPa·s	膨胀系数	脱气原油密度/(g/cm^3)	溶解气油比/(ml/ml)
溶解CO_2前	20.2	2.316	1.00	0.8505	64.28
溶解CO_2后	20.2	1.210	1.30	0.8610	230
变化幅度%	-	-47.76	30	1.23	-

2.5　穿透水膜机理分析

在水驱过程中，水在驱替作用下进入盲端形成具有一定厚度的水膜，将剩余油封闭在盲端底部。水驱后开展气驱过程中，通过微观模型可以观察到，CO_2会透过水膜进入剩余油中，使得剩余油体积膨胀，同时将水膜顶出盲端并逐渐被CO_2剥离，CO_2抽提出剩余油的轻质组分无法透过水膜进入CO_2中，因此在这个过程中CO_2的溶解作用远远大于抽提作用。随着CO_2的不断注入，剩余油体积膨胀最终突破了水膜与CO_2直接接触，二者发生明显的溶解抽提作用，轻质组分逐渐被抽提出来，剩余油颜色逐渐变深，组分逐渐变重。在抽提过程中，抽提出的轻质组分遇到盲端顶部水膜时会不断的发生凝析-抽提现象，最终将盲端水驱剩余油全部被驱出。一般穿透水膜的时间约为17分钟~7小时。

2.6 更易实现混相开发

以濮城沙一原油为例，原油与 CO_2 最小混相压力为 18.9MPa，实验温度为 82.5℃，在饱和压力以上测定不同压力下原油与 CO_2 间界面张力，结果如图 5 所示，随着体系压力的增大，CO_2 与原油间界面逐渐不稳定。当压力大于 17MPa 时，抽提作用明显，当压力超过 21MPa 时，界面变得模糊，此时油气两相间达到混相状态，混相后界面消失，界面张力为 0，同时由于 CO_2 的抽提作用，提高了洗油效率。

图 5　不同压力下 CO_2 与原油的界面变化

2.7 改变储层孔隙结构

通过检测 CO_2 溶蚀前后孔隙度变化，可知实验后的孔隙度为 32.875%，比反应前的岩心孔隙度 28.276%增加了 4.599%。溶蚀实验后束缚水的量基本未变，而较小孔隙的数量有所减少，较大孔隙的数量明显增加，CO_2 溶液对岩心具有溶蚀作用，可以使岩心的孔隙半径增加，从而使孔隙度增加。可见，溶蚀作用确实引起了储层结构的变化，增加了大孔道半径的分布，进一步增加岩石的储集空间(表 3)。

表 3　岩心驱替前后孔隙空间变化

测定项	驱前	驱后	增加幅度/%
总 T_2 信号	19414.43	22571.78	-
孔隙度%	28.276	32.875	4.599

3　老油田实施 CCS 工程关键技术

3.1 工业尾气 CO_2 高效捕集技术

本项目以合成氨工业为例开展研究，将原有的制冷技术引入到碳捕集领域，并做三方面创新，简单概括为：第一，在制冷技术方面，设计了双工质梯级制冷技术，由传统的一级氨制冷提升为三级双工质制冷；第二，在热交换技术方面，研发了新型节能 U 型板翅式换热器，总传热系数提高 50%；第三，在二氧化碳收集与提纯方面，形成热泵精馏法生产液体二氧化碳技术，将经过氨冷液化后的二氧化碳节流进入塔顶，气化后气态二氧化碳经过加压处理后返回至再沸器，压力相对较高的气体二氧化碳在再沸器底部受冷液化同时为精馏塔提供热量。

3.2 超临界 CO_2 高效注入及混合气回注技术

3.2.1　全密闭注入技术

现有二氧化碳注入泵是在柱塞式注水泵基础上改造而成，存在泵效低、能耗大、注入过程不间断外排气化的二氧化碳气体的问题，安全环保问题突出。为此，研制了气液自动分离高压注入泵，研发了内嵌氧化锆陶瓷缸套、聚醚醚酮密封新材料，建立了泵内高低压腔，设计了锥面自动面密封结构，实现了气液分离、自吸提压，实现了 CO_2 零外排。

主要的创新包括：首先是研发了聚醚醚酮类新型密封材料，设计自由吸入阀，密封方式由平面强制密封转化为锥形结构自动密封，实现了自吸提压；其次是设计了内壁热嵌氧化锆陶瓷缸套，提高了耐低温、耐腐蚀、耐磨损性能，较常规金属缸套使用寿命延长 3 倍；再次是设计低冲次活塞泵替代柱塞泵，实现了低噪音平稳注入；最后是设计了高压气液分离腔，快速分离活塞泵工作过程中产生的气态二氧化碳，确保活塞泵高效安全运行并回收气态二氧化碳，提高埋存率。新型橇装注入装备与 ACD 公司同类产品对比，推力增加 1 倍，泵效由 75%提高到 86%，自动化集成化程度高，占地面积较固定式装备减少 60%，单套节约投资 25%，噪音小于 70 分贝，单套年节电 4.7 万度(图 6)。

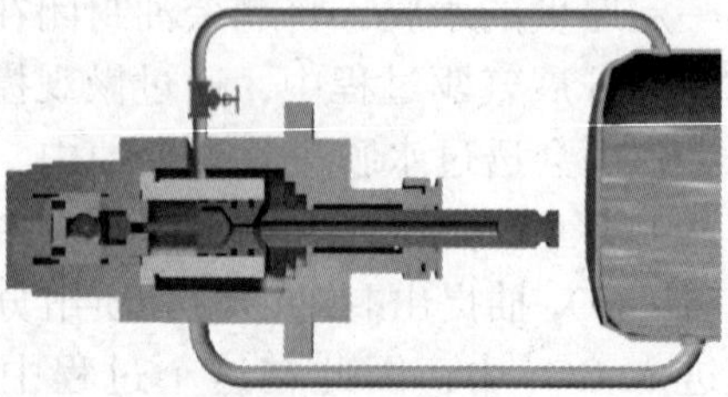

图 6　自吸提压式活塞泵结构示意图

研发了芳纶纤维与纳米材料充填的气密封胶筒，研制了超临界 CO_2 的可调井下配注器，实现一井多层、全程密封注入(耐温-30~130℃，耐气压差 35MPa)。

3.2.2　混合气撬装式回注技术

主要的创新包括：第一，液压驱动系统代替机械增压系统，压缩缸加载、卸载可以通过液压元件动作随时控制，卸载时无需排掉高压级的气体，将高压下 CO_2 外排量由 3%降至 0；第二，一缸双压缩，入口压力范围大(0.5~5MPa)，无需稳压、调压，减少设备投入，实现不同入口气压均衡吸气和排气；第三，压缩机往复次数约为 15 次/min，线速度≤0.2m/s，实现无油润滑；第四，压缩缸体采用立式安装代替水平布置，避免密封元件偏磨现象，整套系统实现了全自动控制，使用寿命是同类设备的两倍以上，减少了设备维修频率，节约了维修费用(图 7)。

整套回收回注系统安全性能可靠，寿命长，全自动控制，建站成本低，可实现自启，填补了高压(35MPa)产出气回注技术空白，实现了 CO_2 闭环埋存。

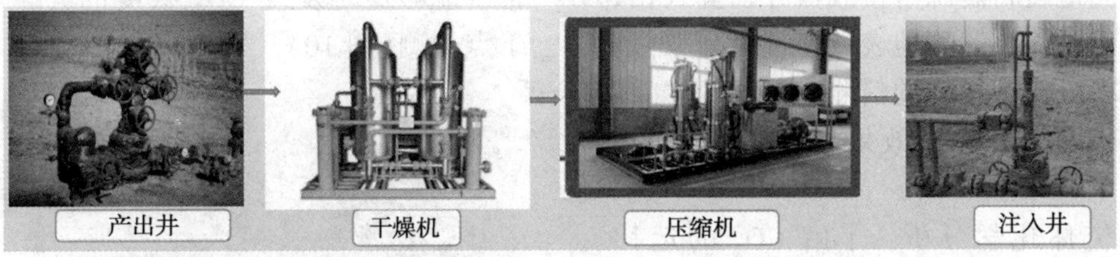

图 7　现场回注流程示意图

3.3　CO_2 封存体地质评价技术

对封存体地质评价技术方面主要概括为四个方面：

第一是三维地震地质封存体评价技术。应用三维地震对地质封存体进行大区域、高精度的评价：利用时间、相干体切片以及蚂蚁体技术精细解释，落实地质封存体构造格架及断层分布规律。利用地质统计学及储层反演技术，提高地质封存体储层空间展布及物性预测精度，纵向精度可达 3 米。

第二是断层封闭性地质定量评价技术。提出采用涂抹系数对断层封闭性进行地质定量评价的方法，并以东濮为例建立东濮泥岩涂抹断层封堵评价模式，指导东濮断裂封闭性评价。采用泥岩涂抹系数法定量计算 SSF 值，明确东濮 SSF 临界范围值为 4~7。SSF 值越小，断层封堵性越好。

第三是高精度三维精细地质建模技术。应用 Petrel 软件建立了地震属性和反演模拟提高岩相建模精度，基于此建立单砂体级别精细地质模型，准确表征二氧化碳地质封存储集空间。

第四是建立了 CO_2 地质封存体筛选体系。在 CO_2 地质封存影响因素的基础上，综合考虑储层、流体及开发特征，建立地质封存体筛选体系。应用模糊评判方法，建立封存适应性评价模型。具体如图 8 所示。

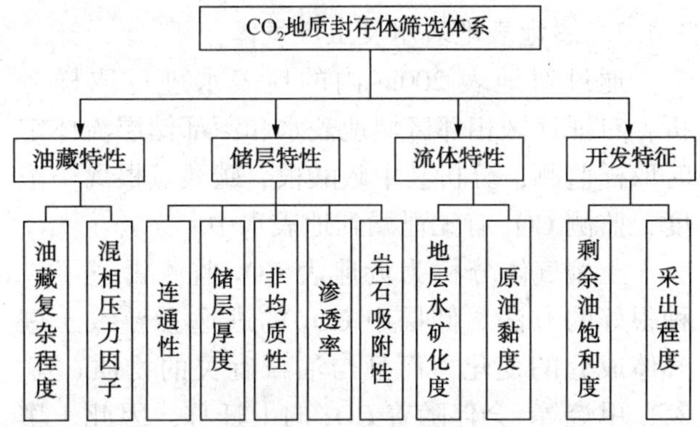

图 8　CO_2 地质封存体筛选体系指标

3.4　CO_2 封存体四位一体全方位泄露监测技术

3.4.1　准确监测地质封存体内 CO_2 流场分布

通过 Petrel-RE 软件优化网格尺寸、考虑 CO_2 在流体中溶解扩散等，将三维地质模型转化为监控地层流体变化的数学模型，通过注入量、产出量、压力变化等监测数据，达到准确评价地质封存体内 CO_2 流场分布，并能预测不同条件若干年内 CO_2 流场变化，实现 CO_2 封存监控(图 9)。

3.4.2　井筒及井间泄露监测

应用脉冲中子氧活化技术，研制了高精度监测仪器(耐温-30~150℃、耐压 0~80MPa)，编制了质量流量解释软件，实现管柱漏失、窜层评价，对于 CO_2 窜逸至埋存体外能够及时发现。

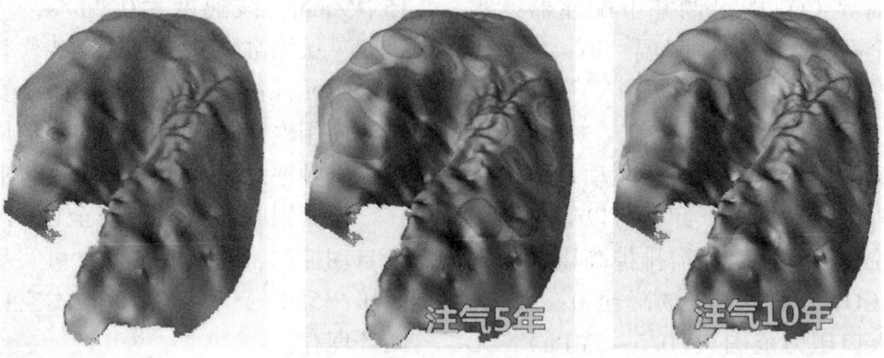

图 9　注气不同时间段的流场分布云图

利用井间地震将震源与检波器分别置入相邻井中进行观测，能够避开地表低速带对高频信号的吸收，获得分辨率较高的信号。可评价井间储层构造、流体分布、注气效果和微量 CO_2 的泄漏等。

通过井流体化学分析，了解 CO_2 的运移、溶解及与地层流体反应。测试项目包括 pH 值、HCO_3^-浓度、碱度、溶解气、烃类、阴阳离子和稳定同位素等。

3.4.3　浅地表地表水及土壤气体分析

通过对地表 200m 内的地表水进行取样分析，对埋存区相邻区域地表水和深部储层流体定时取样监测，分析其中碳酸根、碳酸氢根离子浓度，监测 CO_2 有无泄漏到地表水中。

土壤气体分析为近地表 CO_2 监测提供了一种很好的方法。储层中 CO_2 的逃逸会导致土壤气体成分的变化，而且与油藏有关的物质(氡、氦、甲烷等)会伴随着 CO_2 向上迁移，因此土壤气体分析可示踪深层气体的流动，发现气体可能的迁移途径，评估地化反应和 CO_2 逃逸量。主要应用的技术包括浅层土壤气体(CH_4、C_2/C_3、CO_2、N_2、O_2和微量元素等)分析和地表 CO_2 通量以及氡流速监测。

3.4.4　地面环境大气监测

CO_2 从埋存地点的泄漏可能产生地面可观的 CO_2 通量和浓度变化。因此可以采用涡度相关法和 CO_2 探测器进行监测。考虑到气体复杂的渗流通道和地表风密度差异驱动可能产生的大气扩散等各种因素，利用通量变化判别 CO_2 是否泄漏和评估泄漏量存在着较大的误差。便携式 CO_2 红外探测器是一个较好的选择，其检测下限低(体积分数$(1\sim2)\times10^{-6}$)，易于操作，可连续进行，能够及时发现 CO_2 浓度的异常升高，适用于点检测(图 10)。

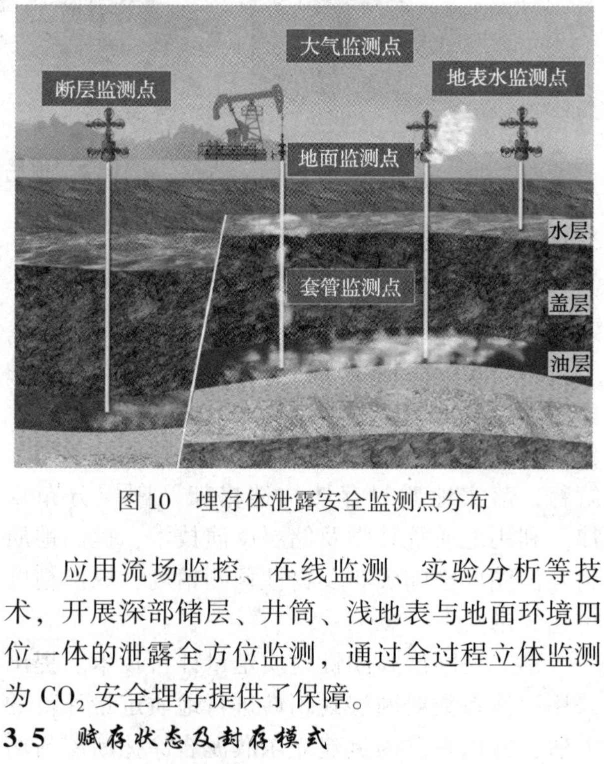

图 10　埋存体泄露安全监测点分布

应用流场监控、在线监测、实验分析等技术，开展深部储层、井筒、浅地表与地面环境四位一体的泄露全方位监测，通过全过程立体监测为 CO_2 安全埋存提供了保障。

3.5　赋存状态及封存模式

对于实际的储层，在 CO_2 封存过程中，若不考虑老油田的效益开发，亦即不考虑产出油情况，那么在封存量较小时，即注入量较少，注入之后封井，那么注入的气体首先溶解于水中，如果注入量很少，则会全部溶解于水中，形成碳酸水，一部分与原油作用，一部分被固化，仅有少量的微气泡，而无自由气的存在，此时所形成的地质封存模式为该地质构造下的以流体溶解为主的封存模式。随着注气量的增加，注入量高于溶解量，便有自由气的存在，若在高倍数注入下开展地质封存，亦即封存量较大，自由气占据最大比例，对封存的贡献最大，考虑地层中油水动用状况推算 50 年后的 CO_2 存在形式，便得到如图 11 所示的结果，50 年后地下封存 CO_2 的主要存在形式中仍是以自由气为主，自由气占比 69%，其次为溶解气，主要是溶解于油水中，占比为 20%，束缚气仅占到 11%，因此所形成的封存模式是该地质构造下以自由气为主、溶解气为辅的地质封存模式。

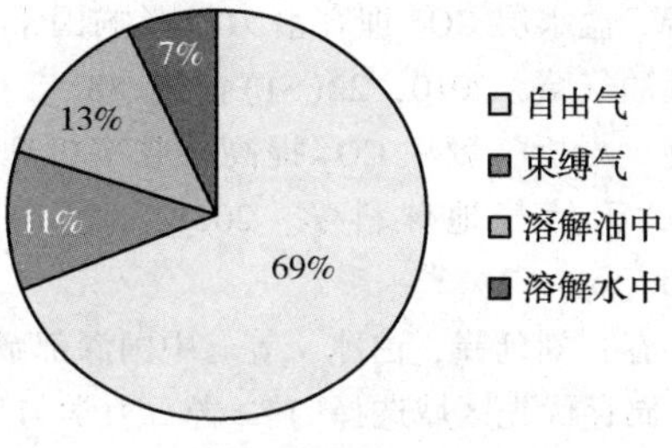

图 11　推算得到 50 年后赋存状态

5　中原油田 CCS 技术实施情况

中原油田 2008 年成立 CO_2-EOR 及 CCS 技术攻关团队以来，相关技术共实施 15 个区块 38 个井组，累计埋存 CO_2 超过 80 万吨，初步建成濮城沙一、新霍、卫 42 三大基地，现场均取得了较好的效果，累计增油 19.6 万吨。其中，特高含水油藏采收率提高 10 个百分点，达到 62.7%，埋存 CO_2 超过 35 万吨，深层低渗油藏采收率提高 15 个百分点，埋存 CO_2 11 万吨。

据评价，中原油田适于开展 CO_2 驱油与埋存的地质储量达 4.9 亿吨，预计可埋存 CO_2 在 1.5 亿吨以上，十四五期间将继续加大研发和推广力度，希望通过中原油田碳埋存技术的实施为国家“3060”目标的实现做出更大贡献(表 4)。

表 4　中原油田 CO_2 埋存及效益驱油效果表

开发类型	油藏名称	注入时间	覆盖储量/10^4t	注入井数/口	采油井数/口	累计注气/10^4t	累计增油/10^4t	阶段换油率(t/t)
中高渗特高含水油藏	濮城沙一	2008.6	1135	13	40	35.4	13.1	0.37
低渗未注水油藏	胡 96 块	2010.7	171.73	1	1	4.15	1.3340	0.32
	胡 5 块	2015.11	106	1	2	0.61	0	
	新霍区块	2013.1	180.7	3	6	5.20	0.8124	0.16
	桥 90	2015.9	12.02	1	1	1.23	0	
	赵庄油田	2014.6	34	1	1	2.32	0.2622	0.11
	刘侧 5	2014.6	47	1	2	1.02	0	
	文 181 块	2014.1	32.28	1	3	4.47	0.3392	0.08
	文 179 块	2014.4	67.67	1	3	1.92	0.4792	0.25
	文 200 块	2014.7	158.85	2	4	1.85	0.2811	0.15
低渗注过水油藏	卫 42 块	2015.7	161.05	8	32	10.98	0.2652	0.02
	桥 29 块	2014.12	62.5	1	1	1.89	0	
	濮城沙三中 6-10	2016.8	12	1	3	1.48	0.0040	
稠油油藏	文 138 块	2014.2	30	1	2	1.19	0.1657	0.14
小计	14		2210	36	101	73.71	17.04	0.23

6　结论

(1) 二氧化碳注入油藏后首先透过水膜溶解于原油中，引起原油性质变化，并与原油多次混相接触，发挥抽提作用，将油膜和盲端中的剩余原油转化为可动部分，提高了洗油效率；

(2) 二氧化碳引起储层物性的变化，改善了储层条件，将水驱作用不到的低一个级别的微观孔隙中的剩余油转化为可动油，增加可动储量 30%以上；

(3) 埋存 CO_2 以溶解、固化、自由态等形式存在于埋存体内，通过采用创新研发的先进的封存体地质评价技术、高效注入技术，以及四位一体全方位泄漏安全监测技术的实施保障了埋存的安全性。

参 考 文 献

[1] 胡永乐，郝明强，陈国利，等．中国 CO_2 驱油与埋存技术及实践[J]．石油勘探与开发，2019，46(4)：716-727.

[2] 汤勇，张超，杜志敏，等．CO_2 驱提高气藏采收率及埋存实验[J]．油气藏评价与开发，2015，5(5)：34-40.

[3] 崔振东，刘大安，曾荣树，等．中国 CO_2 地质封存与可持续发展[J]．中国人口·资源与环境，2010，20(3)：9-13.

[4] 田巍．老油田 CO_2 驱开发渗透性伤害机理研究[J]．现代化工，2021，41(S1)：194-198.

[5] Alfredsson H. A.，Hardarson B. S.，Franzson H.，et al. CO_2 sequestration in basaltic rock at the Hellisheidi site in SW Iceland：stratigraphy and chemical composition of the rocks at the injection site[J].Mineralogical Magazine，2008，72(1)：1-5.

[6] 孙枢．CO_2 地下封存的地质学问题及及其对减缓气候变化的意义[J]．中国基础科学，2006(3)：17-22.

[7] 许志刚，陈代钊，曾荣树，等．CO_2 地下地质埋存原理和条件[J]．西南石油大学学报(自然科学版)，2009，31(1)：91-97.

[8] Andreas Kopp，P. J. Binning，K. Johannsen，et al. A contribution to risk analysis for leakage through abandoned wells in geological CO_2 storage[J]. Advances in water resource，2010，33(8)：867-879.

[9] 王建秀，吴远斌，于海鹏．二氧化碳封存技术研究进展[J]．地下空间与工程学报，2013，9(01)：81-90.

[10] 朱焕来，曲希玉，刘立，等．CO_2 流体-长石相互作用实验研究[J]．吉林大学学报(地球科学版)，2011，41(03)：697-706.

[11] 曲希玉．CO_2 流体-砂岩相互作用的实验研究及其在 CO_2 气储层中的应用[D]．长春：吉林大学.2007.

[12] 秦积舜，韩海水，刘晓蕾．美国 CO_2 驱油技术应用及启示[J]．石油勘探与开发，2015，42(2)：209-216

[13] 王涛．盐水层 CO_2 埋存潜力及影响因素分析[J]．岩性油气藏，2010，22(S1)：85-88.

[14] 田巍．凝析气藏注 CO_2 提高采收率机理物理模拟[J]．天然气地球科学，2021，32(10)：1592-1600.

[15] 李小春，刘延锋，白冰，等．中国深部咸水含水层 CO_2 储存优先区域选择[J]．岩石力学与工程学报，2006，25(5)：963-968.

[16] 金旸钧，陈乃安，盛溢，等．地质封存条件下 CO_2 在模拟盐水层溶液中的溶解度研究[J]．油气藏评价与开发，2019，9(03)：77-81+88.

[17] 胥蕊娜，姜培学．CO_2 地质封存与利用技术研究进展[J]．中国基础科学，2018，20(04)：44-48.

[18] 王军良，李桂璇，周义明，等．二氧化碳在油气田地质封存中溶解物性的研究进展[J]．油田化学，2018，35(03)：550-561.

[19] 邓瑞健，田巍，李中超，等．二氧化碳驱动用储层微观界限研究[J]．特种油气藏，2019，26(03)：133-137.

[20] 田巍．CO_2 在老油田地质封存中的赋存状态[J]．地下空间与工程学报，2021，17(02)：618-625.

[21] 田巍，邓瑞健，李中超，等．碳封存过程中溶蚀作用对岩石渗透性的影响[J]．陕西科技大学学报，2018，36(6)：103-109.

海洋钻井废弃物零排放作业模式实践

张晓诚　谢　涛　霍宏博　岳　明

(中海石油(中国)有限公司天津分公司)

摘　要　渤海油田作为内海面临着极为严格的环保标准，为实现在受限排放区高效、环保、安全钻井要求，渤海油田通过优化钻井工艺流程、创新研制快装密封井口技术、并研发瘦身井眼代替常规井身结构和改进型环保可重复利用钻井液体系实现了废弃物的源头减量，开发了一套可实现 200 米以上传输距离的钻屑远距离密闭传输技术和絮凝压滤一体化工艺，实现废弃物传输及固液分离，液相经调质处置后重新复配钻井液，通过对不同的处置工艺进行搭配，创新研发了 EPS 工作船和海上 EPS 减排工厂，形成了系列化零排放钻井技术。该技术体系解决了秦皇岛、曹妃甸等多个油田的全回收作业，通过在垦利某油田新优快中应用，验证了在作业效率提高 50%以上情况下，传输及现场处置仍能满足现场需要。该一体化处置技术经过数十口井的应用，尤其在新优快中应用效果证明，是实现渤海钻完井废弃物减量回收的有效手段。

关键词　零排放钻井技术；快装密封井口；密闭传输技术；絮凝压滤一体化工艺；优快钻井

1　引言

近些年国家环保法规日趋完善、海上钻井人员对于环境保护的意识日益增强，而渤海油田开发范围也由传统老油田向农渔业区、生态保护区等环境保护要求严格的区域靠近，一方面新建设施尽量通过大位移井等方式保持与此类区域的距离，减小生态影响，另一方面，渤海油田经过近几年的持续攻关，探索出了一套全过程零排放钻井技术，针对受限排放区，在设计阶段从钻井液体系选型、井身结构设计、钻井流程改进以及现场处置技术均取得较大改进，形成了以源头、过程处置、钻井工艺为核心的全过程密闭钻井技术。渤海第一个全回收开发项目秦皇岛某油田启动开始，初步实现了钻井过程零排放，而新优快的提出对零排放钻井技术提出了更高的要求，按照传统方式，处置能力至少提高 100%以上，为最大限度降低处置需求，试点项目渤海围绕钻井全过程开展了一系列新工艺、攻关现场处置工艺，逐步突破了多项技术瓶颈，并进行了一体化设计，形成了一套满足新优快钻井的零排放钻井技术体系。

2　优化设计源头减量技术

2.1　“瘦身井眼”降本减量

井眼尺寸的大小直接决定了钻井岩屑的产生量，同时增加钻井液的维护量和井筒存有量，因此渤海围绕次开展了井筒“瘦身”技术。而想要瘦身面临钻井、完井、采油等多方面影响，优化井眼尺寸及套管结构能够实现经济、高效钻井，在套管选材、井筒完整性、井控和安全技术、完井防砂等方面进行了大量的理论研究和试验后，渤海形成的系列化瘦身技术，最终实现“瘦身井”产业化应用。

通过对比渤海常规井眼和经验，“瘦身井眼”在零排放钻井中主要有三大优势：

减少井筒内钻屑返出量，降低处理量，以一口 3000 米井深的二开次井身为例：传统表层 16″井眼下入 13-3/8″套管 800m、二开 12-1/4″井眼下入 9-5/8″套管 3000m，考虑井眼容积扩大率对井筒容积的影响，表层和二开井径扩大率分别按照 1.4 倍和 1.25 倍计算，如按照膨胀系数 1.6 计算，得出本口井表层岩屑原始体积为 192m^3，膨胀后体积可达 307m^3，二开钻屑原始体积为 262m^3，膨胀后体积可达 491m^3。而井眼瘦身后，表层钻屑原始体积仅 113m^3，减量 79m^3，降幅达到 41%，二开钻屑原始体积 161m^3，减量 101m^3，降幅达到 39%。

井身“瘦身”能够加快钻屑返出速度，大幅提高钻速，而通过在新优快中采用表层钻 12-1/4″井眼下 10-3/4″套管；二开钻 9-1/2″井眼下 7″套管，环空返速是净化井眼的关键，泵压允许的条件下，12-1/4″井段尽量开高排量，钻进过程中保持相对较高的转速。而钻速的提高就大幅降低了泥浆的维护量，据现场测算固控系统损耗泥浆量在 3~10m³/h，提速后废弃钻井液量就会大幅降低。如图 1 所示。

“瘦身”后井筒钻井液用量减少，作业周期缩短，钻井液维护废弃物大幅缩减，单井钻井液废弃物较常规井眼钻速下，钻井液废弃量减少不小于 50%。

优快项目力求优中求快，面对“跑起来”的作业效率，16 口瘦身井可减排 3858 吨岩屑，少配置钻完井液 1500m³ 以上，可节约成本 1500 万元，因此优快浅层常规井通过瘦身井可提速减排，对于水垂比较大的大位移井，考虑作业难度及钻速，减少进行瘦身井设计，如表 1 所示。

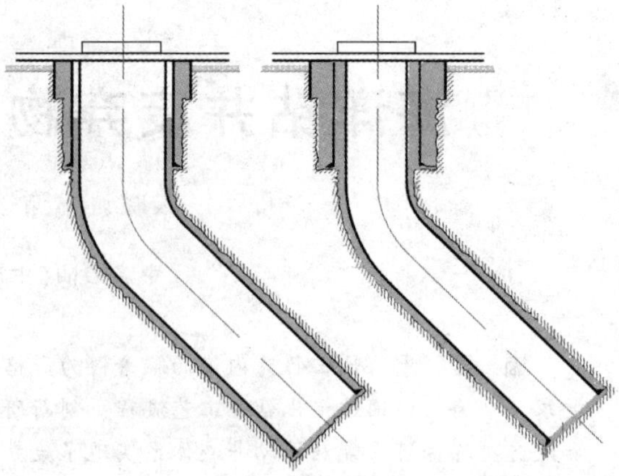

图 1　井筒瘦身示意图

表 1　不同井深瘦身井减量比例

井名	表层井眼尺寸×井深/(in×m)	二开井眼尺寸×井深/(in×m)	套管尺寸×平均下深/(in×m)	钻屑净容积/m³	钻屑减量/%	钻井液减量/%
A4	12-1/4×802	9-1/2×2689	10-3/4×800+7×2687	243	30	48
A6	12-1/4×422	9-1/2×2008	10-3/4×420+7×2006	166	29	47
A7	12-1/4×602	9-1/2×1790	10-3/4×600+7×1788	164	29	47
A23	12-1/4×802	9-1/2×2934	10-3/4×800+7×2932	225	28	49

2.2　钻井液重复利用系列技术

为实现钻井液重复利用减少单井废弃物产生量，而渤海面临的环保压力极大，油基泥浆大规模推广的成本高，且回收处置费用会大幅增加，因此渤海攻关技术攻关开发了一套能够多口井重复利用的环保水基钻井液 BIODRILL A 体系，受限海水膨润土浆深钻，钻进至馆陶顶前 60m 通过顶替方式转化为 BIODRILL A 钻井液体系；馆陶组完钻的井不加 KCl；沙河街组完钻井：井深 <2500m，钻进至完钻井深，起钻前加入 3%KCl；井深≥2500m，中间增加一趟短起作业，短起前加入 3%KCl，下钻至井底，逐步提高 KCl 含量，完钻后提高 KCl 含量至 8%。

通过创新合成新型抑制剂 BioTrol，开发新型环保包被剂 BioCap 和环保型可降解润滑剂 BioLUBE，首次突破构建形成绿色环保可重复利用 BIODRILL A 钻井液体系，具有强抑制，强包被，高过筛性等特点，保持钻井液长期稳定性，实现了钻井液体系配方标准化、环保化，最大限度实现循环、重复利用。经过现场总结，为维持钻井液重复利用率，必须配合高性能固控系统，因此渤海通过在某项目中改进振动筛进料流程，更换 5 台振动筛筛框主体，增加 2 台离心机等系列措施，提升固控系统处置性能，保证钻井液重复利用率达到 3~4 口井。该项目打破渤海传统转化的三段式转化思路，优化为直接顶替的转化思路，转化钻井液性能更稳定，且固相含量更低，每口井大约可节约转换时间 1h。

3　现场全过程减量措施

3.1　表层密闭快装井口

为实现快速安装拆卸井口，采用在隔水管安装双侧翼阀放浆，并以 BT 密封密闭快装井口作为井口拆装连接与密封形式，该装置主要特点为分体式快速安装；安装速度快；安装精度高；可重复使用，只需更换密封件；安装后可快速试压；密封效果好，不易发生泄露。

经在新优快验证，与传统的焊接法兰的简易井口比较，单井可节约时间约 2 小时以上，是实现快速安装井口条件下闭路循环的有效手段，如图 2 所示。

3.2　钻屑全封闭远程输送一体化技术

经在渤海全回收项目中发现，钻屑在平台分选的形式需频繁动用吊车，大大增加吊机使用频

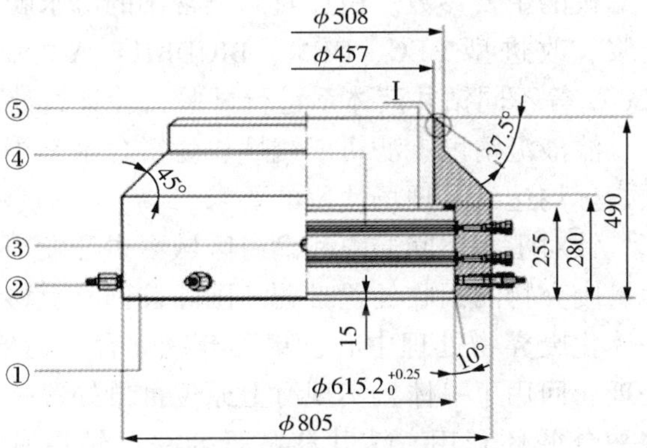

图 2　快装井口示意图

率和安全风险，且在 92 系列等只有 2 台吊机的平台，全回收设备长期占用一台吊机，严重制约作业效率，而传统的螺旋输送形式只能近似平面短距离传输，无法将钻屑由固控系统传输至移动式处置中心进行处置，为解决岩屑传输面临的难题，通过调研国内外岩屑传输技术，水基钻屑远距离密闭传输尚无成熟经验借鉴。如图 3 所示。

图 3　密闭传输泵

该传输泵动力源为柱塞传输为主，通过现场应用传输管线建模，按照两相流模拟能耗损失，得出管线走向突变和较大变径压耗较高，橡胶管线压力损失较大的结论，不考虑固相颗粒和热传递，密度 1600kg/m^3，黏度 50mPa. s，考虑重力影响的情况下，压力损耗主要在运输管线前部弯曲段，减少管线走向突变可降低此段压耗；管线缩颈处没有明显增加压耗，在一定泵送压力下，管线缩颈处存在流速增加的情况；橡胶软管线相比钢制管线的压力损失大，约 3~4 倍。

经在新优快完全释放机械钻速的情况下，批钻表层单日最高传输钻屑 646t，可满足表层 16″井眼 ROP≥200m 及扩眼至 26″的作业，如图 4 所示。

3.3　自升式钻井平台处置关键技术及模式

固控系统出来的岩屑根据成分不同主要呈颗粒状、糊状、团状和砂状，含液率不同，因钻井

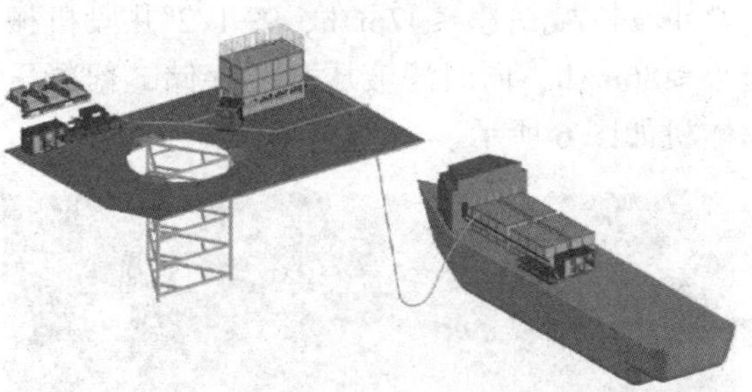

图 4　不同工况下能耗损失

作业为提高携岩效率，往往采用大排量钻进，部分井段会出现固控系统处理后含液率极高，这些不稳定的高含液岩屑无法直接进行絮凝压滤。针对钻屑含液率高的问题，通过对比压榨、负压振动筛等二级减量工艺，发现单台套压榨及负压振动筛的处理速率无法满足随钻高峰 20m^3/h 的钻屑量，因此根据振动筛的基本原理，改进结构形式，采用低目数结构形式，研究出了分选筛工艺。

分选筛主要定位是作为二级减量中间处理设备，通过反复试验，确定了采用 20 目筛布能够保证 5 台振动筛的岩屑经分选后呈团状，含液率较低，能够实现采用吨袋装运。对较大颗粒的岩屑进行初选，分选筛的最大处理能力 60m^3/h。如图 5 所示。

图 5　分选筛处理及效果图

分选后的废液及钻井液，通过采用半自动化控制絮凝压滤一体机，实现了滤液固液分离，92 系列平台优选平台小型化减量一体化单元，可应急处理钻进过程产生的钻井液，经测算，以 921 作业为例，恶劣天气来之前清空 1 个 60m^3 钻井液池，储备液相，维持短期连续作业，钻井液池满后应急使用 2 个 30m^3 固井水柜，可满足 12-1/4″井眼持续钻进 14 小时，9-1/2″井眼持续钻进 24 小时。钻井液池收满后，控速钻进 12-

1/4″井段机械钻速≤47m/h，9-1/2″井段机械钻速小≤86m/h，同时滤液压载舱存储，絮凝压滤一体机如图 6 所示。

图 6　半自动化絮凝压滤一体机

3.4　远距离密闭传输与 EPS 工作船处置模式

钻进过程中，会产生大量废弃钻井液和钻屑，依托平台小型化絮凝压滤一体机无法长时间连续运转，且对平台吊机使用频率极高，在作业高峰期 3~5 分钟就得吊一次，在天气恶劣时严重影响作业效率，因此探索出了远距离密闭传输与 EPS 工作船联合作业的处置模式。

平台分别安装远距离密闭传输系统，针对平台产生废弃物量较大的一侧，挑战者平台安装 2 套密闭传输泵，分别由独立的液压控制单元控制，每个平台各配置 2 套传输泵系统及 2 路密闭传输管线，一用一备，两套系统间可随时切换。该系统可实现 200m 以上远距离密闭传输，满足钻屑自钻井平台直接输送至 EPS 船进行减量处置。

而针对 EPS 处置工艺，通过研究人员进行了大量的分析，最终确立了板框式压滤机方案。板框式压滤机固液分离之前首先要进行絮凝分离。絮凝剂选取以配制方便、分离效果易于观察、絮凝剂本身易于清除、不破坏滤液原本性能为原则，针对不同地层所使用钻井液体系选择不同的絮凝剂。海水膨润土浆体系，使用 PAM 即可实现高效的固液分离。聚合物体系，选择高价离子的无机絮凝剂，对于絮凝后参与的离子，采用加入化学药剂的化学方法清除。

板框式压滤机原理主要是通过挤压滤布实现固液分离，研究人员保留了隔膜板框压滤机主体结构，对进料方式、压榨压力、滤布型号、絮凝剂与助滤剂的优选方面开展了大量实验，确定了压滤机的主要参数。通过对海上常用的海水膨润土浆、改进型 PEC、PEM、BIODRILL A、EZ-FLOW 等不同钻井液体系进行试验，验证过滤速度、滤液澄清度、滤饼成饼性、滤饼含水率等多项指标均达到了现场使用的要求。

针对平台空间局限和渤海区域集中开发产生大量废弃物的回收处置难题，国际首创海上移动一体化废弃物处理中心，集废弃物储存、运输、处理、回用于一体，实现海上原位批量处置并反输平台循环利用，钻井液减量 80%、钻屑减量 40%~60%，液体在海上 100%循环利用。水基废浆脱稳固液分离工艺在实现钻井液减量 80%，处理后滤液各项指标与海水相似，满足重复配浆要求。

优快钻井过程，钻屑及钻井液的产出速率是常规钻井速度的 1.5 倍以上，因此通过依托移动式处置中心进行废弃物全回收作业是现行技术中最有效的手段，如图 7 所示。

图 7　移动式处置中心

4　应用效果

开发项目具有井数多、环保要求严格、作业节奏快等特点。为实现渤海油田上产 4000 万吨，采用双钻井平台对打的模式进行作业，2 条钻井平台分别靠平台 2 侧，船舶资源往往可以实现双平台共享，这种项目单日产生的废弃物总量是常规项目的 2 倍。本文以新优快垦利 16-1 油田为例，进行全回收一体化工艺介绍。

该油田位于生态保护区边沿，本工程施工期，含油和非含油钻屑、含油和非含油钻井液均不允许排放；本项目的优势是有 2 条钻井平台同时作业，因此制定方案充分考虑资源共享，在钻井平台螺旋输送器末端安装远距离密闭传输泵，通过 127mm(5″)硬管+软管结合的方式直接输送至大型支持平台或者 EPS 工作船，在支持平台或 EPS 工作船上配置分选筛、大型絮凝压滤单元、水处理装置及航吊，能够不依托平台吊机的情况下完成钻屑的固液分离。而钻井平台甲板配置一套小型一体化絮凝压滤设备和分选筛，能够保障在极端天气条件下，拖轮无法靠平台的情况下，满足平台不停钻作业。

海洋石油921平台配备2台密闭传输泵，一用一备，铺设2条密闭传输管线，并可随时切换阀门至备用管线，一用一备，满足每个平台的管线双路独立，互不影响，海洋石油921平台传输方式，螺旋输送器可传输至EPS分选筛，满足甲板设备处理，若EPS甲板处理设备故障，可回收至岩屑箱，实现应急处理，经计算，传输能力满足钻屑传输能力要求，如表2所示。

表2　单层次理论岩屑计算量

井名	井眼尺寸/in	井段深度/m	理论岩屑计算量/t
A23	12-1/4	1005	306
A20	12-1/4	805	245
A23	9-1/2	1929	326
A20	9-1/2	1937	235

通过18口井钻井过程实钻数据发现，处理能力：A15井9.5″井眼单日进尺1072m；批钻表层单日最高处理钻井液680方，钻屑646t，并可满足表层16″井眼ROP≥200m及扩眼至26″的作业，A11/A15井为单筒双井，16″扩眼至26″为本批次六口井作业量瞬时高峰。

该模式下移动式处置中心与小型化絮凝压力一体机配合使用，期间遇到三次特殊情况，A6井海水钻进期间，岩屑输送软管堵塞；A14井二开钻进期间现场大风天气(阵风九级)；A7井二开井段钻进期间岩屑输送泵液压缸故障，更换岩屑输送泵，均采取切换至小型化设备应急预案，为影响现场作业时效，处理岩屑减量率50%，液相减量率70%。

5　结论

(1) 小型化絮凝压滤一体机能够实现钻井船独立作业，但是作业高峰仅能坚持数小时，因此可以作为下部井段及应急情况下的补充。

(2) 全封闭快装井口能够解决快速安装和密闭回收2个难点。

(3) 除极端天气，移动式EPS工作船机动性好，处理储存能力强，是快速钻井的有效手段。

(4) 固定式处理站是解决钻井平台处理能力不足的有效手段，将会成为另一种可靠的作业模式。

参考文献

[1] 邢希金，耿亚楠．新环保法给海上钻井流体处理带来的挑战及对策[J]．石油工业技术监督，2016，32(8)：1-4.

[2] 中华人民共和国环境保护法[S]．北京：中国法制出版社．

[3] 陈鑫，杨晓冰．钻井液固相控制技术探讨与建议[J]．石油和化工设备．2011，14(11)：45-47.

[4] 刘小刚，赵少伟，马英文，等．渤海油田定向井井身结构优化及应用[J]．石油钻采工艺．2019，41(4)：455-459.

[5] 张磊，韩耀图，董平华，等．渤海某油田钻井液体系室内试验评价及优选研究[J]．非常规油气．2018，5(4)：80-85.

[6] 陈立荣，何天鹏，易建生，等．钻井固废固液分离技术装备综述[J]．石油化工安全环保技术．2019，35(1)：60-66.

[7] 吕广，马英文，张晓诚，等．水基钻屑絮凝压滤一体机的研制与应用[J]．石油机械，2020，48(6)：52-56.

[8] 许杰，何瑞兵，谢涛，等．一种海洋钻井废弃物可移动处理系统：CN 212406634 U[D]，2021-1-26.

[9] 李斌，吴坤坤，阮雄，等．一种钻屑正压输送装置：CN209038592 U[D]．2019-6-28.

[10] 许杰，张羽臣，岳明．等．撬装式海上水基泥浆减量化脱水设备：CN 212770398 U[D]．2021-3-23.

海上复杂河流相油田精细油藏描述及高效挖潜技术

杨庆红　王少鹏　张　岚　吴穹螈　常会江

(中海石油(中国)有限公司天津分公司)

摘　要　海上河流相油田油藏地质条件复杂，远离物源区、砂地比低、储层变化快、纵向叠合程度差、油水关系复杂，"一砂一藏"特征，此类油田面临整体开发效果差，采收率低、采油速度低、开发成本高等挑战。为实现海上复杂河流相油田高效开发，研究形成了"两高一宽"地震采集处理一体化技术、开发早期储层精细油藏描述技术、水平井高效开发理论及高效挖潜技术。"十二五"以来，经开发实践证明，储层精细描述技术预测储层钻遇率由75%提高至93%，该技术方法已在24个河流相油田推广应用，新增动用储量2.44亿吨，增加技术可采储量1.52亿吨，采收率提高8%，开发效果良好，实现河流相油田的高效开发。

关键词　海上河流相油田；两高一宽；精细油藏描述；单河道识别；井网优化

渤海油田位于渤海海域，区域构造上属于渤海湾盆地的海域部分。经过40余年的勘探开发，在新近系明化镇组和馆陶组河流相砂岩中获得了丰厚的石油储量，已占渤海油田总探明石油地质储量的65%。河流相油田是渤海油田持续稳产的主力军，在渤海油田占有举足轻重的地位。但同时，该类油藏面临着开发效果差，采收率低、采油速度低、开发成本高等挑战。渤海河流相油藏埋深1000~1800m，受河流沉积控制，储集层在平面上多呈弯曲的长条状、带状、树枝状等形态，砂体横向变化大，储层厚度薄，油气水交互出现，油藏地质条件十分复杂。实现此类油藏的高效开发，对于渤海油田上产、稳产意义重大。本文针对渤海河流相油田难点和挑战，经过多年开发生产实践和技术攻关研究，形成了"两高一宽"地震采集处理一体化技术、开发早期储层精细油藏描述技术、水平井高效开发理论及高效挖潜技术。

1　海上河流相油田开发面临的挑战

由于渤海湾复杂的地质油藏条件，加上河流相复杂的储层展布以及海上开发的特殊性，复杂河流相油田精细油藏描述及高效开发研究无成熟经验可借鉴，陆上油田密井网、小井距的研究思路和技术路线无法复制到海上油田，河流相油田高效开发面临着探井密度低、气云区地震资料品质差、地质油藏模式复杂、储层描述难度大等诸多难题，主要体现在：

1.1　地震资料成像精度低

渤海河流相油田部分区域地震资料采集受平台及海底电缆等因素影响，存在地震资料复杂成像区，地震资料品质差，同时由于构造运动、断层等因素的影响，地层深处的油气、热流体沿着断层、砂体等垂向运移到浅层，形成气云带。气云带内地震反射杂乱、同相轴破碎、内部的速度难以准确计算，造成部分河流相油田构造解释及储层识别更加困难。

1.2　储层精细描述难度大

河流相油田储层受河流作用的控制，砂体具有明显的方向性，沉积相带窄，同时由于河道的频繁迁移及多级分叉、改道，单砂体厚度分布范围一般1~8m，多期叠置、连通性差，非均质性强。同时受限于海上井距大，井网密度低、资料录取少，油藏模式多样，内部结构复杂，采用常规技术难于实现对储层的精细描述。

1.3　开发井网部署难度大

由于渤海湾复杂的地质油藏条件，加上河流相储层横向变化快以及海上开发的特殊性，河流相油田高效开发研究无成熟经验可借鉴。陆地油田采用"边开发、边认识、边调整"的模式，陆上油田密井网、小井距的研究思路和技术路线无法复制到海上油田。同时受海上平台空间、寿命、井槽资源限制，不具备多次调整的条件，开发周期短、建产成本高，陆地开发模式难以借鉴，要实现海上河流相油田高效开发，必须加强储层精细研究，在精细地质油藏认识的基础上部署开发井网。

2 复杂河流相储层精细油藏描述及高效挖潜

针对海上河流相油田开发的难点，充分应用海上高精度地震资料，在区域沉积演化研究基础上，开展不同类型砂体叠置正演模拟及砂体叠置样式研究，形成了开发早期河流相油田储层精细描述及定量表征、单河道识别及单砂体井网优化等配套技术，并依托单砂体布井技术，形成海上河流相油田“初期分层系、早期注水、一次井网成型”的高效开发模式，实现“一河一层系、一砂一井网”的井网部署。

2.1 “两高一宽”地震采集处理一体化技术

传统地震资料采集技术覆盖次数低，采集面元大，此外部分油田局部受“气云区”、拼接带影响，存在地震资料复杂成像区，储层精细描述难度大。针对以上问题，通过开展海底电缆高覆盖高密度宽方位地震采集处理，并引入优势道集模拟和潜波层析反演处理，从而大幅提高地震资料的品质，保障油田高效开发。

2.1.1 “两高一宽”地震采集技术

地震资料的好坏，影响构造特征、储层发育规律、油气分布规律的认识，进而影响井位的部署和开发井钻探结果。因此，提高地震资料采集品质对于海上油田高效开发至关重要。

地震资料品质的提高包括纵横向分辨率的提高和成像改善，其研究思路主要分为两步：第一，引入复杂河流相储层变化规律，建立三维地质模型，并采用波动方程开展正演模拟。通过引入河流相储层变化规律，能够最大限度的使得正演模拟结果逼近地下实际沉积体的特征；第二，以照明分析为判别主要标准，进而优化地震资料采集的各项参数。考虑到实际的施工难度，根据炮检互换原理，首次采用以炮补道的观测系统设计思想，加密炮线的空间采样密度，炮线间距采用25m，实现12.5×12.5m规格面元采集。跟传统采集方法相比，通过引入河道信息，优化采集参数，实现了海底电缆高密度高覆盖目标采集，覆盖次数达到320，面元尺寸12.5×12.5m，大幅提高了河道边部的成像精度。

2.1.2 “气云区”地震资料针对性处理技术

针对“气云区”地震资料信噪比低、波组特征差，地震波能量被严重吸收衰减的问题，本文在处理中引入优势道集模拟技术，具体流程主要分为三步：第一步，对“气云区”道集(图1(a))进行解释性处理，道集中部分偏移距(图1(b))能量能够绕过气云区，可以较好的识别受气云区影响范围(图1)；第二步，根据地震波的AVO现象，可以利用共中心点道集的部分道呈现的AVO规律去预测缺失部分；第三步，对切除后的道集进行去噪等处理，保证道集的品质(图1(c))，然后利用AVO规律进行缺失道模拟(图1(d))。从模拟结果来看，通过引入优势道模拟，可以显著改善“气云区”成像质量，减少气云对地震资料成像的影响范围。

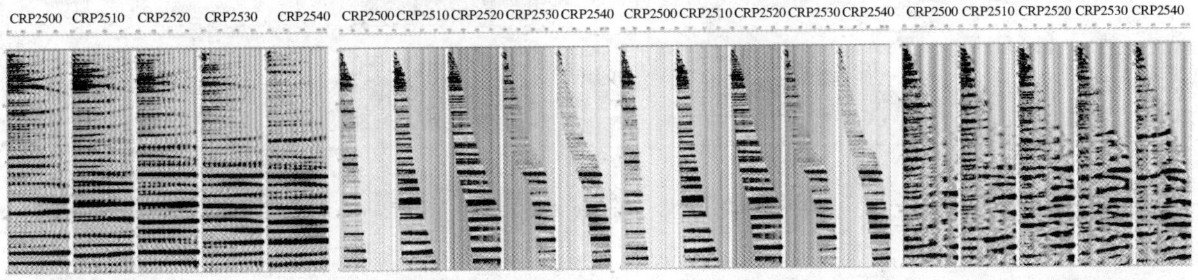

(a)原始道集 (b)优势偏移距截取 (c)优势道集处理 (d)模拟后道集

图1 基于部分偏移距截取的优势道集模拟

“气云区”浅层速度横向变化剧烈，难以获得精确的速度场，进而影响了“气云区”成像。本文采用潜波层析反演技术对“气云区”开展速度建模，该方法包括初始速度模型的建立，旅行时计算和迭代更新过程。初至时间拾取过程中为了确保拾取质量，可利用多种属性图，包括初至时间与偏移距关系、初至时间与炮点关系等，来加强对初至信息进行有效质控。得到可靠初至后，选取初始网格为200×200m进行潜波层析反演迭代，通过层析反演算法减小模型和实际数据的误差，得到可靠的近地表速度模型。随着迭代次数增加，“气云区”速度细节更为清晰(图2)。

该方法能够有效地提高速度模型的精度，得到可靠的近地表速度模型，为提高地震成像精度奠定良好的基础。

2.2 开发早期储层精细油藏描述技术

河流相油田储层纵、横向变化快，非均质性强，深入剖析内部储层结构及非均质性对于油田开发具有重要作用。然而陆上油田基于密井网条件下的储层构型研究难以应用到海上稀井网油田，同时传统的网格化建模也难以真实反映构型单元几何形态和切叠关系。针对该问题，本文以地层切片及地震沉积学为理论支撑，有效突出砂体内部不连续界面，并通过自由曲面建模方法，实现了构型单元的精细表征。

2.2.1 砂体内部构型解剖

构型研究的核心是分析复合砂体的内部结构特征，关键是复合砂体垂向期次及平面构型边界的识别。考虑到海上油田普遍为大井距稀井网，地震资料品质较高(主频约 40-60Hz)，本文主要利用地震资料对构型边界进行识别，基于地震沉积学原理，根据典型河流相油田实际河道参数(宽度、厚度)开展构型原型模型正演模拟，明确构型单元叠置样式及其地震响应特征。应用连井地震反演剖面与测井资料，综合考虑测井曲线形态，确定相类型，以测井曲线的形态与连井地震波阻抗剖面之间的关系确定相边界，以连井地震波阻抗剖面变化点确定砂体接触关系，进行单砂体剖面相分析，实现构型单元垂向接触关系的精细刻画。分流河道因河流的切割冲刷作用，不同相带沉积的砂体厚度不等，可采用成因对比方法划分沉积单元，依据地震波阻抗剖面和单砂体空间配置结构关系识别河道期次。本文提出 3 种河道接触关系，即分离式、侧向拼接式、侧向叠置式(图 3)。

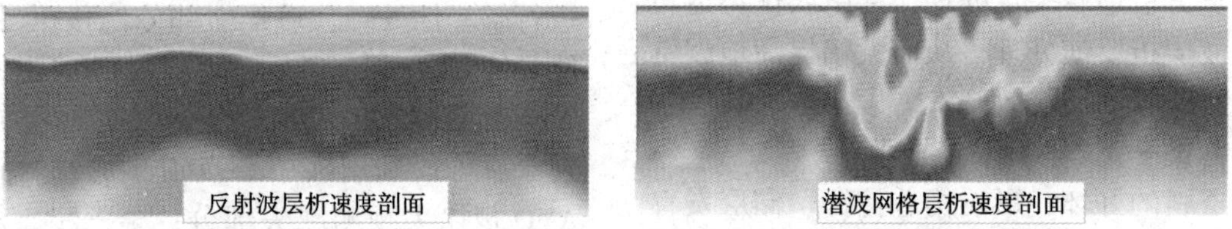

(a)反射波层析速度剖面 (b)潜波层析速度剖面

图 2 速度模型精度对比图

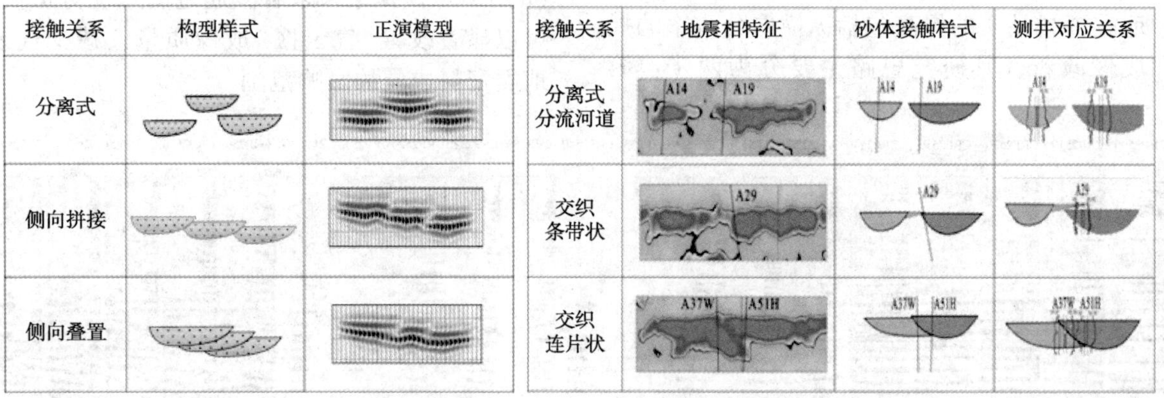

图 3 不同河道接触样式及其地震响应特征

通过地层切片及属性融合等技术手段开展复合砂体不连续界面研究，突出砂体内部变化点，大幅改进地震属性对于构型边界的反应精度。和传统的振幅类属相比，能够更为清晰的突显出连片复合砂体内部不连续边界，进而指导单一构型单元边界的精确刻画(图 4)。

2.2.2 储层三维精细表征

地质建模是实现油藏精细描述的重要手段，目前常规建模方法为基于网格来对地质体进行三维表征，受网格尺度的影响难以表征小尺度地质体及其之间的界面，难以消除“噪音”不能准确表征构型单元几何形态及其相互叠置切割关系，使得最终模型无法体现地质体真实形态，模型中

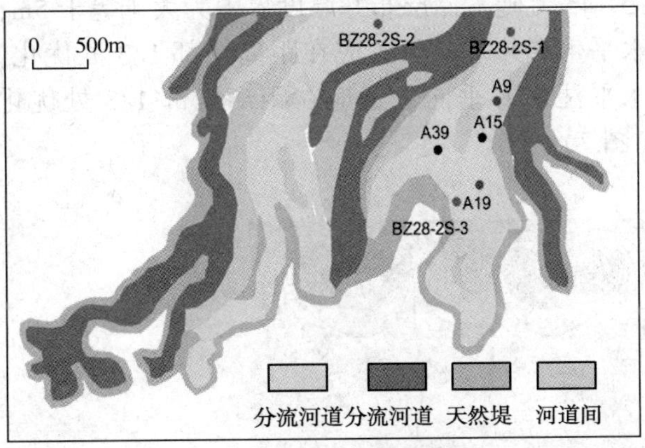

图 4　复合河道砂体构型解剖

构型单元之间往往边界模糊，不能准确反映小尺度渗流格挡，进而降低了基于此类模型进行的剩余油分布预测结果的精度。

基于传统网格建模方法存在的问题，本文引入自由曲面建模方法，该方法基于空间矢量井点及对比数据，在地质原型模型约束下，利用曲面建模算法对构型单元包络面进行构建，实现了构型单元及界面三维空间精细表征。首先是地质原型模式三维模板库（理论模型）构建，采用自由曲面建模技术，对地质原型模型（理论模型）包络面进行构建，从而获得河道及砂坝原型模式三维模板库；其次，在地质原型模型约束下采用“平剖互动、三维验证”的方法以包络面形式重构各级次构型单元三维形态，依据原型模板库中定义的各级构型单元之间的切叠模式，建立无网格三维地质体模型；最后，采用了一种等效表征方法，将无网格建模得到的各构型单元包络面投放到数模模型中，进行界面空间定位，输出构型界面两侧网格间传导率乘数数据卡，提供给数值模拟软件，开展生产动态历史拟合及油藏数值模拟，有效提高了数值模拟运行效率及剩余油分布的预测精度（图 5）。

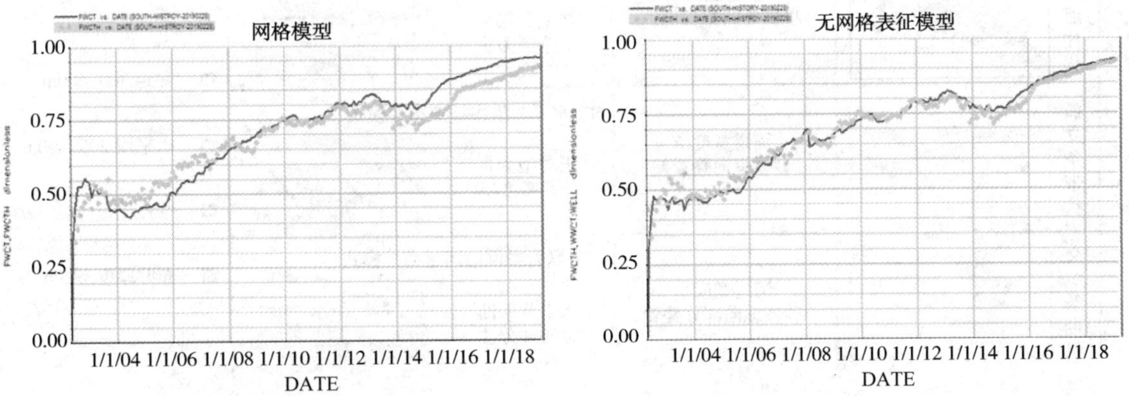

图 5　渤海典型河流相油田模型含水率拟合效果对比图

2.3　水平井高效开发理论及高效挖潜技术

在水平井提高采收率理论基础上，本文提出了河流相油田不同沉积类型高效开发模式，在开发过程中，针对动、静态非均质性交互影响下的水驱矛盾，基于流场评价和虚拟源汇表征方法，形成了河流相油田水平井网加密调整挖潜技术，提升了开发效果。

2.3.1　水平井高效开发理论及模式

（1）基于微尺度渗流机理的水平井网波及系数表征方法

针对传统的达西定律难以准确描述非连续相剩余油的问题，从微尺度多孔介质流动模型出发，运用相场界面追踪方法，对非连续相剩余油的类型进行分类评价和流动模拟，结果表明该类剩余油的再次启动条件往往是更大的驱替压力，即提高驱替压力梯度可有效动用非连续相油。结合镜像反映和保角变换等数学方法，可求解定向井网和水平井网的水动力学渗流场，对势函数求导变换可得到驱替压力梯度场（图 6），结果表明：相比定向井网，水平井网能有效提高驱替压力梯度，扩大有效动用范围，波及系数可提高 8%～10%。

（2）河流相不同沉积类型井网开发模式

渤海复杂河流相油田沉积类型多样，按照平面叠置程度可分为连片河道、窄河道、交叉河道，其中连片河道和交叉河道在纵向又存在一定的叠合性。不同沉积类型油藏的开发模式存在较大差异，根据砂体特征，基于多目标优化的水平井网部署技术，提出了水平井单砂体布井、水平井沿主河道布井以及联合井网沿河道布井等三种开发模式，水平井井距优化结果为 400~600m，水平段最优长度为 300~500m，单井控制储量为 35~45 万吨，储层布井厚度界限为大于等于 5m，水平生产井垂向位置应在距离顶部 1/3 处优化，水平注水井垂向位置应在距离底部 1/3 处优化(图 7)。

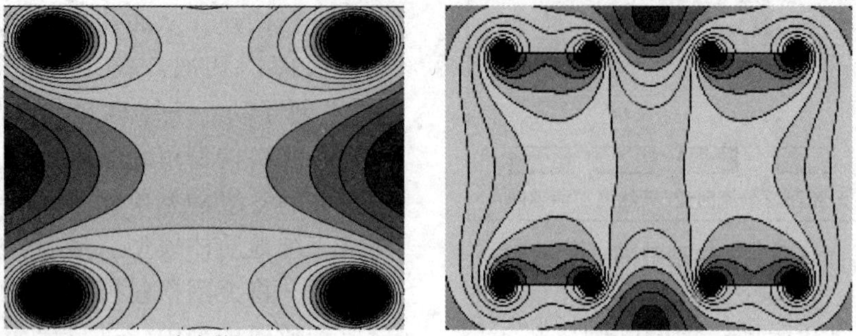
(a)定向井网　(b)水平井网

图 6　定向井网和水平井网驱替压力梯度分布对比场图

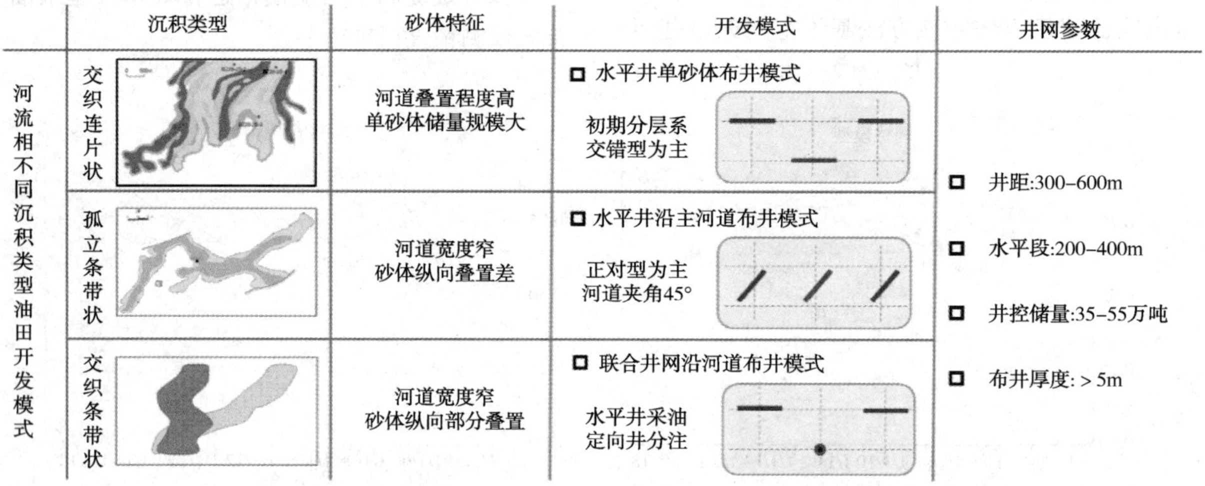

图 7　河流相不同沉积类型油藏一次井网开发模式

2.3.2　水平井网加密调整挖潜技术

(1) 水平井网加密调整时机定量识别技术

为最大程度提高一次井网水驱效率，综合考虑储层非均质性和注采强度，基于油藏渗流理论，采用水驱效率识别的方式，提出了油通比的概念，即单位水通量所改变网格处含油饱和度的中值水平(式 1)，定量表征了水平井网的最佳调整时机。根据油通比与开发时间关系曲线，可以将曲线划分为 2 个阶段，第一阶段为高效水驱替阶段，此阶段油通比与开发时间呈线性关系，孔隙中水驱油效率高，无过量水产生；第二阶段为低效水驱替阶段，此阶段油通比曲线偏离线性段，水驱油效率下降，在驱替过程中，产生过量水或无效水循环。以油通比小于 0.06 为约束条件，依托精细油藏描述后的数值模拟成果，实现了河流相油田水平井网调整时机的定量识别。

$$F=\frac{S_{oi}-S_o}{M_W} \tag{1}$$

式中，F 为油通比；S_{oi}为原始含油饱和度；S_o为含油饱和度；M_w为水驱替通量。

(2) 基于边界元理论的井网调整区域定量刻画技术

针对传统的复势理论只能表征规则井网条件下的水动力渗流场的问题，拓展源汇理论，引入边界元方法(式 2)，定量表征“混合边界、水平井、区域非均质”三重因素耦合条件下的水动力渗流场，聚焦砂体甜点区域，弥补了数值模拟技术不能精确表征水驱波及的缺陷。

$$u(p) = \int \Gamma u^{*}(Q,\ p)q(Q)d\Gamma(Q) - \int \Gamma q^{*}(Q,\ p)q(Q)d\Gamma(Q) \quad (2)$$

式中，u 为位势函数，q 为通量函数，p 表示源点，Q 表示场点，Γ 为边界函数。

基于流场评价结果，对复杂河流相油田现有井网条件下剩余油分布模式进行了表征，剩余油呈现“普遍分布，差异富集”的特点，提出了渤海河流相油田水平井加密调整模式，加密区域聚焦“井网边部、相带侧缘、弱边水过渡带”，进一步提高油田采收率。

2.3.3　水平井网精细注采调控技术

井间连通性定量表征是水平井注采强度调控的基础，常用的井间连通性识别方法解释周期长、实施成本较高(如示踪剂测试、干扰试井等)，难以满足油藏快速评价的需要，探索基于动态资料的井间连通性定量表征方法是必要的，目前行业内有关连通性定量表征的方法多限于均质油藏、定向井网，为更精细地定量刻画水平井井间连通关系，建立 INSIM 模型(式 3)，引入虚拟源汇表征水平井和储层非均质性，采用深度优先搜索算法优化连通路径，定量刻画了非均质油藏下不规则水平井井间连通关系。

$$\sum_{k=1}^{N_1}\sum_{j=1}^{N_W} T_{ijk}(t)\left(p_j(t) - p_i(t)\right) + q_i(t) = \frac{dp_i(t)}{dt}\sum_{k=1}^{N_1} C_{tk}V_{pik}(t) \quad (3)$$

式中，V_{pik} 为控制体积，T_{ijk} 为传导率，p_i 为井底流压，C_{tk} 为综合压缩系数，t 为生产时间。

在精细油藏描述的基础上，基于井间连通性定量识别，建立了河流相油田水平井注采强度调控图版(图 8)。

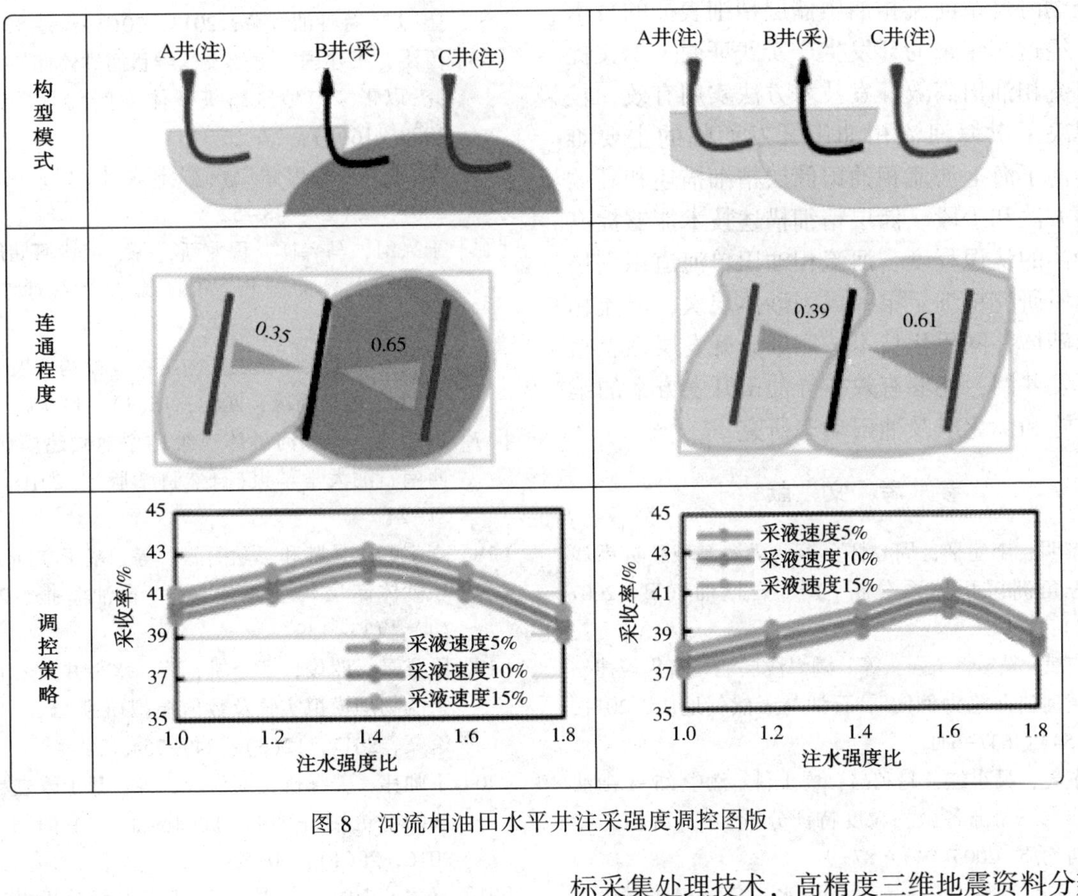

图 8　河流相油田水平井注采强度调控图版

3　应用效果

渤海河流相油田的开发实践表明，形成的河流相油田精细油藏描述及高效挖潜技术，不仅储层描述精度得到有效提高，还有效解决了河流相油田高效开发的难题。基于海上高密度高覆盖目标采集处理技术，高精度三维地震资料分辨能力较常规资料由 10m 提升到 5m，井震吻合率大幅提高，砂体边界、接触关系更加清晰，奠定砂体精细刻画的资料基础，储层精细描述技术提高了单砂体边界、深度、厚度的刻画精度。经开发井实钻证实，储层深度预测误差一般小于 2m，厚度误差小于 3m，预测储层钻遇率由 75% 提高到 93%。

河流相油田单砂体井网优化技术以单砂体精细刻画为基础，综合考虑储量规模、砂体形态、储集层特征、物性差异等因素，按照细分开发层系思路部署开发井网，使得油田开发效果明显提升。以渤中 28-2 南油田为例，利用该技术指导下的渤海首个单砂体水平井开发油田，对标陆地高效开发油田，采用“1/3 井数、1/2 时间”达到相同的开发效果，实现“少井高效”开发。该技术方法已推广应用至渤海 24 个河流相油田中，新增探明储量 2.44 亿吨，增加技术可采储量 1.52 亿吨，采收率整体提高 8%，开发效果显著。

4　结论

本文有针对性的指出了渤海复杂河流相油田储层精细表征所面临的问题及研究思路，并提出了适合渤海复杂河流相油田储层精细表征的技术体系。经过多年来的开发生产实践证明，本文提出的河流相油田高效开发技术方法实用有效，较好地解决了渤海河流相油田开发面临的主要难题，丰富了海上河流相油田储层精细描述和高效开发的方法和手段。储层精细描述技术能够提高对单砂体的认识程度，河流相油田单河道识别技术将地质研究精细至单一成因砂体层次，河流相油田单砂体井网优化技术按照细分开发层系思路部署开发井网，能够有效指导油田开发方案的编制、实施和优化以及油田动态研究。

参 考 文 献

[1] 代黎明，李建平，周心怀，等．渤海海域新近系浅水三角洲沉积体系分析[J]．岩性油气藏．2007(04)：75-81.

[2] 王应斌，黄雷，王强，等．渤海浅层油气富集规律_以黄河口凹陷为例[J]．石油与天然气地质，2011，32(54)：637-641.

[3] 加东辉，吴小红，赵利昌，周士科．渤中 25-1 南油田浅水三角洲各微相粒度特征分析[J]．沉积与特提斯地质．2005(04)：87-94.

[4] 杨玉茹．渤中 25-1 南油田浅水三角洲相储层隔夹层研究[D]．中国石油大学．2007.

[5] 姜香云．河流相储层构型分析与剩余油分布模式研究-以孤东油田七区西馆上段为例[D]．北京：中国石油大学(北京)，2007

[6] 陈莉，芦风明，范志勇．大港油田官 80 断块辫状河储层构型表征[J]．大庆石油学院学报，2012，36(2)：71~76

[7] 夏同星，李英，黄江波．渤南地区河流相油田开发地震研究[J]，石油钻采工艺，2009，31(S.1)：39-43.

[8] 夏同星，明君，陈文雄，等．渤海南部海域新近系油田储层预测特色技术[J]．中国海上油气，2012，24(S.1)：34-37

[9] 李超，廖新武，侯东梅，等．地震沉积学在 BZ19-4 油田中的应用断块油气田[J]，2013，20(1)：47-50

[10] 郭太现，杨庆红，黄凯，等．海上河流相油田高效开发技术[J]．石油勘探与开发，2013，40(6)：708-714.

[11] 赵春明，胡景双，霍春亮等．曲流河与辫状河沉积砂体连通模式及开发特征——以渤海地区秦皇岛 32-6 油田为例[J]．油气地质与采收率，2009，16(6)：88~91

[12] 陈欢庆，赵应成，舒治睿，等．储层构型研究进展望[J]．特种油气藏，2013，20(5)：7~13

[13] 伍涛，王建国，王德发．辫状河砂体储层沉积学研究-以张家口地区露头砂体为例[J]．沉积学报，1998，16(1)：27-28

[14] 李阳．河流相储层沉积学表征[J]．沉积学报，2007，25(1)：48~52

[15] 于兴河，马兴祥，穆龙新，等．辫状河储层地质模式及层次界面分析[M]．北京：石油工业出版社，2004

[16] 于兴河．油气储层表征与随机建模的发展历程及展望[J]．地学前缘，2008，15(1)：1~15

[17] 白振强．辫状河砂体三维构型地质建模研究[J]．西南石油大学学报(自然科学版)，2010，32(6)：21-24

[18] 李宇鹏，吴胜和，耿丽慧，等．基于空间矢量的点坝砂体储层构型建模[J]．石油学报，2013，34(1)：133~139

[19] 段雅君，谢俊，王金凯，等．水平井大岩心水驱效果的物理模拟实验及数值模拟研究[J]．中国科技论文，2017，12(3)：249-254.

[20] 丁帅伟，姜汉桥，周代余，等．基于改进粒子群算法的不规则井网自动优化[J]．中国海上油气，2016，28(1)：80-85.

[21] 赵辉，李阳，高达，等．基于系统分析方法的油藏井间动态连通性研究[J]．石油学报，2010，31(4)：633-636.

[22] 赵辉，康志江，张允，等．表征井间地层参数及油水动态的连通性计算方法[J]．石油学报，2014，35(5)；922-927.

渤海大型深埋潜山凝析气田裂缝发育规律及开发实践

廖新武　汪　跃　刘文超　李潇博　刘豪杰

(中海石油(中国)有限公司天津分公司渤海石油研究院)

摘　要　渤海海域渤中 19-6 为世界最大变质岩潜山凝析气田，气藏主要特征为“超深层、潜山裂缝、物性差”，国内外均属世界罕见，气藏开发无成熟经验可借鉴，开发挑战巨大。针对深埋潜山裂缝发育规律不清难题，通过开展地震、地质综合技术攻关，主要创新如下：①创新提出不同尺度断层与裂缝参数的定量关系，揭示了深埋潜山裂缝发育规律及主控因素。②建立了深埋潜山裂缝发育模式，突破了风化带“鲤鱼背似层状”经典模式。平面上创新揭示了宏观构造期次与微观优势裂缝走向匹配关系，纵向上受充填及强压实作用，次风化带裂缝开度及物性较好。③形成潜山“四参数”等效地层系数裂缝储层综合评价方法，结合宽方位地震多属性融合裂缝预测技术，实现超深层变质岩潜山优势裂缝定量预测。该研究为渤海十四五上产 4000 万吨油气当量奠定坚实基础。

关键词　深埋潜山；裂缝发育规律；主控因素；发育模式；储层综合评价；裂缝预测

裂缝是变质岩潜山重要的储集空间类型，其形成主要是构造运动的结果，构造应力释放为裂缝的产生提供了有利的地质动力条件。变质岩潜山受多期构造作用的叠加改造及风化淋滤等作用的综合影响，往往形成复杂的储集空间。渤海渤中 19-6 凝析气田是近年来渤海勘探的重大突破，截止目前为世界最大变质岩潜山凝析气田。气藏主要特征为“超深层、潜山裂缝、物性差”，国内外均属世界罕见，气藏开发无成熟经验可借鉴，开发挑战巨大。前人已在成藏要素匹配关系、凝析油气成因、储层特征等做了大量研究，但是对裂缝发育规律、主控因素、发育模式、裂缝评价及预测研究仍不够深入。针对深埋潜山裂缝发育规律不清难题，本文利用地震、钻井、取心、成像、分析化验及已钻开发井动态资料，通过开展地震、地质综合技术攻关，形成了三项创新成果，对后续开发井网部署做出重要指导。该研究为渤海十四五上产 4000 万吨油气当量奠定坚实基础。

1　区域地质背景

渤中 19-6 构造位于渤中主洼西南部，区域构造上是一个近南北向的构造脊，被渤中西南洼、渤中主洼、渤中南洼和黄河口凹陷环绕。该区构造带经历加里东、海西、印支、燕山、喜山等多期次构造运动的改造，其中印支、燕山和喜山构造运动主要控制该区构造带的地质特征，整体表现为被走滑断层及其派生断层复杂化的具有背斜特征的断块构造。

研究区自上而下分别钻遇第四系，新近系馆陶组和明化镇组，古近系东营组、沙河街组、孔店组及新太古界。含气层系包含古近系孔店组砂砾岩和新太古界变质岩，以新太古界潜山凝析气藏为主，埋藏深度 3850～5500m。储层孔隙度、渗透率平均值分别为 4.0%、3.6mD。随着与潜山顶面距离的增大，潜山内部受地表地质营力的影响逐渐减小，储层受改造程度逐渐减弱，依次可划分为强风化带、次风化带、内幕带(图 1)。风化带为研究区潜山的主要勘探开发层系。

2　深埋潜山裂缝发育规律

研究区受多期构造应力作用影响，构造运动剧烈，断裂十分发育。平面上断层走向可分为近 SN、NEE 和 SWW 方向；剖面上，逆冲铲式断层样式明显。根据三维地震资料断裂解释，以断层的断距和平面延伸长度将太古界潜山断层划分为Ⅰ、Ⅱ、Ⅲ级断层。其中，Ⅰ级断裂的断距大于 1000m，平面延伸距离大于 10km，共发育 3 条；Ⅱ级断裂，断距在 200～1000m，延伸长度在 5～10km，共发育 15 条；Ⅲ级断裂的断距小于

200m，延伸长度小于 5km，发育数量众多，使得研究区断层进一步复杂化，形成良好的裂缝型储集层。

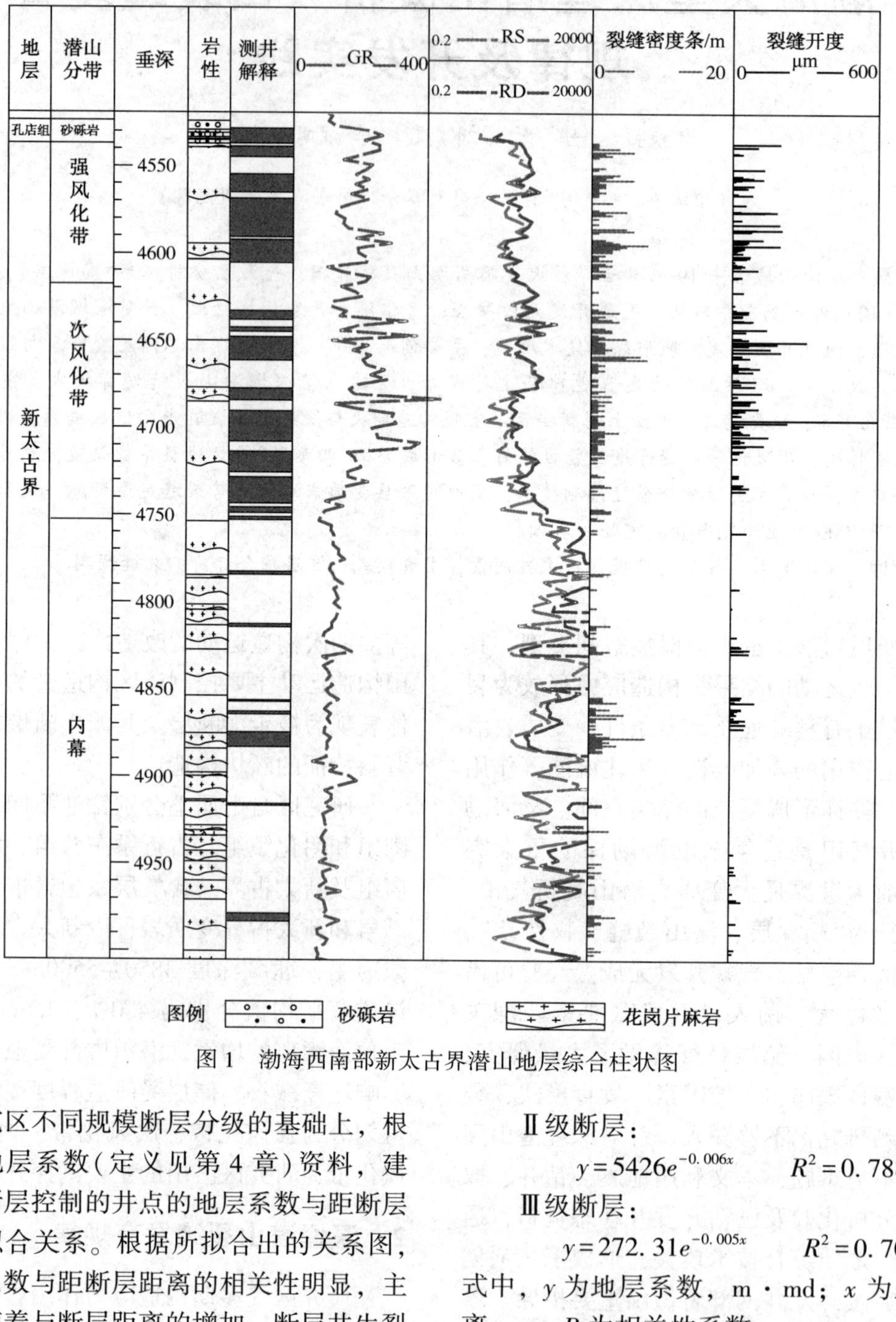

图 1　渤海西南部新太古界潜山地层综合柱状图

在对研究区不同规模断层分级的基础上，根据已钻井的地层系数(定义见第 4 章)资料，建立不同规模断层控制的井点的地层系数与距断层距离之间的拟合关系。根据所拟合出的关系图，储层的地层系数与距断层距离的相关性明显，主要表现为：随着与断层距离的增加，断层共生裂缝发育越差，地层系数呈指数函数递减；断层对裂缝的控制范围与断层规模呈正相关关系，断层规模越大，断层的控制范围越远。通过对工区的详细研究，创新建立了不同级别断层共生裂缝密度分布函数，具体如下式(1)~式(3)。

Ⅰ级断层：

$$y=6484.5e^{-0.001x} \quad R^2=0.9875 \tag{1}$$

Ⅱ级断层：

$$y=5426e^{-0.006x} \quad R^2=0.7882 \tag{2}$$

Ⅲ级断层：

$$y=272.31e^{-0.005x} \quad R^2=0.7061 \tag{3}$$

式中，y 为地层系数，m · md；x 为距断层的距离，m；R 为相关性系数。

在断层共生裂缝分布函数上存在地层系数骤降的临界点，在临界范围以内，地层系数较大，断层共生裂缝发育，将这个范围称为“断层控制裂缝发育带”；而在临界距离以外，随着距断层距离越远，地层系数缓慢减小，断层共生裂缝不太发育，将这个范围称为“区域控制节理发育带”。根据研究区 3 类级别断层对裂缝控制距离的对比，Ⅰ级断层对裂缝控制的最大距离约2000m；Ⅱ级断层对裂缝控制的有效距离约800m；Ⅲ级断层对裂缝控制影响有效距离约400m(图2)。通过不同规模断层对裂缝的控制范围研究，结合区域构造应力分析、断层规模及活动性研究，对潜山裂缝性储层地层系数进行了半定量预测(图3)，揭示了断层越大，裂缝越发育，裂缝延伸越远。该结果可以较好指导井位优化部署，Ⅰ级断层由于平面控制裂缝距离较大，井距可适当加大。Ⅱ级～Ⅲ级断层平面控制裂缝相对较小，井距相比Ⅰ级断层区可适当缩小。目前不同级别断层区的开发井也证实了该规律认识，Ⅰ级断层区储层连通性好，开发井静压下降幅度小，仅0.5MPa，而Ⅱ级～Ⅲ级断层区储层连通性一般，开发井静压下降具有一定幅度，为10～15MPa。

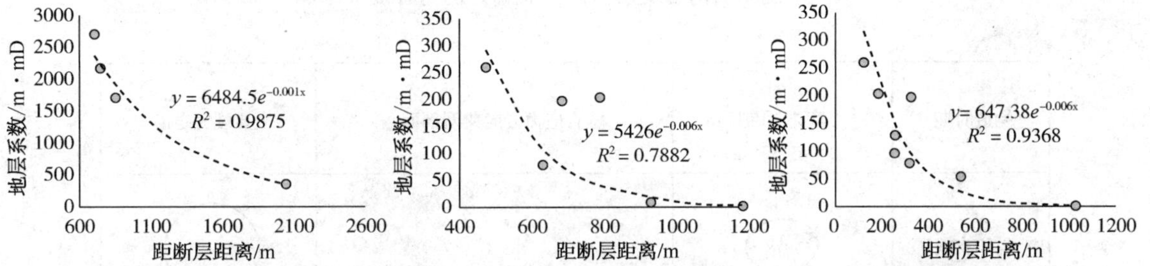

(a)已钻井地层系数与离Ⅰ级断层距离回归关系 (b)已钻井地层系数与离Ⅱ级断层距离回归关系 (c)已钻井地层系数与离Ⅲ级断层距离回归关系

图2 研究区已钻井地层系数与离不同级别断层距离回归关系

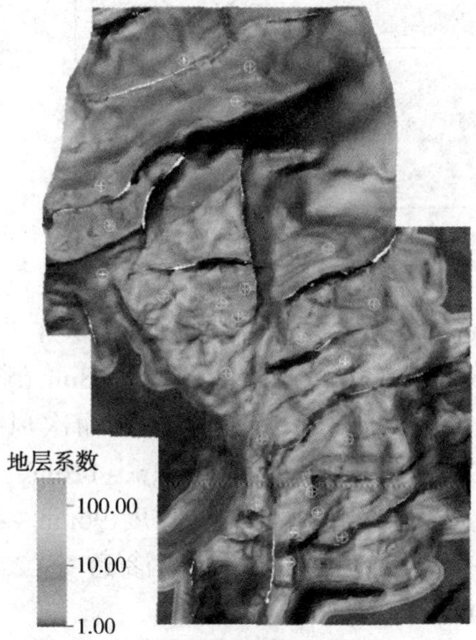

图3 研究区潜山裂缝性储层地层系数半定量预测图

3 深埋潜山裂缝发育模式

由于渤中19-6经历了多期次构造活动，储层厚度发育较厚，非均质性极强，风化带储层厚度41～227m，平均136m，并且裂缝走向在平面上360°范围内均发育。平面及纵向上优势裂缝储层展布规律不清，直接影响气田的高效开发。为了开发井尽多地钻遇优势裂缝以及避免后期注采井之间过早气窜，所以研究优势裂缝分布规律及成因机理对于潜山注气井网部署等至关重要。

通过本次研究，创新揭示了宏观构造期次与微观优势裂缝走向匹配关系，近东西向(方位范围45°～135°)的裂缝开度更大，为优势裂缝走向(图4)。其中，近东西向开度20um以上的裂缝条数可占到40%，而其他方向开度20um以上的裂缝条数不到10%。通过区域构造应力场研究，印支、燕山期多期挤压是裂缝发育的关键，奠定研究区裂缝发育基础。其中，早印支期南北向挤压主要产生近东西向断层及裂缝，晚印支期北东-南西向挤压主要产生北西向断层，燕山期北西-南东向挤压主要产生右行走滑断层和北东向裂缝(图5)。印支、燕山期裂缝由于经受长时间风化淋滤作用，往往充填较多，喜山期造缝能力差，南北向拉张对印支、燕山期裂缝起到“再活化”作用。在南北向拉张作用下，喜山期产生强烈裂陷演化，先期逆断层变正断层，由此发生了强烈的构造反转，继而对先期东西方向的裂缝“再活化”，使得近东西向优势缝最终形成。薄片资料显示，晚期近东西缝切割早期缝，裂缝开度更大，先期裂缝内部或者边缘形成“缝缘缝”、“缝中缝”，证实喜山期拉张应力背景下的再活化。

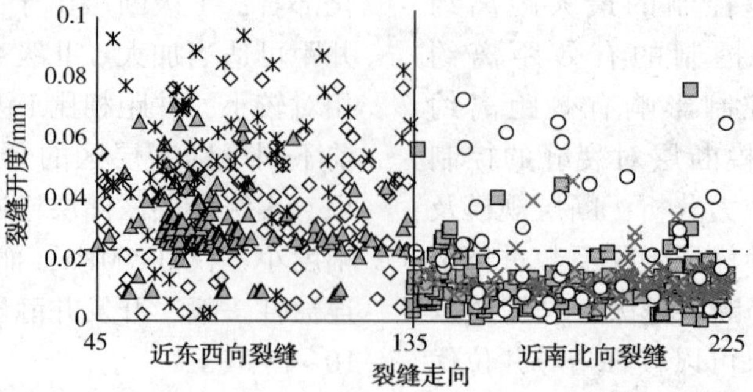

图 4　渤海西南部变质岩潜山裂缝走向与开度关系图

构造时期	应力机制	垂直应力方向典型剖面	主要裂缝走向
早印支期	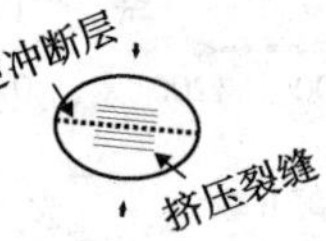	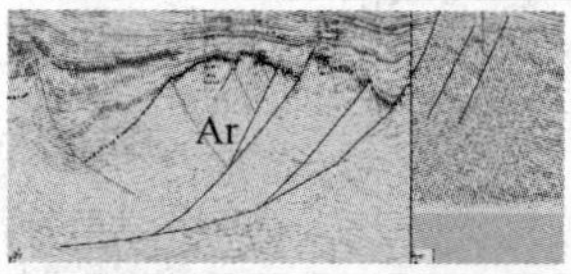	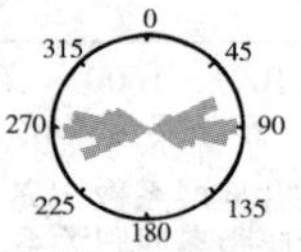
晚印支期	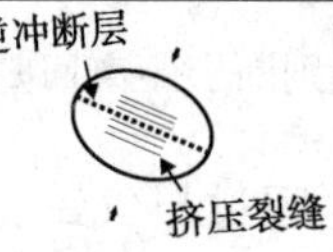	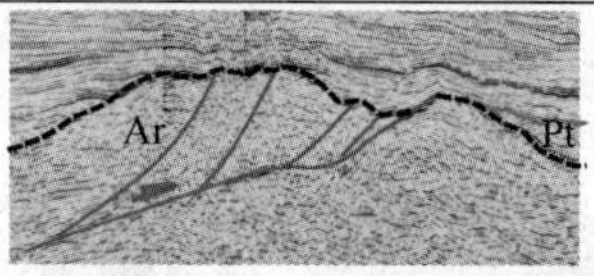	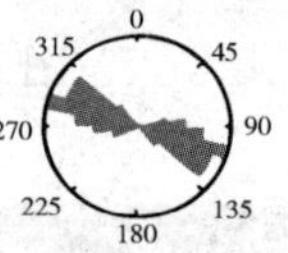
燕山期		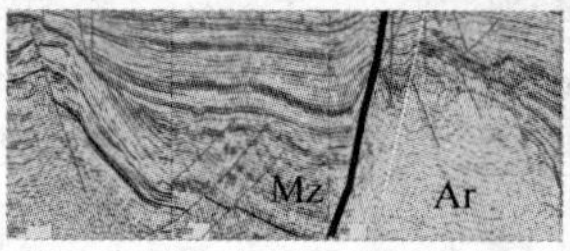	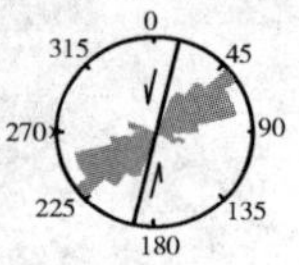

图 5　印支、燕山期应力机制及主要所产生的主要裂缝走向

纵向上，受充填及强压实作用，次风化带裂缝开度及物性较好。本文利用成像测井资料，针对裂缝开度进行了优势段裂缝发育规律的研究，并探讨其成因。根据 M 井区裂缝开度资料统计结果，潜山次风化带裂缝开度相比强风化带整体开度更大，储层更发育，储层物性也更好。其中，强风化带裂缝集中发育段单井平均厚度 8m～45m，井间平均 37m(图 6a)，单井平均裂缝开度 46μm～321um，井间平均 118um(图 6b)，渗透率 0. 3mD～9. 7mD(图 6c)，而次风化带裂缝集中发育段单井平均厚度 44m～116m，井间平均 76m(图 6a)，平均裂缝开度 96um～423um，井间平均 175um(图 6b)，渗透率 2. 7mD～12. 6mD(图 6c)。

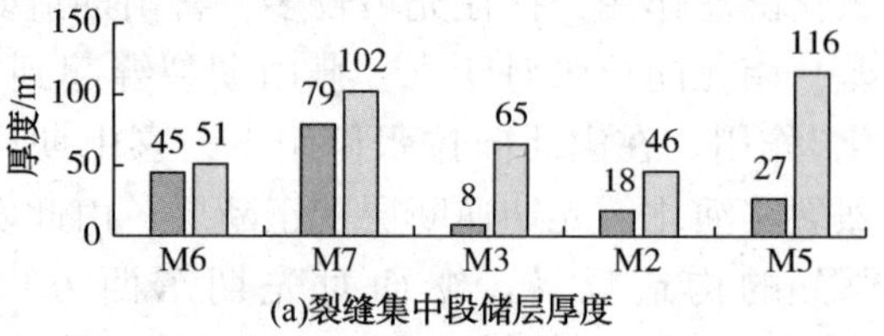

(a)裂缝集中段储层厚度

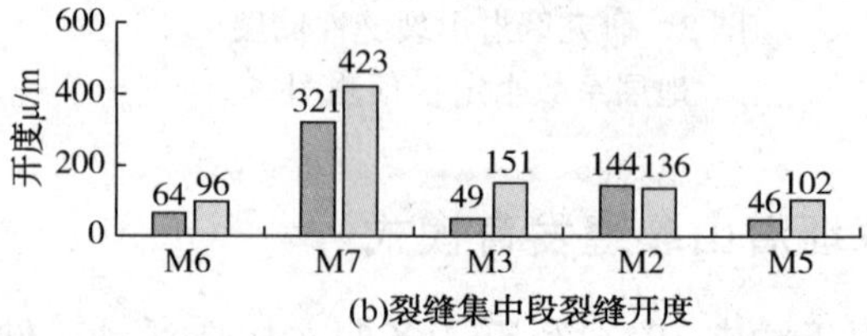

(b)裂缝集中段裂缝开度

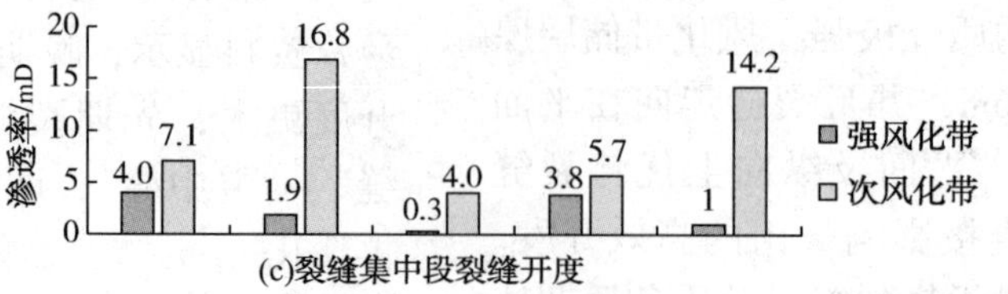

(c)裂缝集中段裂缝开度

图 6　研究区风化带裂缝集中段单井储层厚度、裂缝开度及渗透率分布直方图

充填作用是导致风化带纵向上裂缝开度变化的主要成因。风化淋滤作用控制裂缝充填程度，强风化带风化淋滤作用强，黏土化作用明显，裂缝充填程度较高(图7a)，次风化带风化淋滤作用弱，裂缝充填程度较低(图7a)。根据薄片资料，强风化带裂缝全充填和部分充填的比例占到77%，且充填物类型以主要为泥质和铁白云石，次风化带裂缝全充填和部分充填的比例占到64%，且充填物类型以主要为碳酸盐岩类矿物，泥质充填较少。

压实作用对风化带纵向上裂缝开度的影响同样不可忽视。理论研究表明，在上覆岩层的压力下，裂缝闭合压力与倾角成负指数关系。强风化带网状缝比例高，发育不规则，多数倾角较低，抗压实能力弱，次风化带构造缝比例高，多数倾角较高，抗压实能力强(图7b)。根据探井S井成像测井裂缝倾角资料，强风化带裂缝倾角介于40°~80°之间的比例占64%，平均裂缝倾角45°，次风化带裂缝倾角介于40°~60°之间的比例占86%，平均裂缝倾角58°。

研究区潜山风化带优势储层的形成主要受多期构造运动的控制，其次受风化淋滤及压实作用的影响。根据地震、钻井、测井、取心、成像及分析化验资料的综合分析，建立了深埋潜山裂缝发育模式(图8)，突破了潜山风化带“鲤鱼背似层状”经典模式。

(a)强风化带取心照片　　(b)次风化带取心照片

图7　B7井变质岩潜山风化带取心照片

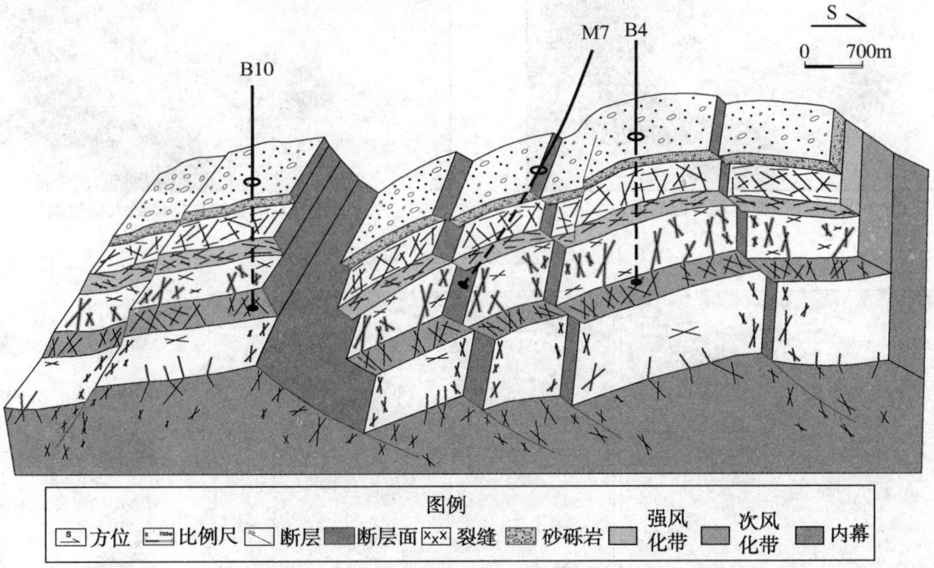

图8　渤海西南部变质岩潜山优势储层发育模式图

4　深埋潜山裂缝综合评价与预测

针对潜山裂缝非均质性强、定量评价裂缝储层难的问题，由于裂缝具有裂缝开度、裂缝密度、裂缝厚度等多参数，单一因素很难准确评价裂缝储层好坏。本次基于裂缝网络表征理论及离散裂缝模型，提出了“四参数”等效地层系数裂缝储层评价方法。等效地层系数综合考虑了裂缝开度ω_f、裂缝密度ρ_e、裂缝倾角β及储层厚度h四个关键裂缝表征参数，表达形式为$ln(\omega_f^3\rho_e sin\beta)$。统计研究区十口开发井及探井的等效地层系数，作出与无阻流量的关系图，如图 9。可见，动态无阻流量参数与静态等效地层系数呈现出较强的线性关系，相关系数为 0.86，通过以上研究创新建立了研究区无阻流量预测图版(图 9)，不仅为裂缝储层定量评价，且气井合理配产均提供了理论依据。等效地层系数裂缝储层评价方法为变质岩潜山综合评价提供了新的方法和思路。

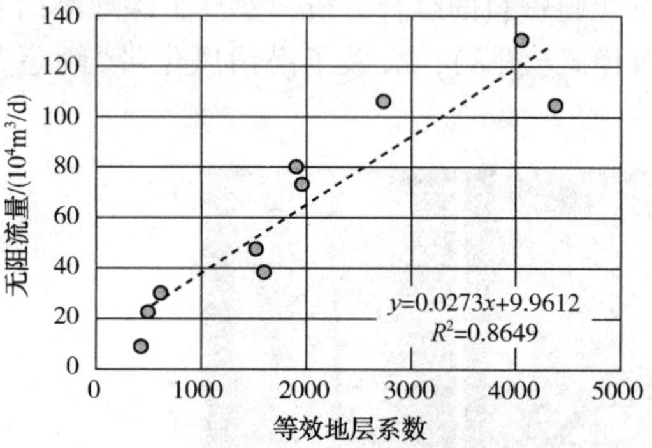

图 9　研究区无阻流量与等效地层系数的关系图

在地质认识基础上，如何挖掘地震资料信息对深埋潜山裂缝发育区进行预测是一个重要难题。本次研究区地震资料具有采用长电缆、宽方位采集技术，覆盖次数高达 1200 次，宽方位、高信噪比的优势。该资料低频能量得到加强并且渤中 19-6 潜山上覆地层为古近系沙河街组地层，由于无上覆中生界潜山地层的影响，潜山顶面连续性更好，潜山顶面小断层更为清晰，内幕高角度反射特征更明显，目的层段信噪比较高。针对该类型潜山及资料优势，通过检测地震同相轴错断、不连续以及皱褶等裂缝造成的响应特征，预测小断层发育区。在此基础上，引入基于分方位叠加资料来预测优势裂缝走向。主要做法是基于单井裂缝成像测井分析，地质上已总结出近东西向(方位范围 45°~135°)的裂缝开度更大，为优势裂缝发育方向。通过与裂缝优势走向垂直观测的分方位叠加数据(图 10)，在此基础上提取最大似然属性与蚂蚁体两种几何属性，将两种属性进行融合，并且分强、次风化带预测裂缝走向分布，预测结果与成像解释及地质认识吻合度较高(图 11)。

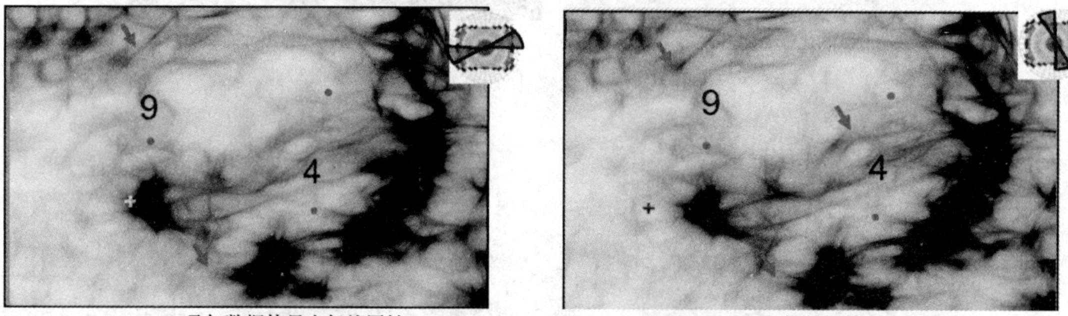

(a) 0-30°叠加数据体最大似然属性　　(b) 90-120°叠加数据体最大似然属性

图 10　研究区分方向叠加数据优选

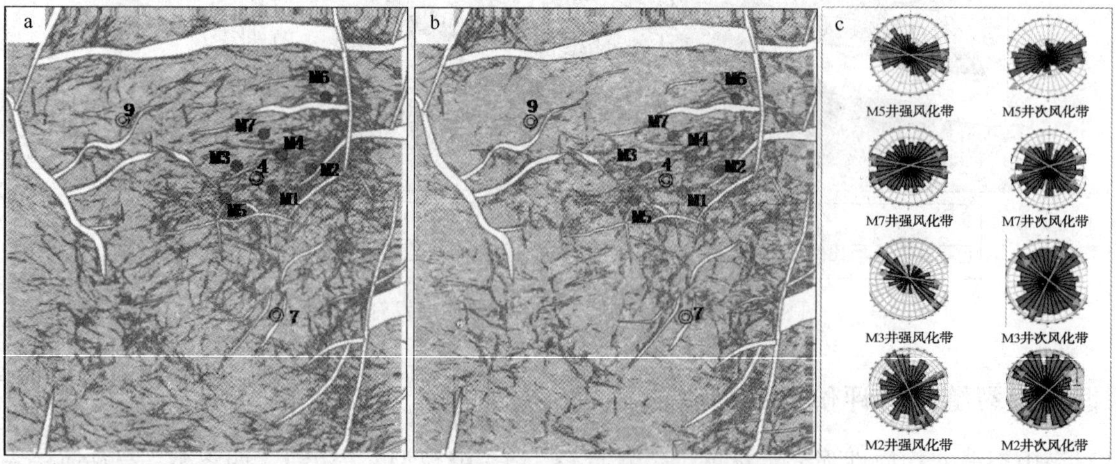

(a)强风化带蚂蚁体与最大似然融合属性　　(b)次风化带蚂蚁体与最大似然融合属性　　(c)M井区裂缝走向玫瑰花图

图 11　研究区强、次风化带蚂蚁体与最大似然融合属性与 M 井区裂缝走向玫瑰花图

5 结论

（1）创新提出不同尺度断层与裂缝参数的定量关系，揭示了深埋潜山断层对裂缝发育的控制作用，断层规模越大，裂缝越发育，裂缝延伸越远。

（2）建立了深埋潜山裂缝发育模式，平面上，创新揭示了宏观构造期次与微观优势裂缝走向匹配关系，纵向上受充填及压实作用，次风化带裂缝开度及物性较好。

（3）形成潜山“四参数”等效地层系数裂缝储层综合评价方法及结合宽方位地震多属性融合的裂缝预测技术，实现超深层变质岩潜山优势裂缝定量预测。

参 考 文 献

[1] 谢文彦，孟卫工，张占文，等．辽河坳陷潜山内幕多期裂缝油藏成藏模式[J]．石油勘探与开发，2006，33(6)：649—652.

[2] 周心怀，项华，于水，等．渤海锦州南变质岩潜山油藏储集层特征与发育控制因素[J]．石油勘探与开发，2005，32(6)：17-20.

[3] 柏松章，唐飞．裂缝性潜山基岩油藏开发模式[M]．北京：石油工业出版社．1997.

[4] 柏松章，唐飞裂缝性潜山基岩油藏开发模式[M]．北京：石油工业出版社．1997.

[5] 施和生，王清斌，王军，等．渤中凹陷深层渤中19-6构造大型凝析气田的发现及勘探意义[J]．中国石油勘探，2019，24(1)：36-45.

[6] 牛成民，王昕，叶涛，李慧勇，于海波．渤中凹陷西南部大型变质岩潜山裂缝特征及预测方法[J]．石油钻采工艺，2018，40(S1)：66-69.

[7] 薛永安，李慧勇．渤海海域深层太古界变质岩潜山大型凝析气田的发现及其地质意义[J]．中国海上油气，2018，30(3)：1-9.

[8] 徐长贵，于海波，王军，等．渤海海域渤中19-6大型凝析气田形成条件与成藏特征[J]．石油勘探与开发，2019，46(1)：25-38.

[9] 牛成民，王飞龙，何将启，等．渤海海域渤中19-6潜山气藏成藏要素匹配及成藏模式[J]．石油实验地质，2021，43(02)：259-267.

[10] 李威，李友川，兰蕾，傅宁，王柯．渤海湾盆地渤中19-6气田凝析油特征及油气关系[J]．地质学报，2021，95(03)：913-923.

[11] 于福生，漆家福，王春英．华北东部印支期构造变形研究[J]．中国矿业大学学报，2002，31(4)：402-406.

[12] 李勇，钟建华，温志峰，等．印支运动对济阳坳陷构造形态形成演化的影响[J]．地质论评，2006，52(3)：321-330.

[13] COUNGTX，WARRENJK. Bach Ho field，a fractured granitic basement reservoir，Cuu Dank Long basin，offshore SE Vietnam：a“buried-hill”play[J]. Journal of Petroleum Geology，2009，32(2)：129-156.

[14] 吴梅莲．燕山运动在济阳坳陷的地质表现以及中生界潜山研究[D]．武汉：中国地质大学，2007.

[15] 吴永平，付立新，杨池银，等．黄骅坳陷中生代构造演化对潜山油气成藏的影响[J]．石油学报，2002，23(2)：16-21.

[16] 侯贵廷，钱祥麟，蔡东升．渤海湾盆地中、新生代构造演化研究[J]．北京大学学报(自然科学版)，2001，37(6)：845-851.

[17] 肖述光，吕丁友，侯明才，等．渤海海域西南部中生代构造演化过程与潜山形成机制[J]．天然气工业，2019，39(5)：34-44.

[18] 侯明才，曹海洋，李慧勇，等．渤海海域渤中19-6构造带深层潜山储层特征及其控制因素[J]．天然气工业，2019，39(1)：33-44.

[19] 杜晓峰，刘晓健，张新涛，等．渤海海域太古界变质岩储层特征与形成控制因素[J]．中国海上油气，2021，33(3)：15-27.

[20] 侯贵廷，钱祥麟，蔡东升．渤海湾盆地中、新生代构造演化研究[J]．北京大学学报(自然科学版)，2001，37(6)：845-851.

[21] 王昕，周心怀，徐国胜，等．渤海海域蓬莱9-1花岗岩潜山大型油气田储层发育特征与主控因素[J]．石油与天然气地质，2015，36(2)：262-270.

[22] 徐守立，尤丽，毛雪莲，等．琼东南盆地松南低凸起周缘花岗岩潜山储层特征及控制因素[J]．地球科学，2019，44(8)：2717-2728.

[23] 周文，邓虎成，单钰铭，等．断裂(裂缝)面的开启及闭合压力实验研究[J]．石油学报，2008，(2)：277-283.

[24] 周东红．渤海油田深埋潜山储层预测关键技术研究—以渤中19-6潜山为例[J]．中国海上油气，2021，33(3)：69-76.

[25] 隆雨辰，李俊，王志章，等．综合蚂蚁体及曲率属性的断裂识别方法及应用[J]．油气藏评价与开发，2017，4(7)：6-9+15.

小井距 CO_2 驱全生命周期开发规律初步认识

张云海　王少清　宋　岩

(中国石油天然气股份有限公司吉林油田分公司)

摘　要　吉林油田 2012 年在黑 79 区块建立了小井距 CO_2 驱试验区，历经十余年的注 CO_2 驱开发，目前试验区已累计注气 0.1HCPV(地下烃类孔隙体积)，成为国内外 CCUS 项目典范。通过大量的室内试验研究与矿场实践应用相结合，揭示了高含水油藏注 CO_2 驱混相特征，在陆相沉积特低渗透油藏与水驱对比最高可提高采收率 25 个百分点，已累计埋存 CO_2 量 100×10^4t 以上，达到了区块提高采收率和 CO_2 埋存的双重目的，本文总结了黑 79 北小井距全生命周期开发规律形成初步认识，为我国进行 CO_2 驱油与埋存技术试验与工业化推广提供了有力借鉴，为工业 CO_2 效益埋存提供了有益探索，保持了吉林油田 CO_2 驱技术在国内的领先地位。

关键词　CO_2 驱；混相；提高采收率；埋存

1　注 CO_2 驱矿场试验

1.1　地质基本概况

试验区位于大情字井油田黑 79 北区块，目的层位为青一段，沉积特征为三角洲前缘，顶面构造特征为受反向正断层遮挡的断鼻构造，油藏类型为岩性构造油藏。青一段油层平均孔隙度为 13.0%，平均渗透率为 $4.5\times10^{-3}\mu m^2$，油层中部埋深 2400m，油层压力平均 23.6MPa，平均有效厚度 9.5m，含油饱和度 53%，地质储量为 207.6×10^4t，可采储量为 68.5×10^4t。黑 79 北区块 2002 年采用 480×160m 菱形反九点井网注水开发，油井 48 口，水井 16 口，初期日产油 10~12t，注气前平均日产液 9.1t，日产油 1.7t，含水 81.3%；累注水 144.7×10^4t，累积注采比 1.12。

1.2　试验区概况

为了认识评价水淹油藏 CO_2 混相驱的开发规律，试验区采取单层注气-集中开发，注气动用层位为青一段的 11、12 号小层，其中 12 号小层是由 3 期砂体叠置形成的河口坝，油层厚度 4~6m，物性较好为主要产油层，且试验区西部含油性、物性好于东部。在开展注气试验前，取芯和饱和度测井数据来看，青一 12 小层为强水洗层为主(图 1)，并且采出程度已达到 23.2%，属于高含水开发期(图 2)。为加快评价高含水油藏提高采收率的空间，方案设计缩小井距，通过新完钻油井 8 口，水井 8 口，配套转注 2 口，转抽 2 口井进行井网调整，由原反九点 2 注 17 采不完善井网，最终形成 80m×240m 的反七点井网，形成地质储量 41×10^4t，10 注 27 采的规模(图 3)，建立 2 个中心评价井组，探索提高采收率的计算方法。

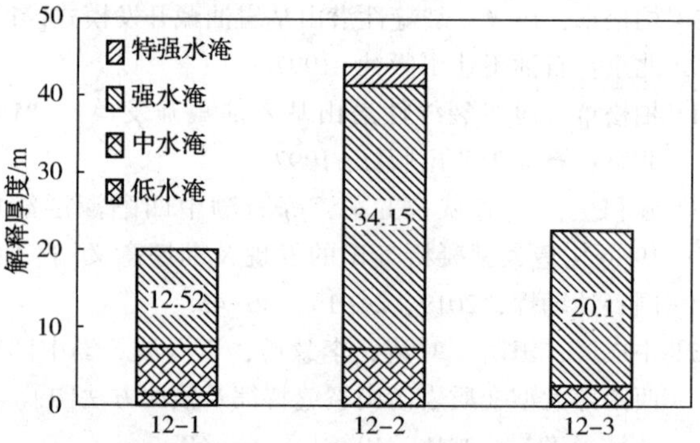

图 1　取芯井 12 号小层水洗状况柱状图

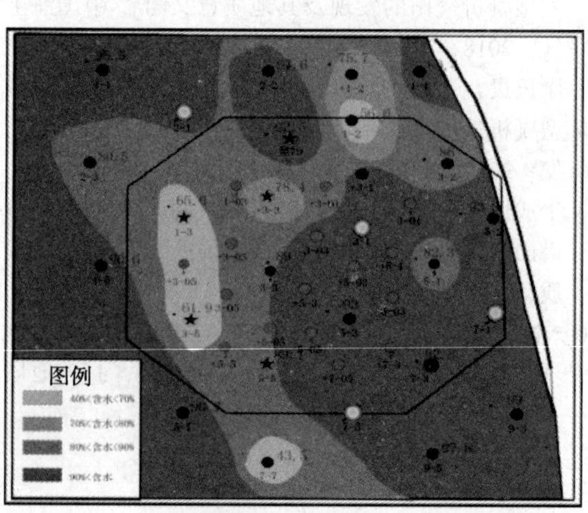

图 2　小井距试验区注 CO_2 前含水分布图

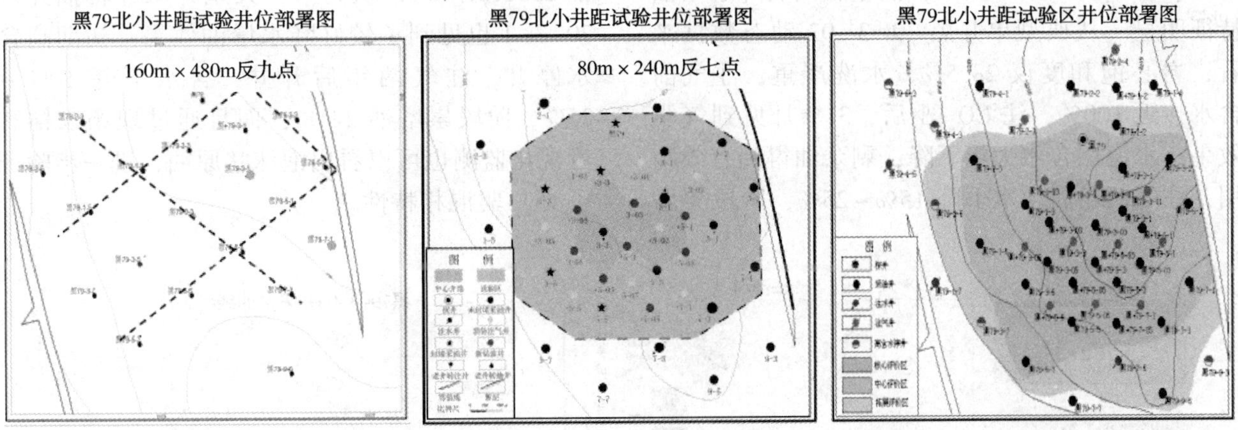

图 3　黑 79 北小井距 CO_2 驱试验区井网演变示意图

1.3　注气开采简况

注 CO_2 驱试验区 2012 年 6 月开始注气，大体可分为三个开采阶段。

(1) 连续注气阶段(2012.06~2013.04)，为快速提高地层压力，按照方案年注入速度 0.1HCPV 连续注入，通过地层压力监测结果来看，地层压力由水驱时的 16.8MPa 上升到 23.6MPa，达到混相压力之上，日产油量由 18 吨上升到 25 吨，见到较好的效果。

(2) 水气交替阶段(2013.05~2014.02)，为减小层间矛盾，开展不同气水段塞比的个性化调控方法，通过开展非均质储层扩大 CO_2 波及体积实验研究，明确不同渗透率级差下的差异程度，改善吸入剖面，进而扩大波及体积，日产油量稳定在 22 吨，实现产量不递减。

(3) 综合注采调控阶段(2014.03-至今)，为保混相、控气窜、提效果，水气交替+周期采油+控套生产多元组合的注采调控技术，定型了油藏注采调控技术、高效防气举升工艺技术、全流程地面集输技术、腐蚀防护及安全技术等，实现了连续 5 年日产油 35t 以上，已累增油 2.5 万吨，阶段提高采出程度 20%，预测核心评价井组提高采收率 25%以上；已累计注气 33 万吨，折合 1.0 倍地下烃类孔隙体积，累计埋存 27.8 万吨，阶段埋存率 84%，达到了区块提高采收率和 CO_2 埋存的双重目的。

2　CO_2 驱全生命周期开发规律认识

2.1　低渗透油藏 CO_2 驱可以实现混相驱替

(1) 室内研究明确陆相原油实现混相后提高驱油效率。CO_2 与原油发生置换、剪切碳链作用；随着压力的上升，进一步与重质组分溶解，最终达到混相压力后，原油与 CO_2 混相后界面消失。通过室内细管实验相对渗透率测定结果(图 4)和长岩心驱替试验结果表明，使原油与 CO_2 充分接触、溶解，混相带长度越大，油相相对渗透率下降越缓慢，残余油饱和度越低，而且混相状态驱油效率可接近 90%(图 5)，是增产的主要原因。

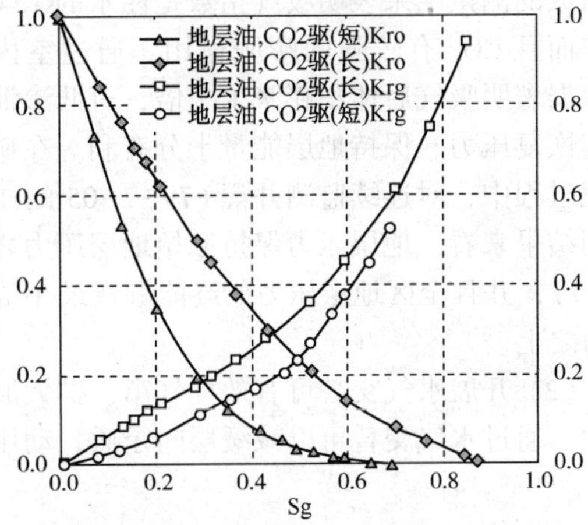

图 4　细管实验相对渗透率测定结果图

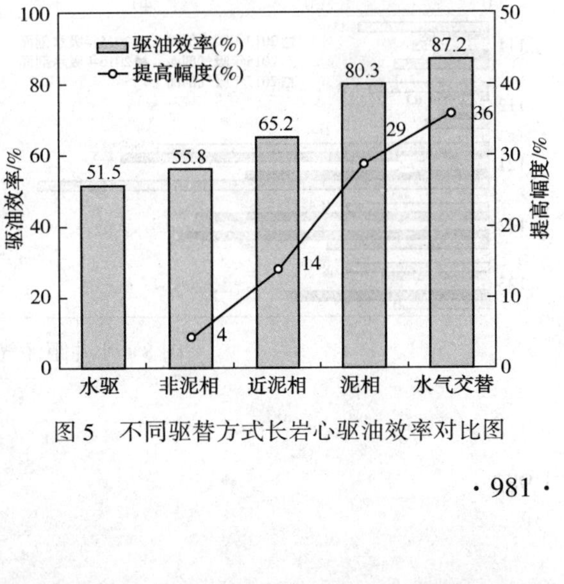

图 5　不同驱替方式长岩心驱油效率对比图

(2) 矿场结果证实了，混相驱油后降水增油特征明显。从典型单井黑 79-3-03 动态数据来看，岩心饱和度仅 28.5%，水洗严重，注气前含水接近 100%，注 CO_2 驱后，3 个月见到气驱效果，水淹层含水大幅下降，剩余油得到有效动用，注气两年后含水下降 15%~25%，阶段累增油 2558t(图 6)；从另一类典型井水井转抽井黑 79-3-1 也见到了较好降水增油效果，初期高含水停井，注气两年后开井，含水下降 10%~25%，阶段累增油 2418t；而且通过现场取样和可视化监测也可以看出泡沫状原油，进一步验证了 CO_2 驱混相特性。

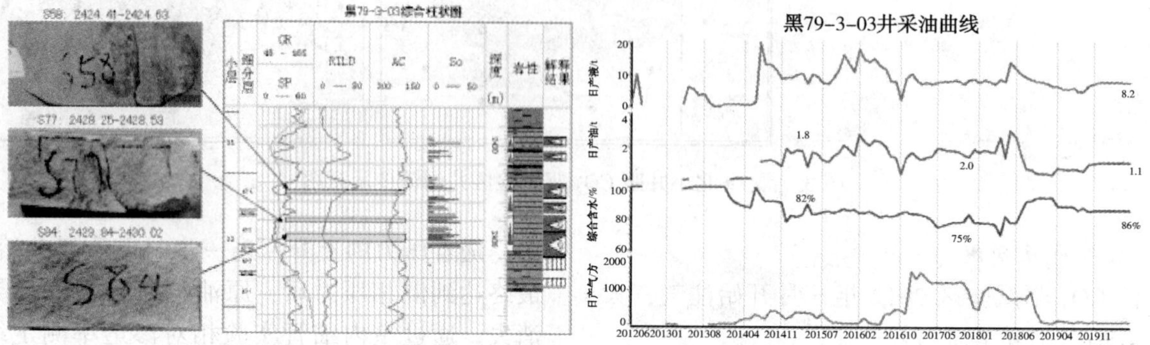

图 6　典型井黑 79-3-03 岩心和单井生产曲线

2.2　精细注采调控是提高与保持开发效果有效手段

(1) CO_2 驱吸入能力更强。通过米吸气、吸水指数的测试结果表明吸气指数是注水的 1.4~6 倍；而且 CO_2 有较强的膨胀作用，通过室内试验数据表明吸气后体积膨胀 1.7 倍，对低渗油藏快速恢复压力、保持地层能量十分有利。在矿场实施过程中，对连续监测井黑+79-7-05 的压力监测结果来看，地层压力保持原始地层压力之上(图 7)，并且全区地层压力始终能够在最小混相压力之上。

(2) 开展水气交替可有效控气窜，扩大波及体积。通过水气交替可以减缓层间矛盾，动用特低渗储层，从注入井吸入剖面监测显示，实现水气交替替后，吸入剖面更加均匀(图 8)，驱替状况趋于均衡。

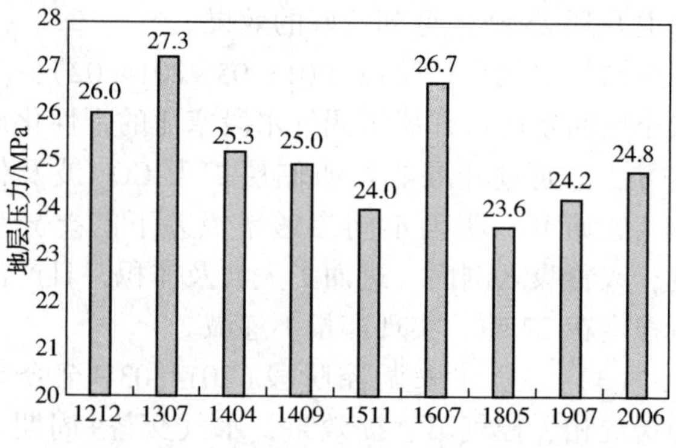

图 7　黑+79-7-05 井连续测得地层压力柱状图

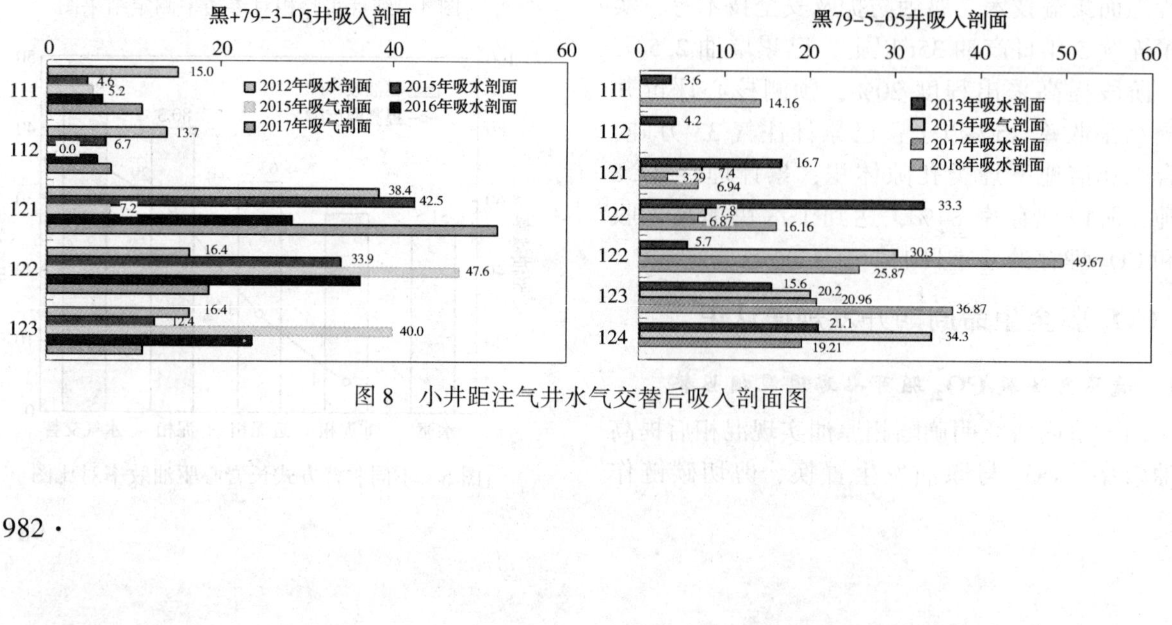

图 8　小井距注气井水气交替后吸入剖面图

从平面见效过程看，伴随持续稳定的注入，见效井由内及外逐步平稳均匀见效，产气量也会随着调控而发生变化(图 9)。

2.3　提高采收率效果

从小井距试验区整体效果看，产液量见效初期提高 20%，中后期基本保持平稳；综合含水大幅度下降，全区含水降幅 12%，其中核心降幅达 16%；采油速度大幅度提高，全区采油速度由 0.8%提高到 2.2%，核心区由 0.8%提高到 4.6%，区块开发动态特征变化显著(图 10)。

从提高低渗透油田采收率来看，目前小井距试验区产量较水驱递减提高 5 倍以上，累增油 5.3 万吨，阶段提高采出程度 12.9%，预测提高采收率 17%以上。其中核心评价区产量较水驱递减提高 9 倍，目前采油速度 2.8%，累增油 2.32 万吨，阶段提高采出程度 20.9%，预测提高采收率 25%(图 11、图 12)。

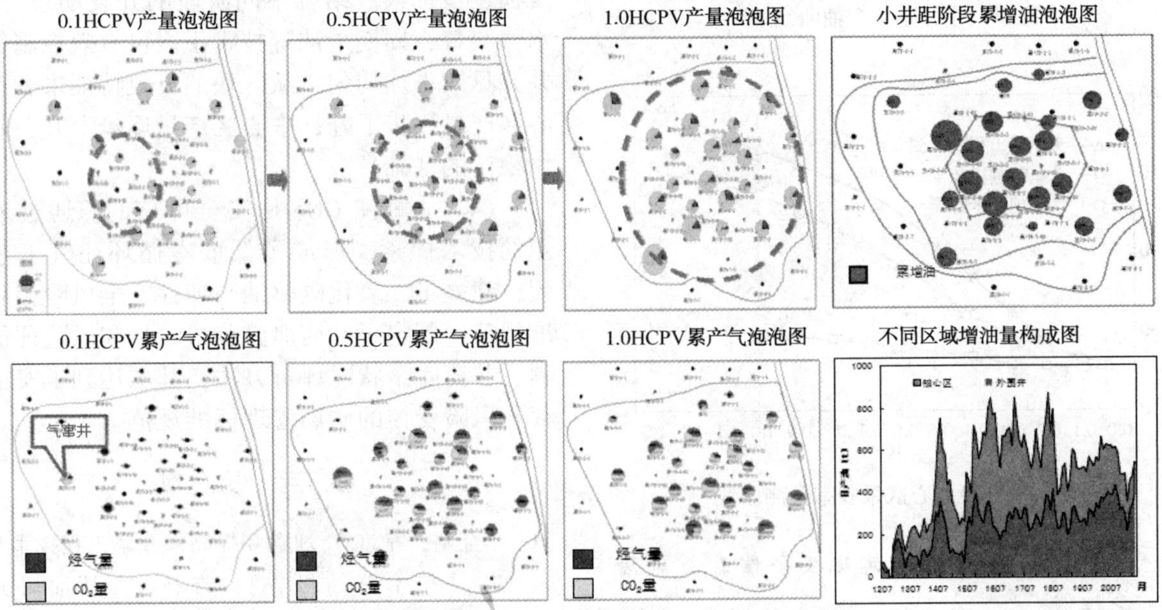

图 9　小井距不同阶段产量和产气量泡泡图

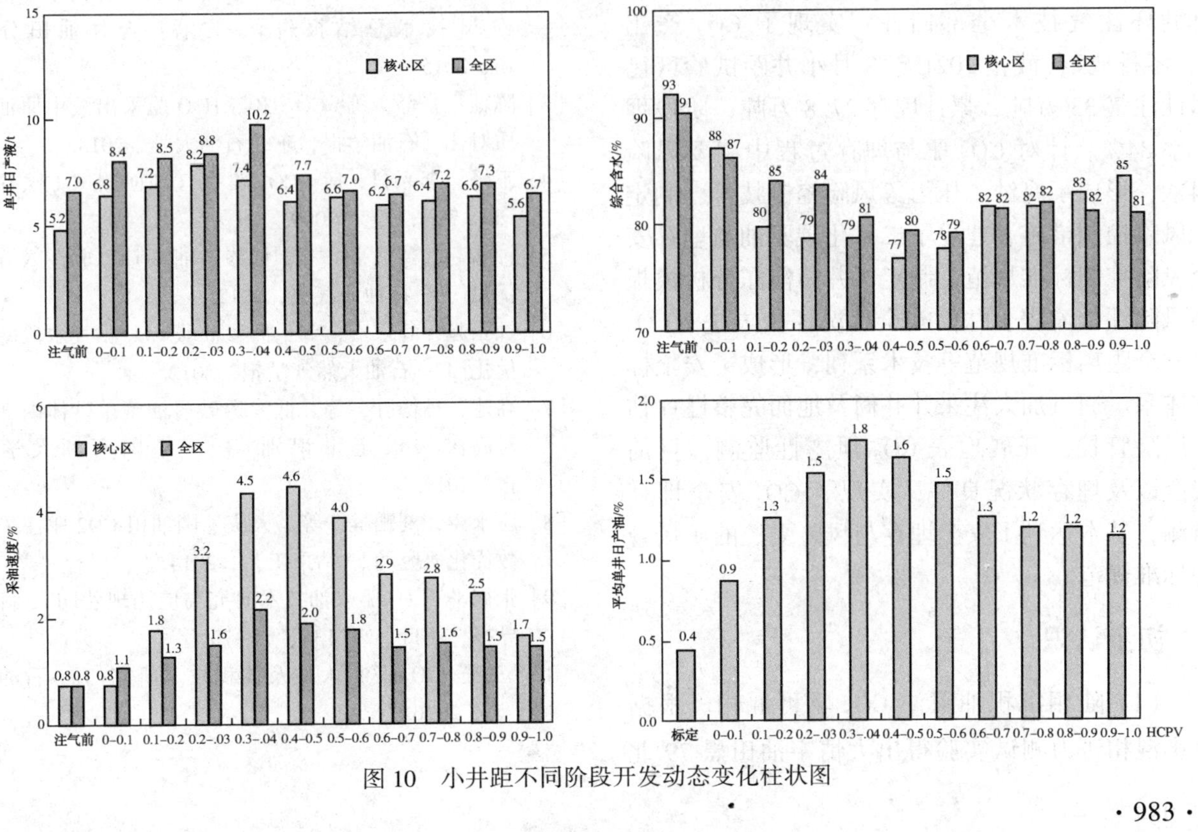

图 10　小井距不同阶段开发动态变化柱状图

图 11　小井距日产油曲线

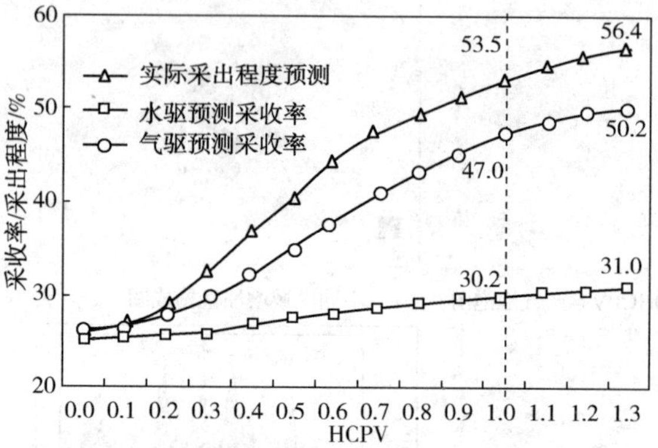

图 12　小井距核心区采收率预测曲线

2.4　油藏注入 CO_2 可以实现安全埋存与风险受控

矿场已建成国内首座 CO_2 循环注入站，通过循环注气技术全部回注，实现了 CO_2 产出气“零排放”，截止 2021 年 8 月小井距试验区已累计注气 33 万吨，累计埋存 27.8 万吨，阶段埋存率 84%。针对 CO_2 驱与埋存过程中主要风险因素，形成了腐蚀、压力等风险控制技术，制定了风险控制措施，建立了二氧化碳驱油与埋存安全风险控制标准规范，制定了井筒泄露分析模板和风险评价流程、井筒安全状况评价方法、CO_2 驱安全距离标准规范等技术系列，形成了安全标准体系。通过加大注采井井筒及地面完整性评估与风险管控，开展地表 CO_2 泄露性监测，目前安全以及埋存状况良好，实现了 CO_2 安全埋存监测，基本达到了安全埋存与风险受控的矿场管理标准规范。

3　初步认识

（1）陆相沉积油藏注 CO_2 驱可混相。根据最小混相压力测试实验得出大情字油田黑 79 北区块最小混相压力 22.1MPa，矿场单井测压资料证实，区块地层压力近几年始终保持在最小混相压力之上。

（2）保持较高的采油速度是提高采收率的关键。CO_2 驱混相后提高驱油效率、扩大波及体积，从单井动态特征来看，降水增油较为明显，区块开发效果较好的主要原因是持续的注入，保持地层压力，采油速度较水驱提高近 2 倍。

（3）综合注采调控可有效控制油气比，见效规模逐步扩大。结合不同阶段的开发动态特征，水气交替、周期采油等技术手段可有效控制气窜井并见效更加均匀，从区块的见效特征来看，核心区产量逐步下降，中心区产量逐步上升，是区块稳产的基础。

（4）油藏注 CO_2 是安全可靠的。通过近十年的技术探索，形成了低成本循环注气工艺流程，建立了二氧化碳驱油与埋存安全风险控制标准规范，制定了井筒泄露分析模板和风险评价流程、井筒安全状况评价方法，基本达到了安全埋存与风险受控的矿场管理标准规范。

参　考　文　献

［1］李金龙，等．CO_2 埋存和提高采收率工程技术与方法：［技术总结报告］．吉林：吉林油田分公司，2015.

［2］李金龙，等．松辽盆地 CO_2 驱油与埋存技术示范工程：［技术总结报告］．吉林：吉林油田分公司，2015.

［3］陈颖，张磊，等．CO_2 驱与 H_2O 驱采出液中原油性质对比．石油学报，东北石油大学，2013.

［4］王峰，李兴科，等．CO_2 驱吸气剖面测试方法探讨［J］．钻采工艺，2009.

［5］钟张起，吴义平，等．低渗透油藏 CO_2 驱注入方式优化［J］．特种油气藏，2012.

［6］钟张起，薛宗安，等．低渗油藏 CO_2 驱气水段塞比优化［J］．石油天然气学报，2012.

［7］高建，马德胜，等．低渗透砂岩油藏单砂体内部相对高渗透段定量识别［J］．中国石油大学学报，2012.

［8］庄永涛，刘鹏程，等．大庆外围油田 CO2 驱注采参数优化研究［J］．钻采工艺，2014.

［9］张德平．CO_2 驱采油技术研究与应用现状［J］．科技导报，2011，29(13)：75-79.

［10］王昊．CO_2 驱扩大波及体积技术研究［J］．石油知识，2016.

海上 CO_2 埋存井井筒温度压力预测模型及影响因素研究

马维臻[1,2]　管志川[1,2]　李　成[3]　闫　炎[1,2]　梁德阳[1,2]

(1. 中国石油大学(华东)；2. 山东省深地钻井过程控制工程技术研究中心；
3. 中国石油集团工程技术研究院有限公司)

摘　要　建立了耦合 CO_2 物性参数变化的井筒温压计算模型，模型计算表明：随着井深增加，井筒温度压力近线性增大，CO_2 的流速、比热、努塞尔特数和对流换热系数增大，密度、黏度、摩阻系数、导热系数降低。增大注入温度会降低温度梯度，但压力梯度和井底温压几乎不变；增大注入量会使温度梯度降低、压力梯度升高，通过注入量可有效调节井底温度；注入压力较低时对温度梯度有一定影响，对压力梯度几乎无影响，通过注入压力可有效调节井底压力。

关键词　海上 CO_2 埋存；温度压力场；计算模型；物性参数；耦合计算；影响因素

1　前言

“碳捕获、利用与封存(Carbon Capture, Utilization and Storage 简称 CCUS)”是目前世界公认的最好的温室气体减排的方案之一，CCUS 技术把捕捉到的高纯度 CO_2 通过加压至超临界态注入到油气储层等地质结构中进行封存。精确地计算 CO_2 注入井井筒的温度、压力场分布，对于后续的井筒载荷计算以及井筒密封完整性的评价是至关重要的。虽然目前不乏对于 CO_2 注入井井筒温度压力场的计算模型的研究，但大部分学者在计算过程中不考虑 CO_2 的物性变化，事实上 CO_2 具有可压缩性，其密度、黏度、比热等参数都与温度、压力有关，随着 CO_2 注入地层，其温度和压力不断发生变化从而造成其各项物性参数都在不断发生变化，在这样的情况下，如果仍然把流体物性参数设为固定值，将会对计算精度产生很大影响。本文基于能量守恒方程、传热学理论等理论，考虑温度压力对于 CO_2 物性的影响，建立了适用于海上 CO_2 注入井的温度、压力的耦合计算模型，分析各注入过程中温度、压力以及各物性参数分布，分析注入参数对于井筒温度压力的影响，为后续的井筒完整性评价等研究提供理论支撑。

2　注入井温度压力计算模型

2.1　环境温度分布

(1) 海水温度

以我国南海为例，我国南海位于处于北纬 34°~11°55′，可通过南海表面月平均温度统计数据选取海面温度，该区域海水按垂直方向上的温度变化可以分为混合层、温跃层、恒温层。水深小于 200m 的混合层和跃温层的温度受海平面温度影响较大，可由式(1)计算。

春季：

$$T_s\Big|_{0}^{200\mathrm{m}}=\frac{T_{ss}(200-L)+13.7L}{200}$$

$$T_s\Big|_{0}^{20\mathrm{m}}=T_{ss}$$

夏季：

$$T_s\Big|_{20\mathrm{m}}^{200\mathrm{m}}=\frac{T_{ss}(200-L)+13.7(L-20)}{180}$$

$$T_s\Big|_{0}^{50\mathrm{m}}=T_{ss}$$

秋季：

$$T_s\Big|_{50\mathrm{m}}^{200\mathrm{m}}=\frac{T_{ss}(200-L)+13.7(L-50)}{150} \tag{1}$$

$$T_s\Big|_{0}^{100\mathrm{m}}=T_{ss}$$

冬季：

$$T_s\Big|_{100\mathrm{m}}^{200\mathrm{m}}=\frac{T_{ss}(200-L)+13.7(L-100)}{100}$$

式中，T_s 为随深度变化的海水温度,℃；T_{ss} 为海水表面温度,℃；L 为从海水表面到计算点的深度，m。

恒温层的海水温度几乎不受海面温度的影响，只与水深有关。由中国科学院海洋研究所的测量数据可知，水深越深，泥线处温度越低。恒温层的海水温度可以通过公式(2)计算。

$$T_s\Big|_{200m}^{+\infty}=x_1+\frac{x_2-x_1}{1+e^{\frac{L+x_3}{x_4}}} \tag{2}$$

式中，x_1、x_2、x_3、x_4均为该式的计算参数，其中，$x_1=2.307$，$x_2=39.4$，$x_3=130.1$，$x_4=402.7$。

(2) 地层温度

地层段温度采取地温梯度方法进行计算，地温梯度可以通过温度梯度图、现场数据、随钻测量三种，在此基础上，海底泥线以下的地层温度可以通过式(3)计算：

$$T_f=T_{wh}+g_f(L-L_s) \tag{3}$$

式中，T_f为随深度变化的地层环境温度,℃；T_{wh}为泥线处井口环境温度,℃；g_f为平均地温梯度,℃/m；L_s为海水深度，m。

2.2 模型基本条件

模型的建立基于以下假设：

(1) 井筒任意截面上各层结构均无偏心现象，管柱密封条件良好，无泄漏；

(2) CO_2 在井筒为一维流动，只考虑径向传热，不考虑井深方向的纵向传热，同一截面上各点的温度、压力相等，流体物性不发生变化；

(3) 井筒内的传热均为一维稳态传热，水泥环外缘至地层传热为一维非稳态传热；

(4) 地层中的物理参数为常数，不随着温度和深度的变化而变化。

2.3 井筒温度场模型

在 CO_2 注入过程中，取海平面为坐标零点，在井筒内任一深度 Z 处取增量微元 dz，则对于微元体有：

$$dQ=MC_p dT \tag{4}$$

式中，dQ 为微元段吸热量，W；M 为 CO_2 的质量流量，kg/s；g_f为平均地温梯度,℃/m；C_p为该温度压力下 CO_2 的热容，J/(kg·K)；dT 为 CO_2 升高的温度,℃。

稳态传热条件下，任一深度 Z 处的井筒沿径向方向与外界的热交换量为：

$$dQ_1=2\pi r_{to}U_{to}(T_f-T_h)dz \tag{5}$$

式中，dQ_1为微元段内井筒的径向热流量，W；r_{to}为油管外径，m；U_{to}为微元段井筒的总传热系数，与温度压力有关，J/(kg·K)；T_f为该深度下水泥环与地层交界面初的温度,℃；T_h为该深度处油管内 CO_2 的温度,℃。

对于任一深度处的井筒微元段，地层内非稳态导热的径向微分方程为：

$$\frac{\partial^2 T_f}{\partial r^2}+\frac{1}{r}\frac{\partial T_f}{\partial r}=\frac{1}{\alpha}\frac{\partial T_f}{\partial \tau} \tag{6}$$

对于上式，利用拉氏变换用过解析法求解太过复杂，采用国内外学者常用的 Ramey 半解析方法求解，引入无因次传热函数 $f(t_D)$，则井筒微元段水泥环与地层交界面的径向热流量为：

$$dQ_2=\frac{2\pi\lambda_e(T_h-T_e)dz}{f(t_D)} \tag{7}$$

由能量守恒原理，任意深度的井筒微元段内流体热量变化等于该微元段井筒沿径向方向的换热量和井筒微元段水泥环与地层交界面的径向热流量，即为：

$$dQ=dQ_1=dQ_2 \tag{8}$$

联立式(4)~(7)及式(8)可以得到井筒内流体的温度梯度方程：

$$\frac{dT_f}{dz}=\frac{2\pi r_{to}U_{to}\lambda_e}{[\lambda_e+r_{to}U_{to}f(t_D)]MC_p}(T_f-g_eZ-T_{sur}) \tag{9}$$

2.4 井筒压力场模型

同样基于 2.1 节中的假设条件，选取井筒内任意深度的一个微元段，由流体的连续性方程可以得到：

$$\rho dv+vd\rho=0 \tag{10}$$

同时，油管内的 CO_2 流体流动满足动量平衡方程：

$$dP=\rho gdz\cos\theta+\frac{f\rho v^2}{2d_{ti}}dz-\rho vdv \tag{11}$$

式中，dP 为微元段井筒内流体压力，Pa；ρ 为 CO_2 密度，与温度压力有关，kg/m³；g 为重力加速度，m/s²；θ 为井斜角,°；f 为该深度处油管内摩阻系数；v 为该微元段内 CO_2 流体流速，m/s；d_{ti}为油管直径，m。

联立式(10)和式(11)，可以得到井筒内压力梯度方程：

$$\frac{dP}{dz}=\rho gdz\cos\theta+\frac{f\rho v^2}{2d_{ti}}dz-\rho vdv \tag{12}$$

3 模型参数计算

3.1 CO_2 物性参数

关于 CO_2 物性参数的计算已经有许多学者做出了研究，其中 Pen-Robinson 方程、Soave-Redlich-Kwong 状态方程、Span-Wagner 模型、Vesovic 模型、Fenghour 方程等的应用最为广泛。这些模型在计算中仅在某特定条件下对某一参数的计算较为准确，或者在计算时需要借助于赫姆霍兹函数或者吉布斯函数等辅助函数进行计算，这使得计算过程变得复杂增加了计算周期。为提高不同温度、压力下 CO_2 物性参数的精确度，本文通过 MATLAB 软件直接调用 NIST(美国国家标准与技术研究所)的所研制开发的具有国际权威的工质物性数据库 Refprop9.0 数据库中各温度、压力下对应的 CO_2 物性参数。

3.2 总传热系数

以三开井筒为例，井筒的总传热系数由上至下可分为四种情况：

$$U_{to1}=\left(\frac{1}{\pi h_{ti}d_{ti}}+\frac{\log\frac{d_{to}}{d_{ti}}}{2\pi k_w}+\frac{\log\frac{d_{ri}}{d_{to}}}{2\pi k_{sea}}+\frac{\log\frac{d_{ro}}{d_{ri}}}{2\pi k_r}+\frac{1}{\pi h_{ro}d_{ti}}\right)^{-1} \tag{13}$$

$$U_{to2}=\left(\begin{array}{l}\frac{1}{\pi h_{ti}d_{ti}}+\frac{\log\frac{d_{to}}{d_{ti}}}{2\pi k_w}+\frac{\log\frac{d_{ri}}{d_{to}}}{2\pi k_{an1}}+\frac{\log\frac{d_{c1o}}{d_{c1i}}}{2\pi k_{t1}}+\frac{\log\frac{d_{c2i}}{d_{c1o}}}{2\pi k_{an2}}+\frac{\log\frac{d_{c2o}}{d_{c2i}}}{2\pi k_{t2}}\\+\frac{\log\frac{d_{c3i}}{d_{c2o}}}{2\pi k_{an3}}+\frac{\log\frac{d_{c3o}}{d_{c3i}}}{2\pi k_{t3}}+\frac{\log\frac{d_{ce3o}}{d_{ce3i}}}{2\pi k_{c3}}\end{array}\right)^{-1} \tag{14}$$

$$U_{to3}=\left(\frac{1}{\pi h_{ti}d_{ti}}+\frac{\log\frac{d_{to}}{d_{ti}}}{2\pi k_w}+\frac{\log\frac{d_{ri}}{d_{to}}}{2\pi k_{an1}}+\frac{\log\frac{d_{c1o}}{d_{c1i}}}{2\pi k_{t1}}+\frac{\log\frac{d_{c2i}}{d_{c1o}}}{2\pi k_{an2}}+\frac{\log\frac{d_{c2o}}{d_{c2i}}}{2\pi k_{t2}}+\frac{\log\frac{d_{ceo}}{d_{ce2i}}}{2\pi k_{c2}}\right)^{-1} \tag{15}$$

$$U_{to4}=\left(\frac{1}{\pi h_{ti}d_{ti}}+\frac{\log\frac{d_{to}}{d_{ti}}}{2\pi k_w}+\frac{\log\frac{d_{ri}}{d_{to}}}{2\pi k_{an1}}+\frac{\log\frac{d_{c1o}}{d_{c1i}}}{2\pi k_{t1}}+\frac{\log\frac{d_{ce1o}}{d_{ce1i}}}{2\pi k_{c1}}\right)^{-1} \tag{16}$$

式中，U_{to1} 为海水段井筒的径向总传热系数，W/(m^2·K)；U_{to2} 为地层一开套管段井筒的径向总传热系数，W/(m^2·K)；U_{to3} 为地层二开套管段井筒的径向总传热系数，W/(m^2·K)；U_{to4} 为地层三开套管段井筒的径向总传热系数，W/(m^2·K)；h_{ti} 为油管内 CO_2 流体的对流换热系数，随温度压力变化，W/(m^2·K)；h_{ro} 为隔水管外海水的对流换热系数，W/(m^2·K)；k_{sea} 为海水的导热系数，W/(m·K)；k_w 为油管导热系数，W/(m·K)；k_{an} 为各环空中完井液的导热系数，W/(m·K)；k_t 为各层套管的导热系数，W/(m·K)；k_c 为各层水泥环的导热系数，W/(m·K)。

3.3 无因次传热函数

式(8)中的 $f(t_D)$ 为随时间变化的无因次传热函数；t_D 为无因次时间。Hasan 给出了上述参数的求解方程：

$$t_D=\frac{\alpha_t}{rw^2} \tag{17}$$

$$f_D=\begin{cases}1.1281\sqrt{t_D}\,(1-0.3\sqrt{t_D}) & (t_D\leq 1.5)\\(0.4063+0.5\ln t_D)(1+0.6/t_D) & (t_D>1.5)\end{cases} \tag{18}$$

3.4 摩阻系数

式(13)中的摩阻系数 f 表征计算油管内 CO_2 流体流动过程中与管壁产生摩擦损失的大小，国内外学者提出许多该参数的计算方法，这里选择王志远等人所提出的方法计算：

$$\begin{cases} f=\dfrac{64}{\mathrm{Re}} & (\mathrm{Re}<2300) \\ f=0.06539\times\exp\left(-\left(\dfrac{\mathrm{Re}-3516}{1248}\right)^2\right) & (2300\leqslant \mathrm{Re}\leqslant 3400) \\ \dfrac{1}{\sqrt{f}}=-2.34\times\lg\left(\dfrac{\varepsilon}{1.72d_{ti}}-\dfrac{9.26}{\mathrm{Re}}\times\lg\left(\left(\dfrac{\varepsilon}{29.36}\right)^{0.95}+\left(\dfrac{18.35}{\mathrm{Re}}\right)^{1.108}\right)\right) & (3400<\mathrm{Re}<2\times10^6) \end{cases} \quad (19)$$

式中，ε 为油管平均粗糙度，与油管材质及使用时间等因素有关；Re 为 CO_2 流体的雷诺数，与流体流速、黏度等参数有关。

4 CO_2 注入井井筒温度压力分布及流体参数变化规律

目前，我国海上 CO_2 埋存的实例非常少，本文以我国南海某 CO_2 埋存井为例进行分析，该井井身为三开结构，主要由油管、套管、水泥环以及隔水管等构成，底端通过封隔器坐封，油套环空中为完井液，各项参数如表 1 所示。

表 1 实例井参数

参数	数值	参数	数值
井深	1050m	注入量	20t/d
注入温度	-10℃	注入压力	20MPa
海水段长度	150m	地层段长度	900m
海平面温度	23.6℃	地温梯度	0.053℃/m
一开井眼尺寸	0.5858m	一开套管长度	50m
二开井眼尺寸	0.4064m	二开套管长度	300
三开井眼尺寸	0.3112m	三开套管长度	900m
隔水管内径	0.4826m	隔水管外径	0.5334m
油管内径	0.0886m	油管外径	0.1016m
一开套管内径	0.5099m	一开套管外径	0.6096m
二开套管内径	0.3153m	二开套管外径	0.3397m
三开套管内径	0.2266m	三开套管外径	0.2445m
完井液导热系数	1.56W/(m·K)	油管导热系数	50.5W/(m·K)
套管导热系数	51.2W/(m·K)	隔水管导热系数	45.6W/(m·K)
水泥环导热系数	0.95W/(m·K)	地层导热系数	2.5W/(m·K)
海水导热系数	1.2W/(m·K)	地层热扩散系数	0.0031484m/s
海水热扩散系数	$1.37\cdot10^{-7}$m/s	油管粗糙度	0.005152

将上表中的参数代入第 2、3 节所建立的井筒温度压力计算模型进行计算，可以得到该井井筒温度压力分布以及流体物性参数变化情况。

4.1 井筒温度压力分布

经过计算可以得到该井井筒内 CO_2 流体温度、压力剖面图，如图 1 所示。可以看到，该井全部井段井筒压力都处于临界点压力(7.38MPa)之上，而在 630m 处 CO_2 流体温度也达到了临界点(31.04℃)，所以 630m 之下的井筒中的 CO_2 流体均处于超临界态；井筒内 CO_2 流体温度随井深大致线性增大，海水段井筒内 CO_2 流体的温度梯度存在一个微小的波动，这是因为在海水段环境温度随井深降低但井筒内 CO_2 流体温度逐渐升高，使得井筒内外温差减小造成温度梯度减小，地层段环境温度随井深增大，使得井筒内外的换热量趋于稳定，温度梯度几乎不变；井筒压力大致与井深呈线性关系，不受环境影响，通过式(12)可知，流体在井筒中的压力梯度的主要影响因素为重力、摩擦阻力以及加速度，而井筒内的 CO_2 流体均处于液态或超临界态下，密度和黏度的变化范围相对较小(图 2(a)、图 3(a))，这使得重力因素、加速度因素和摩擦阻力因素的影响不明显，从而压力梯度基本不变，但是由于影响随井深增加而累积，所以后半段压力梯度略微降低。

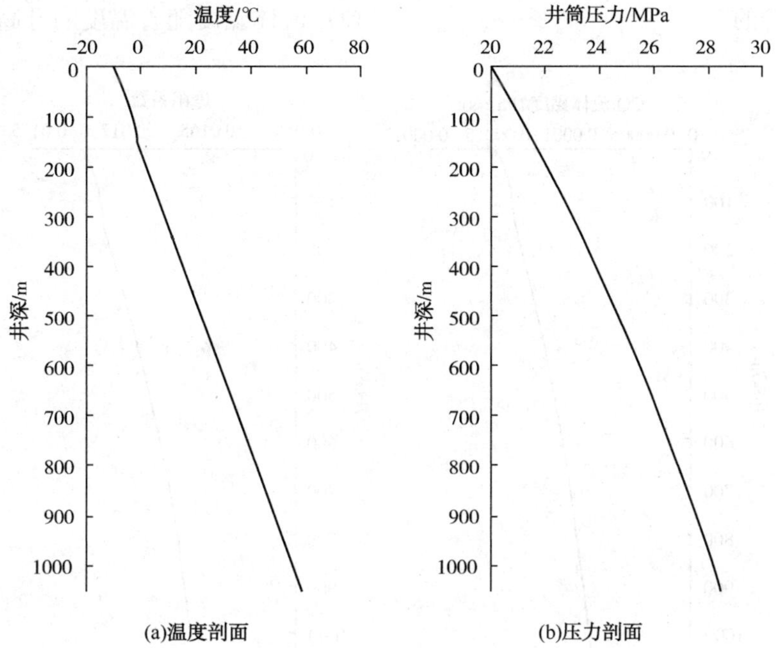

图 1　海上 CO_2 注入井井筒温度和压力剖面

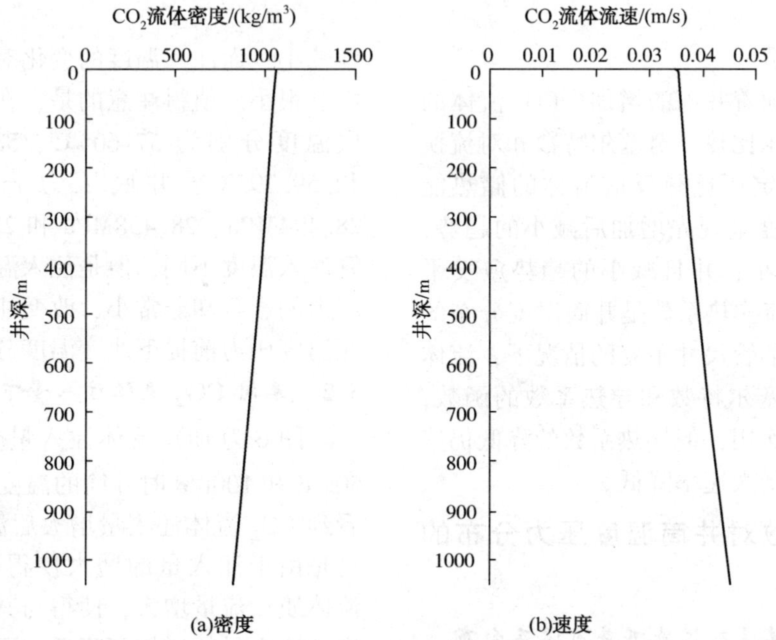

图 2　CO_2 流体密度和流速变化曲线

4.2　CO_2 流体物性参数变化规律

(1) 密度和流速

井筒内 CO_2 流体密度和流速的变化曲线如图 2 所示，可以看到随着井深的增大，CO_2 流体密度逐渐减小，流速逐渐增大。这是因为 CO_2 流体密度可以表示为温度和压力的函数，在压力变化不大时，随着井深增加，流体温度逐渐增大，体积膨胀使得密度减小，流速增大。同时在高压环境下，密度不会随着温度压力变化产生过大的非线性变化。CO_2 流体密度以及流速的整体变化规律与孙宝江等人采用Span-Wagner模型计算的到的结果是相符的。

(2) 黏度和摩阻系数

通过井筒内 CO_2 流体黏度和摩阻系数变化曲线(图3)可以看到，CO_2 流体黏度和摩阻系数均随井深的的增加而降低。这是因为摩阻系数和黏度正相关，而在本实例所处的高压的情况下，CO_2 流体黏度随着温度的升高而降低。

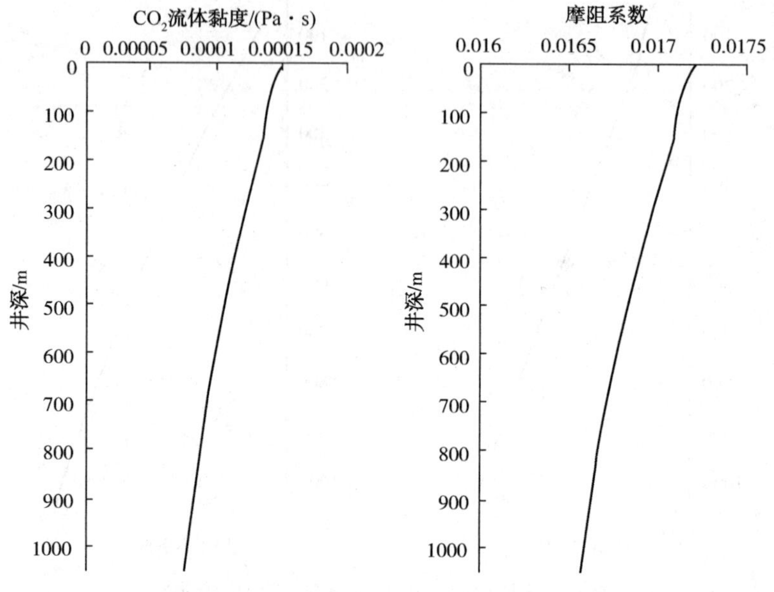

(a)黏度 (b)摩阻系数

图3 CO_2 流体黏度和摩阻系数变化曲线

(3) 热物性参数

如图4所示，随着井深的增加，CO_2 流体的导热系数减小，定压比热、努塞尔特数和对流换热系数逐渐增大。定压比热反应流体的储热能力，定压比热随温度呈现先增加后减小的趋势，随压力的升高而减小，并且减小的趋势愈发平缓；CO_2 流体的对流换热系数是井筒温度分布的重要影响因素，在油管尺寸不变的情况下，流体对流换热系数为努塞尔特数和导热系数的函数，努塞尔特数起主导作用，但导热系数的降低仍然使得对流换热系数增大速率降低。

5 CO_2 注入参数对井筒温度压力分布的影响

5.1 不同 CO_2 流体注入温度下井筒温压分布

图5为 CO_2 流体注入温度分别为-20℃、-10℃、0℃和10℃时井筒温度和压力剖面，可以看到注入温度越高 CO_2 流体的温度梯度越小，这主要是因为注入温度的增加使得在同一深度下井筒内流体和环境温度的温差降低，使得温度梯度减小；而注入温度的变化对于井筒压力梯度的影响很小。值得注意的是，在上述注入温度下井底温度分别为57.605℃、58.329℃、59.058℃和59.795℃，井底压力分别为28.528MPa、28.494MPa、28.458MPa和28.423MPa，可见尽管注入温度不同，但是注入温度对于井底温度和压力的影响却非常小，改变注入温度是不影响井底温度压力前提下改变温度分布的有效手段。

5.2 不同 CO_2 流体注入量下井筒温压分布

图6为 CO_2 流体注入量分别10t/d、20t/d、50t/d和100t/d时井筒的温度和压力剖面，可以看到 CO_2 流体注入量增大后温度梯度明显减小，这是由于注入量的增大使得在同一井深处 CO_2 流体质量流量增大，使得与其呈负相关的温度梯度随注入量的增加而降低；而井筒压力梯度的影响主要体现在约300m以下井筒压力梯度随着注入量的明显增大，这主要是由于注入量的增大使得同一井深处 CO_2 流体的流速增大，以及流体密度和黏度变化范围有限使得在重力和摩擦阻力对于压力的影响相对减小而造成的。在上述 CO_2 流体注入

量下井底的温度分别为63.196℃、57.605℃、36.883℃和17.672℃，井底压力为28.256MPa、28.528MPa、29.459MPa和30.226MPa。可以看出，在注入量提升十倍的情况下井底温度降低了45.52℃，而井底压力仅升高了1.97MPa，说明调节注入量可有效调节井底温度。

5.3　不同CO_2流体注入压力下井筒温压分布

图7为CO_2流体注入压力分别5MPa、10MPa、20MPa和30MPa时井筒的温度和压力剖面，可以发现井筒温度梯度会随着CO_2注入压力的增加而增大，且注入压力越小，温度梯度变化越明显；而压力梯度不受影响，同一深度处压力差近乎等于注入压力差。分析认为这是由于注入压力的改变造成CO_2比热等参数变化而引起的，但由于CO_2物性参数在高压情况下受温度和压力的影响很小，所以在注入压力较高且井深较大时，温度梯度变化较小。在上述注入压力下，井底的温度分别为43.420℃、52.624℃、57.605℃和59.041℃，井底压力为11.969MPa、17.530MPa、28.528MPa和39.150MPa。可以看出，注入压力对于井底温度的影响随压力增大而减小，而井底压力的增量近乎等于井口注入压力的增量，可见压力较高时改变注入压力可有效调节井底压力。

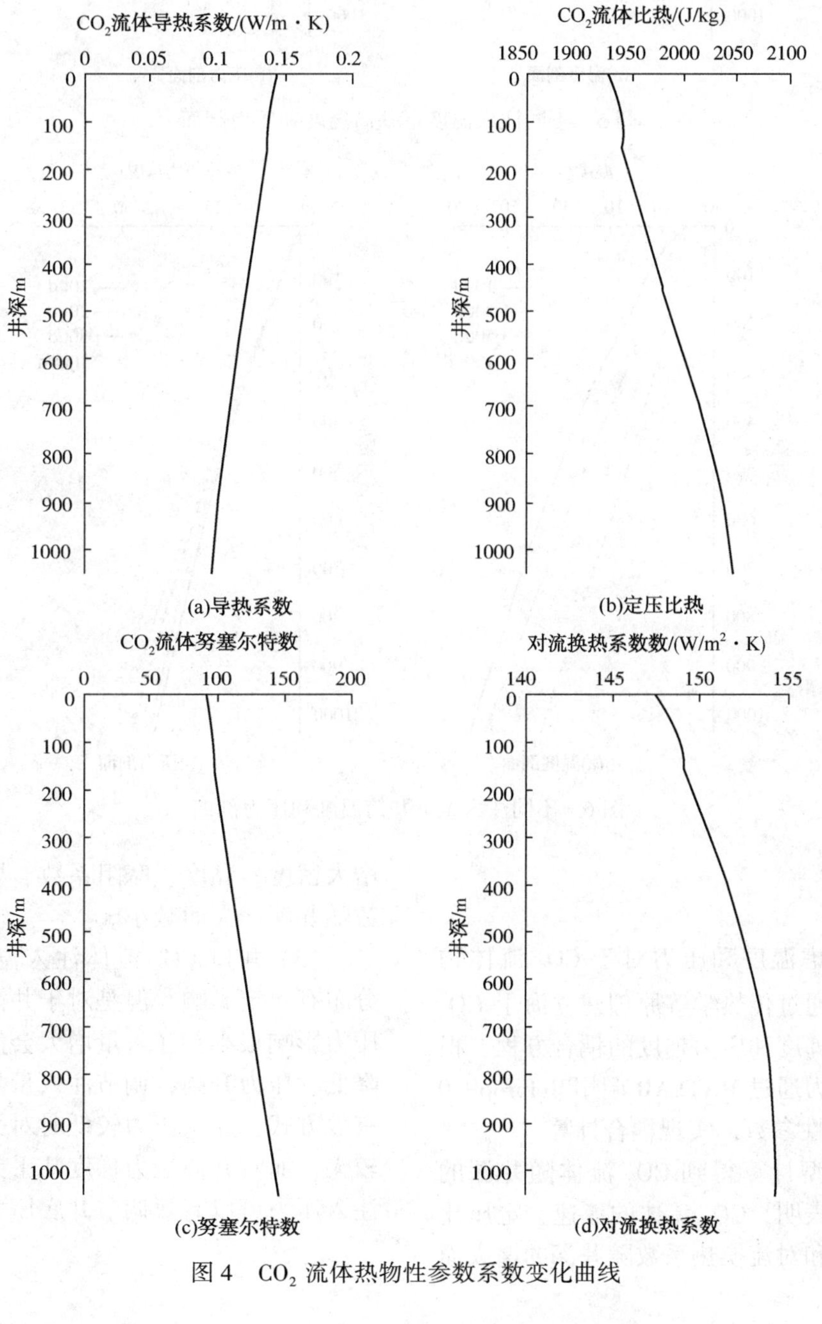

图4　CO_2流体热物性参数系数变化曲线

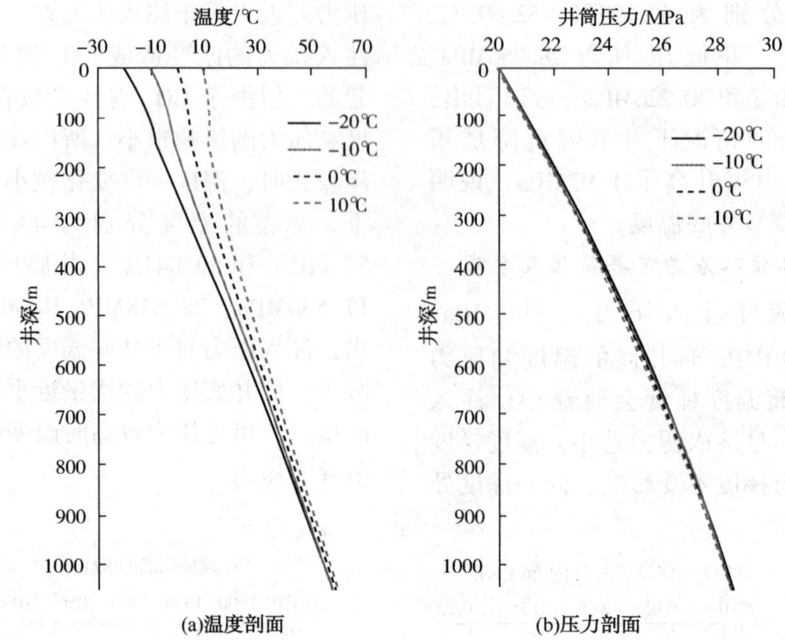

图 5　不同注入温度下井筒温度和压力剖面

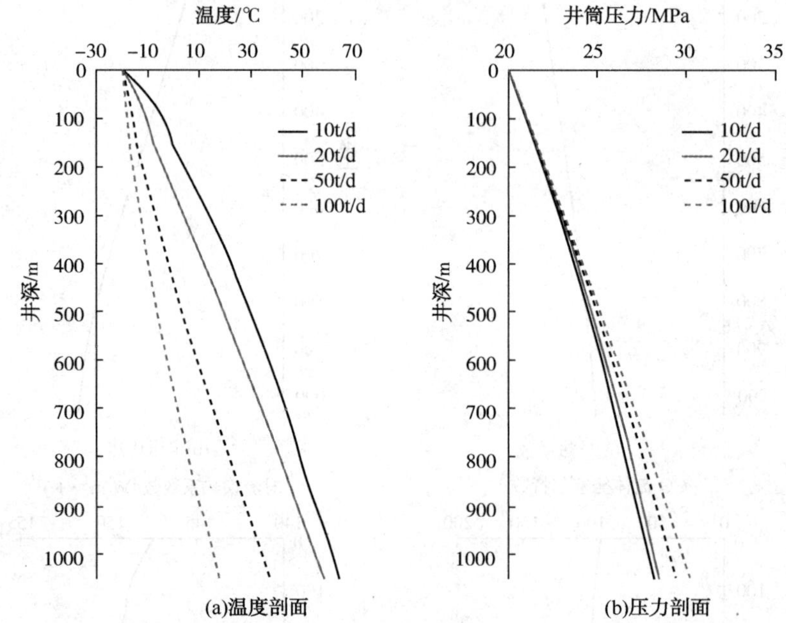

图 6　不同注入量下井筒温度和压力剖面

6　结论

（1）综合考虑温度和压力对于 CO_2 流体物性参数的影响，通过传热学等原理建立海上 CO_2 埋存井井筒温度梯度和压力梯度的耦合方程，根据计算的温度压力通过 MATLAB 调用 Refprop9. 0 数据库中 CO_2 物性参数，实现耦合计算。

（2）通过模型计算得到 CO_2 流体随井深的变化规律，结果表明，CO_2 流体的流速、定压比热、努塞尔特数和对流换热系数随井深的增大而增大密度、黏度、摩阻系数、导热系数和普朗特数随井深增大而减小。

（3）井口 CO_2 流体注入温度对于井筒温度分布有一定影响，但是对于井筒压力和井底温度压力影响很小；注入量增大会使相同井深处温度降低、压力升高，调节注入量是调节井底温度的有效方式；注入压力较低时对井筒温度梯度影响较大，而对井筒压力梯度几乎无影响，通过调节注入压力可以有效调节井底压力。

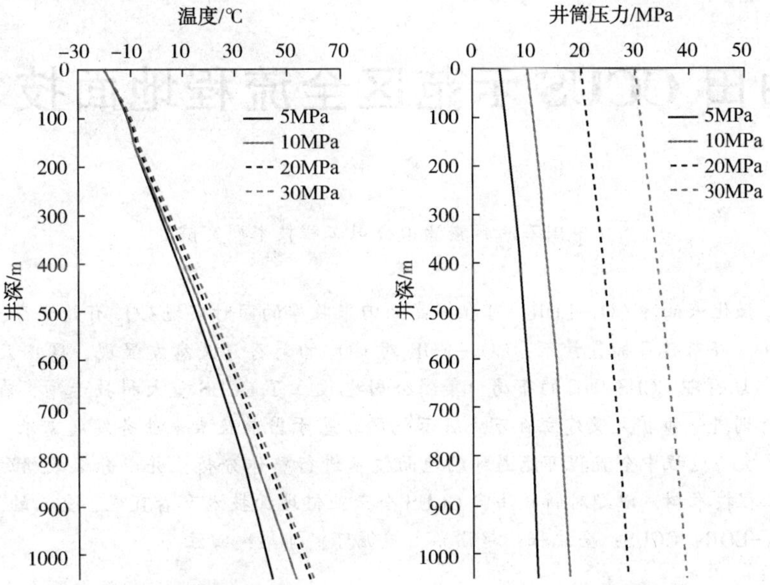

(a)温度剖面　　(b)压力剖面

图 7　不同注入压力下井筒温度和压力剖面

参 考 文 献

[1] 唐人选 . CO_2 注入井井筒压力温度分布研究[J]. 试采技术，2007，28(1)：53-57.

[2] 刘自力，封丽 . CO_2 注入井井筒温度及压力计算[J]. 内蒙古石油化工，2016，42(6)：55-58.

[3] 韩布兴 . 超临界流体科学与技术[M]. 北京：中国石化出版社，2005.

[4] 吴国伟，白杨，武贺，张松 . 基于 CORA 数据的南海海面温度场变化特征分析[J]. 海洋技术学报，2018，37(4)：37-42.

[5] 李忠慧，赵毅，楼一珊，等 . 海洋深水井钻井过程中井筒温度的变化规律[J]. 天然气工业，2019，39(10)：88-94.

[6] 刘萍 . 深水气井测试的温度压力分布研究[D]. 成都：西南石油大学，2016.

[7] 高永海 . 深水油气钻探井筒多向流动与井控的研究[D]. 青岛：中国石油大学(华东)，2007.

[8] 王晓慧 . 基于隔水管底部含气率的气侵程度及井控风险评价研究[D]. 青岛：中国石油大学(华东)，2020.

[9] Ramey H J. Wellbore heat transmission[J]. Journal of Petroleum Technology，1962，14(4)：427-435.

[10] Pan L，Oldenburg C M，Wu Y-S，et al. Wellbore flow model for carbon dioxide and brine [J]. Energy Procedia，2009，1(1)：71-78.

[11] Soave G. Rigorous and Simplified Procedures for Determining the Pure-Component Parameters in the Redlich-Kwong - Soave Equation of State [J]. Chemical Engineering Science，1980，35(8)：1725-1730.

[12] Span R，Wagner W. A new equation of state for carbon dioxide covering the fluid region from the triple-point temperature to 1100 K at pressures up to 800 MPa [J]. Journal of Physical and Chemical Reference Data，1996，25(6)：1509-1596.

[13] Vesovic V，Wakeham W A，Olchowy G A，et al. The Transport Properties of Carbon Dioxide[J]. Journal of Physical & Chemical Reference Data，1990，19(3)：763-808.

[14] Fenghour A，Wakeham W A，Vesovic V. The Viscosity of Carbon Dioxide [J]. Journal of Physical & Chemical Reference Data，1998，27(1)：31-44.

[15] 李圆圆 . 二氧化碳注入井筒内相态分析[D]. 大庆：东北石油大学，2019.

[16] Hasan A R，Kabir C S. Aspects of wellbore heat transfer during two-phase flow[J]. SPE Production & Facilities，1994，9(3)：211-216.

[17] Zhiyuan Wang，Baojiang Sun，Jintang Wang，et al. Experimental study on the friction coefficient of supercritical carbon dioxide in pipes [J]. International Journal of Greenhouse Gas Control，2014，25：151-161.

[18] 张永刚，罗懿，刘岳龙，等 . 注 CO_2 井筒温度和压力分布模型研究及现场应用[J]. 岩性油气藏，2014，26(2)：108-113.

[19] 孙宝江，孙小辉，王志远，等 . 超临界 CO_2 钻井井筒内流动参数变化规律[J]. 中国石油大学学报(自然科学版)，2016，40(3)：88-95.

[20] 吕欣润 . 页岩气水平井 CO_2 压裂井筒温度场研究[D]. 北京：中国石油大学(北京)，2019.

[21] 杨世铭，陶文铨 . 传热学(第四版)[M]. 北京：高等教育出版社，2006.

新疆油田 CCUS 示范区全流程地面技术分析

廖　涛

(中国石油新疆油田公司工程技术研究院)

摘　要　CO_2 强化采油即 CO_2-EOR，可在提高油田采收率的同时实现 CO_2 有效埋存，国内外已进行大量相关研究及应用。在双碳目标背景下，CO_2-EOR 对 CO_2 的封存意义愈发显现，国内几大油田企业正加快 CO_2 捕集驱油与埋存即 CCUS 项目的布局，集团公司也设立了 CCUS 重大科技专项，在新疆油田部署了先导试验区，并计划进一步扩大及建立百万吨级示范区。基于当前及未来业务发展需求，本文尝试对新疆油田 CCUS 示范区实施过程中全流程可能遇到的地面技术进行整体分析，并以分级表格的形式描述为新疆油田 CCUS 地面工程技术树，以期对新疆油田 CCUS 全产业链地面技术有着直观、全面的了解。

关键词　CO_2-EOR；CCUS；全流程；超临界；碳循环；捕集；回注

要实现我国“3060”、中石油“2550”碳达峰、碳中和目标，CCUS 是必由之路，也是兜底的关键技术。从 2006 年起，集团公司牵头承担了国家 973、863、国家科技重大专项等项目，开始进行 CCUS 相关研究。新疆油田参与其中，开展了 CO_2 驱提高采收率的相关研究，划出了西北缘两个示范区，并可进一步向腹部扩大，在此基础之上规划了西北缘、东部两个百万吨级 CCUS 示范区。在 10 余年的前期研究中，分阶段完成了基础理论研究、集输处理工艺技术研究、配套技术储备及初步可行性论证，但尚未对 CCUS 项目的气源、输送、注入、采出气二氧化碳捕集及利用等整个流程地面工程技术进行全面分析、系统论述。本文尝试从完整的二氧化碳循环的角度，对新疆油田 CCUS 产业链的地面技术进行一次全面梳理，既是对前期工作的总结，也是对下步计划的百万吨级 CCUS 项目进行一些初步的探索。

1　CCUS 全产业链技术领域划分

目前国内外研究一般把 CCUS 行业划分为捕集、输送、利用、封存等四大领域，因 CCUS 项目多采用就近捕集的模式，捕集的概念中往往包含了碳源。但考虑到捕集技术对碳源的选择性，为便于从技术角度论述，本文将碳源剥离出来，与其它四大领域共同组成产业链上碳源、捕集、输送、利用、封存等五大一级领域，并细分到二级、三级技术领域，形成 CCUS 全产业链领域划分表(附表 1)。

新疆油田开展 CCUS 项目，根据储层选区、碳源情况的不同，涉及的 CCUS 技术只占 CCUS 全产业链技术领域中的一部分，其中包含的地面工程内容，需要按照碳的流向系统性的进行技术整理、细分，以形成新疆油田 CCUS 全产业链地面技术体系。

2　新疆油田 CCUS 地面技术领域

2.1　CCUS 区域部署

根据集团公司统一部署，新疆油田 CCUS 项目分布在准噶尔盆地西北缘、腹部、东部区域，见表 1。

表 1　新疆油田 CCUS 区域部署表

区域	试验区	百万吨级示范区	成熟度
西北缘	A		试注，扩大试验
	B21		试注
		B	规划
腹部	S21		规划
	S31		规划
东部		H、S	规划

2.2　汇源匹配

1）碳源

北疆地区目前可能利用的碳源主要有以下三个来源。

（1）油田内部碳源：规划化的碳源主要为循环流化床锅炉尾气，年排放约 120 万吨，气源分散、浓度低，捕集利用成本高；

（2）集团公司内部炼厂：以中低浓度碳源为主，克石化、独石化近期可捕集 $CO_2$32 万吨，远期可捕集 300 万吨；乌石化可捕集 106 万吨。其中民营企业敦华石油已建 10 万吨 CO_2 提纯装置，利用克石化制氢车间驰放气捕集 CO_2，为新疆油田先导试验及压裂作业提供碳源；

（3）集团外部煤化工、电厂等：年排放约 4842 万吨，其中南缘中部新疆天业、南缘东部神华煤化工的高浓度碳源规模利用价值高，另外还有南缘新疆深冷，西北缘和丰徐矿、国电、新沃胜能源，以及盆地东部五彩湾工业园的碳源。

2）汇源匹配

根据 CCUS 区域及碳源分布，采用就近匹配原则（汇、源之间经济输送距离一般不超过 200km），对新疆油田 CCUS 汇源匹配进行初步设想，见图 1。

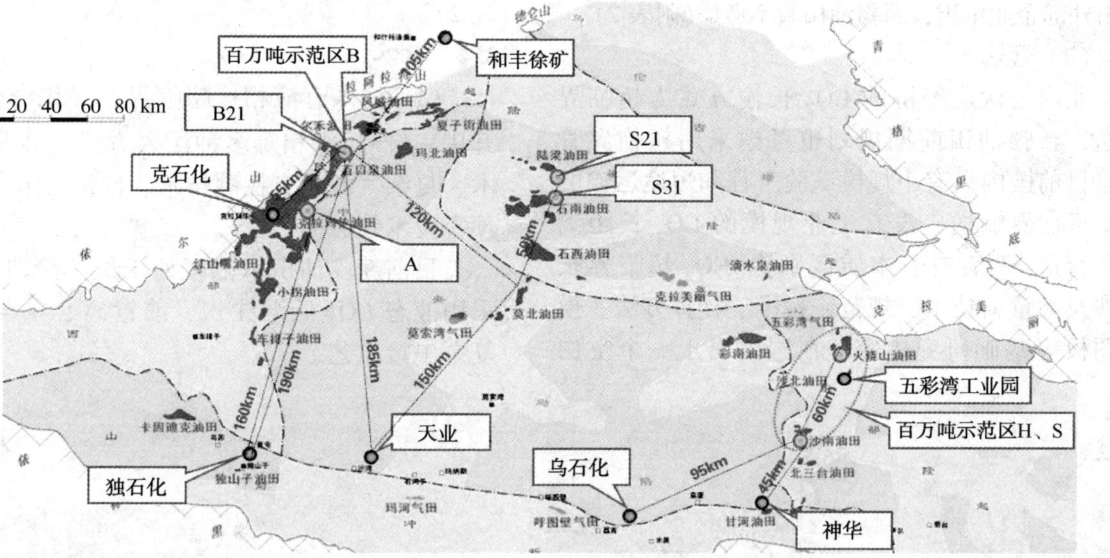

图 1　新疆油田 CCUS 项目汇源匹配初步设想图

（1）西北缘区域：优先匹配克石化碳源，并可从独石化、天业、和丰徐矿进行补充；

（2）腹部区域：可匹配天业碳源；

（3）东部区域：可匹配南缘东部工业带的乌石化、神华、新疆深冷、八钢，以及五彩湾工业园等碳源。

2.3　地面技术领域

根据汇源匹配关系及 CO_2-EOR 特点，新疆油田 CCUS 项目暂不考虑化工与生物利用，按 CO_2 流向梳理流程如下（图 2）。

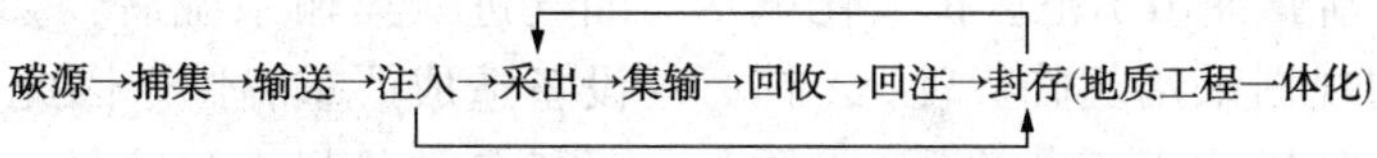

图 2　新疆油田 CCUS 项目碳循环示意图

其中，采出及封存分属采油、地质工程领域，此处考虑流程的完整性，将其与其余地面技术领域一并纳入流程，形成完整的碳循环链条。

3　新疆油田 CCUS 示范区全流程地面技术分析

3.1　碳源

根据北疆地区碳源分布，新疆油田可利用碳源主要包括油田内部锅炉尾气、集团内部炼化企业过程气及尾气、地方企业（钢铁、火电、水泥等）排放气，其 CO_2 浓度为 12%～98%。北疆碳源暂无 CO_2 矿藏，出于经济性也不考虑大气中的碳源。

根据产业链关系，碳源部分主要由油田外部企业提供，新疆油田内部的锅炉尾气 CO_2 浓度低（12%）、气源分散，利用价值不高，暂不考虑（附表 2）。

3.2　捕集

根据北疆碳源特点，目前捕集技术主要采用燃烧后的化学吸收法，没有水合物、生物质能、大气捕集法。

根据产业链关系，捕集技术主要由油田外部企业研发应用，新疆油田暂不考虑(附表 2)。

3.3　输送

新疆油田碳源主要由外部提供，碳源输送到示范区有罐车拉运及管道输送两种方式。

(1) 拉运

目前拉运介质主要为低温液态 CO_2，涉及传热、材料、装卸、安全方面的技术。该部分业务由油田外部企业承担，新疆油田暂不考虑(附表 2)。

(2) 管输

业内公认最经济的 CO_2 长输方式为超临界输送，新疆油田前期规划也考虑采用超临界管道。目前国内只有小规模试验工程和短途运输的 CO_2 超临界输送，没有工业规模的 CO_2 长距离输送管道(两者有着本质区别)。CO_2 超临界长输涉及大量新技术、规范、标准、计算方法、模型图板等基础研究内容，在国内属于一个空白领域。

超临界长输管道建设投资巨大，在碳价补贴及石油行业纳入碳交易之前难以落地，汇、源双方均在观望相关政策，这涉及到由谁投资建设的问题。如果由集团公司统一牵头，通过新建超临界管道将新疆油田与集团炼化企业进行汇源匹配，则只需考虑经济性的问题。故该部分业务可能由集团或新疆油田外部企业承担，也可能按照集团公司安排由新疆油田承担或参与(见附表 2)。

3.4　注入

CO_2 注入有液相、超临界、气相(包括固相升华)、高压密相等多种注入方式，涉及增压技术、复杂气源相态控制技术、计量技术、监控与预警技术等方面。

目前新疆油田示范区处于试注阶段(图 3)，采用液态 CO_2 低温注入、前置离心泵与高压往复泵串接工艺。

图 3　新疆油田试注现场

根据长输气源相态、地质混相要求及采油工程井口注入参数要求，新疆油田示范区扩大化试验及百万吨级示范区均规划采用超临界注入(扩大化试验方案已进行超临界注入工艺论证)，暂不考虑其他注入相态。(附表 2)。

3.5　采出

示范区 CO_2 注入地层后，会驱替油气由注入井向周边运移，并在突破后随着油气一起采出，其涉及的技术属于采油工程领域，本文不作论述。

3.6　集输

含 CO_2 油气经井筒采出后进入地面集输系统，主要需解决 CO_2 腐蚀问题。

示范区均在油田老区建设，采出油气依托已建集输、处理系统，而已建系统设计往往没考虑 CO_2 腐蚀或者高浓度 CO_2 腐蚀的工况，高含 CO_2 油气进入集输系统后，会对脱水前的金属管道、设备造成严重腐蚀。因此，示范区集输系统的主要任务就是最大化降低 CO_2 对已建系统的影响，特别是防止高浓度 CO_2 进入处理系统。

(1) 井口气液分离

在集输系统起点将游离 CO_2 分离，使井口以后的原油管道只含溶解 CO_2，但因分离点多会造成投资偏高。该方式涉及单井气液分输工艺、单井远程控制等技术。

(2) 计量站气液分离

在计量站气液分离，将大大减少分离点，降低集输系统投资。该部分涉及高气液比(泡沫流)计量工艺、常温分离、井口远程站控及分注控制等技术。

(3) 转油站、预处理站气液分离

转油站、预处理站集中气液分离，将进一步减少分离点，大大降低集输系统投资。同时，还应考虑将分离液中溶解的 CO_2 分离出来，以避免高浓度 CO_2 采出液进入后段处理系统。该部分涉及采出液分离 CO_2、设备及管道防腐、腐蚀监控、自控及智能化、含 CO_2 污水处理等技术(附表 2)。

3.7 回收

集输过程气液分离后的伴生气，与采出液中分离出的 CO_2 混合后，进入 CO_2 回收系统，将 CO_2 提纯至所需浓度后(满足地质混相要求)用于回注地层，不仅实现了 CO_2 零排放，还可以节省部分碳源。该部分涉及物理吸附、膜分离与变压吸附、低温分馏、化学吸收等技术，关键在于低能耗、低成本控制(附表 2)。

3.8 回注

回收后高浓度的 CO_2 回注地层，可单独回注，也可与碳源混合回注。根据前期研究结论，拟采用超临界回注。该部分涉及回收回注一体化设计、增压设备串接、回收气与碳源混合控制等技术(附表 2)。

3.9 封存

新疆油田 CCUS 示范区 CO_2 封存包括两个概念，一是强化采油，二是永久埋存，其涉及的技术属于地质、安全环保工程领域，本文不作论述。

4 结束语

通过上述分析，在 CCUS 产业链领域划分的基础上(附表 1)，梳理出新疆油田 CCUS 示范区全流程技术树，将采油、封存环节去掉后成为地面技术树(附表 2，其中包含了新疆油田外部企业的技术领域，需注意区分)。值得一提的是，近年来出现了地质工程一体化的思路，将 CO_2-EOR 采油与封存进行一体化设计，并可进一步将地面、安全环保系统也纳入一体化，力求实现 CCUS 区域效益最大化。其中所有地面研究成果，均可总结形成地面工程标准化文件，纳入新疆油田 CCUS 地面技术体系。

附表 2 中的三级技术领域还可往下细分，展开后可将技术树描述的更为丰富，同时也更为庞大(鉴于篇幅要求，本文不再细分赘述)。

本文首次尝试对新疆油田 CCUS 示范区地面技术进行全面梳理，由于交稿时间仓促及作者水平有限，论述较为粗浅，或有疏漏错误之处，有待进一步论证完善，若能对下步工作有所帮助或启发，则目的也就达到了。

附表 1 CCUS 产业链领域划分表

一级	二级	三级	特点及成熟度
碳源	油田锅炉	循环流化床锅炉：燃煤(混气)燃烧产生 CO_2	CO_2 浓度 12%
	炼化企业	常减压蒸馏：燃料气燃烧产生 CO_2	
		催化裂化：燃料气燃烧、催化剂再生烧焦产生 CO_2	
		催化重整：燃料气燃烧产生 CO_2	
		加氢裂化：燃料气燃烧产生 CO_2	
		制氢：燃料气燃烧、中变气或驰放气产生 CO_2	CO_2 浓度 30~50%
		乙烯裂解：燃料气燃烧、加热炉炉管定期燃烧清焦炭产生 CO_2	
		合成氨、乙二醇环氧乙烷、丁辛醇合成气、轻烃脱 CO_2 尾气	CO_2 浓度>80%
		自备电厂烟气	
	钢铁企业	烧焦炭、煤、气	
	火电厂	烧动力煤(劣质煤)、气	
	水泥厂	烧煤、石油焦、天然气、焦炉气、重油、稻壳灰	
	供热企业	烧煤、天然气	
	CO_2 矿	CO_2 气井	CO_2 浓度>95%
	大气	空气中的 CO_2	CO_2 浓度 0.03%

续表

一级	二级	三级	特点及成熟度
捕集	燃烧前	物理吸收法	商业应用
		化学吸附法	工业示范
		变压吸附法	工业示范
		低温分馏法	工业示范
	燃烧后	化学吸收法	工业示范
		化学吸附法	中试
		物理吸附法	工业示范
		膜分离法	中试
	富氧燃烧	常压	工业示范
		增压	基础研究
		化学链	中试
	相态平衡	水合物法	基础研究
	BECCS	生物能源与碳捕获和储存：生物质能转化	概念、争议
	DACCS	直接空气碳捕集与封存：大气 CO_2 变温吸附	基础研究
输送	陆运	罐车运输	商业应用
	水运	船舶运输	商业应用
	管输	超临界	商业应用
		高压密相	商业应用
		液相	基础研究
		气相	基础研究
利用	化工利用	重整制备合成气	工业示范
		制备液体燃料	基础研究
		合成甲醇	工业示范
		制备烯烃	基础研究
		光电催化转化	基础研究
		合成有机碳酸脂	工业示范
		合成可降解聚合物	工业示范
		合成异氰酸酯/聚氨酯	工业示范
		制备聚碳酸酯/聚酯材料	工业示范
		钢渣矿化利用	工业示范
		磷石膏矿化利用	工业示范
		钾长石加工联合矿化	工业示范
		混凝土养护利用	中试
	生物利用	微藻生物利用	中试
		气肥利用	基础研究
		合成苹果酸	中试
封存	地质利用及封存	强化石油开采	商业应用
		驱替煤层气	中试

续表

一级	二级	三级	特点及成熟度
封存	地质利用及封存	强化天然气开采	基础研究
		强化页岩气开采	基础研究
		置换水合物	中试
		地浸采矿	商业应用
		采热利用	基础研究
		压裂作业	商业应用
	地质封存	强化深部咸水开采与封存	工业示范

附表 2　新疆油田 CCUS 示范区全流程地面技术一览表

一级	二级	三级	分类
碳源	油田锅炉	锅炉尾气（12%）	油田自产
	炼化企业（集团炼化排碳浓度 86%的尾气为唯一可靠内部碳源）	常减压蒸馏：燃料气燃烧产生 CO_2	外部提供
		催化裂化：燃料气燃烧、催化剂再生烧焦产生 CO_2	外部提供
		催化重整：燃料气燃烧产生 CO_2	外部提供
		加氢裂化：燃料气燃烧产生 CO_2	外部提供
		制氢：燃料气燃烧、中变气或驰放气（30～50%）产生 CO_2	外部提供
		乙烯裂解：燃料气燃烧、加热炉炉管定期燃烧清焦炭产生 CO_2	外部提供
		合成氨、乙二醇环氧乙烷、丁辛醇合成气、轻烃脱二氧化碳尾气（>80%）	外部提供
		自备电厂烟气	外部提供
	钢铁企业	烧焦炭、煤、气	外部提供
	火电厂	烧动力煤（劣质煤）、气	外部提供
	水泥厂	烧煤、石油焦、天然气、焦炉气、重油、稻壳灰	外部提供
	供热企业	烧煤、天然气	外部提供
捕集	燃烧后	化学吸收法	外部应用
		化学吸附法	外部应用
		物理吸附法	外部应用
		膜分离法	外部应用
	富氧燃烧	常压	外部应用
		增压	外部应用
输送	拉运（液态）	液态 CO_2 罐车运输：传热、材料、装卸、安全技术	外部承担
	管输（超临界）	超临界增压技术：压缩机研发、增压泵选型	外部或合作
		超临界管道设计优化技术	外部或合作
		超临界管道失压预防及停输再启动技术	外部或合作
		超临界管道泄漏检测及防护技术	外部或合作
		超临界输送全过程相态控制技术	外部或合作
		超临界管道应力分析与补偿设计技术	外部或合作
		基于耐蚀工程设计的超临界管道全生命周期碳排放控制技术	外部或合作
		超临界相关规范、标准、计算方法、模型图板	外部或合作

续表

一级	二级	三级	分类
注入	液相注入	串泵技术；中压低温分离缓冲关键技术	研发及应用
	超临界注入	螺杆、往复、超临界串级技术；高压缓冲分离关键技术	研发及应用
		复杂气源相态控制技术	研发及应用
		CCUS 全流程末端计量配套技术	研发及应用
		注气系统智能监控与预警技术	研发及应用
集输	单井	单井气液分输工艺	研发及应用
	计量站	高气液比(泡沫流)计量工艺	研发及应用
		高效常温分离技术	应用
		远程站控集输计量及分注控制技术	研发及应用
	转油站、中心站、预处理站	高效采出液分离 CO_2 技术	研发及应用
		小型站场工艺设施优化选材	研发及应用
		地面站场、集输管道和容器的防腐技术	研发及应用
		腐蚀监测及控制技术	研发及应用
		站场自控技术(伴生气系统安全联控技术)	研发及应用
		智能巡检技术(巡线无人机、智能巡检车)	研发及应用
		预处理后含 CO_2 污水处理技术	研发及应用
回收	气中提纯 CO_2	物理吸附：低能耗规模化变压吸附提纯 CO_2 技术	研发及应用
		膜+变压吸附串级技术：前置膜分离初步提浓，再吸附提纯	研发及应用
		化学吸收：醇胺法	研发及应用
		相平衡法：低温分馏	研发及应用
回注	混合、超临界	回收注入一体化技术	研发及应用
		增压设备串级技术：螺杆+往复+超临界压缩机	研发及应用
		回收气与碳源混合控制技术	研发及应用
地质工程一体化		CO_2-EOR 采油、封存、地面、安全环保一体化设计	研发及应用
地面工程标准化		井口、计量站、转油站及预处理站、注入站、伴生气处理站等标准化设计	研发及应用

渤海油田单砂体水平井化学驱技术研究及实践

梁 丹[1,2] 张 健[1,2] 马若雨[1,2] 赵文森[1,2]

(1. 海洋石油高效开发国家重点实验室；2. 中海油研究总院有限责任公司)

摘 要 针对渤海B油田具体地质和开发生产特征，提出将水平井与化学驱相结合，应用水平井化学驱技术来抑制含水率快速抬升的现状并最终实现提高采收率的目的。在筛选出4-5砂体2口井开展先导试验的基础上，首先基于室内实验评价得到合适的驱油体系，接着应用数值模拟法对先导试验井组进行了化学驱油藏方案优化设计，推荐注入516PV·mg/L的化学剂段塞尺寸，采用先高浓后低浓的段塞组合方式，主体段塞浓度为1250mg/L，在累计注入化学剂干粉2874吨，注入段塞体积0.49PV的条件下，截止到见效结束，计算得到先导试验区的化学驱相比水驱可提高采收率6.7个百分点，吨剂增油71.4m^3/t，含水率最高降幅15%。基于推荐方案开展了现场实施，从注入井的注入压力、视吸水指数、阻力系数的变化情况可以看出注入有效，对应4口生产井的见效时间为1~5个月，实施17个月后，相比水驱阶段日产油高峰增幅26.9%，含水率高峰降幅为9%，实现累增油2.9×$10^4$$m^3$，矿场应用情况表明水平井化学驱技术先导试验获得成功，取得了显著的降水增油效果，为同类型水平井开发的油藏在提高采收率技术方向开拓了一条新思路。

关键词 渤海油田；单砂体；水平井；化学驱；矿场应用

B油田位于渤海南部海域黄河口凹陷中央构造脊北端，发育于浅水三角洲沉积体系，由于受河道控制，砂体相带窄，河道多级分叉、改道及切割叠置，储层隔夹层发育、非均质性强。油田有多个厚度为4.7~11.7m的单砂体，主力含油层位为明化镇组下段，具有高孔、高渗的储集物性特征，平均储层渗透率为1800mD，孔隙度为32%，地层原油黏度为8.2~22.8mPa.s。该油田主要基于单砂体水平井网开发，由于天然能量不足，因此开发方式采取早期注水方式，水驱开发过程中平面及层内矛盾突出，含水率快速上升，目前油田已处于高含水期阶段，部分油井含水高达95%以上，稳油控水形势严峻。

化学驱技术于2003年开始在海上油田进行先导试验并进行推广应用，经过近20年的应用表明化学驱能有效治理非均质性、实现稳油控水的目的，且具有工艺操作简单、性能稳定、经济性好等其他技术无法比拟的技术优势。但前期化学驱主要应用于大厚层整装三角洲沉积油藏，实施的44口井中仅1口水平井。水平井化学驱技术主要还聚焦于室内实验研究，鲜有相关矿场应用的报道。水平井化学驱缺乏相关经验，因此基于单砂体复杂的储层特性及水平井开发特征开展水平井化学驱技术研究显得尤为重要。

1 水平井化学驱先导试验目标区筛选

为了检验水平井化学驱的注采能力及生产动态特征，先期筛选几口井进行井组先导试验。先导试验区筛选的主要原则为以下5条：①油层连通好、剩余油饱和度高、具有一定剩余储量规模；②注采井网完善、注采对应率要高；③油水井井况要满足化学驱注采要求；④避开断层附近、气顶区、油水过渡带、非油区；⑤水驱对化学驱干扰小。根据以上筛选原则，筛选出B油田4-5砂体的A3H和A9H两口井开展先导试验，实施化学驱后将形成2注4采的井组规模。4-5砂体的厚度为7m，注入井A3H和A9H井水平段长分别为477m和505m，注采井距为350~500m，实施化学驱前，砂体采出程度为20%，综合含水率89%，A4H和A7H两口井含水率高达92%，是实施化学驱的较佳时机(图1)。

2 水平井化学驱油藏方案优化设计

2.1 驱油体系筛选与关键参数测试

基于B油田的油藏及流体物性参数，收集了10种化学剂样品，参照中海油企业标准《海上油田驱油用丙烯酰胺类聚合物的性能指标和评价方法》，对药剂理化性能、溶液性能和油藏适

应性等各项性能进行了测试和评价，并最终筛选出适合的化学剂。

(1) 理化性能评价

针对固含量、残留单体含量等 8 项参数进行了测试，测试结果见表 1，从测试结果可以看出，10 种化学剂均满足条件。

(2) 溶液性能评价

① 表观黏度及剪切稳定性评价

使用模拟水(总矿化度 7052mg/L、钙镁离子含量 193mg/L)将化学剂干粉配置成不同浓度的溶液，并基于油藏温度(58℃)测试剪切前后各浓度对应的黏度值，测试结果如图 2 所示。

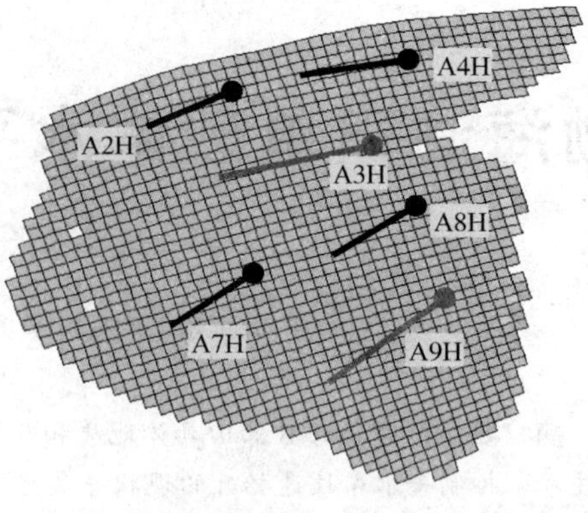

图 1　渤海 B 油田 4-5 砂体注采井位图

表 1　化学剂理化性能测试结果

参数		评价指标	PZ1	PZ2	PZ3	PZ4	PZ5	PZ6	PZ7	PZ8	PZ9	PZ10	是否合格
固含量/%		≥88	89.5	88.3	89.2	89.2	88.9	88.4	88.8	88.4	88.2	88.6	是
残留单体含量/%		≤0.1	0.06	0.03	0.03	0.04	0.05	0.03	0.02	0.08	0.04	0.05	是
粒度(%)	≥1mm	≤5	3.7	4.1	3.8	2.8	3.1	3.5	3.9	3.1	3.3	2.9	是
	≤0.15mm	≤5	3.5	3.3	3.5	3.8	4.5	3.1	2.9	3.9	3.7	4.2	是
水解度/(mol%)		≤27	24	21	25	26	25	27	26	23	23	25	是
特性黏数/(mL/g)		≥1500	3750	2100	3010	2380	2500	2300	2980	1900	2000	2600	是
水不溶物含量/%		≤0.2	0.09	0.14	0.05	0.16	0.07	0.11	0.15	0.13	0.05	0.12	是
溶解时间		≤120	45	45	15	30	45	45	45	45	60	45	是
过滤因子		≤1.5	1.2	0.9	0.8	0.7	1.3	0.6	0.8	0.7	0.9	1.1	是

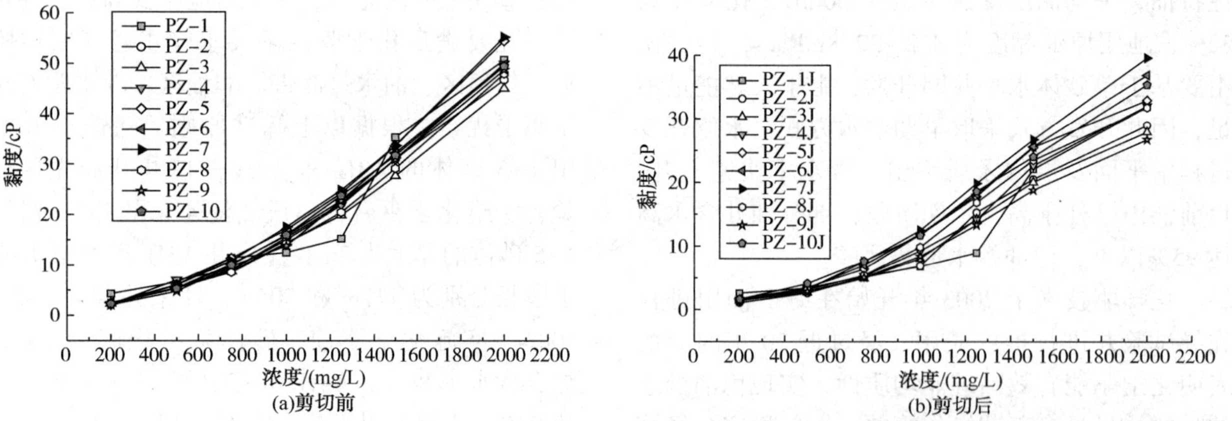

图 2　不同化学剂黏度与浓度的关系

根据 B 油田的物性参数条件，要求化学剂在浓度为 1250mg/L 时溶液的表观黏度≥20mPa·s，且剪切后黏度≥12mPa·s。从图 2 可以看出，除代码为 PZ1 的化学剂外，其他 9 种化学剂都满足要求。

② 热稳定性评价

测试 90 天老化稳定性，随着老化时间增加，溶液的黏度先降低后稳定，要求 90 天后，黏度的保留率≥50%，测试结果见表 2。从表中可以看出，PZ1、PZ4、PZ8、PZ9、PZ10 这 5 种化学剂不满足要求，其他5种化学剂满足热稳定性　　要求。

表2　化学剂热稳定性测试结果

聚合物类型	PZ1	PZ2	PZ3	PZ4	PZ5	PZ6	PZ7	PZ8	PZ9	PZ10
剪切后 mPa·s	9.0	15.3	14.3	14.2	17.8	18.2	19.9	16.9	13.4	18.6
热稳定90天后黏度/mPa·s	6.9	13.1	13.0	9.5	12.1	12.9	12.0	9.8	8.5	10.5
保留率/%	77	86	91	67	68	71	61	58	63	56

（3）油藏适应性评价

① 静态吸附评价

图3为化学剂静态吸附测试结果，要求静态吸附量≤600μg/g，从图中可以看出，PZ1、PZ8及PZ9吸附量大于600μg/g不满足要求。

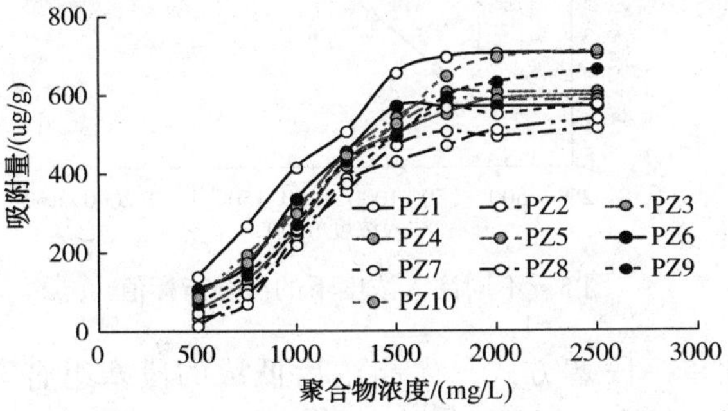

图3　静态吸附测试

② 注入性评价

将筛选出的5种化学剂开展了注入性评价，评价结果如表3所示，要求阻力系数≥5且残余阻力系数≥1.5，从测试结果可以看出，5种药剂满足要求。

③ 驱油效果评价

三层非均质岩心，4.5cm×4.5cm×30cm，渗透率1000/2000/3000mD，开展了相同浓度(1250mg/L)条件下不同化学剂的驱油实验，驱油实验提高采收率的幅度见表4。

表3　化学剂注入性测试结果

聚合物编号	阻力系数	残余阻力系数
PZ2	21.0	8.0
PZ3	8.3	6.7
PZ5	6.3	4.0
PZ6	9.0	4.0
PZ7	6.3	3.0

表4　驱油实验测试结果

方案	总采收率/%	提高采收率/%
水驱至含水98%	33.1	
水驱至含水80%+0.3PV(PZ2)+后水至98%	49.3	16.2
水驱至含水80%+0.3PV(PZ3)+后水至98%	44.7	11.6
水驱至含水80%+0.3PV(PZ5)+后水至98%	44.2	11.1
水驱至含水80%+0.3PV(PZ6)+后水至98%	49.9	16.8
水驱至含水80%+0.3PV(PZ7)+后水至98%	47.3	14.2

根据以上性能评价结果，满足全部指标要求的有5种化学剂，针对以上测试结果对筛选出的化学剂进行了综合打分排序（表5），从表中可以看出，5种药剂的排序为：PZ6>PZ3>PZ2>PZ7>PZ5。

表5　化学剂性能综合排序

性能参数权重 / 化学剂	驱油效果 15	注入性 15	热稳定性 15	剪切稳定性 10	表观黏度 10	特性黏数 10	溶解时间 10	阻力系数 5	残余阻力系数 5	过滤因子 5	总计
PZ2	14.3	13.5	14.3	8.5	9.0	8.0	8.5	5.0	5.0	4.5	90.5
PZ3	12.8	14.3	15.0	8.5	8.0	10.0	10.0	4.0	4.8	4.8	92.0
PZ5	12.0	15.0	12.8	9.0	10.0	9.0	8.5	4.5	4.5	4.0	89.3
PZ6	15.0	12.8	13.5	10.0	9.0	8.5	9.5	4.8	4.5	5.0	92.5
PZ7	13.5	12.8	12.0	9.5	10.0	9.5	9.5	4.5	4.0	4.3	89.5

④ 驱油剂注入量及注入浓度优化

针对排名第一的化学剂 PZ6，相同药剂用量下，设计了 4 组不同浓度、不同注入量的实验，对注入浓度及注入量进行优化。从表 6 可以看出在浓度为 1250mg/L，注入 0.3PV 时提高采收率幅度最高。

表 6　不同注入浓度及注入量下提高采收率

序号	化学剂浓度/(mg/L)	化学剂注入量/PV	水驱 98%采收率/%	总采收率/%	提高采收率/%
1	750	0.50	33.1	47.9	14.8
2	1000	0.38	33.1	48.6	15.5
3	1250	0.30	33.1	49.9	16.8
4	1500	0.25	33.1	48.8	15.7

2.2　注入参数优化设计

在对 B 油田 4-5 砂体水驱阶段的数值模拟模型进行历史拟合的基础上开展了化学驱阶段的油藏方案设计。通过设置多种方案，以综合系数(提高采收率幅度和吨聚增油的乘积)为优化目标函数，对药剂用量、注入浓度、段塞组合方式等关键注入参数进行了优化设计。

(1) 药剂用量优化设计

室内驱油实验结果显示化学剂浓度在 1250mg/L 时提高采收率最高。因此在优化药剂用量时，选取药剂浓度为 1250mg/L。从计算结果(图 4)可以看出，随着药剂用量的增加，综合指标增加，但综合指标在注入 0.41PV(6 年)时出现拐点，因此推荐对应药剂用量 516PV. mg/L。

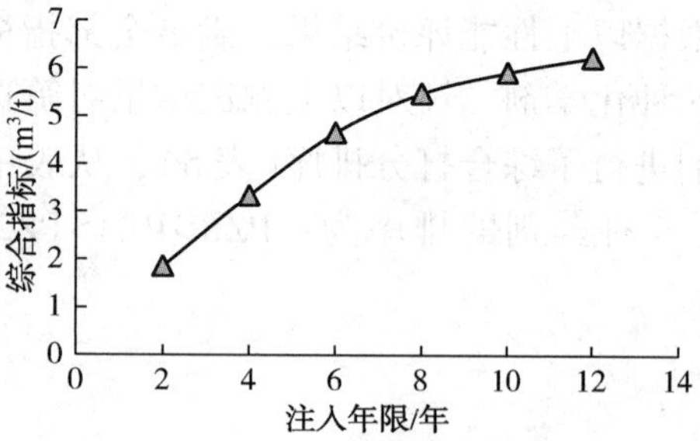

图 4　不同药剂用量下的综合指标值

(2) 注入浓度优化设计

在药剂用量确定的基础上，进行了注入浓度优化。注入浓度计算范围为 750~1750mg/L。计算结果见图 5，从图中看出，在注入浓度为 1250mg/L 时，综合指标出现拐点，推荐注入浓度为 1250mg/L。

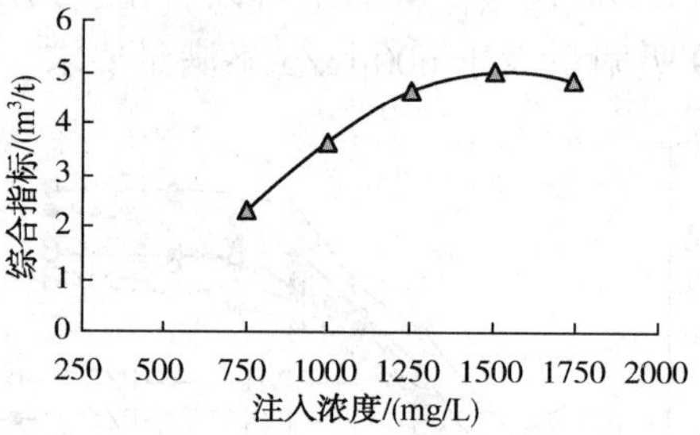

图 5　不同注入浓度下的综合指标值

(3) 段塞组合优化设计

在药剂用量确定的基础上，进行了注入段塞组合方式优化。计算结果见表 7，由表可见，相比单一段塞方式，先高浓后低浓的段塞组合方式，综合指标最高。

表 7　不同段塞组合方式下的综合指标

序号	不同浓度段塞组合方式	综合指标/(m^3/t)
1	1000+1250+1500	4.33
2	1500+1250+1000	4.83
3	1250	4.66
4	1500+1250	4.80
5	1250+1500	4.59

2.3　推荐方案开发指标

基于优化的注入参数，计算得到 4-5 砂体 A3H 和 A9H 井组水平井化学驱先导试验的推荐方案为：累计注入化学剂干粉 2874 吨，注入段塞体积 0.49PV 的条件下，截止到见效结束，化学驱相比水驱可提高采收率 6.7 个百分点，吨剂增油 71.4m^3/t，含水率最高降幅 15%，具有较好的经济性。

3　水平井化学驱矿场实施及效果评价

基于推荐方案，A3H 和 A9H 分别于 2020 年 1 月和 5 月先后开展了水平井化学驱先导试验。矿场实施后，从注入端来看，相比水驱阶段，A3H 和 A9H 井注入压力抬升 1.2~3.2MPa，视吸水指数下降幅度分别为 13% 和 38%，且基于霍尔曲线（图 6）计算的结果，A3H 和 A9H 井的阻力系数分别为 1.24 和 2.04，表明注入端注入有效。

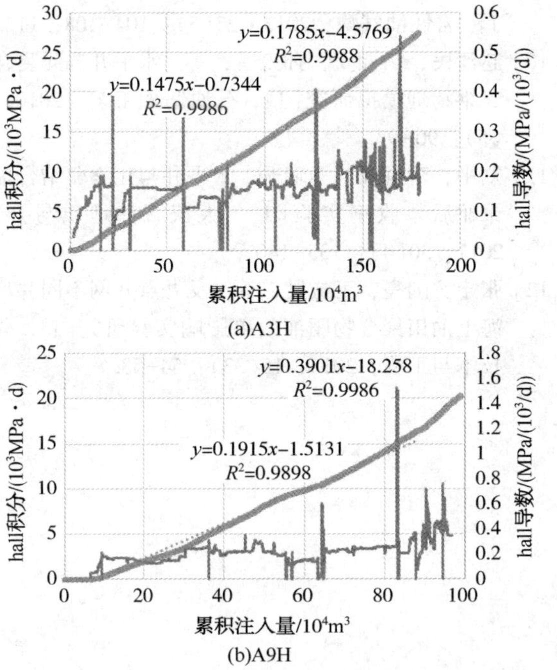

图 6　注入井的霍尔曲线

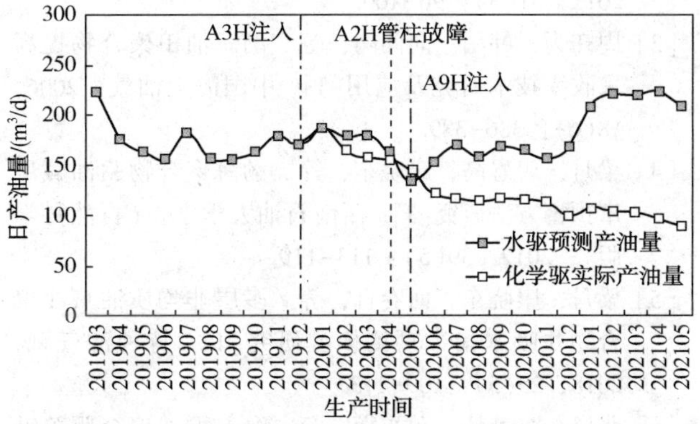

图 7　实际产油量和水驱预测产油量对比曲线

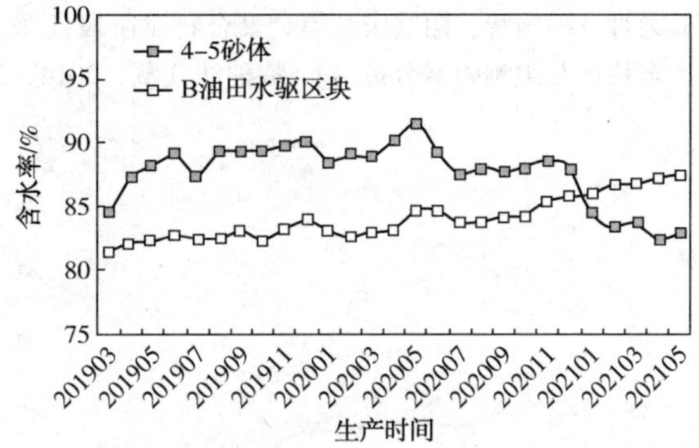

图 8　含水率变化情况对比曲线

从生产端来看，对应 4 口受效井陆续见效，单井见效时间为 1~5 个月，其中 A2H 井由于井下管柱故障的原因从 2020 年 4 月开始产液量逐渐下降并于 6 月初关井停产，导致砂体日产油量受到影响，但总体来说，相比水驱，化学驱显著提升了日产油量（图 7），目前高峰日增油 47m³/d，日产油增幅 26.9%。同时，将 4-5 砂体的含水率变化情况与 B 油田未实施化学驱的区块进行了对比分析（图 8），从图中可以看出，未实施化学驱的水驱区块，含水率持续上升，在近一年中抬升了 4%，而 4-5 砂体，实施化学驱后，高峰含水率下降幅度为 9%。由现场生产动态表现情况可见，此次水平井化学驱先导试验降水增油效果显著，截止 2021 年 5 月底已实现累增油 2.9×10⁴m³，相比预测水驱阶段增幅 46.6%，增油量占阶段总产油量的 31.8%。

4　结论

（1）筛选出 B 油田的 4-5 砂体开展水平井化学驱先导试验，通过室内实验评价得到合适的驱油体系，并在此基础上进行了先导试验的油藏方案优化设计，推荐注入 516PV. mg/L 的化学剂段塞尺寸，采用先高浓后低浓的段塞组合方式，主体段塞浓度为 1250mg/L，在累计注入化学剂干粉 2874 吨，注入段塞体积 0.49PV 的条件下，截止到见效结束，计算得到先导试验区的化学驱相比水驱可提高采收率 6.7 个百分点，吨剂增油 71.4m³/t，含水率最高降幅 15%，具有较好的经济性。

（2）开展化学驱段塞注入后，从注入井的注入压力、视吸水指数、阻力系数的变化情况可以看出注入有效，对应 4 口生产井的见效时间为 1~5 个月，实施 17 个月后，相比水驱阶段，日产油高峰增幅 26.9%，含水率高峰降幅为 9%，实现累增油 2.9×10⁴m³，矿场应用情况表明水平井化学驱技术先导试验获得成功，取得了显著的降水增油效果。

参考文献

[1] 郭太现，杨庆红，黄凯，等．海上河流相油田高效开发技术[J]．石油勘探技术与开发，2013，40(6)：708-714.

[2] 雷源，张建民，王西杰，等．河流相水平井井网油田稳油控水研究与实践[J]．石油地质与工程，

2017，31(3)：96-100.

[3] 周守为，韩明，向问陶，等．渤海油田聚合物提高采收率技术研究及应用[J]．中国海上油气，2006，18(6)：386-389.

[4] 梁丹，唐恩高，康晓东，等．渤海聚合物驱油藏聚窜预警方法研究[J]．西南石油大学学报(自然科学版)，2017，39(5)：113-119.

[5] 梁丹，康晓东，何春百，等．多层非均质油藏注聚合物井吸水指数预测模型研究[J]．特种油气藏，2018，25(5)：109-113.

[6] 张凤久，姜伟，孙福街，等．海上稠油聚合驱关键技术研究与矿场试验[J]．中国工程科学，2011，13(5)：28-33.

[7] 梁丹，冯国智，谢晓庆，等．聚合物驱阶段注采动态特征及影响因素分析[J]．特种油气藏，2014，21(5)：75-78.

[8] 王旭东，张健，康晓东，等．稠油油藏水平井聚合物驱注入能力影响因素[J]．断块油气田，2017，24(1)：87-90.

[9] 于天忠．水平井化学驱物理模拟及数值模拟研究[J]．岩性油气藏，2013，25(5)：104-108，112.

[10] 赵清民，岳湘安，孙玉龙，等．水平井二元复合驱三维物理模拟研究[J]．石油钻采工艺，2010，32(5)：90-93.

[11] 刘平，李宜强，李瑞升．水平井与化学驱结合提高聚驱后采收率实验[J]．大庆石油地质与开发，2011，30(4)：135-140.

[12] 张宁，阚亮，王成胜，等．反九点井网不同井型对海上油田聚合物驱油效果影响实验研究[J]．科学技术与工程，2015，15(33)：54-58.

海上潜山裂缝型低渗凝析气田高效开发技术与实践

梁 斌

（中海油研究总院有限责任公司）

摘 要 渤海某潜山裂缝型凝析气藏具有高温高压、低渗、储层厚度大、凝析油含量高、地露压差小的特点，面临精细表征裂缝储层难、基质裂缝渗流规律难刻画、巨厚储层井轨迹难设计、特高含凝析油气藏气井产能难以准确评价等问题。地质、地震、测井、油藏、地面工程等多专业进行一体化研究，结合实验分析和理论研究，提出了针对潜山裂缝性低渗凝析气田的5项高效开发技术，有效指导了开发方案编制，确保了开发方案的合理性和经济性。试验区投产表明，试验区初期产量较好地达到了方案预期，所提出的各项高效开发技术，不仅有力指导了井位部署，并落实了储层潜力和风险，同时表明了各项高效开发技术的有效性。

关键词 潜山；裂缝；低渗；凝析气田；实践

1 海上潜山裂缝型气藏概况

BZ凝析气田位于渤中凹陷西南部，BZ构造被南北走向的郯庐断裂切割成东、西两部分，并进一步被近东西向次级断裂切割成复杂断块，东南方向为渤南低凸起，西部为埕北低凸起，同时被渤中凹陷、沙南凹陷和黄河口凹陷所环绕，呈洼中隆的构造格局。太古宇变质岩潜山基底是主要含气层段，埋藏深度4200~5500m，地层压力45~58MPa，地层温度高达170°C，岩性以二长片麻岩、变质花岗岩以及混合花岗岩为主，储层空间分布复杂，储集空间类型以裂缝为主，同时发育一定数量的溶蚀孔隙。潜山平均孔隙度3.9%，平均渗透率2.6mD，低孔低渗特征。PVT分析表明，该气藏地露压差1~3MPa，凝析油含量平均700g/m^3，属于特高含凝析油的块状凝析气藏。目前，已完钻十余口井，井点揭示潜山裂缝发育规律十分复杂，平面各断块间、各井之间储层特征差异大，预测难度大，严重制约气田高效开发。

由于该气田具有高温高压、低渗、地露压差小、凝析油含量高等特征，开发中易出现反凝析、压力下降快、产量递减快、单井产量低、单井动态储量有限等情况。因此，为了将储量转为产量，显著提高单井产量、单井可采，地质、地震、测井、油藏、地面工程等多专业进行联合攻关，结合实验分析和理论研究，提出了针对潜山裂缝性低渗凝析气田的5项高效开发技术，有效指导了开发方案编制。试验区投产表明，试验区初期产量较好地达到了方案预期，表明了所提出的各项高效开发技术的有效性。

2 海上潜山裂缝性低渗凝析气田高效开发技术

2.1 海上潜山裂缝性凝析气藏地质关键技术

地质模式是认识潜山储层分布、指导裂缝预测的关键，同时也为储量动用分析、井网部署等提供重要地质依据。基于潜山主控因素及控制机理，综合野外地质露头、岩心、薄片以及测井、地震等资料开展潜山潜山地质模式研究。潜山储层成因复杂，目前一般认为变质岩潜山储层形成主要受岩石类型、构造运动和风化淋滤三大主控因素影响。综合分析认为构造运动和风化淋滤是BZ潜山裂缝形成的关键控制因素，岩石类型起到一定调节作用。BZ潜山纵向分为风化带和内幕带，其中风化带裂缝发育好，呈“似层状”连续分布；内幕带受内幕裂缝发育较差，受高角度断层控制，呈“带状”分布。另外，潜山顶部发育一套近源缓坡退覆式的砂质碎屑层，全区分布。

2.2 海上潜山裂缝性凝析气藏地球物理关键技术

针对潜山风化带，由于古地貌是影响潜山风

化程度的重要因素，因此研究太古界潜山遭受风化剥蚀时的地貌形态，对本区储层认识有重要指导意义。通过求取太古界地层顶面至沙河街地层顶面的时间厚度，进而得到太古界潜山出露地表遭受风化剥蚀古地貌构造相对高低形态图(图 1)。古地貌恢复显示为近南北向的构造脊形态，中央隆起，向两侧变低；钻井特征也揭示储层呈现“似层状”鲤鱼背模式。同时，由于叠前道集资料比叠后地震资料包含了更丰富的储层信息，因此可通过岩石物理分析寻找储层敏感参数，同时对叠前道集资料进行优化处理，最终通过叠前弹性参数反演，与古地貌恢复相结合，实现主控因素约束的潜山风化带厚度定量预测(图 2)。

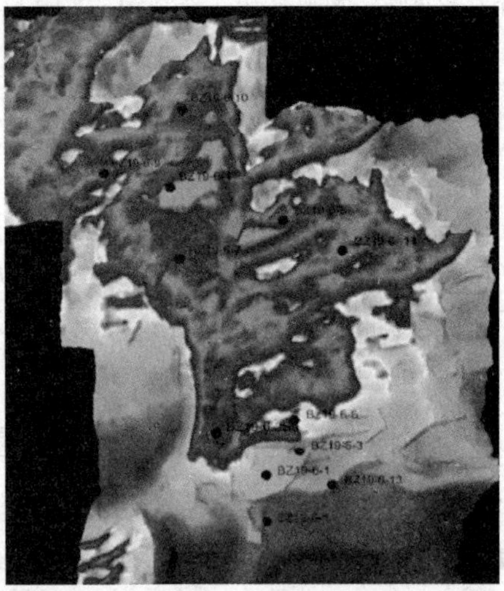

图 1　潜山顶面古地貌

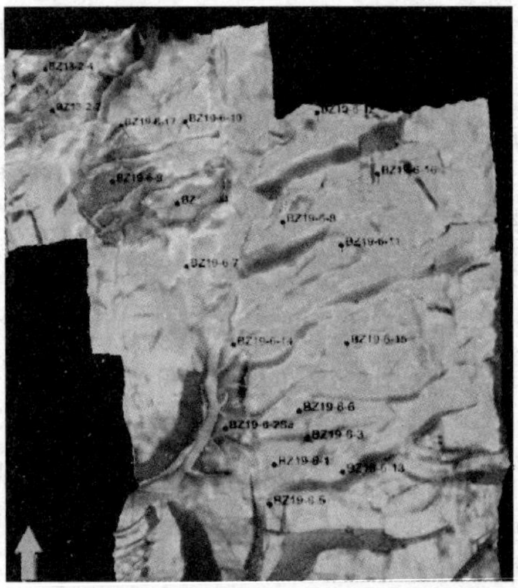

图 2　古地貌和风化带厚度叠合图

针对潜山内幕带，首先通过实际钻井数据给定正演模型参数，开展裂缝储层波动方程正演模拟，明确潜山裂缝储层地球物理相应特征，其中潜山顶部风化带裂缝越发育反射强度越弱，内幕带为高角度斜交反射，含气时反射更强。将地质模式、地震以及井上信息结合，优选结构张量场属性检测大尺度断裂破碎带分布，实现内幕裂缝发育带刻画。

2.3　海上潜山裂缝性凝析气藏测井关键技术

对于 BZ 气田靶区，目的层太古界潜山地层埋深大、温度高，导致部分井中电成像测井资料质量较差，难以有效评价储层中裂缝发育情况。为此，利用快、慢横波速度差异计算得到地层各向异性大小，通过几口电成像测井资料良好的井获取的裂缝密度对地层各向异性进行标定，建立了 BZ 气田评价近井地层裂缝发育程度的各向异性判别标准，使声波各向异性评价地层裂缝由定性发展到半定量，弥补了电成像测井质量差时难以识别裂缝的不足。

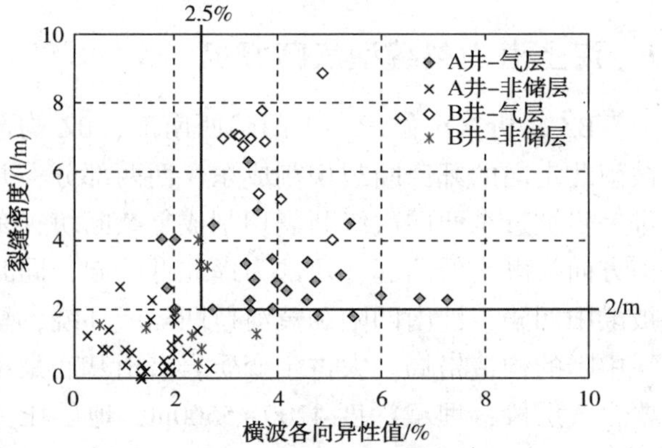

图 3　BZ 气田判别地层裂缝发育的横波各向异性下限值

2.4　海上潜山裂缝性凝析气藏油藏工程关键技术

2.4.1　首创海上“双重介质大尺度”三维渗流物理模拟方法

针对潜山裂缝双重介质特征，建立海油首个双重介质大尺度物理模型，以研究注入气纵向波及效率及顶部注气重力驱效果。实验流体以 BZ 凝析气田流体组分进行配置，制作得到潜山小柱塞岩心(渗透率 7.14mD，孔隙度为 19.2%)，进行潜山微裂缝顶部注气 2 组实验。该实验证实，对于巨厚潜山裂缝性凝析气藏，顶部注气可一定程度上形成重力驱替，可显著提高纵向波及系数(图 4)。该实验结果，为潜山裂缝气藏注气开发模式提供了重要依据。

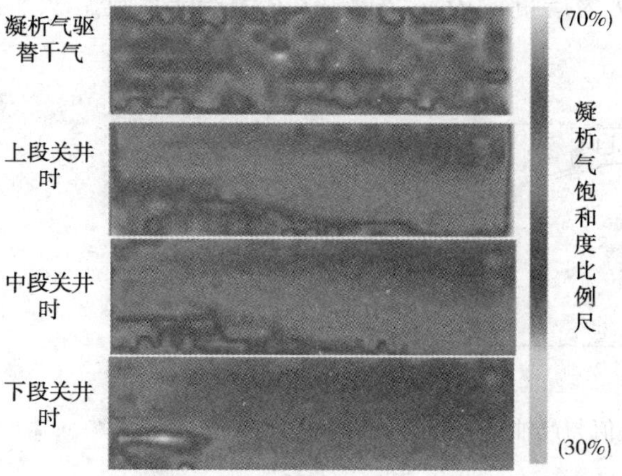

图4　剖面凝析气饱和度分布变化

2.4.2　潜山裂缝储层"沟注脊采"立体井网模式

对于潜山裂缝储层，开采层位以潜山风化带为主，采气井尽量部署在鼻状突起(脊)或单斜地貌的位置，同时要注意"脊"之间的注采对应关系(图5)；穿断层的开发井要从"脊"一侧穿到"沟"一侧，保证有效厚度，规避致密带。结合潜山储层带状分布模式，提出了"高注低采"的立体井网模式，充分发挥巨厚储层的重力驱替作用，提高驱替效率。

2.4.3　基于裂缝形态的潜山储层井轨迹设计技术

潜山裂缝性油气藏中，由于构造运动和风化淋滤作用双重影响，裂缝开度和裂缝密度等裂缝参数、裂缝有效性、裂缝产状等裂缝因素在不同井之间差异较大，共同影响地层的渗流能力，进而决定开发井产能的高低。创新性地构建了裂缝走向与地应力方位差值表征地应力对裂缝有效性的影响(图6)，差值越小，地应力对裂缝有效性影响越小，产量越高；构建井方位角与裂缝走向差值表征流体向井筒渗流能力(图7)，井轨迹垂直裂缝时，流体向井筒渗流能力最强，产量高。结合区域应力方位与裂缝(断裂)走向，判断裂缝有效性，寻找有效裂缝发育区；根据地震资料和探井刻画的裂缝走向，使得平面上井轨迹与断裂(裂缝)的夹角在45°~90°之间。经试验区验证，该井轨迹设计是获得高产井的重要因素之一。

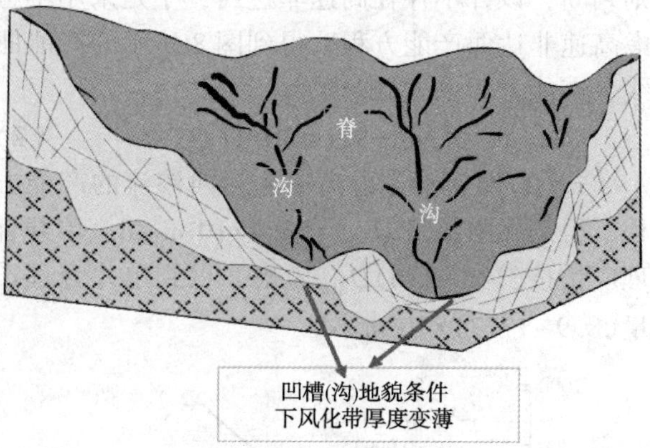

图5　潜山储层"沟注脊采"模式

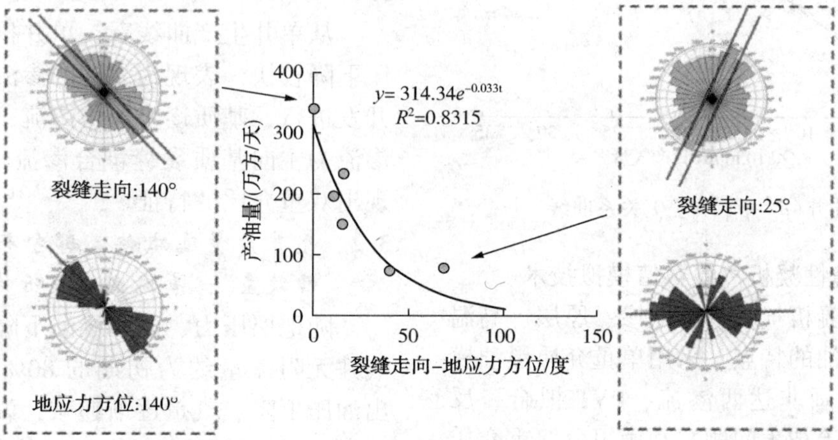

图6　裂缝走向与地应力方位差值与产油量之间的关系

2.4.4　潜山裂缝性低渗凝析气藏产能评价技术

采用常规二项式产能方程对凝析气藏气井进行产能分析，得到负的产能方程系数 B，校正压力后 B 仍为负。通过高速非达西渗流判定准则和理论计算，证实低渗潜山裂缝型气藏气井高速非达西可忽略不计。因此，提出一种不考虑高速非达西的产能方程，可有效评价低渗凝析气藏气井的产能，并能评价反凝析对压降的影响。常规二项式产能方程为：

$$p_i^2-p_{wf}^2=AQ_g+BQ_g^2 \tag{1}$$

式中，p_i 为地层压力，MPa；p_{wf} 为流压，MPa；Q_g 为产量，$10^4m^3/d$；A、B 为产能系数。

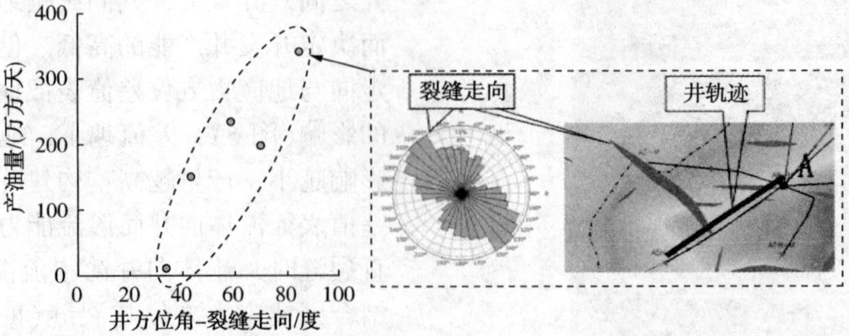

图 7　裂缝走向与地应力方位差值与产油量之间的关系

以试验区 A-5 井为例，按式(1)将测试数据 $[(p_i^2-p_{wf}^2)/Q_g]\sim Q_g$ 作图，得到产能系数 $B=-0.22$，对校正压力后 $B<0$。采用高速非达西准则判断，该井不存在高速非达西，于是采用不考虑高速非达西产能方程，得到图 8 所示的产能曲线，产能方程如式(2)所示：

$$p_i^2-p_{wf}^2-9.1=39.47\,Q_g \qquad (2)$$

式(2)即为不考虑高速非达西渗流的产能方程，得到无阻流量 $Q_{AOF}=53.4\times10^4m^3/d$，单井合理产量按 $(1/3\sim1/6)Q_{AOF}$ 考虑，得到单井合理产量 $(8.9\sim17.7)\times10^4m^3/d$。

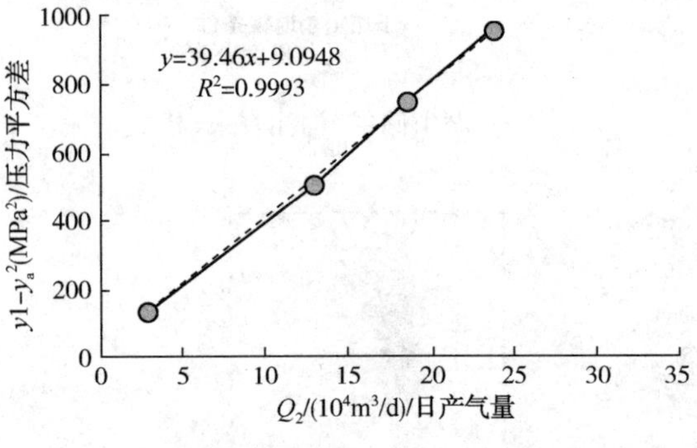

图 8　A-5 井 $(p_i^2-p_{wf}^2)$ 与 Q_g 关系曲线

2.4.5　低渗裂缝性凝析气藏数值模拟技术

潜山裂缝性凝析气藏具有低渗、厚层、高温高压、高含凝析油的特点，采用单重介质黑油模型，难以准确刻画非达西渗流、PVT 拟合、反凝析、双重介质等技术问题。利用组分双重介质模型，考虑应力敏感、精细化 PVT 拟合、“岩石压缩系数传导乘数”控制、“注气混相参数”+“双重介质重力驱”控制，从而高效准确地模拟反凝析现象和周期注气。

2.5　海上潜山裂缝性凝析气藏地面工程设计技术

针对裂缝性凝析气藏采用高压循环注气的开发模式，结合海上处理设施特点，提出了超高压循环注气工程设计的系列技术，包括：超高压注气压缩机的选型设计、超高压注气设施泄压保护、振动分析、超高压海底注气管道屈曲传播模拟分析及施工方案设计。这一些列地面工程设计技术，确保了高温高压凝析气藏的顺利投产。

3　海上潜山裂缝型低渗凝析气田开发规律

BZ 气田试验区部署 7 口采气井(含 2 口注气井)，先衰竭 1 年后再注气开发，采用 1 套开发层系，采用高部位注、低部位采的不规则井网，井距约 1000~1500m。试验区投产初期产量达到方案设计。试验区投产后的生产规律表现为如下特征：

3.1　渗流规律表现出双重介质特征。

从单井生产曲线看，单井投产初期流压、油压下降较快，表现为裂缝的渗流特征；后期随着开发进行，基质逐步参与渗流，逐渐由近井裂缝渗流为主向基质裂缝耦合渗流过渡(图 11)，表现出双重介质的特征。

3.2　气井产量递减快，部分井气油比呈现“驼峰效应”，表现出反凝析特征

随地层压力、流压逐渐下降，投产 1 年后的气井无阻流量约为初期的 80%。单井生产表现出油压下降、气量逐渐递减，说明需要调整工作制度，尽快补充地层能量，减缓地层压力下降。从气井生产气油比特征来看，部分气井气油比呈现出“驼峰效应”(图 12)，即气油比先增加再减少，反映出凝析油在地层中逐渐析出及被带出地面的特征。

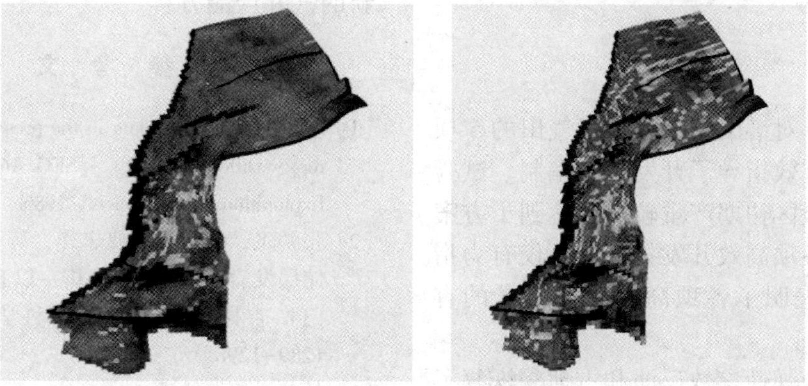

图9　基质模型与裂缝模型的搭建

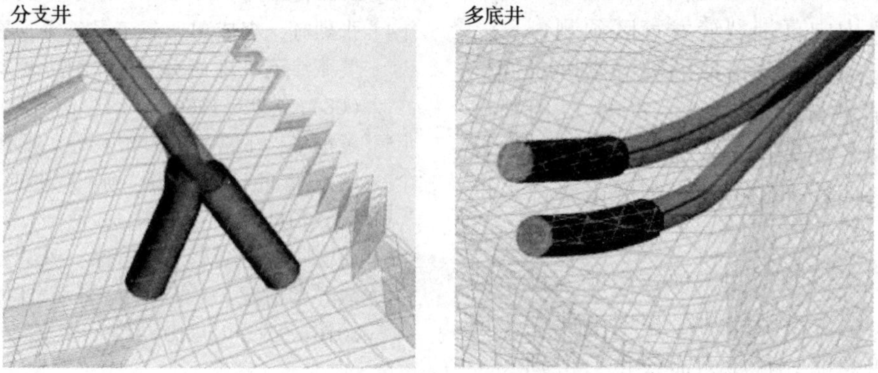

图10　特殊井型设计

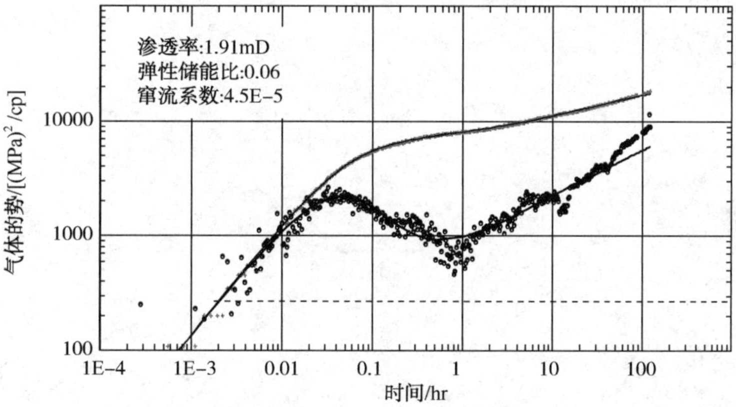

图11　压力恢复试井曲线

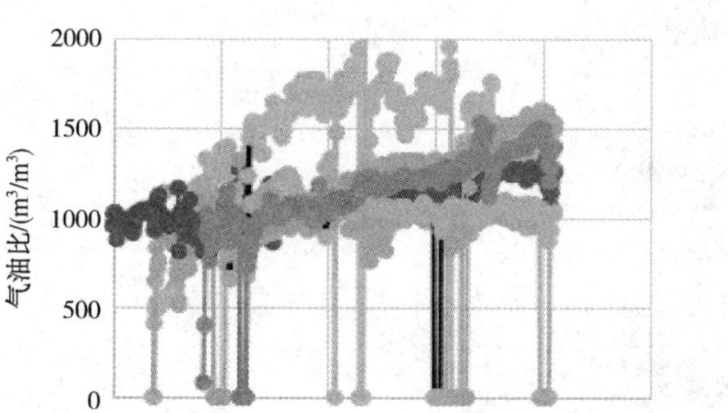

图12　试验区单井生产气油比特征

3.3　单井动态储量较小，储层非均质性、连通性变复杂

基于静压、累产数据，采用物质平衡法计算单井控制动态储量。由于时间短，数据少，计算控制动态储量存在不确定性。以试验区BZ1井为例，基于1年的生产数据，计算控制动态储量仅1.2亿方。随生产进行和数据点增多，计算控制动态储量将逐渐稳定。另外，试井解释该井的探测半径仅143m，说明储层非均质性、连通性

变复杂。

4　结论

本文提出的针对潜山裂缝性凝析气田的 5 项高效开发技术，有效指导了开发方案编制。试验区投产表明，试验区初期产量较好地达到了方案预期，所提出的各项高效开发技术，不仅有力指导了井位部署，表明了各项高效开发技术的有效性。

(1) 利用叠前弹性参数反演和古地貌恢复了潜山风化带优质储层的厚度定量预测。同时在内幕裂缝带地震响应特征分析基础上，优选结构张量场属性实现潜山内幕带裂缝发育区预测。

(2) 利用电成像测井拾取的裂缝密度对偶极横波各向异性值进行标定，建立了 BZ 气田地层裂缝发育的横波各向异性下限值为 2.5%的解释标准，使声波各向异性评价地层裂缝由定性发展到半定量。

(3) 针对低渗气藏气井二项式产能方程系数 B 为负的情况，结合雷诺数判定和理论计算，证实高速非达西可忽略，且压力需校正，得到一个新的气井产能方程。

参考文献

[1] Alford R M. Shear data in the presence of azimuthal anisotropy: Dilley, Texas[C]. SEG Annual Meeting. Society of Exploration Geophysicists, 1986.

[2] 张鹏飞，刘惠民，曹忠祥，等．太古宇潜山风化壳储层发育主控因素分析—以鲁西-济阳地区为例[J]. 吉林大学学报(地球科学版)，2015，45(5)：1289-1298.

[3] 任芳祥，龚姚进，张吉昌，等．潜山内幕油藏裂缝发育段地震响应特征研究[J]. 天然气地球科学，2014，25(4)：565-573.

[4] 张烈辉，李成勇，赵玉龙，等，裂缝性碳酸盐岩油气藏渗流机理研究进展[J]，地球科学，2017，42(08)，1273-1286.

[5] 黄全华，王富平，尹琅，等．低渗气藏气井产能与动态储量计算方法[M]. 北京：石油工程出版社，2011.

[6] 苟宏刚，赵继承，秦志保，等．二项式产能方程系数异常情况(B 小于零)分析[J]. 新疆石油地质，2016，27(2)：210-212.

双碳背景下华东 CCUS-EOR 一体化技术进展

王海妹[1]　任文婧[1]　吴公益[2]　曹胜江[3]

（1. 中国石化华东油气分公司勘探开发研究院；2. 中国石化华东油气分公司泰州采油厂；
3. 中国石化华东石油局液碳公司）

摘　要　CCUS-EOR 是利用捕集的 CO_2 注入到油藏中来提高石油采收率的技术。华东油气田经过三十多年 CO_2 驱开发实践，拥有了一支专业从事天然 CO_2 净化提纯、化工尾气净化提纯、驱油、油田穿透气回收、封存的队伍和研究团队，形成了选区评价、机理研究、油藏工程、净化集输、注采回收、动态监测、效果评价等一整套成熟的技术系列。本文通过总结 CCUS-EOR 一体化技术在华东油气田开发中的应用及实践，为建设百万吨 CCUS-EOR 全产业链示范基地，助力我国石化行业实现碳达峰、碳中和的目标作出华东贡献。

关键词　CO_2 驱；提高采收率；苏北盆地；碳封存；CCUS 一体化技术

1　前言

我国“双碳”目标的实现面临着双方面的挑战：一是我国碳排放总量大、强度高，2019 年我国碳排放总量 115 亿吨，占全球全球碳排放总量的 30%，并且还在逐年递增；二是我国还处于经济发展阶段，在双碳目标下实现能源结构转型时间短、任务重，目前我国的能源消费以化石能源为主，占比 84.7%（煤炭占 57.7%，石油占 19%，天然气占 8%），非化石能源仅占 15.3%，要在 2060 年实现煤炭和石油零消费是一场巨大的“去化石能源”工业革命。

CCUS 是指将 CO_2 从排放源或者大气中提纯后或直接加以利用或封存，以达到碳减排的目的，目前世界上在运行的规模化 CCUS 项目 21 项（CO_2-EOR 占 76%），年捕集能力 4000 万吨。中国目前已建成的 CCUS 项目 35 个，捕集能力超过 300 万吨/年，2007～2019 年累封存 200 万吨，但缺少大规模（百万吨）全流程的 CCUS 项目。因此为了打造大规模（百万吨级）CCUS 示范项目，开展“双碳”背景下的 CCUS-EOR 分析研究非常必要。

2　CCUS 技术实践

目前华东油气田已形成了涵盖捕集、运输、驱油/封存、回收全流程的技术系列，具备实现零排放和安全封存的配套技术，建成中石化首个 CCUS 示范基地，为规模化推广提供了技术支撑。

2.1　捕采集工艺

2015 年 7 月华东与南化合作开展化工二氧化碳尾气捕集，实现上中游尾气回收驱油一体化。2020 年与南化公司开展二期合作，在天然 CO_2 净化提纯工艺基础上，优化工艺流程，形成了高浓度 CO_2 尾气捕集工艺。

针对纯度 90% 以上的高纯度 CO_2 气露点低（一般在-60℃左右）、纯度高、含硫低的特征，采用直接加压液化工艺，将南化合成氨车间的二氧化碳尾气经过两级压缩后与制冷剂（R22）换热得到纯度较高的液态二氧化碳，具体工艺流程图如图 1 所示。目前一期工程年回收尾气 5 万吨，吨气回收成本 185.3 元/吨，二期工程年回收尾气 5 万吨，吨气回收成本 147.7 元/吨。截至 2021 年 4 月，该项目累计回收二氧化碳 16.5 万吨，并全部用于油田驱油。

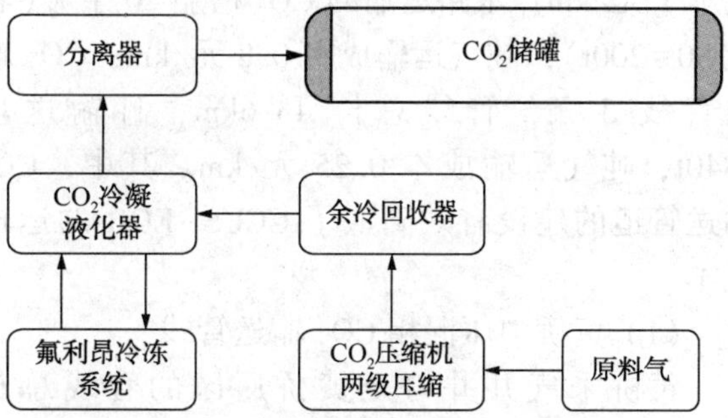

图 1　CO_2 气直接液化工艺流程示意图

在南化一期项目安全有效运行的基础上，南

化二期项目通过技术创新，实现了尾气回收装置的撬装式改造，申报实用新型专利和发明专利《一种撬装式化工二氧化碳尾气捕集装置》。二期撬装式尾气回收系统包含压缩机组、冰机机组(包括辅助设备)和液化机组(包括液化器、分离器及余冷回收器)三个撬装块，其管道排布简单、占地面积小、自动化程度高，与一期相比实现了六大技术创新：

① 智能操作：采用 PLC 智能操作系统，实现现场无人值守，降低岗位风险；

② 安全制冷：采用氟利昂(R22)替代液氨制冷，危险性分类降为戊类；

③ 性能提高：将往复式压缩机更换性能更为螺杆式压缩机，提高了出口压力，降低了能耗。；

④ 冷量回收：增设余冷回收器，利用闪蒸后的低温气体对压缩后二氧化碳进行预冷，能耗降低 30%；

⑤ 尾气回收：将成品储罐和充装气相尾气接入压缩机入口进行回收，循环利用的同时降低压缩机运行温度，减少能耗；

⑥ 尾气利用：将成品储罐尾气作为自调阀仪表风气源，降低投资的同时进一步减少排放。

南化二期项目建设实现了尾气回收装置的撬装式改造，公司在南化二期项目建设的基础上，申报实用新型专利和发明专利《一种撬装式化工二氧化碳尾气捕集装置》。

2.2 运输工艺

为满足不同运输条件、运输量和运输距离的需求，华东石油局开展了多种 CO_2 运输技术研究，目前 CO_2 主要通过槽车、槽船和管道输送。公司目前拥有陆路运输的 CO_2 槽车 5 余量(容量 10~25t)，可掌控运力槽车 60 余辆，吨气运输成本 1 元/km；水路运输的 CO_2 槽船 20 余艘(容量 80~200t)，吨气运输成本 0.8 元/km；CO_2 输送管线 3 条，管线总长 43.6km，日输送量 1840t，吨气运输成本 0.25 元/km。其中，CO_2 输送管道的建设有效降低了 CCUS-EOR 的运输成本。

(1) 黄桥中压混相 CO_2 输送管线

黄桥采气井井口至黄桥厂区的管线总长 19.6km，平均输送压力 6.0~7.0MPa，输送温度 15~20℃，属于中压混相输送管线。黄桥中压混相 CO_2 输送管线设计输送量 1400t/d(图 2)。

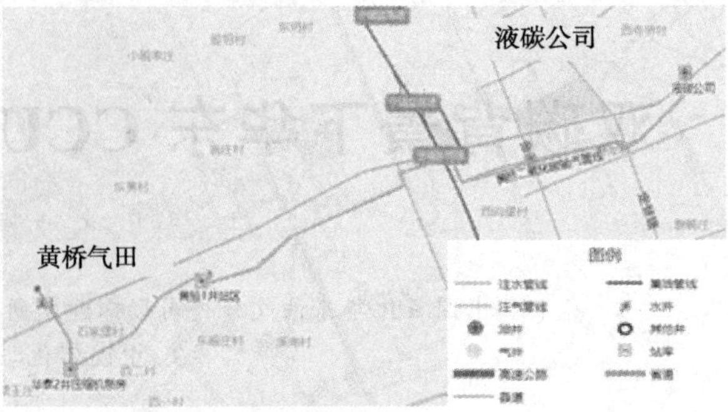

图 2　黄桥中压混相 CO_2 输送管线

(2) 草舍高压密相 CO_2 输送管线

草舍高压密相 CO_2 输送管线总长 5km，平均输送压力 27.5MPa，输送温度 10~20℃，属于高压密相输送管线，设计输送量 260t/d(图 3)。

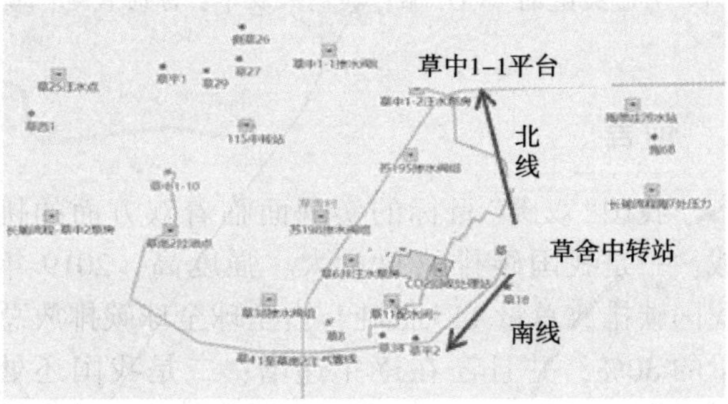

图 3　草舍高压密相 CO_2 输送管线

(3) 台兴高压密相 CO_2 输送管线

台兴高压密相 CO_2 输送管线总长 19km，平均输送压力 27.5MPa，输送温度-12℃，属于高压密相输送管线，设计输送量 180t/d(图 4)。

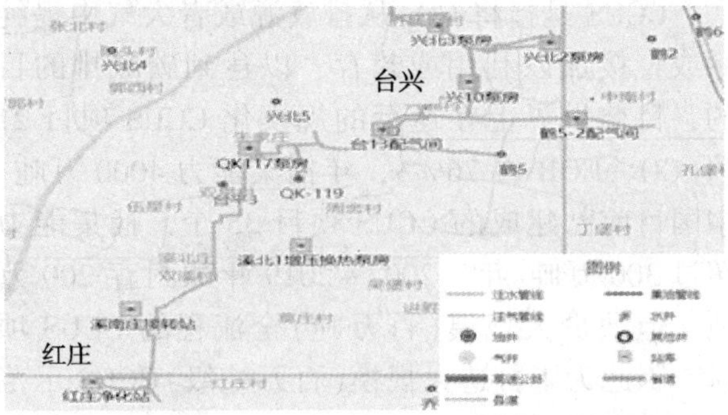

图 4　台兴高压密相 CO_2 输送管线

2.3　驱油/封存工艺

2.3.1　压注工艺

(1) 地面压注模式

形成了集中建站压注流程和撬装式单井液相压注工艺，可满足不同地质条件、不同规模、不同压力的注入需要。大规模压注主要应用在草舍油田、台南油田，针对苏北断块面积小、单井分散的特点，研发装备了撬装压注设备 20 余台(图 5)，成为当前的主要压注模式，如表 1 所示，其具有投资少，注入灵活等特点。

表 1　集中压注与撬装注入流程特点

项目	集中建站压注流程	撬装式注入流程
优点	1）设施集中，便于管理； 2）设备在线备用，便于维护； 3）可以实现规模注入； 4）占地较少、投资低。	1）系统灵活，方便零散井注入； 2）单井管线用量少； 3）单井注入投资相对较少。
缺点	1）不适合井相对分散的注入； 2）不能满足分压注入，单井流量不易调控。	1）活动设备，维修时需停产； 2）注入规模小，不便集中管理。

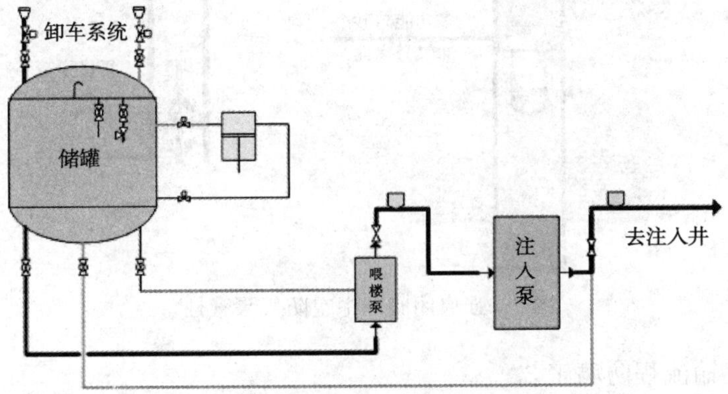

图 5　撬装式注入流程示意图

(2) 压注工艺

对压注系统的井口类型、采气树、井口等级、井口与套管头的连接方式、注入方式、油管类型、施工控制等方面做了全面优化，研发了机械锚定式注入管柱和安全密封控制技术，井下注入管柱由滑套、Y445J 型封隔器、多功能注气阀及气密扣油管组成。以 3Cr 材质及普通油管组合提高管材延展性，辅助井口加温避免油管和套管的脆断，加热后 CO_2 温度为 10℃左右，当 CO_2 温度低于 10℃时，易产生水合物；温度超过 10℃，则增加注入成本。通过强制气密性检测、油管上扣扭矩监测，确保管柱气密性。井下 Y445J 型封隔器通过二次加载压缩耐 CO_2 胶筒，使胶筒永久保持与套管的接触应力，从而提高封隔器的气密性能；多功能注气阀可以防止注入气返吐，提高井控安全，管柱结构气密性能优良、简便、实用(图 6)。

2.3.2　采油工艺

采油工艺应根据当前井况选择匹配的举升方式，特别要考虑 CO_2 气体对于举升方式的影响。

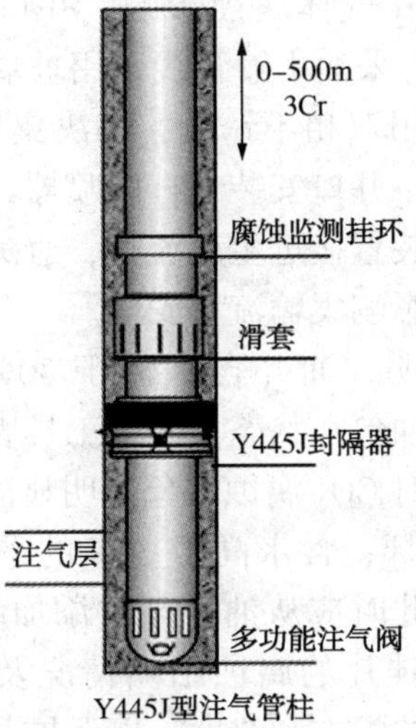

图 6　Y445J 型住注气管柱结构图

(1) 举升工艺

在气体未突破前或低气油比条件下可采用常规有杆泵举升工艺以满足正常生产。气油比大于 200m³/d 的油井，选择防腐防气泵，泵下加装气锚或其他类型的油气分离器。华东自制的强制拉杆式防气泵应用效果好(图 7)，应用 38 井次平均泵效提高 17.6%，有效地避免抽油泵气锁现象的发生。

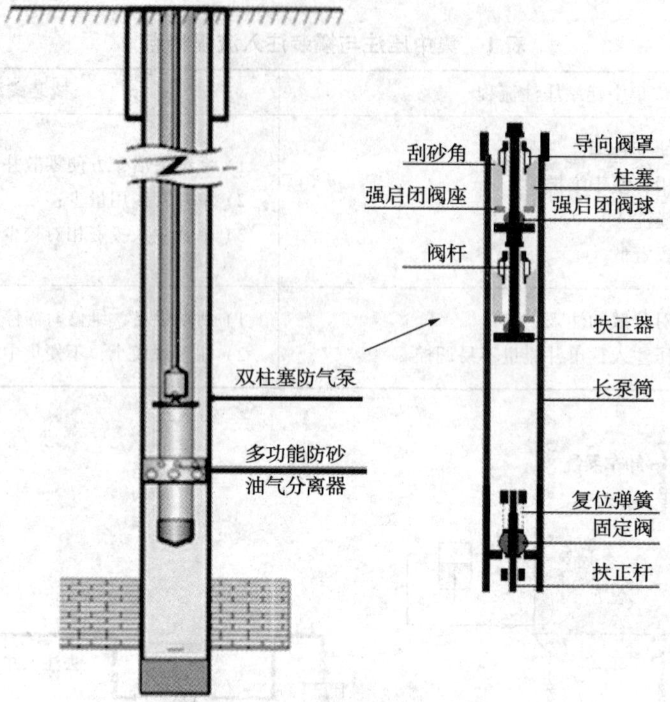

图 7　强启闭阀球中空防气泵管柱

（2）采油井口及集输流程防腐工艺

CO_2 驱应用着重考虑腐蚀问题，通过实验分析及长期实践，形成了一套成熟的组合防腐工艺。如受 CO_2 气体腐蚀影响，井口装置材料应选择 DD 级；采油集输管线采用玻璃钢材质，三相分离器采用双相不锈钢，解决集输系统腐蚀。为保障井控，井口安装光杆防喷器，油套管均通过节流控制装置接进生产流程，避免穿透气冲击集输系统，影响集输流程安全。

试验表明，油井含水低于 30% 的采油井，其产出液为油包水状态，井下工具表面均处于油湿状态，此时 CO_2 腐蚀现象不明显(图 8)，此时选用常规管杆；含水高于 30% 的采油井，腐蚀开始加剧，此时应从油套环空添加缓蚀阻垢剂，并根据监测挂片的腐蚀结垢情况及时调整 CO_2 缓蚀阻垢剂的配方和浓度，以保护井下管柱。对于气油比过大无法进行油套环空加药的，则采用低合金 3Cr 防腐油管+具有耐腐蚀性能的抽油杆或包覆抽油杆，抽油泵采用防腐抽油泵。

2.4　回收工艺

根据对 CO_2 注入量、回收量的统计，在压注驱油过程中，CO_2 约有 85% 被永久封存于地下，剩余的 15% 则随着原油流出地表层形成穿透气返回地面。为循环利用驱油产出气中的 CO_2，实现 CO_2-EOR 全流程的 CO_2 零排放，华东石油局开展采出井 CO_2 回收工艺研究。通过研制固定式和撬装式产出气回收装置，实现了驱油产出气的 100% 回收率和二氧化碳的“零排放”，真正实现了 CO_2-EOR 过程中 CO_2 的闭环管理。

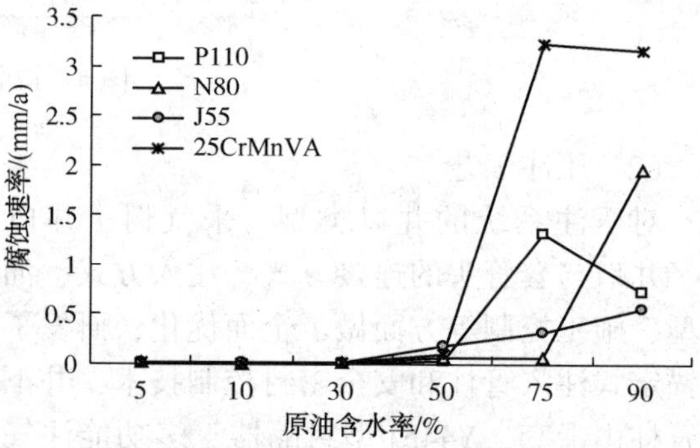

图 8　原油含水率对不同钢材的腐蚀速率

（1）固定式产出气回收工艺

根据草舍油田泰州组油藏 CO_2 驱油产出气的特点，通过工艺流程设计及矿场试验形成了蒸馏及低温提馏相结合的固定式产出气回收工艺。油田穿透气经增压冷却后进入蒸馏塔，去除高沸点的油和水，在冷凝液化后，采用低温提馏的工艺技术，将穿透气中不凝气体脱除再次进行压注驱油，整个流程形成了二氧化碳“回收—驱油—回收”循环式一体化应用模式。

（2）撬装式产出气回收工艺

在固定式产出气回收工艺的基础上，针对 CO_2 驱单井或小井组产出气气量小，现场建立回收装置和通过管网接入回收装置较困难的特征，研制模块化、撬装式安装的小型撬装装置。撬装式产出气回收工艺借鉴蒸馏和低温提馏相耦合的工艺思路，串接干燥单元，以氟利昂为制冷剂降低安全风险，并合理利用 CO_2 蒸发潜热浓缩回收 CH_4 等轻烃组分，从而实现 CO_2 驱单井产出气的回收利用，具体工艺流程如下所示。

利用产出气回收装置回收的 CO_2 可以继续作为注气驱油的气源，节省了原料投资，搭建了 CO_2 闭环系统。同时，回收的烃类气体也可作为油田燃气使用，降低了运行成本，实现了节能减排。

2.5 华东驱油/封存实践

2.5.1 华东驱油/封存实践

目前华东实施 CO_2 驱/吐开发单元 16 个，覆盖了低渗、中高渗、稠油及高含水油藏，动用储量 1649×10^4t，35 口注气井，118 口生产井，日注气 460t，日产油 188t，12 个单元已初步见效。油藏累计注气 95.19×10^4t，累计增油 25×10^4t，吨换油率 3.35t. CO_2/t. oil。

2.5.2 华东驱油/封存经济效益分析

经济评价时不考虑历史资产负担，评价增量收入扣除增量成本后的边际效益，以华东油气分公司 7 种典型 CO_2 驱油项目为例，选取静态现金流量、边际效益经济极限油价等指标，以反映不同 CO_2 驱油项目的经济效益。

苏北油田不同类型油藏 CO_2 驱经济指标见表 2，可知不同油藏或开发方式与换油率有较大关系，表现为经济效益上的差异。首先吞吐开发方式效益优于驱油，换油率高，边际效益极限油价低于 28 美元/桶，但吞吐增油量少。其次是张家垛、草中低渗低含水油藏 CO_2 驱及洲城中高渗油藏 2C 复合驱换油率高，边际效益极限油价介于 35~46 美元/桶。最后是台南低渗高含水油藏气水交替驱及草南二次气驱，开发效果相比略差，但当油价大于 58 美元/桶时，亦可有效开发。总之苏北复杂断块 CO_2 吞吐/驱替项目在 50 美元/桶情况下大多具有经济效益。

表 2　不同类型油藏 CO_2 驱开发效果及经济指标

单元	油藏	含水阶段	开发方式	注入量/万吨	增油/万吨	换油率 t. co_2/t. oil	极限油价 $/bbl
张家垛	低渗	低含水	顶部驱	10.36	3.93	2.64	38
台南	低渗	高含水	气水交替	10.4	1.8	5.78	58
草南	低渗	高含水	二次注气	7.1	1.09	6.51	49
草中	低渗	低含水	先期注气	18.4	4.4	4.18	46
洲城	中高渗	高含水	2C 复合驱	2.7	1	2.7	35
金南	致密	低含水	异步吞吐	0.65	0.82	0.79	23
兴北	稠油	高含水	复合吞吐	0.95	0.45	2.11	28

3 华东 CCUS 近远景规划

CCUS 要规模化应用还存在以下几个方面的难题：一是 CCUS 全产业链的构建和低成本商业模式是规模化应用的瓶颈；二是跨行业的 CCUS 示范工程技术研发合作模式有待创新和发展；三是 CCUS 相关的政策扶持和财税激励措施尚未出台。

华东油气分公司“立足国情、立足江苏、立足驱油，以资源利用最大化为核心，攻关低能耗、低成本、长期安全的 CCUS 驱油与封存技术”的思路进行了 CCUS 规划部署。近期规划是形成 CCUS 配套技术，开展百万吨级 CCUS 先导试验，年捕集能力 100 万吨，其中 50 万吨用于驱油封存，50 万吨用于地质封存；中期规划是形成 CCUS 工业化应用技术，探索跨行业 CCUS 产业模式，扩大百万吨级工业化示范应用；远期规划是形成以 CO_2 管网规划为基础的跨行业

CCUS 产业模式，实现 CCUS 商业化应用。

驱油封存规划包括 2 个方面：一是正注气单元，以完善、恢复井网、优化注采参数及流场调控相结合，减小生产压差或者采取自喷开发的方式，实现混相驱混相采；二是新增注气单元，“双低双高”单元继续以混相驱为主，兼顾非混相驱，利用边底水动能，提高老油田采收率。华东苏北油田 2020 年年注气量 13.6 万吨，2021 年预计年注气量 16 万吨。力争“十四五”覆盖储量达总动用储量 50%，年注气规模 50 万吨。

4　结论与建议

4.1　结论

经过近年来的 CCUS 研究，目前已经形成了涵盖从工业尾气捕集、提纯、运输、驱油、回收利用到地质封存的全流程、全产业链的配套系列技术，且矿场实践经验丰富，为打造百万吨 CCUS 示范工程提供技术借鉴。

4.2　建议

但是仍然存在一系列需要攻克的难题，例如常规油、页岩油、页岩气及煤层气等方面的驱油、驱气机理的进一步深化，低成本 CO_2 捕集、输送驱油工艺技术的研究等等。

在技术上，加强江苏地区跨行业、跨领域 CCUS 技术集成，开展顶层设计，上下游一体、企地联合，统筹规划部署，分阶段、分重点构建面向碳中和目标下的 CCUS 技术体系。政策上，探索激励和补贴政策，建立跨行业、跨部门有效沟通机制，大力支持 CCUS 规模化示范工程建设，形成 CCUS 产业化能力，推进商业化进程，打造双碳背景下绿色发展新名片。

参　考　文　献

[1] 陈祖华，俞凯，等 . CO_2 混相驱注采特征及开发效果初探[J]. 油气藏评价与开发，2011，1(1-2)：37-41.

[2] Oil & Gas Journal Energy Database. “Survey of Forecasters”[J]. Oil & Gas Journal. PennWell Publishing Company，2008.

[3] 王永兰 . CO2 混相驱优化决策与效果评价方法研究[D]. 成都：西南石油大学 . 2008. 4

[4] 熊德明 . 油藏注 CO2 适宜度及开发效果评价体系研究[D]. 成都：西南石油大学，2011. 4

[5] 陈文，汤勇，梁涛，等 . 超临界 CO2 动态混相驱过程机理研究[J]. 钻采工艺，2011，34(3)：77-80.

[6] 李士伦，张正卿，冉新权，等 . 注气提高石油采收率技术[M]. 成都：四川科学技术出版社，2001.

[7] 计秉玉，王凤兰，何应付 . 对 CO2 驱油过程中油气混相特征的再认识，大庆石油地质与开发，2009，3：103-109.

[8] 陈祖华，汤勇，王海妹，等 . CO2 驱开发后期防气窜综合治理研究[J]. 岩性油气藏，2014，26(5)：102-106.

[9] 赵辉，王传飞，侯健，倾斜油藏水气交替驱提高采收率机理研究，石油天然气学报 2009，31(5)：135-138.

[10] Jeschke P A，Schoeling，L H. CO2 flood potential of California oil reservoirs and possible CO2 sources[J]. SPE 63305，2000.

[11] Chen Hsiu - Kuo. Gas Injection in the Safah Field，Oman[J]. SPE 29805，1995.

[12] F. Jay Schempf，孙瑛璇 . 美国不断推广应用 CO2 驱提高采收率技术[J]. 国外油田工程，2005，5：15，51.

[13] 王军 . 低渗透油藏 CO2 吞吐选井条件探讨[J]. 油气藏评价与开发，2019，9(3)：57-61.

[14] 陈祖华，吴公益，钱卫明，等 . 苏北盆地复杂小断块油藏注 CO2 提高采收率技术及应用[J]. 油气地质与采收率，2020，27(1)：152-162.

[15] 陈祖华 . 苏北盆地注 CO2 提高采收率技术面临的挑战与对策[J]. 油气藏评价与开发，2020，10(3)：60-67.

[16] 陈祖华，孙雷，杨正茂，等 . 苏北低渗透油藏 CO_ 2驱油开发模式探讨[J]. 西南石油大学学报(自然科学版)，2020，03：97-106.

[17] 李士伦，孙雷，陈祖华，等 . 再论 CO2 驱提高采收率油藏工程理念和开发模式的发展[J]. 油气藏评价与开发，2020，10(3)：1-14.

[18] 曹绪龙，吕广忠，王杰，等 . 胜利油田 CO2 驱油技术现状及下步研究方向[J]. 油气藏评价与开发，2020，10(3)：51-59.

国内海上首个 CO_2 水层封存方案研究及思考

谢明英　戴建文　孙晓娜　吴刘磊　柴愈坤　蒋玉婷

（中海石油（中国）有限公司深圳分公司）

摘　要　南海东部气顶油田 A 开发方案预测累产气超 $8\times10^8m^3$，其中 CO_2 含量约 95%。开展海上 CO_2 水层封存地质油藏方案研究，对指导海上油气田 CO_2 减排具有重要意义。通过对封存水层的构造封存能力、盖层封闭能力和气体注入能力进行综合分析，初步形成了一套系统的适合海上油气田 CO_2 封存的水层优选方法，并基于油藏数值模拟方法，评估 CO_2 封存泄露风险，实现构造封存、束缚封存和溶解封存 3 种主要封存机理的定量表征。研究结果表明，粤海组 1 号水层构造特征为自圈构造，自圈构造孔隙体积大于封存的 CO_2 孔隙体积；盖层厚度 15.5m，连续发育，物性参数与 A 油田已钻遇 CO_2 气层盖层的物性参数相当，封堵性较好；水层物性高孔高渗，计算的最大注入速度为 $330\times10^4m^3/d$，远高于实际最大注入速度 $39\times10^4m^3/d$；模拟结果显示，CO_2 在该层封存泄露风险较小，可实现安全、长久地封存。综合分析认为，粤海组 1 号水层可作为 X 油藏产出气回注层位，数值模拟结果也表明该水层满足封存需求。

关键词　海上油气田；CO_2 封存；水层优选；数值模拟；封存机理

我国海上部分油田的伴生气和气田的天然气中富含二氧化碳（CO_2），生产过程中会产生大量的 CO_2。目前，在我国“30·60”双碳目标下，海上油气田开发需要寻找有效的 CO_2 减排方式，其中水层封存是有效的措施之一。国际上挪威、阿尔及利亚、加拿大等国家已经成功开展了 CO_2 水层封存项目，我国陆上鄂尔多斯盆地也进行了矿场试验，目前国内针对海上油气田 CO_2 水层封存研究处于起步阶段，尚未开展相关试验。优选合适的水层是开展封存试验的关键一步。本文以南海东部 A 油田 CO_2 回注封存方案研究为基础，初步形成了一套适合海上油气田的 CO_2 水层封存地质油藏评价技术，旨在为海上油气田 CO_2 减排提供借鉴。

1　研究区概况

南海东部 A 油田主力油藏 X 属于新近系珠江组，沉积微相为海相三角洲前缘水下分流河道–河道间沉积，为 CO_2 气顶底水砂岩油藏，气顶气和溶解气中 CO_2 含量约 95%。开发方案设计 6 口生产井开发，预测 X 油藏累产气超 $8\times10^8m^3$，高峰日产气达 $39\times10^4m^3/d$。为响应国家“碳达峰，碳中和”号召，在 A 油田开展 CO_2 回注水层封存方案研究，建立海上 CO_2 水层封存地质油藏评价技术体系。

2　CO_2 水层封存可行性研究

2.1　水层优选原则

国内外矿场应用表明，适于 CO_2 封存的水层需具备以下 4 个条件：（1）地层埋深 800m～2000m，CO_2 满足超临界状态，且注入压力较低。（2）构造类型优选自圈构造，其次可选断层具有封堵性的断圈构造。（3）储层厚度大、物性好、分布范围广，优选高孔、高渗储层。（4）盖层连续稳定分布、厚度大的单层或具有一定厚度的连续多层、封闭性好。

2.2　封存水层初选

通过对 A 油田进行综合地质研究，初选粤海组 1 号水层作为 CO_2 回注层（图 1）。该水层埋深 830m～920m，地层压力 8.4MPa，地层温度 52.4℃，满足 CO_2 超临界状态压力、温度要求；构造类型为自圈，在注入量小于自圈有效孔隙体积条件下，可减少 CO_2 与断层接触带来的溢出风险；储层为浅海相沉积，沉积厚度达 41m～54m，砂体分布范围广，平均孔隙度 29%，平均渗透率 1200mD，属于高孔高渗储层；上覆泥岩盖层全区稳定发育，厚度达 15.5m。1 号水层之上连续发育 2 套薄水层及上覆的多套连续泥岩盖层。综合来看，粤海组 1 号水层埋深、构造、储层和盖层条件满足作为 CO_2 封存水层的条件，下面做进一步的分析研究。

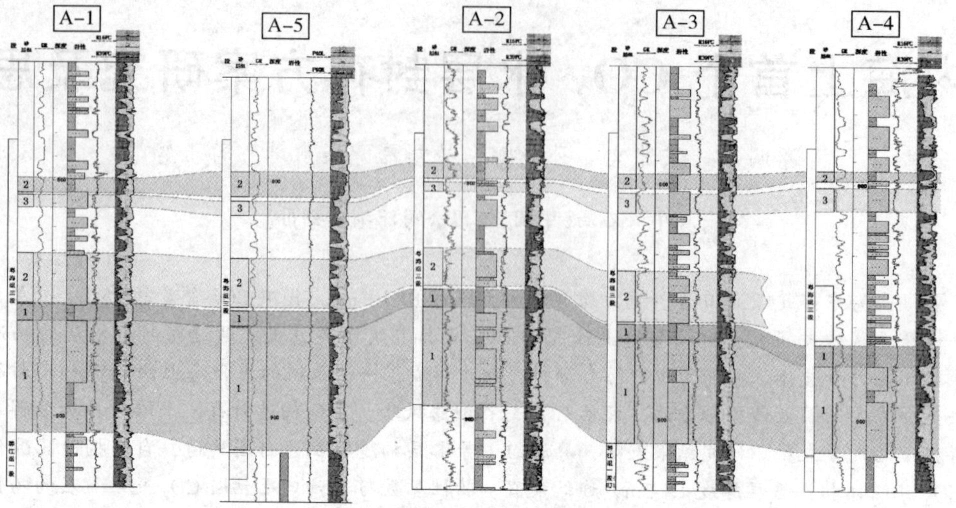

图 1　粤海组水层连井剖面图

2.3　构造封存能力分析

恩平 A 构造是在基底古隆起背景上发育起来的，受南北两条长期活动的断层控制，构造内部受多条晚期小断层切割形成多个构造高点，构造走向整体为北西西-南东东向。

粤海组 1 号水层在 A-1 和 A-5 井南部发育低幅自圈构造，圈闭高度约 7m，圈闭面积约 $13km^2$，如图 2 所示。容积法计算水层自圈构造的孔隙体积为 $1100\times10^4m^3$。根据质量守恒原理，考虑岩石孔隙中束缚水的影响，埋存 X 油藏产出 CO_2 需要的孔隙体积为 $1089\times10^4m^3$，小于自圈构造的孔隙体积，因此该自圈构造满足封存 CO_2 需求；同时可避免注入的 CO_2 与周边断层接触带来的溢出风险。

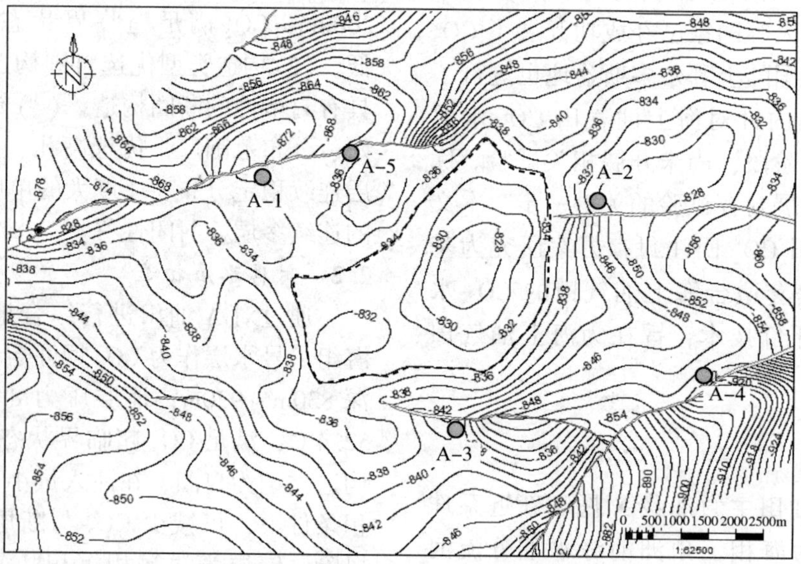

图 2　粤海组 1 号水层自圈构造

2.4　盖层封闭能力分析

目前，粤海组水层测井、录井和钻井等基础资料较齐全。考虑到 A 油田内发育多个 CO_2 气层，通过对各 CO_2 气层的盖层参数分析研究，运用类比法确定粤海组 1 号水层上覆盖层的封闭性。A 油田已钻遇的 CO_2 气层气柱高度 4m~8m，其盖层的自然伽马分布在 112gAPI~157gAPI，泥质含量分布在 40%~60%，厚度 2m~11m(图 3~图 5)；测井解释孔隙度 3.5%~10.9%、渗透率 0.015mD~0.588mD。粤海组 1 号水层上覆盖层连续稳定分布，自然伽马分布在 108gAPI~162gAPI，泥质泥质含量分布在 46%~78.5%，平均厚度 15.5m；测井解释孔隙度 5.2%～13.7%，渗透率 0.015mD～2.176mD。对比可见，粤海组 1 号水层上覆盖层的物性参数与已钻遇 CO_2 气层盖层的物性参数相当，认为其对注入的 CO_2 具有较好的封闭性。

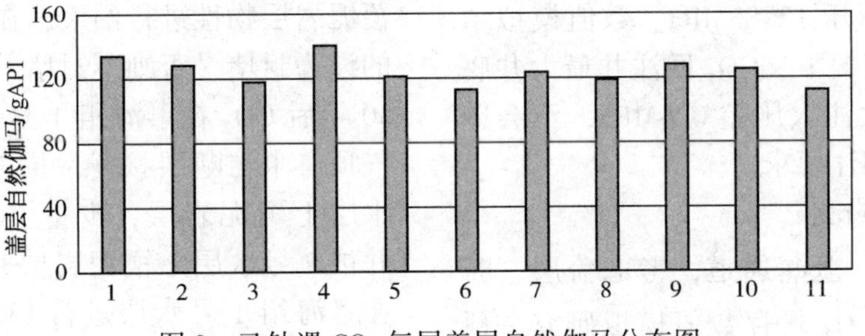

图 3　已钻遇 CO_2 气层盖层自然伽马分布图

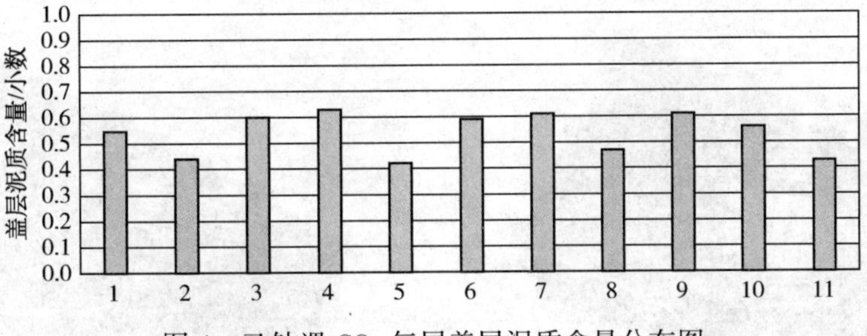

图 4　已钻遇 CO_2 气层盖层泥质含量分布图

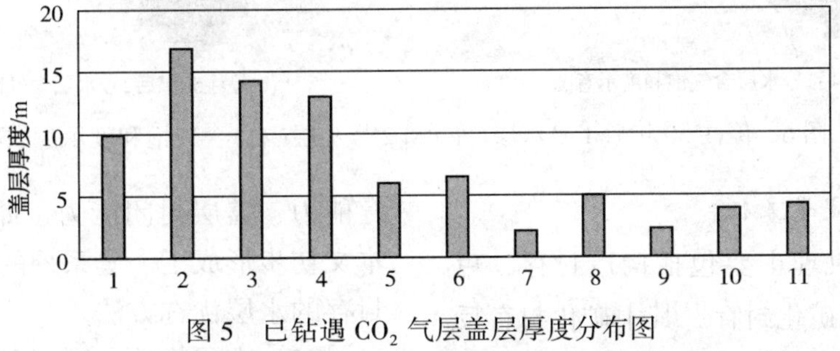

图 5　已钻遇 CO_2 气层盖层厚度分布图

2.5　注入能力分析

粤海组 1 号水层整体属于高孔、高渗储层，通过对注入能力进行评估，判断能否满足对 X 油藏产出 CO_2 的封存要求。采用威廉斯公式法、迪基法、Hubbert 法和 DaQing 法进行计算，粤海组 1 号水层的最大注入压差为 4MPa。在此基础上，对最大注气量进行评估。最大注气量 Q_{gmax} 与水层物性和最大注入压力有关，见公式(1)：

$$Q_{gmax}=J_g\frac{K_h\mu_{dst}}{K_{dst}\mu_o}h\Delta PC \tag{1}$$

式(1)中：J_g 为米吸气指数，$m^3/(d\cdot MPa)$；K_h 为注入层渗透率，mD；K_{dst} 为测试层渗透率，mD；μ_{dst} 为测试层地层原油黏度，$mPa\cdot s$；μ_o 为注入层地层原油黏度，$mPa\cdot s$；h 为注入有效厚度，m；ΔP 为注入压差，MPa；C 为综合校正系数。

根据公式(1)计算粤海组 1 号水层直井最大注入速度为 $330\times10^4m^3/d$，远高于实际最大注入速度 $39\times10^4m^3/d$。

综合上述研究，粤海组 1 号水层能满足 X 油藏产出气的封存需求。下面采用油藏数值模拟方法，对该水层的封存可行性作进一步研究。

3　CO_2 水层封存数值模拟研究

3.1　注入可行性评估

基于油藏数值模拟方法，采用石油工业商业化软件 Eclipse E300 模拟器，建立目标盐水层 CO_2 埋存数值模拟模型，开展 CO_2 注入及埋存数值模拟研究。设计1口长度为50m的短水平井，X油藏产生的伴生气随产随注埋存粤海组1号水层，即CO_2回注井注气量与X油藏产气量一致。回注井注气速度0.89～39.08×$10^4m^3/d$，设计最大注入井底流压12.83MPa。数值模拟结果表明，随产随注情况下，CO_2回注井最大井底流压8.95MPa，最大注入压差0.6MPa，不会造成地层破裂，满足回注要求。

3.2　CO_2运移规律研究

针对潜在的CO_2泄漏通道，考虑盖层、断层密封条件，开展CO_2封存数值模拟研究，预测CO_2在储层及泄漏进入上覆岩层后的长期分布运移规律，评估泄漏风险。

A油田已钻遇的CO_2气层盖层的测井解释孔隙度最大值为10.9%，渗透率最大值为0.588mD，将其作为下限值对粤海组1号水层上覆泥岩层物性进行约束，在数模中小于该下限值的设为封堵，否则不封堵。模拟结果显示，停注50年后CO_2在粤海组1号水层自圈构造内形成气顶，未与断层接触。同时CO_2渗透突破1号水层上覆泥岩层，少量CO_2渗透至2号水层，并被2号水层上覆泥岩层完全遮挡。由此得出，在粤海组1号水层进行CO_2封存泄漏风险较小(图6)。

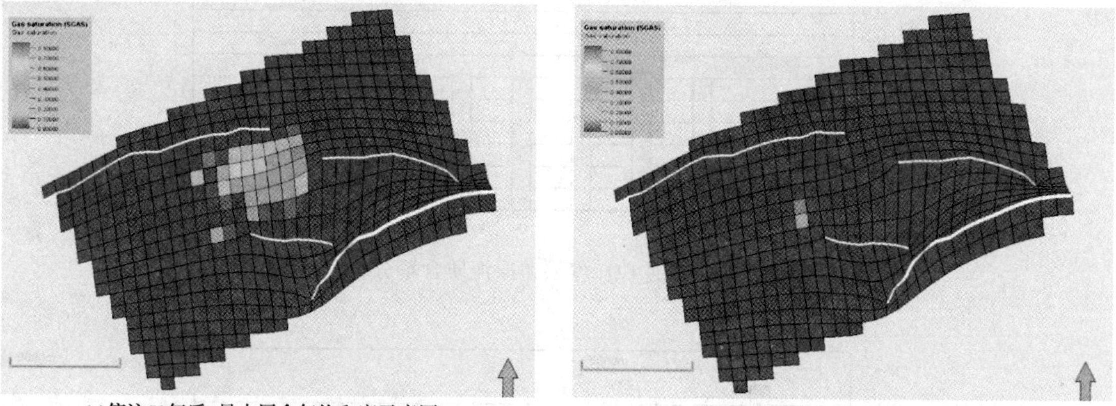

(a)停注50年后1号水层含气饱和度示意图　　(b)停注50年后2号水层含气饱和度示意图

图6　停注50年后1号水层(左)和2号水层(右)含气饱和度示意图

3.3　CO_2封存机理定量表征

水层CO_2封存机理主要包括构造封存、束缚封存、溶解封存和矿化封存，其中矿化封存反应缓慢，需要几百至上千年才能发挥作用，且占比较小，因此本次模拟暂不考虑。借助油藏数值模拟商业软件，实现对以上四种CO_2封存机理的准确表征，实现对不同赋存状态CO_2量的统计。模拟结果表明，CO_2水层封存初期以独立相存在，在浮力作用下，逐渐上升到水层顶部，受盖层阻挡，形成气顶。在运移过程中，部分CO_2被岩石束缚，同时部分CO_2不断溶解于地层水。停注50年的时间范围内，构造封存的比例从74.2%减少为64.5%，束缚封存的比例从14.7%增加到20.3%，溶解封存的比例从11.0%增加到13.5%(图7)。

4　结论与思考

(1) CO_2封存水层优选需要综合考虑构造封存能力、盖层封闭能力、储层注入和存储能力，本文初步形成了一套系统的适合海上油气田CO_2封存的水层优选方法。

(2) 水层物性、厚度和分布范围是影响CO_2封存注入能力的主要因素。粤海组1号水层埋深830m～920m，沉积厚度达41m～54m，平均孔隙度29%，平均渗透率1200mD，储层为海相砂岩分布范围广，计算最大注入能力330×$10^4m^3/d$，能够满足最大回注速度39×$10^4m^3/d$的要求。

(3) 本文实现了构造封存、束缚封存、溶解封存3种主要封存机理在A油田的定量表征，初步形成了一套适合海上油气田的CO_2水层封存地质油藏评价技术。

(4) CO_2水层封存及其在地层中的运移，是一个极其复杂物理、化学和力学过程，需要开展物理模拟定量认识CO_2水层封存的机理和可行性。

(5) “碳达峰、碳中和”目标下，水层封存

是 CO_2 减排的重要措施之一，具有封存容量大、存储安全系数高、分布面积广的优势。

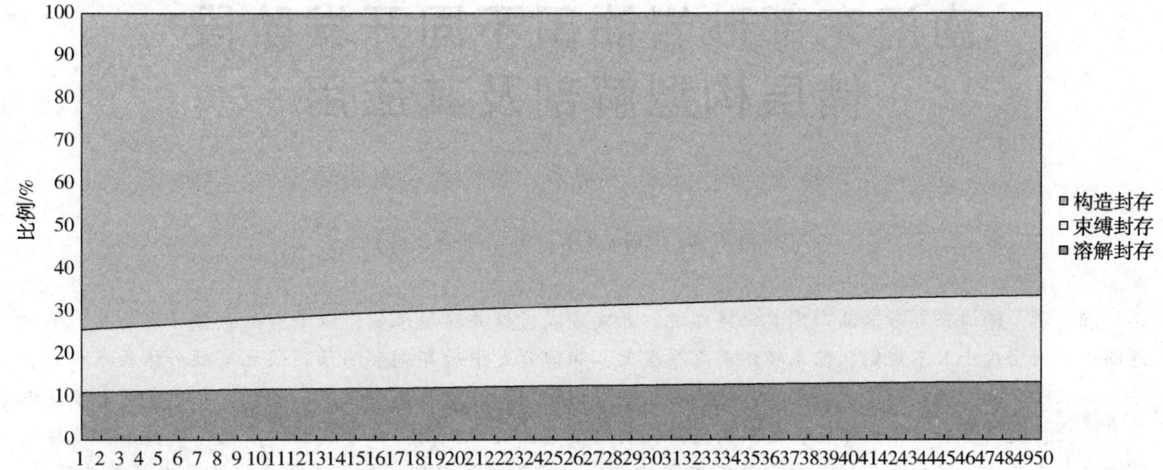

图 7　停注 50 年时间范围内不同封存机理占比变化图

参 考 文 献

[1] 张卫东，张栋，田克忠．碳捕集与封存技术的现状与未来[J]．中外能源，2009，14(11)：7-14.

[2] BACHU S，ADAMS J J. Sequestration of CO_2 in geological media in response to climate change：capacity of deep saline aquifers to sequester CO_2 in solution [J]. Energy Conversion and Management，2003，44 (20)：3151-3175.

[3] ARTS R. Monitoring of CO_2 injected at Sleipner using timeolapse seismic data [J]. Energy，2004，29 (9-10)：1383-1392.

[4] RINGROSE M，ATBI M，MASON D，et al. Plume development around well KB-502 at the Insalah CO_2 storage site[J]. First Break，2009，27(1)：85-89.

[5] IPCC. IPCC special report on carbon dioxide capture and storage [M]. Cambridge：Cambridge University Press，2005.

[6] Chadwick R A，Arts R，Bernstone C，et al. Best practice for the storage of CO_2 in saline aquifers[M]. 2008.

[7] 赵兴雷，李小春，陈茂山．陆相低渗咸水层 CO_2 封存关键技术与应用[M]．北京：化学工业出版社，2018.

[8] 谢健，张可霓，胡立堂．神华鄂尔多斯 CO_2 地质封存场地多井并注模拟初探[J]．北京师范大学学报(自然科学版)，2015，51(6)：636-642.

[9] 景凤江，宋春华．二氧化碳埋存技术在我国海上气田的应用与思考[J]．油气藏评价与开发，2011，1(5)：20-23.

[10] 张亮，任韶然，王瑞和，等．南海西部盐水层 CO_2 埋存潜力评估[J]．岩土力学，2010，31(4)：1238-1242.

[11] 张哲伦．超临界二氧化碳地质封存机理实验研究[D]．成都：西南石油大学，2016.

[12] 张旭辉，鲁晓兵，刘庆杰．盖层特性对 CO_2 埋存逃逸速度的影响[J]．土木基础，2009，23(3)：67-70.

[13] 柳玉昕．二氧化碳埋存对储层及盖层的影响研究[D]．大庆：东北石油大学，2017.

[14] 马垚．二氧化碳地质封存运移规律研究[D]．西南石油大学，2017.

[15] 甘满光，缪秀秀，张力为，等．CT 扫描技术在二氧化碳地质利用与封存领域的应用研究综述[J]．水利水电技术，2019，50(8)：174-184.

南海东部砂岩油田不同开发阶段储层构型解剖及其应用

田腾飞　涂　乙　万琼华　文　鑫　衡立群

(中海石油(中国)有限公司深圳分公司)

摘　要　南海东部砂岩油田因其海洋环境、开发方式、钻井环境限制，以平台丛式井开发为主，油田范围内井网密度小且不规则，储层精细刻画难度大，油田开发中后期剩余油预测缺乏有效砂体展布模式指导。本文结合勘探开发一体化的思路，将储层构型解剖运用到开发各个阶段，以期老区指导新区。不同的开发阶段，随着资料的不断丰富，储层构型解剖的精度也会逐渐提高：在开发设计阶段，主要依托地球物理方法与手段，通过模式与规模指导开发方案的设计；在开发早中期，面临井网优化及开发调整井部署，主要依据新增井及动态资料，储层解剖侧重在复合砂体级别和单砂体级别，认清砂体叠置关系；在开发中后期，随着油田进入高含水阶段，开发侧重在剩余油的挖潜，储层解剖集中在单砂体及增生体级别，主要为夹层的精细追踪。储层构型表征为精细地质建模奠定了基础，有效指导油田模式识别、开发方案编制和剩余油挖潜。

关键词　三角洲前缘；构型解剖；分频融合；复合砂体；水平井；剩余油

南海东部珠江口盆地已发现油气资源94%分布在珠江组及以上的中浅层，三角洲前缘砂体是其重要的储集砂体，储层连通性及物性较好，水体天然能量充足。基于此类储层背景，南海东部海相储层油田在投产后采用高速开发模式，均能取到较好的开发效果。随着油田进入开发中后期，油田普遍进于双特高阶段，油水关系日趋复杂，已有的模型已不能有效指导调整井的部署；近几年随着勘探不断进入新领域，无论在浅层还是深层，都存在着地质模式认识不清、砂体内幕结构复杂的问题，制约了新油田的开发和产能释放。

海上油田以平台丛式井开发方式为主，在油田开发中后期，油田范围内井网密度小且不规则，如何充分利用现有资料，提高储层认识程度，是目前开发面临的难点。本文结合勘探开发一体化的思路，将储层构型解剖运用到开发各个阶段，以期老区指导新区，不同的开发阶段，随着资料的不断丰富，储层构型解剖的精度也会逐渐提高。在开发设计阶段，面临井少且地震品质差，主要需要区域模式的指导，吸收已开发油田的解剖经验，解剖主要停留在复合砂体组合及复合砂体级次级别，如果区域具有局部小井距，也可局部解剖到单砂体，主要依托地球物理方法与手段，通过模式与规模指导开发方案的设计；在开发早中期，随着油田的投产，注采及井网控制矛盾的出现，油田将面临井网优化及开发调整井部署的问题，此阶段主要依据新增井及动态资料，细化解剖砂体期次，强化垂向分期与侧向画界研究，雕刻储层侧向与垂向渗流屏障空间分布，解剖主要侧重在复合砂体级别和单砂体级别，认清砂体叠置关系；开发中后期，随着油田进入高含水阶段，开发侧重在剩余油的挖潜，包括微构造剩余油，夹层附近剩余油，水平与侧向落淤层造成的剩余油分布等，此阶段对油田的沉积及砂体规模认识已较清晰，储层解剖的精度也将更精细，集中在单砂体及增生体级别，主要为夹层的精细追踪(图1)。

1　开发早期古近系储层构型研究

海上油田勘探开发早期，井网控制程度低，储层研究最重要的就是地震资料的运用，研究区难点一个方面在构造沉积模式复杂，沉积模式难恢复，另一方面，薄储层、优质储层难预测。针对以上两点，利用90°相移与分频处理的层序地层格架研究技术，并引入基于分频融合的储层构型研究技术，两大关键技术系列，有效提升储层识别精度，弥补井资料的局限性。最后在构型解单元宏观控制下，以“孔隙度、渗透率、密度等约束”实现甜点分布准确预测，最后完成构型、岩相、及储层甜点模型搭建。

1.1　高分辨层序地层格架的建立

对于陆丰新区，在井控程度较低的条件下，采用分频处理的技术提高地震资料的分辨率，在单井标定下，实现区块三级层序-体系域-准层序组-准层序不同级次层序地层单元地震综合解释，建立目标油田主力含油层段以准层序为单元的高分辨层序地层格架。

陆丰 A 油田为陆相辫状河三角洲沉积体系，文二段可分为两个准层序组，自西南相东北方向形成典型的底部上超的沉积样式，是一套湖侵域的复合沉积，储层砂体不甚发育，河道砂体横向尖灭快。地震剖面上准层序组界面闭合追踪难度大。根据-90°相移 30Hz 分频地震剖面井震结合完成准层序解释(图 2)。

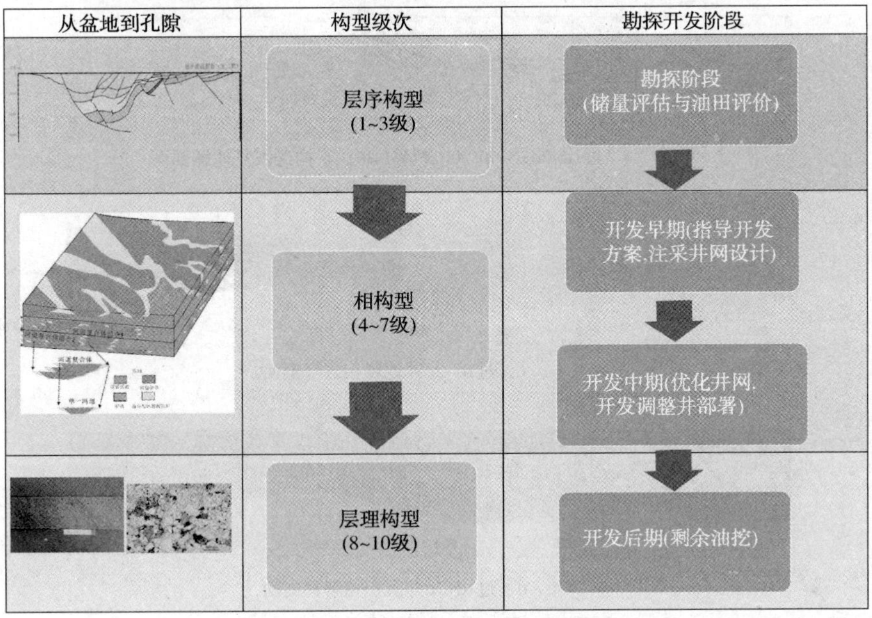

图 1　勘探开发一体化储层构型解剖流程

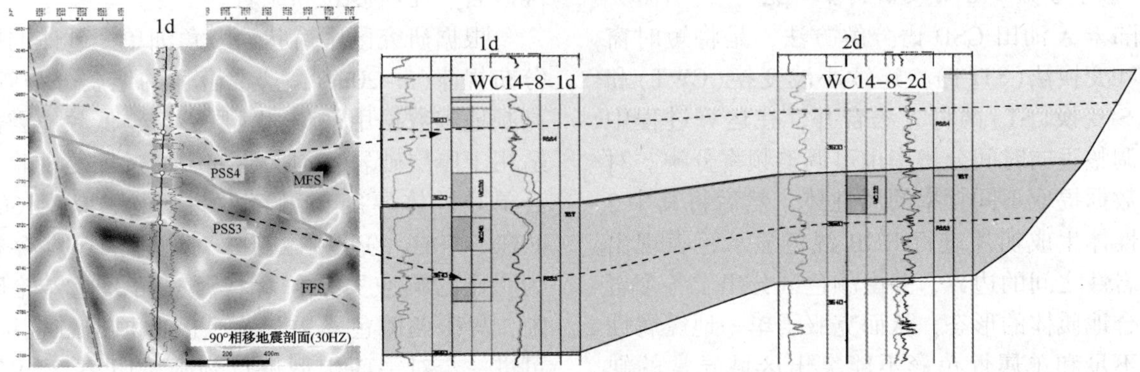

图 2　陆丰 A 油田文二段主力目标准层序对比剖面

1.2　辫状河三角洲沉积模式的建立

针对陆丰 A 油田断裂系统复杂，地震反射杂乱(图 3(a))，原始地震剖面难以识别真实的沉积模式，研究区沉积模式的研究需要消除断层和构造起伏对地震相解释的影响，通过分频处理及 90 度相移后的地震剖面，能够近似反映了岩相分布(图 3(b))。经分析，陆丰 A 油田文昌组发育地震相包括前积地震相、平行-亚平行地震相、发散地震相和充填地震相，前积地震相分布于中部，平行-亚平行地震相主要分布于该三级层序的顶部和底部，契合于三角洲前缘“顶积层-前积层-底积层”三层结构(图 3(c))。在地震相的约束下刻画出 4 期三角洲前积体，主要发育辫状河三角洲前缘远端、辫状河三角洲前缘近端和辫状河三角洲平原沉积亚相(图 3(d))。

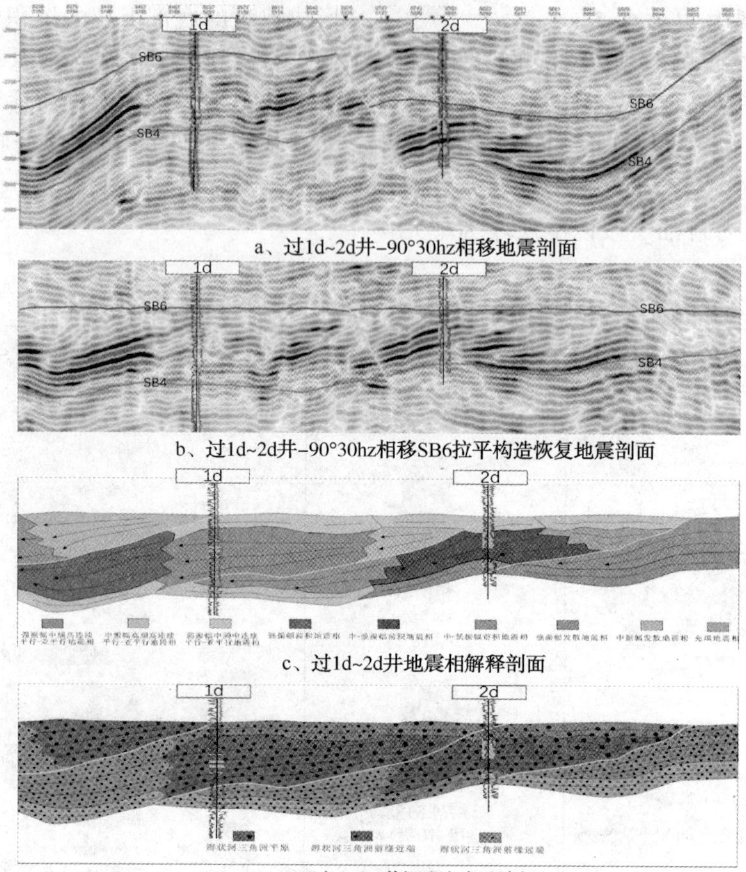

a、过1d~2d井-90°30hz相移地震剖面

b、过1d~2d井-90°30hz相移SB6拉平构造恢复地震剖面

c、过1d~2d井地震相解释剖面

d、过1d~2d井沉积相解释剖面

图 3　陆丰 A 油田基于地震剖面的相模式分析

1.3　基于分频融合的储层构型研究

陆丰 A 油田 GSD 谱分解方法，是将短时窗傅立叶变换法(STFT)、连续小波变换(CWT)和广义 S 变换(ST)两种方法合并，在运算过程中即可调整垂向时间分辨率也可调整频率分辨。对地震数据提取不同频率的属性体，然后将其中 3 个属性体生成切片进行 RGB 混色显示，表现出不同岩性之间的边界，并由颜色区分出了各个岩性组合地质体的形态，从而克服了单一地震属性显示不足和单属性色彩不能突出区域异常的缺点，这是目前时频分析的最佳成像方式。

在分频体优选的过程中，有用频带范围选取 10Hz-60Hz。在 WC230 砂体的切片上，混色显示效果对砂体边界的刻画较好，能够通过红-绿-蓝之间的颜色配比表征出不同厚度砂体在平面上的展布规律。颜色的亮度衡量泥质含量高低，RGB 融合体的色调越暗，泥质含量越高，明亮的，中等明亮的和暗淡的融合结果分别表示纯砂岩、泥质砂岩和泥岩。

根据研究区中辫状河三角洲单个砂体的厚度分布规律(3~20m)，选取合适的地震分频频率，高频地震数据用来刻画薄层砂岩，低频地震数据适用于厚层砂岩，本次研究中通过反复试验，结合单井砂体厚度与融合效果对比，认为 30Hz、40Hz、50Hz 的分频融合体对砂体的厚度存在较为明显的响应关系，辫状河三角洲边界轮廓清晰，界限两侧色彩差异大，因此根据融合结果，可进一步对平面构型进行刻画。1d 井区 WC230 砂层为例，通过五级构型平面图约束以及孔隙度，渗透率和分频融合等的指导，确定砂体分布特征，结合单井、剖面分析，最终完成储层构型平面单一砂体的划分(图 4，图 5)。WC230 砂体平面上分为辫状河道和分流砂坝，辫状河道由东北延伸至西南方向两条辫状河道中间夹。研究区范围内总共分为 5 个四级构型，两个四级构型之间被辫状河道分隔开，单个四级构型砂坝平面上长 3~4km，宽 1~1.5km，不同砂体之间被辫状水道切割。

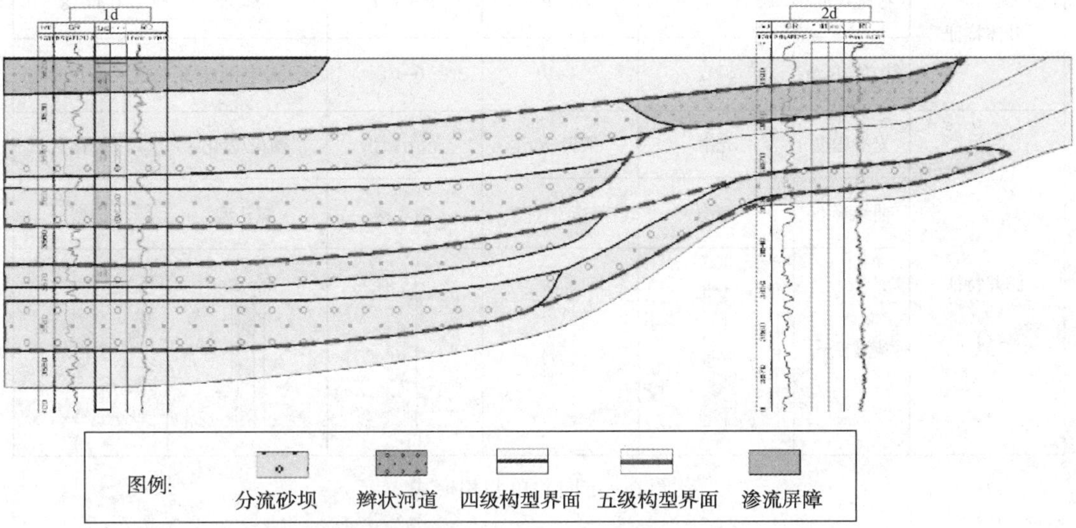

图 4　陆丰 A 田过 1d~2d 井构型剖面图

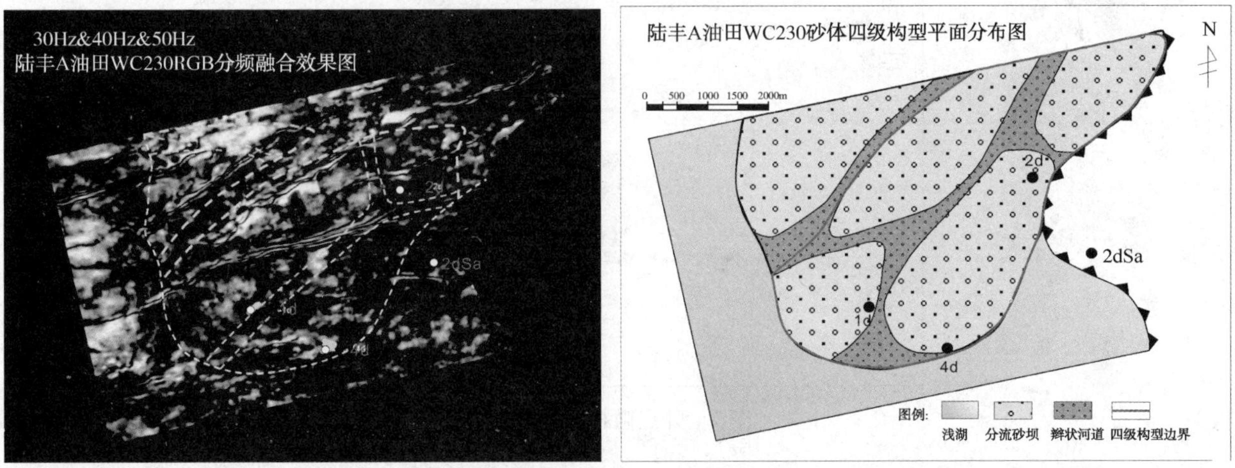

图 5　基于分频融合的构型解剖

2　开发中期韩江组储层构型解剖及应用

恩平 B 油田于 2014 年 6 月投入开发，以水平井开发为主。水平井在横向上具有连续性，因此为横向储层解析奠定了很好的基础。研究区水平井均包含电阻率探边测井资料，能够反映井轨迹方向上的岩性变化，同时能够反映垂向岩性序列。本次研究充分利用地震、岩心、测井及水平井探边资料，建立两类沉积微相模式，通过井点定相地震属性趋势约束水平井边界精细厘定技术，实现了海上油田平台开发稀井网多水平井条件下的沉积微相精细刻画，及复合砂体构型解剖

2.1　基于定向井的微相类别划分与识别

沉积环境的不同形成了多种类别的沉积微相，通过前人研究及岩心测井等资料分析，恩平 B 油田珠江组韩江组主要为海相三角洲沉积体系。研究区珠江组和韩江组油层共分为水下分流河道、砂坝、席状砂、河道间湾四种微相模式，并根据测井相及物性对河道和砂坝进行了细分(图 6)。

通过单井相划分，对直井及大斜度井的微相类型进行了识别。结合地震属性，依据其平面趋势在井点微相类型约束下进行初步划分了沉积微相平面。以 HJ2-24 油藏为例(图 7、图 8)，该层地震属性显示工区内有西北向东南有三条砂体发育带，以Ⅰ类砂坝和Ⅱ类砂坝为主。但地震属性边界对于开发阶段油藏来讲存在精度不足问题。

典型测井相模式		Ⅰ类河道	Ⅱ类河道	Ⅰ类砂坝	Ⅱ类砂坝	席状砂
砂体特征	砂地比/%	0.7–1	0.6–0.9	0.6–0.9	0.5–0.8	0.4–0.8
	砂岩厚度/m	6–12	4–10	6–10	3–8	2–6
测井特征	光滑程度	光滑	微齿/光滑	光滑/微齿	微齿/齿化	齿化
	曲线形态	箱型	薄箱型/钟型	漏斗型	漏斗型	指型
	典型模式	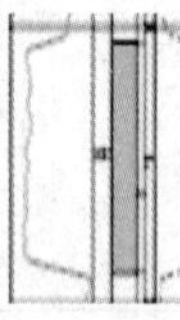	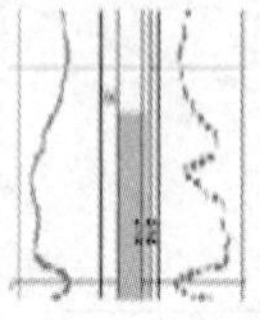	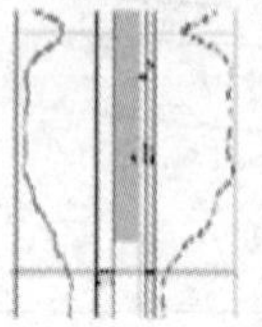	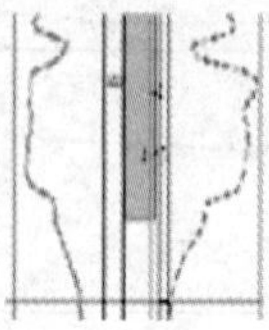	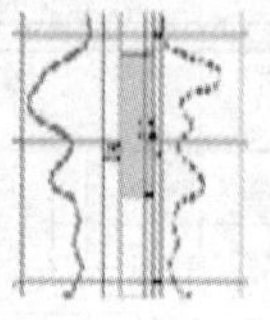

图 6　定向井单井相模式

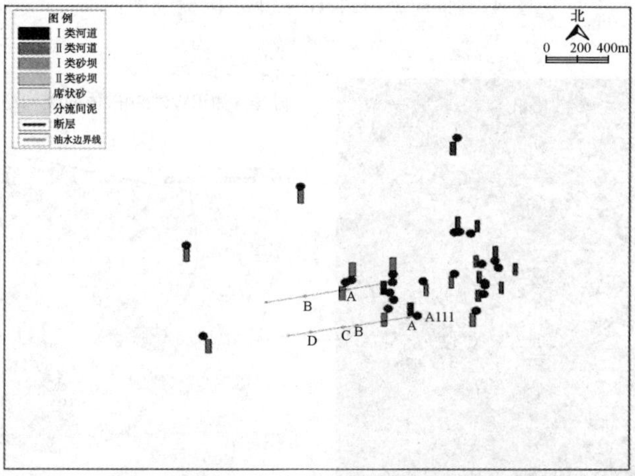

图 7　井点微相类型识别

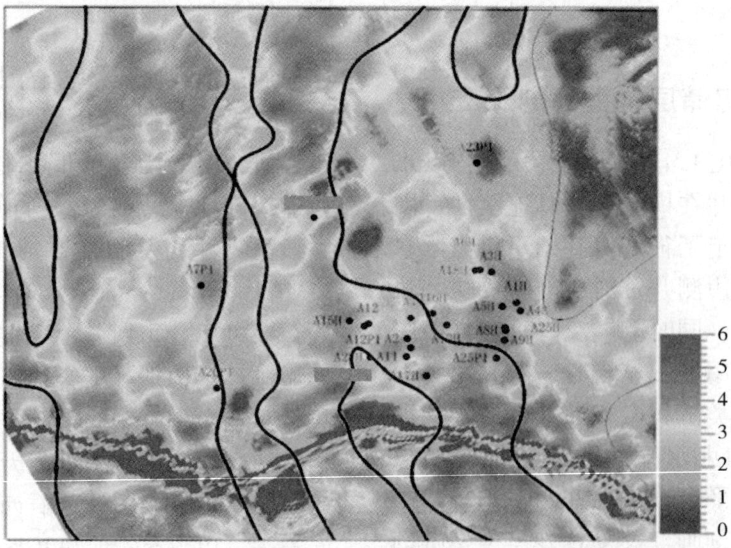

图 8　属性趋势约束

2.2 基于水平井沉积微相类型界定

研究区水平井运用了电阻率随钻探边测井技术，该技术可探测电阻率差异界面，因砂岩储层电阻率差异主要因含油性引起，含油性较好部位储层物性较好，代表了较强沉积背景下的河道或砂坝微相。该技术可探测井轨迹上下3~5m之间的电阻率差异，能够很好的反映垂向岩性序列，因此可以用于解析轨迹周围的沉积特征。如图9(a)所示，轨迹段显示的垂向岩性具有下部砂岩好且厚度大，上部为砂泥岩过度清晰的正韵律特征，结合该井设计时参考的临近直井(图10)测井资料，确定其为河道沉积模式；如图9(b)所示，轨迹段为上部砂岩好，下部砂岩泥质含量增高的反韵律特征，厘定其为砂坝沉积模式；图9(c)、图9(d)分别为席状砂及分流间泥岩沉积模式。

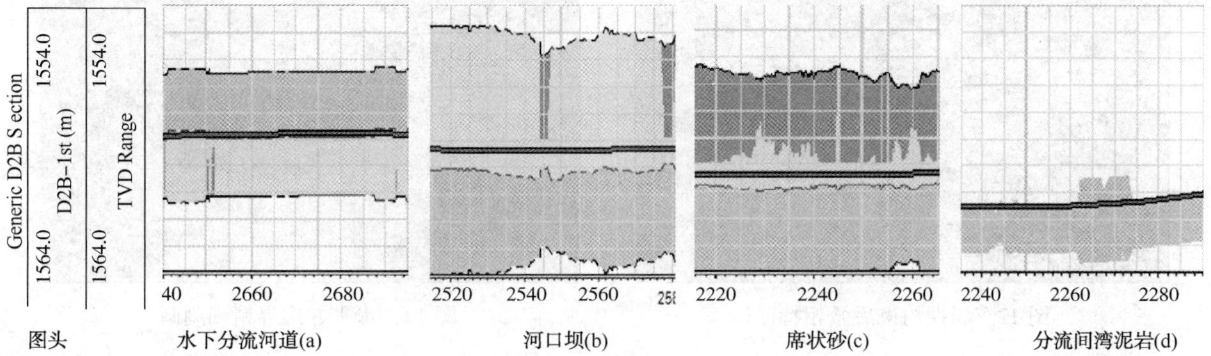

图9　水平井测井相模式

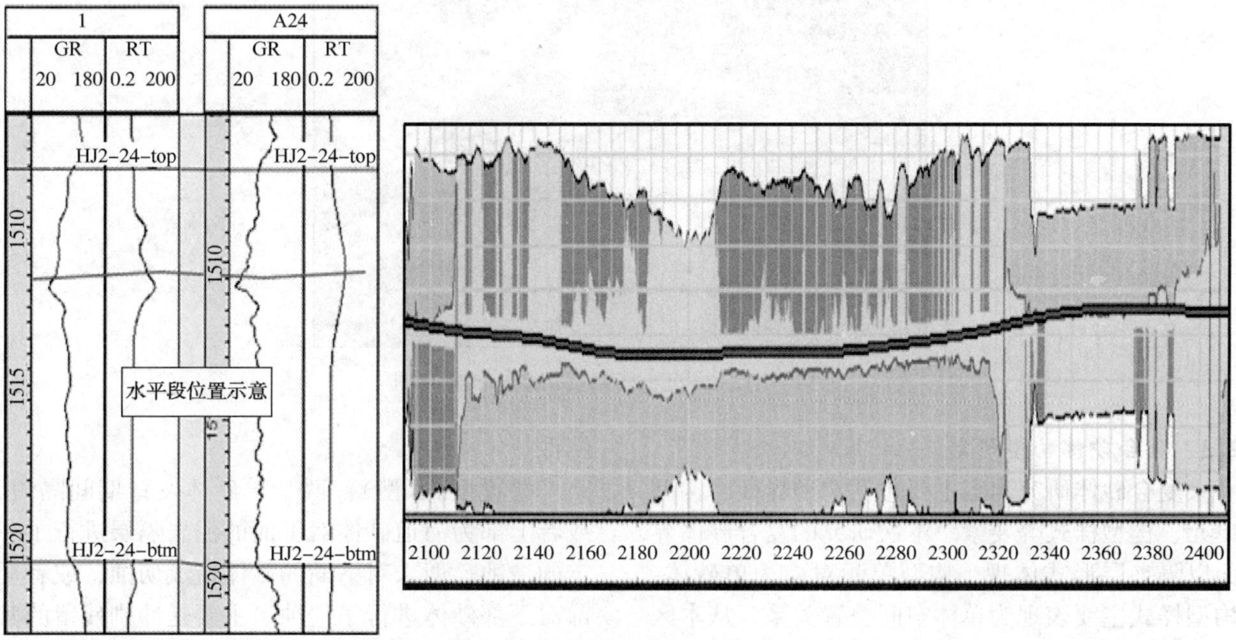

图10　水平井轨迹及临近井测井特征

利用HJ2-24油藏水平井A19H井对微相边界进行精细厘定，AB段为下砂上泥的河道模式，结合地震属性趋势特征，预测该段为河道；CD段为下部泥质含量高上部砂多的砂坝模式，结合地震属性及波形变化特征(图11~图13)，厘定该段为砂坝；D之后段为下部砂岩好上部泥质含量高的正韵律河道特征，因此厘定该段为河道。

运用此方法，对油田其他重点油藏进行了沉积微相的精细解剖。研究揭示，B油田开发的单元多以河道-砂坝、砂坝-砂坝侧向叠置为特征(图14)。

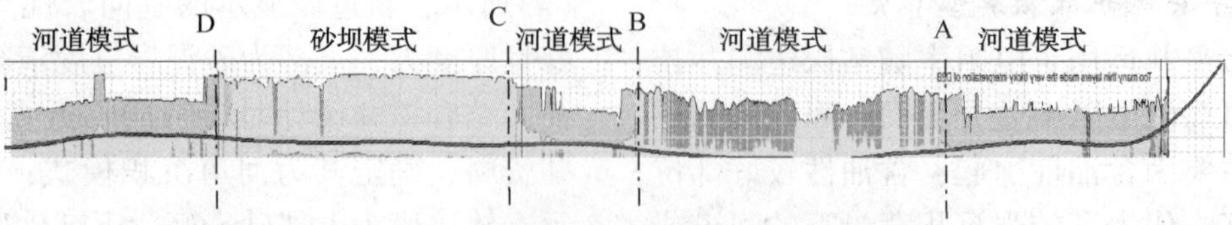

图 11 水平井微相类型及边界特征

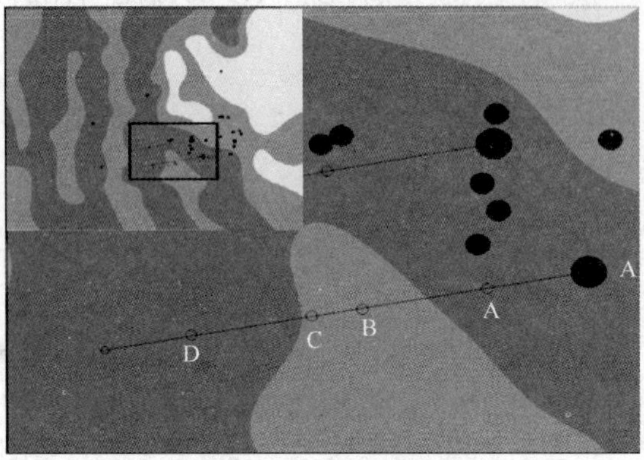

图 12 属性约束后微相特征

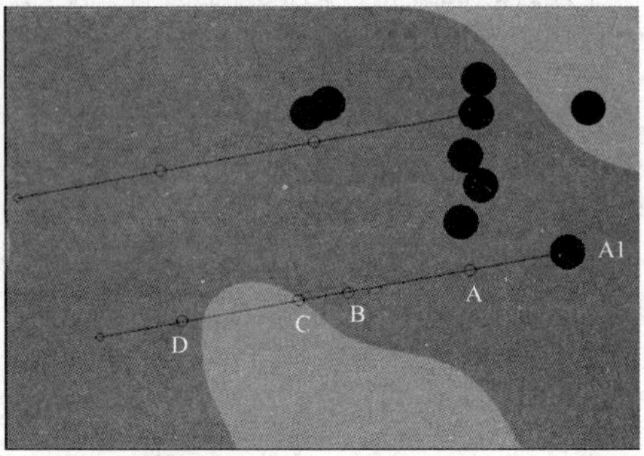

图 13 水平井边界精细刻画

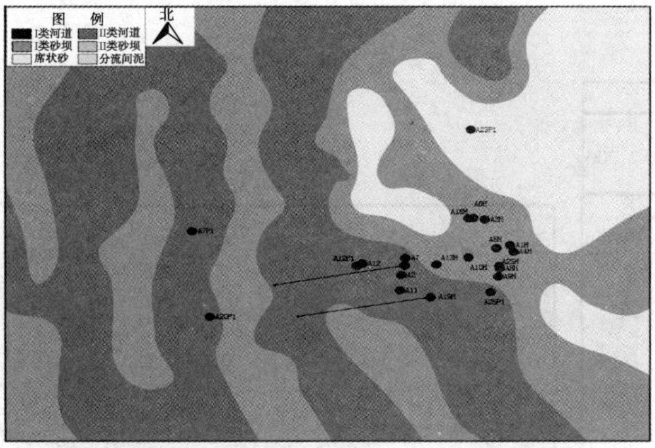

图 14 HJ2-24 沉积微相及构造特征叠合图

2.3 复合砂体构型研究

复合砂体研究内容主要包括构型界面、构型单元、构型样式等要素。本次研究的复合砂体界面以隔夹层形式体现，构型单元对应为单砂体，构型样式主要表现为单体空间叠置关系。从本区的隔夹层统计分析，隔夹层分为三类(图 15)：

分离型(Ⅰ型)：单砂体间有稳定的泥岩或粉砂质泥岩分隔，揭示复合砂体在两个单砂体发育的高能期有一定的低能沉积期，沉积了一定后的泥岩或粉砂质泥岩隔层。本区分离型具体表现为砂体间存在分流间湾泥、厚度一般大于 0.5m，泥岩为主，曲线弱锯齿化，深侧向电阻率小，自然伽马较高，垂向上发育在砂体之间，平面上受上下砂体分布范围共同控制，具有较强的遮挡性。

叠置型(Ⅱ型)：两个单砂体发育期间隔短，或者上部为河道砂体对下面的泥岩隔层进行了一定的侵蚀，但未对下面的砂体造成切蚀，或者局部对下部砂体进行了侵蚀。主要是冲刷残留的其他细粒沉积物。叠置型为单砂体间隔层厚度很小，分布不稳定，但两个单砂体间没有切叠。一般发育于单砂体间，厚度一般小于 0.5，砂体背景下电测曲线上的小低峰，自然伽马略高、自然电位略低。垂向上发育在上下河道砂体之间，平面上成条带状分布。垂向上具有一定的阻隔能力。

切叠型(Ⅲ型)：两个单砂体垂向严重的叠置，期间以砂岩-砂岩接触面为界面，隔层已没有厚度，表现为砂岩间的界面，这种复合砂体上部的单砂体为河道砂体，其对下部地层进行了严重的侵蚀切割，这是单砂体间的隔层完全消失，平面上局部可因下切能力弱，有叠置或分离型的特征。砂体背景下电测曲线上的小低峰，自然伽马高，自然电位低，测井曲线上仅见很小的回返。垂向上发育在上下河道砂体之间，平面上成条带状分布。上部河道切蚀下部砂体，表现为界面，阻隔能力弱。

类型	叠置特征		测井(API)	岩性	厚度	物性		反演特征	
	类型	实例				ϕ	K	反演值	反演剖面
I型	分离	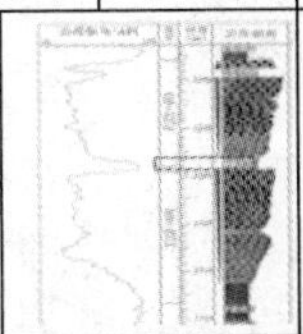	>122	泥岩	0.9m~1.8m		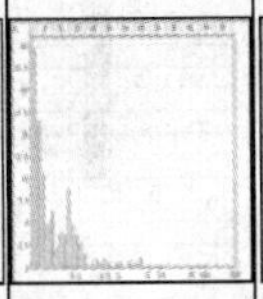		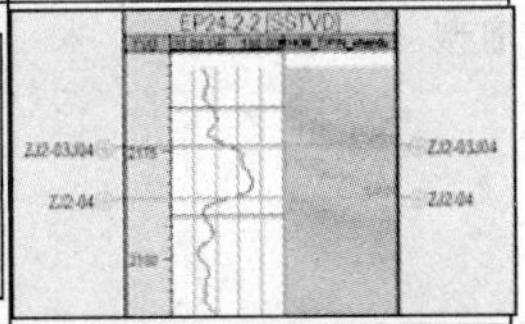
II型	叠置	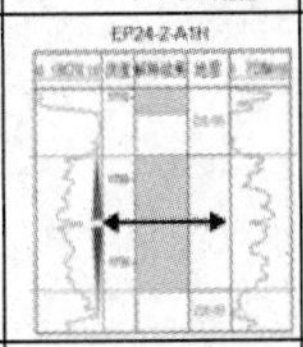	98API~125API	粉砂岩-泥岩	0.5m~1.1m		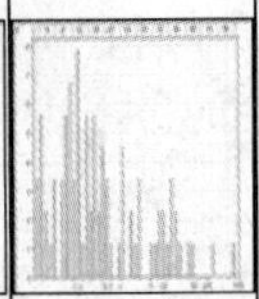		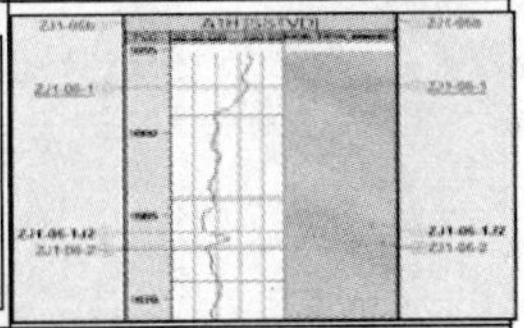
Ⅲ型	切置	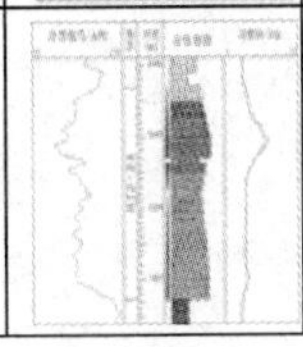	83~107API	粉砂岩为主	0.3m~0.7m		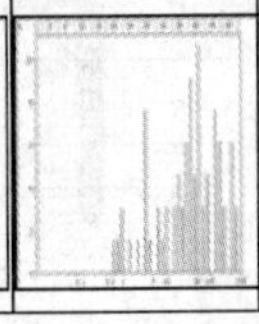	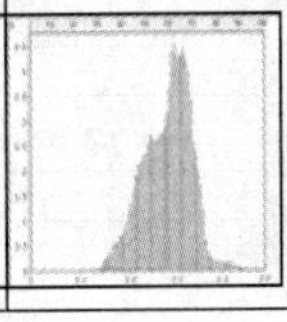	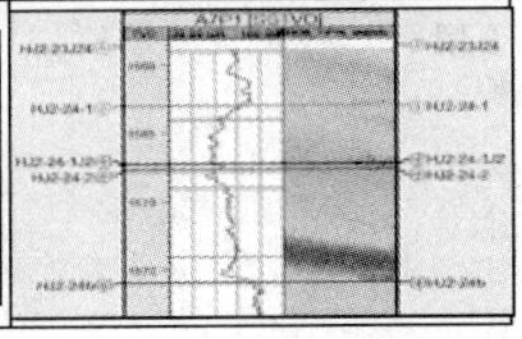

图 15　隔夹层分类图

恩平 B 油田目前存在着井网密度小，工区范围大的特点，常规的井上隔层插值很难刻画大井距间的隔层分布特征，为后续隔层控制下剩余油分析带来的较大的不确定性，因此本次研究提出了基于反演响应的隔层空间识别技术：主要依据反演特征响应值进行不同隔夹层类别分类，如果依据分类标准进行整体反演体提取会存在一定的弱响应砂体被错误识别为隔夹层的现象，因此在隔夹层提取前首先基于隔夹层的井井对比确定隔夹层的空间分布格架（图 16），随后在隔层空间分布格架的约束下进行隔层空间提取（图 17），实现了对研究区复合砂体的隔层分布的空间刻画（图 18）。

2.4　剩余油主控因素研究

砂体构型控制剩余油分布规律，当对复合砂体进行开采时，复合砂体的类型决定着哪个单砂体层能够被更好的动用，复合砂体间的隔层分布对于层内下部的供液能力及通道具有重要的影响，进而影响着剩余油的形成与分布，平面复合砂体构型主要控制油层动用的平面差异性。

本文通过对研究区进行剩余油地质成因分析，控因主要是平面砂体构型、轨迹、构造非供液主流带区域以及未钻遇区域。本油田剩余油空间分布特征，I 类剩余油控因主要是断层边部的剩余油富集区，II、III 类剩余油分布控因主要来源于弱流体势、平面复合砂体构型控制剩余油富集区（图 19）。基于复合砂体构型的剩余油分析方法可以概括为三定流程，即定层段：复合砂体富集层段；定区位：复合砂体平面富集区位；定部位：单砂体垂向富集部位；最终形成了油藏剩余油空间分布的刻画。

3　开发后期密井网构型精细解剖

3.1　密井网油藏储层构型单元划分

番禺 C 油田属陆架边缘浪控三角洲沉积体系，上部油藏经过将近 20 年的开发，油藏中部井距可达 100m 以内，有丰富的过路井资料开展油藏构型精细解剖和表征工作。充分利用地震相、沉积演化、储层反演等成果（图 20、图 21），采用“纵向分期、横向分界”，建立不同级次等时沉积体框架，为储层内部构型解剖奠定基础。

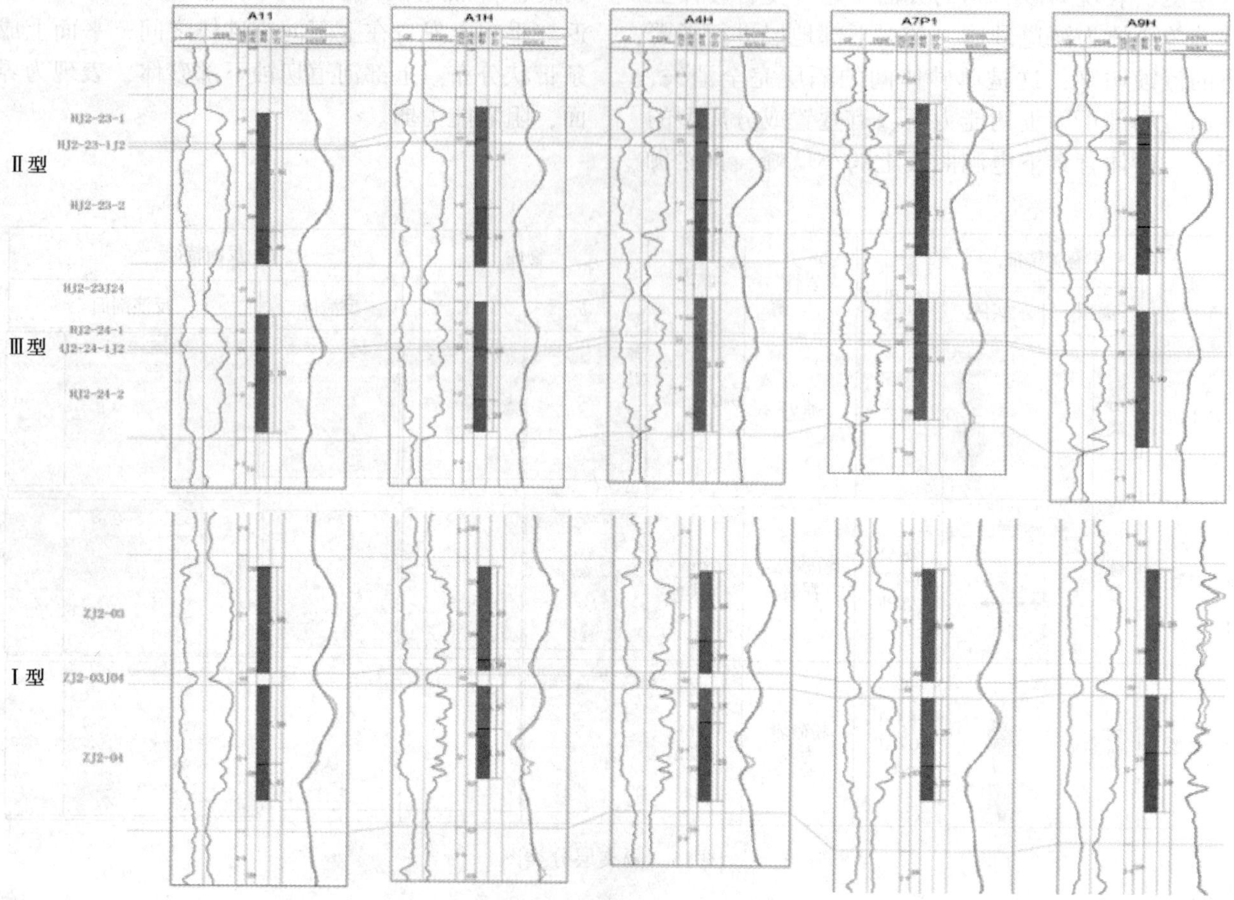

图 16　井点隔夹层空间分布

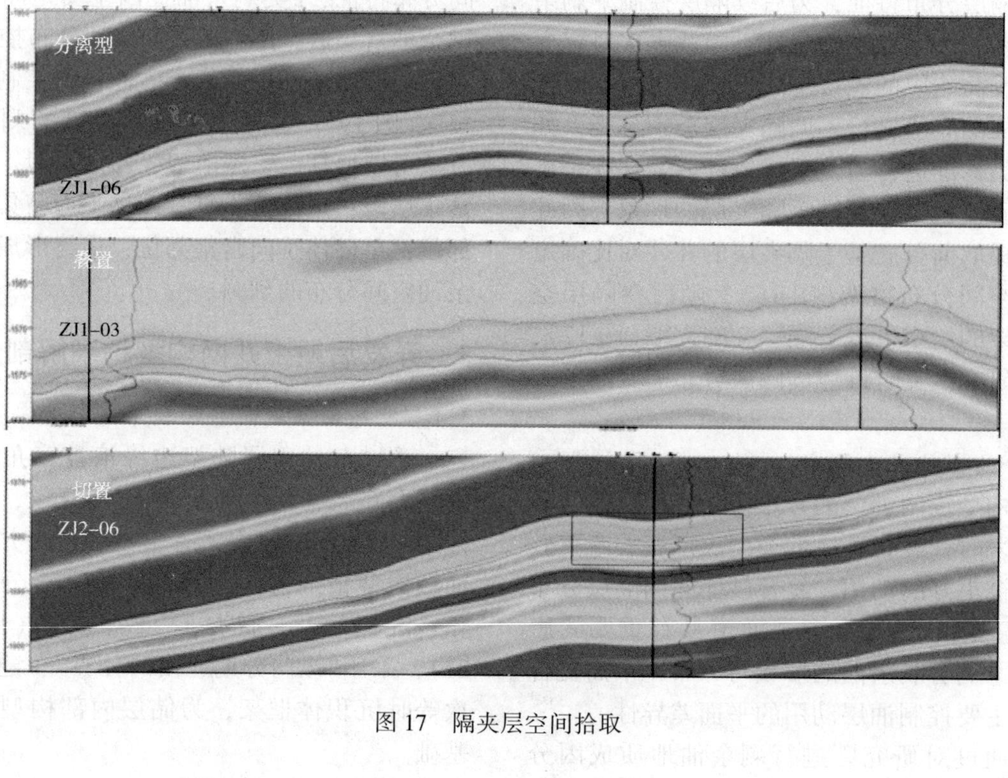

图 17　隔夹层空间拾取

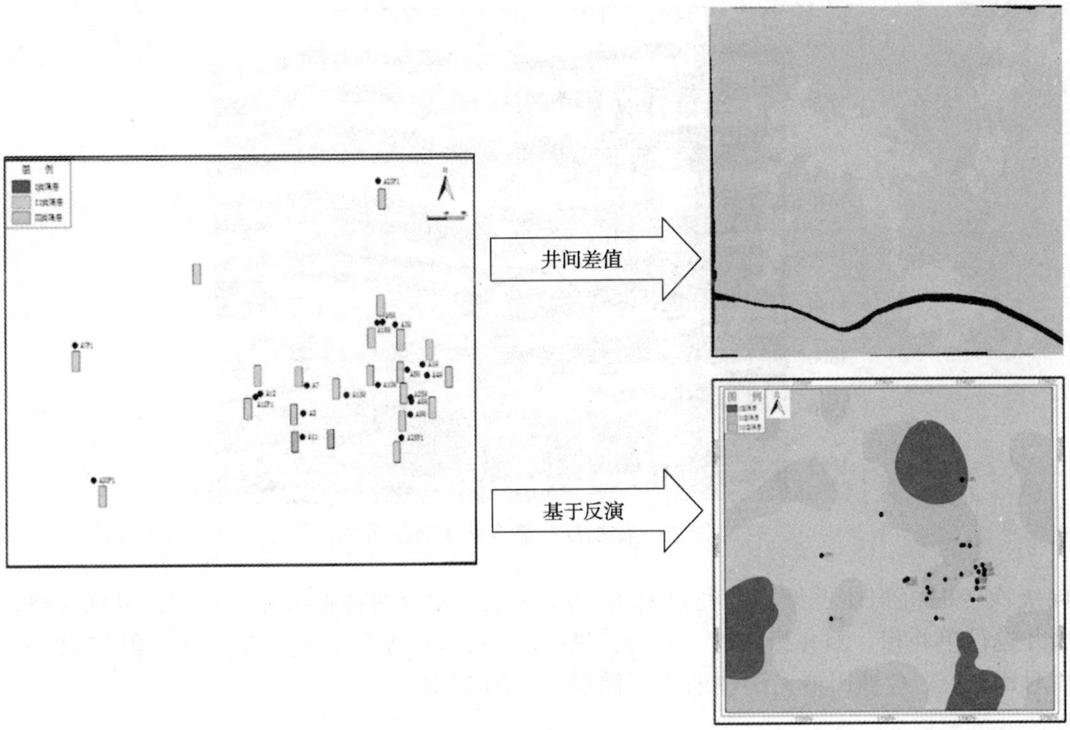

图 18 隔夹层平面分布范围预测

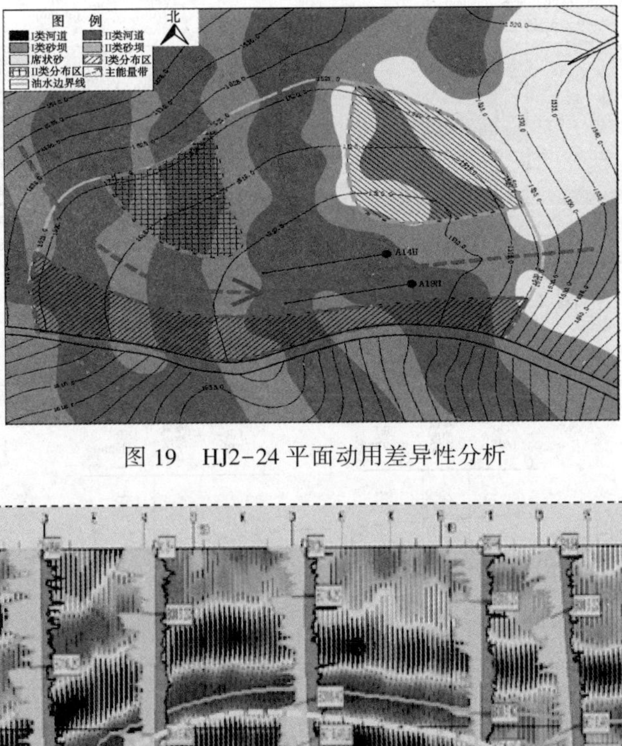

图 19 HJ2-24 平面动用差异性分析

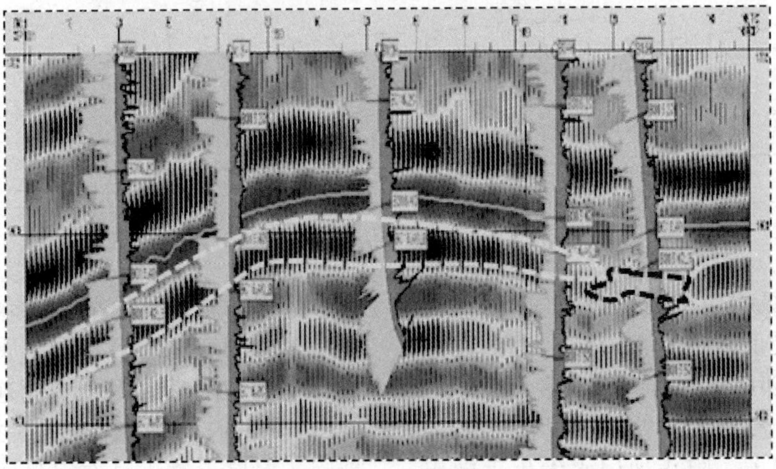

图 20 典型油藏砂体尖灭/不对接剖面图

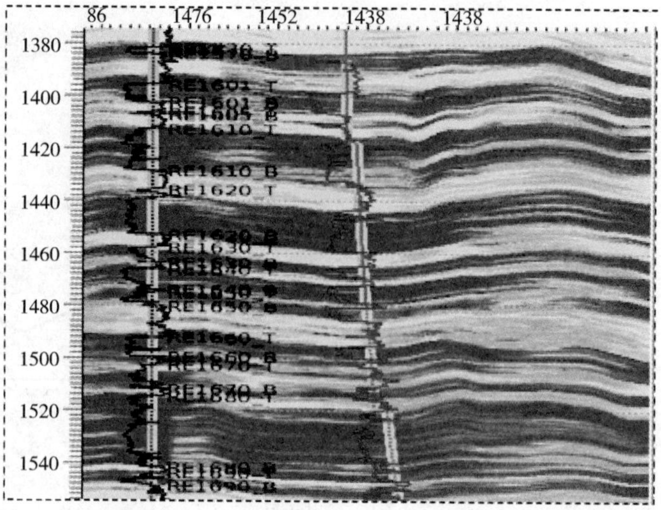

图 21　储层反演复合砂体剖面图

不同级次等时沉积体框架内，通过对 C 油田群典型井进行单井相、测井相分析，同时，进行连井相对比研究，C 油田群上部稠油油藏储层主要发育两种夹层分布模式，分别为叠置型水平(5 级/6 级)夹层及斜交型前积(7 级)夹层，如图 22 所示。

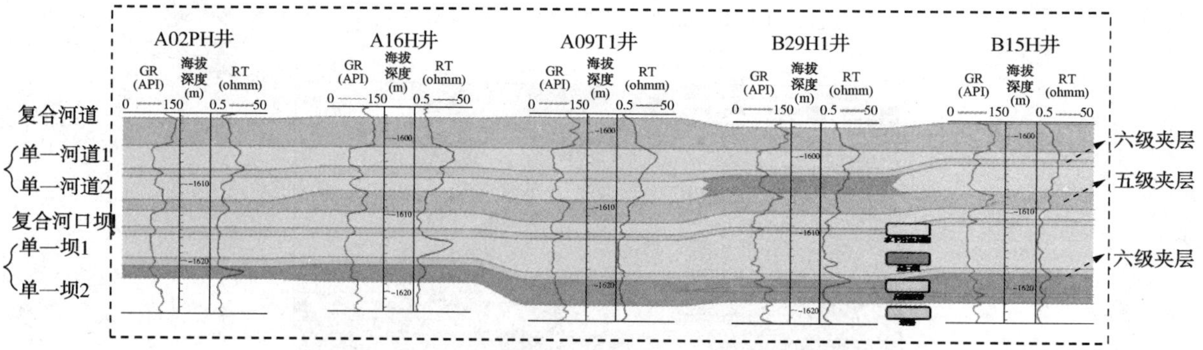

图 22　(a)叠置型水平夹层(5/6 级夹层)分布模式

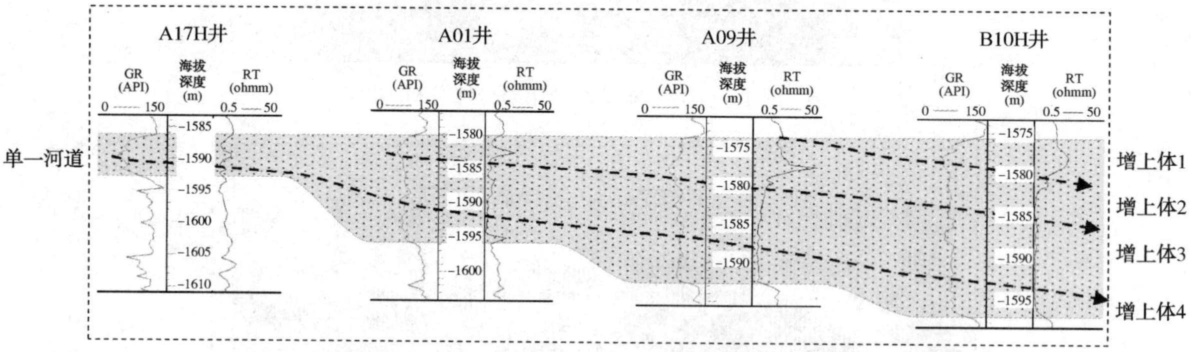

图 22　(b)斜交型前积夹层(7 级夹层)分布模式

储层内发育 7 级斜交型前积夹层(增生体间之间)，地层流体受低渗透界面遮挡，上部延缓见水，水平井动用邻区顶部有剩余油富集；

储层内 6 级叠置型水平夹层(复合砂体内部)，垂向渗透性很差，阻止地层水发生垂向串流形成多段水淹，底部有剩余油富集。

复合韵律储层多发育泥质或钙质粉细砂岩夹层，主要为洪泛成因，平面连续稳定分布(一般大于 600m)，孔隙度<8%，渗透率<5mD，封隔性强，对底水锥进具有很强的遮挡作用。

3.2　边部稀井网油藏储层构型单元划分

利用密井网钻井、岩心、地质、沉积成果资料，隔夹层成因、构型级次界面、发育厚度以及分布规模，结合储层物性等特征进行了归纳汇总，划分为 5 类隔夹层、3 种构型单元(图 23)。

分类		典型剖面	取心井/典型井测井特征	构型界面级次	构型界面模式	成因	伴生沉积微相	厚度	分布规模	物性	典型稠油油藏	典型生产井特征
岩性分类	成因分类											
泥岩隔夹层	洪泛泥岩	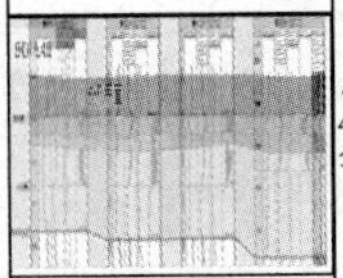	伽马值回返率大于40%,分布稳定,基本全区可对比,多为隔层	5级		洪水间歇期形成的细粒沉积物、或海泛面沉积	前三角洲	厚度多大于2m	多大于1km,全区分布	孔隙度小于5%,渗透率小于5mD,封隔性强	A20 A40 A60 A80 A20 A35…(15) B10 B20…(12)	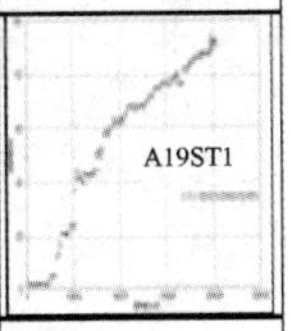 A19ST1
泥岩隔夹层	间湾泥岩	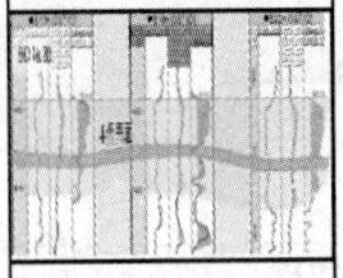	伽马值回返率20%~40%,分布稳定,侧向与分流河道砂对接,局部可对比	6级居多 7级较少	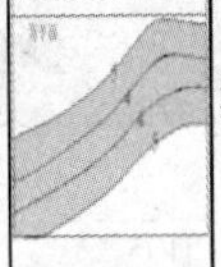	由于水动力减弱,水中沉积物沉积下来,多为相变成因	水下分流间湾,河口坝侧缘	主要集中于0.8–2.5m,平均厚度约1.5m	多位于600–1000m,宽厚比约500	孔隙度3–8%,渗透率小于20mD,封隔性强	A40 A60 A35 A46 B60 B10 B20 B30 B60 B80	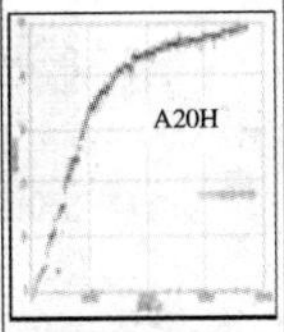 A20H
泥岩隔夹层	落淤泥岩	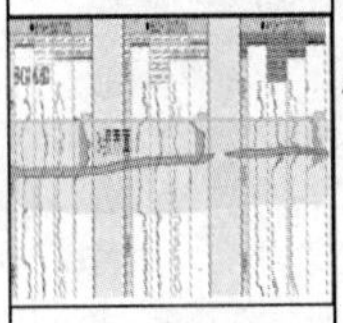	伽马值回返率小于20%厚度差异大,河口坝反韵律砂体顶部,仅局部分布,物性夹层	7级居多 6级较少	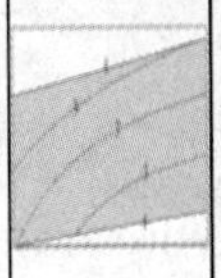	短时间内水下分流河道间水动力弱,水中沉积物沉积下来可形成夹层,物性夹层	河口坝侧缘水下分流河道侧缘、浪成砂坝侧缘	主要分布在0.2–1m,平均厚度0.5m	多小于200m,平均宽厚比350	孔隙度5–10%,渗透率小于40mD,局部有一定的渗透性	A20 A80 A05 B60 B20 B20	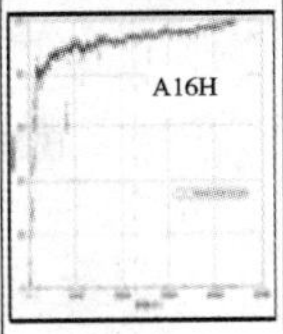 A16H
钙质隔夹层	顶钙	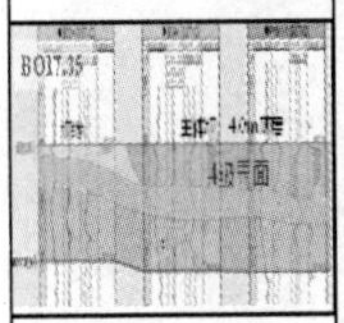	伽马值不回返,密度剧增,分布在砂岩顶部,可对比	6级	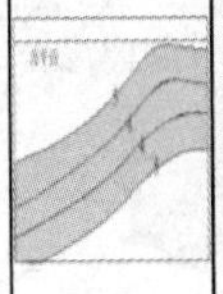	生物碎屑及先前的碳酸盐胶结物提供钙质来源,形成可能与有机酸和黏土矿物转化有关	河口坝主体、水下分流河道主体、浪成砂坝主体	主要分布在10.2–3.5m,平均厚度1.4m	多为全区分布也见局部发育,多大于600m	孔隙度2–8%,渗透率小于5mD,封隔性强	A16.01 A16.10 A16.20 A17.20 A17.42 B15.60 B15.70 B16.01 B16.10 B16.30 B16.60	A19ST1
钙质隔夹层	层内钙	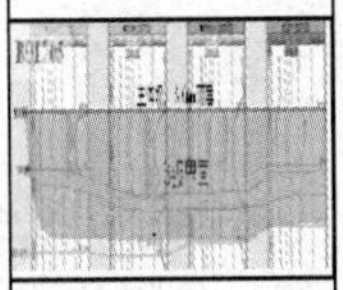	伽马值不回返,密度剧增,随机分布在砂岩内部和底部,不可对比	7级居多 6级较少	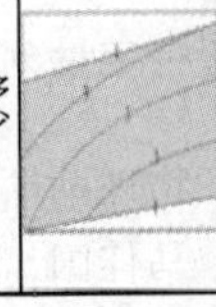	与顶钙类似生物碎屑提供主要钙质来源,形成于相对时海平面下降时期	河口坝主体、水下分流河道主体、浪成砂坝主体	主要分布在0.5–1.1m,平均厚度0.7m	多小于200m,平均宽厚比300	孔隙度6–12%,渗透率一般小于100mD,局部有一定的渗透性	A10 A20 A60 A80 A20 A25 A46 B70 B01 B40 B60	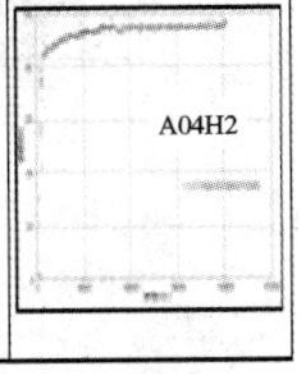 A04H2

图 23　番禺 C 油田群稠油储层构型综合特征图版

同时，对这 5 类储层生产井特征进行分析，明确番禺稠油不同级次构型界面对油藏深度挖潜规律，该研究成果有利于 5 类隔夹层在地质模型中定量表征，对指导剩余油深度挖潜具有指导意义。

利用夹层顶、底界面，以及结合构型特征综合图版(厚度、规模)，采用镶嵌式确定性建模方法在地质模型中表征砂体内部结构及夹层的空间展布(图 24)。7 级夹层(斜交前积型)：发育厚度一般为 0.5~1.0m，发育范围多小于 200m；5 级与 6 级夹层(叠置水平型)：发育厚度一般在 1.5m 以上，发育范围多介于 600~1000m。

4　应用效果

(1) 陆丰 A 油田群针对新区储量规模小、分散，陆相沉积，储量品质低，方案经济效益边际，依托储层构型精细表征和甜点空间分布三维建模结果，为开发井网部署方案的决策和钻井轨迹优化提供了直接的地质依据，降低储层风险，推动陆丰二期开发进程。

(2) 恩平 B 油田通过井点定相地震属性趋势约束水平井边界精细厘定技术，实现了海上油田平台开发稀井网多水平井条件下的沉积微相精细刻画及复合砂体构型解剖，形成基于海相复合砂体构型的剩余油分析方法及“三定”流程。形成海相砂岩多层次、多因素叠合成图方法，支撑剩余油分布预测。设计调整井8口，增加技术可采储量近90万方。

（3）番禺C油田在不同级次构型单元研究成果基础上，根据不同类型隔夹层展布规律和发育位置，划分为5类隔夹层、3种构型单元，该研究成果应用于地质模型定量表征，有效指导剩余油深度挖潜。近年在稠油油藏申报调整井10口，推动加井槽方案研究，累计新增技术可采储量近160万方。

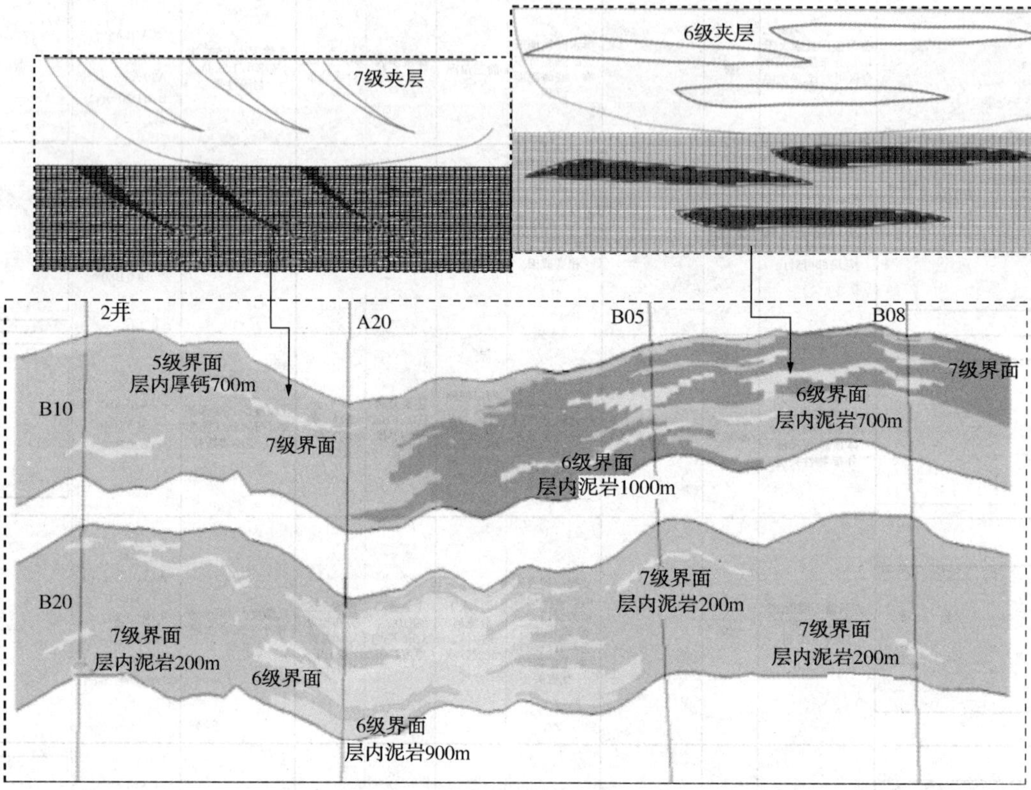

图24　不同级次构型界面在模型中定量刻画与表征

参　考　文　献

[1] 米立军．认识创新推动南海东部海域油气勘探不断取得突破-南海东部海域近年主要勘探进展回顾[J]．中国海上油气(地质)，2018，30(1)：1-10.

[2] 施和生，李文湘，邹晓萍，等 珠江口盆地(东部)砂岩油田沉积相研究及其应用[J]．中国海上油气(地质)，1999，13(3)：181-188.

[3] 罗东红，闫正和，梁卫，等 南海珠江口盆地海上砂岩油田告诉开采实践与认识[M]．北京：石油工业出版社，2013：101-142.

[4] 付英娟，林承焰，孟祥君，等．地震沉积学在涠西南凹陷A油田新近系角尾组二段Ⅰ油组沉积微相刻画中的应用[J]．海洋地质前沿，2016，32(06)：9-15.

[5] 张宪国，张涛，林承焰，等．珠江口盆地文昌13-1油田ZJ2-1U砂组沉积微相地震刻画[J]．石油地球物理勘探，2014，49(05)：964-970+822.

[6] 马佳国，王建立，周卿，等．分频RGB融合技术在精细刻画沉积微相中的应用[J]．复杂油气藏，2019，12(03)：27-31.

[7] 刘超，赵春明，廖新武，等．海上油田大井距条件下曲流河储层内部构型精细解剖及应用分析[J]．中国海上油气，2014，26(01)：58-64.

[8] 闫百泉，张鑫磊，于利民，等．基于岩心及密井网的点坝构型与剩余油分析[J]．石油勘探与开发，2014，41(05)：597-604.

[9] 郭佳，谢晓军，刘世翔，等．南海曾母盆地新生代沉积体系特征[J]．中国石油勘探，2016，21(04)：99-107.

[10] 张曼莉，林畅松，何敏，等．珠江口盆地晚渐新世陆架边缘三角洲沉积层序结构及演化[J]．石油与天然气地质，2019，40(04)：875-885.

腐蚀条件下悬空海底管道的强度评估

刘多亚

（中石化胜利石油工程有限公司）

摘　要　管道风险评估是在保证管道安全运行的前提下实现最大经济效益的必要手段，是实现管道从安全管理向风险管理，从经验管理向科学管理进行过渡的重要技术。为研究不同腐蚀条件对海底管道强度的影响，本文通过考虑腐蚀的深度、环向角度、轴向长度、轴向位置等各个不同的参数对悬空管道的强度影响，开展了不同腐蚀条件下悬空海底管道的强度评估研究。

关键词　海底管道；风险分析；腐蚀；强度评估

海底管道运行风险大、失效概率高，这主要与其工作环境条件恶劣密切相关。运行在海底的管道既可能受到波浪、海流、潮汐、腐蚀等作用，又可能面临船锚、平台或船舶掉落物、渔网等撞击拖挂危险，很容易发生失效事故。根据美国MMS调查统计墨西哥湾1967年~1987年的海底管道失效事故显示，共计发生690起。由此可见，海管发生失效的频率较高，因此，为了有效控制失效事故的发生并及时采取应对措施，管道的剩余强度计算与风险评估显得尤为重要。

1　海底管道风险分析

在海底管道施工之前，会对海底情况进行详细探摸，由于海床凹凸不平，海底管道与海床表面不能直接接触，在海浪、流对海床的冲蚀作用下，在管道残余应力或热应力等原因的影响下，造成海底管道的悬空，称为海底管道悬跨段。如果海底管道的悬跨段过长，在重力的作用下容易引起强度破坏，在海流的作用下容易引起失稳破坏；同时，当海水流经悬跨段时，伴随着周期性的漩涡发放，悬跨段会产生周期性的振动，称为涡激振动。悬跨段的存在，不仅大幅降低了海底管道的承载能力，同时也增大了输油的热损失，使管道的使用寿命受到严重的影响。国内外由于悬空引发的海底管道断裂事故时有发生，造成了严重的经济损失和环境污染。各大油公司在油气生产中使用的海底管道都存在明显的悬空现象，对油气生产造成安全隐患，在此对其所用的海底管道产生悬跨段的原因进行分析，对悬跨段进行安全评估，并针对悬跨段提出工程治理对策是十分有必要的。

导致海底管道失效的因素主要包括腐蚀、悬跨疲劳失效、第三方破坏、自然力等。通常情况下，海底管道失效不是由单一因素导致的，而是由多种危险因素共同作用导致的，其主要影响因素取决于海底管道的运行年限和运行环境。腐蚀是导致长期服役的海底管道失效的主要原因；海浪冲刷是导致砂质海床上的海底管道失效的主要原因；第三方破坏是导致渔业活动区内海底管道失效的主要原因；对于铺设在砂质海床上的海底管道，波流冲刷或海床运动可能是其破坏的主要原因。

如图2(风险分析流程)所示，风险评估过程主要包括系统定义、危险辨识、频率评估、后果评估和风险评估五个步骤，需要根据这五个步骤来确定风险水平。

风险评估过程中的危险辨识是对海管运行期间的潜在危险因素进行分析，它是风险评估的关键步骤。危险辨识可以运用结构技巧进行详细分析，但有的情况下危险辨识只需分析发生可能性高的危险而不是进行全面的分析。对于正在运行的海管，主要分析影响管道寿命和管道运行安全的危险。

通过对海底管道的运行现状进行定性的分析，找出运行期的管道存在的风险因素，风险发生频率越高，风险等级就较高，否则较低。

2　悬跨管道承受的强度分析

悬空管道的工作条件十分复杂，受时间地点因素的变化而变化，因此，对其受力情况也有多方面的因素。海底管道不仅承受了输送介质的内压、外压、温度等作用力，同时也承受力水流的作用力和其他的外力。设计和评估时要对管道的受力情况进行全面的认识与分析，悬空管道的受力分析在海底管道的设计和评估工作中发挥着重要作用。

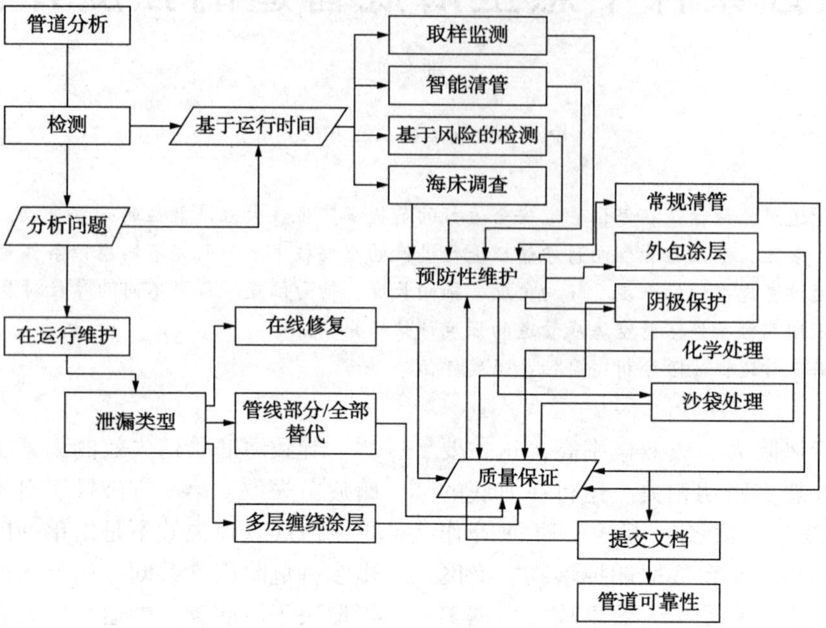

图 1　完整性管理分析流程

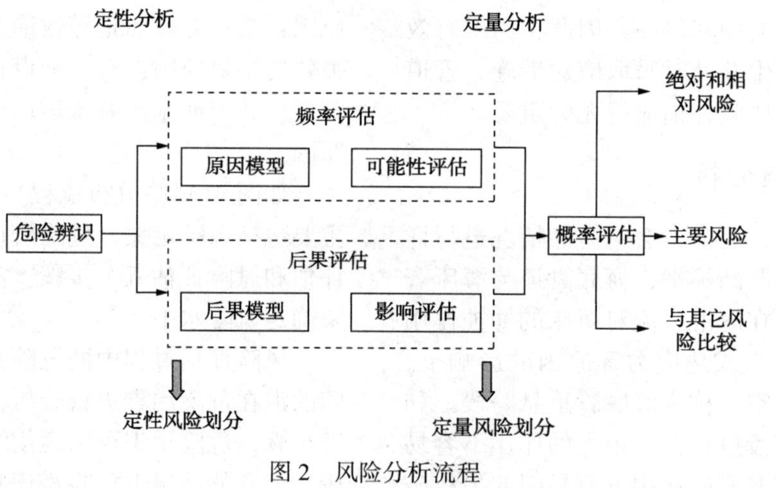

图 2　风险分析流程

悬跨段示意图如图 3 所示，其所受的荷载有以下几种：

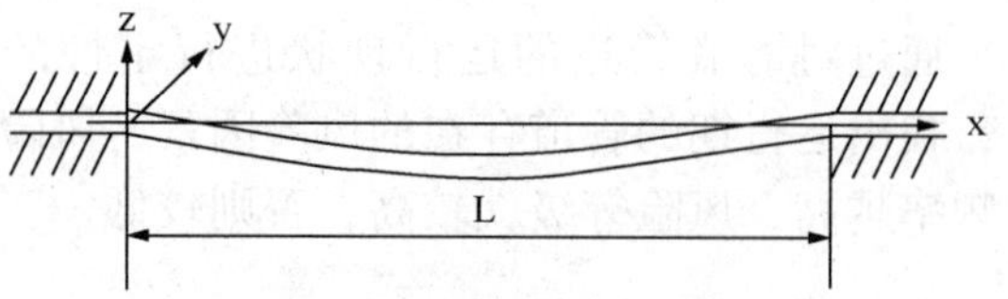

图 3　管道悬跨段示意图

（1）管道的自身重力为：

$$W_d = \pi(D^2-d^2)\rho_d g/4 \tag{1}$$

式中，W_d 为单位长管道重力，N；D 为管道外径，m；d 为管道内径，m；ρ_d 为管材密度，取 ρ_d = 7850kg/m^3；g 为重力加速度，g=9.806N/kg。

（2）管内流体重量为：

输送油气的管道，管内流体的重力按下式计算：

$$W_g = \pi d^2 \rho_g/4 \tag{2}$$

式中，W_g 为单位长度管内介质重力，N；ρ_g 为油气的密度，kg/m^3。

（3）输气管道水动力荷载分析计算

图 4 为某海底管道，图中水流垂直流经管道。水流在作用于管线之前，流线可看作一组平

行线；水流作用到管道时，由于管道的阻碍作用，水流绕过管道，使流线发生逐层的弯曲分叉；水流绕过管道后，流线又重新合拢，逐渐恢复为一组平行线。

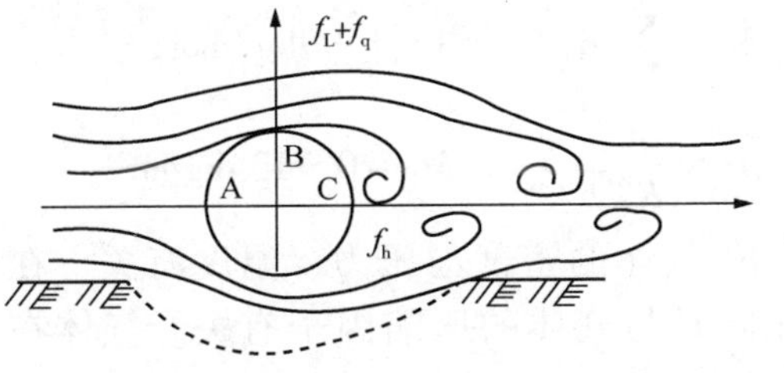

图4　管线受水流作用示意图

水流在驻点A处与管道“碰撞”且速度变为0，随后改变流向，贴着管道表面流动并产生一层薄薄的附面层。附面层在A段内压力逐渐降低，流速从A点为零到B点达到最大，压力不断降低，使得B点的压力低于管道底部的压力，从而形成压差产生上抬力，所以AB段为加速减压区。因此，管道同时受到水流产生的上抬力f_L和阿基米德浮力f_q。

水流沿着管道BC段留下的附面层由于水流的扩散作用，附面层内压力不断增加，流速不断降低且附面层停止流动并产生堆积，而射流作用驱动这些堆积物形成旋涡。旋涡需要消耗能量导致该区域压力下降，使得C点后旋涡区域处压力低于管道迎水面压力，从而造成压差，此压差便形成对管线的水平推力f_h。

① 水流水平推力按下式计算：

$$f_h=\frac{1}{2}C_D\rho_w D\,u^2+\frac{\pi}{4}C_M\rho_w D^2\frac{du}{dt} \tag{3}$$

式中，f_h为水流对管道的水平拖曳力，N；C_D为拖曳力系数；ρ_w为海水密度，kg/m^3；u为敷设管道处的水流速度，m/s；C_M为流体惯性力系数，可由实验得出。在此处水流为稳定流，惯性项忽略不计。

② 动水垂直举升力按下式计算：

$$f_L=\frac{1}{2}C_l\rho_w D\,u^2 sin\,w_s t \tag{4}$$

式中，f_L为水流对管道的举升力，N；C_L为举升力系数；w_s为漩涡脱落频率，Hz，$w_s=2\pi\frac{S_t u}{D}$；S_t为Strouhal数，对于圆柱体(包括管道)通常取0.2。

③ 静水浮力按下式计算：

$$f_q=\rho_w gA \tag{5}$$

式中，f_q是单位长度管道静水浮力，N；A是管道外径截面积，m/s^2。

(4) 海底管道允许悬空长度

水流产生的周期性旋涡引发管道的涡激共振，当涡激共振的频率接近管道固有频率时，就会引发海底悬跨管道的共振，这几乎达到了悬跨管道的失效极限。要想得到悬跨管道的共振点，应使约化速度V_r小于$V_{R,onset}^{CF}$，即可得到允许的最大悬空长度。

$$V_r=\frac{u}{f_n D} \tag{6}$$

式中，u为管外来流速度，m/s；f_n为管道自振频率，Hz；D为管道外径，m。

$$V_{R,onset}^{CF}=\frac{3\cdot\psi_{proxi,\mathrm{onset}}\cdot\psi_{trench,onset}}{\gamma_{on,CF}} \tag{7}$$

式中，$\psi_{proxi,\mathrm{onset}}$为管道接近海底时的校正因子，

$$\psi_{proxi,\mathrm{onset}}=\begin{cases}\frac{1}{5}\left(4+1.25\frac{e}{D}\right) & \text{for } \frac{e}{D}<0.8\\ 1 & else\end{cases} \tag{8}$$

$\psi_{trench,onset}$为管道位于沟槽时的校正因子，

$$\psi_{trench,onset}=1+0.5\frac{\Delta}{D} \tag{9}$$

$$\frac{\Delta}{D}=\frac{1.25d-e}{D} \tag{10}$$

$\gamma_{on,CF}$为涡激振动安全系数。

3　悬空管道存在腐蚀的强度评估

海底悬空的腐蚀管道在内压和弯矩作用下，会产生局部失效或整体失效，也可能同时产生，这就取决于腐蚀的面积和方向的因素。小面积的或环向缺陷会引发海底悬空管道的整体失效；轴向或大面积缺陷，在极限载荷作用下可能引发海底悬空管道的局部失效。含缺陷管道失效的弹性极限取决于管材的屈服强度，决定了管道是否处于安全状态。在本文计算中未考虑材料的非线性，故而选择弹性极限准则作为输气管道失效的依据。

在一般情况下，腐蚀缺陷区的等效应力σ表达如下：

$\sigma=F$(管道几何参数；腐蚀缺陷几何参数；管材性质参数；载荷大小)。

可以看出，这种关系是一个非线性关系，很难用确定的算式表示；而有限元能够模拟复杂的

腐蚀形状、可以考虑多种载荷的联合作用，使得分析模型更接近于实际，所以有限元软件能够在腐蚀管道的强度评估中占有很高的使用频率，极大的提高了腐蚀管道强度评估的精确性。

(1) 管道工程数据

取某一条海底管道进行强度评估。

① 管道结构及尺寸：单层管结构，其名义外径 $D=508$mm，管壁名义壁厚 $t=6.4$mm；

② 管道材料及力学性能：管道材料为API 5L X60，弹性模量为 $E=2.06\times10^5$MPa，泊松比 $\nu=0.3$，热膨胀系数 1.2×10^{-5}/℃，管材密度 $\rho=7850\text{kg/m}^3$，最小屈服强度（SMYS）为422.5MPa，最小极限拉伸强度（SMTS）为589.6MPa，材料无附加要求；

③ 操作工况：最大操作压力（MAOP）为6.6MPa；

④ 水文条件：管道悬空30m，百年一遇水流速度为1.0m/s；

⑤ 输送介质如表1所示。

表1　混合天然气组分表

组分	摩尔百分含量 x_i/%	相对分子质量 M_i/kg·mol^{-1}
He	0.05	4.003
H_2	0.05	2.016
O_2	0.10	32.000
N_2	1.00	28.020
CO_2	1.47	44.010
CH_4	95.00	16.042
C_2	1.30	30.068
C_3	0.20	44.094
iC_4	0.10	58.120
nC_4	0.10	58.120
iC_5	0.10	72.146
nC_5	0.10	72.146
C_{6+}	0.20	86.000
H_2S	0.03	34.086
H_2O	0.20	18.016

注：a. 根据GB/T 11062—1998，标准状态下天然气密度计算公式为：

$$\rho=\left(\frac{p}{RT}\right)\sum_{i=1}^{n}x_i M_i \tag{11}$$

式中，ρ 为标准大气压，101325Pa；R 为通用气体常数，8.3145J·mol^{-1}·K^{-1}；T 为标准状态下的绝对温度，293.15K；x_i 为某组分的摩尔百分数，无量纲量；M_i 为某组分的摩尔质量，kg/mol。

计算可得天然气密度：

$$M=\sum_{i=1}^{n}x_i M_i=17.1599\text{kg/mol};$$

$$\rho=\left(\frac{p}{RT}\right)\sum_{i=1}^{n}x_i M_i=0.7134\text{kg/m}^3。$$

b. 气体的密度与压力、温度有关，在低温高压同时与气体的压缩因子有关。气体在某压力、温度下的密度为

$$\rho_g=\frac{PM}{RZT} \tag{12}$$

式中，ρ_g 为气体在任意压力、温度下的密度，kg/m^3；P 为天然气的压力，kPa；M 为天然气的相对分子质量，kg/mol；Z 为天然气压缩系数，经验公式：

$$Z=-0.000101217\times Pr^4+0.000779029\times Pr^3+0.0156975\times Pr^2-0.126047\times Pr+1.01056 \tag{13}$$

式中，Pr 为相对压力，$Pr=P/Pc$；Pc 为天然气的平均临界压力，4.6617362MPa；T 为天然气绝对温度，K。

计算可得管道内天然气的密度为：

$$\rho_g=\frac{PM}{RZT}=51.1071\text{kg/m}^3 \tag{14}$$

(2) 建立腐蚀管道有限元模型的方法

① 参数无量纲化

用相对深度 $\Delta t/t$，相对环向角度 θ/π，相对轴向长度 l/D 来，相对轴向位置 S/L 表征缺陷参数。其中 S 为腐蚀中心位置距离悬空管道一端的长度。

② 缺陷位置的影响

内外腐蚀对管道的强度影响是没有太大区别的(因为管道是薄壳结构)。而且实际上，管道在外表面一般有保护层，内表面由于油气中的硫、硫化物以及细菌作用，腐蚀更严重一些。因此，在下面的计算中采用内腐蚀缺陷为主。

③ 缺陷形状规则化

现实中管道的腐蚀缺陷形状十分复杂，很难用几何模型真实描述，因此在建立有限元实体模型时，必须进行简化。考虑划分网格的困难，本文中腐蚀形状用规则的弯曲长方形沟槽来模拟，腐蚀边缘采用圆弧倒角处理。

(3) 建立 Ansys 腐蚀管道分析模型

利用 ansys 程序，首先生成外径 0.508m，壁厚 0.0064m，长度为 30m 的管道；然后在管道中间下方内部位置切除相对轴向长度 l/D 为 1、深度为 0.5mm、环向为 Π/3 的一块作为腐蚀缺陷；对腐蚀边界进行光滑圆弧倒角处理。为了减小模型规模，缩短计算时间，并且使内部缺陷可见，利用结构的对称，取模型的 1/4 进行分析。同时由于管道模型有腐蚀缺陷，导致模型的不规则，为了划分网格时得到高质量的网格，冻结几何模型并运用 Slice 功能把管道切片成几何体并组成一个 Part。建立的模型如图 5 所示。

分析模型以及管道材料属性的选择和前完整管道模型分析相同。对于切片成规则的几何体部分采用粗大的规则的六面体网格，而腐蚀区域采用四面体网格，并且采用适合的网格尺寸对腐蚀区进行细化。划分好的网格得到总计 11067 个单元、29298 节点，如图 6 所示。

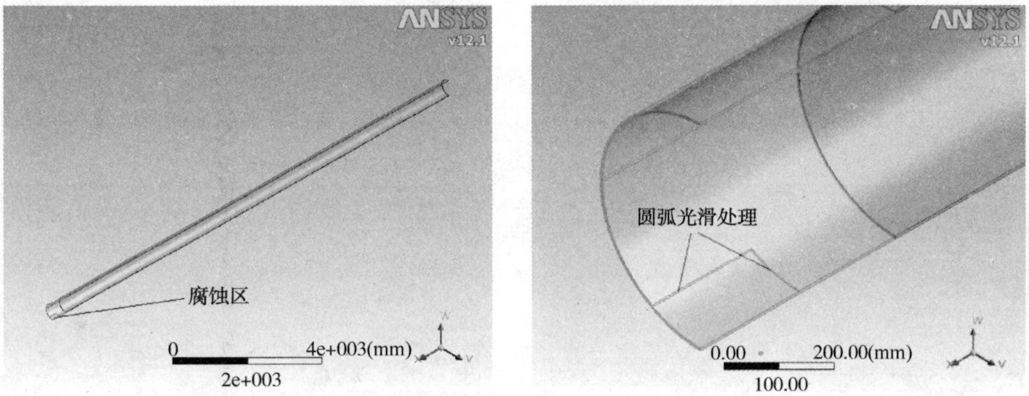

图 5　管道腐蚀模型

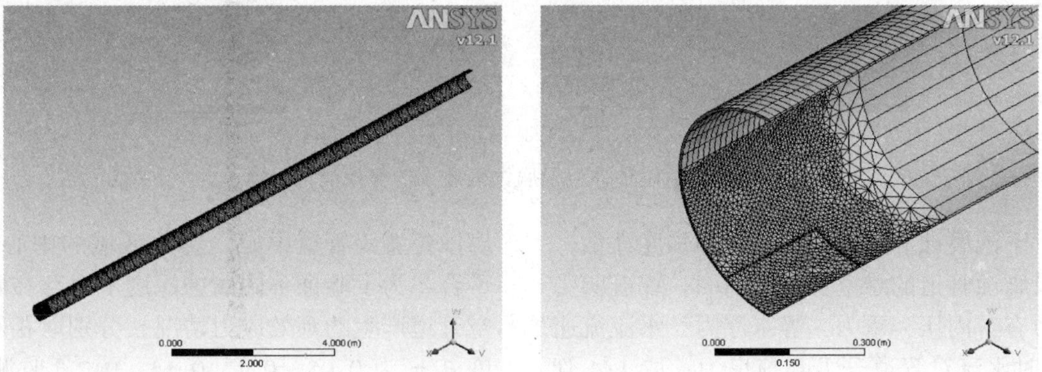

图 6　管道网格划分以及腐蚀区网格

确定简支支撑条件，由于采用了 1/4 模型分析，所以在取边界时需要取对称约束条件。选中右端端面，设置为简支约束；对于管道对称剖面取 Frictionless 约束，如图 7 所示。

在模型中插入载荷条件，首先在 Static Structural 项中加入-Z 方向的重力加速度；然后在管道模型内壁插入 Pressure 项，管道内壁的下表面插入-Z 方向的天然气重力，管道外壁下表面添加 Z 方向的静水浮力项；最后在管道模型的外壁的下表面添加 Z 方向的水流来速为 1m/s 时的升力，Y 方向的拖曳力项。载荷以及约束情况如图 8 所示。

载荷加载完成之后，直接点击 Solve 进行求解，求解的应力云图结果如图 9 所示。从图中可以看出，在内压、重力、静水浮力以及水流作用力下，监测到的腐蚀的悬空管道的最大应力出现在内表面的腐蚀区域，最大等效应力为 376.62MPa；同完整管道在相同的载荷环境条件以及支撑条件相比，当悬空管道出现 0.5mm 深的腐蚀区域时，管道的最大等效应力大约增加了 11.6%，可见腐蚀对于管道的强度影响较大。

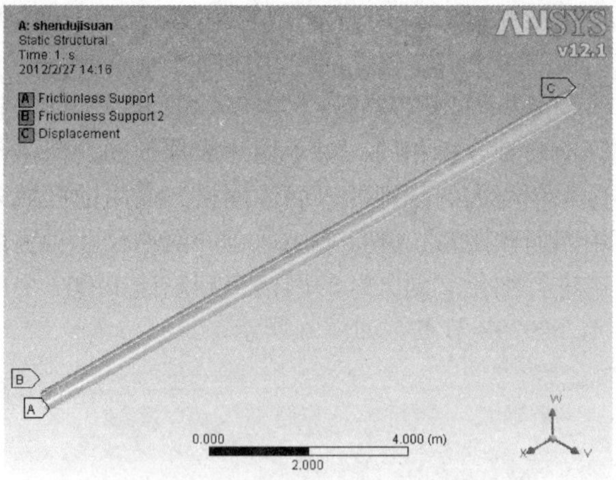

图 7　1/4 管道模型的约束情况

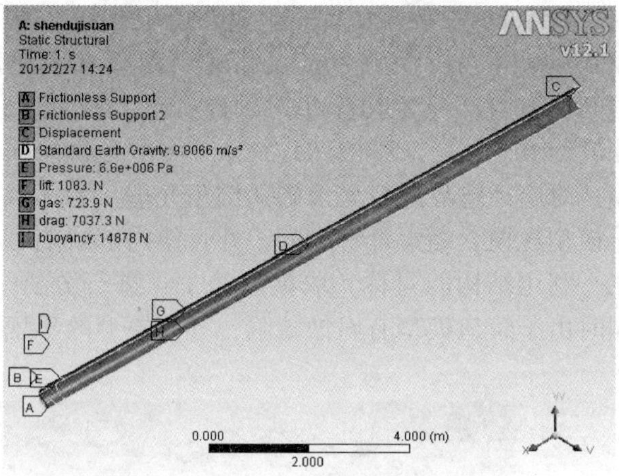

图 8　腐蚀管道载荷加载以及约束情况

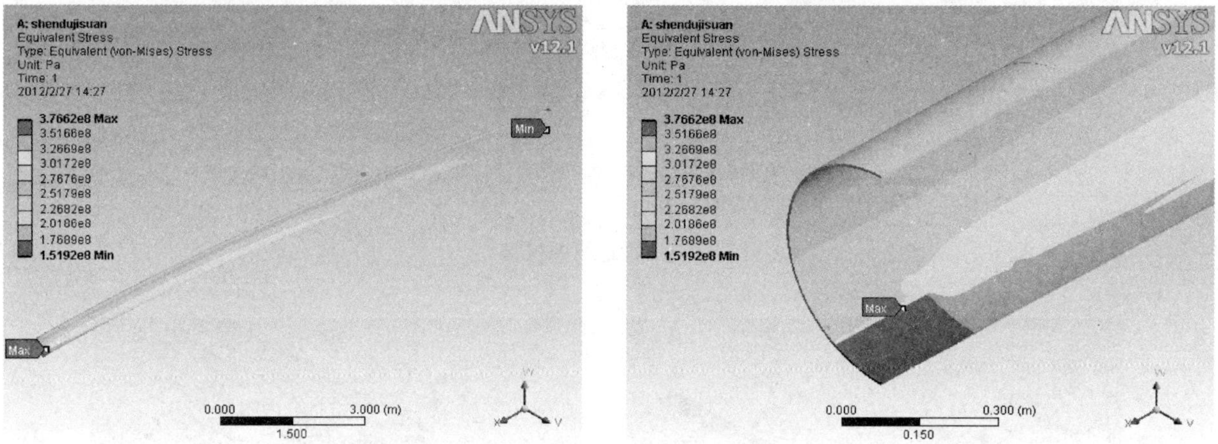

图 9　腐蚀管道整体以及腐蚀区放大的等效应力云图

(4) 不同腐蚀深度下悬空管道的强度评估

假设腐蚀管道的悬空长度为 30m，管道所受的作用力有：内压，重力，静水浮力，水流流速为 1m/s 时水流对管道升力和拖曳力；取 1/4 管道模型进行分析，简支支撑；腐蚀条件为：相对轴向长度 l/D 为 1，相对环向角度 $\Delta t/t$ 为 1/3，腐蚀位置为管道中心，腐蚀区域的中心和－Y 轴重合。为了验证不同腐蚀深度下对存在腐蚀的悬空管道产生的等效应力情况，分别取相对腐蚀深度 θ/π 为 0.05，0.1，0.15，0.2；监测悬空管道表面上的最大等效应力大小。计算结果如表 2 所示。

表 2　悬空管道在不同腐蚀深度下的最大等效应力

相对腐蚀深度/l/D	0.05	0.1	0.15	0.2
腐蚀深度/mm	0.32	0.64	0.96	1.28
等效应力/MPa	354.95	389.42	429.6	457.13

管道材料的屈服应力为[σ]＝422.5MPa，从表 2 中可以看出悬空管道在相对腐蚀深度 $\Delta t/t$ 为 0.15 时候就已经基本失效了。绘制出悬空管道监测到的最大等效应力随腐蚀深度变化的曲线图，如图 10 所示，从图中可以看出管道的最大等效应力随着腐蚀深度基本成线性变化，当腐蚀深度为 0.32mm 时，最大等效应力为 354.95MPa，而当腐蚀深度增加到 1.28mm 时，最大等效应力增大至 457.13MPa。

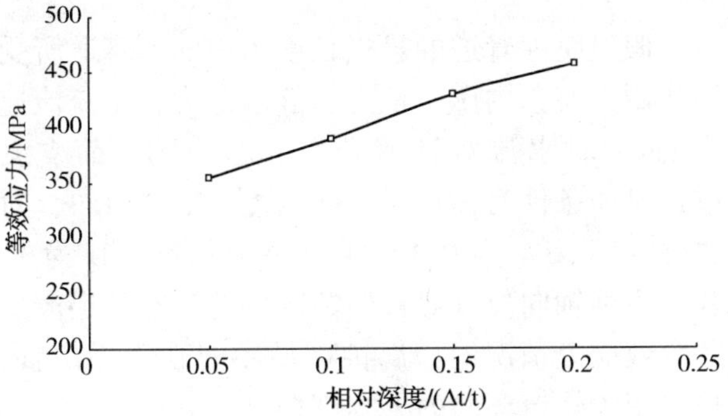

图 10　腐蚀深度的影响规律

(5) 不同腐蚀环向角度下悬空管道的强度评估

假设腐蚀管道的悬空长度为 30m，管道所受的作用力有：内压，重力，静水浮力，水流流速为 1m/s 时水流对管道升力和拖曳力；取 1/4 管道模型进行分析，简支支撑；腐蚀条件为：相对轴向长度 l/D 为 1，对腐蚀深度 $\Delta t/t$ 为 0.1，腐蚀位置为管道中心，腐蚀区域的中心和 Y 轴重合。为了验证不同的腐蚀环向角度对存在腐蚀的悬空管道产生的等效应力情况，分别取相对环向角度 θ/π 为 1/18，1/9，1/6，1/4，1/3，1/2，2/3，分别计算管道的等效应力，监测悬空管道表面上的最大等效应力大小。计算结果如表 3 所示。

表 3　悬空管道在不同的腐蚀环向角度下的最大等效应力

相对环向角度 θ/π	1/18	1/9	1/6	1/4	1/3	1/2	2/3
环向角度大小	10°	20°	30°	45°	60°	60°	120°
等效应力/MPa	424.5	414.35	402.86	396.42	389.42	378.9	368.79

依照表 3 中的数据，绘制出悬空管道监测到的最大等效应力随腐蚀环向角度变化的曲线图，如图 11 所示。从表 3 以及图 11 中可以看出，悬空管道腐蚀区域上的最大等效应力是随着腐蚀环向角度的增大而减小的，而且在环向角度较小的时候，最大等效应力随着环向角度的增加减小得较快；当环向角度增加到一定程度时，最大等效应力基本随着环向角度的增加呈线性减小。

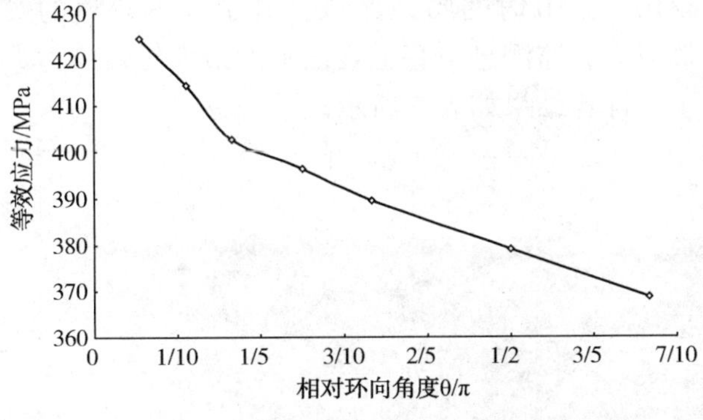

图 11　腐蚀环向角度的影响规律

(6) 不同腐蚀长度下悬空管道的强度评估

假设腐蚀管道的悬空长度为 30m，管道所受的作用力有：内压，重力，静水浮力，水流流速为 1m/s 时水流对管道升力和拖曳力；取 1/4 管道模型进行分析，简支支撑；腐蚀条件为：相对环向角度 θ/π 为 1/3，对腐蚀深度 $\Delta t/t$ 为 0.1，腐蚀位置为管道中心，腐蚀区域的中心和 Y 轴重合。为了验证不同的腐蚀长度对存在腐蚀的悬空管道产生的等效应力情况，分别取相对腐蚀长度 l/D 为 0.1，0.2，0.3，0.4，0.5，0.6，0.7，0.8，0.9，1.0，1.5 时的腐蚀长度，分别计算管道的等效应力，监测悬空管道表面上的最大等效应力大小。计算结果如表 4 所示。

依照表 4 中的数据，绘制出悬空管道监测到的最大等效应力随腐蚀轴向长度变化的曲线图，如图 12 所示。从表 4 以及图 12 中可以看出，在腐蚀长度较小时悬空管道腐蚀区最大的等效应力也较小，但当腐蚀长度到一定的大小之后，腐蚀区的应力大小有一定的起伏，但是变化不大，说明总体上腐蚀长度对于悬空管道腐蚀区的最大等效应力的影响不大。

表 4　悬空管道在不同的腐蚀长度下的最大等效应力

相对轴向长度 l/D	0.1	0.2	0.3	0.4	0.5	0.6	0.7	0.8	0.9	1	1.5
轴向长度/m	0.05	0.101	0.152	0.203	0.254	0.304	0.355	0.406	0.457	0.508	0.762
等效应力/MPa	376.1	381.8	387.33	384.81	389.77	385.16	390.34	383.24	386.69	389.42	382.82

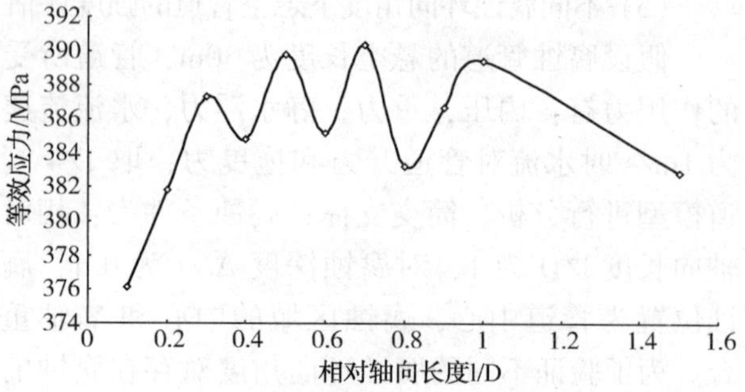

图 12　腐蚀长度的影响规律

（7）不同腐蚀轴向位置下悬空管道的强度评估

假设腐蚀管道的悬空长度为 30m，管道所受的作用力有：内压，重力，静水浮力，水流流速为 1m/s 时水流对管道升力和拖曳力；简支支撑；腐蚀条件为：相对环向角度 θ/π 为 1/3，对腐蚀深度 $\Delta t/t$ 为 0.1，相对腐蚀长度 l/D 为 1。验证腐蚀轴向位置对含腐蚀区域对悬空管道产生的等效应力情况时，腐蚀区域不能在中心位置，故采用了管道环向的 1/2 模型进行分析。

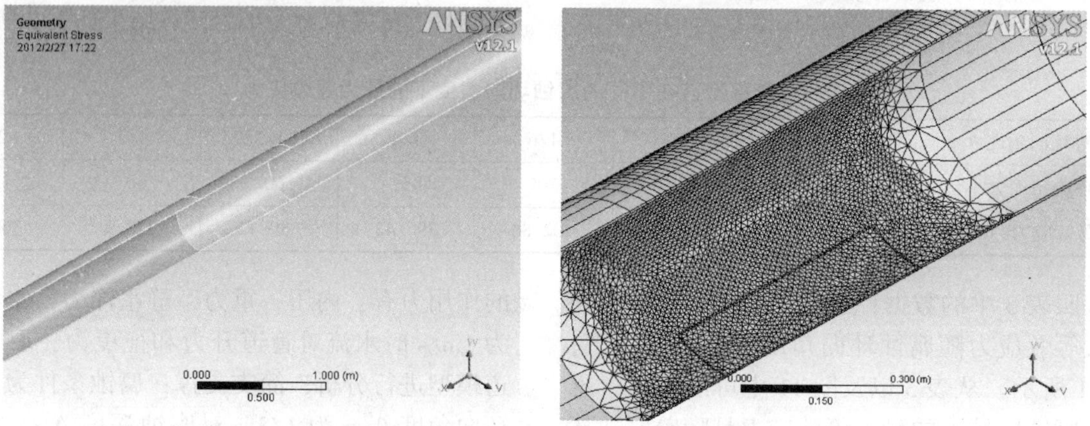

图 13　腐蚀管道环向 1/2 模型以及网格划分情况

在腐蚀管道环向 1/2 模型的两端采用简支约束，环向剖面采用对称约束，具体的约束情况、载荷加载以及求解结果如图 14 所示。从图中可以看出，腐蚀区的等效应力远远大于非腐蚀区的等效应力。

为了验证腐蚀在不同的轴向位置对存在腐蚀的悬空管道腐蚀区产生的等效应力情况，假设管道两端的支撑条件一样，则只计算腐蚀位置在距离任意一端不同距离时的管道等效应力情况，则分别取相对轴向位置 S/L 为 1/10，2/10，3/10，4/10，5/10 时的腐蚀区域，分别计算管道的等效应力，监测悬空管道表面上的最大等效应力大小。计算结果如表 5 所示。

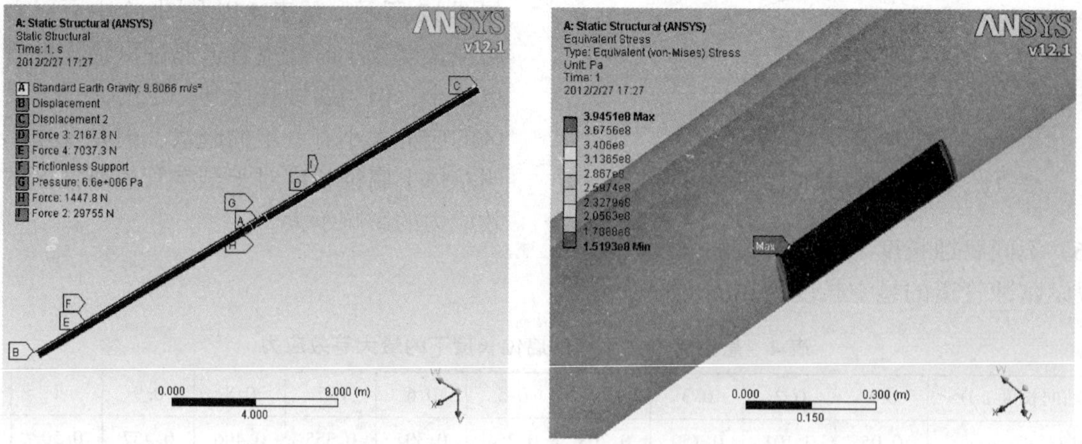

图 14　腐蚀管道环向 1/2 模型约束情况以及等效应力云图

表 5　悬空管道在不同的轴向腐蚀位置时最大等效应力

相对轴向位置 S/L	1/10	2/10	3/10	4/10	5/10
轴向位置/m	3	6	9	12	15
等效应力/MPa	354.7	370.75	382.93	390.41	394.51

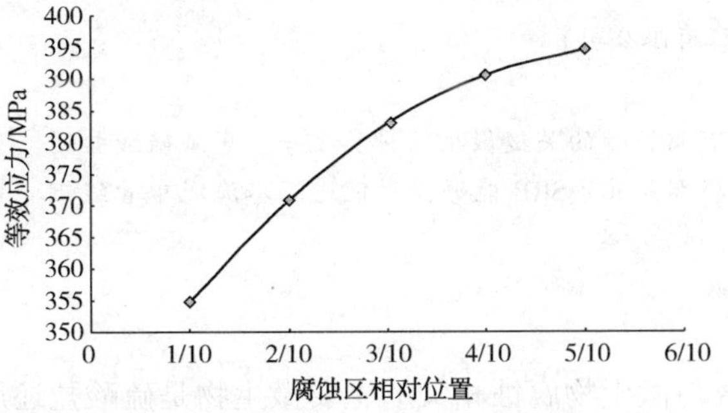

图 15　悬空管道等效应力随腐蚀轴向位置变化曲线

依照表 5 中的数据，绘制出悬空管道监测到的最大等效应力随腐蚀轴向位置变化的曲线图，如图 15 所示。从表 5 以及图 15 中可以看出，随着腐蚀区域位置从一端向悬空管道的中心位置移动时，悬空管道壁面上监测到的最大等效应力也逐渐增加，而且从图 15 中可以看出，其变化趋势大致呈抛物线状。

4　结论

基于腐蚀条件下的悬空海底管道强度分析是管道风险评估的重要组成部分。本文通过研究腐蚀深度、环向角度、轴向长度、轴向位置等各个不同的几何参数对悬空管道的强度影响，对不同腐蚀条件下悬空海底管道进行强度评估。主要研究结论：

（1）不同的腐蚀深度条件下，管道的最大等效应力随腐蚀深度的增加而增大，基本成线性变化的规律；

（2）不同腐蚀环向角度条件下，悬空管道腐蚀区域上的最大等效应力是随着腐蚀环向角度的增大而减小的，而且在环向角度较小的时候，最大等效应力随着环向角度的增加减小得较快；当环向角度增加到一定程度时，最大等效应力基本随着环向角度的增加呈线性减小；

（3）不同腐蚀轴向长度条件下，在腐蚀长度较小时悬空管道腐蚀区最大的等效应力也较小，在腐蚀长度到一定的大小之后，腐蚀区的应力大小有一定的起伏，但是变化不大，总体上讲腐蚀长度对于悬空管道腐蚀区的最大等效应力的影响不大。

（4）不同腐蚀轴向位置条件下，腐蚀轴向位置与靠近悬空管道的中心位置，对管道产生的最大等效应力越大。

参 考 文 献

[1] 赵冬岩，余建星，王琮，李秀锋．基于风险的海底管道安全评估方法研究[J]．海洋技术，2010，29(01)：56-59.

[2] 周子鹏，孙国民，何宁．海底油气管道稳定性风险评估技术研究[J]．海洋工程装备与技术，2014，1(03)：195-199.

[3] 曹永升，王沙，赵晨，等．海底集输管道的破坏与防护[J]．化学工程与装备，2013，(7)：98-99.

[4] 郭良波，任叙合，雷方辉．海底输气管道系统定量环境风险分析探讨[J]．中国海上油气，2007，19(1)：68-72.

[5] 郭鸿雁，朱伟．基于事故树的海底管道第三方破坏风险分析[J]．当代化工，2013，(2)：212-214.

[6] 陈秋华，崔矿庆，卢进，等．海底管道基于风险和可靠性理论的合于使用评价[J]．油气田地面工程，2018，37(2)：59-64.

[7] 郭彤．海底电缆受船舶锚害风险研究[D]．天津：天津大学，2013.

临海管道海洋微生物腐蚀机理研究

孙康康

(中石化胜利石油工程有限公司)

摘　要　厌氧硫酸盐还原菌(SRB)是对金属材料最具有腐蚀性的关键微生物种类之一。厌氧硫酸盐还原菌(SRB)和好氧铁细菌(IOB)协同腐蚀易引起油气管道局部穿孔。SRB 能够强烈促进海水海泥中管线钢的腐蚀。

关键词　管道腐蚀；厌氧硫酸盐还原菌；SRB；管线钢

1　前言

海上油气田开发和海上进口原油的需求使得临海管道的建设逐年增加，与陆上管道相比，临海管道所处海洋环境复杂，管道除了受到海水的化学腐蚀、电化学腐蚀，还受到海洋微生物腐蚀和海生物附着污损。多变的海洋环境以及多样性的生物物种使得管线腐蚀成因问题更加复杂。目前针对管线钢的微生物腐蚀机理大都集中在单一菌种，而对于不同海洋环境中多菌种协同作用所致腐蚀机理的研究较少。

因此，研究典型海域海洋微生物对管道的腐蚀机理及腐蚀行为，提出临海管道海洋微生物腐蚀控制措施，对降低临海管道腐蚀失效风险具有重要意义。

2　海洋微生物腐蚀机制研究

海洋环境中与腐蚀相关的微生物主要包括细菌、真菌及藻类，尤其以细菌为主。腐蚀性细菌又分为好氧菌和厌氧菌，前者主要包括铁氧化菌，后者主要指硫酸盐还原菌。海洋环境中 SRB 普遍存在的，研究其造成的金属腐蚀具有典型性。研究表明，SRB 在缺氧环境中，是对金属材料最具有腐蚀性的关键微生物种类之一。SRB 造成的损失约占整个微生物腐损失的一半，被认为是引起金属腐蚀最主要的微生物。IOB 好氧细菌主要活跃在富氧的海水区，除了其自身对基体材料造成的腐蚀，通常和 SRB 具有协同作用，加速金属的腐蚀。

2.1　海洋微生物腐蚀机制分析

目前研究结果表明，常压下在海水区、底泥区与微生物腐蚀相关的主要微生物是硫酸盐还原菌(SRB)，SRB 对金属的腐蚀机理主要包括以下三种：

2.1.1　阴极去极化理论

1934 年荷兰学者 Kühr 等人首次提出阴极去极化理论。该理论认为，金属作为阳极失去电子被腐蚀，介质中的质子得到电子在金属表面产生氢，SRB 在氢化酶作用下消耗氢，从而在腐蚀过程中促进阴极去极化的作用，加速腐蚀。涉及如下反应：

$$8H_2O \rightarrow 8H^+ + 8OH^-$$

阳极反应：

$$4Fe \rightarrow 4Fe^{2+} + 8e^-$$

$$Fe^{2+} + S^{2-} \rightarrow FeS$$

阴极反应：

$$8H^+ + 8e^- \rightarrow 8H$$

$$SO_4^{2-} + 8H \rightarrow S^{2-} + 4H_2O$$

$$Fe^{2+} + 2OH^- \rightarrow Fe(OH)_2$$

总反应：

$$4Fe + SO_4^{2-} + 4H_2O \rightarrow 3Fe(OH)_2 + FeS + 2OH^-$$

2.1.2　代谢产物去极化理论

传统的腐蚀理论认为微生物并未直接参与到金属腐蚀过程中，而是微生物的代谢产物对金属产生腐蚀作用。Craig 等人认为，细菌代谢产物的去极化包括 H_2S 和 FeS 去极化。厌氧环境下，阴极产生 H_2S，从而使腐蚀加快，阳极反应也因 FeS 的生成而加快金属腐蚀。除了无机代谢物对腐蚀的影响，代谢产生的胞外聚合物在 SRB 腐蚀过程中也发挥重要作。刘宏芳教授研究团队发现常压下培养 14 天 SRB 产生的胞外聚合物量最多，而且低浓度的胞外聚合物对碳钢具有抑制作用，而高浓度的 EPS 对碳钢的腐蚀具有促进作用。管运涛研究员等发现，适量的 Fe 浓度可以促进生物膜和 EPS 形成，而且 EPS 中部分官能团可以与铁离子结合，促进阳极溶解，进而加速腐蚀。

2.1.3　生物阴极催化(生物电化学机理)

以上理论虽然在一定程度上解释了 SRB 的微生物腐蚀过程，但是并未明确 SRB 在腐蚀中所起的作用。从微生物能量学的角度研究发现，SRB 生物膜通过从基体金属材料中获取能量来获得维持其生命活动，从而提出了生物阴极催化硫酸盐还原机理。BCSR 理论认为在周围环境中有机碳源充足时，SRB 首先利用有机物质作为电子供体。但是贴近金属表面的底层 SRB 生物被膜由于受到扩散和上层生物被膜消耗碳源的限制，导致其无法有效从外界获取碳源。为了获得维持其生存的能量，金属成为唯一电子供体，底层生物被膜从金属中捕获电子来进行厌氧呼吸、还原硫酸根，获取氧化还原过程中释放的能量，从而导致了严重的金属腐蚀，见图 1。

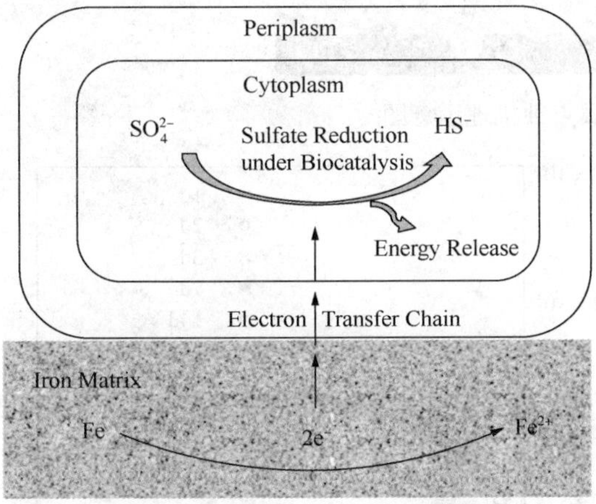

图 1　生物阴极催化硫酸盐还原机理

2.2　好氧细菌腐蚀机制

铁氧化菌(Iron-oxidizing bacteria，IOB)是一类以 O_2 作为最终电子受体，通过氧化 Fe^{2+} 至 Fe^{3+} 获得能量生长的微生物，属于典型的好氧腐蚀菌。普遍的观点认为典型的碳钢点蚀机理是由 IOB 腐蚀产物铁氧化合物引起的缝隙腐蚀。IOB 对金属材料的整个腐蚀电化学过程中的化学反应式如下所示：

阳极反应：

$$Fe \rightarrow Fe^{2+} + 2e^-$$

$$Fe^{2+} \rightarrow Fe^{3+} + e^-$$

阴极反应：

$$\frac{1}{2}O_2 + H_2O + 2e^- \rightarrow 2OH^-$$

$$Fe^{2+} + 2OH^- \rightarrow Fe(OH)_2$$

$$\frac{1}{2}O_2 + 2Fe(OH)_2 \rightarrow 2FeOOH + H_2$$

$$Fe^{3+} + 3OH^- \rightarrow Fe(OH)_3 + H_2O$$

图 2 描述了由铁氧化合物引起的缝隙腐蚀机理图，好氧条件下，铁氧化合物膜下碳钢基底会形成很多小的阳极活性位点，阳极铁失去电子，阴极氧气被还原，氧的去极化过程会生产 OH^-，进而会产生铁氧化合物(如 FeOOH、$Fe(OH)_3$ 等)，铁氧化合物的形成又进一步促进阳极的溶解，从而会加速点蚀的形成。

2.3　混合细菌协同腐蚀机制

实际海洋环境复杂多变，种类繁多的微生物在海水中共同存在，它们彼此拮抗或促进，相比于单独存在的情况，微生物的代谢增殖特点必然会发生改变。在溶解氧丰富的海水区，好氧与厌氧菌之间的协同作用是造成金属腐蚀的一大主要关键因素。好氧微生物可改变环境参数，为厌氧菌的存活代谢提供局部厌氧环境。厌氧的 SRB 和好氧的 IOB 是目前公认的两大腐蚀性微生物，二者共同存在条件下的腐蚀行为和机理研究具有典型代表性，与实际情况更为相符。研究发现，与单纯的 SRB 存在条件下相比较，混合菌共存产生更多含硫的腐蚀产物，说明 IOB 的存在促进 SRB 的生长与繁衍，导致更为严重的点蚀发生，腐蚀机理如图 3 所示。除此之外，IOB 的代谢产物铁氧化合物的沉积进一步巩固 SRB 生长所需的厌氧微环境并促进金属腐蚀的发生。总体来说，IOB 与 SRB 的协同腐蚀的过程中，好氧菌首先为厌氧菌创造厌氧微环境并产生点蚀，继而厌氧菌进一步诱导并加剧腐蚀。这种协同作用能够合理地解释油气管道混合细菌引起的局部穿孔现象。

3　临海管道硫酸盐还原菌(SRB)腐蚀行为

3.1　典型海域管线钢 SRB 腐蚀电化学测试

3.1.1　南海海域

(1) 海水及海泥中

测试了南海提纯培养的硫酸盐还原菌对临海管道典型管线钢(X60)在南海海水和海泥中的腐蚀行为。阻抗测试结果见图 4，结果表明，南海环境中的硫酸盐还原菌能够强烈的促进管线钢的腐蚀，其中海泥环境下的细菌能够对管线钢造成较海水环境中更为严重的腐蚀，与东海微生物腐蚀测试结果相比，南海环境中的硫酸盐还原菌在海泥环境中的活性更强，在海泥中所造成的腐蚀更为剧烈。

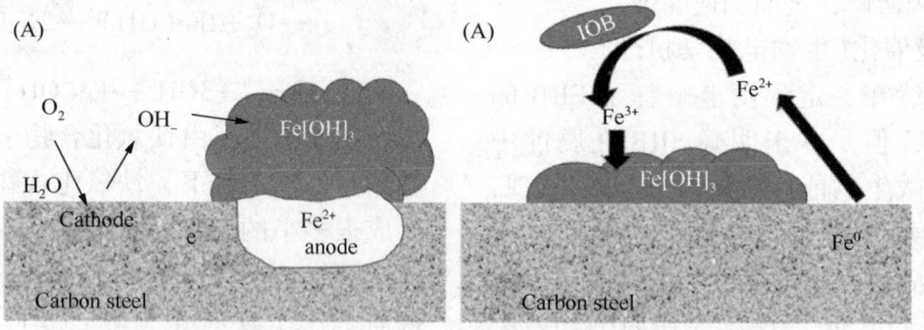

图 2　由 Fe(OH)3 沉淀形成的点蚀机理和 IOB 缝隙腐蚀机理示意图

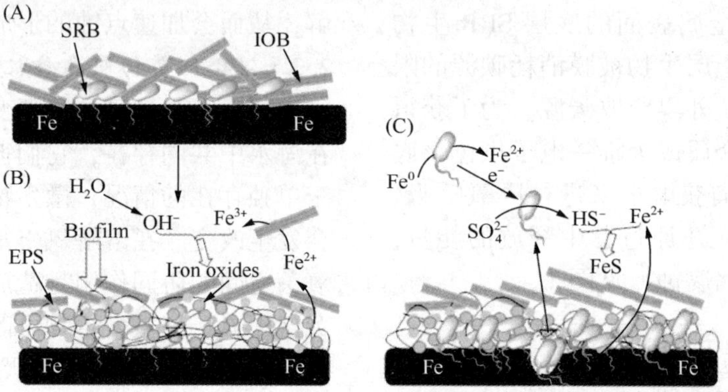

图 3　SRB-IOB 混合菌诱导金属点蚀机理示意图

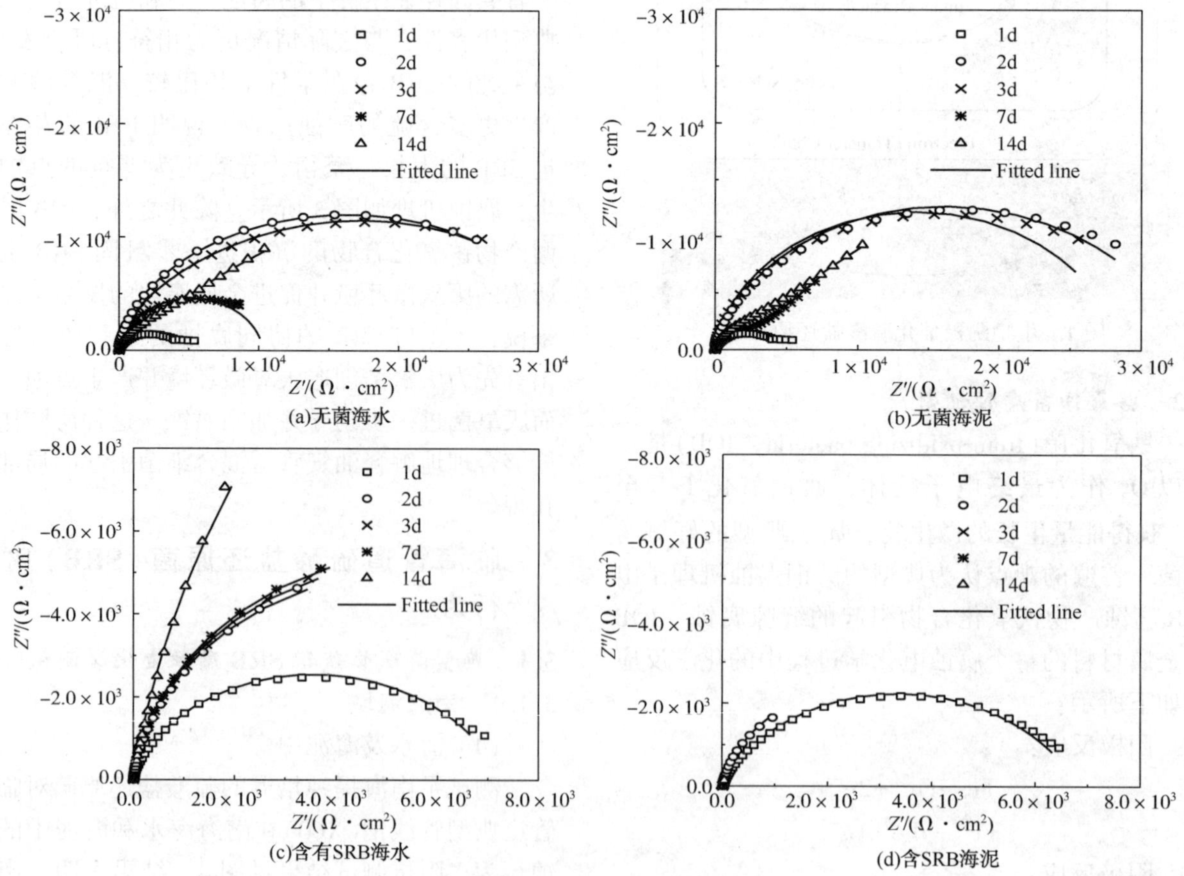

图 4　南海海水海泥环境中 X60 管线钢阻抗 Nyquist 图

图 5 为南海海水海泥环境典型管道动电位极化测试结果，动电位极化测试结果与电化学阻抗测试结果一致，在南海海泥环境中，SRB 对管线钢造成的腐蚀最严重，相应的电荷传递电阻最小，含菌海水中的电荷传递电阻略高于含菌海泥。

（2）海水/海泥交界位置

图 6 为海水/海泥交界位置处管线钢腐蚀阻抗测试结果图，图 7 为海水/海泥交界位置处管线钢腐蚀动电位极化测试结果图。图 6 和图 7 所示的动电位极化结果可以看出，对处于海水海泥界面处的管线钢，SRB 同样促进了在南海海水海泥界面处的管线钢腐蚀，界面处的腐蚀程度介于海水和海泥之间。

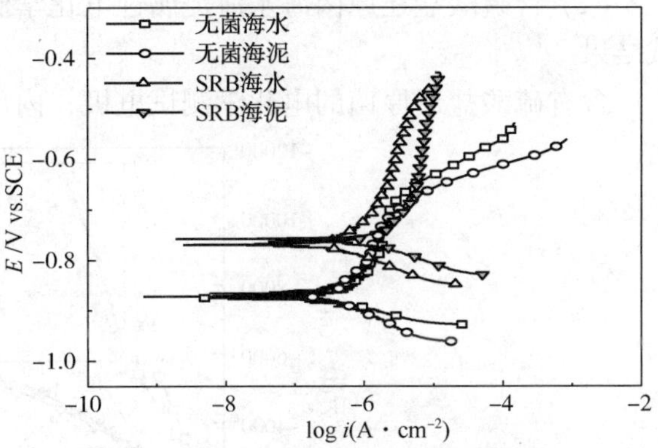

图 5　南海海水海泥环境中管道动电位极化测试结果

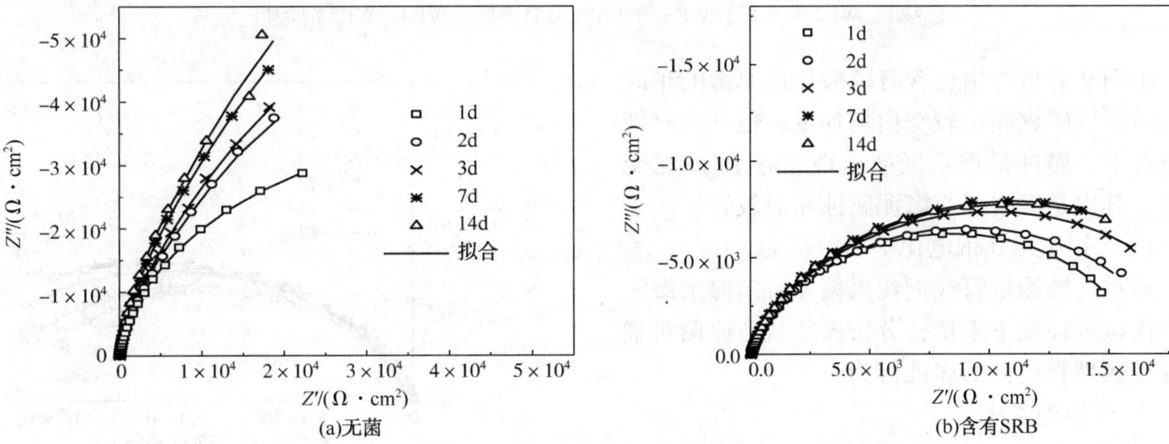

图 6　南海海水/海泥界面环境管线钢阻抗 Nyquist 图

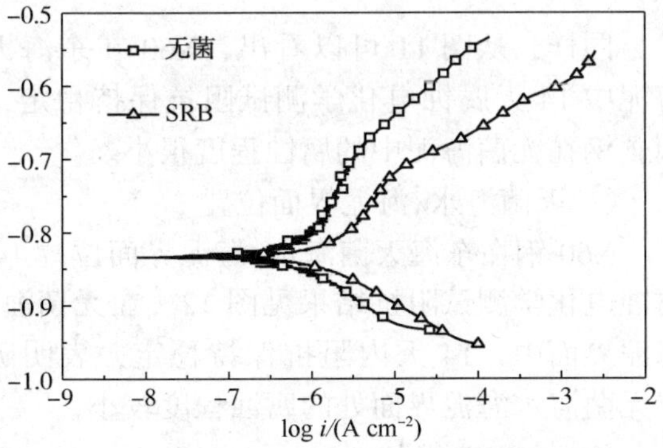

图 7　南海海水/海泥界管线钢动电位极化测试结果

3.1.2　东海海域

（1）灭菌海水海泥腐蚀电化学测试结果

图 8 为灭菌东海海水、海泥、海水/海泥界面位置 X60 钢交流阻抗谱（能奎斯特图，Nyquist 图）。图中可以看出，空白（灭菌对照）海水中海泥区有腐蚀，海泥区碳钢成为阳极，海水区碳钢为阴极，腐蚀程度由水区到泥区逐渐增大。

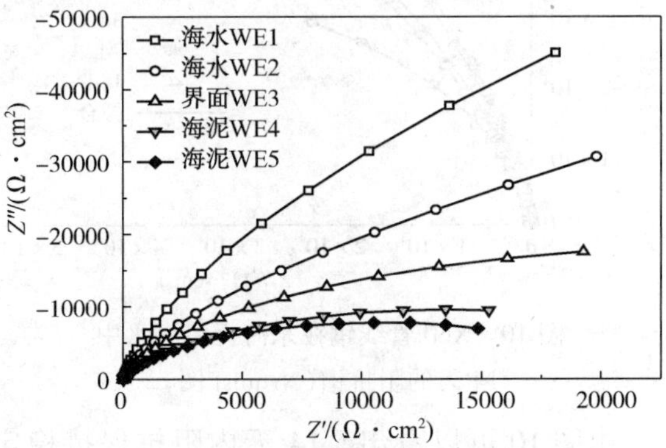

图 8　灭菌东海海水海泥中 X60 钢交流阻抗谱（能奎斯特图）

（WE1、WE2 海水区，WE3 海水/海泥交界区，WE4、WE5 海泥区）

（2）含硫酸盐还原菌海水海泥腐蚀电化学测试结果

含有硫酸盐还原菌的电化学测试电极，内部结构与空白组相同。交流阻抗谱(能奎斯特图，Nyquist 图)测试结果见图 9。

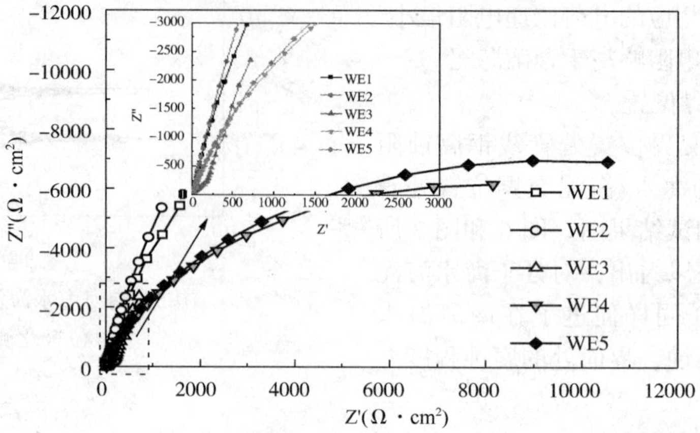

图 9　含 SRB 菌东海海水海泥中 X60 钢交流阻抗谱(能奎斯特图)
(WE1、WE2 海水区，WE3 海水/海泥交界区，WE4、WE5 海泥区)

由图 9 分析得出，含有硫酸盐还原菌的东海海水海泥区碳钢腐蚀较空白均加重，但在含有细菌条件下，腐蚀最严重区域出现在海水/海泥交界处，其次是海水区，海泥腐蚀相对较轻。

（3）东海 X60 钢电化学腐蚀行为

通过连续测试管线钢在灭菌和有菌海水海泥及界面位置环境下阻抗，分析硫酸盐还原菌对临海管道典型管线钢的腐蚀行为。

① 灭菌海水中

X60 钢在东海无菌海水中 14 天腐蚀电化学测试阻抗结果见图 10。

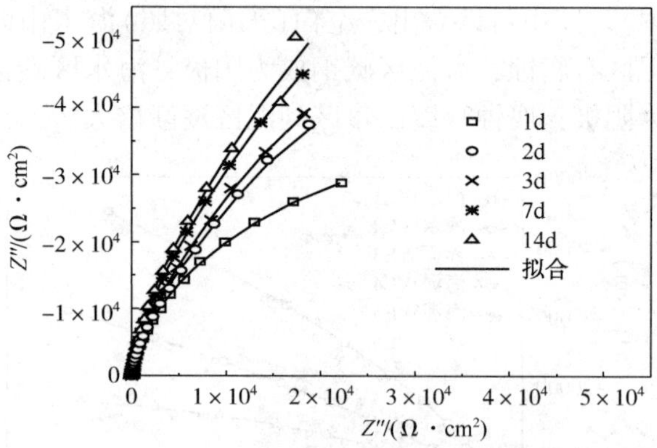

图 10　X60 管线钢在东海无菌海水中 14 天的阻抗谱(Nyquist 图)

由图 10 可以看出，14 天内阻抗保持稳定，表明管线钢在无菌海水中腐蚀程度较小。

② 灭菌海泥中

X60 钢在东海灭菌海泥中 14 天腐蚀电化学测试阻抗结果见图 11。

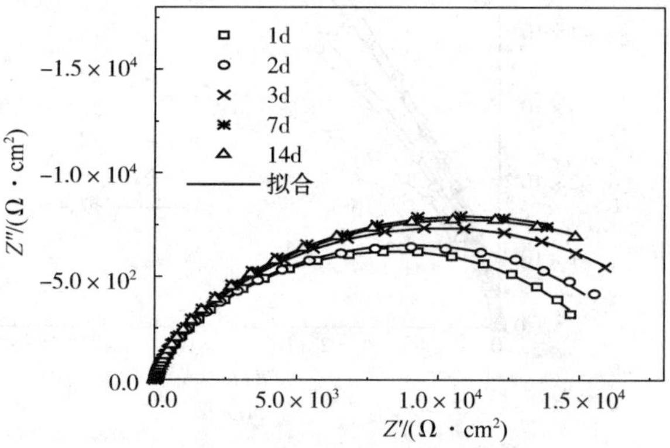

图 11　X60 管线钢在无菌海泥中的阻抗谱(Nyquist 图)

同样，从图 11 可以看出，X60 在东海无菌海泥中 14 天腐蚀电化学测试阻抗保持稳定，表明碳钢在无菌海泥中的腐蚀程度很小。

③ 灭菌海水/海泥界面位置

X60 钢在东海灭菌海水/海泥界面位置 14 天腐蚀电化学测试阻抗结果见图 12。在无菌海水/海泥界面中，14 天内阻抗保持稳定，表明碳钢在无菌海水海泥界面处的腐蚀程度较小。

④ 有 SRB 海水中

X60 钢在东海有 SRB 海水中 14 天腐蚀电化学测试阻抗结果见图 13。从图 13 可以看出，第三天开始，阻抗弧明显收缩，表明碳钢腐蚀加重。说明管线钢表面若被 SRB 附着，3 天后生物膜下腐蚀就开始发生了，电荷传质电阻下降了 3 个数量级，且随着硫酸盐还原菌在海水介质中的生长繁殖，碳钢腐蚀被进一步加速。

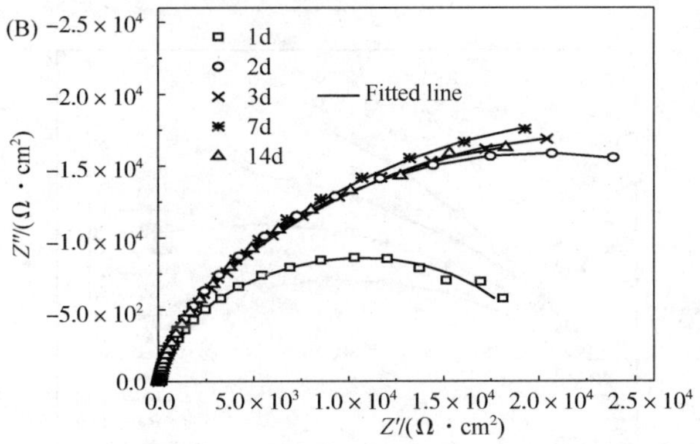

图 12　无菌海水/海泥界面中的阻抗 Nyquist 图

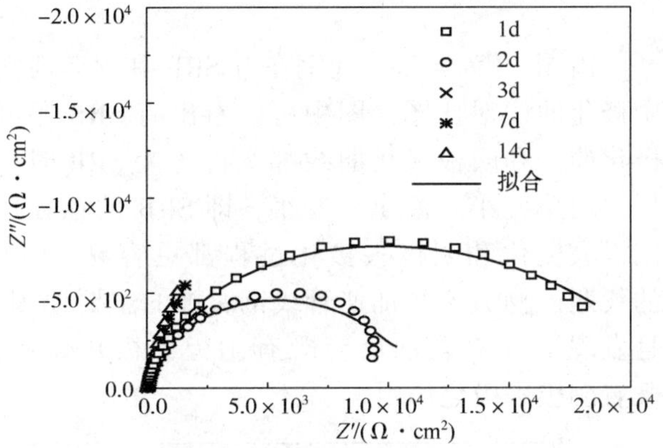

图 13　X60 管线钢在含有 SRB 的东海海水中的阻抗谱(Nyquist 图)

⑤ 有 SRB 海泥中

X60 钢在东海有 SRB 海泥中 14 天腐蚀电化学测试阻抗结果见图 14。与图 13 相比，图 17 可以看出，碳钢在含有 SRB 的海泥中阻抗减小不明显，碳钢受到一定程度的腐蚀，但 14 天内腐蚀程度小于含菌海水。

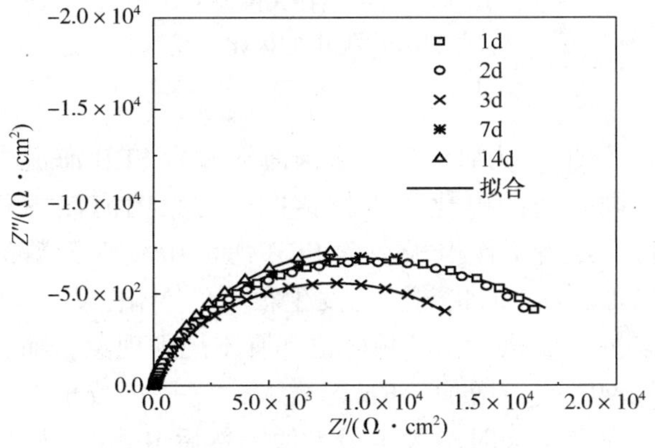

图 14　X60 管线钢在含有 SRB 的海泥中的阻抗谱(Nyquist 图)

⑥ 有菌海水/海泥界面位置

X60 钢在东海有菌海水/海泥界面位置 14 天腐蚀电化学测试阻抗结果见图 15。从图 15 可以看出，在有菌海水/海泥界面中，7 天内阻抗持续减小，表明碳钢在含有 SRB 的海水/海泥界面的腐蚀严重，且腐蚀程度比全浸没在海泥中的碳钢大。

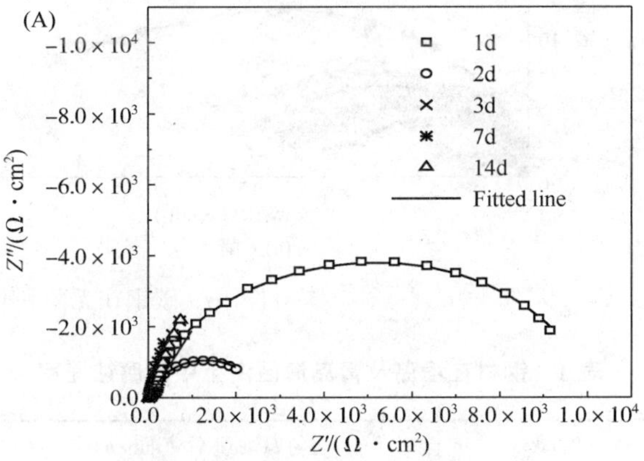

图 15　X60 管线钢在含有 SRB 的海水/海泥界面阻抗谱(Nyquist 图)

以上实验研究结果可知，东海海水海泥环境中，SRB 能够显著促进临海管道管线钢的微生物腐蚀，但海水海泥以及海水/海泥界面位置的腐蚀程度不相同。其中，含菌海水中碳钢受到的微生物腐蚀最严重，其次是海水海泥界面处，海泥中的微生物腐蚀程度较小，但依然高于无菌条件下的腐蚀速率。

3.1.3　渤海海域

研究测试了渤海海水海泥中 SRB 对临海管道典型管线钢的腐蚀行为。

(1) 海水

图 16 为无菌和含 SRB 海水中管线钢的阻抗 EIS 测试结果。可以看出，在无菌条件下，阻抗值随时间延长而减小。而在有菌条件下，阻抗值随 SRB 生长过程而变化。对比之下可看出，渤海海水中 SRB 同样加速了钢铁材料的腐蚀。

(2) 海泥

表 1 为渤海胜利埕岛海域海泥室内模拟埋片腐蚀试验得到的海泥中均匀腐蚀速率。

表 2 为灭菌海泥和有 SRB 海泥中典型钢的腐蚀速率试验结果，在有菌海泥中腐蚀速率远大于灭菌海泥中的腐蚀速率，大约是 5~6 倍，说明海泥中微生物对钢铁的腐蚀有明显影响，对比表 1 和表 2，表明渤海海泥中对管线钢的主要腐蚀因素是海泥中的微生物腐蚀。

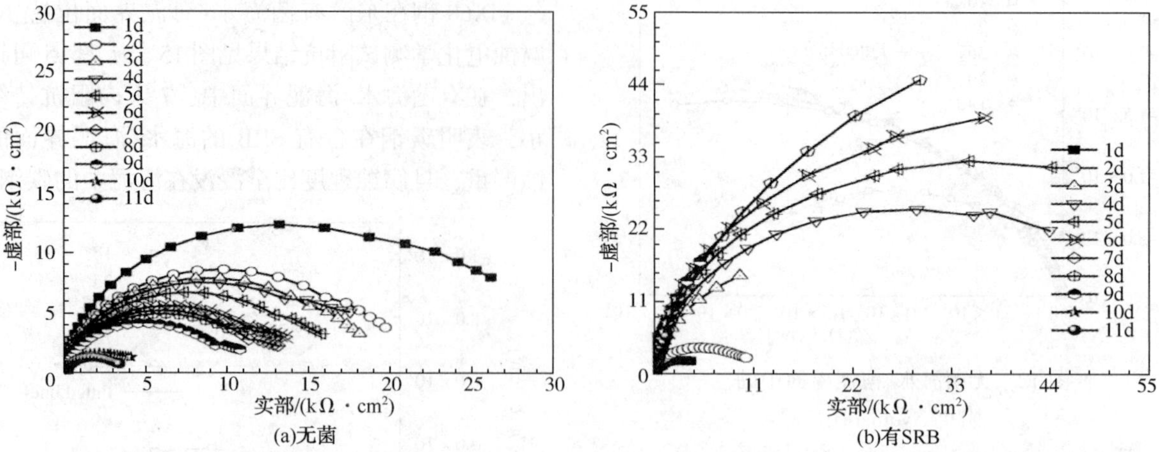

图 16　碳钢在无菌和含 SRB 海水中的阻抗 Nyquist 图

表 1　钢材在埕岛及青岛海区海土中的腐蚀速率

时间/a	均匀腐蚀速率/(mm/a)
1	0.0548
2	0.0581
3	0.0429

表 2　灭菌和有 SRB 海泥中管线钢的腐蚀速率

灭菌海泥均匀腐蚀速率/(mm/a)	有 SRB 海泥均匀腐蚀速率/(mm/a)
0.0083	0.047

图 17 为典型管线钢在 SRB 一个生长周期内，在灭菌和有 SRB 海泥中的自腐蚀电位随着时间的增加，先发生负移，然后趋于平稳。在 SRB 一个生长周期内的自腐蚀电位变化在含活性 SRB 的海泥中较在灭菌海泥中变化大，活性 SRB 的存在能够使自腐蚀电位更负。

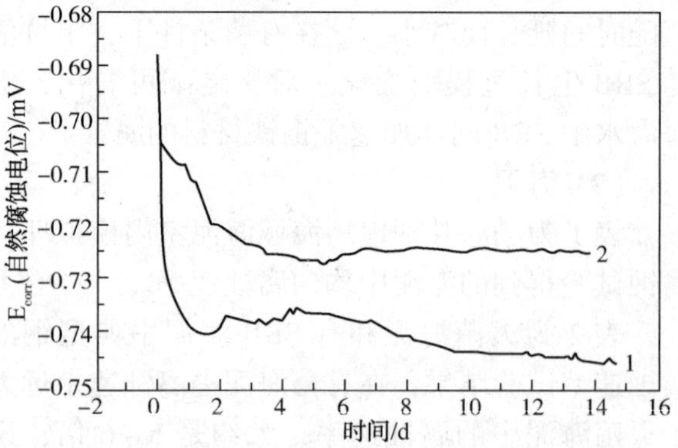

图 17　典型管线钢在含有活性 SRB 海泥中和灭菌海泥中自腐蚀电位变化

1—含 SRB；2—无 SRB

由图 18 为典型管线钢在有 SRB 和灭菌海泥中极化曲线对比图，图中可以看出有 SRB 阳极极化曲线和阴极极化曲线都变得比无 SRB 时平坦，斜率变小，极化率变小，即 SRB 的存在使阳极去极化和阴极去极化过程都更容易。SRB 的代谢产物 H_2S 是加速管线钢腐蚀的主要原因，且发现 H_2S 对腐蚀反应既有阳极去极化作用，又有阴极去极化作用。

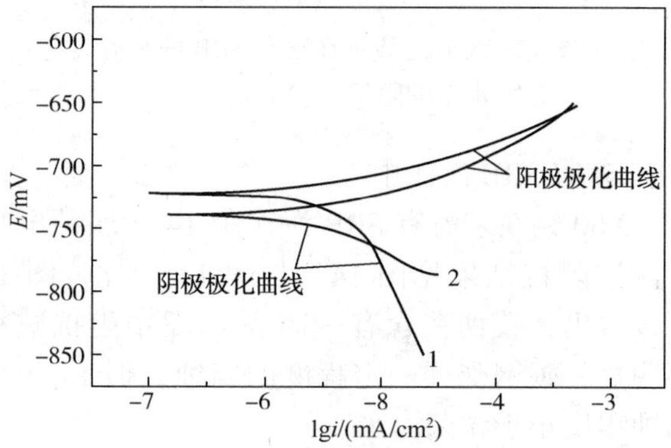

图 18　管线钢在灭菌海泥和含 SRB 海泥中的极化曲线

1—灭菌海泥；2—含 SRB 海泥

图 19 为管线钢在灭菌海泥和含 SRB 海泥中不同时间的电化学阻抗谱图。与灭菌海泥中相似，随着工作电极在含 SRB 海泥中浸泡天数的增加，EIS 形状并没有发生很大的变化，均为单容抗弧形状，在高频区也都有不规则现象；随着浸泡时间的增加，Rp 先增大，扁平状减小，大约在第 7 天时增大至最大值，然后 Rp 又开始变小，并呈现出显著的 Warburg 阻抗特征。随着工作电极在灭菌海泥中浸泡天数的增加，高频相位

角极值先向低频方向移动，大约在第 7 天时又向高频方向移动；而在低频端模值逐渐变大，大约在第 7 天时增加至最大值，然后又逐渐变小。

3.2 典型海域管线钢 SRB 腐蚀形貌表征

3.2.1 南海海域

（1）无菌南海海水海泥中

图 20 显示了管线钢在无菌南海海水海泥中的腐蚀形貌，在无菌南海环境中，管线钢表面较为平整，少量腐蚀产物。南海海水海泥对管线钢具有一定的腐蚀性。从 SEM 形貌中可以观察到打磨试片留下的划痕，说明无菌环境中管线钢表面腐蚀产物稀疏，基体材料仅受到轻微的腐蚀。

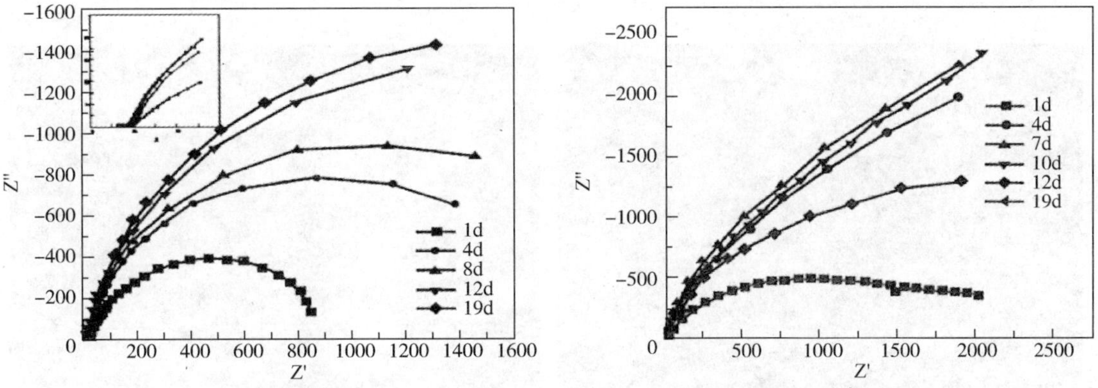

(a)无菌 (b)有SRB

图 19 管线钢在无菌和含 SRB 渤海海泥中的电化学阻抗谱图(Nyquist 图)

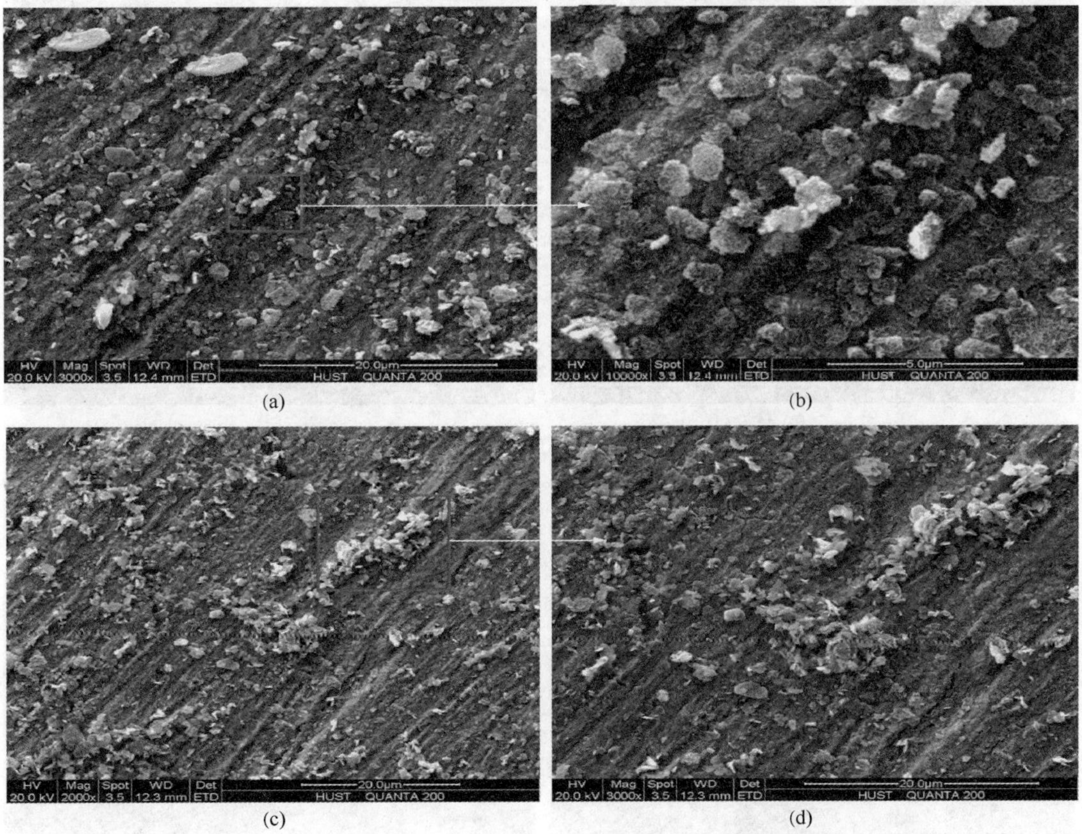

(a) (b) (c) (d)

图 20 管线钢在南海无菌海泥海水中的腐蚀形貌 SEM

(a)、(b)无菌海泥，(c)、(d)无菌海水

（2）含 SRB 南海海水海泥中

图 21 显示了含有 SRB 的南海海水海泥中管线钢的腐蚀形貌，图 21 中(A)(B)(E)为含菌海泥中 X60 钢表面腐蚀产物和生物膜的观察结果。在南海海泥中，SRB 能够在管线钢表面形成均匀致密的生物膜。碳钢的微生物腐蚀与表面所形成的生物膜密切相关，南海海泥中的 SRB 生物膜对管线钢在海泥环境中腐蚀起到重要的促进作用。在含菌海水中，管线钢表面有明显的 SRB 细菌吸附，但表面的生物膜不连续。由于海泥中的厌氧环境更有利于厌氧的 SRB 的生长代谢，且海泥环境中传质过程较水环境缓慢，传质阻力大，金属表面的微生物获得碳源困难，根据生物阴极催化理论，管线钢表面的 SRB 通过腐蚀金属得到电子，以维持生命活动，因此海泥中的管线钢受到更严重的微生物腐蚀。

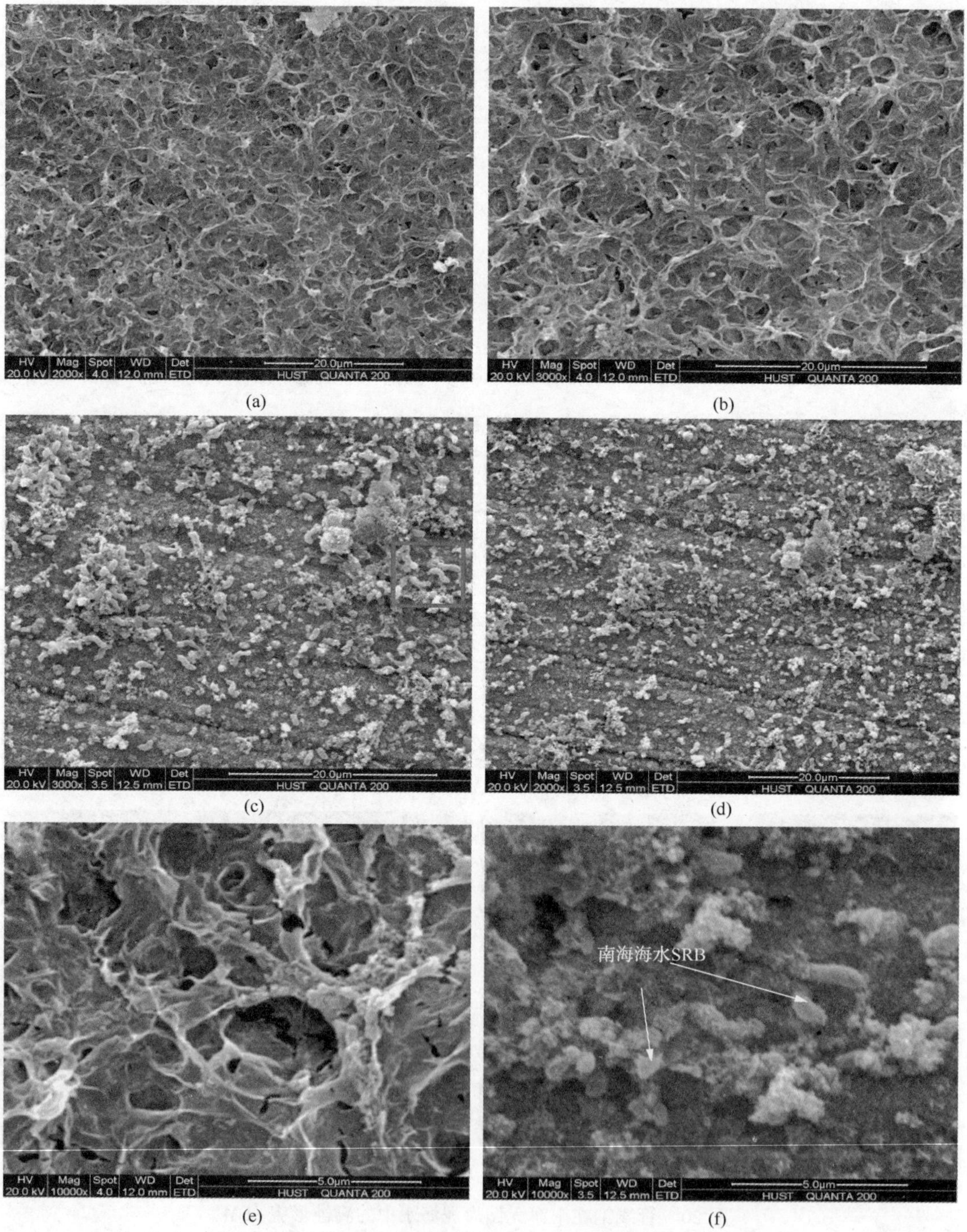

图 21　含有 SRB 的南海海水海泥中管线钢的腐蚀形貌 SEM

(a)(b)含菌海泥(c)(d)含菌海水(e)为(b)中含菌海泥局部放大(f)为(c)含菌海水局部放大

（3）含 SRB 海水/海泥界面位置

图 22 显示了含有 SRB 的南海海水/海泥界面位置管线钢的腐蚀形貌。

(a)　　(b)　　(c)

图 22　管线钢在含 SRB 海水/海泥界面处腐蚀形貌

图 22 可以看出，在 SRB 的影响下，管线钢在界面处的腐蚀产物出现了明显的分层现象。左侧海水区的腐蚀产物稀薄，生物膜不连续，而右侧海泥区中，腐蚀产物以及细菌生物膜的形貌结构与海水区相比有明显区别，腐蚀产物疏松且具有明显的规则的微纳结构。

3.2.2　东海海域

（1）海水海泥中

图 23 显示了无菌和含有 SRB 的东海海水海泥中管线钢的腐蚀形貌。

在无菌的东海海水海泥中，X60 表面较平整，没有明显的腐蚀产物，碳钢腐蚀轻微。在接种相应的东海海水 SRB 的介质中，碳钢表面有明显的生物膜和腐蚀产物，能够观察到细菌，海泥中碳钢表面的腐蚀产物较海水中更致密。

（2）海水/海泥界面位置

图 24 显示了无菌和含有 SRB 的东海海水/海泥界面位置管线钢的腐蚀形貌。

在含 SRB 东海海水/海泥界面位置，碳钢表面腐蚀产物呈现出一定的特征形貌，腐蚀产物具有一定的微纳结构。尤其在海水海泥交界处，腐蚀产物表现出一定的纳米片层结构，在界面相应位置够观察到细菌的附着。

3.2.3　渤海海域

图 25 为碳钢在无菌(a)和 SRB 海水中浸泡 13d 后去除腐蚀产物膜后的扫描电子显微镜照片(SEM)。图中可以清晰的看出微生物腐蚀(MIC)以局部腐蚀的形式导致材料失效，碳钢浸泡在无菌环境中以均匀腐蚀为主要形式，而在 SRB 海水中则以局部腐蚀为主。这与胜利海上埕岛油田弃置回收的临海管道获得的海洋微生物腐蚀形貌一致，见图 26。

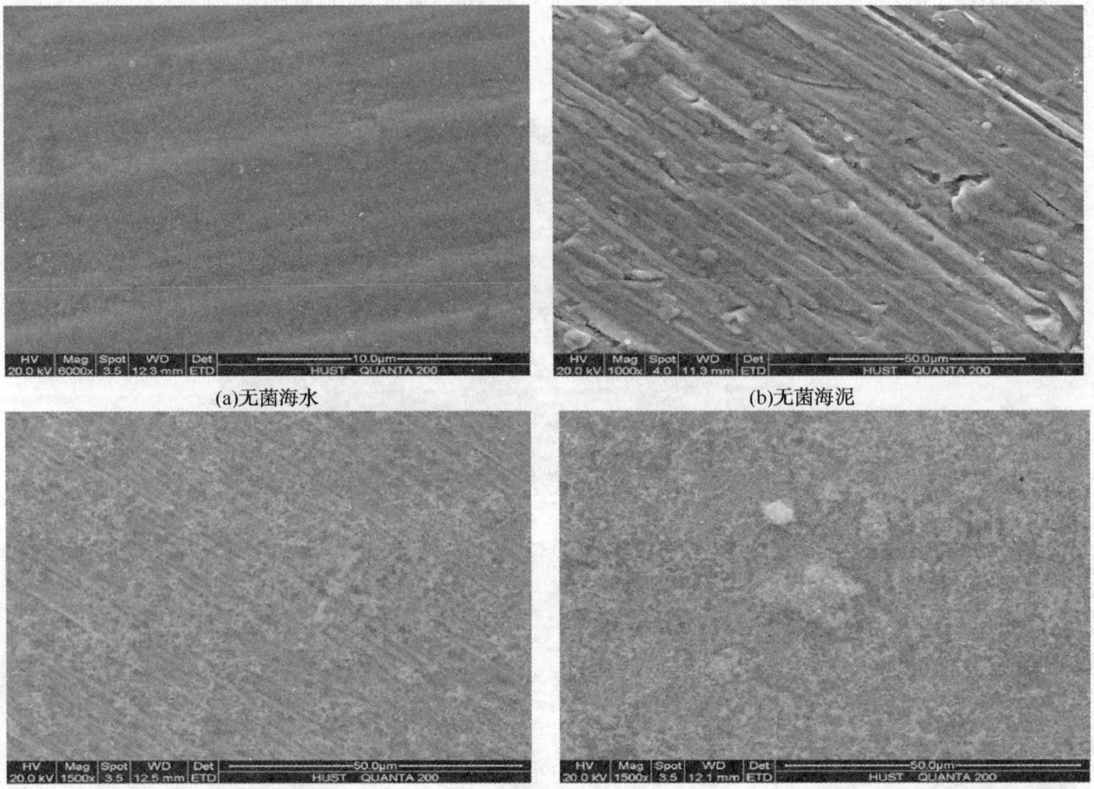

(a)无菌海水　(b)无菌海泥

(c)含SRB海水　(d)含SRB海泥

图 23　管线钢在东海海水海泥中的腐蚀形貌

(a)　(b)　(c)

图 24　管线钢在东海海水/海泥界面位置腐蚀形貌

(a)无菌界面；(b)(c)含 srb 界面

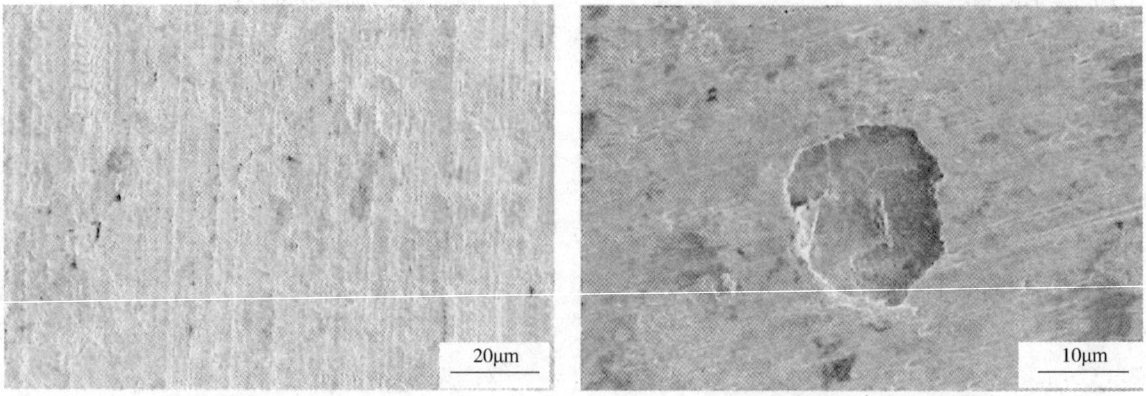

(a)无菌SEM图片　(b)有SRB腐蚀后SEM图片

图 25　碳钢在无菌和 SRB 海水中浸泡 13d 后去除腐蚀膜后 SEM 照片

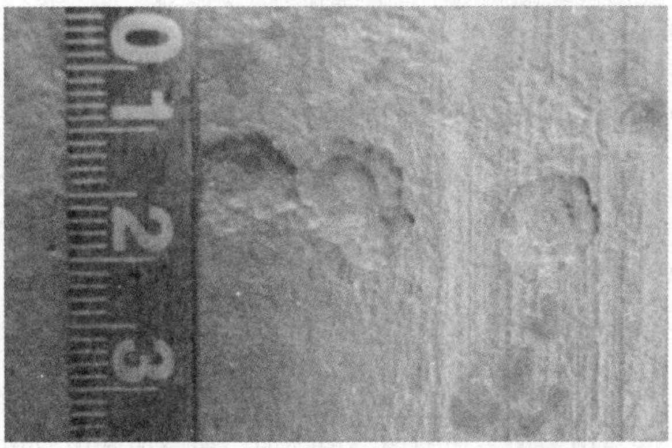

图26　胜利埕岛海管海洋微生物腐蚀照片

图27为在含SRB海水中浸泡不同时间后碳钢(WBE)表面阴极区和阳极区表面局部扫描电子显微镜照片。图中可以看出1天之后，阴极区和阳极区的表面微观形貌没有显著的差异，均有生物膜和腐蚀产物膜组成的复合膜覆盖在电极表面，膜中EPS及腐蚀产物的存在抑制了腐蚀进行，导致在含SRB海水中浸泡初期电流分布相对均匀。13天后，阴极区表面膜层的形貌特征未发生明显变化，而在阳极区表面覆盖了一层由腐蚀产物和生物膜交织在一起的疏松多孔膜层，其膜层厚度远高于无菌溶液中的，进一步证实SRB的存在加剧了碳钢的阳极溶解。

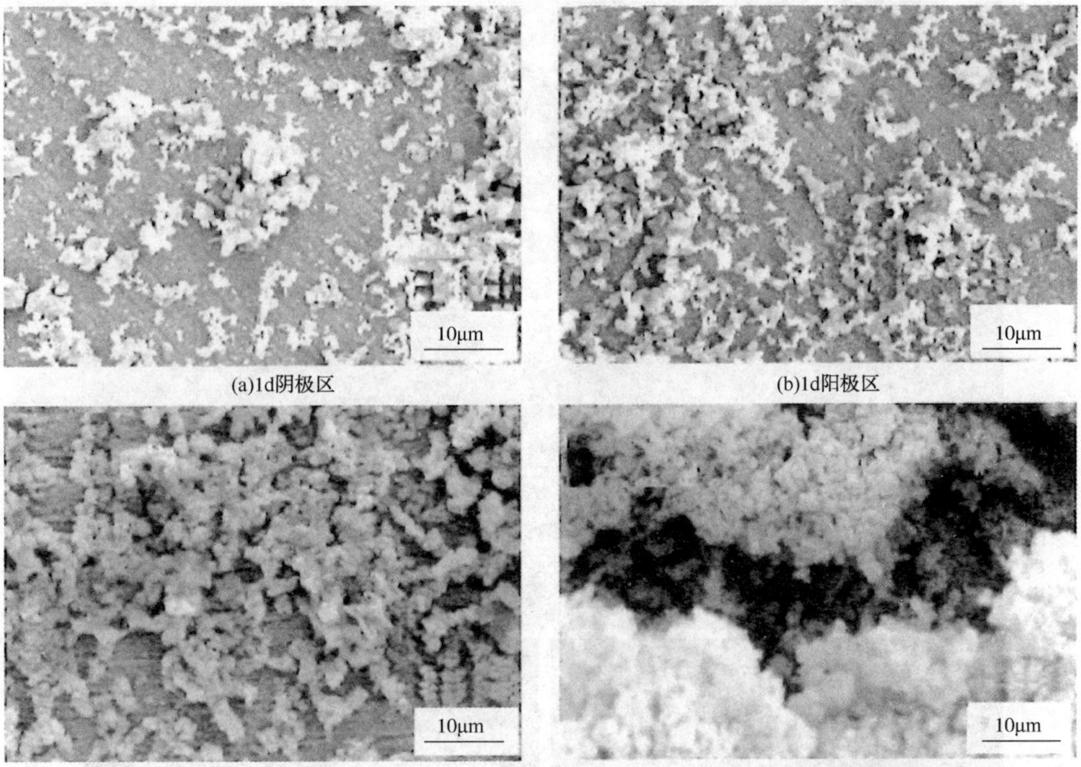

(a)1d阴极区　(b)1d阳极区

(c)13d阴极区　(d)13d阳极区

图27　碳钢WBE在有SRB海水1d和13d阴极区和阳极区表面微观形貌

3.3　典型海域微生物腐蚀失重及腐蚀产物组成

3.3.1　南海海域

图28显示了管线钢在无菌南海海水海泥中腐蚀后的表面元素分析。无菌环境中的管线钢表面仅有较少的铁氧化物。

图29显示了管线钢在含有SRB的南海海泥中的表面元素面扫分析，SRB在海泥环境中能够在管线钢表面形成均匀且致密的生物膜，相应的元素分析表明管线钢表面的生物膜中S、C、O含量较高，且生物膜具有一定的孔隙结构，该结构有利于生物膜下金属的溶解和固着细胞的生长代谢。

图30显示了管线钢在南海SRB海水/海泥界面位置腐蚀产物元素线扫描，界面处的腐蚀产物形貌具有显著的微纳片层结构。表3为管线钢在南海有SRB海水/海泥界面与海泥区腐蚀产物元素定量分析结果。图31管线钢在南海含SRB海水海泥中的腐蚀失重结果。

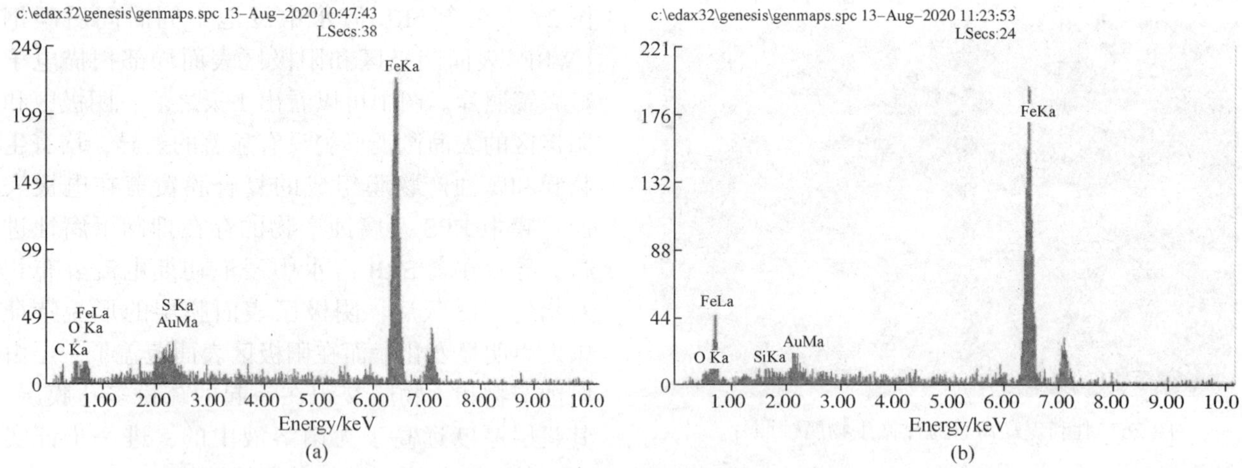

图 28　无菌南海海水海泥管线钢表面腐蚀元素分析

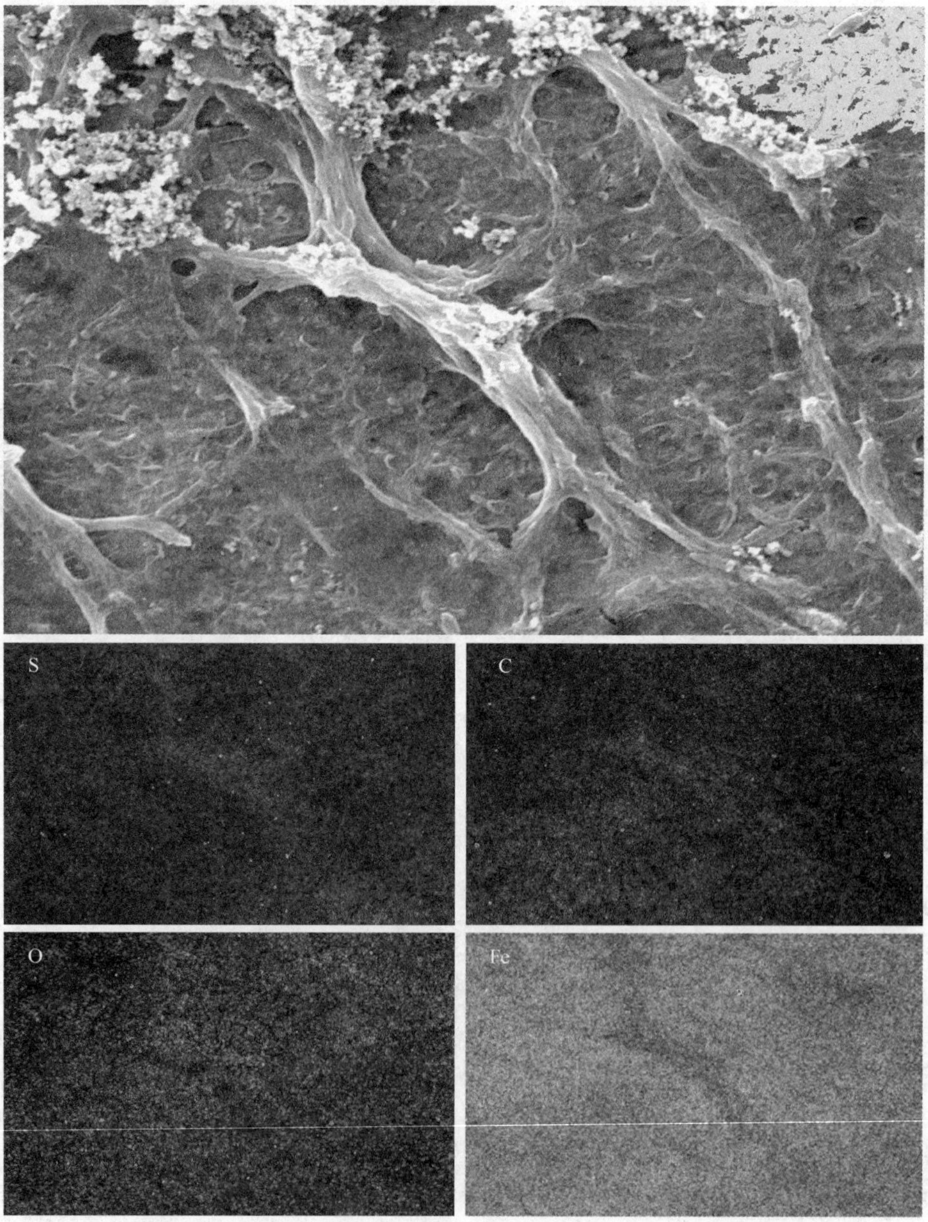

图 29　管线钢在含有 SRB 的南海海泥中 Mapping 分析

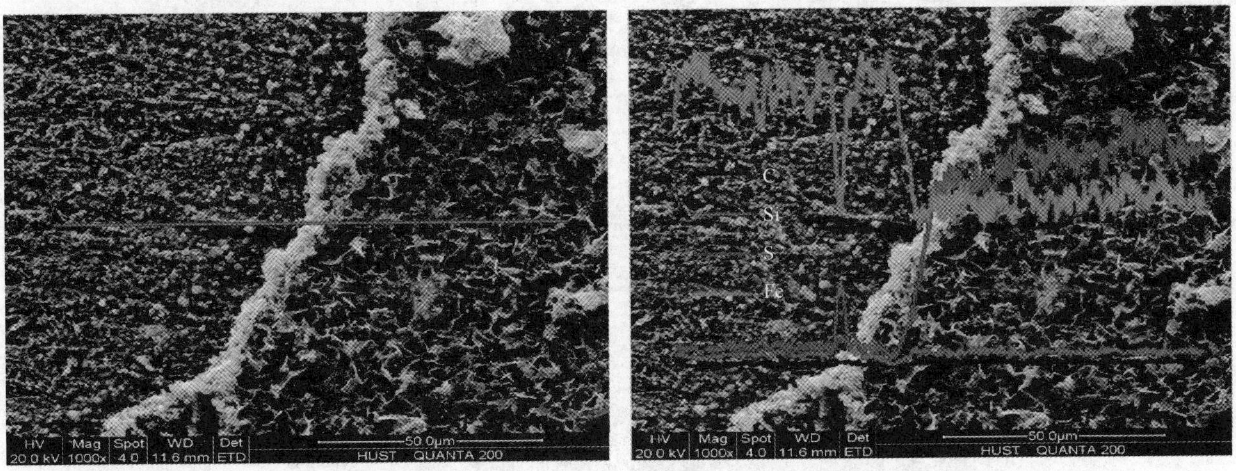

图30　南海有SRB海水/海泥界面处管线钢腐蚀产物元素线扫描

表3　管线钢在南海SRB海水/海泥界面与海泥区腐蚀产物元素定量分析

Element	Wt%	At%	Element	Wt%	At%
CK	09.79	27.85	CK	16.30	41.57
OK	02.48	05.29	OK	05.70	10.90
SiK	00.48	00.58	SiK	01.55	01.69
SK	28.48	30.34	SK	09.66	09.23
FeK	58.77	35.94	FeK	66.79	36.62
Matrix	Correction	ZAF	Matrix	Correction	ZAF

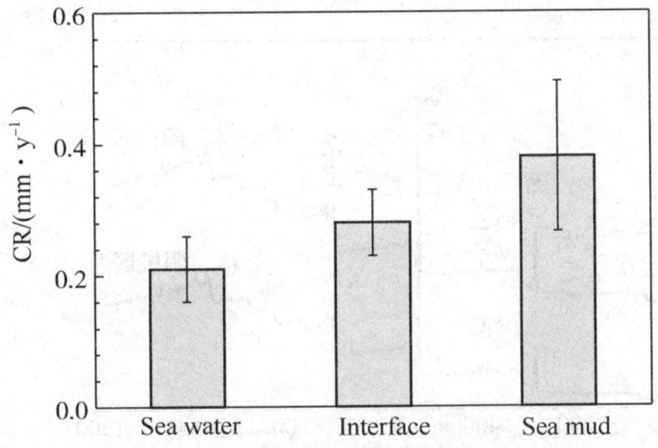

图31　管线钢在南海含SRB海水海泥及界面位置的腐蚀失重结果

3.3.2　东海海域

图32显示了东海海水海泥管线钢表面腐蚀产物的元素分析结果，东海海水中的SRB能够对管线钢造成严重的腐蚀，其中在海水中的细菌对管线钢的腐蚀更强，海泥中的细菌腐蚀程度稍弱，但与无菌条件相比，仍造成严重腐蚀。

3.3.3　渤海海域

图33所示的是浸泡在无菌和有SRB海水中13d后碳钢WBE阴极区和阳极区表面的X射线光电子能谱图(XPS)。从图中可以看出，在有SRB介质中浸泡13d之后，试样表面除了元素Fe、C、O和N之外，S也被检测到，表明SRB代谢产生的硫化物参与了碳钢的腐蚀。腐蚀产物元素定量分析结果见表4。

4　结论

(1) 海水区、底泥区微生物腐蚀相关的最主要微生物是硫酸盐还原菌(SRB)。

(2) 厌氧硫酸盐还原菌(SRB)和好氧铁细菌(IOB)协同腐蚀的过程中，好氧菌首先为厌氧菌创造厌氧微环境并产生点蚀，继而厌氧菌进一步诱导并加剧腐蚀，这种协同作用易引起油气管道局部穿孔。

(3) 南海环境中的硫酸盐还原菌(SRB)在海泥中对管线钢所造成的腐蚀更为剧烈，海水/海泥界面处的腐蚀程度介于海水和海泥之间。东海含菌海水中管线钢受到的微生物腐蚀最严重，其次是海水海泥界面处。渤海海水海泥中硫酸盐还原菌(SRB)均促进了管线钢的海洋腐蚀，有菌海泥中腐蚀速率达到灭菌海泥中腐蚀速率的5~6倍。

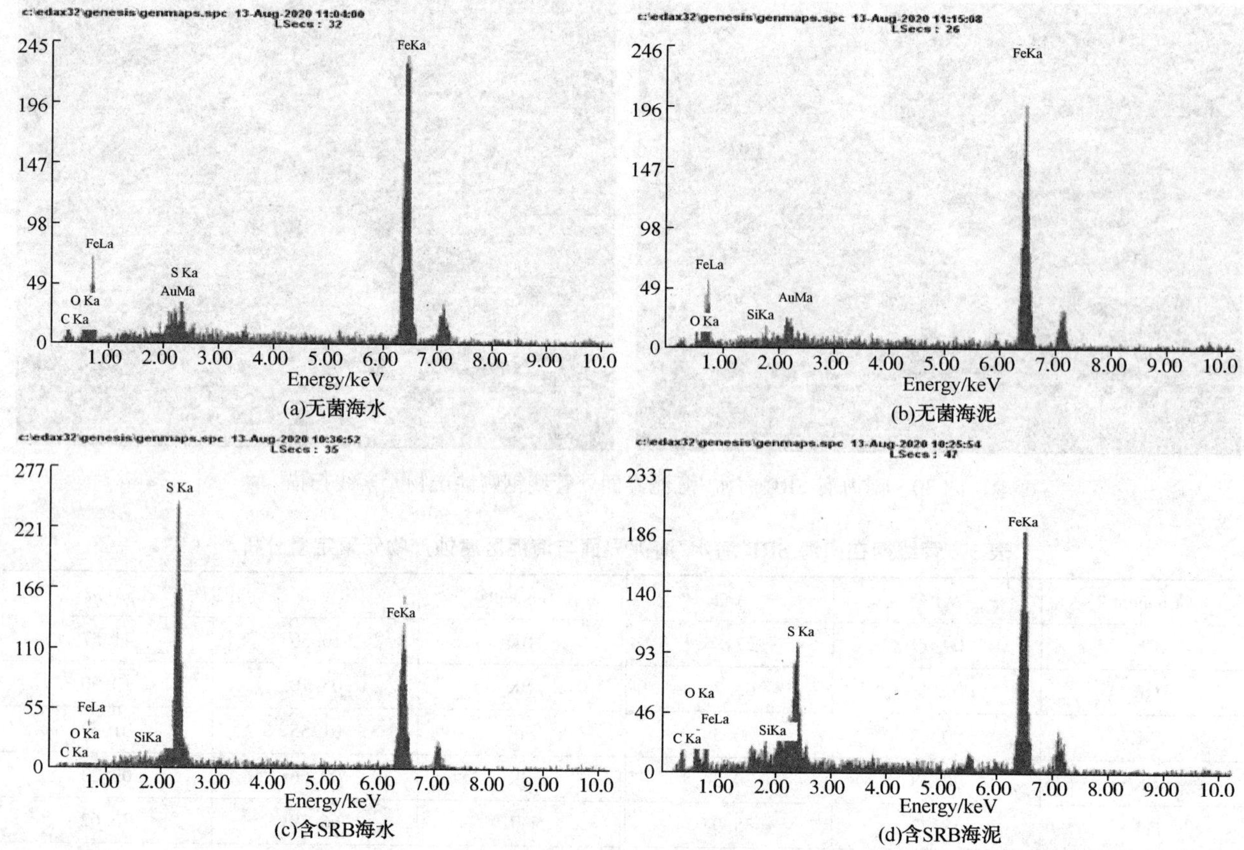

(a)无菌海水 (b)无菌海泥 (c)含SRB海水 (d)含SRB海泥

图 32 管线钢在东海海水海泥中的腐蚀产物表面元素分析

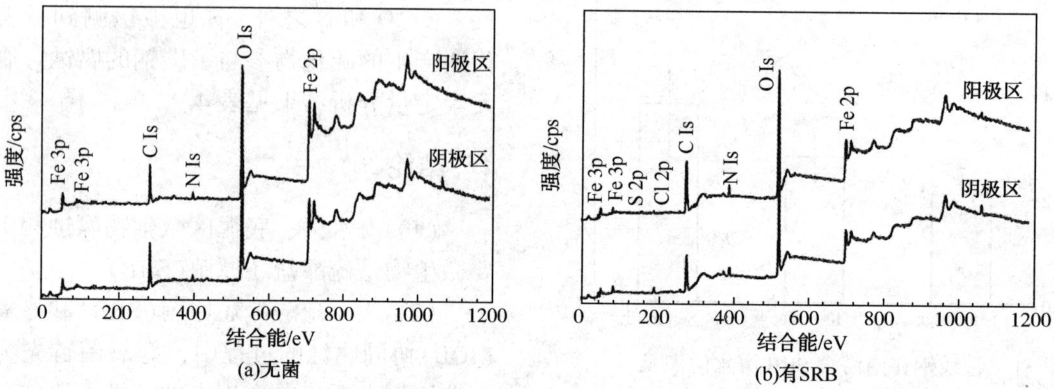

(a)无菌 (b)有SRB

图 33 碳钢在渤海无菌和有 SRB 海水 13d 后阴极区和阳极区表面 XPS 全谱图

表 4 碳钢浸泡在无菌和 SRB 介质中阴极区和阳极区腐蚀产物的相对含量

环境	组分	相对含量(质量分数)/%	
		阴极区	阳极区
无菌	FeO	19.1	26.7
	Fe_3O_4	42.6	39.1
	FeOOH	30.5	29.0
	$FeSO_4$	7.8	5.2

续表

环境	组分	相对含量(质量分数)/%	
		阴极区	阳极区
有SRB	FeS_2	2.1	0.9
	FeO	18.6	15.8
	FeS	59.7	56.2
	FeOOH	19.6	27.1

参 考 文 献

[1] 刘光洲，吴建华．海洋微生物腐蚀的研究进展[J]．腐蚀与防护，2001，22(10)：430-433.

[2] 李迎霞，弓爱君．硫酸盐还原菌微生物腐蚀研究进展[J]．全面腐蚀控制，2005，19(1)：30-33.

[3] 宗月，谢飞，吴明，王丹，周伟光，潘哲．硫酸盐还原菌腐蚀影响因素及防腐技术的研究进展[J]．表面技术，2016，45(3)：24-30.

[4] 蒋波，杜翠薇，李晓刚，弓爱君．典型微生物腐蚀的研究进展[J]．石油化工腐蚀与防护，2008，25(4)：1-4.

[5] 刘宏伟，刘宏芳．铁氧化菌引起的钢铁材料腐蚀研究进展[J]．中国腐蚀与防护学报，2017，37(3)：195-206.

[6] 王海燕，吴明，谢飞，王丹，任帅，耿向帅．磁场作用下X100钢的微生物腐蚀行为[J]．材料保护，2016，49(7)：9-13.

胜利油田 CO_2 捕集、驱油与封存技术研究进展及实践

吕广忠　王　杰　张　东　李宗阳　王东方

(中国石化胜利油田分公司)

摘　要　以二氧化碳(CO_2)排放为核心的气候变化和以石油资源紧缺为核心的能源安全是制约我国社会经济可持续发展的两个重大难题。胜利油田针对 CO_2 捕集和大幅度提高低渗透油藏采收率的技术瓶颈开展攻关研究，形成了 CO_2 捕集、长距离安全输送、油藏工程优化设计、注采工艺设计、地面集输设计和驱油与环境监测等配套技术，建成了工业规模的燃煤电厂烟气 CO_2 捕集、驱油与地下封存全流程示范工程。工业化测试表明，开发的基于新型多氨基 CO_2 捕集溶剂(MSA)的捕集技术比传统的 MEA 捕集技术成本降低35%，高 89-1 块累计注入液态 CO_2 31 万吨，累增油 8.6 万吨，封存二氧化碳 28 万吨，中心井区已提高采收率 9.5%，预计提高采收率可达到 17.2%。

关键词　CO_2 减排；CO_2 捕集；CO_2 驱油；CO_2 封存；提高采收率

温室气体(CO_2)的过量排放造成全球范围内气温变暖，已成为当今最为显著的环境问题之一。按照京都议定书规定和哥本哈根国际环境会议要求，每个国家都有二氧化碳减排义务，二氧化碳减排已经成为全球关注的重大问题。

以二氧化碳排放为核心的气候变化是制约我国社会经济可持续发展的重大问题。2020 年 9 月 22 日，习近平总书记在第 75 届联大一般性辩论上宣布，中国将力争 2030 年前达到二氧化碳排放峰值，努力争取 2060 年前实现碳中和。国家“十四五”规划纲要明确提出，要制定 2030 年前碳排放达峰行动方案，开展碳捕集利用与封存(CCUS)等重大项目示范。据国际能源署数据，CCUS 将实现 38%的化工行业减排，预计到 2050 年，CCUS 将贡献约 14%的二氧化碳减排量。

CO_2 捕集、驱油与封存技术是通过将 CO_2 从工业或其他排放源中分离出来，输送到适宜油田，用于增采石油，同时封存 CO_2，是能够同时兼顾解决 CO2 减排和石油资源短缺难题的战略选择。

理论研究和国内外矿场实践表明，将 CO_2 注入油层，既可大幅提高原油产量，又能大规模封存 CO_2，是现阶段唯一可实现化石能源产出 CO_2 近零排放的利用封存技术，对于我国化石能源的可持续、低碳化利用，避免庞大化石能源资产的“碳锁定”，保障能源安全具有战略意义。同时，我国丰富的低渗透油气藏储量为中国大规模二氧化碳资源化利用和地质封存创造了条件。

CO_2 捕集技术主要包括燃烧后捕集、燃烧前捕集、富氧燃烧和化学链捕集等，其中，燃烧后捕集由于排放量大、地点相对固定，是目前研究的热点技术方向。燃烧后捕集以燃煤电厂为主，由于烟气中 CO_2 分压低、含量低，一般采用化学吸收法，能耗大、捕集成本较高，一般在 50~60 美元/吨。同时，国内 CO_2 捕集工程规模较小，尚处于研发和示范阶段，缺乏大规模的工业化示范和应用的经验。

国外 CO_2 驱提高采收率技术相对成熟，已经工业化应用，是目前提高原油采收率和 CO_2 地质封存的重要途径。注 CO_2 提高采收率主要集中在美国，混相驱占比 90%以上，年注气量 6000 万吨，年产量达到 1830 万吨以上，油量 1500 万吨。与国外相比，胜利油田低渗透油藏为陆相沉积、非均质性强以深层特低透油藏为主、重质组分含量高、黏度高和混相压力高，不能照搬国外成熟的 CO_2 驱技术。

我国 CCUS 技术及产业发展还处于研发和小规模示范阶段，基础研究工作较为薄弱，缺乏大规模的工业化示范和应用，实现 CO_2 捕集、利用与封存规模化应用，需要解决 CO_2 捕集成本高、长距离安全输送、驱油与封存协同优化、注采安全控制与防腐控制、驱油与封存系统安全监

控、CO_2 捕集驱油与封存全流程系统优化等关键工程技术问题。针对上述技术瓶颈，本文系统阐述了胜利油田 CO_2 驱油技术发展历程和 CO_2 驱油与封存机理，重点介绍了 CO_2 捕集、长距离安全输送、油藏工程优化设计、注采工艺设计、地面集输设计和驱油与环境监测等技术系列，工业化测试表明，开发的基于新型多氨基 CO_2 捕集溶剂（MSA）的捕集技术比传统的 MEA 捕集技术成本降低 35%，示范区高 89-1 块累计注入二氧化碳 31 万吨，累增油 8.6 万吨，封存 $CO_2$28 万吨，实现了环境与经济效益的互利双赢。

1　胜利油田 CO_2 驱提高采收率技术的发展历程

胜利油田自 20 世纪 60 年代开展 CO2 驱油室内研究，持续攻关 CO_2 驱油与封存技术，先后经历了室内实验研究、关键技术攻关和先导试验/扩大试验阶段三个阶段，初步形成具有胜利特色的 CO_2 驱配套技术。

第一阶段：CO_2 驱室内研究阶段（1967 年~1995 年）

1967 年 4 月，开展了 CO_2 驱提高稠油采收率的室内试验研究工作，实验结果表明，15.1MPa 条件下 CO_2 可使孤岛原油黏度降低 11 倍；先注 10%PV 的 CO_2 再注水，可使无水期采收率提高 9.5%；若将同体积的 CO_2 注入量与水分散交替注入，则最终采收率将提高 17.4%。1968 年，针对滨南平方王油田油层灰质含量高、渗透率低的特点，为 CO_2 资源就地利用，改善该地区的注水效果，开展了注碳酸水的室内试验。将平方王的岩心经 CO_2 浓度为 2.6%的碳酸水 150PV 冲刷后，使水相渗透率提高了 3.2 倍。碳酸水驱油实验表明，碳化水驱采收率可增加 5%。1978 年，开始 CO_2 混相驱试验研究，并列入部“六五”科技攻关项目。引进了长观察窗 PVT 仪及 RUSKA 混相仪，开展了 CO_2—甲烷体系相态、CO_2 对原油的混相萃取实验和混相特征研究，初步探讨了 CO_2 驱油机理，为 CO_2 驱油技术的发展奠定了基础。

第二阶段：CO_2 驱关键技术攻关阶段（1996 年~2006 年）

为提高 CO_2 吞吐和 CO_2 驱的成功率，利用有限的 CO_2 资源，获得最大的经济效益，开展了 CO_2 吞吐和 CO_2 驱提高采收率机理、CO_2 近混相驱室内实验研究，制定了筛选条件，攻关 CO_2 驱油藏工程优化设计技术、气窜控制技术和防腐防垢等技术，为 CO_2 矿场试验奠定了基础。1998 年 9 月，在垦利油田垦 153-斜 2 井进行了胜利油田第一口注 CO_2 吞吐试验，注入液态 $CO_2$65 吨，注气前日产液 9.2 立方米，日产油 5.1 吨，注气后日产液 23.6 吨，日产油 10.3 吨，增油 5781 吨。自 1998 年开始，在东辛、桩西、滨南和纯梁等采油厂进行了进行 CO_2 单井吞吐增油技术试验，平均单井增产原油 500 吨以上。2001 年，依托《大芦湖油田樊 124 块二氧化碳驱技术研究》，首次全面系统的进行了 CO_2 混相驱室内实验研究，包括相态特征研究、长细管驱替实验研究、长岩心物理模拟实验研究、CO_2 混相驱过程中沥青质沉淀析出的条件和石蜡析出温度的变化规律研究。樊 124 块 CO_2 驱实验结果表明，樊 124 地层油与 CO_2 有较好互溶性，在 29MPa 下，1t 原油可溶解 326STm^3 的 CO_2，原油体积膨胀 46.6%，原油黏度下降 36.7%，最小混相压力为 25.9MPa，初期气水交替注入的方式，提高采收率 16%以上。

第三阶段：CO_2 驱先导试验/扩大试验阶段（2007 年~2019 年）

2007 年，依托中国石化科技项目《低渗透油藏 CO_2 驱提高采收率先导试验》在纯梁采油厂高 89-1 块开展 CO_2 驱先导试验，部署 10 注 14 采 CO_2 驱五点法井网，采用纯 CO_2 气体连续稳定注入的方式进行开发，预计采收率可由 8.9%提高到 26.1%，提高 17.2%。截止到 2019 年底，累计注入 $CO_2$31 万吨，累计增油 8.9 万吨，区块采出程度 15.7%，中心井区 18.4%（提高 9.5%）。通过技术集成与创新，初步形成了 CO_2 驱适应性评价体系和评价方法、CO_2 驱室内实验技术、CO_2 驱油藏工程优化设计技术、CO_2 驱注采工艺、地面工程技术和燃煤电厂烟气 CO_2 捕集纯化处理技术等，建成国内外首个工业化规模燃煤电厂烟气 CO_2 捕集、驱油与地下封存全流程示范工程，实现了 CO_2 减排与提高石油采收率的双重目标。

2　CO_2 捕集、驱油与封存技术进展

2.1　CO_2 捕集及输送技术

2.1.1　CO_2 捕集纯化处理技术

CO_2 捕集技术主要包括燃烧前、燃烧后、富

氧燃烧和工业分离等，针对不同捕集气源，CO_2捕集方法主要有化学吸收法、离子液体法和低温精馏法等，其中低分压烟气捕集方法主要采用溶剂吸收法，工业中广泛应用热碳酸钾和醇胺法这两种方法，热碳酸钾法碳捕集方法主要包括本菲尔德法、坤碱法、卡苏尔法等。以醇胺类作为吸收剂的碳捕集方法有MEA(乙醇胺)、DEA(二乙醇胺)及MDEA(N-甲基二乙醇胺)等。

胜利油田CO_2气源主要包括胜利发电厂燃煤烟气、花沟高含CO_2气田和胜利石化总厂炼厂尾气等三种类型，经过多年技术攻关和矿场试验，胜利油田已经形成了包括化工厂烟气、燃煤电厂和高含CO_2气藏CO_2捕集技术，具备不同气源高效CO_2捕集技术及工程设计能力(表1)。

表1　不同气源CO_2捕集技术对比表

气源	CO_2含量/%	捕集/分离方法	捕集分离后浓度/%
燃煤电厂烟道气	8~12	复合胺吸收	99.5
高含CO_2气藏	93	低温精馏法	99
石化炼厂尾气	16.6	胺吸收	99.99

国内外燃煤电厂捕集示范工程实践表明，若将80%排放燃煤烟气中的CO_2捕集增压至输送压力，电厂的能耗将增加24%~40%。因此，CCUS技术实际上是通过消耗额外的能源换取碳排放的降低，如果技术进步无法大幅度降低CCUS的能耗水平，那么从全生命周期的角度CCUS的减排功效将大大降低，阻碍其大规模应用。为解决碳捕集过程中能耗过高的问题，攻关形成了一系列低能耗、高效碳捕集技术。

以胜利油田燃煤电厂烟气捕集为例，针对胜利电厂烟气CO_2分压低、组分复杂、CO_2含量低(8%~10%)特点，提出多氨基弱碱吸收机理和反应链阻断抗氧化降解机理，发明了抑制乙醇胺溶剂降解的方法、多氨基CO_2捕集溶剂、烟气预处理和能量梯级利用CO_2捕集工艺，形成了高效低成本CO_2捕集技术，建成了工业化生产装置。

(1)新型多氨基CO_2捕集溶剂。针对CO_2捕集溶剂吸收能力低、腐蚀性强、易氧化降解、再生能耗大能问题，提出了多氨基弱碱吸收机理，通过溶液中质子传递以及多氨基交互、协同促进作用，生成碳酸氢盐，最大吸收容量为1molCO_2/mol胺，理论吸收能力提高了1倍，研发了活性胺吸收剂。提出了降解反应链阻断抗氧化机理，通过捕获自由基及金属离子，阻断降解反应链，抑制捕集溶液体系中过氧化物的形成，有效解决了溶剂的氧化降解问题，研发抗氧化剂。通过小试、模试和中试，开发了高效低能耗新型多氨基CO_2捕集溶剂(MSA)，辅助缓蚀剂、抗氧化剂等，和传统MEA捕集溶剂相比，CO_2的吸收能力提高30%，再生能耗降低20%，降解速率和腐蚀速率分别下降83%和97%(图1)，有效减少了捕集溶剂用量。

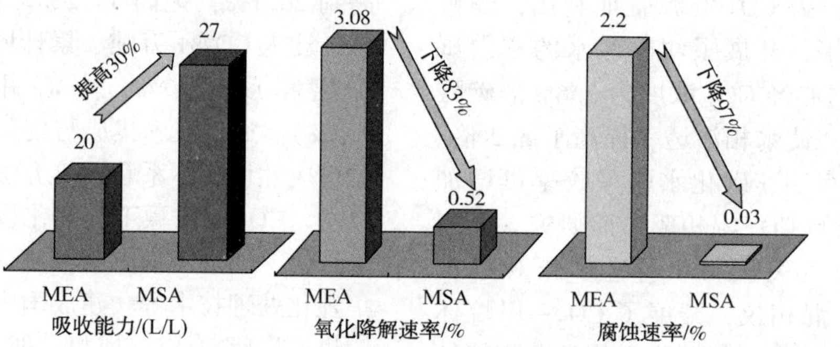

图1　新型吸收剂与传统MEA对比图

(2)“碱洗+旋流”烟气预处理技术研究

形成了低压降“碱洗+旋流”烟气脱水与深度脱硫技术，提出了微粒排序强化离心分离的方法及其调控模式，设计了高效、节能的双竖排序型旋流分离器组，实现了微米级游离水液滴和PM1.0的高精度脱除，气体压降<300Pa，吸收剂损耗≤0.8kg/t CO_2，与国际同类项目相比损耗下降约20%。

(3)多梯级热能耦合低能耗CO_2捕集工艺开发

针对常规CO_2捕集工艺余热利用低的问题，开发了“吸收式热泵+MVR热泵”双热泵热能综合利用捕集工艺，将回收的余热用于加热富胺液和 CO_2 解吸，降低再生能耗，减少循环水用量，胜利油田 4 万吨/年 CO_2 捕集工程项目测试结果表明，再生能耗降至 2.24GJ/t CO_2，与国际同类项目(3.0GJ/t CO_2)相比再生能耗下降 25.3%以上。

(3) CO_2 捕集工程与实施效果。

集成新型多氨基 CO_2 捕集溶剂、烟气预处理技术和多梯级热能耦合低能耗 CO_2 捕集工艺、大型 CO_2 捕集反应器选型和优化设计等，在胜利发电厂建成了 CO_2 捕集能力 4 万吨/年的工业化生产装置。工业运行结果表明，吨 CO_2 捕集再生能耗为 2.5GJ，比常规 MEA 工艺再生能耗降低 20%，吸收剂损耗小于 1.0kg/tCO_2，CO_2 纯度大于 99.5%，捕集成本与 MEA 工业化装置相比降低 33.2%(图 2)。

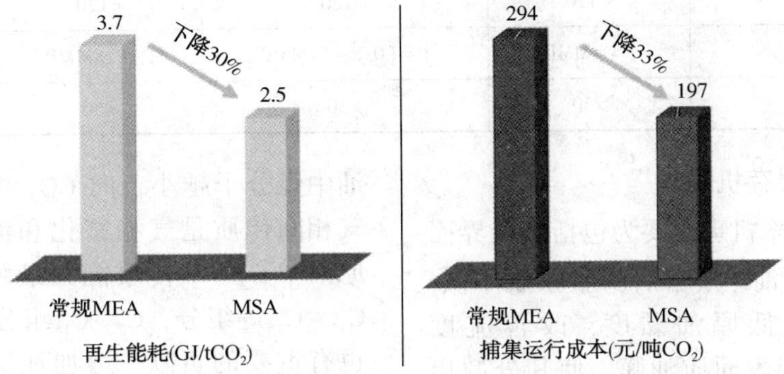

图 2　捕集工业装置运行性能对比图

2.1.2　CO_2 管道输送技术

CO_2 管道输送是 CO_2 捕集、驱油利用与封存的关键环节，针对不同相态 CO_2 管道输送方式，开展了 CO_2 管输模式、模型和输送过程泄漏和扩散规律、输送流动安全控制技术等研究。

(1) CO_2 管道输送技术工艺

建立了 CO_2 在超临界相和气相管道输送条件下的水力与热力计算方法，基于杂质对 CO_2 相态及管道腐蚀性的测试分析，明确了 CO_2 管道安全输送的气质组成要求，制定形成了不同 CO_2 管道输送模式的技术方案，并明确了工程实践中选用不同输送模式的适用条件。

(2) CO_2 管道输送安全保障技术

基于工业级 CO_2 架空管道的泄漏扩散实验，明确了管道放空过程管内温度、压力分布和变化规律以及泄放管外周边区域的温度分布和 CO_2 浓度扩散影响区域，明确了 CO_2 浓度、持续时间与人员危害性之间的关系。建立了 CO_2 站场与管道事故后果的模拟计算分析方法，基于地理信息数据平台，开发了 CO_2 淹没分析模块，可以开展管道沿线重点敏感区域管道泄漏时的危险区域识别。

基于国际公开的 CO_2 管道爆破试验数据，对止裂韧性评估巴特尔双曲线法的关键系数进行修正，可以评判管道能否依靠自身进行止裂，并可以计算出抗延性断裂扩展所需最小的冲击韧性要求。

开展了不同相态、不同泄漏孔径和孔径朝向的 CO_2 埋地管道泄漏试验，明确了不同泄漏工况下的土体形态变化规律，得到了泄漏点附近的温度场、振动场分布数据．明确了感温、感振、感声光纤对泄漏参数表征的适用性。

CO_2 管道输送方式要综合考虑 CO_2 输送规模、输送 CO_2 的相态、经济性、安全性和工艺可行性等因素，例如，正理庄油田 CO_2 管道输送工程优化后，采用气相输送，年输气规模 4 万吨，已安全运营 6 年。

2.2　CO_2 驱油与封存油藏工程优化设计技术

2.2.1　油藏筛选标准制定

CO_2 驱油与封存油藏适应性标准的是实施 CO_2 驱油与封存的前提，CO_2 驱油与封存是否合适是由油藏的具体性质和注入气的性质相结合的一种综合权衡的过程。本次研究从油藏工程和地质基础出发，综合分析了影响注气效果和 CO_2 封存量的因素，利用室内物理模拟和数值模拟相结合的方法，综合考虑国内外 CO_2 驱油与封存矿场实例和胜利油田的实际情况，建立 CO_2 驱油与封存油藏适应性评价标准(表 2)，实现了

CO_2 驱油与封存定量筛选的目的。

表 2　CO_2 驱油与封存油藏适应性评价标准

筛选参数	CO_2 混相驱	CO_2 近混相驱	CO_2 非混相驱	对应因素
油藏条件下原油黏度/mPa. s	<10	<50	<600	混相特征，注入能力
油藏条件下原油密度/10^3kg/m	<0. 876	<0. 922	<0. 98	混相能力
剩余油饱和度/%	>30	>30	>40	EOR 潜力
油层深度/m	>1000	>1000	>600	混相能力
地层温度/℃	<120	<120	<120	混相能力
油藏压力/MPa	P>=MMP	P=(0. 8~1) MMP	P<0. 8MMP	混相条件
储量规模/10^4t	>50	>50	>50	封存能力

2. 2. 2　CO_2 驱油与封存机理

CO_2 驱提高采收率机理主要为包括降低界面张力，减少孔喉残余油；溶解后膨胀原油体积，增加驱油动能；降低原油黏度，改善流度比；“疏松”岩石骨架表面质油膜，使其分散启动，驱动运移；CO_2 沿中心轴向进入盲端，将原油挤出或替出，降低盲端残余油。

CO_2 与原油之间发生扩散、传质作用，使两者能相互溶解、界面消失达到混相，从而驱出多孔介质中全部剩余油。在 CO_2 与原油接触时，当压力小于混相压力时，CO_2 与原油之间存在明显界面，当压力逐渐升高，CO_2 开始溶于原油，油相体积增加，气相体积减小；随着压力继续增加，原油中的轻质组分进入气相，开始 CO_2 萃取过程；当压力进一步增加，气液间传质速率加快，当气相密度与原油密度相近时，CO_2 与原油之间界面消失，气液逐渐混相。由于我国中国陆相原油中蜡含量和重烃含量较高，油藏条件下，CO_2 为超临界状态，其与原油烃组分间的传质规律较复杂。

选取高 89-1 块典型井的油样和套管气，通过复配得到地层条件下原油，利用高温高压 PVT 分析仪，研究油藏条件下，CO_2 在地层原油溶解和对原油的抽提。实验结果表明，CO_2 溶解饱和前，以 CO_2 扩散为主，地层油体积膨胀，最大膨胀了 45. 6%；CO_2 溶解饱和后，以强烈的抽提作用为主，经 4 次抽提，原油体积减小 39. 3%。

用高温高压 PVT 分析仪和色谱仪，研究了不同压力条件下，CO_2 的对原油的抽提能力，如图 3 所示，同一压力下，CO_2-地层油体系中，CO_2 对轻烃种类和数量的抽提存在较大差异，原油中烃分子越小，向 CO_2 相传质转移越快；油气相间传质是气相富化和液相变“轻”的过程；原油中 $C_2 \sim C_6$ 传质能力最强，其次是 $C_7 \sim C_{10}$、$C_{11} \sim C_{15}$ 等组分，$C_7 \sim C_{15}$ 组分对 CO_2-地层油体系也有重要的贡献。增加地层压力，可增强 CO_2 抽提能力，增加气相中烃种类与含量。

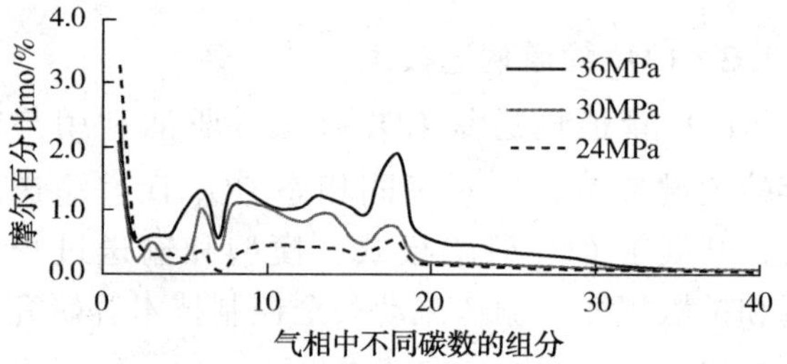

图 3　CO_2 抽提纯烃组分的变化曲线

CO_2 封存机理主要是置换机理、溶解机理、矿化机理，其中置换机理和溶解机理是 CO_2 与地层流体的作用机理，矿化机理是 CO_2 与储层的作用机理。室内实验表明，压力越高，CO_2 溶解度越大，溶解封存量越大；矿化度越高，CO_2 在地层水中的溶解度减小。注 CO_2 后，岩心中碳酸盐含量增加，平均变化率为 8. 88%，说明 CO_2 得到了矿化封存，但数量较少。

2. 2. 3　驱油与封存油藏工程方案优化研究

CO_2 驱提高石油采收率与地下封存是涉及多专业的综合技术，以往在油气开采领域只是考虑提高采收率问题，CO_2 的地下封存工作大多停留在“CO_2 驱油后有部分 CO_2 将会封存于油藏中”，真正考虑 CO_2 地下封存以达到减排目的的研究较少，在利用 CO_2 提高采收率的同时考虑其地下封存，引出的新问题包括驱 CO_2 驱油过程中

CO_2 地下封存的机理、安全性评估和封存量等。针对 CO_2 驱油利用与封存的需求，从影响驱油效果的主要因素入手，结合油藏动态变化规律和国内外矿场实践，在 CO_2 与原油动态混相的微观机理、油藏适应性评价标准的基础上，形成了精细地质建模技术、断层安全性评价、CO_2 封存量计算方法和油藏工程方案优化设计技术，集成配套了 CO_2 驱油利用与封存油藏工程设计技术。

（1）精细三维地质建模技术

CO_2 混相驱可以大幅度提高驱油效率，受储层非均质影响，易气窜，波及体积低。相程度、沉积微相和裂缝是油井受效和气窜的主控因素，裂缝尤其重要。针对 CO_2 驱油利用与封存的难点，提高驱油效率和波及系数、控制黏性指进和气体突破，建立了描述砂体的连通性、非均质性、裂缝地应力及高渗透条带技术。通过地层精细对比、构造特征、储层特性、流体性质和渗流特性研究，形成以“频谱成像预测储层、裂缝识别与表征、CO_2 驱流动单元精细划分”为核心的精细油藏描述技术。

（2）CO_2 封存地质安全性评价技术

长期、安全的封存是 CO_2 驱油利用与封存实现碳减排的关键，盖层封闭性、断层稳定性是影响 CO_2 驱油利用与封存项目实施的核心问题。CO_2 地质封存的风险主要包括失稳（变形、诱发地震）和泄漏（井筒、断层、盖层）。针对 CO_2 驱油及封存的安全风险问题，通过理论分析明晰了驱油与封存过程中 CO_2 的泄漏方式。发现 CO_2 封存安全主要受断层抗破能力、盖层抗破能力、断层封堵能力和盖层封堵能力的严格控制。

利用储层破裂压力、盖层破裂压力、断层重开启压力、盖层封堵压力、断层侧向封堵压力和断层垂向封堵压力。利用断层活动时间、盖层与断层的配置关系、黏结段厚度和断层倾角形成了递进式的断层纵向安全性定性评价体系（表 3）；利用断层两盘的砂砂对应率和断层的泥岩涂系数形成了并列式的断层侧向安全性定性评价体系。

将 CO_2 驱油及封存过程分为 CO_2 驱油阶段、CO_2 注入阶段和 CO_2 封存阶段，通过三个阶段注采系统、压力特征等的分析提出了各个阶段 CO_2 泄漏的主控因素，形成了 CO_2 驱油及封存过程中的定量地质安全界限体系；提出了考虑岩层厚度的断层岩和盖层纵向封堵压力数学表达式，提出了考虑现今三轴地应力的断层剪切开启压力和断层垂向开启压力，计算 CO_2 驱油及封存的地质安全界限。

表 3　断层安全性定性评价标准

一级评价因素		二级评价因素	三级评价因素			级别
断层活动期次	断层延伸与盖层配置关系	断层断距与直覆盖层厚度配置关系	盖层粘结段厚度/m	断层岩泥质含量/%	断层倾角/(°)	
一期	嵌入式	顶部完整型				很高
同生	下断式	盖层见面型	>100		≤45	高
			50~100		45~75	较高
			0~50		>75	中等
		盖层相隔型		≥50	≤45	较低
				<50	>45	低
多期	断穿式	盖层见面型	>200		≤45	较高
			100~200		45~75	中等
			0~100		>75	较低
		盖层相隔型		≥50	≤45	低
				<50	>45	很低

表 4　CO_2 驱油及封存过程中的纵向定量地质安全界限体系

阶段		特点	泄漏路径	控制因素	地质安全界限：距离断层一个井距以内	地质安全界限：距离断层一个井距以外
CO_2 驱油阶段		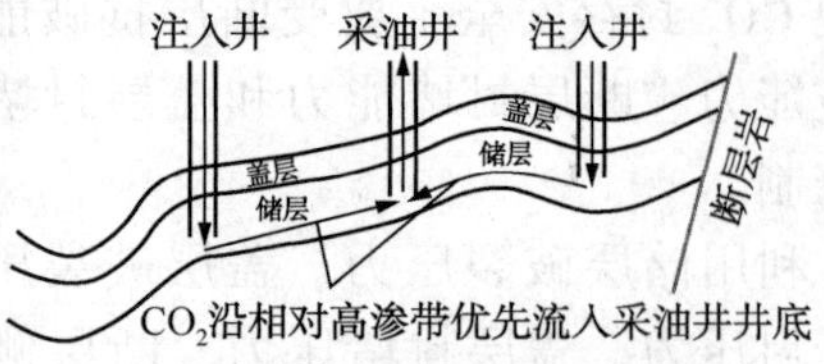	开启断层 破裂盖云	断层的重开启压力 盖层的破裂压力	$P_{气注}<P_{断启}$ $P_{气注}<P_{盖破}$	$P_{气注}<P_{盖破}$
CO_2 注入封存阶段	CO_2 注入阶段	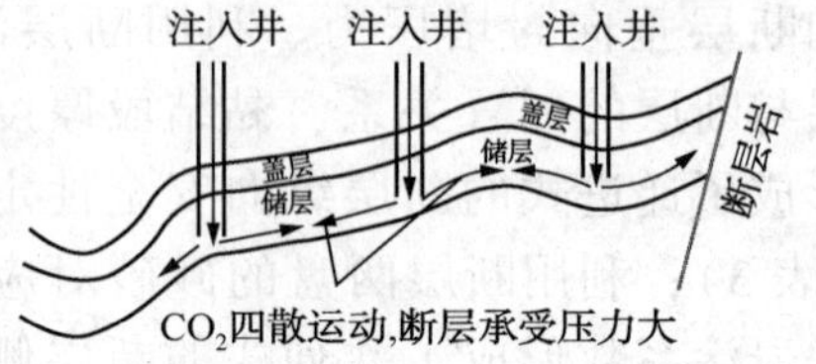	开启断层 破裂盖层 断层岩 盖层	断层的重开启压力 盖层的破裂压力 断层岩纵向封堵压力 盖层封堵压力	$P_{气注}<$Min ($P_{断启}$，$P_{盖破}$) $P<$Min ($P_{断纵封}$，$P_{盖封}$)	$P_{气注}<$Min ($P_{盖破}$，$P_{盖封}$)
	CO_2 封存阶段	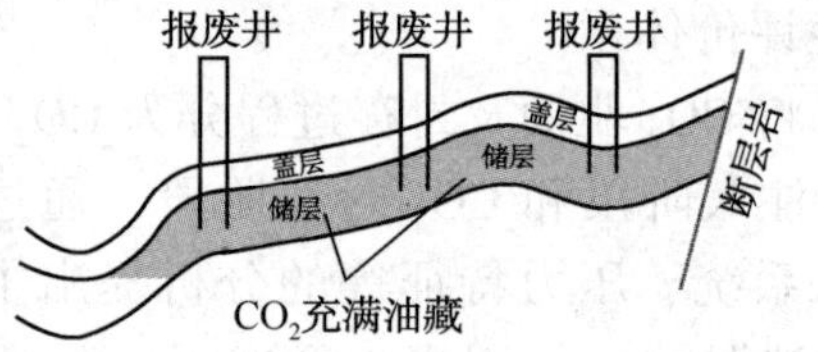	开启断层 破裂盖层 断层岩 盖层 溢出点	断层的重开启压力 盖层的破裂压力 断层岩纵向封堵压力 盖层封堵压力 油藏最大容量	$P<$Min($P_{断启}$，$P_{盖破}$) 且 $P<$Min($P_{断纵封}$，$P_{盖封}$) 且 $Q_{存}<Q_{孔}$	

(3) CO_2 驱油与封存协同优化方法

CO_2 驱油与封存油藏工程方案优化设计技术是在精细地质建模和剩余油定量表征的基础上，系统评价注入气与油藏流体的相态特性、混相压力和驱油效果，以油藏数值模拟为手段，以层系组合、井网井距优化为关键，以混相能力和注采参数优化为主控参数，注气初期提升地层压力超高压混相、WAG 扩大波及体积，结合采油工艺和地面工程技术，达到了大幅度提高采收率和 CO_2 封存率的目标。

传统的 CO_2 提高采收率优化设计的目标是以尽可能少的 CO_2 得到较高的累计产油量，优化目标函数如下(式 1)。

$$D_{CO2-EOR}=max(N_p)\cup min(V_{CO2}) \tag{1}$$

式中，$D_{CO2-EOR}$ 为 CO_2 驱提高采收率目标函数，无因次。V_{CO2} 为注入 CO_2 的体积，m^3。N_p 为累计产油量，m^3。

从优化目标函数可以看出，传统 CO_2 驱提高采收率方案优化设计主要目标是提高油田采收率，对 CO_2 封存考虑不足，不能充分发挥 CO_2 驱油与封存双赢的目标。为此，本文从提高 CO_2 封存率和提高油田采收率出发，建立了优化目标函数(式 2)。

$$D_{CCUS(CO2-EOR)}=\max\left(\omega_1\frac{N_p}{OOIP}+(1-\omega_1)\frac{V_{CO2}}{PV}\right) \tag{2}$$

式中，$D_{CCUS(CO2-EOR)}$ 为 CO_2 驱油与封存目标函数，无因次。ω_1 为权重系数，取值范围 0~1。OOIP 为地质储量，m^3。PV 为孔隙体积，m^3。

权重系数的选择主要依据 CO_2 驱油与封存项目的主要目标，对于 CO_2 纯封存项目，可以选择 CO_2 埋存量最大($\omega_1=0$)；对于纯 CO_2 驱油项目，则选择采收率最大($\omega_1=1$)。对于驱油和封存同样重要的项目，可以选择相等的权重系数($\omega_1=0.5$)。在 CO_2 驱油与封存方案优化时，权重系数根据增加原油产量和封存 CO_2 的综合收益来确定。

(4) CO_2 驱油与封存方案优化

建立了考虑 CO_2 混相驱渗流特征的油藏数值模拟模型，综合考虑国内外研究成果和室内实验成果，设计优化了 CO_2 驱油与封存的开发技术界限，形成了 CO_2 驱油与封存油藏工程优化设计技术，考虑驱油和封存同样重要($\omega_1=0.5$)，制定了示范区高 89-1 块 CO_2 驱油与封存技术政策界限(图 4)，考虑现场实施的可行性，最优 CO_2 驱油与封存政策界限为一套层系开发、五点法井网、连续注 CO_2、压力保持水平为 30MPa，注采井距为 350m，注入速度为 20t/d，最大注气量为 0.33PV，预测可提高采收率 17.2%，CO_2 封存率 80%。

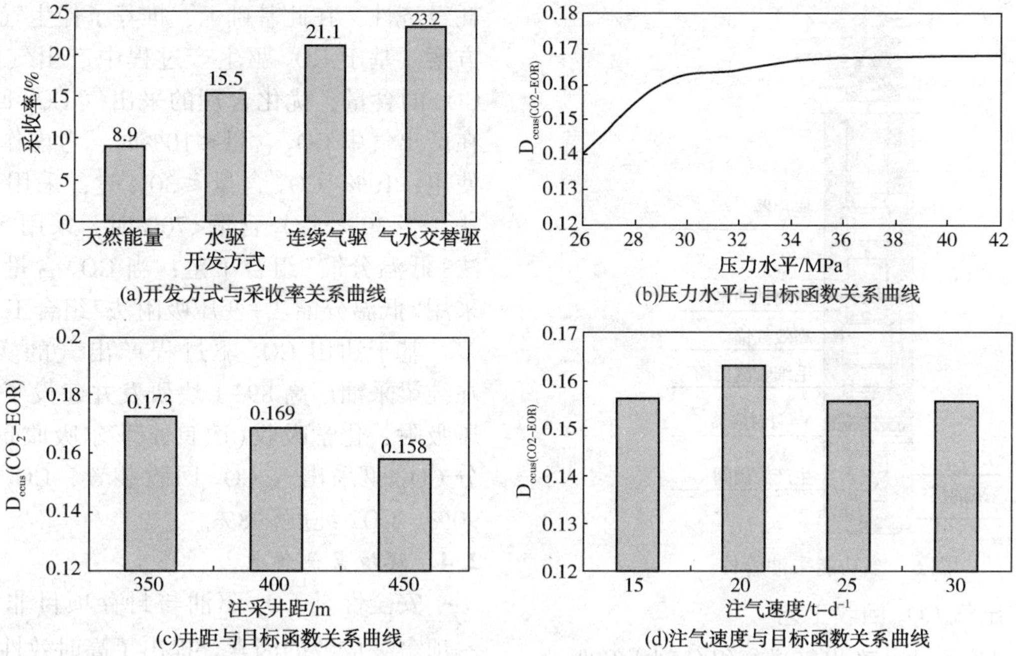

图 4　CO_2 驱油与封存技术政策界限

2.3　CO_2 驱注采工艺和地面工程技术

2.3.1　CO_2 驱注采工艺

针对低渗透油藏极易发生作业入井液体堵塞油层，解除污染费用高，CO_2 意外泄漏会造成人和动物窒息以及 CO_2 溶入水造成井下生产管柱的腐蚀失效等问题，研制了免压井安全作业的 CO_2 注入管柱(图 5)，注气管柱由注气止回阀、封隔器、蝶板阀、回接筒、水力锚和反洗阀构成。该管柱具有以下功能：注气、油套环空保护、反替缓蚀剂、停注防返吐、地面意外失控时防止注入气泄漏、再次作业时免压井防止地层污染。同时，研制了耐 CO_2 腐蚀和气密性优良的橡胶，优化了封隔器密封胶筒的结构，使整体管柱能够实现 40MPa 的安全注气。优选的井下管柱材料和缓蚀剂，使井下管柱的平均腐蚀速度小于 0.076mm/a。

除了解决 CO_2 腐蚀、低渗油藏易污染外，CO_2 驱油田还存在着生产井气油比高，抽油泵容易发生气锁、泵效低；低渗透油藏生产压差大，动液面深，压力监测困难两个难题，为此研制了多功能采油管柱(图 6)，包括挂片器、毛细管测压装置、高气液比气锚、高压差封隔器和生产控制阀等工具，配套了腐蚀控制工艺，实现了高气油比深抽、腐蚀监测与控制、实时测压、油层保护与安全作业等功能。

针对 CO_2 驱采用在役集输设施及输送介质的特点，为加强缓蚀剂在含油和垢污的管道内壁

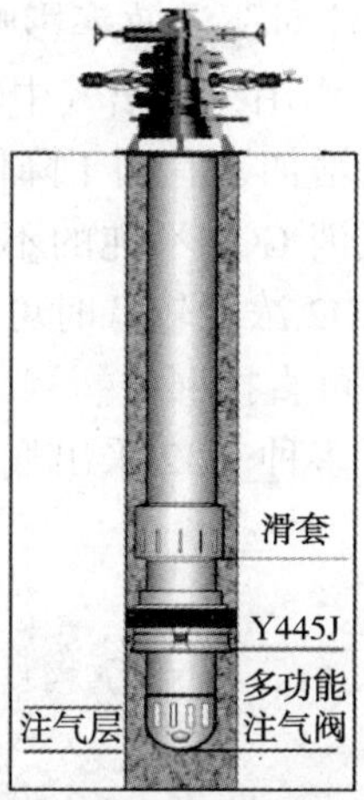

图 5　免压井安全注气管柱结构

吸附成膜的能力，增强吸附膜的致密性，研发了带有 S 元素的双环咪唑啉类水溶油分散型的缓蚀剂；针对 CO_2 驱体系油气水多相流腐蚀规律及局部腐蚀的特点，利用离子选择性原理，引进了双极性理论，研发了外层阻挡阴离子迁移、内层阻挡阳离子迁移的具有抗侵蚀性离子渗透的双极性离子阻隔防腐涂层，提高了防腐涂层的抗侵蚀性离子渗透及抗剥离的性能。形成了控制油气、水及 CO_2 多相条件下金属设施腐蚀的配套技术。研发的适合多相流 CO_2 腐蚀环境的改性咪唑啉复合型高效缓蚀剂与现有的缓蚀剂相比，缓蚀率可提高 10%左右，控制油气、水及 CO_2 多相流条件下关键设备的腐蚀速率小于 0.076mm/a。

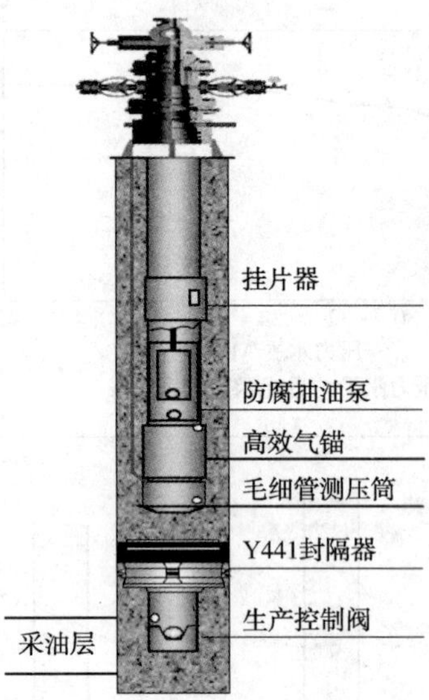

图6　多功能采油管柱

2.3.2　采出气 CO_2 回收工艺

对不同阶段油井产出气进行组分剖析和驱油效果实验评价，表明当产出气中 CO_2 含量大于65%时，直接回注对驱油效率影响较小，原因是由于 CO_2 的抽提作用，产出气中轻烃组分随 CO_2 含量增加而逐渐增加，有利于降低混相压力，提高驱油效率，抵消 CO_2 不纯的不利影响。因此，油井产出气中CO2浓度较低时可与纯 CO_2 混注，CO_2 浓度较高时可直接回注。

系统评估了多种CO2采出气分离方案及能耗经济性，在此基础上，推荐了伴生气脱碳工艺方案。基于 CO_2 驱生产过程中产出气的规模和 CO_2 的含量，优化合理的采出气 CO_2 回收工艺。在产出气中 CO_2 含量≤10%时，考虑作为燃料气使用；10%<CO_2 含量≤30%时，采用化学吸收法；当30%<CO_2 含量<70%时，采用“变压吸附法+低温分馏”组合工艺；当 CO_2 含量>70%时，采用“低温分馏法+变压吸附法”组合工艺。

基于油田 CO_2 驱过程产出气的实际情况，在纯梁采油厂高89-1块研发并建设了膜法、变压吸附、化学吸收(改良本菲尔吸收剂)、低温分 CO_2 驱采出气 CO_2 回收装置，CO_2 回收率>90%，CO2纯度>98%。

2.4　环境监测体系

安全性是 CO_2 驱油与封存项目非常关键的一项事关成败的因素，提出了高时效性环境风险识别预警方法，划分了不同安全等级监测区域，在低安全区域加密监测布点，形成了环境监测布点优化方法。提出了三等级(风险高、中、低)、三层次(空中、地面、地下)、三介质(气体、液体、固体)的环境监测体系(图7)，并首次应用于高89地区6个井组 CO_2 驱油封存工程，结果表明实施5年无泄漏、无损害，填补了环境本底监测的空白。

图7　环境监测体系示意图

3　矿场应用效果

2008年以来，胜利油田针对滩坝砂、浊积岩、砂砾岩3种油藏类型，在樊142-7-X4、高89-1等7个区块，开展 CO_2 驱矿场试验，累计动用地质储量650万吨、注气井26口、注 CO_2 43万吨、增油10万吨、封存 CO_2 40万吨。

在胜利燃煤电厂建成了年产能力4万吨的烟

气 CO_2 捕集装置，烟气捕集率>80%，CO_2 纯度为 99.5%，与传统 MEA 捕集技术相比，MSA 碳捕集技术的吸收能力提高 30%，再生能耗降低了 20%，烟气处理能力提高 20%，氧化降解率由 3.08%下降到 0.52%，捕集成本降低 25%。

2008 年在纯梁采油厂高 89-1 块开展 CO_2 驱油与封存先导试验，方案设计注气井 10 口，生产井 14 口，注采井距 350m，采用连续注气方式，单井平均注气速度 20t/d。2008 年 1 月高 89-4 井开始注气，注气见效后，单井平均日油由 2.84t 上升到 6.04t。截止目前，累注二氧化碳 31×10^4t，区块采出程度 14%，中心井区达 18.4%，已提高采收率 9.5%，累计增油 8.6×10^4t，已封存二氧化碳 28 万吨。

4　结论

（1）建立了化工厂烟气、燃煤电厂和高含 CO_2 气藏 CO_2 捕集技术，形成了具有胜利特色的 CO_2 捕集、CO_2 驱油与封存配套技术系列，建成了工业规模的燃煤电厂烟气 CO2 捕集、驱油与地下封存全流程示范工程，工业运行效果良好。

（2）研发了新型多氨基 CO_2 捕集溶剂、“碱洗+旋流”烟气预处理技术和多梯级热能耦合低能耗 CO_2 捕集工艺开发，吨 CO_2 捕集再生能耗为 2.5GJ，比常规 MEA 工艺再生能耗降低 20%，吸收剂损耗小于 1.0kg/tCO_2。

（3）建立了断层安全性定性评价标准和 CO_2 驱油及封存的地质安全界限计算方法，为 CO_2 地质埋存安全性提供技术保障。

（4）深化了 CO_2 与原油传质作用机制，建立了 CO_2 驱油与封存协同优化技术，实现了 CO_2 的高效封存与特低渗透油藏的有效开发。

（5）配套了 CO_2 驱管道输送、注采工艺、产出气回收工艺和环境监测体系等技术，为 CO_2 驱油与封存提供保障。

参　考　文　献

[1] 程耀华，杜尔顺，田旭，等．电力系统中的碳捕集电厂：研究综述及发展新动向[J]．全球能源互联网，2020，3(4)：339-343.
[2] 张九天 张璐．面向碳中和目标的碳捕集、利用与封存发展初步探讨[J]. 热力发电，2021，50(1)：1-6.
[3] 时飞，李奕帆．混合基质膜在碳捕集领域的研究进展[J]．化工进展，2020，39(6)：2453-2462.
[4] 余子炎．燃煤电厂二氧化碳捕集、利用和封存与“捕集预留”分析[J]．全面腐蚀控制，2019，33(11)：8-10.
[5] 杨胜，张显娟，逯鹏，等．PBI 膜在 CO_2 捕集方面的研究进展[J]．膜科学与技术，2019，39(6)：150-156.
[6] 秦积舜，韩海水，刘晓蕾．美国 CO2 驱油技术应用及启示[J]. 石油勘探与开发，2015，42(2)：209-216.
[7] 李士伦，周守信，杜建芬，等．国内外注气率技术回顾与展望[J]．油气地质与采收率，2002，9(2)：1-5.
[8] Taber，SerightR S. EOR screening criteria revisited-Part1：Introduction，to screening criteria and enhanced recovery field projects，SPE [J]．Reservoir Engineering，2001，12(3)：189-198.
[9] Jarrell P M，Fox C，Michael H. Stein，PRACTICAL ASPECTS OF CO_2 FLOODING. Society of Petroleum Engineers Inc.，2002.
[10] 张本艳，周立娟，何学文，等．鄂尔多斯盆地渭北油田长 3 储层注 CO2 室内研究[J]．石油地质与工程，2018，32(3)：87-90.
[11] 廖洪．S 油藏注 CO2 提高采收率技术[D]．成都：西南石油大学，2017.
[12] 李孟涛，杨广清，李洪涛．CO_2 混相驱驱油方式对榆树林油田采收率影响研究[J]. 石油地质与工程，2007，21(4)：52-54.
[13] 陆诗建，孟晓锋，高丽娟，等．压缩式热泵回收 CO_2 捕集解吸塔废热节能工艺研究[J]．山东化工，2019，48(13)：213-217.
[14] 李志鹏．东营凹陷高 89 地区二氧化碳驱油及封存过程中断层纵向安全性评价体系[J]．油气地质与采收率，2015，22(6)：41-46.
[15] 国殿斌，徐怀民．深层高压低渗油藏 CO_2 驱室内实验研究—以中原油田胡 96 块为例[J]．石油实验地质，2014，36(1)：102-105.
[16] 姜洪福，雷友忠，熊霄，等．大庆长垣外围特低渗透扶杨油层 CO_2 非混相驱油试验研究[J]．现代地质，2008，22(4)：659-663.
[17] 邓瑞健，田巍，李中超，等．二氧化碳驱动用储层微观界限研究[J]．特种油气藏，2019，26(3)：133-137.
[18] 杨勇．胜利油田特低渗透油藏 CO_2 驱技术研究与实践[J]. 油气地质与采收率，2015，22(6)：41-46.
[19] 曹绪龙，吕广忠，王杰，等．滩坝砂特低渗透油藏 CO_2 驱油技术及应用[J]．油气藏评价与开发，2019，9(3)：41-46.
[20] 曹绪龙，吕广忠，王杰，等．胜利油田 CO_2 驱油技术现状及下步研究方向[J]. 油气藏评价与开发，2020，10(3)：51-59.

海上油田微球与氮气泡沫组合调驱提高采收率技术研究

梁　爽　王佳明　高明玉　田　杨　王京坤

(东北石油大学提高油气采收率教育部重点实验室)

摘　要　针对渤海 A 油田 C1 井组井距大、注水突进严重、调剖空间小的问题，提出微球与氮气泡沫组合调驱提高采收率的新思路，开展了微球和氮气泡沫组合调驱的室内实验和矿场试验研究。研究结果表明：NM 型聚合物微球具有良好的注入性和封堵性，2000mg/L 时封堵率可达到 96%以上。多轮次、小段塞交替注入方式能更好的发挥泡沫体系的驱油效果。微球与氮气泡沫组合调驱的驱油效果明显好于单纯微球调驱和氮气泡沫调驱，因为这种组合方式可以充分发挥微球与氮气泡沫二者注入性良好、选择性强的技术特点，实现“封、调、驱、洗”一体化的深部调驱，抑制注入水突进，控制油井含水上升速度，扩大注入波及体积，达到稳油控水的目的。

关键词　水平井；微球；氮气泡沫；组合调驱；物理模拟

1　引言

水平井可以增加与储层的接触面积，在相同注水压力和生产压差条件下具有注水量大、油井产能高等优点而被广泛应用于海上油田。采用水平井注采井网注水开发可形成线性驱，推迟注入水突破时间、提高波及效率，达到稀井高产、高速开采的目的。但是随着开发时间的延长，水平井注采井网也逐渐暴露出一些问题，比如油井见水后含水率迅速上升，平面矛盾突出，注入水低效、无效循环现象严重，产油量急剧下降等，严重影响了水平井的整体开发效果。

氮气泡沫由于具有良好的注入性、选择性和改善吸水剖面的能力，被广泛应用于水井调剖调驱。但是由于海上平台空间狭小，作业窗口紧张，氮气泡沫调剖设备占地面积大等因素的制约，导致氮气泡沫调剖半径相对较小(几米至十几米)，注入的后续水很容易经过封堵带后又会绕回高渗透区域，无法实现深部调驱。聚合物微球调驱做作为海上油田成熟的深部调驱技术，虽然可以在储层深部实现封堵，达到改变液流方向的目的，但是调整吸水剖面的能力有限。

针对目标油藏井距大、非均质性严重、注入水突进、调剖空间小的问题，避免应用高强度的调驱体系导致注水井压力上升过高、地层能量亏空、油井产能下降。笔者提出了采用低强度的微球与氮气泡沫组合调驱技术，一方面充分利用两种技术的良好注入性，确保调驱体系连续注入；另一方面，发挥微球调驱的深部调剖能力和氮气泡沫在近井地带剖面调整能力的协同效应，最大程度改善平面矛盾，扩大波及体积，提高水平井注采井网条件下的水驱开发效果。本文通过开展聚合物微球性能评价实验和泡沫体系优化实验，优选出适合的聚合物微球和氮气泡沫体系，将二者进行组合调驱，并与单纯微球体系和单纯氮气泡沫体系的驱油效果进行对比。结合室内实验的结果，设计了工艺方案，首次在水平井注采井网条件下进行了矿场试验，取得了良好的稳油控水效果。

2　实验部分

2.1　实验材料

氮气泡沫驱替液主要由发泡剂、稳泡剂和水组成。设计三种起泡剂分别是 S1、S2、S3，有效含量均为 86%，S1 为 α-烯基磺酸钠，S2 为阴非复配型起泡剂，S3 为十二烷基硫酸钠。稳泡剂成分为阴离子聚丙烯酰胺，分子量为 1100 万，固体含量为 90%。聚合物微球的初始粒径为 0.05-0.2μm，有效含量为 31%。实验用油为模拟油，65℃条件下黏度为 9mPa.s。实验用水为平台注入水，矿化度为 5071mg/L，离子质量浓度分别为：Na^+：1576mg/L，K^+：25mg/L，

Mg^{2+}：21mg/L，Ca^{2+}：105mg/L，Cl^-：2060，SO_4^{2-}：5mg/L，HCO_3^-：1219mg/L，CO_3^{2-}：61mg/L。

2.2 聚合物微球性能评价

结合A油田的地质特征和开发现状，利用室内物理模拟实验方法，优选出具有耐温、耐盐、抗剪切、广泛适用性的聚合物微球调驱体系，并对聚合物微球在油藏条件下的注入性、封堵性进行评价。

2.2.1 聚合物微球粒径选择原则

纳米微球的粒径选择主要根据油藏的地质特点，满足“进得去、堵得住、移得动”的特性。由渗透率和孔隙度，可计算等效孔隙直径，如下面公式：

$$R=(8K/\varphi)^{0.5} \tag{1}$$

式中，K为测井解释渗透率，μm^2；φ为地层平均有效孔隙度，无因次；R为地层孔喉半径，μm。

依据三球架桥原理，选择平均初始粒径在(1/3~1/7)倍的微球产品。配制浓度为2000mg/L的微球水溶液，采用MICROTRAC S3500型激光粒度分析仪测定微球溶液样品在油藏温度下的粒径分布。

2.2.2 聚合物微球注入性能及封堵性能评价实验

采用气测渗透率为$2000\times10^{-3}\mu m^2$的填砂管模型，实验岩心尺寸：2.5cm×100cm，孔隙度为25%，驱替速度0.3mL/min，开展聚合物微球的注入性实验，以0.3min/L速度恒速注入完全水化14天的纳米微球分散体系，注入量为1PV，注入质量分数分别为0.05%、0.2%、0.4%，测定压力的变化，计算微球的封堵率。封堵率定义为堵剂封堵前后水相渗透率的差值与该岩心原始水相渗透率的比值。

2.3 泡沫体系优化实验

2.3.1 起泡剂筛选实验

在室温条件下分别评价3种起泡剂在浓度分别为0.3%，0.5%，1.0%时的成泡性能。实验采用Waring Blender方法，根据实验设计浓度配制成100mL的起泡剂溶液，在转速1000r/min下恒速搅拌1min，然后将泡沫流体置入量筒中，测量起泡体积和泡沫半衰期。

2.3.2 稳泡剂筛选实验

为了使泡沫体系更加稳定，增加泡沫在地层条件下的封堵强度，保证措施有效期，一般会在泡沫体系中加入稳泡剂，稳泡剂一方面能提高薄膜的质量，增加薄膜的黏弹性，减小泡沫的透气性，增强泡沫的稳定性；另一方面能过提高液相黏度来减缓泡沫的排液速率，从而提高泡沫的稳定。使用旋转黏度计测定3种稳泡剂体系的黏浓关系曲线，筛选最佳的稳泡体系。利用上述填砂模型开展阻力因子和残余阻力因子测定实验，考察添加稳定剂对于泡沫体系注入性能和封堵性能的影响。

2.3.3 气液比优化实验

气液比是泡沫调驱工艺的重要参数，直接决定泡沫的封堵强度以及在地层中的稳定分布状态。而海上油田的强非均质特征造成了高渗透层和低渗透层采油效果的巨大差异，按不同气液比进行泡沫调驱会给不同渗透率储层带来差异。参考目标油田渗透率分布，设计了$500\times10^{-3}\mu m^2$、$2000\times10^{-3}\mu m^2$两种不同渗透率的双管并联非均质模型，岩心尺寸为4.5cm×4.5cm×100cm。按照不同气液比注入0.5PV氮气泡沫，后续水驱至综合含水率为95%。评价4种不同气液比(1∶2、1∶1、2∶1、3∶1)条件下的泡沫驱替性能，优选出最佳的气液比。

2.4 泡沫段塞组合方式优选实验

在连续注入氮气泡沫时，容易出现注入压力太高致使泡沫进入低渗透层的现象，从而影响泡沫的调剖分流能力，并使注入压力很快到达油井限压，导致无法连续注入。在调驱量固定的情况下，采用交替注入方式，用双管并联非均质模型进行驱油实验(模型与优化气液比时的模型相同)，泡沫体系起泡剂浓度为5000mg/L，稳泡剂浓度为1000mg/L，气液比为优化的最佳气液比，总注入泡沫量0.5PV，总注水量0.1PV，改变氮气泡沫的段塞大小和注入轮次，优选泡沫注入组合方式，使调驱效果最优，设计三种注入方案如下。

方案1：水驱至含水95%+0.5PV泡沫+后续水驱至含水95%；

方案2：水驱至含水95%+0.25PV泡沫+0.1PV水+0.25PV泡沫+后续水驱至含水95%；

方案3：水驱至含水95%+0.17PV泡沫+0.1PV水+0.17PV泡沫+0.1PV水+0.16PV泡沫+后续水驱至含水95%。

2.5　组合调驱模拟实验

鉴于海上 A 油田的实际注入情况，拟开展聚合物微球与氮气泡沫组合调驱模拟实验，并与单纯调驱方式进行对比，实验采用并联非均质性填砂模型，岩心尺寸：Φ2.5cm×100cm，低渗层渗透率为 $500\times10^{-3}\mu m^2$，高渗层渗透率为 $2000\times10^{-3}\mu m^2$，设计如下 3 种方案。

方案 1：水驱至 95%后，注入 0.5PV 最优浓度的 NM 型聚合物微球(60℃，膨胀 15d)，后续水驱至含水 95%；

方案 2：水驱至 95%后，注入 0.5PV 氮气泡沫体系(体系配方和泡沫段塞组合方式与 2.4 优选方案相同)，后续水驱至含水 95%；

方案 3：水驱至 95%，注入 0.2PV 浓度为 2000mg/L 的 NM 型聚合物微球(60℃，膨胀 15d)后，注入 0.3PV 泡沫体系(体系配方和泡沫段塞组合方式与 2.4 优选方案相同)。

3　结果分析

3.1　聚合物微球性能评价

3.1.1　聚合物微球粒径选择

海上 A 油田 C1 井组平均渗透率 $1095\times10^{-3}\mu m^2$、孔隙度为 30.5%，优势渗流通道的渗透率为 $9286\times10^{-3}\mu m^2$，由公式(1)计算出优势渗流通道的平均孔喉直径为 15.6μm。选定 NM 型聚合物微球作为主体调驱体系，通过粒度仪测量不同水化时间的聚合物微球样品尺寸，如图 1 所示纳米球在油藏温度下的粒径变化规律。随水化时间增加，微球粒径逐渐增大。其初始平均粒径为 4.67μm。水化 3 天后达到 9.51μm，膨胀 2.04 倍。随着水化时间的增加，微球粒径发开始明显增大，达到 7 天时平均粒径增大到 25.57μm，膨胀 5.41 倍，继续水化至 21 天平均粒径增大到 40.33μm，与初始粒径相比膨胀了 8.6 倍。纳米球的初始粒径既可不进入低渗油层或区域，又可以顺利通过狭窄的孔喉，进入到地层深部，注入性良好。同时，膨胀后的微球尺寸增大也达到了封堵地层孔喉的要求。

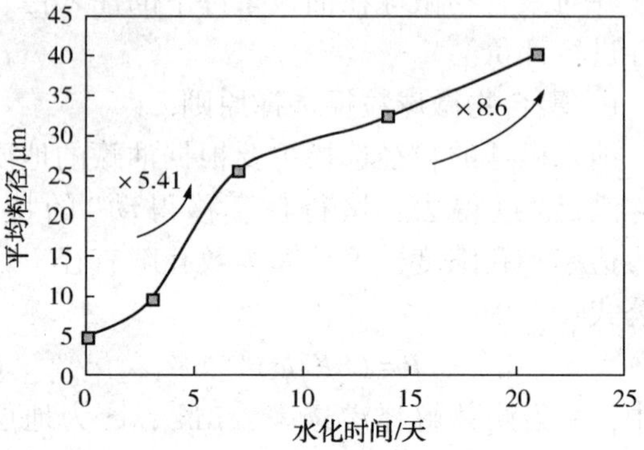

图 1　水化时间与纳米球粒径变化关系图

3.1.2　聚合物微球注入及封堵性能

如表 1 所示，随着注入浓度增加，阻力系数和残余阻力系数增大。注入浓度从 500mg/L 增加到 2000mg/L，封堵率明显增加，注入浓度从 2000mg/L 增加到 4000mg/L，封堵率均达到 96%以上，增加幅度较少，说明当注入浓度达到 2000mg/L，可以取得较好的封堵效果，继续增加注入浓度并未大幅影响封堵效果。同时，注入浓度从 2000mg/L 增加到 4000mg/L，阻力系数明显增加，说明浓度过高，导致注入性变差，综合考虑经济因素和目标井组的注入性，选择 2000mg/L 为微球的注入浓度。

表 1　不同浓度条件下聚合物微球封堵能力对比

序号	注入浓度/(mg/L)	堵前渗透率/$\times10^{-3}\mu m^2$	堵后渗透率/$\times10^{-3}\mu m^2$	阻力系数	残余阻力系数	封堵率/%
1	500	1707.05	409.77	5.55	2.49	59.87
2	2000	1413.47	42.48	8.77	33.27	96.99
3	4000	1219.03	36.22	34.75	33.66	97.02

3.2　泡沫体系优化

3.2.1　起泡剂筛选

起泡体积和泡沫半衰期是进行泡沫剂起泡性能评价的重要指标，起泡体积反映起泡的难易程度和数量，半衰期反映了泡沫的稳定性，而两个参数中任意一个不足以反映起泡剂在多孔介质中的性能。二者的乘积泡沫综合值是对泡沫起泡性能的综合评价。如图 2 所示，3 种起泡剂随着起泡剂浓度的增加，起泡体积略有增加。浓度从 0.3%增加到 0.5%，泡沫体积增幅 20mL 以上，S3 增加体积达到 45mL，浓度增加到 1%，S1 和 S2 在 15mL 以下；S1 和 S3 起泡剂的泡沫半衰期为 200s 以下，S2 的泡沫半衰期在 450s 以上。泡沫综合值并非随着起泡剂浓度的增加而一直增大，当起泡剂浓度增加到一定值时，泡沫综合值增加幅度减小或呈现下降趋势，几种起泡剂的泡沫综合值在 1240mL · min ~ 3701mL · min 之间，属于弱泡沫体系，S2 起泡剂的泡沫综合值最大。综合以上 3 种起泡剂的静态性能评价结果，说明 S2 起泡剂生成的泡沫稳定性最好。

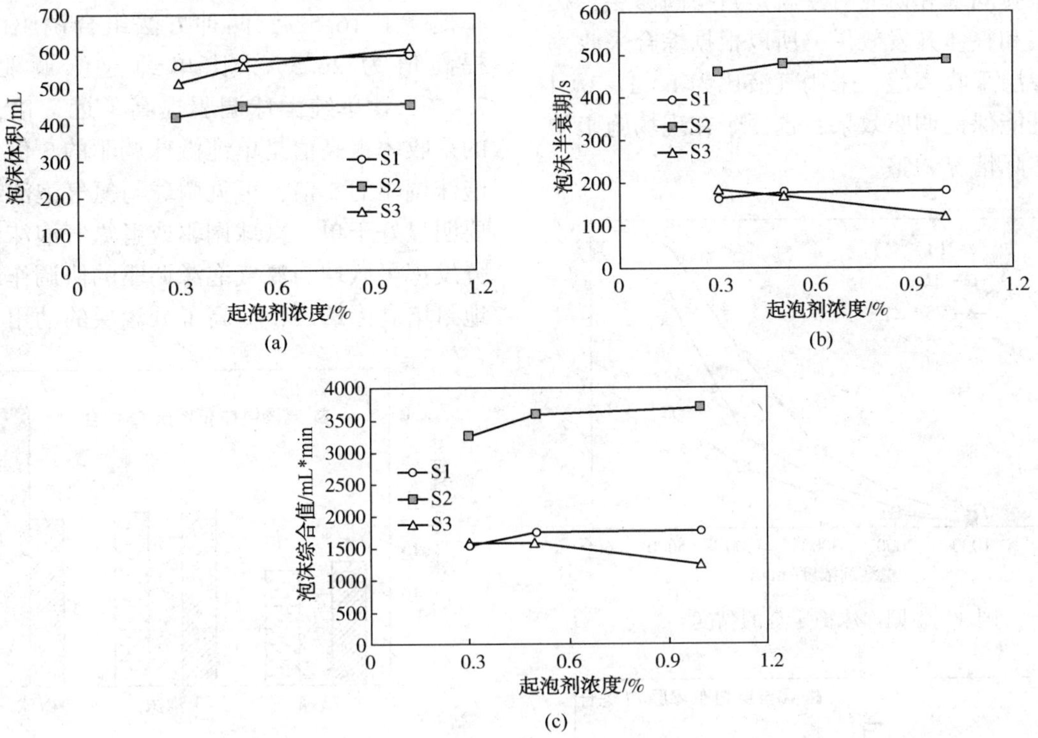

图 2　不同起泡剂浓度的起泡能力

3.2.2　稳泡剂筛选

泡沫阻力因子是泡沫体系在岩心运移达到平衡时岩心两端所建立的压差与单纯注水时压差的比值，残余阻力因子是注入泡沫前后注水压差之比，二者是评价泡沫在多孔介质中流动性能的重要指标，反映了泡沫的视黏度和调剖能力。表 2 是阻力因子和残余阻力因子的测试结果，在未加稳定剂条件下，阻力因子达到 16.4，残余阻力因子达到 4.2，加入稳定剂之后，阻力因子与残余阻力因子有较大幅度增加，这是因为稳泡剂提高了泡沫液膜的表面强度，增大了表面黏度，导致液膜中的液体不易排出，液膜厚度变小的速度较慢，气体透过性降低，因而延缓了液膜破裂时间。因此可根据目标油藏情况及试注情况，考虑加入稳定剂方案。如图 3 所示在相同浓度条件下，P1 黏度明显高于 P2 和 P3，说明该稳泡剂 P1 具有最优的增黏能力，因此优选 P1 为泡沫体系用稳泡剂。

表 2　阻力因子和残余阻力因子测试结果

方案	起泡剂浓度/%	稳定剂浓度/%	封堵压差/MPa	后续水驱压力/MPa	阻力因子	残余阻力因子
1	0.5	0	3.03	0.78	16.4	4.2
2	0.5	0.1	6.51	3.07	35.2	16.6

3.2.3　气液比优化

含气量的多少，直接影响着生成泡沫的质量，进而影响泡沫的表观黏度，大量实验表明：随着气液比的升高，泡沫的屈服应力和表观黏度也逐渐升高，泡沫的封堵能力增强，但气液比较大时，泡沫破裂后产生的气体也多，容易形成气窜。由双管并联实验得到了不同气液比条件下不同渗透率储层的采收率提高值见图 4。可以看出，泡沫驱不同气液比综合采收率提高值依次是：气液比 1 : 1(30.03) >气液比 2 : 1(22.96) >

气液比 1∶2(18.87))>气液比 3∶1(10.44)，泡沫驱不同气液比低渗层采收率提高值依次是：气液比 1∶1(39.53)>气液比 2∶1(22.97)>气液比 1∶2(18.87))>气液比 2∶1(10.44)。由于高含水期的主要问题和研究对象就是封堵高渗层，提高低渗层和整体开发效果，所以根据综合采收率值和低渗层采收率值，采用气液比为 1∶1~2∶1 之间，既能保证调驱效果，也便于在现场施工中按现场实际情况调整。

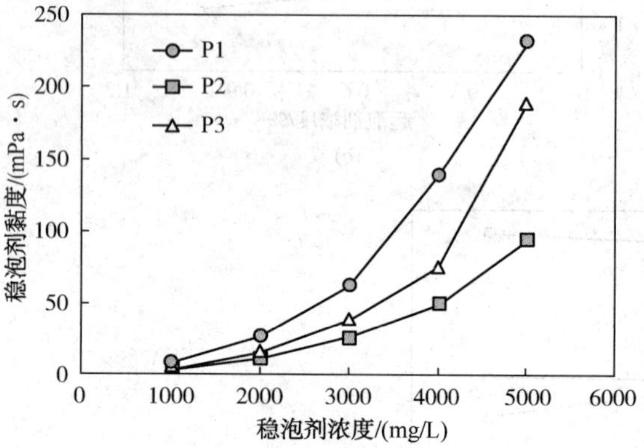

图 3　不同泡沫稳定剂的黏度

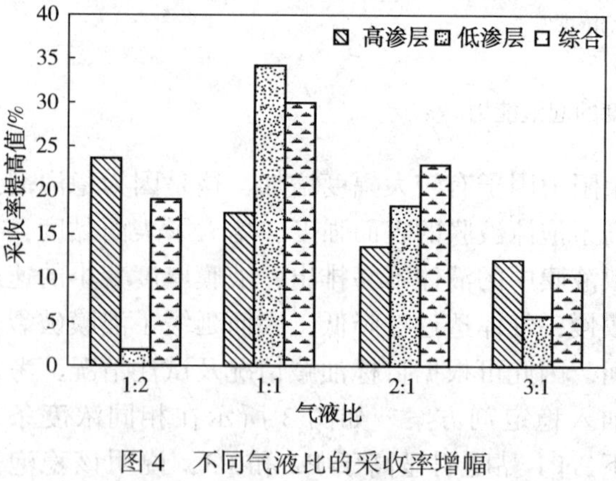

图 4　不同气液比的采收率增幅

3.3　段塞组合方式优化

如表 3 所示，在泡沫量和总注入量一致的情况下，3 轮次的泡沫段塞与水交替注入提高采收率值为 17.2%，明显高于 1 轮次和 2 轮次。说明多轮次、小段塞注入方式好于泡沫连续注入方式，且段塞越多，泡沫驱后水驱段塞提高采收率效果越明显。

表 3　不同注入方式实验数据

方案	水驱/%	泡沫段塞驱/%	提高采收率值/%
1	57.3	69.2	11.9
2	49.9	63.3	13.4
3	52.4	69.7	17.2

3.4　组合调驱模拟

如图 5 所示，微球驱的采收率比水驱提高 12.8%，低渗层采收率提高了 10.0%，氮气泡沫驱的采收率比水驱提高了 19.1%，低渗层采收率提高了 16.5%，两种方法组合调驱的采收率提高值为 26.5%，比单纯泡沫调驱提高了 7.4%，比单纯微球调驱提高了近一倍，低渗层的采收率提高值是单纯微球调驱的 3 倍，是氮气泡沫调驱的 2 倍，可见微球与氮气泡沫组合调驱要明显好于单一微球调驱或者氮气泡沫调驱，充分发挥了微球与氮气泡沫调驱的协调作用，有效地封堵高渗透层，提高了低渗层的动用程度。

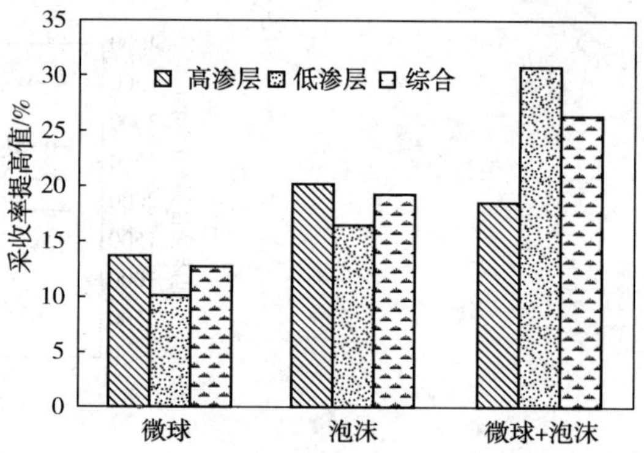

图 5　组合调驱方式的采收率增幅

4　矿场应用

矿场应用在海上 A 油田 C1 井组开展，井组为一注四采的水平井注采井网开发，井位示意图见图 6，W1 为水井，O1、O2、O3 为油井，储层以三角洲前缘水下分流河道微相、前三角洲席状砂和远砂坝微相为主。油藏温度为 65℃，地下原油黏度为 9mPa.s；注水矿化度为 5071mg/L。油藏动态分析结果表明沿 W1-O1 井方向存在明显的注入水优势渗流通道，投入开发两年后，综合含水 62.59%，井组月自然递减率达到 3.7%。结合室内实验结果和现场试注情况，设计了前置段塞、隔离段塞、主体段塞三个部分。采用浓度为 2000mg/L 的 NM 型聚合物微球段塞作为前置段塞，总注入量为 $1.02\times10^4m^3$。隔离段塞为注入水，注入量为 $0.135\times10^4m^3$。采用 5 轮次的氮气泡沫段塞+保护段塞作为主段塞，氮气泡沫段塞起泡剂 S2 浓度为 5000mg/L，稳定剂 P1 浓度为 1000mg/L，气液比为 1∶1。保护液段塞为 300mg/L 聚合物溶液。主段塞总注液量为

$13531m^3$，总注气量为 $86.4\times10^4sm^3$。为了封堵 W1-O1 优势渗流通道、扩大波及体积、减缓含水上升速度，达到砂体稳油控水的目的，2016 年 3 月 6 日对该砂体中心注水井 W1 井实施微球与氮气泡沫组合调驱。累计注入微球 20.4 吨，起泡剂 46.6 吨，氮气 $91.6\times10^4sm^3$，稳定剂 6.5 吨，总注入量 $4.03\times10^4m^3$。C1 井组月递减率由措施前 3.7%降低措施后 2.2%，递减趋势得到减缓。截止到 2018 年 6 月，C1 井组累计增油 $10248m^3$。

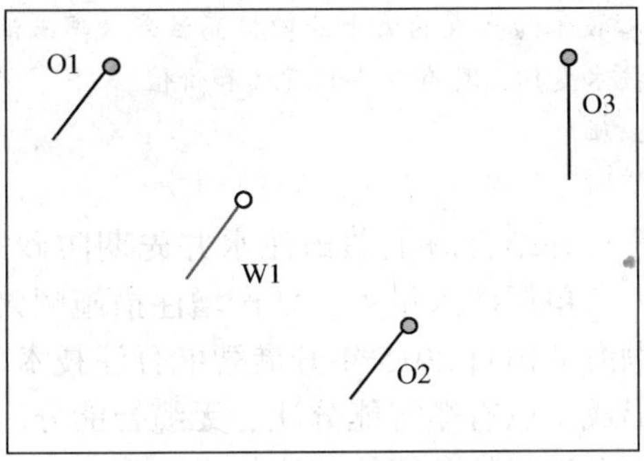

图 6　C1 井组井位示意图

5　结论

（1）NM 型聚合物微球初始平均粒径为 4.67μm，21 天以内可以完全膨胀 8.6 倍，具有较好的注入性和封堵性，浓度为 2000mg/L 的微球充分溶胀后可以有效封堵气测渗透率为 $2000\times10^{-3}\mu m^2$ 岩心，封堵率可以达到 96%以上。

（2）通过泡沫体系优化室内试验优选出 S2 起泡剂、P1 稳泡剂作为氮气泡沫体系配方，加入 0.1%稳定剂后体系封堵性能提高 3.95 倍，优选了最佳注入气液比为 1∶1~2∶1，最佳注入方式为多轮次、小段塞间歇注入。

（3）非均质双管并联岩心驱油实验结果显示，组合调驱技术的采收率增幅达到 26.5%，而单一氮气泡沫调驱可提高采收率 19.1%，单一微球调驱仅可提高采收率 12.8%，说明微球和氮气泡沫组合调驱能够发挥良好的协同作用。

（4）对海上 A 油田 C1 井组设计了“前置微球段塞+隔离段塞+主体氮气泡沫段塞”的施工方案。2016 年 3 月施工后 C1 井组月递减率由措施前 3.7%降低措施后 2.2%，递减趋势得到减缓。截止到 2018 年 6 月，C1 井组累计增油达到 $10248m^3$。

参 考 文 献

[1] 崔国杰，包陈义，陈杰，等．水平井裸眼砾石充填防砂工具研制及在海上油田的应用[J]．石化技术，2015，22(12)：214-216.

[2] Kumar R，Ramanan S，Narasimham J L.Redevelopment of a Matured Multilayered Carbonate Offshore Field Through High Technology Horizontal and Multilateral Wells[J].Spe Reservoir Evaluation & Engineering，2007，10(5)：453-457.

[3] TABER J J，SERIGHT R S. Horizontal injection and production wells for EOR or waterflooding[R].SPE 23952，1992 Research on horizontal injection and its application.

[4] 凌宗发，胡永乐，李保柱，等．水平井注采井网优化[J]．石油勘探与开发，2007(01)：65-72.

[5] 刘合，叶鹏，刘岩，等．注氮气泡沫控制水窜技术在油田高含水期的应用[J]．石油学报，2010，31(01)：91-95.

[6] 刘波，石成方，孙光胜，等．对大庆老区水平井水淹问题的认识[J]．大庆石油地质与开发，2004(06)：39-40+91.

[7] 廖新武，刘超，张运来，等．新型纳米微球调驱技术在海上稠油油田的应用[J]．特种油气藏，2013，20(05)：129-132+157.

[8] Wang L，Asthagiri D，Zeng Y，et al. Simulation Studies on the Role of Lauryl Betaine in Modulating the Stability of AOS Surfactant-Stabilized Foams Used in Enhanced Oil Recovery[J]. Energy & Fuels，2017，31(2)：18-24.

[9] Zhong X，Liu D，Shi X，et al. Characteristics and functional mechanisms of clay-cement stabilized three-phase nitrogen foam for heavy oil reservoir[J]. Journal of Petroleum Science & Engineering，2018.

[10] Bergeron V，Fagan M E，Radke C J. Generalized entering coefficients：a criterion for foam stability against oil in porous media[J]. Langmuir，1993，9(7)：1704-1713.

渤海油田提高注采效率采油新技术研究与应用

邹　剑　高　尚　张丽平　代磊阳　吕　鹏　徐元德

(中海石油(中国)有限公司天津分公司)

摘　要　渤海注水开发油田大多步入“双高”开发阶段，开发生产矛盾日益加剧，受限于海上特殊环境及开发模式，常规采油工艺各类增产增注措施无法有效应对现有瓶颈问题。面对持续稳产的需求，渤海油田坚持以“精细注水、高效采出”为主线，大胆创新采油工艺新技术新方法，形成以注入端智能分注、在线组合调驱及产出端高效控堵水、疏松砂岩过筛管压裂挖潜等核心技术为代表的海上油田提高注采效率采油工艺技术，为海上双高、双特高油田增产、稳产提供了有力的技术支撑，具有重要的意义和价值。

关键词　双高油田；精细注水；智能分注；调驱；堵控水；压裂

渤海油田大多以注水开发为主，注水开发油田占在生产油田比例达 74%，注水开发对渤海油田的稳油上产具有重要意义。随着开发生产推进，渤海在生产油田综合含水已达 86.1%，油田整体步入“双高”阶段，油水关系及剩余油分布复杂，同时受海上油田储层非均质性、高速开发模式、大段多层防砂完井方式、受限的作业环境等不利因素影响，油田的稳产增产难度日渐加大，对采油工艺各类增产增注措施也提出了更高的挑战。

面对持续稳产的需求，渤海油田坚持以“精细注水、高效采出”为主线，以生产实际为导向，聚焦现阶段开发生产主要矛盾，大胆创新采油工艺新技术新方法，注入与产出端协同发力，创新形成了以注入端智能分注、在线组合调驱及产出端高效控堵水、过筛管压裂挖潜等核心技术为代表的海上油田提高注采效率采油工艺技术，创新成果应用示范作用明显、效果显著，为渤海老油田稳产上产提供了有力的技术支撑。

1　注入端精细注水技术

高含水油田提高注采效率，一直是国内外油田进入开发中后期所面临的一项巨大挑战。从注入端出发，各大注水开发油田均以“注够水、注好水、精细注水”为主线开展注水工作。渤海油田也坚持从源头控制，结合自身特点不断创新，形成了海上油田特色智能分注技术、在线组合调驱等精细注水技术，大幅提升注水质量。

1.1　海上油田特色智能分注技术

针对渤海油田分注井测试率和层段合格率低的问题，并结合海上油田注水井先期防砂完井、井斜大、单层注入量大、增产增注措施频繁等特点，渤海油田自 2015 年开展智能分注技术攻关，创新形成了以有缆智能分注、无缆智能分注为代表的海上油田特色智能分注技术系列。

1.1.1　技术组成及原理

海上油田特色智能分注技术组成及原理如图 1 和图 2 所示，主要包括井下工艺管柱和地面控制系统，其中有缆智能分注技术是以电信号为媒介，通过井下预置电缆的方式，实现中控直接控制井下水嘴开关，可实时监测井下温度、压力、流量等数据；无缆智能分注技术是以压力脉冲信号为媒介，通过地面设备将电信号与压力脉冲信号相互转换，实现直接控制井下水嘴开关，可在线监测井下温度、压力、流量等数据。

1.1.2　技术参数

(1) 适用井斜：井斜不限；

(2) 完井方式：套管完井或防砂完井；

(3) 最小防砂内通径：3.25″；

(4) 单层最大注入量：800m^3/d；

(5) 压力工作范围：0~60MPa；

(6) 温度工作范围：0~120℃。

1.1.3　关键技术研究

(1) 大排量系列化工作筒研制

智能测调工作筒是整套工艺的核心工具，其中有缆智能分注工作筒经过多轮结构优化设计，最终形成了单通道式有缆智能分注工作筒。如图 3所示，其结构简单，密封点数量少，实现了整体二次密封保护设计，流量测试范围可实现 10~800m^3/d 范围精准测量。

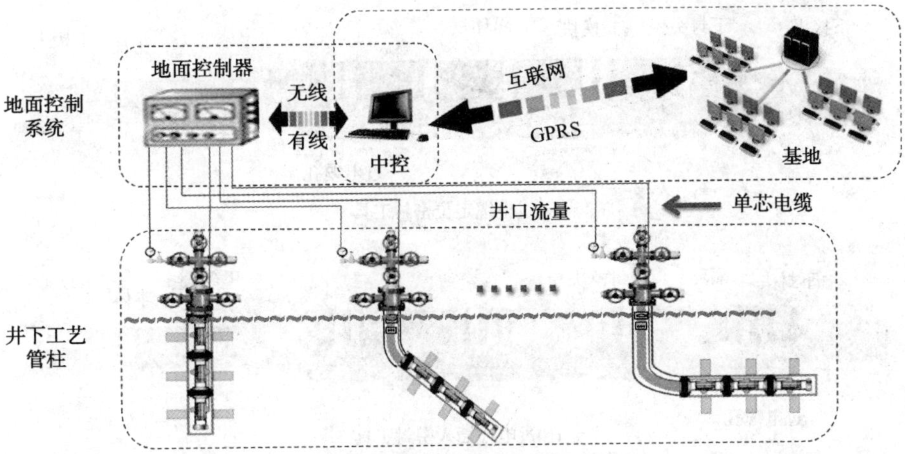

图 1　有缆智能分注技术组成及原理

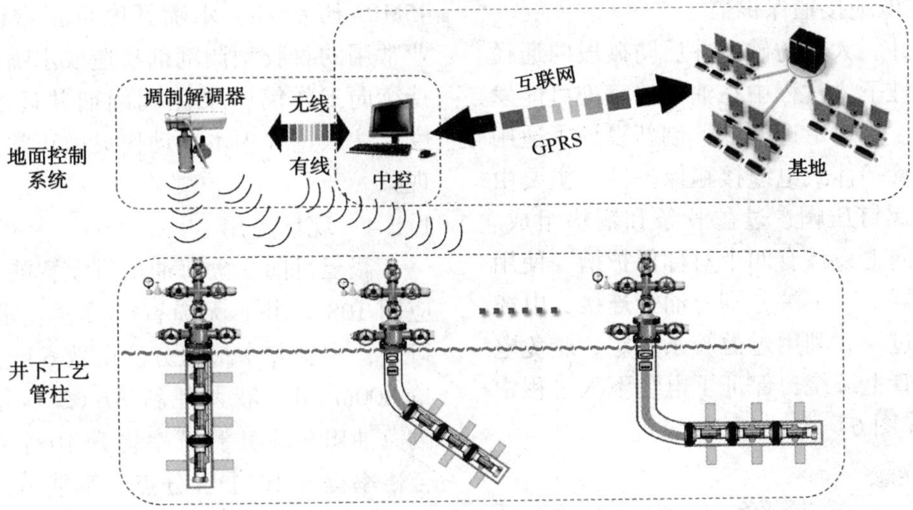

图 2　无缆智能分注技术组成及原理

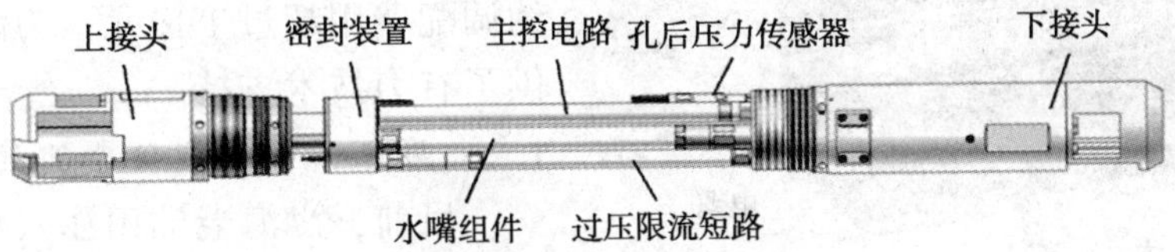

图 3　有缆智能分注工作筒结构示意图

无缆智能分注工作筒结构如图 4 所示，其电池可满足 3 年以上供电需求，最大测试流量为 $500m^3/d$。同时为了实现注水井尺寸全覆盖，无缆智能分注工作筒形成系列化，可满足 4.75″、4″、3.88″和 3.25″防砂内通径注水井高效测调需求。

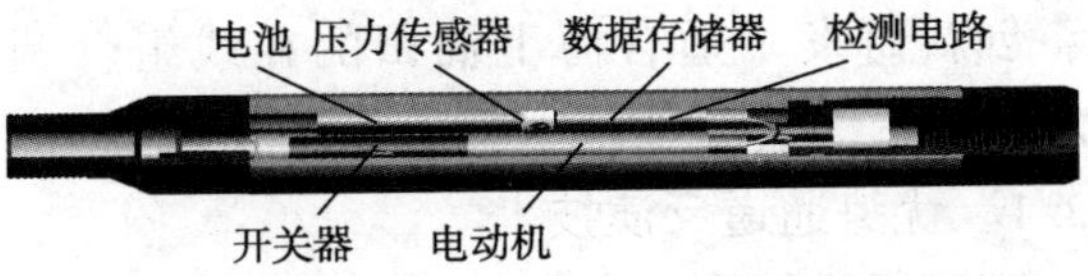

图 4　无缆智能分注工作筒结构示意图

（2）关键配套工具研制

① 过电缆密封工具

与陆地油田不同，渤海油田注水井多采用先期防砂完井方式，封隔器预置于防砂段内，通过封隔器密封筒与定位密封、插入密封相互配合实现层间封隔。为了避免电缆的下入造成分层密封失效，创新研发了过电缆密封工具，其结构如图 5所示。与常规密封工具不同，过电缆密封工具本体侧壁设有电缆穿越通道，电缆可直接从工具本体侧壁穿过，确保了分层密封效果。

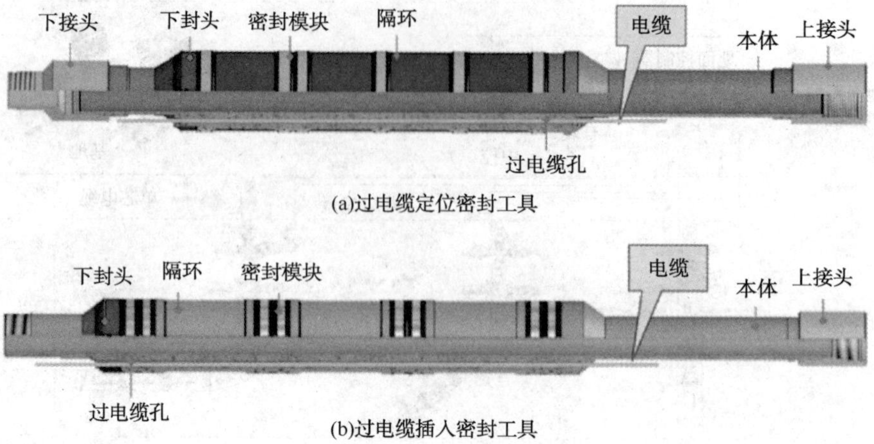

图 5　过电缆密封工具结构示意图

② 一体式电缆接箍保护器

海上油田井斜大、防砂完井后防砂段内通径小，电缆随管柱下入过程中在油管接箍处可能发生磕碰、损伤。针对上述问题，创新设计了适用于防砂段的油管一体式电缆接箍保护器，主要由保护器本体、螺钉压帽、过盈胶条和铜垫组成。保护器本体径向上设计有四个对称保护槽，使用时，接箍保护器上、下端分别与油管连接，电缆从保护槽内穿过，并利用过盈胶条固定，避免电缆松散而在油管上缠绕，保证了电缆下入过程中的可靠、安全(图 6)。

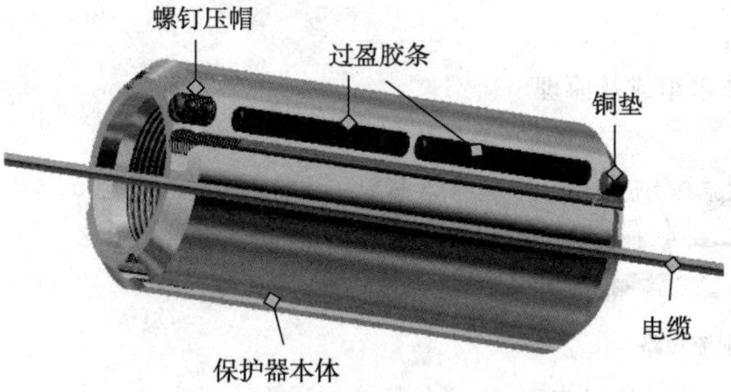

图 6　防砂段一体式电缆接箍保护器

(3) 增产增注措施适应性研究

渤海油田注水井增产增注措施频繁，对工具整体性能要求较高。为了验证智能分注工具相关性能，开展了陆地性能评价试验。

注水井酸化是渤海油田主要增注措施之一，试验时将工作筒置于酸性环境中，在试验压力 40MPa、试验温度 90℃条件下测试 228h，工作筒密封良好、通讯正常；微压裂作业过程中非作业层需保持水嘴全关状态，内外压差高达 30MPa，将工作筒水嘴关闭后保持水嘴前后 45MPa 压差 4h，水嘴开度可正常调节；调剖作业常用的凝胶型调剖剂易造成水嘴堵塞，试验时持续向工作筒中泵注调剖剂并逐渐关小水嘴开度，注入过程中水嘴动作灵敏正常，未出现卡堵现象。

1.1.4　现场应用

截至目前，渤海油田有缆智能分注技术累计应用 108 口井，无缆智能分注技术累计应用 57 口井，实施井中最大分注层数 6 层，最大单层排量 800m^3/d，最大井斜 87.62°。相比 2015 年，渤海油田分注井测试率提升 10 个百分点，层段合格率提升 10 个百分点。智能分注技术应用后可实现注水井零费用测调，单井测调效率提升 96%，目前已累计减少占用平台 3000 余天，节约调配费用超过 1 亿元，为渤海智能油田建设提供了有力技术支持。

1.2　海上油田在线组合调驱技术

目前，渤海老油田注入水窜流前缘已至油藏深部，孔隙结构已发生重要变化，大孔道发育明显，层间、平面发生多方向窜逸，利用调驱技术来改善和提高水驱开发效果势在必行，但常规调剖/驱作业中聚丙烯酰胺干粉溶解速度慢，需配套熟化罐、注入泵等成套设备，占用平台空间大(60~80m^2)。受海上油田平台空间、作业环境及吊装能力等限制，导致调剖/驱技术无法在海上油田实现规模化应用。结合上述需求及瓶颈问题，创新研发了适合海上油田的在线组合调驱技术。

1.2.1　优势通道反演技术

窜流通道级别、方向、层位等识别与量化对

调剖/驱工艺方案设计至关重要。通过对地质、油藏、动态、测试等多种信息的四维主控因素分析，形成了一套兼顾静态、动态和监测的优势通道识别技术，实现调剖/驱方案设计的针对性、时效性、高效性和精准性。

通过三个核心模块（动静态一体化约束校核、井间优势通道综合分析、识别及量化方法和井间水窜流动单元量化分析）的构建及相互组合，形成了一套优势通道多信息反演方法，实现了优势通道与窜流通道的识别和量化。优势通道多信息反演方法如图7所示。

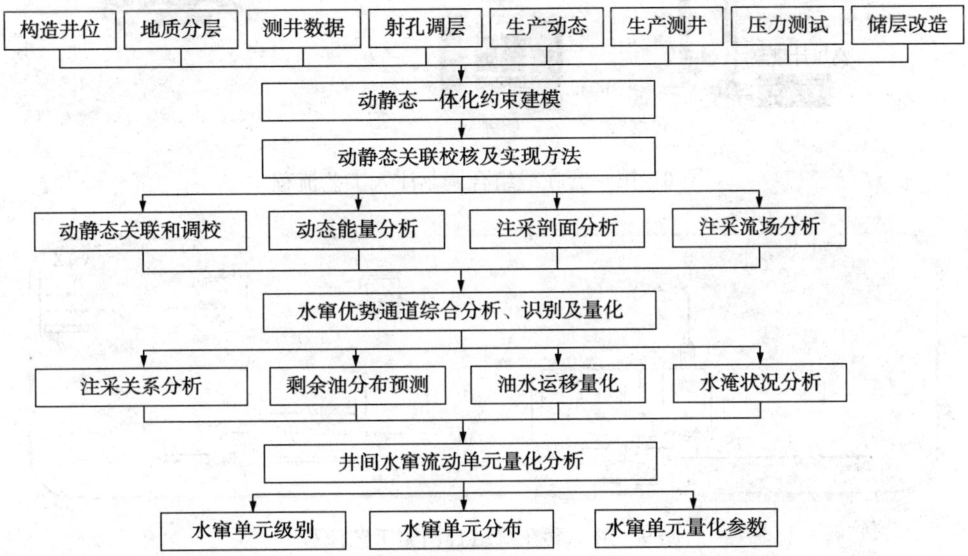

图7　优势通道多信息反演方法

1.2.2　在线组合调驱体系

常规聚合物溶解慢、需要熟化是常规调剖/驱技术难以在海上油田规模化应用的制约因素。针对这一关键技术难点，先后研发出以乳液聚合物调剖体系、微球调驱体系为代表的第一套在线组合调驱技术。对比常规调剖/驱设备，第一套在线注入设备占地面积仅11m^2，较传统工艺节约85.2%，有效解决了常规调剖/驱设备占地面积大、难与其他作业兼容的难题。

第一套在线组合调驱技术在取得良好增油降水效果的同时，因其调剖体系核心药剂乳液聚合物有效含量低、运输成本高等缺陷，难以实现规模化应用。研究团队推出以速溶型干粉聚合物调剖体系、微球调驱体系为代表的第二套在线组合调驱技术。在与第一套组合调驱技术占地面积接近的前提下，注入效率提高了200%。

1.2.3　在线组合调驱技术工艺

（1）第一套在线组合调驱工艺研究

针对海上平台的特点，研发了既能够满足调剖/驱作业的实施要求，又能够尽量少的占用平台空间，同时还能够高度集成化、便于运输、在线注入等特点的注入设备及工艺。

该套注入工艺将溶解罐、高压计量泵等进行高度集成并橇装化，集溶解、注入为一体，形成多功能注入橇。首先，利用隔膜泵将液态类聚合物分别加入后集成橇的溶解罐中，同时通过加料漏斗将能够速溶的其他药剂加入罐体，与液态类聚合物混合，并不断搅拌，通过注入泵打入注水井注水流程中，从而实现连续在线注入。根据调剖/驱的需要，通过增加多功能集成橇的数量，通过单橇单剂模式，满足不同类型药剂的分别注入。典型注入工艺流程如图8所示。

（2）第二套在线组合调驱工艺研究

干粉连续混配工艺主要是在乳液在线注入工艺的基础上提出的，主要对干粉类聚合物的速溶混配设备及工艺进行了研发。

连续混配设备主要由正压控制间、来水减压橇和分散溶解橇三大核心模块组成。其中正压控制间集成数据处理、流程监控、自动控制、电力分配等操作单元，实现流程的精准操控。来水减压单元与分散溶解单元通过协同作用，经正压控制间进行数据处理之后，实现定性、定量的连续混配。第二套在线组合调驱工艺流程图见图9。

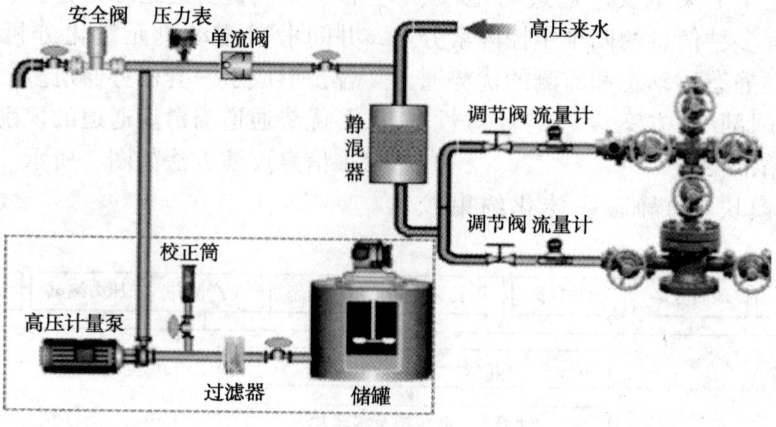

图 8　第一套在线组合调驱注入工艺流程

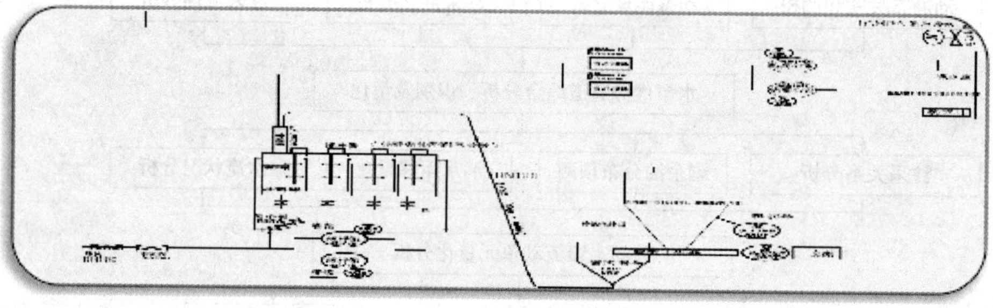

图 9　第二套在线组合调驱工艺流程

1.2.4　在线组合调驱技术方案设计

在优势通道反演技术的精准识别与量化基础上，结合室内在线组合调驱体系的研究实验结果及配套设备、工艺，形成了在线组合调驱技术精细化设计方法。主要包括对目标层位、体系配方、段塞组合、段塞用量、注入浓度、顶替液量、注入压力上限、粒径大小选择、现场实施工艺等参数的设计，方案设计流程见图 10。

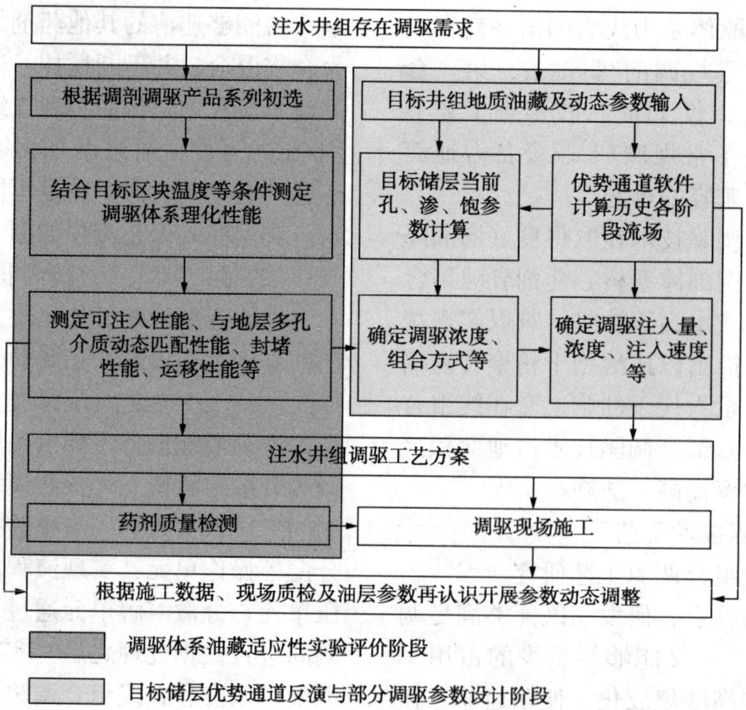

图 10　在线组合调驱技术方案设计流程

1.2.5　现场应用

在线组合调驱技术在 QHD32-6、BZ19-4B、BZ28-2S、SZ36-1、BZ25-1S 等油田累计实施 40 余井次，实现增油 20.7 万方，达到了较好的稳油控水目的。

2　产出端高效采出技术

2.1　高效控堵水技术

2.1.1　连续封隔体技术

控水技术能够大幅度的提高油井开发效果，传统机械堵水常用于封隔现存的见水点，但见水点的定位及预测在实际工程实践中存在困难。结合海上疏松砂岩油藏开发生产特点，针对性研究出连续封隔体技术，实现降水、控砂、增油。

（1）技术原理

连续封隔体技术是通过井下 ICD 控流筛管和筛管外颗粒堆积体限制轴向窜流相结合，达到油井控水、均衡产液剖面等目的。其中 ICD 控水筛管可以给高渗产水段提供一个附加压差，限制高渗段对应的高速水流的径向流入，水被径向限流后将产生在井壁和筛管环空向轴向两侧窜流的趋势，此时连续封隔体起到管外封隔器的作用，起到防止轴向窜流的目的(图 11)。

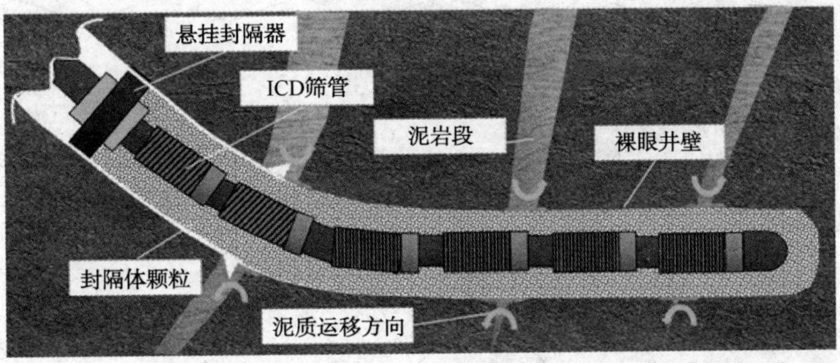

图 11　封隔体充填实现防泥质及细粉砂运移堵塞筛管示意图

（2）技术特点

① 全井段充填满颗粒，实现全井段封隔，不受传统 ICD 及 AICD 控水技术中因胶皮封隔距离短导致地层内绕流影响；

② 无需准确测试出水点位置而自动匹配地层出水情况，具有自适应特性；

③ 封隔体颗粒密度低，易于充填，充填度更好。

（3）现场应用

渤海油田应用连续封隔体技术总计 18 井次，其中老井 5 口，新井 13 口。其中 5 口老井中 4 口见效，13 口新井中 8 口见效 2 口待继续观察评价，控水成功率达到 75%，控水成效显著。

2.1.2　防砂堵水新体系

渤海油田大部分为埋藏浅的高孔高渗储层、以大斜度井和水平开发井为主，极易出砂、出水。由于大分子堵水剂难以有效进入地层，且存在选择性差、胶结强度低等问题，目前常规的化学堵水剂不能有效作用。为实现井下有效防砂堵水和选择性堵水，研制了一种新型防砂堵水剂。

1）新型防砂堵水剂的作用机理

新型防砂堵水剂分子具有外界感知能力，当外界环境发生变化时，分子之间发生反应，生成聚合物，并在岩石表面、地层砂颗粒之间架桥，将地层砂粘合在岩石表面。药剂分子在地层中的含水孔隙中发生反应，而不在含油孔隙中发生反应，达到控砂、堵水而不堵油的目的(图 12)。

2）性能评价

（1）防砂性能

通过室内实验对比新型防砂堵水剂、酚醛树脂-甲醛-对甲苯磺酸、环氧树脂-乙二胺、UP 树脂-过氧化甲乙酮、阳离子聚丙烯酰胺在同一条件下的防砂能力和岩心伤害率。实验步骤如下：

① 岩心制备：将粒径为 0.40~0.80mm 的石英砂 40000mg 和粒径为 0.01~0.05mm 的地层沙 40000mg，混匀后从填砂管的一端装进有机玻璃管(2.5cm×10cm)，填入时需要用有机玻璃棒压实，两端分别用出口孔径为 0.5cm 的金属帽封住，确保每次实验条件相同；

② 水浴加热：将有机玻璃管平放于 60℃ 水浴锅中；

③ 测初始渗透率：正向向岩心中注入煤油 100mL，流量为 $3mL \cdot min^{-1}$，测定岩心的油相渗透率为 K_o；

④ 注入药剂：继续正向向岩心注入清水 100mL，在分别反向注入 15g 的各种防砂剂，反应 24h；

⑤ 测处理后渗透率：继续向岩心正向注入煤油 100mL，测定岩心被伤害后的油相渗透率 K_o'；

⑥ 测出砂量：以流量为 $10mL \cdot min^{-1}$ 正向注入清水 1000mL，收集流出物，并测定总质量，分出其中固体物质，烘干后测定其质量，计算出砂率。

实验结果如表 1 所示。

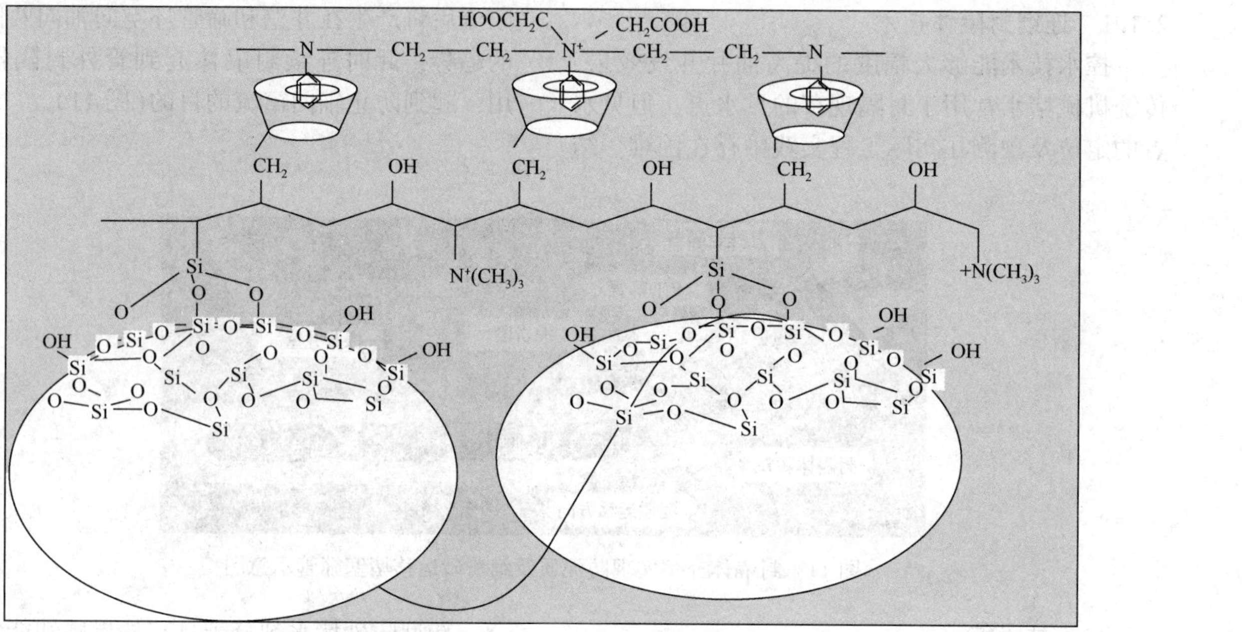

图 12　药剂在水溶液中反应机理示意图

表 1　不同防砂剂性能对比(60℃)

防砂剂代号	1	2	3	4	5
Ko/mDc	1280	1310	1195	1250	1300
Ko′/mDc	1108	223	185	140	1040
伤害率/%	2.8	83	84.5	88.8	34
出砂率/(g/l)	0.03	0.82	0.22	0.6	5.38

其中：1 为防砂堵水剂、2 为酚醛树脂-甲醛-对甲苯磺酸、3 为环氧树脂-乙二胺、4 为 UP 树脂-过氧化甲乙酮、5 为阳离子聚丙烯酰胺。

从实验结果可以看出：在相同条件下，无论是从控砂能力，还是对岩心的伤害率上对比，热固性树脂类防砂材料虽然具有理想的固结能力，但是其对岩心的伤害率确实非常大。

(2) 堵水性能

通过室内实验测试不同温度、不同药剂处理量对高渗含水、含油岩心的封堵率(处理时间，48h)。实验步骤如下：

① 60℃温度下，将 1#人工岩心饱和地层水；2#人工岩心饱和原油。1#和 2#岩心并联水平放置，备用；

② 正向通入模拟地层水，等两根岩心管两侧压差稳定后，再反向注入一定量的药剂处理液，静止反应若干小时，分别测定 1#岩心渗透率 K_1 和 2#岩心渗透率 K_2；

③ 分别于 30℃，60℃和 90℃三种温度下测定两种岩心不同处理量处理前后的渗透率变化。

实验结果显示：三种温度下，处理量为 1PV 时，饱和水岩心封堵率大于 55%；处理量为 4PV 时，封堵率达到了 80%；处理量为 1PV 时，饱和油岩心的封堵率小于 3%；处理量为 4PV 时，封堵率为 12%左右(图 13)。

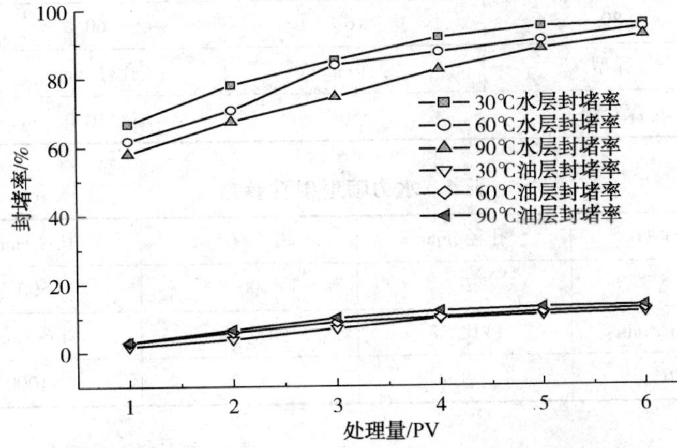

图 13　不同温度下防砂堵水剂对水层和油层的封堵率

3）应用

该技术自 2018 年试验，累计应用 9 井次，截至目前累计增油 10 万余方。后续将持续加大试验研究，通过技术的升级与创新，形成与油田需求贴合度更高的新型控水工艺。

2.2　疏松砂岩压裂技术

渤海主力油田东营组层段多为高孔、中高渗储层，储层胶结疏松，岩性多为砂泥互层。主要采用筛管砾石充填防砂方式完井，防砂段内储层厚度大，小层多，且层间物性差异大，非均质性较强。随着油田开发生产进入中后期，储层堵塞类型愈发复杂，堵塞伤害范围逐步加深，且层间非均质性日益加剧，小层动用程度严重不均，常规措施效果逐年变差，产出端产能释放难度大。

经过多年的技术研究，形成了针对疏松砂岩筛管完井的过筛管压裂技术，通过对筛管进行定点射孔，高砂比加砂压裂工艺造成具有高导流能力的支撑裂缝，实现了疏松砂岩储层高效改造和油井有效增产。

2.2.1　疏松砂岩压裂裂缝设计

渤海油田渤海油田主力油层属于典型的疏松砂岩储层，主要为东营组、明化镇组，渗透率 100~6000mD 之间，主要渗透率分布在 2000~3000mD，储层温度在 60℃左右。针对疏松砂岩高渗地层压裂首要追求的是裂缝的导流能力，其次是裂缝有效长度。因此采用高粘压裂液造缝、高砂比支撑设计理念，增加裂缝宽度，提高裂缝的导流能力。选择适合渤海油田疏松砂岩的设计模型，以最大化产能为目标，运用 MFrac Suite 软件模拟了不同渗透率疏松地层的改造效果，考虑到经济性和安全性，优化最优裂缝缝长和导流能力(表 2)。

表 2　不同渗透率地层压裂裂缝长度、导流能力优化结果

渗透率/md	裂缝长度/m	导流能力/mD·m
500	40~50	1200~1400
1000	30~40	1400~1600
2000	20~30	1600~1800

2.2.2　压裂工艺设计

（1）筛管射孔方式研究

受完井防砂方式影响，海上疏松砂岩筛管完井压裂需要提前破坏筛管，建立有效的加砂通道，探索形成了 TCP 射孔弹射孔和水力喷砂射孔两种射孔压裂方式。

常规射孔具有较好的经济效益，能建立有效的流体通道。充分结合裂缝起裂、筛管破坏、孔眼摩阻及后期防砂等要求，优化射孔参数为射孔相位 60°，射孔段长度 2~3m，孔径 10mm，孔密 16 孔/m。优化的详细射孔参数见表 3。

与常规射孔方式不同，水力喷砂射孔主要通过加压泵，加速含石英砂、陶粒等磨料物质的水砂浆，形成高速射流切削靶件，完成射孔。通过数模及地面试验分析，优化不同喷嘴个数和直径的组合、排量、压降等参数，结果见表 4。

表 3　TCP 射孔弹射孔参数

射孔枪	枪径/mm	孔密/spm	相位/(°)	药量/g
	89	16	60	25
射孔弹	弹型	穿深/mm	孔径/mm	孔眼/mm
	深穿弹	560	10	<15

表 4　水力喷射射孔参数

喷枪	喷嘴个数	孔径/mm	相位/(°)	长度/mm	喷射时间/min
	6~8	6	90	500	10~15
喷射参数	排量/(m^3/min)	砂比/%	砂量/m^3	穿深/mm	孔眼/mm
	2.6	8	1.5~2.5	>1000	>20mm

(2) 施工管柱优选

受防砂筛管结构及尺寸限制，目前陆地成熟的一趟管柱多层压裂工艺及工具在该类井的压裂实施中难以直接复制。综合考虑作业安全及时效，主要采用单层逐层射孔压裂的施工管柱及工艺(图 14)。通过下层填砂或桥塞封堵、上层 K344 封隔器层间隔离、RTTS 封隔器保护油套环空，油管正挤注入、套管环空背压。

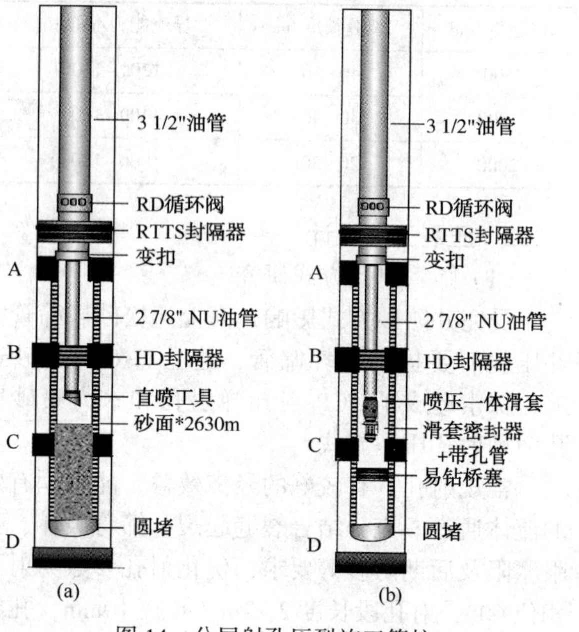

图 14　分层射孔压裂施工管柱

(3) 工作液体系优选

① 压裂液优选

受海上平台作业空间及条件限制，目前海上压裂模式主要采用压裂船作业，优选采用连续混配的海水基压裂液来减少压裂船返港补给淡水次数，降低成本。海水基压裂液作为一种新型的压裂液体系，起步较晚，由于海水的矿化度高，常用的淡水压裂液体系难以直接使用。同时，考虑疏松砂岩储层的高滤失性，压裂液还必须具有良好的抗滤失和携砂性能等，其综合性能参数见表 5。

② 支撑剂优选

渤海油田主力疏松砂岩储层主要集中在东营组，大部分井目标层段垂厚 1500~2000m，预测地层破裂压力 27~36MPa，预层压裂后地层闭合压力 21~28MPa。综合大粒径、低嵌入、高导流支撑及防砂需求，根据索西埃(Saucier)公式 $D_{50}=(5\sim6)d_{50}$，优选 20~40 目低密中强度陶粒支撑剂，其综合性能见表 6。

(4) 施工参数优化

以上述 2.2.1 小节优化的缝长和导流能力为目标，采用 MFrac Suite 压裂设计软件优化不同井层条件下合理的施工参数(砂量、砂比、前置液百分数)，设计前置液百分数 40%~50%，优化加砂加砂强度 2~4m^3/m，排量 3~4m^3/min，最高砂比 55~60%，平均砂比 25~33%。

表 5　连续混配海水基压裂液性能参数

序号	项目		参数
1	基液黏度/mPa·s	60℃≤t≤120℃	29
1	溶解时间	min	3~5
2	交联时间/s	60℃≤t≤120℃	15~40 可调

续表

序号	项目		参数
3	耐温耐剪切能力	黏度/mPa·s	250(60℃)
4	流变参数	n	0.53(60℃)
		k/mPa·s^n	2.99(60℃)
5	滤失性	滤失系数，m·$min^{1/2}$	6.91×10^{-4}
		初滤失量，m^3/m^2	1.2×10^{-3}
		滤失速率，m/min	1.13×10^{-4}
6	破胶性能	破胶时间/min	60~180
		破胶液黏度/mPa·s	1.6
		破胶液与煤油的界面张力/mN/m	0.6
7	残渣含量/mg/L		189
8	破乳率/%		100

表6 疏松砂岩压裂陶粒支撑剂性能参数

项目	参数
规格	20~40
体积密度/(g/cm^3)	1.53
视密度/(g/cm^3)	2.75
酸溶解度/%	4.6
破碎率(55.2MPa)/%	5.15
短期导流(27.6MPa)/md·m	2150

2.2.3 现场施工情况

目前过筛管压裂技术在渤海油田疏松砂岩应用20口井，压裂后取得明显增液增油效果，工艺成功率100%，增产有效率100%，实现产液量平均提高2.6倍，产油量平均提高1.8倍，产液指数提高10倍以上，截止到目前已累计增油10万方以上，取得现较好的增产效果。

3 结论及认识

“十三五”期间，渤海油田始终坚持以生产实际问题为导向，聚焦油田“双高”阶段开发的主要矛盾，以提质增效为核心、以高效开发为目标，创新形成了系列海上油田提高注采效率采油工艺技术，现场转化取得了显著效果。

伴随油田开发进入中晚期，“双高、双特高”油田储量与产量的占比将会持续升高，提高注采效率采油工艺新技术必将成为渤海老油田的稳产的利器，为海上双高、双特高油田增产、稳产提供了有力的技术支撑，具有重要的意义和价值。

参考文献

[1] 程心平，刘敏，罗昌华，等．海上油田同井注采技术开发与应用[J]．石油矿场机械，2010(10)：82-87.

[2] 郭雯霖，白健华，沈琼，等．渤海油田分层注水管柱防卡及洗井工艺[J]．石油机械，2013(09)：56-58.

[3]王立苹，罗昌华，杨万有，等．海上油田斜井同心边测边调分注技术改进与应用[J]．中国海上油气，2014，26(5)：83-85.

[4] 刘颖，刘友，李明平，等．斜井分层注水工艺研究与应用[J]．石油机械，2014(02)：84-87.

[5] 贾德利，赵常江，姚洪田，等．新型分层注水工艺高效测调技术的研究[J]．哈尔滨理工大学学报，2011(04)：90-94.

[6] 徐国民，苗丰裕．注水井高效测调技术的研究与应用[J]．科学技术与工程，2011(05)：958-963.

[7] 刘义刚，王传军，孟祥海，张云宝，李彦阅，刘同敬．基于传质扩散理论的高渗油藏窜流通道量化方法[J]，石油钻采工艺，2017，39(4)：93-96.

[8] Lv, P., Liu, Y., Zhang, Y., Li, Y., & Xia, H.. Experimental research on novel oil displacement and profile control system for heterogeneous reservoir. Journal of Petroleum Exploration and Production Technology, 2020, 10(2): 481-485.

[9] 黎慧，鞠野，代磊阳，王楠，刘丰钢，刘光普．微球增效的聚合物凝胶复合体系研制与评价．化学工程师，34(11)，67-71.

[10] 熊春明，唐孝芬．国内外堵水调剖技术最新进展及发展趋势[J]．石油勘探与开发，2007，5(2)：83-88.

[11] 张瑞霞，王继飞，等．水平井控水完井技术现状与发展趋势[J]．钻采工艺，2012，35(4)：35-37.
[12] 陈辉，曲典，吴胜．油田化学堵水工艺技术探析[J]．石化技术，2019(6)：49-50.
[13] Abdel-Alim H. Two new chemical components for sand consolidation techniques. SPE 68225，2001
[14] 李根生，牛继磊，刘泽凯，等 水力喷砂射孔机理实验研究[J]．石油大学学报(自然科学版)，2002，(2)：31-34.
[15] 吴春方．水力喷射压裂射孔参数优化及软件编制[D]．中国石油大学硕士学位论文，2011.
[16] 曲海，李根生，刘营．拖动式水力喷射分段压裂工艺在筛管水平井完井中的应用[J]．石油钻探技术，2012，40(3)：83-86.
[17] Marquez M，Tonmukayakul N，Schafer L，et al. High Pressure Testing of Borate Crosslinked Fracturing Fluids [C]//SPE Hydraulic Fracturing Technology Conference. 2012.
[18] 张福铭，李学军，陈小华，等．海水基清洁压裂液体系 PA—VES90 的制备及性能研究[J]．科学技术与工程
[19] 李曙光．表面活性剂压裂液机理、压裂设计及评估技术研究[D]．四川：西南石油大学，2005.
[20] 刘明书，唐善法，方飞飞，等．黏弹性表面活性剂压裂液研究应用进展与展望[J]．石油化工应用．2012，31(9).